结构化学

李 平 编著

科 学 出 版 社
北 京

内 容 简 介

本书以量子理论为基础，现代化学键理论为背景，结合现代实验方法，揭示化学键本质。从电子运动的微观角度阐述原子、分子的电子结构，从构成物质微粒堆积的周期结构阐述物质的晶体结构。主要内容有量子力学基本原理、原子结构理论、原子的电子结构、分子对称性、分子结构与共价键理论、晶体结构与 X 射线衍射法、簇化合物结构等。本书从对称性、电子结构、分子轨道理论等角度介绍分子构型和微观电子结构的必然联系，介绍化学物质结构的表达方法、结构和性质的相互关系、化学物质应用的结构背景，以及物质结构测定的现代实验原理。在电子结构层次上阐明化学键在分子结构和性质中所起的作用，以及分子构型与化学键的关系。由于量子化学的建立，现代化学已进入广泛应用量子理论探索物质结构的时代，全方位从合成构建结构化学理论、从结构化学理论指导化学合成，揭示和解释化学物质的物理和化学性质，因而本书可以帮助读者学习掌握分子构型和晶体结构知识，提升基础化学认知水平。

本书可用作本科生学习结构化学课程的教材、研究生学习理论化学的参考书，也可以作为教师讲授结构化学课程的教学参考。

图书在版编目（CIP）数据

结构化学/李平编著. —北京：科学出版社，2022.11

ISBN 978-7-03-067035-9

Ⅰ. ①结… Ⅱ. ①李… Ⅲ. ①结构化学－高等学校－教材 Ⅳ. ①O641

中国版本图书馆 CIP 数据核字（2020）第 240277 号

责任编辑：叶苏苏 高 微 / 责任校对：杜子昂

责任印制：罗 科 / 封面设计：墨创文化

科学出版社 出版

北京东黄城根北街 16 号

邮政编码：100717

http://www.sciencep.com

四川煤田地质制图印刷厂印刷

科学出版社发行 各地新华书店经销

*

2022 年 11 月第 一 版 开本：890×1240 1/16

2022 年 11 月第一次印刷 印张：41

字数：1 388 000

定价：198.00 元

（如有印装质量问题，我社负责调换）

前　言

结构化学课程是理科化学教学的主干课程，是研究生学习结构无机化学、晶体化学、分子光谱和量子化学等课程的基础，结构化学方法和结构测定技术原理是化学研究人员合成、研究和应用物质必备的基础知识。结构化学课程内容主要由原子结构、分子结构和晶体结构三部分组成。从 19 世纪末发现放射性元素开始，科学家逐步认识了核反应，并经过实验揭示了原子和原子核的结构。随着人们对分子结构认知水平的提高，分子合成技术也得到提高，又成功合成了具有生物活性的化合物。在物理和化学材料领域，制备了合金、半导体、超导体、激光晶体、非线性光学晶体等，逐步认识到晶体材料在生产、科学研究中的重要作用。结构化学课程除了涉及原子结构、分子结构和晶体结构内容之外，也涉及原子结构理论、化学键理论和晶体学理论问题。近代化学揭示了不同形态的物质中原子之间的各种化学键作用，建立了现代化学键理论，出现了根据化学键分类的物质名称，如共价化合物、离子化合物、配位化合物、合金化合物、多中心键化合物等。通过学习化学键理论，人们更加熟悉各类化合物的结构和性质，因而化学键理论在化学教育中占有重要地位。本课程坚持以唯物辩证法的基本原理为指导，在尊重客观实验现象和事实的基础上，将化学理论与实验结论相联系。结构和化学性质是物质的两类核心信息，结构解析伴随多角度、多层次的微观结构测定技术，本课程结合具体的化学晶体实例，重点讲解 X 射线衍射的实验技术原理。物质中的化学键性质是由物质结构决定的，而物质结构的测定与分子光谱、光电子能谱、核磁共振谱、X 射线衍射谱等现代物理方法密不可分，物质结构测定还是发现新物质的一种重要手段。物质的性能与结构密切相关，将物质合成、结构测定、性能测试相结合的方法，正在不断增强人们运用物质改变客观世界的能力。

化学是研究物质组成、性质、结构及其变化的科学，结构化学教学是学生掌握物质结构知识，以及物质结构研究方法的重要环节。人们对化学反应的研究已不局限于观察化学现象、建立化学方程式，化学反应不仅有分子结构中化学键的变化，还有能量的变化，化学键的变化又导致微观几何结构的改变。分子结构影响分子的化学性质，只有全面掌握化学反应中反应物和产物的组成、性质和结构，以及变化过程的速率、能量效应和机理，才算真正了解化学反应，进而才能有效控制化学反应方向和速率，实现预期的合成目标。学习结构化学的主要目的就是通过现代化学和物理技术测定，认识物质的空间构造，揭示反应物和产物的化学键等微观电子结构，从而进一步建立结构和性质的内在联系。随着化合物的分离、提纯、结晶等技术的改进，X 射线衍射、电子衍射和中子衍射等实验技术的广泛使用，化学领域已经步入用分子结构表达化学反应的微观变化的新时代。

《结构化学》是在历年结构化学课程讲稿的基础上形成的，内容包括量子力学波动方程、氢原子结构和氢原子光谱、原子的电子结构和原子核的结构、分子对称性、分子轨道理论的应用和分子的电子结构、晶体结构与晶体对称性、结晶化学与化学晶体、晶体结构的测定和应用、分子的多面体结构与结构规则等。本书力求注重知识的系统性，文字叙述的启发性，基本理论、基本知识和基本概念的准确性，强化同化学各个研究领域的联系，全书也力求充分反映物质结构知识的历史性、系统性和完整性。为了适应创新性研究，全书参照了国外教材，对部分内容进行了深入扩展，读者可根据实际需要进行阅读。

本书充分使用图示方法表现原子、分子和晶体的结构，结构图使用合理的实验结构参数，用图形软件绘制，以增强微观结构的三维立体感。书中有针对性地编撰了一些具体实例，以帮助初学者理解和掌握基本原理和基本方法，每章后还附有一些基础练习。对于比较艰深的内容，如原子分子中电子的波动方程的求解，核子运动方程的求解，分子电子结构的群论方法，以及晶体结构测定中的 X 射线衍射法等内容，在编撰时参照了部分专著和期刊文献，提供了数学推演公式，期望经过这样的处理，读者阅读时更易领会和掌握其中重要结论。

作者才疏学浅，书中难免存在不足之处，欢迎同行批评指正。

李　平

2022 年 6 月于望江校区

目　录

第1章　量子力学波动方程

物质由原子、分子或离子等微粒构成，物质之间的化学变化服从质量守恒定律，能量转化服从能量守恒定律。物质有光、电、磁等属性，经过光照以及施加电场或磁场，原子和分子被转变为带电离子，物质之间的电荷传递服从电荷守恒定律。19世纪初，科学家开始探索物质的构造，道尔顿（J. Dalton）提出原子论，认为原子是化学变化中不可分割的最小单位，按性质和质量对原子进行分类，原子在不同的物质中存在不同形态，其基本特征不变，统称为元素。纯物质中各种原子存在一种简单整数比，称为倍比定律。1811年，阿伏伽德罗（A. Avogadro）提出分子论，认为物质由分子组成，分子由原子构成。在同温同压下，相同体积的气体含有相同数目的分子，称为阿伏伽德罗定律。

物质由微粒构成，导致了组成变化、电荷转移、能量变化是离散的、不连续的。分子量是按原子量进行加和的，物质的质量又是按分子量加和的，是不连续变化的。1834年，法拉第（M. Faraday）通过研究电解过程的化学变化，得出法拉第电解定律，即电解析出的物质总量与化学当量成正比，也与溶液中离子转移的电荷总量成正比。电荷转移是按单位电荷电量的倍数进行的，是不连续变化的。

光是电磁波，电磁场能量是连续变化的。1865年，麦克斯韦（J. C. Maxwell）采用拉格朗日和哈密顿创立的数学方法表达了电磁波的波动方程，断言光是一种电磁波。1888年，赫兹（H. R. Hertz）用实验证明了电磁波的存在，证实电磁波的传播速度就是光速，同时获得了电磁波具有聚焦、反射、折射、偏振等属性。

1882年，迈克耳孙（A. A. Michelson）经过多次对光速测量方法的改进，终于获得较为精确的光速值 $c=299853\text{km}\cdot\text{s}^{-1}$ 。

1900年，普朗克（M. K. E. L. Planck）为了解析黑体热辐射强度随频率变化的光谱，普朗克假设热辐射能量按 $h\nu$ 的倍数变化，ν 为热辐射频率，按麦克斯韦-玻尔兹曼统计分布推得与实验光谱完全一致的理论光谱曲线。解释黑体辐射的关键是黑色物质所辐射能量的量子化假设，即假设热辐射电磁波的能量为

$$E=nh\nu \qquad n=1,2,3,\cdots \tag{1-1}$$

其中，$h=6.62607004\times10^{-34}\text{J}\cdot\text{s}$ ，称为普朗克常量。

1887年，赫兹首先通过实验观察到光电效应，1899年，汤姆孙（J. J. Thomson）证实光电流是带负电的粒子（电子）流。1905年，爱因斯坦（A. Einstein）提出光量子论，解释了光电效应现象。光是按光速行进的光子流，光的频率决定光的能量，光子流量率决定光的强度。光的粒子性必然导致光的能量是量子化的结论，光的传播表现出波动性，光与物质的作用表现出粒子性。光的量子论能很好地解释光电效应实验，光子能量被电子吸收变为光电子，同样假设光的能量符合关系式（1-1）。光电子的能量超过原子的束缚作用能时，做功脱离原子变成自由电子，再经过电路中的正电场加速，流向阳极，形成光电流，光子和电子的能量转化关系式表达为

$$\frac{1}{2}mv^2=h\nu-b_{\text{e}} \tag{1-2}$$

式中，v 是自由电子的速度；ν 是入射光的频率；b_{e} 是电子的结合能，改变入射光的频率测得产生光电子的最小频率阈值 ν_0，此时动能等于零，由式（1-2）必有 $b_{\text{e}}=h\nu_0$ 。当光的频率增大，光子能量增大，光电子的动能增大。当光的强度增强，单位时间通过单位横截面的光子数目增多，激发出的光电子数越多，光电流增大。从1907年起，密立根（R. A. Millikan）通过一系列实验证实了爱因斯坦关于光电效应的预测，并经过光电效应实验测得普朗克常量。

氢原子光谱是线状谱线，具有离散性特征，氢原子光谱的线系见图1-1。1885年，巴尔末（J. J. Balmer）归纳了氢原子的一组光谱线，称为巴尔末线系，并总结出谱线波长的经验公式。1889年，里德伯（J. R. Rydberg）提出一个更普遍的经验公式

$$\tilde{\nu}=\frac{1}{\lambda}=R_0\left(\frac{1}{n_1^2}-\frac{1}{n_2^2}\right) \qquad n_2>n_1 \tag{1-3}$$

式中，λ 是谱线波长；R_0 是里德伯常量，R_0 =109721.60cm^{-1}；n_1、n_2 都取正整数。要解释氢原子光谱，就必须知道氢原子的结构。在 19 世纪末，有关原子的构造还是未知的，那时物理学还不能解释氢原子光谱。

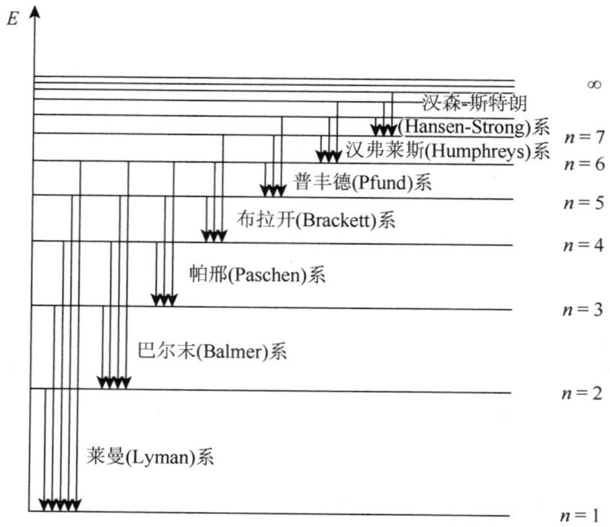

图 1-1 氢原子光谱的线系

当电子受到原子核的束缚时，氢原子光谱是离散的线状光谱；当电子脱离原子核时，氢原子光谱是连续的带状光谱。原子中电子的能量变化产生线状光谱的离散性必然导致原子中电子能量是量子化的结论，这一结论首先被玻尔（N. Bohr）所认识。

1.1 氢原子结构

1897 年，汤姆孙发现电子，指出电子是比原子小得多的带负电粒子，并测量了电子的荷质比[1]

$$\frac{e}{m}=1.7588196\times10^{11}\text{C}\cdot\text{kg}^{-1} \tag{1-4}$$

1899 年光电效应实验证明光电粒子为光电子，其荷质比与电子相同。1909 年，密立根通过油滴实验测量了电子的电荷[2]，e=1.60217733×10^{-19}C，根据汤姆孙测得的荷质比，间接算得电子的质量 m_e =9.1093897×10^{-31}kg，从而弄清楚了电子的基本性质。

原子是电中性的，电子带负电的性质暗示了原子中还存在一种带正电的粒子。汤姆孙想象的原子结构是电子分散在充满正电粒子的球中，因为正电粒子的性质还是未知的，汤姆孙的原子结构模型很显然是不成熟的。

1911 年，卢瑟福（E. Rutherford）用 α 粒子（He^{2+} 粒子）轰击金箔，在接触点附近的空间中检测到散射 α 粒子[3]。这种散射是 α 粒子对撞带正电的原子核，因强排斥力所产生的反向运动所致，从而证明了原子存在带正电荷的原子核。α 粒子散射实验改变了人们对原子结构的认识，使得物质的微观结构逐渐清晰起来。原子具有一个质量密度很大、半径小于 10^{-14}m、带正电荷的核，原子是由带负电荷的电子和带正电荷的原子核组成。

电子和原子核的发现表明原子是可再分的，原子由更小的粒子组成，粒子性必然导致原子能量的量子化。其次，电子和原子核的发现改变了人们对原子结构的认识，卢瑟福认为原子的结构是带负电的电子围绕带正电的原子核运动。卢瑟福的原子结构是不稳定的，因为电子绕核运动受到库仑吸引力的作用，运动半径会不断减小，随势能增加，电子运动产生加速度，不断发射电磁波，从而产生连续带状光谱，而电子最终也会撞向原子核。氢原子是最简单的原子，一个电子围绕带正电的原子核运动。

为了解释氢原子光谱，1913 年，玻尔提出了一个合理的氢原子结构模型。玻尔假设：电子存在一组能量确定的、离散的状态，也称为轨道。电子处于一个状态并不辐射能量[4]，电子从一个状态转变为另一个状态，经历一个过渡态，吸收或发射一个光量子。

$$E_{n_2}-E_{n_1}=h\nu=\frac{hc}{\lambda} \tag{1-5}$$

其中，$n_2>n_1$。n_1为低能态，n_2为高能态，$E_{n_2}>E_{n_1}$，电子从低能态跃迁至高能态吸收光子；电子从高能态跳回至低能态发射光子，这两个过程的图示见图 1-2。

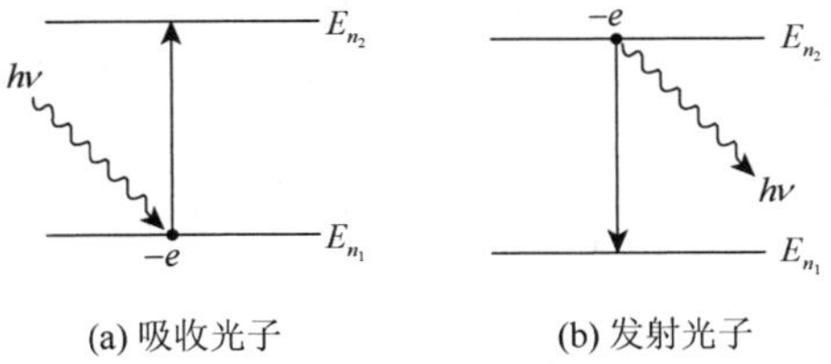

图 1-2　电子在轨道能级上跃迁吸收和发射光子图示

设电子和原子核的质量分别为 m 和 M，电子和原子核的电荷分别为$-e$ 和$+Ze$，对于氢原子，$Z=1$。又设电子和原子核的质心为 C，将质心定为坐标系原点 O，质心与电子的间距为r_1，与原子核的间距为r_2，电子和原子核之间的间距为r，见图 1-3（a）。从另一角度观察原子，将原子核作为原点，观察电子绕原子核的相对运动，见图 1-3（b）。注意：为了看清楚原子核绕质心的运动轨迹，图 1-3（a）有意把r_2放大了，实际上r_2很小。两个坐标系的 z 轴都与圆周平面垂直，坐标轴 x 和 y 符合右手系。由图 1-3（a）的坐标系，有

$$\boldsymbol{r}=\boldsymbol{r}_1-\boldsymbol{r}_2 \tag{1-6}$$

$$m\boldsymbol{r}_1+M\boldsymbol{r}_2=0 \tag{1-7}$$

其中，$\boldsymbol{r}$ 的方向由原子核指向电子。电子和原子核实际是在绕质心做圆周运动，其在圆周上的相对运动方向同向，同为逆时针或同为顺时针，而线速度方向相反，见图 1-3（a）。

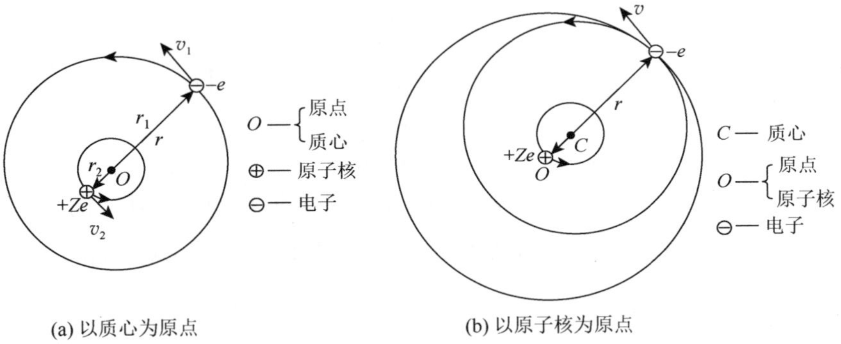

图 1-3　电子和原子核绕质心、电子绕原子核的圆周运动

联立式（1-6）和式（1-7），解得

$$\boldsymbol{r}_1=\frac{M}{m+M}\boldsymbol{r} \tag{1-8}$$

$$\boldsymbol{r}_2=-\frac{m}{m+M}\boldsymbol{r} \tag{1-9}$$

电子和原子核在以质心为圆心的圆周轨道上运动，其路径弧长$s=2\pi\alpha r$，α为中心角，见图 1-3（b）。因为r_1、r_2和r始终处于一条直线上，对于电子、原子核相对于质心的转动，以及电子相对于原子核的转动，其中心角都等于α，即单位时间转过的角度相等。但电子和原子核之间的间距不同，将式（1-8）和式（1-9）两端同乘因子$2\pi\alpha$，得

$$s_1=\frac{M}{m+M}s \tag{1-10}$$

$$s_2 = -\frac{m}{m+M}s \tag{1-11}$$

式（1-10）和式（1-11）两端对时间 t 微分，并根据速度定义式 $v=\frac{\mathrm{d}s}{\mathrm{d}t}$ 代入得

$$v_1 = \frac{M}{m+M}v \tag{1-12}$$

$$v_2 = -\frac{m}{m+M}v \tag{1-13}$$

原子的动能 T 等于电子和原子核的动能之和，将式（1-12）和式（1-13）代入下式：

$$T = \frac{1}{2}mv_1^2 + \frac{1}{2}Mv_2^2 = \frac{1}{2}m\left(\frac{M}{m+M}v\right)^2 + \frac{1}{2}M\left(-\frac{m}{m+M}v\right)^2$$

$$= \frac{1}{2}\frac{mM}{m+M}v^2$$

定义折合质量：$\mu = \frac{mM}{m+M}$，原子的动能就变为

$$T = \frac{1}{2}\mu v^2 \tag{1-14}$$

式（1-14）即为在原子核为原点的坐标系下，电子绕原子核运动的动能。在此坐标系下，电子与核之间的吸引能为

$$V = -\frac{1}{4\pi\varepsilon_0}\frac{Ze^2}{r} \tag{1-15}$$

其中，$4\pi\varepsilon_0$ 为能量换算因子，使得势能的单位为焦耳。电子绕原子核运动的总能量 E 为

$$E = T + V = \frac{1}{2}\mu v^2 - \frac{1}{4\pi\varepsilon_0}\frac{Ze^2}{r} \tag{1-16}$$

电子和原子核绕质心做圆周运动，都有角动量。按角动量的定义 $\boldsymbol{L}=\boldsymbol{r}\times m\boldsymbol{v}$，做圆周运动的粒子，其速度和半径矢量始终垂直，则角动量的大小 $L=mvr$。电子和原子核的总角动量为

$$L = mv_1r_1 + Mv_2r_2 \tag{1-17}$$

将式（1-8）、式（1-9）、式（1-12）、式（1-13）一并代入式（1-17），得

$$L = m\left(\frac{M}{m+M}\right)^2 vr + M\left(-\frac{m}{m+M}\right)^2 vr = \mu vr \tag{1-18}$$

式（1-18）即为在原子核为原点的坐标系下，电子绕核运动的轨道角动量，其方向与 z 轴平行，与圆周平面垂直。当轨道圆周半径不变时，总角动量等于常数。玻尔假设随轨道半径取不同的值，角动量按 $\frac{h}{2\pi}$ 的整倍数变化，即

$$L = \mu vr = n\frac{h}{2\pi} = n\hbar \qquad n=1,2,3,\cdots \tag{1-19}$$

其中，$\hbar = \frac{h}{2\pi}$ 被称为角动量量子单位，这就是玻尔的角动量量子化假设。角动量量子化假设导致离散的运动状态，此时半径的取值是离散的，不是连续变化的。电子以一定的速度在某一半径的圆周上作轨道运动，就代表其处于某一个状态，并存在一定的能量。

下面求电子运动的轨道半径和能量，根据电子与原子核的吸引力等于电子绕核运动的向心力，则有

$$\frac{\mu v^2}{r} = \frac{1}{4\pi\varepsilon_0}\frac{Ze^2}{r^2} \tag{1-20}$$

联立式（1-19）和式（1-20），消去速度 v，求得轨道半径

$$r_n = \frac{\varepsilon_0 h^2}{\pi\mu e^2}\cdot\frac{n^2}{Z} \qquad n=1,2,3,\cdots \tag{1-21}$$

由上式可见，轨道半径 r_n 由连续变量变成了离散变量。再联立式（1-14）和式（1-20），消去速度后，得

$$T=\frac{1}{2}\mu v^2=\frac{1}{8\pi\varepsilon_0}\frac{Ze^2}{r} \tag{1-22}$$

将式（1-22）代入总能量表达式（1-16），得

$$E=-\frac{1}{8\pi\varepsilon_0}\frac{Ze^2}{r} \tag{1-23}$$

最后将式（1-21）的轨道半径 r_n 代入式（1-23）中，求得总能量：

$$E_n=-\frac{\mu e^4}{8\varepsilon_0^2 h^2}\frac{Z^2}{n^2} \qquad n=1,2,3,\cdots \tag{1-24}$$

用式（1-24）计算能量，其单位为焦耳（J）。显然，电子的能量也是整数 n 的变量，n 被称为量子数。轨道半径、电子能量、角动量都随 n 取不同的值而变成量子化的物理量，而这都是玻尔的角动量量子化假设所导致的必然结果。下面将看到量子化假设符合原子光谱谱线的离散现象，玻尔的原子结构模型能解释氢原子光谱。

设氢原子受到光的激发，电子从 $n=n_1$ 跃迁至 $n=n_2$ 的能级，对应的能量变化为

$$\Delta E=E_{n_2}-E_{n_1}=\frac{\mu Z^2e^4}{8\varepsilon_0^2h^2}\left(\frac{1}{n_1^2}-\frac{1}{n_2^2}\right) \tag{1-25}$$

此能量变化等于电子吸收光子的能量，则有 $\Delta E=h\nu=\dfrac{hc}{\lambda}$，代入式（1-25），得

$$\tilde{\nu}=\frac{1}{\lambda}=\frac{\Delta E}{hc}=\frac{\mu Z^2e^4}{8\varepsilon_0^2h^3c}\left(\frac{1}{n_1^2}-\frac{1}{n_2^2}\right) \qquad n_2>n_1 \tag{1-26}$$

其中，λ 为吸收光的波长；$\tilde{\nu}$ 为波数，当波长以米为单位时，定义为 1m 长度的光程所包含完整光波的数目，单位为 m^{-1}。式（1-26）中的常数项可写作

$$R_0=\frac{\mu e^4}{8\varepsilon_0^2h^3c}=10973731.543\text{m}^{-1}$$

折合为 109737.32cm^{-1}，R_0 是理论上的里德伯常量，与实验上的经验参数非常接近。于是，式（1-26）简化为

$$\tilde{\nu}=R_0Z^2\left(\frac{1}{n_1^2}-\frac{1}{n_2^2}\right) \qquad n_2>n_1 \tag{1-27}$$

电子在跃迁过程中发射光子，同时原子产生反冲运动。可以证明，反冲产生的能量变化很小，可以忽略不计。设电子从 E_{n_2} 能级跃迁至 E_{n_1} 能级，同时发射能量为 $h\nu$ 的光子，原子产生反冲动能 $\dfrac{p^2}{2M}$。电子跃迁前后，原子的能量守恒，即有

$$E_{n_2}=E_{n_1}+h\nu+\frac{p^2}{2M} \tag{1-28}$$

由动量守恒，光子的动量等于原子反冲动量，二者方向相反。在相对论中光子的动量为

$$p=\frac{h\nu}{c} \tag{1-29}$$

将式（1-29）代入式（1-28），令 $\Delta E=E_{n_2}-E_{n_1}$，将辐射能量 $h\nu$ 作为未知量时，式（1-28）成为关于 $h\nu$ 的一元二次方程：

$$(h\nu)^2+2c^2M(h\nu)-2c^2M\Delta E=0 \tag{1-30}$$

求解方程，得如下合理解

$$h\nu=-c^2M+\sqrt{c^4M^2+2c^2M\Delta E}=c^2M\left[\left(1+\frac{2\Delta E}{c^2M}\right)^{1/2}-1\right]$$

其中，$\dfrac{2\Delta E}{c^2M}$ 是极小量，展开 $\left(1+\dfrac{2\Delta E}{c^2M}\right)^{1/2}$ 二项式，并忽略高阶项，得

$$h\nu = c^2M\left[1+\frac{1}{2}\frac{2\Delta E}{c^2M}-\frac{1}{2\times4}\left(\frac{2\Delta E}{c^2M}\right)^2-1\right]=\Delta E\left(1-\frac{1}{2}\frac{\Delta E}{c^2M}\right) \tag{1-31}$$

其中，式（1-31）右侧括号中的第二项是发射光子形成的反冲动能校正项，不难看出，其值很小，可以忽略，即电子跃迁发射光子的能量等于两个相关能级的能量差，$h\nu\approx\Delta E$。

【例 1-1】 1914 年，黎曼在紫外光区测得氢原子的一组线系，对应式（1-27）中 $n_1=1$，$n_2=2,3,\cdots$ 的情形[5]。试计算电子从 $n_1=1$ 跃迁至 $n_2=2$ 和 $n_2=3$ 的能级所吸收光的波长。

解：根据式（1-27），$Z=1$，$R_0=10973731.543\text{m}^{-1}$，电子从始态 $n_1=1$ 跃迁至终态 $n_2=2$ 的波数为

$$\tilde{\nu}=\frac{1}{\lambda}=10973731.543\times\left(\frac{1}{1^2}-\frac{1}{2^2}\right)=8230298.66\text{m}^{-1}$$

则吸收波长为

$$\lambda=\frac{1}{8230298.66}=1.215\times10^{-7}(\text{m})$$

电子从始态 $n_1=1$ 跃迁至终态 $n_2=3$ 的波数为

$$\tilde{\nu}=\frac{1}{\lambda}=10973731.543\times\left(\frac{1}{1^2}-\frac{1}{3^2}\right)=9754428.04(\text{m}^{-1})$$

则吸收波长为

$$\lambda=\frac{1}{9754428.04}=1.025\times10^{-7}(\text{m})$$

玻尔试图通过电子所处最低能量的稳定状态，确定原子的空间长度数量级。由式（1-21），求得原子核外电子运动的半径

$$r_n=\frac{\varepsilon_0h^2}{\pi\mu e^2}\cdot\frac{n^2}{Z}=5.2946541\times10^{-11}\times\frac{n^2}{Z} \tag{1-32}$$

单位为米。对于氢原子，$Z=1$，当量子数 $n=1$，基态氢原子的半径为 $r_1=52.95\text{pm}$，这就弄清楚了原子大小的数量级为 $10^{-11}\sim10^{-10}\text{m}$。当 $\mu\approx m$，就变为玻尔模型下的氢原子半径

$$r_n=\frac{\varepsilon_0h^2}{\pi me^2}\cdot\frac{n^2}{Z}=5.2917721\times10^{-11}\times\frac{n^2}{Z}$$

当 $n=1$，$Z=1$，$r_1=52.92\text{pm}$。玻尔模型是一种近似模型，不过算得的能量、氢原子半径与精确值是非常接近的。即可以忽视原子核的运动，只考虑电子绕核的相对运动。

1914 年，弗兰克（J. Franck）和赫兹（G. Hertz）通过实验证明了玻尔关于原子轨道能级的离散性假设。弗兰克-赫兹实验装置图见图 1-4[6]。装置的左侧是一个加速电子的电场，电场电压为 V_a，右侧是一个减速电子的反向电场，电场电压为 V_d，加热阴极 E，发出电子流，经电场电压 V_a 加速后，射向阳极 G。电子的动能为

$$T=\frac{1}{2}mv^2=eV_a$$

电子穿过阳极网格板 G 被一个反向电场 V_d 减速，射向电极 D，通常 $V_d\ll V_a$。电子的动能减小为

$$T=\frac{1}{2}mv^2=e(V_a-V_d)$$

其中，V_a-V_d 称为激发电压。电子经过两个电场射向 D 板，被检流计 A 检测，电流越高，说明到达 D 板的电子动能越大，单位时间流过检流计的电子数也越多（$I=neSv$），反之亦然。阳极网格板 G 对电子起过滤作用，散射电子只有穿过格眼，而且动能只有超过 eV_d 才能到达 D 板，被检流计检测出来。

将密闭窗抽空，充入一定压强的 Hg 蒸气[7]，有两种情况出现：第一种情况是电子与 Hg 原子发生碰撞，电子被弹性散射，电子与原子不交换能量，这些散射电子有部分沿电场方向抵达 D 板，被检流计检测出来；第二种情况是电子与 Hg 原子发生碰撞，出现非弹性散射，电子的动能传递给 Hg 原子，将基态 Hg 原子激发至激发态，随之发射特定波长或频率的光子。假设被激发 Hg 原子的能级差为 $\Delta E=E_1-E_0$，根据能量守恒，则有

$$T=T'+\Delta E \tag{1-33}$$

其中，$\Delta E=\dfrac{hc}{\lambda}$，$\lambda$ 为发射光子的波长。实验结果表示为 V_a-I_a 曲线图，见图 1-5。增大加速电压 V_a，穿过格

眼的散射电子动能越来越大，电流 I_a 随之增大。当加速电压增大至 4.9V，出现转折点，电流 I_a 急剧下降，同时，密闭窗内发射出 253.6nm 的紫外光。在电子与 Hg 原子碰撞发生非弹性散射时，将能量传递给 Hg 原子，电子能量损失 ΔE，同时将 Hg 原子激发至激发态。被散射电子的动能降低为 T'，单位时间流向检流计的电子数减少，电流 I_a 急剧下降。此时，可以调节反向电场的电压 V_d，使非弹性散射电子不能抵达 D 板，从而 $T'=0$。

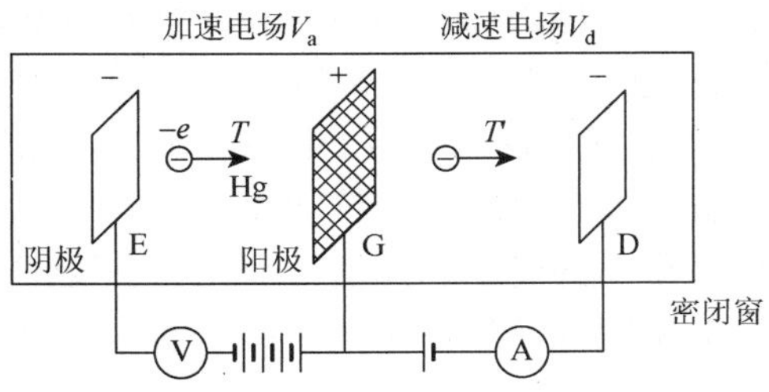

图 1-4　弗兰克-赫兹实验装置图

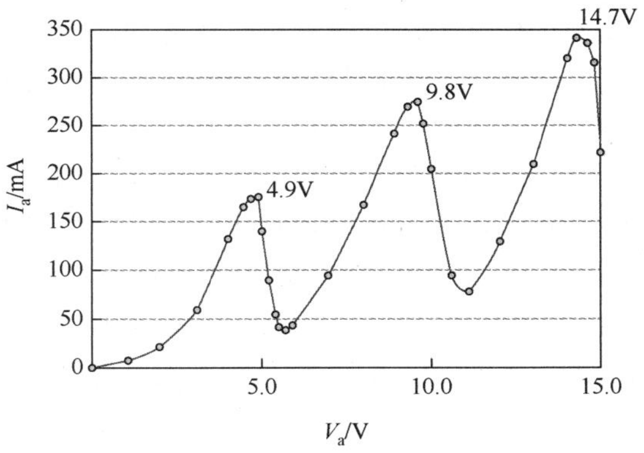

图 1-5　弗兰克-赫兹实验曲线

当加速电压继续增加，电子的动能也继续增大，与 Hg 原子碰撞发生非弹性散射，动能被传递 4.9V 后，加速电子的剩余动能又单调增大，V_a-I_a 曲线又呈上升趋势。若加速电子的动能没有达到另外能级上电子的跃迁条件，将出现散射电子的二次碰撞散射，无论是弹性还是非弹性散射电子都有机会再次与 Hg 原子碰撞发生非弹性散射，再次激发基态 Hg 原子至激发态，从而在 9.8V、14.7V 等不同电压产生电流转折点，而且相邻转折点的电压间隔恒定为 4.9V，电压间隔恒定说明 Hg 原子内电子的能级和能级差（$^1S_0 \to {}^3P_1$）是恒定的。

弗兰克-赫兹实验说明原子内电子运动存在不同的状态和离散能级，电子传递的能量是量子化的，从而证明了玻尔的原子结构模型。当电子动能达到两个离散能级的能量差时，才能形成能量传递，产生非弹性散射，使电子动能下降，出现检流计电流急剧下降的现象。根据发出的紫外光波长，由玻尔原子结构模型可以算得转折电压，并与实验结果形成对比。

【例 1-2】　弗兰克-赫兹实验中，当加速电压增大至 4.9V 出现转折点，发射出 253.6nm 的紫外光，试计算准确的转折电压值。

解： 设电子经非弹性散射后，到达 D 板的动能刚好等于零，即 $T'=0$，检流计的电流降为最低点。式(1-33)变为 $T=\Delta E$。此时加速电子与 Hg 原子碰撞前的动能为

$$T=\Delta E=\frac{hc}{\lambda}=\frac{6.626\times10^{-34}\,\mathrm{J\cdot s}\times2.998\times10^{8}\,\mathrm{m\cdot s^{-1}}}{253.6\times10^{-9}\,\mathrm{m}}=7.833\times10^{-19}\,\mathrm{J}$$

此数值按公式 $T=e(V_a-V_d)$ 折算为激发电压

$$V_a-V_d=\frac{T}{e}=\frac{7.833\times10^{-19}\,\mathrm{J}}{1.602\times10^{-19}\,\mathrm{C}}=4.890\mathrm{V}$$

此电压值与实验转折点处的电压为 4.9V 非常接近，而最低点电压（V_a）为 5.6V，其反向电压（V_d）约 0.7V。实验值与理论值之间的误差还与汞蒸气的压强、温度有关。

1.2　相　对　论

经典运动学对运动和静止的判断是通过选择参照物来确定的，坐在飞机上，不看窗外，即没有适当的参照物，可能认为飞机是静止的。一旦选择窗外的云层作为参照物，就感觉到飞机正在飞行。当物体沿运动方向所受合力等于零，物体总保持与参照系的相对静止状态或匀速直线运动状态，此种参照系就称为惯性系。相对于某惯性参照系做变速直线运动的参照系就称为非惯性系。相对论讨论的问题是两个惯性或非

惯性参照系处于相对运动时，在其中一个惯性或非惯性参照系中运动物体的物理变化。

为了解决各种复杂的运动问题，首先建立空间坐标 (x,y,z) 和时间坐标 (t) 组成的时空结构 $O(x,y,z,t)$，而且各坐标组成正交坐标系，这是一个欧几里得实向量空间，表达的时空是平直的。物体的相对运动被定义为所观测的空间位置的相对性和时间的相对性，因而只有测量开始，所建立的坐标系才有存在意义。在欧几里得实向量空间，空间和时间变化是均匀的，即物体运动的体系是惯性系，观测体系也是惯性系，这是相对论最初给出的限制。

在原子体系中，电子绕原子核运动，而原子也在运动。现在用两种方式观察原子中电子的运动，第一种方式是运用实验室的仪器，仪器作为观察者静止不动，观察原子中电子的运动；第二种方式是在原子核处观察电子的运动，原子核在运动，电子除了与原子核一起运动之外，还相对于原子核运动。两种观察方式所计算的电子能量是否相同呢？这就是相对论问题。为了从理论上描述电子的运动，观察者需要建立四维时空坐标系，并且观察者始终处于坐标系的原点。第一种观察方式，时空坐标系 $O(x,y,z,t)$ 就定在仪器的探测器上；第二种观察方式的时空坐标系 $O'(x',y',z',t')$ 定在原子核上。理论上，第一种观察方式表达的电子运动方程是无法求解的，而第二种观察方式表达的电子运动方程，即电子绕原子核的相对运动方程，是可以求解的。实验上，第一种观察方式可以真实测量电子运动所表现出的光谱和能谱，而第二种观察方式是虚拟的，观察者不可能将仪器搬到原子核上，也很难做到同时分别跟踪测量原子核和电子的运动轨道。那么如何进行理论和实验的对比呢？这就属于化学中所遇到的相对论问题。

1.2.1　伽利略变换

首先我们必须克服直觉，通过可以测量的方式，弄清楚两种观察方式所获得的物理测量结果是否相同？如用相同的测距仪器测量坐标，用相同精度的钟表读取时间，并获得速度和能量。首先，从高铁动车的一维直线运动入手，进行时间、距离和速度测量。设定高铁站台和车尾两个观察点，观察对象为车厢里被指定的乘客。现确定好两个坐标系和坐标原点，并将两个坐标系的坐标轴设置为平行，见图 1-6。站台坐标系为 $O(x,y,z,t)$，动车坐标系为 $O'(x',y',z',t')$。

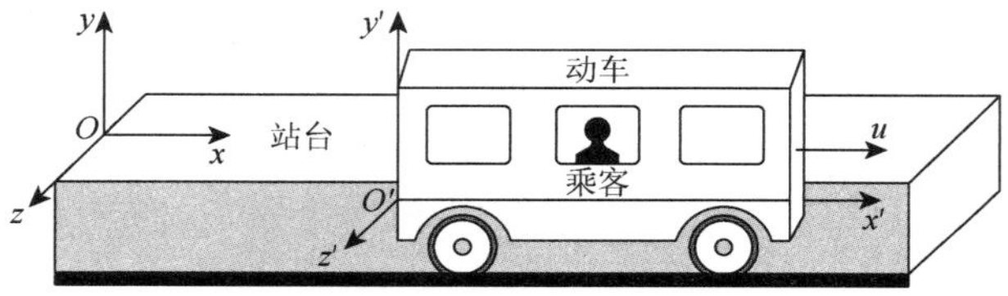

图 1-6　伽利略坐标系变换图例：高铁动车以速度 u 沿 x 轴正方向做一维直线运动

动车的运行是一个经典惯性系，假设动车以速度 u 沿 x 轴正方向匀速前进，车厢里的乘客也沿同一方向移动。站台和车尾处通过同一网络时钟计时，移动距离通过同一测距仪测量。当高铁站台和车尾两个观察点的 x 坐标重合时，$x'=x=0$，$y'=y$，$z'=z$，$t'=t=0$。经过时间 t，高铁行驶了距离 $s=ut$。对于站台观察点 O，乘客的坐标为

$$\begin{cases} x=x'+ut' \\ y=y' \\ z=z' \\ t=t' \end{cases} \tag{1-34}$$

这组关系式表达的是：被指定的乘客在两个坐标系中的坐标变换，称为伽利略变换（Galilean transformation）[8]。对于车尾观察点，观察到站台以相同的反向速度 $-u$ 远离车尾，就车尾观察点的坐标系，乘客的坐标为

$$\begin{cases} x'=x-ut \\ y'=y \\ z'=z \\ t'=t \end{cases} \tag{1-35}$$

此组关系式与式（1-34）等价，都是伽利略变换。如果动车所受合力为零，即是没有加速度的惯性系，两种观察方式等同，没有哪一种是特别的。由伽利略变换式（1-35）对时间微分，得到伽利略速度变换关系

$$\begin{cases} v'_x = v_x - u \\ v'_y = v_y \\ v'_z = v_z \end{cases} \tag{1-36}$$

式中，v'_x 和 v_x 分别是观察对象（乘客）在两个观察系中的速度 x 分量；v'_y 和 v_y 是速度 y 分量；v'_z 和 v_z 是速度 z 分量。乘客的运动是可以有加速度的，但因为动车所受合力为零，所以其速度 u 是常数，式（1-36）对时间微分，得到伽利略加速度变换关系

$$\begin{cases} a'_x = a_x \\ a'_y = a_y \\ a'_z = a_z \end{cases} \tag{1-37}$$

式中，a'_x 和 a_x 分别是观察对象（乘客）在两个观察系中的加速度 x 分量；a'_y 和 a_y 是加速度 y 分量；a'_z 和 a_z 是加速度 z 分量。

例如，从高铁站驶出的动车，经过一段时间加速，速度恒定到 $260\text{km}\cdot\text{h}^{-1}$，车上乘客以 $6\text{km}\cdot\text{h}^{-1}$ 的同向速度走向车头。由伽利略变换式（1-34）对时间微分，可算得车上乘客的速度为 $266\text{km}\cdot\text{h}^{-1}$。直觉告诉我们这一结论是正确的，可是路边固定观察点测量的结果是：车上乘客的速度小于 $266\text{km}\cdot\text{h}^{-1}$，问题出在伽利略变换。这个差值非常小，一般测量无法测得此值，但当动车的速度接近光速，差值就变得非常显著。

1.2.2　洛伦兹变换

假设观察对象不是动车上的乘客，而是动车上某处光源发出的光束，由伽利略变换，站台观察点测得的光速将是 $u+c$，而且通过相对于动车上光源作运动的观察点测量光速，所得光速值会随观察点的运动速度不同而不同。

光是一种电磁波，光波不同于机械波，机械波需要借助介质传播。1887 年，迈克耳孙和莫雷（E. W. Morley）通过干涉仪证明光波传播过程并不借助任何介质[9]。爱因斯坦分析和总结前人的研究结果后指出：任何惯性系观察点，包括处于相对运动中的观察点，只要是所受合力为零、以恒定速度 u 运动的惯性系，都处于等同的地位。这意味着物理定律对所有惯性系都是等同的，任何惯性系观察点测量的真空光速与光源处于运动与否无关，其值都应等于

$$c = \frac{1}{\sqrt{\varepsilon_0 \mu_0}} = 2.99792458\times10^8\,\text{m}\cdot\text{s}^{-1} \tag{1-38}$$

爱因斯坦关于物理定律的等同性和光速不变性成为相对性原理的基本假定。根据相对性原理的基本假定，光速对不同的惯性坐标系不变，我们可以想象用光信号来记录时间，因为光速比观察点运动速度快得多，可以将距离和时间测量得很精确，由此得出关于不同时空坐标系的正确变换关系。

为了得到不同时空坐标系之间的变换关系式，先就两种观察方式对应的时空坐标系 $O(x,y,z,t)$ 和 $O'(x',y',z',t')$，写出线性变换的一般表达式

$$\begin{pmatrix} x' \\ t' \end{pmatrix} = \begin{pmatrix} A & B \\ D & G \end{pmatrix} \begin{pmatrix} x \\ t \end{pmatrix} \tag{1-39}$$

左侧乘变换矩阵 $\begin{pmatrix} A & B \\ D & G \end{pmatrix}$ 的逆矩阵 $\begin{pmatrix} A & B \\ D & G \end{pmatrix}^{-1}$，得逆变换关系式

$$\begin{pmatrix} x \\ t \end{pmatrix} = \begin{pmatrix} A & B \\ D & G \end{pmatrix}^{-1} \begin{pmatrix} x' \\ t' \end{pmatrix} = \begin{pmatrix} A' & B' \\ D' & G' \end{pmatrix} \begin{pmatrix} x' \\ t' \end{pmatrix} \tag{1-40}$$

根据矩阵求逆，解得式（1-40）中变换矩阵的矩阵元

$$A' = \frac{G}{AG-BD},\quad G' = \frac{A}{AG-BD} \tag{1-41}$$

展开式（1-39）和式（1-40），空间变量分别为 $x' = Ax + Bt$ 和 $x = A'x' + B't'$，对于空间距离测量应不依赖于坐

标系，因为空间是各向同性的，测量所用的是同一工具，即 $A=A'$。时间变量分别为 $t'=Dx+Gt$ 和 $t=D'x'+G't'$，对时间的测量必须相等，因为测量所用的是同一计时器，即 $G=G'$。将 $A=A'$ 和 $G=G'$ 代入式（1-41），不难得出 $\frac{A}{G}=\frac{G}{A}$，即 $A^2=G^2$。若 $G=-A$，根据 $t'=Dx+Gt$，必然得出当在 $O(x,y,z,t)$ 系中时间向前运行，在 $O'(x',y',z',t')$ 系中时间就向后运行，显然这违背时间定义。因此只能取

$$A=G \tag{1-42}$$

对于伽利略变换，$A=G=1$。洛伦兹（H. Lorentz）认为在体系未受到明显作用力的情况下，$A=G=1$ 只是一种特殊情形，并不概括全部。线性变换的一般表达式（1-39）简化为

$$\begin{pmatrix} x' \\ t' \end{pmatrix}=\begin{pmatrix} A & B \\ D & A \end{pmatrix}\begin{pmatrix} x \\ t \end{pmatrix} \tag{1-43}$$

迈克耳孙和莫雷对两种观察方式测得的光速是否相同很感兴趣，为了准确测量距离，设计了一种干涉仪，见图 1-7。激光光源发出的光直射到两套实验装置坐标系的光路中。先看光射入静止实验装置 O 的情况，观察对象为 S 和 R，观察点为 x 和 y 方向的交点，即坐标系原点 O，为半透明镜 M 与光源光线的交点，该点两束光因 $OS=OR$ 而完全重叠，从而无干涉条纹，用望远镜观看 O 点有无干涉条纹出现。M 和 M' 是具有透射和反射双重性能的半透明镜，光经 M 透射到 S，反射到 R，S 和 R 分别是位于 x 和 y 轴正方向等距离 L 处的反射镜。因 $OS=OR=L$，两路光分别经反射镜 S 和 R 来回行进的路程都为 $2L$，在观察点望远镜 T 将看不到干涉条纹。在 x 和 y 两个方向上所用时间相等，为

$$t_x=t_y=\frac{2L}{c} \tag{1-44}$$

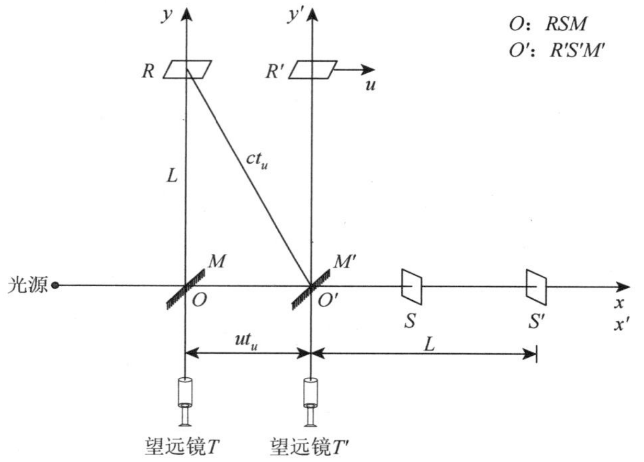

图 1-7　迈克耳孙-莫雷干涉仪：M 和 M' 为半透明镜，光可以透射也可以反射；R、S 和 R'、S' 是反射镜。两种观察方式对应的坐标系 O 和 O'，第一种相对静止，分别在 x 和 y 轴正方向等距离处放置两个反射镜 S 和 R；第二种以速度 u 沿 x 轴正方向运动，同样分别在 x' 和 y' 轴正方向等距离处放置两个反射镜 S' 和 R'。通过望远镜观察干涉条纹数

再看光射入运动实验装置 O' 的情况，实验装置以速度 u 沿 x 轴正方向运动，观察对象为 S'。光经 M' 透射到 S'，反射到 R'，S' 和 R' 也分别是位于 x 和 y 轴正方向等距离 L 处的反射镜，即 $O'S'=O'R'=L$。先计算光在 x 方向由 M' 至 S' 往返时间。因整个 O' 坐标系以速度 u 沿 x 轴正方向运动，设 $O'\to S'$ 光所用的时间为 t_1，此段路程光行进的方向与反射镜 S' 同向，多行进 ut_1 路程，即有 $ct_1=L+ut_1$，则

$$t_1=\frac{L}{c-u}$$

上式表示所用时间延长。设 $S'\to O'$ 光经历的时间为 t_2，此段路程光行进的方向与反射镜 S' 行进方向反向，少行进 ut_2 路程，即有 $ct_2=L-ut_2$，则

$$t_2=\frac{L}{c+u}$$

t_2 式表示经历时间缩短。经反射镜 S' 反射后，往返行进的总时间为

$$t_x = t_1 + t_2 = \frac{L}{c-u} + \frac{L}{c+u} = \frac{2Lc}{c^2-u^2} = \frac{2L}{c}\left(1-\frac{u^2}{c^2}\right)^{-1} \tag{1-45}$$

再计算光在 y 方向由 M' 至 R' 往返时间。当激光光源发出光束，运动坐标系 O' 开始运动瞬间，仍与静止坐标系 O 重合。光接触坐标系的原点 O' 的初始位置 O，反射至反射镜 R' 的初始位置 R，光的路程仍等于 L。因为光是按直线运动的，经过 O' 和 R' 反射点的光都会沿 y 轴方向行进。在 $O' \to R'$ 路径上，假设光所用时间为 t_u，返回路径 $R' \to O'$ 上所用时间仍为 t_u，则在 y 方向光经 R' 反射点往返所用时间为

$$t_y = 2t_u \tag{1-46}$$

现在来计算光行进的路程：实验装置 O' 开始运动瞬间的初始点，光沿路径 $O' \to R'$ 的路程等于初始路径 $O \to R$ 的路程，即等于 L，所耗时间为 t_u。在此时间里，实验装置 O'（观察点 O'）以速度 u 沿 x 轴正方向运动了 ut_u。那么光从 R' 的初始点 R 回到观察点 O'，被观察点 O' 观测，所行进路程应与 $R \to O'$ 相等，相当于直角三角形 $\triangle ORO'$ 的斜边。而光经 R' 反射不可能沿 $R \to O'$ 路径到达观察点 O'。这时设想让实验室 O' 以数值相等的反向速度 $-u$ 回到初始点 O，那么所用时间仍为 t_u，经 R' 反射的光刚好抵达观察点 O' 的初始点 O，因而沿 $R \to O'$ 行进的路程应等于 ct_u，根据勾股定理有

$$(ct_u)^2 = L^2 + (ut_u)^2 \tag{1-47}$$

将式（1-46）代入，解得

$$t_y = \frac{2L}{\sqrt{c^2-u^2}} = \frac{2L}{c}\left(1-\frac{u^2}{c^2}\right)^{-1/2} \tag{1-48}$$

比较式（1-45）和式（1-48）两式，会发现在 x 和 y 两个方向上所用时间不相等，即 $t_x \neq t_y$，这与静止实验装置的观察结果不同，必然会观察到干涉条纹。事实上并没有观察到干涉条纹，洛伦兹对伽利略变换提出了质疑。无干涉条纹的事实说明 $t_x = t_y$，可以推测，当 y 轴与运动方向垂直，在相对运动中对 R 和 R' 的观察（臂长 L）不会表现出任何差异。x 轴与运动方向平行，对 S 和 S' 的观察（臂长 L）应表现出差异。例如，观察者站在站台上观察一列高速的动车呼啸而过，会有每节车厢变短的感觉。同样，观察者坐在动车上，高速经过停靠一旁的动车，也会有停靠动车每节车厢变短的感觉。在迈克耳孙-莫雷实验中，就是沿 x 轴的 $O'S'$ 臂长 L 变短。假设式（1-45）中的 L 变为 l，而当

$$l = L\left(1-\frac{u^2}{c^2}\right)^{1/2} \tag{1-49}$$

t_x 变为

$$t_x = \frac{2l}{c}\left(1-\frac{u^2}{c^2}\right)^{-1} = \frac{2L}{c}\left(1-\frac{u^2}{c^2}\right)^{1/2} \cdot \left(1-\frac{u^2}{c^2}\right)^{-1} = \frac{2L}{c}\left(1-\frac{u^2}{c^2}\right)^{-1/2} \tag{1-50}$$

再比较式（1-48）和式（1-50）两式，$t_x = t_y$。对于第一种观察方式，即当观测实验装置处于静止时，$u=0$，由式（1-49）可知 $l=L$，臂长没有变。对于第二种观察方式，即当观测实验装置以速度 u 向 x 轴正方向运动时，$u \neq 0$，臂长 L 变短为 l。现在将臂长还原为坐标，首先，在运动坐标系 $O'(x',y',z',t')$ 中对 S' 实施观测，坐标 $x'=L$。其次，在静止坐标系 $O(x,y,z,t)$ 中，对以速度 u 沿 x 正方向运动的 S' 实施观测，其坐标 x' 缩短为

$$X' = x'\left(1-\frac{u^2}{c^2}\right)^{1/2} \tag{1-51}$$

令 $t_u = t$，根据图 1-7 所示，在静止坐标系 O 中，S' 的坐标 x 等于

$$x = X' + ut = x'\left(1-\frac{u^2}{c^2}\right)^{1/2} + ut \tag{1-52}$$

将上式表达为线性变换表达式（1-43）的坐标展开式形式，即 $x' = Ax + Bt$ 的形式，得

$$x' = \left(1-\frac{u^2}{c^2}\right)^{-1/2} x - u\left(1-\frac{u^2}{c^2}\right)^{-1/2} t \tag{1-53}$$

比较两式，则有

$$A = \left(1-\frac{u^2}{c^2}\right)^{-1/2}, \quad B = -u\left(1-\frac{u^2}{c^2}\right)^{-1/2} \tag{1-54}$$

将 A 代入线性变换表达式（1-43）的时间变量展开式，即 $t'=Dx+At$，得

$$t'=Dx+\left(1-\frac{u^2}{c^2}\right)^{-1/2}t \tag{1-55}$$

下面求出常量 D。根据爱因斯坦相对性原理的基本假定，即任何惯性系中物理定律是等同的，光速是不变的，是一常量。在两个观测实验装置的坐标系中，分别对光速展开测量，尽管光子的 x 和 x' 坐标不同，飞行的时间 t 和 t' 不同，所测得的光速 c 却是相同的，则有

$$x=ct,\quad x'=ct' \tag{1-56}$$

将式（1-56）代入式（1-53），得

$$ct'=\left(1-\frac{u^2}{c^2}\right)^{-1/2}(c-u)t \tag{1-57}$$

再用光速 c 乘以式（1-55）两端，并将式（1-56）的 $x=ct$ 代入，得

$$ct'=c^2Dt+\left(1-\frac{u^2}{c^2}\right)^{-1/2}ct \tag{1-58}$$

将式（1-58）和式（1-57）两端相减得

$$0=c^2Dt+\left(1-\frac{u^2}{c^2}\right)^{-1/2}ut$$

上式经整理，求得线性变换常量 D。

$$D=-\frac{u}{c^2}\left(1-\frac{u^2}{c^2}\right)^{-1/2} \tag{1-59}$$

将 A 和 D 一并代入式（1-55），推得线性变换表达式（1-43）的时间变量展开式：

$$t'=-\frac{u}{c^2}\left(1-\frac{u^2}{c^2}\right)^{-1/2}x+\left(1-\frac{u^2}{c^2}\right)^{-1/2}t \tag{1-60}$$

将线性变换中坐标和时间变量关系式（1-53）和式（1-60）写成式（1-43）的矩阵形式：

$$\begin{pmatrix}x'\\t'\end{pmatrix}=\left(1-\frac{u^2}{c^2}\right)^{-1/2}\begin{pmatrix}1 & -u\\ -\frac{u}{c^2} & 1\end{pmatrix}\begin{pmatrix}x\\t\end{pmatrix} \tag{1-61}$$

矩阵方程（1-61）的展开式，就是洛伦兹变换关系式。不难验证，当 u 很小，$u/c\approx0$，则有 $A\approx1$，$B\approx-u$，$D\approx0$，洛伦兹变换就退化为伽利略变换。现在我们对高铁动车运动的坐标和时间观测，转变到对原子中电子运动的观测。在电磁力的作用下，电子运动的速度会很快，甚至接近光速，那么，在不同坐标系下观测电子，就不能再使用伽利略变换，而应使用洛伦兹变换。将线性变换关系式（1-53）的时间 t 变为 ct，式（1-60）两端乘以光速 c，时间 t 和 t' 也分别变为 ct 和 ct'，则矩阵方程（1-61）演变为

$$\begin{pmatrix}x'\\ct'\end{pmatrix}=\left(1-\frac{u^2}{c^2}\right)^{-1/2}\begin{pmatrix}1 & -\frac{u}{c}\\ -\frac{u}{c} & 1\end{pmatrix}\begin{pmatrix}x\\ct\end{pmatrix} \tag{1-62}$$

上式是洛伦兹变换的另一种表达式，其中的变换矩阵是对称矩阵。至此闵可夫斯基（H. Minkowski）四维时空坐标系也可以表示为 $O(x,y,z,ct)$——一个以光速为刻度的时间坐标系。我们再回到动车的一维直线运动实例，站台上固定观察点观察到动车以速度 u 离开站台，而动车上的观察点观察到站台以相反速度 $-u$ 离开动车。两个观察点处于相对运动状态，相应的一对坐标系处于等同地位。对矩阵方程（1-62）右端的变换矩阵求逆矩阵，得

$$\left(1-\frac{u^2}{c^2}\right)^{1/2}\begin{pmatrix}1 & -\frac{u}{c}\\ -\frac{u}{c} & 1\end{pmatrix}^{-1}=\left(1-\frac{u^2}{c^2}\right)^{-1/2}\begin{pmatrix}1 & \frac{u}{c}\\ \frac{u}{c} & 1\end{pmatrix}$$

于是矩阵方程（1-62）的逆变换演变为

$$\begin{pmatrix} x \\ ct \end{pmatrix} = \left(1-\frac{u^2}{c^2}\right)^{-1/2} \begin{pmatrix} 1 & \dfrac{u}{c} \\ \dfrac{u}{c} & 1 \end{pmatrix} \begin{pmatrix} x' \\ ct' \end{pmatrix} \tag{1-63}$$

矩阵方程（1-63）的展开式即是洛伦兹逆变换。从方程（1-62）演化为方程（1-63），也可采取相对性原理，将方程（1-62）的 u 用 $-u$ 替换，ct 与 ct' 互换，x 与 x' 互换，就转变为方程（1-63）。由方程（1-62）的展开式可知，从站台上固定观察点看动车车厢里的物体，x 方向的长度变短了。由方程（1-63）的展开式可知，从动车上的观察点看站台上的物体，同样 x 方向的长度变短了。

1.2.3　相对论速度

1905 年，爱因斯坦提出相对论。其基本思想是：①以相对速度 u 运动的两个惯性系中，被观测对象的物理运动方程和时空变化不受两个惯性系的坐标系选择的影响，运动的时空变化在两个坐标系中是相对的，所得出的结论是相同的。选择不同坐标系进行观测的差别只是 $O(x,y,z,t)$ 和 $O'(x',y',z',t')$ 表现形式不同，二者可以通过洛伦兹变换实现相互转换。②光速不因被观测对象所在的坐标系是否运动而发生改变，是一个恒定不变的常数。有了洛伦兹变换，就能理解相对性原理和光速不变原理。

下面通过对洛伦兹变换关系式求全微分，表达出相对论速度。将矩阵方程（1-61）展开，分别对变量 x'、y'、z' 和 t' 求全微分

$$\begin{cases} \mathrm{d}x' = \left(1-\dfrac{u^2}{c^2}\right)^{-1/2} (\mathrm{d}x - u\mathrm{d}t) \\ \mathrm{d}y' = \mathrm{d}y \\ \mathrm{d}z' = \mathrm{d}z \end{cases} \tag{1-64}$$

$$\mathrm{d}t' = \left(1-\frac{u^2}{c^2}\right)^{-1/2} \left(-\frac{u}{c^2}\mathrm{d}x + \mathrm{d}t\right) \tag{1-65}$$

两式相除得

$$\frac{\mathrm{d}x'}{\mathrm{d}t'} = \frac{\mathrm{d}x - u\mathrm{d}t}{-\dfrac{u}{c^2}\mathrm{d}x + \mathrm{d}t} = \frac{\dfrac{\mathrm{d}x}{\mathrm{d}t} - u}{-\dfrac{u}{c^2}\dfrac{\mathrm{d}x}{\mathrm{d}t} + 1}$$

同理有

$$\frac{\mathrm{d}y'}{\mathrm{d}t'} = \left(1-\frac{u^2}{c^2}\right)^{1/2} \frac{\mathrm{d}y}{-\dfrac{u}{c^2}\mathrm{d}x + \mathrm{d}t} = \left(1-\frac{u^2}{c^2}\right)^{1/2} \frac{\dfrac{\mathrm{d}y}{\mathrm{d}t}}{-\dfrac{u}{c^2}\dfrac{\mathrm{d}x}{\mathrm{d}t} + 1}$$

$$\frac{\mathrm{d}z'}{\mathrm{d}t'} = \left(1-\frac{u^2}{c^2}\right)^{1/2} \frac{\mathrm{d}z}{-\dfrac{u}{c^2}\mathrm{d}x + \mathrm{d}t} = \left(1-\frac{u^2}{c^2}\right)^{1/2} \frac{\dfrac{\mathrm{d}z}{\mathrm{d}t}}{-\dfrac{u}{c^2}\dfrac{\mathrm{d}x}{\mathrm{d}t} + 1}$$

我们再回到动车系统，如图 1-8 所示，在站台上观测，在站台（静止）坐标系 O 中，设被观察对象（乘客）的绝对速度为 $v_q = \dfrac{\mathrm{d}q}{\mathrm{d}t}$，$q = x,y,z$；在动车（运动）坐标系 O' 中，其相对速度为 $v'_q = \dfrac{\mathrm{d}q'}{\mathrm{d}t'}$，$q' = x',y',z'$。则上式简写为

$$v'_x = \frac{c^2(v_x - u)}{c^2 - v_x u},\ v'_y = \left(1-\frac{u^2}{c^2}\right)^{1/2} \frac{c^2 v_y}{c^2 - v_x u},\ v'_z = \left(1-\frac{u^2}{c^2}\right)^{1/2} \frac{c^2 v_z}{c^2 - v_x u} \tag{1-66}$$

在动车上观测，坐标系 O（站台）以速度 $-u$ 反向运动，变为相对运动坐标系；坐标系 O'（动车）变为静止坐标系。用 $-u$ 代替式（1-66）中的 u，再将 v_q 和 v'_q 互换，式（1-66）就变为逆变换式

$$v_x = \frac{c^2(v'_x + u)}{c^2 + v'_x u},\ v_y = \left(1 - \frac{u^2}{c^2}\right)^{1/2} \frac{c^2 v'_y}{c^2 + v'_x u},\ v_z = \left(1 - \frac{u^2}{c^2}\right)^{1/2} \frac{c^2 v'_z}{c^2 + v'_x u} \quad (1\text{-}67)$$

式（1-67）也可以通过式（1-66）移项整理得到。式（1-66）和式（1-67）的物理关系是：在静止坐标系 O 和运动坐标系 O' 中，被观察对象位于运动坐标系 O' 中，并以速度 v'_x 移动，而坐标系 O' 以速度 u 运动。速度是矢量，按定义沿 x 轴正方向运动速度为正，反之为负。当两个坐标系合并为相对运动体系时，从静止坐标系 O 观测被观察对象的绝对速度由式（1-67）计算，而从运动坐标系 O' 观测被观察对象的相对速度由式（1-66）计算。从坐标系 O 观察坐标系 O'，坐标系 O 静止，坐标系 O' 以速度 u 运动。相反，从坐标系 O' 观察坐标系 O，坐标系 O' 静止，坐标系 O 以速度 $-u$ 反向运动。根据这种相对运动关系，式（1-66）中 u 换成 $-u$，就是式（1-67），同理式（1-67）中 u 换成 $-u$，就是式（1-66）。我们选择了光测量距离和时间，是因为光的传播速度最快，任何物体的运动速度都不会超过光速。

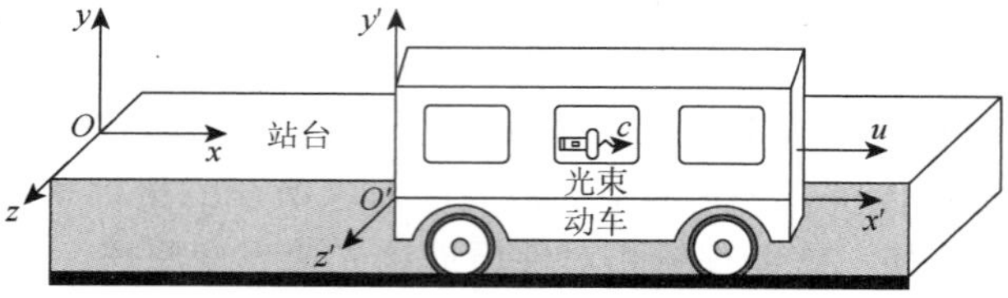

图 1-8　高铁动车沿 x 轴正方向以速度 u 运动，车上手电筒同向发射光束

【例 1-3】　假设动车的速度为 u，乘客手持电筒向动车行进的方向发射光束，倘若在地面上观测光束，其速度会超过 c 吗？

解： 首先将动车行进的方向定为坐标系的 x 轴正方向，光传播的方向也是 x 轴正方向。因为在动车上观测到电筒发出光束的速度应等于 c，即 $v'_x = c$，所以，在静止坐标系（地面）中观测运动坐标系（动车）中的被观测对象（电筒发出的光束）的绝对速度 v_x，由式（1-67）的第一式算得

$$v_x = \frac{c^2(v'_x + u)}{c^2 + v'_x u} = \frac{c^2(c+u)}{c^2 + cu} = c$$

结果说明光速不因被观测对象所在的坐标系是否运动而发生改变，是一个恒定不变的常数。

1.2.4　相对论长度收缩

通过迈克耳孙-莫雷干涉仪的观测方式已经得出：将沿 x 轴正方向的反射镜、坐标系原点与反射镜之间的臂长作为被观测对象，即在任意一个坐标系中观测另一个处于相对运动坐标系中的臂长，其臂长都会缩短，而与 x 轴垂直的 y 轴方向的臂长不变。现在，我们讨论在沿 x 轴正方向运动的坐标系中，任意图形沿 x 轴正方向运动的长度变化。假设动车车厢两侧印刷了一个圆形图案，见图 1-9，作为被观察对象，圆形图案沿 x 轴正方向直径 SN 的长度等于 N 和 S 点的 x 坐标之差。当动车以速度 u 沿 x 轴正方向行进，圆形图案也以相同速度沿 x 方向运动，在运动（动车）坐标系 $O'(x',y',z',t')$ 中观测，圆形图案相对静止，N 和 S 点的 x 坐标之差 $d'_x = x'_N - x'_S$，如用直尺直接测量，其长度称为原长或静止长度。此时在静止（站台）坐标系 $O(x,y,z,t)$ 中观测直径 SN 的长度，均在同一时刻测量，即 $t_N = t_S$。

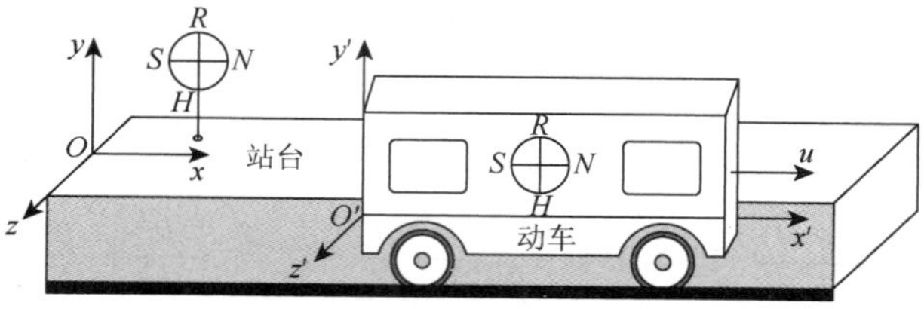

图 1-9　在相对论中站台和动车车厢两侧的圆形图案在运动中的变化

展开洛伦兹变换关系式（1-62），其空间坐标变换式为

$$x'=\left(1-\frac{u^2}{c^2}\right)^{-1/2}(x-ut)$$

因为$t_N=t_S$，在$O'(x',y',z',t')$坐标系中观测，S 和 N 点的坐标之差为

$$x'_N-x'_S=\left(1-\frac{u^2}{c^2}\right)^{-1/2}\left[(x_N-x_S)-u(t_N-t_S)\right]=(x_N-x_S)\left(1-\frac{u^2}{c^2}\right)^{-1/2}$$

因为$d'_x=x'_N-x'_S$，令在$O(x,y,z,t)$坐标系中观测到的 SN 长度为$d_x=x_N-x_S$，则有

$$d_x=d'_x\left(1-\frac{u^2}{c^2}\right)^{1/2} \tag{1-68}$$

式（1-68）中，$u<c$，$d_x<d'_x$，此结论说明：动车上沿 x 轴正方向直径 SN 的长度d'_x，在站台上观测是缩短了。不难得出，沿 y 方向直径 RH 的长度不变，整个圆形图案将变成椭圆形。同理，展开洛伦兹变换关系式（1-63），可以得出，对于站台上的圆形图案，沿 x 轴正方向直径 SN 的长度，在动车上观测也缩短了，沿 y 方向直径 RH 的长度不变，整个圆形图案也将变成椭圆形。式（1-68）中，动车相对于站台沿 x 轴正方向的运动速度u远小于c，圆形向椭圆的变化其实并不明显。倘若将动车换成太空飞船，设想其速度接近光速，当太空飞船掠过空间站时，从空间站观测，太空飞船外壁上的圆形图案就完全变成椭圆形了。

1.2.5　相对论时间膨胀

现在我们来测量时间，在时间坐标系中，绝对时间的测量是没有意义的。为了保证所测时间是同一只时钟读出的，必须选择统一的计时工具，如同步时钟，将四只时钟准确对时，确保很长时间内各钟误差小到忽略不计。将其放到站台的始点S和终点E，以及动车第一节车厢的S'点和第四节车厢的E'点，站台（静止）坐标系为$O(x,y,z,ct)$，动车（运动）坐标系为$O'(x',y',z',ct')$。在站台的终点E处同步时钟 2 的背后设置高清自动数码照相机，以便捕捉第一节车厢的S'点和第四节车厢的E'点处的时钟$1'$和$2'$，分别与站台上同步时钟 1 和 2 相遇时的瞬时图像（图 1-10）。相遇是指它们的x轴坐标值重合，而拍摄时钟瞬时图像是为了记录正确时间，当动车速度很快，无法看清时钟指针时，最好的办法就是先连续拍摄动态图像，最后分析得出时间。

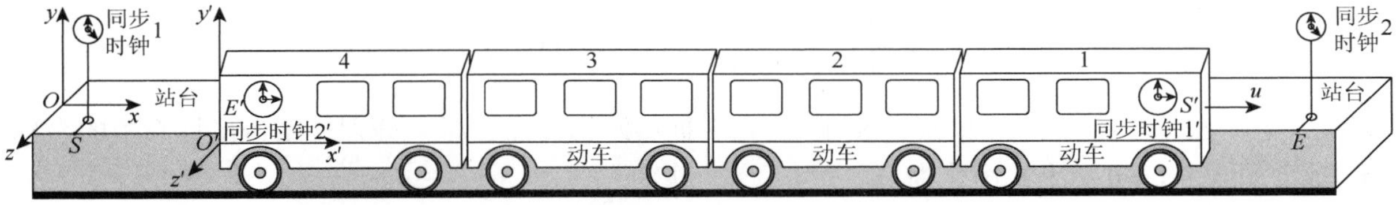

图 1-10　动车经过指定距离所需时间测量——相对论时间膨胀现象，摄取同步时钟图像的照相机在正对时钟一侧

将观测点设在站台上，观测对象为站台 S 和 E 点，测量通过距离 SE 的时间，选取静止时钟和运动时钟两种方式进行测量。动车以速度u沿x轴正方向行进，选取动车第四节车厢E'点处的同步时钟$2'$，记录先后经过站台S和E点的时间为t'_1和t'_2，此时间差为$\Delta t'=t'_2-t'_1$，表示运动的同步时钟$2'$经过SE距离所需时间，此时间也可由乘客记录，属于动车（运动）坐标系$O'(x',y',z',ct')$，见图 1-10。再设动车第四节车厢E'点（同步时钟$2'$）先后经过站台上S和E点，同步时钟1和2显示的时间分别是t_1和t_2，此时间差为$\Delta t=t_2-t_1$，表示静止同步时钟1和2就动车行进SE距离所需时间，属于站台（静止）坐标系为$O(x,y,z,ct)$。我们的问题是Δt和$\Delta t'$是否相等。具体做法是：当动车第四节车厢E'点处的同步时钟$2'$与站台S处同步时钟1相遇时，数码相机同时拍摄两只时钟的瞬时图像，读出时间t_1和t'_1。当动车第四节车厢E'点处的同步时钟$2'$与站台E点处同步时钟2相遇时，数码相机同时拍摄两只时钟的瞬时图像，读出时间t_2和t'_2。两次时间测量的差值分别为$\Delta t=t_2-t_1$和$\Delta t'=t'_2-t'_1$。Δt是在站台坐标系中时钟测量动车行进SE距离所需时间，是静止时钟记录的时间。$\Delta t'$是在动车坐标系中时钟测量动车行进相同SE距离所需时间，是运动时钟记录的时间。

展开洛伦兹逆变换关系式（1-63），根据时间变换关系式

$$t=\left(1-\frac{u^2}{c^2}\right)^{-1/2}\left(\frac{u}{c^2}x'+t'\right)$$

当动车第四节车厢 E' 先后与站台始点 S 和站台终点 E 处同步时钟 1 和 2 相遇，对于站台坐标系测得的时间差为

$$t_2-t_1=\left(1-\frac{u^2}{c^2}\right)^{-1/2}\left[\frac{u}{c^2}(x_2'-x_1')+(t_2'-t_1')\right]$$

因为 $\Delta t=t_2-t_1$，$\Delta t'=t_2'-t_1'$，而 x_1' 和 x_2' 是动车第四节车厢 E' 先后与站台始点 S 和站台终点 E 相遇时，站台始点 S 和站台终点 E 分别在动车坐标系中的坐标，显然，$x_1'=x_2'$，即 $x_2'-x_1'=0$。上式等于

$$\Delta t=\left(1-\frac{u^2}{c^2}\right)^{-1/2}\Delta t' \tag{1-69}$$

式（1-69）中，$u<c$，$\Delta t>\Delta t'$，此结论说明：由相对静止的站台坐标系观测，以速度 u 沿 x 轴正方向行进的动车，通过 SE 距离所用时间 Δt，与动车上以相同运动速度的时钟 $2'$ 先后与站台上同步时钟 1 和 2 相遇（通过相同 SE 距离）所用时间 $\Delta t'$ 相比，增加了。换句话说，就匀速运动物体通过相同距离而言，静止与运动坐标系中的时钟所记录的时间相比，前者记录的时间增加了。

如果将观测点设在动车上，观测对象变为动车的 S' 和 E' 点，测量通过距离 $S'E'$ 的时间，同样选取静止时钟和运动时钟两种方式进行测量。动车以速度 u 沿 x 轴正方向行进，而动车上的观测点将观测到站台以及站台上的时钟以速度 $-u$ 沿 x 轴负方向反向行进。当站台上同步时钟 2 抵达动车第一节车厢的 S' 点处，数码相机记录两只时钟的瞬时图像，站台上同步时钟 2 的时间为 t_1，车厢上 S' 点处时钟的时间为 t_1'。当站台上同步时钟 2 抵达动车第四节车厢的 E' 点处，数码相机再次记录两只时钟的瞬时图像，读出站台上同步时钟 2 的时间为 t_2，车厢上 E' 点处时钟的时间为 t_2'。站台上的同步时钟 2 处于反向运动坐标系，两次时间测量的差值为 $\Delta t=t_2-t_1$；动车上 E' 和 S' 点的时钟处于同速运动坐标系，就动车观测点来说，处于相对静止，先后到达站台终点 E 的时间差为 $\Delta t'=t_2'-t_1'$，这个时间差也可以通过动车上两个乘客分别记录得到。展开洛伦兹变换式（1-62），根据时间变换关系式

$$t'=\left(1-\frac{u^2}{c^2}\right)^{-1/2}\left(-\frac{u}{c^2}x+t\right)$$

当站台终点 E 先后与动车的 S' 和 E' 处时钟相遇，其时间差为

$$t_2'-t_1'=\left(1-\frac{u^2}{c^2}\right)^{-1/2}\left[-\frac{u}{c^2}(x_2-x_1)+(t_2-t_1)\right]$$

因为 $\Delta t=t_2-t_1$，$\Delta t'=t_2'-t_1'$，而 x_1 和 x_2 是 S' 和 E' 先后抵达站台终点 E 时，分别在站台坐标系中的坐标，显然，$x_2=x_1$，即 $x_2-x_1=0$。上式简化为

$$\Delta t'=\left(1-\frac{u^2}{c^2}\right)^{-1/2}\Delta t \tag{1-70}$$

式（1-70）中，$u<c$，$\Delta t'>\Delta t$，此结论说明：在以速度 u 沿 x 轴正方向行进的动车上观测，站台以及站台上同步时钟 1 和 2 以相反的速度 $-u$ 远离动车，通过 $S'E'$ 距离所用时间 Δt，比动车上处于相对静止的时钟 $1'$ 和 $2'$ 先后与站台上同步时钟 2 相遇（通过相同 $S'E'$ 距离）所用时间 $\Delta t'$ 短。由此可见，将观测点设在站台上和设在动车上，所得结论相同。就运动物体匀速通过相同距离所用时间，在运动坐标系中的时钟显示相对收缩，而在静止坐标系中的时钟显示相对膨胀。

【例 1-4】 介子在高空大气层（大约 6000m 高空处）的大气中产生，平均寿命为 2×10^{-6}s，地面实验室能否观测到介子？

解： 假设介子经宇宙射线照射产生时的速度为 0.9998c，按照平均寿命，指向地球的运动距离为

$$d=u\Delta t=0.9998\times2.998\times10^8\,\text{m}\cdot\text{s}^{-1}\times2\times10^{-6}\,\text{s}=599.5\,\text{m}$$

按照非相对论的计算，介子不能抵达地面实验室。根据相对论，当介子的速度接近光速，就会出现时间膨胀现象。将地面实验室设为相对静止坐标系，介子设为高速运动坐标系，用地面实验室的时钟记录介子到达地面实验室的旅程，所用时间将增加。用介子的时钟记录的介子寿命为 2×10^{-6}s，那么用地面实验室的时钟记录介子的寿命为

$$\Delta t=\left(1-\frac{u^2}{c^2}\right)^{-1/2}\Delta t'=\left[1-\frac{(0.9998c)^2}{c^2}\right]^{-1/2}\times(2\times10^{-6}\text{s})=1.0\times10^{-4}\text{s}$$

介子穿透大气层、指向地球的运动距离为

$$d=u\Delta t=0.9998\times2.998\times10^8\,\text{m}\cdot\text{s}^{-1}\times1.00\times10^{-4}\,\text{s}=29974.0\text{m}$$

此距离已远远超过 6000m 的高度，因而介子能抵达地面实验室，被仪器检测到。

1.2.6　相对论质量和动量

现在我们观测一个移动平台上的射击实验。射击靶场被固定在移动车上，见图 1-11。设观测台（静止）和移动车（运动）两个观测点，其时空坐标分别由坐标系 $O(x,y,z,t)$ 和 $O'(x',y',z',t')$ 确定，两个坐标系的坐标轴取向一致，其中步枪和靶子的连线与坐标系 y 轴平行，并在同一水平线上，射击时发出的子弹沿 y 轴正方向飞向木靶，轨迹与 y 轴平行，限制子弹的速度只有 y 分量。当移动车沿 x 轴正方向以速度 u 运动时，步枪射出子弹飞向木靶，钻入木靶 5cm 深处。观测台和移动车两个观测点观测的结果完全一致。

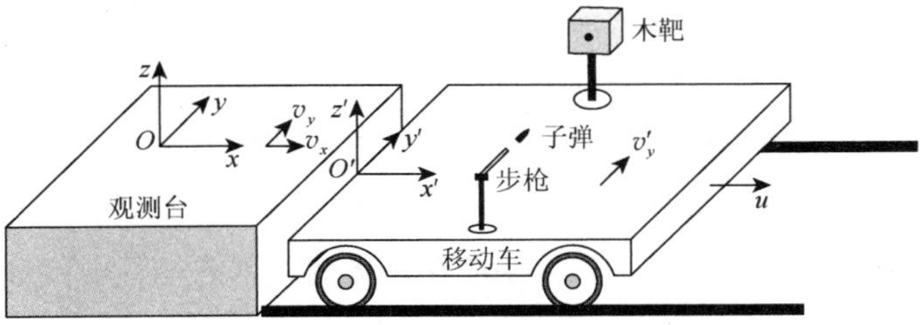

图 1-11　静止观测移动车上的物体运动

下面我们将观测对象锁定在子弹上，假设移动车开始运动，设子弹在射击前在静止坐标系 O 中观测，处于运动状态，其质量和速度分别为 m 和 u，而在运动坐标系 O' 中观测，子弹相对静止，其质量为 m'。子弹射出后，子弹在两个坐标系 $O(x,y,z,t)$ 和 $O'(x',y',z',t')$ 中的 y 方向速度分量分别为 v_y 和 v'_y，根据洛伦兹变换导出的速度变换式（1-67）

$$v_y=\left(1-\frac{u^2}{c^2}\right)^{1/2}\frac{c^2v'_y}{c^2+v'_xu}$$

注意靶场被固定在移动车上，靶场和移动车处于相对静止，在移动车上观测子弹速度没有其他分量，即 $v'_x=0$，上式简化为

$$v_y=\left(1-\frac{u^2}{c^2}\right)^{1/2}v'_y \tag{1-71}$$

我们也可以站在一辆移动车平台上，观测地面靶场的射击实验。靶场就设在移动车轨道的附近，见图 1-12。设地面（静止）和移动车（运动）两个观测点的时空坐标分别由坐标系 $O(x,y,z,t)$ 和 $O'(x',y',z',t')$ 确定，两个坐标系的坐标轴取向一致，步枪射击时发出的子弹沿 y 轴正方向飞向木靶，轨迹与 y 轴平行，限制子弹的速度只有 y 分量。当移动车沿 x 轴正方向以速度 u 运动时，移动车上观测到地面靶场以反向速度 $-u$ 远离移动车。步枪射出子弹飞向木靶，钻入木靶 5cm 深处。地面靶场和移动车两个观测点观测的结果完全一致。

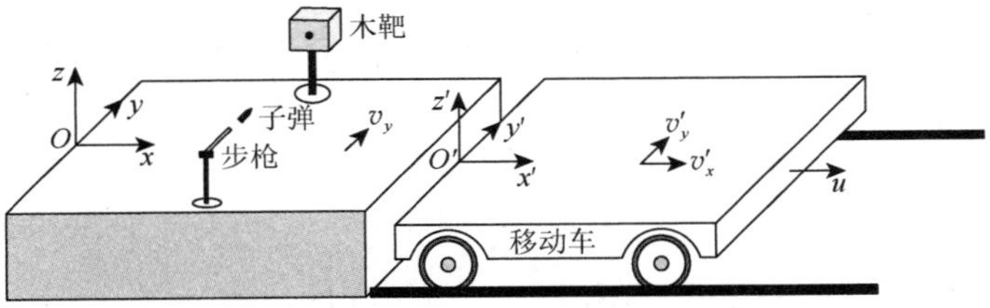

图 1-12　移动观测运动物体

观测对象仍为子弹，假设移动车开始运动，设子弹在射击前在移动车坐标系$O'(x',y',z',t')$中观测，处于运动状态，其质量和速度分别为m'和$-u$，而在地面靶场坐标系$O(x,y,z,t)$中观测，子弹相对静止，其质量为m。子弹射出后，在$O(x,y,z,t)$和$O'(x',y',z',t')$坐标系中的运动速度分别为v_y和v'_y，根据洛伦兹变换导出的速度变换式（1-66）

$$v'_y=\left(1-\frac{u^2}{c^2}\right)^{1/2}\frac{c^2 v_y}{c^2-v_x u}$$

注意地面靶场处于相对静止，在地面靶场坐标系O中观测，子弹速度没有其他分量，即$u_x=0$，上式简化为

$$v'_y=\left(1-\frac{u^2}{c^2}\right)^{1/2}v_y \tag{1-72}$$

式（1-71）与式（1-72）互为反演对称，用$-u$代替式（1-71）中的u，再交换v'_y和v_y，就变为式（1-72）。两个关系式说明两个坐标系观测到的子弹速度y分量不相等，即$v_y\neq v'_y$。现在讨论两个坐标系观测到的子弹动量y分量是否相等。第一种选择，两个坐标系观测到的子弹动量y分量不相等，因为直觉告诉我们两个坐标系观测的质量应该相等，$m'=m$，则$m'v'_y\neq mv_y$。第二种选择，两个坐标系观测到的子弹动量y分量相等，即$m'v'_y=mv_y$，那么质量不相等。

1901 年，考夫曼（W. Kaufmann）对电子在电场和磁场中的荷质比和速度进行了测量，发现电子的质量随速度的变化发生了变化，理论上电子存在与运动方向平行和垂直的两个质量。实验是用放射性镭衰变产生的电子流（β 射线），通过电场和磁场进行的。爱因斯坦用$\boldsymbol{F}=m\boldsymbol{a}$定义，也得出电子存在与运动方向平行和垂直的两个质量的结论，因而就上述子弹的运动实验，用爱因斯坦关于电子的动力学理论，应该选择第二种，即物体在运动中质量m与运动速度有关。1907 年，普朗克用$\boldsymbol{F}=\frac{\mathrm{d}\boldsymbol{p}}{\mathrm{d}t}=\frac{\mathrm{d}}{\mathrm{d}t}(m_v\boldsymbol{v})$定义，得到相对论运动质量

$$m_v=\frac{m_0}{\sqrt{1-\boldsymbol{v}^2/c^2}} \tag{1-73}$$

由式（1-73），容易得到如下结论：当物体的运动速度v增大，运动质量m_v增大，当运动速度$v\to c$，运动质量m_v无限增大。与之前的相对论运动质量相比，只有一种质量，因而相对论运动质量与力的定义式有关。对于电子运动的质量和力的问题，必须充分考虑其高速运动的相对论运动质量，由四维动量-能量空间的相对论动量和能量重新定义质量和力。

设物体的运动速度为$\boldsymbol{v}$，并推广到三维空间向量$\boldsymbol{v}=v_x\boldsymbol{i}+v_y\boldsymbol{j}+v_z\boldsymbol{k}$，物体的静止质量为$m_0$，运动质量为$m_v$，静止质量$m_0$是将坐标系（观测者位置）设置在物体上，使得物体与观测坐标系处于相对静止时，测得的质量。那么相对论对物体动量的定义为

$$\boldsymbol{p}=m_v\boldsymbol{v}=\frac{m_0\boldsymbol{v}}{\sqrt{1-\boldsymbol{v}^2/c^2}} \tag{1-74}$$

其中，物体运动速度$\boldsymbol{v}=v_x\boldsymbol{i}+v_y\boldsymbol{j}+v_z\boldsymbol{k}$，是向量。质量关系式（1-73）保证了相对论动量守恒，即相对论动量不随观测坐标系不同而发生变化，关系式（1-73）就成了相对论运动质量定义式。显然，相对论运动质量是从相对论动量关系式得出的定义，并符合相对论动量守恒，这与经典力学是完全不同的。作为一个推广理论，从相对论力学同样可以得出牛顿力学，牛顿力学只是相对论力学的特殊情形。

下面以射击靶场固定在移动车上为例，见图 1-11，当移动车沿x轴正方向以速度u运动时，在移动车坐标系$O'(x',y',z',t')$中观测，射击前，子弹的质量m'是静止质量m_0，因为此时移动车和子弹同时向x轴正方向以相同速度u运动，移动车和子弹处于相对静止；子弹沿y方向射击，子弹的速度分量分别为$v'_x=0$，v'_y，$v'_z=0$。在观测台（静止）坐标系$O(x,y,z,t)$观测，子弹的质量m是运动质量m_v，子弹的速度分量分别为$v_x=u$，v_y，$v_z=0$。v_y和v'_y之间满足式（1-71）

$$v_y=\left(1-\frac{u^2}{c^2}\right)^{1/2}v'_y$$

在坐标系$O'(x',y',z',t')$中，只有速度分量v'_y不为零，观测子弹的质量为

$$m'=m_0\left(1-\frac{v'^2}{c^2}\right)^{-1/2}=m_0\left(1-\frac{v_x'^2+v_y'^2+v_z'^2}{c^2}\right)^{-1/2}=m_0\left(1-\frac{v_y'^2}{c^2}\right)^{-1/2} \tag{1-75}$$

在坐标系 $O(x,y,z,t)$ 中，有速度分量 v_x 和 v_y 不为零，观测子弹的质量为

$$m=m_0\left(1-\frac{v^2}{c^2}\right)^{-1/2}=m_0\left(1-\frac{v_x^2+v_y^2+v_z^2}{c^2}\right)^{-1/2}=m_0\left(1-\frac{u^2+v_y^2}{c^2}\right)^{-1/2} \tag{1-76}$$

其中

$$1-\frac{u^2+v_y^2}{c^2}=1-\frac{u^2}{c^2}-\frac{v_y^2}{c^2}=1-\frac{u^2}{c^2}-\frac{1}{c^2}\left[\left(1-\frac{u^2}{c^2}\right)^{1/2}v_y'\right]^2$$
$$=\left(1-\frac{u^2}{c^2}\right)\left(1-\frac{v_y'^2}{c^2}\right)$$

上式代入式（1-76），再将式（1-75）代入，式（1-76）演变为

$$m=m_0\left(1-\frac{u^2}{c^2}\right)^{-1/2}\left(1-\frac{v_y'^2}{c^2}\right)^{-1/2}=m'\left(1-\frac{u^2}{c^2}\right)^{-1/2} \tag{1-77}$$

根据相对论动量定义式（1-74），结合式（1-77）和式（1-71），在 $O(x,y,z,t)$ 和 $O'(x',y',z',t')$ 坐标系中，子弹的动量 y 分量必然相等

$$p_y=mv_y=m'\left(1-\frac{u^2}{c^2}\right)^{-1/2}v_y=m'\left(1-\frac{u^2}{c^2}\right)^{-1/2}\left(1-\frac{u^2}{c^2}\right)^{1/2}v_y'=m'v_y'=p_y' \tag{1-78}$$

相对论运动质量关系式（1-73）的假设保证了相对论动量仍然守恒。

在射击实验中，当靶场设在地面时，见图 1-12，在地面靶场坐标系 O 中观测，静止质量 m_0 就是地面上测得的质量 m，在移动车坐标系 O' 观测，质量 m' 变为运动质量 m_v。当移动车沿 x 轴正方向以速度 u 运动时，地面靶场以速度 $-u$ 沿 x 轴负方向运动，根据两个坐标系下的质量和速度分量，同样可以导出动量守恒式（1-78）。

1.2.7　相对论动能

根据质量和动量关系式，只有物体处于高速运动状态，相对论效应才比较明显，一切低速运动的物体都不容易测量出相对论效应，高速运动是指物体的运动速度 v 接近或达到光速 c 的数量级。所以，地球上有关宏观物体的实验都无法验证相对论的正确性，而微观粒子的实验却无数次证明了相对论运动质量关系式（1-73）的正确性。

首先将式（1-73）中的相对论因子展开为泰勒级数形式

$$\left(1-\frac{v^2}{c^2}\right)^{-1/2}=1+\frac{1}{2}\frac{v^2}{c^2}+\frac{3}{8}\left(\frac{v^2}{c^2}\right)^2+\frac{15}{48}\left(\frac{v^2}{c^2}\right)^3+\cdots \qquad \frac{v}{c}<1$$

代入式（1-73），相对论运动质量等于

$$m_v=m_0\left[1+\frac{1}{2}\frac{v^2}{c^2}+\frac{3}{8}\left(\frac{v^2}{c^2}\right)^2+\frac{15}{48}\left(\frac{v^2}{c^2}\right)^3+\cdots\right]$$

两端同时乘以 c^2，移项求得

$$m_vc^2-m_0c^2=\frac{1}{2}m_0v^2+\frac{3}{8}m_0\frac{v^4}{c^2}+\frac{15}{48}m_0\frac{v^6}{c^4}+\cdots=\frac{1}{2}m_0v^2+\Omega\left(m_0\frac{v^{k+2}}{c^k}\right) \tag{1-79}$$

其中，$\Omega\left(m_0\frac{v^{k+2}}{c^k}\right)=\frac{3}{8}m_0\frac{v^4}{c^2}+\frac{15}{48}m_0\frac{v^6}{c^4}+\cdots$ 是小量。右端是经典动能加小量，随速度不同而发生变化；如果质

量是常量，左端变为恒量，两端相等显然不合理。所以，只有左端的运动质量 m_v 变为变量，其意义是动能存储于质量之中，爱因斯坦推论物体的总能量为

$$E=mc^2 \tag{1-80}$$

式（1-80）就是相对论质能关系式，当物体处于运动状态时，$m=m_v$，其能量形式是动能。1905 年，爱因斯坦用洛伦兹变换和相对性原理得出的这一质能关系式的物理意义是：物体的质量是它所含能量的量度，如果某物体以辐射形式放出能量 ΔE，那么它的质量就会减少 $\Delta m=\Delta E/c^2$。假设相对论运动质量关系式正确，则必有相对论质能关系式，这个关系式在后来的核反应实验中多次被证明。

在非相对论中，动能 $T_0=\dfrac{1}{2}m_0v^2$，则

$$\frac{dT_0}{dt}=\frac{d}{dt}\left(\frac{1}{2}m_0v^2\right)=m_0v\frac{dv}{dt}=v\frac{d(m_0v)}{dt} \tag{1-81}$$

在相对论中，由相对论质能关系式（1-80），对时间微分，

$$\begin{aligned}\frac{dE}{dt}&=\frac{d}{dt}(m_vc^2)=c^2\frac{d}{dt}\frac{m_0}{\sqrt{1-v^2/c^2}}=m_0c^2\left(-\frac{1}{2}\right)\left(1-\frac{v^2}{c^2}\right)^{-3/2}\left(-\frac{2v}{c^2}\right)\frac{dv}{dt}\\&=m_0\left(1-\frac{v^2}{c^2}\right)^{-1/2}\cdot\left(1-\frac{v^2}{c^2}\right)^{-1}v\frac{dv}{dt}\\&=m_0\left(1-\frac{v^2}{c^2}\right)^{-1/2}\cdot\left(1+\frac{v^2/c^2}{1-v^2/c^2}\right)\cdot v\frac{dv}{dt}\\&=m_0\left(1-\frac{v^2}{c^2}\right)^{-1/2}v\frac{dv}{dt}+v^2\frac{m_0}{c^2}\left(1-\frac{v^2}{c^2}\right)^{-3/2}v\frac{dv}{dt}\\&=m_vv\frac{dv}{dt}+v^2\frac{dm_v}{dt}\\&=v\frac{d(m_vv)}{dt}\end{aligned} \tag{1-82}$$

式中运用了 $\dfrac{dm_v}{dt}=\dfrac{m_0}{c^2}\left(1-\dfrac{v^2}{c^2}\right)^{-3/2}v\dfrac{dv}{dt}$，式（1-81）由非相对论动能导出，式（1-82）由相对论能量导出，二者在低速条件下是相等的，这说明相对论质能关系式的能量形式是动能，在高速条件下相对论动能随速度的增大而增大，转变为随质量的增大而增大。

【例 1-5】 用回旋加速器加速电子，若使电子速度达到 0.999999c，则其质量增加到多大？动能为多少？

解： 由相对论质量关系式：$m_v=\dfrac{m_0}{\sqrt{1-v^2/c^2}}=707.11m_0$，相对于静止能量，动能为

$$\begin{aligned}\Delta E&=m_vc^2-m_0c^2=(707.11-1)m_0c^2=706.11m_0c^2\\&=706.11\times(9.109\times10^{-31}\,\text{kg})\times(2.998\times10^8\,\text{m}\cdot\text{s}^{-1})^2\\&=5.781\times10^{-11}\,\text{J}\end{aligned}$$

也常采用 eV、keV、MeV、GeV、TeV 等单位。例如，

$$\Delta E=5.781\times10^{-11}\,\text{J}\times\left(\frac{1\text{eV}}{1.602\times10^{-19}\,\text{J}}\right)\left(\frac{1\text{MeV}}{10^6\,\text{eV}}\right)=360.86\text{MeV}$$

展开质量关系式可以得到一个重要公式，将式（1-73）两端平方

$$m_v^2c^2-m_0^2c^2=m_v^2v^2=\boldsymbol{p}^2 \tag{1-83}$$

其中，$\boldsymbol{v}=v_x\boldsymbol{i}+v_y\boldsymbol{j}+v_z\boldsymbol{k}$，动量为相对论动量 $\boldsymbol{p}=p_x\boldsymbol{i}+p_y\boldsymbol{j}+p_z\boldsymbol{k}$。两端乘以 c^2，由 $E=m_0c^2$ 代换，

$$E^2=m_0^2c^4+p^2c^2 \tag{1-84}$$

质量关系式揭示了能量和动量的关系。

相对论质能关系式的能量形式是动能，定义相对论动能：

$$T=m_vc^2-m_0c^2 \tag{1-85}$$

由式（1-79），相对论动能为

$$T = m_v c^2 - m_0 c^2 = \frac{1}{2} m_0 \boldsymbol{v}^2 + \frac{3}{8} m_0 \frac{\boldsymbol{v}^4}{c^2} + \frac{15}{48} m_0 \frac{\boldsymbol{v}^6}{c^4} + \cdots \tag{1-86}$$

将右端的速度改写为非相对论动量形式 $\boldsymbol{p}_0 = m_0 \boldsymbol{v}$，由式（1-83），式（1-86）变为

$$T = m_v c^2 - m_0 c^2 = \frac{\boldsymbol{p}_0^2}{2m_0} + \frac{3}{8} \frac{\boldsymbol{p}_0^4}{m_0^3 c^2} + \frac{15}{48} \frac{\boldsymbol{p}_0^6}{m_0^5 c^4} + \cdots \tag{1-87}$$

将上式右端非相对论动量改写为非相对论动能形式 $T_0 = \frac{1}{2} m_0 \boldsymbol{v}^2 = \frac{\boldsymbol{p}_0^2}{2m_0}$，式（1-87）变为

$$T = m_v c^2 - m_0 c^2 = T_0 + \frac{3}{2} \frac{T_0^2}{m_0 c^2} + \frac{15}{6} \frac{T_0^3}{m_0^2 c^4} + \cdots \tag{1-88}$$

上式表达了相对论动能和非相对论动能的差别。对于高速运动的微观自由粒子，如原子、分子中的电子，式（1-87）右端求和式中的高阶动量项、式（1-88）右端求和式中的高阶能项不能全部忽略相对论动能和动量之间关系式对精确求解原子核分子体系的能量具有很重要的意义，根据式（1-84）

$$m_v c^2 = m_0 c^2 \sqrt{1 + \frac{\boldsymbol{p}^2}{m_0^2 c^2}} = m_0 c^2 \left[1 + \frac{1}{2} \frac{\boldsymbol{p}^2}{m_0^2 c^2} - \frac{1}{8} \left(\frac{\boldsymbol{p}^2}{m_0^2 c^2} \right)^2 + \frac{3}{48} \left(\frac{\boldsymbol{p}^2}{m_0^2 c^2} \right)^3 - \cdots \right] \tag{1-89}$$

根据相对论动能的定义，上式变为

$$T = m_v c^2 - m_0 c^2 = \frac{\boldsymbol{p}^2}{2m_0} - \frac{1}{8} \frac{\boldsymbol{p}^4}{m_0^3 c^2} + \frac{3}{48} \frac{\boldsymbol{p}^6}{m_0^5 c^4} - \cdots \tag{1-90}$$

其中，$\boldsymbol{p} = p_x \boldsymbol{i} + p_y \boldsymbol{j} + p_z \boldsymbol{k}$，是相对论动量，式（1-90）就是相对论动能和动量之间的关系式，通常忽略第三项以后的高阶项。

1.2.8　相对论运动学

原子可被再分割为电子、质子和中子，电子和原子核是运动着的带电粒子，存在电磁相互作用力，形成粒子的一种能量形式——电磁相互作用能，有着离散性的量子化特性。这些粒子之间的电磁作用力不断发生变化，γ 光子传递电磁作用力。光是电磁波，形成电磁场，光照射在物质上，即是光与物质发生相互作用，实际上是物质中的带电粒子与电磁场发生相互作用。其次，这些带电粒子不停地运动，同样产生电磁场，研究光与物质中带电粒子的电磁相互作用就形成了量子电动力学。类似于经典力学的运动学理论，物理测量表明光子、电子、原子核等都属于高速运动粒子，在相对静止的惯性系（实验室坐标系，SFCS）下观测电磁作用能存在相对论效应，特别指原子和分子光谱，光子的能量扰动了原子和分子体系中固有的电磁作用力。当在相对运动的惯性系（原子核坐标系，BFCS）下进行观测，原子核相对静止，电子与原子核的电磁作用力可能有两种处理方式：一种是非相对论计算值（$v < c$），另一种是相对论计算值（$v \to c$）。相对论计算属于精确方法；在非相对论计算基础上进行相对论校正，则属于近似方法。

对于相对论处理，从相对运动的惯性系变换到相对静止的惯性系，所有物理定律如动量和能量守恒定律均不变，且物理量和物理方程经洛伦兹变换不变。麦克斯韦电磁波波动方程经洛伦兹变换不变，在量子力学中描述电子运动的薛定谔方程经洛伦兹变换变了，仅满足经伽利略变换不变，称为非相对论方程。1926 年，狄拉克提出相对论方程[10]。在四维位置-时间空间中，处于相对运动（运动速度为 u）的两个惯性系 $O(x,y,z,ct)$ 和 $O'(x',y',z',ct')$，可设想原子沿 x 轴正方向平动，运动速度为 u，原子中电子的位置和时间坐标满足洛伦兹变换，表达为

$$\begin{cases} x' = \left(1 - \dfrac{u^2}{c^2}\right)^{-1/2} (x - ut) \\ y' = y \\ z' = z \\ ct' = \left(1 - \dfrac{u^2}{c^2}\right)^{-1/2} \left(ct - \dfrac{ux}{c}\right) \end{cases} \tag{1-91}$$

方程组（1-91）各等式分别对时间 t 微分后，同时两端同乘 m，其中，m 为运动质量。

$$\begin{cases} p'_x=\left(1-\dfrac{u^2}{c^2}\right)^{-1/2}\left(p_x-\dfrac{u}{c^2}E\right) \\ p'_y=p_y \\ p'_z=p_z \\ \dfrac{E'}{c}=\left(1-\dfrac{u^2}{c^2}\right)^{-1/2}\left(\dfrac{E}{c}-\dfrac{u}{c}p_x\right) \end{cases} \tag{1-92}$$

其中，$p_q=\left(1-\dfrac{\boldsymbol{v}^2}{c^2}\right)^{-1/2}m_0v_q$（$q=x,y,z$），$E=\left(1-\dfrac{\boldsymbol{v}^2}{c^2}\right)^{-1/2}m_0c^2$，$\boldsymbol{v}=v_x\boldsymbol{i}+v_y\boldsymbol{j}+v_z\boldsymbol{k}$ 为原子、分子中电子的运动速度。方程组（1-92）表示在四维动量-能量空间中，处于相对运动的两个惯性系 $O(p_x,p_y,p_z,E/c)$ 和 $O'(p'_x,p'_y,p'_z,E'/c)$，电子运动的动量和能量坐标满足的洛伦兹变换。基于四维位置-时间空间的洛伦兹变换方程组（1-91），存在关于速度的洛伦兹变换关系式（1-67）：

$$\begin{cases} v_x=\dfrac{c^2(v'_x+u)}{c^2+v'_xu} \\ v_y=\left(1-\dfrac{u^2}{c^2}\right)^{1/2}\dfrac{c^2v'_y}{c^2+v'_xu} \\ v_z=\left(1-\dfrac{u^2}{c^2}\right)^{1/2}\dfrac{c^2v'_z}{c^2+v'_xu} \end{cases}$$

可以推得方程组（1-92）。推导如下，由第一个方程的右端

$$\left(1-\frac{u^2}{c^2}\right)^{-1/2}\left(p_x-\frac{uE}{c^2}\right)=\left(1-\frac{u^2}{c^2}\right)^{-1/2}m(v_x-u) \tag{1-93}$$

其中，$v_x-u=\dfrac{c^2(v'_x+u)}{c^2+v'_xu}-u=\left(1-\dfrac{u^2}{c^2}\right)\dfrac{c^2v'_x}{c^2+v'_xu}$，$m=m_0\left(1-\dfrac{\boldsymbol{v}^2}{c^2}\right)^{-1/2}$，代入上式得

$$\left(1-\frac{u^2}{c^2}\right)^{-1/2}\left(p_x-\frac{uE}{c^2}\right)=\left(1-\frac{u^2}{c^2}\right)^{1/2}\left(1-\frac{\boldsymbol{v}^2}{c^2}\right)^{-1/2}\frac{m_0c^2v'_x}{c^2+v'_xu} \tag{1-94}$$

式（1-94）中，电子的运动速度为

$$\begin{aligned} \boldsymbol{v}^2=v_x^2+v_y^2+v_z^2&=\left(\frac{c^2+v'_xu}{c^2}\right)^{-2}\left[(v'_x+u)^2+\left(1-\frac{u^2}{c^2}\right)v'^2_y+\left(1-\frac{u^2}{c^2}\right)v'^2_z\right] \\ &=\left(\frac{c^2+v'_xu}{c^2}\right)^{-2}\left[(v'_x+u)^2-\left(1-\frac{u^2}{c^2}\right)v'^2_x+\left(1-\frac{u^2}{c^2}\right)\boldsymbol{v}'^2\right] \end{aligned} \tag{1-95}$$

其中，$\boldsymbol{v}'=v'_x\boldsymbol{i}+v'_y\boldsymbol{j}+v'_z\boldsymbol{k}$，由式（1-95），得

$$1-\frac{\boldsymbol{v}^2}{c^2}=\left(\frac{c^2+v'_xu}{c^2}\right)^{-2}\left[\left(\frac{c^2+v'_xu}{c^2}\right)^2-\frac{(v'_x+u)^2}{c^2}+\left(1-\frac{u^2}{c^2}\right)\frac{v'^2_x}{c^2}-\left(1-\frac{u^2}{c^2}\right)\frac{\boldsymbol{v}'^2}{c^2}\right] \tag{1-96}$$

其中，方括号前两项展开为

$$\left(\frac{c^2+v'_xu}{c^2}\right)^2=1+\frac{2v'_xu}{c^2}+\frac{v'^2_xu^2}{c^4}$$

$$\frac{(v'_x+u)^2}{c^2}=\frac{v'^2_x}{c^2}+\frac{2v'_xu}{c^2}+\frac{u^2}{c^2}$$

以上两式按如下代数运算

$$\left(\frac{c^2+v_x'u}{c^2}\right)^2-\frac{(v_x'+u)^2}{c^2}=\left(1-\frac{u^2}{c^2}\right)\left(1-\frac{v_x'^2}{c^2}\right)$$

代入式（1-96），得

$$1-\frac{v^2}{c^2}=\left(\frac{c^2+v_x'u}{c^2}\right)^{-2}\left(1-\frac{u^2}{c^2}\right)\left(1-\frac{v'^2}{c^2}\right) \tag{1-97}$$

则有

$$\left(1-\frac{v^2}{c^2}\right)^{-1/2}=\left(\frac{c^2+v_x'u}{c^2}\right)\left(1-\frac{u^2}{c^2}\right)^{-1/2}\left(1-\frac{v'^2}{c^2}\right)^{-1/2} \tag{1-98}$$

定义洛伦兹变换因子：$\gamma=\left(1-\frac{u^2}{c^2}\right)^{-1/2}$，$\gamma_v=\left(1-\frac{v^2}{c^2}\right)^{-1/2}$，$\gamma_{v'}=\left(1-\frac{v'^2}{c^2}\right)^{-1/2}$，式（1-98）可表达为

$$\gamma_v=\gamma_{v'}\gamma\left(1+\frac{v_x'u}{c^2}\right) \tag{1-99}$$

同理，根据速度的洛伦兹变换关系式（1-66），可以得到洛伦兹变换因子的逆变换，

$$\gamma_{v'}=\gamma_v\gamma\left(1-\frac{v_x'u}{c^2}\right) \tag{1-100}$$

将式（1-98）代入式（1-94）中，得

$$\begin{aligned}&\left(1-\frac{u^2}{c^2}\right)^{-1/2}\left(p_x-\frac{uE}{c^2}\right)\\&=\left(1-\frac{u^2}{c^2}\right)^{1/2}\cdot\left(\frac{c^2+v_x'u}{c^2}\right)\left(1-\frac{u^2}{c^2}\right)^{-1/2}\left(1-\frac{v'^2}{c^2}\right)^{-1/2}\cdot\frac{m_0c^2v_x'}{c^2+v_x'u}\\&=\left(1-\frac{v'^2}{c^2}\right)^{-1/2}m_0v_x'=m'v_x'\\&=p_x'\end{aligned} \tag{1-101}$$

这就导出了方程组（1-92）的第一个方程。对于第二个方程，由动量定义式

$$\begin{aligned}p_y=mv_y&=\left(1-\frac{v^2}{c^2}\right)^{-1/2}m_0\cdot\left(1-\frac{u^2}{c^2}\right)^{1/2}\frac{c^2v_y'}{c^2+v_x'u}\\&=\left(1-\frac{u^2}{c^2}\right)^{1/2}\left(1-\frac{v^2}{c^2}\right)^{-1/2}\frac{m_0c^2v_y'}{c^2+v_x'u}\end{aligned} \tag{1-102}$$

将关系式（1-98）代入，得

$$\begin{aligned}p_y&=\left(1-\frac{u^2}{c^2}\right)^{1/2}\cdot\left(\frac{c^2+v_x'u}{c^2}\right)\left(1-\frac{u^2}{c^2}\right)^{-1/2}\left(1-\frac{v'^2}{c^2}\right)^{-1/2}\cdot\frac{m_0c^2v_y'}{c^2+v_x'u}\\&=\left(1-\frac{v'^2}{c^2}\right)^{-1/2}m_0v_y'=m'v_y'\\&=p_y'\end{aligned} \tag{1-103}$$

同理可证明

$$p_z=\left(1-\frac{v'^2}{c^2}\right)^{-1/2}m_0v_z'=m'v_z'=p_z' \tag{1-104}$$

最后推导能量的洛伦兹变换，由方程组（1-92）的第四个方程的右端，得

$$\left(1-\frac{u^2}{c^2}\right)^{-1/2}(E-up_x)=\left(1-\frac{u^2}{c^2}\right)^{-1/2}(mc^2-umv_x)=\left(1-\frac{u^2}{c^2}\right)^{-\frac{1}{2}}mc^2\left(1-\frac{uv_x}{c^2}\right)$$
$$=\left(1-\frac{u^2}{c^2}\right)^{-1/2}\left(1-\frac{v^2}{c^2}\right)^{-1/2}m_0c^2\left(1-\frac{uv_x}{c^2}\right) \tag{1-105}$$

由速度的洛伦兹变换式 $v_x=\dfrac{c^2(v'_x+u)}{c^2+v'_xu}$，则有

$$1-\frac{uv_x}{c^2}=1-\frac{u}{c^2}\cdot\frac{c^2(v'_x+u)}{c^2+v'_xu}=\frac{c^2-u^2}{c^2+v'_xu}=\left(1-\frac{u^2}{c^2}\right)\cdot\frac{c^2}{c^2+v'_xu}$$

将上式代入式（1-105），得

$$\left(1-\frac{u^2}{c^2}\right)^{-1/2}(E-up_x)=\left(1-\frac{u^2}{c^2}\right)^{-1/2}\left(1-\frac{v^2}{c^2}\right)^{-1/2}m_0c^2\cdot\left(1-\frac{u^2}{c^2}\right)\frac{c^2}{c^2+v'_xu}$$
$$=\left(1-\frac{u^2}{c^2}\right)^{1/2}\left(1-\frac{v^2}{c^2}\right)^{-1/2}\cdot\frac{m_0c^4}{c^2+v'_xu}$$

再将式（1-98）代入上式，得

$$\left(1-\frac{u^2}{c^2}\right)^{-1/2}(E-up_x)=\left(1-\frac{u^2}{c^2}\right)^{1/2}\cdot\left(\frac{c^2+v'_xu}{c^2}\right)\left(1-\frac{u^2}{c^2}\right)^{-1/2}\left(1-\frac{v'^2}{c^2}\right)^{-1/2}\cdot\frac{m_0c^4}{c^2+v'_xu}$$
$$=\left(1-\frac{v'^2}{c^2}\right)^{-1/2}m_0c^2=m'c^2$$
$$=E'$$

等式两端同时除以光速 c，能量的洛伦兹变换方程得证。特别值得注意的是电子的运动质量在两个惯性系中是不同的，体现在运动速度不同，即

$$m=m_0\left(1-\frac{v^2}{c^2}\right)^{-1/2},\quad m'=m_0\left(1-\frac{v'^2}{c^2}\right)^{-1/2}$$

在四维动量-能量空间中，处于相对运动的两个惯性系 $O(p_x,p_y,p_z,E/c)$ 和 $O'(p'_x,p'_y,p'_z,E'/c)$，电子运动的动量和能量仍存在相似的洛伦兹变换关系式。在相对论中，动量和能量是统一概念，动量是空间分量，能量是时间分量。对于静止质量很小的粒子，其运动速度都可以达到光速的数量级，从而导致相对论效应，即动量和能量就不同的惯性系而言是不同的。

1.2.9 相对论动力学

与经典物理中的质量概念不同，相对论质量是从相对论动量关系式得出的定义，并符合相对论动量守恒。光与物质的作用过程，以及原子核的衰变、裂变与聚变等核反应过程，都会涉及粒子的动量和能量守恒问题。设粒子碰撞或反应体系的始态为 1，终态为 2，对应的动量和能量变化为

$$\Delta\boldsymbol{p}=(p_{x2}-p_{x1})\boldsymbol{i}+(p_{y2}-p_{y1})\boldsymbol{j}+(p_{z2}-p_{z1})\boldsymbol{k}$$
$$\Delta E=E_2-E_1$$

根据式（1-92）表达的动量和能量的洛伦兹变换关系，两个惯性系 $O(p_x,p_y,p_z,E/c)$ 和 $O'(p'_x,p'_y,p'_z,E'/c)$ 中的动量和能量变化值将仍存在如下洛伦兹变换关系

$$\Delta p'_x=\left(1-\frac{u^2}{c^2}\right)^{-1/2}\left(\Delta p_x-\frac{u}{c^2}\Delta E\right),\ \Delta p'_y=\Delta p_y,\ \Delta p'_z=\Delta p_z,\ \frac{\Delta E'}{c}=\left(1-\frac{u^2}{c^2}\right)^{-1/2}\left(\frac{\Delta E}{c}-\frac{u}{c}\Delta p_x\right) \tag{1-106}$$

假设在惯性系 O 中碰撞或反应过程前后的动量守恒，$\Delta\boldsymbol{p}=0$；同样对于惯性系 O' 碰撞或反应过程前后的动量守恒，$\Delta\boldsymbol{p}'=0$，由式（1-106），必然就有 $\Delta E=0$ 和 $\Delta E'=0$，即碰撞和反应过程的能量守恒。这说明相对论

动量守恒与能量守恒是彼此关联的，动量变化与空间位置的变化有关，能量变化与时间有关，相对论将动量守恒与能量守恒统一为动量-能量守恒定律。

带电粒子在电磁场中运动，所受的电磁作用力是一种持续力，它使粒子运动产生加速度，可以使速度达到光速量级，形成显著的相对论效应。设粒子的电荷为 q，电场强度为 $\boldsymbol{E}$，磁场强度为 $\boldsymbol{B}$，其电磁作用力为

$$\boldsymbol{F}=q(\boldsymbol{E}+\boldsymbol{v}\times\boldsymbol{B}) \tag{1-107}$$

按照相对论力学定律，粒子的运动方程为

$$\boldsymbol{F}=\frac{\mathrm{d}\boldsymbol{p}}{\mathrm{d}t}=\frac{\mathrm{d}}{\mathrm{d}t}(m_v\boldsymbol{v}) \tag{1-108}$$

设非惯性系 O' 的坐标系原点定在带电粒子上，带电粒子受到的洛伦兹力使粒子沿 s 方向以加速度 a 运动，在运动轨迹中的两点 s_1 和 s_2，对应速度分别为 v_1 和 v_2，带电粒子在运动轨迹上任意两点的加速度都等于 a，非惯性系 O' 转变为惯性系。所做的功为

$$W=\int_{s_1}^{s_2}\boldsymbol{F}\mathrm{d}s=\int_{t_1}^{t_2}\frac{\mathrm{d}\boldsymbol{p}}{\mathrm{d}t}\boldsymbol{v}\mathrm{d}t=\int_{v_1}^{v_2}\boldsymbol{v}\mathrm{d}\boldsymbol{p} \tag{1-109}$$

其中，$\boldsymbol{p}=m_v\boldsymbol{v}$，$m_v=m_0\left(1-\dfrac{\boldsymbol{v}^2}{c^2}\right)^{-1/2}$，式（1-109）中全微分

$$\boldsymbol{v}\mathrm{d}\boldsymbol{p}=\boldsymbol{v}^2\mathrm{d}m_v+m_v\boldsymbol{v}\mathrm{d}\boldsymbol{v} \tag{1-110}$$

做变量代换，令 $\beta=\boldsymbol{v}/c$，$m_v=m_0(1-\beta^2)^{-1/2}$，积分限变为 $v_1\to\beta_1$，$v_2\to\beta_2$。

$$v^2\mathrm{d}m_v=m_0c^2\beta^3(1-\beta^2)^{-3/2}\mathrm{d}\beta$$

$$m_v\boldsymbol{v}\mathrm{d}v=m_0c^2\beta(1-\beta^2)^{-1/2}\mathrm{d}\beta$$

代入式（1-110）中，得

$$\boldsymbol{v}\mathrm{d}\boldsymbol{p}=m_0c^2\left[\beta^3(1-\beta^2)^{-3/2}+\beta(1-\beta^2)^{-1/2}\right]\mathrm{d}\beta=m_0c^2[\beta(1-\beta^2)^{-3/2}]\mathrm{d}\beta \tag{1-111}$$

式（1-111）右端代入积分式（1-109），得

$$\begin{aligned}W&=m_0c^2\int_{\beta_1}^{\beta_2}\beta(1-\beta^2)^{-3/2}\mathrm{d}\beta=\left(-\frac{1}{2}\right)m_0c^2\int_{\beta_1}^{\beta_2}(1-\beta^2)^{-3/2}\mathrm{d}(1-\beta^2)\\&=\left(-\frac{1}{2}\right)m_0c^2\cdot\left[(-2)(1-\beta^2)^{-1/2}\right]_{\beta_1}^{\beta_2}=m_0c^2(1-\beta_2^2)^{-1/2}-m_0c^2(1-\beta_1^2)^{-1/2}\\&=E_2-E_1\end{aligned} \tag{1-112}$$

由此可见，电磁力所做的功等于带电粒子的相对论能量变化值，也等于相对论动能变化值，这说明功能转变的能量守恒在相对论下仍然成立。

【例 1-6】 自由电子飞入一个均匀磁场 $\boldsymbol{B}$ 中，电子运动方向与磁场方向垂直，见图 1-13，求电子的相对论动量。

解： 在外部均匀磁场 $\boldsymbol{B}$（方向指向纸里）中，电子运动速度 $\boldsymbol{v}$ 与磁场 $\boldsymbol{B}$ 垂直，电子所受磁力为

$$\boldsymbol{F}=-e\boldsymbol{v}\times\boldsymbol{B}=evB$$

按右手定则，磁力 $\boldsymbol{F}$ 与速度 $\boldsymbol{v}$ 垂直，磁力 $\boldsymbol{F}$ 的方向指向曲率圆心，见图 1-13。沿磁力 $\boldsymbol{F}$ 方向所做的功

$$W=\int_{s_1}^{s_2}\boldsymbol{F}\mathrm{d}s=\int_{t_1}^{t_2}\boldsymbol{F}\cdot\boldsymbol{v}\mathrm{d}t=0$$

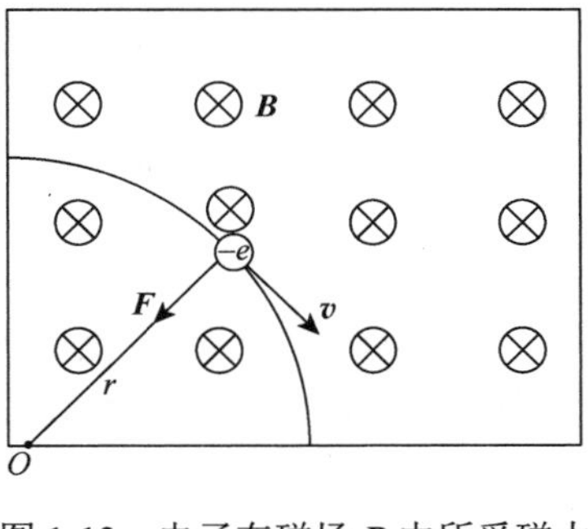

图 1-13　电子在磁场 $\boldsymbol{B}$ 中所受磁力

⊗表示磁场方向指向纸内

当电子运动速度 $\boldsymbol{v}$ 与磁场 $\boldsymbol{B}$ 垂直时，磁力 $\boldsymbol{F}$ 也就与电子运动速度 $\boldsymbol{v}$ 垂直，磁力 $\boldsymbol{F}$ 不做功。由式（1-112），β 和 v 是常量，即加速度并不能增大电子的运动速度 $\boldsymbol{v}$，实际加速度为向心加速度 a，并与速度 $\boldsymbol{v}$ 垂直。此种运动是恒速圆周运动，运动半径为 r，此时磁力提供电子绕圆心做圆周运动的向心力，向心加速度 $a=\boldsymbol{v}^2/r$，

$$F=evB=\frac{\mathrm{d}\boldsymbol{p}}{\mathrm{d}t}=m_v\frac{\mathrm{d}v}{\mathrm{d}t}=\frac{m_v v^2}{r}$$

根据相对论动量定义 $\boldsymbol{p}=m_v\boldsymbol{v}$，其数值为

$$p=eBr$$

这与非相对论下的动量完全相同。

1.2.10　洛伦兹变换的四维复向量空间表示

欧几里得实向量空间中的洛伦兹变换是仿射变换，根据式(1-91)，令 $\beta=\frac{u}{c}$，$\gamma=(1-\beta^2)^{-1/2}$，设惯性系 O' 以速度 u 沿 x 轴正方向运动，O' 中任意被观察对象的时空坐标 (x',y',z',ct') 与处于相对静止的惯性系 O 中的时空坐标 (x,y,z,ct) 之间的洛伦兹变换简化表达为

$$\begin{pmatrix}x'\\y'\\z'\\ct'\end{pmatrix}=\begin{pmatrix}\gamma & 0 & 0 & -\gamma\beta\\0 & 1 & 0 & 0\\0 & 0 & 1 & 0\\-\gamma\beta & 0 & 0 & \gamma\end{pmatrix}\begin{pmatrix}x\\y\\z\\ct\end{pmatrix}\tag{1-113}$$

假设惯性系 O 的时空坐标系是正交坐标系，由以上变换式，当

$$x'=0,\ x=\beta ct=\frac{u}{c}ct\tag{1-114}$$

$$ct'=0,\ x=\frac{ct}{\beta}=\frac{c}{u}ct\tag{1-115}$$

以上两个方程在惯性系 O' 沿 x 轴正方向的运动速度 u 达到极限情况 $u=c$ 时，两条直线变为

$$u=c,\ x=ct\tag{1-116}$$

以上三个方程在 x-ct 二维平面坐标中的位置如图 1-14 所示。惯性系 O 所属的正交坐标系经洛伦兹变换（仿射变换）不能保持正交性，时间坐标 ct' 和空间位置坐标 x' 发生了倾斜，以 $ct=x$ 为极限，不难推得倾斜角 α 的正切 $\tan\alpha=\beta$。

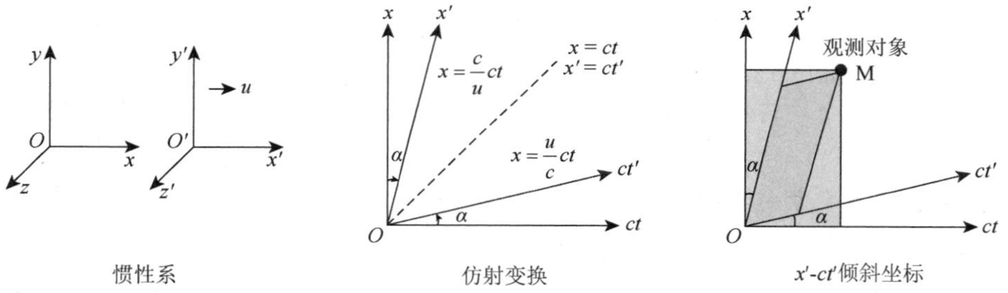

图 1-14　惯性系 O' 沿 x 轴正方向相对于惯性系 O 以速度 u 运动时，正交的时空坐标轴经二维平面仿射变换后，变为倾斜的非正交的时空坐标轴

若惯性系 O 以速度 $-u$ 沿 x 轴负方向运动，从惯性系 O' 观察惯性系 O 中任意对象，O' 相对静止，其时空坐标 (x',y',z',ct') 与被观察对象的时空坐标 (x,y,z,ct) 之间是洛伦兹逆变换，即式（1-113）的逆变换为

$$\begin{pmatrix}x\\y\\z\\ct\end{pmatrix}=\begin{pmatrix}\gamma & 0 & 0 & \gamma\beta\\0 & 1 & 0 & 0\\0 & 0 & 1 & 0\\\gamma\beta & 0 & 0 & \gamma\end{pmatrix}\begin{pmatrix}x'\\y'\\z'\\ct'\end{pmatrix}\tag{1-117}$$

假设惯性系 O' 的时空坐标系是正交坐标系，由以上变换式，当

$$x=0,\ x'=-\beta ct'=-\frac{u}{c}ct' \tag{1-118}$$

$$ct=0,\ x'=-\frac{ct'}{\beta}=-\frac{c}{u}ct' \tag{1-119}$$

惯性系 O 沿 x 轴负方向的运动速度 u 达到极限情况 $u=c$ 时，两条直线变为

$$u=c,\ x'=-ct' \tag{1-120}$$

方程在 x-ct 二维平面坐标中的位置如图 1-15 所示。惯性系 O 沿 x 轴负方向相对于 O' 以速度 $-u$ 运动时，惯性系 O' 所属的正交坐标系经洛伦兹变换（仿射变换）同样不能保持正交性，时间坐标 ct' 和空间位置坐标 x' 的倾斜以 $x'=-ct'$ 为极限，不难推得倾斜角 α 的正切 $\tan\alpha=-\beta$ 。

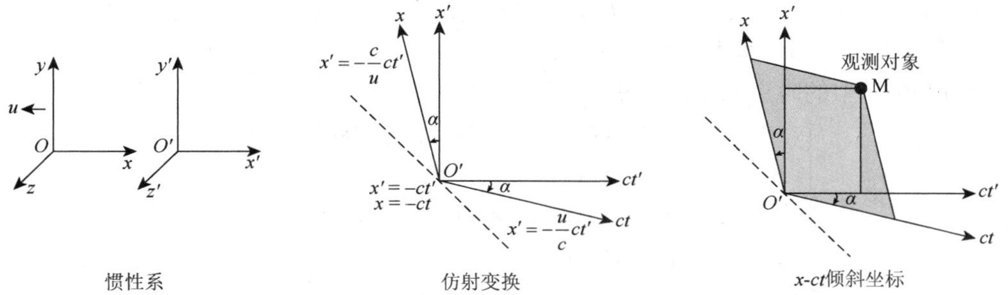

图 1-15　惯性系 O 沿 x 轴负方向相对于 O' 以速度 $-u$ 运动时，正交的时空坐标轴经二维平面仿射变换后，变为倾斜的非正交的时空坐标轴

以上仿射变换产生的非正交坐标系与平直测量概念下的正交坐标系不太相符，因而相对论需要数学手段以解决经洛伦兹变换后时间坐标和空间位置坐标的非正交性问题。相对论下所有物理定律在任何惯性系中必须相同，其物理定律数学方程经洛伦兹变换不变，称为相对性原理。麦克斯韦电磁波波动方程经受住了检验，经洛伦兹变换麦克斯韦波动方程不变。1908 年，闵可夫斯基提出用四维几何空间描述相对论的时空问题，这使得空间坐标和时间坐标被统一到同一个时空概念里，也使洛伦兹协变性中的线性关系可以很方便地用矩阵方程表示。1912 年，爱因斯坦开始用闵可夫斯基的四维几何空间推广相对论[11]。原子和分子中各种粒子之间存在广泛的电磁相互作用，这些粒子的运动方程的偏微分方程性质，决定了所采用的数学工具是复变函数。闵可夫斯基四维几何空间是四维复向量空间，设四维复向量空间的基向量为 $\boldsymbol{\varepsilon}=(\boldsymbol{\varepsilon}_1,\boldsymbol{\varepsilon}_2,\boldsymbol{\varepsilon}_3,\boldsymbol{\varepsilon}_4)$，在两个惯性系 O 和 O' 中，时空向量分别为

$$\boldsymbol{s}=x\boldsymbol{\varepsilon}_1+y\boldsymbol{\varepsilon}_2+z\boldsymbol{\varepsilon}_3+\mathrm{i}ct\boldsymbol{\varepsilon}_4$$
$$\boldsymbol{s}'=x'\boldsymbol{\varepsilon}_1+y'\boldsymbol{\varepsilon}_2+z'\boldsymbol{\varepsilon}_3+\mathrm{i}ct'\boldsymbol{\varepsilon}_4 \tag{1-121}$$

基向量下的时空向量用坐标向量表示，分别为 $\boldsymbol{s}=(x,y,z,\mathrm{i}ct)^{\mathrm{T}}$ 和 $\boldsymbol{s}'=(x',y',z',\mathrm{i}ct')^{\mathrm{T}}$ 。令 $\beta=u/c$ ，$\gamma=(1-\beta^2)^{-1/2}$ ，由式（1-91)，洛伦兹协变性表达为矩阵方程的形式

$$\begin{pmatrix}x'\\y'\\z'\\\mathrm{i}ct'\end{pmatrix}=\begin{pmatrix}\gamma&0&0&\mathrm{i}\gamma\beta\\0&1&0&0\\0&0&1&0\\-\mathrm{i}\gamma\beta&0&0&\gamma\end{pmatrix}\begin{pmatrix}x\\y\\z\\\mathrm{i}ct\end{pmatrix} \tag{1-122}$$

简化表达为

$$\boldsymbol{s}'=\boldsymbol{L}_u\boldsymbol{s} \tag{1-123}$$

$\boldsymbol{L}_u$ 称为洛伦兹变换矩阵，$\boldsymbol{L}_u$ 是厄米矩阵，也是正交矩阵。其逆变换为

$$\begin{pmatrix}x\\y\\z\\\mathrm{i}ct\end{pmatrix}=\begin{pmatrix}\gamma&0&0&-\mathrm{i}\gamma\beta\\0&1&0&0\\0&0&1&0\\\mathrm{i}\gamma\beta&0&0&\gamma\end{pmatrix}\begin{pmatrix}x'\\y'\\z'\\\mathrm{i}ct'\end{pmatrix} \tag{1-124}$$

简化表达为

$$\boldsymbol{s}=\boldsymbol{L}_u^{-1}\boldsymbol{s}' \tag{1-125}$$

$\boldsymbol{L}_u^{-1}$ 称为洛伦兹逆变换矩阵，其性质与 $\boldsymbol{L}_u$ 相同。$\boldsymbol{L}_u$ 和 $\boldsymbol{L}_u^{-1}$ 满足

$$\boldsymbol{L}_u^{-1}\boldsymbol{L}_u=\begin{pmatrix}\gamma & 0 & 0 & -\mathrm{i}\gamma\beta\\ 0 & 1 & 0 & 0\\ 0 & 0 & 1 & 0\\ \mathrm{i}\gamma\beta & 0 & 0 & \gamma\end{pmatrix}\begin{pmatrix}\gamma & 0 & 0 & \mathrm{i}\gamma\beta\\ 0 & 1 & 0 & 0\\ 0 & 0 & 1 & 0\\ -\mathrm{i}\gamma\beta & 0 & 0 & \gamma\end{pmatrix}$$
$$=\begin{pmatrix}\gamma^2(1-\beta^2) & 0 & 0 & 0\\ 0 & 1 & 0 & 0\\ 0 & 0 & 1 & 0\\ 0 & 0 & 0 & \gamma^2(1-\beta^2)\end{pmatrix}=\boldsymbol{I} \tag{1-126}$$

式中，$\gamma^2(1-\beta^2)=1$，不难得出：$\boldsymbol{L}_u^{-1}=\boldsymbol{L}_u^{\mathrm{T}}$，$\boldsymbol{L}_u^{-1}\boldsymbol{L}_u=\boldsymbol{L}_u^{\mathrm{T}}\boldsymbol{L}_u=\boldsymbol{I}$。用四维复向量空间表达的洛伦兹协变性，反映了空间和时间彼此正交，符合时间和空间的平直测量。

两个惯性系 O 和 O' 中的时空向量的内积为

$$\begin{cases}\boldsymbol{s}\cdot\boldsymbol{s}=(x\boldsymbol{\varepsilon}_1+y\boldsymbol{\varepsilon}_2+z\boldsymbol{\varepsilon}_3+\mathrm{i}ct\boldsymbol{\varepsilon}_4)\cdot(x\boldsymbol{\varepsilon}_1+y\boldsymbol{\varepsilon}_2+z\boldsymbol{\varepsilon}_3+\mathrm{i}ct\boldsymbol{\varepsilon}_4)\\ \boldsymbol{s}^2=x^2+y^2+z^2-(ct)^2\\ \boldsymbol{s}'\cdot\boldsymbol{s}'=(x'\boldsymbol{\varepsilon}_1+y'\boldsymbol{\varepsilon}_2+z'\boldsymbol{\varepsilon}_3+\mathrm{i}ct'\boldsymbol{\varepsilon}_4)\cdot(x'\boldsymbol{\varepsilon}_1+y'\boldsymbol{\varepsilon}_2+z'\boldsymbol{\varepsilon}_3+\mathrm{i}ct'\boldsymbol{\varepsilon}_4)\\ \boldsymbol{s}'^2=x'^2+y'^2+z'^2-(ct')^2\end{cases} \tag{1-127}$$

表示在闵可夫斯基向量空间中，时空向量长度的平方等于时空任意点 $\boldsymbol{s}=(x,y,z,\mathrm{i}ct)^{\mathrm{T}}$ 与坐标系原点的距离平方，这是一个包含空间距离 $r^2=x^2+y^2+z^2$ 和时间间隔 $(ct)^2$ 的特殊标量。下面用坐标向量的矩阵运算证明：时空向量的内积经洛伦兹变换不变，或者说任意两个惯性系 O 和 O' 中的时空向量内积相等。由式（1-123），对 $\boldsymbol{s}'=\boldsymbol{L}_u\boldsymbol{s}$ 转置

$$\boldsymbol{s}'^{\mathrm{T}}=\boldsymbol{s}^{\mathrm{T}}\boldsymbol{L}_u^{\mathrm{T}} \tag{1-128}$$

向量 $\boldsymbol{s}'$ 自身的内积为

$$\boldsymbol{s}'\cdot\boldsymbol{s}'=\boldsymbol{s}'^{\mathrm{T}}\boldsymbol{s}'=\boldsymbol{s}^{\mathrm{T}}\boldsymbol{L}_u^{\mathrm{T}}\boldsymbol{L}_u\boldsymbol{s}=\boldsymbol{s}^{\mathrm{T}}\boldsymbol{s}=\boldsymbol{s}\cdot\boldsymbol{s} \tag{1-129}$$

其中，$\boldsymbol{L}_u^{\mathrm{T}}\boldsymbol{L}_u=\boldsymbol{I}$。以上是简化矩阵运算，具体的运算过程如下

$$\boldsymbol{s}'^{\mathrm{T}}\boldsymbol{s}'=(x\ y\ z\ \mathrm{i}ct)\begin{pmatrix}\gamma & 0 & 0 & -\mathrm{i}\gamma\beta\\ 0 & 1 & 0 & 0\\ 0 & 0 & 1 & 0\\ \mathrm{i}\gamma\beta & 0 & 0 & \gamma\end{pmatrix}\begin{pmatrix}\gamma & 0 & 0 & \mathrm{i}\gamma\beta\\ 0 & 1 & 0 & 0\\ 0 & 0 & 1 & 0\\ -\mathrm{i}\gamma\beta & 0 & 0 & \gamma\end{pmatrix}\begin{pmatrix}x\\ y\\ z\\ \mathrm{i}ct\end{pmatrix}$$
$$=(x\ y\ z\ \mathrm{i}ct)\begin{pmatrix}\gamma^2(1-\beta^2) & 0 & 0 & 0\\ 0 & 1 & 0 & 0\\ 0 & 0 & 1 & 0\\ 0 & 0 & 0 & \gamma^2(1-\beta^2)\end{pmatrix}\begin{pmatrix}x\\ y\\ z\\ \mathrm{i}ct\end{pmatrix}$$
$$=\boldsymbol{s}^{\mathrm{T}}\boldsymbol{s}$$

下面将 $\boldsymbol{s}'^{\mathrm{T}}\boldsymbol{s}'$ 和 $\boldsymbol{s}^{\mathrm{T}}\boldsymbol{s}$ 展开，得到

$$\begin{cases}s'^2=\boldsymbol{s}'^{\mathrm{T}}\boldsymbol{s}'=x'^2+y'^2+z'^2-c^2t'^2\\ s^2=\boldsymbol{s}^{\mathrm{T}}\boldsymbol{s}=x^2+y^2+z^2-c^2t^2\end{cases} \tag{1-130}$$

由式（1-129），下列关系式成立

$$\boldsymbol{s}^2=\boldsymbol{s}'^2 \tag{1-131}$$

式（1-131）的结论是物体的四维时空向量在两个惯性系中的内积不变。在空间和时间坐标的独立测量中，静止惯性系下观测运动惯性系中的物体运动，会出现空间长度缩短、时间间隔延长等相对论效应，但二者的组合却是不变的。

原子中电子和原子核之间存在电磁作用力，电磁作用力的变化伴随能量的吸收和辐射，根据质能关系

$E=mc^2$，如果原子以辐射形式放出能量 ΔE，那么它的质量将减少 $\Delta E/c^2$。相对论质能关系揭示了动量和能量的关系，动量和能量成为基本力学量。动量与空间位置相关，能量与时间相关，而电子运动同时遵守动量守恒定律和能量守恒定律，这就使得动量和能量可以在同一闵可夫斯基时空向量空间进行表达。下面表达在四维复向量空间中电子运动的动量-能量向量。设有两个做相对运动的惯性系，惯性系中物体运动的四维动量-能量向量分别为

$$\begin{cases}\boldsymbol{\eta}=p_x\boldsymbol{\varepsilon}_1+p_y\boldsymbol{\varepsilon}_2+p_z\boldsymbol{\varepsilon}_3+\dfrac{\mathrm{i}E}{c}\boldsymbol{\varepsilon}_4\\ \boldsymbol{\eta}'=p'_x\boldsymbol{\varepsilon}_1+p'_y\boldsymbol{\varepsilon}_2+p'_z\boldsymbol{\varepsilon}_3+\dfrac{\mathrm{i}E'}{c}\boldsymbol{\varepsilon}_4\end{cases} \tag{1-132}$$

在基向量下，动量-能量向量表示为以动量分量和能量 $\mathrm{i}E/c$ 为坐标的向量形式，分别为 $\boldsymbol{\eta}=(p_x,p_y,p_z,\mathrm{i}E/c)$ 和 $\boldsymbol{\eta}'=(p'_x,p'_y,p'_z,\mathrm{i}E'/c)$，则有

$$\begin{pmatrix}p'_x\\p'_y\\p'_z\\\mathrm{i}E'/c\end{pmatrix}=\begin{pmatrix}\gamma&0&0&\mathrm{i}\gamma\beta\\0&1&0&0\\0&0&1&0\\-\mathrm{i}\gamma\beta&0&0&\gamma\end{pmatrix}\begin{pmatrix}p_x\\p_y\\p_z\\\mathrm{i}E/c\end{pmatrix} \tag{1-133}$$

简化表达为

$$\boldsymbol{\eta}'=\boldsymbol{L}_u\boldsymbol{\eta} \tag{1-134}$$

$\boldsymbol{L}_u$ 为洛伦兹变换矩阵，与时空坐标向量的洛伦兹变换相比较，尽管坐标向量不同，但其变换矩阵 $\boldsymbol{L}_u$ 相同，这使得可以在同一四维复向量空间中表达不同的物理量。也可按式（1-124）写出逆变换。按动量-能量向量的内积定义，必有

$$\boldsymbol{\eta}^{\mathrm{T}}\boldsymbol{\eta}=\boldsymbol{\eta}'^{\mathrm{T}}\boldsymbol{\eta}' \tag{1-135}$$

根据式（1-132），其中，动量-能量向量的内积为

$$\boldsymbol{\eta}^{\mathrm{T}}\boldsymbol{\eta}=p^2-\frac{E^2}{c^2}=\frac{p^2c^2-E^2}{c^2}=-m_0^2c^2 \tag{1-136}$$

上式引用了式（1-84）的结论。式（1-136）表明动量-能量向量的内积不随惯性系的改变而发生变化，或者说经洛伦兹变换不变。

在闵可夫斯基四维几何空间中，四维时空向量也常简化表示为

$$\begin{cases}\boldsymbol{s}=\boldsymbol{r}\boldsymbol{\varepsilon}_r+\mathrm{i}ct\boldsymbol{\varepsilon}_4\\ \boldsymbol{s}'=\boldsymbol{r}'\boldsymbol{\varepsilon}_r+\mathrm{i}ct'\boldsymbol{\varepsilon}_4\end{cases} \tag{1-137}$$

见图 1-16。对时空任意两点坐标 $(x_1,y_1,z_1,\mathrm{i}ct_1)$ 和 $(x_2,y_2,z_2,\mathrm{i}ct_2)$ 的测量，产生时空的四维位移矢量，

$$\Delta\boldsymbol{s}=(x_2-x_1)\boldsymbol{\varepsilon}_1+(y_2-y_1)\boldsymbol{\varepsilon}_2+(z_2-z_1)\boldsymbol{\varepsilon}_3+\mathrm{i}c(t_2-t_1)\boldsymbol{\varepsilon}_4 \tag{1-138}$$

其中，空间三维向量为 $\boldsymbol{r}=x\boldsymbol{\varepsilon}_1+y\boldsymbol{\varepsilon}_2+z\boldsymbol{\varepsilon}_3$，空间位移向量为

$$\boldsymbol{r}_2-\boldsymbol{r}_1=(x_2-x_1)\boldsymbol{\varepsilon}_1+(y_2-y_1)\boldsymbol{\varepsilon}_2+(z_2-z_1)\boldsymbol{\varepsilon}_3 \tag{1-139}$$

四个分量分别是

$$\Delta x=x_2-x_1,\ \Delta y=y_2-y_1,\ \Delta z=z_2-z_1,\ \mathrm{i}c\Delta t=\mathrm{i}c(t_2-t_1)$$

空间距离和时间间隔分别为

$$\Delta L=\sqrt{\Delta x^2+\Delta y^2+\Delta z^2}$$

$$\Delta t=t_2-t_1$$

当从静止惯性系变换到运动惯性系时，空间距离不相等：$\Delta L\neq\Delta L'$，时间间隔也不相等：$\Delta t\neq\Delta t'$，但时空间隔经洛伦兹变换不变：$\Delta s=\Delta s'$。

$$\Delta\boldsymbol{s}^2=\Delta x^2+\Delta y^2+\Delta z^2-c^2\Delta t^2=\Delta x'^2+\Delta y'^2+\Delta z'^2-c^2\Delta t'^2=\Delta s'^2 \tag{1-140}$$

对两点的空间位置坐标同时测量，即为空间测量，$\Delta t=0$，$\Delta \boldsymbol{s}>0$，沿 r 轴变化；对运动惯性系经过空间同一位置的时间测量，$\Delta L=0$，$\Delta \boldsymbol{s}<0$，沿 t 轴变化；对两点的空间位置和时间坐标用光信号测量，$\Delta \boldsymbol{s}=0$，因为物体的运动速度始终比光速低，沿 $r=\dfrac{u}{c}$ 线变化，见图 1-16。

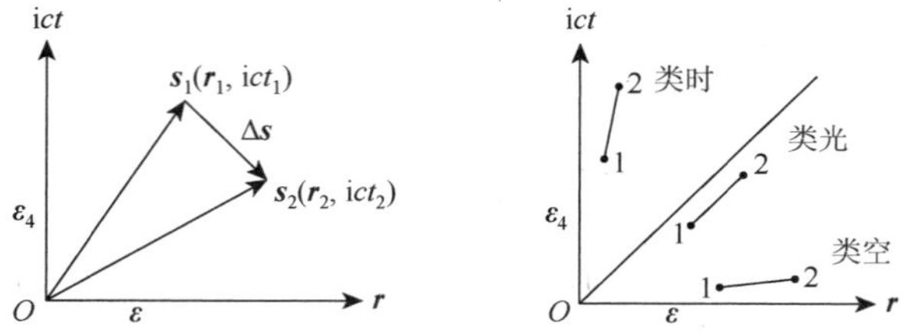

图 1-16　时空四维矢量的简化表示 $\boldsymbol{s}=\boldsymbol{r}\boldsymbol{\varepsilon}+\mathrm{i}ct\boldsymbol{\varepsilon}_4$

式（1-130）代表时空任意点与原点的时空混合间距，被观测点的空间位置坐标和时间坐标是相对于坐标系原点的，其中，$r^2=x^2+y^2+z^2$ 表示惯性系 O 中，空间点 (x,y,z) 与坐标原点之间的距离平方，也等于在向量空间中以原点为起点的位置矢量 $\boldsymbol{r}$ 的长度平方，见图 1-16。$r'^2=x'^2+y'^2+z'^2$ 表示惯性系 O' 中，空间点 (x',y',z') 与坐标原点之间的距离平方。四维复向量空间下的洛伦兹变换也可简化表达为

$$\boldsymbol{r}'=\boldsymbol{r}+(\gamma-1)\frac{\boldsymbol{u}\cdot\boldsymbol{r}}{u^2}\boldsymbol{u}-\gamma\boldsymbol{u}t\,,\ ct'=\gamma\left(ct-\frac{\boldsymbol{u}\cdot\boldsymbol{r}}{c}\right) \tag{1-141}$$

惯性系运动速度 $\boldsymbol{u}$ 和惯性系中被观测粒子的空间位置矢量 $\boldsymbol{r}$ 之间存在相对方向问题，当惯性系沿 x 轴正方向运动，$\boldsymbol{r}=x$，$\boldsymbol{u}\cdot\boldsymbol{r}=ux$，式（1-141）就退化为式（1-91）。

我们在实验室中测量原子能量，实验室就是静止惯性系，原子是运动惯性系，这就构成了相对论运动系。用式（1-141）表达原子运动的洛伦兹变换，而被观测粒子就是原子，当从经典物理的角度计算原子中电子的能量时，就必须考虑相对论效应。通常原子的热运动速度较小，相对论效应可以忽略。原子能量的表现形式与电子能量有关，也与电子和核之间的电磁作用力有关，当把原子看成是相对静止的惯性系时，电子相对于原子核，又构成了相对论运动系，这时我们考虑电子的自旋运动所产生的磁场，就必须考虑相对论效应。但是，在原子核处观察电子，电子的运动不是匀速直线运动，而是曲线运动，存在向心加速度，其向心力等于各个带电粒子沿径向方向的电磁合力，向心力只改变速度的大小，不改变速度的方向。随半径不同，线速度不同。电子绕原子核的运动系是非惯性系，见图 1-17。

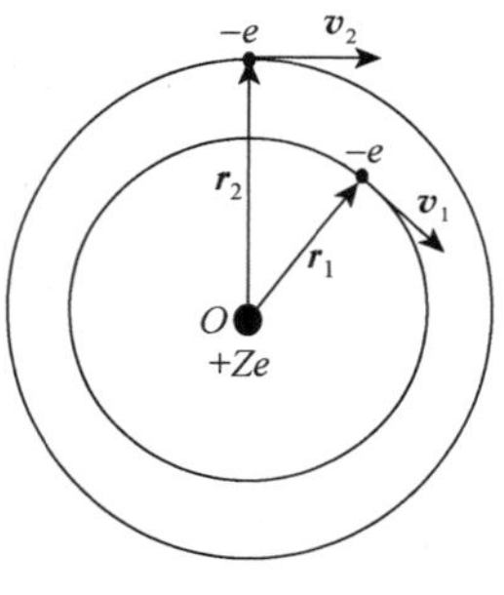

图 1-17　在原子核处观察电子，电子绕原子核的运动构成非惯性系

以惯性系作为参照系的相对论称为狭义相对论，显然，狭义相对论的惯性系是不能准确表达电子绕原子核运动的非惯性系。从电动力学的角度，必须充分考虑电子的相对论效应，因为电子质量小，运动速度可以达到光速的数量级，而电子围绕原子核运动的相对论问题被非惯性系困扰住了。

1.2.11　广义相对论

狭义相对论描述的是两个处于相对运动的惯性系，在时空坐标系中的物理现象及其物理定律的等同性。大多数物理定律都具有惯性系下的洛伦兹协变性，但牛顿万有引力定律不符合洛伦兹协变性。惯性系是被观测物体没有受到惯性力作用，按一定速度做匀速直线运动，不存在加速度的体系。马赫（E. Mach）首先发问：为什么相对论的惯性系比其他运动系都特殊？物体的运动并不一定都处于惯性系，存在非惯性系。非惯性系是被观测物体受到惯性力作用，按一定加速度运动的体系。

当物体受到地心引力作用，产生重力加速度时，地面观测点和物体观测点就是两个处于相对重力加速度运动的非惯性系，相对论将牛顿第二定律推广为

$$\boldsymbol{F}=\frac{\mathrm{d}\boldsymbol{p}}{\mathrm{d}t}=\frac{\mathrm{d}(m_{\mathrm{g}}\boldsymbol{v})}{\mathrm{d}t} \tag{1-142}$$

式中，物体质量 m_{g} 不是常量，它因重力加速度导致的速度变化，而不断变化。物体的动能 T 等于持续作用在物体上的力将物体的位置从 0 移动到 s，同时将运动速度从 0 增大到 v 所做的功，

$$\begin{aligned}T&=\int \boldsymbol{F}\mathrm{d}s=\int\frac{\mathrm{d}(m_{\mathrm{g}}\boldsymbol{v})}{\mathrm{d}t}\mathrm{d}s\\&=\int \mathrm{d}(m_{\mathrm{g}}\boldsymbol{v})\frac{\mathrm{d}\boldsymbol{s}}{\mathrm{d}t}=\int(m_{\mathrm{g}}\mathrm{d}\boldsymbol{v}+\boldsymbol{v}\mathrm{d}m_{\mathrm{g}})\boldsymbol{v}\\&=\int(m_{\mathrm{g}}\boldsymbol{v}\mathrm{d}\boldsymbol{v}+\boldsymbol{v}^2\mathrm{d}m_{\mathrm{g}})\end{aligned} \tag{1-143}$$

再由式（1-83）得 $m_{\mathrm{g}}^2c^2-m_0^2c^2=m_{\mathrm{g}}^2\boldsymbol{v}^2$，两端对 m_{g} 和 $\boldsymbol{v}$ 微分，并除以 $2m_{\mathrm{g}}$ 得

$$c^2\mathrm{d}m_{\mathrm{g}}=m_{\mathrm{g}}\boldsymbol{v}\mathrm{d}\boldsymbol{v}+\boldsymbol{v}^2\mathrm{d}m_{\mathrm{g}} \tag{1-144}$$

将式（1-144）代入式（1-143）得

$$T=\int_{m_0}^{m_v}c^2\mathrm{d}m_{\mathrm{g}}=m_vc^2-m_0c^2 \tag{1-145}$$

其中，m_0 和 m_v 分别是物体的静止质量和运动速度为 v 时的运动质量。在非惯性系中，速度变化引起的动能变化隐含在质量中，能量与质量等价。

1916 年，爱因斯坦站在整个宇宙的高度，对物质运动定律进行广泛研究和总结，提出广义相对论[12]。宇宙中广泛存在不同质量的物质（小到微观粒子，大到恒星），也就广泛存在引力，形成引力场，处于引力场中运动的物质，因引力产生加速度，是非惯性系（加速系）。当物质的运动速度增大，质量也增大，物质之间的引力也增大。非惯性系中物质所受惯性力与引力场中的引力是同一性质的。在宇宙中，物质的质量是引力源，凡是有质量的物质之间都存在引力，引力是最广泛的作用力。惯性力和引力存在相似性，都属于物质之间的相互作用力；惯性力和引力存在差异性，引力的方向始终指向质量中心，惯性力是施加在物质上的一种持续作用力，方向彼此平行。在广义相对论中，物质所受惯性力与引力等效，可以将惯性力统一为引力，惯性力场统一为引力场。下面通过一个实例加以说明[13]。

以地球上物体所受引力为例，假设太空船漂浮于地表上空，太空船中有一悬空物体，由于受到地心引力的作用，在固定空间坐标系（SFCS）观察，此悬空物体以重力加速度 g 做加速运动砸向船舱地板，见图 1-18（a）。现假设太空船已脱离地心引力，进入无引力空间，太空船以加速度 g（数值与重力加速度相等）运动，同样在固定空间坐标系观察，船舱地板以加速度 g 撞向悬空物体，见图 1-18（b）。前一种运动是引力加速运动，后一种运动则是非惯性系加速运动。悬空物体以重力加速度 g 做加速运动砸向船舱地板，也可以看成是船舱地板以相反的加速度 g 撞向悬空物体，反之亦然。这说明两种运动互为相对运动，就悬空物体与太空船舱之间的相对运动而言，引力加速运动和非惯性加速运动等效，二者没有特别不同的地方，很难区分。

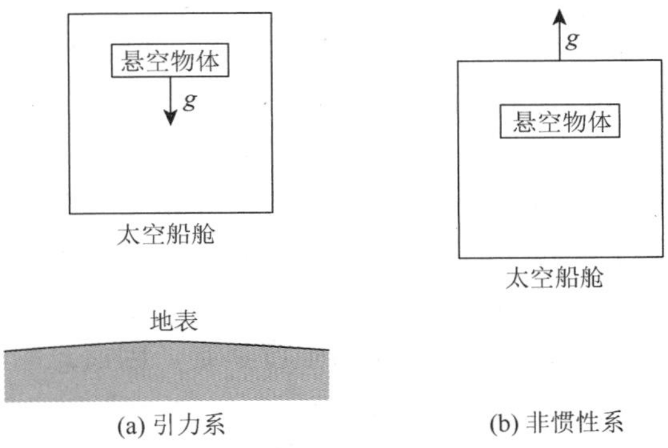

图 1-18　同一重力加速度下的引力系和非惯性系

按照引力的观点，可以认为惯性系就是被观测物体周围没有任何其他物质的孤立体系，即不存在引力。前面狭义相对论中所指惯性系其实都是孤立的，在地球上至少都存在地心引力，即宇宙中绝对的惯性系是

不存在的，那么所得结论是否还成立呢？显然被观测物体所受到的地心引力在相对运动范围内是相等的，即惯性系是同等引力下的相对惯性系，只要做相对运动的物质所受到的引力近似相等，就可以认为它们沿地心引力方向的相对重力加速度近似等于零，就可以看成是惯性系，时空也是平坦的。现选择在沿地心引力方向，距离地壳较近点附近的微小区域，与此微小区域以外很远处相比，一定存在相对重力加速度，这时远处时空将因引力发生弯曲。

惯性系下的物理定律在非惯性系中并不成立，为了使相对论也可以应用于非惯性系，使惯性系下的物理定律同样适合于非惯性系，爱因斯坦将惯性力下的狭义相对论发展到引力场下的广义相对论，指出：引力场中任意时空点附近微小范围，存在一个相对惯性系，在此惯性系内做相对运动的物质，都可以用狭义相对论下的物理定律表达，这就是等效性原理。此时，物质在引力场中的质量等于在惯性系中的质量，引力系退化为惯性系。注意：当被观察物质处于引力场中不同的时空点，由于它们所受到的引力不同，不能完全抵消，此时就不能当作惯性系。

1.3　光 量 子 论

1887 年，赫兹首先通过实验观察到光电效应，光电效应实验电路图见图 1-19。电路中一个真空腔里面装有两个相隔一定距离的金属板，分别与电池的正负极相连，整个电路没有连通，电路中没有电流。现在用一定频率的光照射在负极金属板上，电路中的电流计指针发生偏转，产生了光电流，此现象称为光电效应。1897 年，汤姆孙发现电子，1899 年，又证实光电效应中的光电流是由带负电的电子形成的，因而，金属板负极是电子发射极，弧形正极是电子收集极。1902 年，莱纳德（P. Lenard）进一步完善了光电效应实验，获得有价值的结果[14]，概括起来如下：①入射光照射在金属板负极，随即产生光电流，是否产生光电流与光的强度无关。②固定入射光的频率，增大光的强度，光电流随之增大。③将电池电压反向，即将金属板发射极变为正极，收集极变为负极。固定入射光的频率和光的强度，增大反向电压，光电流减小。光电流减小为零的电压称为遏止电压 V 。④使用同一金属发射极进行实验，增大入射光的频率 ν，遏止电压 V 线性增大，即 $V=k\nu$ ，见图 1-19。⑤固定金属发射极，减小入射光频率，当减小到 ν_0 以下，光电流消失，此入射频率 ν_0 称为临界频率。

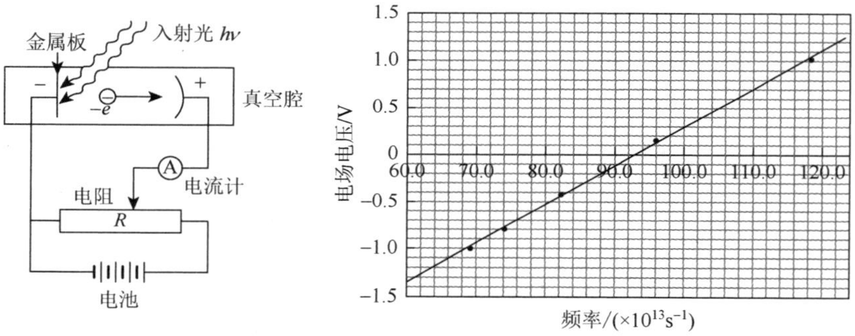

图 1-19　光电效应实验电路图及其电压-频率实验曲线

1865 年，麦克斯韦采用拉格朗日和哈密顿创立的数学方法表达了电磁波的波动方程，断言光是一种电磁波。1888 年，赫兹用实验证明了电磁波的存在，证实电磁波的传播速度就是光速，同时获得了电磁波具有聚焦、反射、折射、偏振等属性。光是电磁波，电磁波能量是连续变化的。光波将能量传递给电子，光的能量由光的强度决定，是否产生光电流应该由光的强度决定，因而光的电磁波理论不能解释光电效应实验结果。

1900 年，普朗克为了解释黑体热辐射强度随频率或波长变化的光谱，普朗克假设热辐射能量以 $h\nu$ 的倍数变化，ν 为热辐射频率，由此推得与黑体辐射实验一致的能量密度-波长曲线[15]，见图 1-20 中实线。在此之前，维恩、瑞利等都没有成功解释黑体辐射实验曲线，见图 1-20 中虚线。解释黑体辐射实验曲线的关键是黑体所辐射能量的量子化假设，即假设热辐射能量按 $h\nu$ 单位变化

$$E = nh\nu \qquad n = 1,2,3,\cdots \tag{1-146}$$

其中，$h = 6.62607004 \times 10^{-34}\ \mathrm{J \cdot s}$，称为普朗克常量。

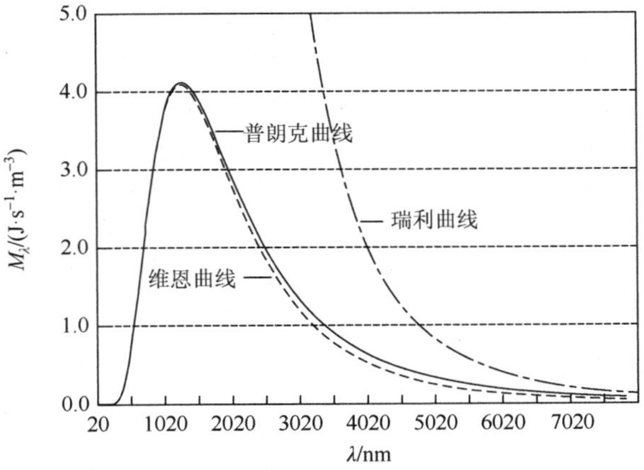

图 1-20　普朗克的黑体辐射能量密度-波长曲线

1905 年，爱因斯坦站在一个全新的角度看待前人对光的研究，提出光子理论[16]。光是按光速行进的光子流，光有粒子性，光子的能量与光的频率成正比：

$$E = h\nu = \frac{hc}{\lambda} \tag{1-147}$$

光的粒子性必然导致光的能量是量子化的结论，光的传播表现出波动性，光与物质的作用表现出粒子性。光是一束光子流，光子流量率定义为单位时间通过单位横截面 S 的光子数 ΔN，光子流量率决定光的强度。

$$I = h\nu \frac{\Delta N}{S\Delta t} \tag{1-148}$$

当光的频率不变，光的强度与单位时间通过单位横截面的光子数成正比。由此可见，单个光子的能量与光的强度无关，一束光的总能量等于所有光子能量的总和。

当入射光的频率低于临界频率 ν_0 时，增大光的强度并不产生光电流；当入射光的频率高于临界频率 ν_0 时，减小光的强度也能产生光电流，说明光有一个最小的能量单位，这就是光子的能量。爱因斯坦接受了普朗克关于光量子的假设，不同的是光电效应是金属最外层电子吸收光子的能量，黑体辐射是辐射光子的能量。光子的能量如何传递给电子？光子与电子碰撞，光子将能量传递给电子，电子变为光电子。光电子的能量超过原子核的束缚作用能时，做功脱离原子变成自由光电子，经电路的正电场加速，射向阳极，形成光电流，光子和电子的能量转化关系为：光子的能量 $h\nu$，一部分用于电子克服原子核的束缚做功，另一部分转变为光电子的动能。

$$\frac{1}{2}mv^2 = eV = h\nu - b_\mathrm{e} \tag{1-149}$$

式中，v 是自由电子的速度；ν 是入射光的频率；b_e 是电子的结合能。减小入射光的频率，使得光电子的动能等于零，测得临界频率 ν_0，由式（1-149），必有 $b_\mathrm{e} = h\nu_0$。当增大光的频率，光子能量增大，对于特定的金属发射极材料，b_e 不变，光电子的动能增大。当增大光的强度，单位时间通过单位横截面的光子数目增多，金属最外层电子受激变为光电子数增加，光电流必然增大。爱因斯坦的光子理论解释了光电效应实验的结果。

1916 年，密立根（R. A. Millikan）经过一系列实验证明了爱因斯坦的光电效应方程，他用不同频率的单色光照射同一金属板，分别测量了电场的遏止电压，得到频率的光照射下光电子的动能，并用遏止电压对光的频率所作的直线关系测得普朗克常量[17, 18]，见图 1-19。由式（1-149），电场遏止电压对频率的微分等于直线斜率，即

$$\frac{\mathrm{d}V}{\mathrm{d}\nu} = \frac{h}{e} \tag{1-150}$$

直线斜率等于 h/e，实验测得 $h=6.57\times10^{-27}\,\mathrm{erg\cdot s}$（相对误差 0.5%），与普朗克的理论值完全符合。密立根实验同时证明了爱因斯坦的光量子论，也支持了玻尔的原子结构理论，即原子处于稳定态时不辐射能量，只有轨道占据电子从一个轨道能级跃迁到另一个轨道能级，才产生电磁吸收和辐射，其辐射能量为 $\Delta E=h\nu$。

起初人们认识到了光的波动性，光的理论就形成了波的概念，爱因斯坦提出光量子理论之后，人们才认识到光有粒子性。光具有波动和粒子双重属性，光的波动性能解释光的干涉、衍射、折射、偏振等现象，而光的散射、光电转换等现象必须通过光的粒子性才能得到解释。1905 年，爱因斯坦又提出了相对论，按照相对论，光子没有静止质量，只有运动质量，任何物质的运动速度都不会超过光速。光子一旦产生，就以光速运动，从而存在动量和动能，相对论没有回答不同光子的能量差别，而光量子论指出不同光子的能量差别在于不同的频率或波长。1917 年，爱因斯坦赋予光子动量，联立 $E=\boldsymbol{p}c$ 和 $E=h\nu$ 得

$$\boldsymbol{p}=\frac{h\nu}{c}=\frac{h}{\lambda} \tag{1-151}$$

光子有动量和动能，就存在运动质量，根据质能关系式 $E=m_v c^2$，光子的运动质量为

$$m_v=\frac{E}{c^2}=\frac{h\nu}{c^2} \tag{1-152}$$

1916 年，爱因斯坦发展了广义相对论，规定光子应具有与能量量子化一样的动量量子化特征，光子有运动质量的命题被作为广义相对论的预言，爱因斯坦一直在寻找这一相对论命题的实验证据。在发生日全食时，由恒星发生的光线经过太阳，受到太阳强引力场的作用，做直线运动的光线必定发生偏斜，偏斜角理论计算值为1.66″。1919 年，英国皇家学会观测队赴西非海岸几内亚湾的普林西比岛观测，测得偏斜角为1.61″±0.30″，与此同时，另一观测队赴巴西索布拉尔观测，测得偏斜角为1.98″±0.12″，从而证明了光子有运动质量的假设，发展了光量子论。

光量子论的最有力证明是康普顿散射实验。康普顿散射的动力学过程简图见图 1-21。1923 年，康普顿（A. H. Compton）用钼靶 X 射线管，产生波长为 71.1pm 的单色 X 射线，用它照射石墨晶体，在与入射线垂直方向检测到波长为 73.5pm 的散射 X 射线，这是最大波长位移的散射光，并在散射 X 射线的异侧、与入射线交角为44°的方向检测到反冲电子[19]。康普顿效应说明光是粒子流，根据动量守恒原理，光子与电子碰撞损失动量，致使电子运动发生变化。

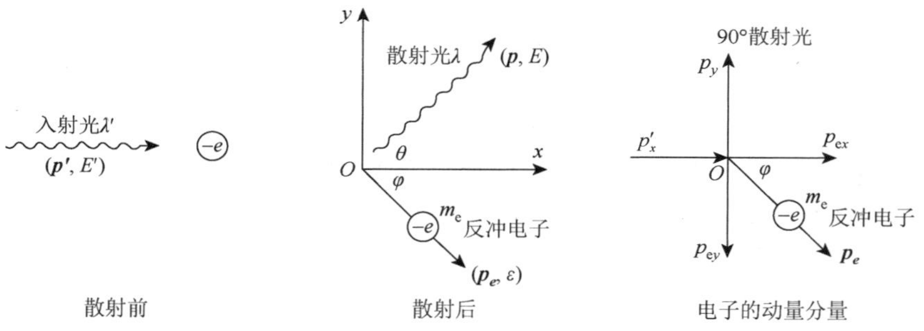

图 1-21　康普顿散射的动力学过程简图

爱因斯坦相对论赋予光子动量 $p=E/c$，并规定光子应有与能量量子化一样的动量量子化特征，而且能量-动量守恒在任何惯性系都成立，这是爱因斯坦对光量子论所做的相对论补充。同时，康普顿散射实验有力地证明了光量子论。

最初，康普顿试图用电磁波理论说明实验结果，但没有成功。1923 年，康普顿将 X 射线看作 X 光子，将散射看作是光子和原子中电子的弹性碰撞所致，用相对论动量和能量以及动量-能量守恒定律，成功导出波长位移公式。设散射前 X 光子的波长、动量和能量分别为 λ'、$\boldsymbol{p}'$、E'，散射后分别为 λ、$\boldsymbol{p}$、E，散射光与入射光之间的交角为 θ，波长位移为 $\Delta\lambda=\lambda-\lambda'$，见图 1-21。以电子作为静止坐标系原点，散射后电子称为反冲电子，产生反冲动量 $\boldsymbol{p}_e$，能量为 ε。现在考虑散射的相对论动力学过程，由电子的相对论关系式 $\varepsilon^2=p_e^2c^2+m_e^2c^4$，等式两端除以 c^2，移项整理得

$$p_e^2=\frac{\varepsilon^2}{c^2}-m_e^2c^2 \tag{1-153}$$

光子与电子碰撞前后遵守动量守恒定律 $\boldsymbol{p}'=\boldsymbol{p}_\mathrm{e}+\boldsymbol{p}$，即

$$\boldsymbol{p}_\mathrm{e}=\boldsymbol{p}'-\boldsymbol{p} \tag{1-154}$$

求电子反冲动量的内积，由式（1-154）

$$\boldsymbol{p}_\mathrm{e}\cdot\boldsymbol{p}_\mathrm{e}=p_\mathrm{e}^2=(\boldsymbol{p}'-\boldsymbol{p})\cdot(\boldsymbol{p}'-\boldsymbol{p})=p'^2-2\boldsymbol{p}'\cdot\boldsymbol{p}+p^2 \tag{1-155}$$

其中，$\boldsymbol{p}'\cdot\boldsymbol{p}=\boldsymbol{p}\cdot\boldsymbol{p}'=p'p\cos\theta$，代入关系式（1-155）得

$$p_\mathrm{e}^2=p'^2-2p'p\cos\theta+p^2 \tag{1-156}$$

碰撞前后光子的相对论动量分别为 $p'=h/\lambda'$ 和 $p=h/\lambda$，代入关系式（1-156）得

$$p_\mathrm{e}^2=\frac{h^2}{\lambda'^2}-2\frac{h^2}{\lambda'\lambda}\cos\theta+\frac{h^2}{\lambda^2} \tag{1-157}$$

联立式（1-153）和式（1-157），消除 p_e^2 得

$$\frac{h^2}{\lambda'^2}-2\frac{h^2}{\lambda'\lambda}\cos\theta+\frac{h^2}{\lambda^2}=\frac{\varepsilon^2}{c^2}-m_\mathrm{e}^2c^2 \tag{1-158}$$

光子与电子碰撞前后遵循能量守恒定律 $E'+m_\mathrm{e}c^2=E+\varepsilon$，即

$$E'-E=\varepsilon-m_\mathrm{e}c^2 \tag{1-159}$$

碰撞前后光子的能量分别为 $E'=hc/\lambda'$ 和 $E=hc/\lambda$，代入式（1-159），得

$$\frac{hc}{\lambda'}-\frac{hc}{\lambda}=\varepsilon-m_\mathrm{e}c^2 \tag{1-160}$$

式（1-160）两端除以 c，再平方变为

$$\frac{h^2}{\lambda'^2}-2\frac{h^2}{\lambda'\lambda}+\frac{h^2}{\lambda^2}=\frac{\varepsilon^2}{c^2}-2\varepsilon m_\mathrm{e}+m_\mathrm{e}^2c^2 \tag{1-161}$$

比较式（1-158）和式（1-161），两式相减得

$$(1-\cos\theta)\frac{h^2}{\lambda'\lambda}=m_\mathrm{e}(\varepsilon-m_\mathrm{e}c^2) \tag{1-162}$$

式（1-160）代入式（1-162），得

$$(1-\cos\theta)\frac{h}{\lambda'\lambda}=m_\mathrm{e}c\left(\frac{1}{\lambda'}-\frac{1}{\lambda}\right)$$

两端乘以 $\lambda'\lambda$，整理解得

$$\lambda-\lambda'=\frac{h}{m_\mathrm{e}c}(1-\cos\theta) \tag{1-163}$$

左端即是散射光波长与入射光波长之间的位移 $\Delta\lambda=\lambda-\lambda'$，上式还可以表达为

$$\Delta\lambda=\frac{2h}{m_\mathrm{e}c}\sin^2\frac{\theta}{2} \tag{1-164}$$

式（1-163）和式（1-164）为康普顿波长位移公式，其中，$\lambda_\mathrm{C}=\dfrac{h}{m_\mathrm{e}c}=2.426\mathrm{pm}$ 是常量，被称为电子的康普顿波长，它预见了入射光波长必须短到皮米（pm）数量级，才能观测到波长位移；其次，在散射角 $\theta=90°$ 处有最大波长位移，散射波长位移将不随入射光波长改变而变化。康普顿所用入射光源为钼靶单色 X 射线，在入射线垂直的方向观测到的最大散射光波长位移为

$$\lambda-71.1=\frac{6.626\times10^{-34}}{9.109\times10^{-31}\times2.998\times10^{8}\times10^{-12}}(1-\cos90°)=2.426$$

解得 $\lambda=73.5\mathrm{pm}$，这就证明了波长位移公式，解释了康普顿实验结果。康普顿散射实验中同时也观测到了没有波长位移的散射光。除了电子产生的散射之外，还存在原子作为整体产生的散射，按照如上的动力学推导，用原子代替电子，将得到如下散射位移公式

$$\lambda-\lambda'=\frac{h}{Mc}(1-\cos\theta) \tag{1-165}$$

其中，碳原子质量 $M=6\times(1.673\times10^{-27}+1.675\times10^{-27})=2.009\times10^{-26}\mathrm{kg}$，代入式（1-165）算得波长位移 $1.101\times10^{-16}\mathrm{m}$，

换算为1.101×10^{-4}pm。计算说明原子散射的位移值的确很小，散射光与入射光的波长几乎相等。这就解释了没有波长位移的汤姆孙散射，即原子作为整体产生的散射。

现在我们来分析90°散射的动量分量，以及反冲电子的动量分量，因为两个粒子的散射方向被确定在一个平面上，定为xy平面，那么就存在 x 和 y 方向的两个动量分量。设散射前光子的动量分量分别为p'_x和$p'_y=0$；散射后分别为$p_x=0$和p_y。散射前反冲电子的动量为零，散射后动量分量为p_{ex}和p_{ey}。在90°散射处，由x和y方向的动量守恒分别求得

$$p'_x=p_{ex}，\ p_{ex}=p'_x=\frac{h}{\lambda'}=\frac{6.626\times10^{-34}}{71.1\times10^{-12}}=9.319\times10^{-24}(\mathrm{kg\cdot m\cdot s^{-1}})$$

$$0=p_y+p_{ey}，\ p_{ey}=-p_y=-\frac{h}{\lambda}=-\frac{6.626\times10^{-34}}{73.5\times10^{-12}}=-9.015\times10^{-24}(\mathrm{kg\cdot m\cdot s^{-1}})$$

由图1-21，反冲电子的方向角的正切为

$$\tan\varphi=\frac{p_{ey}}{p_{ex}}=\frac{-9.015\times10^{-24}}{9.319\times10^{-24}}=-0.967$$

算得方向角$\varphi=-44.0°$，反冲方向为以x轴正方向为起点，向y轴负方向顺时针旋转44.0°处，即第四象限，见图1-21，计算结果与实验测定角度完全符合。

康普顿散射过程是一个相对论动力学过程，同时康普顿散射实验证明了光子动量$p=h/\lambda$和能量$E=hc/\lambda$的假设，以及光量子论的正确性。爱因斯坦评价康普顿散射实验是光辐射知识的里程碑，并称之为康普顿效应（Compton effect）。

1.4　物　质　波

光的粒子性很好地解释了光电效应和康普顿效应的实验结果，光电效应是光子被电子吸收，康普顿效应是光子被电子散射。当波长相同的两列平行光波在空间的间距与它们的波长相当时，就会发生衍射，光的衍射证明了光的波动性。例如，我们可以用X射线照射晶体，光子被原子核外电子散射，形成散射X射线。晶体中相邻晶格原子或离子的间距与X射线波长相当，使得散射X射线发生干涉。而那些波长、相位相同而又相互平行的散射X射线，就会发生衍射，形成衍射环。

1923年，德布罗意（L. de Broglie）总结了人们对光的认识后指出，光有波动和粒子双重属性，起初人们认识到了光的波动性，光的理论就形成了波的概念，直到爱因斯坦提出光量子论，人们才重视光的粒子性。康普顿实验证明了光的粒子性，也认知了光的粒子性的表现形式。而对于有静止质量的物质，最早人们认识了物质的粒子性，而对其波动性一无所知。德布罗意指出任何物质都具有波动和粒子双重属性，包括光子在内[20]。大多数宏观物体的粒子性比较显著，但对于质量很小、运动速度较大的微观粒子，可能波动性就比较突出，如电子、质子、中子、原子和分子等。

类比光的波粒二象性，德布罗意指出波粒二象性不只是光子才有，一切微观粒子，包括电子和质子、中子，都具有波粒二象性，这就是粒子的波粒二象性。光的波动性表现为光以一定的振动频率ν传播，对于简单粒子的波动如何赋予振动频率呢？在玻尔原子理论中，所引入的能量和角动量量子化也是波的干涉和简谐振动的表现形式。德布罗意提出必须赋予粒子波一个周期性的振动，对于受原子核束缚的电子，其运动应该看成是类似驻波的振动传播。

将观测点设在粒子O上，粒子相对静止，其相对论能量$E=m_0c^2$，粒子按频率ν振动，其能量$E=h\nu$，振动周期具有驻波特点，波节不随时间变化，相邻两波节等于半波长，没有振动状态和能量的定向传播。设粒子波沿x方向运动，其波函数可表示为

$$\Psi(x,y,z,t)=\psi(x,y,z)\mathrm{e}^{-\mathrm{i}2\pi\nu t}$$

将$\nu=E/h$代入上式

$$\Psi(x,y,z,t)=\psi(x,y,z)\mathrm{e}^{-\frac{\mathrm{i}2\pi E}{h}t}$$

粒子振动的振幅由时间函数确定

$$F = e^{-\frac{i2\pi E}{h}t} \tag{1-166}$$

将观测点设在相对粒子以速度 v 运动的参照系 O' 上，这时粒子相对于参照系以相同速度反方向运动，其相对论能量

$$E' = m'c^2 = \frac{m_0 c^2}{\sqrt{1-v^2/c^2}} = \frac{E}{\sqrt{1-v^2/c^2}} \tag{1-167}$$

粒子的振动变为按频率 ν' 的波动，由洛伦兹变换 $ct' = \frac{1}{\sqrt{1-v^2/c^2}}\left(ct - \frac{vx}{c}\right)$，粒子波的振幅变为

$$F' = Ae^{-i\frac{2\pi E}{h\sqrt{1-v^2/c^2}}\left(t-\frac{vx}{c^2}\right)} \tag{1-168}$$

粒子波的频率为

$$\nu' = \frac{E}{h\sqrt{1-v^2/c^2}} \tag{1-169}$$

将式（1-167）代入式（1-169），得

$$E' = h\nu' \tag{1-170}$$

上式说明，粒子波的能量仍与波动频率成正比，而波长由相位波的相速度求得，相速度就是波速。根据波速 $u = \frac{x}{t} = \frac{c^2}{v}$ 以及 $u = \nu\lambda$，并结合式（1-169）有

$$\lambda = \frac{u}{\nu'} = \frac{c^2}{v}\cdot\frac{h\sqrt{1-v^2/c^2}}{E} = \frac{c^2}{v}\frac{h\sqrt{1-v^2/c^2}}{m_0 c^2} = \frac{h}{mv} = \frac{h}{p} \tag{1-171}$$

式中，λ 是相位波的波长；p、m 和 v 分别是物质运动的动量、运动质量和速度，相位波就是粒子波（也称为物质波），其波函数是粒子波相位的空间分布，而不是振动状态和能量的定向传播。

德布罗意假设任何处于运动状态的物质都会表现出波动性，而只有那些质量很小、运动速度较大的微观粒子，波动性才比较显著，此种波统称为物质波，波长由式（1-171）表示。当物体质量很大时，德布罗意波长趋于零，物体的运动特性转变为粒子性，所以经典力学是德布罗意波趋于零时的短波极限。相反，当物体质量较小时，运动速度以光速为极限，德布罗意波长很长，物体的运动特性转变为波动性。在相对论下，设微粒运动速度为 v，德布罗意关系式表示为

$$\lambda = \frac{h}{mv} = \frac{h}{m_0 v}\sqrt{1-\frac{v^2}{c^2}} \tag{1-172}$$

式中，m_0 为微粒的静止质量。微粒波动性是通过电子的衍射图像与光的衍射图像相比较得到证明，1927 年，X 射线衍射法已应用于测定晶体结构，X 射线照射晶体所产生衍射图样是 X 射线波动性的表现形式。假设用电子束照射晶体产生了类似的衍射图样，电子的波动性就得到证明。证明实验使用晶体材料，此时电子束波长应与 X 射线波长相当。按照德布罗意关系式，其波长与电子运动速度成反比，通过电场加速电子可以产生与 X 射线波长相当的电子波。由质能关系式 $E = mc^2$ 可得，微粒的静止能量 $E_0 = m_0 c^2$，而运动能量 $E = m_v c^2$，那么相对论的动能为

$$T = m_v c^2 - m_0 c^2 \tag{1-173}$$

设电场电压为 V，电场势能转变为电子动能

$$eV = T = m_v c^2 - m_0 c^2 = m_0 c^2\left(1-\frac{v^2}{c^2}\right)^{-1/2} - m_0 c^2 \tag{1-174}$$

移项后两端平方，再除以平方项 $(eV + m_0 c^2)^2$，移项，得

$$1 - \frac{v^2}{c^2} = \frac{m_0^2 c^4}{(eV + m_0 c^2)^2} \tag{1-175}$$

移项求得

$$\frac{v^2}{c^2} = \frac{(eV + m_0 c^2)^2 - m_0^2 c^4}{(eV + m_0 c^2)^2} = \frac{e^2 V^2 + 2eVm_0 c^2}{(eV + m_0 c^2)^2}$$

进而求得电场电压为V时电子的速度

$$v=\frac{c\sqrt{e^2V^2+2eVm_0c^2}}{eV+m_0c^2} \tag{1-176}$$

联立式（1-175）和式（1-172），得德布罗意波长

$$\lambda=\frac{h}{m_0v}\cdot\frac{m_0c^2}{eV+m_0c^2}=\frac{hc^2}{v(eV+m_0c^2)} \tag{1-177}$$

将式（1-176）表达的电子速度代入上式，求得相对论下的德布罗意波长

$$\lambda=\frac{hc}{\sqrt{e^2V^2+2eVm_0c^2}} \tag{1-178}$$

当电场电压较低（100V）时，根据$eV=\frac{1}{2}m_0v^2$，电子运动速度$v=5.931\times10^6\,\mathrm{m\cdot s^{-1}}$，$v<c$。$e^2V^2<2eVm_0c^2$，分母根号下第一项忽略不计，$e^2V^2+2eVm_0c^2\approx2eVm_0c^2$，式（1-178）简化为非相对论下的德布罗意波长

$$\lambda=\frac{h}{\sqrt{2m_0eV}} \tag{1-179}$$

对于原子体系，当电子与原子核的电磁作用势能为U时，电子动能$T=E-U=\frac{p^2}{2m_v}$，则动量为$p=\sqrt{2m_v(E-U)}$，原子中电子的非相对论德布罗意波长为

$$\lambda=\frac{h}{\sqrt{2m_v(E-U)}} \tag{1-180}$$

就电子束而言，当电场电压为54V，由式（1-178）和式（1-179）算得德布罗意波长都为166.91pm，与X射线波长相当，也是晶体中晶格参数的数量级。1927年，戴维森（C. Davisson）和革末（L. H. Germer）采用低压电场产生电子束，照射单晶镍，获得衍射图样[21]。当电场电压为4×10^4V，由相对论公式（1-178）算得德布罗意波长为6.016pm，由非相对论公式（1-179）算得德布罗意波长为6.133pm。由此可见，高压电场生成的电子束的速度达到了光速数量级，存在相对论效应。1927年，汤姆孙（G. P. Thomson）采用高压电场产生电子束，照射赛璐珞（celluloid），也获得衍射图样，见图1-22（a）[22]。电子衍射是电子束被原子核外电子散射形成散射电子波，当散射电子波的相位和波长相同时，发生衍射而形成衍射环。衍射是波动性特征，这就从实验上证明了电子的波动性。

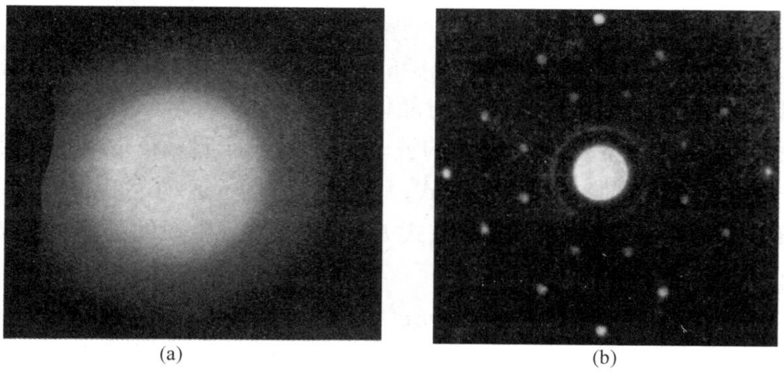

图1-22 （a）电子经赛璐珞散射产生的衍射图样；（b）中子经氯化钠晶体散射后产生的衍射图样

1919年，卢瑟福用放射性镭产生的α粒子（$^{226}_{88}\mathrm{Ra}\longrightarrow{}^{222}_{86}\mathrm{Rn}+{}^{4}_{2}\mathrm{He}^{2+}$），近距离轰击氢原子，发现带正电的氢离子——质子[23]。当轰击氮原子，同样获得质子，并断定质子是构成氮原子核的基本粒子[24]。1925年，布莱克特（P. M. S. Blackett）等证明质子是核反应$^{14}_{7}\mathrm{N}+{}^{4}_{2}\mathrm{He}\longrightarrow{}^{17}_{8}\mathrm{O}+{}^{1}_{1}\mathrm{H}$的产物。质子的发现表明了原子核的可分割性，原子核内部粒子的分离性和能量量子化的特征。1929年，菲尔特（R. Fürth）等准确测量了质子和电子的质量比$M_\mathrm{p}/m_\mathrm{e}=1836$[25]。

从质子的质量测定发现，质子数所确定的原子质量与实际原子量相差很大，可以推测原子核中应该存

在第二种粒子。1932 年，查德威克（J. Chadwick）用放射性钋产生 α 射线 $^{216}_{84}Po \longrightarrow ^{212}_{82}Pb + ^{4}_{2}He^{2+}$，近距离轰击 $^{9}_{4}Be$ 原子，确认核反应产物是 $^{12}_{6}C$ 和中子 $^{1}_{0}n$ [26]。中子是一种电中性的、质量与质子相当的粒子，中子被原子核俘获放出一个质子和一个电子。查德威克从 $^{12}_{6}C$ 的反冲动量、中子流的穿透能力和对周围原子的电离能力分析得出，产物不是 γ 射线，而是中子，即发生了核反应 $^{9}_{4}Be + ^{4}_{2}He \longrightarrow ^{12}_{6}C + ^{1}_{0}n$。1934 年，居里（I. Curie）等用 α 射线轰击 $^{10}_{5}B$、$^{27}_{13}Al$ 和 $^{27}_{12}Mg$，测得中子相对于 $^{16}_{8}O$ 质量单位的质量 $m_n = 1.0089u$ [27]。1934 年，拉登堡（R. Ladenburg）用 $^{2}_{1}H$ 粒子轰击 $^{7}_{3}Li$，测得中子的质量 $m_n = 1.0083u$ [28]。1961 年国际纯粹与应用化学联合会（IUPAC）和国际纯粹与应用物理学联合会（IUPAP）统一使用 $^{12}_{6}C$ 质量单位标准，质子质量为 $m_p = 1.00724u$，中子质量为 $m_n = 1.00863u$。

质子和中子的质量都很小，按照德布罗意关系式，都具有波动性，属于微观粒子。1948 年，沃兰（E. O. Wollan）用热中子束照射氯化钠晶体获得衍射图样，见图 1-22（b）[29]。中子束与原子核相遇，中子被原子核内核子散射，在相位和波长相同的条件下发生衍射，产生衍射环。中子衍射也被应用于晶体结构测定，称为中子衍射法。原子核的空间尺寸在 3×10^{-13}cm 左右，在如此小的空间拥挤了如此多的带电质子，原子核没有发生裂变，而是保持稳定状态，其次不带电的中子又与带电质子保持着一种强相互作用的紧密关系，以维持原子核的稳定。

玻尔氢原子结构中的电子用波动性描述，必然满足轨道角动量的量子化。电子在圆形轨道上运动时，径向矢量始终与线动量垂直，则角动量为

$$\boldsymbol{L} = \boldsymbol{r} \times \boldsymbol{p} = rp \tag{1-181}$$

设电子的波长为 λ，电子绕核一周经过的路径等于 $2\pi r$，则有

$$2\pi r = n\lambda \qquad n = 1,2,3,\cdots \tag{1-182}$$

将德布罗意关系式 $p\lambda = h$ 代入式（1-181），得

$$\boldsymbol{L} = h\frac{r}{\lambda} \tag{1-183}$$

联立式（1-182）和式（1-183），消去 r/λ，得

$$\boldsymbol{L} = \frac{nh}{2\pi} = n\hbar \qquad n = 1,2,3,\cdots \tag{1-184}$$

由此可见，力学量的量子化是微粒的波动性特征。玻尔氢原子结构并没有给出电子的波动图像，即波函数解，但电子角动量量子化假设预示了电子的波动性。

1961 年，约恩松（C. Jönsson）通过多缝衍射实验直接证明了电子的波动性[30]。实验首先要在铜板上创刻多个尺寸极小的、距离极短的狭缝。在密闭容器中蒸发金属银，在玻璃板上凝聚成厚度为 20nm 的银薄膜，在真空状态下用线状电子探针辐射，在经过高电子密度辐射处合成一种电导率极低的碳氢聚合膜，之后用电解沉积法沉积铜，在银薄膜上出现沉积铜，而碳氢聚合膜上没有铜沉积。电解沉积后剥离铜膜，制得带多个狭缝光栅的铜膜，这些狭缝长约 50μm、宽 0.3μm，间隔为 1～2μm。衍射实验是以 50kV 的加速电子分别照射有单缝、双缝、三缝、四缝的铜膜，使电子快速通过狭缝，在狭缝背后的屏幕上成功获得电子的多缝衍射图像，其中，双缝衍射条纹与杨（T. Young）关于光的双缝干涉条纹相似，见图 1-23。

图 1-23　电子束的单缝、双缝、三缝、四缝衍射图像

1.5　量子力学的建立

玻尔之所以能成功解释氢原子光谱，是因为采用了紧密联系实验光谱，进而建立对应的电子运动能级的方法，通过量子假定，导出了相应的电动力学关系式。由于对波动性的认识局限，这种对应原理最终没

有实现对电子运动方程的完整表述。电子波动性的实验证明，使得物理学家开始重新认识电子的运动特性，寻找能量、角动量等力学量的量子化与电子波动性之间存在的必然联系。

海森伯（Heisenberg）则是力求在实验光谱频率和强度与可观测力学量之间建立运动方程，在原子结构中由于电子的波动性，电子运动其实并不存在运动轨道。玻尔的原子结构理论未能解释氦原子光谱，是因为没有考虑到电子波叠加所产生的力学量变化。为了实现对可观测力学量的计算，必须放弃测量电子位置和速度的思维方式，将原子理论建立在近代物理实验基础上，全面考虑电子波的干涉、衍射、相对运动能量和角动量等因素。1925～1926 年，海森伯、玻恩（Born）、若尔当（Jordan）建立起可观测力学量方程，以及求算力学量的量子力学方法[31]。由于原子中存在多个电子，而这些电子运动的力学量和波动存在相似性，所表达的数学方程也就存在相似性，其次，电子的波动状态和力学量又存在相关性，状态和力学量的相似性和相关性都体现在线性空间的矩阵运算中，因而该理论体系也被称为矩阵力学。

1926 年，薛定谔（E. Schrödinger）针对德布罗意波的讨论提出波动方程[32, 33]。首先，微观粒子具有波粒二象性，其运动状态可以由波函数$\Psi(x,y,z,t)$表示。，其次微粒所处的物理环境存在电磁作用力，设电磁作用势能为U。电磁作用力的变化通过传递（吸收或辐射）光量子得以实现，原子和分子处于光介质中运动和变化，其中光量子能量为$E=h\nu$。

设在不均匀电磁场中，物质波的传播速度为u，则波动方程表达为

$$\nabla^2\Psi-\frac{1}{u^2}\frac{\partial^2\Psi}{\partial t^2}=0 \tag{1-185}$$

其中，$\nabla^2=\frac{\partial^2}{\partial x^2}+\frac{\partial^2}{\partial y^2}+\frac{\partial^2}{\partial z^2}$为拉普拉斯算符。求解波动方程的方法是分离变量，将偏微分方程化为常微分方程，将实函数空间拓展到复变函数空间，运用边界条件求出不定系数。设波函数Ψ可以写为空间函数和时间函数的乘积

$$\Psi(x,y,z,t)=\psi(x,y,z)\phi(t)=\psi(x,y,z)\mathrm{e}^{-\mathrm{i}2\pi\nu t} \tag{1-186}$$

将微粒的德布罗意波长$\lambda=\frac{h}{\sqrt{2m(E-U)}}$和物质波的频率$\nu=E/h$代入物质波的波速关系式$u=\nu\lambda$得

$$u=\nu\lambda=\frac{E}{\sqrt{2m(E-U)}} \tag{1-187}$$

再将$\nu=E/h$代入波函数Ψ表达式，得

$$\Psi(x,y,z,t)=\psi(x,y,z)\mathrm{e}^{-\mathrm{i}\frac{2\pi E}{h}t} \tag{1-188}$$

对时间求二阶导数

$$\frac{\partial^2\Psi}{\partial t^2}=-\frac{4\pi^2E^2}{h^2}\Psi \tag{1-189}$$

将波函数Ψ对时间t的二阶偏导数，以及式（1-187）表达的波速，一并代入波动方程（1-185）得

$$\nabla^2\Psi-\frac{2m(E-U)}{E^2}\left(-\frac{4\pi^2E^2}{h^2}\Psi\right)=0$$

整理得

$$\nabla^2\Psi+\frac{8\pi^2m(E-U)}{h^2}\Psi=0 \tag{1-190}$$

再将式（1-188）表示的含时波函数代入，消去时间函数

$$\nabla^2\psi(x,y,z)+\frac{8\pi^2m(E-U)}{h^2}\psi(x,y,z)=0 \tag{1-191}$$

或写成

$$\left(-\frac{h^2}{8\pi^2m}\nabla^2+U\right)\psi(x,y,z)=E\psi(x,y,z) \tag{1-192}$$

此方程是定态薛定谔方程，不包含时间变量，也称为能量本征方程，所得波函数是一种粒子波相位的空间

分布图像。不同的体系对应不同的势能函数U，求解薛定谔方程得到不同的本征能量和本征波函数。

波函数随时间变化，能量也随时间变化。由式（1-188）表示的含时波函数$\Psi(x,y,z,t)$对时间t微分

$$\frac{\partial\Psi(x,y,z,t)}{\partial t}=-\mathrm{i}\frac{2\pi E}{h}\psi(x,y,z)\mathrm{e}^{-\mathrm{i}\frac{2\pi E}{h}t}=\mathrm{i}\frac{2\pi}{h}E\Psi(x,y,z,t)$$

将方程整理简写为

$$\mathrm{i}\frac{h}{2\pi}\frac{\partial\Psi}{\partial t}=E\Psi \tag{1-193}$$

再将方程（1-190）改写为

$$\left(-\frac{h^2}{8\pi^2 m}\nabla^2+U\right)\Psi=E\Psi \tag{1-194}$$

比较方程（1-193）和方程（1-194），即得含时薛定谔方程

$$\mathrm{i}\frac{h}{2\pi}\frac{\partial\Psi}{\partial t}=\left(-\frac{h^2}{8\pi^2 m}\nabla^2+U\right)\Psi \tag{1-195}$$

在方程（1-194）中，$\hat{H}=-\frac{h^2}{8\pi^2 m}\nabla^2+U$为能量算符，表示某波函数代表状态的能量。在方程（1-195）中，$\hat{H}=\mathrm{i}\frac{h}{2\pi}\frac{\partial}{\partial t}$也是能量算符，表示随时间变化的状态波函数对应的能量变化，如原子中电子在不同能级之间的跃迁。对方程（1-195）进行相对论推广，可以导出克莱因-戈尔登（Klein-Gordon）方程。

求解薛定谔方程的方法是：将偏微分方程化为常微分方程，在复变函数空间解出波函数和能量，再在实函数空间中，确定符合物理意义的波函数和能量，所以，满足薛定谔方程的波函数必须是符合数学概念的连续波函数，也必须是符合物理概念的单值、有界波函数，因为物质波的波函数代表的是物质波的空间分布——一种概率分布，即在单位时间$\mathrm{d}t$内粒子出现在空间微体积元$\mathrm{d}\tau=\mathrm{d}x\mathrm{d}y\mathrm{d}z$内的概率$\mathrm{d}P$，它由波幅的平方决定，具体表示为

$$\mathrm{d}P=|\Psi(x,y,z,t)|^2\mathrm{d}t\mathrm{d}\tau=\Psi^*(x,y,z,t)\Psi(x,y,z,t)\mathrm{d}t\mathrm{d}\tau \tag{1-196}$$

粒子出现在某空间范围V的概率P也由波幅的平方决定，具体表示为如下积分形式

$$P=\iint_V|\Psi(x,y,z,t)|^2\mathrm{d}t\mathrm{d}\tau=\iint_V\Psi^*(x,y,z,t)\Psi(x,y,z,t)\mathrm{d}t\mathrm{d}\tau \tag{1-197}$$

波函数连续、平方可积、有界，保证了在指定空间范围内电子的概率意义，波函数单值限制了处于某个状态的粒子在该空间范围内只有一个概率值。将式（1-188）表示的含时波函数代入式（1-196），得

$$\begin{aligned}\mathrm{d}P&=\Psi^*(x,y,z,t)\Psi(x,y,z,t)\mathrm{d}t\mathrm{d}\tau\\&=\psi^*(x,y,z)\mathrm{e}^{\mathrm{i}\frac{2\pi E}{h}t}\psi(x,y,z)\mathrm{e}^{-\mathrm{i}\frac{2\pi E}{h}t}\mathrm{d}t\mathrm{d}\tau\\&=\psi^*(x,y,z)\psi(x,y,z)\mathrm{d}\tau\end{aligned} \tag{1-198}$$

由此可见，物质波的概率分布不随时间变化而发生变化，仅是空间坐标的函数，是一种空间分布。而空间某点(x,y,z)的概率密度ρ定义为

$$\rho=\lim_{\mathrm{d}\tau\to 0}\frac{\mathrm{d}P}{\mathrm{d}\tau}=|\psi(x,y,z)|^2=\psi^*(x,y,z)\psi(x,y,z) \tag{1-199}$$

粒子在空间某点的概率密度也不随时间发生变化。由概率公理，全空间粒子出现的概率等于 1。数学上表示为对概率微分式（1-198）两端积分等于 1。

$$P=\int_{-\infty}^{+\infty}\int_{-\infty}^{+\infty}\int_{-\infty}^{+\infty}\psi^*(x,y,z)\psi(x,y,z)\mathrm{d}x\mathrm{d}y\mathrm{d}z=1$$

运用此关系式可对解出的波函数进行归一化，以方便比较粒子在空间中的概率分布。

【例 1-7】　在一维势箱中运动的粒子，粒子在$0<x<l$区间中的势能等于零，而在区间以外的势能为无限大，

用边界条件解得波函数 $\psi(x)=B\sin\dfrac{n\pi x}{l}$ ($n=1,2,\cdots$)，能量 $E_n=\dfrac{n^2h^2}{8ml^2}$ ，求波函数的归一化系数 B。

解： 粒子在全区间 $0<x<l$ 内的概率等于 1

$$1=\int_0^l \psi^2(x)\mathrm{d}x=B^2\int_0^l \sin^2\frac{n\pi x}{l}\mathrm{d}x$$

由倍角公式 $\cos 2\theta=1-2\sin^2\theta$ 得 $\sin^2\theta=\dfrac{1-\cos 2\theta}{2}$。令 $\theta=\dfrac{n\pi x}{l}$ ，$\mathrm{d}x=\dfrac{l}{n\pi}\mathrm{d}\theta$ ，积分限由 $0<x<l$ 变为 $0<\theta<n\pi$ ，

$$1=B^2\frac{l}{n\pi}\int_0^{n\pi}\sin^2\theta\mathrm{d}\theta=B^2\frac{l}{2n\pi}\int_0^{n\pi}(1-\cos 2\theta)\mathrm{d}\theta=B^2\frac{l}{2}$$

解得 $B=\sqrt{\dfrac{2}{l}}$ ，求得归一化波函数为 $\psi(x)=\sqrt{\dfrac{2}{l}}\sin\dfrac{n\pi x}{l}$ 。

微观粒子具有波动性，就存在波的干涉和衍射，物理上干涉和衍射是波的叠加状态，数学上表示为波函数的线性组合。设一组合格的本征波函数 $\{\psi_1,\psi_2,\cdots,\psi_n\}$ 构成希尔伯特（Hilbert）右矢空间的基函数，用狄拉克符号表示为 $\{|\psi_1\rangle,|\psi_2\rangle,\cdots,|\psi_n\rangle\}$ [34]，存在左矢空间的一组复共轭基函数 $\{\psi_1^*,\psi_2^*,\cdots,\psi_n^*\}$ 与之一一对应，用狄拉克符号表示为 $\{\langle\psi_1|,\langle\psi_2|,\cdots,\langle\psi_n|\}$ 。它们满足正交、归一化：

$$\langle\psi_i|\psi_j\rangle=\int\psi_i^*\psi_j\mathrm{d}\tau=\delta_{ij}=\begin{cases}1, & i=j\\0, & i\neq j\end{cases} \tag{1-200}$$

对于 n 粒子体系，其任意状态波函数可以用这组基函数线性组合表示：

$$\Phi=c_1\psi_1+c_2\psi_2+\cdots+c_n\psi_n=\sum_{i=1}^{n}c_i\psi_i \tag{1-201}$$

Φ 表示 n 粒子体系作为整体的一种状态，代表粒子波的叠加。波函数 Φ 的归一化表示为

$$\int\Phi^*\Phi\mathrm{d}\tau=\int\left(\sum_{i=1}^{n}c_i\psi_i\right)^*\left(\sum_{j=1}^{n}c_j\psi_j\right)\mathrm{d}\tau=1$$

用矩阵表示为

$$\begin{aligned}\int\Phi^*\Phi\mathrm{d}\tau&=\begin{pmatrix}c_1^* & c_2^* & \cdots & c_n^*\end{pmatrix}\begin{pmatrix}\int\psi_1^*\psi_1\mathrm{d}\tau & \int\psi_1^*\psi_2\mathrm{d}\tau & \cdots & \int\psi_1^*\psi_n\mathrm{d}\tau\\ \int\psi_2^*\psi_1\mathrm{d}\tau & \int\psi_2^*\psi_2\mathrm{d}\tau & \cdots & \int\psi_2^*\psi_n\mathrm{d}\tau\\ \vdots & \vdots & & \vdots\\ \int\psi_n^*\psi_1\mathrm{d}\tau & \int\psi_n^*\psi_2\mathrm{d}\tau & \cdots & \int\psi_n^*\psi_n\mathrm{d}\tau\end{pmatrix}\begin{pmatrix}c_1\\c_2\\\vdots\\c_n\end{pmatrix}\\&=\begin{pmatrix}c_1^* & c_2^* & \cdots & c_n^*\end{pmatrix}\begin{pmatrix}1 & 0 & \cdots & 0\\0 & 1 & \cdots & 0\\\vdots & \vdots & & \vdots\\0 & 0 & \cdots & 1\end{pmatrix}\begin{pmatrix}c_1\\c_2\\\vdots\\c_n\end{pmatrix}\\&=|c_1|^2+|c_2|^2+\cdots+|c_n|^2\\&=1\end{aligned} \tag{1-202}$$

矩阵中的积分使用了基函数的正交归一化性质，由此可见，叠加态波函数的归一化演化为线性组合系数模的平方和等于 1。

任何可观测力学量对应一个线性厄米算符。算符是实施特定运算所采用的专门符号，用以表达特定的运算。如开方 $\sqrt{x^2-y^2}$ 、微分 $\dfrac{\mathrm{d}^2}{\mathrm{d}x^2}f(x)$ 和积分 $\int f(x)\mathrm{d}x$ ，对应的算符分别为 $\sqrt{\ }$ 、$\dfrac{\mathrm{d}^2}{\mathrm{d}x^2}$ 和 $\int\mathrm{d}x$ 。量子力学涉及的算符是比较复杂的算符，如矢量微分算符

$$\nabla=\frac{\partial}{\partial x}\boldsymbol{i}+\frac{\partial}{\partial y}\boldsymbol{j}+\frac{\partial}{\partial z}\boldsymbol{k} \tag{1-203}$$

薛定谔方程中表达的能量算符，是可观测力学量算符

$$\hat{\boldsymbol{H}}=-\frac{h^2}{8\pi^2 m}\nabla^2+\boldsymbol{U} \tag{1-204}$$

$\hat{\boldsymbol{H}}$ 称为哈密顿算符，∇^2 称为拉普拉斯算符，∇^2 可分解为矢量微分算符的点积

$$\nabla^2=\nabla\cdot\nabla=\left(\frac{\partial}{\partial x}\boldsymbol{i}+\frac{\partial}{\partial y}\boldsymbol{j}+\frac{\partial}{\partial z}\boldsymbol{k}\right)\cdot\left(\frac{\partial}{\partial x}\boldsymbol{i}+\frac{\partial}{\partial y}\boldsymbol{j}+\frac{\partial}{\partial z}\boldsymbol{k}\right)=\frac{\partial^2}{\partial x^2}+\frac{\partial^2}{\partial y^2}+\frac{\partial^2}{\partial z^2} \tag{1-205}$$

算符的各种运算关系是便于力学量的数学计算，用算符表达的力学量和力学量本征方程具有数学上简洁、物理上意义明确的优点。如用哈密顿算符表达薛定谔方程，薛定谔方程变为

$$\hat{H}\psi=E\psi \tag{1-206}$$

此方程表述为：哈密顿算符对波函数的运算等于能量（常数）乘以波函数，这种方程称为本征方程，薛定谔方程也被称为能量本征方程。由此可见，量子力学表述的是微粒的波动极限，微粒的运动是无法观测的，而是特定条件下对力学量进行表观测量，理论上对力学量的表达必须是数学上可行的、物理上合理的、与观测实验相符的。数学上，可观测力学量用一个线性厄米算符表达，如果存在一个力学量本征方程，其本征值就等于力学量测量值，那么求解本征方程所解出的力学量值就必须与测量值相符。

能量本征方程（1-206）中的波函数是单粒子态，对于 n 粒子体系，各个粒子波之间存在干涉，每个粒子的状态都是复合的，是受各粒子波函数叠加影响的。粒子之间的这种相关性，使得每一状态（组合波函数）的力学量只有平均值。设 $\varPhi$ 是多粒子体系中任意状态的波函数，在基函数 $\{\psi_1,\psi_2,\cdots,\psi_n\}$ 构成的线性空间中展开为

$$\varPhi=c_1\psi_1+c_2\psi_2+\cdots+c_n\psi_n$$

则该状态的能量平均值为

$$\bar{E}=\int\varPhi^*\hat{H}\varPhi\mathrm{d}\tau=\int\left(\sum_{i=1}^{n}c_i\psi_i\right)^*\hat{H}\left(\sum_{j=1}^{n}c_j\psi_j\right)\mathrm{d}\tau \tag{1-207}$$

或表达为 $\bar{E}=\langle\varPhi|\hat{H}|\varPhi\rangle$。将多粒子体系的能量平均值表达为矩阵形式，需要拓展到希尔伯特空间。在希尔伯特空间中，只有力学量算符是厄米算符，力学量平均值才是实数。对于能量算符 $\hat{H}$ 的平均值，只有满足

$$\int\varPhi^*\hat{H}\varPhi\mathrm{d}\tau=\int\varPhi(\hat{H}\varPhi)^*\mathrm{d}\tau \tag{1-208}$$

或表达为 $\langle\varPhi|\hat{H}|\varPhi\rangle=\langle\varPhi|\hat{H}|\varPhi\rangle^*$，能量平均值才是实数，即

$$\bar{E}=\bar{E}^* \tag{1-209}$$

而满足式（1-208）的算符 $\hat{H}$，就是厄米算符。若再将波函数展开式代入，$\hat{H}$ 对右侧波函数的运算满足

$$\hat{H}\varPhi=c_1\hat{H}\psi_1+c_2\hat{H}\psi_2+\cdots+c_n\hat{H}\psi_n \tag{1-210}$$

则称 $\hat{H}$ 为线性算符。同时满足式（1-208）和式（1-210），能量算符 $\hat{H}$ 就是线性厄米算符。将式（1-201）代入式（1-208），展开积分运算式，进一步表示为如下矩阵形式：

$$\begin{aligned}&\int\varPhi^*\hat{H}\varPhi\mathrm{d}\tau\\&=\begin{pmatrix}c_1^* & c_2^* & \cdots & c_n^*\end{pmatrix}\begin{pmatrix}\int\psi_1^*\hat{H}\psi_1\mathrm{d}\tau & \int\psi_1^*\hat{H}\psi_2\mathrm{d}\tau & \cdots & \int\psi_1^*\hat{H}\psi_n\mathrm{d}\tau\\ \int\psi_2^*\hat{H}\psi_1\mathrm{d}\tau & \int\psi_2^*\hat{H}\psi_2\mathrm{d}\tau & \cdots & \int\psi_2^*\hat{H}\psi_n\mathrm{d}\tau\\ \vdots & \vdots & & \vdots\\ \int\psi_n^*\hat{H}\psi_1\mathrm{d}\tau & \int\psi_n^*\hat{H}\psi_2\mathrm{d}\tau & \cdots & \int\psi_n^*\hat{H}\psi_n\mathrm{d}\tau\end{pmatrix}\begin{pmatrix}c_1\\c_2\\ \vdots\\c_n\end{pmatrix}\end{aligned} \tag{1-211}$$

同理

$$\begin{aligned}&\int\varPhi(\hat{H}\varPhi)^*\mathrm{d}\tau\\&=\begin{pmatrix}c_1 & c_2 & \cdots & c_n\end{pmatrix}\begin{pmatrix}\int\psi_1(\hat{H}\psi_1)^*\mathrm{d}\tau & \int\psi_1(\hat{H}\psi_2)^*\mathrm{d}\tau & \cdots & \int\psi_1(\hat{H}\psi_n)^*\mathrm{d}\tau\\ \int\psi_2(\hat{H}\psi_1)^*\mathrm{d}\tau & \int\psi_2(\hat{H}\psi_2)^*\mathrm{d}\tau & \cdots & \int\psi_2(\hat{H}\psi_n)^*\mathrm{d}\tau\\ \vdots & \vdots & & \vdots\\ \int\psi_n(\hat{H}\psi_1)^*\mathrm{d}\tau & \int\psi_n(\hat{H}\psi_2)^*\mathrm{d}\tau & \cdots & \int\psi_n(\hat{H}\psi_n)^*\mathrm{d}\tau\end{pmatrix}\begin{pmatrix}c_1^*\\c_2^*\\ \vdots\\c_n^*\end{pmatrix}\end{aligned} \tag{1-212}$$

只有当矩阵为厄米矩阵，即对角矩阵元是实数，而与矩阵对角线对称的、成对的非对角矩阵元互为共轭复数，在积分展开式的求和运算中才能得到实数，这样厄米算符 $\hat{H}$ 在矩阵运算中演化为厄米矩阵。对于积分式（1-211），对称的非对角矩阵元是一种交换行列标的关系，互为共轭复数，满足

$$\int\psi_k^*\hat{H}\psi_l\mathrm{d}\tau=\left(\int\psi_l^*\hat{H}\psi_k\mathrm{d}\tau\right)^*=\int\psi_l(\hat{H}\psi_k)^*\mathrm{d}\tau \qquad (k=1,2,\cdots,n;l=1,2,\cdots,n) \tag{1-213}$$

对于积分式（1-212），则满足

$$\int\psi_k(\hat{H}\psi_l)^*\mathrm{d}\tau=\left(\int\psi_l^*\hat{H}\psi_k\mathrm{d}\tau\right)^*=\int\psi_l(\hat{H}\psi_k)^*\mathrm{d}\tau \qquad (k=1,2,\cdots,n;l=1,2,\cdots,n) \tag{1-214}$$

以及对角矩阵元满足

$$\int\psi_k^*\hat{H}\psi_k\mathrm{d}\tau=\int\psi_k(\hat{H}\psi_k)^*\mathrm{d}\tau \tag{1-215}$$

积分式（1-211）和式（1-212）中的两个矩阵彼此互为厄米共轭矩阵，其中一个转置取复共轭，等于另一个矩阵，这一运算关系也保证了积分式（1-208）两端各项一一对应相等。

式（1-211）矩阵中，第一行、第二列矩阵元 $\int\psi_1^*\hat{H}\psi_2\mathrm{d}\tau$，与式（1-212）矩阵中的第二行、第一列矩阵元 $\int\psi_2(\hat{H}\psi_1)^*\mathrm{d}\tau$ 相等。式（1-211）矩阵中的第二行、第 n 列矩阵元 $\int\psi_2^*\hat{H}\psi_n\mathrm{d}\tau$，与式（1-212）矩阵中的第 n 行、第二列矩阵元 $\int\psi_n(\hat{H}\psi_2)^*\mathrm{d}\tau$ 相等，……，以此类推。

【例 1-8】 在希尔伯特线性空间中，$\{\psi_1,\psi_2,\cdots,\psi_n\}$ 是单粒子能量算符的本征函数，每一个波函数表示粒子处于相同电磁场中的一种波动状态，各个粒子波的波动彼此独立，不发生干涉作用，满足本征方程

$$\hat{H}\psi_1=\varepsilon_1\psi_1,\ \hat{H}\psi_2=\varepsilon_2\psi_2,\ \cdots,\ \hat{H}\psi_n=\varepsilon_n\psi_n \tag{1-216}$$

其中，能量算符是厄米算符，试证明单粒子波对应的能量本征值 $(\varepsilon_1,\varepsilon_2,\cdots,\varepsilon_n)$ 必为实数。

证明：设厄米算符 $\hat{H}$ 的一个本征函数为 ψ_1，对应的本征值为 ε_1，则有

$$\hat{H}\psi_1=\varepsilon_1\psi_1$$

两端取共轭复函数

$$(\hat{H}\psi_1)^*=\varepsilon_1^*\psi_1^*$$

以上两个本征方程两端的左侧，分别乘以 ψ_1^* 和 ψ_1，再积分得

$$\int\psi_1^*\hat{H}\psi_1\mathrm{d}\tau=\varepsilon_1\int\psi_1^*\psi_1\mathrm{d}\tau$$

$$\int\psi_1(\hat{H}\psi_1)^*\mathrm{d}\tau=\varepsilon_1^*\int\psi_1^*\psi_1\mathrm{d}\tau$$

比较以上两个积分式，由于 $\hat{H}$ 是厄米算符，两式左端相等，那么右端必相等，即有

$$0=(\varepsilon_1-\varepsilon_1^*)\int\psi_1^*\psi_1\mathrm{d}\tau$$

而积分 $\int\psi_1^*\psi_1\mathrm{d}\tau\neq0$，则必有

$$\varepsilon_1-\varepsilon_1^*=0$$

即本征值 ε_1 为实数，同理可以证明 $\varepsilon_2,\varepsilon_3,\cdots,\varepsilon_n$ 也为实数。

【例 1-9】 试证明厄米算符的不同本征值，对应的本征函数相互正交。

证明：设算符 $\hat{H}$ 的两个本征函数 ψ_1 和 ψ_2 对应的本征值分别为 ε_1 和 ε_2，且为实数，其中 $\varepsilon_1\neq\varepsilon_2$，则分别有本征方程

$$\hat{H}\psi_1=\varepsilon_1\psi_1,\ \hat{H}\psi_2=\varepsilon_2\psi_2$$

第一式两端左侧乘 ψ_2^*，再积分得

$$\int\psi_2^*\hat{H}\psi_1\mathrm{d}\tau=\varepsilon_1\int\psi_2^*\psi_1\mathrm{d}\tau \tag{1-217}$$

第二式两端取共轭复函数，左侧再乘 ψ_1，然后两端积分得

$$\int\psi_1(\hat{H}\psi_2)^*\mathrm{d}\tau=\varepsilon_2\int\psi_2^*\psi_1\mathrm{d}\tau \tag{1-218}$$

比较式（1-217）和式（1-218），因算符 $\hat{H}$ 是厄米算符，则两式左端相等，即 $\int\psi_2^*\hat{H}\psi_1\mathrm{d}\tau=\int\psi_1(\hat{H}\psi_2)^*\mathrm{d}\tau$，那么右端相等，两式相减得

$$0=(\varepsilon_1-\varepsilon_2)\int\psi_2^*\psi_1\mathrm{d}\tau$$

其中，$\varepsilon_1\neq\varepsilon_2$，只有

$$\int\psi_2^*\psi_1\mathrm{d}\tau=0 \tag{1-219}$$

这就证明了不同本征值对应的本征函数相互正交。在希尔伯特的线性空间中，单粒子能量算符的本征函数 $\{\psi_1,\psi_2,\cdots,\psi_n\}$ 组成正交归一化基函数集合，任意状态函数都可以表示为基函数的线性组合。

对于多粒子体系的任意状态，都存在波的相互叠加（波的干涉），其能量只存在平均值。下面通过矩阵表达式求算叠加态的能量平均值：以一组正交归一化的本征函数 $\psi_1,\psi_2,\cdots,\psi_n$ 作为基函数，设对应的本征值分别为 $\varepsilon_1,\varepsilon_2,\cdots,\varepsilon_n$，由能量平均值的矩阵表达式（1-211），经计算矩阵中各积分后，矩阵演变为

$$\begin{aligned}\bar{E}&=\begin{pmatrix}c_1^* & c_2^* & \cdots & c_n^*\end{pmatrix}\begin{pmatrix}\int\psi_1^*\hat{H}\psi_1\mathrm{d}\tau & \int\psi_1^*\hat{H}\psi_2\mathrm{d}\tau & \cdots & \int\psi_1^*\hat{H}\psi_n\mathrm{d}\tau\\ \int\psi_2^*\hat{H}\psi_1\mathrm{d}\tau & \int\psi_2^*\hat{H}\psi_2\mathrm{d}\tau & \cdots & \int\psi_2^*\hat{H}\psi_n\mathrm{d}\tau\\ \vdots & \vdots & & \vdots\\ \int\psi_n^*\hat{H}\psi_1\mathrm{d}\tau & \int\psi_n^*\hat{H}\psi_2\mathrm{d}\tau & \cdots & \int\psi_n^*\hat{H}\psi_n\mathrm{d}\tau\end{pmatrix}\begin{pmatrix}c_1\\c_2\\\vdots\\c_n\end{pmatrix}\\ &=\begin{pmatrix}c_1^* & c_2^* & \cdots & c_n^*\end{pmatrix}\begin{pmatrix}\varepsilon_1 & 0 & \cdots & 0\\ 0 & \varepsilon_2 & \cdots & 0\\ \vdots & \vdots & & \vdots\\ 0 & 0 & \cdots & \varepsilon_n\end{pmatrix}\begin{pmatrix}c_1\\c_2\\\vdots\\c_n\end{pmatrix}\\ &=|c_1|^2\varepsilon_1+|c_2|^2\varepsilon_2+\cdots+|c_n|^2\varepsilon_n\end{aligned} \tag{1-220}$$

由此可见，平均能量仍为实数，且是一种统计平均值，组合系数模的平方表示测量的统计概率。对于每一次测量，总是得到某个粒子波的本征能量 $\varepsilon_i(i=1,2,\cdots,n)$，经过多次测量，可以测得所有粒子的可能状态的能量，这些能量值呈现一种概率统计分布。量子力学从理论上通过态的叠加描述这些状态，指出了能量值的统计平均意义。数学上，多粒子体系的量子力学方程和力学量平均值的矩阵表示和运算具有简洁的优点，线性空间的矩阵运算成为量子力学最常用的数学工具。我们可以将能量算符 $\hat{H}$ 的平均值计算推广到对任意力学量算符 $\hat{F}$ 平均值的计算。

求解薛定谔方程也可以先拟定粒子的概率分布，再解出可观测力学量，以检验能否与实验观测结果达成一致。粒子的力学量计算总是与可行的实验测量相联系，以便理论数值与实验值进行对比，进而得到检验，所以海森伯、玻恩、若尔当对于可观测力学量的表达有着预定的物理限制。电子波的衍射被实验所证实，可以设想电子束通过单个狭缝，发生干涉产生衍射环。这个实验试图通过波动性测量电子的位置和动量，以建立相对应的运动方程。实际结果是波动性和粒子性是同一粒子的两个完全不同的物理问题，波动性是微粒运动的极限，任何测量都会对粒子的微观力学量产生干扰，从而不符合宏观定律。波动性属于波动力学，即量子力学，粒子性属于电动力学。

海森伯研究了电子波的单缝衍射实验，得出位置和动量不能同时准确测量的结论，使得在建立可观测力学量方程时的物理限制更为明确，这一结论称为测不准原理。在量子力学中，力学量和状态可以在四维时空坐标系中表达，也可以在四维动量、能量坐标系中表达，二者通过傅里叶变换相联系。

$$\boldsymbol{\Psi}(\boldsymbol{q},t)=\psi(\boldsymbol{q})\mathrm{e}^{-\mathrm{i}\frac{2\pi E}{h}t},\ \boldsymbol{\Psi}'(\boldsymbol{p}_q,t)=\psi'(\boldsymbol{p}_q)\mathrm{e}^{\mathrm{i}\frac{2\pi E}{h}t} \tag{1-221}$$

$$\psi(\boldsymbol{q})=h^{-1/2}\int_{-\infty}^{+\infty}\psi'(\boldsymbol{p}_q)\mathrm{e}^{\mathrm{i}\frac{2\pi p_q q}{h}}\mathrm{d}p_q,\ \psi'(\boldsymbol{p}_q)=h^{-1/2}\int_{-\infty}^{+\infty}\psi(\boldsymbol{q})\mathrm{e}^{-\mathrm{i}\frac{2\pi p_q q}{h}}\mathrm{d}q \tag{1-222}$$

其中，$\boldsymbol{q}=(x,y,z)$，对应于 $\boldsymbol{p}_q=(p_x,p_y,p_z)$。

设电子束通过长度和宽度分别为 Δx 和 Δy 的狭缝，在狭缝的背后是电子衍射产生的环形图样，见图 1-24。Δx 和 Δy 代表电子通过狭缝时的位置误差。Δp_x 和 Δp_y 代表电子通过狭缝发生干涉时产生的动量误差。

$$\Delta p_x=p\sin\alpha\approx\frac{h}{\lambda}\cdot\frac{\lambda}{\Delta x}\quad 或\quad \Delta x\Delta p_x\approx h$$

当狭缝的长度 Δx 或宽度 Δy 越小，电子在狭缝处的位置越精确，动量就越不准确，对应的动量误差 Δp_x 和 Δp_y 就越大。

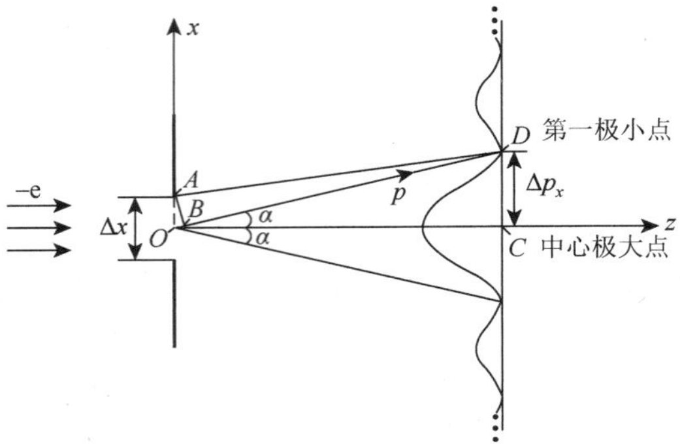

图 1-24　电子束的单缝衍射

量子力学建立后，从理论上证明了海森伯测不准关系式，在四维时空中，海森伯测不准关系表达为

$$\Delta x\Delta p_x \geqslant \frac{1}{2}\hbar\text{，}\Delta y\Delta p_y \geqslant \frac{1}{2}\hbar\text{，}\Delta z\Delta p_z \geqslant \frac{1}{2}\hbar\text{，}\Delta t\Delta E_t \geqslant \frac{1}{2}\hbar \tag{1-223}$$

测不准关系中位置和时间变量被用于表述粒子性，而动量和能量被用于表述波动性，物体的粒子性和波动性不能在单次实验中同时测量。若指定时间并确定粒子的位置，粒子的动量和能量就不能被测量，相反，若指定粒子的动量和确定能量，粒子出现的位置和相应的时间就测不准，而只有概率分布。电子束的单缝衍射是电子波动性的体现，而确定电子的位置和动量坐标体现的是粒子性，波动性和粒子性是微粒运动的两个属性，二者不能同时被观测。这意味着当动量被确定得越准确，位置就越不准确，电子绕核运动就没有确切的轨道。如果规定电子做圆周和椭圆运动，给予轨道的概念，那么电子在轨道上的动量就不确定。

对于由电子和原子核组成的原子分子体系，电子的波动性和波的干涉叠加使得经典轨道失去物理意义。根据波动力学，电子之间的排斥力影响电子波干涉作用，形成电子的相关作用，随着电子位置变化而变化，需要进行概率统计处理。所以，海森伯测不准原理预示了微观粒子的运动方程是经典电动力学无法解决的，必须建立新的波动力学。

通过狭缝的自由电子只有动能，动能表示为动量的函数

$$T = \frac{1}{2m}(p_x^2 + p_y^2 + p_z^2) \tag{1-224}$$

自由电子的动能算符为

$$\hat{T} = -\frac{\hbar^2}{2m}\left(\frac{\partial^2}{\partial x^2} + \frac{\partial^2}{\partial y^2} + \frac{\partial^2}{\partial z^2}\right) \tag{1-225}$$

比较两式得出各动量分量算符：

$$\hat{p}_x = \frac{\hbar}{\mathrm{i}}\frac{\partial}{\partial x}\text{，}\hat{p}_y = \frac{\hbar}{\mathrm{i}}\frac{\partial}{\partial y}\text{，}\hat{p}_z = \frac{\hbar}{\mathrm{i}}\frac{\partial}{\partial z} \tag{1-226}$$

我们从含时薛定谔方程（1-193）还可以得到随时间变化的能量算符

$$\hat{\varepsilon} = -\frac{\hbar}{\mathrm{i}}\frac{\partial}{\partial t} \tag{1-227}$$

电子的位置算符就是坐标变量自身

$$\hat{x} = x\text{，}\hat{y} = y\text{，}\hat{z} = z \tag{1-228}$$

海森伯指出：满足测不准关系式的位置和动量算符存在如下关系式

$$\hat{p}_k\hat{q}_l - \hat{q}_l\hat{p}_k = \frac{\hbar}{\mathrm{i}}\delta_{kl} \qquad k,l = 1,2,3,\cdots \tag{1-229}$$

式中，$\hat{q}_l$ 为 $\hat{x}$、$\hat{y}$、$\hat{z}$，$\hat{p}_k$ 为 $\hat{p}_x$、$\hat{p}_y$、$\hat{p}_z$，当 $k = l$，$\delta_{kl} = 1$，$\hat{p}_k\hat{q}_k - \hat{q}_k\hat{p}_k = \frac{\mathrm{h}}{\mathrm{i}}$，表示位置和动量算符不对易，当 $k \neq l$，$\delta_{kl} = 0$，$\hat{p}_k\hat{q}_l - \hat{q}_l\hat{p}_k = 0$，称位置和动量算符对易。三重关系式合并用矩阵表示为

$$\begin{pmatrix} \hat{p}_x & 0 & 0 \\ 0 & \hat{p}_y & 0 \\ 0 & 0 & \hat{p}_z \end{pmatrix}\begin{pmatrix} \hat{x} & 0 & 0 \\ 0 & \hat{y} & 0 \\ 0 & 0 & \hat{z} \end{pmatrix} - \begin{pmatrix} \hat{x} & 0 & 0 \\ 0 & \hat{y} & 0 \\ 0 & 0 & \hat{z} \end{pmatrix}\begin{pmatrix} \hat{p}_x & 0 & 0 \\ 0 & \hat{p}_y & 0 \\ 0 & 0 & \hat{p}_z \end{pmatrix} = \frac{\hbar}{\mathrm{i}}\begin{pmatrix} 1 & 0 & 0 \\ 0 & 1 & 0 \\ 0 & 0 & 1 \end{pmatrix} \tag{1-230}$$

其中，位置和动量的 x 分量对应的非对易关系式 $(\hat{p}_x\hat{x}-\hat{x}\hat{p}_x)=\frac{\hbar}{\mathrm{i}}$ 的证明如下：

$$
\begin{aligned}
(\hat{p}_x\hat{x}-\hat{x}\hat{p}_x)\phi(x)&=\frac{\hbar}{\mathrm{i}}\frac{\partial}{\partial x}[x\phi(x)]-x\frac{\hbar}{\mathrm{i}}\frac{\partial}{\partial x}\phi(x)\\
&=\frac{\hbar}{\mathrm{i}}\phi(x)+x\frac{\hbar}{\mathrm{i}}\frac{\partial}{\partial x}\phi(x)-x\frac{\hbar}{\mathrm{i}}\frac{\partial}{\partial x}\phi(x)=\frac{\hbar}{\mathrm{i}}\phi(x)
\end{aligned}
$$

比较等式两端，即得非对易关系式。同理可证明 $(\hat{p}_y\hat{y}-\hat{y}\hat{p}_y)=\frac{\hbar}{\mathrm{i}}$ 和 $(\hat{p}_z\hat{z}-\hat{z}\hat{p}_z)=\frac{\hbar}{\mathrm{i}}$。

任意力学量都可以表达为位置和动量坐标变量的函数，并通过位置和动量算符的代换得到力学量的算符形式。如果一对力学量 $\hat{F}$ 和 $\hat{G}$ 彼此对易，满足如下特殊对易恒等式

$$\hat{F}\hat{G}-\hat{G}\hat{F}=0 \tag{1-231}$$

则两个力学量能同时准确测量，并存在共同的本征函数集合。相反，如果一对力学量 $\hat{F}$ 和 $\hat{G}$ 不满足对易恒等式，则不能同时被测量，二者存在海森伯测不准关系。

【例 1-10】 电子绕原子核运动的轨道角动量平方算符 $\hat{L}^2$ 及其 z 分量算符 $\hat{L}_z$，与定态能量算符 $\hat{H}$ 存在对易恒等式。

$$\hat{H}\hat{L}^2-\hat{L}^2\hat{H}=0\,,\ \hat{H}\hat{L}_z-\hat{L}_z\hat{H}=0 \tag{1-232}$$

定态薛定谔方程解出的波函数，同时也是轨道角动量平方算符本征方程的本征函数，以及 z 分量算符本征方程的本征函数，代入即可求出两个算符的本征值，试证明它们有共同的本征函数。

证明： 设定态薛定谔方程解出的波函数为 $\psi_1,\psi_2,\cdots,\psi_n$，经正交化和归一化组成完备的本征函数集合，对于任意波函数 ψ_k，其本征值为 ε_k，则本征方程为

$$\hat{H}\psi_k=\varepsilon_k\psi_k \tag{1-233}$$

因为轨道角动量平方算符 $\hat{L}^2$ 与能量算符 $\hat{H}$ 存在对易恒等式 $\hat{H}\hat{L}^2-\hat{L}^2\hat{H}=0$，则

$$\hat{H}(\hat{L}^2\psi_k)=\hat{L}^2\hat{H}\psi_k=\varepsilon_k(\hat{L}^2\psi_k) \tag{1-234}$$

比较式（1-233）和式（1-234）可知，$\hat{L}^2\psi_k$ 也是能量算符 $\hat{H}$ 的同一本征值 ε_k 的本征函数，那么 $\hat{L}^2\psi_k$ 和 ψ_k 相等或只相差一个常数，设此常数为 L_k，必有

$$\hat{L}^2\psi_k=L_k\psi_k \tag{1-235}$$

此式证明了 ψ_k 也是轨道角动量平方算符 $\hat{L}^2$ 的本征函数，本征值为 L_k。因为 ψ_k 是任意波函数，所以上式遍及所有本征函数集合都成立。

求解力学量必须表达出力学量算符，而与光谱测量相关的力学量，除了能量，还有角动量。从电动力学分析，原子核和电子之间存在电磁作用力，绕核运动产生磁场，其大小与绕核的轨道角动量成正比。求解轨道角动量，必须表达出其算符形式以及所满足的本征方程。下面根据电磁作用图示（图 1-25），首先将轨道角动量表达为位置和动量的函数形式。受原子核的吸引，电子的运动状态是涡旋运动，产生的角动量等于曲率半径和线动量的矢量积，矢量积仍然是矢量，其方向与径向矢量和线动量矢量垂直，并遵守右手定则[35]，如图 1-25 所示。

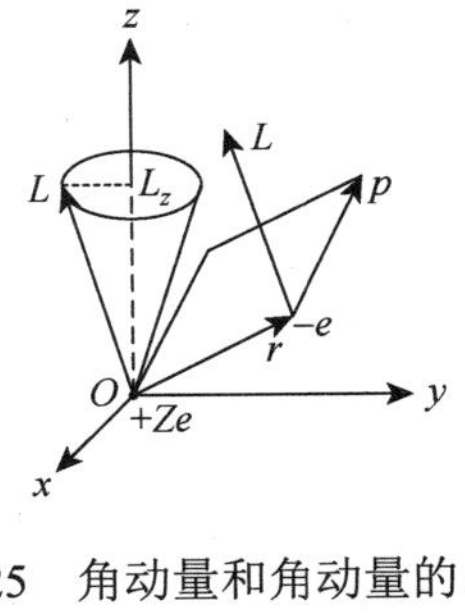

图 1-25　角动量和角动量的 z 分量

$$\boldsymbol{L}=\boldsymbol{r}\times\boldsymbol{p}=(x\boldsymbol{i}+y\boldsymbol{j}+z\boldsymbol{k})\times(p_x\boldsymbol{i}+p_y\boldsymbol{j}+p_z\boldsymbol{k}) \tag{1-236}$$

将位置和动量算符代入得

$$
\begin{aligned}
\hat{\boldsymbol{L}}&=(\hat{x}\boldsymbol{i}+\hat{y}\boldsymbol{j}+\hat{z}\boldsymbol{k})\times(\hat{p}_x\boldsymbol{i}+\hat{p}_y\boldsymbol{j}+\hat{p}_z\boldsymbol{k})\\
&=(\hat{y}\hat{p}_z-\hat{z}\hat{p}_y)\boldsymbol{i}+(\hat{z}\hat{p}_x-\hat{x}\hat{p}_z)\boldsymbol{j}+(\hat{x}\hat{p}_y-\hat{y}\hat{p}_x)\boldsymbol{k}
\end{aligned} \tag{1-237}
$$

位置和动量算符满足非对易关系，故不能交换乘积顺序。角动量 L 存在分量 L_x、L_y、L_z，角动量算符表达为如下分量算符的矢量形式，

$$\hat{\boldsymbol{L}}=\hat{L}_x\boldsymbol{i}+\hat{L}_y\boldsymbol{j}+\hat{L}_z\boldsymbol{k} \tag{1-238}$$

比较式（1-237）和式（1-238），得各角动量分量算符

$$\begin{aligned}\hat{L}_x &= \hat{y}\hat{p}_z - \hat{z}\hat{p}_y \\ \hat{L}_y &= \hat{z}\hat{p}_x - \hat{x}\hat{p}_z \\ \hat{L}_z &= \hat{x}\hat{p}_y - \hat{y}\hat{p}_x\end{aligned} \tag{1-239}$$

将式（1-226）表达的动量分量算符和式（1-228）表达的位置算符代入，得各角动量分量算符的表达式

$$\begin{aligned}\hat{L}_x &= \frac{\hbar}{\mathrm{i}}\left(y\frac{\partial}{\partial z} - z\frac{\partial}{\partial y}\right) \\ \hat{L}_y &= \frac{\hbar}{\mathrm{i}}\left(z\frac{\partial}{\partial x} - x\frac{\partial}{\partial z}\right) \\ \hat{L}_z &= \frac{\hbar}{\mathrm{i}}\left(x\frac{\partial}{\partial y} - y\frac{\partial}{\partial x}\right)\end{aligned} \tag{1-240}$$

而角动量平方算符

$$\hat{\boldsymbol{L}}^2 = \hat{L}_x^2 + \hat{L}_y^2 + \hat{L}_z^2 = -\hbar^2\left[\left(y\frac{\partial}{\partial z} - z\frac{\partial}{\partial y}\right)^2 + \left(z\frac{\partial}{\partial x} - x\frac{\partial}{\partial z}\right)^2 + \left(x\frac{\partial}{\partial y} - y\frac{\partial}{\partial x}\right)^2\right] \tag{1-241}$$

至此就完成了角动量算符的表达。角动量算符本征方程的求解是与波函数密切相关的，球极坐标系求解需要坐标变换，可以借助数学变换公式，将角动量算符从直角坐标系下的变量形式，变换为球极坐标系下的变量形式。

习　题

1. 1907 年，帕邢测得红外光区的一组线系，由 $n_1=3$ 的能级跃迁至 $n_2=4,5,\cdots$ 的能级，试计算电子从 $n_1=3$ 跃迁至 $n_2=4$，以及从 $n_1=3$ 跃迁至 $n_2=5$ 的吸收波长。当

$$\mu = \frac{mM}{m+M} = m\left(\frac{m}{M}+1\right)^{-1} = m\left(\frac{1}{1836.2}+1\right)^{-1} \approx m，\ R_0 = \frac{me^4}{8\varepsilon_0^2 h^3 c}$$

用玻尔的氢原子结构模型，重新计算吸收波长，结果有何不同？

2. 根据氢原子中电子运动的精确能量公式（1-24），写出玻尔模型下的近似能量表达式，并通过计算基态氢原子的电子能量，比较差异。

3. 1922 年，布拉开（F. S. Brackett）测得一组谱线，是由 $n_1=4$ 的能级跃迁至 $n_2=5,6,\cdots$ 以上的能级，通过计算指出吸收光子的光区。1924 年，普丰德（H. A. Pfund）在红外光区又测得一组谱线，其中一条谱线的波长为 7455.82nm，对应低能级的量子数 $n_1=5$，指出高能级的量子数 n_2。1952 年，汉弗莱斯（C. J. Humphreys）在近红外光区测得一组谱线，其中一条谱线的波长为 12.365μm，对应高能级的量子数 $n_2=7$，求低能级的量子数 n_1。

4. 就弗兰克-赫兹实验，向密闭管中充入氖气，测得转折电压间隔为 18.7V，试计算该转折电压下，氖原子所发射光子的波长。

5. 复线上两辆动车 A 和 B 均以速度 v 相向而行，动车 A 上乘客手持电筒向动车行进的方向发射光束，计算动车 B 上观测的光束速度。

6. μ 子在 9800m 高的大气层中产生，μ 子的平均寿命为 8×10^{-6}s，假设地面实验室已检测到大气 μ 子，计算 μ 子飞向地面的最低速度。

7. 原子能存储于质量中，电子、质子、中子的质量分别为 9.109×10^{-31}kg、1.673×10^{-27}kg、1.675×10^{-27}kg，计算原子 ${}^{232}_{90}\mathrm{Th}$（钍）的总能量。

8. 质量为 m 的粒子在 $0<x<l$ 范围内运动，而且粒子不出现在 $x=0$ 和 $x=l$ 边界处，即在这两点出现的概率等于零，求能量值，并证明能量是离散的。（提示：粒子不出现在边界处，意味着边界处的波函数值等于零，除非长度 l 是半整数或整数波长）

9. 证明：轨道角动量的 z 分量算符 $\hat{L}_z$ 的本征函数是能量算符 $\hat{H}$ 的本征函数集合。

参 考 文 献

[1] Brehm J J，Mullin W J. Introduction to the Structure of Matter：A Course in Modern Physics [M]. New York：John Wiley & Sons，1989.

[2] Millikan R A. A new modification of the cloud method of determining the elementary electrical charge and the most probable value of that charge [J]. Philosophical Magazine，1910，19（110）：209-228.

[3] Rutherford E. The scattering of alpha and beta particles by matter and the structure of the atom [J]. Philosophical Magazine，1911，21（125）：669-688.

[4] Bohr N. On the constitution of atoms and molecules [J]. Philosophical Magazine，1913，26（153）：476-502.

[5] Lyman T. An extension of the spectrum in the extreme ultra-violet [J]. Nature，1914，93（2323）：241.

[6] Franck J，Hertz G. Über Zusammenstöße zwischen Elektronen und den Molekülen des Quecksilberdampfes und die Ionisierungsspannung desselben [J]. Verhandlungen der Deutschen Physikalischen Gesellschaft，1914，16：457-467.

[7] Franck J，Einsporn E. Über die Anregungspotentiale des Quecksilberdampfes [J]. Zeitschrift für Physik，1920，2：18-29.

[8] 戈特罗 R，萨万 W. 近代物理学 [M]. 孙宗扬，译. 北京：科学出版社，2002.

[9] Piela L. Idea of Quantum Chemistry [M]. Amsterdam：Elsevier，2007.

[10] Dirac P A M. On the quantum mechanics [J]. Proceedings of the Royal Society of London：series A—Containing paper and a mathematical and physical character，1926，112（762）：661-677.

[11] Einstein A. Lichtgeschwindigkeit und Statik des Gravitationsfeldes [J]. Annalen der Physik，1912，343（7）：355-369.

[12] Einstein A. Die Grundlage der allgemeinen Relativitätstheorie [J]. Annalen der Physik，1916，354（7）：769-822.

[13] 杨桂林，江兴方，柯善哲. 近代物理 [M]. 北京：科学出版社，2004.

[14] Lenard P. Ueber die lichtelektrische Wirkung [J]. Annalen der Physik，1902，313（5）：149-198.

[15] Planck M. Ueber das Gesetz der Energieverteilung im Normalspectrum [J]. Annalen der Physik，1901，309（3）：553-563.

[16] 李艳平，申先甲. 物理学史教程 [M]. 北京：科学出版社，2003.

[17] Millikan R A. A direct photoelectric determination of Planck's "h" [J]. Physical Review，1916，7（3）：355-388.

[18] Millikan R A. Einstein's photoelectric equation and contact electromotive force [J]. Physical Review，1916，7（1）：18-32.

[19] Compton A H. A quantum theory of the scattering of X-rays by light elements [J]. Physical Review，1923，21（5）：483-502.

[20] de Bröglie L. A tentative theory of light quanta [J]. Philosophical Magazine，1924，47（278）：446-458.

[21] Davisson C，Germer L H. The scattering of electrons by a single crystal of Nickel [J]. Nature，1927，119（2998）：558-560.

[22] Thomson G P，Reid A. Diffraction of cathode rays by a thin film [J]. Nature，1927，119（3007）：890.

[23] Rutherford E. Collision of alpha particles with light atoms：Ⅰ. Hydrogen [J]. Philosophical Magazine，1919，37（222）：537-561.

[24] Rutherford E. Collision of alpha particles with light atoms：Ⅲ. Nitrogen and oxygen atoms [J]. Philosophical Magazine，1919，37（222）：571-580.

[25] Fürth R. Über die Massen von Proton und Elektron [J]. Naturwissenschaften，1929，17（37）：728-729.

[26] Chadwick J. The existence of neutron [J]. Proceedings of the Royal Society of London：Series A—Containing papers of a mathematical and physical character，1932，136（830）：692-708.

[27] Curie I，Joliot F. Mass of the neutron [J]. Nature，1934，133：721.

[28] Ladenberg R. The Mass of the neutron and the stability of heavy hydrogen [J]. Physical Review，1934，45（3）：224-225.

[29] Wollan E O，Shull C G. Laue photography of neutron diffraction [J]. Physical Review，1948，73（5）：527-528.

[30] Jönsson C. Elektroneninterferenzen an mehreren künstlich hergestellten Feinspalten [J]. Zeitschrift für Physik，1961，161：454-474.

[31] Born M，Heisenberg W，Jordan P. Zur Quantenmechanik Ⅱ [J]. Zeitschrift für Physik，1926，35（8-9）：557-615.

[32] Schrödinger E. Quantisierung als Eigenwertproblem [J]. Annalen der Physik，1926，384（4）：361-376.

[33] Schrödinger E. An undulatory theory of the mechanics of atoms and molecules [J]. Physical Review，1926，28（6）：1049-1070.

[34] 狄拉克 P A M. 量子力学原理 [M]. 陈咸亨，译. 北京：科学出版社，1979.

[35] 徐行可，吴平. 大学物理学（上册）[M]. 北京：高等教育出版社，2014.

第 2 章　氢原子结构和氢原子光谱

1897 年，汤姆孙发现电子，随后测量了电子的质量和电荷，指出原子由带正电的连续体，以及质量和电荷都比原子小得多的电子构成。1911 年，卢瑟福通过α粒子散射实验证明，原子中带正电的连续体其实是体积很小、质量较大的原子核。原子核的发现表明原子是带负电荷的电子围绕带正电荷的原子核运动的电动力学体系。1913 年，玻尔提出角动量的量子化，指出电子绕原子核运动时，存在分立式的运动轨道，每一轨道都有确定的能量和角动量，轨道上运动的电子并不辐射能量，电子只有从高能级轨道跃迁到低能级轨道，才会以发射光子形式辐射能量，或者从低能级跃迁至高能以吸收光的形式吸收能量玻尔的原子结构模型成功解释了氢原子的原子光谱。于是，人们以为通过电动力学就可以解决原子和分子体系，然而用玻尔的原子结构模型求解简单的氦原子，却不能解释氦原子光谱。

爱因斯坦研究相对论以前，人们认为光是波动性的。1905 年，爱因斯坦研究光电转换实验后，提出光子学说，指出光有粒子性。1923 年，康普顿散射实验证明光的粒子性，光子与电子的碰撞服从能量和动量守恒。1923 年，德布罗意提出电子等微观粒子存在波动性的假设，认为微观粒子都有波粒二象性。1927 年，戴维森、革末和汤姆孙用低速电子束照射镍晶体获得类似 X 射线的衍射图样，证明了电子的波动性。电子的波动性为解决原子结构预示了新的希望和方向。

1922 年，革拉赫（W. Gerlach）和斯特恩（O. Stern）进行了银原子穿越外磁场的实验，银原子束穿过不均匀磁场，运动方向不是沿一个而是沿两个方向偏转，由此提出电子自旋运动的两种状态。

1925 年，薛定谔提出电子绕原子核运动的波动方程，并解决了微粒波动方程的一系列数学和物理问题，建立了量子力学。通过氢原子定态波动方程和相对论波动方程求解，总结出了波动方程的求解方法。运用解得的波函数认识了原子轨道图形，求得了电子运动的轨道角动量。1928 年，狄拉克（P. A. Dirac）提出单个费米子的相对论运动方程，建立了相对论量子力学，进一步明确了电子自旋和轨道运动耦合与相对论方程的必然联系，电子自旋运动作为量子力学假设，成为原子、分子体系中电子运动的基本属性。

2.1　氢原子薛定谔方程的解

玻尔的氢原子结构已经解释了氢原子光谱，求解氢原子的薛定谔方程将得到各个状态波函数，以及对应的能量，也必须解释氢原子光谱。氢原子核的半径为1.2×10^{-15}m，而氢原子的半径为5.292×10^{-11}m 核子的运动空间小，电子的运动空间大，原子核的密度很大，原子核可近似看成是点电荷。以实验室坐标系观测氢原子，存在原子平动，以及电子绕原子核的相对运动，其实电子和原子核同时在绕质心运动。从相对论电动力学来看，从原子核处观测电子的运动，电子围绕原子核运动，从电子处观测原子核，原子核围绕电子做相对运动，由于电子与原子核之间存在电磁作用力，电子围绕原子核的加速运动是相对论的问题。原子核与电子的电磁作用系统是稳定的，当电子的总能量不变时，电子运动到原子核附近，电子所受的吸引作用增强，势能降低，动能增大，速度增大。电子的运动处于某一状态时，其总能量是确定的，这种势能转变为动能的变化，不会导致动能无限增大，势能无限降低，即电子不会掉进原子核。

2.1.1　氢原子的薛定谔方程

从量子力学来看，电子围绕原子核运动是一种波动，电子的空间位置和动量不能同时准确测量，只要原子核运动足够快，原子核相对于电子的运动，也存在显著的波动性，因而氢原子的薛定谔方程是同时包含电子和原子核运动的波动方程。在实验室坐标系中表达氢原子及其电子的运动，设原子核和电子的坐标分别为(x_n, y_n, z_n)和(x_e, y_e, z_e)，见图 2-1，原子核和电子的运动状态分别用波函数$w(x_n, y_n, z_n)$和$\psi(x_e, y_e, z_e)$表示，则氢原子的总波函数为$\Psi = w(x_n, y_n, z_n)\psi(x_e, y_e, z_e)$，其波动方程表达为[1]

$$\left(-\frac{\hbar^2}{2m_n}\nabla_n^2-\frac{\hbar^2}{2m_e}\nabla_e^2-\frac{Ze^2}{(4\pi\varepsilon_0)r}\right)\Psi=E\Psi \tag{2-1}$$

对于氢原子，$Z=1$；对于 He^+，$Z=2$。其中，$r=\sqrt{(x_n-x_e)^2+(y_n-y_e)^2+(z_n-z_e)^2}$，前两项是原子核和电子的动能项，对应的拉普拉斯算符分别为

$$\nabla_n^2=\frac{\partial^2}{\partial x_n^2}+\frac{\partial^2}{\partial y_n^2}+\frac{\partial^2}{\partial z_n^2},\ \nabla_e^2=\frac{\partial^2}{\partial x_e^2}+\frac{\partial^2}{\partial y_e^2}+\frac{\partial^2}{\partial z_e^2} \tag{2-2}$$

第三项是原子核对电子的吸引势能。

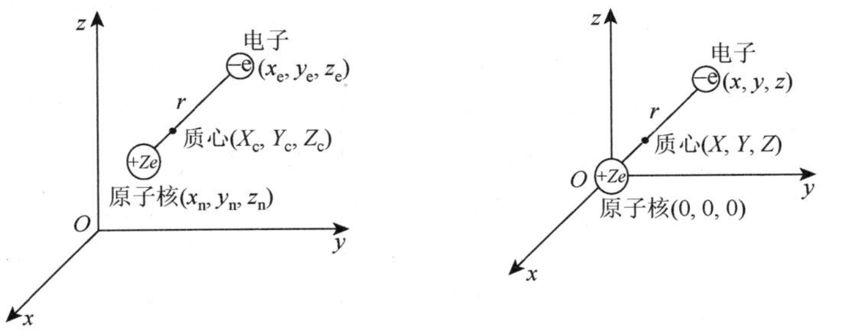

(a) 以实验室测量仪器为原点的坐标　　(b) 以原子核为原点的坐标

图 2-1　类氢离子体系中原子核和电子的坐标（氢原子 $Z=1$）

氢核由一个质子组成，质量为1.6726×10^{-27} kg，是电子质量的 1836 倍，电子的运动速度比原子核快，原子核移动微小距离，电子在原子核外已形成统计概率分布。描述电子的运动状态，主要是要考虑电子相对于原子核的运动，解出能量和波函数。将观测点设在原子核，以原子核为原点，质心坐标为(X,Y,Z)，电子的坐标为(x,y,z)，质心质量为$\mu=\dfrac{m_em_n}{m_e+m_n}$。现通过如下坐标变换：

$$x=x_e-x_n,\ y=y_e-y_n,\ z=z_e-z_n \tag{2-3}$$

$$X=\frac{m_ex_e+m_nx_n}{m_e+m_n},\ Y=\frac{m_ey_e+m_ny_n}{m_e+m_n},\ Z=\frac{m_ez_e+m_nz_n}{m_e+m_n} \tag{2-4}$$

将实验室坐标系变量表达的薛定谔方程化为原子核坐标系变量表达的薛定谔方程。

$$\left(-\frac{\hbar^2}{2M}\nabla_c^2-\frac{\hbar^2}{2\mu}\nabla^2-\frac{Ze^2}{(4\pi\varepsilon_0)r}\right)\Psi=E\Psi \tag{2-5}$$

其中，$\nabla_c^2=\dfrac{\partial^2}{\partial X^2}+\dfrac{\partial^2}{\partial Y^2}+\dfrac{\partial^2}{\partial Z^2}$，$\nabla^2=\dfrac{\partial^2}{\partial x^2}+\dfrac{\partial^2}{\partial y^2}+\dfrac{\partial^2}{\partial z^2}$，前两项分别为质心平动和电子绕核运动的动能项，第三项仍原子核对电子的吸引势能，$r=\sqrt{x^2+y^2+z^2}$。

与电子的运动速度相比，原子运动速度较慢，不足以形成相对论效应，质心平动和电子绕核运动不相干，分离变量，将方程（2-5）化为质心平动方程和电子绕核运动方程。设

$$\Psi=\Phi(X,Y,Z)\psi(x,y,z) \tag{2-6}$$

$$E=E_c+E_e \tag{2-7}$$

代入方程（2-5），两端除以$\Phi(X,Y,Z)\psi(x,y,z)$，移项得

$$-\frac{\hbar^2}{2\mu\psi(x,y,z)}\nabla^2\psi(x,y,z)-\left(E+\frac{Ze^2}{(4\pi\varepsilon_0)r}\right)=\frac{\hbar^2}{2M\Phi(X,Y,Z)}\nabla_c^2\Phi(X,Y,Z)$$

等式两端为不同的变量，两端必等于同一常数。令常数为$-E_c$，分别得到相应的两个方程

$$-\frac{\hbar^2}{2M}\nabla_c^2\Phi(X,Y,Z)=E_c\Phi(X,Y,Z) \tag{2-8}$$

$$\left(-\frac{\hbar^2}{2\mu}\nabla^2-\frac{Ze^2}{(4\pi\varepsilon_0)r}\right)\psi(x,y,z)=E_e\psi(x,y,z) \tag{2-9}$$

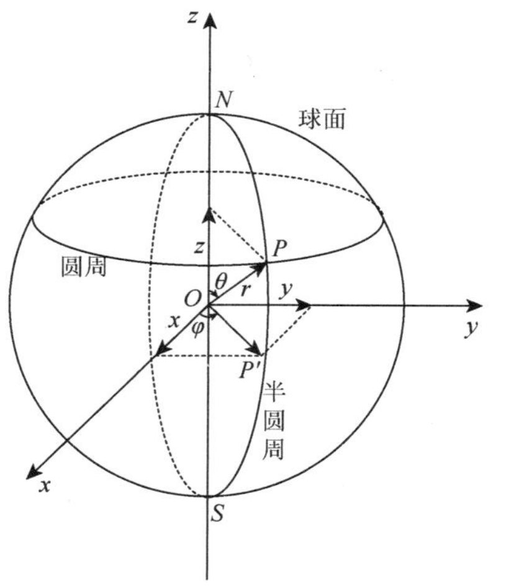

图 2-2　球极坐标系与直角坐标系的变换关系

其中，$E_e=E-E_c$。方程（2-8）为质心平动方程，方程（2-9）为电子绕核运动方程，常数 E_c 就是氢原子的平动能，E_e 则是电子绕核运动的能量。

方程（2-9）是直角坐标系变量下的表达式，因为势能函数中 $r=\sqrt{x^2+y^2+z^2}$，势能不能写为单一变量函数的乘积形式，即使波函数写成 $\psi(x,y,z)=\xi(x)\eta(y)\omega(z)$ 形式，也不能实现变量分离，不能将偏微分方程化为常微分方程。解决这一问题的办法是：将方程变换为球极坐标系变量形式，再进行变量分离。用球极坐标系变量确定实空间中任意一点 $P(r,\theta,\varphi)$，设原点为 O，将空间分割为半径 r 不同的球面，用 $OP=r$ 定位 P 点所在球面；再将球面分割为不同半径的圆周，用顶角 θ 定位 P 点所在的圆周，最后通过方位角 φ 定位圆周上 P 点的位置，见图 2-2。OP' 是 OP 在 XY 平面的投影，θ 角是矢量 OP 与 z 轴正向的交角，变化范围从 z 轴的正向变到负向，覆盖半圆周 NPS 上的点。φ 角是投影 OP' 与 x 坐标轴正向的交角，以 z 轴为旋转轴，转动 2π，覆盖全部圆周上的点。由球极坐标系变量变换为直角坐标系变量的正变换关系：

$$x=r\sin\theta\cos\varphi,\ y=r\sin\theta\sin\varphi,\ z=r\cos\theta \tag{2-10}$$

其中，$-\infty<x<+\infty$，$-\infty<y<+\infty$，$-\infty<z<+\infty$。由正变换导出如下逆变换关系：

$$r=\sqrt{x^2+y^2+z^2},\ \cos\theta=\frac{z}{\sqrt{x^2+y^2+z^2}},\ \tan\varphi=\frac{y}{x} \tag{2-11}$$

其中，$0\leqslant r<+\infty$，$0\leqslant\theta\leqslant\pi$，$0\leqslant\varphi\leqslant 2\pi$。从变换关系式可知，直角坐标系中任意一点 P 的坐标 (x,y,z) 对应于一组球极坐标系的坐标 (r,θ,φ)。

对薛定谔方程中的各项进行变换，拉普拉斯算符 ∇^2 的变换关系为

$$\frac{\partial^2}{\partial x^2}+\frac{\partial^2}{\partial y^2}+\frac{\partial^2}{\partial z^2}=\frac{1}{r^2}\frac{\partial}{\partial r}\left(r^2\frac{\partial}{\partial r}\right)+\frac{1}{r^2\sin\theta}\frac{\partial}{\partial\theta}\left(\sin\theta\frac{\partial}{\partial\theta}\right)+\frac{1}{r^2\sin^2\theta}\frac{\partial^2}{\partial\varphi^2} \tag{2-12}$$

波函数变换为 $\psi(r,\theta,\varphi)$，在球极坐标系下，薛定谔方程表达为

$$\left\{-\frac{\hbar^2}{2\mu}\left[\frac{1}{r^2}\frac{\partial}{\partial r}\left(r^2\frac{\partial}{\partial r}\right)+\frac{1}{r^2\sin\theta}\frac{\partial}{\partial\theta}\left(\sin\theta\frac{\partial}{\partial\theta}\right)+\frac{1}{r^2\sin^2\theta}\frac{\partial^2}{\partial\varphi^2}\right]-\frac{Ze^2}{(4\pi\varepsilon_0)r}\right\}\psi(r,\theta,\varphi)=E_e\psi(r,\theta,\varphi) \tag{2-13}$$

用球极坐标系变量波函数表达微体积元 $\mathrm{d}\tau$ 内电子的概率

$$\mathrm{d}\rho=|\psi(r,\theta,\varphi)|^2r^2\sin\theta\mathrm{d}r\mathrm{d}\theta\mathrm{d}\varphi \tag{2-14}$$

其中，微体积元 $\mathrm{d}\tau$ 的坐标变换关系为

$$\mathrm{d}\tau=\mathrm{d}x\mathrm{d}y\mathrm{d}z=r^2\sin\theta\mathrm{d}r\mathrm{d}\theta\mathrm{d}\varphi \tag{2-15}$$

球极坐标系下的微体积元等于各变量微变元所围成的空间区域，见图 2-3。球极坐标系下，求解薛定谔方程，必须先分离变量，将偏微分方程化为常微分方程。

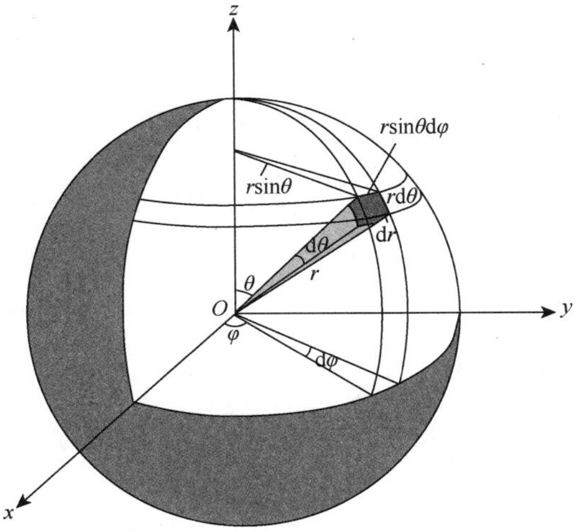

图 2-3　球极坐标系下的微体积元

2.1.2　电子绕核运动方程的解

设 $\psi(r,\theta,\varphi)=R(r)Y(\theta,\varphi)$，代入方程（2-13），等式两端同乘 $-\dfrac{2\mu r^2}{\hbar^2 R(r)Y(\theta,\varphi)}$，将含 r 变量的项移至等式左端，含 θ 和 φ 变量的项移至等式右端，得

$$\left\{\frac{1}{R(r)}\left[\frac{\partial}{\partial r}\left(r^2\frac{\partial}{\partial r}\right)\right]+\frac{2\mu Ze^2 r}{(4\pi\varepsilon_0)\hbar^2}+\frac{2\mu r^2 E_e}{\hbar^2}\right\}R(r)$$
$$=-\frac{1}{Y(\theta,\varphi)}\left[\frac{1}{\sin\theta}\frac{\partial}{\partial\theta}\left(\sin\theta\frac{\partial}{\partial\theta}\right)+\frac{1}{\sin^2\theta}\frac{\partial^2}{\partial\varphi^2}\right]Y(\theta,\varphi)$$

两端为不同变量的等式，二者相等，必均等于同一常数。设此常数为 β，由左端得到径向函数方程

$$\left[\frac{1}{R(r)}\frac{\partial}{\partial r}\left(r^2\frac{\partial}{\partial r}\right)+\frac{2\mu Ze^2 r}{(4\pi\varepsilon_0)\hbar^2}+\frac{2\mu r^2 E_e}{\hbar^2}\right]R(r)=\beta \tag{2-16}$$

由右端得到角度函数方程

$$-\frac{1}{Y(\theta,\varphi)}\left[\frac{1}{\sin\theta}\frac{\partial}{\partial\theta}\left(\sin\theta\frac{\partial}{\partial\theta}\right)+\frac{1}{\sin^2\theta}\frac{\partial^2}{\partial\varphi^2}\right]Y(\theta,\varphi)=\beta \tag{2-17}$$

再设 $Y(\theta,\varphi)=\Theta(\theta)\Phi(\varphi)$，代入方程（2-17），等式两端同乘 $-\sin^2\theta$，将含 θ 变量的项移至等式左端，含 φ 变量的项移至等式右端，得

$$\frac{\sin\theta}{\Theta(\theta)}\frac{\partial}{\partial\theta}\left(\sin\theta\frac{\partial}{\partial\theta}\right)\Theta(\theta)+\beta\sin^2\theta=-\frac{1}{\Phi(\varphi)}\frac{\partial^2}{\partial\varphi^2}\Phi(\varphi)$$

同理，两端必均等于同一常数。设此常数为 m^2，由左端得到 $\Theta(\theta)$ 函数方程

$$\frac{\sin\theta}{\Theta(\theta)}\frac{\partial}{\partial\theta}\left(\sin\theta\frac{\partial}{\partial\theta}\right)\Theta(\theta)+\beta\sin^2\theta=m^2 \tag{2-18}$$

由右端得到 $\Phi(\varphi)$ 函数方程

$$-\frac{1}{\Phi(\varphi)}\frac{\partial^2}{\partial\varphi^2}\Phi(\varphi)=m^2 \tag{2-19}$$

方程（2-16）、方程（2-18）和方程（2-19）已经是常微分方程，将其整理为如下标准形式

$$\frac{1}{r^2}\frac{\mathrm{d}}{\mathrm{d}r}\left[r^2\frac{\mathrm{d}R(r)}{\mathrm{d}r}\right]+\left[-\frac{\beta}{r^2}+\frac{2\mu E_e}{\hbar^2}+\frac{2\mu}{(4\pi\varepsilon_0)\hbar^2}\frac{Ze^2}{r}\right]R(r)=0 \tag{2-20}$$

$$\frac{1}{\sin\theta}\frac{\mathrm{d}}{\mathrm{d}\theta}\left[\sin\theta\frac{\mathrm{d}\Theta(\theta)}{\mathrm{d}\theta}\right]+\left(\beta-\frac{m^2}{\sin^2\theta}\right)\Theta(\theta)=0 \tag{2-21}$$

$$\frac{\mathrm{d}^2\Phi(\varphi)}{\mathrm{d}\varphi^2}+m^2\Phi(\varphi)=0 \tag{2-22}$$

三个方程的求解顺序是先解 $\Phi(\varphi)$ 方程，再解 $\Theta(\theta)$，最后解 $R(r)$ 方程。

1）$\Phi(\varphi)$ 方程的解

方程（2-22）存在特解 $\mathrm{e}^{\mathrm{i}m\varphi}$ 和 $\mathrm{e}^{-\mathrm{i}m\varphi}$，因为 m 可以取正负值，二者实质是同一解，取解为

$$\Phi(\varphi)=A\mathrm{e}^{\mathrm{i}m\varphi} \tag{2-23}$$

经归一化，求得解为

$$\Phi(\varphi)=\frac{1}{\sqrt{2\pi}}\mathrm{e}^{\mathrm{i}m\varphi} \qquad 0\leqslant\varphi\leqslant2\pi \tag{2-24}$$

合格波函数必须是单值函数，因而 $\Phi(\varphi)$ 也必须是单值函数，当变量从 φ 变到 $\varphi+2\pi$，波函数值相等，即 $\Phi(\varphi)=\ \Phi(\varphi+2\pi)$，$\mathrm{e}^{\mathrm{i}m\varphi}=\mathrm{e}^{\mathrm{i}m(\varphi+2\pi)}$，$\mathrm{e}^{\mathrm{i}m2\pi}=1$，则有

$$\mathrm{e}^{\mathrm{i}m2\pi}=\cos2\pi m+\mathrm{i}\sin2\pi m=1 \qquad m=0,\pm1,\pm2,\cdots \tag{2-25}$$

其中，m 称为量子数。由 m 的一对 $\pm l$ 取值，可以得到一对实函数

$$\Phi_{\pm l}^{\cos}=\Phi_{+l}+\Phi_{-l}=\frac{1}{\sqrt{\pi}}\cos l\varphi,\ \Phi_{\pm l}^{\sin}=\Phi_{+l}-\Phi_{-l}=\frac{1}{\sqrt{\pi}}\sin l\varphi \tag{2-26}$$

实函数中 l 只取正整数，可以验证，两个实数解仍是 $\Phi(\varphi)$ 方程的解。

【例 2-1】 求 $m=\pm1$ 时，$\Phi(\varphi)$ 的两个实函数。

解： 由关系式（2-26），当 $m=\pm1$ 时，$l=1$，两个实函数分别为

$$\Phi_{\pm1}^{\cos}=\Phi_{+1}+\Phi_{-1}=\frac{1}{\sqrt{\pi}}\cos\varphi,\ \Phi_{\pm1}^{\sin}=\Phi_{+1}-\Phi_{-1}=\frac{1}{\sqrt{\pi}}\sin\varphi$$

2）$\Theta(\theta)$ 方程的解

对 $\Theta(\theta)$ 方程（2-21）进行变量代换，令 $z=\cos\theta$，$\Theta(\theta)=P(\cos\theta)=P(z)$，关于变量 θ 的微分方程演变为关于变量 z 的微分方程

$$\frac{\mathrm{d}}{\mathrm{d}z}\left[\left(1-z^2\right)\frac{\mathrm{d}P(z)}{\mathrm{d}z}\right]+\left(\beta-\frac{m^2}{1-z^2}\right)P(z)=0 \qquad -1\leqslant z\leqslant+1 \tag{2-27}$$

此微分方程也称为连带勒让德微分方程，$z=\pm1$ 是方程的奇点，消除奇点的解为

$$P(z)=(1-z^2)^{\frac{|m|}{2}}G(z) \tag{2-28}$$

将其代入方程（2-27），得到关于 $G(z)$ 的微分方程

$$(1-z^2)\frac{\mathrm{d}^2G(z)}{\mathrm{d}z^2}-2(|m|+1)z\frac{\mathrm{d}G(z)}{\mathrm{d}z}+[\beta-|m|(|m|+1)]G(z)=0 \tag{2-29}$$

其中，$G(z)$ 可以展开为无穷级数

$$G(z)=\sum_{k=0}^{+\infty}a_kz^k \tag{2-30}$$

将其代入微分方程（2-29），取 z^k 一般项，并注意求和标为哑标，得到

$$\sum_{k=0}^{+\infty}\{(k+1)(k+2)a_{k+2}+[\beta-|m|(|m|+1)-2k(|m|+1)-k(k-1)]a_k\}z^k=0 \tag{2-31}$$

上述级数等于零，各幂次项的系数必等于零，则有

$$a_{k+2}=\frac{(k+|m|)(k+|m|+1)-\beta}{(k+1)(k+2)}a_k \tag{2-32}$$

上式为级数（2-30）的系数递推公式，如果知道 a_0 和 a_1，就可以通过此式，求出各幂次项的系数。在 $z=\pm1$ 处，级数发散，为无穷大，不符合合格波函数必须是有界波函数的条件。为使方程解得的波函数是有界函数，令

$$\beta=(k'+|m|)(k'+|m|+1) \tag{2-33}$$

当 $k=0$ 取到 $k=k'$ 时，$a_{k+2}=0$，无穷级数在 $z^{k'}$ 项截断，转变为多项式，成为有界函数。为使表达更为简洁，令 $l=\left(k'+|m|\right)$，则

$$\beta=l(l+1) \tag{2-34}$$

系数递推公式（2-32）变为

$$a_{k+2}=\frac{(k+|m|)(k+|m|+1)-l(l+1)}{(k+1)(k+2)}a_k \tag{2-35}$$

其中 $l=k'+|m|$，当 $k'=0$ 时，$l=|m|$；当 $k'=1$ 时，$l=|m|+1$；当 $k'=2$ 时，$l=|m|+2$；…。根据 $m=0,\pm1,\pm2,\cdots$ 的取值条件，不难得出 $l=0,1,2,\cdots$ 的取值条件，l 也称为量子数。由 $k'=l-|m|$，无穷级数（2-30）转变为多项式

$$G_{|m|}(z)=\sum_{k=0}^{l-|m|}a_k z^k \tag{2-36}$$

多项式的项数由 l 和 m 的取值确定。求和指标 k 只取正值，最大取值为 $k'=l-|m|$。m 最大只能取到 l，最小取到 $-l$，即 $m=0,\pm1,\pm2,\cdots,\pm l$。这样我们就得到量子数 m 的取值限制性条件。将多项式（2-36）代入式（2-28），得连带勒让德多项式

$$P_l^{|m|}(z)=(1-z^2)^{\frac{|m|}{2}}\sum_{k=0}^{l-|m|}a_k z^k \tag{2-37}$$

该连带勒让德多项式是下列连带勒让德微分方程的解

$$(1-z^2)\frac{\mathrm{d}^2P_l^{|m|}(z)}{\mathrm{d}z^2}-2z\frac{\mathrm{d}P_l^{|m|}(z)}{\mathrm{d}z}+\left[l(l+1)-\frac{m^2}{1-z^2}\right]P_l^{|m|}(z)=0 \tag{2-38}$$

连带勒让德多项式（2-37），对应如下微分表达式

$$P_l^{|m|}(z)=\frac{1}{2^l l!}(1-z^2)^{\frac{|m|}{2}}\frac{\mathrm{d}^{l+|m|}}{\mathrm{d}z^{l+|m|}}(z^2-1)^l \tag{2-39}$$

将 $z=\cos\theta$ 代入，即得 $\Theta(\theta)$ 函数

$$\Theta_{l,m}(\theta)=P_l^{|m|}(\cos\theta)=\frac{1}{2^l l!}\sin^{|m|}\theta\frac{\mathrm{d}^{l+|m|}}{\mathrm{d}(\cos\theta)^{l+|m|}}(\cos^2\theta-1)^l \tag{2-40}$$

给定 $|m|$，不同 l 取值下的连带勒让德多项式相互正交。任意两个 $\Theta(\theta)$ 的正交归一化性质表示为

$$\begin{aligned}\int_0^{\pi}\Theta_{l,m}(\theta)\Theta_{l',m}(\theta)\sin\theta\mathrm{d}\theta&=\int_{-1}^{+1}P_l^{|m|}(\cos\theta)P_{l'}^{|m|}(\cos\theta)\mathrm{d}(\cos\theta)\\&=\int_{-1}^{+1}P_l^{|m|}(z)P_{l'}^{|m|}(z)\mathrm{d}z=\frac{2(l+|m|)!}{(2l+1)(l-|m|)!}\delta_{ll'}\end{aligned} \tag{2-41}$$

当 $l\neq l'$，$\delta_{ll'}=0$；当 $l=l'$，$\delta_{ll'}=1$。最后得 $\Theta(\theta)$ 方程的解

$$\Theta_{l,m}(\theta)=\sqrt{\frac{(2l+1)(l-|m|)!}{2(l+|m|)!}}\frac{1}{2^l l!}\sin^{|m|}\theta\frac{\mathrm{d}^{l+|m|}}{\mathrm{d}(\cos\theta)^{l+|m|}}(\cos^2\theta-1)^l \tag{2-42}$$

当 l 和 m 取不同的值，将得到不同的 $\Theta(\theta)$ 函数。

【例 2-2】 求 $l=1$，$m=\pm1$ 的 $\Theta(\theta)$ 函数。

解：由方程的解（2-42），将 $l=1$ 和 $m=\pm1$ 代入，求得

$$\Theta_{1,\pm1}(\theta)=\sqrt{\frac{3}{4}}\frac{1}{2}\sin\theta\frac{\mathrm{d}^2}{\mathrm{d}(\cos\theta)^2}(\cos^2\theta-1)=\frac{\sqrt{3}}{2}\sin\theta$$

3）$R(r)$ 方程的解

将 $\beta=l(l+1)$ 代入方程（2-20），并令

$$\rho=\sqrt{-\frac{8\mu E_{\mathrm{e}}}{\hbar^2}}r=\eta r\text{，}\eta=\sqrt{-\frac{8\mu E_{\mathrm{e}}}{\hbar^2}} \tag{2-43}$$

因为 $E_{\mathrm{e}}<0$，所以 $0\leqslant\rho<+\infty$。经代换后，$R(r)=R(\rho)$，$\frac{\mathrm{d}R(r)}{\mathrm{d}r}=\eta\frac{\mathrm{d}R(\rho)}{\mathrm{d}\rho}$，方程（2-20）演化为

$$\frac{\eta^2}{\rho^2}\frac{\mathrm{d}}{\mathrm{d}\rho}\rho^2\frac{\mathrm{d}R(\rho)}{\mathrm{d}\rho}+\left[-\frac{l(l+1)\eta^2}{\rho^2}-\frac{\eta^2}{4}+\frac{2\mu Ze^2}{(4\pi\varepsilon_0)\hbar^2}\frac{\eta}{\rho}\right]R(\rho)=0 \tag{2-44}$$

等式两端除以 η^2，再令

$$\lambda=\frac{2\mu Ze^2}{(4\pi\varepsilon_0)\hbar^2\eta} \tag{2-45}$$

方程（2-44）变为

$$\frac{d^2R(\rho)}{d\rho^2}+\frac{2}{\rho}\frac{dR(\rho)}{d\rho}+\left[-\frac{l(l+1)}{\rho^2}-\frac{1}{4}+\frac{\lambda}{\rho}\right]R(\rho)=0 \tag{2-46}$$

其中，$\rho=0$ 是方程的奇点，而 $\rho\to+\infty$，电子运动到无穷远的概率等于零，则 $R(\rho)=0$，得该边界条件的渐进方程

$$\frac{d^2R(\rho)}{d\rho^2}-\frac{1}{4}R(\rho)=0 \tag{2-47}$$

方程存在合理解 $R_1(\rho)=e^{-\frac{\rho}{2}}$ 和 $R_2(\rho)=e^{\frac{\rho}{2}}$，只有 $R_1(\rho)=e^{-\frac{\rho}{2}}$ 满足 $\rho\to+\infty$ 时 $R(\rho)=0$ 的边界条件。设方程（2-46）的解为

$$R(\rho)=e^{-\frac{\rho}{2}}K(\rho) \tag{2-48}$$

代入方程（2-46），两端除以 $e^{-\frac{\rho}{2}}$，方程（2-46）转变为 $K(\rho)$ 的微分方程

$$\frac{d^2K(\rho)}{d\rho^2}+\left(\frac{2}{\rho}-1\right)\frac{dK(\rho)}{d\rho}+\left[-\frac{l(l+1)}{\rho^2}-\frac{1}{\rho}+\frac{\lambda}{\rho}\right]K(\rho)=0 \tag{2-49}$$

其中，$\rho=0$ 仍是方程的奇点，消除奇点，设解为 $K(\rho)=\rho^l L(\rho)$，代入方程（2-49），两端除以 ρ^{l-1}，方程转变为关于 $L(\rho)$ 的微分方程

$$\rho\frac{d^2L(\rho)}{d\rho^2}+[2(l+1)-\rho]\frac{dL(\rho)}{d\rho}+(\lambda-l-1)L(\rho)=0 \tag{2-50}$$

方程（2-50）也称为连带拉盖尔微分方程，最后得方程（2-46）的解为

$$R(\rho)=e^{-\frac{\rho}{2}}\rho^l L(\rho) \tag{2-51}$$

下面用级数求解法，求解关于 $L(\rho)$ 的微分方程（2-50）。设 $L(\rho)$ 展开为级数

$$L(\rho)=b_0+b_1\rho+b_2\rho^2+\cdots=\sum_{k=0}^{+\infty}b_k\rho^k \tag{2-52}$$

其中，常数项 $b_0\neq0$，将 $L(\rho)$、$L'(\rho)$ 和 $L''(\rho)$ 代入方程（2-50）。合并各幂次项系数，特别注意求和指标是哑标，微分方程转变为如下以一般项 ρ^k 表示的形式

$$\sum_{k=0}^{+\infty}\{[(k+1)k+(k+1)(2l+2)]b_{k+1}+(\lambda-l-1-k)b_k\}\rho^k=0 \tag{2-53}$$

左端级数等于零，各幂次项的系数必须等于零，于是，导出级数的系数递推公式

$$b_{k+1}=-\frac{\lambda-l-1-k}{(k+1)(k+2l+2)}b_k \tag{2-54}$$

给定 b_0，即可逐次求得各幂次项的系数。因为 $0\leqslant\rho<+\infty$，级数必然发散。为使方程解是有界函数，令 k 的最大取值为 $k=\lambda-l-1$，$n=\lambda=k+l+1$，使得 ρ^{n-l-1} 项后的幂次项系数都等于零。$L(\rho)$ 级数转变为如下连带拉盖尔多项式

$$L_{n+l}^{2l+1}(\rho)=\sum_{k=0}^{n-l-1}b_k\rho^k \tag{2-55}$$

其中，求和标 k 和 l 都取零和正整数，由 $n=\lambda=k+l+1$ 可知，n 或 λ 只能取正整数，即 $n=1,2,\cdots$。再由 $n=k+l+1$，$l=n-k-1$，当 $k=0$，即 k 取最小值时，$l_{max}=n-1$，即 $l=0,1,2,\cdots,(n-1)$。连带拉盖尔多项式（2-55）是连带拉盖尔微分方程（2-50）的解，方程中的 λ 用 n 替换，表示为

$$\rho\frac{d^2L(\rho)}{d\rho^2}+[2(l+1)-\rho]\frac{dL(\rho)}{d\rho}+(n-l-1)L(\rho)=0 \tag{2-56}$$

连带拉盖尔多项式（2-55）也可以表示为如下微分形式

$$\begin{aligned}L_{n+l}^{2l+1}(\rho)&=\frac{d^{2l+1}}{d\rho^{2l+1}}\left[e^{\rho}\frac{d^{n+l}}{d\rho^{n+l}}(e^{-\rho}\rho^{n+l})\right]\\&=(-1)^{2l+1}\frac{(n+l)!}{(n-l-1)!}e^{\rho}\rho^{-(2l+1)}\frac{d^{n-l-1}}{d\rho^{n-l-1}}(e^{-\rho}\rho^{n+l})\end{aligned} \tag{2-57}$$

由式（2-51），关于 $R(\rho)$ 方程（2-46）的完整解为

$$R(\rho)=\mathrm{e}^{-\frac{\rho}{2}}\rho^l L_{n+1}^{2l+1}(\rho)=(-1)^{2l+1}\frac{(n+l)!}{(n-l-1)!}\mathrm{e}^{\frac{\rho}{2}}\rho^{-(l+1)}\frac{\mathrm{d}^{n-l-1}}{\mathrm{d}\rho^{n-l-1}}(\mathrm{e}^{-\rho}\rho^{n+l}) \tag{2-58}$$

按第 1 章中玻尔氢原子结构关于半径的关系式（1-32），当 $Z=1$，$n=1$，为氢原子基态时的玻尔半径，按定义式 $a_0=\dfrac{\varepsilon_0 h^2}{\pi\mu e^2}=\dfrac{4\pi\varepsilon_0\hbar^2}{\mu e^2}$，$a_0=5.29465\times10^{-11}\mathrm{m}$，变量 η 和 ρ 改写为

$$\eta=\frac{2Z}{na_0},\quad \rho=\eta r=\frac{2Z}{na_0}r \tag{2-59}$$

给定取不同正整数值的 l、n，所得连带拉盖尔多项式构成正交集合，任意两个 $R_{nl}(\rho)$ 和 $R_{n'l}(\rho)$ 函数的加权正交归一化性质表示为

$$\begin{aligned}\int_0^{+\infty}R_{nl}(\rho)R_{n'l}(\rho)\rho^2\mathrm{d}\rho&=\int_0^{+\infty}[\mathrm{e}^{-\frac{\rho}{2}}\rho^l L_{n+l}^{2l+1}(\rho)][\mathrm{e}^{-\frac{\rho}{2}}\rho^l L_{n'+l}^{2l+1}(\rho)]\rho^2\mathrm{d}\rho\\&=\int_0^{+\infty}\mathrm{e}^{-\rho}\rho^{2l+2}L_{n+l}^{2l+1}(\rho)L_{n'+l}^{2l+1}(\rho)\mathrm{d}\rho=\frac{2n[(n+l)!]^3}{(n-l-1)!}\delta_{nn'}\end{aligned} \tag{2-60}$$

将变量 ρ 替换变量为 r，最后得到 $R(r)$ 方程的解。任意两个 $R_{nl}(r)$ 和 $R_{n'l}(r)$ 函数的正交归一化性质表示为

$$\begin{aligned}\int_0^{+\infty}R_{nl}(r)R_{n',l}(r)r^2\mathrm{d}r&=\left(\frac{na_0}{2Z}\right)^3\int_0^{+\infty}R_{nl}(\rho)R_{n'l}(\rho)\rho^2\mathrm{d}\rho\\&=\left(\frac{na_0}{2Z}\right)^3\int_0^{+\infty}\mathrm{e}^{-\rho}\rho^{2l+2}L_{n+l}^{2l+1}(\rho)L_{n'+l}^{2l+1}(\rho)\mathrm{d}\rho=\left(\frac{na_0}{2Z}\right)^3\frac{2n[(n+l)!]^3}{(n-l-1)!}\delta_{nn'}\end{aligned} \tag{2-61}$$

当 $n=n'$，求得归一化系数，最后 $R_{nl}(r)$ 函数用微分表达式表示为

$$\begin{aligned}R_{nl}(r)&=-\sqrt{\left(\frac{2Z}{na_0}\right)^3\frac{(n-l-1)!}{2n[(n+l)!]^3}}\cdot\mathrm{e}^{-\frac{\rho}{2}}\rho^l\frac{\mathrm{d}^{2l+1}}{\mathrm{d}\rho^{2l+1}}\left[\mathrm{e}^{\rho}\frac{\mathrm{d}^{n+l}}{\mathrm{d}\rho^{n+l}}(\mathrm{e}^{-\rho}\rho^{n+l})\right]\\&=\left(\frac{2Z}{na_0}\right)^{3/2}\sqrt{\frac{1}{2n(n+l)!(n-l-1)!}}\cdot\mathrm{e}^{\frac{\rho}{2}}\rho^{-(l+1)}\frac{\mathrm{d}^{n-l-1}}{\mathrm{d}\rho^{n-l-1}}(\mathrm{e}^{-\rho}\rho^{n+l})\end{aligned} \tag{2-62}$$

其中，$\rho=\dfrac{2Z}{na_0}r$，式(2-62)乘以了 -1 因子。由式(2-58)可知，$R_{nl}(\rho)$ 多项式的展开式带有相位因子 $(-1)^{2l+1}\equiv-1$，我们可以保留 $R_{nl}(r)$ 的相位因子，也可以乘以 -1 消除相位因子，这并不改变波函数的性质。

【例 2-3】 求 $n=3$、$l=1$ 的径向函数 $R_{31}(r)$。

解： 由连带拉盖尔多项式的微分式表达的 $R_{nl}(r)$ 函数，即式（2-62），将 $n=3$ 和 $l=1$ 代入，进行微分求得

$$R_{31}(r)=\left(\frac{2Z}{3a_0}\right)^{3/2}\sqrt{\frac{1}{2\times3\times4!\times1!}}\cdot\mathrm{e}^{\frac{\rho}{2}}\rho^{-2}\frac{\mathrm{d}}{\mathrm{d}\rho}(\mathrm{e}^{-\rho}\rho^4)=\frac{1}{9\sqrt{6}}\left(\frac{Z}{a_0}\right)^{3/2}\cdot(4-\rho)\rho\mathrm{e}^{-\frac{\rho}{2}}$$

其中，$\rho=\dfrac{2Z}{3a_0}r$，代入上式得

$$R_{31}(r)=\frac{4}{81\sqrt{6}}\left(\frac{Z}{a_0}\right)^{5/2}\cdot\left(6-\frac{Z}{a_0}r\right)r\mathrm{e}^{-\frac{Zr}{3a_0}}$$

2.1.3　原子轨道波函数和能量

求解 $R_{nl}(r)$、$\Theta_{lm}(\theta)$ 和 $\Phi_m(\varphi)$ 方程得到量子数 n、l 和 m 的限制性取值

$$\begin{aligned}&n=1,2,3,\cdots\\&l=0,1,2,\cdots,(n-1)\\&m=0,\pm1,\pm2,\cdots,\pm l\end{aligned} \tag{2-63}$$

n 称为主量子数，l 称为角量子数，m 称为磁量子数。按此量子数取值规则进行组合，对照各个方程的解，分别求得若干组量子数（nlm）所对应的 $R_{nl}(r)$、$\Theta_{lm}(\theta)$ 和 $\Phi_m(\varphi)$ 函数，按照乘积关系

$$\psi_{nlm}(r,\theta,\varphi)=R_{nl}(r)\Theta_{lm}(\theta)\Phi_m(\varphi) \tag{2-64}$$

得到若干波函数，每个波函数代表电子的一种运动状态。尽管电子总是占据能量最低的（100）状态，但由取值规则所得各种波函数都是电子可能的状态，例如，可以将电子激发到这些能量较高的状态。

【例 2-4】 求 $n=3$、$l=1$、$m=\pm1$ 的波函数 $\psi_{31\pm1}(r,\theta,\varphi)$。

解：将例 2-1、例 2-2、例 2-3 中的 $\Phi_{\pm1}(\varphi)$、$\Theta_{1,\pm1}(\theta)$ 和 $R_{31}(r)$ 相乘得

$$\psi_{31\pm1}^{\cos}(\rho,\theta,\varphi)=\frac{1}{18\sqrt{2\pi}}\left(\frac{Z}{a_0}\right)^{3/2}(4-\rho)\rho\mathrm{e}^{-\frac{\rho}{2}}\sin\theta\cos\varphi$$

$$\psi_{31\pm1}^{\sin}(\rho,\theta,\varphi)=\frac{1}{18\sqrt{2\pi}}\left(\frac{Z}{a_0}\right)^{3/2}(4-\rho)\rho\mathrm{e}^{-\frac{\rho}{2}}\sin\theta\sin\varphi$$

将 $\rho=\dfrac{2Z}{3a_0}r$ 代入，得

$$\psi_{31\pm1}^{\cos}(r,\theta,\varphi)=\frac{1}{81}\sqrt{\frac{2}{\pi}}\left(\frac{Z}{a_0}\right)^{5/2}\left(6-\frac{Z}{a_0}r\right)r\mathrm{e}^{-\frac{Zr}{3a_0}}\sin\theta\cos\varphi$$

$$\psi_{31\pm1}^{\sin}(r,\theta,\varphi)=\frac{1}{81}\sqrt{\frac{2}{\pi}}\left(\frac{Z}{a_0}\right)^{5/2}\left(6-\frac{Z}{a_0}r\right)r\mathrm{e}^{-\frac{Zr}{3a_0}}\sin\theta\sin\varphi$$

下面求三个量子数 (nlm) 确定的轨道波函数 $\psi_{nlm}(r,\theta,\varphi)$ 对应的能量，由式（2-43）两端平方，再由式（2-45），以及 $\lambda=n$，分别得

$$\eta^2=-\frac{8\mu E_{\mathrm{e}}}{\hbar^2} \tag{2-65}$$

$$\eta=\frac{2\mu Ze^2}{(4\pi\varepsilon_0)\hbar^2 n} \tag{2-66}$$

联立式（2-65）和式（2-66），消除 η 解得能量 E_{e}：

$$E_{\mathrm{e}}=-\frac{\hbar^2\eta^2}{8\mu}=-\frac{\hbar^2}{8\mu}\left(\frac{2\mu Ze^2}{(4\pi\varepsilon_0)\hbar^2 n}\right)^2=-\frac{\mu e^4}{2(4\pi\varepsilon_0)^2\hbar^2}\cdot\frac{Z^2}{n^2} \tag{2-67}$$

其中，常量 $R_{\mathrm{H}}=\dfrac{\mu e^4}{2(4\pi\varepsilon_0)^2\hbar^2}=2.17858677\times10^{-18}\,\mathrm{J}$，折合为 13.5983eV。根据式（2-67），n 只能取正整数，所得能量是量子化的，能量量子化是求解的必然结果。主量子数 n 的取值决定了电子占据的轨道以及轨道能量，这是主量子数 n 的物理意义。当 $n=1$，为氢原子基态，基态能量近似等于−13.5983eV。能量公式（2-67）也可表示为

$$E_{\mathrm{e}}=-13.5983\times\frac{Z^2}{n^2} \tag{2-68}$$

式（2-68）是非相对论方程解出的能量，只与主量子数有关，即主量子数 n 相同的原子轨道，其能量相等，称这些轨道是能量简并轨道。但考虑电子的自旋运动后，就存在自旋-轨道耦合，主量子数 n 相同、角量子数 l 不同的轨道的能量不再相等。按氢原子的狄拉克方程

$$\left(\frac{\hat{p}^2}{2m_0}-\frac{\hat{p}^4}{8m_0^3c^2}+\frac{3}{48}\frac{\hat{p}^6}{m_0^5c^2}-\frac{Ze^2}{4\pi\varepsilon_0 r}+\frac{Ze^2}{8\pi\varepsilon_0 m_0^2c^2}\hat{S}\cdot\hat{L}\frac{1}{R^3}\right)\psi=\varepsilon\psi \tag{2-69}$$

其中，$\hat{p}^2=-\hbar^2\nabla^2$，组合项 $\hat{H}_0=\dfrac{\hat{p}^2}{2m_0}-\dfrac{Ze^2}{4\pi\varepsilon_0 r}$ 是非相对论方程（定态薛定谔方程）中的哈密顿算符，第二项和第三项是相对论动能校正项，最后一项是自旋-轨道耦合校正项，也属于相对论校正项，其物理图像是电子绕核高速运动伴随自旋运动，电子绕核运动产生轨道磁矩，自旋运动产生自旋磁矩，二者相互作用产生耦合能，导致能级分裂。忽略第三项动能校正项，由相对论方程解得电子的能量：

$$E_{\mathrm{e}}=-\frac{m_0c^2(Z\alpha)^2}{2n^2}-\frac{m_0c^2(Z\alpha)^4}{2n^3}\left(\frac{1}{j+\frac{1}{2}}-\frac{3}{4n}\right)\qquad j=l\pm\frac{1}{2} \tag{2-70}$$

其中，$\alpha=\dfrac{e^2}{(4\pi\varepsilon_0)c\hbar}=\dfrac{1}{137.036}$，是光谱精细结构常数；$Z$ 为核电荷数，对氢原子 $Z=1$。由此可见，相对论方程解得的电子能量同时与主量子数 n 和角量子数 l 有关。

原子中三个量子数表达的单电子波函数也称为原子轨道，波函数也常称为轨道波函数，简称轨道。轨道波函数所对应的能级在原子光谱中也赋予特殊符号，即光谱符号。量子数 n 和 l 取不同值对应的光谱符号见表 2-1。

表 2-1　量子数 *n* 和 *l* 取值与光谱符号的对照表

n	1	2	3	4	5	6	7
光谱符号	K	L	M	N	O	P	Q
l	0	1	2	3	4	5	6
光谱符号	s	p	d	f	g	h	i

根据对照表 2-1，原子轨道（100）的光谱符号为 1s，（210）的光谱符号为 2p，（320）的光谱符号为 3d，（430）的光谱符号为 4f，（540）的光谱符号为 5g, ⋯，以此类推。按式（2-63）的取值规则，n 取某值，l 可取 $0,1,2,\cdots,(n-1)$，共 n 个取值；每一个 l 取值，m 又可以取 $m=-l,-l+1,\cdots,0,\cdots,+l-1,+l$，共 $2l+1$ 个取值；按照（nlm）顺序组合，得到的轨道数为

$$\sum_{l=0}^{n-1}(2l+1)=n^2 \tag{2-71}$$

即 n 取某值，共有 n^2 条原子轨道。表 2-2 列出了 $n=5$ 时由三个量子数组合出的所有原子轨道以及对应的光谱符号。由表可见，$n=5$ 时，代表一个壳层，该壳层下共 5 个分层，每个分层中的轨道数为 $2l+1$，按 l 值指定相应的光谱符号。

表 2-2　*n*=5 时由三个量子数组合出的所有原子轨道以及对应的光谱符号

原子轨道（nlm）	轨道数	光谱符号
（500）	1	5s
（510），（511），（51−1）	3	5p
（520），（521），（52−1），（522），（52−2）	5	5d
（530），（531），（53−1），（532），（53−2），（533），（53−3）	7	5f
（540），（541），（54−1），（542），（54−2），（543），（54−3），（544），（54−4）	9	5g

各轨道波函数列于表 2-3。

表 2-3　氢原子和类氢离子的轨道波函数

(nlm)	轨道符号	$\psi_{nlm}(r,\theta,\varphi)=R_{nl}(r)\Theta_{lm}(\theta)\Phi_m(\varphi)$
100	1s	$\psi_{1s}=\dfrac{1}{\sqrt{\pi}}\left(\dfrac{Z}{a_0}\right)^{3/2}\mathrm{e}^{-\frac{Zr}{a_0}}$
200	2s	$\psi_{2s}=\dfrac{1}{4\sqrt{2\pi}}\left(\dfrac{Z}{a_0}\right)^{3/2}\left(2-\dfrac{Zr}{a_0}\right)\mathrm{e}^{-\frac{Zr}{2a_0}}$
210	$2p_z$	$\psi_{2p_z}=\dfrac{1}{4\sqrt{2\pi}}\left(\dfrac{Z}{a_0}\right)^{5/2}r\mathrm{e}^{-\frac{Zr}{2a_0}}\cos\theta$
21±1	$2p_x$	$\psi_{2p_x}=\dfrac{1}{4\sqrt{2\pi}}\left(\dfrac{Z}{a_0}\right)^{5/2}r\mathrm{e}^{-\frac{Zr}{2a_0}}\sin\theta\cos\varphi$
	$2p_y$	$\psi_{2p_y}=\dfrac{1}{4\sqrt{2\pi}}\left(\dfrac{Z}{a_0}\right)^{5/2}r\mathrm{e}^{-\frac{Zr}{2a_0}}\sin\theta\sin\varphi$
300	3s	$\psi_{3s}=\dfrac{1}{81\sqrt{3\pi}}\left(\dfrac{Z}{a_0}\right)^{3/2}\left[27-\dfrac{18Zr}{a_0}+2\left(\dfrac{Zr}{a_0}\right)^2\right]\mathrm{e}^{-\frac{Zr}{3a_0}}$

续表

(n,l,m)	轨道符号	$\psi_{n,l,m}(r,\theta,\varphi)=R_{n,l}(r)\Theta_{l,m}(\theta)\Phi_m(\varphi)$
310	$3p_z$	$\psi_{3p_z}=\frac{1}{81}\sqrt{\frac{2}{\pi}}\left(\frac{Z}{a_0}\right)^{5/2}\left(6-\frac{Zr}{a_0}\right)re^{-\frac{Zr}{3a_0}}\cos\theta$
31±1	$3p_x$	$\psi_{3p_x}=\frac{1}{81}\sqrt{\frac{2}{\pi}}\left(\frac{Z}{a_0}\right)^{5/2}\left(6-\frac{Zr}{a_0}\right)re^{-\frac{Zr}{3a_0}}\sin\theta\cos\varphi$
	$3p_y$	$\psi_{3p_y}=\frac{1}{81}\sqrt{\frac{2}{\pi}}\left(\frac{Z}{a_0}\right)^{5/2}\left(6-\frac{Zr}{a_0}\right)re^{-\frac{Zr}{3a_0}}\sin\theta\sin\varphi$
320	$3d_{z^2-r^2}$	$\psi_{3d_{z^2-r^2}}=\frac{1}{81}\sqrt{\frac{1}{6\pi}}\left(\frac{Z}{a_0}\right)^{7/2}r^2e^{-\frac{Zr}{3a_0}}(3\cos^2\theta-1)$
32±1	$3d_{xz}$	$\psi_{3d_{xz}}=\frac{1}{81}\sqrt{\frac{2}{\pi}}\left(\frac{Z}{a_0}\right)^{7/2}r^2e^{-\frac{Zr}{3a_0}}\sin\theta\cos\theta\cos\varphi$
	$3d_{yz}$	$\psi_{3d_{yz}}=\frac{1}{81}\sqrt{\frac{2}{\pi}}\left(\frac{Z}{a_0}\right)^{7/2}r^2e^{-\frac{Zr}{3a_0}}\sin\theta\cos\theta\sin\varphi$
32±2	$3d_{x^2-y^2}$	$\psi_{3d_{x^2-y^2}}=\frac{1}{81}\sqrt{\frac{1}{2\pi}}\left(\frac{Z}{a_0}\right)^{7/2}r^2e^{-\frac{Zr}{3a_0}}\sin^2\theta\cos2\varphi$
	$3d_{xy}$	$\psi_{3d_{xy}}=\frac{1}{81}\sqrt{\frac{1}{2\pi}}\left(\frac{Z}{a_0}\right)^{7/2}r^2e^{-\frac{Zr}{3a_0}}\sin^2\theta\sin2\varphi$
400	4s	$\psi_{4s}=\frac{1}{1536\sqrt{\pi}}\left(\frac{Z}{a_0}\right)^{3/2}\left[192-144\frac{Zr}{a_0}+24\left(\frac{Zr}{a_0}\right)^2-\left(\frac{Zr}{a_0}\right)^3\right]e^{-\frac{Zr}{4a_0}}$
410	$4p_z$	$\psi_{4p_z}=\frac{1}{512\sqrt{5\pi}}\left(\frac{Z}{a_0}\right)^{5/2}\left[80-20\frac{Zr}{a_0}+\left(\frac{Zr}{a_0}\right)^2\right]re^{-\frac{Zr}{4a_0}}\cos\theta$
41±1	$4p_x$	$\psi_{4p_x}=\frac{1}{512\sqrt{5\pi}}\left(\frac{Z}{a_0}\right)^{5/2}\left[80-20\frac{Zr}{a_0}+\left(\frac{Zr}{a_0}\right)^2\right]re^{-\frac{Zr}{4a_0}}\sin\theta\cos\varphi$
	$4p_y$	$\psi_{4p_y}=\frac{1}{512\sqrt{5\pi}}\left(\frac{Z}{a_0}\right)^{5/2}\left[80-20\frac{Zr}{a_0}+\left(\frac{Zr}{a_0}\right)^2\right]re^{-\frac{Zr}{4a_0}}\sin\theta\sin\varphi$
420	$4d_{z^2-r^2}$	$\psi_{4d_{z^2-r^2}}=\frac{1}{3072\sqrt{\pi}}\left(\frac{Z}{a_0}\right)^{7/2}\left(12-\frac{Zr}{a_0}\right)r^2e^{-\frac{Zr}{4a_0}}(3\cos^2\theta-1)$
42±1	$4d_{xz}$	$\psi_{4d_{xz}}=\frac{1}{1536}\sqrt{\frac{3}{\pi}}\left(\frac{Z}{a_0}\right)^{7/2}\left(12-\frac{Zr}{a_0}\right)r^2e^{-\frac{Zr}{4a_0}}\sin\theta\cos\theta\cos\varphi$
	$4d_{yz}$	$\psi_{4d_{yz}}=\frac{1}{1536}\sqrt{\frac{3}{\pi}}\left(\frac{Z}{a_0}\right)^{7/2}\left(12-\frac{Zr}{a_0}\right)r^2e^{-\frac{Zr}{4a_0}}\sin\theta\cos\theta\sin\varphi$
42±2	$4d_{x^2-y^2}$	$\psi_{4d_{x^2-y^2}}=\frac{1}{3072}\sqrt{\frac{3}{\pi}}\left(\frac{Z}{a_0}\right)^{7/2}\left(12-\frac{Zr}{a_0}\right)r^2e^{-\frac{Zr}{4a_0}}\sin^2\theta\cos2\varphi$
	$4d_{xy}$	$\psi_{4d_{xy}}=\frac{1}{3072}\sqrt{\frac{3}{\pi}}\left(\frac{Z}{a_0}\right)^{7/2}\left(12-\frac{Zr}{a_0}\right)r^2e^{-\frac{Zr}{4a_0}}\sin^2\theta\sin2\varphi$
430	$4f_{5z^3-3r^2z}$	$\psi_{4f_{5z^3-3r^2z}}=\frac{1}{3072\sqrt{5\pi}}\left(\frac{Z}{a_0}\right)^{9/2}r^3e^{-\frac{Zr}{4a_0}}(5\cos^3\theta-3\cos\theta)$
43±1	$4f_{xz^2-r^2x}$	$\psi_{4f_{xz^2-r^2x}}=\frac{1}{3072}\sqrt{\frac{3}{10\pi}}\left(\frac{Z}{a_0}\right)^{9/2}r^3e^{-\frac{Zr}{4a_0}}\sin\theta(5\cos^2\theta-1)\cos\varphi$
	$4f_{yz^2-r^2y}$	$\psi_{4f_{yz^2-r^2y}}=\frac{1}{3072}\sqrt{\frac{3}{10\pi}}\left(\frac{Z}{a_0}\right)^{9/2}r^3e^{-\frac{Zr}{4a_0}}\sin\theta(5\cos^2\theta-1)\sin\varphi$

续表

(n,l,m)	轨道符号	$\psi_{n,l,m}(r,\theta,\varphi)=R_{n,l}(r)\Theta_{l,m}(\theta)\Phi_m(\varphi)$
43±2	$4f_{(x^2-y^2)z}$	$\psi_{4f_{(x^2-y^2)z}}=\frac{1}{3072}\sqrt{\frac{3}{\pi}}\left(\frac{Z}{a_0}\right)^{9/2}r^3e^{-\frac{Zr}{4a_0}}\sin^2\theta\cos\theta\cos2\varphi$
	$4f_{xyz}$	$\psi_{4f_{xyz}}=\frac{1}{3072}\sqrt{\frac{3}{\pi}}\left(\frac{Z}{a_0}\right)^{9/2}r^3e^{-\frac{Zr}{4a_0}}\sin^2\theta\cos\theta\sin2\varphi$
43±3	$4f_{x^3-3xy^2}$	$\psi_{4f_{x^3-3xy^2}}=\frac{1}{3072}\sqrt{\frac{1}{2\pi}}\left(\frac{Z}{a_0}\right)^{9/2}r^3e^{-\frac{Zr}{4a_0}}\sin^3\theta\cos3\varphi$
	$4f_{3x^2y-y^3}$	$\psi_{4f_{3x^2y-y^3}}=\frac{1}{3072}\sqrt{\frac{1}{2\pi}}\left(\frac{Z}{a_0}\right)^{9/2}r^3e^{-\frac{Zr}{4a_0}}\sin^3\theta\sin3\varphi$
500	5s	$\psi_{5s}=\frac{2}{46875}\sqrt{\frac{1}{5\pi}}\left(\frac{Z}{a_0}\right)^{3/2}\left[\frac{9375}{2}-3750\frac{Zr}{a_0}+750\left(\frac{Zr}{a_0}\right)^2-50\left(\frac{Zr}{a_0}\right)^3+\left(\frac{Zr}{a_0}\right)^4\right]e^{-\frac{Zr}{5a_0}}$
510	$5p_z$	$\psi_{5p_z}=\frac{4}{46875}\sqrt{\frac{1}{10\pi}}\left(\frac{Z}{a_0}\right)^{5/2}\left[1875-\frac{1125}{2}\frac{Zr}{a_0}+45\left(\frac{Zr}{a_0}\right)^2-\left(\frac{Zr}{a_0}\right)^3\right]re^{-\frac{Zr}{5a_0}}\cos\theta$
51±1	$5p_x$	$\psi_{5p_x}=\frac{4}{46875}\sqrt{\frac{1}{10\pi}}\left(\frac{Z}{a_0}\right)^{5/2}\left[1875-\frac{1125}{2}\frac{Zr}{a_0}+45\left(\frac{Zr}{a_0}\right)^2-\left(\frac{Zr}{a_0}\right)^3\right]re^{-\frac{Zr}{5a_0}}\sin\theta\cos\varphi$
	$5p_y$	$\psi_{5p_y}=\frac{4}{46875}\sqrt{\frac{1}{10\pi}}\left(\frac{Z}{a_0}\right)^{5/2}\left[1875-\frac{1125}{2}\frac{Zr}{a_0}+45\left(\frac{Zr}{a_0}\right)^2-\left(\frac{Zr}{a_0}\right)^3\right]re^{-\frac{Zr}{5a_0}}\sin\theta\sin\varphi$
520	$5d_{z^2-r^2}$	$\psi_{5d_{z^2-r^2}}=\frac{2}{46875}\sqrt{\frac{1}{14\pi}}\left(\frac{Z}{a_0}\right)^{7/2}\left[\frac{525}{2}-35\frac{Zr}{a_0}+\left(\frac{Zr}{a_0}\right)^2\right]r^2e^{-\frac{Zr}{5a_0}}(3\cos^2\theta-1)$
52±1	$5d_{xz}$	$\psi_{5d_{xz}}=\frac{4}{15625}\sqrt{\frac{1}{42\pi}}\left(\frac{Z}{a_0}\right)^{7/2}\left[\frac{525}{2}-35\frac{Zr}{a_0}+\left(\frac{Zr}{a_0}\right)^2\right]r^2e^{-\frac{Zr}{5a_0}}\sin\theta\cos\theta\cos\varphi$
	$5d_{yz}$	$\psi_{5d_{yz}}=\frac{4}{15625}\sqrt{\frac{1}{42\pi}}\left(\frac{Z}{a_0}\right)^{7/2}\left[\frac{525}{2}-35\frac{Zr}{a_0}+\left(\frac{Zr}{a_0}\right)^2\right]r^2e^{-\frac{Zr}{5a_0}}\sin\theta\cos\theta\sin\varphi$
52±2	$5d_{x^2-y^2}$	$\psi_{5d_{x^2-y^2}}=\frac{2}{15625}\sqrt{\frac{1}{42\pi}}\left(\frac{Z}{a_0}\right)^{7/2}\left[\frac{525}{2}-35\frac{Zr}{a_0}+\left(\frac{Zr}{a_0}\right)^2\right]r^2e^{-\frac{Zr}{5a_0}}\sin^2\theta\cos2\varphi$
	$5d_{xy}$	$\psi_{5d_{xy}}=\frac{2}{15625}\sqrt{\frac{1}{42\pi}}\left(\frac{Z}{a_0}\right)^{7/2}\left[\frac{525}{2}-35\frac{Zr}{a_0}+\left(\frac{Zr}{a_0}\right)^2\right]r^2e^{-\frac{Zr}{5a_0}}\sin^2\theta\sin2\varphi$
530	$5f_{5z^3-3r^2z}$	$\psi_{5f_{5z^3-3r^2z}}=\frac{1}{46875}\sqrt{\frac{1}{10\pi}}\left(\frac{Z}{a_0}\right)^{7/2}\left(20-\frac{Zr}{a_0}\right)r^3e^{-\frac{Zr}{5a_0}}(5\cos^3\theta-3\cos\theta)$
53±1	$5f_{xz^2-r^2x}$	$\psi_{5f_{xz^2-r^2x}}=\frac{1}{31250}\sqrt{\frac{1}{15\pi}}\left(\frac{Z}{a_0}\right)^{9/2}\left(20-\frac{Zr}{a_0}\right)r^3e^{-\frac{Zr}{5a_0}}\sin\theta(5\cos^2\theta-1)\cos\varphi$
	$5f_{yz^2-r^2y}$	$\psi_{5f_{yz^2-r^2y}}=\frac{1}{31250}\sqrt{\frac{1}{15\pi}}\left(\frac{Z}{a_0}\right)^{9/2}\left(20-\frac{Zr}{a_0}\right)r^3e^{-\frac{Zr}{5a_0}}\sin\theta(5\cos^2\theta-1)\sin\varphi$
53±2	$5f_{(x^2-y^2)z}$	$\psi_{5f_{(x^2-y^2)z}}=\frac{1}{15625}\sqrt{\frac{1}{6\pi}}\left(\frac{Z}{a_0}\right)^{9/2}\left(20-\frac{Zr}{a_0}\right)r^3e^{-\frac{Zr}{5a_0}}\sin^2\theta\cos\theta\cos2\varphi$
	$5f_{xyz}$	$\psi_{5f_{xyz}}=\frac{1}{15625}\sqrt{\frac{1}{6\pi}}\left(\frac{Z}{a_0}\right)^{9/2}\left(20-\frac{Zr}{a_0}\right)r^3e^{-\frac{Zr}{5a_0}}\sin^2\theta\cos\theta\sin2\varphi$
53±3	$5f_{x^3-3xy^2}$	$\psi_{5f_{x^3-3xy^2}}=\frac{1}{93750}\sqrt{\frac{1}{\pi}}\left(\frac{Z}{a_0}\right)^{9/2}\left(20-\frac{Zr}{a_0}\right)r^3e^{-\frac{Zr}{5a_0}}\sin^3\theta\cos3\varphi$
	$5f_{3x^2y-y^3}$	$\psi_{5f_{3x^2y-y^3}}=\frac{1}{93750}\sqrt{\frac{1}{\pi}}\left(\frac{Z}{a_0}\right)^{9/2}\left(20-\frac{Zr}{a_0}\right)r^3e^{-\frac{Zr}{5a_0}}\sin^3\theta\sin3\varphi$

续表

(n,l,m)	轨道符号	$\psi_{n,l,m}(r,\theta,\varphi)=R_{n,l}(r)\Theta_{l,m}(\theta)\Phi_m(\varphi)$
540	$5g_{z^4}$	$\psi_{5g_{z^4}}=\frac{1}{187500}\sqrt{\frac{1}{70\pi}}\left(\frac{Z}{a_0}\right)^{11/2}r^4e^{-\frac{Zr}{5a_0}}(35\cos^4\theta-30\cos^2\theta+3)$
54±1	$5g_{xz^3}$	$\psi_{5g_{xz^3}}=\frac{1}{93750}\sqrt{\frac{1}{7\pi}}\left(\frac{Z}{a_0}\right)^{11/2}r^4e^{-\frac{Zr}{5a_0}}\sin\theta(7\cos^3\theta-3\cos\theta)\cos\varphi$
	$5g_{yz^3}$	$\psi_{5g_{yz^3}}=\frac{1}{93750}\sqrt{\frac{1}{7\pi}}\left(\frac{Z}{a_0}\right)^{11/2}r^4e^{-\frac{Zr}{5a_0}}\sin\theta(7\cos^3\theta-3\cos\theta)\sin\varphi$
54±2	$5g_{z^2(x^2-y^2)}$	$\psi_{5g_{z^2(x^2-y^2)}}=\frac{1}{93750}\sqrt{\frac{1}{14\pi}}\left(\frac{Z}{a_0}\right)^{11/2}r^4e^{-\frac{Zr}{5a_0}}\sin^2\theta(7\cos^2\theta-1)\cos2\varphi$
	$5g_{xyz^2}$	$\psi_{5g_{xyz^2}}=\frac{1}{93750}\sqrt{\frac{1}{14\pi}}\left(\frac{Z}{a_0}\right)^{11/2}r^4e^{-\frac{Zr}{5a_0}}\sin^2\theta(7\cos^2\theta-1)\sin2\varphi$
54±3	$5g_{xz(x^2-3y^2)}$	$\psi_{5g_{xz(x^2-3y^2)}}=\frac{1}{93750}\sqrt{\frac{1}{\pi}}\left(\frac{Z}{a_0}\right)^{11/2}r^4e^{-\frac{Zr}{5a_0}}\sin^3\theta\cos\theta\cos3\varphi$
	$5g_{yz(3x^2-y^2)}$	$\psi_{5g_{yz(3x^2-y^2)}}=\frac{1}{93750}\sqrt{\frac{1}{\pi}}\left(\frac{Z}{a_0}\right)^{11/2}r^4e^{-\frac{Zr}{5a_0}}\sin^3\theta\cos\theta\sin3\varphi$
54±4	$5g_{x^4-6x^2y^2+y^4}$	$\psi_{5g_{x^4-6x^2y^2+y^4}}=\frac{1}{187500}\sqrt{\frac{1}{2\pi}}\left(\frac{Z}{a_0}\right)^{11/2}r^4e^{-\frac{Zr}{5a_0}}\sin^4\theta\cos4\varphi$
	$5g_{xy(x^2-y^2)}$	$\psi_{5g_{xy(x^2-y^2)}}=\frac{1}{187500}\sqrt{\frac{1}{2\pi}}\left(\frac{Z}{a_0}\right)^{11/2}r^4e^{-\frac{Zr}{5a_0}}\sin^4\theta\sin4\varphi$

2.1.4 原子轨道的宇称性

利用球极坐标系和直角坐标系变量的变换关系，将球极坐标系下的波函数变换为直角坐标系变量的形式，这样可以更好地了解波函数的对称性质。

原子轨道波函数具有空间反演对称性，空间反演是将空间位置为 (x,y,z) 的点变为 $(-x,-y,-z)$ 的点。定义空间反演宇称算符

$$\hat{\boldsymbol{I}}\psi(x,y,z)=\psi(-x,-y,-z)\,,\ \hat{\boldsymbol{I}}^2=1 \tag{2-72}$$

具体操作通过反演中心点进行，空间任意一点 (x,y,z) 连线反演中心点，变为在延长线上等距离处的另一点 $(-x,-y,-z)$，反演操作也等价于二次象转，即先按二次轴旋转，再按垂直于二次轴的镜面反映，由此可见，反演的原像和新像之间存在镜像关系。电子的能量算符经过空间反演具有不变性，

$$\begin{aligned}\hat{\boldsymbol{I}}\hat{H}&=\hat{\boldsymbol{I}}\left[-\frac{\hbar^2}{2\mu}\left(\frac{\partial^2}{\partial x^2}+\frac{\partial^2}{\partial y^2}+\frac{\partial^2}{\partial z^2}\right)-\frac{Ze^2}{r}\right]\\&=-\frac{\hbar^2}{2\mu}\left[\frac{\partial^2}{\partial(-x)^2}+\frac{\partial^2}{\partial(-y)^2}+\frac{\partial^2}{\partial(-z)^2}\right]-\frac{Ze^2}{\sqrt{(-x)^2+(-y)^2+(-z)^2}}\\&=-\frac{\hbar^2}{2\mu}\left(\frac{\partial^2}{\partial x^2}+\frac{\partial^2}{\partial y^2}+\frac{\partial^2}{\partial z^2}\right)-\frac{Ze^2}{r}\end{aligned}$$

能量本征方程遵守宇称守恒定律[2]。原像 $\psi(x,y,z)$ 和新像 $\psi(-x,-y,-z)$ 同时是该能量算符本征方程的解

$$\begin{aligned}\hat{H}\psi(x,y,z)&=E\psi(x,y,z)\\\hat{H}\psi(-x,-y,-z)&=E\psi(-x,-y,-z)\end{aligned} \tag{2-73}$$

电子的概率密度经过反演应不变，即

$$|\psi(x,y,z)|^2=|\psi(-x,-y,-z)|^2 \tag{2-74}$$

由能量本征方程解得的轨道波函数 $\psi(x,y,z)$ 必然存在如下关系，

$$\psi(-x,-y,-z)=\pm\psi(x,y,z) \tag{2-75}$$

即轨道波函数有两种空间对称性（也称为宇称性）。当 $\psi(-x,-y,-z)=\psi(x,y,z)$，为偶宇称（记为 g）；当 $\psi(-x,-y,-z)=-\psi(x,y,z)$，为奇宇称（记为 u）。在球极坐标系中，空间反演是将空间位置为 (r,θ,φ) 的点变为 $(r,\pi-\theta,\pi+\varphi)$ 的点。

【例 2-5】 将轨道波函数 $\psi_{31\pm1}(r,\theta,\varphi)$ 变换为直角坐标系变量的形式，并指出宇称性。

解： 由球极坐标系和直角坐标系变量的变换关系，$x=r\sin\theta\cos\varphi$，$y=r\sin\theta\sin\varphi$，波函数

$$\psi_{3p_x}(x,y,z)=\psi_{31\pm1}^{\cos}(r,\theta,\varphi)=\frac{1}{81}\sqrt{\frac{2}{\pi}}\left(\frac{Z}{a_0}\right)^{5/2}\left(6-\frac{Z}{a_0}r\right)e^{-\frac{Zr}{3a_0}}x$$

$$\psi_{3p_y}(x,y,z)=\psi_{31\pm1}^{\sin}(r,\theta,\varphi)=\frac{1}{81}\sqrt{\frac{2}{\pi}}\left(\frac{Z}{a_0}\right)^{5/2}\left(6-\frac{Z}{a_0}r\right)e^{-\frac{Zr}{3a_0}}y$$

其中，$r=\sqrt{x^2+y^2+z^2}$，经过空间反演

$$\hat{\boldsymbol{I}}\psi_{3p_x}(x,y,z)=\psi_{3p_x}(-x,-y,-z)=-\psi_{3p_x}(x,y,z)$$

$$\hat{\boldsymbol{I}}\psi_{3p_y}(x,y,z)=\psi_{3p_y}(-x,-y,-z)=-\psi_{3p_y}(x,y,z)$$

两个轨道波函数的宇称性都是奇宇称。

球极坐标系下，$\psi_{nlm}(r,\theta,\varphi)=R_{nl}(r)\Theta_{lm}(\theta)\Phi_m(\varphi)$，$r$ 的变化区间为 $(0,+\infty)$，$R_{nl}(r)$ 经空间反演不变，波函数的宇称性由球谐函数 $Y_{lm}(\theta,\varphi)=\Theta_{lm}(\theta)\Phi_m(\varphi)$ 的奇偶性决定。由 $\Theta_{lm}(\theta)$ 函数的连带勒让德多项式的微分表达式（2-42），以及三角函数关系式 $\sin(\pi-\theta)=\sin\theta$ 和 $\cos(\pi-\theta)=-\cos\theta$ 可得

$$\Theta_{lm}(\pi-\theta)=(-1)^{l-|m|}\Theta_{lm}(\theta) \tag{2-76}$$

再由 $\Phi_m(\varphi)$ 函数式（2-24），以及三角函数关系式 $\sin(\pi+\varphi)=-\sin\varphi$ 和 $\cos(\pi+\varphi)=-\cos\varphi$ 可得

$$\Phi_m(\pi+\varphi)=(-1)^{|m|}\Phi_m(\varphi) \tag{2-77}$$

其中，$e^{im(\pi+\varphi)}=e^{im\pi}e^{im\varphi}=(-1)^{|m|}e^{im\varphi}$。

联合式（2-76）和式（2-77），$\Theta_{lm}(\pi-\theta)\Phi_m(\pi+\varphi)=(-1)^l\Theta_{lm}(\theta)\Phi_m(\varphi)$，球谐函数的奇偶性为

$$Y_{lm}(\pi-\theta,\pi+\varphi)=(-1)^l Y_{lm}(\theta,\varphi) \tag{2-78}$$

综上所述，原子轨道波函数 $\psi_{nlm}(r,\theta,\varphi)$ 的宇称性与轨道角量子数的奇偶性一致。例如，$l=0$ 的 s 轨道是偶宇称，$l=1$ 的 p 轨道是奇宇称，$l=2$ 的 d 轨道是偶宇称，$l=3$ 的 f 轨道是奇宇称，…。

2.1.5　径向分布函数和径向概率分布图

求解薛定谔方程得到的轨道波函数代表电子的一种运动状态，轨道波函数的模平方指电子在原子核外空间某点 (r,θ,φ) 的概率密度，在以该点为中心的微体积元内，电子出现的概率为

$$\mathrm{d}P=|\psi(r,\theta,\varphi)|^2\,\mathrm{d}\tau=\psi^*(r,\theta,\varphi)\psi(r,\theta,\varphi)r^2\sin\theta\mathrm{d}r\mathrm{d}\theta\mathrm{d}\varphi \tag{2-79}$$

在球极坐标系的空间划分中，微体积元定义为 $\mathrm{d}\tau=r^2\sin\theta\mathrm{d}r\mathrm{d}\theta\mathrm{d}\varphi$，见图 2-3。扩大微体积元至指定的空间范围，在该空间范围内电子出现的概率为

$$P=\iiint|\psi(r,\theta,\varphi)|^2 r^2\sin\theta\mathrm{d}r\mathrm{d}\theta\mathrm{d}\varphi \tag{2-80}$$

将球极坐标变量表达的氢原子轨道波函数 $\psi_{nlm}(r,\theta,\varphi)=R_{nl}(r)\Theta_{lm}(\theta)\Phi_m(\varphi)$ 代入式（2-80）得

$$P=\int R_{nl}^2(r)r^2\mathrm{d}r\int\Theta_{lm}^2(\theta)\sin\theta\mathrm{d}\theta\int|\Phi_m(\varphi)|^2\,\mathrm{d}\varphi \tag{2-81}$$

如果我们扩大微体积元至半径为 r_1 和 r_2 的两个球面之间的球壳区域，θ 的变化范围为 $[0,\pi]$，φ 的变化范围为 $[0,2\pi]$，电子出现在球壳区域内的概率只与变量 r 有关，因为

$$P'=\int_{r_1}^{r_2}R_{nl}^2(r)r^2\mathrm{d}r\int_0^{\pi}\Theta_{lm}^2(\theta)\sin\theta\mathrm{d}\theta\int_0^{2\pi}\left|\Phi_m(\varphi)\right|^2\mathrm{d}\varphi$$
$$=\int_{r_1}^{r_2}R_{nl}^2(r)r^2\mathrm{d}r \tag{2-82}$$

其中，$\int_0^{\pi}\Theta_{lm}^2(\theta)\sin\theta\mathrm{d}\theta=1$，$\int_0^{2\pi}\left|\Phi_m(\varphi)\right|^2\mathrm{d}\varphi=1$，$R_{nl}(r)$ 和 $\Theta_{lm}(\theta)$ 为实函数。而在微厚球壳区域 $[r,r+\mathrm{d}r]$ 内电子出现的概率是式（2-82）的微分式

$$\mathrm{d}P'(r)=R_{nl}^2(r)r^2\mathrm{d}r \tag{2-83}$$

现在定义径向分布函数

$$D(r)=r^2R_{nl}^2(r) \tag{2-84}$$

表示沿径向 r 方向电子的概率密度，由式（2-83），$\mathrm{d}P'(r)=D(r)\mathrm{d}r$ 也表示在微厚球壳区域 $[r,r+\mathrm{d}r]$ 内电子出现的概率。

画出 $D(r)$-r 径向分布函数图，可以清楚看到以原子核为起点沿径向方向电子的概率密度分布。径向分布函数是正函数，极小值就是节点，$D(r)=0$，其他极值即为极大值，满足 $\mathrm{d}D(r)/\mathrm{d}r=0$。以 $D(r)$ 为纵坐标，r 为横坐标，连接极大值和极小值时的各点，画出径向分布函数图。

【例 2-6】 作波函数 $\psi_{31\pm1}(r,\theta,\varphi)$ 的径向分布函数图。

解： $\psi_{31\pm1}(r,\theta,\varphi)=R_{31}(r)\Theta_{1,\pm1}(\theta)\Phi_{\pm1}(\varphi)$，按前面得出的 $R_{31}(r)$，按式（2-84）得径向分布函数，

$$D_{31}(r)=r^2R_{31}^2(r)=\left(\frac{4}{81\sqrt{6}}\right)^2\left(\frac{Z}{a_0}\right)^5\left(6-\frac{Z}{a_0}r\right)^2r^4\mathrm{e}^{-\frac{2Zr}{3a_0}}$$

其中，$\rho=\dfrac{2Z}{3a_0}r$。上式可以对 r 求一阶导数，解出存在极值的 r。对于氢原子（$Z=1$），$r=\dfrac{3a_0}{2}\rho$，用 ρ 表示的 $R_{31}(\rho)$ 来计算更为简便。

$$D_{31}(\rho)=\left(\frac{3a_0}{2}\rho\right)^2R_{31}^2(\rho)=\frac{1}{216}\left(\frac{1}{a_0}\right)\cdot(4-\rho)^2\rho^4\mathrm{e}^{-\rho}$$

展开上式，得

$$D_{31}(\rho)=\frac{1}{216}\left(\frac{1}{a_0}\right)\cdot(\rho^6-8\rho^5+16\rho^4)\mathrm{e}^{-\rho}$$

$D_{31}(\rho)$ 对 ρ 求一阶导数

$$\frac{\mathrm{d}D_{31}(\rho)}{\mathrm{d}\rho}=\frac{1}{216}\left(\frac{1}{a_0}\right)\cdot(-\rho^3+14\rho^2-56\rho+64)\rho^3\mathrm{e}^{-\rho}$$

由极值条件 $\dfrac{\mathrm{d}D_{31}(\rho)}{\mathrm{d}\rho}=0$ 可得，$\rho^3-14\rho^2+56\rho-64=0$。为了求解该一元三次方程，令 $f(\rho)=\rho^3-14\rho^2+56\rho-64$，绘制 $f(\rho)$-ρ 曲线，在 ρ 轴上找出 $f(\rho)=0$ 的点，求得极值点 $\rho=2,4,8$，分别对应 $r=3a_0,6a_0,12a_0$。取不同的 ρ 值，算得各 $f(\rho)$ 和 $D_{31}(r)$ 值，列于表 2-4。

表 2-4　函数 $f(\rho)=\rho^3-14\rho^2+56\rho-64$ 的计算值 $\left(r=\dfrac{3a_0}{2}\rho\right)$

ρ	1	2	3	4	5	6	7	8	9
$f(\rho)$	−21	0	5	0	−9	−16	−15	0	35
r	$1.5a_0$	$3a_0$	$4.5a_0$	$6a_0$	$7.5a_0$	$9a_0$	$10.5a_0$	$12a_0$	$13.5a_0$
$D_{31}(r)$	0.02897	0.07577	0.03528	0	0.03684	0.11242	0.17239	0.19233	0.17709

由更细密的 $D_{31}(r)$ 和 r 值，画出径向分布函数 $D(r)$-r 图，见图 2-4。

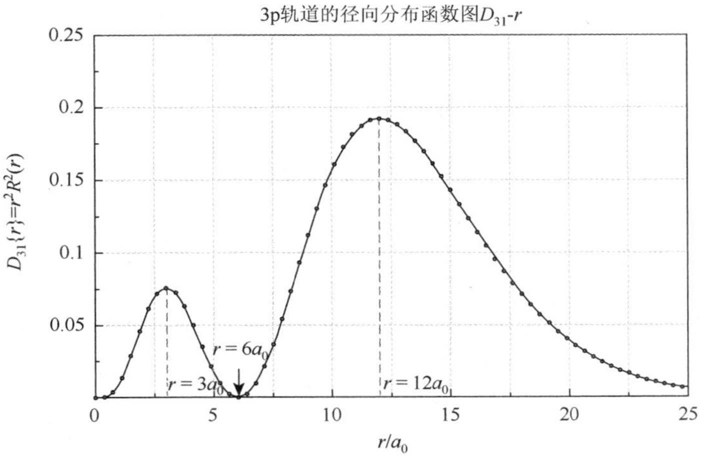

图 2-4　径向分布函数 $D_{31}(r)=r^2R_{31}^2(r)$ 所表示的沿径向方向电子密度分布图

由 $D_{31}(r)$ 的径向分布函数图可见：3p 轨道沿径向方向的电子密度，除了在 $r=12a_0$ 处出现极大点，还在 $r=3a_0$ 处出现次极大点，在两个极大点中间 $r=6a_0$ 处出现一个节点，说明距离原子核较近的区域，电子仍有一定的概率，即 3p 电子可以运动到距离原子核较近的空间。其中，指定区域径向方向的概率值等于该区域径向分布曲线与 r 轴围成的面积。

2.1.6　实球谐函数和轨道等值封闭曲面图

波函数 ψ_{nlm} 是一种受原子核束缚，不能无限向外传播的立体波，即是以原子核为中心的波动图形。在球极坐标系中，变量 r 的变化区间为 $(0,+\infty)$，理论上电子可以运动到原子核外无穷远的位置，但实际上，根据径向分布图的结果，电子出现在原子核外较远空间的概率是极小的，因而绘制全空间波函数立体图，只需在一定空间范围内，将坐标位置不同而波函数值相等的点连接成等值封闭曲面，那么该曲面所包围的空间区域，电子的总概率较大即可。为了绘制波函数的空间立体图，通常需要将球极坐标系下的 $\psi_{nlm}(r,\theta,\varphi)$ 变换为直角坐标系下的函数形式 $\psi_{nlm}(x,y,z)$，分析波函数的对称性质，给定等值封闭曲面的波函数值，解出该波函数值下系列空间网格坐标 $r\sim(x,y,z)$，即可绘制出波函数的等值封闭曲面图。

原子轨道波函数 $\psi_{nlm}(r,\theta,\varphi)=R_{nl}(r)\Theta_{lm}(\theta)\Phi_m(\varphi)$ 还可以表达为径向函数 $R_{nl}(r)$ 和角度函数 $Y_{lm}(\theta,\varphi)$ 的乘积

$$\psi_{nlm}(r,\theta,\varphi)=R_{nl}(r)Y_{lm}(\theta,\varphi) \tag{2-85}$$

角度函数 $Y_{lm}(\theta,\phi)$ 满足角度函数方程（2-17），将 $\beta=l(l+1)$ 代入方程（2-17），得

$$\left[-\frac{1}{\sin\theta}\frac{\partial}{\partial\theta}\left(\sin\theta\frac{\partial}{\partial\theta}\right)-\frac{1}{\sin^2\theta}\frac{\partial^2}{\partial\varphi^2}\right]Y(\theta,\varphi)=l(l+1)Y(\theta,\varphi) \tag{2-86}$$

用分离变量方法得 $\Theta(\theta)$ 和 $\Phi(\varphi)$ 方程，分别解得 $\Theta_{lm}(\theta)$ 和 $\Phi_m(\varphi)$ 函数，最后求得角度函数

$$Y_{lm}(\theta,\varphi)=\Theta_{lm}(\theta)\Phi_m(\varphi)=(-1)^{\frac{(m+|m|)}{2}}\left[\frac{(2l+1)}{4\pi}\cdot\frac{(l-|m|)!}{(l+|m|)!}\right]^{\frac{1}{2}}P_l^{|m|}(\cos\theta)e^{im\varphi} \tag{2-87}$$

球极坐标系下的角度函数是复函数。式中，$(-1)^{\frac{(m+|m|)}{2}}$ 是相位因子，角度函数决定了原子轨道的形状。由磁量子数取 $\pm m$ 的角度函数分别以同相位和反相位组合，得到角度函数的实函数形式

$$\begin{aligned}Y_{lm}^{\cos}(\theta,\varphi)&=\frac{1}{\sqrt{2}}CP_l^{|m|}(\cos\theta)(e^{im\varphi}+e^{-im\varphi})=CP_l^{|m|}(\cos\theta)\sqrt{2}\cos m\varphi\\Y_{lm}^{\sin}(\theta,\varphi)&=-\frac{i}{\sqrt{2}}CP_l^{|m|}(\cos\theta)(e^{im\varphi}-e^{-im\varphi})=CP_l^{|m|}(\cos\theta)\sqrt{2}\sin m\varphi\end{aligned} \tag{2-88}$$

式中，$C=N_l\left[\frac{(l-|m|)!}{(l+|m|)!}\right]^{\frac{1}{2}}$，$N_l=\left(\frac{2l+1}{4\pi}\right)^{\frac{1}{2}}$。式（2-88）是角度函数在球极坐标系下的实函数形式，按直角和球

极坐标系的变换关系式（2-10）和（2-11），将其再变换为直角坐标系下的实球谐函数形式。

【例 2-7】 将 $l=2$、$m=\pm 2$ 的角度函数表示为实函数形式，并进一步表示为实球谐函数。

解： $Y_{22}^{\cos}(\theta,\varphi)=CP_2^2(\cos\theta)\sqrt{2}\cos 2\varphi$，$Y_{22}^{\sin}(\theta,\varphi)=CP_2^2(\cos\theta)\sqrt{2}\sin 2\varphi$

其中，$C=\dfrac{1}{4}\sqrt{\dfrac{5}{6\pi}}$，由连带勒让德多项式（2-40）求得 $P_2^2(\cos\theta)=3\sin^2\theta$，代入上式

$$Y_{22}^{\cos}(\theta,\varphi)=\frac{1}{4}\sqrt{\frac{15}{\pi}}\sin^2\theta\cos 2\varphi,\ Y_{22}^{\sin}(\theta,\varphi)=\frac{1}{4}\sqrt{\frac{15}{\pi}}\sin^2\theta\sin 2\varphi$$

上式就是角度函数的实函数形式，按变换关系式 $x=r\sin\theta\cos\varphi$，$y=r\sin\theta\sin\varphi$，$z=r\cos\theta$，上述角度函数变换为

$$Y_{22}^{\cos}(\theta,\varphi)=\frac{1}{4}\sqrt{\frac{15}{\pi}}\sin^2\theta\left(\cos^2\varphi-\sin^2\varphi\right)=\frac{1}{4}\sqrt{\frac{15}{\pi}}\frac{x^2-y^2}{r^2}$$

$$Y_{22}^{\sin}(\theta,\varphi)=\frac{1}{4}\sqrt{\frac{15}{\pi}}\sin^2\theta\left(2\sin\varphi\cos\varphi\right)=\frac{1}{2}\sqrt{\frac{15}{\pi}}\frac{xy}{r^2}$$

式中，$r=\sqrt{x^2+y^2+z^2}$。上式就是 $l=2$，$m=\pm 2$ 时，由直角坐标系变量表示的实球谐函数。其余各轨道波函数相应角度函数的实球谐函数形式列于表 2-3。只有用实波函数才能在实空间坐标系中绘制波函数的立体图形，因而实球谐函数的作用是乘以径向函数求得相应轨道的实波函数。

波函数 ψ_{nlm} 加上位置坐标 (x,y,z)，一共四个变量，在三维实空间中难以绘制出波函数立体图形。一种方法是令坐标变量 (x,y,z) 中的一个变量不变，如令 z 不变，在 xy 平面上展现 ψ_{nlm} 的变化；当然也可以令 y 不变，在 xz 平面上展现 ψ_{nlm} 的变化。

【例 2-8】 氢原子 $3p_x$ 轨道的实波函数 ψ_{3p_x}，不显含变量 y 和 z，指定 z 不变，绘制 $3p_x$ 轨道波函数图形。

解： 根据 $3p_x$ 轨道的实波函数 ψ_{3p_x}，将其化为原子单位形式

$$\psi_{3p_x}(x,y,z)=\frac{1}{81}\sqrt{\frac{2}{\pi}}(6-r')e^{-\frac{r'}{3}}x,\ r'=\sqrt{x^2+y^2+z^2} \tag{2-89}$$

其中，$r'=r/a_0$。令 $z=0$，式（2-89）变为

$$\psi_{3p_x}(x,y,z)=\frac{1}{81}\sqrt{\frac{2}{\pi}}\left(6-\sqrt{x^2+y^2}\right)\cdot e^{-\frac{\sqrt{x^2+y^2}}{3}}x$$

当 x 和 y 在 $[-20,20]$ 范围内独立取值时，计算 ψ_{3p_x}-(x,y) 数据点阵列，借助绘图软件，即可制得随 x 和 y 变化的 $3p_x$ 轨道波函数图形，见图 2-5。

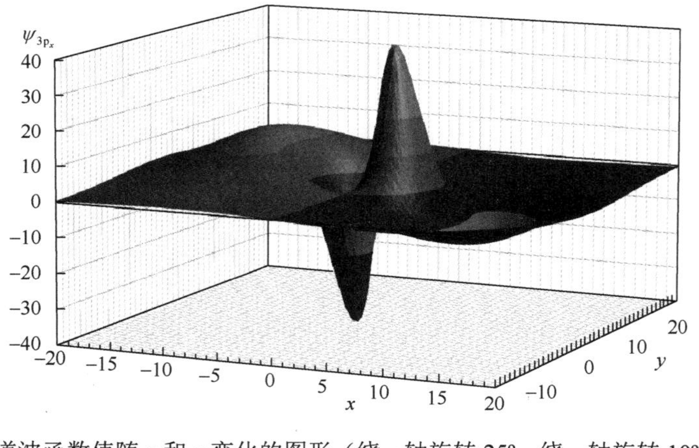

图 2-5 $3p_x$ 轨道波函数值随 x 和 y 变化的图形（绕 x 轴旋转 25°，绕 y 轴旋转 10°，透视角 10°）

图 2-5 也可以指定 y 不变，在 xz 平面绘制 $3p_x$ 轨道波函数图形，因 ψ_{3p_x} 在指定 $y=0$ 所得函数与指定 $z=0$ 所得函数相似，绘制的轨道波函数图也就相似。

另一种表达波函数图形的方法是绘制波函数的等值封闭曲面图。通过分析实波函数的对称性，求出极

值条件下的空间点坐标(r,θ,φ)，以及波函数的极大值$\psi_{2p_x}^{\max}$和极小值$\psi_{2p_x}^{\min}$。设定有较大电子概率的空间区域，通常放大极值点的r或ρ坐标，代入波函数表达式计算出波函数值。将球极坐标系下的$\psi_{nlm}(r,\theta,\varphi)$变换为直角坐标系下的函数形式$\psi_{nlm}(x,y,z)$，把波函数计算值指定为等值封闭曲面值，解出构成空间网格的系列坐标点$r\sim(x,y,z)$，绘制出波函数的等值封闭曲面图。

【例 2-9】 绘制氢原子$2p_x$轨道的等值封闭曲面图。

解： 薛定谔方程解得$2p_x$轨道波函数，用原子单位表示为

$$\psi_{2p_x}=\frac{1}{4\sqrt{2\pi}}r'e^{-r'/2}\sin\theta\cos\varphi \tag{2-90}$$

其中$r'=r/a_0$。将其化为直角坐标系下的函数形式

$$\psi_{2p_x}=\frac{1}{4\sqrt{2\pi}}xe^{-r'/2}，\ r'=\sqrt{x^2+y^2+z^2} \tag{2-91}$$

其中$x=r'\sin\theta\cos\varphi$，也是原子单位。

式（2-90）表达的波函数，在$\theta=\dfrac{\pi}{2}$和$\varphi=0$处，存在极大值，在$\theta=\dfrac{\pi}{2}$和$\varphi=\pi$处，存在极小值，波函数极值（extremum）等于

$$\psi_{2p_x}^{\text{ext}}=\pm\frac{1}{4\sqrt{2\pi}}r'e^{-r'/2} \tag{2-92}$$

式中，取正为极大值，取负为极小值。对r变量，波函数的极值等于

$$\frac{d\psi_{2p_x}^{\text{ext}}}{dr'}=\pm\frac{1}{4\sqrt{2\pi}}\frac{d}{dr'}(r'e^{-r'/2})=\pm\frac{1}{8\sqrt{2\pi}}(2-r')e^{-r'/2}=0$$

解得$r'=2$，或$r=2a_0$。

综合讨论，极大值条件为$r'=2$，$\theta=\dfrac{\pi}{2}$和$\varphi=0$，将其代入式（2-90），求得极大值$\psi_{2p_x}^{\max}=0.07338$；极小值条件为$r'=2$，$\theta=\dfrac{\pi}{2}$和$\varphi=\pi$，将其代入式（2-90），求得极小值$\psi_{2p_x}^{\min}=-0.07338$。由式（2-91）可知，$2p_x$轨道波函数关于$x$轴对称，当$x>0$，$\psi_{2p_x}>0$；当$x<0$，$\psi_{2p_x}<0$。无论$y$和$z$取正，还是取负，都不影响波函数的相位。令$r'=10$，此值大于极值半径区域，足以反映较大电子概率，代入式（2-92），求得波函数值

$$\psi_{2p_x}^{\text{iso}}=\pm\frac{1}{4\sqrt{2\pi}}\times10\times e^{-10/2}=\pm0.00672$$

即将该波函数值的点连接构成等值封闭曲面，得到波函数的等值封闭曲面图，该等值封闭曲面图表现了波函数的相位、节面、对称性、空间伸展方向以及极值位置等轨道图形信息。为了在直角坐标系中写出等值封闭曲面上具有代表性点的坐标(x,y,z)，需要借助绘图软件的功能，通过等值网格点连接成等值封闭曲面，网格点数目越多，精度越高。令

$$\eta_1=-0.00672+\frac{1}{4\sqrt{2\pi}}xe^{-r'/2}，\ x>0 \tag{2-93}$$

$$\eta_2=0.00672+\frac{1}{4\sqrt{2\pi}}xe^{-r'/2}，\ x<0 \tag{2-94}$$

其中，$r'=\sqrt{x^2+y^2+z^2}$。如当r'从 0 取到 10 时，精度设置为 0.001，x从 10 取到-10，分别用式(2-93)和式(2-94)，分别解得$\eta_1=0$和$\eta_2=0$的(r',x)系列数组，再指定坐标 y[变化范围仍为（10, −10）]的网格精度，由$z=\pm\sqrt{r'^2-x^2-y^2}$解得坐标z，最后得到系列(r',x,y,z)网格点阵列数组。表 2-5 是$2p_x$轨道波函数值为±0.00672 的等值面上局部网格点阵列数据，由该阵列数据可绘制出等值封闭曲面图，图 2-6（a）是全部数据所绘等值封闭曲面图，图 2-6（b）是令z不变，$2p_x$轨道波函数值随x和y变化的图形，两种图形反映的波函数相位、节面、对称性、空间伸展方向以及极值分布等是完全相同的。

表 2-5　$2p_x$ 轨道波函数值为 ±0.00672 的等值面上局部网格点阵列数据

η_1	r'	x	y	z	η_2	r'	x	y	z
0	3.553	−0.4000	3.5290	0.1000	0	3.553	0.4000	−3.5077	−0.4
0	4.940	−0.8000	4.7491	1.1000	0	4.940	0.8000	−4.6694	−1.4
0	5.751	−1.2000	5.2177	2.1000	0	5.751	1.2000	−5.0867	−2.4
0	6.562	−1.8000	5.4964	3.1000	0	6.562	1.8000	−5.3160	−3.4
0	7.515	−2.9000	5.5906	4.1000	0	7.515	2.9000	−5.3577	−4.4
0	8.256	−4.2000	4.9509	5.1000	0	8.256	4.2000	−4.6219	−5.4
0	9.249	−6.9000	0.8509	6.1000	0	9.249	6.9000	−1.4937	−6.4

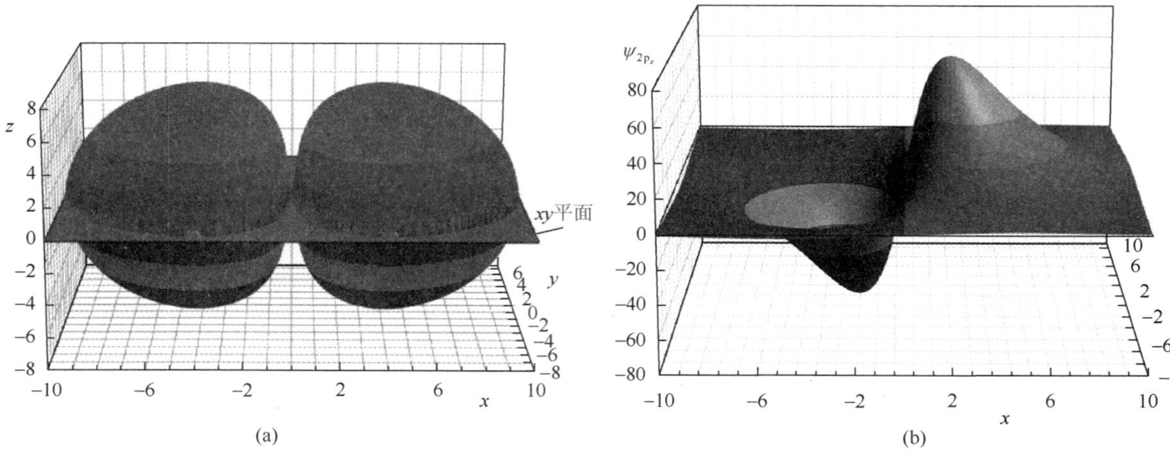

图 2-6　（a）$2p_x$ 轨道的等值封闭曲面图；（b）$2p_x$ 轨道波函数值随 x 和 y 变化的图形（绕 x 轴旋转 0°，绕 y 轴旋转 15°）

图 2-7 是沿 xy 平面将 $2p_x$ 轨道等值封闭曲面图切割为两半，制成网格图。曲面上指定相同 z 值的点组成等值曲线，若投影在 xy 平面，就是等高曲线。不同 z 值的等值曲线同时投影，得到系列等高曲线，这种图

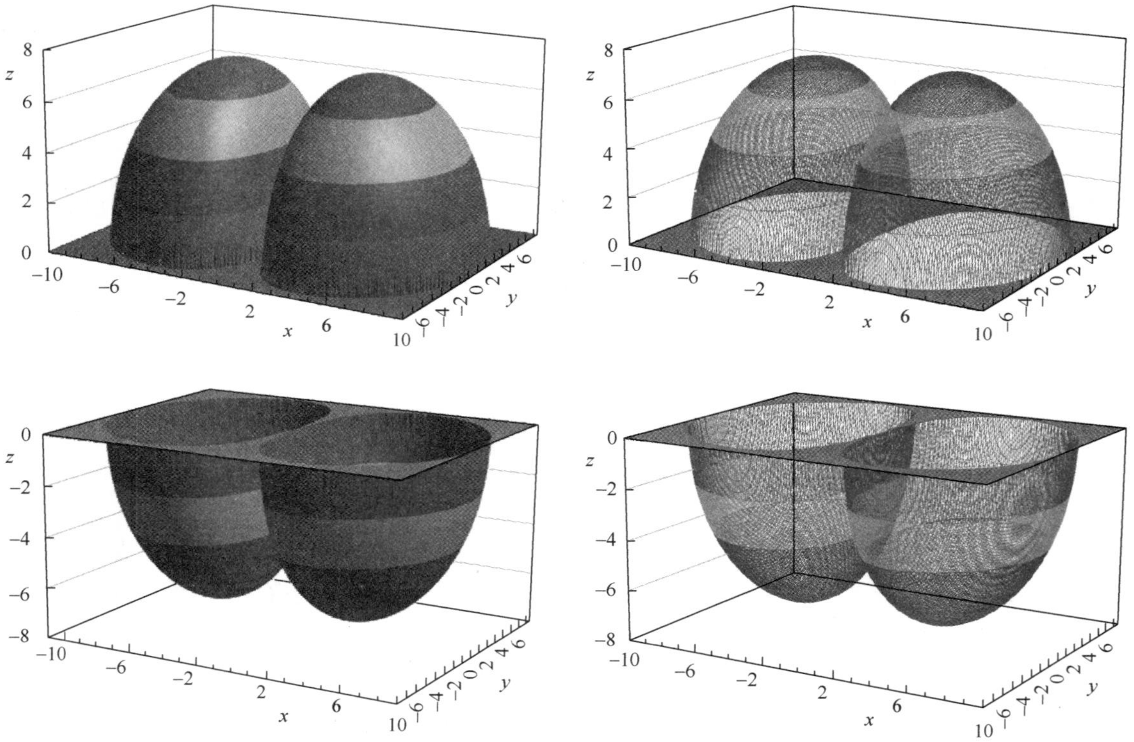

图 2-7　沿 xy 平面切割 $2p_x$ 轨道等值封闭曲面的剖析图和对应的网格图（绕 x 轴旋转 30°，绕 y 轴旋转 15°），左侧为曲面图，右侧为网格图；上图 $z>0$，下图 $z<0$

好比山峦的等高投影图。事实上取不同波函数值所绘制的等值封闭曲面图是相似的，可以想象，若干层不同波函数值的等值封闭曲面，在指定同一 z 值下向 xy 平面投影，也得到系列等值曲线图，它反映了随着空间范围增大，波函数值的变化。

波函数模的平方表示电子密度，设定电子密度值，也可以画出电子密度的等值封闭曲面图。设电子密度等值封闭曲面包围的区域内，电子出现的总概率等于 0.98，即在 $r \leqslant r_0$，$0 \leqslant \theta \leqslant \pi$，$0 \leqslant \varphi \leqslant 2\pi$ 的范围内，电子的总概率为

$$P=\int_0^{r_0}\int_0^{\pi}\int_0^{2\pi}|\psi(r,\theta,\varphi)|^2 r^2 \sin\theta \mathrm{d}r \mathrm{d}\theta \mathrm{d}\varphi=0.98$$

通过 r_0，我们可以计算出电子密度值，按绘制波函数等值封闭曲面图相似的方法绘制出电子密度的等值封闭曲面图。

氢原子轨道波函数的相位、节面、对称性、空间伸展方向以及极值位置等性质，完全表现于等值封闭曲面图中。在研究原子轨道重叠形成分子轨道，以及原子之间的化学键时，轨道波函数和电子密度的等值封闭曲面图将发挥重要作用。为了理论计算的需要，氢原子轨道波函数也可以通过高斯函数拟合得到，其轨道等值封闭曲面图由高斯计算软件绘制[3]。图 2-8 是氢原子 1s 和 2p 轨道的等值封闭曲面图，图 2-9 是 3d 轨道的等值封闭曲面图，图 2-10 是 4f 轨道的等值封闭曲面图。

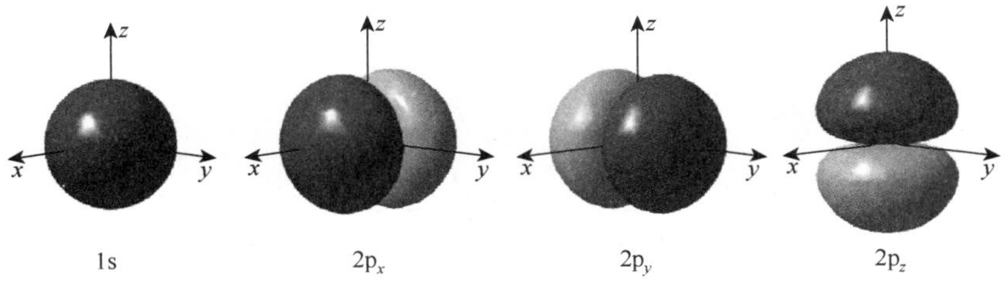

图 2-8　氢原子 1s 和 2p 轨道的等值封闭曲面图（红色即深色区域相位为正，绿色即浅色区域相位为负）

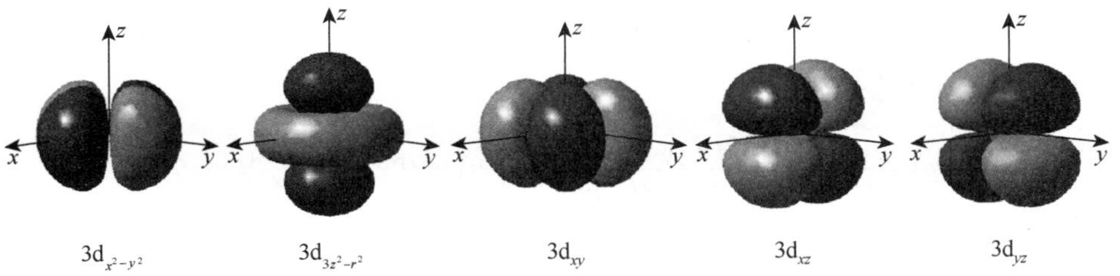

图 2-9　氢原子 3d 轨道的等值封闭曲面图（红色即深色区域相位为正，绿色即浅色区域相位为负）

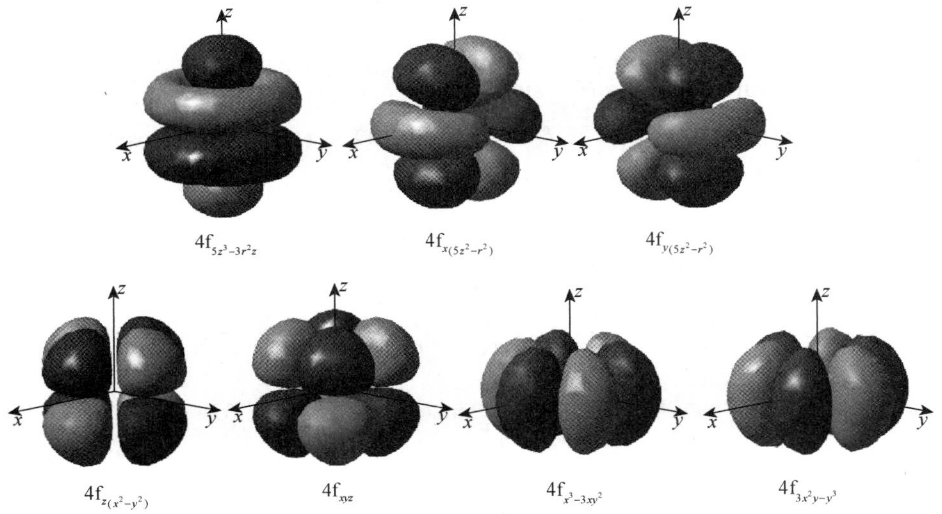

图 2-10　氢原子 4f 轨道的等值封闭曲面图（红色即深色区域相位为正，绿色即浅色区域相位为负）

2.2　轨道角动量与轨道角量子数

电子绕核运动产生角动量，直角坐标系下，角动量平方算符及其 z 分量算符均与哈密顿算符对易，与哈密顿算符有相同的本征函数，而求解氢原子薛定谔方程已解出本征函数，见表 2-3，那么将其代入角动量平方算符及其 z 分量算符的本征方程，就可求出角动量及其 z 分量。由式（1-240）表达的角动量分量算符

$$\hat{L}_x=\frac{\hbar}{\mathrm{i}}\left(y\frac{\partial}{\partial z}-z\frac{\partial}{\partial y}\right),\quad \hat{L}_y=\frac{\hbar}{\mathrm{i}}\left(z\frac{\partial}{\partial x}-x\frac{\partial}{\partial z}\right),\quad \hat{L}_z=\frac{\hbar}{\mathrm{i}}\left(x\frac{\partial}{\partial y}-y\frac{\partial}{\partial x}\right)$$

以及式（1-241）表达的角动量平方算符

$$\hat{\boldsymbol{L}}^2=-\hbar^2\left[\left(y\frac{\partial}{\partial z}-z\frac{\partial}{\partial y}\right)^2+\left(z\frac{\partial}{\partial x}-x\frac{\partial}{\partial z}\right)^2+\left(x\frac{\partial}{\partial y}-y\frac{\partial}{\partial x}\right)^2\right]$$

经坐标变换，得到球极坐标系变量的表达式[4]

$$\begin{aligned}
\hat{L}_x&=\mathrm{i}\hbar\left(\sin\varphi\frac{\partial}{\partial\theta}-\cot\theta\cos\varphi\frac{\partial}{\partial\varphi}\right)\\
\hat{L}_y&=\mathrm{i}\hbar\left(-\cos\varphi\frac{\partial}{\partial\theta}+\cot\theta\sin\varphi\frac{\partial}{\partial\varphi}\right)\\
\hat{L}_z&=-\mathrm{i}\hbar\frac{\partial}{\partial\varphi}\\
\hat{\boldsymbol{L}}^2&=-\hbar^2\left[\frac{1}{\sin\theta}\frac{\partial}{\partial\theta}\left(\sin\theta\frac{\partial}{\partial\theta}\right)+\frac{1}{\sin^2\theta}\frac{\partial^2}{\partial\varphi^2}\right]
\end{aligned}\tag{2-95}$$

2.2.1　角动量及其 z 分量算符本征方程

角动量平方算符只是角度变量的函数，与变量 r 无关。因而只与角度函数 $Y_{lm}(\theta,\varphi)$ 发生微分运算关系，与径向函数 $R_{nl}(r)$ 无关。由式（2-87）

$$Y_{lm}(\theta,\varphi)=(-1)^{\frac{(m+|m|)}{2}}\left[\frac{(2l+1)}{4\pi}\cdot\frac{(l-|m|)!}{(l+|m|)!}\right]^{\frac{1}{2}}P_l^{|m|}(\cos\theta)\mathrm{e}^{\mathrm{i}m\varphi}=NP_l^{|m|}(\cos\theta)\mathrm{e}^{\mathrm{i}m\varphi}\tag{2-96}$$

其中，N 为归一化系数，$Y_{lm}(\theta,\varphi)$ 是方程（2-86）的解，即

$$\left[-\frac{1}{\sin\theta}\frac{\partial}{\partial\theta}\left(\sin\theta\frac{\partial}{\partial\theta}\right)-\frac{1}{\sin^2\theta}\frac{\partial^2}{\partial\varphi^2}\right]Y_{lm}(\theta,\varphi)=l(l+1)Y_{lm}(\theta,\varphi)$$

将式（2-96）代入上述方程，对 $\mathrm{e}^{\mathrm{i}m\varphi}$ 函数微分后除以 $N\mathrm{e}^{\mathrm{i}m\varphi}$，得

$$\left[-\frac{1}{\sin\theta}\frac{\partial}{\partial\theta}\left(\sin\theta\frac{\partial}{\partial\theta}\right)+\frac{m^2}{\sin^2\theta}\right]P_l^{|m|}(\cos\theta)=l(l+1)P_l^{|m|}(\cos\theta)\tag{2-97}$$

下面用式（2-95）中的角动量平方算符 $\hat{\boldsymbol{L}}^2$，对角度函数 $Y_{lm}(\theta,\varphi)=NP_l^{|m|}(\cos\theta)\mathrm{e}^{\mathrm{i}m\varphi}$ 进行微分运算，先对 $\mathrm{e}^{\mathrm{i}m\varphi}$ 微分：

$$\begin{aligned}
\hat{\boldsymbol{L}}^2Y_{lm}(\theta,\varphi)&=-\hbar^2\left[\frac{1}{\sin\theta}\frac{\partial}{\partial\theta}\left(\sin\theta\frac{\partial}{\partial\theta}\right)+\frac{1}{\sin^2\theta}\frac{\partial^2}{\partial\varphi^2}\right]NP_l^{|m|}(\cos\theta)\mathrm{e}^{\mathrm{i}m\varphi}\\
&=-\hbar^2N\mathrm{e}^{\mathrm{i}m\varphi}\left[\frac{1}{\sin\theta}\frac{\partial}{\partial\theta}\left(\sin\theta\frac{\partial}{\partial\theta}\right)-\frac{m^2}{\sin^2\theta}\right]P_l^{|m|}(\cos\theta)\\
&=\hbar^2N\mathrm{e}^{\mathrm{i}m\varphi}\left[-\frac{1}{\sin\theta}\frac{\partial}{\partial\theta}\left(\sin\theta\frac{\partial}{\partial\theta}\right)+\frac{m^2}{\sin^2\theta}\right]P_l^{|m|}(\cos\theta)
\end{aligned}\tag{2-98}$$

与式（2-97）比较得

$$\hat{\boldsymbol{L}}^2Y_{lm}(\theta,\varphi)=l(l+1)\hbar^2NP_l^{|m|}(\cos\theta)\mathrm{e}^{\mathrm{i}m\varphi}=l(l+1)\hbar^2Y_{lm}(\theta,\varphi)\tag{2-99}$$

此结果说明角度函数 $Y_{lm}(\theta,\varphi)$ 是角动量平方算符 $\hat{\boldsymbol{L}}^2$ 的本征函数，本征值为 $l(l+1)\hbar^2$，即有

$$\boldsymbol{L}^2 = l(l+1)\hbar^2,\ l=0,1,2,\cdots,(n-1) \tag{2-100}$$

量子数 l 决定了电子绕核运动的角动量，称为轨道角量子数。电子处于同一主量子数 n、不同角量子数 l 的分层轨道，其轨道角动量不同。轨道角量子数决定了轨道角动量的大小，这就是轨道角量子数的物理意义。

式（2-95）中的角动量 z 分量算符 $\hat{L}_z$ 只是变量 φ 的函数，与变量 r 和 θ 都无关。因而只与 $\Phi_m(\varphi)$ 函数发生微分运算关系，$R_{nl}(r)$ 和 $\Theta_{lm}(\theta)$ 函数视为常量。$\Phi_m(\varphi)$ 函数满足 $\Phi(\varphi)$ 方程，其解为

$$\Phi_m(\varphi) = \frac{1}{\sqrt{2\pi}}\mathrm{e}^{\mathrm{i}m\varphi}$$

将角动量 z 分量算符 $\hat{L}_z$ 对 $\Phi_m(\varphi)$ 微分：

$$\begin{aligned}\hat{L}_z\Phi_m(\varphi) &= -\mathrm{i}\hbar\frac{\partial}{\partial\varphi}\left(\frac{1}{\sqrt{2\pi}}\mathrm{e}^{\mathrm{i}m\varphi}\right) = m\hbar\cdot\frac{1}{\sqrt{2\pi}}\mathrm{e}^{\mathrm{i}m\varphi}\\ &= m\hbar\Phi_m(\varphi)\end{aligned} \tag{2-101}$$

此结果说明 $\Phi_m(\varphi)$ 函数是 z 分量算符 $\hat{L}_z$ 的本征函数，本征值为 $m\hbar$，即有

$$L_z = m\hbar,\ m=0,\pm1,\pm2,\cdots,\pm l \tag{2-102}$$

角动量 z 分量是角动量矢量 $\boldsymbol{L}$ 在 z 轴上的投影，量子数 m 决定了角动量 z 分量的大小。当原子处于外磁场中，通常将外磁场方向定为坐标系的 z 轴，所以角动量相对于外磁场存在取向角 ϖ，角动量 z 分量就成了磁场方向分量，m 就称为磁量子数。磁量子数 m 的物理意义是决定了角动量的磁场方向分量的大小。

2.2.2　角动量及其 z 分量的相对方向

角动量是矢量，存在方向，电子绕核的轨道运动的角动量等于径向和线动量矢量的矢量积。按照矢量积的右手定则，角动量的方向与径向和线动量矢量垂直，见图 1-25。由于电子的轨道角动量由角量子数决定，当轨道角量子数取 l 时，由磁量子数与角量子数的取值关系，m 可以取 $-l,\cdots,0,\cdots,+l$。按式（2-100）和式（2-102），相应的轨道角动量 $\boldsymbol{L}$ 及其磁场方向分量 L_z 分别为

$$\boldsymbol{L} = \sqrt{l(l+1)}\hbar,\ L_z = \begin{cases}-l\hbar, & m=-l\\ \vdots & \\ 0, & m=0\\ \vdots & \\ +l\hbar, & m=+l\end{cases} \tag{2-103}$$

设原子处于外磁场中，磁通密度为 $\boldsymbol{B}$，若将坐标系原点定在原子核，并将外磁场方向定为坐标系 z 轴，电子处的角动量矢量平移到坐标系原点，角动量磁场分量就是 z 分量 L_z，而且 L_z 与 $\boldsymbol{B}$ 同向，见图 2-11。轨道角动量 $\boldsymbol{L}$ 相对于外磁场呈现 $2l+1$ 种取向，在磁场方向的投影分量 L_z 就有 $2l+1$ 个。若轨道角动量 $\boldsymbol{L}$ 与外磁场 $\boldsymbol{B}$ 的取向角为 ϖ，则轨道角动量 $\boldsymbol{L}$ 与磁场分量 L_z 的交角也为 ϖ。

$$\cos\varpi = \frac{m\hbar}{\sqrt{l(l+1)}\hbar} = \frac{m}{\sqrt{l(l+1)}} \tag{2-104}$$

与 z 轴交角为 ϖ 的 $\boldsymbol{L}$ 取向很多，现以 $m\hbar$ 为高，以 $\sqrt{l(l+1)-m^2}\hbar$ 为半径，绕 z 轴旋转 360°，得到一个圆锥，圆锥的所有母线方向都满足式（2-104）交角条件，都应是轨道角动量 $\boldsymbol{L}$ 的方向，见图 2-11。这个结论说明，轨道角动量的方向是不确定的，但取向又不是随意的。

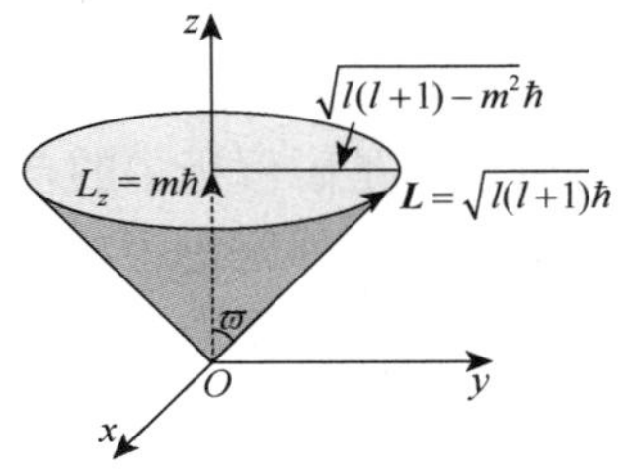

图 2-11　轨道角动量 $\boldsymbol{L}$ 的方向——角动量圆锥

【例 2-10】 当轨道角量子数 $l=1$ 时，确定磁量子数取不同值的状态下轨道角动量 $\boldsymbol{L}$ 的方向。

解： 轨道角量子数 $l=1$，由磁量子数与角量子数的取值关系，m 可取 $-1, 0, +1$。按式（2-100）和式（2-102），相应的轨道角动量 $\boldsymbol{L}$ 及其磁场方向分量 L_z 分别为

$$L=\sqrt{2}\hbar,\ L_z=\begin{cases}-\hbar, & m=-1\\ 0, & m=0\\ +\hbar, & m=+1\end{cases} \tag{2-105}$$

根据式（2-105），$l=1$，$m=-1$，轨道角动量 $\boldsymbol{L}=\sqrt{2}\hbar$ 与磁场方向分量 $L_z=-\hbar$ 的交角等于

$$\varpi=\arccos\left(-\frac{1}{\sqrt{2}}\right)=135°$$

同理，$l=1$，$m=0$，轨道角动量 $\boldsymbol{L}=\sqrt{2}\hbar$ 与磁场方向分量 $L_z=0$ 的交角等于

$$\varpi=\arccos(0)=90°$$

$l=1$，$m=+1$，轨道角动量 $\boldsymbol{L}=\sqrt{2}\hbar$ 与磁场方向分量 $L_z=+\hbar$ 的交角等于

$$\varpi=\arccos\left(+\frac{1}{\sqrt{2}}\right)=45°$$

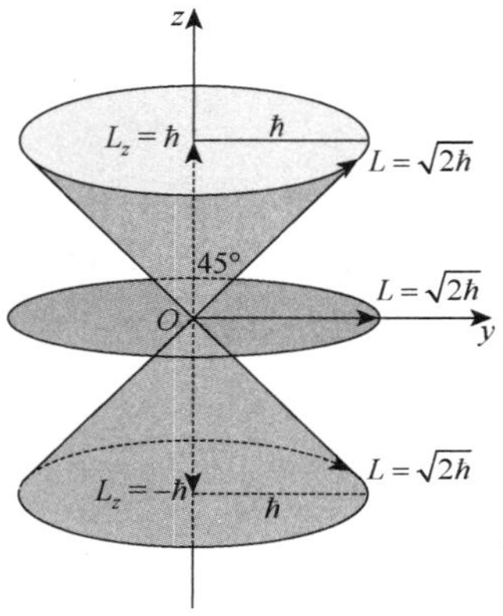

图 2-12　当轨道角量子数 l=1时，轨道角动量 $\boldsymbol{L}$ 的三个取向——轨道角动量的方向量子化

轨道角动量沿三个方向取向，使得在 z 轴上的投影分量分别等于 $-\hbar,0,+\hbar$，这说明轨道角动量的取向是不连续的，是量子化的，也称为轨道角动量的方向量子化，见图 2-12。

2.2.3　轨道磁偶极矩与能级分裂

设原子处于外磁场中，坐标系 z 轴定为外磁场方向。假设电子绕原子核的运动是速度一定的经典环形运动，必然能形成稳定的电流，产生轨道磁偶极矩，好比小磁铁，其方向由右手螺旋定则确定，轨道磁偶极矩与角动量方向相反，见图 2-13。就玻尔氢原子轨道，电子绕核做圆周运动的角速度为 $\omega=2\pi\nu$，圆周上电子的线速度为 $v=\omega\cdot r=2\pi\nu\cdot r$，电子的环形运动产生的电流为 $I=e\nu$，轨道磁偶极矩为

$$\boldsymbol{\mu}_L=IS\boldsymbol{n}=e\nu\cdot\pi r^2\boldsymbol{n} \tag{2-106}$$

$\boldsymbol{n}$ 为单位矢量，方向与 $\boldsymbol{\mu}_L$ 同向，电子绕核的轨道角动量为

$$\boldsymbol{L}=m_e vr\boldsymbol{k}=2\pi\nu\cdot m_e r^2\boldsymbol{k} \tag{2-107}$$

$\boldsymbol{k}$ 为单位矢量，方向与 $\boldsymbol{L}$ 同向，比较式（2-106）和式（2-107），注意单位矢量 $\boldsymbol{n}$ 与 $\boldsymbol{k}$ 反向，$\boldsymbol{n}=-\boldsymbol{k}$，引入轨道 g_L 因子，得

$$\boldsymbol{\mu}_L=-\frac{g_L e}{2m_e}\boldsymbol{L}=\gamma_e g_L\boldsymbol{L} \tag{2-108}$$

其中，$\gamma_e=-\frac{e}{2m_e}$ 称为磁旋比，$g_L=1$ 由实验测定。轨道磁偶极矩的 z 分量，或磁场方向的分量为

$$\mu_{L_z}=-\frac{g_L e}{2m_e}L_z=-\frac{g_L e\hbar}{2m_e}m=-g_L m\mu_B \tag{2-109}$$

其中，

$$\mu_B=\frac{e\hbar}{2m_e}=\frac{1.60217662\times10^{-19}\,\text{C}\times1.0545718\times10^{-34}\,\text{J}\cdot\text{s}}{2\times9.10938356\times10^{-31}\,\text{kg}}$$
$$=9.27401\times10^{-24}\,\text{J}\cdot\text{T}^{-1}$$

称为玻尔磁子，是磁偶极矩的自然单位。

如果原子处于外磁场中，电子环形运动产生的轨道磁偶极子将相对于外磁场取向，与外磁场发生相互作用，其作用能等于二者的标量积

$$E_{LB}=-\boldsymbol{\mu}_L\cdot\boldsymbol{B}=-\mu_L B\cos\theta \tag{2-110}$$

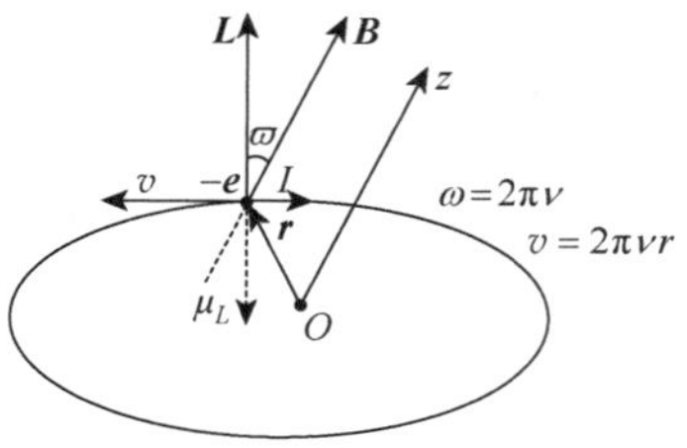

图 2-13　电子绕核运动产生的轨道磁偶极矩及其方向

当选择外磁场方向为坐标系 z 轴时，$\theta=\pi-\varpi$，

$$\begin{aligned}E_{LB}&=-\mu_L B\cos(\pi-\varpi)=-\mu_{L_z}B\\&=\frac{g_L e}{2m_e}L_z B=g_L mB\mu_B\end{aligned}\tag{2-111}$$

当氢原子处于磁通密度为 $\boldsymbol{B}$ 的外磁场，电子的能量除了自身的能量外，还将增加轨道磁偶极子与外磁场的作用能，其总能量为

$$E=-R_H\frac{Z^2}{n^2}+E_{LB}=-R_H\frac{Z^2}{n^2}+g_L mB\mu_B\tag{2-112}$$

其中，$R_H=\dfrac{\mu e^4}{2(4\pi\varepsilon_0)^2\hbar^2}$，$\mu$ 为电子的折合质量。由式（2-112）得到如下结论：没有外磁场时，$\boldsymbol{B}=0$，当 n 和 l 一定，能量一定，磁量子数 m 取不同的值能量都相等，是简并的。当有外磁场时，随磁量子数 m 取不同的值，简并能级被消除，分裂多重度为 $(2l+1)$。反映在实验原子光谱上，一条谱线由靠得很近的多条谱线组成。

钠原子的特征光谱线位于黄光区，波长为 589.3nm，是原子由激发态[Ne]$3s^0 3p^1$ 回到基态[Ne]$3s^1 3p^0$ 产生的谱线。1896 年，塞曼（P. Zeeman）用高分辨率的光栅作为分光元件，观察处于强磁场中的钠原子光谱，发现钠的特征谱线是由靠得很近的两条谱线组成，波长分别为 589.0nm 和 589.6nm，也称为钠的双线（或 D 线，doublet lines），此现象称为正常塞曼效应（normal Zeeman effect），正常塞曼效应是单重态之间的跃迁[5]。没有外磁场存在时，原子光谱也存在谱线的多重分裂，如锌原子光谱的三重分裂（属于正常塞曼效应），将钠原子置于较弱的外磁场中，波长为 589.0nm 的谱线再分裂为四重，波长为 589.6nm 的谱线再分裂为六重，此现象称为反常塞曼效应（anomalous Zeeman effect），反常塞曼效应包含多重态的跃迁，涉及电子的自旋运动，电子自旋产生的磁偶极矩与轨道磁偶极矩作用，导致电子能级发生分裂，形成原子光谱的精细结构。原子核由带正电的质子和电中性的中子组成，质子的运动产生核磁偶极矩，也会导致电子能级发生分裂，形成原子光谱的超精细结构。电子自旋运动揭示了原子光谱精细结构的形成，而原子核结构的探索揭示了原子光谱的超精细结构的形成。

洛伦兹用电磁波理论解释了钠原子光谱[6]。在无外加磁场时，被激发电子受原子内核的结合力，进行球形简谐振荡，振荡频率为 ν_0，并发射相同频率的光。内核对电子的结合力为

$$\boldsymbol{F}_b=kr=(2\pi\nu_0)^2 m_e r\tag{2-113}$$

方向由电子指向内核，振荡频率 ν_0 由结合力决定，类似于偏振光由左旋和右旋圆偏振光合成，在与外磁场垂直的方向，电子的线振动分解为沿顺时针和逆时针两个方向的圆周运动，见图 2-14。

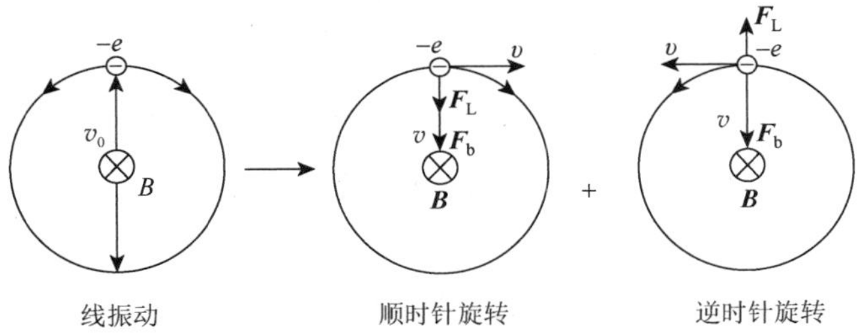

图 2-14　在外磁场 $\boldsymbol{B}$ 中，电子的线振动分解为沿顺时针和逆时针两个方向旋转的圆周运动

现在对原子施加外加磁场 $\boldsymbol{B}$，与外磁场垂直的平面上，电子线振动分解为顺时针和逆时针方向的圆周运动。若电子转动的速度为 $\boldsymbol{v}$，外加磁场 $\boldsymbol{B}$ 施加在电子上产生洛伦兹力：

$$\boldsymbol{F}_L=-e\boldsymbol{v}\times\boldsymbol{B}\tag{2-114}$$

洛伦兹力的方向为径向方向，同时与 $\boldsymbol{v}$ 和 $\boldsymbol{B}$ 垂直。各种力的方向按照电子的运动情况确定，见图 2-14。电子沿顺时针方向旋转时，洛伦兹力指向球心，与结合力同向；电子沿逆时针方向旋转时，指向球面外，与结合力反向。在外磁场中，电子除了与内核的结合力外，增加了洛伦兹力，圆周运动的向心力是两种力的合力，振荡频率变为 ν。电子围绕内核沿顺时针和逆时针方向旋转的圆直径就是振荡位移，电子转动的向心力为

$$F_C = \frac{m_e v^2}{r} = (2\pi\nu)^2 m_e r \tag{2-115}$$

其中，角速度$\omega = 2\pi\nu$，线速度$v = \omega \cdot r = 2\pi\nu \cdot r$，将其代入式（2-114），规定洛仑兹力矢量与向心力方向相同为正，与向心力方向相反为负，向心力方向指向球心，由此分别得到顺时针和逆时针方向旋转的洛伦兹力：

$$F_L^{cw} = 2\pi\nu \cdot reB \quad (\text{顺时针旋转}) \tag{2-116}$$

$$F_L^{ccw} = -2\pi\nu \cdot reB \quad (\text{逆时针旋转}) \tag{2-117}$$

在外磁场方向，因外磁场与电子的线振动方向平行，不论是同向还是反向，电子受到的洛伦兹力等于零，$F_L = 2\pi\nu_0 \cdot reB\sin 0° = 0$ 或 $F_L = 2\pi\nu_0 \cdot reB\sin 180° = 0$，即有

$$F_L^B = 0 \quad (\text{与磁场平行方向}) \tag{2-118}$$

电子做圆周运动的向心力是电子与内核的结合力，以及洛伦兹力的合力，即

$$F_C = F_L + F_b \tag{2-119}$$

（a）当电子沿顺时针旋转时，将式（2-113）、式（2-115）、式（2-116）代入式（2-119），得

$$(2\pi\nu)^2 m_e r = 2\pi\nu \cdot reB + (2\pi\nu_0)^2 m_e r$$

等式两端除以$(2\pi)^2 m_e r$，得到关于振动频率ν的方程

$$\nu^2 - \frac{eB}{2\pi m_e}\nu - \nu_0^2 = 0$$

解得电子沿顺时针旋转时的振动频率

$$\nu = \nu_0 + \frac{eB}{4\pi m_e} \tag{2-120}$$

受激电子将辐射与上式电子振动频率相同的电磁波，将频率换算成光的能量，由$E = h\nu$，上式两端乘以h得

$$E = E_0 + \frac{e\hbar B}{2m_e} \tag{2-121}$$

其中，$\hbar = \frac{h}{2\pi}$。轨道角动量导出的式（2-112）与此分裂能级完全相同，其中$m = 1$。

（b）当电子沿逆时针旋转时，将式（2-113）、式（2-115）、式（2-117）代入式（2-119），得

$$(2\pi\nu)^2 m_e r = -2\pi\nu \cdot reB + (2\pi\nu_0)^2 m_e r$$

等式两端除以$(2\pi)^2 m_e r$，得到另一个关于振动频率ν的方程

$$\nu^2 + \frac{eB}{2\pi m_e}\nu - \nu_0^2 = 0$$

解得电子沿逆时针旋转时的振动频率

$$\nu = \nu_0 - \frac{eB}{4\pi m_e} \tag{2-122}$$

将频率换算成光的能量，上式两端乘以h得

$$E = E_0 - \frac{e\hbar B}{2m_e} \tag{2-123}$$

其中，$m = -1$。

（c）当电子沿外磁场方向的振动时，将式（2-113）、式（2-115）、式（2-118）代入式（2-119），得

$$(2\pi\nu)^2 m_e r = 0 + (2\pi\nu_0)^2 m_e r$$

等式两端除以$(2\pi)^2 m_e r$，解得电子沿外磁场方向振动的频率为原频率

$$\nu = \nu_0 \tag{2-124}$$

代表$m = 0$的情形。

因为受激电子将辐射与电子振动频率相同的电磁波，当沿磁场方向测量，观察到两条谱线，当沿与外磁场垂直的方向测量，能观察到全部三条谱线，这样洛伦兹就解释了正常塞曼效应。不过在当时，无论电磁波理论还是量子理论，仍不能解释反常塞曼效应。

受外磁场的影响，原子光谱出现谱线分裂，是因为轨道运动产生的磁偶极矩与外磁场作用，使电子能

级发生细微变化，形成能级分裂。而无外磁场存在时，原子光谱同样存在谱线分裂现象，这说明过去人们对谱线分裂的认识是不全面的。

2.3　自旋角动量与自旋量子数

2.3.1　原子轨迹偏转实验

原子内部是一个电磁系统，电子很可能受到磁力的作用，发生能量变化，原子核中质子带正电，会产生核磁偶极矩，内层电子产生轨道磁偶极矩，这些都是影响电子能级的因素。为了弄清楚电磁作用对电子能级的影响，解释原子光谱的精细结构，1922 年，W. Gerlach 和 O. Stern 进行了原子穿越外磁场的实验。他们用银原子束穿过不均匀磁场，照相底片显示银原子的轨迹发生了两个方向的偏转[7]。实验采用不均匀磁场，目的是在磁场方向形成磁场梯度，使磁偶极矩产生偏转力。设不均匀磁场沿 z 轴方向产生梯度，磁偶极子受到的偏转力为

$$\boldsymbol{F}=-\nabla E=\nabla(\boldsymbol{\mu}\cdot\boldsymbol{B}) \tag{2-125}$$

其中，$E=-\boldsymbol{\mu}\cdot\boldsymbol{B}$，磁场沿 z 轴方向产生梯度，在 z 方向所受的力为

$$F_z=\mu_z\cdot\frac{\mathrm{d}B_z}{\mathrm{d}z} \tag{2-126}$$

磁偶极子好比一个小磁铁，在不均匀外磁场中，两极处受到的磁力不同。若磁偶极子的极距为 d，S 极和 N 极的极强（磁荷）分别为$-b$ 和 b，则磁偶极矩为 $\boldsymbol{\mu}=bd$，方向为负磁荷指向正磁荷，或由 S 极指向 N 极。其 z 分量（外磁场分量）为 $\mu_z=bd\cos\varpi$，见图 2-15。当磁偶极子的磁场与 z 轴的交角小于 90º，$\mu_z=b\cdot 2z$；当磁偶极子的磁场与 z 轴的交角大于 90º，$\mu_z=-b\cdot 2z$。按式（2-126），磁偶极子相对于外磁场的两种取向分别受到偏转力的作用，其 z 分力的方向刚好相反。

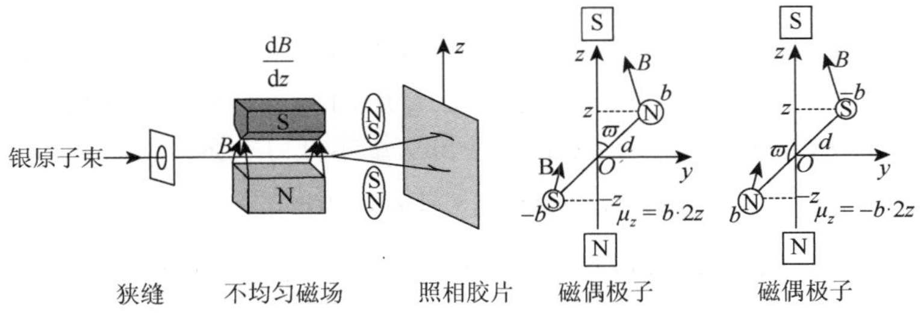

图 2-15　Gerlach-Stern 实验装置图和原子的磁偶极矩

银原子的组态为[Kr]$4d^{10}5s^1$，$5s^1$ 电子的轨道角量子数 $l=0$，$m=0$，角动量 $L=0$，轨道磁偶极矩 $\mu_L=0$，经过不均匀磁场时不会产生偏转力，也就不会出现银原子轨迹的偏转，其次轨道磁偶极矩产生的分裂个数是 $2l+1$，是奇数而不是偶数，与磁场方向银原子束发生了两个方向的偏转的实验结果不相符，见图 2-15[6]。偏转现象是否是内层电子的轨道磁偶极矩引起的呢？于是用没有内层电子的氢原子进行实验，所得结果完全一样，这就说明偏转不是内层电子引起。而原子核的磁偶极矩是质子的磁偶矩贡献，质子的质量是电子质量的 1836 倍，由式（2-108）可知，带电粒子的磁偶极矩与粒子的质量成反比，质子产生的磁偶极矩是电子磁偶极矩的 1/1836，形成的偏转应小得多。Gerlach-Stern 实验结果暗示了电子存在其他运动形式，促进了人们对电子自旋运动的猜想。

1921 年，康普顿首先提出电子自旋运动[8]，1922 年，W. Gerlach 和 O. Stern 经过分析，认为氢原子在磁场中的偏转是电子自旋所致[9]。1924 年，泡利指出如果将两个方向偏转归因于电子自旋，光谱的多重谱线结构以及反常塞曼效应就都能得到解释。1925 年，乌伦贝克（G. E. Uhlenbeck）和古德斯米特（S. Goudsmit）将电子自旋假设用于解释氢原子光谱的精细结构获得成功[10]。1927 年，狄拉克求解氢原子的相对论方程时自然得出电子存在自旋运动的结论。自旋运动被正式作为电子属性引入量子力学。氢原子偏转实验也揭示了电子自旋的磁偶极矩存在方向量子化。

2.3.2 自旋角动量和磁场分量

按照经典量子论，电子自旋运动仍是一种假设，其运动模型想象为电子按顺时针和逆时针自转，从而形成两个取向相反、空间量子化的自旋磁偶极矩，使原子光谱的反常塞曼效应、精细结构得到解释。按照非相对论量子力学求解薛定谔方程和角动量本征方程，所得的电子能级和波函数，还不能解释原子光谱的反常塞曼效应和精细结构，与相对论量子力学相比还不完美，存在瑕疵。最终，泡利将原子光谱反常塞曼效应、精细结构、银原子偏转实验等归结于电子的自旋运动所致，从而完善了非相对论量子力学理论。

对于相对论量子力学，狄拉克相对论方程准确地表达了电子轨道运动与自旋运动的相互作用。当电子运动速度较快，所产生的磁场较强，磁相互作用上升到较大的数量级，从而表现出电子能级的显著分裂，因而自旋运动是电子的一种必然存在的运动形式，自旋量子数也就成了电子的内禀性质。

氢原子在外磁场中产生两个方向偏转的实验事实，归因于电子自旋运动，那么，电子自旋的磁偶极矩就应是二维空间方向量子化的，电子自旋应存在两种状态。设想自旋运动是围绕一个坐标轴旋转，电子自旋坐标为σ，那么，自旋运动方程的一种简单表达，就是将电子自旋运动，简化为电子绕旋转轴转动，自旋函数形式必然由自旋量子数 s 和自旋磁量子数 m_s 决定。设自旋函数形式为$\eta_{sm_s}(\sigma)$，只有确定 s 和 m_s 量子数，自旋状态才被确定。首先，电子自旋产生自旋磁偶极矩$\boldsymbol{\mu}_S$，与轨道磁偶极矩的表示相似，设为

$$\boldsymbol{\mu}_S=-\frac{g_S e}{2m_e}\boldsymbol{S} \quad (2\text{-}127)$$

式中，g_S为电子自旋 g 因子，实验测得 $g_S=2.00231930$，$\boldsymbol{S}$ 为自旋角动量。若旋转轴定为 z 轴，与磁场方向平行，自旋磁偶极矩的磁场分量则为

$$\mu_{S_z}=-\frac{g_S e}{2m_e}S_z \quad (2\text{-}128)$$

式中，S_z为自旋角动量的磁场分量或 z 分量。因为自旋磁偶极矩受到不均匀磁场的偏转力，沿磁场方向仅产生两个方向的偏转，所以，自旋磁偶极矩的磁场分量最好是两个。类比于电子绕核运动的轨道角动量与磁场分量之间的空间量子化，可以得出电子自旋运动的自旋角动量与磁场分量之间也必然存在空间量子化，而且是二维的。设自旋角动量算符为$\hat{S}$，相应的自旋角动量本征方程为

$$\hat{S}^2\eta_{sm_s}(\sigma)=s(s+1)\hbar^2\eta_{sm_s}(\sigma) \quad (2\text{-}129)$$

自旋角动量本征值为$\boldsymbol{S}=\sqrt{s(s+1)}\hbar$，由此可见，自旋量子数 s 决定了自旋角动量的大小，这就是自旋量子数的物理意义。又设自旋角动量的磁场分量算符$\hat{S}_z$对应的本征方程为

$$\hat{S}_z\eta_{sm_s}(\sigma)=m_s\hbar\eta_{sm_s}(\sigma) \quad (2\text{-}130)$$

自旋角动量磁场分量的本征值为$S_z=m_s\hbar$，自旋磁量子数m_s的物理意义是自旋磁量子数决定了自旋角动量磁场分量的大小。

依据氢原子偏转实验的二维空间量子化的结果，自旋角动量相对于磁场最好只有两个取向，反映在式（2-130），自旋磁量子数只有两个取值，依照谱线分裂的对称性特点，自旋磁量子数的两个取值分别为$m_s=-\frac{1}{2},+\frac{1}{2}$，这就确定了自旋角动量磁场分量，即

$$S_z=m_s\hbar=\pm\frac{1}{2}\hbar,\ m_s=\pm\frac{1}{2} \quad (2\text{-}131)$$

对应角量子数和磁量子数的取值关系$m=0,\pm1,\cdots,\pm l$，自旋量子数 s 的取值就只能取$s=\frac{1}{2}$，使得$m_s=\pm\frac{1}{2}$，这就得到了自旋角动量

$$\boldsymbol{S}=\sqrt{s(s+1)}\hbar=\frac{\sqrt{3}}{2}\hbar,\ s=\frac{1}{2} \quad (2\text{-}132)$$

自旋运动的角动量是电子绕核运动的轨道角动量的简单类比，反过来，由自旋量子数和自旋磁量子数的取值关系，必然导致自旋角动量有两个空间取向，并对应两个磁场分量，见图 2-16。在承认电子存在自旋运

动之前，对正常和反常塞曼效应、原子穿越外磁场的偏转实验现象、原子光谱的精细以及超精细结构等一系列问题的解释像一团迷雾，笼罩着非相对论量子力学，而电子自旋运动的猜想使所有的问题都得到了完美的解决，从那时起，电子自旋运动就不再仅仅是假设，而是成了量子力学的基石。

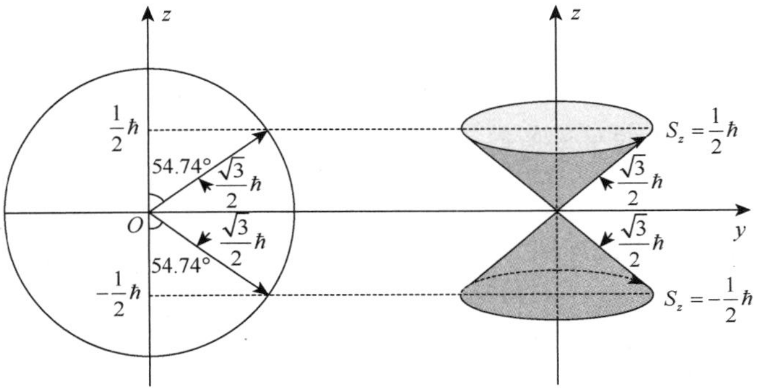

图 2-16　自旋角动量及其磁场分量

2.3.3　自旋角动量及其 z 分量本征方程

由非相对论量子力学求解定态薛定谔方程，解得由三个量子数 (n,l,m) 确定的轨道运动波函数，而电子存在自旋运动，由两个量子数 (s,m_s) 确定的自旋函数描述，电子就在旋转轴上，因而自旋函数异常简单，只需用自旋量子数和自旋磁量子数表达出自旋角动量和磁场分量等内禀性质。由于电子的自旋量子数只有 $s=\frac{1}{2}$ 一个取值，没有区分性，所以电子的自旋状态就由自旋磁量子数表达。电子的完整运动就用四个量子数 (n,l,m,m_s) 表示的完全波函数表达

$$\psi_{nlmm_s}=\varphi_{nlm}(x,y,z)\cdot\eta_{sm_s}(\sigma) \tag{2-133}$$

其中，自旋磁量子数 m_s 只有两个取值，对应电子自旋运动的两种状态。泡利研究原子光谱的精细结构后指出：原子中的某个电子，当赋予它 4 个量子数，这些量子数确定的状态就被这个电子占据了，因而不容许同一原子有两个及其以上的电子处于完全相同的状态，即有完全相同的四个量子数。这一研究结论，成为量子力学基本假设，称为泡利不相容原理。设 α 和 β 表示两种自旋函数，分别称为自旋向上（spin-up）和自旋向下（spin-down），占据原子轨道 $\varphi_{nlm}(x,y,z)$ 与两种自旋状态组合，分别得到两种不同的状态

$$\begin{aligned}\psi_{nlm\frac{1}{2}}&=\varphi_{nlm}(x,y,z)\cdot\alpha_{m_s=1/2}\\ \psi_{nlm-\frac{1}{2}}&=\varphi_{nlm}(x,y,z)\cdot\beta_{m_s=-1/2}\end{aligned} \tag{2-134}$$

即一个轨道上可以容许两个电子占据，使得它们有不同的自旋函数，对应自旋角动量取向完全相反的两个自旋状态，从而导致总自旋磁偶极矩相对于外磁场是抗磁性的，这就符合内层轨道上的配对电子，对价层轨道上电子跃迁形成的光谱结构，不构成实质性影响的实验事实，也符合原子内层轨道上配对电子不影响原子在外磁场中偏转的实验事实。

自旋 α 和 β 态的自旋函数满足归一化性质

$$\langle\alpha|\alpha\rangle=\int\alpha^*(\sigma)\alpha(\sigma)\mathrm{d}\sigma=1,\ \langle\beta|\beta\rangle=\int\beta^*(\sigma)\beta(\sigma)\mathrm{d}\sigma=1 \tag{2-135}$$

α 和 β 态的自旋波函数相互正交，标量积等于零

$$\langle\alpha|\beta\rangle=\int\alpha^*(\sigma)\beta(\sigma)\mathrm{d}\sigma=0 \tag{2-136}$$

自旋角动量平方算符 $\hat{S}^2$ 与自旋角动量 z 分量算符 $\hat{S}_z$ 对易，$[\hat{S}^2,\hat{S}_z]=0$，自旋函数是两个算符共同的本征函数。自旋函数是自旋角动量平方算符的本征函数，满足本征方程

$$\hat{S}^2\alpha=\frac{3}{4}\hbar^2\alpha,\ \hat{S}^2\beta=\frac{3}{4}\hbar^2\beta \tag{2-137}$$

自旋函数也是自旋角动量 z 分量算符 $\hat{S}_z$ 的本征函数，其本征方程为

$$\hat{S}_z\alpha=\frac{1}{2}\hbar\alpha,\ \hat{S}_z\beta=-\frac{1}{2}\hbar\beta \tag{2-138}$$

而自旋函数不是自旋角动量 x 和 y 分量算符 $\hat{S}_x$ 和 $\hat{S}_y$ 的本征函数，

$$\hat{S}_x\alpha=\frac{1}{2}\hbar\beta,\ \hat{S}_x\beta=\frac{1}{2}\hbar\alpha \tag{2-139}$$

$$\hat{S}_y\alpha=\frac{1}{2}\mathrm{i}\hbar\beta,\ \hat{S}_y\beta=-\frac{1}{2}\mathrm{i}\hbar\alpha \tag{2-140}$$

不难看出，自旋角动量 x 和 y 分量的平均值等于零。

2.4　单电子的自旋-轨道耦合角动量与总角动量量子数

测定氢原子光谱时，没有外磁场也能观察到光谱谱线的分裂。氢原子基组态为 $1s^1$，1s 轨道的轨道角量子数 $l=0$，电子的轨道磁偶极矩 $\mu_L=0$，单电子产生自旋磁偶极矩导致电子能级分离（单电子的自旋状态可能处于 α 态，也可能处于 β 态）。测定原子光谱时，电弧将基态原子变为激发态原子，电子吸收能量从低能级 1s 跃迁至高能级 2p 轨道，表示为 $1s^1\rightarrow 2p^1$，电子再从高能级 2p 轨道跃迁至低能级 1s 放出光子，光子波长由下式计算

$$\lambda=\frac{hc}{E_{2p}-E_{1s}}$$

对于激发态 $2p^1$，轨道角量子数 $l=1$，电子有轨道磁偶极矩。轨道磁偶极子是小磁场，自旋磁偶极子也是小磁场，两个小磁场作用产生的耦合能为

$$V_{S\text{-}L}=-\boldsymbol{\mu}_S\cdot\boldsymbol{B}_L \tag{2-141}$$

$\boldsymbol{B}_L$ 是原子核相对于电子运动形成的内部磁场的磁通密度（或称磁感应强度），其大小与电子的轨道角动量和轨道磁偶极矩密不可分。由于自旋和轨道磁偶极矩都具有空间量子化特点，耦合作用揭示了定态薛定谔方程所没有表达的状态，这些状态恰好被高分辨率的原子光谱仪所反映和记录。

2.4.1　总角动量及其 z 分量

非相对论波动方程的势能算符没有涉及原子内部磁相互作用，因而需要分析电子的轨道和自旋运动，补充表达磁相互作用势能，将其写进哈密顿算符中，从而解出耦合状态及其能级，使其符合原子光谱。电子的轨道磁偶极矩是电子进动所产生的，由轨道角动量决定；自旋磁偶极矩由自旋角动量决定。自旋-轨道的磁偶极矩相互作用，与空间量子化的自旋角动量和轨道角动量的取向有关。数学上是将其作为三维矢量，进行矢量加和运算，自旋角动量和轨道角动量耦合所生成的耦合矢量称为总角动量（total angular momentum），用 $\boldsymbol{J}$ 表示。

$$\boldsymbol{J}=\boldsymbol{L}+\boldsymbol{S} \tag{2-142}$$

三者是矢量加和关系。自旋角动量和轨道角动量的 z 分量耦合生成总角动量的 z 分量，用 J_z 表示。

$$J_z=L_z+S_z \tag{2-143}$$

三者则是标量加和关系。轨道角动量由轨道角量子数 l 决定，自旋角动量由自旋量子数 s 决定，总角动量必然由对应的总角动量量子数 j（total angular momentum quantum number）决定。其次，轨道角动量的 z 分量由轨道磁量子数 m 决定，自旋角动量 z 分量由对应的自旋磁量子数 m_s 决定，总角动量 z 分量则由对应的总角动量磁量子数 m_j（z-component quantum number）决定。按照相对论方程解出的结果，总角动量量子数决定了电子总角动量的大小，总角动量磁量子数决定了总角动量的 z 分量 J_z 的大小。考虑耦合作用后，出现了耦合状态，其能级除了与 n 和 l 有关外，必然还与总角动量量子数 j 有关，在外磁场中必然也与 m_j 有关。假设耦合状态波函数写为 ψ_{nljm_j}，我们可以表达出总角动量算符的本征方程

$$\hat{\boldsymbol{J}}^2\psi_{nljm_j}=j(j+1)\hbar^2\psi_{nljm_j} \tag{2-144}$$

以及总角动量 z 分量算符的本征方程：

$$\hat{J}_z\psi_{nljm_j}=m_j\hbar\psi_{nljm_j} \tag{2-145}$$

下面通过自旋角动量和轨道角动量与生成的总角动量的矢量加和关系，来确定总角动量量子数和总角

动量磁量子数的取值。当然在相对论方程求解中，已经获得了取值。作为对非相对论方程的完善，也可以从电动力学的角度得出相同的结果。

首先，角动量是量子化的，只能取离散值，反映在角动量数值变化上必须是某个单位的数量，对应角动量量子数取值间隔最小相差 1。就单个电子而言，我们选择坐标 z 轴来确定它们的取向，通常就是外磁场 $\boldsymbol{B}$ 的方向。对于角量子数 l 一定的轨道，$L=\sqrt{l(l+1)}\hbar$，单电子的自旋角动量 $S=\sqrt{\frac{1}{2}\left(\frac{1}{2}+1\right)}\hbar$，当 $\boldsymbol{L}$ 和 $\boldsymbol{S}$ 都沿 z 轴正方向取向时，L_z 和 S_z 同向，其 z 分量取最大值，即 $L_z=l\hbar$，$S_z=\frac{1}{2}\hbar$，则 J_z 有最大值，为

$$J_z=\left(l+\frac{1}{2}\right)\hbar,\ m=l,\ m_s=\frac{1}{2},\ m_j=l+\frac{1}{2} \tag{2-146}$$

见图 2-17(a)。当 $\boldsymbol{L}$ 和 $\boldsymbol{S}$ 都沿 z 轴负方向取向时，L_z 和 S_z 同时反向，其 z 分量取最小值，为 $L_z=-l\hbar$，$S_z=-\frac{1}{2}\hbar$，则 J_z 有最小值，为

$$J_z=-\left(l+\frac{1}{2}\right)\hbar,\ m=-l,\ m_s=-\frac{1}{2},\ m_j=-\left(l+\frac{1}{2}\right) \tag{2-147}$$

见图 2-17（b）。当磁量子数取值介于 $[-l,l]$ 时，即 $m=-l,-l+1,\cdots,0,\cdots,l-1,l$，就得到总角动量磁量子数 m_j 的取值范围

$$-\left(l+\frac{1}{2}\right),\ -\left(l+\frac{1}{2}\right)+1,\ \cdots,\ -\frac{1}{2},\ \frac{1}{2},\ \cdots,\ \left(l+\frac{1}{2}\right)-1,\left(l+\frac{1}{2}\right) \tag{2-148}$$

显然，对应的总角动量量子数的取值为

$$j=l+\frac{1}{2}$$

对单个电子，自旋量子数只有一个取值，即 $s=\frac{1}{2}$。图 2-17 是 $j=l+\frac{1}{2}$ 时，m_j 取最大值 $\left(l+\frac{1}{2}\right)$，以及取最小值 $-\left(l+\frac{1}{2}\right)$ 的两种极端情况，由式（2-148）可以组合出各种中间取值。

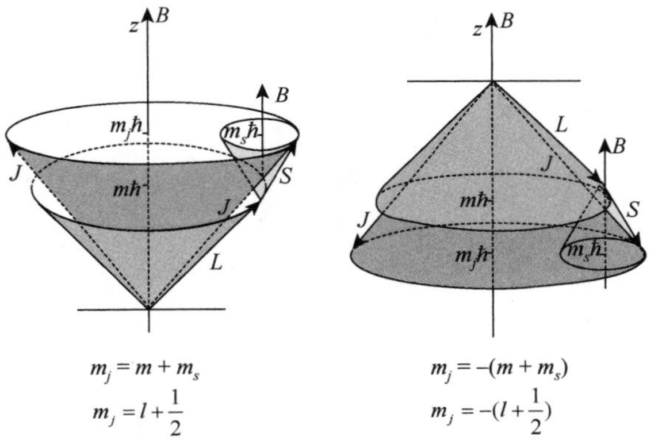

(a) J_z有最大值　　(b) J_z有最小值

图 2-17　自旋-轨道角动量耦合为总角动量 $\boldsymbol{J}$

例如，当 $\boldsymbol{S}$ 的取向与 $\boldsymbol{L}$ 相反时，$\boldsymbol{L}$ 沿 z 轴正方向取向，而 $\boldsymbol{S}$ 沿 z 轴负方向取向，S_z 与 L_z 反向，此种情况 m_j 取最大值，有

$$J_z=\left(l-\frac{1}{2}\right)\hbar,\ m=l,\ m_s=-\frac{1}{2},\ m_j=l-\frac{1}{2} \tag{2-149}$$

与之对应，$\boldsymbol{L}$ 沿 z 轴负方向取向，而 $\boldsymbol{S}$ 沿 z 轴正方向取向，L_z 和 S_z 反向，m_j 取最小值

$$J_z=\left(-l+\frac{1}{2}\right)\hbar,\ m=-l,\ m_s=+\frac{1}{2},\ m_j=-l+\frac{1}{2} \tag{2-150}$$

总角动量磁量子数 m_j 的取值范围

$$-\left(l-\frac{1}{2}\right), \cdots, -\frac{1}{2}, \frac{1}{2}, \cdots, \left(l-\frac{1}{2}\right) \tag{2-151}$$

对应的总角动量量子数的取值为

$$j=l-\frac{1}{2}$$

此种情况下总角动量磁量子数 m_j 的最大值取 $\left(l-\frac{1}{2}\right)$，最小值取 $-\left(l-\frac{1}{2}\right)$，同样由式（2-151）可以组合出各种中间取值。

更一般地，j 的取值表达为

$$j=l+s\,,\ l+s-1, \cdots, |l-s| \tag{2-152}$$

当 $j=l+s$ 时，在外磁场中分裂情况由总角动量磁量子数 m_j 决定，m_j 的取值为

$$m_j=-l-s\,,\ -l-s+1, \cdots, l+s-1, l+s$$

当 $j=|l-s|$ 时，m_j 的取值为

$$m_j=-|l-s|\,, \cdots, |l-s|$$

m_j 的取值数共 $2j+1$。自旋-轨道耦合角动量随着自旋和轨道角动量的方向不同，耦合产生各种取向的总角动量，因为总角动量以及方向也是量子化的，所以只有总角动量量子数相差整数，所对应的那些方向上的总角动量才存在，并同样沿圆锥母线取向。图 2-18 是 $l=1$，$s=1/2$，不同方向上角动量 $\boldsymbol{L}$ 与自旋角动量 $\boldsymbol{S}$ 耦合（简称 L-S 耦合）形成的总角动量 $\boldsymbol{J}$。图中为 $m_j=\frac{1}{2}$，$J_z=\frac{1}{2}\hbar$ 的 L-S 耦合，对应还有取向相反的 $m_j=-\frac{1}{2}$，$J_z=-\frac{1}{2}\hbar$ 的 L-S 耦合。

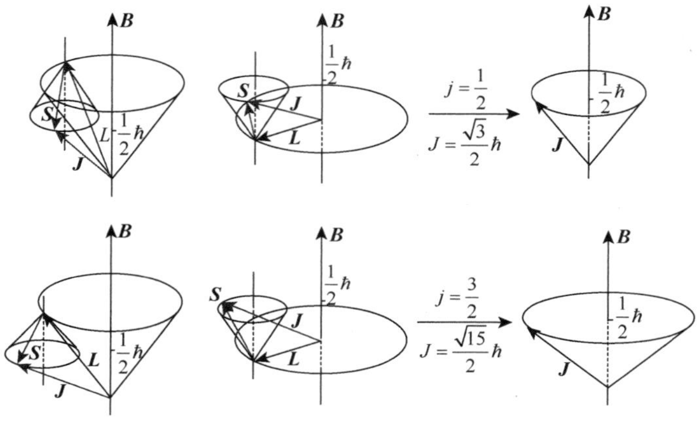

图 2-18　$l=1$，$s=1/2$，不同方向上角动量 $\boldsymbol{L}$ 与自旋角动量 $\boldsymbol{S}$ 耦合形成的总角动量 $\boldsymbol{J}$

由此可见，电子占据指定的轨道，轨道角量子数 l 和自旋量子数 s 被指定，轨道角动量和自旋角动量就确定。尽管 $\boldsymbol{L}$ 和 $\boldsymbol{S}$ 的空间量子化取向数是确定的，但在每个量子化取向的角动量圆锥上，$\boldsymbol{L}$ 和 $\boldsymbol{S}$ 的方向都是不确定的，从而导致耦合可以是任意的。光谱的精细结构表明总角动量 $\boldsymbol{J}$ 也必须是有限的离散值，以保持空间量子化的特点，所以耦合必须固定两个矢量的交角，使得耦合后总角动量 $\boldsymbol{J}$ 的大小也由相应的总角量子数 j 决定。当 j 取若干值，不同 j 值的耦合状态导致的能级分裂在内部磁场中就可以反映出来；相同 j、不同 m_j 表示的磁场分量形成的能级分裂，通过磁通密度较大的外磁场作用也会表现出来。这样我们就确定了耦合角动量及其 z 分量算符的本征方程、本征值和量子数取值，表达状态的品优量子数就变为 (n,l,j,m_j)，对应的总波函数为 ψ_{nljm_j}，而且，耦合角动量及其 z 分量算符也存在对易关系 $[\hat{\boldsymbol{J}}^2,\hat{J}_z]=0$，$\psi_{nljm_j}$ 就是 $\hat{\boldsymbol{J}}^2$ 和 $\hat{J}_z$ 共同的本征函数。

2.4.2　经典轨道模型下的自旋-轨道耦合能

电子绕核运动实际上是绕质心运动，与此同时，原子核也在绕质心旋转。在以原子核为原点的坐标系中，电子以速度 $\boldsymbol{v}$ 绕核运动，形成环形电流，产生磁场。在以电子为原点的坐标系中，原子核以速度 $-\boldsymbol{v}$ 围绕电子反方向运动，形成环电流，在电子运动的瞬时位置处产生磁场。以类氢离子体系为例，作为单电子体系，设原子核形成的电场为 $\boldsymbol{E}$，带负电的电子以较小的速度在电场中运动，将感受到原子核相对运动形成的磁场作用，见图 2-19。

(a) 原子核不动、电子相对于原子核运动　　(b) 电子不动、原子核相对于电子运动

图 2-19　电子和原子核的相对运动以及产生内部磁场 $\boldsymbol{B}_{\text{in}}$ 的图示

设此磁场为 $\boldsymbol{B}_{\text{in}}$，如果电子绕核的运动以及核围绕电子的相对运动近似地服从经典轨道，产生的磁场近似满足毕奥-萨伐尔（Biot-Savart）定律：

$$\boldsymbol{B}_{\text{in}}=-\frac{\boldsymbol{v}\times\boldsymbol{E}}{c^2} \tag{2-153}$$

其中，原子核形成的电场 $\boldsymbol{E}$ 为

$$\boldsymbol{E}=\frac{Ze}{4\pi\varepsilon_0}\frac{\boldsymbol{r}}{r^3} \tag{2-154}$$

代入式（2-153），得

$$\boldsymbol{B}_{\text{in}}=\frac{1}{4\pi\varepsilon_0 c^2}\frac{Ze(-\boldsymbol{v})\times\boldsymbol{r}}{r^3} \tag{2-155}$$

由动量关系式 $\boldsymbol{p}=m_{\text{e}}\boldsymbol{v}$ 和角动量关系式 $\boldsymbol{L}=\boldsymbol{r}\times\boldsymbol{p}$，式（2-155）演变为

$$\boldsymbol{B}_{\text{in}}=\frac{Ze}{4\pi\varepsilon_0 m_{\text{e}}c^2}\frac{\boldsymbol{r}\times\boldsymbol{p}}{r^3}=\frac{Ze}{4\pi\varepsilon_0 m_{\text{e}}c^2}\frac{\boldsymbol{L}}{r^3} \tag{2-156}$$

磁场持续作用在电子上，与电子自旋磁矩作用产生自旋-轨道耦合势能：

$$\begin{aligned}V_{S\text{-}L}&=-\boldsymbol{\mu}_S\cdot\boldsymbol{B}_{\text{in}}=\left(\frac{g_S e}{2m_{\text{e}}}\boldsymbol{S}\right)\cdot\left(\frac{Ze}{4\pi\varepsilon_0 m_{\text{e}}c^2}\frac{\boldsymbol{L}}{r^3}\right)\\&=\frac{g_S Ze^2}{2(4\pi\varepsilon_0)m_{\text{e}}^2c^2}\frac{\boldsymbol{S}\cdot\boldsymbol{L}}{r^3}\end{aligned} \tag{2-157}$$

式中，$g_S=2.0023$。$V_{S\text{-}L}$ 是在以电子为坐标系原点，即假设电子瞬时静止的条件下导出的关系式。而实际情况是电子绕原子核做加速运动，电子的速度远远大于原子核的速度。这个动量增量经由 Thomas 相对论校正[11]，最后得到以原子核为坐标系原点，即原子核不动，电子围绕原子核运动的自旋-轨道耦合势能

$$V_{S\text{-}L}^{\text{re}}=\frac{g_S Ze^2}{4(4\pi\varepsilon_0)m_{\text{e}}^2c^2}\frac{\boldsymbol{S}\cdot\boldsymbol{L}}{r^3} \tag{2-158}$$

式中乘以了相对论校正因子 1/2，进一步表达为算符形式：

$$\hat{V}_{S\text{-}L}^{\text{re}}=\frac{g_S Z\alpha\hbar}{4m_{\text{e}}^2c}\frac{\hat{\boldsymbol{S}}\cdot\hat{\boldsymbol{L}}}{r^3} \tag{2-159}$$

其中，$\alpha=\dfrac{e^2}{4\pi\varepsilon_0\hbar c}$，是光谱精细结构常数。$\psi_{nljm_j}$ 是 $\hat{\boldsymbol{L}}$、$\hat{\boldsymbol{S}}$、$\hat{\boldsymbol{J}}$ 共同的本征函数，由式（2-99）、式（2-129）、

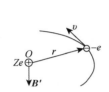

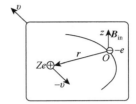

式（2-144），写出本征方程，分别为

$$\hat{\boldsymbol{L}}^2\psi_{nljm_j}=l(l+1)\hbar^2\psi_{nljm_j}$$
$$\hat{\boldsymbol{S}}^2\psi_{nljm_j}=\frac{3}{4}\hbar^2\psi_{nljm_j} \tag{2-160}$$
$$\hat{\boldsymbol{J}}^2\psi_{nljm_j}=j(j+1)\hbar^2\psi_{nljm_j}$$

自旋-轨道耦合势能中 $\boldsymbol{S}\cdot\boldsymbol{L}$ 作用项由 $\boldsymbol{J}=\boldsymbol{S}+\boldsymbol{L}$ 导出

$$\boldsymbol{J}^2=\boldsymbol{J}\cdot\boldsymbol{J}=(\boldsymbol{S}+\boldsymbol{L})\cdot(\boldsymbol{S}+\boldsymbol{L})=\boldsymbol{S}^2+\boldsymbol{L}^2+2\boldsymbol{S}\cdot\boldsymbol{L}$$

即有

$$\boldsymbol{S}\cdot\boldsymbol{L}=\frac{1}{2}(\boldsymbol{J}^2-\boldsymbol{L}^2-\boldsymbol{S}^2) \tag{2-161}$$

表达为算符形式

$$\hat{\boldsymbol{S}}\cdot\hat{\boldsymbol{L}}=\frac{1}{2}(\hat{\boldsymbol{J}}^2-\hat{\boldsymbol{L}}^2-\hat{\boldsymbol{S}}^2) \tag{2-162}$$

由此可见，ψ_{nljm_j} 也是自旋-轨道耦合算符 $\hat{\boldsymbol{S}}\cdot\hat{\boldsymbol{L}}$ 的本征函数，本征值为

$$\begin{aligned}(\hat{\boldsymbol{S}}\cdot\hat{\boldsymbol{L}})\psi_{nljm_j}&=\frac{1}{2}(\hat{\boldsymbol{J}}^2-\hat{\boldsymbol{L}}^2-\hat{\boldsymbol{S}}^2)\psi_{nljm_j}\\&=\frac{\hbar^2}{2}\left[j(j+1)-l(l+1)-\frac{3}{4}\right]\psi_{nljm_j}\end{aligned} \tag{2-163}$$

如果将耦合势能算符写进哈密顿算符中，我们写出包含自旋-轨道耦合势能的薛定谔方程：

$$\left[-\frac{\hbar^2}{2m_e}\left(\frac{\partial^2}{\partial x^2}+\frac{\partial^2}{\partial y^2}+\frac{\partial^2}{\partial z^2}\right)-\frac{Ze^2}{(4\pi\varepsilon_0)r}+\frac{g_S Z\alpha\hbar}{4m_e^2c}\frac{\hat{S}\cdot\hat{L}}{r^3}\right]\psi_{nljm_j}=\varepsilon_n\psi_{nljm_j} \tag{2-164}$$

令

$$\hat{H}^{(0)}=-\frac{\hbar^2}{2m_e}\left(\frac{\partial^2}{\partial x^2}+\frac{\partial^2}{\partial y^2}+\frac{\partial^2}{\partial z^2}\right)-\frac{Ze^2}{(4\pi\varepsilon_0)r}\text{，}\hat{H}^{(1)}=\frac{g_S Z\alpha\hbar}{4m_e^2c}\frac{\hat{\boldsymbol{S}}\cdot\hat{\boldsymbol{L}}}{r^3}$$

方程简化为

$$[\hat{H}^{(0)}+\hat{H}^{(1)}]\psi_{nljm_j}=\varepsilon_n\psi_{nljm_j} \tag{2-165}$$

其中，ε_n 为总能量。$\hat{H}^{(0)}\psi_{nljm_j}=E^{(0)}\psi_{nljm_j}$，$E^{(0)}$ 等于定态薛定谔方程的能量，而耦合项通过微扰法的一级近似公式解出一级校正能：

$$\begin{aligned}E^{(1)}&=\left\langle\psi_{nljm_j}\middle|\hat{H}^{(1)}\middle|\psi_{nljm_j}\right\rangle=\frac{g_S Z\alpha\hbar}{4m_e^2c}\int\psi^*_{nljm_j}\frac{\hat{\boldsymbol{S}}\cdot\hat{\boldsymbol{L}}}{r^3}\psi_{nljm_j}\,\mathrm{d}\tau\\&=\frac{g_S Z\alpha\hbar}{4m_e^2c}\frac{\hbar^2}{2}\left[j(j+1)-l(l+1)-\frac{3}{4}\right]\int\psi^2_{nljm_j}\frac{1}{r^3}\mathrm{d}\tau\end{aligned} \tag{2-166}$$

只要表达出耦合波函数，就可求出积分 $\int\psi^2_{nljm_j}\frac{1}{r^3}\mathrm{d}\tau$。由类氢离子的耦合波函数求得积分

$$\int\psi^2_{nljm_j}\frac{1}{r^3}\mathrm{d}\tau=\left(\frac{Z\alpha m_e c}{\hbar n}\right)^3\frac{2}{l(l+1)(2l+1)} \tag{2-167}$$

积分代入式（2-166），求得自旋-轨道耦合势能

$$\begin{aligned}E^{(1)}&=\frac{g_S Z\alpha\hbar}{4m_e^2c}\cdot\frac{\hbar^2}{2}\left[j(j+1)-l(l+1)-\frac{3}{4}\right]\cdot\left(\frac{Z\alpha m_e c}{\hbar n}\right)^3\frac{2}{l(l+1)(2l+1)}\\&=\frac{g_S Z^4\alpha^4}{4n^3}m_e c^2\cdot\frac{j(j+1)-l(l+1)-\frac{3}{4}}{l(l+1)(2l+1)}\end{aligned} \tag{2-168}$$

方程 $\hat{H}^{(0)}\psi_{nljm_j}=E^{(0)}\psi_{nljm_j}$ 的能量本征值为 $E^{(0)}=-\dfrac{(Z\alpha)^2}{2n^2}m_{\rm e}c^2$，则方程（2-165）的能量解为

$$\varepsilon_n=-\frac{(Z\alpha)^2}{2n^2}m_{\rm e}c^2+\frac{g_S Z^4\alpha^4}{4n^3}m_{\rm e}c^2\cdot\frac{j(j+1)-l(l+1)-\dfrac{3}{4}}{l(l+1)(2l+1)} \tag{2-169}$$

对于氢原子 $Z=1$，当 $n=1$，$l=0$，$s=1/2$，$j=1/2$，为氢原子基态 $1{\rm s}^1$，能级不发生分裂

$$\varepsilon_1=-\frac{\alpha^2}{2}m_{\rm e}c^2 \tag{2-170}$$

当 $n=2$，l 可取 0 和 1，分别对应氢原子激发态 $2{\rm s}^1$ 和 $2{\rm p}^1$。

（1）$n=2$，$l=0$，$s=1/2$，$j=1/2$，2s 能级不发生分裂

$$\varepsilon_2=-\frac{\alpha^2}{8}m_{\rm e}c^2 \tag{2-171}$$

（2）$n=2$，$l=1$，$s=1/2$，2p 能级发生分裂。

（a）$j=l+s=3/2$，能量为

$$\varepsilon_2^{j=3/2}=-\frac{\alpha^2}{8}m_{\rm e}c^2+\frac{2.0023\alpha^4}{192}m_{\rm e}c^2 \tag{2-172}$$

（b）$j=l-s=1/2$，能量为

$$\varepsilon_2^{j=1/2}=-\frac{\alpha^2}{8}m_{\rm e}c^2-\frac{2.0023\alpha^4}{96}m_{\rm e}c^2 \tag{2-173}$$

以上算得的能量绘制成能级分裂图，见图 2-20。比较式（2-170）～式（2-173），耦合能的校正值是很小的，只有高分辨仪器才能分辨此种能级产生的谱线。必须指出：氢原子的自旋-轨道耦合能仅仅是一种微扰校正，而且，表达耦合作用也采取了经典轨道近似。就经典轨道而言，如果轨道被单电子占据，就存在耦合磁矩，必然 1s 和 2s 均有轨道磁矩。但是在波动力学中，当 $l=0$ 时，电子所处的 1s 和 2s 状态没有轨道磁矩。由于在波动力学中，电子运动没有确定的轨道，所以在说明光谱精细结构时，求算那些微状态的能量，相对论波动方程显得更为有效和重要。

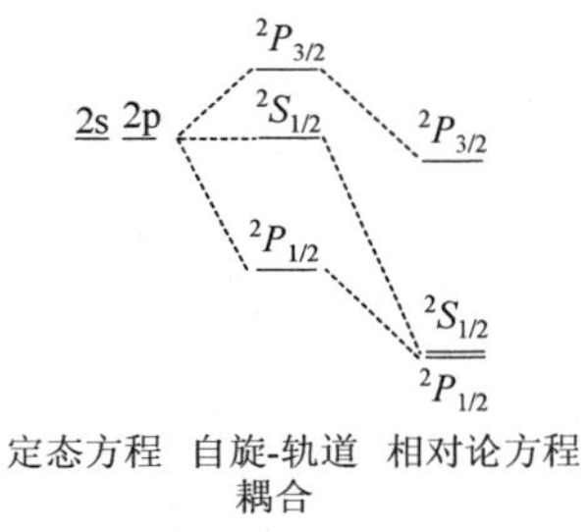

图 2-20　氢原子激发态 $2{\rm s}^1$ 和 $2{\rm p}^1$ 的自旋-轨道耦合能级图

$2{\rm s}^1$ 不发生能级分裂为 $^2S_{1/2}$；$2{\rm p}^1$ 分裂为 $^2P_{3/2}$ 和 $^2P_{1/2}$

2.4.3　相对论方程中的自旋-轨道耦合能

没有外磁场的作用，原子光谱也有谱线分裂，这就是自旋-轨道耦合势能形成的能级分裂，在相对论中，以原子核为原点的坐标系和以电子为原点的坐标系，分别观察电子相对于原子核的运动，电子的加速运动使速度增大，当接近光速时，那些不同状态下的电磁作用力的差异就会表现得更加显著，此种现象称为相对论效应。根据狄拉克相对论方程

$$\left[\frac{\hat{\boldsymbol{\pi}}^2}{2m_0}I+\frac{Ze^2}{2(4\pi\varepsilon_0)m_0^2c^2}\hat{S}\cdot\hat{L}\frac{1}{r^3}\right]\psi=(\varepsilon-V)\psi \tag{2-174}$$

其中，第一项为动能项，$\hat{\boldsymbol{\pi}}=\left(-{\rm i}\hbar\dfrac{\partial}{\partial x}-\dfrac{q}{c}A_x\right)\boldsymbol{i}+\left(-{\rm i}\hbar\dfrac{\partial}{\partial y}-\dfrac{q}{c}A_y\right)\boldsymbol{j}+\left(-{\rm i}\hbar\dfrac{\partial}{\partial z}-\dfrac{q}{c}A_z\right)\boldsymbol{k}$，为磁场中电子的动量微分算符，$q$ 为电荷。$\boldsymbol{A}=A_x\boldsymbol{i}+A_y\boldsymbol{j}+A_z\boldsymbol{k}$，为磁场的矢量函数，磁场是赝矢量，存在多维张量。第二项为自旋-轨道

耦合能项。相对论不需要借助经典轨道表达电磁作用力，而是通过多维张量表达复杂多变的矢量场函数，如电子绕原子核运动和电子自旋运动产生的磁场，用多维张量表示，因而相对论方程更适合处理这种没有确定轨道、具有波动性又存在可变电磁作用力的微观粒子问题。下面通过达尔文（Darwin）近似求解氢原子相对论方程的实例，了解相对论处理原子分子体系的基本方法。

对于类氢离子体系，Darwin 对电子的动能算符进行如下近似处理[12]：

$$\begin{aligned}T^{\rm re} &= E - m_0c^2 = \sqrt{c^2\boldsymbol{p}^2 + m_0^2c^4} - m_0c^2 \\ &= m_0c^2\left[\left(1+\frac{1}{2}\frac{\boldsymbol{p}^2}{m_0^2c^2}-\frac{1}{8}\frac{\boldsymbol{p}^4}{m_0^4c^4}+\cdots\right)-1\right] \\ &= \frac{\boldsymbol{p}^2}{2m_0}-\frac{\boldsymbol{p}^4}{8m_0^3c^2}+\cdots\end{aligned} \tag{2-175}$$

忽略高阶项，将其变为算符后代入方程（2-174），方程演变为

$$\left[\frac{\hat{p}^2}{2m_0}-\frac{\hat{p}^4}{8m_0^3c^2}+\frac{Ze^2}{2(4\pi\varepsilon_0)m_0^2c^2}\hat{S}\cdot\hat{L}\frac{1}{r^3}\right]\psi = (\varepsilon - V)\psi \tag{2-176}$$

其中，电子与原子核的吸引势能为

$$V = -\frac{Ze^2}{(4\pi\varepsilon_0)r} \tag{2-177}$$

代入方程（2-176），最后得

$$\left[\frac{\hat{p}^2}{2m_0}-\frac{\hat{p}^4}{8m_0^3c^2}-\frac{Ze^2}{(4\pi\varepsilon_0)r}+\frac{Ze^2}{2(4\pi\varepsilon_0)m_0^2c^2}\hat{S}\cdot\hat{L}\frac{1}{r^3}\right]\psi = \varepsilon\psi \tag{2-178}$$

令 $\hat{H}^{(0)} = \dfrac{\hat{p}^2}{2m_0}-\dfrac{Ze^2}{(4\pi\varepsilon_0)r}$，$\hat{H}^{(0)}$ 为定态薛定谔方程的哈密顿算符，再令

$$\hat{H}^{(1)} = -\frac{\hat{p}^4}{8m_0^3c^2} = -\frac{1}{2m_0c^2}\left(\frac{\hat{p}^2}{2m_0}\right)^2 = -\frac{1}{2m_0c^2}\left[\hat{H}^{(0)}+\frac{Ze^2}{(4\pi\varepsilon_0)r}\right]^2$$

$$\hat{H}^{(2)} = \frac{Ze^2}{2(4\pi\varepsilon_0)m_0^2c^2}\frac{\hat{S}\cdot\hat{L}}{r^3}$$

用微扰法求 $\hat{H}^{(1)}$ 和 $\hat{H}^{(2)}$ 的一级校正能，最终求得电子的总能量。

$$E = E^{(0)} + E^{(1)} + E^{(2)} \tag{2-179}$$

其中，$E^{(0)} = \langle\psi_{nlm}|\hat{H}^{(0)}|\psi_{nlm}\rangle$，解得

$$E_0 = -\frac{m_0c^2(Z\alpha)^2}{2n^2},\ \alpha = \frac{e^2}{(4\pi\varepsilon_0)c\hbar} \tag{2-180}$$

由 $E^{(1)} = \langle\psi_{nlm}|\hat{H}^{(1)}|\psi_{nlm}\rangle$，解得

$$E^{(1)} = -\frac{m_0c^2(Z\alpha)^4}{2}\left[\frac{2}{n^3(2l+1)}-\frac{3}{4n^4}\right] \tag{2-181}$$

当 $j_1 = l+\dfrac{1}{2}$，由 $E_{j_1}^{(2)} = \left\langle\psi_{j_1m_jl}\middle|\hat{H}^{(2)}\middle|\psi_{j_1m_jl}\right\rangle$，解得

$$E_{j_1}^{(2)} = \frac{m_0c^2(Z\alpha)^4}{4}\frac{1}{n^3(l+1)(l+1/2)},\ j_1 = l+\frac{1}{2} \tag{2-182}$$

当 $j_2 = l-\dfrac{1}{2}$，由 $E_{j_2}^{(2)} = \left\langle\psi_{j_2m_jl}\middle|\hat{H}^{(2)}\middle|\psi_{j_2m_jl}\right\rangle$，解得

$$E_{j_2}^{(2)} = -\frac{m_0 c^2 (Z\alpha)^4}{4} \frac{1}{n^3 l(l+1/2)}, j_2 = l - \frac{1}{2} \tag{2-183}$$

将各项能量代入式（2-179）得

$$\begin{aligned} E &= E^{(0)} + E^{(1)} + E^{(2)} \\ &= -\frac{m_0 c^2 (Z\alpha)^2}{2n^2} - \frac{m_0 c^2 (Z\alpha)^4}{2n^3} \left(\frac{1}{j+\frac{1}{2}} - \frac{3}{4n} \right),\ j = l \pm \frac{1}{2} \end{aligned} \tag{2-184}$$

当四个量子数(n,l,j,m_j)取不同的值时，由式（2-184）求得能量。当$n=2$，l可取 0 和 1，分别为氢原子激发态 $2s^1$ 和 $2p^1$。

（1）$n=2$，$l=0$，$s=1/2$，$j=1/2$，2s 能级不发生分裂，光谱符号为$^2S_{1/2}$，能量为。

$$E_{2s} = -\frac{\alpha^2}{8} m_0 c^2 - \frac{5\alpha^4}{128} m_0 c^2 \tag{2-185}$$

（2）$n=2$，$l=1$，$s=1/2$，2p 能级发生分裂。

（a）$j=l+s=3/2$，光谱符号为$^2P_{3/2}$，能量为

$$E_{2p}^{j=3/2} = -\frac{\alpha^2}{8} m_0 c^2 - \frac{\alpha^4}{128} m_0 c^2 \tag{2-186}$$

（b）$j=l-s=1/2$，光谱符号为$^2P_{1/2}$，能量为

$$E_{2p}^{j=1/2} = -\frac{\alpha^2}{8} m_0 c^2 - \frac{5\alpha^4}{128} m_0 c^2 \tag{2-187}$$

两个能级$^2S_{1/2}$和$^2P_{1/2}$出现简并，1947 年，兰姆（W. E. Lamb）和卢瑟福用微波技术测得两条谱线相差约 0.035cm^{-1}，称为 Lamb 位移[13]，能级$^2P_{1/2}$比能级$^2S_{1/2}$低，见图 2-20。此外，电子磁矩与核磁矩之间存在相互作用，真空极化产生瞬时电子-正电子对，这些因素都对电子-原子核之间的电磁作用力产生瞬时影响。

习　题

1. 求氢原子 $n=3$，$l=2$，$m=\pm1$ 的波函数 $\psi_{32\pm1}(r,\theta,\varphi)$。
2. 证明两个 $\Phi(\varphi)$ 实函数仍是 $\Phi(\varphi)$ 方程的解。
3. 求氢原子 $l=2$，$m=\pm1$ 的 $\Theta(\theta)$ 函数。
4. 求氢原子 $n=3$，$l=2$ 的径向函数 $R_{32}(r)$。
5. 将轨道波函数 $\psi_{32\pm1}(r,\theta,\varphi)$ 变换为直角坐标系变量的形式，并指出宇称性。
6. 绘制波函数 $\psi_{320}(r,\theta,\varphi)$ 和 $\psi_{400}(r,\theta,\varphi)$ 的径向分布函数图。
7. 氢原子的 $2p_y$ 和 $2p_z$ 轨道的波函数与 $2p_x$ 同类型，试对比讨论轨道波函数的相位、节面、对称性、空间伸展方向以及极值位置等特性。
8. 用图示表示轨道角量子数 $l=2$ 时，轨道角动量 $\boldsymbol{L}$ 的方向量子化。
9. 实验观测到氢原子的巴尔末线系中的 α 谱线，其波长为 656.1nm，跃迁能量为 1.89eV，在 $\boldsymbol{B}$=1T 的外磁场中产生正常塞曼效应，属于 $(n=3,l=1)\to(n=2,l=0)$ 跃迁谱线的分裂，计算分裂谱线的波长偏移值。
10. 求氢原子激发态 $2p^1$ 的自旋-轨道耦合角动量，并写出各 J_z 分量，以及对应的总角动量量子数 j 和总角动量磁量子数 m_j，并用图示表示在外磁场 $\boldsymbol{B}$ 中自旋和轨道角动量的矢量耦合情况。

参 考 文 献

[1] 李平，量子化学导论——原子、分子结构 [M]. 北京：科学出版社，2018：20.
[2] 陈泽民. 近代物理与高新技术物理基础 [M]. 北京：清华大学出版社，2001：124.
[3] Frisch M J，Truck G W，Schlegel H B，et al. Gaussian 09，Revision B.01 [CP]. Inc. Wallingford CT.，2010.
[4] 徐光宪，黎乐民，王德民. 量子化学——基本原理和从头算法（上册）[M]. 2 版. 北京：科学出版社，2007：246.

[5] 林美荣，张包铮. 原子光谱学导论 [M]. 北京：科学出版社，1990：168.

[6] Brehm J J，Mullin W J. Introduction to the Structure of Matter：A Course in Mordern Physics [M]. New York：John Wiley & Sons，1989.

[7] Gerlach W，Stern O. Der experimentelle Nachweis der Richtungsquantelung im Magnetfeld [J]. Zeitschrift für Physik，1922，9：349-352.

[8] Compton H A. The magnetic electron [J]. Journal of the Franklin Institute，1921，192（2）：145-155.

[9] Gerlach W，Stern O. Das magnetische Moment des Silberatoms [J]. Zeitschrift für Physik，1922，9：353-355.

[10] Uhlenbeck G E，Goudsmit S A. Spinning electrons and the structure of the spectra [J]. Nature，1926，117（2938）：264-265.

[11] Thomas L H. The motion of the spinning electron [J]. Nature，1926，117（2945）：514.

[12] Darwin C G. The electron as a vector wave [J]. Proceedings of the Royal Society of London Series A-A Containing Papers of a Mathematical and Physical Character，1927，116（773）：227-253.

[13] Lamb W E，Retherford R C. Fine structure of the hydrogen atom by a microwave method [J]. Physical Review，1947，72（3）：241-243.

第 3 章 原子的电子结构和原子核的结构

对于原子核外有多个电子的原子，电子的动能项和势能作用项都会增加，哈密顿算符包括：原子核的动能、每个电子的动能、原子核对每个电子的吸引能、电子之间的排斥能。因为一个质子质量约为电子质量的 1836 倍，一个中子的质量约为电子质量的 1839 倍，电子绕原子核运动的速度比原子运动速度要快得多，原子移动微小距离，电子在核外已形成完整的概率统计图像，所以在观察电子绕核运动时，可以近似将原子核视为不动，此近似称为玻恩-奥本海默（Born-Oppenheimer）近似。其次，在实验室坐标系中观察电子的绕核运动，当原子运动的速度远比光速小时，原子运动的相对论效应可以忽略。这样根据以原子核为原点坐标系，即可表达电子绕核运动的非相对论波动方程。求解原子波动方程所得波函数和能量，揭示了原子的壳层结构，也预见了原子的电子性质。

原子核由质子和中子组成，质子和中子由夸克粒子组成，夸克粒子共有六类，分别为上（u）、下（d）、奇异（s）、粲（c）、底（b）、顶（t）夸克，它们都属于费米子。这些基本粒子的发现证明原子核内存在不同层次的相互作用。随着发现的微观粒子数越来越多，原子核内的构造似乎越来越复杂，核反应过程也越来越复杂，核结构模型显得越来越重要。而原子核也是原子和分子构造的一部分，原子核内作用力的变化对核化学反应的微观过程产生影响。

在原子物理领域，对原子结构和原子核结构的研究，取得了辉煌的成就，通过求解能量本征方程，建立了原子的壳层结构，运用原子壳层结构表达了原子的电子组态，揭示了原子性质的递变规律性。由于电磁相互作用，电子自旋运动和轨道运动产生的磁矩发生耦合，形成新的原子轨道能级，表现为原子光谱的精细结构。用原子光谱项表示原子中电子所受电磁作用的状态，用微扰法计算原子光谱项的波函数和能量，对照精细结构谱线，解释了原子光谱的精细结构。描述核子的运动与描述电子的运动有着相似性，求解核子波动方程，揭示了原子核的壳层结构以及核反应的能量变化，成功解释了原子核的稳定性。

3.1 原子的核电荷数

1896 年，门捷列夫（D. I. Mendeleev）通过对原子性质的概括，发现元素周期律，所发现元素的原子性质具有周期性递变特点，反映了与原子结构的内在联系。随着电子、原子核的发现，原子结构模型开始逐渐形成，在量子力学建立之前，玻尔原子结构模型对认识原子结构起到了比较重要的作用，1913 年，莫塞莱（H. G. J. Moseley）根据玻尔轨道，研究了各种原子的特征 X 射线谱，得出 X 射线频率与原子的核电荷数 Z 呈线性关系的结论，成为证实新元素的方法[1]。

X 射线是高频射线，通过 X 射线管产生，见图 3-1。高压条件下，高速电子流冲击阳极金属靶，金属原子内层低能级电子被轰出，高能级电子填充空轨道，跃迁到低能级，辐射特征 X 射线，图 3-2 是外层电子填充内层 K 能级产生 X 射线的示意图。每一种金属的内层 K、L 能级随着原子的核电荷数不同而不同，产生的 X 射线的频率或波长不同，具有特征性。因而，用电子束轰击原子或分子，测定辐射 X 射线的频率或波长可以指认元素组成[2]。

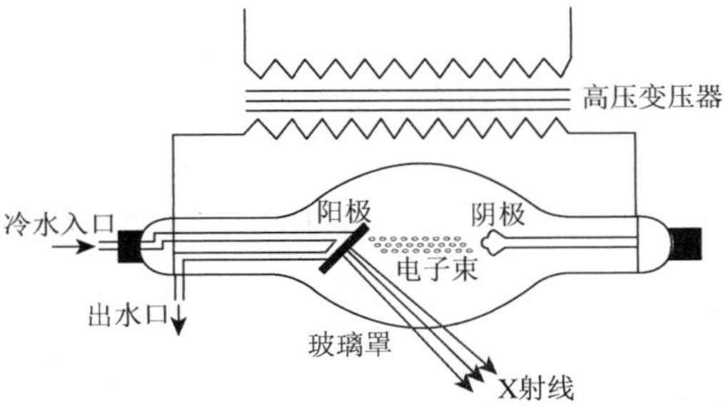

图 3-1 X 射线管的构造

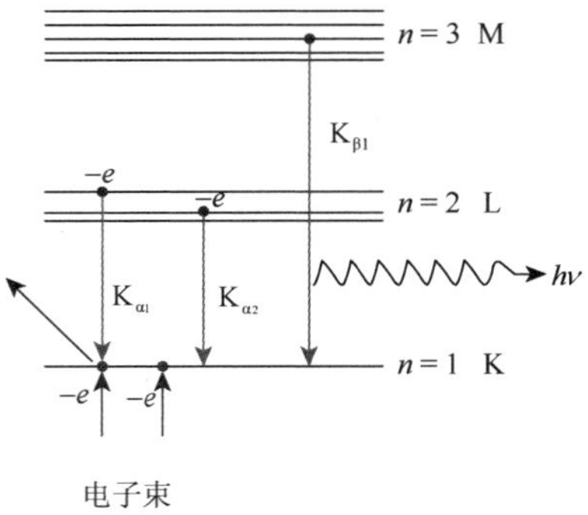

图 3-2　外层电子填充内层 K 能级产生 X 射线的示意图

玻尔原子轨道模型用于解释稍微复杂一点的氦原子光谱，就遇到了困难，后来量子力学证明玻尔原子轨道模型没有反映电子的波动特性，尽管如此，玻尔得出的氢原子能级仍与量子力学解出的轨道能级是相同的，所以在量子力学建立之前，人们也试图用玻尔原子结构解释多电子原子的光谱。Moseley 认为元素原子的内层 K、L 能级电子对外层电子存在屏蔽作用，因而外层电子受到原子核的吸引作用会减小，减小的原因是电子之间存在排斥作用力。设其大小数值为 σ ，称为内层电子对外层电子的屏蔽常数，与电子占据的轨道性质如量子数 n 和 l 有关。原子核以有效核电荷 $Z-\sigma$ 吸引外层电子，有效吸引势能为

$$V=-\frac{1}{4\pi\varepsilon_0}\frac{Ze^2}{r}+\frac{1}{4\pi\varepsilon_0}\frac{\sigma e^2}{r}=-\frac{1}{4\pi\varepsilon_0}\frac{(Z-\sigma)e^2}{r} \tag{3-1}$$

$Z-\sigma$ 也称有效核电荷数，常用 Z^* 表示，根据氢原子的能量公式，对于包含多个电子的原子，任意电子的总能量为

$$E_n=-\frac{\mu e^4}{8\varepsilon_0^2h^2}\frac{(Z-\sigma)^2}{n^2} \qquad n=1,2,3,\cdots \tag{3-2}$$

电子从高能级 n_2 跃迁至内层能级 n_1 的能量变化为

$$\Delta E=E_{n_2}-E_{n_1}=\frac{\mu(Z-\sigma)^2e^4}{8\varepsilon_0^2h^2}\left(\frac{1}{n_1^2}-\frac{1}{n_2^2}\right) \tag{3-3}$$

σ 为内层 n_1 能级电子对外层 n_2 能级电子的屏蔽常数，电子跃迁以释放 X 光子的形式辐射能量，则 $\Delta E=h\nu$ ，X 光子的频率为

$$\nu=\frac{\mu(Z-\sigma)^2e^4}{8\varepsilon_0^2h^3}\left(\frac{1}{n_1^2}-\frac{1}{n_2^2}\right),\ n_2>n_1 \tag{3-4}$$

令 $R_0=\dfrac{\mu e^4}{8\varepsilon_0^2h^3c}$ ，频率公式简化为

$$\nu=cR_0(Z-\sigma)^2\left(\frac{1}{n_1^2}-\frac{1}{n_2^2}\right),\ n_2>n_1 \tag{3-5}$$

于是，核电荷数为

$$Z=\sigma+\sqrt{\frac{\nu}{cR_0\left(\dfrac{1}{n_1^2}-\dfrac{1}{n_2^2}\right)}},\ n_2>n_1 \tag{3-6}$$

原子的核电荷数 Z 与原子内层电子溅射所辐射的 X 射线光子频率的平方根呈线性关系，直线的截距为屏蔽常数。

下面考虑原子中电子从 L 和 M 能级跃迁至内层 K 能级（ $n_1=1$ ）释放的 X 射线光子频率，实验观测 L 能级跃迁至 K 能级为 K_α 谱线， K_α 谱线是由波长相近的 $K_{\alpha1}$ 和 $K_{\alpha2}$ 谱线组成。M 能级跃迁至 K 能级为 K_β 谱线，也由波长相近的多条谱线组成，见图 3-2。由此测得的核电荷数等于

$$Z=\sigma_K+\sqrt{\frac{\nu}{cR_0\left(1-1/n_2^2\right)}},\ n_2\geqslant 2 \tag{3-7}$$

其中，σ_K 为 K 能级电子对 L 和 M 能级电子的屏蔽常数，对已知元素所辐射的 X 射线频率的测量可知 $\sigma_K=1$。同理，更高能级跃迁至 L 能级产生 K'_α 、 K'_β 、 K'_γ 、 K'_ϕ 谱线，由此测得的核电荷数为

$$Z = \sigma_L + \sqrt{\frac{\nu}{cR_0\left(\frac{1}{4} - \frac{1}{n_2^2}\right)}}, \ n_2 \geqslant 3 \tag{3-8}$$

Moseley 用 X 射线管，对从铝到金约 40 种元素进行了测量，证明了 Z 与 $\sqrt{\nu}$ 的线性关系，也获得了 L 内层电子对外层电子的屏蔽常数 $\sigma_L = 7.4$。

原子的内层电子被电子束轰击，脱离原子核的束缚，原子变为离子；外层电子填充内层轨道，可能以发射光子形式辐射能量，也可能激发外层轨道电子，使其脱离原子核，形成二价离子。1925 年，俄歇（P. Auger）观察到了这种不同的辐射现象，称为俄歇效应[3]。

【例 3-1】 用金属铜作 X 射线管阳极，实验测得铜的特征 X 射线波长为 154.2pm，经分析归属为 K_α 谱线，求金属铜的原子序数。

解： K_α 谱线是电子从 L 能级（$n_2 = 2$）跃迁至 K 能级（$n_1 = 1$）产生的，根据式（3-7），由 $\nu = \frac{c}{\lambda}$，

$$Z - \sigma_K = \sqrt{\frac{4\nu}{3cR_0}} = \sqrt{\frac{4}{3\lambda R_0}}$$

将 $\lambda = 154.2\times10^{-12}\,\text{m}$，$R_0 = 1.0974\times10^7\,\text{m}^{-1}$，$\sigma_K = 1.0$，代入上式得

$$Z = \sigma_K + \sqrt{\frac{4}{3\lambda R_0}} = 1.0 + \sqrt{\frac{4}{3\times154.2\times10^{-12}\,\text{m}\times1.0974\times10^7\,\text{m}^{-1}}} = 29.07$$

原子中电子占据不同的原子轨道，内层电子对外层电子的屏蔽作用，使得外层电子受到有效核电荷的吸引作用减小，所处轨道能级的能量升高，一方面，通过测量 X 射线谱获得内层 K、L 层轨道的能量，测量价层原子光谱获得外层轨道的能量，从轨道能量值可以直接解得内层电子对外层电子的屏蔽常数；另一方面，通过计算轨道能级，从理论上获得轨道能量，也可以获得屏蔽常数的理论值。

3.2　氦原子基态、激发态的能量和光谱

3.2.1　变分法求解氦原子基态能量

组成原子的电子、质子和中子都有波粒二象性，其运动状态服从量子力学定律，因而可以求解波动方程，获得复杂原子中电子的能量和轨道图像，从而得出壳层结构，以及壳层中各轨道的状态波函数和能级，解释原子中电子运动的有序性和原子结构的稳定性。

以氦原子为例，在玻恩-奥本海默近似下，电子相对于原子核运动的哈密顿算符为

$$\hat{H} = -\frac{\hbar^2}{2\mu}\left(\nabla_1^2 + \nabla_2^2\right) - \frac{2e^2}{4\pi\varepsilon_0 r_1} - \frac{2e^2}{4\pi\varepsilon_0 r_2} + \frac{e^2}{4\pi\varepsilon_0 r_{12}} \tag{3-9}$$

各势能项的作用关系见图 3-3，将哈密顿算符代入能量本征方程 $\hat{H}\Psi = E\Psi$，即是氦原子的薛定谔方程。首先，波函数 $\Psi = \Psi(r_1,\theta_1,\varphi_1;r_2,\theta_2,\varphi_2)$ 是两个电子坐标的函数，共包含六个变量，不能直接求解，必须分离为单个电子坐标的函数，在以原子核为中心的球极坐标系中才能求解。其次，库仑排斥能中 r_{12} 也是两个电子坐标的函数，使得氦原子的薛定谔方程不能直接分离变量求解。

$$r_{12} = |\boldsymbol{r}_2 - \boldsymbol{r}_1| = \sqrt{(x_2 - x_1)^2 + (y_2 - y_1)^2 + (z_2 - z_1)^2} \tag{3-10}$$

1909 年，里茨（W. Ritz）提出变分法，1926 年，薛定谔把变分法应用到量子力学[4]。设原子基态的真实能量为 E_0，对应真实本征函数 Ψ_0，满足本征方程

$$\hat{H}\Psi_0 = E_0\Psi_0 \tag{3-11}$$

方程两端从左侧乘以复共轭函数 Ψ_0^*，求标量积，即全空间积分：

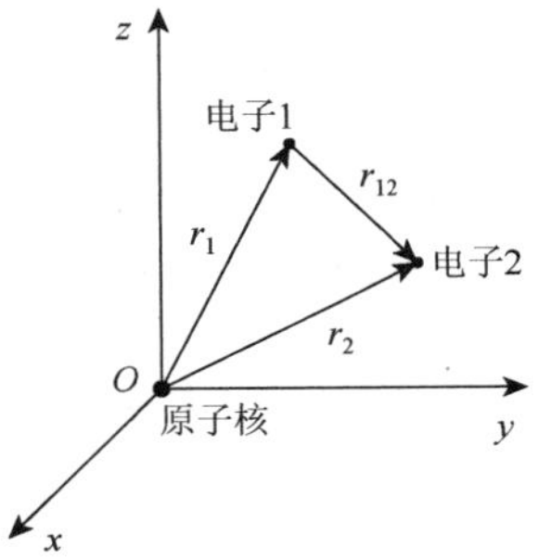

图 3-3　氦原子中各势能项的作用关系

$$E_0 = \frac{\int \Psi_0^* \hat{H} \Psi_0 \mathrm{d}\tau}{\int \Psi_0^* \Psi_0 \mathrm{d}\tau} \tag{3-12}$$

若 Ψ_0 是归一化波函数，则上式可以简化为

$$E_0 = \int \Psi_0^* \hat{H} \Psi_0 \mathrm{d}\tau \tag{3-13}$$

式中的哈密顿算符见表达式（3-9）。实际上原子的真实能量和本征函数都是未知的，为了求得能量，可以尝试用一个带未知参量 ξ 的品优波函数 Ψ 代替式（3-12）的真实波函数，解得的能量必然大于真实能量 E_0，即

$$E(\xi) = \frac{\int \Psi^* \hat{H} \Psi \mathrm{d}\tau}{\int \Psi^* \Psi \mathrm{d}\tau} \geqslant E_0 \tag{3-14}$$

解得的能量是未知参量 ξ 的函数，为了使其逼近真实能量，数学上满足极小值的条件：

$$\frac{\partial E(\xi)}{\partial \xi} = 0 \tag{3-15}$$

由此解得出，进而求得能量 E，这种方法称为变分法。变分法原理是通过参量算得能量，所以，尝试波函数必须是品优的，符合物理模型，只是调节参量因子 ξ，就可逼近真实能量。有时决定能量的因素较多时，还有必要设置多个参量。

现在讨论影响氦原子能量的关键因素，首先将多个电子坐标的总波函数分解为单电子坐标波函数的乘积形式。最简单的办法是以原子核为原点，将电子波函数表示为同一个坐标系变量的函数，氦原子基态 $1s^2$ 的波函数表达为

$$\Psi = \psi_1(r_1, \theta_1, \varphi_1)\psi_2(r_2, \theta_2, \varphi_2) \tag{3-16}$$

其中，$\psi_1(r_1, \theta_1, \varphi_1)$ 和 $\psi_2(r_2, \theta_2, \varphi_2)$ 都是 1s 轨道波函数。

由式（3-9）可知，电子之间的排斥作用能与两个电子坐标 r_{12} 有关，近似将排斥作用归结于电子受原子核吸引的屏蔽作用，即以原子核为中心，衡量原子核实际对每个电子的吸引力，它被排斥力抵消了一个量，电子受到的实际吸引力看成是一个带有效核电荷的原子核对电子的作用力，无疑这个有效核电荷就是影响能量的关键因素。这样两个电子坐标函数表达的排斥能就可以分解为单电子坐标函数，从而将原子的薛定谔方程化为单电子的薛定谔方程，这种方法称为中心力场近似。

若同层内电子之间的屏蔽常数为 σ，有效核电荷数 $\xi = Z - \sigma$，现在将其设置为变分参量。由变分原理，氦原子基态波函数表达为两个 1s 电子轨道波函数的乘积，在原子单位的条件下，由类氢离子 1s 轨道波函数：

$$\psi_1(r_1) = \left(\frac{Z^3}{\pi}\right)^{1/2} \mathrm{e}^{-Zr_1}, \quad \psi_2(r_2) = \left(\frac{Z^3}{\pi}\right)^{1/2} \mathrm{e}^{-Zr_2} \tag{3-17}$$

将 Z 变为有效核电荷，设置为变分参量 ξ，类氢离子 1s 轨道波函数就变为氦原子 1s 轨道波函数。则氦原子的尝试合格波函数为

$$\Psi(\xi) = \psi_1(r_1, \xi)\psi_2(r_2, \xi) = \frac{\xi^3}{\pi} \mathrm{e}^{-\xi(r_1 + r_2)} \tag{3-18}$$

可以验证波函数是归一化的。再将哈密顿算符用原子单位表示：

$$\hat{H} = -\frac{1}{2}\left(\nabla_1^2 + \nabla_2^2\right) - \frac{2}{r_1} - \frac{2}{r_2} + \frac{1}{r_{12}} = \hat{H}_1^0 + \hat{H}_2^0 + \frac{\xi - 2}{r_1} + \frac{\xi - 2}{r_2} + \frac{1}{r_{12}} \tag{3-19}$$

其中，$\hat{H}_1^0 = -\frac{1}{2}\nabla_1^2 - \frac{\xi}{r_1}$，$\hat{H}_2^0 = -\frac{1}{2}\nabla_2^2 - \frac{\xi}{r_2}$。

将哈密顿算符和尝试合格波函数一并代入式（3-14），同时展开积分式，注意算符、函数、体积元的坐标变量保持相同。因为波函数是归一化的，分母 $\int \Psi^* \Psi \mathrm{d}\tau = 1$，展开式变为

$$\begin{aligned} E(\xi) = {} & \int \psi_1^* \hat{H}_1^0 \psi_1 \mathrm{d}\tau_1 + \int \psi_2^* \hat{H}_2^0 \psi_2 \mathrm{d}\tau_2 + \int \psi_1^* \frac{\xi - 2}{r_1} \psi_1 \mathrm{d}\tau_1 + \int \psi_2^* \frac{\xi - 2}{r_2} \psi_2 \mathrm{d}\tau_2 \\ & + \iint \psi_1^* \psi_2^* \frac{1}{r_{12}} \psi_1 \psi_2 \mathrm{d}\tau_1 \mathrm{d}\tau_2 \end{aligned} \tag{3-20}$$

其中，类氢离子 1s 轨道波函数也是归一化的，$\int\psi_1^*\psi_1\mathrm{d}\tau_1=\int\psi_2^*\psi_2\mathrm{d}\tau_2=1$，前四项两电子坐标积分变为单电子坐标积分。在球极坐标系下，算得各项积分分别为

$$\int\psi_1^*\hat{H}_1^0\psi_1\mathrm{d}\tau_1=\int\psi_2^*\hat{H}_2^0\psi_2\mathrm{d}\tau_2=-\frac{\xi^2}{2}$$

$$\int\psi_1^*\frac{\xi-2}{r_1}\psi_1\mathrm{d}\tau_1=\int\psi_2^*\frac{\xi-2}{r_2}\psi_2\mathrm{d}\tau_2=\xi(\xi-2)$$

$$\iint\psi_1^*\psi_2^*\frac{1}{r_{12}}\psi_1\psi_2\mathrm{d}\tau_1\mathrm{d}\tau_2=\frac{5}{8}\xi$$

将各项积分代入式（3-20）得

$$E(\xi)=2\times\left(-\frac{\xi^2}{2}\right)+2\times\xi(\xi-2)+\frac{5}{8}\xi=\xi^2-\frac{27}{8}\xi \tag{3-21}$$

变分求极值，解出变分参量 ξ：

$$\frac{\mathrm{d}E(\xi)}{\mathrm{d}\xi}=2\xi-\frac{27}{8}=0,\ \xi=\frac{27}{16} \tag{3-22}$$

变分参量就是有效核电荷，根据 $\xi=Z-\sigma$，同层 1s 电子之间的屏蔽常数为

$$\sigma_{1s}=Z-\xi=\frac{5}{16} \tag{3-23}$$

氦原子的基组态 $1s^2$ 的波函数为

$$\Psi(\xi)=\psi_1(r_1,1.6875)\psi_2(r_2,1.6875)=\frac{19683}{4096\pi}\mathrm{e}^{-1.6875(r_1+r_2)}$$

氦原子的基组态 $1s^2$ 的能量为

$$E(\xi)=\left(\frac{27}{16}\right)^2-\frac{27}{8}\cdot\frac{27}{16}=-2.847656(\text{a.u.}) \tag{3-24}$$

氦原子的第一和第二电离能实验值分别为 $I_1=0.90357\text{a.u.}$，$I_2=1.99982\text{a.u.}$[5, 6]，总能量等于 $E=-(I_1+I_2)=-2.90339\text{a.u.}$，氦原子总能量的计算值与实验值比较，相对误差 1.94%。

3.2.2　变分法求解氦原子激发态能量

变分原理同样适用于原子激发态能量的计算，设原子激发态的真实能量为 E_m，对应真实本征函数 Ψ_m，满足本征方程

$$\hat{H}\Psi_\mathrm{m}=E_\mathrm{m}\Psi_\mathrm{m} \tag{3-25}$$

方程两端从左侧乘以复共轭函数 Ψ_m^*，求标量积，全空间积分得：

$$E_\mathrm{m}=\frac{\int\Psi_\mathrm{m}^*\hat{H}\Psi_\mathrm{m}\mathrm{d}\tau}{\int\Psi_\mathrm{m}^*\Psi_\mathrm{m}\mathrm{d}\tau} \tag{3-26}$$

式中的哈密顿算符同样由表达式（3-9）提供。在尝试品优波函数 Ψ 中设置未知参量 ω，将它代替式（3-25）中的真实波函数 Ψ_m，解得的能量也必然大于等于真实能量 E_m：

$$E(\omega)=\frac{\int\Psi^*\hat{H}\Psi\mathrm{d}\tau}{\int\Psi^*\Psi\mathrm{d}\tau}\geqslant E_\mathrm{m} \tag{3-27}$$

而且能量也是未知参量 ω 的函数，在极小值的条件下，

$$\frac{\partial E(\omega)}{\partial\omega}=0 \tag{3-28}$$

求得变分参量 ω，进而求得能量。

现在用变分法计算氦原子的激发态 $1s^12p^1$ 的能量，原子核外电子的状态波函数类似于氢原子轨道波函数，可以选择氢原子的 1s 和 2p 轨道波函数作为尝试波函数，2p 轨道包含 $2p_x$、$2p_y$、$2p_z$，它们是能量简并态，选择其中之一计算能量。与基态能量计算一样，将核电荷数 Z 设置为变分参量 ω。

$$\psi_{1s}(r_1)=\left(\frac{\omega^3}{\pi}\right)^{1/2}\mathrm{e}^{-\omega r_1},\ \psi_{2p_z}(r_2,\theta_2,\varphi_2)=\frac{1}{4}\left(\frac{\omega^5}{2\pi}\right)^{1/2}\mathrm{e}^{-\omega r_2/2}r_2\cos\theta_2 \tag{3-29}$$

因为$\varPsi(\omega)=\psi_{1s}(r_1)\psi_{2p_z}(r_2,\theta_2,\varphi_2)$是归一化波函数，式（3-27）简化为

$$E(\omega)=\int\varPsi^*\hat{H}\varPsi\,\mathrm{d}\tau \tag{3-30}$$

其中，$\varPsi(\omega)$为

$$\varPsi(\omega)=\psi_{1s}(r_1)\psi_{2p_z}(r_2,\theta_2,\varphi_2)=\frac{1}{4}\left(\frac{\omega^8}{2\pi^2}\right)^{1/2}\mathrm{e}^{-\omega r_1}\mathrm{e}^{-\omega r_2/2}r_2\cos\theta_2 \tag{3-31}$$

由式（3-19）表达的氦原子的哈密顿算符，重新表达为变分参量ω的形式

$$\hat{H}=-\frac{1}{2}\left(\nabla_1^2+\nabla_2^2\right)-\frac{2}{r_1}-\frac{2}{r_2}+\frac{1}{r_{12}}=\hat{H}_1^0+\hat{H}_2^0+\frac{\omega-2}{r_1}+\frac{\omega-2}{r_2}+\frac{1}{r_{12}} \tag{3-32}$$

其中，$\hat{H}_1^0=-\frac{1}{2}\nabla_1^2-\frac{\omega}{r_1}$，$\hat{H}_2^0=-\frac{1}{2}\nabla_2^2-\frac{\omega}{r_2}$。

将式（3-31）表达的波函数和式（3-32）表达的哈密顿算符，一并代入能量表达式（3-30），运用$\psi_{1s}(r_1)$和$\psi_{2p_z}(r_2,\theta_2,\varphi_2)$的归一化性质，展开能量积分式得

$$\begin{aligned}E(\omega)&=\int\psi_{1s}^*\hat{H}_1^0\psi_{1s}\mathrm{d}\tau_1+\int\psi_{2p_z}^*\hat{H}_2^0\psi_{2p_z}\mathrm{d}\tau_2+\int\psi_{1s}^*\frac{\omega-2}{r_1}\psi_{1s}\mathrm{d}\tau_1+\int\psi_{2p_z}^*\frac{\omega-2}{r_2}\psi_{2p_z}\mathrm{d}\tau_2\\&\quad+\iint\psi_{1s}^*\psi_{2p_z}^*\frac{1}{r_{12}}\psi_{1s}\psi_{2p_z}\mathrm{d}\tau_1\mathrm{d}\tau_2\end{aligned} \tag{3-33}$$

在球极坐标系下，算得各项积分分别为

$$\int\psi_{1s}^*\hat{H}_1^0\psi_{1s}\mathrm{d}\tau_1=-\frac{\omega^2}{2},\int\psi_{2p_z}^*\hat{H}_2^0\psi_{2p_z}\mathrm{d}\tau_2=-\frac{\omega^2}{8}$$

$$\int\psi_{1s}^*\frac{\omega-2}{r_1}\psi_{1s}\mathrm{d}\tau_1=\omega(\omega-2)$$

$$\int\psi_{2p_z}^*\frac{\omega-2}{r_2}\psi_{2p_z}\mathrm{d}\tau_2=\frac{1}{4}\omega(\omega-2)$$

$$\iint\psi_{1s}^*\psi_{2p_z}^*\frac{1}{r_{12}}\psi_{1s}\psi_{2p_z}\mathrm{d}\tau_1\mathrm{d}\tau_2=\frac{59}{243}\omega$$

将以上各项积分代入式（3-33）得

$$\begin{aligned}E(\omega)&=-\frac{\omega^2}{2}-\frac{\omega^2}{8}+\omega(\omega-2)+\frac{1}{4}\omega(\omega-2)+\frac{59}{243}\omega\\&=\frac{5}{8}\omega^2-\frac{1097}{486}\omega\end{aligned} \tag{3-34}$$

变分求极值，即式（3-34）的能量对参量ω求导：

$$\frac{\mathrm{d}E(\omega)}{\mathrm{d}\omega}=\frac{10}{8}\omega-\frac{1097}{486}=0$$

解得参量为

$$\omega=\frac{1097}{486}\times\frac{4}{5} \tag{3-35}$$

求得能量为

$$E(\omega)=\frac{5}{8}\left(\frac{1097}{486}\times\frac{4}{5}\right)^2-\frac{1097}{486}\left(\frac{1097}{486}\times\frac{4}{5}\right)=-2.037984(\mathrm{a.u.}) \tag{3-36}$$

对应的波函数为

$$\varPsi(\omega)=\frac{1.8796}{\pi}\mathrm{e}^{-1.8058r_1}\mathrm{e}^{-0.9029r_2}r_2\cos\theta_2$$

3.2.3　氦原子光谱

氦原子基态 $1s^2$ 电子受激，跃迁到 2p 轨道，变为激发态 $1s^12p^1$，其光谱谱线波长为

$$\lambda = \frac{hc}{E_2 - E_1} \tag{3-37}$$

其中，E_1 和 E_2 分别为氦原子基态 $1s^2$ 和激发态 $1s^12p^1$ 的能量，将式（3-24）和式（3-36）的能量值代入上式得：

$$\begin{aligned}\lambda &= \frac{hc}{E_2 - E_1} = \frac{6.626\times10^{-34}\,\mathrm{J\cdot s}\times 2.998\times10^{8}\,\mathrm{m\cdot s^{-1}}}{[-2.037984-(-2.847656)]\times 4.35975\times10^{-18}\,\mathrm{J}}\\ &= 5.6275\times10^{-8}\,\mathrm{m}\end{aligned}$$

换算为 56.275nm，接近氦原子光谱谱线$[1s^2(^1S)\rightarrow 1s^12p^1(^1P)]$的实验值 58.4nm，图 3-4 是氦原子光谱中 $1s^2(^1S)\rightarrow 1s^12p^1(^1P)$ 跃迁谱线。为了提高计算的精度，可以增加变分参量。若经自旋-轨道耦合校正、相对论校正，将更逼近实验值。

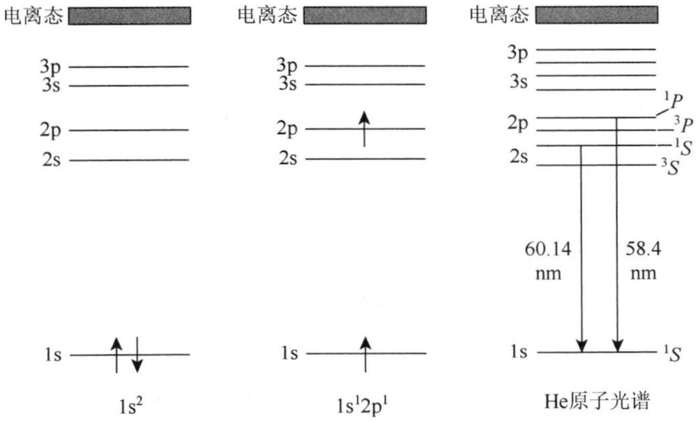

图 3-4　氦原子光谱：$1s^2(^1S)\rightarrow 1s^12p^1(^1P)$ 跃迁谱线

3.3　斯莱特轨道波函数和能量

从变分法求解氦原子能量可知，用氢原子的单电子波函数构造氦原子中电子运动的状态，解得的能量较好地解释了实验光谱。对于更复杂的原子体系，为了得到像氢原子轨道波函数那样的单电子轨道波函数形式，1930 年，斯莱特（J. C. Slater）提出有效核电荷近似规则，1963 年，E. Clementi 和 D. L. Raimondi 经过改进，形成描述复杂原子体系的斯莱特轨道。

3.3.1　中心力场轨道波函数

对于原子序数为 Z 的原子体系，核外所有电子是围绕原子核运动的，即电子受到核的吸引作用是主要的，电子之间的排斥作用是次要的，没有外界的作用，电子不会脱离原子核的吸引作用。电子围绕原子核运动的概率统计图像具有疏密不均匀的特点，有些区域电子密度大，有些区域电子密度小。以原子核为坐标系原点，每个电子围绕原子核中心运动的模型被称为中心力场。玻恩-奥本海默近似下，原子核外全部电子的薛定谔方程为

$$\left[-\frac{\hbar^2}{2m_e}\sum_i \nabla_i^2 - \sum_i \frac{Ze^2}{4\pi\varepsilon_0 r_i} + \frac{1}{2}\sum_i\sum_{j\neq i}\frac{e^2}{4\pi\varepsilon_0 r_{ij}}\right]\Psi = E\Psi \tag{3-38}$$

其中，第一项是电子的动能，第二项是原子核对电子的吸引能，第三项是电子之间的排斥能，因电子标号 i 和 j 的排列组合出现重复，需乘 1/2 因子。电子排斥能涉及两个电子坐标的函数，为了使总势能函数是单电

子坐标的函数，构造单电子 i 的总势能函数 $V(r_i)$，它是原子核对该电子的吸引能和该电子与其他电子的排斥能的总势能函数，与原势能函数的区别在于：排斥能中两个电子坐标的函数变为单个电子坐标的函数，薛定谔方程中引入 $V(r_i)$ 后演变为

$$\sum_i\left[-\frac{\hbar^2}{2m_e}\nabla_i^2+V(r_i)\right]\Psi+\sum_i\left[-V(r_i)-\frac{Ze^2}{4\pi\varepsilon_0 r_i}+\frac{1}{2}\sum_j\frac{e^2}{4\pi\varepsilon_0 r_{ij}}\right]\Psi=E\Psi \tag{3-39}$$

只要 $V(r_i)$ 选择得好，方程第二求和项将变得很小，当忽略方程第二求和项时，即为中心力场近似。在中心力场近似下，方程（3-39）简化为

$$\sum_i\left[-\frac{\hbar^2}{2m_e}\nabla_i^2+V(r_i)\right]\Psi=E\Psi \tag{3-40}$$

这是多维电子坐标变量的方程，不能直接求解。在中心力场近似下，简化方程为单电子坐标的变量方程，设方程中波函数 Ψ 等于各电子波函数的乘积，

$$\Psi=\psi_1\psi_2\cdots\psi_n=\prod_i\psi_i \tag{3-41}$$

能量 E 等于各电子能量之和，

$$E=\varepsilon_1+\varepsilon_2+\cdots+\varepsilon_n=\sum_i\varepsilon_i \tag{3-42}$$

将式（3-41）和式（3-42）表达的 Ψ 和能量 E 代入方程（3-40），方程化为单电子方程

$$\left[-\frac{\hbar^2}{2m_e}\nabla_i^2+V(r_i)\right]\psi_i=\varepsilon_i\psi_i \qquad i=1,2,3,\cdots \tag{3-43}$$

对于不同电子，势能函数 $V(r_i)$ 不同。对于任意电子，设单电子波函数为

$$\psi(r,\theta,\varphi)=f(r)Y(\theta,\varphi) \tag{3-44}$$

代入方程（3-43），分别得到径向函数方程

$$\left\{-\frac{\hbar^2}{2m_e}\frac{1}{r^2}\left[\frac{d}{dr}\left(r^2\frac{d}{dr}\right)-l(l+1)\right]+V(r)\right\}f(r)=\varepsilon f(r) \tag{3-45}$$

以及角度方程

$$-\frac{1}{\sin\theta}\frac{\partial}{\partial\theta}\left(\sin\theta\frac{\partial Y(\theta,\varphi)}{\partial\theta}\right)+\frac{1}{\sin^2\theta}\frac{\partial^2 Y(\theta,\varphi)}{\partial\varphi^2}=l(l+1)Y(\theta,\varphi) \tag{3-46}$$

方程（3-46）的解为

$$Y_{lm}(\theta,\varphi)=(-1)^{\frac{m+|m|}{2}}\left[\frac{2l+1}{4\pi}\cdot\frac{(l-|m|)!}{(l+|m|)!}\right]^{\frac{1}{2}}P_l^{|m|}(\cos\theta)e^{im\varphi} \tag{3-47}$$

其中，$P_l^{|m|}(\cos\theta)$ 是与氢原子 $\Theta(\theta)$ 函数类似的连带勒让德多项式，微分形式如下：

$$P_l^{|m|}(\cos\theta)=\frac{1}{2^l l!}\sin^{|m|}\theta\frac{d^{l+|m|}}{d(\cos\theta)^{l+|m|}}(\cos^2\theta-1)^l \tag{3-48}$$

同样由 $m=\pm k$ 的一对角度函数，可以组合出一对实函数。

$$Y_{lk}^{\cos}(\theta,\varphi)=\left[\frac{2l+1}{4\pi}\cdot\frac{(l-|k|)!}{(l+|k|)!}\right]^{\frac{1}{2}}P_l^{|k|}(\cos\theta)\cdot\sqrt{2}\cos k\varphi \tag{3-49}$$

$$Y_{l-k}^{\sin}(\theta,\varphi)=\left[\frac{2l+1}{4\pi}\cdot\frac{(l-|k|)!}{(l+|k|)!}\right]^{\frac{1}{2}}P_l^{|k|}(\cos\theta)\cdot\sqrt{2}\sin k\varphi \tag{3-50}$$

径向函数方程（3-45）中包含电子的势能函数，不同电子的势能函数不同，能量不同。为使方程（3-39）第二求和项很小，在 $f(r)$ 函数中引入轨道指数 ξ，将其作为变分参量，构造最优的 $V(r)$，解出 $f(r)$，最后由式（3-44）逐一得到单电子轨道波函数。

3.3.2 斯莱特轨道和能级

与精确求解氢原子薛定谔方程相似，中心力场近似求解径向方程和角度方程，仍将得到 n、l、m 三个量子数及量子数表示的径向函数和角度函数，与氢原子不同的是径向函数和能量。1930 年，斯莱特提出用中心力场近似波函数表达复杂原子的轨道波函数，称为斯莱特轨道，并对应轨道能级的能量。依据是电子之间的排斥作用是正项，原子核对电子的吸引作用是负项，二者相互抵消，当电子之间的排斥归结为对电子的吸引作用的减少时，势能函数化为单电子坐标的函数，其物理模型是内层电子对外层电子形成屏蔽作用，同层电子也存在一定的屏蔽作用，外层电子对内层电子不形成屏蔽作用，电子受到原子核的有效核电荷 Z^* 的吸引，$Z^*=Z-\sigma$，σ 为度量屏蔽作用的屏蔽常数。这种屏蔽作用随着电子之间的相对距离有大有小，其瞬时屏蔽不断变化，所以只有概率统计意义。反映概率统计意义的轨道波瓣图形由角量子数决定，因而轨道能量除了与主量子数有关，还与角量子数有关。

令 $\xi=\dfrac{Z-\sigma}{n}$，将 ξ 作为参量，引入如下有效势能函数中，用原子单位表示为

$$V(r)=-\frac{\xi n}{r}+\frac{n(n-1)-l(l+1)}{2r^2} \tag{3-51}$$

其径向函数指数必然包含参量 ξ，将有效势能函数代入径向函数方程（3-45），并用原子单位表示为

$$\frac{1}{r^2}\frac{\mathrm{d}}{\mathrm{d}r}\left[r^2\frac{\mathrm{d}f(r)}{\mathrm{d}r}\right]+\left[\frac{2\xi n}{r}-\frac{n(n-1)}{r^2}+2\varepsilon\right]f(r)=0 \tag{3-52}$$

各物理量的原子单位换算关系见附录。令

$$\alpha^2=-2\varepsilon,\ \lambda=\frac{\xi n}{\alpha},\ \rho=2\alpha r \tag{3-53}$$

该方程化为连带拉盖尔方程的标准形式

$$\frac{\mathrm{d}^2 f(\rho)}{\mathrm{d}\rho^2}+\frac{2}{\rho}\frac{\mathrm{d}f(\rho)}{\mathrm{d}\rho}+\left[-\frac{1}{4}-\frac{n(n-1)}{\rho^2}+\frac{\lambda}{\rho}\right]f(\rho)=0 \tag{3-54}$$

为了满足渐近解，同时消除方程奇点，求得合格径向函数

$$f(\rho)=\mathrm{e}^{-\frac{\rho}{2}}\rho^{n-1}L(\rho) \tag{3-55}$$

其中，$L(\rho)$ 满足的微分方程为

$$\rho\frac{\mathrm{d}^2L(\rho)}{\mathrm{d}\rho^2}+(2n-\rho)\frac{\mathrm{d}L(\rho)}{\mathrm{d}\rho}+(\lambda-n)L(\rho)=0 \tag{3-56}$$

只有当 $\lambda=n$ 时，$L(\rho)$ 有界，$L(\rho)=b_0$，代入式（3-55）得

$$f(\rho)=b_0\mathrm{e}^{-\frac{\rho}{2}}\rho^{n-1} \tag{3-57}$$

将式（3-53）中的代换变量还原，解得径向函数，经归一化为

$$f(r)=\frac{(2\xi)^{n+\frac{1}{2}}}{\sqrt{(2n)!}}r^{n-1}\mathrm{e}^{-\xi r},\ \xi=\frac{Z-\sigma}{n} \tag{3-58}$$

解方程同时解得能量：

$$\varepsilon_n=-\frac{\alpha^2}{2}=-\frac{\xi^2}{2}=-\frac{(Z-\sigma)^2}{2n^2} \tag{3-59}$$

综合角度函数（3-47）以及径向函数（3-58），最后求得斯莱特轨道波函数

$$\psi_{\mathrm{STO}}(r,\theta,\varphi)=f_{nl}(r)Y_{lm}(\theta,\varphi)=cr^{n-1}\mathrm{e}^{-\xi r}\cdot P_l^{|m|}(\cos\theta)\mathrm{e}^{\mathrm{i}m\varphi} \tag{3-60}$$

其中，c 为常数。由实波函数表示的斯莱特轨道（STO）的等值封闭曲面图与氢原子相应轨道的等值封闭曲面图是相似的，在讨论分子中轨道重叠、轨道杂化、化学键问题时，经常使用。

斯莱特轨道是求解复杂原子体系的开端，是中心力场近似下的一种近似轨道函数。变分法求解复杂原子体系时，需要采用最优的尝试波函数，斯莱特轨道的物理模型清楚，变分参量明确，常常被选作变分法的初始波函数，并较好地解决了复杂原子体系中电子运动的状态波函数和能量。因为有效势能带有参量ξ，轨道波函数和能量也带有参量ξ，还不能直接用于原子光谱和电离能实验的对比。

斯莱特将变分法计算结果和光谱实验结果进行了对比总结，最终给出了一套关于σ取值的经验规则，经过不断改进，使之适合于一般原子的轨道能量、电离能和原子光谱波长的估算。首先，按n、$n+0.8l$定出分层，主量子数n相同、$n+0.8l$值的整数部分相同为同一分层，n相同、$n+0.8l$值的整数部分不同，为不同分层。按主量子数顺序依次排列为

$$|1s|2s,2p|3s,3p|3d|4s,4p|4d|4f|5s,5p|5d|5f|5g|\cdots \tag{3-61}$$

其次，屏蔽常数$\sigma=Z-\xi n$按照如下经验规则计算，经验性取值由原子光谱、变分法计算结果、哈特里-福克方程的解对比总结而得，主要用于估算原子轨道能量，排列出原子轨道能级顺序[7]。其主要内容是：①同分层电子的屏蔽常数为0.35，1s电子的屏蔽常数为0.30。②对于相邻sp电子，内层对外层电子的屏蔽常数为0.85，对于不相邻sp电子，内层对外层电子的屏蔽常数为1.00。③对于d和f分层电子，不论相邻与否，内层对外层电子的屏蔽常数均为1.00。④按关系式$E_n=-(Z-\sigma)^2/2n^2$估算能量时，原主量子数取值$n=1, 2, 3, 4, 5, 6$对应校正为$n'=1, 2, 3, 3.7, 4.0, 4.2$，即

$$E_n=-\frac{(Z-\sigma)^2}{2n'^2} \qquad n'=1,\ 2,\ 3,\ 3.7,\ 4.0,\ 4.2 \tag{3-62}$$

斯莱特经验规则一般只适合于价层轨道主量子数$n\leqslant 3$的原子，当$n\geqslant 4$时，误差较大。1963年，E. Clementi和D. L. Raimondi经过自洽场方法求解哈特里-福克方程，算得较为精确的屏蔽常数[8]。

【例 3-2】 计算C原子第一电离能。

解： $C \longrightarrow C^+ + e$，$I_1=E_{C^+}-E_C$

计算步骤如下：①写出电子组态，C原子的电子组态为$1s^22s^22p^2$，C^+离子的电子组态为$1s^22s^22p^1$。②选定一个电子，运用斯莱特经验规则计算该电子的屏蔽常数。③计算C和C^+的1s、2s、2p轨道的能量。④计算C和C^+的总能量，轨道上占据了一个电子，获得一份轨道能量，则按电子组态，C和C^+的总能量为：

$$E_C=2E_{1s}+2E_{2s}+2E_{2p}，\quad E_{C^+}=2E'_{1s}+2E'_{2s}+E'_{2p}$$

C和C^+各轨道电子受到屏蔽作用的屏蔽常数、在中心力场中的有效核电荷数以及所在轨道能量列于表3-1。

表 3-1　C 和 C^+各轨道的屏蔽常数、有效核电荷数、能量

C的轨道	屏蔽常数σ	有效核电荷$Z-\sigma$	轨道能量 E/a.u.	C^+的轨道	屏蔽常数σ	有效核电荷$Z-\sigma$	轨道能量 E'/a.u.
1s	0.30	6–0.30 = 5.70	–16.245	1s	0.30	6–0.30 = 5.70	–16.245
(2s, 2p)	2×0.85 + 3×0.35 = 2.75	6–2.75 = 3.25	–1.3203	(2s, 2p)	2×0.85 + 2×0.35 = 2.40	6–2.40 = 3.60	–1.6200

碳原子和碳正离子的1s轨道能量相等，于是碳原子的第一电离能为

$$\begin{aligned}I_1&=E_{C^+}-E_C=(2E'_{2s}+E'_{2p})-(2E_{2s}+2E_{2p})\\&=[2\times(-1.6200)+1\times(-1.6200)]-[2\times(-1.3203)+2\times(-1.3203)]\\&=0.4212(\text{a.u.})\end{aligned}$$

3.4　原子性质的递变规律

除了内层电子的X射线特征谱外，原子的价层电子形成原子光谱以及原子光谱的精细结构，都预示了原子核外电子存在能级壳层结构，表现在元素原子的电离能存在较大的差异，存在周期性的变化。此外，原子半径、离子半径、化合价、结合能等原子性质也存在周期性的变化，尤其是同族原子的化合物在组成和结构上的相似性。1916年，W. Kossel用核电荷数作为原子序数重新制作了元素周期表，得到了化学界的一致赞同。

3.4.1　原子电离能的变化规律

原子电离能的实验测定证明了原子内部电子能级存在壳层结构，图 3-5 是元素原子的第一电离能随原子序数增加的变化规律。核电荷数 Z 为 2、10、18、36、54、86 等惰性气体元素原子的第一电离能在同周期中最大，而核电荷数 Z 为 1、3、11、19、37、55、87 等碱金属元素原子的第一电离能在同周期中最小，电离能数值说明惰性气体元素原子核外电子的能级结构最为稳定，构成原子壳层结构，而核电荷数分别在 1～2、3～10、11～18、19～36、37～54、55～86、87～118 区间范围内的原子，核电荷数每增加 1，核外就增加一个电子成为新元素原子，能量降低，第一电离能增加。在每一核电荷数区间范围内，原子的第一电离能随核电荷增加而增大，电子填充轨道能量降低，电子所填轨道按能量由低到高顺序组成轨道能级组。

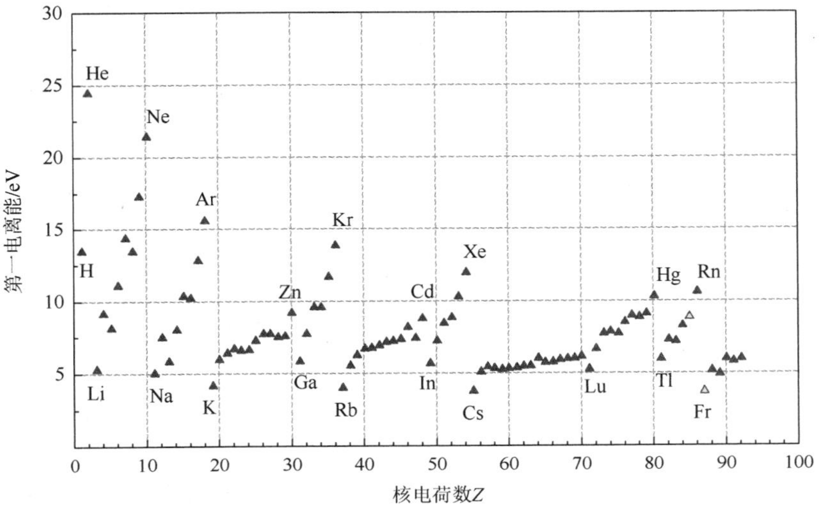

图 3-5　元素原子的第一电离能随核电荷数（原子序数）增加的变化规律

3.4.2　原子半径的变化规律

原子半径的理论计算值也证明原子内部电子能级存在壳层结构，图 3-6 呈现的是原子半径随核电荷数增加的变化规律。1920 年，布拉格（W. L. Bragg）从晶体结构中确定了原子的近似实验半径，发现了原子半径随核电荷数的变化规律[9]。1964 年，斯莱特从理论上将原子半径定义为原子核距离电子的最大电荷密度球面的半径，也称为最大概率半径。根据斯莱特的原子半径定义，按照径向分布函数所表达的球壳内电子概率密度的意义，在中心力场近似下，通过原子轨道波函数对应的径向分布函数就可以计算原子半径。

当原子核外价层轨道有最大电荷密度值时，该最大值的球面到球心原子核的距离，就是原子半径。根据反映价层轨道电荷密度的径向分布函数，任意半径 r 附近电子的电荷密度用径向分布函数表达为

$$\rho(r) = 4\pi r^2 f^2(r) \tag{3-63}$$

其中，$f(r)$ 为斯莱特轨道径向函数，由式（3-58），将 $f(r)$ 代入式（3-63），得

$$\rho(r) = 4\pi r^2 \cdot \frac{(2\xi)^{2n+1}}{(2n)!} r^{2n-2} \mathrm{e}^{-2\xi r} = 4\pi \cdot \frac{(2\xi)^{2n+1}}{(2n)!} r^{2n} \mathrm{e}^{-2\xi r} \tag{3-64}$$

电荷密度有最大值，必须满足极值条件：

$$\frac{\mathrm{d}\rho(r)}{\mathrm{d}r} = \frac{\mathrm{d}}{\mathrm{d}r}\left[4\pi \cdot \frac{(2\xi)^{2n+1}}{(2n)!} r^{2n} \mathrm{e}^{-2\xi r}\right] = 8\pi \cdot \frac{(2\xi)^{2n+1}}{(2n)!} r^{2n-1} \mathrm{e}^{-2\xi r}(n - \xi r) = 0$$

解得最大电荷密度的半径

$$r_{\mathrm{a}} = \frac{n}{\xi},\ \xi = \frac{Z - \sigma}{n} \tag{3-65}$$

原子半径 r_{a} 与轨道指数参量 ξ 相关联，需要计算价层轨道上电子受到的屏蔽作用，当量子数较大时，计算值

与实验值偏差增大。为了与实验值相符，还需要校正主量子数[10]。若原子的核电荷数 $Z \leqslant 36$，能较好地符合实验值。中心力场近似模型只是其中一种方法，各种理论模型计算的原子半径与实验值有一定的偏差，但随核电荷数的变化规律却极为相似。

【例 3-3】 计算氧原子的原子半径。

解： 依据斯莱特经验规则，由式（3-61）和式（3-65），计算步骤如下：①写出氧原子的电子组态：$1s^2 2s^2 2p^4$，按斯莱特经验规则分组 1s|2s，2p。②选定最外层轨道 2p 上的一个电子，运用斯莱特经验规则计算该电子的屏蔽常数：$\sigma = 2\times 0.85 + 5\times 0.35 = 3.45$。③计算 2p 轨道指数参量：$\xi = \dfrac{8-3.45}{2} = 2.275$。④计算原子半径：$r_a = \dfrac{2}{2.275} = 0.879(\text{a.u.})$，换算为 46.52pm。

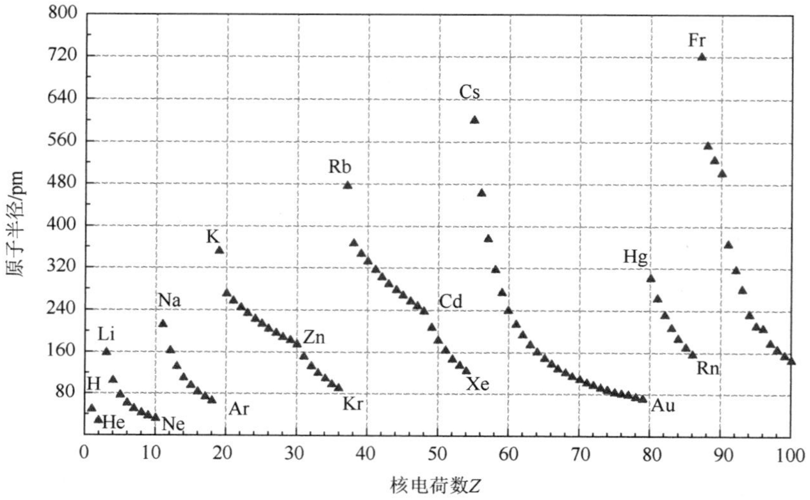

图 3-6　原子半径随核电荷数（原子序数）增加的变化规律

原子的电离能、原子半径随着核电荷数增加的变化，具有起伏特点，存在周期性的变化，见表 3-2，预示原子核外电子的轨道能级存在能级组，当电子填满这些能级组时，原子趋于稳定，原子半径减小，我们把能量相近的一组轨道称为壳层，原子的 X 射线谱也预示了原子内层轨道的壳层结构。

表 3-2　原子的第一电离能实验值和原子半径计算值

Z	元素	名称	电子组态	电离能/a.u.	原子半径/pm	Z	元素	名称	电子组态	电离能/a.u.	原子半径/pm
1	H	氢	$1s^1$	0.499727	52.92	16	S	硫	$[Ne]3s^2 3p^4$	0.380737	87.38
2	He	氦	$1s^2$	0.903584	31.13	17	Cl	氯	$[Ne]3s^2 3p^5$	0.476531	78.07
3	Li	锂	$[He]2s^1$	0.198177	162.82	18	Ar	氩	$[Ne]3s^2 3p^6$	0.579142	70.56
4	Be	铍	$[He]2s^2$	0.34261	108.55	19	K	钾	$[Ar]4s^1$	0.159555	355.98
5	B	硼	$[He]2s^2 2p^1$	0.30494	81.41	20	Ca	钙	$[Ar]4s^2$	0.224649	274.79
6	C	碳	$[He]2s^2 2p^2$	0.413798	65.13	21	Sc	钪	$[Ar]4s^2 3d^1$	0.240341	261.06
7	N	氮	$[He]2s^2 2p^3$	0.534121	54.27	22	Ti	钛	$[Ar]4s^2 3d^2$	0.250625	248.61
8	O	氧	$[He]2s^2 2p^4$	0.500489	46.52	23	V	钒	$[Ar]4s^2 3d^3$	0.247578	237.32
9	F	氟	$[He]2s^2 2p^5$	0.640275	40.71	24	Cr	铬	$[Ar]4s^1 3d^5$	0.248645	227.01
10	Ne	氖	$[He]2s^2 2p^6$	0.792517	36.18	25	Mn	锰	$[Ar]4s^2 3d^5$	0.27325	217.54
11	Na	钠	$[Ne]3s^1$	0.189873	216.49	26	Fe	铁	$[Ar]4s^2 3d^6$	0.289247	208.85
12	Mg	镁	$[Ne]3s^2$	0.280982	167.11	27	Co	钴	$[Ar]4s^2 3d^7$	0.288714	200.8
13	Al	铝	$[Ne]3s^2 3p^1$	0.220002	136.07	28	Ni	镍	$[Ar]4s^2 3d^8$	0.280601	193.37
14	Si	硅	$[Ne]3s^2 3p^2$	0.299569	114.76	29	Cu	铜	$[Ar]4s^1 3d^{10}$	0.283953	186.48
15	P	磷	$[Ne]3s^2 3p^3$	0.385384	99.22	30	Zn	锌	$[Ar]4s^2 3d^{10}$	0.345238	180.04

续表

Z	元素	名称	电子组态	电离能/a.u.	原子半径/pm	Z	元素	名称	电子组态	电离能/a.u.	原子半径/pm
31	Ga	镓	[Ar]$4s^23d^{10}4p^1$	0.220459	156.63	62	Sm	钐	[Xe]$6s^24f^6$	0.206823	197.56
32	Ge	锗	[Ar]$4s^23d^{10}4p^2$	0.290314	138.62	63	Eu	铕	[Xe]$6s^24f^7$	0.208346	180.2
33	As	砷	[Ar]$4s^23d^{10}4p^3$	0.35956	124.31	64	Gd	钆	[Xe]$6s^24f^75d^1$	0.225487	165.65
34	Se	硒	[Ar]$4s^23d^{10}4p^4$	0.358379	112.69	65	Tb	铽	[Xe]$6s^24f^9$	0.214822	153.28
35	Br	溴	[Ar]$4s^23d^{10}4p^5$	0.434176	103.05	66	Dy	镝	[Xe]$6s^24f^{10}$	0.217869	142.62
36	Kr	氪	[Ar]$4s^23d^{10}4p^6$	0.514467	94.93	67	Ho	钬	[Xe]$6s^24f^{11}$	0.221297	133.35
37	Rb	铷	[Kr]$5s^1$	0.153498	481.06	68	Er	铒	[Xe]$6s^24f^{12}$	0.224344	125.21
38	Sr	锶	[Kr]$5s^2$	0.209299	371.35	69	Tm	铥	[Xe]$6s^24f^{13}$	0.227277	118.01
39	Y	钇	[Kr]$5s^24d^1$	0.234628	352.78	70	Yb	镱	[Xe]$6s^24f^{14}$	0.229829	111.59
40	Zr	锆	[Kr]$5s^24d^2$	0.251387	335.98	71	Lu	镥	[Xe]$6s^24f^{14}5d^1$	0.199396	105.83
41	Nb	铌	[Kr]$5s^24d^3$	0.252911	320.71	72	Hf	铪	[Xe]$6s^24f^{14}5d^2$	0.249102	100.79
42	Mo	钼	[Kr]$5s^14d^5$	0.260909	306.77	73	Ta	钽	[Xe]$6s^24f^{14}5d^3$	0.289857	95.94
43	Tc	锝	[Kr]$5s^24d^5$	0.267384	293.98	74	W	钨	[Xe]$6s^24f^{14}5d^4$	0.293285	91.65
44	Ru	钌	[Kr]$5s^14d^7$	0.270812	282.22	75	Re	铼	[Xe]$6s^24f^{14}5d^5$	0.289476	87.73
45	Rh	铑	[Kr]$5s^14d^8$	0.27424	271.37	76	Os	锇	[Xe]$6s^24f^{14}5d^6$	0.319947	84.13
46	Pd	钯	[Kr]$5s^04d^{10}$	0.306616	261.32	77	Ir	铱	[Xe]$6s^24f^{14}5d^7$	0.335183	81.82
47	Ag	银	[Kr]$5s^14d^{10}$	0.27843	251.99	78	Pt	铂	[Xe]$6s^14f^{14}5d^9$	0.331374	77.76
48	Cd	镉	[Kr]$5s^24d^{10}$	0.330498	243.3	79	Au	金	[Xe]$6s^14f^{14}5d^{10}$	0.339030	74.92
49	In	铟	[Kr]$5s^24d^{10}5p^1$	0.212651	211.67	80	Hg	汞	[Xe]$6s^24f^{14}5d^{10}$	0.383556	306.36
50	Sn	锡	[Kr]$5s^24d^{10}5p^2$	0.269898	187.32	81	Tl	铊	[Xe]$6s^24f^{14}5d^{10}6p^1$	0.224458	266.7
51	Sb	锑	[Kr]$5s^24d^{10}5p^3$	0.316748	167.99	82	Pb	铅	[Xe]$6s^24f^{14}5d^{10}6p^2$	0.272526	236.03
52	Te	碲	[Kr]$5s^24d^{10}5p^4$	0.331107	152.28	83	Bi	铋	[Xe]$6s^24f^{14}5d^{10}6p^3$	0.267880	211.67
53	I	碘	[Kr]$5s^24d^{10}5p^5$	0.384089	139.26	84	Po	钋	[Xe]$6s^24f^{14}5d^{10}6p^4$	0.309282	191.87
54	Xe	氙	[Kr]$5s^24d^{10}5p^6$	0.445793	128.28	85	At	砹	[Xe]$6s^24f^{14}5d^{10}6p^5$	—	175.46
55	Cs	铯	[Xe]$6s^1$	0.14310	606.15	86	Rn	氡	[Xe]$6s^24f^{14}5d^{10}6p^6$	0.394982	161.64
56	Ba	钡	[Xe]$6s^2$	0.191549	467.88	87	Fr	钫	[Rn]$7s^1$	—	724.04
57	La	镧	[Xe]$6s^24f^05d^1$	0.204957	381.02	88	Ra	镭	[Rn]$7s^2$	0.194025	558.87
58	Ce	铈	[Xe]$6s^24f^15d^1$	0.201110	321.33	89	Ac	锕	[Rn]$7s^25f^06d^1$	0.186636	530.91
59	Pr	镨	[Xe]$6s^24f^3$	0.199205	277.8	90	Th	钍	[Rn]$7s^25f^06d^2$	0.224725	505.69
60	Nd	钕	[Xe]$6s^24f^4$	0.201871	244.68	91	Pa	镤	[Rn]$7s^25f^26d^1$	0.217107	370.42
61	Pm	钷	[Xe]$6s^24f^5$	0.204157	218.61	92	U	铀	[Rn]$7s^25f^36d^1$	0.224725	321.77

注：1 原子单位能量 = 27.211386eV，1 原子单位长度 = 52.91772pm。

3.5　哈特里自洽场方法

原子光谱由不同波长的谱线组成，表明电子结构存在不同能级，电子不可能都占据能量最低的轨道，即电子不可能都处于同一状态，按能量区分这些状态或轨道，必然有些电子占据的轨道能量低，有些电子占据的轨道能量高。1924 年，泡利在研究了原子光谱数据后得出结论：像原子、分子这样的量子力学体系，没有两个电子处于同一状态，占据同一轨道。这一实验结论，在之后的薛定谔方程求解结果中得到验证。若描述电子运动的状态波函数由四个量子数 ($nlmm_s$) 表达，则不容许两个电子有完全相同的四个量子数，如果决定轨道波函数的三个量子数 (nlm) 相同，决定自旋波函数的自旋磁量子数 m_s 就必须不同，此结论称为泡利不相容原理。

氦原子 1s 轨道上有两个电子，轨道波函数用三个量子数表示都为（100），那么这两个电子的自旋量子数必须不同，两个电子的运动状态用四个量子数表示，分别为$\left(100\frac{1}{2}\right)$和$\left(100-\frac{1}{2}\right)$，对应的自旋-轨道完全波函数分别为$\psi_1(1)=1\text{s}(1)\alpha(1)$和$\psi_2(2)=1\text{s}(2)\beta(2)$，括号中数字表示电子坐标编号，符号 1s 是突出原子轨道光谱符号名称的一种轨道波函数表达方式。

3.5.1　电子完全波函数的反对称性质

原子核外电子的质量、电荷、自旋量子数等性质都相同，任何条件下观测这些电子都无法区分，这种粒子称为全同粒子。除了电子之外，质子、中子、光子、同种原子等都是全同粒子，全同粒子具有不可分辨性。原子核外的电子运动具有波动性，根据测不准原理，电子运动没有确定的运动轨道。当电子靠近时，电子波存在相互干涉，同时，当两电子在空间相遇，距离很近时，排斥力很强，电子又会远离，结果是两电子都不会出现在相遇的微小空间区域，称此微小空间区域为库仑空穴。电子是全同粒子，具有不可区分性，交换电子坐标的状态仍然是电子可能的波动状态。例如，氦原子核外有两个电子，两个电子作为整体的完全波函数表达为

$$\Psi(1,2)=\psi_1(1)\psi_2(2)=1\text{s}(1)\alpha(1)\cdot 1\text{s}(2)\beta(2) \tag{3-66}$$

其中，$1\text{s}(1)=\phi_{1\text{s}}(r_1,\theta_1,\varphi_1)$，$1\text{s}(2)=\phi_{1\text{s}}(r_2,\theta_2,\varphi_2)$。当两个电子的运动状态发生交换，这种交换后的状态表示为交换两个电子的坐标编号，

$$\Psi(2,1)=\psi_1(2)\psi_2(1)=1\text{s}(2)\alpha(2)\cdot 1\text{s}(1)\beta(1) \tag{3-67}$$

1925 年，泡利发现交换两个电子的自旋-轨道波函数的坐标编号，自旋-轨道波函数（即完全波函数）必须是反对称的，即数值相等，相位相反，表达为

$$\Psi(1,2)=-\Psi(2,1) \tag{3-68}$$

对于自旋量子数为半整数的费米子，都服从交换两个费米子坐标编号，自旋-轨道波函数必须是反对称的原理。对于自旋量子数为整数的玻色子，则服从交换两个玻色子坐标编号，自旋-轨道波函数必须是对称的原理，即数值相等，相位相同，表达为

$$\Psi(1,2)=\Psi(2,1) \tag{3-69}$$

1940 年，泡利用相对论量子场论证明了该自旋统计理论。用变分法求解氦原子，其波函数没有包含自旋波函数，求得的能量也未考虑自旋运动的影响，要使谱线波长更符合实验原子光谱的谱线波长，必须用包含轨道和自旋的完全波函数构造尝试波函数。现在我们表达满足反对称原理的氦原子完全波函数，首先，式（3-66）和式（3-67）的完全波函数既不是对称的，也不是反对称的，它们不能用于描述氦原子的状态。为了满足式（3-68），必须将完全波函数表达为轨道波函数和自旋波函数的乘积。根据基态氦原子组态 1s^2，氦原子的轨道波函数为

$$\Phi(1,2)=1\text{s}(1)1\text{s}(2) \tag{3-70}$$

不难判断，轨道波函数是对称的。两个电子的自旋波函数可能有

$$\eta(1,2)=\begin{cases}\alpha(1)\alpha(2)\\ \beta(1)\beta(2)\\ \dfrac{1}{\sqrt{2}}[\alpha(1)\beta(2)+\alpha(2)\beta(1)]\\ \dfrac{1}{\sqrt{2}}[\alpha(1)\beta(2)-\alpha(2)\beta(1)]\end{cases} \tag{3-71}$$

前三个自旋波函数是对称的，第四个自旋波函数是反对称的。对称的轨道波函数只有乘以反对称的自旋波函数，所得的完全波函数才是反对称的，即

$$\begin{aligned}\Psi(1,2)&=\Phi(1,2)\cdot\eta(1,2)\\&=1\text{s}(1)1\text{s}(2)\cdot\frac{1}{\sqrt{2}}[\alpha(1)\beta(2)-\alpha(2)\beta(1)]\end{aligned} \tag{3-72}$$

交换两个电子坐标，波函数反号，变为

$$\begin{aligned}\Psi(2,1) &= \Phi(2,1)\cdot\eta(2,1) \\ &= -1s(1)1s(2)\cdot\frac{1}{\sqrt{2}}[\alpha(1)\beta(2)-\alpha(2)\beta(1)]\end{aligned} \tag{3-73}$$

式（3-72）和式（3-73）满足电子反对称波函数性质。

3.5.2　斯莱特行列式波函数

1929 年，斯莱特发展了行列式波函数的数学方法，将交换电子坐标产生的所有可能状态的完全波函数用一个行列式表示，展开行列式将产生电子坐标交换形成的全部交换状态。对于氦原子基态的反对称波函数，即式（3-72），可由如下行列式表示

$$\Psi(1,2)=\frac{1}{\sqrt{2}}\begin{vmatrix}1s(1)\alpha(1) & 1s(2)\alpha(2)\\ 1s(1)\beta(1) & 1s(2)\beta(2)\end{vmatrix}=1s(1)1s(2)\cdot\frac{1}{\sqrt{2}}[\alpha(1)\beta(2)-\alpha(2)\beta(1)] \tag{3-74}$$

交换两个电子坐标后，即式（3-73），可表示为如下行列式

$$\Psi(2,1)=\frac{1}{\sqrt{2}}\begin{vmatrix}1s(2)\alpha(2) & 1s(1)\alpha(1)\\ 1s(2)\beta(2) & 1s(1)\beta(1)\end{vmatrix}=-1s(1)1s(2)\cdot\frac{1}{\sqrt{2}}[\alpha(1)\beta(2)-\alpha(2)\beta(1)] \tag{3-75}$$

式（3-74）与式（3-75）中的行列式是交换两列的关系，交换行列式的两列，行列式反号。行列式波函数巧妙地概括了完全波函数的反对称性质。因为行列式与其转置行列式相等，所以行列式波函数的表达方式也有两种，也可以表达为如下形式

$$\Psi(1,2)=\frac{1}{\sqrt{2}}\begin{vmatrix}1s(1)\alpha(1) & 1s(1)\beta(1)\\ 1s(2)\alpha(2) & 1s(2)\beta(2)\end{vmatrix}=1s(1)1s(2)\cdot\frac{1}{\sqrt{2}}[\alpha(1)\beta(2)-\alpha(2)\beta(1)] \tag{3-76}$$

交换两个电子的坐标，相当于交换行列式的两行，行列式也反号。

当两个电子的完全波函数相等时，意味着行列式的两列相等，行列式必等于零，这种状态是不存在的。例如，氦原子基态，两个电子的轨道和自旋波函数都相同时，其行列式波函数必等于零。

$$\Psi(1,2)=\frac{1}{\sqrt{2}}\begin{vmatrix}1s(1)\alpha(1) & 1s(2)\alpha(2)\\ 1s(1)\alpha(1) & 1s(2)\alpha(2)\end{vmatrix}=0$$

或

$$\Psi(1,2)=\frac{1}{\sqrt{2}}\begin{vmatrix}1s(1)\beta(1) & 1s(1)\beta(1)\\ 1s(2)\beta(2) & 1s(2)\beta(2)\end{vmatrix}=0$$

由此可见，行列式波函数还巧妙地概括了泡利不相容原理。不容许两个电子有完全相同的四个量子数，使得它们的完全波函数相同，如果它们的轨道波函数相同，则自旋波函数就必须不同。或者说，一个轨道上可以容纳两个电子，而且自旋必须相反。

对于任意原子，设其核外电子数为 N，按照电子组态，电子占据轨道的完全波函数分别为 ψ_1、ψ_2、…、ψ_N，每个完全波函数表示的轨道只能填充一个电子，其中 $\psi=\phi(r,\theta,\varphi)\eta(\sigma)$，则原子核外全部电子的完全波函数组成的行列式波函数为

$$\Psi(1,2,\cdots,N)=\frac{1}{\sqrt{N!}}\begin{vmatrix}\psi_1(1) & \psi_1(2) & \cdots & \psi_1(N)\\ \psi_2(1) & \psi_2(2) & \cdots & \psi_2(N)\\ \vdots & \vdots & & \vdots\\ \psi_N(1) & \psi_N(2) & \cdots & \psi_N(N)\end{vmatrix} \tag{3-77}$$

各电子的完全波函数按顺序构成行列式的列，再填入电子坐标编号，第一个电子坐标编号组成第一列，第二个电子坐标编号组成第二列，……，依次类推，每列的完全波函数都一一对应相同[11]。N 阶行列式的展开项共有 $N!$，行列式经归一化后，归一化系数为 $1/\sqrt{N!}$。

【例 3-4】　写出基态锂原子 $1s^2 2s^1$ 的斯莱特行列式波函数。

解：（1）按泡利不相容原理表示基态锂原子的电子组态：$(1s\alpha)^1(1s\beta)^1(2s\alpha)^1$。当用完全波函数表示轨道时，每个轨道有四个量子数，这种轨道上最多只能占据一个电子。

（2）按完全波函数顺序和电子坐标编号写出行列式：

$$\Psi(1,2,3)=\frac{1}{\sqrt{3!}}\begin{vmatrix}1s(1)\alpha(1) & 1s(2)\alpha(2) & 1s(3)\alpha(3)\\ 1s(1)\beta(1) & 1s(2)\beta(2) & 1s(3)\beta(3)\\ 2s(1)\alpha(1) & 2s(2)\alpha(2) & 2s(3)\alpha(3)\end{vmatrix}$$

3.5.3　哈特里方程的求解

变分法求解氦原子基态和激发态能量，需要计算有关$1/r_1$、$1/r_2$和$1/r_{12}$的积分，随着原子核外电子数增加，电子坐标维数增加，积分项数增加，求解更加复杂。1928 年，哈特里（D. R. Hartree）通过构造统计平均势能函数，将多个电子的薛定谔方程化为单电子薛定谔方程，求解得以简化。根据原子核外全部电子的薛定谔方程

$$\left[-\frac{\hbar^2}{2m_e}\sum_i\nabla_i^2-\sum_i\frac{Ze^2}{4\pi\varepsilon_0 r_i}+\frac{1}{2}\sum_i\sum_{j\neq i}\frac{e^2}{4\pi\varepsilon_0 r_{ij}}\right]\Psi=E\Psi$$

令$\hat{h}(i)=-\dfrac{\hbar^2}{2m_e}\nabla_i^2-\dfrac{Ze^2}{4\pi\varepsilon_0 r_i}$，$\hat{g}(i,j)=\dfrac{e^2}{4\pi\varepsilon_0 r_{ij}}$，方程的哈密顿算符简化为

$$\hat{H}=\sum_i\left(\hat{h}(i)+\frac{1}{2}\sum_{j\neq i}\hat{g}(i,j)\right)\tag{3-78}$$

若能将$\hat{g}(i,j)$表达为单电子i坐标的函数，如下式

$$\hat{U}_i(r_i)=\frac{1}{2}\sum_{j\neq i}\hat{g}(i,j)\tag{3-79}$$

哈密顿算符（3-78）就转变为单电子坐标的算符，薛定谔方程就能在三维空间实现求解。电子的排斥作用是这样一种情形：电子之间距离较近排斥力强，距离较远排斥力减弱，不同时间点测量强弱不确定，但在一定时间段范围测量，排斥作用是确定的。从定态薛定谔方程所描述的电子概率统计图像考虑，可以将两个电子坐标有关的排斥能表达为单个电子坐标的排斥能。选择电子i与电子j的排斥作用，设电子j在空间的电荷密度为ρ_j，电子j在空间任意位置r_j的电量等于该位置体积元$\mathrm{d}\tau_j$内的电量$\rho_j\mathrm{d}\tau_j$，在全部空间电子j的总电量为

$$Q_j=\int\rho_j\mathrm{d}\tau_j\tag{3-80}$$

电子i与电子j的排斥能为

$$\hat{g}(i,j)=\frac{Q_iQ_j}{4\pi\varepsilon_0 r_{ij}}=\frac{Q_i}{4\pi\varepsilon_0}\int\frac{\rho_j\mathrm{d}\tau_j}{|\boldsymbol{r}_i-\boldsymbol{r}_j|}\tag{3-81}$$

其中，Q_i是电子i的电量，$Q_i=-e$，$r_{ij}=|\boldsymbol{r}_i-\boldsymbol{r}_j|$，$\boldsymbol{r}_i=x_i\boldsymbol{i}+y_i\boldsymbol{j}+z_i\boldsymbol{k}$，$\boldsymbol{r}_j=x_j\boldsymbol{i}+y_j\boldsymbol{j}+z_j\boldsymbol{k}$。电子$j$在空间的电荷密度等于电量乘以概率密度，电子$j$的概率密度等于波函数模的平方，电子$j$在空间的电荷密度为

$$\rho_j=-e|\psi_j(r_j)|^2\tag{3-82}$$

电子j在空间形成的电子密度分布或电子云分布，是不随时间变化的，电子i的运动可以看成是在电子j的电荷密度分布空间中的运动，这样电子i与电子j的排斥能就可以表达为电子i坐标的函数。显然这是一种统计模拟，只适合定态薛定谔方程。将式（3-82）代入式（3-81），$\hat{g}(i,j)$表达为单电子i坐标的函数，

$$\hat{g}(i,j)=\frac{e^2}{4\pi\varepsilon_0}\int\frac{|\psi_j(r_j)|^2}{|\boldsymbol{r}_i-\boldsymbol{r}_j|}\mathrm{d}\tau_j\tag{3-83}$$

积分式中对电子j坐标积分后，就只是电子i坐标的函数。由式（3-79），电子i与其余电子的总排斥能为

$$\hat{U}_i(r_i)=\frac{1}{2}\sum_{j\neq i}\frac{e^2}{4\pi\varepsilon_0}\int\frac{|\psi_j(r_j)|^2}{|\boldsymbol{r}_i-\boldsymbol{r}_j|}\mathrm{d}\tau_j\tag{3-84}$$

代入式（3-78），得单电子i坐标表达的哈密顿算符

$$\hat{H}=\sum_i\left[-\frac{\hbar^2}{2m_e}\nabla_i^2-\frac{Ze^2}{4\pi\varepsilon_0 r_i}+\frac{1}{2}\sum_{j\neq i}\frac{e^2}{4\pi\varepsilon_0}\int\frac{|\psi_j(r_j)|^2}{|\boldsymbol{r}_i-\boldsymbol{r}_j|}\mathrm{d}\tau_j\right]\tag{3-85}$$

按照变分法，在波函数中引入变分参量，在中心力场近似中波函数表达为$\Psi=\psi_1(r_1)\psi_2(r_2)\cdots\psi_N(r_N)$，其中，$\psi_1(r_1)$、$\psi_2(r_2)$、…、$\psi_N(r_N)$为$N$个电子的正交归一化完全波函数。原子的能量

$$E=\int\Psi^*\hat{H}\Psi\mathrm{d}\tau$$
$$=\sum_i\int\psi_i^*\left(-\frac{\hbar^2}{2m_\mathrm{e}}\nabla_i^2-\frac{Ze^2}{4\pi\varepsilon_0 r_i}\right)\psi_i\mathrm{d}\tau_i+\frac{1}{2}\sum_i\sum_{j\neq i}\frac{e^2}{4\pi\varepsilon_0}\int\frac{\left|\psi_i(r_i)\right|^2\left|\psi_j(r_j)\right|^2}{\left|\boldsymbol{r}_i-\boldsymbol{r}_j\right|}\mathrm{d}\tau_i\mathrm{d}\tau_j \tag{3-86}$$

显然，第二项代表排斥势能的统计平均值。在极值条件下，上式可以导出电子i在统计平均势场图像中的势能，进而写出单电子的运动方程

$$\left[-\frac{\hbar^2}{2m_\mathrm{e}}\nabla_i^2-\frac{Ze^2}{4\pi\varepsilon_0 r_i}+\frac{1}{2}\sum_{j\neq i}\frac{e^2}{4\pi\varepsilon_0}\int\frac{\left|\psi_j(r_j)\right|^2}{\left|\boldsymbol{r}_i-\boldsymbol{r}_j\right|}\mathrm{d}\tau_j\right]\psi_i=\varepsilon\psi_i,\ i=1,2,\cdots,N \tag{3-87}$$

此方程是统计平均势场中满足变分条件的哈特里方程组。其中，ε_i为电子i的能量，排斥势变为

$$\hat{U}_i(r_i)=\frac{1}{2}\sum_{j\neq i}\frac{e^2}{4\pi\varepsilon_0}\int\frac{\left|\psi_j(r_j)\right|^2}{\left|\boldsymbol{r}_i-\boldsymbol{r}_j\right|}\mathrm{d}\tau_j \tag{3-88}$$

求解哈特里方程必须已知其他电子j的完全波函数$\psi_j\left(r_j\right)$，而其他电子的完全波函数是未知的，这使方程求解陷入困局。为此，哈特里发展了自洽场近似求解法（self-consistent field approximation，SCF），其基本思想是：先假设一组正交归一化的基函数$\left\{\psi_1(r_1)^{(0)},\psi_2(r_2)^{(0)},\cdots,\psi_N(r_N)^{(0)}\right\}$，由式（3-88）构造排斥势，代入方程组（3-87），解得一组新的波函数$\left\{\psi_1(r_1)^{(1)},\psi_2(r_2)^{(1)},\cdots,\psi_N(r_N)^{(1)}\right\}$；再由式（3-88）构造排斥势，再代入方程组（3-87），解得另一组新的波函数$\left\{\psi_1(r_1)^{(2)},\psi_2(r_2)^{(2)},\cdots,\psi_N(r_N)^{(2)}\right\}$；如此循环，最后解得一组符合误差阈值要求的波函数$\left\{\psi_1(r_1)^{(k)},\psi_2(r_2)^{(k)},\cdots,\psi_N(r_N)^{(k)}\right\}$，对应一组能量$\left\{\varepsilon_1^{(k)},\varepsilon_2^{(k)},\cdots,\varepsilon_N^{(k)}\right\}$。这种循环求解常被称为迭代求解。每次迭代所得结果都不同，但每次迭代求解都更逼近真实状态，这种不断用迭代求解得到更好的，直到自洽的波函数构建的统计平均势场，常称为自洽场。

在式（3-86）中，如果用行列式波函数代替中心力场近似波函数，我们可以导出哈特里-福克方程组，运用自洽场方法，写出数值解方程，求得较为精确的能量。哈特里自洽场方法克服了求解原子轨道能级和原子总能量的障碍，开启了从量子理论认识原子和分子结构的新时代。

3.5.4　原子轨道能级和原子总能量

用自洽场方法可以求得原子轨道能级和原子总能量，其基本原理是：①选择最优的轨道波函数，其中氢原子精确解的轨道波函数是最可靠的数学形式，在中心力场近似下，多电子原子的轨道波函数有着与氢原子轨道波函数相似的数学形式，这就是斯莱特轨道波函数。另一种常见形式是按氢原子 1s 轨道线性组合，模拟各种类型轨道波函数，这就是高斯（Gaussian）轨道波函数。②在轨道波函数中设置变分参量，常见的有幂指数参量和线性组合系数参量，用此构造排斥势能函数。③对哈密顿算符求能量平均值，得到用变分参量表达的能量表达式。④变分求极值，解出变分参量。⑤将变分参量代入初始波函数得到轨道波函数，将变分参量代入用参量表达的能量公式，求得原子的总能量。这种方法需要有较好的初始波函数，求得的能量精度与初始波函数有很大关系。当原子中电子数逐渐增加，需要计算的积分就越来越多。其次，在中心力场下，原子轨道能量有着与氢原子轨道能量相似表达形式，通过变分法求得变分参量ξ，再用斯莱特规则进行计算，或用参量表达式计算，往往求得的轨道能量不够精确。

1930 年，福克（V. Fock）发展了哈特里自洽场方法，建立哈特里-福克方程：①考虑电子自旋，将轨道波函数变为完全波函数，构造斯莱特行列式波函数；②将行列式波函数展开，代入能量公式，在变分求极值条件下得到关于单电子的哈特里-福克方程组；③分别逐个求解方程，解得轨道能量；④通过积分计算，求得总能量。由于行列式波函数考虑了电子交换的状态，计算排斥能积分时，出现了库仑积分和交换积分两种积分项，其原子总能量不等于各轨道的占据电子数乘以轨道能量的和。哈特里-福克方程需要确定电子的一种排布方式，称为电子组态，只有明确了价层电子的自旋状态，才能准确构造出对应状态的行列式波函数。

制定的电子组态不同，解得的轨道能量和总能量都不同。用哈特里-福克方程解得的轨道波函数是数值解。

为了使哈特里-福克方程的数值求解更为简单，通常采取原子单位，在玻恩-奥本海默近似下，原子的哈密顿算符用原子单位表示为

$$\hat{H} = -\frac{1}{2}\sum_i \nabla_i^2 - \sum_i \frac{Z}{r_i} + \frac{1}{2}\sum_i \sum_{j\neq i} \frac{1}{r_{ij}} \tag{3-89}$$

设电子总数为 N 的原子体系，按照泡利不相容原理，每个轨道上占据 2 个电子，自旋反平行，共有 $N/2$ 个轨道波函数，构成正交归一化集合，这种占据状态称为闭壳层组态。组态用完全波函数表示为 $(\phi_1\alpha)^1(\phi_1\beta)^1\cdots(\phi_k\alpha)^1(\phi_k\beta)^1\cdots(\phi_{N/2}\alpha)^1(\phi_{N/2}\beta)^1$，原子的总波函数用 N 阶斯莱特行列式表示为

$$\Psi(1,2,\cdots,N) = \frac{1}{\sqrt{N!}}\begin{vmatrix} \phi_1(1)\alpha(1) & \cdots & \phi_1(2k-1)\alpha(2k-1) & \phi_1(2k)\alpha(2k) & \cdots & \phi_1(N)\alpha(N) \\ \vdots & & \vdots & \vdots & & \vdots \\ \phi_k(1)\alpha(1) & \cdots & \phi_k(2k-1)\alpha(2k-1) & \phi_k(2k)\alpha(2k) & \cdots & \phi_k(N)\alpha(N) \\ \phi_k(1)\beta(1) & \cdots & \phi_k(2k-1)\beta(2k-1) & \phi_k(2k)\beta(2k) & \cdots & \phi_k(N)\beta(N) \\ \vdots & & \vdots & \vdots & & \vdots \\ \phi_{\frac{N}{2}}(1)\beta(1) & \cdots & \phi_{\frac{N}{2}}(2k-1)\beta(2k-1) & \phi_{\frac{N}{2}}(2k)\beta(2k) & \cdots & \phi_{\frac{N}{2}}(N)\beta(N) \end{vmatrix} \tag{3-90}$$

令 $\hat{h}(i) = -\frac{1}{2}\nabla_i^2 - \frac{Z}{r_i}$，$\hat{g}(i,j) = \frac{1}{r_{ij}}$，原子的哈密顿算符简化为

$$\hat{H} = \sum_{i=1}^{N}\left(\hat{h}(i) + \frac{1}{2}\sum_{j\neq i}^{N}\hat{g}(i,j)\right) \tag{3-91}$$

将其代入原子的总能量公式 $E = \langle \Psi | \hat{H} | \Psi \rangle$，再将行列式波函数展开，考虑积分按电子编号归并，而且积分只与轨道函数有关，与电子编号无关，电子编号简化为 1 和 2，最后得到如下能量表达式

$$\begin{aligned} E = \langle \Psi | \hat{H} | \Psi \rangle &= 2\sum_{i=1}^{N/2}\langle \phi_i(1)|\hat{h}(1)|\phi_i(1)\rangle \\ &+ \sum_{i=1}^{N/2}\sum_{j=1}^{N/2}\left[2\langle \phi_i(1)\phi_j(2)|\hat{g}(1,2)|\phi_i(1)\phi_j(2)\rangle - \langle \phi_i(1)\phi_j(2)|\hat{g}(1,2)|\phi_j(1)\phi_i(2)\rangle\right] \end{aligned} \tag{3-92}$$

定义

$$\begin{aligned} h_{ii} &= \langle \phi_i(1)|\hat{h}(1)|\phi_i(1)\rangle \\ J_{ij} &= \langle \phi_i(1)\phi_j(2)|\hat{g}(1,2)|\phi_i(1)\phi_j(2)\rangle \\ K_{ij} &= \langle \phi_i(1)\phi_j(2)|\hat{g}(1,2)|\phi_j(1)\phi_i(2)\rangle \end{aligned} \tag{3-93}$$

其中，h_{ii} 称为单电子积分，J_{ij} 和 K_{ij} 分别称为库仑积分和交换积分。选择恰当的斯莱特或高斯初始函数 $\left\{\phi_1,\phi_2,\cdots,\phi_{\frac{N}{2}}\right\}$，设置变分参量，用变分法，在极值条件下，经过酉变换，得到原子轨道的哈特里-福克方程组

$$\hat{F}(1)\phi_i(1) = \varepsilon_i\phi_i(1),\ i = 1,2,\cdots,N/2 \tag{3-94}$$

其中

$$\hat{F}(1) = \hat{h}(1) + \sum_{j=1}^{N/2}\left[2\hat{J}_j(1) - \hat{K}_j(1)\right] \tag{3-95}$$

称为福克算符。$\hat{h}(1)$ 称为单电子算符，$\hat{J}_j(1)$ 和 $\hat{K}_j(1)$ 分别称为库仑算符和交换算符，与库仑积分和交换积分定义对应，必须已知所有电子的轨道波函数，才能表达出福克算符。

$$\begin{aligned} \langle \phi_i(1)|\hat{J}_j(1)|\phi_i(1)\rangle &= \langle \phi_i(1)\phi_j(2)|\hat{g}(1,2)|\phi_i(1)\phi_j(2)\rangle \\ \langle \phi_i(1)|\hat{K}_j(1)|\phi_j(1)\rangle &= \langle \phi_i(1)\phi_j(2)|\hat{g}(1,2)|\phi_j(1)\phi_i(2)\rangle \end{aligned} \tag{3-96}$$

经过酉变换后，原子轨道的能量不变，由哈特里-福克方程（3-94）两端求积分，求得原子轨道的能量

$$\begin{aligned}\varepsilon_i &= \langle \phi_i(1) | \hat{F}(1) | \phi_i(1) \rangle \\ &= \langle \phi_i(1) | \hat{h}(1) | \phi_i(1) \rangle + \sum_{j=1}^{N/2} \langle \phi_i(1) | \left[2\hat{J}_j(1) - \hat{K}_j(1) \right] | \phi_i(1) \rangle \\ &= h_{ii} + \sum_{j=1}^{N/2} [2J_{ij} - K_{ij}]\end{aligned} \tag{3-97}$$

必须用自洽场方法才能求解哈特里-福克方程组（3-94），先假设一组正交归一化的初始函数$\left\{\phi_1^{(0)}, \phi_2^{(0)}, \cdots, \phi_{\frac{N}{2}}^{(0)}\right\}$，由式（3-95）和式（3-96）构造福克算符，代入方程组（3-94），解得一组新的波函数$\left\{\phi_1^{(1)}, \phi_2^{(1)}, \cdots, \phi_{\frac{N}{2}}^{(1)}\right\}$；再由式（3-95）和式（3-96）构造福克算符，再代入方程组（3-94），解得另一组新的波函数$\left\{\phi_1^{(2)}, \phi_2^{(2)}, \cdots, \phi_{\frac{N}{2}}^{(2)}\right\}$；如此循环，最后解得一组符合误差阈值要求的波函数$\left\{\phi_1^{(k)}, \phi_2^{(k)}, \cdots, \phi_{\frac{N}{2}}^{(k)}\right\}$，用收敛的这组轨道波函数，代入式（3-97）算出对应原子轨道能量$\left\{\varepsilon_1^{(k)}, \varepsilon_2^{(k)}, \cdots, \varepsilon_{\frac{N}{2}}^{(k)}\right\}$。

由式（3-92）和式（3-97），原子核外全部电子的总能量不等于电子占据的轨道能量的总和，总能量用轨道能量表示为

$$\begin{aligned}E = \langle \Psi | \hat{H} | \Psi \rangle &= 2\sum_{i=1}^{N/2} h_{ii} + \sum_{i=1}^{N/2}\sum_{j=1}^{N/2} [2J_{ij} - K_{ij}] \\ &= 2\sum_{i=1}^{N/2} \varepsilon_i - \sum_{i=1}^{N/2}\sum_{j=1}^{N/2} [2J_{ij} - K_{ij}]\end{aligned} \tag{3-98}$$

3.6　原子的壳层结构

对元素化学性质的研究发现，同类原子有相似的化学性质，如碱金属原子都能与水反应，生成无色的氢氧化物，并放出氢气；惰性气体原子不与水、氢气等物质反应；卤素单质都能与氢气反应生成卤化氢，随原子序数增大，反应剧烈程度减弱，同类原子的相似化学性质与其价层电子的占据状态有着密切的关系。碱金属卤化物的组成为 MX，碱土金属卤化物的组成为 MX_2，而碱金属硫化物的组成为 M_2S，碱土金属硫化物的组成为 MS，说明碱金属价层的活泼电子数比碱土金属少，卤素获得 1 个电子变得稳定，硫原子获得 2 个电子变得稳定。门捷列夫将元素化学性质的相似性归纳为周期性，并将元素按化学性质周期性进行排列，建立了化学元素周期表。化学性质的周期性预示了原子内部电子能量由低到高排列的周期性，以及原子轨道性质的周期性。

1921 年，玻尔（N. Bohr）按照对应性原理（principle of correspondence），把原子光谱、原子周期性质与原子内部电子结构相联系，从量子理论的角度指出原子内存在电子族的壳层结构，并预测了壳层电子族的电子数依次为 2、8、18、32。随着原子核电荷数增加，电子数增加，随着越来越多的轨道被电子占据，内层电子能量降低，不易移出壳层，其中惰性气体元素原子的价层电子壳层填满了电子[12]。首先，原子的轨道能量是量子化的，其大小由量子数决定，赋予量子数表示，其次，原子性质的周期性变化，表明原子存在相似的电子占据组态，从而表现出相似的光谱和化学性质，玻尔第一次提出了用量子数构造原子的电子组态，也称为原子的构造原理。

1930 年，哈特里和福克发展了哈特里-福克方程，使得原子轨道能级可以通过求解方程解得，可以从理论上证明这些轨道能级是否构成壳层结构。1963 年，E. Clementi 用斯莱特轨道波函数系统地求解了原子的哈特里-福克方程，获得核电荷数 $Z \leqslant 54$ 的原子的轨道能级和原子总能量。2009 年，S. L. Saito 用一种通用基组——B 样条函数系（B-splines），将径向函数表达为 B 样条函数的线性组合，求解哈特里-福克方程，解得更为精确的原子轨道能级和原子总能量[13]，从理论上证明了原子壳层结构。

3.6.1 内层电子壳层

原子轨道能量的理论值揭示了原子壳层结构以及壳层结构的轨道组成。随原子核电荷数增加，原子的内层轨道能量降低，价层轨道能量较高，价层各轨道能量比较接近。主量子数 n 相同，角量子数 l 不同的轨道，能量按由低到高顺序排列为

$$\varepsilon_{ns} < \varepsilon_{np} < \varepsilon_{nd} < \varepsilon_{nf}$$

因为轨道能量同时与主量子数和角量子数有关，随着主量子数的升高，能量接近的轨道构成能级组，也就是壳层结构。各个能级组之间存在较大的能量间隔，这是区分壳层结构的依据，也是原子结构主要的结构特征。图 3-7 呈现了各元素原子的轨道能量随着核电荷数增大的变化趋势。

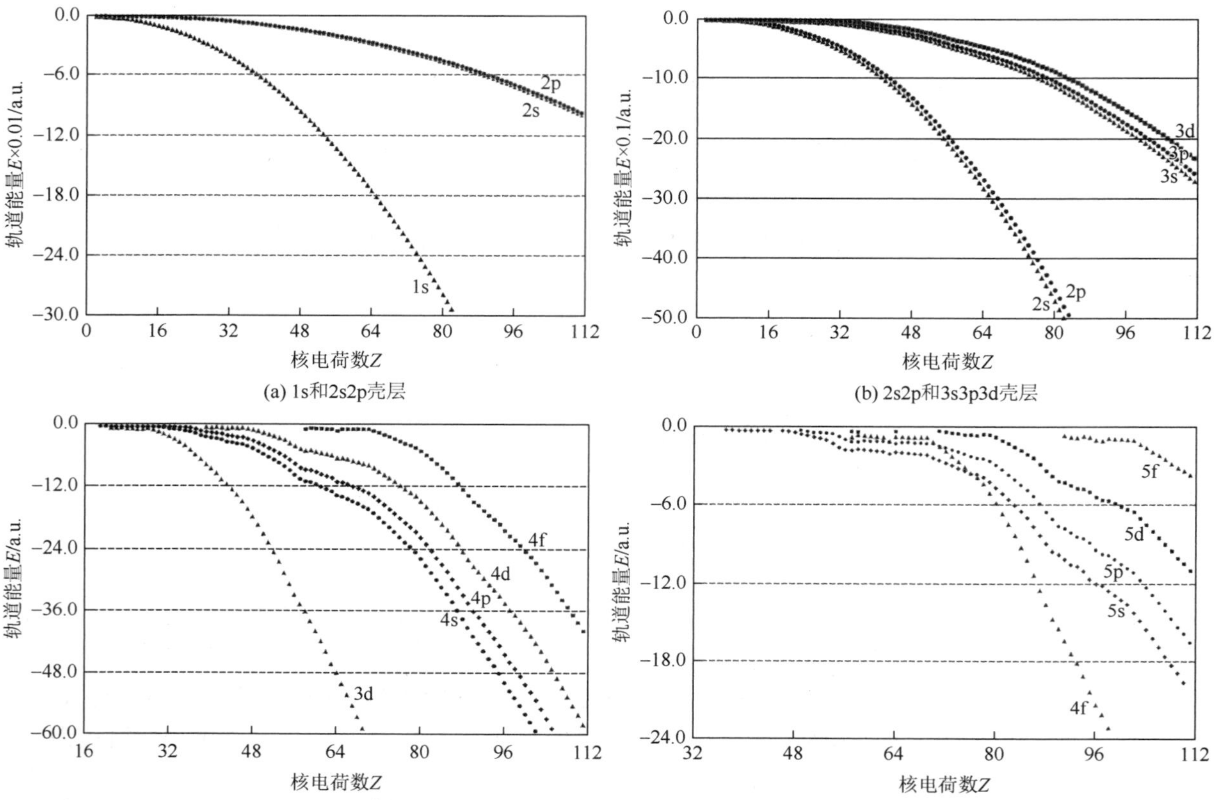

图 3-7　各元素原子的轨道能量随着核电荷数增大的变化趋势[13]

随着核电荷数增大，主量子数较小的轨道能量逐渐降低，这些轨道变为内层轨道，主量子数相同的内层轨道能量相近，形成壳层，各个壳层之间的能量间隔逐渐增大。观察核电荷数较大的原子，随着核电荷数增大，主量子数相同的内层轨道的能量越来越接近，壳层结构越来越显著，按主量子数顺序依次为 1s、2s2p、3s3p3d、4s4p4d4f、5s5p5d5f。其次，壳层之间的能量间隔越来越大。于是，内层电子的轨道填充只需按主量子数分组，主量子数越小，能级越低。主量子数相同时，再按角量子数由小到大的顺序排列，角量子数越小，能级越低，见图 3-7。

当电子填充到价层轨道时，价层轨道能量表现出与内层轨道不同的特点，主量子数不同的轨道，其能量也比较接近，使得电子占据状态较为复杂，需要结合原子光谱，或者理论计算才能确定能量最低的电子占据状态，能量最低的电子占据状态也称为原子组态。

随着核电荷数增大，原子的内层轨道能级降低，电离内层轨道上占据的电子需要 X 射线或高能电子束作为激发光源，才能实现内层轨道能量的测定，以 X 射线作为激发光源，测得的内层轨道结合能分布图谱称为 X 射线光电子能谱，图 3-8 是以 X 射线（TiK_α）作为激发光源测得的自由原子亚壳层轨道结合能

随着核电荷数增大的变化趋势曲线，不难看出，随着核电荷数增大，结合能越大的内壳层中轨道能级逐渐靠近，而壳层 1s、2s2p、3s3p3d、4s4p4d4f、5s5p5d5f 等层间能级间隔随核电荷数增大逐渐增大，形成壳层结构。实验测定和理论计算都表明，不同核电荷数的原子，内壳层电子能级不同，随着原子核电荷数增大，内层轨道能级都出现收缩，对价层电子形成有效屏蔽。这些填满电子的内壳层能级常称为原子芯结构，在化学反应或原子光谱测定中变化很小。

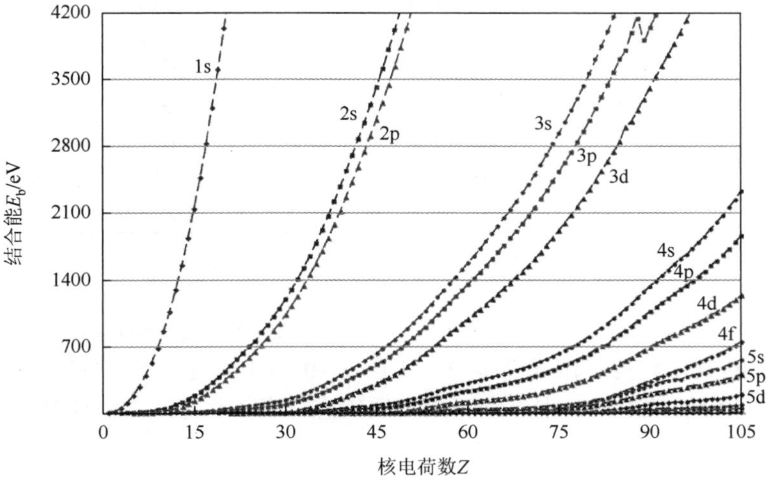

图 3-8　自由原子亚壳层轨道结合能随着核电荷数增大的变化趋势曲线[14]

3.6.2　价层电子能级组

从图 3-8 不难看出，核电荷数$1 \leqslant Z \leqslant 2$，电子占据 1s 轨道，1s 是一个能级组。核电荷数增大到$3 \leqslant Z \leqslant 10$，电子依次占据 2s 和 2p 轨道，形成 2s2p 能级组。核电荷数继续增大到$11 \leqslant Z \leqslant 18$，电子依次占据 3s 和 3p 轨道，形成 3s3p 能级组。对于 3d 轨道处于价层的原子，3d 轨道能量与 4s 轨道接近，远高于 3p 轨道，见图 3-9。电子填充能量相近的价层轨道时，存在选择性，最终的电子占据态是能量最低的状态，并由实验原子光谱和电子能谱确定。

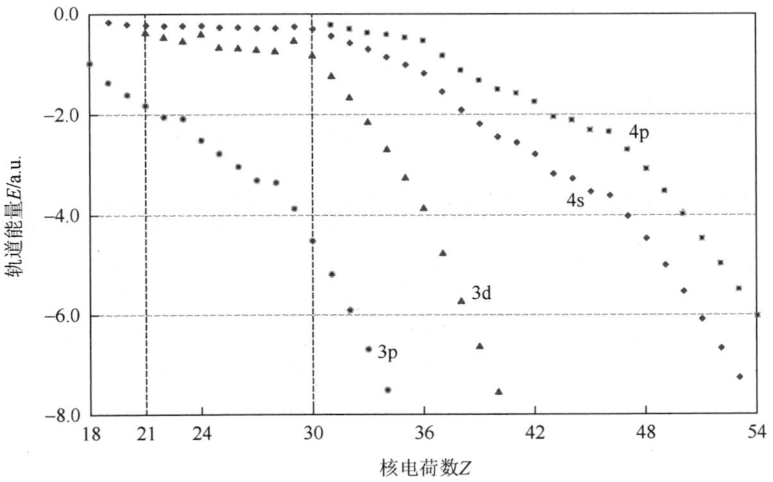

图 3-9　4s3d4p 价层轨道能级组各轨道能量随核电荷数增大的变化趋势

第一周期过渡金属元素原子，核电荷数$21 \leqslant Z \leqslant 30$，价层轨道为 4s3d4p，价层轨道能量相近，见图 3-9，构成能级组。价层 3d 轨道比 4s 轨道的能量低，但能量非常接近，当电子填充 4s 和 3d 价层轨道时，可能形成不同组态，其中，总能量最低的组态为基态。下面通过总能量计算值的对比，确定基态的电子组态，表 3-3 是第一周期过渡金属元素原子的两种可能组态的总能量对比。

表 3-3 第一周期过渡金属元素原子的两种组态 $4s^13d^m$ 和 $4s^23d^{m-1}$ 的总能量对比

Z	元素	$4s^13d^m$			$4s^23d^{m-1}$		
		电子组态	HF 总能量/a.u.	光谱项	电子组态	HF 总能量/a.u.	光谱项
21	Sc	$[Ar]4s^13d^2$	−759.69860	^4F	$[Ar]4s^23d^1$	**−759.73552**	^2D
22	Ti	$[Ar]4s^13d^3$	−848.38600	^5F	$[Ar]4s^23d^2$	**−848.40575**	^3F
23	V	$[Ar]4s^13d^4$	−942.87951	^6D	$[Ar]4s^23d^3$	**−942.88420**	^4F
24	Cr	$[Ar]4s^13d^5$	**−1043.3552**	^7S	$[Ar]4s^23d^4$	−1043.3095	^5D
25	Mn	$[Ar]4s^13d^6$	−1149.7432	^6D	$[Ar]4s^23d^5$	**−1149.8657**	^6S
26	Fe	$[Ar]4s^13d^7$	−1262.3763	^5F	$[Ar]4s^23d^6$	**−1262.4432**	^5D
27	Co	$[Ar]4s^13d^8$	−1381.3750	^4F	$[Ar]4s^23d^7$	**−1381.4142**	^4F
28	Ni	$[Ar]4s^13d^9$	−1506.8224	^3D	$[Ar]4s^23d^8$	**−1506.8705**	^3F
29	Cu	$[Ar]4s^13d^{10}$	**−1638.9628**	^2S	$[Ar]4s^23d^9$	−1638.9496	^2D
30	Zn	$[Ar]4s^23d^{10}$	−1777.8477	^1S	$[Ar]4s^23d^{10}$	−1777.8477	^1S

注：粗体代表两种组态的能量中较低的，对应稳定的组态。

第二周期过渡金属元素原子，核电荷数 $39 \leqslant Z \leqslant 48$，价层轨道为 5s4d5p，价层轨道能级表现出与第一过渡周期元素原子相似的变化趋势，构成能级组，见图 3-10。4d 轨道比 5s 轨道的能量低，但能量也非常接近，当电子填充 5s 和 4d 价层轨道时，也可能形成不同组态。表 3-4 是第二周期过渡金属元素原子的三种最可能组态的总能量对比。

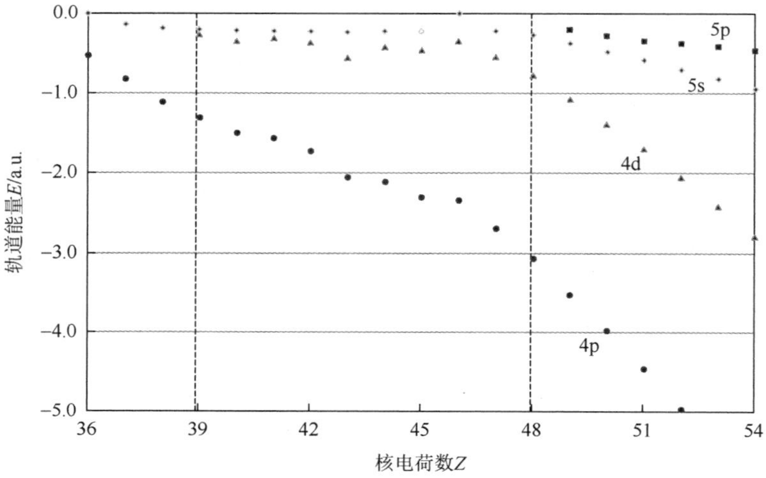

图 3-10 5s4d5p 价层轨道能级组各轨道能量随核电荷数增大的变化趋势

表 3-4 第二周期过渡金属元素原子的两种组态 $5s^04d^m$、$5s^14d^{m-1}$ 和 $5s^24d^{m-2}$ 的总能量对比

Z	元素	$5s^04d^m$			$5s^14d^{m-1}$			$5s^24d^{m-2}$		
		电子组态	HF 总能量/a.u.	光谱项	电子组态	HF 总能量/a.u.	光谱项	电子组态	HF 总能量/a.u.	光谱项
39	Y	$[Kr]5s^04d^3$			$[Kr]5s^14d^2$	−3331.6550	^4F	$[Kr]5s^24d^1$	**−3331.6712**	^2D
40	Zr	$[Kr]5s^04d^4$	−3538.9172	^5D	$[Kr]5s^14d^3$	**−3538.9957**	^5F	$[Kr]5s^24d^2$	−3538.9821	^3F
41	Nb	$[Kr]5s^04d^5$	−3753.5403	^6S	$[Kr]5s^14d^4$	**−3753.5845**	^6D	$[Kr]5s^24d^3$	−3753.5394	^4F
42	Mo	$[Kr]5s^04d^6$	−3975.3889	^5D	$[Kr]5s^14d^5$	**−3975.5338**	^7S	$[Kr]5s^24d^4$	−3975.4280	^5D
43	Tc	$[Kr]5s^04d^7$	−4204.6768	^4F	$[Kr]5s^14d^6$	−4204.7669	^6D	$[Kr]5s^24d^5$	**−4204.7753**	^6S
44	Ru	$[Kr]5s^04d^8$	−4441.4632	^3F	$[Kr]5s^14d^7$	**−4441.5264**	^5F	$[Kr]5s^24d^6$	−4441.4746	^5D
45	Rh	$[Kr]5s^04d^9$	−4685.8308	^2D	$[Kr]5s^14d^8$	**−4685.8833**	^4F	$[Kr]5s^24d^7$	−4685.7892	^4F
46	Pd	$[Kr]5s^04d^{10}$	**−4937.9071**	^1S	$[Kr]5s^14d^9$	−4937.8815	^3D	$[Kr]5s^24d^8$	−4937.7709	^3F
47	Ag	$[Kr]5s^14d^{10}$			$[Kr]5s^14d^{10}$	**−5197.6852**	^2S	$[Kr]5s^24d^9$	−5197.5029	^2D
48	Cd	$[Kr]5s^24d^{10}$	−5465.0722	^1S	$[Kr]5s^24d^{10}$	−5465.0722	^1S	$[Kr]5s^24d^{10}$	−5465.0722	^1S

注：Zr 原子的实验电子组态 $K^2L^8M^{18}4s^24p^65s^24d^2$，或$[Kr]5s^24d^2$。粗体为三种组态的能量中最低的，对应最稳定的组态。

第三周期过渡金属元素原子，核电荷数 $57 \leqslant Z \leqslant 80$，价层轨道为 6s4f5d6p 能级组。在 $57 \leqslant Z \leqslant 70$ 范围为镧系元素，4f 和 6s 轨道能量低而且相近，电子先填充价层 6s 和 4f 轨道。核电荷数继续增大，在 $71 \leqslant Z \leqslant 80$ 范围，4f 轨道填满，能量迅速降低，电子开始填充价层 5d 轨道。在 $81 \leqslant Z \leqslant 86$ 范围，5d 轨道填满，能量降低，电子占据 6p 轨道，见图 3-11。当电子填充 6s4f、6s5d 价层轨道时，也可能形成不同组态。随着核电荷数增大，电子填满了 4f 轨道，能量迅速降低，低于 5p 轨道，致使 4f 轨道收缩。

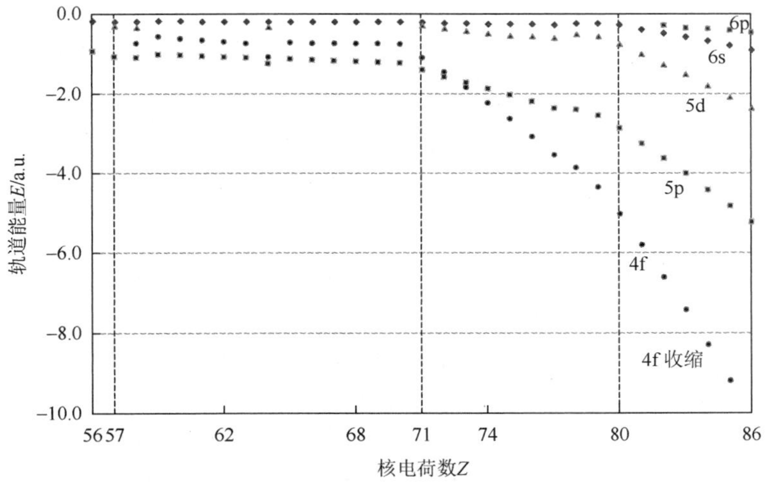

图 3-11　6s4f5d6p 价层轨道能级组各轨道能量随核电荷数增大的变化趋势

第四周期元素原子，核电荷数 $87 \leqslant Z \leqslant 118$，价层轨道为 7s5f6d7p 能级组，从理论计算的轨道能级可见，原子的价层轨道能级顺序更为复杂（图 3-12），目前还没有 7p 轨道的能量计算值，确定第四周期核电荷数较大的原子的电子组态，需要更精确的理论计算和实验结合能数据的支持。

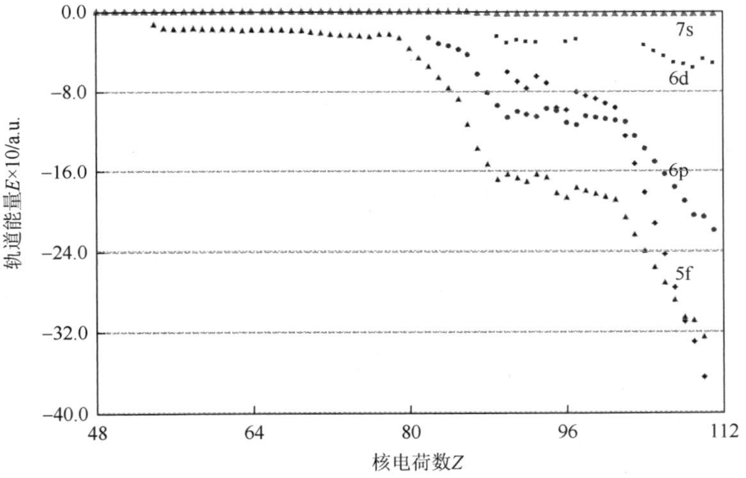

图 3-12　7s5f6d7p 价层轨道能级组中 7s5f6d 轨道能量随核电荷数增大的变化趋势

图 3-13 是自由原子价层电子的光电子能谱，图谱表达的是价层轨道上电子的结合能，反映了价层电子占据轨道的能量高低，价层轨道能量越高，结合能越小，反之，价层轨道能量越低，结合能越大。轨道上电子数越多，谱带强度越强，由此可区分 s、p、d、f 电子，确定谱带的轨道属性。由各原子价层轨道的实验结合能的变化趋势可见，随着原子核电荷数 Z 的增大，原子的价层轨道能量较高，相邻轨道能级间隔很小，电子占据的价层轨道能级出现了能级交错。自由原子价层电子的光电子能谱为我们提供了原子价层轨道能级顺序，即电子在原子核外轨道上进行填充的顺序。外界测量对原子价层电子轨道能量绝对值的获取存在一定的干扰作用，而对相对能级顺序的干扰应是较小的。同时，原子价层轨道能级组顺序与光电能谱揭示的原子价层轨道能级顺序的一致性，也间接地证明了量子力学关于原子结构理论的正确性。

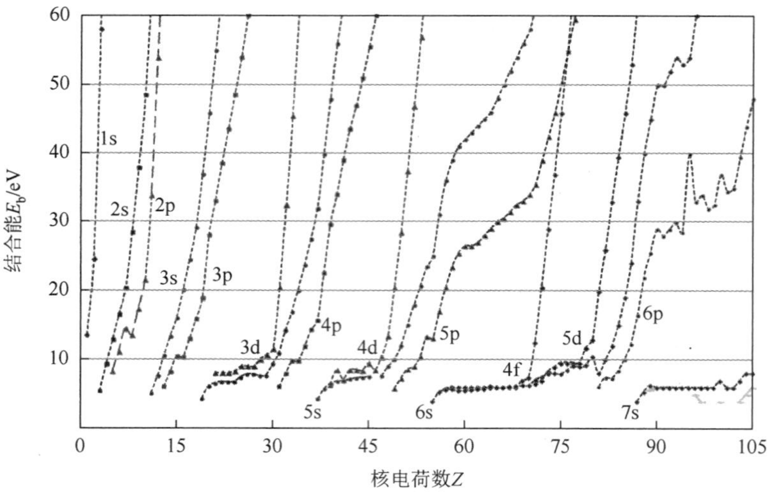

图 3-13　自由原子价层电子的光电子能谱（原子的价层轨道能级交错）

从自由原子价层电子的光电子能谱，我们可以得出原子的价层轨道能级组，随着原子序数增大，依次为 1s、2s2p、3s3p、4s3d4p、5s4d5p、6s4f5d6p、7s5f6d7p，并可以预见之后未知的能级组 8s5g6f7d8p 和 9s6g7f8d9p。根据能级组能量由低到高排列的顺序，我们可以写出周期表中任意元素原子的全部内壳层和价壳层组态。对于价壳层出现能级交错现象的解释是：在不同轨道上，电子的径向分布概率不同。在原子核与价层轨道之间，s 电子的径向分布函数出现了较多的次极大波包，在距离原子核较近的球面，存在一定的径向概率，致使能量降低。随着轨道角量子数增大，径向分布函数次极大波包数减少，轨道能量相对较高，见图 3-14。

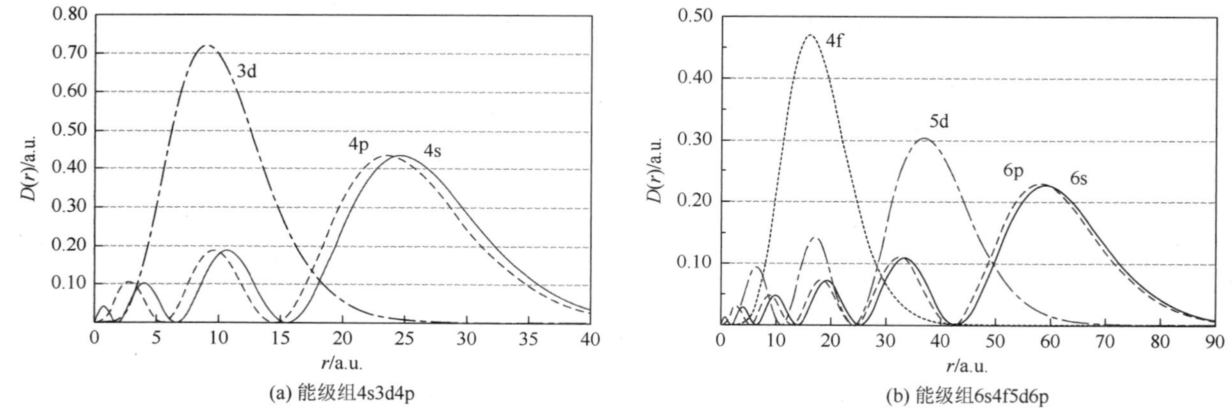

图 3-14　原子轨道径向分布函数图

3.6.3　轨道能量的实验测定及其理论意义

用激发光源将原子轨道上的电子电离，形成发射电子，通过能量分析器测量发射电子的动能，就可以测量出轨道上电子的结合能。根据爱因斯坦光电方程，激发光子的能量一部分传递给原子轨道上的电子，帮助电子脱离原子核的束缚，另一部分转变为电子的动能 T_k 。

$$h\nu = I_k + T_k \tag{3-99}$$

式中，I_k 为占据轨道 k 上电子的电离能，也等于占据轨道 k 上电子的结合能 E_b。当用激发光源照射原子时，不同能量的光子将能量传递给不同轨道能级上的电子，产生不同动能的电子，这些电子按能量形成动能分布，根据式（3-99）换算，就得到各轨道的结合能分布或者电离能分布。以结合能 E_b 为横坐标，以具有特定动能的电子数 $n(T_k)$ 为纵坐标，所得结合能分布图谱称为光电子能谱（PES）。

当原子的某个轨道上的电子被轰击出原子体系，原子变为一价正离子，在不更换光源的前提下，被二次电离为二价正离子的可能性很小，因为从正离子中再电离一个电子所需要的能量更高。对于能量相近轨道上的电子，被电离的概率相等，必然从能谱上反映出来，这样原子的壳层结构就完全被 X 射线光电子能谱所反映。因为壳层之间的能量间隔相差很大，不同壳层上的电子并不发生相互作用，所测定的电离能与轨道能量的绝对值必然相等，当被电离的电子占据的是最外层价轨道时，轨道能量的负值就是原子的第一电离能。1933 年，库普曼斯（T. Koopmans）通过哈特里-福克方程证明了原子轨道能量取负值就等于轨道电子的电离能。

这一结论成立的前提是：某轨道上的电子被电离后，形成正离子，正离子各壳层轨道上的占据电子不发生跃迁变化。原子 A 的占据轨道 k 上的电子被电离，形成一价正离子 A^+ 的过程为

$$A(g) \longrightarrow A^+(g) + e \tag{3-100}$$

按照电离能的定义，占据轨道 k 上电子的第一电离能为

$$I_k = E_k(A^+) - E(A) \tag{3-101}$$

式中，$E_k(A^+)$ 为原子 A 中占据轨道 k 减少一个电子，形成一价正离子 A^+ 的总能量；$E(A)$ 为基态原子 A 的能量。设原子 A 的总电子数为 N，基组态为

$$(\phi_1\alpha)^1(\phi_1\beta)^1\cdots(\phi_k\alpha)^1(\phi_k\beta)^1\cdots(\phi_{N/2}\alpha)^1(\phi_{N/2}\beta)^1$$

原子波函数用单斯莱特行列式波函数表示为式（3-90），根据哈特里-福克总能量表达式（3-98），原子总能量为

$$E(A) = 2\sum_{i=1}^{N/2} h_{ii} + \sum_{i=1}^{N/2}\sum_{j=1}^{N/2}(2J_{ij} - K_{ij}) \tag{3-102}$$

原子 A 中占据轨道 k 减少一个电子，电离成一价正离子 A^+，假设形成离子后，其他原子轨道的能量不发生改变，所有积分值都不改变。实际上形成离子后，轨道能量将降低，因而假设轨道能量不变是一种近似。离子的总电子数为 N–1，离子 A^+ 的组态为

$$(\phi_1\alpha)^1(\phi_1\beta)^1\cdots(\phi_k\alpha)^1(\phi_k\beta)^0\cdots(\phi_{N/2}\alpha)^1(\phi_{N/2}\beta)^1$$

设轨道 $(\phi_k\beta)$ 上的电子被电离，离子 A^+ 的行列式波函数为

$$\Psi(1,2,\cdots,N-1) = \frac{1}{\sqrt{(N-1)!}}\begin{vmatrix} \phi_1(1)\alpha(1) & \cdots & \phi_1(2k-1)\alpha(2k-1) & \cdots & \phi_1(N-1)\alpha(N-1) \\ \vdots & & \vdots & & \vdots \\ \phi_k(1)\alpha(1) & \cdots & \phi_k(2k-1)\alpha(2k-1) & \cdots & \phi_k(N-1)\alpha(N-1) \\ \vdots & & \vdots & & \vdots \\ \phi_{\frac{N}{2}}(1)\beta(1) & \cdots & \phi_{\frac{N}{2}}(2k-1)\beta(2k-1) & \cdots & \phi_{\frac{N}{2}}(N-1)\beta(N-1) \end{vmatrix} \tag{3-103}$$

在轨道能量不变的前提下，原来原子基组态轨道 ϕ_k 上 β 电子被电离，β 电子的单电子积分消失，只剩下 α 电子的单电子积分 h_{kk}，从单电子求和项中分解出来，求和项中减少一项。两电子库仑、交换积分求和项中的 $i=k$ 项也只有 α 电子，求和项中的 $j=k$ 项也只有 α 电子，都减少一项，从库仑、交换积分的求和项中分解出来，离子的哈特里-福克总能量为

$$E(A^+) = 2\sum_{i=1,i\neq k}^{N/2} h_{ii} + h_{kk} + \sum_{\substack{i=1\\i\neq k}}^{N/2}\sum_{\substack{j=1\\j\neq k}}^{N/2}(2J_{ij} - K_{ij}) + \sum_{\substack{j=1\\j\neq k}}^{N/2}(2J_{kj} - K_{kj}) \tag{3-104}$$

下面将原子基组态的总能量，即式（3-102），按离子总能量的表达方式，将轨道 $(\phi_k\alpha)^1$ 和 $(\phi_k\beta)^1$ 的单电子积分和两电子积分从求和式中分离出，即

$$E(A) = 2\sum_{i=1,i\neq k}^{N/2} h_{ii} + 2h_{kk} + \sum_{\substack{i=1\\i\neq k}}^{N/2}\sum_{\substack{j=1\\j\neq k}}^{N/2}(2J_{ij} - K_{ij}) + \sum_{\substack{j=1\\j\neq k}}^{N/2}(2J_{kj} - K_{kj}) + \sum_{i=1}^{N/2}(2J_{ik} - K_{ik}) \tag{3-105}$$

从两电子积分中分离出来的两个求和项都包含 $2J_{kk} - K_{kk}$，只能在一个求和项中保留，选择 i 标求和项保留。将式（3-104）和式（3-105）分别表述的 $E(A^+)$ 和 $E(A)$ 代入电离能定义式（3-101），得

$$I_k = -\left[h_{kk} + \sum_{i=1}^{N/2}(2J_{ik} - K_{ik})\right] \tag{3-106}$$

再由哈特里-福克方程导出的轨道能量关系式（3-97），原子轨道$(\phi_k\beta)$的能量为

$$\begin{aligned}\varepsilon_k &= \langle \phi_k(1)|\hat{F}(1)|\phi_k(1)\rangle \\ &= \langle \phi_k(1)|\hat{h}(1)|\phi_k(1)\rangle + \sum_{i=1}^{N/2}\langle \phi_k(1)|\left[2\hat{J}_i(1)-\hat{K}_i(1)\right]|\phi_k(1)\rangle \\ &= h_{kk} + \sum_{i=1}^{N/2}[2J_{ik} - K_{ik}]\end{aligned} \tag{3-107}$$

注意$J_{ik}=J_{ki}$，$K_{ik}=K_{ki}$，交换i和k指标，积分值不变，比较式（3-106）和式（3-107），即有

$$I_k = -\varepsilon_k \tag{3-108}$$

原子轨道$(\varphi_k\beta)$的能量ε_k近似等于电离该轨道电子的电离能，在光电子能谱中，该电离能等于占据该轨道的电子与原子芯之间的结合能，通过光电子能谱仪测量。原子的价层轨道能量较高，用能量较低的紫外光，就可实现原子价层轨道能量的测量，常称为紫外光电子能谱（UPS）。部分金属原子或离子的价层电子光谱也可用可见光光源实现测定。

3.7　原子电子组态的构造原理

研究原子光谱发现，原子光谱有不同波长的谱线，预示电子结构存在不同能级，电子不可能都占据能量最低的轨道，即电子不可能都处于同一状态，按能量区分这些状态或轨道，必然有些电子占据的轨道能量低，有些电子占据的轨道能量高，这些轨道按能量由低到高的顺序排列，存在确定的能级顺序。理论上量子力学求解波动方程为原子结构提供了轨道能级，结合能的实验测量证明了轨道能级顺序，使得原子核外电子的状态得以确定，人们对原子结构的认识更加清楚。所有这一切都与原子光谱谱线波长的测定，以及对原子光谱的分析和解释紧密相连。

3.7.1　原子壳层的轨道构成

玻尔预测了原子壳层电子族的电子数，按核电荷数增大的顺序依次为2、8、8、18、18、32。玻尔指出电子的轨道运动具有定态特点，即处于定态的电子，能量为$E_n=-(Z-\sigma)^2/2n^2$，依赖量子数n，不发生变化。主量子数越小，能量越低。电子的轨道运动产生的角动量是量子化的，$L=mvr=k\hbar$，由量子数k决定，角动量形成的轨道磁矩影响电子能级，玻尔指出电子处于不同壳层轨道，其量子数k不同，波动力学证明电子的轨道角动量为$L=\sqrt{l(l+1)}\hbar$，由角量子数决定。依据泡利不相容原理限定电子的填充方式，在原子的内壳层里，每个轨道上填充两个电子，自旋相反。当原子的价层轨道有能量简并轨道时，如p、d、f轨道，电子填充存在多种选择。1925年，洪德（F. Hund）研究第一过渡金属元素的原子光谱后提出洪德规则，电子填充能量简并轨道时，存在多种方式，而能量最低、最稳定的填充方式是自旋相同的单电子占据形式，简并轨道上自旋相同的单电子被称为等价电子[15]。一些过渡金属配合物的顺磁共振谱证明：常态下过渡金属离子d、f价轨道上存在较多自旋相同的电子，使得配合物有较大的顺磁磁矩，这说明电子在简并d轨道以及f轨道上的占据方式符合洪德规则，与原子光谱所表现出的规律相符。

由原子的内壳层和价壳层结构，以及轨道能级顺序，按照泡利不相容原理和洪德规则，以及电子优先占据能量最低轨道的原理，我们可以按能量由低到高依次排列出原子中电子的占据轨道，并确定占据轨道上电子的占据数。由于洪德规则，价层轨道上半满的电子占据方式较稳定；当电子填满壳层，壳层内各轨道能量降低，因而价层轨道上全满的电子占据方式也较稳定。这种按照能量最低原理、泡利不相容原理、洪德规则将电子依次填充到按能级顺序排列的原子轨道上，所得的电子排布称为原子的电子组态（electronic configuration of atoms），而确立原子电子组态的方法称为原子电子组态的构造原理。

1926年后，旧量子论发展为量子力学，电子运动表达为力学量本征方程，求解力学量本征方程揭示了电子运动的能量和角动量及其分量，解释了原子光谱。电子受原子核的吸引，形成指向原子核中心的力场，此种力场称为有心力场。在有心力场的作用下，电子与原子核的距离不同，状态不同，能量不同。量子力学解决了原子核外电子结构和能级顺序，并由构造原理总结得出原子的电子组态。原子的电子组态具有周期性特点，并按核电荷数排列成周期表，这种周期表同步反映了元素原子的周期性质。原子的电子组态结

构反映了原子的斯莱特轨道能级，以及哈特里-福克方程解得的原子轨道能级，并与实验结合能确定的原子轨道能级顺序一致。原子的电子组态结构所遵循的能量最低原理、泡利不相容原理、洪德规则是原子光谱研究成果的结晶，也是量子力学解决原子体系的必然结果。

原子中电子的运动状态由 4 个量子数表达，$\psi_{nlmm_s}=\phi_{nlm}\eta_{m_s}$，而原子轨道能级，与主量子数 n 和角量子数 l 有关，具体由哈特里-福克方程解得，也可以由中心力场近似得到

$$E_n=-\frac{(Z-\sigma)^2}{2n^2}$$

如果轨道的主量子数 n 和角量子数 l 相同，而磁量子数 m 和自旋磁量子数 m_s 不同，那么这些轨道的能量相同，是简并轨道。当只考虑电子的轨道运动 ϕ_{nlm}，不考虑电子的自旋运动时，按照 $m=0,\pm1,\pm2,\cdots,\pm l$ 的取值规则，对于角量子数 l 一定，m 的取值数为 $2l+1$，简并轨道数为

$$d_{lm}=2l+1 \tag{3-109}$$

简并轨道指电子绕核运动的那些能量相等的轨道。就类氢离子体系，主量子数 n 一定，l 取值为 $1,2,3,\cdots,(n-1)$，则简并轨道总数为

$$d'_{nlm}=\sum_{l=0}^{n-1}(2l+1)=n^2 \tag{3-110}$$

此简并轨道总数就是主量子数 n 所代表的原子壳层中的轨道数。就多电子原子体系，倘若既考虑电子的轨道运动 ϕ_{nlm}，又考虑电子的自旋运动 η_{m_s} 时，电子将由完全波函数 ψ_{nlmm_s} 表达，按照自旋磁量子数取值规则 $m_s=\pm\frac{1}{2}$，指定的轨道 ϕ_{nlm} 上最多只容纳两个电子，简并轨道总数变为

$$d''_{nlmm_s}=\sum_{l=0}^{n-1}2(2l+1)=2n^2 \tag{3-111}$$

此简并轨道总数等于主量子数 n 所代表的原子壳层中的电子填充数。对于多电子原子体系，在主量子数为 n 的壳层中，当角量子数 l 取不同值时，每一个 l 取值下的简并轨道组成亚壳层。下面通过实例写出各亚壳层的简并轨道，计算出简并轨道数。

【例 3-5】　写出在主量子数 $n=5$ 的壳层中，各亚壳层的简并轨道以及简并轨道数。

解： $n=5$，$l=0,1,2,3,4$，$m=0,\pm1,\pm2,\cdots,\pm l$，按照 3 个量子数组合出各轨道，各亚壳层包含的简并轨道以及简并轨道数列于表 3-5。

表 3-5　壳层 $n=5$ 各亚壳层的简并轨道和简并轨道数

l	光谱记号	亚壳层轨道（nlm）（用 3 个量子数表示）	简并轨道数	电子填充数
0	5s	（500）	1	2
1	5p	（510）（511）（51–1）	3	6
2	5d	（520）（521）（52–1）（522）（52–2）	5	10
3	5f	（530）（531）（53–1）（532）（53--2）（533）（53–3）	7	14
4	5g	（540）（541）（54–1）（542）（54–2）（543）（54–3）（544）（54–4）	9	18

3.7.2　原子的轨道能级顺序和电子组态

根据光电子能谱测定的原子轨道能级顺序，当内层轨道填满电子时，主量子数一定，角量子数越大，能量越高，能级由低到高的顺序为

$$E_{ns}<E_{np}<E_{nd}<E_{nf} \tag{3-112}$$

当只有部分价层轨道填充电子时，主量子数相近的轨道出现能级交错现象，价层轨道能级顺序服从 $(n+0.7l)$ 经验规则：价层轨道的 $(n+0.7l)$ 数值的整数相同，属于同一能级组，数值越小，能级越低。按照此经验规则，各原子的价层轨道能级顺序按原子序数由小到大依次为

1s、2s2p、3s3p、4s3d4p、5s4d5p、6s4f5d6p、7s5f6d7p　（3-113）

预见未知元素中能量更高的价层轨道能级顺序，如 8s5g6f7d8p 和 9s6g7f8d9p，经验规则修正为$(n+0.8l)$，各原子的价层轨道能级顺序按原子序数由小到大依次为

$$1s、2s2p、3s3p、4s3d4p、5s4d5p、6s4f5d6p、7s5f6d7p、8s5g6f7d8p、9s6g7f8d9p \quad (3\text{-}114)$$

原子的价层轨道能级顺序可以用一个轨道排列阵列图表示，见图 3-15。沿箭头指定的对角线方向，可以得出式（3-114）所列出的轨道能级顺序。

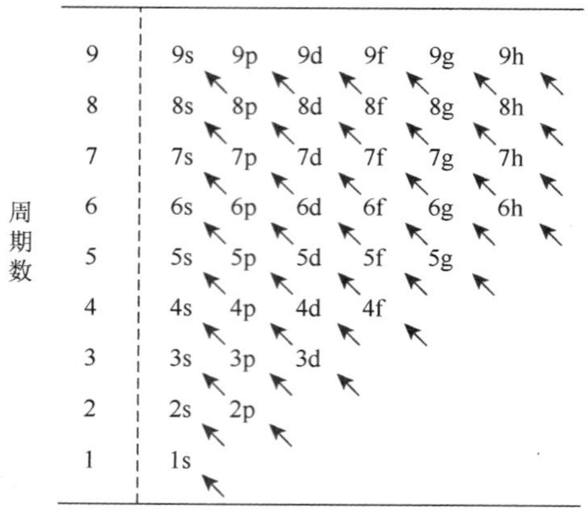

图 3-15　原子的价层轨道能级顺序

每一周期元素的价层轨道能级顺序是以 ns 轨道开始，以 np 轨道结束。ns 和 np 轨道之间的能级交错轨道满足如下顺序组合

$$\begin{aligned}&ns\ np\\&ns\ (n-1)d\ np\\&ns\ (n-2)f\ (n-1)d\ np\\&ns\ (n-3)g\ (n-2)f\ (n-1)d\ np\end{aligned} \quad (3\text{-}115)$$

价层轨道的主量子数越小，原子的总能量越低。核电荷数每增加 1，就增加一个电子，对应周期表中一个元素，主量子数就是能级组序数，也等于周期表中的周期数。能级组出现 d、f、g、h 轨道的主量子数分别为 3、4、5、6，将 $n=3$ 代入式（3-115），得 3s3p 能级组；将 $n=4$ 代入，得 4s3d4p 能级组；将 $n=5$ 代入，得 5s4d5p 能级组；将 $n=6$ 代入，得 6s4f5d6p 能级组；将 $n=7$ 代入，得 7s5f6d7p 能级组；……，依次类推。按照式（3-115）组合出的轨道能级组，与图 3-15 所示的排列得出的轨道能级组相同。

主量子数为 n，角量子数相同的轨道又组成亚壳层，如填满电子的内壳层 3s3p3d，由亚壳层 3s、3p、3d 组成；填满电子的能级组 5s4d5p，由亚壳层 5s、4d、5p 组成。原子激发态与外层空轨道有关，激发态原子的电子组态也包含外层空轨道，按壳层或能级组完整写出。

每一周期元素原子的价层轨道能级组决定了价层电子组态和周期性质，价层轨道能级组所能容纳的电子数也是该周期的元素数。价层轨道能级组的轨道顺序也是电子填充顺序，不能改变。当电子填充完后，价层电子组态的书写顺序可以按主量子数由小到大的顺序重新排列。原子的内层轨道存在壳层结构，只需按照 ns np nd nf 顺序填充，也可以用相应惰性气体元素符号表示，因为每一周期的能级组填满电子后，就对应一个惰性气体元素原子的电子结构。为了快速、准确地书写周期表中任意原子的电子组态，根据图 3-15 排列出能级组，构造表 3-6，由能级组中各亚壳层轨道容纳的电子数，定出各周期的元素数，就可以确认各周期元素的原子序数范围，以及该元素的价层轨道能级组，进而写出原子的电子组态。

表 3-6　元素原子的价层轨道能级组在周期表中的位置

周期数	轨道能级组	$(n+0.8l)$ 值	元素数	原子序数范围	惰性气体元素	壳层的光谱符号表示
1	1s	1.0	2	1～2	He	K^2
2	2s2p	2.0; 2.8	8	3～10	Ne	K^2L^8
3	3s3p	3.0; 3.8	8	11～18	Ar	$K^2L^8M^8$
4	4s3d4p	4.0; 4.6; 4.8	18	19～36	Kr	$K^2L^8M^{18}N^8$

续表

周期数	轨道能级组	$(n+0.8l)$ 值	元素数	原子序数范围	惰性气体元素	壳层的光谱符号表示
5	5s4d5p	5.0; 5.6; 5.8	18	37～54	Xe	$K^2L^8M^{18}N^{18}O^8$
6	6s4f5d6p	6.0; 6.4; 6.6; 6.8	32	55～86	Rn	$K^2L^8M^{18}N^{32}O^{18}P^8$
7	7s5f6d7p	7.0; 7.4; 7.6; 7.8	32	87～118	Og	$K^2L^8M^{18}N^{32}O^{32}P^{18}Q^8$
8	8s5g6f7d8p	8.0; 8.2; 8.4; 8.6; 8.8	50	119～168	—	—
9	9s6g7f8d9p	9.0; 9.2; 9.4; 9.6; 9.8	50	169～218	—	—

【例 3-6】 写出铱元素原子（核电荷数 $Z=77$）的价电子组态，并确定在周期表中的位置。

解： 由表 3-6，按照能量由低到高的顺序，原子内壳层依次为（1s）（2s2p）（3s3p3d）（4s4p4d4f），填充电子数依次为（2）（8）（18）（32）。内壳层前 5 组能级组 1s、2s2p、3s3p、4s3d4p、5s4d5p 等全部填满，对应于惰性气体元素原子组态，表示为[Xe]，总电子数为 54。紧接着是 $n=6$ 的价层轨道能级组 6s4f5d6p，价层能级组 s、p 轨道的主量子数，也等于元素所在的周期数。按泡利不相容原理、洪德规则，还需填充的价电子数为 $77-54=23$。于是，铱原子的价电子组态为 $[Xe]6s^2 4f^{14} 5d^7 6p$，最后按主量子数顺序表示为 $[Xe]4f^{14} 5d^7 6s^2$，其中，5d 轨道的单占据数为 3，双占据数为 2。铱元素的价层能级组 s、p 轨道的主量子数 $n=6$，即位于周期表第六周期。

由于全满和半满组态的稳定性较高，金元素原子（核电荷数 $Z=79$）的价电子组态填充应为 $[Xe]6s^1 4f^{14} 5d^{10} 6p$，表示为 $[Xe]4f^{14} 5d^{10} 6s^1$。部分原子的电子组态不符合构造原理，属于特殊情况，这是由于价层轨道能级组中各轨道的能量相近，可以形成各种可能占据组态，其中，最稳定的占据组态应由原子总能量决定，总能量最低的组态为基态，基态最稳定。

原子的内壳层有一套光谱符号，见表 3-7。随着电子的填充，这些内壳层轨道的能量降低，能级紧密靠近，形成壳层。能量较低的外部激发光源，如紫外可见光，对其影响较小，只有高能 X 射线能激发内壳层轨道上的电子。在现今已发现的元素中，没有电子排列到 5g 轨道上，也就是完整的内壳层只有 1s、2s2p、3s3p3d、4s4p4d4f，对应的光谱符号分别为 K、L、M、N，在壳层 N 之后排列的壳层电子数都小于壳层所能容纳的最多电子数。从电子能谱实验数据可见，靠近价层轨道的内层轨道，也会出现填满电子的亚壳层，组成不完整的壳层结构，从惰性气体元素原子的电子组态就可以看出这种不完整的壳层结构。

表 3-7　原子的内壳层轨道组成和光谱符号

主量子数	内壳层轨道组成	能容纳的最多电子数	光谱符号
1	1s	2	K
2	2s2p	8	L
3	3s3p3d	18	M
4	4s4p4d4f	32	N
5	5s5p5d5f5g	50	O
6	6s6p6d6f6g6h	72	P
7	7s7p7d7f7g7h7i	98	Q

【例 3-7】 写出惰性气体元素原子氡（$Z=86$）的壳层结构，以及壳层结构的轨道组成和电子数。

解： 由表 3-6 可知，氡原子的 1s、2s2p、3s3p、4s3d4p、5s4d5p、6s4f5d6p 等轨道能级组填满了电子，在这些轨道能级组中，1s、2s2p、3s3p3d、4s4p4d4f 组成完整的全充满内壳层，余下轨道能组成全充满亚壳层的有 5s5p5d、6s6p。我们按照主量子数由小到大排列，就得到氡原子的壳层结构及其轨道组成：

$$1s(K)、2s2p(L)、3s3p3d(M)、4s4p4d4f(N)、5s5p5d(O)、6s6p(P) \tag{3-116}$$

对应的电子数分别为 $2_1+8_2+18_3+32_4+18_5+8_6$，总电子数为 86，与核电荷数相等，其中下标代表主量子数或壳层序数。当然也可以用如下光谱符号表示

$$K^2L^8M^{18}N^{32}O^{18}P^8 \tag{3-117}$$

其中，上标是壳层填充的电子数，K、L、M、N 的所有亚壳层轨道都填满了电子，是完整的内壳层，能量很低；O、P 壳层只有部分亚壳层填满，分别为 5s5p5d、6s6p，能量较高的 6s6p 亚壳层处于价层。用光谱

符号表示壳层轨道能级顺序时简略清楚，是研究原子光谱经常使用的符号，表 3-7 列出了光谱符号字母所代表的壳层和轨道组成。我们必须注意，将这些氢原子轨道符号用于复杂原子，其轨道能量因电子相关能的出现完全不同了。壳层结构不同于价层能级组，壳层结构由主量子数标记，角量子数越大，能量越高；电子填充到价层能级组，轨道出现能级交错，按轨道结合能顺序排列。原子的化学性质与价层轨道电子有很大的关系，因而表达原子的价电子组态更为重要。

3.8　原子光谱项

原子核和核外电子是一个电磁系统，带电粒子之间的相对运动，除了粒子性还有波动性，随着原子核电荷数增大，电场增强，核外电子呈现不同的状态分布，对应不同的轨道能级。原子受激发电弧或光源的作用所产生的原子光谱，是内部和外部电磁场共同表现的结果。在自由原子中，核外电子的状态和轨道能级是不变的，受外部激发光源或电磁场的作用，电子的状态发生变化，产生能量变化，表现为吸收特定频率的光子，或放出特定频率的光子。

活泼元素的化学性质表明原子的价电子相对活跃，内层轨道填满了电子，受原子核束缚能量降低，相对稳定，内壳层电子与原子核构成原子芯，或称原子实。价层轨道是指能量远高于内壳层轨道，与原子芯存在较大能差的轨道，按壳层结构排列顺序，是那些填充有电子但又未填满电子的亚壳层轨道，由于能级交错，有时会涉及能量很接近的相邻壳层轨道。如铁原子的壳层结构为 $K^2L^8M^{14}N^2$，原子的电子组态为[Ar]$3d^64s^24p$，价层轨道为 3d 和 4s4p，价层轨道涉及 M 和 N 壳层。尽管原子芯填满了电子，但相对运动空间仍比原子核大得多，价层电子仍可以穿越原子芯，钻穿到原子核附近，使其受到的屏蔽作用减小，能量降低。

原子价电子吸收特定能量的光子向外层空轨道跃迁，形成激发态，电子再从外层价轨道以辐射光子的方式跃迁到原来的价轨道，回到基态，原子的电子能级之间的跃迁形成原子光谱，波长在紫外可见光区。当以紫外可见光作为光源，其能量不足以激发原子芯内电子，通常价层轨道上的电子受激跃迁到外层空轨道，此时原子芯相对稳定。原子光谱的某条谱线波长与两个轨道有关，一个是基态原子的受激价电子所占据的轨道，另一个是外层空轨道。这两个轨道的精确能量决定了谱线位置，同时考虑到激发后原子的其他轨道的能量会发生变化，谱线波长数值由基态原子总能量与对应激发态原子总能量之差决定。

首先必须制定基态原子和激发态原子的电子组态，分别计算相应的总能量。设基态原子和激发态原子的总能量分别为 E_{gr} 和 E_{ex}，则谱线波长为

$$\lambda = \frac{hc}{E_{ex} - E_{gr}} \tag{3-118}$$

可以在不同精度标准下，得到基态原子和激发态原子的总能量，显然精度不同，与实验波长的误差不同，但这不影响我们从理论上归属光谱线，因为光谱谱线也有精度水准，如光谱的精细结构，即一条谱线由靠得很近的几条谱线组成，又如外磁场下谱线的分裂，只有用高分辨光谱仪才能观察到。

3.8.1　自旋-轨道耦合与谱线分裂

在波动方程提出之前，玻尔、泡利、索末菲、洪德等就对原子光谱进行了广泛的研究，但都把电子的运动看成是圆周或椭圆轨道运动，按照电动力学的方法解决电子的轨道能量，所以电磁作用能是恒定不变的物理量。在电子波动性得到实验证明之后，电子的轨道运动模型就不再合理了。波动受原子内的电磁作用力的作用和约束，电子波是概率波，当某电子与其他电子的排斥力通过该电子与其他电子的电子云的排斥进行计算时，就忽略了瞬时作用力。根据泡利不相容原理，任何电子不可能有完全相同的自旋-轨道运动状态，某时间在空间某点不可能同时出现两个电子，那么，两个自旋方向相同的电子就不可能靠得很近，以避免具有完全相同的状态，而自旋相同的一组电子在占据能量相近的一组轨道时，就要求按洪德规则尽可能分占各轨道。波动性、泡利不相容原理、洪德规则表明玻尔量子论存在缺陷。

求解自由原子的非相对论薛定谔方程，解决了核外电子状态和轨道能级问题，反映了电子与核、电子与电子之间静电势的大小，这个结果并没有完全反映电子所受的电磁力，因而解得的轨道和能级并不等于原子光谱所确定的轨道和能级，需要进行动能、自旋-轨道耦合的相对论校正。利用相对论狄拉克方程求解

电子的运动方程，更为逼近原子光谱测定时的真实场景，外部电磁场作用在电子上，电子的轨道磁矩和自旋磁矩相对于外磁场取向，影响电子运动速度、动量、动能，这种影响以场函数的形式写入动量算符表达式，并产生自旋-轨道耦合项，所以相对论方程更为真实地表达了原子中电子的运动。无论求解的是相对论还是非相对论波动方程，其轨道能量和波函数都可能是数值解，但轨道能量仍然是量子化的，人们仍习惯用量子数表达这些能级，以归属实验光谱线的波长，以及对应的原子轨道能级。其次，人们也试图用参数化的函数形式表达原子中电子的真实状态和能量，也可以用对照实验光谱线波长的方法，确定参数，以获得满意的状态函数形式，同样赋予相应的量子数。

受氢原子精确解的指引，原子核外单电子的轨道、自旋和能量仍然用 4 个量子数 (n,l,m,m_s) 表示，仍称为原子轨道。原子核外电子的状态用量子数表示，不同的原子状态能量不同。因而我们可以说，原子中的轨道被电子占据，原子轨道上填充了电子。基态是原子的状态，激发态也是原子的状态，它们都由不同状态的电子集合体组成，统称原子态。下面以较为精确的方式表达原子内电子集合体的总能量算符，在非相对论方程中引入自旋-轨道耦合作用能。设原子的电子数为 N，则原子的总能量算符为

$$\hat{H}=\sum_{i=1}^{N}\left(-\frac{\hbar^2}{2\mu}\nabla_i^2-\frac{Ze^2}{4\pi\varepsilon_0 r_i}\right)+\frac{1}{2}\sum_{i=1}^{N}\sum_{j=1}^{N}\frac{Ze^2}{4\pi\varepsilon_0 r_{ij}}+\sum_{i=1}^{N}\frac{\hbar^2}{2m^2c^2r_i}\frac{\partial V(r_i)}{\partial r_i}\left(\hat{S}_i\cdot\hat{L}_i\right) \tag{3-119}$$

首先，按照中心力场近似，分别用参数化的斯莱特轨道波函数 $\left\{\phi_{n_1l_1m_1}(q_1),\phi_{n_2l_2m_2}(q_1),\cdots,\phi_{n_Nl_Nm_N}(q_N)\right\}$，构造原子的基组态行列式波函数：

$$\varPhi^{(0)}=\frac{1}{\sqrt{N!}}\left|\psi_{n_1l_1m_1m_{s1}}(q_1)\psi_{n_2l_2m_2m_{s2}}(q_2)\cdots\psi_{n_Nl_Nm_Nm_{sN}}(q_N)\right| \tag{3-120}$$

其中，$\psi_{n_il_im_im_{si}}(q_i)=\phi_{n_il_im_i}(q_i)\eta_{m_{si}}(\sigma_i)$（$i=1,2,\cdots,N$）。这组斯莱特轨道波函数也可以构建一个球形对称的排斥势能函数，使得在球形对称的中心场中转变为单电子坐标 i 的函数：

$$\hat{U}(r_i)=\sum_{j\neq i}\frac{e^2}{4\pi\varepsilon_0}\int\frac{\left|\psi_j(r_j)\right|^2}{\left|\boldsymbol{r}_i-\boldsymbol{r}_j\right|}\mathrm{d}\tau_j \tag{3-121}$$

上式对 j 电子坐标变量积分后，变为电子坐标 i 的函数。将电子排斥势能转变为单电子坐标的函数后，原子的总能量算符重新表达为

$$\begin{aligned}\hat{H}&=\sum_{i=1}^{N}\left(-\frac{\hbar^2}{2\mu}\nabla_i^2-\frac{Ze^2}{4\pi\varepsilon_0 r_i}+\hat{U}_i(r_i)\right)+\sum_{i=1}^{N}\left[\sum_{j=1}^{N}\frac{Ze^2}{8\pi\varepsilon_0 r_{ij}}-\hat{U}_i(r_i)\right]+\sum_{i=1}^{N}\frac{\hbar^2}{2m^2c^2r_i}\frac{\partial V(r_i)}{\partial r_i}\left(\hat{S}_i\cdot\hat{L}_i\right)\\&=\hat{H}_0+\hat{H}_1+\hat{H}_{\text{L-S}}\end{aligned} \tag{3-122}$$

如果排斥势能函数 $\hat{U}_i(r_i)$ 构造得好，第二求和项 $\hat{H}_1$ 可以变得很小。第一项求和项是中心力场近似下的能量算符对应定态薛定谔方程：

$$\hat{H}_0\varPhi^{(0)}=E^{(0)}\varPhi^{(0)} \tag{3-123}$$

设方程 $E^{(0)}$ 是若干参量的函数，参量可以设置在基函数中。行列式波函数 $\varPhi^{(0)}$ 的对角展开项为 $\prod_{i=1}^{N}\phi_{n_il_im_i}(q_i)\eta_{m_{si}}(\sigma_i)$，交换 (q_i,σ_i) 和 (q_j,σ_j) 坐标，共有项数 $N!$。每一项积分按坐标编号归并，经过变分求极值，演变为一组基函数下的矩阵方程。再对基函数进行酉变换，将能量矩阵对角化，方程被化解为单电子哈特里-福克方程组。用自洽场方法求解哈特里-福克方程得到数值解，轨道能级也对应由 n_i 和 l_i 量子数决定。

为了得到函数解，设 $E^{(0)}=\sum_{i=1}^{N}\varepsilon_i(n_i,l_i)$，$\varPhi^{(0)}=\prod_{i=1}^{N}\phi_{n_il_im_i}(q_i)\eta_{m_{si}}(\sigma_i)$，而轨道函数 $\phi_{n_il_im_i}(q_i)=R_{n_il_i}(r_i)Y_{l_im_i}(\theta_i,\varphi_i)$，其中角度函数与氢原子的角度函数相同，径向函数就是如下哈特里方程的解

$$\frac{\mathrm{d}^2R_{n_il_i}}{\mathrm{d}r_i^2}+\frac{2}{r_i}\frac{\mathrm{d}R_{n_il_i}}{\mathrm{d}r_i}+\frac{2\mu}{\hbar^2}\left\{\left[\varepsilon_{n_il_i}+\frac{Ze^2}{4\pi\varepsilon_0 r_i}-\hat{U}_i(r_i)\right]-\frac{\hbar^2}{2\mu}\frac{l_i(l_i+1)}{r_i^2}\right\}R_{n_il_i}=0 \tag{3-124}$$

求解结果与氢原子轨道相似，能量同时与主量子数 n_i 和角量子数 l_i 有关。

式（3-122）中第二项求和代表的是总电子排斥势能减去球形对称的排斥势能 $\hat{U}_i(r_i)$，当原子核外电子数增加，有些电子必然占据角量子数较大的轨道，这些电子所呈现的相互排斥作用并不是球形对称的，显

然把它们当作球形的电子云分布，是一种近似，不过只要构造极好的$\hat{U}_i(r_i)$，可以使这个差值变为小量。

第三项求和是所有电子的自旋-轨道耦合作用能，属于磁相互作用力的能量形式，和核对电子的吸引能、电子与电子的排斥能比较是小量，不直接通过求解薛定谔方程解得，而是通过微扰法的一级校正公式求得。

$$E_{LS}^{(1)} = \left\langle \Phi^{(0)} \middle| \hat{H}_{L\text{-}S} \middle| \Phi^{(0)} \right\rangle \tag{3-125}$$

此积分不采取一般积分运算的方式求算，因为自旋-轨道耦合算符表达为轨道角动量、自旋角动量、总角动量算符的形式

$$\hat{h}_i^{LS} = \hat{S}_i \cdot \hat{L}_i = \frac{1}{2}\left(\hat{J}_i^2 - \hat{L}_i^2 - \hat{S}_i^2\right) \tag{3-126}$$

组态波函数$\Phi^{(0)}$的每一项基函数$\psi_{n_i l_i m_i m_{si}}(q_i)$是算符集合$\left\{\hat{H}_0 + \hat{H}_1, \hat{L}^2, \hat{S}^2, \hat{L}_z, \hat{S}_z\right\}$共同的本征函数，其中，基函数的角度函数同时是算符集合$\left\{\hat{L}^2, \hat{S}^2, \hat{L}_z, \hat{S}_z\right\}$的本征函数，根据自旋和轨道角动量本征方程，与自旋-轨道耦合算符$\hat{S}_i \cdot \hat{L}_i$相关联的耦合波函数只需用相应自旋量子数和角量子数就可以分别求出对应的自旋角动量和轨道角动量，即只需用角量子数代表轨道运动状态，以及用自旋量子数代表自旋状态，积分计算较为简单。根据式（3-126），总角动量是耦合角动量，只需找到各种可能的耦合态，以及对应量子数 l 和 s，将参与耦合的本征函数线性组合，由角动量耦合规则定出组合系数，就成为总角动量的本征函数，用总角量子数求出总角动量。

由于自旋-轨道耦合，哈特里-福克方程能级$\varepsilon_i(n_1, l_i)$发生了分裂，增加或减少了一个小量，分裂后的能级显然仅与角量子数、自旋量子数、总角量子数有关，求自旋-轨道耦合校正能的波函数也称为耦合波函数，当用量子数简化表示时，自旋-轨道耦合校正能演化为

$$\begin{aligned} E_{LS}^{(1)} &= \sum_i \left\langle R_{n_i l_i}(r_i) \middle| \frac{1}{4\pi\varepsilon_0} \frac{Z^* e^2}{m^2 c^2 r_i^3} \middle| R_{n_i l_i}(r_i) \right\rangle \left\langle LSJM_J \middle| \hat{S}_i \cdot \hat{L}_i \middle| LSJM_J \right\rangle \\ &= \sum_i \xi_i \left\langle LSJM_J \middle| \hat{S}_i \cdot \hat{L}_i \middle| LSJM_J \right\rangle \end{aligned} \tag{3-127}$$

其中，ξ_i为自旋-轨道耦合系数。电子之间的 ll 耦合、ss 耦合、ls 耦合所产生的耦合态，对应的耦合波函数用耦合量子数 L、S、J、M_J 表示。

3.8.2　总轨道角动量、轨道角动量耦合

角动量耦合的必要性是轨道和自旋运动分别产生的磁偶极子之间的磁相互作用，导致$\varepsilon_i(n_1, l_i)$能级分裂，在原子光谱中表现为一条谱线分裂为若干条谱线，包括一个电子的轨道磁偶极子与另一个电子的轨道磁偶极子的磁相互作用，一个电子的自旋磁偶极子与另一个电子的自旋磁偶极子的磁相互作用，电子的自旋磁偶极子与轨道磁偶极子的磁相互作用。由于轨道磁偶极子与轨道角动量成正比，自旋磁偶极子与自旋角动量成正比，磁相互作用能都表示为角动量算符形式，因而讨论磁相互作用也就从角动量耦合开始。

量子力学的基本原理是微观粒子的物理量变化是量子化的，能量、角动量、自旋角动量，以及角动量和自旋角动量的磁场分量都是如此，对应的主量子数、角量子数、自旋角量子数、磁量子数和自旋磁量子数的取值间隔都是整数，虽然自旋磁量子数不是整数，但两个取值的差值却是整数，更重要的是这些量子数的两个相邻取值都相差 1。原子也是微观粒子，原子态的物理量除了具有粒子性所表现出的离散值的加和特性之外，也具有量子化特性，各种磁耦合作用也不改变量子化特性。

原子中所有价电子的轨道磁矩耦合数值必与它们的总轨道角动量成正比，对应用总角动量量子数表示。按照矢量运算法则，总轨道角动量等于所有价电子轨道角动量的合矢量。下面以碳原子为例，先写出原子基态的电子组态[He]$2s^2 2p^2$，其中亚壳层 $1s^2$ 和 $2s^2$ 电子的总轨道角动量和总自旋角动量均等于零，只有价层 $2p^2$ 电子对原子的总角动量有贡献。$2p^2$ 轨道上两个电子的角量子数分别为l_1和l_2，$l_1 = l_2 = 1$，相应的轨道角动量分别为$\boldsymbol{A}_1$和$\boldsymbol{A}_2$。当两个电子的磁量子数m_1和m_2不确定，即两个电子可以在简并轨道上占据任意两个轨道$(2,1,m_1)$和$(2,1,m_2)$，可以组合出的耦合状态数共有$C_3^2 = 3$个。按照 STO 轨道函数，角度函数与氢原子的角度函数相似，是轨道角动量算符的本征函数：

$$\hat{A}^2 Y_{l_1 m_1}(\theta_1,\varphi_1) = l_1(l_1+1)\hbar^2 Y_{l_1 m_1}(\theta_1,\varphi_1),\quad A_1 = \sqrt{l_1(l_1+1)}\hbar = \sqrt{2}\hbar$$
$$\hat{A}^2 Y_{l_2 m_2}(\theta_2,\varphi_2) = l_2(l_2+1)\hbar^2 Y_{l_2 m_2}(\theta_2,\varphi_2),\quad A_2 = \sqrt{l_2(l_2+1)}\hbar = \sqrt{2}\hbar \tag{3-128}$$

两个电子的角动量矢量的方向见图 3-16，按照矢量加和法则，耦合后的总角动量 $\boldsymbol{A}$ 为

$$\boldsymbol{A} = \boldsymbol{A}_1 + \boldsymbol{A}_2$$

角动量的数值为

$$A^2 = \boldsymbol{A}\cdot\boldsymbol{A} = (\boldsymbol{A}_1+\boldsymbol{A}_2)\cdot(\boldsymbol{A}_1+\boldsymbol{A}_2) = A_1^2 + A_2^2 + 2A_1A_2\cos\varpi \tag{3-129}$$

将式（3-128）代入得

$$A^2 = 4\hbar^2(1+\cos\varpi) \tag{3-130}$$

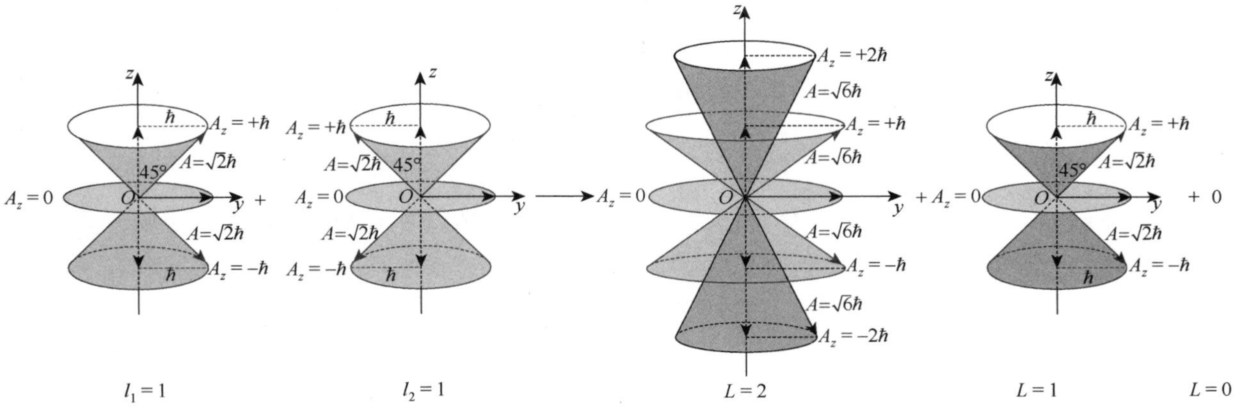

图 3-16　角量子数 $l_1=1$ 和 $l_2=1$ 耦合生成的总轨道角动量的方向，对应的总轨道角量子数 L 分别为2,1,0

当两个角动量矢量的相对方向用矢量交角 ϖ 表示，分别为 60°、120°、180°时，总角动量的大小（合矢量）分别为

$$A = 2\hbar\sqrt{1+\cos\varpi}\begin{cases}\sqrt{6}\hbar, \varpi = 60^\circ\\ \sqrt{2}\hbar, \varpi = 120^\circ\\ 0, \varpi = 180^\circ\end{cases} \tag{3-131}$$

并归纳得出：原子态的总角动量为 $\boldsymbol{A}$，则总角动量算符 $\hat{\boldsymbol{A}}$ 满足的本征方程为

$$\hat{A}^2 Y_{LM_L}(\theta,\varphi) = L(L+1)\hbar^2 Y_{LM_L}(\theta,\varphi),\ A = \sqrt{L(L+1)}\hbar \tag{3-132}$$

其中，L 为总轨道角量子数，对应取值 $L=2,1,0$。这说明两个电子的轨道角动量耦合结果并不改变角动量的量子特性——离散取值和量子化，包括角动量的方向量子化。

两个电子的轨道角动量 $\boldsymbol{A}_1$ 和 $\boldsymbol{A}_2$，以及耦合的轨道角动量 $\boldsymbol{A}$，投影在 z 轴，其 z 分量或磁场分量按标量进行组合相加，可以得到总轨道角动量的所有 z 分量，

$$\hat{A}_{z1} Y_{l_1 m_1}(\theta_1,\varphi_1) = m_1\hbar Y_{l_1 m_1}(\theta_1,\varphi_1),\ A_{z1} = m_1\hbar,\ m_1 = -1,0,+1$$
$$\hat{A}_{z2} Y_{l_2 m_2}(\theta_2,\varphi_2) = m_2\hbar Y_{l_2 m_2}(\theta_2,\varphi_2),\ A_{z2} = m_2\hbar,\ m_2 = -1,0,+1 \tag{3-133}$$

那么，耦合后总轨道角动量的磁场分量的取向为同一方向，按标量组合相加，结果列于表 3-8。

表 3-8　两电子的轨道角量子数组合

		$l_1=1, m_1$		
		−1	0	+1
$l_2=1, m_2$	−1	−2	−1	0
	0	−1	0	+1
	+1	0	+1	+2

轨道角量子数取值为包括零的正值，按此取值规则，总轨道角量子数 $L=2,1,0$ 共三个取值，最大为 $L_{\max}=l_1+l_2=2$，对应的磁场方向分量有 $A_z=-2\hbar,-\hbar,0,+\hbar,+2\hbar$；最小值为 $L_{\min}=|l_1-l_2|=0$，对应的磁场方向分量 $A_z=0$；按量子数的取值规则，中间可以取 $L=1$，对应的磁场方向分量有 $A_z=-\hbar,0,+\hbar$；概括起来总轨道角动量的 z 分量满足本征方程：

$$\hat{A}_z Y_{LM_L}(\theta,\varphi)=M_L\hbar Y_{LM_L}(\theta,\varphi),\ A_z=M_L\hbar \tag{3-134}$$

当 $L=2$，$M_L=m_1+m_2=-2,-1,0,+1,+2$；

当 $L=1$，$M_L=m_1+m_2=-1,0,+1$；

当 $L=0$，$M_L=0$。

M_L 称为总轨道磁量子数，$M_L=m_1+m_2$，它就是两个电子的磁量子数直接组合相加的结果，各个总轨道磁量子数取值都可以从表 3-8 的组合状态中找到。总轨道角动量的 z 分量也不改变角动量的方向量子化特性，总轨道角动量方向与 z 分量的关系见图 3-16。轨道角动量的方向是不确定的，但不是任意的，每个电子的角动量都围绕总角动量进动，从而使得电子的运动状态相互制约。

我们将两个电子的状态用一般符号表示为 (n_1,l_1,m_1) 和 (n_2,l_2,m_2)，那么轨道角动量耦合为总轨道角动量，满足本征方程

$$\hat{A}^2 Y_{LM_L}(\theta,\varphi)=L(L+1)\hbar^2 Y_{LM_L}(\theta,\varphi),\ A=\sqrt{L(L+1)}\hbar$$

总轨道角量子数 L 的取值为 l_1+l_2，l_1+l_2-1，…，$|l_1-l_2|$。每个 L 取值下的总轨道角动量的磁场分量，满足本征方程

$$\hat{A}_z Y_{LM_L}(\theta,\varphi)=M_L\hbar Y_{LM_L}(\theta,\varphi),\ A_z=M_L\hbar$$

总轨道磁量子数的取值为 $M_L=0,\pm1,\cdots,\pm L$，共产生 $2L+1$ 个原子态。就碳原子，$M_L=m_1+m_2$ 按表 3-8 组合相加，耦合轨道数 (L,M_L) 等于 9。图 3-16 是角量子数 $l_1=1$ 和 $l_2=1$ 耦合生成的总轨道角动量的方向，对应的总轨道角量子数 L 分别为 2,1,0。

我们将上述耦合规则推广到多个电子的轨道角动量耦合，不断进行矢量相加，从而求得任意原子态的角动量耦合。以上角动量耦合是由两个电子的角量子数确定，在磁量子数不确定的情况下，通常组合出多个原子态。如果电子的磁量子数也被确定，那么耦合态是唯一的，由磁量子数相加 $M_L=m_1+m_2$，再按 L 和 M_L 的取值关系，定出 L。

在原子价层能级组中，能级最高的亚壳层轨道填满了电子，称为闭壳层电子组态，反之，能级最高的亚壳层只有部分轨道填充了电子，称为开壳层电子组态。如碱土金属 Mg[Ne]$3s^2$ 是闭壳层电子组态；ds 区元素 Zn[Ar]$3d^{10}4s^2$ 是闭壳层电子组态；惰性气体元素 Xe[Kr]$4d^{10}5s^25p^6$ 也是闭壳层组态。d 区元素 Fe[Ar]$3d^64s^2$ 是开壳层电子组态，周期表中绝大部分元素原子的电子组态是开壳层。闭壳层的总轨道角动量及其 z 分量均等于零，必有量子数 $L=0$，$M_L=0$。

【例 3-8】 设 l 相同的亚壳层上填满了电子，处于全满态 ns^2、np^6，推求耦合原子态的总轨道角量子数和总磁量子数。

解： 对于闭壳层 ns^2，两个电子的量子数均为 $(n,0,0)$，按照两个电子的轨道角动量耦合规则，总轨道角量子数只能取 $L=l_1+l_2=0$，总轨道磁量子数 $M_L=0$。

对于闭壳层 np^6，$l=1$，$m=-1,0,+1$。量子数分别为 $(n,1,-1)$ 和 $(n,1,+1)$ 的两对电子，按照轨道角动量耦合规则，总磁量子数 $M_L=m_1+m_2=0$；量子数都为 $(n,1,0)$ 的一对电子，总轨道磁量子数 $M_L=m_1+m_2=0$；总轨道角动量量子数只能取 $L=0$。

对于 l 相同的亚壳层，当亚壳层处于全满态 ns^2、np^6、nd^{10}、nf^{14}，全部电子的磁量子数被确定，产生的状态数就等于 1，直接将各电子的磁量子数相加，必然等于零（$M_L=m_1+m_2+\cdots+m_N=0$），按照角动量耦合规则，耦合的总轨道角动量等于零，总轨道角量子数 $L=0$。尽管电子的状态可以交换，但每次交换后，结果都一样。

对于核电荷数较大的原子，由于较多电子的存在，电子之间存在排斥力，排斥能的数量级为 1eV，当这些电子的能量是简并或占据的轨道能级接近，必然发生电子波的叠加，形成较强的排斥势，轨道磁偶极矩的相互作用很强，从而使原子不稳定。从轨道波函数图可知，各轨道波瓣的分布是相互规避的，原子中电子的排斥作用也就是相互规避的，以降低正项能量。泡利不相容原理指出同一轨道上的两个电子必须自旋

相反，意味着自旋磁量子数相同的两个电子在空间同一点附近微小区域同时出现的概率等于零，即相互规避，排斥能降低。尽管如此，排斥作用仍是不可避免的，但没有哈密顿算符表达式中表达的那么强。根据第 2 章关于轨道磁偶极矩的讨论，轨道磁偶极矩与轨道角动量成正比，方向相反，轨道角动量耦合导致形成了原子的多个总轨道角动量状态，每一状态对应一个能级，反映在原子光谱就是谱线分裂。总轨道角动量由总轨道角量子数 L 决定，不同总轨道角量子数代表的耦合能级，在原子光谱中也常用光谱符号表示，表 3-9 列出了总轨道角量子数取值与光谱符号的对应关系。

表 3-9　原子总轨道角量子数取值与光谱符号的对应关系

角量子数	0	1	2	3	4	5	6	7	8
光谱符号	S	P	D	F	G	H	I	K	L

3.8.3　总自旋角动量、自旋角动量耦合

用与轨道角动量耦合类比的方法，由各电子的自旋角动量推得耦合的总自旋角动量，由于每个电子自旋量子数只有一个取值 $s=\dfrac{1}{2}$，自旋磁量子数只有两个取值 $m_s=\dfrac{1}{2}$ 和 $m_s=-\dfrac{1}{2}$，所以纯粹的自旋角动量耦合较为简单。同样以碳原子为例，亚壳层 $2s^2$ 是闭壳层，自旋量子数和自旋磁量子数被确定，总自旋角动量和总自旋角动量的 z 分量均等于零。对于开壳层 $2p^2$，设两个电子的自旋量子数分别为 s_1 和 s_2，$s_1=s_2=\dfrac{1}{2}$，对应的自旋角动量分别为 $\boldsymbol{Z}_1$ 和 $\boldsymbol{Z}_2$。两个电子的自旋磁量子数 m_{s1} 和 m_{s2} 不确定，即两个电子可以在任意两个轨道 $(2,1,m_1)$ 和 $(2,1,m_2)$ 上选择自旋磁量子数，分别得到 $(2,1,m_1,m_{s1})$ 和 $(2,1,m_2,m_{s2})$。因为自旋函数是自旋角动量算符的本征函数：

$$\begin{aligned}&\hat{Z}^2\eta_{m_{s1}}(\sigma_1)=s_1(s_1+1)\hbar^2\eta_{m_{s1}}(\sigma_1),\ Z_1=\sqrt{s_1(s_1+1)}\hbar=\frac{\sqrt{3}}{2}\hbar\\&\hat{Z}^2\eta_{m_{s2}}(\sigma_2)=s_2(s_2+1)\hbar^2\eta_{m_{s2}}(\sigma_2),\ Z_2=\sqrt{s_2(s_2+1)}\hbar=\frac{\sqrt{3}}{2}\hbar\end{aligned}\tag{3-135}$$

两个电子的自旋角动量矢量方向见图 3-17，按照矢量加和法则，耦合后的总自旋角动量 $\boldsymbol{Z}$ 为

$$\boldsymbol{Z}=\boldsymbol{Z}_1+\boldsymbol{Z}_2$$

总自旋角动量的数值为

$$\begin{aligned}Z^2&=\boldsymbol{Z}\cdot\boldsymbol{Z}=(\boldsymbol{Z}_1+\boldsymbol{Z}_2)\cdot(\boldsymbol{Z}_1+\boldsymbol{Z}_2)\\&=Z_1^2+Z_2^2+2Z_1Z_2\cos\varpi\end{aligned}\tag{3-136}$$

将式（3-135）代入得

$$Z^2=\frac{3}{2}\hbar^2(1+\cos\varpi)\tag{3-137}$$

当两个自旋角动量矢量的相对方向用矢量交角 ϖ 表示分别为 70.53°和 180°时，总自旋角动量的大小（合矢量）分别为

$$Z=\hbar\sqrt{\frac{3}{2}(1+\cos\omega)}=\begin{cases}\sqrt{2}\hbar,\varpi=70.53°\\0,\varpi=180°\end{cases}\tag{3-138}$$

其 z 分量按 $\hbar$ 单位变化，即是量子化，由此归纳得出：原子的总自旋角动量为 $\boldsymbol{Z}$，则总自旋角动量算符 $\hat{Z}$ 满足的本征方程为

$$\hat{Z}^2\eta_{SM_S}(\sigma)=S(S+1)\hbar^2\eta_{SM_S}(\sigma),\ Z=\sqrt{S(S+1)}\hbar\tag{3-139}$$

当 $S=1$ 时，$M_S=m_{s1}+m_{s2}=-1,0,+1$；

当 $S=0$ 时，$M_S=0$。

其中，S 为总自旋量子数，对应取值 $S=1,0$；M_S 称为总自旋磁量子数，$M_S=m_{s1}+m_{s2}$，也是两个电子的自旋磁量子数直接组合相加的结果，见表 3-10。这说明两个电子的自旋角动量耦合结果也不改变角动量的量子特性——离散取值和量子化，包括自旋角动量的方向量子化。

表 3-10 两电子的自旋磁量子数组合

		$s_1 = 1/2, m_{s1}$	
		−1/2	+1/2
$s_2 = 1/2, m_{s2}$	−1/2	−1	0
	+1/2	0	+1

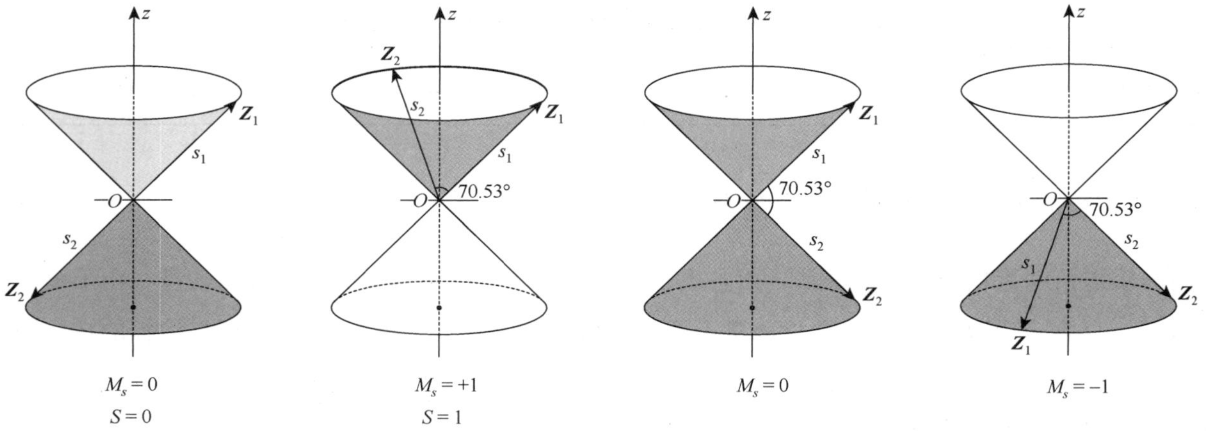

图 3-17 两个电子的自旋角动量矢量方向

总自旋量子数 S 的取值为 s_1+s_2，s_1+s_2-1，…，$|s_1-s_2|$。每个 S 取值下的总自旋角动量的磁场分量，满足本征方程

$$\hat{Z}_z\eta_{SM_S}(\sigma)=M_S\hbar\eta_{SM_S}(\sigma),\ Z_z=M_S\hbar$$
$$M_S=-S,-S+1,\cdots,S-1,S \tag{3-140}$$

M_S 称为总自旋磁量子数，取值可能是整数、零、半整数，共产生自旋状态 $2S+1$ 个。就碳原子，$M_S=m_{s1}+m_{s2}$，按表 3-10 组合相加，耦合的自旋状态数 (S,M_S) 等于 4。图 3-17 是自旋量子数 $s_1=\dfrac{1}{2}$ 和 $s_2=\dfrac{1}{2}$ 耦合生成的总自旋角动量，对应总自旋量子数 S 分别为 $1,0$。

原子光谱学定义了自旋多重度 $2S+1$，若 $S=1$，$2S+1=3$，$M_S=-1,0,+1$，表示三重态，对应自旋状态 (S, M_S) 分别为 $(1,-1)$、$(1,0)$、$(1,+1)$；若 $S=0$，$2S+1=1$，$M_S=0$，表示单重态，自旋状态为 $(0,0)$。自旋多重度也代表了因自旋运动导致的原子能级分裂度。全满亚壳层组态 ns^2、np^6、nd^{10}、nf^{14}，都属于单重态。每个轨道上占据着自旋相反的电子对，其自旋磁量子数分别被限定为 $m_s=\dfrac{1}{2}$ 和 $m_s=-\dfrac{1}{2}$，即有 $M_S=m_{s1}+m_{s2}=-\dfrac{1}{2}+\dfrac{1}{2}=0$，必然 $S=0$。

简并轨道上占据多个电子，存在多种组合的自旋状态，形成多重态。1925 年，洪德总结出一条经验规则：自旋多重度越大的原子态，能级越低。当原子态的自旋多重度 $2S+1$ 相等时，总角量子数 L 越大，能级越低。

同一轨道上电子的自旋单重态，表示两个电子的自旋磁矩反向，交角始终保持 180°，或自旋角动量反向，自旋态相反。显然，这与单电子氢原子不同，在有多个电子的原子体系中电子运动受到了限制。碳原子简并轨道上电子的自旋三重态，表示两个电子占据不同的简并轨道，自旋磁矩取向没有限制，它们的自旋态既可以相同，也可以相反。

【例 3-9】 写出基态氦原子（$1s^2$）在自旋单重态下的完全波函数。

解：按照泡利不相容原理，$1s^2$ 轨道上两个电子的状态分别为 $\left(1,0,0,+\dfrac{1}{2}\right)$、$\left(1,0,0,-\dfrac{1}{2}\right)$。$S=0$，$M_S=0$，原子态的反对称波函数为

$$\psi_{1s} = \phi_{1s}(1)\phi_{1s}(2)\frac{1}{\sqrt{2}}\left[\alpha(1)\beta(2) - \alpha(2)\beta(1)\right]$$

【例 3-10】　写出基态碳原子（$[He]2s^2 2p^2$）在自旋三重态下的完全波函数。

解：按照泡利不相容原理，$2s^2$ 是充满亚壳层，$S = 0$，$M_S = 0$，所以只考虑 $2p^2$。$2p^2$ 轨道上两个电子的状态分别为 $(2,1,m_1,m_{s1})$、$(2,1,m_2,m_{s2})$，没有限定磁量子数和自旋磁量子数。当 $l = 1$，完全波函数表示的总轨道数为 $2(2l+1) = 6$，现在就 2 个电子按完全波函数轨道进行组合排列，可以组合出的状态数共有 $C_6^2 = 15$，这种自旋-轨道组合就是 LS 耦合。原子三重态的反对称波函数为

$$\psi_{2p}^{(1)} = \frac{1}{\sqrt{2}}[\phi_{2p}(1)\phi_{2p'}(2) - \phi_{2p}(2)\phi_{2p'}(1)]\cdot\alpha(1)\alpha(2)$$

$$\psi_{2p}^{(2)} = \frac{1}{\sqrt{2}}[\phi_{2p}(1)\phi_{2p'}(2) - \phi_{2p}(2)\phi_{2p'}(1)]\cdot\beta(1)\beta(2)$$

$$\psi_{2p}^{(3)} = \frac{1}{\sqrt{2}}[\phi_{2p}(1)\phi_{2p'}(2) - \phi_{2p}(2)\phi_{2p'}(1)]\cdot\frac{1}{\sqrt{2}}[\alpha(1)\beta(2) + \alpha(2)\beta(1)]$$

其中，ϕ_{2p} 和 $\phi_{2p'}$ 分别是三个 p 轨道中任意两个 p 轨道波函数，组合产生的状态数为 $3C_3^2 = 3\times 3 = 9$。$2p^2$ 轨道上两个电子的自旋状态，也可以按泡利不相容原理给予限制，使其 $S = 0$，$M_S = 0$，形成单重态。两个电子的状态分别为 $\left(2,1,m_1,+\frac{1}{2}\right)$ 和 $\left(2,1,m_2,-\frac{1}{2}\right)$，当 $m_1 = m_2$，产生的状态数为 3；当 $m_1 \neq m_2$，组合产生的状态数为 $C_3^2 = 3$。

3.8.4　自旋-轨道耦合与总角动量

在原子芯内，电子填满了所有亚壳层，每个亚壳层的任意轨道上，两个电子的角量子数相等，自旋相反，总自旋角动量及其磁场分量等于零，量子数 $S = 0$，$M_S = 0$。总轨道角动量及其磁场分量必然等于零，量子数 $L = 0$，$M = 0$。由此可见，原子的内壳层轨道电子的角动量和自旋角动量耦合值都等于零，角动量耦合净值由价层轨道电子贡献，所以，表达原子基态和激发态的角动量和自旋角动量耦合所导致的分裂能级，必须首先确定原子的电子组态，再确定内壳层以及对角动量耦合有贡献的价层轨道。如基态碳原子的光谱分裂能级，基态碳原子的电子组态为$[He]2s^2 2p^2$，内壳层为 $1s^2$，价层为 $2s^2 2p^2$，其中内壳层 $1s^2$ 和亚壳层 $2s^2$ 都是闭壳层，总轨道角动量和总自旋角动量均等于零。只有亚壳层 $2p^2$ 电子对角动量耦合有贡献。

开壳层中电子形成净的轨道磁矩相互作用，以及净的自旋磁矩相互作用，轨道磁偶极子和自旋磁偶极子不是孤立存在的，自旋磁偶极子和轨道磁偶极子好比靠得较近的两个小磁铁，也存在相互作用，对于核电荷数较小的原子，相互作用能的数量级为 10^{-3}eV，远远小于电子排斥能（1eV）。狄拉克相对论方程确定为自旋角动量和轨道角动量耦合，简称为自旋-轨道耦合，耦合能级分裂形成光谱的精细结构。在非相对论量子力学中，自旋-轨道耦合能是在哈特里-福克方程的轨道能量基础上的微小能量变化，通常用微扰法求得。

1925 年，拉塞尔（H. N. Russell）和桑德斯（F. A. Saunders）首先提出 LS 耦合[16]。对于核电荷数较小的原子，电子排斥能比较显著，轨道磁矩相互作用比较强，自旋-轨道磁相互作用比较弱，因而价电子之间首先进行 ll 耦合和 ss 耦合，分别得到原子的轨道角动量 $\boldsymbol{A}$ 和自旋角动量 $\boldsymbol{Z}$，分别由轨道角动量量子数 L 和自旋量子数 S 决定，再进行 LS 耦合，得到原子的总角动量 $\boldsymbol{C}$，由产生的总角动量量子数 $\boldsymbol{J}$ 决定。而对于核电荷数较大的原子，相对论方程解的结果表明，价层轨道电子的自旋-轨道磁相互作用较强，与 Z^4 成正比，应首先对每个电子进行 l-s 自旋-轨道耦合，得到总角动量 j，再将每个电子的总角动量 j 耦合为原子的总角动量 $\boldsymbol{J}$，这种耦合称为 jj 耦合。图 3-18 是角动量的 LS 耦合和 jj 耦合矢量方向。

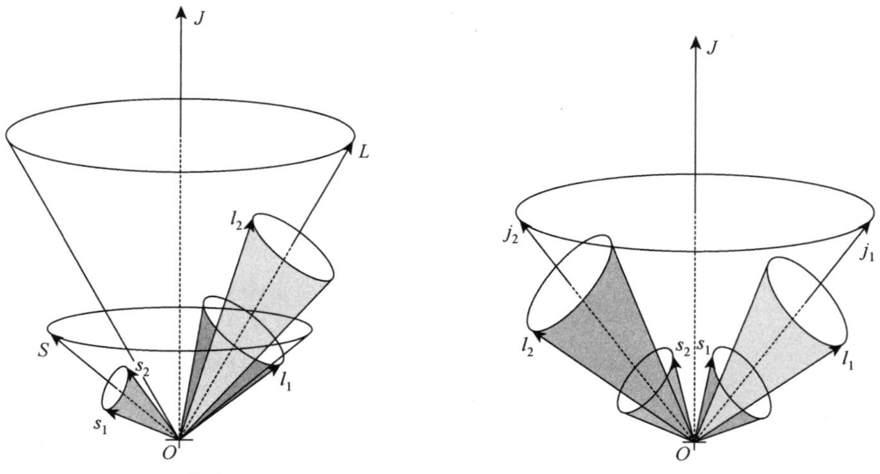

(a) LS耦合　　(b) jj耦合

图 3-18　角动量的 LS 耦合和 jj 耦合矢量方向

LS 耦合结果产生原子磁矩，由总角动量 **C** 决定，原子的总轨道角动量 **A** 和总自旋角动量 **Z** 不再守恒，总角动量 **C** 守恒，满足本征方程

$$\hat{C}^2 Y_{LSJM_J}(\theta,\varphi) = J(J+1)\hbar^2 Y_{LSJM_J}(\theta,\varphi),\ C=\sqrt{J(J+1)}\hbar \tag{3-141}$$

当 $L \geqslant S$ ，$J = L+S, L+S-1, \cdots, L-S$ ，取值共 $2S+1$；

当 $L < S$ ，$J = S+L, S+L-1, \cdots, S-L$ ，取值共 $2L+1$ 。

总轨道角动量 **A** 与总自旋角动量 **Z** 的合矢量，即为总角动量 **C**，**A** 和 **Z** 围绕 **C** 进动，

$$\boldsymbol{C} = \boldsymbol{Z} + \boldsymbol{A}$$

总角动量的数值为

$$\begin{aligned} C^2 &= \boldsymbol{C}\cdot\boldsymbol{C} = (\boldsymbol{Z}+\boldsymbol{A})\cdot(\boldsymbol{Z}+\boldsymbol{A}) \\ &= A^2 + Z^2 + 2\boldsymbol{Z}\cdot\boldsymbol{A} \end{aligned} \tag{3-142}$$

将式（3-132）、式（3-139）、式（3-141）代入，得

$$\boldsymbol{Z}\cdot\boldsymbol{A} = \frac{1}{2}(C^2 - A^2 - Z^2) = \frac{1}{2}\left[J(J+1) - L(L+1) - S(S+1)\right]\hbar^2 \tag{3-143}$$

表示为算符形式：

$$\hat{\boldsymbol{S}}\cdot\hat{\boldsymbol{L}} = \frac{1}{2}(\hat{J}^2 - \hat{L}^2 - \hat{S}^2) = \frac{1}{2}\left[J(J+1) - L(L+1) - S(S+1)\right]\hbar^2 \tag{3-144}$$

其中，**C**、**A**、**Z** 的算符也常分别用符号 $\hat{J}$ 、$\hat{L}$ 、$\hat{S}$ 表示。

总角动量的 z 分量满足本征方程

$$\begin{aligned} &\hat{C}_z Y_{LSJM_J}(\theta,\varphi) = M_J \hbar Y_{LSJM_J}(\theta,\varphi), C_z = M_J \hbar \\ &M_J = -J, -J+1, \cdots, J-1, J \end{aligned} \tag{3-145}$$

M_J 称为总磁量子数，取值可能是整数、零、半整数，在外磁场中分裂的状态数为 $2J+1$ 。在 LS 耦合下，生成的耦合状态用 (J, M_J) 表示，状态总数为 $(2L+1)(2S+1)$ 。

对于基态碳原子，电子占据的状态按完全波函数表示的轨道进行组合排列，组合出的状态数为 $C_6^2 = 15$ 。按 $(2L+1)(2S+1)$ 计算，去除不符合泡利不相容原理的状态，也为 15，具体分别为

$$\begin{aligned} &L=2,\ S=0,\ J=2,\ (2L+1)(2S+1)=5 \\ &L=1,\ S=1,\ J=2,1,0,\ (2L+1)(2S+1)=9 \\ &L=0,\ S=0,\ J=0,\ (2L+1)(2S+1)=1 \end{aligned} \tag{3-146}$$

所以

$$\sum_{J=|L-S|}^{L+S} (2J+1) = (2L+1)(2S+1) \tag{3-147}$$

对于 jj 耦合，在 jj 耦合之前，每个电子先进行 ls 耦合，l 和 s 不再守恒，同样单电子的 ls 耦合表示为算符形式

$$\hat{h}_{l\text{-}s} = \hat{\boldsymbol{S}}_i \cdot \hat{\boldsymbol{L}}_i = \frac{1}{2}(\hat{j}^2 - \hat{l}^2 - \hat{s}^2) \tag{3-148}$$

设电子 i 的耦合波函数为 $R_{nl}(r)Y_{lsjm_j}(\theta,\varphi)$，用四个量子数 (l,s,j,m_j) 表示，自旋-轨道耦合能

$$\begin{aligned}\varepsilon_{l\text{-}s} &= \xi_{nl}\left\langle Y_{lsjm_j}(\theta,\varphi)\middle|\hat{h}_{l\text{-}s}\middle|Y_{lsjm_j}(\theta,\varphi)\right\rangle \\ &= \xi_{nl}\left\langle Y_{lsjm_j}(\theta,\varphi)\middle|\frac{1}{2}(\hat{j}^2-\hat{l}^2-\hat{s}^2)\middle|Y_{lsjm_j}(\theta,\varphi)\right\rangle \\ &= \frac{1}{2}\xi_{nl}\hbar^2\left[j(j+1)-l(l+1)-s(s+1)\right]\end{aligned} \tag{3-149}$$

那么，在 jj 耦合下，设原子价轨道贡献于原子磁矩的电子数为 N，原子态的自旋-轨道耦合磁相互作用能为

$$E_{LS} = \sum_{i=1}^{N}\xi_{n_il_i}\left\langle Y_{lsjm_j}(\theta,\varphi)\middle|\hat{S}_i\cdot\hat{L}_i\middle|Y_{lsjm_j}\right\rangle = \sum_{i=1}^{N}\frac{1}{2}\xi_{n_il_i}\hbar^2\left[j_i(j_i+1)-l_i(l_i+1)-s_i(s_i+1)\right] \tag{3-150}$$

jj 耦合所导致的分裂状态数与 LS 耦合相同，分裂状态对应的量子数通过 $m+m_s=m_j$ 组合相加，经过

$$\begin{aligned}M_J &= \sum_k (m_j)_k \\ M_S &= \sum_k (m_s)_k \\ M_L &= \sum_k (m)_k\end{aligned} \tag{3-151}$$

再分别由最大的 M_L、M_S、M_J，定出 L、S、J，同样状态数可以根据式（3-147）计算。jj 耦合是对每个电子的自旋和轨道角动量进行耦合，再进行矢量相加得到原子态的总角动量，用量子数 (L,S,J,M_J) 表示，表面上这些量子数由电子的量子数 (l,s,j,m_j) 相加，实质上，受泡利不相容原理的限制，由每个电子的量子数 (m,m_s,m_j) 组合而得。因为角动量矢量的取向是不确定的，但存在方向量子化，即自旋-轨道矢量耦合可以通过角动量的磁分量直接组合相加 $m\hbar+m_s\hbar=m_j\hbar$，也就对应自旋磁量子数和轨道磁量子数组合相加 $m+m_s=m_j$。

3.8.5　原子的微观状态与原子光谱项

原子中价电子在微观状态下存在确定的状态，处于自旋和轨道运动中的价电子的状态可能耦合形成原子各种微观状态。一个微观状态对应一个能级，这个能级是相对于价电子轨道能级的微小变化。为了表达价电子组态下各种可能的微观状态之间存在的耦合关系，对于参与耦合的价电子状态，常用量子数 (l,s,j,m_j) 标记；对于耦合形成的微观状态，常用量子数 (L,S,J,M_J) 标记，原子微观状态的能级依照三个量子数分类，记为

$$^{2S+1}L_J \tag{3-152}$$

符号 ^{2S+1}L 称为原子光谱项，$^{2S+1}L_J$ 称为原子光谱支项。其中，$2S+1$ 为自旋多重度，总轨道角动量量子数 L 用光谱符号表示，见表 3-9。原子光谱项所代表的能级是耦合能级，对应光谱的精细结构。在外磁场中又分裂为 $2J+1$ 个小能级，形成塞曼效应。

用光谱项或光谱支项符号表示原子态的优点是：根据洪德经验规则，从符号直接可以看出原子处于基组态时不同光谱项和支项代表的能级高低。洪德规则的具体内容是：①自旋多重度 $2S+1$ 越大的原子态，能级越低。②当自旋多重度 $2S+1$ 相等时，总角量子数 L 越大，能级越低。③总角量子数 L 和总自旋量子数 S 相等的原子光谱支项能级，若等价电子数小于等于半充满数，总角动量量子数 J 越小，能级越低，表现为正常顺序；若等价电子数大于半充满数，总角动量量子数 J 越大，能级越低，表现为反常顺序。

【例 3-11】　基态碳原子组态共有 15 个状态数，写出耦合形成的全部微观状态，并用原子光谱项符号表示。

解： 基态碳原子的电子组态为[He]$2s^22p^2$，内壳层 $1s^2$ 和亚壳层 $2s^2$ 都是闭壳层，总轨道角动量和总自旋角动量均等于零，角动量耦合由亚壳层 $2p^2$ 电子贡献。

按完全波函数对应的轨道 (l,m,s,m_s) 进行排列组合，基态碳原子存在的状态数为 $C_6^2=15$。由 LS 耦合，这些状态用 (L,S,J,M_J) 表示，依照量子数 (L,S,J) 分类，用原子光谱项符号表示，分别为

$L=2$，$S=0$，$J=2$，$(2L+1)(2S+1)=5$，对应的原子光谱支项符号为 $^1D_2$。

$L=1$，$S=1$，$J=2,1,0$，$(2L+1)(2S+1)=9$，对应的原子光谱支项符号为 $^3P_2$、$^3P_1$、$^3P_0$。

$L=0$，$S=0$，$J=0$，$(2L+1)(2S+1)=1$，对应的原子光谱支项符号为 $^1S_0$。

$(2L+1)(2S+1)$ 为状态总数，其中每个 J 对应的状态总数为 $2J+1$，即在外磁场中的分裂数。在不违反泡利不相容原理的前提下，jj 耦合生成的状态总数与 LS 耦合产生的状态总数相等，都等于 15。15 种微观状态的磁量子数组合、自旋磁量子数组合以及总磁量子数组合 $m+m_s=m_j$，绘制于图 3-19。类似于矩阵求和，图（a）和图（b）行列排列元素一一对应相加，等于图（c）相应的排列元素。对角线元素（标记为×）违反泡利不相容原理，是不可能出现的状态，对角线左下角代表 15 个状态的 M_L［图（a）］、M_S［图（b）］、M_J［图（c）］。由于等价电子的主量子数相等，右上角与左下角的微观状态是同一轨道上两个电子的自旋坐标被交换后的耦合态，它们沿方阵对角线对称相等，所以不重复计算。

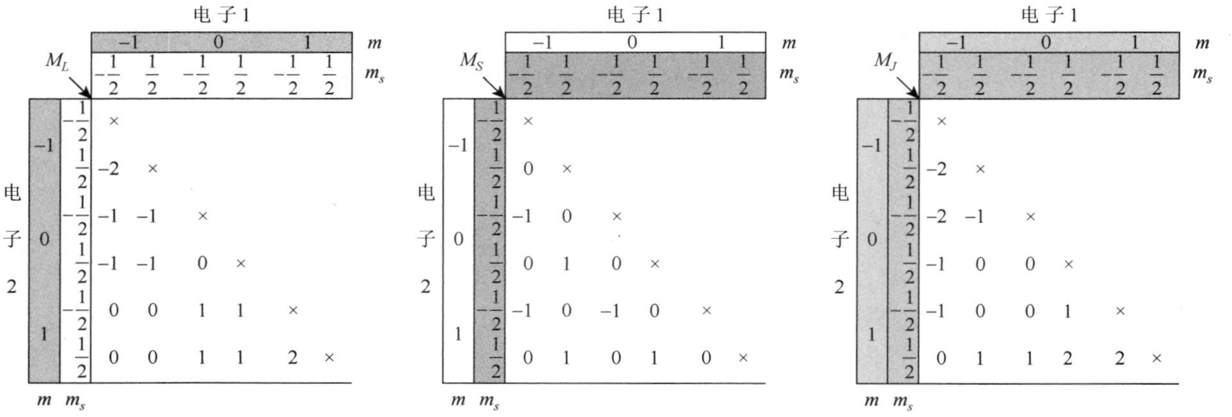

(a) 磁量子数组合　　(b) 自旋磁量子数组合　　(c) 总磁量子数组合

图 3-19　基态碳原子的 15 种原子态的量子数组合

按照图 3-19 的横排和纵列值组合相加算得 M_L、M_S、M_J 值，根据最大 M_L、M_S、M_J 分别确定 L、S、J 值；再依照 L、S、J 分类，定出原子光谱支项 $^{2S+1}L_J$ 表示的原子态，见表 3-11，最后由洪德规则，得出碳原子基组态 $2p^2$ 的能级分裂及其相对能级顺序，见图 3-20。有些微观状态的 M_L、M_S、M_J 值相等，在 LS 耦合中属于等价微观状态，原子光谱项不能区分这些微观状态，谱项波函数需要将这些等价微观状态波函数进行线性组合。

表 3-11　用磁量子数、自旋磁量子数、总磁量子数组合所得的 15 种碳原子态

序号	m_1	m_2	m_{s1}	m_{s2}	$M_L=m_1+m_2$	$M_S=m_{s1}+m_{s2}$	$M_J=M_L+M_S$	$^{2S+1}L_J$	等价原子态
1	−1	−1	−1/2	1/2	−2	0	−2	$^1D_2$	
2	−1	0	−1/2	−1/2	−1	−1	−2	$^3P_2$	
3	−1	0	−1/2	1/2	−1	0	−1	$^1D_2$	$^3P_2$，$^3P_1$
4	−1	0	1/2	−1/2	−1	0	−1	$^3P_2$，$^3P_1$	$^1D_2$
5	−1	+1	−1/2	−1/2	0	−1	−1	$^3P_1$，$^3P_2$	
6	−1	+1	−1/2	1/2	0	0	0	$^1D_2$	$^3P_0$，$^3P_1$，$^3P_2$，$^1S_0$
7	−1	+1	1/2	−1/2	0	0	0	$^3P_0$，$^3P_1$，$^3P_2$	$^1D_2$，$^1S_0$
8	−1	0	1/2	1/2	−1	+1	0	$^3P_1$，$^3P_2$，$^3P_0$	
9	0	0	−1/2	1/2	0	0	0	$^1S_0$	$^1D_2$
10	0	+1	−1/2	−1/2	+1	−1	0	$^3P_2$，$^3P_0$，$^3P_1$	
11	−1	+1	1/2	1/2	0	+1	+1	$^3P_1$，$^3P_2$	
12	0	+1	1/2	−1/2	+1	0	+1	$^3P_2$，$^3P_1$	$^1D_2$
13	0	+1	−1/2	1/2	+1	0	+1	$^1D_2$	$^3P_2$，$^3P_1$
14	0	+1	1/2	1/2	+1	+1	+2	$^3P_2$	
15	+1	+1	−1/2	1/2	+2	0	+2	$^1D_2$	

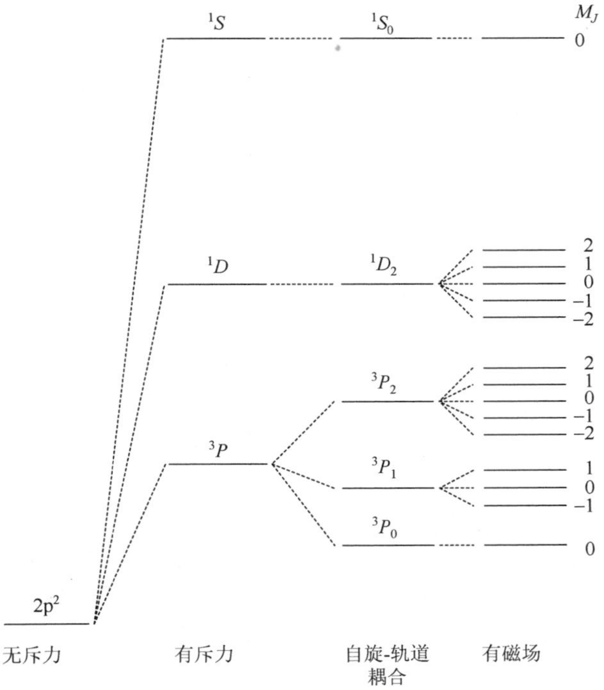

图 3-20　碳原子基组态 $2p^2$ 的能级分裂及其相对能级顺序

原子光谱涉及激发态，激发态原子的状态和能量按相同的方法推算。如果原子组态没有等价电子，用每个电子的轨道量子数 (l,m,s,m_s) 直接组合出微观状态的量子数 M_L、M_S、M_J，而且不违反泡利不相容原理。在组合状态的排列中，原子态是不同轨道上电子的自旋-轨道耦合，不会出现重复。

【例 3-12】　推求氦原子激发态 $1s^12p^1$ 的耦合微观状态，并用原子光谱项符号表示。

解：氦原子激发态 s^1p^1 的两个电子是不等价电子，两个电子的状态按量子数 (l,m,s,m_s) 排序，分别为 $\left(0,0,\dfrac{1}{2},m_{s2}\right)$ 和 $\left(1,m_2,\dfrac{1}{2},m_{s1}\right)$，原子的耦合状态按量子数 (m,m_s) 组合，状态总数为 $C_2^1C_6^1=2\times6=12$，图 3-21 列出了组合产生的所有微观状态及其量子数 M_L、M_S、M_J。

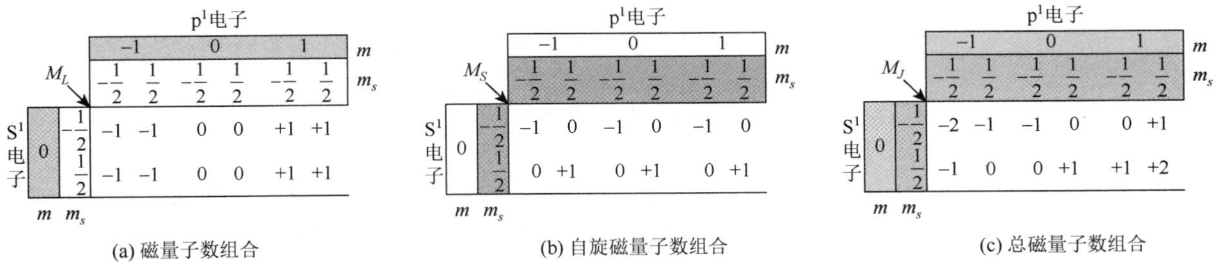

图 3-21　氦原子激发态 $1s^12p^1$ 的量子数组合

经 LS 耦合，量子数取值 $L=1$，$S=1,0$，组合状态数为 12（表 3-12），微观状态的原子光谱项符号分别为

$L=1$，$S=1$，$J=2,1,0$，$(2L+1)(2S+1)=9$，原子光谱支项符号为 $^3P_2$、$^3P_1$、$^3P_0$。

$L=1$，$S=0$，$J=1$，$(2L+1)(2S+1)=3$，原子光谱支项符号为 $^1P_1$。

表 3-12　用磁量子数、自旋磁量子数、总磁量子数组合所得的 12 种氦原子激发态

序号	m_1	m_2	m_{s1}	m_{s2}	$M_L=m_1+m_2$	$M_S=m_{s1}+m_{s2}$	$M_J=M_L+M_S$	$^{2S+1}L_J$	等价原子态
1	0	−1	−1/2	−1/2	−1	−1	−2	$^3P_2$	
2	0	−1	1/2	−1/2	−1	0	−1	$^3P_2$	$^3P_1$，$^1P_1$

续表

序号	m_1	m_2	m_{s1}	m_{s2}	$M_L = m_1 + m_2$	$M_S = m_{s1} + m_{s2}$	$M_J = M_L + M_S$	$^{2S+1}L_J$	等价原子态
3	0	−1	−1/2	1/2	−1	0	−1	$^1P_1$	$^3P_2$，$^3P_1$
4	0	0	−1/2	−1/2	0	−1	−1	$^3P_1$	$^3P_2$
5	0	−1	1/2	1/2	−1	+1	0	$^3P_2$	$^3P_1$，$^3P_0$
6	0	0	1/2	−1/2	0	0	0	$^1P_1$	$^3P_0$
7	0	0	−1/2	1/2	0	0	0	$^3P_0$	$^1P_1$
8	0	+1	−1/2	−1/2	+1	−1	0	$^3P_1$	$^3P_0$，$^3P_2$
9	0	0	1/2	1/2	0	+1	+1	$^3P_1$	$^3P_2$
10	0	+1	1/2	−1/2	+1	0	+1	$^1P_1$	$^3P_2$，$^3P_1$
11	0	+1	−1/2	1/2	+1	0	+1	$^3P_2$	$^3P_1$，$^1P_1$
12	0	+1	1/2	1/2	+1	+1	+2	$^3P_2$	

氦原子激发态形成的光谱支项为 $^3P_2$、$^3P_1$、$^3P_0$ 以及 $^1P_1$，12 个态的量子数组合见表 3-12，能级顺序为 $^3P_2 < {}^3P_1 < {}^3P_0 < {}^1P_1$。激发三重态是一种亚稳态，其能量比单重态低，图 3-22 列出了氦原子激发组态 $1s^12p^1$ 的能级分裂及其相对能级顺序[17]。这说明不仅等价电子组态存在单重态和三重态，非等价组态也存在单重态和三重态。1984 年，R. J. Boyd 对激发三重态的稳定性作了解释[18]。

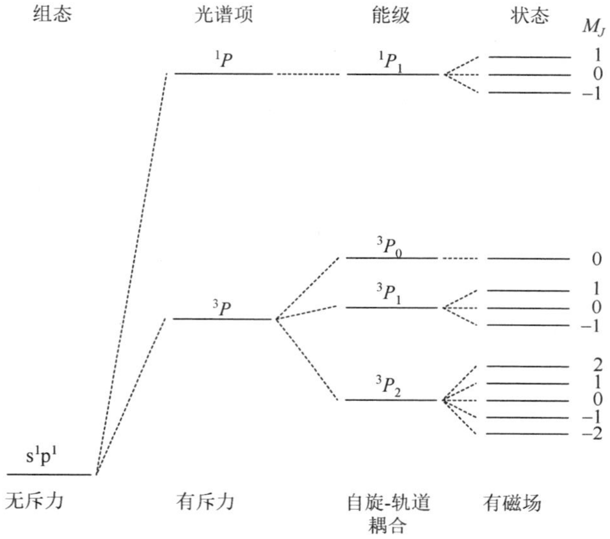

图 3-22　氦原子激发组态 $1s^12p^1$ 的能级分裂及其相对能级顺序

在外磁场中原子光谱的分裂谱线所反映的原子状态，理论上经过原子的电子组态，组合出量子数 (L,S,J,M_J)，表达出微观状态的光谱项，再由洪德规则排列出它们的能级高低顺序，依据光谱选择定则，计算谱线强度和谱线波长，并与实验光谱线对应。具体的原子态能量求算需要求解薛定谔方程，计算自旋-轨道耦合能，对磁相互作用能进行校正，或求解原子的相对论方程。一些基态原子的电子组态生成的原子光谱项列于表 3-13，根据原子光谱项可以归属实验光谱线所属的微观状态，并赋予相应量子数 (L,S,J,M_J) 和能量，从而解释原子光谱。

表 3-13　一些基态原子的电子组态生成的原子光谱项

电子组态	光谱项符号
s^1	^2S
p^1，p^5	^2P
p^2，p^4	^1S，^1D，^3P
p^3	^2P，^2D，^4S

续表

电子组态	光谱项符号
p^6	^1S
d^1，d^9	^2D
d^2，d^8	^1S，^1D，^1G，^3P，^3F
d^3，d^7	^4F，^4P，^2H，^2G，^2F，$^2D(2)$，^2P
d^4，d^6	^5D，^3H，^3G，$^3F(2)$，^3D，$^3P(2)$，^1I，$^1G(2)$，^1F，$^1D(2)$，$^1S(2)$
d^5	^6S，^4G，^4F，^4D，^4P，^2I，^2H，$^2G(2)$，$^2F(2)$，$^2D(3)$，^2P，^2S
d^{10}	^1S

3.8.6　洪德规则的理论解释和实验证明

洪德规则是原子光谱经验规则，却反映了电子的轨道和自旋状态对原子能量的影响。以基态碳原子$[He]2s^22p^2$为例，当只考虑电子受原子核吸引力，以及电子与电子的排斥力，不考虑电子的轨道磁偶极子和自旋磁偶极子的相互作用力时，电子的能量仅与电子的主量子数和角量子数有关，与磁量子数无关，也与自旋磁量子数无关。$2p^2$轨道上两个电子的状态用量子数(n,l,m,m_s)表示，分别为$(2,1,m_1,m_{s1})$和$(2,1,m_2,m_{s2})$。对于$l=1$，不论取$m=-1,0,+1$，三个轨道的能量简并，即$2p^2$轨道上两个电子的能量相等。然而，实验光谱却表明，即使没有外磁场，由于自旋-轨道耦合形成的磁相互作用，两个电子的能量与电子的占据状态（磁量子数m）以及自旋状态（自旋磁量子数m_s）都有关系，即 15 种状态的能量按耦合量子数(L,M,S,M_S)分为三个能级组，能级顺序为$^3P<{^1D}<{^1S}$；进一步按自旋-轨道耦合量子数(L,S,J,M_J)分为五个能级组，能级顺序为$^3P_0<{^3P_1}<{^3P_2}<{^1D_2}<{^1S_0}$。三重态$^3P$能量最低，即两个电子自旋平行，两个电子的量子状态为$\left(2,1,m_1,\frac{1}{2}\right)$和$\left(2,1,m_2,\frac{1}{2}\right)$。为了不违反泡利不相容原理，两个电子的磁量子数必须不同，这就是洪德规则。因而理论上要证明洪德规则，必须比较单重态和三重态的能量。理论认识水平不同，洪德规则的表述也有所不同。对于原子的电子组态，由于电子相关，存在轨道磁矩耦合和自旋磁矩耦合，能量最低的原子态是^3P，两个电子占据磁量子数不同的两个轨道$\left(2,1,m_1,\frac{1}{2}\right)$和$\left(2,1,m_2,\frac{1}{2}\right)$，而且自旋态相同。在自旋-轨道耦合水平上，需要求解相对论方程，或通过自旋-轨道耦合的磁相互作用能校正，解得原子光谱支项的能量，能量最低的光谱支项是$^3P_0$。在自旋-轨道耦合水平上，能量最低、最稳定的原子光谱支项也称为光谱基项。

首先，在不违反泡利不相容原理的前提下，按洪德第一规则排列出原子的电子组态，在原子的电子组态水平上，组合出微观状态的量子数M_L和M_S，由最大值分别确定量子数L、S以及光谱项^{2S+1}L。其次，再按洪德第二规则排列出$J=L+S,\cdots,|L-S|$，最后得出光谱基项，表示为$^{2S+1}L_J$。

【例 3-13】　写出基态磷原子的光谱基项。

解：基态磷原子的电子组态为$[Ne]3s^23p^3$，按洪德第一规则，原子的自旋多重度越高，能量越低。价轨道$3p^3$为等价电子，满足洪德第一规则的电子组态为$(p_1\alpha)^1(p_0\alpha)^1(p_{-1}\alpha)^1$，

$$M_L=-1+0+1=0,L=0$$

$$M_S=\frac{1}{2}+\frac{1}{2}+\frac{1}{2}=\frac{3}{2},S=\frac{3}{2},2S+1=4$$

于是，在电子组态水平上，能量最低的光谱项为^4S。再推出J的取值为$J=\frac{3}{2}$，按洪德第二规则，即等价电子数为半充满数，总角动量量子数J越小，能级越低，于是光谱基项$J=\frac{3}{2}$，推得光谱基项为$^4S_{3/2}$。

下面以基态碳原子为例，在求解哈特里-福克方程水平上，解释洪德规则。从表 3-11 中选择满足洪德规则的三重态，以及不满足洪德规则的单重态 A 和 B，见图 3-23。分别计算能量，比较能量的相对高低。

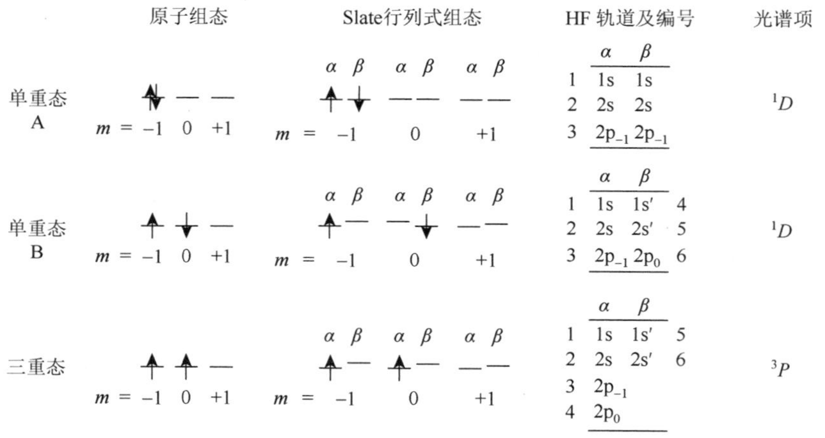

图 3-23　组态 $2p^2$ 的单重态和三重态的原子组态、斯莱特行列式组态、哈特里-福克轨道和光谱项

组态 $2p^2$ 的单重态有两种情况，一种是单重态 A：限制两个电子自旋反平行，配对占据同一轨道，用限制性哈特里-福克(RHF)方程求解；另一种是单重态 B：两个电子自旋反平行，但不配对占据同一轨道，而是分别占据两个轨道，用非限制性哈特里-福克(UHF)方程求解。对于组态 $2p^2$ 的三重态：两个电子自旋平行、不配对，分别占据两个轨道，用 UHF 方程求解。图 3-23 列出了代表性单重态和三重态的原子组态、斯莱特行列式组态、哈特里-福克轨道和光谱项。

单重态 A 的 RHF 能量为

$$\begin{aligned} E_{\mathrm{S}}^{\mathrm{RHF}} &= \sum_{i=1\mathrm{s}}^{2\mathrm{p}_{-1}} 2\left\langle \phi_i(u)\middle|\hat{h}(u)\middle|\phi_i(u)\right\rangle + \sum_{i=1\mathrm{s}}^{2\mathrm{p}_{-1}}\sum_{j=1\mathrm{s}}^{2\mathrm{p}_{-1}}\Big[2\left\langle \phi_i(u)\phi_j(v)\middle|\hat{g}(u,v)\middle|\phi_i(u)\phi_j(v)\right\rangle \\ &\quad -\left\langle \phi_i(u)\phi_j(v)\middle|\hat{g}(u,v)\middle|\phi_i(v)\phi_j(u)\right\rangle\Big] \\ &= \sum_{i=1\mathrm{s}}^{2\mathrm{p}_{-1}} 2h_{ii} + \sum_{i=1\mathrm{s}}^{2\mathrm{p}_{-1}}\sum_{j=1\mathrm{s}}^{2\mathrm{p}_{-1}}\left(2J_{ij}-K_{ij}\right) \end{aligned} \tag{3-153}$$

其中，$i,j=1\mathrm{s},2\mathrm{s},2\mathrm{p}_{-1}$，$J_{ij}$ 和 K_{ij} 分别为库仑积分和交换积分：

$$J_{ij}=\left\langle \phi_i(u)\phi_j(v)\middle|\hat{g}(u,v)\middle|\phi_i(u)\phi_j(v)\right\rangle=\iint \phi_i^*(u)\phi_j^*(v)\frac{1}{r_{uv}}\phi_i(u)\phi_j(v)\mathrm{d}\tau_u\mathrm{d}\tau_v \tag{3-154}$$

$$K_{ij}=\left\langle \phi_i(u)\phi_j(v)\middle|\hat{g}(u,v)\middle|\phi_i(v)\phi_j(u)\right\rangle=\iint \phi_i^*(u)\phi_j^*(v)\frac{1}{r_{uv}}\phi_i(v)\phi_j(u)\mathrm{d}\tau_u\mathrm{d}\tau_v \tag{3-155}$$

根据库仑积分和交换积分的定义，$J_{ij}=J_{ji}$，$K_{ij}=K_{ji}$，式（3-153）展开为

$$\begin{aligned} E_{\mathrm{S}}^{\mathrm{RHF}} &= 2h_{1\mathrm{s}1\mathrm{s}}+2h_{2\mathrm{s}2\mathrm{s}}+2h_{2\mathrm{p}_{-1}2\mathrm{p}_{-1}} \\ &\quad +(2J_{1\mathrm{s}1\mathrm{s}}-K_{1\mathrm{s}1\mathrm{s}})+(2J_{2\mathrm{s}2\mathrm{s}}-K_{2\mathrm{s}2\mathrm{s}})+(2J_{2\mathrm{p}_{-1}2\mathrm{p}_{-1}}-K_{2\mathrm{p}_{-1}2\mathrm{p}_{-1}}) \\ &\quad +2(2J_{1\mathrm{s}2\mathrm{s}}-K_{1\mathrm{s}2\mathrm{s}})+2(2J_{1\mathrm{s}2\mathrm{p}_{-1}}-K_{1\mathrm{s}2\mathrm{p}_{-1}})+2(2J_{2\mathrm{s}2\mathrm{p}_{-1}}-K_{2\mathrm{s}2\mathrm{p}_{-1}}) \end{aligned}$$

由库仑积分和交换积分有 $J_{ii}=K_{ii}$，则 $J_{1\mathrm{s}1\mathrm{s}}=K_{1\mathrm{s}1\mathrm{s}}$，$J_{2\mathrm{s}2\mathrm{s}}=K_{2\mathrm{s}2\mathrm{s}}$，$J_{2\mathrm{p}_{-1}2\mathrm{p}_{-1}}=K_{2\mathrm{p}_{-1}2\mathrm{p}_{-1}}$，上式简化为

$$\begin{aligned} E_{\mathrm{S}}^{\mathrm{RHF}} &= 2h_{1\mathrm{s}1\mathrm{s}}+2h_{2\mathrm{s}2\mathrm{s}}+2h_{2\mathrm{p}_{-1}2\mathrm{p}_{-1}}+J_{1\mathrm{s}1\mathrm{s}}+J_{2\mathrm{s}2\mathrm{s}}+J_{2\mathrm{p}_{-1}2\mathrm{p}_{-1}} \\ &\quad +2(2J_{1\mathrm{s}2\mathrm{s}}-K_{1\mathrm{s}2\mathrm{s}})+2(2J_{1\mathrm{s}2\mathrm{p}_{-1}}-K_{1\mathrm{s}2\mathrm{p}_{-1}})+2(2J_{2\mathrm{s}2\mathrm{p}_{-1}}-K_{2\mathrm{s}2\mathrm{p}_{-1}}) \end{aligned} \tag{3-156}$$

单重态 B 的 UHF 能量为

$$\begin{aligned} E_{\mathrm{S}}^{\mathrm{UHF}} &= \sum_{i=1\mathrm{s}}^{2\mathrm{p}_0}\left\langle \phi_i(u)\middle|\hat{h}(u)\middle|\phi_i(u)\right\rangle+\frac{1}{2}\Bigg\{\sum_{i=1\mathrm{s}}^{2\mathrm{p}_0}\sum_{j=1\mathrm{s},j\neq i}^{2\mathrm{p}_0}\left\langle \phi_i(u)\phi_j(v)\middle|\hat{g}(u,v)\middle|\phi_i(u)\phi_j(v)\right\rangle \\ &\quad -\Bigg[\sum_{i=1\mathrm{s}}^{2\mathrm{p}_{-1}}\sum_{j=1\mathrm{s},j\neq i}^{2\mathrm{p}_{-1}}\left\langle \phi_i(u)\phi_j(v)\middle|\hat{g}(u,v)\middle|\phi_i(v)\phi_j(u)\right\rangle+\sum_{i=1\mathrm{s}'}^{2\mathrm{p}_0}\sum_{j=1\mathrm{s}',j\neq i}^{2\mathrm{p}_0}\left\langle \phi_i(u)\phi_j(v)\middle|\hat{g}(u,v)\middle|\phi_i(v)\phi_j(u)\right\rangle\Bigg]\Bigg\} \\ &= \sum_{i=1\mathrm{s}}^{2\mathrm{p}_0}h_{ii}+\frac{1}{2}\Bigg\{\sum_{i=1\mathrm{s}}^{2\mathrm{p}_0}\sum_{j=1\mathrm{s},j\neq i}^{2\mathrm{p}_0}J_{ij}-\Bigg[\sum_{i=1\mathrm{s}}^{2\mathrm{p}_{-1}}\sum_{j=1\mathrm{s},j\neq i}^{2\mathrm{p}_{-1}}K_{ij}^{(\alpha)}+\sum_{i=1\mathrm{s}'}^{2\mathrm{p}_0}\sum_{j=1\mathrm{s}',j\neq i}^{2\mathrm{p}_0}K_{ij}^{(\beta)}\Bigg]\Bigg\} \end{aligned} \tag{3-157}$$

其中，对于自旋 α 态的电子，占据指标为 $i,j=1\mathrm{s},2\mathrm{s},2\mathrm{p}_{-1}$ 的轨道，对于自旋 β 态的电子，占据指标为

$i, j = 1s', 2s', 2p_0$ 的轨道，并有 $J_{ij} = J_{ji}$，$K_{ij} = K_{ji}$，式（3-157）展开为

$$\begin{aligned}E_S^{UHF} = & h_{1s1s} + h_{2s2s} + h_{2p_{-1}2p_{-1}} + h_{1s'1s'} + h_{2s'2s'} + h_{2p_0 2p_0} \\ & + J_{1s1s'} + J_{1s2s} + J_{1s2s'} + J_{1s2p_{-1}} + J_{1s2p_0} \\ & + J_{1s'2s} + J_{1s'2s'} + J_{1s'2p_{-1}} + J_{1s'2p_0} \\ & + J_{2s2s'} + J_{2s2p_{-1}} + J_{2s2p_0} \\ & + J_{2s'2p_{-1}} + J_{2s'2p_0} \\ & + J_{2p_{-1}2p_0} \\ & - (K_{1s2s} + K_{1s2p_{-1}} + K_{2s2p_{-1}}) \\ & - (K_{1s'2s'} + K_{1s'2p_0}) \\ & - K_{2s'2p_0}\end{aligned} \tag{3-158}$$

用相同的基函数集合构造尝试波函数，解得的收敛轨道 ϕ_i 和 ϕ_j 用于计算 J 和 K 积分，两个单重态的能量 E_S^{RHF} 和 E_S^{UHF} 接近。

现在表达三重态的 UHF 能量

$$E_T^{UHF} = \sum_{i=1s}^{2p_0} h_{ii} + \frac{1}{2}\left\{\sum_{i=1s}^{2s'}\sum_{j=1s, j\neq i}^{2s'} J_{ij} - \left[\sum_{i=1s}^{2p_0}\sum_{j=1s, j\neq i}^{2p_0} K_{ij}^{(\alpha)} + \sum_{i=1s'}^{2s'}\sum_{j=1s', j\neq i}^{2s'} K_{ij}^{(\beta)}\right]\right\} \tag{3-159}$$

其中，对于自旋 α 态电子，占据指标为 $i, j = 1s, 2s, 2p_{-1}, 2p_0$ 的轨道，对于自旋 β 态电子，占据指标为 $i, j = 1s', 2s'$ 的轨道，同样 $J_{ij} = J_{ji}$，$K_{ij} = K_{ji}$，式（3-159）展开为

$$\begin{aligned}E_T^{UHF} = & h_{1s1s} + h_{2s2s} + h_{2p_{-1}2p_{-1}} + h_{2p_0 2p_0} + h_{1s'1s'} + h_{2s'2s'} \\ & + J_{1s1s'} + J_{1s2s} + J_{1s2s'} + J_{1s2p_{-1}} + J_{1s2p_0} \\ & + J_{1s'2s} + J_{1s'2s'} + J_{1s'2p_{-1}} + J_{1s'2p_0} \\ & + J_{2s2s'} + J_{2s2p_{-1}} + J_{2s2p_0} \\ & + J_{2s'2p_{-1}} + J_{2s'2p_0} \\ & + J_{2p_{-1}2p_0} \\ & - (K_{1s2s} + K_{1s2p_{-1}} + K_{1s2p_0}) \\ & - (K_{2s2p_{-1}} + K_{2s2p_0}) \\ & - K_{2p_{-1}2p_0} \\ & - K_{1s'2s'}\end{aligned} \tag{3-160}$$

比较单重态和三重态的能量，即式（3-158）和式（3-160），并注意 $K_{1s2p_0} = K_{1s'2p_0}$，$K_{2s2p_0} = K_{2s'2p_0}$，

$$E_T^{UHF} - E_S^{UHF} = -K_{2p_{-1}2p_0} \tag{3-161}$$

因为交换积分 $K_{2p_{-1}2p_0}$ 为正值，三重态占据方式使能量降低，所以三重态较单重态的能量低，三重态更稳定，电子以相同的自旋方式占据不同轨道，获得交换能。交换积分的大小由占据轨道波函数决定，计算式为

$$K_{2p_{-1}2p_0} = \left\langle \phi_{2p_{-1}}(u)\phi_{2p_0}(v) \middle| \frac{1}{r_{uv}} \middle| \phi_{2p_{-1}}(v)\phi_{2p_0}(u) \right\rangle = \iint \phi_{2p_{-1}}^*(u)\phi_{2p_0}^*(v)\frac{1}{r_{uv}}\phi_{2p_{-1}}(v)\phi_{2p_0}(u)\,d\tau_u\,d\tau_v \tag{3-162}$$

因为单重态 A 和单重态 B 的积分项相同，它们的能量 E_S^{RHF} 和 E_S^{UHF} 接近，必然三重态的能量 E_T^{UHF} 比单重态的能量 E_S^{RHF} 低 $K_{2p_{-1}2p_0}$，这就从理论上解释了洪德规则。洪德规则是原子光谱研究中最重要的结论，对电子自旋运动，乃至相对论量子力学具有重要的实验意义。洪德规则引起人们对原子精细结构模型的猜测，通过更精确的计算证明[19, 20]，高自旋态更有利于降低原子核对电子的吸引能，减小屏蔽系数，而不单纯是由于占据不同轨道，电子排斥能减小的缘故。根据原子轨道波瓣的相位分布，同一轨道上的两个电子处于原子核的异侧波瓣，相位相反，排斥力较小。这种限制防止了电子处于原子核同侧、同相位，保证了波函数的反对称性质，单重态的价电子状态和反对称波函数见图 3-24。

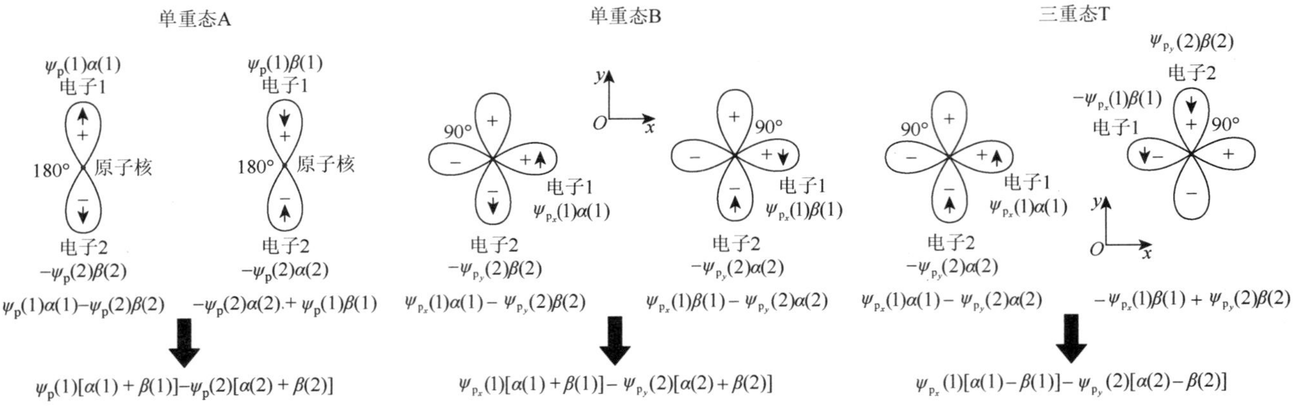

图 3-24　单重态和三重态的价电子状态和反对称波函数

如果电子分别占据不同的轨道，自旋平行，形成三重态就不存在这种限制，电子处于相同和相反相位时，轨道交角都为90º，电子始终处于原子核的同侧，排斥力反而较单重态大，这可以通过比较表 3-14 列出的基态碳原子单重态（光谱项 ^1D）和三重态（光谱项 ^3P）的 HF 和 MCHF 能量，得出这一结论，对应的价电子状态和反对称波函数见图 3-24。由于泡利不相容原理，处于一种自旋状态的电子，其周围空间位置不容许具有相同自旋状态的其他电子存在，此空间位置称为费米空穴。由于电子排斥作用，一个电子周围的邻近空间位置出现另一个电子的概率很小，此空间位置称为库仑空穴。对于自旋反平行占据同一轨道的情况，电子可以相互出现在周围的费米空穴，当交换两个电子的空间位置时，同一轨道上的电子的瞬时排斥力较强，原子核吸引力相对减小，能量较高。而对于电子自旋平行分占各轨道的情况，电子不会相互出现在对方周围的费米空穴，当两个电子交换空间位置时，电子获得交换能，能量降低。高自旋态能量降低的另一部分贡献是自旋磁矩与轨道磁矩相互作用，这是小量。自旋平行电子数越多，自旋磁矩越大，自旋-轨道相互作用增强，能级分裂时能量降低越多。自旋相反配对，自旋磁矩等于零，不形成能量降低效应。对洪德第一规则的解释是：高自旋态，电子不配对，不占据同一轨道，就不会产生近距离排斥作用，从而生成更多的费米空穴，贡献于能量效应。对洪德第二规则的解释是：当轨道角动量较高时，电子始终同向运动，相遇的概率低，形成近距离排斥的可能性小，其次，产生的磁矩同向，能量降低，而且同层电子的屏蔽作用减小，生成更为紧密的结合态，贡献于能量效应。

表 3-14　基态碳原子单重态和三重态的 HF 和 MCHF[1]能量（a.u.）

计算方法	光谱项	总能（E）	电子排斥能（V_{ee}）	核-电子吸引能（V_{en}）	动能（T）	实验值[2]
HF	^3P	−37.688618	12.759645	−88.136883	37.688618	−37.84500
	^1D	−37.631331	12.728306	−87.990968	37.631331	−37.79856
	^1S	−37.549610	12.666966	−87.766188	37.549610	−37.74636
MCHF	^3P	−37.839723	12.533700	−88.213148	37.839723	
	^1D	−37.792769	12.485083	−88.070621	37.792769	
	^1S	−37.738638	12.423142	−87.900418	37.738638	

注：（1）HF 表示求解哈特里-福克方程，MCHF 表示多组态哈特里-福克方程。

（2）Chakravorty S J，Gwaltney S R，Davidson E R，Parpia F A，Fischer C F. Ground state correlation energies for atomic ions with 3 to 18 electrons. Physical Review，1993，A47：3649.

3.8.7　*LS* 耦合的磁相互作用能

设电子 1 和电子 2 的状态用量子数表示，分别为 (l_1, m_1, s_1, m_{s1}) 和 (l_2, m_2, s_2, m_{s2})，原子的总轨道磁矩等于每个电子的轨道磁矩相加

$$\boldsymbol{\mu}_L = \boldsymbol{\mu}_{l1} + \boldsymbol{\mu}_{l2} = -\frac{e}{2mc} g_L \boldsymbol{A} \tag{3-163}$$

其中，$g_L=1.0$。原子的总自旋磁矩等于每个电子的自旋磁矩相加

$$\boldsymbol{\mu}_S=\boldsymbol{\mu}_{s1}+\boldsymbol{\mu}_{s2}=-\frac{e}{2mc}g_S\boldsymbol{Z} \tag{3-164}$$

其中，自旋朗德因子 $g_S=2.0$。原子磁矩 $\boldsymbol{\mu}_J$ 是轨道磁矩 $\boldsymbol{\mu}_L$ 和自旋磁矩 $\boldsymbol{\mu}_S$ 的合矢量，原子的总角动量 $\boldsymbol{C}$ 是轨道角动量 $\boldsymbol{A}$ 和自旋角动量 $\boldsymbol{Z}$ 的合矢量，$\boldsymbol{\mu}_L$ 与 $\boldsymbol{A}$ 反方向，$\boldsymbol{\mu}_S$ 与 $\boldsymbol{Z}$ 反方向，由于 g_S 是 g_L 的 2 倍，矢量运算 $\boldsymbol{\mu}_L+\boldsymbol{\mu}_S$ 与 $\boldsymbol{C}$ 并不是反方向的关系，见图 3-25（a）。即

$$\begin{aligned}&\boldsymbol{\mu}_J\neq\boldsymbol{\mu}_L+\boldsymbol{\mu}_S,\boldsymbol{\mu}_{\text{sum}}=\boldsymbol{\mu}_L+\boldsymbol{\mu}_S\\&\boldsymbol{C}=\boldsymbol{A}+\boldsymbol{Z}\end{aligned} \tag{3-165}$$

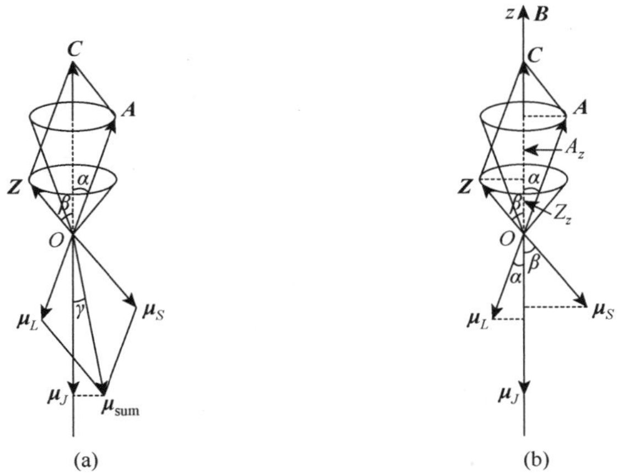

图 3-25　（a）轨道角动量 $\boldsymbol{A}$ 和自旋角动量 $\boldsymbol{Z}$ 绕原子的总角动量 $\boldsymbol{C}$ 进动；（b）外磁场中角动量的 z 分量和磁矩的 z 分量

轨道角动量 $\boldsymbol{A}$ 和自旋角动量 $\boldsymbol{Z}$ 绕原子总角动量 $\boldsymbol{C}$ 进动。$\boldsymbol{\mu}_{\text{sum}}$ 绕原子总角动量 $\boldsymbol{C}$ 进动，其 z 分量与原子总角动量 $\boldsymbol{C}$ 反方向，$\boldsymbol{\mu}_{\text{sum}}$ 的 z 分量等于 $\boldsymbol{\mu}_J$，

$$\boldsymbol{\mu}_J=\boldsymbol{\mu}_{\text{sum}}\cos\gamma=-\frac{e}{2mc}g_J\boldsymbol{C} \tag{3-166}$$

其中，γ 为 $\boldsymbol{\mu}_{\text{sum}}$ 与 $\boldsymbol{\mu}_J$ 的交角；g_J 为耦合朗德因子。原子磁矩 $\boldsymbol{\mu}_J$ 与原子的总角动量 $\boldsymbol{C}$ 成正比，但不是轨道磁矩 $\boldsymbol{\mu}_L$ 与轨道角动量 $\boldsymbol{A}$ 的那种关系，也不是自旋磁矩 $\boldsymbol{\mu}_S$ 与自旋角动量 $\boldsymbol{Z}$ 的那种关系，因为轨道和自旋朗德因子不同，经过矢量运算，就不相同[21]。

再设 $\boldsymbol{\mu}_L$ 与 $\boldsymbol{\mu}_J$ 的交角为 α，则 $\boldsymbol{A}$ 与 $\boldsymbol{C}$ 的交角也为 α；又设 $\boldsymbol{\mu}_S$ 与 $\boldsymbol{\mu}_J$ 的交角为 β，则 $\boldsymbol{Z}$ 与 $\boldsymbol{C}$ 的交角也为 β。$\boldsymbol{\mu}_L$ 和 $\boldsymbol{\mu}_S$ 投影在总角动量 $\boldsymbol{C}$（z 轴）上，也等于原子磁矩 $\boldsymbol{\mu}_J$，则有

$$\boldsymbol{\mu}_J=\boldsymbol{\mu}_L\cos\alpha+\boldsymbol{\mu}_S\cos\beta \tag{3-167}$$

g_J 也称为耦合朗德因子，按照矢量三角形余弦定理

$$\cos\alpha=\frac{\boldsymbol{C}^2+\boldsymbol{A}^2-\boldsymbol{Z}^2}{2\boldsymbol{CA}},\ \cos\beta=\frac{\boldsymbol{C}^2+\boldsymbol{Z}^2-\boldsymbol{A}^2}{2\boldsymbol{CZ}} \tag{3-168}$$

将式（3-163）、式（3-164）、式（3-166）和式（3-168）代入式（3-167），得

$$-\frac{e\boldsymbol{C}}{2mc}g_J=-\frac{e}{2mc}\left[g_L\boldsymbol{A}\cdot\frac{\boldsymbol{C}^2+\boldsymbol{A}^2-\boldsymbol{Z}^2}{2\boldsymbol{CA}}+g_S\boldsymbol{Z}\cdot\frac{\boldsymbol{C}^2+\boldsymbol{Z}^2-\boldsymbol{A}^2}{2\boldsymbol{CZ}}\right]$$

将 $g_L=1.0$ 和 $g_S=2.0$ 代入，上式简化得

$$-\frac{e\boldsymbol{C}}{2mc}g_J=-\frac{e\boldsymbol{C}}{2mc}\cdot\left(1+\frac{\boldsymbol{C}^2+\boldsymbol{Z}^2-\boldsymbol{A}^2}{2\boldsymbol{C}^2}\right) \tag{3-169}$$

求得耦合朗德因子 g_J 为

$$g_J=1+\frac{\boldsymbol{C}^2+\boldsymbol{Z}^2-\boldsymbol{A}^2}{2\boldsymbol{C}^2} \tag{3-170}$$

其中，$\boldsymbol{C}^2=J(J+1)\hbar^2$，$\boldsymbol{A}^2=L(L+1)\hbar^2$，$\boldsymbol{Z}^2=S(S+1)\hbar^2$，代入式（3-170）得

$$g_J=1+\frac{J(J+1)+S(S+1)-L(L+1)}{2J(J+1)} \tag{3-171}$$

jj 耦合的朗德因子随着电子的状态不同而不同。

没有外磁场时，原子耦合态 (L,S,J) 的能级是简并的，简并度为 $2J+1$。在外磁场 $\boldsymbol{B}$ 中，LS 耦合的总磁矩与磁场作用，使耦合态能级分裂，用量子数 (L,S,J,M_J) 表示。将坐标轴 z 轴定为磁场 $\boldsymbol{B}$ 方向，$\boldsymbol{B}=B\boldsymbol{k}$，分裂能为

$$E_B=-\boldsymbol{\mu}_J\cdot\boldsymbol{B}=\frac{e}{2mc}g_J\boldsymbol{C}\cdot\boldsymbol{B}=\frac{eB}{2mc}g_JC_z \tag{3-172}$$

磁场 $\boldsymbol{B}$ 与坐标轴 z 轴同向，$\boldsymbol{C}$ 投影到 z 轴，即为 z 分量 C_z，于是 $\boldsymbol{C}=C_z$。外磁场中角动量的 z 分量和磁矩的 z 分量，见图 3-25（b）。合矢量 $\boldsymbol{\mu}_L+\boldsymbol{\mu}_S$ 与 $\boldsymbol{B}$ 的标量积就是合矢量 $\boldsymbol{\mu}_L+\boldsymbol{\mu}_S$ 在 z 轴上投影，等于 $\boldsymbol{\mu}_J$，于是有

$$E_B=-\boldsymbol{\mu}_J\cdot\boldsymbol{B}=-(\boldsymbol{\mu}_L+\boldsymbol{\mu}_S)\cdot B\boldsymbol{k}=\frac{e}{2mc}(\boldsymbol{A}+2\boldsymbol{Z})\cdot B\boldsymbol{k}=\frac{eB}{2mc}(A_z+2Z_z) \tag{3-173}$$

其中，$\boldsymbol{A}\cdot B\boldsymbol{k}=(A_x\boldsymbol{i}+A_y\boldsymbol{j}+A_z\boldsymbol{k})\cdot B\boldsymbol{k}=A_zB$，$\boldsymbol{Z}\cdot B\boldsymbol{k}=(Z_x\boldsymbol{i}+Z_y\boldsymbol{j}+Z_z\boldsymbol{k})\cdot B\boldsymbol{k}=Z_zB$，$C_z=A_z+Z_z$。外磁场中能级分裂产生的状态用一组量子数 (L,S,J,M_J) 表示，由式（3-173），任意原子态在外磁场中的分裂能算符表示为

$$\hat{H}_B=\frac{eB}{2mc}(\hat{L}_z+2\hat{S}_z) \tag{3-174}$$

由式（3-172），原子耦合态在外磁场中的分裂能算符也可表示为

$$\hat{H}_B=\frac{eB}{2mc}g_J\hat{J}_z \tag{3-175}$$

其中，$\hat{J}_z$ 为总角动量 $\boldsymbol{C}$ 的 z 分量算符，$\hat{L}_z$ 为总轨道角动量 L 的 z 分量算符，$\hat{S}_z$ 为总自旋角动量 Z 的 z 分量算符。设谱项波函数为 $\varPsi_{LSJM_J}$，运用微扰法，零级能为 $E_J^{(0)}=\left\langle\varPsi_{LSJM_J}\middle|(\hat{H}_0+\hat{H}_1+\hat{H}_{LS})\middle|\varPsi_{LSJM_J}\right\rangle$，由一级校正求得外磁场分裂能：

$$E_B=\left\langle\varPsi_{LSJM_J}\middle|\hat{H}_B\middle|\varPsi_{LSJM_J}\right\rangle \tag{3-176}$$

因为 $\hat{H}_B$ 与 $\hat{J}_z$ 对易，式（3-176）为对角矩阵元。根据维格纳-埃卡特（Wigner-Eckart）定理，将式（3-174）和式（3-175）代入式（3-176），两式所得分裂能成正比，比例常数为耦合朗德因子 g_J。

$$E_B=\frac{eB}{2mc}\left\langle\varPsi_{LSJM_J}\middle|\hat{L}_z+2\hat{S}_z\middle|\varPsi_{LSJM_J}\right\rangle=\frac{eB}{2mc}\left\langle\varPsi_{LSJM_J}\middle|g_J\hat{J}_z\middle|\varPsi_{LSJM_J}\right\rangle \tag{3-177}$$

对于算符集合 $(\hat{J}^2,\hat{J}_z)$，存在共同的本征函数 $\varPsi_{LSJM_J}$，算符运算关系如下

$$g_J\hat{J}=\hat{L}+2\hat{S}\text{，}\hat{J}=\hat{L}+\hat{S} \tag{3-178}$$

还存在如下算符运算关系

$$g_J\hat{J}^2=\hat{J}\cdot(\hat{L}+2\hat{S})=\hat{J}\cdot(\hat{J}+\hat{S})=\hat{J}^2+\hat{J}\cdot\hat{S} \tag{3-179}$$

此算符运算关系由对应的矢量运算关系导出，其中

$$\hat{J}\cdot\hat{S}=\frac{\hat{J}^2+\hat{S}^2-\hat{L}^2}{2} \tag{3-180}$$

也由矢量加减法则和三角形余弦定理导出，式（3-180）代入式（3-179）得

$$g_J\hat{J}^2=\hat{J}^2+\frac{\hat{J}^2+\hat{S}^2-\hat{L}^2}{2} \tag{3-181}$$

式（3-181）两端求标量积

$$\left\langle Y_{LSJM_J}\middle|g_J\hat{J}^2\middle|Y_{LSJM_J}\right\rangle=\left\langle Y_{LSJM_J}\middle|\left(\hat{J}^2+\frac{\hat{J}^2+\hat{S}^2-\hat{L}^2}{2}\right)\middle|Y_{LSJM_J}\right\rangle \tag{3-182}$$

由总角动量、轨道角动量、自旋角动量本征方程，解得

$$g_J J(J+1) = J(J+1) + \frac{[J(J+1) + S(S+1) - L(L+1)]}{2} \tag{3-183}$$

两端同除 $J(J+1)$，解得耦合朗德因子 g_J：

$$g_J = 1 + \frac{[J(J+1) + S(S+1) - L(L+1)]}{2J(J+1)}$$

在外磁场中，由式（3-175），求得耦合态在外磁场中的分裂能为

$$\begin{aligned} E_B &= \left\langle \Psi_{LSJM_J} \middle| \hat{H}_B \middle| \Psi_{LSJM_J} \right\rangle = \frac{eB}{2mc} \left\langle \Psi_{LSJM_J} \middle| g_J \hat{J}_z \middle| \Psi_{LSJM_J} \right\rangle \\ &= \frac{e\hbar B}{2mc} g_J M_J \end{aligned} \tag{3-184}$$

总磁量子数的取值为 $M_J = -J, -J+1, \cdots, J-1, J$ ，这说明原子耦合态的能级分裂多重度为 $2J+1$ 。

3.9　原子核的结构*

原子核外所容纳的电子数是由原子核内的质子数决定的，外层电子存在电子壳层结构，原子核内也必然存在核结构。1908 年，卢瑟福证实了 α 射线是氦核粒子 He^{2+} 。1911 年，又通过 α 粒子散射实验揭示了原子由带正电的原子核和带负电的电子构成。1919 年，用 α 粒子轰击氮原子获得质子，证实氢原子核为质子，是一种正电粒子，所带电量与电子相同。卢瑟福的研究开启了人工核反应的历史。1920 年，他预言质子和电子合为一体将形成电中性的中子。1930 年，W. W. G. F. Bothe 用放射性元素 Po 发出的 α 粒子轰击 Be 原子，测得一种穿透力极强的射线，最初被认为是 γ 射线。1932 年，J. Chadwick 用此射线照射氢原子核，证明了是一种新的电中性粒子，其质量与质子质量相当，确认为中子。一系列粒子对撞产生新粒子的实验，使人们认识到原子核是可再分割的，原子结构也越来越清晰。原子核内粒子存在强作用力，需要较高能量才能轰击原子核内部粒子，一种借助高频电源产生强电场，并配以磁场的回旋加速器，用于测量粒子的质量和电荷揭示了原子核的结构。原子由原子核和电子组成，原子核由带正电的质子和不带电的中子组成，原子的质量是质子、中子、电子的质量和，电子质量只有质子质量的 1/1836，是可以忽略的小量。中子的质量略大于质子，近似相等，原子的相对质量数等于质子数和中子数的和。按照新的原子结构定义，元素存在同位素，各种同位素的质子数相同，中子数不同。通过测量原子质量确定原子核的质子数和中子数，成为证实新元素最为有效的方法。

3.9.1　基本粒子和反粒子

物质由一些稳定的基本粒子构成，物质的粒子性决定了物质能量的离散性和量子化特性，量子化是粒子世界的基本特征。不同粒子通过质量、电荷、自旋、同位旋、磁矩等物理参数区分，大多数粒子可以再分割为质量更小的粒子，存在内部结构，如原子、质子、中子等。不可分割的粒子，没有内部结构，称为点粒子，如夸克粒子、电子等。反之，点粒子组成了质量较大的各种粒子，一些质量较大的粒子也可以运用高能加速器等技术手段，通过高速粒子对撞，进行合成。大部分粒子都有内部结构，最下层的结构就是由点粒子组成的，它们是构成物质世界最基本的粒子，图 3-26 列出了已发现的类点粒子的符号和物理参数。粒子的发现是用各种探测器，通过分别测量电荷、速度、动量、能量等得以确定，根据相对论，在实验室坐标系中自由粒子的质量为

$$m_0 = \frac{1}{c}\sqrt{\left(\frac{E}{c}\right)^2 - p^2} \tag{3-185}$$

其中，E 和 p 分别为自由粒子的能量和动量。根据相对论质能关系，静止粒子的能量 $E_0 = m_0 c^2$ ，粒子质量和能量等价，质量也可用能量表达。如电子的静止质量用能量表示，等于 0.511MeV，换算成 kg 为

$$m_0 = \frac{E_0}{c^2} = \frac{0.511\text{MeV} \times 10^6 \times 1.60218 \times 10^{-19}\,\text{J} \cdot \text{eV}^{-1}}{(2.99793 \times 10^8\,\text{m} \cdot \text{s}^{-1})^2} = 9.10939 \times 10^{-31}\,\text{kg}$$

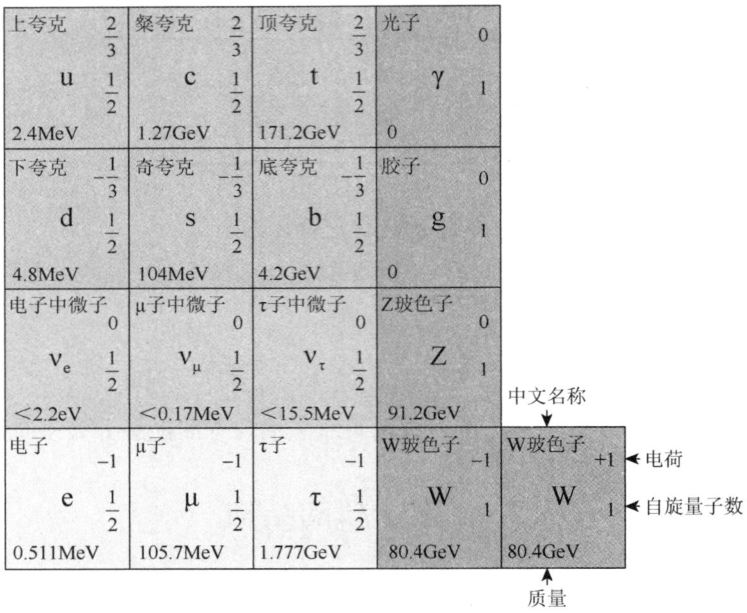

图 3-26　重要基本粒子的符号和物理参数表

量子力学建立后，微观粒子的自旋运动成为它的一个基本特征，自旋运动所产生的电磁作用力视其带电性质和产生的磁矩不同而不同，并与自旋轨道角动量联系，由自旋量子数计算。所以，粒子的自旋量子数被作为粒子的一个重要性质。当自旋量子数为半整数时，粒子的统计分布服从费米-狄拉克分布，称为费米子（fermion），如质子、中子和 ${}^{13}_{6}C$ 都是费米子。费米子具有不可区分性，每个量子状态只被一个费米子占据。单位体积、微小能量区域 $E \to E + dE$ 、占据状态能量为 E 的粒子数为

$$n_E dE = g(E)f(E)dE = \frac{g(E)}{e^{(E-E_F)/k_BT}+1}dE\text{，}f(E) = \frac{1}{e^{(E-E_F)/k_BT}+1} \tag{3-186}$$

其中，E_F 为费米能级，当 $T = 0K$，费米能级以下能级为全占据，费米能级以上能级为全空。$g(E)$ 为态密度，$g(E)dE$ 为区域内量子态数，$f(E)$ 就是费米-狄拉克概率统计分布函数。

当自旋量子数为零或整数时，粒子的统计分布服从玻色-爱因斯坦分布，称为玻色子（boson）。如光子、α 粒子、${}^{12}_{6}C$ 和 H_2 都是玻色子。玻色子也是不可区分粒子，但每个量子态上占据的玻色子数目没有限制。单位体积、微小能量区间 $E \to E + dE$ 、占据状态能量为 E 的粒子数为

$$n_E dE = g(E)f(E)dE = \frac{g(E)}{Be^{E/k_BT}-1}dE\text{，}f(E) = \frac{1}{Be^{E/k_BT}-1} \tag{3-187}$$

在温度 TK 时，处于热力学平衡态的光子系统，$B = 1$，光子的态密度和玻色-爱因斯坦分布函数分别为

$$g(E) = \frac{8\pi E^2}{h^3c^3}\text{，}f(E) = \frac{1}{e^{E/k_BT}-1}$$

运用玻色-爱因斯坦分布可以导出黑体辐射的能量密度分布，解释黑体辐射实验曲线。

粒子的稳定性由粒子的寿命决定，不稳定的粒子发生衰变转变为质量更小的粒子，目前已经过实验检测到 30 多种稳定的粒子，除此之外，还发现了几百种共振粒子。

质子被发现后，在测定质子的质量时还发现，质子数所确定的原子质量与实际测量原子量相差很大，由此推测原子核中存在第二种粒子。1932 年，J. Chadwick 用放射性 ${}^{216}_{84}Po$ 产生的 α 射线，近距离轰击 ${}^{9}_{4}Be$ 原子，确立核反应产物是 ${}^{12}_{6}C$ 和中子 ${}^{1}_{0}n$ ，中子是一种电中性的、质量与质子相当的粒子，中子被原子核俘获放出一个质子和一个电子。J. Chadwick 从 ${}^{12}_{6}C$ 的反冲动量、中子流的穿透能力和对周围原子的电离能力分析得出，产物不是 γ 射线，而是中子，即发生了核反应：

$${}^{9}_{4}Be + {}^{4}_{2}He \longrightarrow {}^{12}_{6}C + {}^{1}_{0}n$$

1934 年，I. Curie 等用 α 射线轰击 ${}^{10}_{5}B$ 、${}^{27}_{13}Al$ 和 ${}^{27}_{12}Mg$ ，测得中子相对于 ${}^{16}_{8}O$ 质量单位的质量为 1.0089u。1934 年，R. Ladenburg 用 ${}^{2}_{1}H$ 粒子轰击 ${}^{7}_{3}Li$，测得中子的质量为 1.0083u。1961 年国际纯粹化学与应用化学联合会（IUPAC）和国际纯粹物理与应用物理联合会（IUPAP）统一使用 ${}^{12}_{6}C$ 质量单位标准，质子的相对质量

为 $m_p = 1.007276\text{u}$，中子的相对质量为 $m_n = 1.008665\text{u}$。

【例 3-14】　以 $^{12}_{6}\text{C}$ 作为原子质量单位（u），计算 1 质量单位的质子和中子的相对质量。

解：
$$1\text{u} = \frac{1}{12} \times \frac{12\text{g}\cdot\text{mol}^{-1}}{6.02214086\times10^{23}\,\text{mol}^{-1}} \times (10^{-3}\,\text{kg}\cdot\text{g}^{-1}) = 1.6605390\times10^{-27}\,\text{kg}$$
$$= 931.494113\text{MeV}$$
$$m_p = \frac{1.6726219\times10^{-27}\,\text{kg}}{1.6605390\times10^{-27}\,\text{kg}} = 1.007276\text{u}$$
$$m_n = \frac{1.67492747\times10^{-27}\,\text{kg}}{1.6605390\times10^{-27}\,\text{kg}} = 1.008665\text{u}$$

1928 年，狄拉克求解氢原子的相对论方程预言了正电子，1932 年，C. D. Anderson 用高能 γ 射线照射云室后，观测到两种粒子，在磁场中向两个方向偏转，经过分析确认为电子-正电子对。正电子的质量与电子相同，所带电荷相反。正电子的寿命只有 10^{-10}s，随后衰变为两个 γ 光子。正电子的发现预示每一个带电粒子对应一个反粒子，粒子和反粒子是质量和自旋量子数相同、电荷和磁矩相反的一对粒子。1955 年，O. Chamberlain 和 E. G. Segre 等用高能质子同步稳相加速器将 6.20GeV 的质子射向铜靶，发现反质子。某些中性粒子由带电的夸克粒子组成，也存在反粒子，如中子由一个上夸克、两个下夸克组成，反中子由一个反上夸克、两个反下夸克组成。1956 年，B. Cork、G. R. Lambertson 等用高能质子同步稳相加速器发现反中子，将反质子与原子核撞击，反质子与核之间发生电荷交换，反质子失去电荷转变为反中子。

3.9.2　核素和原子核的结构

原子由原子核和电子构成，原子核由质子和中子构成，质子和中子由上夸克粒子和下夸克粒子构成，见图 3-27。夸克粒子被认为是基本粒子，不能再分割。发现粒子和测量粒子的性质，需要进行粒子对撞实验。例如，用粒子撞击原子核，从原子核中分裂出质子或中子，原子核失去质子，变为另一种原子核，这种用一种粒子撞击一个原子核后形成残留核和另一种粒子的反应，称为核反应，核反应中最常见的粒子列于表 3-15。核反应过程服从电荷守恒、质量数守恒、能量守恒、动量守恒、角动量守恒、宇称守恒。

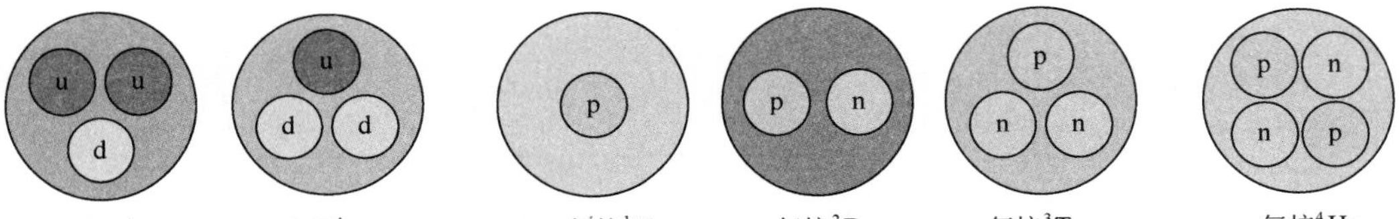

质子 ^1_1p　中子 ^1_0n　氢核 ^1_1H　氘核 ^2_1D　氚核 ^3_1T　氦核 ^4_2He

图 3-27　质子、中子、氢核、氘核、氚核和氦核的结构

表 3-15　常见粒子的符号和性质

粒子	记号	电荷	质量/(g·mol^{-1})	核反应中的符号
电子	e	−1	5.4858×10^{-4}	$^{0}_{-1}\text{e}$
中子	n	0	1.008665	^1_0n
质子	p	+1	1.007276	^1_1H 或 ^1_1p
氘	d	0	2.01355	^2_1D
氚	t	0	3.01550	^3_1T
氦（$A=4$）	α	+2	4.00150	^4_2He

原子的核电荷数 Z 由质子电荷贡献，所以核电荷数 Z 也等于质子数 P，决定了原子的类别。核电荷数相同的原子，它们的化学性质和物理性质就基本相同。原子核的性质是由核内核子数决定的，核子数等于质

子数和中子数相加，具有确定的质子数和中子数的原子核称为核素。质子数不同，化学元素不同，由化学元素、质子数和核子数确定一个核素，用核素式 ${}_{Z}^{A}L$ 表示。元素符号 L 的左上标为核子数 A，左下标为核电荷数 Z（也是质子数），隐含中子数 $N = A - Z$。质子数相同，中子数不同，或核子数不同的原子核互为同位素，如 ${}_{8}^{16}O$ 和 ${}_{8}^{17}O$。核电荷数不同、中子数相同、质子数不同的原子核称为同中子异位数，如 ${}_{6}^{13}C$ 和 ${}_{7}^{14}N$。质量数相同的原子核称为同量异位数，如 ${}_{6}^{14}C$ 和 ${}_{7}^{14}N$。

对于核反应，用核素式书写核反应方程式，主要直观体现电荷守恒和质量数守恒。如用慢中子轰击 ${}^{235}U$ 发生核裂变，按照多种方式裂变为 200 多种放射性核素，同时释放出中子，并放出巨大热能，以下是其中两种核裂变反应。

$$ {}_{0}^{1}n + {}_{92}^{235}U \longrightarrow {}_{56}^{142}Ba + {}_{36}^{91}Kr + 3{}_{0}^{1}n $$

$$ {}_{0}^{1}n + {}_{92}^{235}U \longrightarrow {}_{52}^{137}Te + {}_{40}^{97}Zr + 2{}_{0}^{1}n $$

而中子轰击 ${}^{238}U$ 核，中子被 ${}^{238}U$ 俘获后转变为 ${}^{239}U$，核内中子数过多，核变得不稳定，中子转变为质子和电子，质子留在核内转变为 ${}^{239}Np$，同时放出电子，${}^{239}Np$ 按相同的方式转变为 ${}^{239}Pu$。

$$ {}_{0}^{1}n + {}_{92}^{238}U \longrightarrow {}_{92}^{239}U\text{，}{}_{92}^{239}U \longrightarrow {}_{93}^{239}Np + {}_{-1}^{0}e\text{，}{}_{93}^{239}Np \longrightarrow {}_{94}^{239}Pu + {}_{-1}^{0}e $$

反应前后所有粒子的总电荷数（左下标）和核子数（左上标）必须相等。如 1919 年，卢瑟福发现质子的核反应：

$$ {}_{7}^{14}N + {}_{2}^{4}He \longrightarrow {}_{1}^{1}H + {}_{8}^{17}O $$

左端核电荷数 $7+2=9$，右端核电荷数 $1+8=9$。左端核子数 $14+4=18$，右端核子数 $1+17=18$。因为质子和中子的质量近似相等，核子数也被称为质量数，注意原子的质量数并不等于原子质量，原子的实际质量也不等于所有质子、中子和电子的质量相加，原子质量的精确值也得通过实验测定。

以中子数为横坐标，质子数为纵坐标，被质子数和中子数确定的核素位于坐标平面的一点，制成核素图，见图 3-28。1919 年以来，经核反应证实自然界共有 300 多种稳定核素，人工合成 1600 种放射性核素。稳定的天然核素的质子数和中子数都很接近，位于核素图 $Z = N$ 直线附近，而直线附近以外的核素都是放射性核素，直线上方核素的质子数大于中子数，直线下方核素的中子数大于质子数。由于原子核的空间尺寸

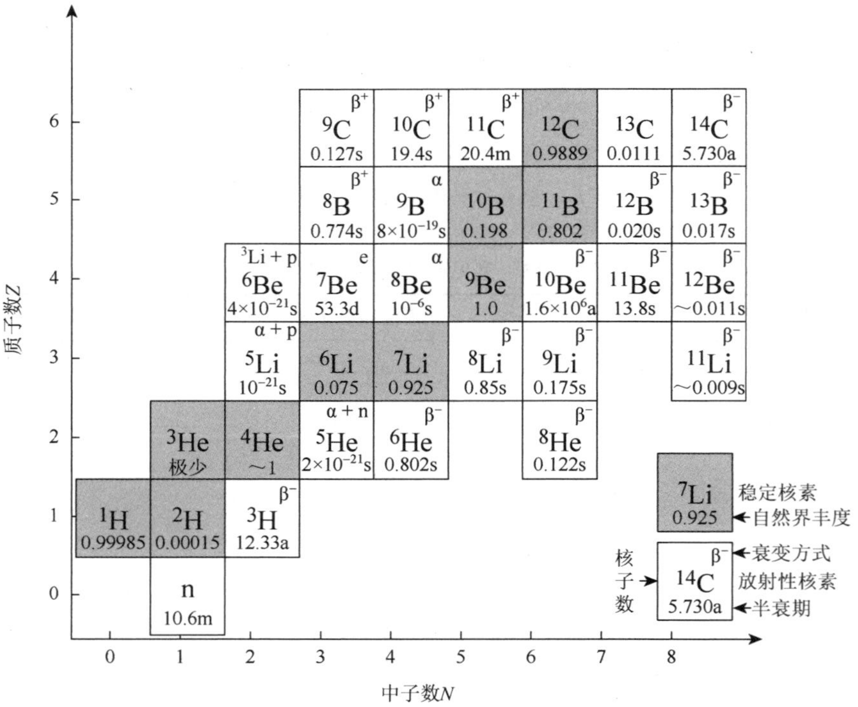

图 3-28　核素图局部

为3×10^{-15}m，随着核电荷数增加，质子数增加，在如此小空间里，正电质子的排斥力势必增大，使原子核变得不稳定。中子不带电，中子数增加，在核力增大的同时可以降低斥力，因而当$Z>20$，即从$^{44}_{21}Sc$开始，稳定原子核都表现为中子数大于质子数；当$Z>100$，即从$^{255}_{101}Md$开始，超重元素原子核变得极不稳定，最稳定核素的半衰期缩短为分或秒，甚至毫秒数量级。如$^{255}_{101}Md$的半衰期为27min，$^{263}_{106}Sg$的半衰期为0.8s，$^{266}_{109}Mt$的半衰期仅为3.4ms。

放射性同位素是不稳定的核素，经过中子和质子的转化变为稳定的核素，这种转化称为核衰变，同时释放出某些粒子，如α粒子、β^-粒子、β^+粒子、γ粒子，核化学常用放出的粒子种类定义衰变的类型。

亲代核$^{A}_{Z}L$经衰变转变为子代核$^{A'}_{Z'}G$。当核衰变时伴随放出一个α粒子，即为α衰变，α衰变使核内同时减少2个质子和2个中子，常见于重元素的放射性同位素的衰变。衰变导致亲代$^{A}_{Z}L$和子代$^{A-4}_{Z-2}G$是不同的化学元素。如放射性核素$^{216}_{84}Po$和$^{235}_{92}U$的衰变：

$$^{216}_{84}Po \longrightarrow {}^{212}_{82}Pb + {}^{4}_{2}He,\quad {}^{235}_{92}U \longrightarrow {}^{231}_{90}Th + {}^{4}_{2}He$$

当核内中子较多时，一个中子转换为一个质子，伴随放出一个电子和反电子中微子，即为β^-衰变，β^-衰变的亲代核$^{A}_{Z}L$的核电荷数增加1转变为子代核$^{A}_{Z+1}G$。如同位素^{12}B核的衰变：

$$^{12}_{5}B \longrightarrow {}^{12}_{6}C + {}^{0}_{-1}e + \bar{\nu}_e$$

当核内质子较多时，一个质子转换为一个中子，伴随放出一个正电子和电子中微子，即为β^+衰变，β^+衰变的亲代核$^{A}_{Z}L$的核电荷数减少1转变为子代核$^{A}_{Z-1}G$。如同位素^{12}N核的衰变：

$$^{12}_{7}N \longrightarrow {}^{12}_{6}C + {}^{0}_{1}e + \nu_e$$

当核内中子数小于质子数，原子核将从内壳层K直接俘获一个电子，使核内的一个质子转变为一个中子$^{1}_{1}p + {}^{0}_{-1}e \longrightarrow {}^{1}_{0}n$，核子数不变，质子数减少1，而中子数增加1。如

$$^{7}_{4}Be + {}^{0}_{-1}e \longrightarrow {}^{7}_{3}Li$$

电子俘获后，外层轨道电子将填充内壳层K轨道空位，放出特征X射线，这种衰变称为电子俘获。核内中子数小于质子数时，也会发生核内质子转变为中子，同时发射出正电子的反应$^{1}_{1}p \longrightarrow {}^{1}_{0}n + {}^{0}_{1}e$，这种衰变称为正电子衰变。如

$$^{11}_{6}C \longrightarrow {}^{11}_{5}B + {}^{0}_{1}e$$

当放射性核素由一种不稳定的激发态（同质异能态），经过核衰变回到基态或能量较低的状态时，就会伴随放出γ光子，称为γ衰变。γ光子是波长很短的电磁波，γ衰变表明原子核内存在电磁相互作用，使得质子和中子占据离散的能级，从基态跃迁到激发态以吸收γ光子的形式获得能量，从激发态回到基态以释放γ光子的形式辐射能量。在量子力学中，γ光子起到场量子的作用。γ光子不带电荷，也没有静止质量，因而在γ衰变中，核电荷数和核子数不变。如同位素$^{13}_{6}C^*$核的γ衰变：

$$^{13}_{6}C^* \longrightarrow {}^{13}_{6}C + {}^{0}_{0}\gamma$$

更多时候γ衰变是α和β衰变过程伴随的现象。

各种核衰变也遵守质量-能量守恒、电荷守恒、动量守恒、动量矩守恒以及核子数守恒。放射性衰变在动力学上是一级反应。

3.9.3　核素质量的测定

测量核素质量，可以直接得出近似质量数，即核子数A，结合核电荷数Z，确定原子核内的中子数$N=A-Z$，从而确定核素。1919年，F. W. Aston设计了第一台质谱仪，根据同位素的质量不同，分离并分析了50种元素的同位素。从核素质量测量值可见，同位素的质量近似等于整数倍氢原子质量，发现核素质量不等于质子和中子质量的总和，揭示了核结合能。1930年，改进了质谱仪的检测器，又使用真空技术改进了检测条件，质谱测量进入繁荣时期。1935年，质谱仪上安装同位素分离器，大大提高了检测能力，运用同位素分离器，发现核素^{235}U，证明了它的实用价值，质谱仪的工作原理见图3-29。

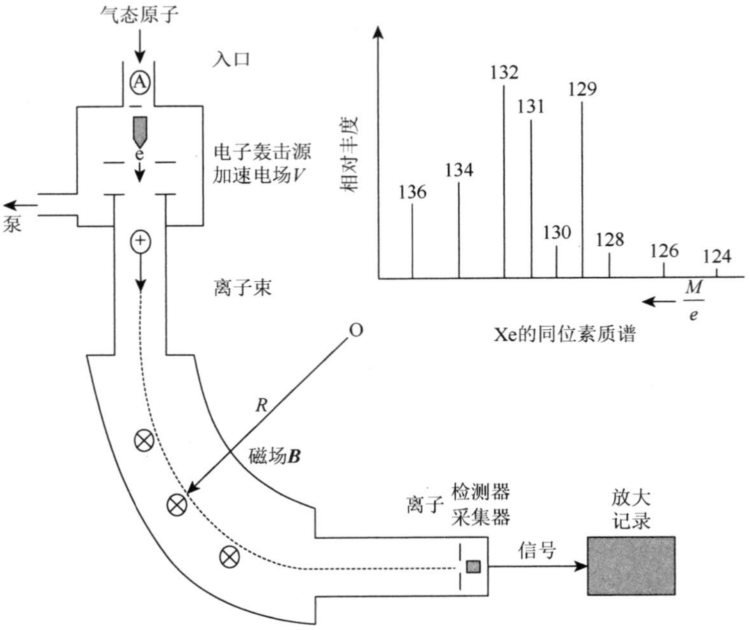

图 3-29　质谱仪的工作原理

低压气态原子进入质量分析器，先受到电子的轰击转变为正离子，电场引导带电离子形成离子束，经过电压为 V 的电场加速，进入磁通密度为 $\boldsymbol{B}$ 的磁场，其运动轨迹形成半径为 R 的弧形通道。设原子的质量为 M，经过电场加速时，离子获得速度 v：

$$\frac{1}{2}Mv^2 = eV$$

再经过磁场，电磁力提供做弧形运动的向心力，则有

$$\frac{Mv^2}{R} = \boldsymbol{B}ev$$

联立以上两式，离子的质荷比为

$$\frac{M}{e} = \frac{(\boldsymbol{B}R)^2}{2V} \tag{3-188}$$

设定磁通密度 $\boldsymbol{B}$ 和弧形通道半径 R，改变电场电压 V，检测不同质量的核素，测得质荷比 M/e，得到横坐标为质荷比，纵坐标为核素相对丰度的质谱，相对丰度由单位时间内的信号强度计算。如 Xe 的同位素质谱图，见图 3-29。微小的质量差别表现为质谱峰的细小间隔，如 $^{12}C[^1H^1H^1H^1H]^+$ 的分子量和 $^{16}O^+$ 核素质量近似相等，存在微小差异，也能从质谱峰分辨出。

元素的原子量是一种加权平均原子质量，计算方法为：将各种稳定的、自然存在的同位素的核素质量乘以相对丰度，再求和。如碳有两种自然核素，相对丰度分别为 0.9893 和 0.0107，两种核素的质量分别为 12.0000 和 13.003355，碳的原子量等于

$$\begin{aligned}M_C &= 0.9893 \times M[^{12}C] + 0.0107 \times M[^{13}C] \\ &= 0.9893 \times 12.0000 + 0.0107 \times 13.003355 \\ &= 12.0107\end{aligned}$$

运用此方法，可以算得任何元素的标准原子量，各元素的标准原子量见元素周期表。各种原子物理学文献收集有各元素同位素核素的质量。

3.9.4　核子的相互作用能

按照相对论的质能关系式 $E = mc^2$，质量也是一种能量形式。分子由原子组成，一个分子的内在能量除了原子之间的作用力之外，还包括各原子质量。原子之间的作用能等于分子中化学键的键能，其数量级为 100～1000kJ·mol^{-1}。如 N—H 键的键能为 390.903kJ·mol^{-1}，1mol 气态氮原子和 3mol 气态氢原子结合为 1mol

氨分子，放出能量 $1172.709\text{kJ}\cdot\text{mol}^{-1}$。

$$\text{N(g)}+3\text{H(g)} \xlongequal{\quad} \text{NH}_3\text{(g)}\text{，}\Delta H^{\ominus}=-1172.709\text{kJ}\cdot\text{mol}^{-1}$$

气态下 1 个氮原子和 3 个氢原子结合为 1 个氨分子，放出能量

$$\Delta E=\frac{1172.709\times10^{3}\,\text{J}\cdot\text{mol}^{-1}}{6.02214\times10^{23}\,\text{mol}^{-1}}=1.9473\times10^{-18}\,\text{J}$$

此能量是 1 个氮原子和 3 个氢原子形成 1 个氨分子的结合能总值。1 个氮原子和 3 个氢原子的总质量表现出的能量为

$$E=(m_{\text{N}}+3m_{\text{H}})c^2=\frac{(14.003074+3\times1.007825)\text{g}\cdot\text{mol}^{-1}}{6.02214\times10^{23}\,\text{mol}^{-1}}\times(2.997925\times10^{8}\,\text{m}\cdot\text{s}^{-1})^2$$
$$=2.54107\times10^{-6}\,\text{J}$$

分子中各原子之间的结合能大大小于各原子质量表现出的能量。同理，结合能表达为质量形式与氨的质量相比也很小，等于

$$\frac{\Delta E}{c^2}=\frac{1.9473\times10^{-18}\,\text{J}}{(2.997925\times10^{8}\,\text{m}\cdot\text{s}^{-1})^2}=2.167\times10^{-35}\,\text{g}$$

因而可以忽略原子结合能变化引起的质量变化，即氨的质量近似等于 1 个氮原子和 3 个氢原子的质量相加：

$$M_{\text{NH}_3}=m_{\text{N}}+3m_{\text{H}}+\frac{\Delta E}{c^2}\approx m_{\text{N}}+3m_{\text{H}}$$

对于一般化学反应，近似遵守质量守恒定律，直接按计量方程式进行物料计算。

对于核反应，情况完全不同。核子组成原子核，核子间靠核力紧密结合，核力比电磁力强得多，属于强相互作用，核力与质子所带的电量无关。通过实验测量核力的作用半径 $r_0=1.4\text{fm}$，核力是短程作用力，在核力作用半径之外，核力迅速降低为零。电子散射实验还证明原子核是球形的，原子核的半径与核力作用半径和核子数有关，核子数越大，核半径 R_{nu} 越大。

$$R_{\text{nu}}=r_0A^{1/3} \tag{3-189}$$

其中，A 为核子数，1 个核子的平均质量 m_{nu} 等于 1 原子质量单位，由碳原子 ${}^{12}_{6}C$ 算得的原子质量单位，求得原子核的质量密度

$$\rho=\frac{Am_{\text{nu}}}{\frac{4}{3}\pi R_{\text{nu}}^3}=\frac{m_{\text{nu}}}{\frac{4}{3}\pi r_0^3}=\frac{1.6605\times10^{-27}}{\frac{4}{3}\times3.14\times(1.4\times10^{-15})^3}=1.45\times10^{17}\,\text{kg}\cdot\text{m}^{-3} \tag{3-190}$$

该数值表明在 1m^3 体积内，原子核的质量超出了人们的想象，而且不同原子核的密度都近似相等，原子的质量重心就在原子核。核力也使得核子处于按能量最低原理、泡利不相容原理占据的轨道状态，核子在核能级之间的跃迁吸收或放出胶子。胶子是场量子，胶子的静止质量等于零，是一种不带电荷的玻色子，自旋量子数等于 1，起到传递核力的作用，但还没有实验证明胶子的存在。存在强相互作用的粒子，如质子和中子都被称为强子，强子由夸克粒子组成，夸克粒子是点粒子。强相互作用夸克模型理论期望强子组成的粒子，其内部必然存在类似于电磁场中 γ 光子一样的场量子。

原子核内带电质子拥挤在直径为 $3\times10^{-15}\text{m}$ 的小空间中，原子核没有爆炸，而是保持稳定状态，这说明质子之间除了排斥力外，还存在一种强相互作用力，使核子紧密结合在一起，质子与质子之间不仅如此，质子与中子、中子与中子之间也是如此。只有强相互作用力大大强于电磁力，才能保持原子核的稳定存在。当核子结合为原子核时，必将释放出强相互作用力形成的能量，此能量也称为原子核的结合能。对于核素 ${}^{A}_{Z}\text{L}$，原子核的结合能表示为 $\Delta E_{\text{b}}[{}^{A}_{Z}\text{L}]$。在以原子核质心为原点的坐标系中，原子核的静止能量表示为 $E_{\text{nu}}=M_{\text{nu}}c^2$，该能量包括：组成原子核的所有核子的静止能量 $ZE_{\text{p}}+(A-Z)E_{\text{n}}$，以及核子的动能和相互作用势能。将所有核子完全分离，使其距离无穷远，核子的能量就只有静止能量。以氦原子为例，核分裂过程的起始态是静止的氦原子核，终态为原子核解离后相距无穷远、静止的核子（图 3-30），核分裂过程表示为

$${}^{A}_{Z}\text{L}\longrightarrow Z\,{}^{1}_{1}\text{p}+(A-Z)\,{}^{1}_{0}\text{n}\text{，}\Delta E_{\text{b}}[{}^{A}_{Z}\text{L}]$$

由相对论质能关系式，原子核的结合能等于全部核子的静止能量减去原子核的静止能量：

$$\Delta E_b[{}^A_Z\mathrm{L}] = ZE_p + NE_n - E_{nu} = (Zm_p + Nm_n - M_{nu})c^2 \tag{3-191}$$

其中，$N = A - Z$。E_p、E_n、E_{nu} 分别表示质子、中子、原子核的静止能量，m_p、m_n、M_{nu} 分别为质子、中子、原子核的静止质量，上式也表达为

$$\Delta E_b[{}^A_Z\mathrm{L}] = [Zm_p + (A-Z)m_n - M_{nu}]c^2 \tag{3-192}$$

按照同样的方法表达原子中电子的结合能，用符号 $E_b[\mathrm{L}]$ 表示，在以原子核为原点的坐标系中，将所有电子完全分离，使其距离无穷远，原子核和电子的能量都只有静止能量。因而电子的结合能等于全部电子和原子核的静止能量减去原子的静止能量：

$$\Delta E_b[\mathrm{L}] = E_{nu} + ZE_e - E_{Atom} = (M_{nu} + Zm_e - M_{Atom})c^2 \tag{3-193}$$

其中，E_e、E_{Atom} 分别表示电子、原子的静止能量，m_e、M_{Atom} 分别为电子、原子的静止质量。电子的结合能包括电子的动能、原子核对电子的吸引能以及电子与电子之间的排斥能。

如果只考虑核素中核子的结合能，即为原子核的结合能，那么电子的结合能等于零，式（3-193）右端为零，则有

$$M_{nu} = M_{Atom} - Zm_e \tag{3-194}$$

代入式（3-192）右端，得

$$\Delta E_b[{}^A_Z\mathrm{L}] = [Zm_p + (A-Z)m_n + Zm_e - M_{Atom}]c^2 \tag{3-195}$$

其中，一个质子和一个电子的质量相加等于氢原子的能量，即 $M_H = m_p + m_e$，原子核的结合能也可以表示为

$$\Delta E_b[{}^A_Z\mathrm{L}] = [ZM_H + (A-Z)m_n - M_{Atom}]c^2 \tag{3-196}$$

因为原子 L 的核子数为 A，所以每个核子的平均结合能为

$$\frac{\Delta E_b[{}^A_Z\mathrm{L}]}{A} = \left[\frac{Z}{A}M_H + \left(1 - \frac{Z}{A}\right)m_n - \frac{M_{Atom}}{A}\right]c^2 \tag{3-197}$$

若 m_p、m_n、M_H 和 M_{Atom} 采用 ${}^{12}_{6}\mathrm{C}$ 原子质量单位，用 MeV 单位表示，使用单位换算：

$$(1\mathrm{u})c^2 = \frac{1.660539\times10^{-27}\,\mathrm{kg}\times(2.997925\times10^8\,\mathrm{m\cdot s^{-1}})^2}{1.602177\times10^{-13}\,\mathrm{J\cdot MeV^{-1}}} = 931.494113\mathrm{MeV} \tag{3-198}$$

即可广泛使用核素的相对原子质量数据表直接计算原子核的结合能。

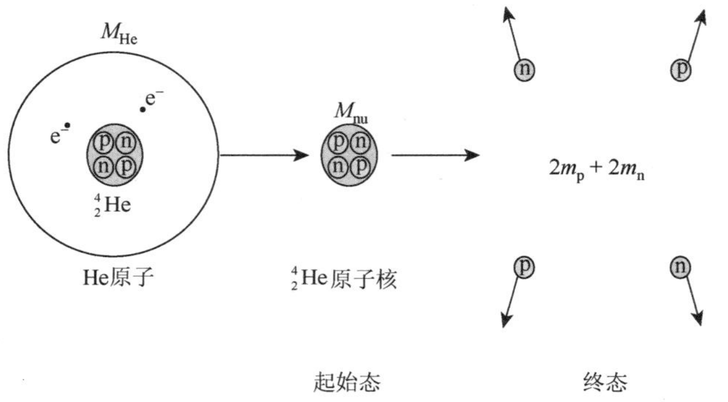

图 3-30　核分裂过程的起始态和终态

【例 3-15】　计算核素 ${}^{40}_{20}\mathrm{Ca}$ 的原子核结合能，以及每个核子的平均结合能。

解： 核素 ${}^{40}_{20}\mathrm{Ca}$ 的核电荷数 $Z = 20$，中子数 $N = 20$，核子数 $A = 40$。采用标准原子质量单位，氢原子的标准质量为 $M_H = 1.007825\mathrm{u}$，中子的标准质量为 $m_n = 1.008665\mathrm{u}$，核素 ${}^{40}_{20}\mathrm{Ca}$ 的标准原子质量为 $M_{Atom} = 39.962591\mathrm{u}$。由关系式（3-196）计算原子核结合能：

$$\begin{aligned}\Delta E_{\text{b}}[{}^{40}_{20}\text{Ca}] &= [ZM_{\text{H}} + (A-Z)m_{\text{n}} - M_{\text{Atom}}]c^2 \\ &= (20\times 1.007825 + 20\times 1.008665 - 39.962591)\times 931.494113\text{MeV} \\ &= 342.053022\text{MeV}\end{aligned}$$

由关系式（3-197），每个核子的平均结合能

$$\begin{aligned}\frac{\Delta E_{\text{b}}[{}^{40}_{20}\text{Ca}]}{A} &= \left[\frac{Z}{A}M_{\text{H}} + \left(1-\frac{Z}{A}\right)m_{\text{n}} - \frac{M_{\text{Atom}}}{A}\right]c^2 \\ &= \left[\frac{20}{40}\times 1.007825 + \left(1-\frac{20}{40}\right)\times 1.008665 - \frac{39.962591}{40}\right]\times 931.494113\text{MeV} \\ &= 8.551326\text{MeV}\end{aligned}$$

各核素的质子数和中子数不同，核子平均结合能也不同。以核子数为横坐标，平均结合能为纵坐标作图，得到一些稳定核素的核子平均结合能随核子数增加的变化趋势，见图 3-31。由图可见，当核子数小于 40，核子平均结合能急剧增大；当核子数大于 56，即 ^{56}Fe 核素之后，中子数大于质子数时，核子平均结合能缓慢降低，核素 ^{56}Fe 核中单个核子的平均结合能达到最大值 8.790259MeV。

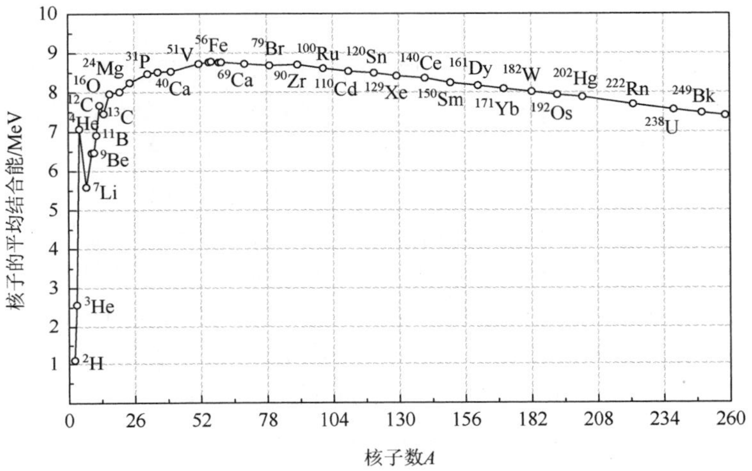

图 3-31　稳定核素的核子平均结合能随核子数增加的变化趋势

由一定数目的质子和中子聚合构成原子核时，将放出能量，该能量值被定义为核生成能。显然这个生成过程随核子数增大是很难实现的，但理论上可以通过热化学原理进行计算。如原子核 ${}^{56}_{26}$Fe 的生成能，其核的生成反应为

$$26{}^{1}_{1}\text{p} + 30{}^{1}_{0}\text{n} \longrightarrow {}^{56}_{26}\text{Fe}$$

$$\begin{aligned}\Delta E_{\text{f}}[{}^{56}_{26}\text{Fe}] &= [M_{\text{nu}} - Zm_{\text{p}} - (A-Z)m_{\text{n}}]c^2 \\ &= [M_{\text{Fe}} - Z(m_{\text{p}} + m_{\text{e}}) - (A-Z)m_{\text{n}}]c^2 \\ &= [M_{\text{Fe}} - ZM_{\text{H}} - (A-Z)m_{\text{n}}]c^2 \\ &= (55.934942 - 26\times 1.007825 - 30\times 1.008665)\times 931.494113\text{MeV} \\ &= -492.255516\text{MeV}\end{aligned}$$

按能量换算 $1\text{eV} = 96.485332\text{kJ}\cdot\text{mol}^{-1}$，原子核的生成能为 $-4.749544\times 10^{10}\,\text{kJ}\cdot\text{mol}^{-1}$，是一般化学反应热效应的 10^7 倍，体现了核能的威力。原子核的生成能等于负的结合能数值（图 3-32），相应的核反应过程互为逆过程，核生成反应的一般表示式为

$$Z{}^{1}_{1}\text{p} + (A-Z){}^{1}_{0}\text{n} \longrightarrow {}^{A}_{Z}\text{L}\,,\ \Delta E_{\text{f}}[{}^{A}_{Z}\text{L}] = -\Delta E_{\text{b}}[{}^{A}_{Z}\text{L}] \tag{3-199}$$

核生成能为

$$\Delta E_{\text{f}}[{}^{A}_{Z}\text{L}] = [M_{\text{Atom}} - ZM_{\text{H}} - (A-Z)m_{\text{n}}]c^2 \tag{3-200}$$

图 3-32 描绘了一些稳定核素的单个核子平均生成能随核子数增加的变化趋势。

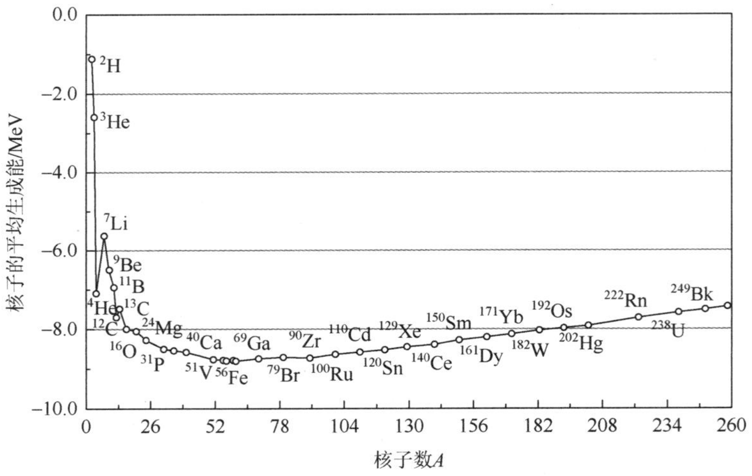

图 3-32　稳定核素的单个核子平均生成能随核子数增加的变化趋势

3.9.5　核反应与核能

1919 年，卢瑟福用 α 粒子轰击氮素 $^{14}_{7}N$ ，发现质子的核变化，是世界上第一个人工核反应，核反应方程式是 $^{14}_{7}N + ^{4}_{2}He \longrightarrow ^{1}_{1}H + ^{17}_{8}O$ 。核子之间有很大的结合能，需要高能粒子才能将核子从核中分离出来。1932 年，J. D. Cockcroft 和 E. T. S. Walton 用高压加速器加速质子，轰击锂核 $^{7}_{3}Li$ ，将锂核分裂为两个氦核 $^{1}_{1}H + ^{7}_{3}Li \longrightarrow ^{4}_{2}He + ^{4}_{2}He$ 。原子核内质子带正电，当用 α 粒子和质子轰击原子核时，必定形成很强的排斥作用，所需能量也必定很大。中子不带电，则不受静电排斥的影响，用相对较小的能量，就可以将核子分离。费米（E. Fermi）于 1934 年，M. S. Curie 于 1938 年分别用中子轰击铀核 $^{235}_{92}U$ ，得到不同的放射性物质，认为 $^{235}_{92}U$ 铀核只是发生了衰变，变成了 $^{231}_{88}Ra$ 和 $^{231}_{89}Ac$ 。1939 年，O. Hahn 和 F. Strassmann 通过化学方法分析了慢中子轰击铀核的产物，确定为钡 $^{144}_{56}Ba$ 和氙 $^{140}_{54}Xe$ ，氙衰变为镧 $^{140}_{57}La$ ，发生了如下核裂变反应[22, 23]

$$^{1}_{0}n + ^{235}_{92}U \longrightarrow ^{144}_{56}Ba + ^{89}_{36}Kr + 3^{1}_{0}n$$

$$^{1}_{0}n + ^{235}_{92}U \longrightarrow ^{140}_{54}Xe + ^{94}_{38}Sr + 2^{1}_{0}n$$

此核反应的特点是中子穿入重核，分裂为两个轻核，称为核裂变反应。$^{144}_{56}Ba$ 、$^{140}_{54}Xe$ 、$^{94}_{38}Sr$ 和 $^{89}_{36}Kr$ 都是不稳定核素，经过 β^- 衰变转变为稳定核素。

$$^{140}_{54}Xe \rightarrow ^{140}_{55}Cs \rightarrow ^{144}_{56}Ba \rightarrow ^{140}_{57}La \rightarrow ^{140}_{58}Ce$$

$$^{94}_{38}Sr \rightarrow ^{94}_{39}Y \rightarrow ^{94}_{40}Zr$$

1 个中子引发的核裂变会产生 2 个或 3 个第二代中子，第二代中子再穿入铀核，发生裂变，产生第三代中子，……，形成链式反应。只要 $^{235}_{92}U$ 足够多，中子数就可以达到一定大数量，瞬时释放大量能量，形成核爆炸。

从图 3-31 可见，重核比碳核以下的轻核的核子平均结合能大，若轻核聚合为重核，必定释放大量能量，但是，原子核外存在电子云，原子核聚合，需要克服电子的斥力；原子核碰撞也需要克服质子的正电斥力，即核聚变反应需要很高的能量才能发生。在太阳内部，温度极高(1.5×10^7K)，所有氢原子处于等离子体状态，电子全部被电离，热运动使氢核剧烈碰撞，氢核聚变为氦核，释放出能量。

$$^{1}_{1}H + ^{1}_{1}H \longrightarrow ^{2}_{1}H + ^{0}_{1}e + \nu_e$$

$$^{1}_{1}H + ^{2}_{1}H \longrightarrow ^{3}_{2}He + \gamma$$

$$^{3}_{2}He + ^{3}_{2}He \longrightarrow ^{4}_{2}He + 2^{1}_{1}H$$

氢核聚变的总过程以及释放的能量为

$$4^{1}_{1}H \longrightarrow ^{4}_{2}He + 2^{0}_{1}e + 2\nu_e + 26.7\text{MeV}$$

氢核聚变反应是热核反应，需要很高的温度才能实现。核裂变引起的核爆炸可以瞬间达到氢核聚变所需的温度(10^8K)，这就是氢核爆炸原理。氢核聚变过程不产生放射性核素，地球的氢储量也比放射性核素要多得多，氢核聚变能是另一种氢能源。

运用核能，需要准确计算核反应的能量，才能控制核反应过程，避免失控。设入射粒子 a 以一定动能

K_a 穿入静止靶核 A，反应射出 r 粒子，残余核为 R，动能分别为 K_r 和 K_R。

$$a + A \longrightarrow R + r$$

a、A、R、r 的静止质量用 M_a、M_A、M_R、M_r 表示。反应过程必须遵守能量守恒和动量守恒，在实验室坐标系下核反应过程的动力学见图 3-33。粒子和核的能量由动能和势能组成，核反应过程极快，大约在 10^{-12}s 内即可完成，势能瞬间转变为动能，并随距离增大迅速衰减为零。核反应能 ΔE 定义为产物（终态）的总动能减去反应物（始态）的总动能：

$$\Delta E = K_R + K_r - K_a \qquad (3\text{-}201)$$

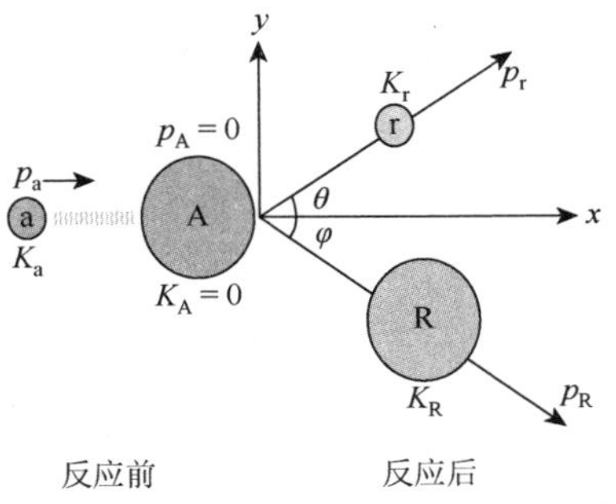

图 3-33　实验室坐标系下核反应过程的动力学图示

其中，靶核 A 静止，$K_A = 0$。当 $\Delta E > 0$，为放热反应；当 $\Delta E < 0$，为吸热反应；而 $\Delta E = 0$ 极少见，弹性散射属于此种情况。由能量守恒，反应物和产物的相对论能量相等，$E_a + E_A = E_R + E_r$，则有

$$K_a + M_a c^2 + M_A c^2 = K_R + K_r + M_R c^2 + M_r c^2 \qquad (3\text{-}202)$$

按定义式（3-201），上式经移项整理，得核反应能：

$$\Delta E = K_R + K_r - K_a = (M_a + M_A - M_R - M_r)c^2 \qquad (3\text{-}203)$$

核反应能等于反应前后粒子和原子核的能量之差。由于反应前后原子的总电子数不变，对于反应前靶核和反应后残余核的质量，也可用原子质量计算。

核反应能的实验值是通过测量射出粒子的动能 K_r，以及残余核的动能 K_R，而入射粒子 a 的动能 K_a 是预先设定的，由式（3-203）求反应前后的差值，算得核反应能。在入射粒子 a 进入靶核 A，生成核 R 的瞬间，核 R 产生较小的反冲，使得 K_R 很难准确测量，解决的办法是将 K_R 间接用其他可测量代换。由动量守恒关系式，x 和 y 方向的动量守恒分别表示为：

$$\begin{aligned} x&: p_a = p_R \cos\varphi + p_r \cos\theta \\ y&: 0 = -p_R \sin\varphi + p_r \sin\theta \end{aligned} \qquad (3\text{-}204)$$

联立两式，消去变量 φ 的项得

$$p_R^2 = p_a^2 + p_r^2 - 2p_a p_r \cos\theta \qquad (3\text{-}205)$$

假设射出粒子和残留核的速度远不及光速，则有

$$p_a^2 = 2M_a K_a，\ p_r^2 = 2M_r K_r，\ p_R^2 = 2M_R K_R \qquad (3\text{-}206)$$

将式（3-206）代入式（3-205），于是生成核 R 的 K_R 用入射粒子 a 的 K_a 和射出粒子 r 的 K_r 表示：

$$K_R = \frac{M_a}{M_R}K_a + \frac{M_r}{M_R}K_r - 2\frac{\sqrt{M_a M_r}}{M_R}\sqrt{K_a K_r}\cos\theta \qquad (3\text{-}207)$$

再将 K_R 代入式（3-203），推得核反应能 ΔE 的表达式

$$\Delta E = \left(1 + \frac{M_r}{M_R}\right)K_r - \left(1 - \frac{M_a}{M_R}\right)K_a - 2\frac{\sqrt{M_a M_r}}{M_R}\sqrt{K_a K_r}\cos\theta \qquad (3\text{-}208)$$

此式称为核反应能方程，实验设定入射粒子的 K_a，测量射出粒子的动能 K_r 以及射出角 θ，即可算得核反应能 ΔE。

【例 3-16】　中子数较多的放射性核素可以看作是两个轻核的复合，两个轻核之间存在势能垒，一般不会自发分裂，只有受到粒子的轰击，分裂才会发生，此种分裂称为诱导分裂。图 3-34 是放射性铀核 $^{235}_{92}U$ 受热中子诱导的裂变过程。298K 热中子的能量为 0.025eV，热中子以一定的动量穿入铀核 $^{235}_{92}U$，生成复合核 $^{236}_{92}U$ 后放出能量，同时将其从基态激发，形成激发态 $^{236}_{92}U^*$，复合核的激发态剧烈变形，快速分裂为 $^{144}_{56}Ba$ 和 $^{89}_{36}Kr$，射出 3 个快中子 ^1_0n 和 γ 射线。计算裂变的核能。

解：核裂变过程为：$^1_0n + ^{235}_{92}U \longrightarrow ^{236}_{92}U^* \longrightarrow ^{144}_{56}Ba + ^{89}_{36}Kr + 3^1_0n$，由式（3-203）得

$$\begin{aligned}\Delta E &= \left[m_n + M\left(^{235}_{92}U\right) - M\left(^{236}_{92}U^*\right)\right]c^2 \\ &= (1.008665 + 235.043923 - 236.045562) \times 931.494113\text{MeV} \\ &= 6.544678\text{MeV}\end{aligned}$$

激发 ${}^{236}_{92}U$ 到激发态 ${}^{236}_{92}U^*$ 所需能量为 6.0MeV。裂变过程 ${}^{1}_{0}n + {}^{235}_{92}U \rightarrow {}^{144}_{56}Ba + {}^{89}_{36}Kr + 3{}^{1}_{0}n$ 的核反应能为

$$\begin{aligned}\Delta E &= \left[m_n + M\left({}^{235}_{92}U\right) - M\left({}^{144}_{56}Ba\right) - M\left({}^{89}_{36}Kr\right) - 3m_n\right]c^2 \\ &= (1.008665 + 235.043923 - 143.904602 - 88.906196 - 3\times 1.008665)\times 931.494113\text{MeV} \\ &= 201.011772\text{MeV}\end{aligned}$$

该核分裂能仅为铀质量的 0.09%。

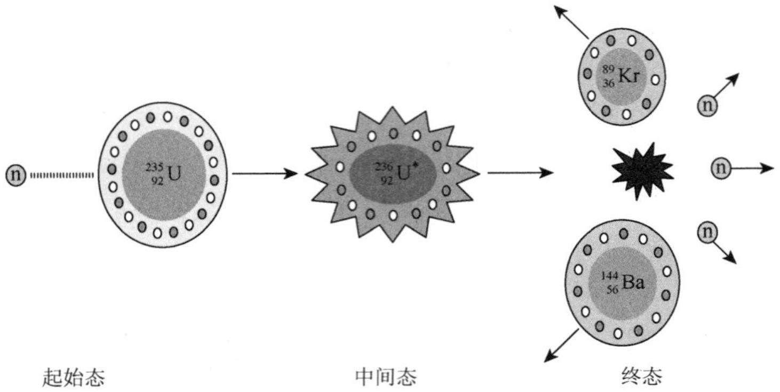

图 3-34 放射性铀核 ${}^{235}_{92}U$ 受热中子诱导的裂变过程

3.9.6 原子核结构理论*

质子-质子、质子-中子、中子-中子散射实验证明核子作用力为短程吸引力，称为核力，力程在 1～2fm 范围。当核子之间的距离小于 0.8fm 时，吸引力已转变为排斥力。因为核子的平均结合能是一常数，所以一个核子周围的核子数是饱和的。质子带单位正电荷，质子之间同时存在静电作用力和核力，核力与电荷无关，质子-质子散射、质子-中子散射实验证明，质子-质子、质子-中子、中子-中子的作用力近似相等，由此得出核力远大于静电排斥力。质子和中子都是费米子，存在自旋运动，核子处于相同自旋态和相反自旋态时，作用力不同。核力除了沿核子中心连线作用外，还与核子自旋相对于核子连线的取向有关。

对氘核 ${}^{2}_{1}D$ 的研究结论是电荷为$1.602\times 10^{-19}C$，核质量为 2.013553u，总磁矩为+0.8574β_e，为自旋三重态 $S=1$，角动量 $J=1$，按轨道和自旋角动量耦合推测是 ${}^3S_1$ 和 ${}^3D_1$ 的混合态，说明质子和中子自旋平行。实验测得电四极矩为 + 0.282fm^2，说明氘核不是球形电荷体。

总结稳定核素的中子数 N 和质子数 Z 与核素的稳定性的关系时，发现 N 或 Z 等于 2、8、20、28、50、82、126 时，核素数目多，自然界丰度高，核素特别稳定，这些数值被称为幻数。例如 $N=82$，共有 7 个稳定核素（括号中的数值为自然界丰度），分别为 ${}^{136}_{54}Xe$ (8.87%)、${}^{138}_{56}Ba$ (71.70%)、${}^{139}_{57}La$ (99.91%)、${}^{140}_{58}Ce$ (88.45%)、${}^{141}_{59}Pr$ (100%)、${}^{142}_{60}Nd$ (27.20%)、${}^{144}_{62}Sm$ (3.07%)。又如 $Z=50$，锡的同位素共 10 个，分别为 ${}^{112}_{50}Sn$ (0.97%)、${}^{114}_{50}Sn$ (0.66%)、${}^{115}_{50}Sn$ (0.34%)、${}^{116}_{50}Sn$ (14.54%)、${}^{117}_{50}Sn$ (7.68%)、${}^{118}_{50}Sn$ (24.22%)、${}^{119}_{50}Sn$ (8.59%)、${}^{120}_{50}Sn$ (32.58%)、${}^{122}_{50}Sn$ (4.63%)、${}^{124}_{50}Sn$ (5.79%)。原子核的幻数与惰性气体原子电子壳层幻数 2、8、18、36、54、86、118 类似，说明原子核内也存在壳层结构，核子也按能量最低原理、泡利不相容原理占据核子轨道。核子存在激发态，从另一个角度证明核子存在量子状态。N 和 Z 都为偶数的锡同位素，失去一个质子所需能量为 11MeV，形成第一激发态所需能量为 1.20MeV。N 和 Z 都为偶数的碲同位素，失去一个质子所需能量为 7MeV，形成第一激发态所需能量为 0.60MeV。

1935 年，C. V. Wieszäcker 提出液滴模型[24]，用以描述原子核的结构，核子间的短程作用力与溶液中分子相似，溶液密度为单位体积中分子的质量，类比溶液密度的定义，核密度定义为单位核体积内核子的总质量。溶液蒸发为气态单分子所需能量与溶液中分子间作用力成正比，与此相似，原子核内克服核子之间的总结合能，将核分裂为单个核子所做的功与核子数、核力、核子的分布、质子的库仑排斥力、核子的轨道排布方式等密切相关。核子间的核力是吸引力，核力所形成的能量为负，其大小与核子数成正比：

$$E_1 = -a_1 A \tag{3-209}$$

其中，经验参数 a_1 的取值为 14.0～15.7MeV。假设稳定核素的核形状近似为球形，处于球中心位置的核子所受核力是饱和的。但核球体表面的核子则不饱和，所受核力向内较大，向外很小或等于零，这部分能量经校正设为

$$E_2 = a_2 A^{2/3} \tag{3-210}$$

其中，经验参数 a_2 的取值为 13.0～17.8MeV。

质子间存在库仑排斥力，能量为正。1953 年，R. Hofstadter 用电子加速器对原子核进行了高能电子散射实验，发现原子核的电荷分布是内部致密，内部的电荷分布是球形对称的，表面呈扩散状态，原子核的电四极矩可能是表面质子电荷的不对称分布形成的，对于稳定核素的原子核，可以近似看成球形[25]。高能电子散射实验是借助电子与质子之间的强静电作用，以及与中子之间的弱磁作用，测量电子被原子核散射形成的衍射图像，进而获得核电荷的分布以及核的大小。尽管核形状不是完全的球形，但出于比较的方便，可以将核看成是动力学球体，设原子核的动力学半径为 R，从原子核的中心到半径为 r 的球面，电荷密度分布有如下关系：

$$\frac{\rho(r)}{\rho_0} = \frac{1}{1+\mathrm{e}^{(r-R)/a}}, \quad a = \frac{d}{4\ln 3} \tag{3-211}$$

ρ_0 为中心电荷密度系数，单位为 $\mathrm{C\cdot fm^{-3}}$，当核半径较大时，中心电荷密度取 $\rho_0 = \rho(r=0) = 1.0\times10^{-20}\mathrm{C\cdot fm^{-3}}$；$a$ 为电荷扩散厚度参数，由扩散表面的厚度 d 决定，如扩散厚度（球壳）$d = 2.40\mathrm{fm}$，$a = 0.546\mathrm{fm}$。对核素 $^{115}_{49}\mathrm{In}$，原子核的电荷密度随径向半径的分布如图 3-35 所示。由相对电荷密度区间 0.1～0.9，估计核表面附近的电荷扩散厚度 $d = 2.4\mathrm{fm}$，取 $\dfrac{\rho(r=R)}{\rho_0} = 0.5$，由电荷密度求得原子核的电荷半径 $R = 5.84\mathrm{fm}$。

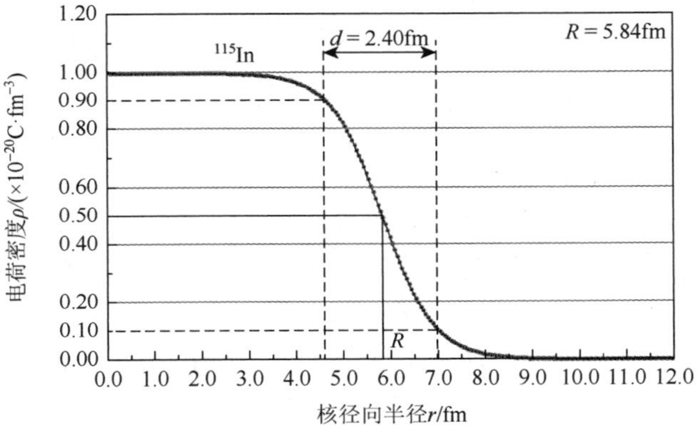

图 3-35　核素 $^{115}_{49}\mathrm{In}$ 的原子核电荷密度随径向半径的分布

由原子核的半径可以获得原子核的体积以及原子核的质量密度。原子核的体积 V 与核子数 A 成正比：

$$V = \frac{4}{3}\pi R^3 = \left(\frac{4}{3}\pi r_0^3\right)A, \quad R = r_0 A^{1/3} \tag{3-212}$$

其中，$r_0 = 1.20\mathrm{fm}$，为质量半径参量。假设质子被中子包围和隔离，质子间距相等，质子的电荷均匀分布于核球体中，设电荷密度为 ρ，半径为 r 处极薄球壳夹层内分布的电荷为

$$\mathrm{d}q = \rho \mathrm{d}V = \rho(4\pi r^2)\mathrm{d}r$$

其中，半径为 r 的球体内质子分布的电荷总量为

$$q = \rho V = \rho\left(\frac{4}{3}\pi r^3\right)$$

质子在极薄球壳夹层内形成的电荷与球壳以内球体电荷的库仑作用能为

$$\mathrm{d}E_\mathrm{c} = \frac{kq}{r}\mathrm{d}q = 3k\left(\frac{4}{3}\rho\pi\right)^2 r^4 \mathrm{d}r$$

其中，k 为常数。从原子核中心 $r = 0$ 到半径为 $r = R$ 的整个核球体球面受到的总库仑作用能为

$$E_c = \int_0^R 3k\left(\frac{4}{3}\rho\pi\right)^2 r^4 \mathrm{d}r = \frac{3k}{5}\left(\frac{4}{3}\rho\pi\right)^2 R^5 = \frac{3k}{5R}\cdot\left(\frac{4}{3}\rho\pi R^3\right)^2$$

原子核内质子的总电荷为$\frac{4}{3}\rho\pi R^3 = \rho V = Ze$，并将$R = r_0 A^{1/3}$代入得

$$E_c = \frac{3kZ^2e^2}{5R} = \frac{3kZ^2e^2}{5r_0A^{1/3}} \tag{3-213}$$

此式是半径为 R 的球体内连续变化的积分电荷形成的总库仑作用能，实际上核内质子电荷是离散分布的、不连续的，必须对上式进行校正。一个质子与其余（$Z-1$）个质子的库仑作用能为$\varepsilon_c = \frac{3k(Z-1)e^2}{5r_0A^{1/3}}$，对于 Z 个质子的原子核，则总库仑作用能为

$$E_c = \varepsilon_c Z = \frac{3kZ(Z-1)e^2}{5r_0A^{1/3}} \tag{3-214}$$

即将连续变化的积分电荷关系式中的Z^2换成$Z(Z-1)$。当$Z=1$，核内只有一个质子，库仑作用能等于零。当质子数与中子数匹配时，质子电荷的分布均匀，库仑作用力趋于平衡，原子核近似为球形，质子的库仑作用能近似满足式（3-214）。原子核存在较大的电四极矩，说明原子核不完全是球形，这种变形归结为核子有聚集体的运动形式。处于球中心附近完全饱和，所受核力最大，能量最低。处于球表面附近的核子，向内核力较大，向外核力较小或等于零，存在表面能。随核球体增大，处于球表面的核子分布变得不均匀，所受核力不平衡，为变形结构，存在较大的电四极矩。核子数为幻数的原子核具有完全充满结构，球表面附近的电荷分布完全均匀，核子受到向内的核力相等，各处核力分布也是均匀的，原子核的形状呈现球形对称。易发生核反应的核素表现为核表面的核力呈强弱不均衡分布。

原子核内库仑排斥力使原子核能量升高，由式（3-214），库仑排斥力的能量为

$$E_3 = a_3\frac{Z(Z-1)}{A^{1/3}} \tag{3-215}$$

其中，经验参数a_3的取值为 0.58～0.71MeV。

【例 3-17】　计算核素$^{115}_{49}\mathrm{In}$的质量半径和原子核的质量密度。

解： 电荷密度分布测量说明，核表面处的核子结合得没有内部紧密，所以原子核也存在质量半径。设核素$^{115}_{49}\mathrm{In}$的质量半径参量取$r_0 = 1.07\mathrm{fm}$，质量半径近似为

$$R = r_0A^{1/3} = 1.07\times115^{1/3} = 5.20\mathrm{fm}$$

原子核的体积为

$$V = \frac{4}{3}\pi R^3 = \left(\frac{4}{3}\pi r_0^3\right)A$$

原子核的质量密度为

$$\begin{aligned} D_m &= \frac{Zm_p + (A-Z)m_n}{V} = \frac{3}{4\pi r_0^3}\left[\frac{Z}{A}m_p + \left(1-\frac{Z}{A}\right)m_n\right] \\ &= \frac{3}{4\times3.1416\times(1.07\times10^{-15}\mathrm{m})^3}\times\left[\frac{49}{115}\times1.6726\times10^{-27} + \left(1-\frac{49}{115}\right)\times1.6749\times10^{-27}\right]\mathrm{kg} \\ &= 3.262\times10^{17}\mathrm{kg\cdot m^{-3}} \end{aligned}$$

核的质量密度相当大，物质中散布着由原子核贡献的质量球体。

核子具有波动性，原子核中质子占据质子轨道，中子占据中子轨道，按照泡利不相容原理，各个质子轨道都占据自旋相反的成对质子，各个中子轨道都占据自旋相反的成对中子，假设各轨道的能量间隔都等于 δ。就核子数为 A 的核素，当质子数 Z 和中子数 N 相等，即$A=2Z$，核素的原子核最稳定，见图 3-36（a）。当$N>Z$，假设中子数比质子数多 n，即$n=N-Z$，相当于从最稳定核素的质子轨道移送 $n/2$ 对质子至中子轨道，再将质子变为中子，相对于稳定核素能量必然升高。移送第 1 对质子所需能量为 2δ，见

图 3-36（b），移送第 2 对质子所需能量为 $2\delta\times3$，见图 3-36（c），移送第 3 对质子所需能量为 $2\delta\times5$，…，移送第 $n/2$ 对质子所需能量为 $2\delta\times(n-1)$，总共需要能量

$$
\begin{aligned}
E_s &= 2\delta(1)+2\delta(3)+2\delta(5)+\cdots+2\delta(n-1)=2\delta[1+3+5+\cdots+(n-1)]\\
&=2\delta\frac{n^2}{4}=2\delta\frac{(N-Z)^2}{4}=2\delta\frac{(A-2Z)^2}{4}
\end{aligned}
$$

中子数偏离质子数使得能量增加，因为核子轨道的能量间隔不相等，这部分校正能量为

$$E_4 = a_4\frac{(A-2Z)^2}{4} \tag{3-216}$$

其中，经验参数 a_4 的取值为 19.3～23.6MeV。按照泡利不相容原理，核子应尽可能自旋相反配对，使得质子和中子尽可能聚集，才符合原子核的致密结构，因而当质子数和中子数为奇数，能量会升高，这部分能量近似为

$$E_5 = a_5 A^{-3/4} \tag{3-217}$$

其中，经验参数 a_5 的取值见表 3-16。

表 3-16　经验参数 a_5 的取值

A	Z	成单核子数	a_5/MeV
偶数	偶数	0	−33.5
奇数		1	0
偶数	奇数	2(1p+1n)	+33.5

综合以上因素分析，液滴模型得出当核素的核子数为 A 时，核子间的总结合能的经验公式

$$
\begin{aligned}
E_b(\text{MeV}) &= -(E_1+E_2+E_3+E_4+E_5)\\
&= a_1A-a_2A^{2/3}-a_3\frac{Z(Z-1)}{A^{1/3}}-a_4\frac{(A-2Z)^2}{4}-a_5A^{-3/4}
\end{aligned} \tag{3-218}
$$

由液滴模型计算的平均核子结合能的变化规律与图 3-31 完全符合，由于经验参数随核子数不同，存在差异，因而所得核素结合能只是近似估计值，还不是精确值。

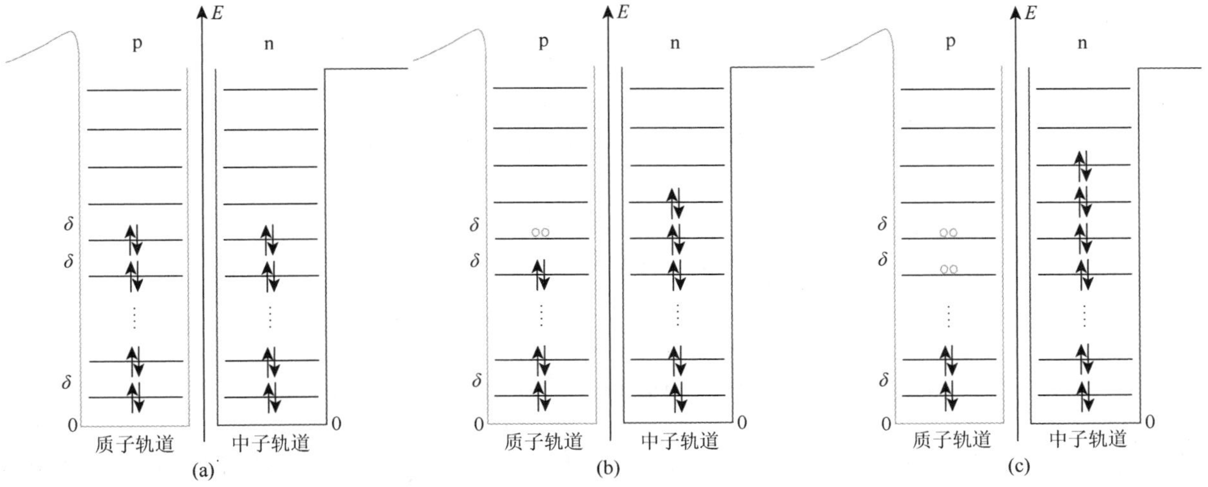

图 3-36　将质子从质子轨道移送至中子轨道引起的能量升高

1949 年，O. Haxel 和 J. H. D. Jensen 提出核的壳层模型[26]。核子处于其他核子形成的平均势场中，按确定的量子化能量和轨道运动，核子之间几乎没有碰撞。一种观点认为核力的变化类似于谐振子的受力振动，对于核素 $^2_1$D，核子结合能 $E_b=-\varepsilon=2.225$MeV，核力势能−40MeV。当距离小于 0.4fm 时，呈现排斥，当距

离大于 1.7fm 时，核力迅速衰减。设核子围绕原子核中心运动，每个运动状态对应量子化能级，按照泡利不相容原理，质子成对占据质子轨道，中子成对占据中子轨道，自旋相反，形成壳层结构。现将坐标系原点定在原子核的质心，表达出各核子动能以及相对于坐标系原点的核力作用能，则原子核内核子群的波动方程为

$$\left[\sum_{i=1}^{A}\left(-\frac{\hbar^2}{2m}\nabla_i^2\right)+\frac{1}{2}\sum_{j=1}^{A}\sum_{i=1}^{A}V_{ij}^{(\mathrm{n})}(r)+\frac{1}{2}\sum_{j=1}^{Z}\sum_{i=1}^{Z}V_{ij}^{(\mathrm{c})}(r)\right]\Psi=\varepsilon\Psi \tag{3-219}$$

第一项为动能，第二项为核力作用势能，核力为吸引力，作用能为负值，包括质子与质子、质子与中子、中子与中子之间的核力，第三项为质子与质子之间的库仑排斥能，数值为正值。核力作用势能数值绝对值比质子的库仑排斥能大得多，解波动方程时可以忽略库仑排斥能。由于核子在原子核中存在质量、电荷、电磁力和核力中心，所有核子都围绕该中心运动，形成中心力场，同时核子的运动状态与同轨道邻近核子有很大关系。只有核子之间的距离很近时才产生核力，靠得很近的核子存在集体运动状态，组成核子群。将所有核子的总核力分别按核子对和核子群进行统计平均，表达出核力的平均势能函数。作为近似方法，现在我们指定一个核子 k，该核子在空间与另一个核子相遇产生核力，然后分开，又与另一个核子相遇结合形成核力，在原子核内，核子 k 不断与其他核子作用，好比指定核子 k 在原子核内其他核子形成的核子云中独立运动，依次与各个核子作用。当然靠近原子核中心的核子所受核力大，能量较低，在核心附近出现的概率大，在外壳层出现的概率小；原子核表面的核子受到的核力较小，能量较高，运动到核心的概率小。随核球体径向半径增大，核子受到的核力减弱。设核子 k 与其他核子作用的平均核力势能函数为 $V_{\mathrm{N}}(r)$，则核子群方程（3-219）分解为单个核子的波动方程：

$$\left[-\frac{\hbar^2}{2m}\nabla^2+V_{\mathrm{N}}(r)\right]\psi=E\psi \tag{3-220}$$

质子-质子散射和质子-中子散射确定了核力作用势阱，用参数化函数表示，为核力势函数，如 Wooden-Saxon 参数化核力势函数

$$V_{\mathrm{N}}(r)=-\frac{V_0}{1+\mathrm{e}^{(r-b)/a}} \tag{3-221}$$

上式表示在以原子核中心为原点的球极坐标系中，沿径向半径 r 方向的球面上形成的核力势分布。V_0 是核子间固有核力势；a 是核表面电荷厚度常数，$a=\dfrac{d}{4\ln 3}$；b 是原子核大小的度量参数，图 3-37 描绘了核子之间的核力势能随核子与原子核中心间距变化的图形。

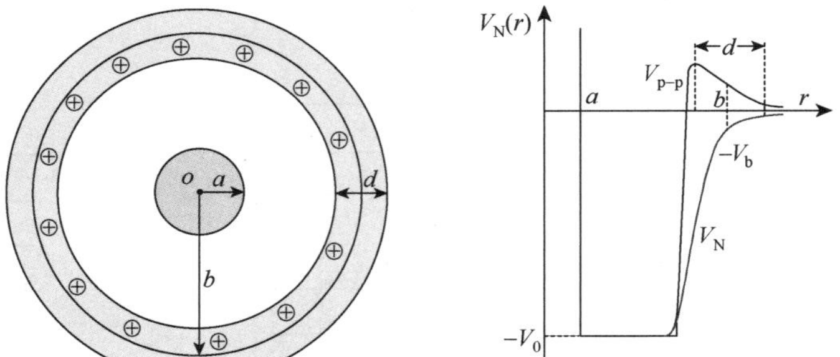

(a) 核力半径b和核表面库仑势垒　　(b) 核力势能曲线

图 3-37　核子之间的核力势能随核子与原子核中心间距变化的图形

在核力半径 b 以外，核力势能迅速衰减为零。其中，核力是 $V_{\mathrm{N}}(r)$-r 曲线的右侧部分，图 3-38（a）是中子-中子之间核力方势阱势能曲线，势阱深度为 $-V_0$，图 3-38（b）是质子-质子散射实验结果图，核力作用能负值加上库仑排斥作用能正值，使势阱深度 $-V_0$ 升高。由此可见，无论质子还是中子，其核力作用是相似的，与核力作用能（−40MeV）比较，质子-质子之间的库仑排斥能（1.44MeV·fm^{-1}）为小量，表现为质子-质子之间核力势能比中子-中子之间核力势能略高，见图 3-38（c）。核子近距离（$r<0.4$fm）作用力为排斥力，与核力完全不同，为图示左侧部分。

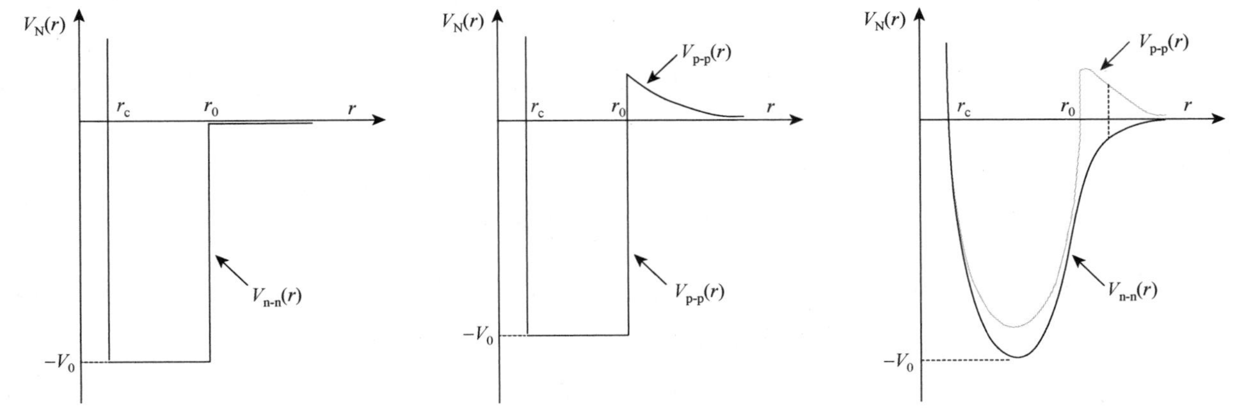

(a) 中子-中子作用的方势阱势能曲线　(b) 质子-质子作用的方势阱势能曲线　(c) 模拟圆形势阱势能函数曲线

图 3-38　核子之间核力势能随核子间距的变化（右侧部分）

原子核内所有质子的正电荷产生球面正静电势，在原子核表面形成势垒，势垒厚度（或表面电荷扩散厚度）$a = 0.55\text{fm}$，势垒高度通过 α 粒子或质子散射实验测量，当 $r > R$，球面正静电势为

$$V_c = \frac{Z_A e}{4\pi\varepsilon_0 r}$$

如 α 粒子对 ${}^{235}_{92}\text{U}$ 散射产生的库仑势垒高度为

$$U_\alpha = \frac{Z_U Z_\alpha e^2}{4\pi\varepsilon_0 R} = \frac{92\times 2\times(1.6022\times10^{-19})^2}{4\times3.1416\times8.8542\times10^{-12}\times8.0\times10^{-15}} = 5.3064\times10^{-12}\,\text{J}$$

化为 MeV 单位，等于 33.12MeV。其中，计算取 $r_0 = 1.3\text{fm}$，$R = r_0 A^{1/3} = 8.0\text{fm}$。质子对 ${}^{235}_{92}\text{U}$ 散射产生的库仑势垒高度为

$$U_p = \frac{Z_U Z_p e^2}{4\pi\varepsilon_0 R} = \frac{92\times 1\times(1.6022\times10^{-19})^2}{4\times3.1416\times8.8542\times10^{-12}\times8.0\times10^{-15}} = 2.6532\times10^{-12}\,\text{J}$$

化为 MeV 单位，等于 16.56MeV。由此可见，散射粒子所带的电荷不同，与原子核形成的势垒高度不同，穿透原子核表面，进入原子核所需的能量不同。

在球极坐标系下，拉普拉斯算符为 $\nabla^2 = \frac{1}{r^2}\frac{\partial}{\partial r}\left(r^2\frac{\partial}{\partial r}\right) + \frac{1}{r^2\sin\theta}\frac{\partial}{\partial\theta}\left(\sin\theta\frac{\partial}{\partial\theta}\right) + \frac{1}{r^2\sin^2\theta}\frac{\partial^2}{\partial\varphi^2}$，令 $\psi(r,\theta,\varphi) = R(r)Y(\theta,\varphi)$，代入方程（3-220），分离变量将偏微分方程，化为常微分方程，分别得到径向方程 $R(r)$ 和角度方程 $Y(\theta,\varphi)$：

$$\frac{\mathrm{d}}{\mathrm{d}r}\left(r^2\frac{\mathrm{d}}{\mathrm{d}r}\right)R(r) + \frac{2m}{\hbar^2}\left[r^2E - r^2V_N(r) - \frac{\beta\hbar^2}{2m}\right]R(r) = 0 \tag{3-222}$$

$$-\left[\frac{1}{\sin\theta}\frac{\partial}{\partial\theta}\left(\sin\theta\frac{\partial}{\partial\theta}\right) + \frac{1}{\sin^2\theta}\frac{\partial^2}{\partial\varphi^2}\right]Y(\theta,\varphi) = \beta Y(\theta,\varphi) \tag{3-223}$$

核子的角度方程与中心场粒子的角度方程相同。令 $Y(\theta,\varphi) = \Theta(\theta)\Phi(\varphi)$，再次分离变量，角度方程（3-223）化为如下 $\Theta(\theta)$ 和 $\Phi(\varphi)$ 方程：

$$\frac{1}{\sin\theta}\frac{\mathrm{d}}{\mathrm{d}\theta}\left[\sin\theta\frac{\mathrm{d}\Theta(\theta)}{\mathrm{d}\theta}\right] + \left(\beta - \frac{m^2}{\sin^2\theta}\right)\Theta(\theta) = 0 \tag{3-224}$$

$$\frac{\mathrm{d}^2\Phi(\varphi)}{\mathrm{d}\varphi^2} + m^2\Phi(\varphi) = 0 \tag{3-225}$$

两个方程解的乘积得到核子运动波函数的球谐函数 $Y_{lm}(\theta,\varphi) = \Theta_{lm}(\theta)\Phi_m(\varphi)$，其中，求解 $\Theta(\theta)$ 方程（3-224），得 $\beta = l(l+1)$，l 为角量子数，取值为 $l = 0,1,2,3,\cdots$。求解 $\Phi(\varphi)$ 方程（3-225），得量子数 m，取值为 $m = 0,\pm1,\pm2,\cdots,\pm l$。解得角度函数 $Y(\theta,\varphi)$ 为

$$Y_{lm}(\theta,\varphi) = \sqrt{\frac{(2l+1)(l-|m|)!}{2(l+|m|)!}}\frac{1}{2^l l!}\sin^{|m|}\theta\frac{\mathrm{d}^{l+|m|}}{\mathrm{d}(\cos\theta)^{l+|m|}}(\cos^2\theta-1)^l\cdot\frac{1}{\sqrt{2\pi}}\mathrm{e}^{\mathrm{i}m\varphi} \tag{3-226}$$

将 $\beta = l(l+1)$ 代入径向方程（3-222），径向方程化为

$$r^2\frac{\mathrm{d}^2R(r)}{\mathrm{d}r^2}+2r\frac{\mathrm{d}R(r)}{\mathrm{d}r}+\frac{2m}{\hbar^2}\left[r^2E-r^2V_{\mathrm{N}}(r)-\frac{l(l+1)\hbar^2}{2m}\right]R(r)=0 \tag{3-227}$$

为方便求解，径向方程表达为如下形式

$$\frac{\mathrm{d}^2}{\mathrm{d}r^2}\left[rR(r)\right]+\frac{2m}{\hbar^2}\left[E-V(r)\right]\left[rR(r)\right]=0 \tag{3-228}$$

其中，$V(r)=V_{\mathrm{N}}(r)+\dfrac{l(l+1)\hbar^2}{2mr^2}$，$V_{\mathrm{N}}(r)$ 是核力势能函数。核力势能并不包含质子之间的库仑排斥能，因为库仑排斥能是小量，在解出波函数后，再用微扰法求算。

求算核子波动方程的关键是表达出核子之间的核力势能函数。原子核中的核子是势阱中的粒子，经过散射实验测量，势阱深度 $V_0 \approx 40\mathrm{MeV}$，历史上具有代表性的核力势能的数学表达式有方势阱势函数、指数势函数、介子理论 Yukuwa 势函数、Wooden-Saxon 势函数、谐振势函数等，这些势函数都是以原子核的质量中心为原点，以核子与质心的距离 r 为变量的函数形式。如指数势函数

$$V(r)=-V_0\mathrm{e}^{-\frac{r}{b}},\ \mu=\frac{1}{b}=\frac{m_0c}{\hbar},\ r\leqslant b$$

m_0 为核子的静止质量，b 是核力势阱半径。又如 Yukuwa 势函数（1935 年）[27]

$$V(r)=-\frac{V_0b}{r}\mathrm{e}^{-\frac{r}{b}},\ r\leqslant b$$

以及 Woods-Saxon 势函数（1954 年）[28]

$$V(r)=-\frac{V_0}{1+\mathrm{e}^{-(r-b)/a}},\ r\leqslant b$$

式中，$V_0=40\mathrm{MeV}$，b 是度量原子核大小的参数，$b\geqslant R$；质子-质子散射实验证明当两个质子的距离靠近到一定程度，排斥能急剧增大，a 是核表面电荷扩散深度参数。

对于 ${}_1^2\mathrm{D}$ 的原子核，包括一个质子和一个中子，在质心坐标系中，两个核子围绕质心运动，核力作用使得两个核子相对于质心做来回运动，类似于谐振子，两个核子的核力势函数为

$$V_{\mathrm{N}}(r)=-V_0+\frac{1}{2}m\omega^2r^2$$

其中，ω 是角频率，$\omega=2\pi\nu$；r 是核子与质心（也是原子核中心）的距离。对于较多核子的原子核，由于泡利不相容原理，同类核子配对、自旋相反占据同一轨道，众多同类核子对按照能量由低到高顺序依次填充各轨道。将所有核子的质心作为球坐标系原点，任意核子相对于质心做谐振运动，核子与质心的距离 r 也是球极坐标系的径向半径。各种核力势能函数随核子间距的变化见图 3-39。

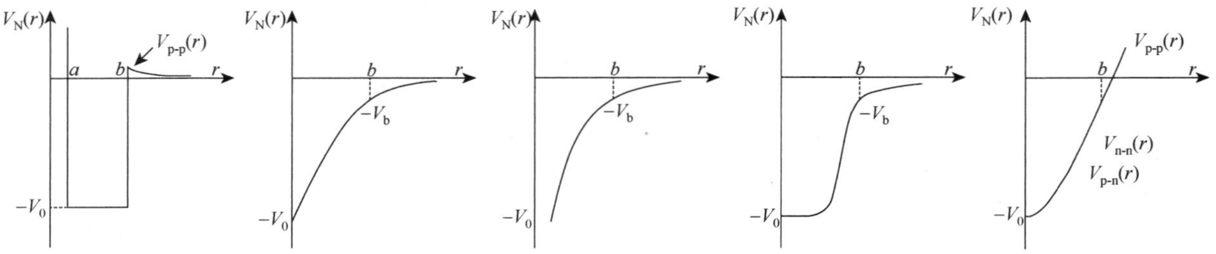

图 3-39　各种核力势函数曲线

另一种核力势函数是非中心场函数，如 Bohr-Mottelson 势函数（1969 年）[29]

$$V(r)=-\frac{\mathrm{e}^{-\mu r}}{\mu r}\left(1+\frac{3}{\mu r}+\frac{3}{(\mu r)^2}\right),\ r=\left|\boldsymbol{r}_i-\boldsymbol{r}_j\right|,\ 0.5\mathrm{fm}<r<2.0\mathrm{fm}$$

式中，$\mu=\dfrac{1}{b}=\dfrac{m_0c}{\hbar}$。

下面分别求解方势阱势函数以及谐振势函数表达的核子波动方程。通过求解揭示原子核内的壳层结构，解释稳定核素的核子幻数规律。

1. *方势阱核力势下核子波动方程的解*

微分方程（3-227）中核子势能函数 $V_{\mathrm{N}}(r)=-V_0$，

$$V(r)=-V_0+\frac{l(l+1)\hbar^2}{2mr^2} \tag{3-229}$$

代入核子的径向方程（3-227）得

$$r^2\frac{\mathrm{d}^2R(r)}{\mathrm{d}r^2}+2r\frac{\mathrm{d}R(r)}{\mathrm{d}r}+\left[\frac{2m(E+V_0)}{\hbar^2}r^2-l(l+1)\right]R(r)=0 \tag{3-230}$$

令

$$k^2=\frac{2m(E+V_0)}{\hbar^2} \tag{3-231}$$

方程（3-230）演变为

$$r^2\frac{\mathrm{d}^2R(r)}{\mathrm{d}r^2}+2r\frac{\mathrm{d}R(r)}{\mathrm{d}r}+\left[k^2r^2-l(l+1)\right]R(r)=0 \tag{3-232}$$

方程（3-232）称为球贝塞尔微分方程。对方程进行变量代换，令 $\rho=kr$，$R(r)=R\left(\dfrac{\rho}{k}\right)=j(\rho)$

$$\rho^2\frac{\mathrm{d}^2j(\rho)}{\mathrm{d}\rho^2}+2\rho\frac{\mathrm{d}j(\rho)}{\mathrm{d}\rho}+\left[\rho^2-l(l+1)\right]j(\rho)=0 \tag{3-233}$$

再令

$$j(\rho)=\sqrt{\frac{\pi}{2\rho}}J(\rho) \tag{3-234}$$

方程（3-233）演变为

$$\rho^2\frac{\mathrm{d}^2J(\rho)}{\mathrm{d}\rho^2}+\rho\frac{\mathrm{d}J(\rho)}{\mathrm{d}\rho}+\left[\rho^2-\left(l+\frac{1}{2}\right)^2\right]J(\rho)=0 \tag{3-235}$$

方程（3-235）称为半奇数阶的球贝塞尔微分方程，方程有两个线性无关的特解 $J_{l+\frac{1}{2}}(\rho)$ 和 $(-1)^{l+1}J_{-\left(l+\frac{1}{2}\right)}(\rho)$，分别代入式（3-234）即得球贝塞尔微分方程（3-233）的两个特解

$$j_l(\rho)=\sqrt{\frac{\pi}{2\rho}}J_{l+\frac{1}{2}}(\rho),\ n_l(\rho)=(-1)^{l+1}\sqrt{\frac{\pi}{2\rho}}J_{-\left(l+\frac{1}{2}\right)}(\rho) \tag{3-236}$$

其通解为

$$F(\rho)=Aj_l(\rho)+Bn_l(\rho) \tag{3-237}$$

其中，半奇数阶的球贝塞尔函数用初等函数表示为

$$J_{l+\frac{1}{2}}(\rho)=(-1)^l\sqrt{\frac{2}{\pi}}\rho^{l+\frac{1}{2}}\left(\frac{\mathrm{d}}{\rho\mathrm{d}\rho}\right)^l\left(\frac{\sin\rho}{\rho}\right),\ J_{-\left(l+\frac{1}{2}\right)}(\rho)=\sqrt{\frac{2}{\pi}}\rho^{-\left(l+\frac{1}{2}\right)}\left(\frac{\mathrm{d}}{\rho\mathrm{d}\rho}\right)^l\left(\frac{\cos\rho}{\rho}\right) \tag{3-238}$$

式中的 l 是角度方程解出的角量子数，取值为零和正整数，即 $l=0,1,2,3,\cdots$。半奇数阶的球贝塞尔函数展开为幂级数形式为

$$J_{l+\frac{1}{2}}(\rho)=\sum_{k=0}^{\infty}(-1)^k\frac{2^{2k+2l+1}(k+l)!}{\sqrt{\pi}k!(2k+2l+1)!}\left(\frac{\rho}{2}\right)^{2k+l+\frac{1}{2}},\ J_{-\left(l+\frac{1}{2}\right)}(\rho)=\sum_{k=0}^{\infty}(-1)^k\frac{2^{2k-2l}(k-l)!}{\sqrt{\pi}k!(2k-2l)!}\left(\frac{\rho}{2}\right)^{2k-l-\frac{1}{2}}$$

当 $\rho=0$ 时，波函数必须满足 $j_l(\rho)=0$，而当 $\rho\to 0$ 时，

$$j_l(\rho)\approx\frac{\rho^l}{(2l+1)!!},\ n_l(\rho)\approx-\frac{(2l-1)!!}{\rho^{l+1}}$$

$n_l(\rho)\to\infty$，只有 $j_l(\rho)=0$，故核子的径向函数只取第一个特解，即为

$$j_l(\rho)=\sqrt{\frac{\pi}{2\rho}}J_{l+\frac{1}{2}}(\rho),\ J_{l+\frac{1}{2}}(\rho)=(-1)^l\sqrt{\frac{2}{\pi}}\rho^{l+\frac{1}{2}}\left(\frac{\mathrm{d}}{\rho\mathrm{d}\rho}\right)^l\left(\frac{\sin\rho}{\rho}\right) \tag{3-239}$$

或表达为贝塞尔函数的幂级数形式

$$J_l(\rho)=\sqrt{\frac{\pi}{2\rho}}J_{l+\frac{1}{2}}(\rho),\quad J_{l+\frac{1}{2}}(\rho)=\sum_{k=0}^{+\infty}(-1)^k\frac{2^{2k+2l+1}(k+l)!}{\sqrt{\pi}k!(2k+2l+1)!}\left(\frac{\rho}{2}\right)^{2k+l+\frac{1}{2}} \tag{3-240}$$

只要给定角量子数 l，即可求出贝塞尔函数，得到核子波函数。再由式（3-231），求得核子的能量

$$E=-V_0+\frac{k^2\hbar^2}{2m} \tag{3-241}$$

在原子核表面 $r=r_0$ 处，存在核力势能 $V_{\mathrm{N}}(r_0)=V_0=0$，即核子不会到达该位置，见图 3-38，核子在该球面上的概率等于零，波函数等于零。根据这一边界条件定出 k，求出核子的能量。由 $\rho=kr_0$，

$$E=\frac{k^2\hbar^2}{2m}=\frac{\rho^2\hbar^2}{2mr_0^2}=\left(\frac{\rho}{\pi}\right)^2\frac{h^2}{8mr_0^2} \tag{3-242}$$

当 $r_0=8\mathrm{fm}$，$\dfrac{h^2}{8mr_0^2}=3.197616\mathrm{MeV}$，$\dfrac{\rho}{\pi}$ 值由不同角量子数 l 下的贝塞尔函数确定，l 不同，能量不同。同一 l 值，$j_l(\rho)=0$，可以解得无穷个 $\dfrac{\rho}{\pi}$ 值，但都是离散值。下面给出 $l=0,1,2,3,4,5$ 的能量本征值。

（1）$l=0$，$j_0(\rho)=\dfrac{\sin\rho}{\rho}$。在 $r=r_0$ 处，$\rho=kr_0$

$$j_0(\rho)=\frac{\sin kr_0}{kr_0}=0,\ k=\frac{n\pi}{r_0},\ n=0,\pm1,\pm2,\cdots \tag{3-243}$$

由式（3-242），当 $V_0=0$ 时，

$$E=\frac{k^2\hbar^2}{2m}=\left(\frac{n\pi}{r_0}\right)^2\frac{\hbar^2}{2m}$$

求得 $l=0$ 时的能量

$$E=\frac{n^2\pi^2\hbar^2}{2mr_0^2}=\frac{n^2h^2}{8mr_0^2},\ n=1,2,3,\cdots \tag{3-244}$$

因为 $E=T+V_0=T$，当 n 取 0 时，$E=T=0$，表示核子不动，没有物理意义。其次，n 取正负整数的径向函数和能量均相等，最后确定量子数 n 的取值为 $n=1,2,3,\cdots$。

（2）$l=1$，$j_1=\dfrac{\sin\rho}{\rho^2}-\dfrac{\cos\rho}{\rho}$，在 $r=r_0$ 处，$\rho=kr_0$

$$j_1(\rho)=\frac{\sin\rho}{\rho^2}-\frac{\cos\rho}{\rho}=0,$$

利用 $j_l(\rho)$ - ρ 曲线图（图 3-40），可以解得无穷个 ρ，使得 $j_l(\rho)=0$，从而得到 $r=r_0$ 处的无穷个 k，按由小到大的顺序给予编号 $n=1,2,3,\cdots$。

$$k_n=\frac{\rho_n}{r_0},\ n=1,2,3,\cdots \tag{3-245}$$

将每一个 k_n 或 ρ_n 代入式（3-242），求得无穷个能量 E_n

$$E_n=\frac{k_n^2\hbar^2}{2m}=\left(\frac{\rho_n}{\pi}\right)^2\frac{h^2}{8mr_0^2},\ n=1,2,3,\cdots \tag{3-246}$$

顺序编号 n 代表了能量由低到高的离散能量值，也称为量子数。随 ρ 增大，贝塞尔函数值在 ρ 轴上下波动的幅度逐渐减小，从而在某一 ρ 值后，$j_l(\rho)=0$。我们在 0～40 之间确定 $j_l(\rho)=0$ 的 11 个 ρ_n 值（$n=1,2,3,\cdots$），求得 11 个能量值，见表 3-17。

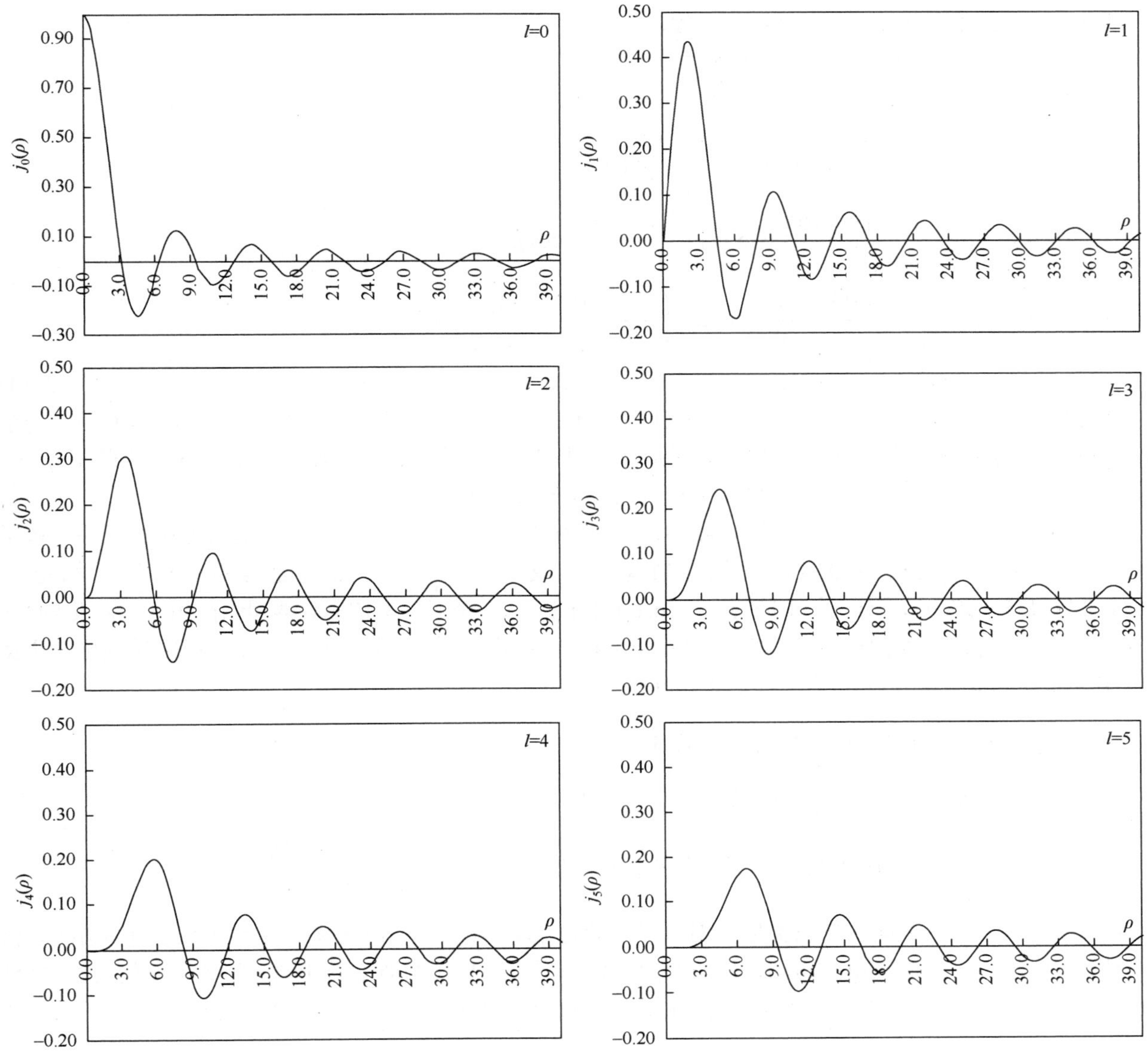

图 3-40　$j_l(\rho)$ - ρ 曲线图（$l = 0,1,2,3,4,5\cdots$）

表 3-17　不同角量子数 l 下贝塞尔径向函数在 $j_l(\rho) = 0$ 时的若干 ρ_n/π 值（$n = 1,2,3,4,\cdots$）

n	ρ_n/π					
	$l = 0$	$l = 1$	$l = 2$	$l = 3$	$l = 4$	$l = 5$
1	1	1.430294	1.834579	2.224318	2.604603	2.978044
2	2	2.459039	2.895028	3.315866	3.725785	4.127365
3	3	3.470883	3.922501	4.360209	4.787285	5.205863
4	4	4.477411	4.938451	5.386949	5.825485	6.255808
5	5	5.481551	5.948894	6.404968	6.851748	7.290761
6	6	6.484386	6.956313	7.417957	7.871040	8.316737
7	7	7.486489	7.961822	8.427827	8.885811	9.336857
8	8	8.488083	8.966089	9.435533	9.897496	10.35293
9	9	9.489327	9.969498	10.44174	10.90702	11.36608
10	10	10.49035	10.97230	11.44687	11.91488	12.37703
11	11	11.49118	11.97463	12.45117		

注：$j_l(\rho) = 0$ 的精度小于 7.0×10^{-6}。

以下是$l=2,3,4,5$状态的径向贝塞尔函数，

（3）$l=2$，$j_2=\left(-\dfrac{1}{\rho}+\dfrac{3}{\rho^3}\right)\sin\rho-\dfrac{3}{\rho^2}\cos\rho$

（4）$l=3$，$j_3=\left(-\dfrac{6}{\rho^2}+\dfrac{15}{\rho^4}\right)\sin\rho+\left(\dfrac{1}{\rho}-\dfrac{15}{\rho^3}\right)\cos\rho$

（5）$l=4$，$j_4=\left(\dfrac{1}{\rho}-\dfrac{45}{\rho^3}+\dfrac{105}{\rho^5}\right)\sin\rho+\left(\dfrac{10}{\rho^2}-\dfrac{105}{\rho^4}\right)\cos\rho$

（6）$l=5$，$j_5=\left(\dfrac{15}{\rho^2}-\dfrac{420}{\rho^4}+\dfrac{945}{\rho^6}\right)\sin\rho+\left(-\dfrac{1}{\rho}+\dfrac{105}{\rho^3}-\dfrac{945}{\rho^5}\right)\cos\rho$

⋮ （3-247）

用同样的方法作$j_l(\rho)$-ρ曲线，利用$r=r_0$时$V_0=0$的边界条件，在0～40之间确定$j_l(\rho)=0$的若干个ρ值，求得相应能量值。表3-17列出了不同角量子数l下贝塞尔径向函数在$j_l(\rho)=0$时的若干ρ_n/π值（$n=1,2,3,4,\cdots$）。图3-40列举了$l=0,1,2,3,4,5$时的$j_l(\rho)$-ρ曲线图。

将表3-17的ρ_n/π值代入能量公式（3-246），对照(n,l)取值，排列出由低到高的轨道能级顺序，核子依照能量最低原理、泡利不相容原理填充轨道，形成核子组态。l取值通常用光谱符号标记，当$l=0, 1, 2, 3, 4, 5, 6, 7, \cdots$，分别对应于s, p, d, f, g, h, i, j, ⋯。由表3-17不难得出如下能级顺序：1s, 1p, 1d, 2s, 1f, 2p, 1g, 2d, 1h, 3s, 2f, 1i, 3p, 2g, 3d, 4s, ⋯，要获得更多轨道的能级顺序，必须排列出在更宽的ρ_n范围，如0～80，算出$l=6, 7, \cdots$以上的ρ_n/π值。

2. *方势阱-谐振核力势下核子波动方程的解*

根据核子波动方程的径向方程（3-228）

$$\frac{\mathrm{d}^2}{\mathrm{d}r^2}[rR(r)]+\frac{2m}{\hbar^2}[E-V(r)][rR(r)]=0\,,\ V(r)=V_{\mathrm{N}}(r)+\frac{l(l+1)\hbar^2}{2mr^2}$$

在方势阱中，两个核子之间的作用类似于谐振子的受力振动。图3-41是氘核中两个核子之间的谐振式核力模型图示，质子和中子围绕质心运动，以质心为坐标系原点，核子与质心的距离r随核力变化而发生变化，质子和中子处于势能为$-V_0$的势阱中，外部存在能量为$+V_{\text{p-p}}$的库仑势垒，核子不能自发脱离原子核，核力势能表达为

$$V_{\mathrm{N}}(r)=-V_0+\frac{1}{2}m\omega^2r^2 \tag{3-248}$$

将式（3-248）代入径向方程（3-228）

$$r\frac{\mathrm{d}^2R(r)}{\mathrm{d}r^2}+2\frac{\mathrm{d}R(r)}{\mathrm{d}r}+\left[\frac{2m(E+V_0)}{\hbar^2}-\frac{m^2\omega^2}{\hbar^2}r^2-\frac{l(l+1)}{r^2}\right][rR(r)]=0 \tag{3-249}$$

令$\rho=\sqrt{\dfrac{m\omega}{\hbar}}r$，则$r=\sqrt{\dfrac{\hbar}{m\omega}}\rho$，经变量代换，并注意$\dfrac{\mathrm{d}^2}{\mathrm{d}\rho^2}(\rho u_{nl})=\rho\dfrac{\mathrm{d}^2u_{nl}}{\mathrm{d}\rho^2}+2\dfrac{\mathrm{d}u_{nl}}{\mathrm{d}\rho}$，方程（3-249）演化为

$$\frac{\mathrm{d}^2}{\mathrm{d}\rho^2}(\rho u_{nl})+\left[\frac{2(E+V_0)}{\hbar\omega}-\rho^2-\frac{l(l+1)}{\rho^2}\right](\rho u_{nl})=0 \tag{3-250}$$

因为$\dfrac{l(l+1)}{\rho^2}=\dfrac{4\left(l+\dfrac{1}{2}\right)^2}{4\rho^2}-\dfrac{1}{4\rho^2}$，令$\alpha=l+\dfrac{1}{2}$，$\dfrac{l(l+1)}{\rho^2}=\dfrac{4\alpha^2}{4\rho^2}-\dfrac{1}{4\rho^2}$，再令$\gamma=\dfrac{2(E+V_0)}{\hbar\omega}$，方程（3-250）简化为

$$\frac{\mathrm{d}^2}{\mathrm{d}\rho^2}(\rho u_{nl})+\left[\gamma-\rho^2+\frac{1-4\alpha^2}{4\rho^2}\right](\rho u_{nl})=0 \tag{3-251}$$

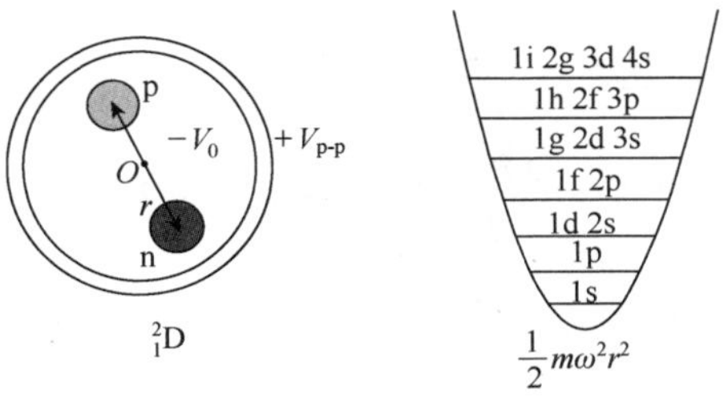

图 3-41　氘核中两个核子之间的谐振式核力模型

（1）当核子远离原子核球体，核子波函数必然等于零。当 $\rho\to\infty(r\to\infty)$，$u_{nl}\to 0(R\to 0)$，方程（3-251）存在极限方程

$$\frac{\mathrm{d}^2u_{nl}}{\mathrm{d}\rho^2}-\rho^2u_{nl}=0 \tag{3-252}$$

极限方程包含满足 $\rho\to\infty$，$u_{nl}\to 0$ 条件的特解 $u_{nl}=\mathrm{e}^{-\frac{1}{2}\rho^2}$，因而方程（3-251）的解必然包含 $\mathrm{e}^{-\frac{1}{2}\rho^2}$ 乘因子。

（2）当核子处于原子核的质心，核子波函数也必然等于零。当 $\rho\to 0(r\to 0)$，$u_{nl}=0(R=0)$，$\rho=0$ 是方程（3-250）的奇点，为了消除奇点，令

$$L(\rho)=\rho u_{nl}=\rho^sF(\rho)\text{，或 } u_{nl}=\rho^{s-1}F(\rho)$$

并设 $F(\rho)=\sum\limits_{k=0}^{\infty}a_k\rho^k$，代入方程（3-251），得无穷级数方程，必然各幂次项系数等于零。考虑 ρ^{s-2} 幂次项的系数（$k=0$），得指标方程

$$\left[(s-1)(s-2)+2(s-1)+\frac{1-4\alpha^2}{4}\right]a_0=0 \tag{3-253}$$

该指标方程的解为 $s=\alpha+\dfrac{1}{2}$，而取 $s=-\left(\alpha-\dfrac{1}{2}\right)$ 并不能消除奇点。

综合以上两点，方程（3-251）的解必为

$$L(\rho)=\rho u_{nl}=\mathrm{e}^{-\frac{1}{2}\rho^2}\rho^{\alpha+\frac{1}{2}}F(\rho) \tag{3-254}$$

将解（3-254）代入方程（3-251），得到关于 $F(\rho)$ 满足的微分方程

$$\frac{\mathrm{d}^2F(\rho)}{\mathrm{d}\rho^2}+\left[\frac{2\alpha+1}{\rho}-2\rho\right]\frac{\mathrm{d}F(\rho)}{\mathrm{d}\rho}+\left[\gamma-(2\alpha+2)\right]F(\rho)=0 \tag{3-255}$$

令 $z=\rho^2$，$\rho=\sqrt{z}$，$F(\rho)=G(z)$，经过变量代换后，方程（3-255）演变为关于 $G(z)$ 的微分方程

$$z\frac{\mathrm{d}^2G(z)}{\mathrm{d}z^2}+\left[\left(\alpha+\frac{1}{2}\right)-z\right]\frac{\mathrm{d}G(z)}{\mathrm{d}z}+\left[\frac{1}{4}\gamma-\frac{1}{2}(\alpha+1)\right]G(z)=0 \tag{3-256}$$

因 $\alpha=l+\dfrac{1}{2}$，则 $l=\alpha-\dfrac{1}{2}$。再令 $t=\dfrac{1}{4}\gamma+\dfrac{1}{2}\alpha-1$，则 $\dfrac{1}{4}\gamma-\dfrac{1}{2}(\alpha+1)=t-l$，方程（3-256）化为标准的连带拉盖尔微分方程

$$z\frac{\mathrm{d}^2G(z)}{\mathrm{d}z^2}+(l+1-z)\frac{\mathrm{d}G(z)}{\mathrm{d}z}+(t-l)G(z)=0 \tag{3-257}$$

若设

$$n=t-l=\frac{1}{4}\gamma-\frac{1}{2}(\alpha+1) \tag{3-258}$$

其中，$n=0,1,2,3,\cdots$，连带拉盖尔微分方程（3-257）可以简化为

$$z\frac{\mathrm{d}^2G(z)}{\mathrm{d}z^2}+(l+1-z)\frac{\mathrm{d}G(z)}{\mathrm{d}z}+nG(z)=0 \tag{3-259}$$

方程（3-257）和方程（3-259）是等价的，方程的解是连带拉盖尔多项式

$$G_{n+l}^{l}(z)=(-1)^l\frac{(n+l)!}{n!}\mathrm{e}^zz^{-l}\frac{\mathrm{d}^n}{\mathrm{d}z^n}(\mathrm{e}^{-z}z^{n+l}) \tag{3-260}$$

根据式（3-258）可得$\gamma = 4n + 2\alpha + 2$，因为$\gamma = \dfrac{2(E+V_0)}{\hbar\omega}$，则

$$\gamma = \frac{2(E+V_0)}{\hbar\omega} = 4n + 2\alpha + 2$$

将$\alpha = l + \dfrac{1}{2}$代入，求得单个核子的能量

$$E_{nl} = -V_0 + \left(2n + l + \frac{3}{2}\right)\hbar\omega,\ n = 0,1,2,3,\cdots,\ l = 0,1,2,3,\cdots \tag{3-261}$$

为了使量子数的取值从 1 开始，令$n = n' - 1$，能量公式用新的量子数n'表示为

$$E_{nl} = -V_0 + \left[2(n'-1) + l + \frac{3}{2}\right]\hbar\omega,\ n' = 1,2,3,\cdots,\ l = 0,1,2,3,\cdots \tag{3-262}$$

由此可见，核子的能量是由量子数n'和l决定的，量子数取离散值，能量就是量子化的。径向方程（3-250）的解是核子波函数的径向函数$L(\rho) = \rho u_{nl}$，因为$\alpha = l + \dfrac{1}{2}$，式（3-254）中的指数$\alpha$用量子数$l + \dfrac{1}{2}$替代，$L(\rho)$就表达为

$$L(\rho) = \rho u_{nl} = \mathrm{e}^{-\frac{1}{2}\rho^2} \rho^{\alpha + \frac{1}{2}} F(\rho) = \mathrm{e}^{-\frac{1}{2}\rho^2} \rho^{l+1} F(\rho) \tag{3-263}$$

经过$z = \rho^2$的变量代换后，径向函数$L(\rho)$演变为

$$L(z) = N_{nl} \mathrm{e}^{-\frac{1}{2}z} z^{\frac{1}{2}(l+1)} G_{n+l}^{l}(z) \tag{3-264}$$

$$G_{n+l}^{l}(z) = (-1)^l \frac{(n+l)!}{n!} \mathrm{e}^z z^{-l} \frac{\mathrm{d}^n}{\mathrm{d}z^n}(\mathrm{e}^{-z} z^{n+l})$$

其中，$N_{nl} = \sqrt{\dfrac{n!}{(2n+l+1)[(n+l)!]^3}}$为归一化系数。因为$\rho = \sqrt{\dfrac{m\omega}{\hbar}} r = \sqrt{z}$，则有$\rho^2 = \dfrac{m\omega}{\hbar} r^2 = z$。设$\eta = \dfrac{m\omega}{2\hbar}$，则

$$\rho^2 = 2\eta r^2 = z \tag{3-265}$$

径向函数$L(z)$还原为变量r的函数，即$L(2\eta r^2) = rR_{nl}(r)$，解得径向函数$R_{nl}(r)$

$$R_{nl}(r) = \frac{L(2\eta r^2)}{r} = N'_{nl}(2\eta)^{\frac{1}{2}(l+1)} \mathrm{e}^{-\eta r^2} r^l G_{n+l}^{l}(2\eta r^2) \tag{3-266}$$

核子的总波函数为

$$\psi(r,\theta,\varphi) = R_{nl}(r) Y_{lm}(\theta,\varphi) = N'_{nl}(2\eta)^{\frac{1}{2}(l+1)} \mathrm{e}^{-\eta r^2} r^l G_{n+l}^{l}(2\eta r^2) Y_{lm}(\theta,\varphi) \tag{3-267}$$

$$Y_{lm}(\theta,\varphi) = \sqrt{\frac{(2l+1)(l-|m|)!}{2(l+|m|)!}} \frac{1}{2^l l!} \sin^{|m|}\theta \frac{\mathrm{d}^{l+|m|}}{\mathrm{d}(\cos\theta)^{l+|m|}} (\cos^2\theta - 1)^l \cdot \frac{1}{\sqrt{2\pi}} \mathrm{e}^{\mathrm{i}m\varphi}$$

径向函数$R_{nl}(r)$包含量子数n和l，角度函数$Y_{lm}(\theta,\varphi)$包含量子数l和m，三个量子数的取值分别为

$$n = 0,1,2,3,\cdots \text{ 或 } n' = 1,2,3,\cdots$$

$$l = 0,1,2,3,\cdots$$

$$m = 0,\pm 1,\pm 2,\cdots,\pm l$$

角量子数l不受n'的限制，磁量子数m受l的限制。核子的能级或状态也用光谱符号表示，当$l = 0,1,2,3,4,5,6,7,\cdots$，光谱符号分别记为$\mathrm{s,p,d,f,g,h,i,k},\cdots$。如$n' = 1$，角量子数$l$可以取$0,1,2,3,4,5,\cdots$，对应轨道运动状态，用光谱符号分别表示为$\mathrm{1s,1p,1d,1f,1g,1h},\cdots$。同理$n' = 2$，有$\mathrm{2s,2p,2d,2f,2g,2h}\cdots$状态，依次类推。

3. 核子的自旋-轨道耦合能

1949 年，M. G. Mayer 和 J. H. Jensen 独立提出核子的自旋-轨道耦合作用，虽然耦合能量数值比动能和势能小，但足以影响核子的能级顺序。根据自旋-轨道耦合能量，确立了核的壳层结构，成功解释了稳定核素的核子幻数规律[30]。下面简要回顾自旋-轨道耦合能量的计算。

在中心力场中核子运动存在角动量，角动量本征方程 $\hat{L}^2Y(\theta,\varphi)=A^2Y(\theta,\varphi)$ 的具体形式为

$$-\hbar^2\left[\frac{1}{\sin\theta}\frac{\partial}{\partial\theta}\left(\sin\theta\frac{\partial}{\partial\theta}\right)+\frac{1}{\sin^2\theta}\frac{\partial^2}{\partial\varphi^2}\right]Y(\theta,\varphi)=l(l+1)\hbar^2Y(\theta,\varphi) \tag{3-268}$$

核子运动波函数的角度函数也称为球谐函数 $Y_{lm}(\theta,\varphi)=\Theta_{lm}(\theta)\Phi_m(\varphi)$，为 $\Theta(\theta)$ 和 $\Phi(\varphi)$ 两个方程解的乘积，满足角动量本征方程，所以轨道角动量 A 由轨道角量子数 l 决定

$$A=\sqrt{l(l+1)}\hbar,\ l=0,1,2,3,\cdots \tag{3-269}$$

由此可见，核子的角动量也是量子化的。解得的 $\Phi_m(\varphi)$ 函数由磁量子数决定，指定角量子数 l，磁量子数 m 共有 $2l+1$ 个取值，这个数值决定了核子的状态数（也是轨道数），为 $2l+1$。

核子存在自旋运动，质子和中子都是费米子，自旋角动量为

$$S=\sqrt{s(s+1)}\hbar,\ s=\frac{1}{2} \tag{3-270}$$

s 为自旋量子数，只取一个值。核子的自旋角动量 z 分量为

$$M_S=m_s\hbar,\ m_s=\frac{1}{2},-\frac{1}{2} \tag{3-271}$$

m_s 为自旋磁量子数，也代表自旋相反的两个状态。考虑自旋运动后，核子的运动状态遵守泡利不相容原理，即一个轨道最多容纳两个核子，而且自旋相反。考虑自旋轨道后，在原子核中核子的自旋-轨道运动状态数 $2(2l+1)$。

原子核内核子的运动空间极小，轨道和自旋的磁相互作用很强，产生的能量效应与核子的动能和势能相比较，不是小量。轨道角动量和自旋角动量耦合为总角动量

$$J=\sqrt{j(j+1)}\hbar,\ j=l+\frac{1}{2},l-\frac{1}{2} \tag{3-272}$$

j 为总角量子数，只取正值。当角量子数 l 确定时，只取两个值。考虑自旋-轨道角动量耦合后，总角动量（也称轨道动量矩 $\boldsymbol{r}\times\boldsymbol{p}$）形成的状态用总角量子数 j 表示，标在右下标。如 $l=0, 1, 2, 3, 4, 5,\cdots$，有 s, p, d, f, g, h⋯ 轨道，s 对应耦合态为 $s_{1/2}$（注意没有 $s_{-1/2}$，总角量子数 j 不能取负）；p 对应的耦合态为 $p_{1/2}$ 和 $p_{3/2}$；d 对应的耦合态为 $d_{3/2}$ 和 $d_{5/2}$；f 对应的耦合态为 $f_{5/2}$ 和 $f_{7/2}$；g 对应的耦合态为 $g_{7/2}$ 和 $g_{9/2}$；⋯⋯。总角动量的 z 分量为

$$M_J=m_j\hbar,\ m_j=0,\pm1,\pm2,\cdots,\pm j \tag{3-273}$$

m_j 为总磁量子数，决定总角动量的 z 分量。

考虑了自旋-轨道耦合后，一个核子的状态 ψ_{nljm_j}，常用四个量子数简化表示为 (n,l,j,m_j)，泡利不相容原理表述为：原子核内没有两个核子有完全相同的状态或轨道，或者说没有两个核子有完全相同的 4 个量子数。按量子数取值规则，给定一个 j，确定一个轨道，共有 $2j+1$ 个不同的 ψ_{nljm_j} 状态。由一个 j 表达的一组轨道，最多可以容纳 $2j+1$ 个核子。不考虑自旋-轨道耦合时，核子的轨道运动能量 E_{nl} 由量子数 (n,l) 决定；考虑自旋-轨道耦合后，因为核子的轨道角动量和自旋角动量的耦合能较大，不是小量，因而其总能量 E_{nlj} 由三个量子数 (n,l,j) 决定。核子的自旋-轨道角动量耦合势是非中心势，设为

$$V_{SL}=-\frac{\lambda^2}{4\pi r}\cdot\frac{\mathrm{d}V_\mathrm{N}(r)}{\mathrm{d}r}\boldsymbol{S}\cdot\boldsymbol{L} \tag{3-274}$$

其中，λ 为核磁实验常数。考虑核子的自旋-轨道角动量耦合势后，核子的哈密顿量为

$$\hat{H}=-\frac{\hbar^2}{2m}\nabla^2-V_0+\frac{1}{2}m\omega^2r^2-\frac{\lambda^2}{4\pi r}\cdot\frac{\mathrm{d}V_\mathrm{N}(r)}{\mathrm{d}r}\boldsymbol{S}\cdot\boldsymbol{L} \tag{3-275}$$

式中，$V_N(r)$ 是核力势，由此能量算符计算求得耦合能的平均值

$$\begin{aligned}\langle\psi|\hat{H}|\psi\rangle&=\langle\psi|-\frac{\hbar^2}{2m}\nabla^2-V_0+\frac{1}{2}m\omega^2r^2|\psi\rangle-\langle\psi|\frac{\lambda^2}{4\pi r}\cdot\frac{\mathrm{d}V_\mathrm{N}(r)}{\mathrm{d}r}\boldsymbol{S}\cdot\boldsymbol{L}|\psi\rangle\\&=-V_0+\left(2n+l+\frac{3}{2}\right)\hbar\omega-\zeta_{nl}(r)\boldsymbol{S}\cdot\boldsymbol{L}\end{aligned} \tag{3-276}$$

式中，$\zeta_{nl}(r)=\langle u_{nl}|\frac{\lambda^2}{4\pi r}\cdot\frac{\mathrm{d}V_\mathrm{N}(r)}{\mathrm{d}r}|u_{nl}\rangle=\int u_{nl}^*\frac{\lambda^2}{r}\cdot\frac{\mathrm{d}V_\mathrm{N}(r)}{\mathrm{d}r}u_{nl}r^2\mathrm{d}r$，核力势 $V_\mathrm{N}(r)$ 为方势阱势和谐振核力势之和

$V_N(r)=-V_0+\frac{1}{2}m\omega^2r^2$，也可使用介子理论中的 Yukawa 核力势能函数 $V_N(r)=-\frac{V_0b}{r}e^{-\frac{r}{b}}$。核子的自旋-轨道耦合不同于电子的自旋-轨道耦合，电子的自旋-轨道耦合是磁相互作用，核子的自旋-轨道耦合是核力性质。自旋-轨道耦合角动量取两个值，分别为

$$\boldsymbol{S}\cdot\boldsymbol{L}=\frac{1}{2}\left[j(j+1)-l(l+1)-s(s+1)\right]\hbar^2=\begin{cases}\frac{l}{2}\hbar^2, j=l+\frac{1}{2}\\ -\frac{l+1}{2}\hbar^2, j=l-\frac{1}{2}\end{cases} \tag{3-277}$$

自旋-轨道耦合使轨道能级分裂为两个，随轨道角量子数增大，分裂生成的轨道能级差增大。由耦合作用能关系式（3-274）和式（3-276）的正负号可知，当 $j=l+\frac{1}{2}$，能量降低；当 $j=l-\frac{1}{2}$，能量升高。

将式（3-277）代入式（3-276），算得两个自旋-轨道耦合状态的总能量为

$$\begin{aligned}E_{nlj}^{(1)}&=-V_0+\left[2(n'-1)+l+\frac{3}{2}\right]\hbar\omega-\frac{l}{2}\hbar^2\zeta_{nl}(r),\ j=l+\frac{1}{2}\\ E_{nlj}^{(2)}&=-V_0+\left[2(n'-1)+l+\frac{3}{2}\right]\hbar\omega+\frac{l+1}{2}\hbar^2\zeta_{nl}(r),\ j=l-\frac{1}{2}\end{aligned} \tag{3-278}$$

自旋-轨道耦合状态 $\left(n',l,j=l-\frac{1}{2}\right)$ 的能量 $E_{nlj}^{(2)}$ 高于状态 $\left(n',l,j=l+\frac{1}{2}\right)$ 的能量 $E_{nlj}^{(1)}$，对于相同 (n',l) 取值下的两个耦合状态，因自旋-轨道耦合导致的能量差为

$$\Delta E=E_{nlj}^{(2)}-E_{nlj}^{(1)}=\left(l+\frac{1}{2}\right)\hbar^2\zeta_{nl}(r) \tag{3-279}$$

经过对 $\zeta_{nl}(r)$ 的积分处理，求得 $\zeta_{nl}=\zeta_{nl}(r)\hbar^2\approx 20A^{-\frac{2}{3}}$，得到如下经验公式

$$\Delta E(\text{MeV})=E_{nlj}^{(2)}-E_{nlj}^{(1)}=20\left(l+\frac{1}{2}\right)A^{-\frac{2}{3}} \tag{3-280}$$

随着角量子数的增大，耦合能量差值增大。(n',l) 取值不同形成的能量是 $\hbar\omega$ 的整数倍数，以 ${}_1^2$D 核为例，$r_0=1.2\text{fm}$，$\hbar\omega$ 数值为

$$\hbar\omega=\frac{5}{4}\left(\frac{3}{2}\right)^{1/3}\frac{\hbar^2}{mr_0^2}A^{-\frac{1}{3}}\approx 41.2A^{-\frac{1}{3}}\text{MeV} \tag{3-281}$$

比较轨道能量 $\left[2(n'-1)+l+\frac{3}{2}\right]\hbar\omega$ 和自旋-轨道耦合分裂能，随着核子数增多，虽然重原子的自旋-轨道耦合分裂能仍小于 $\hbar\omega$ 数值，但已是同一数量级[31]。如 ${}_{92}^{235}$U，$A=235$，内层 $r_0=1.2\text{fm}$，角量子数取最大值 $l=6$，最大自旋-轨道耦合分裂能差 $\Delta E=3.4138\text{MeV}$，而 $\hbar\omega=6.6764\text{MeV}$。

4. *原子核内的库仑作用能*

1938 年，贝特（H. A. Bethe）假设原子核是球形的，核电荷+Ze 均匀分布在球体内，用核子波函数求得核内库仑作用能[32, 33]。设想等数量的质子和中子构成核内壳层，内核壳层能量低，核子占据空间小，内部质子电荷致密，多余质子（$2Z-A$）或中子（$A-2Z$）处于核表面处，结合得没有内部紧密。于是，质子与等数量中子构成致密的、稳定的核球体，设核球体半径为 R，库仑势函数和核子的波函数分别为

$$V_{\text{in}}(r)=\frac{Ze}{4\pi\varepsilon_0}\left(\frac{3}{2R}-\frac{r^2}{2R^3}\right),\ \psi_{\text{in}}=\frac{\alpha}{R},\ 0<r<R \tag{3-282}$$

在半径为 R 的核球体外，核电荷+Ze 的库仑势函数和核子的波函数分别为

$$V_{\text{out}}(r)=\frac{Ze}{4\pi\varepsilon_0 r},\ \psi_{\text{out}}=\frac{\alpha}{r}e^{-(r-R)/2b},\ R<r<+\infty,\ b=\frac{\hbar}{2(2m_n\varepsilon_b)^{1/2}} \tag{3-283}$$

式中，$\alpha=\sqrt{\dfrac{3}{4\pi(R+3b)}}$，为归一化系数；$m_n$ 为核子质量；ε_b 为核子的结合能。对于核反应 ${}^{A+1}_{Z+1}\mathrm{E}+{}^{1}_{0}\mathrm{n}\longrightarrow{}^{A+1}_{Z}\mathrm{G}+{}^{1}_{1}\mathrm{H}$，反应前后核子数相等，核力近似相等，核反应能由库仑排斥能贡献，实验测得核反应能，便可以估计原子核中库仑排斥力。

下面根据原子核的库仑势函数计算库仑作用能。在球极坐标系中，将球体内的一个质子移至球体外，克服核电荷+Ze 的库仑作用，所做的功即是库仑作用能。由于同时存在核力，将球体内的一个质子移至球体外，还必须克服核力，因而必须测得或算得 ${}^{A+1}_{Z}\mathrm{G}\longrightarrow{}^{A}_{Z}\mathrm{G}+{}^{1}_{0}\mathrm{n}$ 移去一个中子所需能量。这个能量值就是克服核力需要做的功，刚好等于逆过程 ${}^{A}_{Z}\mathrm{G}+{}^{1}_{0}\mathrm{n}\longrightarrow{}^{A+1}_{Z}\mathrm{G}$ 的结合能 ε_b，并希望 $A=2Z$ 是稳定核素。这里假设质子-质子、质子-中子、中子-中子之间的核力相等。由量子力学，质子的库仑作用能为

$$E_c=e\int V(r)\psi^2\mathrm{d}\tau=e\int V(r)\psi^2r^2\mathrm{d}r\int_0^{\pi}\sin\theta\mathrm{d}\theta\int_0^{2\pi}\mathrm{d}\varphi=4\pi e\int V(r)\psi^2r^2\mathrm{d}r \tag{3-284}$$

将式（3-282）和式（3-283）表达的库仑势和波函数代入得

$$\begin{aligned}E_c&=e\int_0^R V_{\text{in}}(r)\psi_{\text{in}}^2r^2\mathrm{d}r+e\int_R^{+\infty}V_{\text{out}}(r)\psi_{\text{out}}^2r^2\mathrm{d}r\\&=\frac{Ze^2\alpha^2}{\varepsilon_0}\left[\int_0^R\left(\frac{3}{2R}-\frac{r^2}{2R^3}\right)\frac{r^2}{R^2}\mathrm{d}r+\int_R^{+\infty}\frac{1}{r}\mathrm{e}^{-(r-R)/b}\mathrm{d}r\right]\\&\approx\frac{Ze^2\alpha^2}{\varepsilon_0}\left(\frac{2}{5}+\frac{b}{R+b}\right)\end{aligned}$$

归一化系数 α 代入，得

$$E_c=\frac{Ze^2}{\varepsilon_0}\frac{3}{4\pi(R+3b)}\cdot\left(\frac{2}{5}+\frac{b}{R+b}\right)=\frac{6}{5}\frac{Ze^2}{4\pi\varepsilon_0}\frac{1}{R+b}\left[1+\frac{b}{2(R+3b)}\right] \tag{3-285}$$

其中，$R=r_0A^{1/3}$，$b=\dfrac{\hbar}{2(2m_n\varepsilon_b)^{1/2}}$，当 $r_0=1.2\mathrm{fm}$，式（3-285）写为

$$E_c=\frac{1.44Z\sqrt{\varepsilon}}{A^{1/3}\sqrt{\varepsilon}+\sqrt{3.6008}}\cdot\left(1+\frac{1}{2}\cdot\frac{\sqrt{3.6008}}{A^{1/3}\sqrt{\varepsilon}+3\sqrt{3.6008}}\right) \tag{3-286}$$

式中，核子的结合能 $\varepsilon=\varepsilon_b g$，单位为 MeV，$g$ 为单位换算因子，$g=1.6022\times10^{-13}\,\mathrm{J\cdot MeV^{-1}}$。

【例 3-18】 实验测得 ${}^{12}_{6}\mathrm{C}+{}^{2}_{1}\mathrm{H}\longrightarrow{}^{13}_{6}\mathrm{C}+{}^{1}_{1}\mathrm{H}$ 和 ${}^{12}_{6}\mathrm{C}+{}^{2}_{1}\mathrm{H}\longrightarrow{}^{13}_{7}\mathrm{N}+{}^{1}_{0}\mathrm{n}$ 的核反应能分别为 $E_{b1}=2.71\mathrm{MeV}$ 和 $E_{b2}=-0.28\mathrm{MeV}$，计算核素 ${}^{13}_{6}\mathrm{C}$ 原子核中的实验库仑作用能。通过核反应 ${}^{13}_{6}\mathrm{C}\longrightarrow{}^{12}_{6}\mathrm{C}+{}^{1}_{0}\mathrm{n}$ 的反应能，计算核素 ${}^{13}_{6}\mathrm{C}$ 原子核中的理论库仑作用能。

解： 由两个反应求得核反应 ${}^{13}_{7}\mathrm{N}+{}^{1}_{0}\mathrm{n}\longrightarrow{}^{13}_{6}\mathrm{C}+{}^{1}_{1}\mathrm{H}$ 的核反应能为

$$E_{b3}=E_{b1}-E_{b2}=2.71-(-0.28)=2.99(\mathrm{MeV})$$

此反应能量相当于 ${}^{13}_{6}\mathrm{C}$ 原子核的实验库仑作用能。实验测得核反应 ${}^{13}_{6}\mathrm{C}\longrightarrow{}^{12}_{6}\mathrm{C}+{}^{1}_{0}\mathrm{n}$ 的反应能为 4.97MeV，该反应能也可由各核素的结合能算得

$$\varepsilon=\left(-E_b[{}^{12}_{6}\mathrm{C}]\right)+\left(-E_b[{}^{1}_{0}\mathrm{n}]\right)-\left(-E_b[{}^{13}_{6}\mathrm{C}]\right)=(-92.16203)+0-(-97.10826)=4.94623(\mathrm{MeV})$$

其中，核生成反应 $6{}^{1}_{0}\mathrm{n}+6{}^{1}_{1}\mathrm{H}\longrightarrow{}^{12}_{6}\mathrm{C}$ 和 $7{}^{1}_{0}\mathrm{n}+6{}^{1}_{1}\mathrm{H}\longrightarrow{}^{13}_{6}\mathrm{C}$ 的生成能分别等于核素 ${}^{12}_{6}\mathrm{C}$ 和 ${}^{13}_{6}\mathrm{C}$ 结合能的负值：

$$\Delta_fE({}^{12}_{6}\mathrm{C})=-E_b[{}^{12}_{6}\mathrm{C}]=-(6\times1.008665+6\times1.007825-12.0000)\times931.4941=-92.16203(\mathrm{MeV})$$

$$\Delta_fE({}^{13}_{6}\mathrm{C})=-E_b[{}^{13}_{6}\mathrm{C}]=-(7\times1.008665+6\times1.007825-13.003355)\times931.4941=-97.10826(\mathrm{MeV})$$

实验值和理论值存在一定误差。核数 ${}^{13}_{6}\mathrm{C}$ 的稳定同位素为 ${}^{12}_{6}\mathrm{C}$，将 ${}^{13}_{6}\mathrm{C}$ 的一个中子移除所需能量等于这个中子与稳定核 ${}^{12}_{6}\mathrm{C}$ 的结合能。稳定内核 ${}^{12}_{6}\mathrm{C}$ 构成核球体，球体内核子数 $A=12$，质子数或核电荷数 $Z=6$。按照式（3-286），求得核球体质子的总库仑排斥能为

$$E_c=\frac{1.44\times6\times\sqrt{4.9462}}{12^{1/3}\sqrt{4.9462}+\sqrt{3.6008}}\left(1+\frac{1}{2}\times\frac{\sqrt{3.6008}}{12^{1/3}\sqrt{4.9462}+3\sqrt{3.6008}}\right)=2.991\mathrm{MeV}$$

同位素 ${}^{13}_{6}\mathrm{C}$ 和 ${}^{12}_{6}\mathrm{C}$ 的质子数相等，库仑排斥能也必然相等。由于电四极矩的存在，原子核不完全是球体，只有 $A=2Z$ 稳定核素的核子处于较高对称分布，可以近似作为球体，因而公式对于轻核同位素符合较好，特别是 $A=2Z\pm1$ 的稳定核素，对于重核同位素仍存在较大偏差。原子核内的总库仑排斥能对每个质子平

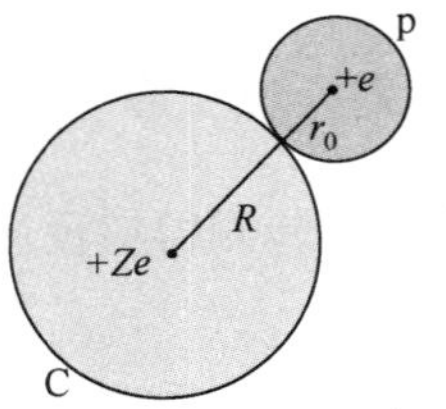

图 3-42　质子位于原子核表面形成库仑势垒

均后是较小的数值，如碳原子核内每个质子的平均库仑排斥能仅为 0.4985MeV，与核子的平均结合能相比是小量。

原子核表面的库仑势垒也可以理解为将核内一个质子移到原子核表面所需能量，见图 3-42。设质子的核力作用半径 $r_0=1.4\text{fm}$，当质子位于原子核表面时，质子中心与原子核中心的间距为

$$r=r_0+R=r_0(1+A^{1/3})$$

库仑排斥能为

$$E_c=\frac{(Ze)e}{4\pi\varepsilon_0 r}=\frac{e^2}{4\pi\varepsilon_0 r_0}\left(\frac{Z}{1+A^{1/3}}\right)=(1.0286\text{MeV})\left(\frac{Z}{1+A^{1/3}}\right)$$

例如，将 ${}^{13}_{7}\text{N}$ 中的一个质子移到核表面边缘，核素 ${}^{12}_{6}\text{C}$ 核内的库仑作用能为

$$E_c=(1.0286\text{MeV})\left(\frac{6}{1+12^{1/3}}\right)=1.876\text{MeV}$$

这种计算是将原子核电荷集中于核中心点，没有考虑质子群的波动性和扩散性，因而结果与实验值2.991MeV存在较大偏差。

5. 原子核内壳层结构和核子组态

前面通过量子力学方法解得核子的状态和能量，状态用四个量子数表示为 (n,l,j,m_j) 或 (n',l,j,m_j)，对应能量表达式（3-278）。根据泡利不相容原理，没有两个质子或中子有完全相同的四个量子数。当一组量子数 (n',l,j) 确定后，共有 $2j+1$ 个 m_j 值，最多也就有 $2j+1$ 条轨道，用四个量子数表示为 (n',l,j,m_j)。因为质子和中子之间是可以区分的粒子，而所有质子是不可区分的，所有中子也是不可区分的，质子和中子可以分别占据量子数相同的轨道。又因为质子存在库仑排斥力，因而相同四个量子数组成的轨道，质子的轨道能级比中子的轨道能级略高。质子按照能量最低原理、泡利不相容原理占据质子轨道，中子按照能量最低原理、泡利不相容原理占据中子轨道。核子填充轨道后，形成核壳层结构，壳层与壳层之间出现较大的能量间隔。每个壳层填满核子后，能量降低，具有特别的稳定性，表现为质子数 Z 或中子数 N 为幻数的核素，而且有很高的自然丰度。由核素的性质总结出这些幻数分别是 2、8、20、28、50、82、126、184。下面通过核子填充轨道形成的核子组态解释幻数规律。

填充轨道前，必须先知道核子的轨道能级顺序，由能量公式（3-278），令

$$N=2n+l=2(n'-1)+l\,,\ N=0,1,2,3,\cdots,\ l=0,1,\cdots,N-4,N-2,N$$

公式转变为

$$\begin{aligned}E_{nlj}^{(1)}&=-V_0+\left(N+\frac{3}{2}\right)\hbar\omega-\frac{l}{2}\zeta_{nl},\ j=l+\frac{1}{2}\\E_{nlj}^{(2)}&=-V_0+\left(N+\frac{3}{2}\right)\hbar\omega+\frac{l+1}{2}\zeta_{nl},\ j=l-\frac{1}{2}\end{aligned}\tag{3-287}$$

$\zeta_{nl}=\zeta_{nl}(r)\hbar^2=20A^{-\frac{2}{3}}$，按式（3-287）计算轨道能量，再以 $E_{nlj}+V_0-\frac{3}{2}\hbar\omega$ 为相对零点，排列轨道能级顺序。表 3-18 是不同 (n',l,j) 取值的轨道能量，按照已发现核素的最大核子数列出了所填充到的最高轨道，其余更高轨道可按量子数取值，继续排列出，并算出能量。

表 3-18　不同 (n',l,j) 取值的轨道能量以及对应的光谱记号

n	n'	l	j	$\left(E_{nlj}+V_0-\frac{3}{2}\hbar\omega\right)$/MeV	光谱记号	容纳的中子数或质子数 $2j+1$
0	1	0	1/2	0	$1s_{1/2}$	2
		1	3/2	$\hbar\omega-\zeta_{01}/2$	$1p_{3/2}$	4
			1/2	$\hbar\omega+\zeta_{01}$	$1p_{1/2}$	2
		2	5/2	$2\hbar\omega-\zeta_{02}$	$1d_{5/2}$	6

续表

n	n'	l	j	$\left(E_{nlj}+V_0-\frac{3}{2}\hbar\omega\right)$/MeV	光谱记号	容纳的中子数或质子数 $2j+1$
		2	3/2	$2\hbar\omega+3\zeta_{02}/2$	$1d_{3/2}$	4
		3	7/2	$3\hbar\omega-3\zeta_{03}/2$	$1f_{7/2}$	8
			5/2	$3\hbar\omega+2\zeta_{03}$	$1f_{5/2}$	6
		4	9/2	$4\hbar\omega-2\zeta_{04}$	$1g_{9/2}$	10
			7/2	$4\hbar\omega+5\zeta_{04}/2$	$1g_{7/2}$	8
0	1	5	11/2	$5\hbar\omega-5\zeta_{05}/2$	$1h_{11/2}$	12
			9/2	$5\hbar\omega+3\zeta_{05}$	$1h_{9/2}$	10
		6	13/2	$6\hbar\omega-3\zeta_{06}$	$1i_{13/2}$	14
			11/2	$6\hbar\omega+7\zeta_{06}/2$	$1i_{11/2}$	12
		7	15/2	$7\hbar\omega-7\zeta_{07}/2$	$1k_{15/2}$	16
			13/2	$7\hbar\omega+4\zeta_{07}$	$1k_{13/2}$	14
		0	1/2	$2\hbar\omega$	$2s_{1/2}$	2
		1	3/2	$3\hbar\omega-\zeta_{11}/2$	$2p_{3/2}$	4
			1/2	$3\hbar\omega+\zeta_{11}$	$2p_{1/2}$	2
		2	5/2	$4\hbar\omega-\zeta_{12}$	$2d_{5/2}$	6
			3/2	$4\hbar\omega+3\zeta_{12}/2$	$2d_{3/2}$	4
1	2	3	7/2	$5\hbar\omega-3\zeta_{13}/2$	$2f_{7/2}$	8
			5/2	$5\hbar\omega+2\zeta_{13}$	$2f_{5/2}$	6
		4	9/2	$6\hbar\omega-2\zeta_{14}$	$2g_{9/2}$	10
			7/2	$6\hbar\omega+5\zeta_{14}/2$	$2g_{7/2}$	8
		5	11/2	$7\hbar\omega-5\zeta_{15}/2$	$2h_{11/2}$	12
			9/2	$7\hbar\omega+3\zeta_{15}$	$2h_{9/2}$	10
		0	1/2	$4\hbar\omega$	$3s_{1/2}$	2
		1	3/2	$5\hbar\omega-\zeta_{21}/2$	$3p_{3/2}$	4
			1/2	$5\hbar\omega+\zeta_{21}$	$3p_{1/2}$	2
2	3	2	5/2	$6\hbar\omega-\zeta_{22}$	$3d_{5/2}$	6
			3/2	$6\hbar\omega+3\zeta_{22}/2$	$3d_{3/2}$	4
		3	7/2	$7\hbar\omega-3\zeta_{23}/2$	$3f_{7/2}$	8
			5/2	$7\hbar\omega+2\zeta_{23}$	$3f_{5/2}$	6
		0	1/2	$6\hbar\omega$	$4s_{1/2}$	2
3	4	1	3/2	$7\hbar\omega-\zeta_{31}/2$	$4p_{3/2}$	4
			1/2	$7\hbar\omega+\zeta_{31}$	$4p_{1/2}$	2

注：ζ_{nl} 用核子波函数的径向函数 u_{nl} 计算。

现在按轨道能量由低到高排序，填充核子，即得核子轨道能级顺序。由于自旋-轨道耦合作用能与原子核内的核子数有关，所以不同核子数的原子核，能级顺序有所不同，因而每个核子能级顺序以实验测得的能级顺序为准。中子数达到 184 的理论能级顺序见图 3-43，与实验符合较好的能级顺序见表 3-18。根据能级顺序，每增加一个核子就是一个新核素，由于稳定核素的质子数和中子数接近，因而质子填充到某一轨道能级，中子就填充到相应能级，当轨道填满质子和中子后，产生较大的能量效应，原子核的能量降低，趋于稳定。壳层能级组内轨道之间能量间隔较小，而壳层能级组之间存在较大能量间隔，这就构成原子核的壳层结构。当质子的某一能级组填满了质子，而中子的能级组又填满了中子，原子核的核子组态形成的能量效应最大。壳层能级组为全填满状态时的核素，其质子数或中子数是否是幻数呢？我们只需计算每个轨道填满质子时的质子数，然后将各能级组质子数累加，就能揭晓答案。因为中子轨道与质子轨道是完全相同的，用相同的方法也可计算中子累加数。表 3-19 是原子核的壳层轨道以及每壳层所能容纳的最多质子数或中子数，M. G. Mayer 和 J. H. Jensen 在考虑了核子的自旋-轨道耦合作用能后，得出的结论是：原子核存在壳层结构，质子和中子填满壳层轨道后，形成稳定核素，所对应的质子数和中子数就是幻数，对应的能级填充见图 3-43。量子力学又一次取得很大的成功。

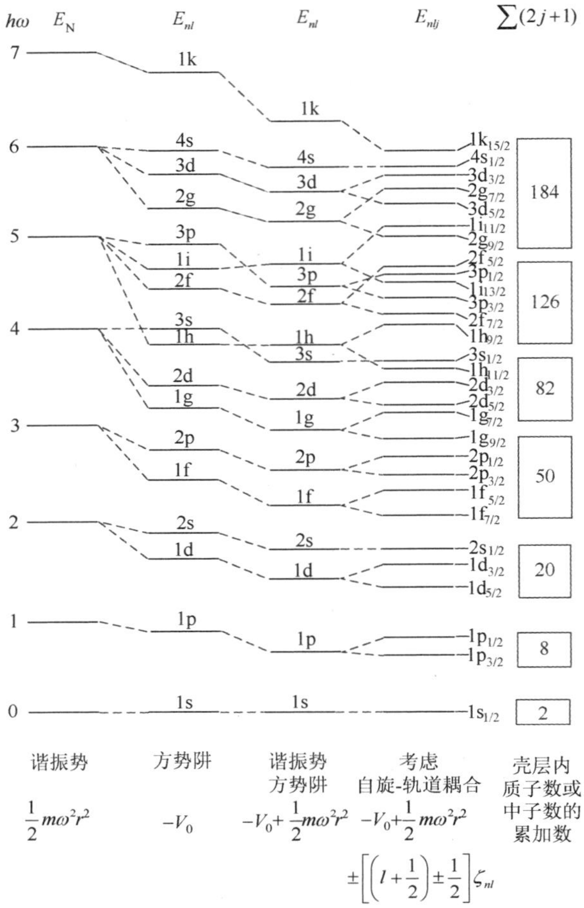

图 3-43　质子和中子的轨道能级顺序以及轨道最大填充数的累加数

表 3-19　核子的壳层轨道以及每壳层所能容纳的最多质子数或中子数

壳层序数	组成壳层的轨道(n', l, j)	所能容纳的最大质子数（中子数）	累加质子数（中子数）
1	$1s_{1/2}$	2	2
2	$1p_{3/2}$，$1p_{1/2}$	6	8
3	$1d_{5/2}$，$2s_{1/2}$，$1d_{3/2}$	12	20
3.5	$1f_{7/2}$	8	28
4	$2p_{3/2}$，$2p_{1/2}$，$1f_{5/2}$，$1g_{9/2}$	22	50
5	$2d_{5/2}$，$3s_{1/2}$，$2d_{3/2}$，$1g_{7/2}$，$1h_{11/2}$	32	82
6	$2f_{7/2}$，$3p_{3/2}$，$3p_{1/2}$，$2f_{5/2}$，$1h_{9/2}$，$1i_{13/2}$	44	126
7	$2g_{9/2}$，$3d_{5/2}$，$4s_{1/2}$，$1i_{11/2}$，$2g_{7/2}$，$3d_{3/2}$，$1k_{15/2}$	58	184

注：排序为实验能级顺序，壳层序数越大，能量越高，同一壳层序数内从左到右，能量升高。

【例 3-19】 写出核素 $^{39}_{19}K$ 的核子组态，并指出同壳层最稳定核素，以及基态原子核的总角动量量子数和宇称。

解：由表 3-19 可知，$^{39}_{19}K$ 位于第三壳层，第三壳层全部填满质子和中子时，对应的核素为 $^{40}_{20}Ca$，是同壳层最稳定核素，核电荷数 $Z=20$ 是幻数。再由表 3-19 提供的核子壳层轨道能级顺序，按照构造原理和泡利不相容原理，将质子和中子分别填充到轨道上。

$^{39}_{19}K$：中子数 $N=20$，中子组态为 $1s^2_{1/2}1p^4_{3/2}1p^2_{1/2}1d^6_{5/2}2s^2_{1/2}1d^4_{3/2}$

质子数 $Z=19$，质子组态为 $1s^2_{1/2}1p^4_{3/2}1p^2_{1/2}1d^6_{5/2}2s^2_{1/2}1d^3_{3/2}$

现在将轨道填充绘制成能级图，再确定原子核的总角动量。核素 $^{39}_{19}K$ 的质子和中子轨道能级图如图 3-44 所示。右侧中子全部配对，左侧有一个成单质子贡献磁矩，*j-j* 耦合生成的总角动量 I 是由每个核子贡献

$$I=\sum_{k=1}^{A}J_k=\sum_{k=1}^{A}(L_k+S_k) \tag{3-288}$$

同一轨道上自旋相反的两个核子的角动量用总角量子数表示为 J，角动量 z 分量用总磁量子数表示分别为 $+M_J$ 和 $-M_J$，意味着两个角动量矢量大小相等、方向相反，角动量的合矢量等于零。只有单占据核子的轨道角动量不等于零，贡献于原子核的总角动量，核素 $^{39}_{19}K$ 的总角动量量子数表示为 $I=\frac{3}{2}$。

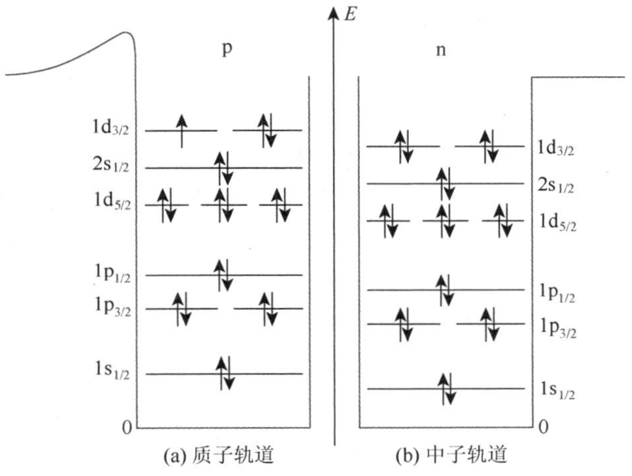

图 3-44　核素 $^{39}_{19}K$

轨道宇称为 $(-1)^l$，其中 l 为轨道角量子数，如果 l 为奇数，$(-1)^l=-1$，标在总角动量量子数的右上标，表示为 J^-；同理 l 为偶数，$(-1)^l=+1$，用 J^+ 表示。原子核基态或激发态的宇称则由乘积因子 $(-1)^{l_p}(-1)^{l_n}$ 的正负决定。核素 $^{39}_{19}K$ 基态宇称由单占据质子决定，它的角量子数 $l=2$，状态宇称为 $\frac{3}{2}^+$。

重原子的放射性核素 $^{210}_{84}Po$ 自发发生 α 衰变，$^{210}_{84}Po$ 核内放出一个 α 粒子，$^{210}_{84}Po \longrightarrow ^{206}_{82}Pb + ^{4}_{2}He$，α 衰变能 5.402MeV，用 α 磁谱仪测得 α 粒子的动能为 5.304MeV，子核 $^{206}_{82}Pb$ 的反冲动能为 0.102MeV。按经典概念，原子核内的核子处于一个有界球形势阱中，由于核力作用，它们是不可能自发脱离原子核的。量子力学认为，由于量子隧道效应，能量低于势阱势能的波动性粒子存在穿透势阱的概率，其概率的大小由粒子的状态波函数决定。1928 年 G. Gamow，1929 年 R. W. Gurney、E. U. Condon 先后用量子力学解释了 α 衰变的自发原理[34, 35]。核子具有波动性，根据波动方程的解，核子占据的轨道实际上是波动状态，当集合体内质子和中子的数目增加时，核子的平均结合能逐渐降低，见图 3-31，处于外壳层的质子和中子的轨道能量逐渐升高，接近势阱边界的最高势垒，在任何瞬间，少数质子和中子的总能量会超过势阱的最高势垒，脱离原子核，形成强度较弱的透射波，这种效应也被称为量子隧道效应，见图 3-45。重原子核价层一对中子和一对质子组成 α 粒子($^{4}_{2}He^{2+}$)，平均能量为 E，少数 α 粒子超过势阱的最高势垒，脱离原子核，自发形成 α 衰变。

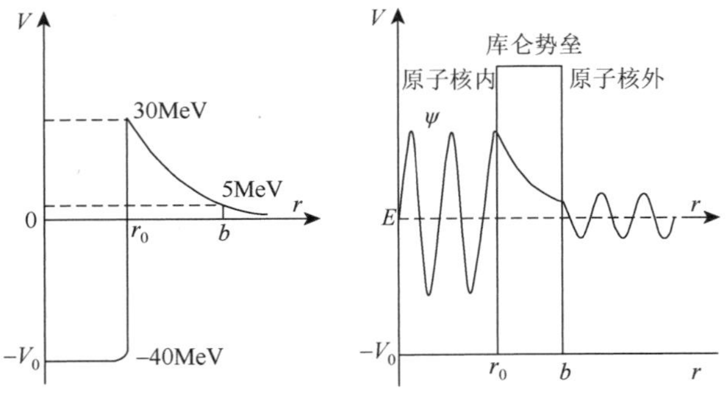

图 3-45　放射性同位素衰变形成的量子隧道效应

6. 微观粒子的构造和性质

质量、电荷、自旋、宇称、结合能、稳定性等基本性质是粒子的基本属性。用高能粒子散射的方法发现更多细分的粒子，按粒子大小分为点粒子和延伸粒子，点粒子是不能被分割的，没有下层结构；延伸粒子是由点粒子构成的，可再分割，如重子和介子。这些粒子的质量和电荷以及所起的作用各不相同，不稳定粒子衰变时产生质量亏损。

早期根据质量、电荷和作用力对粒子进行分类，按粒子作用力性质的共同特征，将参与弱相互作用或电磁相互作用的点粒子称为轻子（lepton）。轻子包括自旋量子数为半整数、电荷为–1 的电子 e、μ 子、τ 子，μ 子的质量是电子的 206.7 倍，但小于质子的质量；而 τ 子的质量更大，是电子的 3475.0 倍，已超过了质子。自旋量子数为 1、电中性的中微子（neutrino），包括电子中微子 ν_e、μ 子中微子 ν_μ、τ 子中微子 ν_τ[36]。

以强相互作用力结合的延伸粒子称为强子，强子都存在下层结构，由夸克粒子组成。强子按质量和自旋分为介子（mesons）和重子（baryons）。以电子和质子质量为界定，大于电子质量但又小于质子质量的强子称为介子，介子的自旋是 0 或 1，属于玻色子；质量大于或等于质子质量的强子称为重子，重子的自旋是半整数，属于费米子。质子和中子属于强子中的重子类。

粒子之间的作用力主要有带电粒子之间的电磁作用力、夸克粒子之间的短距离强相互作用力、轻子之间的弱相互作用力，以及粒子在星系中所受引力。这些作用力都会有媒介参与传递，这些媒介统称为场，并建立有相应的场量子理论。在微观粒子的世界里，存在 γ 光子、g 胶子、Z^0、W^+、W^-和 H^0 等玻色子。因自旋量子数等于 0 或 1，故统称为玻色子。这些粒子都有特殊的作用，γ 光子传递电磁作用力，胶子传递强核力，玻色子 Z^0、W^+和 W^-传递弱相互作用力，希格斯玻色子 H^0 传递质量。当某粒子吸收一个 γ 光子，表示获得一个 γ 光子的电磁辐射能，反之亦然。每一种粒子都有自身的粒子场，γ 光子形成电磁场，胶子形成胶子场，玻色子形成玻色子场，希格斯粒子形成希格斯粒子场。而电磁场用电磁波理论描述，胶子场用强相互作用夸克模型理论，玻色子场用电弱统一场理论，希格斯玻色子场用标准模型理论。γ 光子和胶子没有静止质量，γ 光子的自旋量子数等于 1，胶子的自旋量子数为 1。Z^0、W^+和 W^-的质量很大，它们自旋量子数都为 1。1964 年，希格斯（P. W. Higgs）提出希格斯玻色子场，当对称性被自发打破后，引发质量传递[37]。在这一过程中，希格斯指出应该存在一种将自身质量传递给其他粒子的规范玻色子，称为希格斯玻色子。当某粒子吸收一个希格斯玻色子，表示获得一个希格斯玻色子的质量，反之亦然。H^0 的自旋量子数为 0，偶宇称。2013 年，欧洲核子研究机构探测到希格斯玻色子，H^0 有很大的质量[38]。

强子的质量大于质子的质量，称为重子，除质子 p 和中子 n 外，重子按种类排列有 Ξ、Σ、Λ、N、Ω、Δ、Λ_c、Ξ_c 等，重子的自旋量子数为半整数，属于费米子。质量介于电子和质子质量之间的为介子（meson），自旋量子数为零，都不稳定。质量轻且无味的介子类包括 π^0、$\pi^\pm$、η、ρ、ω、ϕ、…。其他介子类包括 K（带奇异数）、D（带粲数）、B（带底数）、D_s（带粲数和奇异数）、B_s（带底数和奇异数）。其他夸克粒子对组成的介子类有 $c\bar{c}$ 、$b\bar{b}$ 、…。介子既有费米子，又有玻色子，如 K、D、B 属于费米子，其他属于玻色子。

按照各种散射产生的粒子质量、电荷、自旋量子数、宇称和粒子概率分布，根据粒子转化遵守离散时空对称性和粒子数守恒（具体包括电荷共轭不变形、时间反转不变性、宇称不变性），以及轻子数守恒、重子数守恒、强子的附加量子数守恒、电荷守恒等，确认发现的粒子种类和数量越来越多，迄今为止多达 300 多种，粒子世界的构造似乎越来越复杂，粒子转变过程也越来越复杂，需要清晰地分类，通过一种结构模型来描述它们在组成构造上的相互关系，以揭示质量、电荷、量子数、结合能等性质的规律性，发现构成宇宙粒子的最基本的粒子自然就成为量子色动力学的主要任务。

原子核的空间尺寸在3×10^{-13}cm左右，在如此小空间拥挤了如此多的带电质子，原子核没有爆炸，而是保持稳定状态，其次不带电的中子又与质子保持着一种紧密关系。根据粒子之间的相互转变和作用力，原子核应该由一些强相互作用的粒子组成，以保持原子核的稳定存在，这种粒子统称为强子（hadron），如重子和介子都是强子，在所发现的粒子中大部分都属于强子。因而测量各种强子的质量、电荷、自旋量子数、重子数、轻子数、结合能、稳定性等性质，并进行分类，发现构成强子的基本粒子是建立核结构模型的关键。

1964年，盖尔曼（M. Gellmann）和兹韦格（G. Zweig）同时提出夸克模型（quark model）[39]，指出强子由夸克粒子组成，期望夸克是一种点粒子，是构造核和进行核变化的一种基本粒子。描述强子的性质将由最少夸克组合，从而实现对强子波函数的表达。首先强子处于胶子场中运动，胶子场遵守离散时空对称性，夸克粒子占据强子结构的最低能级，当对称性强作用力下被打破后，夸克的状态和能量会发生变化，吸收或放出胶子（gluon）。胶子的自旋量子数为1，静止质量为0，电荷为0，属于玻色子。到1962年，共发现八个重子，盖尔曼提出一个八重态（octet），当强相互作用和电磁相互作用打破SU(3)对称性，p、n、Λ、Σ^0、Σ^+、Σ^-、Ξ^0、Ξ^-等八个强子用三种夸克粒子进行三点组合就可实现对八个重子的质量、电荷、味数、宇称性和结合能等方面的相互区分，进行夸克-反夸克两点组合可排列出质量较轻的介子，其中一部分是实验已经发现的介子。兹韦格又提出十重态，将三种夸克粒子进行三点组合得出十个不同的重子，其中包括未知的Ω^-重子。1964年，实验证实了夸克模型的预测，发现了Ω^-。夸克模型成为具有一种神奇梦幻的定律。

虽然夸克是夸克模型假设的粒子，但是运用夸克模型，却能解释强子和介子的构成，并预测新的粒子。1967年开始，一系列电子-质子的深度非弹性散射实验，证实了电子被核中的点粒子所散射，使人们相信了强子是由一类不能再分割的点粒子组成，夸克由梦幻变为现实。夸克之间是强相互作用，使得夸克处于一种极低的能量陷阱中，也使得夸克粒子不可能单独存在，要获得自由夸克粒子必然需要更复杂的技术手段。

夸克粒子共6种，自旋量子数都为1/2，都是费米子。初始假设了三种夸克粒子，分别为上夸克（u）、下夸克（d）、奇夸克（s）。用这三种夸克粒子就可以组合出早期发现的重子和介子，解释核变化过程的质能转变，三种夸克的质量都很小，称为轻夸克。不过这三种夸克粒子还不能解释某些新发现的重子和介子。1974年，丁肇中和B. Richter各自独立发现粲夸克（c）[40,41]；1977年，L. M. Lederman发现底夸克（b）；粲夸克和底夸克的质量都超过了核子，称为重夸克[42]。上夸克、下夸克、奇夸克、粲夸克和底夸克都是强子，这五种夸克之间都是强相互作用力。1994年，美国费米实验室又发现顶夸克（top quark），顶夸克不够稳定，再变为强子之前就已衰变[43]。夸克的电荷数服从Gellmann-Nishijima关系式：

$$Q = I_z + \frac{b + S + C + B + T}{2} \tag{3-289}$$

其中，b为附加重子数，夸克取1/3，反夸克取−1/3。I_z、S、C、B、T是附加量子数——味，分别称为同位旋z分量、奇异数、粲数、底数、顶数，强子还遵守附加量子数守恒定律。

【例3-20】 设上（u）、下（d）、奇（s）、粲（c）、底（b）、顶（t）夸克的附加量子数列于表3-20，计算各夸克粒子的电荷数Q。

解： 将各量子数代入式（3-289），计算电荷数Q列于最后一行。

表3-20　六种夸克粒子的附加量子数和电荷计算

	u	d	s	c	b	t
I_z	+1/2	−1/2	0	0	0	0
S	0	0	−1	0	0	0
C	0	0	0	+1	0	0
B	0	0	0	0	−1	0
T	0	0	0	0	0	+1
Q	+2/3	−1/3	−1/3	+2/3	−1/3	+2/3

在实验发现的强子中，夸克粒子都不是单独存在的，如轻介子由夸克-反夸克对组成，核子由三个夸克粒子组成，夸克粒子通过交换胶子实现转变，胶子起传递夸克粒子间强相互作用力的作用。当夸克粒子从低能级跃上高能级，吸收胶子；当从高能级跳回低能级，放出胶子。夸克在量子色动力学中作为基本组成粒子占据各种运动的轨道能级，有三种不同的色量子数，共 18 种夸克粒子，加之它们的反粒子，共 36 种夸克粒子。夸克与轻子、胶子、玻色子一起成为构造微观世界的基本粒子。

有没有四个甚至更多夸克粒子组成的粒子？2015 年，欧洲核子研究机构发现五个夸克粒子组成的强子。

原子中基本粒子的发现，首先改变了人们对原子构造的认识；其次，粒子的性质区分了粒子之间作用力的强弱。原子核中夸克粒子间的强作用力使得质量较重的质子和中子在狭小的空间范围运动，质量较轻的电子则在较大的空间范围围绕原子核运动。原子总能量是所有粒子的总贡献，因粒子性，能量具有离散性，从而表现为量子化特征。

在原子核外是比较宽阔的电子运动空间，与原子核内狭小的核子运动空间形成鲜明对比，从放射性同位素的 α、β^-和 β^+的衰变中不难发现，放射性原子不断产生电子、正电子、中微子、高能 γ 光子。β^-衰变使核中最稳定的中子转变为质子，中子脱离原子核，也有 898s 的寿命，随即衰变为质子，同时放出一个电子和一个中微子 ${}^1_0n \longrightarrow {}^1_1p + {}^{0}_{-1}e + {}^0_0\nu$，如 ${}^{14}_{6}C \longrightarrow {}^{14}_{7}N + {}^{0}_{-1}e + {}^0_0\nu$。$\beta^+$衰变使核中过多的质子转变为中子，同时放出一个正电子和一个中微子 ${}^1_1p \longrightarrow {}^1_0n + {}^0_1e + {}^0_0\nu$，如 ${}^{19}_{10}Ne \longrightarrow {}^{19}_{9}F + {}^0_1e + {}^0_0\nu$。这些变化改变了人们对原子内粒子作用力性质的认识。

习　　题

1. 用金属 Zn 做 X 射线管阳极，实验测得锌的特征 X 射线波长为 144.5pm，经分析归属为 K_α 谱线，求 Zn 的原子序数。
2. 分别计算 N 和 Ne 原子第一电离能，比较结果。
3. 分别计算钠和氯的原子半径，比较计算结果。
4. 写出激发态氦原子组态 $1s^12p^1$ 的完全波函数，并用斯莱特行列式波函数表示。
5. 按照 4 个量子数组合出 $n = 4$ 时各亚壳层轨道，并指出简并轨道数。
6. 写出 118 号惰性气体元素（Og）原子的壳层结构，以及壳层结构组成和电子数。（人工合成元素，原子序数 118，第七周期第 18 族 p 区元素。1998～2012 年，多次宣布发现此元素，又撤销发布。2016 年，由 IUPAC 和 IUPAP 联合宣布确认）
7. 基态氮原子组态共有状态数 20，写出耦合形成的原子态，并用原子光谱项符号表示。
8. 基态硼原子组态共有状态数 6，写出耦合形成的原子态，并用原子光谱项符号表示。
9. 推求氦原子激发态 $1s^13d^1$ 的耦合原子态，并用原子光谱项符号表示。
10. 推求基态铁原子的光谱基项。
11. 实验测得 ${}^{16}_{8}O + {}^1_0n \longrightarrow {}^{17}_{8}O$ 的结合能为 4.16MeV，计算核数 ${}^{17}_{8}O$ 核内的库仑作用能。
12. 写出核素 ${}^{209}_{82}Pb$ 的核子组态以及基态原子核的总角动量量子数，并指出最稳定的同位素。

参 考 文 献

[1] Moseley H G J. The high-frequency spectra of the elements.Part II[J]. Philosophical Magazine，1914，27（160）：703-713.

[2] Moseley H G J. The high-frequency spectra of the elements. Part I[J]. Philosophical Magazine，1913，26（156）：1024-1034.

[3] Auger P. Sur I'effet photoélectrique composé [J]. Journal De Physique et Le Radium. 1925，6：205-208.

[4] Schrödinger E. An undulatory theory of the mechanics of atoms and molecules [J]. Physical Review. 1926，28（6）：1049-1070.

[5] Bergeson S D，Balakrishnan A，Baldwin K G H，et al. Measurement of the He ground state Lamb shift via the two-photon 1（1）S-2（1）S transition [J]. Physical Review Letter，1998，80（16）：3475-3478.

[6] Sansonetti J E，Martin W C. Handbook of basic atomic spectroscopic data[J]. Journal of Physical and Chemical Reference Data，2005，34：1559.

[7] Slater J C. Atomic shielding constants [J]. Physical Review，1930，36（1）：57-64.

[8] Clementi E，Raimondi D L. Atomic screening constants from SCF function [J]. Journal of Chemical Physics，1963，38（11）：2686-2689.

[9] Bragg W L. The arrangement of atoms in crystals [J]. Philosophical Magazine，1920，40（236）：169-189.

[10] Ghosh D C，Biswas R. Theoretical calculation of absolute radii of atoms and ions. Part I：the atomic radii [J]. International Journal of Molecular Science，2002，3（2）：87-113.

[11] Slater J C. The theory of complex spectra [J]. Physical Review，1929，34（10）：1293-1322.

[12] Bohr N. Atomic structure [J]. Nature，1921，107（2682）：104-107.

[13] Saito S L. Hartree-Fock-Roothaan energies and expectation values for the neutral atoms He to Uuo：the B-spline expansion method [J]. Atomic Oata and Nuclear Data Tables，2009，95（6）：836-870.

[14] Carlson T A. Photoelectron and Auger Spectroscopy [M]. New York：Plenum Press，1975.

[15] Hund F. Concerning the interpretation of complex spectra，especially the elements scandium to nickel [J]. Zeitschrift für Physik，1925，33：345-371.

[16] Russell H N，Saunders F A. New regularities in the spectra of the alkaline earths [J]. Astrophysical Journal，1925，61（1）：38-69.

[17] Levine I N. Quantum Chemistry [M]. 6th Ed. New Jersey：Prentice Hall，2009：342.

[18] Boyd R J. A quantum mechanical explanation for Hund's multiplicity rule [J]. Nature，1984，310（5977），480-481.

[19] Hongo K，Maezono R，Kawazoe Y，et al. Interpretation of Hund's multiplicity rule for the carbon atom [J]. Journal of Chemical Physics，2004，121（15）：7144-7147.

[20] Oyamada T，Hongo K，Kawazoe Y，et al. Unified interpretation of Hund's first and second rules for 2p and 3p atoms [J]. Journal of Chemical Physics，2010，133（16）：164113.

[21] 林美荣，张包铮. 原子光谱导论 [M]. 北京：科学出版社，1990：167-188.

[22] Hahn O，Strassmann F. Nachweis der Entstehung aktiver Bariumisotope aus Uran und Thorium durch Neutronenbestrahlung; Nachweis weiterer aktiver Bruchstücke bei der Uranspaltung [J]. Naturwissenschaften，1939，27（6）：89-95.

[23] Hahn O，Strassmann F. Über den Nachweis und das Verhalten der bei der Bestrahlung des Urans mittels Neutronen entstehenden Erdalkalimetalle [J]. Naturwissenschaften，1939，27（1）：11-15.

[24] von Weizsäcker C F . Zur Theorie der Kernmassen [J]. Zeitschrift für Physik，1935，96（7-8）：431-458.

[25] Hofstadter R，Fechter H R，Mcintyre J A. High-energy electron scattering and nuclear structure determinations [J]. Physical Review，1953，92（4）：978-987.

[26] Haxel O，Jensen J H D. Suess H E. On the "magic numbers" in nuclear structure [J]. Physical Review，1949，75（11）：1766.

[27] Yukawa H. On the interaction of elementary particles Ⅰ[J]. Proceedings of the Physico-Mathematical Society of Japan，1935，17：48-57.

[28] Woods R D，Saxon D S. Diffuse surface optical model for nucleon-nuclei scattering[J]. Physical Review，1954，95（2），577-578.

[29] Bohr A，Mottelson B R. Nuclear Structure Volume I：Single-Particle Motion [M]. Singapore：World Scientific，1998.

[30] Mayer M D. On closed shells in Nuclei II [J]. Physical Review，1949，75（12）：1969-1970.

[31] Wong S S M. Introductory Nuclear Physics[M]. 2nd Ed. Toronto：John Wiley & Son，1998：240-245.

[32] Livingston M S，Bethe H A. Nuclear physics—C Nuclear dynamics，experimental [J]. Reviews of Modern Physics，1937，9（3）：245-390.

[33] Bethe H A. Coulomb energy of light nuclei [J]. Physical Review，1938，54（6）：436-439.

[34] Gamow G. The quantum theory of nuclear disintegration [J]. Nature，1928，122（3082）：805-806.

[35] Gurney R W，Condon E U. Quantum mechanics and radioactive disintegration [J]. Physical Review，1929，33（2）：127-140.

[36] 戈特罗 R，萨万 W. 近代物理学 [M]. 孙宗扬，译. 北京：科学出版社，2002.

[37] Higgs PW. Broken symmetries Masses of gauge bosons[J]. Physical Review Letters，1964,13（16）：508-509.

[38] Chatrchyan S，Khachatryan V，Swanson J，et al. Observation of a new boson with mass near125 GeV in pp collisions at root s = 7 and 8 TeV[J]. Journal of High Energy Physics，2013，(6)：081（1-125）.

[39] Gell-Mann M. A schematic model of baryons and mesons[J]. Physics Letter，1964，8（3）：214-215.

[40] Richter B. From psi to charm-experiments of 1975 and 1976[J]. Reviews of Modern Physics，1977，49（2）：251-266.

[41] Ting S C C. The discovery of the J particle：A personal recollection[J]. Reviews of Modern Physics，1977，49（2）：235-249.

[42] Innes W R，Appel J A，Brown B C，et al. Observation of structure in the γ region[J]. Physical Review Letters，1977，39（20）：1240-1242.

[43] Abachi S，Abbott B，Abolins M，et al. Observation of the top quark[J]. Physical Review Letters，1995，74（14）：2632-2637.

第 4 章　分子对称性

对称性是一个古老的概念，对称图形在中国古建筑以及剪纸、花灯等民间文化产品中都有体现，既有二维平面对称，又有三维立体对称。对称图形上升到数学几何图形认识，就是忽略图形的缺陷，抽象为完美对称的几何图形。对图形实施对称操作，原图形（原像）变为新图形（新像），在空间位置和取向上新像与原像完全重合，与原像对比没有变化，称为图形复原。能使一个图形复原的所有对称操作构成集合，在群定义下形成对称群。分子构型是一种特殊的对称图形，存在对称元素，与数学上的几何图形相似，分子构型是对称分布的原子和化学键，同种原子是全同粒子，任何仪器都不能分辨，相同原子形成的化学键也具有全同性。按照对称元素对分子构型实施对称操作，得到的新像在空间位置和取向上与原像重合。对分子构型的描述也常用数学上几何图形的名称命名，如氨是三角双锥结构，甲烷是正四面体结构，SF_6 分子是正八面体构型，等等。

分子对称性是建立在分子立体构型基础上，除了用实验方法测定获得分子结构外，也有运用电子结构方法推测分子构型的。描述分子立体构型的键参数有化学键的键长、共用原子的相邻键之间的键角、共用键的两个面之间的二面角。分子构型的对称性特点是正多面体及其变形多面体，分子构型是一种有限图形，分子对称性属于有限图形的对称性。

分子对称性是分子的一种属性，等同化学键组合为高度对称的立体结构，反映了分子内部原子间电磁吸引力和排斥力的一种平衡。因而从分子构型对称性可以了解原子轨道性质，揭示分子手性、偶极矩、极化率等物理化学性质。将分子立体构型抽象为简单的对称几何图形，对于每一对称元素，都存在一组对称操作，分子几何图形的全部对称操作构成群，赋予所属点群符号。运用分子对称性，不仅能更清楚地了解分子的旋光性、偶极矩、极化率等物理性质，还能更好地解决分子的电子结构问题。

4.1　对称元素和对称操作

图形在空间中的初始位置和取向称为原像，现在对图形实施操作，使图形的空间位置和取向发生改变，图形新的空间位置和取向称为新像。操作前后图形的空间位置和取向无法辨别和区分，则图形的原像和新像完全重合，图形复原，此类操作就属于对称操作。有限图形的对称操作包括旋转、反映、反演、旋转反映和旋转反演，旋转反映是旋转和反映的复合操作，旋转反演是旋转和反演的复合操作。

对图形实施对称操作时，必须依赖几何元素才能使图形移动。旋转是图形绕一条旋转轴转动，其次旋转轴在图形中或空间中的位置需要确定，图形绕不同位置的旋转轴旋转，图形在空间的移动轨迹完全不同。反映操作依赖镜面及其在图形中的位置，反演操作依赖反演中心及其中心点位置，旋转反映依赖象转轴及其在图形中的位置，旋转反演依赖反轴及其在图形中的位置。旋转轴、镜面、反演中心、象转轴和反轴统称为对称元素，对称元素就是对图形实施对称操作所依赖的几何元素，是数学上的点、线、面以及它们的组合。如旋转轴是一条轴线，反映面和镜面是一个两面都能成像的子平面，反演中心是一中心点，象转轴是一条轴线加上与之垂直的反映面，反轴是在一条轴线上加上反演点。

依赖对称元素可以实施一系列对称操作，一个对称元素代表一类对称操作，在操作过程中对称元素在空间的位置和取向是不变的，而对称操作是要使图形在空间中的位置和取向发生移动，因而二者是完全不同的对称要素。

图形不动称为恒等操作，用 E 表示，每一类对称操作都是从图形不动的原有位置开始，通过一系列等价操作，回到不动时的位置，保持不动时的取向，构成一个循环。

4.1.1　旋转操作和旋转轴

图形中有一条旋转轴，绕轴逆时针旋转某一角度，图形新像与原像在空间位置和取向完全重合，图形复原，图形就存在旋转轴对称元素，同时存在使图形复原的旋转对称操作。在旋转过程中，旋转轴不动，图形发生了移动，因而旋转被称为真操作。

绕轴逆时针旋转使图形复原的最小旋转角度，称为基转角 α 。该基转角对应的旋转轴称为 n 重轴，那么

$$n=\frac{360}{\alpha} \tag{4-1}$$

用符号 C_n 表示。显然，以基转角 α 绕轴逆时针旋转 1、2、3、…、n 次，图形也是复原的，分别记为 C_n^1 、C_n^2 、…、C_n^{n-1} 、 $C_n^n=E$ 。旋转轴 C_n 对应的旋转操作组成一个集合

$$\left\{C_n^1,C_n^2,C_n^3,\cdots,C_n^{n-1},C_n^n=E\right\} \tag{4-2}$$

每个旋转操作是集合中的一个元素， $C_n^n=E$ 表示图形恢复到不动时的位置和取向，与图形不动等效，是一个循环的终止。

PF_3 分子是三角锥构型，三个 P—F 键长相等，相邻 P—F 键之间的键角也相等，三个 F 原子重心与 P 原子的连线是一条三重旋转轴。沿 C_3 旋转轴透视，磷原子和三个 F 原子重心 X 在旋转轴上，见图 4-1。

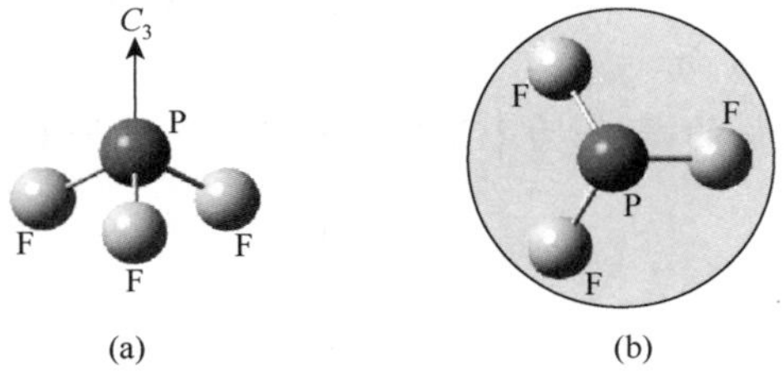

图 4-1　PF_3 分子的三角锥构型和 C_3 旋转轴

图 4-2 是三角锥分子 PF_3 的投影图像，中心为原子为P，周围三个F原子的编号为 1、2、3，编号是人为规定的，用于记录旋转后原子到达的空间位置，三个F原子实际上是不可区分的。绕 C_3 旋转生成三个旋转操作，表示为 $\left\{C_3^1,C_3^2,C_3^3=E\right\}$ ，见图 4-2（a）和（b）。C_3^3 使原子编号恢复到原来的位置，与图形不动没有区别，与恒等操作 E 相等，见图 4-2（c）。

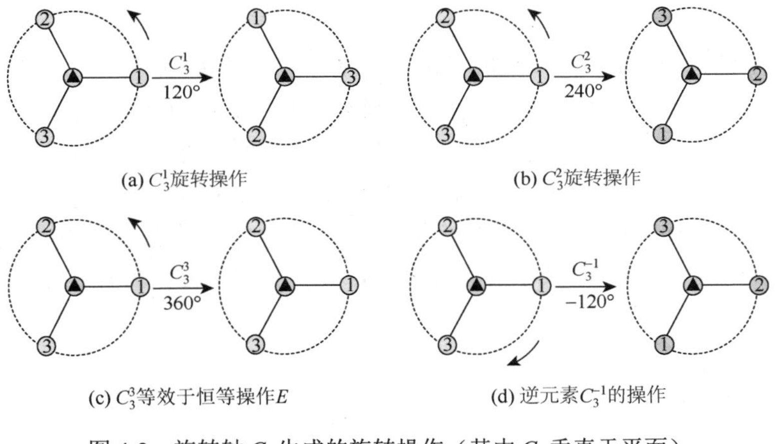

图 4-2　旋转轴 C_3 生成的旋转操作（其中 C_3 垂直于平面）

当旋转方向相反，以基转角 α 绕轴顺时针旋转 1、2、3、…、n 次，图形也复原，此操作分别称为 C_n^1 、C_n^2 、…、 C_n^{n-1} 、 C_n^n 的逆操作，分别记为 C_n^{-1} 、 C_n^{-2} 、…、 $C_n^{-(n-1)}$ 、 C_n^{-n} ，其中

$$C_n^1=C_n^{-(n-1)},\ C_n^2=C_n^{-(n-2)},\ \cdots,\ C_n^{(n-1)}=C_n^{-1} \tag{4-3}$$

一个逆旋转操作与某个正旋转操作对应相等。如旋转操作 C_3 的逆操作 C_3^{-1} ，为顺时针旋转操作，与 C_3^2 对应相等，见图 4-2（d）。

用 C_n^k （ $k=\pm1,\pm2,\cdots,\pm n$ ）表示旋转操作，n 给出了旋转角度，k 给出了旋转方向和旋转操作的次数。两个旋转操作的乘积 $C_n^m C_n^p$ 表示连续实施两个旋转操作，必有

$$C_n^{m+p}=C_n^m C_n^p\text{ , }m,p=\pm1,\pm2,\cdots,\pm n \tag{4-4}$$

如 $C_n^2=C_n^1C_n^1$，$C_n^3=C_n^1C_n^2$，$E=C_n^1C_n^{-1}$，… 。

将 C_n^k 看成是算符，当图形的特定点用坐标向量表示时，对图形进行旋转操作就是对坐标向量进行线性变换，旋转操作的乘法运算满足结合律 $\left(C_n^m C_n^p\right)C_n^r=C_n^m\left(C_n^p C_n^r\right)$，也满足交换律 $C_n^m C_n^p=C_n^p C_n^m$。

绕同一旋转轴逆时针旋转 2α、3α、…、$(n-1)\alpha$、$n\alpha$，图形都复原。绕轴旋转 2α 与绕同一轴旋转基转角 α 两次等效，也表示为 C_n^2，依次类推。

一个高对称图形或分子构型中可能不止一条旋转轴，按旋转轴的重数 n 由大到小排序，重数最高的称为主轴，其他称为副轴。对称图形的对称元素之间存在必然的变换关系，为了描述方便，给对称图形定一个坐标系。对于分子图形，只有一条主轴时，将其定为 z 轴，再将一条副轴定为 x 轴或 y 轴，x 轴或 y 轴也可设置在某个镜面上。

【例 4-1】 BCl_3 分子的构型是平面正三角形，找出全部旋转轴，以及旋转操作集合和对应的逆操作。

解： BCl_3 分子的几何图形为正三角形，见图 4-3（a）。垂直三角形平面，经过 B 原子是一条 C_3 轴，为主轴；每条 B—Cl 键都是 C_2 轴，为副轴，三条副轴 C_2 均与主轴 C_3 垂直，见图 4-3（b）。将主轴 C_3 定为坐标系 z 轴，x 轴定在其中一条副轴 C_2 方向。

主轴 C_3 对应的旋转操作组成的集合为 $\left\{C_3^1,C_3^2,C_3^3=E\right\}$，副轴 C_2 对应的旋转操作组成的集合为 $\left\{C_2^1,C_2^2=E\right\}$。

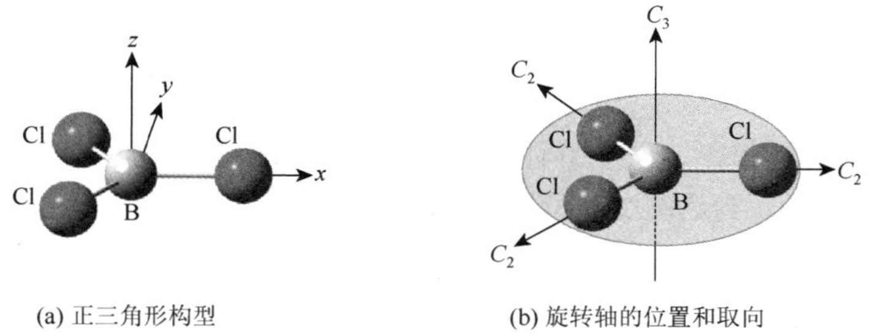

图 4-3　BCl_3 分子的对称性

操作 C_3^1 的逆操作为 C_3^{-1}，顺时针旋转 120°（C_3^{-1}）与逆时针旋转 240°（C_3^2）等效，表示为 $C_3^{-1}=C_3^2$。操作 C_3^2 的逆操作为 C_3^{-2}，顺时针旋转 240°（C_3^{-2}）与逆时针旋转 120°（C_3^1）等效，表示为 $C_3^{-2}=C_3^1$。

当旋转轴 C_n 为偶重，即 n 为偶数，将产生重数较低的旋转轴，如苯的结构为平面正六边形，垂直分子平面有主轴 C_6，其旋转操作生成 C_3 和 C_2，旋转操作的集合为 $\left\{C_6^1,C_6^2=C_3^1,C_6^3=C_2^1,C_6^4=C_3^2,C_6^5,C_6^6=E\right\}$，必须去除那些空间位置和取向相同或者等效的集合元素，即集合中不能有重复或等效的元素存在。苯分子中还有垂直于主轴 C_6 的 6 条 C_2 副轴，其中 3 条在 C—H 上，用 C_2' 表示，另外 3 条在 C—H 的对角线位置，用 C_2'' 表示。

4.1.2　反映操作和镜面

将一个镜面置于图形中，将图形切分为两部分，两部分经镜面反映成像，两部分的镜像组成新像，新像与实体图形原像在空间位置和取向上完全重合，称图形存在镜面对称元素，用符号 σ 表示。图形是经过镜面进行反映操作，图形中任意一点向镜面引垂线，垂线的等距离延长线端点是该点的镜像。反映是虚操作，反映过程中图形没有移动。

分子图形中有一镜面，经过反映操作，图形的虚像与原图形重合，接着再进行一次反映，图形虚像回到原图形的位置，取向也与原图形一样，两次反映与图形不动等效，表示为

$$\sigma^2=E \tag{4-5}$$

分子图形中随镜面的位置不同，分为三类。第一类为水平镜面，将主轴定为坐标系 z 轴，与主轴垂直的镜面处于水平位置，称为水平镜面，用符号 σ_h 表示。第二类为直立镜面，包含主轴，与主轴同为直立取向

的镜面，称为直立镜面，用符号 σ_v 表示。当分子有水平镜面时，直立镜面与水平镜面垂直。第三类为对角镜面，包含主轴，直立取向，位于两个相邻直立镜面或两条相邻 C_2 副轴的对角线位置，称为对角镜面，用符号 σ_d 表示。当分子有水平镜面时，对角镜面也与水平镜面垂直。对角镜面是一类位置特殊的直立镜面，当主轴为偶数重旋转轴时，处于两个相邻 σ_v 或 σ_h 的对角线位置必然产生对角镜面；当分子存在象转轴，而且象转轴的重数为偶数时，即使主轴（旋转轴）为奇数重轴，也可能产生这种对角线位置的 σ_d 镜面。直立镜面 σ_v 与水平镜面 σ_h 组合生成 C_2 副轴，

$$\sigma_h\sigma_v = C_2 \tag{4-6}$$

其中，这里的 σ_h 镜面包括象转轴中的水平镜面。所以，也称两条相邻 C_2 副轴的对角线存在对角镜面，此种对角镜面平分了两个相邻直立镜面或两条相邻 C_2 副轴的交角。

如果分子图形中有通过主轴 C_n 的镜面 σ_v 或 σ_d，其数目必为 n。当 n 为偶数时，随着绕主轴 C_n 进行旋转操作，将产生数目为 $\frac{n}{2}$ 的 σ_v，数目为 $\frac{n}{2}$ 的 σ_d。当 n 为奇数时，随着绕主轴 C_n 进行旋转操作，产生数目为 n 的 σ_v，并不生成对角镜面 σ_d。

PF_3 分子有三个直立镜面 σ_v，沿 C_3 旋转轴透视，三个 F 原子的重心点 X 与每条 P—F 键构成直立镜面 σ_v，见图 4-4（a）。经镜面反映，P 和 F1 在镜面上位置不变，F2 和 F3 交换位置，三个 F 原子不可区分，故新像和原像不可区分，分子图形复原。通过 C_3 轴旋转一次，将 $\sigma_v^{(1)}$ 带到 $\sigma_v^{(2)}$ 位置，再旋转一次，又将 $\sigma_v^{(2)}$ 带到 $\sigma_v^{(3)}$ 位置，因而只有一种直立镜面，而且分子的直立镜面数等于旋转轴的重数。

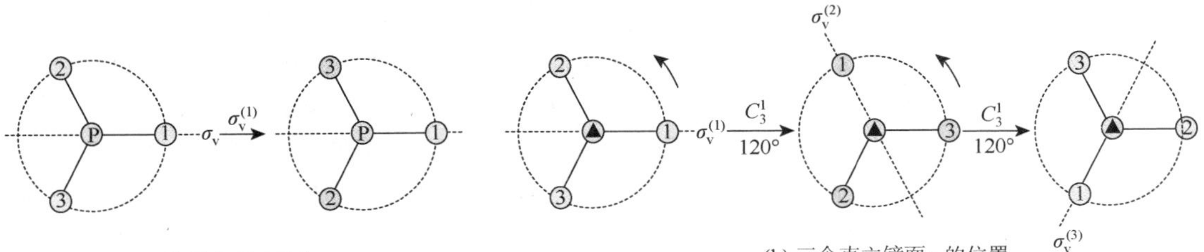

(a) 镜面和反映操作　(b) 三个直立镜面 σ_v 的位置

图 4-4　PF_3 分子反映对称性

【例 4-2】　找出 BrF_5 分子中存在的旋转轴和镜面，并指出镜面的类型。

解： BrF_5 分子为四角锥结构[1]，存在一条四重旋转轴 C_4，无副轴，见图 4-5（a）。两个包含 C_4 轴的 σ_v 镜面，两个 σ_v 镜面的对角线位置生成 σ_d 镜面，平分两个 σ_v 镜面的二面角 90°，共生成两个 σ_d 镜面，见图 4-5（b）。

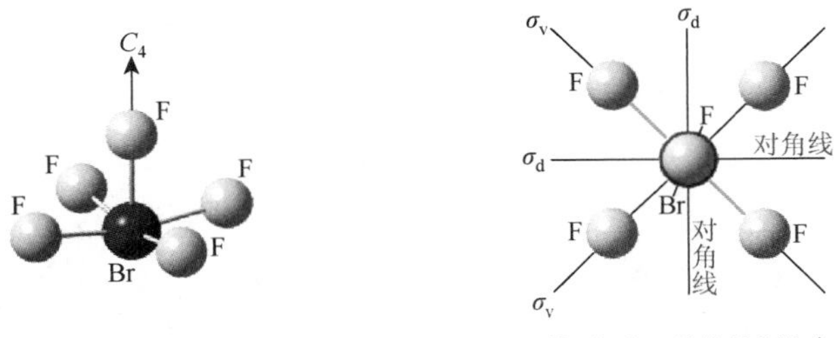

(a) 四角锥构型　(b) 镜面 σ_v 和 σ_d 的位置和取向

图 4-5　BrF_5 分子的对称性

如果分子图形中有垂直主轴 C_n 的二重副轴 C_2，其数目必为 n。当 n 为偶数时，随着绕主轴 C_n 进行旋转操作，将产生数目为 $\frac{n}{2}$ 的二重副轴，轴线在化学键上时用符号 C_2' 表示；在相邻 C_2' 的对角线位置生成数目为 $\frac{n}{2}$ 的另一组二重副轴，轴线不在化学键上时用符号 C_2'' 表示。当 n 为奇数时，随着绕主轴 C_n 进行旋转操作，只产生一类二重副轴，数目为 n，用符号 C_2 表示。

【例 4-3】 找出$[AuCl_4]^-$配离子中存在的旋转轴和镜面，并指出镜面的类型。

解：$[AuCl_4]^-$配离子为平面正方形构型[1]，坐标系见图 4-6（a）。

构型有一条四重旋转轴C_4，四条与主轴垂直的C_2副轴，见图 4-6（b）。两条属于C_2'，分别在x轴和y轴上，另外两条为C_2''，在两条C_2'的对角线位置。

$[AuCl_4]^-$配离子是平面结构，原子所在的平面是水平镜面σ_h，两个包含主轴的σ_v镜面，相邻σ_v镜面的对角线位置生成两个σ_d镜面，平分两个σ_v镜面的二面角90°，也平分了两条C_2'的交角，见图 4-6（c）。

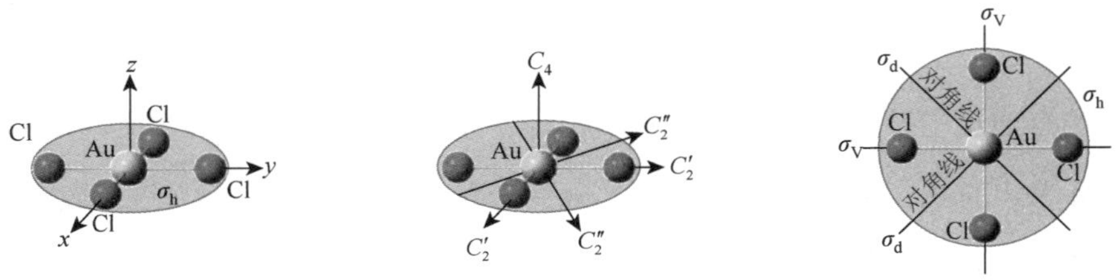

(a) 平面正方形构型　(b) 主轴和副轴的位置和取向　(c) 镜面的位置和取向

图 4-6　$[AuCl_4]^-$配离子的对称性

4.1.3　反演和反演中心

在图形中指定一个中心点时，围绕中心点进行反演操作，图形中任意一点A与中心点I连线的延长线，量出等距离，对应点A'，即$AI=IA'$，将点A变为点A'，即进行了一次反演操作，反演操作依赖的中心点称为反演点。将坐标系的原点作为中心点，点A的坐标为(x,y,z)，点A经反演后变为点A'，点A'的坐标必为$(-x,-y,-z)$。当图形有反演中心时，围绕反演中心实施反演操作，图形的全部点经反演操作生成的新像与原像在空间位置和取向上完全重合，即图形复原，图形就存在反演对称性。反演是虚操作，反演的对称元素就是反演中心，用i表示。反演两次与不动等效。

$$i^2=E \tag{4-7}$$

分子图形有反演中心时，所有原子经反演中心反演后，生成的新像与原像在空间位置和取向上完全重合。有反演对称性的分子，反演中心点的两侧必然是相同的原子和化学键，反演中心点在中心原子上时，中心原子两侧分布着成对相同的原子和化学键，两侧化学键的键长相等，键角为180°。

SeF_6分子的结构为正八面体[图 4-7（a）]，存在反演中心，反演中心在硒原子上，相对于硒，上下、前后、左右是相同的氟原子，经反演操作所得虚像与原像完全重合。闭式硼烷$B_6H_6^{2-}$是正八面体结构[图 4-7(b)]，将 B—H 键作为结构单元，抽象为一点，六点联结成正八面体。六个硼原子联结为较小的正八面体，六个氢原子联结为较大的正八面体，两个正八面体成比例放大，二者的对称元素位置重合，反演中心点重合于正八面体的空位中心。

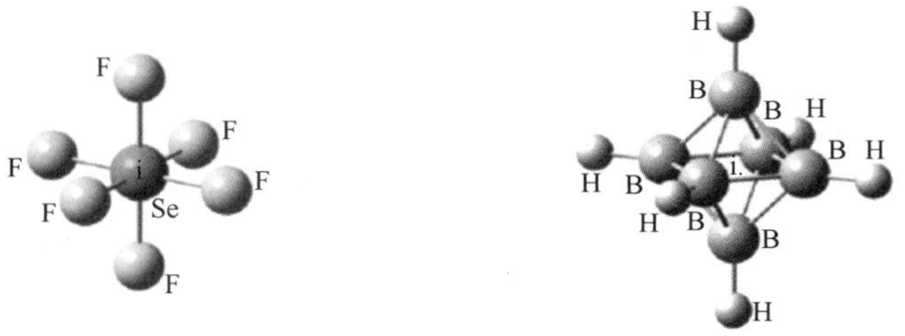

(a) SeF_6的反演中心位于中心原子Se　(b) $B_6H_6^{2-}$的反演中心位于空位中心

图 4-7　正八面体分子的反演中心

对称性较低的分子也可能存在反演中心，乙烯分子有反演中心，位置在 C═C 双键的中心点，两个氢原子被溴原子取代后生成反式二溴乙烯（*trans*-BrHC═CHBr），分子仍存在反演中心i，见图 4-8。乙烯是平面分子，垂直分子平面、通过 C═C 双键的中心点存在C_2，分子平面也是分子图形的水平镜面σ_h，C_2与

σ_h 的交点为反演中心 i 。反式二溴乙烯同样有垂直分子平面的 C_2 、水平镜面 σ_h 以及交点处的反演中心 i 。除此之外，乙烯的其他位置还有 C_2 和 σ 。

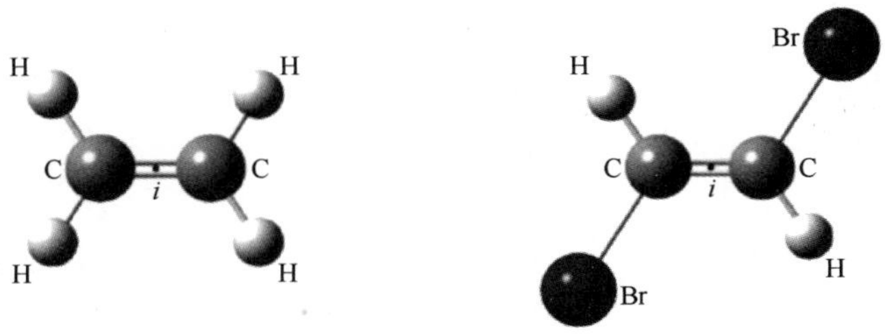

(a) $H_2C{=\!=}CH_2$　　(b) *trans*-BrHC══CHBr

图 4-8　乙烯和反式二溴乙烯中位于 C ═ C 键中心的反演中心

平面正方形配离子 $[AuCl_4]^-$ 有反演中心，位于中心离子 Au(III) 上。若 $[AuCl_4]^-$ 的两个 Cl 被 Br 取代，生成反式二氯二溴合金，化学式 *trans*-$[AuCl_2Br_2]^-$ 则反演中心 i 、水平镜面 σ_h 以及与 σ_h 垂直的 C_2 没有消失，消失的是旋转轴 C_4 、对角镜面 σ_d 和对角线位置二重旋转轴 C_2'' ，结构见图 4-9。

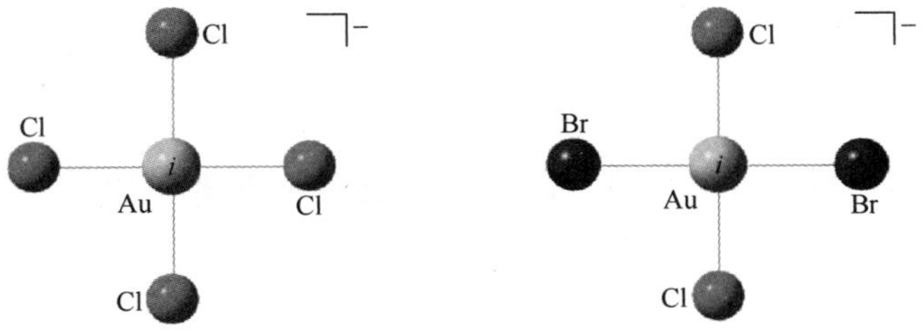

(a) $[AuCl_4]^-$　　(b) *trans*-$[AuCl_2Br_2]^-$

图 4-9　配离子 $[AuCl_4]^-$ 和 *trans*-$[AuCl_2Br_2]^-$ 中位于 Au(III) 上的反演中心

正八面体配离子 $[FeBr_6]^{3-}$ 存在反演中心，位于中心离子 Fe(III) 上。$[FeBr_6]^{3-}$ 的两对 Br 分别被一对 F 和一对 Cl 取代，生成反式二氟二氯二溴合铁（III)，化学式 *trans*-$[FeF_2Cl_2Br_2]^{3-}$ 。反演中心 i 、水平镜面 σ_h 以及与 σ_h 垂直的 C_2 没有消失，消失的是旋转轴 C_4 和 C_3 ，以及对角镜面 σ_d 和对角线位置的二重旋转轴 C_2'' ，见图 4-10。

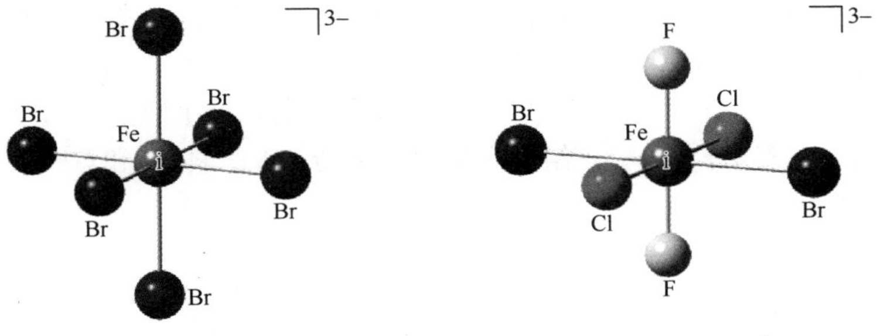

(a) $[FeBr_6]^{3-}$　　(b) *trans*-$[FeF_2Cl_2Br_2]^{3-}$

图 4-10　配离子 $[FeBr_6]^{3-}$ 和 *trans*-$[FeF_2Cl_2Br_2]^{3-}$ 中位于 Fe(III) 上的反演中心

对称元素反演中心 i 、水平镜面 σ_h 以及与 σ_h 垂直的 C_2 是共存的，反演中心 i 正好在 C_2 与 σ_h 的交点上，可以通过对称操作证明它们之间满足运算关系式

$$i=\sigma_h C_2 \tag{4-8}$$

以乙烯和反式二溴乙烯为例，乙烯存在三个相互垂直的 C_2 ，分别在 x 、 y 、 z 轴方向，与每个 C_2 垂直分别对应存在镜面 $\sigma(yz)$ 、 $\sigma(xz)$ 和 $\sigma(xy)$ ，反演中心在这些对称元素的交点上，见图 4-11。选择与分子平面垂直的 C_2 轴为主轴，镜面 $\sigma(xy)$ 为水平镜面 σ_h ， $\sigma(yz)$ 为 σ_v ， $\sigma(xz)$ 为 σ_d 。在反式二溴乙烯中，与分子

平面垂直的 C_2 轴、水平镜面 σ_h 和反演中心 i 没有消失，其余对称元素消失。给每一个原子编号，绕 C_2 轴旋转，再按水平镜面 σ_h 反映，与围绕反演中心 i 反演是等效的，原子编号相同。这说明一条 C_2 轴、与一个与 C_2 轴垂直的镜面 σ_h，以及交点反演中心 i 等三个对称元素满足式（4-8）。我们还可以通过两组配离子的反演中心验证这一结论，式（4-8）还可以转变为

$$iC_2=\sigma_h \text{ 或 } \sigma_h i=C_2 \tag{4-9}$$

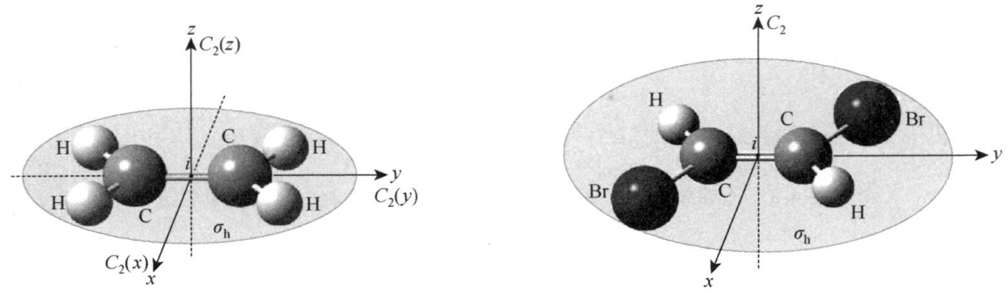

(a) $H_2C{=}CH_2$　　(b) *trans*-BrHC=CHBr

图 4-11　乙烯和反式二溴乙烯中的主轴 C_2、反演中心 i 和镜面 σ_h

4.1.4　旋转反映和象转轴

旋转反映是旋转和反映的复合操作，先旋转后反映，或者先反映后旋转，对称元素是旋转轴 C_n 和垂直于旋转轴的水平反映面 σ_h 的组合，组合后的对称元素称为象转轴，用符号 S_n 表示，则有

$$S_n=\sigma_h C_n \text{ 或 } S_n=C_n\sigma_h \tag{4-10}$$

第一种情况，分子图形经过旋转不复原，经过反映也不复原，二者联合操作就复原。分子图形中既没有旋转轴 C_n，也没有 σ_h，但是存在象转轴 S_n，这种象转轴称为独立象转轴。第二种情况，分子图形经过旋转复原，经过反映也复原，二者联合操作必然复原。分子图形中既有旋转轴 C_n，又有 σ_h，也存在象转轴 S_n，这种象转轴称为组合象转轴。独立象转轴的操作集合可以构成群，组合象转轴的操作集合不单独构成群。其中，当旋转轴为二重轴 C_2 时，就是式（4-8），所以有

$$S_2=i=\sigma_h C_2 \tag{4-11}$$

在乙烯中，有组合象转轴 S_2，就是反演中心 i，二者是同一对称元素。在操作集合中表示为 i，而不表示为 S_2，对称元素位置见图 4-12（a）。在配离子 $[AuCl_4]^-$ 结构中，主轴 C_4 的位置存在组合象转轴 S_4，生成操作 S_4^1 和 S_4^3，其中 $S_4^2=C_4^2=C_2$，该 C_2 与配离子平面所在的 σ_h 镜面组合出 S_2，也是反演中心，对称元素位置见图 4-12（b）。在平面正六边形的氯苯结构中，主轴 C_6 的位置存在组合象转轴 S_6，生成操作 S_6^1 和 S_6^5，其中 $S_6^2=C_3^1$，$S_6^4=C_3^2$，$S_6^3=\sigma_h C_2=i$，而 $C_6^3=C_2$ 与分子平面所在的 σ_h 镜面也组合出 S_2，与反演中心 i 是同一对称元素，规定用反演中心 i 表示。C_3 与 σ_h 组合产生组合象转轴 S_3，即 C_3^1 和 C_3^2 与 σ_h 组合生成象转操作 S_3^1 和 S_3^5，对称元素位置见图 4-12（c）。

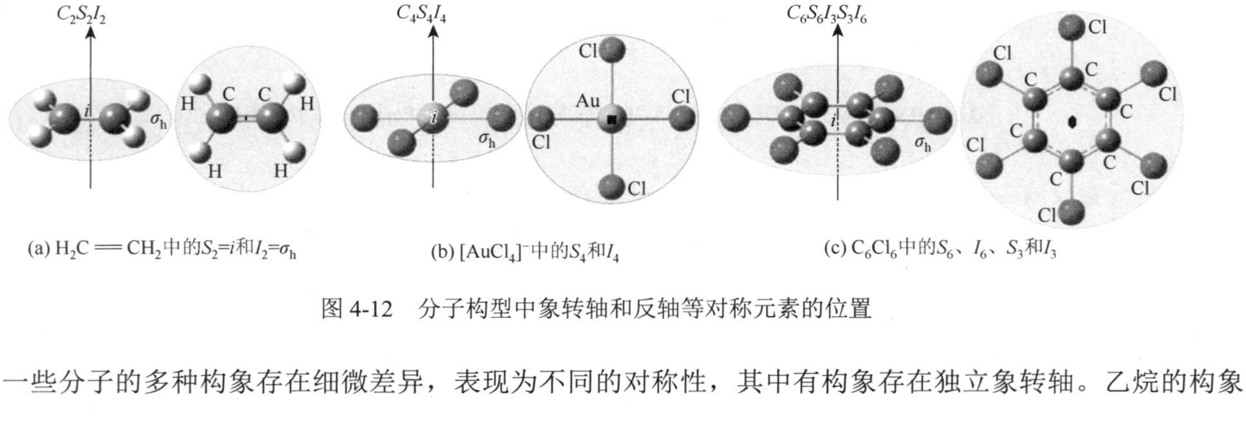

(a) $H_2C=CH_2$中的$S_2=i$和$I_2=\sigma_h$　　(b) $[AuCl_4]^-$中的S_4和I_4　　(c) C_6Cl_6中的S_6、I_6、S_3和I_3

图 4-12　分子构型中象转轴和反轴等对称元素的位置

一些分子的多种构象存在细微差异，表现为不同的对称性，其中有构象存在独立象转轴。乙烷的构象

有全交错式、全重叠式、叠错间式等三种构象，见图 4-13。沿 C—C 键投影，两个甲基的相对位置相差 60°，称为全交错式构象；两个甲基的相对位置相差 0°，称为全重叠式构象；两个甲基的相对位置相差 0°～60° 之间，称为叠错间构象。其中，以全交错式构象能量最低，全重叠式构象能量最高，叠错间构象的能量介于二者之间。沿 C—C 键方向，三种构象的共同之处是：都存在主轴 C_3，以及与主轴垂直的三条 C_2。不同的是全重叠式构象有水平镜面 σ_h 以及三个直立镜面 σ_v；全交错式构象有反演中心 i、三个对角镜面 σ_d，而叠错间构象没有镜面、反演中心和象转轴。

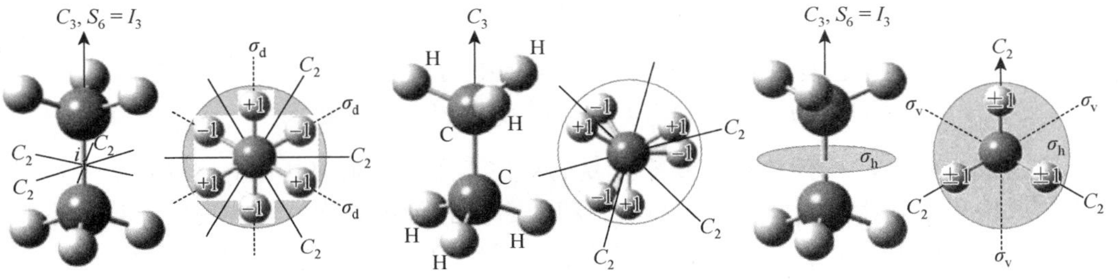

(a) 全交错式构象　(b) 叠错间构象　(c) 全重叠式构象

图 4-13　乙烷（C_2H_6）三种构象的对称元素位置

全交错式构象的主轴 C_3 位置同时存在六重象转轴 S_6，绕 S_6 旋转 60°，再经 S_6 的水平反映面反映，分子构象复原，见图 4-13（a）。分子绕 S_6 旋转 60° 不复原，分子按 S_6 的镜面反映也不复原，必须先旋转后反映，构象才复原，因而全交错式构象中的 S_6 是独立象转轴。它产生以下操作

$$S_6^1=\sigma_h C_6^1,\ S_6^2=C_3^1,\ S_6^3=\sigma_h C_2^1=i,\ S_6^4=C_3^2,\ S_6^5=\sigma_h C_6^5,\ S_6^6=E \tag{4-12}$$

不难看出，只有 S_6^1 和 S_6^5 是不重复的操作元素，其余与其他对称操作等效，因而在乙烷全交错式构象中表达 S_6 的操作只需写出 S_6^1 和 S_6^5。S_6^3 生成了反演中心 i，绕 S_6 旋转 180°，再反映，构象复原，即 $S_6^3=S_2=i$。

全重叠式构象的主轴 C_3 位置同时存在三重象转轴 S_3，绕 S_3 旋转 120°，再经 S_3 的水平反映面 σ_h 反映，分子构象复原，见图 4-13（c）。分子绕 S_3 旋转 120° 复原，分子按 S_3 的反映面反映也复原，因而全重叠式构象中的 S_3 是组合象转轴。它产生以下操作

$$S_3^1=\sigma_h C_3^1,\ S_3^2=C_3^2,\ S_3^3=\sigma_h,\ S_3^4=C_3^1,\ S_3^5=\sigma_h C_3^2,\ S_3^6=E \tag{4-13}$$

由此可见，S_3 要经过 6 次操作才完成一轮循环。其中，只有 S_3^1 和 S_3^5 是不重复的对称操作，其余与其他对称操作等效，因而在乙烷全重叠式构象中表达 S_3 的操作只需写出 S_3^1 和 S_3^5。

这样我们就知道了乙烷三种构象的对称元素是不同的，因而用对称性描述分子构象的差异，以及区分构型不同的同分异构体，就更加直观和简单。按照对称元素种类进行分类，给予不同的符号表示；反之，根据这些符号，可以知道分子构型中原子和化学键的对称分布，对称分布不同的分子表现出的物理化学性质也各不相同，这是我们学习分子对称性的主要目的。

4.1.5　旋转反演和反轴

旋转反演是旋转和反演的复合操作，先旋转后反演，或者先反演后旋转，对称元素是旋转轴 C_n 和反演点 i 的组合，组合后的对称元素称为反轴，用符号 I_n 表示，则有

$$I_n=iC_n \text{ 或 } I_n=C_n i \tag{4-14}$$

第一种情况，分子图形经过旋转不复原，经过反演也不复原，二者联合操作就复原。分子图形中既没有旋转轴 C_n，也没有 i，但是存在反轴 I_n，这种反轴称为独立反轴。第二种情况，分子图形经过旋转复原，经过反演也复原，二者联合操作必然复原。分子图形中既有旋转轴 C_n，又有 i，二者组合出反轴 I_n，这种反轴称为组合反轴。独立反轴的操作集合可以构成群，组合反轴的操作集合不单独构成群。其中，当旋转轴为二重轴 C_2，由式（4-14），联合式（4-9）有

$$I_2=\sigma_h=iC_2 \tag{4-15}$$

在乙烯中，主轴 C_2 处存在反轴 I_2，是组合反轴，I_2 与其垂直的镜面 σ_h 是同一对称元素，在操作集合中

两个对称元素表示为σ_h，而不表示为I_2，对称元素位置见图 4-12（a）。配离子$[AuCl_4]^-$中存在组合反轴I_4^1和I_4^3，而$I_4^2=C_4^2=C_2$，C_2与反演中心i组合出I_2，即为配离子的水平镜面σ_h，对称元素位置见图 4-12（b）。氯苯中存在组合反轴I_6^1和I_6^5，以及组合反轴I_3^1和I_3^5，而$I_6^3=iC_2=\sigma_h$，$I_3^3=i$，反演中心i与C_2组合生成镜面σ_h。这种组合反轴生成的部分操作为旋转操作，属于重复操作，如$I_6^2=C_3^1$、$I_6^4=C_3^2$，以及$I_3^2=C_3^2$、$I_3^4=C_3^1$，如果已在旋转操作中表示，就不再重复表示。I_6^3和I_3^3分别与σ_h和i对应相等，是重复元素，也不能重复表示，对称元素位置见图 4-12（c）。

在乙烷的全交错式构象中，主轴C_3和S_6的位置也有三重反轴I_3，绕I_3旋转$120°$，再经反演中心i反演，分子构象复原，见图 4-13（a）。分子构象本身就有i和C_3，绕I_3旋转$120°$复原，构象按I_3的反演中心点反演也复原，旋转再反演，构象也复原，因而全交错式构象中的I_3是组合反轴。它产生以下操作

$$I_3^1=iC_3^1,\ I_3^2=C_3^2,\ I_3^3=i,\ I_3^4=C_3^1,\ I_3^5=iC_3^2,\ I_3^6=E \tag{4-16}$$

在三重反轴I_3产生的操作中，只有I_3^1和I_3^5是不重复的对称操作，其余与其他对称操作等效，是重复的，因而在乙烷全交错式构象中表达I_3的操作只需写出I_3^1和I_3^5。I_3也经过 6 次操作才完成一轮循环。

在乙烷全重叠式构象中，主轴C_3和S_3的位置也有六重反轴I_6，绕I_6旋转$60°$，再经I_6的反演点、C—C 键的中心点进行反演，分子构象复原，见图 4-13（c）。分子绕I_6旋转$60°$不复原，围绕I_6的反演点反演也不复原，即全重叠式构象中的I_6是独立反轴。它产生以下操作

$$I_6^1=iC_6^1,\ I_6^2=C_3^1,\ I_6^3=iC_2=\sigma_h,\ I_6^4=C_3^2,\ I_6^5=iC_6^5,\ I_6^6=E \tag{4-17}$$

其中，只有I_6^1和I_6^5是不重复的对称操作，其余是重复的，因而在乙烷的重叠式构象中表达I_6的操作只需写出I_6^1和I_6^5。

I_6^3生成了水平镜面σ_h，绕I_6旋转$180°$，再反演，构象复原，即$I_6^3=I_2=\sigma_h$。

4.1.6 象转轴和反轴的互变性

乙烷的全交错式构象同时存在S_6和I_3，二者的操作集合的元素一一对应相等，两种对称元素通过关系式$\sigma_h=iC_2$和$i=\sigma_h C_2$相互变换，因而S_6和I_3是完全相等的元素，如S_6的操作集合为

$$\left\{S_6^1,S_6^2=C_3^1,S_6^3=i,S_6^4=C_3^2,S_6^5,S_6^6=E\right\}$$

按照$\sigma_h=iC_2$，可以将S_6的操作集合变换为I_3的操作集合，即

$$\begin{aligned}
S_6^1&=\sigma_h C_6^1=(iC_2)C_6^1=I_3^5\\
S_6^2&=C_3^1=I_3^4\\
S_6^3&=\sigma_h C_6^3=i=I_3^3\\
S_6^4&=C_3^2=I_3^2\\
S_6^5&=\sigma_h C_6^5=(iC_2)C_6^5=I_3^1\\
S_6^6&=E=I_3^6
\end{aligned} \tag{4-18}$$

乙烷的全重叠式构象同时存在I_6和S_3，二者的操作集合的元素也是一一对应相等的，同样两种对称元素也可通过关系式$\sigma_h=iC_2$和$i=\sigma_h C_2$相互变换，如I_6的操作集合为

$$\left\{I_6^1,I_6^2=C_3^1,I_6^3=\sigma_h,I_6^4=C_3^2,I_6^5,I_6^6=E\right\}$$

由$i=\sigma_h C_2$，可以将I_6的操作集合变换为S_3的操作集合，即

$$\begin{aligned}
I_6^1&=iC_6^1=(\sigma_h C_2)C_6^1=S_3^5\\
I_6^2&=C_3^1=S_3^4\\
I_6^3&=iC_6^3=\sigma_h=S_3^3\\
I_6^4&=C_3^2=S_3^2\\
I_6^5&=iC_6^5=(\sigma_h C_2)C_6^5=S_3^1\\
I_6^6&=E=S_3^6
\end{aligned} \tag{4-19}$$

在全交错式构象中，列出了S_6，就不必列出I_3，因为二者表达的对称操作集合相等。同样，在全重叠

式构象中，I_6 和 S_3 相等，只需列出其中一种对称元素。在分子对称性中，用象转轴，而不用反轴。在晶体对称性中，用反轴，而不用象转轴。

四氯化碳（CCl_4）是正四面体构型，将四面体放入立方体中，以体心为坐标系原点，三个面心与体心的连线作为坐标系的 x、y、z 轴，见图 4-14。四条 C—Cl 键都在立方体的体对角线位置，每条 C—Cl 键的方向存在 C_3，共有四条 C_3。坐标轴方向都有 C_2 旋转轴，共有三条 C_2。在旋转轴 C_2 位置，同时存在独立反轴 I_4 和象转轴 S_4。在实施对称操作过程中保持坐标系不动，分子绕 S_4 旋转 90° 不复原，按 S_4 的 σ_h 反映面反映也不复原，二者联合操作就复原，所以 S_4 是独立象转轴，见图 4-14。

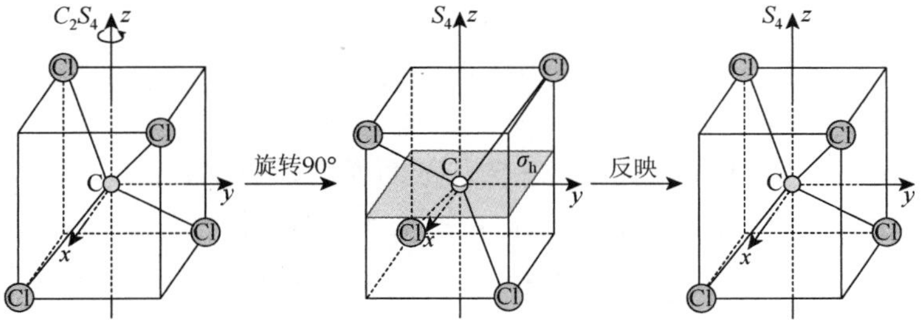

(a)　(b)　(c)

图 4-14　四氯化碳（正四面体构型）中的四重象转轴和旋转反映操作

分子绕 I_4 轴旋转 90° 不复原，围绕体心反演也不复原，二者联合操作就复原，所以 I_4 也属于独立反轴，见图 4-15。

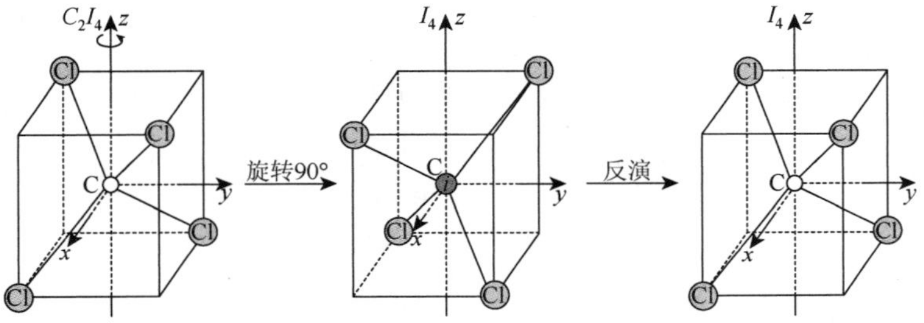

(a)　(b)　(c)

图 4-15　四氯化碳（正四面体构型）中的四重反轴和旋转反演操作

在四面体构型中，I_4 和 S_4 在同一位置，而且是共存的，二者同样可以通过关系式 $\sigma_h = iC_2$ 和 $i = \sigma_h C_2$ 相互变换，它们的操作集合元素一一对应相等[2]。

$$
\begin{aligned}
I_4^1 &= iC_4^1 = (\sigma_h C_2)C_4^1 = S_4^3 \\
I_4^2 &= C_4^2 = S_4^2 \\
I_4^3 &= iC_4^3 = (\sigma_h C_2)C_4^3 = S_4^1 \\
I_4^4 &= E = S_4^4
\end{aligned}
\qquad (4\text{-}20)
$$

在分子对称性中，使用象转轴 S_4，而不用反轴 I_4。

4.2　对称操作的矩阵表示

对称图形的等同部分，在空间的相对位置和取向上不同，却可以通过对称操作相互替换。假如将分子对称图形置于一个坐标系，将坐标系的原点置于所有对称元素的交点上，该交点也是质心的位置。如果全部对称元素没有交点，而是相交于一条线或一个面，则将原点放在线或面上的中心原子上。其次，坐标系 z 轴定在主轴或重数最高的象转轴上，坐标系 x 轴和 y 轴定在与主轴垂直的旋转轴或象转轴上，通常是副轴。坐标系建立好后，依次表达出各个原子的坐标。对分子图形实施对称操作，分子的原像是原子的一组旧坐标，实施对称操作后，原子的坐标发生变化，产生一组新坐标。对分子图形实施对称操作复原，则原子的新坐标相对于旧坐标依次进行一次重排。这种重排实质上是对称操作的一种线性变换，因而一个对称操作就对应地表示为一个线性变换矩阵，称为对称操作的矩阵表示。对分子图形实施对称操作，就等于对分子中原子的坐标进行线性变换。

用对称操作的矩阵表示作用于旧坐标，结果产生一组新坐标，只有各原子的新坐标是旧坐标的一种重排，那么对称操作才是复原的，这种数学表达对数字程序的处理是极为有利的。

4.2.1　旋转操作的矩阵表示

设主轴旋转轴为坐标系 z 轴，分子图形原像中任意原子的位置为 P 点，坐标为 (x,y,z)，绕 C_n 轴旋转基转角 α，原子从点 $P(x,y,z)$ 运动到点 $P'(x',y',z')$，形成新像。旋转不改变原点 $O(0,0,0)$ 与图形任意点 $P(x,y,z)$ 之间的长度，$OP=OP'=r$，见图 4-16，其中，z 轴从纸面射出。绕 z 轴旋转，原子的 z 坐标不变，原像的旧坐标变换为新像的新坐标，原子在点 P' 的新坐标 (x',y',z') 用旧坐标 (x,y,z) 表示为

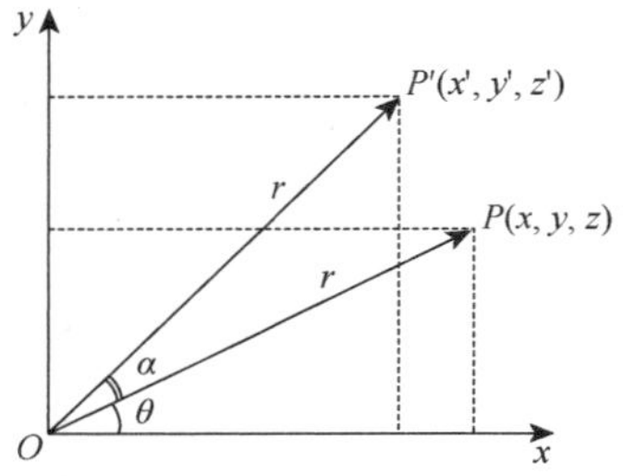

图 4-16　旋转操作的坐标变换

$$\begin{aligned}x'&=r\cos(\alpha+\theta)=r\cos\alpha\cos\theta-r\sin\alpha\sin\theta=x\cos\alpha-y\sin\alpha\\y'&=r\sin(\alpha+\theta)=r\sin\alpha\cos\theta+r\cos\alpha\sin\theta=x\sin\alpha+y\cos\alpha\\z'&=z\end{aligned}\tag{4-21}$$

对原子进行旋转操作，就是对原子的坐标进行线性变换[3]，设旋转操作的线性变换用 $\hat{R}(\alpha)$ 表示，则有

$$\begin{pmatrix}x'\\y'\\z'\end{pmatrix}=\hat{R}(\alpha)\begin{pmatrix}x\\y\\z\end{pmatrix}=\begin{pmatrix}\cos\alpha & -\sin\alpha & 0\\ \sin\alpha & \cos\alpha & 0\\ 0 & 0 & 1\end{pmatrix}\begin{pmatrix}x\\y\\z\end{pmatrix}\tag{4-22}$$

旋转操作的线性变换对应一个运算矩阵，称为旋转操作的矩阵表示

$$\hat{R}(\alpha)=\begin{pmatrix}\cos\alpha & -\sin\alpha & 0\\ \sin\alpha & \cos\alpha & 0\\ 0 & 0 & 1\end{pmatrix}\tag{4-23}$$

旋转操作的矩阵表示的作用是将原像原子的坐标 (x,y,z) 变换为新像原子的坐标 (x',y',z')。

【例 4-4】　用矩阵表示三角锥分子 PF_3 的 C_3^1 和 C_3^2 旋转操作，按结构参数写出各原子的坐标集合，以及经过旋转后的新坐标集合。

解： 将坐标系原点定在 P 原子上，C_3 旋转轴定为坐标系 z 轴，其中一条 P—F 键在 xy 平面的投影定为坐标系 x 轴，按右手系定出 y 轴，分子沿 z 轴或 C_3 旋转轴透视，见图 4-17。分子原像经 C_3^1 旋转变为新像，分子图形复原，原子编号发生重排，见图 4-17（b）和（c）。

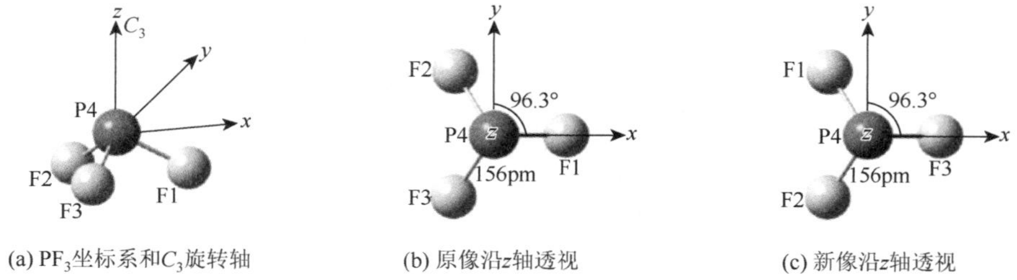

(a) PF_3坐标系和C_3旋转轴　(b) 原像沿z轴透视　(c) 新像沿z轴透视

图 4-17　PF_3 分子的坐标系、C_3 旋转轴和结构参数

由 P—F 键的键长 156pm 和键角 96.3°，算得三个 F 原子以及 P 原子的坐标集合为

$$\left\{\begin{pmatrix}x_1\\y_1\\z_1\end{pmatrix}=\begin{pmatrix}134.18\\0\\-79.57\end{pmatrix},\begin{pmatrix}x_2\\y_2\\z_2\end{pmatrix}=\begin{pmatrix}-67.09\\116.20\\-79.57\end{pmatrix},\begin{pmatrix}x_3\\y_3\\z_3\end{pmatrix}=\begin{pmatrix}-67.09\\-116.20\\-79.57\end{pmatrix},\begin{pmatrix}x_4\\y_4\\z_4\end{pmatrix}=\begin{pmatrix}0\\0\\0\end{pmatrix}\right\}$$

由式（4-23），旋转操作 C_3^1 和 C_3^2 的矩阵表示分别为

$$\hat{R}(120°)=\hat{C}_3^1=\begin{pmatrix}\cos120° & -\sin120° & 0\\ \sin120° & \cos120° & 0\\ 0 & 0 & 1\end{pmatrix}=\begin{pmatrix}-1/2 & -\sqrt{3}/2 & 0\\ \sqrt{3}/2 & -1/2 & 0\\ 0 & 0 & 1\end{pmatrix}$$

$$\hat{R}(240°)=\hat{C}_3^2=\begin{pmatrix}\cos240° & -\sin240° & 0\\ \sin240° & \cos240° & 0\\ 0 & 0 & 1\end{pmatrix}=\begin{pmatrix}-1/2 & \sqrt{3}/2 & 0\\ -\sqrt{3}/2 & -1/2 & 0\\ 0 & 0 & 1\end{pmatrix}$$

对 PF_3 分子实施一次 C_3^1 旋转操作，得到新像，新像中各原子坐标变为

$$\begin{pmatrix}x_1'\\ y_1'\\ z_1'\end{pmatrix}=\hat{C}_3^1\begin{pmatrix}x_1\\ y_1\\ z_1\end{pmatrix}=\begin{pmatrix}-1/2 & -\sqrt{3}/2 & 0\\ \sqrt{3}/2 & -1/2 & 0\\ 0 & 0 & 1\end{pmatrix}\begin{pmatrix}134.18\\ 0\\ -79.57\end{pmatrix}=\begin{pmatrix}-67.09\\ 116.20\\ -79.57\end{pmatrix}$$

$$\begin{pmatrix}x_2'\\ y_2'\\ z_2'\end{pmatrix}=\hat{C}_3^1\begin{pmatrix}x_2\\ y_2\\ z_2\end{pmatrix}=\begin{pmatrix}-1/2 & -\sqrt{3}/2 & 0\\ \sqrt{3}/2 & -1/2 & 0\\ 0 & 0 & 1\end{pmatrix}\begin{pmatrix}-67.09\\ 116.20\\ -79.57\end{pmatrix}=\begin{pmatrix}-67.09\\ -116.20\\ -79.57\end{pmatrix}$$

$$\begin{pmatrix}x_3'\\ y_3'\\ z_3'\end{pmatrix}=\hat{C}_3^1\begin{pmatrix}x_3\\ y_3\\ z_3\end{pmatrix}=\begin{pmatrix}-1/2 & -\sqrt{3}/2 & 0\\ \sqrt{3}/2 & -1/2 & 0\\ 0 & 0 & 1\end{pmatrix}\begin{pmatrix}-67.09\\ -116.20\\ -79.57\end{pmatrix}=\begin{pmatrix}134.18\\ 0\\ -79.57\end{pmatrix}$$

$$\begin{pmatrix}x_4'\\ y_4'\\ z_4'\end{pmatrix}=\hat{C}_3^1\begin{pmatrix}x_4\\ y_4\\ z_4\end{pmatrix}=\begin{pmatrix}-1/2 & -\sqrt{3}/2 & 0\\ \sqrt{3}/2 & -1/2 & 0\\ 0 & 0 & 1\end{pmatrix}\begin{pmatrix}0\\ 0\\ 0\end{pmatrix}=\begin{pmatrix}0\\ 0\\ 0\end{pmatrix}$$

从生成的新坐标可见，旋转120°后，P 原子的位置不变，三个 F 原子的位置发生轮换，三个 F 原子的坐标发生了重排，等同原子的坐标重排不改变分子图形的空间位置和取向。同理，用旋转操作 C_3^2 的矩阵表示分别作用于各原子的坐标，将再产生一次重排，读者可自行验证。

4.2.2 反映操作的矩阵表示

对称元素镜面有三种，依照水平镜面 σ_h 反映，原子坐标由 (x,y,z) 变为 $(x,y,-z)$，(x,y) 坐标不变。而直立镜面 σ_v 和对角镜面 σ_d 都是包含主轴的镜面，将主轴设为坐标系 z 轴，σ_v 和 σ_d 必然包含 z 轴，见图 4-18，其中，z 轴从纸面射出。设 σ（σ_v 或 σ_d）与 xz 平面的二面角为 γ，分子图形原像中任意原子位于 P 点，坐标为 (x,y,z)，经 σ 镜面反映，原子镜像的位置为 P' 点，坐标为 (x',y',z')。按照 P 和 P' 的镜像关系，反映不改变图形中任意两点的距离，即 $OP=OP'=r$，OP 和 OP' 与镜面 σ 的交角均为 $\gamma-\theta$，原子在点 P' 的新坐标 (x',y',z') 用旧坐标 (x,y,z) 表示为

$$\begin{aligned}x'&=r\cos(2\gamma-\theta)=r\cos2\gamma\cos\theta+r\sin2\gamma\sin\theta=x\cos2\gamma+y\sin2\gamma\\ y'&=r\sin(2\gamma-\theta)=r\sin2\gamma\cos\theta-r\cos2\gamma\sin\theta=x\sin2\gamma-y\cos2\gamma\\ z'&=z\end{aligned}\tag{4-24}$$

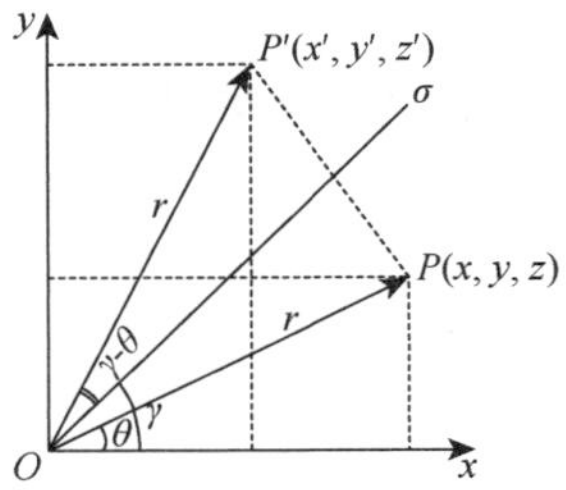

图 4-18　反映操作的坐标变换

设反映操作的线性变换用 $\hat{M}_v(\gamma)$ 表示，线性变换式（4-24）可以写成如下矩阵形式

$$\begin{pmatrix}x'\\ y'\\ z'\end{pmatrix}=\hat{M}_v(\gamma)\begin{pmatrix}x\\ y\\ z\end{pmatrix}=\begin{pmatrix}\cos2\gamma & \sin2\gamma & 0\\ \sin2\gamma & -\cos2\gamma & 0\\ 0 & 0 & 1\end{pmatrix}\begin{pmatrix}x\\ y\\ z\end{pmatrix}\tag{4-25}$$

反映操作的线性变换对应一个运算矩阵，称为反映操作的矩阵表示

$$\hat{M}_{\mathrm{v}}(\gamma)=\begin{pmatrix}\cos2\gamma & \sin2\gamma & 0\\ \sin2\gamma & -\cos2\gamma & 0\\ 0 & 0 & 1\end{pmatrix} \tag{4-26}$$

例如，沿水平镜面σ_{h}反映，原子坐标由(x,y,z)变为$(x,y,-z)$，新像原子的坐标(x',y',z')用原像原子的坐标(x,y,z)表示为

$$x'=x,\ y'=y,\ z'=-z$$

设该σ_{h}反映操作的矩阵表示记为$\hat{M}_{\mathrm{h}}(\gamma)$，该反映操作的线性变换表示为矩阵形式

$$\begin{pmatrix}x'\\ y'\\ z'\end{pmatrix}=\hat{M}_{\mathrm{h}}(\gamma)\begin{pmatrix}x\\ y\\ z\end{pmatrix}=\begin{pmatrix}1 & 0 & 0\\ 0 & 1 & 0\\ 0 & 0 & -1\end{pmatrix}\begin{pmatrix}x\\ y\\ z\end{pmatrix} \tag{4-27}$$

则$\hat{M}_{\mathrm{h}}(\gamma)$矩阵表示为

$$\hat{M}_{\mathrm{h}}(\gamma)=\begin{pmatrix}1 & 0 & 0\\ 0 & 1 & 0\\ 0 & 0 & -1\end{pmatrix} \tag{4-28}$$

【例 4-5】 用矩阵表示三角锥分子PF_3的三个σ_{v}镜面对应的反映操作，写出各原子经过反映后的新坐标集合。

解： 将坐标系原点定在P原子上，C_3旋转轴定为坐标系z轴，其中P—F键在xy平面的投影定为坐标系x轴，按右手系定出y轴，见图4-19（a）。分子共有三个σ_{v}镜面，将分子沿z轴投影在xy平面，见图4-19（b）。原像经$\sigma_{\mathrm{v}}^{(2)}$反映变为新像，分子图形复原，F1和F3发生交换，见图4-19（b）和（c）。

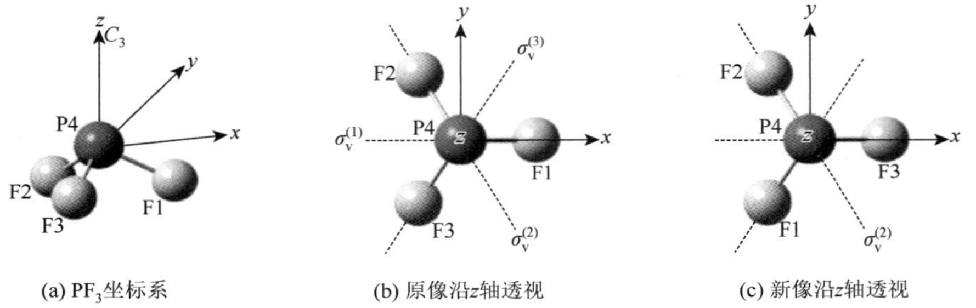

图4-19 PF_3分子的坐标系和沿$\sigma_{\mathrm{v}}^{(2)}$镜面的反映

根据上例得到的原子坐标集合，镜面$\sigma_{\mathrm{v}}^{(2)}$沿逆时针与$x$轴的交角为$\gamma=120°$，由式（4-26），沿$\sigma_{\mathrm{v}}^{(2)}$镜面反映的矩阵表示为

$$\hat{M}_{\mathrm{v}}^{(2)}(120°)=\begin{pmatrix}\cos240° & \sin240° & 0\\ \sin240° & -\cos240° & 0\\ 0 & 0 & 1\end{pmatrix}=\begin{pmatrix}-1/2 & -\sqrt{3}/2 & 0\\ -\sqrt{3}/2 & 1/2 & 0\\ 0 & 0 & 1\end{pmatrix} \tag{4-29}$$

用$\hat{M}_{\mathrm{v}}^{(2)}(120°)$分别作用于原子坐标集合，得到新的坐标

$$\begin{pmatrix}x_1'\\ y_1'\\ z_1'\end{pmatrix}=\hat{M}_{\mathrm{v}}^{(2)}(120°)\begin{pmatrix}x_1\\ y_1\\ z_1\end{pmatrix}=\begin{pmatrix}-1/2 & -\sqrt{3}/2 & 0\\ -\sqrt{3}/2 & 1/2 & 0\\ 0 & 0 & 1\end{pmatrix}\begin{pmatrix}134.18\\ 0\\ -79.57\end{pmatrix}=\begin{pmatrix}-67.09\\ -116.20\\ -79.57\end{pmatrix}$$

$$\begin{pmatrix}x_2'\\ y_2'\\ z_2'\end{pmatrix}=\hat{M}_{\mathrm{v}}^{(2)}(120°)\begin{pmatrix}x_2\\ y_2\\ z_2\end{pmatrix}=\begin{pmatrix}-1/2 & -\sqrt{3}/2 & 0\\ -\sqrt{3}/2 & 1/2 & 0\\ 0 & 0 & 1\end{pmatrix}\begin{pmatrix}-67.09\\ 116.20\\ -79.57\end{pmatrix}=\begin{pmatrix}-67.09\\ 116.20\\ -79.57\end{pmatrix}$$

$$\begin{pmatrix} x_3' \\ y_3' \\ z_3' \end{pmatrix} = \hat{M}_{\mathrm{v}}^{(2)}(120°)\begin{pmatrix} x_3 \\ y_3 \\ z_3 \end{pmatrix} = \begin{pmatrix} -1/2 & -\sqrt{3}/2 & 0 \\ -\sqrt{3}/2 & 1/2 & 0 \\ 0 & 0 & 1 \end{pmatrix}\begin{pmatrix} -67.09 \\ -116.20 \\ -79.57 \end{pmatrix} = \begin{pmatrix} 134.18 \\ 0 \\ -79.57 \end{pmatrix}$$

$$\begin{pmatrix} x_4' \\ y_4' \\ z_4' \end{pmatrix} = \hat{M}_{\mathrm{v}}^{(2)}(120°)\begin{pmatrix} x_4 \\ y_4 \\ z_4 \end{pmatrix} = \begin{pmatrix} -1/2 & -\sqrt{3}/2 & 0 \\ -\sqrt{3}/2 & 1/2 & 0 \\ 0 & 0 & 1 \end{pmatrix}\begin{pmatrix} 0 \\ 0 \\ 0 \end{pmatrix} = \begin{pmatrix} 0 \\ 0 \\ 0 \end{pmatrix}$$

作用结果是坐标集合不变，只是F1和F3的坐标发生交换，与反映操作结果相同。镜面$\sigma_{\mathrm{v}}^{(1)}$和$\sigma_{\mathrm{v}}^{(3)}$沿逆时针与$x$轴的交角分别为$\gamma=0°$和$\gamma=240°$，对应的矩阵表示分别为

$$\hat{M}_{\mathrm{v}}^{(1)}(0°) = \begin{pmatrix} \cos 0° & \sin 0° & 0 \\ \sin 0° & -\cos 0° & 0 \\ 0 & 0 & 1 \end{pmatrix} = \begin{pmatrix} 1 & 0 & 0 \\ 0 & -1 & 0 \\ 0 & 0 & 1 \end{pmatrix} \tag{4-30}$$

$$\hat{M}_{\mathrm{v}}^{(3)}(240°) = \begin{pmatrix} \cos 480° & \sin 480° & 0 \\ \sin 480° & -\cos 480° & 0 \\ 0 & 0 & 1 \end{pmatrix} = \begin{pmatrix} -1/2 & \sqrt{3}/2 & 0 \\ \sqrt{3}/2 & 1/2 & 0 \\ 0 & 0 & 1 \end{pmatrix} \tag{4-31}$$

读者可以将$\sigma_{\mathrm{v}}^{(1)}$和$\sigma_{\mathrm{v}}^{(3)}$镜面对应的反映操作的矩阵表示，作用于原像的坐标，得出新像坐标。

4.2.3　反演操作的矩阵表示

将坐标系原点作为反演中心点，$P(x,y,z)$点经反演后变为$P''(-x,-y,-z)$点，设围绕反演中心实施反演的矩阵表示为$\hat{I}$，则有

$$\begin{pmatrix} x'' \\ y'' \\ z'' \end{pmatrix} = \hat{I}\begin{pmatrix} x \\ y \\ z \end{pmatrix} = \begin{pmatrix} -x \\ -y \\ -z \end{pmatrix} \tag{4-32}$$

反演的矩阵表示为

$$\hat{I} = \begin{pmatrix} -1 & 0 & 0 \\ 0 & -1 & 0 \\ 0 & 0 & -1 \end{pmatrix} \tag{4-33}$$

设坐标系z轴有C_2旋转轴，与C_2垂直的平面有σ_{h}镜面，先将坐标系原点O定于交点上，$\hat{C}_2$将$P(x,y,z)$点坐标变换为$P'(-x,-y,z)$，σ_{h}将$P'(-x,-y,z)$点坐标变换为$P''(-x,-y,-z)$，见图4-20。C_2和σ_{h}的矩阵表示分别为

$$\hat{C}_2 = \begin{pmatrix} -1 & 0 & 0 \\ 0 & -1 & 0 \\ 0 & 0 & 1 \end{pmatrix},\ \hat{\sigma}_{\mathrm{h}} = \begin{pmatrix} 1 & 0 & 0 \\ 0 & 1 & 0 \\ 0 & 0 & -1 \end{pmatrix}$$

因为$i=\sigma_{\mathrm{h}}C_2$，则反演中心i的矩阵表示$\hat{I}$为

$$\hat{I} = \hat{\sigma}_{\mathrm{h}}\hat{C}_2 = \begin{pmatrix} 1 & 0 & 0 \\ 0 & 1 & 0 \\ 0 & 0 & -1 \end{pmatrix}\begin{pmatrix} -1 & 0 & 0 \\ 0 & -1 & 0 \\ 0 & 0 & 1 \end{pmatrix} = \begin{pmatrix} -1 & 0 & 0 \\ 0 & -1 & 0 \\ 0 & 0 & -1 \end{pmatrix}$$

这个结果与式（4-33）一样。不难得出，两个对称操作A和B的复合操作C表示为两个对称操作的乘积，$C=AB$，复合对称操作的矩阵表示$\hat{C}$必然等于两个对称操作矩阵表示的乘积，$\hat{C}=\hat{A}\hat{B}$。

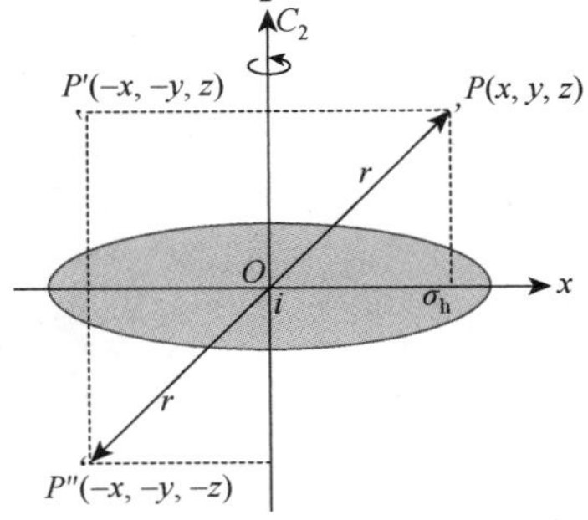

图4-20　二次旋转和反映的联合操作与反演操作的等价变换关系

4.2.4 旋转反映操作的矩阵表示

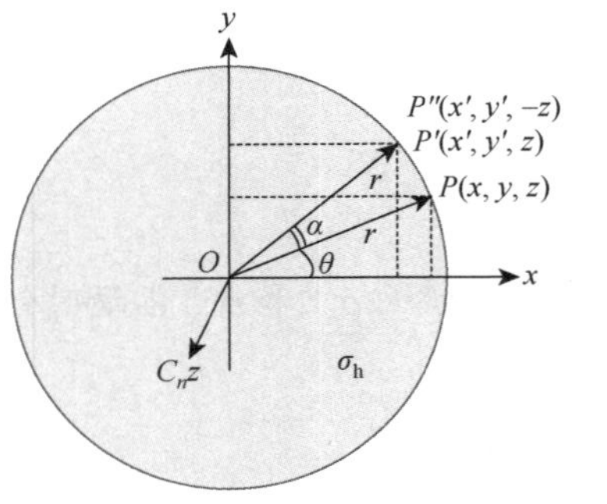

图 4-21　旋转反映操作的坐标变换

旋转反映是旋转和反映两个对称操作的复合操作，也称为象转，其矩阵表示 $\hat{S}_n$ 等于反映的矩阵表示 $\hat{\sigma}_h$ 和旋转的矩阵表示 $\hat{C}_n$ 的乘积

$$\hat{S}_n = \hat{\sigma}_h \hat{C}_n \tag{4-34}$$

将坐标系 z 轴定在 S_n 的旋转轴 C_n 方向，而 S_n 的镜面 σ_h 就与 z 轴（C_n）垂直。原像 $P(x,y,z)$ 点坐标经旋转变换为 $P'(x',y',z)$，再经反映将 $P'(x',y',z)$ 点坐标变换为 $P''(x',y',-z)$，见图 4-21。矩阵表示分别为

$$\hat{C}_n^m = \begin{pmatrix} \cos m\alpha & -\sin m\alpha & 0 \\ \sin m\alpha & \cos m\alpha & 0 \\ 0 & 0 & 1 \end{pmatrix},\ \hat{\sigma}_h = \begin{pmatrix} 1 & 0 & 0 \\ 0 & 1 & 0 \\ 0 & 0 & -1 \end{pmatrix}$$

由式（4-34），则有

$$\hat{S}_n^m = \hat{\sigma}_h \hat{C}_n^m = \begin{pmatrix} 1 & 0 & 0 \\ 0 & 1 & 0 \\ 0 & 0 & -1 \end{pmatrix} \begin{pmatrix} \cos m\alpha & -\sin m\alpha & 0 \\ \sin m\alpha & \cos m\alpha & 0 \\ 0 & 0 & 1 \end{pmatrix} = \begin{pmatrix} \cos m\alpha & -\sin m\alpha & 0 \\ \sin m\alpha & \cos m\alpha & 0 \\ 0 & 0 & -1 \end{pmatrix} \tag{4-35}$$

$\hat{S}_n^m$ 的旋转方向是逆时针，α 为正，而逆操作 $\hat{S}_n^{-m}$ 的旋转方向为顺时针旋转，α 为负，代入式（4-35），得

$$\hat{S}_n^{-m} = \hat{\sigma}_h \hat{C}_n^{-m} = \begin{pmatrix} \cos m\alpha & \sin m\alpha & 0 \\ -\sin m\alpha & \cos m\alpha & 0 \\ 0 & 0 & -1 \end{pmatrix} \tag{4-36}$$

此矩阵也等于 $\hat{S}_n^m$ 矩阵的逆矩阵。

【例 4-6】 乙烷的全交错式构象中，C—C 键长为 152.5pm，C—H 键长为 108.4pm，H—C—C 键角为 111.18°，H—C—H 键角为 107.70°，写出 $\hat{S}_6^1$ 和 $\hat{S}_6^5$ 的矩阵表示。

解： 将坐标系原点定在 C—C 键的中心点，C_3 旋转轴定为坐标系 z 轴，S_6 与 C_3 同轴，因为 S_6 是独立象转轴，因而分子构象并不存在旋转操作 C_6 和镜面 σ_h，见图 4-22（a）。$\hat{S}_6^1$ 的矩阵表示为

$$\hat{S}_6^1 = \begin{pmatrix} \cos 60° & -\sin 60° & 0 \\ \sin 60° & \cos 60° & 0 \\ 0 & 0 & -1 \end{pmatrix} = \begin{pmatrix} 1/2 & -\sqrt{3}/2 & 0 \\ \sqrt{3}/2 & 1/2 & 0 \\ 0 & 0 & -1 \end{pmatrix} \tag{4-37}$$

$\hat{S}_6^5$ 的矩阵表示为

$$\hat{S}_6^5 = \hat{S}_6^{-1} = \begin{pmatrix} \cos 60° & \sin 60° & 0 \\ -\sin 60° & \cos 60° & 0 \\ 0 & 0 & -1 \end{pmatrix} = \begin{pmatrix} 1/2 & \sqrt{3}/2 & 0 \\ -\sqrt{3}/2 & 1/2 & 0 \\ 0 & 0 & -1 \end{pmatrix} \tag{4-38}$$

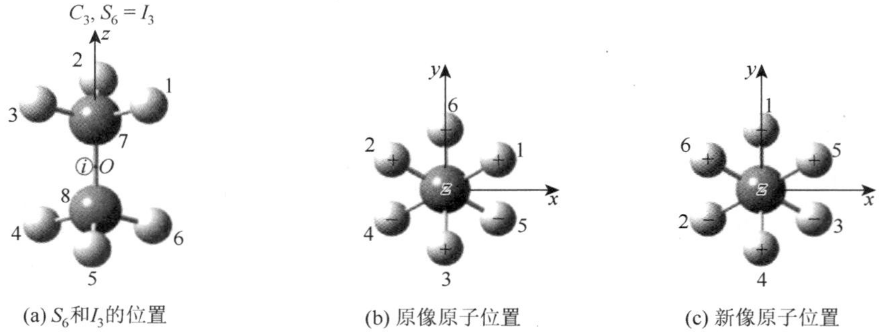

图 4-22　乙烷全交错式构象经 $\hat{S}_6^1$ 操作各原子位置的变化

图 4-22（b）和（c）是 $\hat{S}_6^1$ 操作前后各原子位置的变化。根据图 4-22 所示的坐标系和结构参数，算出原像中各原子的坐标集合：

$$\left\{\begin{pmatrix}x_1\\y_1\\z_1\end{pmatrix}=\begin{pmatrix}87.54\\50.54\\115.41\end{pmatrix},\begin{pmatrix}x_2\\y_2\\z_2\end{pmatrix}=\begin{pmatrix}-87.54\\50.54\\115.41\end{pmatrix},\begin{pmatrix}x_3\\y_3\\z_3\end{pmatrix}=\begin{pmatrix}0\\-101.08\\115.41\end{pmatrix},\begin{pmatrix}x_4\\y_4\\z_4\end{pmatrix}=\begin{pmatrix}-87.54\\-50.54\\-115.41\end{pmatrix},\right.$$
$$\left.\begin{pmatrix}x_5\\y_5\\z_5\end{pmatrix}=\begin{pmatrix}87.54\\-50.54\\-115.41\end{pmatrix},\begin{pmatrix}x_6\\y_6\\z_6\end{pmatrix}=\begin{pmatrix}0\\101.08\\-115.41\end{pmatrix},\begin{pmatrix}x_7\\y_7\\z_7\end{pmatrix}=\begin{pmatrix}0\\0\\76.25\end{pmatrix},\begin{pmatrix}x_8\\y_8\\z_8\end{pmatrix}=\begin{pmatrix}0\\0\\-76.25\end{pmatrix}\right\}$$

其中，坐标精度为 0.01，经 $\hat{S}_6^1$ 操作后，新像中各原子坐标将进行一次重排。将 $\hat{S}_6^1$ 矩阵对各原子坐标进行变换，得出新像的坐标集合：

$$\left\{\begin{pmatrix}x_1'\\y_1'\\z_1'\end{pmatrix}=\begin{pmatrix}0\\101.08\\-115.41\end{pmatrix},\begin{pmatrix}x_2'\\y_2'\\z_2'\end{pmatrix}=\begin{pmatrix}-87.54\\-50.54\\-115.41\end{pmatrix},\begin{pmatrix}x_3'\\y_3'\\z_3'\end{pmatrix}=\begin{pmatrix}87.54\\-50.54\\-115.41\end{pmatrix},\begin{pmatrix}x_4'\\y_4'\\z_4'\end{pmatrix}=\begin{pmatrix}0\\-101.08\\115.41\end{pmatrix},\right.$$
$$\left.\begin{pmatrix}x_5'\\y_5'\\z_5'\end{pmatrix}=\begin{pmatrix}87.54\\50.54\\115.41\end{pmatrix},\begin{pmatrix}x_6'\\y_6'\\z_6'\end{pmatrix}=\begin{pmatrix}-87.54\\50.54\\115.41\end{pmatrix},\begin{pmatrix}x_7'\\y_7'\\z_7'\end{pmatrix}=\begin{pmatrix}0\\0\\-76.25\end{pmatrix},\begin{pmatrix}x_8'\\y_8'\\z_8'\end{pmatrix}=\begin{pmatrix}0\\0\\76.25\end{pmatrix}\right\}$$

其中，$\hat{S}_6^1$ 矩阵对原像中氢原子 1 的坐标变换如下：

$$\begin{pmatrix}x_1'\\y_1'\\z_1'\end{pmatrix}=\hat{S}_6^1(60°)\begin{pmatrix}x_1\\y_1\\z_1\end{pmatrix}=\begin{pmatrix}1/2 & -\sqrt{3}/2 & 0\\ \sqrt{3}/2 & 1/2 & 0\\ 0 & 0 & -1\end{pmatrix}\begin{pmatrix}87.54\\50.54\\115.41\end{pmatrix}=\begin{pmatrix}0\\101.08\\-115.41\end{pmatrix}$$

其余原子坐标按相同方法变换。比较原像和新像坐标不难得出，$\hat{S}_6^1$ 矩阵对原像坐标的变换，将 H1→H6、H2→H4、H3→H5、H4→H3、H5→H1、H6→H2、C7→C8、C8→C7，坐标变换结果与对分子图形操作的结果完全相同。读者可以自行验证 $\hat{S}_6^5$ 矩阵对坐标集合的变换结果。

4.2.5　旋转反演操作的矩阵表示

旋转反演是旋转和反演两个对称操作的复合操作，也称为反转，其矩阵表示 $\hat{I}_n$ 等于反演的矩阵表示 $\hat{I}$ 和旋转的矩阵表示 $\hat{C}_n$ 的乘积：

$$\hat{I}_n=\hat{I}\hat{C}_n \tag{4-39}$$

将坐标系 z 轴定在 I_n 的旋转轴 C_n 方向，反演中心 i 定为原点。原像 $P(x,y,z)$ 点坐标经旋转变换为 $P'(x',y',z)$，再经反演将 $P'(x',y',z)$ 点坐标变换为 $P''(x'',y'',-z)$，见图 4-23。矩阵表示分别为

$$\hat{C}_n^m=\begin{pmatrix}\cos m\alpha & -\sin m\alpha & 0\\ \sin m\alpha & \cos m\alpha & 0\\ 0 & 0 & 1\end{pmatrix},\ \hat{I}=\begin{pmatrix}-1 & 0 & 0\\ 0 & -1 & 0\\ 0 & 0 & -1\end{pmatrix}$$

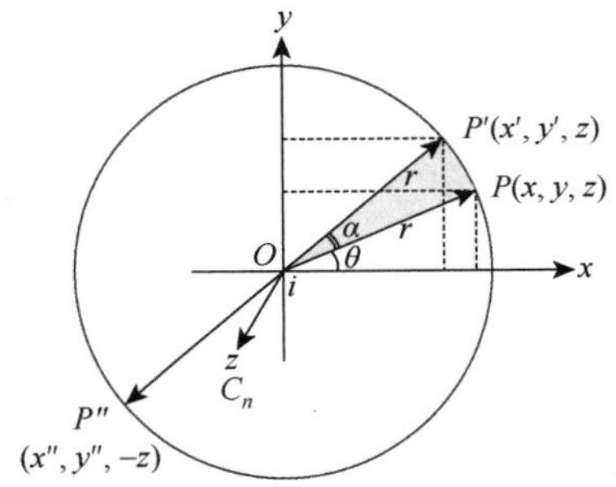

图 4-23　旋转反演操作的坐标变换

由式（4-39），$\hat{I}_n^m$ 矩阵表示为

$$\hat{I}_n^m=\hat{I}\hat{C}_n^m=\begin{pmatrix}-1 & 0 & 0\\ 0 & -1 & 0\\ 0 & 0 & -1\end{pmatrix}\begin{pmatrix}\cos m\alpha & -\sin m\alpha & 0\\ \sin m\alpha & \cos m\alpha & 0\\ 0 & 0 & 1\end{pmatrix}=\begin{pmatrix}-\cos m\alpha & \sin m\alpha & 0\\ -\sin m\alpha & -\cos m\alpha & 0\\ 0 & 0 & -1\end{pmatrix} \tag{4-40}$$

$\hat{I}_n^m$ 的旋转方向是逆时针，α 为正，而逆元素 $\hat{I}_n^{-m}$ 的旋转方向为顺时针，α 为负，代入式（4-40），得

$$\hat{I}_n^{-m}=\hat{I}\hat{C}_n^{-m}=\begin{pmatrix}-\cos m\alpha & -\sin m\alpha & 0\\ \sin m\alpha & -\cos m\alpha & 0\\ 0 & 0 & -1\end{pmatrix} \tag{4-41}$$

$\hat{I}_n^{-m}$ 矩阵也等于 $\hat{I}_n^m$ 矩阵的逆矩阵。

【例 4-7】 乙烷的全重叠式构象中，C—C 键长为153.9pm，C—H 键长为108.3pm，H—C—C 键角为111.60°，H—C—H 键角为107.27°，写出 $\hat{I}_6^1$ 和 $\hat{I}_6^5$ 的矩阵表示。

解：将 C_3 旋转轴定为坐标系 z 轴，I_6 与 C_3 同轴。I_6 是独立反轴，分子构象并不存在旋转操作 C_6 和反演中心 i，存在水平镜面 σ_h。C_3 与 σ_h 的交点正好在C—C键的中心点，坐标系原点 O 定在交点上，见图 4-24（a）。$\hat{I}_6^1$ 的矩阵表示为

$$\hat{I}_6^1=\begin{pmatrix}-\cos 60° & \sin 60° & 0\\ -\sin 60° & -\cos 60° & 0\\ 0 & 0 & -1\end{pmatrix}=\begin{pmatrix}-1/2 & \sqrt{3}/2 & 0\\ -\sqrt{3}/2 & -1/2 & 0\\ 0 & 0 & -1\end{pmatrix} \tag{4-42}$$

$\hat{I}_6^5$ 的矩阵表示为

$$\hat{I}_6^5=\hat{I}_6^{-1}=\begin{pmatrix}-\cos 60° & -\sin 60° & 0\\ \sin 60° & -\cos 60° & 0\\ 0 & 0 & -1\end{pmatrix}=\begin{pmatrix}-1/2 & -\sqrt{3}/2 & 0\\ \sqrt{3}/2 & -1/2 & 0\\ 0 & 0 & -1\end{pmatrix} \tag{4-43}$$

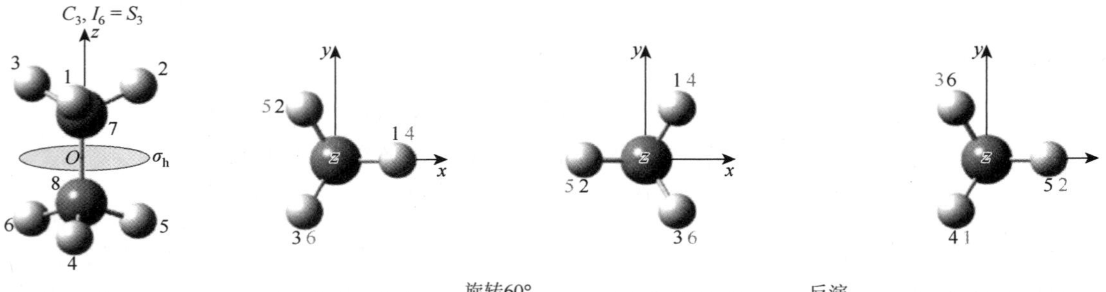

(a) I_6和S_3的位置　(b) 原像原子位置　(c) 中间像原子位置　(d) 新像原子位置

图 4-24　乙烷全重叠式构象经 $\hat{I}_6^1$ 操作各原子位置的变化

图 4-24（b）、（c）、（d）是 $\hat{I}_6^1$ 操作过程中各原子位置的变化。根据图 4-24 所示的坐标系，由结构参数算得原像中原子的坐标集合：

$$\left\{\begin{pmatrix}x_1\\y_1\\z_1\end{pmatrix}=\begin{pmatrix}100.70\\0\\116.82\end{pmatrix},\begin{pmatrix}x_2\\y_2\\z_2\end{pmatrix}=\begin{pmatrix}-50.35\\87.21\\116.82\end{pmatrix},\begin{pmatrix}x_3\\y_3\\z_3\end{pmatrix}=\begin{pmatrix}-50.35\\-87.21\\116.82\end{pmatrix},\begin{pmatrix}x_4\\y_4\\z_4\end{pmatrix}=\begin{pmatrix}100.70\\0\\-116.82\end{pmatrix},\right.$$

$$\left.\begin{pmatrix}x_5\\y_5\\z_5\end{pmatrix}=\begin{pmatrix}-50.35\\87.21\\-116.82\end{pmatrix},\begin{pmatrix}x_6\\y_6\\z_6\end{pmatrix}=\begin{pmatrix}-50.35\\-87.21\\-116.82\end{pmatrix},\begin{pmatrix}x_7\\y_7\\z_7\end{pmatrix}=\begin{pmatrix}0\\0\\76.95\end{pmatrix},\begin{pmatrix}x_8\\y_8\\z_8\end{pmatrix}=\begin{pmatrix}0\\0\\-76.95\end{pmatrix}\right\}$$

坐标精度为 0.01，经 $\hat{I}_6^1$ 操作后，新像中各原子的坐标集合为

$$\left\{\begin{pmatrix}x_1'\\y_1'\\z_1'\end{pmatrix}=\begin{pmatrix}-50.35\\-87.21\\-116.82\end{pmatrix},\begin{pmatrix}x_2'\\y_2'\\z_2'\end{pmatrix}=\begin{pmatrix}100.70\\0\\-116.82\end{pmatrix},\begin{pmatrix}x_3'\\y_3'\\z_3'\end{pmatrix}=\begin{pmatrix}-50.35\\87.21\\-116.82\end{pmatrix},\begin{pmatrix}x_4'\\y_4'\\z_4'\end{pmatrix}=\begin{pmatrix}-50.35\\-87.21\\116.82\end{pmatrix},\right.$$

$$\left.\begin{pmatrix}x_5'\\y_5'\\z_5'\end{pmatrix}=\begin{pmatrix}100.70\\0\\116.82\end{pmatrix},\begin{pmatrix}x_6'\\y_6'\\z_6'\end{pmatrix}=\begin{pmatrix}-50.35\\87.21\\116.82\end{pmatrix},\begin{pmatrix}x_7'\\y_7'\\z_7'\end{pmatrix}=\begin{pmatrix}0\\0\\-76.95\end{pmatrix},\begin{pmatrix}x_8'\\y_8'\\z_8'\end{pmatrix}=\begin{pmatrix}0\\0\\76.95\end{pmatrix}\right\}$$

其中，$\hat{I}_6^1$ 矩阵对原像中氢原子 1 的坐标变换为

$$\begin{pmatrix} x_1' \\ y_1' \\ z_1' \end{pmatrix} = \hat{I}_6^1(60°) \begin{pmatrix} x_1 \\ y_1 \\ z_1 \end{pmatrix} = \begin{pmatrix} -1/2 & \sqrt{3}/2 & 0 \\ -\sqrt{3}/2 & -1/2 & 0 \\ 0 & 0 & -1 \end{pmatrix} \begin{pmatrix} 100.70 \\ 0 \\ 116.82 \end{pmatrix} = \begin{pmatrix} -50.35 \\ -87.21 \\ -116.82 \end{pmatrix}$$

读者自行验证其余原子的坐标变换。比较原像和新像坐标同样可以得出，$\hat{I}_6^1$ 矩阵对原像中各原子坐标的变换是将原像原子坐标集合进行了一次重排，原子位置的变化是 H1→H6 、H2→H4 、H3→H5 、H4→H3 、H5→H1 、H6→H2 、C7→C8 、C8→C7 。$\hat{I}_6^5$ 的矩阵表示对坐标集合的变换就不再赘述。

4.3　分子点群及其分类

分子图形存在对称元素，以对称元素对分子图形实施对称操作，分子图形复原。同一分子在构象上的差异，导致分子图形的对称元素不同，对称性不同，对称元素的集合不同，所属对称群的类别不同。因而对称性分类常用于区别组成相同、结构不同的分子，对称性表述不需要复杂的语言描述，通过特定的符号表示，就可以准确地表达出分子的构型和构象差异。如乙烷的构象，按对称性分类，有三种典型的构象，分别是全交错式构象、全重叠式构象和叠错间式构象，所属的点群分别为 D_{3d} 、D_{3h} 、D_3 。分子对称性分类还常用于同分异构体、空间异构体、手性异构体的标记。

分子对称性与分子性质之间存在一定联系，螺旋结构是生命分子的特征，是一种不对称结构，不对称结构分子之间的结合有着分子间作用力和空间尺度匹配的要求，从而表现出不对称性。只有螺旋轴和旋转轴的分子存在两种构型，互为镜像关系，就像左手和右手或者左脚和右脚，两种构型的组成、化学键、结构参数、化学活性相同，但在空间取向上不重合，使得偶极矩相反，分子间作用力方向相反，这种结构特性称为手性。人们猜测病毒、有害菌中的组织结构分子，如 DNA、酶、激素等，有一种特殊的手性结构，试图通过制备手性药物，更为有效地阻断病毒的复制繁殖，达到治疗和康复的作用。

判断分子图形属于何种对称性，必须找出分子图形的全部对称元素，无一遗漏。基本方法是：获取分子的立体构型，将分子构型抽象为分子图形，判断分子构型中心点是否是反演中心，中心线是否是旋转轴或象转轴，最后从各个方向切分分子构型为两部分，判断是否存在镜面。分子图形是有限图形，对称性上必然与某类几何图形相对应，有时将分子构型转变为对应的几何图形，可以更为有效地找出构型中存在的对称元素。

因为分子图形是经对称操作复原来确定是否存在对称元素，所以我们必须通过全部对称元素得出全部对称操作，将对称操作逐一实施于分子图形，分子图形都是复原的，即全部对称操作组成一个集合。对称操作集合满足群的定义构成群，分子构型对应的对称群被称为分子点群。确定分子对称性就是按对称元素，以及对应的对称操作集合的种类和数目进行分类，并赋予特定的符号进行标记。

为了更为有效找出分子图形的对称元素，需要全面了解分子点群的分类，根据分类中的特征对称元素，有针对性地、更为准确地找出对称元素，确定分子的点群。

4.3.1　对称元素下的对称操作集合

一个分子图形的全部对称操作集合中，对称操作元素具有唯一性，即任意对称操作都不能重复出现。恒等操作也只能有一个，重复生成的应全部除去。象转轴或反轴生成的对称操作是复合操作，必然会产生与旋转、反映和反演相等的操作元素，也应除去。前面已经证明，象转轴和反轴生成的对称操作一一对应相等，是重复对称操作，考虑象转轴及其对称操作，就不考虑反轴及其对称操作；反之亦然。

旋转轴 C_n 产生旋转操作集合 $\left\{C_n^1,C_n^2,\cdots,C_n^{n-1},C_n^n=E\right\}$ ，除去生成的恒等操作，旋转操作集合为

$$C_n^1,C_n^2,\cdots,C_n^{n-1}$$

镜面 σ 产生反映操作集合 $\left\{\sigma,\sigma^2=E\right\}$ ，除去生成的恒等操作，反映操作集合为 σ 。

反演中心 i 产生反演操作集合 $\left\{i,i^2=E\right\}$ ，除去生成的恒等操作，反演操作集合为 i 。

象转轴 S_n 的重数 n 为偶数时，随 n 的取值不同，依次产生如下操作集合

$$n=2,\{S_2^1=i,S_2^2=E\}$$
$$n=4,\{S_4^1,S_4^2=C_2,S_4^3,S_4^4=E\}$$
$$n=6,\{S_6^1,S_6^2=C_3^1,S_6^3=\sigma_h C_2=i,S_6^4=C_3^2,S_6^5,S_6^6=E\}$$
$$n=8,\{S_8^1,S_8^2=C_4^1,S_8^3,S_8^4=C_4^2,S_8^5,S_8^6=C_4^3,S_8^7,S_8^8=E\}$$
$$n=10,\{S_{10}^1,S_{10}^2=C_5^1,S_{10}^3,S_{10}^4=C_5^2,S_{10}^5=i,S_{10}^6=C_5^3,S_{10}^7,S_{10}^8=C_5^4,S_{10}^9,S_{10}^{10}=E\}$$
$$n=12,\{S_{12}^1,S_{12}^2=C_6^1,S_{12}^3,S_{12}^4=C_6^2(C_3^1),S_{12}^5,S_{12}^6=C_6^3(C_2),S_{12}^7,S_{12}^8=C_6^4(C_3^2),S_{12}^9,S_{12}^{10}=C_6^5,S_{12}^{11},S_{12}^{12}=E\}$$
$$\vdots$$

以上操作集合证明，当分子图形中存在偶数重 S_n，必然存在同轴旋转轴 $C_{n/2}$ 及其对应的旋转操作。当重数为 $4n+2$ 时，还产生对称中心 i。若分子图形已经存在 $C_{n/2}$ 和反演中心 i，象转轴生成的操作集合中的旋转和反演操作就成了重复元素，应除去。除去重复的旋转、反演和恒等操作后，偶数重 S_n 的操作集合为

$$n=2,i$$
$$n=4,S_4^1,S_4^3$$
$$n=6,S_6^1,S_6^5$$
$$n=8,S_8^1,S_8^3,S_8^5,S_8^7$$
$$n=10,S_{10}^1,S_{10}^3,S_{10}^7,S_{10}^9$$
$$n=12,S_{12}^1,S_{12}^3=S_4^1,S_{12}^5,S_{12}^7,S_{12}^9=S_4^3,S_{12}^{11}$$
$$\vdots$$

象转轴 S_n 的重数 n 为奇数时，随 n 的取值不同，依次产生如下操作集合

$$n=3,\{S_3^1,S_3^2=C_3^2,S_3^3=\sigma_h,S_3^4=C_3^1,S_3^5,S_3^6=E\}$$
$$n=5,\{S_5^1,S_5^2=C_5^2,S_5^3,S_5^4=C_5^4,S_5^5=\sigma_h,S_5^6=C_5^1,S_5^7,S_5^8=C_5^3,S_5^9,S_5^{10}=E\}$$
$$\vdots$$

若分子图形已经存在 C_n 和水平镜面 σ_h，还应除去这些重复的操作。除去重复的旋转、反映和恒等操作后，奇数重 S_n 的操作集合为

$$n=3,S_3^1,S_3^5$$
$$n=5,S_5^1,S_5^3,S_5^7,S_5^9$$
$$\vdots$$

用同样的方法可以导出有关反轴生成的复合操作集合。在分子对称性中，采用象转轴及其复合操作，读者可以推演反轴生成的复合操作集合。

【例 4-8】 环辛四烯是非平面状共轭烯烃，分子构型见图 4-25，C═C 键长为 132.3pm，C—C 键长为 147.8pm，C═C—C 键角为127.32°，C—C═C—C 共面，C═C—C═C 二面角为54.47°，找出对称元素，写出对称操作集合。

解： 环辛四烯的构型不是平面八元环，由侧视图可见，两组 H—C═C—H 结构单元分布在 S_4 的 σ_h 反映面上下，对称元素有 1 个独立 S_4、2 个 C_2、2 个 σ_d，在 S_4 的位置还有 C_2，将 S_4 定为主轴，C_2 与 S_4^2 生成的 C_2 是重复操作。各对称元素位置见图 4-25。由此生成的对称操作集合为

$$\{S_4^1,S_4^2=C_2,S_4^3,C_2^{(1)},C_2^{(2)},\sigma_d^{(1)},\sigma_d^{(2)},E\}$$

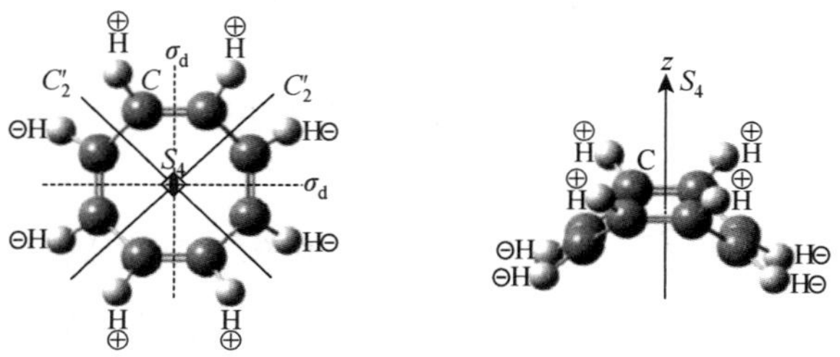

(a) 俯视图　　(b) 侧视图

图 4-25　环辛四烯分子的对称元素

【例 4-9】 1, 3, 5, 7-四氯环辛四烯是环辛四烯的氯代物，分子构型见图 4-26，找出对称元素，写出对称操作集合。

解：四个氯原子同时取代环辛四烯 1、3、5、7 位置的氢原子后，分子图形的全部 σ_d 镜面以及两条 C_2 消失了，如图 4-26 所示，分子只剩下独立象转轴 S_4，以及由 S_4 生成的 C_2。其对称操作集合为

$$\left\{S_4^1, S_4^2 = C_2, S_4^3, S_4^4 = E\right\}$$

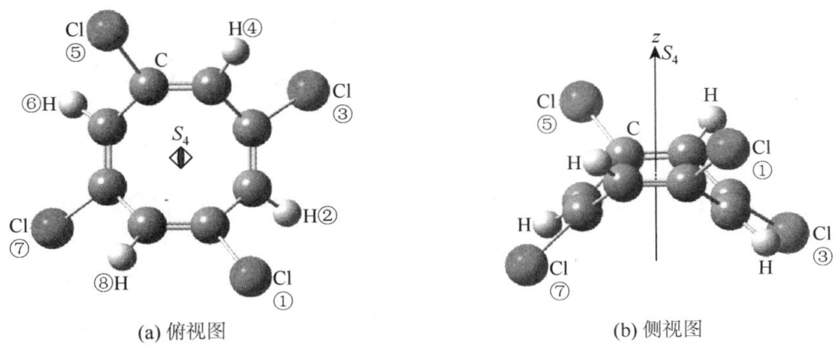

图 4-26　1, 3, 5, 7-四氯环辛四烯分子的对称元素

4.3.2　对称群的定义

旋转、反映、反演和旋转反映等对称操作能使分子图形经过运动在空间位置和取向上重合。一个分子图形可能存在多个对称元素，产生多个系列的对称操作。全部对称操作组成一个集合，每个对称操作称为集合中的一个元素，满足群的定义，组成对称群。任意对称操作称为群元素，若群元素集合为 $G=\left\{A,B,C,\cdots R,S,\cdots X,\cdots,E\right\}$，这些元素集合满足数学上群的定义，就构成群。这个定义是：①群元素的乘积仍是群的一个元素，称为乘法的封闭性，表示为 $AB=C\in G$。②群存在一个恒等元素 E，可以与任何群元素组合、交换、乘积，不使群元素改变，表示为 $AE=A$。③多个群元素的乘积与乘积顺序无关，满足结合律，表示为 $(AB)C=A(BC)$。④乘法不满足交换律，即 $AB\neq BA$。当群元素的乘积满足交换律，这种群称为阿贝尔（Abel）群。⑤每个群元素 R 都对应存在一个逆元素 R^{-1}，而且这个逆元素与群的一个元素对应相等，表示为 $R^{-1}=S\in E$。

将定义应用于分子构型的对称操作集合，如果集合是一个分子图形的全部对称操作，而且每个对称操作是唯一的，没有重复，那么必然满足以上群的定义，构成的群称为分子点群，即任何分子的全部对称操作构成点群。

群元素的乘法具有完备性，由一个乘法表呈现，任意元素乘以群 G 的所有元素，相当于群元素发生一次重排，既不产生新元素，又不消除群元素。其次，群元素的表现形式可以是图形的对称操作，也可以是对称操作的矩阵表示。不难理解，群元素为矩阵表示时，在选定基函数的情况下，其乘法就是线性空间的矩阵乘法运算。用线性空间的矩阵表示对称操作，对称群变为相应的矩阵表示群。下面通过矩阵元素来理解群的定义：①对称操作的组合对应矩阵表示的乘法，矩阵乘法满足结合律，但一般不满足交换律；②群的恒等元素对应唯一的单位矩阵；③群元素的逆元素对应矩阵的逆矩阵，也是唯一的；④有些对称操作的乘积是可以交换的，对应矩阵乘法可以交换，如矩阵与对角矩阵的乘积，矩阵与单位矩阵的乘积，相同矩阵的乘积等[4]。

有些对称操作的组合满足乘法交换律，是指对分子图形连续实施两个操作 AB，以及交换两个操作顺序 BA，所得结果是不仅分子图形复原，而且最后所得新像图形中的原子编号也相同，那么就称两个对称操作可以交换，即 $AB=BA$。在分子对称性中，以下对称操作是可交换的：①绕同一旋转轴的旋转操作，如 $C_5^2C_5^4=C_5^4C_5^2=C_5^1$。②水平镜面 σ_h 和与之垂直的直立镜面 σ_v 以及对角镜面 σ_d 的组合，$\sigma_v\sigma_h=\sigma_h\sigma_v$。③反演操作 i 与旋转操作 C_n^m 的组合，以及反演操作 i 与反映操作 σ 的组合。反演操作 i 的矩阵 $\hat{I}$ 是对角矩阵，在乘积运算中可交换乘积顺序，所以 $C_n^m i=iC_n^m$，$i\sigma=\sigma i$ 成立。④旋转操作 C_n^m 和与之垂直的镜面反映 σ_h 的组合，旋转轴 C_n 定为坐标系 z 轴，则与之垂直的镜面 σ_h 的矩阵表示也是对角矩阵，在乘积运算中可交换乘积顺序，即 $C_n^m\sigma_h=\sigma_h C_n^m$。⑤两个相互垂直 C_2 的旋转操作组合，即 $C_2C_2'=C_2'C_2$。当分子图形有两个相互垂直的 C_2，

可以将两条 C_2 分别定为坐标系的 x 和 y 或 z 轴，这时 C_2 的矩阵表示就成了对角矩阵，在乘积运算中就可交换乘积顺序。如正方形的 $[AuCl_4]^-$ 配离子，两个相互垂直 C_2 分别定为坐标系的 x 和 y 轴，旋转操作组合 $C_2^{(x)}C_2^{(y)}$ 以及交换乘积顺序的组合 $C_2^{(y)}C_2^{(x)}$，其操作结果是氯原子的编号相同，都等于对称元素 $C_2^{(z)}$ 的操作结果，即 $C_2^{(x)}C_2^{(y)}=C_2^{(y)}C_2^{(x)}=C_2^{(z)}$，见图 4-27。

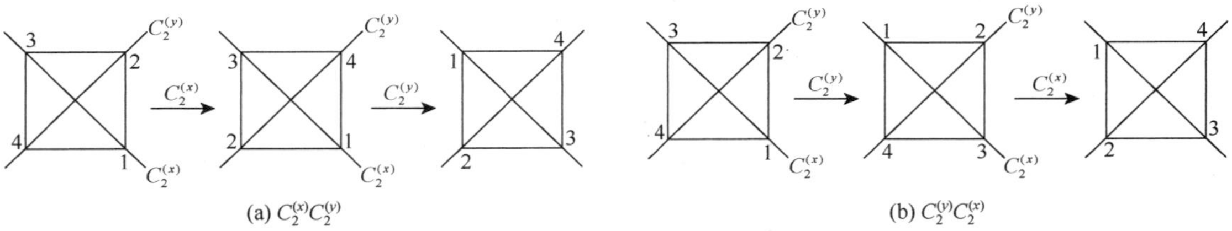

图 4-27 正方形 $[AuCl_4]^-$ 离子中交换两个相互垂直的 $C_2^{(x)}$ 和 $C_2^{(y)}$ 的乘积顺序，都等效于 $C_2^{(z)}$

当分子图形的两个 C_2 不是相互垂直的，交换乘积顺序的结果就不同。如正五边形的环戊二烯负离子存在 5 个 C_2，这些 C_2 轴的交角等于 72°，不相互垂直。选择其中两个位置的 C_2 进行组合 $C_2^{(1)}C_2^{(2)}$，再颠倒乘积顺序 $C_2^{(2)}C_2^{(1)}$，乘积结果就不相等了，乘积后导致碳氢原子编号的顺序不同，与群中不同的群元素等效，即 $C_2^{(1)}C_2^{(2)}=C_5^3$，$C_2^{(2)}C_2^{(1)}=C_5^2$，见图 4-28。

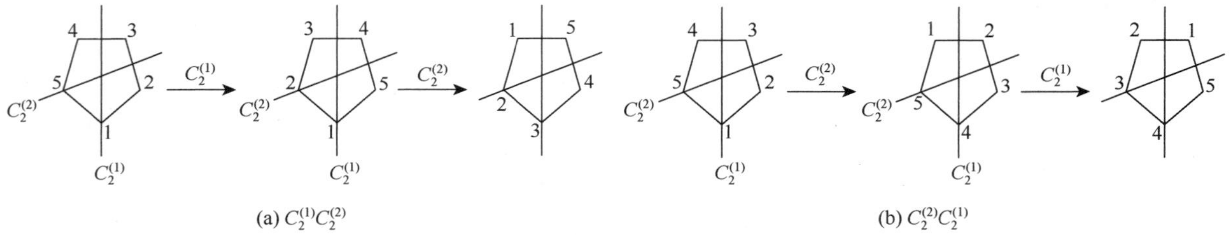

图 4-28 正五边形环戊二烯负离子中交换两个 $C_2^{(1)}$ 和 $C_2^{(2)}$ 的乘积顺序，结果不同

群元素的数目称为群阶，用符号 h 表示，体现分子对称性高低。分子对称性越高，分子中对称原子数或空间位置等价的原子数越多，表示有越多的对称元素，越多的对称操作使分子图形复原，表现为群阶越高。对称性高低还体现在旋转轴和象转轴的重数，重数越高，分别生成的旋转操作和复合操作越多，群元素越多。

苯的对称元素有主轴 C_6、6 条 C_2、1 个 σ_h、3 个 σ_v、3 个 σ_d、对称中心 i 以及组合象转轴 S_6 和 S_3，见图 4-29（a）。其中 C—H 位置有 3 条 C_2'，每条 C_2' 处还有直立镜面 σ_v；在两条相邻 C—H 的对角线有 3 条 C_2''，每条 C_2'' 处还有对角镜面 σ_d，平分了两个相邻直立镜面 σ_v 的交角，也平分了两条 C_2' 的交角。生成点群的对称操作集合为

$$\begin{gathered}C_6^1,C_6^2=C_3^1,C_6^3=C_2,C_6^4=C_3^2,C_6^5;E\\C_2'^{(1)},C_2'^{(2)},C_2'^{(3)};C_2''^{(1)},C_2''^{(2)},C_2''^{(3)}\\\sigma_v^{(1)},\sigma_v^{(2)},\sigma_v^{(3)};\sigma_d^{(1)},\sigma_d^{(2)},\sigma_d^{(3)}\\S_6^1,S_6^5;S_3^1,S_3^5;S_2=i;\sigma_h\end{gathered}$$

集合中共有 24 个对称操作，群阶 $h=24$，该点群用符号 D_{6h} 表示。苯的三个氢被溴取代，生成 1, 3, 5-三溴苯，在产物构型中，对称元素 C_6、3 条对角 C_2''、3 个 σ_d 以及组合象转轴 S_6 消失，对称性降低，只剩下 3 条 C_2、1 个 σ_h、3 个 σ_v、对称中心 i，主轴降为 C_3，由此生成组合象转轴 S_3，见图 4-29（b）。生成点群的对称操作集合为

$$\begin{gathered}C_3^1,C_3^2;E\\C_2^{(1)},C_2^{(2)},C_2^{(3)}\\\sigma_v^{(1)},\sigma_v^{(2)},\sigma_v^{(3)}\\S_3^1,S_3^5;\sigma_h\end{gathered}$$

集合中共有 12 个对称操作，群阶 h=12，该点群用符号 D_{3h} 表示。1, 3, 5-间苯三酚是 1, 3, 5-三溴苯的溴变为羟基(—OH) 后的分子，氢的取向不在 C—O 键的伸展方向，C—O—H 的键角为111.1°，见图 4-29（c）。与 1, 3, 5-三溴苯相比，构型不再有 3 条 C_2 和 3 个 σ_v，只剩下主轴 C_3 和组合象转轴 S_3，生成点群的对称操作又减少为

$$C_3^1,C_3^2;E$$

$$S_3^1,S_3^5;\sigma_h$$

集合中共有 6 个对称操作，群阶 h=6，该点群用符号 C_{3h} 表示，C_{3h} 群的乘法表见表 4-1。

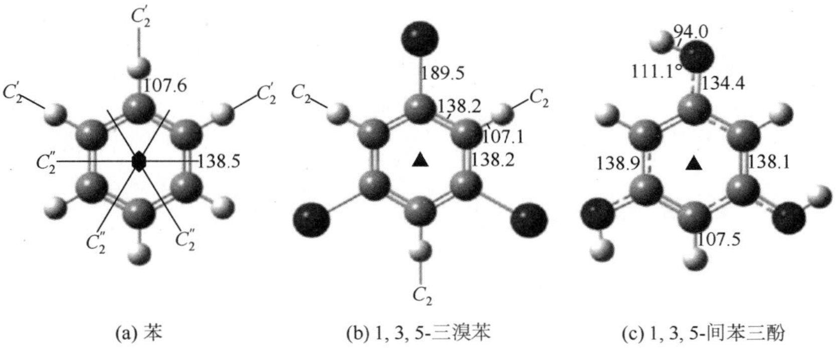

图 4-29　苯、1, 3, 5-三溴苯和 1, 3, 5-间苯三酚的对称性比较（图中键长数据的单位为 pm）

表 4-1　C_{3h} 群的乘法表

C_{3h}	E	C_3^1	C_3^2	σ_h	S_3^1	S_3^5
E	E	C_3^1	C_3^2	σ_h	S_3^1	S_3^5
C_3^1	C_3^1	C_3^2	E	S_3^1	S_3^5	σ_h
C_3^2	C_3^2	E	C_3^1	S_3^5	σ_h	S_3^1
σ_h	σ_h	S_3^1	S_3^5	E	C_3^1	C_3^2
S_3^1	S_3^1	S_3^5	σ_h	C_3^1	C_3^2	E
S_3^5	S_3^5	σ_h	S_3^1	C_3^2	E	C_3^1

乘法表中每一行都是群元素的一种重排，每一列也是群元素的一种重排，满足群的乘法封闭性。从乘法表不难看出，$C_3=\{C_3^1,C_3^2,E\}$ 集合构成 C_3 子群。

对称群 G 中部分元素也满足群的条件，这部分元素的集合 g 称为群 G 的子群。由拉格朗日定理，对称群属于有限群，子群的阶 r 与群 G 的阶 h 是整数因子关系，即 $h/r=s$，s 为整数。例如，D_{6h} 点群包含 D_{3h} 的全部群元素，D_{3h} 又包括 C_{3h} 的全部群元素，所以 D_{3h} 和 C_{3h} 都是 D_{6h} 的子群，C_{3h} 又是 D_{3h} 的子群，从 D_{6h} 还可以划分更多的子群。

4.3.3　对称操作的分类

若群元素的集合为 $G=\{A,B,C,\cdots,X,Y,\cdots,E\}$，$X$ 和 Y 是群 G 中的任意元素，并互为逆元素 $X^{-1}=Y$ 或 $Y^{-1}=X$，群元素 A 和 B 之间存在相似变换 $A=X^{-1}BX$，必然也存在 $B=Y^{-1}AY$，称 A 和 B 互为共轭，也称为共轭的对称性。① A 和 B 共轭，同时 A 和 C 共轭，则 B 和 C 共轭，也称为共轭的传递性。②每个元素 A 自共轭，$A=X^{-1}AX$，也称为共轭的反射性。相互共轭的元素构成完备集合，称为群的共轭类。对称群的对称操作元素是群元素，按共轭关系分类，不同共轭类之间没有公共元素，其元素数目也不一定相等。

在群元素的集合 $G=\{A,B,C,\cdots,X,Y,\cdots,E\}$ 中，$H=\{A,B,C,E\}$ 是群 G 的子群，若 G 中任意元素 X 都满足 $A=X^{-1}AX$、$B=X^{-1}BX$、$C=X^{-1}CX$、$E=X^{-1}EX$，则称 H 是 G 的正规子群。

三角锥构型分子 PF_3，对称操作群集合 $C_{3v}=\{C_3^1,C_3^2,\sigma_v^{(1)},\sigma_v^{(2)},\sigma_v^{(3)},E\}$，将所有 C_{3v} 群的群元素对 C_3^1 实施相似变换，得到如下相似变换关系：

（1） $E^{-1}C_3^1E=C_3^1$

（2） $C_3^{-1}C_3^1C_3^1=C_3^1$

（3） $C_3^{-2}C_3^1C_3^2=C_3^1$

（4） $\left[\sigma_v^{(1)}\right]^{-1}C_3^1\sigma_v^{(1)}=C_3^2$

（5） $\left[\sigma_v^{(2)}\right]^{-1}C_3^1\sigma_v^{(2)}=C_3^2$

（6） $\left[\sigma_v^{(3)}\right]^{-1}C_3^1\sigma_v^{(3)}=C_3^2$

（1）～（3）是群元素 C_3^1 的自共轭，（4）～（6）是群元素 C_3^1 和 C_3^2 的共轭关系。再将所有 C_{3v} 群的群元素对 C_3^2 实施相似变换，得到

（7） $E^{-1}C_3^2E=C_3^2$

（8） $C_3^{-1}C_3^2C_3^1=C_3^2$

（9） $C_3^{-2}C_3^2C_3^2=C_3^2$

（10） $\left[\sigma_v^{(1)}\right]^{-1}C_3^2\sigma_v^{(1)}=C_3^1$

（11） $\left[\sigma_v^{(2)}\right]^{-1}C_3^2\sigma_v^{(2)}=C_3^1$

（12） $\left[\sigma_v^{(3)}\right]^{-1}C_3^2\sigma_v^{(3)}=C_3^1$

（7）～（9）是群元素 C_3^2 的自共轭，（10）～（12）是群元素 C_3^2 和 C_3^1 的共轭关系。由此可见，C_3^1 和 C_3^2 互为共轭，生成共轭类，成为群的一类。

将所有 C_{3v} 群的群元素对 $\sigma_v^{(1)}$ 实施相似变换，得到

（13） $E^{-1}\sigma_v^{(1)}E=\sigma_v^{(1)}$

（14） $C_3^{-1}\sigma_v^{(1)}C_3^1=\sigma_v^{(3)}$

（15） $C_3^{-2}\sigma_v^{(1)}C_3^2=\sigma_v^{(2)}$

（16） $\left[\sigma_v^{(1)}\right]^{-1}\sigma_v^{(1)}\sigma_v^{(1)}=\sigma_v^{(1)}$

（17） $\left[\sigma_v^{(2)}\right]^{-1}\sigma_v^{(1)}\sigma_v^{(2)}=\sigma_v^{(3)}$

（18） $\left[\sigma_v^{(3)}\right]^{-1}\sigma_v^{(1)}\sigma_v^{(3)}=\sigma_v^{(2)}$

（13）和（16）是群元素 $\sigma_v^{(1)}$ 的自共轭，（15）和（18）是群元素 $\sigma_v^{(2)}$ 和 $\sigma_v^{(1)}$ 的共轭关系，（14）和（17）是群元素 $\sigma_v^{(3)}$ 和 $\sigma_v^{(1)}$ 的共轭关系。同理将所有 C_{3v} 群的群元素对 $\sigma_v^{(2)}$ 实施相似变换，得到

（19） $E^{-1}\sigma_v^{(2)}E=\sigma_v^{(2)}$

（20） $C_3^{-1}\sigma_v^{(2)}C_3^1=\sigma_v^{(1)}$

（21） $C_3^{-2}\sigma_v^{(2)}C_3^2=\sigma_v^{(3)}$

（22） $\left[\sigma_v^{(1)}\right]^{-1}\sigma_v^{(2)}\sigma_v^{(1)}=\sigma_v^{(3)}$

（23） $\left[\sigma_v^{(2)}\right]^{-1}\sigma_v^{(2)}\sigma_v^{(2)}=\sigma_v^{(2)}$

（24） $\left[\sigma_v^{(3)}\right]^{-1}\sigma_v^{(2)}\sigma_v^{(3)}=\sigma_v^{(1)}$

（19）和（23）是群元素 $\sigma_v^{(2)}$ 的自共轭，（20）和（24）是群元素 $\sigma_v^{(1)}$ 和 $\sigma_v^{(2)}$ 的共轭关系，（21）和（22）是群元素 $\sigma_v^{(3)}$ 和 $\sigma_v^{(2)}$ 的共轭关系。按照共轭的对称性、传递性和反射性，同样可以得出 $\sigma_v^{(3)}$ 的共轭关系：

（25） $E^{-1}\sigma_v^{(3)}E=\sigma_v^{(3)}$

（26） $C_3^{-1}\sigma_v^{(3)}C_3^1=\sigma_v^{(2)}$

（27） $C_3^{-2}\sigma_v^{(3)}C_3^2=\sigma_v^{(1)}$

（28） $\left[\sigma_v^{(1)}\right]^{-1}\sigma_v^{(3)}\sigma_v^{(1)}=\sigma_v^{(2)}$

（29）$\left[\sigma_{\mathrm{v}}^{(2)}\right]^{-1}\sigma_{\mathrm{v}}^{(3)}\sigma_{\mathrm{v}}^{(2)}=\sigma_{\mathrm{v}}^{(1)}$

（30）$\left[\sigma_{\mathrm{v}}^{(3)}\right]^{-1}\sigma_{\mathrm{v}}^{(3)}\sigma_{\mathrm{v}}^{(3)}=\sigma_{\mathrm{v}}^{(3)}$

（25）和（30）是群元素$\sigma_{\mathrm{v}}^{(3)}$的自共轭，（26）和（28）是$\sigma_{\mathrm{v}}^{(3)}$和$\sigma_{\mathrm{v}}^{(2)}$的共轭关系，（27）和（29）是群元素$\sigma_{\mathrm{v}}^{(3)}$和$\sigma_{\mathrm{v}}^{(1)}$的共轭关系。

总结群元素$\sigma_{\mathrm{v}}^{(1)}$、$\sigma_{\mathrm{v}}^{(2)}$和$\sigma_{\mathrm{v}}^{(3)}$的以上共轭关系式，得出$\sigma_{\mathrm{v}}^{(1)}$、$\sigma_{\mathrm{v}}^{(2)}$和$\sigma_{\mathrm{v}}^{(3)}$互为共轭，生成共轭类，成为群的另一类。于是我们可以得到由共轭关系对$C_{3\mathrm{v}}$群的群元素分类，表示为$C_{3\mathrm{v}}=\{2C_3,3\sigma_{\mathrm{v}},E\}$。在操作的矩阵表示群中同样存在共轭相似变换关系，群元素的共轭关系也可以由对称操作的矩阵表示，通过相似变换的矩阵运算证明。PF_3分子（$C_{3\mathrm{v}}$群）的对称操作矩阵表示见前节，读者可以自行证明以上对称操作的共轭关系。

线性空间一组正交归一化基函数下的矩阵表示，可以通过正交矩阵的相似变换变为维数较低的对角分块矩阵，这种数学处理称为约化，可约化的矩阵表示称为可约表示，不能再约化的矩阵表示称为不可约表示。以直角坐标为基表示的对称操作矩阵，包括初等旋转矩阵、镜面反映矩阵以及复合操作矩阵，都是正交矩阵，按共轭类的定义，正交矩阵的相似变换是分块对角矩阵，都是一阶、二阶、三阶矩阵构成的，是不可约表示。同一共轭类对称操作的矩阵表示的特征标相等。

4.3.4　对称群的分类和符号表示

熊夫利（Schönflies）发展了分子对称群，并将其称为点群。将分子构型抽象为分子图形，找出分子图形的全部对称元素，写出全部对称操作，构成点群。构成点群的前提条件是全部对称操作围绕分子图形的一个不动的定点完成，在矩阵表示中也是分子图形的坐标系原点。对于一个不熟悉的分子，首先找出重数最高的旋转轴，即主轴，有三种结果：①没有二重及以上的旋转轴，有象转轴、反轴，或有反演中心，或有镜面，这类分子只有虚操作，分子点群称为非真旋转群。②只有一条主轴，若有副轴，都是垂直于主轴的副轴C_2。只有主轴，没有C_2副轴，称为单轴群；既有主轴，又有C_2副轴，称为双面群。③有多条高重旋转轴，如同时有 3 条C_4，这类分子的对称元素和对称操作较多，称为立方群，也称高阶对称群。每一类点群用一个符号标记，标记符号也称为熊夫利记号。

非真旋转群是一类低对称性点群，主要由独立象转轴生成的对称操作构成的群，包括S_1、S_2、S_4、S_6和S_8等。没有任何对称元素，只有恒等元素的群，用符号C_1表示。α-D-(+)-葡萄糖的构型没有任何对称元素，属于C_1群，见图 4-30（a）。分子结构只有一个镜面的分子，点群符号标记为C_s，其实C_s就是S_1。平面构型分子α-氯萘，除了分子平面外，没有任何其他对称元素，分子点群属于C_s，见图 4-30（b）。只有一个反演中心i的分子，点群符号标记为C_i，C_i就是S_2。1, 2-二氯二溴乙烷有三种类型的构象，当C—C键带动两个碳上的H、Cl、Br原子一起转动到反式位置，形成反式构象时，C—C键中心出现反演中心，分子点群就是C_i，见图 4-30（c）。

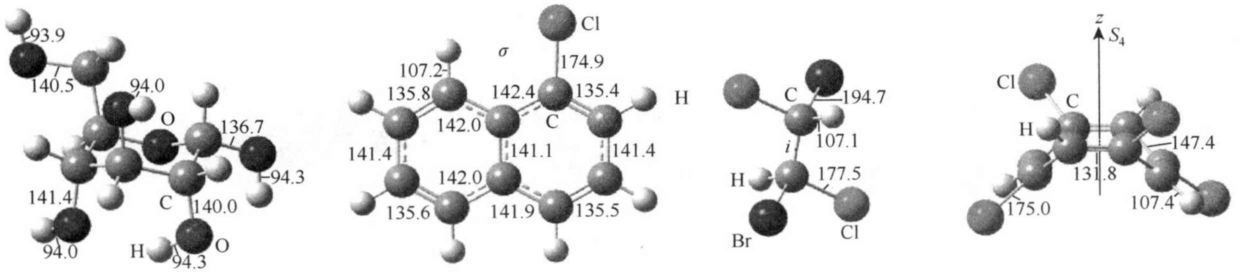

(a) α-D-(+)葡萄糖　C_1　(b) α-氯萘　C_s　(c) 1, 2-二氯二溴乙烷　C_i　(d) 1, 3, 5, 7-四氯环辛四烯　S_4

图 4-30　非真旋转群实例（图中键长单位为 pm）

只有S_4、S_6和S_8的点群符号标记为自身的符号S_4、S_6和S_8，属于这类点群的分子很少，1, 3, 5, 7-四氯环辛四烯是含有唯一象转轴 S_4 的分子，属于 S_4 群，见图 4-30（d）。而 S_3、S_5、S_7 等群与一类单轴群的群元素完全相同，普遍使用的是单轴群的符号，而不使用象转轴的符号。

分子图形只有一条主轴 C_n，与主轴垂直方向没有 C_2 副轴，这类点群称为单轴群，根据是否有镜面、反演中心、象转轴等其他对称元素，分为以下三类：

（1）除旋转轴外，图形没有其他对称元素，属于纯旋转群，旋转群是一类循环群，点群符号用 C_n 表示。联二对苯酚的两个苯环交错一定角度，通过连接苯环的C—C键中心，平分两个苯环的交角是分子唯一的二重旋转轴，因而分子点群属于 C_2，见图 4-31（a）。三苯基膦是制备络合催化剂的配位剂，与贵金属钯和铑配位生成络合催化剂配合物，广泛应用于有机合成，三个苯环沿同一方向绕P—C键扭转相同角度，侧向取向与直立平面产生二面角，使得分子构型只有 C_3 旋转轴，点群属于 C_3，见图 4-31（b）。一氯一溴四水合铁（Ⅱ）是八面体配合物，四个水配体同处于赤道位，水配体都沿逆时针方向侧向取向，使得氢原子偏离了Cl—Fe—O—Br组成的平面，整个分子只有 C_4 旋转轴，点群属于 C_4，见图 4-31（c）。水配体的不对称性取向有利于降低分子能量，增加配合物的稳定性。

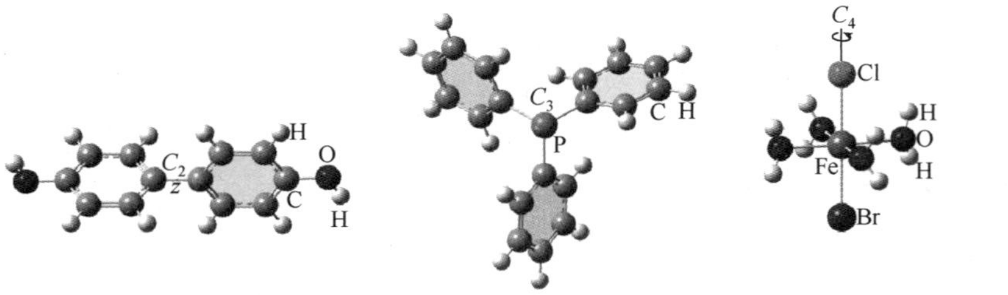

(a) 联二对苯酚$(C_6H_4OH)_2$　C_2　　(b) 三苯基膦$P(C_6H_5)_3$　C_3　　(c) 一氯一溴四水合铁(Ⅱ) $Fe(H_2O)_4ClBr$　C_4

图 4-31　纯旋转群 C_n 实例

（2）分子除了有一条主轴 C_n，还有垂直于主轴的水平镜面 σ_h，C_n 和 σ_h 组合生成象转轴 S_n，点群符号记为 C_{nh}。草酸是平面分子，垂直分子平面，并通过C—C键的中心点的轴线是 C_2，分子平面是水平镜面 σ_h，C_2 和 σ_h 组合生成 S_2，也是反演中心 i，群元素集合为 $\{C_2,\sigma_h,\sigma_h C_2=i,E\}$，分子点群为 C_{2h}，见图 4-32（a）。硼酸 H_3BO_3 是平面分子，三条O—H键取向一致，朝逆时针方向。垂直分子平面，并通过B原子的轴线是 C_3，分子平面是水平镜面 σ_h，C_3 和 σ_h 组合生成 S_3，群元素集合为 $\{C_3^1,C_3^2,\sigma_h,S_3^1,S_3^5,E\}$，分子点群为 C_{3h}，见图 4-32（b）。前面讨论的间三苯酚的点群也是 C_{3h}。二氯四氨合铁（Ⅱ）是八面体配合物，两个氯原子处于反式位置，氨配体处于赤道位，四条Fe—N键构成赤道面，其中一条N—H键在赤道面上，其余两条N—H键对称分布在赤道面上下，四个氨的取向围绕赤道面朝同一方向。Cl—Fe—Cl方向是主轴 C_4，垂直赤道面，并通过Fe原子。赤道面是水平镜面 σ_h，C_4 和 σ_h 组合生成 S_4，C_2 和 σ_h 组合生成 $S_2=i$，群元素集合为 $\{C_4^1,C_4^2=C_2,C_4^3,\sigma_h,i,S_4^1,S_4^3,E\}$，分子点群为 C_{4h}，见图 4-32（c）。C_{nh} 群的分子结构特点是必须有一个垂直于主轴的水平镜面。

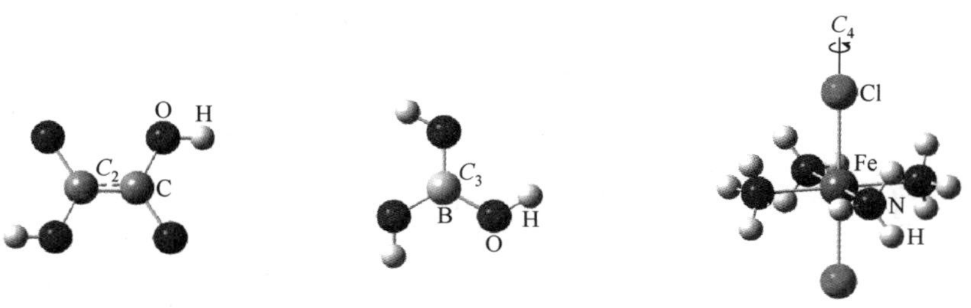

(a) 草酸$H_2C_2O_4$　C_{2h}　　(b) 硼酸H_3BO_3　C_{3h}　　(c) 二氯四氨合铁(II) $Fe(NH_3)_4Cl_2$　C_{4h}

图 4-32　C_{nh} 群分子实例

（3）分子除了一条主轴 C_n 外，还有包含主轴的直立镜面 σ_v 或对角镜面 σ_d，数目为 n，点群符号记为 C_{nv}。具有角锥形结构的分子属于 C_{nv} 群，如 H_2O 和 NO_2 分子都是最简单的角锥构型，对称操作集合为

$\{C_2,\sigma_v^{(xz)},\sigma_v^{(yz)},E\}$，分子点群为 C_{2v}。PF_3 分子是三角锥，对称操作集合为 $\{C_3^1,C_3^2,\sigma_v^{(1)},\sigma_v^{(2)},\sigma_v^{(3)},E\}$，分子点群为 C_{3v}。BrF_5 是四角锥构型，Br 原子略突出正方形平面，对称操作集合为 $\{C_4^1,C_4^2,C_4^3,\sigma_v^{(1)},\sigma_v^{(2)},\sigma_d^{(1)},\sigma_d^{(2)},E\}$，分子点群为 C_{4v}。

一些多面体分子构型的对称元素与角锥几何图形相同，也属于 C_{nv}。如硫化磷 P_4S_5 构型的上下部分都是角锥形，分子点群为 C_{2v}，见图 4-33（a）。硫化磷 P_4S_3 构型的上部分是三角锥形，下部分是正三角形，分子点群为 C_{3v}，见图 4-33（b）。多锡阴离子 Sn_9^{4-} 的构型是一带帽四方反棱柱，上方是四角锥，下方是正方形，分子点群为 C_{4v}，见图 4-33（c）。硫硼烷 $SB_{11}H_{11}$ 构型是三角形面二十面体，可以切割为两个五角锥，两个五角锥相错 36°。硫原子取代一个 B—H 顶点后，包含硫原子的上半部分五角锥与下半部分五角锥不等同，分子点群降为 C_{5v}，见图 4-33（d）。

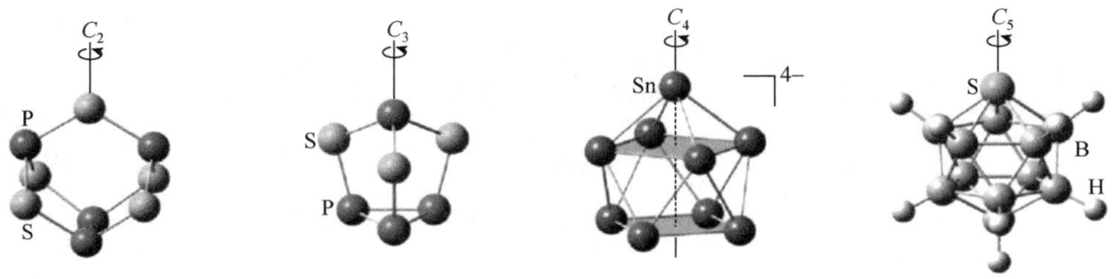

(a) 硫化磷 P_4S_5 C_{2v}　(b) 硫化磷 P_4S_3 C_{3v}　(c) 多锡阴离子 Sn_9^{4-} C_{4v}　(d) 硫硼烷 $SB_{11}H_{11}$ C_{5v}

图 4-33　C_{nv} 群对称性的多面体分子

分子图形除了一条主轴 C_n，与主轴垂直方向还有 C_2 副轴，数目为 n，这类点群称为双面群，用符号 D 表示。根据是否有镜面、反演中心、象转轴等其他对称元素，分为以下三类：

（1）D_n 群：只有主轴 C_n，以及 n 条垂直于主轴的 C_2 副轴，没有镜面、反演中心、象转轴等其他对称元素，属于纯旋转群，点群符号记为 D_n。4, 4-联吡啶结构中一个吡啶环不动，另一吡啶环绕连接两个吡啶环的 C—C 单键旋转不同的角度，产生不同的构象，当两个环的二面角为 44.6°，分子处于一个相对稳定的构象，构象没有任何镜面，连接两个 N 原子的连线是主轴 C_2，与主轴垂直的位置有两条副轴 C_2，见图 4-34（a），分子点群为 D_2。三乙二胺合锌（Ⅱ）配离子的结构属于 D_3 群，配体乙二胺的 N 原子同时与金属 Zn 配位，三个乙二胺配体按 C_3 对称性分布，乙二胺配体的 C 和 N 原子不在一个平面，按 NH_2—CH_2 结构单元分为两组，设一组在纸平面前，一组在纸平面后，纸平面前三个乙二胺 N 原子的重心与纸平面后的三个乙二胺 N 原子的重心的连线是主轴 C_3，锌离子也在 C_3 轴上。每个乙二胺 C—C 键的中点与锌的连线是 C_2 轴，C_2 与 C_3 垂直，见图 4-34（b），分子点群为 D_3。二溴四吡啶合铁（Ⅱ）是八面体配合物，2 个溴原子处于异侧，四个吡啶在赤道位，铁与吡啶 N 原子配位，四条 Fe—N 键构成的平面没有足够的空间让四个环平直处于同一平面。当四环同时朝一个方向旋转同一角度，与 Fe—N 键平面形成 50.1° 交角时，分子处于一种稳定构象。Fe—Br 键连线有 C_4，是主轴。垂直于主轴，Fe—N—C—H 连线是 C_2'，两条 C_2' 的对角线位置有 C_2''，共四条二重轴。分子构象不存在镜面、反演中心、象转轴等其他对称元素，见图 4-34（c），分子点群为 D_4。

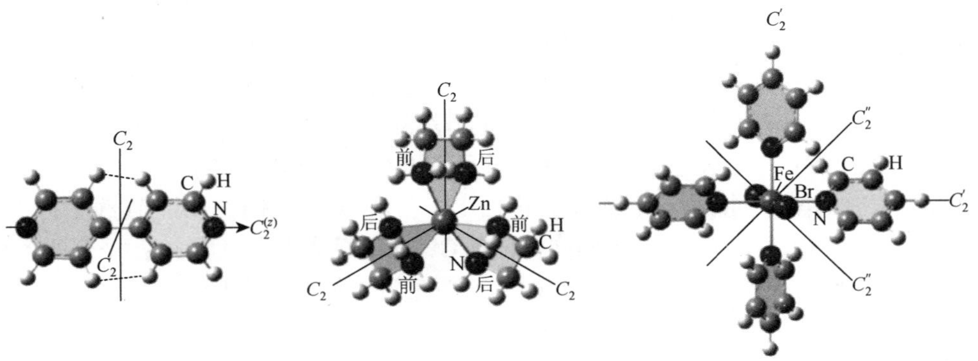

(a) 4, 4-联吡啶$(NC_5H_4)_2$ D_2　(b) 三乙二胺合锌(Ⅱ)$Zn(en)_3^{2+}$ D_3　(c) 二溴四吡啶合铁(Ⅱ)$FeBr_2(Py)_4$ D_4

图 4-34　D_n 群分子实例

（2） D_{nh} 群：除主轴 C_n，以及 n 条垂直于主轴的 C_2 副轴外，还有与主轴垂直的水平镜面 σ_h，主轴与水平镜面组合生成象转轴，若象转轴是偶重，还产生反演中心等其他对称元素，点群符号记为 D_{nh}。

四氧化二氮是平面构型分子，通过 N—N 键中心、垂直分子平面有 C_2，将其设为主轴，表示为 $C_2^{(z)}$，则原子所在平面为镜面 $\sigma^{(xy)}$；平分 O—N—O 键角的角平分线方向有 $C_2^{(x)}$ 和镜面 $\sigma^{(xz)}$； N—N 键也在 $C_2^{(x)}$ 上，与此垂直并平分 N—N 键长处有 $C_2^{(y)}$ 和镜面 $\sigma^{(yz)}$，见图 4-35（a），点群为 D_{2h}。群元素集合为

$$\left\{C_2^{(z)},C_2^{(x)},C_2^{(y)},i,\sigma^{(xy)},\sigma^{(xz)},\sigma^{(yz)},E\right\}$$

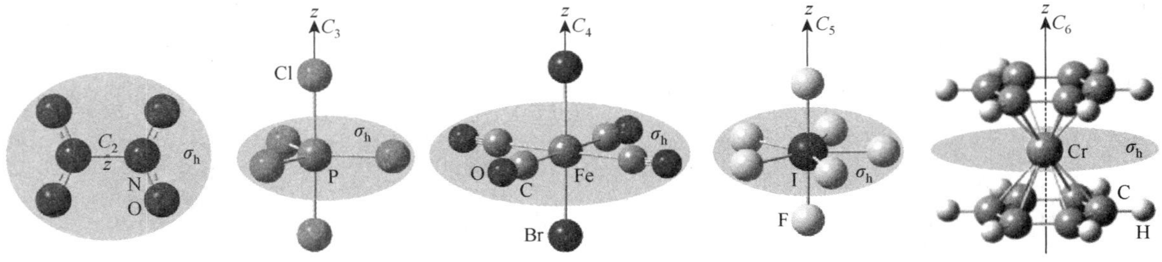

(a) 四氧化二氮N_2O_4　D_{2h}

(b) 五氯化磷PCl_5　D_{3h}

(c)二溴四羰基合铁(Ⅱ) $FeBr_2(CO)_4$　D_{4h}

(d) 七氟化碘IF_7　D_{5h}

(e) 二苯合铬$Cr(C_6H_6)_2$ 全重叠式构象　D_{6h}

图 4-35　D_{nh} 群分子实例

五氯化磷 PCl_5 的构型是三角双锥，氯原子分为两组，上下顶点是一组，赤道三角形平面是一组，中心 P 原子和上下顶点连线是主轴 C_3，赤道三角形平面是水平镜面 σ_h；主轴 C_3 与 σ_h 组合生成象转轴 S_3；赤道位 P—Cl 键是 C_2 副轴，与主轴垂直；上下 P—Cl 键与赤道 P—Cl 构成直立镜面 σ_v，见图 4-35（b），点群为 D_{3h}，群元素集合为

$$\left\{C_3^1,C_3^2,C_2^{(1)},C_2^{(2)},C_2^{(3)},\sigma_h,S_3^1,S_3^5,\sigma_v^{(1)},\sigma_v^{(2)},\sigma_v^{(3)},E\right\}$$

配合物二溴四羰基合铁（Ⅱ）的构型是八面体，赤道配体是羰基，上下顶点是溴原子。Br—Fe—Br 方向有主轴 C_4，中心离子与赤道羰基所在的平面是水平镜面 σ_h； Fe—CO 方向有 C_2' 副轴，与主轴垂直；Fe—CO 与 Br—Fe—Br 共面组成直立镜面 σ_v；平分两条 C_2' 交角的对角线是 C_2''，平分两个直立镜面 σ_v 交角的角平分线方向有对角镜面 σ_d；主轴位置还有组合象转轴 S_4，见图 4-35（c），点群为 D_{4h}，群元素集合为

$$\left\{C_4^1,C_4^2=C_2,C_4^3,C_2'^{(1)},C_2'^{(2)},C_2''^{(1)},C_2''^{(2)},\sigma_h,S_4^1,S_4^3,i,\sigma_v^{(1)},\sigma_v^{(2)},\sigma_d^{(1)},\sigma_d^{(2)},E\right\}$$

七氟化碘的构型是五角双锥，氟原子分为赤道和上下顶点两组。上下顶点与碘的连线 F—I—F 是主轴 C_5，中心原子 I 与赤道氟原子所在的平面是水平镜面 σ_h；赤道 I—F 键是 C_2 副轴，与主轴垂直；赤道 I—F 与直立 F—I—F 共面组成直立镜面 σ_v；主轴位置有组合象转轴 S_5，见图 4-35（d），点群为 D_{5h}，群元素集合为

$$\left\{C_5^1,C_5^2,C_5^3,C_5^4,C_2^{(1)},C_2^{(2)},C_2^{(3)},C_2^{(4)},C_2^{(5)},\sigma_h,S_5^1,S_5^3,S_5^7,S_5^9,\sigma_v^{(1)},\sigma_v^{(2)},\sigma_v^{(3)},\sigma_v^{(4)},\sigma_v^{(5)},E\right\}$$

二苯合铬是一种夹心式有机金属配合物，两个苯环平行，铬原子在两个苯环中心点的连线上，与两个苯环的距离相等。环中心与中心铬原子的连线是主轴 C_6，与苯环垂直。随两个苯环的相对位置不同产生三种对称性不同的构象，沿主轴方向透视，两个苯环完全重叠时为全重叠式构象，见图 4-35（e），两个苯环相对于主轴反向旋转15°，或两个苯环相对于主轴旋转相差30°的角度时为全交错式构象，见图 4-36（e），相差角度在0°～30°或30°～60°之间是叠错间构象。对于全重叠式构象的对称性，包含铬原子，与苯环平行，并与两苯环等距离的平面是水平镜面 σ_h；在水平镜面上，与环中心点和 C—H 的连线平行，并经过中心铬原子是 C_2' 副轴，C_2' 与主轴垂直；C_2' 与上下侧同等位置 C—H 键组成直立镜面 σ_v；平分两条相邻 C_2' 交角的对角线也是 C_2，标记为 C_2''。平分两个相邻直立镜面 σ_v 的交角的角平分线方向有对角镜面 σ_d。主轴与水平镜面组合成象转轴 S_6，见图 4-35（e），点群为 D_{6h}，群元素集合为

$$\left\{C_6^1,C_6^2=C_3^1,C_6^3=C_2,C_6^4=C_3^2,C_6^5,C_2'^{(1)},C_2'^{(2)},C_2'^{(3)},C_2''^{(1)},C_2''^{(2)},C_2''^{(3)},\sigma_h,i,S_3^1,S_3^5,S_6^1,S_6^5,\sigma_v^{(1)},\sigma_v^{(2)},\sigma_v^{(3)},\sigma_d^{(1)},\sigma_d^{(2)},\sigma_d^{(3)},E\right\}$$

点群为 D_{nh} 的分子，其构型特点是正多边形或正多棱柱，同时有水平和直立镜面对称性，主轴和水平镜

面组合产生象转轴。其次，一些多面体的等同顶点被杂原子占据也会形成 D_{nh} 群对称性，如正八面体、立方八面体、立方体、正三角形正二十面体、正五边形十二面体，还包括 IPR 富勒烯。

（3）D_{nd} 群：除主轴 C_n 以及 n 条垂直于主轴的 C_2 副轴外，其他对称元素是通过主轴的对角镜面 σ_d，以及与主轴同轴的象转轴 S_{2n}，而且象转轴的重数是主轴重数的两倍，点群符号记为 D_{nd}。

硫化磷 P_4S_4 是一种特殊形状的多面体，两个 P—P 键处于相互垂直位置，四个 S 原子在同一平面上，围成正方形。两条 P—P 键中心点的连线是主轴 C_2，也是独立象转轴 S_4，象转轴的反映面就是硫原子构成的平面。硫原子围成的正方形的对角线，包括两个硫原子，是副轴 C_2'。平分两个副轴 C_2' 交角的对角线，也切割硫原子正方形的对边，是对角镜面 σ_d，其中一条 P—P 键在对角镜面上，另一条被等分，见图 4-36（a），点群为 D_{2d}，群元素集合为

$$\left\{C_2, C_2'^{(1)}, C_2'^{(2)}, S_4^1, S_4^3, \sigma_d^{(1)}, \sigma_d^{(2)}, E\right\}$$

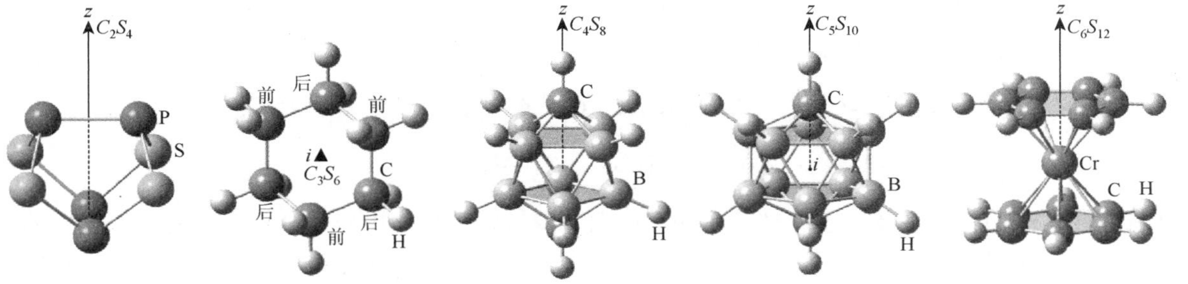

(a) 硫化磷P_4S_4 D_{2d} (b) 环己烷C_6H_{12}椅式构象 D_{3d} (c) 十顶点闭式碳硼烷 p-$C_2B_8H_{10}$ D_{4d} (d) 十二顶点闭式碳硼烷 p-$C_2B_{10}H_{12}$ D_{5d} (e) 二苯合铬$Cr(C_6H_6)_2$全交错式构象 D_{6d}

图 4-36 D_{nd} 群分子实例

环己烷有船式和椅式两种构象，在椅式构象中，碳原子分为两组，设一组在纸平面前，键连的氢原子也在纸平面前，另一组在纸平面后，键连的氢原子也在纸平面后，见图 4-36（b）。纸平面前后的两组分别构成两个交错的正三角形，交错角度为60°。沿垂直于正三角形的方向透视，两个正三角形的重心重合，穿过两个正三角形的重心点的直线是主轴 C_3，六元环中处于对边的两条 C—C 键中心点连线是副轴 C_2'，三条 C_2' 上都没有原子，在纸平面上。处于六元环对角的两个 CH_2 在同一个平面上，构成对角镜面 σ_d。在主轴 C_3 的同一位置有 S_6 象转轴，因为两个交错的正三角形在纸平面的前后，纸平面就是 S_6 的反映面。点群为 D_{3d}，群元素集合为

$$\left\{C_3^1, C_3^2, C_2'^{(1)}, C_2'^{(2)}, C_2'^{(3)}, i, S_6^1, S_6^5, \sigma_d^{(1)}, \sigma_d^{(2)}, \sigma_d^{(3)}, E\right\}$$

对位二取代十顶点闭式碳硼烷的构型是二带帽四方反棱柱，所有 B—H 的键长相等，体中心点与全部 B 等距，也与 B—H 上的 H 等距；体中心点与两个 C 等距，也与 C—H 上的 H 等距。体中心点上方的四个 B 组成正方形，下方四个 B 组成正方形，两个正方形平行，两个正方形交错 45°，八条直立 B—B 键长必然相等，见图 4-36（c）。C—H 基上下带帽，正好在体中心点与正方形中心点连线的延长线上。B 和 C 原子围成的多面体，以及全部 H 原子围成的多面体都是二带帽四方反棱柱。若将 B—H 和 C—H 抽象为两组顶点，全部顶点围成二带帽四方反棱柱。上下 C—H 键连线是主轴 C_4，也是象转轴 S_8。经过体中心点，并切分八条直立 B—B 键的平面是 S_8 的反映面，该反映面将中间直立 B—B 键等分，在中间部分的四方反棱柱位置，处于对边位置的两条 B—B 键的等分点与体中心点的连线是 C_2' 副轴，C_2' 与上下正方形平行。处于上下正方形对角线的 B 原子分别与同侧 C 原子组成对角镜面 σ_d。分子点群为 D_{4d}，群元素集合为

$$\left\{C_4^1, C_4^2 = C_2, C_4^3, C_2'^{(1)}, C_2'^{(2)}, C_2'^{(3)}, C_2'^{(4)}, S_8^1, S_8^3, S_8^5, S_8^7, \sigma_d^{(1)}, \sigma_d^{(2)}, \sigma_d^{(3)}, \sigma_d^{(4)}, E\right\}$$

对位二取代十二顶点闭式碳硼烷的构型是二十面体，但不是正二十面体，也可看成是二带帽五方反棱柱。与十顶点闭式碳硼烷的构型相似，所有 B—H 的键长相等，体中心点与全部 B 等距，也与 B—H 上的 H 等距。体中心点与两个 C 等距，也与 C—H 上的 H 等距。体中心点上方的五个 B 组成正五边形，下方五个 B 组成正五边形，两个正五边形平行，两个正五边形交错 36°，十条直立 B—B 键长必然相等，见图 4-36（d）。

上下C—H键连线是主轴 C_5，也是象转轴 S_{10} 的位置，经过体中心点，并切分十条直立B—B键的平面是 S_{10} 的反映面，该反映面将中间直立B—B键等分，在中间部分的五方反棱柱位置，处于对边位置的两条B—B键的等分点连线是 C_2' 副轴，C_2' 与上下正五边形平行。同一正五边形中B顶点与对边B—B键的中心点，以及同侧C原子组成对角镜面 σ_d，即体中心点与任意一条B—C键组成的平面。分子点群为 D_{5d}，群元素集合为

$$\left\{C_5^1,C_5^2,C_5^3,C_5^4,C_2^{(1)},C_2^{(2)},C_2^{(3)},C_2^{(4)},C_2^{(5)},i,S_{10}^1,S_{10}^3,S_{10}^7,S_{10}^9,\sigma_d^{(1)},\sigma_d^{(2)},\sigma_d^{(3)},\sigma_d^{(4)},\sigma_d^{(5)},E\right\}$$

二苯合铬 $Cr(C_6H_6)_2$ 的两个苯环相对于主轴相错30°的角度时为全交错式构象，两个苯环平行，铬原子与两个苯环等距。两个苯环中心点与铬原子的连线是主轴 C_6，也是象转轴 S_{12} 的位置，沿苯环平行的方向切分铬原子的平面是 S_{12} 的反映面位置。将上苯环C原子与下苯环最邻近C原子连线，可构成六方反棱柱，在连接上下苯环最邻近C原子的12条连线中，处于对边位置的两条连线的中心点，并穿过铬原子，是 C_2' 副轴。上下苯环的对角顶点的C—H连线，与铬原子组成对角镜面 σ_d，该镜面也在平分两条 C_2' 副轴交角的对角线位置。分子点群为 D_{6d}，群元素集合为

$$\left\{C_6^1,C_6^2=C_3^1,C_6^3=C_2,C_6^4=C_3^2,C_6^5,C_2'^{(1)},C_2'^{(2)},C_2'^{(3)},C_2'^{(4)},C_2'^{(5)},C_2'^{(6)},\right.$$
$$\left.S_4^1,S_4^3,S_{12}^1,S_{12}^5,S_{12}^7,S_{12}^{11},\sigma_d^{(1)},\sigma_d^{(2)},\sigma_d^{(3)},\sigma_d^{(4)},\sigma_d^{(5)},\sigma_d^{(6)},E\right\}$$

高对称性的多面体有多条高重旋转轴，加上镜面、象转轴、反演中心等其他对称元素，产生的对称操作群元素多，群阶高，这类点群称为立方群。高对称性多面体包括五种柏拉图立体几何图形，它们是正四面体、正八面体、立方体、正三角形面二十面体、正五边形面十二面体，见图4-37。五种柏拉图多面体的面由正多边形组成，全部顶点、棱、面等同，因而存在多条高重旋转轴。它们的对称性已经过广泛研究，其对称元素以及在多面体中的位置是已知的，因而我们只需熟悉它们所具有的对称元素、对称元素的位置以及点群符号就能进行应用了。

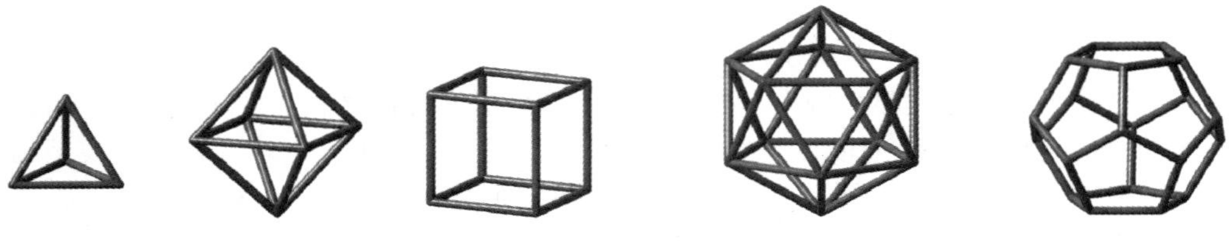

正四面体 T_d　　正八面体 O_h　　立方体 O_h　　正三角形面二十面体 I_h　　正五边形面十二面体 I_h

图4-37　五种高对称性柏拉图多面体

实际上高对称性的多面体类型远不止五种柏拉图图形，还有立方八面体、Frank-Kasper多面体、反式立方八面体、富勒烯多面体等，它们之间存在某种几何关系。就对称性角度，它们有一些相同的对称元素，只是群元素集合不完全相同。分子多面体随顶点原子和化学键不同，其表现形式具有多样性，因分子中对称等价原子被不同种类原子取代，一些对称元素可能消失了，一些对称元素可能仍然存在。如果我们了解了多面体的对称元素、对称元素的位置，就能判断出消失的对称元素和保持的对称元素，进而得出所属的点群。有些看似不同的分子，实际上对称点群是完全相同的。如果弄清楚了多面体之间的几何关系，我们就能找出对应的对称元素，确定它的点群。

（1）T_d 群：正四面体的全部对称元素生成的对称操作集合构成 T_d 群。CBr_4 分子的构型是正四面体，下面以 CBr_4 为例，分析 T_d 群的对称元素和对称操作集合。将四面体置于立方体中，C原子置于立方体的体心，四个Br原子占据立方体的其中四个顶点。其中Br原子从任意角度看都占据六个正方形面的对角顶点位置，任意两个Br原子的连线是四面体的棱边，边长等于面对角线长度，在立方体中观察四面体，从任意一对平行的正方形面看，两个Br—C—Br角形构成的平面相互垂直。C—Br键在体对角线上，键长等于体对角线长度的一半。设立方体上下面的面心连线为坐标系的 z 轴，左右面的面心连线为 y 轴，前后面的面心连线为 x 轴，见图4-38。沿坐标轴方向，平分Br—C—Br键角的直线，是象转轴 S_4 也是旋转轴 C_2。C—Br键的延

长线是 C_3，共 4 条 C_3，每条 C_3 穿过一个正三角形面的重心。Br—C—Br 所在三角形面的延伸平面是对角镜面 σ_d，共 6 个，每个 σ_d 镜面都平分了两条 C_2 的交角。T_d 群的对称操作集合为

$$\{4C_3^1, 4C_3^2, 3C_2, 3S_4, 3S_4^3, 6\sigma_d, E\}$$

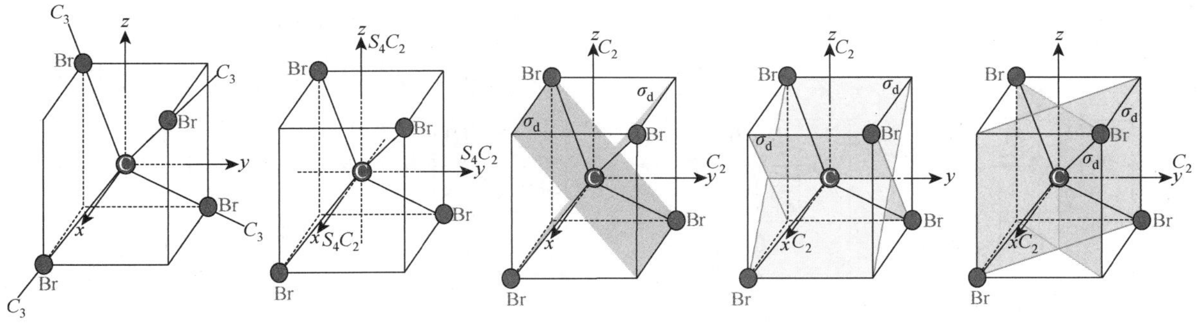

4条C_3旋转轴　3条S_4象转轴 3条C_2旋转轴　平分C_2^y和C_2^z的σ_d镜面　平分C_2^x和C_2^z的σ_d镜面　平分C_2^x和C_2^y的σ_d镜面

图 4-38　正四面体分子 CBr_4 的对称元素位置图

某些结构较为复杂的分子的点群也属于 T_d 群，用正四面体的对称性，可以很好地解析这些分子的几何构型。金刚烷 $C_{10}H_{16}$ 有两类 C 原子，第一类共 4 个，构成正四面体的顶点，只结合一个 H 原子，组成 CH 基；第二类共 6 个，在四面体的每条边中心点上方，以亚甲基 CH_2 的方式桥连两个相邻顶点碳原子，其中亚甲基的 H 原子在 σ_d 镜面上。C 和 H 原子的占位，保持了正四面体的对称元素，见图 4-39（b）。药物分子六次甲基四胺 $N_4(CH_2)_6$，N 原子占据正四面体的顶点，CH_2 沿正四面体棱的中心点的上方桥连两个 N 原子，H 原子在 σ_d 镜面上，见图 4-39（c）。无机化合物 P_4S_6 和 P_4S_{10} 也有类似的几何结构，其分子点群也是 T_d 群，见图 4-39（d）和（e）。

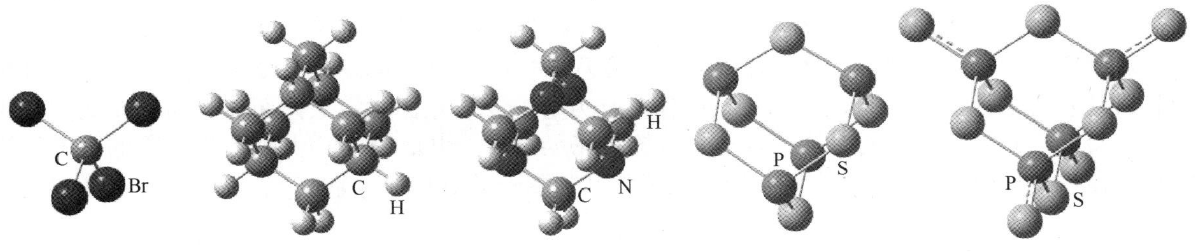

(a) 四溴化碳CBr_4　(b) 金刚烷$C_{10}H_{16}$　(c) 六次甲基四胺 $N_4(CH_2)_6$　(d) 硫化磷P_4S_6　(e) 硫化磷P_4S_{10}

图 4-39　T_d 群分子实例

（2）O_h 群：正八面体、立方体的全部对称元素生成的对称操作集合构成 O_h 群。SF_6 分子的构型是正八面体，下面以 SF_6 为例，分析 O_h 群的对称元素和对称操作集合。将八面体置于立方体中，S 原子置于立方体的体心，六个 F 原子占据正方形面心位置，见图 4-40。三个相邻 F 原子组成正三角形，三角形重心在立方体的体对角线上。沿任意一条体对角线透视，正八面体都可以看成是由两个平行的正三角形组成的，从体对角线观察二者交错 60°，而且体对角线穿过两个正三角形的重心，这种划分共有 4 个方向，对应立方体的 4 条体对角线。设上下面的面心连线为坐标系 z 轴，左右面的面心连线为 y 轴，前后面的面心连线为 x 轴，所有 S—F 键都沿坐标轴取向，见图 4-40。上下、左右、前后的 F—S—F 轴线方向有 C_4，任意两条 F—S—F 轴线共面组成水平镜面 σ_h，C_4 与 σ_h 组合产生象转轴 S_4。立方体的体对角线位置有 C_3，在八面体中两个平行三角形的中心连线是 C_3；由于平行的两个三角形交错 60°，因而在 C_3 同一位置必然存在 S_6，等分两三角形面间距，并与之平行的平面是 S_6 的反映面。C_4 和 S_4 共 3 条，C_3 和 S_6 共 4 条。凡是平分 F—S—F 直角的对角线方向都有 C_2，C_2 也平分了正八面体的 F—F 边长，从立方体看，也平分了立方体的边长，12 条边共

生成 6 条 C_2，图 4-40 中绘出了其中三条。因为 $C_4^2=C_2$，所以 C_4 位置也有 C_2，平分两条相邻 C_2 的交角的角平分线方向，有对角镜面 σ_d，共 6 个。O_h 群的群元素为

$$\left\{3C_4^1,3(C_4^2=C_2),3C_4^3;4C_3^1,4C_3^2;6C_2;3S_4^1,3S_4^3;4S_6^1,4S_6^5;i,3\sigma_h,6\sigma_d;E\right\}$$

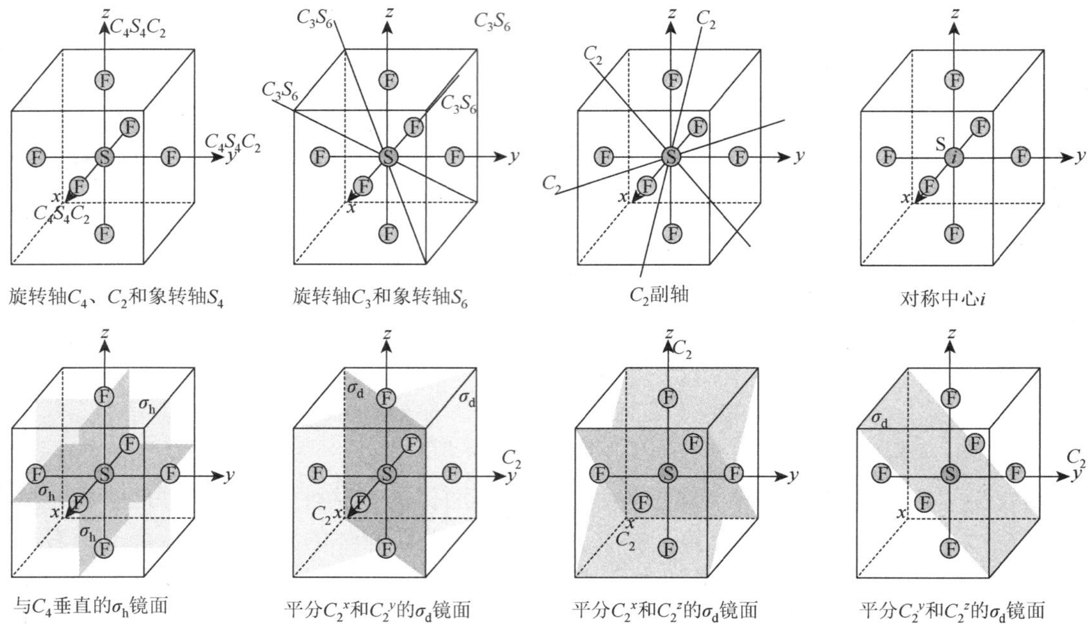

图 4-40　正八面体分子 SF_6 的对称元素位置图

正八面体图形属于 O_h 群。将正八面体置于立方体可以得出，立方体的对称元素与正八面体的对称元素的位置完全重合，立方体的对称元素与正八面体完全相同，生成的对称操作集合也必然相同，群元素也完全相同，立方体分子的对称群也是 O_h 群。消去立方体的八个顶点，切削的方式是将顶点变为等同的正三角形，正方形面变为较小的正方形，立方体演变为立方八面体，见图 4-41。当切削的长度相等，而且长度为整个边长，使正方形面变为一点，就是正八面体。立方体、立方八面体、正八面体之间存在几何上的演变关系。不难验证，立方八面体的对称元素与立方体也完全相同，也是 O_h 群。其实，当切削的长度相等，但长度较短，使正方形面变为 D_{4h} 对称的八边形，所得几何图形的对称性也是 O_h 群。

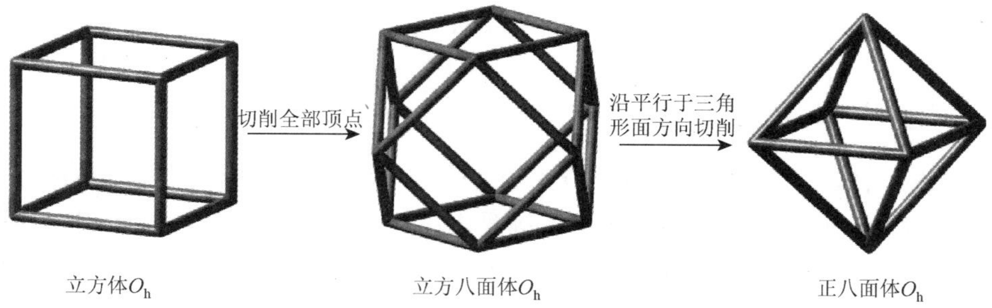

图 4-41　立方体、立方八面体、正八面体的几何演变关系

一些结构复杂分子的对称性属于 O_h 群。如立方烷 C_8H_8 [5]，C 原子围成立方体，H 原子围成立方体，C—H 键沿立方体的体对角线方向取向，两个立方体成比例放大，体心重合，对称元素重合，点群为 O_h 群，见图 4-42（a）。配合物六氰合钴（III）是正八面体配合物，对称元素的交点以及对称中心在中心钴原子上，碳和氮分别围成的正八面体成一定比例，体中心重合，具有 O_h 群的全部对称元素，见图 4-42（b）。原子簇 $Mo_6(\mu_3\text{-}Cl)_8(\mu_1\text{-}Cl)_6^{2-}$ 的 Mo_6 单元是正八面体构型[6]，体中心没有原子，在每个面心的上方且在 C_3 轴上 3 个 Mo 桥连了一个氯原子（属于 μ_3-Cl），八个面上方的 μ_3-Cl 组成立方体。每个 Mo 另连接一个氯原子（属于

μ_1-Cl），六条 Mo—Cl 键沿 C_4 轴方向伸展，正八面体和立方体的体心重合，具有 O_h 群的全部对称元素，见图 4-42（c）。与之类似的原子簇化合物还有 $Re_6(\mu_3\text{-}Te)_8(CN)_6^{4-}$[7]，见图 4-42（e）。原子簇化合物 $Nb_6(\mu_2\text{-}Br)_{12}(\mu_1\text{-}Br)_6^{4-}$ 的 Nb_6 单元是正八面体构型[8]，在每条边外侧 C_2 轴上 2 个 Nb 桥连了一个溴原子（属于 μ_2-Br），十二个 μ_2-Br 组成立方八面体。每个 Nb 另连接一个溴原子 μ_1-Br，六条 Nb—Br 键沿 C_4 轴方向伸展，正八面体和立方八面体的体心重合，具有 O_h 群的全部对称元素，见图 4-42（d）。

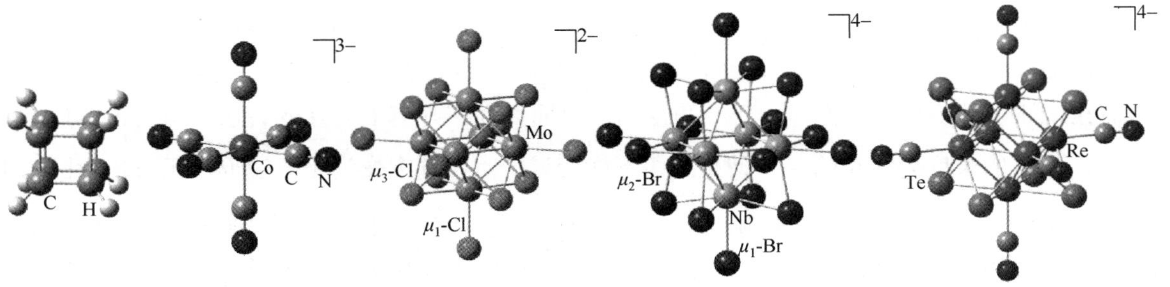

(a) C_8H_8　(b) $Co(CN)_6^{3-}$　(c) $Mo_6(\mu_3\text{-}Cl)_8(\mu_1\text{-}Cl)_6^{2-}$　(d) $Nb_6(\mu_2\text{-}Br)_{12}(\mu_1\text{-}Br)_6^{4-}$　(e) $Re_6(\mu_3\text{-}Te)_8(CN)_6^{4-}$

图 4-42　O_h 群分子实例

（3）I_h 群：正三角形面二十面体、正五边形面十二面体的全部对称元素生成的对称操作集合构成 I_h 群。正三角形面二十面体的顶点与体中心的连线必然穿过对角顶点，是旋转轴 C_5。C_5 也穿过两个平行的、交错 36°的正五边形面的面心，该位置同时存在象转轴 S_{10}，见图 4-43（a）。从任意一顶点沿体心透视另一端的对角顶点都是这样，因而连接两个对角顶点的对角线就是一条 C_5 和 S_{10}，共有六个位置存在 C_5 和 S_{10}。正三角形面二十面体共有 20 个正三角形面，正三角形重心与体中心的连线，是旋转轴 C_3。C_3 同时穿过处于两侧两个平行的、交错 60°的正三角形面心，该位置同时存在象转轴 S_6。从任意三角形面向体中心透视另一端的正三角形面，都存在 C_3 和 S_6，整个多面体共有 10 个位置存在 C_3 和 S_6。根据欧拉定律 $F+V=E+2$，正三角形面二十面体共有 30 条边，每条边中心点与体中心的连线必然穿过另一端对边中心点，此连线是旋转轴 C_2，整个多面体共有 15 个位置存在 C_2。任意一条 B—B 键与体中心点构成的平面，也包括另一端的一条 B—B 键，组成对角镜面 σ_d，它同时也平分了两侧分布的两条 C_2 的交角。σ_d 的位置也可以从另外一个角度观察，即包含任意一条 C_2，以及与该 C_2 共面的 2 条 B—B 键，所形成的切割面。镜面 σ_d 还可看成包含 C_5 旋转轴，以及两条处于对边关系 B—B 键的切割面。整个多面体共有 15 个这种切割面，即 15 个 σ_d。这些对称元素生成的对称操作集合构成 I_h 群，群元素为

$$\left\{6C_5^1,6C_5^2,6C_5^3,6C_5^4;10C_3^1,10C_3^2;6S_{10}^1,6S_{10}^3,6S_{10}^7,6S_{10}^9;10S_6^1,10S_6^5;15C_2;i,15\sigma_d;E\right\}$$

群阶等于 120。

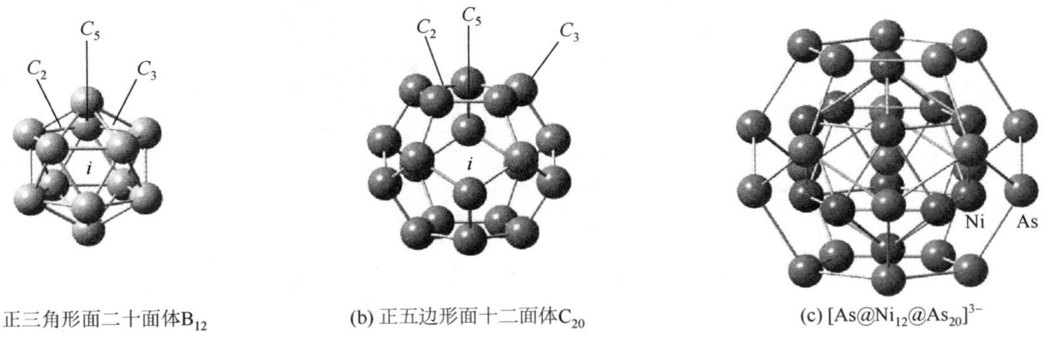

(a) 正三角形面二十面体B_{12}　(b) 正五边形面十二面体C_{20}　(c) $[As@Ni_{12}@As_{20}]^{3-}$

图 4-43　I_h 群的对称元素

将正五边形面十二面体的正五边形面心、顶点分别对准正三角形面二十面体的顶点、正三角形面心，将正三角形面二十面体缩小置于正五边形面十二面体内，或者将正五边形面十二面体缩小置于正三角形面二十面体内，二者的对称元素位置完全重合。一对交错 36° 的正五边形的面心与多面体体心的连线是 C_5 和

S_{10}，顶点与体心的连线是 C_3 和 S_6，同时穿过体心两侧一对顶点。两个相邻正五边形共用边的中间点与体心的连线与对边中间点和体心的连线同线，是副轴 C_2，共 15 条。下面选定一个正五边形对准体心进行透视，见图 4-43（b），选上方的正五边形，它与下方的正五边形平行、交错 36°，上方、下方五边形之间又是两个较大的正五边形，见图的中间，而且也相错 36°，包含一条 C_5 和一条 C_2，并穿过上下正五边形的边中心点和四个顶点的切割面是对角镜面 σ_d，共 15 个，它平分了镜面两侧 C_2 轴的交角，点群为 I_h 群。

原子簇 $[As@Ni_{12}@As_{20}]^{3-}$ 的构型见图 4-43（c），Ni_{12} 组成正三角形面二十面体，As_{20} 组成正五边形面十二面体，两个多面体的体心重合，体心被 As 原子占据[9]。Ni_{12} 的 12 个顶点正好对准 As_{20} 的正五边形面的面心，Ni_{12} 的 20 个正三角形面的面心正好对准 As_{20} 的顶点，点群为 I_h 群。

不难看出，正五边形面十二面体与正三角形面二十面体存在几何上的互变关系。削去正三角形面二十面体的顶点，削去的长度为边长的 $\frac{2}{3}$，使正三角形面变为一点，顶点变为正五边形，正三角形面二十面体就演变为正五边形面十二面体。也可以削去正五边形面十二面体的顶点，使顶点变为正三角形，正五边形变为顶点，使正五边形面十二面体演变为正三角形面二十面体。在切削正三角形面二十面体的顶点时，倘若切削的长度为三角形边长的 1/3，顶点变为正五边形，三角形面变为正六边形，正三角形面二十面体演变为富勒烯 C_{60}，见图 4-44。富勒烯 C_{60} 的正六边形面周围只有 3 个正五边形面，因而正六边形面心与体心的连线只能是 C_3 和 S_6。体对角线两端顶点被切削后的正五边形平行，相对于 C_5 相错 36°，所以，没有消除原有正三角形面二十面体的对称元素，其点群仍为 I_h 群。

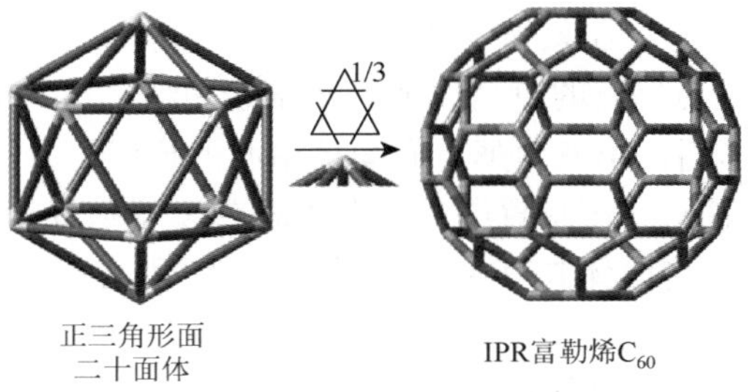

图 4-44　正二十面体与富勒烯多面体的互变关系

十二顶点闭式硼烷 $B_{12}H_{12}^{2-}$ 是正三角形面二十面体，碳烷 $C_{20}H_{20}$ 是正五边形面十二面体[10]，它们都是典型的 I_h 群对称性的原子簇，见图 4-45。

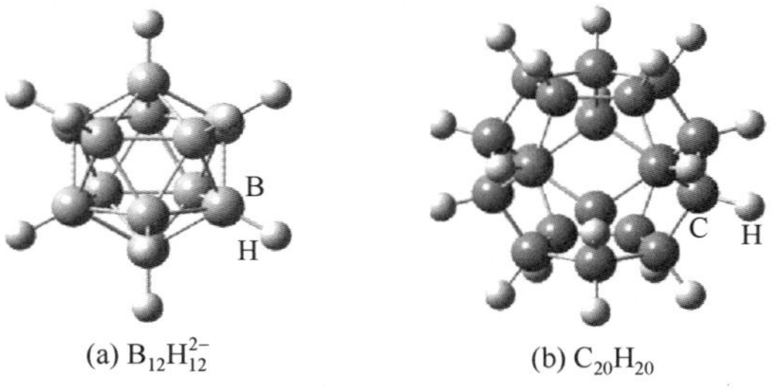

图 4-45　I_h 群分子实例

4.4　分子点群与分子的性质

分子对称性反映了原子和化学键的对称分布，原子之间共用价层电子形成化学键，由于原子聚集，分子中所有原子的价电子处于相对较强的作用状态，只有当这些电子的电磁作用力处于均衡状态，分子构型才是稳定的。原子以高对称性方式构成分子是一种普遍现象，在空间中原子分布的方式也与原子的价电子数有关，以使成键和非键电子对排斥力对称分布达到均衡。分子中电子对的对称性分布将影响化学键的对称分布，也影响分子的偶极矩、极性和旋光性。

4.4.1　确定分子点群的一般方法

分子的立体构型千差万别，按对称性分类，从对称性的角度找出分子构型的共同特点。分子对称点群相同，预示它们有某些相似的结构特点。分子存在同分异构现象，包括几何异构和立体异构，几何异构指原子或基团构造的多面体不同；立体异构指原子或基团构造的多面体相同，但在空间的位置取向和排列顺序不同。立体异构又分为构象异构和构型异构，构型异构又包括顺反异构、经面异构和手性异构。在分子异构现象所形成的异构体中，有些存在较大差别，有些差异却是细微的，很难用文字描述，而用对称元素和点群符号却能较明确地区分。如乙烷的构象差异，用对称性区分，主要有三种典型的构象，它们分别是：D_{3h} 代表的全重叠式构象，D_{3d} 代表的全交错式构象，D_3 代表的叠错间构象。

另外，对于相同或相似性质的分子，我们也试图从构型上发现共同点，如超分子，分子组合存在对称性匹配，或对称性导致的相似性质之间的匹配。分子对称性还体现在分子轨道也有对称性。

根据分子对称性分类，对于不熟悉的一般分子，主要是判断分子构型是否存在高重旋转轴 C_n。可能出现的情况只有三种：①没有高重旋转轴，分子属于非真旋转群。②不仅有，而且还有多条，这类分子属于立方群，其构型一定是多面体。③只有一条高重旋转轴，分子属于单轴群 C 或双面群 D。区分单轴群和双面群，看是否存在垂直于主轴 C_n 的二重旋转轴 C_2，只可能有两种情形：①主轴 C_n 垂直的方向没有 C_2，分子归属于单轴群。②有 n 条垂直于主轴 C_n 的 C_2，分子归属于双面群。我们将判断分子构型所属点群的基本步骤用图 4-46 表示。

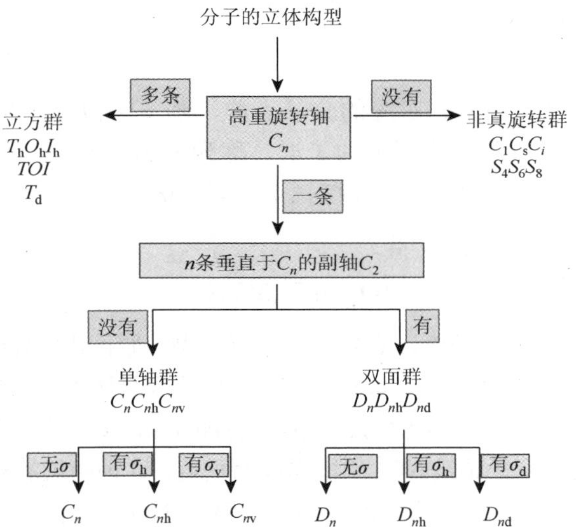

图 4-46　判断分子构型所属点群的基本步骤

基于对分子点群分类的了解，不是找出分子图形的全部对称元素，再确定点群，而是按照点群分类的主要特征对称元素来确定点群。在确定点群类别的基础上，有针对性地验证其他对称元素。

【例 4-10】　从对称群分类推断原子簇分子 $Ga_4S_4(CH_3)_4$ 的点群。分子构型见图 4-47[11]，全部 Ga—S 键长相等，为 238.2pm，全部 S—Ga—S 键角相等，为 95.4°；Ga—S—Ga 键角相等，为 84.6°，Ga_4S_4 为菱形六面体。

解：沿 CH_3 方向透视，C—Ga—S 在菱形六面体的体对角线上，透视方向上 C—H 与 Ga—S 处于重叠构象。根据以上构型特点，C—Ga 键与体对角线另一端的 S 连线是 C_3，有 4 个方向是等同的，共有 4 条 C_3，按照点群分类，应属于立方群。可以验证 4 个 Ga、4 个 S、4 个 CH_3 都构成正四面体，初步确定点群为 T_d。下面用 T_d 群的对称元素验证分子结构中存在的其他对称元素，沿六面体的面对角线，σ_d 将图形一分为二，Ga_4S_4 的每个菱面上 4 条 Ga—S 边长相等，对角线 Ga—Ga 和 S—S 相互垂直，因而一对平行面的面心的连线为 C_2 和 S_4。

三水杨酸合铁（Ⅱ）$Fe(C_6H_4OCOO)_3^{4-}$ 是八面体配离子，三水杨酸的苯环上处于邻位的羟基氧和羧基氧与铁离子配位。两类配位氧原子分别处于纸面的前后平面，各自构成正三角形，这种异面配位导致三个苯环不在一个平面，苯环的取向好比涡轮扇叶。穿过氧组成的正三角形重心以及铁离子有一个 C_3，为主轴，

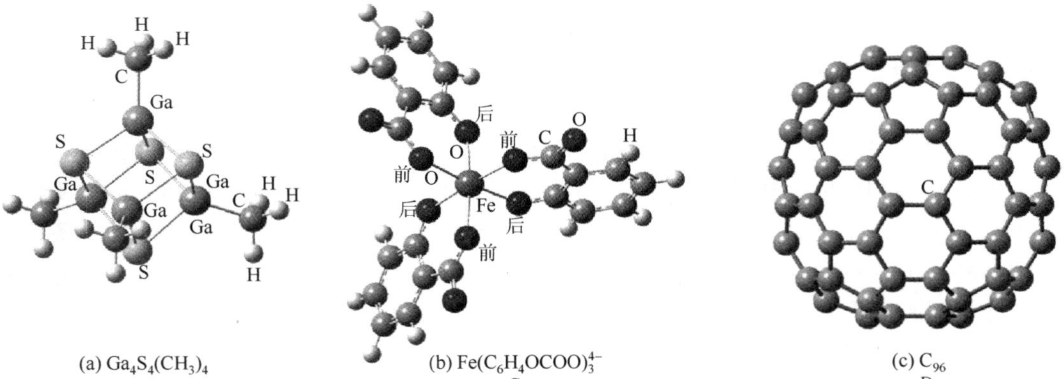

(a) $Ga_4S_4(CH_3)_4$ T_d　　(b) $Fe(C_6H_4OCOO)_3^{4-}$ C_3　　(c) C_{96} D_{6d}

图 4-47　从分类推断分子点群实例

与之垂直的方向没有 C_2，属于单轴群。按照点群分类，垂直主轴 C_3 没有水平镜面 σ_h，绕主轴 C_3 没有直立镜面 σ_v，点群为 C_3。

IPR 富勒烯 C_{96} 共 12 个五元环，38 个六元环，笼心上下侧存在一对正六边形，围绕正六边形连接五元环和六元环，生成碗状结构，存在 C_6 对称性[12]。上下碗结构互为水平镜面对称，按此水平镜面，并相对于 C_6 交错 30°的方式对接，所得结构的点群为 D_{6d}。显然，对接生成的 C—C 键的中心存在 C_2，也很容易观察到相邻两条 C_2 之间的对角镜面 σ_d。不难验证，与主轴 C_6 同轴位置还有 S_{12} 象转轴。

4.4.2　确定分子点群的特殊方法

运用比较熟悉的、常见的分子构型和对应的分子点群，确定类似分子构型的点群，以及存在互变或演变关系构型的点群。如 O_h 群的如下群元素组成的子群，称为 T_h 群。

$$\left\{4C_3^1, 4C_3^2, 3C_2, i, 4S_6^1, 4S_6^5, 3\sigma_h, E\right\}$$

O_h、T_d、T_h 都有如下共同群元素，组成子群 T。

$$\left\{4C_3^1, 4C_3^2, 3C_2, E\right\}$$

正八面体配合物通过角形配体进行构型演变，就会产生 T_h 群构型。如正八面体配合物 $[ScBr_6]^{3-}$，点群为 O_h。倘若配体变为角形结构的 NO_2^- 时，生成配合物 $[Sc(NO_2)_6]^{3-}$。当正八面体的三条坐标轴线两端异侧配体 NO_2^- 取向处于反式，而且相互垂直，即交错 90°，构型就为 T_d 点群，见图 4-48（a）。当三条坐标轴线两端异侧配体 NO_2^- 取向处于反式，但同在一平面，而且三条轴线 NO_2^- 的取向两两垂直，这种构象的对称性则为 T_h 群，见图 4-48（b），即三组配体构成的平面彼此垂直。当三条坐标轴线两端异侧配体 NO_2^- 交错的角度在 0°～45°或 45°～90°范围内，所有镜面和象转轴消失，因构象演变，构型的对称性降为 T 点群，见图 4-48（c）。T_d、T_h、T 都是 O_h 的子群。

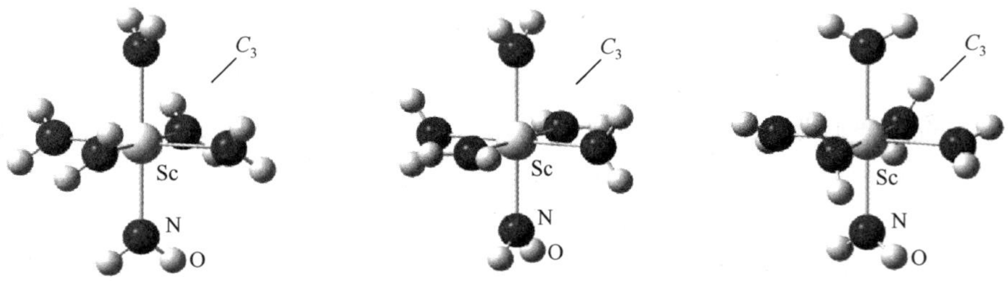

(a) T_d　　(b) T_h　　(c) T

图 4-48　配离子 $[Sc(NO_2)_6]^{3-}$ 的构象对称性（一）

除此之外，$[Sc(NO_2)_6]^{3-}$ 的其他构象，都可以用点群加以区分。部分差异明显、具有代表性的构象见图 4-49，它们分别标记为 D_{3d}、D_{2d}、D_{2h}、C_{2v} 等，其余中间构象 D_3、S_6、D_2、C_{2h}、C_2、C_s 等，读者可以通过练习得出，这些点群都是 O_h 的子群。

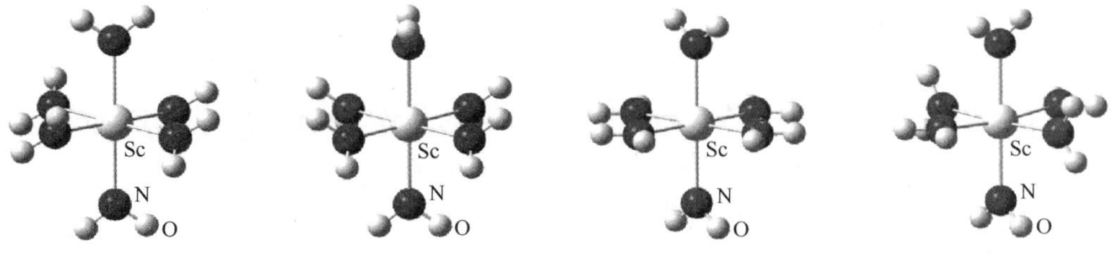

(a) D_{3d}　(b) D_{2d}　(c) D_{2h}　(d) C_{2v}

图 4-49　配离子$[Sc(NO_2)_6]^{3-}$的构象对称性（二）

T_d群的旋转对称元素组成的子群，称为T群；O_h群的旋转对称元素组成的子群，称为O群。I_h群的旋转对称元素组成的子群，称为I群。T群、O群和I群都是纯旋转群，属于这类群的分子很少。

相当多的分子具有多面体构型，而呈现高对称性。多面体顶点原子经过基团替换，多面体构型不变，但对称顶点的原子种类的变化，必然导致对称性降低。对于这些分子构型，我们需要用一种特殊的方法，观察被替换顶点位置的对称元素是否消失，进而分析出所属子群，得出点群。化学分子最常见的多面体构型是四面体、三角双锥、八面体、立方体、二带帽四方反棱柱、正三角形面二十面体。下面通过两个实例领悟推断分子点群的这种特殊方法。

【例 4-11】 配离子$[CoBr_6]^{3-}$是正八面体构型，当CN^-置换Br^-得到组成为$[CoBr_4(CN)_2]^{3-}$和$[CoBr_3(CN)_3]^{3-}$的配离子（图 4-50），试确定所有可能异构体构型的点群。

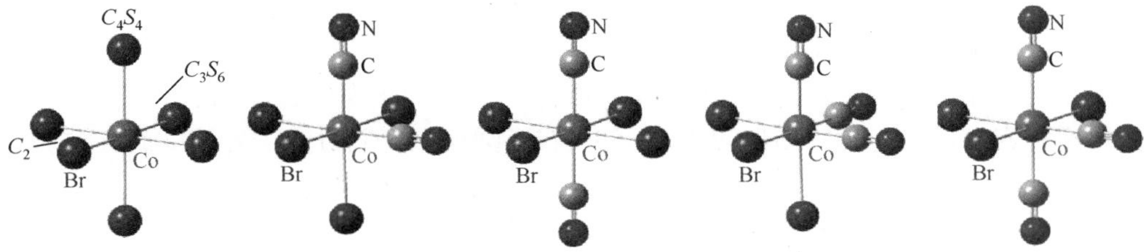

(a) 正八面体 O_h　(b) 顺式(*cis*-) C_{2v}　(c) 反式(*trans*-) D_{4h}　(d) 面式(*fac*-) C_{3v}　(e) 经式(*mer*-) C_{2v}

图 4-50　配离子$[CoBr_4(CN)_2]^{3-}$和$[CoBr_3(CN)_3]^{3-}$的构型异构体及其点群

解： 配离子$[CoBr_4(CN)_2]^{3-}$和$[CoBr_3(CN)_3]^{3-}$的立体构型为八面体，因配体不同，在CN^-置换第一个Br^-后，Br^-占据的顶点变得不等价，出现两组Br^-顶点，一组在CN^-的对位，另一组在邻位。当CN^-置换第二个Br^-时，置换邻位顶点Br^-生成顺式异构体（*cis*-），置换对位Br^-生成反式异构体（*trans*-），见图 4-50（b）和（c）。CN^-的顺式占位，使得构型不再有旋转轴C_3和C_4，象转轴S_6和S_4，以及σ_h和σ_d镜面，对称性降低为C_{2v}。当CN^-处于反式占位时，全部C_3和S_6消失，与反式占位轴线 NC-Co-CN 垂直的C_4降为C_2，分子点群为D_{4h}。

在CN^-置换两个Br^-后，从$[CoBr_4(CN)_2]^{3-}$的顺式异构体看，剩余Br^-占据的顶点又有两组不等价顶点，一组在邻位，另一组在对位，当CN^-置换第三个Br^-时，邻位置换生成面式异构体（*fac*-），对位置换生成经式异构体（*mer*-），见图 4-50（d）和（e）。从反式异构体看，剩余Br^-占据的顶点全部等价，为邻位顶点，当CN^-置换第三个Br^-时只生成经式异构体。在面式异构体中，三个CN^-形成一个面，原有正八面体的C_4、S_4、S_6以及全部σ_h镜面消失，但仍有一条C_3和三个位置的σ_d，在取代构型中σ_d变为σ_v，对称性降低为C_{3v}。在经式异构体中，CN^-处于一条经线上，消失的对称元素包括全部C_3和S_6，C_4和S_4，以及σ_d镜面，仅剩下一条C_2和 2 个σ_d镜面，在取代构型中，σ_d变为σ_v，对称性降为C_{2v}。

4.4.3　分子手性与对称性

光是三维空间中行进的电磁波，电磁波行进的方向与振动方向垂直，迎着光行进的方向观察，混合光在平面内任意方向都有振动，振动幅度也称为电矢量，迎着光行进方向透视电矢量的端点，构成一个圆，见图 4-51（a）。在光行进的路径中放置一块尼科耳棱镜，只有光的振动方向与尼科耳棱镜晶轴平行时才能透过，当迎着光行进方向观察透过尼科耳棱镜的光，只在平面内的一个方向振动。在光行进方向垂直一侧观察透过尼科耳棱镜的光，光在一个平面内做周期振动，透过尼科耳棱镜的光称为平面偏振光。两束振动方向相互垂直的平面偏振光的叠加合成圆偏振光，圆偏转光的振幅不变，而方向随时间发生变化，呈螺旋式行进。电矢量或振动方向呈顺时针方向偏转，称为右旋圆偏振光；电矢量或振动方向呈逆时针方向偏转，称为左旋圆偏振光，左、右旋圆偏振光叠加合成为平面偏振光。

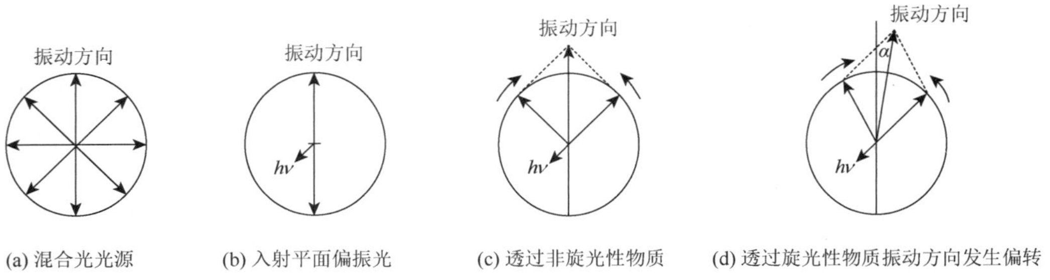

图 4-51　混合光和平面偏转光的振动方向

平面偏振光可以看成是波长相等、相位差为零、旋转方向相反的左旋和右旋圆偏振光的合成。左旋和右旋圆偏振光透过非旋光性物质，在传播相中的速度相同，合成的平面偏振光的振动方向与入射平面偏振光相同，不发生偏转，见图 4-51（b）和（c），图中光的传播方向从纸面射出。左旋和右旋圆偏振光与旋光性物质作用后，在传播相中的速度出现差异。若右旋圆偏振光速度 v_R 大于左旋圆偏振光速度 v_L，穿透某介质深度，右旋偏振光的相位 φ_R 将超前于左旋圆偏振光 φ_L，合成的平面偏振光向右（顺时针）偏转角度 α，此种旋光性物质称为右旋体，见图 4-51（d）。即左、右旋圆偏振光同时穿透右旋体时，右旋圆偏振光快于左旋圆偏振光。反之，左、右旋圆偏振光同时穿透左旋体时，左旋圆偏振光快于右旋圆偏振光。合成的平面偏振光向左（逆时针）偏转角度 α，此种旋光性物质称为左旋体。

旋光仪是测量平面偏振光穿透旋光性物质产生偏转角度 α 的仪器，采用两块尼科耳棱镜，分别装在待测物质的前后，分别称为起偏器和检偏器，见图 4-52。两块尼科耳棱镜的晶轴平行时，装在起偏器的尼科耳棱镜将混合光变为平面偏振光。旋光性物质作用后偏振光偏转角度 α，振动方向与检偏器一侧的尼科耳棱镜的晶轴不平行，偏振光被挡住，不能透过检偏器尼科耳棱镜，迎着光行进方向看不到光亮。此时起偏器一侧的尼科耳棱镜不动，旋转检偏器一侧的尼科耳棱镜，目测到光亮，此时尼科耳棱镜晶轴与发生偏转后平面偏振光的振动方向平行。检偏器尼科耳棱镜旋转的角度 α 也就是平面偏振光偏转的角度 α，称为旋光度。并规定向右偏转为正，向左偏转为负，那么，右旋体的旋光度则为 $+\alpha$，左旋体的旋光度则为 $-\alpha$。平面偏振光穿过旋光性物质发生偏转产生旋光度是光与物质作用的结果，因而，旋光度或偏转角度与旋光性物质的浓度以及盛装溶液容器的厚度有关，将单位浓度和单位厚度下测得的旋光度称为比旋光度。比旋光度则是强度性质的量，在温度 T、光波长 λ 不变条件下，旋光性物质的比旋光度不变，旋光度表示为

$$\alpha = \alpha_\lambda^T lc \tag{4-44}$$

其中，α_λ^T 为比旋光度；l 为样品池厚度（cm）；c 为溶液浓度（$g \cdot mL^{-1}$）。比旋光度与物质的光学活性有关，即与分子构型或物质结构有关，也与物质本身的物理性质有关。反之，构型的差异表现出旋光度相反，也必然表现出其他性质的不同[13]。

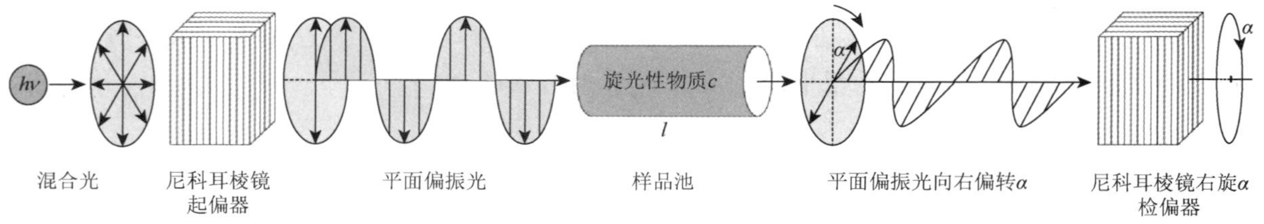

图 4-52　旋光仪工作原理

所谓旋光性物质是其结构存在手性特征。在分子水平上，观察物质结构，在分子构型旁放置一镜面，即得分子的镜像。分子原像和分子镜像经过旋转不能重合，就好比左手和右手，就称这种分子的构型具有手性特征，这种分子也称为手性分子。左手的镜像就是右手，反之，右手的镜像就是左手，左、右手互为镜像关系，不能重合。当两个分子的化学组成相同、化学键相同、化学环境相同，但原子或基团的空间取向和排列顺序相反，存在镜像关系，不能重合，就存在旋光性。这两个不同构型的分子，互为手性异构体，也称为对映异构体。图 4-53 是对映异构体 L-(–)-甘油醛和 D-(+)-甘油醛的构型，二者互为镜像关系，而且不重合。互为手性异构体的两种分子，在旋光仪上测得的旋光度分别为 $-\alpha$ 和 $+\alpha$，分别对应左旋体 L-(–)和右旋体 D-(+)。

旋光性与分子构型存在必然联系。对于碳的四面体构型化合物，判断是否有旋光性是看构型中有无不对称碳原子，碳原子结合了四个不同的原子或基团 a、b、c、d，就称为不对称碳原子。具有不对称碳原子的分子存在手性异构体，确定手性异构体的方法是：按命名顺序规则，将原子或基团排序为 a-b-c-d，将 d 置于纸平面后，其余三个原子或基团在空间按 a-b-c 顺序排列，顺时针为 *R* 构型，逆时针为 *S* 构型。*R* 构型和 *S* 构型互为镜像关系，构成手性异构体。图 4-54 是丙氨酸分子的对映异构体，由 *R* 构型和 *S* 构型命名法确定构型名称，其中天然丙氨酸是 *S* 构型。注意 *R* 构型和 *S* 构型与左旋体、右旋体并不形成对应关系，*R* 构型和 *S* 构型是人为规定的，二者具有相对性，*R* 构型是 *S* 构型的镜像，*S* 构型也是 *R* 构型的镜像，而左旋体、右旋体是由实验测定的旋光度指认的。

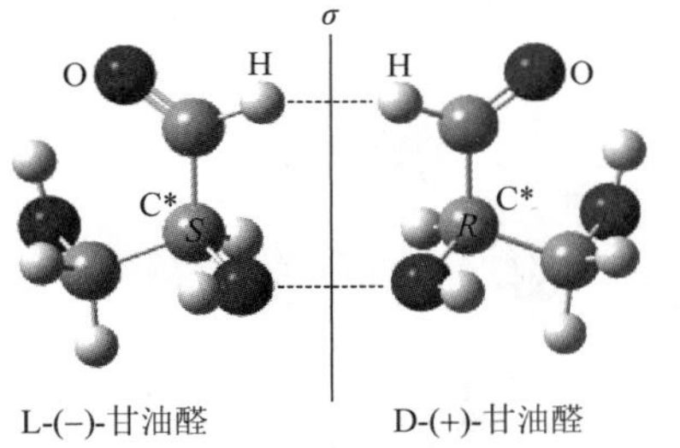

图 4-53　对映异构体 L-(–)-甘油醛和 D-(+)-甘油醛的构型——二者互为镜像关系

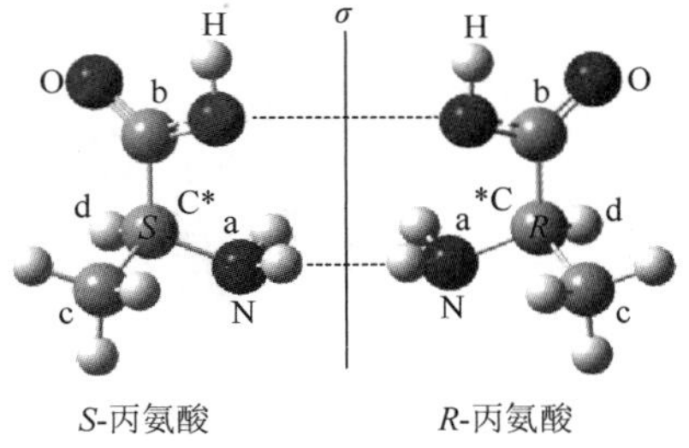

图 4-54　丙氨酸的 *R* 和 *S* 构型——构成手性异构

对于只有一个不对称碳原子的化合物，按照是否有不对称碳原子作为判断手性的标准，以及指定手性异构体的 *R* 构型和 *S* 构型，通常能与实验相符，但对于存在多个不对称碳原子的复杂有机化合物，以及无机、超分子和生物分子等，就存在局限性。酒石酸(COOH)(OH)HC—CH(OH)(COOH)有两个不对称碳原子，编号分别为 2 和 3，它们结合相同的羧基、羟基、氢等基团，其构型类似于乙烷衍生物，连接基团围绕两个不对称碳原子的C—C 键形成不同的排列顺序，按排列顺序共组合出 4 个异构体，按照 *R* 和 *S* 命名，分别为(2*R*, 3*R*)、(2*S*, 3*S*)、(2*R*, 3*S*)、(2*S*, 3*R*)，因为 C—C 键旋转还产生不同的构象，其中对称性最高的构象有 4 种，见图 4-55。实验测得(2*R*, 3*R*)和(2*S*, 3*S*)的旋光度分别为 + 12°和–12°，组成对映异构体，旋光性与构型相符；但(2*R*, 3*S*)和(2*S*, 3*R*)的旋光度为 0°，并没有表现出旋光性，虽然二者互为镜像关系，但(2*S*, 3*R*)在纸面内翻转 180°与(2*R*, 3*S*)重合，是同一异构体，故不是手性分子，其他物理性质见表 4-2。这一事实说明，分子是否是手性分子，分子是否有旋光性，不能绝对以是否存在不对称碳原子为标准，构型中有不对称碳原子只是手性分子的必要条件之一。由于只有手性分子才有旋光性，所以有不对称碳原子只能是有旋光性的必要条件之一。

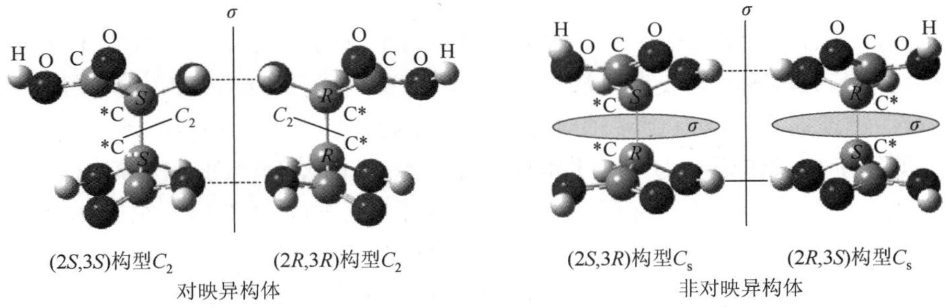

图 4-55　酒石酸的对映和非对映异构体

表 4-2　酒石酸异构体的物理性质

构型	α_D^{25}	pK_{a1}	pK_{a2}	熔点/℃	溶解度/[g·(100gH_2O)$^{-1}$]
(2*R*, 3*R*)	+ 12°	2.93	4.32	170	139
(2*S*, 3*S*)	−12°	2.93	4.32	170	139
内消旋体（*meso-*）	0	3.11	4.80	140	125
外消旋体（±）	0	2.96	4.24	206	20.6

任何分子都有镜像，如果分子原像与分子镜像通过旋转可以完全重合，二者就不构成手性异构体，属于同一构型，只是在空间中的取向不同。什么构型的分子存在手性异构体呢？从分子构型的对称性可以给出答案。以 1, 3, 5, 7-四氯环辛四烯为例，分子构型存在象转轴 S_4，分子没有手性异构体。象转轴是旋转和反映的复合操作，先实施反映操作，再实施旋转操作。图 4-56 是 1, 3, 5, 7-四氯环辛四烯构型的侧视图，参照四个氯原子的空间位置，分子原像 A 经过分子内的镜面 σ 反映，得到分子中间像 B，B 就是分子原像 A 的镜像；再对中间像 B 实施旋转操作，绕垂直于镜面 σ 的 C_4 旋转 90°，得到分子新像 C。实施 S_4 后，分子原像 A 和分子新像 C 必然重合，这就意味着分子原像与分子的镜像重合，分子原像和镜像不是左右手关系。所以，有象转轴的分子，分子原像和其镜像是同一构型，不构成手性异构体。分子原像和其镜像相同，使平面偏振光左旋和右旋的两部分合成的平面偏振光不变，必然就没有旋光性。

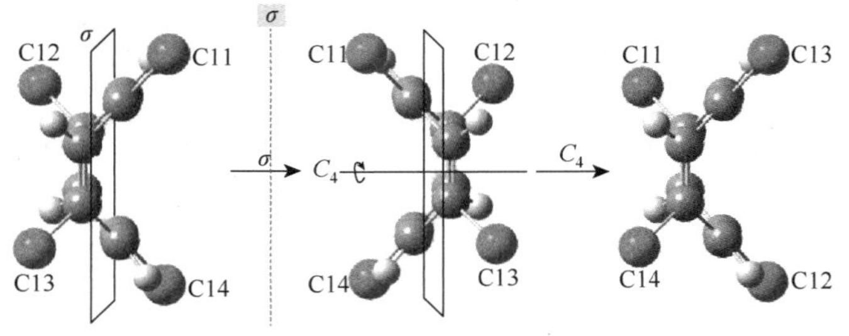

图 4-56　S_4 点群分子 1, 3, 5, 7-四氯环辛四烯的原像与中间像、新像互为镜像

当分子构型存在镜面 σ 时，分子原像与镜像必然重合，一定不是手性分子。分子构型存在象转轴 S_n，分子原像与镜像也必然重合，不属于手性分子。因为象转轴必然衍生出如下对称元素：

$$
\begin{aligned}
&S_1 = \sigma \\
&S_2 = i \\
&S_3 = C_3 + \sigma_h \\
&S_4 \\
&S_5 = C_5 + \sigma_h \\
&S_6 = C_3 + i \\
&\vdots \\
&S_{2n} = C_n + i \\
&S_{2n+1} = C_{2n+1} + \sigma_h
\end{aligned}
$$

所以，分子构型有反演中心 i、镜面 σ 和 S_4，分子就不是手性分子，这个结论成为手性分子的对称性判据。反之，如果分子构型没有象转轴，也没有反演中心 i、镜面 σ，就只有旋转轴，分子就有手性异构体。设分子 A 和 C 互为左右手镜像关系，只有旋转轴对称元素，经旋转操作变为各自的新像，因为旋转是真操作，不改变分子构型，即经旋转操作仍互为左右手镜像关系，A 和 C 就是一对手性异构体。分别在旋光仪上测定手性异构体的旋光度，测得的数值可能很小，也可能等于零。如外消旋体，左旋体和右旋体的浓度相等，旋光度等于零。酒石酸的(2*R*, 3*R*)和(2*S*, 3*S*)异构体中对称性最高的构型的点群为 C_2，根据对称性判据是手性分子，与实验符合；而(2*R*, 3*S*)或(2*S*, 3*R*)异构体中对称性最高的构型的点群为 C_s，存在镜面 σ，根据对称性判据不是手性分子，故没有旋光性，也与实验符合。值得注意的是(2*R*, 3*S*)或(2*S*, 3*R*)异构体随 C—C 键旋转

会产生 C_1 构象，但实验测定没有旋光度，说明对称性判据是以对称性最高的构象为依据。具有象转轴、对称中心和镜面对称的分子与左右圆偏振光作用后始终是介电常数相同的介质分子，而只有旋转对称的分子与左右圆偏振光作用后，变为介电常数不同的等量介质分子。在有镜面对称性，而无旋转轴对称性时，在产生的中间体 C_1 构象中会迅速建立起左右旋体之间的热力学平衡，形成外消旋体，使得旋光度等于零。这种存在手性构象，经过内部构象变化，转变为非手性构象，导致旋光性消失的构型称为内消旋体（*meso-*）。

cis-1, 2-二氯环己烷的点群为 C_1，由对称性判据，是手性分子，存在对映异构体，实验发现旋光度为 0°。*cis*-1, 2-环己烷存在构型内翻转，见图 4-57 和图 4-58，在室温下存在如下异构体转变的热力学平衡：

$$(1S, 2R)\text{椅式异构体 1} \rightleftharpoons \text{船式异构体} \rightleftharpoons (1R, 2S)\text{椅式异构体 2}$$

其中，(1*S*, 2*R*)椅式异构体 1 和(1*R*, 2*S*)椅式异构体 2 是镜像关系。两个椅式构型翻转为船式构型所需能量相等，仅为 28.5kJ·mol^{-1}（RHF/6-311G*理论计算值），这就导致 *cis*-1, 2-二氯环己烷由(1*S*, 2*R*)异构体经过构型翻转较容易地转变为(1*R*, 2*S*)异构体，使得溶液中始终是两种异构体的等量混合物，即为外旋体。假设有一定量的纯的左旋体，由于椅式异构体 1 和椅式异构体 2 之间的构型翻转，迅速建立起(1*S*, 2*R*) = (1*R*, 2*S*)热力学平衡，最终转变为外消旋体；反之，无论采取何种技术手段始终得不到纯的 *cis*-1, 2-二氯环己烷左旋体或右旋体，即该化合物实验测定时没有旋光性。于是有如下结论：当分子的对称性判据表达了分子是手性分子，则必然存在手性异构体（即对映异构体），然而，当手性异构体之间（手性分子和它的镜像）存在热力学转化平衡时，实验结果必然是外消旋体，而得不到纯的左旋体或右旋体，那么该分子仍然被认定为非手性分子和非旋光性物质。由此可见，满足手性分子的对称性判据也只是手性分子和物质旋光性的必要条件之一[13]。

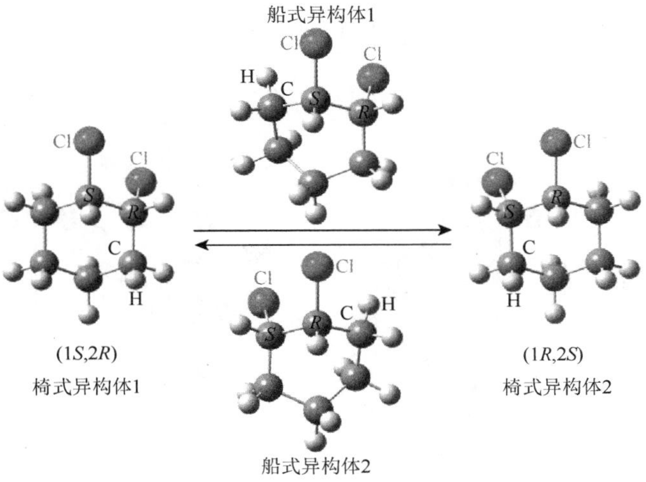

图 4-57　*cis*-1, 2-二氯环己烷的构型内翻转形成的热力学平衡——环平面透视图

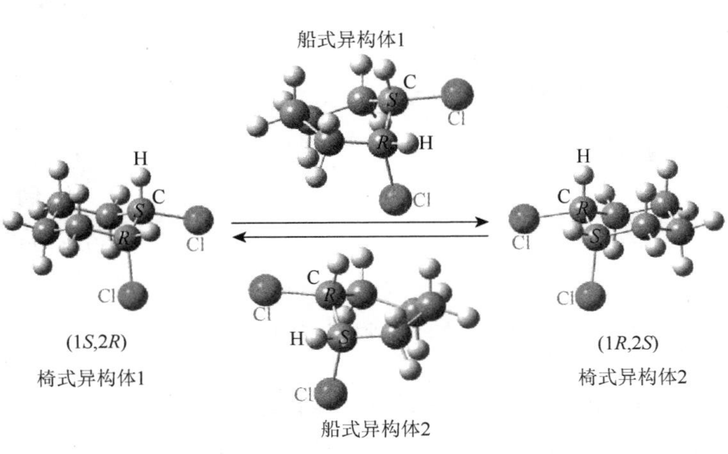

图 4-58　*cis*-1, 2-二氯环己烷的构型内翻转形成的热力学平衡——环平面侧视图

我们也可以得出：由于构象变化所需的能量很小，室温下极容易发生构象转化，不同对称性的构象之间很容易达成热力学平衡，而且正向转变和逆向转变所需能量相等。例如，构象之间围绕单键转动进行变化，存在手性构象和非手性构象之间的低能转化，那么，手性构象与其镜像一定会同时存在，一定得到外消旋体，而得不到纯的左旋体或右旋体，这种分子也被认为是非手性分子。下面通过一个实例加深对手性分子的理解。

【例 4-12】 联苯衍生物联二(2-硝基-6-溴苯)$[C_6H_4BrNO_2]_2$的取代基 NO_2、Br 分别位于苯环的 2、6 位，两个芳环绕中间连接键（C—C 单键）旋转，产生多种构象，按对称性分为三类，试判断该分子是否为手性分子。

解：联二(2-硝基-6-溴苯)分子的构象见图 4-59，苯环的 2, 6 位分别有取代基 NO_2 和 Br，中间连接两个苯环的 C—C 单键的键长 155.0pm，绕 C—C 单键旋转，产生多个点群构象。当两个苯环的交角为 0°时，构象点群为 C_{2v}，但因 NO_2 基团的体积大，两个苯环之间的空间狭小，NO_2 和 NO_2 之间形成空间位阻，空间运动路线被阻断，Br 和 Br 原子之间也存在空间位阻，即 C_{2v} 构象不可能出现。当两个苯环转动至交角为 180°时，构象点群变为 C_{2h}，NO_2 基团和 Br 原子之间形成空间位阻，运动路线也被阻断，即 C_{2h} 构象也不可能出现。两个苯环的交角在 90°和 270°附近，NO_2 基团和 Br 原子相距最远，势能最低，构象点群为 C_2。

按照手性的对称性判据，C_{2v} 和 C_{2h} 构象都是非手性的，分子构象和其镜像是重合的。C_2 构象是手性的，分子构象和其镜像不重合。当两个苯环绕 C—C 单键转动至交角为 90°和 270°时，形成一对手性异构体，相当于以 0°作为参考点，分别沿顺时针和逆时针方向转动 90°，见图 4-59（a）。而以 180°作为参考点，分别沿逆时针和顺时针方向转动 90°，见图 4-59（b）。

转动过程中存在非手性的位阻构象，导致两个苯环绕 C—C 单键的转动不能连续，如果生成的左旋体由于空间阻断作用，就不会因构象变化产生右旋体。即镜面对称的分子构象，始终不能表现出来，整体上仍然属于旋转对称的，因而联二(2-硝基-6-溴苯)是手性分子。

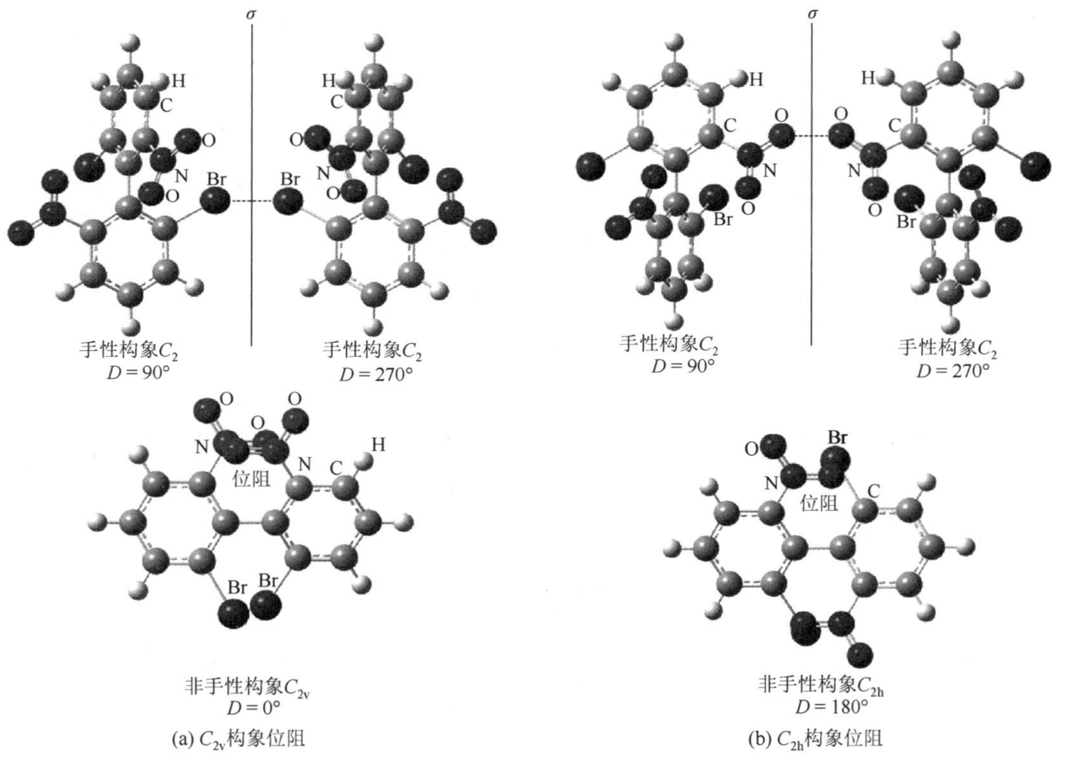

图 4-59　联二(2-硝基-6-溴苯)因存在非手性构象空间位阻，由非手性分子变为手性分子

【例 4-13】 4, 4-联二苯酚$[C_6H_4OH]_2$的两个芳环绕中间连接键（C—C 单键）旋转，产生多种构象，试确定构象点群，并判断该分子是否为手性分子。

解：4, 4-联二苯酚的中间连接键为 C—C 单键，键长 150.0pm。以左端酚环位置作为参考，右侧酚环随 C—C 单键转动。两个酚环的二面角 D 由 0°变到 360°，完成一个转动周期。初始构象 $D=0°$，点群为 C_{2v}，是非手性构象，见图 4-60（a）；$D=90°$ 的构象，点群为 C_2，属于手性构象，见图 4-60（b）；$D=180°$ 的构象，点群为 C_{2h}，属于非手性构象，见图 4-60（c）；$D=270°$ 的构象，点群为 C_2，属于手性构象，见图 4-60（d），其中，对称性为 C_2 的两个手性构象互为镜像关系。

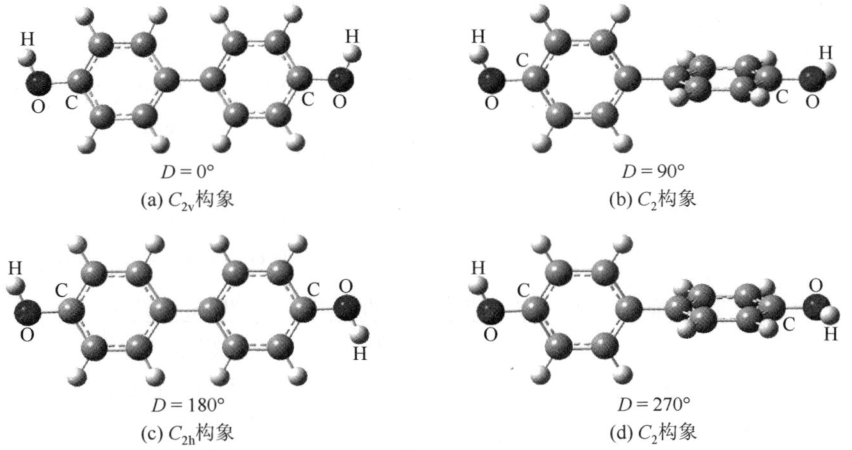

图 4-60　4, 4-联二苯酚 $[C_6H_4OH]_2$ 因 C—C 单键旋转形成非手性构象，为非手性分子

两个酚环连接处的邻位原子是氢原子，不形成空间位阻。C_{2v} 构象的能量比 C_2 构象略高 $8.5kJ \cdot mol^{-1}$，C_{2h} 又比 C_2 略高 $8.3kJ \cdot mol^{-1}$。不难得出，两个酚环共面时形成 $8.3 \sim 8.5kJ \cdot mol^{-1}$ 的位垒，两个酚环处于垂直位置、对称性为 C_2 的构象能量最低。在室温条件下，绕 C—C 键转动，很容易翻越位垒，形成连续转动，各构象迅速建立起热力学转化平衡，致使两个互为镜像的 C_2 构象形成外消旋体。而两个酚环的镜面对称性，在构象变化过程中表现出来，原像和镜像与左右旋圆偏振光作用相同，合成的平面偏振光与原来振动方向相同。由此得出，4, 4-联二苯酚必然是非手性分子。

根据以上讨论不难得出，分子对称性仍然是判断分子是否为手性分子的关键必要条件。根据对称性判据，有反演、反映、旋转反映等三类对称元素之一，都不是手性分子，那么就只剩下旋转对称元素了，因而我们得出：只有旋转对称元素的分子可能是手性分子，构成的点群包括 C_n、D_n、T、O 和 I。其他类型点群都包含反演中心 i 或镜面 σ 或 S_4，都必然是非手性分子。

4.4.4　分子极性与对称性

孤立原子中核的正电荷和电子的负电荷相等，正、负电荷中心重合，并不发生分离。当原子受到外部电磁场的作用，电子云变形，导致正、负电荷中心分离，不重合，此种现象称为极化。对于同核双原子分子，两个原子的电负性相等，两个原子共用电子对形成共价键，正、负电荷中心重合，也不发生分离。对于离子化合物，两个原子的电负性相差很大，电负性较大的原子带负电，而电负性较小的原子带正电，正、负电荷中心完全分离。对于异核双原子分子，以及大多数分子中的共价键，两个原子的电负性存在差异，共用电子对发生偏离，形成的共价键为极性共价键。在极性共价键中成键电子对偏向电负性较大的原子，电负性较大的原子带负电，电负性较小的原子带正电。为了表示共价键的极性强弱，引入偶极矩。原子形成化学键导致的正、负电荷中心分离称为电荷偶极作用，偶极作用是一种不均匀分布的电场，正、负电荷中心分离时移动的距离称为位移矢量。1912 年，德拜（P. Debye）定义偶极矩 $\boldsymbol{\mu}$，反映化学键中正、负电荷的分离程度，正、负电荷中心偏移产生等量正、负电荷，偶极矩与电荷的电量 Q 成正比，与偏移程度的位移矢量 $\boldsymbol{r}$ 成正比，

$$\boldsymbol{\mu}=Q \cdot \boldsymbol{r} \tag{4-45}$$

其中，Q 的 SI 单位为库仑；位移矢量的单位为米；偶极矩的单位为 $C \cdot m$，也常用德拜（deb）单位，$1deb = 3.33564 \times 10^{-30} C \cdot m$。规定偶极矩矢量的方向由正电荷指向负电荷，而位移矢量与偶极矩矢量同向。化学键的偶极矩越大，极性越大，介电常数越大，解离能越高，振动频率越高。表 4-3 列出了卤化氢气体 H—X 键的键参数[14]。

表 4-3　H—X 键的键参数[14]

键参数	HF	HCl	HBr	HI
键长 r_e/pm	91.7	127.4	141.4	160.9
偶极矩 μ/deb	1.86	1.11	0.788	0.382
介电常数 $\varepsilon/(\mathrm{F\cdot m^{-1}})$	83.6(0℃)	9.28(−95℃)	7.0(−85℃)	3.39(−50℃)
解离能 $\Delta H/(\mathrm{kJ\cdot mol^{-1}})$	573.98	431.62	362.50	294.58
振动频率 $\nu/\mathrm{cm^{-1}}$	4138.33	2988.48	2649.65	2309.53

如何表达偶极矩矢量？设在观测坐标系中，有双原子分子 HF，两个原子的坐标分别为 $\mathrm{H}(x_\mathrm{H},y_\mathrm{H},z_\mathrm{H})$，$\mathrm{F}(x_\mathrm{F},y_\mathrm{F},z_\mathrm{F})$，则位移矢量 $\boldsymbol{r}=(x_\mathrm{F}-x_\mathrm{H})\boldsymbol{i}+(y_\mathrm{F}-y_\mathrm{H})\boldsymbol{j}+(z_\mathrm{F}-z_\mathrm{H})\boldsymbol{k}$，见图 4-61（a）。质心的坐标为

$$X_\mathrm{c}=\frac{m_\mathrm{H}x_\mathrm{H}+m_\mathrm{F}x_\mathrm{F}}{m_\mathrm{H}+m_\mathrm{F}},\ Y_\mathrm{c}=\frac{m_\mathrm{H}y_\mathrm{H}+m_\mathrm{F}y_\mathrm{F}}{m_\mathrm{H}+m_\mathrm{F}},\ Z_\mathrm{c}=\frac{m_\mathrm{H}z_\mathrm{H}+m_\mathrm{F}z_\mathrm{F}}{m_\mathrm{H}+m_\mathrm{F}} \tag{4-46}$$

若将坐标系原点定在质心位置，在质心坐标系中，两个原子的坐标分别为 $\mathrm{H}(x'_\mathrm{H},y'_\mathrm{H},z'_\mathrm{H})$，$\mathrm{F}(x'_\mathrm{F},y'_\mathrm{F},z'_\mathrm{F})$，位移矢量 $\boldsymbol{r}$ 不变，$\boldsymbol{r}=(x'_\mathrm{F}-x'_\mathrm{H})\boldsymbol{i}+(y'_\mathrm{F}-y'_\mathrm{H})\boldsymbol{j}+(z'_\mathrm{F}-z'_\mathrm{H})\boldsymbol{k}$，见图 4-61（b）。

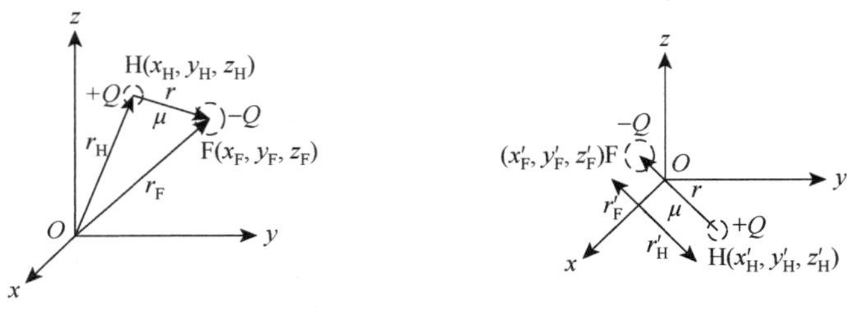

图 4-61　偶极矩矢量的表达

偶极矩反映的是化学键的极性，可以通过实验测定获得，对于双原子分子，实验测得的偶极矩也称为化学键的偶极矩，此时也是分子的偶极矩，反映分子的极性。对于多原子分子，存在 n 条化学键，分子的总偶极矩等于全部化学键偶极矩的矢量和：

$$\boldsymbol{\mu}=\sum_i^n\boldsymbol{\mu}_i=\sum_i^n Q_i\cdot\boldsymbol{r}_i \tag{4-47}$$

即求各条化学键的偶极矩 $\boldsymbol{\mu}_i$ 的合矢量。通常键的偶极矩是未知的，分子的总偶极矩能通过实验测定，因而可以通过分子的总偶极矩间接得出键的偶极矩。如 H_2O 分子，分子中只有 O—H 键，实验测得分子偶极矩为 1.84deb，分子偶极矩等于 O—H 键偶极矩的矢量加和

$$\boldsymbol{\mu}=2\boldsymbol{\mu}_{\mathrm{O-H}}\cos\frac{104.5°}{2} \tag{4-48}$$

算得 O—H 键的偶极矩为 1.503deb，O—H 键和总偶极矩的矢量关系见图 4-62（a）。又如 NH_3 分子，分子的实验偶极矩为 1.46deb，分子偶极矩等于 N—H 键偶极矩的矢量和

$$\boldsymbol{\mu}=3\boldsymbol{\mu}_{\mathrm{N-H}}\cos 68.9° \tag{4-49}$$

算得 N—H 键的键偶极矩为 1.352deb，见图 4-62（b）。甲烷 CH_4 不同，实验测得分子的偶极矩等于零，从甲烷的正四面体构型可知，四个 C—H 键因 3 个方向的 S_4 对称性，使得两组 C—H 键的取向相对于坐标平面（象转轴的反映面）相反，分子的总偶极矩等于零。

$$\boldsymbol{\mu}=2\boldsymbol{\mu}_{\mathrm{C-H}}\cos\frac{109.47°}{2}-2\boldsymbol{\mu}_{\mathrm{C-H}}\cos\frac{109.47°}{2}=0$$

表 4-4 列出了 H_2O、NH_3、CH_4、SF_6 等分子的结构参数和理化性质[15-18]。

表 4-4　共价分子的结构参数[15-18]

	H_2O	NH_3	CH_4	SF_6
键长 r_e/pm	95.7	101.7	109.0	156.4
键角/(°)	104.5	107.8	109.47	90
偶极矩 μ/deb	1.84	1.46	0	0
介电常数 $\varepsilon/(F\cdot m^{-1})$	78.39(25℃)	22(−34℃)	1.00094(0℃)	1.002(25℃)
解离能 $\Delta H/(kJ\cdot mol^{-1})$	457.5	435	435	359.8
振动频率 ν /cm^{-1}	3657（sy），3756（asy）	3337（sy），3444（asy）	2917（sym），3019（asy）	2488，2225，2027

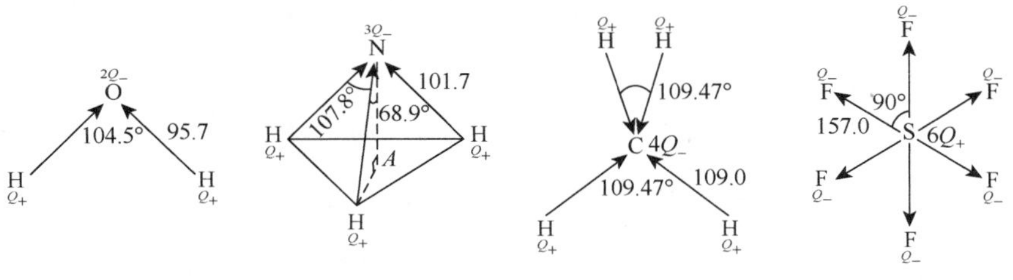

(a) H_2O　(b) NH_3　(c) CH_4　(d) SF_6

图 4-62　共价分子的偶极矩

分子的总偶极矩与分子对称性存在必然联系，原子的对称分布表现为化学键的对称分布。对于平面分子，全部化学键在同一平面，总偶极矩也必然在同一平面。对于有旋转轴的分子，化学键的偶极矩矢量相对于旋转轴呈对称分布，必然全部键偶极矩的合矢量在对称轴上。对于有反演中心 i 的分子，化学键的偶极矩矢量相对于反演中心呈对称分布，必然全部键偶极矩的合矢量等于零。对于有象转轴 S_n 的分子，化学键的偶极矩矢量同时相对于对称轴和镜面呈对称分布，必然全部键偶极矩的合矢量等于零。当分子构型有相互垂直的旋转轴，键偶极矩矢量必然相对于旋转轴表现为多个方向的对称分布特点，全部键偶极矩的合矢量也等于零，以上结论称为偶极矩的对称性判据。

为了说明分子总偶极矩为零的对称性特点，我们将坐标原点定在质心。对于 N 原子分子，设原子质量分别为 m_1，m_2，…，m_N，在观测坐标系中各原子的坐标分别为：(a_1,b_1,c_1)，(a_2,b_2,c_2)，…，(a_N,b_N,c_N)，则质心的坐标为

$$X_c=\frac{m_1a_1+m_2a_2+\cdots+m_Na_N}{m_1+m_2+\cdots+m_N}$$
$$Y_c=\frac{m_1b_1+m_2b_2+\cdots+m_Nb_N}{m_1+m_2+\cdots+m_N} \qquad (4\text{-}50)$$
$$Z_c=\frac{m_1c_1+m_2c_2+\cdots+m_Nc_N}{m_1+m_2+\cdots+m_N}$$

在质心坐标系中重新写出各原子的坐标，设原子的坐标分别为(x_1,y_1,z_1)，(x_2,y_2,z_2)，…，(x_N,y_N,z_N)，第 i 条化学键的偶极矩的位移矢量为

$$\boldsymbol{r}_i=(x_{ik}-x_{im})\boldsymbol{i}+(y_{ik}-y_{im})\boldsymbol{j}+(z_{ik}-z_{im})\boldsymbol{k}\,,\ 1\leqslant k,m\leqslant N\,,\ 1\leqslant i\leqslant N \qquad (4\text{-}51)$$

将偶极矩的位移矢量代入分子偶极矩定义式（4-47），得

$$\boldsymbol{\mu}=\sum_{i=1}^{n}\boldsymbol{\mu}_i=\sum_{i=1}^{n}Q_i\cdot\left[(x_{ik}-x_{im})\boldsymbol{i}+(y_{ik}-y_{im})\boldsymbol{j}+(z_{ik}-z_{im})\boldsymbol{k}\right] \qquad (4\text{-}52)$$

原子间只有形成了化学键，才产生偶极矩，求和项只包括形成化学键的原子坐标。倘若分子有反演中心、象转轴、相互垂直的旋转轴，必然坐标值也将体现出这些对称特点，从而使总偶极矩等于零。

分子的偶极矩等于零，分子为非极性分子。当分子有一定对称性，符合零偶极矩的对称性判据，分子就是非极性分子，反之，就是极性分子。具体来说，分子的对称性属于 C_1、C_s、C_n、C_{nv} 点群，就是极性分子；属于其他点群，就是非极性分子。

【例 4-14】　甲烷为正四面体构型，求甲烷的偶极矩，已知 C—H 键长为 109.0pm。

解： 甲烷为正四面体结构，碳原子是分子的质心，质心坐标系见图 4-63（a）。在质心坐标系中，各原子的坐标分别为 C(0,0,0)，H1(a,a,a)，H2$(-a,-a,a)$，H3$(a,-a,-a)$，H4$(-a,a,-a)$，其中 $a=62.9312\text{pm}$，设 C—H 键偏移电量为 Q，代入式（4-52）得

$$\begin{aligned}\boldsymbol{\mu} &= Q[(x_C - x_{H1})\boldsymbol{i} + (y_C - y_{H1})\boldsymbol{j} + (z_C - z_{H1})\boldsymbol{k}] + Q[(x_C - x_{H2})\boldsymbol{i} + (y_C - y_{H2})\boldsymbol{j} + (z_C - z_{H2})\boldsymbol{k}] \\ &\quad + Q[(x_C - x_{H3})\boldsymbol{i} + (y_C - y_{H3})\boldsymbol{j} + (z_C - z_{H3})\boldsymbol{k}] + Q[(x_C - x_{H4})\boldsymbol{i} + (y_C - y_{H4})\boldsymbol{j} + (z_C - z_{H4})\boldsymbol{k}] \\ &= Q[-(x_{H1} + x_{H2} + x_{H3} + x_{H4})\boldsymbol{i} - (y_{H1} + y_{H2} + y_{H3} + y_{H4})\boldsymbol{j} - (z_{H1} + z_{H2} + z_{H3} + z_{H4})\boldsymbol{k}] \\ &= 0\end{aligned}$$

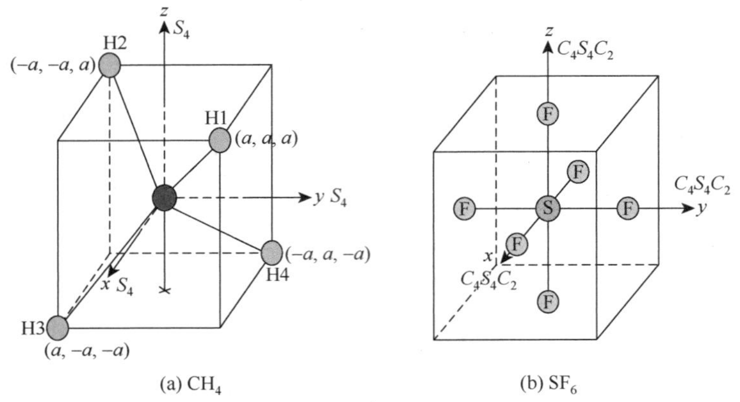

图 4-63　分子对称性与偶极矩

四个氢原子的对称性，反映出坐标值相等或反号，将坐标值代入，求得总偶极矩等于零。正四面体的这种坐标图形是由四重象转轴 S_4 产生的。由式（4-35），处于 z 坐标轴的 S_n 的表示矩阵为

$$\hat{S}_n^m(z) = \hat{\sigma}_h \hat{C}_n^m(z) = \begin{pmatrix} 1 & 0 & 0 \\ 0 & 1 & 0 \\ 0 & 0 & -1 \end{pmatrix}\begin{pmatrix} \cos m\alpha & -\sin m\alpha & 0 \\ \sin m\alpha & \cos m\alpha & 0 \\ 0 & 0 & 1 \end{pmatrix} = \begin{pmatrix} \cos m\alpha & -\sin m\alpha & 0 \\ \sin m\alpha & \cos m\alpha & 0 \\ 0 & 0 & -1 \end{pmatrix}$$

将 $\alpha = 90°$ 代入得 z 轴方向的 S_4 的表示矩阵，H1(a,a,a) 经过操作移动至 H4$(-a,a,-a)$ 位置，

$$\hat{S}_4^1(z)\begin{pmatrix} x_1 \\ y_1 \\ z_1 \end{pmatrix} = \begin{pmatrix} 0 & -1 & 0 \\ 1 & 0 & 0 \\ 0 & 0 & -1 \end{pmatrix}\begin{pmatrix} a \\ a \\ a \end{pmatrix} = \begin{pmatrix} -a \\ a \\ -a \end{pmatrix} = \begin{pmatrix} x_4 \\ y_4 \\ z_4 \end{pmatrix}$$

处于 x 轴方向的 S_n 的表示矩阵为

$$\hat{S}_n^m(x) = \hat{\sigma}_h \hat{C}_n^m(x) = \begin{pmatrix} -1 & 0 & 0 \\ 0 & 1 & 0 \\ 0 & 0 & 1 \end{pmatrix}\begin{pmatrix} 1 & 0 & 0 \\ 0 & \cos m\alpha & -\sin m\alpha \\ 0 & \sin m\alpha & \cos m\alpha \end{pmatrix} = \begin{pmatrix} -1 & 0 & 0 \\ 0 & \cos m\alpha & -\sin m\alpha \\ 0 & \sin m\alpha & \cos m\alpha \end{pmatrix} \tag{4-53}$$

由此得到 x 轴方向的 S_4 的表示矩阵，H1(a,a,a) 经过操作移动至 H2$(-a,-a,a)$ 位置，

$$\hat{S}_4^1(x)\begin{pmatrix} x_1 \\ y_1 \\ z_1 \end{pmatrix} = \begin{pmatrix} -1 & 0 & 0 \\ 0 & 0 & -1 \\ 0 & 1 & 0 \end{pmatrix}\begin{pmatrix} a \\ a \\ a \end{pmatrix} = \begin{pmatrix} -a \\ -a \\ a \end{pmatrix} = \begin{pmatrix} x_2 \\ y_2 \\ z_2 \end{pmatrix}$$

处于 y 轴方向的 S_n 的表示矩阵为

$$\hat{S}_n^m(y) = \hat{\sigma}_h \hat{C}_n^m(y) = \begin{pmatrix} 1 & 0 & 0 \\ 0 & -1 & 0 \\ 0 & 0 & 1 \end{pmatrix}\begin{pmatrix} \cos m\alpha & 0 & \sin m\alpha \\ 0 & 1 & 0 \\ -\sin m\alpha & 0 & \cos m\alpha \end{pmatrix} = \begin{pmatrix} \cos m\alpha & 0 & \sin m\alpha \\ 0 & -1 & 0 \\ -\sin m\alpha & 0 & \cos m\alpha \end{pmatrix} \tag{4-54}$$

由此得到 y 轴方向的 S_4 的表示矩阵，H1(a,a,a) 经过操作移动至 H3$(a,-a,-a)$ 位置，

$$\hat{S}_4^1(y)\begin{pmatrix}x_1\\y_1\\z_1\end{pmatrix}=\begin{pmatrix}0&0&1\\0&-1&0\\-1&0&0\end{pmatrix}\begin{pmatrix}a\\a\\a\end{pmatrix}=\begin{pmatrix}a\\-a\\-a\end{pmatrix}=\begin{pmatrix}x_3\\y_3\\z_3\end{pmatrix}$$

高对称性、偶极矩等于零的分子，不需要知道原子的电荷，用定义式就可以证明分子的总偶极矩等于零，甚至直接由对称元素就可以判断偶极矩等于零。但是，对于偶极矩不等于零的分子，需要知道各键的偶极矩，而键的偶极矩需要已知电荷中心的电量，才能算出偶极矩数值。

根据 Mulliken 的电负性，发展了分子中原子电荷的计算方法。电负性体现原子在分子中夺得电子和保持电子的能力，电负性越高，原子越易得到电子，在分子中显负电荷。对于 AG 分子，因电负性的差异，有两种状态 A^+G^- 和 A^-G^+，其相对能量分别为

$$E(A^+G^-)=E_I(A^+)-E_E(G^-)$$

$$E(A^-G^+)=E_I(G^+)-E_E(A^-)$$

其中，E_I 和 E_E 分别为原子的电离能和电子亲和能，确定两种状态的相对稳定性，只需比较相对能量的高低。若 A^+G^- 的能量 $E(A^+G^-)$ 更低，则 A 失电子，G 得电子，原子 G 的电负性大于原子 A，反之亦然。A^+G^- 和 A^-G^+ 的相对能量高低为

$$\begin{aligned}&\frac{1}{2}\left[E(A^+G^-)-E(A^-G^+)\right]\\&=\frac{1}{2}\left\{\left[E_I(A^+)-E_E(G^-)\right]-\left[E_I(G^+)-E_E(A^-)\right]\right\}\\&=\frac{1}{2}\left\{\left[E_I(A^+)+E_E(A^-)\right]-\left[E_I(G^+)+E_E(G^-)\right]\right\}\end{aligned}$$

两个键连原子的电荷正负，完全由两个原子的电离能和电子亲和能之和决定。当原子 A 的电离能和电子亲和能的加和高于原子 G，则 A^+G^- 的能量高于 A^-G^+，说明 A^+G^- 的稳定性低于 A^-G^+，A 显负电，G 显正电，A 的电负性高于 G。R. Mulliken 定义原子 A 的电负性：

$$\chi_A=\frac{1}{2}\left[E_I+E_E\right] \tag{4-55}$$

鲍林（L.Pauling）按照键能定义电负性[19]，键能反映了化学键的强度，键能越大，化学键越强。若 A—G 键是极化键，则 A—G 键的键能大于 A—A 和 G—G 键能的平均值，设差值为 $\varDelta_{A-G}$，

$$\varDelta_{A-G}=E_{A-G}-\frac{1}{2}\left[E_{A-A}+E_{G-G}\right] \tag{4-56}$$

定义电负性：

$$\chi_A=0.050\sqrt{\varDelta_{A-G}} \tag{4-57}$$

鲍林电负性是相对值，通过设置氢的电负性 $\chi_H=2.1$，算得其他元素的电负性，其中氟的电负性最大，$\chi_F=4.0$。电负性值对确定化学键的偶极矩的方向至关重要，电负性大的原子显负电，电负性小的原子显正电，偶极矩矢量由正电荷指向负电荷。如 SF_4 分子，S 的电负性小于 F 的电负性，键的偶极矩由 S 指向 F。

要得到偶极矩的数值，必须已知电荷值。因为形成化学键时，在两个原子核之间形成了可观的电子密度，与自由原子的核外电子分布比较，分子中原子的电子云分布发生了变形，变形电子云的负电荷中心与原子核正电荷中心不重合，是产生偶极矩的主要原因。变形来自各分子轨道上电子，以及沿位移矢量的电子密度。因而，全部占据分子轨道上的电子对偶极矩的贡献为

$$\boldsymbol{\mu}=\left\langle\varPsi\left|\sum_{j=1}^{2p}e\boldsymbol{r}_j\right|\varPsi\right\rangle \tag{4-58}$$

$\boldsymbol{\varPsi}$ 是全部原子轨道构成的斯莱特行列式波函数，代表分子轨道波函数[20]。对于 p 个占据分子轨道，共有电子数 $2p$，电子的电荷为 e，电荷包括原子核正电荷和全部电子的电荷。选择构成斯莱特行列式波函数的基

函数$\{\phi_1,\phi_2,\cdots,\phi_r,\phi_s,\cdots\phi_p\}$，展开（4-58）的偶极矩矩阵。其中，在化学键的位移矢量方向，电子的电荷分布是不均匀的，而原子核的正电荷是不变的，最后得出

$$\boldsymbol{\mu}=-2.5415\left[\sum_{\mathrm{A}}^{N}Z_{\mathrm{A}}\boldsymbol{R}_{\mathrm{A}}-\sum_{r}^{m}\sum_{s}^{m}P_{rs}\left\langle\phi_r\left|\boldsymbol{r}\right|\phi_s\right\rangle\right] \tag{4-59}$$

其中，$\boldsymbol{R}_{\mathrm{A}}$是原子A周围化学键的键长；$Z_{\mathrm{A}}$是核电荷。电子电量、键长和位移矢量的单位均采用原子单位，偶极矩也为原子单位，通过单位换算

$$\begin{aligned}1\mathrm{a.u.}=ea_0&=1.60217662\times10^{-19}\,\mathrm{C}\times0.529177211\times10^{-10}\,\mathrm{m}\\&=8.47835355\times10^{-30}\,\mathrm{C\cdot m}\\&=2.5415\mathrm{deb}\end{aligned}$$

即1原子单位的偶极矩等于2.5415deb，算得的偶极矩单位变为德拜。当原子A周围有多个化学键时，位移矢量矩阵要进行多重计算。P_{rs}为电子密度矩阵元，代表电荷密度

$$P_{rs}=2\sum_{j=1}^{p}c_{rj}^{*}c_{sj} \tag{4-60}$$

此方法得到的偶极矩称为哈特里-福克（RHF）偶极矩。表4-5是一些共价分子的哈特里-福克偶极矩计算值。

表4-5　卤代甲烷的哈特里-福克偶极矩计算值（RHF/6-311G*）

偶极矩	CCl_4	$CHCl_3$	CH_2Cl_2	CH_3Cl	CBr_4	$CHBr_3$	CH_2Br_2	CH_3Br
计算值/deb	0	1.354	2.036	2.329	0	1.096	1.779	2.222
实验值/deb	0	1.01	1.60	1.87	0	0.99	1.39	1.797

注：C—H键长109pm，C—Cl键长177pm，C—Br键长191pm。

偶极矩定义式中电荷只能计算，无法测量。分子中化学键的位移矢量是键长，在偶极矩概念下不变，从偶极矩实验测定值可见，原子转移的电荷不是单位电荷，如何得到与实验偶极矩匹配的电荷值呢？按照分子中原子的Mulliken净电荷意义，从头算有一种Mulliken净电荷的计算方法，它包括两部分，一部分是属于原子A的电子布居数，另一部分是反映化学键的电子重叠布居数。设原子A与原子G和J结合，见图4-64（a），选择p个正交归一化原子轨道基函数$\{\phi_1,\phi_2,\cdots,\phi_r,\phi_s,\cdots,\phi_p\}$，构成$p$个分子轨道波函数，经过HF方程求解，求得如下一组收敛的分子轨道

$$\begin{aligned}&\psi_1=c_{11}\phi_1+c_{21}\phi_2+\cdots+c_{r1}\phi_r+\cdots+c_{p1}\phi_p\\&\psi_2=c_{12}\phi_1+c_{22}\phi_2+\cdots+c_{r2}\phi_r+\cdots+c_{p2}\phi_p\\&\vdots\\&\psi_i=c_{1i}\phi_1+c_{2i}\phi_2+\cdots+c_{ri}\phi_r\cdots+c_{pi}\phi_p\\&\vdots\\&\psi_p=c_{1p}\phi_1+c_{2p}\phi_2+\cdots+c_{rp}\phi_r+\cdots+c_{pp}\phi_p\end{aligned} \tag{4-61}$$

其中，$\int|\psi_i|^2\mathrm{d}\tau=c_{1i}^2+c_{2i}^2+\cdots+c_{ri}^2+\cdots+c_{pi}^2+2c_{1i}c_{2i}S_{12}+\cdots+2c_{2i}c_{3i}S_{23}+\cdots+2c_{ri}c_{si}S_{rs}+\cdots=1$，波函数中所有组合系数都小于1，$c_{ri}^2$是分子轨道$\psi_i$上一个电子分配给原子轨道$\phi_r$的电子布居数。设原子轨道$\phi_r$属于原子A，$\phi_s$属于原子G，$\phi_t$属于原子J。分子轨道$\psi_i$上的电子数$n_i$（分子轨道$\psi_i$的电子占据数，等于1或2），分配到原子轨道$\varphi_r$的电子布居数等于$n_ic_{ri}^2$，形成负电荷电量。原子A与原子G结合，A—G键共用电子，由各分子轨道的电子占据数贡献。分子轨道ψ_i上的电子分配到A—G键的重叠布居数为$2c_{ri}c_{si}S_{rs}$，与重叠积分S_{rs}有关。

$$S_{rs}=\int\varphi_r^*\varphi_s\mathrm{d}\tau \tag{4-62}$$

原子A的电子布居数除了来自各分子轨道ψ_i的电子数$n_i\,(i=1,2,\cdots,p)$外，还有A—G键和A—J键的重叠空间中分别来自原子G和J共用电子数的贡献，见图4-64（b）。为体现共用关系，其贡献值等于重叠布居数的一半，分别为$c_{ri}c_{si}S_{rs}$和$c_{ri}c_{ti}S_{rt}\,(i=1,2,\cdots,p)$。

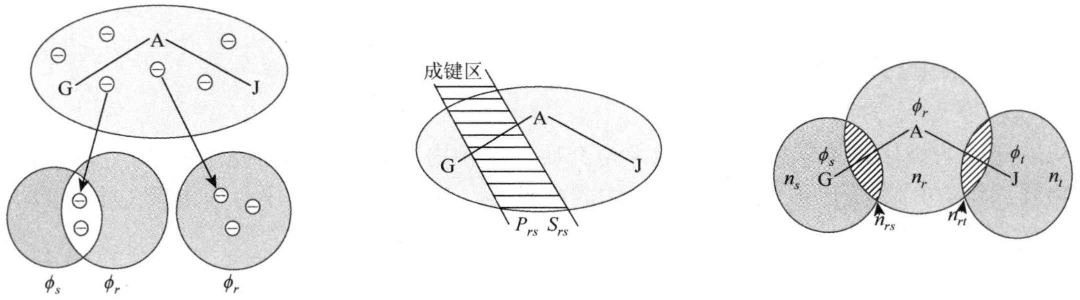

(a) 分子中电子的属性，原子和共用两部分　(b) 成键区共用电子　(c) 电子集居数的区域划分和轨道归属

图 4-64　分子中原子轨道与分子轨道的关系

分子轨道 ψ_i 上的电子分配到原子 A 的 ϕ_r 价轨道上的电子布居数为

$$n_{ri} = n_i c_{ri}^2,\ i = 1,2,\cdots,p \tag{4-63}$$

考虑所有分子轨道的分配布居数的贡献，总电子数为

$$n_r = \sum_{i=1}^{p} n_i c_{ri}^2 \tag{4-64}$$

成为原子 A 负电荷电量的一部分，见图 4-64（c）。分子轨道 ψ_i 上的电子分配到 A—G 键和 A—J 键的电子布居数分别为

$$\begin{aligned}(n_{rs})_i &= 2c_{ri}c_{si}S_{rs}, i = 1,2,\cdots,p \\ (n_{rt})_i &= 2c_{ri}c_{ti}S_{rt}, i = 1,2,\cdots,p\end{aligned} \tag{4-65}$$

考虑所有分子轨道的分配布居数的贡献，化学键 A—G 和 A—J 所在的重叠空间贡献于 A 的 ϕ_r 价轨道的总电子数分别为

$$\begin{aligned}n_{rs} &= \sum_{i=1}^{p}(n_{rs})_i = \sum_{i=1}^{p} 2c_{ri}c_{si}S_{rs} \\ n_{rt} &= \sum_{i=1}^{p}(n_{rt})_i = \sum_{i=1}^{p} 2c_{ri}c_{ti}S_{rt}\end{aligned} \tag{4-66}$$

n_{rs} 和 n_{rt} 成为原子 A 的电子布居数的另一部分，见图 4-64（c）。综合式（4-64）和式（4-66），重叠布居数减半，原子 A 的 ϕ_r 价轨道的总电子布居数为

$$N_r = n_r + \frac{1}{2}(n_{rs} + n_{rt}) = n_r + \sum_{i=1}^{p}(c_{ri}c_{si}S_{rs} + c_{ri}c_{ti}S_{rt}),\ r \neq s,\ r \neq t \tag{4-67}$$

倘若原子 A 结合了其他 n 个原子，即 n 条化学键，上式可以表达为更一般的形式

$$N_r = n_r + \frac{1}{2}\sum_{s=1}^{n} n_{rs} \tag{4-68}$$

在从头算方法中，将求得分子轨道波函数，计算全部分子轨道能量和电子集居数。全部分子轨道上的电子分配到原子 A 的所有占据轨道 $\{\phi_1,\cdots,\phi_r,\cdots,\phi_m\}$ 的电子布居数，由关系式（4-68）求得，这样就得到了分子中原子 A 核外的总电子布居数（特别说明不是自由或孤立原子的电子数）

$$N_{\mathrm{A}} = \sum_{r=1}^{m} N_r = \sum_{r=1}^{m} n_r + \frac{1}{2}\sum_{r=1}^{m}\sum_{s=1}^{n} n_{rs} \tag{4-69}$$

式（4-69）表达的总电子布居数，乘以一个电子的单位电荷就是原子 A 上的总负电荷，再加上原子核的正电荷，称为 Mulliken 电荷。考虑原子核和电子电荷的正负，用下式表示

$$Q_{\mathrm{A}} = Z_{\mathrm{A}} - N_{\mathrm{A}} \tag{4-70}$$

Mulliken 电荷可以直接用于化学键偶极矩的计算，只要得到分子的优化平衡构型，由式（4-52）

$$\boldsymbol{\mu} = \sum_{i}^{n} \boldsymbol{\mu}_i = \sum_{i}^{n} Q_i \cdot [(x_{ik} - x_{im})\boldsymbol{i} + (y_{ik} - y_{im})\boldsymbol{j} + (z_{ik} - z_{im})\boldsymbol{k}]$$

计算得到分子的偶极矩。以上过程是针对以原子 A 为中心的共价分子的偶极矩计算，而多中心分子，如簇分子的计算要密切配合分子的化学键矩阵进行计算。

4.4.5 分子偶极矩的实验测定

下面从电介质的极化讨论偶极矩的测定。电介质是一种内部正、负电荷完全抵消，没有自由电荷，呈电中性的物质。将电介质置于平行板电场中，构成电容器，其电容 C 等于平行板电极上电荷 Q 与电场电势差 U 之比

$$C=\frac{Q}{U} \tag{4-71}$$

若平行板电场中没有电介质，而是处于真空状态，电容器的真空电容 C_0 为

$$C_0=\frac{\varepsilon_0 A}{d} \tag{4-72}$$

A 是平板电极的面积；d 是正、负电极的距离；ε_0 为真空介电常数

$$\varepsilon_0=\frac{1}{\mu_0 c^2}=8.85418782\times10^{-12}\,\mathrm{C^2\cdot N^{-1}\cdot m^{-2}}$$

式中，μ_0 为真空磁导率。在外电场的作用下，电介质分子内部的电子受到电场正极的吸引作用，正电原子核受到负极的吸引作用，虽然电子仍被组成分子的原子核所束缚，但是分子的负电荷中心相对于核的正电荷中心发生了偏移。正、负电荷中心偏移反映到分子构成的电介质材料上，整个电介质仍是电中性的，但在电介质的表面出现了电荷变化，靠近电场正极的表面形成了一层负电荷，靠近负极的表面形成了一层正电荷，称电介质在外电场的作用下产生了极化[21]。电介质的极化形成的电场与外电场的方向相反，就电介质内部分子而言外电场强度减弱了，见图 4-65（a）和（b）。

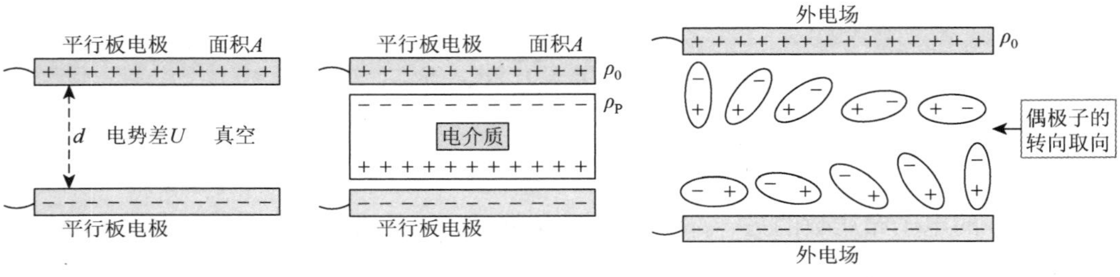

图 4-65　外电场中电介质的诱导变形极化和偶极子的取向极化

电介质的极化度定义为单位体积 V 中全部极化分子的偶极矩矢量之和，表示为

$$\boldsymbol{P}=\sum_i\frac{\boldsymbol{\mu}_i}{V} \tag{4-73}$$

极化度是矢量，其方向为分子的总偶极矩矢量方向。设每个分子的正负电荷中心所带电量为 q，间距为 s，单位体积 V 中的极化分子数为 N，则总极化度数值为

$$P=\frac{N}{V}qs \tag{4-74}$$

对于平行板电容器，靠近平板的电介质分子定向排列，偶极子沿电场的反方向取向，见图 4-65（c）。

$$P=\frac{N}{V}qs=\frac{Nq}{A}=\rho_{\mathrm{p}} \tag{4-75}$$

因而平行板电容器的电介质极化度就是电介质表面单位面积 A 排列的极化电荷密度 ρ_{p}。而电容器电极的电荷在置入电介质前后不变，由外加电场强度决定，设电极表面单位面积的电荷密度为 ρ_0。由高斯定律，电介质内部形成的电场强度为

$$\boldsymbol{E}=\frac{\rho_0-\rho_{\mathrm{p}}}{\varepsilon_0}=\frac{\rho_0-\boldsymbol{P}}{\varepsilon_0} \tag{4-76}$$

将上式改写为

$$P = \rho_0 - \varepsilon_0 E \tag{4-77}$$

上式表明在电场强度不是太高的情况下，极化度与电场强度成正比，定义

$$P = \chi_e \varepsilon_0 E \tag{4-78}$$

χ_e 是电介质的电极化率。将式（4-78）代入式（4-77），得

$$E = \frac{\rho_0}{(1+\chi_e)\varepsilon_0} \tag{4-79}$$

当电介质不产生极化，电极化率 $\chi_e = 0$，$E = \dfrac{\rho_0}{\varepsilon_0}$；当产生极化时，$\chi_e > 0$，电介质分子的偶极矩相对于外电场反方向取向，电介质内部的电场强度减小。

因为平行板电容器的电势差 $U = E_0 d$，面积为 A 的平板上的总电荷 $Q = \rho_0 A$，将式（4-79）代入得

$$U = \frac{\rho_0 d}{(1+\chi_e)\varepsilon_0} \tag{4-80}$$

将式（4-80）代入式（4-71），置入电介质的平行板电容器的电容为

$$C = \frac{(1+\chi_e)\varepsilon_0 A}{d} \tag{4-81}$$

定义相对介电常数（relative permittivity）$\varepsilon_r = 1 + \chi_e$，上式演变为

$$C = \frac{\varepsilon_r \varepsilon_0 A}{d} \tag{4-82}$$

比较式（4-72）和式（4-82），相对介电常数 ε_r 为

$$\varepsilon_r = \frac{C}{C_0} \tag{4-83}$$

将电介质置入平行板电容器，测量电容，就得到了电介质的相对介电常数。物质的相对介电常数与测量的温度、浓度、状态有很大的关系，相对介电常数是无量纲的量。用相对介电常数代换式（4-78）中的电极化率，即 $\chi_e = \varepsilon_r - 1$，通过相对介电常数 ε_r 就可以计算电介质的极化度 P

$$P = (\varepsilon_r - 1)\varepsilon_0 E \tag{4-84}$$

由相对介电常数得到的极化度还只是表观极化度，因为电介质内部形成极化存在多种因素。对于非极性分子，分子内部电子和原子核的中心重合。当化学键的偶极矩等于零，如双原子分子 O_2 和 N_2，在外电场的作用下，分子正、负电荷中心的偏移程度较小。当化学键的偶极矩较大，分子的总偶极矩因对称性尽管也可能等于零，如 SO_3 和 CBr_4，但分子的电子云受到外电场的诱导作用，产生较大的变形，分子正、负电荷中心的偏移程度较大，这种极化称为变形极化，主要由电子极化和原子极化贡献。而极性分子，有永久偶极矩，无外电场作用时，由于热运动，分子偶极子呈现混乱取向，偶极子聚集体整体的偶极电场还是近似等于零。在外电场作用下，分子偶极子相对于外电场方向转向，偶极子的电场与外电场呈相反方向取向，形成取向极化。在外电场的作用下，分子偶极子的电子云同样产生变形，存在变形极化度。由此可见，极性分子既有变形极化作用，又有取向极化作用，总极化度为

$$P = P_{di} + P_{or} \tag{4-85}$$

P_{di} 是变形极化度，P_{or} 是取向极化度。

变形极化是分子受外电场的作用产生的，也称为诱导极化，诱导极化产生诱导偶极矩。外电场消失，诱导偶极矩也消失。非极性分子没有永久偶极矩，取向极化等于零，在实际测量中，通过测定相对介电常数 ε_r，由式（4-84）求得的极化度就是诱导极化度。诱导极化产生的诱导偶极矩为

$$\mu = \alpha E \tag{4-86}$$

其中，α 为诱导极化率（polarizability），单位是 $C^2 \cdot m^2 \cdot J^{-1}$。对于分子化学键的偶极矩，其取向是多种多样的，内部电场不一定是均匀的，在不均匀电场的作用下，其取向不一定与外电场反平行，所以外电场、诱导极化率、诱导偶极矩可以有分量，如一个有永久偶极矩的极性分子与非极性分子的混合体系，

$$\begin{pmatrix} \mu_x \\ \mu_y \\ \mu_z \end{pmatrix} = \begin{pmatrix} \alpha_{xx} & \alpha_{xy} & \alpha_{xz} \\ \alpha_{yx} & \alpha_{yy} & \alpha_{yz} \\ \alpha_{zx} & \alpha_{zy} & \alpha_{zz} \end{pmatrix} \begin{pmatrix} E_x \\ E_y \\ E_z \end{pmatrix} \tag{4-87}$$

当外电场是均匀电场 $E_x = E_y = E_z$ 时，诱导偶极矩与外电场反平行取向，$\mu_x = \mu_y = \mu_z$，式（4-87）有如下形式

$$\begin{pmatrix} \mu_x \\ \mu_y \\ \mu_z \end{pmatrix} = \begin{pmatrix} \alpha_{xx} & 0 & 0 \\ 0 & \alpha_{yy} & 0 \\ 0 & 0 & \alpha_{zz} \end{pmatrix} \begin{pmatrix} E_x \\ E_y \\ E_z \end{pmatrix}$$

而且 $\alpha_{xx} = \alpha_{yy} = \alpha_{zz}$，诱导偶极矩电场就是各向同性。具有高对称性的分子就属于这种情况，一般线性只有一个分量，而平面分子有两个分量。单位体积中分子数为 N_0，或者体积为 V、分子数为 N 的实验样品中，分子集聚体的变形极化度为

$$\boldsymbol{P}_{\mathrm{di}} = N_0 \alpha \boldsymbol{E} = \frac{N}{V} \alpha \boldsymbol{E} \tag{4-88}$$

式中，$\boldsymbol{E}$ 是施加到分子上实际电场强度，诱导极化率 α 属于分子的微观性质，变形极化度 $\boldsymbol{P}_{\mathrm{di}}$ 是宏观性质。

由于分子热运动，极性分子的偶极矩取向是随机的、混乱的，没有外电场的作用，实验样品的净偶极矩近似等于零。只有对样品施加电场，这些偶极子在电场中才会反方向取向，部分偶极分子转向形成极化作用，见图 4-65（c）。温度较低时，热运动减弱，转向偶极子数增多，温度较高，转向偶极子数较少。其次，偶极分子之间存在一定的相互作用，部分偶极子的取向不完全与电场反平行，因而取向极化度与温度有关。如何从统计的角度得到取向极化度与温度的关系呢？

对于分子晶体，分子间作用力较弱，结晶体仍保持了气态分子的电偶极矩性质。没有外电场时，分子的取向是随机的，总偶极矩等于零。当温度降低时，分子结晶体的有序度增加，分子逐渐形成定向排列。尤其是外电场作用，使偶极分子定向取向，引起有效极化。无论分子是否存在永久偶极矩，外电场的电场力都会使分子内部核和电子的电荷中心，相对于外电场产生相反方向的位移，即核的正电荷中心向电场负极位移，电子的电荷中心向电场正极位移，直到新的力平衡形成。因而外电场将诱导分子产生偶极矩，即诱导偶极矩。对于电介质的分子体系，任意分子 A 所受到的电场力包括：①外电场 $\boldsymbol{E}_0$ 的直接作用；②指定分子 A 以外的其他极化分子的电场作用。根据洛伦兹理论，以分子 A 为中心的球体内，电介质的分子聚集体呈现一定对称性分布，球体外表面上形成与外电场的电极电荷相反的极化电荷，产生电场 $\boldsymbol{E}_1$，对分子 A 形成电场作用。球的内表面极化电荷由定向偶极子或者诱导偶极子产生，球的内表面极化电荷指向球内空腔形成电场 $\boldsymbol{E}_2$，对分子 A 也形成电场作用。球体空腔内各种取向的分子偶极子，在球体空腔形成电场 $\boldsymbol{E}_3$，对分子 A 形成电场作用。于是，球体中心分子 A 所受到的全部电场作用为

$$\boldsymbol{E}_{\mathrm{M}} = \boldsymbol{E}_0 + \boldsymbol{E}_1 + \boldsymbol{E}_2 + \boldsymbol{E}_3 \tag{4-89}$$

由于分子间作用力是使分子偶极子反向堆积，即一个偶极子的正极与另一个偶极子的负极相互吸引，有可能球体空腔内分子的总偶极电场很小，$\boldsymbol{E}_3$ 与其他电场作用相比可以忽略。

设外加电场是平行板电容器之间的均匀电场，平行板电极上的表面电荷定向排列，电荷密度为 σ，由高斯定律，施加于分子 A 的电场为

$$\boldsymbol{E}_0 = \frac{\sigma}{\varepsilon_0} \tag{4-90}$$

电介质外表面与电容器平行板接触，产生极化电荷，与正极板接触，产生负电荷 $-q$；与负极板接触，产生正电荷 $+q$。外表面上紧束电荷密度与分子的偶极矩 $\boldsymbol{\mu}$ 和极化度 $\boldsymbol{P}$ 成正比，作用于分子 A 的电场为

$$\boldsymbol{E}_1 = -\frac{\boldsymbol{P}}{\varepsilon_0} \tag{4-91}$$

负号表示与外电场 $\boldsymbol{E}_0$ 的方向相反。在电介质内表面，偶极子的另一端相反电荷定向排列，也形成极化电荷，随着分子相对于外电场方向的取向角不同，作用在中心 A 分子的电场不同，其中，偶极子电场在外电场方向的分量为有效作用，而垂直分量则为无效作用。而偶极子的各种取向用球极坐标系沿着球体的径向方向描述，球半径为 a。偶极子相对于外电场的取向角度为 θ，$0 \leqslant \theta \leqslant \pi$。当 $\theta \to \theta + \mathrm{d}\theta$ 时，球表面积的微小变化为

$$\begin{aligned} \mathrm{d}S &= 2\pi DB \cdot BC = 2\pi a \sin\theta \cdot a\mathrm{d}\theta \\ &= 2\pi a^2 \sin\theta \mathrm{d}\theta \end{aligned} \tag{4-92}$$

其中，$DB = AB\sin\theta$，$BC = AB\mathrm{d}\theta$，$AB = AC = a$，见图 4-66。在表面积 dS 上的极化电荷等于极化度 $\boldsymbol{P}$ 的外电场方向分量乘以表面积[22]。

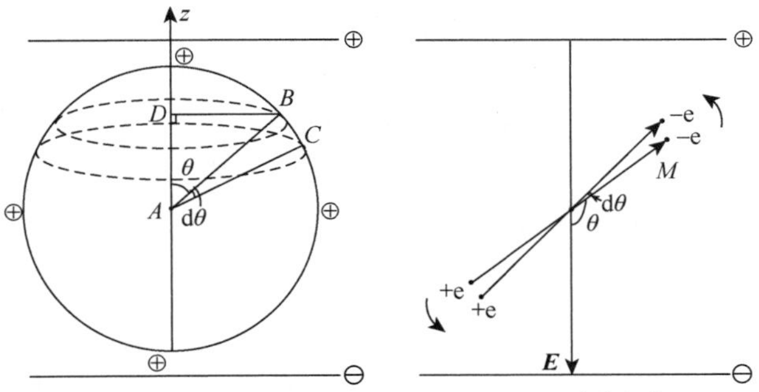

(a) 极化电场　　(b) 取向极化

图 4-66　电介质分子的极化电场和取向极化

$$\mathrm{d}q = \boldsymbol{P}\cos\theta\mathrm{d}S \tag{4-93}$$

由高斯定律，球半径为 a、表面积为 S 的球表面范围内，电荷产生的电场作用在球心分子 A 上的电场方向分量 d$\boldsymbol{E}_2$ 为

$$\mathrm{d}\boldsymbol{E}_2 = \frac{\mathrm{d}q}{\varepsilon_0 S}\cos\theta \tag{4-94}$$

其中，$S = 4\pi a^2$，将式（4-93）代入式（4-94）得

$$\mathrm{d}\boldsymbol{E}_2 = \frac{\boldsymbol{P}\cos^2\theta}{4\pi\varepsilon_0 a^2}\mathrm{d}S$$

由式（4-92）得

$$\mathrm{d}\boldsymbol{E}_2 = \frac{\boldsymbol{P}}{2\varepsilon_0}\cos^2\theta\sin\theta\mathrm{d}\theta \tag{4-95}$$

变量 θ 的变化区间，$0 \leqslant \theta \leqslant \pi$。$\theta = 0$，$\cos\theta = 1$；$\theta = \pi$，$\cos\theta = -1$。两端积分得

$$\boldsymbol{E}_2 = \int_0^{\pi}\frac{\boldsymbol{P}}{2\varepsilon_0}\cos^2\theta\sin\theta\mathrm{d}\theta = \frac{\boldsymbol{P}}{2\varepsilon_0}\int_{-1}^{+1}\cos^2\theta\mathrm{d}\cos\theta = \frac{\boldsymbol{P}}{2\varepsilon_0}\left[\frac{1}{3}\cos^3\theta\right]_{-1}^{+1}$$
$$= \frac{\boldsymbol{P}}{3\varepsilon_0}$$

将 $\boldsymbol{E}_0$、$\boldsymbol{E}_1$、$\boldsymbol{E}_2$ 代入式（4-89），求得电介质分子 A 所受的总电场作用

$$\boldsymbol{E}_{\mathrm{M}} = \frac{\sigma}{\varepsilon_0} - \frac{\boldsymbol{P}}{\varepsilon_0} + \frac{\boldsymbol{P}}{3\varepsilon_0} = \frac{\sigma - \boldsymbol{P}}{\varepsilon_0} + \frac{\boldsymbol{P}}{3\varepsilon_0} = \boldsymbol{E} + \frac{\boldsymbol{P}}{3\varepsilon_0} \tag{4-96}$$

电场板电荷和电介质表面电荷之间的电场是电介质的宏观电场强度，$\boldsymbol{E} = \dfrac{\sigma - \boldsymbol{P}}{\varepsilon_0}$。

分子偶极矩是单个分子的极化场，是微观概念。每个分子受到的极化电场为 $\boldsymbol{E}_{\mathrm{M}}$，如果单位体积中的分子数为 N_0，总极化矢量

$$\boldsymbol{P} = N_0\boldsymbol{\mu} = N_0\alpha\boldsymbol{E}_{\mathrm{M}} \tag{4-97}$$

将式（4-96）代入得

$$\boldsymbol{P} = N_0\alpha\left(\boldsymbol{E} + \frac{\boldsymbol{P}}{3\varepsilon_0}\right) \tag{4-98}$$

再由式（4-84），代入得

$$(\varepsilon_{\mathrm{r}} - 1)\varepsilon_0\boldsymbol{E} = N_0\alpha\left[\boldsymbol{E} + \frac{(\varepsilon_{\mathrm{r}} - 1)\varepsilon_0\boldsymbol{E}}{3\varepsilon_0}\right] \tag{4-99}$$

电场矢量的系数存在如下关系：

$$\frac{N_0\alpha}{3\varepsilon_0}=\frac{\varepsilon_r-1}{\varepsilon_r+2} \tag{4-100}$$

上式称为克劳修斯-莫索提（Clausius-Mossotti）关系式，体现宏观极化率与介电常数的关系。两端分别乘以分子的摩尔体积$V_m=\frac{M_A}{\rho}$，并由阿伏伽德罗常量的定义有$N_A=N_0V_m=\frac{N_0M_A}{\rho}$，式（4-98）演化为

$$\frac{N_A\alpha}{3\varepsilon_0}=\frac{\varepsilon_r-1}{\varepsilon_r+2}\left(\frac{M_A}{\rho}\right)=P_m \tag{4-101}$$

P_m称为摩尔极化度。由电介质的折射率与介电常数的关系$n=\sqrt{\varepsilon_r}$，代入式（4-100）得

$$\alpha=\frac{3\varepsilon_0}{N_0}\frac{\varepsilon_r-1}{\varepsilon_r+2}=\frac{3\varepsilon_0}{N_0}\frac{n^2-1}{n^2+2} \tag{4-102}$$

Clausius-Mossotti 关系式将电介质的宏观折射率n与微观极化率α相联系。当电荷密度较低时，式（4-102）不失准确性。通过测量物质的介电常数或者折射率，可以算出分子的极化率。

以上是电介质所产生的诱导极化率，诱导极化不论分子是否具有极性，是否有永久偶极矩，都是存在的。如果分子本身是偶极分子，在外电场的作用下，除了产生诱导极化外，偶极子相对于外电场还会产生取向极化。对于气态分子体系，包含大量的极化偶极子，由于热运动，这些偶极子随机取向，净偶极矩等于零。当对分子体系施加外电场时，外电场使每个偶极子受到力矩的作用，偶极子倾向于与外电场准直一致的取向。外加电场$\boldsymbol{E}$的方向由正电荷指向负电荷，偶极子的取向倾向于与$\boldsymbol{E}$反向，即$\boldsymbol{\mu}$的正电荷端指向电场的负极，负电荷端指向电场的正极，见图 4-66，偶极矩的方向定为由正电荷中心指向负电荷中心。偶极子与分子体系内实际电场作用的势能为

$$U=-\boldsymbol{\mu}\cdot\boldsymbol{E}=-\mu E\cos\theta \tag{4-103}$$

负号表示μ与E反向最稳定，θ是偶极子的偶极矩$\boldsymbol{\mu}$相对于外电场$\boldsymbol{E}$的取向角度，$\boldsymbol{\mu}$的垂直分量与外电场$\boldsymbol{E}$垂直，对作用势能没有贡献。在热平衡条件下，能量为U的偶极子数服从玻尔兹曼分布。在单位体积的样品中，偶极子总数为N_0，势能为U，与外电场的交角在$\theta\to\theta+\mathrm{d}\theta$的微小区间范围内，面积为$\mathrm{d}S$的球面上分布的偶极子数$\mathrm{d}N_\theta$为

$$\mathrm{d}N_\theta=N_0\mathrm{e}^{-\frac{U}{k_BT}}=N_0\mathrm{e}^{\frac{\mu E\cos\theta}{k_BT}}\mathrm{d}S \tag{4-104}$$

将$\mathrm{d}S=2\pi a^2\sin\theta\mathrm{d}\theta$代入，令$C=2\pi a^2N_0$，得

$$\mathrm{d}N_\theta=C\mathrm{e}^{\frac{\mu E\cos\theta}{k_BT}}\sin\theta\mathrm{d}\theta \tag{4-105}$$

两端积分，得与外电场交角为θ的偶极子数

$$N_\theta=C\int_0^\pi\mathrm{e}^{\frac{\mu E\cos\theta}{k_BT}}\sin\theta\mathrm{d}\theta$$

解得服从玻尔兹曼分布的偶极子数权重系数C

$$C=\frac{N_\theta}{\int_0^\pi\mathrm{e}^{\frac{\mu E\cos\theta}{k_BT}}\sin\theta\mathrm{d}\theta} \tag{4-106}$$

权重系数C与分子电场的球半径和偶极子总数有关。沿电场方向的平均偶极矩等于取向角度在$0\leqslant\theta\leqslant\pi$范围内的各种偶极子的偶极矩之和：

$$\bar{\mu}_\theta=\int\mu\cos\theta\mathrm{d}N_\theta$$

由式（4-105），平均偶极矩

$$\bar{\mu}_\theta=C\int_0^\pi\mathrm{e}^{\frac{\mu E\cos\theta}{k_BT}}\mu\cos\theta\sin\theta\mathrm{d}\theta \tag{4-107}$$

将式（4-106）表达的权重系数代入得

$$\bar{\mu}_\theta=\frac{N_\theta\int_0^\pi\mathrm{e}^{\frac{\mu E\cos\theta}{k_BT}}\mu\cos\theta\sin\theta\mathrm{d}\theta}{\int_0^\pi\mathrm{e}^{\frac{\mu E\cos\theta}{k_BT}}\sin\theta\mathrm{d}\theta} \tag{4-108}$$

进行变量代换，令 $z=\dfrac{\mu E\cos\theta}{k_{\mathrm{B}}T}$，$\mathrm{d}z=-\dfrac{\mu E}{k_{\mathrm{B}}T}\sin\theta\mathrm{d}\theta$。取向角 θ 变化范围 $0\leqslant\theta\leqslant\pi$，当 $\theta=0$ 时，$z=\dfrac{\mu E}{k_{\mathrm{B}}T}=r$；当 $\theta=\pi$ 时，$z=-\dfrac{\mu E}{k_{\mathrm{B}}T}=-r$。于是，式（4-108）演变为

$$\overline{\mu}_\theta=\frac{\mu N_\theta}{r}\cdot\frac{\int_{-r}^{+r}z\mathrm{e}^z\mathrm{d}z}{\int_{-r}^{+r}\mathrm{e}^z\mathrm{d}z} \tag{4-109}$$

其中，积分 $\int_{-r}^{+r}z\mathrm{e}^z\mathrm{d}z=(z-1)\mathrm{e}^z\Big|_{-r}^{r}=r(\mathrm{e}^r+\mathrm{e}^{-r})-(\mathrm{e}^r-\mathrm{e}^{-r})$，积分 $\int_{-r}^{r}\mathrm{e}^z\mathrm{d}z=\mathrm{e}^z\Big|_{-r}^{r}=(\mathrm{e}^r-\mathrm{e}^{-r})$。解得平均偶极矩为

$$\overline{\mu}_\theta=\frac{\mu N_\theta}{r}\cdot\left[\frac{r(\mathrm{e}^r+\mathrm{e}^{-r})}{\mathrm{e}^r-\mathrm{e}^{-r}}-1\right]=\mu N_\theta\left[\frac{\mathrm{e}^r+\mathrm{e}^{-r}}{\mathrm{e}^r-\mathrm{e}^{-r}}-\frac{1}{r}\right] \tag{4-110}$$

因为指数因子 $r=\dfrac{\mu E}{k_{\mathrm{B}}T}\ll 1$，将幂指数展开为级数形式，

$$\mathrm{e}^r=1+r+\frac{r^2}{2!}+\frac{r^3}{3!}+\cdots+\frac{r^n}{n!}+\cdots,\ \mathrm{e}^{-r}=1-r+\frac{r^2}{2!}-\frac{r^3}{3!}+\cdots+\frac{(-1)^n r^n}{n!}+\cdots$$

随幂次增大，高级幂次迅速衰减，忽略三次及其以上的幂次项，即

$$\mathrm{e}^r=1+r+\frac{r^2}{2}+\frac{r^3}{6},\mathrm{e}^{-r}=1-r+\frac{r^2}{2}-\frac{r^3}{6}$$

$$\frac{\mathrm{e}^r+\mathrm{e}^{-r}}{\mathrm{e}^r-\mathrm{e}^{-r}}-\frac{1}{r}=\frac{1}{r}\cdot\frac{6+3r^2}{6+r^2}-\frac{1}{r}=\frac{1}{r}\left(\frac{6+3r^2}{6+r^2}-1\right)=\frac{2r}{6+r^2}\approx\frac{r}{3}$$

上式忽略了分母中的平方项。将上式结果以及 $r=\dfrac{\mu E}{k_{\mathrm{B}}T}$ 代入（4-110），平均偶极矩近似等于

$$\overline{\mu}_\theta=\mu N_\theta\cdot\frac{r}{3}=\frac{N_\theta\mu^2E}{3k_{\mathrm{B}}T} \tag{4-111}$$

当取向角 θ 遍及全部变化范围 $0\leqslant\theta\leqslant\pi$，全部分子的取向就都计算在内，$N_\theta=N_0$，平均偶极矩等于平均取向极化度，即

$$\boldsymbol{P}_{\mathrm{or}}=\frac{N_0\mu^2\boldsymbol{E}}{3k_{\mathrm{B}}T} \tag{4-112}$$

上式就是单位体积偶极子数为 N_0 的样品中表现出的总取向极化度。对于体积为 V、偶极子总数为 N 的体系，单位体积中的偶极子总数为 $N_0=\dfrac{N}{V}$，求得单位体积中全部偶极子的总取向极化度。极性分子的总极化度等于取向极化度与诱导极化度的和，由式（4-88）和式（4-112）求得总极化度

$$\boldsymbol{P}=\boldsymbol{P}_{\mathrm{di}}+\boldsymbol{P}_{\mathrm{or}}=\frac{N\boldsymbol{E}}{V}\left(\alpha+\frac{\mu^2}{3k_{\mathrm{B}}T}\right) \tag{4-113}$$

当极性分子处于电场强度为 $\boldsymbol{E}_0$ 的外电场中时，偶极子自身形成小电场，在外电场 $\boldsymbol{E}_0$ 作用下，由式（4-96）和式（4-84），偶极子实际受到的电场强度为 $\boldsymbol{E}$，则

$$\boldsymbol{E}=\boldsymbol{E}_0+\frac{\boldsymbol{P}}{3\varepsilon_0}=\boldsymbol{E}_0+\frac{(\varepsilon_{\mathrm{r}}-1)\varepsilon_0\boldsymbol{E}_0}{3\varepsilon_0}=\frac{(\varepsilon_{\mathrm{r}}+2)\boldsymbol{E}_0}{3}$$

代入式（4-113），总极化度为

$$\boldsymbol{P}=\frac{N}{V}\frac{(\varepsilon_{\mathrm{r}}+2)\boldsymbol{E}_0}{3}\left(\alpha+\frac{\mu^2}{3k_{\mathrm{B}}T}\right) \tag{4-114}$$

受到同一电场强度 $\boldsymbol{E}_0$ 的作用时，上式与式（4-84），即 $\boldsymbol{P}=(\varepsilon_{\mathrm{r}}-1)\varepsilon_0\boldsymbol{E}$（$E\approx E_0$）进行比较，得到

$$\frac{\varepsilon_{\mathrm{r}}-1}{\varepsilon_{\mathrm{r}}+2}=\frac{N}{3\varepsilon_0V}\left(\alpha+\frac{\mu^2}{3k_{\mathrm{B}}T}\right) \tag{4-115}$$

设在待测样品中极性分子的摩尔质量为 M_{A}，密度为 ρ，$\dfrac{N}{V}=\dfrac{N_{\mathrm{A}}\rho}{M_{\mathrm{A}}}$，式（4-115）演变为

$$P_{\rm m}=\frac{\varepsilon_{\rm r}-1}{\varepsilon_{\rm r}+2}\frac{M_{\rm A}}{\rho}=\frac{N_{\rm A}}{3\varepsilon_0}\left(\alpha+\frac{\mu^2}{3k_{\rm B}T}\right) \tag{4-116}$$

$P_{\rm m}$ 称为摩尔极化度，单位为 $\rm m^3\cdot mol^{-1}$。极化度与电场强度成正比，而摩尔极化度不随电场强度的变化。诱导极化率 α 和偶极矩 μ 都是极性分子的性质，而摩尔极化度 $P_{\rm m}$ 是摩尔量级样品的测量值。在不同温度 T 下测量样品的密度 ρ 以及相对介电常数 $\varepsilon_{\rm r}$，由式（4-116）左端，求得摩尔极化度 $P_{\rm m}$。因为 $P_{\rm m}$ - $\frac{1}{T}$ 是线性关系，由直线的斜率算得偶极矩，由截距算得诱导极化率。

研究分子的诱导极化率 α，可以获得分子的电子云在电场作用下的变形程度，从而帮助我们研究分子间的色散力。当分子受到周围电荷粒子或偶极子的作用产生诱导极化时，一种现象是出现电子相对于原子核的位移，导致正、负电荷中心偏移，此种变形称为电子极化。另一种现象是原子核之间出现相对位移，使得正、负电荷中心偏移，此种变形称为原子极化。电子极化和原子极化都会使分子相对于周围偶极子形成与电场反平行的取向，使分子出现变形，此类极化统称为变形极化。非极性分子的总极化度等于总变形极化度

$$\boldsymbol{P}=\boldsymbol{P}_{\rm E}+\boldsymbol{P}_{\rm A}$$

式中，$\boldsymbol{P}_{\rm E}$ 和 $\boldsymbol{P}_{\rm A}$ 分别表示电子极化度和原子极化度。无论是极性分子还是非极性分子都存在变形极化。因为极性分子还存在取向极化，所以极性分子总极化度为

$$\boldsymbol{P}=\boldsymbol{P}_{\rm O}+\boldsymbol{P}_{\rm E}+\boldsymbol{P}_{\rm A} \tag{4-117}$$

$\boldsymbol{P}_{\rm O}$ 表示取向极化度。向分子施加交变电场，交变电场的频率高低对分子的极化过程有很大的影响。当频率较低时，如无线电频率，三种极化都会发生，极性分子的极化度是电子极化度、原子极化度、取向极化度的总和。

向分子施加中频段频率时，如红外光频率，由于极性分子的转向需要一定时间，来不及随电场发生转向取向，电场方向就发生了变化，即跟不上交变电场的变化，此时取向极化度等于零，$\boldsymbol{P}_{\rm O}=0$。

紫外-可见光是一种高频率的电场，分子经过紫外-可见光照射，极性分子的转向运动和分子骨架变形都跟不上交变电场的变化，此时取向极化度和原子极化度都等于零，$\boldsymbol{P}_{\rm O}=0$，$\boldsymbol{P}_{\rm A}=0$，测得的极化度是电子极化度

$$\boldsymbol{P}=\boldsymbol{P}_{\rm E}$$

这些变化用相对介电常数与频率的关系图来表示，见图 4-67。

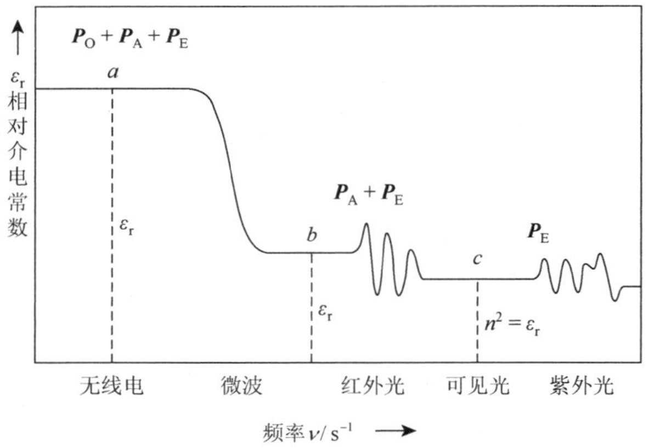

图 4-67　交变电场中的极化物质在不同电场频率 ν 形成不同极化作用，引起相对介电常数 $\varepsilon_{\rm r}$ 的变化

根据电磁波理论，光在真空和电介质中传播的速度分别为

$$c=\sqrt{\frac{1}{\varepsilon_0\mu_0}},\ \mu_0=4\pi\times10^{-7}\,\rm N\cdot A^{-2}$$
$$v=\frac{c}{n}=\sqrt{\frac{1}{\varepsilon_0\varepsilon_{\rm r}\mu_{\rm r}\mu_0}} \tag{4-118}$$

其中，μ_0 和 $\mu_{\rm r}$ 分别是真空磁化率和电介质的相对磁化率，ε_0 和 $\varepsilon_{\rm r}$ 分别是真空介电常数和电介质的相对介电常数。消去 $\varepsilon_0\mu_0$ 得

$$n=\sqrt{\varepsilon_{\rm r}\mu_{\rm r}} \tag{4-119}$$

如果电介质不是非铁磁体性物质，$\mu_r \approx 1$，得到

$$\varepsilon_r = n^2 \tag{4-120}$$

光照是一种电磁辐射，当光照射极性分子（偶极子）体系时，沿极性分子的偶极矩方向，电磁辐射电场与偶极矩发生相互作用。如果光波是高频段的紫外-可见光，电场的振动频率高，极性分子表现出的极化，只有电子云变形极化，没有偶极子的取向极化，也没有分子骨架的变形极化（原子极化）。不产生取向极化，是因为偶极子没有足够的时间来回转向；不产生分子骨架的变形极化，是因为分子骨架变形跟不上高频交变电场的振动频率。由式（4-116）和式（4-120），得

$$\frac{n^2-1}{n^2+2}\frac{M_A}{\rho} = \frac{N_A\alpha}{3\varepsilon_0} \tag{4-121}$$

上式说明，用高频率的可见光测量电介质中的折射率，可以提供分子电子云变形的极化信息，从而可以预知分子的色散力。

由式（4-121），定义分子中电子的摩尔折射度 R_m

$$R_m = \frac{n^2-1}{n^2+2}\frac{M_A}{\rho} = \frac{N_A\alpha}{3\varepsilon_0} \tag{4-122}$$

由式（4-122），用阿贝折光仪测定电介质的折射率 n，获得电子的摩尔折射度 R_m，算得反映电子云变形的诱导极化率 α

$$\alpha = \frac{3\varepsilon_0 R_m}{N_A} \tag{4-123}$$

一些分子的摩尔折射度见表 4-6。摩尔折射度越大，电子极化导致的分子变形度越大，直接反映分子间的色散力越强。具有较大电子极化变形性的分子结构特点是：分子中有重原子，分子体积大，存在较强的极性共价键，或存在共轭大 π 键。

表 4-6　分子的摩尔折射度 R_m[23]

化合物	分子式	T/℃	γ/(g·cm^{-3})	折射率 n_D	M/g	R_m/(cm^3·mol^{-1})
二氯甲烷	CH_2Cl_2	20	1.336	1.4237	84.93	16.21
三氯甲烷	$CHCl_3$	19	1.49	1.4457	119.38	21.35
四氯化碳	CCl_4	15	1.604	1.463	153.82	26.41
硝基甲烷	CH_3NO_2	20	1.139	1.3935	61.04	12.80
正己烷	C_6H_{14}	20	0.659	1.3746	86.18	29.91
环己烷	C_6H_{12}	20	0.659	1.3749	84.16	29.23
四氯乙烯	C_2Cl_4	20	1.619	1.5055	165.83	30.41
苯	C_6H_6	20	0.879	1.5011	78.11	26.19
苯乙烯	C_8H_8	20	0.906	1.5469	104.15	36.45
氯苯	C_6H_5Cl	20	1.107	1.5251	112.56	31.16
溴苯	C_6H_5Br	20	1.495	1.5604	157.01	33.98
硝基苯	$C_6H_5NO_2$	20	1.21	1.5524	123.11	32.53
甲苯	C_7H_8	20	0.867	1.4969	92.14	31.09
乙苯	C_8H_{10}	20	0.867	1.4959	106.17	35.76
苯酚	C_6H_6O	45	1.07	1.54	94.11	27.60
苯肼	$C_6H_8N_2$	20	1.098	1.6081	108.14	34.06
苯胺	C_6H_7N	20	1.022	1.5863	93.13	30.59
乙醇	C_2H_6O	20.5	0.788	1.361	46.07	12.93
丙三醇	$C_3H_8O_3$	20	1.26	1.4729	92.09	20.50
乙硫醇	C_2H_6S	20	0.839	1.4306	62.13	19.15
环己酮	$C_6H_{10}O$	19	0.947	1.4503	98.14	27.87
甲酸	CH_2O_2	20	1.22	1.3714	46.03	8.56
乙酸	$C_2H_4O_2$	22.9	1.046	1.3715	60.05	13.03

续表

化合物	分子式	T/℃	γ/(g·cm^{-3})	折射率 n_D	M/g	R_m/(cm^3·mol^{-1})
甲酰胺	CH_3NO	20	1.139	1.4472	45.04	10.57
三乙醇胺	$C_6H_{15}NO_3$	20	1.124	1.4852	149.19	38.05
乙酸乙酯	$C_4H_8O_2$	19.2	0.901	1.3728	88.11	22.27
邻苯二甲酸二乙酯	$C_{12}H_{14}O_4$	17.7	1.12	1.5029	222.24	58.65
吡啶	C_5H_5N	20	0.982	1.509	79.10	24.05
吡咯	C_4H_5N	20	0.968	1.5091	67.09	20.70
喹啉	C_9H_7N	18.2	1.09	1.6283	129.16	42.07
呋喃	C_4H_4O	20	0.937	1.4216	68.07	18.45
噻吩	C_4H_4S	19.7	1.065	1.5287	84.14	24.35
氯化苦	CCl_3NO_2	22.8	1.651	1.4608	164.37	27.31
溴化苦	CBr_3NO_2	12.5	2.811	1.5831	297.73	35.40
乙醚	$C_4H_{10}O$	24.8	0.708	1.3497	74.12	22.51
丙酮	C_3H_6O	20	0.791	1.3591	58.08	16.17
二硫化碳	CS_2	20	1.263	1.6276	76.14	21.38
丙烯酸	$C_3H_4O_2$	20	1.051	1.4224	72.06	17.44
肉桂醛	C_9H_7O	20	1.11	1.6195	131.15	41.48
对茴香醛	$C_8H_8O_2$	19.7	1.13	1.5764	136.15	39.89
水杨醛	$C_7H_6O_2$	19.7	1.166	1.5736	122.12	34.54

有永久偶极矩的极性分子，取向极化强于诱导极化，先用可见光测得电子的诱导极化率以及电子变形极化度；再用红外光测定电子和原子变形极化度 $\boldsymbol{P}_E$ 和 $\boldsymbol{P}_A$ 之和，二者相减得原子的变形极化度。最后用无线电低频测定不同温度下介电常数，获得不同温度下分子的总极化度，由式（4-117）$\boldsymbol{P}_O=\boldsymbol{P}-\boldsymbol{P}_E-\boldsymbol{P}_A$ 或通过稀溶液的递减方法得到极性分子的永久偶极矩。

4.4.6　分子间作用力

极性分子体系中，分子间作用力为偶极子与偶极子之间的作用力。极性分子与非极性分子的混合体系中，除了偶极子与偶极子之间的作用力，偶极子电场作用于非极性分子产生诱导偶极子，存在偶极子与诱导偶极子之间的作用力。非极性分子、极性分子以及混合体系都广泛存在电子和原子变形极化作用，分子之间的这种相互作用力称为色散力。分子间作用力随着分子间距的变化较为复杂，短距离的作用能量急剧增加，长距离缓慢衰减，中间距离能量为负。图 4-68 是苯分子的分子间作用力势能 U 与分子间距 R 的关系曲线。在气相和液相体系中，中性分子的相互作用主要是静电相互吸引，统称为范德华作用力。

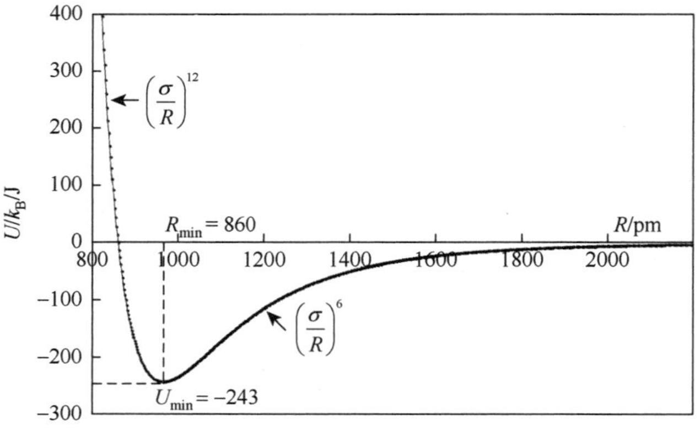

图 4-68　苯分子的 U-R 势能曲线

有永久偶极矩的极性分子，存在沿偶极子的偶极矩方向的持续作用力，设分子间距为 R，由于热运动，偶极子的取向较为随机和混乱，经过热力学统计平均，两个偶极子的平均相互作用势能与 R^6 成反比

$$U_{\text{d-d}}(R)=-\frac{2}{k_BT}\left(\frac{\mu_A\mu_B}{4\pi\varepsilon_0}\right)^2\frac{1}{R^6} \tag{4-124}$$

其中，μ_A 和 μ_B 分别为分子 A 和分子 B 的偶极矩。偶极子与偶极子的作用力（简称 d-d）是吸引力，一个偶极子电场的正电荷中心吸引另一个偶极子电场的负电荷中心，能量为负，见图 4-69（a）。

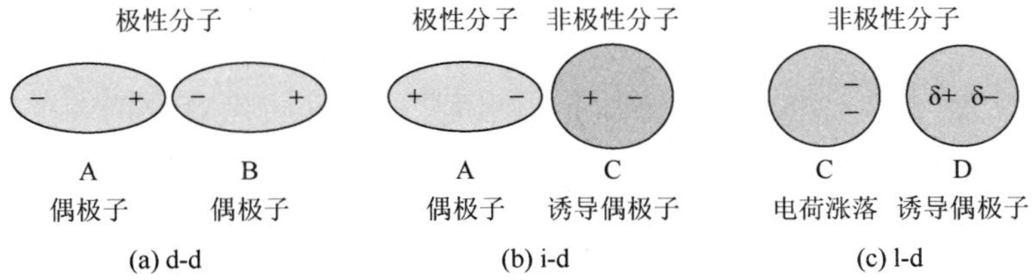

图 4-69　分子间作用力类型

偶极子 A 与非极性分子 C 形成相互作用时，偶极子 A 的电场 μ_A 使分子 C 产生电子和原子变形极化，形成诱导偶极矩 $\alpha_C\mu_A$，α_C 是分子 C 的诱导极化率。偶极子和诱导偶极子之间的作用力（简称 i-d）为

$$U_{\text{i-d}}(R)=-\frac{\alpha_C\mu_A^2}{(4\pi\varepsilon_0)^2}\frac{1}{R^6} \tag{4-125}$$

i-d 作用力的性质与 d-d 本质上相同，都是吸引力，偶极子 A 的电场正电荷中心吸引分子 C 的诱导偶极电场的负电荷中心，同时 A 的负电荷中心也吸引 C 的诱导偶极子的正电荷中心，能量为负，见图 4-69（b）。

如果是偶极子 A 和 B 的混合体系，除了 d-d 作用力外，还有 i-d 作用力。偶极子 A 的电场 μ_A 使偶极子 B 形成诱导偶极矩 $\alpha_B\mu_A$；偶极子 B 的电场 μ_B 也致使偶极子 A 产生诱导偶极矩 $\alpha_A\mu_B$，i-d 作用力的总势能为

$$U_{\text{i-d}}(R)=-\frac{\alpha_B\mu_A^2+\alpha_A\mu_B^2}{(4\pi\varepsilon_0)^2}\frac{1}{R^6} \tag{4-126}$$

其中，α_A 和 α_B 分别是原子 A 和原子 B 的诱导极化率。

1930 年，伦敦（F. W. London）指出：对于非极性分子 C 和 D，尽管分子没有永久偶极矩，没有电场作用，因为偶极矩算符平方的平均值不等于零，分子之间仍然存在电性作用力。在非极性分子 C 和 D 之间，由于热运动与动能的转变，当分子 D 受到 C 的撞击，靠得很近时，C 的外层价电子作用导致分子 D 的电子云瞬时变形，或者原子核正电荷分布瞬时移动，使分子的正、负电荷中心发生偏移，产生瞬时诱导偶极矩。这种瞬时作用力是不持续的，是间断的，但是经常的。引起分子作用力的原因是 C 和 D 的电荷分布出现涨落现象，同时 C 和 D 发生相互作用时，也引起电荷分布的涨落，此种作用力称为色散力，见图 4-69（c）。C 的瞬时偶极矩极化 D，使 D 产生诱导偶极矩，反之亦然。任何分子之间都存在色散力，色散力的总势能与 R^6 成反比[24]，如偶极子 A 和 B 之间的色散力为

$$U_{\text{l-d}}(R)=-\frac{3}{2}\left(\frac{E_AE_B}{E_A+E_B}\right)\frac{\alpha_B\alpha_A}{(4\pi\varepsilon_0)^2}\frac{1}{R^6} \tag{4-127}$$

其中，E_A 和 E_B 分别是原子 A 和 B 的第一电子跃迁能。从偶极矩和诱导极化率的实验值，可以判断分子间作用力的强弱。偶极矩越大，偶极子与偶极子之间的作用力越大。诱导极化率越大，色散力越强。例如，分子中有重原子，分子体积大，分子中存在较强的极性共价键，或存在共轭大 π 键等。

分子碰撞导致分子之间的距离靠得很近，分子之间除了吸引力，还将出现电子云之间的强排斥力，强排斥力使势能急剧升高。伦纳德-琼斯（Lennard-Jones）提出了经验公式，排斥能与 R^{12} 成反比，吸引能与 R^6 成反比[25]。

$$U=4\varepsilon\left[\left(\frac{\sigma}{R}\right)^{12}-\left(\frac{\sigma}{R}\right)^6\right] \tag{4-128}$$

其中，ε 和 σ 是参数，ε 反映势阱深度，是一个有最低能量意义的参量，单位为 J；σ 反映分子间距，单位为 pm。排斥力和吸引力是两个符号相反的能量形式，Lennard-Jones 经验公式存在一个能量最低点。能量最低点的分子间距 $R_{\min}$ 由极值方法求得

$$\frac{\mathrm{d}U}{\mathrm{d}R}=4\varepsilon\left[-\frac{12\sigma^{12}}{R^{13}}+\frac{6\sigma^{6}}{R^{7}}\right]=0$$

解得 $R_{\min}=2^{\frac{1}{6}}\sigma$，而最低势能 $U_{\min}=-\varepsilon$。例如，苯分子的 $\varepsilon=243k_{\mathrm{B}}$，$\sigma=860\mathrm{pm}$，玻尔兹曼常量 $k_{\mathrm{B}}=1.3806485\times10^{-23}\mathrm{J\cdot K^{-1}}$，其 U-R 势能曲线见图 4-68。

习　题

1. 找出 BCl_3 分子中存在的镜面，并指出镜面的类型。

2. BI_3、$[PtCl_4]^{2-}$、环戊二烯负离子和苯，分别是正三角形、平面正方形、平面正五边形和平面正六边形构型，找出分子或离子中存在的旋转轴、镜面和反演中心。

3. 十氟化二硫 S_2F_{10} 是二带帽四方反棱柱构型，S—S 键长 221pm，S—F 键长 156pm，指出构型中的象转轴。

4. 配离子 $[FeBr_6]^{3-}$ 是正八面体构型，指出构型的象转轴。

5. 用矩阵表示正方形分子 $[AuCl_4]^-$ 的 C_4^1 旋转操作，设 Au—Cl 的键长为 a，写出各原子的坐标集合，以及经过旋转后的新坐标集合。

6. 找出全交错式乙烷构象的全部对称元素，并列出对称操作集合。

7. 三苯基甲烷的结构类似于三苯基硫膦，确定分子的点群。

8. 氯酸酐 (Cl_2O_7) 的氯原子各结合四个氧原子，其中共用一个氧原子，指出可能的构型和点群。

9. 二溴萘的点群为 C_{2h}，指出可能异构体的结构式。

10. 碳硼烷 $C_2B_{10}H_{12}$ 的结构是三角形面二十面体，碳原子占据十二个顶点中的两个，形成邻位、间位、对位异构体，分别指出各异构体的点群。

11. 分析八面体配合物 $[Sc(H_2O)_6]^{3+}$ 可能的构象异构体，指出所属点群。

12. 用 Br 取代甲烷 CH_4 的氢原子，得到组成为 CH_3Br 和 CH_2Br_2 的溴代甲烷，试确定构型点群。

13. 用点群符号表示配离子 $[PtBr_2Cl_2]^{2-}$ 的构型异构体。

14. 共价化合物 PF_2Cl_3 有三种构型异构体，写出它们的点群符号。

15. 2-溴-3-氯-正丁烷有两个手性中心，指出所有的立体异构体，哪些属于对映异构体？

16. 画出反式环辛烯的对映异构体。

17. 六氟化硫为正八面体构型，见图 4-62（d），求六氟化硫的偶极矩，已知 S—F 键长为 157.0pm。

18. 实验测得氟苯 C_6H_5F 在不同温度下的摩尔极化度，数据见下表：

T/K	343.6	371.4	414.1	453.2	507.0
$P_m/(\mathrm{cm^3\cdot mol^{-1}})$	69.9	66.8	62.5	59.3	55.8

计算氟苯的诱导极化率 α 和偶极矩 μ。

19. 已知甲烷分子的 $\varepsilon=148k_{\mathrm{B}}$，$\sigma=382\mathrm{pm}$，玻尔兹曼常量 $k_{\mathrm{B}}=1.3806485\times10^{-23}\mathrm{J\cdot K^{-1}}$，画出势能曲线，求出能量最低点和相应的分子间距。

参 考 文 献

[1] Müller U. Inorganic Structural Chemistry [M]. New York：John Wiley & Sons，2006.

[2] 科顿 F A. 群论在化学中的应用 [M]. 刘春万，游效曾，赖伍江，译. 3 版. 福州：福建科学技术出版社，1999.

[3] 徐光宪，黎乐民，王德民. 量子化学——基本原理和从头计算法（上册）[M]. 北京：科学出版社，2008.

[4] 徐婉棠，喀兴林. 群论及其在固体物理中的应用 [M]. 北京：高等教育出版社，1999.

[5] Schulman J M，Fischer C R，Solomon C R，et al. Theoretical studies of cubane molecule [J]. Journal American Chemical Society，1978，100（10）：2949-2953.

[6] von Schnering H G. Die Kristallstruktur von Hg[(Mo6Cl8)Cl6] [J]. Zeitschrift für Anorganische und Allgemeine Chemie，1971，385（1-2）：75-84.

[7] Fehler T P，Halet J F，Saillard J Y. Molecular Cluster [M]. New York：Cambridge，2007.

[8] Ueno F，Simon A. Structure of tetrapotassium dodeca-μ-bromo-hexabromo-octahedro-hexaniobate(4-) $K_4[(Nb_6Br_{12})Br_6]$ [J]. Acta Crystallographic Section C：Crystal Structure Communication，1985，41（3）：308-310.

[9] Moses M J，Fettinger J C，Eichhorn B W. Interpenetrating As-20 fullerene and Ni-12 icosahedra in the onion-skin $[As@Ni_{12}@As_{20}]^{3-}$ ion [J]. Science，2003，300（5620）：778-780.

[10] Ternansky R J，Balogh D W，Paquette L A. Dodecahedrane [J]. Journal of the American Chemical Society，1982，104（16）：4503-4504.

[11] Power M B，Barron A R. Isolation of the 1st Gallium hydrosulphido complex and its facile conversion to a Ga_4S_4 cubane：X-ray structures of $[(Bu^t)_2Ga(\mu\text{-}S)]_2$ and $[(Bu^t)GaS]_4$ [J]. Journal of the Chemical Society，1991，18：1315-1317.

[12] Li P. Structures，stabilities，and IR and ^{13}C-NMR spectra of dihedral fullerenes：a density functional theory study [J]. Science China Chemistry，2012，55（9）：1856-1871.

[13] Wade L G Jr. Organic Chemistry [M]. 5th ed. Beijing：Higher Education Press，2004.

[14] Greenwood N N，Earnshaw A. Chemisrty of the Elements [M]. Oxford：Butterworth-Heinemann，1997：623.

[15] 柯以侃，董慧茹. 分析化学手册第三分册——光谱分析[M]. 北京：化学工业出版社，1998：928.

[16] Miessier G L，Tarr D A. Inorganic Chemistry [M]. Beijing：Higher Education Press，2004.

[17] Delattre A. Infrared spectrum of SF_6 in LiF region[J]. The Journal of Chemical physic，1952，20（3）：520-522.

[18] Atkins P W，Overton T L，Rourke J P，et al. Inorganic Chemistry（6th Edition）[M]. Oxford：Oxford University Press，2014.

[19] 周公度，段连运. 结构化学基础 [M]. 5 版. 北京：北京大学出版社，2017：50.

[20] Lewars E G. Computational Chemistry：Introduction to the Theory and Applications of Molecular and Quantum Mechanics [M]. Netherland：Springer，2011：340-352.

[21] Silbey R J，Alberty R A. Physical Chemistry [M]. 3rd ed. New York：John Wiley & Sons，2001.

[22] Jain V K. Physics of Atoms，Molecules，Solids and Nuclei [M]. Oxford：Alpha Science，2017.

[23] 张向宇. 实用化学手册[M]. 北京：国防工业出版社，2011：526.

[24] Eisenschitz R，London F. About relationship of the van der Waals forces to the covalent bonding forces [J]. Zeitschrift für Physik，1930，60（7-8）：491-527.

[25] Lennard-Jones J E，Corner J. The calculation of surface tension from intermolecular forces [J]. Transaction of the Faraday Society，1940，36：1156-1162.

第 5 章　分子轨道理论的应用和分子的电子结构

分子的运动形式除了平动，还有原子之间的振动和分子的转动。分子和原子都属于微观粒子，具有波动性，振动和转动都用波动方程描述，存在振动和转动能级，原子占据振动和转动能级，原子在振动和转动能级之间跃迁，将吸收或辐射光子，光子的波长或频率在红外光区到微波区段。求解分子振动的波动方程，解得分子的振动能级，可以获得红外光谱谱系，解释分子的实验红外光谱。分子振动是原子之间的相对运动，以分子的质心为坐标系原点，分子振动表现为原子在坐标系空间的运动，其运动空间非常有限，而且不改变原子之间的排列，那么，是什么作用力将原子结合在一起？

1927 年，海特勒（W. Heitler）和伦敦（F. London）第一次用量子力学方法求解了氢分子薛定谔方程，其思想被推广为价键理论（valence-bond theory），揭示了原子之间共价键的本质。组成分子的全部原子构成分子骨架，核外电子在分子骨架上运动。分子中原子核和电子的运动用波动方程描述，第一波动方程就是能量本征方程

$$\hat{H}\Phi = E\Phi \tag{5-1}$$

氢分子中各粒子之间的作用力包括原子核之间库仑排斥力、原子核对电子的库仑吸引力、电子与电子之间的排斥力，这些作用力影响原子核之间的相对运动、电子相对于原子核的运动。通过绝热近似分离核运动和电子运动，得到核运动方程和电子相对于核的运动方程。在实验室坐标系下观察分子中原子核和电子的运动，由于原子核的质量比电子的质量大得多，当电子绕原子核运动一周，原子核状态只发生了微小的变化，或者说当原子核运动状态发生较大变化时，电子运动状态已形成统计图像。因而在分子质心坐标系下观察原子核和电子的运动，可近似地将原子核视为不动，只考虑电子相对于原子核的运动，此处理方法称为玻恩-奥本海默（Born-Oppenheimer）近似。

求解氢分子的核运动方程，解得分子振动和转动状态，当分子的振动和转动处于某一状态时，两个氢原子的相对位置确定，核间距 R 不变，电子在此构型下存在若干状态和能量。设两个电子的编号为 1 和 2，两个原子核的编号为 a 和 b，在玻恩-奥本海默近似下，氢分子中电子运动的哈密顿算符表示为

$$\hat{H} = -\frac{\hbar^2}{2m}\nabla_1^2 - \frac{\hbar^2}{2m}\nabla_2^2 - \frac{e^2}{r_{\mathrm{a}1}} - \frac{e^2}{r_{\mathrm{b}1}} - \frac{e^2}{r_{\mathrm{a}2}} - \frac{e^2}{r_{\mathrm{b}2}} + \frac{e^2}{r_{12}} + \frac{e^2}{R} \tag{5-2}$$

式中，第一、二项是两个电子的动能；第三、四项是核 a 和 b 对电子 1 的吸引能；第五、六项是核 a 和 b 对电子 2 的吸引能；第七项是两个电子之间的排斥能；第八项是两个核之间的排斥能。将哈密顿算符代入能量本征方程（5-1），就是氢分子的薛定谔方程。方程的变量很多，必须将两电子坐标变量方程，通过分离变量化为单个电子坐标变量方程，才能求解。氢分子的哈密顿算符中两电子的排斥势 $1/r_{12}$，是两个电子坐标的函数

$$\frac{1}{r_{12}} = \frac{1}{|\boldsymbol{r}_1 - \boldsymbol{r}_2|} \tag{5-3}$$

它使得方程无法直接分离变量，处理的方法是将其分解为单个电子坐标变量函数。求解氢分子薛定谔方程仍将用变分法，通过设立变分参量，在极值条件下，解出变分参量，求得分子轨道波函数和能量。

5.1　变分法求解氢分子薛定谔方程

固定分子中原子之间的核间距 R，分子保持特定的微观构型，电子在此构型下存在若干状态和能量。当核运动状态发生改变时，如振动使核间距离 R 增大或减小，电子在新的分子构型下又出现新的状态和能量，即电子的状态和能量是核间距 R 的函数，某一构型下两个核之间的排斥能是常量。

变分法求解需要预先构造一个合理的初始波函数，为了符合共价键的共用电子对概念，初始波函数必须是指定形成共价键的两个原子价层轨道的线性组合，而且这两个原子的价层轨道还必须是单电子占据，

自旋相反，这种量子模型称为价键理论，价键理论符合传统的价电子配对概念而被广泛接受[1]。

5.1.1　氢分子的轨道波函数

设两个氢原子分别为 a 和 b，价层 1s 轨道上分别被电子 1 和电子 2 占据，其归一化波函数分别为 $\phi_a(1)$ 和 $\phi_b(2)$。当从无穷远处靠近，出现能量最低点，形成氢分子。氢分子作为整体，这种状态用波函数表示为

$$\psi_1 = \phi_a(1)\phi_b(2)$$

交换两个电子，两个 1s 轨道波函数分别变为 $\phi_a(2)$ 和 $\phi_b(1)$，即电子 1 属于核 b，电子 2 属于核 a，仍是氢分子的状态

$$\psi_2 = \phi_a(2)\phi_b(1)$$

现在设置变分参量 c_1 和 c_2，将氢分子的两个状态线性组合起来，氢分子的初始波函数表达为

$$\Psi = c_1\psi_1 + c_2\psi_2 = c_1\phi_a(1)\phi_b(2) + c_2\phi_a(2)\phi_b(1) \tag{5-4}$$

Ψ 表示氢分子中单个电子的运动状态，也称为分子轨道波函数。设分子的真实状态波函数为 Ψ_0，其真实能量 E_0 由能量公式表达为

$$E_0 = \frac{\int \Psi_0^* \hat{H} \Psi_0 \mathrm{d}\tau}{\int \Psi_0^* \Psi_0 \mathrm{d}\tau} \tag{5-5}$$

其实分子的真实波函数和能量都是未知的，现在用初始波函数 Ψ 代替 Ψ_0，其能量 $E(c_1,c_2)$ 必然大于等于分子真实能量 E_0

$$E(c_1,c_2) = \frac{\int \Psi^* \hat{H} \Psi \mathrm{d}\tau}{\int \Psi^* \Psi \mathrm{d}\tau} \geqslant E_0 \tag{5-6}$$

在极值条件下能量存在极小值，求出变分参量，解得分子轨道波函数和能量。因为氢原子 1s 轨道波函数是已知的，只要求出变分参量 c_1 和 c_2，就解得分子轨道波函数，这种用线性组合系数作为变分参量的变分法，称为线性变分法。

下面将初始波函数（5-4）代入能量公式（5-6），得

$$E(c_1,c_2) = \frac{\int (c_1\psi_1 + c_2\psi_2)^* \hat{H} (c_1\psi_1 + c_2\psi_2) \mathrm{d}\tau}{\int (c_1\psi_1 + c_2\psi_2)^* (c_1\psi_1 + c_2\psi_2) \mathrm{d}\tau} = \frac{c_1^2 H_{11} + 2c_1c_2H_{12} + c_2^2 H_{22}}{c_1^2 + 2c_1c_2S_{12} + c_2^2} = \frac{Y}{Z} \tag{5-7}$$

式中，

$$\begin{aligned} Y &= c_1^2 H_{11} + 2c_1c_2H_{12} + c_2^2 H_{22} \\ Z &= c_1^2 + 2c_1c_2S_{12} + c_2^2 \end{aligned} \tag{5-8}$$

其中，H_{11} 和 H_{22} 为库仑积分

$$H_{11} = \iint \psi_1^* \hat{H} \psi_1 \mathrm{d}\tau_1 \mathrm{d}\tau_2\ ,\ H_{22} = \iint \psi_2^* \hat{H} \psi_2 \mathrm{d}\tau_1 \mathrm{d}\tau_2$$

H_{12} 为交换积分

$$H_{12} = \iint \psi_1^* \hat{H} \psi_2 \mathrm{d}\tau_1 \mathrm{d}\tau_2 = \iint \psi_2^* \hat{H} \psi_1 \mathrm{d}\tau_1 \mathrm{d}\tau_2$$

S_{12} 为重叠积分

$$S_{12} = \iint \psi_1^* \psi_2 \mathrm{d}\tau_1 \mathrm{d}\tau_2 = \int \phi_a^*(1)\phi_b(1)\mathrm{d}\tau_1 \int \phi_b^*(2)\phi_a(2)\mathrm{d}\tau_2 = S_{ab}^2$$

因为 ψ_1 和 ψ_2 是已知的，所以这些积分可以直接求出，也是已知的。变分求极值，能量 $E(c_1,c_2)$ 分别对变分参量 c_1 和 c_2 求一阶导数：

$$\begin{aligned} \frac{\partial E}{\partial c_1} &= \frac{1}{Z}\frac{\partial Y}{\partial c_1} - \frac{Y}{Z^2}\frac{\partial Z}{\partial c_1} = \frac{1}{Z}\left(\frac{\partial Y}{\partial c_1} - E\frac{\partial Z}{\partial c_1}\right) = 0 \\ \frac{\partial E}{\partial c_2} &= \frac{1}{Z}\frac{\partial Y}{\partial c_2} - \frac{Y}{Z^2}\frac{\partial Z}{\partial c_2} = \frac{1}{Z}\left(\frac{\partial Y}{\partial c_2} - E\frac{\partial Z}{\partial c_2}\right) = 0 \end{aligned} \tag{5-9}$$

对变分参量的一阶偏导数分别为

$$\frac{\partial Y}{\partial c_1} = 2c_1H_{11} + 2c_2H_{12} + 0,\ \frac{\partial Y}{\partial c_2} = 0 + 2c_1H_{12} + 2c_2H_{22}$$

$$\frac{\partial Z}{\partial c_1} = 2c_1 + 2c_2S_{12} + 0,\ \frac{\partial Z}{\partial c_2} = 0 + 2c_1S_{12} + 2c_2$$

代入式（5-9），得到关于变分参量 c_1 和 c_2 的齐次线性方程组：

$$\begin{cases}(H_{11} - E)c_1 + (H_{12} - ES_{12})c_2 = 0 \\ (H_{12} - ES_{12})c_1 + (H_{22} - E)c_2 = 0\end{cases} \tag{5-10}$$

将齐次线性方程组表达为矩阵方程：

$$\begin{pmatrix} H_{11} - E & H_{12} - ES_{12} \\ H_{12} - ES_{12} & H_{22} - E \end{pmatrix}\begin{pmatrix} c_1 \\ c_2 \end{pmatrix} = 0 \tag{5-11}$$

齐次线性方程组有不平凡解的条件是系数矩阵对应的行列式等于零：

$$\begin{vmatrix} H_{11} - E & H_{12} - ES_{12} \\ H_{12} - ES_{12} & H_{22} - E \end{vmatrix} = 0 \tag{5-12}$$

展开行列式，得到关于能量 E 的一元二次方程：

$$(H_{12} - ES_{12})^2 = (H_{11} - E)(H_{22} - E) \tag{5-13}$$

其中，$H_{11} = \iint \phi_a^*(1)\phi_b^*(2)\hat{H}\phi_a(1)\phi_b(2)\mathrm{d}\tau_1\mathrm{d}\tau_2$，$H_{22} = \iint \phi_a^*(2)\phi_b^*(1)\hat{H}\phi_a(2)\phi_b(1)\mathrm{d}\tau_1\mathrm{d}\tau_2$，两项积分的波函数 ϕ_a 和 ϕ_b 是相同的，只是电子编号不同，积分必然相等，$H_{11} = H_{22}$。据此解得两个能量值，分别为

$$E_1 = \frac{H_{11} + H_{12}}{1 + S_{12}},\ E_2 = \frac{H_{22} - H_{12}}{1 - S_{12}} \tag{5-14}$$

积分 $H_{11} < 0$，$H_{12} < 0$，$0 < S_{12} < 1$，E_1 相对于氢原子 1s 轨道的能量降低，E_2 相对于氢原子 1s 轨道的能量升高。将 E_1 代入矩阵方程（5-11），解得 $c_1 = c_2$。由初始分子轨道波函数（5-4），经归一化得到 E_1 对应的分子轨道 $\varPsi_1$，

$$\varPsi_1 = \sqrt{\frac{1}{1 + S_{ab}^2}}\left[\phi_a(1)\phi_b(2) + \phi_a(2)\phi_b(1)\right] \tag{5-15}$$

$\varPsi_1$ 称为成键轨道。同样将 E_2 代入矩阵方程（5-11），解得 $c_1 = -c_2$，经归一化得到 E_2 对应的分子轨道 $\varPsi_2$，

$$\varPsi_2 = \sqrt{\frac{1}{1 - S_{ab}^2}}\left[\phi_a(1)\phi_b(2) - \phi_a(2)\phi_b(1)\right] \tag{5-16}$$

$\varPsi_2$ 称为反键轨道。电子是费米子，其完全波函数必须是反对称波函数。成键轨道 $\varPsi_1$ 是对称的，自旋波函数就必须是反对称的，乘积得到的完全波函数才是反对称的。两个氢原子 1s 轨道上的电子自旋反平行，当轨道靠近重叠时，形成的分子轨道是吸引态，两个电子自旋反平行配对占据成键轨道 $\varPsi_1$，存在 $\alpha(1)\beta(2)$ 和 $\alpha(2)\beta(1)$ 两种自旋态，此时，自旋磁量子数 $M_S = 0$，自旋量子数 $S = 0$，自旋波函数只有一种组合构成反对称自旋波函数，

$$\eta_1 = \sqrt{\frac{1}{2}}\left[\alpha(1)\beta(2) - \alpha(2)\beta(1)\right] \tag{5-17}$$

于是，反对称的、成键轨道的完全波函数 $\varPhi_1$ 为

$$\varPhi_1 = \sqrt{\frac{1}{1 + S_{ab}^2}}\left[\phi_a(1)\phi_b(2) + \phi_a(2)\phi_b(1)\right] \cdot \sqrt{\frac{1}{2}}\left[\alpha(1)\beta(2) - \alpha(2)\beta(1)\right] \tag{5-18}$$

$\varPhi_1$ 是吸引态，能量 E_1 相对于原子轨道 1s 的能量降低，表示形成氢分子。

反键轨道 Ψ_2 是反对称的，自旋波函数就必须是对称的，乘积得到的完全波函数才是反对称的。两个氢原子1s轨道以相反相位进行重叠，形成排斥态，存在 $\alpha(1)\alpha(2)$、$\beta(1)\beta(2)$、$\alpha(1)\beta(2)+\alpha(2)\beta(1)$ 三种自旋态，组合构成对称自旋波函数，

$$\begin{aligned} &\eta_2=\alpha(1)\alpha(2), && M_S=+1 \\ &\eta_3=\sqrt{\frac{1}{2}}\left[\alpha(1)\beta(2)+\alpha(2)\beta(1)\right], && M_S=0 \\ &\eta_4=\beta(1)\beta(2), && M_S=-1 \end{aligned} \tag{5-19}$$

此时，自旋量子数 $S=1$。这三个对称的自旋波函数也被称为自旋三重态，即 M_S 取值共有 $2S+1$ 个。氢分子处于排斥态时，电子占据反键轨道，无论两个电子自旋平行还是反平行，都使两个氢原子远离，于是，对称的、反键轨道的完全波函数 Φ_2 组合为

$$\Phi_2=\sqrt{\frac{1}{1-S_{\mathrm{ab}}^2}}\left[\phi_{\mathrm{a}}(1)\phi_{\mathrm{b}}(2)-\phi_{\mathrm{a}}(2)\phi_{\mathrm{b}}(1)\right]\cdot\begin{cases}\alpha(1)\alpha(2)\\ \sqrt{\frac{1}{2}}\left[\alpha(1)\beta(2)+\alpha(2)\beta(1)\right]\\ \beta(1)\beta(2)\end{cases} \tag{5-20}$$

Φ_2 是排斥态，能量 E_2 相对于原子轨道 1s 的能量升高，表示氢分子解离。从量子力学得出，分子状态包含结合和解离两种状态，两种状态是同时存在的。稳定分子表现为结合态，电子配对占据能量较低的成键轨道；当分子处于激发态，电子占据能量较高的反键轨道时，氢分子就解离为两个氢原子。

设氢原子 1s 轨道波函数为

$$\phi_{\mathrm{a}}=\sqrt{\frac{1}{\pi}}\mathrm{e}^{-r_{\mathrm{a}}},\ \phi_{\mathrm{b}}=\sqrt{\frac{1}{\pi}}\mathrm{e}^{-r_{\mathrm{b}}}$$

将其代入分子轨道波函数表达式（5-15）和式（5-16），并计算能量公式（5-14）中 H_{11}、H_{12} 和 S_{12} 各项积分，得到用核间距 R 表示的能量 $E(R)$。在变分求极值下，即由 $\frac{\mathrm{d}E(R)}{\mathrm{d}R}=0$ 解得平衡核间距 $R=1.51\text{a.u.}$，以及解离能 $D_{\mathrm{e}}=0.1154\text{a.u.}$，这就是海特勒-伦敦（Heitler-London）方法求解氢分子薛定谔方程的结果。

氢分子的平衡核间距和解离能的测定值分别为 $R=1.40\text{a.u.}$ 和 $D_{\mathrm{e}}=0.1720\text{a.u.}$。由此可见，线性变分法解得的分子轨道能量是粗略值，为了获得更精确结果，1928 年，S. C. Wang 在氢原子波函数中引入了指数参数 ω，采用二次变分法解得变分参量 $\omega=1.166$、平衡核间距 $R=1.436\text{a.u.}$、解离能 $D_{\mathrm{e}}=0.1382\text{a.u.}$，结果较 Heitler-London 方法更接近实验值[2]。图 5-1 是氢分子的成键轨道 σ_g 和反键轨道 σ_u 的等值曲面图。

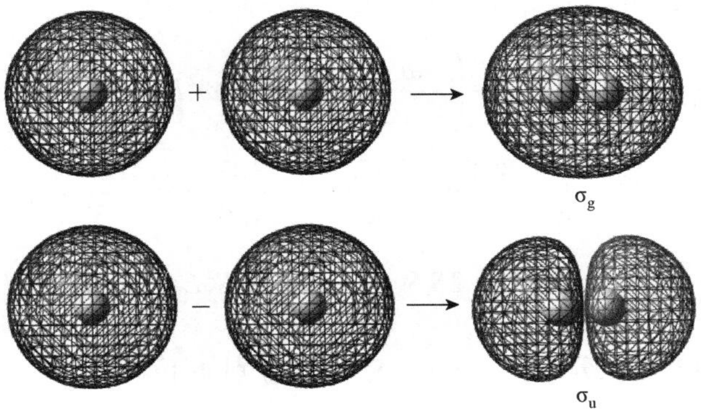

图 5-1　氢分子的成键轨道 σ_g 和反键轨道 σ_u 图形

5.1.2　氢分子的能量

在线性变分法求解结果的基础上，再在氢原子 1s 轨道波函数 $\phi_{\mathrm{a}}(1)$ 和 $\phi_{\mathrm{b}}(2)$ 的指数上设置变分参量。1s 轨道的归一化波函数 $\phi_{\mathrm{a}}(1)$ 和 $\phi_{\mathrm{b}}(2)$ 分别为

$$\phi_a = \sqrt{\frac{\omega^3}{\pi}} e^{-\omega r_a}, \quad \phi_b = \sqrt{\frac{\omega^3}{\pi}} e^{-\omega r_b} \tag{5-21}$$

将成键轨道波函数（5-15）

$$\Psi_1 = \sqrt{\frac{1}{1+S_{ab}^2}} \left[\phi_a(1)\phi_b(2) + \phi_a(2)\phi_b(1)\right]$$

以及哈密顿算符（5-2）

$$\hat{H} = -\frac{\hbar^2}{2m}\nabla_1^2 - \frac{\hbar^2}{2m}\nabla_2^2 - \frac{e^2}{r_{a1}} - \frac{e^2}{r_{b1}} - \frac{e^2}{r_{a2}} - \frac{e^2}{r_{b2}} + \frac{e^2}{r_{12}} + \frac{e^2}{R}$$

代入变分能量公式

$$E(\omega) = \int \Psi^* \hat{H} \Psi \mathrm{d}\tau$$

求出各项积分项，得到由变分参量 ω 表示的成键分子轨道能量（吸引态能量）。当 $R \to \infty$ 时，表示两个孤立的氢原子体系中两个氢原子相距很远，电子排斥能和核排斥能都等于零，体系的哈密顿算符为

$$\hat{H} = \left(-\frac{\hbar^2}{2m}\nabla_1^2 - \frac{e^2}{r_{a1}}\right) + \left(-\frac{\hbar^2}{2m}\nabla_2^2 - \frac{e^2}{r_{b2}}\right) \quad 或 \quad \hat{H} = \left(-\frac{\hbar^2}{2m}\nabla_1^2 - \frac{e^2}{r_{b1}}\right) + \left(-\frac{\hbar^2}{2m}\nabla_2^2 - \frac{e^2}{r_{a2}}\right)$$

由此求得两个孤立氢原子体系的能量：

$$E_0 = \omega^2 - 2\omega$$

以两个孤立氢原子体系能量为能量零点，求得成键分子轨道的能量（吸引态能量）：

$$\begin{aligned} E_1 = \frac{1}{R} + \frac{1}{1+S_{ab}^2}\Bigg\{ & \omega^2 - 2\omega + \left(-\frac{\omega^4 R^2}{3} + \omega^3 R - 2\omega^2 R + \omega^2 - 2\omega\right) e^{-\omega R} S_1 \\ & - \frac{1}{R} + e^{-2\omega R}\left(\frac{7}{4R} - \frac{551}{200}\omega - \frac{547}{100}\omega^2 R - \frac{437}{150}\omega^3 R^2 - \frac{2}{3}\omega^4 R^3\right) \\ & + \frac{6}{5R}\left[S_1^2(\gamma + \ln \omega R) - 2S_1 S_2 Ei(-2\omega R) + S_2^2 Ei(-4\omega R)\right]\Bigg\} - (\omega^2 - 2\omega) \end{aligned} \tag{5-22}$$

同样将反键轨道波函数（5-16）以及哈密顿算符，代入变分能量公式，同样以两个孤立氢原子体系能量为能量零点，求得由变分参量 ω 表示的反键分子轨道能量（排斥态能量）：

$$\begin{aligned} E_2 = \frac{1}{R} + \frac{1}{1-S_{ab}^2}\Bigg\{ & \omega^2 - 2\omega - \left(-\frac{\omega^4 R^2}{3} + \omega^3 R - 2\omega^2 R + \omega^2 - 2\omega\right) e^{-\omega R} S_1 \\ & - \frac{1}{R} + e^{-2\omega R}\left(\frac{1}{4R} + \frac{801}{200}\omega + \frac{397}{100}\omega^2 R + \frac{387}{150}\omega^3 R^2 + \frac{2}{3}\omega^4 R^3\right) \\ & - \frac{6}{5R}\left[S_1^2(\gamma + \ln \omega R) - 2S_1 S_2 Ei(-2\omega R) + S_2^2 Ei(-4\omega R)\right]\Bigg\} - (\omega^2 - 2\omega) \end{aligned} \tag{5-23}$$

其中，γ 为欧拉常数，S_{ab} 为重叠积分，γ、S_{ab}、S_1 和 S_2 分别如下

$$\gamma = 0.577215664901532$$

$$S_1 = S_{ab} = e^{-\omega R}\left(1 + \omega R + \frac{\omega^2 R^2}{3}\right)$$

$$S_2 = e^{\omega R}\left(1 - \omega R + \frac{\omega^2 R^2}{3}\right)$$

$Ei(-2\omega R)$ 和 $Ei(-4\omega R)$ 为积分项，当核间距 R 较小时，为如下收敛级数

$$Ei(-2\omega R)=\gamma+\ln 2\omega R-2\omega R+\frac{1}{2}\frac{(2\omega R)^2}{2!}-\frac{1}{3}\frac{(2\omega R)^3}{3!}+\cdots$$
$$Ei(-4\omega R)=\gamma+\ln 4\omega R-4\omega R+\frac{1}{2}\frac{(4\omega R)^2}{2!}-\frac{1}{3}\frac{(4\omega R)^3}{3!}+\cdots \tag{5-24}$$

所取项数越多，积分趋近极限值。当核间距 R 较大时，为如下收敛级数

$$Ei(-2\omega R)=-\frac{e^{-2\omega R}}{2\omega R}\left[1-\frac{1}{2\omega R}+\frac{2!}{(2\omega R)^2}-\frac{3!}{(2\omega R)^3}+\cdots\right]$$
$$Ei(-4\omega R)=-\frac{e^{-4\omega R}}{4\omega R}\left[1-\frac{1}{4\omega R}+\frac{2!}{(4\omega R)^2}-\frac{3!}{(4\omega R)^3}+\cdots\right] \tag{5-25}$$

随 R 增大，级数取较少项数，便快速趋近于极限值 0。

变分参量 ω 和核间距 R 同时是成键轨道能量 E_1 的函数，用 E_1 对 ω 和 R 绘制曲面图，在曲面上得到能量最低点，从而求得成键轨道能量 E_1 以及平衡核间距 R 。当变分参量增加，这种绘图法就受到限制。通常采用的方法是：给定核间距 R ，在极值条件下，$\frac{\partial E_1}{\mathrm{d}\omega}=0$ ，解得变分参量 ω ，将 ω 和 R 代入能量表达式（5-22），求得能量 E_1 ，从而获得一组 (ω,E_1) 。参量 ω 和能量 E_1 再代入能量表达式，求得一个新的核间距 R' ，由极值条件解得一组新的 (ω',E_1') ，……，如此循环，直到最后两次解得的 (ω,E_1) 相等，最后求得的 E_1 为最低能量。

由最后解得的变分参量 ω ，代入能量表达式（5-22），即得能量随着核间距变化的关系，这种变化关系直观地从 E_1 - R 曲线图得到反映，见图 5-2。当 $R<4.30$ ，积分 $Ei(-2\omega R)$ 和 $Ei(-4\omega R)$ 用式（5-24）计算，当 $R>4.30$ ，用式（5-25）计算。变分参量 $\omega=1.1478$ ，最低能量 $E_{\min}=-0.136780\text{a.u.}$ ，平衡核间距 $R=1.3522\text{a.u.}$ 或 71.558pm 。从成键轨道能量曲线 E_1 - R 可得出如下结论，当两个氢原子靠近（ R 减小），能量逐渐降低，处于吸引态，并在 $R=1.3522\text{a.u.}$ 处，出现能量最低点 $E_{\min}=-0.136780\text{a.u.}$ ，两个氢原子结合形成氢分子，随着核间距 R 增大，能量升高，并逐渐趋近于零。

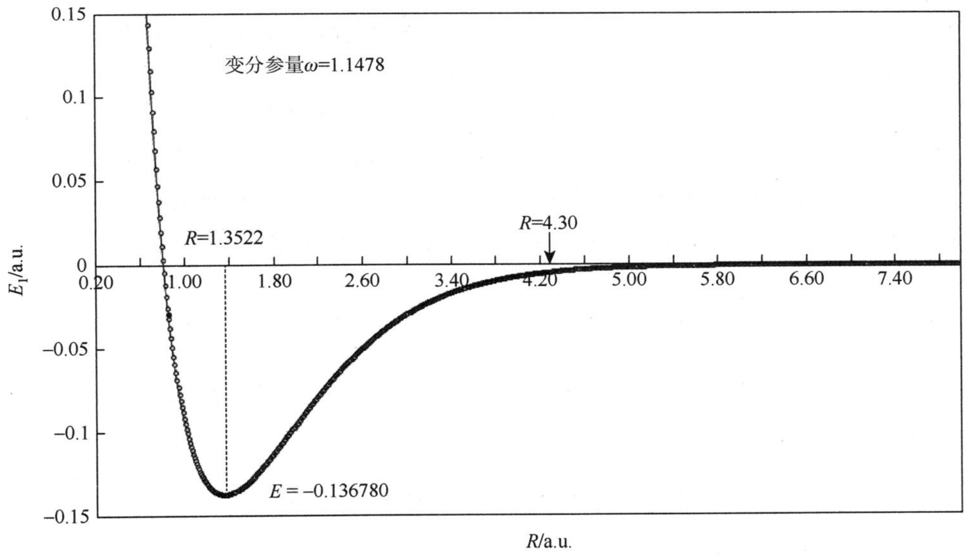

图 5-2　氢分子成键轨道能量 E_1 与核间距 R 变化曲线

从反键轨道能量曲线 E_2 - R 可见，不论变分参量 ω 取何值，当两个氢原子靠近（ R 减小），氢分子能量高于两个孤立氢原子的能量，处于排斥态。为使体系能量降低，两个氢原子逐渐远离（ R 增大），能量 E_2 单调降低，并逐渐趋于零，代表氢分子解离为两个氢原子，见图 5-3。

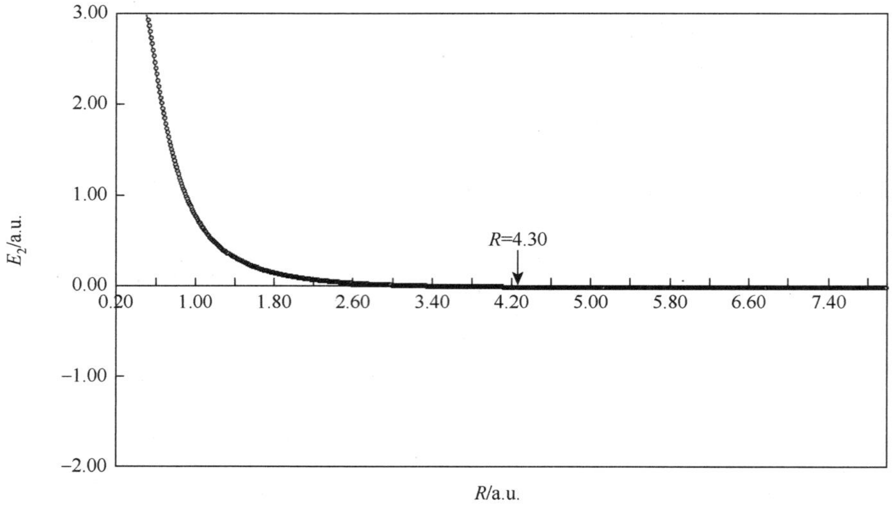

图 5-3　氢分子反键轨道能量 E_2 与核间距 R 变化曲线

氢分子的解离能 D_e 为氢分子吸引态的总能量与两个孤立氢原子的能量差，即

$$D_e = -E_{\min} = 0.136780\text{a.u.}$$

成键轨道和反键轨道统称为分子轨道，求解氢分子薛定谔方程是量子化学的开端，通过原子轨道组合成分子轨道，选择初始波函数和变分参量，即可解出分子轨道波函数和能量。

5.2　休克尔分子轨道理论求解共轭分子体系

1930 年，休克尔（E.Hückel）用线性变分法求解有机共轭分子体系，提出 π 电子近似的分子轨道理论[3]。有机共轭分子属于单键和双键交替连接的平面分子，参与共轭的每个原子都存在与分子平面垂直的 p 轨道，这些 p 轨道是相互平行的，彼此相互重叠，形成大 π 键，参与共轭的 p 轨道上的电子也称为 π 电子，共轭分子的大 π 键记为 Π_n^m，n 为 p 轨道数，m 为 p 轨道上的电子总数。由于 π 电子的运动不局限于相邻原子之间，因而称 π 电子发生了离域。形成稳定共轭分子的一个重要条件是：参与共轭的全部 p 轨道上的电子总数 m 小于轨道数 n 的两倍，即 $m < 2n$。休克尔指出垂直于分子平面的 p 轨道上的 π 电子的能量高于 σ 单键电子的能量，可以将 π 电子与单键骨架的 σ 电子的运动分离，重点求解 π 电子的薛定谔方程，此称为 π 电子近似。在 π 电子近似下，休克尔将参与共轭的 p 轨道进行线性组合，运用线性变分法，求出变分参量，通过简化积分计算，解得分子轨道波函数和能量，这就是休克尔分子轨道理论的基本思想。休克尔分子轨道法（简称 HMO 法）的数学模型简单，计算结果却能定性解释共轭分子的性质。

5.2.1　线性变分法

选择组成分子体系的一组原子轨道波函数 $\{\phi_1, \phi_2, \cdots, \phi_n\}$，将其归一化，作为基函数。任意分子轨道都可以表示为这组基函数的线性组合：

$$\Psi = c_1\phi_1 + c_2\phi_2 + \cdots + c_n\phi_n = \sum_{i=1}^{n} c_i\phi_i \tag{5-26}$$

将组合系数 $\{c_1, c_2, \cdots, c_n\}$ 设为变分参量，那么，分子轨道的平均能量为

$$E = \frac{\int \Psi^* \hat{H} \Psi \mathrm{d}\tau}{\int \Psi^* \Psi \mathrm{d}\tau}，\text{或 } E = \frac{\langle \Psi | \hat{H} | \Psi \rangle}{\langle \Psi | \Psi \rangle} \tag{5-27}$$

其中，$\hat{H}$ 是分子体系的哈密顿算符。式（5-27）所得能量是变分参量的函数 $E = E(c_1, c_2, \cdots, c_n)$，无论变分参量取何值，其能量都比真实分子轨道能量高。为了使能量接近分子轨道的真实能量，采用求极小值方法，即平均能量对每一变分参量求一阶导数等于零。

$$\frac{\partial E}{\partial c_1}=0,\ \frac{\partial E}{\partial c_2}=0,\ \cdots,\ \frac{\partial E}{\partial c_n}=0 \tag{5-28}$$

由这组极值条件，可以导出关于变分参量的一组齐次线性方程组，方程数为 n。求解齐次线性方程组，解得能量和变分参量。这种用线性组合系数构造变分参量，求解齐次线性方程组的方法，称为线性变分法。

展开能量公式（5-27），将产生很多积分数值。如何处理这些积分，对于线性变分法的求解结果能否解释分子性质是至关重要的。为了表达方便，我们将式（5-27）变换为矩阵方程，表达式的分子为

$$\begin{aligned}\int\Psi^*\hat{H}\Psi\mathrm{d}\tau&=\left(c_1^*\ c_2^*\cdots\ c_n^*\right)\int\begin{pmatrix}\phi_1^*\\ \phi_2^*\\ \vdots\\ \phi_n^*\end{pmatrix}\hat{H}\left(\phi_1\ \phi_2\cdots\ \phi_n\right)\mathrm{d}\tau\begin{pmatrix}c_1\\ c_2\\ \vdots\\ c_n\end{pmatrix}\\ &=\left(c_1^*\ c_2^*\cdots\ c_n^*\right)\begin{pmatrix}\int\phi_1^*\hat{H}\phi_1\mathrm{d}\tau & \int\phi_1^*\hat{H}\phi_2\mathrm{d}\tau & \cdots & \int\phi_1^*\hat{H}\phi_n\mathrm{d}\tau\\ \int\phi_2^*\hat{H}\phi_1\mathrm{d}\tau & \int\phi_2^*\hat{H}\phi_2\mathrm{d}\tau & \cdots & \int\phi_2^*\hat{H}\phi_n\mathrm{d}\tau\\ \vdots & \vdots & & \vdots\\ \int\phi_n^*\hat{H}\phi_1\mathrm{d}\tau & \int\phi_n^*\hat{H}\phi_2\mathrm{d}\tau & \cdots & \int\phi_n^*\hat{H}\phi_n\mathrm{d}\tau\end{pmatrix}\begin{pmatrix}c_1\\ c_2\\ \vdots\\ c_n\end{pmatrix}\\ &=\left(c_1^*\ c_2^*\cdots\ c_n^*\right)\begin{pmatrix}H_{11} & H_{12} & \cdots & H_{1n}\\ H_{21} & H_{22} & \cdots & H_{2n}\\ \vdots & \vdots & & \vdots\\ H_{n1} & H_{n2} & \cdots & H_{nn}\end{pmatrix}\begin{pmatrix}c_1\\ c_2\\ \vdots\\ c_n\end{pmatrix}=C^+\boldsymbol{H}C\end{aligned} \tag{5-29}$$

矩阵 $\boldsymbol{H}$ 称为哈密顿矩阵，其中，$H_{ii}=\int\phi_i^*\hat{H}\phi_i\mathrm{d}\tau$ 为库仑积分，$H_{ij}=\int\phi_i^*\hat{H}\phi_j\mathrm{d}\tau$（$i\neq j$）为交换积分。分母为

$$\begin{aligned}\int\Psi^*\Psi\mathrm{d}\tau&=\left(c_1^*\ c_2^*\cdots\ c_n^*\right)\int\begin{pmatrix}\phi_1^*\\ \phi_2^*\\ \vdots\\ \phi_n^*\end{pmatrix}\left(\phi_1\ \phi_2\cdots\ \phi_n\right)\mathrm{d}\tau\begin{pmatrix}c_1\\ c_2\\ \vdots\\ c_n\end{pmatrix}\\ &=\left(c_1^*\ c_2^*\cdots\ c_n^*\right)\begin{pmatrix}\int\phi_1^*\phi_1\mathrm{d}\tau & \int\phi_1^*\phi_2\mathrm{d}\tau & \cdots & \int\phi_1^*\phi_n\mathrm{d}\tau\\ \int\phi_2^*\phi_1\mathrm{d}\tau & \int\phi_2^*\phi_2\mathrm{d}\tau & \cdots & \int\phi_2^*\phi_n\mathrm{d}\tau\\ \vdots & \vdots & & \vdots\\ \int\phi_n^*\phi_1\mathrm{d}\tau & \int\phi_n^*\phi_2\mathrm{d}\tau & \cdots & \int\phi_n^*\phi_n\mathrm{d}\tau\end{pmatrix}\begin{pmatrix}c_1\\ c_2\\ \vdots\\ c_n\end{pmatrix}\\ &=\left(c_1^*\ c_2^*\cdots\ c_n^*\right)\begin{pmatrix}S_{11} & S_{12} & \cdots & S_{1n}\\ S_{21} & S_{22} & \cdots & S_{2n}\\ \vdots & \vdots & & \vdots\\ S_{n1} & S_{n2} & \cdots & S_{nn}\end{pmatrix}\begin{pmatrix}c_1\\ c_2\\ \vdots\\ c_n\end{pmatrix}=C^+\boldsymbol{S}C\end{aligned} \tag{5-30}$$

矩阵 $\boldsymbol{S}$ 称为重叠矩阵，其中，$S_{ii}=\int\phi_i^*\phi_i\mathrm{d}\tau=1$，$S_{ij}=\int\phi_i^*\phi_j\mathrm{d}\tau$（$i\neq j$）。将式（5-29）和式（5-30）代入平均能量公式（5-27）得

$$E=\frac{C^+\boldsymbol{H}C}{C^+\boldsymbol{S}C},\text{或}\ C^+\boldsymbol{H}C=E\cdot C^+\boldsymbol{S}C \tag{5-31}$$

将方程（5-31）表示为具体的矩阵形式

$$\begin{pmatrix}H_{11} & H_{12} & \cdots & H_{1n}\\ H_{21} & H_{22} & \cdots & H_{2n}\\ \vdots & \vdots & & \vdots\\ H_{n1} & H_{n2} & \cdots & H_{nn}\end{pmatrix}\begin{pmatrix}c_1\\ c_2\\ \vdots\\ c_n\end{pmatrix}=E\cdot\begin{pmatrix}S_{11} & S_{12} & \cdots & S_{1n}\\ S_{21} & S_{22} & \cdots & S_{2n}\\ \vdots & \vdots & & \vdots\\ S_{n1} & S_{n2} & \cdots & S_{nn}\end{pmatrix}\begin{pmatrix}c_1\\ c_2\\ \vdots\\ c_n\end{pmatrix} \tag{5-32}$$

进一步移项合并，经矩阵运算，将矩阵方程（5-32）简化为：

$$\begin{pmatrix} H_{11}-ES_{11} & H_{12}-ES_{12} & \cdots & H_{1n}-ES_{1n} \\ H_{21}-ES_{21} & H_{22}-ES_{22} & \cdots & H_{2n}-ES_{2n} \\ \vdots & \vdots & & \vdots \\ H_{n1}-ES_{n1} & H_{n2}-ES_{n2} & \cdots & H_{nn}-ES_{nn} \end{pmatrix}\begin{pmatrix} c_1 \\ c_2 \\ \vdots \\ c_n \end{pmatrix}=0 \tag{5-33}$$

矩阵方程（5-32）和（5-33）称为广义本征方程。首先，因为哈密顿矩阵 $\boldsymbol{H}$ 和重叠矩阵 $\boldsymbol{S}$ 是厄米矩阵，广义本征方程的能量本征值是实数，其次，变分参量列向量代表本征函数，属于不同能量本征值的本征函数相互正交。将广义本征方程（5-33）展开得到如下齐次线性方程组：

$$\begin{aligned} (H_{11}-ES_{11})c_1+(H_{12}-ES_{12})c_2+\cdots+(H_{1n}-ES_{1n})c_n&=0 \\ (H_{21}-ES_{21})c_1+(H_{22}-ES_{22})c_2+\cdots+(H_{2n}-ES_{2n})c_n&=0 \\ &\vdots \\ (H_{n1}-ES_{n1})c_1+(H_{n2}-ES_{n2})c_2+\cdots+(H_{nn}-ES_{nn})c_n&=0 \end{aligned} \tag{5-34}$$

变分参量 $\{c_1,c_2,\cdots,c_n\}$ 和能量是未知量，各种库仑积分、交换积分和重叠积分为已知量，只要算出这些积分，就可以解得能量和变分参量。首先齐次线性方程组（5-34）有不平凡解的必要条件是：它的矩阵方程（5-33）的系数矩阵对应的行列式等于零，即

$$\begin{vmatrix} H_{11}-ES_{11} & H_{12}-ES_{12} & \cdots & H_{1n}-ES_{1n} \\ H_{21}-ES_{21} & H_{22}-ES_{22} & \cdots & H_{2n}-ES_{2n} \\ \vdots & \vdots & & \vdots \\ H_{n1}-ES_{n1} & H_{n2}-ES_{n2} & \cdots & H_{nn}-ES_{nn} \end{vmatrix}=0 \tag{5-35}$$

这是一个 $n\times n$ 阶的行列式，展开行列式，将得到关于能量 E 的一元 n 次方程，即可解得 n 个分子轨道的能量，每个分子轨道能量 E 在齐次线性方程组（5-34）中，有一组变分参量系数 $\{c_1,c_2,\cdots,c_n\}$ 与之对应。只要通过系数行列式解得分子轨道能量，将其代入方程（5-34），就可解得一组变分参量，即可得到一个分子轨道波函数。

不难看出，线性变分法解决分子体系的基本原理清楚，计算可行。只要写出哈密顿算符，计算各种矩阵积分元，就能得到能量和分子轨道。休克尔分子轨道法是线性变分法求解分子体系的一个成功实例。当分子中原子数较多时，线性组合的价层轨道数随之增加，组合系数或变分参量增多，此时必须借助对称群，降阶行列式。

5.2.2　休克尔分子轨道理论

共轭烯烃的 C—C 键和 C═C 键交替连接，单键和双键的键长趋于平均化，如丁二烯，C═C 键的键长为 137.3pm，较乙烯的 C═C 键 133.5pm 长；C—C 键的键长为 148.3pm，较乙烷的 C—C 键 153.7pm 短。与卤素单质的加成反应，生成的产物不是 1, 2-加成产物，而是 1, 4-加成产物。芳烃和多环芳烃属于环状共轭结构，单键和双键的键长平均化现象更为明显。由于结构共振现象，苯分子的全部六条碳-碳键长都等于 139.7pm，已没有单键和双键之分。多环芳烃如萘、蒽、菲，也存在类似结构现象，碳-碳键长的差别很小，见图 5-4。这种键长平均化现象，是双键的 π 电子不再局限于两个碳原子之间，发生离域，形成了共轭大 π 键的实验证据。

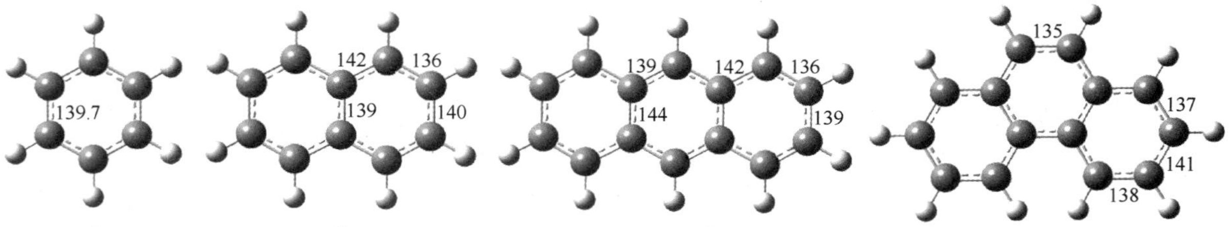

(a) 苯C_6H_6　(b) 苯$C_{10}H_8$　(c) 蒽$C_{14}H_{10}$　(d) 菲$C_{14}H_{10}$

图 5-4　共轭烯烃的键长平均化结构现象（单位：pm）

碳原子的电子组态为[He]$2s^2 2p^2$，碳原子价层 s、p_x 和 p_y 轨道混合杂化生成三个 sp^2 杂化轨道，相互重叠成 C—C σ 键后，剩余杂化轨道与氢原子的 s 轨道重叠成 C—H σ 键，这些 σ 单键形成的 σ 骨架结构都在 *xy* 平面上。碳原子价层剩余的 p_z 轨道与 σ 骨架结构垂直，全部碳原子的 p_z 轨道彼此平行，相互以“肩并肩”方式重叠成大 π 键，而 p_z 轨道上的电子即是 π 电子，自然不局限于两个碳原子之间，形成的分子结构也应有平面形状特征。共轭分子骨架结构中的 σ 轨道与 π 轨道垂直，σ 和 π 电子运动的相互影响较小，实际存在的相互作用可以忽略。

1930 年，休克尔用 π 电子近似方法，通过线性变分法解得 π 电子能量和波函数。将原子核对 π 电子的吸引能，看成是原子核、内层轨道电子 $1s^2$ 和参与共轭碳原子的 σ 电子组成的原子芯对 π 电子的吸引能，冻结原子芯内电子的运动，只考虑 π 电子的运动。对于原子数为 *n*、π 电子总数为 *m* 的共轭体系 Π_n^m，π 电子的哈密顿算符表达为

$$\hat{H}_i = -\frac{1}{2}\nabla_i^2 - \frac{Z^*}{r_i} + \frac{1}{2}\sum_{j=1}^{m}\frac{1}{r_{ij}} \tag{5-36}$$

第一项代表电子的动能，第二项代表原子芯对电子的吸引能，其中有效核电荷 $Z^* = Z-\sigma$，考虑了 1s 和 σ 电子对 π 电子的屏蔽作用，第三项是 π 电子之间的排斥能，其中，π 电子在 p_z 轨道上和轨道重叠区域都有较大的概率。将平行的各碳原子 p_z 轨道波函数进行线性组合，所得轨道波函数就是 π 分子轨道波函数：

$$\Psi_\pi = c_1\psi_{p1} + c_2\psi_{p2} + \cdots + c_n\psi_{pn} \tag{5-37}$$

组合系数 $\{c_1, c_2, \cdots, c_n\}$ 为变分参量，通过求解碳原子的薛定谔方程，可以得到碳原子 $2p_z$ 轨道波函数 ψ_p 的组合系数。由线性变分法导出与方程（5-33）类似的矩阵方程，即

$$\begin{pmatrix} H_{11}-ES_{11} & H_{12}-ES_{12} & \cdots & H_{1n}-ES_{1n} \\ H_{21}-ES_{21} & H_{22}-ES_{22} & \cdots & H_{2n}-ES_{2n} \\ \vdots & \vdots & & \vdots \\ H_{n1}-ES_{n1} & H_{n2}-ES_{n2} & \cdots & H_{nn}-ES_{nn} \end{pmatrix}\begin{pmatrix} c_1 \\ c_2 \\ \vdots \\ c_n \end{pmatrix} = 0 \tag{5-33}$$

求解方程，必须写出系数矩阵中库仑积分、交换积分和重叠积分。库仑积分为

$$H_{ii} = \left\langle \psi_{pi} \middle| \hat{H}_i \middle| \psi_{pi} \right\rangle = \left\langle \psi_{pi} \middle| \left(-\frac{1}{2}\nabla_i^2 - \frac{Z^*}{r_i} \right) \middle| \psi_{pi} \right\rangle$$

或

$$H_{ii} = \int \psi_{pi}^* \hat{H}_i \psi_{pi} d\tau = \int \psi_{pi}^* \left(-\frac{1}{2}\nabla_i^2 - \frac{Z^*}{r_i} \right) \psi_{pi} d\tau \tag{5-38}$$

库仑积分实质就是碳原子 $2p_z$ 轨道上电子的能量，令 $H_{ii} = \alpha$（$i = 1, 2, \cdots, n$）。如果是由碳原子组成的共轭烯烃，全部库仑积分相等。交换积分为

$$H_{ij} = \left\langle \psi_{pi} \middle| \hat{H}_i \middle| \psi_{pj} \right\rangle = \left\langle \psi_{pi} \middle| -\frac{1}{2}\nabla_i^2 - \frac{Z^*}{r_i} + \frac{1}{2}\sum_{j=1}^{m}\frac{1}{r_{ij}} \middle| \psi_{pj} \right\rangle$$

或

$$H_{ij} = \int \psi_{pi}^* \hat{H}_i \psi_{pj} d\tau = \int \psi_{pi}^* \left(-\frac{1}{2}\nabla_i^2 - \frac{Z^*}{r_i} + \frac{1}{2}\sum_{j=1}^{m}\frac{1}{r_{ij}} \right) \psi_{pj} d\tau \tag{5-39}$$

那些不相邻碳原子 $2p_z$ 轨道上 π 电子即使存在离域，其排斥能也较小，可以忽略。交换积分值为负，交换积分与重叠积分有关，不相邻原子之间的重叠程度较小，重叠积分较小，交换积分就很小。在分子结构中，当编号为 i、j 的碳原子相邻时，令 $H_{ji} = H_{ij} = \beta$；当编号为 i、j 的碳原子不相邻时，令 $H_{ji} = H_{ij} = 0$。重叠积分为

$$S_{ij} = \left\langle \psi_{pi} \middle| \psi_{pj} \right\rangle，\text{或} S_{ij} = \int \psi_{pi}^* \psi_{pj} d\tau \tag{5-40}$$

因为 ψ_p 是归一化波函数，所以 $S_{ii} = 1$。当编号为 i、j 的碳原子不相邻时，轨道不发生重叠，$S_{ji} = S_{ij} = 0$。当它们相邻时，重叠积分值为 $0 \leqslant S_{ji} \leqslant 1$。在 HMO 法中，即使编号为 i、j 的碳原子相邻，也令 $S_{ji} = S_{ij} = 0$，那么，矩阵方程（5-33）中 $H_{ij} - ES_{ij} \approx H_{ij}$。

根据以上积分近似，HMO 法矩阵方程（5-33）变为如下形式

$$\begin{pmatrix} \alpha-E & H_{12} & \cdots & H_{1n} \\ H_{21} & \alpha-E & \cdots & H_{2n} \\ \vdots & \vdots & & \vdots \\ H_{n1} & H_{n2} & \cdots & \alpha-E \end{pmatrix}\begin{pmatrix} c_1 \\ c_2 \\ \vdots \\ c_n \end{pmatrix}=0 \tag{5-41}$$

矩阵方程有非零解的条件是系数行列式等于零，即

$$\begin{vmatrix} \alpha-E & H_{12} & \cdots & H_{1n} \\ H_{21} & \alpha-E & \cdots & H_{2n} \\ \vdots & \vdots & & \vdots \\ H_{n1} & H_{n2} & \cdots & \alpha-E \end{vmatrix}=0 \tag{5-42}$$

展开行列式，将得到关于能量的一元 n 次方程，解得的能量是关于 α 和 β 的表达式。矩阵方程（5-41）和行列式（5-42）的具体形式由共轭分子的结构式决定。首先，对结构式中参与形成共轭大 π 键的碳原子进行编号，其次，按照编号顺序，对照 HMO 近似规则，写出系数矩阵或行列式。第一行各项，对应第 1 号碳原子（$i=1$），分别与各碳原子 $j=1,2,\cdots,n$ 组成的 H_{1j} 积分；第二行各项，对应第 2 号碳原子（$i=2$），分别与各碳原子 $j=1,2,\cdots,n$ 组成的 H_{2j} 积分；依次类推，其中，当 $i=j$ 时，为对角元 $\alpha-E$。

【例 5-1】　配体环戊二烯负离子与 Fe^{2+} 反应生成二茂铁，测得分子结构为 D_{5h} 对称性，说明环戊二烯负离子为平面正五边形结构（图 5-5），试用 HMO 法计算环戊二烯负离子的 π 轨道能级以及 π 电子能量。

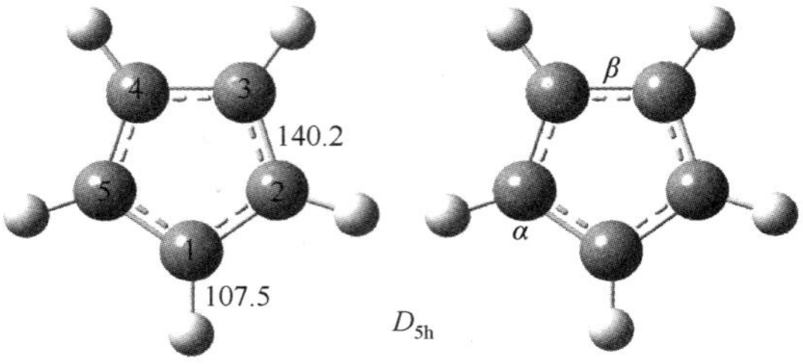

图 5-5　环戊二烯负离子 $C_5H_5^-$ 的结构图（单位：pm）

解：首先判断环戊二烯负离子结构中，参与共轭的大 π 键为 Π_5^6；然后对结构中的碳原子进行编号，见图 5-5；就原子编号写出如下矩阵方程

$$\begin{pmatrix} \alpha-E & \beta & 0 & 0 & \beta \\ \beta & \alpha-E & \beta & 0 & 0 \\ 0 & \beta & \alpha-E & \beta & 0 \\ 0 & 0 & \beta & \alpha-E & \beta \\ \beta & 0 & 0 & \beta & \alpha-E \end{pmatrix}\begin{pmatrix} c_1 \\ c_2 \\ c_3 \\ c_4 \\ c_5 \end{pmatrix}=0$$

令 $x=\dfrac{\alpha-E}{\beta}$，则矩阵方程、系数行列式分别为

$$\begin{pmatrix} x & 1 & 0 & 0 & 1 \\ 1 & x & 1 & 0 & 0 \\ 0 & 1 & x & 1 & 0 \\ 0 & 0 & 1 & x & 1 \\ 1 & 0 & 0 & 1 & x \end{pmatrix}\begin{pmatrix} c_1 \\ c_2 \\ c_3 \\ c_4 \\ c_5 \end{pmatrix}=0,\quad \begin{vmatrix} x & 1 & 0 & 0 & 1 \\ 1 & x & 1 & 0 & 0 \\ 0 & 1 & x & 1 & 0 \\ 0 & 0 & 1 & x & 1 \\ 1 & 0 & 0 & 1 & x \end{vmatrix}=0$$

用降阶法展开行列式，得到一元五次方程

$$x^5-5x^3+5x+2=0$$

再令 $y = x^5 - 5x^3 + 5x + 2$，用数值解法，在区间 $[-2.5, 2.5]$ 取不同的 x 值，间隔误差为 10^{-5}，求出 $y=0$ 的五个根，图 5-6（a）为行列式展开式的函数曲线图。

$$x_1 = -2,\ x_2 = x_3 = -0.6180,\ x_4 = x_5 = 1.6180$$

将 x 值代入 $x = \dfrac{\alpha - E}{\beta}$，求得五个分子轨道能级

$$E_1 = \alpha + 2\beta$$
$$E_2 = E_3 = \alpha + 0.618\beta$$
$$E_4 = E_5 = \alpha - 1.618\beta$$

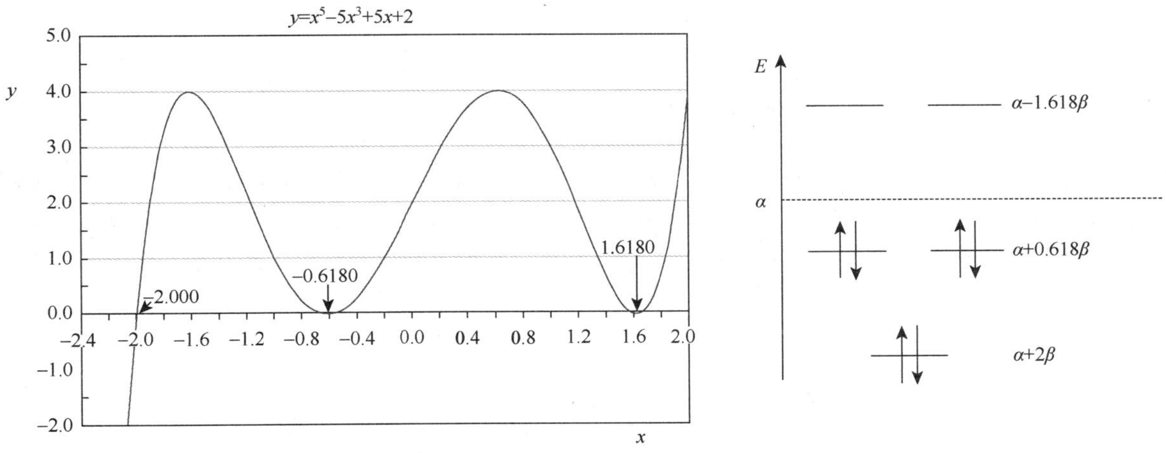

(a) 展开式的函数曲线图　　(b) π分子轨道能级图

图 5-6　环戊二烯负离子的 HMO 能量函数曲线和 π 分子轨道能级图

按照能量由低到高顺序，排列 π 分子轨道能级，按照能量最低原理、泡利不相容原理、洪德规则填充 π 电子，见图 5-6（b）。当轨道上填充 π 电子时，轨道能量贡献于 π 电子总能量。环戊二烯负离子的 π 电子总能量为

$$E_{\pi} = 2(\alpha + 2\beta) + 2(\alpha + 0.618\beta) + 2(\alpha + 0.618\beta) = 6\alpha + 4.472\beta$$

用相同的方法，可以求得乙烯分子的 π 电子总能量为 $E_{\pi} = 2(\alpha + \beta) = 2\alpha + 2\beta$，环戊二烯负离子的共振结构中包含两个 C══C 键，以及一个单键碳原子和一个单位负电荷，单键碳原子的价层轨道 p_z 被一对孤对电子占据，即是 p_z^2。如果这些 π 电子没有离域，其总能量应为 $2E_{C=C} + 2E_p = 2(2\alpha + 2\beta) + 2\alpha = 6\alpha + 4\beta$。π 电子总能量 E_{π} 与 $2E_{C=C} + 2E_p$ 的能量差就是 π 电子的离域能，即为

$$\mathrm{DE} = E_{\pi} - (2E_{C=C} + 2E_p) = 6\alpha + 4.472\beta - (6\alpha + 4\beta) = 0.472\beta$$

离域能效应说明：单键、双键交替连接的共轭分子，由于电子离域，分子能量降低，结构更为稳定。

杂环化合物也可以用 HMO 法计算，如吡啶、嘌呤、喹啉、吖啶等，都属于二维共轭分子，见图 5-7。以氮杂环为例，氮原子（电子组态为[He]$2s^2 2p^3$）比碳原子多一个电子，在碳-氮 σ 骨架中，氮原子用 sp^2 杂化轨道形成 σ 键后，价层轨道剩余一对电子，占据 p_z 轨道，使得共轭分子的 π 电子数增加。如吡咯 C_4H_5N 的大 π 键为 Π_5^6，喹啉 C_9H_7N 为 Π_{10}^{11}。由于氮比碳有更大的电负性，氮原子的电子密度更大，氮的 p_z 轨道比碳原子 p_z 轨道的能量更低，即 $\alpha_N < \alpha_C$。C══C、C—C、C—N 键相邻原子的交换积分也不同，设它们的交换积分分别为 $m\beta$、$n\beta$、$k\beta$，则有 $m > n > k$。

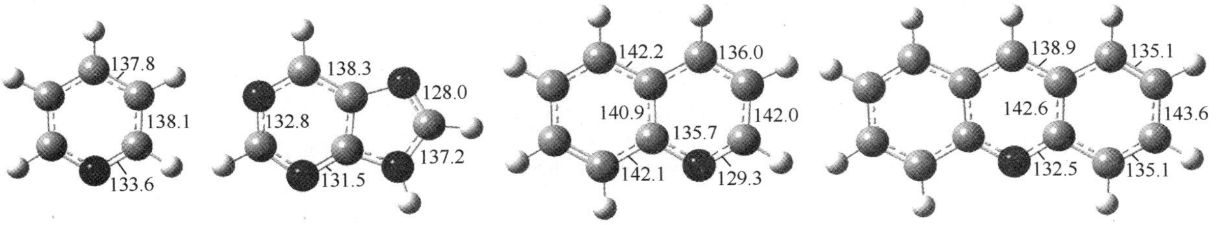

(a) 吡啶C_5H_5N　　(b) 嘌呤$C_5H_4N_4$　　(c) 喹啉C_9H_7N　　(d) 吖啶C_3H_9N

图 5-7　杂环化合物共轭分子（单位：pm）

【例 5-2】 吡咯为平面五边形结构，对称性为 C_{2v}，吡咯杂环的 C—N、C═C、C—C 键的键长分别为 138.3pm、137.1pm、142.9pm（图 5-8），试用 HMO 法计算吡咯的 π 轨道能级以及 π 电子总能量。

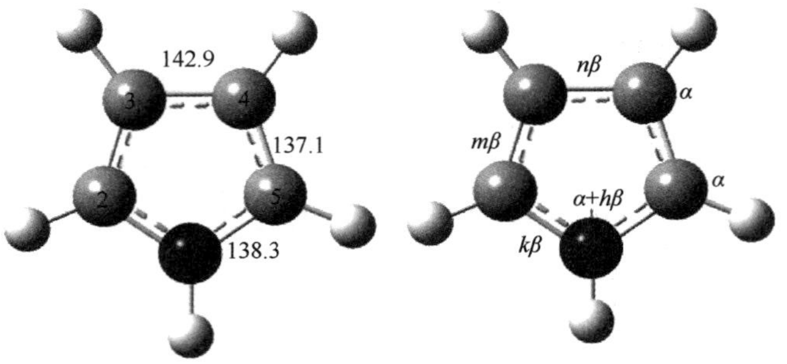

图 5-8　吡咯 C_4H_5N 的结构图（单位：pm）

解：首先判断吡咯结构中，参与共轭的大 π 键，为 Π_5^6；然后对结构中的碳原子进行编号，见图 5-8。以碳原子 $2p_z$ 轨道能量为标准，令 $\alpha_C=\alpha$，用 $h\beta$ 值校正氮原子 $2p_z$ 轨道能量，即有 $\alpha_N=\alpha+h\beta$。令 C═C、C—C、C—N 键两原子的交换积分分别为 $m\beta$、$n\beta$、$k\beta$，其中，$m>n>k$。对应原子编号写出如下矩阵方程

$$\begin{pmatrix} \alpha+h\beta-E & k\beta & 0 & 0 & k\beta \\ k\beta & \alpha-E & m\beta & 0 & 0 \\ 0 & m\beta & \alpha-E & n\beta & 0 \\ 0 & 0 & n\beta & \alpha-E & m\beta \\ k\beta & 0 & 0 & m\beta & \alpha-E \end{pmatrix}\begin{pmatrix} c_1 \\ c_2 \\ c_3 \\ c_4 \\ c_5 \end{pmatrix}=0$$

令 $x=\dfrac{\alpha-E}{\beta}$，则矩阵方程、系数行列式分别为

$$\begin{pmatrix} x+h & k & 0 & 0 & k \\ k & x & m & 0 & 0 \\ 0 & m & x & n & 0 \\ 0 & 0 & n & x & m \\ k & 0 & 0 & m & x \end{pmatrix}\begin{pmatrix} c_1 \\ c_2 \\ c_3 \\ c_4 \\ c_5 \end{pmatrix}=0,\quad \begin{vmatrix} x+h & k & 0 & 0 & k \\ k & x & m & 0 & 0 \\ 0 & m & x & n & 0 \\ 0 & 0 & n & x & m \\ k & 0 & 0 & m & x \end{vmatrix}=0$$

降阶法展开行列式，得到一元五次方程：

$$x^5+hx^4-(2m^2+n^2+2k^2)x^3-(2m^2h+n^2h)x+(2k^2m^2+2k^2n^2+m^4)x+m^4h+2k^2m^2n=0$$

当 $h=1.5$，$m=1.1$，$n=0.9$，$k=0.8$，方程变为

$$x^5+1.5x^4-4.51x^3-4.845x^2+4.0497x+3.59007=0$$

令 $y=x^5+1.5x^4-4.51x^3-4.845x^2+4.0497x+3.59007$，用数值解法，在区间 $[-3.0,2.0]$ 取不同的 x 值，间隔误差为 10^{-5}，求出 $y=0$ 的五个根，能量函数曲线图如图 5-9 所示。解得：

$$x_1=-2.3471,\ x_2=-1.1511,\ x_3=-0.7385,\ x_4=1.0982,\ x_5=1.6385$$

将 x 值代入 $x=\dfrac{\alpha-E}{\beta}$，求得五个 π 分子轨道能级

$$E_1=\alpha+2.3471\beta$$
$$E_2=\alpha+1.1511\beta$$
$$E_3=\alpha+0.7385\beta$$
$$E_4=\alpha-1.0982\beta$$
$$E_5=\alpha-1.6385\beta$$

吡咯分子的 π 分子轨道能级图如图 5-9 所示，六个 π 电子占据态为 $E_1^2E_2^2E_3^2$，π 电子总能量为

$$E_\pi = 2(\alpha + 2.3471\beta) + 2(\alpha + 1.1511\beta) + 2(\alpha + 0.7385\beta) = 6\alpha + 8.4734\beta$$

π 电子的离域能等于

$$\mathrm{DE} = E_\pi - (2E_{\mathrm{C=C}} + 2E_{\mathrm{p}}) = 6\alpha + 8.4734\beta - (4\alpha + 4\beta) - 2(\alpha + 1.5\beta) = 1.4734\beta$$

离域能效应说明：吡咯的氮原子 $2p_z$ 轨道上的孤对电子对发生了离域，C—N 键长缩短，分子结构稳定。

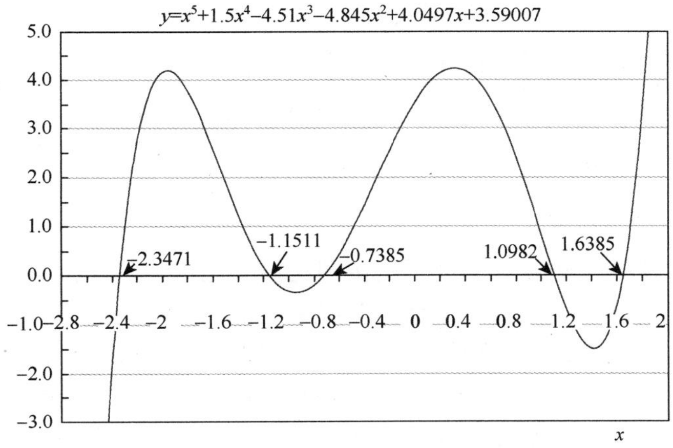

(a) 展开式的函数曲线图

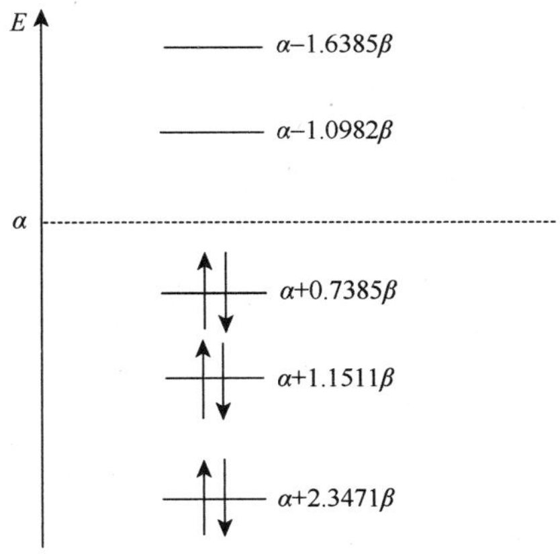

(b) π分子轨道能级图

图 5-9　吡咯的 HMO 能量函数曲线和 π 分子轨道能级图

将求得的能量代入矩阵方程，求出一组系数，得到一个 π 分子轨道。如果出现简并能级，就不能得出简并的 π 分子轨道，其次，当参与共轭的原子数增加，系数矩阵对应的行列式变为高阶行列式，行列式展开计算变得复杂。为了简化计算，得到能量和波函数的完全解，必须运用分子轨道对称性。

5.3　轨道的对称性匹配线性组合和能量矩阵的分块对角化

分子构型存在对称元素，经过对称操作，原子的位置发生移动，但与对称等价原子位置重合，全部原子和化学键在分子构型中的空间位置不变。分子轨道经过对称操作，分子轨道的电子密度图形发生位移，也与原电子密度图形重合，组成分子轨道的原子轨道电子密度图形也是如此。设对称操作为 *R*，轨道波函数为 ψ，则有 $\hat{R}|\psi|^2 = |\psi|^2$。电子的哈密顿算符是动能算符和势能算符的和，它们都是位置坐标的函数，对称操作不改变位置矢量的长度和交角，也就不改变它们的统计图像，即波函数解和能量本征值不变。对于能量本征方程 $\hat{H}\psi = E\psi$，经对称操作 $\hat{R}$ 变换，

$$\hat{R}\hat{H}\psi = \hat{R}E\psi \tag{5-43}$$

生成的分子构型属于等价构型。在等价构型中，哈密顿算符的形式不变，哈密顿和波函数的变量变为等价构型的变量，当波函数变为 $\hat{R}\psi$，则有

$$\hat{H}(\hat{R}\psi) = E(\hat{R}\psi) \tag{5-44}$$

比较式（5-43）和式（5-44），能量本征值是常数，右端相等，左端则有对易关系 $\hat{R}\hat{H} = \hat{H}\hat{R}$，这说明经对称操作变换，等价构型的哈密顿算符不变。两端左侧乘以 $\hat{R}^{-1}$ 得

$$\hat{H} = \hat{R}^{-1}\hat{H}\hat{R} \tag{5-45}$$

由此可见，经对称操作的相似变换，哈密顿算符不变。由式（5-44）可知，$\hat{R}\psi$ 和 ψ 都是哈密顿算符的本征函数，如果 ψ 是非简并态，必然有

$$\hat{R}\psi = \pm\psi \tag{5-46}$$

经对称操作变换，分子轨道波函数不变，或为反符号，组成分子轨道的原子轨道波函数也是如此。如果 ψ 是 p 重简并态，$\hat{R}\psi$ 为这 p 重简并态波函数的线性组合

$$\hat{R}\psi_i = \sum_{k=1}^{p} c_{ik}\psi_k\ ,\ i = 1,2,\cdots,p \tag{5-47}$$

对每一个简并态波函数的对称操作变换都是如此，线性关系式共有 p 个，将其表达为矩阵方程

$$\hat{R}\begin{pmatrix}\psi_1\\ \psi_2\\ \vdots\\ \psi_p\end{pmatrix} = \begin{pmatrix}c_{11} & c_{12} & \cdots & c_{1p}\\ c_{21} & c_{22} & \cdots & c_{2p}\\ \vdots & \vdots & & \vdots\\ c_{p1} & c_{p2} & \cdots & c_{pp}\end{pmatrix}\begin{pmatrix}\psi_1\\ \psi_2\\ \vdots\\ \psi_p\end{pmatrix} \tag{5-48}$$

对于分子点群的所有对称操作，上述关系式都成立。在对称操作下，构造一组正交归一化的基函数，可以得到对角分块化的哈密顿矩阵，将高阶矩阵降为低阶矩阵，高阶行列式降为低阶行列式，使计算得以简化[4]。

5.3.1　对称操作的矩阵表示及其线性变换

分子结构图形可以从多个角度描述，通过球棒模式表达的分子结构图是抽象化三维几何图形；分子微观统计图像是以若干原子核为中心的三维电子密度图。同一分子结构图形，当按不同方式观察，图形的任意部分空间位置和取向都相同时，说明分子结构图形存在对称性。观察方式细分为对称操作，包括旋转、反映、反演、旋转反映（或旋转反演），对分子的三维几何图形实施对称操作，是对代表图形的对称点坐标进行变换。对分子的微观概率统计图像实施对称操作，是对代表三维电子密度图的分子轨道波函数进行变换。就线性变分法而言，分子轨道是由一组原子轨道线性组合，这组原子轨道组成的微观概率统计图像具有并代表分子结构图形的对称性，经对称操作变换不变。原子和分子轨道波函数存在相位，经对称操作变换可能不变，也可能改变。由式（5-46），原子轨道经原点处的反演中心的反演操作，结果可能是：①数值相等，符号相同，称为g 宇称。②数值相等，符号相反，称为u 宇称。

环戊二烯负离子为平面正五边形结构，对称性为 $D_{5\mathrm{h}}$，对称元素有 C_5、$5C_2$、σ_h、S_5、$5\sigma_\mathrm{v}$。这些对称元素对应的对称操作，按照共轭类分类，分为 8 类

$$\left\{E,2C_5^1,2C_5^2,5C_2,\sigma_\mathrm{h},2S_5^1,2S_5^3,5\sigma_\mathrm{v}\right\} \tag{5-49}$$

其中，对称操作前的数值为共轭类中对称操作的数目，用 n_R 表示，C_5^1 与 C_5^4 组成共轭类，C_5^2 与 C_5^3 组成共轭类，S_5^1 与 S_5^9 组成共轭类，S_5^3 与 S_5^7 组成共轭类，5 个 C_2 组成共轭类，5 个 σ_v 组成共轭类。对照图 5-5 的碳原子编号，设 5 个碳原子 $2p_z$ 轨道波函数分别为 $\{\phi_1,\phi_2,\phi_3,\phi_4,\phi_5\}$，将其作为构成 π 分子轨道的基函数(图 5-10)。对称操作对这组基函数的变换的表示矩阵如下：

$$\boldsymbol{E}\begin{pmatrix}\phi_1\\ \phi_2\\ \phi_3\\ \phi_4\\ \phi_5\end{pmatrix} = \begin{pmatrix}\phi_1\\ \phi_2\\ \phi_3\\ \phi_4\\ \phi_5\end{pmatrix},\ \boldsymbol{D}(E) = \begin{pmatrix}1&0&0&0&0\\ 0&1&0&0&0\\ 0&0&1&0&0\\ 0&0&0&1&0\\ 0&0&0&0&1\end{pmatrix},\ \chi(E) = 5$$

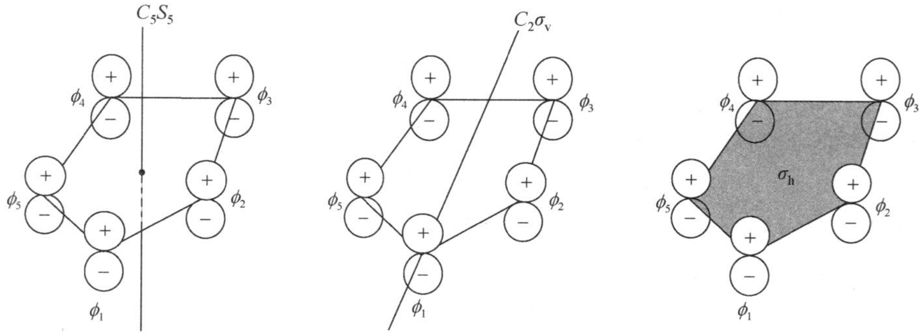

图 5-10　对称操作对 $2p_z$ 轨道基函数 $\{\phi_1,\phi_2,\phi_3,\phi_4,\phi_5\}$ 的变换

$$\boldsymbol{C}_5^1\begin{pmatrix}\phi_1\\\phi_2\\\phi_3\\\phi_4\\\phi_5\end{pmatrix}=\begin{pmatrix}\phi_2\\\phi_3\\\phi_4\\\phi_5\\\phi_1\end{pmatrix},\ \boldsymbol{D}(C_5^1)=\begin{pmatrix}0&1&0&0&0\\0&0&1&0&0\\0&0&0&1&0\\0&0&0&0&1\\1&0&0&0&0\end{pmatrix},\ \chi(C_5^1)=0$$

$$\boldsymbol{C}_5^2\begin{pmatrix}\phi_1\\\phi_2\\\phi_3\\\phi_4\\\phi_5\end{pmatrix}=\begin{pmatrix}\phi_3\\\phi_4\\\phi_5\\\phi_1\\\phi_2\end{pmatrix},\ \boldsymbol{D}(C_5^2)=\begin{pmatrix}0&0&1&0&0\\0&0&0&1&0\\0&0&0&0&1\\1&0&0&0&0\\0&1&0&0&0\end{pmatrix},\ \chi(C_5^2)=0$$

$$\boldsymbol{C}_2\begin{pmatrix}\phi_1\\\phi_2\\\phi_3\\\phi_4\\\phi_5\end{pmatrix}=\begin{pmatrix}-\phi_1\\-\phi_5\\-\phi_4\\-\phi_3\\-\phi_2\end{pmatrix},\ \boldsymbol{D}(C_2)=\begin{pmatrix}-1&0&0&0&0\\0&0&0&0&-1\\0&0&0&-1&0\\0&0&-1&0&0\\0&-1&0&0&0\end{pmatrix},\ \chi(C_2)=-1$$

$$\boldsymbol{\sigma}_{\mathrm{h}}\begin{pmatrix}\phi_1\\\phi_2\\\phi_3\\\phi_4\\\phi_5\end{pmatrix}=\begin{pmatrix}-\phi_1\\-\phi_2\\-\phi_3\\-\phi_4\\-\phi_5\end{pmatrix},\ \boldsymbol{D}(\sigma_{\mathrm{h}})=\begin{pmatrix}-1&0&0&0&0\\0&-1&0&0&0\\0&0&-1&0&0\\0&0&0&-1&0\\0&0&0&0&-1\end{pmatrix},\ \chi(\sigma_{\mathrm{h}})=-5$$

$$\boldsymbol{S}_5^1\begin{pmatrix}\phi_1\\\phi_2\\\phi_3\\\phi_4\\\phi_5\end{pmatrix}=\begin{pmatrix}-\phi_2\\-\phi_3\\-\phi_4\\-\phi_5\\-\phi_1\end{pmatrix},\ \boldsymbol{D}(S_5^1)=\begin{pmatrix}0&-1&0&0&0\\0&0&-1&0&0\\0&0&0&-1&0\\0&0&0&0&-1\\-1&0&0&0&0\end{pmatrix},\ \chi(S_5^1)=0$$

$$\boldsymbol{S}_5^3\begin{pmatrix}\phi_1\\\phi_2\\\phi_3\\\phi_4\\\phi_5\end{pmatrix}=\begin{pmatrix}-\phi_4\\-\phi_5\\-\phi_1\\-\phi_2\\-\phi_3\end{pmatrix},\ \boldsymbol{D}(S_5^3)=\begin{pmatrix}0&0&0&-1&0\\0&0&0&0&-1\\-1&0&0&0&0\\0&-1&0&0&0\\0&0&-1&0&0\end{pmatrix},\ \chi(S_5^3)=0$$

$$\boldsymbol{\sigma}_{\mathrm{v}}\begin{pmatrix}\phi_1\\\phi_2\\\phi_3\\\phi_4\\\phi_5\end{pmatrix}=\begin{pmatrix}\phi_1\\\phi_5\\\phi_4\\\phi_3\\\phi_2\end{pmatrix},\ \boldsymbol{D}(\sigma_{\mathrm{v}})=\begin{pmatrix}1&0&0&0&0\\0&0&0&0&1\\0&0&0&1&0\\0&0&1&0&0\\0&1&0&0&0\end{pmatrix},\ \chi(\sigma_{\mathrm{v}})=1 \tag{5-50}$$

随对称元素的位置不同，表示矩阵不同。对表示矩阵求迹，所得数值称为表示矩阵的特征标，表示为$\chi(R)$。这些表示矩阵大部分都不是对角矩阵或对角分块矩阵，称为这组基的可约表示，用符号Γ表示。意思是指这些矩阵可以通过相似变换$\boldsymbol{X}^{-1}\boldsymbol{D}(\boldsymbol{R})\boldsymbol{X}=\boldsymbol{J}$，约化为对角矩阵或对角分块矩阵。按照共轭类分类，这些可约表示矩阵的特征标列于表 5-1。

表 5-1　环戊二烯负离子在 $2p_z$ 轨道基函数 $\{\phi_1,\phi_2,\phi_3,\phi_4,\phi_5\}$ 下的可约表示

D_{5h}	E	$2C_5^1$	$2C_5^2$	$5C_2$	σ_h	$2S_5^1$	$2S_5^3$	$5\sigma_v$
$\Gamma(K_k)$	5	0	0	−1	−5	0	0	1

分子对称操作的矩阵表示与所选择的基函数有关，基函数不同，表示矩阵不同。对于主族原子组成的共价分子，价层轨道是 s 轨道和 p 轨道，它们是坐标变量的一次函数，函数形式如下

$$
\begin{aligned}
\psi_{3s} &= \frac{1}{9\sqrt{3}}\left(\frac{Z}{a_0}\right)^{3/2}(6-6\rho+\rho^2)e^{-\frac{\rho}{2}}\cdot\frac{1}{\sqrt{4\pi}}, \psi_{3s}=A(r) \\
\psi_{3p_x} &= \frac{1}{9\sqrt{6}}\left(\frac{Z}{a_0}\right)^{3/2}(4-\rho)\rho e^{-\frac{\rho}{2}}\cdot\sqrt{\frac{3}{4\pi}}\sin\theta\cos\varphi, \psi_{3p_x}=B(r)\cdot x \\
\psi_{3p_y} &= \frac{1}{9\sqrt{6}}\left(\frac{Z}{a_0}\right)^{3/2}(4-\rho)\rho e^{-\frac{\rho}{2}}\cdot\sqrt{\frac{3}{4\pi}}\sin\theta\sin\varphi, \psi_{3p_y}=B(r)\cdot y \\
\psi_{3p_z} &= \frac{1}{9\sqrt{6}}\left(\frac{Z}{a_0}\right)^{3/2}(4-\rho)\rho e^{-\frac{\rho}{2}}\cdot\sqrt{\frac{3}{4\pi}}\cos\theta, \psi_{3p_z}=B(r)\cdot z
\end{aligned} \tag{5-51}
$$

研究这些轨道的成键，就必须以 x 、 y 、 z 的一次函数为基，表达对称操作的表示矩阵。同理，对于由副族原子组成的金属配合物，金属原子的价层轨道除了 s 轨道和 p 轨道，还有 d 轨道，d 轨道是坐标变量的二次函数，函数形式如下

$$
\begin{aligned}
\psi_{3d_{z^2}} &= \frac{1}{9\sqrt{6}}\left(\frac{Z}{a_0}\right)^{3/2}\rho^2 e^{-\frac{\rho}{2}}\cdot\sqrt{\frac{5}{16\pi}}(3\cos^2\theta-1), \psi_{3d_{z^2}}=C_1(r)\cdot(3z^2-r^2) \\
\psi_{3d_{xz}} &= \frac{1}{9\sqrt{6}}\left(\frac{Z}{a_0}\right)^{3/2}\rho^2 e^{-\frac{\rho}{2}}\cdot\sqrt{\frac{5}{16\pi}}\sin2\theta\cos\varphi, \psi_{3d_{xz}}=C_2(r)\cdot xz \\
\psi_{3d_{yz}} &= \frac{1}{9\sqrt{6}}\left(\frac{Z}{a_0}\right)^{3/2}\rho^2 e^{-\frac{\rho}{2}}\cdot\sqrt{\frac{5}{16\pi}}\sin2\theta\sin\varphi, \psi_{3d_{yz}}=C_2(r)\cdot yz \\
\psi_{3d_{x^2-y^2}} &= \frac{1}{9\sqrt{6}}\left(\frac{Z}{a_0}\right)^{3/2}\rho^2 e^{-\frac{\rho}{2}}\cdot\sqrt{\frac{5}{16\pi}}\sin^2\theta\cos2\varphi, \psi_{3d_{x^2-y^2}}=C_1(r)\cdot(x^2-y^2) \\
\psi_{3d_{xy}} &= \frac{1}{9\sqrt{6}}\left(\frac{Z}{a_0}\right)^{3/2}\rho^2 e^{-\frac{\rho}{2}}\cdot\sqrt{\frac{5}{16\pi}}\sin^2\theta\sin2\varphi, \psi_{3d_{xy}}=C_2(r)\cdot xy
\end{aligned} \tag{5-52}
$$

也可以 xy 、 yz 、 xz 、 x^2-y^2 、 $2z^2-x^2-y^2$ 为基，表达对称操作的表示矩阵，依次类推。对于稀土金属原子的配合物，金属原子的价层 f 轨道是坐标变量的三次函数，函数形式为

$$
\begin{aligned}
\psi_{4f_{5z^3-3r^2z}} &= \frac{1}{96\sqrt{35}}\left(\frac{Z}{a_0}\right)^{3/2}\rho^3 e^{-\frac{\rho}{2}}\cdot\sqrt{\frac{7}{16\pi}}(5\cos^3\theta-3\cos\theta), \psi_{4f_{5z^3-3r^2z}}=D_1(r)\cdot(5z^3-3r^2z) \\
\psi_{4f_{x(5z^2-r^2)}} &= \frac{1}{96\sqrt{35}}\left(\frac{Z}{a_0}\right)^{3/2}\rho^3 e^{-\frac{\rho}{2}}\cdot\frac{1}{8}\sqrt{\frac{42}{\pi}}\sin\theta(5\cos^2\theta-1)\cos\varphi, \psi_{4f_{x(5z^2-r^2)}}=D_2(r)\cdot x(5z^2-r^2) \\
\psi_{4f_{y(5z^2-r^2)}} &= \frac{1}{96\sqrt{35}}\left(\frac{Z}{a_0}\right)^{3/2}\rho^3 e^{-\frac{\rho}{2}}\cdot\frac{1}{8}\sqrt{\frac{42}{\pi}}\sin\theta(5\cos^2\theta-1)\sin\varphi, \psi_{4f_{y(5z^2-r^2)}}=D_2(r)\cdot y(5z^2-r^2) \\
\psi_{4f_{z(x^2-y^2)}} &= \frac{1}{96\sqrt{35}}\left(\frac{Z}{a_0}\right)^{3/2}\rho^3 e^{-\frac{\rho}{2}}\cdot\frac{1}{4}\sqrt{\frac{105}{\pi}}\sin^2\theta\cos\theta\cos2\varphi, \psi_{4f_{z(x^2-y^2)}}=D_3(r)\cdot z(x^2-y^2) \\
\psi_{4f_{xyz}} &= \frac{1}{96\sqrt{35}}\left(\frac{Z}{a_0}\right)^{3/2}\rho^3 e^{-\frac{\rho}{2}}\cdot\frac{1}{4}\sqrt{\frac{105}{\pi}}\sin^2\theta\cos\theta\sin2\varphi, \psi_{4f_{xyz}}=D_3(r)\cdot xyz \\
\psi_{4f_{x(x^2-3y^2)}} &= \frac{1}{96\sqrt{35}}\left(\frac{Z}{a_0}\right)^{3/2}\rho^3 e^{-\frac{\rho}{2}}\cdot\frac{1}{8}\sqrt{\frac{70}{\pi}}\sin^3\theta\cos3\varphi, \psi_{4f_{x(x^2-3y^2)}}=D_4(r)\cdot x(x^2-3y^2) \\
\psi_{4f_{y(3x^2-y^2)}} &= \frac{1}{96\sqrt{35}}\left(\frac{Z}{a_0}\right)^{3/2}\rho^3 e^{-\frac{\rho}{2}}\cdot\frac{1}{8}\sqrt{\frac{70}{\pi}}\sin^3\theta\sin3\varphi, \psi_{4f_{y(3x^2-y^2)}}=D_4(r)\cdot y(3x^2-y^2)
\end{aligned} \tag{5-53}
$$

全部对称操作的矩阵表示构成表示群，对称操作群的乘法表，对应表示矩阵群的乘法表。对称操作的

逆元素对应表示矩阵的逆矩阵，所有对称操作的表示矩阵的逆矩阵构成的群，与原矩阵表示群相等。

当从一组基变换到另一组基时，其对称操作的矩阵表示也从一种表示变换到另一种表示。设 $\boldsymbol{X}=(a_1,a_2,\cdots,a_n)^{\mathrm{T}}$ 为分子轨道 Ψ 在原有基 $\{\phi_1,\phi_2,\cdots,\phi_n\}$ 下的系数列向量，也称为坐标向量，经对称操作 R 变换为 $\boldsymbol{X}'=(a_1',a_2',\cdots,a_n')^{\mathrm{T}}$；$\boldsymbol{Y}=(b_1,b_2,\cdots,b_n)^{\mathrm{T}}$ 为分子轨道 Ψ 在新基 $\{\eta_1,\eta_2,\cdots,\eta_n\}$ 下的系数列向量，经对称操作 R 变换为 $\boldsymbol{Y}'=(b_1',b_2',\cdots,b_n')^{\mathrm{T}}$。若对称操作 R 在旧基、新基下的表示矩阵分别为 $\boldsymbol{A}(R)$、$\boldsymbol{B}(R)$，对于对称操作变换 $\Psi'=R\Psi$，在旧基下用表示矩阵表达为

$$\boldsymbol{X}'=\boldsymbol{A}(R)\boldsymbol{X},\quad \begin{pmatrix}a_1'\\a_2'\\\vdots\\a_n'\end{pmatrix}=\boldsymbol{A}(R)\begin{pmatrix}a_1\\a_2\\\vdots\\a_n\end{pmatrix} \tag{5-54}$$

对于同一对称操作变换 $\Psi'=R\Psi$，在新基下用表示矩阵表达为

$$\boldsymbol{Y}'=\boldsymbol{B}(R)\boldsymbol{Y},\quad \begin{pmatrix}b_1'\\b_2'\\\vdots\\b_n'\end{pmatrix}=\boldsymbol{B}(R)\begin{pmatrix}b_1\\b_2\\\vdots\\b_n\end{pmatrix} \tag{5-55}$$

由旧基变换为新基的变换矩阵为 $\boldsymbol{M}$，并且 $\det|\boldsymbol{M}|\neq 0$，$\boldsymbol{M}$ 为非奇异矩阵，存在逆矩阵，则有

$$(\eta_1,\eta_2,\cdots,\eta_n)=(\phi_1,\phi_2,\cdots,\phi_n)\boldsymbol{M} \tag{5-56}$$

分子轨道 Ψ 在旧基、新基下只是表示不同，实质相等，即

$$\Psi=(\phi_1\ \phi_2\ \cdots\ \phi_n)\begin{pmatrix}a_1\\a_2\\\vdots\\a_n\end{pmatrix}=(\eta_1\ \eta_2\ \cdots\ \eta_n)\begin{pmatrix}b_1\\b_2\\\vdots\\b_n\end{pmatrix}$$

将式（5-56）代入得

$$\Psi=(\phi_1\ \phi_2\ \cdots\ \phi_n)\begin{pmatrix}a_1\\a_2\\\vdots\\a_n\end{pmatrix}=(\phi_1\ \phi_2\ \cdots\ \phi_n)\boldsymbol{M}\begin{pmatrix}b_1\\b_2\\\vdots\\b_n\end{pmatrix} \tag{5-57}$$

式（5-57）导出坐标变换公式，简化表达为

$$\boldsymbol{X}=\boldsymbol{M}\boldsymbol{Y} \tag{5-58}$$

其逆变换为

$$\boldsymbol{Y}=\boldsymbol{M}^{-1}\boldsymbol{X}=\boldsymbol{N}\boldsymbol{X} \tag{5-59}$$

其中，$\boldsymbol{N}=\boldsymbol{M}^{-1}$。同理，经对称操作 R 变换 $\Psi'=R\Psi$ 后，原有基和新基下的坐标向量也存在相同的坐标变换公式：

$$\boldsymbol{X}'=\boldsymbol{M}\boldsymbol{Y}' \tag{5-60}$$

其逆变换为

$$\boldsymbol{Y}'=\boldsymbol{M}^{-1}\boldsymbol{X}'=\boldsymbol{N}\boldsymbol{X}' \tag{5-61}$$

将式（5-54）和式（5-55）中的系数列向量 $\boldsymbol{X}'$ 和 $\boldsymbol{Y}'$ 的对称操作变换式，代入式（5-61）两端，使得两端的系数列向量变为 $\boldsymbol{X}$ 和 $\boldsymbol{Y}$ 的表达式，即有

$$\boldsymbol{B}(R)\boldsymbol{Y}=\boldsymbol{M}^{-1}\boldsymbol{A}(R)\boldsymbol{X}$$

再将式（5-58）的列向量 $\boldsymbol{X}=\boldsymbol{M}\boldsymbol{Y}$，代入上式右端，使得两端的系数列向量都变为 $\boldsymbol{Y}$，即得

$$\boldsymbol{B}(R)\boldsymbol{Y}=\boldsymbol{M}^{-1}\boldsymbol{A}(R)\boldsymbol{M}\boldsymbol{Y} \tag{5-62}$$

比较等式两端，得

$$\boldsymbol{B}(R)=\boldsymbol{M}^{-1}\boldsymbol{A}(R)\boldsymbol{M} \tag{5-63}$$

这说明对于线性基变换，对称操作 R 分别在旧基、新基下的表示矩阵 $\boldsymbol{A}(R)$ 、 $\boldsymbol{B}(R)$ 互为相似变换，称 $\boldsymbol{B}(R)$ 是 $\boldsymbol{A}(R)$ 的等价表示。基选择不同，表示矩阵的形式不同，本质是等价的。两种基下对称操作 R 的表示矩阵的相似变换等价性，可以遍及群中的所有对称操作，并服从群的乘法表。因为相似变换，矩阵的迹不变，那么，等价表示矩阵 $\boldsymbol{A}(R)$ 和 $\boldsymbol{B}(R)$ 的迹相等，即特征标相同。由此得出另一重要结论：属于同一共轭类的对称操作的表示矩阵，由于存在相似变换，其特征标相等。

若有群 $G=\{R,S,K,\cdots,E\}$ ，在旧基、新基下的表示矩阵群分别为 $\Gamma_A=\{\boldsymbol{A}(R),\boldsymbol{A}(S),\boldsymbol{A}(K),\cdots,\boldsymbol{A}(E)\}$ ，$\Gamma_B=\{\boldsymbol{B}(R),\boldsymbol{B}(S),\boldsymbol{B}(K),\cdots,\boldsymbol{B}(E)\}$ 。对群元素的乘法，表示为一般形式 $K=RS$ ，必然对应有表示矩阵在旧基、新基下的乘法 $\boldsymbol{A}(K)=\boldsymbol{A}(R)\boldsymbol{A}(S)$ 、 $\boldsymbol{B}(K)=\boldsymbol{B}(R)\boldsymbol{B}(S)$ 。因为图像在原有基与新基下存在变换关系，$\boldsymbol{Y}=\boldsymbol{M}^{-1}\boldsymbol{X}=\boldsymbol{N}\boldsymbol{X}$ ，则

$$
\begin{aligned}
\boldsymbol{B}(K)=\boldsymbol{B}(R)\boldsymbol{B}(S)&=\boldsymbol{M}^{-1}\boldsymbol{A}(R)\boldsymbol{M}\cdot\boldsymbol{M}^{-1}\boldsymbol{A}(S)\boldsymbol{M}\\
&=\boldsymbol{M}^{-1}\boldsymbol{A}(R)\boldsymbol{A}(S)\boldsymbol{M}\\
&=\boldsymbol{M}^{-1}\boldsymbol{A}(K)\boldsymbol{M}
\end{aligned}
\tag{5-64}
$$

即矩阵乘法也存在相似变换，在旧基、新基下的相似变换关系就遍及全部群元素，即全部对称操作。

5.3.2　对称群的不可约表示及其特征标表

环戊二烯负离子结构的对称性为 $D_{5\mathrm{h}}$ 群，群的对称操作是其子群 D_5 与 σ_h 的直积， $D_{5\mathrm{h}}=D_5\otimes\sigma_\mathrm{h}$ ，由 σ_h 分别与 D_5 群的对称操作 $\{E,2C_5^1,2C_5^2,5C_2\}$ 一一组合，生成 $\{\sigma_\mathrm{h},2S_5^1,2S_5^3,5\sigma_\mathrm{v}\}$ 。碳原子的价层轨道为 $2\mathrm{s}^2 2\mathrm{p}^2$，由式（5-51），2s 轨道球形对称， $\psi_{2\mathrm{s}}=A(r)$ ， $\psi_{2\mathrm{p}_x}=B(r)x$ ， $\psi_{2\mathrm{p}_y}=B(r)y$ ， $\psi_{2\mathrm{p}_z}=B(r)z$ 。以 $\{x,y,z\}$ 为基，将主轴 C_5^1 设为坐标系 z 轴， S_5^1 和 S_5^3 也在 z 轴上，得到全部对称操作在基 $\{x,y,z\}$ 下的表示矩阵。恒等操作始终是单位矩阵，

$$
\boldsymbol{D}(E)=\begin{pmatrix}1&0&0\\0&1&0\\0&0&1\end{pmatrix}
\tag{5-65}
$$

对称操作 C_5^1 和 C_5^2 的表示矩阵分别为

$$
\boldsymbol{D}(C_5^1)=\begin{pmatrix}\cos 72^\circ&-\sin 72^\circ&0\\ \sin 72^\circ&\cos 72^\circ&0\\0&0&1\end{pmatrix},\ \boldsymbol{D}(C_5^2)=\begin{pmatrix}\cos 144^\circ&-\sin 144^\circ&0\\ \sin 144^\circ&\cos 144^\circ&0\\0&0&1\end{pmatrix}
\tag{5-66}
$$

对称操作 C_5^4 与 C_5^1 互为逆元素，C_5^4 的表示矩阵是 C_5^1 的逆矩阵；C_5^3 与 C_5^2 互为逆元素，C_5^3 的表示矩阵是 C_5^2 的逆矩阵。对称操作 S_5^1 和 S_5^3 的表示矩阵分别为

$$
\boldsymbol{D}(S_5^1)=\begin{pmatrix}\cos 72^\circ&-\sin 72^\circ&0\\ \sin 72^\circ&\cos 72^\circ&0\\0&0&-1\end{pmatrix},\ \boldsymbol{D}(S_5^3)=\begin{pmatrix}\cos 216^\circ&-\sin 216^\circ&0\\ \sin 216^\circ&\cos 216^\circ&0\\0&0&-1\end{pmatrix}
\tag{5-67}
$$

对称操作 S_5^9 与 S_5^1 互为逆元素， S_5^9 的表示矩阵是 S_5^1 的逆矩阵； S_5^7 与 S_5^3 互为逆元素， S_5^7 的表示矩阵是 S_5^3 的逆矩阵。设 C_2 轴与 x 轴正方向的交角为 θ，C_2 与 C_5 轴垂直，由对称元素位置图 5-11，这些 C_2 轴在基 $\{x,y,z\}$ 下的表示矩阵形式为

$$
\boldsymbol{D}\left[C_2^{(k)}\right]=\begin{pmatrix}\cos 2\theta_k&\sin 2\theta_k&0\\ \sin 2\theta_k&-\cos 2\theta_k&0\\0&0&-1\end{pmatrix}
\tag{5-68}
$$

随着角度 θ_k 取顺序值，分别得到不同位置 C_2 轴的表示矩阵。当 $\theta_1=18^\circ$ 时，为 $C_2^{(1)}$ 的表示矩阵；$C_2^{(2)}$ 的 $\theta_2=54^\circ$，$C_2^{(3)}$ 的 $\theta_3=90^\circ$， $C_2^{(4)}$ 的 $\theta_4=126^\circ$， $C_2^{(5)}$ 的 $\theta_5=162^\circ$ 。与 C_5^1 轴（z 轴）垂直的反映面 σ_h 在基 $\{x,y,z\}$ 下的表示矩阵为

$$D(\sigma_h)=\begin{pmatrix}1&0&0\\0&1&0\\0&0&-1\end{pmatrix} \tag{5-69}$$

直立反映面σ_v与C_2轴在同一方位，与 x 轴正方向的交角也为θ_k，与σ_h垂直，由对称元素位置图 5-11，求得这些σ_v反映面在基$\{x,y,z\}$下的表示矩阵形式：

$$D\left[\sigma_v^{(k)}\right]=\begin{pmatrix}\cos 2\theta_k & \sin 2\theta_k & 0\\ \sin 2\theta_k & -\cos 2\theta_k & 0\\ 0&0&1\end{pmatrix} \tag{5-70}$$

其中，$\sigma_v^{(1)}$、$\sigma_v^{(2)}$、$\sigma_v^{(3)}$、$\sigma_v^{(4)}$、$\sigma_v^{(5)}$的表示矩阵中，角度θ_k的取值，按照顺序依次为$\theta_1=18°$、$\theta_2=54°$、$\theta_3=90°$、$\theta_4=126°$、$\theta_5=162°$。

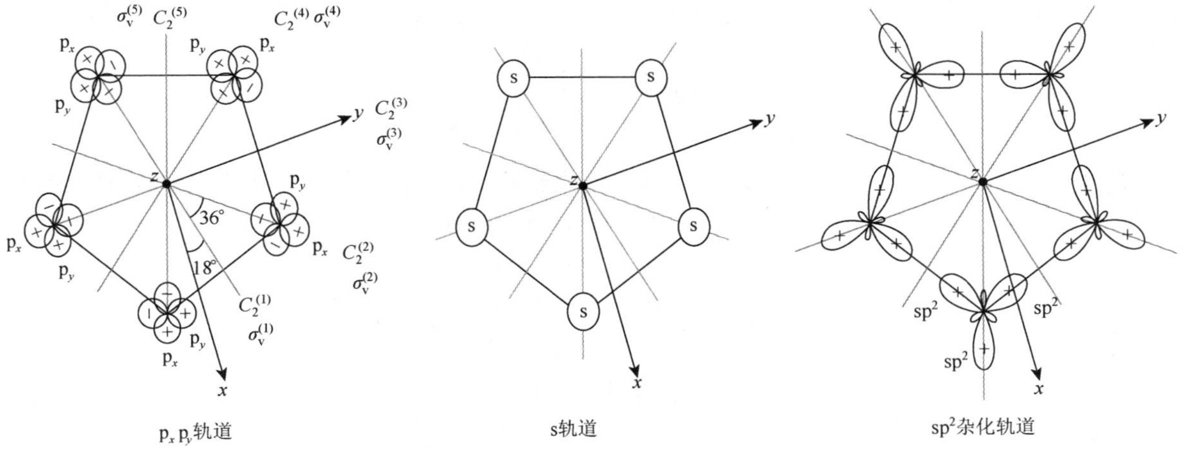

图 5-11　在 xy 平面，碳原子价层轨道的取向和对称元素位置

不难看出，D_{5h}群对称元素在基$\{x,y,z\}$下的表示矩阵，是对角分块矩阵，由一个二维和一个一维矩阵组成，二维分块矩阵对应的基为$\{x,y\}$，一维对应的基为$\{z\}$。这组二维表示矩阵，不能通过相似变换再约化为对角矩阵，称为对称操作在基$\{x,y\}$下的不可约表示。一维表示矩阵显然是不可约表示，而且是对称操作在基$\{z\}$下的不可约表示。从式（5-65）到式（5-70），则是对称操作在基$\{x,y,z\}$下的可约表示。不可约表示都是方阵，为了直观地表达可约化矩阵的构造，将一维不可约表示方阵，记为 A 或 B；二维不可约表示方阵，记为 E；三维不可约表示方阵，记为 T；四维不可约表示方阵，记为 G；五维不可约表示方阵，记为 H。D_{5h}群对称操作在$\{x,y,z\}$下的三维可约表示Γ，由一个二维表示方阵 E 和一个一维方阵 A 构成，记为

$$\Gamma = A\oplus E$$

也称三维可约表示Γ等于一维表示方阵 A 和二维表示方阵 E 的直和。显然，维数不同的不可约表示方阵是不等价表示，如 A 和 E 是不等价表示。对于同一点群，尽管所选择基的维数和函数形式不同，但是对称操作的可约表示矩阵是等价的。采用的基的数目不同，可约表示矩阵的阶数不同，不可约表示构造不同。我们按照点群的共轭类群元素分类，分别列出一维表示方阵 A 和二维表示方阵 E，见表 5-2。

表 5-2　D_{5h}群对称元素在基$\{x,y\}$下的二维不可约表示方阵，以及在基$\{z\}$下的一维不可约表示方阵

D_{5h}	E	C_5^1	C_5^2	$5C_2$	不可约表示基函数
A_2''	(1)	(1)	(1)	(−1)	(z)
E_1'	$\begin{pmatrix}1&0\\0&1\end{pmatrix}$	$\begin{pmatrix}\cos 72° & -\sin 72°\\ \sin 72° & \cos 72°\end{pmatrix}$	$\begin{pmatrix}\cos 144° & -\sin 144°\\ \sin 144° & \cos 144°\end{pmatrix}$	$\begin{pmatrix}\cos 2\theta & \sin 2\theta\\ \sin 2\theta & -\cos 2\theta\end{pmatrix}$	$\begin{pmatrix}x\\y\end{pmatrix}$

续表

D_{5h}	σ_h	S_5^1	S_5^3	$5\sigma_v$	不可约表示基函数
A_2''	(−1)	(−1)	(−1)	(1)	(z)
E_1'	$\begin{pmatrix}1 & 0\\0 & 1\end{pmatrix}$	$\begin{pmatrix}\cos 72° & -\sin 72°\\ \sin 72° & \cos 72°\end{pmatrix}$	$\begin{pmatrix}\cos 144° & \sin 144°\\ -\sin 144° & \cos 144°\end{pmatrix}$	$\begin{pmatrix}\cos 2\theta & \sin 2\theta\\ \sin 2\theta & -\cos 2\theta\end{pmatrix}$	$\begin{pmatrix}x\\y\end{pmatrix}$

注：$\cos 216° = \cos(360° - 144°) = \cos 144°$，$\sin 216° = \sin(360° - 144°) = -\sin 144°$。

如果要表达过渡金属原子或者稀土金属原子的轨道，将涉及能级组$(n-1)\mathrm{d}n\mathrm{s}n\mathrm{p}$或者$(n-2)\mathrm{f}(n-1)\mathrm{d}n\mathrm{s}n\mathrm{p}$。由式（5-52），d 轨道波函数属于二次函数。以二次函数$\{x^2+y^2, z^2, x^2-y^2, 2xy, xz, yz\}$为基，表达对称操作在二次基函数下的表示矩阵，可以找出更多的不等价不可约表示。根据式（5-65）～式（5-70）导出的对称操作表示矩阵，表达出新基$\{x', y', z'\}$与原基$\{x, y, z\}$的一次函数x, y, z的变换关系式，再将其代入 d 轨道的二次基函数，求得对称操作在二次基函数下的表示矩阵。由式（5-65）：

$$\begin{pmatrix}x'\\y'\\z'\end{pmatrix} = \boldsymbol{D}(E)\begin{pmatrix}x\\y\\z\end{pmatrix} = \begin{pmatrix}1 & 0 & 0\\0 & 1 & 0\\0 & 0 & 1\end{pmatrix}\begin{pmatrix}x\\y\\z\end{pmatrix}$$

可得新旧基变换关系：$x'=x$，$y'=y$，$z'=z$，代入二次基函数，求得恒等操作在二次函数下的表示矩阵：

$$\boldsymbol{D}'(E) = \begin{pmatrix}1 & 0 & 0 & 0 & 0 & 0\\0 & 1 & 0 & 0 & 0 & 0\\0 & 0 & 1 & 0 & 0 & 0\\0 & 0 & 0 & 1 & 0 & 0\\0 & 0 & 0 & 0 & 1 & 0\\0 & 0 & 0 & 0 & 0 & 1\end{pmatrix} \tag{5-71}$$

由式（5-66）的表示矩阵$\boldsymbol{D}(C_5^1)$：

$$\begin{pmatrix}x'\\y'\\z'\end{pmatrix} = \boldsymbol{D}(C_5^1)\begin{pmatrix}x\\y\\z\end{pmatrix} = \begin{pmatrix}\cos 72° & -\sin 72° & 0\\ \sin 72° & \cos 72° & 0\\ 0 & 0 & 1\end{pmatrix}\begin{pmatrix}x\\y\\z\end{pmatrix}$$

得到变换关系式：$x' = x\cos 72° - y\sin 72°$，$y' = x\sin 72° + y\cos 72°$，$z'=z$，求得对称操作$C_5^1$在二次函数下的表示矩阵为

$$\boldsymbol{D}'(C_5^1) = \begin{pmatrix}1 & 0 & 0 & 0 & 0 & 0\\0 & 1 & 0 & 0 & 0 & 0\\0 & 0 & \cos 144° & \sin 144° & 0 & 0\\0 & 0 & \sin 144° & \cos 144° & 0 & 0\\0 & 0 & 0 & 0 & \cos 72° & -\sin 72°\\0 & 0 & 0 & 0 & \sin 72° & \cos 72°\end{pmatrix} \tag{5-72}$$

同理，由式(5-66)的表示矩阵$\boldsymbol{D}(C_5^2)$导出关系式：$x' = x\cos 144° - y\sin 144°$，$y' = x\sin 144° + y\cos 144°$，$z'=z$，求得对称操作$C_5^2$在二次函数下的表示矩阵：

$$\boldsymbol{D}'(C_5^2) = \begin{pmatrix}1 & 0 & 0 & 0 & 0 & 0\\0 & 1 & 0 & 0 & 0 & 0\\0 & 0 & \cos 72° & \sin 72° & 0 & 0\\0 & 0 & -\sin 72° & \cos 72° & 0 & 0\\0 & 0 & 0 & 0 & \cos 144° & -\sin 144°\\0 & 0 & 0 & 0 & \sin 144° & \cos 144°\end{pmatrix} \tag{5-73}$$

对于其余对称操作S_5^1，由表示矩阵$\boldsymbol{D}(S_5^1)$，即式（5-67）得：$x' = x\cos 72° - y\sin 72°$，$y' = x\sin 72° + y\cos 72°$，$z' = -z$，求得对称操作$S_5^1$在二次函数下的表示矩阵：

$$D'(S_5^1)=\begin{pmatrix}1&0&0&0&0&0\\0&1&0&0&0&0\\0&0&\cos144^\circ&-\sin144^\circ&0&0\\0&0&\sin144^\circ&\cos144^\circ&0&0\\0&0&0&0&-\cos72^\circ&\sin72^\circ\\0&0&0&0&-\sin72^\circ&-\cos72^\circ\end{pmatrix}\tag{5-74}$$

由对称操作 S_5^3 的表示矩阵 $\boldsymbol{D}(S_5^3)$ 得：$x'=x\cos144^\circ+y\sin144^\circ$，$y'=-x\sin144^\circ+y\cos144^\circ$，$z'=-z$，求得对称操作 S_5^3 在二次函数下的表示矩阵：

$$D'(S_5^3)=\begin{pmatrix}1&0&0&0&0&0\\0&1&0&0&0&0\\0&0&\cos72^\circ&-\sin72^\circ&0&0\\0&0&\sin72^\circ&\cos72^\circ&0&0\\0&0&0&0&-\cos144^\circ&-\sin144^\circ\\0&0&0&0&\sin144^\circ&-\cos144^\circ\end{pmatrix}\tag{5-75}$$

由 C_2 的表示矩阵 $\boldsymbol{D}[C_2^{(k)}]$，即式（5-68）导出：$x'=x\cos2\theta+y\sin2\theta$，$y'=x\sin2\theta-y\cos2\theta$，$z'=-z$，求得对称操作 C_2 在二次函数下的表示矩阵：

$$D'(C_2)=\begin{pmatrix}1&0&0&0&0&0\\0&1&0&0&0&0\\0&0&\cos4\theta&\sin4\theta&0&0\\0&0&\sin4\theta&-\cos4\theta&0&0\\0&0&0&0&-\cos2\theta&-\sin2\theta\\0&0&0&0&-\sin2\theta&\cos2\theta\end{pmatrix}\tag{5-76}$$

式中角度 θ 的取值与一次基函数表示矩阵 $\boldsymbol{D}[C_2^{(k)}]$ 中的 θ_k 相同，θ 取不同值，代表不同位置 C_2。由 σ_h 的表示矩阵 $\boldsymbol{D}(\sigma_\mathrm{h})$，即式（5-69）导出：$x'=x$，$y'=y$，$z'=-z$，求得对称操作 σ_h 的二次基函数表示矩阵：

$$D'(\sigma_\mathrm{h})=\begin{pmatrix}1&0&0&0&0&0\\0&1&0&0&0&0\\0&0&1&0&0&0\\0&0&0&1&0&0\\0&0&0&0&-1&0\\0&0&0&0&0&-1\end{pmatrix}\tag{5-77}$$

由 σ_v 的表示矩阵 $\boldsymbol{D}[\sigma_\mathrm{v}^{(k)}]$，即式（5-70）导出：$x'=x\cos2\theta+y\sin2\theta$，$y'=x\sin2\theta-y\cos2\theta$，$z'=z$，求得对称操作 σ_v 的二次基函数表示矩阵：

$$D'(\sigma_\mathrm{v})=\begin{pmatrix}1&0&0&0&0&0\\0&1&0&0&0&0\\0&0&\cos4\theta&\sin4\theta&0&0\\0&0&\sin4\theta&-\cos4\theta&0&0\\0&0&0&0&\cos2\theta&\sin2\theta\\0&0&0&0&\sin2\theta&-\cos2\theta\end{pmatrix}\tag{5-78}$$

式中角度 θ 的取值与一次基函数表示矩阵 $\boldsymbol{D}[\sigma_\mathrm{v}^{(k)}]$ 中的 θ_k 相同，θ 取不同的角度值，代表不同位置 σ_v。

不难看出，二次基函数下的矩阵表示也是可约表示，是由两个一维不可约表示以及两个二维不可约表示构成。不同共轭类的不可约表示，以及对应的基函数见表 5-3。其中，基 $\{x^2+y^2\}$ 和 $\{z^2\}$ 的一维不可约表示相同，可以合并为一个不可约表示。

表 5-3　D_{5h} 群对称元素在二次基函数下的一维和二维不可约表示方阵

D_{5h}	E	C_5^1	C_5^2	$5C_2$	不可约表示基函数
A_1'	(1)	(1)	(1)	(1)	x^2+y^2
A_1'	(1)	(1)	(1)	(1)	z^2
E_2'	$\begin{pmatrix}1&0\\0&1\end{pmatrix}$	$\begin{pmatrix}\cos144° & -\sin144°\\ \sin144° & \cos144°\end{pmatrix}$	$\begin{pmatrix}\cos72° & \sin72°\\ -\sin72° & \cos72°\end{pmatrix}$	$\begin{pmatrix}\cos4\theta & \sin4\theta\\ \sin4\theta & -\cos4\theta\end{pmatrix}$	$\begin{pmatrix}x^2-y^2\\ 2xy\end{pmatrix}$
E_1''	$\begin{pmatrix}1&0\\0&1\end{pmatrix}$	$\begin{pmatrix}\cos72° & -\sin72°\\ \sin72° & \cos72°\end{pmatrix}$	$\begin{pmatrix}\cos144° & -\sin144°\\ \sin144° & \cos144°\end{pmatrix}$	$\begin{pmatrix}-\cos2\theta & -\sin2\theta\\ -\sin2\theta & \cos2\theta\end{pmatrix}$	$\begin{pmatrix}xz\\ yz\end{pmatrix}$

D_{5h}	σ_h	S_5^1	S_5^3	$5\sigma_v$	不可约表示基函数
A_1'	(1)	(1)	(1)	(1)	x^2+y^2
A_1'	(1)	(1)	(1)	(1)	z^2
E_2'	$\begin{pmatrix}1&0\\0&1\end{pmatrix}$	$\begin{pmatrix}\cos144° & -\sin144°\\ \sin144° & \cos144°\end{pmatrix}$	$\begin{pmatrix}\cos72° & -\sin72°\\ \sin72° & \cos72°\end{pmatrix}$	$\begin{pmatrix}\cos4\theta & \sin4\theta\\ \sin4\theta & -\cos4\theta\end{pmatrix}$	$\begin{pmatrix}x^2-y^2\\ 2xy\end{pmatrix}$
E_1''	$\begin{pmatrix}-1&0\\0&-1\end{pmatrix}$	$\begin{pmatrix}-\cos72° & \sin72°\\ -\sin72° & -\cos72°\end{pmatrix}$	$\begin{pmatrix}-\cos144° & -\sin144°\\ \sin144° & -\cos144°\end{pmatrix}$	$\begin{pmatrix}\cos2\theta & \sin2\theta\\ \sin2\theta & -\cos2\theta\end{pmatrix}$	$\begin{pmatrix}xz\\ yz\end{pmatrix}$

注：没有列出对称操作 C_5^3、C_5^4 以及 S_5^7、S_5^9 在不可约表示基下的一维和二维不可约表示矩阵，分别求 C_5^2、C_5^1，以及 S_5^3、S_5^1 的逆矩阵，即可得到。

用相同的方法，由式（5-53）表达的 f 轨道波函数，可以表达出三次基函数在对称操作下的表示矩阵。以三次函数 $\{x(x^2-3y^2), y(3x^2-y^2), z(x^2-y^2), 2xyz, xz^2, yz^2, z^3\}$ 为基，写出这些对称操作在三次基函数下的表示矩阵，找出其他不等价不可约表示。由式（5-65）可得，$x'=x$，$y'=y$，$z'=z$，求得恒等操作在三次基函数下的表示矩阵：

$$\boldsymbol{D}''(E)=\begin{pmatrix}1&0&0&0&0&0&0\\0&1&0&0&0&0&0\\0&0&1&0&0&0&0\\0&0&0&1&0&0&0\\0&0&0&0&1&0&0\\0&0&0&0&0&1&0\\0&0&0&0&0&0&1\end{pmatrix} \tag{5-79}$$

由式（5-66）的表示矩阵 $\boldsymbol{D}(C_5^1)$ 导出关系式：$x'=x\cos72°-y\sin72°$，$y'=x\sin72°+y\cos72°$，$z'=z$，求得对称操作 C_5^1 在三次基函数下的表示矩阵：

$$\boldsymbol{D}''(C_5^1)=\begin{pmatrix}\cos144° & \sin144° & 0 & 0 & 0 & 0 & 0\\ -\sin144° & \cos144° & 0 & 0 & 0 & 0 & 0\\ 0 & 0 & \cos72° & -\sin72° & 0 & 0 & 0\\ 0 & 0 & \sin72° & \cos72° & 0 & 0 & 0\\ 0 & 0 & 0 & 0 & \cos144° & -\sin144° & 0\\ 0 & 0 & 0 & 0 & \sin144° & \cos144° & 0\\ 0 & 0 & 0 & 0 & 0 & 0 & 1\end{pmatrix} \tag{5-80}$$

由式（5-66）的表示矩阵 $\boldsymbol{D}(C_5^2)$ 导出关系式：$x'=x\cos144°-y\sin144°$，$y'=x\sin144°+y\cos144°$，$z'=z$，求得对称操作 C_5^2 在三次基函数下的表示矩阵：

$$\boldsymbol{D}''(C_5^2)=\begin{pmatrix}\cos 72^\circ & -\sin 72^\circ & 0 & 0 & 0 & 0 & 0\\ \sin 72^\circ & \cos 72^\circ & 0 & 0 & 0 & 0 & 0\\ 0 & 0 & \cos 144^\circ & -\sin 144^\circ & 0 & 0 & 0\\ 0 & 0 & \sin 144^\circ & \cos 144^\circ & 0 & 0 & 0\\ 0 & 0 & 0 & 0 & \cos 72^\circ & \sin 72^\circ & 0\\ 0 & 0 & 0 & 0 & -\sin 72^\circ & \cos 72^\circ & 0\\ 0 & 0 & 0 & 0 & 0 & 0 & 1\end{pmatrix} \tag{5-81}$$

再由式（5-67）的表示矩阵 $\boldsymbol{D}(S_5^1)$ 导出关系式：$x'=x\cos 72^\circ-y\sin 72^\circ$，$y'=x\sin 72^\circ+y\cos 72^\circ$，$z'=-z$，求得对称操作 S_5^1 在三次基函数下的表示矩阵为

$$\boldsymbol{D}''(S_5^1)=\begin{pmatrix}\cos 144^\circ & \sin 144^\circ & 0 & 0 & 0 & 0 & 0\\ -\sin 144^\circ & \cos 144^\circ & 0 & 0 & 0 & 0 & 0\\ 0 & 0 & \cos 72^\circ & -\sin 72^\circ & 0 & 0 & 0\\ 0 & 0 & \sin 72^\circ & \cos 72^\circ & 0 & 0 & 0\\ 0 & 0 & 0 & 0 & -\cos 144^\circ & \sin 144^\circ & 0\\ 0 & 0 & 0 & 0 & -\sin 144^\circ & -\cos 144^\circ & 0\\ 0 & 0 & 0 & 0 & 0 & 0 & -1\end{pmatrix} \tag{5-82}$$

由式（5-67）的表示矩阵 $\boldsymbol{D}(S_5^3)$ 导出关系式：$x'=x\cos 144^\circ+y\sin 144^\circ$，$y'=-x\sin 144^\circ+y\cos 144^\circ$，$z'=-z$，求得对称操作 S_5^3 在三次基函数下的表示矩阵：

$$\boldsymbol{D}''(S_5^3)=\begin{pmatrix}\cos 72^\circ & \sin 72^\circ & 0 & 0 & 0 & 0 & 0\\ -\sin 72^\circ & \cos 72^\circ & 0 & 0 & 0 & 0 & 0\\ 0 & 0 & \cos 144^\circ & \sin 144^\circ & 0 & 0 & 0\\ 0 & 0 & -\sin 144^\circ & \cos 144^\circ & 0 & 0 & 0\\ 0 & 0 & 0 & 0 & -\cos 72^\circ & \sin 72^\circ & 0\\ 0 & 0 & 0 & 0 & -\sin 72^\circ & -\cos 72^\circ & 0\\ 0 & 0 & 0 & 0 & 0 & 0 & -1\end{pmatrix} \tag{5-83}$$

由 C_2 的表示矩阵 $\boldsymbol{D}[C_2^{(k)}]$，即式（5-68）导出的关系式：$x'=x\cos 2\theta+y\sin 2\theta$，$y'=x\sin 2\theta-y\cos 2\theta$，$z'=-z$，求得对称操作 C_2 在三次基函数下的表示矩阵：

$$\boldsymbol{D}''(C_2)=\begin{pmatrix}\cos 4\theta & -\sin 4\theta & 0 & 0 & 0 & 0 & 0\\ -\sin 4\theta & -\cos 4\theta & 0 & 0 & 0 & 0 & 0\\ 0 & 0 & \cos 2\theta & \sin 2\theta & 0 & 0 & 0\\ 0 & 0 & \sin 2\theta & -\cos 2\theta & 0 & 0 & 0\\ 0 & 0 & 0 & 0 & -\cos 4\theta & -\sin 4\theta & 0\\ 0 & 0 & 0 & 0 & -\sin 4\theta & \cos 4\theta & 0\\ 0 & 0 & 0 & 0 & 0 & 0 & -1\end{pmatrix} \tag{5-84}$$

式中，角度 θ 的取值与一次基函数表示矩阵 $\boldsymbol{D}[C_2^{(k)}]$ 中 θ_k 相同，取不同值代表不同位置 C_2。由 σ_h 的表示矩阵 $\boldsymbol{D}(\sigma_h)$，即式（5-69）导出的关系式：$x'=x$，$y'=y$，$z'=-z$，求得对称操作 σ_h 在三次基函数下的表示矩阵：

$$\boldsymbol{D}''(\sigma_h)=\begin{pmatrix}1 & 0 & 0 & 0 & 0 & 0 & 0\\ 0 & 1 & 0 & 0 & 0 & 0 & 0\\ 0 & 0 & 1 & 0 & 0 & 0 & 0\\ 0 & 0 & 0 & 1 & 0 & 0 & 0\\ 0 & 0 & 0 & 0 & -1 & 0 & 0\\ 0 & 0 & 0 & 0 & 0 & -1 & 0\\ 0 & 0 & 0 & 0 & 0 & 0 & -1\end{pmatrix} \tag{5-85}$$

由式（5-70）的表示矩阵 $\boldsymbol{D}[\sigma_{\mathrm{v}}^{(k)}]$ 导出关系式：$x' = x\cos 2\theta + y\sin 2\theta$，$y' = x\sin 2\theta - y\cos 2\theta$，$z' = z$，求得对称操作 σ_{v} 在三次基函数下的表示矩阵：

$$\boldsymbol{D}''(\sigma_{\mathrm{v}}) = \begin{pmatrix} \cos 4\theta & -\sin 4\theta & 0 & 0 & 0 & 0 & 0 \\ -\sin 4\theta & -\cos 4\theta & 0 & 0 & 0 & 0 & 0 \\ 0 & 0 & \cos 2\theta & \sin 2\theta & 0 & 0 & 0 \\ 0 & 0 & \sin 2\theta & -\cos 2\theta & 0 & 0 & 0 \\ 0 & 0 & 0 & 0 & \cos 4\theta & \sin 4\theta & 0 \\ 0 & 0 & 0 & 0 & \sin 4\theta & -\cos 4\theta & 0 \\ 0 & 0 & 0 & 0 & 0 & 0 & 1 \end{pmatrix} \tag{5-86}$$

式中，角度 θ 取值与一次基函数表示矩阵 $\boldsymbol{D}[\sigma_{\mathrm{v}}^{(k)}]$ 中 θ_k 相同，θ 取不同值，代表不同位置 σ_{v}。

由三次基函数下的矩阵表示可见，不同对称操作的表示矩阵由一个一维不可约表示，以及三个二维不可约表示构成。按照共轭类将不可约表示和对应的基函数列于表 5-4。

表 5-4 $\boldsymbol{D}_{5\mathrm{h}}$ 群对称元素在三次基函数下的一维和二维不可约表示方阵

$D_{5\mathrm{h}}$	E	C_5^1	C_5^2	$5C_2$	不可约表示基函数
E_2'	$\begin{pmatrix} 1 & 0 \\ 0 & 1 \end{pmatrix}$	$\begin{pmatrix} \cos 144° & \sin 144° \\ -\sin 144° & \cos 144° \end{pmatrix}$	$\begin{pmatrix} \cos 72° & -\sin 72° \\ \sin 72° & \cos 72° \end{pmatrix}$	$\begin{pmatrix} \cos 4\theta & -\sin 4\theta \\ -\sin 4\theta & -\cos 4\theta \end{pmatrix}$	$\begin{bmatrix} x(x^2-3y^2) \\ y(3x^2-y^2) \end{bmatrix}$
E_1'	$\begin{pmatrix} 1 & 0 \\ 0 & 1 \end{pmatrix}$	$\begin{pmatrix} \cos 72° & -\sin 72° \\ \sin 72° & \cos 72° \end{pmatrix}$	$\begin{pmatrix} \cos 144° & -\sin 144° \\ \sin 144° & \cos 144° \end{pmatrix}$	$\begin{pmatrix} \cos 2\theta & \sin 2\theta \\ \sin 2\theta & -\cos 2\theta \end{pmatrix}$	$\begin{pmatrix} xz^2 \\ yz^2 \end{pmatrix}$
E_2''	$\begin{pmatrix} 1 & 0 \\ 0 & 1 \end{pmatrix}$	$\begin{pmatrix} \cos 144° & -\sin 144° \\ \sin 144° & \cos 144° \end{pmatrix}$	$\begin{pmatrix} \cos 72° & \sin 72° \\ -\sin 72° & \cos 72° \end{pmatrix}$	$\begin{pmatrix} -\cos 4\theta & -\sin 4\theta \\ -\sin 4\theta & \cos 4\theta \end{pmatrix}$	$\begin{bmatrix} z(x^2-y^2) \\ 2xyz \end{bmatrix}$
A_2''	(1)	(1)	(1)	(−1)	z^3
$D_{5\mathrm{h}}$	σ_{h}	S_5^1	S_5^3	$5\sigma_{\mathrm{v}}$	不可约表示基函数
E_2'	$\begin{pmatrix} 1 & 0 \\ 0 & 1 \end{pmatrix}$	$\begin{pmatrix} \cos 144° & \sin 144° \\ -\sin 144° & \cos 144° \end{pmatrix}$	$\begin{pmatrix} \cos 72° & \sin 72° \\ -\sin 72° & \cos 72° \end{pmatrix}$	$\begin{pmatrix} \cos 4\theta & -\sin 4\theta \\ -\sin 4\theta & -\cos 4\theta \end{pmatrix}$	$\begin{bmatrix} x(x^2-3y^2) \\ y(3x^2-y^2) \end{bmatrix}$
E_1'	$\begin{pmatrix} 1 & 0 \\ 0 & 1 \end{pmatrix}$	$\begin{pmatrix} \cos 72° & -\sin 72° \\ \sin 72° & \cos 72° \end{pmatrix}$	$\begin{pmatrix} \cos 144° & \sin 144° \\ -\sin 144° & \cos 144° \end{pmatrix}$	$\begin{pmatrix} \cos 2\theta & \sin 2\theta \\ \sin 2\theta & -\cos 2\theta \end{pmatrix}$	$\begin{pmatrix} xz^2 \\ yz^2 \end{pmatrix}$
E_2''	$\begin{pmatrix} -1 & 0 \\ 0 & -1 \end{pmatrix}$	$\begin{pmatrix} -\cos 144° & \sin 144° \\ -\sin 144° & -\cos 144° \end{pmatrix}$	$\begin{pmatrix} -\cos 72° & \sin 72° \\ -\sin 72° & -\cos 72° \end{pmatrix}$	$\begin{pmatrix} \cos 4\theta & \sin 4\theta \\ \sin 4\theta & -\cos 4\theta \end{pmatrix}$	$\begin{bmatrix} z(x^2-y^2) \\ 2xyz \end{bmatrix}$
A_2''	(−1)	(−1)	(−1)	(1)	z^3

注：没有列出对称操作 C_5^3、C_5^4 以及 S_5^7、S_5^9 在不可约表示基下的一维和二维不可约表示矩阵，分别求 C_5^2、C_5^1 以及 S_5^3、S_5^1 的逆矩阵，即可得到。

综合表 5-2、表 5-3、表 5-4，可以得出，基 $\{xz^2, yz^2\}$ 与 $\{x, y\}$ 的二维不可约表示矩阵相同，基 $\{z^3\}$ 与 $\{z\}$ 的一维不可约表示相同，称为等价表示。汇集全部不等价的不可约表示，按照以上共轭类顺序罗列，并与不可约表示的基函数对照，可以得到一个完整的对称群不可约表示矩阵表。

在复数域上，定义了内积的有限维线性空间，变为酉空间。在酉空间中，经酉变换内积不变：$\langle U\alpha | U\beta \rangle = \langle \alpha | \beta \rangle$，酉变换可表示为复数域上的标准正交矩阵，满足关系式 $\boldsymbol{U}^{-1} = \boldsymbol{U}^{*\mathrm{T}}$，$\det|\boldsymbol{U}| = 1$，酉矩阵的行向量和列向量都是复数域上的标准正交基，两个酉矩阵的乘积仍是酉矩阵。将对称操作的表示矩阵群中的矩阵，用酉矩阵表示，就得到酉表示。可以验证，表 5-2、表 5-3、表 5-4 中罗列的不可约表示都是酉表示。

对于全部对称操作集合，这些不等价的不可约表示相互正交。设 $\boldsymbol{L}(R)$ 和 $\boldsymbol{J}(R)$ 分别是对称操作 R 在两组基下的不等价不可约表示，当求和遍及全部对称操作，则有

$$\sum_R [\boldsymbol{L}(R)]^{*\mathrm{T}} \boldsymbol{J}(R) = \boldsymbol{0} \tag{5-87}$$

右端为零矩阵，这称为不可约表示的正交定理。由于表示矩阵转置并不改变矩阵的迹，也就不改变矩阵表示的特征标，对式（5-87）左端矩阵求迹，使之变为两个不可约表示的特征标乘积，并遍及所有对称操作求和，右端等于零，即有

$$\sum_R \chi[\boldsymbol{L}(R)]\cdot\chi[\boldsymbol{J}(R)]=0 \tag{5-88}$$

式中，求和项共 h 项，即等于群的阶。由于共轭类对称操作有相似变换关系，因而特征标相等。若群中有共轭类 K_1、K_2、…、K_q，按共轭类分为 q 类对称操作，其中，共轭类 K_i 中对称操作数为 m_i，则式（5-88）再进一步表示为

$$\sum_{i=1}^{q} m_i\chi[\boldsymbol{L}(K_i)]\cdot\chi[\boldsymbol{J}(K_i)]=0 \tag{5-89}$$

式中，求和项数 $m_1+m_2+\cdots+m_q=h$，仍等于群的阶。

有限群的全部不等价不可约表示，组成完备集合，全部不等价不可约表示的数目 p 等于群的共轭类数 q，即有 $p=q$。如果第 i 类共轭类对称操作的不可约表示 $\boldsymbol{L}(K_i)$ 的维数为 s_i，那么，全部不等价不可约表示的维数的平方和等于群的阶。

$$s_1^2+s_2^2+\cdots+s_p^2=h \tag{5-90}$$

因为全部对称操作的不可约表示都是酉表示，其内积必为单位矩阵。当式（5-87）中 $\boldsymbol{J}(R)=\boldsymbol{L}(R)$ 时，即同一不可约表示，对于遍及全部对称操作求和，必然等于群的阶 h 乘以单位矩阵。

$$\sum_R [\boldsymbol{L}(R)]^{*\mathrm{T}}\boldsymbol{L}(R)=h\boldsymbol{I} \tag{5-91}$$

对式（5-91）左端矩阵求迹，使之变为两个相同不可约表示的特征标乘积，并遍及所有对称操作求和，右端等于 h。因为共轭类对称操作的特征标相同，遍及所有对称操作 R 的求和，也可以表示为遍及共轭类对称操作 K_i 的求和。

$$\sum_{i=1}^{q} m_i\{\chi[\boldsymbol{L}(K_i)]\}^2=h \tag{5-92}$$

其中，m_i 为共轭类 K_i 的对称操作数；q 为共轭类的类数。注意方括号中符号是对特征标的标注，表示共轭类对称操作 R 的不可约表示 $\boldsymbol{L}(R)$ 的特征标。由此可见，不等价的不可约表示特征标表也存在正交归一化。选择一组等价基，写出对称操作的一组可约表示矩阵，用相似变换转变为对角分块矩阵，约化为不可约表示，这一过程将赋予分子轨道对称群符号，有助于分子光谱的解析。下面通过矩阵求迹，求出 D_{5h} 群的全部不等价不可约表示的特征标，按照共轭类对称操作和不可约表示符号，形成点群的不可约表示特征标表，见表 5-5。

表 5-5　D_{5h} 群的全部不等价不可约表示的特征标表

D_{5h}	E	$2C_5^1$	$2C_5^2$	$5C_2$	σ_h	$2S_5^1$	$2S_5^3$	$5\sigma_v$	不可约表示基函数	
A_1'	1	1	1	1	1	1	1	1	(x^2+y^2)	(z^2)
A_2'	1	1	1	−1	1	1	1	−1		
E_1'	2	$2\cos 72°$	$2\cos 144°$	0	2	$2\cos 72°$	$2\cos 144°$	0	$\begin{pmatrix}x\\y\end{pmatrix}$	$\begin{pmatrix}xz^2\\yz^2\end{pmatrix}$
E_2'	2	$2\cos 144°$	$2\cos 72°$	0	2	$2\cos 144°$	$2\cos 72°$	0	$\begin{pmatrix}x^2-y^2\\2xy\end{pmatrix}$	$\begin{bmatrix}x(x^2-3y^2)\\y(3x^2-y^2)\end{bmatrix}$
A_1''	1	1	1	1	−1	−1	−1	−1		
A_2''	1	1	1	−1	−1	−1	−1	1	(z)	(z^3)
E_1''	2	$2\cos 72°$	$2\cos 144°$	0	−2	$-2\cos 72°$	$-2\cos 144°$	0	$\begin{pmatrix}xz\\yz\end{pmatrix}$	
E_2''	2	$2\cos 144°$	$2\cos 72°$	0	−2	$-2\cos 144°$	$-2\cos 72°$	0		$\begin{bmatrix}z(x^2-y^2)\\2xyz\end{bmatrix}$

注：不同维数的不可约表示，用上下标符号区分。

D_{5h} 群共包括 8 个不等价不可约表示，分别为 A_1'、A_2'、E_1'、E_2'、A_1''、A_2''、E_1''、E_2''，与点群的共轭类数相等。群的不可约表示维数的平方和等于群的阶，即满足关系式（5-90）：$\sum_{i=1}^{8} S_i^2 = 1^2 + 1^2 + 2^2 + 2^2 + 1^2 + 1^2 + 2^2 + 2^2 = 20$。任意两不可约表示的特征标满足正交关系式（5-89），例如，E_1' 和 E_2' 不可约表示的特征标的正交关系为

$$\begin{aligned}
&\sum_{i=1}^{8} m_i \chi[E_1'(K_i)]\cdot\chi[E_2'(K_i)]\\
&=1\times\chi[E_1'(E)]\cdot\chi[E_2'(E)]+2\times\chi[E_1'(C_5^1)]\cdot\chi[E_2'(C_5^1)]+2\times\chi[E_1'(C_5^2)]\cdot\chi[E_2'(C_5^2)]\\
&\quad+5\times\chi[E_1'(C_2)]\cdot\chi[E_2'(C_2)]+1\times\chi[E_1'(\sigma_h)]\cdot\chi[E_2'(\sigma_h)]+2\times\chi[E_1'(S_5^1)]\cdot\chi[E_2'(S_5^1)]\\
&\quad+2\times\chi[E_1'(S_5^3)]\cdot\chi[E_2'(S_5^3)]+5\times\chi[E_1'(\sigma_v)]\cdot\chi[E_2'(\sigma_v)]\\
&=1\times(2\times2)+2\times\left(2\cos72^\circ\times2\cos144^\circ\right)+2\times\left(2\cos144^\circ\times2\cos72^\circ\right)+5\times(0\times0)\\
&\quad+1\times(2\times2)+2\times\left(2\cos72^\circ\times2\cos144^\circ\right)+2\times\left(2\cos144^\circ\times2\cos72^\circ\right)+5\times(0\times0)\\
&=0
\end{aligned}$$

任意不可约表示的特征标满足归一性。例如，E_1' 不可约表示特征标的归一化，由式（5-92），

$$\begin{aligned}
&\sum_{i=1}^{8} m_i \chi^2[E_1'(K_i)]\\
&=1\times\chi^2[E_1'(E)]+2\times\chi^2[E_1'(C_5^1)]+2\times\chi^2[E_1'(C_5^2)]+5\times\chi^2[E_1'(C_2)]\\
&\quad 1\times\chi^2[E_1'(\sigma_h)]+2\times\chi^2[E_1'(S_5^1)]+2\times\chi^2[E_1'(S_5^3)]+5\times\chi^2[E_1'(\sigma_v)]\\
&=1\times2^2+2\times\left(2\cos72^\circ\right)^2+2\times\left(2\cos144^\circ\right)^2+5\times0^2\\
&\quad+1\times2^2+2\times\left(2\cos72^\circ\right)^2+2\times\left(2\cos144^\circ\right)^2+5\times0^2\\
&=20
\end{aligned}$$

式（5-92）两端除以 h，将不可约表示特征标的归一化表示为

$$\frac{1}{h}\sum_{i=1}^{q} m_i\left\{\chi[L(K_i)]\right\}^2=1 \tag{5-93}$$

【例 5-3】 D_5 群是 D_{5h} 群的子群，在一次、二次、三次基函数下，D_{5h} 群的不等价不可约表示分别列于表 5-2、表 5-3、表 5-4。

（1）试由 D_{5h} 群的不等价不可约表示，构造 D_5 群的全部不等价不可约表示。

（2）建立不可约表示特征标表。

（3）证明基为 $\{x, y\}$ 的二维不可约表示 $E_1^{(1)}(R)$，与基为 $\{x^2-y^2, 2xy\}$ 的二维不可约表示 $E_2^{(1)}(R)$ 正交，即 $\sum_R [E_1^{(1)}(R)]^{*\mathrm{T}}\cdot E_2^{(1)}(R)=\mathbf{0}$。

（4）证明基为 $\{x^2-y^2, 2xy\}$ 的二维不可约表示 $E_2^{(1)}(R)$ 的归一化：$\sum_R [E_2^{(1)}(R)]^{*\mathrm{T}}\cdot E_2^{(1)}(R)=hI$。

解：（1）D_5 群对称操作的共轭类数为 4，包括 $\left\{E, 2C_5^1, 2C_5^2, 5C_2\right\}$。从表 5-2、表 5-3、表 5-4 中，可以找出一次、二次、三次基函数的全部不可约表示，将其列于表 5-6。

表 5-6　D_5 群对称元素在一次、二次、三次基函数下的一维和二维不可约表示方阵

D_5	E	C_5^1	C_5^2	不可约表示基函数
A	(1)	(1)	(1)	x^2+y^2，z^2
B	(1)	(1)	(1)	z，z^3
$E_1^{(1)}$	$\begin{pmatrix}1&0\\0&1\end{pmatrix}$	$\begin{pmatrix}\cos72^\circ&-\sin72^\circ\\\sin72^\circ&\cos72^\circ\end{pmatrix}$	$\begin{pmatrix}\cos144^\circ&-\sin144^\circ\\\sin144^\circ&\cos144^\circ\end{pmatrix}$	$\begin{pmatrix}x\\y\end{pmatrix}$，$\begin{pmatrix}xz^2\\yz^2\end{pmatrix}$

续表

D_5	E	C_5^1	C_5^2	不可约表示基函数
$\boldsymbol{E}_1^{(2)}$	$\begin{pmatrix}1&0\\0&1\end{pmatrix}$	$\begin{pmatrix}\cos72°&-\sin72°\\\sin72°&\cos72°\end{pmatrix}$	$\begin{pmatrix}\cos144°&-\sin144°\\\sin144°&\cos144°\end{pmatrix}$	$\begin{pmatrix}xz\\yz\end{pmatrix}$
$\boldsymbol{E}_2^{(1)}$	$\begin{pmatrix}1&0\\0&1\end{pmatrix}$	$\begin{pmatrix}\cos144°&-\sin144°\\\sin144°&\cos144°\end{pmatrix}$	$\begin{pmatrix}\cos72°&\sin72°\\-\sin72°&\cos72°\end{pmatrix}$	$\begin{pmatrix}x^2-y^2\\2xy\end{pmatrix}$
$\boldsymbol{E}_2^{(2)}$	$\begin{pmatrix}1&0\\0&1\end{pmatrix}$	$\begin{pmatrix}\cos144°&\sin144°\\-\sin144°&\cos144°\end{pmatrix}$	$\begin{pmatrix}\cos72°&-\sin72°\\\sin72°&\cos72°\end{pmatrix}$	$\begin{bmatrix}x(x^2-3y^2)\\y(3x^2-y^2)\end{bmatrix}$
$\boldsymbol{E}_2^{(3)}$	$\begin{pmatrix}1&0\\0&1\end{pmatrix}$	$\begin{pmatrix}\cos144°&-\sin144°\\\sin144°&\cos144°\end{pmatrix}$	$\begin{pmatrix}\cos72°&\sin72°\\-\sin72°&\cos72°\end{pmatrix}$	$\begin{bmatrix}z(x^2-y^2)\\2xyz\end{bmatrix}$

D_5	C_5^3	C_5^4	$5C_2$	不可约表示基函数
$\boldsymbol{A}$	(1)	(1)	(1)	x^2+y^2， z^2
$\boldsymbol{B}$	(1)	(1)	(−1)	z， z^3
$\boldsymbol{E}_1^{(1)}$	$\begin{pmatrix}\cos144°&\sin144°\\-\sin144°&\cos144°\end{pmatrix}$	$\begin{pmatrix}\cos72°&\sin72°\\-\sin72°&\cos72°\end{pmatrix}$	$\begin{pmatrix}\cos2\theta&\sin2\theta\\\sin2\theta&-\cos2\theta\end{pmatrix}$	$\begin{pmatrix}x\\y\end{pmatrix}$，$\begin{pmatrix}xz^2\\yz^2\end{pmatrix}$
$\boldsymbol{E}_1^{(2)}$	$\begin{pmatrix}\cos144°&\sin144°\\-\sin144°&\cos144°\end{pmatrix}$	$\begin{pmatrix}\cos72°&\sin72°\\-\sin72°&\cos72°\end{pmatrix}$	$\begin{pmatrix}-\cos2\theta&-\sin2\theta\\-\sin2\theta&\cos2\theta\end{pmatrix}$	$\begin{pmatrix}xz\\yz\end{pmatrix}$
$\boldsymbol{E}_2^{(1)}$	$\begin{pmatrix}\cos72°&-\sin72°\\\sin72°&\cos72°\end{pmatrix}$	$\begin{pmatrix}\cos144°&\sin144°\\-\sin144°&\cos144°\end{pmatrix}$	$\begin{pmatrix}\cos4\theta&\sin4\theta\\\sin4\theta&-\cos4\theta\end{pmatrix}$	$\begin{pmatrix}x^2-y^2\\2xy\end{pmatrix}$
$\boldsymbol{E}_2^{(2)}$	$\begin{pmatrix}\cos72°&\sin72°\\-\sin72°&\cos72°\end{pmatrix}$	$\begin{pmatrix}\cos144°&-\sin144°\\\sin144°&\cos144°\end{pmatrix}$	$\begin{pmatrix}\cos4\theta&-\sin4\theta\\-\sin4\theta&-\cos4\theta\end{pmatrix}$	$\begin{bmatrix}x(x^2-3y^2)\\y(3x^2-y^2)\end{bmatrix}$
$\boldsymbol{E}_2^{(3)}$	$\begin{pmatrix}\cos72°&-\sin72°\\\sin72°&\cos72°\end{pmatrix}$	$\begin{pmatrix}\cos144°&\sin144°\\-\sin144°&\cos144°\end{pmatrix}$	$\begin{pmatrix}-\cos4\theta&-\sin4\theta\\-\sin4\theta&\cos4\theta\end{pmatrix}$	$\begin{bmatrix}z(x^2-y^2)\\2xyz\end{bmatrix}$

注：当 θ 取 18°、54°、90°、126°、162°时，对应 5 条 C_2 轴的不可约表示矩阵。

（2）在 D_5 群的五个二维不可约表示 $\boldsymbol{E}$ 中，$\boldsymbol{E}_1^{(1)}$ 和 $\boldsymbol{E}_2^{(3)}$ 同构，属于同一不可约表示群；$\boldsymbol{E}_1^{(2)}$、$\boldsymbol{E}_2^{(1)}$ 和 $\boldsymbol{E}_2^{(2)}$ 同构，也属于同一不可约表示群。五个二维不可约表示群，只有两个不等价。因为共轭类对称操作存在相似变换，属于等价表示，而等价表示的特征标相同，所以，共轭类对称操作的不可约表示有相同的特征标。按照共轭类求出不等价的不可约表示的特征标，列于表 5-7。

表 5-7　D_5 群的不等价不可约表示的特征标表

D_5	E	$2C_5^1$	$2C_5^2$	$5C_2$	不可约表示基函数		
$\boldsymbol{A}$	1	1	1	1		x^2+y^2， z^2	
$\boldsymbol{B}$	1	1	1	−1	z, R_z		z^3
$\boldsymbol{E}_1$	2	$2\cos72°$	$2\cos144°$	0	x, R_x y, R_y	xz, yz	xz^2, yz^2
$\boldsymbol{E}_2$	2	$2\cos144°$	$2\cos72°$	0		$x^2-y^2, 2xy$	$z(x^2-y^2), 2xyz$ $x(x^2-3y^2), y(3x^2-y^2)$

（3）$\sum\limits_R [\boldsymbol{E}_1^{(1)}(R)]^{*\mathrm{T}}\cdot\boldsymbol{E}_2^{(1)}(R)=\boldsymbol{0}$ 的证明。令 $a=\cos72°$，$b=\sin72°$，$c=\cos144°$，$d=\sin144°$，设主轴 C_5 的对称操作求和项等于 $\boldsymbol{A}$，则

$$\begin{aligned}\boldsymbol{A}&=[\boldsymbol{E}_1^{(1)}(E)]^{*\mathrm{T}}\cdot\boldsymbol{E}_2^{(1)}(E)+[\boldsymbol{E}_1^{(1)}(C_5^1)]^{*\mathrm{T}}\cdot\boldsymbol{E}_2^{(1)}(C_5^1)+[\boldsymbol{E}_1^{(1)}(C_5^2)]^{*\mathrm{T}}\cdot\boldsymbol{E}_2^{(1)}(C_5^2)\\&\quad+[\boldsymbol{E}_1^{(1)}(C_5^3)]^{*\mathrm{T}}\cdot\boldsymbol{E}_2^{(1)}(C_5^3)+[\boldsymbol{E}_1^{(1)}(C_5^4)]^{*\mathrm{T}}\cdot\boldsymbol{E}_2^{(1)}(C_5^4)\\&=\begin{pmatrix}1&0\\0&1\end{pmatrix}\begin{pmatrix}1&0\\0&1\end{pmatrix}+\begin{pmatrix}a&-b\\b&a\end{pmatrix}\begin{pmatrix}c&-d\\d&c\end{pmatrix}+\begin{pmatrix}c&-d\\d&c\end{pmatrix}\begin{pmatrix}a&b\\-b&a\end{pmatrix}+\begin{pmatrix}c&d\\-d&c\end{pmatrix}\begin{pmatrix}a&-b\\b&a\end{pmatrix}\\&\quad+\begin{pmatrix}a&b\\-b&a\end{pmatrix}\begin{pmatrix}c&d\\-d&c\end{pmatrix}\\&=\begin{pmatrix}1+4ac&0\\0&1+4ac\end{pmatrix}\\&=\boldsymbol{0}\end{aligned}$$

其中，$1+4ac=1+4\cos72°\cos144°=0$。设 5 个 C_2 对称操作的求和项等于 $\boldsymbol{B}$，则

$$\begin{aligned}\boldsymbol{B}&=\sum_{k=1}^{5}[\boldsymbol{E}_1^{(1)}(C_2^{(k)})]^{*\mathrm{T}}\cdot\boldsymbol{E}_2^{(1)}(C_2^{(k)})=\sum_{k=1}^{5}\begin{pmatrix}\cos2\theta_k&\sin2\theta_k\\\sin2\theta_k&-\cos2\theta_k\end{pmatrix}\begin{pmatrix}\cos4\theta_k&\sin4\theta_k\\\sin4\theta_k&-\cos4\theta_k\end{pmatrix}\\&=\sum_{k=1}^{5}\begin{pmatrix}\cos2\theta_k&\sin2\theta_k\\-\sin2\theta_k&\cos2\theta_k\end{pmatrix}=\begin{pmatrix}C&D\\-D&C\end{pmatrix}\\&=\boldsymbol{0}\end{aligned}$$

其中，

$$C=\cos(2\times18°)+\cos(2\times54°)+\cos(2\times90°)+\cos(2\times126°)+\cos(2\times162°)=0$$
$$D=\sin(2\times18°)+\sin(2\times54°)+\sin(2\times90°)+\sin(2\times126°)+\sin(2\times162°)=0$$

合并两项得

$$\sum_R[\boldsymbol{E}_1^{(1)}(R)]^{*\mathrm{T}}\cdot\boldsymbol{E}_2^{(1)}(R)=\boldsymbol{A}+\boldsymbol{B}=\boldsymbol{0}$$

（4）$\sum_R[\boldsymbol{E}_2^{(1)}(R)]^{*\mathrm{T}}\cdot\boldsymbol{E}_2^{(1)}(R)=h\boldsymbol{I}$ 的证明。因为全部不可约表示矩阵，都是酉矩阵，则 $\boldsymbol{U}^{*\mathrm{T}}\boldsymbol{U}=\boldsymbol{I}$。任意对称操作 R 都有 $[\boldsymbol{E}_2^{(1)}(R)]^{*\mathrm{T}}\cdot\boldsymbol{E}_2^{(1)}(R)=\boldsymbol{I}$，即求和项中每一项都是单位矩阵，则有

$$\sum_R[\boldsymbol{E}_2^{(1)}(R)]^{*\mathrm{T}}\cdot\boldsymbol{E}_2^{(1)}(R)=\sum_{i=1}^{h}\boldsymbol{I}=h\boldsymbol{I}$$

因为 D_5 群是 $D_{5\mathrm{h}}$ 群的子群，从群结构可知，$D_{5\mathrm{h}}$ 群是 D_5 和 σ_h 的直积，即 $D_5\otimes\sigma_\mathrm{h}$。不难看出，$D_{5\mathrm{h}}$ 群的不可约表示特征标区块结构存在宇称关系。对于不可约表示 $\boldsymbol{A}_1'$、$\boldsymbol{A}_2'$、$\boldsymbol{E}_1'$、$\boldsymbol{E}_2'$，D_5 与 $\sigma_\mathrm{h}D_5$ 的不可约表示特征标区块结构是偶宇称的，即数字相等，正负符号相同；而对于不可约表示 $\boldsymbol{A}_1''$、$\boldsymbol{A}_2''$、$\boldsymbol{E}_1''$、$\boldsymbol{E}_2''$，D_5 与 $\sigma_\mathrm{h}D_5$ 的不可约表示特征标区块结构是奇宇称的，即数字相等，正负符号相反。

5.3.3 对称操作下的可约表示及其约化

基的选择不同，对称群的表示不同，对称群的表示是无限的，但它们都是等价表示。全部对称操作组成的一种表示构成集合，它们的特征标也构成特征标集合。就指定的对称群而言，如果所选基下的表示矩阵的特征标集合，与对称群的不可约表示特征标表中所有不等价不可约表示的特征标集合都不相同，这一表示一定是可约表示。如果特征标集合与对称群的不可约表示特征标表中其中一个不可约表示的特征标集合相同，而且按照共轭类对称操作一一对应相等，这一表示就是不可约表示。

不可约表示和不可约表示的特征标都有相同的正交归一化性质，运用这一性质，可以简化一组基下的可约表示的对角方块化计算。若有可约表示矩阵 $\boldsymbol{\Gamma}(R)$，经过正交矩阵 $\boldsymbol{S}$ 的相似变换，约化为一组不可约表示构成的对角方块阵。设这组不可约表示矩阵为 $\{\boldsymbol{N}_1(R),\boldsymbol{N}_2(R),\cdots,\boldsymbol{N}_p(R)\}$，$\boldsymbol{N}_i(R)$ 是 $\boldsymbol{A}$、$\boldsymbol{B}$、$\boldsymbol{E}$、$\boldsymbol{T}$ 和 $\boldsymbol{H}$ 中之一。在分块对角矩阵中，$\boldsymbol{N}_i(R)$ 出现的次数为 n_i。对于每一共轭类对称操作，都有相同的不可约表示结构，即不可约表示矩阵维数，以及数目相同，矩阵内容和特征标不同。运用等价表示的基变换运算可得

$$\boldsymbol{S}^{-1}\boldsymbol{\Gamma}(R)\boldsymbol{S}=\begin{pmatrix}\boldsymbol{N}_1(R) & & & 0\\ & \boldsymbol{N}_2(R) & & \\ & & \ddots & \\ 0 & & & \boldsymbol{N}_p(R)\end{pmatrix},\ \mathrm{Tr}[\boldsymbol{S}^{-1}\boldsymbol{\Gamma}(R)\boldsymbol{S}]=\sum_i n_i\mathrm{Tr}[\boldsymbol{N}_i(R)] \tag{5-94}$$

经过相似变换，右端变为不可约表示组成的对角分块矩阵，其基函数也变换为不可约表示的基函数。经过相似变换，矩阵的迹不变。左端可约表示矩阵的特征标 $\chi[\boldsymbol{\Gamma}(R)]$ 等于右端不可约表示的特征标求和，式（5-94）两端求迹后，即得特征标：

$$\chi[\boldsymbol{\Gamma}(R)]=\sum_i n_i\chi[\boldsymbol{N}_i(R)] \tag{5-95}$$

注意方括号中是说明符号，不是运算关系。左端乘以 $\chi[\boldsymbol{N}_j(R)]$，遍及对称群的全部对称操作求和

$$\sum_R\chi[\boldsymbol{\Gamma}(R)]\cdot\chi[\boldsymbol{N}_j(R)]=\sum_R\sum_i n_i\chi[\boldsymbol{N}_i(R)]\cdot\chi[\boldsymbol{N}_j(R)]=\sum_i n_i\sum_R\chi[\boldsymbol{N}_i(R)]\cdot\chi[\boldsymbol{N}_j(R)] \tag{5-96}$$

因为共轭类对称操作的特征标相等，式（5-96）也可表示为对共轭类对称操作求和

$$\sum_{k=1}^{q}m_k\chi[\boldsymbol{\Gamma}(K_k)]\cdot\chi[\boldsymbol{N}_j(K_k)]=\sum_i n_i\sum_{k=1}^{q}m_k\chi[\boldsymbol{N}_i(K_k)]\cdot\chi[\boldsymbol{N}_j(K_k)] \tag{5-97}$$

其中，m_k 为共轭类 K_k 的对称操作数；q 为共轭类的类数。由正交关系式（5-89），上式中只要不可约表示不同，即 $\boldsymbol{N}_i(K_k)\neq\boldsymbol{N}_j(K_k)$，右端等于零。当右端 $\boldsymbol{N}_i(K_k)=\boldsymbol{N}_j(K_k)$，为同一不可约表示时，由归一化关系式（5-92），

$$\sum_{k=1}^{q}m_k\chi[\boldsymbol{N}_i(K_k)]\cdot\chi[\boldsymbol{N}_j(K_k)]=\sum_{k=1}^{q}m_k\chi^2[\boldsymbol{N}_j(K_k)]=h$$

代入式（5-97），且 $i=j$，式（5-97）演变为

$$\sum_{k=1}^{q}m_k\chi[\boldsymbol{\Gamma}(K_k)]\cdot\chi[\boldsymbol{N}_j(K_k)]=n_jh \tag{5-98}$$

两端除以 h 得

$$n_j=\frac{1}{h}\sum_{k=1}^{q}m_k\chi[\boldsymbol{\Gamma}(K_k)]\cdot\chi[\boldsymbol{N}_j(K_k)] \tag{5-99}$$

式中，n_j 是不可约表示 $\boldsymbol{N}_j(K_k)$ 在可约表示 $\boldsymbol{\Gamma}(K_k)$ 中出现的次数。若 $n_j=0$，说明该不可约表示不出现在对角分块矩阵中。式（5-98）指出了可约表示经过相似变换，所得对角分块矩阵的结构。如果已知点群不可约表示的完备集合，根据按共轭类对称操作排列的不可约表示特征标表，就可以对任何可约表示进行约化，求得不可约表示组成的对角分块矩阵。下面通过具体实例，选择特定基函数获得可约表示，应用不可约表示特征标表，将其演化为不可约表示基下的对角分块矩阵。

以环戊二烯负离子的共轭 π 键为例，选择参与共轭的五个碳原子 $2p_z$ 轨道波函数 $\{\phi_1,\phi_2,\phi_3,\phi_4,\phi_5\}$ 作为 π 分子轨道基函数，经共轭类对称操作变换，获得这组基函数下的表示矩阵，见式（5-50），这些按共轭类对称操作所得的表示矩阵的集合构成表示群，用符号 $\boldsymbol{\Gamma}(K_k)$ 标记，其特征标列于表 5-1。按照 D_{5h} 群共轭类对称操作的排列顺序，与 D_{5h} 群不可约表示特征标表相对应，列在表 5-8 的最后一行。对照 D_{5h} 群不可约表示特征标表，这组 π 分子轨道基函数下的表示矩阵的特征标集合，与表中的所有不可约表示的特征标集合都不相同，由此可得，$\boldsymbol{\Gamma}(K_k)$ 是可约表示。

表 5-8　D_{5h} 群的不等价不可约表示的特征标表，以及可约表示特征标

i	N_i	E	$2C_5^1$	$2C_5^2$	$5C_2$	σ_h	$2S_5^1$	$2S_5^3$	$5\sigma_v$
1	A_1'	1	1	1	1	1	1	1	1
2	A_2'	1	1	1	−1	1	1	1	−1
3	E_1'	2	$2\cos72°$	$2\cos144°$	0	2	$2\cos72°$	$2\cos144°$	0

续表

i	N_i	E	$2C_5^1$	$2C_5^2$	$5C_2$	σ_h	$2S_5^1$	$2S_5^3$	$5\sigma_v$
4	$\boldsymbol{E}_2'$	2	$2\cos 144°$	$2\cos 72°$	0	2	$2\cos 144°$	$2\cos 72°$	0
5	$\boldsymbol{A}_1''$	1	1	1	1	−1	−1	−1	−1
6	$\boldsymbol{A}_2''$	1	1	1	−1	−1	−1	−1	1
7	$\boldsymbol{E}_1''$	2	$2\cos 72°$	$2\cos 144°$	0	−2	$-2\cos 72°$	$-2\cos 144°$	0
8	$\boldsymbol{E}_2''$	2	$2\cos 144°$	$2\cos 72°$	0	−2	$-2\cos 144°$	$-2\cos 72°$	0
	$\boldsymbol{\Gamma}(K_k)$	5	0	0	−1	−5	0	0	1

环戊二烯负离子的 π 分子轨道基函数 $\{\phi_1,\phi_2,\phi_3,\phi_4,\phi_5\}$ 变换为不可约表示基函数，在 π 分子轨道基函数下的可约表示就约化为不可约表示。可约表示 $\boldsymbol{\Gamma}(K_k)$ 经过相似变换就变为不可约表示，可约表示与变换所得的不可约表示属于等价表示。由式（5-99），计算不可约 $\boldsymbol{E}_1'$ 出现在对角分块矩阵的次数：

$$n_3(\boldsymbol{E}_1')=\frac{1}{20}\big[1\times5\times2+2\times0\times(2\cos72°)+2\times0\times(2\cos144°)+5\times(-1)\times0 \\ +1\times(-5)\times2+2\times0\times(2\cos72°)+2\times0\times(2\cos144°)+5\times1\times0\big]=0$$

结果说明 $\boldsymbol{E}_1'$ 不出现在对角分块矩阵中。再计算 $\boldsymbol{E}_1''$ 出现在对角分块矩阵的次数：

$$n_7(\boldsymbol{E}_1'')=\frac{1}{20}\big[1\times5\times2+2\times0\times(2\cos72°)+2\times0\times(2\cos144°)+5\times(-1)\times0 \\ +1\times(-5)\times(-2)+2\times0\times(-2\cos72°)+2\times0\times(-2\cos144°)+5\times1\times0\big]=1$$

结果说明 $\boldsymbol{E}_1''$ 出现在对角分块矩阵中，出现次数为 1。按照相同的方法计算其他不可约表示出现的次数，得到如下结果：

$$n_1(\boldsymbol{A}_1')=n_2(\boldsymbol{A}_2')=n_3(\boldsymbol{E}_1')=n_4(\boldsymbol{E}_2')=n_5(\boldsymbol{A}_1'')=0$$
$$n_6(\boldsymbol{A}_2'')=n_7(\boldsymbol{E}_1'')=n_8(\boldsymbol{E}_2'')=1$$

我们称环戊二烯负离子在 π 分子轨道基函数 $\{\phi_1,\phi_2,\phi_3,\phi_4,\phi_5\}$ 下的可约表示，是不可约表示 $\boldsymbol{A}_2''$、$\boldsymbol{E}_1''$ 和 $\boldsymbol{E}_2''$ 的直和，表示为

$$\boldsymbol{\Gamma}(K_k)=\boldsymbol{A}_2''\oplus\boldsymbol{E}_1''\oplus\boldsymbol{E}_2'' \tag{5-100}$$

根据不可约表示及其特征标对应的基函数，找出指定对称操作的不可约表示矩阵，从而建立对称操作的可约表示与不可约表示的对应关系。下面写出对称操作 C_5^1 的可约表示与不可约表示的相似变换关系

$$\boldsymbol{S}^{-1}\boldsymbol{D}(C_5^1)\boldsymbol{S}=\boldsymbol{S}^{-1}\begin{pmatrix}0&1&0&0&0\\0&0&1&0&0\\0&0&0&1&0\\0&0&0&0&1\\1&0&0&0&0\end{pmatrix}\boldsymbol{S}=(1)\oplus\begin{pmatrix}\cos72°&-\sin72°\\\sin72°&\cos72°\end{pmatrix}\oplus\begin{pmatrix}\cos144°&-\sin144°\\\sin144°&\cos144°\end{pmatrix}$$

同理，可以写出其他对称操作的变换关系。尽管其他对称操作的不可约表示矩阵可能不同，但是不可约表示的构成却相同。这种不可约表示只揭示了表示的结构，并没有对角分块化的细节，也不强调右端不可约表示在矩阵中的行列位置，因为重要的问题是要对哈密顿矩阵对角分块化。由此可见，通过特征标的正交归一化，很容易建立可约表示与不可约表示相对应的变换关系，并不需要写出正交矩阵 $\boldsymbol{S}$ 的具体形式，也不需要进行相似变换运算。对称群表示理论证明不可约表示及其特征标是不随基函数的选择不同而发生变化，因而改变基函数，可以解决各种实际计算。在建立不可约表示特征标表时，选择的是斯莱特轨道波函数作为基函数，主要满足分子轨道能量的计算。下面针对线性变分法所选取的基函数，进行哈密顿矩阵中的各种积分计算。为了使高阶哈密顿矩阵变为低阶的对角分块矩阵，初始基函数必须再次按不可约表示重

新构建，使得这些新的、属于不同不可约表示的基函数，也具有不可约表示矩阵及其特征标同样的正交归一化性质。运用属于不同不可约表示基函数的相互正交的性质，期望哈密顿矩阵中非对角位置分块区域内的积分变为零，实现分块对角化。

5.3.4 投影算符与 SALC 群轨道

就指定对称群，以斯莱特轨道波函数作为基函数，求得各对称操作下，所有不等价不可约表示的表示矩阵。例如，D_5 群有不可约表示 $\boldsymbol{A}$ 、$\boldsymbol{B}$ 、$\boldsymbol{E}_1$ 和 $\boldsymbol{E}_2$ ，其中，在基 $(x^2-y^2,2xy)^{\mathrm{T}}$ 下，$\boldsymbol{E}_2$ 的各对称操作的表示矩阵见表 5-9。

表 5-9 D_5 群不可约表示 $\boldsymbol{E}_2$ 和 $\boldsymbol{A}$ 的各对称操作的表示矩阵

D_5	E	C_5^1	C_5^2	C_5^3	C_5^4
$\boldsymbol{E}_2$	$\begin{pmatrix}1 & 0\\ 0 & 1\end{pmatrix}$	$\begin{pmatrix}\cos 144° & -\sin 144°\\ \sin 144° & \cos 144°\end{pmatrix}$	$\begin{pmatrix}\cos 72° & \sin 72°\\ -\sin 72° & \cos 72°\end{pmatrix}$	$\begin{pmatrix}\cos 72° & -\sin 72°\\ \sin 72° & \cos 72°\end{pmatrix}$	$\begin{pmatrix}\cos 144° & \sin 144°\\ -\sin 144° & \cos 144°\end{pmatrix}$
$\boldsymbol{A}$	(1)	(1)	(1)	(1)	(1)
D_5	$C_2^{(1)}$	$C_2^{(2)}$	$C_2^{(3)}$	$C_2^{(4)}$	$C_2^{(5)}$
$\boldsymbol{E}_2$	$\begin{pmatrix}\cos 72° & \sin 72°\\ \sin 72° & -\cos 72°\end{pmatrix}$	$\begin{pmatrix}\cos 144° & -\sin 144°\\ -\sin 144° & -\cos 144°\end{pmatrix}$	$\begin{pmatrix}1 & 0\\ 0 & -1\end{pmatrix}$	$\begin{pmatrix}\cos 144° & \sin 144°\\ \sin 144° & -\cos 144°\end{pmatrix}$	$\begin{pmatrix}\cos 72° & -\sin 72°\\ -\sin 72° & -\cos 72°\end{pmatrix}$
$\boldsymbol{A}$	(1)	(1)	(1)	(1)	(1)

根据表 5-9，表达对称操作算将 $\hat{\boldsymbol{C}}_2^{(1)}$ 在基函数 $\left\{x^2-y^2,2xy,z^2\right\}$ 下的不可约表示矩阵方程：

$$\begin{aligned}&\hat{\boldsymbol{C}}_2^{(1)}\begin{pmatrix}x^2-y^2\\ 2xy\end{pmatrix}=\boldsymbol{E}_2\left[C_2^{(1)}\right]\cdot\begin{pmatrix}x^2-y^2\\ 2xy\end{pmatrix}=\begin{pmatrix}\cos 72° & \sin 72°\\ \sin 72° & -\cos 72°\end{pmatrix}\begin{pmatrix}x^2-y^2\\ 2xy\end{pmatrix}\\ &\hat{\boldsymbol{C}}_2^{(1)}(z^2)=\boldsymbol{A}\left[C_2^{(1)}\right]\cdot(z^2)=(1)\cdot(z^2)\end{aligned} \tag{5-101}$$

展开式（5-101），得到对称操作对基函数的变换式

$$\begin{aligned}&\hat{\boldsymbol{C}}_2^{(1)}(x^2-y^2)=(x^2-y^2)\cos 72°+(2xy)\sin 72°\\ &\hat{\boldsymbol{C}}_2^{(1)}(2xy)=(x^2-y^2)\sin 72°-(2xy)\cos 72°\\ &\hat{\boldsymbol{C}}_2^{(1)}(z^2)=z^2\end{aligned} \tag{5-102}$$

对称操作对基函数的变换，所得结果是同一不可约表示基函数的展开式，基函数前后的系数称为展开系数，而且就同一不可约表示基的子空间，展开式具有封闭性。用相同的方法，可写出所有对称操作在基函数下的不可约表示的变换式，列于表 5-10。

表 5-10 对称操作对基函数变换的展开式系数

展开式系数	$\hat{R}(x^2-y^2)-\boldsymbol{E}_2$		$\hat{R}(2xy)-\boldsymbol{E}_2$		$\hat{R}(z^2)-\boldsymbol{A}$
	x^2-y^2 的系数	$2xy$ 的系数	x^2-y^2 的系数	$2xy$ 的系数	z^2 的系数
$\hat{\boldsymbol{E}}$	1	0	0	1	1
$\hat{\boldsymbol{C}}_5^1$	$\cos 144°$	$-\sin 144°$	$\sin 144°$	$\cos 144°$	1
$\hat{\boldsymbol{C}}_5^2$	$\cos 72°$	$\sin 72°$	$-\sin 72°$	$\cos 72°$	1
$\hat{\boldsymbol{C}}_5^3$	$\cos 72°$	$-\sin 72°$	$\sin 72°$	$\cos 72°$	1
$\hat{\boldsymbol{C}}_5^4$	$\cos 144°$	$\sin 144°$	$-\sin 144°$	$\cos 144°$	1
$\hat{\boldsymbol{C}}_2^{(1)}$	$\cos 72°$	$\sin 72°$	$\sin 72°$	$-\cos 72°$	1

续表

展开式系数	$\hat{R}(x^2-y^2)-E_2$		$\hat{R}(2xy)-E_2$		$\hat{R}(z^2)-A$
	x^2-y^2 的系数	$2xy$ 的系数	x^2-y^2 的系数	$2xy$ 的系数	z^2 的系数
$\hat{C}_2^{(2)}$	$\cos 144°$	$-\sin 144°$	$-\sin 144°$	$-\cos 144°$	1
$\hat{C}_2^{(3)}$	1	0	0	-1	1
$\hat{C}_2^{(4)}$	$\cos 144°$	$\sin 144°$	$\sin 144°$	$-\cos 144°$	1
$\hat{C}_2^{(5)}$	$\cos 72°$	$-\sin 72°$	$-\sin 72°$	$-\cos 72°$	1

下面将以上变换表达为一般形式，将类似式（5-101）的那些矩阵方程表达为如下一般形式：

$$\hat{\boldsymbol{R}}\begin{pmatrix}\phi_1\\ \phi_2\\ \vdots\\ \phi_s\end{pmatrix}=\boldsymbol{L}(R)\begin{pmatrix}\phi_1\\ \phi_2\\ \vdots\\ \phi_s\end{pmatrix}=\begin{pmatrix}L_{11} & L_{12} & \cdots & L_{1s}\\ L_{21} & L_{22} & \cdots & L_{2s}\\ \vdots & \vdots & & \vdots\\ L_{s1} & L_{s2} & \cdots & L_{ss}\end{pmatrix}\begin{pmatrix}\phi_1\\ \phi_2\\ \vdots\\ \phi_s\end{pmatrix} \tag{5-103}$$

其中，不可约表示$[\boldsymbol{L}(R)]$的维数等于 s，而$\{\phi_1,\phi_2,\cdots,\phi_s\}$是不可约表示$\boldsymbol{L}(R)$的基组。两端乘以不可约表示矩阵$[\boldsymbol{L}(R)]^{*\mathrm{T}}$，并遍及所有对称操作求和

$$\sum_R[\boldsymbol{L}(R)]^{*\mathrm{T}}\hat{\boldsymbol{R}}\begin{pmatrix}\phi_1\\ \phi_2\\ \vdots\\ \phi_s\end{pmatrix}=\sum_R[\boldsymbol{L}(R)]^{*\mathrm{T}}\boldsymbol{L}(R)\begin{pmatrix}\phi_1\\ \phi_2\\ \vdots\\ \phi_s\end{pmatrix} \tag{5-104}$$

因不可约表示矩阵为酉矩阵，由不可约表示的归一化，即式（5-91），等式右端求和因子

$$\sum_R[\boldsymbol{L}(R)]^{*\mathrm{T}}\boldsymbol{L}(R)=\sum_R\begin{pmatrix}L_{11}^* & L_{21}^* & \cdots & L_{s1}^*\\ L_{12}^* & L_{22}^* & \cdots & L_{s2}^*\\ \vdots & \vdots & & \vdots\\ L_{1s}^* & L_{2s}^* & \cdots & L_{ss}^*\end{pmatrix}\begin{pmatrix}L_{11} & L_{12} & \cdots & L_{1s}\\ L_{21} & L_{22} & \cdots & L_{2s}\\ \vdots & \vdots & & \vdots\\ L_{s1} & L_{s2} & \cdots & L_{ss}\end{pmatrix}=h\boldsymbol{I}_{s\times s}$$

等式（5-104）演化为

$$\sum_R\begin{pmatrix}L_{11}^* & L_{21}^* & \cdots & L_{s1}^*\\ L_{12}^* & L_{22}^* & \cdots & L_{s2}^*\\ \vdots & \vdots & & \vdots\\ L_{1s}^* & L_{2s}^* & \cdots & L_{ss}^*\end{pmatrix}\hat{\boldsymbol{R}}\begin{pmatrix}\phi_1\\ \phi_2\\ \vdots\\ \phi_s\end{pmatrix}=\begin{pmatrix}h & 0 & \cdots & 0\\ 0 & h & \cdots & 0\\ \vdots & \vdots & & \vdots\\ 0 & 0 & \cdots & h\end{pmatrix}\begin{pmatrix}\phi_1\\ \phi_2\\ \vdots\\ \phi_s\end{pmatrix} \tag{5-105}$$

展开矩阵方程，可以得到数目为 s 的等价方程。设等式不可约表示矩阵$\boldsymbol{L}(R)$的行标为 t，列标为 r，左端为转置矩阵$[\boldsymbol{L}(R)]^{*\mathrm{T}}$，右端为数量矩阵，展开得

$$\sum_R\sum_{r=1}^{s}L_{rt}^*(R)\hat{\boldsymbol{R}}\phi_t=h\phi_r\,,\ t=1,2,\cdots,s \tag{5-106}$$

上式左端表示不可约表示基函数ϕ_t经过群的全部对称操作$\hat{\boldsymbol{R}}$变换，变为不可约表示基函数的线性组合，其结果仍属于该不可约表示的基函数ϕ_r。当$r=t$，式（5-106）变为

$$s\sum_R L_{tt}^*(R)\hat{\boldsymbol{R}}\phi_t=h\phi_t\,,\ t=1,2,\cdots,s \tag{5-107}$$

式（5-106）左端变换的结果为：$\sum_{r=1}^{s}L_{rt}^*(R)\hat{\boldsymbol{R}}\phi_t=\sum_{r,t=1}^{s}[L_{rt}^*(R)L_{tr}(R)]\phi_r$，仍是该不可约表示的基函数集合的线性组合。现有多组不可约表示基函数，将其线性组合，先用对称操作变换，经过式（5-107）运算，将其变为属于不可约表示$\boldsymbol{L}(R)$的一个基函数。这种作用相当于将多维酉空间中的任意矢量投影为一个基矢量。于是，根据式（5-106），我们定义投影算符$\hat{\boldsymbol{P}}_{rt}$：

$$\hat{P}_{rt}[L(R)] = \frac{s}{h}\sum_R L^*_{rt}(R)\hat{R} \tag{5-108}$$

式中，t、r 分别为不可约表示矩阵的行标、列标。定义式指明：投影算符具有对称群的不可约表示 $L(R)$ 属性。对于 D_5 群，用不可约表示 E_2 的投影算符投影，必然得到 E_2 的基函数。

【例 5-4】 $\{x^2-y^2, 2xy\}^T$ 是 D_5 群的 E_2 不可约表示的一组基函数，相应各对称操作表示矩阵列于表 5-9，设有代数组合函数 $f(x,y,z)=(x^2-y^2)+2xy+z^2$，用投影算符 $\hat{P}_{11}[E_2(R)]$ 和 $\hat{P}_{22}[E_2(R)]$ 将其投影为不可约表示的基函数。

解： D_5 群的阶数 $h=10$，不可约表示 E_2 的维数 $s=2$。在基函数 $\{x^2-y^2, 2xy\}^T$ 下，根据式（5-108），我们构造不可约表示 E_2 的投影算符：

$$\begin{aligned}\hat{P}_{11}[E_2(R)] &= \frac{1}{5}\sum_R L^*_{11}(R)\hat{R}\\ &= \frac{1}{5}\Big\{L^*_{11}(E)\hat{E} + L^*_{11}(C_5^1)\hat{C}_5^1 + L^*_{11}(C_5^2)\hat{C}_5^2 + L^*_{11}(C_5^3)\hat{C}_5^3 + L^*_{11}(C_5^4)\hat{C}_5^4\\ &\quad + L^*_{11}[C_2^{(1)}]\hat{C}_2^{(1)} + L^*_{11}[C_2^{(2)}]\hat{C}_2^{(2)} + L^*_{11}[C_2^{(3)}]\hat{C}_2^{(3)} + L^*_{11}[C_2^{(4)}]\hat{C}_2^{(4)} + L^*_{11}[C_2^{(5)}]\hat{C}_2^{(5)}\Big\}\\ &= \frac{1}{5}\Big\{(1)\times\hat{E} + (\cos 144°)\times\hat{C}_5^1 + (\cos 72°)\times\hat{C}_5^2 + (\cos 72°)\times\hat{C}_5^3 + (\cos 144°)\times\hat{C}_5^4\\ &\quad + (\cos 72°)\times\hat{C}_2^{(1)} + (\cos 144°)\times\hat{C}_2^{(2)} + (1)\times\hat{C}_2^{(3)} + (\cos 144°)\times\hat{C}_2^{(4)} + (\cos 72°)\times\hat{C}_2^{(5)}\Big\}\end{aligned} \tag{5-109}$$

由式（5-102），求出对称操作对基函数的变换关系，运用表 5-10 列出的关于变换关系的基函数展开式系数，计算投影算符对函数 $f(x,y,z)$ 的运算：

$$\begin{aligned}&\hat{P}_{11}[E_2(R)]f(x,y,z)\\ &= \hat{P}_{11}[E_2(R)][(x^2-y^2)+2xy+z^2]\\ &= \frac{1}{5}\Big\{(1)\times\hat{E} + (\cos 144°)\times\hat{C}_5^1 + (\cos 72°)\times\hat{C}_5^2 + (\cos 72°)\times\hat{C}_5^3 + (\cos 144°)\times\hat{C}_5^4 + (\cos 72°)\times\hat{C}_2^{(1)}\\ &\quad + (\cos 144°)\times\hat{C}_2^{(2)} + (1)\times\hat{C}_2^{(3)} + (\cos 144°)\times\hat{C}_2^{(4)} + (\cos 72°)\times\hat{C}_2^{(5)}\Big\}[(x^2-y^2)+2xy+z^2]\end{aligned} \tag{5-110}$$

将大括号的每一项对函数 $f(x,y,z)=x^2-y^2+2xy+z^2$ 进行变换。例如，上式第二项与函数进行变换：

$$\begin{aligned}&(\cos 144°)\hat{C}_5^1[(x^2-y^2)+2xy+z^2]\\ &= (\cos 144°)[\hat{C}_5^1(x^2-y^2) + \hat{C}_5^1(2xy) + \hat{C}_5^1(z^2)]\\ &= (\cos 144°)\Big\{\Big[(x^2-y^2)(\cos 144°) - (2xy)(\sin 144°)\Big] + \Big[(x^2-y^2)(\sin 144°) + (2xy)(\cos 144°)\Big] + (z^2)\Big\}\\ &= \left[(\cos 144°)^2 - \frac{1}{2}(\sin 72°)\right](x^2-y^2) + \left[(\cos 144°)^2 + \frac{1}{2}(\sin 72°)\right](2xy) + (\cos 144°)(z^2)\end{aligned}$$

变换结果按照基函数 x^2-y^2、$2xy$、z^2 进行归并，其系数列于表 5-11 的第二行。其他各项按照相同的方法变换归并，全部展开系数列于表 5-11。

表 5-11　投影算符 $\hat{P}_{11}(E_2)$ 对函数 $f(x,y,z)=(x^2-y^2)+2xy+z^2$ 的变换系数

$D_5(E_2)$	L^*_{11}	x^2-y^2 的系数	$2xy$ 的系数	z^2 的系数
$\hat{E}$	1	1	1	1
$\hat{C}_5^1$	$\cos 144°$	$\cos^2 144° - \frac{1}{2}\sin 72°$	$\cos^2 144° + \frac{1}{2}\sin 72°$	$\cos 144°$
$\hat{C}_5^2$	$\cos 72°$	$\cos^2 72° - \frac{1}{2}\sin 144°$	$\cos^2 72° + \frac{1}{2}\sin 144°$	$\cos 72°$
$\hat{C}_5^3$	$\cos 72°$	$\cos^2 72° + \frac{1}{2}\sin 144°$	$\cos^2 72° - \frac{1}{2}\sin 144°$	$\cos 72°$
$\hat{C}_5^4$	$\cos 144°$	$\cos^2 144° + \frac{1}{2}\sin 72°$	$\cos^2 144° - \frac{1}{2}\sin 72°$	$\cos 144°$

续表

$D_5(\boldsymbol{E}_2)$	L_{11}^*	x^2-y^2 的系数	$2xy$ 的系数	z^2 的系数
$\hat{C}_2^{(1)}$	$\cos 72°$	$\cos^2 72° + \frac{1}{2}\sin 144°$	$-\cos^2 72° + \frac{1}{2}\sin 144°$	$\cos 72°$
$\hat{C}_2^{(2)}$	$\cos 144°$	$\cos^2 144° + \frac{1}{2}\sin 72°$	$-\cos^2 144° + \frac{1}{2}\sin 72°$	$\cos 144°$
$\hat{C}_2^{(3)}$	1	1	−1	1
$\hat{C}_2^{(4)}$	$\cos 144°$	$\cos^2 144° - \frac{1}{2}\sin 72°$	$-\cos^2 144° - \frac{1}{2}\sin 72°$	$\cos 144°$
$\hat{C}_2^{(5)}$	$\cos 72°$	$\cos^2 72° - \frac{1}{2}\sin 144°$	$-\cos^2 72° - \frac{1}{2}\sin 144°$	$\cos 72°$
求和系数		$2+4\cos^2 72° + 4\cos^2 144° = 5$	0	$2+4\cos 72° + 4\cos 144° = 0$

注：第二列 L_{11}^* 为不可约表示 $\boldsymbol{E}_2$ 的各对称操作的表示矩阵 $\boldsymbol{E}_2(R)$ 的第一行、第一列矩阵元。

最后将各项变换结果代入式（5-110）求和，也就是表 5-11 第三列、第四列、第五列的系数分别相加，求和结果列于最后一行，等于

$$\hat{\boldsymbol{P}}_{11}[\boldsymbol{E}_2(R)]f(x,y,z) = \hat{\boldsymbol{P}}_{11}[\boldsymbol{E}_2(R)][(x^2-y^2)+2xy+z^2]$$
$$= \frac{1}{5}\times[5\times(x^2-y^2)+0\times(2xy)+0\times(z^2)] = x^2-y^2$$

经投影算符 $\hat{\boldsymbol{P}}_{11}[\boldsymbol{E}_2(R)]$ 变换的结果说明：组合函数 $f(x,y,z)=(x^2-y^2)+2xy+z^2$ 被不可约表示投影算符 $\hat{\boldsymbol{P}}_{11}[\boldsymbol{E}_2(R)]$ 投影为同一不可约表示的基函数 $\{x^2-y^2\}$。用相同方法还可以得出

$$\hat{\boldsymbol{P}}_{22}[\boldsymbol{E}_2(R)]f(x,y,z) = \hat{\boldsymbol{P}}_{22}[\boldsymbol{E}_2(R)][(x^2-y^2)+2xy+z^2] = 2xy$$
$$\hat{\boldsymbol{P}}_{11}[\boldsymbol{A}(R)]f(x,y,z) = \hat{\boldsymbol{P}}_{11}[\boldsymbol{A}(R)][(x^2-y^2)+2xy+z^2] = z^2$$

z^2 不是不可约表示 $\boldsymbol{E}_2$ 的基函数，经过不可约表示 $\boldsymbol{E}_2$ 的投影算符投影，就被消去。同样，x^2-y^2 和 $2xy$ 不是不可约表示 $\boldsymbol{A}$ 的基函数，经过不可约表示 $\boldsymbol{A}$ 的投影算符投影也被消去。由于组合函数 $f(x,y,z)$ 包含两个不可约表示 $\boldsymbol{E}_2$ 和 $\boldsymbol{A}$ 的基函数，其性质属于可约表示的基函数。

将不可约表示投影算符的这种性质，用于对可约表示基函数的投影，势必得到对应不可约表示的基函数，这样的结果是极其有意义的，它为我们找到了一种由可约表示基函数构建不可约表示基函数的方法。在变分法中，无论选择斯莱特函数原子轨道，还是高斯轨道，作为基函数集合，都可以通过投影算符的方式，将其转变为不可约表示的基函数。当将原子轨道线性组合成分子轨道时，所选取的原子轨道采用不可约表示轨道，得到的哈密顿矩阵 $\boldsymbol{H}$ 就具有对角化分块矩阵的结构，从而起到简化计算、求得轨道对称性的目的。

由于不可约表示特征标具有不可约表示矩阵相同的正交归一化性质，对等式（5-104）两端的不可约表示矩阵求迹，转变为特征标，等式（5-104）演化为

$$\sum_R \chi^*[\boldsymbol{L}(R)]\hat{\boldsymbol{R}}\phi_t = \sum_R \chi^*[\boldsymbol{L}(R)]\cdot\chi[\boldsymbol{L}(R)]\phi_r \tag{5-111}$$

由不可约表示特征标的正交化性质：$\sum_R \chi^*[\boldsymbol{L}(R)]\cdot\chi[\boldsymbol{L}(R)] = h$，代入式（5-111）右端得

$$\sum_R \chi^*[\boldsymbol{L}(R)]\hat{\boldsymbol{R}}\phi_t = h\phi_r \tag{5-112}$$

式（5-107）左端对 t 求和，即对表示矩阵的全部对角元求和，就是式（5-112）。当用特征标代替不可约表示矩阵，点群空间的所有对称操作对任意函数的变换，都得到不可约表示 $\boldsymbol{L}(R)$ 子空间的函数。我们定义特征标表达的不可约表示投影算符 $\hat{\boldsymbol{P}}[\boldsymbol{L}(R)]$：

$$\hat{\boldsymbol{P}}[\boldsymbol{L}(R)] = \frac{s}{h}\sum_R \chi^*[\boldsymbol{L}(R)]\hat{\boldsymbol{R}} \tag{5-113}$$

上式仍有如下意义：用不可约表示 $\boldsymbol{L}(R)$ 投影算符 $\hat{\boldsymbol{P}}[\boldsymbol{L}(R)]$，对点群任意可约表示空间的组合函数进行投影，将得到这个不可约表示子空间的函数，也是基函数的组合。用特征标表达的投影算符进行投影运算，计算过程将更为简便。

【例 5-5】　$(x^2-y^2,2xy)^{\mathrm{T}}$ 是 D_5 群的 $\boldsymbol{E}_2$ 不可约表示的一组基函数，相应各对称操作表示矩阵列于表 5-9，设有代数组合函数 $f(x,y,z)=(x^2-y^2)+2xy+z^2$，用特征标表达的投影算符 $\hat{\boldsymbol{P}}[\boldsymbol{E}_2(R)]$，求出投影函数。

解：根据式（5-113）以及 D_5 群的不等价不可约表示的特征标表 5-7，写出 $\boldsymbol{E}_2$ 不可约表示的投影算符：

$$\hat{\boldsymbol{P}}[\boldsymbol{E}_2(R)]=\frac{1}{5}\Big[2\times\hat{\boldsymbol{E}}+(2\cos144°)\times\hat{\boldsymbol{C}}_5^1+(2\cos72°)\times\hat{\boldsymbol{C}}_5^2+(2\cos72°)\times\hat{\boldsymbol{C}}_5^3 \\ +(2\cos144°)\times\hat{\boldsymbol{C}}_5^4+0\times\hat{\boldsymbol{C}}_2^{(1)}+0\times\hat{\boldsymbol{C}}_2^{(2)}+0\times\hat{\boldsymbol{C}}_2^{(3)}+0\times\hat{\boldsymbol{C}}_2^{(4)}+0\times\hat{\boldsymbol{C}}_2^{(5)}\Big]$$

下面进行投影运算 $\hat{\boldsymbol{P}}[\boldsymbol{E}_2(R)][(x^2-y^2)+2xy+z^2]$。其中，全部 $\hat{\boldsymbol{C}}_2^{(k)}$ 对称操作的 $\boldsymbol{E}_2$ 不可约表示矩阵的特征标都等于零，计算得到简化。$\hat{\boldsymbol{C}}_5^1[(x^2-y^2)+2xy+z^2]=\hat{\boldsymbol{C}}_5^1(x^2-y^2)+\hat{\boldsymbol{C}}_5^1(2xy)+\hat{\boldsymbol{C}}_5^1(z^2)$ 运算方法与上例相同。由表 5-10，投影算符中各对称操作对函数变换，所得函数仍是基 $\{x^2-y^2,\ 2xy,\ z^2\}$ 的组合，其投影系数列于表 5-12。

表 5-12　D_5 群不可约表示 E_2 投影算符对函数 $f(x,y,z)=(x^2-y^2)+2xy+z^2$ 投影的各项系数

投影系数	$\hat{\boldsymbol{R}}(x^2-y^2)$		$\hat{\boldsymbol{R}}(2xy)$		$\hat{\boldsymbol{R}}(z^2)$
	x^2-y^2 的系数	$2xy$ 的系数	x^2-y^2 的系数	$2xy$ 的系数	z^2 的系数
$\hat{\boldsymbol{E}}$	2	0	0	2	2
$\hat{\boldsymbol{C}}_5^1$	$2\cos^2144°$	$-2\cos144°\sin144°$	$2\cos144°\sin144°$	$2\cos^2144°$	$2\cos144°$
$\hat{\boldsymbol{C}}_5^2$	$2\cos^272°$	$2\cos72°\sin72°$	$-2\cos72°\sin72°$	$2\cos^272°$	$2\cos72°$
$\hat{\boldsymbol{C}}_5^3$	$2\cos^272°$	$-2\cos72°\sin72°$	$2\cos72°\sin72°$	$2\cos^272°$	$2\cos72°$
$\hat{\boldsymbol{C}}_5^4$	$2\cos^2144°$	$2\cos144°\sin144°$	$-2\cos144°\sin144°$	$2\cos^2144°$	$2\cos144°$
$\hat{\boldsymbol{C}}_2^{(k)}$	0	0	0	0	0
求和	5	0	0	5	0

根据表 5-12 所列投影系数，最后求得：

$$\hat{\boldsymbol{P}}[\boldsymbol{E}_2(R)][(x^2-y^2)+2xy+z^2]=\frac{1}{5}[5(x^2-y^2)+5(2xy)]=(x^2-y^2)+2xy$$

z^2 不是不可约表示 $\boldsymbol{E}_2$ 的基函数，经过不可约表示 $\boldsymbol{E}_2$ 的投影算符投影，同样被消去。不难得出

$$\hat{\boldsymbol{P}}[\boldsymbol{E}_2(R)]=\hat{\boldsymbol{P}}_{11}[\boldsymbol{E}_2(R)]+\hat{\boldsymbol{P}}_{22}[\boldsymbol{E}_2(R)] \tag{5-114}$$

这意味着用特征标投影算符投影，相当于用不可约表示矩阵的全部对角线元素算符投影，再求和，其结果是不可约表示的基函数组合，而与 $\boldsymbol{E}_2$ 基函数无关的其他函数仍将全部消去。这正是对称群表示理论所期望的，因为不同不可约表示的基函数相互正交，对应交换积分和重叠积分等于零。在多维基函数构成酉空间中，当分子对称群下的群轨道由不可约表示基函数组成时，其能量矩阵必然是对角分块矩阵。

5.3.3 节已经将环戊二烯负离子在 π 分子轨道基函数 $\{\phi_1,\phi_2,\phi_3,\phi_4,\phi_5\}$ 下的可约表示，约化为不可约表示 $\boldsymbol{A}_2''$、$\boldsymbol{E}_1''$ 和 $\boldsymbol{E}_2''$ 的直和，即 $\boldsymbol{\Gamma}(K_k)=\boldsymbol{A}_2''\oplus\boldsymbol{E}_1''\oplus\boldsymbol{E}_2''$。下面用特征标投影算符，将 π 分子轨道基函数投影为不可约表示的基函数，也称为对称性匹配群轨道（简称 SALC 轨道）。

由于 $D_{5\mathrm{h}}=D_5\otimes\sigma_{\mathrm{h}}$，不可约表示特征标表存在宇称关系，特征标投影算符存在重合项，其次，$\hat{C}_2$ 对称操作的二维不可约表示的特征标等于零，在投影算符运算中自然就被消去。为了简化投影计算，我们应

当选择 C_5 群的对称操作进行投影。C_5 群是 D_{5h} 的正规子群，或称不变子群，属于阿贝尔群，也是自共轭群。表 5-13 是 C_5 群的不可约表示特征标表，不可约表示 $\boldsymbol{A}$、$\boldsymbol{E}_1$ 和 $\boldsymbol{E}_2$ 分别对应 D_{5h} 群的不可约表示 $\boldsymbol{A}_2''$、$\boldsymbol{E}_1''$ 和 $\boldsymbol{E}_2''$。C_5 群的每一个群元素都是自共轭的，两个二维表示矩阵都是对角化矩阵，即二维表示被分解为两个一维表示。

表 5-13　C_5 群的全部不等价不可约表示的特征标表

C_5	E	C_5^1	C_5^2	C_5^3	C_5^4	不可约表示基函数		
$\boldsymbol{A}$	1	1	1	1	1	$z\ R_z$	x^2+y^2, z^2	z^3
$\boldsymbol{E}_1$	1	ε	ε^2	ε^{-2}	ε^{-1}	$x\ R_x$ $y\ R_y$	xz, yz	xz^2, yz^2
	1	ε^{-1}	ε^{-2}	ε^2	ε			
$\boldsymbol{E}_2$	1	ε^2	ε^{-1}	ε	ε^{-2}		$x^2-y^2, 2xy$	$z(x^2-y^2), 2xyz$ $x(x^2-3y^2), y(3x^2-y^2)$
	1	ε^{-2}	ε	ε^{-1}	ε^2			

注：$\varepsilon^k=\exp\left(ik\dfrac{2\pi}{5}\right)$。例如：$\varepsilon=\exp\left(i\dfrac{2\pi}{5}\right)$，$\varepsilon^{-1}=\exp\left(-i\dfrac{2\pi}{5}\right)$，$\varepsilon^2=\exp\left(i\dfrac{4\pi}{5}\right)$，$\varepsilon^{-2}=\exp\left(-i\dfrac{4\pi}{5}\right)$。

由不可约表示 $\boldsymbol{A}(R)$ 的特征标投影算符

$$\begin{aligned}\hat{\boldsymbol{P}}[\boldsymbol{A}(R)]&=\frac{1}{5}\sum_R\chi^*[\boldsymbol{A}(R)]\hat{\boldsymbol{R}}\\&=\frac{1}{5}\left\{\chi^*[\boldsymbol{A}(E)]\hat{\boldsymbol{E}}+\chi^*[\boldsymbol{A}(C_5^1)]\hat{\boldsymbol{C}}_5^1+\chi^*[\boldsymbol{A}(C_5^2)]\hat{\boldsymbol{C}}_5^2+\chi^*[\boldsymbol{A}(C_5^3)]\hat{\boldsymbol{C}}_5^3+\chi^*[\boldsymbol{A}(C_5^4)]\hat{\boldsymbol{C}}_5^4\right\}\\&=\frac{1}{5}(1\times\hat{\boldsymbol{E}}+1\times\hat{\boldsymbol{C}}_5^1+1\times\hat{\boldsymbol{C}}_5^2+1\times\hat{\boldsymbol{C}}_5^3+1\times\hat{\boldsymbol{C}}_5^4)\end{aligned}$$

对 π 分子轨道基函数 ϕ_1 进行投影，由式（5-50）找出每个对称操作对 ϕ_1 变换所得的基函数。

$$\hat{\boldsymbol{E}}\phi_1=\phi_1,\ \hat{\boldsymbol{C}}_5^1\phi_1=\phi_2,\ \hat{\boldsymbol{C}}_5^2\phi_1=\phi_3,\ \hat{\boldsymbol{C}}_5^3\phi_1=\phi_4,\ \hat{\boldsymbol{C}}_5^4\phi_1=\phi_5 \tag{5-115}$$

求得投影函数：

$$\hat{\boldsymbol{P}}[\boldsymbol{A}(R)]\phi_1=\frac{1}{5}(1\times\hat{\boldsymbol{E}}+1\times\hat{\boldsymbol{C}}_5^1+1\times\hat{\boldsymbol{C}}_5^2+1\times\hat{\boldsymbol{C}}_5^3+1\times\hat{\boldsymbol{C}}_5^4)\phi_1=\frac{1}{5}(\phi_1+\phi_2+\phi_3+\phi_4+\phi_5) \tag{5-116}$$

该 π 分子轨道属于不可约表示 $\boldsymbol{A}(R)$，满足对称性匹配条件。选择对其他的基函数投影，所得结果一样。再由不可约表示 $\boldsymbol{E}_1(R)$ 的特征标投影算符

$$\begin{aligned}\hat{\boldsymbol{P}}[\boldsymbol{E}_1(R)]&=\frac{1}{5}\sum_R\chi^*[\boldsymbol{E}_1(R)]\hat{\boldsymbol{R}}\\&=\frac{1}{5}\left\{\chi^*[\boldsymbol{E}_1(E)]\hat{\boldsymbol{E}}+\chi^*[\boldsymbol{E}_1(C_5^1)]\hat{\boldsymbol{C}}_5+\chi^*[\boldsymbol{E}_1(C_5^2)]\hat{\boldsymbol{C}}_5^2+\chi^*[\boldsymbol{E}_1(C_5^3)]\hat{\boldsymbol{C}}_5^3+\chi^*[\boldsymbol{E}_1(C_5^4)]\hat{\boldsymbol{C}}_5^4\right\}\end{aligned}$$

再对 π 分子轨道基函数 ϕ_1 进行投影。将式（5-115）代入，分别得到不可约表示 $\boldsymbol{E}_1(R)$ 下的两条 π 分子轨道。由 $\boldsymbol{E}_1(R)$ 的第一组特征标的投影算符可得

$$\begin{aligned}\hat{\boldsymbol{P}}^{(1)}[\boldsymbol{E}_1(R)]\phi_1&=\frac{1}{5}(1\times\hat{\boldsymbol{E}}+\varepsilon^{-1}\times\hat{\boldsymbol{C}}_5^1+\varepsilon^{-2}\times\hat{\boldsymbol{C}}_5^2+\varepsilon^2\times\hat{\boldsymbol{C}}_5^3+\varepsilon\times\hat{\boldsymbol{C}}_5^4)\phi_1\\&=\frac{1}{5}(\phi_1+\varepsilon^{-1}\phi_2+\varepsilon^{-2}\phi_3+\varepsilon^2\phi_4+\varepsilon\phi_5)\end{aligned} \tag{5-117}$$

由 $\boldsymbol{E}_1(R)$ 的第二组特征标的投影算符可得

$$\begin{aligned}\hat{\boldsymbol{P}}^{(2)}[\boldsymbol{E}_1(R)]\phi_1&=\frac{1}{5}(1\times\hat{\boldsymbol{E}}+\varepsilon\times\hat{\boldsymbol{C}}_5^1+\varepsilon^2\times\hat{\boldsymbol{C}}_5^2+\varepsilon^{-2}\times\hat{\boldsymbol{C}}_5^3+\varepsilon^{-1}\times\hat{\boldsymbol{C}}_5^4)\phi_1\\&=\frac{1}{5}(\phi_1+\varepsilon\phi_2+\varepsilon^2\phi_3+\varepsilon^{-2}\phi_4+\varepsilon^{-1}\phi_5)\end{aligned} \tag{5-118}$$

以上两条 π 分子轨道属于不可约表示 $\boldsymbol{E}_1(R)$，也满足对称性匹配条件。用同样方法，建立不可约表示 $\boldsymbol{E}_2(R)$ 的特征标投影算符

$$\begin{aligned}\hat{\boldsymbol{P}}[\boldsymbol{E}_2(R)] &= \frac{1}{5}\sum_R \chi^*[\boldsymbol{E}_2(R)]\hat{\boldsymbol{R}} \\ &= \frac{1}{5}\left\{\chi^*[\boldsymbol{E}_2(E)]\hat{\boldsymbol{E}} + \chi^*[\boldsymbol{E}_2(C_5^1)]\hat{\boldsymbol{C}}_5^1 + \chi^*[\boldsymbol{E}_2(C_5^2)]\hat{\boldsymbol{C}}_5^2 + \chi^*[\boldsymbol{E}_2(C_5^3)]\hat{\boldsymbol{C}}_5^3 + \chi^*[\boldsymbol{E}_2(C_5^4)]\hat{\boldsymbol{C}}_5^4\right\}\end{aligned}$$

对 π 分子轨道基函数 ϕ_1 进行投影，并将式（5-115）代入，分别求得不可约表示 $\boldsymbol{E}_2(R)$ 下的两条 π 分子轨道。由 $\boldsymbol{E}_2(R)$ 的第一组特征标的投影算符可得

$$\begin{aligned}\hat{\boldsymbol{P}}^{(1)}[\boldsymbol{E}_2(R)]\phi_1 &= \frac{1}{5}(1\times\hat{\boldsymbol{E}} + \varepsilon^2\times\hat{\boldsymbol{C}}_5^1 + \varepsilon^{-1}\times\hat{\boldsymbol{C}}_5^2 + \varepsilon\times\hat{\boldsymbol{C}}_5^3 + \varepsilon^{-2}\times\hat{\boldsymbol{C}}_5^4)\phi_1 \\ &= \frac{1}{5}(\phi_1 + \varepsilon^2\phi_2 + \varepsilon^{-1}\phi_3 + \varepsilon\phi_4 + \varepsilon^{-2}\phi_5)\end{aligned} \tag{5-119}$$

由 $\boldsymbol{E}_2(R)$ 的第二组特征标的投影算符可得

$$\begin{aligned}\hat{\boldsymbol{P}}^{(2)}[\boldsymbol{E}_2(R)]\phi_1 &= \frac{1}{5}(1\times\hat{\boldsymbol{E}} + \varepsilon^{-2}\times\hat{\boldsymbol{C}}_5^1 + \varepsilon\times\hat{\boldsymbol{C}}_5^2 + \varepsilon^{-1}\times\hat{\boldsymbol{C}}_5^3 + \varepsilon^2\times\hat{\boldsymbol{C}}_5^4)\phi_1 \\ &= \frac{1}{5}(\phi_1 + \varepsilon^{-2}\phi_2 + \varepsilon\phi_3 + \varepsilon^{-1}\phi_4 + \varepsilon^2\phi_5)\end{aligned} \tag{5-120}$$

以上两条 π 分子轨道属于不可约表示 $\boldsymbol{E}_2(R)$，同样满足对称性匹配条件。将 $\boldsymbol{E}_1(R)$ 的两组轨道（5-117）和（5-118），分别进行相加、相减组合，求得两条实系数轨道。再将 $\boldsymbol{E}_2(R)$ 的两组轨道（5-119）和（5-120），分别进行相加、相减组合，求得另外两条实系数轨道。全部轨道再经过归一化，就得到了满足对称性匹配的 π 分子轨道，它们分别属于不可约表示 $\boldsymbol{A}$、$\boldsymbol{E}_1$ 和 $\boldsymbol{E}_2$。

$$\begin{aligned}\boldsymbol{A}:\psi_1 &= \frac{1}{\sqrt{5}}(\phi_1+\phi_2+\phi_3+\phi_4+\phi_5) \\ \boldsymbol{E}_1:\psi_2 &= \frac{\sqrt{10}}{5}\left[\phi_1+(\cos72°)\phi_2+(\cos144°)\phi_3+(\cos144°)\phi_4+(\cos72°)\phi_5\right] \\ \psi_3 &= \frac{\sqrt{10}}{5}\left[(\sin72°)\phi_2+(\sin144°)\phi_3-(\sin144°)\phi_4-(\sin72°)\phi_5\right] \\ \boldsymbol{E}_2:\psi_4 &= \frac{\sqrt{10}}{5}\left[\phi_1+(\cos144°)\phi_2+(\cos72°)\phi_3+(\cos72°)\phi_4+(\cos144°)\phi_5\right] \\ \psi_5 &= \frac{\sqrt{10}}{5}\left[(\sin144°)\phi_2-(\sin72°)\phi_3+(\sin72°)\phi_4-(\sin144°)\phi_5\right]\end{aligned} \tag{5-121}$$

如果用 $D_{5\text{h}}$ 群的不可约表示特征标投影算符运算，所得 π 分子轨道完全一样。与不可约表示 $\boldsymbol{A}$、$\boldsymbol{E}_1$ 和 $\boldsymbol{E}_2$ 对应，它们也分别属于不可约表示 $\boldsymbol{A}_2''$、$\boldsymbol{E}_1''$ 和 $\boldsymbol{E}_2''$。下面就环戊二烯负离子，运用线性变分法导出类似方程(5-33)的矩阵方程：

$$\begin{pmatrix} H_{11}-ES_{11} & H_{12}-ES_{12} & H_{13}-ES_{13} & H_{14}-ES_{14} & H_{15}-ES_{15} \\ H_{21}-ES_{21} & H_{22}-ES_{22} & H_{23}-ES_{23} & H_{24}-ES_{24} & H_{25}-ES_{25} \\ H_{31}-ES_{31} & H_{32}-ES_{32} & H_{33}-ES_{33} & H_{34}-ES_{34} & H_{35}-ES_{35} \\ H_{41}-ES_{41} & H_{42}-ES_{42} & H_{43}-ES_{43} & H_{44}-ES_{44} & H_{45}-ES_{45} \\ H_{51}-ES_{51} & H_{52}-ES_{52} & H_{53}-ES_{53} & H_{54}-ES_{54} & H_{55}-ES_{55} \end{pmatrix}\begin{pmatrix} c_1 \\ c_2 \\ c_3 \\ c_4 \\ c_5 \end{pmatrix} = 0 \tag{5-122}$$

当用不可约表示群轨道，即式（5-121），计算矩阵方程（5-122）中的库仑积分、交换积分和重叠积分，最终所得系数矩阵就必然是对角分块矩阵。

5.3.5 能量矩阵的分块对角化

对称操作的酉表示对能量矩阵的相似变换，可将能量矩阵完全约化，将其变为分块对角矩阵。如果对称操作 R 是群 G 的元素，对应基 $\boldsymbol{\Psi}$ 下的表示矩阵 $\boldsymbol{D}(R)$ 为酉表示矩阵，以不可约表示投影算符 $\Psi'=\frac{s}{h}\sum_R \boldsymbol{D}^*(R)\hat{\boldsymbol{R}}\boldsymbol{\Psi}$ 或特征标投影算符 $\Psi'=\frac{s}{h}\sum_R \chi^*[\boldsymbol{D}(R)]\hat{\boldsymbol{R}}\boldsymbol{\Psi}$ 所得轨道，作为对称性匹配群轨道，在线性变分法下，矩阵方程（5-44），即 $\hat{\boldsymbol{H}}\Psi'=E\Psi'$ 演化为

$$\int \Psi'^*(\hat{\boldsymbol{H}}-E)\Psi'\mathrm{d}\tau=0 \tag{5-123}$$

或

$$\left\langle \Psi' \middle| (\hat{\boldsymbol{H}}-E) \middle| \Psi' \right\rangle=0 \tag{5-124}$$

其中系数矩阵为对角分块矩阵。因为 R 的表示矩阵 $\boldsymbol{D}(R)$ 为酉矩阵，即 $[\boldsymbol{D}(R)]^{*\mathrm{T}}\boldsymbol{D}(R)=\boldsymbol{I}$，经过对称操作变换，哈密顿算符不变，即 $\hat{\boldsymbol{R}}^{-1}\hat{\boldsymbol{H}}\hat{\boldsymbol{R}}=\hat{\boldsymbol{R}}^{*\mathrm{T}}\hat{\boldsymbol{H}}\hat{\boldsymbol{R}}=\hat{\boldsymbol{H}}$，变换后的能量仍是体系的能量。矩阵方程（5-124）的系数矩阵对应的行列式必然为对角分块行列式，可以展开成低阶分块行列式的乘积，由低阶行列式算得能量，使得计算过程简化。

设 $\{\phi_1,\phi_2,\cdots,\phi_s\}$ 为不可约表示 $\boldsymbol{L}(R)$ 的基函数，$\{\eta_1,\eta_2,\cdots,\eta_s\}$ 为不可约表示 $\boldsymbol{J}(R)$ 的基函数，则

$$\int\begin{pmatrix}\phi_1^* & \phi_2^* & \cdots & \phi_s^*\end{pmatrix}\begin{pmatrix}\eta_1\\ \eta_2\\ \vdots\\ \eta_s\end{pmatrix}\mathrm{d}\tau=\int(\phi_1^*\ \phi_2^*\ \cdots\ \phi_s^*)\hat{\boldsymbol{R}}^{*\mathrm{T}}\hat{\boldsymbol{R}}\begin{pmatrix}\eta_1\\ \eta_2\\ \vdots\\ \eta_s\end{pmatrix}\mathrm{d}\tau=\int(\phi_1^*\ \phi_2^*\ \cdots\ \phi_s^*)[\boldsymbol{L}(R)]^{*\mathrm{T}}\boldsymbol{J}(R)\begin{pmatrix}\eta_1\\ \eta_2\\ \vdots\\ \eta_s\end{pmatrix}\mathrm{d}\tau$$

两端遍及群的所有对称操作求和得

$$\sum_R\int(\phi_1^*\ \phi_2^*\ \cdots\ \phi_s^*)\begin{pmatrix}\eta_1\\ \eta_2\\ \vdots\\ \eta_s\end{pmatrix}\mathrm{d}\tau=\int(\phi_1^*\ \phi_2^*\ \cdots\ \phi_s^*)\sum_R[\boldsymbol{L}(R)]^{*\mathrm{T}}\boldsymbol{J}(R)\begin{pmatrix}\eta_1\\ \eta_2\\ \vdots\\ \eta_s\end{pmatrix}\mathrm{d}\tau \tag{5-125}$$

因为两个不同的不可约表示矩阵相互正交，$\sum_R[\boldsymbol{L}(R)]^{*\mathrm{T}}\boldsymbol{J}(R)=0$，等式右端等于零，左端求和项的每一项都必然等于零，则有

$$S_{ij}=\int\phi_i^*\eta_j\mathrm{d}\tau=0 \tag{5-126}$$

即两个不同的不可约表示的基函数相互正交，而同一不可约表示的基函数满足归一化：

$$S_{ii}=\int\eta_i^*\eta_i\mathrm{d}\tau=\int\phi_i^*\phi_i\mathrm{d}\tau=1 \tag{5-127}$$

因为交换积分产生重叠积分，所以属于不同不可约表示基函数的交换积分，也全部等于零。

$$H_{ij}=\int\phi_i^*\hat{H}\eta_j\mathrm{d}\tau=E_j\int\phi_i^*\eta_j\mathrm{d}\tau=0 \tag{5-128}$$

5.3.4 节已经用不可约表示特征标表示的投影算符求得了环戊二烯负离子的分别属于不可约表示 $\boldsymbol{A}_2''$、$\boldsymbol{E}_1''$ 和 $\boldsymbol{E}_2''$ 的 SALC 群轨道，下面用这些 SALC 群轨道计算矩阵方程（5-122）中的库仑积分、交换积分、重叠积分。按照式（5-126），以下重叠积分都等于零。

$$
\begin{aligned}
&S_{12}=\int\psi_1^*[\boldsymbol{A}_2'']\psi_2[\boldsymbol{E}_1'']\mathrm{d}\tau=0,\quad S_{13}=\int\psi_1^*[\boldsymbol{A}_2'']\psi_3[\boldsymbol{E}_1'']\mathrm{d}\tau=0\\
&S_{14}=\int\psi_1^*[\boldsymbol{A}_2'']\psi_4[\boldsymbol{E}_2'']\mathrm{d}\tau=0,\quad S_{15}=\int\psi_1^*[\boldsymbol{A}_2'']\psi_5[\boldsymbol{E}_2'']\mathrm{d}\tau=0\\
&S_{24}=\int\psi_2^*[\boldsymbol{E}_1'']\psi_4[\boldsymbol{E}_2'']\mathrm{d}\tau=0,\quad S_{25}=\int\psi_2^*[\boldsymbol{E}_1'']\psi_5[\boldsymbol{E}_2'']\mathrm{d}\tau=0\\
&S_{34}=\int\psi_3^*[\boldsymbol{E}_1'']\psi_4[\boldsymbol{E}_2'']\mathrm{d}\tau=0,\quad S_{35}=\int\psi_3^*[\boldsymbol{E}_1'']\psi_5[\boldsymbol{E}_2'']\mathrm{d}\tau=0
\end{aligned}
\tag{5-129}
$$

由式（5-128），属于不同不可约表示的交换积分等于零，即有

$$
\begin{aligned}
&H_{12}=\int\psi_1^*[\boldsymbol{A}_2'']\hat{H}\psi_2[\boldsymbol{E}_1'']\mathrm{d}\tau=0,\quad H_{13}=\int\psi_1^*[\boldsymbol{A}_2'']\hat{H}\psi_3[\boldsymbol{E}_1'']\mathrm{d}\tau=0\\
&H_{14}=\int\psi_1^*[\boldsymbol{A}_2'']\hat{H}\psi_4[\boldsymbol{E}_2'']\mathrm{d}\tau=0,\quad H_{15}=\int\psi_1^*[\boldsymbol{A}_2'']\hat{H}\psi_5[\boldsymbol{E}_2'']\mathrm{d}\tau=0\\
&H_{24}=\int\psi_2^*[\boldsymbol{E}_1'']\hat{H}\psi_4[\boldsymbol{E}_2'']\mathrm{d}\tau=0,\quad H_{25}=\int\psi_2^*[\boldsymbol{E}_1'']\hat{H}\psi_5[\boldsymbol{E}_2'']\mathrm{d}\tau=0\\
&H_{34}=\int\psi_3^*[\boldsymbol{E}_1'']\hat{H}\psi_4[\boldsymbol{E}_2'']\mathrm{d}\tau=0,\quad H_{35}=\int\psi_3^*[\boldsymbol{E}_1'']\hat{H}\psi_5[\boldsymbol{E}_2'']\mathrm{d}\tau=0
\end{aligned}
\tag{5-130}
$$

可以将式（5-121）的 SALC 群轨道，代入以上各式进行验证。将式（5-129）和式（5-130）的各项积分代入矩阵方程（5-122），则有

$$
\begin{pmatrix}
H_{11}-ES_{11} & 0 & 0 & 0 & 0\\
0 & H_{22}-ES_{22} & H_{23}-ES_{23} & 0 & 0\\
0 & H_{32}-ES_{32} & H_{33}-ES_{33} & 0 & 0\\
0 & 0 & 0 & H_{44}-ES_{44} & H_{45}-ES_{45}\\
0 & 0 & 0 & H_{54}-ES_{54} & H_{55}-ES_{55}
\end{pmatrix}
\begin{pmatrix} c_1\\ c_2\\ c_3\\ c_4\\ c_5\end{pmatrix}=0
\tag{5-131}
$$

以上就是矩阵方程被对角分块化的结果，将一个五阶矩阵约化为一个一阶、两个二阶的矩阵，依次属于不可约表示 $\boldsymbol{A}_2''$、$\boldsymbol{E}_1''$ 和 $\boldsymbol{E}_2''$，系数矩阵降阶为

$$
\boldsymbol{A}_2'':(H_{11}-ES_{11})(c_1)=0 \tag{5-132}
$$

$$
\boldsymbol{E}_1'':\begin{pmatrix} H_{22}-ES_{22} & H_{23}-ES_{23}\\ H_{32}-ES_{32} & H_{33}-ES_{33}\end{pmatrix}\begin{pmatrix} c_2\\ c_3\end{pmatrix}=0 \tag{5-133}
$$

$$
\boldsymbol{E}_2'':\begin{pmatrix} H_{44}-ES_{44} & H_{45}-ES_{45}\\ H_{54}-ES_{54} & H_{55}-ES_{55}\end{pmatrix}\begin{pmatrix} c_4\\ c_5\end{pmatrix}=0 \tag{5-134}
$$

下面再分别计算剩余的积分。其中，属于同一不可约表示的重叠积分为

$$
\begin{aligned}
&S_{11}=\int\psi_1^*[\boldsymbol{A}_2'']\psi_1[\boldsymbol{A}_2'']\mathrm{d}\tau=1,\\
&S_{22}=\int\psi_2^*[\boldsymbol{E}_1'']\psi_2[\boldsymbol{E}_1'']\mathrm{d}\tau=1,\ S_{33}=\int\psi_3^*[\boldsymbol{E}_1'']\psi_3[\boldsymbol{E}_1'']\mathrm{d}\tau=1,\\
&S_{44}=\int\psi_4^*[\boldsymbol{E}_2'']\psi_4[\boldsymbol{E}_2'']\mathrm{d}\tau=1,\ S_{55}=\int\psi_5^*[\boldsymbol{E}_2'']\psi_5[\boldsymbol{E}_2'']\mathrm{d}\tau=1
\end{aligned}
\tag{5-135}
$$

再按照休克尔近似，矩阵方程（5-131）中的剩余重叠积分近似处理为

$$
S_{23}=\int\psi_2^*[\boldsymbol{E}_1'']\psi_3[\boldsymbol{E}_1'']\mathrm{d}\tau=0,\ S_{45}=\int\psi_4^*[\boldsymbol{E}_2'']\psi_5[\boldsymbol{E}_2'']\mathrm{d}\tau=0 \tag{5-136}
$$

库仑积分等于原子轨道能量，$h_{ii}=\int\phi_i^*\hat{H}\phi_i\mathrm{d}\tau=\alpha$，则有

$$
h_{11}=h_{22}=h_{33}=h_{44}=h_{55}=\alpha \tag{5-137}
$$

交换积分 $\int\phi_i^*\hat{H}\phi_j\mathrm{d}\tau=\beta_{ij}$。当原子不相邻时，交换积分等于零。当原子相邻时，交换积分等于 β。根据环戊二烯负离子的结构，则有

$$\beta_{12}=\beta_{23}=\beta_{34}=\beta_{45}=\beta_{51}=\beta \tag{5-138}$$

矩阵方程（5-133）、（5-134）中的属于同一不可约表示的交换积分为

$$\begin{aligned}
H_{23} &= \int \psi_2^*[\boldsymbol{E}_1'']\hat{H}\psi_3[\boldsymbol{E}_1'']\mathrm{d}\tau \\
&= \frac{2}{5}\int\left[\phi_1+(\cos 72°)\phi_2+(\cos 144°)\phi_3+(\cos 144°)\phi_4+(\cos 72°)\phi_5\right]^* \\
&\quad \hat{H}\left[(\sin 72°)\phi_2+(\sin 144°)\phi_3-(\sin 144°)\phi_4-(\sin 72°)\phi_5\right]\mathrm{d}\tau \\
&= \frac{2}{5}\left[(\cos 72°\sin 72°)h_{22}+(\cos 144°\sin 144°)h_{33}-(\cos 144°\sin 144°)h_{44}-(\cos 72°\sin 72°)h_{55}\right. \\
&\quad +(\sin 72°)\beta_{12}-(\sin 72°)\beta_{51}+(\cos 72°\sin 144°)\beta_{23}+(\cos 144°\sin 72°)\beta_{32}-(\cos 144°\sin 144°)\beta_{34} \\
&\quad \left.+(\cos 144°\sin 144°)\beta_{43}-(\cos 144°\sin 72°)\beta_{45}-(\cos 72°\sin 144°)\beta_{54}\right] \\
&= 0
\end{aligned}$$

$$\begin{aligned}
H_{45} &= \int \psi_4^*[\boldsymbol{E}_2'']\hat{H}\psi_5[\boldsymbol{E}_2'']\mathrm{d}\tau \\
&= \frac{2}{5}\int\left[\phi_1+(\cos 144°)\phi_2+(\cos 72°)\phi_3+(\cos 72°)\phi_4+(\cos 144°)\phi_5\right]^* \\
&\quad \hat{H}\left[(\sin 144°)\phi_2-(\sin 72°)\phi_3+(\sin 72°)\phi_4-(\sin 144°)\phi_5\right]\mathrm{d}\tau \\
&= \frac{2}{5}\left[(\cos 144°\sin 144°)h_{22}-(\cos 72°\sin 72°)h_{33}+(\cos 72°\sin 72°)h_{44}-(\cos 144°\sin 144°)h_{55}\right. \\
&\quad +(\sin 144°)\beta_{12}-(\cos 144°\sin 72°)\beta_{23}+(\cos 72°\sin 144°)\beta_{32}+(\cos 72°\sin 72°)\beta_{34}-(\cos 72°\sin 72°)\beta_{43} \\
&\quad \left.-(\cos 72°\sin 144°)\beta_{45}+(\cos 144°\sin 72°)\beta_{54}-(\sin 144°)\beta_{15}\right] \\
&= 0
\end{aligned}$$

而且 $H_{23}=H_{32}=0$，$H_{45}=H_{54}=0$。最后计算库仑积分

$$\begin{aligned}
H_{11} &= \int \psi_1^*[\boldsymbol{A}_2'']\hat{H}\psi_1[\boldsymbol{A}_2'']\mathrm{d}\tau = \frac{1}{5}\int[\phi_1+\phi_2+\phi_3+\phi_4+\phi_5]^*\hat{H}[\phi_1+\phi_2+\phi_3+\phi_4+\phi_5]\mathrm{d}\tau \\
&= \frac{1}{5}\left[(h_{11}+h_{22}+h_{33}+h_{44}+h_{55})+(2\beta_{12}+2\beta_{23}+2\beta_{34}+2\beta_{45}+2\beta_{51})\right] \\
&= \frac{1}{5}(5\alpha+10\beta) \\
&= \alpha+2\beta
\end{aligned} \tag{5-139}$$

$$\begin{aligned}
H_{22} &= \int \psi_2^*[\boldsymbol{E}_1'']\hat{H}\psi_2[\boldsymbol{E}_1'']\mathrm{d}\tau \\
&= \frac{2}{5}\int\left[\phi_1+(\cos 72°)\phi_2+(\cos 144°)\phi_3+(\cos 144°)\phi_4+(\cos 72°)\phi_5\right]^* \\
&\quad \hat{H}\left[\phi_1+(\cos 72°)\phi_2+(\cos 144°)\phi_3+(\cos 144°)\phi_4+(\cos 72°)\phi_5\right]\mathrm{d}\tau \\
&= \frac{2}{5}\left[h_{11}+(\cos^2 72°)h_{22}+(\cos^2 144°)h_{33}+(\cos^2 144°)h_{44}+(\cos^2 72°)h_{55}\right. \\
&\quad +(2\cos 72°)\beta_{12}+(2\cos 72°)\beta_{15}+(2\cos 72°\cos 144°)\beta_{23} \\
&\quad \left.+(2\cos^2 144°)\beta_{34}+(2\cos 72°\cos 144°)\beta_{45}\right] \\
&= \frac{2}{5}\left[(1+2\cos^2 72°+2\cos^2 144°)\alpha+(4\cos 72°+4\cos 72°\cos 144°+2\cos^2 144°)\beta\right] \\
&= \alpha+0.6180\beta
\end{aligned} \tag{5-140}$$

$$
\begin{aligned}
H_{33} &= \int \psi_3^*[\boldsymbol{E}_1''] \hat{H} \psi_3[\boldsymbol{E}_1''] \mathrm{d}\tau \\
&= \frac{2}{5} \int \left[(\sin 72°)\phi_2 + (\sin 144°)\phi_3 - (\sin 144°)\phi_4 - (\sin 72°)\phi_5 \right]^* \\
&\quad \hat{H}\left[(\sin 72°)\phi_2 + (\sin 144°)\phi_3 - (\sin 144°)\phi_4 - (\sin 72°)\phi_5 \right] \mathrm{d}\tau \\
&= \frac{2}{5}\Big[(\sin^2 72°)h_{22} + (\sin^2 144°)h_{33} + (\sin^2 144°)h_{44} + (\sin^2 72°)h_{55} \\
&\quad +(2\sin 72° \sin 144°)\beta_{23} - (2\sin^2 144°)\beta_{34} + (2\sin 72° \sin 144°)\beta_{45} \Big] \\
&= \frac{2}{5}\left[(2\sin^2 72° + 2\sin^2 144°)\alpha + (4\sin 72° \sin 144° - 2\sin^2 144°)\beta \right] \\
&= \alpha + 0.6180\beta
\end{aligned} \tag{5-141}
$$

$$
\begin{aligned}
H_{44} &= \int \psi_4^*[\boldsymbol{E}_2''] \hat{H} \psi_4[\boldsymbol{E}_2''] \mathrm{d}\tau \\
&= \frac{2}{5} \int \left[\phi_1 + (\cos 144°)\phi_2 + (\cos 72°)\phi_3 + (\cos 72°)\phi_4 + (\cos 144°)\phi_5 \right]^* \\
&\quad \hat{H}\left[\phi_1 + (\cos 144°)\phi_2 + (\cos 72°)\phi_3 + (\cos 72°)\phi_4 + (\cos 144°)\phi_5 \right] \mathrm{d}\tau \\
&= \frac{2}{5}\Big[h_{11} + (\cos^2 144°)h_{22} + (\cos^2 72°)h_{33} + (\cos^2 72°)h_{44} + (\cos^2 144°)h_{55} \\
&\quad + (2\cos 144°)\beta_{12} + (2\cos 144°)\beta_{15} + (2\cos 72° \cos 144°)\beta_{23} + (2\cos^2 72°)\beta_{34} \\
&\quad + (2\cos 72° \cos 144°)\beta_{45} \Big] \\
&= \frac{2}{5}\left[(1 + 2\cos^2 72° + 2\cos^2 144°)\alpha + (4\cos 144° + 4\cos 72° \cos 144° + 2\cos^2 72°)\beta \right] \\
&= \alpha - 1.6180\beta
\end{aligned} \tag{5-142}
$$

$$
\begin{aligned}
H_{55} &= \int \psi_5^*[\boldsymbol{E}_2''] \hat{H} \psi_5[\boldsymbol{E}_2''] \mathrm{d}\tau \\
&= \frac{2}{5} \int \left[(\sin 144°)\phi_2 - (\sin 72°)\phi_3 + (\sin 72°)\phi_4 - (\sin 144°)\phi_5 \right]^* \\
&\quad \hat{H}\left[(\sin 144°)\phi_2 - (\sin 72°)\phi_3 + (\sin 72°)\phi_4 - (\sin 144°)\phi_5 \right] \mathrm{d}\tau \\
&= \frac{2}{5}\Big[(\sin^2 144°)h_{22} + (\sin^2 72°)h_{33} + (\sin^2 72°)h_{44} + (\sin^2 144°)h_{55} \\
&\quad -(2\sin 72° \sin 144°)\beta_{23} - (2\sin^2 72°)\beta_{34} - (2\sin 72° \sin 144°)\beta_{45} \Big] \\
&= \frac{2}{5}\left[(2\sin^2 72° + 2\sin^2 144°)\alpha - (4\sin 72° \sin 144° + 2\sin^2 72°)\beta \right] \\
&= \alpha - 1.6180\beta
\end{aligned} \tag{5-143}
$$

将重叠积分（5-135）和库仑积分（5-139）代入矩阵方程（5-132）得

$$
(\alpha + 2\beta - E)(c_1) = 0 \tag{5-144}
$$

系数矩阵对应的行列式为

$$
\left| \alpha + 2\beta - E \right| = 0
$$

解得能量：$E_1 = \alpha + 2\beta$。又将重叠积分和库仑积分（5-140）和（5-141）代入矩阵方程（5-133）得

$$
\begin{pmatrix} \alpha + 0.6180\beta - E & 0 \\ 0 & \alpha + 0.6180\beta - E \end{pmatrix} \begin{pmatrix} c_2 \\ c_3 \end{pmatrix} = 0 \tag{5-145}
$$

系数矩阵对应的行列式为

$$
\begin{vmatrix} \alpha + 0.6180\beta - E & 0 \\ 0 & \alpha + 0.6180\beta - E \end{vmatrix} = 0
$$

解得能量：$E_2 = E_3 = \alpha + 0.6180\beta$。再将重叠积分和库仑积分（5-142）和（5-143）代入矩阵方程（5-134）得

$$
\begin{pmatrix} \alpha - 1.6180\beta - E & 0 \\ 0 & \alpha - 1.6180\beta - E \end{pmatrix} \begin{pmatrix} c_4 \\ c_5 \end{pmatrix} = 0 \tag{5-146}
$$

系数矩阵对应的行列式为

$$\begin{vmatrix} \alpha-1.6180\beta-E & 0 \\ 0 & \alpha-1.6180\beta-E \end{vmatrix}=0$$

解得能量：$E_4=E_5=\alpha-1.6180\beta$。这些能量值与直接展开五阶行列式所得结果相同。由于约化矩阵方程（5-145）和（5-146）的系数矩阵都是二阶对角矩阵，所以，展开矩阵方程必然有 $c_2=c_3=0$，$c_4=c_5=0$。于是，各能量对应的π分子轨道波函数，就是式（5-121）所列波函数。

5.3.6　共轭分子的电子结构

上一节求出的π分子轨道波函数是参与共轭的原子轨道 p_z 的线性组合，根据波的叠加原理，原子轨道组合系数模的平方 $|c_i|^2$ 代表原子轨道对分子轨道的贡献。当π分子轨道 k 中，原子轨道 r 的组合系数大，对分子轨道的贡献大，原子 r 处的π电子密度必然就大。定义原子的π电子密度：

$$\rho_r=\sum_k n_k c_{kr}^2 \tag{5-147}$$

其中，r 是原子轨道编号；k 是π分子轨道编号；n_k 是π分子轨道上的电子占据数；c_{kr} 是第 k 条分子轨道中第 r 基函数的组合系数。在两个原子之间的π电子密度越大，π键越强，定义原子间的π键键级：

$$P_{rs}=\sum_k n_k c_{kr} c_{ks} \tag{5-148}$$

其中，r 和 s 是相邻原子轨道的编号。当分子轨道 k 为空轨道时，$n_k=0$，对π键键级就没有贡献。c_{kr} 和 c_{ks} 分别是第 k 条分子轨道中第 r 和第 s 基函数前的轨道系数。对于碳-碳单键与碳-碳双键或三键交替连接形成的共轭体系，碳原子 r 与其周围各键连原子 s 之间的π键键级之和越大，碳原子 r 的剩余成键能力越小，反之，剩余成键能力越大。定义碳原子 r 的自由价 F_r：

$$F_r=P_{\max}-\sum_s P_{rs} \tag{5-149}$$

其中，$P_{\max}$ 是碳原子的最大成键度；P_{rs} 是原子 r 与所有键连原子 s 的键级。当不考虑σ键的键级，$P_{\max}$ 表示任意碳原子与键连原子所能形成的π键的最大键级，通常定义二亚甲基乙烯中心碳原子的π键键级值为 $P_{\max}$，即 $P_{\max}=\sqrt{3}$。

1949 年，W. E. Moffitt 提出二亚甲基乙烯的结构，π电子数为 4，后经实验合成证实，共轭式结构图见图 5-12。二亚甲基乙烯是双自由基、自旋三线态分子，在液氮温区能稳定存在。在碳-碳双键和单键交替连接形成的共轭体系中，它的中心碳原子的 π 键键级被认为最大。Klein 用异丁烯和四甲基乙二胺丁基锂（Bu-Li-TMEDA）反应，合成了甲基烯丙基负离子和三亚甲基甲烷负离子。三亚甲基甲烷负离子的π电子数为 6，有芳香性，芳香性的稳定性大于负电排斥导致的不稳定性。二亚甲基乙烯和三亚甲基甲烷负离子的共轭体系都属于同一σ碳骨架上的π电子体系，为平面结构，对称性为 D_{3h}，二者只是π电子数不相等。选取各碳原子的 p_z 轨道组成基轨道 $\Psi=\{\phi_1,\phi_2,\phi_3,\phi_4\}$，基轨道的编号与原子编号一致。

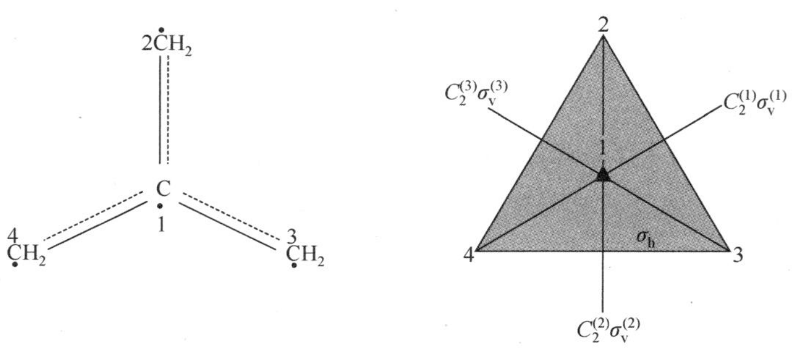

(a) 分子结构　　　　(b) 对称元素

图 5-12　二亚甲基乙烯的分子结构和对称元素

首先对基函数 $\Psi=\{\phi_1,\phi_2,\phi_3,\phi_4\}$ 进行对称操作变换，求得对称操作在这组基下的可约表示矩阵，再得到可约表示矩阵的特征标，列于 D_{3h} 群的不可约表示特征标表的最后一行，见表 5-14。

表 5-14　D_{3h} 群的不可约表示特征标表

i	N_i	E	$2C_3$	$3C_2$	σ_h	$2S_3$	$3\sigma_v$	不可约表示基函数		
1	A_1'	1	1	1	1	1	1		x^2+y^2,z^2	$x(x^2-3y^2)$
2	A_2'	1	1	−1	1	1	−1	R_z		$y(3x^2-y^2)$
3	E'	2	−1	0	2	−1	0	(x,y)	$x^2-y^2,2xy$	xz^2,yz^2
4	A_1''	1	1	1	−1	−1	−1			
5	A_2''	1	1	−1	−1	−1	1	z		z^3
6	E''	2	−1	0	−2	1	0	(R_x,R_y)	xz,yz	$z(x^2-y^2),2xyz$
	$\Gamma(K_k)$	4	1	−2	−4	−1	2			

按照式（5-99）约化，$n_j=\dfrac{1}{h}\sum_{k=1}^{q}m_k\chi[\Gamma(K_k)]\cdot\chi[N_j(K_k)]$，求出不可约表示在对角分块矩阵中出现的次数：

$$\begin{aligned}n_5(A_2'')&=\frac{1}{12}\{m_E\chi[\Gamma(E)]\chi[A_2''(E)]+m_{C_3}\chi[\Gamma(C_3)]\chi[A_2''(C_3)]+m_{C_2}\chi[\Gamma(C_2)]\chi[A_2''(C_2)]\\&\quad+m_{\sigma_h}\chi[\Gamma(\sigma_h)]\chi[A_2''(\sigma_h)]+m_{S_3}\chi[\Gamma(S_3)]\chi[A_2''(S_3)]+m_{\sigma_v}[\Gamma(\sigma_v)]\chi[A_2''(\sigma_v)]\}\\&=\frac{1}{12}[1\times4\times1+2\times1\times1+3\times(-2)\times(-1)+1\times(-4)\times(-1)+2\times(-1)\times(-1)+3\times2\times1]\\&=2\end{aligned}$$

$$\begin{aligned}n_6(E'')&=\frac{1}{12}\{m_E\chi[\Gamma(E)]\chi[E''(E)]+m_{C_3}\chi[\Gamma(C_3)]\chi[E''(C_3)]+m_{C_2}\chi[\Gamma(C_2)]\chi[E''(C_2)]\\&\quad+m_{\sigma_h}\chi[\Gamma(\sigma_h)]\chi[E''(\sigma_h)]+m_{S_3}\chi[\Gamma(S_3)]\chi[E''(S_3)]+m_{\sigma_v}\chi[\Gamma(\sigma_v)]\chi[E''(\sigma_v)]\}\\&=\frac{1}{12}[1\times4\times2+2\times1\times(-1)+3\times(-2)\times0+1\times(-4)\times(-2)+2\times(-1)\times1+3\times2\times0]\\&=1\end{aligned}$$

其余不可约表示出现的次数等于零。

$$n_1(A_1')=0,\ n_2(A_2')=0,\ n_3(E')=0,\ n_4(A_1'')=0$$

将结果表示为不可约表示的直和：

$$\Gamma=2A_2''\oplus E'' \qquad (5\text{-}150)$$

用 D_{3h} 群的正规子群 C_3 的特征标表 5-15，构造投影算符，求出属于不可约表示 A_2'' 和 E''，满足对称性匹配的 SALC 轨道，构造的算符为：

表 5-15　C_3 群的不等价不可约表示特征标表

C_3	E	C_3^1	C_3^2	不可约表示基函数		
A	1	1	1	z,R_z	x^2+y^2,z^2	z^3， $x(x^2-3y^2),y(3x^2-y^2)$
E	1	ε	ε^{-1}	x,R_x	xz,yz； $x^2-y^2,2xy$	xz^2,yz^2； $z(x^2-y^2),2xyz$
	1	ε^{-1}	ε	y,R_y		

注：$\varepsilon^k=\exp\left(\mathrm{i}k\dfrac{2\pi}{3}\right)$，例如：$\varepsilon=\exp\left(\mathrm{i}\dfrac{2\pi}{3}\right)$，$\varepsilon^{-1}=\exp\left(-\mathrm{i}\dfrac{2\pi}{3}\right)$。

$$\hat{\boldsymbol{P}}[\boldsymbol{A}(R)] = \frac{1}{3}\left\{\chi^*[\boldsymbol{A}(E)]\hat{\boldsymbol{E}} + \chi^*[\boldsymbol{A}(C_3)]\hat{\boldsymbol{C}}_3^1 + \chi^*[\boldsymbol{A}(C_3^2)]\hat{\boldsymbol{C}}_3^2\right\} \tag{5-151}$$

$$\hat{\boldsymbol{P}}[\boldsymbol{E}(R)] = \frac{1}{3}\left\{\chi^*[\boldsymbol{E}(E)]\hat{\boldsymbol{E}} + \chi^*[\boldsymbol{E}(C_3)]\hat{\boldsymbol{C}}_3^1 + \chi^*[\boldsymbol{E}(C_3^2)]\hat{\boldsymbol{C}}_3^2\right\} \tag{5-152}$$

对照图 5-12，用 $\hat{\boldsymbol{P}}[\boldsymbol{A}(R)]$ 对基轨道 ϕ_1 投影，因为 $\hat{\boldsymbol{E}}\phi_1 = \phi_1$，$\hat{\boldsymbol{C}}_3^1\phi_1 = \phi_1$，$\hat{\boldsymbol{C}}_3^2\phi_1 = \phi_1$，所以

$$\hat{\boldsymbol{P}}[\boldsymbol{A}(R)]\phi_1 = \frac{1}{3}(1\times\hat{\boldsymbol{E}}\phi_1 + 1\times\hat{\boldsymbol{C}}_3^1\phi_1 + 1\times\hat{\boldsymbol{C}}_3^2\phi_1) = \phi_1$$

再对基轨道 ϕ_2 投影，而 $\hat{\boldsymbol{E}}\phi_2 = \phi_2$，$\hat{\boldsymbol{C}}_3^1\phi_2 = \phi_3$，$\hat{\boldsymbol{C}}_3^2\phi_2 = \phi_4$，即有

$$\hat{\boldsymbol{P}}[\boldsymbol{A}(R)]\phi_2 = \frac{1}{3}(1\times\hat{\boldsymbol{E}}\phi_2 + 1\times\hat{\boldsymbol{C}}_3^1\phi_2 + 1\times\hat{\boldsymbol{C}}_3^2\phi_2) = \frac{1}{3}(\phi_2 + \phi_3 + \phi_4)$$

将两轨道波函数归一化，就求得属于不可约表示 $\boldsymbol{A}$，也属于 D_{3h} 群不可约表示 $\boldsymbol{A}_2''$ 的 π 分子轨道：

$$\psi_1 = \phi_1 \tag{5-153}$$

$$\psi_2 = \frac{1}{\sqrt{3}}(\phi_2 + \phi_3 + \phi_4) \tag{5-154}$$

对照表 5-15，用不可约表示 $\boldsymbol{E}$ 的第一行特征标，代入投影算符 $\hat{\boldsymbol{P}}[\boldsymbol{E}(R)]$，对基轨道 ϕ_2 投影得

$$\hat{\boldsymbol{P}}^{(1)}[\boldsymbol{E}(R)]\phi_2 = \frac{1}{3}\left\{1\times\hat{\boldsymbol{E}}\phi_2 + \varepsilon\times\hat{\boldsymbol{C}}_3^1\phi_2 + \varepsilon^{-1}\times\hat{\boldsymbol{C}}_3^2\phi_2\right\} = \frac{1}{3}(\phi_2 + \varepsilon\phi_3 + \varepsilon^{-1}\phi_4)$$

再用 $\boldsymbol{E}$ 的第二行特征标，代入投影算符 $\hat{\boldsymbol{P}}[\boldsymbol{E}(R)]$，再对基轨道 ϕ_2 投影得

$$\hat{\boldsymbol{P}}^{(2)}[\boldsymbol{E}(R)]\phi_2 = \frac{1}{3}\left\{1\times\hat{\boldsymbol{E}}\phi_2 + \varepsilon^{-1}\times\hat{\boldsymbol{C}}_3^1\phi_2 + \varepsilon\times\hat{\boldsymbol{C}}_3^2\phi_2\right\} = \frac{1}{3}(\phi_2 + \varepsilon^{-1}\phi_3 + \varepsilon\phi_4)$$

用投影算符求得的这两条复系数分子轨道，分别相加、相减组合，经归一化，就得到属于不可约表示 $\boldsymbol{E}$，也属于 D_{3h} 不可约表示 $\boldsymbol{E}''$ 的两个实系数轨道：

$$\psi_3 = \frac{1}{\sqrt{6}}(2\phi_2 - \phi_3 - \phi_4) \tag{5-155}$$

$$\psi_4 = \frac{1}{\sqrt{2}}(\phi_3 - \phi_4) \tag{5-156}$$

属于不同不可约表示的 SALC 轨道相互正交，矩阵方程的系数矩阵约化为对角分块矩阵。用投影方法求得的四条 π 分子轨道，计算能量矩阵方程中库仑积分、交换积分和重叠积分，解出分子轨道的能量。不可约表示 $\boldsymbol{A}_2''$ 和 $\boldsymbol{E}''$ 的基函数相互正交，以下重叠积分等于零。

$$S_{13} = S_{31} = 0,\ S_{23} = S_{32} = 0,\ S_{14} = S_{41} = 0,\ S_{24} = S_{42} = 0 \tag{5-157}$$

以下交换积分等于零。

$$H_{13} = H_{31} = 0,\ H_{23} = H_{32} = 0,\ H_{14} = H_{41} = 0,\ H_{24} = H_{42} = 0 \tag{5-158}$$

按照线性变分法，重新以不可约表示 $\boldsymbol{A}_2''$ 和 $\boldsymbol{E}''$ 的基函数 $\boldsymbol{\varPsi}' = \{\psi_1, \psi_2, \psi_3, \psi_4\}$，作为新基，将这些 SALC 基轨道线性组合为 π 分子轨道，

$$\boldsymbol{\varPhi} = c_1\psi_1 + c_2\psi_2 + c_3\psi_3 + c_4\psi_4 \tag{5-159}$$

类似矩阵方程（5-33）的系数矩阵就必然是对角分块矩阵。根据积分式（5-157）和式（5-158），二亚甲基乙烯的矩阵方程为

$$\begin{pmatrix} H_{11}-ES_{11} & H_{12}-ES_{12} & 0 & 0 \\ H_{21}-ES_{21} & H_{22}-ES_{22} & 0 & 0 \\ 0 & 0 & H_{33}-ES_{33} & H_{34}-ES_{34} \\ 0 & 0 & H_{43}-ES_{43} & H_{44}-ES_{44} \end{pmatrix}\begin{pmatrix} c_1 \\ c_2 \\ c_3 \\ c_4 \end{pmatrix} = 0 \tag{5-160}$$

其中，$S_{34} = S_{43} = 0$，再按休克尔近似，

$$S_{11}=S_{22}=S_{33}=S_{44}=1,\ S_{12}=S_{21}=0 \tag{5-161}$$

库仑积分和其余交换积分分别为

$$\begin{aligned}
H_{11}&=\int\psi_1^*[\boldsymbol{A}_2'']H\psi_1[\boldsymbol{A}_2'']\mathrm{d}\tau=\int\phi_1^*H\phi_1\mathrm{d}\tau=\alpha\\
H_{22}&=\int\psi_2^*[\boldsymbol{A}_2'']\hat{H}\psi_2[\boldsymbol{A}_2'']\mathrm{d}\tau=\frac{1}{3}\int(\phi_2+\phi_3+\phi_4)^*\hat{H}(\phi_2+\phi_3+\phi_4)\mathrm{d}\tau=\alpha\\
H_{33}&=\int\psi_3^*[\boldsymbol{E}'']\hat{H}\psi_3[\boldsymbol{E}'']\mathrm{d}\tau=\frac{1}{6}\int(2\phi_2-\phi_3-\phi_4)^*\hat{H}(2\phi_2-\phi_3-\phi_4)\mathrm{d}\tau=\alpha\\
H_{44}&=\int\psi_4^*[\boldsymbol{E}'']\hat{H}\psi_4[\boldsymbol{E}'']\mathrm{d}\tau=\frac{1}{2}\int(\phi_3-\phi_4)^*\hat{H}(\phi_3-\phi_4)\mathrm{d}\tau=\alpha
\end{aligned} \tag{5-162}$$

$$\begin{aligned}
H_{12}&=\int\psi_1^*[\boldsymbol{A}_2'']\hat{H}\psi_2[\boldsymbol{A}_2'']\mathrm{d}\tau=\frac{1}{\sqrt{3}}\int\phi_1^*\hat{H}(\phi_2+\phi_3+\phi_4)\mathrm{d}\tau\\
&=\frac{1}{\sqrt{3}}\left[\int\phi_1^*\hat{H}\phi_2\mathrm{d}\tau+\int\phi_1^*\hat{H}\phi_3\mathrm{d}\tau+\int\phi_1^*\hat{H}\phi_4\mathrm{d}\tau\right]=\sqrt{3}\beta\\
H_{34}&=\int\psi_3^*[\boldsymbol{E}'']\hat{H}\psi_4[\boldsymbol{E}'']\mathrm{d}\tau=\frac{1}{2\sqrt{3}}\int(2\phi_2-\phi_3-\phi_4)^*\hat{H}(\phi_3-\phi_4)\mathrm{d}\tau\\
&=\frac{1}{2\sqrt{3}}\left(-\int\phi_3^*\hat{H}\phi_3\mathrm{d}\tau+\int\phi_4^*\hat{H}\phi_4\mathrm{d}\tau\right)=0
\end{aligned} \tag{5-163}$$

其中，$H_{21}=H_{12}=\sqrt{3}\beta$，$H_{43}=H_{34}=0$。将以上积分代入矩阵方程（5-160），系数矩阵得到简化：

$$\begin{pmatrix}\alpha-E & \sqrt{3}\beta & 0 & 0\\ \sqrt{3}\beta & \alpha-E & 0 & 0\\ 0 & 0 & \alpha-E & 0\\ 0 & 0 & 0 & \alpha-E\end{pmatrix}\begin{pmatrix}c_1\\c_2\\c_3\\c_4\end{pmatrix}=0 \tag{5-164}$$

并将其写为一个二阶矩阵和两个一阶矩阵。

$$\begin{aligned}
&\boldsymbol{A}_2'':\begin{pmatrix}\alpha-E & \sqrt{3}\beta\\ \sqrt{3}\beta & \alpha-E\end{pmatrix}\begin{pmatrix}c_1\\c_2\end{pmatrix}=0\\
&\boldsymbol{E}'':(\alpha-E)c_3=0\\
&\boldsymbol{E}'':(\alpha-E)c_4=0
\end{aligned} \tag{5-165}$$

由系数矩阵的行列式等于零，解得能量：

$$\begin{aligned}
E_1&=\alpha+\sqrt{3}\beta\\
E_2&=E_3=\alpha\\
E_4&=\alpha-\sqrt{3}\beta
\end{aligned} \tag{5-166}$$

将 $E_1=\alpha+\sqrt{3}\beta$ 代入矩阵方程（5-164），解得 $c_1=c_2$，$c_3=c_4=0$。由式（5-159），再经归一化，求得

$$\boldsymbol{A}_2'':\Phi_1=c_1(\psi_1+\psi_2)=\frac{1}{\sqrt{6}}\left(\sqrt{3}\phi_1+\phi_2+\phi_3+\phi_4\right) \tag{5-167}$$

再将 $E_4=\alpha-\sqrt{3}\beta$ 代入矩阵方程（5-164），解得 $c_1=-c_2$，$c_3=c_4=0$。求得

$$\boldsymbol{A}_2'':\Phi_4=c_1(\psi_1-\psi_2)=\frac{1}{\sqrt{6}}\left(\sqrt{3}\phi_1-\phi_2-\phi_3-\phi_4\right) \tag{5-168}$$

两个简并能级 $E_2=E_3=\alpha$，分子轨道属于不可约表示 $\boldsymbol{E}''$，代入矩阵方程（5-165），解得 $c_1=c_2=0$，

$$\boldsymbol{E}'':\Phi_2=\psi_3=\frac{1}{\sqrt{6}}(2\phi_2-\phi_3-\phi_4) \tag{5-169}$$

$$\boldsymbol{E}'':\Phi_3=\psi_4=\frac{1}{\sqrt{2}}(\phi_3-\phi_4) \tag{5-170}$$

这就得到了二亚甲基乙烯的 π 分子轨道波函数。下面运用轨道波函数，计算中间碳原子 C(1)分别与周围 C(2)、C(3)、C(4)的 π 键键级。首先写出 π 电子组态 $\Phi_1^2\Phi_2^1\Phi_3^1\Phi_4$。由式（5-148），

$$P_{12} = n_1c_{11}c_{12} + n_2c_{21}c_{22} + n_3c_{31}c_{32} = 2\times\frac{\sqrt{3}}{\sqrt{6}}\times\frac{1}{\sqrt{6}} + 1\times0\times\frac{2}{\sqrt{6}} + 1\times0\times0 = \frac{\sqrt{3}}{3}$$

$$P_{13} = n_1c_{11}c_{13} + n_2c_{21}c_{23} + n_3c_{31}c_{33} = 2\times\frac{\sqrt{3}}{\sqrt{6}}\times\frac{1}{\sqrt{6}} + 1\times0\times\left(-\frac{1}{\sqrt{6}}\right) + 1\times0\times\frac{1}{\sqrt{2}} = \frac{\sqrt{3}}{3}$$

$$P_{14} = n_1c_{11}c_{14} + n_2c_{21}c_{24} + n_3c_{31}c_{34} = 2\times\frac{\sqrt{3}}{\sqrt{6}}\times\frac{1}{\sqrt{6}} + 1\times0\times\left(-\frac{1}{\sqrt{6}}\right) + 1\times0\times\left(-\frac{1}{\sqrt{2}}\right) = \frac{\sqrt{3}}{3}$$

中间碳原子 C(1)与键连原子之间 π 键的总键级为

$$P_1 = P_{12} + P_{13} + P_{14} = \frac{\sqrt{3}}{3} + \frac{\sqrt{3}}{3} + \frac{\sqrt{3}}{3} = \sqrt{3}$$

将共轭分子的电荷密度、π 键键级、自由价与分子的化学反应活性相联系，可以解释或预测产物的结构甚至反应机理，也获得了一些经验性规律。例如，电荷密度高的碳原子位置容易发生亲电取代反应；碳-碳 π 键的键级大，容易发生加成反应；自由价大的碳原子位置容易发生亲核反应。

5.4　共价分子的轨道和能级

1932 年，R. Mulliken 和 F. Hund 总结了量子理论研究分子体系的成果，提出分子轨道理论，建立了现代化学键理论。分子轨道理论认为：分子轨道是分子中单电子的状态波函数，分子轨道是由原子轨道线性组合（LCAO-MO）而成的，原子轨道线性组合必须满足成键三原则：①组成分子轨道的原子轨道能量必须相近；②参与线性组合的原子轨道必须对称性匹配，同号重叠组合为成键轨道，异号重叠组合为反键轨道；③原子轨道沿特定方向形成最大重叠。

设原子轨道 ϕ_a 和 ϕ_b 组成分子轨道 $\Psi = c_a\phi_a + c_b\phi_b$，其平均能量必然大于体系最低能量，

$$E(c_a, c_b) = \frac{c_a^2H_{aa} + 2c_ac_bH_{ab} + c_b^2H_{bb}}{c_a^2S_{aa} + 2c_ac_bS_{ab} + c_b^2S_{bb}} = \frac{Y}{Z}$$

经过线性变分、求极值，得

$$\frac{\partial E}{\partial c_a} = \frac{1}{Z}\frac{\partial Y}{\partial c_a} - \frac{Y}{Z^2}\frac{\partial Z}{\partial c_a} = \frac{1}{Z}\left(\frac{\partial Y}{\partial c_a} - E\frac{\partial Z}{\partial c_a}\right) = 0$$

$$\frac{\partial E}{\partial c_b} = \frac{1}{Z}\frac{\partial Y}{\partial c_b} - \frac{Y}{Z^2}\frac{\partial Z}{\partial c_b} = \frac{1}{Z}\left(\frac{\partial Y}{\partial c_b} - E\frac{\partial Z}{\partial c_b}\right) = 0$$

将 Y 和 Z 对变分参数 c_a 和 c_b 微分结果同时代入上式，得到如下齐次线性方程组：

$$(H_{aa} - E)c_a + (H_{ab} - ES_{ab})c_b = 0$$
$$(H_{ab} - ES_{ab})c_a + (H_{bb} - E)c_b = 0$$

其中，$S_{aa} = S_{bb} = 1$，写成如下矩阵方程的形式：

$$\begin{pmatrix} H_{aa} - E & H_{ab} - ES_{ab} \\ H_{ab} - ES_{ab} & H_{bb} - E \end{pmatrix}\begin{pmatrix} c_a \\ c_b \end{pmatrix} = 0$$

线性方程组有非零解的条件是系数行列式等于零，即有如下行列式等式：

$$\begin{vmatrix} H_{aa} - E & H_{ab} - ES_{ab} \\ H_{ab} - ES_{ab} & H_{bb} - E \end{vmatrix} = 0$$

其中，库仑积分 H_{aa} 和交换积分 H_{ab} 分别为

$$H_{aa} = \int \phi_a^* \hat{H} \phi_a \mathrm{d}\tau = \int \phi_a^* \left(-\frac{1}{2}\nabla^2 - \frac{1}{r_a} - \frac{1}{r_b} + \frac{1}{R}\right)\phi_a \mathrm{d}\tau$$
$$= \int \phi_a^* \left(-\frac{1}{2}\nabla^2 - \frac{1}{r_a}\right)\phi_a \mathrm{d}\tau - \int \phi_a^* \frac{1}{r_b}\phi_a \mathrm{d}\tau + \frac{1}{R}$$
$$= E_a + J$$

$$H_{ab}=\int\phi_a^*\hat{H}\phi_b\mathrm{d}\tau=\int\phi_a^*\left(-\frac{1}{2}\nabla^2-\frac{1}{r_a}-\frac{1}{r_b}+\frac{1}{R}\right)\phi_b\mathrm{d}\tau$$
$$=\int\phi_a^*\left(-\frac{1}{2}\nabla^2-\frac{1}{r_b}\right)\phi_b\mathrm{d}\tau-\int\phi_a^*\frac{1}{r_a}\phi_b\mathrm{d}\tau+\int\phi_a^*\frac{1}{R}\phi_b\mathrm{d}\tau$$
$$=E_bS_{ab}+K$$

式中，$J=-\int\phi_a^*\frac{1}{r_b}\phi_a\mathrm{d}\tau+\frac{1}{R}$，$K=-\int\phi_a^*\frac{1}{r_a}\phi_b\mathrm{d}\tau+\frac{1}{R}S_{ab}$，$S_{ab}=\int\phi_a^*\phi_b\mathrm{d}\tau$。库仑积分 H_{aa} 和 H_{bb} 分别近似等于原子轨道 ϕ_a 和 ϕ_b 的能量，即 $H_{aa}\approx\alpha_a$，$H_{bb}\approx\alpha_b$ 交换积分 $H_{ab}=\beta$ 与原子轨道 ϕ_a 和 ϕ_b 的重叠积分有关，原子轨道重叠程度越大，交换积分的绝对值越大。为了比较分子轨道能量 E 和原子轨道能量 α 的相对大小，作近似处理，令 $S_{ab}\approx 0$，将积分代入系数矩阵行列式，并展开行列式，得到关于能量的一元二次方程：

$$E^2-(\alpha_a+\alpha_b)E+(\alpha_a\alpha_b-\beta^2)=0$$

求得两个能量值，分别对应成键分子轨道（BMO）和反键分子轨道（AMO）的能量，设 $\alpha_a>\alpha_b$，则

$$E_{BMO}=\frac{1}{2}(\alpha_a+\alpha_b)-\frac{1}{2}\sqrt{(\alpha_a-\alpha_b)^2+4\beta^2}=\alpha_b-\frac{1}{2}\left[\sqrt{(\alpha_a-\alpha_b)^2+4\beta^2}-(\alpha_a-\alpha_b)\right]$$

$$E_{AMO}=\frac{1}{2}(\alpha_a+\alpha_b)+\frac{1}{2}\sqrt{(\alpha_a-\alpha_b)^2+4\beta^2}=\alpha_a+\frac{1}{2}\left[\sqrt{(\alpha_a-\alpha_b)^2+4\beta^2}-(\alpha_a-\alpha_b)\right]$$

令 $h=\frac{1}{2}\left[\sqrt{(\alpha_a-\alpha_b)^2+4\beta^2}-(\alpha_a-\alpha_b)\right]$，$h>0$，以上能量公式简化表达为

$$E_{BMO}=\alpha_b-h,\ E_{AMO}=\alpha_a+h$$

成键分子轨道 BMO 的能量比能量低的原子轨道 ϕ_b 更低，反键分子轨道 AMO 的能量比能量高的原子轨道 ϕ_a 更高。当原子轨道 ϕ_a 和 ϕ_b 的能量相差很大时，即 $\alpha_a\gg\alpha_b$，$h\to 0$，成键分子轨道和反键分子轨道的能量就没有形成能量效应，称不能有效组成分子轨道。只有 $\alpha_a-\alpha_b\approx 0$，$h\approx\beta$，形成的能量效应才最大，见图 5-13（a）。原子轨道 ϕ_a 和 ϕ_b 必须沿指定方向重叠，重叠方向称为键轴。重叠积分值越大，交换积分 β 值越低，组成分子轨道的能量效应越大。原子轨道 ϕ_a 和 ϕ_b 同号重叠组成成键分子轨道，原子轨道 ϕ_a 和 ϕ_b 异号重叠组成反键分子轨道，见图 5-13（b）。按原子轨道相位，既有同号重叠，又有异号重叠，交换积分总值减少，甚至等于零，形成的能量效应降低，甚至没有能量效应，称为对称性不匹配，见图 5-13（c）。

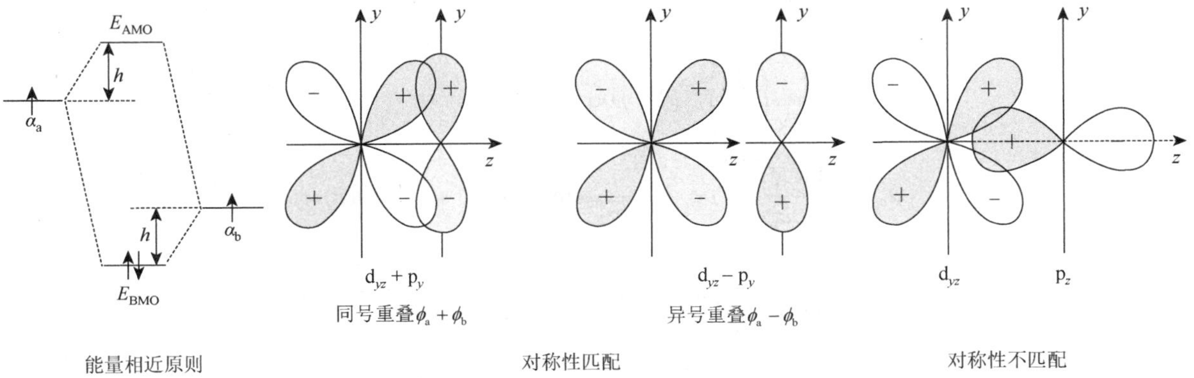

图 5-13　分子轨道成键三原则

原子轨道对称性匹配线性组合成分子轨道，必须指定键轴，确定分子的坐标系，通常将键轴定为 z 轴，对于复杂分子，以分子的主轴定为 z 轴，质心定为坐标系原点，副轴定为 x 轴，有时将直立镜面延伸方向定为 x 轴。在同一坐标系中，原子的坐标轴必须与分子坐标轴平行，所有原子轨道的空间位置就被指定。原子轨道之间的重叠有些满足对称性匹配，有些则不满足对称性匹配。原子轨道 ϕ_a 和 ϕ_b 以“头碰头”方式重叠，重叠程

度最大，形成σ键，成键轨道能量降低最多。以“肩并肩”方式重叠，形成π键；d轨道以“面对面”方式重叠，形成δ键。比较三者，轨道重叠程度依次为σ＞π＞δ，成键轨道能量降低效应依次为σ＞π＞δ。在原子形成分子时，通常优先生成σ键，再生成π键或δ键。

5.4.1　CH_4的对称性匹配分子轨道

甲烷分子是正四面体结构，对称性为T_d群。分子对称操作集合$T_{\mathrm{d}}=\left\{E,4C_3^1,4C_3^2,3C_2^1,3S_4^1,3S_4^3,6\sigma_{\mathrm{d}}\right\}$，$h=24$。按照共轭类对称操作排列为$\left\{E,8C_3,3C_2,6S_4,6\sigma_{\mathrm{d}}\right\}$。将 3 条$S_4$分别定为分子坐标系的$x$、$y$、$z$轴，对称元素的位置如图 5-14 所示。碳原子的价层轨道和四个氢原子的 1s 轨道组成甲烷分子的全部原子轨道，就分子对称操作变换而言，它们具有不同的对称性质。按照对称性匹配原则，属于相同不可约表示的基函数，组合为 SALC 轨道，使能量本征方程的系数矩阵在不可约表示基下分块对角化。

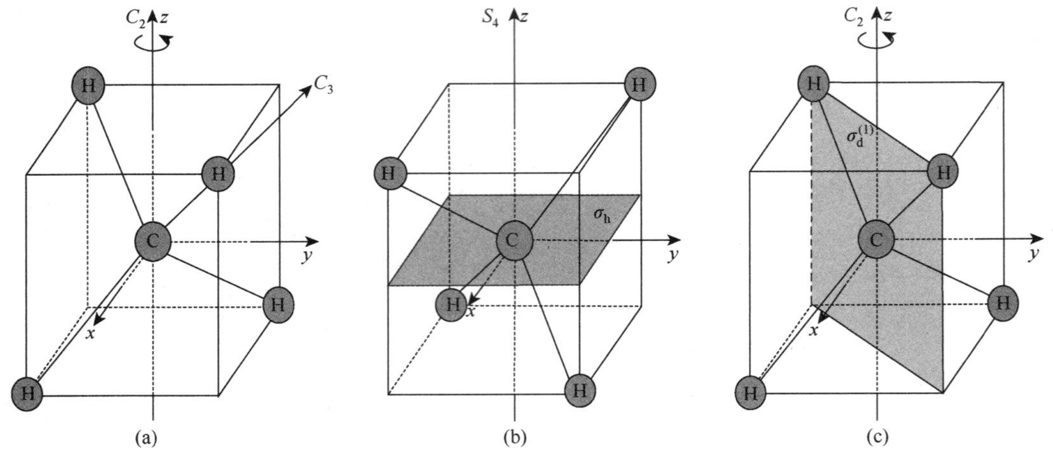

图 5-14　甲烷分子的坐标系和对称元素位置

1. *碳原子价层轨道的对称性*

碳原子的价层电子组态是[He]$2s^22p^2$，价层轨道有 2s、$2p_x$、$2p_y$、$2p_z$，形成四个 C—H 键的原子轨道包括：碳原子的价层轨道 2s、$2p_x$、$2p_y$、$2p_z$，以及氢原子的 1s。在分子坐标系中，碳原子价层轨道 2s 是球形对称的，$2p_x$、$2p_y$、$2p_z$分别沿坐标轴x、y、z方向取向，氢原子 1s 轨道的位置如图 5-14 所示。轨道波函数为

$$
\begin{aligned}
\psi_{2\mathrm{s}}&=\frac{1}{\sqrt{32\pi}}\left(\frac{Z}{a_0}\right)^{3/2}(2-\rho)\mathrm{e}^{-\frac{\rho}{2}}\\
\psi_{2\mathrm{p}_x}&=\frac{1}{4}\left(\frac{Z}{a_0}\right)^{3/2}\rho\mathrm{e}^{-\frac{\rho}{2}}\cdot\frac{1}{\sqrt{2\pi}}\sin\theta\cos\varphi,\ \psi_{2\mathrm{p}_x}=A(r)\cdot x\\
\psi_{2\mathrm{p}_y}&=\frac{1}{4}\left(\frac{Z}{a_0}\right)^{3/2}\rho\mathrm{e}^{-\frac{\rho}{2}}\cdot\frac{1}{\sqrt{2\pi}}\sin\theta\sin\varphi,\ \psi_{2\mathrm{p}_y}=A(r)\cdot y\\
\psi_{2\mathrm{p}_z}&=\frac{1}{4}\left(\frac{Z}{a_0}\right)^{3/2}\rho\mathrm{e}^{-\frac{\rho}{2}}\cdot\frac{1}{\sqrt{2\pi}}\cos\theta,\ \psi_{2\mathrm{p}_z}=A(r)\cdot z
\end{aligned}
\tag{5-171}
$$

首先选择碳原子价层的实波函数轨道作为基函数，由T_d群的对称操作，写出对称操作的一组可约表示，再求得可约表示的特征标。因为同一共轭类对称操作存在相似变换，特征标相等，所以，在写出对称操作的可约表示时，每个共轭类只需写出其中一个对称操作的可约表示，代表性共轭类对称操作见表 5-16 第一行。其中，2s 价层轨道是球形对称的，对于所有对称操作，都不变，见图 5-15，所得矩阵表示为一维不可约表示。

$$\hat{E}\psi_{2\mathrm{s}}=(1)\psi_{2\mathrm{s}},\ \chi(E)=1$$

$$\hat{C}_3\psi_{2s}=(1)\psi_{2s}，\chi(C_3)=1$$
$$\hat{C}_2\psi_{2s}=(1)\psi_{2s}，\chi(C_2)=1$$
$$\hat{S}_4\psi_{2s}=(1)\psi_{2s}，\chi(S_4)=1$$
$$\hat{\sigma}_d\psi_{2s}=(1)\psi_{2s}，\chi(\sigma_d)=1$$

由 T_d 群的不可约表示特征标表（表 5-16），2s 价层轨道属于不可约表示 $\boldsymbol{A}_1$ 。

表 5-16　T_d 群的不可约表示特征标表，以及碳和氢原子价轨道的可约表示特征标

T_d	E	$8C_3$	$3C_2$	$6S_4$	$6\sigma_d$	不可约表示基函数		
$\boldsymbol{A}_1$	1	1	1	1	1		$x^2+y^2+z^2$	$2xyz$
$\boldsymbol{A}_2$	1	1	1	−1	−1			
$\boldsymbol{E}$	2	−1	2	0	0		$2z^2-x^2-y^2$，x^2-y^2	
$\boldsymbol{T}_1$	3	0	−1	1	−1	R_x,R_y,R_z		$x(z^2-y^2)$，$y(z^2-x^2)$ $z(x^2-y^2)$
$\boldsymbol{T}_2$	3	0	−1	−1	1	x,y,z	xy,xz,yz	x^3,y^3,z^3
$\boldsymbol{\Gamma}$	3	0	−1	−1	1			$2p_x,2p_y,2p_z$
$\boldsymbol{\Gamma}'$	4	1	0	0	2			$\phi_1,\phi_2,\phi_3,\phi_4$

注：$\boldsymbol{\Gamma}$ 是碳原子价轨道 $\{2p_x,2p_y,2p_z\}$ 为基的可约表示特征标；$\boldsymbol{\Gamma}'$ 是四个氢原子 1s 轨道 $\{\phi_1,\phi_2,\phi_3,\phi_4\}$ 为基的可约表示特征标。

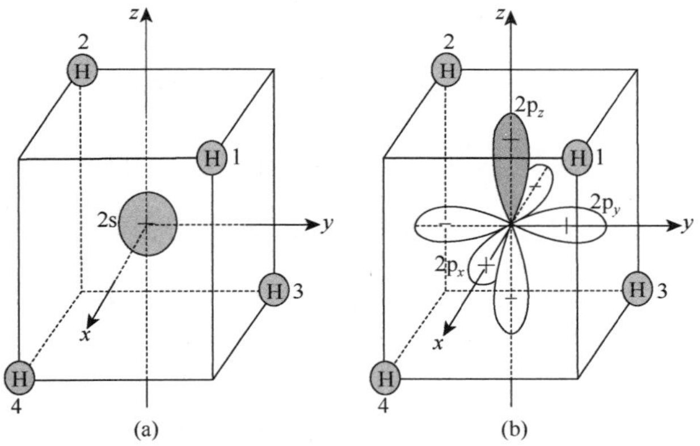

图 5-15　碳原子价层轨道的取向

选择第一象限的 C_3，如果坐标系不动，价层轨道 $2p_x$、$2p_y$、$2p_z$ 经该条 C_3 旋转，空间位置相对于原有位置发生移动，$2p_x\to2p_y$，$2p_y\to2p_z$，$2p_z\to2p_x$，变换矩阵、矩阵表示和特征标分别为

$$\hat{C}_3\begin{pmatrix}\psi_{2p_x}\\ \psi_{2p_y}\\ \psi_{2p_z}\end{pmatrix}=\begin{pmatrix}0&1&0\\0&0&1\\1&0&0\end{pmatrix}\begin{pmatrix}\psi_{2p_x}\\ \psi_{2p_y}\\ \psi_{2p_z}\end{pmatrix}=\begin{pmatrix}\psi_{2p_y}\\ \psi_{2p_z}\\ \psi_{2p_x}\end{pmatrix}，\boldsymbol{D}(C_3)=\begin{pmatrix}0&1&0\\0&0&1\\1&0&0\end{pmatrix}，\chi(C_3)=0$$

选择坐标系 z 轴方向的 $C_2^{(z)}$ 旋转轴，价层轨道 $2p_x$、$2p_y$、$2p_z$ 经旋转，$2p_z$ 的空间位置不变，$2p_z\to2p_z$。虽然 $2p_x$ 也回到原来位置，但其相位反号，$2p_x\to-2p_x$，$2p_y$ 也是如此，$2p_y\to-2p_y$。其变换方程、矩阵表示和特征标分别为

$$\hat{C}_2^{(z)}\begin{pmatrix}\psi_{2p_x}\\ \psi_{2p_y}\\ \psi_{2p_z}\end{pmatrix}=\begin{pmatrix}-1&0&0\\0&-1&0\\0&0&1\end{pmatrix}\begin{pmatrix}\psi_{2p_x}\\ \psi_{2p_y}\\ \psi_{2p_z}\end{pmatrix}=\begin{pmatrix}-\psi_{2p_x}\\ -\psi_{2p_y}\\ \psi_{2p_z}\end{pmatrix}，\boldsymbol{D}\left[C_2^{(z)}\right]=\begin{pmatrix}-1&0&0\\0&-1&0\\0&0&1\end{pmatrix}，\chi\left[C_2^{(z)}\right]=-1$$

选择坐标系 z 轴方向的象转轴 $S_4^{(z)}$，象转轴的反映面为 xy 平面。价层轨道 $2p_x$、$2p_y$、$2p_z$ 经旋转、反映联合操作，$2p_z$ 位置不变，但相位反号，$2p_z \to -2p_z$。$2p_x$ 移动到 $2p_y$ 位置，相位符号与坐标轴符号相同，$2p_x \to 2p_y$；$2p_y$ 则移动到 $2p_x$，相位符号与坐标轴符号相反，$2p_y \to -2p_x$。其变换方程、矩阵表示和特征标分别为

$$\hat{\boldsymbol{S}}_4^{(z)}\begin{pmatrix}\psi_{2p_x}\\ \psi_{2p_y}\\ \psi_{2p_z}\end{pmatrix}=\begin{pmatrix}0&1&0\\-1&0&0\\0&0&-1\end{pmatrix}\begin{pmatrix}\psi_{2p_x}\\ \psi_{2p_y}\\ \psi_{2p_z}\end{pmatrix}=\begin{pmatrix}\psi_{2p_y}\\ -\psi_{2p_x}\\ -\psi_{2p_z}\end{pmatrix},\ \boldsymbol{D}\left[S_4^{(z)}\right]=\begin{pmatrix}0&1&0\\-1&0&0\\0&0&-1\end{pmatrix},\ \chi\left[S_4^{(z)}\right]=-1$$

如图 5-14（c）所示，选择穿越第一、三象限，并包含坐标轴 z 的对角反映面 σ_d，求矩阵表示的特征标。价层轨道 $2p_x$、$2p_y$ 经 σ_d 反映，交换位置，即 $2p_x \to 2p_y$，$2p_y \to 2p_x$；$2p_z$ 经 σ_d 反映，位置和相位都不变，$2p_z \to 2p_z$。变换矩阵、矩阵表示和特征标分别为

$$\hat{\boldsymbol{\sigma}}_d^{(1)}\begin{pmatrix}\psi_{2p_x}\\ \psi_{2p_y}\\ \psi_{2p_z}\end{pmatrix}=\begin{pmatrix}0&1&0\\1&0&0\\0&0&1\end{pmatrix}\begin{pmatrix}\psi_{2p_x}\\ \psi_{2p_y}\\ \psi_{2p_z}\end{pmatrix}=\begin{pmatrix}\psi_{2p_y}\\ \psi_{2p_x}\\ \psi_{2p_z}\end{pmatrix},\ \boldsymbol{D}\left[\sigma_d^{(1)}\right]=\begin{pmatrix}0&1&0\\1&0&0\\0&0&1\end{pmatrix},\ \chi\left[\sigma_d^{(1)}\right]=1$$

恒等操作的矩阵表示是三阶单位矩阵。

$$\hat{\boldsymbol{E}}\begin{pmatrix}\psi_{2p_x}\\ \psi_{2p_y}\\ \psi_{2p_z}\end{pmatrix}=\begin{pmatrix}1&0&0\\0&1&0\\0&0&1\end{pmatrix}\begin{pmatrix}\psi_{2p_x}\\ \psi_{2p_y}\\ \psi_{2p_z}\end{pmatrix}=\begin{pmatrix}\psi_{2p_x}\\ \psi_{2p_y}\\ \psi_{2p_z}\end{pmatrix},\ \boldsymbol{D}(E)=\begin{pmatrix}1&0&0\\0&1&0\\0&0&1\end{pmatrix},\ \chi[E]=3$$

共轭类对称操作的表示矩阵的特征标相等，就同一共轭类的对称操作而言，无论对称操作依赖的对称元素处于哪一位置，其特征标都相等。按照共轭类对称操作顺序，将以上代表性对称操作的特征标，列在 T_d 群的不可约表示特征标表的下方，见表 5-16。

对这组可约表示 $\boldsymbol{\Gamma}$ 进行约化，其中，不可约表示 $\boldsymbol{T}_2$ 出现的次数为

$$\begin{aligned}n_5(\boldsymbol{T}_2)&=\frac{1}{24}\{1\times\chi[\boldsymbol{\Gamma}(E)]\chi_5[\boldsymbol{T}_2(E)]+8\times\chi[\boldsymbol{\Gamma}(C_3)]\chi_5[\boldsymbol{T}_2(C_3)]+3\times[\boldsymbol{\Gamma}(C_2)]\chi_5[\boldsymbol{T}_2(C_2)]\\&\quad+6\times[\boldsymbol{\Gamma}(S_4)]\chi_5[\boldsymbol{T}_2(S_4)]+6\times[\boldsymbol{\Gamma}(\sigma_d)]\chi_5[\boldsymbol{T}_2(\sigma_d)]\}\\&=\frac{1}{24}\left[1\times3\times3+8\times0\times0+3\times(-1)\times(-1)+6\times(-1)\times(-1)+6\times1\times1\right]=1\end{aligned}$$

其他不可约表示出现的次数均等于零。

$$n_1(\boldsymbol{A}_1)=0,\ n_2(\boldsymbol{A}_2)=0,\ n_3(\boldsymbol{E})=0,\ n_4(\boldsymbol{T}_1)=0$$

以 $2p_x$、$2p_y$、$2p_z$ 为基，可约表示 $\boldsymbol{\Gamma}$ 实际上就是不可约表示 $\boldsymbol{T}_2$，即

$$\boldsymbol{\Gamma}=\boldsymbol{T}_2 \tag{5-172}$$

碳原子的价层轨道分为 2s 和 $2p_x$、$2p_y$、$2p_z$ 两组，分别属于 $\boldsymbol{A}_1$ 和 $\boldsymbol{T}_2$ 不可约表示。

$$\begin{aligned}&\boldsymbol{A}_1:\psi_{2s}\\&\boldsymbol{T}_2:\{\psi_{2p_x},\psi_{2p_y},\psi_{2p_z}\}\end{aligned} \tag{5-173}$$

2. 氢原子 1s 轨道的对称性

设四个氢原子的 1s 轨道组成基轨道集合 $\{\phi_1,\phi_2,\phi_3,\phi_4\}$，编号与图 5-15 中氢原子的编号一致。以碳原子为坐标系原点，对照图 5-14 的对称元素位置，以及图 5-15 中的 1s 轨道编号，根据 1s 轨道球形对称的特点，写出基轨道下对称操作的变换矩阵。

选择第一象限的 C_3，保持坐标系不动，ϕ_1 在 C_3 轴上，绕 C_3 逆时针旋转 120°位置不变，而 ϕ_2 移动到 ϕ_4 位置，$\phi_2 \to \phi_4$；ϕ_3 移动到 ϕ_2 位置，$\phi_3 \to \phi_2$；ϕ_4 移动到 ϕ_3 位置，$\phi_4 \to \phi_3$。对称操作 C_3 的变换矩阵、矩阵表示和特征标分别为

$$\hat{C}_3\begin{pmatrix}\phi_1\\\phi_2\\\phi_3\\\phi_4\end{pmatrix}=\begin{pmatrix}1&0&0&0\\0&0&0&1\\0&1&0&0\\0&0&1&0\end{pmatrix}\begin{pmatrix}\phi_1\\\phi_2\\\phi_3\\\phi_4\end{pmatrix}=\begin{pmatrix}\phi_1\\\phi_4\\\phi_2\\\phi_3\end{pmatrix},\ \boldsymbol{D}(C_3)=\begin{pmatrix}1&0&0&0\\0&0&0&1\\0&1&0&0\\0&0&1&0\end{pmatrix},\ \chi(C_3)=1$$

选择坐标系 z 轴方向的 $C_2^{(z)}$ 旋转轴，绕 $C_2^{(z)}$ 逆时针旋转 180°，ϕ_1 和 ϕ_2 交换位置，$\phi_2\to\phi_1$，$\phi_1\to\phi_2$；ϕ_3 和 ϕ_4 交换位置，$\phi_3\to\phi_4$，$\phi_4\to\phi_3$。对称操作 $C_2^{(z)}$ 变换的方程、矩阵表示和特征标分别为

$$\hat{C}_2^{(z)}\begin{pmatrix}\phi_1\\\phi_2\\\phi_3\\\phi_4\end{pmatrix}=\begin{pmatrix}0&1&0&0\\1&0&0&0\\0&0&0&1\\0&0&1&0\end{pmatrix}\begin{pmatrix}\phi_1\\\phi_2\\\phi_3\\\phi_4\end{pmatrix}=\begin{pmatrix}\phi_2\\\phi_1\\\phi_4\\\phi_3\end{pmatrix},\ \boldsymbol{D}\left[C_2^{(z)}\right]=\begin{pmatrix}0&1&0&0\\1&0&0&0\\0&0&0&1\\0&0&1&0\end{pmatrix},\ \chi\left[C_2^{(z)}\right]=0$$

选择坐标系 z 轴方向的象转轴 $S_4^{(z)}$，象转轴的反映面为 xy 平面。绕 $S_4^{(z)}$ 旋转 90°，再沿 σ_{xy} 镜面反映，$\phi_1\to\phi_3$，$\phi_2\to\phi_4$，$\phi_3\to\phi_2$，$\phi_4\to\phi_1$。对称操作 $S_4^{(z)}$ 的变换方程、矩阵表示和特征标分别为

$$\hat{S}_4^{(z)}\begin{pmatrix}\phi_1\\\phi_2\\\phi_3\\\phi_4\end{pmatrix}=\begin{pmatrix}0&0&1&0\\0&0&0&1\\0&1&0&0\\1&0&0&0\end{pmatrix}\begin{pmatrix}\phi_1\\\phi_2\\\phi_3\\\phi_4\end{pmatrix}=\begin{pmatrix}\phi_3\\\phi_4\\\phi_2\\\phi_1\end{pmatrix},\ \boldsymbol{D}\left[S_4^{(z)}\right]=\begin{pmatrix}0&0&1&0\\0&0&0&1\\0&1&0&0\\1&0&0&0\end{pmatrix},\ \chi\left[S_4^{(z)}\right]=0$$

选择穿越第一、三象限，并包含坐标轴 z 的对角反映面 $\sigma_d^{(1)}$，如图 5-14（c）所示。ϕ_1 和 ϕ_2 都在对角反映面上，经过 σ_d 反映位置不变，$\phi_1\to\phi_1$，$\phi_2\to\phi_2$。ϕ_3 和 ϕ_4 交换位置，$\phi_3\to\phi_4$，$\phi_4\to\phi_3$。对称操作 $\sigma_d^{(1)}$ 的变换矩阵表示为

$$\hat{\sigma}_d^{(1)}\begin{pmatrix}\phi_1\\\phi_2\\\phi_3\\\phi_4\end{pmatrix}=\begin{pmatrix}1&0&0&0\\0&1&0&0\\0&0&0&1\\0&0&1&0\end{pmatrix}\begin{pmatrix}\phi_1\\\phi_2\\\phi_3\\\phi_4\end{pmatrix}=\begin{pmatrix}\phi_1\\\phi_2\\\phi_4\\\phi_3\end{pmatrix},\ \boldsymbol{D}\left[\sigma_d^{(1)}\right]=\begin{pmatrix}1&0&0&0\\0&1&0&0\\0&0&0&1\\0&0&1&0\end{pmatrix},\ \chi\left[\sigma_d^{(1)}\right]=2$$

恒等操作 E 的矩阵表示为四阶单位矩阵

$$\hat{E}\begin{pmatrix}\phi_1\\\phi_2\\\phi_3\\\phi_4\end{pmatrix}=\begin{pmatrix}1&0&0&0\\0&1&0&0\\0&0&1&0\\0&0&0&1\end{pmatrix}\begin{pmatrix}\phi_1\\\phi_2\\\phi_3\\\phi_4\end{pmatrix}=\begin{pmatrix}\phi_1\\\phi_2\\\phi_3\\\phi_4\end{pmatrix},\ \boldsymbol{D}[E]=\begin{pmatrix}1&0&0&0\\0&1&0&0\\0&0&1&0\\0&0&0&1\end{pmatrix},\ \chi[E]=4$$

对基轨道集合 $\{\phi_1,\phi_2,\phi_3,\phi_4\}$ 下的可约表示 $\boldsymbol{\Gamma}'$ 进行约化，其中，不可约表示 $\boldsymbol{A}_1$ 出现的次数为

$$\begin{aligned}n_1(\boldsymbol{A}_1)=&\frac{1}{24}\{1\times\chi[\boldsymbol{\Gamma}'(E)]\chi[\boldsymbol{A}_1(E)]+8\times\chi[\boldsymbol{\Gamma}'(C_3)]\chi[\boldsymbol{A}_1(C_3)]+3\times\chi[\boldsymbol{\Gamma}'(C_2)]\chi[\boldsymbol{A}_1(C_2)]\\&+6\times\chi[\boldsymbol{\Gamma}'(S_4)]\chi[\boldsymbol{A}_1(S_4)]+6\times\chi[\boldsymbol{\Gamma}'(\sigma_d)]\chi[\boldsymbol{A}_1(\sigma_d)]\}\\=&\frac{1}{24}\left[1\times4\times1+8\times1\times1+3\times0\times1+6\times0\times1+6\times2\times1\right]=1\end{aligned}$$

$$\begin{aligned}n_5(\boldsymbol{T}_2)=&\frac{1}{24}\{1\times\chi[\boldsymbol{\Gamma}'(E)]\chi[\boldsymbol{T}_2(E)]+8\times\chi[\boldsymbol{\Gamma}'(C_3)]\chi[\boldsymbol{T}_2(C_3)]+3\times\chi[\boldsymbol{\Gamma}'(C_2)]\chi[\boldsymbol{T}_2(C_2)]\\&+6\times\chi[\boldsymbol{\Gamma}'(S_4)]\chi[\boldsymbol{T}_2(S_4)]+6\times\chi[\boldsymbol{\Gamma}'(\sigma_d)]\chi[\boldsymbol{T}_2(\sigma_d)]\}\\=&\frac{1}{24}\left[1\times4\times3+8\times1\times0+3\times0\times(-1)+6\times0\times(-1)+6\times2\times1\right]=1\end{aligned}$$

其他不可约表示出现的次数均等于零。

$$n_2(\boldsymbol{A}_2)=0,\ n_3(\boldsymbol{E})=0,\ n_4(\boldsymbol{T}_1)=0$$

以四个氢原子 1s 轨道集合 $\{\phi_1,\phi_2,\phi_3,\phi_4\}$ 为基，所得可约表示 $\boldsymbol{\Gamma}'$ 是不可约表示 $\boldsymbol{A}_1$ 和 $\boldsymbol{T}_2$ 的直和。

$$\boldsymbol{\Gamma}'=\boldsymbol{A}_1\oplus\boldsymbol{T}_2\tag{5-174}$$

下面用 T_d 群的最大正规子群 D_2 群的不可约特征标表，构建特征标投影算符，由投影算符生成具有对称性匹配的 SALC 群轨道。表 5-17 是 D_2 群的不可约表示特征标表，其中，D_2 群的不可约表示 $\boldsymbol{A}$ 对应 T_d 群的

不可约表示 $\boldsymbol{A}_1$，T_{d} 群的不可约表示 $\boldsymbol{T}_2$ 可约化为 $\boldsymbol{B}_1$、$\boldsymbol{B}_2$ 和 $\boldsymbol{B}_3$ 的直和，即

$$\boldsymbol{T}_2 = \boldsymbol{B}_1 \oplus \boldsymbol{B}_2 \oplus \boldsymbol{B}_3 \tag{5-175}$$

表 5-17　D_2 群的不可约表示特征标表

D_2	E	$C_2^{(z)}$	$C_2^{(y)}$	$C_2^{(x)}$	不可约表示基函数		
$\boldsymbol{A}$	1	1	1	1		x^2, y^2, z^2	$2xyz$
$\boldsymbol{B}_1$	1	1	−1	−1	z, R_z	xy	z^3，$z(x^2-y^2)$
$\boldsymbol{B}_2$	1	−1	1	−1	y, R_y	xz	yz^2，$y(3x^2-y^2)$
$\boldsymbol{B}_3$	1	−1	−1	1	x, R_x	yz	xz^2，$x(x^2-3y^2)$

不可约表示 $\boldsymbol{A}$、$\boldsymbol{B}_1$、$\boldsymbol{B}_2$ 和 $\boldsymbol{B}_3$ 的投影算符分别为

$$\begin{aligned}
\hat{\boldsymbol{P}}[\boldsymbol{A}(R)] &= \frac{1}{4}\left[1\times\hat{\boldsymbol{E}} + 1\times\hat{\boldsymbol{C}}_2^{(z)} + 1\times\hat{\boldsymbol{C}}_2^{(y)} + 1\times\hat{\boldsymbol{C}}_2^{(x)}\right]\\
\hat{\boldsymbol{P}}[\boldsymbol{B}_1(R)] &= \frac{1}{4}\left[1\times\hat{\boldsymbol{E}} + 1\times\hat{\boldsymbol{C}}_2^{(z)} + (-1)\times\hat{\boldsymbol{C}}_2^{(y)} + (-1)\times\hat{\boldsymbol{C}}_2^{(x)}\right]\\
\hat{\boldsymbol{P}}[\boldsymbol{B}_2(R)] &= \frac{1}{4}[1\times\hat{\boldsymbol{E}} + (-1)\times\hat{\boldsymbol{C}}_2^{(z)} + 1\times\hat{\boldsymbol{C}}_2^{(y)} + (-1)\times\hat{\boldsymbol{C}}_2^{(x)}]\\
\hat{\boldsymbol{P}}[\boldsymbol{B}_3(R)] &= \frac{1}{4}[1\times\hat{\boldsymbol{E}} + (-1)\times\hat{\boldsymbol{C}}_2^{(z)} + (-1)\times\hat{\boldsymbol{C}}_2^{(y)} + 1\times\hat{\boldsymbol{C}}_2^{(x)}]
\end{aligned} \tag{5-176}$$

对氢原子 1s 轨道 ϕ_1 进行投影，因为 $\hat{\boldsymbol{E}}\phi_1 = \phi_1$，$\hat{\boldsymbol{C}}_2^{(x)}\phi_1 = \phi_4$，$\hat{\boldsymbol{C}}_2^{(y)}\phi_1 = \phi_3$，$\hat{\boldsymbol{C}}_2^{(z)}\phi_1 = \phi_2$，则有

$$\begin{aligned}
\hat{\boldsymbol{P}}[\boldsymbol{A}(R)]\phi_1 &= \frac{1}{4}\left[1\times\hat{\boldsymbol{E}}\phi_1 + 1\times\hat{\boldsymbol{C}}_2^{(z)}\phi_1 + 1\times\hat{\boldsymbol{C}}_2^{(y)}\phi_1 + 1\times\hat{\boldsymbol{C}}_2^{(x)}\phi_1\right]\\
&= \frac{1}{4}(\phi_1+\phi_2+\phi_3+\phi_4)\\
\hat{\boldsymbol{P}}[\boldsymbol{B}_1(R)]\phi_1 &= \frac{1}{4}\left[1\times\hat{\boldsymbol{E}}\phi_1 + 1\times\hat{\boldsymbol{C}}_2^{(z)}\phi_1 + (-1)\times\hat{\boldsymbol{C}}_2^{(y)}\phi_1 + (-1)\times\hat{\boldsymbol{C}}_2^{(x)}\phi_1\right]\\
&= \frac{1}{4}(\phi_1+\phi_2-\phi_3-\phi_4)\\
\hat{\boldsymbol{P}}[\boldsymbol{B}_2(R)]\phi_1 &= \frac{1}{4}\left[1\times\hat{\boldsymbol{E}}\phi_1 + (-1)\times\hat{\boldsymbol{C}}_2^{(z)}\phi_1 + 1\times\hat{\boldsymbol{C}}_2^{(y)}\phi_1 + (-1)\times\hat{\boldsymbol{C}}_2^{(x)}\phi_1\right]\\
&= \frac{1}{4}(\phi_1-\phi_2+\phi_3-\phi_4)\\
\hat{\boldsymbol{P}}[\boldsymbol{B}_3(R)]\phi_1 &= \frac{1}{4}\left[1\times\hat{\boldsymbol{E}}\phi_1 + (-1)\times\hat{\boldsymbol{C}}_2^{(z)}\phi_1 + (-1)\times\hat{\boldsymbol{C}}_2^{(y)}\phi_1 + 1\times\hat{\boldsymbol{C}}_2^{(x)}\phi_1\right]\\
&= \frac{1}{4}(\phi_1-\phi_2-\phi_3+\phi_4)
\end{aligned}$$

经过投影算符作用，求得四个氢原子 1s 轨道的 SALC 群轨道，分别属于 D_2 群的不可约表示 $\boldsymbol{A}$、$\boldsymbol{B}_1$、$\boldsymbol{B}_2$、$\boldsymbol{B}_3$，其中，不可约表示 $\boldsymbol{B}_1$、$\boldsymbol{B}_2$ 和 $\boldsymbol{B}_3$ 的群轨道分别对应基函数 z、y、x。经归一化，四个氢原子 1s 轨道组合而成的 SALC 群轨道分别为

$$\boldsymbol{A}_1(\boldsymbol{A}):\psi_{1s}^{(a)} = \frac{1}{2}(\phi_1+\phi_2+\phi_3+\phi_4) \tag{5-177}$$

$$\begin{aligned}
\boldsymbol{T}_2(\boldsymbol{B}_1):\psi_{1s}^{(z)} &= \frac{1}{2}(\phi_1+\phi_2-\phi_3-\phi_4)\\
\boldsymbol{T}_2(\boldsymbol{B}_2):\psi_{1s}^{(y)} &= \frac{1}{2}(\phi_1-\phi_2+\phi_3-\phi_4)\\
\boldsymbol{T}_2(\boldsymbol{B}_3):\psi_{1s}^{(x)} &= \frac{1}{2}(\phi_1-\phi_2-\phi_3+\phi_4)
\end{aligned} \tag{5-178}$$

D_2 群的不可约表示 $\boldsymbol{A}$ 和 $\boldsymbol{B}$（$\boldsymbol{B}_1$、$\boldsymbol{B}_2$、$\boldsymbol{B}_3$），分别与 T_{d} 群的不可约表示 $\boldsymbol{A}_1$ 和 $\boldsymbol{T}_2$ 对应，括号中符号是 D_2 群的

不可约表示符号。将碳、氢原子的对称性匹配轨道，式（5-173）以及式（5-177）和式（5-178），按照相同的不可约表示对称性进行组合，就求得甲烷分子的正则分子轨道（CMO），其中，同号重叠形成成键轨道，异号重叠形成反键轨道，属于不可约表示 $\boldsymbol{A}_1$ 的成键和反键轨道分别为

$$\begin{aligned}\boldsymbol{A}_1:\Phi_1&=c_{11}\psi_{2s}+c_{12}\psi_{1s}^{(a)}=c_{11}\psi_{2s}+\frac{c_{12}}{2}(\phi_1+\phi_2+\phi_3+\phi_4)\\\Phi_2&=c_{21}\psi_{2s}-c_{22}\psi_{1s}^{(a)}=c_{21}\psi_{2s}-\frac{c_{22}}{2}(\phi_1+\phi_2+\phi_3+\phi_4)\end{aligned}\tag{5-179}$$

属于不可约表示 $\boldsymbol{T}_2$ 的成键和反键轨道分别为

$$\begin{aligned}\boldsymbol{T}_2(\boldsymbol{B}_1):\Phi_3&=c_{31}\psi_{2p_z}+c_{32}\psi_{1s}^{(z)}=c_{31}\psi_{2p_z}+\frac{c_{32}}{2}(\phi_1+\phi_2-\phi_3-\phi_4)\\\Phi_4&=c_{41}\psi_{2p_z}-c_{42}\psi_{1s}^{(z)}=c_{41}\psi_{2p_z}-\frac{c_{42}}{2}(\phi_1+\phi_2-\phi_3-\phi_4)\end{aligned}\tag{5-180}$$

$$\begin{aligned}\boldsymbol{T}_2(\boldsymbol{B}_2):\Phi_5&=c_{51}\psi_{2p_y}+c_{52}\psi_{1s}^{(y)}=c_{51}\psi_{2p_y}+\frac{c_{52}}{2}(\phi_1-\phi_2+\phi_3-\phi_4)\\\Phi_6&=c_{61}\psi_{2p_y}-c_{62}\psi_{1s}^{(y)}=c_{61}\psi_{2p_y}-\frac{c_{62}}{2}(\phi_1-\phi_2+\phi_3-\phi_4)\end{aligned}\tag{5-181}$$

$$\begin{aligned}\boldsymbol{T}_2(\boldsymbol{B}_3):\Phi_7&=c_{71}\psi_{2p_x}+c_{72}\psi_{1s}^{(x)}=c_{71}\psi_{2p_x}+\frac{c_{72}}{2}(\phi_1-\phi_2-\phi_3+\phi_4)\\\Phi_8&=c_{81}\psi_{2p_x}-c_{82}\psi_{1s}^{(x)}=c_{81}\psi_{2p_x}-\frac{c_{82}}{2}(\phi_1-\phi_2-\phi_3+\phi_4)\end{aligned}\tag{5-182}$$

不难得出，属于不可约表示 $\boldsymbol{T}_2$ 的三组轨道的能量是简并的。利用不同不可约表示的 CMO 相互正交的性质，如下重叠积分等于零，

$$S_{ki}=\int\Phi_k^*\Phi_i\mathrm{d}\tau=0,\ k=1,2,i=3,4,5,6,7,8\tag{5-183}$$

相应交换积分也等于零，

$$H_{ki}=\int\Phi_k^*\hat{H}\Phi_i\mathrm{d}\tau=0,\ k=1,2,i=3,4,5,6,7,8\tag{5-184}$$

这就实现了能量矩阵方程中系数矩阵的分块对角化。

5.4.2 CH_4 的分子轨道能级

将正则分子轨道作为酉空间的基函数，通过线性组合，求得甲烷分子的定域分子轨道。其中，不可约表示 $\boldsymbol{A}_1$ 的分子轨道为

$$\Psi(\boldsymbol{A}_1)=c_1\Phi_1+c_2\Phi_2\tag{5-185}$$

不可约表示 $\boldsymbol{T}_2(\boldsymbol{B}_1)$ 的分子轨道为

$$\Psi(\boldsymbol{B}_1)=c_3\Phi_3+c_4\Phi_4\tag{5-186}$$

不可约表示 $\boldsymbol{T}_2(\boldsymbol{B}_2)$ 的分子轨道为

$$\Psi(\boldsymbol{B}_2)=c_5\Phi_5+c_6\Phi_6\tag{5-187}$$

不可约表示 $\boldsymbol{T}_2(\boldsymbol{B}_3)$ 的分子轨道为

$$\Psi(\boldsymbol{B}_3)=c_7\Phi_7+c_8\Phi_8\tag{5-188}$$

在线性变分条件下，导出能量矩阵方程。碳原子价层轨道都是正交归一化轨道，不同不可约表示轨道相互正交，系数矩阵必然是分块对角矩阵，简化为四个二阶矩阵方程。

$$\boldsymbol{A}_1:\begin{pmatrix}H_{11}-ES_{11}&H_{12}-ES_{12}\\H_{21}-ES_{21}&H_{22}-ES_{22}\end{pmatrix}\begin{pmatrix}c_1\\c_2\end{pmatrix}=0\tag{5-189}$$

$$\boldsymbol{T}_2(\boldsymbol{B}_1):\begin{pmatrix}H_{33}-ES_{33}&H_{34}-ES_{34}\\H_{43}-ES_{43}&H_{44}-ES_{44}\end{pmatrix}\begin{pmatrix}c_3\\c_4\end{pmatrix}=0\tag{5-190}$$

$$\boldsymbol{T}_2(\boldsymbol{B}_2):\begin{pmatrix}H_{55}-ES_{55}&H_{56}-ES_{56}\\H_{65}-ES_{65}&H_{66}-ES_{66}\end{pmatrix}\begin{pmatrix}c_5\\c_6\end{pmatrix}=0\tag{5-191}$$

$$\boldsymbol{T}_2(\boldsymbol{B}_3):\begin{pmatrix} H_{77}-ES_{77} & H_{78}-ES_{78} \\ H_{87}-ES_{87} & H_{88}-ES_{88} \end{pmatrix}\begin{pmatrix} c_7 \\ c_8 \end{pmatrix}=0 \tag{5-192}$$

计算分子轨道能量的关键，首先是计算系数矩阵中的重叠积分、交换积分和库仑积分；其次是积分中涉及的碳原子价层轨道波函数，应用较为广泛的有斯莱特轨道波函数和高斯拟合函数。甲烷分子共包括 8 个成键电子，哈密顿算符为

$$H=-\frac{1}{2}\sum_{i=1}^{8}\nabla_i^2-\sum_{i=1}^{4}\frac{Z_{\mathrm{C}}}{r_i}-\sum_{i=1}^{4}\frac{Z_{\mathrm{H}}}{r_i}+\frac{1}{2}\sum_{i=1}^{8}\sum_{j=1}^{8}\frac{1}{r_{ij}} \tag{5-193}$$

按照波函数和哈密顿算符的电子坐标不匹配，积分就等于零的原则，计算积分。如碳原子的 2s 轨道与氢原子群轨道组合的分子轨道，成键轨道上占据 2 个电子，将表达式（5-179）代入如下库仑积分和交换积分

$$H_{11}=\int\Phi_1^*\hat{H}\Phi_1\mathrm{d}\tau,\ H_{12}=\int\Phi_1^*\hat{H}\Phi_2\mathrm{d}\tau$$

展开方程（5-189）的系数矩阵对应的行列式，就解得能量。

$$\begin{vmatrix} H_{11}-ES_{11} & H_{12}-ES_{12} \\ H_{21}-ES_{21} & H_{22}-ES_{22} \end{vmatrix}=0$$

以上是量子化学求解共价分子体系的一般方法，过程涉及较多积分运算，快速求算积分是数值计算的重要内容。根据甲烷分子的电子能级结构，可归属甲烷分子的紫外光电子能谱，将结合能实验数据与理论值比较，确定分子轨道能级和相应波函数，画出的分子轨道能级图，见图 5-16。

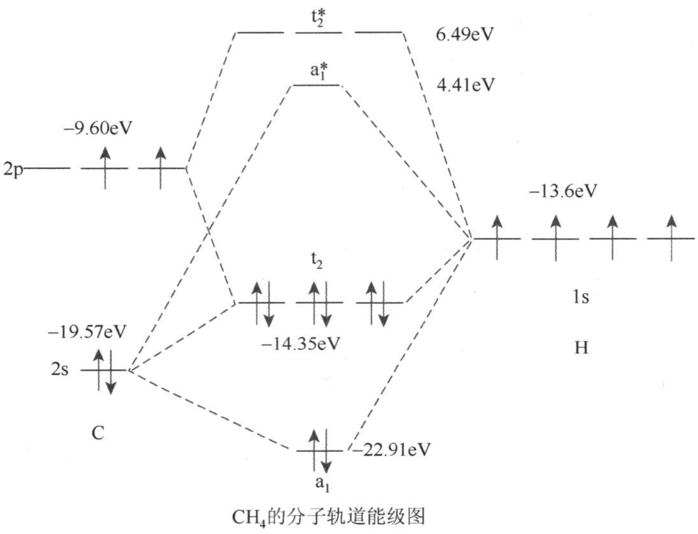

图 5-16　甲烷的分子轨道能级图

a_1 和 t_2 轨道能量为电子能谱结合能负值，其他为 RHF//6-311G*方法计算值

SALC 分子轨道所属的不可约表示符号也常用小写字母 a_1 和 t_2 表示，对称性为 a_1 的分子轨道能量为 −22.91eV，对称性为 t_2 的分子轨道为三重简并态，能量为−14.35eV，图中分子轨道能量是电子能谱结合能的负值。四个成键轨道的分子轨道图形见图 5-17。

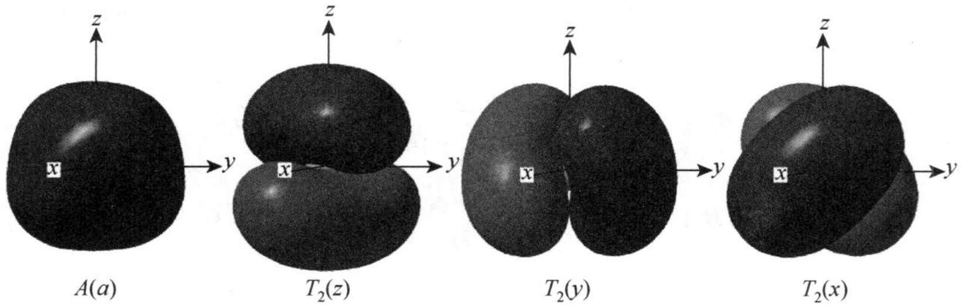

图 5-17　甲烷的成键分子轨道图形

5.4.3 CH_4的杂化分子轨道

甲烷是正四面体结构，由四个等同的 C—H 键构成，而甲烷的四个成键分子轨道由对称性分别为 a_1 和 t_2 的两组轨道构成，能量值相差很大，这如何与分子结构对称性保持匹配关系呢？1933 年，鲍林提出杂化轨道理论，用抽象化的概率统计方法，将中心碳原子的价层 2s 和 2p 混杂，按照成键数等分。这种通过中心原子价层轨道混杂、等分产生的原子轨道，称为杂化轨道。将 2s、$2p_x$、$2p_y$、$2p_z$ 视为等同的轨道，按照正四面体对称性，可以得到四条与四个氢原子 1s 轨道相位匹配一致的组合杂化轨道。碳原子杂化轨道的取向就在 C—H 键的方向，按照图 5-14（a）所示的 C—H 键的象限位置，以及图 5-15 所示的碳原子价轨道的空间位置，可以写出碳原子的四条杂化轨道：

$$\boldsymbol{A}_1:\psi_{\mathrm{h}}^{(1)}=\frac{1}{2}(\psi_{2\mathrm{s}}+\psi_{2\mathrm{p}_x}+\psi_{2\mathrm{p}_y}+\psi_{2\mathrm{p}_z}) \tag{5-194}$$

$$\begin{aligned}
\boldsymbol{T}_2(\boldsymbol{B}_1):\psi_{\mathrm{h}}^{(2)}&=\frac{1}{2}(\psi_{2\mathrm{s}}-\psi_{2\mathrm{p}_x}-\psi_{2\mathrm{p}_y}+\psi_{2\mathrm{p}_z})\\
\boldsymbol{T}_2(\boldsymbol{B}_2):\psi_{\mathrm{h}}^{(3)}&=\frac{1}{2}(\psi_{2\mathrm{s}}-\psi_{2\mathrm{p}_x}+\psi_{2\mathrm{p}_y}-\psi_{2\mathrm{p}_z})\\
\boldsymbol{T}_2(\boldsymbol{B}_3):\psi_{\mathrm{h}}^{(4)}&=\frac{1}{2}(\psi_{2\mathrm{s}}+\psi_{2\mathrm{p}_x}-\psi_{2\mathrm{p}_y}-\psi_{2\mathrm{p}_z})
\end{aligned} \tag{5-195}$$

杂化轨道的波函数图形见图 5-18，沿 C—H 键轴，杂化轨道有最大电子密度。将球极坐标系下的原子轨道波函数形式（5-171），代入以上杂化轨道表达式。根据直角坐标系与球极坐标系的位置关系，沿直角坐标系 z 轴透视，四条杂化轨道与 x 轴正方向的交角就是球极坐标系的 φ 角[5]，分别为 45°、225°、135°、315°。于是，四条杂化轨道的球坐标函数表达式分别为

$$\begin{aligned}
\psi_{\mathrm{h}}^{(1)}&=k[(2-\rho)+\rho\sin\theta\cos\varphi+\rho\sin\theta\sin\varphi+\rho\cos\theta)],\varphi=45^\circ\\
\psi_{\mathrm{h}}^{(2)}&=k[(2-\rho)-\rho\sin\theta\cos\varphi-\rho\sin\theta\sin\varphi+\rho\cos\theta)],\varphi=225^\circ\\
\psi_{\mathrm{h}}^{(3)}&=k[(2-\rho)-\rho\sin\theta\cos\varphi+\rho\sin\theta\sin\varphi-\rho\cos\theta)],\varphi=135^\circ\\
\psi_{\mathrm{h}}^{(4)}&=k[(2-\rho)+\rho\sin\theta\cos\varphi-\rho\sin\theta\sin\varphi-\rho\cos\theta)],\varphi=315^\circ
\end{aligned} \tag{5-196}$$

其中，$k=\frac{1}{2}\frac{1}{\sqrt{32\pi}}\left(\frac{Z}{a_0}\right)^{3/2}\mathrm{e}^{-\frac{\rho}{2}}$。将杂化轨道的投影 φ 角代入，再分别对变量 θ 求一阶导数，可以求得四条杂化轨道在纵向 z 轴的取向。

$$\begin{aligned}
\frac{\partial\psi_{\mathrm{h}}^{(1)}}{\partial\theta}&=k\rho\left[\sqrt{2}\cos\theta-\sin\theta\right]=0,\theta_1=54.74^\circ\\
\frac{\partial\psi_{\mathrm{h}}^{(2)}}{\partial\theta}&=k\rho\left[\sqrt{2}\cos\theta-\sin\theta\right]=0,\theta_2=54.74^\circ\\
\frac{\partial\psi_{\mathrm{h}}^{(3)}}{\partial\theta}&=k\rho\left[\sqrt{2}\cos\theta+\sin\theta\right]=0,\theta_3=-54.74^\circ\\
\frac{\partial\psi_{\mathrm{h}}^{(4)}}{\partial\theta}&=k\rho\left[\sqrt{2}\cos\theta+\sin\theta\right]=0,\theta_4=-54.74^\circ
\end{aligned} \tag{5-197}$$

根据 θ 角度可以得出：任意两条杂化轨道的交角都等于 109.48°，这正是正四面体分子的键角。

按照对称性匹配原则，即相同不可约表示的轨道进行组合，就得到类似于式（5-179）～式（5-182）的八条分子轨道。

$$\begin{aligned}
\boldsymbol{A}_1:\psi_{\mathrm{h}}^{(1)}&=\frac{d_{11}}{2}(\psi_{2\mathrm{s}}+\psi_{2\mathrm{p}_x}+\psi_{2\mathrm{p}_y}+\psi_{2\mathrm{p}_z})+\frac{d_{12}}{2}(\phi_1+\phi_2+\phi_3+\phi_4)\\
\psi_{\mathrm{h}}'^{(1)}&=\frac{d_{11}}{2}(\psi_{2\mathrm{s}}+\psi_{2\mathrm{p}_x}+\psi_{2\mathrm{p}_y}+\psi_{2\mathrm{p}_z})-\frac{d_{12}}{2}(\phi_1+\phi_2+\phi_3+\phi_4)
\end{aligned} \tag{5-198}$$

$$T_2(\boldsymbol{B}_1):\psi_{\mathrm{h}}^{(2)}=\frac{d_{21}}{2}(\psi_{2\mathrm{s}}-\psi_{2\mathrm{p}_x}-\psi_{2\mathrm{p}_y}+\psi_{2\mathrm{p}_z})+\frac{d_{22}}{2}(\phi_1+\phi_2-\phi_3-\phi_4)$$
$$\psi_{\mathrm{h}}'^{(2)}=\frac{d_{21}}{2}(\psi_{2\mathrm{s}}-\psi_{2\mathrm{p}_x}-\psi_{2\mathrm{p}_y}+\psi_{2\mathrm{p}_z})-\frac{d_{22}}{2}(\phi_1+\phi_2-\phi_3-\phi_4) \tag{5-199}$$

$$T_2(\boldsymbol{B}_2):\psi_{\mathrm{h}}^{(3)}=\frac{d_{31}}{2}(\psi_{2\mathrm{s}}-\psi_{2\mathrm{p}_x}+\psi_{2\mathrm{p}_y}-\psi_{2\mathrm{p}_z})+\frac{d_{32}}{2}(\phi_1-\phi_2+\phi_3-\phi_4)$$
$$\psi_{\mathrm{h}}'^{(3)}=\frac{d_{31}}{2}(\psi_{2\mathrm{s}}-\psi_{2\mathrm{p}_x}+\psi_{2\mathrm{p}_y}-\psi_{2\mathrm{p}_z})-\frac{d_{32}}{2}(\phi_1-\phi_2+\phi_3-\phi_4) \tag{5-200}$$

$$T_2(\boldsymbol{B}_3):\psi_{\mathrm{h}}^{(4)}=\frac{d_{41}}{2}(\psi_{2\mathrm{s}}+\psi_{2\mathrm{p}_x}-\psi_{2\mathrm{p}_y}-\psi_{2\mathrm{p}_z})+\frac{d_{42}}{2}(\phi_1-\phi_2-\phi_3+\phi_4)$$
$$\psi_{\mathrm{h}}'^{(4)}=\frac{d_{41}}{2}(\psi_{2\mathrm{s}}+\psi_{2\mathrm{p}_x}-\psi_{2\mathrm{p}_y}-\psi_{2\mathrm{p}_z})-\frac{d_{42}}{2}(\phi_1-\phi_2-\phi_3+\phi_4) \tag{5-201}$$

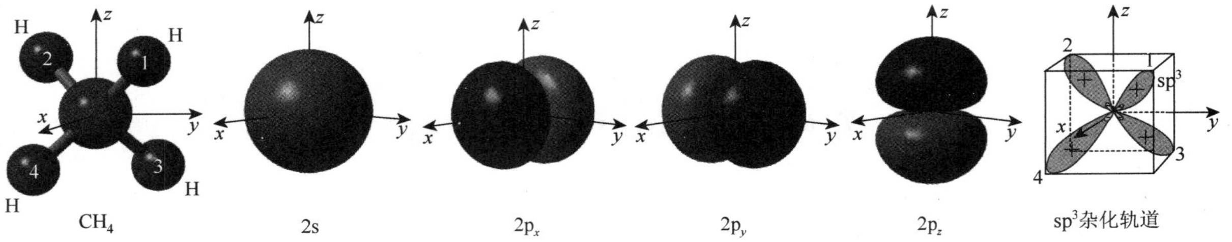

图 5-18　甲烷分子的 sp^3 杂化轨道图形

运用杂化轨道理论，结合价电子对互斥理论（VSEPR），可以解释或预见一些高对称性的共价分子的立体构型。

5.5　双原子分子的价层分子轨道和能级

大气分子 N_2、O_2、CO、NO 等都是双原子分子，这些分子的化学性质是由分子的价层电子结构决定的，本节采用分子轨道理论，计算双原子分子的价层分子轨道和能级，通过分子轨道能级推断分子的一些基本性质。

5.5.1　氧分子的分子轨道和能级

氧分子是直线型分子，对称性为 $D_{\infty h}$。将坐标系原点定在 O—O 化学键的中心，O—O 键轴方向有 C_∞ 和 S_∞，以及包含 C_∞ 的直立镜面 σ_v，将键轴定为 z 轴，与 z 轴垂直的方向有 c_2 轴，定为 x 轴，xy 平面位置有镜面 σ_h，见图 5-19。

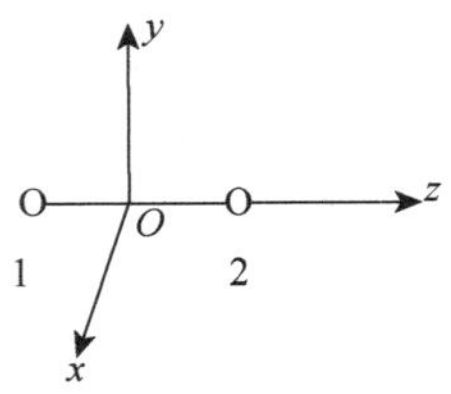

图 5-19　氧分子的坐标系

氧原子的电子组态是[He]$2s^22p^4$，价层轨道包括 2s、$2p_x$、$2p_y$、$2p_z$，其中，2s 是球形对称的，$2p_z$、$2p_x$、$2p_y$ 分别沿坐标轴方向取向。选取两个原子的价层轨道作为基函数，用符号 $\{s_1,p_{x1},p_{y1},p_{z1}\}$ 和 $\{s_2,p_{x2},p_{y2},p_{z2}\}$ 表示，这里省略了轨道的主量子数，其中，2s 和 $2p_z$ 相对于坐标轴 z 是圆柱形对称的，$\psi(r,\theta,\varphi)$ 随主轴转动不变，重叠为 σ 轨道，轨道对称性相同，合并为一组基，表示为 $\{s_1,p_{z1};s_2,p_{z2}\}$。$2p_x$ 和 $2p_y$ 则分别重叠为 π 轨道，随主轴的转动，$\Phi(\varphi)$ 函数部分发生变化，轨道对称性相同，合并为一组基，表示为 $\{p_{x1},p_{y1};p_{x2},p_{y2}\}$。

首先第一组基 $\{s_1,p_{z1};s_2,p_{z2}\}$，经过 $D_{\infty h}$ 的全部对称操作变换，得到一组可约表示矩阵 Γ_1。同理，第二组基 $\{p_{x1},p_{y1};p_{x2},p_{y2}\}$，经过 $D_{\infty h}$ 的全部对称操作变换，得到另一组可约表示矩阵 Γ_2，各类对称操作的矩阵表示的特征标见表 5-18 最后两行。

表 5-18　$D_{\infty h}$ 群的不可约表示特征标表

$D_{\infty h}$	E	$2C_{\infty}^{\varphi}$	$2C_{\infty}^{2\varphi}$	$\cdots$	$2C_{\infty}^{(n-1)\varphi}$	$(2n-1)\sigma_v$	i	$2S_{\infty}^{\varphi}$	$2S_{\infty}^{2\varphi}$	$\cdots$	$2S_{\infty}^{(n-1)\varphi}$	$(2n-1)C_2$	不可约表示基函数		
Σ_g^+	1	1	1	$\cdots$	1	1	1	1	1	$\cdots$	1	1		x^2+y^2, z^2	
Σ_g^-	1	1	1	$\cdots$	1	−1	1	1	1	$\cdots$	1	−1	R_z		
Π_g	2	$2\cos\varphi$	$2\cos 2\varphi$	$\cdots$	$2\cos(n-1)\varphi$	0	2	$-2\cos\varphi$	$-2\cos 2\varphi$	$\cdots$	$-2\cos(n-1)\varphi$	0	R_x, R_y	xz, yz	
Δ_g	2	$2\cos 2\varphi$	$2\cos 4\varphi$	$\cdots$	$2\cos 2(n-1)\varphi$	0	2	$2\cos 2\varphi$	$2\cos 4\varphi$	$\cdots$	$2\cos 2(n-1)\varphi$	0		$x^2-y^2, 2xy$	
Φ_g	2	$2\cos 3\varphi$	$2\cos 6\varphi$	$\cdots$	$2\cos 3(n-1)\varphi$	0	2	$-2\cos 3\varphi$	$-2\cos 6\varphi$	$\cdots$	$-2\cos 3(n-1)\varphi$	0			
⋮	⋮	⋮	⋮		⋮	⋮	⋮	⋮	⋮		⋮	⋮			
Σ_u^+	1	1	1	$\cdots$	1	1	−1	−1	−1	$\cdots$	−1	−1	z		z^3
Σ_u^-	1	1	1	$\cdots$	1	−1	−1	−1	−1	$\cdots$	−1	1			
Π_u	2	$2\cos\varphi$	$2\cos 2\varphi$	$\cdots$	$2\cos(n-1)\varphi$	0	−2	$2\cos\varphi$	$2\cos 2\varphi$	$\cdots$	$2\cos(n-1)\varphi$	0	x, y		xz^2, yz^2
Δ_u	2	$2\cos 2\varphi$	$2\cos 4\varphi$	$\cdots$	$2\cos 2(n-1)\varphi$	0	−2	$-2\cos 2\varphi$	$-2\cos 4\varphi$	$\cdots$	$-2\cos 2(n-1)\varphi$	0			$z(x^2-y^2), 2xyz$
Φ_u	2	$2\cos 3\varphi$	$2\cos 6\varphi$	$\cdots$	$2\cos 3(n-1)\varphi$	0	−2	$2\cos 3\varphi$	$2\cos 6\varphi$	$\cdots$	$2\cos 3(n-1)\varphi$	0			$x(x^2-3y^2)$
⋮	⋮	⋮	⋮		⋮	⋮	⋮	⋮	⋮		⋮	⋮			$y(3x^2-y^2)$
Γ_1	4	4	4	$\cdots$	4	4	0	0	0	$\cdots$	0	0			
Γ_2	4	$4\cos\varphi$	$4\cos 2\varphi$	$\cdots$	$4\cos(n-1)\varphi$	0	0	0	0	$\cdots$	0	0			

注：随着 n 无限增大，群的阶数 $h\to\infty$。

$\varGamma_1$约化为$\varSigma_g^+$和$\varSigma_u^+$的直和，分别对应σ成键和σ^*反键轨道，$\varGamma_2$约化为$\varPi_g$和$\varPi_u$的直和，分别对应π成键和π^*反键轨道，分别表示为

$$\varGamma_1 = 2\varSigma_g^+ \oplus 2\varSigma_u^+ \tag{5-202}$$

$$\varGamma_2 = \varPi_g \oplus \varPi_u \tag{5-203}$$

用$D_{\infty h}$群特征标构造特征标投影算符，分别对基轨道投影求得属于不可约表示$\varSigma_g^+$、$\varSigma_u^+$、$\varPi_g$、$\varPi_u$的正则分子轨道。不可约表示$\varSigma_g^+$、$\varSigma_u^+$的投影算符$\hat{\boldsymbol{P}}\left[\varSigma_g^+\right]$、$\hat{\boldsymbol{P}}\left[\varSigma_u^+\right]$分别对$s_1$进行投影得

$$\begin{aligned}\hat{\boldsymbol{P}}\left[\varSigma_g^+\right]s_1 &= \frac{1}{2}(s_1+s_2)\\ \hat{\boldsymbol{P}}\left[\varSigma_u^+\right]s_1 &= \frac{1}{2}(s_1-s_2)\end{aligned} \tag{5-204}$$

投影结果是一组s_1和s_2的线性组合，注意轨道的不可约表示对称性经常使用小写符号。当为同号重叠，不可约表示为σ_g，能量较低，是成键轨道；当为异号重叠，不可约表示为σ_u，能量较高，是反键轨道。再用$\hat{\boldsymbol{P}}\left[\varSigma_g^+\right]$、$\hat{\boldsymbol{P}}\left[\varSigma_u^+\right]$分别对$p_{z1}$进行投影，得

$$\begin{aligned}\hat{\boldsymbol{P}}\left[\varSigma_g^+\right]p_{z1} &= \frac{1}{2}(p_{z1}+p_{z2})\\ \hat{\boldsymbol{P}}\left[\varSigma_u^+\right]p_{z1} &= \frac{1}{2}(p_{z1}-p_{z2})\end{aligned} \tag{5-205}$$

得到一组由p_{z1}和p_{z2}重叠形成的成键和反键轨道，也分别用小写符号σ_g和σ_u表示。不可约表示$\varPi_g$、$\varPi_u$的投影算符$\hat{\boldsymbol{P}}\left[\varPi_g\right]$、$\hat{\boldsymbol{P}}\left[\varPi_u\right]$分别对$p_{x1}$进行投影

$$\begin{aligned}\hat{\boldsymbol{P}}\left[\varPi_g\right]p_{x1} &= \frac{1}{2}(p_{x1}-p_{x2})\\ \hat{\boldsymbol{P}}\left[\varPi_u\right]p_{x1} &= \frac{1}{2}(p_{x1}+p_{x2})\end{aligned} \tag{5-206}$$

得到的是p_{x1}和p_{x2}的线性组合轨道，当为同号重叠，不可约表示为π_u，能量较低，是成键轨道；当为异号重叠，不可约表示为π_g，能量较高，是反键轨道。再用$\hat{\boldsymbol{P}}\left[\varPi_g\right]$、$\hat{\boldsymbol{P}}\left[\varPi_u\right]$分别对$p_{y1}$进行投影

$$\begin{aligned}\hat{\boldsymbol{P}}\left[\varPi_g\right]p_{y1} &= \frac{1}{2}(p_{y1}-p_{y2})\\ \hat{\boldsymbol{P}}\left[\varPi_u\right]p_{y1} &= \frac{1}{2}(p_{y1}+p_{y2})\end{aligned} \tag{5-207}$$

得到的是由p_{y1}和p_{y2}线性组合的π_u成键轨道和π_g反键轨道。以上属于不同不可约表示的轨道相互正交，经归一化，得

$$\begin{aligned}
\varSigma_g^+(\sigma_g):\psi_1 &= \frac{1}{\sqrt{2}}(s_1+s_2)\\
\varSigma_g^+(\sigma_g):\psi_2 &= \frac{1}{\sqrt{2}}(p_{z1}+p_{z2})\\
\varSigma_u^+(\sigma_u):\psi_3 &= \frac{1}{\sqrt{2}}(s_1-s_2)\\
\varSigma_u^+(\sigma_u):\psi_4 &= \frac{1}{\sqrt{2}}(p_{z1}-p_{z2})\\
\varPi_u(\pi_u):\psi_5 &= \frac{1}{\sqrt{2}}(p_{x1}+p_{x2})\\
\varPi_u(\pi_u):\psi_6 &= \frac{1}{\sqrt{2}}(p_{y1}+p_{y2})\\
\varPi_g(\pi_g):\psi_7 &= \frac{1}{\sqrt{2}}(p_{x1}-p_{x2})\\
\varPi_g(\pi_g):\psi_8 &= \frac{1}{\sqrt{2}}(p_{y1}-p_{y2})
\end{aligned} \tag{5-208}$$

下面用归一化的分子轨道，求出分子轨道的能量。写出氧分子（$[He]2s^22p^4$）价层电子的哈密顿算符：

$$H=-\frac{1}{2}\sum_{i=1}^{12}\nabla_i^2-\sum_{i=1}^{12}\frac{Z}{r_i}+\frac{1}{2}\sum_{i=1}^{12}\sum_{j=1}^{12}\frac{1}{r_{ij}} \tag{5-209}$$

将属于相同不可约表示的轨道进行线性组合，求得 SALC 分子轨道，即

$$\Sigma_g^+ : \Phi_1=c_1\psi_1+c_2\psi_2 \tag{5-210}$$

$$\Sigma_u^+ : \Phi_2=c_3\psi_3+c_4\psi_4 \tag{5-211}$$

用线性变分法，分别得到矩阵方程

$$\Sigma_g^+ : \begin{pmatrix} H_{11}-E & H_{12} \\ H_{21} & H_{22}-E \end{pmatrix}\begin{pmatrix} c_1 \\ c_2 \end{pmatrix}=0 \tag{5-212}$$

$$\Sigma_u^+ : \begin{pmatrix} H_{33}-E & H_{34} \\ H_{43} & H_{44}-E \end{pmatrix}\begin{pmatrix} c_3 \\ c_4 \end{pmatrix}=0 \tag{5-213}$$

当 2s 和 $2p_z$ 轨道能量相差较大时，$H_{12}\approx 0$，$H_{34}\approx 0$。二阶矩阵又降为一阶矩阵，轨道能量为

$$E_k=H_{kk}=\int\psi_k^*\hat{H}\psi_k\mathrm{d}\tau\ ,\ k=1,2,\cdots,8 \tag{5-214}$$

按照电子坐标匹配，计算能量积分。属于 Π_u 不可约表示的两组轨道 ψ_5 和 ψ_6，以及属于 Π_g 的两组轨道 ψ_7 和 ψ_8，均相互正交，$H_{56}=H_{65}=0$，$H_{78}=H_{87}=0$，矩阵也从二阶降为一阶，仍按式（5-214）计算轨道能量。图 5-20 是氧分子的价层轨道能级图。σ 键的重叠程度大，能量效应大，即能量升高和降低幅度大。相对而言，π 键的重叠程度较小，能量效应较小。

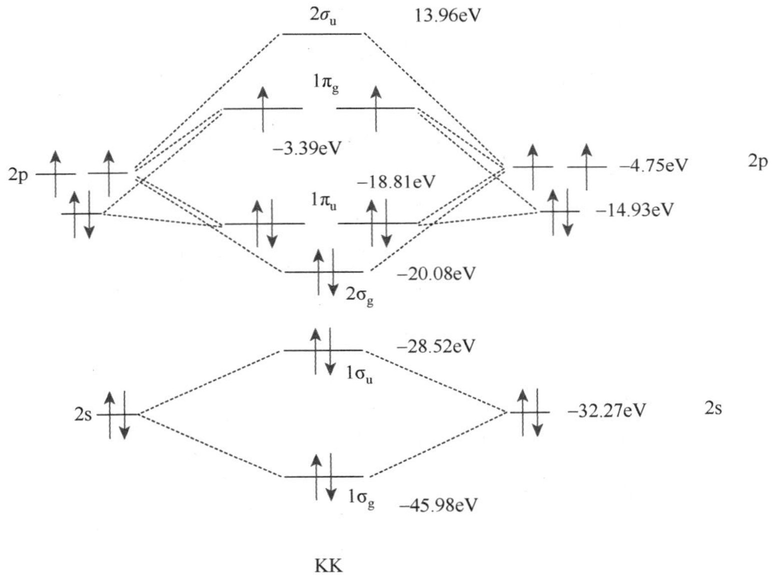

图 5-20　氧分子的价层轨道能级图。其中，能量值为 ROHF/6-311G*的计算值

分子轨道按照能量由低到高的顺序排列，根据能量最低原理、泡利不相容原理、洪德规则，将分子的电子填充到分子轨道上，就是氧分子的电子组态：

$$K^2K^2 1\sigma_g^2 1\sigma_u^2 2\sigma_g^2\left(1\pi_u^2 1\pi_u^2\right)\left(1\pi_g^1 1\pi_g^1\right)2\sigma_u^0$$

其中，K 是内层 1s 轨道，形成分子时，内层电子占据的轨道变化很小，不发生轨道重叠。σ_g 和 σ_u 前的数字编号，按能量由低到高顺序依次连续编排。从分子轨道能级图可以得出如下结论：①分子的化学键由原子轨道成分相同的成键和反键轨道组成，当成键轨道的电子填充数或占据数等于 2，反键轨道为空轨道，形成传统的两电子化学键。氧分子中两个氧原子的 2s 轨道是球形对称轨道，沿任意方向重叠都一样，两轨道同相位组合为成键分子轨道 $1\sigma_g$，反相位组合为反键分子轨道 $1\sigma_u$。从原子轨道图形看重叠而成的分子轨道图形，s 轨道的这种重叠方式形象描述为“头碰头”，见图 5-21。当分子轨道处于内层，成键和反键轨道都填满了电子，能量效应就近似等于零。氧分子的 $1\sigma_g$ 和 $1\sigma_u$ 轨道填充满了电子，该σ 键就不存在了。氧分子有一条两电子σ 键，由两个原子的轴向轨道 $2p_z$ 重叠而成，分子轨道的不可约表示符号为 Σ_g^+ 和 Σ_u^+，用小写字母表示，就是 σ_g 和 σ_u

轨道。重叠方式为“头碰头”，这种重叠方式生成的化学键为σ键，轨道图形如图5-22所示。此外，氧分子还有一种三电子π键，成键轨道的占据数为2，反键轨道的电子占据数为1，电子占据总数为3，分别沿x和y轴取向，分别由两个原子的$2p_x$和$2p_y$轨道重叠而成，轨道图形如图5-23所示，分子轨道的不可约表示符号为Π_u和Π_g，也用小写字母表示，就是π_u和π_g轨道。π轨道的重叠方式为“肩并肩”，这种重叠方式生成的化学键为π键，氧分子中的三电子π键表示为π_3。因为$2p_x$和$2p_y$轨道相互正交，由式（5-214）可以算得，两个π键的能量简并。②电子占据成键轨道，能量降低，占据反键轨道，能量升高，成键轨道与反键轨道的电子数之差，定性地反映了化学键的能量效应，也就可以说明化学键的相对强弱。氧分子的两电子σ键，成键轨道电子数为2，反键轨道为空轨道，能量效应较大，σ键较强。π_3键的反键轨道不是空轨道，电子占据数为1，将抵消一部分成键轨道的能量，由此导致能量升高，π键减弱。当成键轨道和与之对应的反键轨道上都填满了电子时，其能量效应就很小，甚至等于零，就不能有效形成化学键。③分子轨道能级也可能是简并的，由于洪德规则也可能出现轨道的电子占据数为单数的情况，使得分子存在净自旋磁矩，从而具有顺磁性质。分子轨道中的电子占据情况见图5-20。

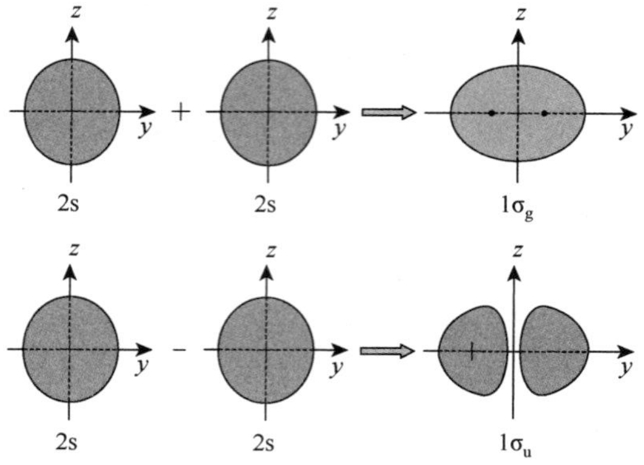

图5-21　分子轨道$1\sigma_g$和$1\sigma_u$的图形

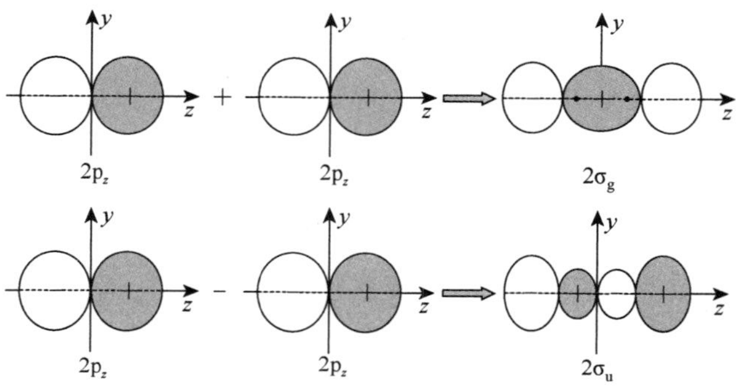

图5-22　分子轨道$2\sigma_g$和$2\sigma_u$的图形

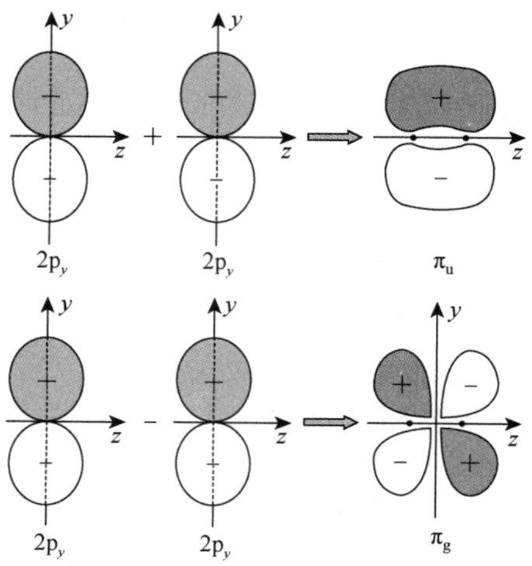

图5-23　沿坐标系y轴取向的π分子轨道$1\pi_u$和$1\pi_g$的图形。另一组与纸平面垂直，取向为坐标系的x方向

5.5.2　氮分子分子轨道和能级

氮分子的对称性与氧分子相同，都为 $D_{\infty h}$ 群。氮原子价层轨道为[He]$2s^2 2p^3$，价层轨道结构与氧原子相似，用投影算符所得不可约表示的基轨道也与氧分子相似，见式（5-208）。由氮分子的哈密顿算符：

$$H=-\frac{1}{2}\sum_{i=1}^{10}\nabla_i^2-\sum_{i=1}^{10}\frac{Z_N}{r_i}+\frac{1}{2}\sum_{i=1}^{10}\sum_{j=1}^{10}\frac{1}{r_{ij}} \tag{5-215}$$

再将属于相同不可约表示的投影轨道作为基轨道，进行线性组合，求得 SALC 分子轨道，即有

$$\Sigma_g^+ : \Phi_1 = c_1\psi_1 + c_2\psi_2 \tag{5-216}$$

$$\Sigma_u^+ : \Phi_2 = c_3\psi_3 + c_4\psi_4 \tag{5-217}$$

分别得到矩阵方程

$$\Sigma_g^+ : \begin{pmatrix} H_{11}-E & H_{12} \\ H_{21} & H_{22}-E \end{pmatrix}\begin{pmatrix} c_1 \\ c_2 \end{pmatrix}=0 \tag{5-218}$$

$$\Sigma_u^+ : \begin{pmatrix} H_{33}-E & H_{34} \\ H_{43} & H_{44}-E \end{pmatrix}\begin{pmatrix} c_3 \\ c_4 \end{pmatrix}=0 \tag{5-219}$$

氮原子的 2s 和 $2p_z$ 轨道能量相差较小，交换积分 H_{12} 和 H_{34} 不能忽略。由系数矩阵对应的行列式，解得能量，求解结果是：两个氮原子 $2s_1$ 和 $2s_2$ 轨道组成的分子轨道 $1\sigma_g$ 和 $1\sigma_u$ 的能量整体降低，而 $2p_{z1}$ 和 $2p_{z2}$ 组成的分子轨道 $2\sigma_g$ 和 $2\sigma_u$ 的能量整体升高，$2\sigma_g$ 与 $1\pi_u$ 发生能级交错。属于 Π_u 不可约表示的两组轨道 ψ_5 和 ψ_6 相互正交，属于 Π_g 的两组轨道 ψ_7 和 ψ_8 也相互正交，矩阵降为一阶，仍用式（5-214）计算，即

$$E_k = H_{kk} = \int \psi_k^* \hat{H} \psi_k \mathrm{d}\tau\ ,\ k=5,6,7,8$$

图 5-24 是通过 ROB3LYP/6-311G*理论方法计算得到的氮分子的价层轨道能级图，根据氮分子的紫外光电子能谱测得 $1\sigma_u$ 的能量为−18.76eV，$1\pi_u$ 的能量为−16.69eV，$2\sigma_g$ 的能量为−15.57eV。实验证明，$1\pi_u$ 轨道能量低于 $2\sigma_g$，出现能级交错[6]。$1\pi_u$ 轨道的能量降低，说明 π 键增强。氮分子的分子轨道图形与氧分子的相似，见图 5-21～图 5-23。氮分子的电子组态为

$$\mathrm{K^2K^2}1\sigma_g^2 1\sigma_u^2\left(1\pi_u^2 1\pi_u^2\right)2\sigma_g^2\left(1\pi_g^0 1\pi_g^0\right)2\sigma_u^0 \tag{5-220}$$

电子全部配对，自旋磁矩等于零，分子为抗磁性。σ 键和 π 键的能量相当，使得氮分子的化学键极强，键焓高达 946kJ·mol^{-1}，很难将三键断裂，氮分子也称为自然界最稳定气体分子。经过试验，在催化剂表面吸附作用下，常态下 N_2 分子的三键的活化效率有所提高。

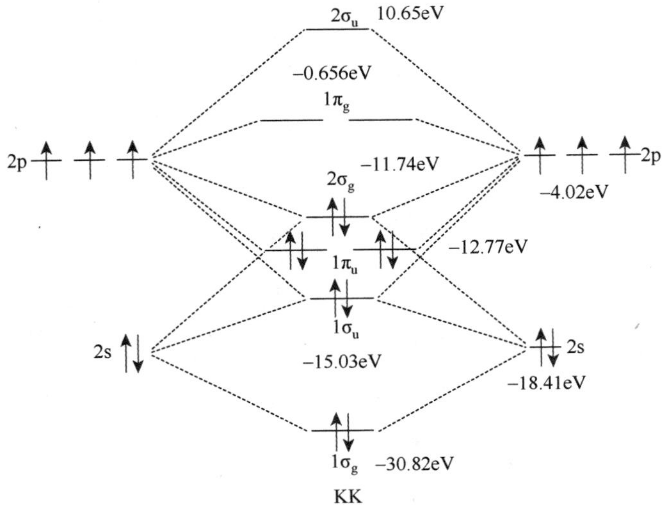

图 5-24　氮分子的价层轨道能级图。其中，能量值为 ROB3LYP/6-311G*的计算值

5.5.3　一氧化碳分子的分子轨道和能级

一氧化碳分子没有对称中心，对称性为$C_{\infty v}$群，C—O 键轴方向有C_{∞}，以及包含C_{∞}的直立镜面σ_{v}。碳原子价层轨道为[He]$2s^22p^2$，氧原子为[He]$2s^22p^4$，两个原子的价层电子数不同，轨道能量不同。将坐标系原点定在 C—O 化学键的质心，C—O 键定为z轴，直立镜面σ_{v}的延伸方向定为x轴，见图 5-25。

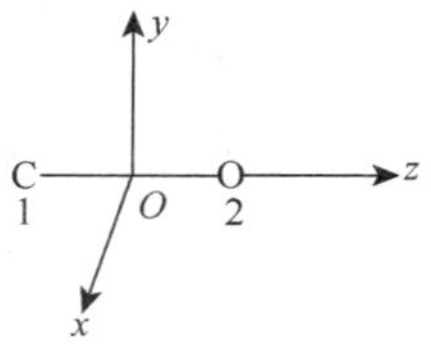

图 5-25　一氧化碳分子的坐标系

碳原子和氧原子能量相近的价层轨道都是 2s、$2p_x$、$2p_y$、$2p_z$，与氮分子相似，这些轨道将发生重叠而形成化学键。碳和氧原子的价层轨道分别用符号$\{s_1,p_{x1},p_{y1},p_{z1}\}$和$\{s_2,p_{x2},p_{y2},p_{z2}\}$表示。与氧分子的价层轨道相似，2s 和 $2p_z$相对于坐标轴z是圆柱形对称的，$\varPsi(r,\theta,\varphi)$随主轴转动不变，重叠形成σ键，轨道对称性相同，合并为一组基，表示为$\{s_1,p_{z1};s_2,p_{z2}\}$。$2p_x$和 $2p_y$则分别重叠形成 π 键，随主轴的转动，$\varPhi(\varphi)$函数部分发生变化，轨道对称性相同，合并为一组基，表示为$\{p_{x1},p_{y1};p_{x2},p_{y2}\}$。

基$\{s_1,p_{x1};s_2,p_{x2}\}$经过$C_{\infty v}$的全部对称操作变换，得到一组可约表示矩阵$\varGamma_1$。同理，基$\{p_{x1},p_{y1};p_{x2},p_{y2}\}$经过$C_{\infty v}$的全部对称操作变换，得到另一组可约表示矩阵$\varGamma_2$。表 5-19 是$C_{\infty v}$群的不可约表示特征标表，各类对称操作的矩阵表示的特征标见表 5-19 的最后两行。

表 5-19　$C_{\infty v}$群的不可约表示特征标表

$C_{\infty v}$	E	$2C_{\infty}^{\varphi}$	$2C_{\infty}^{2\varphi}$	$\cdots$	$2C_{\infty}^{(n-1)\varphi}$	$(2n-1)\sigma_v$	不可约表示基函数		
Σ^+	1	1	1	$\cdots$	1	1	z	x^2+y^2,z^2	z^3
Σ^-	1	1	1	$\cdots$	1	−1	R_z		
Π	2	$2\cos\varphi$	$2\cos 2\varphi$	$\cdots$	$2\cos(n-1)\varphi$	0	x,y,R_x,R_y	xz,yz	xz^2,yz^2
Δ	2	$2\cos 2\varphi$	$2\cos 4\varphi$	$\cdots$	$2\cos 2(n-1)\varphi$	0		$x^2-y^2,2xy$	$z(x^2-y^2),2xyz$
Φ	2	$2\cos 3\varphi$	$2\cos 6\varphi$	$\cdots$	$2\cos 3(n-1)\varphi$	0			$x(x^2-3y^2)$
$\vdots$	$\vdots$	$\vdots$	$\vdots$		$\vdots$	$\vdots$			$y(3x^2-y^2)$
$\varGamma_1$	4	4	4	$\cdots$	4	4			
$\varGamma_2$	4	$4\cos\varphi$	$4\cos 2\varphi$	$\cdots$	$4\cos(n-1)\varphi$	0			

注：随着n无限增大，群的阶数$h\to\infty$。

$\varGamma_1$约化为Σ^+，对应σ成键和σ*反键轨道，$\varGamma_2$约化为Π，对应π成键和π*反键轨道，分别表示为

$$\varGamma_1 = 4\Sigma^+ \tag{5-221}$$

$$\varGamma_2 = 2\Pi \tag{5-222}$$

用$C_{\infty v}$群的特征标构造特征标投影算符，分别求得属于不可约表示Σ^+和Π的正则分子轨道。不可约表示Σ^+的特征标投影算符$\hat{P}\left[\Sigma^+\right]$分别对$s_1$、$s_2$、$p_{z1}$、$p_{z2}$进行投影，得

$$\begin{aligned}\hat{P}\left[\Sigma^+\right]s_1 &= s_1\\ \hat{P}\left[\Sigma^+\right]s_2 &= s_2\\ \hat{P}\left[\Sigma^+\right]p_{z1} &= p_{z1}\\ \hat{P}\left[\Sigma^+\right]p_{z2} &= p_{z2}\end{aligned} \tag{5-223}$$

不可约表示Π的特征标投影算符$\hat{P}[\Pi]$分别对p_{x1}、p_{x2}、p_{y1}、p_{y2}进行投影，得

$$\begin{aligned}\hat{P}[\Pi]p_{x1} &= p_{x1}\\ \hat{P}[\Pi]p_{x2} &= p_{x2}\\ \hat{P}[\Pi]p_{y1} &= p_{y1}\\ \hat{P}[\Pi]p_{y2} &= p_{y2}\end{aligned} \tag{5-224}$$

令$\phi_1 = s_1$、$\phi_2 = s_2$、$\phi_3 = p_{z1}$、$\phi_4 = p_{z2}$，将这组属于不可约表示Σ^+的轨道线性组合为一组 SALC 分子轨道。再

令$\phi_5 = p_{x1}$、$\phi_6 = p_{x2}$、$\phi_7 = p_{y1}$、$\phi_8 = p_{y2}$，将这组属于不可约表示Π的轨道线性组合为另一组 SALC 分子轨道。

$$\Sigma^+: \Phi_1 = c_1 s_1 + c_2 s_2 + c_3 p_{z1} + c_4 p_{z2} = c_1\phi_1 + c_2\phi_2 + c_3\phi_3 + c_4\phi_4 \tag{5-225}$$

$$\Pi: \Phi_2 = c_5 p_{x1} + c_6 p_{x2} + c_7 p_{y1} + c_8 p_{y2} = c_5\phi_5 + c_6\phi_6 + c_7\phi_7 + c_8\phi_8 \tag{5-226}$$

在线性变分法求极值条件下，由式（5-225）导出矩阵方程：

$$\begin{pmatrix} H_{11}-E & H_{12}-ES_{12} & H_{13} & H_{14}-ES_{14} \\ H_{21}-ES_{21} & H_{22}-E & H_{23}-ES_{23} & H_{24} \\ H_{31} & H_{32}-ES_{32} & H_{33}-E & H_{34}-ES_{34} \\ H_{41}-ES_{41} & H_{42} & H_{43}-ES_{43} & H_{44}-E \end{pmatrix}\begin{pmatrix} c_1 \\ c_2 \\ c_3 \\ c_4 \end{pmatrix}=0 \tag{5-227}$$

碳原子和氧原子的 2s 和 2p 轨道能量接近，部分重叠积分和交换积分不能忽略，解得的σ轨道是混合型。而碳原子和氧原子的 $2p_x$ 和 $2p_y$ 轨道相互正交，由式（5-226）导出的矩阵方程的系数矩阵则是分块对角矩阵，矩阵形式如下：

$$\begin{pmatrix} H_{55}-E & H_{56}-ES_{56} & 0 & 0 \\ H_{65}-ES_{65} & H_{66}-E & 0 & 0 \\ 0 & 0 & H_{77}-E & H_{78}-ES_{78} \\ 0 & 0 & H_{87}-ES_{87} & H_{88}-E \end{pmatrix}\begin{pmatrix} c_5 \\ c_6 \\ c_7 \\ c_8 \end{pmatrix}=0 \tag{5-228}$$

解得的两组π轨道相互正交，一组为 C 和 O 原子的 $2p_x$，沿 z 轴“肩并肩”重叠而成；另一组为 C 和 O 原子的 $2p_y$，沿 z 轴“肩并肩”重叠而成。紫外光电子能谱测得 CO 的价层轨道能级顺序是：2σ 反键轨道（−19.68eV），1π 成键轨道（−16.53eV），3σ 成键轨道（−14.01eV）。结合理论计算，可以得出 CO 的分子轨道能级顺序，以及电子组态：

$$K^2K^2 1\sigma^2 2\sigma^2 (1\pi^2 1\pi^2) 3\sigma^2 (2\pi^0 2\pi^0) 4\sigma^0 \tag{5-229}$$

图 5-26 是 CO 分子轨道能级顺序对应的分子轨道能级图。与氧分子的分子轨道图形比较，CO 的分子轨道图形是不对称性的。对于成键轨道，碳原子价层轨道电子密度较低，氧原子价层轨道电子密度较高；对于反键轨道，正好相反。分子包含一条σ键、两条π键，π键的能量效应增大。CO 分子的化学键强，键长短，键长为 110.47pm，键焓为 1071kJ·mol^{-1}。贵金属表面对 CO 分子有较强的化学吸附作用，是活化 CO 分子三键的有效途径，也是表面化学研究的重要领域。

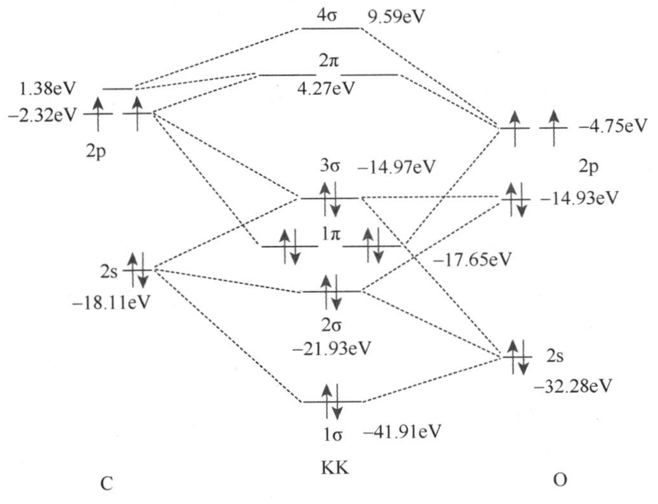

图 5-26　一氧化碳的分子轨道能级图。其中，能量值为 ROHF/6-311G*的计算值

5.6　配合物的分子轨道和能级

金属配合物是金属离子与配体通过配位化学键结合形成的一类化合物，金属配合物中配体将电子对转移到金属离子的价层空轨道形成配位键。配位原子构成多面体，金属离子位于多面体中心，金属配合物也称为配位多面体化合物。大多数配体是无机酸根离子、有机基团，包括大分子，配体与金属离子的

配位作用，实质是配体的配位原子与金属离子配位作用。按照配体中配位原子数目，以及与金属离子的配位方式，配合物分类为单齿配合物、多齿配合物、螯合物、π 型配合物。配体内只有一个配位原子与金属离子结合，称为单齿配合物，如 $Co(NH_3)_6Cl_3$。一个配体内有多个配位原子同时与多个或不同的金属离子结合，称为多齿配合物，如 CaC_2O_4 晶体中 Ca^{2+}和 $C_2O_4^{2-}$ 的配位。一个配体内有多个配位原子与同一金属离子结合，形成多环结构，称为螯合物，如 Mg^{2+}与乙二胺四乙酸（H_4Y）反应生成的配合物 MgY^{2-}。如果配体内形成了共轭 π 键，以参与共轭的原子作为配位原子，将共轭 π 电子转移给金属离子，形成的配合物称为 π 型配合物，如金属有机配合物二苯铬 η^6-$Cr(C_6H_6)_2$。

关于配位化学键的理论主要有价键理论、晶体场理论和配位场理论。1933 年，鲍林提出价键理论，指出配位能力较弱的配体与金属离子之间靠静电作用力结合，金属离子用外层 $ns np nd$ 轨道接受来自配体的电子对，配位键属于 σ 键，这种配合物称为电价配合物，也称外轨配合物。这种电价配合物的中心离子的内层轨道上有较多自旋平行的电子，顺磁磁矩较大。配位能力较强的配体与金属离子之间，除了静电作用力以外，内层$(n-1)$dnsnp 轨道与配体的价层轨道之间发生重叠形成共价键，配位键既有 σ 键，又有 π 键，这种配合物称为共价配合物也称内轨配合物。共价配合物的中心离子用内层轨道参与配位，接受配体的电子对，其余内层轨道上电子必须尽可能配对，产生的电子组态顺磁磁矩较小。价键理论不能解释配合物的多面体构型，配合物的立体构型由杂化轨道理论进行解释。1935 年，贝特和弗莱克（van Vleck）提出晶体场理论，其基本思想是：配体的价层占据轨道向金属离子的价层未占据轨道转移电子，同时，与金属离子的价层占据轨道上的电子发生静电排斥作用。由于金属离子的价层轨道的空间位置和取向，与配体的靠近方向不同，排斥力不同，导致简并 d、f 轨道发生能级分裂。排斥力强，能量升高，排斥力弱，能量相对降低。分裂后占据轨道和未占据轨道的能量之差，称为晶体场分裂能。价层 d、f 简并轨道分裂后形成的分裂能与配位多面体的对称性密切相关，因为靠近金属离子的配体数目以及方向，决定了排斥力的均衡性，影响配位多面体的对称性。

晶体场理论与分子轨道理论结合，产生了配位场理论。配位场理论强调金属和配体的多面体构型，配位场也称为多面体场。多面体结构由配体数目、配体的空间位置、排斥力大小和均衡性等决定，常见金属配合物的多面体有四面体、正方形、三角双锥、八面体、立方体、三角形面十二面体等。配位场是配位多面体顶点位置的配体与金属离子的价层轨道相互作用的势场，配位场的强弱随配位多面体不同，配位数不同，中心离子的价层轨道类型不同而不同。

配合物的分子轨道由金属离子和配体的价层轨道按对称性匹配原则进行线性组合，组成 SALC 分子轨道。对于不同多面体的配合物，金属和配体的价层轨道组合是不同的。下面以正八面体配合物为例，将中心金属离子的价层 s、p、d、f 轨道，以及配体的价层轨道，按对称性匹配原则组合为配位场分子轨道，由此求出分子轨道能级。正八面体共有 10 类共轭类对称操作，依次为$\left\{E,6C_4,3C_4^2,8C_3,6C_2,i,6S_4,3\sigma_{\rm h},8S_6,6\sigma_{\rm d}\right\}$。

5.6.1　中心离子的轨道基函数

就指定的多面体配位场而言，配合物的对称操作构成点群。根据配合物的对称性，我们建立分子的坐标系(X,Y,Z)，将主轴定为坐标系 Z 轴，与主轴垂直的其他旋转轴定为 X 轴，由右手系 Y 轴随之而定，没有垂直于主轴的副轴，X 轴就放在直立晶面上。然后根据坐标系，确定金属离子的价层 s、p、d、f 轨道的空间位置和取向。经过点群的对称操作变换，生成可约表示矩阵群，运用点群的特征标表，可以将这些可约表示矩阵约化为不可约表示矩阵，从而得到轨道的对称性属性。同理，对于配体的价层轨道集合，用相同的办法，在相同的坐标系中，导出它们所属的不可约表示。只有金属离子和配体的价轨道属于相同的不可约表示时，才能线性组合为配位场的 SALC 分子轨道[7]。

无论金属离子的价层 s、p、d、f 轨道选择何种函数形式，都不影响它们的对称性质。为了方便导出价层轨道的对称操作变换矩阵，我们选择斯莱特轨道波函数的球极坐标系下的函数形式，又由于相似变换的等价性，同一共轭类的对称操作的特征标相同，选择用特征标进行约化，即只需找出共轭类中一个对称操作的变换矩阵。任意原子的薛定谔方程的波函数通解都可表达为如下形式

$$\psi_{nlm}(r,\theta,\varphi)=CR_{nl}(r)\Theta_{lm}(\theta)\Phi_m(\varphi) \tag{5-230}$$

由于 φ 角是价层轨道波函数图形上任意点与原点的空间径矢在 XY 平面上的投影矢量与 X 轴正方向的交角，所以，当旋转操作绕主轴即 Z 轴逆时针旋转时，只有价层轨道波函数的 $\Phi_m(\varphi)$ 发生变化，$R_{nl}(r)$ 和 $\Theta_{lm}(\theta)$ 都

不变。而那些不在 Z 轴的旋转轴和象转轴，在实施对称操作时，保持坐标系不动，用转动轴(x,y,z)，先将旋转轴转动到坐标系的 Z 轴，待实施对称操作后，再用转动轴，将旋转轴还原到原来位置。例如，正八面体配合物 ML_6 的 C_3 旋转轴，先将正八面体置入立方体中，见图 5-27，对于第一象限的 C_3 的操作，先绕转动轴 z 旋转$-45°$，将 C_3 移动到坐标系的 XZ 平面，再绕转动轴 y 旋转$-45°$，将 C_3 移动到坐标系的 Z 轴，这样就可以进行 C_3 的旋转操作了。操作结束后，绕转动轴 y 旋转 45°，再绕转动轴 z 旋转 45°，将 C_3 还原到原来位置。以上一系列连贯的转动操作，与原位直接绕 C_3 旋转是等效的，即有

$$\hat{\boldsymbol{C}}_3^{(1)} = \hat{\boldsymbol{C}}_z(45°)\hat{\boldsymbol{C}}_y(45°)\hat{\boldsymbol{C}}_3^{(z)}\hat{\boldsymbol{C}}_y(-45°)\hat{\boldsymbol{C}}_z(-45°) \tag{5-231}$$

式中，$\hat{\boldsymbol{C}}_3^{(1)}$ 位于第一象限；$\hat{\boldsymbol{C}}_3^{(z)}$ 位于 Z 轴；$\hat{\boldsymbol{C}}_z(45°)$ 为绕转动轴 z 逆时针旋转 45°；$\hat{\boldsymbol{C}}_y(45°)$ 为绕转动轴 y 逆时针旋转 45°。当旋转角为$-45°$，表示绕转动轴顺时针旋转 45°，其中，

$$\hat{\boldsymbol{C}}_z(45°)\hat{\boldsymbol{C}}_z(-45°) = \boldsymbol{I}\,,\ \hat{\boldsymbol{C}}_y(45°)\hat{\boldsymbol{C}}_y(-45°) = \boldsymbol{I}$$

$$\hat{\boldsymbol{B}}^{-1} = \hat{\boldsymbol{C}}_z(45°)\hat{\boldsymbol{C}}_y(45°) = \begin{pmatrix} \cos 45° & -\sin 45° & 0 \\ \sin 45° & \cos 45° & 0 \\ 0 & 0 & 1 \end{pmatrix}\begin{pmatrix} \cos 45° & 0 & \sin 45° \\ 0 & 1 & 0 \\ -\sin 45° & 0 & \cos 45° \end{pmatrix}$$

$$= \begin{pmatrix} 1/2 & \sqrt{2}/2 & -1/2 \\ -1/2 & \sqrt{2}/2 & 1/2 \\ \sqrt{2}/2 & 0 & \sqrt{2}/2 \end{pmatrix}$$

$$\hat{\boldsymbol{B}} = \hat{\boldsymbol{C}}_y(-45°)\hat{\boldsymbol{C}}_z(-45°) = \begin{pmatrix} \cos 45° & 0 & -\sin 45° \\ 0 & 1 & 0 \\ \sin 45° & 0 & \cos 45° \end{pmatrix}\begin{pmatrix} \cos 45° & \sin 45° & 0 \\ -\sin 45° & \cos 45° & 0 \\ 0 & 0 & 1 \end{pmatrix}$$

$$= \begin{pmatrix} 1/2 & 1/2 & -\sqrt{2}/2 \\ -\sqrt{2}/2 & \sqrt{2}/2 & 0 \\ 1/2 & 1/2 & \sqrt{2}/2 \end{pmatrix}$$

将以上关系式代入式（5-231），则有

$$\hat{\boldsymbol{C}}_3^{(1)} = \hat{\boldsymbol{B}}^{-1}\hat{\boldsymbol{C}}_3^{(z)}\hat{\boldsymbol{B}} \tag{5-232}$$

所以，位于第一象限的 $\hat{\boldsymbol{C}}_3^{(1)}$ 旋转操作与位于 Z 轴 $\hat{\boldsymbol{C}}_3^{(z)}$ 旋转操作等价，特征标相同。因而，用点群的特征标表导出价层轨道的不可约表示对称性时，可以将旋转轴移动到坐标系 Z 轴。

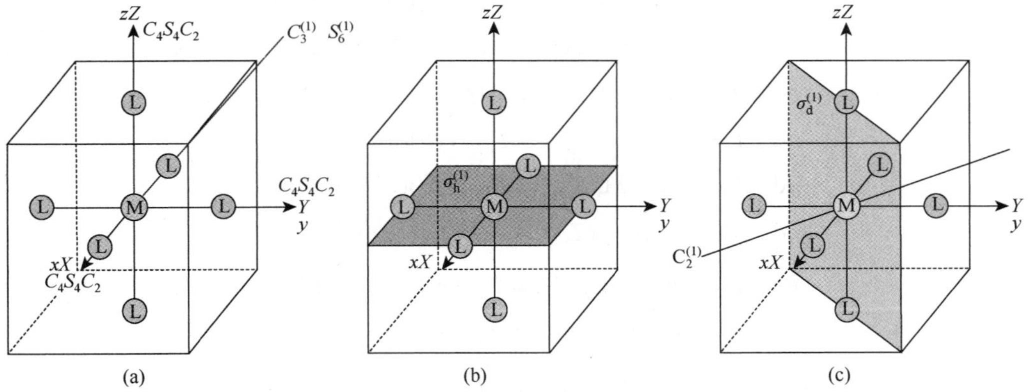

图 5-27　正八面体配合物 ML_6 的对称元素位置

象转轴 $\hat{\boldsymbol{S}}_6 = \hat{\boldsymbol{\sigma}}_h\hat{\boldsymbol{C}}_6$ 的旋转轴和反映面的交点是坐标系原点，也与金属离子 M 的位置重合，在绕转动轴 x、y、z 转动过程中，位置不变，$\hat{\boldsymbol{C}}_6$ 和 $\hat{\boldsymbol{\sigma}}_h$ 的相对位置也不变。例如，第一象限的象转轴 $\hat{\boldsymbol{S}}_6^{(1)}$，与位于 Z 轴的象转轴 $\hat{\boldsymbol{S}}_6^{(z)}$ 等价，存在相似变换关系式：

$$\hat{\boldsymbol{S}}_6^{(1)} = \hat{\boldsymbol{B}}^{-1}\hat{\boldsymbol{S}}_6^{(z)}\hat{\boldsymbol{B}}$$

选择与坐标系 Z 轴垂直的 $\hat{\boldsymbol{\sigma}}_h$ 导出镜面 $\hat{\boldsymbol{\sigma}}_h$ 的可约表示矩阵，因为 $\hat{\boldsymbol{\sigma}}_h = \hat{\boldsymbol{i}}\hat{\boldsymbol{C}}_2$，它与 Z 轴位置的 $\hat{\boldsymbol{C}}_2$，以及以坐

标系原点为对称中心的反演 $\hat{\boldsymbol{i}}$ 的联合操作等效。

反映面 $\hat{\boldsymbol{\sigma}}_{\mathrm{d}}$ 也等效于先绕 $\hat{\boldsymbol{C}}_2^{(1)}$ 的旋转，再以原点为对称中心的反演 $\hat{\boldsymbol{i}}$ 的联合操作，存在关系式 $\hat{\boldsymbol{\sigma}}_{\mathrm{d}}^{(1)}=\hat{\boldsymbol{i}}\hat{\boldsymbol{C}}_2^{(1)}$，见图 5-27（c）。因为

$$\hat{\boldsymbol{C}}_2^{(1)}=\hat{\boldsymbol{C}}_z(-45°)\hat{\boldsymbol{C}}_y(90°)\hat{\boldsymbol{C}}_2^{(z)}\hat{\boldsymbol{C}}_y(-90°)\hat{\boldsymbol{C}}_z(45°) \tag{5-233}$$

其中，

$$\hat{\boldsymbol{A}}^{-1}=\hat{\boldsymbol{C}}_z(-45°)\hat{\boldsymbol{C}}_y(90°)=\begin{pmatrix}\cos 45° & \sin 45° & 0\\ -\sin 45° & \cos 45° & 0\\ 0 & 0 & 1\end{pmatrix}\begin{pmatrix}\cos 90° & 0 & \sin 90°\\ 0 & 1 & 0\\ -\sin 90° & 0 & \cos 90°\end{pmatrix}$$
$$=\begin{pmatrix}0 & \sqrt{2}/2 & \sqrt{2}/2\\ 0 & \sqrt{2}/2 & -\sqrt{2}/2\\ -1 & 0 & 0\end{pmatrix}$$
$$\hat{\boldsymbol{A}}=\hat{\boldsymbol{C}}_y(-90°)\hat{\boldsymbol{C}}_z(45°)=\begin{pmatrix}\cos 90° & 0 & -\sin 90°\\ 0 & 1 & 0\\ \sin 90° & 0 & \cos 90°\end{pmatrix}\begin{pmatrix}\cos 45° & -\sin 45° & 0\\ \sin 45° & \cos 45° & 0\\ 0 & 0 & 1\end{pmatrix}$$
$$=\begin{pmatrix}0 & 0 & -1\\ \sqrt{2}/2 & \sqrt{2}/2 & 0\\ \sqrt{2}/2 & -\sqrt{2}/2 & 0\end{pmatrix} \tag{5-234}$$

其中，$\hat{\boldsymbol{A}}^{-1}\hat{\boldsymbol{A}}=\boldsymbol{I}$，代入式（5-233）得

$$\hat{\boldsymbol{C}}_2^{(1)}=\hat{\boldsymbol{A}}^{-1}\hat{\boldsymbol{C}}_2^{(z)}\hat{\boldsymbol{A}} \tag{5-235}$$

所以，位于正八面体中的 $\hat{\boldsymbol{C}}_2^{(1)}$ 旋转操作与位于 Z 轴的 $\hat{\boldsymbol{C}}_2^{(z)}$ 旋转操作等价，而且对称中心 $\hat{\boldsymbol{i}}$ 在原点，这样反映面 $\hat{\boldsymbol{\sigma}}_{\mathrm{d}}^{(1)}$ 也可以用 $\hat{\boldsymbol{i}}\hat{\boldsymbol{C}}_2^{(1)}$ 表示。

由此可见，正八面体配合物的全部对称元素对价层轨道的变换，都可用绕 Z 轴的旋转轴、象转轴、反轴的表示矩阵，通过相似变换求出，而且可约表示矩阵对应的特征标相等。根据 $R_{nl}(r)$ 和 $\Theta_{lm}(\theta)$ 在绕 Z 轴旋转时都不变，只有 $\Phi_m(\varphi)$ 发生变化的特点，令 $F_{nlm}(r,\theta)=R_{nl}(r)\Theta_{lm}(\theta)$，金属离子的 s、p、d、f 价层轨道的实波函数，对应的复函数分别表示为

$$n\mathrm{s}, l=0, m=0, \psi_{n00}=F_{n00}(r) \tag{5-236}$$

$$\begin{aligned}
&n\mathrm{p}_z, l=1, m=0, \psi_{n10}=F_{n10}(r,\theta)\\
&n\mathrm{p}_x, l=1, m=\pm1, \psi_{n1\pm1}^{(+)}=F_{n11}(r,\theta)(\mathrm{e}^{\mathrm{i}\varphi}+\mathrm{e}^{-\mathrm{i}\varphi})\\
&n\mathrm{p}_y, l=1, m=\pm1, \psi_{n1\pm1}^{(-)}=F_{n11}(r,\theta)(\mathrm{e}^{\mathrm{i}\varphi}-\mathrm{e}^{-\mathrm{i}\varphi})
\end{aligned} \tag{5-237}$$

$$\begin{aligned}
&n\mathrm{d}_{z^2}, l=2, m=0, \psi_{n20}=F_{n20}(r,\theta)\\
&n\mathrm{d}_{xz}, l=2, m=\pm1, \psi_{n2\pm1}^{(+)}=F_{n21}(r,\theta)(\mathrm{e}^{\mathrm{i}\varphi}+\mathrm{e}^{-\mathrm{i}\varphi})\\
&n\mathrm{d}_{yz}, l=2, m=\pm1, \psi_{n2\pm1}^{(-)}=F_{n21}(r,\theta)(\mathrm{e}^{\mathrm{i}\varphi}-\mathrm{e}^{-\mathrm{i}\varphi})\\
&n\mathrm{d}_{x^2-y^2}, l=2, m=\pm2, \psi_{n2\pm2}^{(+)}=F_{n22}(r,\theta)(\mathrm{e}^{\mathrm{i}2\varphi}+\mathrm{e}^{-\mathrm{i}2\varphi})\\
&n\mathrm{d}_{xy}, l=2, m=\pm2, \psi_{n2\pm2}^{(-)}=F_{n22}(r,\theta)(\mathrm{e}^{\mathrm{i}2\varphi}-\mathrm{e}^{-\mathrm{i}2\varphi})
\end{aligned} \tag{5-238}$$

$$\begin{aligned}
&n\mathrm{f}_{z(z^2-r^2)}, l=3, m=0, \psi_{n30}=F_{n30}(r,\theta)\\
&n\mathrm{f}_{xz^2-r^2x}, l=3, m=\pm1, \psi_{n3\pm1}^{(+)}=F_{n31}(r,\theta)(\mathrm{e}^{\mathrm{i}\varphi}+\mathrm{e}^{-\mathrm{i}\varphi})\\
&n\mathrm{f}_{yz^2-r^2y}, l=3, m=\pm1, \psi_{n3\pm1}^{(-)}=F_{n31}(r,\theta)(\mathrm{e}^{\mathrm{i}\varphi}-\mathrm{e}^{-\mathrm{i}\varphi})\\
&n\mathrm{f}_{z(x^2-y^2)}, l=3, m=\pm2, \psi_{n3\pm2}^{(+)}=F_{n32}(r,\theta)(\mathrm{e}^{\mathrm{i}2\varphi}+\mathrm{e}^{-\mathrm{i}2\varphi})\\
&n\mathrm{f}_{2xyz}, l=3, m=\pm2, \psi_{n3\pm2}^{(-)}=F_{n32}(r,\theta)(\mathrm{e}^{\mathrm{i}2\varphi}-\mathrm{e}^{-\mathrm{i}2\varphi})\\
&n\mathrm{f}_{x(x^2-3y^2)}, l=3, m=\pm3, \psi_{n3\pm3}^{(+)}=F_{n33}(r,\theta)(\mathrm{e}^{\mathrm{i}3\varphi}+\mathrm{e}^{-\mathrm{i}3\varphi})\\
&n\mathrm{f}_{y(3x^2-y^2)}, l=3, m=\pm3, \psi_{n3\pm3}^{(-)}=F_{n33}(r,\theta)(\mathrm{e}^{\mathrm{i}3\varphi}-\mathrm{e}^{-\mathrm{i}3\varphi})
\end{aligned} \tag{5-239}$$

各种对称操作绕三维转动轴转动，将旋转轴移动到坐标系 Z 轴方向，反映面移动到与坐标系 Z 轴垂直，并与旋转操作相关联。绕 Z 轴位置的旋转轴旋转 α 角，轨道波函数从 $\psi_{nlm}(r,\theta,\varphi)=F_{nlm}(r,\theta)\mathrm{e}^{\mathrm{i}m\varphi}$ 变为 $\psi_{nlm}(r,\theta,\varphi)=F_{nlm}(r,\theta)\mathrm{e}^{\mathrm{i}m(\varphi+\alpha)}$，设旋转操作的变换矩阵为 $\boldsymbol{N}(\alpha)$，则变换关系式为

$$\boldsymbol{N}(\alpha)F_{nlm}(r,\theta)\mathrm{e}^{\mathrm{i}m\varphi}=F_{nlm}(r,\theta)\mathrm{e}^{\mathrm{i}m(\varphi+\alpha)}$$

由式（5-236）～式（5-239），按照 s、p、d、f 轨道分类，将上式表示为矩阵形式，从而导出对称操作下的表示矩阵，并求出特征标。

5.6.2 价轨道的对称性

虽然基函数选择不同，但表示矩阵等价，即特征标相等，因而所有基函数的不可约表示的特征标相同。由 O_h 群的不可约表示特征标表 5-20，可以找到 O_h 群的一维不可约表示 $\boldsymbol{A}_{1g}$、$\boldsymbol{A}_{2g}$、$\boldsymbol{A}_{1u}$、$\boldsymbol{A}_{2u}$，二维不可约表示 $\boldsymbol{E}_g$、$\boldsymbol{E}_u$，三维不可约表示 $\boldsymbol{T}_{1g}$、$\boldsymbol{T}_{2g}$、$\boldsymbol{T}_{1u}$、$\boldsymbol{T}_{2u}$。

表 5-20　O_h 群的不可约表示特征标表

O_h	E	$6C_4$	$3C_4^2$	$8C_3$	$6C_2$	i	$6S_4$	$3\sigma_h$	$8S_6$	$6\sigma_d$	不可约表示基函数	
$\boldsymbol{A}_{1g}$	1	1	1	1	1	1	1	1	1	1		$x^2+y^2+z^2$
$\boldsymbol{A}_{2g}$	1	−1	1	1	−1	1	−1	1	1	−1		
$\boldsymbol{E}_g$	2	0	2	−1	0	2	0	2	−1	0		$3z^2-r^2$，x^2-y^2
$\boldsymbol{T}_{1g}$	3	1	−1	0	−1	3	1	−1	0	−1	R_x,R_y,R_z	
$\boldsymbol{T}_{2g}$	3	−1	−1	0	1	3	−1	−1	0	1		$xz,yz,2xy$
$\boldsymbol{A}_{1u}$	1	1	1	1	1	−1	−1	−1	−1	−1		
$\boldsymbol{A}_{2u}$	1	−1	1	1	−1	−1	1	−1	−1	1		$2xyz$
$\boldsymbol{E}_u$	2	0	2	−1	0	−2	0	−2	1	0		
$\boldsymbol{T}_{1u}$	3	1	−1	0	−1	−3	−1	1	0	1	x,y,z	x^3,y^3,z^3
$\boldsymbol{T}_{2u}$	3	−1	−1	0	1	−3	1	1	0	−1		$x(z^2-y^2)$，$y(z^2-x^2)$，$z(x^2-y^2)$
$\boldsymbol{\Gamma}$(s)	1	1	1	1	1	1	1	1	1	1		$\boldsymbol{A}_{1g}$
$\boldsymbol{\Gamma}$(p)	3	1	−1	0	−1	−3	−1	1	0	1		$\boldsymbol{T}_{1u}$
$\boldsymbol{\Gamma}$(d)	5	−1	1	−1	1	5	−1	1	−1	1		$\boldsymbol{E}_g\oplus\boldsymbol{T}_{2g}$
$\boldsymbol{\Gamma}$(f)	7	−1	−1	1	−1	−7	1	1	−1	1		$\boldsymbol{A}_{2u}\oplus\boldsymbol{T}_{1u}\oplus\boldsymbol{T}_{2u}$

注：约化结果见右侧。

正八面体配合物中心金属离子的价层轨道 ns、np、nd、nf，经 O_h 群的对称操作变换，得出的表示矩阵是一组可约表示矩阵。由式（5-99），求得不可约表示在可约表示中出现的次数，将这些可约表示矩阵约化为 O_h 群的不可约表示基下的对角分块矩阵，赋予金属离子的价层轨道所属的不可约表示对称性。

1. ns 轨道基函数的对称性

s 轨道的角度函数部分是常数，轨道波函数只是球坐标 r 的函数，绕 Z 轴旋转任意角度 α，波函数值和相位都不变。O_h 群的全部群元素对 s 轨道的操作变换，采用的矩阵表示都是一维恒等矩阵，对称操作变换的矩阵方程和表示矩阵的特征标分别为

$$\hat{E}F_{n00}(r)=F_{n00}(r), \chi[\hat{E}]=1$$
$$\hat{C}_4 F_{n00}(r)=F_{n00}(r), \chi[\hat{C}_4]=1$$
$$\hat{C}_4^2 F_{n00}(r)=F_{n00}(r), \chi[\hat{C}_4^2]=1$$
$$\hat{C}_2^{(z)} F_{n00}(r)=F_{n00}(r), \chi[\hat{C}_2^{(z)}]=1$$
$$\hat{C}_2^{(1)}=\hat{A}^{-1}\hat{C}_2^{(z)}\hat{A}, \chi[\hat{C}_2^{(1)}]=\chi[\hat{C}_2^{(z)}]=1$$
$$i=\hat{\sigma}_{\mathrm{h}}\hat{C}_2^{(z)}, \chi[\hat{i}]=\chi[\hat{\sigma}_{\mathrm{h}}\hat{C}_2^{(z)}]=1$$
$$\hat{\sigma}_{\mathrm{h}}^{(1)}=\hat{i}\hat{C}_2^{(z)}, \chi[\hat{\sigma}_{\mathrm{h}}^{(1)}]=\chi[\hat{i}\hat{C}_2^{(z)}]=1$$
$$\hat{\sigma}_{\mathrm{d}}^{(1)}=\hat{i}\hat{C}_2^{(1)}, \chi[\hat{\sigma}_{\mathrm{d}}^{(1)}]=\chi[\hat{i}\hat{C}_2^{(1)}]=1$$
$$\hat{C}_3^{(1)} F_{n00}(r)=F_{n00}(r), \chi[\hat{C}_3^{(1)}]=\chi[\hat{C}_3^{(z)}]=1$$
$$\hat{S}_4 F_{n00}(r)=F_{n00}(r), \chi[\hat{S}_4]=1$$
$$\hat{S}_6^{(1)} F_{n00}(r)=F_{n00}(r), \chi[\hat{S}_6^{(1)}]=\chi[\hat{S}_6^{(z)}]=1$$

以 s 轨道为基函数，得到 O_{h} 群的全部共轭类对称元素的变换矩阵，对应的特征标汇集于表 5-20 下方，其特征标与 O_{h} 的 $A_{1\mathrm{g}}$ 不可约表示的特征标相同，以 s 轨道作为基函数得到的可约表示被约化为

$$\Gamma(\mathrm{s})=A_{1\mathrm{g}} \tag{5-240}$$

2. np 轨道基函数的对称性

选择 $n\mathrm{p}_x$、$n\mathrm{p}_y$、$n\mathrm{p}_z$ 轨道的实波函数作为基函数，由式（5-237），实基函数 $\{x, y, z\}$ 对应的复函数为 $\{F_{n11}(\mathrm{e}^{\mathrm{i}\varphi}+\mathrm{e}^{-\mathrm{i}\varphi}), F_{n11}(\mathrm{e}^{\mathrm{i}\varphi}-\mathrm{e}^{-\mathrm{i}\varphi}), F_{n10}\}$。对于坐标系 Z 轴位置的旋转轴，绕 Z 轴旋转任意角度 α，$F_{nlm}(r,\theta)$ 值不变，只有 $\Phi_m(\varphi)=\mathrm{e}^{im\varphi}$ 变为 $\Phi_m(\varphi+\alpha)=\mathrm{e}^{im(\varphi+\alpha)}$，其旋转操作的变换方程为

$$\hat{C}_n^{(z)}(\alpha)\psi_{nlm}(r,\theta,\varphi)=\psi'_{nlm}(r,\theta,\varphi+\alpha)$$

写成矩阵形式：

$$\begin{pmatrix} (\mathrm{e}^{\mathrm{i}\alpha}+\mathrm{e}^{-\mathrm{i}\alpha})/2 & (\mathrm{e}^{\mathrm{i}\alpha}-\mathrm{e}^{-\mathrm{i}\alpha})/2 & 0 \\ (\mathrm{e}^{\mathrm{i}\alpha}-\mathrm{e}^{-\mathrm{i}\alpha})/2 & (\mathrm{e}^{\mathrm{i}\alpha}+\mathrm{e}^{-\mathrm{i}\alpha})/2 & 0 \\ 0 & 0 & 1 \end{pmatrix}\begin{pmatrix} F_{n11}(\mathrm{e}^{\mathrm{i}\varphi}+\mathrm{e}^{-\mathrm{i}\varphi}) \\ F_{n11}(\mathrm{e}^{\mathrm{i}\varphi}-\mathrm{e}^{-\mathrm{i}\varphi}) \\ F_{n10} \end{pmatrix}=\begin{pmatrix} F_{n11}[\mathrm{e}^{\mathrm{i}(\varphi+\alpha)}+\mathrm{e}^{-\mathrm{i}(\varphi+\alpha)}] \\ F_{n11}[\mathrm{e}^{\mathrm{i}(\varphi+\alpha)}-\mathrm{e}^{-\mathrm{i}(\varphi+\alpha)}] \\ F_{n10} \end{pmatrix} \tag{5-241}$$

表示矩阵 $\hat{C}_n^{(z)}(\alpha)$ 及其特征标分别为

$$\hat{C}_n^{(z)}(\alpha)=\begin{pmatrix} (\mathrm{e}^{\mathrm{i}\alpha}+\mathrm{e}^{-\mathrm{i}\alpha})/2 & (\mathrm{e}^{\mathrm{i}\alpha}-\mathrm{e}^{-\mathrm{i}\alpha})/2 & 0 \\ (\mathrm{e}^{\mathrm{i}\alpha}-\mathrm{e}^{-\mathrm{i}\alpha})/2 & (\mathrm{e}^{\mathrm{i}\alpha}+\mathrm{e}^{-\mathrm{i}\alpha})/2 & 0 \\ 0 & 0 & 1 \end{pmatrix}, \chi[C_n^{(z)}(\alpha)]=\mathrm{e}^{\mathrm{i}\alpha}+\mathrm{e}^{-\mathrm{i}\alpha}+1=2\cos\alpha+1 \tag{5-242}$$

随着转动角度不同，得到不同旋转轴对应旋转操作的表示矩阵及其特征标。

（1）当 $\alpha=0$ 时，表示恒等操作 $\hat{E}$，特征标 $\chi[\hat{E}]=3$。

（2）当 $\alpha=\pi$ 时，表示 Z 轴上的二重旋转轴，表示矩阵为 $C_2^{(z)}$，特征标为 $\chi[\hat{C}_2^{(z)}]=-1$。因为 $\hat{C}_4^{2(z)}=\hat{C}_2^{(z)}$，所以 $\chi[C_4^{2(z)}]=-1$。

（3）当 $\alpha=2\pi/3$ 时，表示 Z 轴上的三重旋转轴，表示矩阵为 $\hat{C}_3^{(z)}$，特征标为 $\chi[\hat{C}_3^{(z)}]=0$。

（4）当 $\alpha=\pi/2$ 时，表示 Z 轴上的四重旋转轴，表示矩阵为 $\hat{C}_4^{(z)}$，特征标为 $\chi[\hat{C}_4^{(z)}]=1$。

Z 轴上的象转轴是旋转反映联合操作，其表示矩阵等于 Z 轴上的旋转操作的表示矩阵，乘以与之垂直的反映操作的表示矩阵，即 $\hat{S}_n^{(z)}(\alpha)=\hat{\sigma}_{\mathrm{h}}\hat{C}_n^{(z)}$。由式（5-242），得到象转轴对应的联合操作的表示矩阵及其特征标分别为

$$\hat{S}_n^{(z)}(\alpha)=\hat{\sigma}_h\hat{C}_n^{(z)}=\begin{pmatrix}1&0&0\\0&1&0\\0&0&-1\end{pmatrix}\begin{pmatrix}(e^{i\alpha}+e^{-i\alpha})/2&(e^{i\alpha}-e^{-i\alpha})/2&0\\(e^{i\alpha}-e^{-i\alpha})/2&(e^{i\alpha}+e^{-i\alpha})/2&0\\0&0&1\end{pmatrix}$$

$$=\begin{pmatrix}(e^{i\alpha}+e^{-i\alpha})/2&(e^{i\alpha}-e^{-i\alpha})/2&0\\(e^{i\alpha}-e^{-i\alpha})/2&(e^{i\alpha}+e^{-i\alpha})/2&0\\0&0&-1\end{pmatrix}$$

$$\chi[\hat{S}_n^{(z)}]=e^{i\alpha}+e^{-i\alpha}-1=2\cos\alpha-1\tag{5-243}$$

随转动角度不同，得到不同象转轴对应联合操作的表示矩阵及其特征标。

（1）当 $\alpha=\pi$ 时，$\hat{S}_2^{(z)}=\hat{\sigma}_h\hat{C}_2^z=\hat{i}$，即是以坐标系原点为对称中心的反演操作，特征标为 $\chi[\hat{i}]=-3$。

（2）当 $\alpha=\pi/2$ 时，表示 Z 轴上的四重象转轴，表示矩阵为 $\hat{S}_4^{(z)}$，特征标为 $\chi[\hat{S}_4^{(z)}]=-1$。

（3）当 $\alpha=\pi/3$ 时，表示 Z 轴上的六重象转轴，表示矩阵为 $\hat{S}_6^{(z)}$，特征标为 $\chi[\hat{S}_6^{(z)}]=0$。

选择与 Z 轴垂直的反映面 $\sigma_h^{(1)}$，反映操作 $\hat{\sigma}_h^{(1)}=\hat{i}\hat{C}_2^{(z)}$ 的变换矩阵及其特征标分别为

$$\hat{\sigma}_h^{(1)}=\hat{i}\hat{C}_2^{(z)}=\begin{pmatrix}-1&0&0\\0&-1&0\\0&0&-1\end{pmatrix}\begin{pmatrix}(e^{i\pi}+e^{-i\pi})/2&(e^{i\pi}-e^{-i\pi})/2&0\\(e^{i\pi}-e^{-i\pi})/2&(e^{i\pi}+e^{-i\pi})/2&0\\0&0&1\end{pmatrix}$$

$$=\begin{pmatrix}-(e^{i\pi}+e^{-i\pi})/2&-(e^{i\pi}-e^{-i\pi})/2&0\\-(e^{i\pi}-e^{-i\pi})/2&-(e^{i\pi}+e^{-i\pi})/2&0\\0&0&-1\end{pmatrix}=\begin{pmatrix}1&0&0\\0&1&0\\0&0&-1\end{pmatrix}$$

$$\chi[\hat{\sigma}_h^{(1)}]=1+1-1=1\tag{5-244}$$

选择图 5-27 中的对角反映面 $\sigma_d^{(1)}$，由于存在对称操作变换关系 $\sigma_d^{(1)}=iC_2^{(1)}$，其表示矩阵也存在变换关系 $\hat{\sigma}_d^{(1)}=\hat{i}\hat{C}_2^{(1)}$，根据式（5-235）的等价关系，求得表示矩阵 $\hat{C}_2^{(1)}$

$$\hat{C}_2^{(1)}=\hat{A}^{-1}\hat{C}_2^{(z)}\hat{A}=\begin{pmatrix}0&-1&0\\-1&0&0\\0&0&-1\end{pmatrix}$$

进而求得表示矩阵 $\hat{\sigma}_d^{(1)}$

$$\hat{\sigma}_d^{(1)}=\hat{i}\hat{C}_2^{(1)}=\begin{pmatrix}-1&0&0\\0&-1&0\\0&0&-1\end{pmatrix}\begin{pmatrix}0&-1&0\\-1&0&0\\0&0&-1\end{pmatrix}=\begin{pmatrix}0&1&0\\1&0&0\\0&0&1\end{pmatrix}$$

表示矩阵的特征标为

$$\chi[\hat{\sigma}_d^{(1)}]=1\tag{5-245}$$

由此可见，表示矩阵 $\hat{\sigma}_d^{(1)}$ 的特征标与 $\hat{\sigma}_h^{(z)}=\hat{i}\hat{C}_2^{(z)}$ 的特征标相等。

以 p 轨道波函数为基函数，求出 O_h 群的全部共轭类对称操作的表示矩阵，对应的特征标汇集于表 5-20，与 O_h 群的 T_{1u} 不可约表示的特征标相同，以 p 轨道作为基函数得到的可约表示被约化为

$$\Gamma(\mathrm{p})=T_{1u}\tag{5-246}$$

3. nd 轨道基函数的对称性

选择五个 d 轨道的实波函数作为基函数，由式（5-238），实基函数$\{x^2-y^2$、$2xy$、xz、yz、$3z^2-r^2\}$对应的复函数为

$$\{F_{n22}(e^{i2\varphi}+e^{-i2\varphi}),F_{n22}(e^{i2\varphi}-e^{-i2\varphi}),F_{n21}(e^{i\varphi}+e^{-i\varphi}),F_{n21}(e^{i\varphi}-e^{-i\varphi}),F_{n20}\}$$

对于 Z 轴位置的旋转轴，绕坐标系 Z 轴的旋转操作，旋转任意角度 α 的变换方程为

$$\boldsymbol{C}_n^{(z)}(\alpha)F_{n2m}(r,\theta)e^{im\varphi}=F_{n2m}(r,\theta)e^{im(\varphi+\alpha)}$$

与前面讨论类似，波函数的 $F_{n2m}(r,\theta)$ 值不变，只有 $\Phi_m(\varphi)=e^{im\varphi}$ 变为 $\Phi_m(\varphi+\alpha)=e^{im(\varphi+\alpha)}$，以 d 轨道为基函数的变换矩阵方程为

$$\begin{pmatrix}(e^{i2\alpha}+e^{-i2\alpha})/2 & (e^{i2\alpha}-e^{-i2\alpha})/2 & 0 & 0 & 0\\(e^{i2\alpha}-e^{-i2\alpha})/2 & (e^{i2\alpha}+e^{-i2\alpha})/2 & 0 & 0 & 0\\0 & 0 & (e^{i\alpha}+e^{-i\alpha})/2 & (e^{i\alpha}-e^{-i\alpha})/2 & 0\\0 & 0 & (e^{i\alpha}-e^{-i\alpha})/2 & (e^{i\alpha}+e^{-i\alpha})/2 & 0\\0 & 0 & 0 & 0 & 1\end{pmatrix}\begin{pmatrix}F_{n22}(e^{i2\varphi}+e^{-i2\varphi})\\F_{n22}(e^{i2\varphi}-e^{-i2\varphi})\\F_{n21}(e^{i\varphi}+e^{-i\varphi})\\F_{n21}(e^{i\varphi}-e^{-i\varphi})\\F_{n20}\end{pmatrix}$$

$$=\begin{pmatrix}F_{n22}(e^{i2(\varphi+\alpha)}+e^{-i2(\varphi+\alpha)})\\F_{n22}(e^{i2(\varphi+\alpha)}-e^{-i2(\varphi+\alpha)})\\F_{n21}(e^{i(\varphi+\alpha)}+e^{-i(\varphi+\alpha)})\\F_{n21}(e^{i(\varphi+\alpha)}-e^{-i(\varphi+\alpha)})\\F_{n20}\end{pmatrix}$$

其表示矩阵的特征标为

$$\chi[\boldsymbol{C}_n^{(z)}(\alpha)]=(e^{i2\alpha}+e^{-i2\alpha})+(e^{i\alpha}+e^{-i\alpha})+1=2\cos2\alpha+2\cos\alpha+1 \tag{5-247}$$

下面讨论不同转动角度下的旋转轴对应旋转操作的表示矩阵及其特征标值。

（1）当 $\alpha=0$，为恒等操作，对应表示矩阵 $\hat{\boldsymbol{E}}$ 的特征标 $\chi[\hat{\boldsymbol{E}}]=5$。

（2）当 $\alpha=\pi$，为 Z 轴上的二重旋转轴，对应表示矩阵 $\hat{\boldsymbol{C}}_2^{(z)}$ 的特征标 $\chi[\hat{\boldsymbol{C}}_2^{(z)}]=1$。

（3）当 $\alpha=2\pi/3$，为 Z 轴上的三重旋转轴，对应表示矩阵 $\hat{\boldsymbol{C}}_3^{(z)}$ 的特征标 $\chi[\hat{\boldsymbol{C}}_3^{(z)}]=-1$。

（4）当 $\alpha=\pi/2$，为 Z 轴上的四重旋转轴，对应表示矩阵 $\hat{\boldsymbol{C}}_4^{(z)}$ 的特征标 $\chi[\hat{\boldsymbol{C}}_4^{(z)}]=-1$。

以 d 轨道为基函数，经过垂直 Z 轴的反映面 $\hat{\boldsymbol{\sigma}}_h^{(1)}$ 反映，用 $(x,y,-z)$ 代替 (x,y,z)，$d_{x^2-y^2}$、d_{xy} 和 $d_{3z^2-r^2}$ 轨道波函数不变，d_{xz} 和 d_{yz} 轨道波函数反号，反映操作 $\hat{\boldsymbol{\sigma}}_h^{(1)}$ 的表示矩阵及其特征标分别为

$$\hat{\boldsymbol{\sigma}}_h^{(1)}=\begin{pmatrix}1&0&0&0&0\\0&1&0&0&0\\0&0&-1&0&0\\0&0&0&-1&0\\0&0&0&0&1\end{pmatrix},\chi[\hat{\boldsymbol{\sigma}}_h^{(1)}]=1 \tag{5-248}$$

全部 d 轨道波函数都是偶函数，经过坐标系原点的对称中心反演 $\hat{\boldsymbol{i}}$ 不变，即用 $(-x,-y,-z)$ 代替 d 轨道波函数的 (x,y,z) 变量，波函数是偶宇称，以 d 轨道为基函数的反演操作的表示矩阵及其特征标分别为

$$\hat{\boldsymbol{i}}=\begin{pmatrix}1&0&0&0&0\\0&1&0&0&0\\0&0&1&0&0\\0&0&0&1&0\\0&0&0&0&1\end{pmatrix},\chi[\hat{\boldsymbol{i}}]=5 \tag{5-249}$$

以下讨论以 d 轨道为基函数，在正八面体配合物中，坐标系 Z 轴上全部象转轴的旋转反映联合操作的表示矩阵的特征标，用 Z 轴上旋转操作和与之垂直的反映操作的表示矩阵的乘积求算。由式（5-248），$\hat{\boldsymbol{S}}_n^{(z)}(\alpha)=\hat{\boldsymbol{\sigma}}_h^{(1)}\hat{\boldsymbol{C}}_n^{(z)}$ 的表示矩阵和特征标分别为

$$\hat{S}_n^{(z)}(\alpha)=\hat{\sigma}_{\mathrm{h}}^{(1)}\hat{C}_n^{(z)}$$

$$=\begin{pmatrix}1&0&0&0&0\\0&1&0&0&0\\0&0&-1&0&0\\0&0&0&-1&0\\0&0&0&0&1\end{pmatrix}\begin{pmatrix}(\mathrm{e}^{\mathrm{i}2\alpha}+\mathrm{e}^{-\mathrm{i}2\alpha})/2&(\mathrm{e}^{\mathrm{i}2\alpha}-\mathrm{e}^{-\mathrm{i}2\alpha})/2&0&0&0\\(\mathrm{e}^{\mathrm{i}2\alpha}-\mathrm{e}^{-\mathrm{i}2\alpha})/2&(\mathrm{e}^{\mathrm{i}2\alpha}+\mathrm{e}^{-\mathrm{i}2\alpha})/2&0&0&0\\0&0&(\mathrm{e}^{\mathrm{i}\alpha}+\mathrm{e}^{-\mathrm{i}\alpha})/2&(\mathrm{e}^{\mathrm{i}\alpha}-\mathrm{e}^{-\mathrm{i}\alpha})/2&0\\0&0&(\mathrm{e}^{\mathrm{i}\alpha}-\mathrm{e}^{-\mathrm{i}\alpha})/2&(\mathrm{e}^{\mathrm{i}\alpha}+\mathrm{e}^{-\mathrm{i}\alpha})/2&0\\0&0&0&0&1\end{pmatrix}$$

$$=\begin{pmatrix}(\mathrm{e}^{\mathrm{i}2\alpha}+\mathrm{e}^{-\mathrm{i}2\alpha})/2&(\mathrm{e}^{\mathrm{i}2\alpha}-\mathrm{e}^{-\mathrm{i}2\alpha})/2&0&0&0\\(\mathrm{e}^{\mathrm{i}2\alpha}-\mathrm{e}^{-\mathrm{i}2\alpha})/2&(\mathrm{e}^{\mathrm{i}2\alpha}+\mathrm{e}^{-\mathrm{i}2\alpha})/2&0&0&0\\0&0&-(\mathrm{e}^{\mathrm{i}\alpha}+\mathrm{e}^{-\mathrm{i}\alpha})/2&-(\mathrm{e}^{\mathrm{i}\alpha}-\mathrm{e}^{-\mathrm{i}\alpha})/2&0\\0&0&-(\mathrm{e}^{\mathrm{i}\alpha}-\mathrm{e}^{-\mathrm{i}\alpha})/2&-(\mathrm{e}^{\mathrm{i}\alpha}+\mathrm{e}^{-\mathrm{i}\alpha})/2&0\\0&0&0&0&1\end{pmatrix}$$

$$\chi[\boldsymbol{S}_n^{(z)}(\alpha)]=(\mathrm{e}^{\mathrm{i}2\alpha}+\mathrm{e}^{-\mathrm{i}2\alpha})-(\mathrm{e}^{\mathrm{i}\alpha}+\mathrm{e}^{-\mathrm{i}\alpha})+1=2\cos2\alpha-2\cos\alpha+1 \tag{5-250}$$

当旋转角度 α 取不同值时，象转轴的重数不同，由式（5-250）分别得到相应的表示矩阵以及特征标。

（1）当 $\alpha=\pi$，由 $\hat{S}_2^{(z)}=\hat{\sigma}_{\mathrm{h}}^{(1)}\hat{C}_2^{(z)}=\hat{i}$，为以坐标系原点为对称中心的反演操作，对应表示矩阵的特征标 $\chi[\hat{i}]=5$。

（2）当 $\alpha=\pi/2$，为 Z 轴上的四重象转轴，表示矩阵为 $\hat{S}_4^{(z)}$，特征标为 $\chi[\hat{S}_4^{(z)}]=-1$。

（3）当 $\alpha=\pi/3$，为 Z 轴上的六重象转轴，表示矩阵为 $\hat{S}_6^{(z)}$，特征标为 $\chi[\hat{S}_6^{(z)}]=-1$。

运用 d 轨道的偶函数性质，求出反映面的表示矩阵。因为 $\hat{\sigma}_{\mathrm{h}}^{(1)}=\hat{i}\hat{C}_2^{(z)}$，所以

$$\hat{\sigma}_{\mathrm{h}}^{(1)}=\hat{i}\hat{C}_2^{(z)}$$

$$=\begin{pmatrix}1&0&0&0&0\\0&1&0&0&0\\0&0&1&0&0\\0&0&0&1&0\\0&0&0&0&1\end{pmatrix}\begin{pmatrix}(\mathrm{e}^{\mathrm{i}2\pi}+\mathrm{e}^{-\mathrm{i}2\pi})/2&(\mathrm{e}^{\mathrm{i}2\pi}-\mathrm{e}^{-\mathrm{i}2\pi})/2&0&0&0\\(\mathrm{e}^{\mathrm{i}2\pi}-\mathrm{e}^{-\mathrm{i}2\pi})/2&(\mathrm{e}^{\mathrm{i}2\pi}+\mathrm{e}^{-\mathrm{i}2\pi})/2&0&0&0\\0&0&(\mathrm{e}^{\mathrm{i}\pi}+\mathrm{e}^{-\mathrm{i}\pi})/2&(\mathrm{e}^{\mathrm{i}\pi}-\mathrm{e}^{-\mathrm{i}\pi})/2&0\\0&0&(\mathrm{e}^{\mathrm{i}\pi}-\mathrm{e}^{-\mathrm{i}\pi})/2&(\mathrm{e}^{\mathrm{i}\pi}+\mathrm{e}^{-\mathrm{i}\pi})/2&0\\0&0&0&0&1\end{pmatrix}$$

$$=\begin{pmatrix}(\mathrm{e}^{\mathrm{i}2\pi}+\mathrm{e}^{-\mathrm{i}2\pi})/2&(\mathrm{e}^{\mathrm{i}2\pi}-\mathrm{e}^{-\mathrm{i}2\pi})/2&0&0&0\\(\mathrm{e}^{\mathrm{i}2\pi}-\mathrm{e}^{-\mathrm{i}2\pi})/2&(\mathrm{e}^{\mathrm{i}2\pi}+\mathrm{e}^{-\mathrm{i}2\pi})/2&0&0&0\\0&0&(\mathrm{e}^{\mathrm{i}\pi}+\mathrm{e}^{-\mathrm{i}\pi})/2&(\mathrm{e}^{\mathrm{i}\pi}-\mathrm{e}^{-\mathrm{i}\pi})/2&0\\0&0&(\mathrm{e}^{\mathrm{i}\pi}-\mathrm{e}^{-\mathrm{i}\pi})/2&(\mathrm{e}^{\mathrm{i}\pi}+\mathrm{e}^{-\mathrm{i}\pi})/2&0\\0&0&0&0&1\end{pmatrix}=\begin{pmatrix}1&0&0&0&0\\0&1&0&0&0\\0&0&-1&0&0\\0&0&0&-1&0\\0&0&0&0&1\end{pmatrix}$$

$$\chi[\hat{\sigma}_{\mathrm{h}}^{(1)}]=1+1-1-1+1=1 \tag{5-251}$$

对于 $\hat{\sigma}_{\mathrm{d}}^{(1)}$ 的表示矩阵和特征标，按照与 np 基函数相同的方法，根据式（5-235）的等价关系，将一次函数为基的矩阵表示变换为二次函数为基的矩阵表示，求得二次基函数下的变换矩阵 $\hat{A}$，进而求出表示矩阵 $\hat{C}_2^{(1)}$，代入 $\hat{\sigma}_{\mathrm{d}}^{(1)}=\hat{i}\hat{C}_2^{(1)}$，就得到表示矩阵 $\hat{\sigma}_{\mathrm{d}}^{(1)}$，不难求得特征标为

$$\chi[\hat{\sigma}_{\mathrm{d}}^{(1)}]=1 \tag{5-252}$$

以 d 轨道波函数为基函数，求得 O_{h} 群的全部共轭类对称操作的表示矩阵和对应的特征标，见表 5-20。由式（5-99），求得不可约表示 $\boldsymbol{E}_{\mathrm{g}}$ 和 $\boldsymbol{T}_{2\mathrm{g}}$ 出现的次数均为 1，其余不可约表示出现的次数均等于零，以 d 轨道作为基函数得到的可约表示被约化为

$$\boldsymbol{\Gamma}(\mathrm{d})=\boldsymbol{E}_{\mathrm{g}}\oplus\boldsymbol{T}_{2\mathrm{g}} \tag{5-253}$$

4. nf 轨道基函数的对称性

选择七个 f 轨道的实波函数作为基函数，由式（5-239），实基函数{$x(x^2-3y^2)$、$y(3x^2-y^2)$、$z(x^2-y^2)$、$2xyz$、$x(z^2-r^2)$、$y(z^2-r^2)$、$z(z^2-r^2)$}对应的复函数为

$$\{F_{n33}(\mathrm{e}^{\mathrm{i}3\varphi}+\mathrm{e}^{-\mathrm{i}3\varphi}),F_{n33}(\mathrm{e}^{\mathrm{i}3\varphi}-\mathrm{e}^{-\mathrm{i}3\varphi}),F_{n32}(\mathrm{e}^{\mathrm{i}2\varphi}+\mathrm{e}^{-\mathrm{i}2\varphi}),F_{n32}(\mathrm{e}^{\mathrm{i}2\varphi}-\mathrm{e}^{-\mathrm{i}2\varphi}),F_{n31}(\mathrm{e}^{\mathrm{i}\varphi}+\mathrm{e}^{-\mathrm{i}\varphi}),F_{n31}(\mathrm{e}^{\mathrm{i}\varphi}-\mathrm{e}^{-\mathrm{i}\varphi}),F_{n30}\}$$

对于坐标系 Z 轴位置的旋转轴，经过 $\psi_{n3m}=F_{n3m}(r,\theta)\mathrm{e}^{\mathrm{i}m\varphi}$ 到 $\psi'_{n3m}=F_{n3m}(r,\theta)\mathrm{e}^{\mathrm{i}m(\varphi+\alpha)}$ 的变换，波函数的 $F_{n3m}(r,\theta)$ 值不变，旋转操作的变换方程为 $\boldsymbol{C}_n^{(z)}(\alpha)F_{n3m}(r,\theta)\mathrm{e}^{\mathrm{i}m\varphi}=F_{n3m}(r,\theta)\mathrm{e}^{\mathrm{i}m(\varphi+\alpha)}$，表示为矩阵方程为

$$\frac{1}{2}\begin{pmatrix} \mathrm{e}^{\mathrm{i}3\alpha}+\mathrm{e}^{-\mathrm{i}3\alpha} & \mathrm{e}^{\mathrm{i}3\alpha}-\mathrm{e}^{-\mathrm{i}3\alpha} & 0 & 0 & 0 & 0 & 0 \\ \mathrm{e}^{\mathrm{i}3\alpha}-\mathrm{e}^{-\mathrm{i}3\alpha} & \mathrm{e}^{\mathrm{i}3\alpha}+\mathrm{e}^{-\mathrm{i}3\alpha} & 0 & 0 & 0 & 0 & 0 \\ 0 & 0 & \mathrm{e}^{\mathrm{i}2\alpha}+\mathrm{e}^{-\mathrm{i}2\alpha} & \mathrm{e}^{\mathrm{i}2\alpha}-\mathrm{e}^{-\mathrm{i}2\alpha} & 0 & 0 & 0 \\ 0 & 0 & \mathrm{e}^{\mathrm{i}2\alpha}-\mathrm{e}^{-\mathrm{i}2\alpha} & \mathrm{e}^{\mathrm{i}2\alpha}+\mathrm{e}^{-\mathrm{i}2\alpha} & 0 & 0 & 0 \\ 0 & 0 & 0 & 0 & \mathrm{e}^{\mathrm{i}\alpha}+\mathrm{e}^{-\mathrm{i}\alpha} & \mathrm{e}^{\mathrm{i}\alpha}-\mathrm{e}^{-\mathrm{i}\alpha} & 0 \\ 0 & 0 & 0 & 0 & \mathrm{e}^{\mathrm{i}\alpha}-\mathrm{e}^{-\mathrm{i}\alpha} & \mathrm{e}^{\mathrm{i}\alpha}+\mathrm{e}^{-\mathrm{i}\alpha} & 0 \\ 0 & 0 & 0 & 0 & 0 & 0 & 2 \end{pmatrix}\cdot\begin{pmatrix} F_{n33}(\mathrm{e}^{\mathrm{i}3\varphi}+\mathrm{e}^{-\mathrm{i}3\varphi}) \\ F_{n33}(\mathrm{e}^{\mathrm{i}3\varphi}-\mathrm{e}^{-\mathrm{i}3\varphi}) \\ F_{n32}(\mathrm{e}^{\mathrm{i}2\varphi}+\mathrm{e}^{-\mathrm{i}2\varphi}) \\ F_{n32}(\mathrm{e}^{\mathrm{i}2\varphi}-\mathrm{e}^{-\mathrm{i}2\varphi}) \\ F_{n31}(\mathrm{e}^{\mathrm{i}\varphi}+\mathrm{e}^{-\mathrm{i}\varphi}) \\ F_{n31}(\mathrm{e}^{\mathrm{i}\varphi}-\mathrm{e}^{-\mathrm{i}\varphi}) \\ F_{n30} \end{pmatrix}$$

$$=\begin{pmatrix} F_{n33}(\mathrm{e}^{\mathrm{i}3(\varphi+\alpha)}+\mathrm{e}^{-\mathrm{i}3(\varphi+\alpha)}) \\ F_{n33}(\mathrm{e}^{\mathrm{i}3(\varphi+\alpha)}-\mathrm{e}^{-\mathrm{i}3(\varphi+\alpha)}) \\ F_{n32}(\mathrm{e}^{\mathrm{i}2(\varphi+\alpha)}+\mathrm{e}^{-\mathrm{i}2(\varphi+\alpha)}) \\ F_{n32}(\mathrm{e}^{\mathrm{i}2(\varphi+\alpha)}-\mathrm{e}^{-\mathrm{i}2(\varphi+\alpha)}) \\ F_{n31}(\mathrm{e}^{\mathrm{i}(\varphi+\alpha)}+\mathrm{e}^{-\mathrm{i}(\varphi+\alpha)}) \\ F_{n31}(\mathrm{e}^{\mathrm{i}(\varphi+\alpha)}-\mathrm{e}^{-\mathrm{i}(\varphi+\alpha)}) \\ F_{n30} \end{pmatrix}$$

其表示矩阵的特征标为

$$\begin{aligned}\chi[\boldsymbol{C}_n^{(z)}(\alpha)]&=(\mathrm{e}^{\mathrm{i}3\alpha}+\mathrm{e}^{-\mathrm{i}3\alpha})+(\mathrm{e}^{\mathrm{i}2\alpha}+\mathrm{e}^{-\mathrm{i}2\alpha})+(\mathrm{e}^{\mathrm{i}\alpha}+\mathrm{e}^{-\mathrm{i}\alpha})+1\\&=2\cos3\alpha+2\cos2\alpha+2\cos\alpha+1\end{aligned}\tag{5-254}$$

对于正八面体存在的旋转轴，由旋转操作的基转角 α，由式（5-254）分别得到相应的表示矩阵的特征标。

（1）当 $\alpha=0$，为恒等操作，表示矩阵 $\hat{\boldsymbol{E}}$ 的特征标 $\chi[\hat{\boldsymbol{E}}]=7$。

（2）当 $\alpha=\pi$，为 Z 轴上的二重旋转轴，表示矩阵 $\hat{\boldsymbol{C}}_2^{(z)}$ 的特征标 $\chi[\hat{\boldsymbol{C}}_2^{(z)}]=-1$。

（3）当 $\alpha=2\pi/3$，为 Z 轴上的三重旋转轴，表示矩阵 $\hat{\boldsymbol{C}}_3^{(z)}$ 的特征标 $\chi[\hat{\boldsymbol{C}}_3^{(z)}]=1$。

（4）当 $\alpha=\pi/2$，为 Z 轴上的四重旋转轴，表示矩阵 $\hat{\boldsymbol{C}}_4^{(z)}$ 的特征标 $\chi[\hat{\boldsymbol{C}}_4^{(z)}]=-1$。

以f轨道作为基函数，经过垂直于Z轴的反映面 $\sigma_{\mathrm{h}}^{(1)}$ 反映，将f轨道波函数的坐标变量 (x,y,z) 变为 $(x,y,-z)$，f 轨道基函数 $x(x^2-3y^2)$、$y(3x^2-y^2)$、$x(z^2-r^2)$、$y(z^2-r^2)$ 不变，而 $z(x^2-y^2)$、$2xyz$、$z(z^2-r^2)$ 的符号反号，反映操作的表示矩阵 $\hat{\boldsymbol{\sigma}}_{\mathrm{h}}^{(1)}$ 为

$$\hat{\boldsymbol{\sigma}}_{\mathrm{h}}^{(1)}=\begin{pmatrix}1&0&0&0&0&0&0\\0&1&0&0&0&0&0\\0&0&-1&0&0&0&0\\0&0&0&-1&0&0&0\\0&0&0&0&1&0&0\\0&0&0&0&0&1&0\\0&0&0&0&0&0&-1\end{pmatrix},\chi[\hat{\boldsymbol{\sigma}}_{\mathrm{h}}^{(1)}]=1\tag{5-255}$$

全部 f 轨道都是三次幂函数，都为奇函数，经反演都是奇宇称，经过坐标系原点的对称中心反演 $\hat{\boldsymbol{i}}$ 反号，变换矩阵及其特征标分别为

$$\hat{\boldsymbol{i}}=\begin{pmatrix}-1&0&0&0&0&0&0\\0&-1&0&0&0&0&0\\0&0&-1&0&0&0&0\\0&0&0&-1&0&0&0\\0&0&0&0&-1&0&0\\0&0&0&0&0&-1&0\\0&0&0&0&0&0&-1\end{pmatrix},\chi[\hat{\boldsymbol{i}}]=-7\tag{5-256}$$

以 f 轨道为基函数，用反映操作表示矩阵 $\hat{\boldsymbol{\sigma}}_{\mathrm{h}}^{(1)}$ 乘以旋转操作表示矩阵 $\hat{\boldsymbol{C}}_n^{(z)}$，得到 Z 轴上象转轴的旋转反映联合操作变换矩阵 $\hat{\boldsymbol{S}}_n^{(z)}$，由式（5-255），按照 $\hat{\boldsymbol{S}}_n^{(z)}(\alpha)=\hat{\boldsymbol{\sigma}}_{\mathrm{h}}\hat{\boldsymbol{C}}_n^{(z)}$，象转轴的联合操作的表示矩阵为

$$\hat{S}_n^{(z)}(\alpha)=\hat{\sigma}_{\mathrm{h}}\hat{C}_n^{(z)}=\begin{pmatrix}1&0&0&0&0&0&0\\0&1&0&0&0&0&0\\0&0&-1&0&0&0&0\\0&0&0&-1&0&0&0\\0&0&0&0&1&0&0\\0&0&0&0&0&1&0\\0&0&0&0&0&0&-1\end{pmatrix}\cdot$$

$$\frac{1}{2}\begin{pmatrix}\mathrm{e}^{\mathrm{i}3\alpha}+\mathrm{e}^{-\mathrm{i}3\alpha}&\mathrm{e}^{\mathrm{i}3\alpha}-\mathrm{e}^{-\mathrm{i}3\alpha}&0&0&0&0&0\\\mathrm{e}^{\mathrm{i}3\alpha}-\mathrm{e}^{-\mathrm{i}3\alpha}&\mathrm{e}^{\mathrm{i}3\alpha}+\mathrm{e}^{-\mathrm{i}3\alpha}&0&0&0&0&0\\0&0&\mathrm{e}^{\mathrm{i}2\alpha}+\mathrm{e}^{-\mathrm{i}2\alpha}&\mathrm{e}^{\mathrm{i}2\alpha}-\mathrm{e}^{-\mathrm{i}2\alpha}&0&0&0\\0&0&\mathrm{e}^{\mathrm{i}2\alpha}-\mathrm{e}^{-\mathrm{i}2\alpha}&\mathrm{e}^{\mathrm{i}2\alpha}+\mathrm{e}^{-\mathrm{i}2\alpha}&0&0&0\\0&0&0&0&\mathrm{e}^{\mathrm{i}\alpha}+\mathrm{e}^{-\mathrm{i}\alpha}&\mathrm{e}^{\mathrm{i}\alpha}-\mathrm{e}^{-\mathrm{i}\alpha}&0\\0&0&0&0&\mathrm{e}^{\mathrm{i}\alpha}-\mathrm{e}^{-\mathrm{i}\alpha}&\mathrm{e}^{\mathrm{i}\alpha}+\mathrm{e}^{-\mathrm{i}\alpha}&0\\0&0&0&0&0&0&2\end{pmatrix}$$

$$=\frac{1}{2}\begin{pmatrix}\mathrm{e}^{\mathrm{i}3\alpha}+\mathrm{e}^{-\mathrm{i}3\alpha}&\mathrm{e}^{\mathrm{i}3\alpha}-\mathrm{e}^{-\mathrm{i}3\alpha}&0&0&0&0&0\\\mathrm{e}^{\mathrm{i}3\alpha}-\mathrm{e}^{-\mathrm{i}3\alpha}&\mathrm{e}^{\mathrm{i}3\alpha}+\mathrm{e}^{-\mathrm{i}3\alpha}&0&0&0&0&0\\0&0&-(\mathrm{e}^{\mathrm{i}2\alpha}+\mathrm{e}^{-\mathrm{i}2\alpha})&-(\mathrm{e}^{\mathrm{i}2\alpha}-\mathrm{e}^{-\mathrm{i}2\alpha})&0&0&0\\0&0&-(\mathrm{e}^{\mathrm{i}2\alpha}-\mathrm{e}^{-\mathrm{i}2\alpha})&-(\mathrm{e}^{\mathrm{i}2\alpha}+\mathrm{e}^{-\mathrm{i}2\alpha})&0&0&0\\0&0&0&0&\mathrm{e}^{\mathrm{i}\alpha}+\mathrm{e}^{-\mathrm{i}\alpha}&\mathrm{e}^{\mathrm{i}\alpha}-\mathrm{e}^{-\mathrm{i}\alpha}&0\\0&0&0&0&\mathrm{e}^{\mathrm{i}\alpha}-\mathrm{e}^{-\mathrm{i}\alpha}&\mathrm{e}^{\mathrm{i}\alpha}+\mathrm{e}^{-\mathrm{i}\alpha}&0\\0&0&0&0&0&0&-2\end{pmatrix}$$

求得特征标为

$$\chi[\hat{S}_n^{(z)}]=(\mathrm{e}^{\mathrm{i}3\alpha}+\mathrm{e}^{-\mathrm{i}3\alpha})-(\mathrm{e}^{\mathrm{i}2\alpha}+\mathrm{e}^{-\mathrm{i}2\alpha})+(\mathrm{e}^{\mathrm{i}\alpha}+\mathrm{e}^{-\mathrm{i}\alpha})-1=2\cos3\alpha-2\cos2\alpha+2\cos\alpha-1 \tag{5-257}$$

下面讨论旋转角度 α 取不同值时，以 f 轨道为基函数，对应象转轴的联合操作表示矩阵的特征标。由式（5-257），

（1）当 $\alpha=\pi$，由 $\hat{S}_2^{(z)}=\hat{\sigma}_{\mathrm{h}}^{(1)}\hat{C}_2^{(z)}=\hat{i}$，为以坐标系原点为对称中心的反演操作，表示矩阵的特征标 $\chi[\hat{i}]=-7$。

（2）当 $\alpha=\pi/2$，为 Z 轴上的四重象转轴，表示矩阵为 $\hat{S}_4^{(z)}$，特征标为 $\chi[\hat{S}_4^{(z)}]=1$。

（3）当 $\alpha=\pi/3$，为 Z 轴上的六重象转轴，表示矩阵为 $\hat{S}_6^{(z)}$，特征标为 $\chi[\hat{S}_6^{(z)}]=-1$。

运用 f 轨道的奇函数性质，求出反映面 $\sigma_{\mathrm{h}}^{(1)}$ 的表示矩阵。因为 $\hat{\sigma}_{\mathrm{h}}^{(1)}=\hat{i}\hat{C}_2^{(z)}$，所以

$$\hat{\sigma}_{\mathrm{h}}^{(1)}=\hat{i}\hat{C}_2^{(z)}=\begin{pmatrix}-1&0&0&0&0&0&0\\0&-1&0&0&0&0&0\\0&0&-1&0&0&0&0\\0&0&0&-1&0&0&0\\0&0&0&0&-1&0&0\\0&0&0&0&0&-1&0\\0&0&0&0&0&0&-1\end{pmatrix}\cdot\frac{1}{2}\begin{pmatrix}\mathrm{e}^{\mathrm{i}3\pi}+\mathrm{e}^{-\mathrm{i}3\pi}&\mathrm{e}^{\mathrm{i}3\pi}-\mathrm{e}^{-\mathrm{i}3\pi}&0&0&0&0&0\\\mathrm{e}^{\mathrm{i}3\pi}-\mathrm{e}^{-\mathrm{i}3\pi}&\mathrm{e}^{\mathrm{i}3\pi}+\mathrm{e}^{-\mathrm{i}3\pi}&0&0&0&0&0\\0&0&\mathrm{e}^{\mathrm{i}2\pi}+\mathrm{e}^{-\mathrm{i}2\pi}&\mathrm{e}^{\mathrm{i}2\pi}-\mathrm{e}^{-\mathrm{i}2\pi}&0&0&0\\0&0&\mathrm{e}^{\mathrm{i}2\pi}-\mathrm{e}^{-\mathrm{i}2\pi}&\mathrm{e}^{\mathrm{i}2\pi}+\mathrm{e}^{-\mathrm{i}2\pi}&0&0&0\\0&0&0&0&\mathrm{e}^{\mathrm{i}\pi}+\mathrm{e}^{-\mathrm{i}\pi}&\mathrm{e}^{\mathrm{i}\pi}-\mathrm{e}^{-\mathrm{i}\pi}&0\\0&0&0&0&\mathrm{e}^{\mathrm{i}\pi}-\mathrm{e}^{-\mathrm{i}\pi}&\mathrm{e}^{\mathrm{i}\pi}+\mathrm{e}^{-\mathrm{i}\pi}&0\\0&0&0&0&0&0&2\end{pmatrix}$$

$$=-\frac{1}{2}\begin{pmatrix}\mathrm{e}^{\mathrm{i}3\pi}+\mathrm{e}^{-\mathrm{i}3\pi}&\mathrm{e}^{\mathrm{i}3\pi}-\mathrm{e}^{-\mathrm{i}3\pi}&0&0&0&0&0\\\mathrm{e}^{\mathrm{i}3\pi}-\mathrm{e}^{-\mathrm{i}3\pi}&\mathrm{e}^{\mathrm{i}3\pi}+\mathrm{e}^{-\mathrm{i}3\pi}&0&0&0&0&0\\0&0&\mathrm{e}^{\mathrm{i}2\pi}+\mathrm{e}^{-\mathrm{i}2\pi}&\mathrm{e}^{\mathrm{i}2\pi}-\mathrm{e}^{-\mathrm{i}2\pi}&0&0&0\\0&0&\mathrm{e}^{\mathrm{i}2\pi}-\mathrm{e}^{-\mathrm{i}2\pi}&\mathrm{e}^{\mathrm{i}2\pi}+\mathrm{e}^{-\mathrm{i}2\pi}&0&0&0\\0&0&0&0&\mathrm{e}^{\mathrm{i}\pi}+\mathrm{e}^{-\mathrm{i}\pi}&\mathrm{e}^{\mathrm{i}\pi}-\mathrm{e}^{-\mathrm{i}\pi}&0\\0&0&0&0&\mathrm{e}^{\mathrm{i}\pi}-\mathrm{e}^{-\mathrm{i}\pi}&\mathrm{e}^{\mathrm{i}\pi}+\mathrm{e}^{-\mathrm{i}\pi}&0\\0&0&0&0&0&0&2\end{pmatrix}=\begin{pmatrix}1&0&0&0&0&0&0\\0&1&0&0&0&0&0\\0&0&-1&0&0&0&0\\0&0&0&-1&0&0&0\\0&0&0&0&1&0&0\\0&0&0&0&0&1&0\\0&0&0&0&0&0&-1\end{pmatrix}$$

表示矩阵的特征标为

$$\chi[\hat{\boldsymbol{\sigma}}_{\mathrm{h}}^{(1)}]=1 \tag{5-258}$$

求 $\hat{\boldsymbol{\sigma}}_{\mathrm{d}}^{(1)}$ 的表示矩阵和特征标，先根据式（5-235）的等价关系，将一次函数为基的矩阵表示变换为三次函数为基的矩阵表示，求得三次基函数下的变换矩阵 $\hat{\boldsymbol{A}}$，进而求出 f 轨道基函数下的表示矩阵 $\hat{\boldsymbol{C}}_2^{(1)}$，代入 $\hat{\boldsymbol{\sigma}}_{\mathrm{d}}^{(1)}=\hat{\boldsymbol{i}}\hat{\boldsymbol{C}}_2^{(1)}$，就得到表示矩阵 $\hat{\boldsymbol{\sigma}}_{\mathrm{d}}^{(1)}$，其特征标为

$$\chi[\hat{\boldsymbol{\sigma}}_{\mathrm{d}}^{(1)}]=1 \tag{5-259}$$

以 f 轨道波函数为基函数，求得 O_{h} 群的全部共轭类对称操作的表示矩阵以及特征标，见表 5-20 最后一行。由式（5-99），求得不可约表示 $\boldsymbol{A}_{2\mathrm{u}}$、$\boldsymbol{T}_{1\mathrm{u}}$ 和 $\boldsymbol{T}_{2\mathrm{u}}$ 出现的次数均等于 1，其余不可约表示出现的次数为零，以 f 轨道波函数作为基函数得到的可约表示被约化为

$$\boldsymbol{\Gamma}(\mathrm{f})=\boldsymbol{A}_{2\mathrm{u}}\oplus\boldsymbol{T}_{1\mathrm{u}}\oplus\boldsymbol{T}_{2\mathrm{u}} \tag{5-260}$$

5.6.3 正八面体配合物的 σ 型分子轨道和能级

正八面体配合物 ML_6^{n-}，配体 L 为 F^-、Cl^-、Br^-、I^- 时，它们的价层 p 轨道与金属离子的 sp^3d^2 价层杂化轨道以“头碰头”方式重叠，形成 σ 型配位键。当配位体为 NH_3、CN^-、CO 时，配体 N、O、C 原子的杂化轨道与金属离子的 d^2sp^3 价层杂化轨道以“头碰头”方式重叠，形成 σ 配位键。其中，金属离子的价层轨道的不可约表示对称性为

$$n\mathrm{s}:\boldsymbol{A}_{1\mathrm{g}}$$
$$n\mathrm{p}:\boldsymbol{T}_{1\mathrm{u}}$$
$$(n-1)\mathrm{d}和n\mathrm{d}:\boldsymbol{E}_{\mathrm{g}}\oplus\boldsymbol{T}_{2\mathrm{g}}$$

在 O_{h} 配位场中，配体 L 的占据 p 轨道或杂化轨道，经 O_{h} 群的特征标投影算符投影，求得满足对称性匹配的价层轨道组合，以及所对应的不可约表示。最后，将不可约表示对称性相同的配体的群轨道与金属离子的价层轨道进行线性组合，构造出配位场的 SALC 分子轨道。在变分法求极值条件下，解得对应的分子轨道能量。图 5-28 标明了正八面体配合物中配体重叠轨道的空间位置及取向。

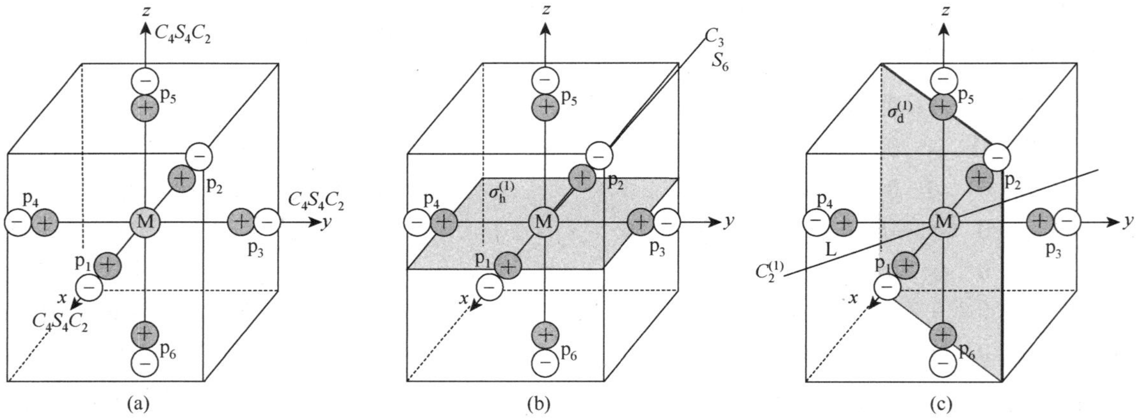

图 5-28 正八面体配合物 ML_6 中配体重叠轨道的空间位置及取向

将正八面体置于立方体中，金属离子位于正八面体对称中心位置，配体的 p 轨道分别沿坐标系的 x、y、z 轴取向，与金属离子的价层轨道 s、p_x、p_y、p_z、$d_{x^2-y^2}$ 和 $d_{3z^2-r^2}$ 轨道重叠，电子从配体转移到金属离子的这些外层空轨道上。将正八面体配合物的坐标系原点定在金属离子上，配体坐标系的坐标轴与金属离子为原点的正八面体配合物的坐标系的坐标轴平行。图 5-28 标明了配体 p 轨道的类型、位置取向及编号，对应关系列于表 5-21。

表 5-21　正八面体配合物中配体 p 轨道类型、位置取向及编号

配体编号	配体 p 轨道类型	位置取向	配体和金属离子坐标系相对取向	p 轨道的编号	匹配的 d 轨道类型
L_1	p_x	$x+$	反向	p_1	$d_{x^2-y^2}$
L_2	p_x	$x-$	同向	p_2	$d_{x^2-y^2}$
L_3	p_y	$y+$	反向	p_3	$d_{x^2-y^2}$
L_4	p_y	$y-$	同向	p_4	$d_{x^2-y^2}$
L_5	p_z	$z+$	反向	p_5	$d_{3z^2-r^2}$
L_6	p_z	$z-$	同向	p_6	$d_{3z^2-r^2}$

以六个配体的 p 轨道波函数$\{p_1,p_2,p_3,p_4,p_5,p_6\}$作为基函数，用$O_h$的对称操作进行变换，所得变换得到一组可约表示矩阵以及对应的特征标。恒等操作的变换矩阵和特征标分别为

$$\hat{\boldsymbol{E}}\begin{pmatrix}p_1\\p_2\\p_3\\p_4\\p_5\\p_6\end{pmatrix}=\begin{pmatrix}1&0&0&0&0&0\\0&1&0&0&0&0\\0&0&1&0&0&0\\0&0&0&1&0&0\\0&0&0&0&1&0\\0&0&0&0&0&1\end{pmatrix}\begin{pmatrix}p_1\\p_2\\p_3\\p_4\\p_5\\p_6\end{pmatrix}=\begin{pmatrix}p_1\\p_2\\p_3\\p_4\\p_5\\p_6\end{pmatrix},\ \chi(\hat{\boldsymbol{E}})=6$$

选择坐标系 z 轴上的旋转轴$C_4^{(z)}$，表达共轭类C_4旋转操作的表示矩阵。对应旋转操作为绕旋转轴逆时针旋转 90°。经旋转操作，配体 p 轨道基函数的变化依次为$(p_1\ \ p_2\ \ p_3\ \ p_4\ \ p_5\ \ p_6)^{\mathrm{T}}\to(p_3\ \ p_4\ \ p_2\ \ p_1\ \ p_5\ \ p_6)^{\mathrm{T}}$，用矩阵方程表示为

$$\hat{\boldsymbol{C}}_4\begin{pmatrix}p_1\\p_2\\p_3\\p_4\\p_5\\p_6\end{pmatrix}=\begin{pmatrix}0&0&1&0&0&0\\0&0&0&1&0&0\\0&1&0&0&0&0\\1&0&0&0&0&0\\0&0&0&0&1&0\\0&0&0&0&0&1\end{pmatrix}\begin{pmatrix}p_1\\p_2\\p_3\\p_4\\p_5\\p_6\end{pmatrix}=\begin{pmatrix}p_3\\p_4\\p_2\\p_1\\p_5\\p_6\end{pmatrix}$$

变换矩阵$\hat{\boldsymbol{C}}_4^{(z)}$的特征标为

$$\chi[\hat{\boldsymbol{C}}_4]=2$$

与旋转轴$C_4^{(z)}$同一位置的旋转操作C_4^2，为绕旋转轴逆时针旋转 180°。经旋转操作，配位体 p 轨道基函数的变为$(p_1\ \ p_2\ \ p_3\ \ p_4\ \ p_5\ \ p_6)^{\mathrm{T}}\to(p_2\ \ p_1\ \ p_4\ \ p_3\ \ p_5\ \ p_6)^{\mathrm{T}}$，对应矩阵方程为

$$\hat{\boldsymbol{C}}_4^2\begin{pmatrix}p_1\\p_2\\p_3\\p_4\\p_5\\p_6\end{pmatrix}=\begin{pmatrix}0&1&0&0&0&0\\1&0&0&0&0&0\\0&0&0&1&0&0\\0&0&1&0&0&0\\0&0&0&0&1&0\\0&0&0&0&0&1\end{pmatrix}\begin{pmatrix}p_1\\p_2\\p_3\\p_4\\p_5\\p_6\end{pmatrix}=\begin{pmatrix}p_2\\p_1\\p_4\\p_3\\p_5\\p_6\end{pmatrix}$$

变换矩阵$\hat{\boldsymbol{C}}_4^2$的特征标为

$$\chi[\hat{\boldsymbol{C}}_4^2]=2$$

选择第一象限的三重旋转轴，表达共轭类C_3旋转操作的表示矩阵。C_3对配体 p 轨道基函数的变换结果是$(p_1\ \ p_2\ \ p_3\ \ p_4\ \ p_5\ \ p_6)^{\mathrm{T}}\to(p_3\ \ p_4\ \ p_5\ \ p_6\ \ p_1\ \ p_2)^{\mathrm{T}}$，矩阵方程表示为

$$\hat{C}_3\begin{pmatrix}p_1\\p_2\\p_3\\p_4\\p_5\\p_6\end{pmatrix}=\begin{pmatrix}0&0&1&0&0&0\\0&0&0&1&0&0\\0&0&0&0&1&0\\0&0&0&0&0&1\\1&0&0&0&0&0\\0&1&0&0&0&0\end{pmatrix}\begin{pmatrix}p_1\\p_2\\p_3\\p_4\\p_5\\p_6\end{pmatrix}=\begin{pmatrix}p_3\\p_4\\p_5\\p_6\\p_1\\p_2\end{pmatrix}$$

变换矩阵 $\hat{\boldsymbol{C}}_3$ 的特征标为

$$\chi[\hat{\boldsymbol{C}}_3]=0$$

选择 p_1 和 p_4 连线，以及 p_2 和 p_3 连线的中点位置处的二重旋转轴 $C_2^{(1)}$，表达共轭类 C_2 旋转操作的表示矩阵。见图 5-28，绕旋转轴逆时针旋转 180°，配体 p 轨道基函数的变换为 $(p_1\ \ p_2\ \ p_3\ \ p_4\ \ p_5\ \ p_6)^{\mathrm{T}}\to(p_4\ \ p_3\ \ p_2\ \ p_1\ \ p_6\ \ p_5)^{\mathrm{T}}$，矩阵方程为

$$\hat{\boldsymbol{C}}_2^{(1)}\begin{pmatrix}p_1\\p_2\\p_3\\p_4\\p_5\\p_6\end{pmatrix}=\begin{pmatrix}0&0&0&1&0&0\\0&0&1&0&0&0\\0&1&0&0&0&0\\1&0&0&0&0&0\\0&0&0&0&0&1\\0&0&0&0&1&0\end{pmatrix}\begin{pmatrix}p_1\\p_2\\p_3\\p_4\\p_5\\p_6\end{pmatrix}=\begin{pmatrix}p_4\\p_3\\p_2\\p_1\\p_6\\p_5\end{pmatrix}$$

变换矩阵 $\hat{\boldsymbol{C}}_2^{(1)}$ 的特征标为

$$\chi[\hat{\boldsymbol{C}}_2^{(1)}]=0$$

正八面体配合物的对称中心在坐标系原点，对配体 p 轨道基函数的反演操作变换，结果为 $(p_1\ \ p_2\ \ p_3\ \ p_4\ \ p_5\ \ p_6)^{\mathrm{T}}\to(p_2\ \ p_1\ \ p_4\ \ p_3\ \ p_6\ \ p_5)^{\mathrm{T}}$，变换矩阵 $\hat{\boldsymbol{i}}$ 的特征标为

$$\chi[\hat{\boldsymbol{i}}]=0$$

选择坐标系 z 轴上的四重象转轴，表达共轭类 S_4 的表示矩阵，S_4 对配体 p 轨道基函数的旋转反映联合操作变换的结果为 $(p_1\ \ p_2\ \ p_3\ \ p_4\ \ p_5\ \ p_6)^{\mathrm{T}}\to(p_3\ \ p_4\ \ p_2\ \ p_1\ \ p_6\ \ p_5)^{\mathrm{T}}$，由此得到操作变换的表示矩阵。因为 $\hat{\boldsymbol{S}}_4=\hat{\boldsymbol{I}}_4=\hat{\boldsymbol{i}}\hat{\boldsymbol{C}}_4$，所以，也可由矩阵乘法得到变换矩阵 $\hat{\boldsymbol{S}}_4$，其特征标为

$$\chi[\hat{\boldsymbol{S}}_4]=0$$

表达反映面 σ_{h} 的表示矩阵时，选择与坐标系 z 轴垂直的反映面 $\sigma_{\mathrm{h}}^{(1)}$，见图 5-28，经反映操作，配体 p 轨道基函数变化为 $(p_1\ \ p_2\ \ p_3\ \ p_4\ \ p_5\ \ p_6)^{\mathrm{T}}\to(p_1\ \ p_2\ \ p_3\ \ p_4\ \ p_6\ \ p_5)^{\mathrm{T}}$，变换矩阵 $\boldsymbol{\sigma}_{\mathrm{h}}^{(1)}$ 的特征标为

$$\chi[\hat{\boldsymbol{\sigma}}_{\mathrm{h}}^{(1)}]=4$$

表达六重象转轴的表示矩阵，选择第一象限 C_3 旋转轴位置的 S_6，配位体 p 轨道基函数经 S_6^5 操作变为 $(p_1\ \ p_2\ \ p_3\ \ p_4\ \ p_5\ \ p_6)^{\mathrm{T}}\to(p_4\ \ p_3\ \ p_6\ \ p_5\ \ p_2\ \ p_1)^{\mathrm{T}}$，由此得到操作变换的表示矩阵。因为 $\hat{\boldsymbol{S}}_6^5=\hat{\boldsymbol{I}}_3^1=\hat{\boldsymbol{i}}\hat{\boldsymbol{C}}_3^1$，其表示矩阵也可由下式矩阵乘法求得

$$\hat{\boldsymbol{S}}_6^5=\hat{\boldsymbol{i}}\hat{\boldsymbol{C}}_3^1=\begin{pmatrix}0&1&0&0&0&0\\1&0&0&0&0&0\\0&0&0&1&0&0\\0&0&1&0&0&0\\0&0&0&0&0&1\\0&0&0&0&1&0\end{pmatrix}\begin{pmatrix}0&0&1&0&0&0\\0&0&0&1&0&0\\0&0&0&0&1&0\\0&0&0&0&0&1\\1&0&0&0&0&0\\0&1&0&0&0&0\end{pmatrix}=\begin{pmatrix}0&0&0&1&0&0\\0&0&1&0&0&0\\0&0&0&0&0&1\\0&0&0&0&1&0\\0&1&0&0&0&0\\1&0&0&0&0&0\end{pmatrix}$$

其变换矩阵的特征标为

$$\chi[\hat{\boldsymbol{S}}_6^5]=0$$

$\hat{\boldsymbol{S}}_6^1$ 和 $\hat{\boldsymbol{S}}_6^5$ 属同一共轭类，特征标相等，故有 $\chi[\hat{\boldsymbol{S}}_6^1]=0$。

选择包含 z 轴的对角反映面 $\sigma_{\mathrm{d}}^{(1)}$ 表达共轭类 σ_{d} 的表示矩阵，经过反映操作，配体 p 轨道基函数变为

$(p_1\ \ p_2\ \ p_3\ \ p_4\ \ p_5\ \ p_6)^{\mathrm{T}} \rightarrow (p_3\ \ p_4\ \ p_1\ \ p_2\ \ p_5\ \ p_6)^{\mathrm{T}}$。也可由矩阵乘积关系 $\hat{\boldsymbol{\sigma}}_{\mathrm{d}}^{(1)} = \hat{\boldsymbol{i}}\hat{\boldsymbol{C}}_2^{(1)}$，求得对角反映操作的表示矩阵，所得特征标为

$$\chi[\hat{\boldsymbol{\sigma}}_{\mathrm{d}}^{(1)}] = 2$$

就正八面体 O_{h} 群场配位化合物，以六个配体 p 轨道作为基函数，所得共轭类对称操作表示矩阵的特征标列于表 5-22。

表 5-22　在 $p_1, p_2, p_3, p_4, p_5, p_6$ 基下，O_{h} 群对称操作的可约表示特征标

O_{h}	E	$6C_4$	$3C_4^2$	$8C_3$	$6C_2$	i	$6S_4$	$3\sigma_{\mathrm{h}}$	$8S_6$	$6\sigma_{\mathrm{d}}$
Γ	6	2	2	0	0	0	0	4	0	2

六个配体 p 轨道在 O_{h} 群场下，由式（5-99）约化为如下不可约表示，表示为直积

$$\boldsymbol{\Gamma}(p_1\ \ p_2\ \ p_3\ \ p_4\ \ p_5\ \ p_6) = \boldsymbol{A}_{1\mathrm{g}} \oplus \boldsymbol{E}_{\mathrm{g}} \oplus \boldsymbol{T}_{1\mathrm{u}} \tag{5-261}$$

用特征标投影算符，得出属于正八面体 O_{h} 群场的不可约表示的组合波函数。选择 O_{h} 群的正规子群 T 群，由 T 群的不可约表示特征标表 5-23，构建特征标投影算符。图 5-29 标明了 T 群的对称元素位置及取向。

表 5-23　T 群的不可约表示特征标表

T	E	$4C_3^1$	$4C_3^2$	$3C_2$	不可约表示基函数		
$\boldsymbol{A}$	1	1	1	1		$x^2+y^2+z^2$	$2xyz$
$\boldsymbol{E}$	2	−1	−1	2		$3z^2-r^2$	x^2-y^2
$\boldsymbol{T}$	3	0	0	−1	R_x, R_y, R_z x, y, z	$2xy, xz, yz$	(x^3, y^3, z^3)，$x(z^2-y^2)$， $y(z^2-x^2)$，$z(x^2-y^2)$

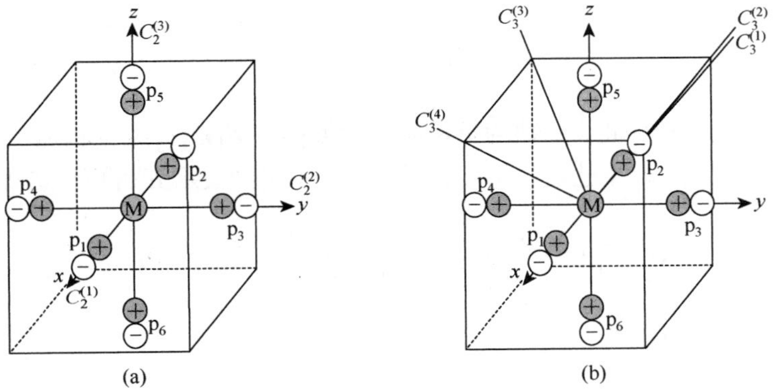

图 5-29　T 群的对称元素位置及取向

由式(5-261)，O_{h} 群的不可约表示 $\boldsymbol{A}_{1\mathrm{g}}$、$\boldsymbol{E}_{\mathrm{g}}$、$\boldsymbol{T}_{1\mathrm{u}}$ 分别对应 T 群的不可约表示 $\boldsymbol{A}$、$\boldsymbol{E}$、$\boldsymbol{T}$。对于坐标轴向的 C_2 旋转轴，配体群轨道 p_1 与 p_2，p_3 与 p_4，p_5 与 p_6 分别存在对称关系。相对于第一象限的 $C_3^{(1)}$ 旋转轴，配体群轨道 p_1、p_3、p_5 与 p_2、p_4、p_6 存在对称关系。对于第二象限的 $C_3^{(2)}$ 旋转轴，配体群轨道 p_2、p_3、p_5 与 p_1、p_4、p_6 存在对称关系。对于第三象限的 $C_3^{(3)}$ 旋转轴，配体群轨道 p_2、p_4、p_5 与 p_1、p_3、p_6 存在对称关系。对于第四象限的 $C_3^{(4)}$ 旋转轴，配体群轨道 p_1、p_4、p_5 与 p_2、p_3、p_6 存在对称关系。根据特征标表 5-23，不可约表示 $\boldsymbol{A}$ 的投影算符为

$$\begin{aligned}\hat{\boldsymbol{P}}[A] = \frac{1}{12}\Big\{&1\times\hat{\boldsymbol{E}} + \left[1\times\hat{\boldsymbol{C}}_3^{1(1)} + 1\times\hat{\boldsymbol{C}}_3^{1(2)} + 1\times\hat{\boldsymbol{C}}_3^{1(3)} + 1\times\hat{\boldsymbol{C}}_3^{1(4)}\right] \\ &+\left[1\times\hat{\boldsymbol{C}}_3^{2(1)} + 1\times\hat{\boldsymbol{C}}_3^{2(2)} + 1\times\hat{\boldsymbol{C}}_3^{2(3)} + 1\times\hat{\boldsymbol{C}}_3^{2(4)}\right] + \left[1\times\hat{\boldsymbol{C}}_2^{(1)} + 1\times\hat{\boldsymbol{C}}_2^{(2)} + 1\times\hat{\boldsymbol{C}}_2^{(3)}\right]\Big\}\end{aligned}$$

对配体 p_1 轨道进行投影得

$$\hat{P}[A]p_1 = \frac{1}{12}[p_1 + (p_3 + p_6 + p_3 + p_5) + (p_5 + p_4 + p_6 + p_4) + (p_1 + p_2 + p_2)]$$
$$= \frac{1}{6}(p_1 + p_2 + p_3 + p_4 + p_5 + p_6)$$

投影轨道经过归一化，就得到属于不可约表示 A_{1g} 的配体群轨道：

$$\psi_1(A_{1g}) = \frac{1}{\sqrt{6}}(p_1 + p_2 + p_3 + p_4 + p_5 + p_6) \tag{5-262}$$

该群轨道与金属离子的价层 ns 轨道对称性匹配，线性组合为配位场分子轨道。

在金属离子的价层轨道中，$d_{x^2-y^2}$ 和 $d_{3z^2-r^2}$ 属于不可约表示 E_g，与 $\hat{P}[E]$ 投影算符对配体 p 轨道投影，所得群轨道对称性匹配。根据特征标表 5-23，不可约表示 E 的投影算符为

$$\hat{P}[E] = \frac{2}{12}\{2\times\hat{E} + [(-1)\times\hat{C}_3^{1(1)} + (-1)\times\hat{C}_3^{1(2)} + (-1)\times\hat{C}_3^{1(3)} + (-1)\times\hat{C}_3^{1(4)}]$$
$$+ [(-1)\times\hat{C}_3^{2(1)} + (-1)\times\hat{C}_3^{2(2)} + (-1)\times\hat{C}_3^{2(3)} + (-1)\times\hat{C}_3^{2(4)}] + [2\times\hat{C}_2^{(1)} + 2\times\hat{C}_2^{(2)} + 2\times\hat{C}_2^{(3)}]\}$$

根据金属离子的价层轨道和配体 p 轨道的位置和取向，$d_{3z^2-r^2}$ 与 p_5 和 p_6 匹配重叠，$d_{x^2-y^2}$ 与 p_1、p_2、p_3、p_4 匹配重叠，可以选择 p_1、p_3、p_5 作为投影算符 $\hat{P}[E]$ 的作用轨道。

$$\hat{P}[E]p_1 = \frac{1}{6}[2p_1 + (-p_3 - p_6 - p_3 - p_5) + (-p_5 - p_4 - p_6 - p_4) + (2p_2 + 2p_2 + 2p_1)]$$
$$= \frac{1}{3}(2p_1 + 2p_2 - p_3 - p_4 - p_5 - p_6)$$
$$\hat{P}[E]p_3 = \frac{1}{6}[2p_3 + (-p_5 - p_2 - p_6 - p_2) + (-p_1 - p_5 - p_1 - p_6) + (2p_4 + 2p_3 + 2p_4)]$$
$$= \frac{1}{3}(2p_3 + 2p_4 - p_1 - p_2 - p_5 - p_6)$$
$$\hat{P}[E]p_5 = \frac{1}{6}[2p_5 + (-p_1 - p_3 - p_2 - p_4) + (-p_3 - p_2 - p_4 - p_1) + (2p_6 + 2p_6 + 2p_5)]$$
$$= \frac{1}{3}(2p_5 + 2p_6 - p_1 - p_2 - p_3 - p_4)$$

因为 $d_{x^2-y^2}$ 轨道的相位是 x 轴为正，y 轴为负，所以 $P[E]p_1 - P[E]p_3$ 组合轨道与 $d_{x^2-y^2}$ 对称性匹配。投影轨道 $P[E]p_5$ 与 $d_{3z^2-r^2}$ 对称性匹配。经过归一化，就得到属于不可约表示 E_g 的配体群轨道：

$$\begin{aligned}\psi_2(E_g) &= \frac{1}{2\sqrt{3}}(2p_5 + 2p_6 - p_1 - p_2 - p_3 - p_4)\\ \psi_3(E_g) &= \frac{1}{2}(p_1 + p_2 - p_3 - p_4)\end{aligned} \tag{5-263}$$

金属离子外层 p_x、p_y、p_z 轨道是三重简并态，属于 T_{1u} 不可约表示。根据特征标表 5-23，不可约表示 T 的投影算符为

$$\hat{P}[T] = \frac{3}{12}\left\{3\times\hat{E} + \left[(-1)\times\hat{C}_2^{(1)} + (-1)\times\hat{C}_2^{(2)} + (-1)\times\hat{C}_2^{(3)}\right]\right\}$$

投影算符 $\hat{P}[T]$ 作用于 p_1、p_3、p_5 轨道，投影结果属于不可约表示 T_{1u}，所得配体群轨道为

$$\hat{P}[T]p_1 = \frac{3}{12}[3p_1 + (-1)p_1 + (-1)p_2 + (-1)p_2] = \frac{1}{2}(p_1 - p_2)$$
$$\hat{P}[T]p_3 = \frac{3}{12}[3p_3 + (-1)p_4 + (-1)p_3 + (-1)p_4] = \frac{1}{2}(p_3 - p_4)$$
$$\hat{P}[T]p_5 = \frac{3}{12}[3p_5 + (-1)p_6 + (-1)p_6 + (-1)p_5] = \frac{1}{2}(p_5 - p_6)$$

经过归一化，就得到属于不可约表示 $\boldsymbol{T}_{1u}$ 的配体群轨道，分别为

$$\begin{aligned}\psi_4(\boldsymbol{T}_{1u})&=\frac{1}{\sqrt{2}}(p_1-p_2)\\ \psi_5(\boldsymbol{T}_{1u})&=\frac{1}{\sqrt{2}}(p_3-p_4)\\ \psi_6(\boldsymbol{T}_{1u})&=\frac{1}{\sqrt{2}}(p_5-p_6)\end{aligned} \tag{5-264}$$

该群轨道分别与金属离子的价层 $n\mathrm{p}_x$、$n\mathrm{p}_y$、$n\mathrm{p}_z$ 轨道对称性匹配，线性组合为配位场分子轨道。于是，按照对称性匹配原则，组合出配位场的六条成键分子轨道和六条反键分子轨道，分别为

$$\begin{aligned}
&\boldsymbol{A}_{1g}\pm n\mathrm{s}:\varPsi_1=c_{11}\mathrm{s}+c_{12}(p_1+p_2+p_3+p_4+p_5+p_6)\\
&\qquad\varPsi_2=c_{11}\mathrm{s}-c_{12}(p_1+p_2+p_3+p_4+p_5+p_6)\\
&\boldsymbol{E}_g\pm n'\mathrm{d}_{3z^2-r^2}:\varPsi_3=c_{21}d_{3z^2-r^2}+c_{22}(2p_5+2p_6-p_1-p_2-p_3-p_4)\\
&\qquad\varPsi_4=c_{21}d_{3z^2-r^2}-c_{22}(2p_5+2p_6-p_1-p_2-p_3-p_4)\\
&\boldsymbol{E}_g\pm n'\mathrm{d}_{x^2-y^2}:\varPsi_5=c_{31}d_{x^2-y^2}+c_{32}(p_1+p_2-p_3-p_4)\\
&\qquad\varPsi_6=c_{31}d_{x^2-y^2}-c_{32}(p_1+p_2-p_3-p_4)\\
&\boldsymbol{T}_{1u}\pm n\mathrm{p}_x:\varPsi_7=c_{41}p_x+c_{42}(p_1-p_2)\\
&\qquad\varPsi_8=c_{41}p_x-c_{42}(p_1-p_2)\\
&\boldsymbol{T}_{1u}\pm n\mathrm{p}_y:\varPsi_9=c_{51}p_y+c_{52}(p_3-p_4)\\
&\qquad\varPsi_{10}=c_{51}p_y-c_{52}(p_3-p_4)\\
&\boldsymbol{T}_{1u}\pm n\mathrm{p}_z:\varPsi_{11}=c_{61}p_z+c_{62}(p_5-p_6)\\
&\qquad\varPsi_{12}=c_{61}p_z-c_{62}(p_5-p_6)
\end{aligned} \tag{5-265}$$

其中，配体轨道前的组合系数为正，为同号重叠，是成键轨道；配体轨道前的组合系数为负，为异号重叠，是反键轨道。将这组轨道波函数作为 SALC 基轨道，按照相同不可约表示进行线性组合，就是配合物的分子轨道，表示为

$$\varOmega=\sum_{k=1}^{12}c_k\varPsi_k$$

用线性变分求极值的方法，求出组合系数，解得波函数和能级。因为线性组合的基轨道是满足 O_h 对称性的不可约表示的群轨道，所以在变分条件下对应齐次线性方程组的矩阵方程，其系数矩阵是 2、4、6 阶矩阵构成的对角分块矩阵，分别属于 $\boldsymbol{A}_{1g}$、$\boldsymbol{E}_g$、$\boldsymbol{T}_{1u}$ 不可约表示。其中，

$$\begin{aligned}
&\boldsymbol{A}_{1g}:\begin{pmatrix}H_{11}-ES_{11} & H_{12}-ES_{12}\\ H_{21}-ES_{21} & H_{22}-ES_{22}\end{pmatrix}\begin{pmatrix}c_1\\ c_2\end{pmatrix}=0\\
&\boldsymbol{E}_g:\begin{pmatrix}H_{33}-ES_{33} & H_{34}-ES_{34} & \cdots & H_{36}-ES_{36}\\ H_{43}-ES_{43} & H_{44}-ES_{44} & \cdots & H_{46}-ES_{46}\\ \vdots & \vdots & & \vdots\\ H_{63}-ES_{63} & H_{64}-ES_{64} & \cdots & H_{66}-ES_{66}\end{pmatrix}\begin{pmatrix}c_3\\ c_4\\ c_5\\ c_6\end{pmatrix}=0\\
&\boldsymbol{T}_{1u}:\begin{pmatrix}H_{77}-ES_{77} & H_{78}-ES_{78} & \cdots & H_{712}-ES_{712}\\ H_{87}-ES_{87} & H_{88}-ES_{88} & \cdots & H_{812}-ES_{812}\\ \vdots & \vdots & & \vdots\\ H_{127}-ES_{127} & H_{128}-ES_{128} & \cdots & H_{1212}-ES_{1212}\end{pmatrix}\begin{pmatrix}c_7\\ c_8\\ \vdots\\ c_{12}\end{pmatrix}=0
\end{aligned} \tag{5-266}$$

计算各类积分，解出分子轨道能量。分子轨道所属点群不可约表示的符号用小写字母表示，图 5-30 是 σ 型配体与金属离子生成的正八面体配合物的分子轨道能级图，可以选择高斯基函数解得具体能级。

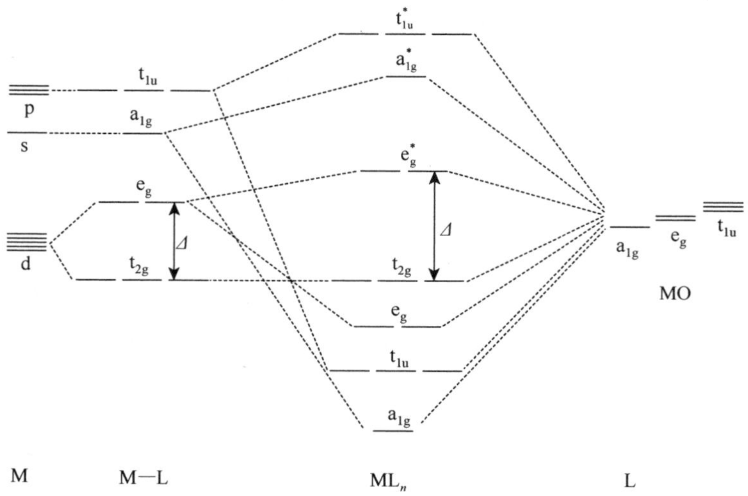

图 5-30　σ 型配体与金属离子生成的正八面体配合物的分子轨道能级图

【例 5-6】　写出配合物 $Cu(NH_3)_6SO_4$ 的配位正离子 $[Cu(NH_3)_6]^{2+}$ 的电子组态，指出配合物的磁性。

解： Cu^{2+} 离子的电子组态是$[Ar]3d^94s4p$，与配体 NH_3 生成配位正离子$[Cu(NH_3)_6]^{2+}$，配体 NH_3 的配位原子为氮原子，氮原子 sp^3 杂化轨道上有一对孤对电子，六个配体向 Cu^{2+} 离子的外层轨道 4s–4p–4d 传递电子，配合物的价层电子总数等于 21，配合物的电子组态为 $a_{1g}^2(t_{1u}^2t_{1u}^2t_{1u}^2)(e_g^2e_g^2)(t_{2g}^2t_{2g}^2t_{2g}^2)(e_g^{*2}e_g^{*1})$，自旋磁矩为

$$\boldsymbol{\mu}_S = -\frac{g_e e}{2m_e}\boldsymbol{S} = -\frac{g_e e\hbar}{2m_e}\sqrt{S(S+1)} = -\sqrt{n(n+2)}\beta_e$$

其中，自旋量子数 $S = M_{S\max} = \sum_{i=1}^{n} m_{si} = \frac{n}{2}$；$n$ 为轨道上自旋平行的单占据电子数；$\beta_e = \frac{g_e e\hbar}{2m_e}$ 为玻尔磁子。配位离子的反键轨道 e_g^* 上的单占据电子数等于 1，自旋磁矩等于$1.732\beta_e$。

5.6.4　正八面体配合物的 π 型分子轨道和能级

当配合物的 M-L 配位键为配位 σ 键时，金属离子用价层轨道 $d_{x^2-y^2}$、$d_{3z^2-r^2}$、s、p_x、p_y、p_z，配体用占据 p 或 d 轨道进行线性组合，见表 5-21 和图 5-28，轨道沿坐标轴方向进行重叠。除了配体向金属离子的价层轨道传递电子，形成 σ 配位键外，金属离子的占据轨道 d_{xy}、d_{xz} 和 d_{yz}，与配体的其他 p_x 或 p_y 或 p_z 轨道也是对称性匹配的，通过“肩并肩”重叠形成 π 键，电子传递方向为由金属离子占据轨道反向传递给配体的 p 或 d 空轨道，见图 5-31。设金属离子为配合物坐标系的原点，配体坐标系的坐标轴与之平行，金属离子的 d_{xy} 轨道与配体的 p_x 和 p_y 轨道对称性匹配，d_{xz} 轨道与配体的 p_x 和 p_z 对称性匹配，d_{yz} 轨道与配体的 p_y 和 p_z 对称性匹配。它们被称为 π 型轨道。

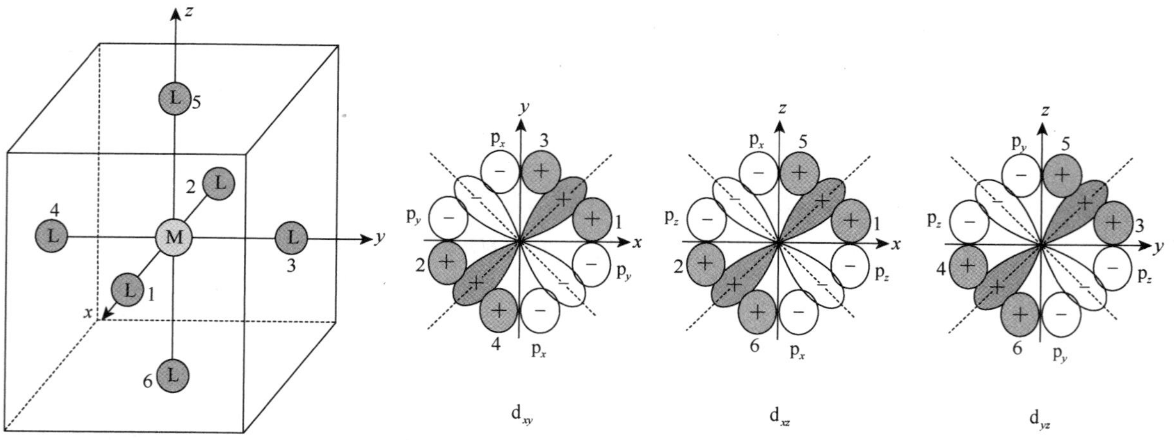

图 5-31　正八面体配合物的 π 型 d-p 重叠生成的 SALC 分子轨道

在正八面体的坐标系中，对配体的位置进行编号，再对全部配体的 π 型 p_x、p_y、p_z 轨道进行编号。将 π 型 p_x、p_y 和 p_z 轨道，与金属离子的 d_{xy}、d_{xz} 和 d_{yz} 轨道，按照不可约表示进行对称性匹配组合，求得配合物的 π 型 SALC 分子轨道，这种轨道形成的化学键称为反馈 π 键。全部配体的 π 型 p_x、p_y、p_z 轨道取向和编号见表 5-24。

表 5-24　配体的 π 型 p_x、p_y、p_z 轨道取向和编号

配体 L 编号	L 的 p 轨道	相对于金属离子坐标轴的取向	与 L 形成 π 配位键的 d(M)轨道	与 L 形成 π 配位键的 p(M)轨道	L 的 π 型价层 p 轨道编号	沿坐标轴的取向
1	$2p_y$	$+y$	$d_{xy}(xy)$	$p_y(y)$	p_{1y}	+
	$2p_z$	$+z$	$d_{xz}(xz)$	$p_z(z)$	p_{1z}	+
2	$2p_y$	$-y$	$d_{xy}(xy)$	$p_y(y)$	p_{2y}	−
	$2p_z$	$-z$	$d_{xz}(xz)$	$p_z(z)$	p_{2z}	−
3	$2p_x$	$+x$	$d_{xy}(xy)$	$p_x(x)$	p_{3x}	+
	$2p_z$	$+z$	$d_{yz}(yz)$	$p_z(z)$	p_{3z}	+
4	$2p_x$	$-x$	$d_{xy}(xy)$	$p_x(x)$	p_{4x}	−
	$2p_z$	$-z$	$d_{yz}(yz)$	$p_z(z)$	p_{4z}	−
5	$2p_x$	$+x$	$d_{xz}(xz)$	$p_x(x)$	p_{5x}	+
	$2p_y$	$+y$	$d_{yz}(yz)$	$p_y(y)$	p_{5y}	+
6	$2p_x$	$-x$	$d_{xz}(xz)$	$p_x(x)$	p_{6x}	−
	$2p_y$	$-y$	$d_{yz}(yz)$	$p_y(y)$	p_{6y}	−

注：轨道相位取向与坐标轴方向相同为 +，方向相反为–。

在 O_h 群对称操作下，写出配体的 π 型 p 轨道的变换矩阵，求出一组可约表示的特征标。π 型 p 轨道数为 12，可约表示矩阵的阶数较高，矩阵所占篇幅较大，表达较困难，下面用一种简便方法计算可约表示的特征标。选取相同的矩阵行、列标的编号顺序，当矩阵的行、列标相同时，矩阵元为对角元；如果经过对称操作变换，基函数不变，对应变换矩阵元必定是对角元，对特征标的贡献为 $\chi(R)=1$；如果相位反号，$\chi(R)=-1$。如果经过对称操作变换，基函数移位，对应变换矩阵元必定是非对角元，对特征标的贡献就为 $\chi(R)=0$。

选择 x 轴方向的四重旋转轴 $C_4^{1(x)}$，逆时针旋转 90°，基函数的变换如下

$$\begin{pmatrix} p_{1y} \\ p_{1z} \end{pmatrix} \to \begin{pmatrix} p_{1z} \\ -p_{1y} \end{pmatrix}, \begin{pmatrix} p_{2y} \\ p_{2z} \end{pmatrix} \to \begin{pmatrix} p_{2z} \\ -p_{2y} \end{pmatrix}, \begin{pmatrix} p_{3x} \\ p_{3z} \end{pmatrix} \to \begin{pmatrix} p_{5x} \\ -p_{5y} \end{pmatrix}, \begin{pmatrix} p_{4x} \\ p_{4z} \end{pmatrix} \to \begin{pmatrix} p_{6x} \\ -p_{6y} \end{pmatrix},$$
$$\begin{pmatrix} p_{5x} \\ p_{5y} \end{pmatrix} \to \begin{pmatrix} -p_{4x} \\ -p_{4z} \end{pmatrix}, \begin{pmatrix} p_{6x} \\ p_{6y} \end{pmatrix} \to \begin{pmatrix} -p_{3x} \\ -p_{3z} \end{pmatrix}$$

基函数全部移位，特征标为 $\chi[\hat{C}_4^{1(x)}]=0$。同理，可以求得 x 轴方向的四重旋转轴的对称操作 $C_4^{2(x)}$ 表示矩阵的特征标，其中，基函数变换如下

$$\begin{pmatrix} p_{1y} \\ p_{1z} \end{pmatrix} \to \begin{pmatrix} -p_{1y} \\ -p_{1z} \end{pmatrix}, \begin{pmatrix} p_{2y} \\ p_{2z} \end{pmatrix} \to \begin{pmatrix} -p_{2y} \\ -p_{2z} \end{pmatrix}, \begin{pmatrix} p_{3x} \\ p_{3z} \end{pmatrix} \to \begin{pmatrix} -p_{4x} \\ p_{4z} \end{pmatrix}, \begin{pmatrix} p_{4x} \\ p_{4z} \end{pmatrix} \to \begin{pmatrix} -p_{3x} \\ p_{3z} \end{pmatrix},$$
$$\begin{pmatrix} p_{5x} \\ p_{5y} \end{pmatrix} \to \begin{pmatrix} -p_{6x} \\ p_{6y} \end{pmatrix}, \begin{pmatrix} p_{6x} \\ p_{6y} \end{pmatrix} \to \begin{pmatrix} -p_{5x} \\ p_{5y} \end{pmatrix}$$

算得特征标为 $\chi[\hat{C}_4^{2(x)}]=-4$ 。

选择第一象限的 $C_3^{(1)}$ 旋转轴计算特征标，绕 $C_3^{(1)}$ 旋转 120°，出现循环 $p_x \to p_y \to p_z \to p_x$，基函数全部移位。

$$\begin{pmatrix} p_{1y} \\ p_{1z} \end{pmatrix} \to \begin{pmatrix} p_{3z} \\ p_{3x} \end{pmatrix} \to \begin{pmatrix} p_{5x} \\ p_{5y} \end{pmatrix} \to \begin{pmatrix} p_{1y} \\ p_{1z} \end{pmatrix}, \begin{pmatrix} p_{2y} \\ p_{2z} \end{pmatrix} \to \begin{pmatrix} p_{4z} \\ p_{4x} \end{pmatrix} \to \begin{pmatrix} p_{6x} \\ p_{6y} \end{pmatrix} \to \begin{pmatrix} p_{2y} \\ p_{2z} \end{pmatrix}$$

算得特征标为 $\chi[\hat{C}_3^{(1)}]=0$ 。

正八面体的对称元素 C_2 的位置见图 5-32。选择 $C_2^{(1)}$ 旋转轴，绕 $C_2^{(1)}$ 旋转 180°，基函数全部移位，特征标为 $\chi[\hat{C}_2^{(1)}]=0$ 。基函数变换关系如下：

$$\begin{pmatrix} p_{1y} \\ p_{1z} \end{pmatrix} \to \begin{pmatrix} p_{4x} \\ p_{4z} \end{pmatrix}, \begin{pmatrix} p_{2y} \\ p_{2z} \end{pmatrix} \to \begin{pmatrix} p_{3x} \\ p_{3z} \end{pmatrix}, \begin{pmatrix} p_{3x} \\ p_{3z} \end{pmatrix} \to \begin{pmatrix} p_{2y} \\ p_{2z} \end{pmatrix}, \begin{pmatrix} p_{4x} \\ p_{4z} \end{pmatrix} \to \begin{pmatrix} p_{1y} \\ p_{1z} \end{pmatrix},$$
$$\begin{pmatrix} p_{5x} \\ p_{5y} \end{pmatrix} \to \begin{pmatrix} p_{6y} \\ p_{6x} \end{pmatrix}, \begin{pmatrix} p_{6x} \\ p_{6y} \end{pmatrix} \to \begin{pmatrix} p_{5y} \\ p_{5x} \end{pmatrix}$$

经原点位置的对称中心反演，基函数全部移位，特征标为 $\chi[\hat{i}]=0$ 。基函数变换关系如下：

$$\begin{pmatrix} p_{1y} \\ p_{1z} \end{pmatrix} \to \begin{pmatrix} p_{2y} \\ p_{2z} \end{pmatrix}, \begin{pmatrix} p_{2y} \\ p_{2z} \end{pmatrix} \to \begin{pmatrix} p_{1y} \\ p_{1z} \end{pmatrix}, \begin{pmatrix} p_{3x} \\ p_{3z} \end{pmatrix} \to \begin{pmatrix} p_{4x} \\ p_{4z} \end{pmatrix}, \begin{pmatrix} p_{4x} \\ p_{4z} \end{pmatrix} \to \begin{pmatrix} p_{3x} \\ p_{3z} \end{pmatrix},$$
$$\begin{pmatrix} p_{5x} \\ p_{5y} \end{pmatrix} \to \begin{pmatrix} p_{6x} \\ p_{6y} \end{pmatrix}, \begin{pmatrix} p_{6x} \\ p_{6y} \end{pmatrix} \to \begin{pmatrix} p_{5x} \\ p_{5y} \end{pmatrix}$$

选择 x 轴方向的四重象转轴 $S_4^{1(x)}$，由图 5-31 逆时针旋转 90°，再经反映面 σ_{yz} 反映，基函数变换关系为

$$\begin{pmatrix} p_{1y} \\ p_{1z} \end{pmatrix} \to \begin{pmatrix} p_{1z} \\ -p_{1y} \end{pmatrix} \to \begin{pmatrix} -p_{2z} \\ p_{2y} \end{pmatrix}, \begin{pmatrix} p_{2y} \\ p_{2z} \end{pmatrix} \to \begin{pmatrix} p_{2z} \\ -p_{2y} \end{pmatrix} \to \begin{pmatrix} -p_{1z} \\ p_{1y} \end{pmatrix}, \begin{pmatrix} p_{3x} \\ p_{3z} \end{pmatrix} \to \begin{pmatrix} p_{5x} \\ -p_{5y} \end{pmatrix} \to \begin{pmatrix} -p_{5x} \\ -p_{5y} \end{pmatrix},$$
$$\begin{pmatrix} p_{4x} \\ p_{4z} \end{pmatrix} \to \begin{pmatrix} p_{6x} \\ -p_{6y} \end{pmatrix} \to \begin{pmatrix} -p_{6x} \\ -p_{6y} \end{pmatrix}, \begin{pmatrix} p_{5x} \\ p_{5y} \end{pmatrix} \to \begin{pmatrix} -p_{4x} \\ -p_{4z} \end{pmatrix} \to \begin{pmatrix} p_{4x} \\ -p_{4z} \end{pmatrix}, \begin{pmatrix} p_{6x} \\ p_{6y} \end{pmatrix} \to \begin{pmatrix} -p_{3x} \\ -p_{3z} \end{pmatrix} \to \begin{pmatrix} p_{3x} \\ -p_{3z} \end{pmatrix}$$

基函数全部移位，特征标为 $\chi[\hat{S}_4^{1(x)}]=0$ 。

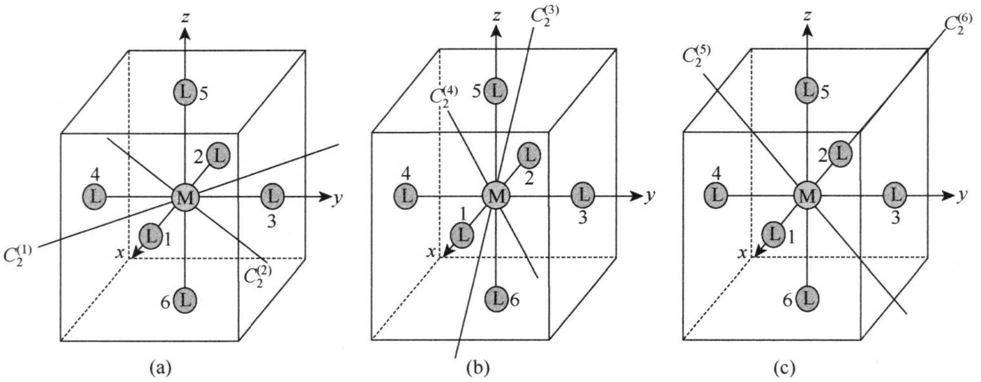

图 5-32　正八面体配合物的对称元素 C_2 位置图

选择反映面 σ_{xy}，计算反映操作 σ_h 表示矩阵的特征标。经 σ_{xy} 反映，基函数变换关系为

$$\begin{pmatrix}p_{1y}\\p_{1z}\end{pmatrix}\to\begin{pmatrix}p_{1y}\\-p_{1z}\end{pmatrix},\begin{pmatrix}p_{2y}\\p_{2z}\end{pmatrix}\to\begin{pmatrix}p_{2y}\\-p_{2z}\end{pmatrix},\begin{pmatrix}p_{3x}\\p_{3z}\end{pmatrix}\to\begin{pmatrix}p_{3x}\\-p_{3z}\end{pmatrix},\begin{pmatrix}p_{4x}\\p_{4z}\end{pmatrix}\to\begin{pmatrix}p_{4x}\\-p_{4z}\end{pmatrix},$$
$$\begin{pmatrix}p_{5x}\\p_{5y}\end{pmatrix}\to\begin{pmatrix}-p_{6x}\\-p_{6y}\end{pmatrix},\begin{pmatrix}p_{6x}\\p_{6y}\end{pmatrix}\to\begin{pmatrix}-p_{5x}\\-p_{5y}\end{pmatrix}$$

特征标等于零，$\chi[\hat{\sigma}_{\mathrm{h}}]=0$。

选择第一象限的六重象转轴 $S_6^{(1)}$ 计算特征标，因为 $\hat{\boldsymbol{S}}_6^1=\hat{\boldsymbol{I}}_3^5=\hat{\boldsymbol{i}}\hat{\boldsymbol{C}}_3^2$，可以直接通过矩阵乘积运算得到表示矩阵，求出特征标。对称操作是绕 $S_6^{(1)}$ 轴逆时针旋转 60°，再经垂直于 $S_6^{(1)}$ 的反映面 σ 反映。也可以先绕第一象限的三重旋转轴 $C_3^{(1)}$，逆时针旋转 240°，出现循环 $p_x\to p_z\to p_y\to p_x$，再经原点处的对称中心反演，基函数变换关系为

$$\begin{pmatrix}p_{1y}\\p_{1z}\end{pmatrix}\to\begin{pmatrix}p_{5x}\\p_{5y}\end{pmatrix}\to\begin{pmatrix}p_{6x}\\p_{6y}\end{pmatrix},\begin{pmatrix}p_{2y}\\p_{2z}\end{pmatrix}\to\begin{pmatrix}p_{6x}\\p_{6y}\end{pmatrix}\to\begin{pmatrix}p_{5x}\\p_{5y}\end{pmatrix},\begin{pmatrix}p_{3x}\\p_{3z}\end{pmatrix}\to\begin{pmatrix}p_{1z}\\p_{1y}\end{pmatrix}\to\begin{pmatrix}p_{2z}\\p_{2y}\end{pmatrix},$$
$$\begin{pmatrix}p_{4x}\\p_{4z}\end{pmatrix}\to\begin{pmatrix}p_{2z}\\p_{2y}\end{pmatrix}\to\begin{pmatrix}p_{1z}\\p_{1y}\end{pmatrix},\begin{pmatrix}p_{5x}\\p_{5y}\end{pmatrix}\to\begin{pmatrix}p_{3z}\\p_{3x}\end{pmatrix}\to\begin{pmatrix}p_{4z}\\p_{4x}\end{pmatrix},\begin{pmatrix}p_{6x}\\p_{6y}\end{pmatrix}\to\begin{pmatrix}p_{4z}\\p_{4x}\end{pmatrix}\to\begin{pmatrix}p_{3z}\\p_{3x}\end{pmatrix}$$

基函数全部移位，特征标为 $\chi[\hat{\boldsymbol{S}}_6^{(1)}]=0$。同理，可得出第一象限 $S_6^{5(1)}$ 对基函数的变换结果，也是基函数全部移位，特征标为 $\chi[\hat{\boldsymbol{S}}_6^{5(1)}]=0$。

正八面体的对角反映面 σ_{d} 的数目为 6，位置见图 5-33。由于 $\hat{\boldsymbol{\sigma}}_{\mathrm{d}}^{(i)}=\hat{\boldsymbol{i}}\hat{\boldsymbol{C}}_2^{(i)}\ (i=1,2,3,4,5,6)$，也可以直接通过矩阵乘积运算得到表示矩阵，求出特征标。选取垂直于 xy 平面的对角反映面，由 $\boldsymbol{\sigma}_{\mathrm{d}}^{(1)}=iC_2^{(1)}$ 关系，得到基函数的变换关系

$$\begin{pmatrix}p_{1y}\\p_{1z}\end{pmatrix}\to\begin{pmatrix}p_{4x}\\p_{4z}\end{pmatrix}\to\begin{pmatrix}p_{3x}\\p_{3z}\end{pmatrix},\begin{pmatrix}p_{2y}\\p_{2z}\end{pmatrix}\to\begin{pmatrix}p_{3x}\\p_{3z}\end{pmatrix}\to\begin{pmatrix}p_{4x}\\p_{4z}\end{pmatrix},\begin{pmatrix}p_{3x}\\p_{3z}\end{pmatrix}\to\begin{pmatrix}p_{2y}\\p_{2z}\end{pmatrix}\to\begin{pmatrix}p_{1y}\\p_{1z}\end{pmatrix},$$
$$\begin{pmatrix}p_{4x}\\p_{4z}\end{pmatrix}\to\begin{pmatrix}p_{1y}\\p_{1z}\end{pmatrix}\to\begin{pmatrix}p_{2y}\\p_{2z}\end{pmatrix},\begin{pmatrix}p_{5x}\\p_{5y}\end{pmatrix}\to\begin{pmatrix}p_{6y}\\p_{6x}\end{pmatrix}\to\begin{pmatrix}p_{5y}\\p_{5x}\end{pmatrix},\begin{pmatrix}p_{6x}\\p_{6y}\end{pmatrix}\to\begin{pmatrix}p_{5y}\\p_{5x}\end{pmatrix}\to\begin{pmatrix}p_{6y}\\p_{6x}\end{pmatrix}$$

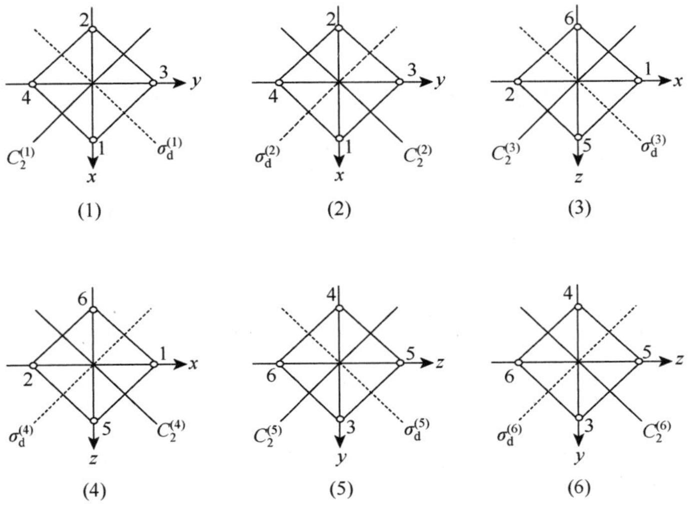

图 5-33　O_{h} 群的反映面 $\boldsymbol{\sigma}_{\mathrm{d}}^{(1)}$ 的位置图

基函数全部移位，特征标为 $\chi[\hat{\boldsymbol{\sigma}}_{\mathrm{d}}^{(1)}]=0$，同样可得出其余 $\boldsymbol{\sigma}_{\mathrm{d}}^{(i)}$ 的特征标也等于零。

将以上全部对称操作表示矩阵的特征标，按照共轭类对称操作分类列于表 5-25，它们属于可约表示 $\boldsymbol{\Gamma}(p_{1y}p_{1z}\cdots p_{6x}p_{6y})$，并约化为

$$\boldsymbol{\Gamma}(p_{1y}p_{1z}\cdots p_{6x}p_{6y})=\boldsymbol{T}_{1\mathrm{g}}\oplus\boldsymbol{T}_{2\mathrm{g}}\oplus\boldsymbol{T}_{1\mathrm{u}}\oplus\boldsymbol{T}_{2\mathrm{u}}\qquad(5\text{-}267)$$

表 5-25　以 π 型 p 轨道为基函数，O_h 群对称操作的可约表示特征标

O_h	E	$6C_4$	$3C_4^2$	$8C_3$	$6C_2$	i	$6S_4$	$3\sigma_h$	$8S_6$	$6\sigma_d$
$\Gamma(\pi)$	12	0	−4	0	0	0	0	0	0	0

将金属离子和配体的 π 型 p 轨道分组，见表 5-26。用特征标投影算符，找出配体的不可约表示群轨道。由 O_h 群的特征标表，写出属于不可约表示 T_{1u} 的特征标投影算符 $P[T_{1u}]$：

$$\begin{aligned}\hat{P}[T_{1u}]=\frac{3}{48}\Big\{&3\hat{E}+\left[1\times\hat{C}_4^{1(x)}+1\times\hat{C}_4^{1(y)}+1\times\hat{C}_4^{1(z)}+1\times\hat{C}_4^{3(x)}+1\times\hat{C}_4^{3(y)}+1\times\hat{C}_4^{3(z)}\right]\\&+\left[(-1)\hat{C}_2^{(x)}+(-1)\hat{C}_2^{(y)}+(-1)\hat{C}_2^{(z)}\right]\\&+\left[(-1)\hat{C}_2^{(1)}+(-1)\hat{C}_2^{(2)}+(-1)\hat{C}_2^{(3)}+(-1)\hat{C}_2^{(4)}+(-1)\hat{C}_2^{(5)}+(-1)\hat{C}_2^{(6)}\right]\\&+(-3)\hat{i}+\left[(-1)\hat{S}_4^{1(x)}+(-1)\hat{S}_4^{1(y)}+(-1)\hat{S}_4^{1(z)}+(-1)\hat{S}_4^{3(x)}+(-1)\hat{S}_4^{3(y)}+(-1)\hat{S}_4^{3(z)}\right]\\&+\left[1\times\hat{\sigma}_h^{(xy)}+1\times\hat{\sigma}_h^{(yz)}+1\times\hat{\sigma}_h^{(xz)}\right]\\&+\left[1\times\hat{\sigma}_d^{(1)}+1\times\hat{\sigma}_d^{(2)}+1\times\hat{\sigma}_d^{(3)}+1\times\hat{\sigma}_d^{(4)}+1\times\hat{\sigma}_d^{(5)}+1\times\hat{\sigma}_d^{(6)}\right]\Big\}\end{aligned}$$

表 5-26　金属离子和配体的 π 型 p 轨道

M	σ 型配体 L 的 p 轨道			π 型配体 L 的 p 轨道		
p_x	$2p_x^{(1)}(+)$	$2p_x^{(2)}(-)$	$2p_x^{(3)}(+)$	$2p_x^{(4)}(-)$	$2p_x^{(5)}(+)$	$2p_x^{(6)}(-)$
p_y	$2p_y^{(3)}(+)$	$2p_y^{(4)}(-)$	$2p_y^{(1)}(+)$	$2p_y^{(2)}(-)$	$2p_y^{(5)}(+)$	$2p_y^{(6)}(-)$
p_z	$2p_z^{(5)}(+)$	$2p_z^{(6)}(-)$	$2p_z^{(1)}(+)$	$2p_z^{(2)}(-)$	$2p_z^{(3)}(+)$	$2p_z^{(4)}(-)$

投影算符 $\hat{P}[T_{1u}]$ 分别对 p_{1y}、p_{3z}、p_{5x} 投影得

$$\begin{aligned}\hat{P}[T_{1u}]p_{1y}&=\frac{1}{4}(p_{1y}-p_{2y}+p_{5y}-p_{6y})\\\hat{P}[T_{1u}]p_{3z}&=\frac{1}{4}(p_{1z}-p_{2z}+p_{3z}-p_{4z})\\\hat{P}[T_{1u}]p_{5x}&=\frac{1}{4}(p_{3x}-p_{4x}+p_{5x}-p_{6x})\end{aligned}\tag{5-268}$$

属于不可约表示 T_{2u} 的特征标投影算符 $\hat{P}[T_{2u}]$：

$$\begin{aligned}\hat{P}[T_{2u}]=\frac{3}{48}\Big\{&3\hat{E}+\left[(-1)\hat{C}_4^{1(x)}+(-1)\hat{C}_4^{1(y)}+(-1)\hat{C}_4^{1(z)}+(-1)\hat{C}_4^{3(x)}+(-1)\hat{C}_4^{3(y)}+(-1)\hat{C}_4^{3(z)}\right]\\&+\left[(-1)\hat{C}_2^{(x)}+(-1)\hat{C}_2^{(y)}+(-1)\hat{C}_2^{(z)}\right]\\&+\left[1\times\hat{C}_2^{(1)}+1\times\hat{C}_2^{(2)}+1\times\hat{C}_2^{(3)}+1\times\hat{C}_2^{(4)}+1\times\hat{C}_2^{(5)}+1\times\hat{C}_2^{(6)}\right]\\&+(-3)\hat{i}+\left[1\times\hat{S}_4^{1(x)}+1\times\hat{S}_4^{1(y)}+1\times\hat{S}_4^{1(z)}+1\times\hat{S}_4^{3(x)}+1\times\hat{S}_4^{3(y)}+1\times\hat{S}_4^{3(z)}\right]\\&+\left[1\times\hat{\sigma}_h^{(xy)}+1\times\hat{\sigma}_h^{(yz)}+1\times\hat{\sigma}_h^{(xz)}\right]\\&+\left[(-1)\hat{\sigma}_d^{(1)}+(-1)\hat{\sigma}_d^{(2)}+(-1)\hat{\sigma}_d^{(3)}+(-1)\hat{\sigma}_d^{(4)}+(-1)\hat{\sigma}_d^{(5)}+(-1)\hat{\sigma}_d^{(6)}\right]\Big\}\end{aligned}$$

投影算符 $\hat{P}[T_{2u}]$ 分别对 p_{1y}、p_{3z}、p_{5x} 投影得

$$\hat{\boldsymbol{P}}[\boldsymbol{T}_{2u}]p_{1y}=\frac{1}{4}(p_{1y}-p_{2y}-p_{5y}+p_{6y})$$
$$\hat{\boldsymbol{P}}[\boldsymbol{T}_{2u}]p_{3z}=\frac{1}{4}(-p_{1z}+p_{2z}+p_{3z}-p_{4z}) \tag{5-269}$$
$$\hat{\boldsymbol{P}}[\boldsymbol{T}_{2u}]p_{5x}=\frac{1}{4}(-p_{3x}+p_{4x}+p_{5x}-p_{6x})$$

属于不可约表示 $\boldsymbol{T}_{1g}$ 的特征标投影算符 $\hat{\boldsymbol{P}}[\boldsymbol{T}_{1g}]$：

$$\begin{aligned}\hat{\boldsymbol{P}}[\boldsymbol{T}_{1g}]=\frac{3}{48}\Big\{&3\hat{\boldsymbol{E}}+\left[1\times\hat{\boldsymbol{C}}_4^{1(x)}+1\times\hat{\boldsymbol{C}}_4^{1(y)}+1\times\hat{\boldsymbol{C}}_4^{1(z)}+1\times\hat{\boldsymbol{C}}_4^{3(x)}+1\times\hat{\boldsymbol{C}}_4^{3(y)}+1\times\hat{\boldsymbol{C}}_4^{3(z)}\right]\\&+\left[(-1)\hat{\boldsymbol{C}}_2^{(x)}+(-1)\hat{\boldsymbol{C}}_2^{(y)}+(-1)\hat{\boldsymbol{C}}_2^{(z)}\right]\\&+\left[(-1)\hat{\boldsymbol{C}}_2^{(1)}+(-1)\hat{\boldsymbol{C}}_2^{(2)}+(-1)\hat{\boldsymbol{C}}_2^{(3)}+(-1)\hat{\boldsymbol{C}}_2^{(4)}+(-1)\hat{\boldsymbol{C}}_2^{(5)}+(-1)\hat{\boldsymbol{C}}_2^{(6)}\right]\\&+3\hat{\boldsymbol{i}}+\left[1\times\hat{\boldsymbol{S}}_4^{1(x)}+1\times\hat{\boldsymbol{S}}_4^{1(y)}+1\times\hat{\boldsymbol{S}}_4^{1(z)}+1\times\hat{\boldsymbol{S}}_4^{3(x)}+1\times\hat{\boldsymbol{S}}_4^{3(y)}+1\times\hat{\boldsymbol{S}}_4^{3(z)}\right]\\&+\left[(-1)\hat{\boldsymbol{\sigma}}_h^{(xy)}+(-1)\hat{\boldsymbol{\sigma}}_h^{(yz)}+(-1)\hat{\boldsymbol{\sigma}}_h^{(xz)}\right]\\&+\left[(-1)\hat{\boldsymbol{\sigma}}_d^{(1)}+(-1)\hat{\boldsymbol{\sigma}}_d^{(2)}+(-1)\hat{\boldsymbol{\sigma}}_d^{(3)}+(-1)\hat{\boldsymbol{\sigma}}_d^{(4)}+(-1)\hat{\boldsymbol{\sigma}}_d^{(5)}+(-1)\hat{\boldsymbol{\sigma}}_d^{(6)}\right]\Big\}\end{aligned}$$

投影算符 $\hat{\boldsymbol{P}}[\boldsymbol{T}_{1g}]$ 分别对 p_{1y}、 p_{3z}、 p_{5x} 投影得

$$\hat{\boldsymbol{P}}[\boldsymbol{T}_{1g}]p_{1y}=\frac{1}{4}(p_{1y}+p_{2y}-p_{3x}-p_{4x})$$
$$\hat{\boldsymbol{P}}[\boldsymbol{T}_{1g}]p_{3z}=\frac{1}{4}(p_{3z}+p_{4z}-p_{5y}-p_{6y}) \tag{5-270}$$
$$\hat{\boldsymbol{P}}[\boldsymbol{T}_{1g}]p_{5x}=\frac{1}{4}(-p_{1z}-p_{2z}+p_{5x}+p_{6x})$$

属于不可约表示 $\boldsymbol{T}_{2g}$ 的特征标投影算符 $\hat{\boldsymbol{P}}[\boldsymbol{T}_{2g}]$：

$$\begin{aligned}\hat{\boldsymbol{P}}[\boldsymbol{T}_{2g}]=\frac{3}{48}\Big\{&3\hat{\boldsymbol{E}}+\left[(-1)\hat{\boldsymbol{C}}_4^{1(x)}+(-1)\hat{\boldsymbol{C}}_4^{1(y)}+(-1)\hat{\boldsymbol{C}}_4^{1(z)}+(-1)\hat{\boldsymbol{C}}_4^{3(x)}+(-1)\hat{\boldsymbol{C}}_4^{3(y)}+(-1)\hat{\boldsymbol{C}}_4^{3(z)}\right]\\&+\left[(-1)\hat{\boldsymbol{C}}_2^{(x)}+(-1)\hat{\boldsymbol{C}}_2^{(y)}+(-1)\hat{\boldsymbol{C}}_2^{(z)}\right]\\&+\left[1\times\hat{\boldsymbol{C}}_2^{(1)}+1\times\hat{\boldsymbol{C}}_2^{(2)}+1\times\hat{\boldsymbol{C}}_2^{(3)}+1\times\hat{\boldsymbol{C}}_2^{(4)}+1\times\hat{\boldsymbol{C}}_2^{(5)}+1\times\hat{\boldsymbol{C}}_2^{(6)}\right]\\&+3\hat{\boldsymbol{i}}+\left[(-1)\hat{\boldsymbol{S}}_4^{1(x)}+(-1)\hat{\boldsymbol{S}}_4^{1(y)}+(-1)\hat{\boldsymbol{S}}_4^{1(z)}+(-1)\hat{\boldsymbol{S}}_4^{3(x)}+(-1)\hat{\boldsymbol{S}}_4^{3(y)}+(-1)\hat{\boldsymbol{S}}_4^{3(z)}\right]\\&+\left[(-1)\hat{\boldsymbol{\sigma}}_h^{(xy)}+(-1)\hat{\boldsymbol{\sigma}}_h^{(yz)}+(-1)\hat{\boldsymbol{\sigma}}_h^{(xz)}\right]\\&+\left[1\times\hat{\boldsymbol{\sigma}}_d^{(1)}+1\times\hat{\boldsymbol{\sigma}}_d^{(2)}+1\times\hat{\boldsymbol{\sigma}}_d^{(3)}+1\times\hat{\boldsymbol{\sigma}}_d^{(4)}+1\times\hat{\boldsymbol{\sigma}}_d^{(5)}+1\times\hat{\boldsymbol{\sigma}}_d^{(6)}\right]\Big\}\end{aligned} \tag{5-271}$$

投影算符 $\hat{\boldsymbol{P}}[\boldsymbol{T}_{2g}]$ 分别对 p_{1y}、 p_{3z}、 p_{5x} 投影得

$$\hat{\boldsymbol{P}}[\boldsymbol{T}_{2g}]p_{1y}=\frac{1}{4}(p_{1y}+p_{2y}+p_{3x}+p_{4x})$$
$$\hat{\boldsymbol{P}}[\boldsymbol{T}_{2g}]p_{3z}=\frac{1}{4}(p_{3z}+p_{4z}+p_{5y}+p_{6y}) \tag{5-272}$$
$$\hat{\boldsymbol{P}}[\boldsymbol{T}_{2g}]p_{5x}=\frac{1}{4}(p_{1z}+p_{2z}+p_{5x}+p_{6x})$$

以上波函数经过归一化，就得到四组 π 型群轨道。其中，属于不可约表示 $\boldsymbol{T}_{2g}$ 的一组群轨道为

$$\psi_1[\boldsymbol{T}_{2g}]=\frac{1}{2}(p_{1y}+p_{2y}+p_{3x}+p_{4x})$$
$$\psi_2[\boldsymbol{T}_{2g}]=\frac{1}{2}(p_{1z}+p_{2z}+p_{5x}+p_{6x}) \tag{5-273}$$
$$\psi_3[\boldsymbol{T}_{2g}]=\frac{1}{2}(p_{3z}+p_{4z}+p_{5y}+p_{6y})$$

金属离子的价层轨道 d_{xy}、d_{xz}、d_{yz}，分别与配体的群轨道 ψ_1、ψ_2、ψ_3 对称性匹配，它们有相同的不可约表示 $\boldsymbol{T}_{2g}$，可以线性组合为配合物的分子轨道。如果配体的群轨道是电子占据轨道，例如，对于过渡金属与卤素离子和水等弱配体形成的八面体配合物 t_{2g} 成键轨道中配体的占据轨道成分更多，而反键轨道 t_{2g}^* 中金属离子 d 轨道成分更多。图 5-34 是金属离子与卤素离子形成的八面体配合物 MX_6^{m-} 的分子轨道能级图。配合物价层分子轨道变为 t_{2g}^* 与 e_g^*，二者能级差为分裂能，分裂能减小，光谱波长红移。

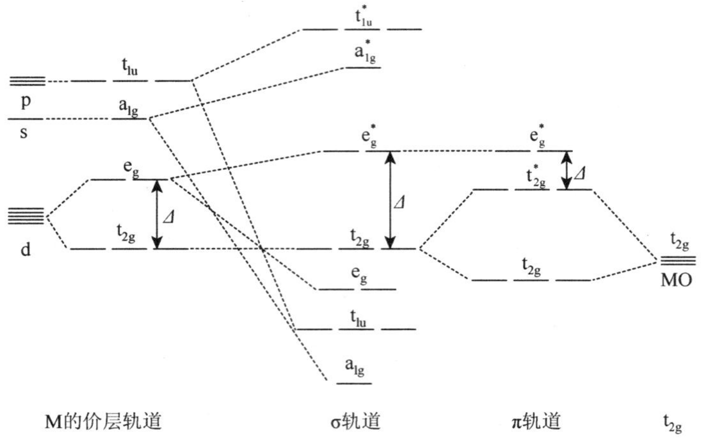

图 5-34　金属离子 t_{2g} 与卤素离子的 t_{2g} 占据轨道对称性匹配组成 π 型分子轨道的能级图

如果配体的 t_{2g} 群轨道是空 π^* 轨道，情况正好相反。将配体群轨道（5-268）到（5-272）中的 p_x、p_y、p_z，分别变为 π^* 反键轨道 π_x、π_y、π_z，解得轨道的不可约表示对称性与图 5-34 中轨道能级图的不可约表示相同。图 5-35 是金属离子与配体的 π 型群轨道的 SALC 轨道组合。例如，对于过渡金属与氰根离子和一氧化碳等强配体形成的八面体配合物，在生成的 t_{2g} 成键轨道中，金属离子 d 轨道成分更多，而反键轨道 t_{2g}^* 中配体的占据轨道成分更多。图 5-36 是金属离子与 CO 形成的八面体配合物 $M(CO)_6$ 的分子轨道能级图。配合物价层分子轨道为 t_{2g}^* 与 e_g^*，二者能级差为分裂能，分裂能增大，光谱波长发生蓝移。

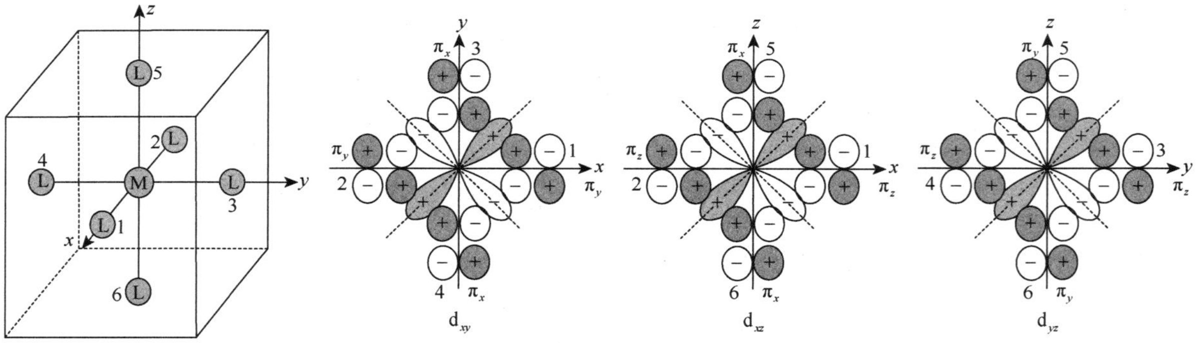

图 5-35　金属离子与配体的 π 型群轨道的 SALC 轨道组合

在八面体配合物中，σ 型轨道 $d_{x^2-y^2}$ 和 $d_{3z^2-r^2}$ 是空轨道，接受来自配体传递的电子对，π 型轨道 d_{xy}、d_{xz} 和 d_{yz} 则有很大可能是占据轨道，在对称性匹配的条件下，与配体的 π^* 反键轨道 π_x 或 π_y 或 π_z 重叠，电子从金属离子转移到配体的这些 π^* 反键轨道，这种配位键称为反馈 π 键，反馈 π 键的形成使 M—L 配位键进一步增强。同时，也使配体的 π 键减弱，起到活化 CO、N_2、NO 等分子 π 键的作用，削弱多重键的强度，促进分子的转化。

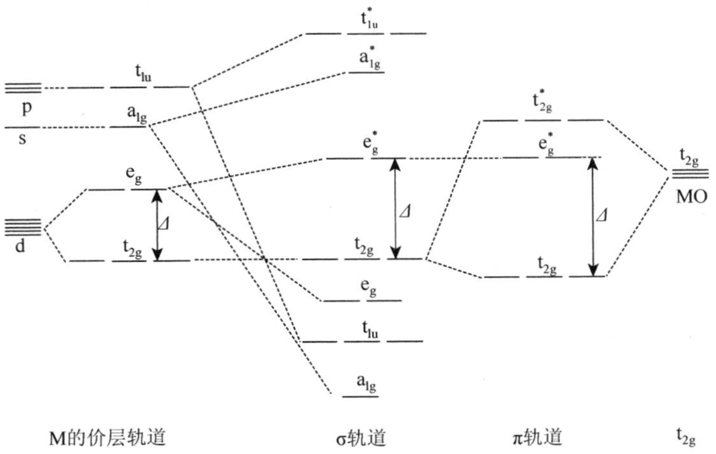

图 5-36　金属离子 t_{2g} 与卤素离子的 t_{2g} 空轨道对称性匹配组成 π 型分子轨道的能级图

5.6.5　姜-泰勒结构畸变配合物的分子轨道和能级

1937 年，H. A. Jahn 和 E. Teller 研究晶体结构时发现铜离子的八面体配合物是变形八面体，结构出现畸变，称为姜-泰勒（Jahn-Teller）效应[8]。表 5-27 是部分铜化物晶体中铜离子与配位原子的间距数据。

表 5-27　铜离子的八面体配合物的结构畸变

化合物	配位离子	*X* 和 *Y* 轴 Cu—X 键长/pm	*Z* 轴 Cu—X 键长/pm	八面体变形类型
CuF_2	$[CuF_6]^{4-}$	193	227	拉长
$CuCl_2$	$[CuCl_6]^{4-}$	230	295	拉长
$CuBr_2$	$[CuBr_6]^{4-}$	240	318	拉长
K_2CuF_4	$[CuF_6]^{4-}$	208	195	压扁
$Cu(NH_3)_6Cl_2$	$[Cu(NH_3)_6]^{2+}$	207	262	拉长

铜的八面体配合物是拉长或压缩畸变构型，对称性为 D_{4h}，按照共轭类，对称群操作共有 10 类。

$$D_{4h}=\{E,2C_4,C_4^2,2C_2',2C_2'';i,2S_4,\sigma_h,2\sigma_v,2\sigma_d\}$$

在 D_{4h} 群配位场中，金属离子的三组价轨道 3d - 4s - 4p，分别为 $3d_{x^2-y^2}$、$3d_{xy}$、$3d_{3z^2-r^2}$、$3d_{xz}$ 和 $3d_{yz}$ 轨道，4s 轨道，以及 $4p_x$、$4p_y$ 和 $4p_z$ 轨道经过对称操作变换，所得可约表示矩阵、对应特征标分别列于 D_{4h} 群的不可约表示特征标表的下方，见表 5-28。

表 5-28　D_{4h} 群的不可约表示特征标表

D_{4h}	E	$2C_4$	C_4^2	$2C_2'$	$2C_2''$	i	$2S_4$	σ_h	$2\sigma_v$	$2\sigma_d$	不可约表示基函数	
A_{1g}	1	1	1	1	1	1	1	1	1	1	x^2+y^2	z^2
A_{2g}	1	1	1	−1	−1	1	1	1	−1	−1	R_z	
B_{1g}	1	−1	1	1	−1	1	−1	1	1	−1		x^2-y^2
B_{2g}	1	−1	1	−1	1	1	−1	1	−1	1		$2xy$
E_g	2	0	−2	0	0	2	0	−2	0	0	(R_x,R_y)	(xz,yz)
A_{1u}	1	1	1	1	1	−1	−1	−1	−1	−1		
A_{2u}	1	1	1	−1	−1	−1	−1	−1	1	1	z	
B_{1u}	1	−1	1	1	−1	−1	1	−1	−1	1		

续表

D_{4h}	E	$2C_4$	C_4^2	$2C_2'$	$2C_2''$	i	$2S_4$	σ_h	$2\sigma_v$	$2\sigma_d$	不可约表示基函数
$\boldsymbol{B}_{2u}$	1	−1	1	−1	1	−1	1	−1	1	−1	
$\boldsymbol{E}_u$	2	0	−2	0	0	−2	0	2	0	0	(x, y)
$\Gamma(ns)$	1	1	1	1	1	1	1	1	1	1	$\boldsymbol{A}_{1g}$
$\Gamma(np)$	3	1	−1	−1	−1	−3	−1	1	1	1	$\boldsymbol{A}_{2u}\oplus\boldsymbol{E}_u$
$\Gamma(nd)$	5	−1	1	1	1	5	−1	1	1	1	$\boldsymbol{A}_{1g}\oplus\boldsymbol{B}_{1g}\oplus\boldsymbol{B}_{2g}\oplus\boldsymbol{E}_g$

在正八面体配合物O_h群场中，金属离子的价层轨道的不可约表示对称性为

$$4s: \boldsymbol{A}_{1g}$$
$$4p: \boldsymbol{T}_{1u}$$
$$3d: \boldsymbol{E}_g\oplus\boldsymbol{T}_{2g}$$

在变形八面体配合物的D_{4h}群场中，金属离子的价层轨道的不可约表示对称性变为

$$4s: \boldsymbol{A}_{1g}$$
$$4p: \boldsymbol{A}_{2u}\oplus\boldsymbol{E}_u$$
$$3d: \boldsymbol{A}_{1g}\oplus\boldsymbol{B}_{1g}\oplus\boldsymbol{B}_{2g}\oplus\boldsymbol{E}_g$$

比较两种点群基函数所属的不可约表示，除了4s轨道没有变之外，在O_h群场中三重简并轨道，即$4p_x$、$4p_y$、$4p_z$，其不可约表示为$\boldsymbol{T}_{1u}$，在D_{4h}群场中约化为$\boldsymbol{A}_{2u}\oplus\boldsymbol{E}_u$，三重简并能级分裂为两个能级。在$O_h$群场中五重简并轨道，即$3d_{3z^2-r^2}$、$3d_{x^2-y^2}$、$3d_{xy}$、$3d_{xz}$、$3d_{yz}$，其不可约表示$\boldsymbol{E}_g$和$\boldsymbol{T}_{2g}$在$D_{4h}$场中约化为$\boldsymbol{A}_{1g}\oplus\boldsymbol{B}_{1g}\oplus\boldsymbol{B}_{2g}\oplus\boldsymbol{E}_g$。在$O_h$群场中的二重简并$\boldsymbol{E}_g$能级，在$D_{4h}$群场中分裂为两个单重能级，分别属于$D_{4h}$群场的不可约表示$\boldsymbol{A}_{1g}$和$\boldsymbol{B}_{1g}$。实函数为$x^2-y^2$的d轨道属于$\boldsymbol{B}_{1g}$，$3z^2-r^2$轨道属于$\boldsymbol{A}_{1g}$。在$O_h$群场中，属于不可约表示$\boldsymbol{T}_{2g}$的三重简并轨道$3d_{xy}$、$3d_{xz}$、$3d_{yz}$，也分裂为两个能级，分别属于$D_{4h}$群场的$\boldsymbol{B}_{2g}$和$\boldsymbol{E}_g$不可约表示，实函数为$xz$和$yz$的d轨道属于$\boldsymbol{E}_g$，实函数为$xy$的d轨道属于$\boldsymbol{B}_{2g}$。姜-泰勒效应的理论解释就是：在$D_{4h}$群下，铜配位八面体的能级继续发生分裂，消除了能级简并态，使得配体电子与金属离子d电子之间的排斥作用趋于均衡，占据分子轨道能级降低，结构更为稳定。图5-37是铜离子的配位八面体的分子轨道能级图，图中不可约表示符号用小写字母表示。

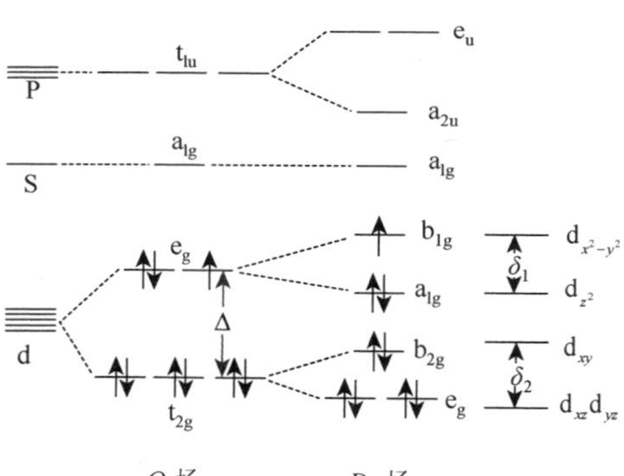

(a) 拉长八面体$\Delta>\delta_1>\delta_2$

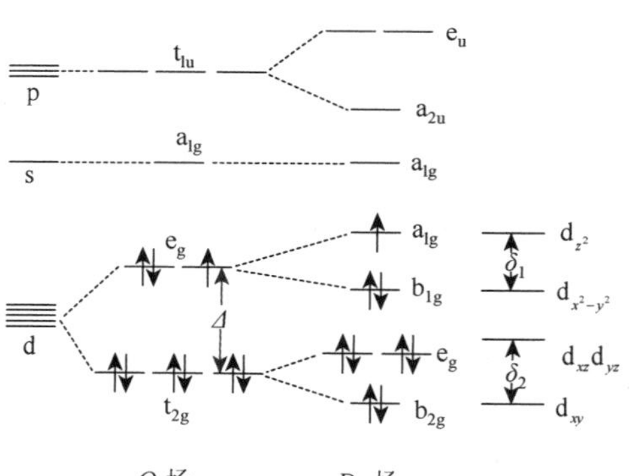

(b) 压扁八面体$\Delta>\delta_1>\delta_2$

图5-37　d^9组态离子配合物姜-泰勒效应的去简并轨道能级图

配合物的中心金属离子的电子组态对形成姜-泰勒结构畸变至关重要，Cu^{2+}的电子组态是[Ar]$3d^9 4s4p$，当多个配体靠近铜离子时，配体的孤对电子与金属离子的轴向$3d_{3z^2-r^2}$和$3d_{x^2-y^2}$轨道电子形成排斥力，简并轨道e_g出现能级分裂。在O_h群场中，这种排斥作用被认为是等同的，即轴向方向的排斥力相等，例如，配合物$[FeCl_6]^{3-}$，在弱场情况下，Fe^{3+}的电子组态是[Ar]$3d^5 4s4p$，为高自旋态，内层3d全部是单电子占据态，全部轴向方向的排斥力相等，配合物的结构为正八面体。对于配合物$[CuCl_6]^{4-}$，由于轴向$3d_{3z^2-r^2}$和$3d_{x^2-y^2}$轨道电

子数出现不相等的情况，即电子组态是 $3d^2_{3z^2-r^2}3d^1_{x^2-y^2}$，使得 e_g 轨道电子与配体孤对电子对的排斥作用不同，z 轴方向作用力较强，为了达到各方向的斥力均衡，配体以增大距离方式，寻求与 x 和 y 轴方向的排斥力平衡，这就表现出沿 z 轴方向的拉长八面体效应，其能级图见图 5-37（a）。相反，对于 K_2CuF_4 晶体，$[CuF_6]^{4-}$ 配位八面体，由于轴向 e_g 轨道的电子排布是 $3d^2_{x^2-y^2}3d^1_{3z^2-r^2}$，$x$ 和 y 轴方向的排斥力强，为寻求各轴向排斥力平衡，配体沿 x 和 y 轴方向远离，表现为八面体沿 z 轴方向的压扁八面体效应，其能级图见图 5-37（b）。

沿八面体轴向方向排斥力大，金属离子 d^9 组态出现的结构畸变较为明显，此外，d^7 组态也会出现结构畸变。当金属离子的 d 电子数较少时，t_{2g} 出现 $3d^2_{xy}3d^1_{xz}3d^1_{yz}$ 不等价电子排布，也会产生结构畸变。这种畸变是非轴向排斥力，因而形成的键长变化并不明显，故称为小畸变。例如，配合物处于低自旋(LS)态，金属离子为 $3d^{1\sim2}$ 和 $3d^{4\sim5}$ 组态，出现小畸变。当配合物处于高自旋(HS)态，金属离子为 $3d^{6\sim7}$ 组态，也出现小畸变。

其他多面体结构的配合物结构变形也可用类似的方法进行解释。

5.6.6　双核簇化合物的 SALC 分子轨道和能级

过渡金属离子的双核簇化合物，除了金属离子与配体配位外，两个金属离子内层 d 轨道相互重叠，形成多重键，导致离子之间的键长比金属晶体中金属原子间距短。例如，钼与乙酸根生成的簇化合物 $Mo_2(O_2CCH_3)_4$，每个钼与四个乙酸根的氧配位，每个乙酸根的两个氧原子分别与两个钼配位，分子结构见图 5-38。钼金属晶体中的原子间距为 278.0pm，而簇化合物中的 Mo—Mo 键长为 213.4pm。钼离子（Ⅱ）的电子组态为[Kr]$4d^4 5s$，用外层 $4d_{x^2-y^2}5s5p_x5p_y$ 空轨道组成 dsp^2 杂化轨道，接受乙酸根的氧原子价轨道上孤对电子对，生成 σ 配位键。两个钼离子剩余 $4d_{3z^2-r^2}$ 轨道“头碰头”重叠，组成 σ 轨道，也有 ds 杂化成分。两个钼离子剩余 $4d_{xz}$、$4d_{yz}$ 轨道分别以“肩并肩”方式重叠，组成二重简并 π 轨道，剩余 $4d_{xy}$ 轨道以“面对面”方式重叠，组成 δ 轨道。用 RHF/STO-3G*方法算得分子价层轨道能级，绘制的能级图见图 5-38（b）。自然键轨道成分（NBO）和自然键轨道强度分析证明：在簇化合物分子中钼离子之间形成了四重键，图 5-39 是价层分子轨道重叠图。

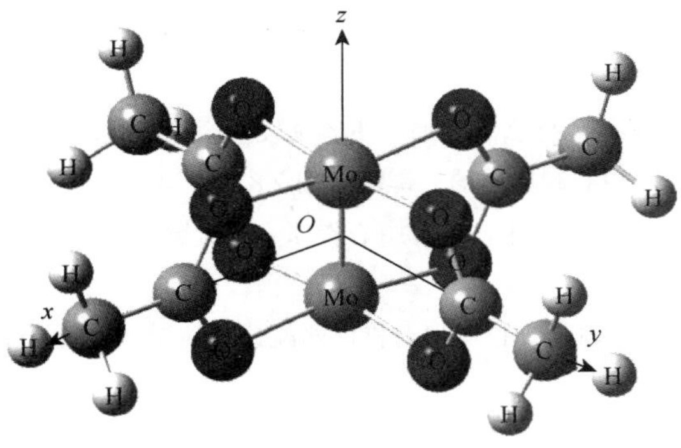

(a) $Mo_2(O_2CCH_3)_4$结构图

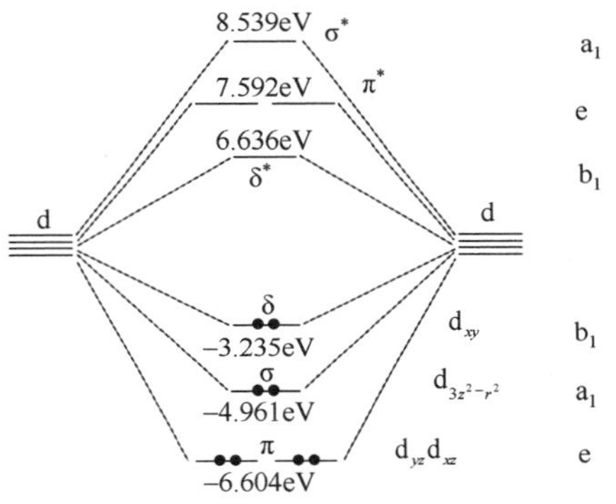

(b) Mo—Mo四重键轨道能级图

图 5-38　双核簇化合物 $Mo_2(O_2CCH_3)_4$ 的分子结构图和分子价层轨道能级

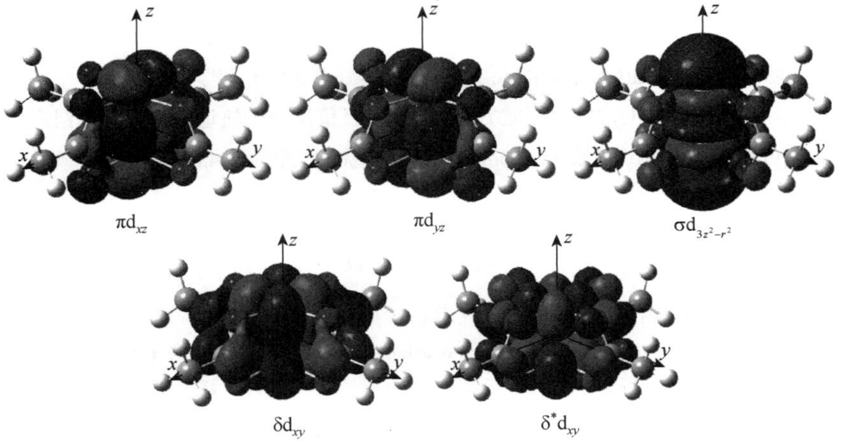

图 5-39　双核簇化合物 $Mo_2(O_2CCH_3)_4$ 的价层分子轨道重叠图

簇分子中钼离子的价层轨道布居数和轨道能量计算值以及成键轨道布居数和能量，列于表 5-29。

表 5-29　Mo—Mo 多重键的自然键轨道布居数和能量分析[9]

轨道	Mo1		Mo2		Mo1—Mo2	
	布居数	能量/a.u.	布居数	能量/a.u.	成键轨道布居数	能级/a.u.
$4d_{x^2-y^2}$	0.3145	0.3106	0.3878	0.2534		
$4d_{3z^2-r^2}$	0.9712	0.1031	1.1017	0.0854	1.9577	-0.2548
$4d_{xy}$	1.4539	-0.0473	0.5680	0.1302	1.8388	-0.1116
$4d_{xz}$	0.8314	0.1081	1.1263	0.0151	2.000	-0.2701
$4d_{yz}$	0.8314	0.1081	1.1263	0.0151	2.000	-0.2701
5s	0.4443	0.3712	0.4745	0.3492		
$5p_x$，$5p_y$	0.2708	0.6066	0.2938	0.5930		
$5p_z$	0.1103	0.4793	0.1220	0.4690		

注：所用方法为 RHF/STO-3G*。

习　　题

1. 苯是 Π_6^6 环状共轭 π 分子，用特征标投影算符构造苯分子的 SALC 群轨道，解出 π 分子轨道和能量，并求出 π 电子总能量。

2. 顺式丁二烯是 Π_4^4 直链共轭 π 分子，用特征标投影算符构造分子的 SALC 群轨道，解出 π 分子轨道和能量，并求出 π 电子总能量。

3. 萘是 Π_{10}^{10} 共轭体系，试计算碳原子的电荷密度、自由价，解释为什么 α 碳原子更容易发生亲电取代反应。

4. 1967 年，C. Finder 预言丙二炔双自由基 $H\dot{C}=C=\dot{C}H$，中心碳原子的 π 键键级为 2.828，如果该分子存在，其中心碳原子的 π 键键级将是所有共轭分子中最大的。试结合休克尔分子轨道理论，计算中心碳原子的 π 键键级。

5. 推断共价分子 SeF_6 的 VSEPR 构型，并指出杂化类型。

6. 氨（NH_3）分子的实验键角为 107.8°，对称性为 C_{3v}，用分子轨道理论写出对称性匹配分子轨道，以及 sp^3 不等性杂化轨道波函数。

7. 水（H_2O）分子的实验键角为 104.5°，对称性为 C_{2v}，用分子轨道理论写出对称性匹配分子轨道，以及 sp^3 不等性杂化轨道波函数。

8. 写出 NO 分子的电子组态，指出分子的化学键，讨论化学键的强度和分子磁性。

9. 配合物 K_2PtCl_4 的配离子 $[PtCl_4]^{2-}$ 是平面正方形结构，点群为 D_{4h}，试从分子对称性导出配合物价层分子轨道波函数以及分子轨道能级顺序。

10. 用分子轨道图形说明配合物 $K_4Cu(CN)_6$ 和 K_3FeBr_6 中存在的分子轨道和化学键类型。

11. 指出配合物 $Cu(NH_3)_6Cl_2$ 和 $[Pt(NH_3)_4Cl_2]Br_2$ 的立体构型，以及价层分子轨道的电子占据组态。

12. 双核配合物 $Re_2Cl_4(PEt_3)_4$，Re—Re 键长 223.2pm，金属铼的原子间距为 274.0pm，试通过分子轨道理论分析 Re—Re 多重键的化学键性质。

参 考 文 献

[1]　李平. 量子化学导论——原子分子结构 [M]. 北京：科学出版社，2018.

[2]　Wang S C. The problem of the normal hydrogen molecule in the new quantum mechanics[J]. Physical Review，1928，31（4）：579-586.

[3]　江元生. 结构化学 [M]. 北京：高等教育出版社，1997.

[4]　科顿 F A. 群论在化学中的应用 [M]. 刘万春，游效曾，赖伍江，译. 3 版. 福州：福建科学技术出版社，1999.

[5]　Engel T，Reid P. Physical Chemistry [M]. 2nd Ed. 北京：机械工业出版社，2012.

[6]　王建祺，杨忠志. 紫外光电子能谱学 [M]. 北京：科学出版社，1988.

[7] 游效曾，配位化合物的结构和性质 [M]. 北京：2 版. 科学出版社，2012.

[8] Jahn H A，Teller E. Stability of polyatomic molecules in degenerate electronic state：I. Orbital degeneracy [J]. Proceeding of the Royal Society of London Series A-Mathematic and Physical Sciences，1937，161（A905）：220-235.

[9] Cotton F A，Reid A H，Schwotzer Jr W. Replacement of acetate ions in dimolybdenum tetraacetate by acetonitrile molecule-crystal structure of two compounds containing the *cis*-$[Mo_2\{O_2CCH_3\}_2(CH_3CN)_4]^{2+}$ cation [J]. Inorganic Chemistry，1985，2423：3965-3968.

第 6 章　晶体结构与晶体对称性

物质形态是多样化的，内部由原子、分子、离子或原子基团等微粒组成。微粒的堆积和聚集方式与微粒的结构和性质有关，决定了物质的存在形式。固体是大自然中最普遍的物质形态，固态中那种有规则的多面体外形、有良好的透光性和折光性的形态，特别引人注目，称为物质的晶态，自然界中缓慢生长的大颗粒结晶称为晶体。晶体具有确定的熔点，能自发生成特定的凸多面体外形，顶点数（V）、晶面数（F）、晶棱数（E）服从欧拉定律：

$$F + V = E + 2$$

物质晶态是稳定的形态，晶体外形与晶体内部微粒结构和微粒堆积方式有关，而且晶体外形与内部微粒的堆积结构完全一致。有些晶体存在不同方向物理性质不同的特性，这种现象称为物理性质的各向异性，如石墨晶体的电导率、方解石晶体的折光率、云母晶体的热导率等，都存在各向异性。

劳厄（M. Laue）指出 X 射线的波长与晶体中原子间距相当，规则排列的原子阵列之间的空隙是一种天然的衍射光栅，如果用 X 射线照射晶体，必然产生衍射。1912 年，实验证明了劳厄的科学预见，晶体内部微粒是一种三维周期性的规则排列结构，这是晶体与其他固体形态的本质区别[1]。晶体的 X 射线衍射效应，形成的衍射图像成了推测晶体内部微粒排列堆积结构的依据。1913 年，W. H. Bragg 和 W. L. Bragg 对 X 射线衍射机制提供了更完善的物理解释[2]，并用单色 X 射线代替复合 X 射线，同时改进 X 射线衍射技术，获得了氯化钠、铜单质、金刚石、氯化铯、硫化锌等晶体的结构，开创了 X 射线衍射法测定晶体结构的历史[3]。到目前为止，全世界有六大晶体学数据库，分别是德国无机化合物晶体数据库、加拿大金属合金晶体数据库、英国剑桥晶体数据库、美国蛋白质晶体数据库、美国矿物晶体数据库和美国粉末晶体衍射文件库，收集了各种单质和化合物的晶体结构数据。

现代化学对物质的研究不再局限于测定组成、试验物理性质和化学性质，而是广泛地运用物理技术手段，更深入地在分子层次上测定物质结构，以便更好地取得和建立结构与化学性质的联系。常温常压下，将合成产物从混合物中结晶的方法，是最有效的分离提纯方法，生长制备大晶体，并用 X 射线衍射方法测定晶体结构也是直接获得分子结构的有效途径。近代化学史上，维生素 B_{12} 的结构测定，揭示了生化物质的生命作用；采用低温技术测定硼烷的晶体结构，建立了缺电子化学键理论；富勒烯的结构验证，证明了碳笼也可以通过理论方法设计。晶体的应用领域很广，如激光晶体将在核聚变能源工程中发挥重要作用，高性能合金晶体将提高深海潜艇和航天器的性能，热释电晶体是军队装备辅助工具，光导晶体将提高处理器芯片的运算速度，磁性稀土金属晶体正在改变计算机的存储容量。

6.1　微粒的周期性排列与点阵结构

当用 X 射线测得晶体结构时，展现在我们面前的是组成晶体的微粒在空间的堆积图，在 $1cm^3$ 的晶体中含有摩尔数量级的微粒，用现代的图形软件放大，是阿伏伽德罗数量级的微粒数。微粒以周期性有序的排到堆积方式构成一个很大的三维空间网格，其中，微粒可以是原子、离子、原子或离子基团、分子等。可以想象，在微粒尺度上看宏观晶体，整个晶体的微粒堆积图是一个无限结构，没有边界。化学对晶体的研究侧重微粒之间的化学键和作用力，按微粒之间的作用力将晶体分为金属晶体、共价晶体、离子晶体、分子晶体和混合键晶体等。

微粒的空间有序性是晶体结构的特征，空间有序性体现为存在一个最小的、重复的结构单位，称为结构基元。结构基元与微粒之间的化学键和作用力有密切关系，因为微粒之间的作用力导致微粒的周期性排列，微粒的周期性排列结构就是结构基元。结构基元的周期性重复排列，具有化学组成相同、空间结构相同、在空间中的排列取向相同、周围的环境相同等特点。

X 射线衍射法测得 LiBr 晶体的晶体结构，空间群为 O_h^5-$Fm\overline{3}m$[4]。晶体中 Li^+ 和 Br^- 堆积图可以按一种观察方式，将其切割为无限个平行的晶面。图 6-1 是从一个侧面观察 LiBr 晶体的堆积图，Li^+ 和 Br^- 的堆积特点是，Li^+ 周围有 6 个 Br^-，组成正八面体配位。Br^- 周围有 6 个 Li^+，也是正八面体配位。以 Li^+ 的正八面体为结构单位观察晶体，每个 Li^+ 顶点被周围正八面体共用，Br^--Br^- 边也被周围正八面体共用。以 Br^- 的正八面体为结构单位观察，结果类似。

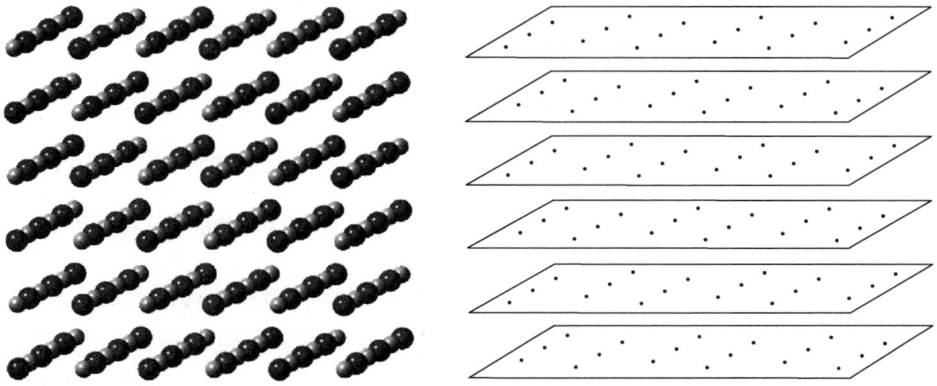

(a) LiBr晶体的离子堆积图　　(b) LiBr晶体的点阵结构

图 6-1　LiBr 晶体的结构

图中小球为 Li^+，大球为 Br^-

在离子堆积图中，选取底层、背后、左下角的 Li^+ 作为坐标系原点（0, 0, 0），观察底层 Li^+ 和 Br^- 的堆积层结构，见图 6-2。从一个方向上看，Li^+ 后紧跟 Br^-，Br^- 后紧跟 Li^+，将紧挨着的一对 Li^+-Br^- 离子作为结构单位，这个方向上周期性重复的结构就表现出来了，结构基元的空间内容就是一对 Li^+-Br^-。如果结构基元比较复杂，应选择最邻近的原子或离子，才能很好地反映结构基元的空间结构及其周期性排列。图 6-2 是横向方向层的周期性排列结构（$Z=0$），沿纵向方向观察也是如此。结构基元只能在一套坐标系下按一种取向选取，如选取横向方向紧挨着的一对 Li^+-Br^- 作为结构基元，那么结构基元的取向就被确定了，不能改变，这称为结构基元在空间的排列取向。如果在两个或更多方向上有相同的周期性排列，预示着晶体存在高对称性。

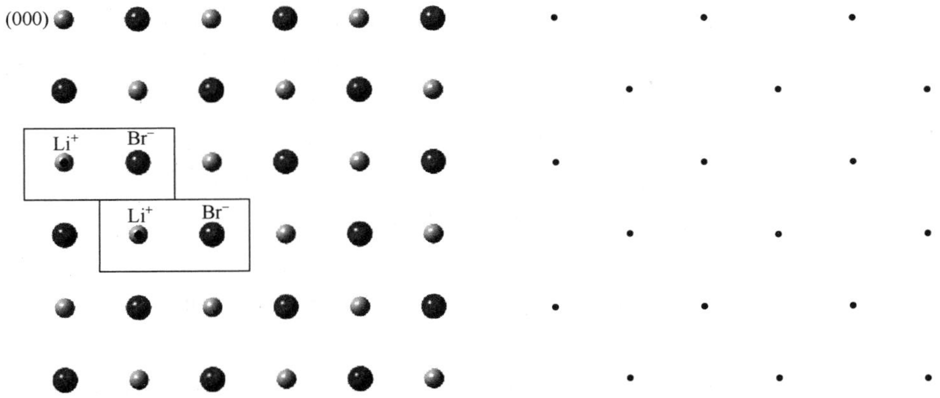

(a) (100)晶面离子的排列($Z=0$)　　(b) (100)平面点阵($Z=0$)

图 6-2　LiBr 晶体的离子堆积层（$Z=0$）中横向方向 Li^+ 和 Br^- 的周期性排列结构

将一对 Li^+-Br^- 作为选定的结构基元，它的左侧是 Br^-，右侧是 Li^+，上、下方是相同 Li^+-Br^- 离子对，前、后方也是相同 Li^+-Br^- 离子对，图 6-3 是与图 6-2 所示的堆积层相邻的、平行的堆积层。这两个堆积层是完全相同的，只是在空间上相错一个键长。

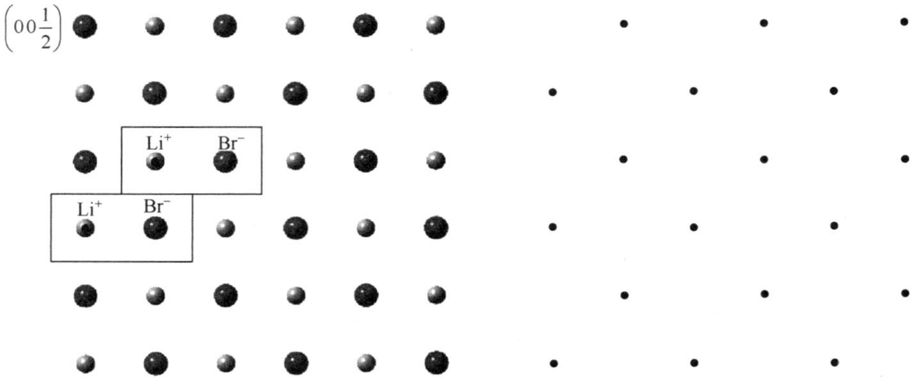

(a) (100)晶面离子的排列$\left(Z=\frac{1}{2}\right)$　　(b) (100)平面点阵$\left(Z=\frac{1}{2}\right)$

图 6-3　LiBr 晶体相邻堆积层（$Z=1/2$）中横向方向 Li^+ 和 Br^- 的周期性排列结构

将结构基元抽象为一点，将点放在 Li^+ 离子上，整个堆积层变为由点组成的点阵，图 6-2（b）和图 6-3（b）是堆积层的平面点阵。因为相邻的、平行的堆积层相错一个键长单位，抽象出的平面点阵也相错一个键长单位。如此操作下去，整个晶体堆积图 6-1 就变成一个三维点阵结构。我们隐去微粒，留下点阵点，得到一个由点阵点构成的空间点阵图，见图 6-1（b）。从结构基元看晶体的堆积图，一个复杂的微粒堆积图变成由结构基元沿晶体的多个方向，按重复的周期性方式组成。微粒排列的一维周期性重复单位就是两个相邻点阵点之间的距离。

每个人观察晶体的方式不同，结构基元的选取方式可能不同，但所得的空间点阵图一定相同，即空间点阵与观察晶体的方式、结构基元的选取方案无关。鲍林认为，离子晶体可以看成是负离子按照一定方式堆积，正离子填充负离子堆积的空位而成，结构基元可以按如下的方法选取：先从负离子的周期性排列中选出负离子，再从正离子空位的周期性排列中选出正离子，并注意正、负离子的化学键，以及所选结构基元的最简组成与离子化合物组成的一致性。

任意一个结构基元向指定的方向平移，每平移一个向量单位都能与微粒堆积阵列中另一个结构基元重合，整个微粒堆积图向指定的方向平移一个向量单位，微粒堆积图的新像都与原像重合，平移整数倍向量单位，也必然重合，平移是无限图形的特征对称性，平移是连续的、无限的对称操作。

在空间点阵图中看平移，问题会得到简化。空间点阵图是由点组成的空间点阵，用数学上的三维点空间 E^3 表达，在点空间中又对应一个三维向量空间 V^3。点空间中任意一点的位置，用点空间坐标系的原点到该点的向量表示，任意两点的向量都可用三个基向量坐标系表示，即每个晶体都存在一个点空间和相应的向量空间。首先建立三维向量空间的坐标系，用实验结构测定获得的基向量长度，作为三维向量空间的基向量，用基向量交角确定线性坐标轴的相对方向。例如，在一维方向上，将两个相邻点阵点之间的向量 $\boldsymbol{a}$ 作为基向量，基向量 $\boldsymbol{a}$ 的方向定为坐标系的 x 坐标轴。任意一点阵点沿 x 轴方向每平移一个向量单位都能与点阵结构的另一个点阵点重合，整个点阵向 x 轴的向量方向平移，空间点阵的新像与原像重合，这种操作称为一维平移操作，全部一维平移操作构成平移群，一维点空间和向量空间的平移群表示为

$$\boldsymbol{T}_u = u\boldsymbol{a} \tag{6-1}$$

其中，$u=0,\pm1,\pm2,\cdots$，因为晶体中微粒堆积图是无限图形，微粒堆积的周期平移构成平移群，所以平移群就是无限群。

空间点阵按一种方式切分成无限个平行的点阵平面，用二维点空间 E^2 和二维向量空间 V^2 描述，指定两个基向量 $\boldsymbol{a}$ 和 $\boldsymbol{b}$ 的长度和方向，以及交角 γ。以一个点阵点为原点，选定两个方向，分别向两个方向上距离最近的两个相邻点阵点平移，平移的最小单位向量就是基向量 $\boldsymbol{a}$ 和 $\boldsymbol{b}$，组成二维坐标系。通过二维基向量画出一个平行四边形，称为平面格子。运用平面格子可以将平面点阵划分为无限个堆砌的格子，当不隐去结构基元，晶面就被平面格子所切割，切割的图形称为二维晶格图。图 6-2（b）和图 6-3（b）都是 LiBr 晶体的平面点阵，平面格子的划分有几种，见图 6-4，每种划分的基向量 $\boldsymbol{a}$ 和 $\boldsymbol{b}$ 以及交角 γ 不完全相同。

一个平面格子由 4 个顶点连接而成，每个顶点位置的点阵点被 4 个平面格子共用，在指定的一个平面

格子中只占 $\frac{1}{4}$；每条边上的点阵点被 2 个平面格子共用，在指定的一个平面格子中只占 $\frac{1}{2}$；平面格子内的点阵点不被其他平面格子共用，在指定的一个平面格子中占 1。一个平面格子的点阵点总数影响平面格子的面积大小，成为平面格子划分的一个限制性条件。晶体微粒的二维周期性排列特点决定了平面格子必须是面积最小的，点阵点数最少的，以保证重复的周期是最小的，同时避免重复的周期被任意放大。点阵点总数等于 1 的平面格子称为素格子，点阵点总数等于以及大于 2 的格子称为复格子。

划分平面格子的首要标准是必须体现晶面和平面点阵的最高对称性，尽可能反映平面点阵的全部对称元素，以及最高重数的旋转轴、反轴。具体原则就是基向量 $\boldsymbol{a}$ 和 $\boldsymbol{b}$ 的交角 γ 尽可能等于 90°，长度尽可能相等。其次，平面格子的面积尽可能最小，点阵点数尽可能最少。符合以上条件的平行四边形格子称为正当平面格子。按照这个标准，LiBr 晶体的平面格子应选取图 6-4 中的（B）或（C）。

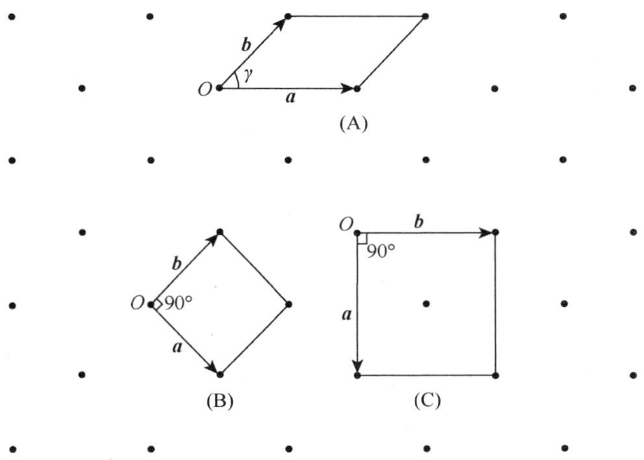

图 6-4　LiBr 晶体的点阵结构中正当平面格子的选取

平面格子的基向量 $\boldsymbol{a}$ 和 $\boldsymbol{b}$ 及其交角 γ 指明了结构基元在平面上的周期性的重复排列，以及平移的长度和方向，用数学式表达为

$$\boldsymbol{T}_{uv} = u\boldsymbol{a} + v\boldsymbol{b} \tag{6-2}$$

其中，$u = 0, \pm1, \pm2, \cdots$，$v = 0, \pm1, \pm2, \cdots$。

在平面点阵邻近的异面点阵中，选取最靠近平面格子的原点的点阵点，获得第三个基向量 $\boldsymbol{c}$。三个基向量组成一个平行六面体，称为空间格子。选取基向量 $\boldsymbol{c}$ 的首要标准是必须体现晶体和空间点阵的最高对称性，尽可能反映空间点阵的全部对称元素，以及最高重数的旋转轴、反轴。基向量 $\boldsymbol{a}$ 和 $\boldsymbol{c}$ 的交角 β，以及 $\boldsymbol{b}$ 和 $\boldsymbol{c}$ 的交角 α 尽可能等于 90°，$\boldsymbol{a}$、$\boldsymbol{b}$、$\boldsymbol{c}$ 的长度尽可能相等。其次，空间格子的体积尽可能最小，点阵点数尽可能最少。符合以上条件的平行六面体格子称为正当空间格子。晶体微粒的三维周期性排列特点决定了空间格子必须是体积最小的，点阵点数最少的，以保证重复的周期是最小的，同时避免重复周期被任意放大。

一个空间格子由 8 个顶点连接而成，每个顶点位置的点阵点被 8 个空间格子共用，在指定的一个空间格子中只占 $\frac{1}{8}$；每条边上的点阵点被 4 个格子共用，在指定的一个空间格子中只占 $\frac{1}{4}$；每个面上的点阵点被 2 个格子共用，在指定的一个空间格子中只占 $\frac{1}{2}$；格子内的点阵点不被其他格子共用，在指定的一个空间格子中占 1。一个空间格子的点阵点总数也是空间格子划分的一个限制性条件。点阵点总数等于 1 的空间格子称为素格子，而点阵点总数等于以及大于 2 的空间格子称为复格子。

现在按照空间格子选取的标准来确定 LiBr 晶体的正当空间格子。选取图 6-4（B）作为正当平面格子，在邻近平面点阵中找到距离原点 O 最近的两个点阵点，见图 6-5（B）和（C），这两种选择的基向量 $\boldsymbol{a}$ 和 $\boldsymbol{c}$ 的交角 β，以及 $\boldsymbol{b}$ 和 $\boldsymbol{c}$ 的交角 α 都不等于 90°，$\boldsymbol{c}$ 的长度也不等于 $\boldsymbol{a}$ 和 $\boldsymbol{b}$。如果沿原点 O 作平面点阵的垂线，在第三层平面点阵中找到了使 α 和 β 等于 90°的点阵点，画出的空间格子见图 6-5（A），这种选择的基向量 $\boldsymbol{c}$ 的长度与 $\boldsymbol{a}$ 和 $\boldsymbol{b}$ 也不相等。哪种选择反映了 LiBr 晶体的最高对称性呢？不明确 LiBr 晶体的对称性，就难以下结论。

事实是当选取图 6-4（C）作为正当平面格子，在邻近平面点阵中可找到距离原点 O 最近的点阵点，见图 6-5（D），然而，基向量 $\boldsymbol{a}$ 和 $\boldsymbol{c}$ 的交角 β，以及 $\boldsymbol{b}$ 和 $\boldsymbol{c}$ 的交角 α 都不等于 90°，$\boldsymbol{c}$ 的长度也不等于 $\boldsymbol{a}$ 和 $\boldsymbol{b}$。沿原点 O 作平面点阵的垂线，在第三层平面点阵中找到了使 α 和 β 等于 90°的点阵点，画出的空间格子见图 6-5（E），而且，$\boldsymbol{c}$ 的长度与 $\boldsymbol{a}$ 和 $\boldsymbol{b}$ 也相等。这是一个立方体格子，除了顶点有点阵点外，每个面的面心都有一个点阵点，点阵点总数等于 4，属于复格子。这种选择所得立方体格子的点群是 O_h，是最高对称性。最后得出 LiBr 晶体的正当空间格子是面心立方复格子。

不难看出，在不知道晶体对称性的情况下，所选取空间格子是多种多样的、非标准的。可能得到的是一个体积最小的、一般的平行六面体，可能不是晶体的正当空间格子。其次，对于大多数物质的晶体结构，基向量长度是不相等的，交角也不等于 90°，如何体现晶体和点阵的实际对称性呢？需要对晶体结构和它的空间点阵进行对称性分析，按照对称性进行选择。

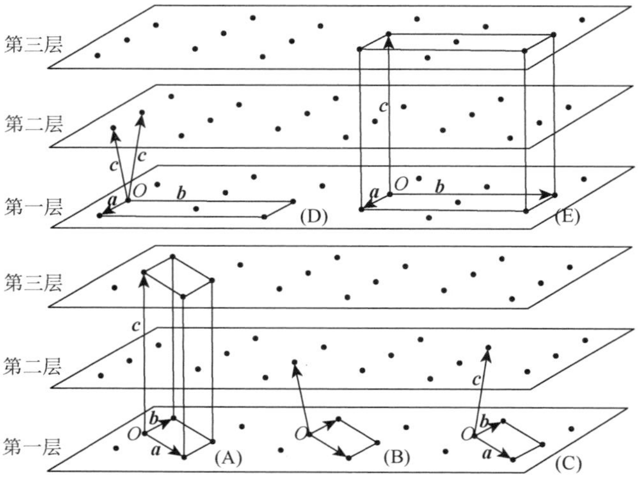

图 6-5　LiBr 晶体的点阵结构中正当空间格子的选取

空间格子的基向量 $\boldsymbol{a}$、$\boldsymbol{b}$、$\boldsymbol{c}$ 及其交角 α、β、γ 指明了结构基元的三维周期性的重复排列，以及空间点阵的平移长度和方向，用三维点空间 E^3 和相应的向量空间 V^3 描述，其三维平移群表达为

$$\boldsymbol{T}_{uvw} = u\boldsymbol{a} + v\boldsymbol{b} + w\boldsymbol{c} \tag{6-3}$$

其中，$u = 0, \pm1, \pm2, \cdots$，$v = 0, \pm1, \pm2, \cdots$，$w = 0, \pm1, \pm2, \cdots$。

平移是一种微观对称操作，将晶体的微粒堆积图看作无限图形，分别对点阵和微粒堆积结构实施相同的平移操作，产生的新像与原像都复原。一维和二维平移群是三维平移群的子群，三维平移操作也构成无限群。平移体现的是晶体的微粒堆积的周期性排列，因而以一个点阵点为原点，经过平移群的操作，可以复原出晶体的空间点阵结构。平移向量的长度由基向量 $\boldsymbol{a}$、$\boldsymbol{b}$、$\boldsymbol{c}$ 长度决定，平移的方向由基向量的交角 α、β、γ 决定，由此可见，平移群为我们建立起了一个坐标系，由正当空间格子确定的基向量 $\boldsymbol{a}$、$\boldsymbol{b}$、$\boldsymbol{c}$ 分别是晶体坐标系的 x、y、z 轴，交角 α、β、γ 就是晶体坐标系的坐标轴的交角。如果 $\alpha = \beta = \gamma = 90°$，为正交坐标系；如果 $\alpha = \beta = 90°$，$\gamma \neq 90°$，为单斜坐标系；如果 $\alpha \neq \beta \neq \gamma \neq 90°$，为三斜坐标系。

当晶体的空间点阵的坐标系被指定，在点阵结构中画出空间格子，空间点阵就由空间格子堆砌而成。因而将此空间格子的原点作为起点，用平移群操作的方法也产生原来的空间点阵。如果还原结构基元，这些一个接一个堆砌的空间格子也将晶体划分为晶格。一个包含微粒和结构基元内容的空间格子成为晶体的最小单位，称为晶胞。从平移操作的方式看，空间格子和晶胞的尺寸、形状完全相同，晶体也是平行六面体晶胞堆砌而成的。晶胞是用空间格子从晶体中取出的最小空间单位，基向量长度（$\boldsymbol{a}, \boldsymbol{b}, \boldsymbol{c}$）和方向交角（$\alpha, \beta, \gamma$），称为晶胞参数或晶格参数。因为空间点阵的对称性不等同于晶体的对称性，晶胞还是有专门的选取标准：①晶胞必须体现晶体的最高对称性，基向量尽可能选择平行于对称轴或垂直于对称面。②晶胞坐标系代表晶体坐标系，优先选择空间几何上对称中心作为唯一原点。没有对称中心的晶体，选择对称元素的交点作为原点。对称元素没有交点，选择反轴的反演点。没有反轴，对称元素也不交于一点，将原点放在交线或反映面上。③为了体现最高对称性，基向量的交角尽可能等于 90°，为了保证选取的晶胞是晶体最小的空间单位，基向量必须尽可能短，以使晶胞的体积尽可能小。④倘若晶胞基向量的交角（α, β, γ）偏离 90°，要么全部大于 90°，要么全部小于 90°，其中，全部大于 90°优先。

按照以上标准选取的晶胞，称为正当晶胞。由此可见，空间格子的选取不能脱离晶胞的选取标准，空间格子由点阵点组成，晶胞由微粒组成，在空间几何上，二者的选取标准是相同的，二者的差别是晶体的对称性低于、最高等于空间点阵的对称性，也就是说，在找出结构基元，确定空间点阵的同时，必须找出晶体所有的对称元素，确定晶体的对称群。必须始终明确从晶体中演化出一个空间点阵的目的，是为了确定最小空间单位的晶胞以及相应的晶胞参数。按照晶体的对称元素确定空间格子和晶胞参数，得到符合选取标准的正当空间格子和正当晶胞。根据 LiBr 晶体的 O_h 群对称性，我们不妨推出它的正当空间格子和正当晶胞。晶胞原点尽量放在对称中心上，Li^+ 和 Br^- 都是 LiBr 晶体的对称中心，图 6-6（a）是原点放在 Li^+ 离子上画出的立方晶胞，即结构基元对应的点阵点放在 Li^+ 位置，并以此划出立方面心晶格。这样晶体就被看成由无数个晶胞堆砌而成，见图 6-6（b）。

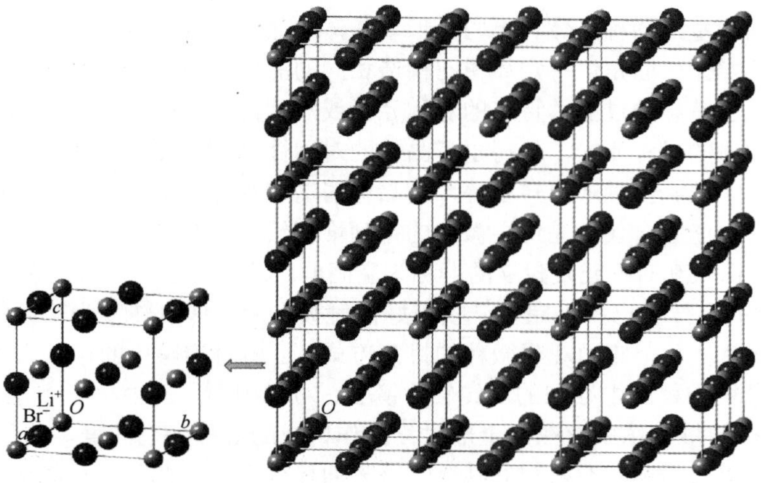

(a) 立方LiBr晶胞　　(b) 立方LiBr晶体的晶格

图 6-6　立方 LiBr 晶体的晶胞和晶格

六方石墨晶体是一种(AB)(AB)…堆积的层结构，层内 C 原子结合成平面正六边形网状结构，C 原子以 sp^2 杂化形成 σ 骨架，层内 C 原子的 $2p_z$ 轨道彼此重叠形成大 π 键，层与层之间为范德华作用力。层内 C—C 键长为 142.26pm，层与层之间的距离为 335.55pm。石墨的晶体结构为六方晶系，基向量 $\boldsymbol{a}=\boldsymbol{b}=246.4\text{pm}$，$\boldsymbol{c}=671.1\text{pm}$，空间群为 $D_{6h}^4\text{-}6_3/mmc$ [5, 6]，图 6-7 是石墨的单层和双层原子堆积图，相邻两层相错一条 C—C 键长，垂直于堆积层有 6_3 和 $\bar{3}$，两层原子相对于 $\bar{3}$ 相错 60°。当选择 >C—C< 结构单元作为结构基元，如图 6-7（a）所示，就得到六方菱形平面格子。两层相邻的结构单元组合为晶体的结构基元，其空间正当格子则为六方简单格子。

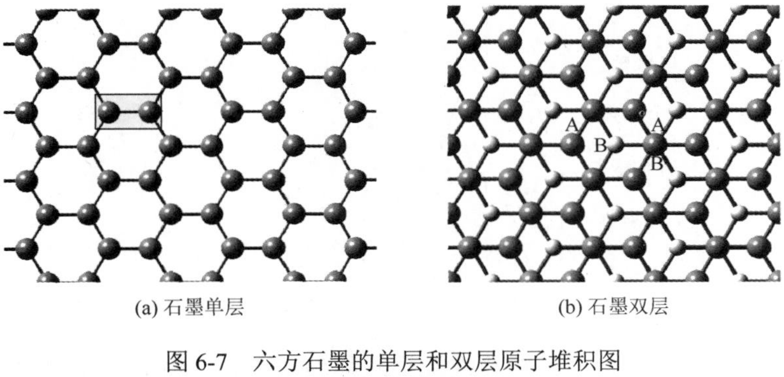

(a) 石墨单层　　(b) 石墨双层

图 6-7　六方石墨的单层和双层原子堆积图

沿 6_3 轴透视，一半原子处于重叠态

6.2　晶体的对称元素和对称群

物质的组成和晶体结构都确定的形态，构成一种晶态。组成相同的化合物在不同条件下结晶，也可能生长出结构不同的晶体，这种现象与分子的同分异构现象类似，称为多晶型现象或同质异晶现象。合成方法、温度、压力、结晶方式、结晶所用溶剂、结晶所处状态等的改变都可能导致多晶型现象，如SiO_2在自然界中有 α-石英、β-石英、鳞石英、方石英、柯石英、热液石英和超石英，不仅它们的原子在空间的排列堆积结构、晶体对称性和结晶外形不同，而且物理性质也不相同，它们都称为 SiO_2 的多晶型体或同质异晶体，改变温度、压力、结晶速度，这些多晶体之间经过相变实现相互转化。

早期单晶 X 射线衍射测定还不能用软件获取晶体微粒堆积图，对于对称性比较高的晶体，经过分析衍射线的衍射指标和衍射强度与晶胞中原子位置的关系，获取晶体结构信息。因为晶体生长有自范性，组成晶体微粒的周期性排列的对称性必然反映到结晶体的外形。尽管每一种晶体结晶时也表现出多种多面体外形，但是经过测角仪的测量，同种晶体、不同外形单晶体的晶面以及晶棱夹角却是相等的、恒定不变的，这个定律称为面角恒等定律。面角恒等定律说明构造相同的晶体有相同的对称性。与分子对称性类似，晶体的微粒堆积结构的微小差异通过晶体特有的对称元素或对称群得到区分。特定多面体外形的结晶体是有限图形，分析晶体多面体的对称元素，就得出了晶体的对称性。从晶体多面体外形分析得到的对称元素只有旋转轴、镜面、对称中心、反轴或象转轴等，结晶体的这些对称元素称为宏观对称元素，其对称操作构成的群称为点群。它还不能完全代表晶体中微粒的排列堆积结构的对称性，微粒的排列堆积所表现出的对称性称为微观对称性，由微观对称元素建立的群称为空间群。从空间群可以得出宏观点群，反之则不能。

近代 X 射线衍射测定技术已相当完备，收集好衍射数据后，即可转变为微粒的三维空间排列堆积结构图，通常使用图形软件从各个侧面观察微粒的排列方式，运用对称操作的矩阵表示快速完成每个微粒的坐标变换，找出晶体微粒堆积图中存在的旋转轴、镜面、对称中心、反轴、平移、螺旋轴、滑移面等对称元素，见表 6-1，晶体微粒堆积图中存在的全部对称操作构成的群称为空间群，由空间群也可以导出点群，所以现代晶体结构的对称性分析，不用制备具有完整多面体外形的大晶体，而是测定较小体积的单晶体的 X 射线衍射数据获得晶体微粒堆积图，根据对称性分析得到空间群，由空间群导出点群。不过单晶体的外形，以及宏观点群的测定，也有助于微观空间群的正确解析。为了直观表达空间群，1952 年，晶体学国际表将赫曼-摩干（Hermann-Mauguin）符号正式作为国际符号，而熊夫利符号和夏布里科夫符号也经常作为辅助符号，出现在晶体学国际表中[7]。

表 6-1　晶体的对称操作

对称操作	对称元素	熊夫利符号	国际符号
恒等	—	E	1
旋转	旋转轴	C_n	n
反映	镜面	σ	m
反演	对称中心	i	$\bar{1}$
旋转反演	反轴	I_n	$\bar{n}$
旋转反映	象转轴	S_n	—
平移	空间格子	—	t
旋转平移	螺旋轴	—	n_m
反映平移	滑移面	—	a、b、c、d、e、n

在晶体的对称性分析中，旋转轴、反轴和螺旋轴统称为对称轴，镜面和滑移面统称为对称面，反演中心也称为对称中心。围绕晶体的中心点找出对称元素位置一般遵循以下规律：对称轴一定与一组晶棱平行，

与一组晶面垂直，镜面必与一组晶棱垂直、与一组晶面平行，对称中心在晶体的中心点，也常被作为晶体坐标系的原点。

将三维晶体结构以二维平面的方式表达和记载，需要使用一些规定的符号和方法，以便正确理解晶体中微粒和对称元素的位置。

6.2.1　极射赤面投影图

在晶体坐标系中，晶体的最高对称轴作为坐标系的 z 轴，与基向量 $\boldsymbol{c}$ 的方向一致，坐标系的 x 轴和 y 轴分别与基向量 $\boldsymbol{a}$ 和 $\boldsymbol{b}$ 一致。以原点 O 为球心画出一个球面，球体半径是相对的，可大可小。选取过原点、垂直于 z 轴的水平面作为投影平面，也称为赤道面，而坐标系 z 轴与球面的交点定为极点，也称为南北极，球面也被划分为南半球面和北半球面，见图 6-8（a）。将对称轴延伸至球面，穿过球面形成交点，将镜面延伸至球面，穿过球面相交为线、圆或椭圆，而对称中心始终在球心。从极点 S 看球面上的交点，交点与异侧极点的连线必将穿过赤道投影面，形成投影。这种将三维分布图变为二维分布图的方法称为极射赤面投影，所得投影图形称为极射赤面投影图[8]。

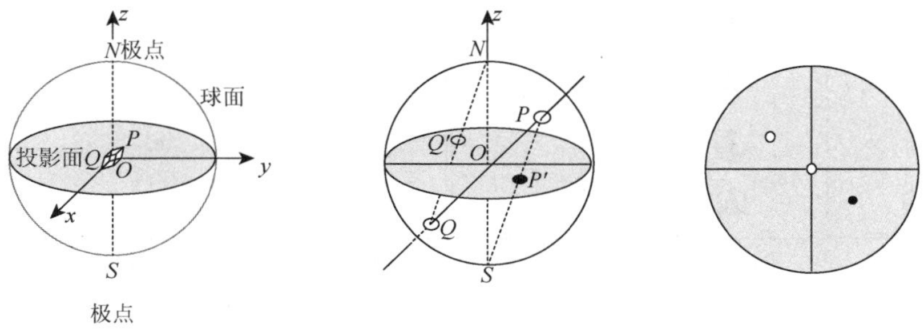

(a) 投影球、投影面和极点　　(b) 位点投影图的制作　　(c) 投影图

图 6-8　晶体的极射赤面投影图

极射赤面投影法也常用于晶体中位点的表达。晶体中相同微粒占据的一组位置，与某些对称元素相联系，对这组位置的微粒实施对称操作，它们相互交换位置，形成的新像与原像完全重合，这组位置点称为位点。当隐去该组位点以外的其他位点，这组位点的位置坐标是完整的、封闭的，即实施对称操作后不会产生新的位点，原有位点也不会消失。使这组位点复原的全部对称元素，构成位点对称群。我们也称这组位点是等位点，组成等位点系。体现晶体结构对称性的一种方法，就是将晶体的三维位点分布用极射赤面投影的方式表达在二维平面上，并与对称元素的投影图相呼应。

以一个实例介绍极射赤面投影图的具体画法。设晶体中的两个原子的连线经过原点，存在反演对称性，晶体的坐标系见图 6-8（b）。首先画出球面、极点、投影面。一个晶体的全部对称元素相交于中心点，将晶体的中心点即原点作为球心，画出球面。z 轴的正、负方向分别与球面相交为极点，即北极极点 N 和南极极点 S。过原点作垂直于 z 轴的赤道投影面。现在用极射赤面投影图来表达这两个位点的位置，以及对称中心的位置。两个原子与原点 O 的连线的延长线分别与球面相交于 P 和 Q 点。P 点在赤道投影面的上方，处于北半球，与异侧的南极 S 连线，与赤道投影面相交于 P'。Q 点在赤道投影面的下方，处于南半球，与异侧的北极 N 连线，与赤道投影面相交于 Q'。P' 点是赤道投影面的上方点 P 的投影，用黑点表示。Q' 点是赤道投影面的下方点 Q 的投影，用圆圈表示。图 6-8（c）就是位点的极射赤面投影图，对称中心在圆心。

极射赤面投影图的投影面上经常要标记宏观对称元素符号，包括旋转轴、镜面、对称中心和反轴。空间群微观元素配置图的晶胞投影面上也经常标记对称元素符号，除了旋转轴、镜面、对称中心和反轴外，还包括平移、螺旋轴和滑移面等，为了标记方便，规定了对称元素的图形符号，表 6-2 罗列了全部对称元素的国际符号和对应的图形符号。

表 6-2　晶体对称元素的国际记号和图形符号对照表

对称元素	国际符号	图形符号
对称中心	$\bar{1}$	○
镜面	m	（1）——（2）（3）
滑移面	a b c	（1）---------（2）•••••••••
	d e n	
旋转轴	2 3 4 6	⬮ ▲ ■ ⬢ →
反轴	$\bar{3}$ $\bar{4}$ $\bar{6}$	

对称元素	国际符号	图形符号
螺旋轴	2_1	
	3_1 3_2	
	4_1 4_2 4_3	
	6_1 6_2 6_3 6_4 6_5	

注：镜面（1）与投影面垂直，镜面（2）、（3）与投影面平行；滑移面（*abc*）（1）在投影面内滑移，滑移面 *abc*（2）垂直于投影面滑移。

以 TiI_2 晶体为例，I^- 为六方密堆积方式 ABAB…，在 A 和 B 两层中间是 Ti^{2+} 的堆积层 c。设 B 层在纸面后，Ti^{2+} 层 c 在纸面，A 层在纸面前，见图 6-9（a）。TiI_2 晶体是按照三层离子堆积层 BcA 为单位重复堆积而成的，层重复单位 BcA 之间是色散力。在晶体的 Ti^{2+} 和 I^- 离子的排列堆积图中，选择 Ti^{2+} 堆积层的一个 Ti^{2+} 为坐标系原点，以此为球心，Ti^{2+} 的堆积层平面为赤道投影面。垂直于密堆层，穿过 Ti^{2+} 是三重反轴 $\bar{3}$，将 $\bar{3}$ 定为坐标系 z 轴，正负方向为极点，用极射赤面投影方式得到位点的极射赤面投影图，见图 6-10（a）。TiI_2 晶体属于 D_{3d} 点群，全部对称元素相交于原点，即球心，用极射赤面投影方式将全部对称元素投射到赤道投影面，用表 6-2 中的图形符号表示。三重反轴在 z 轴方向，投影在赤道面的原点，三条二重轴的投影图为过赤道面原点的三条线，三个 σ_d 镜面的投影图也为过赤道面原点的三条线，位置在平分两个二重轴的交角，全部对称元素的极射赤面投影图见图 6-10（b）。

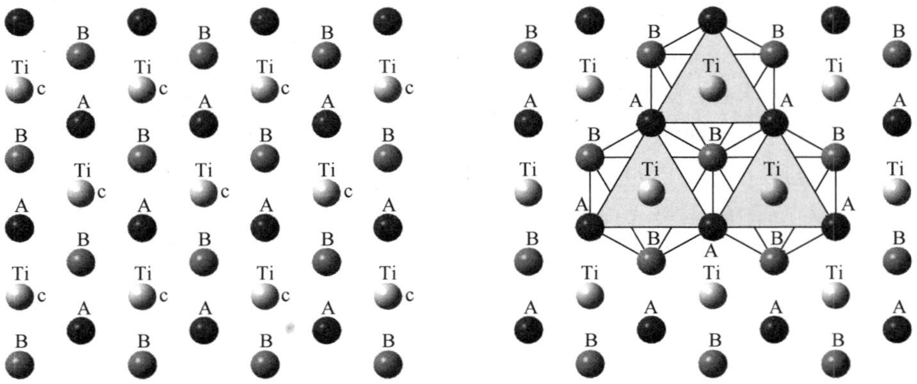

(a) BcA层堆积顺序　　(b) 八面体共顶点共边联结

图 6-9　TiI_2 晶体的层堆积方式和配位多面体的联结

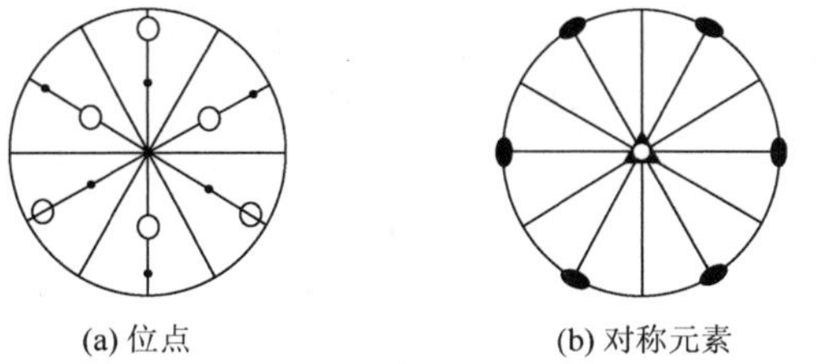

图 6-10　TiI_2 晶体的位点和对称元素的极射赤面投影图

6.2.2　点阵点、直线点阵、平面点阵的指标

晶体对称性涉及空间点阵和晶体微粒堆积图的对称性。在空间点阵中找对称元素容易观察，但空间点阵的对称性不等于微粒堆积图的对称性，因为结构基元不一定是单个原子，可能是离子对，或原子基团等，晶体的对称元素与结构基元的结构有关。对于同一晶体，空间点阵与对应微粒堆积图的对称性比较，空间点阵的对称性始终高于等于对应微粒堆积图的对称性，晶体的对称性最高等于空间点阵的对称性，因为点阵点是全对称的几何点，有最高对称性，结构基元不是单个原子时，对称性就可能低于点阵点。

我们先从正当平面格子的选取标准中，分析平面点阵的对称性。从多种平面格子中指定正当平面格子，需要满足对称性的条件，即正当平面格子必须反映平面点阵的最高对称性。

平面点阵可以按一种直线点阵进行分割，得到平行的直线点阵族，分割方式是无限的。同理，空间点阵可以按一种平面点阵进行分割，得到平行的平面点阵族，分割方式也是无限的。

假设晶体的正当空间格子已经选定，晶格参数为 $\boldsymbol{a}$、$\boldsymbol{b}$、$\boldsymbol{c}$，规定 $\boldsymbol{a}$ 和 $\boldsymbol{b}$ 的交角为 γ，$\boldsymbol{a}$ 和 $\boldsymbol{c}$ 的交角为 β，$\boldsymbol{b}$ 和 $\boldsymbol{c}$ 的交角为 α。晶体坐标系原点为 O，与基向量 $\boldsymbol{a}$、$\boldsymbol{b}$、$\boldsymbol{c}$ 方向对应，坐标轴分别为 x、y、z，见图 6-11（a）。点阵点构成点空间 E^n，连接点阵点之间的向量 $\boldsymbol{a}$、$\boldsymbol{b}$、$\boldsymbol{c}$ 构成向量空间 V^n。空间中任意点阵点 P 的位置在向量空间中表示为

$$\boldsymbol{OP} = u\boldsymbol{a} + v\boldsymbol{b} + w\boldsymbol{c} \tag{6-4}$$

其中，P 在点空间的坐标为 uvw，也称为点阵点指标，见图 6-11（b）。设 AB 直线点阵上两个相邻的点阵点 A 和 B，从原点 O 引 AB 直线的平行线 OQ，Q 点是距离原点最近的点阵点。Q 在向量空间中的位置用向量 $\boldsymbol{OQ}$ 表示为

$$\boldsymbol{OQ} = m\boldsymbol{a} + n\boldsymbol{b} + p\boldsymbol{c} \tag{6-5}$$

OQ 直线点阵的指标就是 $[mnp]$，该指标表示全部平行于 OQ 的直线点阵族，也就是 AB 直线点阵的指标，见图 6-11（c）。

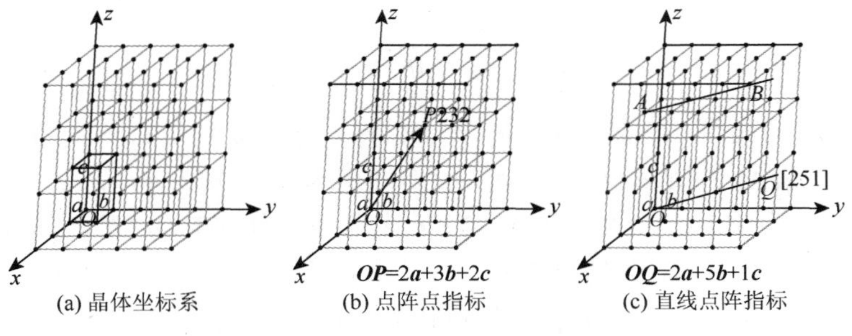

图 6-11　晶体空间点阵中点阵点和直线点阵的指标

设平面点阵 ABC 在晶体坐标系三条晶轴上的截距分别为 kla、hlb、hkc，则平面点阵方程为

$$\frac{x}{kla} + \frac{y}{hlb} + \frac{z}{hkc} = 1 \tag{6-6}$$

其中，h、k、l 是整数，kl、hl、hk 也称为平面点阵 ABC 在三条晶轴上的截数，取倒数，求互质整数比。若有整数 $N = hkl$，使得

$$\frac{1}{kl} : \frac{1}{hl} : \frac{1}{hk} = h : k : l = h^* : k^* : l^* \tag{6-7}$$

h^*、k^*、l^* 是互为质数的一组整数，$(h^*k^*l^*)$ 就称为平面点阵的指标，见图 6-12（a）。当点阵点还原为结构基元，空间点阵还原为晶体，平面点阵指标就变为晶面指标。

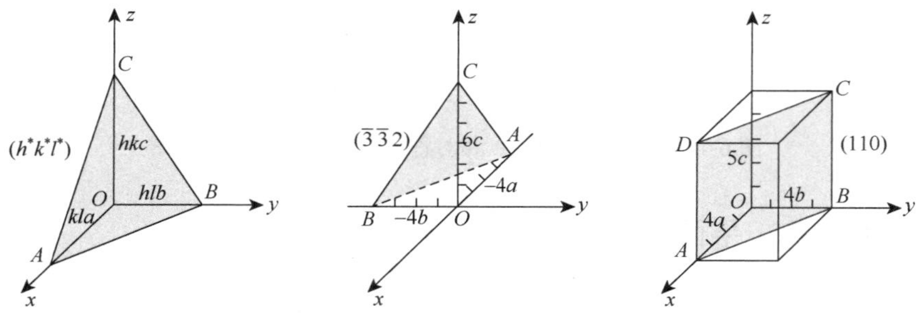

(a) 晶面 ABC 的指标 $(h^*k^*l^*)$　　(b) 晶面 ABC 的指标 $(\bar{3}\,\bar{3}\,2)$　　(c) 晶面 $ABCD$ 的指标 (110)

图 6-12　平面点阵或晶面的指标

平面点阵在晶轴上的截距为负值，平面点阵指标也就为负整数。如平面点阵 ABC 在晶轴 $\boldsymbol{a}$、$\boldsymbol{b}$、$\boldsymbol{c}$ 上的截距分别为 $-4a$ 、 $-4b$ 、 $6c$ ，则有

$$\left(-\frac{1}{4}\right):\left(-\frac{1}{4}\right):\frac{1}{6}=(-3):(-3):2$$

该平面点阵或晶面的指标为 $(\bar{3}\,\bar{3}\,2)$ ，见图 6-12（b）。晶面 $(\bar{3}\,\bar{3}\,2)$ 的代表性平面方程为

$$-\frac{x}{4a}-\frac{y}{4b}+\frac{z}{6c}=1$$

晶面指标非常有用，对于分子晶体以及蛋白质晶体，分子的堆积方式较为复杂，经常将测得的原子坐标代入平面方程，找出那些满足同一平面方程的一组原子，这有利于对称性分析的程序化。

平面点阵与某条晶轴平行，意味着该点阵平面不能与晶轴相交，截距为无穷大，在该晶轴方位的晶面指标必等于零。如某空间点阵，平面点阵 $ABCD$ 与晶轴 $\boldsymbol{c}$ 平行，在晶轴 $\boldsymbol{a}$ 和 $\boldsymbol{b}$ 上的截距分别为 $4a$ 和 $4b$，则有

$$\frac{1}{4}:\frac{1}{4}:\frac{1}{\infty}=1:1:0$$

该平面点阵或晶面的指标为 (110) ，见图 6-12（c）。晶面 (110) 的代表性平面方程为

$$\frac{x}{4a}+\frac{y}{4b}=1$$

不难验证，指标为 $(h^*k^*l^*)$ 的晶面，在晶轴 $\boldsymbol{a}$、$\boldsymbol{b}$、$\boldsymbol{c}$ 上的最短截距分别是 a/h^* 、 b/k^* 、 c/l^*，与之平行的晶面在晶轴 $\boldsymbol{a}$、$\boldsymbol{b}$、$\boldsymbol{c}$ 上的截距分别是 a/h^* 、 b/k^* 、 c/l^* 的倍数，分别为 na/h^* 、 nb/k^* 、 nc/l^* ，其中，n 是整数， $n=\pm1,\pm2,\pm3,\cdots$ 。反之，一个在晶轴 $\boldsymbol{a}$、$\boldsymbol{b}$、$\boldsymbol{c}$ 上的截距分别是 na/h^* 、 nb/k^* 、 nc/l^* 的晶面族，其晶面指标都是 $(h^*k^*l^*)$ 。由此得出，晶体可以按一种晶面 $(h^*k^*l^*)$ 划分为无穷平行的晶面，而且这种划分是无限的。例如，LiBr 晶体可按晶面 (100) 划分，也可按晶面 (110) 划分，⋯。

6.2.3　晶体的对称轴重数限制定理

对晶体的一维、二维和三维空间点阵，实施平移 $\boldsymbol{T}_{uvw}=u\boldsymbol{a}+v\boldsymbol{b}+w\boldsymbol{c}$ 都不改变点阵点的排列顺序和次序，也不改变任何点阵点之间的距离。同理，对于晶体的一维、二维和三维微粒的排列和堆积结构图，实施平移 $\boldsymbol{T}_{uvw}=u\boldsymbol{a}+v\boldsymbol{b}+w\boldsymbol{c}$ 都不改变微粒的排列顺序和次序，也不改变任何微粒之间的距离。现在空间点阵中选择某平面点阵，若在该平面点阵垂直的方向存在一条旋转轴，基转角为 θ ，绕轴旋转 θ ，该平面上的全部点阵点随旋转移动，但最终与旋转前全部点阵点所在位置重合。其次，在该平面点阵中再选择一组直线点阵 AB，

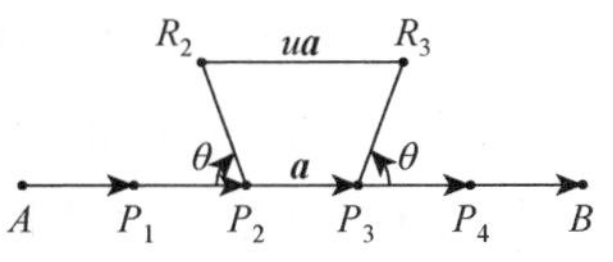

图 6-13　旋转轴重数的限制图示

聚焦点阵点 P_1、P_2、P_3、P_4，该直线点阵的平移向量为 $\boldsymbol{a}$，见图 6-13。设旋转轴穿过点阵点 P_2，与直线点阵垂直，由于平移群作用，该旋转轴平移至邻近点阵点 P_3 上，经旋转操作，也能使全部点阵重合。

绕 P_2 处的旋转轴顺时针旋转 θ，P_2 的邻近点阵点 P_1 移动至 R_2，因为旋转不改变任何点阵点的距离，所以 $P_2R_2 = a$。绕 P_3 处的旋转轴逆时针旋转 θ，P_3 的邻近点阵点 P_4 移动至 R_3，$P_3R_3 = a$。由几何空间的性质，$R_2R_3 // AB$。R_2R_3 和 AB 属于平行的直线点阵族，它们有相同的平移向量，即

$$R_2R_3 = a + 2a\cos\theta = ua \tag{6-8}$$

其中，u 为整数，由式（6-8）得

$$u = 1 + 2\cos\theta \tag{6-9}$$

因为基转角 θ 的取值只可能是 $\theta = \dfrac{360°}{n}$，其中，n 为旋转轴的重数，为正整数。则有

$$\frac{u-1}{2} = \cos\frac{360°}{n} \tag{6-10}$$

不难看出，右端是有界函数，$-1 \leqslant \cos\dfrac{360°}{n} \leqslant +1$，则 u 只能取 3，2，1，0，−1。由式（6-10）求得 u、θ、n 的限制性取值，见表 6-3。

表 6-3　u、θ、n 的限制性取值

u	3	2	1	0	−1
θ	0°	60°	90°	120°	180°
n	1	6	4	3	2

u 的取值限制说明，由于晶体微粒排列的周期性满足平移群，致使旋转轴的重数只可能是 1、2、3、4、6。不可能出现五重旋转轴，也不可能出现六重以上的旋转轴。反轴和螺旋轴的重数也受此限制，这一结论称为晶体的对称轴重数限制定理。

6.2.4　宏观对称元素、32 个点群和等位点系

晶体的宏观对称元素指旋转轴、镜面、对称中心、反轴或象转轴。从晶体的对称元素，建立对称群，需要明确对称元素在空间的相对位置。晶体的对称性中对称中心是最重要的对称元素，如果晶体有对称中心，那么以对称中心为对称元素的交点，就能分析出其他对称元素，因为所有对称元素必相交于对称中心。根据对称元素组合规律，以及宏观对称点群的分类，即可获得全部对称元素。

用对称元素对晶体实施对称操作，整个晶体的新像与原像重合。晶体的微粒堆积图是无限图形，如何看出晶体的新像和原像复原呢？由于微粒的周期性重复排列，在两个平移向量的长度范围，微粒排列的新像和原像重合，那么，整个晶体的新像和原像就一定重合。所以，找出使晶体复原的对称元素，并不需要在无限大的范围进行逐一核对，而结晶体的多面体对称性是最好的验证。其次，由于平移群的作用，对称元素也会随着平移而出现在晶体的下一个晶胞单位中，因而，也没有必要分析晶胞长度范围以外的重复对称元素。

确定晶体的对称性，是建立在晶体的实验结构，即晶体的微粒堆积图基础之上的。一般步骤是，先指定结构基元，画出空间点阵，算出平移向量，围绕基向量，结合空间点阵和晶体的微粒堆积图，找出最高重对称轴。选择最高重对称轴为坐标系 z 轴，按宏观对称群的群元素构成特点，围绕最高重旋转轴，确定其他可能的对称元素。在与最高对称轴垂直的方向确立正当平面格子，进而确立正当空间格子。试图指定坐标原点，画出对称元素的极射赤面投影图，确定宏观对称群。经过宏观对称元素分析之后，按照空间格子和晶胞的选取标准，就可以从空间点阵中画出正当空间格子，从晶体中画出正当晶胞了。下面以二碘化钛晶体为例，分析晶体的对称元素，画出晶体的正当空间格子和正当晶胞。

三方晶体 TiI_2，空间群 D_{3d}^3-$P\bar{3}m1$[9]，晶胞参数 $a = 416.0\text{pm}$，$c = 682.0\text{pm}$，$\gamma = 120°$，I^- 的堆积层为 A、B 两层，在 A 和 B 两层中间是 Ti^{2+} 的堆积层 c。以三层离子堆积层 BcA 为堆积层单位，沿垂直层的方向透

视，Ti^{2+}、I^-不发生重叠，见图 6-9（a），为了区分不同空间位置的I^-离子，图中使用了不同颜色的球。整个晶体按堆积层划分，堆积顺序为 BcAoBcAoB…，其中，o 为八面体空位，空位层没有Ti^{2+}占据，使得层堆积单位 BcA 之间的作用力是色散力。沿垂直层的方向透视，可以看到 BcA 层堆积单位中Ti^{2+}的八面体配位，见图 6-9（b）。八面体共用边和顶点连接，每个I^-离子被周围 3 个八面体共用，I^-与Ti^{2+}不在同一平面，因而I^-的配位多面体为三角锥。

在图 6-14（a）所示的 BcA 堆积层中观察位点的分布，选择一个Ti^{2+}为坐标系原点，以此Ti^{2+}为球心，以该Ti^{2+}所在的堆积层平面为赤道投影面，坐标系 z 轴的正负方向为极点，用极射赤面投影方式得到位点的极射赤面投影图，见图 6-10（a）。垂直于堆积层有三重旋转轴，位置穿过 A 或 B 层的I^-。穿过Ti^{2+}，垂直于堆积层平面有三重反轴。因为$I_3^3 = i$，Ti^{2+}位置也是对称中心，另外垂直于堆积层方向任意两个Ti^{2+}的连线的中点也是对称中心，即八面体空位点位置。对于晶体点群，只需看Ti^{2+}位置的对称中心，找出围绕该对称中心的对称元素。在Ti^{2+}的 c 层平面内，$Ti^{2+}-Ti^{2+}-Ti^{2+}-\cdots$连线为二重旋转轴，共引出 3 条二重旋转轴，彼此相交 120°，显然都与三重反轴垂直，见图 6-14（b）。平分两条二重旋转轴的交角，并与层平面垂直，是对角镜面σ_d，共有三个对角镜面σ_d，它们的交线是三重反轴。全部对称元素相交于所选坐标系原点，全部对称元素形成的对称操作组成D_{3d}点群。对称元素的极射赤面投影图见图 6-10（b）。

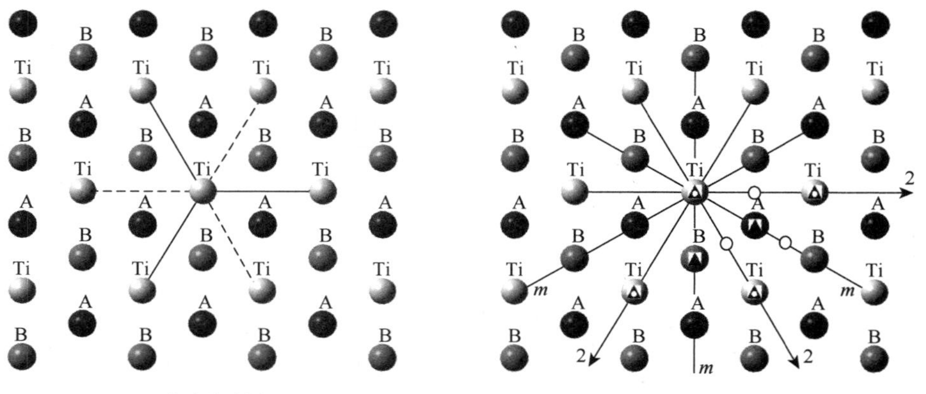

图 6-14　TiI_2晶体的位点和对称元素分布图

Ti^{2+}和I^-属于不同的位点，按对称性，选取Ti^{2+}与邻近配位的两个I^-作为结构基元，结构基元的位置用坐标表示，Ti^{2+}离子为$(0,0,0)$，两个I^-离子分别为$\left(\frac{1}{3},\frac{2}{3},\frac{1}{4}\right)$和$\left(\frac{2}{3},\frac{1}{3},-\frac{1}{4}\right)$。将点阵点放在$Ti^{2+}$上，为了体现晶体的$\bar{3}$和3对称性，应选取菱形平面格子，基向量 $\boldsymbol{a}$ 和 $\boldsymbol{b}$ 之间的交角$\gamma = 120°$，见图 6-15（a）。因为堆积层单位 BcA 上重叠堆积着另一 BcA 单位，所以图 6-15（b）中相邻的点阵平面是相同的，第三个基向量 $\boldsymbol{c}$ 必然与点阵平面垂直，与另一个 BcA 单位的点阵点相遇，α 和 β 等于 90°，所得空间格子便是素格子。

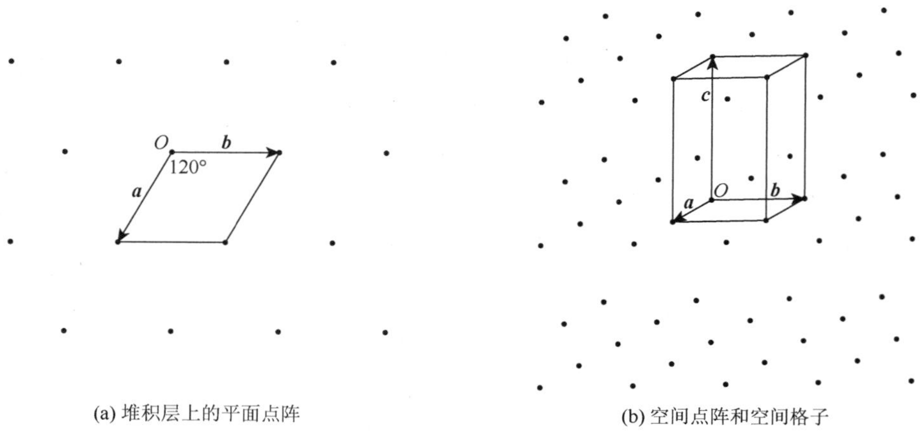
O
b
a
120°
c
(a) 堆积层上的平面点阵
(b) 空间点阵和空间格子

图 6-15　TiI_2晶体的正当平面格子和正当空间格子

按晶胞的选取原则，用所选正当空间格子划出晶胞。并将晶胞原点放在 Ti^{2+} 上，优先选择与层平面垂直的基向量 $\boldsymbol{c}$，使得 α 和 β 等于 90°。因为 BcA 堆积层单位之间是空层，基向量 $\boldsymbol{c}$ 从一层的 Ti^{2+}，沿垂直方向指向相邻 BcA 堆积层中的 Ti^{2+}，由此获得晶胞，见图 6-16（b）和（c）。

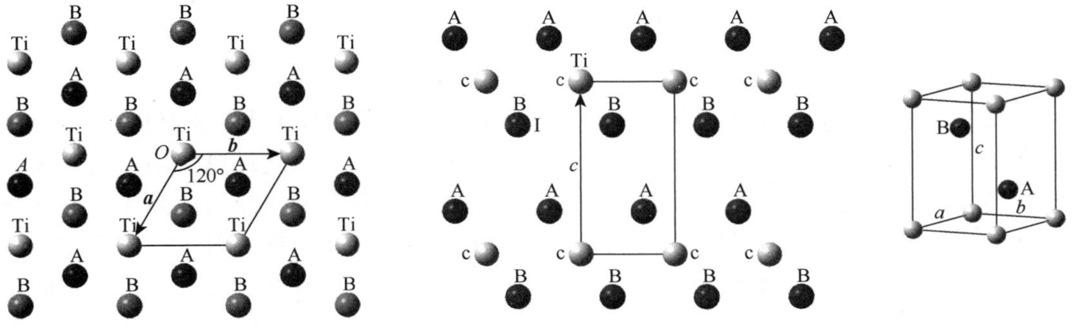

(a) 层平面俯视图　　(b) 层平面侧视图　　(c) 晶胞

图 6-16　TiI_2 晶体的坐标基向量和晶胞

对称元素不同的晶体，其微粒的分布也不同。特定对称群由特定的等位点组成，实施操作时，相互交换位置，不改变微粒的堆积图形。因而相同微粒占据对称群的位点，就一定满足经对称操作后仍然重合的要求。若微粒是原子，较容易观察，但多数情况微粒是离子对或基团，对称元素不容易观察，这就需要了解基本对称元素下的位点分布图形，只要微粒的排列图形具有相同的分布，就存在相同的对称元素。

首先在晶体中找出最高旋转轴，作为主轴。旋转轴的国际符号用阿拉伯数字表示，国际符号也称赫曼-摩干符号，此外，也常用熊夫利符号表示。按照对称轴重数限制定理，晶体中的旋转轴只有 1、2、3、4、6 共五类旋转轴。因为旋转轴必与平面点阵或晶面垂直，所以在与主轴垂直的晶面上就可以选出平面格子。一重旋转轴的晶体只能选取一般平行四边形格子，二重旋转轴可能选得的是平行四边形格子，也可能是矩形或带心矩形格子，四重旋转轴选得的必然是正方形格子，三和六重旋转轴只能选取菱形格子。按照格子和晶胞的选取标准，晶体坐标系或空间格子的基向量 $\boldsymbol{c}$ 与主轴平行，或者说，晶体的主轴就定为空间格子基向量 $\boldsymbol{c}$ 的方向，使得 α 和 β 都等于 90°。在晶体坐标系中主轴的坐标始终是 $(0,0,z)$，由于对称轴重数限制定理，晶体的平面格子的种类也被限定，共有 5 类。旋转轴重数不同的晶体，其结构基元或微粒基团在空间有各自的排列堆积特征，见图 6-17。图中附有对应的旋转轴和微粒占据一般等位点的极射赤面投影图，并配有一般等位点的坐标。

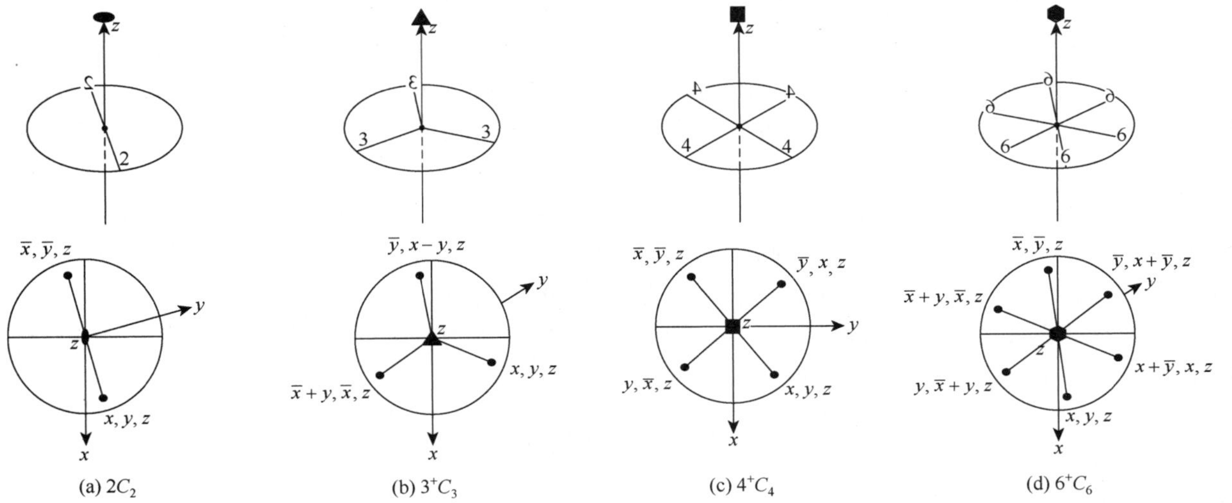

(a) $2C_2$　　(b) 3^+C_3　　(c) 4^+C_4　　(d) 6^+C_6

图 6-17　晶体有旋转轴时内部微粒的排列堆积特征，以及对应的极射赤面投影图

反轴是晶体中最常见的对称元素，按照对称轴重数限制定理，只有一、二、三、四、六重反轴，国际

符号分别为$\bar{1}$、$\bar{2}$、$\bar{3}$、$\bar{4}$、$\bar{6}$，熊夫利符号常表示为象转轴。反轴群和象转轴群有如下对照关系

（1）$\bar{1}=S_2=i$

（2）$\bar{2}=S_1=\sigma$

（3）$\bar{3}=S_6$　　（6-11）

（4）$\bar{4}=S_4$

（5）$\bar{6}=S_3$

除了上述关系式，反轴群和象转轴群还存在群元素逐一对应相等的同构关系，在晶体学中，只采用反轴，而不使用象转轴。实际观察晶体的对称性时，象转轴较容易观察，可以通过象转轴找到反轴。晶体有独立反轴，指旋转不复原，反演也不复原，二者联合操作才复原。具有独立反轴的晶体，也有特征的微粒排列堆积结构，见图 6-18。图中附有对应的反轴和微粒占据一般等位点的极射赤面投影图，也配有一般等位点的坐标。当反轴重数大于旋转轴的重数，反轴就被定为 z 轴，其空间方向也就作为确定晶体坐标系或空间格子的基向量 $\boldsymbol{c}$ 的方向，而与反轴垂直的平面点阵用于选取基向量 $\boldsymbol{a}$ 和 $\boldsymbol{b}$ 以及平面格子，这样可使得 α 和 β 都等于 90°。

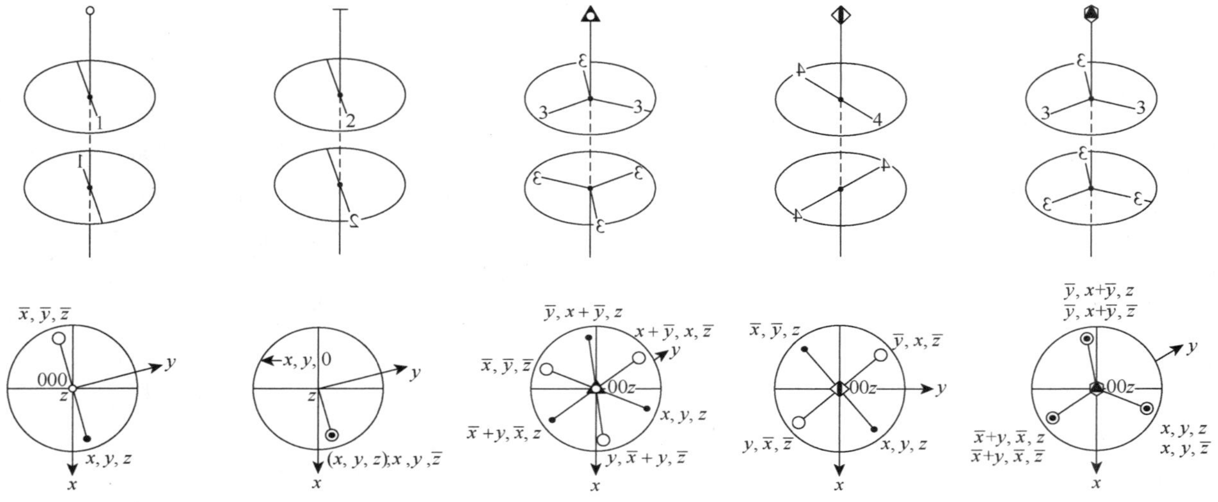

(a) C_i　(b) C_s　(c) C_{3i}　(d) I_4　(e) C_{3h}

图 6-18　晶体有独立反轴时内部微粒的排列堆积特征，以及对应的极射赤面投影图

一重反轴就是对称中心，对称中心的国际符号也用$\bar{1}$表示。在晶体坐标系中，对称中心的位置坐标始终是原点坐标$(0,0,0)$。二重反轴就是镜面，镜面的国际符号是 m，位置坐标为$(x,y,0)$。三重反轴产生对称中心，本身也是三重旋转轴，位置坐标为$(0,0,z)$，反演点就在原点。有四重反轴的晶体可以选出正方形格子，有三重和六重反轴的晶体可以选出菱形格子。若四重和六重反轴分别是晶体的最高对称轴，位置坐标就为$(0,0,z)$，反演点也在原点。

晶体的第四类宏观对称元素就是镜面，镜面按对称元素的相对位置分为：①垂直于主轴的水平镜面，坐标为$(x,y,0)$；②与主轴平行或包含主轴的直立镜面；③平分二重轴交角的对角镜面。国际符号并没有从表达上区分这三类镜面，而是用指定镜面位置的方法确定它的类别。

对称元素组合形成新的对称元素，主轴与其垂直的水平镜面组合，产生反轴。如二重旋转轴与其垂直的镜面组合，产生对称中心$\bar{1}$，所构成的点群为C_{2h}，群元素集合为

$$\{C_2,\sigma_h,i=\sigma_h C_2,E\} \tag{6-12}$$

晶体中微粒堆积图的特征见图 6-19（a）。

三重旋转轴与其垂直的镜面组合，产生反轴 I_6，所构成的点群为C_{3h}，群元素集合为

$$\{C_3^1,C_3^2,\sigma_h=I_6^3,I_6^1,I_6^5,E\} \tag{6-13}$$

晶体中微粒堆积图的特征见图 6-19（b）。

四重旋转轴与其垂直的镜面组合，产生反轴 I_4，所构成的点群为 C_{4h}，群元素集合为

$$\left\{C_4^1, C_4^2, C_4^3, \sigma_h, i=\sigma_h C_2, I_4^1, I_4^3, E\right\} \tag{6-14}$$

晶体中微粒堆积图的特征见图 6-19（c）。

六重旋转轴与其垂直的镜面组合，产生反轴 I_3，同时，同方向的三重旋转轴与镜面组合，产生反轴 I_6，所构成的点群为 C_{6h}，群元素集合为

$$\left\{C_6^1, C_6^2=C_3^1, C_6^3=C_2, C_6^4=C_3^2, C_6^5, \sigma_h, i=\sigma_h C_2, I_3^1, I_3^5, I_6^1, I_6^5, E\right\} \tag{6-15}$$

晶体中微粒堆积图的特征见图 6-19（d）。

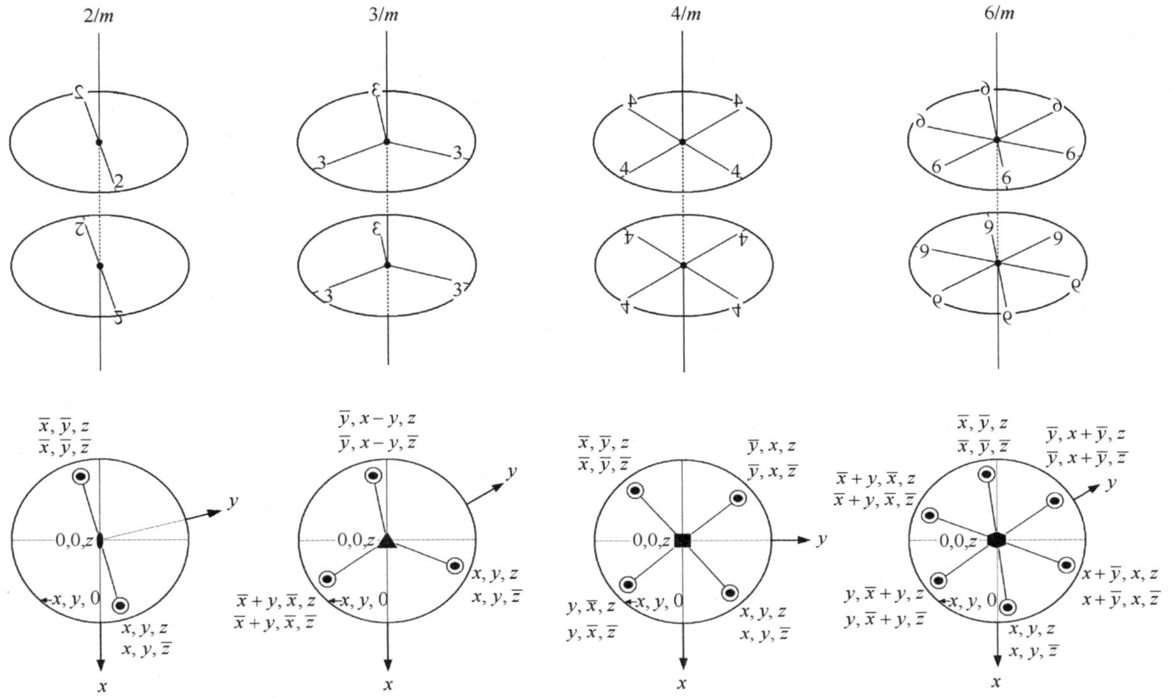

(a) C_{2h}　(b) C_{3h}　(c) C_{4h}　(d) C_{6h}

图 6-19　晶体同时有旋转轴和与之垂直的镜面时微粒的排列堆积特征，以及对应的极射赤面投影图

对称元素之间存在一些几何定则。①若主轴的重数是 n，有二重旋转轴垂直于主轴，其数目一定等于 n。②若主轴的重数是 n，有包含主轴的直立镜面 σ_v，其数目一定等于 n。③若主轴的重数是 n，有 n 条二重旋转轴垂直于主轴，还有平分两条二重旋转轴之间的交角的对角镜面 σ_d 或直立镜面 σ_v，其数目一定等于 n。④偶数重对称轴与之垂直的镜面组合产生对称中心 i，位置就在对称轴与反映面的交点上。

晶体中所有对称元素对应的对称操作，组成晶体的宏观点群。以下一些对称元素的重要组合规律须牢记，它可以帮助我们获得最高的、准确的晶体宏观对称群，以便导出正确的晶胞和空间格子。

晶体只有一条对称轴，对称轴方向定为晶体坐标系的 z 轴，也是基向量 $\boldsymbol{c}$ 的方向。对称轴是旋转轴的称为 C_n 群，是反轴的称为 I_n 群。除了旋转轴，与旋转轴垂直方向还有一个镜面，构成 C_{nh} 群，C_n 与水平镜面 σ_h 组合出反轴操作。若是一条旋转轴 C_n，加上包含旋转轴的直立或对角镜面 σ_v，数目为 n，构成 C_{nv} 群。晶体中有两个及以上的直立或对角镜面相交，交角为 θ，交线上必然是高重旋转轴，重数 $n=\dfrac{360°}{2\theta}$。

晶体不止一个平移方向有对称轴，重数最高的对称轴为主轴，定为晶体坐标系的 z 轴，其他与之垂直的、重数低的对称轴定为 x 或 y 轴。晶体中有两条及以上二重轴相交，交角为 θ，则一定存在过交点的高重旋转轴，重数 $n=\dfrac{360°}{2\theta}$，垂直于主轴的二重对称轴的数目必等于 n。一条主轴加上这 n 条二重轴构

成 D_n 群。除了 D_n 群的对称元素之外，在主轴垂直的方向还有水平镜面，构成 D_{nh} 群。在 D_{nh} 群中，C_2 与 σ_h 组合生成直立或对角镜面。因为当 C_2 与 σ_h 同面时，必然生成另一个经过 C_2 的镜面，即 C_2 是两个镜面的交线，且与 σ_h 的交角为 90°，也必然包含主轴，即是直立或对角镜面。n 条二重轴生成的直立或对角镜面数必为 n。

除 D_n 群的对称元素，还有包含主轴的对角镜面 σ_d，而没有水平镜面 σ_h，构成的群则为 D_{nd}。因为对角镜面 σ_d 与 C_2 为非共面关系，在其垂直方向不会生成镜面，但是，可以证明，相同数目的二重轴和对角镜面组合一定产生一条象转轴，象转轴的重数则为 $2n$，位置就是对角镜面的交线，S_{2n} 的反映面则是两条二重轴形成的平面。该象转轴与某一反轴对应，反演点就是二重轴与对角镜面的交点，反轴与象转轴的重数对照关系见式（6-11）。

晶体有多条高重对称轴，组成的点群分为两大类：T 群和 O 群。T 群和 O 群的共同特点是在四个方向存在三重对称轴，相邻三重轴的交角为 70.5288°，位置相对的两条三重轴的交角则为 109.4712°，三重与二重对称轴的交角为 54.7356°，因为二重对称轴平分两条三重对称轴的交角，并与三重对称轴相交于一点，所以必然生成三条二重对称轴。3 条二重对称轴相互垂直，分别定为坐标系的 x、y、z 轴，三重对称轴就在体对角线上，4 条体对角线必然经过坐标系原点 $(0,0,0)$，位置分别为

（1）点 (x,x,x) 与 $(\bar{x},\bar{x},\bar{x})$ 的连线

（2）点 $(\bar{x},x,x)$ 与 $(x,\bar{x},\bar{x})$ 的连线

（3）点 $(\bar{x},\bar{x},x)$ 与 $(x,x,\bar{x})$ 的连线

（4）点 $(x,\bar{x},x)$ 与 $(\bar{x},x,\bar{x})$ 的连线

垂直于四条体对角线的方向，晶体的结构基元或微粒基团都有三重对称轴的排列堆积特征，必然对应于 T 群或 O 群。按宏观对称操作表示的群元素集合，T 群为

$$T=\left\{4C_3^1,4C_3^2,3C_2,E\right\} \tag{6-16}$$

不同的是 O 群在三条相互垂直的二重对称轴方向还存在四重对称轴，而二重对称轴只不过是 $C_4^2=C_2$。显然，3 条四重对称轴相互垂直。C_4^2 或 I_4^2 的位置分别为

（1）$(x,0,0)$ 与 $(\bar{x},0,0)$ 的连线

（2）$(0,y,0)$ 与 $(0,\bar{y},0)$ 的连线

（3）$(0,0,z)$ 与 $(0,0,\bar{z})$ 的连线

因而在 O 群中，三条相互垂直的四重对称轴分别定为坐标系的 x、y、z 轴，四重对称轴或坐标轴平分两条三重对称轴的交角，C_4 与 C_3 的交角为 54.7356°。另外，坐标轴 x、y 方向的 $C_4(x)$ 和 $C_4(y)$ 在一个平面，因为 $C_4^2=C_2$，则有 $C_2(x)$ 和 $C_2(y)$ 与第三条 $C_4(z)$ 垂直，根据对称元素的几何定则，必然在 $C_2(x)$ 和 $C_2(y)$ 的对角线方向生成 2 条对角 C_2'，位置为

（1）点 $(x,x,0)$ 与 $(\bar{x},\bar{x},0)$ 的连线

（2）点 $(\bar{x},x,0)$ 与 $(x,\bar{x},0)$ 的连线

同理，坐标轴 y、z 方向的 $C_4(y)$ 和 $C_4(z)$ 分别生成 $C_2(y)$、$C_2(z)$。与 $C_4(x)$ 垂直，在 $C_2(y)$ 和 $C_2(z)$ 的对角线方向生成 2 条对角 C_2'，位置为

（3）点 $(0,y,y)$ 与 $(0,\bar{y},\bar{y})$ 的连线

（4）点 $(0,y,\bar{y})$ 与 $(0,\bar{y},y)$ 的连线

坐标轴 x、z 方向的 $C_4(x)$ 和 $C_4(z)$ 分别生成 $C_2(x)$、$C_2(z)$。与 $C_4(y)$ 垂直，在 $C_2(z)$ 和 $C_2(x)$ 的对角线方向生成 2 条对角 C_2'，位置为

（5）点 $(z,0,z)$ 与 $(\bar{z},0,\bar{z})$ 的连线

（6）点 $(\bar{z},0,z)$ 与 $(z,0,\bar{z})$ 的连线

这样 3 条相互垂直的 C_4 共组合出 6 条对角 C_2'，其中，任意一条 C_3 与最邻近 C_2' 的交角为 35.2644°。O 群的群元素集合为

$$O=\left\{3C_4^1,3C_4^2=3C_2,3C_4^3,4C_3^1,4C_3^2,6C_2',E\right\} \tag{6-17}$$

T 群和 O 群是纯旋转群，只有对称轴，如果晶体中除了对称轴外，还有镜面，则构成新的群。

除了T群的对称轴外，还有平分两个C_2交角的对称面，同时也是两条C_3组成的平面，对称面属于对角镜面σ_d，则生成T_d群。因为有 3 条相互垂直的C_2，所以这种对称面的组合数等于 6。其次，因为 3 条C_2相互垂直，任意两条C_2处于同一平面，两个σ_d处于它们的对角线位置并相互垂直，那么，在两个σ_d的交线，即与之垂直的第 3 条C_2的方向，生成四重反轴（或四重象转轴S_4）。3 条C_2任意组合，对角线位置匹配 6 个σ_d，任意一个方向的 2 个相互垂直的σ_d产生 1 条交线，三对相互垂直的σ_d共产生 3 条交线，生成 3 条四重反轴。其实，I_4就在C_2的方向，I_4的反演点就是C_3与C_2或所有σ_d的交点。T_d群的群元素集合包括

$$T_d = \left\{4C_3^1, 4C_3^2; 6\sigma_d, 3I_4^1, 3I_4^2 = 3C_2, 3I_4^3, E\right\} \tag{6-18}$$

除了有T群的对称轴外，还有垂直于C_2的镜面σ_h，则构成T_h群。为了保持C_3的对称性，σ_h的数目必然为 3。C_2与垂直的σ_h生成对称中心i，i就是 4 条C_3的交点，也理所当然地在C_3上，这就组合出三重反轴I_3（或六重象转轴S_6），一共 4 条。T_h群的群元素集合包括

$$T_h = \left\{4C_3^1, 4C_3^2, 3C_2; i = I_3^3, 4I_3^1, 4I_3^5, 3\sigma_h, E\right\} \tag{6-19}$$

除了有O群的对称轴外，还有垂直于四重轴的镜面σ_h，则构成O_h群。C_4与垂直的σ_h组合出四重反轴（或四重象转轴S_4），其中，$C_4^2 = C_2$与垂直的σ_h生成对称中心i，i也就是 4 条C_3的交点，与C_3组合出三重反轴I_3（或六重象转轴S_6）。O_h群的群元素集合包括

$$O_h = \left\{3C_4^1, 3C_4^2 = 3C_2, 3C_4^3; 4C_3^1, 4C_3^2; 6C_2'; 3I_4^1, 3I_4^3, 3\sigma_h; i = I_3^3, 4I_3^1, 4I_3^5; 6\sigma_d, E\right\} \tag{6-20}$$

根据对称轴的重数限制定理，晶体生成的点群数只有 32 个。按照对称元素类别的组合规律分为以下 9 类，用熊夫利符号表示，分别为

（1）C_1, C_2, C_3, C_4, C_6
（2）$C_i, C_s = I_2, C_{3i} = I_3, I_4$
（3）$C_{2h}, C_{3h} = I_6, C_{4h}, C_{6h}$
（4）$C_{2v}, C_{3v}, C_{4v}, C_{6v}$
（5）D_2, D_3, D_4, D_6　　（6-21）
（6）$D_{2h}, D_{3h}, D_{4h}, D_{6h}$
（7）D_{2d}, D_{3d}
（8）T, T_h, T_d
（9）O, O_h

特别注意，晶体学的对称轴只认定旋转轴、反轴和螺旋轴，而不使用象转轴，对称面包括镜面和滑移面。其中，①$C_{3i} = I_3 = S_6$，反轴和旋转轴的重数都是 3，对称轴的最高重数为 3；②$C_{3h} = I_6 = S_3$，反轴的重数是 6，旋转轴的重数是 3，对称轴的最高重数为 6；③$I_4 = S_4$；④不存在点群D_{4d}和D_{6d}，因为这种点群的微粒堆积必然分别产生八重反轴和十二重反轴，违反了对称轴重数限制定理，也违反了晶体的周期性排列所反映的平移对称性，或者说，此种对称性的晶体在自然界中不会出现。

指定对称群后，如$C_{3h}^1\text{-}P\bar{6}$，用对称群中一个群元素，对一般位点(x, y, z)实施对称操作，得到一组位点，称为一般等位点，全部群元素对一般位点(x, y, z)实施对称操作，得到的多组位点按照不重复原则组成一个集合，称为一般等位点系。例如，C_{3h}点群的晶体，群元素为$\left\{C_3^1, C_3^2, \sigma_h = I_6^3, I_6^1, I_6^5, E\right\}$，其中，反轴$I_6$为独立反轴。晶体坐标系的基向量为$\boldsymbol{a} = \boldsymbol{b} \neq \boldsymbol{c}$，交角为$\alpha = \beta = 90°$，$\gamma = 120°$，其中，$\boldsymbol{c} /\!/ I_6$，$I_6$与$C_3$同轴。先求出在晶体坐标系下各个对称操作的矩阵表示，用此操作矩阵作用于一般位点的坐标$(x \;\; y \;\; z)^{\mathrm{T}}$，依次得到等位点系集合中各点的坐标

$$\hat{\boldsymbol{E}}\begin{pmatrix} x \\ y \\ z \end{pmatrix} = \begin{pmatrix} 1 & 0 & 0 \\ 0 & 1 & 0 \\ 0 & 0 & 1 \end{pmatrix}\begin{pmatrix} x \\ y \\ z \end{pmatrix} = \begin{pmatrix} x \\ y \\ z \end{pmatrix}$$

$$\hat{\boldsymbol{C}}_3^1\begin{pmatrix} x \\ y \\ z \end{pmatrix} = \begin{pmatrix} 0 & -1 & 0 \\ 1 & -1 & 0 \\ 0 & 0 & 1 \end{pmatrix}\begin{pmatrix} x \\ y \\ z \end{pmatrix} = \begin{pmatrix} -y \\ x-y \\ z \end{pmatrix}$$

$$
\begin{aligned}
\hat{C}_3^2\begin{pmatrix}x\\y\\z\end{pmatrix}&=\begin{pmatrix}-1&1&0\\-1&0&0\\0&0&1\end{pmatrix}\begin{pmatrix}x\\y\\z\end{pmatrix}=\begin{pmatrix}-x+y\\-x\\z\end{pmatrix}\\
\hat{\sigma}_{\mathrm{h}}\begin{pmatrix}x\\y\\z\end{pmatrix}&=\begin{pmatrix}1&0&0\\0&1&0\\0&0&-1\end{pmatrix}\begin{pmatrix}x\\y\\z\end{pmatrix}=\begin{pmatrix}x\\y\\-z\end{pmatrix}\\
\hat{I}_6^5\begin{pmatrix}x\\y\\z\end{pmatrix}&=\begin{pmatrix}0&-1&0\\1&-1&0\\0&0&-1\end{pmatrix}\begin{pmatrix}x\\y\\z\end{pmatrix}=\begin{pmatrix}-y\\x-y\\-z\end{pmatrix}\\
\hat{I}_6^1\begin{pmatrix}x\\y\\z\end{pmatrix}&=\begin{pmatrix}-1&1&0\\-1&0&0\\0&0&-1\end{pmatrix}\begin{pmatrix}x\\y\\z\end{pmatrix}=\begin{pmatrix}-x+y\\-x\\-z\end{pmatrix}
\end{aligned}
\tag{6-22}
$$

每一组坐标对应于一个位点，以上全部位点构成集合，用坐标表示为

（1）x,y,z；（2）$\bar{y},x+\bar{y},z$；（3）$\bar{x}+y,\bar{x},z$；（4）$x,y,\bar{z}$；（5）$\bar{y},x+\bar{y},\bar{z}$；（6）$\bar{x}+y,\bar{x},\bar{z}$

其中，$-x=\bar{x}$，$-y=\bar{y}$，$-z=\bar{z}$。位点集合中的位点数等于 6，称为多重度，用 Wyckoff 符号表示为 l。当晶体微粒占据这组位点，必然是 6 个相同微粒占据这 6 个位点坐标点，依次实施对称操作，每个微粒逐一与等位点系的其他微粒交换位置，但不改变微粒的排列堆积图，即新图形都是复原的。$C_{3\mathrm{h}}$ 点群的微粒堆积图就有图 6-19（b）的特征。除了以上 $C_{3\mathrm{h}}$ 的对称操作之外，晶体的一般等位点是没有其他对称性的，一般等位点对称性标记为 $C_1=E$。按照多重度、Wyckoff 符号、对称性顺序依次罗列为

$$6\quad l\quad 1$$

其中，1 是 C_1 的国际记号。

对于 $C_{3\mathrm{h}}$ 点群的晶体，微粒排列堆积时不一定要占据一般等位点，可能占据特殊等位点，因为微粒可能是全对称的原子或离子，可能刚好在镜面 σ_{h} 上，并与 I_6 或 C_3 垂直。镜面的坐标为 $(x,y,0)$，即 $z=0$，那么，微粒的 z 坐标也等于零。根据对称元素的几何关系，反演点在镜面上，若分别实施反映操作 σ_{h}、旋转反演联合操作 I_6^5 和 I_6^1，分别产生的第（4）、（5）、（6）位点，坐标分别与第（1）、（2）、（3）位点对应相等，是重合点，相当于在子集合中交换位点，不再是原集合中交换位点，位点的多重度降低为 3，用 Wyckoff 符号表示为 j，这种位点称为特殊等位点。这组特殊等位点用坐标表示为

（1）$x,y,0$；（2）$\bar{y},x+\bar{y},0$；（3）$\bar{x}+y,\bar{x},0$

称为特殊等位点系，特殊等位点所在位置的对称元素集合称为特殊等位点的对称性。按照多重度、Wyckoff 符号、位点对称性的顺序依次罗列为

$$3\quad j\quad m$$

其中，m 是 σ_{h} 的国际记号。

微粒还可能在六重反轴或三重旋转轴上，所形成的特殊等位点系的对称性更高。在晶胞基向量的范围内，也存在与晶体点群匹配的其他对称元素，构成特殊等位点系。特殊等位点是空间位置特殊的点，如坐标轴上，或坐标平面上，或对称元素上的点，实施全部对称操作，只能与特殊等位点系的位点交换位置，也可能不动，特殊位点处全部对称元素对应的对称操作构成的群称为位点对称群。对称性越高的特殊等位点系所包含的位点数目越少，反之亦然。特殊等位点系的位点数目称为多重度。一个晶体点群的各个等位点系的位点用一套 Wyckoff 字母表示，按英文字母 $a,b,c,d,\cdots$ 依次排列，对称性越高，等位点系越多，排列的字母越多，第一个总是对称性最高的特殊等位点系，最后一个总是对称性最低的一般等位点系。每一个空间群都有一套等位点系，表 6-4 列出了空间群为 $C_{3\mathrm{h}}^1$-$P\bar{6}$ 的晶体中存在的全部等位点系[10]。

表 6-4　空间群为 $C_{3\mathrm{h}}^1$-$P\bar{6}$ 的晶体中存在的全部等位点系

多重度	Wyckoff 字母符号	位点对称性	位点坐标
6	l	1	（1）x,y,z（2）$\bar{y},x-y,z$（3）$\bar{x}+y,\bar{x},z$ （4）$x,y,\bar{z}$（5）$\bar{y},x-y,\bar{z}$（6）$\bar{x}+y,\bar{x},\bar{z}$

续表

多重度	Wyckoff 字母符号	位点对称性	位点坐标
3	k	$m..$	$x,y,\frac{1}{2}$；$\bar{y},x-y,\frac{1}{2}$；$\bar{x}+y,\bar{x},\frac{1}{2}$
3	j	$m..$	$x,y,0$；$\bar{y},x-y,0$；$\bar{x}+y,\bar{x},0$
2	i	3..	$\frac{2}{3},\frac{1}{3},z$；$\frac{2}{3},\frac{1}{3},\bar{z}$
2	h	3..	$\frac{1}{3},\frac{2}{3},z$；$\frac{1}{3},\frac{2}{3},\bar{z}$
2	g	3..	$0,0,z$；$0,0,\bar{z}$
1	f	$\bar{6}..$	$\frac{2}{3},\frac{1}{3},\frac{1}{2}$
1	e	$\bar{6}..$	$\frac{2}{3},\frac{1}{3},0$
1	d	$\bar{6}..$	$\frac{1}{3},\frac{2}{3},\frac{1}{2}$
1	c	$\bar{6}..$	$\frac{1}{3},\frac{2}{3},0$
1	b	$\bar{6}..$	$0,0,\frac{1}{2}$
1	a	$\bar{6}..$	$0,0,0$

注：m 、3 、$\bar{6}$ 分别是反映面、三重旋转轴、六重反轴的国际记号。

每一个晶体点群都有很多子群，每个子群由一类或几类对称元素的对称操作构成，当微粒处于对称元素上，实施该对称操作，微粒就不动，就构成特殊等位点系。特殊等位点系的对称群是晶体点群的子群，只有用该位点对称群以外的对称操作，才会发生位点交换。子群的阶总是可以被母群的阶整除，特殊等位点系的位点数目也总是可以被一般等位点系的数目整除。

由母群的子群导出的特殊等位点系通常很多，而微粒占据的等位点系的数目实际上是较少的，有些等位点系是空的，没有微粒占据。了解位点分布的对称性，有助于帮助我们分析晶体的对称元素和点群。

6.2.5　微观对称元素

晶体的结构基元有周期性排列特点，微粒堆积图经过平移，新像与原像重合，称晶体有平移对称性。当确定了晶体的坐标系后，对应空间点阵的空间格子就被指定，平移的长度（a, b, c）和方向交角 α、β、γ 就被确定，表示为

$$\boldsymbol{T}_{uvw} = u\boldsymbol{a} + v\boldsymbol{b} + w\boldsymbol{c} \tag{6-23}$$

其中，$u = 0,\pm1,\pm2,\cdots$，$v = 0,\pm1,\pm2,\cdots$，$w = 0,\pm1,\pm2,\cdots$。

当空间格子是最初指定的初基素格子，坐标系原点 O 定在空间格子的一个点阵点上，见图 6-20，平移原点处点阵点，等于平移了整个空间点阵中的点阵点，平移后整个空间点阵复原，即为周期平移。实际情况是正当空间格子不一定是初基素格子，可能是体现晶体对称性的复格子，对应晶胞也可能是复晶胞，仅平移原点处点阵点并不等于空间点阵中的全部点阵点都实施了平移，必须平移正当空间格子中全部不等价点阵点，即平移是整个空间格子和晶胞的平移。正当空间格子的基本类型主要有

（1）简单格子或初基素格子 P（primitive），点阵点数等于 1。

（2）体心格子 I（body centered），点阵点数等于 2。

（3）底心格子 C（C-face centered）或 A、B，点阵点数等于 2。

（4）面心格子 F（all-face centered），点阵点数等于 4。

（5）六方 R 心格子(rhombohedrally centered)，点阵点数等于 3。其中，六方 R 心格子的基向量和交角满足几何关系 $\boldsymbol{a} = \boldsymbol{b} \neq \boldsymbol{c}$，$\gamma = 120°$，$\alpha = \beta = 90°$。

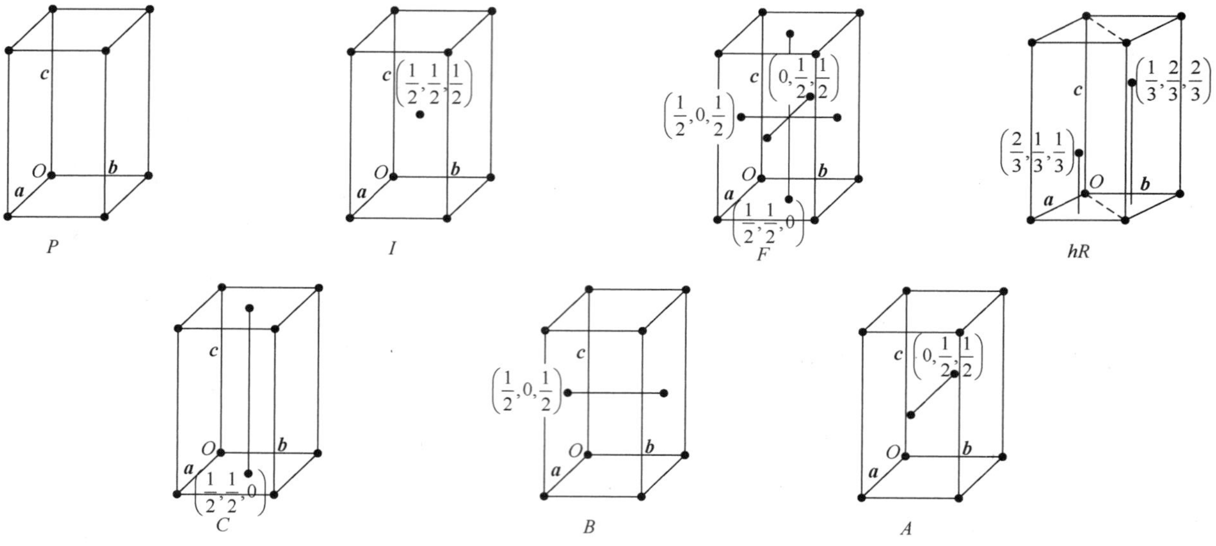

图 6-20　正当空间格子的基本类型

微观对称性的平移操作，指平移长度不是基向量的倍数，而是基向量的分数，即不是周期平移，而平移后整个空间点阵和微粒堆积图重合，这种平移操作称为微观对称平移。恒等操作与微观对称平移操作组合，就是正当复格子内的平移，如体心格子的对称平移，由原点 O 平移至体心$\left(\frac{1}{2},\frac{1}{2},\frac{1}{2}\right)$，平移向量为 $\boldsymbol{t}=\frac{1}{2}\boldsymbol{a}+\frac{1}{2}\boldsymbol{b}+\frac{1}{2}\boldsymbol{c}$。实际操作效果是全部顶点平移至体心，体心平移至顶点，整个空间点阵与原空间点阵重合。正当面心格子的点阵点则由原点 O 平移至面心$\left(0,\frac{1}{2},\frac{1}{2}\right)$、$\left(\frac{1}{2},0,\frac{1}{2}\right)$、$\left(\frac{1}{2},\frac{1}{2},0\right)$，平移向量分别为 $\boldsymbol{t}_1=\frac{1}{2}\boldsymbol{b}+\frac{1}{2}\boldsymbol{c}$、$\boldsymbol{t}_2=\frac{1}{2}\boldsymbol{a}+\frac{1}{2}\boldsymbol{c}$、$\boldsymbol{t}_3=\frac{1}{2}\boldsymbol{a}+\frac{1}{2}\boldsymbol{b}$。实际操作效果是所有顶点平移 $\boldsymbol{t}_1$ 至面心位置，而面心$\left(0,\frac{1}{2},\frac{1}{2}\right)$平移 $\boldsymbol{t}_1$ 至顶点，同时$\left(\frac{1}{2},0,\frac{1}{2}\right)$平移 $\boldsymbol{t}_1$ 至$\left(\frac{1}{2},\frac{1}{2},1\right)$，面心$\left(\frac{1}{2},\frac{1}{2},0\right)$平移 $\boldsymbol{t}_1$ 至$\left(\frac{1}{2},1,\frac{1}{2}\right)$，整个空间点阵复原。读者可以验证平移 $\boldsymbol{t}_2$ 和 $\boldsymbol{t}_3$。正当底心格子的平移是以上面心平移的特例，六方 R 心格子要按照斜对角线方式平移，平移向量为 $\boldsymbol{t}=-\frac{1}{3}\boldsymbol{a}+\frac{1}{3}\boldsymbol{b}+\frac{1}{3}\boldsymbol{c}$。如由顶点 $(1,0,0)$ 平移 t 至$\left(\frac{2}{3},\frac{1}{3},\frac{1}{3}\right)$，而点阵点$\left(\frac{2}{3},\frac{1}{3},\frac{1}{3}\right)$平移 t 至$\left(\frac{1}{3},\frac{2}{3},\frac{2}{3}\right)$，点阵点$\left(\frac{1}{3},\frac{2}{3},\frac{2}{3}\right)$平移 t 至 $(0,1,1)$。

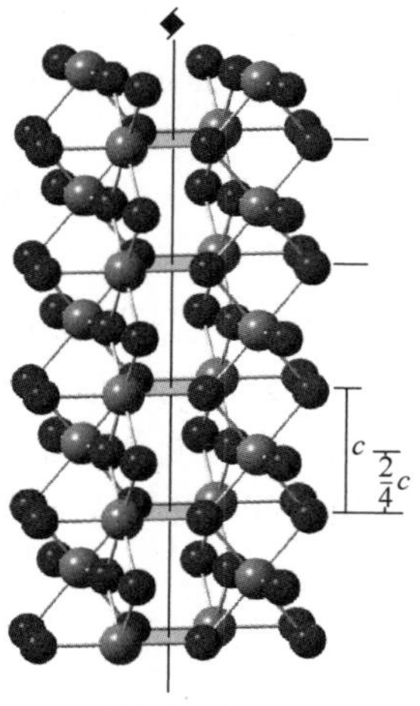

GeO_2晶体的4_2螺旋轴

图 6-21　四方 GeO_2 晶体的 4_2 螺旋轴，平行于晶轴 c

大球为 Ge，小球为 O

旋转与微观对称平移操作组合出螺旋操作，对称元素为螺旋轴，国际符号为 n_m。由空间群变换到宏观点群，螺旋轴就是旋转轴。沿螺旋轴逆时针旋转的基转角为 θ，重数为 $n=\dfrac{360°}{\theta}$；再沿与螺旋轴平行的方向平移长度

$$\boldsymbol{t}=\frac{m\boldsymbol{T}}{n},\ \boldsymbol{T}_{uvw}=u\boldsymbol{a}+v\boldsymbol{b}+w\boldsymbol{c}\ (u,v,w=0,1) \qquad (6\text{-}24)$$

平移向量 $\boldsymbol{T}$ 指定了平移方向，$\boldsymbol{t}$ 也是非周期平移向量。

GeO_2 晶体属于四方晶系，空间群为 $D_{4h}^{14}\text{-}P\dfrac{4_2}{m}\dfrac{2_1}{n}\dfrac{2}{m}$[11]。平行于晶轴 c 方向有 4_2 螺旋轴，逆时针旋转 90°不重合，朝 c 方向平移 $\frac{2}{4}c$，离子堆积图与原图重合。图 6-21 标出了晶体沿晶轴 c 方向的 4_2 螺旋轴位置。

4_2 螺旋轴在晶胞单位空间中不止一个位置，在$\left(0,\frac{1}{2},z\right)$和$\left(\frac{1}{2},0,z\right)$位置都存在，见图 6-22（a）。$4_2$ 螺旋轴的位置同时还有 $\bar{4}$ 反轴，4_2 螺旋轴和 $\bar{4}$ 反轴与 c 轴平行，2 条 $\bar{4}$ 的反演中心位置坐标分别为$\left(0,\frac{1}{2},\frac{1}{4}\right)$和$\left(\frac{1}{2},0,\frac{1}{4}\right)$，而且 Ge 原子还是晶体的对称中心。从晶体的(001)晶面透视图可见，两个位置的 O—Ge—O 结构单位取向不同，互成 90°，共同组成结构基元，两个结构基元中 Ge 的位置坐标，分别为 (0,0,0) 和$\left(\frac{1}{2},\frac{1}{2},\frac{1}{2}\right)$。将点阵点放在 Ge 离子位置，在(001)晶面的平面点阵中，划出正方形格子，这决定了 GeO_2 晶体是四方晶系。由此可见，晶体的对称性类型对平面格子的选取有很大的影响，而晶系就是按晶体的对称群类型分类。根据(100)晶面透视图不难选出与 ***a*** 和 ***b*** 垂直的基向量 ***c***[图 6-22（b）]，最终得到一个四方简单格子。

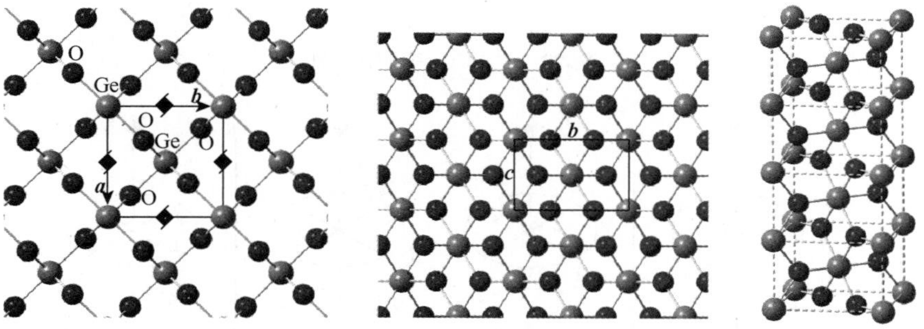

(a) 与(001)晶面垂直4_2螺旋轴　　(b) (100)晶面透视图　　(c) 八面体共边连接

图 6-22　四方 GeO_2 晶体的结构，以及 4_2 螺旋轴在单胞中位置

晶体的周期平移量也限制了螺旋轴的类型，根据平移长度，二重螺旋轴只有 2_1；三重螺旋轴有 3_1 和 3_2；四重螺旋轴有 4_1、4_2 和 4_3；六重螺旋轴有 6_1、6_2、6_3、6_4 和 6_5。当晶体有螺旋轴时，微粒的空间排列堆积有一些显著特征，围绕一条轴线呈螺旋上升或螺旋下降分布，从螺旋轴线方向投影，所有微粒的分布与旋转轴中的分布相似。螺旋的正操作为逆时针方向旋转，$\boldsymbol{t}$ 的平移方向为螺旋行进方向，也与 $\boldsymbol{T}$ 的方向一致，用右手螺旋定则表示，拇指指向 $\boldsymbol{T}$ 的方向，弯曲其余四指为逆时针旋转方向。螺旋操作的逆元素为顺时针方向旋转，$\boldsymbol{t}$ 的平移方向为螺旋行进方向，与 $\boldsymbol{T}$ 反向。根据螺旋轴的旋转和平移操作可以交换的性质，可以证明 3_1 的逆元素为 $(3_1)^2$，3_2 的逆元素为 $(3_2)^2$

$$(3_1)^{-1}=C_3^{-1}\boldsymbol{t}^{-1}\left(\frac{1}{3}\boldsymbol{T}\right)=C_3^2\boldsymbol{t}\left(\frac{2}{3}\boldsymbol{T}\right)=(3_1)^2$$

$$(3_2)^{-1}=C_3^{-1}\boldsymbol{t}^{-1}\left(\frac{2}{3}\boldsymbol{T}\right)=C_3^2\boldsymbol{t}\left(\frac{1}{3}\boldsymbol{T}\right)=(3_2)^2$$

同理，4_1 的逆元素是 4_3，4_3 的逆元素是 4_1，4_2 的逆元素是自身。6_1 的逆元素是 6_5，6_2 的逆元素是 6_4，6_3 的逆元素是自身。

具有螺旋轴对称性的晶体微粒堆积图，其镜像也具有螺旋轴对称性，微粒堆积图原像与其镜像是一种手性关系。3_1 的镜像是 3_2，3_1 和 3_2 互为手性关系，3_1 和 3_2 的微粒位置互为镜像关系，见图 6-23。用右手螺旋定则表示 3_1，规定 3_1 为右手螺旋。右手螺旋表示 3_2，沿 3_2 逆时针方向旋转，$\boldsymbol{t}$ 的平移方向与 3_1 同向，平移量是 $\frac{2}{3}T$。如果用左手螺旋定则表示 3_2，左手拇指指向平移方向，其余四指弯曲与顺时针旋转方向一致，平移方向与 $\boldsymbol{T}$ 同向，平移量为 $\frac{1}{3}T$，这时 3_2 为左手螺旋。4_1 的镜像是 4_3，4_1 和 4_3 互为手性关系，见图 6-24。6_1 的镜像是 6_5，6_1 和 6_5 互为手性关系；6_2 的镜像是 6_4，6_2 和 6_4 互为手性关系，见图 6-25。2_1、4_2、6_3 的镜像是自身，尽管 4_2 与其镜像的旋转角度和平移向量相同，但是，微粒堆积图的原像和镜像仍可能是手性关系。

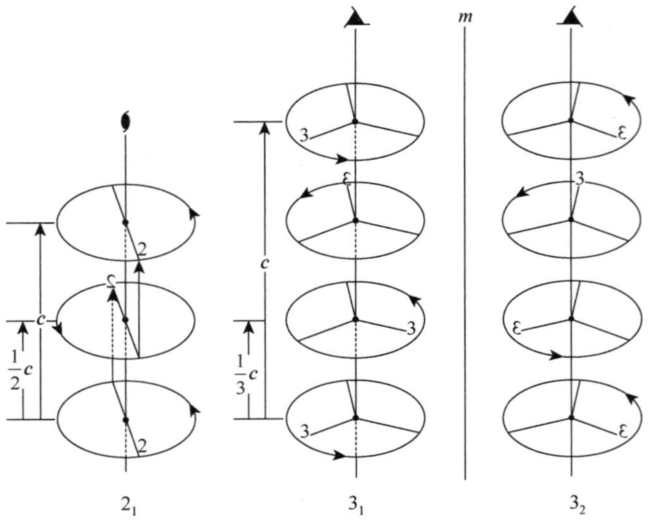

图 6-23　二重和三重螺旋轴

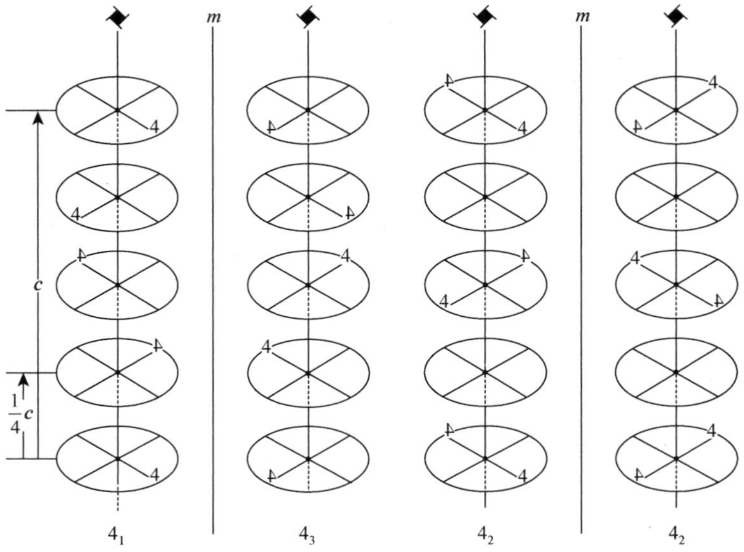

图 6-24　四重螺旋轴

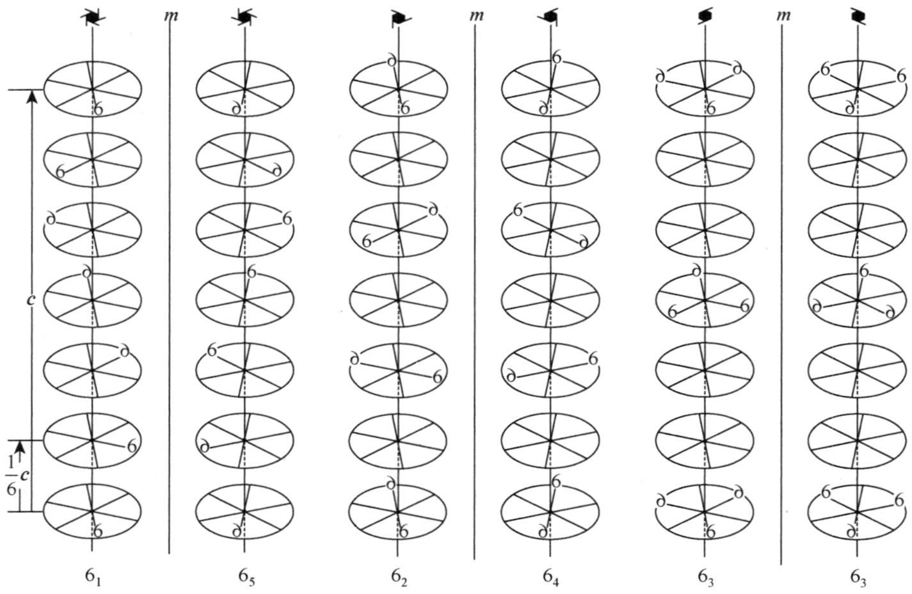

图 6-25　六重螺旋轴

晶体的微粒堆积有螺旋轴对称时，其结构基元所在的位点有螺旋对称分布，在极射赤面投影图中很好地得到体现。四重螺旋轴 4_1、4_2 和 4_3 的极射赤面投影图见图 6-26，图中单位周期平移向量 $\boldsymbol{T}=\boldsymbol{c}$ 内的四个位点全在投影平面上方。

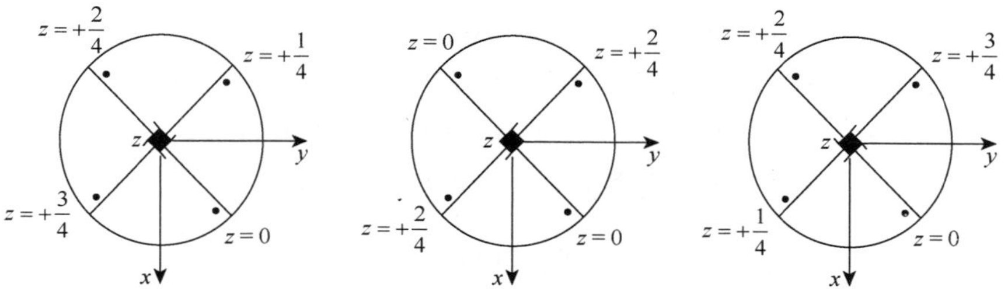

(a) 4_1　　(b) 4_2　　(c) 4_3

图 6-26　具有 4_1、4_2 和 4_3 螺旋轴对称位点的极射赤面投影图

反映与平移组合出滑移操作，对称元素为滑移面。由空间群变换到宏观点群，滑移面就是镜面。滑移面的平移量是非周期平移量，视平移的长度和方向不同，组成 *a*、*b*、*c*、*d*、*n*、*e* 等滑移面。

滑移面 *b* 由平行于晶轴 **b** 的反映面和沿晶轴 **b** 的平移组成，平移量为 $\boldsymbol{t}=\frac{1}{2}\boldsymbol{b}$，其中，**b** 为空间格子的周期平移向量单位。有滑移面 *b* 的晶体，结构基元或微粒基团存在如下排列堆积特征：若用“滑”字表示结构基元，沿着滑移面 *b* 的边缘观察，上下两侧的结构基元是镜像关系，其次，上下两侧结构基元均沿晶轴 **b** 方向呈直线排列，处于垂直于晶轴 **b** 的反映面的上下，上下两侧结构基元错位 $\frac{1}{2}\boldsymbol{b}$，见图 6-27（a）。当沿滑移面 *b* 反映，上下两侧结构基元变为各自的镜像，随即向晶轴 **b** 方向平移 $\frac{1}{2}\boldsymbol{b}$，所得新像与原像重合。若沿垂直于滑移面 *b* 的方向俯视，结构基元在滑移面的前后，呈直线排列，经过反映后，再平移 $\boldsymbol{t}=\frac{1}{2}\boldsymbol{b}$，新堆积图与原堆积图重合，见图 6-27（b）。从“滑”字顶部和底部透视，有时无法分辨“滑”的相反取向，这里应将“滑”理解为抽象的结构基元。例如，“滑”代表一个球形原子，任何方向透视都是相同的；如果代表的是四面体，从顶部和底部透视就不一定相同了。

结构基元排列堆积图呈滑移面和镜面对称的区别是：沿着镜面的边缘方向观察，结构基元与其镜像是否有错位，没有错位是镜面，其次，镜面 *m* 中结构基元的平移量是周期平移向量单位，见图 6-28。有错位则是滑移面，而且结构基元的平移量是非周期平移向量。

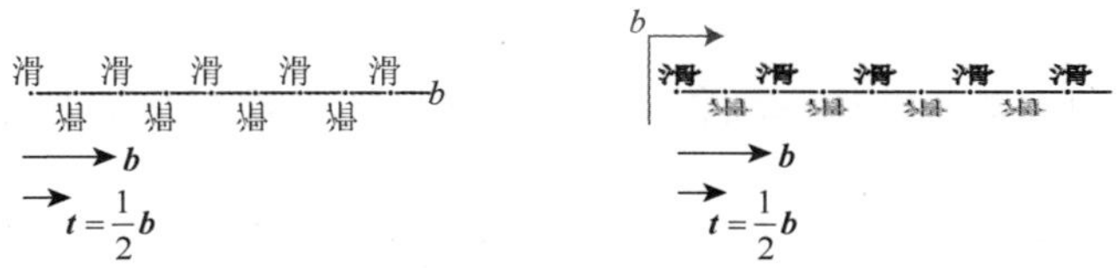

(a) 沿着滑移面的边缘观察　　(b) 在滑移面的上方俯视

图 6-27　滑移面 *b* 的两侧排列堆积特征

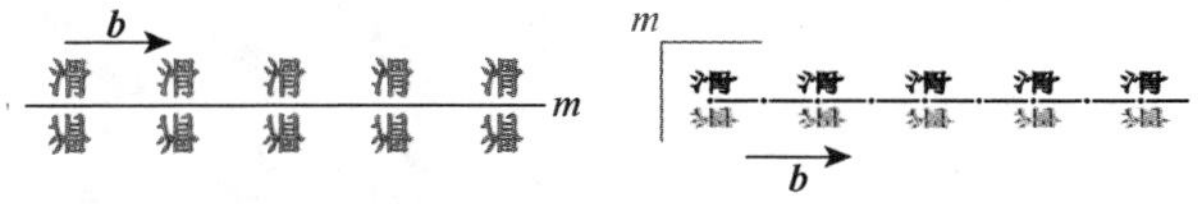

(a) 沿着反映面的边缘观察　　(b) 在镜面的上方俯视

图 6-28　与晶轴 **b** 平行的反映面 *m* 两侧结构基元的排列堆积特征

图形经滑移反映操作后，沿晶轴方向平移的滑移面都称为轴向滑移面，除了滑移面 *b*，还有滑移面 *a* 和 *c*。滑移面 *a* 则是由平行于晶轴 **a** 的反映面和沿晶轴 **a** 的平移组成，平移量为 $\boldsymbol{t}=\frac{1}{2}\boldsymbol{a}$。滑移面 *c* 由平行于晶轴 **c** 的反映面和沿晶轴 **c** 的平移组成，平移量为 $\boldsymbol{t}=\frac{1}{2}\boldsymbol{c}$。其中，**a** 和 **c** 都是空间格子的单位周期平移向量。

滑移面 a、b、c 是相似的对称元素，与滑移面 b 相比，滑移面 a 和 c 只是位置和方向不同。

FeS_2 晶体属于立方晶系，空间群为 T_h^6-$P\dfrac{2_1}{a}\bar{3}$[12]，晶胞参数 $a = 541.0\text{pm}$。晶体由 Fe^{2+} 和 S_2^{2-} 离子堆积而成，棒状 S_2^{2-} 沿平行于三重轴的方向取向。FeS_2 晶体的晶胞包含 4 个化学计量式单位，见图 6-29（a）。在晶胞中，Fe^{2+} 占据顶点和面心，S_2^{2-} 的中心点位于晶胞的棱心和体心，晶体有 4 条 $\bar{3}$，S_2^{2-} 与 $\bar{3}$ 平行。在立方晶胞中，其中一个 S_2^{2-} 在体对角线上，其余与 4 条体对角线平行，并在以自身为体心的晶胞的体对角线上，见图 6-29（b）。Fe^{2+} 同时与 6 个 S_2^{2-} 配位，立方晶胞体心的 S_2^{2-} 与 6 个面心上的 Fe^{2+} 配位，见图 6-29（c）。结构基元包括 4 个 Fe^{2+} 和 4 个 S_2^{2-}，具体位置是：①顶点 Fe^{2+} $(0,0,0)$，以及棱上取向与 $[\bar{1}11]$ 对角线平行的 S_2^{2-} $\left(0,0,\dfrac{1}{2}\right)$；②面心 Fe^{2+} $\left(0,\dfrac{1}{2},\dfrac{1}{2}\right)$，以及棱上取向与 $[\bar{1}\bar{1}1]$ 对角线平行的 S_2^{2-} $\left(0,\dfrac{1}{2},1\right)$；③面心 Fe^{2+} $\left(\dfrac{1}{2},0,\dfrac{1}{2}\right)$，以及棱上取向与 $[1\bar{1}1]$ 对角线平行的 S_2^{2-} $\left(\dfrac{1}{2},0,1\right)$；④面心 Fe^{2+} $\left(\dfrac{1}{2},\dfrac{1}{2},0\right)$，以及体心取向为 $[111]$ 对角线的 S_2^{2-} $\left(\dfrac{1}{2},\dfrac{1}{2},\dfrac{1}{2}\right)$，以上 S_2^{2-} 的坐标为 S—S 键中心点的坐标。由 4Fe + 8S 组成的结构基元，抽象为点阵点，置于立方格子的顶点，得到一个简单格子 cP 。

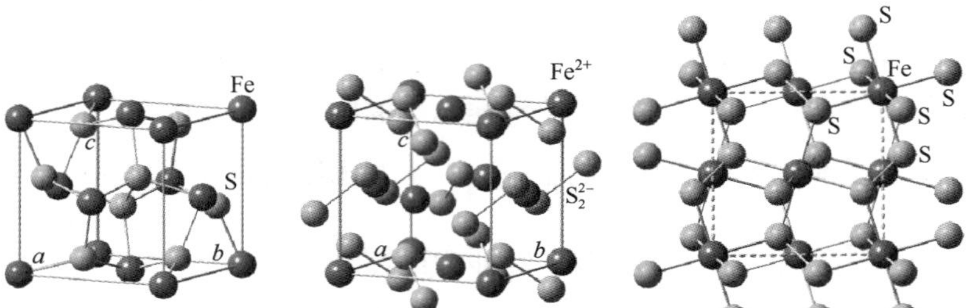

(a) FeS_2 晶体的晶胞　(b) 占据棱心和体心的 S_2^{2-} 离子　(c) Fe^{2+} 离子的八面体配位

图 6-29　FeS_2 晶体的结构

在 Fe^{2+} 和 S_2^{2-} 离子堆积图中，同时有滑移面 a、b、c。沿 (100) 晶面透视，滑移面 a 与 bc 平面垂直，与晶轴 $\boldsymbol{a}$ 平行，见图 6-30（a）。视点处于 $b = -\dfrac{1}{4}$ 位置，沿着滑移面 a 边缘观察 (010) 晶面 $b = 0$ 附近堆积层，Fe^{2+} 和 S_2^{2-} 离子分布于滑移面 a 的两侧。S_2^{2-} 在滑移面上、下方，取向角度相等，方向相反，与(110)晶面上的两条体对角线平行，Fe^{2+} 和 S_2^{2-} 离子分别经滑移面 a 反映后，再沿晶轴 a 方向平移向量 $\boldsymbol{t} = \dfrac{1}{2}\boldsymbol{a}$，新像与原像重合，见图 6-30（b）和（c）。在同一视点观察 (010) 晶面 $b = \dfrac{1}{2}$ 附近堆积层，S_2^{2-} 的取向与 $(\bar{1}10)$ 晶面上的两条体对角线平行，经同一滑移面 a 反映后，再沿晶轴 a 方向平移向量 $\boldsymbol{t} = \dfrac{1}{2}\boldsymbol{a}$，新像与原像重合。也可以将正负离子对作为整体，经滑移面 a 反映后，正负离子对取向相对滑移面反向，再沿晶轴 a 平移，新像与原像重合。

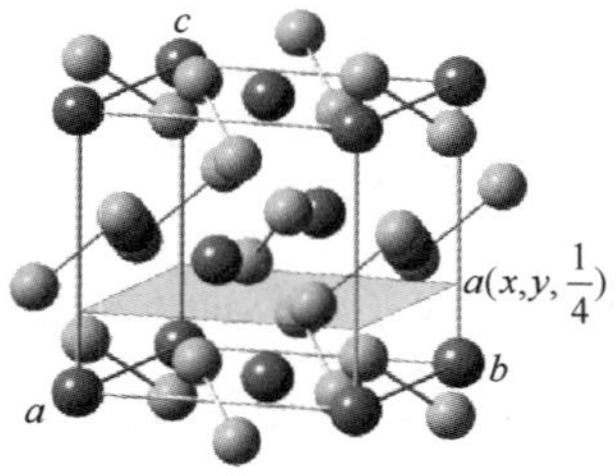

(a) 滑移面 a 的位置

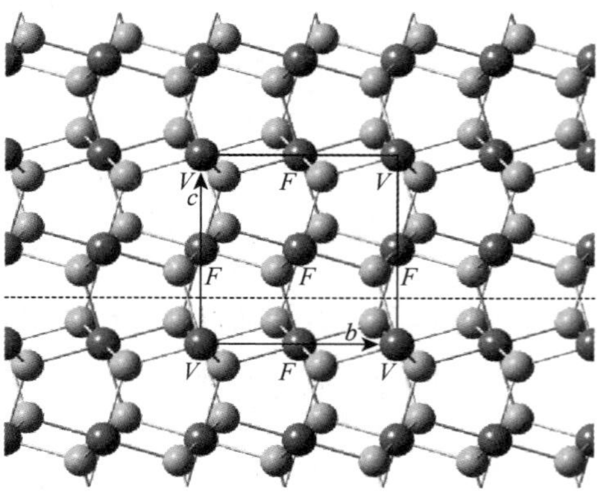

(b) 沿[100]方向透视的滑移面 a 的位置

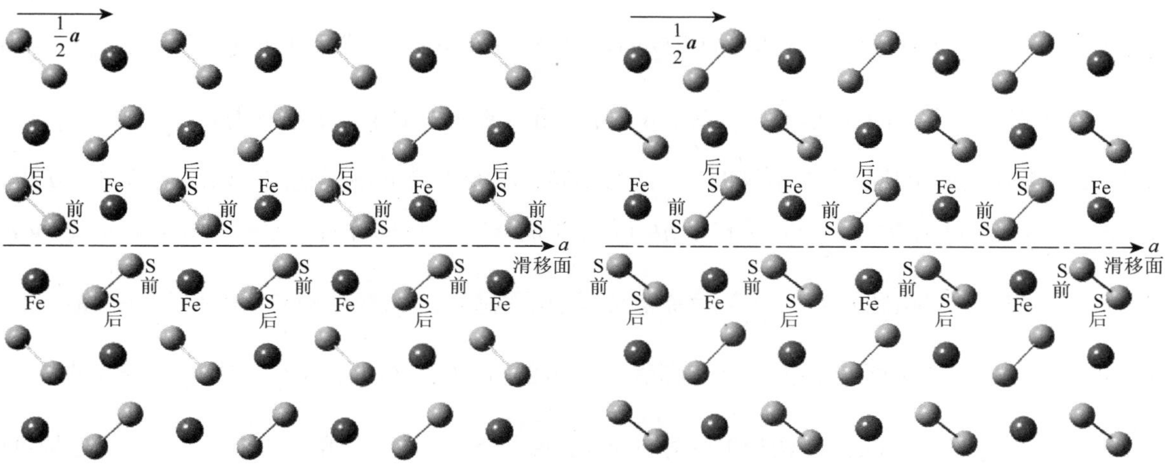

(c) 沿[010]方向透视的滑移面a的操作$\boldsymbol{b}=0$　　(d) 沿[010]方向透视的滑移面a的操作$\boldsymbol{b}=\frac{1}{2}$

图 6-30　FeS_2 晶体中的 a 滑移面

经滑移面反映后，再沿两条晶轴的对角方向平移，此种滑移面统称为对角滑移面，国际符号为 n。与晶轴 a 和 b 平行的滑移面 n，由平行于晶轴 a 和 b 的反映面，以及沿 $(\boldsymbol{a}+\boldsymbol{b})$ 对角线的平移组成，平移量为 $\boldsymbol{t}=\frac{1}{2}(\boldsymbol{a}+\boldsymbol{b})$，其中，$\boldsymbol{a}$ 和 $\boldsymbol{b}$ 是空间格子的单位周期平移向量。以二维坐标系向量$(\boldsymbol{a}, \boldsymbol{b})$作参考，沿着滑移面 n 的边缘观察，微粒沿对角线 $(\boldsymbol{a}+\boldsymbol{b})$ 排列成直线，上下两侧的微粒排列呈镜像关系，相距 $\frac{1}{2}(\boldsymbol{a}+\boldsymbol{b})$，并与对角线平行见图 6-31（a）。如果从滑移面 n 的上方斜视，结构基元在滑移面的前后，呈直线排列，经过反映后，再平移 $\boldsymbol{t}=\frac{1}{2}(\boldsymbol{a}+\boldsymbol{b})$，新堆积图与原堆积图重合，见图 6-31（b）。

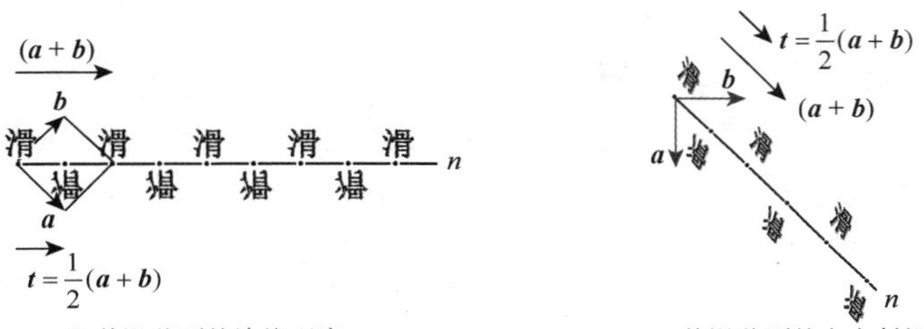

(a) 沿着滑移面的边缘观察　　(b) 从滑移面的上方斜视

图 6-31　平移向量为 $\boldsymbol{t}=\frac{1}{2}(\boldsymbol{a}+\boldsymbol{b})$ 的滑移面 n 两侧结构基元排列堆积特征

二维坐标系的单位向量 $\boldsymbol{a}$ 和 $\boldsymbol{b}$ 生成的对角线除了 $(\boldsymbol{a}+\boldsymbol{b})$，还有 $(\boldsymbol{a}-\boldsymbol{b})$。当滑移面由平行于晶轴 a 和 b 的反映面，以及沿 $(\boldsymbol{a}-\boldsymbol{b})$ 对角线平移组成，平移量为 $\boldsymbol{t}=\frac{1}{2}(\boldsymbol{a}-\boldsymbol{b})$，同样组成 n 滑移面，见图 6-32。

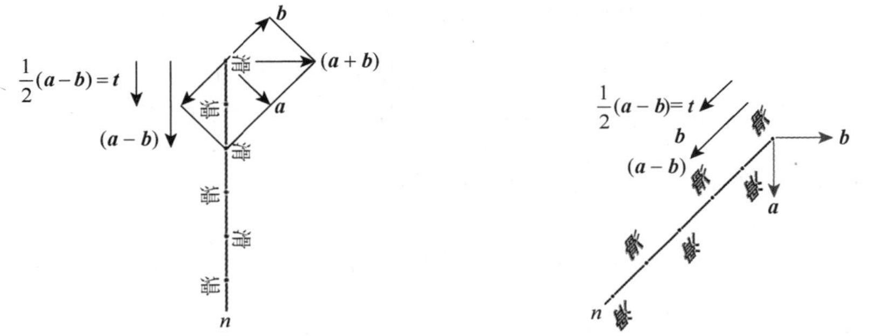

(a) 沿着滑移面的边缘观察　　(b) 从滑移面的上方斜视

图 6-32　平移量为 $\boldsymbol{t}=\frac{1}{2}(\boldsymbol{a}-\boldsymbol{b})$ 的滑移面 n 两侧结构基元排列堆积特征

滑移面 n 也可以由平行于晶轴 a 和 c 的反映面，以及沿 $(\boldsymbol{a}\pm\boldsymbol{c})$ 对角线平移组成，平移量为 $\boldsymbol{t}=\frac{1}{2}(\boldsymbol{a}\pm\boldsymbol{c})$。还可以由平行于晶轴 b 和 c 的反映面，以及沿 $(\boldsymbol{b}\pm\boldsymbol{c})$ 对角线的平移组成，平移量为 $\boldsymbol{t}=\frac{1}{2}(\boldsymbol{b}\pm\boldsymbol{c})$。

四方 GeO_2 晶体的两个位置存在滑移面 n，见图 6-33。沿[001]方向透视观察，以二维基向量 $\boldsymbol{a}$ 和 $\boldsymbol{b}$ 为参考，滑移面 n 与晶轴 a 的截距为 $\frac{1}{4}a$，垂直于 ab 和 ac 平面，平行于 bc 平面，平移方向为对角线 $\boldsymbol{b}+\boldsymbol{c}$ 方向，平移向量为 $\boldsymbol{t}=\frac{1}{2}(\boldsymbol{b}+\boldsymbol{c})$。由图 6-33（a）观察原点位置的结构基元，组成结构基元的两个 O—Ge—O 结构单位的取向互成 90°，经过滑移面 n 操作后，z 坐标值为 $z=0$ 的 O—Ge—O 结构单位与体心处 $z=\frac{1}{2}$ 的 O—Ge—O 结构单位重合，$z=\frac{1}{2}$ 的 O—Ge—O 结构单位与基向量 $\boldsymbol{b}$ 端点处 $z=1$ 的结构单位重合。经反映，结构单位各离子在 a 轴上的坐标值发生交换，再沿对角线 $\boldsymbol{b}+\boldsymbol{c}$ 方向平移 $\boldsymbol{t}=\frac{1}{2}(\boldsymbol{b}+\boldsymbol{c})$，结构单位各离子在 b 和 c 轴上的坐标值再发生交换。原像中各离子的坐标值发生交换后，所得新像的坐标集合不变，新像和原像重合。

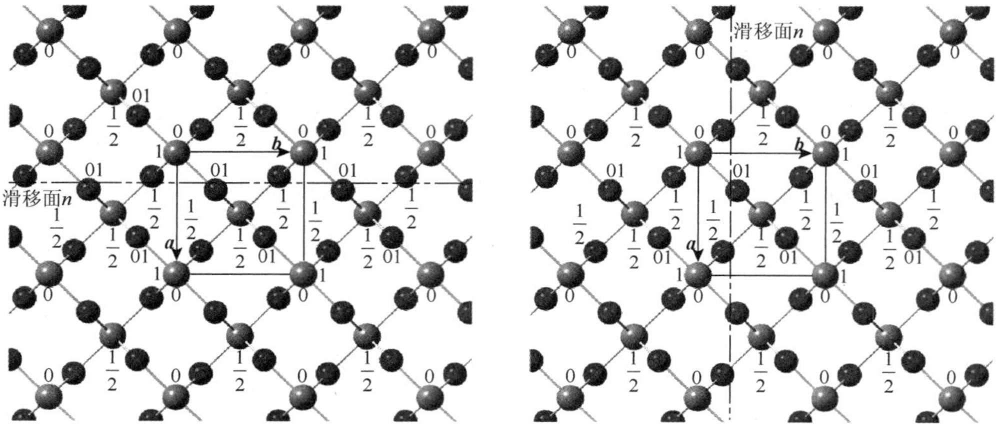

(a) 与(100)晶面平行的n滑移面，平移量$\frac{1}{2}(\boldsymbol{b}+\boldsymbol{c})$　　(b) 与(010)晶面平行的n滑移面，平移量$\frac{1}{2}(\boldsymbol{a}+\boldsymbol{c})$

图 6-33　四方 GeO_2 晶体的 n 滑移面位置，观察视角为[001]方向透视图，图中数字为离子的 z 坐标值

图 6-33（b）中所示的滑移面 n 与晶轴 b 的截距为 $\frac{1}{4}b$，与 ab 和 bc 平面垂直，与 ac 平面平行，平移方向为对角线 $\boldsymbol{a}+\boldsymbol{c}$，平移向量为 $\boldsymbol{t}=\frac{1}{2}(\boldsymbol{a}+\boldsymbol{c})$。经过滑移面 n 反映后，z 坐标值 $z=0$ 的结构单位与体心处 $z=\frac{1}{2}$ 的结构单位重合，$z=\frac{1}{2}$ 的结构单位与基向量 a 端点处 $z=1$ 的结构单位重合。经反映操作，结构单位各离子在 b 轴上的坐标值发生交换，再沿对角线 $\boldsymbol{a}+\boldsymbol{c}$ 方向平移 $\boldsymbol{t}=\frac{1}{2}(\boldsymbol{a}+\boldsymbol{c})$，结构单位各离子在 a 和 c 轴上的坐标值再发生交换。原像中各离子的坐标值发生交换后，所得新像的坐标集合不变，新像和原像重合。

金刚石晶体是立方晶系，空间群为 O_h^7-$Fd\bar{3}m$ [13]，空间格子是立方面心格子 cF，面心和顶点之间的最小平移向量为 $\boldsymbol{t}_{\text{V-F}}=\frac{1}{2}(\boldsymbol{a}\pm\boldsymbol{b})$。碳原子占据晶胞的顶点、面心，以及一半切割小立方体的体心，这些位点的对称性最高。沿着 z 轴透视，存在位置坐标为 $\left(x,y,\frac{1}{8}\right)$ 和 $\left(x,y,\frac{3}{8}\right)$ 的一对滑移面。经位置坐标为 $\left(x,y,\frac{1}{8}\right)$ 的滑移面反映后，$z=\frac{1}{4}$ 平面上小立方体体心处原子与 $z=0$ 所在平面上顶点、面心处的原子，相对于滑移面先交换 z 坐标，再沿 $\boldsymbol{a}+\boldsymbol{b}$ 对角方向平移 $\boldsymbol{t}=\frac{1}{4}(\boldsymbol{a}+\boldsymbol{b})$，交换 x 和 y 坐标，原子堆积图的新像和原像重合，见图 6-34。

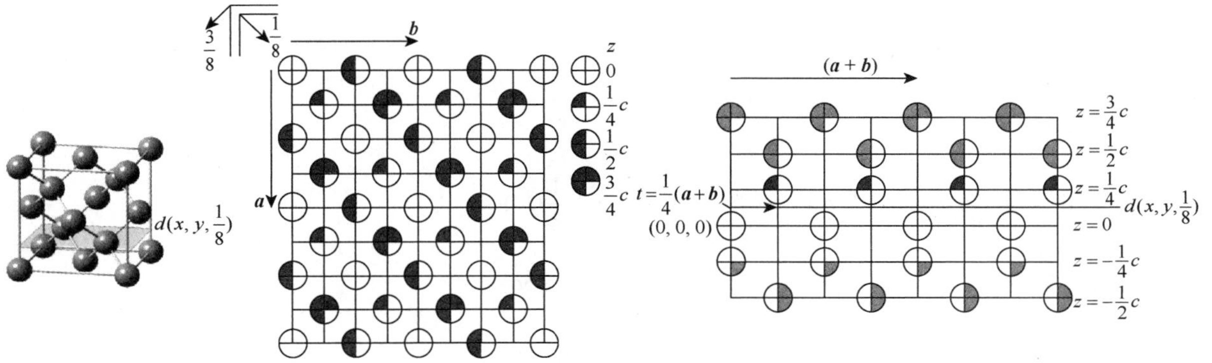

(a) 金刚石滑移面d　　(b) 金刚石晶体(001)晶面投影图 图中不同花样代表不同z坐标值　　(c) 金刚石晶体$(1\bar{1}0)$晶面侧视图

图 6-34　金刚石滑移面 d 之一的对称操作图示

经位置坐标为$\left(x,y,\dfrac{3}{8}\right)$的滑移面反映后，$z=\dfrac{1}{2}$平面上面心处原子，相对于滑移面与$z=\dfrac{1}{4}$平面上小立方体体心处原子先反映，再沿$\boldsymbol{a}-\boldsymbol{b}$对角线方向平移$\boldsymbol{t}=\dfrac{1}{4}(\boldsymbol{a}-\boldsymbol{b})$，原子堆积图的新像和原像重合，见图 6-35。

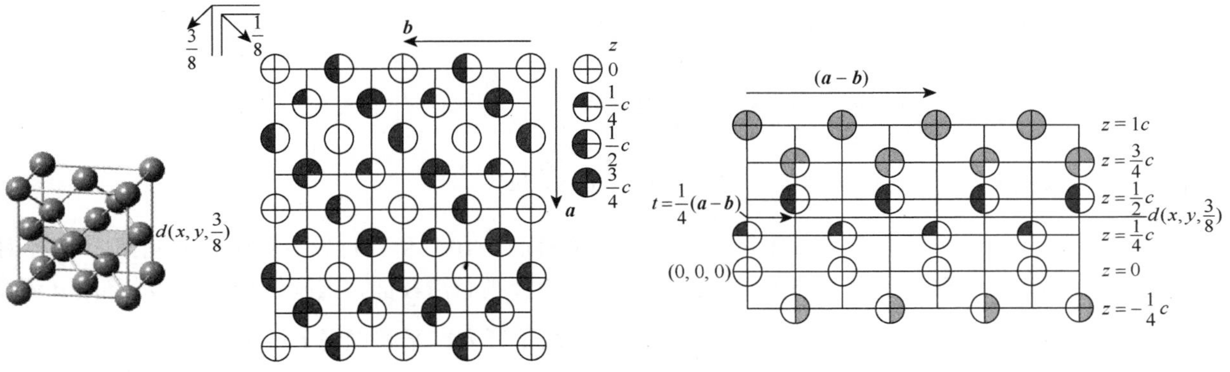

(a) 金刚石滑移面d　　(b) 金刚石晶体(001)晶面投影图 图中不同花样代表不同z坐标值　　(c) 金刚石晶体(110)晶面侧视图

图 6-35　金刚石滑移面 d 之二的对称操作图示

位置坐标为$\left(x,y,\dfrac{3}{8}\right)$的滑移面，在空间群对称操作中也表示为：经过$z=\dfrac{3}{8}$的反映面反映后，再沿$\boldsymbol{a}+3\boldsymbol{b}$方向平移$\boldsymbol{t}=\dfrac{1}{4}(\boldsymbol{a}+3\boldsymbol{b})$。位置坐标为$\left(x,y,\dfrac{1}{8}\right)$的滑移面与 cF 空间格子的微观对称平移操作进行如下组合：

$$(0,0,0),\ \left(0,\frac{1}{2},\frac{1}{2}\right),\ \left(\frac{1}{2},0,\frac{1}{2}\right),\ \left(\frac{1}{2},\frac{1}{2},0\right)$$

得到四个滑移面 d

（1）位置坐标为$\left(x,y,\dfrac{1}{8}\right)$，沿$\boldsymbol{a}+\boldsymbol{b}$对角方向平移$\boldsymbol{t}=\dfrac{1}{4}(\boldsymbol{a}+\boldsymbol{b})$

（2）位置坐标为$\left(x,y,\dfrac{3}{8}\right)$，沿$\boldsymbol{a}+3\boldsymbol{b}$方向平移$\boldsymbol{t}=\dfrac{1}{4}(\boldsymbol{a}+3\boldsymbol{b})$

（3）位置坐标为$\left(x,y,\dfrac{3}{8}\right)$，沿$3\boldsymbol{a}+\boldsymbol{b}$方向平移$\boldsymbol{t}=\dfrac{1}{4}(3\boldsymbol{a}+\boldsymbol{b})$

（4）位置坐标为$\left(x,y,\dfrac{1}{8}\right)$，沿$3\boldsymbol{a}+3\boldsymbol{b}$对角方向平移$t=\dfrac{1}{4}(3\boldsymbol{a}+3\boldsymbol{b})$

滑移面（1）和（4）是沿对角线$\boldsymbol{a}+\boldsymbol{b}$平移的滑移面，滑移面（2）和（3）等效于沿对角线$\boldsymbol{a}-\boldsymbol{b}$平移的滑移面。

金刚石晶体的对称性很高，点群为 O_h，三个方向都有滑移面，沿着 x 轴透视，存在位置坐标为 $\left(\frac{1}{8},y,z\right)$ 和 $\left(\frac{3}{8},y,z\right)$ 一对滑移面。

（5）位置坐标为 $\left(\frac{1}{8},y,z\right)$，沿 $\boldsymbol{b}+\boldsymbol{c}$ 对角方向平移 $\boldsymbol{t}=\frac{1}{4}(\boldsymbol{b}+\boldsymbol{c})$

（6）位置坐标为 $\left(\frac{3}{8},y,z\right)$，沿 $\boldsymbol{b}+3\boldsymbol{c}$ 方向平移 $\boldsymbol{t}=\frac{1}{4}(\boldsymbol{b}+3\boldsymbol{c})$

（7）位置坐标为 $\left(\frac{3}{8},y,z\right)$，沿 $3\boldsymbol{b}+\boldsymbol{c}$ 方向平移 $\boldsymbol{t}=\frac{1}{4}(3\boldsymbol{b}+\boldsymbol{c})$

（8）位置坐标为 $\left(\frac{1}{8},y,z\right)$，沿 $3\boldsymbol{b}+3\boldsymbol{c}$ 对角方向平移 $\boldsymbol{t}=\frac{1}{4}(3\boldsymbol{b}+3\boldsymbol{c})$

滑移面（5）和（8）是沿对角线 $\boldsymbol{b}+\boldsymbol{c}$ 平移的滑移面，滑移面（6）和（7）等效于沿对角线 $\boldsymbol{b}-\boldsymbol{c}$ 平移的滑移面。沿着 y 轴透视，在原子堆积图的 $\left(x,\frac{1}{8},z\right)$ 和 $\left(x,\frac{3}{8},z\right)$ 位置处也各存在一对滑移面。

（9）位置 $\left(x,\frac{1}{8},z\right)$，沿 $\boldsymbol{c}+\boldsymbol{a}$ 对角方向平移 $\boldsymbol{t}=\frac{1}{4}(\boldsymbol{c}+\boldsymbol{a})$

（10）位置 $\left(x,\frac{3}{8},z\right)$，沿 $\boldsymbol{c}+3\boldsymbol{a}$ 方向平移 $\boldsymbol{t}=\frac{1}{4}(\boldsymbol{c}+3\boldsymbol{a})$

（11）位置 $\left(x,\frac{3}{8},z\right)$，沿 $3\boldsymbol{c}+\boldsymbol{a}$ 方向平移 $\boldsymbol{t}=\frac{1}{4}(3\boldsymbol{c}+\boldsymbol{a})$

（12）位置 $\left(x,\frac{1}{8},z\right)$，沿 $3\boldsymbol{c}+3\boldsymbol{a}$ 对角方向平移 $\boldsymbol{t}=\frac{1}{4}(3\boldsymbol{c}+3\boldsymbol{a})$

滑移面（9）和（12）是沿对角线 $\boldsymbol{c}+\boldsymbol{a}$ 平移的滑移面，滑移面（10）和（11）等效于沿对角线 $\boldsymbol{c}-\boldsymbol{a}$ 平移的滑移面。金刚石晶体中出现的这种类型的对角滑移面统称为金刚石滑移面，国际符号为 d。滑移面 d 还有第二种定义，与体对角线 $\boldsymbol{a}+\boldsymbol{b}+\boldsymbol{c}$ 平行，反映后沿着体对角线平行方向平移向量 $\boldsymbol{t}=\frac{1}{4}(\boldsymbol{a}+\boldsymbol{b}+\boldsymbol{c})$。

金刚石晶体中还有 4_1 和 4_3 螺旋轴，其位置平行于晶轴 $\boldsymbol{c}$，垂直于 ab 平面，见图 6-36。平行于晶轴 $\boldsymbol{a}$、$\boldsymbol{b}$ 方向分别垂直于 bc 和 ca 平面，也存在 4_1 和 4_3。

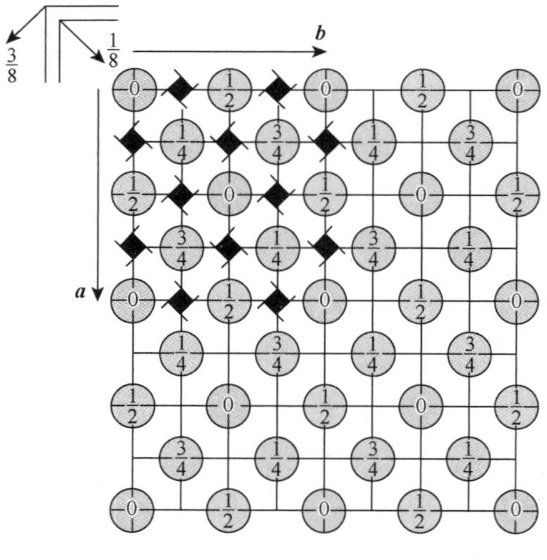

(a) 垂直于(001)晶面的 4_1 和 4_3 螺旋轴

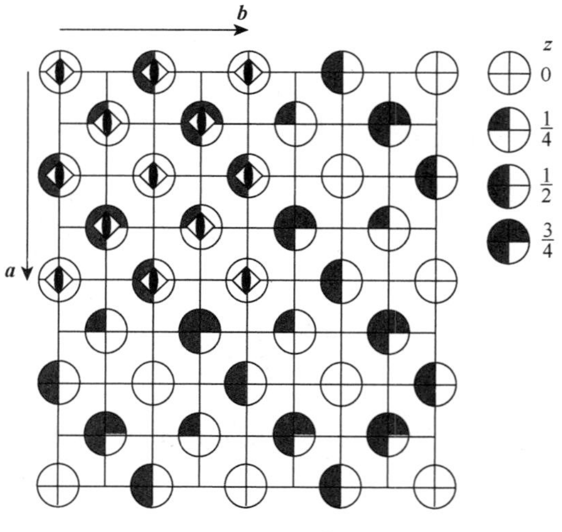

(b) 垂直于(001)晶面的 $\bar{4}$ 反轴

图 6-36　金刚石晶体的螺旋轴和反轴

为了体现晶体的最高对称性，选取了较大的空间格子，也就选取了较大的晶胞，就包含了更多的位点和结构基元。晶胞基向量增长，在晶胞的空间范围内将出现更多的对称元素。仅用一个位置的宏观对称元素是不能完整体现晶胞尺度范围内的对称性，需要按照空间位置和取向将晶胞基向量尺度范围内全部位点的对称元素进行表达。其次，由于晶体的周期平移性，旋转和反映等对称操作与平移操作将组合出新的对称操作，产生新的微观对称元素即螺旋轴和滑移面，因而需要在晶体对称性表达中得到充分体现。结构基元由微粒组成，对结构基元的平移操作使微粒堆积图移动，但不改变微粒排列堆积的相对位置和取向，这与呈多面体外形的单晶体的宏观对称操作不同。平移操作的对象是微粒构成的无限图形，而旋转、反映、反演、旋转反演的对象本身是宏观的有限图形，同时也存在于微粒构成的无限图形中。当把旋转、反映、反演、旋转反演用于观察微粒排列堆积的微观图形时，就会发现晶体的微粒堆积图也有旋转、反映、反演、旋转反演的对称性，同时还有旋转平移、反映平移的组合对称性，也就是螺旋和滑移对称性。在微粒堆积图中找到的全部对称操作统称为微观对称操作，包括旋转、反映、反演、旋转反演，以及对称平移、旋转平移、反映平移等操作，相应的对称元素见表 6-1。由于对称平移、螺旋轴和滑移面的存在，这些元素组合得到的群，不再是点群，而是具有随着位置不同，对称元素不同的特点；并随空间格子的平移周期性，出现在任意空间格子中，我们称这种对称群为空间群。受对称轴重数的限制，一共组合出 230 个空间群，见附表 1。

根据以上讨论，表达空间空间群有三个要素，第一，空间格子类型，以指定平移的基向量和方向。第二，晶胞尺度范围内全部位点的对称元素的位置和类型。第三，空间群的分类，按照宏观对称元素组成的点群分类以及特征对称元素的分类，将空间群与空间格子、晶胞、晶系、特征对称元素或晶系相关联。由它们之间存在的几何关系，表达出晶体结构的全部对称性信息。

6.3　晶体结构的对称性分类

获得晶体点群有两种方法，一是测量单晶体的多面体外形，二是经过 X 射线衍射测定晶体的微观结构。同一种微观结构的晶体，生长的单晶体有特定的多面体外形，经过机械磨制制得标准形状，单晶多面体的宏观对称性，决定了晶体所属晶系。一个晶系存在最高对称点群，该晶系的其他点群都是最高对称点群的子群。经过 X 射线衍射测定晶体的微观结构得到的对称群是空间群，消除平移操作，螺旋和滑移操作分别转变为旋转和反映操作，空间群就转变为点群。

晶胞是晶体的最小的、周期性重复的并能体现晶体对称性的平移单位，整个晶体结构就是用晶胞表达，晶胞包含了空间格子、晶体坐标系、晶胞中微粒构成，以及晶胞范围内的对称元素等内容。其中，晶胞范围内的对称元素指明了晶体中对称元素类别、对称元素的位置、对称元素组成的对称群，以及对称群的类别。由于平移群对称性，在晶胞范围内的对称元素会在下一个晶胞单位中重复出现，因而没有必要找出晶胞范围以外的对称元素。那么首要任务就是要确定正当空间格子和正当晶胞，建立晶体坐标系。而确定正当空间格子和正当晶胞又必须紧密联系晶体的对称性，所以，正规表示晶胞范围内的对称元素需要经历一个综合分析过程。每个晶体都有对应的、特定的晶体坐标系，为了避免晶体结构表达的复杂化，任何晶体的结构都是按照有序规则进行分类来理解，分类的核心概念就是晶体的对称性。为了更好地表示和解读晶体的对称性，形成了对称性图示和国际符号两种形式。对称性图示法使用对称元素配置图，对应配合晶胞微粒堆积透视图一般等位点位置图，直观表达了制定空间群中晶胞范围内的全部对称元素及其位置。

我们已熟悉了晶体的结构基元的划分，也了解了如何找出晶体微粒堆积图中存在的对称元素和对称操作。为了避免问题的复杂化，按照对称性规则，对晶体进行分类。在对称性分类中，我们可以很方便指定晶体的正当空间格子和正当晶胞，制定晶体坐标系。

6.3.1　平面格子类型

点阵点是抽象的几何点，点阵的对称性高于实际晶体的对称性。为了保证晶胞能最大限度体现晶体的对称性，将与晶体的最高对称轴平行的基向量定为 $\boldsymbol{c}$，晶体必然存在与晶体最高对称轴垂直的晶面，在对应平面点阵上存在对称性匹配的二维基向量 $\boldsymbol{a}$ 和 $\boldsymbol{b}$，以及正当平面格子。因为晶体只有 6、4、3、2、1 重对称轴，正当平面格子所反映的平面点阵的对称性，也就只有 D_{6h}、D_{4h}、D_{3h}、D_{2h}、C_{2h}。不论对称性高低，任何点阵平面本身是平面点阵的镜面。

D_{6h} 和 D_{3h} 对应六方菱形格子，格子顶点位置有六重旋转轴。在与之垂直的平面点阵上，在 $\boldsymbol{a}$、$\boldsymbol{b}$、$\boldsymbol{a}+\boldsymbol{b}$、$\boldsymbol{a}-\boldsymbol{b}$、$2\boldsymbol{a}+\boldsymbol{b}$ 和 $\boldsymbol{a}+2\boldsymbol{b}$ 位置都有二重旋转轴，见图 6-37（d）。将六方菱形格子切分为两个正三角形，正三角形中心有三重旋转轴，在三重旋转轴垂直的平面点阵上，$\boldsymbol{a}-\boldsymbol{b}$、$\boldsymbol{a}+2\boldsymbol{b}$、$2\boldsymbol{a}+\boldsymbol{b}$ 位置有二重旋转轴，见图 6-37（d）。

D_{4h} 对应正方形格子，格子顶点位置以及正方形中心位置有四重旋转轴，四重旋转轴与平面点阵垂直，在平面点阵 $\boldsymbol{a}$、$\boldsymbol{b}$、$\boldsymbol{a}+\boldsymbol{b}$、$\boldsymbol{a}-\boldsymbol{b}$ 位置有二重旋转轴，见图 6-37（a）。

D_{2h} 对应正交格子，格子顶点、格子中心和棱心都有二重旋转轴，二重旋转轴与平面点阵垂直，在平面点阵 $\boldsymbol{a}$、$\boldsymbol{b}$ 位置也有二重旋转轴，见图 6-37（b）。

C_{2h} 对应一般平行四边形格子，垂直于格子平面，穿过格子顶点、格子中心和棱心都有二重旋转轴，但在与二重旋转轴垂直的点阵平面上，没有二重旋转轴，见图 6-37（e）。

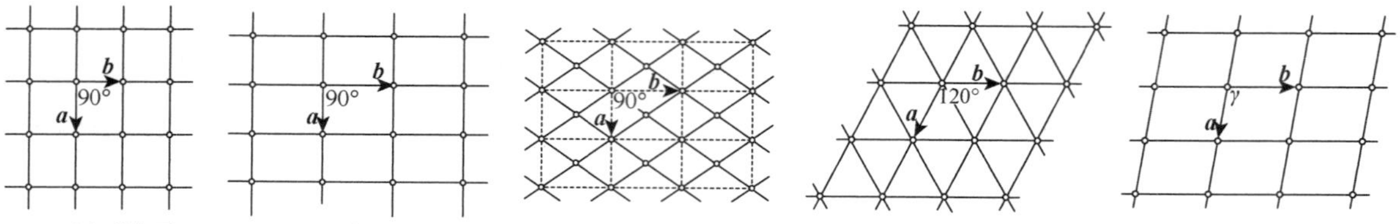

图 6-37　五类平布拉维面格子类型

平面点阵所在的镜面与垂直的旋转轴组合，生成反轴。平面点阵上的二重旋转轴与主轴垂直，与平面点阵所在的镜面组合生成直立或对角反映面，构成 D_{nh} 群。只有一般平行四边形格子没有与主轴垂直的二重旋转轴，因而只构成 C_{2h} 群。正方形格子、正交格子、六方菱形格子和平行四边形格子包含的点阵点数都等于 1，都属于素格子。

当平面点阵的格子是一般菱形格子，即 $\gamma \neq 120°$，由于菱形格子的两条对角线相互垂直，除了在格子顶点，以及垂直格子平面，经过格子中心存在二重旋转轴外，在点阵平面上，格子的对角线方向也有二重旋转轴。按照平面格子的选取标准，即尽可能满足基向量的交角 $\gamma = 90°$，选择相邻两个菱形格子的对角线作为基向量，这样就得到有心正交格子，其点阵点数等于 2，属于复格子，见图 6-37（c）。与平面点阵垂直的方向，除了点阵点占据的顶点和面心有二重旋转轴外，两条棱的中心也是二重旋转轴，而在点阵平面上，复格子的基向量 $\boldsymbol{a}$、$\boldsymbol{b}$ 位置都有二重旋转轴，点群为 D_{2h}。

用二维空间描述平面点阵，平面格子组成的网格用二维向量空间描述。当微粒占据格子的不同对称性位点时，在平面格子范围内的所有对称元素组成二维布拉维群。因微粒占据的位置不同，二维晶体的对称性不同。二维布拉维群总共 17 个，包括 2 个斜方群，7 个正交群，3 个四方群，5 个六方群[14]。

6.3.2　特征对称元素与晶系的划分

在晶体的点群和空间群中，对称轴的最高重数只可能是 6、4、3、2、1 中之一，使得平面格子的选取只可能有五种，用此方法，很容易在晶体的微粒堆积图的各种晶面中找出最高对称轴，并指定为基向量 $\boldsymbol{c}$ 的方向。按照微粒堆积层的重复结构单位，确定出基向量 $\boldsymbol{c}$ 的长度。最高对称轴自然就成了晶体对称性分类的特征对称元素，特征对称元素的作用是便于晶体结构测定和分析人员指定晶体的点群和空间群所属类别。

（1）最高对称轴不止一条，包括 T、T_h、T_d、O、O_h，它们共同的对称元素是四条三重轴，而且相邻两条之间交角等于 70.5288°，这决定了空间格子的形状必为立方体，因为只有立方体的四条体对角线才满足此几何条件。即有 $a=b=c$，$\alpha=\beta=\gamma=90°$。T_d 有三条四重反轴，O 和 O_h 有三条四重对称轴，空间格子的形状均为立方体，这类晶体的特征对称元素就是四条三重轴，所属晶系定为立方晶系。

若最高对称轴只有一条，按照对称轴重数的高低顺序依次排列：

（2）最高对称轴为六重旋转轴或六重反轴，定为六方晶系。六方晶系的结构特征较为独特，晶体按照

(001) 晶面划分，就是晶体的层堆积结构。在堆积层内，微粒排列围绕六重对称轴呈正六角形，从正六角形堆积结构得到一种特殊的菱形平面格子，即 $a=b$ ，$\gamma=120°$ 。在菱形平面格子垂直的方向，找出层堆积重复的最小基向量 $\boldsymbol{c}$，必然 $\alpha=\beta=90°$ 。六方晶系最简单的微粒堆积对称性为 C_6 和 I_6（I_6 就是 C_{3h} 群）。若在六重对称轴垂直的方向存在水平镜面，对称性为 C_{6h} 。若只存在包含六重对称轴的直立和对角镜面，对称性为 C_{6v} 。在堆积层内的正六角形微粒排列图中，可能在 $\boldsymbol{a}$ 、$\boldsymbol{b}$ 、$\boldsymbol{a}+\boldsymbol{b}$ 、$\boldsymbol{a}-\boldsymbol{b}$ 、$2\boldsymbol{a}+\boldsymbol{b}$ 、$\boldsymbol{a}+2\boldsymbol{b}$ 位置存在二重旋转轴，对称性为 D_6 。除了 D_6 的对称元素之外，在六重对称轴垂直的方向存在水平镜面，对称性为 D_{6h} 。

（3）最高对称轴为三重旋转轴或三重反轴，定为三方晶系。三方晶系的结构特征与六方晶系相似，晶体也有 (001) 晶面层堆积的特点。在堆积层内，微粒排列围绕三重对称轴呈正三角形，两个正三角形共用边，也组合成菱形平面格子，即 $a=b$ ，$\gamma=120°$ 。在垂直方向，也存在堆积层重复的最小基向量 $\boldsymbol{c}$，而且 $\alpha=\beta=90°$ 。由此可见，三方晶系存在一个类似六方晶系的坐标系，这是由三方晶体的层堆积结构决定的。三方晶系最简单的微粒堆积对称性为 C_3 和 I_3 ，I_3 也常示为 S_6 。如果只存在包含三重对称轴的直立和对角镜面，对称性为 C_{3v} 。在堆积层内的正三角形微粒排列图中，可能在 $\boldsymbol{a}-\boldsymbol{b}$ 、$\boldsymbol{a}+2\boldsymbol{b}$ 、$2\boldsymbol{a}+\boldsymbol{b}$ 位置存在二重旋转轴，对称性为 D_3 。除 D_3 群的对称元素外，有包含主轴的对角镜面 σ_d ，三条二重轴和三个对角镜面组合产生一条三重反轴，对称性为 D_{3d} 。

值得注意的是，晶体的对称轴包括旋转轴和反轴，但不使用象转轴，在晶体点群中，螺旋轴视为旋转轴。在微粒堆积层垂直的方向或基向量 $\boldsymbol{c}$ 方向是三重轴，而不是六重轴，与堆积层平行的方向有水平反映面，对称性为 C_{3h} 。除 C_{3h} 的对称元素外，堆积层内还有垂直于三重轴的二重旋转轴，对称性就上升为 D_{3h} 。C_{3h} 和 D_{3h} 的三重轴与水平反映面组合，必然产生六重反轴，从而属于六方晶系。

（4）最高对称轴为一条四重旋转轴或四重反轴，定为四方晶系。在四重轴垂直的堆积层内，微粒围绕四重轴呈正方形排列堆积，从正方形堆积结构得到正方形平面格子，即 $a=b$ ，$\gamma=90°$ 。在正方形格子垂直的方向，找出层堆积重复的最小基向量 $\boldsymbol{c}$，必然有 $\alpha=\beta=90°$ 。四方晶系最简单的微粒堆积对称性为 C_4 和 I_4。若在四重对称轴垂直的方向存在水平镜面，对称性为 C_{4h} 。若只存在包含四重对称轴的直立和对角镜面，对称性为 C_{4v}。在堆积层内的正方形微粒排列图中，可能在 $\boldsymbol{a}$ 、$\boldsymbol{b}$ 、$\boldsymbol{a}+\boldsymbol{b}$ 、$\boldsymbol{a}-\boldsymbol{b}$ 位置存在二重旋转轴，对称性为 D_4 。除了 D_4 的对称元素之外，在四重轴垂直的方向还存在水平镜面，对称性为 D_{4h} 。

晶体有三条相互垂直的二重轴，其中一条为主轴，如果同时有包含主轴的对角镜面 σ_d ，点群为 D_{2d} ；因为两条二重轴和两个对角镜面组合出一条四重象转轴，即四重反轴，所以 D_{2d} 点群的晶体也属于四方晶系。

最高对称轴为二重旋转轴或二重反轴，较为复杂，再进行细分：

（5）平面格子为正交格子，而基向量 $\boldsymbol{c}$ 与之垂直，即 $\alpha=\beta=\gamma=90°$ ，定为正交晶系。可能是有三条相互垂直的二重轴，点群为 D_2 ；也可能是一条二重轴，两个相互垂直的镜面，点群为 C_{2v} ；还可能是三个相互垂直的镜面，点群为 D_{2h} 。特征对称元素为三条相互垂直的二重轴，或为两个相互垂直的镜面。

（6）平面格子为平行四边形格子，$\gamma\neq90°$ ，而基向量 $\boldsymbol{c}$ 与之垂直，即 $\alpha=\beta=90°$ ，定为单斜晶系。也可能是平面格子为正交格子，$\gamma=90°$ ，而基向量 $\boldsymbol{c}$ 与 $\boldsymbol{b}$ 垂直，即 $\alpha=90°$ ，但 $\boldsymbol{c}$ 与 $\boldsymbol{a}$ 的交角 $\beta\neq90°$ ，此种情形也定为单斜晶系。

没有对称轴的晶体，可以抽象出最一般的平行六面体格子，最高对称性就是只有对称中心 $\bar{1}$ ，晶体的对称性低，没有特征对称元素，属于如下情形。

（7）平面格子为一般平行四边形格子，$\gamma\neq90°$ ，而基向量 $\boldsymbol{c}$ 与 $\boldsymbol{a}$、$\boldsymbol{b}$ 的交角不全都等于 90°，定为三斜晶系。三斜晶系的空间格子是最一般的平行六面体，对称性为 C_i 。晶体微粒堆积图的最高对称性就是 C_i ，不然，晶体就没有任何对称元素，对称性为 C_1 。

综合晶体的对称性分类，晶体划分为七个晶系。按照对称性的高低，又大致分为高级、中级、低级晶系。立方晶系为高级晶系；六方、四方和三方晶系为中级晶系；正交、单斜和三斜晶系为低级晶系。晶系是依据对称性进行分类的，因而与晶体的对称点群存在必然联系，32 个点群中，有 5 个属于立方晶系，有 7 个属于六方晶系，有 7 个属于四方晶系，有 5 个属于三方晶系，有 3 个属于正交晶系，有 3 个属于单斜晶系，有 2 个属于三斜晶系。

晶胞的选取原则也依据于晶体的对称性，所选取的晶胞必然将反映晶体的最高对称性，对称性也决定了晶胞和空间格子的坐标系。晶系的特征对称元素、包括的点群，以及晶胞和空间格子的坐标参数的对应关系列于表 6-5。

表 6-5　晶系的特征对称元素、包括的点群，以及晶胞和空间格子的坐标参数

晶系	晶族	特征对称元素	点群		惯用坐标系		
			熊夫利符号	国际符号	平面格子	空间格子	待测参数
立方	立方 c	四条三重轴或三重反轴	O_h O T_d T_h T	$m\bar{3}m$ 432 $\bar{4}3m$ $m\bar{3}$ 23	正方形 $a=b$ $\gamma=90°$	cP cI cF $a=b=c$ $\alpha=\beta=\gamma=90°$	a
六方	六方 h	一条六重轴或六重反轴	D_{6h} D_6 C_{6v} D_{3h} C_{6h} C_6 C_{3h}	$6/mmm$ 622 $6mm$ $\bar{6}m2$ $6/m$ 6 $\bar{6}$	六方菱形 $a=b$ $\gamma=120°$	hP $a=b$ $\alpha=\beta=90°$ $\gamma=120°$	a、c
三方	六方 h	一条三重轴或三重反轴	D_{3d} D_3 C_{3v} I_3 C_3	$\bar{3}m$ 32 $3m$ $\bar{3}$ 3	六方菱形 $a=b$ $\gamma=120°$	hP hR $a=b$ $\alpha=\beta=90°$ $\gamma=120°$	a、c
					三方菱形 $a=b$	hR $a=b=c$ $\alpha=\beta=\gamma$	a α
四方	四方 t	一条四重轴或四重反轴	D_{4h} D_4 D_{2d} C_{4v} C_{4h} I_4 C_4	$4/mmm$ 422 $\bar{4}2m$ $4mm$ $4/m$ $\bar{4}$ 4	正方形 $a=b$ $\gamma=90°$	tP tI $a=b$ $\alpha=\beta=\gamma=90°$	a、c
正交	正交 o	三条相互垂直的二重轴或两个相互垂直的镜面	D_{2h} D_2 C_{2v}	mmm 222 $mm2$	正交或有心正交 $\gamma=90°$	oP、oI、oF、oC 或 oA 或 oB $\alpha=\beta=\gamma=90°$	a、b、c
单斜	单斜 m	一条二重轴与 b 平行或一个镜面	C_{2h} C_2 C_s	$2/m$ 2 m	正交或有心正交 $\gamma=90°$	mP、mC 或 mA $\alpha=\gamma=90°$	a、b、c β
		一条二重轴与 c 平行或一个镜面			平行四边形	mP、mA 或 mB $\alpha=\beta=90°$	a、b、c γ
三斜	三斜 a	无	C_i C_1	$\bar{1}$ 1	平行四边形	aP	a、b、c α、β、γ

注：点群国际符号为简缩符号。

6.3.3　晶体坐标系与 14 类布拉维空间格子

在与最高对称轴垂直的晶面上，根据微粒排列堆积的特征抽象出对应的平面格子，与基向量 $\boldsymbol{c}$ 的方向和长度相联系，按照空间格子的选取原则，就得到空间格子。在指定平面格子的过程中，同时确知基向量 $\boldsymbol{a}$ 和 $\boldsymbol{b}$ 以及交角 γ。指定基向量 $\boldsymbol{c}$ 的方向和长度，也就确知了基向量 $\boldsymbol{a}$ 和 $\boldsymbol{c}$ 的交角 β，基向量 $\boldsymbol{b}$ 和 $\boldsymbol{c}$ 的交角 α，于是晶体坐标系就建立起来了。在三维点空间中，任意点阵点 Q 的坐标，用向量空间中的基向量表示为

$$\boldsymbol{OQ} = x\boldsymbol{a} + y\boldsymbol{b} + z\boldsymbol{c}$$

晶体坐标系为右手系，坐标轴为 x、y、z，坐标轴上的基向量分别为 $\boldsymbol{a}$、$\boldsymbol{b}$、$\boldsymbol{c}$，坐标轴的交角符号是约定的、不能改变，晶轴常用 $\boldsymbol{a}$、$\boldsymbol{b}$、$\boldsymbol{c}$ 基向量符号标记。

1848 年，布拉维（Bravais）首先确立晶体结构的对称性表达，并证明了晶体有 14 种周期性空间格子，也称为布拉维格子。1890 年，费多洛夫和熊夫利先后推导出全部 230 个空间群，费多洛夫群是将晶体的三维均匀、间断空间，转变为三个基向量表示的向量空间，显然三个基向量不能同时共面，其方向由交角指定。间断距离转变为向量，符合晶体的三维周期性。三维周期性用平移对称性表示，向量端点对应于点阵点，而三个单位向量两两构成的平面格子连接组成的平行六面体格子，就是空间格子。长度最短的三个基向量组成的平行六面体成为初基格子六面体，是三维空间点阵的最小单位，周期平移群为

$$\boldsymbol{T}_0 = m\boldsymbol{a}_0 + n\boldsymbol{b}_0 + p\boldsymbol{c}_0 \text{ , } m,n,p = 0,\pm1,\pm2,\cdots$$

满足晶体对称性的空间格子，是正当空间格子，也代表了三维空间点阵的对称性，正当空间格子也是三维空间点阵的周期平移单位，周期平移群为

$$\boldsymbol{T} = m\boldsymbol{a} + n\boldsymbol{b} + p\boldsymbol{c} \text{ , } m,n,p = 0,\pm1,\pm2,\cdots$$

其中，$\boldsymbol{T}$ 是 $\boldsymbol{T}_0$ 的子群。点阵点是全对称的，而晶体中，点阵点对应结构基元，只有结构基元是单个球形原子或离子，才可能与空间点阵的对称性一致，或者说微粒堆积的对称性与空间点阵的对称性相同，因而正当空间格子的对称性最高。由基向量端点形成的网格称为晶格，向量端点称为格点，与三维空间点阵对应。正当空间格子的基向量确定的晶格，只包含初基向量形成晶格的部分格点，其他格点包含在非周期性对称平移所对应的点阵点中。选取晶体的点阵结构中一个格点作为三维向量空间的原点，由正当空间格子的周期平移群 $\boldsymbol{T}$ 导出一个点阵。同时通过原点处的格点观察找出整个三维点阵存在的、尽可能多的对称元素，确定出最高点群。如果初基平行六面体 $(\boldsymbol{a}_0,\boldsymbol{b}_0,\boldsymbol{c}_0)$ 满足晶体最高对称性条件，符合空间格子选取标准，得到的正当空间格子称为简单格子 P，$\boldsymbol{a}=\boldsymbol{a}_0$，$\boldsymbol{b}=\boldsymbol{b}_0$，$\boldsymbol{c}=\boldsymbol{c}_0$。如果初基平行六面体 $(\boldsymbol{a}_0,\boldsymbol{b}_0,\boldsymbol{c}_0)$ 未体现晶体最高对称性，以晶体的最高对称性为标准，根据晶系分类，按照点阵和晶体对称性由高到低的原则，依次找出与晶格和晶胞最高对称性匹配的正当空间格子。符合非周期平移对称性的空间格子类型有简单格子、体心格子、面心格子、底心格子和六方 R 心格子，见图 6-20。

晶体晶格的格点对称性由初基格子的格点对称性确定，由一个格点 O 引出六个向量 $\boldsymbol{a}_0$、$-\boldsymbol{a}_0$、$\boldsymbol{b}_0$、$-\boldsymbol{b}_0$、$\boldsymbol{c}_0$、$-\boldsymbol{c}_0$，连接八个初基格子组成初基超格子，该格点的对称性或三维空间点阵相对于格点的对称性，与六个向量构成的超格子的对称性一致[15]。对于六方晶系，一个格点引出五个向量 $\boldsymbol{a}_0$、$\boldsymbol{b}_0$、$-\boldsymbol{a}_0-\boldsymbol{b}_0$、$\boldsymbol{c}_0$、$-\boldsymbol{c}_0$，连接六个初基格子组成六方超格子，格点的对称性则是与五个向量构成的六方超格子的对称性一致，见图 6-38。

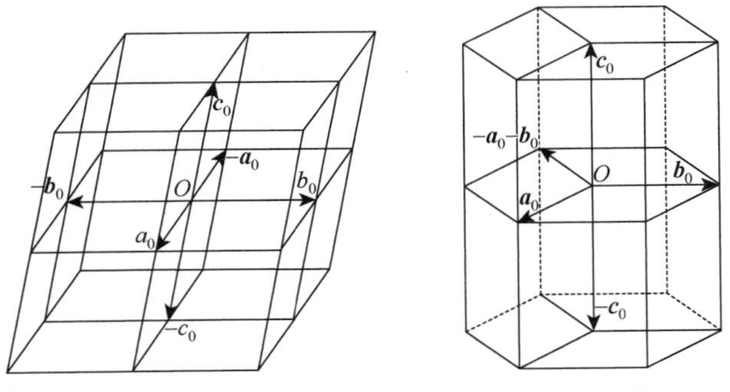

图 6-38　确定对称性的格点、向量和超格子

按晶体对称性，选出二维正当平面格子，指定两个基向量 $\boldsymbol{a}$ 和 $\boldsymbol{b}$，再选取第三个非共面基向量 $\boldsymbol{c}$，获得正当空间格子的基向量。比较由结构基元抽象的点阵，以及按正当空间格子基向量平移所得的点阵，确定因体现对称性而产生的非周期平移向量 $\boldsymbol{t}_3$

$$\boldsymbol{t}_3 = x\boldsymbol{a} + y\boldsymbol{b} + z\boldsymbol{c}$$

其中，x、y、z 为分数，$\boldsymbol{t}_3$ 也称为对称平移向量，这样就可以推出空间格子的类型了。第一，由正当空间格子三个基向量还原点阵，并与原晶体点阵重合。第二，部分未还原的点阵点，由非周期平移 $\boldsymbol{t}_3$ 导出坐标 x、y、z 值，形成有心空间格子。第三，由于点阵结构的对称性高于晶体对称性，三维点阵都有对称中心，即平移同时存在 $\boldsymbol{t}$ 和 $-\boldsymbol{t}$，即本身有反演性。因而，确定点阵结构的对称性只需找出包含对称中心的 11 个点群，见表 6-6。第四，格点的对称性或者点阵的最高对称性，与晶系的最高对称性符合，产生七大类晶系。点阵

结构中点阵点是全对称的，并不产生螺旋轴和滑移面，只存在对称平移操作，所以，每个晶系的空间格子类型也是有限的，用 32 点群的对称元素就能完成空间格子的推导。

表 6-6　14 种布拉维空间格子类型

晶体对称性			对称平移		空间格子	
晶体点群	有对称中心的点群	点阵的最高点群	平面格子类型	$(0,0,0)+(x,y,z)$ $\boldsymbol{t}_3 = x\boldsymbol{a}+y\boldsymbol{b}+z\boldsymbol{c}$	名称	国际符号
$\frac{4}{m}\bar{3}\frac{2}{m}$ 432 $\bar{4}3m$ $\frac{2}{m}\bar{3}$ 23	$\frac{4}{m}\bar{3}\frac{2}{m}$ $\frac{2}{m}\bar{3}$	$\frac{4}{m}\bar{3}\frac{2}{m}$	正方形		立方简单	cP
				$\left(\frac{1}{2},\frac{1}{2},\frac{1}{2}\right)$	立方体心	cI
				$\left(0,\frac{1}{2},\frac{1}{2}\right)+\left(\frac{1}{2},0,\frac{1}{2}\right)+\left(\frac{1}{2},\frac{1}{2},0\right)$	立方面心	cF
$\frac{6}{m}\frac{2}{m}\frac{2}{m}$ 622 $6mm$ $\bar{6}m2$ $\frac{6}{m}$ $\bar{6}$ 6	$\frac{6}{m}\frac{2}{m}\frac{2}{m}$ $\frac{6}{m}$	$\frac{6}{m}\frac{2}{m}\frac{2}{m}$	六方菱形		六方简单	hP
$\bar{3}\frac{2}{m}$ 32 $3m$ $\bar{3}$ 3	$\bar{3}\frac{2}{m}$ $\bar{3}$	$\bar{3}\frac{2}{m}$	六方菱形		六方简单	hP
				$\left(\frac{2}{3},\frac{1}{3},\frac{1}{3}\right)+\left(\frac{1}{3},\frac{2}{3},\frac{2}{3}\right)$	六方 R 心	hP
$\frac{4}{m}\frac{2}{m}\frac{2}{m}$ 422 $\bar{4}2m$ $4mm$ $\frac{4}{m}$ $\bar{4}$ 4	$\frac{4}{m}\frac{2}{m}\frac{2}{m}$ $\frac{4}{m}$	$\frac{4}{m}\frac{2}{m}\frac{2}{m}$	正方形		四方简单	tP
				$\left(\frac{1}{2},\frac{1}{2},\frac{1}{2}\right)$	四方体心	tI
$\frac{2}{m}\frac{2}{m}\frac{2}{m}$ 222 $mm2$	$\frac{2}{m}\frac{2}{m}\frac{2}{m}$	$\frac{2}{m}\frac{2}{m}\frac{2}{m}$	简单矩形		正交简单	oP
				$\left(\frac{1}{2},\frac{1}{2},\frac{1}{2}\right)$	正交体心	oI
				$\left(\frac{1}{2},\frac{1}{2},0\right)$或$\left(\frac{1}{2},0,\frac{1}{2}\right)\left(0,\frac{1}{2},\frac{1}{2}\right)$	正交底心	oC 或 oB 、oA
			有心矩形	$\left(\frac{1}{2},\frac{1}{2},0\right)$	正交底心	oA
				$\left(0,\frac{1}{2},\frac{1}{2}\right)+\left(\frac{1}{2},0,\frac{1}{2}\right)+\left(\frac{1}{2},\frac{1}{2},0\right)$	正交面心	oF
$\frac{2}{m}$ 2 m	$\frac{2}{m}$	$\frac{2}{m}$	平行四边形		单斜简单	mP
				$\left(0,\frac{1}{2},\frac{1}{2}\right)$	单斜底心	mA 或 mB
$\bar{1}$ 1	$\bar{1}$	$\bar{1}$	平行四边形		三斜简单	aP

注：点群国际符号为完全符号。

空间格子符号用两个字母表示，第一个为小写英文字母，取自晶族（也代表晶系），立方晶系为 c（cubic），六方晶系为 h（hexagonal），三方晶系为 h（trigonal），四方晶系为 t（tetragonal），正交晶系为 o（orthorhombic），单斜晶系为 m（monoclinic），三斜晶系为 a（anorthic，triclinic）。第二个字母为大写英文字母，表示空间格子类型，初基素格子或简单格子为 P，体心格子为 I，面心格子为 F，底心格子为 C 或 A、B。三方 R 心格子是三方晶系独有的格子类型，用 hR 表示。

立方晶系有三类空间格子，分别是简单格子 cP、体心格子 cI 和面心格子 cF。因为立方晶系的特征对称元素为 4 条三重轴，该对称性限制了立方晶系没有底心格子，因为底心格子导致体对角线没有三重轴，见图 6-39（a）。

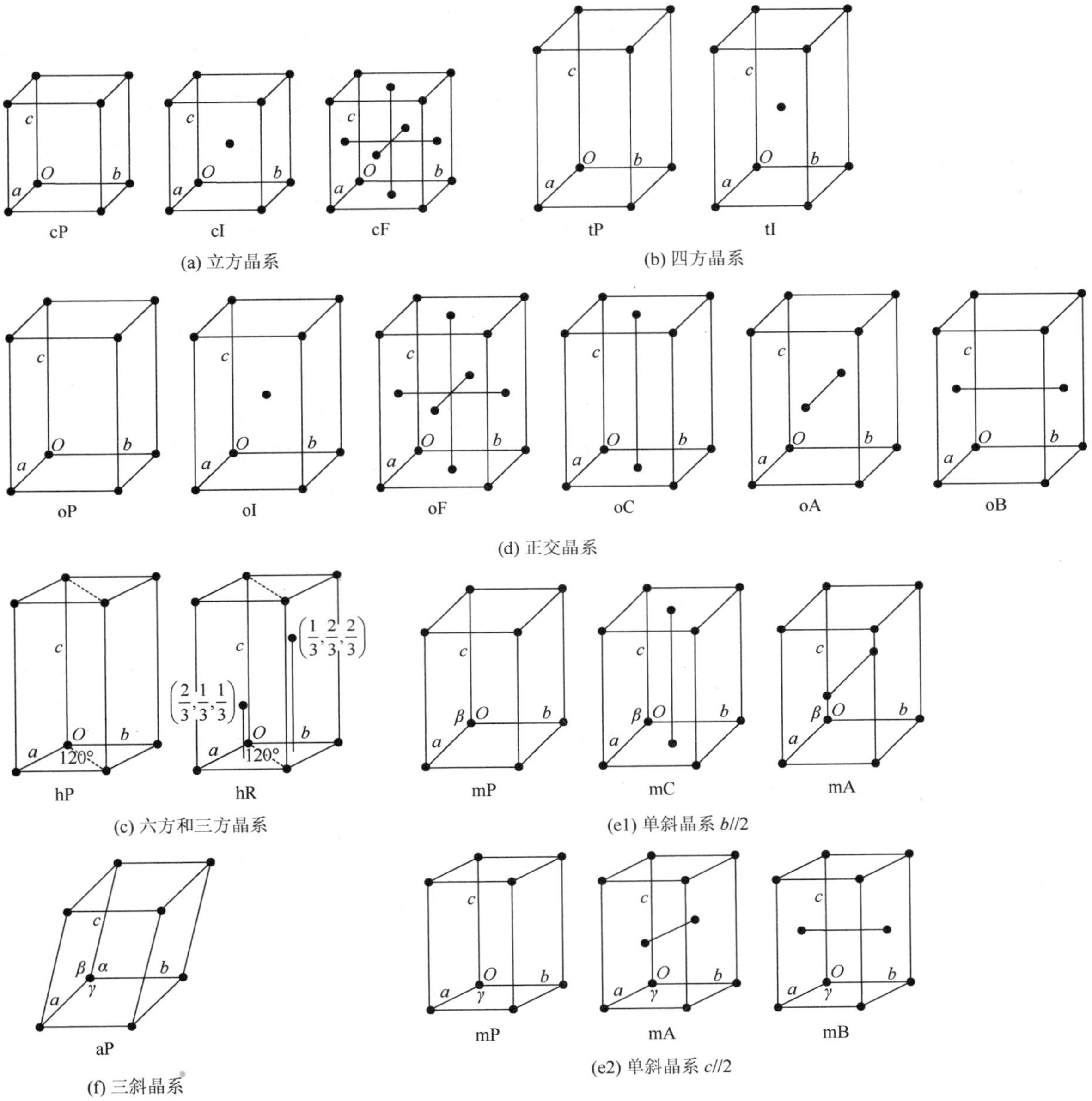

图 6-39　七类晶系的 14 类布拉维空间格子

四方晶系有两类空间格子，分别是简单格子 tP、体心格子 tI，见图 6-39（b）。四方晶系没有底心格子，因为四方底心格子可以划分出体积更小的四方简单格子，见图 6-40（a）。四方晶系也没有面心格子，因为四方面心格子可以划分出体积更小的四方体心格子，见图 6-40（b）。

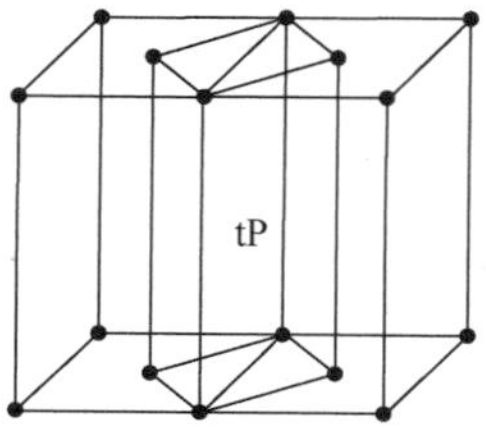

(a) 四方底心格子中存在体积更小的四方简单格子

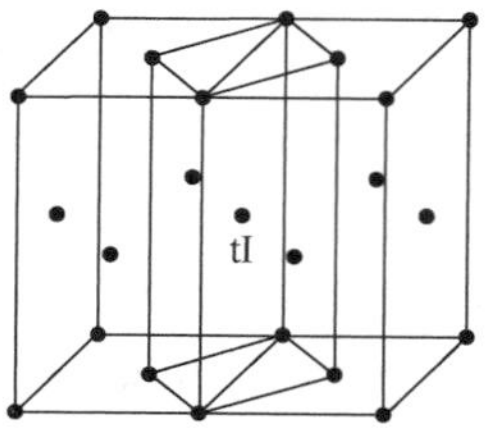

(b) 四方面心格子中存在体积更小的四方体心格子

图 6-40　四方晶系没有底心和面心格子

六方晶系只有一类空间格子，那就是简单格子 hP 。三方晶系有两类空间格子，分别是简单格子 hP 和 R 心格子 hR，见图 6-39（c）。由于三方菱面体格子经过几何关系可以变换为 hR 格子，所以三方晶系经常用六方坐标系表达空间格子，与六方晶系不同的是三方晶系的最高重对称轴为三重轴或三重反轴，而六方晶系的最高重对称轴为六重轴或六重反轴。图 6-41 是三方菱面体格子与 hR 格子的几何关系，hR 格子的坐标系是六方坐标系 (a_H, b_H, c_H)，三重轴与 c_H 平行。三方菱面体格子的坐标系是三方坐标系 (a_R, b_R, c_R)，其中，$a_R = b_R = c_R$，基向量交角 $\alpha = \beta = \gamma$。三方菱面体格子是初基格子，用 tR 表示，菱面体晶胞是初基晶胞，三重轴在菱面体的体对角线 $\boldsymbol{a}_R + \boldsymbol{b}_R + \boldsymbol{c}_R$ 方向。三方晶体与六方晶体有相似的层堆积结构 ABCABC…，三重轴也与堆积层垂直，因而三方晶体用六方坐标系表达更直观，也更简便。1983 年，晶体学国际表开始使用六方坐标系表达三方晶系晶体的空间格子和晶胞，并与菱面体格子和晶胞相对照[16]。

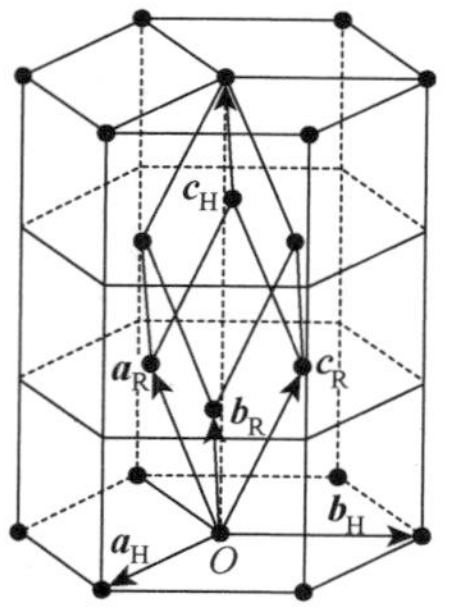

三方菱面体与六方R心格子

图 6-41　三方菱面体格子与 hR 格子的几何关系

正交晶系四类空间格子齐全，分别是简单格子 oP 、体心格子 oI 、面心格子 oF 、底心格子 oC ，或 oA 、oB ，见图 6-39（d）。底心格子可能是 oC 、 oA 、 oB ，二重轴被定为坐标轴 *z*，与基向量 ***c*** 平行，底心点阵点所在的平行面与基向量 ***a*** 垂直，为底心格子 oA ，平行面与基向量 ***b*** 垂直，为底心格子 oB ，平行面与基向量 ***c*** 垂直，为底心格子 oC 。

单斜晶系有两类空间格子，分别是简单格子 mP 和底心格子 mC 。单斜空间格子的特点是有一对面是平行四边形，这对面的面心不可能有点阵点，即单斜底心的点阵点一定不在与二重轴垂直的一对面的面心上，而是在其他两对面的面心，否则，将约化为体积更小的简单格子，见图 6-42。单斜晶体的结构测定有两种表达方式，第一种情况平面格子为正交格子，$\gamma = 90°$，而基向量 ***c*** 与 ***b*** 垂直，即 $\alpha = 90°$，但 ***c*** 与 ***a*** 的交角 $\beta \neq 90°$，二重轴必定与基向量 ***b*** 平行，底心格子可能是 mC 和 mA 。第二种将二重轴定为基向量 ***c*** 方向，平面格子为平行四边形格子，$\gamma \neq 90°$，在此种情况下，基向量 ***c*** 与平面格子垂直，$\alpha = \beta = 90°$，底心格子可能是 mA 和 mB ，见图 6-39（e）。

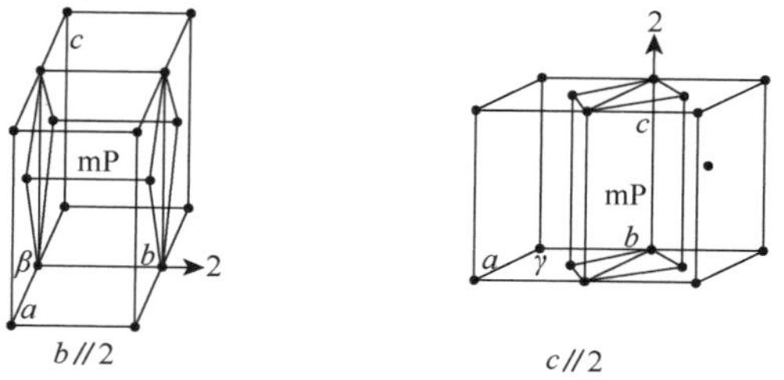

图 6-42　单斜底心格子的一对有心面不能与二重轴垂直

三斜晶系只有一类空间格子，是初基素格子，即简单格子 aP，见图 6-39（f）。

六方晶系常使用四轴坐标系表达六方棱柱侧位的六个晶面[14]。四轴坐标系的基向量分别为 $\boldsymbol{a}_1$、$\boldsymbol{a}_2$、$\boldsymbol{a}_3$、$\boldsymbol{a}_4$，见图 6-43。$\boldsymbol{a}_1$ 、$\boldsymbol{a}_2$ 、$\boldsymbol{a}_3$ 、$\boldsymbol{a}_4$ 分别在六棱柱的 *OA*、*OB*、*OC*、*OD* 的方向，对比六方三轴坐标系，四轴坐标系与三轴坐标系的基向量存在如下关系

$$\boldsymbol{a}_1=\boldsymbol{a}\,,\ \boldsymbol{a}_2=\boldsymbol{b}\,,\ \boldsymbol{a}_3=-\boldsymbol{a}-\boldsymbol{b}\,,\ \boldsymbol{a}_4=\boldsymbol{c} \tag{6-25}$$

其中，$\boldsymbol{a}_1$、$\boldsymbol{a}_2$、$\boldsymbol{a}_3$ 的长度相等，与 $\boldsymbol{a}_4$ 的交角均为 90°，$\boldsymbol{a}_3$ 与 $\boldsymbol{a}_1$、$\boldsymbol{a}_3$ 与 $\boldsymbol{a}_2$ 的交角都为 120°。由晶面在四条轴上的截距或截数，求得的晶面指标为 $(h^*k^*i^*l^*)$，因为

$$\boldsymbol{OA}=\frac{n}{h^*}\boldsymbol{a}_1\,,\ \boldsymbol{OB}=\frac{n}{k^*}\boldsymbol{a}_2\,,\ \boldsymbol{OC}=\frac{n}{i^*}\boldsymbol{a}_3\,,\ \boldsymbol{OD}=\frac{n}{l^*}\boldsymbol{a}_4 \tag{6-26}$$

其中，n 为整数。由关系式 $\boldsymbol{a}_3=-\boldsymbol{a}-\boldsymbol{b}=-\boldsymbol{a}_1-\boldsymbol{a}_2$，将式（6-26）代入

$$\frac{i^*}{n}\boldsymbol{OC}=-\frac{h^*}{n}\boldsymbol{OA}-\frac{k^*}{n}\boldsymbol{OB}$$

因为 $OA=OB=OC$，则有

$$i^*=-(h^*+k^*) \tag{6-27}$$

上式说明六方晶体的晶面指标 $(h^*k^*i^*l^*)$ 的第三位指标 i^* 不是独立指标，但很方便指明晶面与晶轴 $\boldsymbol{a}_3$ 的几何关系。例如，六方棱柱侧面的六个晶面的指标分别为 $10\bar{1}0$，$01\bar{1}0$，$\bar{1}100$，$\bar{1}010$，$0\bar{1}10$，$1\bar{1}00$。这些指标代表的晶面位置见图 6-43。

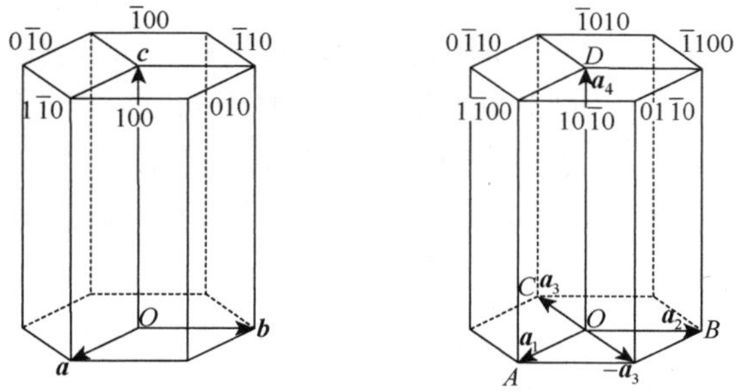

(a) 六方晶系三轴坐标系　　(b) 六方晶系四轴坐标系

图 6-43　六方晶系的四轴坐标系

6.3.4　晶胞与微粒位置

晶体的周期性重复排列的最小结构单元是结构基元，周期性平移的最小平移单位是晶胞。晶胞是晶体结构的核心，通过晶胞可以还原晶体的微粒堆积图，抽象出结构基元和空间格子，数出晶胞中的化学计量式单位数，计算晶体的密度。

现在我们回顾 LiBr 晶体，晶体的空间群为 O_h^5-$Fm\bar{3}m$，由晶体的离子堆积图，选取紧挨着的一对 Li^+-Br^- 离子作为结构单位，抽象出点阵结构。通常点阵点的放置是任意的，可是所选晶胞应尽可能体现晶体对称性，为了配合晶体坐标系原点的选取，也是为了确定空间格子和晶胞的原点位置，点阵点的放置就不再是随意的。这里涉及三个空间，第一个是结构基元生成的点阵结构中间断式的点空间，第二个是基向量生成的连续式的三维向量空间，第三个是微粒堆积图中由对称性生成正当空间格子所划分出的晶格空间。前两个空间生成平行六面体的空间格子，后一个生成晶胞。显然，三个空间不可分割，为了从点阵结构中划分空间格子，我们可以隐去微粒和结构基元，突出点阵结构；为了分析晶格的对称性，可以隐去点阵结构，突出向量空间；为了得出体现对称性的正当空间格子，借助图形软件和空间想象力，我们必须将三个空间紧密联系起来。

晶体的对称轴重数是有限的，导致点群种类有限，按最高对称轴分类，晶系只有七类，按晶系推导的空间格子也是有限的，全部只有 14 类，所以，按照晶体的对称性，只要很好地划出结构基元，就很容易得出任何晶体所属的晶系、初基空间格子、正当空间格子，并建立晶体的坐标系。最后，以体现晶体最高对称性为原则，用正当空间格子确定的小空间，从微粒堆积图中取出正当晶胞。

根据晶胞的选取标准，晶胞要最大限度体现晶体的对称性，包括空间群中的所有对称元素，就必须将晶胞的原点放置在对称性最高的位点上，并在空间格子确定的范围内，使得晶胞包含晶体空间群的全部对称元素。当我们将点阵空间、向量空间、晶体晶格等三个空间放在同一个三维空间时，合理地将点阵点放

在对称性最高的格点上，并保持空间点阵对称性和向量空间对称性的一致。这种做法可能导致对称性位点和格点上没有原子或离子。晶体坐标系原点的选取习惯是：①以最高对称性位点选为晶体坐标系原点，90种有对称中心的空间群，选取对称中心为晶体坐标系原点。这使得一部分空间群出现两套对称元素位置的表述，也就必然导致两种晶胞。不过根据晶体的周期平移群概念，即晶胞是晶体中最小的周期平移单位，两种晶胞表达的晶体本质是一样的。例如，空间群 $D_{2h}^4\text{-}P\dfrac{2}{b}\dfrac{2}{a}\dfrac{2}{n}$，一种选择是将原点 (0,0,0) 定在对称中心 $\bar{1}$，另一种选择原点定在三条二重轴的交点 $22\dfrac{2}{n}$，即对称性最高的位点。②没有对称中心的空间群，原点选在最高对称性的位点，原点就在对称元素的交点或交线上。例如，空间群 $C_{2v}^{18}\text{-}Fmm2$，原点就选在对称性为 $mm2$ 的位点，第一位置 m 表示与 a 轴垂直的镜面，第二位置 m 表示与 b 轴垂直的镜面，第三位置 2 表示与 c 轴同向的二重轴。两个镜面的交线就是二重轴，原点就放在二重轴上。③对称元素既没有对称中心，也没有交点，原点就放在对称轴或对称面上。尤其是只有旋转轴和螺旋轴的空间群，当螺旋轴不相交时，原点放在螺旋轴围成的中心点上。例如，空间群 $O^6\text{-}P4_332$，原点就选在体对角线[111]方向的三重轴 3 上，在三条坐标轴方向，平行的 4_3 和 2_1 围成一个狭小空间，彼此不相交，该狭小空间的中心点即为原点。

单斜晶系有二重轴时，晶胞有两种。当二重轴定为 b 轴，为第一种晶胞；当二重轴定为 c 轴，为第二种晶胞。三方晶系有两种晶胞，一种是三方菱面体素晶胞，另一种是六方坐标系晶胞。

晶胞和空间格子是同一晶格空间中的正当单位，空间格子同时对应点阵和向量空间，晶胞对应晶体微粒堆积图，二者必然有相同的形状、尺寸和体积。不同的是，晶胞包含原子、离子、分子等微粒，因而微粒在晶胞中的位置十分重要，选择好原点后，在晶体坐标系 $\{O,a,b,c,\gamma,\beta,\alpha\}$ 中，晶胞中任意微粒 A 的位置向量 $\boldsymbol{OA}$ 为

$$\boldsymbol{OA} = x\boldsymbol{a} + y\boldsymbol{b} + z\boldsymbol{c} \tag{6-28}$$

则晶胞中任意微粒 A 的位置坐标为 (x,y,z)，晶胞中距离原点最远的微粒的位置向量为

$$\boldsymbol{OA}_{\text{far}} = \boldsymbol{a} + \boldsymbol{b} + \boldsymbol{c} \tag{6-29}$$

则微粒 A 的位置坐标必为分数，即 $0 \leqslant x < 1$、$0 \leqslant y < 1$、$0 \leqslant z < 1$，称为分数坐标。对于晶胞中位置坐标值有 1 的那些微粒，由位置坐标为分数的微粒，经过周期平移自然得出，它们的位置不必写出。

【例 6-1】 石墨有六方和三方晶型，六方石墨的层堆积方式为 ABAB…，空间群为 $D_{6h}^4\text{-}P\dfrac{6_3}{m}\dfrac{2}{m}\dfrac{2}{c}$，晶胞参数为 $a = 246.4\text{pm}$，$c = 671.1\text{pm}$。三方石墨的层堆积方式为 ABCABC…，空间群为 $D_{3d}^5\text{-}R\bar{3}m$，晶胞参数为 $a = 245.6\text{pm}$，$c = 1004.4\text{pm}$[17]，见图 6-44。指出结构基元、空间格子，画出晶胞，写出原子的分数坐标。

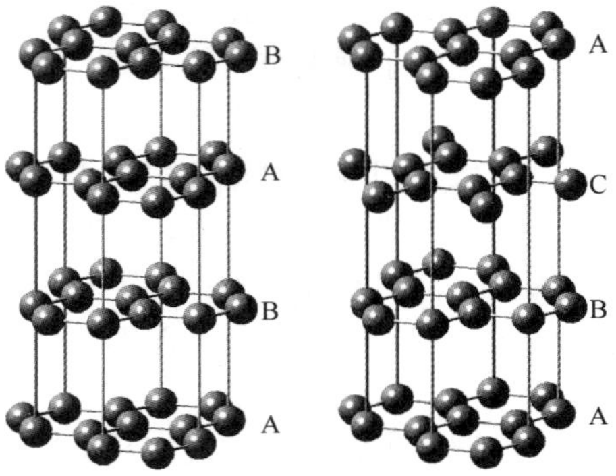

(a) 六方石墨的层堆积　　(b) 三方石墨的层堆积

图 6-44　六方和三方石墨的层堆积图

解： 六方石墨和三方石墨的层结构是完全相同的，单层的结构基元为两个相连 C—C，外加 4 个半键。层内划出六方菱形平面格子，石墨单层有六重旋转轴。六方石墨的层堆积方式为 ABAB…，垂直层的方向有 6_3 螺旋轴，也有六重反轴，是六方晶系的特征对称元素，晶体属于六方晶系。而三方石墨的层堆积方式

为 ABCABC⋯，垂直层的方向只有三重反轴 $\overline{3}$，对称中心在六元环中心，为三方晶系的特征对称元素，晶体属于三方晶系。见图 6-45。

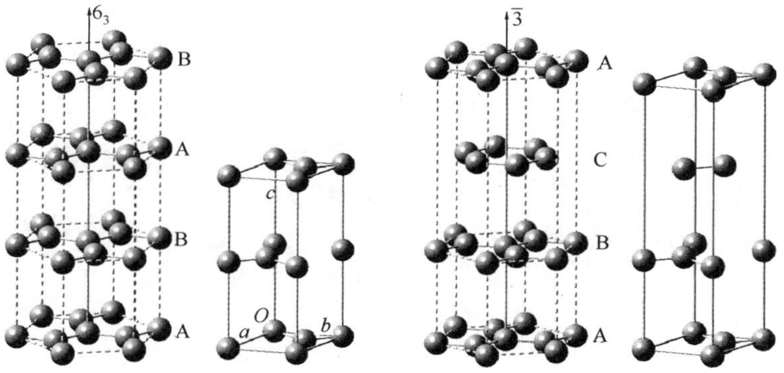

(a) 六方石墨的6_3螺旋轴　六方石墨晶胞　(b) 三方石墨的$\overline{3}$反轴　三方石墨晶胞

图 6-45 六方和三方石墨的特征对称元素和晶胞

六方石墨层堆积的重复周期为 ABA，晶体的结构基元由 AB 两层的结构基元 C—C 组合而成，即为 2C + 2C，得到六方简单格子 hP。三方石墨层堆积的重复周期为 ABCA，晶体的结构基元为单层结构基元 >C—C<，ABC 三层的结构基元取向一致时，得到三方 R 心格子 hR，见图 6-39。

六方和三方石墨同用六方坐标系表示，按照空间格子划出晶胞，见图 6-45。按照六方坐标系和晶胞，六方石墨晶胞中原子的位置为

$$\mathrm{C}\quad 2\mathrm{e}\quad 3m\quad (0,0,0),\ \left(0,0,\frac{1}{2}\right)$$

$$\mathrm{C}\quad 2\mathrm{f}\quad 3m\quad \left(\frac{1}{3},\frac{2}{3},0\right),\ \left(\frac{2}{3},\frac{1}{3},\frac{1}{2}\right)$$

三方石墨晶胞中原子的位置为

$$\mathrm{C}\quad 3\mathrm{a}\quad \overline{3}m\quad (0,0,0),\ \left(\frac{2}{3},\frac{1}{3},\frac{1}{3}\right),\ \left(\frac{1}{3},\frac{2}{3},\frac{2}{3}\right)$$

$$\mathrm{C}\quad 3\mathrm{c}\quad 3m\quad \left(0,0,\frac{1}{3}\right),\ \left(\frac{2}{3},\frac{1}{3},\frac{2}{3}\right),\ \left(\frac{1}{3},\frac{2}{3},0\right)$$

无论是六方石墨还是三方石墨，单层石墨层之间都通过分子间作用力结合，层间距 $d = 334.8\text{pm}$。

晶胞是晶体无限图形的缩影，是一个最小周期平移单位对应的最小的微粒堆积图。按照周期平移群，由晶胞可以还原晶体；晶胞范围内包含晶体的全部对称元素；由晶胞内的微粒数或结构基元数可以计算晶体的最简化学组成；由实验测定的晶胞参数，还可以计算晶体的理论密度 D_c。

$$D_c = \frac{ZM}{N_A V} \tag{6-30}$$

式中，Z 为晶胞中的化学计量式单位数；$N_A = 6.022\times10^{23}\text{mol}^{-1}$；$V$ 为晶胞体积；M 为化学计量式单位式量。晶胞中化学计量式单位数的计算类似于空间格子中的点阵点计算，具体算法如下：一块晶胞有 8 个顶点，顶点原子被紧邻的 8 块晶胞共用，在指定晶胞中占 $\frac{1}{8}$；晶胞有 12 条边，边上原子被 4 块相邻晶胞共用，在指定晶胞中占 $\frac{1}{4}$；晶胞共有 6 个面，面上原子被 2 块相邻晶胞共用，在指定晶胞中占 $\frac{1}{2}$；晶胞内原子不被其他晶胞共用，在指定晶胞中占比等于 1。按同类原子计算，各类原子总数的互质整数比就是晶体物质的最简化学式，也就是一个化学计量式单位。化学计量式单位数与结构基元数的除数是整数，结构基元数等于 1 的晶胞称为素晶胞，结构基元数大于 1 的晶胞称为复晶胞。

【例 6-2】 金刚石晶体有立方、六方晶型，从各个方向观察晶体，碳原子的堆积一样，全部键长也相等。

六方金刚石的空间群与六方石墨相同，为 D_{6h}^4-$P\dfrac{6_3}{m}\dfrac{2}{m}\dfrac{2}{c}$，晶胞参数为 $a=252.0\text{pm}$， $c=412.0\text{pm}$ [18]。立方金刚石的空间群是 O_h^7-$Fd\bar{3}m$，晶胞参数为 $a=356.68\text{pm}$，图 6-46 是两种晶体的原子堆积图。指出结构基元，画出晶胞。

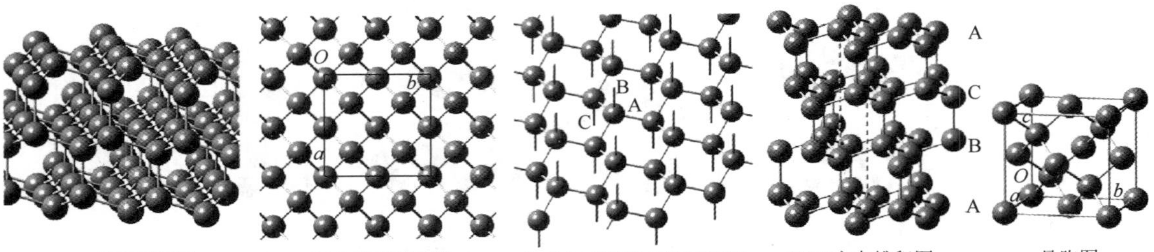

(110)晶面透视图　(001)晶面投影图　椅式六元环构成的层结构　[111]方向堆积图　晶胞图

图 6-46　立方金刚石的晶体结构

解：金刚石是一种波浪式的层堆积形式，层内每个碳原子结合三个碳原子，六个碳原子构成椅式六元环，环中相间的三个碳原子与上层碳原子构成正四面体，另三个碳原子与下层碳原子构成四面体。金刚石晶体结构中，层间 C—C 键长与层内 C—C 键长相等，没有石墨那种明显的层堆积以及较大的层间距。

立方金刚石的晶体结构中，有四个方向的堆积方式相同，这就是与四条体对角线[111]、[$\bar{1}$11]、[$\bar{1}\bar{1}$1]、[1$\bar{1}$1]垂直的方向，堆积层上六个碳原子连接成椅式六元环，六元环共用顶点联结成波浪层结构，穿过六元环中心，存在 $\bar{3}$ 反轴，是立方晶系的特征对称元素。另有三个方向的排列堆积也相同，该方向存在 4_1 和 4_3 螺旋轴，见图 6-36，这是 O_h 点群的特征。其实立方金刚石没有显著的堆积层结构，层间碳原子的距离与层中碳原子间距都相等，这只是从特征对称元素的角度观察金刚石晶体结构的一种方法。从 4 条体对角线方向观察，层堆积结构都是一样的，这说明了碳原子的高度对称结合，见图 6-46。沿立方坐标系的四条体对角线透视，每层与上下层的位置出现错位，并组成 ABCABC…的层堆积顺序，即 A 层的碳原子正对 B 层六元环中心，B 层的碳原子又正对 C 层六元环中心，而且跨越两层的六个碳原子连接成的六元环仍是椅式六元环。另外一种观察方法，是它的 3 条相互垂直的四重螺旋轴方向，可以划出立方面心复格子 cF。立方金刚石的堆积图中，正四面体配位组合出立方体格子。从 (001) 晶面投影图可以看出，结构基元可以选择相邻连接的 2 个碳原子，即 (0,0,0) 和 $\left(\dfrac{1}{4},\dfrac{1}{4},\dfrac{1}{4}\right)$ 位置的碳原子。

六方金刚石晶体结构中，每个碳原子与另外 4 个碳原子结合，从 (001) 晶面垂直的方向透视，6 个碳原子组成椅式六元环，椅式六元环互相联结，构成波浪层，见图 6-47。每层一半碳原子与上层联结，一半与下层联结。实际上，六方金刚石也没有层结构特征，只是在 6_3 螺旋轴垂直的方向，可以观察到原子结合的规律性。6_3 螺旋轴穿过 AB 两层椅式六元环中心，两层椅式六元环的取向不同，沿 6_3 螺旋轴透视它们却是重合的，这与石墨的 AB 层错位堆积结构不同。六方金刚石中波浪层的堆积顺序为 ABAB…，跨越两层的碳原子构成船式六元环，这不同于立方金刚石，立方金刚石中跨越两层的是椅式六元环。在六方金刚石的堆积图中，正四面体配位组合出六方格子，层堆积方向的特征对称元素是 6_3 螺旋轴，点群对称性为 D_{6h}，故晶体属于六方晶系，见图 6-47。单层内有二重轴，椅式六元环的中心有对称中心和 $\bar{3}$，6_3 螺旋轴位置还有 $\bar{6}$，反演中心在相邻 A、B 两层之间，因而晶胞原点不在碳原子上。每层的结构基元仍是两个碳原子，以及碳原子与周边连接的化学键，相邻 A、B 层的结构基元组合，构成晶体的结构基元，共 4 个碳原子，这样得到的空间格子为六方简单格子 hP。

6.3.5　空间群的国际符号

有限图形的所有对称元素彼此相交，对称元素的位置是唯一确定的，熊夫利符号表示起来比较概括，直接指明了所属点群的类别和对称元素，而且也直接反映了所属晶系。如生长的单晶多面体的点群属于 D_{3h}，

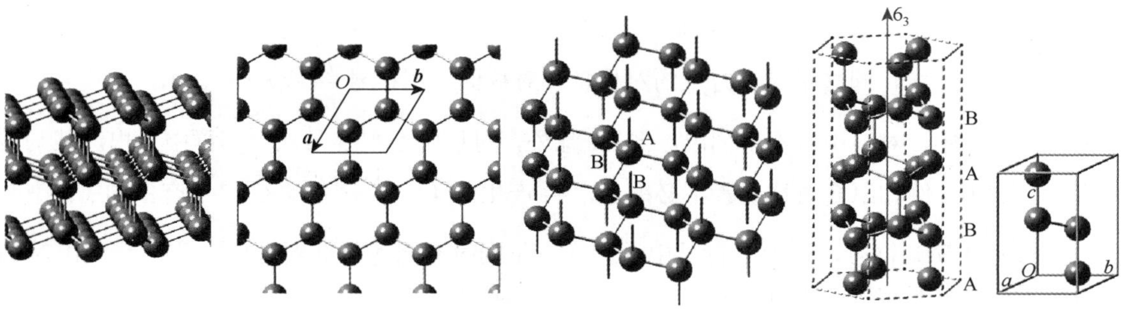

(110)晶面透视图　(001)晶面投影图　椅式六元环构成的层结构　螺旋轴6_3　晶胞图

图 6-47　六方金刚石的晶体结构

晶体属于双面群，晶体的最高对称轴为$I_6 = S_3$，包括的对称元素有六类，分别是C_3、C_2、σ_h、$I_6 = S_3$、σ_v、E，属于六方晶系。晶体的微观结构，即微粒堆积图是无限图形，又有周期性重复特点，在单位晶胞内，晶体的对称元素不局限于某一位置，在晶胞的特殊位置，如面心、棱心、体心、切割小立方体体心、体对角线、面对角线等位置都可能出现，对指定点群和空间群类别至关重要的对称元素，要求在符号中都得到直接体现，因而国际符号更适合用于表示晶体的对称性，包括点群和空间群。其次，不像有限图形的对称元素位置是唯一确定的，晶体微粒堆积图中，同类对称元素可能出现在晶胞的不同位置，需要标明坐标才能定位。为了配合点群和空间群的国际符号表示，根据晶系的对称性特点和分类，制定了重要对称元素的方位，见表 6-7[19]。

表 6-7　按晶系的对称性特点制定的重要对称元素方位

晶系	特征对称元素	S_1	S_2	S_3
立方	4 条三重轴或三重反轴	[100] [010] [001]	[111] $[1\bar{1}\bar{1}]$ $[\bar{1}1\bar{1}]$ $[\bar{1}\bar{1}1]$	$[1\bar{1}0]$ [110] $[01\bar{1}]$ [011] $[\bar{1}01]$ [101]
六方	一条六重轴或六重反轴	[001]	[100] [010] $[\bar{1}\bar{1}0]$	$[\bar{2}\bar{1}0]$ [120] $[1\bar{1}0]$
三方	一条三重轴或三重反轴	[001]	[100] [100] $[\bar{1}\bar{1}0]$	
四方	一条四重轴或四重反轴	[001]	[100] [010]	[110] $[1\bar{1}0]$
正交	三条相互垂直的二重轴或两个相互垂直的镜面	[100]	[010]	[001]
单斜	一条二重轴与 b 平行或一个镜面 $\beta \neq 90°$	[010]		
单斜	一条二重轴与 c 平行或一个镜面 $\gamma \neq 90°$	[001]		
三斜	无	无		

注：表中方位的三位数字表示晶体坐标系中向量的坐标，向量空间的基向量长度和方向对应晶体的晶胞参数。

空间群的国际符号按照对称性分类直接体现晶体所属晶系、点群、空间群类型，根据晶系的对称元素分布特点，制定对称元素方位。对称轴最高重数$n = 2$，对称元素表达顺序为x, y, z或a, b, c。最高重数$n > 2$，对称元素表达顺序为z, x, d，即最高重数的对称轴，安排在第一位S_1，体现晶体所属晶系以及点群类型。与主轴垂直方向的对称元素决定了所属点群类型以及空间群类型，安排在第二位S_2；进一步细分点群和空间群的对称元素，安排在第三位S_3，第三位仍然是主轴垂直的方向，d 指 x 轴与下一个等价对称轴之间的对角平分位置，是基向量的和向量或差向量。如六方晶系，$S_1S_2S_3$ 排列顺序为$\boldsymbol{c}$，$\boldsymbol{a}$，$-2\boldsymbol{a}-\boldsymbol{b}$，第三位置$-2\boldsymbol{a}-\boldsymbol{b}$是$\boldsymbol{a}$和$\boldsymbol{a}+\boldsymbol{b}$之间的对角平分线。位置向量或称方向向量也常用向量指标表示，三维实向量空间中方向向量$\boldsymbol{S} = u\boldsymbol{a} + v\boldsymbol{b} + w\boldsymbol{c}$的指标是$[uvw]$，即向量坐标加方括号。六方晶系的三个方向向量$\boldsymbol{c}$、$\boldsymbol{a}$、$-2\boldsymbol{a}-\boldsymbol{b}$的指标分别是[001]、[100]、$[\bar{2}\bar{1}0]$。

每一方位填入的对称元素，若为对称轴，与制定方向平行；若为对称面，与制定方向垂直；若同一方位同时有对称轴和对称面，同时指定该方位的对称轴和对称面，用符号$\frac{n}{m}$或n/m表示，这里n指螺旋轴和旋转轴。空间群符号中，对称中心不用列出，但$P\bar{1}$除外，对称中心很容易从空间群中导出。某些显而易见的对称元素不必列出，例如组合对称元素不必列出，$\frac{4}{m}$产生的$\bar{4}$，$\frac{3}{m}$产生的$\bar{6}$，$\frac{6}{m}$产生的$\bar{3}$。空间群国际符号分为完全符号和简略符号，在简略符号中，同一方位同时有对称轴和对称面，应尽量列出对称面，因为晶系已指明了最高重对称轴，点群符号也隐含了主轴和副轴。

一个晶体的空间群符号一般表示为G^n-$LS_1S_2S_3$，G^n是空间群的熊夫利符号，G是晶体所属点群符号，n是不同空间群归属同类点群的序号，L代表空间格子类型，$S_1S_2S_3$代表七个晶系约定方位上的对称元素，见表 6-7。由此可见，空间群的国际符号包含的晶体结构信息按对称性的三个分类进行表达，一是点群，二是空间格子，三是空间群。由点群可以得出所属晶系；由空间格子可以得出晶体坐标系；由空间群可以得出微粒的排列堆积情况。

表达空间群对称元素所在的方位用三位数字表示，代表向量空间中向量端点的坐标，即用向量空间中的向量指定方位，向量空间的基向量长度和方向由晶体坐标系的基向量和交角表达。如六方晶系，第一位S_1由向量$0\boldsymbol{a}+0\boldsymbol{b}+1\boldsymbol{c}$指定，方向指标用方位向量质数坐标表示为[001]；S_2由向量$1\boldsymbol{a}+0\boldsymbol{b}+0\boldsymbol{c}$指定，坐标为[100]，其余两个向量相对于六重轴等价；S_3方位由对角向量$1\boldsymbol{a}+2\boldsymbol{b}+0\boldsymbol{c}$指定，坐标为[120]，其余两个向量相对于六重轴也是等价的，图 6-52 标出了六方晶系的对称元素方位。

例如，立方 FeS_2 晶体，空间群为T_{h}^6-$P\frac{2_1}{a}\bar{3}$，表示晶体所属点群的符号是T_{h}，空间群的熊夫利符号是T_{h}^6，空间格子为cP。在[100]方位，即与晶轴 a 平行的方向有 2_1 螺旋轴，垂直的方向有a滑移面；在体对角线$\boldsymbol{a}+\boldsymbol{b}+\boldsymbol{c}$方向有$\bar{3}$；在$\boldsymbol{a}+\boldsymbol{b}$方向没有对称元素。

国际符号能更好地表达晶体的对称性。立方金刚石晶体的空间群为O_{h}^7-$Fd\bar{3}m$，立方 LiBr 晶体的空间群为O_{h}^5-$Fm\bar{3}m$，两个晶体的空间群有许多相似之处，点群都是O_{h}，但两个晶体的微粒堆积图是不同的，第一位置的对称元素不同，空间群也就不同，空间群的熊夫利符号表现在序号不同，立方 LiBr 晶体为O_{h}^5，立方金刚石晶体为O_{h}^7。

结合晶体坐标系，晶体的点群也可按照表 6-7 的规定写出国际符号，32 类点群的熊夫利和国际符号的对照见表 6-5。例如，T_{d}属于立方晶系，在立方坐标系中，体对角线$\boldsymbol{a}+\boldsymbol{b}+\boldsymbol{c}$有三重轴；平分两条体对角线交角的方向为晶轴方向，有四重反轴$\bar{4}$；在晶轴的对角线方向有对角镜面m；国际符号为$\bar{4}3m$。又如，$D_{6\mathrm{h}}$属于六方晶系，在六方坐标系中，平行于晶轴 $\boldsymbol{c}$ 方向为主轴六重对称轴；垂直六重轴有水平镜面m；包含六重轴，并垂直于晶轴$\boldsymbol{a}$方向有直立镜面m；向量$-2\boldsymbol{a}-\boldsymbol{b}$或$2\boldsymbol{a}+\boldsymbol{b}$垂直的方向有对角镜面$m$；国际符号为$\frac{6}{m}\frac{2}{m}\frac{2}{m}$。

6.3.6 空间群的对称元素配置图

点群和空间群的国际符号只标明了指定晶体点群、空间群和晶系等对称性分类的最重要对称元素，而不是全部对称元素。为了标明全部位点的对称元素，对每一空间群都绘制了对称元素配置图，并配以一般等位点位置图。

为了更好地了解空间群的对称操作和与对称操作相关联的位点，以四方晶系中的$D_{4\mathrm{h}}^{14}$-$P\frac{4_2}{m}\frac{2_1}{n}\frac{2}{m}$空间群为例，说明空间群对称元素配置图和对应的一般等位点位置图，见图 6-48。空间群对称元素配置图是将惯用晶胞沿晶轴 c 或者[001]投影所得的一种平面透视图，原点定在左上角顶点。与[001]平行的对称轴投影为点，与[001]垂直的对称轴投影为线。与[001]平行的对称面投影为线，与[001]垂直的对称面投影为面或圆。与[001]斜交的反映面投影为椭圆。旋转轴、镜面用实线，螺旋轴、滑移面用各种虚线。透视图中的对称元素图示符号所代表的各类对称元素，见晶体对称元素的国际符号和图形符号对照表 6-2。对那些位于[100]、

[010]、[110]、[111]等方向的对称元素，除了图示符号不同之外，还配以对称元素的位置 z 坐标，未标 z 坐标值的位置，表示 $z=0$，见图 6-48（a）。

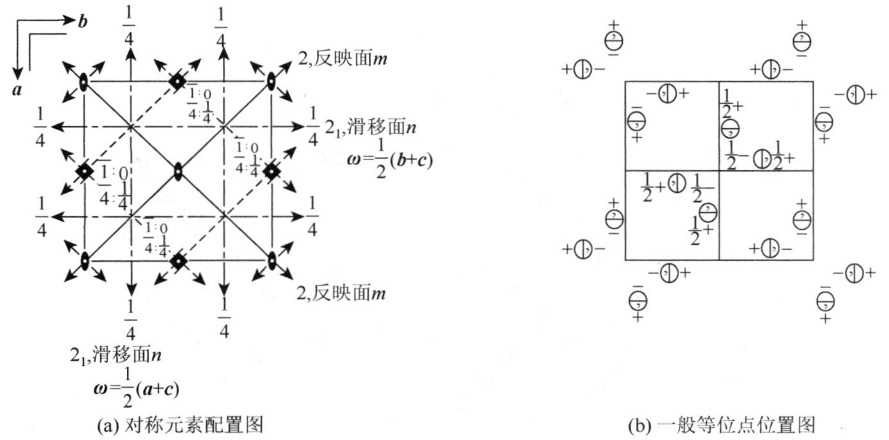

图 6-48　空间群 D_{4h}^{14}-$P\dfrac{4_2}{m}\dfrac{2_1}{n}\dfrac{2}{m}$（No.136）的对称元素配置图和一般等位点位置图

空间群对称元素配置图中的对称元素，对点 (x,y,z) 实施全部对称操作所得等位点，沿惯用晶胞的晶轴[001]投影至 $z=0$ 的平面，绘制成一种平面透视图，称为一般等位点位置图。图中“＋”号表示位点在投影面之上，$z>0$；“−”号表示位点在投影面之下，$z<0$。图中小圆圈表示位点位置，当空间群中有反演、旋转反演和反映操作时，位点用小圆圈中加逗号。当空间群中又有平行于投影面的反映操作时，对称元素配置图的左上角加“直角折线”，一般等位点位置图中位点符号用“−◐+”表示，见图 6-48（b）。

属于空间群 D_{4h}^{14}-$P\dfrac{4_2}{m}\dfrac{2_1}{n}\dfrac{2}{m}$ 的晶体，并不一定占据一般等位点位置图中的位点位置，而可能占据特殊等位点，不论占据的是一般等位点还是特殊等位点，微粒堆积图组成的晶体包含的对称元素都相同。如四方 GeO_2 晶体，属于该空间群，占据的特殊等位点位置如下：

$$\text{Ge}\quad 2\text{a}\quad m.mm\quad 0,0,0;\ \frac{1}{2},\frac{1}{2},\frac{1}{2}$$

$$\text{O}\quad 4\text{f}\quad m.2m\quad x,x,0;\ \bar{x},\bar{x},0;\ \bar{x}+\frac{1}{2},x+\frac{1}{2},\frac{1}{2};\ x+\frac{1}{2},\bar{x}+\frac{1}{2},\frac{1}{2}$$

与之对应的对称元素位置和特殊等位点，见图 6-48 和图 6-49。标记对称元素和一般等位点的晶胞投影图有沿[100]、[010]、[001]方向等三种，并以[001]投影图为主。各晶系的[001]方向为主轴方向，对称元素较多，对称轴被投影为点，不易观察，必须对照表 6-2 的旋转轴、反轴、螺旋轴的图形符号。与[001]方向垂直的镜面和滑移面，覆盖了整个投影图，在左上角用图形符号标出。立方晶系的对称轴和对称面很多，编制有系列图形符号表示不同位置取向的旋转轴、螺旋轴、镜面和滑移面，可参阅晶体学国际表 A 卷。

绘制空间群对称元素配置图，必须在晶体坐标系中，在惯用晶胞的投影平面上绘制。对称元素位置的表示方法是：①指定原点，根据晶体所属晶系，确定晶体坐标系，按照 $\boldsymbol{a}$、$\boldsymbol{b}$、$\boldsymbol{c}$ 基向量，以及基向量的交角 γ、α、β，表示出空间格子和晶胞。②选择一组基向量，将点空间中的点用向量空间的向量表示，表达指定位置的方向向量。在晶体学中，空间群对称元素是按规定位置进行表示的，G^n-$LS_1S_2S_3$，如六方晶系三个位置的方向向量分别为 $\boldsymbol{c}$、$\boldsymbol{a}$、$-2\boldsymbol{a}-\boldsymbol{b}$，指标分别是[001]、[100]、$[\bar{2}\bar{1}0]$。其中

$$\boldsymbol{a}=\begin{pmatrix}a\\0\\0\end{pmatrix},\ \boldsymbol{b}=\begin{pmatrix}-a/2\\\sqrt{3}b/2\\0\end{pmatrix},\ \boldsymbol{c}=\begin{pmatrix}0\\0\\c\end{pmatrix} \tag{6-31}$$

称为六方坐标系的基向量，则有 $\boldsymbol{a}\cdot\boldsymbol{a}=a^2$，$\boldsymbol{b}\cdot\boldsymbol{b}=b^2$，$\boldsymbol{c}\cdot\boldsymbol{c}=c^2$。在正交坐标系中，三个基向量的长度可以不相等，立方、四方和正交晶系都是正交向量空间。由于点空间中向量长度和交角与坐标系选择无关，

通过变换坐标系，可以在不同的坐标系下表达向量。如在六方坐标系中，$\boldsymbol{a}$、$\boldsymbol{b}$ 基向量的交角为 $\gamma=120°$，在向量空间中，$\boldsymbol{a}$、$\boldsymbol{b}$、$\boldsymbol{c}$ 经正交化、单位化后，转变为直角坐标系，对应的向量空间的基向量 $\boldsymbol{i}$、$\boldsymbol{j}$、$\boldsymbol{k}$ 相互正交。③依照对称轴与制定方向平行，对称面与制定方向垂直，导出位置变量限定方程，给出位置坐标。

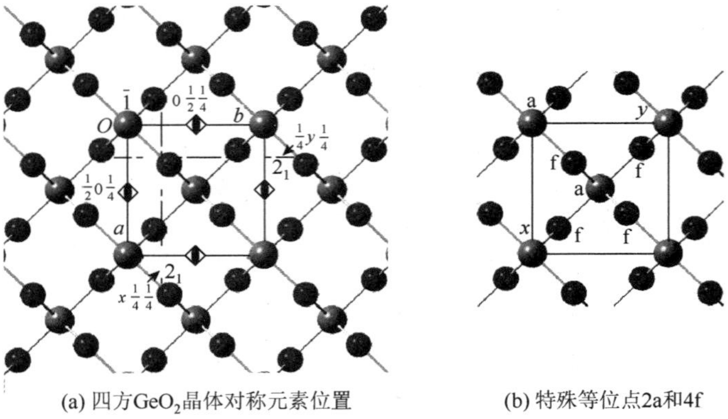

图 6-49　四方 GeO_2 晶体的[001]投影图、对称元素位置和特殊等位点

1. 对称中心点或反演点的位置

确定反演点 C 的位置后，在晶体坐标系的向量空间中，将原点和反演点的向量 $\boldsymbol{OC}$ 作为体对角线，画出与空间格子平行的小平行六面体，算出向量 $\boldsymbol{OC}$ 在晶轴上的投影值，再用基向量表示向量 $\boldsymbol{OC}$：

$$\boldsymbol{OC}=m\boldsymbol{a}+n\boldsymbol{b}+p\boldsymbol{c} \tag{6-32}$$

则反演点的坐标为 (m,n,p)，见图 6-50（a）。如 GeO_2 四方晶体，在 $\left(\frac{1}{2},0,z\right)$ 位置的 4_2 螺旋轴处，同时存在 $\overline{4}^+$，反演点位置坐标为 $\left(\frac{1}{2},0,\frac{1}{4}\right)$；在另一 $\left(0,\frac{1}{2},z\right)$ 位置的 4_2 螺旋轴处，也存在 $\overline{4}^-$，反演点位置坐标为 $\left(0,\frac{1}{2},\frac{1}{4}\right)$，见图 6-49（a）。

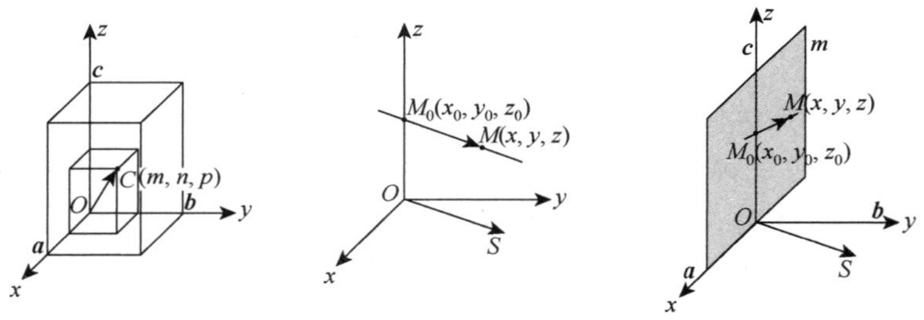

图 6-50　空间群对称元素的位置表示

2. 向量空间 V^3 中对称轴的位置坐标表示

对称轴与空间群表达中制定的方位平行，制定方位就是对称轴的方向向量 $\boldsymbol{S}$，而且全部方位对应的向量都经过晶体坐标系原点，见表 6-7。即

$$\boldsymbol{S}=u\boldsymbol{a}+v\boldsymbol{b}+w\boldsymbol{c}=(\boldsymbol{a},\boldsymbol{b},\boldsymbol{c})\begin{pmatrix}u\\v\\w\end{pmatrix} \tag{6-33}$$

找出对称轴上一点 $M_0(x_0,y_0,z_0)$，M_0 是距离原点最近点，而且坐标已知，用任意点 $M(x,y,z)$ 与 M_0 的向量 $\boldsymbol{M_0M}$ 与 $\boldsymbol{S}$ 平行，用以表示对称轴的方向位置，见图 6-50（b）。向量 $\boldsymbol{M_0M}$ 用基向量表示为

$$\boldsymbol{M_0M}=(x-x_0)\boldsymbol{a}+(y-y_0)\boldsymbol{b}+(z-z_0)\boldsymbol{c}=(\boldsymbol{a},\boldsymbol{b},\boldsymbol{c})\begin{pmatrix}x-x_0\\y-y_0\\z-z_0\end{pmatrix} \tag{6-34}$$

向量 $\boldsymbol{M_0M}$ 与 $\boldsymbol{S}$ 平行，则向量积等于零，即

$$\boldsymbol{S}\times\boldsymbol{M_0M}=(u,v,w)\begin{pmatrix}\boldsymbol{a}\\\boldsymbol{b}\\\boldsymbol{c}\end{pmatrix}\times(\boldsymbol{a},\boldsymbol{b},\boldsymbol{c})\begin{pmatrix}x-x_0\\y-y_0\\z-z_0\end{pmatrix}=(u,v,w)\begin{pmatrix}\boldsymbol{a}\times\boldsymbol{a}&\boldsymbol{a}\times\boldsymbol{b}&\boldsymbol{a}\times\boldsymbol{c}\\\boldsymbol{b}\times\boldsymbol{a}&\boldsymbol{b}\times\boldsymbol{b}&\boldsymbol{b}\times\boldsymbol{c}\\\boldsymbol{c}\times\boldsymbol{a}&\boldsymbol{c}\times\boldsymbol{b}&\boldsymbol{c}\times\boldsymbol{c}\end{pmatrix}\begin{pmatrix}x-x_0\\y-y_0\\z-z_0\end{pmatrix}=0 \tag{6-35}$$

设晶体坐标系的基向量 $\boldsymbol{a}$、$\boldsymbol{b}$、$\boldsymbol{c}$ 围成的平行六面体的体积为 V，倒易点阵空间中倒易点阵的基向量 $\boldsymbol{a}^*$、$\boldsymbol{b}^*$、$\boldsymbol{c}^*$ 的定义式为

$$\boldsymbol{a}^*=\frac{\boldsymbol{b}\times\boldsymbol{c}}{V},\ \boldsymbol{b}\times\boldsymbol{c}=V\boldsymbol{a}^*,\ \boldsymbol{a}\times\boldsymbol{a}=0$$

$$\boldsymbol{b}^*=\frac{\boldsymbol{c}\times\boldsymbol{a}}{V},\ \boldsymbol{c}\times\boldsymbol{a}=V\boldsymbol{b}^*,\ \boldsymbol{b}\times\boldsymbol{b}=0$$

$$\boldsymbol{c}^*=\frac{\boldsymbol{a}\times\boldsymbol{b}}{V},\ \boldsymbol{a}\times\boldsymbol{b}=V\boldsymbol{c}^*,\ \boldsymbol{c}\times\boldsymbol{c}=0$$

代入式（6-35），得

$$\begin{aligned}\boldsymbol{S}\times\boldsymbol{M_0M}&=(u,v,w)\begin{pmatrix}0&V\boldsymbol{c}^*&-V\boldsymbol{b}^*\\-V\boldsymbol{c}^*&0&V\boldsymbol{a}^*\\V\boldsymbol{b}^*&-V\boldsymbol{a}^*&0\end{pmatrix}\begin{pmatrix}x-x_0\\y-y_0\\z-z_0\end{pmatrix}\\&=V[v(z-z_0)-w(y-y_0)]\boldsymbol{a}^*+V[w(x-x_0)-u(z-z_0)]\boldsymbol{b}^*+V[u(y-y_0)-v(x-x_0)]\boldsymbol{c}^*\\&=0\end{aligned}$$

向量等于零，必然所有坐标分量等于零，由此求得任意点 M 的坐标变量的限定条件：

$$\begin{cases}v(z-z_0)-w(y-y_0)=0\\w(x-x_0)-u(z-z_0)=0\\u(y-y_0)-v(x-x_0)=0\end{cases} \tag{6-36}$$

其中，只有两个方程是独立方程。以上矩阵运算中，向量积由一般三维向量空间求出，因而适用于全部晶系。关于倒易点阵空间详见 6.4 节。

【例 6-3】 写出四方 GeO_2 晶体中沿[110]和$[1\bar{1}0]$方位的二重旋转轴的位置坐标，对称元素位置见图 6-48。

解：（1）[110]的方向向量表示为

$$\boldsymbol{S}=\boldsymbol{a}+\boldsymbol{b}\text{，其中，}u=1,\ v=1,\ w=0$$

代入限定条件方程（6-36）得

$$\begin{cases}z-z_0=0\\(y-y_0)-(x-x_0)=0\end{cases}$$

二重旋转轴经过原点(0,0,0)，则 $x_0=0$，$y_0=0$，$z_0=0$。解得

$$z=0,\ y=x$$

沿[110]方位的二重旋转轴的位置坐标表示为 $x,x,0$，其中，坐标 z 被确定，$y=x$ 为对称轴方程，这里选择 x 为变量，坐标 y 等于 x。

（2）$[1\bar{1}0]$的方向向量表示为

$$\boldsymbol{S}=\boldsymbol{a}-\boldsymbol{b}\text{，其中，}u=1,\ v=-1,\ w=0$$

代入限定条件方程（6-36）得

$$\begin{cases}z-z_0=0\\(y-y_0)+(x-x_0)=0\end{cases}$$

晶胞中$[1\bar{1}0]$方位的二重旋转轴，有一条经过原点，位置坐标表示为 $x,\bar{x},0$。另一条是晶胞的反向对角线 $\boldsymbol{a}-\boldsymbol{b}$，经过点 $(1/2,1/2,0)$，即 $x_0=1/2$，$y_0=1/2$，$z_0=0$，解得

$$z=0,\ y=-x+1$$

沿$[1\bar{1}0]$方位的二重旋转轴的位置坐标表示为$x,\bar{x}+1,0$，其中，坐标z被确定，$y=-x+1$为对称轴方程，同样选择x为变量，坐标y等于$\bar{x}+1$。在空间群对称元素中并不表示该条二重轴，因为它与过原点的二重轴是相同的，属于下一个晶胞单位。

3. 向量空间V^3中对称面的位置坐标表示

对称面与空间群的制定方位$\boldsymbol{S}$垂直，制定方位就是对称面的法线向量$\boldsymbol{n}$，$\boldsymbol{n}=\boldsymbol{S}$。由于制定方位对应的向量经过晶体坐标系原点，法线向量$\boldsymbol{n}$也就过坐标系原点，则

$$\boldsymbol{n}=\boldsymbol{S}=u\boldsymbol{a}+v\boldsymbol{b}+w\boldsymbol{c}=(\boldsymbol{a},\boldsymbol{b},\boldsymbol{c})\begin{pmatrix}u\\v\\w\end{pmatrix} \tag{6-37}$$

找出对称面上一点$M_0(x_0,y_0,z_0)$，M_0仍是距离原点最近的点并且坐标已知，用对称面上任意点$M(x,y,z)$与M_0的向量$\boldsymbol{M_0M}$表示对称面的位置，见图6-50（c）。向量$\boldsymbol{M_0M}$用基向量表示为

$$\boldsymbol{M_0M}=(x-x_0)\boldsymbol{a}+(y-y_0)\boldsymbol{b}+(z-z_0)\boldsymbol{c}=(\boldsymbol{a},\boldsymbol{b},\boldsymbol{c})\begin{pmatrix}x-x_0\\y-y_0\\z-z_0\end{pmatrix} \tag{6-38}$$

向量$\boldsymbol{M_0M}$与$\boldsymbol{S}$垂直，则标量积等于零，即

$$\begin{aligned}\boldsymbol{S}\cdot\boldsymbol{M_0M}&=(u,v,w)\begin{pmatrix}\boldsymbol{a}\\\boldsymbol{b}\\\boldsymbol{c}\end{pmatrix}\cdot(\boldsymbol{a},\boldsymbol{b},\boldsymbol{c})\begin{pmatrix}x-x_0\\y-y_0\\z-z_0\end{pmatrix}=(u,v,w)\begin{pmatrix}\boldsymbol{a}\cdot\boldsymbol{a}&\boldsymbol{a}\cdot\boldsymbol{b}&\boldsymbol{a}\cdot\boldsymbol{c}\\\boldsymbol{b}\cdot\boldsymbol{a}&\boldsymbol{b}\cdot\boldsymbol{b}&\boldsymbol{b}\cdot\boldsymbol{c}\\\boldsymbol{c}\cdot\boldsymbol{a}&\boldsymbol{c}\cdot\boldsymbol{b}&\boldsymbol{c}\cdot\boldsymbol{c}\end{pmatrix}\begin{pmatrix}x-x_0\\y-y_0\\z-z_0\end{pmatrix}\\&=(u,v,w)\begin{pmatrix}a^2&ab\cos\gamma&ac\cos\beta\\ba\cos\gamma&b^2&bc\cos\alpha\\ca\cos\beta&cb\cos\alpha&c^2\end{pmatrix}\begin{pmatrix}x-x_0\\y-y_0\\z-z_0\end{pmatrix}\\&=(ua^2+vab\cos\gamma+wac\cos\beta)(x-x_0)\\&\quad+(uab\cos\gamma+vb^2+wbc\cos\alpha)(y-y_0)\\&\quad+(uac\cos\beta+vbc\cos\alpha+wc^2)(z-z_0)\\&=0\end{aligned} \tag{6-39}$$

求得对称面上任意点M的坐标变量的限定条件：

$$\begin{aligned}&(ua^2+vab\cos\gamma+wac\cos\beta)(x-x_0)\\&+(uab\cos\gamma+vb^2+wbc\cos\alpha)(y-y_0)\\&+(uac\cos\beta+vbc\cos\alpha+wc^2)(z-z_0)=0\end{aligned} \tag{6-40}$$

其中，由制定方向的方向向量$[uvw]$代入方程，解得对称面的位置坐标。下面讨论各个晶系的限定方程。三斜晶系没有对称面，不用考虑对称面位置表达。

单斜晶系最多只有一个对称面，二重对称轴无论选为b轴，还是c轴，该对称面都与二重对称轴垂直。单斜晶系有以下三种情况：①只有一条二重轴，没有对称面，不用考虑对称面的位置表达。②只有一个对称面，因为$\bar{2}=m$，所以也可以认为只有一条二重反轴，反演点选为原点。③有一条二重轴和一个与之垂直的对称面，交点选为原点。后两种情况对称面始终经过原点。

当二重对称轴选为$\boldsymbol{b}$轴，对称面与制定方向$[uvw]=[010]$垂直，并经过原点，$x_0=y_0=z_0=0$，则

$$\boldsymbol{S}=\boldsymbol{b},\ \alpha=\gamma=90^\circ,\ u=0,\ v=1,\ w=0$$

代入方程（6-40），求得

$$y-y_0=0$$

对称面的位置坐标表示为$x,0,z$。

当二重对称轴选为$\boldsymbol{c}$轴，对称面与制定方向$[uvw]=[001]$垂直，则

$$\boldsymbol{S}=\boldsymbol{c},\ \alpha=\beta=90^\circ,\ u=0,\ v=0,\ w=1$$

代入方程（6-40），重新求得

$$z - z_0 = 0$$

对称面的位置坐标表示为 $x, y, 0$ 。

正交晶系的基向量交角 $\alpha = \beta = \gamma = 90°$ ，代入方程（6-40），简化为

$$ua^2(x - x_0) + vb^2(y - y_0) + wc^2(z - z_0) = 0 \tag{6-41}$$

对称元素制定方位为 $[uvw]=[100]$ ，$[uvw]=[010]$ ，$[uvw]=[001]$ ，分别将方向向量指标代入简化方程（6-41）

$\boldsymbol{S}_1 = \boldsymbol{a}$ ，$u=1$ ，$v=0$ ，$w=0$ ，限定方程：$x - x_0 = 0$ ，过原点的对称面位置：$0, y, z$

$\boldsymbol{S}_2 = \boldsymbol{b}$ ，$u=0$ ，$v=1$ ，$w=0$ ，限定方程：$y - y_0 = 0$ ，过原点的对称面位置：$x, 0, z$

$\boldsymbol{S}_3 = \boldsymbol{c}$ ，$u=0$ ，$v=0$ ，$w=1$ ，限定方程：$z - z_0 = 0$ ，过原点的对称面位置：$x, y, 0$

当对称面不经过原点，必须指定对称面经过的已知点 $M_0(x_0, y_0, z_0)$ ，代入限定方程，即可写出对称面位置。

四方晶系的基向量交角 $\alpha = \beta = \gamma = 90°$ ，而且 $a = b$ ，代入方程（6-40），简化为

$$u(x - x_0) + v(y - y_0) + \frac{c^2}{a^2} w(z - z_0) = 0 \tag{6-42}$$

对称元素制定方位为 $[uvw]=[001]$ ，$[uvw]=[100]$ ，$[uvw]=[110]$ ，分别将方向向量指标代入简化方程（6-42）

$\boldsymbol{S}_1 = \boldsymbol{c}$ ，$u=0$ ，$v=0$ ，$w=1$ ，限定方程：$z - z_0 = 0$

$\boldsymbol{S}_2 = \boldsymbol{a}$ ，$u=1$ ，$v=0$ ，$w=0$ ，限定方程：$x - x_0 = 0$

$\boldsymbol{S}_3 = \boldsymbol{a} + \boldsymbol{b}$ ，$u=1$ ，$v=1$ ，$w=0$ ，限定方程：$(x - x_0) + (y - y_0) = 0$

将对称面经过的已知点 $M_0(x_0, y_0, z_0)$ ，代入限定方程，即可写出对称面的位置。

立方晶系基向量交角 $\alpha = \beta = \gamma = 90°$ ，$a = b = c$ ，代入方程（6-40），限定方程被简化为

$$u(x - x_0) + v(y - y_0) + w(z - z_0) = 0 \tag{6-43}$$

对称元素制定方位为 $[uvw]=[100]$ ，$[uvw]=[111]$ ，$[uvw]=[110]$ ，分别将方向向量指标代入简化方程（6-43）

$\boldsymbol{S}_1 = \boldsymbol{a}$ ，$u=1$ ，$v=0$ ，$w=0$ ，限定方程：$x - x_0 = 0$

$\boldsymbol{S}_2 = \boldsymbol{a} + \boldsymbol{b} + \boldsymbol{c}$ ，$u=1$ ，$v=1$ ，$w=1$ ，限定方程：$(x - x_0) + (y - y_0) + (z - z_0) = 0$

$\boldsymbol{S}_3 = \boldsymbol{a} + \boldsymbol{b}$ ，$u=1$ ，$v=1$ ，$w=0$ ，限定方程：$(x - x_0) + (y - y_0) = 0$

六方和三方晶系采用六方坐标系，$\alpha = \beta = 90°$ ，$\gamma = 120°$ ，$a = b$ 。由方程（6-39），导出简化限定方程为

$$\begin{aligned}
\boldsymbol{S} \cdot \boldsymbol{M}_0\boldsymbol{M} &= (u,v,w)\begin{pmatrix}\boldsymbol{a}\\ \boldsymbol{b}\\ \boldsymbol{c}\end{pmatrix}\cdot(\boldsymbol{a},\boldsymbol{b},\boldsymbol{c})\begin{pmatrix}x - x_0\\ y - y_0\\ z - z_0\end{pmatrix} = (u,v,w)\begin{pmatrix}\boldsymbol{a}\cdot\boldsymbol{a} & \boldsymbol{a}\cdot\boldsymbol{b} & \boldsymbol{a}\cdot\boldsymbol{c}\\ \boldsymbol{b}\cdot\boldsymbol{a} & \boldsymbol{b}\cdot\boldsymbol{b} & \boldsymbol{b}\cdot\boldsymbol{c}\\ \boldsymbol{c}\cdot\boldsymbol{a} & \boldsymbol{c}\cdot\boldsymbol{b} & \boldsymbol{c}\cdot\boldsymbol{c}\end{pmatrix}\begin{pmatrix}x - x_0\\ y - y_0\\ z - z_0\end{pmatrix}\\
&= (u,v,w)\begin{pmatrix}a^2 & -a^2/2 & 0\\ -a^2/2 & a^2 & 0\\ 0 & 0 & c^2\end{pmatrix}\begin{pmatrix}x - x_0\\ y - y_0\\ z - z_0\end{pmatrix}\\
&= \left(u - \frac{1}{2}v\right)a^2(x - x_0) + \left(-\frac{1}{2}u + v\right)a^2(y - y_0) + wc^2(z - z_0) = 0
\end{aligned} \tag{6-44}$$

其中，$\boldsymbol{a}\cdot\boldsymbol{b} = \boldsymbol{b}\cdot\boldsymbol{a} = -\frac{1}{2}$ 。于是六方和三方晶系对称面上任意点 M 的坐标变量的限定条件为

$$\left(u - \frac{1}{2}v\right)(x - x_0) + \left(-\frac{1}{2}u + v\right)(y - y_0) + w\frac{c^2}{a^2}(z - z_0) = 0 \tag{6-45}$$

除了制定位置的对称元素外，额外对称元素也可按照限定条件方程标出空间位置。

【例 6-4】　三方 TiI_2 晶体的[100]方位有镜面，镜面经过原点，写出其位置坐标，对称元素位置见图 6-14。

解：三方晶系采用六方坐标系，[100]方位是镜面的法线向量 $\boldsymbol{n}$ 方向，则

$$\boldsymbol{n} = \boldsymbol{S} = \boldsymbol{a}$$

于是 $u=1$ ，$v=0$ ，$w=0$ ，代入坐标变量的限定方程（6-45）

$$(x - x_0) - \frac{1}{2}(y - y_0) = 0$$

从对称元素位置图 6-14 可见，镜面经过原点，则 $x_0 = 0$ ，$y_0 = 0$ ，$z_0 = 0$ ，代入上式，解得

$$y = 2x$$

于是与[100]方位垂直的镜面的位置坐标为 $x, 2x, z$ ，即在方位 $\boldsymbol{a}+2\boldsymbol{b}$ 上。

6.3.7 空间群对称操作的增广矩阵表示

晶体的对称性分析是晶体结构化学的重要组成体系，一是通过 X 射线单晶衍射数据获得晶体的微粒堆积图，分析晶体的对称性，报告晶体的结构信息；二是依据已知晶体结构的文献，由晶胞、晶系、空间群还原晶体结构，用以研究晶体中原子或离子的配位关系、层堆积结构的周期性、化学键等结构问题，这些结构与晶体物质的磁性、光学折射和透光性、导电性和电阻等物理性质有着某种必然的联系。晶体中原子或离子的配位和化学键等也应用于晶体表面结构的模拟，用于构造优良催化剂和吸附材料。

在三维直角坐标系中，晶体有三维空间点阵结构和微粒堆积图两种图形，在分析对称元素和对称群之前，晶体的空间格子、晶胞分别是初基格子、初基晶胞，晶体坐标系不是最终正式的坐标系，找出晶体中存在的对称元素是在初基格子和晶胞的坐标系中进行的，因而格子和晶胞的最初划分只体现了晶体的周期平移性，还没有最大限度体现晶体的对称性。只有在晶体对称性分析之后，按照空间格子和晶胞的选取原则，重新抽象结构基元，得出正当空间格子和正当晶胞，才能正式制定晶体坐标系 $\{a,b,c;\gamma,\alpha,\beta\}$ ，指定晶系。

在同一晶体坐标系中，同时存在三维空间点阵和微粒堆积两个图形，并按照晶胞原点选取的习惯，选取结构基元，将对称性最高的位点作为原点，将最邻近原点结构基元抽象为点阵点置于晶胞原点上，其余点阵点置于晶体相应位置。根据晶体和三维空间点阵的对称元素、晶系、对称群，最后划出空间格子、晶胞，在正式晶体坐标系中确定原子或离子的位置。

晶体的正式坐标系是很重要的，在晶胞范围内，空间群包含的对称元素很多，对称元素位置需要借助晶体坐标系才能指定位置。晶体中的微粒只有相对位置，也必须借助晶体坐标系才能获得位置坐标。三维空间点阵结构中的点阵点是全对称的，晶体被抽象为点和向量组成的几何图形，使几何图形复原的对称操作并不需要组合平移，即并不存在螺旋轴和滑移面。旋转、反映、反演和旋转反演分别依赖空间中一条直线、一块镜面、一点和一条直线上一点，在操作过程中保持空间至少一点不动，这类对称操作也称为点式对称操作，简称点式操作。点式操作时物体固定不动，观察者处于坐标系 z 轴的正负方向，通过坐标系或坐标轴的相对运动，来实现晶体的旋转、反映、反演和旋转反演。

晶体的微粒堆积图中结构基元可能是原子、离子对、原子基团的组合，点式操作必然存在与平移的组合，产生螺旋轴和滑移面。晶体中全部微粒随平移操作无法保持不动，非对称和对称平移都称为非点式操作。如果通过固定图形不动，移动坐标系或坐标轴来实现螺旋和滑移操作，操作的矩阵表示中就存在平移分量。

国际晶体学联合会规定晶体坐标系为右手系，坐标系按晶系分类，其中六方和三方晶系共用六方坐标系，三方晶系另有有菱面体 R 格子和菱面体晶胞，即在晶体学中有两种晶胞和两种坐标系的表达。单斜晶系随二重轴方向定为 $\boldsymbol{b}$ 和 $\boldsymbol{c}$ 的选择不同，也存在两种晶胞和两种坐标系的表达。部分有对称中心的晶体，因坐标系原点选择不同，也存在两种晶胞和两种坐标系的表达。以上三种情况，都会导致微粒在晶体中的位置坐标出现两种数值，也导致对称元素的空间位置有不同的表述。

在制定好的坐标系中，我们已经能表达任何微粒的空间位置，下面进一步表示对称元素的位置，以及经过对称操作，微粒空间位置如何变化。凭借空间想象力，对晶体微粒堆积图实施移动使其复原的操作，是假想对称操作。用数学方法，改变晶体中微粒的坐标位置，但微粒的坐标集合不变，不产生新的坐标元，只发生重排，使得整个微粒堆积图的空间位置与原位置重合，这种对称操作称为真实对称操作，真实对称操作的优点是可实现对称操作分析的数字程序化。

为了系统地理解真实对称操作过程，需要建立晶体坐标系，以确定微粒和对称元素的位置，因为同一对称元素的空间位置不同，表示矩阵也不同[20]。设晶体坐标系的基向量为 $\boldsymbol{a}$、$\boldsymbol{b}$、$\boldsymbol{c}$ ，原点为 O，晶体的主轴为坐标系 $\boldsymbol{c}$ 轴，任意点阵点或微粒 P 用位置向量 $\boldsymbol{OP}$ 表示，位置向量用坐标向量表示，即为

$$\boldsymbol{OP} = x\boldsymbol{a} + y\boldsymbol{b} + z\boldsymbol{c} = (\boldsymbol{a}\ \ \boldsymbol{b}\ \ \boldsymbol{c})\begin{pmatrix} x \\ y \\ z \end{pmatrix} \tag{6-46}$$

实施对称操作后，点阵点或微粒运动至 Q 点，与原 Q 点的点阵点或微粒重合，则 Q 点的位置向量 $\boldsymbol{OQ}$ 用坐标向量表示为

$$\boldsymbol{OQ} = x'\boldsymbol{a} + y'\boldsymbol{b} + z'\boldsymbol{c} = (\boldsymbol{a}\ \boldsymbol{b}\ \boldsymbol{c})\begin{pmatrix} x' \\ y' \\ z' \end{pmatrix} \tag{6-47}$$

实施对称操作前后，位置向量长度不变，P 点和 Q 点重合，必有 $\boldsymbol{OP} = \boldsymbol{OQ}$。若对称操作是点式操作，没有平移分量，操作前后位置向量用坐标向量表达，则原位置坐标与新位置坐标的关系为

$$\begin{pmatrix} x' \\ y' \\ z' \end{pmatrix} = \begin{pmatrix} W_{11} & W_{12} & W_{13} \\ W_{21} & W_{22} & W_{23} \\ W_{31} & W_{32} & W_{33} \end{pmatrix}\begin{pmatrix} x \\ y \\ z \end{pmatrix} \tag{6-48}$$

其中，W_{11}、W_{21}、W_{31}、…为矩阵元。若对称操作是非点式操作，存在对称平移分量 $\omega = (x_0, y_0, z_0)^{\mathrm{T}}$，操作前后位置坐标向量的关系为

$$\begin{pmatrix} x' \\ y' \\ z' \end{pmatrix} = \begin{pmatrix} W_{11} & W_{12} & W_{13} \\ W_{21} & W_{22} & W_{23} \\ W_{31} & W_{32} & W_{33} \end{pmatrix}\begin{pmatrix} x \\ y \\ z \end{pmatrix} + \begin{pmatrix} x_0 \\ y_0 \\ z_0 \end{pmatrix} \tag{6-49}$$

令

$$\boldsymbol{\eta}' = \begin{pmatrix} x' \\ y' \\ z' \end{pmatrix},\ \boldsymbol{\eta} = \begin{pmatrix} x \\ y \\ z \end{pmatrix},\ \boldsymbol{\omega} = \begin{pmatrix} x_0 \\ y_0 \\ z_0 \end{pmatrix},\ \boldsymbol{W} = \begin{pmatrix} W_{11} & W_{12} & W_{13} \\ W_{21} & W_{22} & W_{23} \\ W_{31} & W_{32} & W_{33} \end{pmatrix}$$

$\boldsymbol{W}$ 称为点式操作的矩阵表示。对于非点式操作 $(\boldsymbol{W}, \boldsymbol{\omega})$，式（6-49）简化为

$$\boldsymbol{\eta}' = \boldsymbol{W}\boldsymbol{\eta} + \boldsymbol{\omega} \tag{6-50}$$

非点式操作是点式操作和平移操作的组合，也常表示为增广矩阵形式：

$$(\boldsymbol{W}, \boldsymbol{\omega}) = \begin{pmatrix} W_{11} & W_{12} & W_{13} & x_0 \\ W_{21} & W_{22} & W_{23} & y_0 \\ W_{31} & W_{32} & W_{33} & z_0 \\ 0 & 0 & 0 & 1 \end{pmatrix} = \begin{pmatrix} \boldsymbol{W} & \boldsymbol{\omega} \\ 0 & 1 \end{pmatrix} \tag{6-51}$$

增广矩阵可以看成是分块矩阵。非点式操作是 4×4 阶增广矩阵，坐标向量变为四维列向量，即有

$$\begin{pmatrix} x' \\ y' \\ z' \\ 1 \end{pmatrix} = \begin{pmatrix} W_{11} & W_{12} & W_{13} & x_0 \\ W_{21} & W_{22} & W_{23} & y_0 \\ W_{31} & W_{32} & W_{33} & z_0 \\ 0 & 0 & 0 & 1 \end{pmatrix}\begin{pmatrix} x \\ y \\ z \\ 1 \end{pmatrix} \tag{6-52}$$

空间群中螺旋轴和滑移面的增广矩阵表示，也可以展开为线性方程组

$$\begin{aligned} x' &= W_{11}x + W_{12}y + W_{13}z + x_0 \\ y' &= W_{21}x + W_{22}y + W_{23}z + y_0 \\ z' &= W_{31}x + W_{32}y + W_{33}z + z_0 \end{aligned} \tag{6-53}$$

非点式操作的增广矩阵运算也常简化表示为如下分块矩阵形式：

$$\begin{pmatrix} \boldsymbol{\eta}' \\ 1 \end{pmatrix} = \begin{pmatrix} \boldsymbol{W} & \boldsymbol{\omega} \\ 0 & 1 \end{pmatrix}\begin{pmatrix} \boldsymbol{\eta} \\ 1 \end{pmatrix} \tag{6-54}$$

增广矩阵常被用于两个非点式操作的组合运算。如 $(\boldsymbol{W}_1, \boldsymbol{\omega}_1)$ 和 $(\boldsymbol{W}_2, \boldsymbol{\omega}_2)$ 的乘积等于 $(\boldsymbol{W}_3, \boldsymbol{\omega}_3) = (\boldsymbol{W}_2, \boldsymbol{\omega}_2)(\boldsymbol{W}_1, \boldsymbol{\omega}_1)$，因为点式操作 $\boldsymbol{W}$ 和平移操作 $\boldsymbol{\omega}$ 可以分离，就可用分块矩阵的表示式进行运算

$$\begin{pmatrix} \boldsymbol{W}_3 & \boldsymbol{\omega}_3 \\ 0 & 1 \end{pmatrix} = \begin{pmatrix} \boldsymbol{W}_2 & \boldsymbol{\omega}_2 \\ 0 & 1 \end{pmatrix}\begin{pmatrix} \boldsymbol{W}_1 & \boldsymbol{\omega}_1 \\ 0 & 1 \end{pmatrix} = \begin{pmatrix} \boldsymbol{W}_2\boldsymbol{W}_1 & \boldsymbol{W}_2\boldsymbol{\omega}_1 + \boldsymbol{\omega}_2 \\ 0 & 1 \end{pmatrix} \tag{6-55}$$

两个非点式操作的组合得到的第三个非点式操作，等于它们的点式操作的乘积 $\boldsymbol{W}_2\boldsymbol{W}_1$，同时生成新的平移向量 $\boldsymbol{W}_2\boldsymbol{\omega}_1 + \boldsymbol{\omega}_2$，上式再简化表达为

$$(\boldsymbol{W}_3, \boldsymbol{\omega}_3) = (\boldsymbol{W}_2\boldsymbol{W}_1, \boldsymbol{W}_2\boldsymbol{\omega}_1 + \boldsymbol{\omega}_2) \tag{6-56}$$

当两个非点式操作为同一操作 $\boldsymbol{W}_2=\boldsymbol{W}_1=\boldsymbol{W}$，上式写成

$$(\boldsymbol{W},\boldsymbol{\omega})^2=(\boldsymbol{W}^2,\boldsymbol{W}\boldsymbol{\omega}+\boldsymbol{\omega}) \tag{6-57}$$

一个非点式操作的逆操作，其增广矩阵是正操作的增广矩阵的逆矩阵。

$$\begin{pmatrix}\boldsymbol{W} & \boldsymbol{\omega}\\ 0 & 1\end{pmatrix}^{-1}=\begin{pmatrix}\boldsymbol{W}^{-1} & -\boldsymbol{W}^{-1}\boldsymbol{\omega}\\ 0 & 1\end{pmatrix} \tag{6-58}$$

进一步简化为

$$(\boldsymbol{W},\boldsymbol{\omega})^{-1}=(\boldsymbol{W}^{-1},-\boldsymbol{W}^{-1}\boldsymbol{\omega}) \tag{6-59}$$

空间群的对称元素全部用增广矩阵表示，是为了便于矩阵运算，通过数学方法理解对称操作群中群元素乘法的封闭性、结合律，以及求算群元素的逆元素，找出群的共轭类和正规子群等。

晶体空间群的全部对称元素对应的对称操作构成一个集合 $G=\{A,B,C,\cdots,W,\cdots E\}$，集合中的对称操作满足如下条件：①乘法封闭性，$AB=W\in G$，任意两个对称操作的排列组合乘法，结果是集合中对称操作的重排；②结合律，$A(BC)=(AB)C$；③集合中包含唯一的恒等操作 E；④每一操作 A 都有一个逆操作，称为逆元素 A^{-1}，而且逆元素对应群中某一个群元素 $A^{-1}=C$，或者说，每个对称操作的逆元素是集合中的另一对称操作，满足以上条件的对称操作集合构成群，每个对称操作变为群元素。空间群中全部对称操作构成乘法表，每个对称操作用增广矩阵表示，全部对称操作的矩阵表示也构成群，对称操作的乘法演变为矩阵乘法。

空间群的群元素集合同样不能包含重复的对称操作，对称操作群元素用生成元表达。对称元素包括旋转轴 n、镜面 m、对称中心 $\bar{1}$、反轴 $\bar{n}$、螺旋轴 n_m 和滑移面等，生成的对称操作构成封闭的循环群，循环群的一个群元素对应一个生成元。空间群包含若干对称元素，每一类对称元素生成的对称操作构成的循环群，都用生成元表示。例如

（1）旋转群 $G_6=\{6^1,6^2,\cdots,6^5,6^6=1\}$，其中群元素对应的生成元依次为 6^+、3^+、2、3^-、6^-、1。

（2）反映群 $G_2=\{m,m^2=1\}$，生成元为 m。

（3）反演群 $G_2=\{\bar{1},\bar{1}^2=1\}$，生成元为 $\bar{1}$。

（4）反轴群 $G_4=\{\bar{4}^1,\bar{4}^2=2,\bar{4}^3,\bar{4}^4=1\}$，其中群元素对应的生成元依次为 $\bar{4}^+$、2、$\bar{4}^-$、1。

其中，$6^+=6^1$，表示逆时针旋转 60°。$6^-=6^{-1}$，为 6^1 的逆元素，表示顺时针旋转 60°，不难证明 $6^-=6^{-1}=6^5$。其他 $3^+=6^2$，$3^-=6^4$。二重旋转操作的逆元素等于自身 $2=2^+=2^-$，所以没有 2^+ 和 2^- 之分，二重旋转操作的生成元表示为 2。

由于平移操作的存在，晶胞范围内可能在多个位置存在同一对称元素。在同一坐标系中，不同位置的同类对称元素的增广矩阵表示不同，因而必须指定对称元素的空间位置，包括平移分量。下面详细介绍晶体空间群的对称操作如何用生成元表达。

在 230 个空间群中，每一个空间群的对称操作生成元的国际符号按如下方法表示：①旋转、反映、反演属于点式操作，没有平移分量，在对称操作的国际符号后，只需标出旋转轴、镜面、对称中心的位置坐标。②反轴属于点式操作，没有平移分量，在对称操作的国际符号后，需按先后顺序标出旋转轴、反演点的位置坐标，两个位置坐标之间用分号隔开。③螺旋轴属于非点式操作，有平移分量，螺旋轴的表示是先写出旋转轴符号，紧跟平移分量（加括号），然后写出旋转轴的空间位置坐标。④滑移面属于非点式操作，有平移分量，滑移面的表示是先写出滑移面符号，默认平移分量，然后写出滑移面的反映操作部分的空间位置坐标。

以六方 NiAs 晶体为例，写出空间群的每个对称操作生成元的国际符号，以及对应的增广矩阵。NiAs 晶体为六方晶系（O15），空间群为 D_{6h}^4-$P\dfrac{6_3}{m}\dfrac{2}{m}\dfrac{2}{c}$，晶胞参数 $a=360.2\text{pm}$，$c=500.9\text{pm}$，$\gamma=120°$[21]。晶体坐标系和晶胞见图 6-51，晶胞中离子的位置为

$$\text{Ni}\quad 2(\text{a})\quad \bar{3}m: 0,0,0;\ \ 0,0,\frac{1}{2}$$

$$\text{As}\quad 2(\text{c})\quad \bar{6}m2: \frac{1}{3},\frac{2}{3},\frac{1}{4};\ \ \frac{2}{3},\frac{1}{3},\frac{3}{4}$$

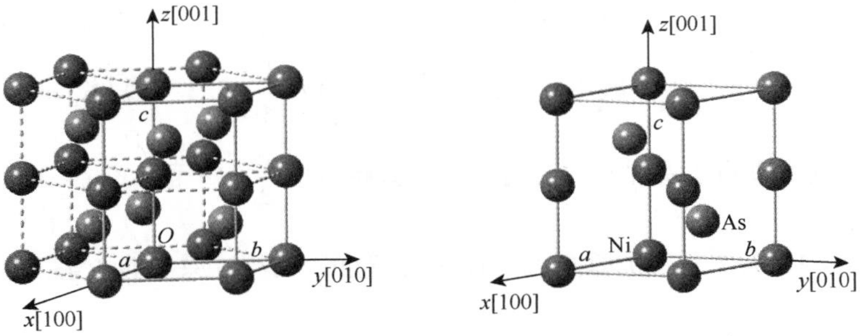

(a) 六方坐标系　　　　　　　　(b) NiAs晶体的晶胞

图 6-51　NiAs 晶体的坐标系和晶胞

将六方坐标系的原点定在对称性为$\bar{3}m1$的 Ni 原子上，可以找出晶胞范围内的对称元素，由 12 类对称元素写出 24 个对称操作，表示为生成元，构成空间群。晶体的对称元素位置见图 6-52。

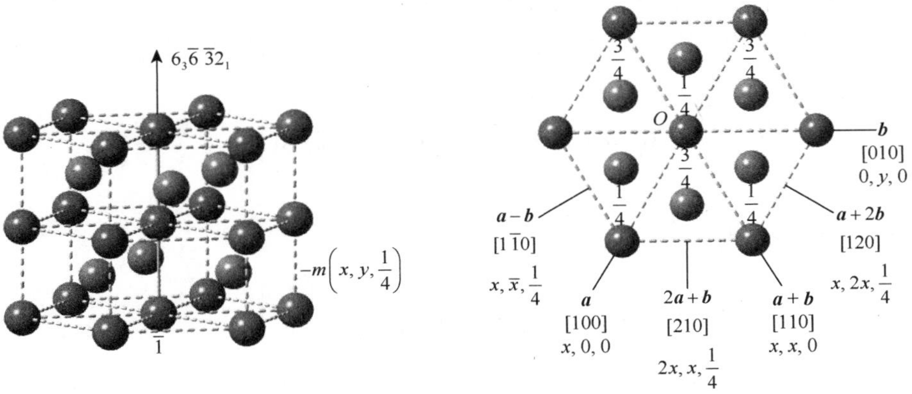

(a) [001]方向的对称元素　　　　　　(b) 垂直于[001]方向的对称元素

图 6-52　NiAs 晶体的对称元素位置

（1）六重螺旋轴6_3，位置在晶轴 c 方向，对称操作是循环群，生成元为

$$6_3^1 = [t(3c/6)6]^1 = t(c/2)6^+$$
$$6_3^2 = [t(3c/6)6]^2 = 6^2 + t(c) = 3^+$$
$$6_3^3 = [t(3c/6)6]^3 = t(c/2)6^3 + t(c) = 2_1$$
$$6_3^4 = [t(3c/6)6]^4 = 6^4 + t(2c) = 3^-$$
$$6_3^5 = [t(3c/6)6]^5 = t(c/2)6^5 + t(2c) = t(c/2)6^-$$
$$6_3^6 = [t(3c/6)6]^6 = 6^6 + t(3c) = 1$$

1、3^+、3^-、2_1、6_3^+、6_3^- 的位置都在$0,0,z$，即晶轴c或坐标轴z。6_3螺旋轴产生的全部对称操作用对应的生成元依次表示如下：

①1　　　　②$3^+$：　$0,0,z$　　　　③$3^-$：　$0,0,z$

④$2_1$：　$2\left(0,0,\frac{1}{2}\right)$　$0,0,z$　　　　⑤$6_3^+$：　$6^+\left(0,0,\frac{1}{2}\right)$　$0,0,z$　　　　⑥$6_3^-$：　$6^-\left(0,0,\frac{1}{2}\right)$　$0,0,z$

（2）在与螺旋轴6_3垂直的水平方向，过原点的平面上有 3 条二重轴；在与晶轴c的截距等于$\frac{c}{4}$的平面上有 3 条二重轴，6 条二重轴的位置分别为

⑦2　$x,x,0$　　　　⑧2　$x,0,0$　　　　⑨2　$0,y,0$

⑩2　$x,\bar{x},\frac{1}{4}$　　　　⑪2　$x,2x,\frac{1}{4}$　　　　⑫2　$2x,x,\frac{1}{4}$

（3）晶体存在对称中心$\bar{1}$，位置在原点$(0,0,0)$处的 Ni 离子上，螺旋轴6_3与对称中心组合生成六重和三重反轴，位置分别为

⑬ $\bar{1}\,6_3^6=\bar{1}$：　0,0,0　　⑭ $\bar{1}\,6_3^2=\bar{3}^+$：　0,0,z；0,0,0　　⑮ $\bar{1}\,6_3^4=\bar{3}^-$：　0,0,z；0,0,0

⑯ $\bar{1}\,6_3^3=m$：　$x,y,\frac{1}{4}$　　⑰ $\bar{1}\,6_3^5=\bar{6}^-$：　0,0,z；$0,0,\frac{1}{4}$　　⑱ $\bar{1}\,6_3^1=\bar{6}^+$：　0,0,z；$0,0,\frac{1}{4}$

其中，水平镜面 m 的位置在垂直于晶轴 c、与晶轴 c 的截距等于 $\frac{c}{4}$ 的平面 $\left(x,y,\frac{1}{4}\right)$。

（4）在过 $\left(0,0,\frac{1}{4}\right)$ 点的 3 条二重轴的垂直方向存在 m 镜面。在与过原点的 3 条二重轴的垂直方向存在 c 滑移面，平移分量为 $\left(0,0,\frac{1}{2}\right)$。

⑲ m　$x,\bar{x},z$　　⑳ m　$x,2x,z$　　㉑ m　$2x,x,z$

㉒ c　x,x,z　　㉓ c　$x,0,z$　　㉔ c　$0,y,z$

下面求出 24 个对称操作的增广矩阵表示。先在直角坐标系中，写出 24 个操作的矩阵表示，再经过线性变换，转变为六方坐标系的矩阵表示，进而表达为增广矩阵。

设直角和六方坐标系的基向量分别用 $\{\boldsymbol{i},\boldsymbol{j},\boldsymbol{k}\}$ 和 $\{\boldsymbol{a},\boldsymbol{b},\boldsymbol{c}\}$ 表示，P 原子在直角坐标系中的位置坐标为 (x_c,y_c,z_c)，在六方坐标系中的位置坐标为 (x_h,y_h,z_h)，见图 6-53。由直角变换为六方坐标系的过渡矩阵为

$$(\boldsymbol{a}\ \ \boldsymbol{b}\ \ \boldsymbol{c})=(\boldsymbol{i}\ \ \boldsymbol{j}\ \ \boldsymbol{k})\begin{pmatrix}a & -a/2 & 0\\ 0 & \sqrt{3}b/2 & 0\\ 0 & 0 & c\end{pmatrix} \tag{6-60}$$

向量 $\boldsymbol{OP}$ 在直角坐标系中表示为

$$\boldsymbol{OP}=x_c\boldsymbol{i}+y_c\boldsymbol{j}+z_c\boldsymbol{k}=(\boldsymbol{i}\ \ \boldsymbol{j}\ \ \boldsymbol{k})\begin{pmatrix}x_c\\ y_c\\ z_c\end{pmatrix} \tag{6-61}$$

向量 $\boldsymbol{OP}$ 在六方坐标系中表示为

$$\boldsymbol{OP}=x_h\boldsymbol{a}+y_h\boldsymbol{b}+z_h\boldsymbol{c}=(\boldsymbol{a}\ \ \boldsymbol{b}\ \ \boldsymbol{c})\begin{pmatrix}x_h\\ y_h\\ z_h\end{pmatrix}=(\boldsymbol{i}\ \ \boldsymbol{j}\ \ \boldsymbol{k})\begin{pmatrix}a & -a/2 & 0\\ 0 & \sqrt{3}b/2 & 0\\ 0 & 0 & c\end{pmatrix}\begin{pmatrix}x_h\\ y_h\\ z_h\end{pmatrix} \tag{6-62}$$

同一向量在两个坐标系中只是表示不同，式（6-61）和式（6-62）两式右端必然相等，则有

$$\begin{pmatrix}x_c\\ y_c\\ z_c\end{pmatrix}=\begin{pmatrix}a & -a/2 & 0\\ 0 & \sqrt{3}b/2 & 0\\ 0 & 0 & c\end{pmatrix}\begin{pmatrix}x_h\\ y_h\\ z_h\end{pmatrix} \tag{6-63}$$

上式称为 P 点在直角和六方坐标系中的位置坐标变换关系，令

$$\boldsymbol{\eta}_c=\begin{pmatrix}x_c\\ y_c\\ z_c\end{pmatrix},\ \boldsymbol{\eta}_h=\begin{pmatrix}x_h\\ y_h\\ z_h\end{pmatrix},\ \boldsymbol{A}=\begin{pmatrix}a & -a/2 & 0\\ 0 & \sqrt{3}b/2 & 0\\ 0 & 0 & c\end{pmatrix}$$

变换关系简化为

$$\boldsymbol{\eta}_c=\boldsymbol{A}\boldsymbol{\eta}_h \tag{6-64}$$

矩阵 $\boldsymbol{A}$ 是直角坐标系变换为六方坐标系的过渡矩阵。

在直角坐标系中，设对称操作 $\boldsymbol{R}$ 将 P 点坐标 $\boldsymbol{\eta}_c$ 移动到 Q 点 $\boldsymbol{\eta}_c'$。在六方坐标系中，该对称操作同时将 P 点坐标 $\boldsymbol{\eta}_h$ 移动到 Q 点 $\boldsymbol{\eta}_h'$。P 点和 Q 点属于同一等位点系，即从 P 点移动到 Q 点，图形重合。令对称操作 $\boldsymbol{R}$ 在直角和六方坐标系中的矩阵表示分别为 $\boldsymbol{W}_c$ 和 $\boldsymbol{W}_h$，当 P 点移动到 Q 点，在直角坐标系中，坐标 $\boldsymbol{\eta}_c$ 变为 $\boldsymbol{\eta}_c'$，有

$$\boldsymbol{\eta}_c'=\boldsymbol{W}_c\boldsymbol{\eta}_c \tag{6-65}$$

在六方坐标系中，坐标 $\boldsymbol{\eta}_{\mathrm{h}}$ 变为 $\boldsymbol{\eta}_{\mathrm{h}}'$，有

$$\boldsymbol{\eta}_{\mathrm{h}}' = \boldsymbol{W}_{\mathrm{h}}\boldsymbol{\eta}_{\mathrm{h}} \tag{6-66}$$

将 $\boldsymbol{\eta}_{\mathrm{c}} = \boldsymbol{A}\boldsymbol{\eta}_{\mathrm{h}}$ 和 $\boldsymbol{\eta}_{\mathrm{c}}' = \boldsymbol{A}\boldsymbol{\eta}_{\mathrm{h}}'$ 代入式（6-65）得

$$\boldsymbol{A}\boldsymbol{\eta}_{\mathrm{h}}' = \boldsymbol{W}_{\mathrm{c}}\boldsymbol{A}\boldsymbol{\eta}_{\mathrm{h}} \tag{6-67}$$

上式两端同时左乘 $\boldsymbol{A}^{-1}$，左端 $\boldsymbol{A}^{-1}\boldsymbol{A} = \boldsymbol{I}$，得

$$\boldsymbol{\eta}_{\mathrm{h}}' = \boldsymbol{A}^{-1}\boldsymbol{W}_{\mathrm{c}}\boldsymbol{A}\boldsymbol{\eta}_{\mathrm{h}} \tag{6-68}$$

比较式（6-66）和式（6-68），对称操作 $\boldsymbol{R}$ 在六方坐标系中的矩阵表示 $\boldsymbol{W}_{\mathrm{h}}$，

$$\boldsymbol{W}_{\mathrm{h}} = \boldsymbol{A}^{-1}\boldsymbol{W}_{\mathrm{c}}\boldsymbol{A} \tag{6-69}$$

先写出对称操作 $\boldsymbol{R}$ 在直角坐标系中的矩阵表示 $\boldsymbol{W}_{\mathrm{c}}$，由直角变换为六方坐标系的过渡矩阵 $\boldsymbol{A}$，就可求出六方坐标系中的矩阵表示 $\boldsymbol{W}_{\mathrm{h}}$。若为非点式操作，加上平移分量为 $\omega = (x_0, y_0, z_0)^{\mathrm{T}}$，就求得增广矩阵表示 $(\boldsymbol{W}_{\mathrm{h}}, \boldsymbol{\omega})$。

$$(\boldsymbol{W}_{\mathrm{h}}, \boldsymbol{\omega}) = \begin{pmatrix} \boldsymbol{W}_{\mathrm{h}} & \boldsymbol{\omega} \\ 0 & 1 \end{pmatrix} \tag{6-70}$$

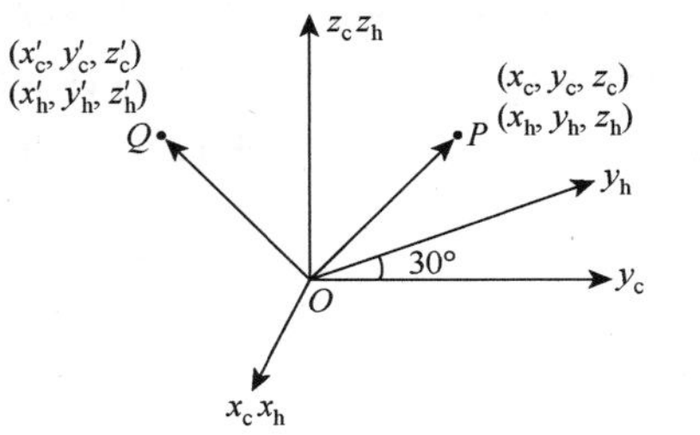

图 6-53　直角坐标系和六角坐标系的线性变换

以下是 24 个群元素的对称操作在直角坐标系下的矩阵表示。

（1）恒等操作

$$\boldsymbol{I} = \begin{pmatrix} 1 & 0 & 0 \\ 0 & 1 & 0 \\ 0 & 0 & 1 \end{pmatrix} \tag{6-71}$$

（2）六重螺旋轴的旋转操作部分，位置在 $0,0,z$

$$\boldsymbol{W}_{\mathrm{c}}(6^+) = \begin{pmatrix} 1/2 & -\sqrt{3}/2 & 0 \\ \sqrt{3}/2 & 1/2 & 0 \\ 0 & 0 & 1 \end{pmatrix}, \boldsymbol{W}_{\mathrm{c}}(6^-) = \begin{pmatrix} 1/2 & \sqrt{3}/2 & 0 \\ -\sqrt{3}/2 & 1/2 & 0 \\ 0 & 0 & 1 \end{pmatrix} \tag{6-72}$$

$$\boldsymbol{W}_{\mathrm{c}}(3^+) = \boldsymbol{W}_{\mathrm{c}}(6^+)\boldsymbol{W}_{\mathrm{c}}(6^+) = \begin{pmatrix} -1/2 & -\sqrt{3}/2 & 0 \\ \sqrt{3}/2 & -1/2 & 0 \\ 0 & 0 & 1 \end{pmatrix} \tag{6-73}$$

$$\boldsymbol{W}_{\mathrm{c}}(3^-) = \boldsymbol{W}_{\mathrm{c}}(6^-)\boldsymbol{W}_{\mathrm{c}}(6^-) = \begin{pmatrix} -1/2 & \sqrt{3}/2 & 0 \\ -\sqrt{3}/2 & -1/2 & 0 \\ 0 & 0 & 1 \end{pmatrix} \tag{6-74}$$

$$\boldsymbol{W}_{\mathrm{c}}(2) = [\boldsymbol{W}_{\mathrm{c}}(6^+)]^3 = \begin{pmatrix} -1 & 0 & 0 \\ 0 & -1 & 0 \\ 0 & 0 & 1 \end{pmatrix} \tag{6-75}$$

（3）与六重螺旋轴垂直的二重旋转轴分为两组，一组经过原点 $(0,0,0)$，另一组经过点 $\left(0,0,\dfrac{1}{4}\right)$。其中，在六方坐标系中 $\boldsymbol{a}$ 和 $\boldsymbol{a}+2\boldsymbol{b}$ 方向的二重轴，分别与直角坐标系的 x 轴和 y 轴同向，见图 6-54（b）。在直角坐标系中，这两条二重轴的矩阵分别表示为

$$\boldsymbol{W}_{\mathrm{c}}(2^a) = \begin{pmatrix} 1 & 0 & 0 \\ 0 & -1 & 0 \\ 0 & 0 & -1 \end{pmatrix}, \boldsymbol{W}_{\mathrm{c}}(2^{a+2b}) = \begin{pmatrix} -1 & 0 & 0 \\ 0 & 1 & 0 \\ 0 & 0 & -1 \end{pmatrix} \tag{6-76}$$

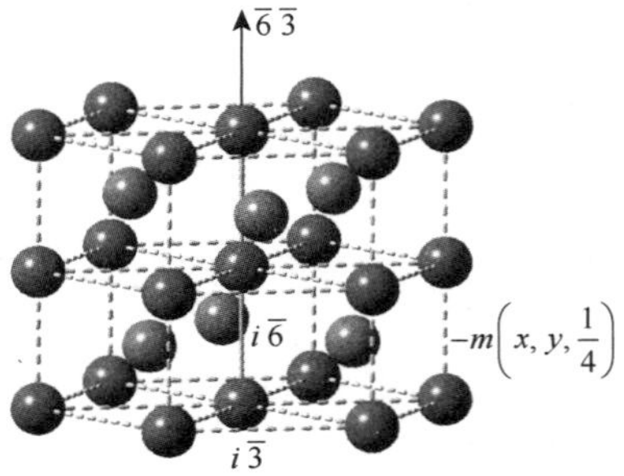

(a) $\overline{6}$和$\overline{3}$的反演点i的位置

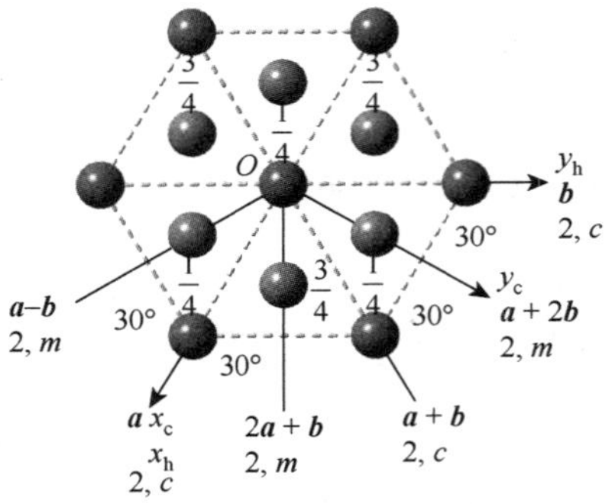

(b) 二重轴、反映面m、滑移面c的位置

图 6-54　NiAs 晶体中反轴、二重轴、反映面和滑移面的位置

六方坐标系$\boldsymbol{a}-\boldsymbol{b}$方向的二重轴，旋转轴线指标为$[1\overline{1}0]$，与直角坐标系 x 轴的交角为−30°，见图 6-54（b）。在直角坐标系中绕$[1\overline{1}0]$轴旋转 180°，与如下联合操作等效：先绕 z 轴逆时针旋转 30°至 x 轴，再绕 x 轴旋转 180°，最后绕 z 轴顺时针旋转−30°，恢复到原来位置。

$$\begin{aligned}\boldsymbol{W}_{\mathrm{c}}(2^{a-b}) &= \boldsymbol{W}_{\mathrm{c}}(12^{-c})\boldsymbol{W}_{\mathrm{c}}(2^{a})\boldsymbol{W}_{\mathrm{c}}(12^{+c})\\ &= \begin{pmatrix}\sqrt{3}/2 & 1/2 & 0\\ -1/2 & \sqrt{3}/2 & 0\\ 0 & 0 & 1\end{pmatrix}\begin{pmatrix}1 & 0 & 0\\ 0 & -1 & 0\\ 0 & 0 & -1\end{pmatrix}\begin{pmatrix}\sqrt{3}/2 & -1/2 & 0\\ 1/2 & \sqrt{3}/2 & 0\\ 0 & 0 & 1\end{pmatrix}\\ &= \begin{pmatrix}1/2 & -\sqrt{3}/2 & 0\\ -\sqrt{3}/2 & 1/2 & 0\\ 0 & 0 & -1\end{pmatrix}\end{aligned} \tag{6-77}$$

六方坐标系$2\boldsymbol{a}+\boldsymbol{b}$方向的二重轴，旋转轴线指标为$[210]$，与直角坐标系 x 轴的交角为+ 30°，见图 6-54（b）。在直角坐标系中绕$[210]$轴旋转 180°，与如下联合操作等效：先绕 z 轴顺时针旋转−30°至 x 轴，再绕 x 轴旋转 180°，最后绕 z 轴逆时针旋转 30°，恢复到原来位置。

$$\begin{aligned}\boldsymbol{W}_{\mathrm{c}}(2^{2a+b}) &= \boldsymbol{W}_{\mathrm{c}}(12^{+c})\boldsymbol{W}_{\mathrm{c}}(2^{a})\boldsymbol{W}_{\mathrm{c}}(12^{-c})\\ &= \begin{pmatrix}\sqrt{3}/2 & -1/2 & 0\\ 1/2 & \sqrt{3}/2 & 0\\ 0 & 0 & 1\end{pmatrix}\begin{pmatrix}1 & 0 & 0\\ 0 & -1 & 0\\ 0 & 0 & -1\end{pmatrix}\begin{pmatrix}\sqrt{3}/2 & 1/2 & 0\\ -1/2 & \sqrt{3}/2 & 0\\ 0 & 0 & 1\end{pmatrix}\\ &= \begin{pmatrix}1/2 & \sqrt{3}/2 & 0\\ \sqrt{3}/2 & -1/2 & 0\\ 0 & 0 & -1\end{pmatrix}\end{aligned} \tag{6-78}$$

六方坐标系$\boldsymbol{a}+\boldsymbol{b}$方向的二重轴，旋转轴线指标为$[110]$，与直角坐标系 y 轴的交角为−30°，见图 6-54（b）。在直角坐标系中绕$[110]$轴旋转 180°，与如下联合操作等效：先绕 z 轴逆时针旋转 30°至 y 轴，再绕 y 轴旋转 180°，最后绕 z 轴顺时针旋转−30°，恢复到原来位置。

$$\begin{aligned}\boldsymbol{W}_{\mathrm{c}}(2^{a+b}) &= \boldsymbol{W}_{\mathrm{c}}(12^{-c})\boldsymbol{W}_{\mathrm{c}}(2^{a+2b})\boldsymbol{W}_{\mathrm{c}}(12^{+c})\\ &= \begin{pmatrix}\sqrt{3}/2 & 1/2 & 0\\ -1/2 & \sqrt{3}/2 & 0\\ 0 & 0 & 1\end{pmatrix}\begin{pmatrix}-1 & 0 & 0\\ 0 & 1 & 0\\ 0 & 0 & -1\end{pmatrix}\begin{pmatrix}\sqrt{3}/2 & -1/2 & 0\\ 1/2 & \sqrt{3}/2 & 0\\ 0 & 0 & 1\end{pmatrix}\\ &= \begin{pmatrix}-1/2 & \sqrt{3}/2 & 0\\ \sqrt{3}/2 & 1/2 & 0\\ 0 & 0 & -1\end{pmatrix}\end{aligned} \tag{6-79}$$

六方坐标系$\boldsymbol{b}$方向的二重轴，旋转轴线指标为$[010]$，与直角坐标系 y 轴的交角为+ 30°，见图 6-54（b）。

在直角坐标系中绕[010]轴旋转 180°，与如下联合操作等效：先绕 z 轴顺时针旋转−30°至 y 轴，再绕 y 轴旋转 180°，最后绕 z 轴逆时针旋转 + 30°，恢复到原来位置。

$$\begin{aligned}\boldsymbol{W}_{\mathrm{c}}(2^{b})&=\boldsymbol{W}_{\mathrm{c}}(12^{+c})\boldsymbol{W}_{\mathrm{c}}(2^{a+2b})\boldsymbol{W}_{\mathrm{c}}(12^{-c})\\&=\begin{pmatrix}\sqrt{3}/2&-1/2&0\\1/2&\sqrt{3}/2&0\\0&0&1\end{pmatrix}\begin{pmatrix}-1&0&0\\0&1&0\\0&0&-1\end{pmatrix}\begin{pmatrix}\sqrt{3}/2&1/2&0\\-1/2&\sqrt{3}/2&0\\0&0&1\end{pmatrix}\\&=\begin{pmatrix}-1/2&-\sqrt{3}/2&0\\-\sqrt{3}/2&1/2&0\\0&0&-1\end{pmatrix}\end{aligned}\tag{6-80}$$

（4）六重螺旋轴和与之垂直的二重旋转轴，组合出 6 个镜面或滑移面，分为两组，一组为镜面，另一组为滑移面，见图 6-54（b）。在直角坐标系中，包含 z 轴的镜面和滑移面，其反映操作的变换矩阵表示为

$$\begin{pmatrix}x'\\y'\\z'\end{pmatrix}=\begin{pmatrix}\cos 2\beta&\sin 2\beta&0\\\sin 2\beta&-\cos 2\beta&0\\0&0&1\end{pmatrix}\begin{pmatrix}x\\y\\z\end{pmatrix}\tag{6-81}$$

$$\boldsymbol{\eta}'=\boldsymbol{W}_{\mathrm{c}}(m)\boldsymbol{\eta}$$

其中，$\boldsymbol{\eta}=(x\ \ y\ \ z)^{\mathrm{T}}$ 和 $\boldsymbol{\eta}'=(x'\ \ y'\ \ z')^{\mathrm{T}}$ 分别为反映操作前后原子的坐标向量，$\boldsymbol{W}_{\mathrm{c}}(m)$ 为反映操作的矩阵表示，β 为镜面与 x 轴的夹角。

沿六方坐标系的 $\boldsymbol{a}-\boldsymbol{b}$ 、$2\boldsymbol{a}+\boldsymbol{b}$ 、$\boldsymbol{a}+2\boldsymbol{b}$ 方向存在镜面，位置坐标分别为 $(x,\bar{x},z)$ 、$(2x,x,z)$ 、$(x,2x,z)$ ，见图 6-54（b）。在直角坐标系中，镜面与 x 轴的夹角 β 分别等于−30°、+30°、+90°，代入式（6-81），分别求得反映操作的矩阵表示为

$$\begin{aligned}\boldsymbol{W}_{\mathrm{c}}(m^{a-b})&=\begin{pmatrix}1/2&-\sqrt{3}/2&0\\-\sqrt{3}/2&-1/2&0\\0&0&1\end{pmatrix}\\\boldsymbol{W}_{\mathrm{c}}(m^{2a+b})&=\begin{pmatrix}1/2&\sqrt{3}/2&0\\\sqrt{3}/2&-1/2&0\\0&0&1\end{pmatrix}\\\boldsymbol{W}_{\mathrm{c}}(m^{a+2b})&=\begin{pmatrix}-1&0&0\\0&1&0\\0&0&1\end{pmatrix}\end{aligned}\tag{6-82}$$

沿六方坐标系的 $\boldsymbol{a}$ 、$\boldsymbol{a}+\boldsymbol{b}$ 、$\boldsymbol{b}$ 方向存在滑移面，位置坐标是 $(x,0,z)$ 、(x,x,z) 、$(0,y,z)$ ，见图 6-54（b）。在直角坐标系中，滑移面与 x 轴的夹角 β 分别等于 0°、+60°、+120°，代入式（6-81），分别求得滑移面反映操作部分的矩阵表示为

$$\begin{aligned}\boldsymbol{W}_{\mathrm{c}}(m^{a})&=\begin{pmatrix}1&0&0\\0&-1&0\\0&0&1\end{pmatrix}\\\boldsymbol{W}_{\mathrm{c}}(m^{a+b})&=\begin{pmatrix}-1/2&\sqrt{3}/2&0\\\sqrt{3}/2&1/2&0\\0&0&1\end{pmatrix}\\\boldsymbol{W}_{\mathrm{c}}(m^{b})&=\begin{pmatrix}-1/2&-\sqrt{3}/2&0\\-\sqrt{3}/2&1/2&0\\0&0&1\end{pmatrix}\end{aligned}\tag{6-83}$$

下面将以上 24 个对称操作在直角坐标系下的矩阵表示，按式（6-69），$\boldsymbol{W}_{\mathrm{h}}=\boldsymbol{A}^{-1}\boldsymbol{W}_{\mathrm{c}}\boldsymbol{A}$，转变为在六方坐标系下的增广矩阵表示。

（1）恒等操作

$$\boldsymbol{I}=\begin{pmatrix}1&0&0&0\\0&1&0&0\\0&0&1&0\\0&0&0&1\end{pmatrix},\text{平移分量}\ \boldsymbol{\omega}=\begin{pmatrix}0\\0\\0\end{pmatrix}\tag{6-84}$$

（2）六重螺旋轴 6_3^1 和 6_3^5 的旋转操作，位置在 $0,0,z$，在六方坐标系中旋转操作 6^+ 的矩阵表示为

$$\boldsymbol{W}_{\mathrm{h}}(6^+)=\boldsymbol{A}^{-1}\boldsymbol{W}_{\mathrm{c}}(6^+)\boldsymbol{A}=\begin{pmatrix}a&-a/2&0\\0&\sqrt{3}b/2&0\\0&0&c\end{pmatrix}^{-1}\begin{pmatrix}1/2&-\sqrt{3}/2&0\\\sqrt{3}/2&1/2&0\\0&0&1\end{pmatrix}\begin{pmatrix}a&-a/2&0\\0&\sqrt{3}b/2&0\\0&0&c\end{pmatrix}$$

$$=\begin{pmatrix}1&-1&0\\1&0&0\\0&0&1\end{pmatrix}$$

其中，$a=b$。加上平移分量，六重螺旋轴 6_3^1 的增广矩阵写为

$$[\boldsymbol{W}(6^+),\boldsymbol{\omega}]=\begin{pmatrix}1&-1&0&0\\1&0&0&0\\0&0&1&1/2\\0&0&0&0\end{pmatrix},\ \boldsymbol{\omega}=\begin{pmatrix}0\\0\\1/2\end{pmatrix}\tag{6-85}$$

同理，6_3^5 的增广矩阵写为

$$[\boldsymbol{W}(6^-),\boldsymbol{\omega}]=\begin{pmatrix}0&1&0&0\\-1&1&0&0\\0&0&1&1/2\\0&0&0&0\end{pmatrix},\ \boldsymbol{\omega}=\begin{pmatrix}0\\0\\1/2\end{pmatrix}\tag{6-86}$$

（3）由六重螺旋操作 6_3^2 和 6_3^4 生成三重旋转 3^1 和 3^2 操作，位置为 $0,0,z$。在六方坐标系中，3^+ 的矩阵表示为

$$\boldsymbol{W}_{\mathrm{h}}(3^+)=\boldsymbol{A}^{-1}\boldsymbol{W}_{\mathrm{c}}(3^+)\boldsymbol{A}=\begin{pmatrix}a&-a/2&0\\0&\sqrt{3}b/2&0\\0&0&c\end{pmatrix}^{-1}\begin{pmatrix}-1/2&-\sqrt{3}/2&0\\\sqrt{3}/2&-1/2&0\\0&0&1\end{pmatrix}\begin{pmatrix}a&-a/2&0\\0&\sqrt{3}b/2&0\\0&0&c\end{pmatrix}$$

$$=\begin{pmatrix}0&-1&0\\1&-1&0\\0&0&1\end{pmatrix}$$

其中，$a=b$。写成增广矩阵为

$$[\boldsymbol{W}(3^+),\boldsymbol{\omega}]=\begin{pmatrix}0&-1&0&0\\1&-1&0&0\\0&0&1&0\\0&0&0&1\end{pmatrix},\ \boldsymbol{\omega}=\begin{pmatrix}0\\0\\0\end{pmatrix}\tag{6-87}$$

同理，3^- 的增广矩阵表示为

$$[\boldsymbol{W}(3^-),\boldsymbol{\omega}]=\begin{pmatrix}-1&1&0&0\\-1&0&0&0\\0&0&1&0\\0&0&0&0\end{pmatrix},\ \boldsymbol{\omega}=\begin{pmatrix}0\\0\\0\end{pmatrix}\tag{6-88}$$

（4）由六重螺旋操作 6_3^3 生成二重螺旋操作 2_1，同一位置为 $0,0,z$。在六方坐标系中，螺旋轴 2_1 的旋转操作矩阵为

$$\boldsymbol{W}_{\mathrm{h}}(2)=\boldsymbol{A}^{-1}\boldsymbol{W}_{\mathrm{c}}(2)\boldsymbol{A}=\begin{pmatrix} a & -a/2 & 0 \\ 0 & \sqrt{3}b/2 & 0 \\ 0 & 0 & c \end{pmatrix}^{-1}\begin{pmatrix} -1 & 0 & 0 \\ 0 & -1 & 0 \\ 0 & 0 & 1 \end{pmatrix}\begin{pmatrix} a & -a/2 & 0 \\ 0 & \sqrt{3}b/2 & 0 \\ 0 & 0 & c \end{pmatrix}$$

$$=\begin{pmatrix} -1 & 0 & 0 \\ 0 & -1 & 0 \\ 0 & 0 & 1 \end{pmatrix}$$

其中，$a=b$，加上平移分量，六重螺旋轴 $6_3^3=2_1$ 的增广矩阵写为

$$[\boldsymbol{W}(2),\boldsymbol{\omega}]=\begin{pmatrix} -1 & 0 & 0 & 0 \\ 0 & -1 & 0 & 0 \\ 0 & 0 & 1 & 1/2 \\ 0 & 0 & 0 & 1 \end{pmatrix},\ \boldsymbol{\omega}=\begin{pmatrix} 0 \\ 0 \\ 1/2 \end{pmatrix} \tag{6-89}$$

其余对称操作的增广矩阵表示留给读者作为练习。在晶体学国际表中，对称操作的增广矩阵写成一般位点 (x,y,z) 的线性表示，由如下变换关系式展开即得

$$\begin{pmatrix} \boldsymbol{\eta}' \\ 1 \end{pmatrix}=\begin{pmatrix} \boldsymbol{W}(R) & 0 \\ 0 & 1 \end{pmatrix}\begin{pmatrix} \boldsymbol{\eta} \\ 1 \end{pmatrix} \tag{6-90}$$

以六重螺旋轴 6_3^1 的增广矩阵为例，由增广矩阵

$$\begin{pmatrix} x' \\ y' \\ z' \\ 1 \end{pmatrix}=\begin{pmatrix} 1 & -1 & 0 & 0 \\ 1 & 0 & 0 & 0 \\ 0 & 0 & 1 & 1/2 \\ 0 & 0 & 0 & 0 \end{pmatrix}\begin{pmatrix} x \\ y \\ z \\ 1 \end{pmatrix} \tag{6-91}$$

展开为线性方程组

$$\begin{aligned} x' &= x-y \\ y' &= x \\ z' &= z+\frac{1}{2} \end{aligned} \tag{6-92}$$

其意义是，一般位点 (x,y,z) 经过六重螺旋轴操作 $\left(6_3^1\right)$，移动到坐标为 $\left(x-y,x,z+\dfrac{1}{2}\right)$ 的位点。因为点式操作没有平移分量，或者说平移分量等于零，所以，点式操作也不用增广矩阵 $[\boldsymbol{W}(R),\boldsymbol{\omega}]$ 表示，而是直接用晶体坐标系的 $\boldsymbol{W}_{\mathrm{h}}(R)$ 表示。空间群的全部 24 个对称操作分别将一般位点 (x,y,z) 移动到一个新位点，每个位点都不相同，全部 24 个位点组成一般位点的等位点系。当 (x,y,z) 的其中一个坐标值被指定，就变为特殊位点，在 24 个对称操作中，部分对称操作对特殊位点的作用，所得位置坐标是相同的。在晶体学国际表中，每个空间群都包含对称操作符号、空间位置、一般等位点和特殊等位点的位点坐标，见表 6-8。由一般等位点的位置坐标，也可以反推出全部对称操作的增广矩阵表示。

表 6-8　空间群 D_{6h}^4-$\dfrac{6_3}{m}\dfrac{2}{m}\dfrac{2}{c}$ 的 24 个对称操作符号、空间位置、一般等位点和特殊等位点的位点坐标

①1 x,y,z	②$3^+$ $0,0,z$; $\bar{y},x-y,z$	③$3^-$ $0,0,z$; $\bar{x}+y,\bar{x},z$
④$2\left(0,0,\frac{1}{2}\right)$ $0,0,z$; $\bar{x},\bar{y},z+\frac{1}{2}$	⑤$6^-\left(0,0,\frac{1}{2}\right)$ $0,0,z$; $y,\bar{x}+y,z+\frac{1}{2}$	⑥$6^+\left(0,0,\frac{1}{2}\right)$ $0,0,z$; $x-y,x,z+\frac{1}{2}$
⑦2 $x,x,0$; $y,x,\bar{z}$	⑧2 $x,0,0$; $x-y,\bar{y},\bar{z}$	⑨2 $0,y,0$; $\bar{x},\bar{x}+y,\bar{z}$
⑩2 $x,\bar{x},\frac{1}{4}$; $\bar{y},\bar{x},\bar{z}+\frac{1}{2}$	⑪2 $x,2x,\frac{1}{4}$; $\bar{x}+y,y,\bar{z}+\frac{1}{2}$	⑫2 $2x,x,\frac{1}{4}$; $x,x-y,\bar{z}+\frac{1}{2}$
⑬$\bar{1}$ $0,0,0$; $\bar{x},\bar{y},\bar{z}$	⑭$\bar{3}^+$ $0,0,z$; $0,0,0$; $y,\bar{x}+y,\bar{z}$	⑮$\bar{3}^-$ $0,0,z$; $0,0,0$; $x-y,x,\bar{z}$

续表

⑯ m $x,y,\frac{1}{4}$; $x,y,\bar{z}+\frac{1}{2}$	⑰ $\bar{6}^-$ $0,0,z$; $0,0,\frac{1}{4}$; $\bar{y},x-y,\bar{z}+\frac{1}{2}$	⑱ $\bar{6}^+$ $0,0,z$; $0,0,\frac{1}{4}$; $\bar{x}+y,\bar{x},\bar{z}+\frac{1}{2}$
⑲ m $x,\bar{x},z$; $\bar{y},\bar{x},z$	⑳ m $x,2x,z$; $\bar{x}+y,y,z$	㉑ m $2x,x,z$; $x,x-y,z$
㉒ c x,x,z; $y,x,z+\frac{1}{2}$	㉓ c $x,0,z$; $x-y,\bar{y},z+\frac{1}{2}$	㉔ c $0,y,z$; $\bar{x},\bar{x}+y,z+\frac{1}{2}$

【例 6-5】 表 6-8 中第 1 个恒等操作后的位点坐标，是位点的原始位置，经过第 24 个对称操作，即位置坐标为$(0,y,z)$，经六方坐标系中方位为[210]的滑移面 c 操作，得到新位点的位点坐标$\left(\bar{x},\bar{x}+y,z+\dfrac{1}{2}\right)$，写出该滑移面的增广矩阵表示。

解： 由式（6-90），以及第 1 个恒等操作和第 24 个对称操作的位点坐标，得出变换方程

$$\begin{pmatrix} -x \\ -x+y \\ z+1/2 \\ 1 \end{pmatrix} = \begin{pmatrix} -1 & 0 & 0 & 0 \\ -1 & 1 & 0 & 0 \\ 0 & 0 & 1 & 1/2 \\ 0 & 0 & 0 & 1 \end{pmatrix} \begin{pmatrix} x \\ y \\ z \\ 1 \end{pmatrix}$$

于是得出位置坐标为$(0,y,z)$的滑移面c的增广矩阵表示

$$\boldsymbol{W}(c^{2a+b},\boldsymbol{\omega}) = \begin{pmatrix} -1 & 0 & 0 & 0 \\ -1 & 1 & 0 & 0 \\ 0 & 0 & 1 & 1/2 \\ 0 & 0 & 0 & 1 \end{pmatrix}$$

晶体的平移操作与有限图形的对称操作相结合，在几何限制性条件下，其组合而成的对称群就是空间群。空间群是一种抽象的数学表示，构成晶体的微粒不同，晶体的空间群有可能相同，因而与点群类似，空间群也是晶体对称性的一种更为细致的分类。通过晶系、点群、空间群三级对称性分类，结合几何线性空间和群论方法，将复杂结构变为简单结构，这也是人类认识论上的重要成就之一。

6.4　晶体结构参数

晶体学晶格构成三维实向量空间，而位点排列构成三维点空间，点与点之间通过向量联系，向量的端点是位点，向量和位点都可以用坐标表示，位点之间又可以用向量表示，任何向量都可表示为三个基向量的线性组合。原子、离子、对称元素的空间位置，随坐标系的选择不同发生变化，但位点之间向量的长度和交角却不随坐标系选择不同发生变化，这决定了原子间距、晶面间距、晶胞的体积、晶体的密度都与坐标系选择无关，因而，选择简单的空间坐标系，更有利于导出晶体结构参数。

6.4.1　晶胞中原子间距

首先将原子所处的位置点作为点空间中的点，两个原子的核间距等于点空间中两个点的距离，而点空间中两个点之间是一个向量，用向量空间V^3中基向量表示任意两点之间的向量，就可求出向量长度。已知晶体坐标系的单位向量以及向量的交角，计算原子之间的间距，就简化为任意两点之间的向量长度。设晶体坐标系的基向量为$(\boldsymbol{a},\boldsymbol{b},\boldsymbol{c})$，基向量的交角为$(\gamma,\alpha,\beta)$，见图 6-55（a）。设点空间中两点$A(x_1,y_1,z_1)$和$B(x_2,y_2,z_2)$，用晶体坐标系的基向量表示，分别为

$$\boldsymbol{OA} = \boldsymbol{r}_1 = x_1\boldsymbol{a} + y_1\boldsymbol{b} + z_1\boldsymbol{c} = (\boldsymbol{a},\boldsymbol{b},\boldsymbol{c})\begin{pmatrix} x_1 \\ y_1 \\ z_1 \end{pmatrix} \tag{6-93}$$

$$\boldsymbol{OB} = \boldsymbol{r}_2 = x_2\boldsymbol{a} + y_2\boldsymbol{b} + z_2\boldsymbol{c} = (\boldsymbol{a},\boldsymbol{b},\boldsymbol{c})\begin{pmatrix} x_2 \\ y_2 \\ z_2 \end{pmatrix} \tag{6-94}$$

A 和 B 两点之间的向量 $\boldsymbol{AB}$ 表示为

$$\boldsymbol{AB} = \boldsymbol{r}_2 - \boldsymbol{r}_1 = (x_2 - x_1)\boldsymbol{a} + (y_2 - y_1)\boldsymbol{b} + (z_2 - z_1)\boldsymbol{c} = (\boldsymbol{a}\ \boldsymbol{b}\ \boldsymbol{c})\begin{pmatrix} x_2 - x_1 \\ y_2 - y_1 \\ z_2 - z_1 \end{pmatrix} \tag{6-95}$$

向量 $\boldsymbol{AB}$ 长度的平方等于向量 $\boldsymbol{AB}$ 的标量积，即两点之间距离的平方：

$$\begin{aligned} d^2 = \boldsymbol{AB} \cdot \boldsymbol{AB} &= (x_2 - x_1 \quad y_2 - y_1 \quad z_2 - z_1)\begin{pmatrix} \boldsymbol{a} \\ \boldsymbol{b} \\ \boldsymbol{c} \end{pmatrix}(\boldsymbol{a}\ \boldsymbol{b}\ \boldsymbol{c})\begin{pmatrix} x_2 - x_1 \\ y_2 - y_1 \\ z_2 - z_1 \end{pmatrix} \\ &= (x_2 - x_1 \quad y_2 - y_1 \quad z_2 - z_1)\begin{pmatrix} \boldsymbol{a}\cdot\boldsymbol{a} & \boldsymbol{a}\cdot\boldsymbol{b} & \boldsymbol{a}\cdot\boldsymbol{c} \\ \boldsymbol{b}\cdot\boldsymbol{a} & \boldsymbol{b}\cdot\boldsymbol{b} & \boldsymbol{b}\cdot\boldsymbol{c} \\ \boldsymbol{c}\cdot\boldsymbol{a} & \boldsymbol{c}\cdot\boldsymbol{b} & \boldsymbol{c}\cdot\boldsymbol{c} \end{pmatrix}\begin{pmatrix} x_2 - x_1 \\ y_2 - y_1 \\ z_2 - z_1 \end{pmatrix} \\ &= (x_2 - x_1 \quad y_2 - y_1 \quad z_2 - z_1)\begin{pmatrix} a^2 & ab\cos\gamma & ac\cos\beta \\ ba\cos\gamma & b^2 & bc\cos\alpha \\ ca\cos\beta & cb\cos\alpha & c^2 \end{pmatrix}\begin{pmatrix} x_2 - x_1 \\ y_2 - y_1 \\ z_2 - z_1 \end{pmatrix} \\ &= (x_2 - x_1)^2 a^2 + (y_2 - y_1)^2 b^2 + (z_2 - z_1)^2 c^2 \\ &\quad + 2(y_2 - y_1)(z_2 - z_1)bc\cos\alpha + 2(z_2 - z_1)(x_2 - x_1)ca\cos\beta + 2(x_2 - x_1)(y_2 - y_1)ab\cos\gamma \end{aligned} \tag{6-96}$$

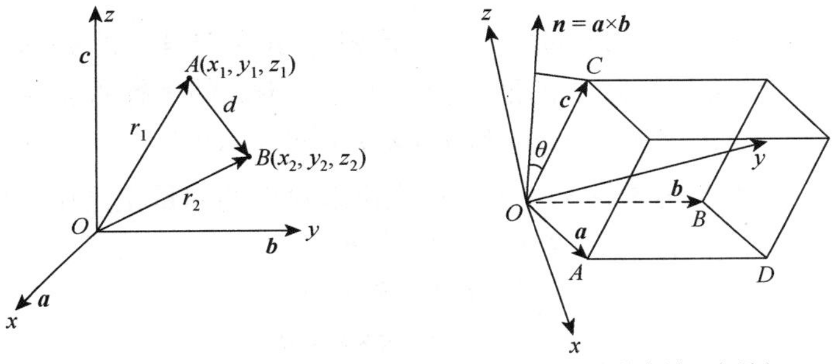

(a) 两点间的距离　　(b) 晶胞基向量、向量积

图 6-55　晶胞中两点间的距离、晶胞体积

令

$$\Delta x = x_2 - x_1,\ \Delta y = y_2 - y_1,\ \Delta z = z_2 - z_1 \tag{6-97}$$

代入式（6-96），两端开方，求得两点之间距离为

$$d = (\Delta x^2 a^2 + \Delta y^2 b^2 + \Delta z^2 c^2 + \ 2\Delta y\Delta z bc\cos\alpha + 2\Delta z\Delta x ca\cos\beta + 2\Delta x\Delta y ab\cos\gamma)^{\frac{1}{2}} \tag{6-98}$$

上式就是最一般的三斜晶系中两原子间距的计算公式。已知晶胞参数，以及晶胞中任意两个原子的坐标，代入上式求得两原子的距离。对于其他晶系，只需将体现对称性的晶胞参数关系式代入，就得到简化。例如，正交晶系中两原子间距的计算公式，由 $\alpha = \beta = \gamma = 90°$，代入式（6-98）得

$$d = (\Delta x^2 a^2 + \Delta y^2 b^2 + \Delta z^2 c^2)^{\frac{1}{2}}$$

读者自行化简立方、六方、四方和单斜晶系的计算公式。为求晶胞的体积，定义式（6-96）中基向量的标量积矩阵为度量张量 $\boldsymbol{G}$，即

$$\boldsymbol{G} = \begin{pmatrix} \boldsymbol{a}\cdot\boldsymbol{a} & \boldsymbol{a}\cdot\boldsymbol{b} & \boldsymbol{a}\cdot\boldsymbol{c} \\ \boldsymbol{b}\cdot\boldsymbol{a} & \boldsymbol{b}\cdot\boldsymbol{b} & \boldsymbol{b}\cdot\boldsymbol{c} \\ \boldsymbol{c}\cdot\boldsymbol{a} & \boldsymbol{c}\cdot\boldsymbol{b} & \boldsymbol{c}\cdot\boldsymbol{c} \end{pmatrix} = \begin{pmatrix} a^2 & ab\cos\gamma & ac\cos\beta \\ ba\cos\gamma & b^2 & bc\cos\alpha \\ ca\cos\beta & cb\cos\alpha & c^2 \end{pmatrix} \tag{6-99}$$

晶胞体积与度量张量 $\boldsymbol{G}$ 有关。

【例 6-6】　六方 NiAs 晶体的晶胞参数 $a = 360.2\text{pm}$，$c = 500.9\text{pm}$，$\gamma = 120°$。晶体坐标系和晶胞见图 6-51，晶胞中离子的位置为

$$\text{Ni}\quad 2(a)\quad \bar{3}m:\ 0,0,0;\ 0,0,\frac{1}{2}\qquad \text{As}\quad 2(c)\quad \bar{6}m2:\ \frac{1}{3},\frac{2}{3},\frac{1}{4};\ \ \frac{2}{3},\frac{1}{3},\frac{3}{4}$$

求 Ni—As 键长。

解：将 $\alpha=\beta=90°$，$a=b$ 代入式（6-98），导得六方晶系中原子间距的简化计算公式

$$d=[(\Delta x^2+\Delta y^2+2\Delta x\Delta y\cos\gamma)a^2+\Delta z^2c^2]^{\frac{1}{2}}$$

Ni—As 键长为两类原子之间的最短距离，联结 Ni(0,0,0) 与 As$\left(\frac{1}{3},\frac{2}{3},\frac{1}{4}\right)$ 两点

$$d=\left\{\left[\left(\frac{1}{3}\right)^2+\left(\frac{2}{3}\right)^2+2\cdot\frac{1}{3}\cdot\frac{2}{3}\cdot\cos120°\right]\times360.2^2+\left(\frac{1}{4}\right)^2\times500.9^2\right\}^{\frac{1}{2}}$$
$$=242.75\text{pm}$$

6.4.2 晶胞的体积

晶体密度很容易通过实验测定，晶体结构的理论密度必须与实验值符合，以验证所测晶体结构的正确性。为了计算晶体的理论密度，就必须计算晶胞体积这个结构参数。设晶体坐标系中，正当空间格子的基向量为 $\boldsymbol{a}$、$\boldsymbol{b}$、$\boldsymbol{c}$，基向量的交角为 (γ,α,β)，组成右手坐标系。基向量 $\boldsymbol{a}$、$\boldsymbol{b}$ 组成的平面格子的面积等于

$$S=|\boldsymbol{a}\times\boldsymbol{b}| \tag{6-100}$$

平面格子的面积等于向量积的模 $|\boldsymbol{a}\times\boldsymbol{b}|=|\boldsymbol{a}|\cdot|\boldsymbol{b}|\sin\gamma$，向量积 $\boldsymbol{a}\times\boldsymbol{b}$ 为向量，设 $\boldsymbol{n}=\boldsymbol{a}\times\boldsymbol{b}$，$\boldsymbol{n}$ 的方向由右手螺旋定则确定，与 $\boldsymbol{a}$ 和 $\boldsymbol{b}$ 垂直。基向量 $\boldsymbol{a}$、$\boldsymbol{b}$、$\boldsymbol{c}$ 的混合积等于它们围成的平行六面体的体积

$$V=Sh=(\boldsymbol{a}\times\boldsymbol{b})\cdot\boldsymbol{c}=\boldsymbol{n}\cdot\boldsymbol{c}=|\boldsymbol{n}|\cdot|\boldsymbol{c}|\cos\theta \tag{6-101}$$

其中，向量 $\boldsymbol{n}$ 与 $\boldsymbol{c}$ 的交角为 θ，见图 6-55（b）。在直角坐标系对应的向量空间中，基向量是标准正交自然基，

$$\boldsymbol{i}\cdot\boldsymbol{i}=\boldsymbol{j}\cdot\boldsymbol{j}=\boldsymbol{k}\cdot\boldsymbol{k}=1$$
$$\boldsymbol{i}\cdot\boldsymbol{j}=\boldsymbol{j}\cdot\boldsymbol{k}=\boldsymbol{k}\cdot\boldsymbol{i}=0$$
$$\boldsymbol{i}\times\boldsymbol{i}=\boldsymbol{j}\times\boldsymbol{j}=\boldsymbol{k}\times\boldsymbol{k}=0$$
$$\boldsymbol{i}\times\boldsymbol{j}=\boldsymbol{k},\ \boldsymbol{j}\times\boldsymbol{k}=\boldsymbol{i},\ \boldsymbol{k}\times\boldsymbol{i}=\boldsymbol{j}$$

如果晶体坐标系的基向量 $\boldsymbol{a}$、$\boldsymbol{b}$、$\boldsymbol{c}$ 用直角坐标系的自然基向量表示，则有

$$\boldsymbol{a}=a_x\boldsymbol{i}+a_y\boldsymbol{j}+a_z\boldsymbol{k},\ \boldsymbol{b}=b_x\boldsymbol{i}+b_y\boldsymbol{j}+b_z\boldsymbol{k},\ \boldsymbol{c}=c_x\boldsymbol{i}+c_y\boldsymbol{j}+c_z\boldsymbol{k}$$

它们的向量积为

$$\boldsymbol{a}\times\boldsymbol{b}=\begin{vmatrix}a_y & a_z\\ b_y & b_z\end{vmatrix}\boldsymbol{i}+\begin{vmatrix}a_z & a_x\\ b_z & b_x\end{vmatrix}\boldsymbol{j}+\begin{vmatrix}a_x & a_y\\ b_x & b_y\end{vmatrix}\boldsymbol{k} \tag{6-102}$$

向量积向量 $\boldsymbol{n}$ 的方向与 $\boldsymbol{a}$、$\boldsymbol{b}$ 矢量平面垂直，其向量端点的位置坐标为

$$(x,y,z)=\left(\begin{vmatrix}a_y & a_z\\ b_y & b_z\end{vmatrix},\ \begin{vmatrix}a_z & a_x\\ b_z & b_x\end{vmatrix},\ \begin{vmatrix}a_x & a_y\\ b_x & b_y\end{vmatrix}\right)$$

式（6-101）表示的向量混合积为

$$\begin{aligned}(\boldsymbol{a}\times\boldsymbol{b})\cdot\boldsymbol{c}&=\left(\begin{vmatrix}a_y & a_z\\ b_y & b_z\end{vmatrix}\boldsymbol{i}+\begin{vmatrix}a_z & a_x\\ b_z & b_x\end{vmatrix}\boldsymbol{j}+\begin{vmatrix}a_x & a_y\\ b_x & b_y\end{vmatrix}\boldsymbol{k}\right)\cdot(c_x\boldsymbol{i}+c_y\boldsymbol{j}+c_z\boldsymbol{k})\\&=\begin{vmatrix}a_y & a_z\\ b_y & b_z\end{vmatrix}c_x+\begin{vmatrix}a_z & a_x\\ b_z & b_x\end{vmatrix}c_y+\begin{vmatrix}a_x & a_y\\ b_x & b_y\end{vmatrix}c_z\\&=\begin{vmatrix}a_x & a_y & a_z\\ b_x & b_y & b_z\\ c_x & c_y & c_z\end{vmatrix}=V\end{aligned} \tag{6-103}$$

向量混合积 $(\boldsymbol{a}\times\boldsymbol{b})\cdot\boldsymbol{c}$ 的运算结果是一数值。如六方晶系，由式（6-60），六方坐标系的基向量用直角坐标系的基向量表示为

$$\boldsymbol{a}=a\boldsymbol{i}\,,\ \boldsymbol{b}=-\frac{1}{2}a\boldsymbol{i}+\frac{\sqrt{3}}{2}b\boldsymbol{j}\,,\ \boldsymbol{c}=c\boldsymbol{k}$$

在六方菱形平面格子中，基向量的向量积为

$$\boldsymbol{a}\times\boldsymbol{b}=\begin{vmatrix}0 & 0\\ \sqrt{3}b/2 & 0\end{vmatrix}\boldsymbol{i}+\begin{vmatrix}0 & a\\ 0 & -a/2\end{vmatrix}\boldsymbol{j}+\begin{vmatrix}a & 0\\ -a/2 & \sqrt{3}b/2\end{vmatrix}\boldsymbol{k}=\frac{\sqrt{3}ab}{2}\boldsymbol{k} \tag{6-104}$$

用向量积 $\boldsymbol{a}\times\boldsymbol{b}$ 求得的向量长度，求六方晶系晶胞的体积，即有

$$(\boldsymbol{a}\times\boldsymbol{b})\cdot\boldsymbol{c}=\frac{\sqrt{3}ab}{2}\boldsymbol{k}\cdot c\boldsymbol{k}=\frac{\sqrt{3}abc}{2} \tag{6-105}$$

平行六面体的体积用向量混合积表示，还有以下形式

$$V=(\boldsymbol{a}\times\boldsymbol{b})\cdot\boldsymbol{c}=(\boldsymbol{b}\times\boldsymbol{c})\cdot\boldsymbol{a}=(\boldsymbol{c}\times\boldsymbol{a})\cdot\boldsymbol{b} \tag{6-106}$$

它们是以不同的向量积组合，或者说从不同的方向表达平行六面体的体积。下面借助直角坐标系向量空间，表达晶体坐标系向量空间中基向量组成的平行六面体的体积。因为

$$\boldsymbol{a}=a_x\boldsymbol{i}+a_y\boldsymbol{j}+a_z\boldsymbol{k}=(\boldsymbol{i}\ \ \boldsymbol{j}\ \ \boldsymbol{k})\begin{pmatrix}a_x\\ a_y\\ a_z\end{pmatrix},\boldsymbol{b}=b_x\boldsymbol{i}+b_y\boldsymbol{j}+b_z\boldsymbol{k}=(\boldsymbol{i}\ \ \boldsymbol{j}\ \ \boldsymbol{k})\begin{pmatrix}b_x\\ b_y\\ b_z\end{pmatrix}$$

$$\boldsymbol{c}=c_x\boldsymbol{i}+c_y\boldsymbol{j}+c_z\boldsymbol{k}=(\boldsymbol{i}\ \ \boldsymbol{j}\ \ \boldsymbol{k})\begin{pmatrix}c_x\\ c_y\\ c_z\end{pmatrix}$$

向量 $\boldsymbol{a}$ 和 $\boldsymbol{b}$ 的标量积等于

$$\begin{aligned}\boldsymbol{a}\cdot\boldsymbol{b}&=(a_x\ \ a_y\ \ a_z)\begin{pmatrix}\boldsymbol{i}\\ \boldsymbol{j}\\ \boldsymbol{k}\end{pmatrix}\cdot(\boldsymbol{i}\ \ \boldsymbol{j}\ \ \boldsymbol{k})\begin{pmatrix}b_x\\ b_y\\ b_z\end{pmatrix}=(a_x\ \ a_y\ \ a_z)\begin{pmatrix}\boldsymbol{i}\cdot\boldsymbol{i} & \boldsymbol{i}\cdot\boldsymbol{j} & \boldsymbol{i}\cdot\boldsymbol{k}\\ \boldsymbol{j}\cdot\boldsymbol{i} & \boldsymbol{j}\cdot\boldsymbol{j} & \boldsymbol{j}\cdot\boldsymbol{k}\\ \boldsymbol{k}\cdot\boldsymbol{i} & \boldsymbol{k}\cdot\boldsymbol{j} & \boldsymbol{k}\cdot\boldsymbol{k}\end{pmatrix}\begin{pmatrix}b_x\\ b_y\\ b_z\end{pmatrix}\\ &=(a_x\ \ a_y\ \ a_z)\begin{pmatrix}1 & 0 & 0\\ 0 & 1 & 0\\ 0 & 0 & 1\end{pmatrix}\begin{pmatrix}b_x\\ b_y\\ b_z\end{pmatrix}\\ &=a_xb_x+a_yb_y+a_zb_z\end{aligned} \tag{6-107}$$

晶体坐标系向量空间中，任意两基向量的标量积都可以按上式方法求出。基向量构成的平行六面体的体积由度量张量 $\boldsymbol{G}$ 矩阵导出

$$\begin{aligned}\boldsymbol{G}&=\begin{pmatrix}\boldsymbol{a}\\ \boldsymbol{b}\\ \boldsymbol{c}\end{pmatrix}\cdot(\boldsymbol{a}\,\boldsymbol{b}\,\boldsymbol{c})=\begin{pmatrix}\boldsymbol{a}\cdot\boldsymbol{a} & \boldsymbol{a}\cdot\boldsymbol{b} & \boldsymbol{a}\cdot\boldsymbol{c}\\ \boldsymbol{b}\cdot\boldsymbol{a} & \boldsymbol{b}\cdot\boldsymbol{b} & \boldsymbol{b}\cdot\boldsymbol{c}\\ \boldsymbol{c}\cdot\boldsymbol{a} & \boldsymbol{c}\cdot\boldsymbol{b} & \boldsymbol{c}\cdot\boldsymbol{c}\end{pmatrix}\\ &=\begin{pmatrix}a_x^2+a_y^2+a_z^2 & a_xb_x+a_yb_y+a_zb_z & a_xc_x+a_yc_y+a_zc_z\\ b_xa_x+b_ya_y+b_za_z & b_x^2+b_y^2+b_z^2 & b_xc_x+b_yc_y+b_zc_z\\ c_xa_x+c_ya_y+c_za_z & c_xb_x+c_yb_y+c_zb_z & c_x^2+c_y^2+c_z^2\end{pmatrix}\\ &=\begin{pmatrix}a_x & a_y & a_z\\ b_x & b_y & b_z\\ c_x & c_y & c_z\end{pmatrix}\cdot\begin{pmatrix}a_x & b_x & c_x\\ a_y & b_y & c_y\\ a_z & b_z & c_z\end{pmatrix}=\boldsymbol{K}\boldsymbol{K}^{\mathrm{T}}\end{aligned} \tag{6-108}$$

其中，$\boldsymbol{K}=\begin{pmatrix}a_x & a_y & a_z\\ b_x & b_y & b_z\\ c_x & c_y & c_z\end{pmatrix}$，$\boldsymbol{K}^{\mathrm{T}}=\begin{pmatrix}a_x & b_x & c_x\\ a_y & b_y & c_y\\ a_z & b_z & c_z\end{pmatrix}$，$\boldsymbol{K}^{\mathrm{T}}$ 是 $\boldsymbol{K}$ 的转置矩阵。对 $\boldsymbol{G}$ 的两端取行列式

$$|G|=|KK^{\mathrm{T}}|=|K|\cdot|K^{\mathrm{T}}|=|K|\cdot|K| \tag{6-109}$$

其中，$|K|=|K^{\mathrm{T}}|$，即行列式与它的转置行列式相等。于是 $\boldsymbol{G}$ 矩阵的行列式为

$$
\begin{aligned}
|G| &= \begin{vmatrix} \boldsymbol{a}\cdot\boldsymbol{a} & \boldsymbol{a}\cdot\boldsymbol{b} & \boldsymbol{a}\cdot\boldsymbol{c} \\ \boldsymbol{b}\cdot\boldsymbol{a} & \boldsymbol{b}\cdot\boldsymbol{b} & \boldsymbol{b}\cdot\boldsymbol{c} \\ \boldsymbol{c}\cdot\boldsymbol{a} & \boldsymbol{c}\cdot\boldsymbol{b} & \boldsymbol{c}\cdot\boldsymbol{c} \end{vmatrix} = \begin{vmatrix} a_x & a_y & a_z \\ b_x & b_y & b_z \\ c_x & c_y & c_z \end{vmatrix} \cdot \begin{vmatrix} a_x & a_y & a_z \\ b_x & b_y & b_z \\ c_x & c_y & c_z \end{vmatrix} \\
&= [(\boldsymbol{a}\times\boldsymbol{b})\cdot\boldsymbol{c}]\cdot[(\boldsymbol{a}\times\boldsymbol{b})\cdot\boldsymbol{c}] \\
&= V\cdot V \\
&= V^2
\end{aligned} \tag{6-110}
$$

其中，$V=(\boldsymbol{a}\times\boldsymbol{b})\cdot\boldsymbol{c}=\begin{vmatrix} a_x & a_y & a_z \\ b_x & b_y & b_z \\ c_x & c_y & c_z \end{vmatrix}$。设空间格子和晶胞基向量 $\boldsymbol{a}$ 和 $\boldsymbol{b}$ 的交角为 γ，$\boldsymbol{a}$ 和 $\boldsymbol{c}$ 的交角为 β，$\boldsymbol{b}$ 和 $\boldsymbol{c}$ 的交角为 α，基向量 $\boldsymbol{a}$、$\boldsymbol{b}$、$\boldsymbol{c}$ 的长度分别就是 a、b、c，于是有

$$\boldsymbol{a}\cdot\boldsymbol{b}=ab\cos\gamma,\ \boldsymbol{a}\cdot\boldsymbol{c}=ac\cos\beta,\ \boldsymbol{b}\cdot\boldsymbol{c}=bc\cos\alpha$$

代入 $\boldsymbol{G}$ 矩阵的行列式，因为 $|G|=V^2$，则空间格子或晶胞体积的平方为

$$
\begin{aligned}
V^2 = |G| &= \begin{vmatrix} \boldsymbol{a}\cdot\boldsymbol{a} & \boldsymbol{a}\cdot\boldsymbol{b} & \boldsymbol{a}\cdot\boldsymbol{c} \\ \boldsymbol{b}\cdot\boldsymbol{a} & \boldsymbol{b}\cdot\boldsymbol{b} & \boldsymbol{b}\cdot\boldsymbol{c} \\ \boldsymbol{c}\cdot\boldsymbol{a} & \boldsymbol{c}\cdot\boldsymbol{b} & \boldsymbol{c}\cdot\boldsymbol{c} \end{vmatrix} = \begin{vmatrix} a^2 & ab\cos\gamma & ac\cos\beta \\ ba\cos\gamma & b^2 & bc\cos\alpha \\ ca\cos\beta & cb\cos\alpha & c^2 \end{vmatrix} \\
&= a^2b^2c^2(1+2\cos\alpha\cos\beta\cos\gamma-\cos^2\alpha-\cos^2\beta-\cos^2\gamma)
\end{aligned} \tag{6-111}
$$

于是，空间格子和晶胞的体积公式为

$$V=abc(1+2\cos\alpha\cos\beta\cos\gamma-\cos^2\alpha-\cos^2\beta-\cos^2\gamma)^{\frac{1}{2}} \tag{6-112}$$

将晶胞参数代入，即可求出空间格子和晶胞的体积。

6.4.3　晶面间距

晶体可以按晶面切分，看成是一组平行的晶面族构成，这种切分是无限的。如可以切分为（100）晶面族，也可以切分为（111）晶面族。晶面用晶面指标或对应的平面点阵指标表示，在晶面族中，选取一组平行的、等距离的晶面，将其中一个晶面上的点阵点作为原点，从原点 O 沿晶面法线方向，向最邻近晶面引垂线，与紧邻晶面对应的平面点阵相交于 N 点，则晶面间距为 ON。

为了求出晶面间距 ON，定义倒易点阵空间[22]。设倒易点阵空间的基向量为 $\boldsymbol{a}^*$、$\boldsymbol{b}^*$、$\boldsymbol{c}^*$，$\boldsymbol{a}^*$和 $\boldsymbol{b}^*$的交角为 γ^*，$\boldsymbol{a}^*$和 $\boldsymbol{c}^*$的交角为 β^*，$\boldsymbol{b}^*$和 $\boldsymbol{c}^*$的交角为 α^*。由基向量划分空间格子，每一个基向量的端点对应一个点阵点，按照平移群 $\boldsymbol{T}=u\boldsymbol{a}^*+v\boldsymbol{b}^*+w\boldsymbol{c}^*$ 所得点阵排列，称为倒易点阵。倒易点阵与正点阵对应，二者的空间结构存在如下关系式：

$$\boldsymbol{a}\cdot\boldsymbol{a}^*=1,\ \boldsymbol{b}\cdot\boldsymbol{b}^*=1,\ \boldsymbol{c}\cdot\boldsymbol{c}^*=1 \tag{6-113}$$

倒易点阵空间与正点阵空间的基向量同侧，交角为锐角。$\boldsymbol{a}^*$同时与 $\boldsymbol{b}$ 和 $\boldsymbol{c}$ 垂直，$\boldsymbol{b}^*$同时与 $\boldsymbol{a}$ 和 $\boldsymbol{c}$ 垂直，$\boldsymbol{c}^*$同时与 $\boldsymbol{a}$ 和 $\boldsymbol{b}$ 垂直，见图 6-56（a），用点乘表示为

$$
\begin{aligned}
&\boldsymbol{a}^*\cdot\boldsymbol{b}=\boldsymbol{a}^*\cdot\boldsymbol{c}=0\text{或}\boldsymbol{b}\cdot\boldsymbol{a}^*=\boldsymbol{c}\cdot\boldsymbol{a}^*=0 \\
&\boldsymbol{b}^*\cdot\boldsymbol{a}=\boldsymbol{b}^*\cdot\boldsymbol{c}=0\text{或}\boldsymbol{a}\cdot\boldsymbol{b}^*=\boldsymbol{c}\cdot\boldsymbol{b}^*=0 \\
&\boldsymbol{c}^*\cdot\boldsymbol{a}=\boldsymbol{c}^*\cdot\boldsymbol{b}=0\text{或}\boldsymbol{a}\cdot\boldsymbol{c}^*=\boldsymbol{b}\cdot\boldsymbol{c}^*=0
\end{aligned} \tag{6-114}
$$

设正点阵空间基向量围成的平行六面体的体积为 V，V 等于基向量的混合积，$V=(\boldsymbol{a}\times\boldsymbol{b})\cdot\boldsymbol{c}$，两端右乘 $\boldsymbol{c}^*$得

$$V\boldsymbol{c}^*=[(\boldsymbol{a}\times\boldsymbol{b})\cdot\boldsymbol{c}]\cdot\boldsymbol{c}^*=\boldsymbol{a}\times\boldsymbol{b}$$

两端再除以 V 得

$$\boldsymbol{c}^*=\frac{\boldsymbol{a}\times\boldsymbol{b}}{V} \tag{6-115}$$

同理，$V=(\boldsymbol{b}\times\boldsymbol{c})\cdot\boldsymbol{a}$，$V\boldsymbol{a}^*=[(\boldsymbol{b}\times\boldsymbol{c})\cdot\boldsymbol{a}]\cdot\boldsymbol{a}^*=\boldsymbol{b}\times\boldsymbol{c}$，得

$$\boldsymbol{a}^*=\frac{\boldsymbol{b}\times\boldsymbol{c}}{V} \tag{6-116}$$

以及 $V=(\boldsymbol{c}\times\boldsymbol{a})\cdot\boldsymbol{b}$，$V\boldsymbol{b}^*=[(\boldsymbol{c}\times\boldsymbol{a})\cdot\boldsymbol{b}]\cdot\boldsymbol{b}^*=\boldsymbol{c}\times\boldsymbol{a}$，得

$$b^* = \frac{c \times a}{V} \tag{6-117}$$

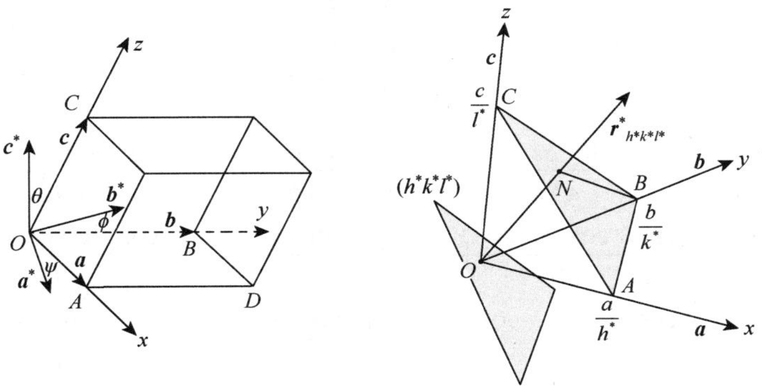

(a) 正点阵空间与倒易点阵空间　　(b) 晶面间距

图 6-56　倒易点阵与正点阵空间基向量的关系、晶面间距

由此可见，倒易点阵空间的基向量 $\boldsymbol{a}^*$等于正点阵空间基向量 $\boldsymbol{b}$ 和 $\boldsymbol{c}$ 的向量积乘以 $\dfrac{1}{V}$ 因子，其长度用正点阵空间的基向量和交角表示。由向量长度的定义

$$|\boldsymbol{a}^*| = \frac{|\boldsymbol{b}||\boldsymbol{c}|\sin\alpha}{V} = \frac{bc\sin\alpha}{V}$$

其中，$|\boldsymbol{a}^*|$、$|\boldsymbol{b}|$、$|\boldsymbol{c}|$ 为向量的模，对于实向量空间，去掉模的符号，用普通字母表示。基向量 $\boldsymbol{a}^*$、$\boldsymbol{b}^*$和 $\boldsymbol{c}^*$ 的长度分别等于

$$a^* = \frac{bc\sin\alpha}{V},\ b^* = \frac{ca\sin\beta}{V},\ c^* = \frac{ab\sin\gamma}{V} \tag{6-118}$$

倒易点阵空间的基向量 $\boldsymbol{a}^*$、$\boldsymbol{b}^*$、$\boldsymbol{c}^*$ 的交角 γ^*、α^*、β^*，用正点阵空间的基向量和交角表示，由向量交角的定义

$$\cos\alpha^* = \frac{\boldsymbol{b}^* \cdot \boldsymbol{c}^*}{b^* c^*},\ \cos\beta^* = \frac{\boldsymbol{c}^* \cdot \boldsymbol{a}^*}{c^* a^*},\ \cos\gamma^* = \frac{\boldsymbol{a}^* \cdot \boldsymbol{b}^*}{a^* b^*} \tag{6-119}$$

按向量运算公式：$(\boldsymbol{a} \times \boldsymbol{b}) \cdot (\boldsymbol{c} \times \boldsymbol{d}) = (\boldsymbol{a} \cdot \boldsymbol{c})(\boldsymbol{b} \cdot \boldsymbol{d}) - (\boldsymbol{a} \cdot \boldsymbol{d})(\boldsymbol{b} \cdot \boldsymbol{c})$，以及倒易点阵基向量的定义式(6-115)～式(6-117)，在倒易点阵空间中，基向量的标量积分别为

$$\begin{aligned}
\boldsymbol{a}^* \cdot \boldsymbol{b}^* &= \frac{\boldsymbol{b} \times \boldsymbol{c}}{V} \cdot \frac{\boldsymbol{c} \times \boldsymbol{a}}{V} = \frac{1}{V^2}[(\boldsymbol{b} \cdot \boldsymbol{c})(\boldsymbol{c} \cdot \boldsymbol{a}) - (\boldsymbol{b} \cdot \boldsymbol{a})(\boldsymbol{c} \cdot \boldsymbol{c})] = \frac{abc^2}{V^2}(\cos\alpha\cos\beta - \cos\gamma) \\
\boldsymbol{b}^* \cdot \boldsymbol{c}^* &= \frac{\boldsymbol{c} \times \boldsymbol{a}}{V} \cdot \frac{\boldsymbol{a} \times \boldsymbol{b}}{V} = \frac{1}{V^2}[(\boldsymbol{c} \cdot \boldsymbol{a})(\boldsymbol{a} \cdot \boldsymbol{b}) - (\boldsymbol{c} \cdot \boldsymbol{b})(\boldsymbol{a} \cdot \boldsymbol{a})] = \frac{a^2bc}{V^2}(\cos\beta\cos\gamma - \cos\alpha) \\
\boldsymbol{c}^* \cdot \boldsymbol{a}^* &= \frac{\boldsymbol{a} \times \boldsymbol{b}}{V} \cdot \frac{\boldsymbol{b} \times \boldsymbol{c}}{V} = \frac{1}{V^2}[(\boldsymbol{a} \cdot \boldsymbol{b})(\boldsymbol{b} \cdot \boldsymbol{c}) - (\boldsymbol{a} \cdot \boldsymbol{c})(\boldsymbol{b} \cdot \boldsymbol{b})] = \frac{ab^2c}{V^2}(\cos\gamma\cos\alpha - \cos\beta)
\end{aligned} \tag{6-120}$$

以及基向量 $\boldsymbol{a}^*$、$\boldsymbol{b}^*$和 $\boldsymbol{c}^*$自身的标量积

$$\begin{aligned}
\boldsymbol{a}^* \cdot \boldsymbol{a}^* &= \frac{1}{V^2}[(\boldsymbol{b} \times \boldsymbol{c}) \cdot (\boldsymbol{b} \times \boldsymbol{c})] = \frac{b^2c^2}{V^2}\sin^2\alpha \\
\boldsymbol{b}^* \cdot \boldsymbol{b}^* &= \frac{1}{V^2}[(\boldsymbol{c} \times \boldsymbol{a}) \cdot (\boldsymbol{c} \times \boldsymbol{a})] = \frac{c^2a^2}{V^2}\sin^2\beta \\
\boldsymbol{c}^* \cdot \boldsymbol{c}^* &= \frac{1}{V^2}[(\boldsymbol{a} \times \boldsymbol{b}) \cdot (\boldsymbol{a} \times \boldsymbol{b})] = \frac{a^2b^2}{V^2}\sin^2\gamma
\end{aligned} \tag{6-121}$$

将式（6-118）和式（6-120）代入式（6-119），求得倒易点阵空间中基向量交角的余弦：

$$\begin{aligned}
\cos\alpha^* &= \frac{\boldsymbol{b}^* \cdot \boldsymbol{c}^*}{b^* c^*} = \frac{\cos\beta\cos\gamma - \cos\alpha}{\sin\beta\sin\gamma} \\
\cos\beta^* &= \frac{\boldsymbol{c}^* \cdot \boldsymbol{a}^*}{c^* a^*} = \frac{\cos\gamma\cos\alpha - \cos\beta}{\sin\gamma\sin\alpha} \\
\cos\gamma^* &= \frac{\boldsymbol{a}^* \cdot \boldsymbol{b}^*}{a^* b^*} = \frac{\cos\alpha\cos\beta - \cos\gamma}{\sin\alpha\sin\beta}
\end{aligned} \tag{6-122}$$

由基向量的标量积，即式（6-120）和式（6-121），倒易点阵空间中基向量构成的度量张量 $\boldsymbol{G}^*$ 矩阵用正点阵空间参数表示为

$$\boldsymbol{G}^* = \begin{pmatrix} \boldsymbol{a}^* \\ \boldsymbol{b}^* \\ \boldsymbol{c}^* \end{pmatrix} (\boldsymbol{a}^* \ \ \boldsymbol{b}^* \ \ \boldsymbol{c}^*) = \begin{pmatrix} \boldsymbol{a}^* \cdot \boldsymbol{a}^* & \boldsymbol{a}^* \cdot \boldsymbol{b}^* & \boldsymbol{a}^* \cdot \boldsymbol{c}^* \\ \boldsymbol{b}^* \cdot \boldsymbol{a}^* & \boldsymbol{b}^* \cdot \boldsymbol{b}^* & \boldsymbol{b}^* \cdot \boldsymbol{c}^* \\ \boldsymbol{c}^* \cdot \boldsymbol{a}^* & \boldsymbol{c}^* \cdot \boldsymbol{b}^* & \boldsymbol{c}^* \cdot \boldsymbol{c}^* \end{pmatrix}$$
$$= \frac{a^2b^2c^2}{V^2} \begin{pmatrix} \dfrac{\sin^2\alpha}{a^2} & \dfrac{\cos\alpha\cos\beta - \cos\gamma}{ab} & \dfrac{\cos\gamma\cos\alpha - \cos\beta}{ca} \\ \dfrac{\cos\alpha\cos\beta - \cos\gamma}{ab} & \dfrac{\sin^2\beta}{b^2} & \dfrac{\cos\beta\cos\gamma - \cos\alpha}{bc} \\ \dfrac{\cos\gamma\cos\alpha - \cos\beta}{ca} & \dfrac{\cos\beta\cos\gamma - \cos\alpha}{bc} & \dfrac{\sin^2\gamma}{c^2} \end{pmatrix} \tag{6-123}$$

正点阵和倒易点阵是不同的两个向量空间，对应两个不同的坐标系。它们共用原点，按照基向量的关系，它们的长度不等，交角是互补角的关系，因而倒易点阵结构的空间格子与正点阵的空间格子不同。

下面借助倒易点阵空间的向量，求出晶面间距。在倒易空间点阵的点空间中某任意一点 P，用对应向量空间的基向量表示，$\boldsymbol{OP} = \boldsymbol{r}^*_{h^*k^*l^*}$

$$\boldsymbol{r}^*_{h^*k^*l^*} = h^*\boldsymbol{a}^* + k^*\boldsymbol{b}^* + l^*\boldsymbol{c}^*$$

(h^*, k^*, l^*) 是一组互质整数，代表 P 点在倒易点阵空间中的坐标。设有正点阵空间的晶面 ABC，与三条晶轴 $\boldsymbol{a}$、$\boldsymbol{b}$、$\boldsymbol{c}$ 的交点分别为 A、B、C 点，截距分别为

$$\boldsymbol{OA} = \frac{\boldsymbol{a}}{h^*}, \ \boldsymbol{OB} = \frac{\boldsymbol{b}}{k^*}, \ \boldsymbol{OC} = \frac{\boldsymbol{c}}{l^*} \tag{6-124}$$

该晶面 ABC 的晶面指标为 $(h^*k^*l^*)$，代表一组等距离的、平行的晶面族。设两个相邻的平行晶面，一个通过晶体坐标系的原点 O，沿晶面法线方向，由原点向相邻晶面引垂线，与晶面相交于 N 点，ON 便是晶面间距 d，见图 6-56（b）。

如果用晶面指标 $(h^*k^*l^*)$ 在倒易点阵空间中构造向量 $\boldsymbol{r}^*_{h^*k^*l^*}$，则 $\boldsymbol{r}^*_{h^*k^*l^*} = h^*\boldsymbol{a}^* + k^*\boldsymbol{b}^* + l^*\boldsymbol{c}^*$，该向量一定与 ON 同向，与晶面中任意晶面族垂直，必然它同时与晶面 ABC 上的 $\boldsymbol{BA}$ 和 $\boldsymbol{BC}$ 向量垂直，因为

$$\boldsymbol{BA} \cdot \boldsymbol{r}^*_{h^*k^*l^*} = \left(\frac{\boldsymbol{a}}{h^*} - \frac{\boldsymbol{b}}{k^*}\right) \cdot (h^*\boldsymbol{a}^* + k^*\boldsymbol{b}^* + l^*\boldsymbol{c}^*) = 0$$
$$\boldsymbol{BC} \cdot \boldsymbol{r}^*_{h^*k^*l^*} = \left(\frac{\boldsymbol{c}}{l^*} - \frac{\boldsymbol{b}}{k^*}\right) \cdot (h^*\boldsymbol{a}^* + k^*\boldsymbol{b}^* + l^*\boldsymbol{c}^*) = 0$$

上式向量运算使用了定义式（6-113）和式（6-114），上式证明了倒易点阵向量 $\boldsymbol{r}^*_{h^*k^*l^*}$ 与晶面垂直。将其化为单位向量，即是晶面的法线向量

$$\boldsymbol{n}_{ABC} = \frac{\boldsymbol{r}^*_{h^*k^*l^*}}{r^*_{h^*k^*l^*}} \tag{6-125}$$

其中，$r^*_{h^*k^*l^*}$ 是倒易点阵向量的长度。向量 $\boldsymbol{OB}$ 投影到晶面法线 $\boldsymbol{n}_{ABC}$ 上，即是晶面间距 ON，即有

$$d_{h^*k^*l^*} = ON = \boldsymbol{OB} \cdot \boldsymbol{n}_{ABC} = \boldsymbol{OB} \cdot \frac{\boldsymbol{r}^*_{h^*k^*l^*}}{r^*_{h^*k^*l^*}}$$
$$= \frac{\boldsymbol{b}}{k^*} \cdot \frac{(h^*\boldsymbol{a}^* + k^*\boldsymbol{b}^* + l^*\boldsymbol{c}^*)}{r^*_{h^*k^*l^*}} = \frac{1}{r^*_{h^*k^*l^*}} \tag{6-126}$$

其中，倒易点阵向量的长度 $r^*_{h^*k^*l^*}$ 由向量自身的标量积算出

$$\left(r^*_{h^*k^*l^*}\right)^2 = \boldsymbol{r}^*_{h^*k^*l^*}\cdot\boldsymbol{r}^*_{h^*k^*l^*} = (h^*\ \ k^*\ \ l^*)\begin{pmatrix}\boldsymbol{a}^*\\ \boldsymbol{b}^*\\ \boldsymbol{c}^*\end{pmatrix}\cdot(\boldsymbol{a}^*\ \ \boldsymbol{b}^*\ \ \boldsymbol{c}^*)\begin{pmatrix}h^*\\ k^*\\ l^*\end{pmatrix}$$

$$= (h^*\ \ k^*\ \ l^*)\begin{pmatrix}\boldsymbol{a}^*\cdot\boldsymbol{a}^* & \boldsymbol{a}^*\cdot\boldsymbol{b}^* & \boldsymbol{a}^*\cdot\boldsymbol{c}^*\\ \boldsymbol{b}^*\cdot\boldsymbol{a}^* & \boldsymbol{b}^*\cdot\boldsymbol{b}^* & \boldsymbol{b}^*\cdot\boldsymbol{c}^*\\ \boldsymbol{c}^*\cdot\boldsymbol{a}^* & \boldsymbol{c}^*\cdot\boldsymbol{b}^* & \boldsymbol{c}^*\cdot\boldsymbol{c}^*\end{pmatrix}\begin{pmatrix}h^*\\ k^*\\ l^*\end{pmatrix} \tag{6-127}$$

$$= \frac{a^2b^2c^2}{V^2}(h^*\ \ k^*\ \ l^*)\begin{pmatrix}\dfrac{\sin^2\alpha}{a^2} & \dfrac{\cos\alpha\cos\beta-\cos\gamma}{ab} & \dfrac{\cos\gamma\cos\alpha-\cos\beta}{ca}\\ \dfrac{\cos\alpha\cos\beta-\cos\gamma}{ab} & \dfrac{\sin^2\beta}{b^2} & \dfrac{\cos\beta\cos\gamma-\cos\alpha}{bc}\\ \dfrac{\cos\gamma\cos\alpha-\cos\beta}{ca} & \dfrac{\cos\beta\cos\gamma-\cos\alpha}{bc} & \dfrac{\sin^2\gamma}{c^2}\end{pmatrix}\begin{pmatrix}h^*\\ k^*\\ l^*\end{pmatrix}$$

经矩阵运算得

$$\begin{aligned}\left(r^*_{h^*k^*l^*}\right)^2 = \frac{1}{V^2}\Big[&(h^{*2}b^2c^2\sin^2\alpha + k^{*2}a^2c^2\sin^2\beta + l^{*2}a^2b^2\sin^2\gamma)\\ &+2h^*k^*abc^2(\cos\alpha\cos\beta-\cos\gamma)\\ &+2k^*l^*a^2bc(\cos\beta\cos\gamma-\cos\alpha)\\ &+2h^*l^*ab^2c(\cos\gamma\cos\alpha-\cos\beta)\Big]\end{aligned} \tag{6-128}$$

代入式（6-126），求得晶面间距。

$$\begin{aligned}d_{h^*k^*l^*} = \frac{1}{r^*_{h^*k^*l^*}} = V\Big[&(h^{*2}b^2c^2\sin^2\alpha + k^{*2}a^2c^2\sin^2\beta + l^{*2}a^2b^2\sin^2\gamma)\\ &+2h^*k^*abc^2(\cos\alpha\cos\beta-\cos\gamma)\\ &+2k^*l^*a^2bc(\cos\beta\cos\gamma-\cos\alpha)\\ &+2h^*l^*ab^2c(\cos\gamma\cos\alpha-\cos\beta)\Big]^{-\frac{1}{2}}\end{aligned} \tag{6-129}$$

对于对称性较高的晶系，基向量交角等于 90°，晶面间距公式较为简单。例如，正交晶系，$\alpha=\beta=\gamma=90°$，$V=abc$，代入式（6-129），则有

$$d_{h^*k^*l^*} = \frac{1}{r^*_{h^*k^*l^*}} = \frac{abc}{\sqrt{h^{*2}b^2c^2+k^{*2}a^2c^2+l^{*2}a^2b^2}} = \frac{1}{\sqrt{\dfrac{h^{*2}}{a^2}+\dfrac{k^{*2}}{b^2}+\dfrac{l^{*2}}{c^2}}}$$

借助倒易点阵空间的向量，求出了正点阵空间的晶面间距，反之，借助正点阵空间的向量，也可求出倒易点阵空间中点阵面的间距。

6.4.4 晶面交角

两个晶面的交角等于它们的法线的交角。设晶体的两种取向晶面 ABC 和 $A'B'C'$ 的指标分别为$\left(h_1^*,k_1^*,l_1^*\right)$和$\left(h_2^*,k_2^*,l_2^*\right)$，见图 6-57（a），由晶胞原点向两个晶面引垂线，此垂线就是晶面法线方向，对应倒易点阵的两个向量

$$\boldsymbol{r}_1^* = h_1^*\boldsymbol{a}^* + k_1^*\boldsymbol{b}^* + l_1^*\boldsymbol{c}^*$$
$$\boldsymbol{r}_2^* = h_2^*\boldsymbol{a}^* + k_2^*\boldsymbol{b}^* + l_2^*\boldsymbol{c}^*$$

由式（6-125），它们的法线向量

$$\boldsymbol{n}_1 = \frac{\boldsymbol{r}_1^*}{r_1^*},\ \boldsymbol{n}_2 = \frac{\boldsymbol{r}_2^*}{r_2^*}$$

两条法线向量的标量积为

$$\boldsymbol{n}_1 \cdot \boldsymbol{n}_2 = \frac{\boldsymbol{r}_1^* \cdot \boldsymbol{r}_2^*}{r_1^* r_2^*} \tag{6-130}$$

两条法线向量的交角等于两倒易空间点阵向量的交角，设交角等于 φ，则

$$\boldsymbol{r}_1^* \cdot \boldsymbol{r}_2^* = r_1^* r_2^* \cos\varphi$$

两晶面交角的余弦为

$$\cos\varphi = \frac{\boldsymbol{r}_1^* \cdot \boldsymbol{r}_2^*}{r_1^* r_2^*} \tag{6-131}$$

两倒易空间点阵向量的标量积为

$$\begin{aligned}\boldsymbol{r}_1^* \cdot \boldsymbol{r}_2^* &= \left(h_1^*\boldsymbol{a}^* + k_1^*\boldsymbol{b}^* + l_1^*\boldsymbol{c}\right)\cdot\left(h_2^*\boldsymbol{a}^* + k_2^*\boldsymbol{b}^* + l_2^*\boldsymbol{c}\right)\\ &= \left(h_1^* \ \ k_1^* \ \ l_1^*\right)\begin{pmatrix}\boldsymbol{a}^*\\ \boldsymbol{b}^*\\ \boldsymbol{c}^*\end{pmatrix}\cdot\left(\boldsymbol{a}^* \ \boldsymbol{b}^* \ \boldsymbol{c}^*\right)\begin{pmatrix}h_2^*\\ k_2^*\\ l_2^*\end{pmatrix} = \left(h_1^* \ \ k_1^* \ \ l_1^*\right)\boldsymbol{G}^*\begin{pmatrix}h_2^*\\ k_2^*\\ l_2^*\end{pmatrix}\end{aligned} \tag{6-132}$$

将倒易点阵空间的 $\boldsymbol{G}^*$ 矩阵代入，即得两倒易空间点阵向量的标量积，由式（6-123），代入上式得

$$\begin{aligned}\boldsymbol{r}_1^* \cdot \boldsymbol{r}_2^* = \frac{a^2b^2c^2}{V^2}\Bigg[&\left(h_1^*h_2^*\frac{\sin^2\alpha}{a^2} + h_1^*k_2^*\frac{\cos\alpha\cos\beta-\cos\gamma}{ab} + h_1^*l_2^*\frac{\cos\gamma\cos\alpha-\cos\beta}{ca}\right)\\ &+\left(k_1^*h_2^*\frac{\cos\alpha\cos\beta-\cos\gamma}{ab} + k_1^*k_2^*\frac{\sin^2\beta}{b^2} + k_1^*l_2^*\frac{\cos\beta\cos\gamma-\cos\alpha}{bc}\right)\\ &+\left(l_1^*h_2^*\frac{\cos\gamma\cos\alpha-\cos\beta}{ca} + l_1^*k_2^*\frac{\cos\beta\cos\gamma-\cos\alpha}{bc} + l_1^*l_2^*\frac{\sin^2\gamma}{c^2}\right)\Bigg]\end{aligned} \tag{6-133}$$

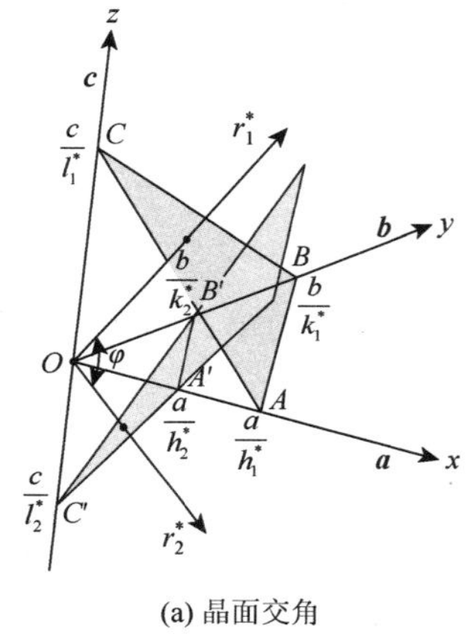

(a) 晶面交角

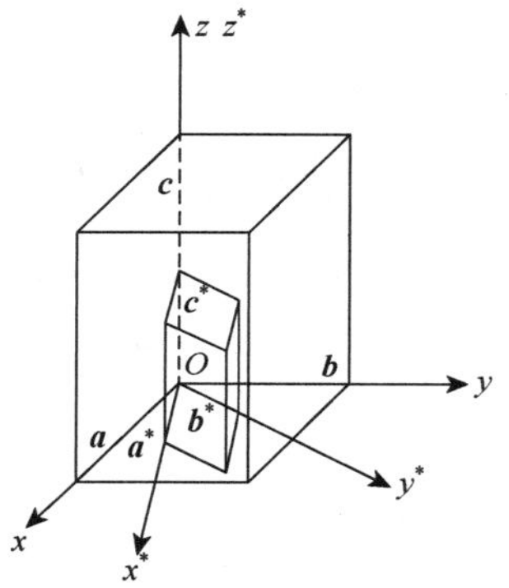

(b) 六方倒易点阵单位格子

图 6-57　晶面交角和六方倒易点阵格子

式（6-133）代入式（6-131），晶面交角公式为

$$\begin{aligned}\cos\varphi = \frac{1}{r_1^*r_2^*V^2}\Big[&\left(h_1^*h_2^*b^2c^2\sin^2\alpha + k_1^*k_2^*a^2c^2\sin^2\beta + l_1^*l_2^*a^2b^2\sin^2\gamma\right)\\ &+abc^2(\cos\alpha\cos\beta-\cos\gamma)(h_1^*k_2^*+k_1^*h_2^*)\\ &+ab^2c(\cos\gamma\cos\alpha-\cos\beta)(h_1^*l_2^*+l_1^*h_2^*)\\ &+a^2bc(\cos\beta\cos\gamma-\cos\alpha)(k_1^*l_2^*+l_1^*k_2^*)\Big]\end{aligned} \tag{6-134}$$

其中，倒易点阵空间向量 r_1^* 和 r_2^* 的长度，由式（6-128）得出。显然，r_1^* 和 r_2^* 的表达式相同，即有

$$\begin{aligned}r_1^* = \frac{1}{V}\Big[&\left(h_1^{*2}b^2c^2\sin^2\alpha + k_1^{*2}a^2c^2\sin^2\beta + l_1^{*2}a^2b^2\sin^2\gamma\right)\\ &+2h_1^*k_1^*abc^2(\cos\alpha\cos\beta-\cos\gamma)\\ &+2k_1^*l_1^*a^2bc(\cos\beta\cos\gamma-\cos\alpha)\\ &+2h_1^*l_1^*ab^2c(\cos\gamma\cos\alpha-\cos\beta)\Big]^{\frac{1}{2}}\end{aligned} \tag{6-135}$$

$$r_2^* = \frac{1}{V}\Big[\left(h_2^{*2}b^2c^2\sin^2\alpha + k_2^{*2}a^2c^2\sin^2\beta + l_2^{*2}a^2b^2\sin^2\gamma\right) + 2h_2^*k_2^*abc^2(\cos\alpha\cos\beta - \cos\gamma) + 2k_2^*l_2^*a^2bc(\cos\beta\cos\gamma - \cos\alpha) + 2h_2^*l_2^*ab^2c(\cos\gamma\cos\alpha - \cos\beta)\Big]^{\frac{1}{2}} \tag{6-136}$$

对于基向量交角等于 90°的正交、四方、立方晶系，晶面交角公式可以化为更简单形式。例如，正交晶系，$\alpha=\beta=\gamma=90°$，$V=abc$，代入式（6-134），则

$$\cos\varphi = \frac{1}{r_1^* r_2^*}\left(\frac{h_1^* h_2^*}{a^2} + \frac{k_1^* k_2^*}{b^2} + \frac{l_1^* l_2^*}{c^2}\right)$$

$$r_1^* = \sqrt{\frac{h_1^{*2}}{a^2} + \frac{k_1^{*2}}{b^2} + \frac{l_1^{*2}}{c^2}},\ r_2^* = \sqrt{\frac{h_2^{*2}}{a^2} + \frac{k_2^{*2}}{b^2} + \frac{l_2^{*2}}{c^2}}$$

其余晶系的晶面交角公式，也可将晶胞参数代入式（6-134），得到简化公式。借助倒易点阵空间的向量，求出了正点阵空间的晶面交角，反之，借助正点阵空间向量，也可求出倒易点阵的点阵平面的交角。

6.4.5　倒易空间点阵的晶格参数

设正点阵空间坐标系的基向量分别为 $\boldsymbol{a}$、$\boldsymbol{b}$ 和 $\boldsymbol{c}$，基向量交角分别为 γ、α 和 β。倒易点阵空间坐标系的基向量分别为 $\boldsymbol{a}^*$、$\boldsymbol{b}^*$和 $\boldsymbol{c}^*$，基向量交角分别为 γ^*、α^*和 β^*。正点阵和倒易点阵的向量空间的度量张量分别为 $\boldsymbol{G}$ 和 $\boldsymbol{G}^*$，因为

$$\begin{pmatrix}\boldsymbol{a}^*\\ \boldsymbol{b}^*\\ \boldsymbol{c}^*\end{pmatrix}\cdot(\boldsymbol{a}\ \ \boldsymbol{b}\ \ \boldsymbol{c}) = \begin{pmatrix}\boldsymbol{a}^*\cdot\boldsymbol{a} & \boldsymbol{a}^*\cdot\boldsymbol{b} & \boldsymbol{a}^*\cdot\boldsymbol{c}\\ \boldsymbol{b}^*\cdot\boldsymbol{a} & \boldsymbol{b}^*\cdot\boldsymbol{b} & \boldsymbol{b}^*\cdot\boldsymbol{c}\\ \boldsymbol{c}^*\cdot\boldsymbol{a} & \boldsymbol{c}^*\cdot\boldsymbol{b} & \boldsymbol{c}^*\cdot\boldsymbol{c}\end{pmatrix} = \begin{pmatrix}1&0&0\\0&1&0\\0&0&1\end{pmatrix} = \boldsymbol{I}$$

$$\begin{pmatrix}\boldsymbol{a}\\ \boldsymbol{b}\\ \boldsymbol{c}\end{pmatrix}\cdot(\boldsymbol{a}^*\ \ \boldsymbol{b}^*\ \ \boldsymbol{c}^*) = \begin{pmatrix}\boldsymbol{a}\cdot\boldsymbol{a}^* & \boldsymbol{a}\cdot\boldsymbol{b}^* & \boldsymbol{a}\cdot\boldsymbol{c}^*\\ \boldsymbol{b}\cdot\boldsymbol{a}^* & \boldsymbol{b}\cdot\boldsymbol{b}^* & \boldsymbol{b}\cdot\boldsymbol{c}^*\\ \boldsymbol{c}\cdot\boldsymbol{a}^* & \boldsymbol{c}\cdot\boldsymbol{b}^* & \boldsymbol{c}\cdot\boldsymbol{c}^*\end{pmatrix} = \begin{pmatrix}1&0&0\\0&1&0\\0&0&1\end{pmatrix} = \boldsymbol{I} \tag{6-137}$$

由 $\boldsymbol{G}\boldsymbol{G}^{-1}=\boldsymbol{I}$，由正点阵向量空间的度量张量定义式（6-108）

$$\boldsymbol{G}\boldsymbol{G}^{-1} = \begin{pmatrix}\boldsymbol{a}\\ \boldsymbol{b}\\ \boldsymbol{c}\end{pmatrix}\cdot(\boldsymbol{a}\ \ \boldsymbol{b}\ \ \boldsymbol{c})\boldsymbol{G}^{-1} = \begin{pmatrix}\boldsymbol{a}\\ \boldsymbol{b}\\ \boldsymbol{c}\end{pmatrix}\cdot(\boldsymbol{a}^*\ \ \boldsymbol{b}^*\ \ \boldsymbol{c}^*) = \boldsymbol{I}$$

比较等式两侧有

$$(\boldsymbol{a}^*\ \ \boldsymbol{b}^*\ \ \boldsymbol{c}^*) = (\boldsymbol{a}\ \ \boldsymbol{b}\ \ \boldsymbol{c})\boldsymbol{G}^{-1} \tag{6-138}$$

上式说明从正点阵空间坐标系变换到倒易点阵空间坐标系的过渡矩阵为 $\boldsymbol{G}^{-1}$，又因为

$$\boldsymbol{G}^{-1} = \boldsymbol{G}^* \tag{6-139}$$

则

$$(\boldsymbol{a}^*\ \ \boldsymbol{b}^*\ \ \boldsymbol{c}^*) = (\boldsymbol{a}\ \ \boldsymbol{b}\ \ \boldsymbol{c})\boldsymbol{G}^*$$

$$= (\boldsymbol{a}\ \ \boldsymbol{b}\ \ \boldsymbol{c})\frac{a^2b^2c^2}{V^2}\begin{pmatrix}\dfrac{\sin^2\alpha}{a^2} & \dfrac{\cos\alpha\cos\beta-\cos\gamma}{ab} & \dfrac{\cos\gamma\cos\alpha-\cos\beta}{ca}\\[2ex] \dfrac{\cos\alpha\cos\beta-\cos\gamma}{ab} & \dfrac{\sin^2\beta}{b^2} & \dfrac{\cos\beta\cos\gamma-\cos\alpha}{bc}\\[2ex] \dfrac{\cos\gamma\cos\alpha-\cos\beta}{ca} & \dfrac{\cos\beta\cos\gamma-\cos\alpha}{bc} & \dfrac{\sin^2\gamma}{c^2}\end{pmatrix}$$

展开矩阵即得倒易点阵向量空间的基向量

$$\boldsymbol{a}^* = \frac{a^2b^2c^2}{V^2}\left(\frac{\sin^2\alpha}{a^2}\boldsymbol{a} + \frac{\cos\alpha\cos\beta - \cos\gamma}{ab}\boldsymbol{b} + \frac{\cos\gamma\cos\alpha - \cos\beta}{ca}\boldsymbol{c}\right)$$
$$\boldsymbol{b}^* = \frac{a^2b^2c^2}{V^2}\left(\frac{\cos\alpha\cos\beta - \cos\gamma}{ab}\boldsymbol{a} + \frac{\sin^2\beta}{b^2}\boldsymbol{b} + \frac{\cos\beta\cos\gamma - \cos\alpha}{bc}\boldsymbol{c}\right) \quad (6\text{-}140)$$
$$\boldsymbol{c}^* = \frac{a^2b^2c^2}{V^2}\left(\frac{\cos\gamma\cos\alpha - \cos\beta}{ca}\boldsymbol{a} + \frac{\cos\beta\cos\gamma - \cos\alpha}{bc}\boldsymbol{b} + \frac{\sin^2\gamma}{c^2}\boldsymbol{c}\right)$$

向量的长度和交角由式（6-121）和式（6-122）计算，也可以由倒易点阵基向量的具体表达式求算。

【例 6-7】 由六方空间点阵的晶体参数表达倒易点阵基向量长度和交角，并求（110）晶面和（010）晶面的交角。

解： 对于六方坐标系，$\alpha = \beta = 90°$，$\gamma = 120°$，$a = b$，则 $V = \frac{\sqrt{3}}{2}a^2c$，代入式（6-140），得

$$\boldsymbol{a}^* = \frac{4}{3}\left(\frac{1}{a^2}\boldsymbol{a} + \frac{1}{2a^2}\boldsymbol{b}\right),\ \boldsymbol{b}^* = \frac{4}{3}\left(\frac{1}{2a^2}\boldsymbol{a} + \frac{1}{a^2}\boldsymbol{b}\right),\ \boldsymbol{c}^* = \frac{1}{c^2}\boldsymbol{c}$$

根据以上倒易点阵基向量，可求得

$$a^{*2} = \boldsymbol{a}^* \cdot \boldsymbol{a}^* = \frac{4}{3}\left(\frac{1}{a^2}\boldsymbol{a} + \frac{1}{2a^2}\boldsymbol{b}\right)\cdot\frac{4}{3}\left(\frac{1}{a^2}\boldsymbol{a} + \frac{1}{2a^2}\boldsymbol{b}\right) = \frac{4}{3a^2}$$
$$b^{*2} = \boldsymbol{b}^* \cdot \boldsymbol{b}^* = \frac{4}{3}\left(\frac{1}{2a^2}\boldsymbol{a} + \frac{1}{a^2}\boldsymbol{b}\right)\cdot\frac{4}{3}\left(\frac{1}{2a^2}\boldsymbol{a} + \frac{1}{a^2}\boldsymbol{b}\right) = \frac{4}{3a^2}$$
$$c^{*2} = \boldsymbol{c}^* \cdot \boldsymbol{c}^* = \frac{1}{c^2}\boldsymbol{c}\cdot\frac{1}{c^2}\boldsymbol{c} = \frac{1}{c^2}$$
$$\boldsymbol{a}^* \cdot \boldsymbol{b}^* = \frac{4}{3}\left(\frac{1}{a^2}\boldsymbol{a} + \frac{1}{2a^2}\boldsymbol{b}\right)\cdot\frac{4}{3}\left(\frac{1}{2a^2}\boldsymbol{a} + \frac{1}{a^2}\boldsymbol{b}\right) = \frac{2}{3a^2}$$
$$\boldsymbol{b}^* \cdot \boldsymbol{c}^* = \frac{4}{3}\left(\frac{1}{2a^2}\boldsymbol{a} + \frac{1}{a^2}\boldsymbol{b}\right)\cdot\frac{1}{c^2}\boldsymbol{c} = 0$$
$$\boldsymbol{c}^* \cdot \boldsymbol{a}^* = \frac{1}{c^2}\boldsymbol{c}\cdot\frac{4}{3}\left(\frac{1}{a^2}\boldsymbol{a} + \frac{1}{2a^2}\boldsymbol{b}\right) = 0$$

由倒易点阵空间的基向量交角定义式（6-119），则有

$$\cos\alpha^* = \frac{\boldsymbol{b}^*\cdot\boldsymbol{c}^*}{b^*c^*} = 0,\ \cos\beta^* = \frac{\boldsymbol{c}^*\cdot\boldsymbol{a}^*}{c^*a^*} = 0,\ \cos\gamma^* = \frac{\boldsymbol{a}^*\cdot\boldsymbol{b}^*}{a^*b^*} = \frac{2/3a^2}{4/3a^2} = \frac{1}{2}$$

以上各式解得基向量交角为

$$\alpha^* = 90°,\ \beta^* = 90°,\ \gamma^* = 60°$$

基向量长度为

$$a^* = \frac{2}{\sqrt{3}a},\ b^* = \frac{2}{\sqrt{3}a},\ c^* = \frac{1}{c}$$

倒易点阵与正点阵的单位格子共用原点，二者的相对关系见图 6-57（b）。为了便于观察，倒易点阵空间格子被缩小了。

由式（6-134），六方晶系晶面的交角公式简化为

$$\cos\varphi = \frac{1}{r_1^*r_2^*}\cdot\frac{4}{3a^4c^2}\left[a^2c^2(h_1^*h_2^* + k_1^*k_2^*) + \frac{3}{4}l_1^*l_2^*a^4 + \frac{1}{2}a^2c^2\left(h_1^*k_2^* + k_1^*h_2^*\right)\right]$$
$$= \frac{1}{r_1^*r_2^*}\left[\frac{4}{3a^2}\left(h_1^*h_2^* + k_1^*k_2^*\right) + \frac{1}{c^2}l_1^*l_2^* + \frac{2}{3a^2}\left(h_1^*k_2^* + k_1^*h_2^*\right)\right]$$

其中，$r_1^* = \left[\frac{4}{3a^2}\left(h_1^{*2} + h_1^*k_1^* + k_1^{*2}\right) + \frac{l_1^{*2}}{c^2}\right]^{\frac{1}{2}}$，$r_2^* = \left[\frac{4}{3a^2}\left(h_2^{*2} + h_2^*k_2^* + k_2^{*2}\right) + \frac{l_2^{*2}}{c^2}\right]^{\frac{1}{2}}$。则（110）晶面和（010）晶面法线方向的倒易点阵矢量长度分别为

$$r_{110}^* = \frac{2}{a}, r_{010}^* = \frac{2}{\sqrt{3}a}$$

代入晶面交角公式，得

$$\cos\varphi = \frac{1}{r_{110}^* r_{010}^*}\left[\frac{4}{3a^2}(1\times 0+1\times 1)+\frac{1}{c^2}0\times 0+\frac{2}{3a^2}(1\times 1+1\times 0)\right] = \frac{\sqrt{3}a^2}{4}\cdot\frac{2}{a^2} = \frac{\sqrt{3}}{2}$$

解得 $\varphi = 30°$。

6.5　空间群对称操作的表示

6.5.1　空间群对称操作符号

关于空间群对称操作的符号有多种形式，广泛使用的是赫曼-摩干国际记号[23]。在晶体学坐标系中，将空间群对称操作分割为点式操作部分和平移操作部分，在指定点式操作的类型时，应指明对称操作的类型，以及实施对称操作的对称元素的位置、取向和平移分量。空间群对称操作的平移分量 $\boldsymbol{\omega}$ 相对于点式操作元素，分解为垂直分量 $\boldsymbol{\omega}_1$ 和平行分量 $\boldsymbol{\omega}_g$，则存在

$$\boldsymbol{\omega} = \boldsymbol{\omega}_1 + \boldsymbol{\omega}_g \tag{6-141}$$

垂直分量 $\boldsymbol{\omega}_1$ 是与旋转轴、反轴、镜面以及螺旋轴和滑移面垂直的位置分量；$\boldsymbol{\omega}_g$ 是沿螺旋轴和滑移面平行方向的内禀平移分量。对于带心格子，隐含晶格平移分量。这些平移都是一个晶格单位内的平移，属于非周期平移。而在周期平移 $\boldsymbol{t} = m\boldsymbol{a} + n\boldsymbol{b} + p\boldsymbol{c}$ 操作的作用下，空间群对称元素是从一个晶格移向另一个晶格。

晶体中实际只有 8 类独立的点式操作，又分为真操作（P）和虚操作（I）两大类。真操作包括 1、2、3、4、6，虚操作包括 $\bar{1}$、$\bar{2} = m$、$\bar{3}$、$\bar{4}$、$\bar{6}$，其中，$\bar{3} = 3 + \bar{1}$，$\bar{6} = 3 + m$ 为组合对称元素。空间群对称操作除点式操作外，还包括点操作与平移操作组合生成的螺旋轴和滑移面。空间群对称操作的符号表示按分类分别说明。

（1）平移：符号为 $t(t_1,t_2,t_3)$，包括单位周期平移、带心格子的非周期平移、微观对称操作的内禀平移。单位周期平移分量为

$$t(1,0,0),\ t(0,1,0),\ t(0,0,1)$$

带心格子的非周期平移操作的平移分量，通常隐含在空间格子类型中，见表 6-9。微观对称操作的内禀平移分量，见表 6-10。

表 6-9　不同晶格的 Seitz 矩阵数 nS 和平移分量

非中心对称晶体		中心对称晶体		晶格平移矢量
格子符号	nS	格子符号	nS	$\boldsymbol{t} = t_1\boldsymbol{a} + t_2\boldsymbol{b} + t_3\boldsymbol{c}$
P	1	$-P$	2	0,0,0
A	2	$-A$	4	0,0,0；$0,\frac{1}{2},\frac{1}{2}$
B	2	$-B$	4	0,0,0；$\frac{1}{2},0,\frac{1}{2}$
C	2	$-C$	4	0,0,0；$\frac{1}{2},\frac{1}{2},0$
I	2	$-I$	4	0,0,0；$\frac{1}{2},\frac{1}{2},\frac{1}{2}$
R	3	$-R$	6	0,0,0；$\frac{2}{3},\frac{1}{3},\frac{1}{3}$；$\frac{1}{3},\frac{2}{3},\frac{2}{3}$
H	3	$-H$	6	0,0,0；$\frac{2}{3},\frac{1}{3},\frac{1}{3}$；$\frac{1}{3},\frac{2}{3},\frac{2}{3}$
F	4	$-F$	8	0,0,0；$0,\frac{1}{2},\frac{1}{2}$；$\frac{1}{2},0,\frac{1}{2}$；$\frac{1}{2},\frac{1}{2},0$

注：（1）对于中心对称晶体，除了旋转，还有旋转与反演的组合，即反轴。（2）Seitz 矩阵为 4×4 阶 (W,ω) 矩阵。

例如，面心格子 F 的平移分量为

$$t(0,0,0)\text{，}t\left(0,\frac{1}{2},\frac{1}{2}\right)\text{，}t\left(\frac{1}{2},0,\frac{1}{2}\right)\text{，}t\left(\frac{1}{2},\frac{1}{2},0\right)$$

表 6-10　微观对称操作的内禀平移分量

滑移面的平移符号	与滑移面平行的平移矢量	螺旋轴符号	与螺旋轴同向的平移分数
a	$\frac{1}{2},0,0$	3_1	$\frac{1}{3}$
b	$0,\frac{1}{2},0$	3_2	$\frac{2}{3}$
c	$0,0,\frac{1}{2}$	4_1	$\frac{1}{4}$
n	$\frac{1}{2},\frac{1}{2},\frac{1}{2}$	4_3	$\frac{3}{4}$
u	$\frac{1}{4},0,0$	6_1	$\frac{1}{6}$
v	$0,\frac{1}{4},0$	6_2	$\frac{1}{3}$
w	$0,0,\frac{1}{4}$	6_4	$\frac{2}{3}$
d	$\frac{1}{4},\frac{1}{4},\frac{1}{4}$	6_5	$\frac{5}{6}$

注：只有确定了螺旋轴的位置和取向后，才能按平移分数写出螺旋操作的平移矢量。

（2）旋转操作和旋转轴：符号为 $n^{+}\ x,y,z$。n 为旋转轴重数，$n=2,3,4,6$。上标 + 和 − 表示正旋转操作和逆旋转操作，规定正旋转操作按逆时针旋转，逆旋转操作按顺时针旋转。因为群中任意元素都存在一个与之对应的逆元素，所以同一旋转轴生成的高次旋转操作，也常用低次的逆旋转操作表示。符号 n^{+} 后面的 x,y,z，表示旋转轴的位置坐标。例如立方晶系，空间群为 O_h^9-$I\frac{4}{m}\bar{3}\frac{2}{m}$，晶体的三条晶轴方向都存在四重旋转轴，其中，坐标轴 y 或晶轴 b 方向的四重旋转操作 C_4^1、C_4^2、C_4^3，分别表示为

$$4^{+}\ 0,y,0\text{；}\ 2\ \ 0,y,0\text{；}\ 4^{-}\ 0,y,0$$

（3）螺旋操作与螺旋轴：符号为 $n^{+}(\omega_1,\omega_2,\omega_3)\ x,y,z$，$\omega_g=(\omega_1,\omega_2,\omega_3)^{\mathrm{T}}$。如空间群 O_h^9-$I\frac{4}{m}\bar{3}\frac{2}{m}$ 中，坐标轴 y 方向的四重旋转操作 $4^{+}\ 0,y,0$，$2\ \ 0,y,0$ 和 $4^{-}\ 0,y,0$ 与体心晶格平移 $t\left(\frac{1}{2},\frac{1}{2},\frac{1}{2}\right)$ 组合，分别生成螺旋轴 4_2：

$$4^{+}\left(0,\frac{1}{2},0\right)\ \frac{1}{2},y,0\text{；}\ 2\left(0,\frac{1}{2},0\right)\ \frac{1}{4},y,\frac{1}{4}\text{；}\ 4^{-}\left(0,\frac{1}{2},0\right)\ 0,y,\frac{1}{2}$$

其中，$4^{+}\left(0,\frac{1}{2},0\right)\ \frac{1}{2},y,0$ 表示穿过点 $\left(\frac{1}{2},0,0\right)$ 并与晶轴 b 平行的四重螺旋轴，绕轴逆时针旋转 90°，再沿 y 轴方向平移 $\frac{1}{2}b$。

（4）反映与镜面：符号为 $m\ x,y,z$。m 为镜面，坐标 (x,y,z) 指定镜面的位置取向，由坐标可以得出平面方程。如果用方向指标 $[uvw]$ 指定位置，表示镜面与方向指标指定的方向垂直。如空间群 O_h^9-$I\frac{4}{m}\bar{3}\frac{2}{m}$ 中存在镜面

$$m\ \ x,x,z\ ;\ \ m\ \ x,\bar{x},z$$

其中，$m\ \ x,x,z$ 表示以 $y=x$ 平面作为镜面，并与方向指标 $[1\bar{1}0]$ 垂直，因而也可以描述为 $[1\bar{1}0]$ 方向的镜面。$m\ \ x,\bar{x},z$ 则表示以 $y=-x$ 平面作为镜面，或者说 $[110]$ 方向的镜面，见图 6-58。

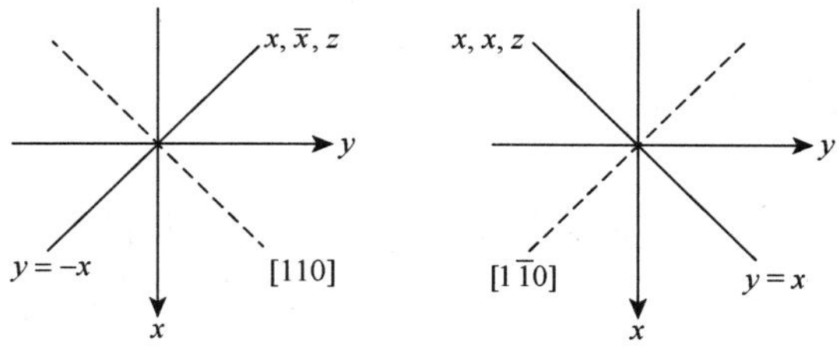

(a) $m\ \ x,\bar{x},z[110]$　　(b) $m\ \ x,x,z[1\bar{1}0]$

图 6-58　镜面的位置取向符号

（5）滑移操作与滑移面：符号为 $g^{+}(\omega_1,\omega_2,\omega_3)\ \ x,y,z$，$\omega_{\rm g}=(\omega_1,\omega_2,\omega_3)^{\rm T}$，滑移面的具体符号完全由内禀滑移分量 $\omega_{\rm g}$ 决定，坐标 (x,y,z) 指定滑移操作所依赖的反映面的位置坐标。如空间群 $O_{\rm h}^9$-$I\dfrac{4}{m}\bar{3}\dfrac{2}{m}$ 中的镜面 $m\ \ x,x,z$ 和 $m\ \ x,\bar{x},z$，与体心晶格平移 $t\left(\dfrac{1}{2},\dfrac{1}{2},\dfrac{1}{2}\right)$ 组合，分别生成滑移面 n 和 c。

$$n\left(\frac{1}{2},\frac{1}{2},\frac{1}{2}\right)\ \ x,x,z\ ;\ \ c\ \ x+\frac{1}{2},\bar{x},z$$

$n\left(\dfrac{1}{2},\dfrac{1}{2},\dfrac{1}{2}\right)\ \ x,x,z$ 表示以 $y=x$ 平面作为反映面，反映后沿反映面平行的方向平移 $\boldsymbol{\omega}_{\rm g}=\dfrac{1}{2}\boldsymbol{a}+\dfrac{1}{2}\boldsymbol{b}+\dfrac{1}{2}\boldsymbol{c}$，特殊位置点 $(0,0,0)$ 经反映后平移至体心 $\left(\dfrac{1}{2},\dfrac{1}{2},\dfrac{1}{2}\right)$。对于滑移面 a、b、c、n 和 d，对应的内禀滑移分量 $\boldsymbol{\omega}_{\rm g}$ 分别为

（a）a: $\boldsymbol{\omega}_{\rm g}=\left(\dfrac{1}{2},0,0\right)^{\rm T}$

（b）b: $\boldsymbol{\omega}_{\rm g}=\left(0,\dfrac{1}{2},0\right)^{\rm T}$

（c）c: $\boldsymbol{\omega}_{\rm g}=\left(0,0,\dfrac{1}{2}\right)^{\rm T}$

（d）n: $\boldsymbol{\omega}_{\rm g}=\left(\dfrac{1}{2},\dfrac{1}{2},0\right)^{\rm T}$，$\boldsymbol{\omega}_{\rm g}=\left(\dfrac{1}{2},\dfrac{1}{2},\dfrac{1}{2}\right)^{\rm T}$。

（e）d: $\boldsymbol{\omega}_{\rm g}=\left(\dfrac{1}{4},\dfrac{1}{4},0\right)^{\rm T}$，$\boldsymbol{\omega}_{\rm g}=\left(\dfrac{1}{4},\dfrac{1}{4},\dfrac{1}{4}\right)^{\rm T}$。

对于 a、b、c 滑移面，滑移分量可以省略，隐含以上滑移分量；n 和 d 滑移面存在多种组合，必须指出。

（6）反演和对称中心：符号为 $\bar{1}\ \ x,y,z$，坐标 (x,y,z) 是对称中心的位置。如空间群 $O_{\rm h}^9$-$I\dfrac{4}{m}\bar{3}\dfrac{2}{m}$ 中，存在对称中心，其位置坐标为 $\left(\dfrac{1}{4},\dfrac{1}{4},\dfrac{1}{4}\right)$，表示为

$$\bar{1}\ \ \frac{1}{4},\frac{1}{4},\frac{1}{4}$$

（7）旋转反演和反轴：符号为 $\bar{n}^{+}\ x,y,z;\ x',y',z'$，$\bar{n}$ 为反轴的重数，$\bar{n}=\bar{3},\bar{4},\bar{6}$。坐标 (x,y,z) 是反轴的位置坐标，后面的 (x',y',z') 是反轴的反演点位置坐标。如空间群 $O_{\rm h}^9$-$I\dfrac{4}{m}\bar{3}\dfrac{2}{m}$ 中，存在如下反轴：

$$\bar{3}^{+}\ x,x,x;\ \ 0,0,0\ ;\ \ \bar{3}^{+}\ x,x,x;\ \ \frac{1}{4},\frac{1}{4},\frac{1}{4}$$

其中，$\overline{3}^{+}\ x,x,x;\ 0,0,0$ 表示晶胞的体对角线是三重反轴，反演点在晶胞原点。它与体心晶格平移 $t\left(\frac{1}{2},\frac{1}{2},\frac{1}{2}\right)$ 组合，在同一体对角线上又生成另一条三重反轴，反演点由 $(0,0,0)$ 位移至 $\left(\frac{1}{4},\frac{1}{4},\frac{1}{4}\right)$。

6.5.2 空间群对称操作的表示矩阵

如何由空间群对称操作符号，导出 Seitz 矩阵？根据对称操作的位置取向，指定对称元素上的一点 (x_0,y_0,z_0)，表示为坐标向量形式 $X=(x_0\quad y_0\quad z_0)^{\mathrm{T}}$，该点经对称操作变换不变，即存在对称操作变换方程：

$$\begin{aligned}&(\boldsymbol{W},\boldsymbol{\omega}_1)X = X\\&\boldsymbol{W}X+\boldsymbol{\omega}_1 = X,\ X=(x_0\quad y_0\quad z_0)^{\mathrm{T}}\\&\boldsymbol{\omega}_1=(\boldsymbol{I}-\boldsymbol{W})X\end{aligned}\tag{6-142}$$

三个方程是等价的，由此解得位置平移分量 $\boldsymbol{\omega}_1$，按照式（6-141），加上内禀平移分量，即 $\boldsymbol{\omega}=\boldsymbol{\omega}_1+\boldsymbol{\omega}_{\mathrm{g}}$，求得平移分量 $\boldsymbol{\omega}$。由点式操作的矩阵表示，就得到 4×4 阶 Seitz 矩阵。

对于点式操作的矩阵表示，除了一般等位点坐标记号外，还有多种记号，在晶体结构测定中，常使用程序化记号，用数字加字母表示[24]。对于旋转操作，就一般晶系而言

$$1\mathrm{A}=\begin{pmatrix}1&0&0\\0&1&0\\0&0&1\end{pmatrix}\quad n=1\quad \mathrm{A}=[100]\qquad 2\mathrm{A}=\begin{pmatrix}1&0&0\\0&\overline{1}&0\\0&0&\overline{1}\end{pmatrix}\quad n=2\quad \mathrm{A}=[100]$$

$$2\mathrm{B}=\begin{pmatrix}\overline{1}&0&0\\0&1&0\\0&0&\overline{1}\end{pmatrix}\quad n=2\quad \mathrm{B}=[010]\qquad 2\mathrm{C}=\begin{pmatrix}\overline{1}&0&0\\0&\overline{1}&0\\0&0&1\end{pmatrix}\quad n=2\quad \mathrm{C}=[001]$$

$$2\mathrm{D}=\begin{pmatrix}0&1&0\\1&0&0\\0&0&\overline{1}\end{pmatrix}\quad n=2\quad \mathrm{D}=[110]\qquad 2\mathrm{E}=\begin{pmatrix}0&\overline{1}&0\\\overline{1}&0&0\\0&0&\overline{1}\end{pmatrix}\quad n=2\quad \mathrm{E}=[1\overline{1}0]$$

其中，数字表示旋转轴的重数 n，大写英文字母表示旋转轴的方向取向，等号后的三阶矩阵是晶体坐标系中旋转操作的矩阵表示。

对于三方和六方晶系

$$2\mathrm{F}=\begin{pmatrix}1&\overline{1}&0\\0&\overline{1}&0\\0&0&\overline{1}\end{pmatrix}\quad n=2\quad \mathrm{F}=[100]\qquad 2\mathrm{G}=\begin{pmatrix}1&0&0\\1&\overline{1}&0\\0&0&\overline{1}\end{pmatrix}\quad n=2\quad \mathrm{G}=[210]$$

$$3\mathrm{C}=\begin{pmatrix}0&\overline{1}&0\\1&\overline{1}&0\\0&0&1\end{pmatrix}\quad n=3\quad \mathrm{C}=[001]\qquad 6\mathrm{C}=\begin{pmatrix}1&\overline{1}&0\\1&0&0\\0&0&1\end{pmatrix}\quad n=6\quad \mathrm{C}=[001]$$

对于四方和立方晶系

$$3\mathrm{Q}=\begin{pmatrix}0&0&1\\1&0&0\\0&1&0\end{pmatrix}\quad n=3\quad \mathrm{Q}=[111]\qquad 4\mathrm{C}=\begin{pmatrix}0&\overline{1}&0\\1&0&0\\0&0&1\end{pmatrix}\quad n=4\quad \mathrm{C}=[001]$$

矩阵后附加说明旋转轴重数，以及旋转轴的方向指标。以上旋转轴的表示矩阵乘以对称中心的表示矩阵，就得到反轴的表示矩阵，反轴的矩阵表示就不重复罗列。在不同的晶轴方向，旋转轴和反轴的矩阵表示不同，见表 6-11。

表 6-11　不同轴向方位旋转轴的矩阵表示

晶轴	N_T^A	旋转轴的重数				
		1	2	3	4	6
a	x	$\begin{pmatrix}1&0&0\\0&1&0\\0&0&1\end{pmatrix}$	$\begin{pmatrix}1&0&0\\0&\bar{1}&0\\0&0&\bar{1}\end{pmatrix}$	$\begin{pmatrix}1&0&0\\0&0&\bar{1}\\0&1&\bar{1}\end{pmatrix}$	$\begin{pmatrix}1&0&0\\0&0&\bar{1}\\0&1&0\end{pmatrix}$	$\begin{pmatrix}1&0&0\\0&1&\bar{1}\\0&1&0\end{pmatrix}$
b	y	$\begin{pmatrix}1&0&0\\0&1&0\\0&0&1\end{pmatrix}$	$\begin{pmatrix}\bar{1}&0&0\\0&1&0\\0&0&\bar{1}\end{pmatrix}$	$\begin{pmatrix}\bar{1}&0&1\\0&1&0\\\bar{1}&0&0\end{pmatrix}$	$\begin{pmatrix}0&0&1\\0&1&0\\\bar{1}&0&0\end{pmatrix}$	$\begin{pmatrix}0&0&1\\0&1&0\\\bar{1}&0&1\end{pmatrix}$
c	z	$\begin{pmatrix}1&0&0\\0&1&0\\0&0&1\end{pmatrix}$	$\begin{pmatrix}\bar{1}&0&0\\0&\bar{1}&0\\0&0&1\end{pmatrix}$	$\begin{pmatrix}0&\bar{1}&0\\1&\bar{1}&0\\0&0&1\end{pmatrix}$	$\begin{pmatrix}0&\bar{1}&0\\1&0&0\\0&0&1\end{pmatrix}$	$\begin{pmatrix}1&\bar{1}&0\\1&0&0\\0&0&1\end{pmatrix}$

注：[N_T^A] 为 Hall 空间群符号。

其他方向，如面对角线方向二重轴的矩阵表示见表 6-12。立方晶系的体对角线方向三重轴的矩阵表示见表 6-13。利用点式操作的矩阵表示，求出平移分量，就可以写出 4×4 阶 Seitz 矩阵。其作用是运用 Seitz 矩阵对一般等位点坐标 (x,y,z) 进行运算，得到另一等位点的坐标。

表 6-12　面对角线方向的二重轴的矩阵表示

N^x	2′	$\boldsymbol{b}-\boldsymbol{c}$	$\begin{pmatrix}\bar{1}&0&0\\0&0&\bar{1}\\0&\bar{1}&0\end{pmatrix}$	N^z	2′	$\boldsymbol{a}-\boldsymbol{b}$	$\begin{pmatrix}0&\bar{1}&0\\\bar{1}&0&0\\0&0&\bar{1}\end{pmatrix}$
	2″	$\boldsymbol{b}+\boldsymbol{c}$	$\begin{pmatrix}\bar{1}&0&0\\0&0&1\\0&1&0\end{pmatrix}$		2″	$\boldsymbol{a}+\boldsymbol{b}$	$\begin{pmatrix}0&1&0\\1&0&0\\0&0&\bar{1}\end{pmatrix}$
N^y	2′	$\boldsymbol{a}-\boldsymbol{c}$	$\begin{pmatrix}0&0&\bar{1}\\0&\bar{1}&0\\\bar{1}&0&0\end{pmatrix}$				
	2″	$\boldsymbol{a}+\boldsymbol{c}$	$\begin{pmatrix}0&0&1\\0&\bar{1}&0\\1&0&0\end{pmatrix}$				

注：2′ 为默认二重轴。

表 6-13　立方晶系的体对角线方向三重轴的矩阵表示

3^+	[111]	$\boldsymbol{a}+\boldsymbol{b}+\boldsymbol{c}$	$\begin{pmatrix}0&0&1\\1&0&0\\0&1&0\end{pmatrix}$	3^-	[111]	$\boldsymbol{a}+\boldsymbol{b}+\boldsymbol{c}$	$\begin{pmatrix}0&1&0\\0&0&1\\1&0&0\end{pmatrix}$
	$[1\bar{1}\bar{1}]$	$\boldsymbol{a}-\boldsymbol{b}-\boldsymbol{c}$	$\begin{pmatrix}0&0&\bar{1}\\\bar{1}&0&0\\0&1&0\end{pmatrix}$		$[1\bar{1}\bar{1}]$	$\boldsymbol{a}-\boldsymbol{b}-\boldsymbol{c}$	$\begin{pmatrix}0&\bar{1}&0\\0&0&1\\\bar{1}&0&0\end{pmatrix}$
	$[\bar{1}1\bar{1}]$	$-\boldsymbol{a}+\boldsymbol{b}-\boldsymbol{c}$	$\begin{pmatrix}0&0&1\\\bar{1}&0&0\\0&\bar{1}&0\end{pmatrix}$		$[\bar{1}1\bar{1}]$	$-\boldsymbol{a}+\boldsymbol{b}-\boldsymbol{c}$	$\begin{pmatrix}0&\bar{1}&0\\0&0&\bar{1}\\1&0&0\end{pmatrix}$
	$[\bar{1}\bar{1}1]$	$-\boldsymbol{a}-\boldsymbol{b}+\boldsymbol{c}$	$\begin{pmatrix}0&0&\bar{1}\\1&0&0\\0&\bar{1}&0\end{pmatrix}$		$[\bar{1}\bar{1}1]$	$-\boldsymbol{a}-\boldsymbol{b}+\boldsymbol{c}$	$\begin{pmatrix}0&1&0\\0&0&\bar{1}\\\bar{1}&0&0\end{pmatrix}$

【例 6-8】 空间群 O_h^9-$I\dfrac{4}{m}\bar{3}\dfrac{2}{m}$ 中，存在反轴 $\bar{3}^+$ $x,\bar{x}+1,\bar{x}$; $\dfrac{1}{4},\dfrac{3}{4},-\dfrac{1}{4}$，写出该空间群对称操作的 4×4 阶 Seitz 矩阵表示。

解： 位置坐标为 $x,\bar{x}+1,\bar{x}$ 的三重反轴，与体对角线 $[1\bar{1}\bar{1}]$ 平行，所对应的矩阵表示为

$$\begin{aligned}\boldsymbol{W}(\bar{3}^+)&=\boldsymbol{W}(\bar{1})\boldsymbol{W}(3^+)\\&=\begin{pmatrix}-1&0&0\\0&-1&0\\0&0&-1\end{pmatrix}\cdot\begin{pmatrix}0&0&-1\\-1&0&0\\0&1&0\end{pmatrix}=\begin{pmatrix}0&0&1\\1&0&0\\0&-1&0\end{pmatrix}\end{aligned}$$

该 $\bar{3}^+$ 反轴的反演点的坐标为 $\left(\dfrac{1}{4},\dfrac{3}{4},-\dfrac{1}{4}\right)$，就在反轴上。由式（6-142），可算得位置平移分量

$$\boldsymbol{\omega}_1=[\boldsymbol{I}-\boldsymbol{W}(\bar{3}^+)]X=\left[\begin{pmatrix}1&0&0\\0&1&0\\0&0&1\end{pmatrix}-\begin{pmatrix}0&0&1\\1&0&0\\0&-1&0\end{pmatrix}\right]\cdot\begin{pmatrix}1/4\\3/4\\-1/4\end{pmatrix}=\begin{pmatrix}1/2\\1/2\\1/2\end{pmatrix}$$

所以，平移分量为

$$\boldsymbol{\omega}=\boldsymbol{\omega}_1+\boldsymbol{\omega}_g=\begin{pmatrix}1/2\\1/2\\1/2\end{pmatrix}+\begin{pmatrix}0\\0\\0\end{pmatrix}=\begin{pmatrix}1/2\\1/2\\1/2\end{pmatrix}$$

该空间群对称操作的 4×4 阶 Seitz 矩阵表示为

$$[\boldsymbol{W}(\bar{3}^+),\boldsymbol{\omega}]=\begin{pmatrix}0&0&1&1/2\\1&0&0&1/2\\0&-1&0&1/2\\0&0&0&1\end{pmatrix}$$

该反轴将一般位置点 (x,y,z) 变换为

$$\begin{pmatrix}\boldsymbol{W}(\bar{3}^+)&\boldsymbol{\omega}\\0&1\end{pmatrix}\begin{pmatrix}X\\1\end{pmatrix}=\begin{pmatrix}0&0&1&1/2\\1&0&0&1/2\\0&-1&0&1/2\\0&0&0&1\end{pmatrix}\begin{pmatrix}x\\y\\z\\1\end{pmatrix}=\begin{pmatrix}z+1/2\\x+1/2\\-y+1/2\\1\end{pmatrix}$$

即该对称操作将一般位置点 (x,y,z) 变到坐标为 $\left(z+\dfrac{1}{2},x+\dfrac{1}{2},\bar{y}+\dfrac{1}{2}\right)$ 的另一位置点，两点属于同一等位点系。

6.5.3 正晶格空间和倒易晶格空间的点群对称性

倒易晶格空间由格点组成，只有点式操作，与正晶格空间的点式操作相对应。同一点式操作在正晶格空间和倒易晶格空间中的矩阵表示等价。在正晶格空间中，设点式操作 $\hat{\boldsymbol{R}}$ 在基 $\{\boldsymbol{a},\boldsymbol{b},\boldsymbol{c}\}$ 下的矩阵表示为 $\boldsymbol{W}(R)$，在倒易晶格空间的基 $\{\boldsymbol{a}^*,\boldsymbol{b}^*,\boldsymbol{c}^*\}$ 下的矩阵表示为 $\boldsymbol{W}^*(R)$，则

$$\begin{aligned}\hat{\boldsymbol{R}}(\boldsymbol{a}\,\boldsymbol{b}\,\boldsymbol{c})&=(\boldsymbol{a}\,\boldsymbol{b}\,\boldsymbol{c})\boldsymbol{W}(R)\\\hat{\boldsymbol{R}}(\boldsymbol{a}^*\,\boldsymbol{b}^*\,\boldsymbol{c}^*)&=(\boldsymbol{a}^*\,\boldsymbol{b}^*\,\boldsymbol{c}^*)\boldsymbol{W}^*(R)\end{aligned}\tag{6-143}$$

如果由基 $\{\boldsymbol{a},\boldsymbol{b},\boldsymbol{c}\}$ 变换到基 $\{\boldsymbol{a}^*,\boldsymbol{b}^*,\boldsymbol{c}^*\}$ 的变换矩阵为 $\boldsymbol{G}$，即

$$\begin{aligned}(\boldsymbol{a}\,\boldsymbol{b}\,\boldsymbol{c})&=(\boldsymbol{a}^*\,\boldsymbol{b}^*\,\boldsymbol{c}^*)\boldsymbol{G}\\(\boldsymbol{a}^*\,\boldsymbol{b}^*\,\boldsymbol{c}^*)&=(\boldsymbol{a}\,\boldsymbol{b}\,\boldsymbol{c})\boldsymbol{G}^{-1}\end{aligned}\tag{6-144}$$

对式（6-144）的第一等式施以点式操作 $\hat{\boldsymbol{R}}$，

$$\begin{aligned}\hat{\boldsymbol{R}}(\boldsymbol{a}\,\boldsymbol{b}\,\boldsymbol{c})&=\hat{\boldsymbol{R}}(\boldsymbol{a}^*\,\boldsymbol{b}^*\,\boldsymbol{c}^*)\boldsymbol{G}\\&=(\boldsymbol{a}^*\,\boldsymbol{b}^*\,\boldsymbol{c}^*)\boldsymbol{W}^*(R)\boldsymbol{G}\\&=(\boldsymbol{a}\,\boldsymbol{b}\,\boldsymbol{c})\boldsymbol{G}^{-1}\boldsymbol{W}^*(R)\boldsymbol{G}\end{aligned}\tag{6-145}$$

式（6-145）第二步用了式（6-143）第二等式，第三步用了式（6-144）第二等式。式（6-145）的左端由式（6-143）的第一等式代换，即得

$$(\boldsymbol{a}\ \boldsymbol{b}\ \boldsymbol{c})\boldsymbol{W}(R) = (\boldsymbol{a}\ \boldsymbol{b}\ \boldsymbol{c})\boldsymbol{G}^{-1}\boldsymbol{W}^*(R)\boldsymbol{G}$$

比较两端得

$$\boldsymbol{W}(R) = \boldsymbol{G}^{-1}\boldsymbol{W}^*(R)\boldsymbol{G} \tag{6-146}$$

令 $\boldsymbol{G}^{-1} = \boldsymbol{F}$ ，则有 $\boldsymbol{G} = \boldsymbol{F}^{-1}$，也可得到

$$\boldsymbol{W}^*(R) = \boldsymbol{G}\boldsymbol{W}(R)\boldsymbol{G}^{-1} = \boldsymbol{F}^{-1}\boldsymbol{W}(R)\boldsymbol{F} \tag{6-147}$$

其中， $\boldsymbol{G}^{-1}\boldsymbol{G} = \boldsymbol{I}$ 。式（6-147）说明同一点式操作在正晶格空间和倒易晶格空间中的矩阵表示互为相似变换关系，为等价表示。在倒易晶格空间中的每一点式操作都与正晶格空间的点式操作的相似变换对应。正晶格空间一个点群的全部点式操作的相似变换集合

$$\left\{\boldsymbol{G}\boldsymbol{W}_1(R_1)\boldsymbol{G}^{-1}, \boldsymbol{G}\boldsymbol{W}_2(R_2)\boldsymbol{G}^{-1}, \cdots, \boldsymbol{G}\boldsymbol{W}_m(R_m)\boldsymbol{G}^{-1}\right\}$$

与倒易晶格空间中等价同构群集合 $\left\{\boldsymbol{W}_1^*(R_1), \boldsymbol{W}_2^*(R_2), \cdots, \boldsymbol{W}_m^*(R_m)\right\}$ 对应。正晶格空间中的一个对称操作元素 $\boldsymbol{W}_k(R_k)$ ，与倒易晶格空间的某一个对称元素 $\boldsymbol{W}_k^*(R_k)$ 对应，等价关系表示为

$$\left\{\boldsymbol{W}_1^*(R_1), \boldsymbol{W}_2^*(R_2), \cdots, \boldsymbol{W}_m^*(R_m)\right\} \cong \left\{\boldsymbol{G}\boldsymbol{W}_1(R_1)\boldsymbol{G}^{-1}, \boldsymbol{G}\boldsymbol{W}_2(R_2)\boldsymbol{G}^{-1}, \cdots, \boldsymbol{G}\boldsymbol{W}_m(R_m)\boldsymbol{G}^{-1}\right\} \tag{6-148}$$

倒易空间的点式操作，对应正晶格空间的点式逆操作，即 $\boldsymbol{W}_k^*(R_k) = [\boldsymbol{W}_k^{-1}(R_k)]^{\mathrm{T}}$ 或 $\boldsymbol{W}_k(R_k) = [\boldsymbol{W}_k^{*-1}(R_k)]^{\mathrm{T}}$ ，因为点群中任意群元素的逆元素，都对应群中某一元素。同理，由正晶格空间变换为倒易晶格空间，正晶格空间中点群元素的表示矩阵，变换为点群元素表示矩阵的逆矩阵。

由式（6-144）的第一等式，由左侧乘以基的列向量 $(\boldsymbol{a}\ \boldsymbol{b}\ \boldsymbol{c})^{\mathrm{T}}$ 得

$$\begin{pmatrix} \boldsymbol{a} \\ \boldsymbol{b} \\ \boldsymbol{c} \end{pmatrix} (\boldsymbol{a}\ \boldsymbol{b}\ \boldsymbol{c}) = \begin{pmatrix} \boldsymbol{a} \\ \boldsymbol{b} \\ \boldsymbol{c} \end{pmatrix} (\boldsymbol{a}^*\ \boldsymbol{b}^*\ \boldsymbol{c}^*)\boldsymbol{G} \tag{6-149}$$

按照前节倒易晶格空间基矢量的定义，右端

$$\begin{pmatrix} \boldsymbol{a} \\ \boldsymbol{b} \\ \boldsymbol{c} \end{pmatrix} (\boldsymbol{a}^*\ \boldsymbol{b}^*\ \boldsymbol{c}^*) = \begin{pmatrix} \boldsymbol{a}\cdot\boldsymbol{a}^* & \boldsymbol{a}\cdot\boldsymbol{b}^* & \boldsymbol{a}\cdot\boldsymbol{c}^* \\ \boldsymbol{b}\cdot\boldsymbol{a}^* & \boldsymbol{b}\cdot\boldsymbol{b}^* & \boldsymbol{b}\cdot\boldsymbol{c}^* \\ \boldsymbol{c}\cdot\boldsymbol{a}^* & \boldsymbol{c}\cdot\boldsymbol{b}^* & \boldsymbol{c}\cdot\boldsymbol{c}^* \end{pmatrix} = \begin{pmatrix} 1 & 0 & 0 \\ 0 & 1 & 0 \\ 0 & 0 & 1 \end{pmatrix} \tag{6-150}$$

代入式（6-149），即得

$$\boldsymbol{G} = \begin{pmatrix} \boldsymbol{a}\cdot\boldsymbol{a} & \boldsymbol{a}\cdot\boldsymbol{b} & \boldsymbol{a}\cdot\boldsymbol{c} \\ \boldsymbol{b}\cdot\boldsymbol{a} & \boldsymbol{b}\cdot\boldsymbol{b} & \boldsymbol{b}\cdot\boldsymbol{c} \\ \boldsymbol{c}\cdot\boldsymbol{a} & \boldsymbol{c}\cdot\boldsymbol{b} & \boldsymbol{c}\cdot\boldsymbol{c} \end{pmatrix} = \begin{pmatrix} a^2 & ab\cos\gamma & ac\cos\beta \\ ab\cos\gamma & b^2 & bc\cos\alpha \\ ca\cos\beta & cb\cos\alpha & c^2 \end{pmatrix} \tag{6-151}$$

由式（6-144）的第二等式，由左侧乘以基的列向量 $(\boldsymbol{a}^*\ \boldsymbol{b}^*\ \boldsymbol{c}^*)^{\mathrm{T}}$ 得

$$\begin{pmatrix} \boldsymbol{a}^* \\ \boldsymbol{b}^* \\ \boldsymbol{c}^* \end{pmatrix} (\boldsymbol{a}^*\ \boldsymbol{b}^*\ \boldsymbol{c}^*) = \begin{pmatrix} \boldsymbol{a}^* \\ \boldsymbol{b}^* \\ \boldsymbol{c}^* \end{pmatrix} (\boldsymbol{a}\ \boldsymbol{b}\ \boldsymbol{c})\boldsymbol{G}^{-1} \tag{6-152}$$

同理存在关系式

$$\begin{pmatrix} \boldsymbol{a}^* \\ \boldsymbol{b}^* \\ \boldsymbol{c}^* \end{pmatrix} (\boldsymbol{a}\ \boldsymbol{b}\ \boldsymbol{c}) = \begin{pmatrix} \boldsymbol{a}^*\cdot\boldsymbol{a} & \boldsymbol{a}^*\cdot\boldsymbol{b} & \boldsymbol{a}^*\cdot\boldsymbol{c} \\ \boldsymbol{b}^*\cdot\boldsymbol{a} & \boldsymbol{b}^*\cdot\boldsymbol{b} & \boldsymbol{b}^*\cdot\boldsymbol{c} \\ \boldsymbol{c}^*\cdot\boldsymbol{a} & \boldsymbol{c}^*\cdot\boldsymbol{b} & \boldsymbol{c}^*\cdot\boldsymbol{c} \end{pmatrix} = \begin{pmatrix} 1 & 0 & 0 \\ 0 & 1 & 0 \\ 0 & 0 & 1 \end{pmatrix}$$

代入式（6-152），即得

$$\boldsymbol{G}^{-1} = \boldsymbol{F} = \begin{pmatrix} \boldsymbol{a}^*\cdot\boldsymbol{a}^* & \boldsymbol{a}^*\cdot\boldsymbol{b}^* & \boldsymbol{a}^*\cdot\boldsymbol{c}^* \\ \boldsymbol{b}^*\cdot\boldsymbol{a}^* & \boldsymbol{b}^*\cdot\boldsymbol{b}^* & \boldsymbol{b}^*\cdot\boldsymbol{c}^* \\ \boldsymbol{c}^*\cdot\boldsymbol{a}^* & \boldsymbol{c}^*\cdot\boldsymbol{b}^* & \boldsymbol{c}^*\cdot\boldsymbol{c}^* \end{pmatrix} = \begin{pmatrix} a^{*2} & a^*b^*\cos\gamma^* & a^*c^*\cos\beta^* \\ b^*a^*\cos\gamma^* & b^{*2} & b^*c^*\cos\alpha \\ c^*a^*\cos\beta^* & c^*b^*\cos\alpha^* & c^{*2} \end{pmatrix} \tag{6-153}$$

式（6-153）也可以用正晶格空间的晶格参数表示，即使用如下关系式

$$a^* = \frac{bc\sin\alpha}{V}, b^* = \frac{ca\sin\beta}{V}, c^* = \frac{ab\sin\gamma}{V}$$

$$\cos\alpha^* = \frac{\cos\beta\cos\gamma - \cos\alpha}{\sin\beta\sin\gamma}, \cos\beta^* = \frac{\cos\gamma\cos\alpha - \cos\beta}{\sin\gamma\sin\alpha}, \cos\gamma^* = \frac{\cos\alpha\cos\beta - \cos\gamma}{\sin\alpha\sin\beta}$$

（1）对于正交晶系，$\alpha = \beta = \gamma = 90°$。

$$\boldsymbol{G} = \begin{pmatrix} a^2 & 0 & 0 \\ 0 & b^2 & 0 \\ 0 & 0 & c^2 \end{pmatrix}, \boldsymbol{G}^{-1} = \begin{pmatrix} \frac{1}{a^2} & 0 & 0 \\ 0 & \frac{1}{b^2} & 0 \\ 0 & 0 & \frac{1}{c^2} \end{pmatrix} \tag{6-154}$$

（2）对于六方晶系以及三方晶系在六方坐标下的晶胞，$a = b$，$\alpha = \beta = 90°$，$\gamma = 120°$。

$$\boldsymbol{G} = \begin{pmatrix} a^2 & -\frac{1}{2}a^2 & 0 \\ -\frac{1}{2}a^2 & a^2 & 0 \\ 0 & 0 & c^2 \end{pmatrix}, \boldsymbol{G}^{-1} = \begin{pmatrix} \frac{4}{3a^2} & \frac{2}{3a^2} & 0 \\ \frac{2}{3a^2} & \frac{4}{3a^2} & 0 \\ 0 & 0 & \frac{1}{c^2} \end{pmatrix} \tag{6-155}$$

（3）对于单斜晶系，$\alpha = \gamma = 90°$，选择 $\boldsymbol{b}$ 为唯一轴。

$$\boldsymbol{G} = \begin{pmatrix} a^2 & 0 & ac\cos\beta \\ 0 & b^2 & 0 \\ ca\cos\beta & 0 & c^2 \end{pmatrix}, \boldsymbol{G}^{-1} = \begin{pmatrix} \frac{1}{a^2\sin^2\beta} & 0 & -\frac{\cos\beta}{ac\sin^2\beta} \\ 0 & \frac{1}{b^2} & 0 \\ -\frac{\cos\beta}{ca\sin^2\beta} & 0 & \frac{1}{c^2\sin^2\beta} \end{pmatrix} \tag{6-156}$$

（4）对于三方晶系的菱面体晶胞，$a = b = c$，$\alpha = \beta = \gamma$。

$$\boldsymbol{G} = a^2\begin{pmatrix} 1 & \cos\alpha & \cos\alpha \\ \cos\alpha & 1 & \cos\alpha \\ \cos\alpha & \cos\alpha & 1 \end{pmatrix}$$

$$\boldsymbol{G}^{-1} = \frac{1}{D}\begin{pmatrix} \sin^2\alpha & \cos\alpha(\cos\alpha-1) & \cos\alpha(\cos\alpha-1) \\ \cos\alpha(\cos\alpha-1) & \sin^2\alpha & \cos\alpha(\cos\alpha-1) \\ \cos\alpha(\cos\alpha-1) & \cos\alpha(\cos\alpha-1) & \sin^2\alpha \end{pmatrix} \tag{6-157}$$

其中，$D = a^2(1 - 3\cos^2\alpha + 2\cos^3\alpha)$。不难看出，变换矩阵与其转置矩阵相等：

$$\boldsymbol{G}^{\mathrm{T}} = \boldsymbol{G} \text{ 或 } \boldsymbol{F}^{\mathrm{T}} = \boldsymbol{F}$$

式（6-147）两端转置得

$$[\boldsymbol{W}^*(R)]^{\mathrm{T}} = \boldsymbol{G}^{-1}[\boldsymbol{W}(R)]^{\mathrm{T}}\boldsymbol{G} \tag{6-158}$$

对比式（6-158）与式（6-147），不难得出点群对称操作的表示矩阵的转置矩阵 $\boldsymbol{W}^{\mathrm{T}}$ 与倒易晶格空间点群对称操作的表示矩阵的转置矩阵 $\boldsymbol{W}^{*\mathrm{T}}$ 也是等价的。

下面就位矢的坐标变换，规定正晶格空间的位置矢量和倒易晶格空间的位置矢量变换方式。在正晶格空间中，格点位置矢量 $\boldsymbol{r} = x\boldsymbol{a} + y\boldsymbol{b} + z\boldsymbol{c}$，在基 $\{\boldsymbol{a}, \boldsymbol{b}, \boldsymbol{c}\}$ 下的矩阵表示为

$$\boldsymbol{r} = (\boldsymbol{a}\ \boldsymbol{b}\ \boldsymbol{c})\begin{pmatrix} x \\ y \\ z \end{pmatrix}$$

在倒易晶格空间中，格点位矢 $\boldsymbol{H} = h\boldsymbol{a}^* + k\boldsymbol{b}^* + l\boldsymbol{c}^*$，在基 $\{\boldsymbol{a}^*, \boldsymbol{b}^*, \boldsymbol{c}^*\}$ 下的矩阵表示为

$$\boldsymbol{H}=(\boldsymbol{a}^* \ \boldsymbol{b}^* \ \boldsymbol{c}^*)\begin{pmatrix}h\\k\\l\end{pmatrix}, \boldsymbol{H}^{\mathrm{T}}=(h \ k \ l)\begin{pmatrix}\boldsymbol{a}^*\\\boldsymbol{b}^*\\\boldsymbol{c}^*\end{pmatrix}$$

其中，h,k,l 为倒易晶格点的坐标，也等于晶面 $(h^*k^*l^*)$ 上的反射指标。在衍射空间中，光程差 $\boldsymbol{r}\cdot\boldsymbol{H}=(x\boldsymbol{a}+y\boldsymbol{b}+z\boldsymbol{c})\cdot(h\boldsymbol{a}^*+k\boldsymbol{b}^*+l\boldsymbol{c}^*)=hx+ky+lz$ ，用矩阵表示为

$$\boldsymbol{H}^{\mathrm{T}}\cdot\boldsymbol{r}=(h\,k\,l)\begin{pmatrix}\boldsymbol{a}^*\\\boldsymbol{b}^*\\\boldsymbol{c}^*\end{pmatrix}\cdot(\boldsymbol{a} \ \boldsymbol{b} \ \boldsymbol{c})\begin{pmatrix}x\\y\\z\end{pmatrix}=(h\,k\,l)\cdot\boldsymbol{E}\cdot\begin{pmatrix}x\\y\\z\end{pmatrix}=hx+ky+lz \tag{6-159}$$

在正晶格空间中，在基 $\{\boldsymbol{a},\boldsymbol{b},\boldsymbol{c}\}$ 下，位置矢量坐标向量 $(x \ \ y \ \ z)^{\mathrm{T}}$，经对称操作 $\boldsymbol{W}(R)$ 的变换，位置矢量长度不变，坐标向量变为 $(x' \ y' \ z')^{\mathrm{T}}$，表示为矩阵变换方程

$$\boldsymbol{W}(R)\begin{pmatrix}x\\y\\z\end{pmatrix}=\begin{pmatrix}x'\\y'\\z'\end{pmatrix} \tag{6-160}$$

在倒易晶格空间中，在基 $\{\boldsymbol{a}^*,\boldsymbol{b}^*,\boldsymbol{c}^*\}$ 下，位置矢量的坐标向量 $(h\,k\,l)^{\mathrm{T}}$ 经对称操作 $\boldsymbol{W}^*(R)$ 的变换，长度不变，坐标向量变为 $(h'\,k'\,l')^{\mathrm{T}}$。因为在矩阵运算中，如果正晶格基矢量是行向量，倒易晶格基矢量就是列向量，反之亦然，所以在倒易晶格空间中，点式操作 $\boldsymbol{W}^*(R)$ 对坐标向量的变换的矩阵表示就应为

$$(h\,k\,l)[\boldsymbol{W}^*(R)]^{\mathrm{T}}=(h'\,k'\,l') \tag{6-161}$$

其中，$[\boldsymbol{W}^*(R)]^{\mathrm{T}}$ 是 $\boldsymbol{W}^*(R)$ 的转置矩阵。倒易晶格空间的点式操作对应正晶格空间的点式逆操作，在正晶格空间中，围绕旋转轴旋转 α ，正晶格复原；在倒易空间中，旋转轴与正晶格空间中的旋转轴平行，绕旋转轴反向旋转，即旋转 $-\alpha$ ，倒易晶格复原。即其点式操作的矩阵表示，变为正晶格空间点式操作的矩阵表示的转置逆矩阵，表示为

$$\boldsymbol{W}^*(R)=\boldsymbol{G}\boldsymbol{W}(R)\boldsymbol{G}^{-1}=[\boldsymbol{W}^{-1}(R)]^{\mathrm{T}} \tag{6-162}$$

例如，三方晶系 3^+ 在倒易空间中的表示矩阵对应正晶格空间的 3^- 表示矩阵的转置矩阵，即

$$\boldsymbol{W}^*(3^+)=\boldsymbol{G}\boldsymbol{W}(3^+)\boldsymbol{G}^{-1}=\boldsymbol{W}(3^-)^{\mathrm{T}}$$

倒易晶格空间的点式操作的表示矩阵，由正晶格空间相应点式操作的表示矩阵，经过相似变换得到：

$$\left\{\boldsymbol{W}_1^*(R_1),\boldsymbol{W}_2^*(R_2),\cdots,\boldsymbol{W}_m^*(R_m)\right\}\cong\left\{[\boldsymbol{W}_1^{-1}(R_1)]^{\mathrm{T}},[\boldsymbol{W}_2^{-1}(R_2)]^{\mathrm{T}},\cdots,[\boldsymbol{W}_m^{-1}(R_m)]^{\mathrm{T}}\right\} \tag{6-163}$$

式中，$\boldsymbol{W}_i^*(R_i)$ 和 $[\boldsymbol{W}_i^{-1}(R_i)]^{\mathrm{T}}$ 对应相等，倒易晶格空间点式操作的矩阵表示，为正晶格空间点式操作的矩阵表示的逆矩阵，式（6-148）和式（6-163）都是正晶格与倒易晶格空间中点式操作群的等价表示，而式（6-163）更为常用。

6.5.4　正晶格空间位矢、方向指数、对称操作的基变换

晶体结构测定经常选择尝试结构，这些初始结构需要不断修正，使之与衍射数据符合。其次，晶体结构表达也经常遇到使用不同的晶格和设置不同的坐标系原点的问题，如三方晶系，有菱面体格子和六方格子两种表达方式，单斜晶系存在两种坐标系符号选择。使用不同的基矢量，并不改变晶体的对称性，也不改变点群和空间群的群元素，改变的是群元素在不同坐标系中的位置取向以及矩阵表示。

基变换相当于晶体不动，晶体坐标系原点移动，同时单位矢量的长度和交角发生改变，见图 6-59。设由基 $\{\boldsymbol{a}_{\mathrm{o}},\boldsymbol{b}_{\mathrm{o}},\boldsymbol{c}_{\mathrm{o}}\}$ 变换为 $\{\boldsymbol{a}_n,\boldsymbol{b}_n,\boldsymbol{c}_n\}$ ，目标基 $\{\boldsymbol{a}_n,\boldsymbol{b}_n,\boldsymbol{c}_n\}$ 的原点 O_n 相对于原有基 $\{\boldsymbol{a}_{\mathrm{o}},\boldsymbol{b}_{\mathrm{o}},\boldsymbol{c}_{\mathrm{o}}\}$ 的原点 O_{o} 的位移矢量，用原有基矢量表示为

$$\boldsymbol{v}=v_1\boldsymbol{a}_{\mathrm{o}}+v_2\boldsymbol{b}_{\mathrm{o}}+v_3\boldsymbol{c}_{\mathrm{o}} \tag{6-164}$$

由原有基到目标基的仿射变换 $(\boldsymbol{T},\boldsymbol{v})$ 表示为 Seitz 矩阵形式

$$\begin{pmatrix}\boldsymbol{T} & \boldsymbol{v}\\0 & 1\end{pmatrix} \tag{6-165}$$

由 $\{\boldsymbol{a}_n,\boldsymbol{b}_n,\boldsymbol{c}_n\}$ 变换为 $\{\boldsymbol{a}_{\mathrm{o}},\boldsymbol{b}_{\mathrm{o}},\boldsymbol{c}_{\mathrm{o}}\}$ ，称为 $(\boldsymbol{T},\boldsymbol{v})$ 的逆变换 $(\boldsymbol{B},\boldsymbol{u})$，表示为

$$\begin{pmatrix} T & v \\ 0 & 1 \end{pmatrix}^{-1} = \begin{pmatrix} T^{-1} & -T^{-1}v \\ 0 & 1 \end{pmatrix} \tag{6-166}$$

其中，线性变换矩阵 T 定义为由基 $\{a_o, b_o, c_o\}$ 到 $\{a_n, b_n, c_n\}$ 的变换。

$$(a_n\ b_n\ c_n) = (a_o\ b_o\ c_o)T \tag{6-167}$$

而由基 $\{a_n, b_n, c_n\}$ 到 $\{a_o, b_o, c_o\}$ 的变换为线性变换 T 的逆变换，表示为

$$(a_o\ b_o\ c_o) = (a_n\ b_n\ c_n)B \tag{6-168}$$

其中，$B = T^{-1}$，于是，也存在由基 $\{a_n, b_n, c_n\}$ 到 $\{a_o, b_o, c_o\}$ 的仿射逆变换 (B, u)，这时基 $\{a_o, b_o, c_o\}$ 变为目标基，基 $\{a_n, b_n, c_n\}$ 变为原有基，原点 O_o 相对于原点 O_n 的位移矢量为 u，表示为

$$u = u_1 a_n + u_2 b_n + u_3 c_n \tag{6-169}$$

因为 B 和 T 互为逆变换，所以

$$\begin{pmatrix} B & u \\ 0 & 1 \end{pmatrix} = \begin{pmatrix} T & v \\ 0 & 1 \end{pmatrix}^{-1} = \begin{pmatrix} T^{-1} & -T^{-1}v \\ 0 & 1 \end{pmatrix} \tag{6-170}$$

对比两端得

$$B = T^{-1},\ u = -T^{-1}v \tag{6-171}$$

或者

$$\begin{pmatrix} T & v \\ 0 & 1 \end{pmatrix} = \begin{pmatrix} B & u \\ 0 & 1 \end{pmatrix}^{-1} = \begin{pmatrix} B^{-1} & -B^{-1}u \\ 0 & 1 \end{pmatrix} \tag{6-172}$$

对比两端得

$$T = B^{-1},\ v = -B^{-1}u \tag{6-173}$$

(a) $O_n O_o = u_1 a_n + u_2 b_n + u_3 c_n$　　　　　　　(b) $O_o O_n = v_1 a_o + v_2 b_o + v_3 c_o$

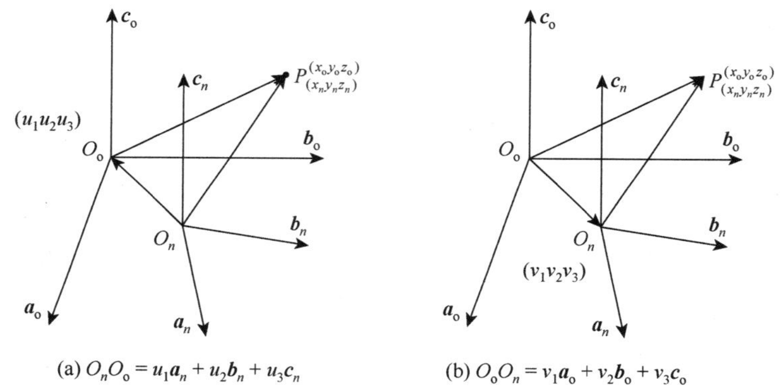

图 6-59　基矢变换

　　若坐标系原点不动，单位矢量的长度和交角发生改变，仿射变换退化为线性变换。晶体中位点 P 相对于原点 O 的位置矢量 $OP = r$ 不动，在基变换中不变，位点 P 在原有坐标系中的坐标 (x_o, y_o, z_o)，变换为目标坐标系中的坐标 (x_n, y_n, z_n)。

$$r = x_o a_o + y_o b_o + z_o c_o = x_n a_n + y_n b_n + z_n c_n$$

用矩阵表示为

$$(a_n\ b_n\ c_n)\begin{pmatrix} x_n \\ y_n \\ z_n \end{pmatrix} = (a_o\ b_o\ c_o)\begin{pmatrix} x_o \\ y_o \\ z_o \end{pmatrix} = (a_n\ b_n\ c_n)B\begin{pmatrix} x_o \\ y_o \\ z_o \end{pmatrix}$$

比较两端得

$$\begin{pmatrix} x_n \\ y_n \\ z_n \end{pmatrix} = B\begin{pmatrix} x_o \\ y_o \\ z_o \end{pmatrix},\ 或者\begin{pmatrix} x_o \\ y_o \\ z_o \end{pmatrix} = T\begin{pmatrix} x_n \\ y_n \\ z_n \end{pmatrix} \tag{6-174}$$

设方向直线上点 Q，$\boldsymbol{OQ}=\boldsymbol{t}$ 为方向矢量，则 Q 在原有坐标系中的坐标 (u_o,v_o,w_o)，变换为目标坐标系中的坐标 (u_n,v_n,w_n)，其中方向指数 $[u_ov_ow_o]$ 和 $[u_nv_nw_n]$ 均为一组互质整数。

$$\boldsymbol{t}=u_o\boldsymbol{a}_o+v_o\boldsymbol{b}_o+w_o\boldsymbol{c}_o=u_n\boldsymbol{a}_n+v_n\boldsymbol{b}_n+w_n\boldsymbol{c}_n$$

根据以上相同的变换，可以得到与式（6-174）相似的关系式，

$$\begin{pmatrix}u_n\\v_n\\w_n\end{pmatrix}=\boldsymbol{B}\begin{pmatrix}u_o\\v_o\\w_o\end{pmatrix},\text{或者}\begin{pmatrix}u_o\\v_o\\w_o\end{pmatrix}=\boldsymbol{T}\begin{pmatrix}u_n\\v_n\\w_n\end{pmatrix} \tag{6-175}$$

式（6-175）称为方向指数 $[uvw]$ 的变换关系。

在用基表示的坐标系点空间和向量空间中，空间群对称操作的点式操作部分，对应线性变换的 3×3 的表示矩阵 $\boldsymbol{W}(R)$。设在原有基和目标基表示的坐标系空间中，表示矩阵分别为 $\boldsymbol{W}_o(R)$ 和 $\boldsymbol{W}_n(R)$，对称操作的性质没有变化，只是表示矩阵发生了变化。在原有坐标系空间中，位点坐标 $\boldsymbol{X}_o=(x_o\ \ y_o\ \ z_o)^{\mathrm{T}}$ 经对称操作 $\boldsymbol{W}_o(R)$，变换为 $\boldsymbol{X}_o'=(x_o'\ \ y_o'\ \ z_o')^{\mathrm{T}}$；在目标坐标系空间中，位点坐标 $\boldsymbol{X}_n=(x_n\ \ y_n\ \ z_n)^{\mathrm{T}}$ 经对称操作 $\boldsymbol{W}_n(R)$，变换为 $\boldsymbol{X}_n'=(x_n'\ \ y_n'\ \ z_n')^{\mathrm{T}}$，用矩阵分别表示为

$$\boldsymbol{X}_o'=\boldsymbol{W}_o(R)\boldsymbol{X}_o \tag{6-176}$$

$$\boldsymbol{X}_n'=\boldsymbol{W}_n(R)\boldsymbol{X}_n \tag{6-177}$$

因为基变换将 $\boldsymbol{X}_o$ 变换为 $\boldsymbol{X}_n$；同时也将 $\boldsymbol{X}_o'$ 变换为 $\boldsymbol{X}_n'$，由式（6-174）有

$$\boldsymbol{X}_o=\boldsymbol{T}\boldsymbol{X}_n \tag{6-178}$$

$$\boldsymbol{X}_o'=\boldsymbol{T}\boldsymbol{X}_n' \tag{6-179}$$

将式（6-178）和式（6-179）分别代入式（6-176）得

$$\boldsymbol{T}\boldsymbol{X}_n'=\boldsymbol{W}_o(R)\boldsymbol{T}\boldsymbol{X}_n \tag{6-180}$$

上式两端乘以 $\boldsymbol{T}^{-1}$ 得

$$\boldsymbol{X}_n'=\boldsymbol{T}^{-1}\boldsymbol{W}_o(R)\boldsymbol{T}\boldsymbol{X}_n \tag{6-181}$$

上式与式（6-177）比较，得

$$\boldsymbol{W}_n(R)=\boldsymbol{T}^{-1}\boldsymbol{W}_o(R)\boldsymbol{T}\text{，或}\boldsymbol{W}_n(R)=\boldsymbol{B}\boldsymbol{W}_o(R)\boldsymbol{B}^{-1} \tag{6-182}$$

式（6-182）称为点式操作的变换关系，其中，线性变换 $\boldsymbol{T}$ 为基 $\{\boldsymbol{a}_o,\boldsymbol{b}_o,\boldsymbol{c}_o\}$ 到 $\{\boldsymbol{a}_n,\boldsymbol{b}_n,\boldsymbol{c}_n\}$ 的变换矩阵，即满足变换关系式 $(\boldsymbol{a}_n\ \boldsymbol{b}_n\ \boldsymbol{c}_n)=(\boldsymbol{a}_o\ \boldsymbol{b}_o\ \boldsymbol{c}_o)\boldsymbol{T}$。也可以由变换式 $\boldsymbol{X}_n=\boldsymbol{B}\boldsymbol{X}_o$ 和 $\boldsymbol{X}_n'=\boldsymbol{B}\boldsymbol{X}_o'$，得到式（6-182）的逆变换：

$$\boldsymbol{W}_o(R)=\boldsymbol{B}^{-1}\boldsymbol{W}_n(R)\boldsymbol{B} \tag{6-183}$$

式（6-182）和式（6-183）是等价关系式，而且两个表示矩阵的迹相等 $\mathrm{tr}\boldsymbol{W}_o(R)=\mathrm{tr}\boldsymbol{W}_n(R)$，对应行列式的值相等 $\det|\boldsymbol{W}_o|=\det|\boldsymbol{W}_n|$，即点式操作的性质不变。

当基变换既有基矢量的长度和交角的改变，又有坐标系原点移动，就构成仿射变换。在基变换中，位点 P 相对于原点 O 的位置矢量 $\boldsymbol{OP}=\boldsymbol{r}$ 仍然不变，其坐标发生变化。晶体学国际表提供有原有基 $\{\boldsymbol{a}_o,\boldsymbol{b}_o,\boldsymbol{c}_o\}$ 的原点 O_o 相对于目标基 $\{\boldsymbol{a}_n,\boldsymbol{b}_n,\boldsymbol{c}_n\}$ 的原点 O_n 的位移矢量 $\boldsymbol{u}=u_1\boldsymbol{a}_n+u_2\boldsymbol{b}_n+u_3\boldsymbol{c}_n$，见图 6-59（a），使用逆变换矩阵可以得到目标基下的位置矢量坐标。设位置矢量的原有坐标向量为 $\boldsymbol{X}_o=(x_o\ \ y_o\ \ z_o)^{\mathrm{T}}$，目标坐标向量为 $\boldsymbol{X}_n=(x_n\ \ y_n\ \ z_n)^{\mathrm{T}}$。由图 6-59（a）可知，如果原点 O_o 在目标基 $\{\boldsymbol{a}_n,\boldsymbol{b}_n,\boldsymbol{c}_n\}$ 的坐标系中的位置坐标向量为 $(u_1\ \ u_2\ \ u_3)^{\mathrm{T}}$，即满足式（6-169），点 P、O_o、O_n 之间的位置矢量存在如下关系

$$\boldsymbol{O_oP}=\boldsymbol{O_nP}-\boldsymbol{O_nO_o} \tag{6-184}$$

其中，$\boldsymbol{O_oP}=x_o\boldsymbol{a}_o+y_o\boldsymbol{b}_o+z_o\boldsymbol{c}_o$，$\boldsymbol{O_nP}=x_n\boldsymbol{a}_n+y_n\boldsymbol{b}_n+z_n\boldsymbol{c}_n$，$\boldsymbol{O_nO_o}=u_1\boldsymbol{a}_n+u_2\boldsymbol{b}_n+u_3\boldsymbol{c}_n$，将上式表示为矩阵形式

$$(\boldsymbol{a}_o\ \boldsymbol{b}_o\ \boldsymbol{c}_o)\begin{pmatrix}x_o\\y_o\\z_o\end{pmatrix}=(\boldsymbol{a}_n\ \boldsymbol{b}_n\ \boldsymbol{c}_n)\begin{pmatrix}x_n\\y_n\\z_n\end{pmatrix}-(\boldsymbol{a}_n\ \boldsymbol{b}_n\ \boldsymbol{c}_n)\begin{pmatrix}u_1\\u_2\\u_3\end{pmatrix}$$

由式（6-168），即 $(\boldsymbol{a}_o\ \boldsymbol{b}_o\ \boldsymbol{c}_o)=(\boldsymbol{a}_n\ \boldsymbol{b}_n\ \boldsymbol{c}_n)\boldsymbol{B}$，代入左端得

$$(\boldsymbol{a}_n\ \boldsymbol{b}_n\ \boldsymbol{c}_n)\boldsymbol{B}\begin{pmatrix}x_o\\y_o\\z_o\end{pmatrix}=(\boldsymbol{a}_n\ \boldsymbol{b}_n\ \boldsymbol{c}_n)\left[\begin{pmatrix}x_n\\y_n\\z_n\end{pmatrix}-\begin{pmatrix}u_1\\u_2\\u_3\end{pmatrix}\right]$$

比较两端，得位置矢量的原有坐标向量和目标坐标向量之间的变换关系

$$\boldsymbol{B}\begin{pmatrix}x_o\\y_o\\z_o\end{pmatrix}=\begin{pmatrix}x_n\\y_n\\z_n\end{pmatrix}-\begin{pmatrix}u_1\\u_2\\u_3\end{pmatrix}\tag{6-185}$$

此式就是位点坐标的仿射变换关系，简化表示为

$$\boldsymbol{X}_n=\boldsymbol{B}\boldsymbol{X}_o+\boldsymbol{u}\tag{6-186}$$

由式（6-171），即$\boldsymbol{B}=\boldsymbol{T}^{-1}$，$\boldsymbol{u}=-\boldsymbol{T}^{-1}\boldsymbol{v}$，上式也可以表示为

$$\boldsymbol{X}_n=\boldsymbol{T}^{-1}\boldsymbol{X}_o-\boldsymbol{T}^{-1}\boldsymbol{v}\tag{6-187}$$

结合式（6-170），还可以表示为 4×4 阶的 Seitz 分块矩阵形式：

$$\begin{pmatrix}\boldsymbol{X}_n\\1\end{pmatrix}=\begin{pmatrix}\boldsymbol{B}&\boldsymbol{u}\\0&1\end{pmatrix}\begin{pmatrix}\boldsymbol{X}_o\\1\end{pmatrix},\text{或者}\begin{pmatrix}\boldsymbol{X}_n\\1\end{pmatrix}=\begin{pmatrix}\boldsymbol{T}^{-1}&-\boldsymbol{T}^{-1}\boldsymbol{v}\\0&1\end{pmatrix}\begin{pmatrix}\boldsymbol{X}_o\\1\end{pmatrix}\tag{6-188}$$

由图 6-59（b），如果O_n在以$\{\boldsymbol{a}_o,\boldsymbol{b}_o,\boldsymbol{c}_o\}$为基的坐标系中的位置坐标向量为$\boldsymbol{v}=(v_1\ \ v_2\ \ v_3)^{\mathrm{T}}$，即满足式（6-164），点$P$、$O_o$、$O_n$之间的位置矢量关系则为

$$\boldsymbol{O}_n\boldsymbol{P}=\boldsymbol{O}_o\boldsymbol{P}-\boldsymbol{O}_o\boldsymbol{O}_n\tag{6-189}$$

按照相同的方法，可以导出

$$\boldsymbol{T}\begin{pmatrix}x_n\\y_n\\z_n\end{pmatrix}=\begin{pmatrix}x_o\\y_o\\z_o\end{pmatrix}-\begin{pmatrix}v_1\\v_2\\v_3\end{pmatrix}\tag{6-190}$$

上式是位点坐标的仿射变换关系的另外一种表达式，简化表示为

$$\boldsymbol{X}_o=\boldsymbol{T}\boldsymbol{X}_n+\boldsymbol{v}\tag{6-191}$$

由式（6-173），即$\boldsymbol{T}=\boldsymbol{B}^{-1}$，$\boldsymbol{v}=-\boldsymbol{B}^{-1}\boldsymbol{u}$，上式演化为

$$\boldsymbol{X}_o=\boldsymbol{B}^{-1}\boldsymbol{X}_n-\boldsymbol{B}^{-1}\boldsymbol{u}\tag{6-192}$$

下面对空间群对称操作实施坐标系的仿射变换，设在原有基和目标基表示的坐标系空间中，空间群对称操作的表示矩阵分别用$[\boldsymbol{W}_o(R),\boldsymbol{\omega}_o]$和$[\boldsymbol{W}_n(R),\boldsymbol{\omega}_n]$符号表示，在原有坐标系空间中，位点坐标$\boldsymbol{X}_o=(x_o\ \ y_o\ \ z_o)^{\mathrm{T}}$，经对称操作$[\boldsymbol{W}_o(R),\boldsymbol{\omega}_o]$变换，变为$\boldsymbol{X}_o'=(x_o'\ \ y_o'\ \ z_o')^{\mathrm{T}}$；在目标坐标系空间中，位点坐标$\boldsymbol{X}_n=(x_n\ \ y_n\ \ z_n)^{\mathrm{T}}$，经对称操作$[\boldsymbol{W}_n(R),\boldsymbol{\omega}_n]$变换，变为$\boldsymbol{X}_n'=(x_n'\ \ y_n'\ \ z_n')^{\mathrm{T}}$，用 4×4 阶的 Seitz 分块矩阵分别表示为

$$\begin{pmatrix}\boldsymbol{X}_o'\\1\end{pmatrix}=\begin{pmatrix}\boldsymbol{W}_o(R)&\boldsymbol{\omega}_o\\0&1\end{pmatrix}\begin{pmatrix}\boldsymbol{X}_o\\1\end{pmatrix}\tag{6-193}$$

$$\begin{pmatrix}\boldsymbol{X}_n'\\1\end{pmatrix}=\begin{pmatrix}\boldsymbol{W}_n(R)&\boldsymbol{\omega}_n\\0&1\end{pmatrix}\begin{pmatrix}\boldsymbol{X}_n\\1\end{pmatrix}\tag{6-194}$$

式（6-193）两端左侧乘以$\begin{pmatrix}\boldsymbol{B}&\boldsymbol{u}\\0&1\end{pmatrix}$，得

$$\begin{pmatrix}\boldsymbol{B}&\boldsymbol{u}\\0&1\end{pmatrix}\begin{pmatrix}\boldsymbol{X}_o'\\1\end{pmatrix}=\begin{pmatrix}\boldsymbol{B}&\boldsymbol{u}\\0&1\end{pmatrix}\begin{pmatrix}\boldsymbol{W}_o(R)&\boldsymbol{\omega}_o\\0&1\end{pmatrix}\begin{pmatrix}\boldsymbol{X}_o\\1\end{pmatrix}$$

由式（6-188），即实施对称操作后的坐标向量满足$\begin{pmatrix}\boldsymbol{X}_n'\\1\end{pmatrix}=\begin{pmatrix}\boldsymbol{B}&\boldsymbol{u}\\0&1\end{pmatrix}\begin{pmatrix}\boldsymbol{X}_o'\\1\end{pmatrix}$，代入上式左端，上式变为

$$\begin{pmatrix}\boldsymbol{X}_n'\\1\end{pmatrix}=\begin{pmatrix}\boldsymbol{B}&\boldsymbol{u}\\0&1\end{pmatrix}\begin{pmatrix}\boldsymbol{W}_o(R)&\boldsymbol{\omega}_o\\0&1\end{pmatrix}\begin{pmatrix}\boldsymbol{X}_o\\1\end{pmatrix}\tag{6-195}$$

比较式（6-194）和式（6-195）得

$$\begin{pmatrix}\boldsymbol{W}_n(R)&\boldsymbol{\omega}_n\\0&1\end{pmatrix}\begin{pmatrix}\boldsymbol{X}_n\\1\end{pmatrix}=\begin{pmatrix}\boldsymbol{B}&\boldsymbol{u}\\0&1\end{pmatrix}\begin{pmatrix}\boldsymbol{W}_o(R)&\boldsymbol{\omega}_o\\0&1\end{pmatrix}\begin{pmatrix}\boldsymbol{X}_o\\1\end{pmatrix}$$

再次运用式（6-188），即$\begin{pmatrix}\boldsymbol{X}_n\\1\end{pmatrix}=\begin{pmatrix}\boldsymbol{B}&\boldsymbol{u}\\0&1\end{pmatrix}\begin{pmatrix}\boldsymbol{X}_o\\1\end{pmatrix}$，代入上式左端，再比较等式两端即得

$$\begin{pmatrix} \boldsymbol{W}_n(R) & \boldsymbol{\omega}_n \\ 0 & 1 \end{pmatrix}\begin{pmatrix} \boldsymbol{B} & \boldsymbol{u} \\ 0 & 1 \end{pmatrix}=\begin{pmatrix} \boldsymbol{B} & \boldsymbol{u} \\ 0 & 1 \end{pmatrix}\begin{pmatrix} \boldsymbol{W}_\text{o}(R) & \boldsymbol{\omega}_\text{o} \\ 0 & 1 \end{pmatrix} \tag{6-196}$$

两端右侧同时乘以$\begin{pmatrix} \boldsymbol{B} & \boldsymbol{u} \\ 0 & 1 \end{pmatrix}^{-1}$，式（6-196）演化为

$$\begin{pmatrix} \boldsymbol{W}_n(R) & \boldsymbol{\omega}_n \\ 0 & 1 \end{pmatrix}=\begin{pmatrix} \boldsymbol{B} & \boldsymbol{u} \\ 0 & 1 \end{pmatrix}\begin{pmatrix} \boldsymbol{W}_\text{o}(R) & \boldsymbol{\omega}_\text{o} \\ 0 & 1 \end{pmatrix}\begin{pmatrix} \boldsymbol{B} & \boldsymbol{u} \\ 0 & 1 \end{pmatrix}^{-1} \tag{6-197}$$

其中，$\begin{pmatrix} \boldsymbol{B} & \boldsymbol{u} \\ 0 & 1 \end{pmatrix}^{-1}=\begin{pmatrix} \boldsymbol{B}^{-1} & -\boldsymbol{B}^{-1}\boldsymbol{u} \\ 0 & 1 \end{pmatrix}$。式(6-197)表达的变换关系为：空间群对称操作$[\boldsymbol{W}(R),\boldsymbol{\omega}]$，经过基$\{\boldsymbol{a}_\text{o},\boldsymbol{b}_\text{o},\boldsymbol{c}_\text{o}\}$到基$\{\boldsymbol{a}_n,\boldsymbol{b}_n,\boldsymbol{c}_n\}$的变换，由$[\boldsymbol{W}_\text{o}(R),\boldsymbol{\omega}_\text{o}]$变为$[\boldsymbol{W}_n(R),\boldsymbol{\omega}_n]$的变换关系式。式（6-196）两端左侧，同时乘以$\begin{pmatrix} \boldsymbol{B} & \boldsymbol{u} \\ 0 & 1 \end{pmatrix}^{-1}$，得逆变换关系式：

$$\begin{pmatrix} \boldsymbol{W}_\text{o}(R) & \boldsymbol{\omega}_\text{o} \\ 0 & 1 \end{pmatrix}=\begin{pmatrix} \boldsymbol{B} & \boldsymbol{u} \\ 0 & 1 \end{pmatrix}^{-1}\begin{pmatrix} \boldsymbol{W}_n(R) & \boldsymbol{\omega}_n \\ 0 & 1 \end{pmatrix}\begin{pmatrix} \boldsymbol{B} & \boldsymbol{u} \\ 0 & 1 \end{pmatrix} \tag{6-198}$$

式（6-198）表达的变换关系为：空间群对称操作$[\boldsymbol{W}(R),\boldsymbol{\omega}]$，经过基$\{\boldsymbol{a}_n,\boldsymbol{b}_n,\boldsymbol{c}_n\}$到基$\{\boldsymbol{a}_\text{o},\boldsymbol{b}_\text{o},\boldsymbol{c}_\text{o}\}$的变换，由$[\boldsymbol{W}_n(R),\boldsymbol{\omega}_n]$变为$[\boldsymbol{W}_\text{o}(R),\boldsymbol{\omega}_\text{o}]$的逆变换关系式。运用式（6-197）和式（6-198），就可以将基$\{\boldsymbol{a}_\text{o},\boldsymbol{b}_\text{o},\boldsymbol{c}_\text{o}\}$下空间群对称操作的矩阵表示，变换为基$\{\boldsymbol{a}_n,\boldsymbol{b}_n,\boldsymbol{c}_n\}$下的矩阵表示。由式（6-197）可得

$$\begin{pmatrix} \boldsymbol{W}_n(R) & \boldsymbol{\omega}_n \\ 0 & 1 \end{pmatrix}=\begin{pmatrix} \boldsymbol{B}\boldsymbol{W}_\text{o}(R)\boldsymbol{B}^{-1} & -\boldsymbol{B}\boldsymbol{W}_\text{o}(R)\boldsymbol{B}^{-1}\boldsymbol{u}+\boldsymbol{B}\boldsymbol{\omega}_\text{o}+\boldsymbol{u} \\ 0 & 1 \end{pmatrix} \tag{6-199}$$

其中，空间群的点式操作矩阵以及平移分量分别变换为

$$\begin{aligned} \boldsymbol{W}_n(R)&=\boldsymbol{B}\boldsymbol{W}_\text{o}(R)\boldsymbol{B}^{-1} \\ \boldsymbol{\omega}_n&=-\boldsymbol{B}\boldsymbol{W}_\text{o}(R)\boldsymbol{B}^{-1}\boldsymbol{u}+\boldsymbol{B}\boldsymbol{\omega}_\text{o}+\boldsymbol{u} \end{aligned} \tag{6-200}$$

同理也可以导出逆变换关系式（6-198）的点式操作矩阵和平移分量。

（1）如果两套坐标系共用原点，原点的相对位置坐标向量为零矢量，$\boldsymbol{u}=0$。

$$\begin{aligned} \boldsymbol{W}_n(R)&=\boldsymbol{B}\boldsymbol{W}_\text{o}(R)\boldsymbol{B}^{-1} \\ \boldsymbol{\omega}_n&=\boldsymbol{B}\boldsymbol{\omega}_\text{o} \end{aligned} \tag{6-201}$$

例如，三方晶系有菱面体和六方坐标系两种表达形式，两套坐标系共用同一原点，空间群对称操作的表示矩阵按式（6-201）进行变换。

（2）如果两套坐标系只有坐标原点的位置变化，即只是原点选择不同，没有基变换，则$\boldsymbol{B}=\boldsymbol{I}$。由式（6-200），点式操作表示矩阵和平移分量分别为

$$\begin{aligned} \boldsymbol{W}_n(R)&=\boldsymbol{W}_\text{o}(R) \\ \boldsymbol{\omega}_n&=-\boldsymbol{W}_\text{o}(R)\boldsymbol{u}+\boldsymbol{\omega}_\text{o}+\boldsymbol{u} \end{aligned} \tag{6-202}$$

例如，中心对称的空间群，晶体原点存在两种选择，其中一种是将晶体原点定在对称中心上，基矢量没有变化，空间群对称操作的表示矩阵按式（6-202）进行变换。

【例 6-9】　已知三方晶系空间群C_3^4-$R3$（No.146）有两套空间格子，分别为三方菱面体和六方 R 心格子，对应两套坐标系，其中，三方菱面体坐标系下的对称操作和一般等位点位置，按照晶体学国际表的格式排列如下

三方菱面体（rhombohedral）

（1）1　　（2）3^+ $x\,x\,x$　　（3）3^- $x\,x\,x$

一般等位点位置（general position）：

3　b　1　（1）x,y,z　　（2）z,x,y　　（3）y,z,x

六方坐标系下的对称操作和一般等位点位置，按照晶体学国际表的格式排列如下：

六方（hexagonal）

（1）1　　（2）3^+ $00z$　　（3）3^- $00z$

一般等位点位置（general position）：$(0,0,0)+\left(\frac{2}{3},\frac{1}{3},\frac{1}{3}\right)+\left(\frac{1}{3},\frac{2}{3},\frac{2}{3}\right)$

9 b 1　（1）x,y,z　　（2）$\bar{y},x-y,z$　　（3）$\bar{x}+y,\bar{x},z$

（1）在六方坐标系下，求出一般倒易晶格点的坐标。（2）试将六方坐标系下一般倒易晶格点坐标，变换为菱面体坐标系下的坐标。

解：（1）对于六方坐标系，正晶格空间的对称操作 $\boldsymbol{C}_3^1$ 表示矩阵 $\boldsymbol{W}(3^+)$，按 $[\boldsymbol{W}^*(R)]^{\mathrm{T}}=\boldsymbol{G}^{-1}[\boldsymbol{W}(R)]^{\mathrm{T}}\boldsymbol{G}$ 实施变换，即从正晶格空间至倒易晶格空间的变换，得到的倒易晶格空间的表示矩阵的转置矩阵为

$$[\boldsymbol{W}^*(3^+)]^{\mathrm{T}}=\boldsymbol{G}^{-1}[\boldsymbol{W}(3^+)]^{\mathrm{T}}\boldsymbol{G}$$

$$=\begin{pmatrix}\frac{4}{3a^2} & \frac{2}{3a^2} & 0\\ \frac{2}{3a^2} & \frac{4}{3a^2} & 0\\ 0 & 0 & \frac{1}{c^2}\end{pmatrix}\cdot\begin{pmatrix}0 & 1 & 0\\ -1 & -1 & 0\\ 0 & 0 & 1\end{pmatrix}\cdot\begin{pmatrix}a^2 & -\frac{1}{2}a^2 & 0\\ -\frac{1}{2}a^2 & a^2 & 0\\ 0 & 0 & c^2\end{pmatrix}=\begin{pmatrix}-1 & 1 & 0\\ -1 & 0 & 0\\ 0 & 0 & 1\end{pmatrix}$$

它与正晶格空间点群中的 $\boldsymbol{C}_3^2(3^-)$ 操作的矩阵表示相同。同理，正晶格空间的对称操作表示矩阵 $\boldsymbol{W}(3^-)$，经过从正晶格空间至倒易晶格空间的变换，得到的倒易晶格空间的表示矩阵的转置矩阵

$$[\boldsymbol{W}^*(3^-)]^{\mathrm{T}}=\boldsymbol{G}^{-1}[\boldsymbol{W}(3^-)]^{\mathrm{T}}\boldsymbol{G}$$

$$=\begin{pmatrix}\frac{4}{3a^2} & \frac{2}{3a^2} & 0\\ \frac{2}{3a^2} & \frac{4}{3a^2} & 0\\ 0 & 0 & \frac{1}{c^2}\end{pmatrix}\cdot\begin{pmatrix}-1 & -1 & 0\\ 1 & 0 & 0\\ 0 & 0 & 1\end{pmatrix}\cdot\begin{pmatrix}a^2 & -\frac{1}{2}a^2 & 0\\ -\frac{1}{2}a^2 & a^2 & 0\\ 0 & 0 & c^2\end{pmatrix}=\begin{pmatrix}0 & -1 & 0\\ 1 & -1 & 0\\ 0 & 0 & 1\end{pmatrix}$$

它与正晶格空间点群中的 $\boldsymbol{C}_3^1(3^+)$ 操作的矩阵表示相同。对于恒等操作的矩阵表示，无论在正晶格空间，还是在倒易晶格空间，都是单位矩阵。不难看出，点式操作在两个空间中互为逆操作。根据得到的倒易晶格空间的点式操作矩阵表示，就可以算出与对称性关联的倒易晶格点的坐标。由正晶格空间对称操作 $C_3^2(3^-)$ 的表示矩阵，导出的倒易晶格空间对称操作 $\boldsymbol{C}_3^{1*}$ 的表示矩阵的转置矩阵 $[\boldsymbol{W}^*(3^+)]^{\mathrm{T}}$，与对称操作 $\boldsymbol{C}_3^{1*}(3^{*+})$ 关联的一般倒易晶格点的坐标为

$$(h\,k\,l)[\boldsymbol{W}^*(3^+)]^{\mathrm{T}}=(h\,k\,l)\begin{pmatrix}-1 & 1 & 0\\ -1 & 0 & 0\\ 0 & 0 & 1\end{pmatrix}=(i\,h\,l)$$

其中，$i=-h-k$。由正晶格空间对称操作 $C_3^1(3^+)$ 的矩阵表示 $\boldsymbol{W}(3^+)$ 导出倒易晶格空间 $\boldsymbol{C}_3^{2*}(3^{*-})$ 的表示矩阵的转置矩阵 $[\boldsymbol{W}^*(3^-)]^{\mathrm{T}}$，与对称操作 $\boldsymbol{C}_3^{2*}(3^{*-})$ 关联的一般倒易晶格点的坐标为：

$$(h\,k\,l)[\boldsymbol{W}^*(3^-)]^{\mathrm{T}}=(h\,k\,l)\begin{pmatrix}0 & -1 & 0\\ 1 & -1 & 0\\ 0 & 0 & 1\end{pmatrix}=(k\,i\,l)$$

二重旋转轴、反映面、对称中心等群元素的逆元素等于自身，由正晶格空间变换到倒易晶格空间，对称操作不变，表示矩阵也不变，$[\boldsymbol{W}^*(R)]=[\boldsymbol{W}^{-1}(R)]^{\mathrm{T}}=\boldsymbol{W}(R)$。正交、四方、立方晶系等属于正交坐标系，对称操作的表示矩阵为正交阵，即 $\boldsymbol{W}^{-1}(R)=[\boldsymbol{W}(R)]^{\mathrm{T}}$，倒易晶格空间点式操作的表示矩阵等于正晶格空间同一操作的表示矩阵，即 $[\boldsymbol{W}^*(R)]=\boldsymbol{W}(R)$。

（2）在菱面体坐标系下表示一般倒易晶格点坐标，必须先将六方坐标系下对称操作的表示矩阵变换为菱面体坐标系下的表示矩阵。因为菱面体和六方坐标系共用原点，而且倒易晶格空间的对称操作为点式操作，对称操作的表示矩阵按式（6-201）进行变换，所以，式（6-201）的第一式两端左乘 $\boldsymbol{B}^{-1}$，右乘 $\boldsymbol{B}$；第二式左侧乘以 $\boldsymbol{B}^{-1}$，即有

$$\boldsymbol{W}_{\mathrm{r}}(R)=\boldsymbol{B}^{-1}\boldsymbol{W}_{\mathrm{h}}(R)\boldsymbol{B}$$

$$\boldsymbol{\omega}_{\mathrm{r}}=\boldsymbol{B}^{-1}\boldsymbol{\omega}_{\mathrm{h}}$$

其中，$R3$ 空间群的三个对称操作的平移分量 $\boldsymbol{\omega}_{\mathrm{h}}=\mathbf{0}$，$\boldsymbol{\omega}_{\mathrm{r}}=\mathbf{0}$。设菱面体坐标系的基矢量为 $\{\boldsymbol{a}_{\mathrm{r}},\boldsymbol{b}_{\mathrm{r}},\boldsymbol{c}_{\mathrm{r}}\}$，六方坐标系的基矢量为 $\{\boldsymbol{a}_{\mathrm{h}},\boldsymbol{b}_{\mathrm{h}},\boldsymbol{c}_{\mathrm{h}}\}$。由菱面体变换为六方坐标系的变换矩阵：

$$(\boldsymbol{a}_\mathrm{r}\ \boldsymbol{b}_\mathrm{r}\ \boldsymbol{c}_\mathrm{r})=(\boldsymbol{a}_\mathrm{h}\ \boldsymbol{b}_\mathrm{h}\ \boldsymbol{c}_\mathrm{h})\boldsymbol{B}\,,\ \boldsymbol{B}=\begin{pmatrix}\frac{2}{3} & -\frac{1}{3} & -\frac{1}{3}\\ \frac{1}{3} & \frac{1}{3} & -\frac{2}{3}\\ \frac{1}{3} & \frac{1}{3} & \frac{1}{3}\end{pmatrix}$$

$$(\boldsymbol{a}_\mathrm{h}\ \boldsymbol{b}_\mathrm{h}\ \boldsymbol{c}_\mathrm{h})=(\boldsymbol{a}_\mathrm{r}\ \boldsymbol{b}_\mathrm{r}\ \boldsymbol{c}_\mathrm{r})\boldsymbol{B}^{-1},\ \boldsymbol{B}^{-1}=\begin{pmatrix}1 & 0 & 1\\ -1 & 1 & 1\\ 0 & -1 & 1\end{pmatrix}$$

对于点式操作（1）1、（2）3^+、（3）3^-，根据变换公式$\boldsymbol{W}_\mathrm{r}(R)=\boldsymbol{B}^{-1}\boldsymbol{W}_\mathrm{h}(R)\boldsymbol{B}$，将六方坐标系的表示矩阵变换为菱面体坐标系的表示矩阵，由六方坐标系下的三个对称操作的矩阵表示

(1) $\boldsymbol{W}_\mathrm{h}(1)=\begin{pmatrix}1 & 0 & 0\\ 0 & 1 & 0\\ 0 & 0 & 1\end{pmatrix}$　(2) $\boldsymbol{W}_\mathrm{h}(3^+)=\begin{pmatrix}0 & \bar{1} & 0\\ 1 & \bar{1} & 0\\ 0 & 0 & 1\end{pmatrix}$　(3) $\boldsymbol{W}_\mathrm{h}(3^-)=\begin{pmatrix}\bar{1} & 1 & 0\\ \bar{1} & 0 & 0\\ 0 & 0 & 1\end{pmatrix}$

对第（1）对称操作$\boldsymbol{E}$的表示矩阵$\boldsymbol{W}_\mathrm{h}(1)$进行如下变换：

$$\boldsymbol{W}_\mathrm{r}(1)=\boldsymbol{B}^{-1}\boldsymbol{W}_\mathrm{h}(1)\boldsymbol{B}=\boldsymbol{B}^{-1}\boldsymbol{B}=\boldsymbol{E}$$

于是，在菱面体坐标系下，一般倒易晶格空间的坐标为

$$(h\,k\,l)\boldsymbol{W}_\mathrm{r}\ (1)=(h\,k\,l)\begin{pmatrix}1 & 0 & 0\\ 0 & 1 & 0\\ 0 & 0 & 1\end{pmatrix}=hkl$$

对第（2）对称操作3^+的表示矩阵$\boldsymbol{W}_\mathrm{h}(3^+)$进行变换，在菱面体坐标系下，表示矩阵变为：

$$\boldsymbol{W}_\mathrm{r}(3^+)=\boldsymbol{B}^{-1}\boldsymbol{W}_\mathrm{h}(3^+)\boldsymbol{B}$$

$$=\begin{pmatrix}1 & 0 & 1\\ -1 & 1 & 1\\ 0 & -1 & 1\end{pmatrix}\begin{pmatrix}0 & -1 & 0\\ 1 & -1 & 0\\ 0 & 0 & 1\end{pmatrix}\begin{pmatrix}\frac{2}{3} & -\frac{1}{3} & -\frac{1}{3}\\ \frac{1}{3} & \frac{1}{3} & -\frac{2}{3}\\ \frac{1}{3} & \frac{1}{3} & \frac{1}{3}\end{pmatrix}=\begin{pmatrix}0 & 0 & 1\\ 1 & 0 & 0\\ 0 & 1 & 0\end{pmatrix}$$

其中，该菱面体坐标系下3^+的表示矩阵$\boldsymbol{W}_\mathrm{r}(3^+)$对应的对称操作为$3^+\ x\,x\,x$。在菱面体坐标系下，一般倒易晶格空间的坐标为

$$(h\,k\,l)\boldsymbol{W}_\mathrm{r}\ (3^+)=(h\,k\,l)\begin{pmatrix}0 & 0 & 1\\ 1 & 0 & 0\\ 0 & 1 & 0\end{pmatrix}=klh$$

对第（3）对称操作3^-的表示矩阵$\boldsymbol{W}_\mathrm{h}(3^-)$进行变换，在菱面体坐标系下，表示矩阵变为：

$$\boldsymbol{W}_\mathrm{r}\ (3^-)=\boldsymbol{B}^{-1}\boldsymbol{W}_\mathrm{h}\ (3^-)\boldsymbol{B}$$

$$=\begin{pmatrix}1 & 0 & 1\\ -1 & 1 & 1\\ 0 & -1 & 1\end{pmatrix}\begin{pmatrix}-1 & 1 & 0\\ -1 & 0 & 0\\ 0 & 0 & 1\end{pmatrix}\begin{pmatrix}\frac{2}{3} & -\frac{1}{3} & -\frac{1}{3}\\ \frac{1}{3} & \frac{1}{3} & -\frac{2}{3}\\ \frac{1}{3} & \frac{1}{3} & \frac{1}{3}\end{pmatrix}=\begin{pmatrix}0 & 1 & 0\\ 0 & 0 & 1\\ 1 & 0 & 0\end{pmatrix}$$

其中，该菱面体坐标系下3^-的表示矩阵$\boldsymbol{W}_\mathrm{r}(3^-)$对应的对称操作为$3^-\ x\,x\,x$。在菱面体坐标系下，一般倒易晶格空间的坐标为

$$(h\,k\,l)\boldsymbol{W}_\mathrm{r}\ (3^-)=(h\,k\,l)\begin{pmatrix}0 & 1 & 0\\ 0 & 0 & 1\\ 1 & 0 & 0\end{pmatrix}=(l\,h\,k)$$

总结以上变换，得到菱面体坐标系下三个对称操作的矩阵表示，分别为

(1) $\boldsymbol{W}_{\mathrm{r}}(1)=\begin{pmatrix}1&0&0\\0&1&0\\0&0&1\end{pmatrix}$　　(2) $\boldsymbol{W}_{\mathrm{r}}(3^{+})=\begin{pmatrix}0&0&1\\1&0&0\\0&1&0\end{pmatrix}$　　(3) $\boldsymbol{W}_{\mathrm{r}}(3^{-})=\begin{pmatrix}0&1&0\\0&0&1\\1&0&0\end{pmatrix}$

对应的倒易晶格空间一般格点的位置坐标为

（1）hkl（2）klh（3）lhk

6.5.5 对称元素位置与一般等位点坐标的变换关系

在晶体中，对一般位点实施空间群中任一对称操作，将变到另一位点，若对其实施空间群的全部对称操作，将生成与空间群阶数相等数目的位点，这些位点组成一般等位点集合。除了一般等位点外，还有特殊位点，它们本身就处于空间群对称元素上，具有由对称元素生成的对称性。一部分空间群对称操作可以移动这些特殊位点的位置，另一部分空间群对称操作并不改变其位置。不同对称性的特殊位点集合与一般位点集合组成空间群的等位点系，按照位点的对称性高低，用英文小写字母按顺序标记，$a,b,c,d,\cdots$，称为 Wyckoff 字母记号。由此可见，根据晶体微粒堆积、周期性结构、对称性特点建立空间群，是独立的、完整的对称群体系。对于实际晶体，原子或离子，按照电子结构性质，选择占据不同的等位点，以满足化学键作用力的平衡，以及局部电荷平衡。

下面以四方晶系空间群 $D_{4\mathrm{h}}^{19}$-$I\dfrac{4_1}{a}\dfrac{2}{m}\dfrac{2}{d}$（简略符号 $I\dfrac{4_1}{a}md$）为例，讨论如何由位点位置坐标，导出空间群对称操作，以及对称元素的位置。表 6-14 是坐标系原点定在 $2/m$ 交点时，全部位点组成的等位点系，以及对应位点的坐标。将原点移至 $\bar{4}m2$，在以 $\bar{4}m2$ 为原点的坐标系中，位点 $2/m$ 的位移矢量坐标为 $\left(0,-\dfrac{1}{4},\dfrac{1}{8}\right)$。$ThCl_4$ 和 $ZrSiO_4$ 晶体都属于该空间群[25, 26]，$ThCl_4$ 晶体的晶胞参数为 $a=848.0\mathrm{pm}$，$c=746.0\mathrm{pm}$，$Z=4$。Th^{4+} 占据位点 a，Cl^{-} 占据位点 h，位点位置坐标变量 $y=0.0633$，$z=0.2008$。$ZrSiO_4$ 晶体的晶胞参数为 $a=661.64\mathrm{pm}$，$c=601.50\mathrm{pm}$，$Z=4$。Zr^{4+} 占据位点 a，Si^{4+} 占据位点 b，O^{2-} 占据位点 h，位点位置坐标变量 $y=0.067$，$z=0.198$。由此可见，当两个离子化合物的离子以不同的方式占据同一空间群的等位点系时，它们有相同的空间群对称性。

表 6-14　坐标系原点定在 2/m 时，四方晶系空间群 $D_{4\mathrm{h}}^{19}$-$I\dfrac{4_1}{a}\dfrac{2}{m}\dfrac{2}{d}$ 的等位点系

位点数	Wyckoff 符号	位点对称性	等位点的坐标　$0,0,0+\frac{1}{2},\frac{1}{2},\frac{1}{2}$
32	i	1	（1）x,y,z；（2）$\bar{x}+\frac{1}{2},\bar{y},z+\frac{1}{2}$；（3）$\bar{y}+\frac{1}{4},x+\frac{3}{4},z+\frac{1}{4}$；（4）$y+\frac{1}{4},\bar{x}+\frac{1}{4},z+\frac{3}{4}$； （5）$\bar{x}+\frac{1}{2},y,\bar{z}+\frac{1}{2}$；（6）$x,\bar{y},\bar{z}$；（7）$y+\frac{1}{4},x+\frac{3}{4},\bar{z}+\frac{1}{4}$；（8）$\bar{y}+\frac{1}{4},\bar{x}+\frac{1}{4},\bar{z}+\frac{3}{4}$； （9）$\bar{x},\bar{y},\bar{z}$；（10）$x+\frac{1}{2},y,\bar{z}+\frac{1}{2}$；（11）$y+\frac{3}{4},\bar{x}+\frac{1}{4},\bar{z}+\frac{3}{4}$；（12）$\bar{y}+\frac{3}{4},x+\frac{3}{4},\bar{z}+\frac{1}{4}$； （13）$x+\frac{1}{2},\bar{y},z+\frac{1}{2}$；（14）$\bar{x},y,z$；（15）$\bar{y}+\frac{3}{4},\bar{x}+\frac{3}{4},z+\frac{1}{4}$；（16）$y+\frac{3}{4},x+\frac{3}{4},z+\frac{1}{4}$
16	h	$.m.$	$0,y,z$；$\frac{1}{2},\bar{y},z+\frac{1}{2}$；$\bar{y}+\frac{1}{4},\frac{3}{4},z+\frac{1}{4}$；$y+\frac{1}{4},\frac{1}{4},z+\frac{3}{4}$； $\frac{1}{2},y,\bar{z}+\frac{1}{2}$；$0,\bar{y},\bar{z}$；$y+\frac{1}{4},\frac{3}{4},\bar{z}+\frac{1}{4}$；$\bar{y}+\frac{1}{4},\frac{1}{4},\bar{z}+\frac{3}{4}$
16	g	$..2$	$x,x+\frac{1}{4},\frac{7}{8}$；$\bar{x}+\frac{1}{2},\bar{x}+\frac{3}{4},\frac{3}{8}$；$\bar{x},x+\frac{3}{4},\frac{1}{8}$；$x+\frac{1}{2},\bar{x}+\frac{1}{4},\frac{5}{8}$； $\bar{x},\bar{x}+\frac{3}{4},\frac{1}{8}$；$x+\frac{1}{2},x+\frac{1}{4},\frac{5}{8}$；$x,\bar{x}+\frac{1}{4},\frac{7}{8}$；$\bar{x}+\frac{1}{2},x+\frac{3}{4},\frac{3}{8}$
16	f	$.2.$	$x,0,0$；$\bar{x}+\frac{1}{2},0,\frac{1}{2}$；$\frac{1}{4},x+\frac{3}{4},\frac{1}{4}$；$\frac{1}{4},\bar{x}+\frac{1}{4},\frac{3}{4}$； $\bar{x},0,0$；$x+\frac{1}{2},0,\frac{1}{2}$；$\frac{3}{4},\bar{x}+\frac{1}{4},\frac{3}{4}$；$\frac{3}{4},x+\frac{3}{4},\frac{1}{4}$
8	e	$2mm$	$0,\frac{1}{4},z$；$0,\frac{3}{4},z+\frac{1}{4}$；$\frac{1}{2},\frac{1}{4},\bar{z}+\frac{1}{2}$；$\frac{1}{2},\frac{3}{4},\bar{z}+\frac{1}{4}$

续表

位点数	Wyckoff 符号	位点对称性	等位点的坐标　$0,0,0+\frac{1}{2},\frac{1}{2},\frac{1}{2}$
8	d	$\cdot 2/m \cdot$	$0,0,\frac{1}{2}$；$\frac{1}{2},0,0$；$\frac{1}{4},\frac{3}{4},\frac{3}{4}$；$\frac{1}{4},\frac{1}{4},\frac{1}{4}$
8	c	$\cdot 2/m \cdot$	$0,0,0$；$\frac{1}{2},0,\frac{1}{2}$；$\frac{1}{4},\frac{3}{4},\frac{1}{4}$；$\frac{1}{4},\frac{1}{4},\frac{3}{4}$
4	b	$\bar{4}m2$	$0,\frac{1}{4},\frac{3}{8}$；$0,\frac{3}{4},\frac{5}{8}$
4	a	$\bar{4}m2$	$0,\frac{3}{4},\frac{1}{8}$；$\frac{1}{2},\frac{3}{4},\frac{3}{8}$

当坐标系原点选在不同的空间位置时，就空间群的等位点系，各位点的坐标发生位移，而等位点系中的位点的组成和结构不变。表 6-15 是坐标系原点定在 $\bar{4}m2$，全部位点组成的等位点系以及对应位点的坐标。在以位点 $2/m$ 为原点的坐标系中，位点 $\bar{4}m2$ 的位移矢量坐标为 $\left(0,\frac{1}{4},-\frac{1}{8}\right)$。

表 6-15　坐标系原点定在 $\bar{4}m2$ 时，四方晶系空间群 D_{4h}^{19}-$I\frac{4_1}{a}\frac{2}{m}\frac{2}{d}$ 的等位点系

等位点数	Wyckoff 符号	位点对称性	等位点的坐标　$0,0,0+\frac{1}{2},\frac{1}{2},\frac{1}{2}$
32	i	1	（1）x,y,z；（2）$\bar{x}+\frac{1}{2},\bar{y}+\frac{1}{2},z+\frac{1}{2}$；（3）$\bar{y},x+\frac{1}{2},z+\frac{1}{4}$；（4）$y+\frac{1}{2},\bar{x},z+\frac{3}{4}$； （5）$\bar{x}+\frac{1}{2},y,\bar{z}+\frac{3}{4}$；（6）$x,\bar{y}+\frac{1}{2},\bar{z}+\frac{1}{4}$；（7）$y+\frac{1}{2},x+\frac{1}{2},\bar{z}+\frac{1}{2}$；（8）$\bar{y},\bar{x},\bar{z}$； （9）$\bar{x},\bar{y}+\frac{1}{2},\bar{z}+\frac{1}{4}$；（10）$x+\frac{1}{2},y,\bar{z}+\frac{3}{4}$；（11）$y,\bar{x},\bar{z}$；（12）$\bar{y}+\frac{1}{2},x+\frac{1}{2},\bar{z}+\frac{1}{2}$； （13）$x+\frac{1}{2},\bar{y}+\frac{1}{2},z+\frac{1}{2}$；（14）$\bar{x},y,z$；（15）$\bar{y}+\frac{1}{2},\bar{x},z+\frac{3}{4}$；（16）$y,x+\frac{1}{2},z+\frac{1}{2}$
16	h	$\cdot m \cdot$	$0,y,z$；$\frac{1}{2},\bar{y}+\frac{1}{2},z+\frac{1}{2}$；$\bar{y},\frac{1}{2},z+\frac{1}{4}$；$y+\frac{1}{2},0,z+\frac{3}{4}$； $\frac{1}{2},y,\bar{z}+\frac{3}{4}$；$0,\bar{y}+\frac{1}{2},\bar{z}+\frac{1}{4}$；$y+\frac{1}{2},\frac{1}{2},\bar{z}+\frac{1}{2}$；$\bar{y},0,\bar{z}$
16	g	$\cdot\cdot 2$	$x,x,0$；$\bar{x}+\frac{1}{2},\bar{x}+\frac{1}{2},\frac{1}{2}$；$\bar{x},x+\frac{1}{2},\frac{1}{4}$；$x+\frac{1}{2},\bar{x},\frac{3}{4}$； $\bar{x},\bar{x}+\frac{1}{2},\frac{1}{4}$；$x+\frac{1}{2},x,\frac{3}{4}$；$x,\bar{x},0$；$\bar{x}+\frac{1}{2},x+\frac{1}{2},\frac{1}{2}$
16	f	$\cdot 2 \cdot$	$x,\frac{1}{4},\frac{1}{8}$；$\bar{x}+\frac{1}{2},\frac{1}{4},\frac{5}{8}$；$\frac{3}{4},x+\frac{1}{2},\frac{3}{8}$；$\frac{3}{4},\bar{x},\frac{7}{8}$； $\bar{x},\frac{1}{4},\frac{1}{8}$；$x+\frac{1}{2},\frac{1}{4},\frac{5}{8}$；$\frac{1}{4},\bar{x},\frac{7}{8}$；$\frac{1}{4},x+\frac{1}{2},\frac{3}{8}$
8	e	$2mm$	$0,0,z$；$0,\frac{1}{2},z+\frac{1}{4}$；$\frac{1}{2},0,\bar{z}+\frac{3}{4}$；$\frac{1}{2},\frac{1}{2},\bar{z}+\frac{1}{2}$
8	d	$\cdot 2/m \cdot$	$0,\frac{1}{4},\frac{5}{8}$；$\frac{1}{2},\frac{1}{4},\frac{1}{8}$；$\frac{3}{4},\frac{1}{2},\frac{7}{8}$；$\frac{3}{4},0,\frac{3}{8}$
8	c	$\cdot 2/m \cdot$	$0,\frac{1}{4},\frac{1}{8}$；$\frac{1}{2},\frac{1}{4},\frac{5}{8}$；$\frac{3}{4},\frac{1}{2},\frac{3}{8}$；$\frac{3}{4},0,\frac{7}{8}$
4	b	$\bar{4}m2$	$0,0,\frac{1}{2}$；$0,\frac{1}{2},\frac{3}{4}$
4	a	$\bar{4}m2$	$0,0,0$；$0,\frac{1}{2},\frac{1}{4}$

根据一般等位点的坐标，可以写出对称操作的 4×4 阶 Seitz 矩阵，由此得出空间群对称元素的位置。

首先，由点式操作表示矩阵的迹和对应行列式的值，判断对称操作的类型，见表 6-16；再根据平移分量求出对称操作的内禀分量和位置分量，解出对称元素的位置坐标。

表 6-16　点式操作表示矩阵的迹和对应行列式的值

点式操作 $W(R)$		tr$W(R)$						
		−3	−2	−1	0	1	2	3
det$W(R)$	1			2	3	4	6	1
	−1	$\bar{1}$	$\bar{6}$	$\bar{4}$	$\bar{3}$	m		

注：tr$W(R)$ 为表示矩阵的迹，det$W(R)$ 为表示矩阵对应行列式的值。

例如，表 6-14 中一般等位点 32i，编号为（3）的位点坐标 $\boldsymbol{X}'=\left(\bar{y}+\frac{1}{4},x+\frac{3}{4},z+\frac{1}{4}\right)^{\mathrm{T}}$，代表空间群对称操作对一般等位点 $\boldsymbol{X}=(x\ y\ z)^{\mathrm{T}}$ 实施变换后的位置。由对称操作与位置坐标的变换方程：

$$\begin{pmatrix}\boldsymbol{W}(R) & \boldsymbol{\omega}\\ 0 & 1\end{pmatrix}\begin{pmatrix}\boldsymbol{X}\\ 1\end{pmatrix}=\begin{pmatrix}\boldsymbol{X}'\\ 1\end{pmatrix} \tag{6-203}$$

那么，对称操作的 4×4 阶 Seitz 矩阵为

$$\boldsymbol{S}(R_3)=\begin{pmatrix}\boldsymbol{W}(R_3) & \boldsymbol{\omega}\\ 0 & 1\end{pmatrix}=\begin{pmatrix}0 & -1 & 0 & 1/4\\ 1 & 0 & 0 & 3/4\\ 0 & 0 & 1 & 1/4\\ 0 & 0 & 0 & 1\end{pmatrix}$$

其中，$\boldsymbol{W}(R_3)=\begin{pmatrix}0 & -1 & 0\\ 1 & 0 & 0\\ 0 & 0 & 1\end{pmatrix}$，$\boldsymbol{\omega}=\begin{pmatrix}1/4\\ 3/4\\ 1/4\end{pmatrix}$

点式操作的表示矩阵的迹 tr$\boldsymbol{W}(R_3)=1$，对应行列式的值 det$\boldsymbol{W}(R_3)=1$，由表 6-16 可知，位点坐标（3）是四重旋转操作生成的位置点。

对称操作对应对称元素的位置，按照对称操作特点进行确定，例如，反映两次等于恒等操作，反演两次等于恒等操作，重数为 n 的旋转轴，旋转 n 次等于恒等操作，反轴的位置可以根据反轴上反演点的位置坐标，经过旋转反演操作后不变的特点进行确定，下面分别进行讨论。

1. 对称面位置

对称面包括反映面和滑移面两类，反映是两类对应元素的点式操作部分，反映两次等于恒等操作，用 4×4 阶 Seitz 矩阵方程表示为

$$\begin{pmatrix}\boldsymbol{W}(m) & \boldsymbol{\omega}\\ 0 & 1\end{pmatrix}^2=\begin{pmatrix}\boldsymbol{E} & \boldsymbol{t}\\ 0 & 1\end{pmatrix} \tag{6-204}$$

$\boldsymbol{E}$ 是单位矩阵，于是有

$$\boldsymbol{t}=\boldsymbol{W}(m)\boldsymbol{\omega}+\boldsymbol{\omega} \tag{6-205}$$

（1）如果 $\boldsymbol{t}=\boldsymbol{0}$，对称面为镜面，镜面的位置由平面方程确定。镜面上任意点的坐标实施反映操作后不变，即有

$$[\boldsymbol{W}(m),\boldsymbol{\omega}]\boldsymbol{X}=\boldsymbol{X}\text{，或}\boldsymbol{W}(m)\boldsymbol{X}+\boldsymbol{\omega}=\boldsymbol{X} \tag{6-206}$$

其中，$\boldsymbol{X}=(x\ y\ z)^{\mathrm{T}}$。展开矩阵方程，求得镜面的平面方程，镜面的位置坐标就被解出。

（2）如果 $\boldsymbol{t}\neq\boldsymbol{0}$，对称面为滑移面，其中，滑移面的内禀平移分量 $\boldsymbol{\omega}_{\mathrm{g}}$ 为

$$\boldsymbol{\omega}_{\mathrm{g}}=\frac{1}{2}\boldsymbol{t} \tag{6-207}$$

内禀平移方向与滑移面平行，也是滑移面的平行平移分量。滑移面的位置平移分量 $\boldsymbol{\omega}_{\mathrm{l}}$ 为

$$\boldsymbol{\omega}_{\mathrm{l}}=\boldsymbol{\omega}-\boldsymbol{\omega}_{\mathrm{g}} \tag{6-208}$$

滑移面的位置分量与滑移面垂直，也是滑移面的垂直平移分量。滑移面上任意点的坐标，在实施反映和位置平移操作后不变，即有

$$[\boldsymbol{W}(g),\boldsymbol{\omega}_1]\boldsymbol{X}=\boldsymbol{X}\text{，或}\boldsymbol{W}(g)\boldsymbol{X}+\boldsymbol{\omega}_1=\boldsymbol{X} \tag{6-209}$$

展开矩阵方程，求得滑移面的平面方程，解得滑移面的位置坐标。

2. 对称轴位置

对称轴包括旋转轴和螺旋轴两类，旋转是两类对称元素的点式操作部分，旋转 n 次等于恒等操作，用 4×4 阶 Seitz 矩阵方程表示为

$$\begin{pmatrix}\boldsymbol{W}(n) & \boldsymbol{\omega}\\ 0 & 1\end{pmatrix}^n=\begin{pmatrix}\boldsymbol{E} & \boldsymbol{t}\\ 0 & 1\end{pmatrix}\text{，}n=2,3,4,6 \tag{6-210}$$

根据旋转轴的重数，表达平移分量

$$\boldsymbol{t}=[\boldsymbol{W}(n)]^{n-1}\boldsymbol{\omega}+[\boldsymbol{W}(n)]^{n-2}\boldsymbol{\omega}+\cdots+\boldsymbol{\omega} \tag{6-211}$$

（1）如果 $\boldsymbol{t}=\boldsymbol{0}$，对称轴为旋转轴，旋转轴的位置由直线方程确定。旋转轴上任意点的坐标经旋转操作后不变，即有

$$[\boldsymbol{W}(n),\boldsymbol{\omega}]\boldsymbol{X}=\boldsymbol{X}\text{，或}\boldsymbol{W}(n)\boldsymbol{X}+\boldsymbol{\omega}=\boldsymbol{X} \tag{6-212}$$

其中，$\boldsymbol{X}=(x\ y\ z)^{\mathrm{T}}$，展开矩阵方程，求得旋转轴的直线方程，解得旋转轴的位置。

（2）如果 $\boldsymbol{t}\neq\boldsymbol{0}$，对称轴为螺旋轴，其中螺旋操作的内禀平移分量 $\boldsymbol{\omega}_{\mathrm{g}}$ 为

$$\boldsymbol{\omega}_{\mathrm{g}}=\frac{1}{n}\boldsymbol{t} \tag{6-213}$$

内禀平移方向与螺旋轴平行，也是螺旋轴的平行平移分量。螺旋轴的位置平移分量 $\boldsymbol{\omega}_1$ 与螺旋轴垂直，由式（6-208）计算，即

$$\boldsymbol{\omega}_1=\boldsymbol{\omega}-\boldsymbol{\omega}_{\mathrm{g}}$$

螺旋轴的位置平移分量，也是螺旋轴的垂直平移分量。螺旋轴上任意点的坐标，经旋转和位置平移操作后不变，即有

$$[\boldsymbol{W}(n_m),\boldsymbol{\omega}_1]\boldsymbol{X}=\boldsymbol{X}\text{，或}[\boldsymbol{W}(n_m)]\boldsymbol{X}+\boldsymbol{\omega}_1=\boldsymbol{X} \tag{6-214}$$

展开矩阵方程，求得螺旋轴的直线方程。

3. 反轴的位置

反轴为旋转反演联合操作，包括 $n=\bar{3},\bar{4},\bar{6}$。反轴由旋转轴和反演点构成，根据反轴上特殊点的位置，就可以定位反轴的位置。反轴上任意一点，反演两次位置不变，用 4×4 阶 Seitz 矩阵方程表示为

$$\begin{pmatrix}\boldsymbol{W}(\bar{n}) & \boldsymbol{\omega}\\ 0 & 1\end{pmatrix}^2\begin{pmatrix}\boldsymbol{X}\\ 1\end{pmatrix}=\begin{pmatrix}\boldsymbol{X}\\ 1\end{pmatrix} \tag{6-215}$$

其中，$\boldsymbol{W}(\bar{n})$ 是反轴的表示矩阵，因为反轴等于旋转操作和反映操作的乘积，对应表示矩阵存在关系式 $\boldsymbol{W}(\bar{n})=\boldsymbol{W}(\bar{1})\boldsymbol{W}(n)$，其中，$\boldsymbol{W}(\bar{1})$ 为反演操作矩阵，$\boldsymbol{W}(n)$ 为旋转操作矩阵。则有

$$\boldsymbol{W}(n)=[\boldsymbol{W}(\bar{1})]^{-1}\boldsymbol{W}(\bar{n})=[\boldsymbol{W}(\bar{1})]\boldsymbol{W}(\bar{n}) \tag{6-216}$$

其中，$[\boldsymbol{W}(\bar{1})]^{-1}=[\boldsymbol{W}(\bar{1})]$。根据其表示矩阵可以得出反轴的重数。展开方程（6-215）得

$$[\boldsymbol{W}(\bar{n})]^2\boldsymbol{X}+\boldsymbol{W}(\bar{n})\boldsymbol{\omega}+\boldsymbol{\omega}=\boldsymbol{X} \tag{6-217}$$

由矩阵方程（6-217）求得反轴的直线方程。旋转反演没有内禀平移分量，平移分量 $\boldsymbol{\omega}$ 属于位置平移分量 $\boldsymbol{\omega}=\boldsymbol{\omega}_1$。因为反演点在反轴上，反演点经旋转、反演操作后位置不变，由此可求得反演点的位置坐标。设反演点的位置坐标向量为 $\boldsymbol{X}_i=(x_i\ y_i\ z_i)^{\mathrm{T}}$，则有

$$[\boldsymbol{W}(\bar{n}),\boldsymbol{\omega}]\boldsymbol{X}_i=\boldsymbol{X}_i\text{ 或 }[\boldsymbol{W}(\bar{n})]\boldsymbol{X}_i+\boldsymbol{\omega}=\boldsymbol{X}_i \tag{6-218}$$

展开矩阵方程（6-218），得到关于坐标变量的方程组，解方程组就求得反演点的位置坐标。

下面我们结合以上讨论，以四方晶系空间群 $D_{4\mathrm{h}}^{19}-I\dfrac{4_1}{a}\dfrac{2}{m}\dfrac{2}{d}$ 为例，由位点位置坐标，导出空间群对称操作，

以及对称元素的位置。由前面计算可知，表 6-14 中一般等位点 32i、编号为(3)的位点坐标是由四重旋转操作生成。根据式(6-211)，计算平移分量

$$\boldsymbol{t}=[\boldsymbol{W}(4)]^3\boldsymbol{\omega}+[\boldsymbol{W}(4)]^2\boldsymbol{\omega}+[\boldsymbol{W}(4)]\boldsymbol{\omega}+\boldsymbol{\omega}$$

$$=\begin{pmatrix}0&-1&0\\1&0&0\\0&0&1\end{pmatrix}^3\begin{pmatrix}1/4\\3/4\\1/4\end{pmatrix}+\begin{pmatrix}0&-1&0\\1&0&0\\0&0&1\end{pmatrix}^2\begin{pmatrix}1/4\\3/4\\1/4\end{pmatrix}+\begin{pmatrix}0&-1&0\\1&0&0\\0&0&1\end{pmatrix}\begin{pmatrix}1/4\\3/4\\1/4\end{pmatrix}+\begin{pmatrix}1/4\\3/4\\1/4\end{pmatrix}=\begin{pmatrix}0\\0\\1\end{pmatrix}$$

$\boldsymbol{t}=(0,0,1)^{\mathrm{T}}$ 说明对称轴为螺旋轴，由式（6-213）螺旋操作的内禀平移分量 $\boldsymbol{\omega}_{\mathrm{g}}$ 为

$$\boldsymbol{\omega}_{\mathrm{g}}=\frac{1}{4}\boldsymbol{t}=\begin{pmatrix}0\\0\\1/4\end{pmatrix}$$

该螺旋轴平行于晶轴 $\boldsymbol{c}$，为 4_1 螺旋轴，4_1 的位置平移分量 $\boldsymbol{\omega}_1$ 为

$$\boldsymbol{\omega}_1=\boldsymbol{\omega}-\boldsymbol{\omega}_{\mathrm{g}}=\begin{pmatrix}1/4\\3/4\\1/4\end{pmatrix}-\begin{pmatrix}0\\0\\1/4\end{pmatrix}=\begin{pmatrix}1/4\\3/4\\0\end{pmatrix}$$

选择螺旋轴上任意点，设其坐标向量为 $\boldsymbol{X}=(x\ y\ z)^{\mathrm{T}}$，经旋转和位置平移操作后不变，由方程（6-214）

$$\boldsymbol{W}(4_1)\boldsymbol{X}+\boldsymbol{\omega}_1=\boldsymbol{X}$$

将表示矩阵和位置平移分量代入得

$$\begin{pmatrix}0&-1&0\\1&0&0\\0&0&1\end{pmatrix}\begin{pmatrix}x\\y\\z\end{pmatrix}+\begin{pmatrix}1/4\\3/4\\0\end{pmatrix}=\begin{pmatrix}x\\y\\z\end{pmatrix}$$

展开矩阵方程得：$-y+\frac{1}{4}=x$，$x+\frac{3}{4}=y$，$z=z$。解得：$x=-\frac{1}{4}$，$y=\frac{1}{2}$，$z=z$，直线的方向位置坐标表示为$\left(-\frac{1}{4},\frac{1}{2},z\right)$。按照晶体学国际表的格式，将空间群操作 4_1 螺旋轴表示为（3）．4^+ $\left(0,0,\frac{1}{4}\right)$　$-\frac{1}{4},\frac{1}{2},z$。

表 6-14 中一般等位点 32i、编号为（16）的位点坐标 $y+\frac{3}{4},x+\frac{3}{4},z+\frac{1}{4}$，该位点对应对称操作的 4×4 阶 Seitz 矩阵为

$$\boldsymbol{S}(R_{16})=\begin{pmatrix}\boldsymbol{W}(R_{16})&\boldsymbol{\omega}\\0&1\end{pmatrix}=\begin{pmatrix}0&1&0&3/4\\1&0&0&3/4\\0&0&1&1/4\\0&0&0&1\end{pmatrix}$$

其中，$\boldsymbol{W}(R_{16})=\begin{pmatrix}0&1&0\\1&0&0\\0&0&1\end{pmatrix}$，$\boldsymbol{\omega}=\begin{pmatrix}3/4\\3/4\\1/4\end{pmatrix}$。

点式操作的表示矩阵的迹 $\mathrm{tr}\boldsymbol{W}(R_{16})=1$，对应行列式的值 $\det\boldsymbol{W}(R_{16})=-1$，由表 6-16 可知，位点坐标（16）是对称面操作生成的位置点。根据式（6-205），计算平移分量

$$\boldsymbol{t}=\boldsymbol{W}(R_{16})\boldsymbol{\omega}+\boldsymbol{\omega}=\begin{pmatrix}0&1&0\\1&0&0\\0&0&1\end{pmatrix}\begin{pmatrix}3/4\\3/4\\1/4\end{pmatrix}+\begin{pmatrix}3/4\\3/4\\1/4\end{pmatrix}=\begin{pmatrix}3/2\\3/2\\1/2\end{pmatrix}$$

结果 $\boldsymbol{t}\neq\boldsymbol{0}$，对称面为滑移面，其中，滑移面的内禀平移分量 $\boldsymbol{\omega}_{\mathrm{g}}$ 为

$$\boldsymbol{\omega}_{\mathrm{g}}=\frac{1}{2}\boldsymbol{t}=\begin{pmatrix}3/4\\3/4\\1/4\end{pmatrix}$$

由内禀平移分量可知，该位点是 d 滑移面操作生成。滑移面的位置平移分量 $\boldsymbol{\omega}_1$ 为

$$\boldsymbol{\omega}_1 = \boldsymbol{\omega} - \boldsymbol{\omega}_g = \begin{pmatrix} 3/4 \\ 3/4 \\ 1/4 \end{pmatrix} - \begin{pmatrix} 3/4 \\ 3/4 \\ 1/4 \end{pmatrix} = \begin{pmatrix} 0 \\ 0 \\ 0 \end{pmatrix}$$

设滑移面上任意点的坐标向量为 $\boldsymbol{X} = (x\ y\ z)^{\mathrm{T}}$，因滑移面上任意点经反映和位置平移操作后不变，所以由式（6-209），即 $\boldsymbol{W}(d)\boldsymbol{X} + \boldsymbol{\omega}_1 = \boldsymbol{X}$，可解得滑移面的平面方程。将表示矩阵和位置平移分量代入得

$$\begin{pmatrix} 0 & 1 & 0 \\ 1 & 0 & 0 \\ 0 & 0 & 1 \end{pmatrix} \begin{pmatrix} x \\ y \\ z \end{pmatrix} + \begin{pmatrix} 0 \\ 0 \\ 0 \end{pmatrix} = \begin{pmatrix} x \\ y \\ z \end{pmatrix}$$

展开矩阵方程得：$y = x$，$x = y$，$z = z$。求得平面方程为 $y = x$，滑移面的位置坐标为 (x, x, z)。按晶体学国际表格式，将该滑移面对称操作表示为（16）. $d\left(\frac{3}{4},\frac{3}{4},\frac{1}{4}\right)\quad x,x,z$。

表 6-14 中一般等位点 32i、编号为（11）的位点坐标 $y+\frac{3}{4},\bar{x}+\frac{1}{4},\bar{z}+\frac{3}{4}$，该位点对应对称操作的 4×4 阶 Seitz 矩阵为

$$\boldsymbol{S}(R_{11}) = \begin{pmatrix} \boldsymbol{W}(R_{11}) & \boldsymbol{\omega} \\ 0 & 1 \end{pmatrix} = \begin{pmatrix} 0 & 1 & 0 & 3/4 \\ -1 & 0 & 0 & 1/4 \\ 0 & 0 & -1 & 3/4 \\ 0 & 0 & 0 & 1 \end{pmatrix}$$

其中，R_{11} 点式操作的表示矩阵 $\boldsymbol{W}(R_{11}) = \begin{pmatrix} 0 & 1 & 0 \\ -1 & 0 & 0 \\ 0 & 0 & -1 \end{pmatrix}$，平移分量为 $\boldsymbol{\omega} = \begin{pmatrix} 3/4 \\ 1/4 \\ 3/4 \end{pmatrix}$。

点式操作的表示矩阵的迹 $\mathrm{tr}\boldsymbol{W}(R_{11}) = -1$，对应行列式的值 $\det\boldsymbol{W}(R_{11}) = -1$，由表 6-16 可知，位点坐标（11）是四重反轴对应的旋转反演操作生成的位点。选择反轴上任意点，设其坐标向量为 $\boldsymbol{X} = (x\ y\ z)^{\mathrm{T}}$，根据式（6-217），即 $[\boldsymbol{W}(\bar{4})]^2\boldsymbol{X} + [\boldsymbol{W}(\bar{4})]\boldsymbol{\omega} + \boldsymbol{\omega} = \boldsymbol{X}$，将矩阵和平移分量代入得

$$\begin{pmatrix} 0 & 1 & 0 \\ -1 & 0 & 0 \\ 0 & 0 & -1 \end{pmatrix}^2 \begin{pmatrix} x \\ y \\ z \end{pmatrix} + \begin{pmatrix} 0 & 1 & 0 \\ -1 & 0 & 0 \\ 0 & 0 & -1 \end{pmatrix} \begin{pmatrix} 3/4 \\ 1/4 \\ 3/4 \end{pmatrix} + \begin{pmatrix} 3/4 \\ 1/4 \\ 3/4 \end{pmatrix} = \begin{pmatrix} x \\ y \\ z \end{pmatrix}$$

展开矩阵方程得：$-x + 1 = x$，$-y - \frac{1}{2} = y$，$z = z$。解得 $x = \frac{1}{2}$，$y = -\frac{1}{4}$，$z = z$，反轴的方向位置表示为 $\left(\frac{1}{2},-\frac{1}{4},z\right)$。由式（6-216），其旋转操作的表示矩阵为

$$\boldsymbol{W}(4) = [\boldsymbol{W}(\bar{1})]^{-1}\boldsymbol{W}(\bar{4}) = \begin{pmatrix} -1 & 0 & 0 \\ 0 & -1 & 0 \\ 0 & 0 & -1 \end{pmatrix} \cdot \begin{pmatrix} 0 & 1 & 0 \\ -1 & 0 & 0 \\ 0 & 0 & -1 \end{pmatrix} = \begin{pmatrix} 0 & -1 & 0 \\ 1 & 0 & 0 \\ 0 & 0 & 1 \end{pmatrix}$$

由旋转操作的表示矩阵可知，该四重反轴为 $\bar{4}^+$。根据式（6-218），反演点经旋转、反演操作后位置不变，即有 $[\boldsymbol{W}(\bar{n})]\boldsymbol{X}_i + \boldsymbol{\omega} = \boldsymbol{X}_i$。将反演点的位置坐标 $\boldsymbol{X}_i = (x_i\ y_i\ z_i)^{\mathrm{T}}$、旋转反演联合操作的表示矩阵 $\boldsymbol{W}(\bar{4})$ 和平移分量 $\boldsymbol{\omega}$ 代入得

$$\begin{pmatrix} 0 & 1 & 0 \\ -1 & 0 & 0 \\ 0 & 0 & -1 \end{pmatrix} \begin{pmatrix} x_i \\ y_i \\ z_i \end{pmatrix} + \begin{pmatrix} 3/4 \\ 1/4 \\ 3/4 \end{pmatrix} = \begin{pmatrix} x_i \\ y_i \\ z_i \end{pmatrix}$$

展开矩阵方程得：$y_i + \frac{3}{4} = x_i$，$-x_i + \frac{1}{4} = y_i$，$-z_i + \frac{3}{4} = z_i$。解方程组得：$x_i = \frac{1}{2}$，$y_i = -\frac{1}{4}$，$z_i = \frac{3}{8}$。最后按照晶体学国际表的格式，将该四重反轴表示为（11）. $\bar{4}^+\ \frac{1}{2},-\frac{1}{4},z;\quad \frac{1}{2},-\frac{1}{4},\frac{3}{8}$。

读者可练习由其他等位点的位点坐标，导出对应的空间群对称操作，以及相应对称元素的位置。

6.5.6 空间群符号与表示矩阵

除了传统的熊夫利和赫曼-摩干国际记号外，为了适应晶体结构统计分析，最近也出现了计算机编程采用的其他空间群符号。这些符号基于生成操作，由生成操作导出空间群全部对称操作，包括子群。Hall 空间群符号强调了中心对称性、生成操作群元、操作的平移分量和方向，因为隐含了较多的对称操作信息，所以表示更为简单，其符号形式为

$$L\left[\mathrm{N}_T^{\mathrm{A}}\right]_1\left[\mathrm{N}_T^{\mathrm{A}}\right]_2\cdots\left[\mathrm{N}_T^{\mathrm{A}}\right]_P V \tag{6-219}$$

其中，L 表示晶格（格子）符号，见表 6-9 第一、三列，当 N 取 $\mathrm{N}=1,2,3,4,6$ 时，代表旋转操作的旋转轴重数，当 $\mathrm{N}=\bar{1},\bar{2},\bar{3},\bar{4},\bar{6}$ 时，代表旋转反演操作的反轴重数。N 隐含的点式操作表示矩阵见表 6-11、表 6-12 和表 6-13。T 表示平移矢量，A 代表旋转轴的取向，在空间群的生成操作元素的最小集合中，最大生成操作序数为 p。在晶体结构测定时，常遇到格子的选取和基矢量的变换等问题，当空间格子变为正当格子后，在新的基矢量下，空间群对称操作的表示矩阵也随之改变。

$$\boldsymbol{S}_n' = V\boldsymbol{S}_n V^{-1} \tag{6-220}$$

$\boldsymbol{S}_n$ 表示空间群中第 n 个生成操作的 4×4 阶 Seitz 表示矩阵，经过基变换，变为另一坐标系下的 Seitz 表示矩阵 $\boldsymbol{S}_n'$。其中，V 为基变换矩阵算符，类似于式（6-52）中的 4×4 阶增广矩阵。

$$V=\begin{pmatrix} r_{11} & r_{12} & r_{13} & t_1 \\ r_{21} & r_{22} & r_{23} & t_2 \\ r_{31} & r_{32} & r_{33} & t_3 \\ 0 & 0 & 0 & 1 \end{pmatrix} \tag{6-221}$$

例如，四方晶系空间群 $D_{4\mathrm{h}}^{10}\text{-}P\dfrac{4_2}{m}\dfrac{2}{c}\dfrac{2}{m}$，Hall 空间群符号表示为 $\bar{P}4_{\mathrm{c}}2_{\mathrm{c}}$，由表 6-9 可知晶体有对称中心，平移分量 $\boldsymbol{t}=(0,0,0)^{\mathrm{T}}$ 对应空间群的对称元素（9）$\bar{1}$ $0,0,0$，对称操作序号为 9，为空间群的生成操作群元素。符号 4_{c} 表示四重螺旋轴，位置坐标为$(0, 0, z)$，查表 6-10 得出，右下标 c 代表螺旋轴沿 c 方向平移分量为 $(0,0,1/2)$，该螺旋轴为 4_2，按照空间群对称元素位置的表达格式，表示为（3）4^+ $(0,0,1/2)$ $0,0,z$，4_2 也是生成操作元素。符号 2_{c} 表示 y 方向的二重旋转轴对应空间群对称元素（5）2 $0,y,1/4$，位置平移分量为 $(0,0,1/2)$。该二重旋转轴也是生成操作元素。由式（6-210），因为

$$\begin{pmatrix} \boldsymbol{W}(2) & \boldsymbol{\omega} \\ 0 & 1 \end{pmatrix}^2 = \begin{pmatrix} \boldsymbol{E} & \boldsymbol{t} \\ 0 & 1 \end{pmatrix}$$

$$\boldsymbol{t}=\boldsymbol{W}(2)\boldsymbol{\omega}+\boldsymbol{\omega}=\begin{pmatrix} -1 & 0 & 0 \\ 0 & 1 & 0 \\ 0 & 0 & -1 \end{pmatrix}\begin{pmatrix} 0 \\ 0 \\ 1/2 \end{pmatrix}+\begin{pmatrix} 0 \\ 0 \\ 1/2 \end{pmatrix}=\begin{pmatrix} 0 \\ 0 \\ 0 \end{pmatrix}$$

其中，$\boldsymbol{W}(2)$ 是 y 方向二重旋转轴的表示矩阵。因为 $\boldsymbol{t}=\boldsymbol{0}$，则内禀平移分量等于零，即有

$$\boldsymbol{\omega}_{\mathrm{g}}=\frac{1}{2}\boldsymbol{t}=\begin{pmatrix} 0 \\ 0 \\ 0 \end{pmatrix}$$

所以，该二重旋转轴的位置平移分量为

$$\boldsymbol{\omega}_1=\boldsymbol{\omega}-\boldsymbol{\omega}_{\mathrm{g}}=\begin{pmatrix} 0 \\ 0 \\ 1/2 \end{pmatrix}$$

即平移分量 ω 就是位置平移分量 $\boldsymbol{\omega}_1$。根据该二重轴为旋转轴的推断，由位置坐标方程（6-212）得

$$[\boldsymbol{W}(2)]\boldsymbol{X}+\boldsymbol{\omega}_1=\boldsymbol{X}$$

将二重旋转操作的表示矩阵和位置平移分量代入，关于位置坐标的矩阵方程为

$$\begin{pmatrix}-1 & 0 & 0\\ 0 & 1 & 0\\ 0 & 0 & -1\end{pmatrix}\begin{pmatrix}x\\ y\\ z\end{pmatrix}+\begin{pmatrix}0\\ 0\\ 1/2\end{pmatrix}=\begin{pmatrix}x\\ y\\ z\end{pmatrix}$$

解得：$x=0$，$y=y$，$z=1/4$，该二重旋转轴的位置坐标为$(0,y,1/4)$。4_2螺旋轴生成操作元素隐含了空间群第（2）序号二重旋转轴，位置坐标为（2）2　$0,0,z$，它由晶轴c方向的4_2螺旋轴生成。

在正晶格空间中，空间群的全部群元素可以由几个生成操作元素，经过幂次乘积得到。为了表示倒易晶格空间的晶体学点群，建立了一套由正晶格空间的空间群对称操作，变换为倒易晶格空间的点式操作的变换程序。除了晶体基矢方向的平移操作，以及带心格子的平移操作外，选择三个生成操作元素，同时指定点式操作的表示矩阵和平移分量。将点式操作划分为真旋转操作 P 和虚旋转反演操作 I 两类，按照对称轴重数限制定理，$\mathrm{P}=1,2,3,4,6$，$\mathrm{I}=\bar{1},\bar{2},\bar{3},\bar{4},\bar{6}$，其中，$\bar{2}=m$、$\bar{3}=3+\bar{1}$、$\bar{6}=3+m$，倒易空间包含的独立点式操作只有 8 类，其余为组合对称元素。平移t、螺旋轴n_m和滑移面g分别为

$$\begin{aligned}&t:\ \mathrm{E}+t\quad t(1\,0\,0)\quad t(0\,1\,0)\quad t(0\,0\,1)\quad \omega\\ &n_m:\ \mathrm{P}+t\\ &g:\ \ m+t\end{aligned}$$

其中，$\boldsymbol{\omega}$为带心格子的平移分量。选择尽可能少的生成操作，经过生成操作的幂次乘积，导出全部空间群操作，同时还能导出更多子群。对于中心对称空间群，应选择对称中心作为生成操作元素。同晶系的空间群选取同类型操作作为生成操作，当选取平移、螺旋轴和滑移面作为生成操作时，内禀平移分量参见表 6-10。视空间群对称元素的多少，空间群生成的操作组成为下列三组之一

$$\begin{aligned}&\{(\boldsymbol{Q},\boldsymbol{u})\}\\ &\{(\boldsymbol{Q},\boldsymbol{u})\}\times\{(\boldsymbol{R},\boldsymbol{v})\}\\ &\{(\boldsymbol{P},\boldsymbol{t})\}\times\{(\boldsymbol{Q},\boldsymbol{u})\}\times\{(\boldsymbol{R},\boldsymbol{v})\}\end{aligned}\tag{6-222}$$

其中，$\boldsymbol{P}$、$\boldsymbol{Q}$、$\boldsymbol{R}$是空间群生成元的点式操作，乘积表示对称元素组合，对应表示矩阵的直积。包括真旋转操作和虚反轴操作，具体包括对称中心、决定所属晶系的主轴、决定点群类别的副轴。

$$\{(\boldsymbol{P},\boldsymbol{t})\}=\{(\boldsymbol{E},\boldsymbol{t}),(\boldsymbol{P},\boldsymbol{t}),(\boldsymbol{P},\boldsymbol{t})^2,\cdots,(\boldsymbol{P},\boldsymbol{t})^{n-1}\}\tag{6-223}$$

表示对称元素的系列对称操作构成的循环群。$\boldsymbol{u}$、$\boldsymbol{v}$、$\boldsymbol{t}$是空间群对称操作的平移分量，包括内禀平移和位置平移分量，即$\boldsymbol{u},\boldsymbol{v},\boldsymbol{t}=\boldsymbol{\omega}_{\mathrm{g}}+\boldsymbol{\omega}_{\mathrm{l}}$，以$\dfrac{1}{12}$为单位得出的整数值。全部空间群用程序生成如下固定符号：

$$\mathrm{LSC\$r_1Pt_1t_2t_3\$r_2Qu_1u_2u_3\$r_3Rv_1v_2v_3}\tag{6-224}$$

L 是七类空间格子符号，$\mathrm{L=P,A,B,C,I,F,R}$；S是晶体所属七个晶系的符号，$\mathrm{S=A,M,O,T,R,H,C}$；C所在符号位置指明晶体是中心对称，还是非中心对称。中心对称使用符号C，非中心对称使用符号N。$\mathrm{r_1r_2r_3}$分别是生成操作的指示元，即指明是真旋转操作，还是虚反轴操作，真旋转操作使用符号P，虚反轴操作使用符号I。P、Q、R 是空间群的点式操作的变换矩阵代码符号，具体参见 6.5.2 节。$\mathrm{t_1t_2t_3}$、$\mathrm{u_1u_2u_3}$、$\mathrm{v_1v_2v_3}$分别为第一、第二、第三生成操作的平移分量，即$\boldsymbol{t}=\mathrm{t_1}\boldsymbol{a}+\mathrm{t_2}\boldsymbol{b}+\mathrm{t_3}\boldsymbol{c}$，$\boldsymbol{u}=\mathrm{u_1}\boldsymbol{a}+\mathrm{u_2}\boldsymbol{b}+\mathrm{u_3}\boldsymbol{c}$，$\boldsymbol{v}=\mathrm{v_1}\boldsymbol{a}+\mathrm{v_2}\boldsymbol{b}+\mathrm{v_3}\boldsymbol{c}$，以$\dfrac{1}{12}$为单位。

【例 6-10】　四方晶系空间群$D_{4\mathrm{h}}^{19}$-$I\dfrac{4_1}{a}\dfrac{2}{m}\dfrac{2}{d}$，简略符号$I\dfrac{4_1}{a}md$。晶体坐标系原点有两种选择，①在以$\bar{4}m2$交点为原点的坐标系中，位点$2/m$的位移矢量坐标为$\left(0,-\dfrac{1}{4},\dfrac{1}{8}\right)$。②在以$2/m$交点为原点的坐标系中，位点$\bar{4}m2$的位移矢量坐标为$\left(0,\dfrac{1}{4},-\dfrac{1}{8}\right)$。用生成操作写出空间群的程序符号。

解：两种情况下的晶系、晶体坐标系、空间格子相同，只是坐标系的原点选择不同。空间格子为体心格子，符号为I。晶系为四方，符号为T。两种情况空间群结构相同，但空间群对称操作元素的位置不同。写出空间群的程序符号，必须用空间群的点式操作的变换矩阵，求出生成元素对应操作的平移分量。第一种情况：空间群生成元素为

$$t(1,0,0),\ t(0,1,0),\ t(0,0,1),\ t\left(\frac{1}{2},\frac{1}{2},\frac{1}{2}\right);\ \bar{1}\ 0,\frac{1}{4},\frac{1}{8};\ 4^{+}\left(0,0,\frac{1}{4}\right)\ -\frac{1}{4},\frac{1}{4},z;\ 2\ x,\frac{1}{4},\frac{1}{8}\text{或}2\ \frac{1}{4},y,\frac{3}{8}。$$

（a）对称中心 $\bar{1}\ 0,\frac{1}{4},\frac{1}{8}$。由方程 $[\boldsymbol{W}(\bar{1})]\boldsymbol{X}_i+\boldsymbol{\omega}_1=\boldsymbol{X}_i$ 解得对称中心的位置分量。

$$\boldsymbol{\omega}_1=[\boldsymbol{E}-\boldsymbol{W}(\bar{1})]\boldsymbol{X}_i=\left[\begin{pmatrix}1&0&0\\0&1&0\\0&0&1\end{pmatrix}-\begin{pmatrix}-1&0&0\\0&-1&0\\0&0&-1\end{pmatrix}\right]\begin{pmatrix}0\\1/4\\1/8\end{pmatrix}=\begin{pmatrix}0\\1/2\\1/4\end{pmatrix}$$

对称中心没有内禀平移分量，$\boldsymbol{\omega}=\boldsymbol{\omega}_1$。对称中心属于虚操作，表示矩阵的三字母符号为 I1A，符号为 I1A063。

（b）特征对称元素 $4^{+}\left(0,0,\frac{1}{4}\right)\ -\frac{1}{4},\frac{1}{4},z$。在 4_1 螺旋轴上任取一点，坐标向量为 $\boldsymbol{X}=\begin{pmatrix}-\frac{1}{4}&\frac{1}{4}&0\end{pmatrix}^{\mathrm{T}}$，经旋转操作该点位置不变，即满足方程 $[\boldsymbol{W}(4_1)]\boldsymbol{X}+\boldsymbol{\omega}_1=\boldsymbol{X}$，算得位置平移分量为

$$\boldsymbol{\omega}_1=[\boldsymbol{E}-\boldsymbol{W}(4_1)]\boldsymbol{X}=\left[\begin{pmatrix}1&0&0\\0&1&0\\0&0&1\end{pmatrix}-\begin{pmatrix}0&-1&0\\1&0&0\\0&0&1\end{pmatrix}\right]\begin{pmatrix}-1/4\\1/4\\0\end{pmatrix}=\begin{pmatrix}0\\1/2\\0\end{pmatrix}$$

则 4_1 螺旋轴的总平移分量为

$$\boldsymbol{\omega}=\boldsymbol{\omega}_{\mathrm{g}}+\boldsymbol{\omega}_1=\begin{pmatrix}0\\0\\1/4\end{pmatrix}+\begin{pmatrix}0\\1/2\\0\end{pmatrix}=\begin{pmatrix}0\\1/2\\1/4\end{pmatrix}$$

4_1 螺旋轴的点式操作部分属于实操作，表示矩阵的三字母符号为 P4C，该空间群对称操作符号为 P4C063。

（c）$2\ x,\frac{1}{4},\frac{1}{8}$ 是双轴群的代表操作，代表平行 x 方向的二重旋转轴，没有内禀平移分量，于是有 $\boldsymbol{\omega}=\boldsymbol{\omega}_1$。在轴上任取一点，坐标向量为 $\boldsymbol{X}=\begin{pmatrix}0&\frac{1}{4}&\frac{1}{8}\end{pmatrix}^{\mathrm{T}}$，经旋转操作该点位置不变，满足方程 $[\boldsymbol{W}(2)]\boldsymbol{X}+\boldsymbol{\omega}_1=\boldsymbol{X}$，算得位置平移分量

$$\boldsymbol{\omega}_1=[\boldsymbol{E}-\boldsymbol{W}(2)]\boldsymbol{X}=\left[\begin{pmatrix}1&0&0\\0&1&0\\0&0&1\end{pmatrix}-\begin{pmatrix}1&0&0\\0&-1&0\\0&0&-1\end{pmatrix}\right]\begin{pmatrix}0\\1/4\\1/8\end{pmatrix}=\begin{pmatrix}0\\1/2\\1/4\end{pmatrix}$$

二重旋转轴属于实操作，点式操作的表示矩阵用三字母符号表示为 P2A，该空间群对称操作符号为 P2A063。第一种情况的空间群表达就是

ITC$I1A063$P4C063$P2A063

第二种情况：空间群生成元素为

$$t(1,0,0),\ t(0,1,0),\ t(0,0,1),\ t\left(\frac{1}{2},\frac{1}{2},\frac{1}{2}\right);\ \bar{1}\ 0,0,0;\ 4^{+}\left(0,0,\frac{1}{4}\right)\ -\frac{1}{4},\frac{1}{2},z;\ 2\ x,0,0\text{或}2\ \frac{1}{4},y,\frac{1}{4}。$$

（a）对称中心 $\bar{1}\ 0,0,0$。对称中心定为坐标系原点 $\boldsymbol{\omega}=\boldsymbol{0}$。对称中心属于虚操作，表示矩阵的三字母符号为 I1A，空间群对称操作符号为 I1A000。

（b）特征对称元素 $4^{+}\left(0,0,\frac{1}{4}\right)\ -\frac{1}{4},\frac{1}{2},z$。在 4_1 螺旋轴上任取一点，坐标向量为 $\boldsymbol{X}=\begin{pmatrix}-\frac{1}{4}&\frac{1}{2}&0\end{pmatrix}^{\mathrm{T}}$，由方程 $[\boldsymbol{W}(4_1)]\boldsymbol{X}+\boldsymbol{\omega}_1=\boldsymbol{X}$，算得位置平移分量

$$\boldsymbol{\omega}_1=[\boldsymbol{E}-\boldsymbol{W}(4_1)]\boldsymbol{X}=\left[\begin{pmatrix}1&0&0\\0&1&0\\0&0&1\end{pmatrix}-\begin{pmatrix}0&-1&0\\1&0&0\\0&0&1\end{pmatrix}\right]\begin{pmatrix}-1/4\\1/2\\0\end{pmatrix}=\begin{pmatrix}1/4\\3/4\\0\end{pmatrix}$$

则 4_1 螺旋轴的总平移分量为

$$\boldsymbol{\omega} = \boldsymbol{\omega}_{g} + \boldsymbol{\omega}_{l} = \begin{pmatrix} 0 \\ 0 \\ 1/4 \end{pmatrix} + \begin{pmatrix} 1/4 \\ 3/4 \\ 0 \end{pmatrix} = \begin{pmatrix} 1/4 \\ 3/4 \\ 1/4 \end{pmatrix}$$

4_1 螺旋轴点式操作部分的表示矩阵，用三字母符号表示为 P4C，空间群对称操作符号为 P4C393。

（c）2 $x,0,0$ 是双轴群的代表操作，是二重旋转轴，过原点 0,0,0，平移分量 $\boldsymbol{\omega}=0$。二重旋转轴属于实操作，表示矩阵的三字母符号为 P2A，空间群对称操作符号为 P2A000。第二种情况的空间群表达为

ITC$I1A000$P4C393$P2A000

全部 230 个空间群的程序符号都可以通过这种方式得到，参见《晶体学国际表 B 卷》。

习　题

1. 石墨晶体是一种 (AB)(AB)··· 堆积的层结构，层内 C 原子结合成平面正六边形网状结构，C 原子以 sp^2 杂化形成 σ 骨架，层内 C 原子的 $2p_z^1$ 轨道电子形成大 π 键，层与层之间为范德华作用力。层内 C—C 键长为 141.8pm，层与层之间的距离为 334.8pm。图 6-7 是石墨的单层和双层原子堆积图，两相邻层相错一条 C—C 键长，垂直于堆积层有 $\bar{3}$，两层原子相对于 $\bar{3}$ 相错 60°。试找出结构基元，确定晶体的正当平面格子和正当空间格子。

2. 写出六方石墨晶体中沿[120]方位的二重旋转轴的位置坐标，该二重轴穿过点 $\left(0,0,\frac{1}{4}\right)$，晶胞见图 6-45。

3. 六方石墨晶体的[120]方位有镜面，写出位置坐标，图 6-45 是晶体的原子堆积图，反映面经过原点。

4. 三方 TiI_2 晶体，晶胞参数 $a=416.0\text{pm}$，$c=682.0\text{pm}$，$\gamma=120°$，计算 Ti—I 键长。

5. 空间群 O_h^9-$I\frac{4}{m}\bar{3}\frac{2}{m}$ 中，存在滑移面操作 $n\left(\frac{1}{2},0,\frac{1}{2}\right)$ $x,\frac{1}{4},z$，写出该空间群对称操作的 4×4 阶 Seitz 矩阵表示。

6. 四方晶系空间群 $I\frac{4_1}{a}md$，坐标系原点定在 $\bar{4}m2$。一般等位点 $32i$ 的位点坐标（3）$\bar{y}+\frac{1}{4},x+\frac{3}{4},z+\frac{1}{4}$；（6）$x,\bar{y},\bar{z}$；（11）$y+\frac{3}{4},\bar{x}+\frac{1}{4},\bar{z}+\frac{3}{4}$，（13）$x+\frac{1}{2},\bar{y},z+\frac{1}{2}$；（15）$\bar{y}+\frac{3}{4},\bar{x}+\frac{1}{4},z+\frac{3}{4}$。写出这些位点对应对称操作的 4×4 阶 Seitz 矩阵，确定这些对称元素的空间位置。

参 考 文 献

[1] Friedrich W，Knipping P，Laue M. Interferenzerscheinungen bei Röntgenstrahlen [J]. Annalen der Physik，1913，346（10）：971-988.

[2] Bragg W H，Bragg W L. The reflection of X rays by crystals [J]. Proceedings of the Royal Society of London Series A-Mathematical, Physical and Engineering Sciences，1913，88（605）：428-438.

[3] Bragg W L. The structures of some crystals as indicated by their diffraction of X-rays [J]. Proceedings of the Royal Society of London Series A-Mathematical, Physical and Engineering Sciences，1913， 89（610）：248-277.

[4] Joint Committee on Powder Diffraction Standards. Powder diffraction file [M]. Set6-0319. Pennsylvania：JCPDS，1967.

[5] Trucano P，Chen R. Structure of graphite by neutron-diffraction [J]. Nature，1975，258（5531）：136-137.

[6] Bernal J D. The structure of graphite [J]. Proceedings of the Royal Society of London Series A-Mathematical, Physical and Engineering Sciences，1924，106（740）：749-773.

[7] Henry N F M，Lonsdale K. International Tables for X-ray Crystallography Volume 1 [M]. Birmingham：Kynoch Press，1952.

[8] 梁栋材. X 射线晶体学基础 [M]. 2 版. 北京：科学出版社，2006.

[9] Troyanov S I，Snigireva E M. Crystal structures of transition-metal halides $TiCl_4$，α-$TiCl_3$，WCl_4，and TiI_2 [J]. Russian Journal of Inorganic Chemistry，2000，45（4）：580-585.

[10] Hahn T. Space Group 174 in 'International Tables for Crystallography Vol.A' [M]. Dordrecht：Springer，2005：560-561.

[11] Bolzan A A，Fong C，Kennedy B J，et al. Structure studies of rutile-type metal oxides [J]. Acta Crystallographica Section B，1997，B53：373-380.

[12] Brostigen G，Kjeshus A. Redetermined crystal structure of FeS_2(pyrite) [J]. Acta Chemica Scandinavica，1969，23（6）：2186-2188.

[13] Bragg W H. The structure of diamond [J]. Proceedings of the Royal Society of London Series A-Mathematical, Physical and Engineering Sciences，1913，89（610）：277-291.

[14] 王仁卉，郭可信. 晶体学中的对称群 [M]. 北京：科学出版社，1990.

[15] 伐因斯坦 B K. 现代晶体学 1　晶体学基础：对称性和结构晶体学方法 [M]. 吴自勤，孙霞，译. 合肥：中国科学技术大学出版社，2011.

[16] Hahn T. Space Group Symmetry in 'International Tables for Crystallography Vol.A' [M]. Boston：D. Reidel Publisher Cooperation，1983.

[17] Lipson H，Stokes A R. The structure of graphite [J]. Proceeding of the Royal Society of London Series A-Mathematical, Physical and Engineering

Sciences，1942，181（984）：101-105.

[18] Bundy F P，Kasper J S. Hexagonal diamond—a new form of carbon [J]. The Journal of Chemical Physics，1967，46（9）：3437-3446.

[19] Hahn T，Looijenga-Vos A. Contents and Arrangement of the Tables in ‘International Tables for Crystallography Vol.A’ [M]. Dordrecht：Springer，2005：17-41.

[20] Arnold H. Transformation of the Symmetry Operations（Motions）in ‘International Tables for Crystallography Vol.A’ [M]. Dordrecht：Springer，2005：86-89.

[21] 麦松威，周公度，李伟基. 高等无机结构化学 [M]. 北京：北京大学出版社，2001.

[22] Shmueli U. Reciprocal Space in Crystallography in ‘International Tables for Crystallography Vol.B’ [M]. Dordrecht：Kluwer Academic Publishers，2001：2-9.

[23] Fisher W，Koch E. Point Coordinates，Symmetry Operations and Their Symbols，and Derivation of Symbols and Coordinate Triplets in ‘International Tables for Crystallography Vol.A’ [M]. Dordrecht：Springer，2005：810-816.

[24] Shmueli U, Hall S R, Grosse-Kunstleve R W. Symmetry in Reciprocal Space in ‘International Tables for Crystallography Vol.B[M]. Dordrecht：Kluwer Academic Publishers，2001：99-161.

[25] Mucker K，Smith G S，Johnson Q，et al. Refinement of the crystal structure of $ThCl_4$ [J]. Acta Crystallographica Section B，1969，B25（11）：2362-2365.

[26] Robinson K，Gibbs G V，Ribbe P H. The structure of zircon: a comparison with garnet [J]. American Mineralogist，1971，56（5-6）：782-790.

第7章　结晶化学与化学晶体

固体是物质的一种聚集态，物质的固态形式有晶态和非晶态等多种形式，玻璃态就是一种非晶态。钛铝合金是一种准晶体，准晶体有二十面体相，存在五重旋转轴，而晶体没有五重轴，在对称性上，晶体和准晶体存在明显区别。另外，准晶体缺少空间周期性，但又保持了长程有序，使得微观结构中的长程有序和周期性不一致，从而不属于晶体。在棒状和扁平状有机分子的聚集体中，非均衡的分子间作用力导致分子排列近程无序、远程有序，分子的堆积介于液体和晶体之间，称为液晶。液晶缺少晶体微观结构的周期性排列特征，也属于非晶态。

物质的结晶体是在温度足够低、生长速度足够慢、外界干扰特别小的情况下形成的。当温度较低时，物质微粒的热运动对其定向排列的影响足够小，微粒间的定向作用力促进微粒的规则排列。微粒结合长成晶体，结晶存在微粒聚集和定向排列两个过程，当聚集速度较快时，微粒的定向排列速度跟不上聚集速度，就很难长成晶体。晶体生长在溶液中进行时，杂质、湿度、机械振动等都会干扰晶体生长，在熔融状态下，压力也会影响晶体生长，但这些因素都不是决定晶体结构的关键因素。人们试图从晶体的组成、化学键、几何结构等多方面研究晶体结构的构造，总结晶体存在的规律性，例如，鲍林根据对离子化合物的晶体结构所做的研究，总结出鲍林规则。

不同种类微粒堆积而成的晶体，其性质是不同的。微粒的堆积过程也是化学键形成的过程。非金属原子以共价键形式堆积为共价晶体；金属原子以金属键形式堆积为金属晶体；离子以离子键方式堆积为离子晶体；分子以分子单位并按分子间作用力取向进行堆积，形成分子晶体；多种微粒参与结晶形成的晶体晶体结构中存在多种作用力，这种晶体称为混合键型晶体。结晶形成的化学键不同于气体、溶液中的化学键。例如，在离子晶体中，离子键不是一对正、负离子的作用，而是一个正离子与多个负离子同时作用，形成规则配位多面体，多面体以某种方式沿空间特定方向进行联结。离子半径、配位多面体和晶胞存在某种几何结构关系，通过晶体结构测定可以获得离子半径和离子键的键能。在原子晶体中，原子堆积、共价键的连接是无限延伸的。

物质结晶过程是一个与微粒的组成、电子结构、化学键的形成等有密切关系的复杂过程，不同的堆积过程和堆积方式形成不同的晶体结构。单质晶体以单个原子进行排列堆积，化合物晶体与化学键有关，分子晶体是按分子间作用力的取向进行堆积。物质的晶态是化学物质的一种稳定的存在形式，因而结晶是化学合成的一部分，也是化合物提纯的一种有效方法，结晶体也就是一种化学晶体。测定化合物的晶体结构已成为测定化合物结构的一种最简便的方法。

7.1　晶体结构现象

物质的晶体结构可以用周期性的微粒排列堆积图进行表示，同类化合物有相似的排列堆积结构，不同化合物也可能有类似的排列堆积结构，而各种单质和化合物的晶体结构存在某种演变性规律。对比两种物质的晶体结构，它们的微粒的排列堆积分布相似，有相同的对称性，这两种晶体结构就是同形的。晶体结构同形还表现在晶轴交角、相对晶格尺寸[如轴率（c/a）]接近，但晶格尺寸和原子间距的绝对值是不同的，坐标也可能存在微小的差异。了解晶体结构的相似性、差异性和关联演变性是有价值的，它是晶体的另一种分类形式。依据化学组成、化学键和堆积结构对晶体进行分类，可以弄清楚物质晶态物理化学性质与晶体结构的关系。

7.1.1　类质同形

两种物质的化学组成相似，对比晶体结构，这两种物质的同类原子或离子占据相同位置，形成相似的排列堆积，使得空间格子相同，晶体对称性相同。两种晶体的原子或离子之间有相似的化学键，互换同类原子或离子，一种晶体就演变为另一种晶体，称为两种晶体同形。例如，立方 BaS 和立方 NaCl 晶体是类质同形晶体，都属于 B_1 型二元离子晶体，晶胞见图 7-1。晶体的微粒构成不同，Ba^{2+} 与 Na^+ 互换，S^{2-} 与 Cl^- 互换，晶体结构不变，表现在两种晶体的空间群都是 O_h^5 - $Fm\overline{3}m$，轴率 $c/a=1$，晶胞中分子数都等于 4。差别在于晶格尺寸不同，离子间距不相等，NaCl 晶体的晶胞参数 $a=562.8\text{pm}$， BaS 晶体的晶胞参数 $a=638.75\text{pm}$。结构基元的内容不同，NaCl 晶体的结构基元是 $Na^+ + Cl^-$，BaS 晶体的结构基元是 $Ba^{2+} + S^{2-}$，得到的空间格子却一样，都是面心立方格子 cF [1]。

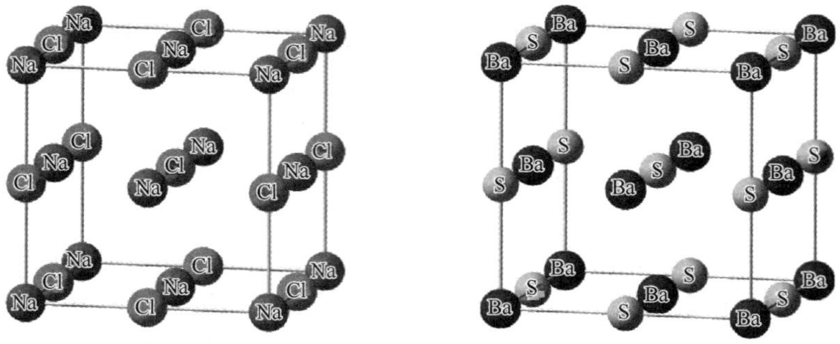

(a) 立方NaCl晶体的晶胞　(b) 立方BaS晶体的晶胞

图 7-1　类质同形晶体晶胞的对比

7.1.2　同质异形

同种物质在不同温度、压力等条件下结晶，所得晶体的结构可能不同，表现在空间格子不同，晶体对称性不同，此种现象称为同质异形现象。化学晶体中同质异形现象极为普遍，例如，碳单质的晶体有立方金刚石、六方金刚石、三方石墨、六方石墨、富勒烯等。α-ZnS 和 β-ZnS 是同质异形，α-ZnS 是六方晶系，B_4 型，空间群 C_{6v}^4 - $P6_3mc$，晶胞参数 $a=382.0\text{pm}$， $c=626.0\text{pm}$。β-ZnS 是立方晶系， B_3 型，空间群 T_d^2 - $F\overline{4}3m$，晶胞参数 $a=540.6\text{pm}$。两种晶体的微粒组成相同，微粒的排列堆积方式不同，晶体的对称性、空间格子和晶胞也都不同，见图 7-2。同质异形不仅表现在晶体结构不同，而且物相的光泽、折光率、硬度、电导率、熔点等物理性质也不尽相同[2, 3]。

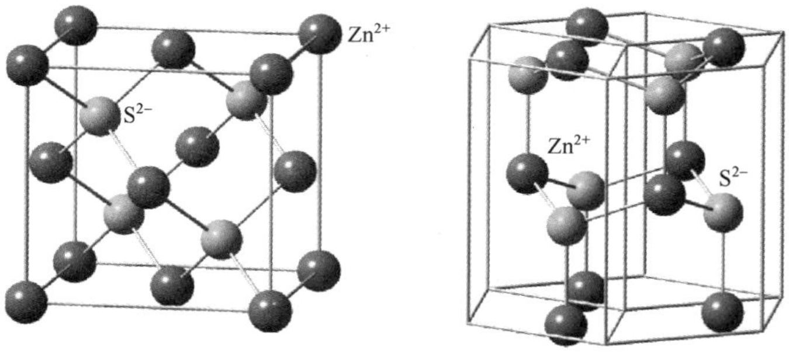

(a) 立方β-ZnS晶体　(b) 六方α-ZnS晶体

图 7-2　同质异形晶体 ZnS 的晶体结构对比

7.1.3　异质同形

物质组成不同，但晶体结构相似，相似性体现在一种晶体的空间群是另一晶体空间群的子群，或者原子和离子占据的等位点有相同的对称性，一种晶体中某一类原子或离子占据的特殊等位点，在另一晶体中被不同种类原子或离子对等占据。例如，立方金刚石的空间群为 O_h^7 - $F\dfrac{4_1}{d}\overline{3}\dfrac{2}{m}$，晶胞参数 $a=356.68\text{pm}$，C 原子占据的位点为

$$\mathrm{C}:\ 8\mathrm{a}\ \ \bar{4}3m\ \ (0,0,0),\left(\frac{1}{2},\frac{1}{2},0\right),\left(\frac{1}{2},0,\frac{1}{2}\right),\left(0,\frac{1}{2},\frac{1}{2}\right),\left(\frac{1}{4},\frac{1}{4},\frac{1}{4}\right),\left(\frac{3}{4},\frac{3}{4},\frac{1}{4}\right),\left(\frac{1}{4},\frac{3}{4},\frac{3}{4}\right),\left(\frac{3}{4},\frac{1}{4},\frac{3}{4}\right)$$

β-ZnS 立方晶体的空间群为 T_d^2 - $F\bar{4}3m$，Zn^{2+} 和 S^{2-} 离子占据的位点分别为

$$Zn^{2+}:\ 4\mathrm{a}\ \ \bar{4}3m\ \ (0,0,0);\ \left(\frac{1}{2},\frac{1}{2},0\right);\ \left(\frac{1}{2},0,\frac{1}{2}\right);\ \left(0,\frac{1}{2},\frac{1}{2}\right)$$

$$S^{2-}:\ \ 4\mathrm{c}\ \ \bar{4}3m\ \ \left(\frac{1}{4},\frac{1}{4},\frac{1}{4}\right);\left(\frac{3}{4},\frac{3}{4},\frac{1}{4}\right);\left(\frac{1}{4},\frac{3}{4},\frac{3}{4}\right);\left(\frac{3}{4},\frac{1}{4},\frac{3}{4}\right)$$

将立方金刚石晶胞的全部边长二等分，将晶体切割为八块小立方体，C 原子位置被分割为两组，一组占据顶点和面心，另一组占据小立方体的体心，见图 7-3。β-ZnS 晶胞中 Zn^{2+} 占据的 4a 位置对应顶点和面心 C 原子位置，S^{2-} 占据的 4c 位置对应小立方体体心的 C 原子位置。β-ZnS 晶体的空间群是立方金刚石晶体的子群，两种晶体有不变的平移晶格，晶胞形状相同，晶胞尺寸成比例，这种晶体结构关系称为异质同形。

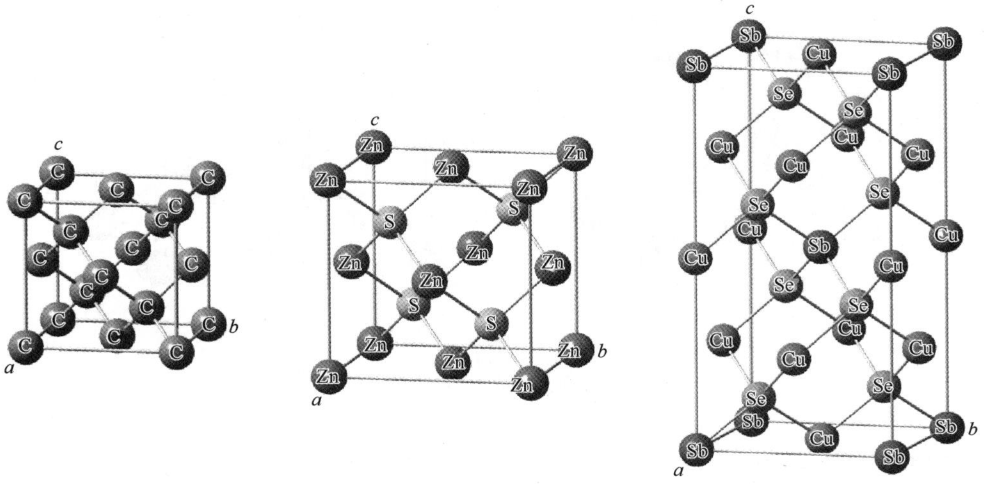

(a) 立方金刚石　(b) 立方β-ZnS　(c) 四方Cu_3SbSe_4

图 7-3　异质同形晶体的晶体结构对比

四方 Cu_3SbSe_4 晶体的空间群为 $D_{2\mathrm{d}}^{11}$ - $I\bar{4}2m$，$a=546.5\mathrm{pm}$，$c=1127.5\mathrm{pm}$[4]。晶胞的晶轴 c 是两个 β-ZnS 晶胞单位，Sb^{2+} 占据顶点，Cu^{2+} 占据面心和晶胞 c 棱的中心，Se^{2-} 占据小立方体体心。这种平移晶格沿某晶体的一条晶轴方向放大的晶体结构称为此晶体的超结构。四方 Cu_3SbSe_4 晶体是 β-ZnS 晶体的超结构，与 β-ZnS 相比，对称性降低。

7.1.4　异质反形

异质反形晶体出现在离子化合物的晶体结构中。组成两种离子化合物的微粒成分不同，但化学式相似，其中一种化合物的正离子所带电荷数与另一种化合物的负离子相同，反之，一种化合物的负离子所带电荷数与另一种化合物的正离子相同。两种晶体属于同一类型，对称性相同，但离子占据的特殊等位点刚好相反，一种晶体的正离子位点对应另一种晶体的负离子位点，反之，一种晶体的负离子位点对应另一种晶体的正离子位点。如果不考虑晶格参数的大小，用一种晶体的正离子替换另一种晶体的负离子，同时用一种晶体的负离子替换另一种晶体的正离子，一种晶体的晶体结构就转变为另一种晶体的晶体结构。例如，$SrCl_2$ 和 Na_2O 晶体都属于立方晶系，空间群都是 O_h^5 - $F\dfrac{4}{m}\bar{3}\dfrac{2}{m}$。在 $SrCl_2$ 晶胞中，Sr^{2+} 占据顶点和面心，Cl^- 占据小立方体体心；而在 Na_2O 晶胞中，O^{2-} 占据顶点和面心，Na^+ 占据小立方体体心，对应位置被相反电荷的离子占据。这两种晶体的结构对比见图 7-4，正、负离子占位对比见表 7-1。

表 7-1 异质反形晶体中正、负离子占位对比

位置	位点对称性	特殊等位点 $\left(O_h^5\text{-}F\frac{4}{m}\bar{3}\frac{2}{m}\right)$	$SrCl_2$	Na_2O
4a	$m\bar{3}m$	$(0,0,0);\left(\frac{1}{2},\frac{1}{2},0\right);\left(\frac{1}{2},\frac{1}{2},0\right);\left(0,\frac{1}{2},\frac{1}{2}\right)$	Sr^{2+}	O^{2-}
8c	$\bar{4}3m$	$\left(\frac{1}{4},\frac{1}{4},\frac{1}{4}\right);\left(\frac{3}{4},\frac{1}{4},\frac{1}{4}\right);\left(\frac{1}{4},\frac{3}{4},\frac{1}{4}\right);\left(\frac{3}{4},\frac{3}{4},\frac{1}{4}\right)$ $\left(\frac{1}{4},\frac{1}{4},\frac{3}{4}\right);\left(\frac{3}{4},\frac{1}{4},\frac{3}{4}\right);\left(\frac{1}{4},\frac{3}{4},\frac{3}{4}\right);\left(\frac{3}{4},\frac{3}{4},\frac{3}{4}\right)$	Cl^-	Na^+

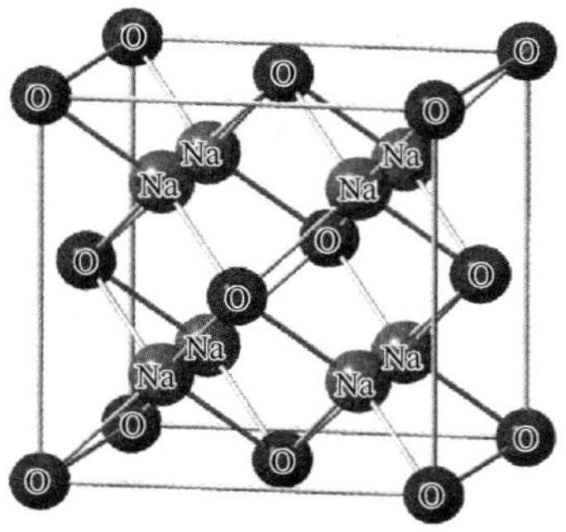

(a) 立方Na_2O晶体

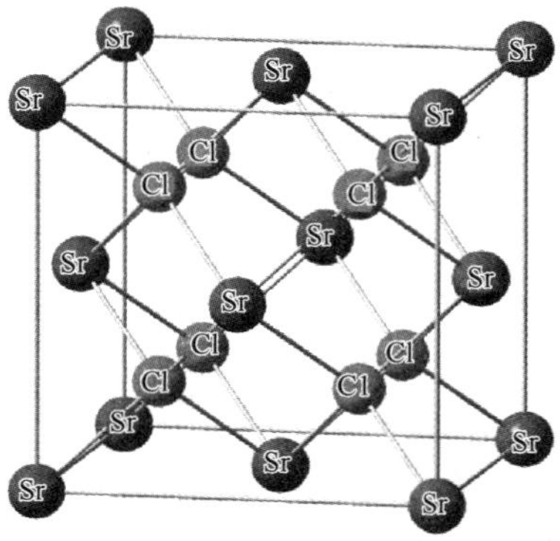

(b) 立方$SrCl_2$晶体

图 7-4 异质反形晶体的晶体结构对比

7.1.5 姜-泰勒晶体结构畸变

1935 年，贝特（H. Bethe）和范弗莱克（J. H. van Vleck）提出晶体场理论，晶体中配体的孤对电子与金属离子 d^n 电子的排斥力不均衡导致金属离子 d 轨道能级发生分裂。在八面体配位场中分裂为 e_g 和 t_{2g} 两组，其中，e_g 为轴向对称的、二重简并的 σ 型 d 轨道，与配体电子的斥力大，能量较高；t_{2g} 为三重简并的 π 型 d 轨道，与配体电子的斥力小，能量较低。当金属离子的电子组态为 $(n-1)d^9ns^0$，电子填充至能量较高的 e_g 轨道，出现 $d^1_{x^2-y^2}\ d^2_{z^2}$，或者 $d^2_{x^2-y^2}\ d^1_{z^2}$ 电子占据态，使得两个 e_g 轨道的填充电子数不对等，导致与配体电子形成的斥力不相等。为了形成均衡的斥力，晶体结构中的一种普遍现象是：在斥力强的位置，配体离子远离，形成配体不对称分布，这就是姜-泰勒结构畸变。姜-泰勒结构畸变现象也验证了鲍林晶体结构规则的正确性，对于稳定晶体物相，各种静电作用力都应是均衡的，不仅总体电荷平衡，而且局部电荷也必须平衡。

MnF_2 和 CuF_2 是同周期过渡金属离子的氟化物，组成相同，晶体中正、负离子的配位多面体也相似，Mn^{2+} 和 Cu^{2+} 的配位多面体都是八面体，F^- 的配位多面体是三角形，但晶体结构的对称性却不同[5, 6]。MnF_2 晶体的空间群为 $D_{4h}^{14}\text{-}P\frac{4_2}{m}nm$，属于四方晶系。Mn—F 键长为 $213.0pm(1pm=10^{-12}m)\times2$、$211.5pm\times4$，键长非常接近，见图 7-5（a）。$CuF_2$ 晶体的空间群为 $C_{2h}^5\text{-}P\frac{2_1}{n}$，属于单斜晶系。Cu—F 键长为 $227.5pm\times2$、$193.4pm\times4$，两个方向的键长相差较大，对称性降低，见图 7-5（b）。

Mn^{2+} 的电子组态是 $3d^54s^0$，e_g 和 t_{2g} 轨道上各占据 1 个电子，各轨道与配体 F^- 的斥力是均衡的，不产生八面体姜-泰勒结构畸变，晶体结构的对称性较高。Cu^{2+} 的电子组态是 $3d^94s^0$，必然产生八面体姜-泰勒结构畸变，两组 Cu—F 键长出现较大差异，晶体结构对称性降低。

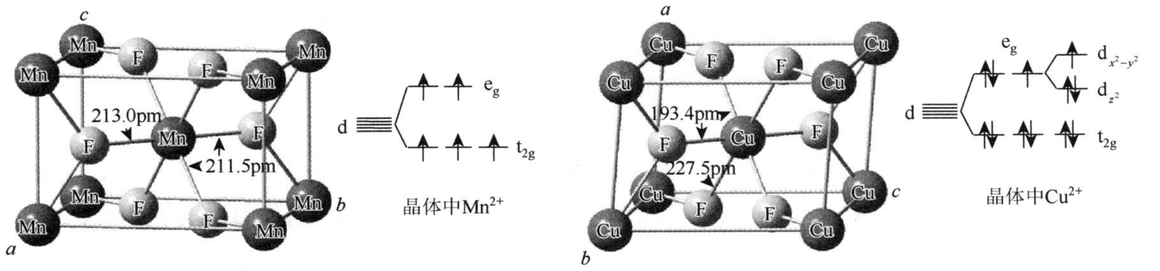

(a) 四方MnF_2晶体　　(b) 单斜CuF_2晶体

图 7-5　姜-泰勒结构畸变引起晶体结构对称性降低

7.2　金属单质的晶体结构

单质分为金属单质和非金属单质，单质存在同素异形体，同素异形体是元素组成相同、空间结构不同的单质物种。例如，碳单质按空间结构不同存在石墨、金刚石和富勒烯等三种同素异形体，根据它们的微观晶体结构不同，石墨又分为三方石墨、六方石墨，金刚石又分为立方金刚石、六方金刚石。一种晶体结构代表一种物相，不同物相的熔点、折射率、导电率、热导率等物理性质都不同，对于 X 射线衍射也不同，即所得衍射谱不同。温度和压力条件的改变，改变了晶体的熵和自由能，一种晶体就转变为另一种晶体，这种现象称为相变。同种物质存在多种晶体物相的现象称为多晶型现象，单质的多晶型现象极为普遍。

7.2.1　铜、银、金单质的晶体结构

铜、银、金单质的晶体结构属于 A_1 型[2]，其中，金晶体的晶胞参数 $a = 407.86\text{pm}$，晶胞经周期平移得到金原子的堆积图。借助图形软件显示为三维立体图形，从多个方向观察，找出对称性最高晶面。图 7-6 是金晶体的三个方向透视图，分别是[001]、[110]和[111]等方向多层原子堆积层的重叠图。其中，[100]、[010]、[001] 三个方向的原子排列相同，[001]是代表方向，该方向有 $\bar{4}$ 、4 和 2 。[110]、[$\bar{1}$10] 、[101] 、[10$\bar{1}$]、[011]、[0$\bar{1}$1] 六个方向的原子排列相同，[110]是代表方向，该方向有 2 和 m 。[111] 、[$\bar{1}$11] 、[$\bar{1}\bar{1}$1]、[1$\bar{1}$1] 四个方向的原子排列相同，[111]是代表方向，该方向有 3 和 $\bar{3}$ ，是立方晶系的特征对称元素。按照立方晶胞和空间格子的选取方法，[001] 方向对称性最高，基向量交角为 90°，垂直方向的晶面上所得的平面格子为正方形格子，[100] 和 [010] 方向的对称性与 [001] 方向等价。

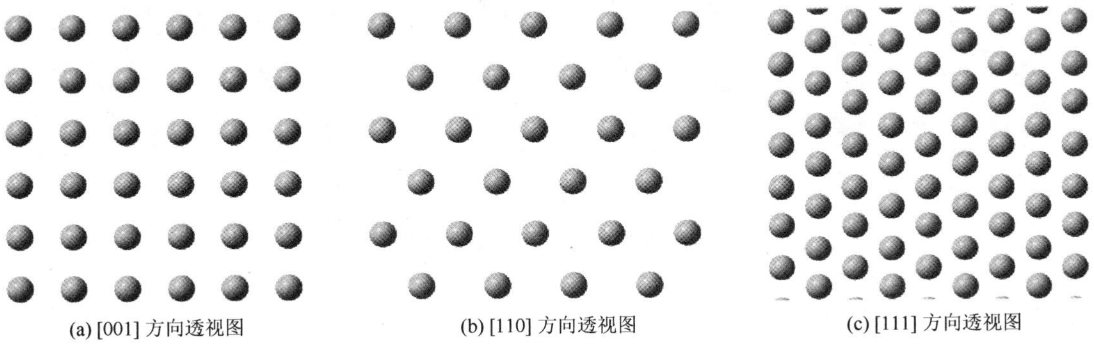

(a) [001] 方向透视图　　(b) [110] 方向透视图　　(c) [111] 方向透视图

图 7-6　金晶体各方向的原子排列

立方晶系必然对应立方空间格子，第三基向量 $\boldsymbol{c}$ 应与正方形格子的基向量 $\boldsymbol{a}$ 和 $\boldsymbol{b}$ 垂直，而且长度相等。将立方坐标系的原点定在 (001) 晶面的原子上，该原子位置是对称中心。结构基元为一个原子，将点阵点放在原子上，所得点阵结构与原有晶体结构相同。在原点（ $z = 0$ ）所在堆积层上选取正方形格子，可以选取简单格子和带心格子，见图 7-7（a）。若选取简单格子，则第三基向量 $\boldsymbol{c}$ 可以指向相邻堆积层 $z = 1/2$ 的邻近原子，但基向量交角 α 和 β 不等于 90°，只有指向第三堆积层 $z = 1$ 的原子，基向量交角才为 90°，此时基向量 $\boldsymbol{c}$ 的长度不等于 $\boldsymbol{a}$ 或 $\boldsymbol{b}$ 的长度，所得空间格子是四方简单格子，此种选择未体现立方晶体的对称性，见图 7-7（b）。若选取带心格子，基向量 $\boldsymbol{c}$ 与正方形格子垂直，穿过第二层空位，触及第三

层（$z=1$）的原子，基向量交角 α 和 β 等于 90°，基向量 $\boldsymbol{c}$ 的长度等于 $\boldsymbol{a}$ 或 $\boldsymbol{b}$ 的长度，恰好符合立方体空间格子的几何条件，正当空间格子就定为面心立方 cF 。

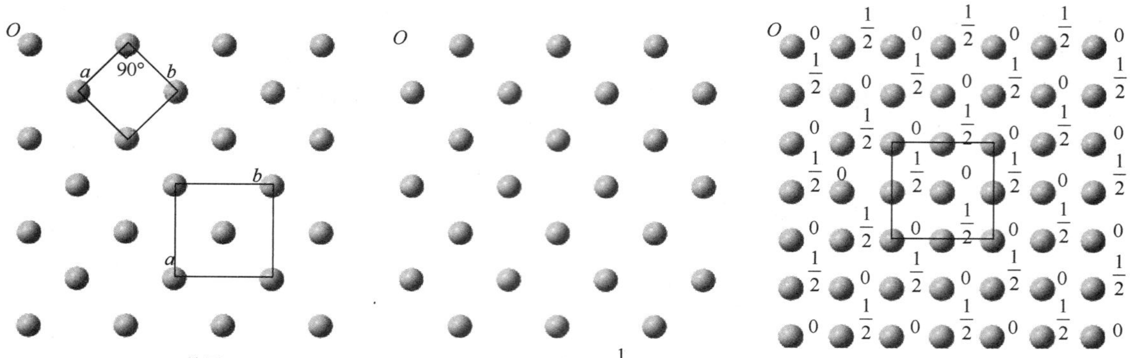

(a) [001]单层$z=0$　(b) [001]单层$z=\frac{1}{2}$　(c) [001]双层投影图 两层按原点对齐重叠

图 7-7　金晶体中沿[001]方向的晶面透视图

根据对称性分析可以得出：金晶体的空间群为 O_h^5 - $F\dfrac{4}{m}\bar{3}\dfrac{2}{m}$，简缩国际符号 O_h^5 - $Fm\bar{3}m$，原子占据特殊位点a，多重度为4，位点对称性为 $m\bar{3}m$。铜和银晶体是金晶体的类质同形体，原子的空间排列堆积结构相同，对称性相同，只是晶胞参数不同。

由面心立方空间格子划出晶胞，原子占据晶胞的顶点和面心，其余等位点没有原子占据，见图 7-8（a）。晶胞中指定原子与周围 12 个最邻近原子组成立方八面体。指定晶胞面心原子作为多面体中心原子，它与上下正方形面及同平面正方形顶点原子的间距都相等，见图 7-8（b），原子间距等于

$$d=\frac{\sqrt{2}}{2}a=288.4\text{pm} \tag{7-1}$$

邻近原子之间存在正四面体和正八面体空位，正四面体空位在等分切割晶胞所得小立方体体心，见图 7-8（c），正八面体空位在晶胞棱心和体心，见图 7-8（d）。晶胞中原子数 $Z=4$，四面体空位数 $N_t=8$，八面体空位数 $N_o=4$。元素周期表中有相当一部分金属单质的晶体结构属于 A_1 型，见表 7-3。

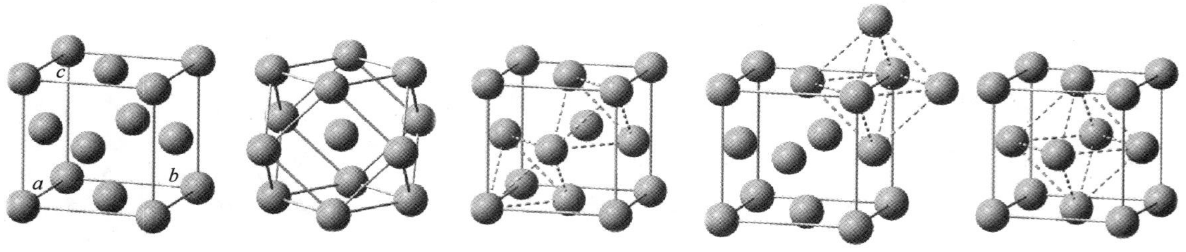

(a) 金晶体晶胞　(b) 立方八面体　(c) 正四面体空位　(d) 正八面体空位

图 7-8　金晶体的晶胞、配位多面体和空位类型

7.2.2　镁、钛、锆、铪单质的晶体结构

镁单质的晶体结构属于 A_3 型[3]，镁晶体的晶胞参数 $a=320.95\text{pm}$，$c=521.04\text{pm}$，轴率 $c/a=1.623$，接近理论轴率1.633。钛、锆、铪单质的晶体结构与镁晶体是类质同形，空间群为 D_{6h}^4 - $P\dfrac{6_3}{m}\dfrac{2}{m}\dfrac{2}{c}$，属于六方晶系。原子占据 2d 位置，位点对称性为 $\bar{6}m2$，晶胞中原子的分数坐标为：$\left(\dfrac{2}{3},\dfrac{1}{3},\dfrac{1}{4}\right)$，$\left(\dfrac{1}{3},\dfrac{2}{3},\dfrac{3}{4}\right)$。铪的晶胞参数 $a=321.1\text{pm}$，$c=510.6\text{pm}$，轴率 $c/a=1.590$，偏离理论轴率1.633。从各个方向观察晶体的原子堆积图，其中一个方向、同一位置有多条对称轴，分别是 6_3、2_1、$\bar{6}$、$\bar{3}$，其中，6_3 螺旋轴是六方晶系的特征对称元素。与 6_3 和 $\bar{6}$ 垂直的所有堆积层上原子的排列结构都相同，见图 7-9（a），以 6_3 为参考对称轴，相

邻两堆积层 A 和 B 上的原子在空间位置上相错 60°，这相邻两层 AB 构成层堆积重复单位，见图 7-9（b），其他层以 AB 为单位，按 (AB)(AB)⋯ 方式重复堆积。按照晶系分类法，6_3 螺旋轴的位置为晶轴 c，与之垂直的堆积层上可以划分出菱形平面格子，见图 7-9（c）。在 A、B 两层之间的空位 C 位置存在对称中心，垂直于堆积层，穿过对称中心，3 和 $\overline{1}$ 组合为 $\overline{3}$ 反轴。将六方坐标系的原点定在对称中心上，这样，对称轴 6_3、2_1、$\overline{6}$、$\overline{3}$ 的位置就都为 $(0,0,z)$，$\overline{3}$ 反轴的对称中心点在原点 $(0,0,0)$，$\overline{6}$ 的反演中心点在 $\left(\frac{2}{3},\frac{1}{3},\frac{1}{4}\right)$ 和 $\left(\frac{1}{3},\frac{2}{3},3/4\right)$ 位置，即 A、B 层原子上。与特征对称元素 6_3 垂直且过原点有三条二重轴，邻近堆积层 A 上又有三条二重轴，位置分别为

$$(x,x,0);\ (x,0,0);\ (0,y,0);\ \left(x,\overline{x},\frac{1}{4}\right);\ \left(x,2x,\frac{1}{4}\right);\ \left(2x,x,\frac{1}{4}\right)$$

垂直于堆积层，穿过 A、B 原子也存在六重反轴，反演点就在 A、B 原子上。对称面包括：与 6_3 垂直的反映面 $m\left(x,y,\frac{1}{4}\right)$，其他包含 6_3 和 2 的对称面分别为

$$c(x,x,z);\ c(x,0,z);\ c(0,y,z);\ m(x,\overline{x},z);\ m(x,2x,z);\ m(2x,x,z)$$

在满足距离最近的条件下，在相邻两层上各选取一个原子（A + B）作为结构基元，得到的空间格子是六方简单格子 hP 。

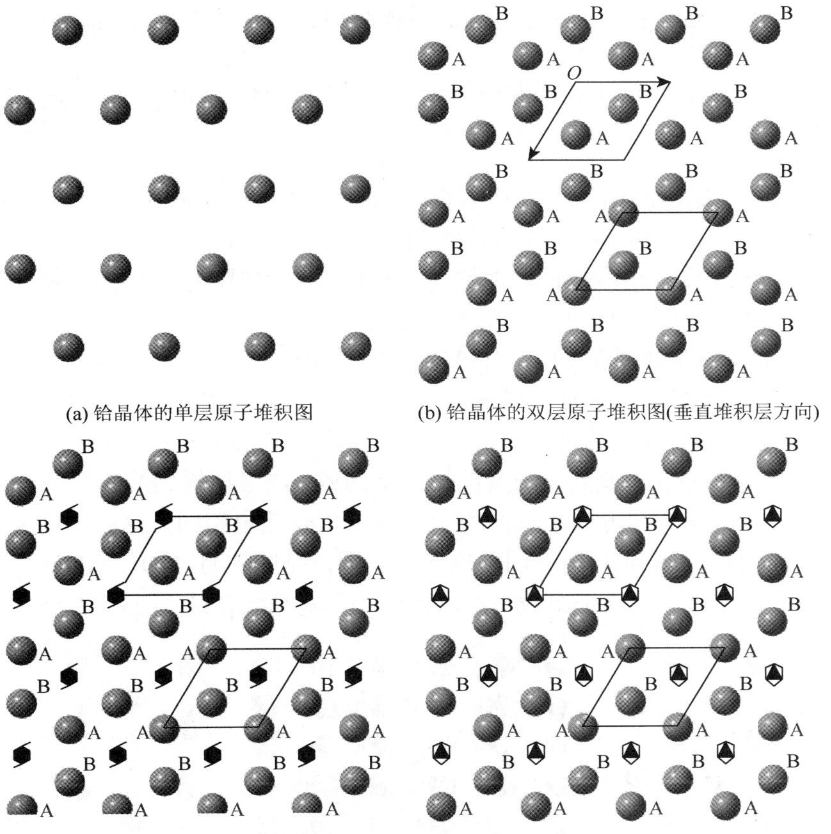

(a) 铪晶体的单层原子堆积图　　(b) 铪晶体的双层原子堆积图(垂直堆积层方向)

(c) 与堆积层垂直的6_3螺旋轴　　(d) 与堆积层垂直的$\overline{6}$反轴

图 7-9　铪晶体中原子的堆积层结构透视图和垂直于堆积层方向的主要对称元素

将对称中心作为坐标系原点，划出晶胞，顶点没有原子，晶胞中原子数 $Z = 2$，A、B 两层各有一个原子，见图 7-10（a）。为了观察晶体的对称性及多面体空位，将晶胞原点移至 A 层原子上，划出与原晶胞尺寸相同的平移单位——类晶胞。A_3 堆积晶体中原子的最大配位数为 12，配位多面体是反式立方八面体。选取 B 层中的一个原子作为多面体中心原子，它与上、下 A 层原子的间距都为315.5pm，与同层 B 内周围六个原子的间距为321.1pm，反式立方八面体的空间结构见图 7-10（b）。由晶体的双层原子堆积层结构的透视图 7-9（b）可见，

三个 A 和三个 B 围成八面体空位 o，见图 7-10（c）。该空位处于晶胞顶点（$\frac{1}{8}\times 8=1$），以及与晶轴 c 平行的四条棱的中心（$\frac{1}{4}\times 4=1$），晶胞中共有两个八面体空位，见图 7-10（c）。一个 B 层原子与相邻 A 层的三个原子组成四面体空位；同样，一个 A 层原子与相邻 B 层的三个原子也组成四面体空位，晶胞中共有 4 个，靠近 B 层 2 个，位置坐标为$\left(\frac{2}{3},\frac{1}{3},\frac{5}{8}\right)$和$\left(\frac{2}{3},\frac{1}{3},\frac{7}{8}\right)$，靠近 A 层 2 个，位置坐标为$\left(\frac{1}{3},\frac{2}{3},\frac{1}{8}\right)$，$\left(\frac{1}{3},\frac{2}{3},\frac{3}{8}\right)$，见图 7-10（d）。

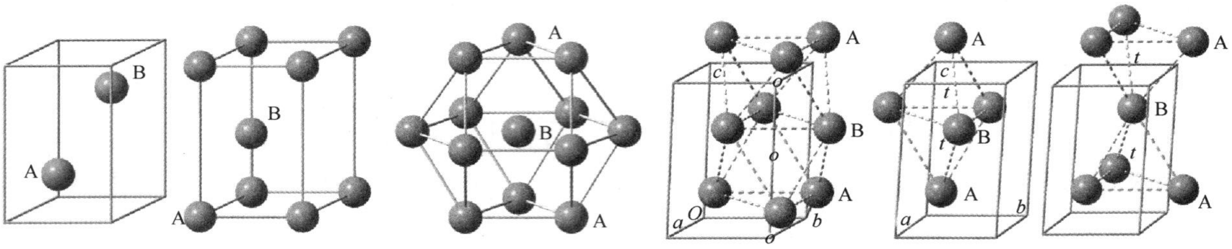

(a) 晶胞、类晶胞　(b) 反式立方八面体　(c) 八面体空位　(d) 四面体空位

图 7-10　铪晶体的晶胞、配位多面体、空位类型

7.2.3　铁、钒、铌、钽单质的晶体结构

常温常压下，铁、钒、铌、钽等单质的稳定晶相的晶体结构属于 A_2 型[7]，立方晶系，空间群为 O_h^9 - $I\frac{4}{m}\bar{3}\frac{2}{m}$。原子占据 2a 位置，位点对称性为 $m\bar{3}m$，晶胞中原子的分数坐标为：$(0,0,0)$，$\left(\frac{1}{2},\frac{1}{2},\frac{1}{2}\right)$。其中，α-Fe 晶体的晶胞参数 $a=286.6\text{pm}$。

从多个角度观察 α-Fe 晶体的结构，其中有四个方向原子排列堆积是同一花样，堆积层排列规律为 (ABC)(ABC)A⋯，这些方向有 3 和 $\bar{3}$，是立方晶系的特征对称元素，见图 7-11（c）。晶体另有三个方向存在四重旋转轴 4 和二重旋转轴 2，这些方向上的原子排列堆积也相同，堆积层排列规律为 (AB)(AB)A⋯，见图 7-11（a）。在立方晶体坐标系下，四重旋转轴方向分别定为晶轴 a、b、c，对应 [100]、[010] 和 [001] 方向；四条三重旋转轴 3 和三重反轴 $\bar{3}$ 分别在 [111]、[$\bar{1}$11]、[1$\bar{1}$1] 和 [$\bar{1}\bar{1}$1] 方向。结构基元为单个原子，空间点阵与原子增积图相同。在四重旋转轴 4 垂直的堆积层内，基向量交角 γ 等于 90°，可划出正方形平面格子。因为 [001]、[100] 和 [010] 方向的对称性等价，按照空间格子的选取方法，沿正方形格子的顶点作垂线，穿过 B 层，指向 A 层的最小周期平移层，找到等长度的第三基向量 c，最后得到的空间格子为立方体心 cI。在选好的立方坐标系下，与 [110] 等六个方向垂直的原子排列堆积必然也相同，这些方向有二重旋转轴 2 和反映面 m。与 [001] 方向编号对应，得到 [110] 方向的原子堆积图，见图 7-11（b）。沿 [110] 方向透视，A、B 编号原子组成一层，相邻带*的 A*、B* 原子组成一层，连线为体对角线 [111]。整个晶体的对称群为 O_h。

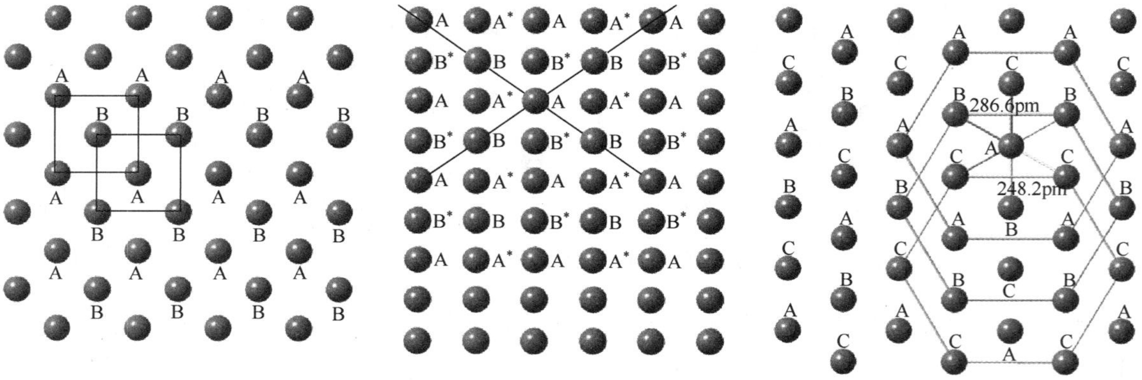

(a) [001]方向原子的堆积层　(b) [110]方向的原子堆积层　(c) [111]方向的原子堆积层

图 7-11　α-Fe 晶体的原子堆积图

图（c）中 ABC 编号与前两图没有对应关系

由图 7-11（a）可见，在[001]方向垂直于正方形格子，并穿过格子棱 A-A 或 B-B 的中心，存在 4_2 螺旋轴，等价的[100]和[010]方向也是如此。A 和 B 原子位置是对称中心，将 A 定为晶胞原点，用体心立方格子取出晶胞，见图 7-12（a）。晶胞恰好包含了一个完整的立方体配位，配位数等于 8，体心与顶点原子的间距均为 248.2pm。从 (111) 晶面看原子堆积的空位，按堆积层顺序 ABCABCA，选取 A 层的一个 A 原子，前面堆积层顺序分别是 B 层、C 层、A 层，A—3B 间距为 248.2pm，A—3C 间距为 286.6pm。所选 A 层后面的堆积层分别是 C 层、B 层、A 层，A—3C 间距为 248.2pm，A—3B 间距为 286.6pm，所选 A 层与前后邻近 A 层原子的 A—A 间距为 248.2pm。以 A 为中心，周围间距等于 248.2pm 的原子数为 8，包括 3B、3C、2A，这八个原子组成立方体，见图 7-11（c）。

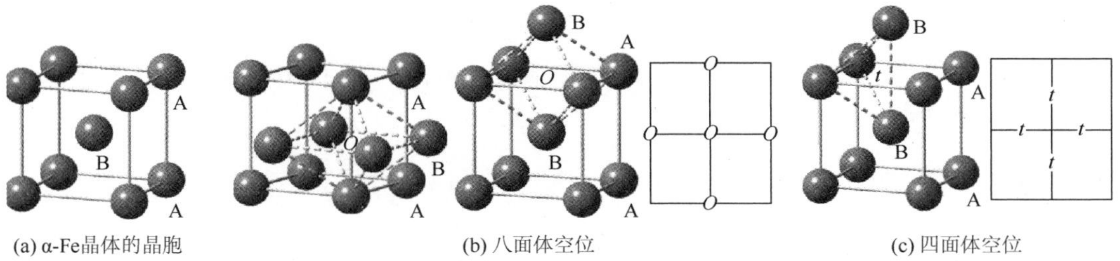

图 7-12　α-Fe 晶体的晶胞、配位多面体、空位类型

从 (001) 晶面看原子堆积的空位，相邻 AB 层之间，A—A 与 B—B 连线的交叉点都是四面体空位，见图 7-11（a）。同层四个 A，或者四个 B 围成的正方形面心，是八面体空位，即四个 A 与上下层 B 原子构成八面体。因为[001]、[100]和[010]方向对称性等价，从 (010) 和 (100) 晶面看，势必都有相似的八面体和四面体空位。从立方晶胞看，八面体空位在面心和棱心，四面体空位在面分割线的1/4 和3/4 位置，见图 7-12（b）和（c）。一个晶胞单位中八面体和四面体空位的总数分别等于 6 和 12。由晶胞的几何结构和晶胞参数可以算出体对角线方向原子间距最短，等于 248.2pm，即体对角线方向原子排列是紧密相切的，见图 7-11（b）中的原子连线 A—B—A—B…，以及相邻层的原子连线 A^*—B^*—A^*—B^*…。其他方向的原子堆积则有一定空隙，因而 A_2 型金属不属于最密堆积。

7.2.4　锰单质的晶体结构

稳定锰单质的晶体结构与其他金属不同，自成一类。α-Mn 为立方晶系[8]，空间群为 T_d^3 - $I\bar{4}3m$，晶胞参数 $a = 891.25\text{pm}$，晶胞中原子数 $Z = 58$，原子占据如下位置：

Mn(1):　2a　$\bar{4}3m$　0,0,0

Mn(2):　8c　.3m　$x,x,x;\ \bar{x},\bar{x},x;\ \bar{x},x,\bar{x};\ x,\bar{x},\bar{x}$　$x = 0.316, \bar{x} = -0.316$

Mn(3):　24g　. . m　$x,x,z;\ \bar{x},\bar{x},z;\ \bar{x},x,\bar{z};\ x,\bar{x},\bar{z};\ z,x,x;\ \bar{z},\bar{x},x;\ \bar{z},x,\bar{x};\ z,\bar{x},\bar{x};$
$x,z,x;\ \bar{x},\bar{z},x;\ \bar{x},z,\bar{x};\ x,\bar{z},\bar{x}$　$x = 0.356,\ z = 0.034, \bar{x} = -0.356, \bar{z} = -0.034$

Mn(4):　24g　. . m　$x,x,z;\ \bar{x},\bar{x},z;\ \bar{x},x,\bar{z};\ x,\bar{x},\bar{z};\ z,x,x;\ \bar{z},\bar{x},x;\ \bar{z},x,\bar{x};\ z,\bar{x},\bar{x};$
$x,z,x;\ \bar{x},\bar{z},x;\ \bar{x},z,\bar{x};\ x,\bar{z},\bar{x}$　$x = 0.089,\ z = 0.282$

其中，$\bar{x} = -x$，$\bar{y} = -y$，$\bar{z} = -z$，之后提到原子和离子的类似位置坐标符号，其含义均是如此。

晶体的原子堆积图中有 Kasper 多面体，原子配位数等于 16，加上多面体中心 Mn 原子，共有 17 个原子，见图 7-13（a）。4 个平面状的六元环、4 个等边三角形组成 T_d 对称性的 Kasper 多面体，其中，六元环由边长为 243.26pm 和 224.35pm 的边，交替连接而成；三角形边长为 243.26pm，三角形与六元环共边连接，连接处的键长为 224.35pm。每个六元环与一个三角形面平行，上方各有一个带帽原子（图中标记为 x），带帽原子与环上原子的间距为 272.03pm。Kasper 多面体的 4 个等边三角形面的原子（图中标记为 a、c、e、o），分别向外连接一个 Mn（图中标记为 y），共 12 个，与 Kasper 多面体一起组成结构基元，原子数为 12 + 17 = 29，见图 7-14（b）。整个晶体可以看成是：以结构基元占据立方晶胞的顶点和体心构成的结构，由此抽象出体心立方格子 cI。

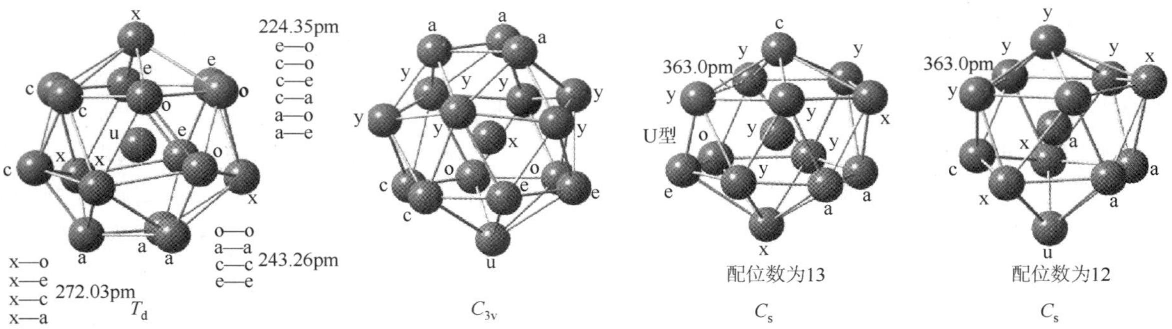

(a) Kasper二十八面体(Ⅰ)　(b) Kasper二十八面体(Ⅱ)　(c) 变形二十二面体　(d) 变形二十面体

图 7-13　α-Mn 金属晶体的配位多面体

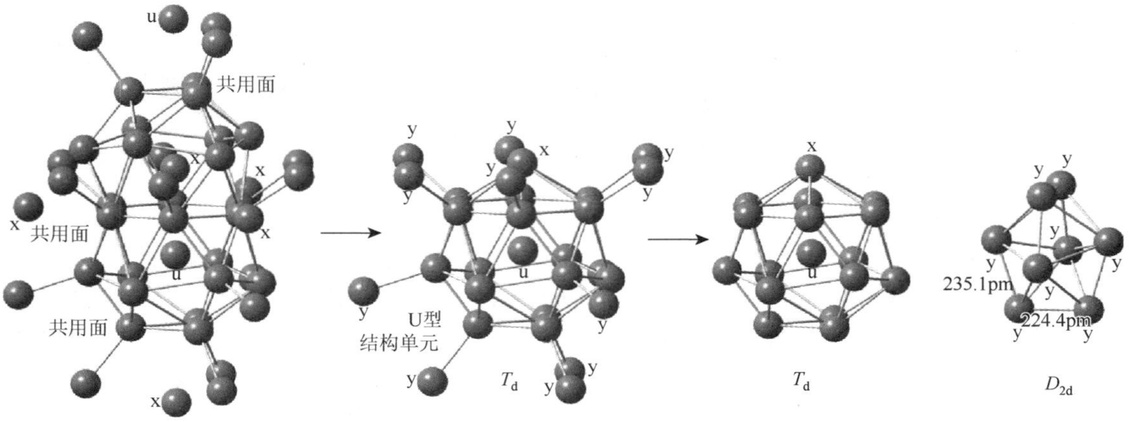

(a) [111]方向的结构单元　(b) 结构基元29Mn　(c) Kasper二十八面体（Ⅰ）　(d) 十二面体空位

图 7-14　α-Mn 金属晶体的结构基元和 Kasper 多面体

以六元环上的带帽原子 x 为中心原子，得到另一个对称性较低的 Kasper 多面体（Ⅱ），对称性为 C_{3v}，见图 7-13（b）。它的位置在晶胞体心和顶点位置的 Kasper 多面体之间，与体心和顶点位置的 Kasper 多面体共用六元环和三角形面，除此之外，还共用了 4 个等边三角形顶点原子相连的 y 原子。Kasper 多面体（Ⅱ）可以看成是结构基元定向排列所围成的多面体，与之相连的、T_d 对称性的 Kasper 多面体的中心原子 u 成为六元环上的带帽原子，u 和 x 原子位于三重旋转轴上。等边三角形和六元环的取向与立方晶胞的体对角线，即特征对称元素三重旋转轴垂直。沿着三重旋转轴方向，一个 Kasper 多面体（Ⅰ）的三角形面被另一个 Kasper 多面体（Ⅱ）共用，在相反方向，一个 Kasper 多面体（Ⅰ）的六元环被另一个 Kasper 多面体（Ⅱ）共用，六元环上的带帽原子又是下一个 Kasper 多面体的中心原子，在此方向上，Kasper 多面体共面连接成周期性的结构单元，见图 7-14（a）。两个 Kasper 多面体的中心原子与顶点原子的间距列于表 7-2。

表 7-2　多面体中心原子与顶点原子的间距

多面体	配位数	中心原子编号	Mn（1）	Mn（2）	Mn（3）	Mn（4）
Kasper（Ⅰ）	16	Mn（1）（u）	—	284.04×4	—	275.23×12
Kasper（Ⅱ）	16	Mn（2）（x）	284.04×1	—	256.34×3 291.12×3	272.03×6 287.72×3
二十二面体	13	Mn（3）（y）	—	256.34×1 291.12×1	265.48×4 263.74×2	235.05×1 251.75×2 269.11×2
二十面体	12	Mn（4） （a，c，e，o）	275.23×1	272.03×2 287.72×1	235.05×1 251.75×2 269.11×2	224.35×1 243.26×2

注：284.04×4 表示有 4 个顶点原子与中心原子的间距等于 284.04pm。注意一个多面体的中心原子与顶点原子之间的连线，也是另一多面体顶点原子之间的边长。

Kasper 多面体（Ⅰ）的 4 个等边三角形顶点原子所连接的 y 原子并不是端点原子，若将该原子作为中心原子，可以得出一个不规则的二十二面体，配位数为 13，对称性为C_s，见图 7-13（c）。以 Kasper 多面体（Ⅰ）的 4 个等边三角形顶点原子 a、c、e、o 为中心，得到一个变形二十面体，配位数为 12，对称性为C_s，见图 7-13（d）。中心原子与顶点原子之间的距离见表 7-2，其中，这两个多面体的最长一条边为 363.0pm，其余边长在 224.35～291.12pm 范围。

α-Mn 的晶体结构与合金的晶体结构相似，原子围成较大的多面体。按照成键环境不同，晶体中有四类原子，其多面体的配位数分别为 16、16、13 和 12。多面体之间也有体积较大的十二面体空位，使得空间占有率降低，但是，原子配位数增加，金属键强度增大，金属的硬度和机械强度仍会增强。

Kasper 多面体（Ⅰ）的中心原子占据晶胞顶点和体心，Kasper 多面体（Ⅰ）的相邻顶点与外连的 2 个原子 y 组成 U 型结构单元。在两条相邻的三重旋转轴，即体对角线上，取向不同，但距离最近的两个 Kasper 多面体（Ⅰ）的 U 型结构单元相互垂直，8 个 Mn 原子围成十二面体空位，空位恰好在晶胞棱心。晶胞面心位置也有十二面体空位，由面心两侧即晶胞的体心处的 Kasper 多面体（Ⅰ）与外连 y 原子构成，十二面体空位有D_{2d}的对称性，见图 7-14（d）。

图 7-14 表示晶胞体对角线位置的 Kasper 多面体共面连接的结构单元，结构单元上下两端三角形面也被上下两侧外连的结构单元共用。一个结构单元中包含了一个完整的结构基元，一个结构基元中又包含了一个完整的 Kasper 多面体（Ⅰ）。从晶胞体心位置的结构单元中可见，沿体对角线方向一侧，两类 Kasper 多面体共用六元环，另一侧两个同类 Kasper 多面体（Ⅰ）也共用六元环，两个 Kasper 多面体（Ⅰ）共有 8 个等边三角形面，三角形面中心分布于四条体对角线上，使得结构基元和 Kasper 多面体（Ⅰ）都有T_d点群的对称性。

沿晶体的[001]、[110]、[111]方向透视，原子的周期排列和堆积分别表现出$\bar{4}$、m、3 的对称性，见图 7-15。与晶体[001]方向垂直的点阵平面上，可以抽象出正方形格子，$a = b$，$\gamma = 90°$，并在正方形格子垂直的方向找出长度相等的第三基向量 c，即 $a = b = c$，且$\alpha = \beta = \gamma = 90°$，从而得到立方体心格子 cI 。

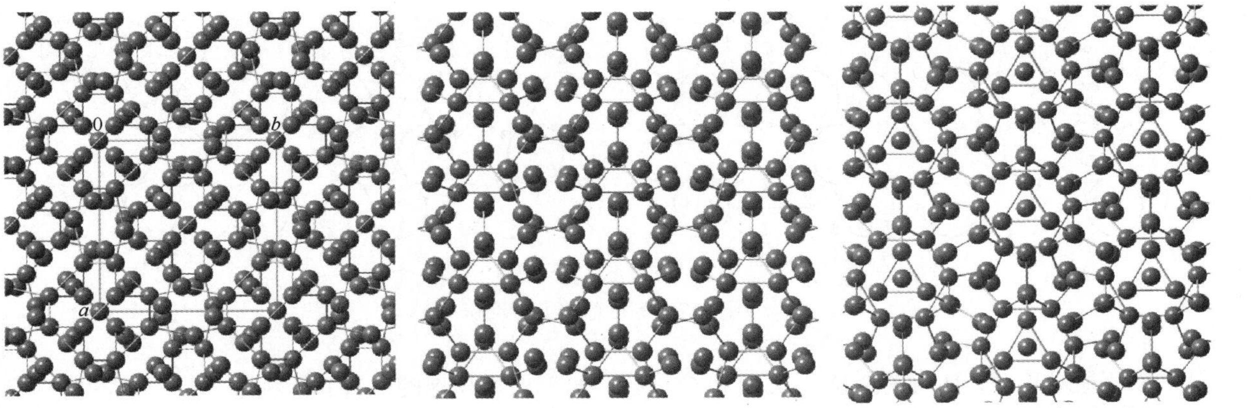

(a) [001]方向透视图　　(b) [110]方向透视图　　(c) [111]方向透视图

图 7-15　α-Mn 金属晶体的原子堆积图

α-Mn 晶体的实验密度为 $7.48 g \cdot cm^{-3}$，经计算晶胞原子数 $Z = 58$。晶体的结构基元数为 2，点阵结构单位为立方体心格子，见图 7-16。

7.2.5　金属单质晶体的结构模型

常温常压下，金属晶体以一种最稳定的晶体形式存在。当改变结晶的温度和压力时，金属晶体也会发生相变，转变为另一种结构的晶体。金属晶体是原子晶体的一种，原子核和内层电子组成的原子芯占据晶格格点，价层电子变为自由电子，原子核外电子密度分布近似是球形，金属晶体被看成是一种等径球的紧密堆积。

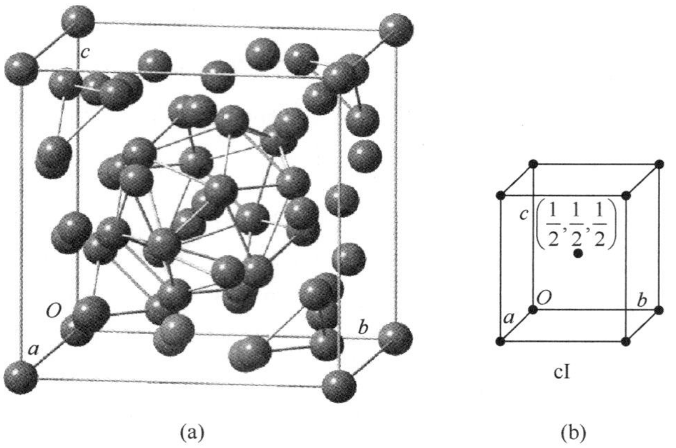

图 7-16　α-Mn 金属晶体的晶胞（a）和空间格子（b）

等径球在平面上紧挨着排列堆积，排成最密堆积层。层内每个球 A 周围恰好排列六个球，每三个球围成一个空位，即一个空位被三个球共用。每球周围有 6 个空位，则每球分配到的实际空位数为 2，见图 7-17（a）和（b）。当将球心连线，空位似乎在三角形的中心，其实不然，在晶体中空位在三角形的上方和下方，构成球堆积单层的一对空位。设最密堆积层的球数为 N，则空位总数为 $2N$。在最密堆积层上方继续放置等径球 B，所得第二堆积层 B 与堆积层 A 完全一样，不过第二层的相对位置发生了变化，相对位置指堆积层平面上的二维坐标，A 和 B 层的坐标不同，用不同字母符号 A、B 标记。首先，放置第二层球的位置 B 因在空位上方，并与第一 A 层的 3 个球组成正四面体空位。其次，由于空间原因，在一个球周围的 6 个空位上只能放置 3 个球，剩下的空位用字母 C 标记，处于 3 个 A 球和 3 个 B 球围成的正八面体中心，即处于正八面体空位位置。

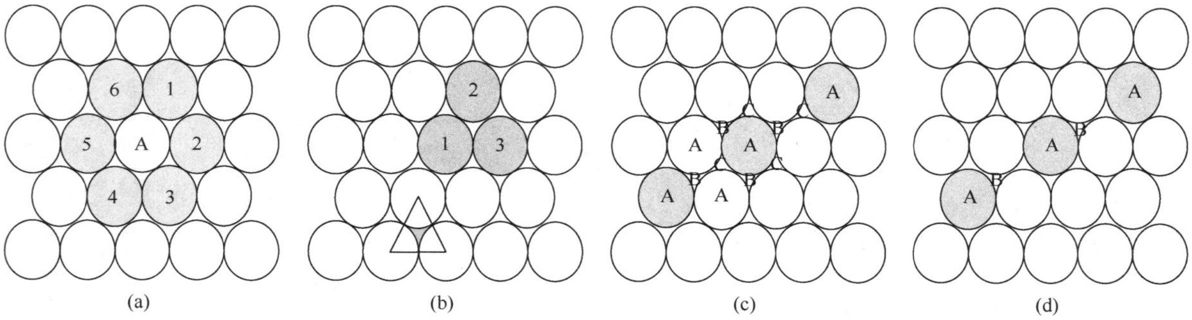

图 7-17　等径球的最密堆积

A、B 两层堆积后，B 层的空位就在 A 和 C 位置。第三层堆积球的位置有两种选择：一是占据 C 空位，可以在 A 层的下方，也可以在 B 层的上方，该层球标记为 C，层堆积按照 ABC 顺序进行重复循环，就构成 (ABC)(ABC)… 堆积方式，见图 7-17（c）；二是占据 A 空位，按照 AB 顺序进行重复循环，即构成 (AB)(AB)… 堆积方式，见图 7-17（d）。

为便于观察不同层的球及球围成的空位，现将堆积图中的球缩小。最密堆积单层 A 的对称性是较高的，在垂直堆积层的方向，穿过 A 的球心是六重旋转轴，穿过空位是三重旋转轴。当堆积 B 层后，同样在垂直堆积双层 AB 的方向，穿过 A 的球心的六重旋转轴消失，降低为三重旋转轴，穿过 B 的球心也是三重旋转轴。穿过空位 C 出现 6_3 螺旋轴，同一位置的三重旋转轴上升为 $\bar{3}$ 反轴，为了便于观察，可以将图 7-17 与图 7-9 进行对照，其中位置 C 就在图 7-9（c）的空位处。如果以 AB 堆积顺序重复循环，按照 (AB)(AB)… 堆积方式，将得到六方简单格子 hP，对应图 7-10 的六方晶胞，此种堆积始终不在空位 C 上堆积球，称为 A_3 型最密堆积，也称为六方最密堆积 hcp。

有相当多的金属单质的晶体结构属于 (ABC)(ABC)… 堆积方式，称为 A_1 型，见表 7-3。如果在双层堆积 AB 上继续堆积时，占据空位 C，就形成 ABC 堆积单位，并按 ABC 堆积顺序重复循环，形成 (ABC)(ABC)… 堆积方式。表面上看，这种堆积方式是沿垂直于层的一个方向堆积，所得晶体结构却沿四个方向观察都一样。选取 ABCA 四层球，在堆积层垂直的方向，两层 A 各选取一个原子，在这两个 A 原子之间的 B 和 C 层中，可以找出距离最近的 3 个 B 和 3 个 C 原子，以及另外距离次近的 3 个 B 和 3 个 C 原子，构成一个立方体晶胞，对应立方面心格子 cF，见图 7-18（a）。在 ABCA 的重复堆积单位中 A—A 连线就是晶胞的体对角线。

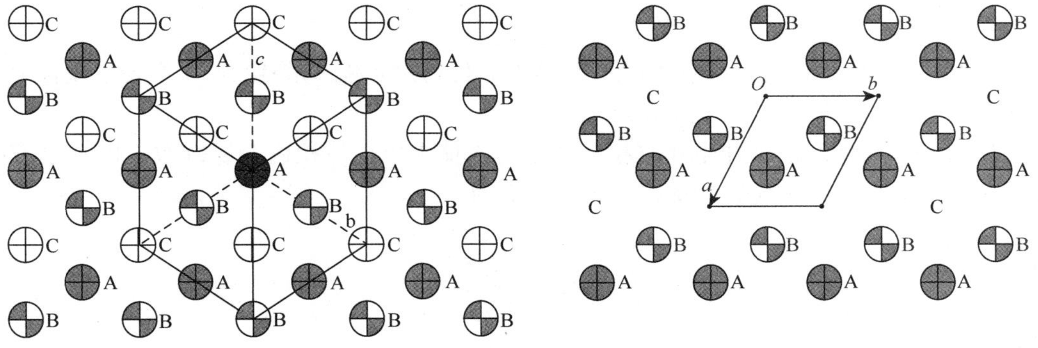

(a) 最密堆积(ABC)(ABC)···　　(b) 最密堆积(AB)(AB)···

图 7-18　金属晶体的最密堆积方式

对于 A_1 型立方最密堆积晶体，在确定了立方坐标系后，ABC 堆积层都属于 (111) 晶面族，晶面上的原子都相切，相邻晶面或堆积层上的原子也相切，体现在晶胞的面对角线上，原子相切，见图 7-19（a）。晶胞参数与原子半径之间的几何关系为

$$\sqrt{2}a = 4r \tag{7-2}$$

因为 A_1 型金属三个方向的晶胞参数相等，原子形状比较接近球形，受几何条件的限制，晶胞参数与原子半径只存在以上唯一关系式，所以，由实验晶胞参数算得的原子半径比较准确。

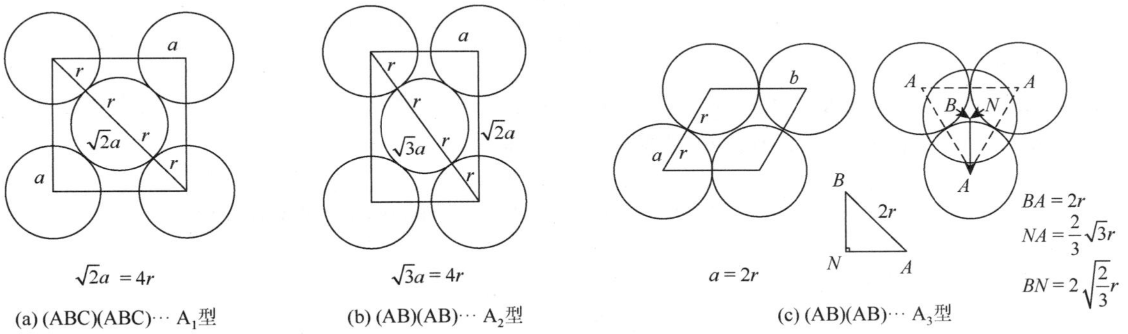

(a) (ABC)(ABC)··· A_1型　　(b) (AB)(AB)··· A_2型　　(c) (AB)(AB)··· A_3型

图 7-19　金属等径球堆积模型中的几何关系

对于 A_2 型金属晶体，晶面上原子排列不是最密堆积形式，有较多空隙，只有体对角线方向上原子按相切方式排列，见图 7-19（b）。晶胞参数与原子半径之间的几何关系为

$$\sqrt{3}a = 4r \tag{7-3}$$

对于 A_3 型六方最密堆积晶体，同一堆积层和相邻堆积层的原子都相切。在晶胞中沿晶轴 a 和 b 方向，原子球是相切的，$a = 2r$ 沿晶轴 c 方向，一个 B 原子与邻层三个 A 原子相切，组成正四面体，见图 7-19（c）。在第一堆积层 A 中三个相邻原子 A 围成正三角形，其中心点为 N，第二堆积层原子 B 填充空位，围成四面体，第三堆积层又重复第一层，即原子 B 上又有三个原子，再围成一个四面体，因而有

$$BN = \frac{1}{2}c$$

在直角三角形 BNA 中，已知斜边 $BA = 2r$，$NA = \frac{2}{3}\sqrt{3}r$，由勾股定理，求得

$$BN=\sqrt{BA^2-NA^2}=\sqrt{(2r)^2-\left(\frac{2}{3}\sqrt{3}r\right)^2}=2\sqrt{\frac{2}{3}}r$$

这就得到晶胞参数 a 和 c 与原子半径 r 之间的几何关系：

$$a=2r\,,\quad c=2\sqrt{\frac{2}{3}}a=4\sqrt{\frac{2}{3}}r \tag{7-4}$$

很多 A_3 型金属的晶胞参数 a 和 c 都会偏离关系式（7-4），使得用 a 和 c 算出的原子半径出现偏差，这种偏差可能是原子核外价层电子数较少，原子偏离球形所致。

金属单质晶体的承重强度、抗冲击和抗拉伸性能与晶体中单位体积内金属键数，以及原子堆积体积有关。晶胞体积中原子所占体积分数称为堆积系数，定义为

$$P=\frac{Z\cdot\frac{4}{3}\pi r^3}{V_{\text{cell}}} \tag{7-5}$$

式中，Z 为晶胞中原子数；r 为原子半径；V_{cell} 为晶胞体积。根据 A_1 型、A_2 型、A_3 型晶体的晶胞参数与原子半径的几何关系，用原子半径表达晶胞体积，代入式（7-5）即可算出晶体的堆积系数。

【例 7-1】　计算 A_3 型金属晶体的理论堆积系数。

解：理想的 A_3 型金属晶体 $a=2r$，$c=2\sqrt{\frac{2}{3}}a=4\sqrt{\frac{2}{3}}r$，理论轴率等于1.633。由此用原子半径表达的晶胞体积为

$$V_{\text{cell}}=a^2c\sin120^\circ=\frac{\sqrt{3}}{2}a^2c=\frac{\sqrt{3}}{2}\cdot(2r)^2\cdot4\sqrt{\frac{2}{3}}r=8\sqrt{2}r^3$$

晶胞中原子数 $Z=2$，由式（7-5）算得堆积系数

$$P=\frac{Z\cdot\frac{4}{3}\pi r^3}{V_{\text{cell}}}=\frac{2\times\frac{4}{3}\pi r^3}{8\sqrt{2}r^3}=\frac{\pi}{3\sqrt{2}}=0.7405$$

铪金属的轴率偏离理论轴率较大，说明金属不完全是球形，而实际原子堆积系数也会偏离理论值。根据铪晶体的晶胞参数 $a=321.1\text{pm}$，$c=510.6\text{pm}$，求得晶胞体积为

$$V_{\text{cell}}=a^2c\sin120^\circ=\frac{\sqrt{3}}{2}a^2c=\frac{\sqrt{3}}{2}\times(321.1)^2\times510.6=4.559\times10^7(\text{pm}^3)$$

假设层间原子相切，则原子半径

$$r=\frac{1}{4}\sqrt{\frac{3}{2}}c=\frac{1}{4}\sqrt{\frac{3}{2}}\times510.6=156.34(\text{pm})$$

代入式（7-5），算得堆积系数为

$$P=\frac{Z\cdot\frac{4}{3}\pi r^3}{V_{\text{cell}}}=\frac{2\times\frac{4}{3}\times3.1416\times(156.34)^3}{4.559\times10^7}=0.7022$$

假设堆积层内原子相切，则原子半径 $r=a/2=160.55\text{pm}$，代入式（7-5），算得堆积系数为 0.7604，高于理论值 0.7405。随着铪的原子半径增大，镧系 4s4p4d4f 壳层收缩，未填满的价层 5d 轨道有一定的变形，致使原子堆积偏离球体堆积结构。

同种金属有多种结晶体，常温常压下较容易生成稳定的高对称性的结晶体，改变结晶的温度和压力，金属原子层堆积将出现较多的变体，在一种层堆积的重复周期中，六方堆积层增加，生成的变体数目增多。Goldschmidt 指出：升高温度，有利于生成较低配位数的结晶体。一种金属有多种晶体物相，有的较稳定，有的较不稳定，表 7-3 是常温常压下，金属单质最稳定的晶体结构类型。

表 7-3　常温常压下金属单质最稳定的晶体结构类型

Li i	Be h												
Na i	Mg h											Al c	
K i	Ca c	Sc h	Ti h	V i	Cr i	Mn s	Fe i	Co h	Ni c	Cu c	Zn h*	Ga s	
Rb i	Sr c	Y h	Zr h	Nb i	Mo i	Tc h	Ru h	Rh c	Pd c	Ag c	Cd h*	In c*	Sn s
Cs i	Ba i	La hc	Hf h	Ta i	W i	Re h	Os h	Ir c	Pt c	Au c	Hg c*	Tl h	Pb c
Fr	Ra i	Ac c											

Ce c	Pr hc	Nd hc	Pm hc	Sm hhc	Eu i	Gd h	Tb h	Dy h	Ho h	Er h	Tm h	Yb c	Lu h
Th c	Pa s	U s	Np s	Pu s	Am hc	Cm hc	Bk c，hc	Cf	Es	Fm	Md	No	Lr

注：c表示(ABC)(ABC)…A_1，i表示(AB)(AB)…A_2，h表示(AB)(AB)…A_3，hc表示ABAC…变体，hhc表示ABACACBCB…变体，s 表示自身独有，h* 表示 h 变形堆积，c*表示 c 变形堆积。

7.3　合金的晶体结构

两种金属的原子半径接近，熔点接近，常温常压下晶体结构是同一类型。将两种金属混合，升温熔化成均相熔液，再快速冷却淬火，熔液结晶析出固熔体。固熔体是一种原子占位呈无序状态的晶体，在晶体中，原子的排列和堆积分布是随机的，任意晶格位点都可能被两种原子占据，服从概率统计分布。金属银的原子半径为144.4pm，金的原子半径为144.2pm，常温常压下两种金属的晶体结构都是 A_1 型，两种金属以任意组成配比混合，经熔融、淬火后，都析出 Ag-Au 固熔体合金，顶点和面心位置都将随机被两种金属原子占据。

当混合金属熔液缓慢冷却，也可能析出固熔体合金，但更常见的是发生凝固偏析。第一种情况是两种金属分别先后结晶析出。第二种情况是当两种金属的晶体结构属于不同的类型时例如 Cu-Zn 合金，尽管原子半径相近，两种金属还是不能无限互熔，锌在铜中的最大熔解度用物质的量分数 x 表示为 $x=0.384$，铜在锌中的最大熔解度 $x=0.023$，两种金属混合熔融，缓慢冷却，将有两类固熔体结晶析出，一类是以铜为主要成分的 Cu-Zn 固熔体合金，另一类是以锌为主要成分的 Zn-Cu 固熔体合金。第三种情况是析出特定组成的合金化合物，在析出金属、固熔体后，熔液的组成发生变化，不同组成的金属间化合物也可能析出。在原子排列堆积的微观结构中，合金化合物与固熔体属于完全不同的结晶体，在合金化合物的晶体结构中，不同种类的金属原子有序占据特定晶格位点，从而表现出不同的晶体对称性[1, 2]。当两种金属的原子半径相差较大时，有利于原子的空间占位互补，降低空隙，增大配位数，增强金属键，从而形成组成特定的合金化合物。合金化合物的特点是：组成恒定，原子占据的位点固定，有确定的配位关系。随着温度升高，有序排列堆积的金属原子逐渐失序，合金化合物转变为无序固熔体。体系的恒压热容随温度发生变化，说明转变过程是一种无确定温度的相变，原子的有序排列堆积随温度变化，这种有序-无序转变也称为 Λ 转变。本节将介绍一些具有代表性的合金化合物。

7.3.1　σ-FeCr 合金的晶体结构

常温常压下金属铁、铬的晶体结构都是 A_2 型，铁、铬原子半径分别为124.1pm、124.9pm，两种金属的原子半径接近，可以预见高温下是无序的固熔体合金，缓慢冷却后转变为有序结构，析出 σ-FeCr 合金晶相。铁、铬原子占据的晶格位置无法分辨，对于有原子占据的任意晶格位点，铁、铬的占据统计分数相等，均为1/2。将原子球看成是相同的，晶体为四方晶系[9]，空间群为 $D_{4h}^{14}\text{-}P\dfrac{4_2}{m}\dfrac{2_1}{n}\dfrac{2}{m}$，晶胞参数 $a=879.95\text{pm}$，$c=454.42\text{pm}$，晶胞中原子数 $Z=30$。图 7-20 是晶体的[001]和[100]方向原子堆积图。

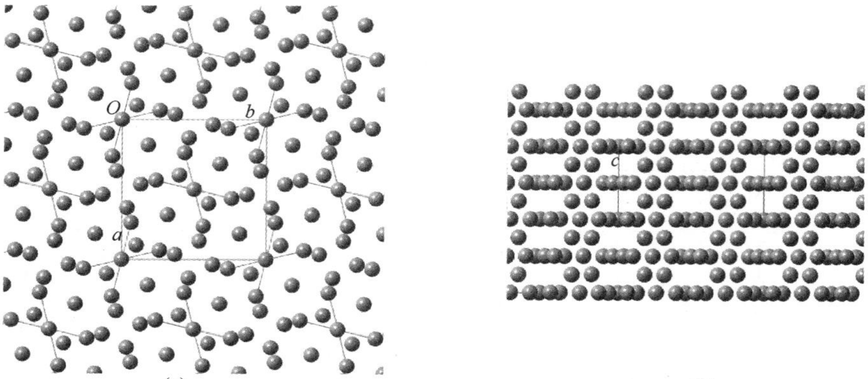

(a)　　(b)

图 7-20　σ-FeCr 合金晶体中沿[001]方向（a）和[100]方向（b）的原子堆积图

垂直于晶面(001)，穿过晶胞基向量 ***a*** 和 ***b*** 的中间点，是晶体的特征对称元素 4_2，图 7-21 是晶体的全部对称元素位置图。坐标系原点处及其周围共 15 个原子，与体心及其周围共 15 个原子的分布呈现 4_2 螺旋轴的对称性排列，经过操作，顶点及周围的 15 个原子与体心及周围的 15 个原子交换位置，晶体堆积图复原。因为两组原子的空间取向不同，将两组分布相同但取向不同的原子合并，共 30 个原子一起作为结构基元，就得到四方简单格子 tP 。图 7-22 是晶体的晶胞和原子位置图，晶胞中原子的分数坐标如下：

2a　*m.mm*　$0,0,0;\ \frac{1}{2},\frac{1}{2},\frac{1}{2}$

4f　*m.*2*m*　$x,x,0;\ \bar{x},\bar{x},0;\ \bar{x}+\frac{1}{2},x+\frac{1}{2},\frac{1}{2};\ x+\frac{1}{2},\bar{x}+\frac{1}{2},\frac{1}{2}$

$x=0.3981$

8i　*m..*　$x,y,0;\ \bar{x},\bar{y},0;\ \bar{x}+\frac{1}{2},y+\frac{1}{2},\frac{1}{2};\ x+\frac{1}{2},\bar{y}+\frac{1}{2},\frac{1}{2};$

$y,x,0;\ \bar{y},\bar{x},0;\ \bar{y}+\frac{1}{2},x+\frac{1}{2},\frac{1}{2};\ y+\frac{1}{2},\bar{x}+\frac{1}{2},\frac{1}{2}$

$x=0.4632,\ y=0.1316$

8i　*m..*　同上,

$x=0.7376,\ y=0.0653$

8j　*..m*　$x,x,z;\ \bar{x},\bar{x},z;\ \bar{x}+\frac{1}{2},x+\frac{1}{2},z+\frac{1}{2};\ x+\frac{1}{2},\bar{x}+\frac{1}{2},z+\frac{1}{2};$

$x,x,\bar{z};\ \bar{x},\bar{x},\bar{z};\ \bar{x}+\frac{1}{2},x+\frac{1}{2},\bar{z}+\frac{1}{2};\ x+\frac{1}{2},\bar{x}+\frac{1}{2},\bar{z}+\frac{1}{2}$

$x=0.1823,\ y=0.2524$

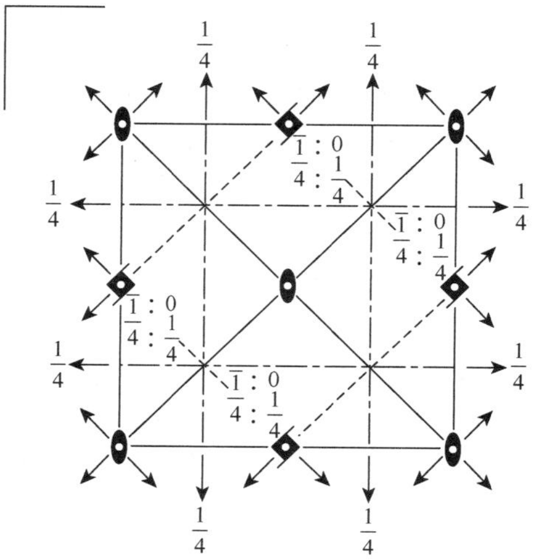

图 7-21　σ-FeCr 合金晶体的全部对称元素位置图

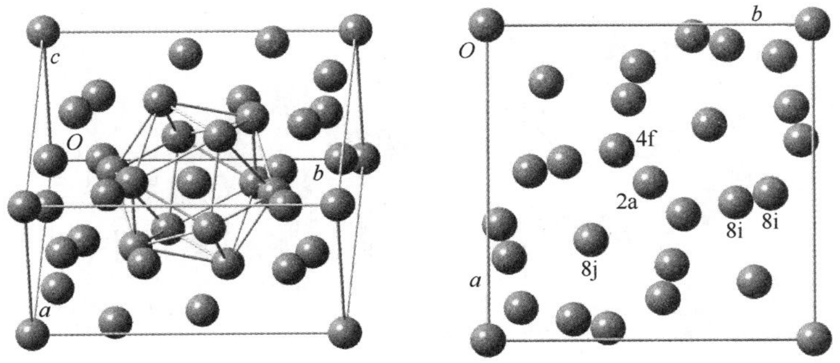

(a)　　(b)

图 7-22　σ-FeCr 合金晶体的晶胞（a）和原子位置图（b）

原子占据四类对称性不同的位点，不同位点处的原子，其配位多面体的对称性均有所不同。处于 2a 位置原子的配位多面体为二带帽五方反棱柱，变形二十面体，对称性为 D_{2h}，配位多面体在晶体中的位置见图 7-23（a），此变形二十面体（1）中原子间距见图 7-23（b）。

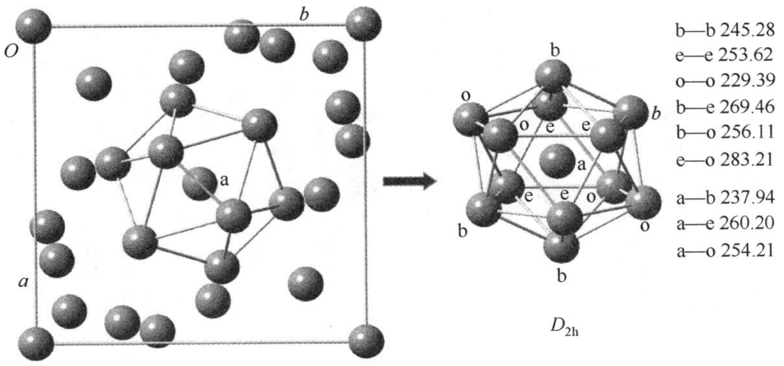

(a)　　(b)

图 7-23　σ-FeCr 合金晶体中 2a 位置原子的二十面体（1）晶胞中的位置（a）和二十面体几何结构（b）

图内数值单位为 pm

处于 8i 位置原子的配位多面体也是二带帽五方反棱柱，变形二十面体，对称性较低，为 C_s，与 2a 位置处的二十面体相比，几何参数不同，多面体在晶体中的位置见图 7-24（a），该二十面体（2）中原子间距见图 7-24（b）。

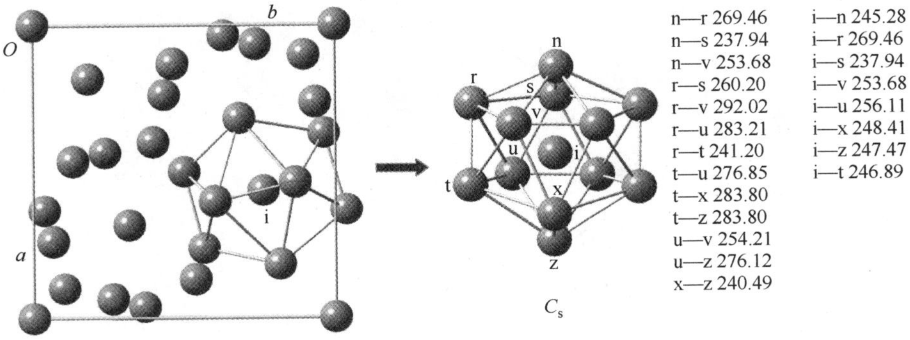

(a)　　(b)

图 7-24　σ-FeCr 合金晶体中 8i 位置原子的二十面体（2）晶胞中的位置（a）和二十面体几何结构（b）

图内数值单位为 pm

处于 8j 位置原子的配位多面体为二带帽六方反棱柱，变形二十四面体，对称性为 C_s，多面体的位置见图 7-25（a），几何结构参数见图 7-25（b）。

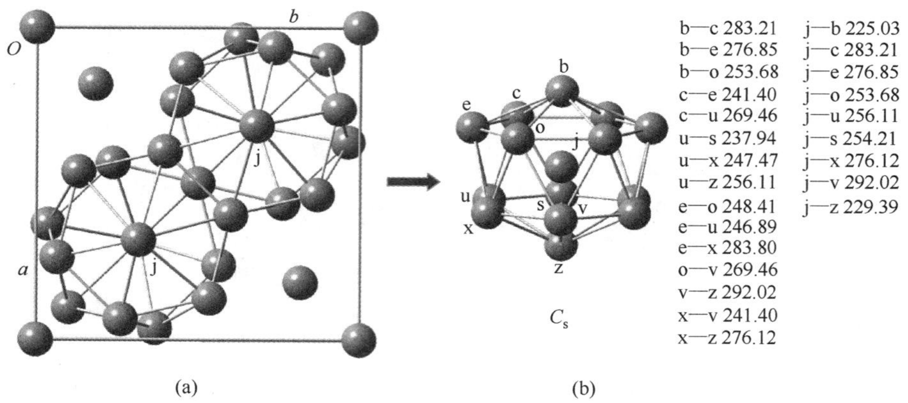

图 7-25　σ-FeCr 合金晶体中 8j 位置原子的二十四面体（1）晶胞中的位置（a）和二十四面体几何结构（b）

处于 4f 位置原子的配位多面体为变形二十六面体，对称性为 C_{2v}，多面体的位置见图 7-26（a），几何结构参数见图 7-26（b）。

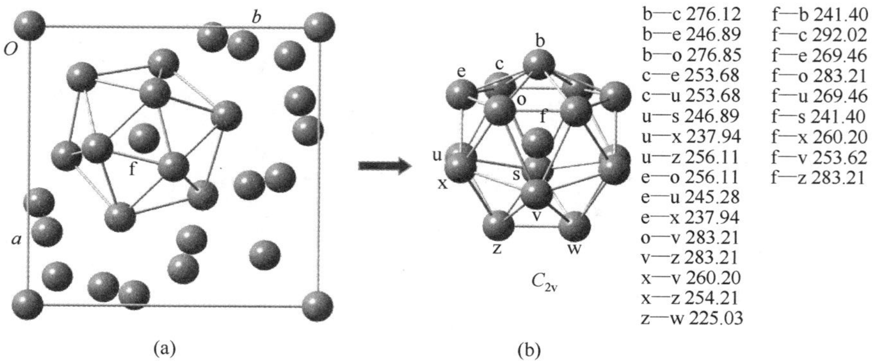

图 7-26　σ-FeCr 合金晶体中 4f 位置原子的二十六面体晶胞中的位置（a）和二十六面体几何结构（b）

另一类处于 8i 位置原子的配位多面体为变形二十四面体，二带帽六方反棱柱，对称性为 C_s，多面体的位置见图 7-27（a），几何结构参数见图 7-27（b）。

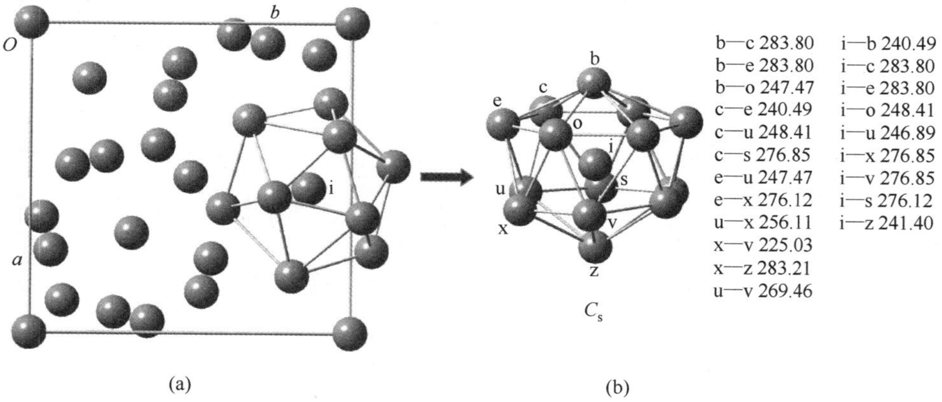

图 7-27　σ-FeCr 合金晶体中 8i 位置原子的配位多面体晶胞中的位置（a）和二十四面体几何结构（b）

图内数值单位为 pm

配位多面体的中心原子位置、配位数、点群，以及中心原子与顶点原子、顶点原子与顶点原子的间距列于表 7-4。

表 7-4　σ-FeCr 合金晶体中不同对称位置处原子的配位情况

中心原子位置	多面体	配位数	对称性	多面体名称	中心-顶点原子间距/pm	顶点-顶点原子间距/pm
2a	二十面体	12	D_{2h}	二带帽五方反棱柱	237.94～260.20	229.39～283.21
4f	二十六面体	15	C_{2v}	二十六面体	241.40～292.02	225.03～283.21
8i	二十四面体	14	C_s	二带帽六方反棱柱	240.49～283.80	225.03～283.80
8i	二十面体	12	C_s	二带帽五方反棱柱	237.94～269.46	237.94～292.02
8j	二十四面体	14	C_s	二带帽六方反棱柱	225.03～292.02	237.94～292.02

7.3.2　$MgCu_2$ 合金的晶体结构

$MgCu_2$ 是合金化合物，晶体结构中 Cu、Mg 原子不是无序占据已有位点，而是分别占据不同的对称位点，晶体有特定的化学式。常温常压下，Cu、Mg 金属单质的晶体结构不相同，分别是 A_1 和 A_3，晶体结构类型不同；另外，Cu 、Mg 原子半径相差较大，Cu 的原子半径为 128pm，Mg 的原子半径为 160pm，容易形成合金化合物。晶体中四个方向的原子排列堆积相同，并存在 $\overline{3}$；三个方向存在 4_1，这三个方向上原子排列堆积图也相同，晶体点群为 O_h，属于立方晶系[10]。在立方坐标系下，沿[001]方向的原子排列见图 7-28（a），沿[111]方向的原子排列见图 7-28（b），图中原子排列呈现 $\overline{3}$ 的图案。沿[110]方向存在二重旋转轴和镜面，见图 7-28（c）。Mg 原子占据对称位置 8a，Cu_4 正四面体结构单位占据对称位置 16d，空间群为 $O_h^7\text{-}F\dfrac{4_1}{d}\overline{3}\dfrac{2}{m}$，晶胞参数 $a = 702.0\text{pm}$，晶胞中化学计量式单位数 $Z = 8$。当坐标系原点定在 $\overline{4}3m$ 对称位置，即 Mg 原子上时，得到立方晶胞，见图 7-28（d）。原子的分数坐标如下：

$$(0,0,0);\ \left(\frac{1}{2},\frac{1}{2},0\right);\ \left(\frac{1}{2},0,\frac{1}{2}\right);\ \left(0,\frac{1}{2},\frac{1}{2}\right)+$$

$$\text{Mg}\quad 8\text{a}\quad \overline{4}3m\quad 0,0,0;\ \frac{3}{4},\frac{1}{4},\frac{3}{4}$$

$$\text{Cu}\quad 16\text{d}\quad .\overline{3}m\quad \frac{5}{8},\frac{5}{8},\frac{5}{8};\ \frac{3}{8},\frac{7}{8},\frac{1}{8};\ \frac{7}{8},\frac{1}{8},\frac{3}{8};\ \frac{1}{8},\frac{3}{8},\frac{7}{8}$$

将 $MgCu_2$ 的晶体结构与立方金刚石比较，二者属于同一空间群下的不同晶体，金刚石晶体中碳原子只占据 8a 位置，而镁原子替换碳原子，Cu_4 正四面体结构单位填充另一半未被占据的小立方体空位。再将 $MgCu_2$ 的晶体结构与 CsCl 进行比较，$MgCu_2$ 的晶体结构则是 CsCl 晶体的超结构。

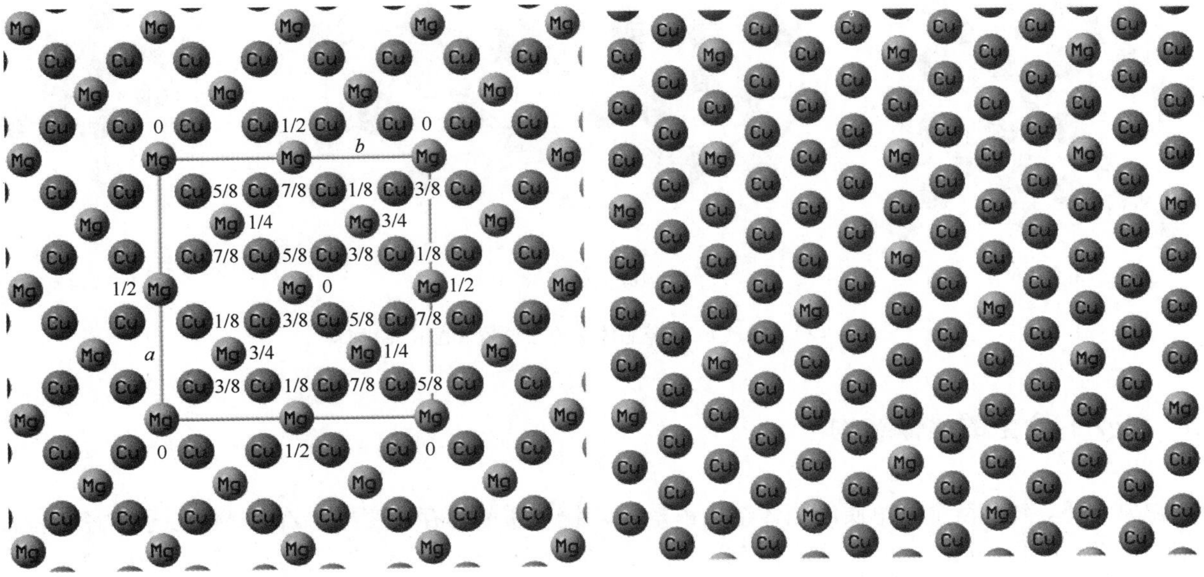

(a) [001]方向透视图　　(b) [111]方向透视图

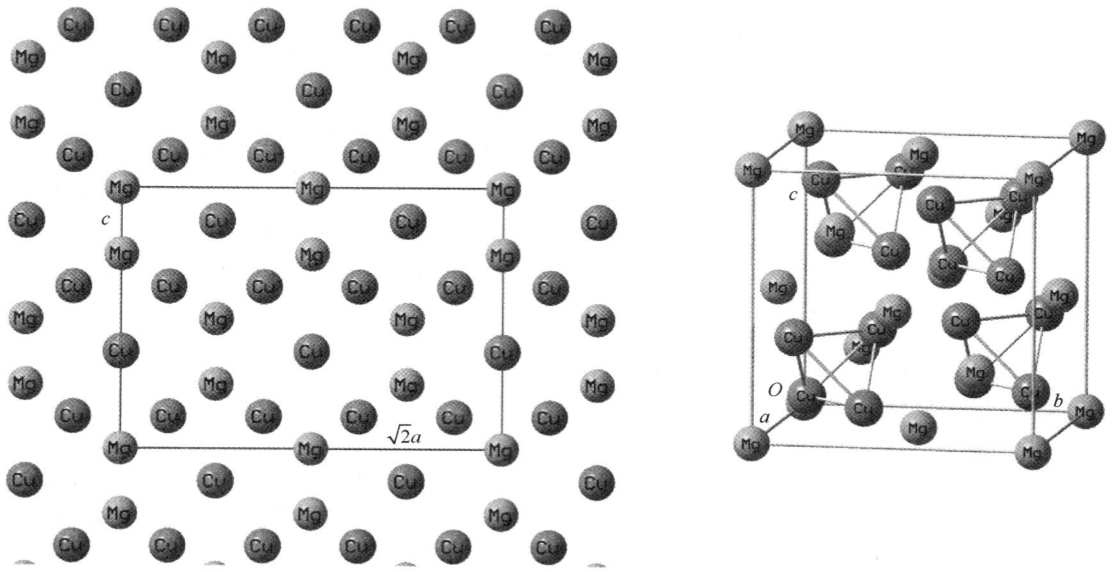

(c) [110]方向透视图　　　　(d) $MgCu_2$晶体的晶胞

图 7-28　$MgCu_2$ 合金的晶体结构

镁的配位数为 16，顶点构成为 $4Mg+12Cu$，配位多面体称为 Frank-Kasper 二十八面体，对称性为 T_d，见图 7-29（b）。铜的配位数为 12，顶点构成为 $6Mg+6Cu$，配位多面体为二十面体，对称性为 D_{3d}，见图 7-29（c）。两种多面体共用 Cu 原子组成的三角形面，沿一个方向交替连接。合金结构中原子的配位数增大，原子间距缩短，有利于增大金属键的能量效应，形成稳定晶体。在合金晶体中，金属键的键长较纯金属短，Cu—Cu 键长为 248.19pm，Mg—Mg 键长为 303.98pm，Cu—Mg 键长为 291.03pm。晶体的结构基元为 $2Mg+4Cu$，包括位置为 $(0,0,0)$ 和 $\left(\frac{1}{4},\frac{1}{4},\frac{1}{4}\right)$ 的 Mg 原子，以及位置为 $\left(\frac{1}{8},\frac{1}{8},-\frac{1}{8}\right)$、$\left(\frac{3}{8},\frac{1}{8},-\frac{1}{8}\right)$、$\left(\frac{1}{8},\frac{3}{8},-\frac{1}{8}\right)$ 和 $\left(\frac{3}{8},\frac{3}{8},-\frac{1}{8}\right)$ 的 Cu 原子，四个 Cu 组成正四面体结构单位，由此抽象出立方面心格子 cF，原子的堆积系数为 0.710。

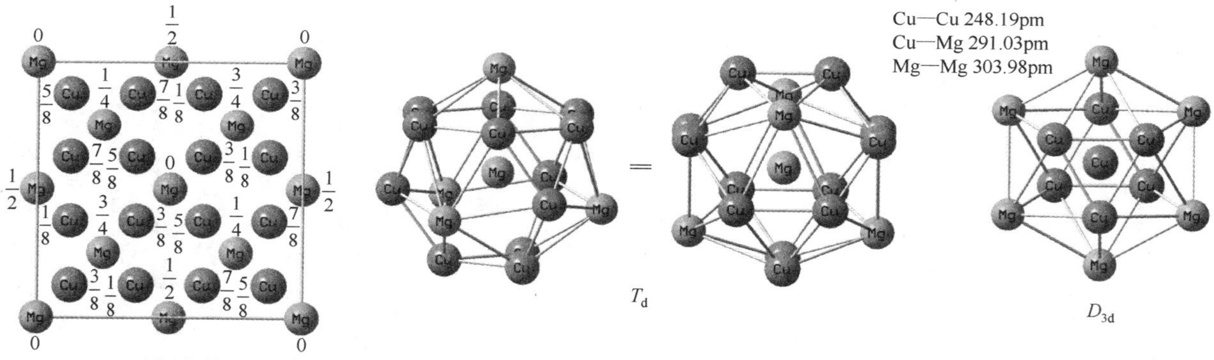

(a) 原子位置　　　　(b) 镁的配位多面体　　　　(c) 铜的配位多面体

图 7-29　$MgCu_2$ 合金晶体中原子位置和配位多面体

7.3.3　$MgZn_2$ 合金的晶体结构

常温常压下，锌、镁金属单质的晶体结构都是 A_3，锌单质晶体存在变形，Zn、Mg 原子半径相差较大，Zn 的原子半径为 134pm，Mg 的原子半径为 160pm，容易形成合金化合物。$MgZn_2$ 是合金化合物，可能是锌、镁单质晶体都是六方，生成的合金化合物晶体也是六方。晶体的原子排列堆积存在 6_3；与之垂直方向存在镜面和 3 条二重轴，对称点群为 D_{6h}，晶体属于六方晶系。沿晶体[001]方向透视，见图 7-30（a），该方向存在 6_3 和 $\overline{6}$，是六方晶体的特征对称元素。[210]方向存在二重旋转轴和滑移面 c，见图 7-30（b）；沿晶体的[100]方向的透视，见图 7-30（c），图中原子排列有二重旋转轴 2 和镜面 m，而[110]方向的原子排列也有二重旋转轴 2 和镜面 m，见图 7-30（d）。

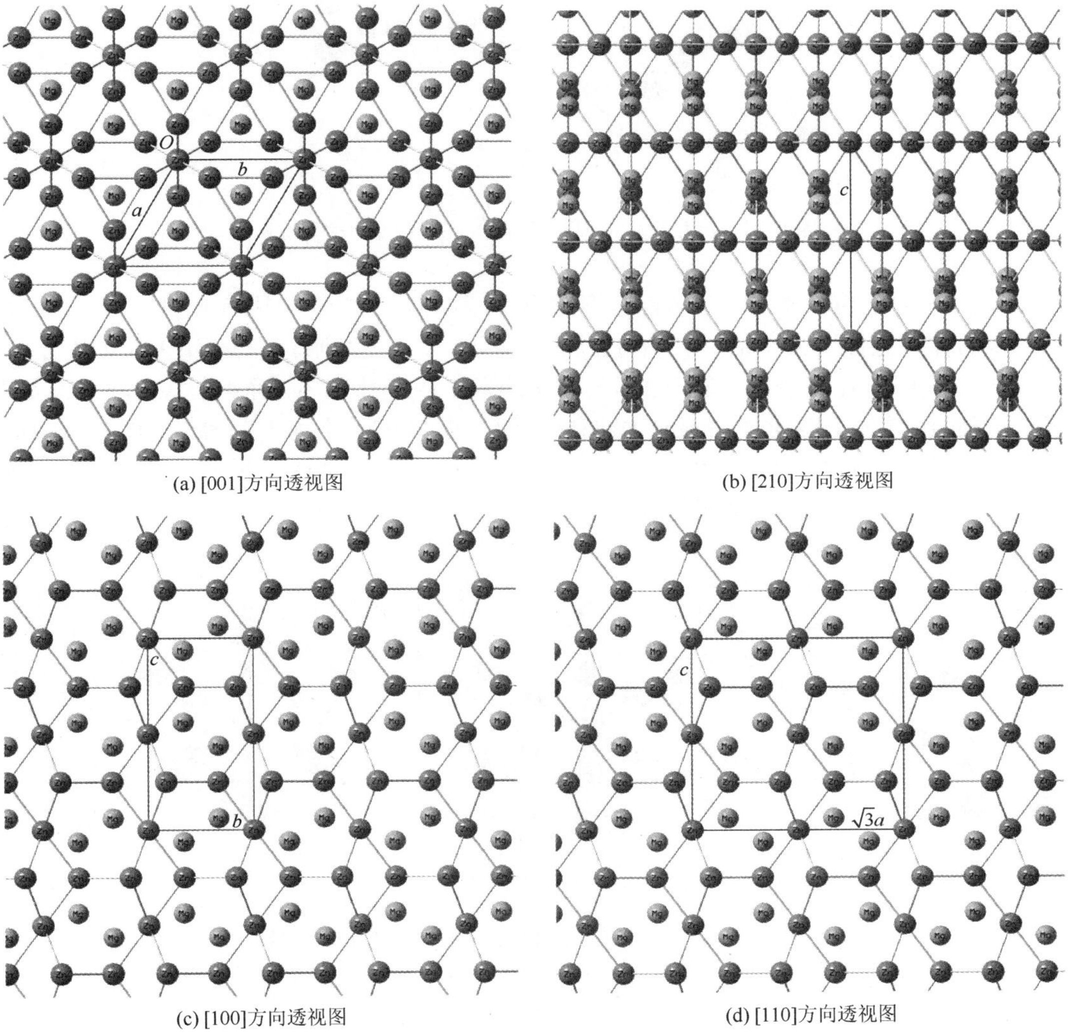

(a) [001]方向透视图　(b) [210]方向透视图

(c) [100]方向透视图　(d) [110]方向透视图

图 7-30　六方 $MgZn_2$ 晶体的原子排列堆积的周期性和对称性

$MgZn_2$ 晶体的空间群为 $D_{6h}^4\text{-}P\dfrac{6_3}{m}\dfrac{2}{m}\dfrac{2}{c}$，晶胞参数 $a=522.1\text{pm}$，$c=856.7\text{pm}$，轴率 $c/a=1.641$，大于理论值，晶胞中化学计量式单位数 $Z=4$。Mg 原子占据对称位置 4f，$ZnZn_6$ 八面体沿晶轴 c 方向共面连接，八面体中心 Zn 原子的对称位置为 2a，八面体顶点 Zn 原子的对称位置为 6h，晶体有特定的化学式[11]。当坐标系原点定在八面体中心 Zn 原子上，位点对称性为 $\overline{3}m1$，得到六方晶胞，见图 7-31（a）。六方坐标系中原子位置见图 7-31（b），原子的分数坐标如下：

$$\text{Zn(1)}\quad 2\text{a}\quad \overline{3}m.\quad 0,0,0;\ 0,0,\frac{1}{2}$$

$$\text{Zn(2)}\quad 6\text{h}\quad mm2\quad x,2x,\frac{1}{4};\ 2x,x,\frac{3}{4};\ x,\overline{x},\frac{1}{4};\ \overline{x},2\overline{x},\frac{3}{4};\ 2\overline{x},\overline{x},\frac{1}{4};\ \overline{x},x,\frac{3}{4}\qquad x=0.8305$$

$$\text{Mg}\quad 4\text{f}\quad 3m.\quad \frac{1}{3},\frac{2}{3},z;\ \frac{2}{3},\frac{1}{3},\overline{z};\ \frac{1}{3},\frac{2}{3},\overline{z}+\frac{1}{2};\ \frac{2}{3},\frac{1}{3},z+\frac{1}{2}\qquad z=0.0630$$

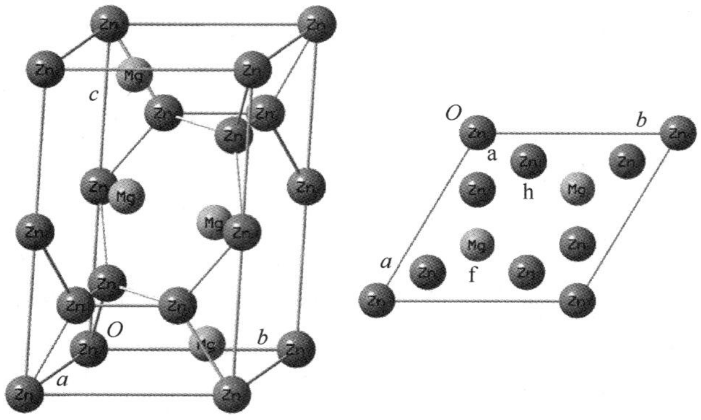

(a)　　(b)

图 7-31　六方 $MgZn_2$ 晶体的晶胞（a）和原子位置（b）

晶体中 Mg 原子的配位数为 16，多面体顶点组成为 4Mg + 12Zn，围成闭式二十八面体，也称为 Frank-Kasper 多面体，见图 7-32（a）。12 个 Zn 原子组成 4 个正三角形，三角形中心点围成一个四面体，其中三个三角形有相同的几何参数，正三角形顶点又连接出四个六元环，而 4 个六元环上方是带帽 Mg 原子，4 个 Mg 原子也组成一个四面体。Frank-Kasper 多面体在 $MgCu_2$ 中为 T_d 对称性，而在 $MgZn_2$ 中为 C_{3v}。椅式六元环 Mg_3Zn_3、平面六元环 Zn_6 和正三角形 Zn_3 的中心连线与晶轴 c 平行，多面体沿晶轴 c 共面连接，见图 7-30（a），多面体几何参数见图 7-32（a）。

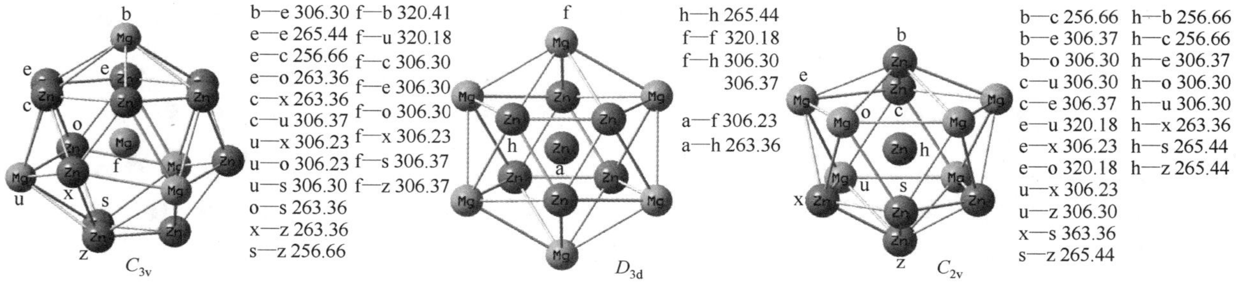

(a) Frank-Kasper多面体　　(b) Zn的二十面体(1)　　(c) Zn的二十面体(2)

图 7-32　六方 $MgZn_2$ 晶体中的多面体及其几何参数

图中数值单位为 pm

Zn 原子的配位数为 12，多面体顶点组成为 6Mg + 6Zn，围成闭式二十面体。处于 2a 位置的 Zn 原子的二十面体的对称性为 D_{3d}，两个 Zn_3 正三角形、Mg_6 椅式六元环的中心点均在晶轴 c 上，多面体以共用 Zn_3 三角形面的方式连接，见图 7-30（a）和图 7-32（b）。处于 6h 位置的 Zn 原子周围，相同数量的 Zn 和 Mg 原子以另外一种方式组成对称性为 C_{2v} 的二十面体，多面体几何参数见图 7-32（c）。

7.3.4　$CuAl_2$ 合金的晶体结构

常温常压下，铝、铜单质的晶体结构都是 A_1，Cu 的原子半径为 128pm，Al 的原子半径为 134pm，在混合组成中形成合金化合物 $CuAl_2$。$CuAl_2$ 晶体为四方晶系[1]，空间群为 D_{4h}^{18} - $I\frac{4}{m}\frac{2}{c}\frac{2}{m}$，晶胞参数 $a = 606.3$pm，$c = 487.2$pm，晶胞中化学计量式单位数 $Z = 4$。晶体的[001]方向存在四重旋转轴，见图 7-33（a）；[100]方向存在二重旋转轴和滑移面 c，见图 7-33（b）；[110]方向有二重旋转轴和镜面 m，二重旋转轴穿过 Cu 原子，见图 7-33（c）。

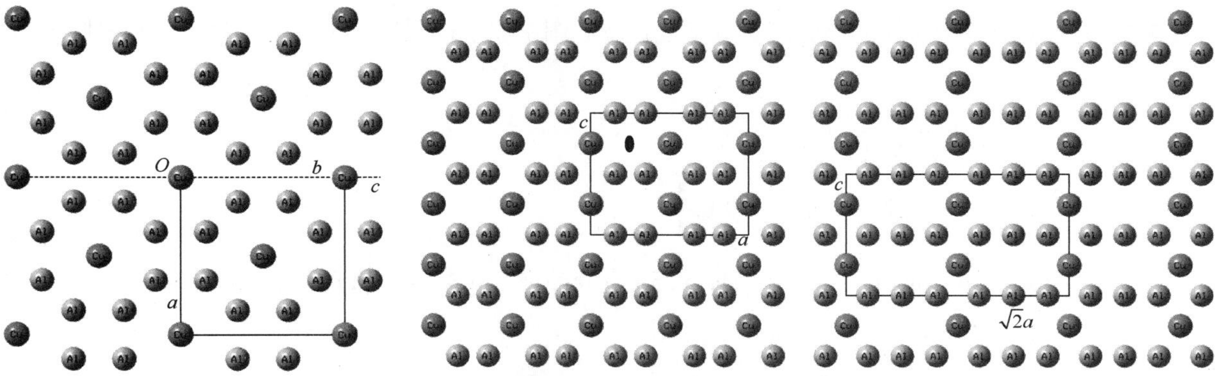

(a) [001]方向透视图　　(b) [100]方向透视图　　(c) [110]方向透视图

图 7-33　四方 $CuAl_2$ 晶体在重要方向上原子排列堆积透视图

晶体中对称元素的位置见图 7-34，晶体中有一个方向存在四重旋转轴，垂直四重旋转轴的 a 和 b 方向，以及 $a+b$ 和 $a-b$ 方向都有二重旋转轴。铝原子层是镜面，与四重旋转轴垂直，晶体点群为 D_{4h}，晶体属于四方晶系。

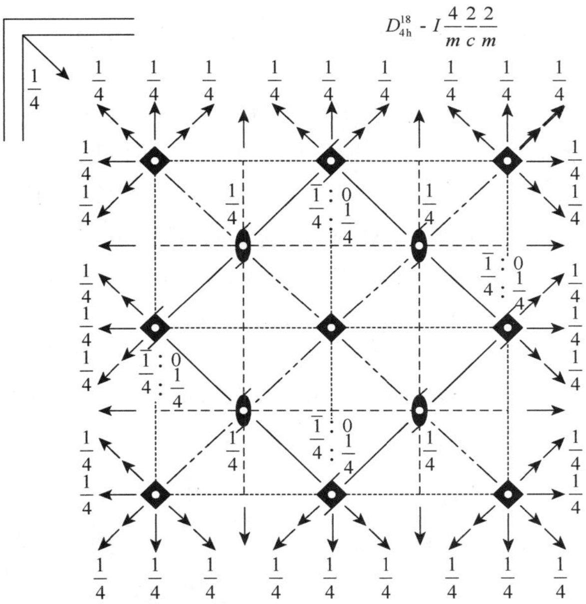

图 7-34　$CuAl_2$ 晶体的对称元素位置图

晶轴 c 上的 $4/m$ 对称元素组合产生对称中心，位置在铝层、2Cu + 4Al 围成的八面体空位中心。将此对称中心选作原点，以八面体 2Cu + 4Al 结构单元作为结构基元，得到立方体心格子 tI，晶胞包含 2 个结构基元。晶体按结构基元划分，所得堆积图和沿晶轴 c 的投影图见图 7-35。

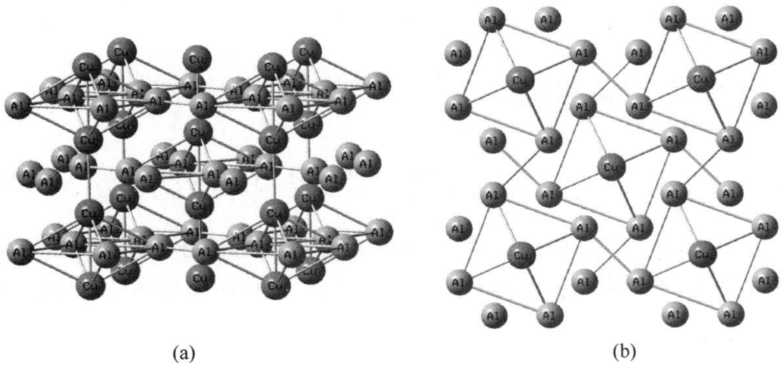

(a)　　(b)

图 7-35　$CuAl_2$ 晶体按结构基元划分的晶体图形（a）及投影图（b）

图 7-36 是与空间格子对应的晶胞图及原子位置图，图中原子位置用字母标记，对应晶胞中原子的分数坐标如下：

$$(0,0,0);\ \left(\frac{1}{2},\frac{1}{2},\frac{1}{2}\right)+$$

$$\text{Cu}\quad 4a\quad 422\qquad 0,0,\frac{1}{4};\ 0,0,\frac{3}{4}$$

$$\text{Al}\quad 8h\quad m.2m\qquad x,x+\frac{1}{2},0;\ \bar{x},\bar{x}+\frac{1}{2},0;\ \bar{x}+\frac{1}{2},x,0;\ x+\frac{1}{2},\bar{x},0\qquad x=0.1541$$

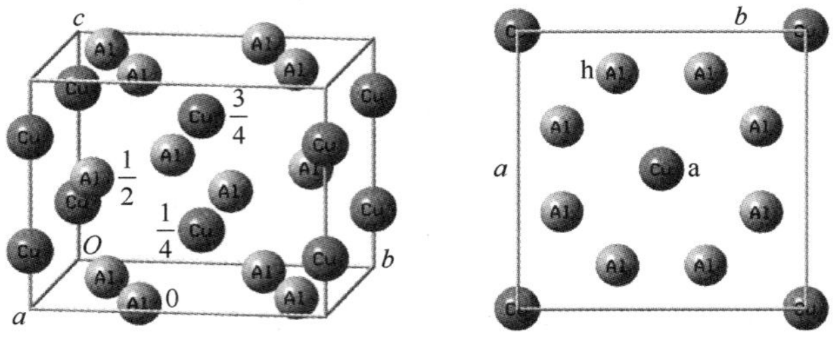

图 7-36　$CuAl_2$ 晶体的晶胞（a）和原子位置图（b）

晶体中 Cu 原子的配位数为 10，多面体顶点组成为 2Cu + 8Al，围成的闭式多面体为二带帽四方反棱柱。两个正方形交错 42°，对称性为 D_4。Al 原子的配位数为 15，多面体顶点组成为 4Cu + 11Al，围成的闭式多面体为二十六面体，对称性为 C_{2v}。与 Frank-Kasper 多面体相似，但多面体中的混合六元环为船式，而不是椅式。Cu—Cu 键最短，键长为 243.6pm，Cu—Al 键的键长为 259.9pm。Al—Al 键较长，最短键长为 264.2pm，超过了铝单质晶体中的键长，最长为 324.7pm，其次为 307.0pm，见图 7-37。可以认为，$CuAl_2$ 合金的晶体结构是一种通过 Cu 结合 Cu 和 Al 原子的晶体结构，Cu 沿晶轴 c 形成 Cu—Cu—Cu… 链式结构，在一个 Cu 原子的周围，8 个铝原子组成四方反棱柱，沿晶轴 c 方向，这些四方反棱柱以共面形式相互连接，共用面为铝原子组成的正方形面，见图 7-35。ac 和 bc 面上有 Al_4 四面体空位，c 轴方向棱心有 Cu_2Al_4 八面体空位。

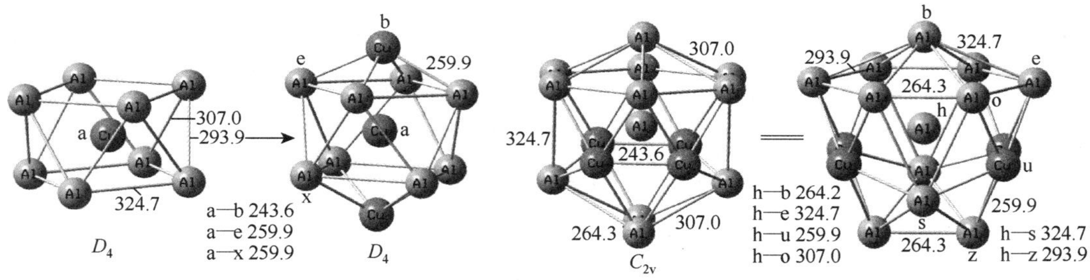

(a) Cu的配位多面体——二带帽四方反棱柱　　(b) Al的配位多面体——二十六面体

图 7-37　$CuAl_2$ 晶体中 Cu 和 Al 原子的配位多面体及其几何参数

图中数值单位为 pm

7.3.5　合金超导体 Nb_3Ge 的晶体结构

合金超导体 Nb_3Ge 的晶体结构是 β-W（A_{15}）晶体的演变结构。β-W 为立方晶系，空间群为 O_h^3-$P\frac{4_2}{m}\bar{3}\frac{2}{m}$，晶胞参数 $a = 504.0\text{pm}$，晶胞中原子数 $Z = 8$。四个方向上有相同的原子排列堆积，存在 $\bar{3}$ 反轴。另有三个方向上的原子堆积排列相同，形成 4_2 螺旋轴对称性，这就决定了 β-W 晶体为立方晶系[12]。[001]、[111]、[110] 方向原子的堆积图见图 7-38。

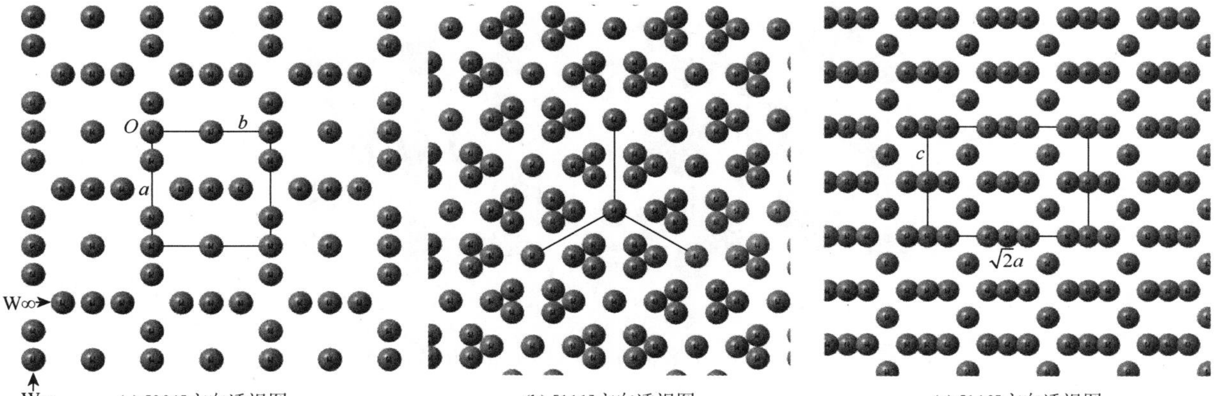

(a) [001]方向透视图　　(b) [111]方向透视图　　(c) [110]方向透视图

图 7-38　β-W 晶体中沿主要方向的透视图

晶体中存在 W_∞ 链式结构单元，W—W 间距 252.2pm，W_∞ 链式结构单元沿三个相互垂直的方向纵横交错，将晶体划为空间网格，其中，每条链中存在—W—W—结构单位，与坐标轴平行的 6 条链中的—W—W—结构单位围成二十面体，其空间网格中心被 W 填充，填充的 W 原子是孤立原子，与链上 W 原子之间的间距较远，为 281.97pm，二十面体的对称性为 T_h，见图 7-39（a）。显然，占据二十面体中心的 W 原子，与链式 W_∞ 上的 W 原子是对称性不同的两类非等效原子，这些二十面体的连接方式为共边。

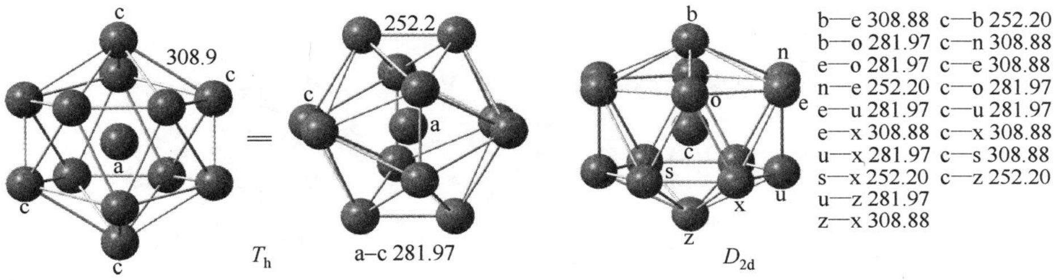

(a) 2a位置W原子的二十面体　　(b) 6c位置W原子的二十四面体

图 7-39　β-W 晶体中两类 W 原子的配位多面体及几何结构

图中数值单位为 pm

以二十面体中心 W 原子作为参考点，在其附近选取三个相邻的、相互垂直的—W—W—（c 位置），以及两个相邻的二十面体中心 W 原子（a 位置），共 8 个原子作为结构基元，可得到立方简单格子 cP。a、c 位置见图 7-40（b）。W_∞ 链上 W 原子的配位多面体为体积较大的二十四面体，主要由周围 4 条链的 4 个—W—W—结构单位（即 c 位置的 8 个 W 原子）、4 个 a 位置的 W 原子，链上前后相结合的 2 个 W 原子，共 14 个原子组成，配位多面体也称为二带帽六方反棱柱，对称性为 D_{2d}，见图 7-39（b）。

二十面体中心 W 原子的位置是晶体的对称中心，将其作为立方坐标系原点，得到立方晶胞，晶胞的原子数 $Z=8$，在晶胞中可以划出一个完整的二十面体，见图 7-40（a）。两种不同取向的二十面体的中心 W 原子占据晶胞的顶点和体心，用字母标记为 2a。结构单位—W—W—的中心点占据晶胞面心，面上 W 原子的位置用字母标记为 6c。两类 W 原子在晶胞中的位置见图 7-40（b），原子的分数坐标分别为

$$\mathrm{W}\quad 2a\quad m\bar{3}.\quad 0,0,0;\ \frac{1}{2},\frac{1}{2},\frac{1}{2}$$

$$\mathrm{W}\quad 6c\quad \bar{4}m.2\quad \pm\left(\frac{1}{4},0,\frac{1}{2}\right);\ \pm\left(\frac{1}{2},\frac{1}{4},0\right);\ \pm\left(0,\frac{1}{2},\frac{1}{4}\right)$$

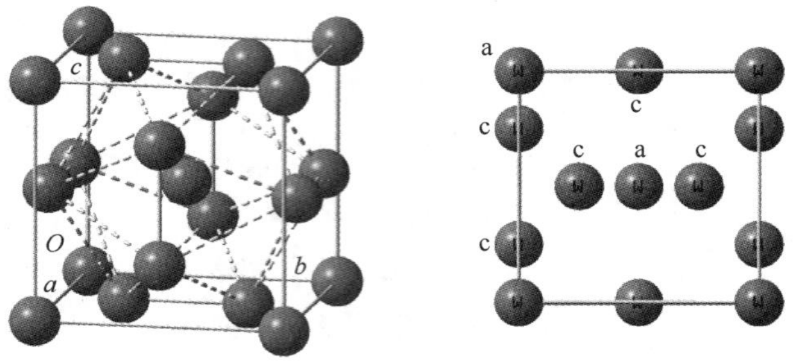

(a)　　(b)

图 7-40　β-W 晶体的晶胞（a）和原子位置（b）

当 Ge 原子占据 β-W 晶体中 2a 位置，Nb 占据 6c 位置，β-W 晶体就变为 Nb_3Ge 晶体，因而，Nb_3Ge 晶体与 β-W 晶体有相同对称性及空间群[13]。晶胞参数 $a=516.8\text{pm}$，晶胞中分子数 $Z=2$。原子的位置分别为

$$\text{Ge}\quad 2\text{a}\quad m\bar{3}.\qquad (0,0,0);\ \left(\frac{1}{2},\frac{1}{2},\frac{1}{2}\right)$$

$$\text{Nb}\quad 6\text{c}\quad \bar{4}m.2\qquad \pm\left(\frac{1}{4},0,\frac{1}{2}\right);\ \pm\left(\frac{1}{2},\frac{1}{4},0\right);\ \pm\left(0,\frac{1}{2},\frac{1}{4}\right)$$

Ge 和 Nb 原子分别占据不同位置后，Nb_3Ge 晶体中原子的堆积结构见图 7-41。晶体仍然保持了晶轴方向 4_2 螺旋轴，以及四条体对角线方向 $\bar{3}$ 的对称性。

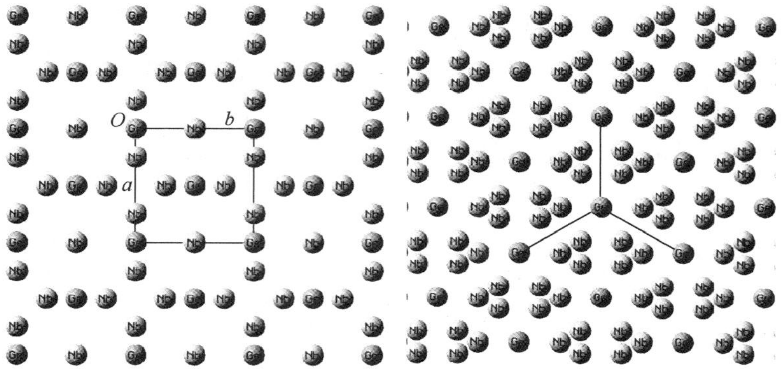

(a) [001]方向透视图　　(b) [111]方向透视图

图 7-41　立方 Nb_3Ge 晶体在特殊方向上的透视图

晶体中 Nb 原子的结合方式仍是 Nb_∞ 链式结构，Nb—Nb 间距为 258.4pm。在相互垂直的三个方向，Nb_∞ 链纵横交错，选取三个方向的—Nb—Nb—结构单位共 6 个 Nb 原子（c 位置），以及与这组—Nb—Nb—结构单位邻近的两个 Ge 原子（a 位置）作为结构基元，所得空间格子为立方简单格子 cP。Ge 原子位置仍然是对称中心，将其作为坐标系原点，取得与 β-W 晶体相似的晶胞，见图 7-42（a）。在空间群中，Ge 原子的等位点仍用字母标记为 a，Nb 原子的等位点用字母标记为 c，晶体中原子位置见图 7-42（b）。

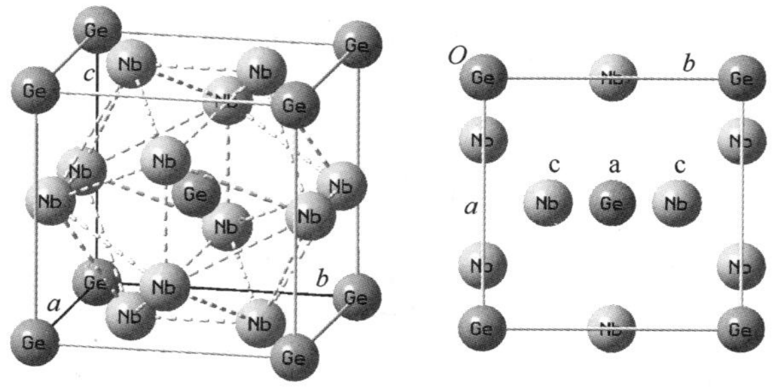

(a)　　(b)

图 7-42　立方 Nb_3Ge 晶体的晶胞（a）和原子位置（b）

晶胞中体心 Ge 原子的多面体是由六个面上的—Nb—Nb—结构单位沿六个方位，将 Ge 围成二十面体，Ge—Nb 间距为 288.9pm。而顶点位置 Ge 的多面体也是相同的二十面体，周围共分布有六条 Nb_∞ 链，其中，每条 Nb_∞ 链的—Nb—Nb—结构单位与邻近 Ge 配位。Ge 二十面体的顶点全部为 Nb 原子，Ge 占据二十面体中心，对称性为 T_h，几何结构参数见图 7-43（a）。对于 Nb 的配位多面体，指定 Nb_∞ 链上任意 Nb 原子，周围 6 条 Nb_∞ 链上 6 个—Nb—Nb—单位，连同两个顶点和两个体心位置的 4 个 Ge 原子围成二十四面体，对称性为 D_{2d}，见图 7-43（b）。

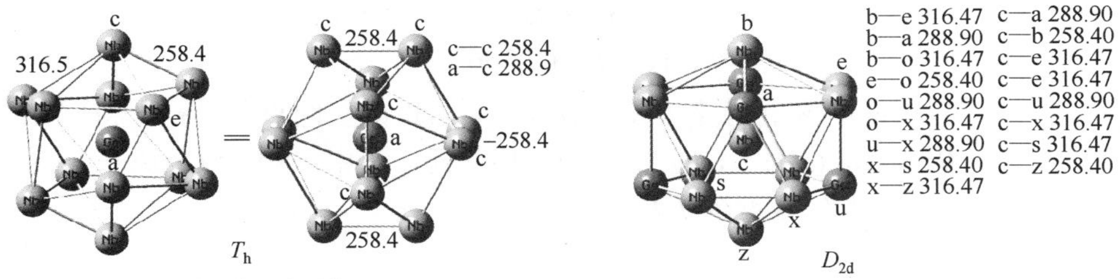

(a) Ge原子的二十面体　　　　(b) Nb原子的二十四面体

图 7-43　立方 Nb_3Ge 晶体中 Ge 和 Nb 原子的多面体

图中数值单位为 pm

晶胞包含了一个完整的 $GeNb_{12}$ 二十面体，二十面体中心也被 Ge 占据，处于晶胞体心，该二十面体由位于立方体顶点的 8 个 $GeNb_{12}$ 二十面体的配位 Nb 原子组成，其对称性与顶点二十面体相同，只是取向不同，因而，晶体中所有 $GeNb_{12}$ 二十面体的对称性等同。Nb_3Ge 合金有超导性，临界温度 23K，超导性与晶体中链式结构有必然的关系。属于 A_{15} 结构类型的晶体还有 Cr_3Si、V_3Ga、V_3Ge、Nb_3Si、Nb_3Al、Nb_3Sn 等。

7.3.6　合金 Cu_5Zn_8 的晶体结构

Cu_5Zn_8 是晶体结构较为复杂的合金，晶体结构是 γ-Cu 的演变结构，空间群为 T_d^3 - $I\bar{4}3m$。晶体的四个方向存在三重旋转轴，原子的排列堆积方式相同，这种对称性决定了晶体属于立方晶系[14]。必然另有三个相互垂直的方向有四重对称轴，并被指定为晶轴方向。晶体的晶轴方向为 $\bar{4}$ 反轴，自然在同一位置生成二重旋转轴，平分晶轴交角的对角线位置有反映面，整个晶体的对称性为 T_d。图 7-44 是晶体沿 $\bar{4}$ 反轴[001]和三重旋转轴[111]方向的透视图。

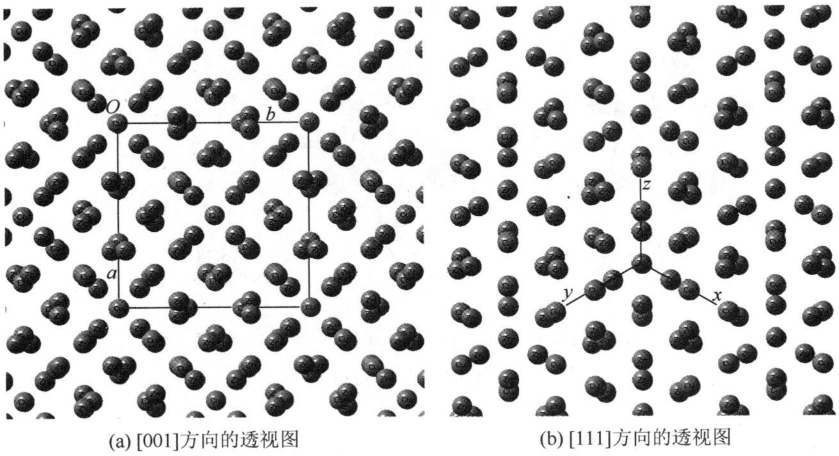

(a) [001]方向的透视图　　　　(b) [111]方向的透视图

图 7-44　立方 Cu_5Zn_8 晶体沿 $\bar{4}$ 反轴[001]方向和三重旋转轴[111]方向的透视图

晶体的晶胞参数 $a = 887.8$pm，结构基元包含 10 个 Cu、16 个 Zn 原子，共 26 个原子。结构基元所包含的 26 个原子，分别来自两类等位点的 Cu 和 Zn ，其位置如下：

$$(0,0,0);\ \left(\frac{1}{2},\frac{1}{2},\frac{1}{2}\right)+$$

Cu(1)	8c	$.3m$	$x,x,x;\ \bar{x},\bar{x},x;\ \bar{x},x,\bar{x};\ x,\bar{x},\bar{x}$	$x=0.8280$
Cu(2)	12e	$2.mm$	$x,0,0;\ 0,x,0;\ 0,0,x;\ \bar{x},0,0;\ 0,\bar{x},0;\ 0,0,\bar{x}$	$x=0.3558$
Zn(1)	8c	$.3m$	$x,x,x;\ \bar{x},\bar{x},x;\ \bar{x},x,\bar{x};\ x,\bar{x},\bar{x}$	$x=0.1089$
Zn(2)	24g	$..m$	$x,x,z;\ z,x,x;\ x,z,x;\ \bar{x},\bar{x},z;\ \bar{z},\bar{x},x;\ \bar{x},\bar{z},x;$ $\bar{x},x,\bar{z};\ \bar{z},x,\bar{x};\ \bar{x},z,\bar{x};\ x,\bar{x},\bar{z};\ z,\bar{x},\bar{x};\ x,\bar{z},\bar{x},$	$x=0.3128,\ z=0.0366$

这些原子彼此连接，形成异核或同核金属键，根据结构基元所得的空间点阵结构，得到立方体心格子 cI 。再按照晶胞的选取原则，从晶格取出晶胞，包含 2 个结构基元，其中，20 个 Cu 原子和 32 个 Zn 原子，共 52 个原子，$Z=4$ 。晶胞和原子的位置见图 7-45。

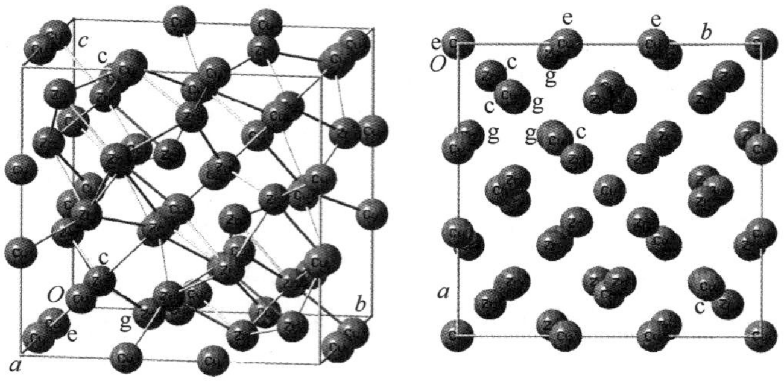

(a)　　(b)

图 7-45　立方 Cu_5Zn_8 晶体的晶胞（a）和原子位置（b）

晶体包含 4 类对称性不等价原子，它们都有各自的配位多面体，原子之间的结合力也存在差异，主要体现在配位数、配位多面体和原子间距等不同。处于等位点 8c 的 Cu 原子，其周围有 13 个原子，组成为 10Zn＋3Cu 。多面体中等边三角形△vxi 由 Zn 原子组成，三条边长超过了正常金属键的键长范围（256.02～270.67pm），其中一个 Zn 原子（编号为 q）在三重旋转轴上，带帽三角形△vxi ，与中心 Cu 原子的间距为 336.91pm，也超过了正常金属键的键长，见图 7-46。中心 Cu 原子与其他 9 个 Zn 、3 个 Cu 原子的间距较短，有效配位数等于 12，对称性为 C_{3v} 。

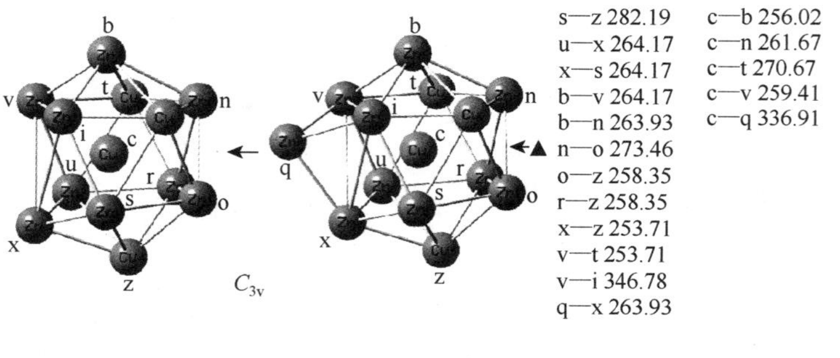

图 7-46　Cu（c）的二十面体及其几何参数

图内数值单位为 pm

处于等位点 12e 的 Cu 原子，其周围也有 13 个原子，组成为 10Zn＋3Cu ，中心 Cu 原子与周围的全部 Zn 和 Cu 原子的间距都在正常金属键的键长范围（253.71～284.62pm）内。中心 Cu 原子与其他 10 个 Zn 、3 个 Cu 原子组成变形二十二面体，对称性为 C_{2v} 。多面体中 u—v 、 r—s 、t—n 边长超过了正常金属键的键长，见图 7-47。

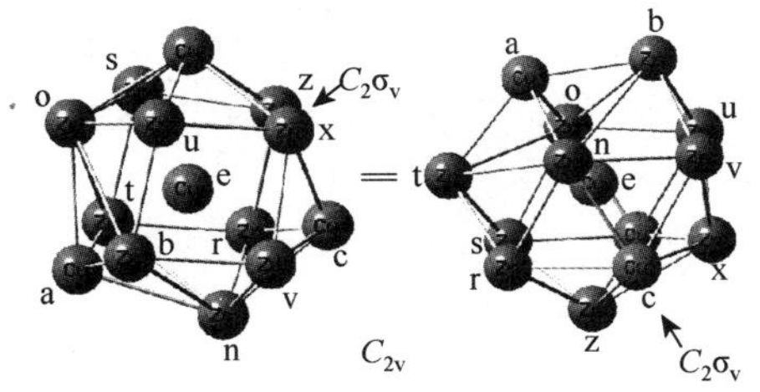

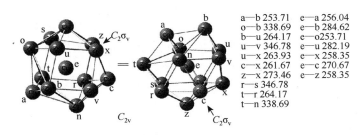

图 7-47　Cu（e）的二十二面体及其几何参数

处于等位点 8c 的 Zn 原子，其周围有 13 个原子，组成为 6Zn + 7Cu，多面体中等边三角形△vxi 由 Zn 原子组成，三条边长超过了正常金属键的键长范围（258.35～273.46pm），其中一个 Cu 原子带帽△vxi 在三重旋转轴上，与中心 Cu 原子的间距为 336.91pm，也超过了正常金属键的键长，见图 7-48。中心 Cu 原子与其他 6 个 Zn 、6 个 Cu 原子的间距较短，有效配位数等于 12，对称性为 C_{3v}。

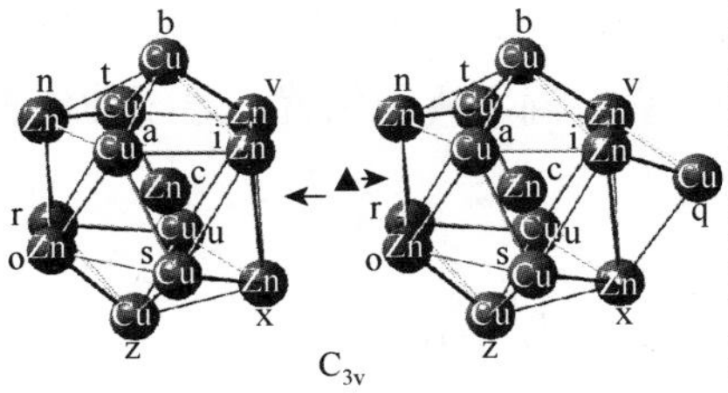

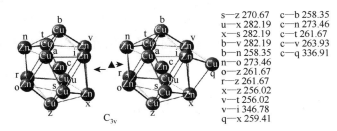

图 7-48　Zn（c）的二十面体及其几何参数

处于等位点 24g 的 Zn 原子，其周围有 15 个原子，组成为 9Zn + 6Cu，其中 4 个 Zn 原子，看成是四边形面上的带帽原子，标记为 x、z，与中心 Zn 原子 g 的距离较远，间距超过了正常金属键的键长范围（253.71～284.62pm）。如果除去这 4 个 Zn 原子，所得多面体包含 8 个三角形面、5 个四边形面，而且四边形面是非平面状的，有效配位原子数为 11，组成为 5Zn + 6Cu，对称性为 C_s。多面体中 o—v 边长为 338.69pm，超过了正常金属键的键长，见图 7-49。

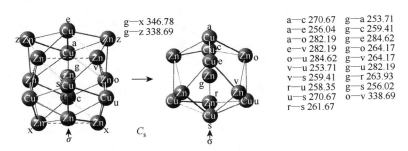

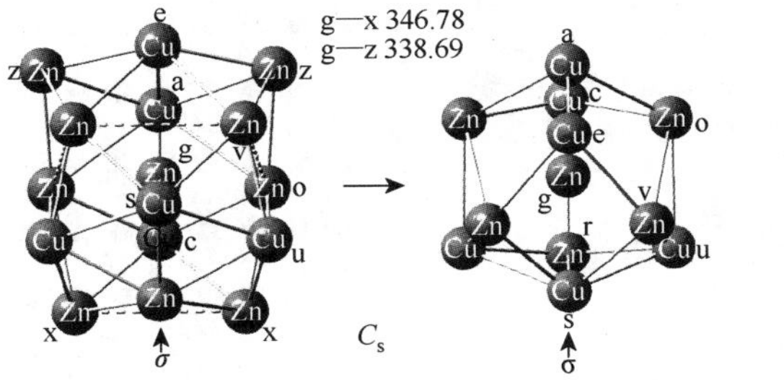

图 7-49　Zn（g）的配位多面体及其几何参数

图内数值单位为 pm

比较纯金属和合金化合物的晶体结构发现，合金中原子的配位数更大，原子间距更短，而且配位关系变化有多种形式。当两种金属的原子半径相差较大时，容易形成配位数较大的多面体。合金多面体的结构与金属原子的电子组态存在必然联系，价电子数较少的金属原子，结合力较强、配位数较大。较多的合金晶体中存在三角形面正二十面体，由于是变形的，丢失了五重旋转轴，只保持了三重或二重对称轴，所以仍能保持晶体的周期性排列特点。当两种金属的原子半径的差值达到一定数值时，这种变形二十面体会出现五重对称轴，使得晶体的周期性排列消失，转变为准晶体。由此可见，同种金属或原子半径相当的两种金属混合，不可能得到具有五重对称轴的准晶体晶相。

7.4　氧化物和氢氧化物的晶体结构

氧化物的晶体结构种类很多，氧负离子的电子云很容易变形，当金属离子的正电荷较高时，容易引起极化作用。金属正离子与氧负离子通过静电作用力靠近，进一步发生价层轨道重叠，形成一定强度的共价键，这类氧化物晶体的离子键长都短于正、负离子半径的加和。正因为如此，很多氧化物都有较高的硬度，加之较高的化学稳定性，被广泛应用于硬材料。

7.4.1　刚玉 α-Al_2O_3 的晶体结构

刚玉的莫氏硬度为 9，常被用作金属锻压、塑料成型的模具，代替金属作机械轴承。刚玉晶体经过紫外光或日光照射发射出红色荧光。人工培养的刚玉晶体，掺入少量铬或稀土离子，是一种能发射红色激光的材料，也称为红宝石激光晶体，从而成为研究激光的一种极好的晶体材料。

α-Al_2O_3 晶体为三方晶系[15]，空间群为 D_{3d}^6 - $R\overline{3}\dfrac{2}{c}$，晶胞参数 $a = 475.9\text{pm}$，$c = 1299.1\text{pm}$，晶胞中化学计量式单位数 $Z = 6$。晶体的一个方向存在 $\overline{3}$ 反轴，垂直于 $\overline{3}$ 方向有三条二重轴；包含 $\overline{3}$ 反轴，平分两条二重轴交角的对角线方向有 c。将特征对称元素 $\overline{3}$ 选为坐标系的 z 轴，用六方坐标系表示，其中一条二重轴为 x 轴，另一条二重轴为 y 轴。在两层氧离子之间存在对称中心，也是 $\overline{3}$ 的反演中心；准确位置在两层氧离子围成的八面体空位中心。选择该对称中心作为原点，确定离子位置，离子的位置坐标如下：

$$(0,0,0),\quad \left(\frac{2}{3},\frac{1}{3},\frac{1}{3}\right),\quad \left(\frac{1}{3},\frac{2}{3},\frac{2}{3}\right)\ +$$

$$\text{Al}\quad 12c\quad 3.\quad 0,0,z;\ 0,0,\overline{z};\ 0,0,z+\frac{1}{2};\ 0,0,\overline{z}+\frac{1}{2},\qquad z=0.352$$

$$\text{O}\quad 18e\quad .2\quad x,0,\frac{1}{4};\ 0,x,\frac{1}{4};\ \overline{x},0,\frac{3}{4};\ 0,\overline{x},\frac{3}{4};\ \overline{x},\overline{x},\frac{1}{4};\ x,x,\frac{3}{4},\qquad x=0.306$$

选择 $4Al^{3+} + 6O^{2-}$ 作为结构基元，由结构基元得到三方 R 心格子 hR，图 7-50 是晶体沿[001]和[100]方向的透视图。

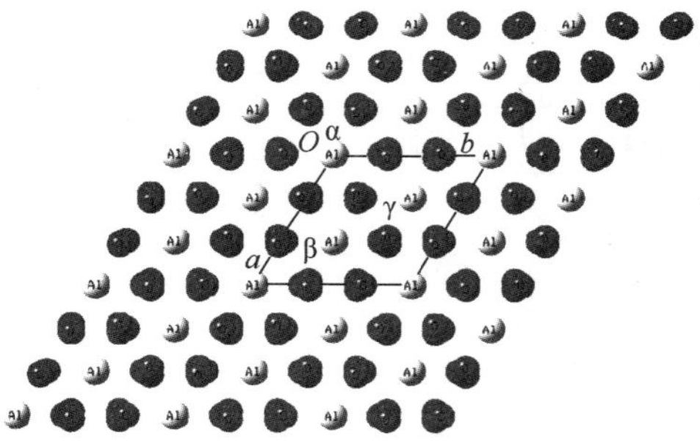

(a) [001]方向透视图

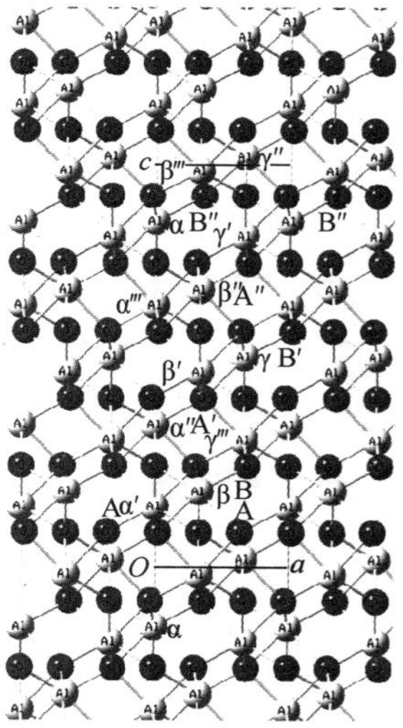

(b) [100]方向透视图

图 7-50　三方 α-Al_2O_3 晶体沿晶轴方向透视图

α-Al_2O_3 晶体结构可以看成是氧离子的六方紧密堆积，堆积方式为ABA′B′A″B″…，正离子 Al^{3+} 填充两层氧离子之间的八面体空位 C，填充分数为 $2/3$。在晶胞范围内，两层氧离子之间的八面体空位位置 C 按 hR 格子点阵点的 x、y 坐标分别重新标记为

$$\text{顶点：}\quad (0,0,0)\quad \alpha$$

$$\text{R心：}\quad \left(\frac{2}{3},\frac{1}{3},\frac{1}{3}\right)\quad \beta$$

$$\text{R心：}\quad \left(\frac{1}{3},\frac{2}{3},\frac{2}{3}\right)\quad \gamma$$

注意 hR 的菱形平面格子是 C 空位格子的 $\sqrt{3}$ 倍超格子。氧离子层和铝离子层垂直于晶轴 c 的方向堆积重叠，按照坐标值 z 由小到大的顺序，堆积层排列为

$$\cdots\gamma''\text{A}\alpha'\beta\text{B}\gamma'''\alpha''\text{A}'\beta'\gamma\text{B}'\alpha'''\beta''\text{A}''\gamma'\alpha\text{B}''\beta'''\gamma''\cdots$$

Al^{3+}与O^{2-}之间存在较强的极化作用，表现为AlO_6八面体的变形，仅看AlO_6八面体，对称性为C_1。在A″γ′αB″堆积单元内，Al^{3+}分别与A″层和B″层O^{2-}配位，在标记为α-Al^{3+}的八面体中，α-Al^{3+}与下层A″的间距均为196.89pm，与上层B″的间距均为185.62pm，间距较长的一侧三角锥，O—Al—O交角较小，为79.7°，间距较短的一侧三角锥，O—Al—O交角较大，为101.1°，见图7-51（a）。O^{2-}的配位多面体为变形四面体，对称性为C_2。

在Aα′βB堆积单元内，β-Al^{3+}分别与A层和B层O^{2-}配位形成β-AlO_6八面体；与之近邻的Bγ‴α″A′堆积单元内，γ‴-Al^{3+}分别与B层和A′层O^{2-}配位形成γ‴-AlO_6八面体，几何参数见图7-51（b）和（c）。这些AlO_6八面体的几何结构相同，不同的是取向，沿晶轴c方向观察为两种取向，一种取向是键长较短（185.62pm）的三角锥朝晶轴c的正方向，另一种取向是键长较长（196.89pm）的三角锥朝晶轴c的正方向。

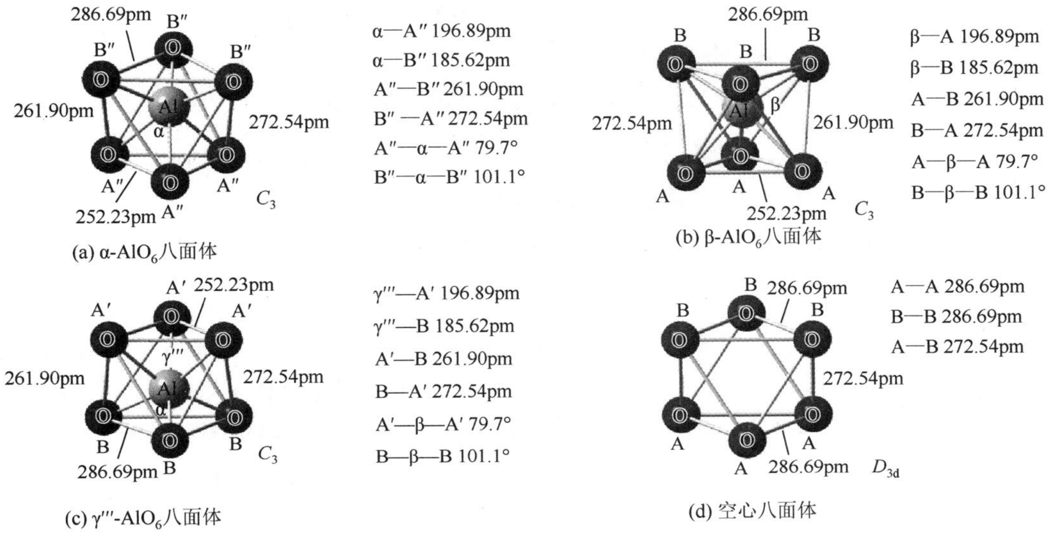

图 7-51　AlO_6和空心八面体的取向和结构参数

以AlO_6八面体作为结构层，同结构层Aα′βB中，每个α′-AlO_6八面体周围有3个β-AlO_6八面体，另有3个空心八面体，八面体连接方式为共用边。同样，每个β-AlO_6八面体周围也有3个α′-AlO_6八面体和3个空心八面体，见图7-52。空心八面体的中心点是对称中心，在两层中氧离子间距均相等，为286.69pm，两层间O^{2-}—O^{2-}间距均为272.54pm，空心八面体对称性为D_{3d}。α′-AlO_6八面体和β-AlO_6八面体的取向相反，沿晶轴c观察，α′和β位置的Al^{3+}错位，α′的z坐标值略小于β。

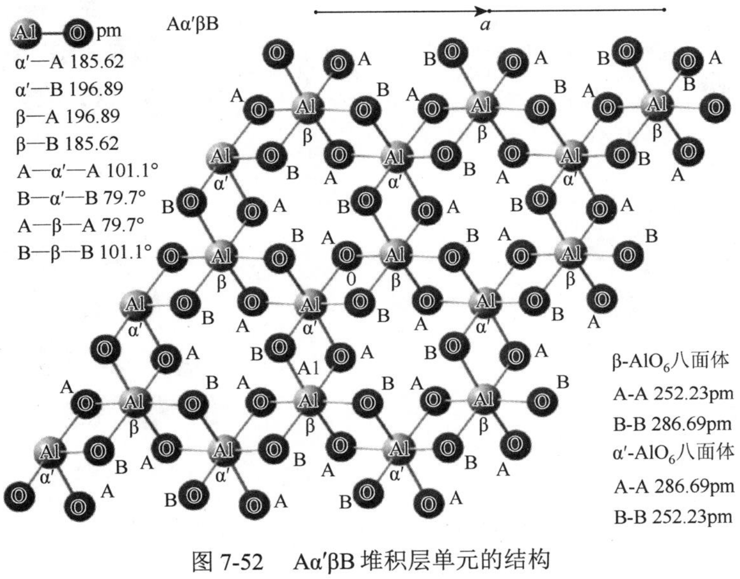

图 7-52　Aα′βB 堆积层单元的结构

再观察近邻堆积层Bγ‴α″A′中的AlO_6和空心八面体的几何结构，与Aα′βB堆积层中的完全相同，γ‴-AlO_6八面体和α″-AlO_6八面体相对于晶轴c的取向相反，沿晶轴c观察，γ‴和α″位置的Al^{3+}错位，γ‴的z坐标略低于α″，见图7-53。在ab平面上，堆积层Aα′βB中β-AlO_6八面体位置，沿晶轴c正方向走向，正对Bγ‴α″A′中的空心八面体位置，而Aα′βB中α′-AlO_6八面体位置，正对Bγ‴α″A′中的α″-AlO_6八面体位置，沿晶轴c方向AlO_6八面体的连接方式为共面。

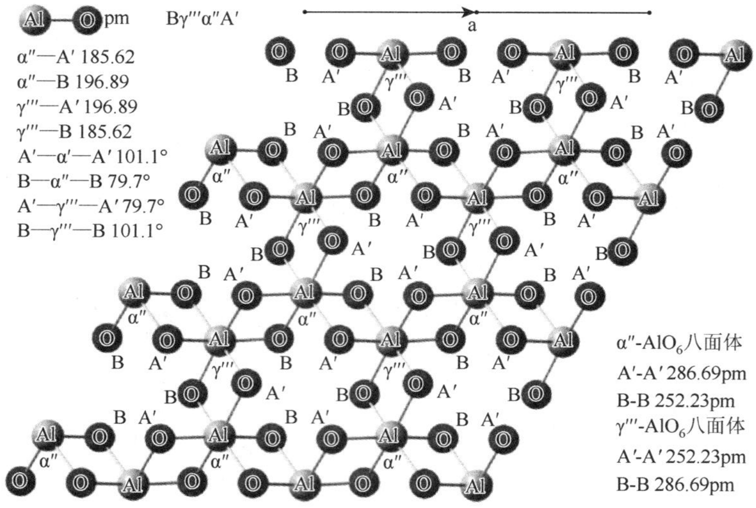

图 7-53　Bγ‴α″A′ 堆积层单元的结构

从图7-50可见，在ab平面上，在菱形平面格子范围内，三个位置α、β、γ的Al^{3+}，沿晶轴c正方向都有相同的排列，在两层O^{2-}离子堆积形成的八面体空位中每三个空位有两个被Al^{3+}占据，一个未被占据。现用符号O表示未被占据的空心八面体中心点，则α、β、γ位置Al^{3+}沿晶轴c正方向的排列顺序分别为

α‴αOα′α″Oα‴α⋯

Oβ‴βOβ′β″O⋯

γ′γ″Oγ‴γOγ′γ″O⋯

按照选定的结构基元，以空心八面体中心点（对称中心）为坐标系原点，从晶体中取出晶胞，晶胞共包含12个Al^{3+}和18个O^{2-}，$Z=6$，结构基元数为3。图7-54是晶体的晶胞，以及正、负离子堆积的位置图和正、负离子的对称位置图。

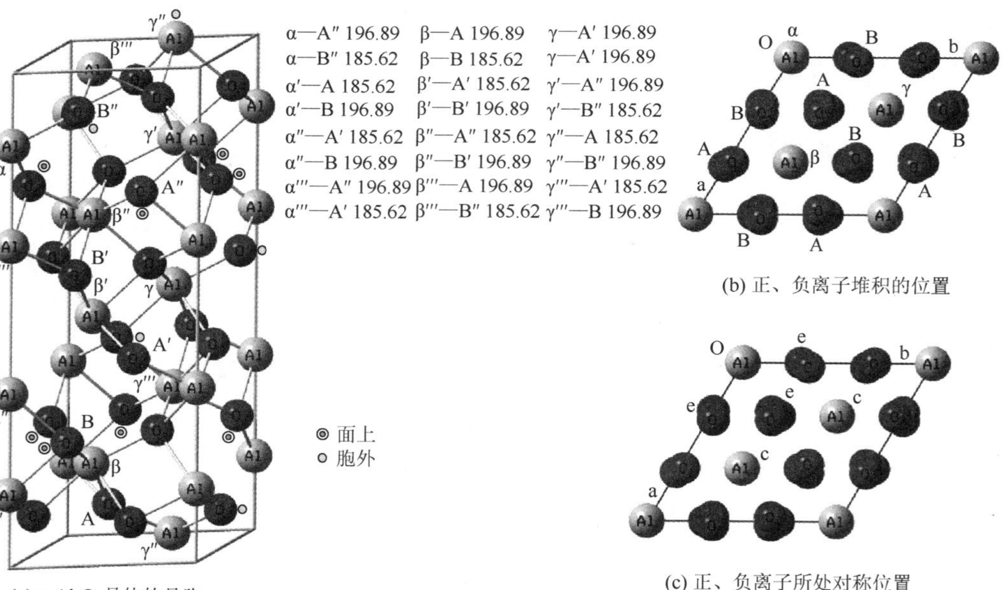

(a) α-Al_2O_3晶体的晶胞　(b) 正、负离子堆积的位置　(c) 正、负离子所处对称位置

图 7-54　α-Al_2O_3 晶体的晶胞和离子位置分布图

图内数值单位为pm

属于刚玉结构的氧化物有 α-Ga_2O_3、α-Fe_2O_3、Cr_2O_3、Rh_2O_3、V_2O_3 等，其中 α-Fe_2O_3 和 Cr_2O_3 是磁性工业材料，曾广泛应用于磁带和磁盘的制造。

7.4.2　ZrO_2 的晶体结构

ZrO_2 晶体是单斜晶系，空间群为 $C_{2h}^5 - P1\frac{2_1}{c}1$，晶胞参数 $a = 514.54\text{pm}$，$b = 520.75\text{pm}$，$c = 531.07\text{pm}$，将 2_1 定为晶轴 b，$\beta = 99.23°$。受高价 Zr^{4+} 的影响，O^{2-} 的单层堆积方式是变形性密堆，堆积层与晶轴 b 垂直，近似为 A_3 型[16]。层内 O^{2-} 有四种不同位置，反映在层堆积方向的 y 坐标值不同。层堆积偏离标准的 $ABAB\cdots$，形成层错堆积顺序，用 $AA'AA'\cdots$ 标记。

在 O^{2-} 堆积双层生成的四面体和八面体空位中，Zr^{4+} 只填充八面体空位，填充分数为 $1/2$。Zr^{4+} 占据的位置，空位体积明显缩小，而未被填充的八面体空位的体积相对增大。受高价 Zr^{4+} 静电作用，吸引邻近八面体的 O^{2-}，使得 Zr^{4+} 由八面体配位变为 ZrO_7，对称性为 C_1，而空心八面体变为与 ZrO_7 类似的空心多面体，表示为 ΔO_7，见图 7-55（a）。在 Zr^{4+} 的填充层之间，ZrO_7 多面体的连接方式为共用边，连接方式有两种，在连接处形成对称中心，见图 7-55（b）。

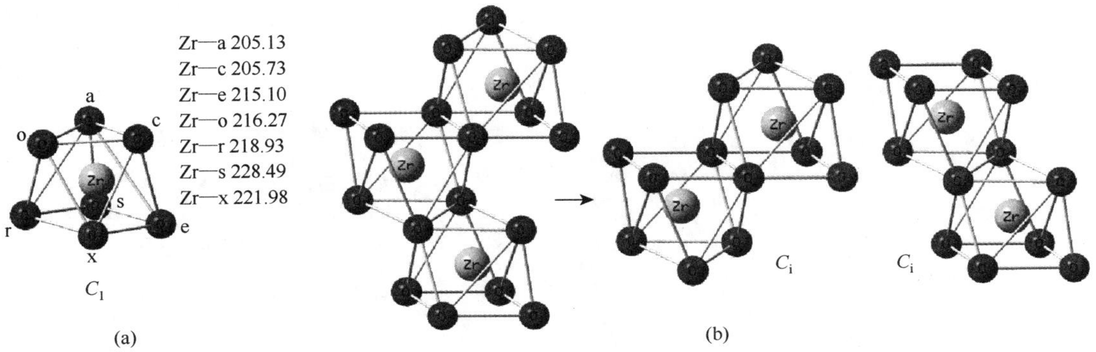

图 7-55　单斜 ZrO_2 晶体中锆离子的多面体（a）及其连接方式（b）

图内数值单位为 pm

在层堆积 $AA'AA'\cdots$ 中，沿晶轴 b 方向透视，AA' 堆积双层之间的 ZrO_7 多面体中的 Zr^{4+}，正对紧邻的 $A'A$ 堆积双层中的空心多面体 ΔO_7 空位。相反，AA' 堆积双层之间的空心多面体 ΔO_7 空位，正对紧邻的 $A'A$ 堆积双层中 ZrO_7 多面体的 Zr^{4+}。用 α、β 表示 Zr^{4+} 的填充层，正、负离子堆积层的联合排列的最小重复单位为

$$A\alpha A'\beta A\cdots$$

其中，α 填充层有两种位置的 Zr^{4+}，β 填充层也有两种位置的 Zr^{4+}。图 7-56 是 $A\alpha A'$ 填充层的结构，图 7-57 是 $A'\beta A$ 填充层的结构，它们有相同的坐标系和原点。

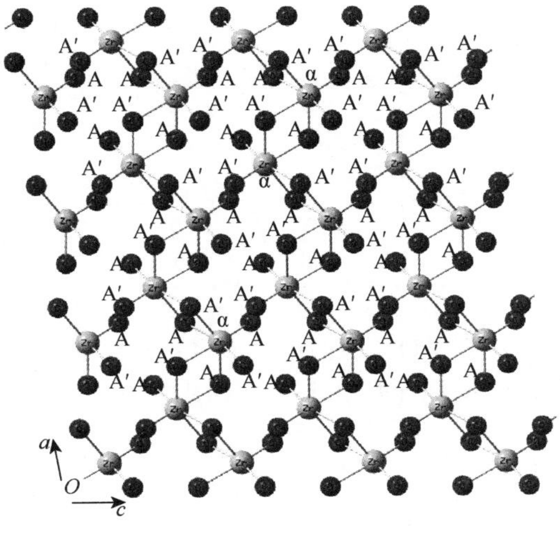

图 7-56　$A\alpha A'$ 填充层的结构

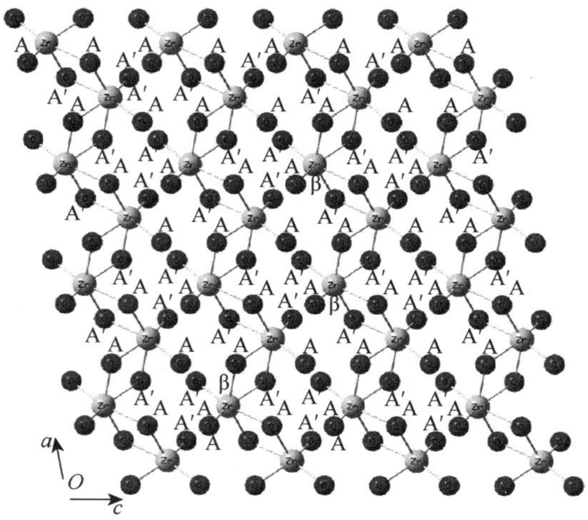

图 7-57　A′βA 填充层的结构

沿晶轴 b 方向透视，位置坐标为 $\left(0, y, \frac{1}{4}\right)$ 的直线方向有特征对称元素 2_1，见图 7-58（a）。沿晶轴 a 方向透视，在位置坐标为 $\left(x, \frac{1}{4}, z\right)$ 的平面上有滑移面 c，见图 7-58（b）。两个相邻 ZrO_7 多面体共边连接的 O—O 边中心有对称中心，以此作为单斜坐标系原点划出晶胞。

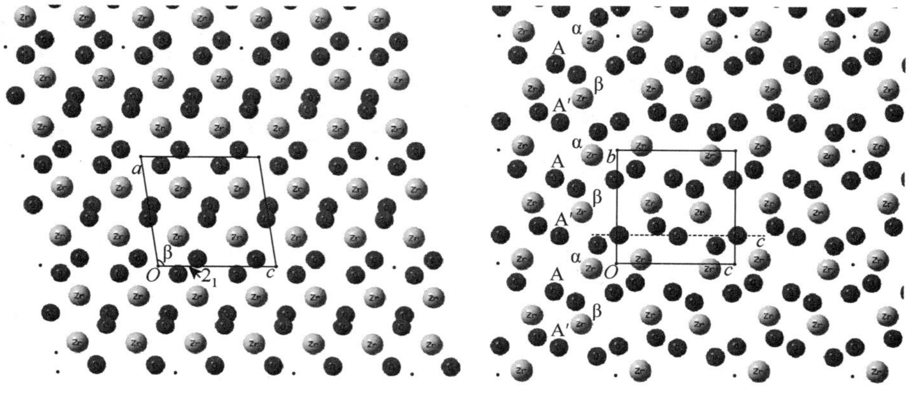

(a) [010]方向透视图　　(b) [100]方向透视图

图 7-58　单斜 ZrO_2 晶体沿晶轴方向的透视图

在对称中心附近，选取彼此紧邻相连的离子组合 $4Zr^{4+} + 8O^{2-}$，作为结构基元，在垂直于 2_1 方向得到平行四边形素格子，基向量定为 $\boldsymbol{a}$ 和 $\boldsymbol{c}$，沿 2_1 方向得到向量 $\boldsymbol{b}$，必然在 ab 和 bc 平面可以找出矩形格子。所得点阵结构的空间格子为单斜简单格子 mP 。在对称中心附近，组成结构基元的离子围绕对称中心相连，正、负离子的位置坐标分别为

Zr^{4+}　4e　1　$x, y, z;\ \bar{x}, \bar{y}, \bar{z};\ x, \bar{y}+\frac{1}{2}, z+\frac{1}{2};\ \bar{x}, y+\frac{1}{2}, \bar{z}+\frac{1}{2}$

$x = 0.2758, y = 0.0411, z = 0.2082$

$O^{2-}(1)$　4e　1　$x, y, z;\ \bar{x}, \bar{y}, \bar{z};\ x, \bar{y}+\frac{1}{2}, z+\frac{1}{2};\ \bar{x}, y+\frac{1}{2}, \bar{z}+\frac{1}{2}$　$x = 0.0703, y = 0.3359, z = 0.3406$

$O^{2-}(2)$　4e　1　$x, y, z;\ \bar{x}, \bar{y}, \bar{z};\ x, \bar{y}+\frac{1}{2}, z+\frac{1}{2};\ \bar{x}, y+\frac{1}{2}, \bar{z}+\frac{1}{2}$　$x = 0.4423, y = 0.7549, z = 0.4789$

不难看出，由空间格子划出的晶胞，Zr^{4+} 和 O^{2-} 均占据一般等位点位置，晶胞体心和晶棱中心也是对称中心，晶胞中的化学计量式单位数 $Z = 4$，结构基元数等于 1，见图 7-59。

7.4.3　锐钛矿 TiO_2 的晶体结构

自然界中二氧化钛矿石有金红石、锐钛矿、板钛矿等多种晶体形式，其中锐钛矿属四方晶系，空间群

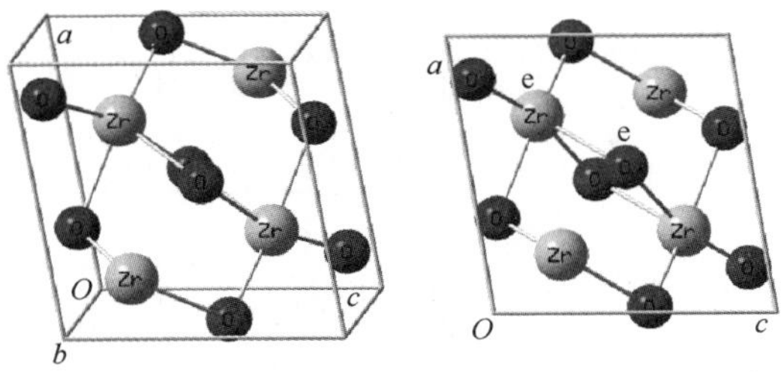

图 7-59　单斜 ZrO_2 晶体的晶胞（a）和离子位置图（b）

为 D_{4h}^{19} - $I\dfrac{4_1}{a}\dfrac{2}{m}\dfrac{2}{d}$，晶胞参数 $a = 378.5\text{pm}$，$c = 951.5\text{pm}$。晶体的特征对称元素为 4_1 或 4_3 螺旋轴，垂直于 4_1 或 4_3 螺旋轴有滑移面，还存在二重旋转轴 2[17]。图 7-60（a）是晶体沿[001]方向的透视图，图中标出了平行于晶轴 c 的 4_1 和 4_3 位置。图 7-60（b）是围绕 4_1 或 4_3 螺旋轴的离子排列堆积图。

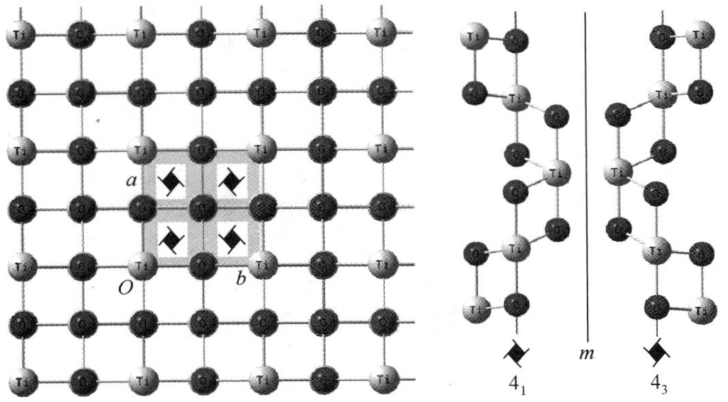

图 7-60　锐钛矿晶体沿[001]方向的透视图（a）以及围绕螺旋轴的离子排列堆积（b）

与 4_1 螺旋轴平行的方向，穿过 Ti^{4+} 和 O^{2-} 离子存在四重反轴 $\bar{4}$，与之垂直的方向存在滑移面 a，二者组合生成对称中心，将 $\bar{4}$ 平反轴定为晶轴 c，四重反轴上的对称中心定为晶胞原点，再将与之垂直的二重旋转轴 2 方向定为晶轴 a 和 b，对角线 $a \pm b$ 方向也存在二重旋转轴，总共四条，因而晶体的对称点群为 D_{4h}。图 7-61 是晶体沿晶轴 a 方向透视，以及对角线 $a + b$ 方向透视的离子排列图，由此可以观察二重旋转轴、镜面、滑移面等对称元素位置。

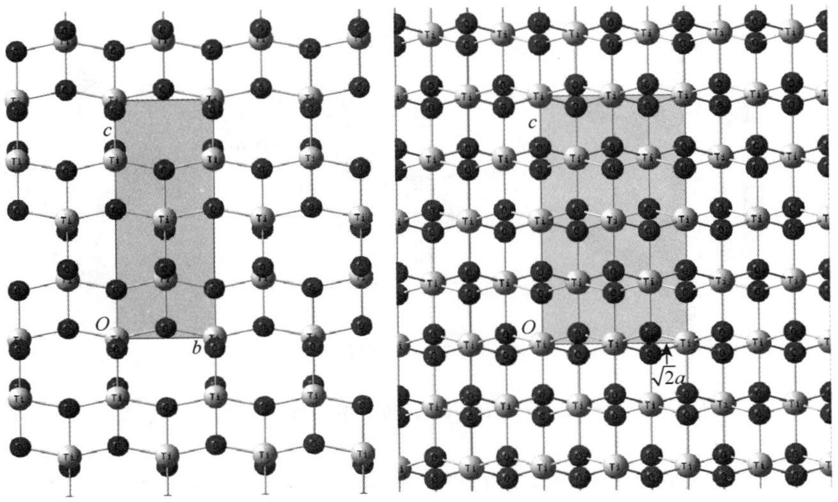

图 7-61　锐钛矿晶体沿[100]方向（a）和[110]方向（b）的透视图

特征对称元素 4_1 或 4_3 的位置分别在坐标为 $\left(-\frac{1}{4},\frac{1}{4},z\right)$ 和 $\left(\frac{1}{4},-\frac{1}{4},z\right)$ 的直线上，$\bar{4}$ 的位置在坐标为 $(0,0,z)$ 的直线上，反演点在原点 $(0,0,0)$，即 Ti^{4+} 上；晶体的其他位置还存在对称中心，位置坐标为 $\left(\frac{1}{4},\frac{1}{2},\frac{3}{8}\right)$ 和 $\left(0,\frac{1}{4},\frac{1}{8}\right)$；另外在坐标为 $\left(0,\frac{1}{2},z\right)$ 的直线上也出现 $\bar{4}$，反演点在 $\left(0,\frac{1}{2},\frac{1}{4}\right)$，其他对称元素的位置参见晶体所属空间群的对称元素配置图 7-62。图中分数值是对称元素位置的坐标 z 值，图中还标出了与晶轴 c 平行的方向上的 $\bar{4}$，以及二重轴与垂直的滑移面组合产生的对称中心。

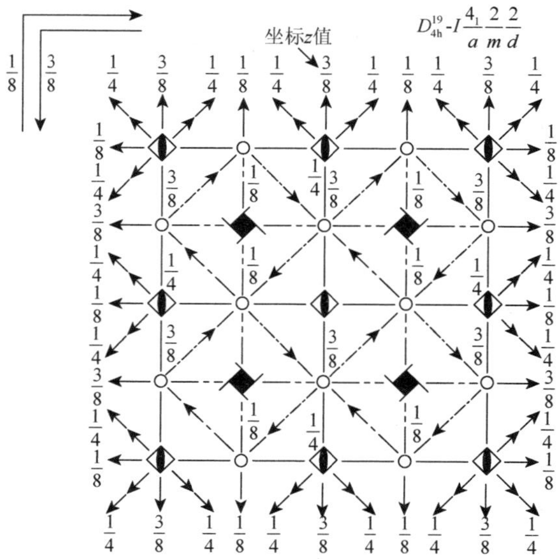

图 7-62　四方晶系空间群 D_{4h}^{19} - $I\frac{4_1}{a}\frac{2}{m}\frac{2}{d}$ 的对称元素配置图

四方锐钛矿晶体可以看成是 O^{2-} 近似按 A_1 方式堆积，Ti^{4+} 填充八面体空位构筑的结构，因而 Ti^{4+} 的配位多面体为八面体，根据鲍林的离子静电键规则，O^{2-} 的多面体必为三角形，其中，TiO_6 八面体为变形拉长八面体。八面体连接采取了共边、共顶点等两种方式，使得 Ti^{4+} 偏离八面体中心，对称性为 D_{2d}，见图 7-63(a)和(b)。由于 Ti^{4+} 和 O^{2-} 的离子半径分别为61pm和140pm，半径之和大于 Ti—O 间距，这可能是由于 Ti^{4+} 的正电荷高，导致 Ti—O 出现极化作用所致。Ti^{4+} 的填充分数为 1/2，即有一半八面体是空心八面体，图 7-63(c) 显示空心八面体周围布满了 Ti^{4+}。

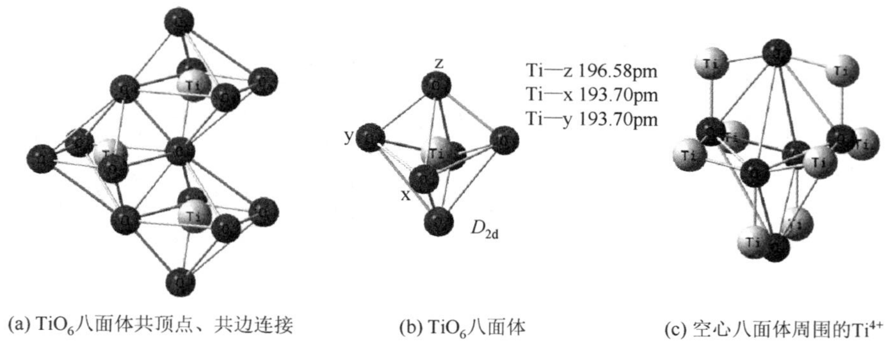

图 7-63　锐钛矿晶体中正离子的配位多面体及其连接方式

O^{2-} 的 A_1 型堆积方式与 CaO 晶体不同，CaO 晶体中 O^{2-} 堆积层与体对角线[111]垂直，并在晶胞的体对角线方向，按 ABCA··· 方式堆积排列而成。在锐钛矿晶体中，Ti^{4+} 和 O^{2-} 首先在与 ab 平面平行的面上堆积，形成波浪形堆积层，波浪形堆积层再沿晶轴 c 方向堆积。用大写字母 ABCDA··· 表示 O^{2-} 的堆积层，用

αβγδα⋯表示Ti^{4+}的堆积层。图 7-64 分别画出了单层Ti^{4+}-O^{2-}堆积层、双层O^{2-}堆积层、三层O^{2-}堆积层的透视图。图中，晶轴 c 方向的坐标值 z 接近的负离子为相同层，如 A′A，共有 A、B、C、D 四层，其中每层都由坐标 z 值相近的两组离子构成，即实际堆积方式为 (A′A)(B′B)(C′C)(D′D)A⋯，A′ 层的坐标 z 值较小，形成平面正方形网格，A 层的坐标 z 值较大，也形成平面正方形网格，A′ 与 A 互为正方形中心，A′ 与 A 组合为 A′A 层，A′A 层呈波浪形，这也可以从晶体的[100]方向透视图看出，见图 7-61（a）。

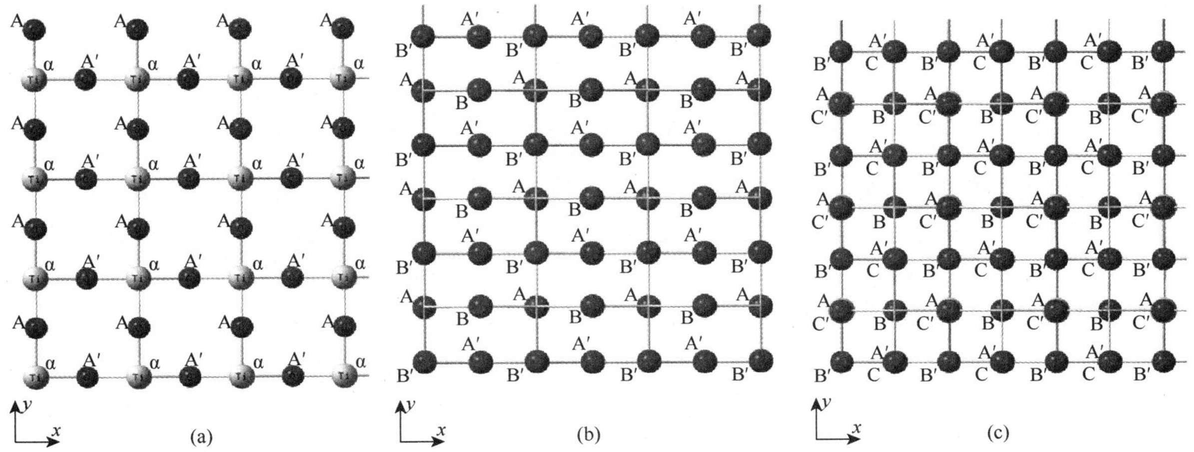

图 7-64　锐钛矿晶体中单层Ti^{4+}-O^{2-}堆积层 A（a）、双层O^{2-}堆积层 AB（b）、三层O^{2-}堆积层 ABC（c）的透视图

B′B 层、C′C 层、D′D 层的结构取向与 A′A 层完全相同，以 A′A 层的 x, y, z 坐标位置为基准点，相对于 A′A 层，整个 B′B 层沿晶轴 a 方向平移 $a/2$，整个 C′C 层沿晶轴 a、b 的对角线方向平移 $(a+b)/2$，整个 D′D 层沿晶轴 b 方向平移 $b/2$。

在任意两层O^{2-}堆积层之间，因错位组成八面体空位，Ti^{4+}填充八面体空位构成正离子堆积层，其最小重复单位是 αβγδα⋯，包含四层Ti^{4+}。Ti^{4+}和O^{2-}联合堆积层的堆积排列顺序为

AαBβCγDδA⋯

四层 αβγδ 有完全相同的结构，但相对位置错位，以 α 层的位置为基准点，在晶体坐标系中刚好是原点位置，整个 β 层沿晶轴 a 方向平移 $a/2$，整个 γ 层沿晶轴 a、b 的对角线方向平移 $(a+b)/2$，整个 δ 层沿晶轴 b 方向平移 $b/2$。

实际晶体在晶胞尺寸内表现为面心立方结构单位，整个晶体也可以看成是面心立方结构单位沿晶轴 c 方向的堆砌，并出现 $(a+b)/2$ 错位，见图 7-65。图中，与晶轴 c 垂直的两面心的O^{2-}偏离了晶面平面，侧视表现为一上一下，这是TiO_6八面体变形所致。从图 7-65 所示的O^{2-}组成的面心立方结构单位中，还可以看出Ti^{4+}占据一半八面体空位位置，其中四条棱心和体心位置未被占据，Ti^{4+}占位也有偏移。

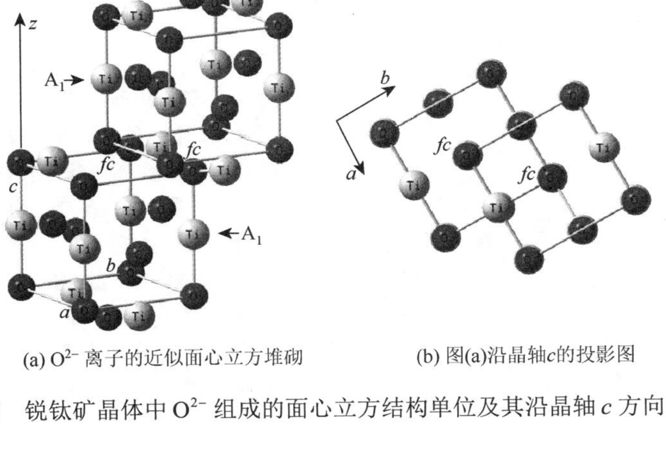

(a) O^{2-}离子的近似面心立方堆砌　(b) 图(a)沿晶轴c的投影图

图 7-65　锐钛矿晶体中O^{2-}组成的面心立方结构单位及其沿晶轴 c 方向的堆砌

晶体的结构基元为 $2Ti^{4+}+4O^{2-}$，包含两个TiO_2结构单位，晶胞中微粒的位置坐标为

$$(0,0,0);\left(\frac{1}{2},\frac{1}{2},\frac{1}{2}\right)+$$

$$Ti^{4+}\quad 4a\quad \bar{4}m2\qquad 0,0,0;\ 0,\frac{1}{2},\frac{1}{4}$$

$$O^{2-}\quad 8e\quad 2mm.\qquad 0,0,z;\ 0,0,\bar{z};\ 0,\frac{1}{2},z+\frac{1}{4};\ 0,\frac{1}{2},\bar{z}+\frac{1}{4}\qquad z=0.2066$$

晶体的结构基元所包含 $2Ti^{4+}+4O^{2-}$ 的位置如下：

$$Ti^{4+}\qquad 0,0,0;\ 0,\frac{1}{2},\frac{1}{4}$$

$$O^{2-}\qquad 0,0,z;\ 0,0,\bar{z};\ 0,\frac{1}{2},z+\frac{1}{4};\ 0,\frac{1}{2},\bar{z}+\frac{1}{4}\qquad z=0.2066$$

它们是两个互相垂直的 $Ti^{4+}+2O^{2-}$ 角形结构单位，而且彼此相连，见晶胞图 7-66（a）中标记为 1、2 的离子，其中晶胞以外还有编号为 1 的氧离子，位置在原点 Ti^{4+} 下方，坐标为(0, 0, z)。由此结构基元所得空间格子为四方体心格子 tI，用 tI 空间格子的单位向量在晶体中划出晶格，取出晶胞，见图 7-66（a）。晶胞中正、负离子的对称性位置见图 7-66（b）。

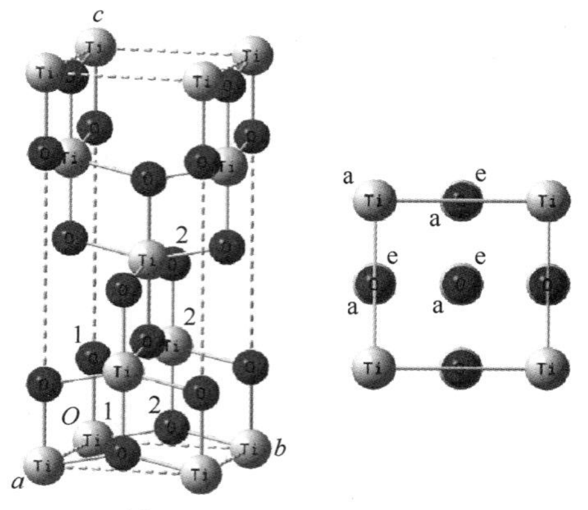

图 7-66　锐钛矿晶体的晶胞（a）和离子对称性位置（b）

7.4.4　金红石 TiO_2 的晶体结构

金红石晶体结构具有一定的代表性，如 α-GeO_2、RuO_2、SnO_2 和 IrO_2 等的晶体结构都属于金红石类型。1971 年，S. C. Abrahams 和 J. L. Bernstein 等准确测定了金红石的晶体结构，晶体属四方晶系[18]，空间群为 D_{4h}^{14}-$P\frac{4_2}{m}\frac{2_1}{n}\frac{2}{m}$，晶胞参数 $a=459.37$pm，$c=295.87$pm。晶体的特征对称元素 4_2 螺旋轴平行于晶轴 c，位置见图 7-67。金红石晶体的对称元素位置图与 α-GeO_2 晶体相同，参见图 6-49。

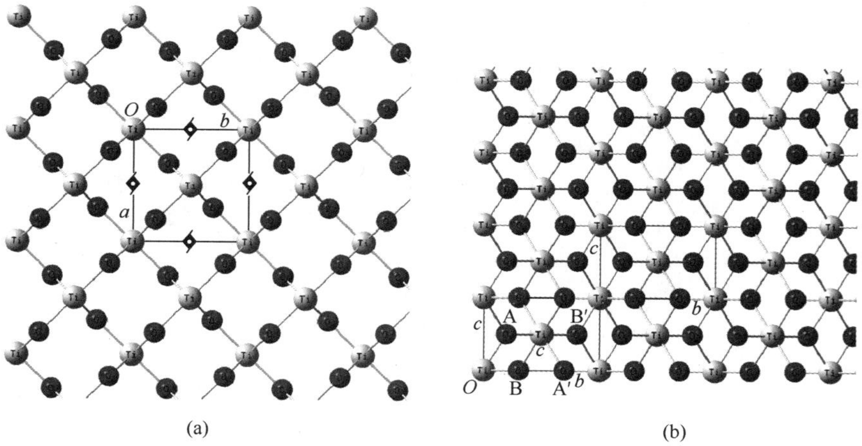

图 7-67　金红石晶体结构[001]方向（a）和[100]方向（b）的透视图

在金红石晶体结构中，O^{2-} 负离子的堆积方式为变形六方最紧密堆积(AB)(AB)…，堆积层垂直于晶轴 a，即为 bc 堆积层。与锐钛矿相似，离子堆积层是波浪形而不是平面形，见图 7-68 中的单层堆积图。其次，堆积层与晶轴 a 垂直，以 $a=0$ 的 Ti^{4+} 层为参考面，一层堆积层包含两组坐标值不同的 O^{2-}，标记为 AA′，A 层距离 Ti^{4+}层较远，A′层距离 Ti^{4+}层较近。A 层平移 $0.6096(a+b)$，A′层平移$-0.3904(a-b)$，就是堆积层 B′B，其中，B′层距离 Ti^{4+}层较近，B 层距离 Ti^{4+}层较远。从滑移面两侧观察 B′B 和 AA′，两层的结构完全相同。两层之间构成八面体和四面体空位，Ti^{4+} 正离子填充八面体空位，填充分数为$1/2$，见图 7-68（b）中的双层堆积图。沿晶轴 c 方向观察，Ti^{4+} 填充是一种间隙式填充，即一行填充，一行不填充。正、负离子构成的波浪层，沿晶轴 a 方向联合堆积的顺序为

$$(AA'cB'B)c'(AA'cB'B)\cdots$$

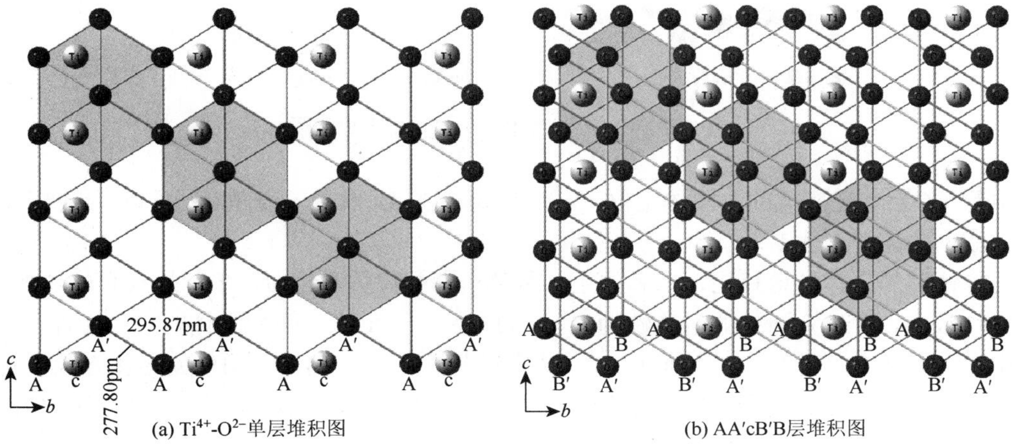

图 7-68　金红石晶体中 O^{2-} 负离子的单层和双层堆积图

晶体中 Ti^{4+} 的配位多面体为八面体，O^{2-} 为三角形。TiO_6 八面体的对称性为 D_{2h}，Ti^{4+} 处于八面体对称中心的位置，在晶体中表现为晶体的对称中心。没有填充 Ti^{4+} 的空心八面体，其对称性相同，但有两条边的边长较长，为 322.54pm，空心位置在晶体中也是对称中心，见图 7-69。由图可见，TiO_6 八面体和空心八面体沿晶轴 a，通过共面的方式交替连接，沿晶轴 b 也是如此。

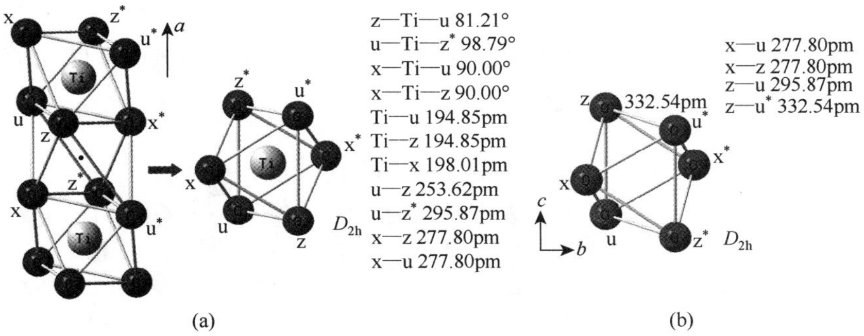

图 7-69　TiO_6 八面体（a）和空心八面体（b）的几何结构

由晶体[001]方向的透视图 7-67（a）可见，晶体的 TiO_6 八面体有两种取向，不过两种取向的几何结构完全相同。在两个位置的八面体中，各选取直线型 O^{2-}—Ti^{4+}—O^{2-} 结构单位作为结构基元，在 AA′cB′B 双层堆积单位中划出平面正方形格子，最后得到四方简单格子 tP。以 Ti^{4+} 作为晶胞原点，由空间格子取出晶胞，如图 7-70 所示。晶体中微粒位置如下

$$Ti^{4+}\quad 2a\quad m.mm\qquad 0,0,0;\ \frac{1}{2},\frac{1}{2},\frac{1}{2}$$

$$O^{2-}\quad 4f\quad m.2m\qquad x,x,0;\ \bar{x},\bar{x},0;\ \bar{x}+\frac{1}{2},x+\frac{1}{2},\frac{1}{2};\ x+\frac{1}{2},\bar{x}+\frac{1}{2},\frac{1}{2}\qquad x=0.3048$$

其中，以上离子组成 $2Ti^{4+}+4O^{2-}$ 结构基元，为互相垂直的两个方向上的 O^{2-}—Ti^{4+}—O^{2-} 结构单位，Ti^{4+} 在晶胞中，分别占据晶胞的顶点和体心；晶胞中化学计量式单位数 $Z=2$ 。

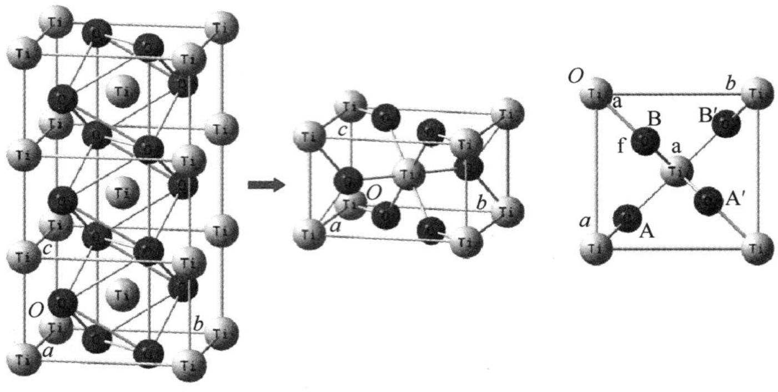

图 7-70　金红石晶体的晶胞和离子位置图

从晶胞中看，O^{2-} 堆积而成的八面体空位，包括晶胞的顶点、体心、*ac* 和 *bc* 面心，共四个，其中，Ti^{4+} 占据顶点和体心，占据分数为 $1/2$ 。

金红石与锐钛矿的晶体结构相比，二者的正、负离子的配位关系相似，Ti^{4+} 是八面体，O^{2-} 为三角形，金红石的对称性较高，Ti^{4+} 八面体的对称性为 D_{2h}，O^{2-} 为正三角形。两种晶体的 O^{2-} 负离子的堆积方式不同，金红石中 O^{2-} 负离子为变形六方密堆积 A_3，锐钛矿中则为 A_1。其次八面体的连接方式不同，金红石为链式连接，而锐钛矿中八面体连接是锯齿状的，不过连接方式相似，都为共边、共顶点。二者都属于四方晶系，但空间格子不同，金红石为四方简单格子 tP，锐钛矿为 tI 。

7.4.5　$Ca(OH)_2$ 的晶体结构

$Ca(OH)_2$ 晶体中氢原子的位置用 X 射线衍射法是无法确定的，要确定氢原子的位置，需用中子衍射法测定。1957 年，W. R. Busing 和 H. A. Levy 采用中子衍射法测得 $Ca(OH)_2$ 晶体的结构，晶体结构属于 CdI_2 型，三方晶系[19]，空间群为 D_{3d}^3 - $P\overline{3}\dfrac{2}{m}1$ 。选取六方坐标系，晶胞参数 $a=359.18\text{pm}$ ，$c=490.63\text{pm}$ 。晶体的特征对称元素为三重反轴 $\overline{3}$ ，将其定为六方坐标系的 *z* 轴，也是基向量 ***c*** 的方向，图 7-71 是沿晶体的三重反轴 $\overline{3}$ 方向即[001]方向透视所得的排列堆积图。

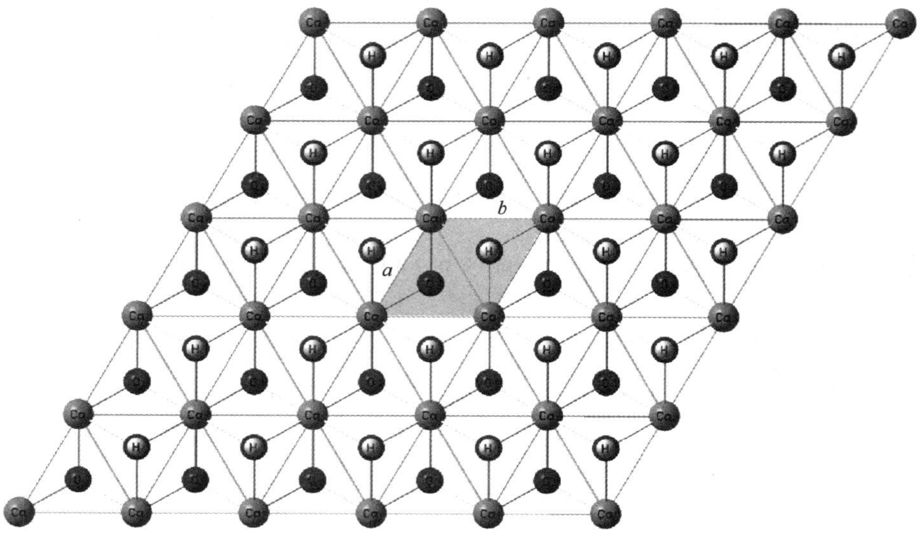

图 7-71　三方 $Ca(OH)_2$ 晶体沿 $\overline{3}$ 反轴方向的透视图

与三重反轴 $\bar{3}$ 垂直的方向有三条二重旋转轴，交角互为 120°，其中两条分别定为 x 轴、y 轴，另一条二重旋转轴则是对角线方向。包含三重反轴 $\bar{3}$，并平分两条二重轴交角的平面是 σ_d 反映面，方向为 [120]、[1$\bar{1}$0] 和 [210]。因为 $\bar{3}$ 反轴产生对称中心，位于 Ca^{2+} 上，所以坐标系原点就定在对称中心 Ca^{2+} 上，以上全部对称元素都相交于该对称中心点，构成点群 D_{3d}。图 7-72 是晶体沿晶轴 a 方向的透视图，图中 Ca^{2+} 位置是晶体坐标系原点。图 7-71 画出了 ab 平面定出的六方菱形格子，图 7-72 画出了与六方菱形格子垂直的基向量 $\boldsymbol{c}$。

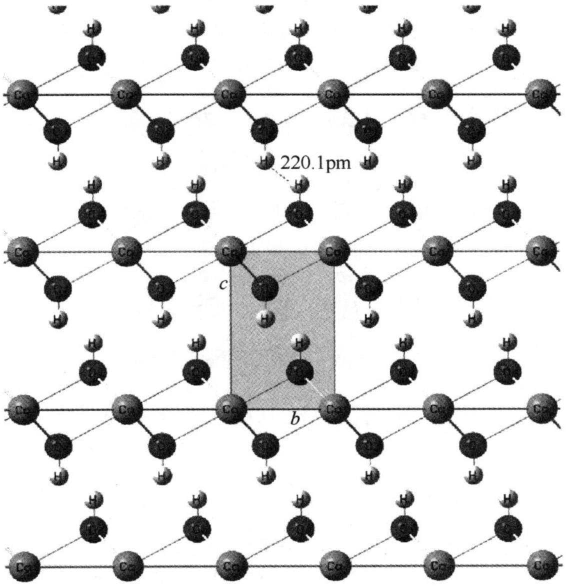

图 7-72　三方 $Ca(OH)_2$ 晶体沿[100]方向的透视图

通过晶体[110]方向的透视图，可观察到晶轴 a 和 b 的对角线[110]方向的二重旋转轴，见图 7-73。

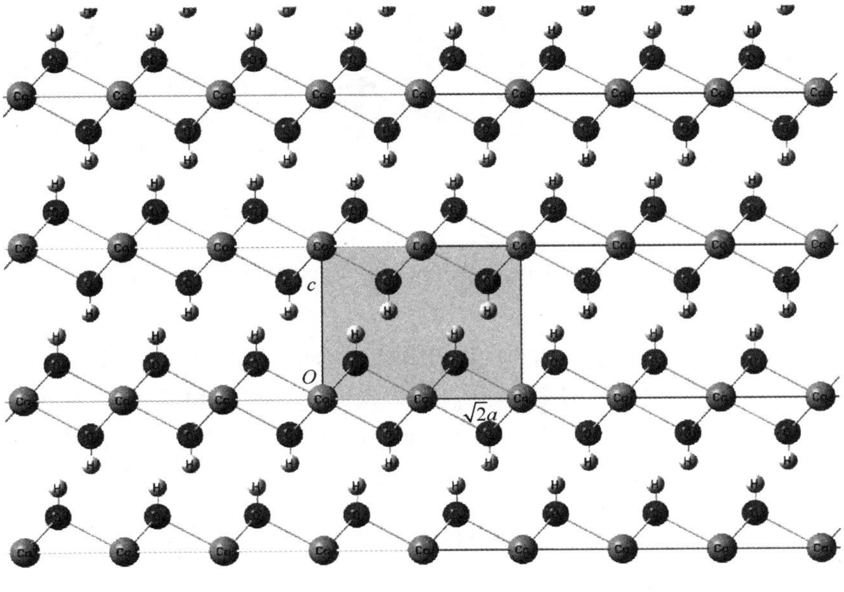

图 7-73　三方 $Ca(OH)_2$ 晶体沿[110]方向的透视图

沿晶轴 a 和 b 方向透视的排列堆积图相同，晶轴 b 即[010]方向的反映面，与[010]方向垂直，即在[210]方向；晶轴 a 即[100]方向的反映面，与[100]方向垂直，即在[120]方向，晶体沿[120]和[210]方向的透视图相同。图 7-74 是晶体沿[210]方向的透视图，与透视图垂直并包含 c 轴的平面是[010]方向的反映面。

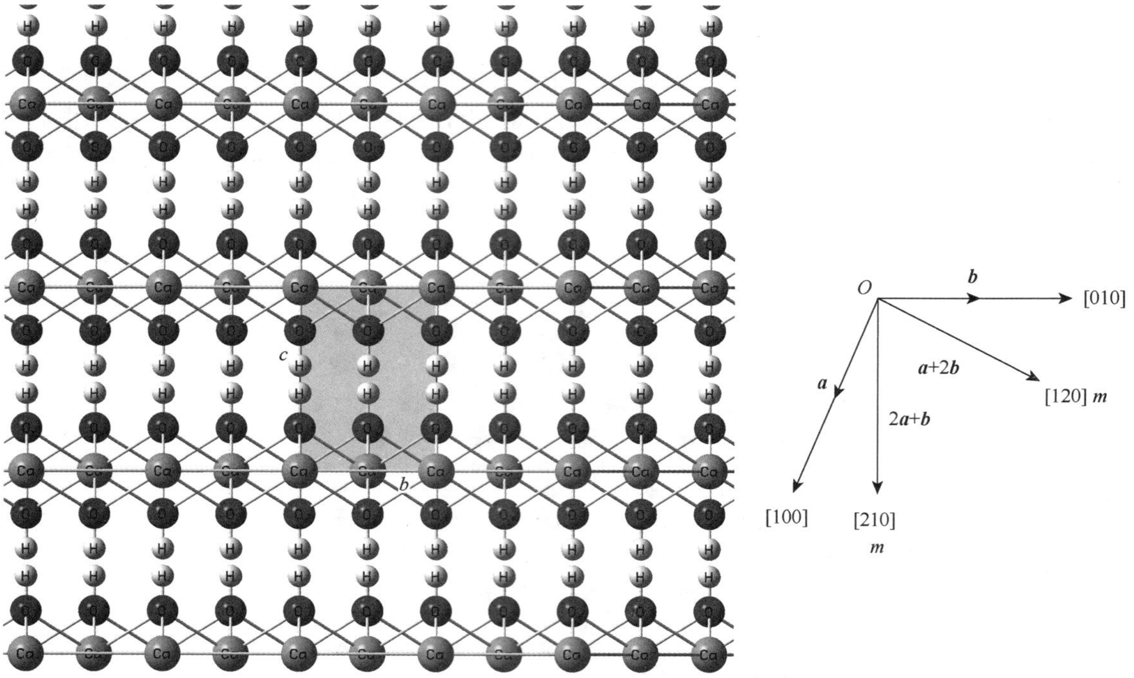

图 7-74　晶体沿[210]方向的透视图

Ca^{2+} 与六个 OH 配位，配位多面体为八面体，沿 $\overline{3}$ 反轴取向。平移还原晶胞周围的离子，可以得到 Ca^{2+} 的完整配位关系。三个配位 OH 一组，取向朝上，位置标记为 A，另外三个配位 OH 取向朝下，位置标记为 B，见图 7-75（a）。Ca—O 间距相等，为 237.06pm ，O—H 键长相等，为 93.56pm ，包含 H 原子的八面体对称性为 D_{3d}，见图 7-75（b）。

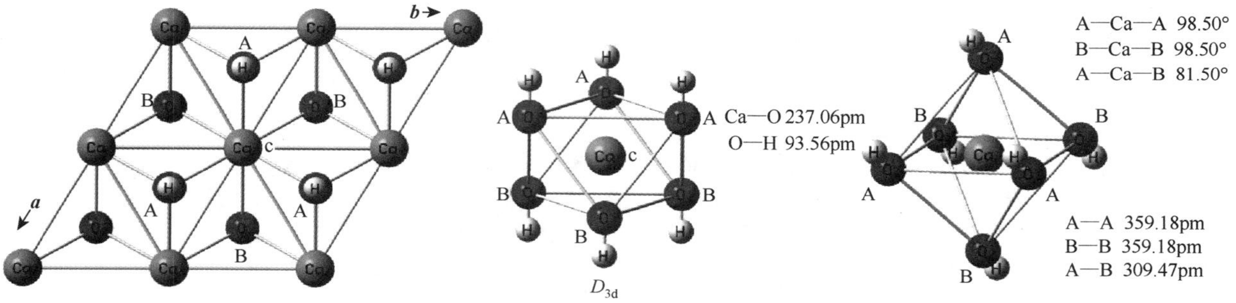

(a)　　(b)

图 7-75　CaO_6 八面体在晶体中位置（a）和几何参数（b）

由图 7-71 和图 7-72 不难看出，选取 Ca^{2+}，以及与之结合的、取向朝上、取向朝下的 OH 各一个，即 $Ca^{2+}+2OH^-$ 结构单位，组成结构基元，所得空间点阵为六方简单格子 hP 。另一种表示是三方坐标系的菱面体晶胞，对应于三方简单格子。将 Ca^{2+} 所在的对称中心点选作坐标系原点，取得晶胞见图 7-76。晶胞中微粒的位置坐标为

Ca^{2+}	1a	$\overline{3}m.$	$0,0,0$	
O	2d	$3m.$	$\frac{1}{3},\frac{2}{3},z;\quad \frac{2}{3},\frac{1}{3},\overline{z}$	$z=0.2341$
H	2d	$3m.$	$\frac{1}{3},\frac{2}{3},z;\quad \frac{2}{3},\frac{1}{3},\overline{z}$	$z=0.4248$

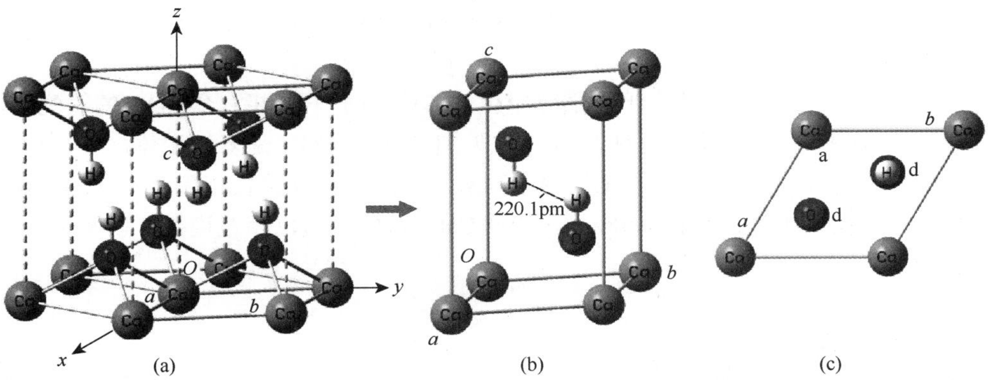

图 7-76　三方 $Ca(OH)_2$ 晶体的六方坐标系（a）、晶胞（b）和离子位置（c）

$Ca(OH)_2$ 晶体可以看成是 O 原子按 A_3（hcp）方式，即 (AB)(AB)⋯ 堆积，Ca^{2+} 填充八面体空位，填充位置是空位 c，一层全部填满，紧邻上下层全部不填，空心八面体周围的空间被 H 原子占据，HO—Ca—OH 构成厚板式的层结构，板层与板层不发生错位，沿晶轴 c 方向堆积。相邻板层之间 OH—HO 间距为 220.1pm，层间并不生成氢键，见图 7-72。整个晶体的板层堆积顺序表示为

$$(AcB\otimes)(AcB\otimes)A\cdots$$

较多氢氧化物的晶体结构是由 X 射线衍射方法测得，没有氢原子位置坐标，可以参照 $Ca(OH)_2$ 结构加以确定。

7.5　无机含氧酸盐的晶体结构

无机含氧酸盐的晶体结构是金属正离子与酸根负离子在空间的排列堆积，由于酸根负离子的负电荷集中在氧原子上，金属离子与氧原子之间形成配位键。一些无机含氧酸盐，也可看成是酸根离子在空间堆积，金属离子填充堆积空位。酸根离子的结构对称性，直接影响晶体结构的对称性。常见无机含氧酸盐有碳酸盐、硝酸盐、硫酸盐、高氯酸盐、硅酸盐和磷酸盐，我们引用有代表性的这几类无机含氧酸盐的晶体结构测定文献，就晶体的对称性，酸根离子的堆积方式、金属离子和酸根离子的配位关系等问题进行讨论。

7.5.1　方解石的晶体结构

方解石（$CaCO_3$）晶体结构中的 CO_3^{2-} 是标准的平面正三角形基团，晶体中 CO_3^{2-} 按 A_1 方式堆积，所有 CO_3^{2-} 在同一平面，堆积成平面层，CO_3^{2-} 平面层的相对空间位置有 A、B、C 三种，堆积顺序为 (ABC)(ABC)⋯[1, 2]。晶体中 CO_3^{2-} 堆积的平面层是平行的，而取向存在两种，用＋和－表示。同层内 CO_3^{2-} 采取同一种取向，相邻两层的 CO_3^{2-} 采取相反取向。CO_3^{2-} 堆积层的相对空间位置见图 7-77。晶体中 CO_3^{2-} 的平面堆积层的重复周期包含六层，沿垂直于平面层的方向观察，堆积层的顺序为

$$A^+B^-C^+A^-B^+C^-A^+\cdots$$

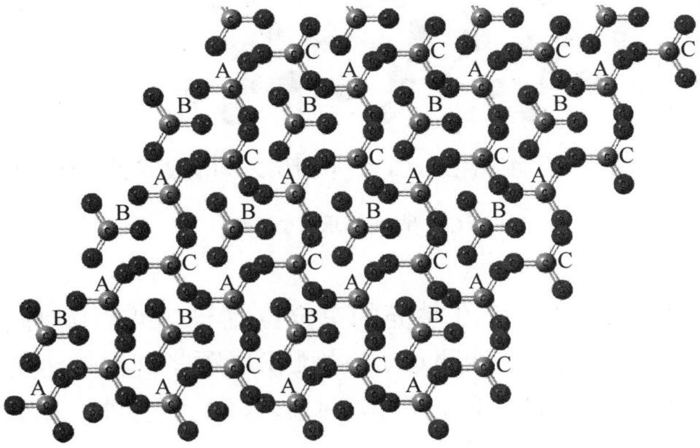

图 7-77　方解石晶体中 CO_3^{2-} 的 A_1 堆积图

CO_3^{2-} 的堆积层 ABC

直到第七层出现重复。CO_3^{2-} 是平面基团，在层内堆积排列占据空间较大，而层间空间较窄，形成的八面体空位沿 $\bar{3}$ 或 S_6 轴方向压缩变形。

Ca^{2+} 填充相邻 CO_3^{2-} 平面层之间的变形八面体空位，Ca^{2+} 与上下层共六个 CO_3^{2-} 的氧配位，包含两层中各三个 CO_3^{2-}，两层的 CO_3^{2-} 取向相反，对称性为 S_6，见图 7-78。CO_3^{2-} 是多齿配体，每个 CO_3^{2-} 同时与相邻两层的六个 Ca^{2+} 配位，相邻两层 Ca^{2+} 共用 CO_3^{2-} 中不同氧。全部 Ca—O 键长相等，为235.72pm 。在 CO_3^{2-} 中，三条共轭 π 键 C══O 的键长相等，为128.60pm 。层间 CaO_6 八面体错位相互连接，以两种方式共用 CO_3^{2-} 的氧原子，见图 7-78（a）。

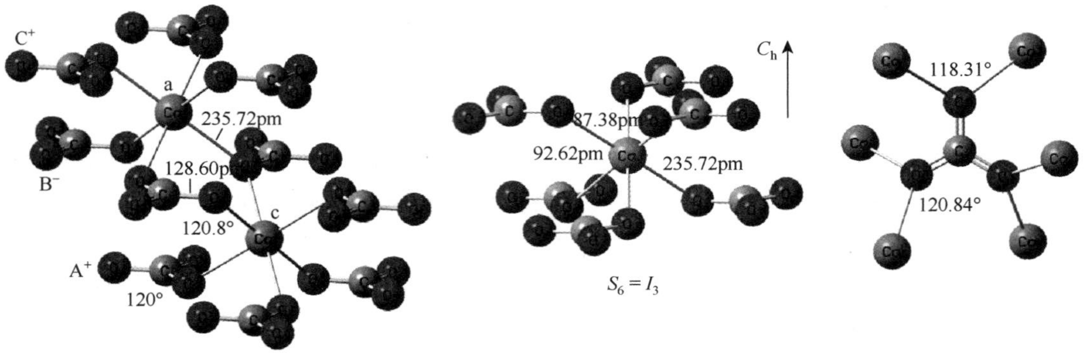

图 7-78　方解石晶体中 Ca^{2+} 和 CO_3^{2-} 的八面体配位

同层 CO_3^{2-} 取向相同，与金属的紧密堆积方式排列相似，AB 相邻层错位 60°，构成 D_{3d} 对称性。Ca^{2+} 填入八面体空位，正对第三层 C 的碳原子，标记为 c，见图 7-79。同样，AC 之间的八面体空位正对 B 层的碳原子，标记为 b；BC 之间的八面体空位正对 A 层的碳原子，标记为 a。整个堆积层顺序为 bAcBaCbA⋯，相邻 AB 层中 CO_3^{2-} 的取向是相反的，这两个 CO_3^{2-} 分别与标记为 b 和 c 的 Ca^{2+} 组成结构基元，由此划出六方菱形平面格子。

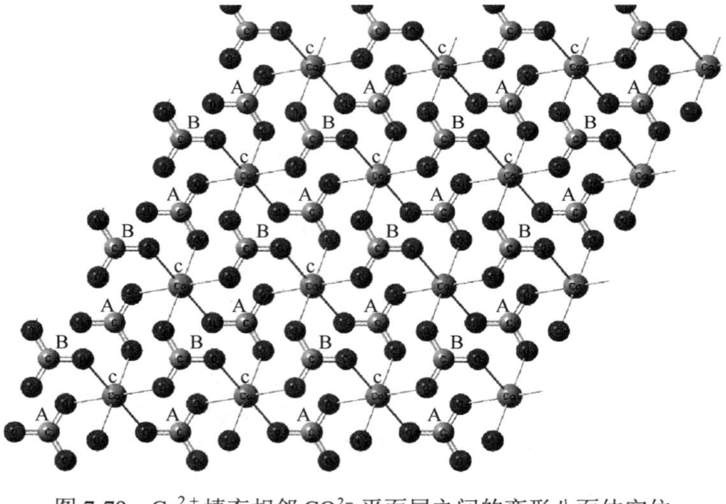

图 7-79　Ca^{2+} 填充相邻 CO_3^{2-} 平面层之间的变形八面体空位

Ca^{2+} 和 CO_3^{2-} 堆积层 AcB

沿垂直于碳酸根的堆积平面层透视，Ca^{2+} 填充的空位位置与 CO_3^{2-} 中碳原子位置 A、B、C 重叠，也对应有三种位置，分别用符号 a、b、c 表示。按照 CO_3^{2-} 的堆积层顺序，相邻两层 CO_3^{2-} 的八面体空位全部被填充，A 和 B 之间，Ca^{2+} 占据 c 位；B 和 C 之间，占据 a 位；C 和 A 之间，占据 b 位，于是得出 Ca^{2+} 和 CO_3^{2-} 层的联合堆积顺序为

$$A^+cB^-aC^+bA^-cB^+aC^-bA^+\cdots$$

由晶轴 a 方向或[100]方向透视晶体，见图 7-80，可观察到不同堆积层中因 Ca^{2+}和 CO_3^{2-} 的相对位置不同，形成的错位堆积，以及增长的周期重复单位。

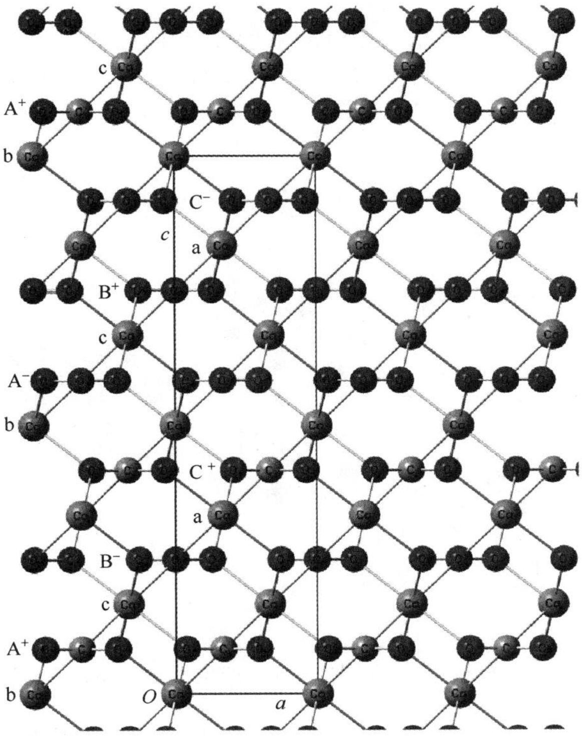

图 7-80　方解石晶体沿晶轴 a 方向的透视图

方解石晶体结构实际上是 NaCl 的一种演变结构，Ca^{2+} 占据 Na^+位置，CO_3^{2-} 占据 Cl^- 位置，见图 7-81。因 CO_3^{2-} 是平面基团，这使其在堆积层内周期重复单位增大，而在堆积层之间空间缩小。当 CO_3^{2-} 沿与一条体对角线垂直的方向平行排列时，此体对角线 AB 缩短，$l = 853.1\text{pm}$，其余三条体对角线拉长，$l = 1186\text{pm}$，相当于沿垂直于 CO_3^{2-} 堆积层的体对角线方向压扁立方晶胞。立方体的边长不变，$a = b = c = 642.44\text{pm}$，交角发生了改变，$\alpha = 101.89°$，立方体变为菱面体，在堆积层垂直方向，即缩短对角线位置，晶体仍保持 $\overline{3}$ 对称性，见图 7-81 中的 AB 虚线。$\overline{3}$ 的反演中心点在两相邻 CO_3^{2-} 堆积层之间的 Ca^{2+} 上，CO_3^{2-} 平面与三重反轴 $\overline{3}$ 垂直，其余三条对角线位置的三重轴 3 和 $\overline{3}$ 消失。菱面体包含了 A_1 堆积的 ABCA 重复单位，由于 CO_3^{2-} 存在两种取向，所以 $A^+cB^-aC^+bA^-$ 重复单位不是晶体的最小重复单位，还存在相反取向的 CO_3^{2-} 堆积单位 $A^-cB^+aC^-bA^+$，这使得对角线 AB 被放大一倍，$2l = 1706.2\text{pm}$，等于晶轴 c 的长度。

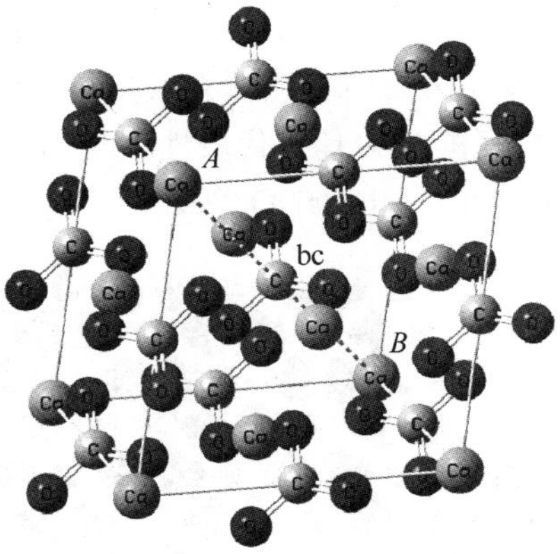

图 7-81　方解石晶体的小菱面体

方解石晶体的结构基元包含了相邻两层的 $Ca^{2+} + CO_3^{2-}$，一个在 bA^+层，另一个在 cB^- 层，而且两个结构单位相连，即 bA^+cB^- 两层所取 $Ca^{2+} + CO_3^{2-}$ 结构单位的位置和取向均不相同，将它们组合为结构基元，包含

$2Ca^{2+}+2CO_3^{2-}$。设 aC^+bA^- 所取结构基元的点阵点 a 置于 a 层 Ca^{2+} 上，作为六方坐标系原点，占据顶点，那么，cB^+aC^- 所取结构基元的点阵点 c 占据 $\left(\frac{2}{3},\frac{1}{3},\frac{1}{3}\right)$ 点，bA^+cB^- 所取结构基元的点阵点占据 $\left(\frac{1}{3},\frac{2}{3},\frac{2}{3}\right)$ 点，3 个点阵点组成三方 hR 格子，所得六方晶胞和对应菱面体晶胞见图 7-82，图中标记为 f 的原子在晶胞面上。菱面体晶胞的小角度体对角线 bb 与六方晶胞的晶轴 c 重合，晶胞参数为 $a=b=c=637.5\text{pm}$，$\alpha=46.07°$，全部氧原子都在晶胞面上，$Z=2$。

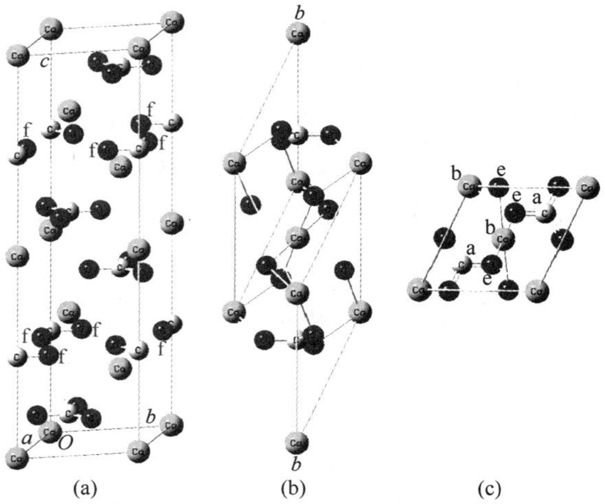

图 7-82　方解石的六方坐标系晶胞（a）、菱面体晶胞（b）及离子位置（c）

由于碳酸根离子正三角形结构的原因，方解石晶体只在垂直于碳酸根堆积层的方向存在 $\bar{3}$，晶体属于三方晶系。用六方坐标系表示，在垂直于 $\bar{3}$ 堆积的层 bA^+cB^- 中选取六方菱形格子，将 $\bar{3}$ 定为晶轴 c。在堆积层序列中，选取一个重复周期的单位长度向量作为基向量 $\boldsymbol{c}$，就得到方解石晶体在六方坐标系中的晶胞，晶胞参数为 $a=498.9\text{pm}$，$c=1706.2\text{pm}$，$\gamma=120.0°$，晶体的空间群为 D_{3d}^6 - $R\bar{3}\frac{2}{c}$，$Z=6$。晶体中微粒占据的位置坐标如下：

$$(0,0,0);\ \left(\frac{2}{3},\frac{1}{3},\frac{1}{3}\right);\ \left(\frac{1}{3},\frac{2}{3},\frac{2}{3}\right)\ +$$

$$Ca^{2+}\quad 6b\quad \bar{3}.\qquad 0,0,0;\ 0,0,\frac{1}{2}$$

$$C\quad 6a\quad 32\qquad 0,0,\frac{1}{4};\ 0,0,\frac{3}{4}$$

$$O\quad 18e\quad .2\qquad x,0,\frac{1}{4};\ 0,x,\frac{1}{4};\ x,x,\frac{3}{4};\ \bar{x},0,\frac{3}{4};\ 0,\bar{x},\frac{3}{4};\ \bar{x},\bar{x},\frac{1}{4}\qquad x=0.2578$$

图 7-83 是晶体沿[001]方向的透视图。方解石单晶体有双折射光学各向异性，被用于制作偏光器件和尼科耳棱镜。方解石的晶体结构在无机含氧酸盐中具有代表性，相当多的金属碳酸盐、硼酸盐和硝酸盐的晶体结构都属于方解石晶体结构类型，如 $AlBO_3$ 和 $NaNO_3$ 等。

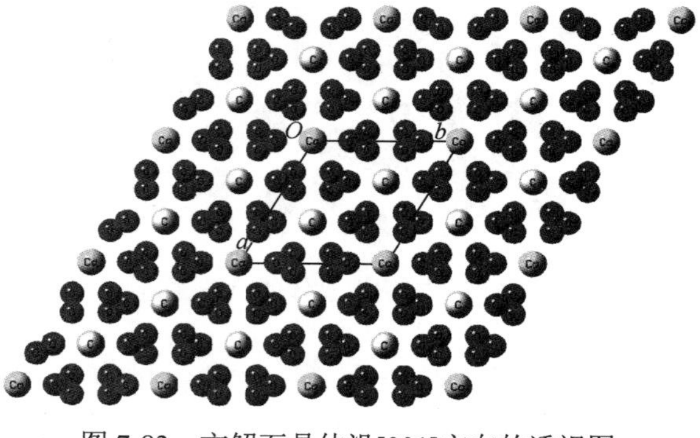

图 7-83　方解石晶体沿[001]方向的透视图

7.5.2　硫酸钙的晶体结构

硫酸钙（$CaSO_4$）晶体属于正交晶系，空间群为 D_{2h}^{17} - $C\frac{2}{m}\frac{2}{c}\frac{2_1}{m}$，晶胞参数 $a = 699.8\text{pm}$，$b = 624.5\text{pm}$，$c = 700.6\text{pm}$，$Z = 4$。SO_4^{2-} 以 A_1 方式堆积，Ca^{2+}填充全部八面体空位[20]。硫酸根是离子基团，与单原子负离子的堆积不同，离子基团本身存在一定的结构，其对称性不一定与堆积层形成的对称性一致。在 $CaSO_4$ 晶体中，SO_4^{2-} 的 C_{2v} 对称性导致单层堆积变形，破坏了紧密堆积层的六重轴和三重轴的对称性。另外，离子基团本身存在不同取向，也使整个晶体结构的对称性降低。SO_4^{2-} 有两种取向，在晶体中出现两种位置不同的层堆积，分别用符号 A 和 B 标记。同层内 SO_4^{2-} 朝同一方向取向，相邻 A 和 B 层 SO_4^{2-} 的取向相反，见图 7-84。

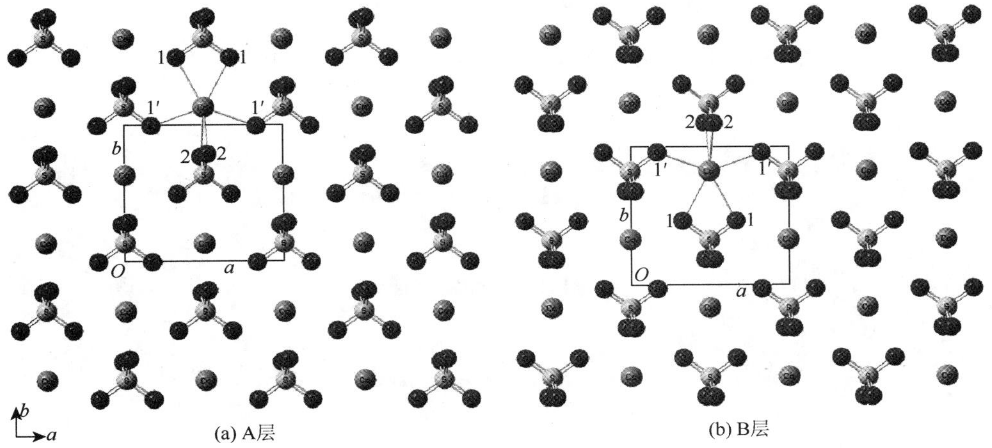

图 7-84　正交 $CaSO_4$ 晶体中两种不同的堆积层

A 层和 B 层的相对位置发生错位，沿晶轴 c 方向透视，以 A 层中 Ca^{2+}的位置为参考点，正对 B 层中的硫酸根离子位置，B 层相对于 A 层沿晶轴 b 方向位移 $0.3048b$。堆积层垂直于晶轴 c，沿晶轴 c 的堆积顺序为

$$(AB)(AB)\cdots$$

同层内，钙和 S 原子在同一平面上，同层内两种离子的堆积方式完全相同。A 层 S 原子的位置与上下 B 层中钙的位置并不重合，钙离子与同层以及上下层共 8 个氧原子组成三角形十二面体配位关系，同样，B 层中 S 原子与上下 A 层中钙离子也不重合。正、负离子联合堆积顺序为

$$(A\alpha)(B\beta)(A\alpha)(B\beta)\cdots$$

图 7-85 是两种不同的堆积层 A 和 B 的重叠图。沿晶轴 a 和 b 有相似的 A、B 堆积层，以及相似堆积顺序，不同的是，沿晶轴 a 方向，A、B 堆积层错位刚好为 $a/2$；沿晶轴 b 方向，非常接近 $b/2$。

$CaSO_4$ 晶体是 B_1 型立方 NaCl 晶体的变形结构，负离子都属于 A_1 型堆积。根据堆积层的排列顺序，可以在晶体中划出 SO_4^{2-} 的 A_1 型堆积的结构单位。类比 NaCl 晶胞，SO_4^{2-} 中 S 原子占据顶点和面心，Ca^{2+}占据棱心、体心，显然，A、B 堆积层的错位使得 Ca^{2+}的占位偏离了晶轴 c 方向的四条棱的中心以及体心位置，见图 7-86，这就使晶体的对称性偏离立方 B_1 型晶体。由于三重对称轴的消失，垂直于 A、B 堆积层方向只有 2_1 螺旋轴对称性，将该方向定为晶轴 c。

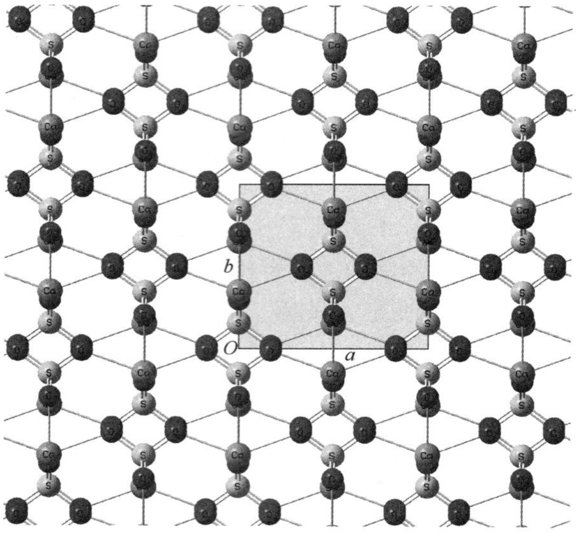

图 7-85　正交 $CaSO_4$ 晶体中两种不同的堆积层 A 和 B 的重叠图

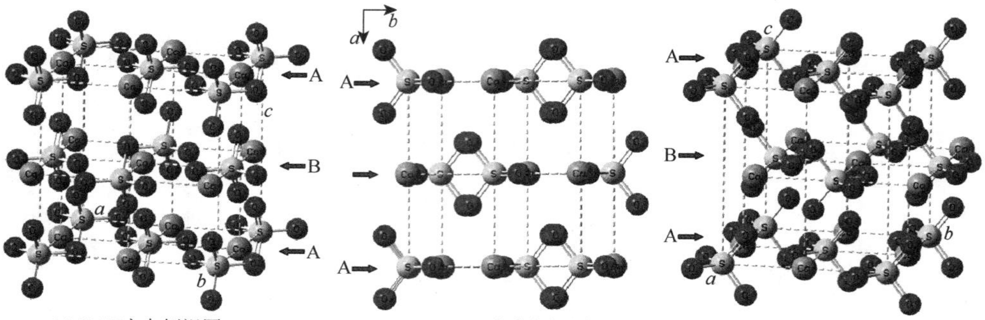

(a) [010]方向侧视图　(b) [001]方向侧视图　(c) [100]方向侧视图

图 7-86　SO_4^{2-} 的 A_1 型堆积图

当 Ca^{2+}填入八面体空位时与周围 6 个 SO_4^{2-} 的 8 个 O^{2-} 邻近，形成的配位多面体是三角形十二面体，对称性为 C_{2v}，见图 7-87。Ca^{2+}的配位多面体顶点包括 2 个 SO_4^{2-} 的各 2 个 O^{2-}，标号分别为1和2；4 个 SO_4^{2-} 的各 1 个 O^{2-}，标号为1′和2′。沿晶轴 *b* 方向，选择α层的 Ca^{2+}，观察配位多面体，它与 A 层 SO_4^{2-} 中 2 个 O^{2-} 的间距 Ca—O1 为255.91pm，与 A 层另一 SO_4^{2-} 沿层上下取向的 2 个 O^{2-} 的间距 Ca—O2 为250.99pm，与同平面两侧 SO_4^{2-} 中 O^{2-} 的间距 Ca—O1′为246.58pm，与上下 B 层 SO_4^{2-} 中 O^{2-} 的间距 Ca—O2′为234.48pm，见图 7-84。

SO_4^{2-} 中每个 O^{2-} 同时与两个 Ca^{2+} 配位，每个 SO_4^{2-} 同时与六个 Ca^{2+} 配位，组成八面体，其中，同层有四个 Ca^{2+}，上、下层各有 1 个 Ca^{2+}，S 原子偏离八面体中心，见图 7-87（c）。

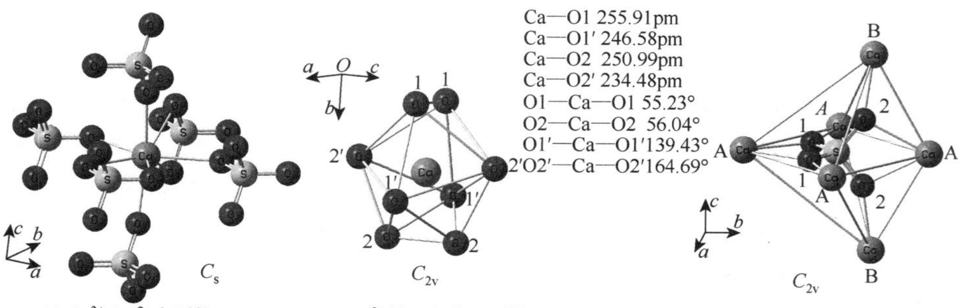

(a) Ca^{2+}-SO_4^{2-}多面体　(b) Ca^{2+}的三角十二面体　(c) SO_4^{2-}的八面体配位

图 7-87　正交 $CaSO_4$ 晶体中 Ca^{2+} 和 SO_4^{2-} 的配位多面体

A 层中最小重复的结构单位是一对相邻的 $Ca^{2+}+SO_4^{2-}$，同样 B 层中也是一对相邻的离子对，从图 7-84

不难看出，A 层、B 层都可以划出带心矩形格子，但是，A、B 两层的SO_4^{2-}取向相反，这两对离子之间没有平移对称性。因而，必须将 A、B 两层相邻的$Ca^{2+}+SO_4^{2-}$离子对进行组合，作为晶体的结构基元。因为堆积层的重复单位是 ABA，而层间离子间距与层内离子间距不等，所以只能得到正交格子。另外，两层错位不是 $b/2$，所以不能得到面心格子，而只能得到底心 C 格子。由空间格子划出晶胞，$Z=4$，见图 7-88。

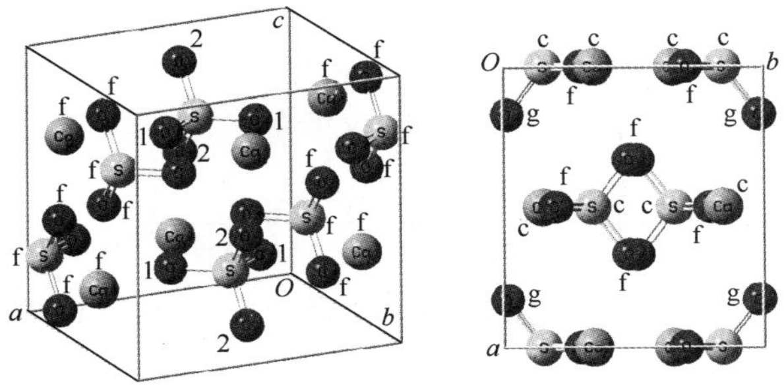

(a)　　　　　　　　　　(b)

图 7-88　正交 $CaSO_4$ 晶体的晶胞（a）及晶胞中离子位置（b）

晶体在晶轴 a、b、c 方向都存在二重对称轴和对称面。按照对称轴与指定方向平行，对称面与指定方向垂直的约定，由晶体的[100]方向透视图 7-89 可见，晶轴 a 方向存在二重旋转轴。垂直于晶轴 a，沿[010]和[001]方向透视，分别在 $x=0$ 和 $x=1/2$ 处观察到镜面 m。晶轴 b 方向存在二重旋转轴，在[100]方向透视图中，二重旋转轴平行于晶轴 b，位置坐标为$\left(0,y,\dfrac{1}{4}\right)$。垂直于晶轴 b 存在滑移面 c，在[100]和[001]方向透视图中，位于 $y=0$ 处，位置坐标为$(x,0,z)$。晶轴 c 方向存在二重螺旋轴，位置坐标为$(0,0,z)$，通过[100]方向透视图观察就在晶轴 c 的轴线上。垂直于晶轴 c 存在镜面 m，位置坐标为$\left(x,y,\dfrac{1}{4}\right)$，通过[100]和[010]方向透视图观察，

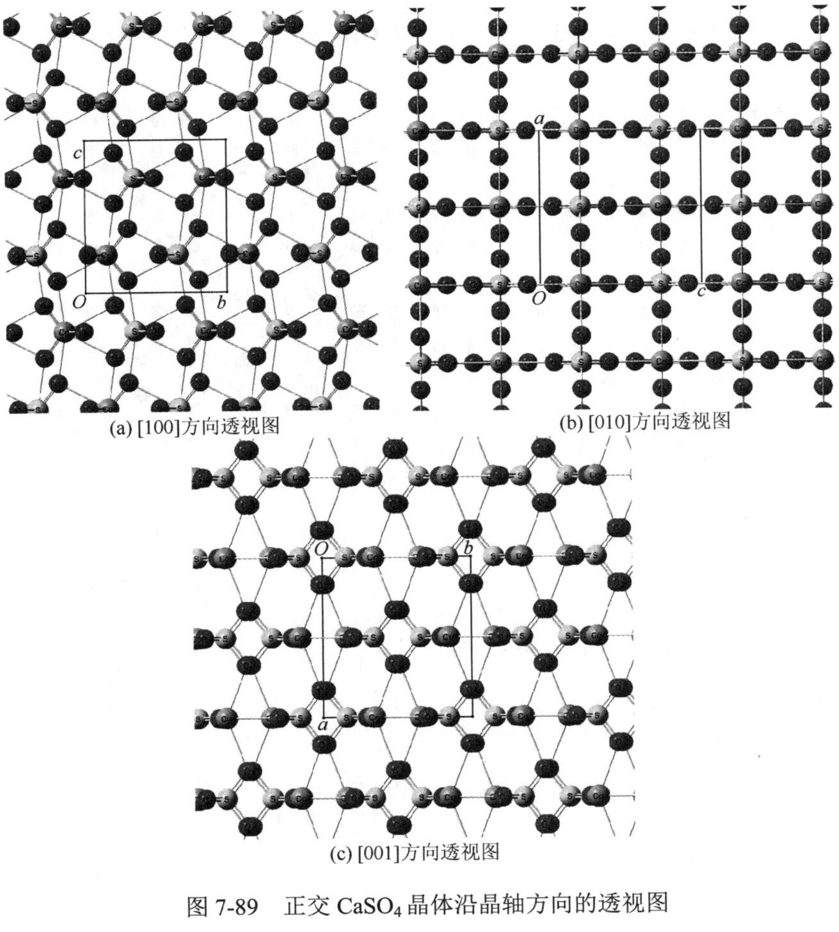

(a) [100]方向透视图　　(b) [010]方向透视图

(c) [001]方向透视图

图 7-89　正交 $CaSO_4$ 晶体沿晶轴方向的透视图

镜面与 ab 平面平行，在晶轴 c 上的截距为 $\frac{1}{4}$。晶体在晶轴 a、b、c 方向的二重对称轴相互垂直，对称面也相互垂直，是正交晶系的特征对称元素，它们的交点必然是对称中心，晶体点群为 D_{2h}。

将对称中心作为原点，晶体中离子或基团原子占据的位置如下：

$$(0,0,0);\ \left(\frac{1}{2},\frac{1}{2},0\right)\ +$$

Ca^{2+}	4c	$m2m$	$0,y,\frac{1}{4};\ 0,\overline{y},\frac{3}{4}$	$y=0.6524$
S	4c	$m2m$	$0,y,\frac{1}{4};\ 0,\overline{y},\frac{3}{4}$	$y=0.1556$
O(1)	8g	$..m$	$x,y,\frac{1}{4};\ \overline{x},\overline{y},\frac{3}{4};\ \overline{x},y,\frac{1}{4};\ x,\overline{y},\frac{3}{4}$	$x=0.1695,\ y=0.0155$
O(2)	8f	$m..$	$0,y,z;\ 0,y,\overline{z}+\frac{1}{2};\ 0,\overline{y},\overline{z};\ 0,\overline{y},z+\frac{1}{2}$	$y=0.2976, z=0.0817$

7.5.3　高氯酸银的晶体结构

高氯酸银 $AgClO_4$ 的晶体结构是四方晶系，空间群为 D_{2d}^{11} - $I\overline{4}2m$，晶胞参数 $a=497.6\text{pm}$，$c=674.6\text{pm}$，$Z=2$。晶体中 ClO_4^- 是变形四面体[21]，对称性为 D_{2d}。四条 Cl—O 键长相等，为 144.03pm，变形主要是 O—Cl—O 键角发生了变化，键角偏离了 109.47°，为 107.73° 和 110.35°。单层内 ClO_4^- 的排列堆积为正方形，ClO_4^- 的取向一致，Ag^+ 处于正方形中心，Ag^+ 和 ClO_4^- 的氯原子在同一平面上，见图 7-90。层的堆积方式为 (AB)(AB)⋯，A、B 两层 ClO_4^- 的排列堆积相同，取向也相同。以 A 层中 ClO_4^- 的氯原子位置作为参考点，B 层相对于 A 层错位，平移 $\boldsymbol{t}=\frac{1}{2}\boldsymbol{a}+\frac{1}{2}\boldsymbol{b}+\frac{1}{2}\boldsymbol{c}$。沿堆积层垂直的方向透视，$Ag^+$ 和 ClO_4^- 的氯原子完全重合，该位置存在 $\overline{4}$ 反轴，反演点在 ClO_4^- 的氯原子上，这是由 ClO_4^- 的 D_{2d} 对称性决定的。

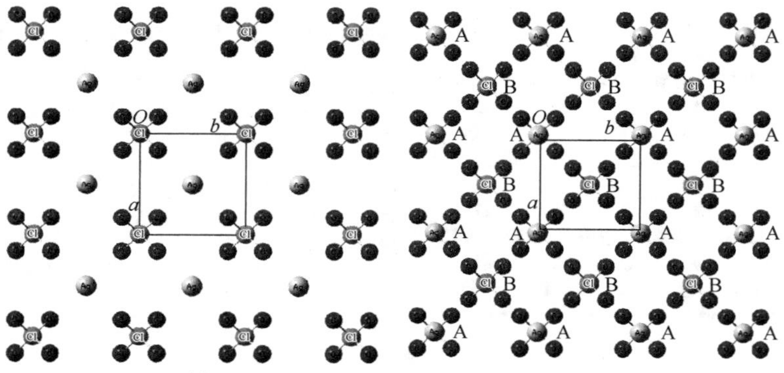

图 7-90　四方 $AgClO_4$ 晶体中 Ag^+ 和 ClO_4^- 的单层堆积图（a）和双层堆积重叠图（b）

在堆积单层内，选取相邻的 Ag^+ 和 ClO_4^- 作为结构基元，所得正当平面格子为正方形格子。在垂直于堆积层方向，ClO_4^- 层间有 Ag^+ 配位，由堆积层顺序 (AB)(AB)⋯，所得空间点阵的单位平移矢量 $\boldsymbol{c}$ 与平面格子单位矢量 $\boldsymbol{a}$ 和 $\boldsymbol{b}$ 的交角 β 和 α 都等于 90°。由于层间相邻点阵点的距离与层内不同，空间格子确定为四方体心格子 tI，晶系属于四方晶系，特征对称元素为 $\overline{4}$。垂直于 $\overline{4}$ 的两个方向，存在二重旋转轴 2，两条二重旋转轴相互垂直，其对角方向存在镜面 m。晶体的点群属于 D_{2d}。将 $\overline{4}$、2 和 m 的交点定为坐标系原点，$\overline{4}$ 定为晶轴 c，两条二重旋转轴 2 定为晶轴 a 和 b，所得晶胞见图 7-91。晶体中微粒占据的位置为

$(0,0,0);\ \left(\frac{1}{2},\frac{1}{2},\frac{1}{2}\right)\ +$

Ag^+	2b	$\bar{4}2m$	$0,0,\frac{1}{2}$	
Cl	2a	$\bar{4}2m$	0,0,0	
O	8i	$..m$	$x,x,z;\ \bar{x},x,z;\ x,\bar{x},z;\ \bar{x},\bar{x},z$	$x=0.1653,\ z=0.1259$

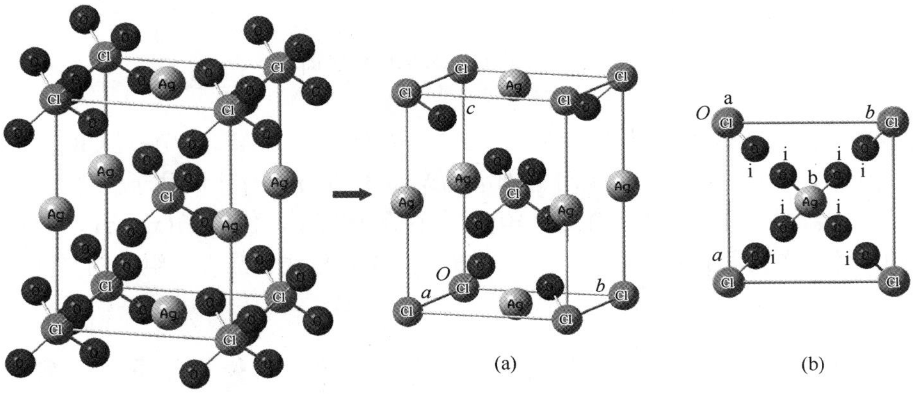

图 7-91　四方 $AgClO_4$ 晶体的晶胞（a）和离子位置（b）

在 $AgClO_4$ 晶体中，所有 ClO_4^- 的取向都高度一致。对照金属单质的堆积方式，也可以将 ClO_4^- 的堆积方式视为变形 A_2，层堆积方向与金属单质不同，不是沿体对角线方向，而是沿晶轴 c 的方向。层间 A—B—A 周期重复单位向量 $\boldsymbol{c}$，与层内的单位向量 $\boldsymbol{a}$ 和 $\boldsymbol{b}$ 不等，使得 A_2 堆积变形。图 7-92 是 AB 堆积层的相对位置，以及 ClO_4^- 的变形 A_2 堆积单位，其中也包括了 Ag^+ 填充空位的位置。正、负离子联合堆积层的堆积顺序为

$$(A\alpha)(B\beta)(A\alpha)(B\beta)\cdots$$

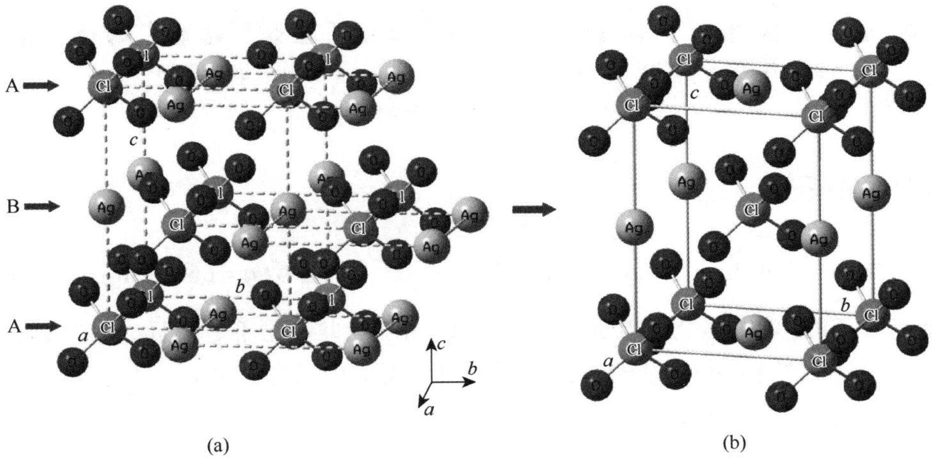

图 7-92　AB 堆积层的相对位置（a）及 ClO_4^- 的变形 A_2 堆积单位（b）

将 ClO_4^- 作为堆积离子，则 Ag^+ 填充的是八面体空位，填充分数为 $1/3$，填充位置是晶轴 c 方向的棱心及 C 底心。在 ab 平面内，C 底心处 Ag^+ 周围有 6 个 ClO_4^-，纵向方向即它的上下方有 2 个，ClO_4^- 的取向决定了纵向方向的 ClO_4^- 中各有 2 个 O^{2-} 与 Ag^+ 配位，ab 平面上 4 个 ClO_4^- 中各有 1 个 O^{2-} 与 Ag^+ 配位，总共 8 个 O^{2-} 围成的三角形十二面体，Ag^+ 处于中心，其对称性为 D_{2d}，见图 7-93。

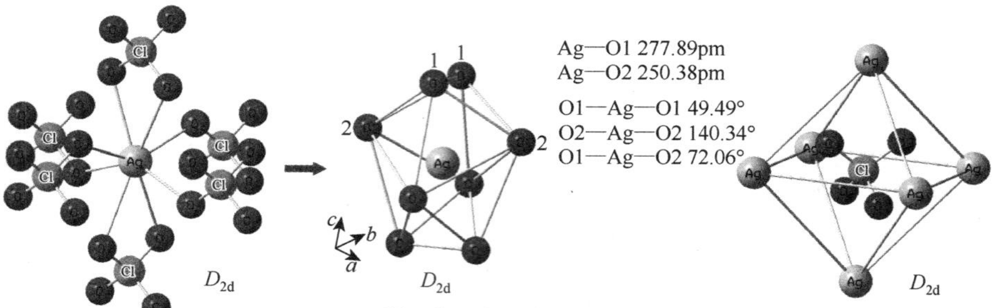

(a) Ag^+的三角形十二面体　　(b) ClO_4^-的八面体配位

图 7-93　Ag^+和 ClO_4^- 的配位多面体

通过晶体在[100]方向的透视图可以观察到，在晶轴 a 以及平行于晶轴 a，穿过 ClO_4^- 的 Cl 原子存在二重旋转轴，位置在 $(x,0,0)$，见图 7-94（a）。由于晶体沿晶轴 a 和 b 方向有相同离子排列，穿过 Cl 原子，在晶轴 b 上也存在二重旋转轴，位置在 $(0,y,0)$。$[1\bar{1}0]$ 方向存在反映面，位置在 (x,x,z)，即平分二重轴交角的对角方向。镜面的具体位置是与 $[1\bar{1}0]$ 对角线垂直，即在[110]对角线和晶轴 c 组成的平面，见图 7-94（b）。[110]方向也存在镜面，位置在 $(x,\bar{x},z)$。

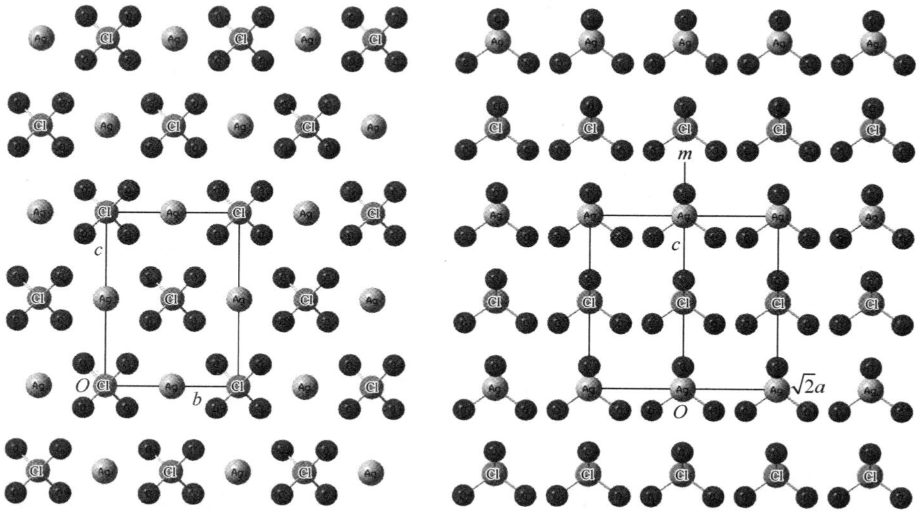

(a) [100]方向透视图　　(b) [110]方向透视图

图 7-94　$AgClO_4$ 晶体的透视图

7.5.4　硅酸锆的晶体结构

$ZrSiO_4$ 晶体结构属四方晶系，空间群为 D_{4h}^{19} - $I\dfrac{4_1}{a}\dfrac{2}{m}\dfrac{2}{d}$，晶胞参数 $a = 660.7\text{pm}$，$c = 598.2\text{pm}$，晶体密度 D_c= 4.668g·cm^{-3}。SiO_4^{4-} 的堆积方式与锐钛矿中氧离子相似，堆积层不是平面，而是波浪层[22]。堆积层的重叠方向沿晶轴 c 方向，Zr^{4+} 和 SiO_4^{4-} 的硅原子在同一平面。晶体中只有一种 SiO_4^{4-} 四面体结构，四面体沿一条 $\bar{4}$ 轴方向变形，Si═O 键键长为 226.88pm，键角变为 97.0°和 116.04°，对称性为 D_{2d}。晶体中 SiO_4^{4-}，围绕 $\bar{4}$ 存在两种取向，其中之一围绕 $\bar{4}$ 转动 90°就与另一个的取向相同；相对于垂直于晶轴 c 的滑移面，二者又互为镜像关系。设 A′ 代表坐标 z 值较小的 SiO_4^{4-} 四面体，A 代表坐标 z 值较大的；α 代表坐标 z 值较小的 Zr^{4+}，β 代表坐标 z 值较大的。单层厚板中，两种取向的 SiO_4^{4-} 四面体沿晶轴 a，一上一下，交替排列，呈锯齿链状，排列结构整体上呈波浪形，表示为 A—A′—A—A′…，见图 7-95（a）。两行 SiO_4^{4-} 四面体之间，间隔排列 Zr^{4+} 行。以位置 A 的 Si 原子为参考，一下一上，即α—β—α—β…，排列成行，也呈锯齿链状，见图 7-95（b）。沿晶轴 b 观察，Zr^{4+} 和 SiO_4^{4-} 交替排列，一下一上，排成波浪形列，表示为α—A—α—A…。比较相邻列，旁边列 Zr^{4+} 和 SiO_4^{4-} 一上一下，即β—A′—β—A′…。位置α的 Zr^{4+} 与位置 A 的 SiO_4^{4-} 四面体相连，而位置β的 Zr^{4+} 与位置 A′ 的 SiO_4^{4-} 四面体相连，互为相邻的锯齿链中的结构单位，将这两个单位组合为单层厚板结构的结构基元，按坐标 z 值由小到大排列为 A′αAβ，将点阵点放在β位置的 Zr^{4+} 上，得到平面点阵，抽象出平面正方形格子，定出晶轴基向量 $\boldsymbol{a}$ 和 $\boldsymbol{b}$ 的大小和方向。在与基向量 $\boldsymbol{a}$ 和 $\boldsymbol{b}$ 垂直的方向是基向量 $\boldsymbol{c}$。

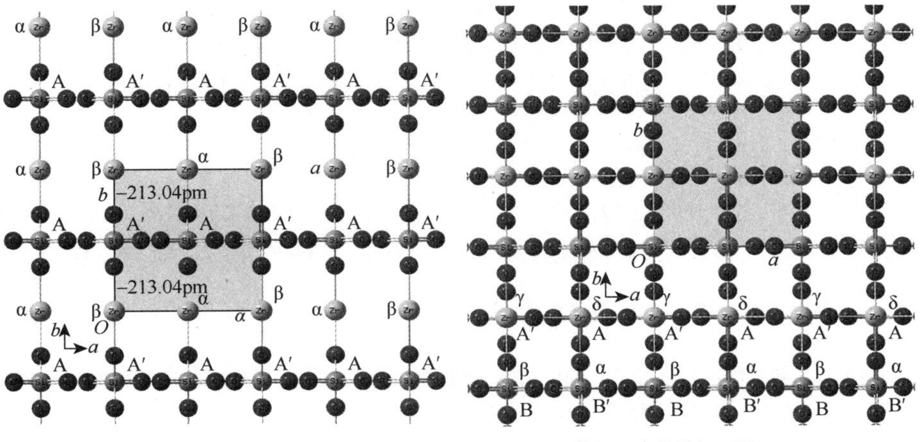

(a) Zr^{4+}和SiO_4^{4-}的堆积单层AαA′β　(b) Zr^{4+}和SiO_4^{4-}的堆积双层(AαA′β)(B′γBδ)

图 7-95　$ZrSO_4$ 四方晶体的单层和双层厚板结构

在基向量 $\boldsymbol{a}$ 和 $\boldsymbol{b}$ 垂直的方向，是以单层厚板 A′αAβ 为单位进行叠加。将 A′αAβ 作为第一层，第二层与第一层完全相同，是第一层的复制层，只是空间位置发生了变化。相对于第一层，第二层平移 $\boldsymbol{t}=\frac{1}{2}\boldsymbol{a}+\frac{1}{2}\boldsymbol{b}+\frac{1}{2}\boldsymbol{c}$，在与厚板层垂直的方向，两层叠加，$Zr^{4+}$ 与硅原子的 x 和 y 位置坐标重合，见图 7-95（b）。与第一层 A′αAβ 对应，第二层的堆积表示为 B′γBδ。当第二层平移 $\boldsymbol{t}=\frac{1}{2}\boldsymbol{a}+\frac{1}{2}\boldsymbol{b}+\frac{1}{2}\boldsymbol{c}$，就与第一层重叠，堆积层的周期重复单位为 (A′αAβ)(B′γBδ)，晶体中正、负离子的联合堆积方式为

$$(\mathrm{A'\alpha A\beta})(\mathrm{B'\gamma B\delta})\cdots$$

在晶轴基向量 $\boldsymbol{a}$ 和 $\boldsymbol{b}$ 垂直的方向，定出晶轴基向量 $\boldsymbol{c}$，由第一层β位置的 Zr^{4+} 指向第三层β位置的 Zr^{4+}，显然，第二层结构基元对应的点阵点在 $\left(\frac{1}{2},\frac{1}{2},\frac{1}{2}\right)$ 位置，所得空间格子为四方体心格子 tI 。

在 A′αAβ 和 B′γBδ 双层堆积结构中，B′γBδ 层中 B 位置的 SiO_4^{4-} 中氧原子与 A′αAβ 层中β位置的 Zr^{4+} 配位，B′位置的氧原子与α位置的 Zr^{4+} 配位。同样，A′αAβ 层中 A′ 位置的氧原子与 B′γBδ 层中γ位置的 Zr^{4+} 配位，A 位置的氧原子与δ位置的 Zr^{4+} 配位。为了与 Zr^{4+} 配位，两层 SiO_4^{4-} 的氧原子在 z 方向出现穿插，不过 x 和 y 方向的位置是错开的。Zr^{4+} 周围与之最邻近的 SiO_4^{4-} 有六个，与之配位的氧原子有八个，组成三角形十二面体，对称性为 D_{2d}，见图 7-96。

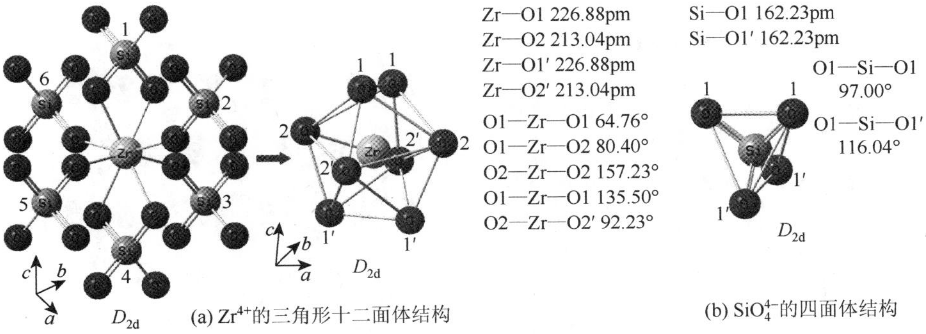

(a) Zr^{4+}的三角形十二面体结构　(b) SiO_4^{4-}的四面体结构

图 7-96　离子的配位多面体结构

A′αAβ 和 B′γBδ 两层叠合，以β位置的 Zr^{4+} 为观察点，它与 B′γBδ 层中 B′ 位置 SiO_4^{4-} 的两个氧原子配位，又与平移向量 $-\boldsymbol{c}$ 后，同一位置 B′层中取向垂直的两个氧原子配位，这两个 SiO_4^{4-} 取向平行，相距单

位向量 $\boldsymbol{c}$。Zr^{4+} 配位的另外四个氧原子来自在同一堆积层单位 (A′αAβ)(B′γBδ) 内的四个 SiO_4^{4-}。两层厚板叠合后，上下厚板中 Zr^{4+} 和 SiO_4^{4-} 出现新的连接，生成 γ—A—γ—A… 和 β—B′—β—B′… 链，β—B′—β—B′… 链与原厚板层中的 β—A′—β—A′… 链垂直，交叉点 β 位置的 Zr^{4+} 与两条交叉链上的共四个氧原子配位。若以 B′γBδ 层中 γ 位置的 Zr^{4+} 为观察点，则四个配位氧原子分别在新生成的 γ—A—γ—A… 链和原厚板层中的 γ—B—γ—B… 链上，即交叉点 γ 位置的 Zr^{4+} 与该两条交叉链上的四个氧原子配位。

在堆积层的垂直方向，晶体有 4_1 螺旋轴，位置坐标为 $\left(\frac{3}{4},\frac{1}{4},z\right)$，见图 7-97。在 4_1 螺旋轴周围分布着两种取向的 SiO_4^{4-} 四面体，其中之一围绕 SiO_4^{4-} 的 4_1 转动 90°就与另一个的取向相同。因而，它们围成的区域的中心线存在螺旋轴，即 4_1 螺旋轴。绕螺旋轴逆时针旋转 90°，平移 $\boldsymbol{c}/4$，新像与原像重合。在位置坐标为 $\left(\frac{1}{4},\frac{1}{4},z\right)$ 的直线上，晶体存在 4_3 螺旋轴。SiO_4^{4-} 四面体和 ZrO_8 三角十二面体的对称性都是 D_{2d}，Zr^{4+} 周围六个 SiO_4^{4-} 的取向也满足 D_{2d} 对称性，整个晶体的对称性也是 D_{2d}，晶体的 $\bar{4}$ 反轴穿过 SiO_4^{4-} 四面体的硅原子和 ZrO_8 三角形十二面体的中心锆离子，其反演点在锆离子上。

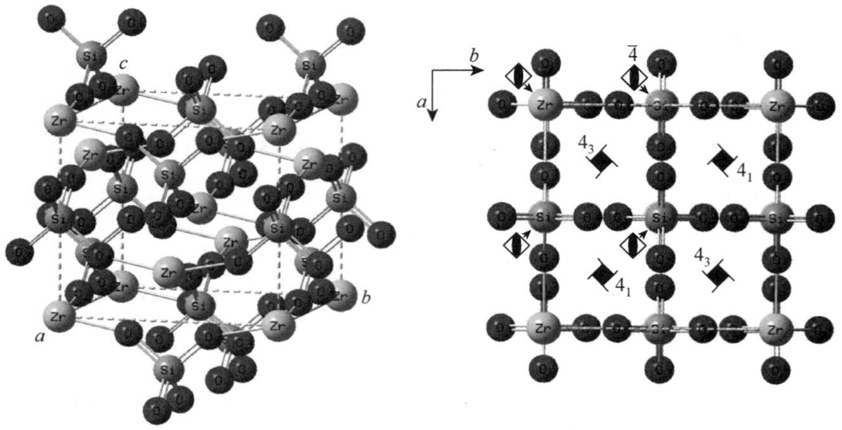

(a) (b)

图 7-97 晶胞周围的离子位置（a）及晶体在[001]方向的 4_1 螺旋轴和 $\bar{4}$ 反轴位置（b）

将坐标系原点置于 β 层的 Zr^{4+} 所在的对称中心上，四重反轴 $\bar{4}$ 定为晶轴 c，与反轴 $\bar{4}$ 垂直的二重轴定为晶轴 a 和 b。其他位置的对称元素，包括位置坐标为 $\left(0,\frac{1}{4},\frac{1}{8}\right)$ 的对称中心，晶轴 a 方向的二重轴和镜面，以及[110]方向的二重旋转轴和滑移面 d，可通过晶体在[001]、[100]、[110]方向的透视图，结合空间群的对称元素位置图 7-62 进行观察，见图 7-98 和图 7-99。

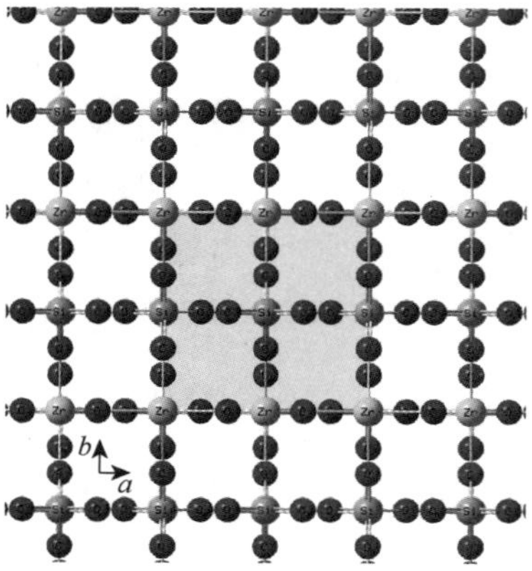

(a) [001]方向透视图

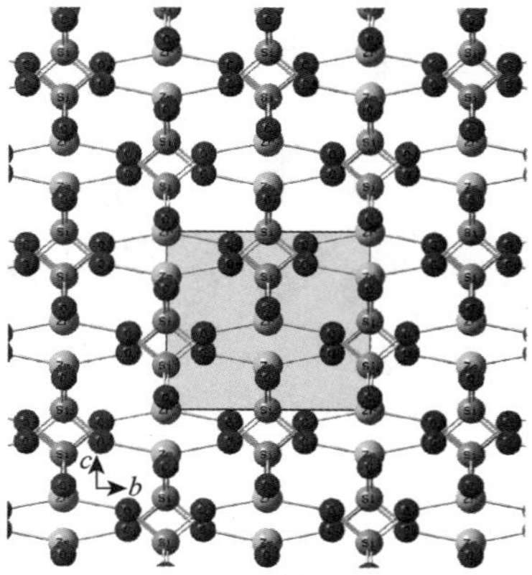

(b) [100]方向透视图

图 7-98 沿晶体[001]和[100]方向透视图

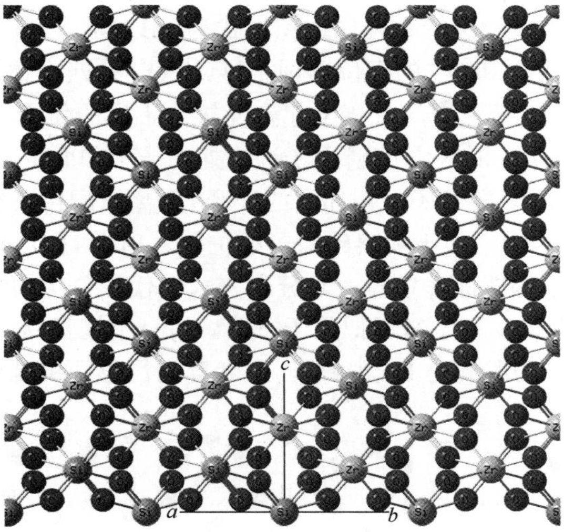

图 7-99　沿晶体[110]方向透视图

将原点定在在β层的 Zr^{4+} 上，所得晶胞中包含 4 个 $ZrSiO_4$ 化学计量式单位，见图 7-100。在晶体坐标系下，微粒的位置坐标如下：

$$(0,0,0);\ \left(\frac{1}{2},\frac{1}{2},\frac{1}{2}\right)+$$

Zr^{4+}　4a　$\bar{4}2m$　$0,0,0;\ 0,\frac{1}{2},\frac{1}{4}$

Si　4b　$\bar{4}2m$　$0,0,\frac{1}{2};\ 0,\frac{1}{2},\frac{3}{4}$

O　16h　$\cdot m\cdot$　$0,y,z;\ y,0,\bar{z};\ 0,\bar{y},z;\ \bar{y},0,\bar{z};\ 0,y+\frac{1}{2},\bar{z}+\frac{1}{4};\ y,\frac{1}{2},z+\frac{1}{4};$

$0,\bar{y}+\frac{1}{2},\bar{z}+\frac{1}{4};\ \bar{y},\frac{1}{2},z+\frac{1}{4}$　　$y=0.8161, z=0.3203$

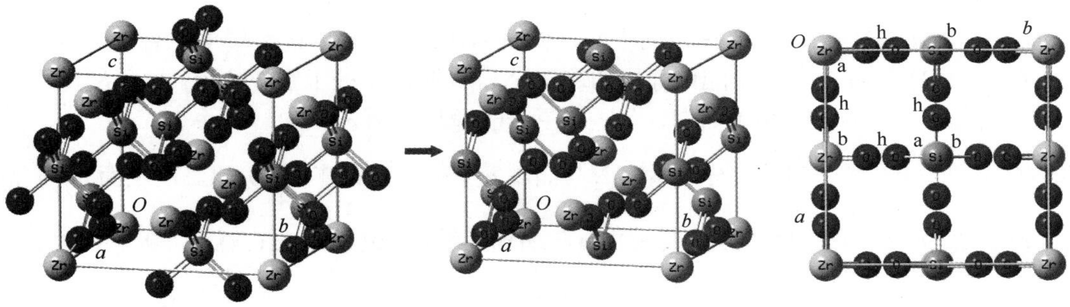

(a) 晶胞扩展图　(b) 晶胞　(c) 离子位置图

图 7-100　晶体的晶胞和离子位置图

沿晶轴 a 方向，在 yz 平面，晶体也有类似的堆积层结构，但相邻层硅酸根的距离较远。该方向对称性较低，不利于晶系的指定及晶体对称性表达。$ZrSiO_4$ 晶体中硅氧四面体是孤立的，没有共用氧离子相互连接，整个晶体中的硅酸根阴离子是通过锆离子连接的，是硅酸盐的一种重要结晶形式，此种晶体保持了硅酸根的化学性质。

7.5.5　磷酸锂的晶体结构

低温条件下，Li_3PO_4 的晶体结构是正交晶系[23]，空间群为 C_{2v}^7 - $Pmn2_1$，晶胞参数 $a=611.5\text{pm}$，$b=523.9\text{pm}$，$c=485.5\text{pm}$，晶体密度 $D_x=2.479\text{g}\cdot\text{cm}^{-3}$。晶体在晶轴 c 方向上的堆积结构比较简单，Li^+ 和

PO_4^{3-} 堆积为单层 A，再以单层为单位进行堆叠，堆积方式为 ABAB⋯，基本堆积单位为 AB，A 层和 B 层的结构相似，在空间位置上为了 Li^+ 和 O^{2-} 的配位出现平移。PO_4^{3-} 是四面体结构，对称性为 C_s。Li^+ 和 PO_4^{3-} 排列层通过 Li^+ 与 PO_4^{3-} 的氧配位进行堆积，氧离子起到连接上下层的作用，相邻层中的 Li^+—O^{2-} 配位本质上为离子键。在堆积单层 A 中，Li^+ 和 PO_4^{3-} 的磷原子近似处于一个平面上，PO_4^{3-} 排列为矩形，层内 PO_4^{3-} 的每个氧离子连接两个 Li^+，此外，氧离子还与相邻层的一个 Li^+ 离子配位，氧离子的总配位数是 4，配位关系是四面体 $3Li+P$，见图 7-101，为了便于观察磷原子的位置，Li^+ 和 PO_4^{3-} 的堆积单层和双层投影图微微倾斜。图中标记的 A 和 B 是磷原子的四面体位置，其分布方式也代表单层的结构。不难看出，堆积单层 A 和 B 中，同层内的 PO_4^{3-} 只有一种取向，三个氧近似处于平面，另一个氧直立。A、B 两层直立氧取向同向，不同的是沿 b 轴方向，A 层中 PO_4^{3-} 的取向与 B 层相反，二者互为滑移面镜像对称关系，见图 7-101（b）。

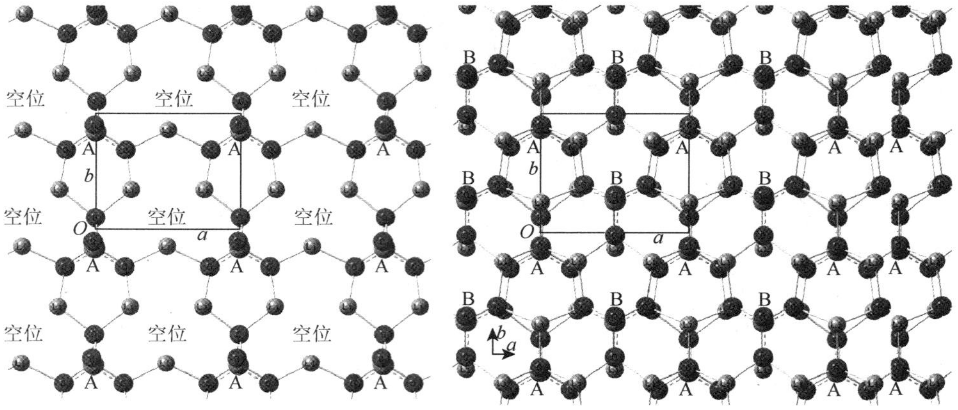

(a) [001]方向堆积单层A　　　(b) [001]方向堆积双层AB

图 7-101　Li^+ 和 PO_4^{3-} 的[001]方向堆积单层和双层图

在基本堆积双层 AB 中，A 层由 1 个 PO_4^{3-} 和周围 3 个 Li^+ 组成最小结构单位，同样，B 层也由 1 个 PO_4^{3-} 和周围 3 个 Li^+ 组成结构单位。因为 A 和 B 两层 PO_4^{3-} 的取向相反，必须联合组成结构基元得到简单矩形格子，确定单位向量 $\boldsymbol{a}$ 和 $\boldsymbol{b}$。在层的垂直方向，由第一个 AB 单位向第二个 AB 单位平移，为基向量 $\boldsymbol{c}$，空间格子为简单正交格子 oP。

A 层、B 层的空位位置在 3 个 Li^+ 围成的中心，见图 7-101（a）。A、B 两层重叠后空位由两层的 PO_4^{3-} 以异平面方式填充，PO_4^{3-} 用 3 个氧离子配位邻层的这 3 个 Li^+，P 原子处于空位位置。这种配位决定了 PO_4^{3-} 的取向，即 PO_4^{3-} 沿晶轴 c 方向是三角锥取向，另一条 P═O 键与晶轴 c 平行。

晶体仅有 1、2_1、n、m 共四类对称元素，2_1 与晶轴 c 平行，位置在 $\left(\dfrac{1}{4},0,z\right)$。反映面 m 与晶轴 a 垂直，位置在 $(0,y,z)$，为[100]方向的对称元素。滑移面 n 与晶轴 b 垂直，位置在 $(x,0,z)$，切断了 PO_4^{3-} 的一条 P═O 键，对角滑移向量 $\boldsymbol{t}=\dfrac{1}{2}(\boldsymbol{a}+\boldsymbol{c})$，为[010]方向的对称元素。对称元素的位置见图 7-102。

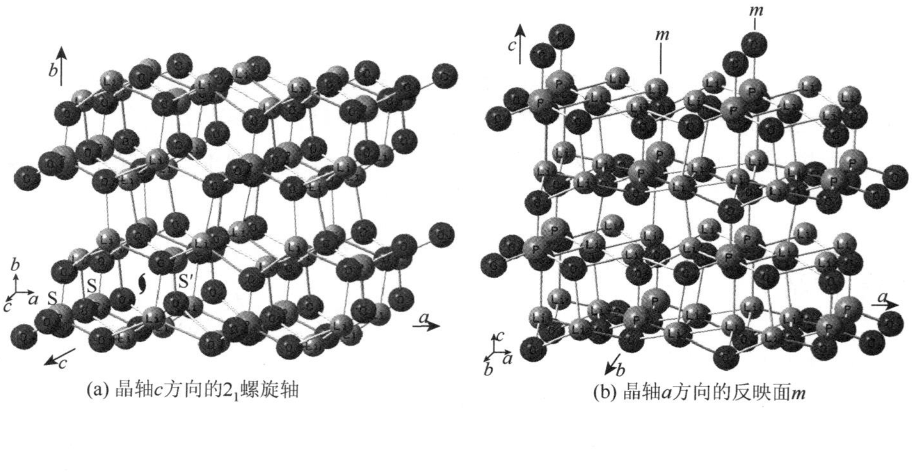

(a) 晶轴c方向的2_1螺旋轴　　　(b) 晶轴a方向的反映面m

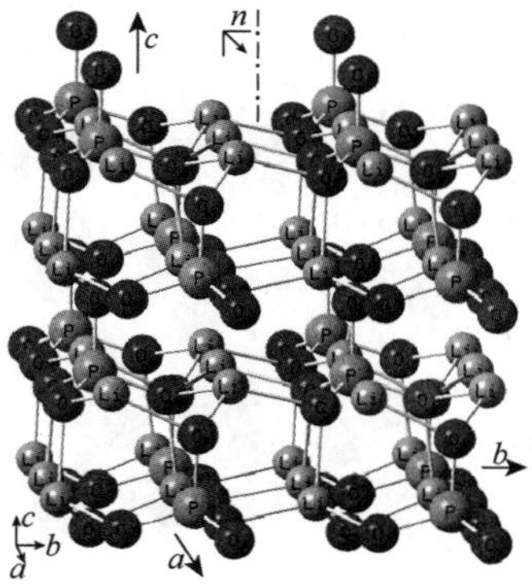

(c) 晶轴b方向的滑移面n的位置$t=\frac{1}{2}(a+c)$

图 7-102　正交 Li_3PO_4 晶体的对称元素位置图

将坐标系原点定在 m 和 n 的交线上，由于结构基元中 PO_4^{3-} 的 P 原子刚好在镜面 m 上，因而 P—P—P—P⋯连线与滑移面 n 的交点就是坐标系原点。由正交坐标系得到晶胞和离子位置，晶胞包含的化学计量式单位数 $Z=2$，见图 7-103。离子的位置坐标如下：

Li^+	4b	1	$x,y,z;\ \bar{x},y,z;\ x+\frac{1}{2},\bar{y},z+\frac{1}{2};\ \bar{x}+\frac{1}{2},\bar{y},z+\frac{1}{2}$ $x=0.248, y=0.328, z=0.986$
Li^+	2a	$m..$	$0,y,z;\ \frac{1}{2},\bar{y},z+\frac{1}{2}$　　$y=0.157, z=0.489$
P	2a	$m..$	$y=0.8243, z=0$
O(1)	4b	1	$x=0.2078, y=0.6868, z=0.896$
O(2)	2a	$m..$	$y=0.105, z=0.900$
O(2)	2a	$m..$	$y=0.819, z=0.317$

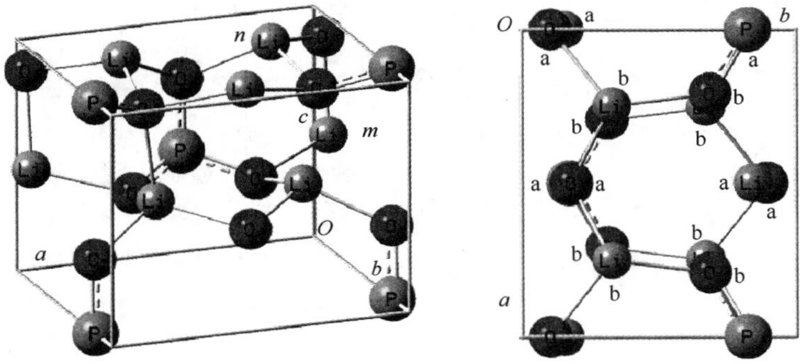

(a)　　(b)

图 7-103　磷酸锂晶体的晶胞（a）和离子位置（b）

Li^+ 的多面体是四面体，由 4 个 PO_4^{3-} 的氧离子组成，其下方还有较小的空心四面体，由其中 3 个 PO_4^{3-} 的 4 个氧离子组成，当中一个 PO_4^{3-} 有两个氧离子参与。LiO_4 四面体有两种结构，对称性分别为 C_s 和 C_1，晶体中 LiO_4 四面体共顶点连接，见图 7-104。

PO_4^{3-} 为四面体，磷原子显正电性，其中，氧离子与 Li^+ 正离子配位，PO_4^{3-} 总是以离子基团的形式与金属离子作用。晶体中一个 PO_4^{3-} 周围共有 12 个 Li^+，形成反式立方八面体结构，PO_4^{3-} 和反式立方八面体的对称性均为 C_s，镜面位置与 O1—P—O3 平面同面，见图 7-105。

从[100]和[010]方向透视晶体的 Li^+ 和 PO_4^{3-} 基团堆积图，不难看出，除了晶体在晶轴 c 方向存在堆积层外，晶体在晶轴 b 方向也存在堆积层，也可以将晶体沿 xz 面切割，见图 7-106。

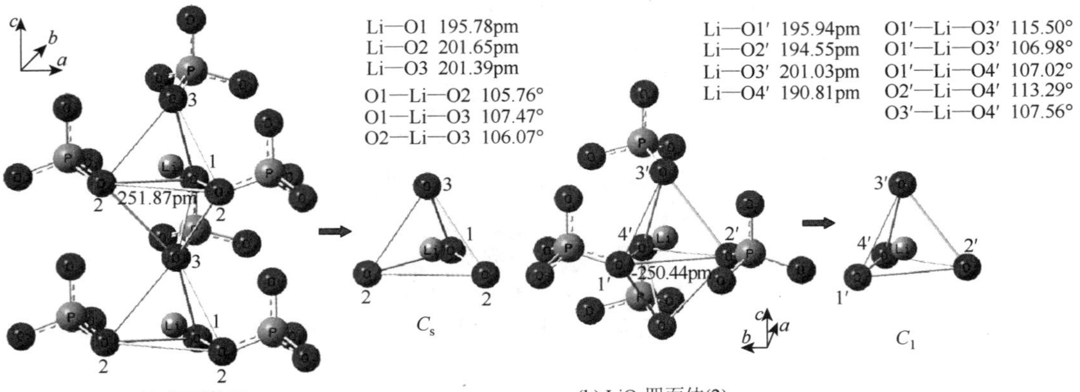

(a) LiO_4四面体(1)　　　　(b) LiO_4四面体(2)

图 7-104　磷酸锂晶体中两种 LiO_4 四面体的几何结构

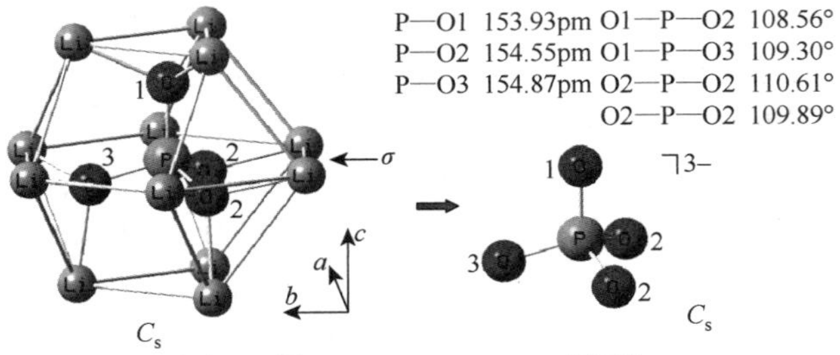

(a) 反式立方八面体　　　　(b) 四面体

图 7-105　正交 Li_3PO_4 晶体中 PO_4^{3-} 的配位多面体的结构

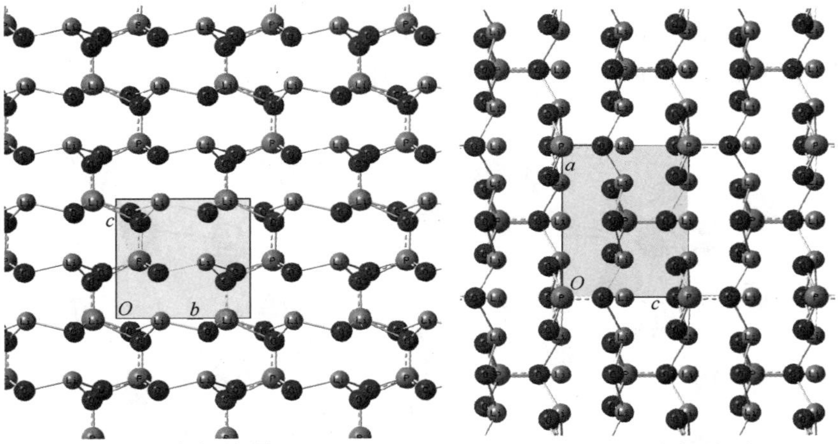

(a) [100]方向透视图　　　　(b) [010]方向透视图

图 7-106　晶体的透视图

7.6　离子化合物的晶体结构特征和鲍林结构规则

在不同状态下结晶离子化合物，所得晶体的结构不同。例如钙钛矿，气相凝聚是离子簇，低温 296K 结晶所得晶体是正交晶系，高温 1720K 结晶是立方晶系，若在 1598K 结晶则得到四方晶系。自然界的天然矿物都是离子化合物的稳定晶体，是人们最早研究的一类晶体。离子化合物中正、负离子由于静电引力作用发生配位。当距离较近时，既出现负离子排斥力，又会出现正离子排斥力。对于稳定晶体，其局部微观结构必须是电荷平衡的，晶胞范围内正电荷总值等于负电荷总值，一定区域内离子间的总静电引力和总排斥力之和都等于零。这就决定了整体上正、负离子所带电荷之比等于配位数之比，满足：

$$\frac{cn_+}{cn_-}=\frac{Z_+}{Z_-}$$

电荷平衡决定了正、负离子的配位数和配位多面体结构，也就决定了晶体的正、负离子数配比，并与离子晶体的化学组成或最简化学式一致。化学组成比 m_+ / m_- 与离子电荷比成反比，也与正、负离子配位数比成反比：

$$\frac{m_+}{m_-} = \frac{Z_-}{Z_+} = \frac{\text{cn}_-}{\text{cn}_+}$$

在离子晶体中，负离子半径较大，正离子半径较小，负离子排斥力影响范围广，正离子影响相对较窄，除非电荷特别高，半径特别大。因而，负离子以最小排斥力方式进行堆积，正离子填充负离子堆积形成的空位，堆积空位的体积随配位数增加而增大。高配位数形成大体积空位，能容纳较大体积的正离子，反之，低配位数形成小体积空位，只能容纳较小体积的正离子。正离子的配位数及负离子围成的多面体，与正、负离子半径有着必然联系。V. Goldschmidt 和鲍林对离子晶体的结构研究总结出配位多面体规则、静电键强度规则和多面体连接规则，之后 W. H. Baur 进一步提出了离子间距规则。

7.6.1　配位多面体与离子半径比

就简单离子化合物的晶体，负离子堆积形成的空位有四面体、八面体、立方体、立方八面体等。正离子填充空位会出现如下两种情况，第一种情况是正离子的体积小于空位体积，负离子之间的排斥力较大。当正离子电荷较高，离子半径较小，属于此种情况，此时负离子电荷值也高，方能满足电荷平衡。第二种情况是正离子的体积大于空位体积，负离子被挤开，负离子间的排斥力减小，但晶体的空位空间增大，甚至可以再挤入一个负离子。根据离子晶体的实验结构发现大多数离子晶体都属于第二种情况。

将正、负离子近似看成是圆球形，在负离子圆球堆积而成的多面体中放入正离子圆球，使得正、负离子圆球刚好相切，从多面体几何可以推得对应的正、负离子的半径比。这样获得的半径比值 r_+ / r_- 称为多面体的半径比临界值，大多数离子晶体的正、负离子半径比大于该临界值。测定晶体结构可以获得离子的多面体配位结构，进而用晶胞参数算得离子半径和半径比，反之，由离子半径和离子半径比可以解释晶体结构中离子的多面体配位结构。下面针对离子晶体中常见的四面体、八面体、立方体、立方八面体等多面体，从理论上推算正、负离子半径比的临界值。

若负离子堆积方式是 A_1 型，正离子填充全部四面体空位的一半，这种晶体属于立方晶系，如立方硫化锌，空间群为 T_d^2 - $F\bar{4}3d$，晶胞参数 $a = 540.6\text{pm}$。这种填充方式得到的晶胞见图 7-107，最简化学式为 AB。根据正离子的多面体为正四面体配位，正、负离子在晶胞的体对角线方向接触相切，正、负离子核间距等于它们互相接触的球半径之和，其长度等于晶胞体对角线的 1/4。

$$r_+ + r_- = \frac{1}{4}\sqrt{3}a \tag{7-6}$$

负离子在晶胞的面对角线方向接触，负离子球接触的半径之和与面对角线的长度存在如下关系：

$$4r_- = \sqrt{2}a \tag{7-7}$$

联合式（7-7）和式（7-6），消去 a 解得

$$r_+ + r_- = \sqrt{\frac{3}{2}}r_- \tag{7-8}$$

解得 $r_+ / r_- = 0.225$。这个数值的几何意义是：组成离子晶体的正、负离子半径比等于或大于 0.225，正离子将填充四面体空位。

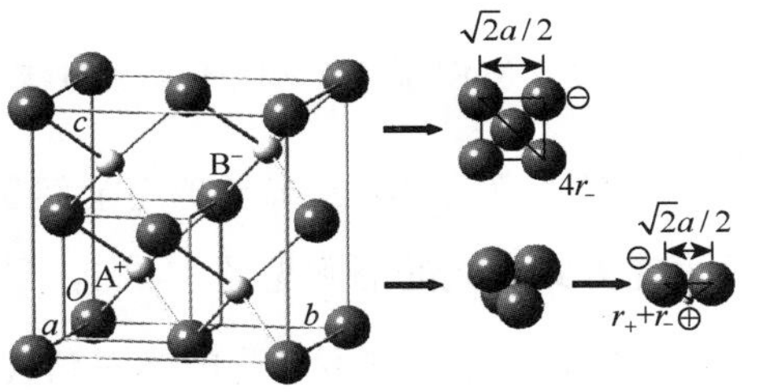

图 7-107　正四面体配位中正、负离子半径比与晶体结构的几何关系

由 Shannon 离子半径数值表查得 $r_{Zn^{2+}}=74pm$ 、$r_{S^{2-}}=184pm$ ，则 $r_{Zn^{2+}}/r_{S^{2-}}=0.402$ ，晶体中 Zn^{2+} 已将 S^{2-} 围成的四面体挤开， S^{2-} 离子球不再接触， S^{2-} 以 A_1 方式堆积， Zn^{2+} 填充四面体空位，所得晶体为立方 β-ZnS 晶体，晶胞见图 7-108。若 S^{2-} 以 A_3 方式堆积， Zn^{2+} 仍然填充四面体空位，所得晶体为六方 α-ZnS 晶体。将立方晶胞参数代入关系式（7-6）可算得 $r_+ + r_- = 234.09pm$ ，而离子半径之和 $r_{Zn^{2+}}+r_{S^{2-}}=258pm$ 。二者的差值说明 Zn^{2+} 和 S^{2-} 之间存在极化作用。离子的半径值与实际晶体中正、负离子的静电作用力有关，当正、负离子的电荷都较高时，正、负离子的静电引力较大，离子间距较短，离子价层轨道可能发生重叠，离子之间有弱共价键的成分。

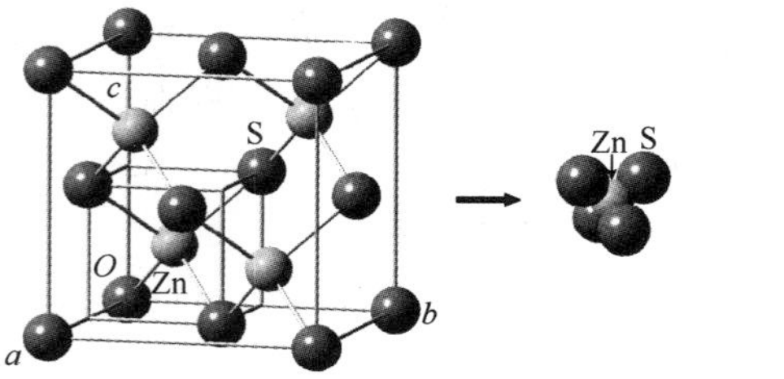

图 7-108　立方 β-ZnS 晶体的晶胞和正四面体配位

当负离子堆积方式是 A_1 型，正离子填充全部八面体空位时，构成的晶体也属于立方晶系。如立方氯化钠，空间群为 $O_h^5\text{-}F\dfrac{4}{m}\bar{3}\dfrac{2}{m}$ ，晶胞参数 $a=562.8pm$ 。这种填充方式得到的晶胞见图 7-109，最简化学式也为 AB。根据正、负离子在晶胞棱方向接触相切，正、负离子球互相接触的半径之和与晶胞棱长的关系为

$$2(r_+ + r_-)=a \tag{7-9}$$

因为负离子堆积方式仍是 A_1 型，负离子同样在晶胞的面对角线方向接触，负离子球接触的半径之和与面对角线的长度仍存在式（7-7）关系： $4r_-=\sqrt{2}a$ ，联合式（7-9）可得

$$r_+ + r_- = \sqrt{2}r_- \tag{7-10}$$

解得 $r_+/r_-=0.414$ 。其几何意义是：组成离子晶体的正、负离子半径比等于或大于 0.414，正离子将填充八面体空位，组成 B_1 型立方晶体。例如，立方 NaCl 晶体中 $r_{Na^+}=102pm$ ，$r_{Cl^-}=181pm$ ，半径比为 $r_{Na^+}/r_{Cl^-}=0.564$ ，离子键长为 $r_{Na^+}+r_{Cl^-}=283pm$ ，接近实验值 $r_{Na^+}+r_{Cl^-}=562.89pm/2=281.4pm$ ，晶体中不存在极化作用。

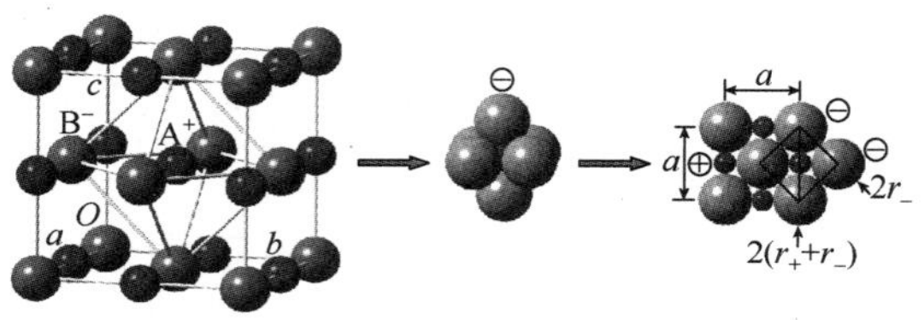

图 7-109　正八面体配位中正、负离子半径比与晶体结构的几何关系

氧化锰晶体是氯化钠型晶体结构，晶胞参数 $a=444.5pm$ ，高自旋锰离子半径 $r_{Mn^{2+}}=83pm$ ，$r_{O^{2-}}=140pm$ ，则 $r_{Mn^{2+}}/r_{O^{2-}}=0.593$ ，大于临界值 0.414， O^{2-} 以 A_1 方式堆积， Mn^{2+} 填充八面体空位。晶体中 O^{2-} 离子球之间不再接触，被 Mn^{2+} 挤开，所得晶体为立方 MnO 晶体，晶胞见图 7-110，晶体中也不存在极化作用。

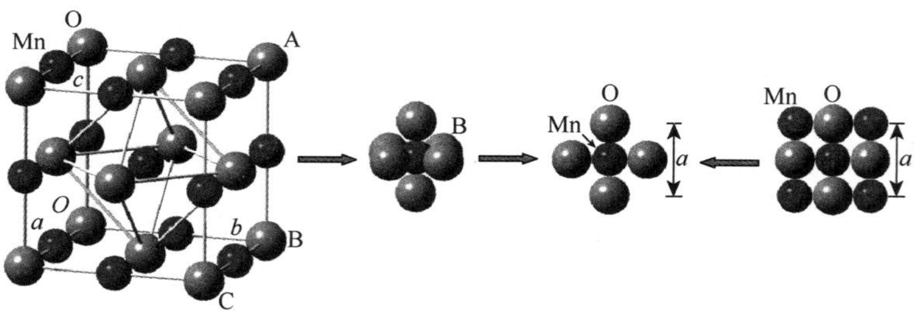

图 7-110　立方 MnO 晶体的晶胞和正八面体配位

负离子堆积方式是简单立方，堆积空位为立方体，正离子填充全部立方体空位，构成为 B_2 型立方晶体，晶体的空间群为 $O_h^1\text{-}P\dfrac{4}{m}\bar{3}\dfrac{2}{m}$ 。这种填充方式得到的晶胞见图 7-111，最简化学式同样为 AB。例如，立方 TlBr 晶体，晶胞参数 $a=398.5pm$ 。正、负离子球在立方晶胞的体对角线方向接触相切，正、负离子互相接触的球半径之和等于立方晶胞体对角线长度的一半，与晶胞参数 a 的关系为

$$r_+ + r_- = \sqrt{3}a/2 \tag{7-11}$$

当负离子为简单立方堆积方式时，负离子球在晶胞棱方向接触，负离子球接触的半径之和与棱长相等，即

$$2r_- = a$$

联合式（7-11）求得

$$r_+ + r_- = \sqrt{3}r_- \tag{7-12}$$

解得 $r_+/r_- = 0.732$ 。其几何意义是：组成离子晶体的正、负离子半径比等于或大于 0.732，若负离子的堆积方式是简单立方，正离子将填充立方体空位，组成 B_2 型立方晶体。例如，TlBr 晶体中 $r_{Tl^+} = 150pm$ ，$r_{Br^-} = 196pm$ ，半径比 $r_{Tl^+}/r_{Br^-} = 0.765$ ，Tl^+ 和 Br^- 离子球几乎接触相切，见图 7-112（a）。离子键长 $r_{Tl^+} + r_{Br^-} = 346pm$ ，非常接近实验值 $r_{Tl^+} + r_{Br^-} = \sqrt{3} \times 398.5/2 = 345.1pm$ ，晶体中不存在极化作用。

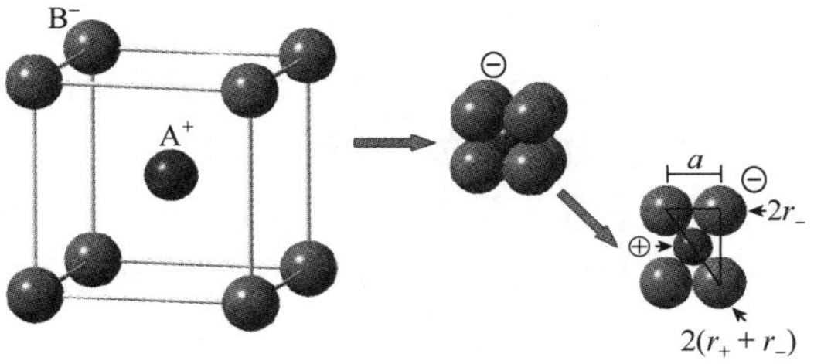

图 7-111　立方体配位中正、负离子半径比与晶体结构的几何关系

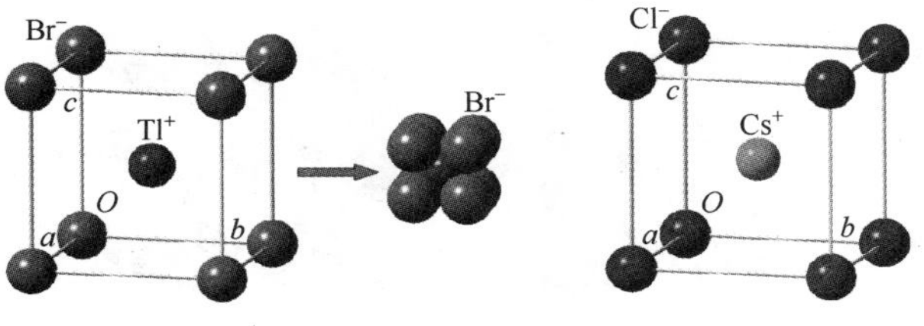

(a)　　(b)

图 7-112　立方 TlBr（a）和 CsCl 晶体（b）的晶胞和立方体配位

CsCl 晶体是 B_2 型离子晶体的代表，晶胞参数 $a = 412.3pm$ ，见图 7-112（b）。正、负离子半径分别为 $r_{Cs^+} = 167pm$ ，$r_{Cl^-} = 181pm$ ，半径比 $r_{Cs^+}/r_{Cl^-} = 0.923$ ，正、负离子半径和 $r_{Cs^+} + r_{Cl^-} = 348pm$ ，晶体中实际离子键长 $r_{Cs^+} + r_{Cl^-} = \sqrt{3} \times 412.3/2 = 357.1pm$ ，二者的差值较小，极化作用较弱。

组成为 ABC_3 的三元离子晶体有一种稳定的 $E2_1$ 型立方晶体，空间群为 O_h^1 - $P\frac{4}{m}\bar{3}\frac{2}{m}$ 。A 和 B 为正离子，B 的电荷为 A 的两倍，C 为负离子。A 和 C 离子联合堆积为层结构，堆积方式为 A_1 型，堆积产生四面体和八面体空位，B 填充纯粹由 C 离子围成的八面体空位，占据全部八面体空位的 1/4，8 个 BC_6 八面体围成立方八面体空位，半径较大的正离子 A 正好处于空位中，如 K^+ 、Rb^+ 、Cs^+ 和 Tl^+ 等，所得晶胞见图 7-113。其中，有代表性的一类为三元氟化物 $A^{I}B^{II}F_3$ ，另一类为三元氧化物 $A^{II}B^{IV}O_3$ ，随正、负离子的电荷升高，三元氧化物的离子极化度增大，电子云出现重叠，表现为半径比 r_+/r_- 减小。例如，在 $KCoF_3$ 晶体[24]中，立方八面体 KF_{12} 的半径比 $r_{K^+}/r_{F^-} = 138/133 = 1.038$ ；而在 $CaTiO_3$ 晶体中[25]，立方八面体 CaO_{12} 的半径比 $r_{Ca^{2+}}/r_{O^{2-}} = 100/140 = 0.714$ 。

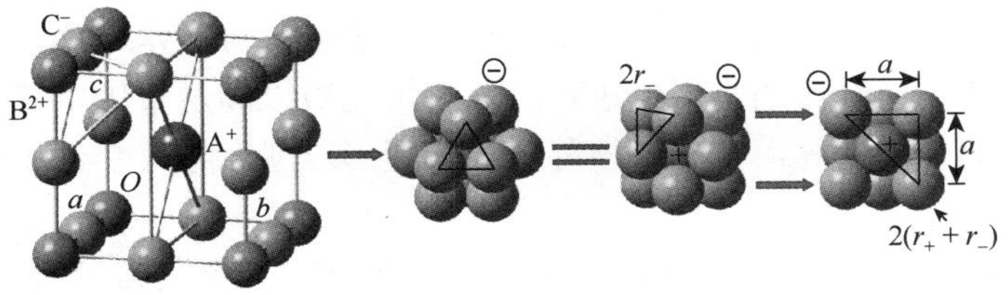

图 7-113　立方八面体配位中正、负离子半径比与晶体结构的几何关系

设C^-负离子球在削顶三角形面接触相切，A^+、C^-离子球在1/2晶胞的切割面对角线方向接触相切，见图7-113。正、负离子互相接触的球半径之和，等于1/2晶胞切割面对角线长度的一半，与晶胞参数的关系为

$$r_+ + r_- = \sqrt{2}a/2 \tag{7-13}$$

削顶三角形面的边长就是BC_6八面体的边长，即晶胞面上4个C^-组成的正方形边长，与晶胞参数a的关系为

$$2r_- = \frac{1}{\sqrt{2}}a$$

联合式（7-13），消去a得

$$r_+ + r_- = 2r_- \tag{7-14}$$

解得$r_+/r_- = 1.0$。其几何意义是：组成离子晶体的正、负离子半径比接近、等于或大于1.0，正离子A^+将填充立方八面体空位。

在$KCoF_3$晶体中，K^+和F^-的联合堆积方式为A_1型，Co^{2+}、F^-的半径分别为$r_{Co^{2+}} = 65pm$，$r_{F^-} = 133pm$，半径比$r_{Co^{2+}}/r_{F^-} = 0.489$，$Co^{2+}$只能填充八面体空位。另外，为了满足局部电荷平衡，避免同号离子的静电排斥作用，Co^{2+}只填充没有K^+、只有F^-的八面体空位，填充分数为1/4。这种填充方式使得晶胞8个顶点位置CoF_6八面体的共12个F^-围成体积较大的立方八面体空位，K^+占据其中。图7-114是晶体的晶胞图，晶胞中包含了一个完整的立方八面体。因为$r_{K^+} = 138pm$，$r_{F^-} = 133pm$，半径比$r_{K^+}/r_{F^-} = 1.038$，所以，理论上K^+和F^-离子球几乎接触相切，半径之和$r_{K^+} + r_{F^-} = 271pm$。晶体中实际键长$r_{K^+} + r_{F^-} = \sqrt{2} \times 407.08/2 = 287.8pm$，实际正、负离子间距较远，晶体中不存在极化作用。

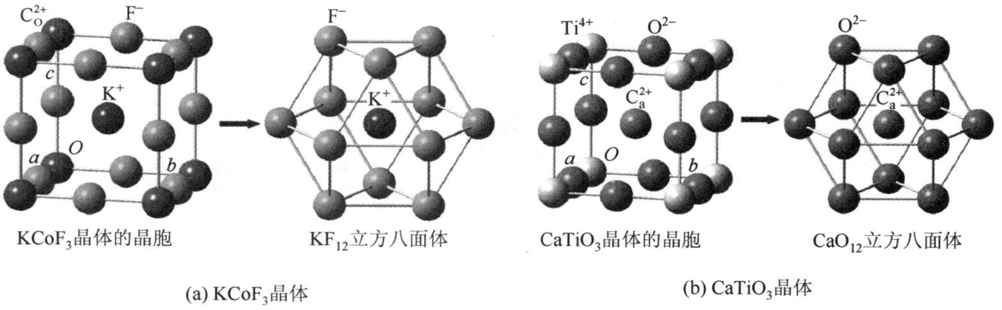

图7-114　三元离子化合物ABC_3中A^+离子的立方八面体配位

离子晶体中负离子的堆积方式决定了空位类型，而正离子的大小决定了填充何种空位。填充空位的类型与正、负离子的半径比，以及正、负离子的电荷有关，这一结论具有普遍意义。除了以上负离子堆积方式外，还存在其他堆积方式，产生其他类型的多面体空位，如三角双锥、三棱柱、戴帽三棱柱、四方反棱柱、十二面体等，有些多面体空位受对称性限制，所能容纳正离子的大小按照相应几何方法计算，也必然在0.3～1.0，所以，由四面体、八面体、立方体和立方八面体求得的正、负离子半径比临界值不是绝对的。在这个问题上，必须先弄清楚负离子堆积方式，以及堆积形成的多面体空位，按照以上方法就能推断出正离子应填充何种空位。

7.6.2　离子晶体中正、负离子堆积方式

离子晶体中负离子存在多种堆积方式，如A_1、A_2、A_3和简单立方。不同堆积方式形成不同多面体空位，同一堆积方式可能形成多种多面体空位。简单离子化合物通常填充其中一类空位，填充何种空位由负离子围成的多面体空位大小换算为球形体积值决定。未变形正离子近似看成是球体，填充空位的正离子球是否与空位相匹配，由正、负离子半径比的临界值进行判断，填充数以满足整体电荷平衡，填充位置以维持局部电荷平衡为原则。当正离子电荷高，负离子核外电子云变形，就会导致空位变形收缩，正、负离子半径比就会偏离临界值。

负离子采取紧密堆积，与金属等径球的最紧密堆积模型相似，1个负离子球周围堆积6个负离子球，3个负离子球围成一个空位，组成紧密堆积单层，见图7-115（a）。设负离子堆积层平面坐标为(x, y)，堆积

层重叠的方向为z；负离子球占据的位置用 A、B、C 表示，沿堆积层垂直方向，与 A、B、C 坐标值(x,y)相同的空位分别用 a、b、c 表示。对于负离子堆积的密置单层，按位置区分，只有两种空位，用字母 b 和 c 表示，负离子球位置字母表示为 A。单层内，一个球周围 6 个空位，每个空位被 3 个球共用，每个球周围分摊到两个空位，即球与空位之比为 1∶2，其中，一个为b，另一个为c。若b空位被负离子球占据，同层c空位空间就很小，不再被负离子占据，形成双层堆积(AB)(AB)⋯，堆积层最小的周期重复单位为 ABA。B 层的空位为 a 和 c，若 B 层的 c 空位又被负离子占据，则形成三层堆积(ABC)(ABC)⋯，堆积层重复的最小周期单位为 ABCA。设堆积层分别用球占据的位置字母 A、B、C 表示，堆积单层中一个负离子作为结构基元，其平面点阵的格子为六方菱形格子。为了观察空位，有意将负离子球缩小，将空位放大，点阵点隐蔽于负离子球内。堆积层 A、B、C 除了空间的相对位置不同之外，没有任何区别。在六方菱形格子坐标系中，堆积层 B 相对于堆积层 A，位置平移$\left(\dfrac{1}{3},\dfrac{2}{3}\right)$；堆积层 C 相对于堆积层 A，位置平移$\left(\dfrac{2}{3},\dfrac{1}{3}\right)$，见图 7-115（b)。

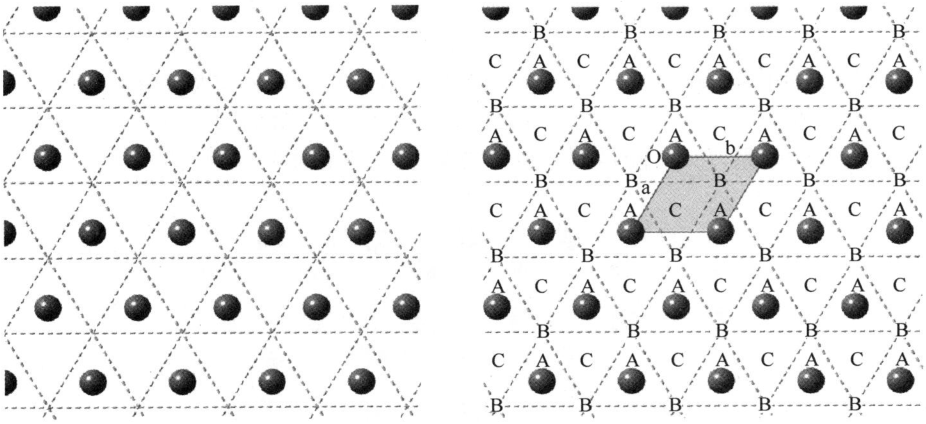

(a) 负离子堆积单层　　　　　　　　　　　(b) 负离子堆积层的排布

图 7-115　简单离子化合物晶体中负离子的紧密堆积层及其排布

当负离子堆积方式是 A_1 或 ccp 时，堆积层重叠形成的空位类型有四面体和八面体两种。就 AB 双层之间的空位，正八面体空位在两层的正中央，只有一种空间位置，离子球构成为$3A+3B$。正四面体空位靠近负离子球层，有两种空间位置，负离子球构成为$3A+B$时，空位中心靠近 A；负离子球构成为$A+3B$时，空位中心靠近 B。下面沿垂直于堆积层的方向透视，所有四面体和八面体空位的位置坐标(x,y)与负离子 A、B、C 的位置坐标相同。在六方菱形平面格子坐标系中，与负离子 A、B、C 重合的空位分别用小写字母 a、b、c 表示，则有$A+3B$四面体空位的位置为 a，$3A+B$四面体空位的位置为 b，$3A+3B$八面体空位的位置为 c，见图 7-116（a)。

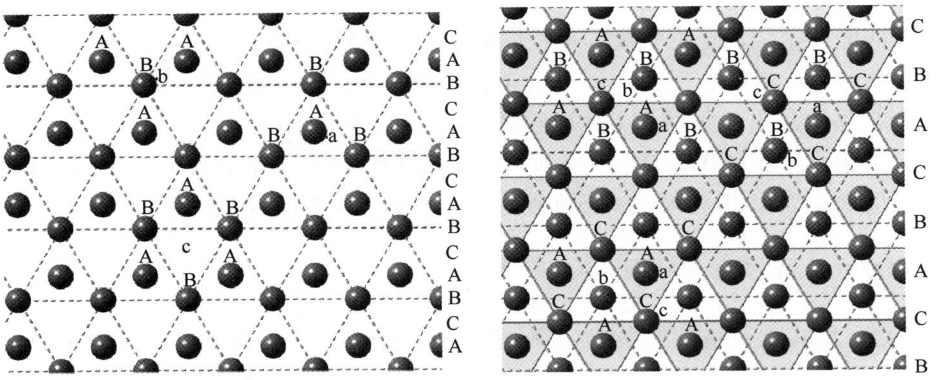

(a) 堆积层之间的空位类型　　　　　　　　(b) 堆积三层ABC八面体的八面体空位

图 7-116　A_1 型负离子堆积层之间的空位类型及其位置

由负离子堆积层的三层重叠图，还可以轻而易举地得出 BC 和 CA 双层之间的空位位置符号，见图 7-116（b)。图中，负离子堆积层顺序为$A\rightarrow B\rightarrow C$，堆积层 A 没有连接，在纸平面后；堆积层 B 用虚线连接，在纸平面；堆积层 C 用实线连接，在纸平面前。图中小写字母表示堆积层之间的空位。若正离子填充全部八面体空位，正、负离子堆积层的联合排列顺序为

AcBaCbA···

若正离子填充全部四面体空位，正、负离子堆积层的联合排列顺序为

AbaBcbCacA···

正离子填充的空位数与 A_1 型堆积产生的全部空位数之比，称为正离子填充空位分数。填充不同空位及填充空位分数不同时，离子化合物的组成和晶体结构都不相同。所以，当负离子堆积方式是 A_1 时，不同半径和电荷数的正离子将填充不同类型空位，形成不同类型的离子晶体。

当负离子堆积方式是 A_3 或 hcp 时，在同层内离子的紧密堆积排列与 A_1 相同，只是堆积层的重叠方式不同，c 空位不被负离子占据，形成双层堆积 (AB)(AB)···，负离子堆积层重复的最小周期单位为 ABA。堆积单层中一个负离子作为结构基元，其平面点阵的正当格子是六方菱形格子。在六方菱形格子坐标系中，堆积层 B 相对于堆积层 A 的位置平移$\left(\dfrac{1}{3},\dfrac{2}{3}\right)$，见图 7-117。$A_3$ 堆积的空位类型也是四面体和八面体。两层正中央的八面体空位，离子球构成也是 $3A+3B$，位置标记为 c。正四面体空位的离子球构成为 $3A+B$ 时，位置为 b，靠近 A；构成为 $A+3B$ 时，位置为 a，靠近 B。由于负离子堆积层重复的最小周期单位为 ABA，正离子填充空位时生成晶体的晶系，只可能是六方或三方晶系，以及对称性更低的其他晶系。

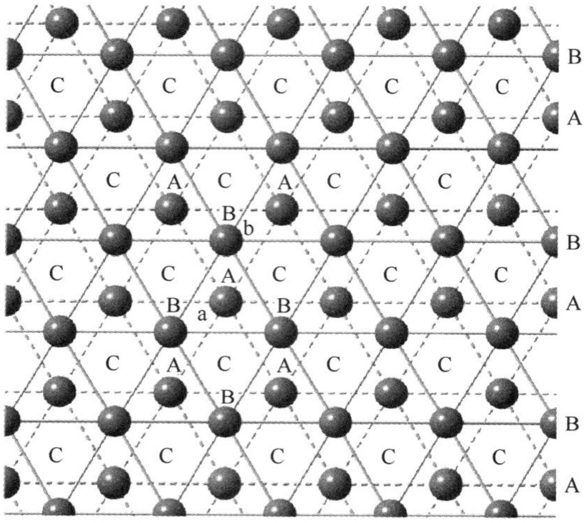

图 7-117　A_3 型负离子堆积双层 AB 之间的四面体和八面体空位类型及其位置

在负离子堆积层周期 ABA 中，若正离子填充全部八面体空位，正、负离子堆积层的联合排列顺序为

AcBcA···

若正离子填充全部四面体空位，正、负离子堆积层的联合排列顺序为

AbaBabA···

就具体的离子化合物晶体，正、负离子半径比较大，填充八面体空位；正、负离子半径比较小，填充四面体空位，填充空位数由正离子的电荷数决定。负离子以等径圆球方式进行堆积，正离子填充堆积形成的空位这种晶体结构模型称为堆积-填充模型，下面通过一些具体实例加以理解。

1. 负离子堆积方式为 A_1 型的离子晶体

立方晶体 Na_2O，反式萤石结构类型[26]，空间群为 O_h^5-$F\dfrac{4}{m}\bar{3}\dfrac{2}{m}$，晶胞参数 $a=555.0\text{pm}$，晶体密度为 $2.39\text{g}\cdot\text{cm}^{-3}$。负离子 O^{2-} 的堆积方式为 A_1，正离子 Na^+ 填充全部正四面体空位，在两层负离子堆积层之间有两层正离子，见图 7-118（a）。沿[111]方向，对堆积双层 AB 及其层间正离子填充四面体空位进行透视，堆积层顺序为 AB，A 在纸面后，B 在纸面前，一半 Na^+ 靠近 A 层负离子，位置为 b，另一半 Na^+ 靠近 B 层负离子，位置为 a。为便于观察，透视图微微向下倾斜。

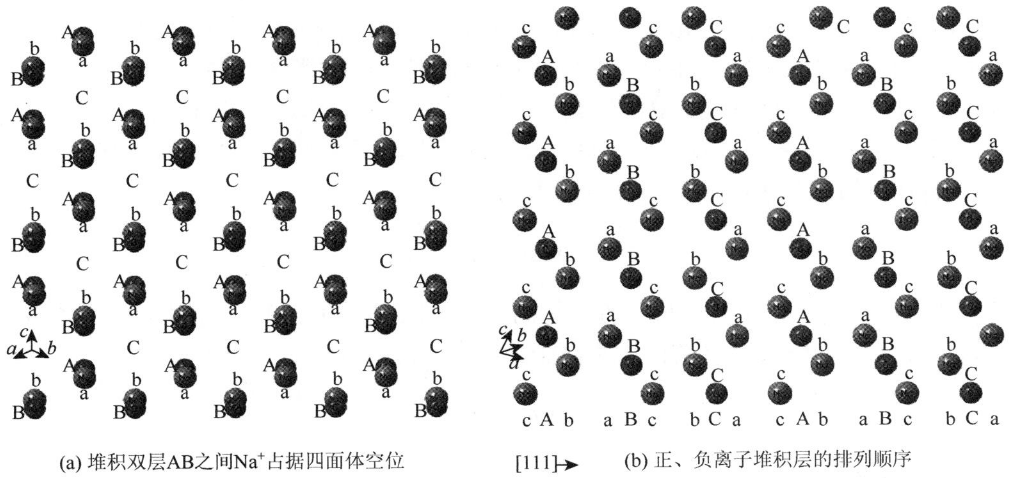

(a) 堆积双层AB之间Na^+占据四面体空位　　(b) 正、负离子堆积层的排列顺序

图 7-118　立方 Na_2O 晶体中氧负离子堆积层和正离子填充层的排列顺序

随着氧负离子堆积层在空间的位置不同，两层之间正离子填充空位的位置也不同。因为堆积层的排列是沿[111]垂直的方向，所以可以沿[110]或$[1\bar{1}0]$方向侧视堆积层在[111]方向的排列顺序，最小排列周期为AbaBcbCacA…，见图 7-118（b）。图中，垂直于[111]方向，与负离子 A、B、C 重合的正离子分别用对应的小写字母 a、b、c 表示，也表示正离子填充的四面体空位。在 Na_2O 晶体中，$cn_+/cn_-=Z_+/Z_-=1/2$，正离子的配位数为 4，即占据四面体空位，必然氧负离子的配位为立方体。晶体的四条体对角线方向堆积层重叠结构都相同，与堆积层垂直的每个方向存在 $\bar{3}$ 反轴，这四个方向的交角为 70.53°，决定了晶体属于立方晶系。

沿三个相互垂直的四重轴方向，晶体都有相同的离子排列分布。穿过氧负离子，三个方向都存在四重旋转轴，而且，氧负离子位置是晶体的对称中心，以此作为坐标系原点，离子的位置坐标为

$$(0,0,0);\ \left(0,\frac{1}{2},\frac{1}{2}\right);\ \left(\frac{1}{2},0,\frac{1}{2}\right);\ \left(\frac{1}{2},\frac{1}{2},0\right)\ +$$

$$O^{2-}\quad 4a\quad m\bar{3}m\quad (0,0,0)$$

$$Na^{+}\quad 8c\quad \bar{4}3m\quad \left(\frac{1}{4},\frac{1}{4},\frac{1}{4}\right);\ \left(\frac{1}{4},\frac{1}{4},\frac{3}{4}\right)$$

选取 $O^{2-}+2Na^+$ 作为结构基元，空间点阵格子为面心立方 cF。由晶体的单胞图 7-119（a）可见，Na^+ 占据全部四面体空位，将点阵点置于 Na^+ 上，取出一个类晶胞，Na^+ 位于顶点、体心、面心和棱心，O^{2-} 占据一半立方体空位，见图 7-119（b）。碱金属氧化物、硫化物、硒化物、碲化物等都是立方晶体 Na_2O 结构类型，如 Li_2O、K_2O、Na_2S、Na_2Se、Na_2Te 等，此外，碱土金属氟化物、氯化物是反式立方 Na_2O 晶体结构类型，如 CaF_2、SrF_2、$BaCl_2$、CdF_2、PbF_2 等。

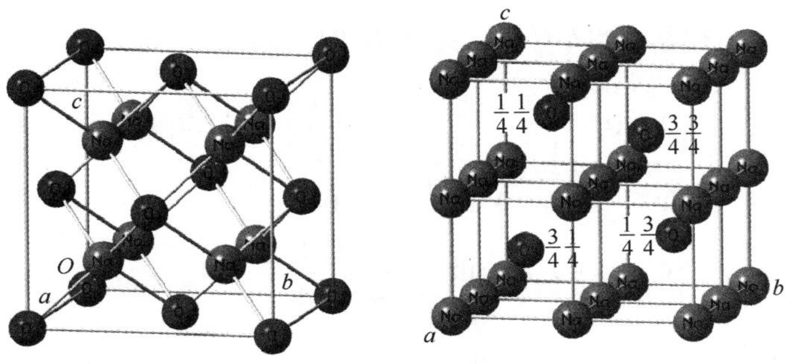

(a)　　　　(b)

图 7-119　立方 Na_2O 晶体的晶胞（a）和正、负离子的配位多面体（b）

立方晶体 ZnSe，空间群为 T_d^2-$F\bar{4}3d$，晶胞参数 $a=566.7pm$，晶体密度为 $5.267g\cdot cm^{-3}$ [3]。Se^{2-} 的堆积

方式为(ABC)(ABC)⋯， $r_{Zn^{2+}}/r_{Se^{2-}}=74\text{pm}/198\text{pm}=0.374$， Zn^{2+} 填充正四面体空位，填充数为四面体空位总数的 1/2。在负离子堆积层 A、B 之间有两层正四面体空位， Zn^{2+} 填充其中一层，组成 AbB 填充方式，见图 7-120（a）。沿[111]方向对堆积层 AB 及其层间正离子填充四面体空位进行透视，在堆积层 AB 之间， Zn^{2+} 占据的 b 层靠近 A 层负离子，为便于观察，透视图微微向下倾斜。沿[110]或[$1\bar{1}0$]方向侧视正、负离子堆积层，在[111]方向的排列顺序和最小排列周期为

AbBcCaA⋯

其中，大写字母代表硒负离子，小写字母代表锌正离子，见图 7-120（b）。比较 Na_2O 晶体结构中钠离子的填充方式 AbaBcbCacA⋯， ZnSe 晶体的两层负离子之间有一层四面体空位未被填充，其完整表示为

Ab⊗Bc⊗Ca⊗A⋯

其中，符号⊗代表四面体空位。

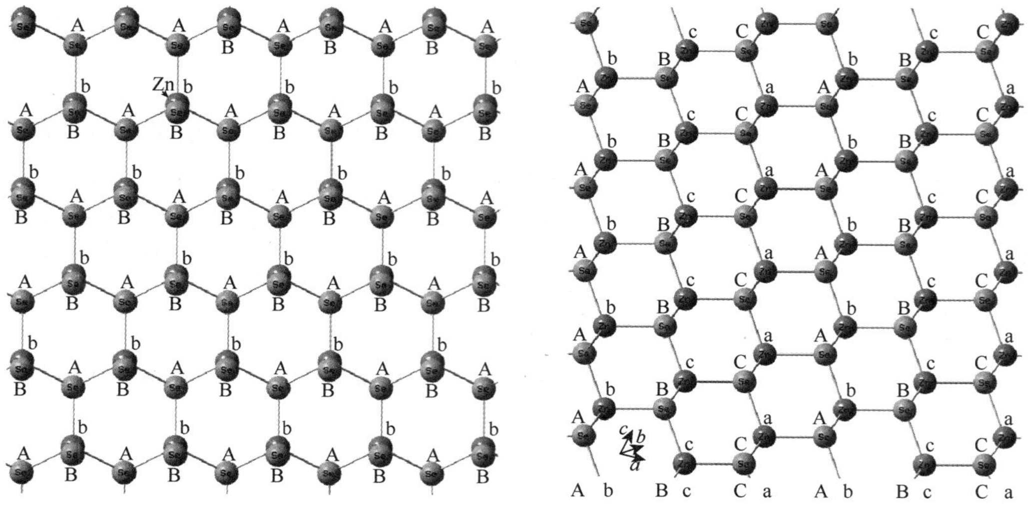

(a) 堆积双层AB之间Zn^{2+}占据的四面体空位　　[111]➜ (b) 正、负离子堆积层的排列顺序

图 7-120　立方 ZnSe 晶体中硒负离子堆积层和正离子填充层的排列顺序

晶体由堆积层无限重叠而成，与堆积层垂直的方向存在三重旋转轴 3。晶体的最高对称轴是 $\bar{4}$ 反轴，而且三个相互垂直的方向都存在 $\bar{4}$，其反演点在锌离子上，三个方向都有相同的离子排列分布。由于晶体没有对称中心，对称元素交点就是 $\bar{4}$ 反轴的反演点，以此作为坐标系原点，以 3 条 $\bar{4}$ 作为坐标轴，晶体的[111]、[$\bar{1}11$]、[$1\bar{1}1$]和[$\bar{1}\bar{1}1$]等四个方向都存在三重旋转轴，交角为 70.53°，晶体属于立方晶系，点群为 T_d。

按照结构基元与离子组成匹配的原则，选取 $Se^{2-}+Zn^{2+}$ 为结构基元，空间点阵的正当单位为立方面心格子 cF，由此划出晶胞，包含结构基元数等于 4，见图 7-121（a）。离子的位置坐标为

$$(0,0,0);\ \left(0,\frac{1}{2},\frac{1}{2}\right);\ \left(\frac{1}{2},0,\frac{1}{2}\right);\ \left(\frac{1}{2},\frac{1}{2},0\right)\ +$$

$$Zn^{2+}\quad 4a\quad \bar{4}3m\quad 0,0,0$$

$$Se^{2-}\quad 4c\quad \bar{4}3m\quad \frac{1}{4},\frac{1}{4},\frac{1}{4}$$

晶体中正、负离子的配位多面体都是正四面体，见图 7-121（b）。为了保持局部电荷平衡，正离子只占据一层四面体空位，另一层则是空的，这种晶体有足够的离子运动空间，具备半导体和离子导体材料的结构条件，如砷化镓（GaAs）和β-SiC 都是性能优良的半导体材料，其晶体结构与 ZnS 同形。

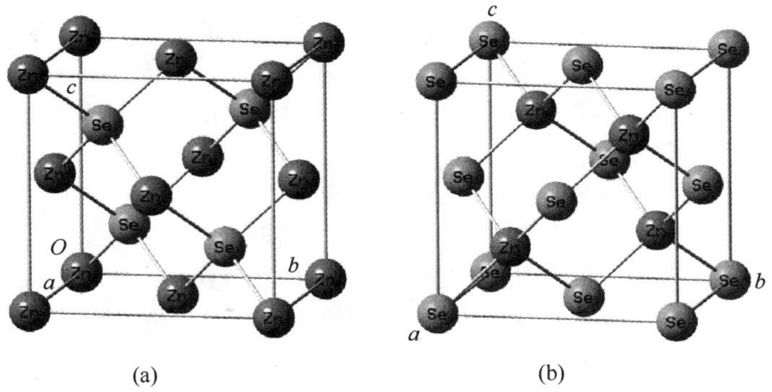

图 7-121　立方 ZnSe 晶体的晶胞（a）和正、负离子的配位多面体（b）

由[001]方向透视图可见，离子分布排列存在 $\bar{4}$ 反轴。沿[110]、[$1\bar{1}0$]方向的透视图反映出晶体的镜面对称，见图 7-122。

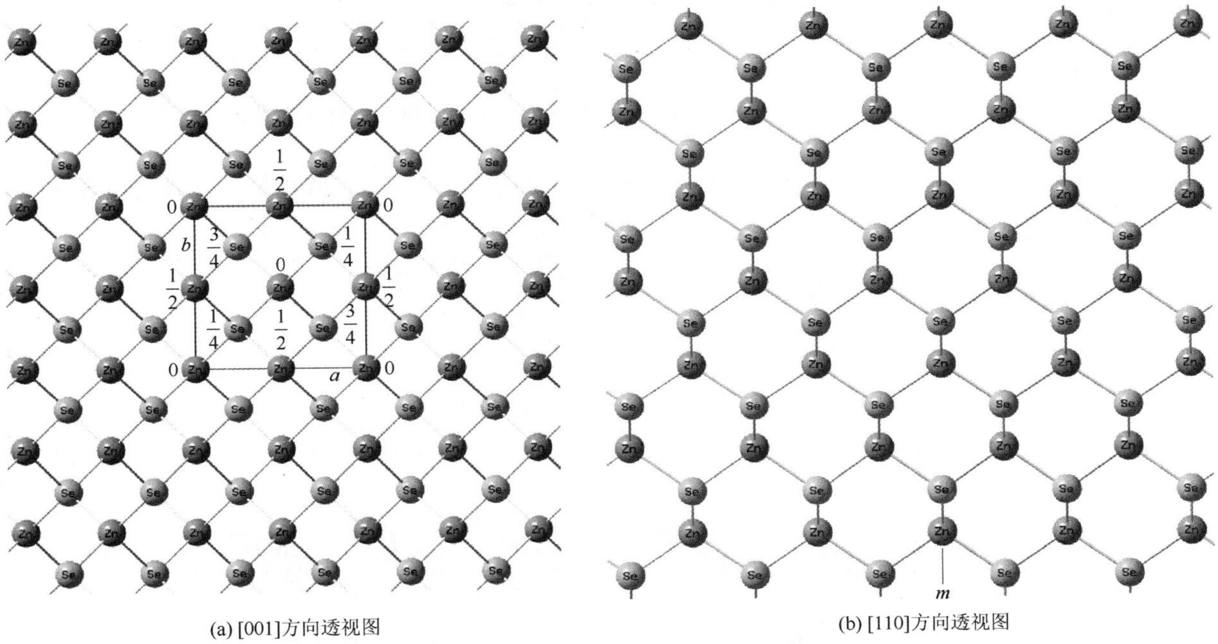

图 7-122　立方晶体 ZnSe 沿不同方向的透视图

立方晶体 NaCl，空间群为 O_h^5 - $Fm\bar{3}m$，晶胞参数 $a = 564.02\text{pm}$，晶体密度为 $2.164\text{g}\cdot\text{cm}^{-3}$。$Cl^-$ 的堆积方式为 (ABC)(ABC)…，$r_{Na^+}/r_{Cl^-} = 102\text{pm}/181\text{pm} = 0.564$，$Na^+$ 填充八面体空位[3]。在负离子堆积层 A、B 之间只有一层正八面体空位，见图 7-123（a）。沿[111]方向对堆积层 AB 及其层间正离子填充八面体空位进行透视，堆积层 AB 之间，Na^+ 占据 c 空位，Na^+ 处于两层正中央，见图 7-123（b）。BC 两层之间 Na^+ 占据 a 空位，CA 两层之间 Na^+ 占据 b 空位。沿[110]或[$1\bar{1}0$]方向侧视正、负离子堆积层，其排列顺序和最小重复周期为

AcBaCbA…

晶体在堆积层垂直的方向存在三重反轴 $\bar{3}$，从四个方向观察晶体均是完全相同堆积层，均存在三重反轴 $\bar{3}$，由此确定晶体为立方晶系。晶体存在三个相互垂直的四重旋转轴 4，在这三个方向也均有相同的离子排列分布。Na^+ 和 Cl^- 都是晶体的对称中心，以 Na^+ 所在的对称中心作为坐标系原点（位点对称性为 $m\bar{3}m$），将三条四重旋转轴定为坐标轴，晶体在[111]、[$\bar{1}11$]、[$1\bar{1}1$]和[$\bar{1}\bar{1}1$]等四个方向的三重反轴 $\bar{3}$，交角为 70.53°，晶体的点群为 O_h。

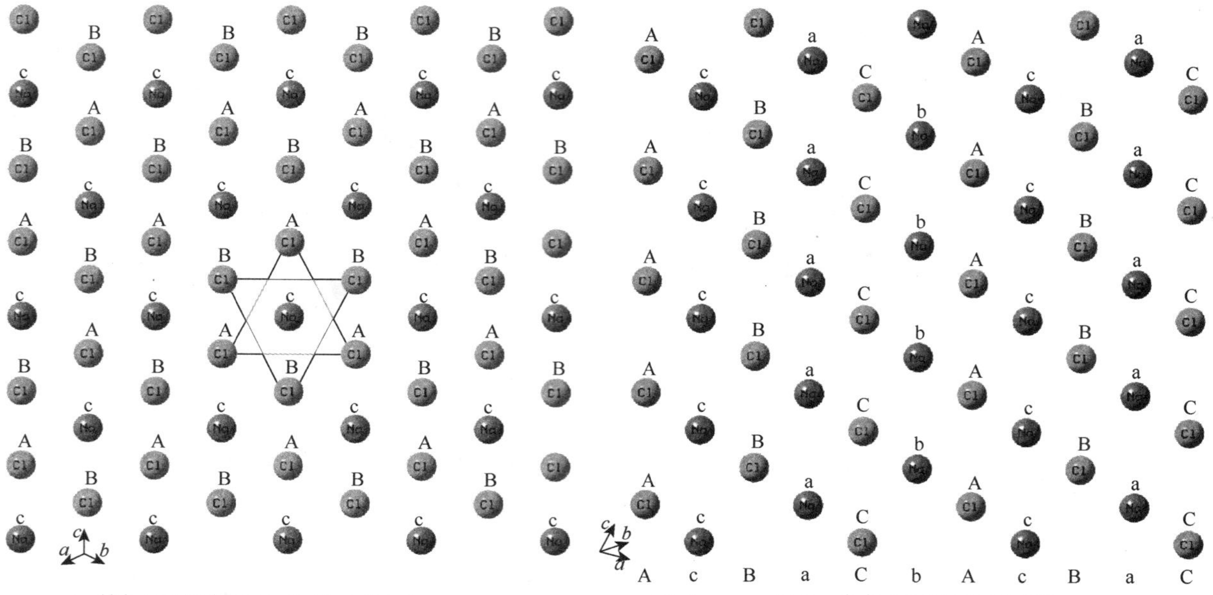

(a) 堆积双层AB之间Na^+占据的八面体空位　　[111]→ (b) 正、负离子堆积层的排列顺序

图 7-123　立方 NaCl 晶体中氯负离子堆积层和正离子填充层的排列顺序

按照结构基元的选取原则，选取相邻的 $Na^+ + Cl^-$ 作为结构基元，空间点阵单位为立方面心格子 cF，以 Na^+ 作为坐标系原点划出晶胞，见图 7-124（a）。离子的位置坐标为

$$(0,0,0);\ \left(0,\frac{1}{2},\frac{1}{2}\right);\ \left(\frac{1}{2},0,\frac{1}{2}\right);\ \left(\frac{1}{2},\frac{1}{2},0\right)\ +$$

$$Na^+\quad 4a\quad m\bar{3}m\quad 0,0,0$$

$$Cl^-\quad 4b\quad m\bar{3}m\quad \frac{1}{2},\frac{1}{2},\frac{1}{2}$$

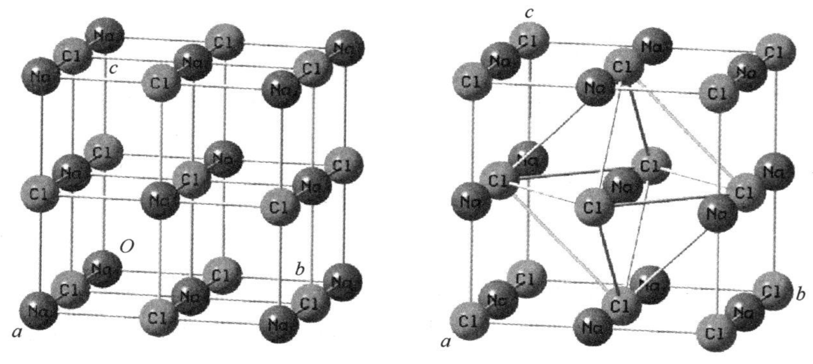

(a)　　(b)

图 7-124　立方 NaCl 晶体的晶胞（a）和正、负离子的配位八面体（b）

晶体中正、负离子的配位多面体都是正八面体，见图 7-124（b）。为了保持局部电荷平衡，正离子占据全部八面体空位，处于两层氯负离子的中央。立方 NaCl 晶体的结构具有一定代表性，一些碱金属卤化物和碱土金属氧化物、硫化物、硒化物等的晶体结构都属于 NaCl 晶体结构类型，如 KBr、LiBr、CaO、CaS、CaSe 等。

2. 负离子堆积方式为 A_3 型的离子晶体

六方晶体 α-ZnS，B_3 型结构[3]，空间群为 C_{6v}^4 - $P6_3mc$，晶胞参数 $a = 382.0\text{pm}$，$c = 626.0\text{pm}$。S^{2-} 堆积方式为ABAB…，$r_{Zn^{2+}} / r_{S^{2-}} = 74\text{pm} / 184\text{pm} = 0.402$，此值低于八面体配位的临界值 0.414，$Zn^{2+}$通常填充四面体空位，四面体空位位置用小写字母表示，堆积层和填充层联合堆积的顺序为

$$Ab \otimes Ba \otimes A\cdots$$

图 7-125（a）指出了硫负离子堆积双层 AB 之间正离子填充四面体空位 b，由图 7-125（b）可见，沿晶轴 b 方向透视，正离子填充层在[001]方向的位置和顺序为 AbBaA⋯。晶体有 6_3 螺旋轴，与晶体堆积层 ABA⋯垂直，位置穿过八面体空位，是六方晶系的特征对称元素，定为六方坐标系的 z 轴，在 6_3 螺旋轴位置还有由 6_3 生成的三重旋转轴 3 和 2_1 螺旋轴。垂直于堆积层，分别有三个镜面 m 和滑移面 c，镜面 m 的位置分别在 $(x,2x,z)$、$(2x,x,z)$、$(x,\bar{x},z)$，滑移面 c 的位置分别在 $(x,0,z)$、$(0,y,z)$、(x,x,z)，这些对称面相交于三重旋转轴 3。晶体点群为 C_{6v}。

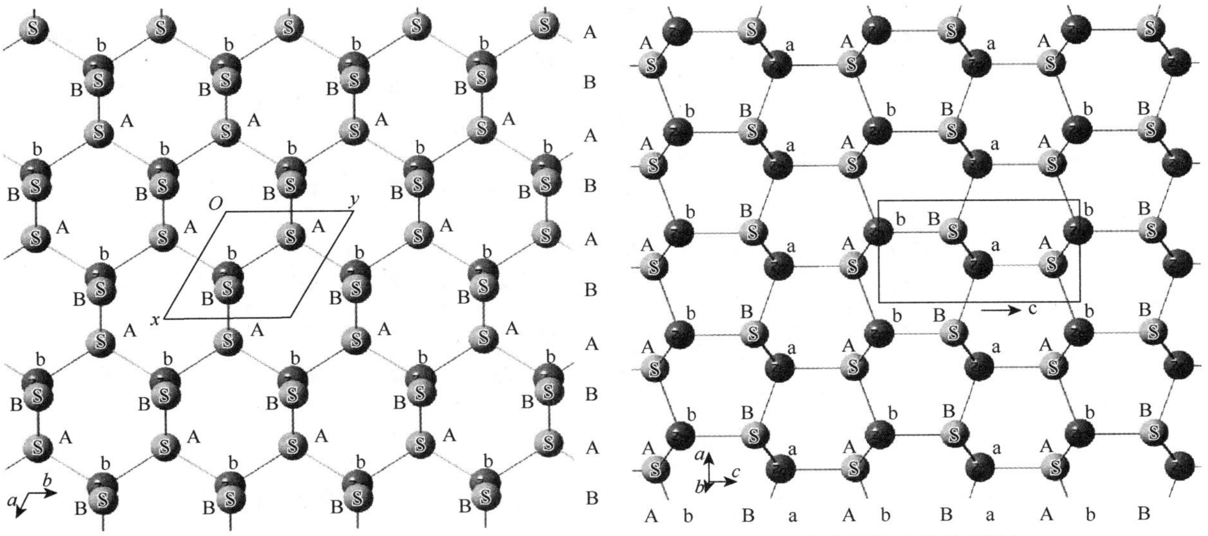
(a) 堆积层AB之间Zn²⁺占据的四面体空位　　[010]→ (b) 正、负离子堆积层的排列顺序

图 7-125　六方 α-ZnS 晶体中硫负离子堆积层和正离子填充层的排列顺序

六方 α-ZnS 晶体的结构也可看成是六方金刚石演变而来，金刚石晶体中对称性相同的位点被分割为两组，分别被 Zn^{2+} 和 S^{2-} 替换，即是六方 α-ZnS 晶体。将原点定在锌离子填充层上，对称性为 $3m1$ 的位点。离子的位置坐标为：

$$\text{Zn}\quad 2b\quad 3m.\quad \left(\frac{1}{3},\frac{2}{3},z\right);\ \left(\frac{2}{3},\frac{1}{3},z+\frac{1}{2}\right)\quad z=0$$

$$\text{S}\quad 2b\quad 3m.\quad \left(\frac{1}{3},\frac{2}{3},z\right);\ \left(\frac{2}{3},\frac{1}{3},z+\frac{1}{2}\right)\quad z=\frac{3}{8}$$

当负离子堆积方式为 A_3 型时，S^{2-} 与最邻近的 Zn^{2+} 组成结构基元，堆积层平面点阵的平移单位为六方菱形格子，空间点阵的平移单位为六方简单格子 hP，所得晶胞见图 7-126（a）。图 7-126（b）是用晶体的正当格子取出的尺寸相等的两个结构单位图，当中分别包含了 Zn^{2+}和 S^{2-} 的配位正四面体。

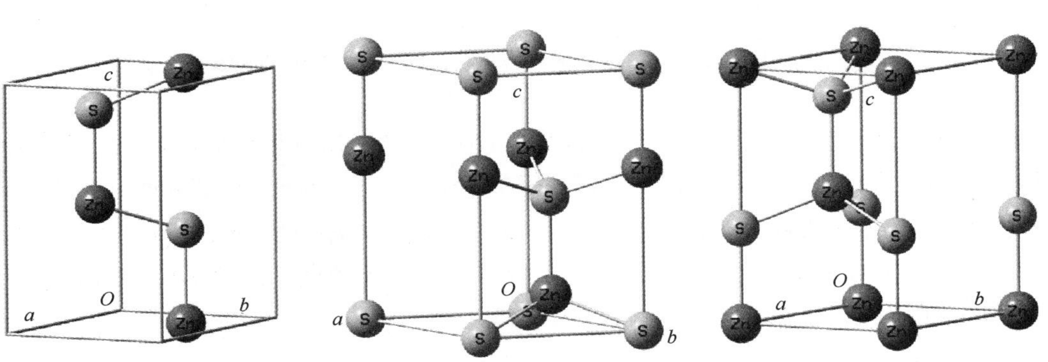
(a)　　(b)

图 7-126　六方 α-ZnS 晶体的晶胞（a）和正、负离子的配位正四面体（b）

六方晶体 VS，晶体结构与 NiAs 同形，属于 B_8 型[27]，空间群为 D_{6h}^4-$P\frac{6_3}{m}mc$，晶胞参数 $a = 336.0\text{pm}$，$c = 579.6\text{pm}$。S^{2-} 堆积方式为 ABAB…，$r_{V^{2+}} / r_{S^{2-}} = 79\text{pm} / 184\text{pm} = 0.429$，此值略高于八面体配位的临界值 0.414，$V^{2+}$ 填充全部八面体空位，见图 7-127。负离子堆积层和正离子填充层的排列顺序为

$$\text{AcBcA}\cdots$$

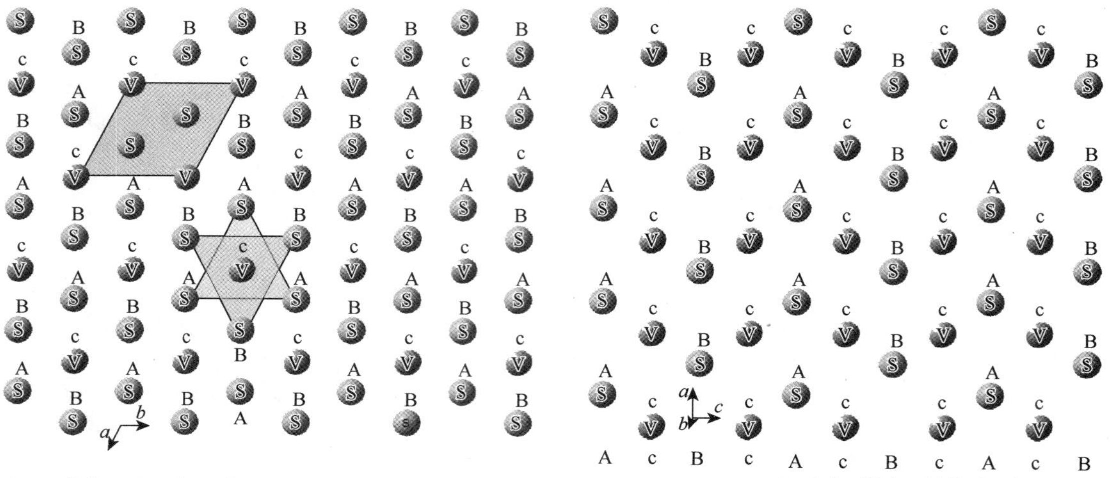

(a) 堆积双层AB之间V^{2+}占据的八面体空位　　(b) 正、负离子堆积层的排列顺序

图 7-127　立方 VS 晶体中堆积双层 AB 间 V^{2+} 占据的八面体空位（a）及正、负离子堆积层的排列顺序（b）

VS 晶体的这种填充方式使得 V^{2+}间距较近，约为 241.67pm，较 V—V 金属键长 268pm 短，晶体具有金属性质。晶体的对称性与第 6 章所述 NiAs 晶体的对称性相同。S^{2-} 和 V^{2+} 的配位多面体分别为三棱柱和八面体，见图 7-128。同形晶体还包括硫化物 CoS、NiS，以及硒化物 NiSe 等。

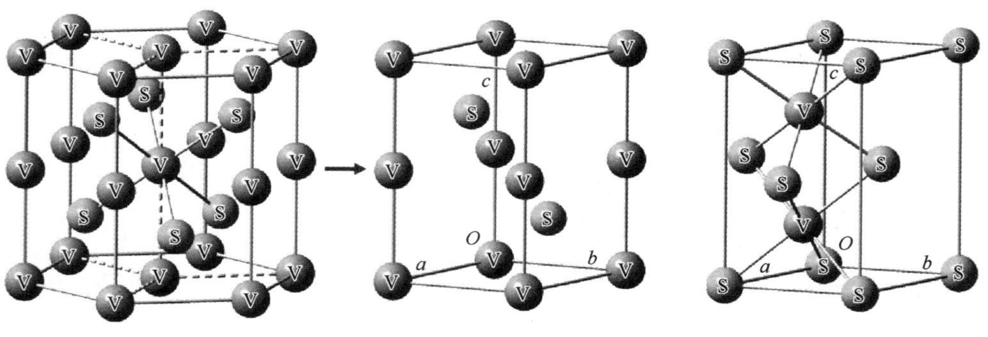

(a) 六方VS晶体的晶胞　　(b) V^{2+}的八面体配位

图 7-128　六方 VS 晶体的晶胞和正、负离子的配位多面体

二碘化镉（CdI_2）为三方晶体，属于 C_6 型结构[28]，晶体结构与 TiI_2 同形，空间群为 D_{3d}^3-$P\bar{3}m1$，晶胞参数 $a = 424.0\text{pm}$，$c = 685.5\text{pm}$。碘负离子堆积方式为 ABAB…，$r_{Cd^{2+}} / r_{I^-} = 95\text{pm} / 220\text{pm} = 0.432$，高于八面体配位的临界值 0.414，镉离子填充八面体空位，Cd^{2+} 的电荷数是 I^- 负离子的 2 倍，填充八面体空位数将减少，镉离子间隙式填充一层八面体空位，与之相邻的一层八面体空位则不填充，见图 7-129。负离子堆积层和正离子填充层的联合排列顺序为

$$\text{AcB}\otimes\text{A}\cdots$$

晶体的对称性分析参见第 6 章二碘化钛（TiI_2）的晶体结构。

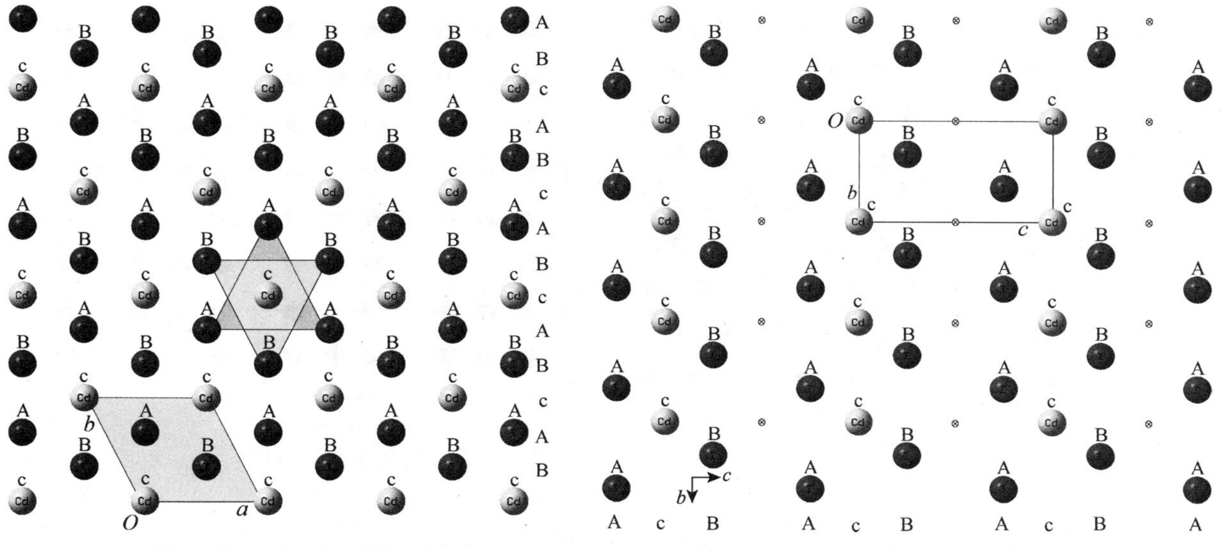

(a) 堆积双层AB之间Cd^{2+}占据的八面体空位　[001] → (b) 正、负离子堆积层的排列顺序

图 7-129　三方晶体 CdI_2 中碘负离子堆积层和正离子填充层的排列顺序

CdI_2 晶体的点群为 D_{3d}，特征对称元素为三重反轴 $\bar{3}$，位置穿过镉正离子和八面体空位。三重反轴 $\bar{3}$ 的反演点也是晶体的对称中心点，以此作为六方坐标系的原点，划出晶胞，见图 7-130（a）。正、负离子的配位多面体分别为八面体和三角锥，对称性分别为 D_{3d} 和 C_{3v}，见图 7-130（b）。

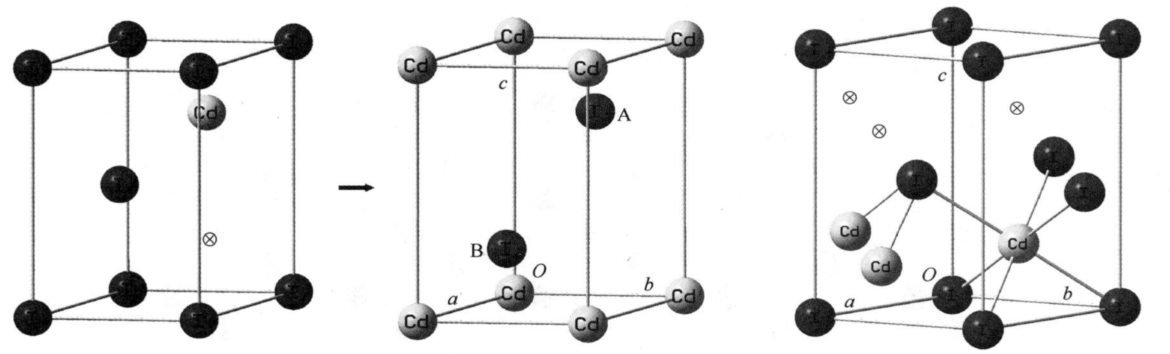

类晶胞　CdI_2晶体的晶胞 (a)　Cd^{2+}的八面体配位 (b)

图 7-130　三方晶体 CdI_2 的晶胞和正、负离子的配位多面体

当负离子的堆积方式为 A_3 型时，正离子填充四面体和八面体空位的方式多种多样，尤其是层重叠花样较为复杂，可以形成各种形式的晶体。例如，三方晶体 BiI_3 [29]的空间群为 C_{3i}^2 - $R\bar{3}$，晶胞参数 $a = 752.2\text{pm}$，$c = 2073.0\text{pm}$。I^- 堆积方式为 ABAB…，$r_{Bi^{3+}} / r_{I^-} = 103\text{pm} / 220\text{pm} = 0.468$，$Bi^{3+}$ 填充八面体空位。由于 Bi^{3+} 的电荷较 Cd^{2+} 高，是 I^- 的 3 倍，因而 Bi^{3+} 填充八面体空位数将进一步减少，Bi^{3+} 间隙式填充一层八面体空位的 2/3，与之相邻的一层八面体空位则不填充，填充空位分数等于 1/3，见图 7-131（a）。由单层厚板的透视图可见，6 个 BiI_6 八面体围成 1 个八面体空位，每个 BiI_6 周围有 3 个八面体空位，由于共用关系，在单位堆积层厚板内，一个 BiI_6 周围实际只有 1/2 八面体空位。

单层厚板负离子堆积层和正离子填充层的联合排列顺序为 $\text{A}\left(\frac{2}{3}\text{c}\right)\left(\frac{1}{3}\otimes\right)\text{B}\otimes\text{A}\cdots$，三层厚板重叠构成一个重复周期，它们的 (x,y) 坐标不同，以第一层 Bi^{3+} 的坐标为参考点，第二层相对于第一层平移 $\left(\frac{2}{3},\frac{1}{3},\frac{1}{3}\right)$，第三层相对于第一层平移 $\left(\frac{1}{3},\frac{2}{3},\frac{2}{3}\right)$。由于每层厚板存在填充空位和未填充空位，当厚板重叠堆积出现错位

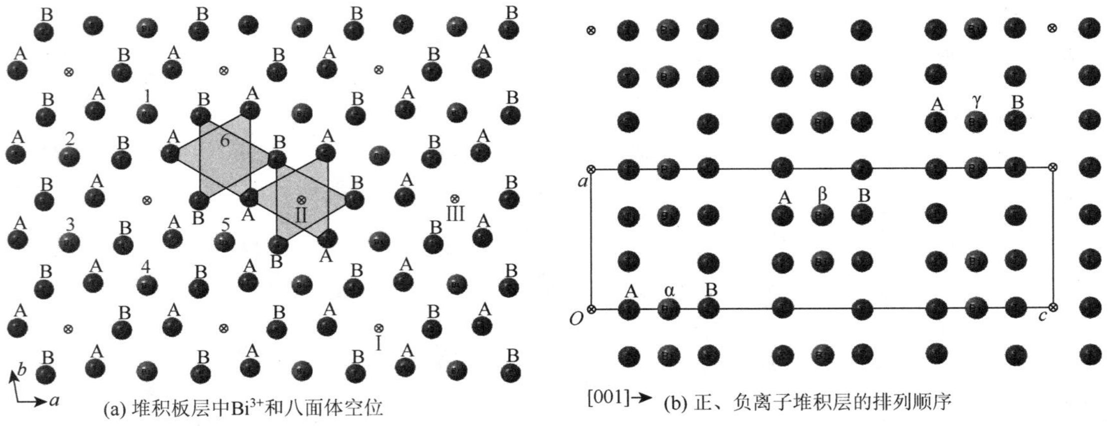
(a) 堆积板层中Bi^{3+}和八面体空位
[001]→ (b) 正、负离子堆积层的排列顺序

图 7-131　三方晶体 BiI_3 中碘负离子堆积层和正离子填充层的排列顺序

时，每层厚板内正离子的填充位置也出现错位，同时在厚板的垂直方向周期平移向量增大。尽管 Bi^{3+} 填充的都是碘负离子的六方 ABA 堆积的八面体空位 c，但是在厚板层重叠中，位置平移导致正离子填充和未填充空位位置不同，也需要加以区分。设第一层、第二层、第三层厚板的正离子填充位置分别用α、β、γ表示，碘负离子堆积层和铋正离子填充层的联合排列顺序就为

$$A\left(\frac{2}{3}\alpha\right)\left(\frac{1}{3}\otimes\right)B\otimes A\left(\frac{2}{3}\beta\right)\left(\frac{1}{3}\otimes\right)B\otimes A\left(\frac{2}{3}\gamma\right)\left(\frac{1}{3}\otimes\right)B\otimes A\cdots$$

见图 7-131（b），该透视图垂直的方向指标为[010]。沿[210]或[120]方向可以透视碘负离子堆积层，观察到 A、B 层碘原子的位置错位，见图 7-132。

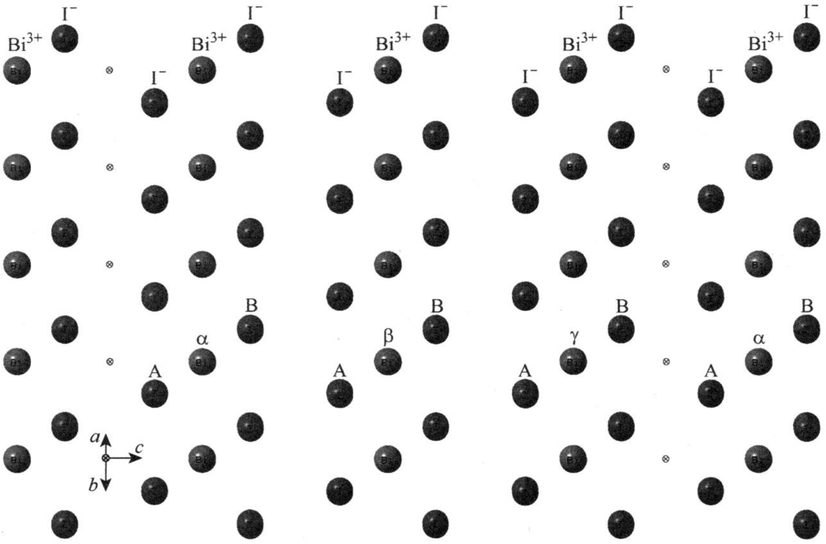

图 7-132　三方 BiI_3 晶体的[210]方向透视图

晶体存在 $\overline{3}$，它穿过 Bi^{3+} 和未填充正离子的八面体空位，是晶体的特征对称元素，见图 7-133（a）。$\overline{3}$ 生成 3 和 $\overline{1}$，晶体的对称点群为 C_{3i}。对称中心位置在未填充八面体空位中心，以此作为六方坐标系的原点划出晶胞，见图 7-133（b）。晶胞中也包含完整的 Bi^{3+} 和 I^- 的配位八面体和三角锥，对称性都为 C_3。离子的位置坐标为

Bi^{3+}	6c	3	$0,0,z;\ 0,0,\overline{z}$	$z=0.1667$
I^-	18f	1	$x,y,z;\ \overline{y},x-y,z;\ \overline{x}+y,\overline{x},\overline{z};\ \overline{x},\overline{y},\overline{z};\ y,\overline{x}+y,\overline{z};\ x-y,x,\overline{z}$	
			$x=0.3415, y=0.3395, z=0.0805$	

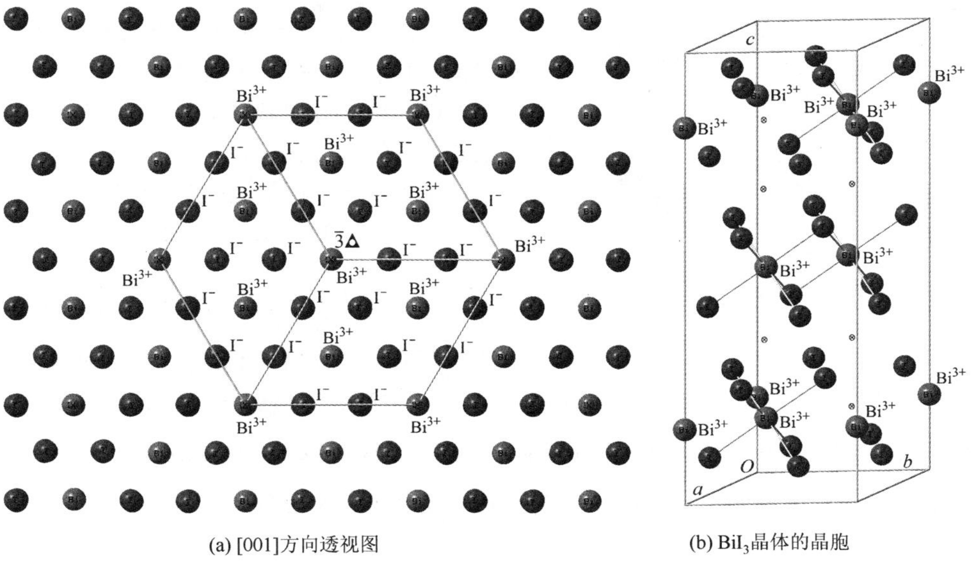

图 7-133　三方 BiI_3 晶体的特征对称元素 $\overline{3}$ 的位置和晶胞

3. 负离子堆积方式为简单立方的离子晶体

以简单立方堆积方式形成的离子化合物也较为常见，如 B_2 型晶体 CsCl 及 C_1 型晶体 CaF_2，这类化合物的晶体结构特点是：负离子为简单立方堆积并形成立方体空位，由正离子填充立方体空位。立方晶体CsCl，空间群为 O_h^1 - $P\frac{4}{m}\overline{3}\frac{2}{m}$，晶胞参数 $a = 412.3\text{pm}$，$Z = 1$。Cl^- 的堆积方式为简单立方，正、负离子的体积均较大，堆积空位的体积也增大，因而这种堆积不属于紧密堆积。由于正、负离子半径比 $r_{Cs^+}/r_{Cl^-} = 167\text{pm}/181\text{pm} = 0.923$，$Cs^+$ 需要填充体积较大的立方体空位方能满足空间几何的要求，这也决定了 Cl^- 采取简单立方的堆积。

晶体存在三条四重旋转轴 4，四条三重反轴 $\overline{3}$，这是立方晶系的特征对称元素。Cs^+ 和 Cl^- 的位置都是晶体的对称中心，晶体点群为 O_h。从四重旋转轴 4 方向观察正、负离子排列堆积，堆积的最小重复周期为

AαA···

Cl^- 占据位置为 A，Cs^+ 填充空位为α，α层相对于 A 层平移 $\left(\frac{1}{2},\frac{1}{2},\frac{1}{2}\right)$，见图 7-134（a）。从三重反轴观察正、负离子排列堆积，堆积方式的最小重复周期为

AcBaCbA···

a、b、c 是位置不同的立方体空位，这里用不同字母表示以区别于四重轴方向的观察。垂直于三重反轴 $\overline{3}$ 的堆积单位 AcB 见图 7-134（b）。

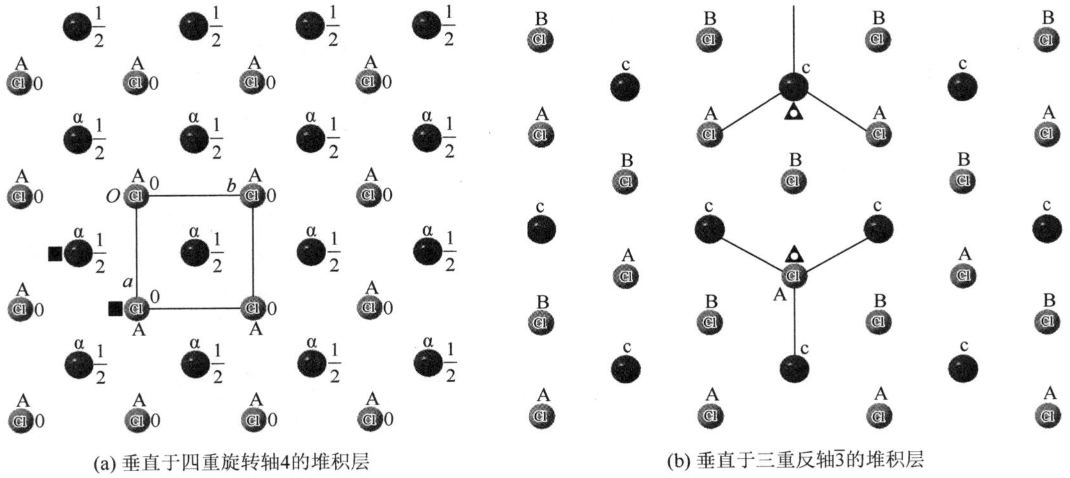

图 7-134　立方 CsCl 晶体离子沿四重旋转轴 4 和三重反轴 $\overline{3}$ 方向的堆积方式

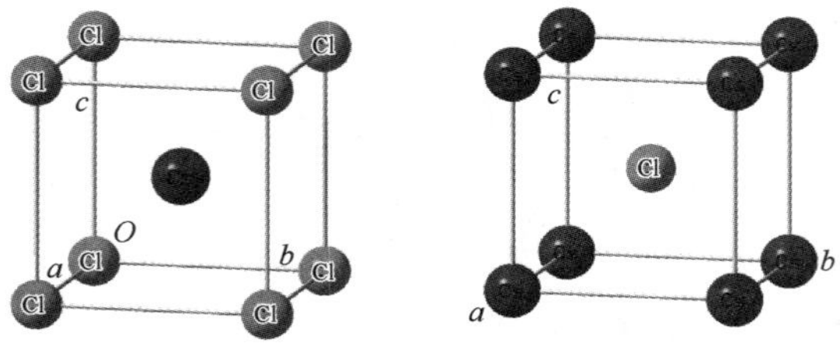

(a) CsCl晶体的晶胞　　(b) 氯离子的配位立方体

图 7-135　立方 CsCl 晶体的晶胞和配位立方体

Cs^+ 和 Cl^- 都是一价离子，电荷相等，Cs^+ 填充全部立方体空位，使得 Cl^- 的配位也是立方体，见图 7-135。以相邻 Cs^+ 和 Cl^- 作为结构基元得到空间点阵，其空间格子为 cP。以 Cl^- 所在的对称中心为原点，对称性为 $m\bar{3}m$，划出晶胞，见图 7-135。离子的位置坐标为

$$Cl^- \quad 1a \quad m\bar{3}m \quad (0,0,0)$$

$$Cs^+ \quad 1b \quad m\bar{3}m \quad \left(\frac{1}{2},\frac{1}{2},\frac{1}{2}\right)$$

另一实例是立方晶体 CaF_2，F^- 的堆积方式为简单立方，不再采取紧密堆积方式。由于正、负离子半径比 $r_{Ca^{2+}}/r_{F^-} = 100pm/133pm = 0.752$，$Ca^{2+}$ 的半径大，Ca^{2+} 填充体积较大的立方体空位，可以满足空间几何要求。Ca^{2+} 的电荷量是 F^- 的 2 倍，正负离子电荷不等，为了达到电荷平衡，Ca^{2+} 只填充一半立方体空位，这使得 F^- 的配位变为四面体。晶体的空间群为 O_h^5 - $F\frac{4}{m}\bar{3}\frac{2}{m}$，晶胞参数 $a = 546.3pm$，$Z = 4$。晶体有三条四重旋转轴 4 和四条三重反轴 $\bar{3}$，四条 $\bar{3}$ 是立方晶系的特征对称元素。沿四重旋转轴方向观察，F^- 构成立方体框架，两层 F^- 堆积层之间的立方体空位被 Ca^{2+} 间隙式填充，每个 Ca^{2+} 周围分布四个立方体空位，每个立方体空位周围分布四个 Ca^{2+}，填充方式表示为

$$A\left(\frac{1}{2}\alpha\right)\left(\frac{1}{2}\otimes\right)A$$

见图 7-136（a）。在 A$\alpha\otimes$A 堆积层上方，继续堆积钙离子层 β，β 层与 α 层并没有区别，相对于 α 层只是平移了向量 $\left(\frac{1}{2},0,\frac{1}{2}\right)$ 或 $\left(0,\frac{1}{2},\frac{1}{2}\right)$，沿着堆积层垂直的方向观察，$\beta$ 层完全遮盖了 α 层上未填充的立方体空位，一个重复周期中正负离子的联合堆积方式表示为

$$A\left(\frac{1}{2}\alpha\right)\left(\frac{1}{2}\otimes\right)A\left(\frac{1}{2}\otimes\right)\left(\frac{1}{2}\beta\right)A$$

见图 7-136（b）。沿 z 方向观察，所有 F^- 堆积层的位置坐标(x, y)不变，Ca^{2+} 堆积层有镜面 m 对称性，与该镜面 m 垂直，并穿过 Ca^{2+}，这是晶体的四重旋转轴的位置。Ca^{2+} 位置还是晶体的对称中心，晶体点群为 O_h。选取对称中心为坐标系原点，3 条四重旋转轴方向分别对应于坐标系的 x 轴、y 轴、z 轴。作为立方晶系，与 z 轴垂直的堆积层，即 xy 平面，必然存在正方形格子，基向量 $\boldsymbol{a} = \boldsymbol{b}$，在 z 轴方向，要得到长度相等、与之垂直的基向量 $\boldsymbol{c}$，只有选择体积较大的立方面心格子 cF，如图 7-136 所示。

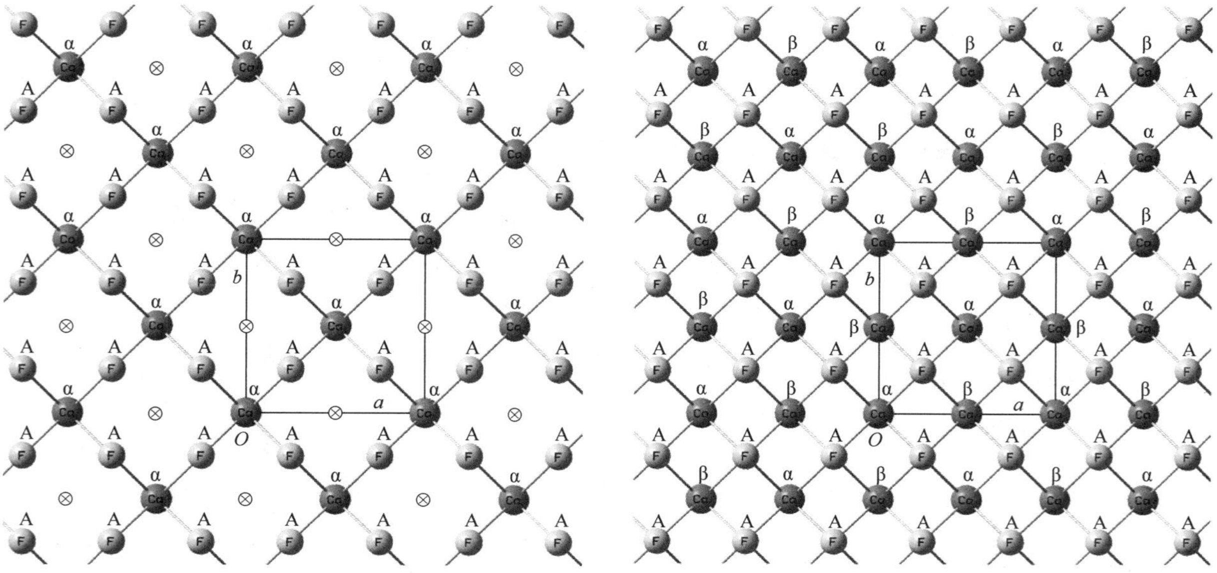

(a) 堆积双层A$\alpha\otimes$A中钙离子填充的立方体空位　　(b) 堆积三层A$\alpha\otimes$A$\otimes\beta$A中钙离子填充的立方体空位

图 7-136　立方 CaF_2 晶体中氟负离子堆积层和钙离子填充层的排列顺序

用立方面心格子获得的晶胞是复晶胞，$Z=4$，因为 Ca^{2+} 间隙式填充立方体空位，所以 F^- 的配位数只有 Ca^{2+} 配位数的一半，即等于 4。从晶体的几何构成看，F^- 的正四面体配位是 Ca^{2+} 间隙式占据立方体的 4 个顶点而成。CaF_2 是 CsCl 晶体的一种演变晶体类型，当以 CsCl 的立方体配位看 CaF_2 晶体时，CaF_2 晶格实际是 CsCl 晶格的超格子，在 F^- 形成的立方晶格中，Ca^{2+} 以 T_d 对称性的填充方式，既满足了电荷平衡，又维持了离子键作用的均衡，见图 7-137（b）。

$$1:\left(\frac{3}{4},\frac{1}{4},\frac{1}{4}\right)$$
$$2:\left(\frac{1}{4},\frac{3}{4},\frac{1}{4}\right)$$
$$3:\left(\frac{1}{4},\frac{1}{4},\frac{3}{4}\right)$$
$$4:\left(\frac{3}{4},\frac{3}{4},\frac{3}{4}\right)$$

(a)　　　　　　　　(b)

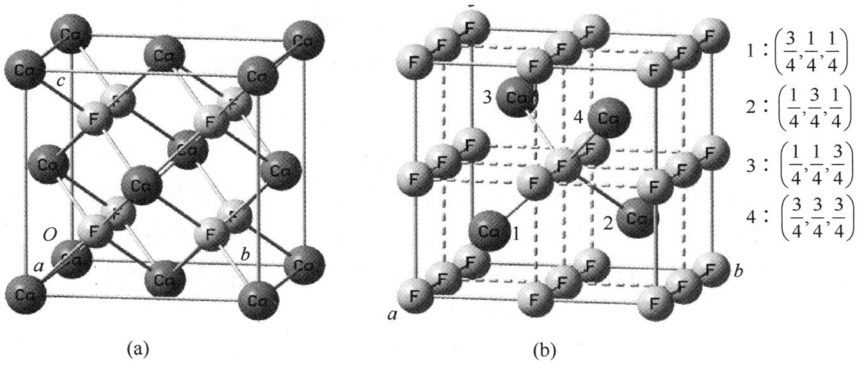

图 7-137　立方 CaF_2 晶体的晶胞（a）和正、负离子的配位多面体（b）

立方 CaF_2 与 Na_2O 互为异质反型结构，从[111]方向观察 F^- 的堆积层及 Ca^{2+} 的填充层，离子堆积层有着与 Na_2O 晶体相反的堆积方式。图 7-138 对比了沿 CaF_2 晶体[001]和[111]方向正、负离子不同的堆积方式，其中，从[110]方向透视，[001]方向正、负离子的堆积方式为 $A\alpha\otimes A\otimes\beta A\cdots$，见图 7-138（a），从$[1\bar{1}0]$方向透视，[111]方向的堆积方式为 $aBAbCBcACa\cdots$，Ca^{2+} 堆积层的最小重复周期为 abca，F^- 的最小重复周期为 BACB，见图 7-138（b）。

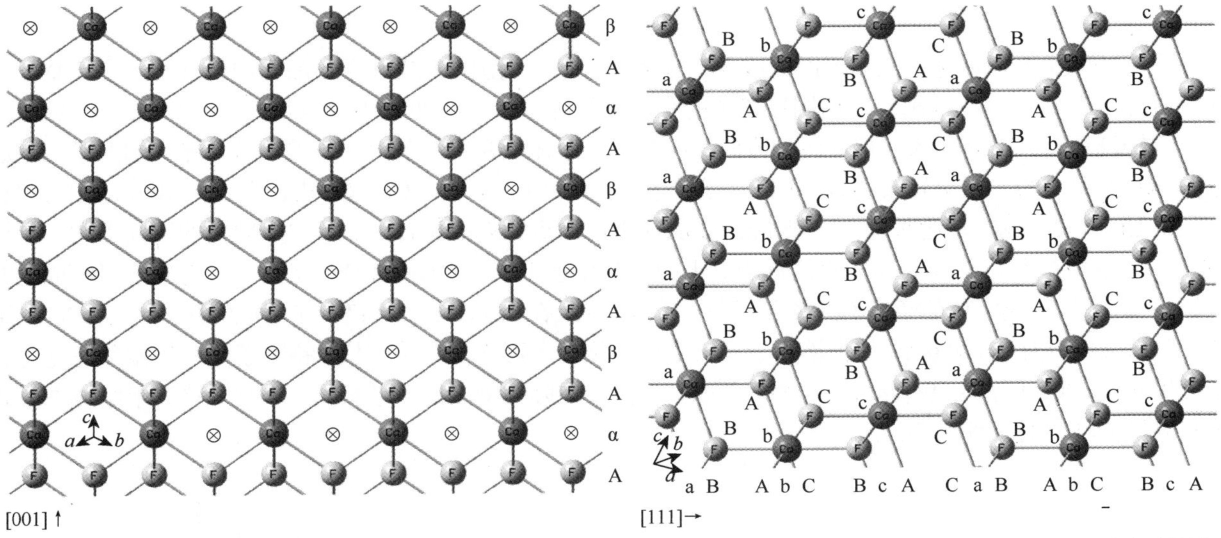

(a) 正、负离子[001]方向堆积层的排列顺序([110]方向透视图)　　(b) 正、负离子[111]方向堆积层的排列顺序([110]方向透视图)

图 7-138　不同方向正、负离子堆积方式的对比

4. 负离子堆积方式为 A_2 的离子晶体

立方晶系 Cr_3Si 晶体的空间群为 $O_h^3\text{-}P\frac{4_2}{m}\bar{3}\frac{2}{n}$，晶胞参数 $a=455.5pm$，$Z=2$[30]。Cr_3Si 与 Nb_3Ge 的晶体结构互为异质同形体，都是 A_{15} 晶体结构类型的演变结构，晶体中对称元素的位置参见前面对 Nb_3Ge 晶体结构的描述。硅负离子的堆积方式为 A_2 型，铬正离子填充四面体空位，填充分数为 1/2。晶体结构图如图 7-139 所示，从图 7-139 可以看出其中一个铬正离子的配位四面体。

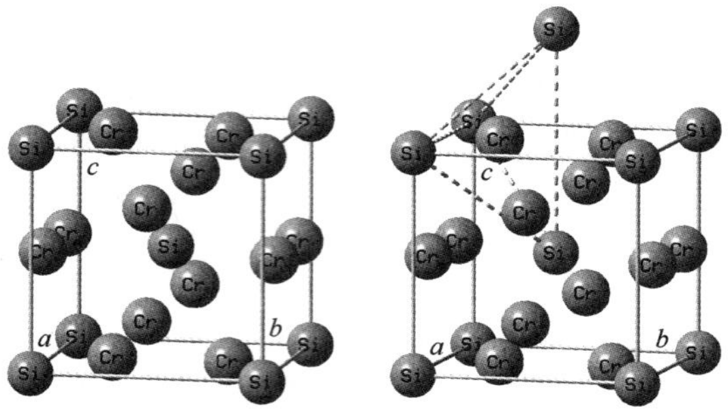

Cr_3Si晶体的晶胞　　铬离子的配位四面体

图 7-139　Cr_3Si 晶体的晶胞和铬离子的配位四面体

按照硅负离子的 A_2 堆积方式，在晶胞的六个面上四面体空位的分布都是相同的，只是在晶体坐标系中的位置坐标不同。图 7-140 中圆圈表示四面体空位，第一张图是 xy 平面上的四面体空位分布图，第二、三、四图依次是 xy、xz、yz 平面铬离子占据四面体空位的分布情况，它们的位置坐标分别为

$$\pm\left(\frac{1}{2},\frac{1}{4},0\right);\quad \pm\left(\frac{1}{4},0,\frac{1}{2}\right);\quad \pm\left(0,\frac{1}{2},\frac{1}{4}\right)$$

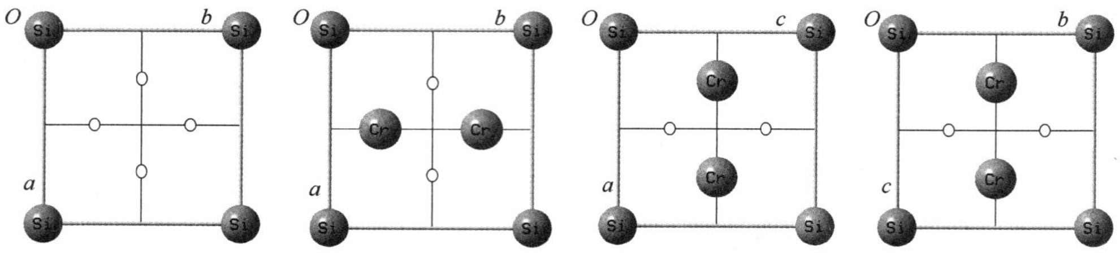

晶胞面上四面体空位的分布　　xy平面上的填充　　xz平面上的填充　　yz平面上的填充

图 7-140　Cr_3Si 晶体的晶胞面上四面体空位分布，以及各平面铬离子填充的四面体空位分布

硅离子的配位多面体是由三角形面组成的二十面体 $SiCr_{12}$，由图 7-42 可见，晶胞中包含了一个完整的二十面体，对称性为 T_h，中心硅离子与周围铬离子的距离都相等，Si—Cr 间距为 254.63pm。二十面体与立方晶胞的三重旋转轴重合，沿晶体的三重旋转轴方向，这些二十面体以共用三角形面方式连接，晶体的四条三重旋转轴方向均是如此。与三重旋转轴垂直的四对三角形面均为等边三角形，Cr—Cr 边长为 278.94pm，相对较长。其余六条 Cr—Cr 边较短，边长为 227.75pm。在晶体中，顶点和体心位置 $SiCr_{12}$ 二十面体的取向不同，无论从 x，还是 y 或 z 方向观察，顶点和体心位置的二十面体都相互垂直，见图 7-141。铬离子占据硅离子组成的四面体空位，这只是从填充空位的角度看待铬的配位关系，实际上在沿 x、y、z 方向铬离子组成等距的 Cr…Cr…Cr…直链，间距很短，为 227.75pm，使得铬离子与链上前后铬离子形成同离子配位，铬离子还与周围邻近链上的铬离子发生配位，间距为 278.94pm，间距相对较长，铬离子实际与周围四个硅离子、十二个铬离子组成混合式二带帽六方反棱柱，对称性为 D_{2d}。

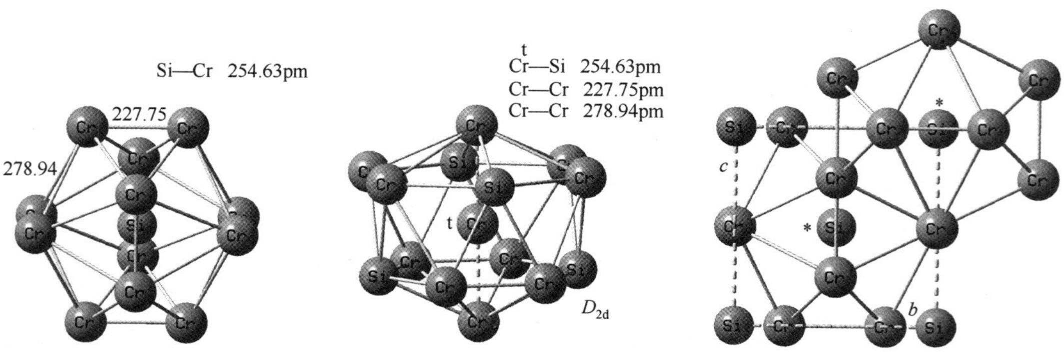

$SiCr_{12}$二十面体　　二带帽六方反棱柱　　顶点和体心位置二十面体的相对取向

图 7-141　硅离子和铬离子的配位多面体和取向

7.6.3 鲍林结构规则

V. Goldschmidt 和鲍林对大量离子化合物的晶体结构进行测定和研究，总结出离子晶体的配位多面体规则、静电键强度规则、多面体连接规则，对于理解离子晶体的构造及结构测定具有指导意义。

第一规则——配位多面体规则：负离子堆积形成多面体空位，正离子填充空位，构成晶体结构，正、负离子间距（离子键的键长）等于它们的半径和。负离子采取何种堆积方式，形成何种空位，正离子填充何种空位，以及正离子的配位数等，由正、负离子的半径比决定，见表 7-5。

表 7-5 正离子配位多面体与正、负离子半径比临界值 r_+/r_- 的关系

r_+/r_- 临界值	正离子配位多面体	正离子的配位数	r_+/r_- 临界值	正离子配位多面体	正离子的配位数
>0.155	正三角形	3	>0.732	立方体	8
>0.225	正四面体	4	>1.0	立方八面体	12
>0.414	正八面体	6			

第二规则——静电键强度规则：对于稳定结构的离子晶体，负离子的电荷值等于与它邻近的正离子的静电键强度之和，正离子与负离子之间的静电键强度定义为正离子的电荷值与其配位数之比。设正、负离子的电荷数分别为 Z_+ 和 Z_-，正、负离子的配位数分别为 cn_+ 和 cn_-，第 i 个正离子与负离子之间的静电键强度 b_i 为

$$b_i = \left(\frac{Z_+}{\mathrm{cn}_+}\right)_i \tag{7-15}$$

负离子的电荷 Z_- 为

$$Z_- = -\sum_{i=1}^{\mathrm{cn}_-} b_i = -\sum_{i=1}^{\mathrm{cn}_-}\left(\frac{Z_+}{\mathrm{cn}_+}\right)_i \tag{7-16}$$

正、负离子之间是静电作用力，作用力强弱与正、负离子电荷值的高低有关，也与正离子周围负离子的数目有关。静电键强度相当于正离子将正电荷按照电荷高低、距离远近分配给周围的每一个负离子，形成静电键。如果正离子与周围所有负离子的距离都相等，正离子的正电荷将等分给周围每一个负离子，因而，周围负离子数目越多，每一个负离子分配的正电荷数越小，静电键强度越弱。静电键强度规则反映的是离子晶体中局部区域内正、负电荷的均衡关系。当正、负离子定向规则排列时，如果电荷数不相等将存在电势差，引起电荷离子的移动，表现为离子晶体不稳定。

【例 7-2】 立方钙钛矿晶体，化学最简式为 $CaTiO_3$，晶胞图如图 7-114（b）所示，其中，Ca^{2+} 与 12 个 O^{2-} 配位，为立方八面体；Ti^{4+} 与 6 个 O^{2-} 配位，为八面体。根据静电键强度规则，推测 O^{2-} 的配位数。

解：由式（7-15）可知，Ca^{2+}—O^{2-} 离子键的静电键强度为

$$b_{\mathrm{Ca—O}} = \frac{2}{12} = \frac{1}{6}$$

Ti^{4+}—O^{2-} 离子键的静电键强度为

$$b_{\mathrm{Ti—O}} = \frac{4}{6} = \frac{2}{3}$$

设 O^{2-} 周围等距离的 Ca^{2+} 离子数为 m，Ti^{4+} 离子数为 n，依照式（7-16）的定义，有

$$Z_{\mathrm{O^{2-}}} = -\sum_{i=1}^{\mathrm{cn}_-} b_i = -(mb_{\mathrm{Ca—O}} + nb_{\mathrm{Ti—O}}) = -\left(\frac{1}{6}m + \frac{2}{3}n\right)$$

O^{2-}的电荷数为−2，$m=4$，$n=2$是最合理解，即O^{2-}周围有4个Ca^{2+}和2个Ti^{4+}，局部区域正、负电荷数相等。

第三规则——多面体连接规则：在离子晶体中，将静电作用力和多面体空间几何与正负离子结构相联系，静电作用力与离子电荷有关，多面体几何与离子半径有关，正、负离子的排列堆积演化为正离子多面体的连接。静电键强度规则指出以负离子为中心，可以通过负离子电荷数推测共用负离子顶点的正离子多面体数，但还不能推测正离子多面体周围的负离子有多少个被共用，即多面体如何连接。当两个正离子多面体共用一个顶点称为共顶点连接，共用两个相邻顶点称为共边连接，共用三个相邻顶点称为共面连接，有时也包括共用四个及以上相邻顶点。多面体连接规则指出，两个正离子多面体分别采取共顶点、共边、共面连接时，正离子间距依次缩短，排斥力依次增强，晶体稳定性依次降低。对于正离子的电荷较高、配位数较小的多面体，这种效应尤为明显。对于大多数简单离子化合物，多面体连接规则都是符合的，但不是绝对的。在过渡金属卤化物晶体结构中，过渡金属正离子的配位多面体为八面体，也存在采取共面连接的情况。虽然共面连接增加了排斥力，但也可能导致多面体中心正离子价层轨道的重叠。在部分化合物晶体中，金属正离子间距较金属键还短，势必价层轨道重叠产生了能量效应，形成极化作用，抵消了强排斥引起的不稳定作用，因而也能生成稳定晶体。

α-石英晶体是三方晶系[1]，空间群为D_3^6-$P3_221$，晶胞参数$a=491.6\text{pm}$，$c=540.54\text{pm}$，$Z=3$。Si^{4+}的半径$r_{Si^{4+}}=40\text{pm}$，O^{2-}的半径$r_{O^{2-}}=140\text{pm}$，$r_{Si^{4+}}/r_{O^{2-}}=0.286$。$Si^{4+}$与$O^{2-}$组成$SiO_4$四面体。$SiO_4$四面体按照六方堆积方式构成厚板单层A，见图7-142（a），层内所有SiO_4取向相同，单层点阵的平面格子为六方菱形。B层错位与A层重叠，共用SiO_4的O^{2-}，将A、B两层相连。相对于A层，SiO_4厚板层B平移$\left(0.0606a, 0.5303b, \frac{1}{3}c\right)$，使得A、B两层的$SiO_4$四面体共用$O^{2-}$，形成沿晶轴$b$方向的$SiO_3$链，见图7-142（b）。

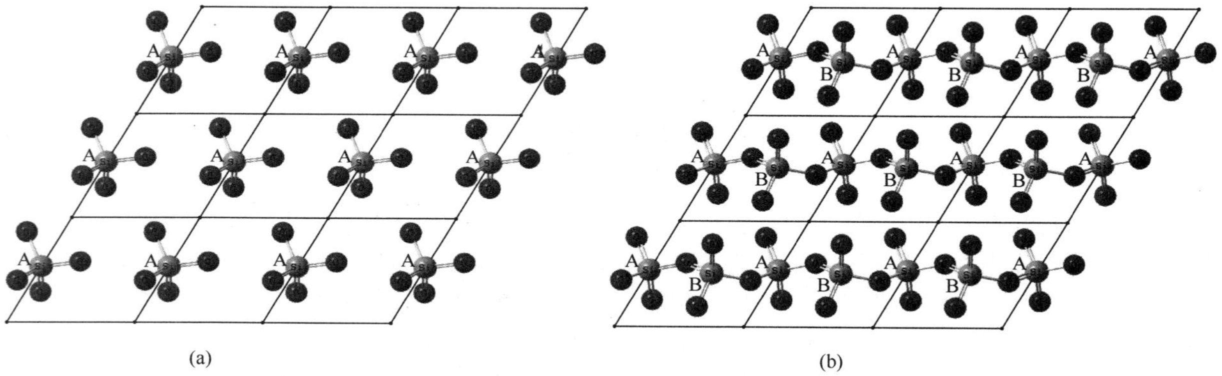

图7-142　α-石英晶体中SiO_4四面体堆积厚板单层A（a）和双层AB（b）

相对于A层，SiO_4层C平移$(-0.4697a, 0.4697b, \frac{2}{3}c)$，重叠在B层上方构成层C，使得C、B两层的$SiO_4$四面体共用$O^{2-}$，在B层和C层之间形成沿晶轴$a$方向的$SiO_3$链，见图7-143（a）。在堆积三层结构中，形成沿晶轴a和b方向的两条SiO_3键。α-石英晶体中，SiO_4层的重叠排列顺序为

ABCA…

其中，SiO_4堆积层重叠的最小重复周期为ABCA。经过相邻三层ABC的重叠，在六方菱形平面格子的范围内，在垂直于堆积层的c方向形成SiO_4四面体的螺旋链，对称性为3_2螺旋轴，即逆时针旋转120°，沿晶轴c方向平移$\frac{2}{3}\boldsymbol{c}$，晶体新像和原像重合，见图7-143（b）。两条相邻的螺旋链通过共用SiO_4四面体相连，一条螺旋链与周围三条螺旋链共用SiO_4四面体相连，六条螺旋链围成空位，空位中心也有3_2螺旋轴的对称性。

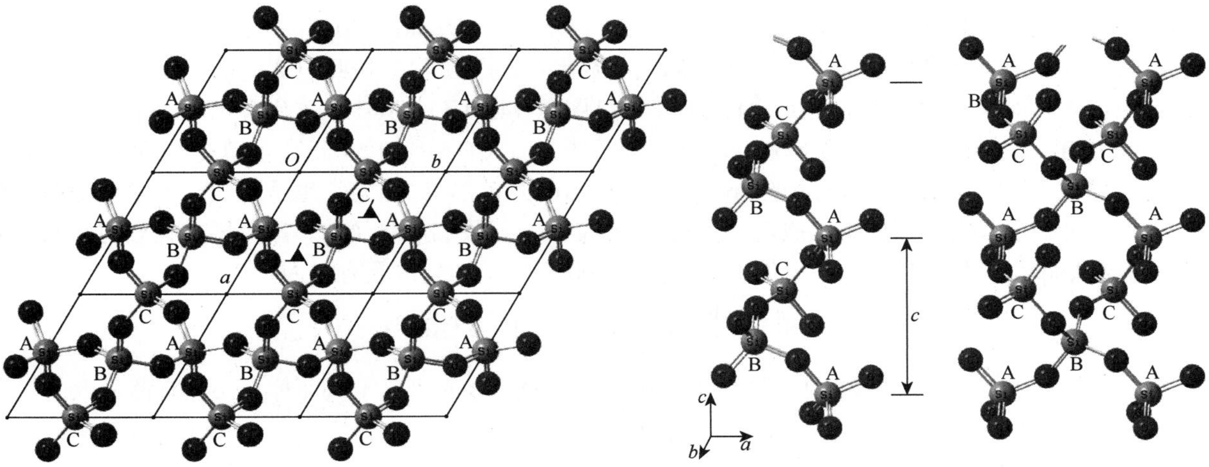

(a) SiO_4四面体堆积三层ABC　　(b) 3_2螺旋轴　　(c) 螺旋链共用SiO_4连接

图 7-143　α-石英晶体中 SiO_4 四面体堆积层结构及对称性

3_2 螺旋轴是晶体的特征对称元素，晶体为三方晶系。在 A、B、C 三个位置的SiO_4四面体中，分别选择一个结构单位Si^{4+}-$2O^{2-}$，组成结构基元$3Si^{4+}+6O^{2-}$，得到三方简单格子。选择$(x,x,0)$位置的二重旋转轴 2 与空位处3_2螺旋轴的交点作为六方坐标系的原点，所得晶胞见图 7-144（a）。微粒的位置坐标为

$$Si^{4+}\quad 3a\quad .2.\quad x,0,0;\ \bar{x},\bar{x},\frac{1}{3};\ 0,x,\frac{2}{3}\qquad x=0.4697$$

$$O^{2-}\quad 6c\quad 1\quad x,y,z;\ y-x,\bar{x},z+\frac{1}{3};\ \bar{y},x-y,z+\frac{2}{3};$$

$$x-y,\bar{y},\bar{z};\ \bar{x},y-x,\bar{z}+\frac{1}{3};\ y,x,\bar{z}+\frac{2}{3}$$

$$x=0.4135, y=0.2669, z=0.1158$$

晶体的微观结构特征是SiO_4四面体通过共用顶点连接构成晶体结构，见图 7-144（b）。SiO_4四面体的每个氧离子都被其他 4 个SiO_4四面体共用，连接链的走向不同，形成的晶体结构不同。类似的SiO_4四面体连接的晶体还有六方 β-石英、四方 α-方石英、β-方石英等晶体。

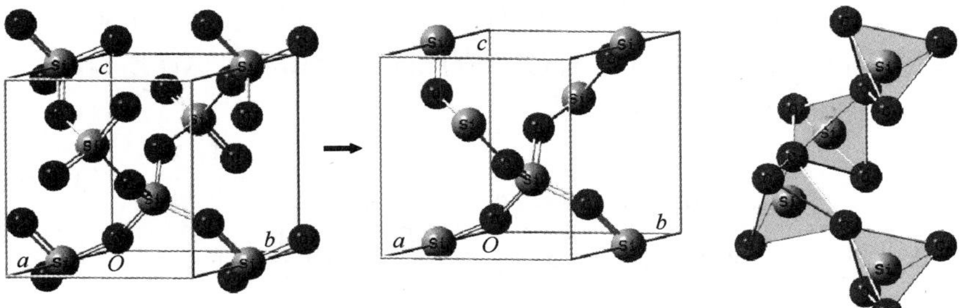

(a)　　(b)

图 7-144　三方 α-石英晶体的晶胞（a）和 SiO_4 四面体共顶点连接（b）

α-PbO_2 晶体为正交晶系[30]，空间群为D_{2h}^{14}-$Pbcn$，晶胞参数$a=498.58$pm，$b=595.96$pm，$c=546.26$pm，$Z=4$。晶体在三个相互垂直方向存在二重对称轴，其中两个方向为2_1螺旋轴，第三个方向为二重旋转轴，这是正交晶系的特征对称性。与二重对称轴垂直的方向又有滑移面，晶体的对称性为D_{2h}。观察离子堆积排列的图案花样，在两个方向的图案花样存在规则排列。氧负离子形成堆积层，最小堆积单位为平行四边形，边长$a_0=498.58$pm，$b_0=298.56$pm，交角$\gamma_0=93.58°$。堆积单层的正当平面格子变为矩形，b 方向包含两个平行四边形堆积单位，结构基元为 2A。B 层、C 层、D 层与 A 层相同，只是相错一位置，参见后面的O^{2-}分数坐标值。O^{2-}的堆积层重叠顺序为(ABCD)AB⋯，堆积层重叠的最小重复单元为 ABCDA 。位置为

$A+2B+2C+D$ 的 6 个相邻 O^{2-} 围成八面体空位，因为 $r_{Pb^{4+}}/r_{O^{2-}}=78pm/140pm=0.557$，符合鲍林多面体规则，所以 Pb^{4+} 应填充八面体空位。又由于 Pb^{4+} 的电荷数是 O^{2-} 的 2 倍，按照电荷均衡原则，Pb^{4+} 正离子只能填充其中一半八面体空位，组成 ABαCD 厚板层，见图 7-145（a），其中，α 代表正离子填充的八面体空位。(ABCD)AB… 堆积中共用 CD 层跨越下一个厚板重叠单元 CDAB，Pb^{4+} 正离子填充 D 和 A 层之间的八面体空位，相对于第一厚板层 ABαCD 的 Pb^{4+} 位置坐标 $\alpha(0,y)$，沿 $-b$ 方向，也是向八面体空位方向移动一位置，以满足另一层八面体配位，组成第二厚板层 CDβAB，见图 7-145（b）。厚板层重叠方向必然是晶轴 c 方向，包括八面体空位 ⊗ 在内，正、负离子堆积层的联合堆积排列重叠方式为

$$AB\left(\frac{1}{2}\alpha\right)\left(\frac{1}{2}\otimes\right)CD\left(\frac{1}{2}\otimes\right)\left(\frac{1}{2}\beta\right)AB\cdots$$

其中，第一厚板层 ABαCD 的铅离子八面体有两种取向，CDβAB 的铅离子八面体也必然有两种取向，在沿 c 轴方向透视的堆积图中，正、负离子的位置不发生重叠。

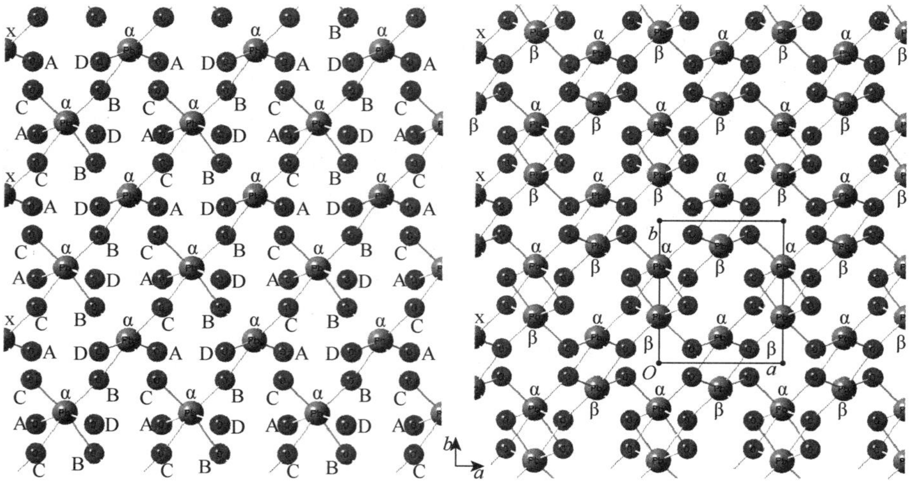

(a)　　　　(b)

图 7-145　正交 α-PbO_2 晶体中 PbO_6 八面体堆积层厚板 ABαCD（a）和 ABαCDβAB 透视图（b）

图中 Pb^{2+} 为大球，O^{2-} 为小球

在两个厚板层中，相邻的、两种取向的 $Pb^{4+}+2O^{2-}$ 组合成结构基元 $4Pb^{4+}+8O^{2-}$，由此得到正交简单格子 oP，划出的晶胞见图 7-146（a）。厚板中各种取向的 PbO_6 八面体的对称性均为 C_2，结构参数见图 7-146（b）。在正交坐标系中，微粒的位置为

$$Pb^{2+}\quad 4c\quad .2.\quad 0,y,\frac{1}{4};\ \ \frac{1}{2},y+\frac{1}{2},\frac{1}{4};\ \ 0,\bar{y},\frac{3}{4};\ \ \frac{1}{2},\bar{y}+\frac{1}{2},\frac{3}{4}\qquad y=0.6776$$

$$O^{2-}\quad 4d\quad 1\quad x,y,z;\ \ \bar{x},\bar{y},\bar{z};\ \ \bar{x}+\frac{1}{2},y+\frac{1}{2},z;\ \ x+\frac{1}{2},\bar{y}+\frac{1}{2},\bar{z};$$

$$x,\bar{y},z+\frac{1}{2};\ \ \bar{x}+\frac{1}{2},\bar{y}+\frac{1}{2},z+\frac{1}{2};\ \ \bar{x},y,\bar{z}+\frac{1}{2};\ \ x+\frac{1}{2},y+\frac{1}{2},\bar{z}+\frac{1}{2}$$

$$x=-0.2687,y=0.9022,z=0.0763$$

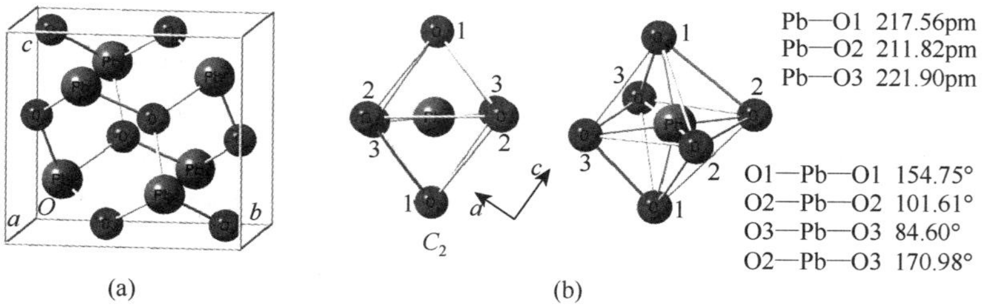

(a)　　　　(b)

图 7-146　正交 α-PbO_2 晶体的晶胞（a）和 PbO_6 八面体几何参数（b）

PbO_2 晶体结构可看成是由 PbO_6 八面体共用顶点、共用边构成。沿晶轴 c 方向，每个 PbO_6 八面体的两条边被共用，连接成锯齿链 PbO_4—PbO_4—…，三个 PbO_6 八面体共用一个顶点，将锯齿链连接成三维结构，晶体中共用氧离子连接的三个八面体的几何结构完全相同，但取向不同，见图 7-147（a）。在八面体堆积厚板层中，结构链 PbO_4—PbO_4—…沿对角线 $a+b$ 和 $a-b$ 平行的方向交叉排列，其中未连接的 A 和 D 顶点分别与 B 和 C 顶点组合，以共用顶点、共用边的两种方式与上下层八面体连接，见图 7-145。沿垂直于厚板层的方向，即晶轴 c 方向，八面体共顶点连接产生 2_1 螺旋轴，见图 7-147（b）。沿晶轴 a 方向观察，晶体存在 2_1 螺旋轴。沿晶轴 b 方向观察，晶体存在二重旋转轴，与 PbO_6 八面体的 C_2 对称性对应。

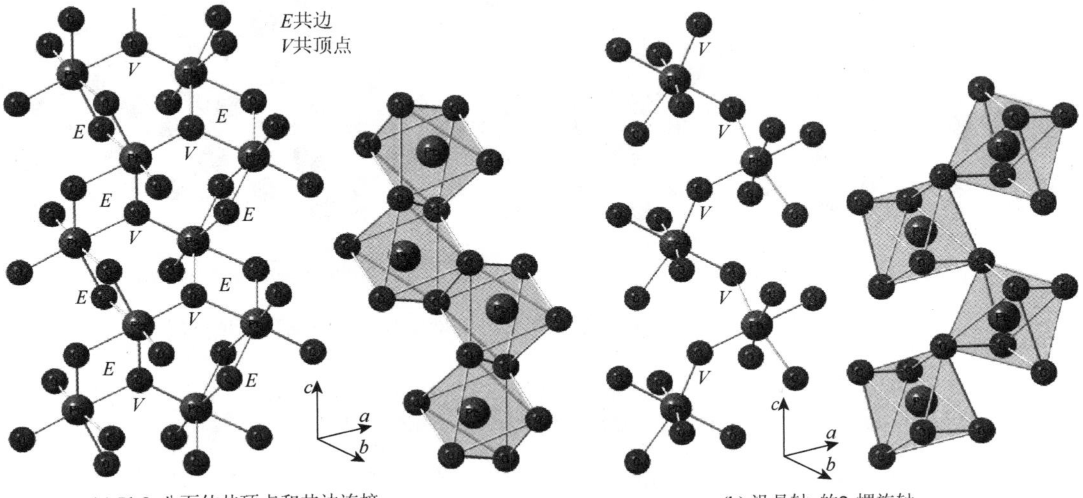

(a) PbO_6八面体共顶点和共边连接　　(b) 沿晶轴c的2_1螺旋轴

图 7-147　沿晶轴 c 方向 PbO_6 八面体共用顶点、共用边连接

图中 E、V 分别代表边和顶点

沿晶轴 a 方向透视，氧负离子的堆积方式为不规则六方紧密堆积 A′B′A′B′…，铅正离子沿晶轴 c 方向填充 A′层和 B′层之间的一半八面体空位，所得结构表示为 $A'\left(\frac{1}{2}\alpha'\right)\left(\frac{1}{2}\otimes\right)B'$，见图 7-148（a）。这种沿晶轴 c 方向的填充将形成锯齿链 PbO_4—PbO_4—…，也使八面体连接时，公用相间的边，这种连接方式为相同式，结果产生 2_1 螺旋轴。铅正离子沿晶轴 c 方向继续填充 B′层和 A′层之间的一半八面体空位，所得结构表示为 $B'\left(\frac{1}{2}\otimes\right)\left(\frac{1}{2}\beta'\right)A'$，见图 7-148（b）。两层填充的八面体空位沿晶轴 b 方向相错 $b/2$，见图 7-148（b），沿晶轴 a 方向相错 $a/2$，见图 7-145（b），重叠的最小单位为

$$A'\left(\frac{1}{2}\alpha'\right)\left(\frac{1}{2}\otimes\right)B'\left(\frac{1}{2}\otimes\right)\left(\frac{1}{2}\beta'\right)A'\cdots$$

高温下金红石 TiO_2 结晶转变为 α-PbO_2 类型的晶体结构。从八面体共用边和顶点的角度，容易区别两种晶型的晶体结构。八面体共用边连接时，金红石晶体共用相对的两条边，TiO_6 八面体连接为直链 TiO_4—TiO_4—…；而 α-PbO_2 型 TiO_2 晶体中共用相间的两条边，TiO_6 八面体连接为锯齿链，二者的两条共用边的相对位置不同，八面体连接链的结构和对称性不同。

立方 β-$TiCl_3$[1]的空间群为 D_{6h}^3-$P\frac{6_3}{m}\frac{2}{c}\frac{2}{m}$，晶胞参数 $a=627.0\text{pm}$，$c=582.0\text{pm}$，$Z=2$。Cl^- 的堆积方式为六方紧密堆积 ABAB…，Ti^{3+} 填充八面体空位，填充空位位置为 c，组成填充层 AcB，见图 7-149。由于 Ti^{3+} 的电荷数是 Cl^- 的 3 倍，所以填充分数为 $\frac{1}{3}$。正、负离子堆积层的重叠方式为

$$A\left(\frac{1}{3}c\right)\left(\frac{2}{3}\otimes\right)B\left(\frac{1}{3}c\right)\left(\frac{2}{3}\otimes\right)A\cdots$$

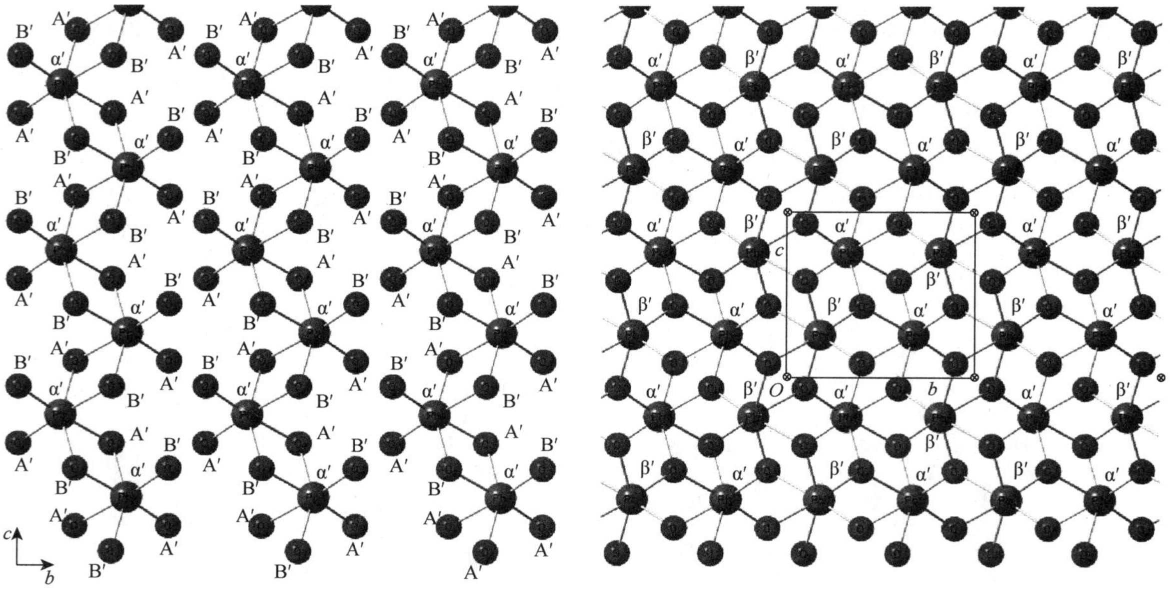

(a) 氧负离子的六方密堆A′α′B′　　(b) 铅正离子填充层的结构A′α′B′β′A′

图 7-148　沿晶轴 *a* 方向氧负离子的六方紧密堆积层和铅正离子的填充层

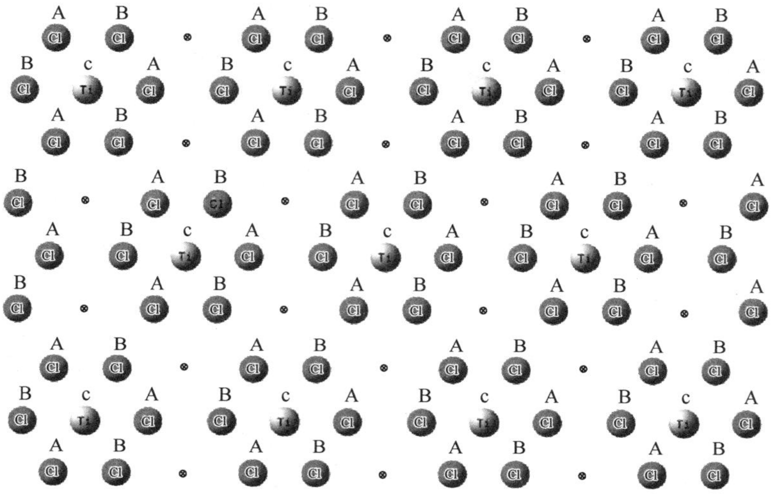

图 7-149　β-$TiCl_3$ 晶体中 Cl^- 的堆积方式和 Ti^{3+} 的填充方式

在重叠层 AcB 和 BcA 中，Ti^{3+} 始终填充同一坐标位置 (x, y) 的八面体空位，沿[001]方向透视，同一位置的钛离子完全重合，这使得重叠层 AcB 中的八面体构成 3A + c + 3B 与重叠层 BcA 中的八面体构成 3B + c + 3A 相同，两个八面体在空间上互为上下关系，二者共用三角形面连接，共面连接进一步延伸为链式结构 $TiCl_3$—$TiCl_3$—⋯，用符号 $(TiCl_3)_\infty$ 表示，填充链为直链，见图 7-150。Ti—Ti 间距为 291.0pm，与钛金属键长 292.0pm 相当，填充八面体 $TiCl_6$ 的对称性为 D_{3d}。那些未被填充的八面体空位也连接为空位链 $\otimes Cl_3$—$\otimes Cl_3$—⋯，用符号 $(\otimes Cl_3)_\infty$ 表示。整个晶体也可看成是填充链 $(TiCl_3)_\infty$ 的六方堆积结构，其中，一条填充链 $(TiCl_3)_\infty$ 的周围有 6 条空位链 $(\otimes Cl_3)_\infty$，一条空位链 $(\otimes Cl_3)_\infty$ 的周围有 3 条填充链 $(TiCl_3)_\infty$，填充链与空位链的数目之比为 1∶2。

填充链的最小重复单位为 3A+c+3B+c+3A，选取 3A+c+3B+c 为结构基元，得到的空间点阵单位为六方简单格子 hP。Cl^- 的堆积保持了六方紧密堆积的对称性，因而沿垂直于堆积层的方向透视，穿过 Ti^{3+} 位置，以及穿过未填充空位处，均存在 6_3 螺旋轴和 $\bar{6}$，Ti^{3+} 位点也是对称中心。此外，在[100]、[110]、[010]方向有反映面和二重旋转轴，在[1$\bar{1}$0]、[120]、[210] 方向有滑移面 *c* 和二重旋转轴。垂直于主轴 6_3 和 $\bar{6}$ 也有反映面，位置在 $\left(x, y, \frac{1}{4}\right)$，晶体的对称性为 D_{6h}。晶体在[100]方向的二重副轴、镜面，可通过其在[100]和[210]

方向的透视图观察，见图 7-151（a）；在[210]方向的二重副轴和滑移面 c 可通过[210]方向的透视图观察，见图 7-151（b）。选取 Ti^{3+} 作为坐标系原点，所得晶胞见图 7-152。微粒的位置坐标为

$$Ti^{3+}\quad 2b\quad \bar{3}.m\quad 0,0,0;\ 0,0,\frac{1}{2}$$

$$Cl^{-}\quad 6g\quad m2m\quad x,0,\frac{1}{4};\ 0,x,\frac{1}{4};\ \bar{x},\bar{x},\frac{1}{4};\ \bar{x},0,\frac{3}{4};\ 0,\bar{x},\frac{3}{4};\ x,x,\frac{3}{4}\qquad x=0.315$$

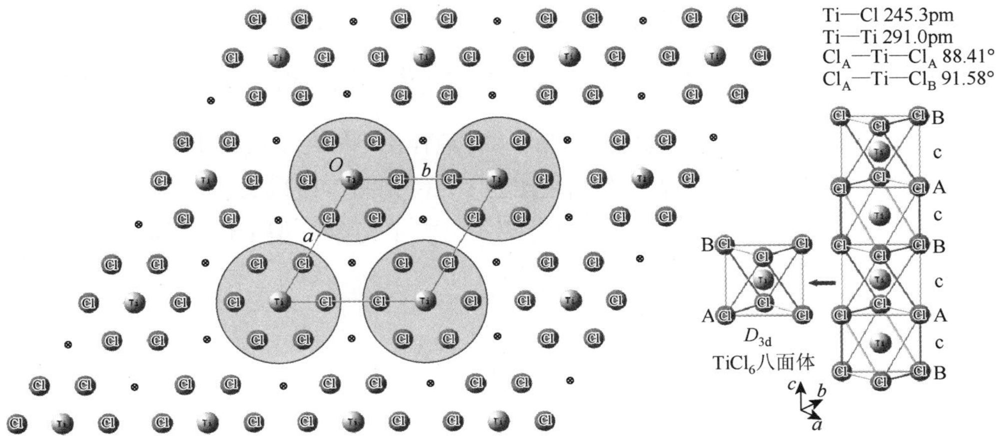

(a) [001]方向透视图　　(b) $TiCl_6$八面体共面连接

图 7-150　β-$TiCl_3$ 晶体中填充链$(TiCl_3)_\infty$与空位链$(\otimes Cl_3)_\infty$的透视图

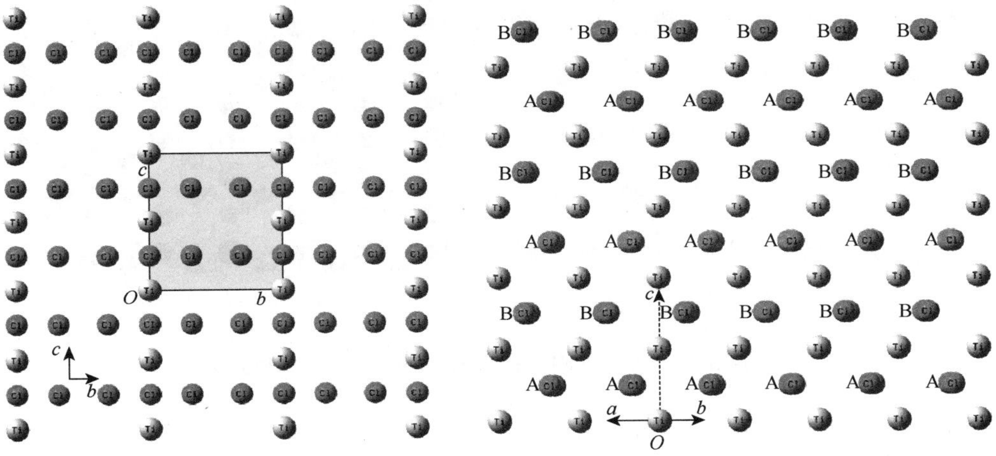

(a)　　(b)

图 7-151　β-$TiCl_3$ 晶体在[100]（a）和[210]方向（b）的透视图

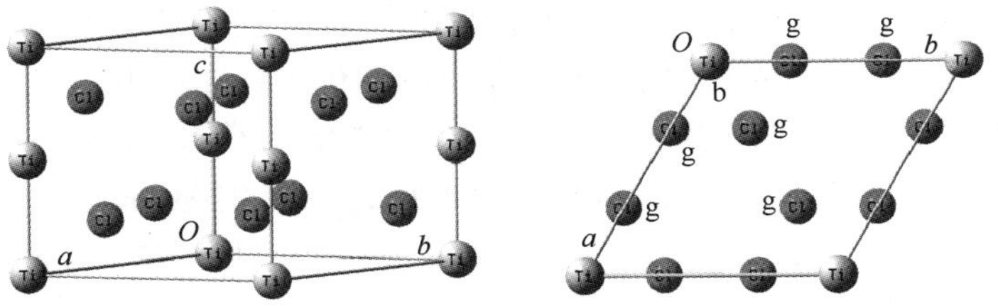

(a)　　(b)

图 7-152　β-$TiCl_3$ 晶体的晶胞（a）和离子位置（b）

将晶体看成是填充链$(TiCl_3)_\infty$在 xy 平面内的六方排列，填充链$(TiCl_3)_\infty$内除了 Ti^{3+}—Cl^- 离子键外，还存在 Ti—Ti 键，相邻 Ti 离子的价层轨道发生重叠，而堆积链之间的作用力是较弱的色散力，这使得晶体依

靠均衡的强化学键和弱分子间作用力而稳定存在。属于六方β-$TiCl_3$型晶体结构的化合物还有β-$ZrCl_3$、$TiBr_3$、$ZrBr_3$、TiI_3、ZrI_3、$MoBr_3$和$RuBr_3$等。

在六方$BaNiO_3$晶体中[31]，Ba^{2+}和O^{2-}的半径接近，$r_{Ba^{2+}}=135pm$，$r_{O^{2-}}=140pm$，Ba^{2+}和O^{2-}联合组成六方紧密堆积ABAB⋯，形成的八面体空位中，有的包含Ba^{2+}，有的没有Ba^{2+}。如果Ni^{4+}只填充O^{2-}围成的八面体空位，不填充有Ba^{2+}围成的八面体空位，就组成六方$BaNiO_3$晶体。在Ba^{2+}和O^{2-}联合组成的六方紧密堆积单层结构A中，Ba^{2+}和O^{2-}数目之比为1∶3，组成为BaO_3，见图7-153（a)，大写字母A为O^{2-}，小写字母a为Ba^{2+}。在平面结构单位中Ba^{2+}占据顶点，O^{2-}占据面心和棱心。A层的上方重叠B层，A层和B层是完全相同的Ba^{2+}和O^{2-}联合堆积层，但空间相对位置不同，相对于A层，B层平移$\left(\frac{2}{3},\frac{1}{3},\frac{1}{2}\right)$。在A、B两层重叠形成的八面体空位中，有四种类型，一种纯粹由O^{2-}组成八面体空位$\otimes O_6$，其余三种由Ba^{2+}和O^{2-}混合组成八面体空位$\otimes Ba_2O_4$，二者的数目之比为1∶3，见图7-153(b)。Ni^{4+}的电荷高，若填充$\otimes Ba_2O_4$空位将与Ba^{2+}离子产生很强的正电排斥作用，Ni^{4+}离子只能填充$\otimes O_6$型空位。实际晶体中，Ni^{4+}填充全部$\otimes O_6$型空位，填充方式表示为

$$A\left(\frac{1}{3}c\right)B\left(\frac{1}{3}c\right)A\cdots$$

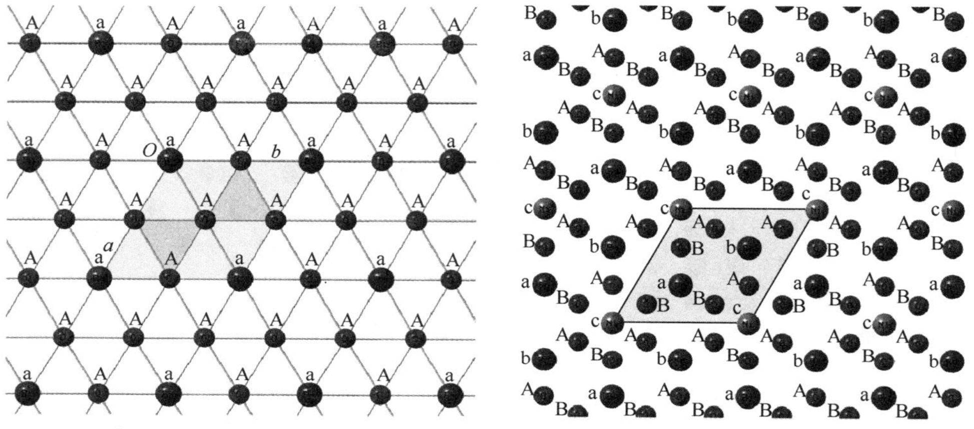

(a) Ba^{2+}和O^{2-}组成的六方紧密堆积单层　　(b) BaO_3堆积层之间Ni^{4+}填充层

图7-153　六方$BaNiO_3$晶体中离子的堆积单层和填充层

在堆积层重叠方向的最小重复单位中，由O^{2-}组成的$\otimes O_6$型八面体空位始终在同一(x,y)坐标位置，Ni^{4+}也始终填充这一位置的八面体空位，因而在晶体中形成了NiO_6八面体直链式连接，连接方式为共面。与六方晶体β-$TiCl_3$类似，整个晶体可以看成是$(NiO_3)_\infty$链的堆积，见图7-154（a)。在NiO_6八面体链中，Ni—Ni间距为d_{Ni-Ni}=241.6pm，比金属晶体中Ni—Ni间距d'_{Ni-Ni}=249.0pm还短，说明Ni^{4+}之间具有很强的轨道相互作用，尽管两个相邻NiO_6八面体单元的Ni^{4+}之间没有形成多重键，Ni^{4+}之间的较短间距，以及d_{xy}^2、d_{yz}^2、d_{xz}^2电子组态，决定了Ni^{4+}之间存在电子传递。在AcBcA层重叠结构单位中，选取B层的Ba^{2+}观察它的配位多面体，与中心离子Ba^{2+}同层且紧邻的六个O^{2-}，以及上、下相邻A层中的各三个近邻O^{2-}组成反式立方八面体，同层Ba—O间距$d_{Ba-O}=279.0pm$，与上、下两层O^{2-}的间距$d'_{Ba-O}=290.4pm$，对称性为D_{3h}，BaO_{12}多面体沿c轴共面连接，见图7-154（b)。NiO_6八面体与BaO_{12}反式立方八面体也是共面连接，NiO_6八面体的对称性为D_{3d}，$d_{Ni-O}=201.3pm$，见图7-154（c)。

六方$BaNiO_3$晶体有与β-$TiCl_3$相似的对称元素，Ba^{2+}和O^{2-}占据的位置、Ni^{4+}填充的位置都分别与Cl^-、Ti^{3+}对应，从而晶体有相同的对称性。垂直堆积层方向，同时存在6_3、$\bar{6}$、$\bar{3}$和2_1，Ni^{4+}位置是对称中心、$\bar{3}$的反演点。选取Ni^{4+}为坐标系原点，在六方坐标系中，反轴$\bar{6}$的反演点的位置坐标为$\left(0,0,\frac{1}{4}\right)$，垂直$\bar{6}$方

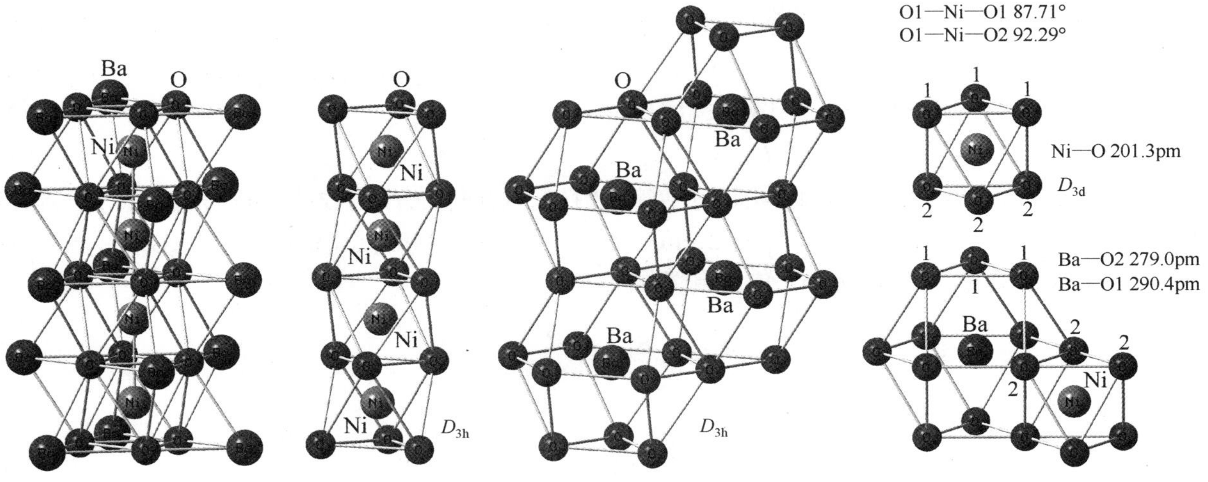

(a) NiO_6八面体共面连接链　　(b) BaO_{12}反式立方八面体　　(c) BaO_{12}和NiO_6的几何关系

图 7-154　六方 $BaNiO_3$ 晶体中 NiO_6 八面体和 BaO_{12} 反式立方八面体的连接方式

向存在镜面σ_h，位置坐标为$\left(x,y,\frac{1}{4}\right)$。垂直于$\bar{6}$还有六条二重旋转轴，以及包含$\bar{6}$的三个镜面和三个滑移面，晶体点群为$D_{6h}$，空间群为$D_{6h}^4\text{-}P\frac{6_3}{m}\frac{2}{m}\frac{2}{c}$。当在 Ac 层中选取一个$Ba^{2+}$和周围邻近的三个$O^{2-}$，以及邻近填充层的一个$Ni^{4+}$组成结构单位$Ba^{2+}+Ni^{4+}+3O^{2-}$，可得到六方菱形平面格子。Ac 层选取的结构单位，经平移$\boldsymbol{t}=\frac{2}{3}\boldsymbol{a}+\frac{1}{3}\boldsymbol{b}+\frac{1}{2}\boldsymbol{c}$后成为 Bc 层的结构单位，同时选取 AcBc 两层中的$Ba^{2+}+Ni^{4+}+3O^{2-}$的结构单位，联合组成结构基元$2Ba^{2+}+2Ni^{4+}+6O^{2-}$，可得到六方简单格子 hP。晶体的晶胞见图 7-155，$Z=2$。各离子的位置坐标如下：

Ba^{2+}	2d	$\bar{6}m2$	$\frac{1}{3},\frac{2}{3},\frac{3}{4};\ \frac{2}{3},\frac{1}{3},\frac{1}{4}$
Ni^{4+}	2a	$\bar{3}m.$	$0,0,0;\ 0,0,\frac{1}{2}$
O^{2-}	6h	$mm2$	$x,2x,\frac{1}{4};\ 2\bar{x},\bar{x},\frac{1}{4};\ x,\bar{x},\frac{1}{4};\ \bar{x},2\bar{x},\frac{3}{4};\ 2x,x,\frac{3}{4};\ \bar{x},x,\frac{3}{4}$　　$x=\frac{1}{6}$

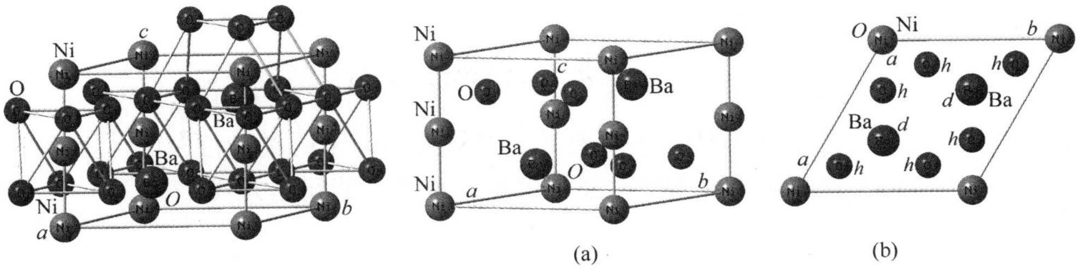

(a)　　(b)

图 7-155　六方 $BaNiO_3$ 晶体的晶胞（a）和离子位置（b）

第四规则——异类正离子的多面体连接规则：当晶体中除了存在一种正离子配位多面体外，还存在高电荷、低配位的另一种正离子，那么，高电荷、低配位正离子倾向于不共用多面体几何元素，而是倾向于彼此远离，避免低电荷、高配位正离子的多面体彼此之间发生连接，如$Mg_3Al_2(SiO_4)_3$晶体，O^{2-}周围有 2 个Mg^{2+}、1 个Al^{3+}、1 个Si^{4+}，这些正离子的配位数依次为 8、6、4，晶体中 SiO_4 四面体是孤立的，彼此之间没有发生连接。

Bauer 规则——正、负离子间距规则：正离子配位多面体中正、负离子间距d_{MX}随周围负离子的静电键强度总和$p_k=\sum_{i=1}^{cn}b_i$改变而变化，其中k是正离子配位多面体中不等价负离子的编号。对于指定的正、负离子对 M—X 构成的多面体 MX_n，存在不同离子间距 $d_{MX}(k)$，其平均间距 $\bar{d}_{MX}$ 为常数，与正离子多面体中全部负离子的静电键强度总和 p_k 无关。各离子间距 $d_{MX}(k)$ 和平均值 $\bar{d}_{MX}$ 的偏差 $d_{MX}(k)-\bar{d}_{MX}$，与各负离子的静电键强度 p_k 和平均值 $\bar{p}$ 的偏差成正比，表示为

$$d_{MX}(k)-\bar{d}_{MX}=\xi(p_k-\bar{p})=\xi\Delta p_k \tag{7-17}$$

其中，ξ 为经验常数，通过晶体结构参数进行估算。例如，斜锆石 ZrO_2 中 Zr^{4+} 的配位数 $cn=7$，存在两种 Zr—O 间距：$d_{Zr-O(1)}=209pm$，$d_{Zr-O(2)}=221pm$。两种 O^{2-} 与 Zr^{4+} 的配位关系式为 $ZrO_{3/3}O_{4/4}$，Zr^{4+} 与 O(1) 和 O(2) 的配位数分别为 3 和 4。由 Zr^{4+} 的静电键强度：

$$d_{Zr-O}=\frac{4}{7}$$

O(1) 和 O(2) 的总静电键强度分别为

$$p_1=3\times\frac{4}{7}=\frac{12}{7},\ p_2=4\times\frac{4}{7}=\frac{16}{7}$$

离子间距平均值为

$$\bar{d}_{ZrO}=\frac{1}{7}(3\times209+4\times221)=216pm$$

每个负离子的静电键强度平均值为

$$\bar{p}=\frac{1}{7}(3p_1+4p_2)=\frac{1}{7}\left(3\times\frac{12}{7}+4\times\frac{16}{7}\right)=\frac{100}{49}$$

用第一类氧负离子的几何参数计算 ξ_1，由式（7-17），$d_{ZrO}(1)-\bar{d}_{ZrO}=\xi_1(p_1-\bar{p})$，则

$$\xi_1=\frac{d_{ZrO}(1)-\bar{d}_{ZrO}}{p_1-\bar{p}}=\frac{209-216}{\frac{12}{7}-\frac{100}{49}}=\frac{343}{16}=21.44$$

用第二类氧负离子的几何参数计算 ξ_2，由 $d_{ZrO}(2)-\bar{d}_{ZrO}=\xi_2(p_2-\bar{p})$，则

$$\xi_2=\frac{d_{ZrO}(2)-\bar{d}_{ZrO}}{p_2-\bar{p}}=\frac{221-216}{\frac{16}{7}-\frac{100}{49}}=\frac{245}{12}=20.42$$

将经验参数 ξ 定为 20.93，最后得到正、负离子间距偏差与负离子的静电键强度偏差的关系式，由此公式计算晶体中正、负离子间距：

$$d_{ZrO}(k)=\bar{d}_{ZrO}+20.93(p_k-\bar{p})$$

这个公式是在指定了锆正离子配位数的情况下得到的，也只能适用于同类配位多面体，用于计算锆氧化合物晶体的离子间距。用 Bauer 规则可以导出任意晶体中正、负离子的间距公式。

习　　题

1. 计算 A_1 型、A_2 型金属晶体的理论原子堆积系数。

2. 金属铑的原子半径 $r=134.5pm$，常温常压下铑金属为 A_1 型晶体，请回答下列问题：（1）求晶胞参数 a；（2）指出结构基元和空间格子；（3）计算晶体的密度；（4）计算原子间距。

3. 金属铷晶体为立方晶系，晶体的密度为 $1.521g\cdot cm^{-3}$，晶体中原子的堆积系数为 0.6802，请回答下列问题：（1）求晶胞中的原子数 Z；（2）计算晶胞参数 a；（3）求铷原子的半径；（4）指出晶胞中原子位置和空间格子。

4. 镁金属的原子半径 $r=160.0pm$，常温常压下为 A_3 型晶体，晶体轴率 $c/a=1.623$，回答下列问题：（1）计算理论晶胞参数 a 和 c；（2）计算晶体的理论密度；（3）写出晶胞中原子的分数坐标；（4）指出结构基元数，画出空间格子。

5. 六方 ZnO 晶体，晶胞参数 $a=325.0pm$，$c=520.7pm$，离子占据位置为 $2b$，分数坐标为

$$\mathrm{Zn}:\left(\frac{1}{3},\frac{2}{3},0\right);\left(\frac{2}{3},\frac{1}{3},\frac{1}{2}\right)\qquad \mathrm{O}:\left(\frac{1}{3},\frac{2}{3},0.3825\right);\left(\frac{2}{3},\frac{1}{3},0.8825\right)$$

试通过重建晶体结构，回答下列问题：(1)指出离子的配位多面体；(2)求晶体密度；(3)求晶体中 Zn—O 键长和 O—Zn—O 键角；（4）指出氧离子的堆积方式；（5）指出晶体的结构基元和空间点阵。

6. MoS_2 晶体结构属于 C_7 型，空间群为 D_{6h}^4 - $P6_3/mmc$ 。S^{2-} 采取 AACCAA⋯堆积方式，Mo^{4+} 填充三棱柱空位，填充位置在 AA 堆积层及 CC 堆积层之间的三棱柱中心，层内填充分数为 1/2，而 AC 层之间的空位未被填充，厚板 AcA 和 CaC 之间为范德瓦耳斯作用力。晶体的晶胞参数 $a = 316.0\text{pm}$ ，$c = 1229.5\text{pm}$ ，晶体密度 $D_c = 5.0\text{g}\cdot\text{cm}^{-3}$ 。（1）指出晶体所属晶系；（2）试计算晶胞中分子数；（3）写出晶胞中离子的化学计量式单位数；（4）指出结构基元，写出各离子的分数坐标并画出晶胞。

7. 单斜方解石晶体，化学式为 $CaCO_3$ ，晶胞图见图 7-82，其中，Ca^{2+} 与 6 个 O^{2-} 配位，为八面体；CO_3^{2-} 负离子为三角形构型。请根据静电键强度规则，推测 O^{2-} 在晶体中的配位数。

8. $Rb_2V_3O_8$ 晶体，Rb^+ 与氧负离子的配位数 $\text{cn} = 10$ ，晶体中存在两类钒离子 V^{4+} 和 V^{5+} ，与氧负离子的配位数分别为 5 和 4。晶体中有 4 种不同的氧负离子，每种正离子与氧负离子的配位数，以及每种氧负离子与正离子的配位关系如表 7-6。已知 $d_{V^{5+}—O^{2-}} = 172\text{pm}$ ，$\xi_1 = 16\text{pm}$ ；$d_{V^{4+}—O^{2-}} = 189\text{pm}$ ，$\xi_2 = 36\text{pm}$ 。计算氧负离子的平均静电键强度 $\bar{p}$ ，以及各种 V—O 间距。

表 7-6　$Rb_2V_3O_8$ 晶体中正、负离子的配位关系

m/n	O（1）	O（2）	O（3）	O（4）	$\sum m$
Rb^+	2/4	4/2	1/2	3/3	10
V^{4+}	1/1	4/1	—	—	5
V^{5+}	—	2/1	1/2	1/1	4
$\sum n$	5	4	4	4	—

注：m/n 中 m 表示每个正离子周围的氧负离子数，n 表示每个氧负离子周围的正离子数。

9. 在 TiO_2 的三种结晶中存在不同类型的 TiO_6 八面体连接方式，试通过晶体结构加以比较。

参 考 文 献

[1] Hyde B G，Andersson S. Inorganic Crystal Structures[M]. New York：John Wiley & Sons，1989.

[2] Müller U. Inorganic Structural Chemistry[M]. New York：John Wiley & Sons，2006.

[3] 麦松威，周公度，李伟基. 高等无机结构化学[M]. 北京：北京大学出版社，2001.

[4] Pfitzner A. Crystal structure of tricopper tetraselenoantimonate Cu_3SbSe_4[J]. Zeitschrift für Kristallographie-Crystalline Materials，1994，209（8）：685.

[5] Billy C，Haendler H M. The crystal structure of copper fluoride [J]. Journal of the American Chemical Society，1957，79（5）：1049-1051.

[6] Stout J W，Reed S A. The crystal structure of MnF_2，FeF_2，CoF_2，NiF_2 and ZnF_2 [J]. Journal of the American Chemical Society，1954，76(21)：5279-5281.

[7] Joint Committee on Powder Diffraction Standards. Powder Diffraction File [M]. Set 6-0696. Pennsylvania：JCPDS，1967.

[8] Kasper J S，Roberts B W. Antiferromagnetic structure of α-manganese and a magnetic structure study of β-manganese [J]. Physical Review，1956，101（2）：537-544.

[9] Bergman G，Schoemaker D P. The determination of the crystal structure of the σ phase in the iron-chromium and iron-molybdenum systems [J]. Acta Crystallographica，1954，7（12）：857-865.

[10] Friauf J B. The crystal structures of two intermetallic compounds [J]. Journal of the American Chemical Society，1927，49（12）：3107-3114.

[11] Komura Y，Tokunage K. Structural studies of stacking variants in Mg-base Friauf－Laves phases [J]. Acta Crystallographica Section B：Structural Science, Crystal Engineering and Materials，1980，B36（7）：1548-1554.

[12] Geller S. A set of effective coordination number (12) radii for the β-wolfram structure elements [J]. Acta Crystallographica，1956，9（11）：885-889.

[13] Stewart G R. Superconductivity in the A15 structure [J]. Physica C: Superconductivity and its Applications，2015，514：28-35.

[14] Brandon J K，Brizard R Y，Chieh P C. New refinement of gamma brass type structures Cu_5Zn_8，Cu_5Cd_8，Fe_3Zn_{10} [J]. Acta Crystallographica Section B-Structural Science, Crystal Engineering and Materials，1974，B30（6）：1412-1417.

[15] Newnham R E，de Haan Y M. Refinement of the α-Al_2O_3，Ti_2O_3，V_2O_3 and Cr_2O_3 structures [J]. Zeitschrift für Kristallographie – Crystalline Materials，1962，117（1-6）：235-237.

[16] Smith D K，Newkirk H W. The crystal structure of baddeleyite（monoclinic ZrO_2）and its relation to the polymorphism of ZrO_2 [J]. Acta Crystallographica，1965，18（6）：983-991.

[17] Cromer D T，Herrington K. The structures of anatase and rutile [J]. Journal of the American Chemical Society，1955，77（18）：4708-4709.

[18] Abrahams S C，Bernstein J L. Rutile: Normal probability plot analysis and accurate measurement of crystal structure [J]. The Journal of Chemical Physics，1971，55（7）：3206-3211.

[19] Busing W R，Levy H A. Neutron diffraction study of calcium hydroxide [J]. The Journal of Chemical Physics，1957，26（3）：563-568.

[20] Kirfel A，Will G. Charge density in anhydrite，$CaSO_4$，from X-ray and neutron diffraction measurement [J]. Acta Crystallographica Section B：Structural Science, Crystal Engineering and Materials，1980，B36（12）：2881-2890.

[21] Berthold H J，Ludwig W，Wartchow R. Verfeinerung der Kristallstruktur des Silberperchlorats $AgClO_4$ [J]. Zeitschrift für Kristallographie – Crystalline Materials， 1979，149（3-4）：327-335.

[22] Robinson K，Gibbs G V，Ribbe P H. The structure of zircon：a comparison with garnet [J]. American Mineralogist，1971，56（5-6）：782-790.

[23] Keffer C，Mighell A，Mauer F，et al. Crystal structure of twinned low temperature lithium phosphate [J]. Inorganic Chemistry，1967，6（1）：119-125.

[24] Joint Committee on Powder Diffraction Standards. Powder Diffraction File [M]. Set 18-1006. Pennsylvania：JCPDS，1974.

[25] Ali R，Yoshima M. Space group and crystal structure of the Perovskite $CaTiO_3$ from 296 to 1720K [J]. Journal Solid State Chemistry，2005，178（9）：2867-2872.

[26] Joint Committee on Powder Diffraction Standards. Powder Diffraction File [M]. Set 3-1074. Pennsylvania：JCPDS，1974.

[27] 李平. 六方硫化钒晶体的空间群推演 [J]. 化学通报，2016，79（8）：775-783.

[28] Joint Committee on Powder Diffraction Standards. Powder Diffraction File [M]. Set 3-0470. Pennsylvania：JCPDS，1974.

[29] Trotter J，Zobel T. Crystal structure of SbI_3 and BiI_3 [J]. Zeitschrift für Kristallographie - Crystalline Materials，1966，123（1-6）：67-72.

[30] Filatov S，Bendeliani N，Albert B. High-pressure synthesis of α-PbO_2 and its crystal structure at 293, 203, and 113 K from single crystal diffraction data [J]. Solid State Sciences，2005，7（11）：1363-1368.

[31] Lander J J. The crystal structures of NiO·3BaO, NiO·BaO, $BaNiO_3$ and intermediate phases with composition near $Ba_2Ni_2O_5$; with a note on NiO [J]. Acta Crystallographica，1951，4（2）：148-156.

第8章 晶体结构的测定和应用

晶体结构测定是化学领域认识物质微观结构的一条重要途径，相当多的物质都可以通过结晶方式，制得物质的晶体，用晶体结构测定方法获得物质的结构影像。测定晶体结构的方法有 X 射线衍射法、电子衍射法和中子衍射法，虽然所用光源不同，衍射原理却相似。晶体衍射法是一门涉及光学、晶体学、计算机技术的专门学科，仪器的技术革新和理论方法的发展，推动了大量物质的晶体结构测定。目前世界上已有 10 种以上晶体学数据库，不断在深化工程技术和自然科学研究人员对物质微观结构的认识。X 射线衍射法从胶片照相记录衍射点开始，经历了计算机控制转动晶体，使用闪烁晶体计数探测器记录衍射强度的过程；目前正在向同步辐射 X 衍射技术方向发展。晶体结构测定和应用包括：衍射线的衍射角和衍射强度数据的收集，通过光学和晶体学相结合的理论方法，建立晶体中微粒排列的周期性点阵结构和晶格空间，以及微粒的空间位置与衍射线衍射角和强度的关系，并借助晶体学对称性表达晶体结构。此外，还涉及运用精密元件、精工技术实现晶体结构的测定技术原理问题。本章重点阐明晶体结构衍射法所遇到的基本理论和技术原理，着重介绍应用晶体结构衍射数据解析晶体结构的基本方法。随着计算机运算能力的提高，晶体结构测定已经进入了收集大量衍射点数据，运用合理的统计运算综合分析晶体结构信息，程序化直接解析晶体结构的新时代。不过衍射法测定晶体结构仍存在一些技术性缺陷，解析晶体结构时不可避免地出现错误，因而这就要求研究和测试人员必须全面掌握晶体结构测定的理论和方法，以便能对测量结果做出正确判断。

8.1 X 射线衍射原理

X 射线是 X 光子流，波长为 1～1000pm。当由连续波长的光子组成时，称为白色 X 射线；当由特定波长的 X 光子组成时，称为单色 X 射线。在晶体中 X 射线衍射现象是光的波动性的表现，因而 X 射线适合用波动方程的解描述。从光源发出的 X 射线射入晶体时，引起的电磁振荡由电磁波的波动方程表达。

8.1.1 X 射线平面波

从光源发出的 X 射线沿直线传播，是 X 射线平面波，服从电磁波的波动方程为

$$\nabla^2 \boldsymbol{A} = \varepsilon\mu \frac{\partial^2 \boldsymbol{A}}{\partial t^2} \tag{8-1}$$

式中，$\nabla^2 = \frac{\partial^2}{\partial x^2} + \frac{\partial^2}{\partial y^2} + \frac{\partial^2}{\partial z^2}$；$\varepsilon$ 和 μ 分别为光在介质中的介电常数和磁导率，$\boldsymbol{A} = \boldsymbol{A}(x, y, z, t)$，为电磁波的波函数，也就是电场矢量或磁场矢量。介质中光速

$$u^2 = \frac{1}{\varepsilon\mu} = \lambda^2 \nu^2 \tag{8-2}$$

式中，λ 和 ν 分别为介质中行进的电磁波的波长和频率，代入式（8-1），令 $\boldsymbol{A}(x, y, z, t) = \boldsymbol{f}(x, y, z)\phi(t)$，分别得到位置函数 $\boldsymbol{f}(x, y, z)$ 和时间函数 $\phi(t)$ 满足的方程：

$$\frac{\partial^2 \phi(t)}{\partial t^2} + a^2 \nu^2 \phi(t) = 0 \tag{8-3}$$

$$\nabla^2 \boldsymbol{f}(x, y, z) + \frac{a^2}{\lambda^2} \boldsymbol{f}(x, y, z) = 0 \tag{8-4}$$

式（8-3）的解为

$$\phi(t) = \phi_0 \exp(-\mathrm{i}a\nu t) \tag{8-5}$$

如果电磁波振动的时间周期为 T，则频率 $\nu = \frac{1}{T}$。当时间 $t = 0, T, 2T, \cdots$，即 $t = 0, \frac{1}{\nu}, \frac{2}{\nu}, \cdots$ 时，其时间函数

相等，称为波的时间周期性，即 $\phi(0)=\phi\left(\frac{1}{\nu}\right)=\phi\left(\frac{2}{\nu}\right)=\cdots$，代入式（8-5）得 $1=\mathrm{e}^{-\mathrm{i}a}=\mathrm{e}^{-\mathrm{i}2a}=\cdots$，解得 $a=2\pi$。再由角频率 $\omega=2\pi\nu$ 可知，式（8-3）的解为

$$\phi(t)=\phi_0\exp(-\mathrm{i}\omega t) \tag{8-6}$$

波函数对于时间变量是周期性的，见图 8-1。将 $a=2\pi$ 代入方程（8-4），方程变为

$$\nabla^2\boldsymbol{f}(x,y,z)+\left(\frac{2\pi}{\lambda}\right)^2\boldsymbol{f}(x,y,z)=0 \tag{8-7}$$

式中，$\boldsymbol{f}(x,y,z)$ 为矢量，位置坐标确定了它有三个分量，当光传播的方向为 $\boldsymbol{k}$ 的方向时，它将围绕 k 轴振动。若电磁波是平面波，则在直角坐标系中求解。定义光波的传播方向矢量为 $\boldsymbol{s}$，波矢 $\boldsymbol{k}=\frac{2\pi}{\lambda}\boldsymbol{s}$，表示光波经过一个振动周期，传播距离为一个波长 λ，见图 8-2。

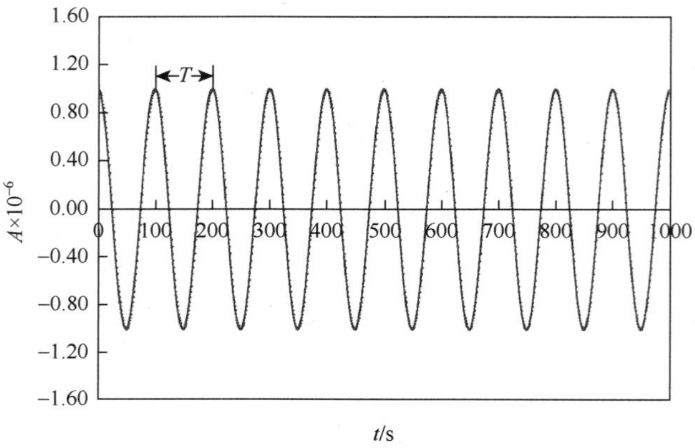

图 8-1　波的时间周期性

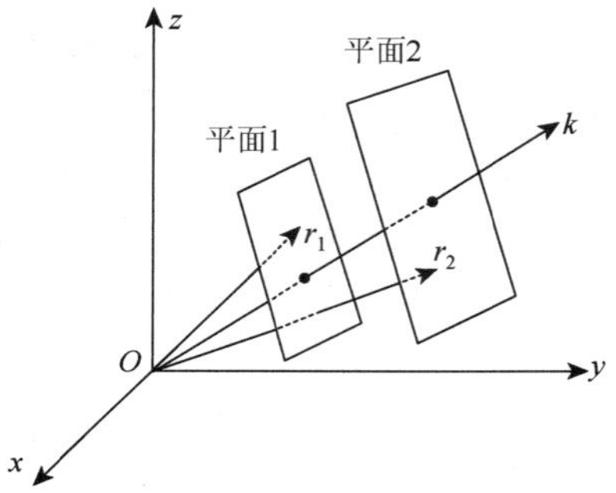

图 8-2　平面波的波矢

设波矢与直角坐标系 x 轴、y 轴、z 轴的交角分别为 ξ、η、φ，则波矢的方向矢量为

$$\boldsymbol{s}=(\cos\xi)\boldsymbol{e}_x+(\cos\eta)\boldsymbol{e}_y+(\cos\varphi)\boldsymbol{e}_z$$

其中，$\boldsymbol{s}^2=\cos^2\xi+\cos^2\eta+\cos^2\varphi=1$，$\boldsymbol{k}=\frac{2\pi}{\lambda}\left[(\cos\xi)\boldsymbol{e}_x+(\cos\eta)\boldsymbol{e}_y+(\cos\varphi)\boldsymbol{e}_z\right]$。空间任意一点 (x,y,z) 的位置矢量 $\boldsymbol{r}=x\boldsymbol{e}_x+y\boldsymbol{e}_y+z\boldsymbol{e}_z$，该点 (x,y,z) 电磁波的强度 $\boldsymbol{I}(\boldsymbol{r})$ 是位置矢量的函数。由 $k^2=\boldsymbol{k}\cdot\boldsymbol{k}=\left(\frac{2\pi}{\lambda}\right)^2$，代入方程（8-7），将方程变为

$$\nabla^2\boldsymbol{f}(x,y,z)+k^2\boldsymbol{f}(x,y,z)=0 \tag{8-8}$$

令 $\boldsymbol{f}(x,y,z)=\boldsymbol{f}(x)\boldsymbol{f}(y)\boldsymbol{f}(z)$，分离变量，得到常微分方程：

$$\frac{\mathrm{d}^2}{\mathrm{d}x^2}\boldsymbol{f}(x)+k_x^2\boldsymbol{f}(x)=0,\ \frac{\mathrm{d}^2}{\mathrm{d}y^2}\boldsymbol{f}(y)+k_y^2\boldsymbol{f}(y)=0,\ \frac{\mathrm{d}^2}{\mathrm{d}z^2}\boldsymbol{f}(z)+k_z^2\boldsymbol{f}(z)=0 \tag{8-9}$$

其中，$k^2=k_x^2+k_y^2+k_z^2$。三个方程形式上完全相同，其解也有如下相似的表达式：

$$\boldsymbol{f}(x)=f_0(x)\exp(\mathrm{i}k_x x),\ \boldsymbol{f}(y)=f_0(y)\exp(\mathrm{i}k_y y),\ \boldsymbol{f}(z)=f_0(z)\exp(\mathrm{i}k_z z) \tag{8-10}$$

波的空间位置也是周期变化的，见图 8-3。方程（8-7）的解为

$$\boldsymbol{f}(x,y,z)=f_0(x,y,z)\exp\left[\mathrm{i}(k_x x+k_y y+k_z z)\right] \tag{8-11}$$

其中，$f_0(x,y,z)=f_0(x)f_0(y)f_0(z)$。按照波矢和位置矢量的定义，将电磁波的波函数表达为

$$\boldsymbol{f}(x,y,z)=f_0(x,y,z)\exp(\mathrm{i}\boldsymbol{k}\cdot\boldsymbol{r}) \tag{8-12}$$

由 $\boldsymbol{A}(x,y,z,t)=\boldsymbol{f}(x,y,z)\phi(t)$，合并空间位置和时间函数，得到电磁波随时间和空间位置变化的波函数：

$$\begin{aligned}\boldsymbol{A}(x,y,z,t)&=f_0(x,y,z)\exp(\mathrm{i}\boldsymbol{k}\cdot\boldsymbol{r})\cdot\phi_0\exp(-\mathrm{i}\omega t)\\&=A_0(x,y,z)\exp[\mathrm{i}(\boldsymbol{k}\cdot\boldsymbol{r}-\omega t)]\end{aligned} \tag{8-13}$$

式（8-13）就是平面波的波函数，式中，$A_0(x,y,z)$ 为最大振幅的空间分布；$\boldsymbol{k}\cdot\boldsymbol{r}=k_x x+k_y y+k_z z$，表示空间相位，当指定位置坐标后，相位是一常数，其中，$k_x=k\cos\xi$，$k_y=k\cos\eta$，$k_z=k\cos\varphi$。空间相位相等的点组成的平面称为波面。当传播方向或波矢方向与波面垂直时称为平面波。相位决定沿直线传播的平面电磁波围绕波矢振动时，电场强度或磁场强度的大小。

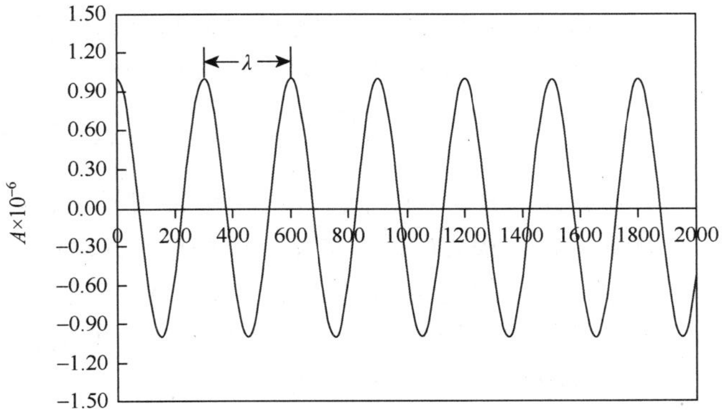

图 8-3　波的空间位置周期性

8.1.2　X 射线球面波

X 射线射入晶体，其电磁振荡引起原子或离子核外的电子发生振动，向各个方向散射 X 光子，形成散射 X 射线，原子核外的电子密度分布整体上近似是球形对称的，散射 X 射线为球面波，具有各向同性。原子内一个电子产生的散射光是以原子为中心的点光源，在原子外球面上形成空间相位相等的波面。在与原子核距离相等的球面上，光的振幅和强度相等，因而用球极坐标系变量表达波函数更为合适。因为球面波的空间相位随球面半径发生周期性变化，具有球面对称性，所以球面波的波函数为 $\boldsymbol{f}(x,y,z)=\boldsymbol{f}(r,\theta,\varphi)=B_0R(r)$，由球极坐标系下的拉普拉斯算符

$$\nabla^2=\frac{1}{r^2}\frac{\partial}{\partial r}\left(r^2\frac{\partial}{\partial r}\right)+\frac{1}{r^2\sin\theta}\frac{\partial}{\partial\theta}\left(\sin\theta\frac{\partial}{\partial\theta}\right)+\frac{1}{r^2\sin\theta}\frac{\partial^2}{\partial\varphi^2}$$

代入方程（8-8），方程演变为

$$\frac{1}{r^2}\frac{\mathrm{d}}{\mathrm{d}r}\left(r^2\frac{\mathrm{d}}{\mathrm{d}r}\right)R(r)+k^2R(r)=0 \tag{8-14}$$

式（8-14）就是球面波的波动方程，展开微分项得

$$\frac{\mathrm{d}^2R(r)}{\mathrm{d}r^2}+\frac{2}{r}\frac{\mathrm{d}R(r)}{\mathrm{d}r}+k^2R(r)=0 \tag{8-15}$$

令 $R(r)=\dfrac{F(r)}{r}$，则有 $\dfrac{\mathrm{d}^2R(r)}{\mathrm{d}r^2}+\dfrac{2}{r}\dfrac{\mathrm{d}R(r)}{\mathrm{d}r}=\dfrac{1}{r}\dfrac{\mathrm{d}^2F(r)}{\mathrm{d}r^2}$，方程（8-15）演化为

$$\frac{\mathrm{d}^2F(r)}{\mathrm{d}r^2}+k^2F(r)=0 \tag{8-16}$$

电子对 X 射线的散射属于发散球面波，$r>0$，$F(r)$ 方程取特解 $F(r)=\exp(\mathrm{i}kr)$，$R(r)$ 方程[式（8-14）]的解为

$$R(r)=\frac{F(r)}{r}=\frac{1}{r}\exp(\mathrm{i}kr) \tag{8-17}$$

在球极坐标系下，球面波的波函数为

$$\boldsymbol{f}(r,\theta,\varphi)=B_0R(r)=\frac{B_0}{r}\exp(\mathrm{i}kr) \tag{8-18}$$

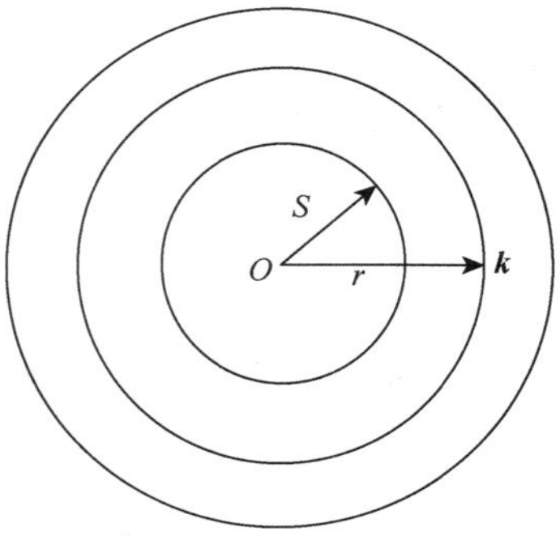

图 8-4　球面波的波矢

球面波的振幅是球面半径 r 的函数，振幅随球面半径增大而衰减。原子内电子发出的散射 X 射线随传播距离增大，强度逐渐减弱。合并空间位置和时间函数，得到散射球面波随时间和空间位置变化的波函数：

$$\begin{aligned}\boldsymbol{A}(x,y,z,t)&=\boldsymbol{f}(r,\theta,\varphi)\cdot\phi_0\exp(-\mathrm{i}\omega t)\\&=\frac{B_0\phi_0}{r}\exp(\mathrm{i}kr)\exp(-\mathrm{i}\omega t)=\frac{A_0}{r}\exp\left[\mathrm{i}(kr-\omega t)\right]\end{aligned} \tag{8-19}$$

式中，$A_0=B_0\phi_0$。原子核外电子受 X 射线电磁场作用，由中心点 O 向外发散球面波，传播方向的波矢 $\boldsymbol{k}$ 由中心点指向球面，见图 8-4。对于任意 r 取值，对应球面波的波面，相位 $\varphi(\boldsymbol{r})=\boldsymbol{kr}+\varphi_0$，原子核外电子并不都在原子核附近，不同位置的电子在 $t=0$，相对于原点 $r=0$ 的相位 φ_0，称为位置初始相位，式（8-19）表示为一般形式：

$$\boldsymbol{A}(x,y,z,t)=\frac{A_0}{r}\exp\left[\mathrm{i}(kr-\omega t+\varphi_0)\right] \tag{8-20}$$

8.1.3　光的振幅、相位和光程

对于平面单色光，波长和波矢一定，波的时间振动频率 $\omega=2\pi\nu=\dfrac{2\pi c}{\lambda}$ 一定，光的强度将不随时间变化。将点空间过渡为矢量空间，点 $P(x,y,z)$ 对应为 $P(\boldsymbol{r})$，向量 $\boldsymbol{OP}=\boldsymbol{r}=x\boldsymbol{e}_x+y\boldsymbol{e}_y+z\boldsymbol{e}_z$。光波在空间 $P(\boldsymbol{r})$ 点的强度 I 等于该点波函数模的平方，对于平面波：

$$I=\left|\boldsymbol{A}(\boldsymbol{r},t)\right|^2=\boldsymbol{A}'(\boldsymbol{r})^*\exp(-\mathrm{i}\omega t)\cdot\boldsymbol{A}'(\boldsymbol{r})\exp(\mathrm{i}\omega t)=\boldsymbol{A}'(\boldsymbol{r})^*\boldsymbol{A}'(\boldsymbol{r})=\left|\boldsymbol{A}'(\boldsymbol{r})\right|^2 \tag{8-21}$$

式中，$\boldsymbol{A}'(\boldsymbol{r})$ 为空间波形，也称为复振幅，对于平面波为

$$\boldsymbol{A}'(\boldsymbol{r})=A_0\exp(\mathrm{i}\boldsymbol{k}\cdot\boldsymbol{r}) \tag{8-22}$$

对于球面波为

$$\boldsymbol{A}'(\boldsymbol{r})=\frac{A_0}{r}\exp(\mathrm{i}kr) \tag{8-23}$$

这样，光波的波函数就直接表示为空间位置的函数，空间波形是复波函数形式。令

$$\varphi=\boldsymbol{k}\cdot\boldsymbol{r}+\varphi_0 \tag{8-24}$$

φ 称为波的位置相位，φ_0 称为位置初始相位。如果坐标原点处 $\varphi_0=0$，相位就不包含初始相位。波函数描绘了波传播的轨迹，相位表示波振动和运动的空间方向和位置。在空间点 $P(x,y,z)$，平面波的相位等于

$$\varphi=\boldsymbol{k}\cdot\boldsymbol{r}=k_xx+k_yy+k_zz=\frac{2\pi}{\lambda}\left[(\cos\xi)x+(\cos\eta)y+(\cos\varphi)z\right] \tag{8-25}$$

球面波的波矢与径向矢量同向，相当于波矢的方向矢量 $\boldsymbol{s}=\dfrac{\boldsymbol{r}}{r}$，球面波的相位 $\varphi=\boldsymbol{k}\cdot\boldsymbol{r}$。

采用 X 射线衍射测定晶体结构时，X 射线衍射过程是在晶体内完成的，因而，光在晶体介质中的波长为 λ，光波在晶体中传播的波矢长度 $k=\dfrac{2\pi}{\lambda}$，电子散射的球面光波从原点出发，到达半径为 r 的球面的相位为

$$\varphi = \frac{2\pi}{\lambda} r = \frac{2\pi}{\lambda} \varDelta \tag{8-26}$$

散射球面波行进的路程则为 $\varDelta = r$，也称为光程。光波从真空进入晶体时，速度减慢，光波经过一个振动周期，传播距离缩短，波长也就缩短。如果晶体的折射率为 n，光波在晶体中传播的波矢为

$$\boldsymbol{k} = \frac{2\pi}{\lambda} \boldsymbol{s} = \frac{2\pi n}{\lambda_0} \boldsymbol{s}$$

式中，λ_0 为光波在真空中的波长。电子散射的球面光波从原点出发，到达半径为 r 的球面的相位为

$$\varphi = \frac{2\pi}{\lambda} r = \frac{2\pi}{\lambda_0} nr = \frac{2\pi}{\lambda_0} \varDelta \tag{8-27}$$

用光在真空中的振动周期衡量，光程就变为 $\varDelta = nr$。由此可见，光程决定了相位。对于定态光波，一束平行光射入晶体，时间上同时到达晶体的某一晶面，此时这束光在空间行进的路程相等，相位也必然相等，振幅相等，形成相长叠加。光程相等的空间点构成的曲面或平面，称为等光程面。用相位表示光波的波函数为

$$\boldsymbol{A}'(\boldsymbol{r}) = f \exp(\mathrm{i}\varphi) \tag{8-28}$$

当光波为平面波时，$f = A_0$，当为球面波时，$f = \dfrac{A_0}{r}$。

8.1.4　散射光波的叠加和衍射

光波传播具有独立性，互不影响。平行 X 射线射入晶体与不同位置的原子相遇，被电子散射，形成空间位置不同的点光源球面波，当在空间点 P 相遇时引起球面波叠加。不同位置发出的发散球面波在空间点 P 相遇，是该点电场强度矢量的叠加，等于振幅矢量的矢量叠加。因为 X 射线波长较短，散射 X 射线叠加在晶体内完成，在与入射线不同的方向形成了相干叠加的 X 射线，称为衍射 X 射线，近似看作平面光波。光波的叠加是电场矢量的叠加，由于光波具有偏振性，两列波的振动方向相差角度 α [1]。

将第一列波的振动方向设为 x，第二列波的振动方向与 x 轴的交角为 α，将第二列波的振动矢量分解为 x 和 y 分量，见图 8-5（a），光波叠加后，所得干涉光的波函数为

$$\boldsymbol{A} = \boldsymbol{A}_1 + \boldsymbol{A}_2 = (\boldsymbol{A}_{1x} + \boldsymbol{A}_{2x})\boldsymbol{e}_x + \boldsymbol{A}_{2y}\boldsymbol{e}_y \tag{8-29}$$

在矢量空间中，干涉光也被分解为两个分量

$$\boldsymbol{A} = \boldsymbol{A}_x\boldsymbol{e}_x + \boldsymbol{A}_y\boldsymbol{e}_y \tag{8-30}$$

对比式（8-29）和式（8-30），干涉光振动矢量的两个分量分别为 $\boldsymbol{A}_x = \boldsymbol{A}_{1x} + \boldsymbol{A}_{2x}$，$\boldsymbol{A}_y = \boldsymbol{A}_{2y}$。光波干涉后，波长不变，但相位发生变化，振幅也发生变化，光的强度将不同。设 $\boldsymbol{A}_1 = f_1\exp(\mathrm{i}\varphi_1)$，$\boldsymbol{A}_2 = f_2\exp(\mathrm{i}\varphi_2)$，叠加后干涉光为 $\boldsymbol{A} = f\exp(\mathrm{i}\varphi)$。按照光的强度的定义，两列光在同一空间点 $P(x,y,z)$ 的强度为

$$\begin{aligned} I &= |\boldsymbol{A}|^2 = \boldsymbol{A}^*\boldsymbol{A} \\ &= [(\boldsymbol{A}_{1x} + \boldsymbol{A}_{2x})\boldsymbol{e}_x + \boldsymbol{A}_{2y}\boldsymbol{e}_y]^*[(\boldsymbol{A}_{1x} + \boldsymbol{A}_{2x})\boldsymbol{e}_x + \boldsymbol{A}_{2y}\boldsymbol{e}_y] \\ &= |\boldsymbol{A}_{1x} + \boldsymbol{A}_{2x}|^2 + |\boldsymbol{A}_{2y}|^2 \\ &= |\boldsymbol{A}_{1x}|^2 + \boldsymbol{A}_{1x}^* \cdot \boldsymbol{A}_{2x} + \boldsymbol{A}_{2x}^* \cdot \boldsymbol{A}_{1x} + |\boldsymbol{A}_{2x}|^2 + |\boldsymbol{A}_{2y}|^2 \end{aligned} \tag{8-31}$$

因为

$$\begin{aligned} \boldsymbol{A}_{1x} &= \boldsymbol{A}_1 = f_1\exp(\mathrm{i}\varphi_1) \\ \boldsymbol{A}_{2x} &= \boldsymbol{A}_2\cos\alpha = f_2\cos\alpha\exp(\mathrm{i}\varphi_2) \\ \boldsymbol{A}_{2y} &= \boldsymbol{A}_2\sin\alpha = f_2\sin\alpha\exp(\mathrm{i}\varphi_2) \\ \boldsymbol{A}_{1x}^* \cdot \boldsymbol{A}_{2x} &= f_1 f_2\cos\alpha\exp[\mathrm{i}(\varphi_2 - \varphi_1)] \\ \boldsymbol{A}_{2x}^* \cdot \boldsymbol{A}_{1x} &= f_1 f_2\cos\alpha\exp[-\mathrm{i}(\varphi_2 - \varphi_1)] \end{aligned}$$

于是式（8-31）变为

$$I = f^2 = f_1^2 + f_2^2 + f_1 f_2\cos\alpha\{\exp[\mathrm{i}(\varphi_2 - \varphi_1)] + \exp[-\mathrm{i}(\varphi_2 - \varphi_1)]\} \tag{8-32}$$

式中，$|\boldsymbol{A}_{2x}|^2 + |\boldsymbol{A}_{2y}|^2 = f_2^2$。表示为实波函数形式，则为

$$I = f_1^2 + f_2^2 + 2f_1 f_2 \cos\alpha\cos(\varphi_2 - \varphi_1) \tag{8-33}$$

令$\delta = \varphi_2 - \varphi_1$，$\delta$称为两列波的相位差，第三项$f_1 f_2 \cos\alpha\cos\delta$称为干涉项。表示为矢量加和图示，见图8-5（b）。当两列波的振动方向相同时，$\alpha = 0$，干涉光的振幅与两列原波振幅的关系为

$$f^2 = f_1^2 + f_2^2 + 2f_1 f_2 \cos\delta \tag{8-34}$$

干涉光的相位由式$\boldsymbol{A} = \boldsymbol{A}_1 + \boldsymbol{A}_2$得

$$f\exp(\mathrm{i}\varphi) = f_1\exp(\mathrm{i}\varphi_1) + f_2\exp(\mathrm{i}\varphi_2) \tag{8-35}$$

展开求得相位：

$$\tan\varphi = \frac{f_1\sin\varphi_1 + f_2\sin\varphi_2}{f_1\cos\varphi_1 + f_2\cos\varphi_2} \tag{8-36}$$

由式（8-24）可知，$\varphi = \boldsymbol{k}\cdot\boldsymbol{r} + \varphi_0$。波矢为$\boldsymbol{k}_0$的X射线射入晶体，经过相邻原子，空间位置分别为$P_1(x_1, y_1, z_1)$和$P_2(x_2, y_2, z_2)$，对应矢量空间的矢量分别为$\boldsymbol{r}_1$和$\boldsymbol{r}_2$，相对位置矢量为$\boldsymbol{r}_{21} = \boldsymbol{r}_2 - \boldsymbol{r}_1$。设入射波的波矢为$\boldsymbol{k}_0$，散射波的波矢为$\boldsymbol{k}$，在某一时间，两列入射波到达两个原子产生的相位差为

$$\Delta\varphi_I = \varphi_2 - \varphi_1 = (\varphi_{02} - \varphi_{01}) + \boldsymbol{k}_0\cdot(\boldsymbol{r}_2 - \boldsymbol{r}_1) = \boldsymbol{k}_0\cdot\boldsymbol{r}_{21} \tag{8-37}$$

式中，入射波的初始相位相等，即$\varphi_{02} = \varphi_{01}$。在同一时间点，两原子发出的散射波在同一空间点相遇，两列散射波的相位差为

$$\Delta\varphi_S = \varphi_2 - \varphi_1 = (\varphi_{02}' - \varphi_{01}') + \boldsymbol{k}\cdot(\boldsymbol{r}_2 - \boldsymbol{r}_1) = \boldsymbol{k}\cdot\boldsymbol{r}_{21} \tag{8-38}$$

式中，φ_{01}'和φ_{02}'分别为两个原子中电子散射波的初始相位。虽然电子发出的散射波的初始相位可能不同，但原子核外的电子运动是电子云统计图像，电子的运动速度低于光速，仪器测量的响应较散射和衍射过程慢，电子散射波实际上就变成电子云产生的散射波，即原子产生的散射波。那么，对于统计图像而言，这些原子的电子云产生的散射波的初始相位也就近似相等，即$\varphi_{02}' = \varphi_{01}'$。两原子发出的散射波在同一空间点叠加形成的衍射波，其振幅或强度由入射波和散射波的相位差决定，散射波和入射波的相位差为

$$\Delta\varphi = \Delta\varphi_S - \Delta\varphi_I = (\boldsymbol{k} - \boldsymbol{k}_0)\cdot\boldsymbol{r}_{21} \tag{8-39}$$

式（8-39）是讨论晶体对X射线是否产生强衍射线的重要理论关系式。

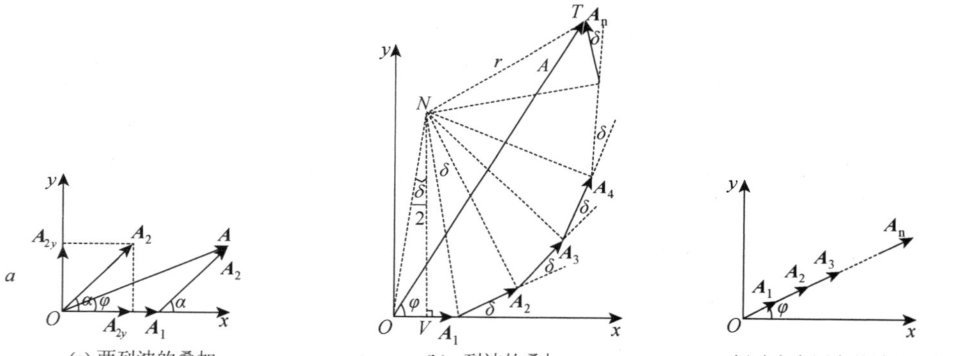

(a) 两列波的叠加　(b) *n*列波的叠加　(c) 振动方向同向的波的叠加

图8-5　光波的振动矢量叠加法

由于晶体中原子排列的周期性，原子核外电子散射的X射线球面波有一部分的波长和相位都相同，相邻等同原子散射的球面波振动方向相同。光射入晶体，通过空间位置具有周期等距离的阵列原子时，散射的球面波的波长与阵列原子间距在同一数量级，必然发生散射光的叠加，形成干涉，由于散射球面波的振幅与距离散射中心点的半径成反比，即随着半径的增大，振幅衰减，因而对于相距较远的阵列原子发出的散射光，叠加干涉作用减弱，对合振幅的贡献减小。干涉光的方向与入射光方向不同，故称为衍射光。设原子数为n的原子阵列依照空间位置顺序同时发出散射光，相邻两列波的相位相差δ，其波函数分别为

$$\begin{aligned} \boldsymbol{A}_1 &= f\exp(\mathrm{i}\varphi_1) \\ \boldsymbol{A}_2 &= f\exp[\mathrm{i}(\varphi_1 + \delta)] \\ &\vdots \\ \boldsymbol{A}_n &= f\exp\{\mathrm{i}[\varphi_1 + (n-1)\delta]\} \end{aligned} \tag{8-40}$$

式中，f 为原子的散射波振幅，主要由原子核外电子贡献。因为散射波振幅与粒子的质量成反比，所以原子核对 X 射线的散射振幅很小。光波的相位周期为 2π，即 $\exp(\mathrm{i}2\pi)=1$，必然 $\boldsymbol{A}=f\exp[\mathrm{i}(\varphi+2\pi)]=f\exp(\mathrm{i}\varphi)$，可以将这 n 束散射光的叠加用复平面上的复矢量表示。以波函数的振动矢量为边长，画多边形，使得各列波振动矢量的首尾相连。按照相邻散射波相位差 δ，复平面上幅角（相角）相差 δ 的特点，若干列散射波振动矢量将连接为正多边形，作多边形的外接弧线，以 N 为圆心，r 为半径画圆，半径的大小由振动矢量边长对应的顶角 δ 限定，因为相邻两列波的振动矢量的交角等于 δ，见图 8-5（b）。合振动矢量方向由相位，即辐角 φ 决定，也就是由相邻波的相位差 δ 决定[2]。

相邻两列波的振动矢量的交角为 δ，圆的顶角就等于 δ，在三角形 ONV 内，求得振动矢量 $\boldsymbol{A}_1$，用圆半径 r 和顶角 δ 表示为

$$A_1=2r\sin\frac{\delta}{2} \tag{8-41}$$

在三角形 ONT 内，求得合振动矢量 $\boldsymbol{A}$，用圆半径 r 和顶角 δ 表示为

$$A=2r\sin\frac{n\delta}{2} \tag{8-42}$$

由式（8-40），令 $\varphi_1=0$，$A_1=f$。设叠加后合振动矢量的最大振幅为 F，则 $A=F$，联合式（8-41）和式（8-42）有

$$F=f\frac{\sin(n\delta/2)}{\sin(\delta/2)} \tag{8-43}$$

n 束散射光叠加形成的衍射光的初始相位等于最后一束与第一束散射光的总相位差：

$$\varphi=\angle NOV-\angle NOT=\frac{1}{2}(\pi-\delta)-\frac{1}{2}(\pi-n\delta)=\frac{(n-1)\delta}{2} \tag{8-44}$$

衍射光的合振动空间波函数表示为

$$\begin{aligned}\boldsymbol{A}&=\boldsymbol{A}_1+\boldsymbol{A}_2+\cdots+\boldsymbol{A}_n=f\left\{\exp(\mathrm{i}\varphi_1)+\exp[\mathrm{i}(\varphi_1+\delta)]+\cdots+\exp\{\mathrm{i}[\varphi_1+(n-1)\delta]\}\right\}\\&=f\frac{\sin(n\delta/2)}{\sin(\delta/2)}\exp\left\{\mathrm{i}\left[\varphi_1+\frac{(n-1)\delta}{2}\right]\right\}\end{aligned} \tag{8-45}$$

当 X 射线球面散射光的振动方向、相位、波长都相同时，各振动同向，由式（8-40），相邻两列波的相位差 δ 满足条件

$$\delta=2n\pi\quad(n=0,1,2,\cdots) \tag{8-46}$$

并且 $\varphi_1=0$，散射光相互加强，见图 8-5（c）。由式（8-43）可知，衍射光的最大振幅 $F=nf$。当散射光的振动方向不同时，$\delta\neq 2n\pi$，各振动矢量组成的多边形闭合，合振动矢量必等于零，$\boldsymbol{A}=0$。光波的叠加是由相位和相位差决定的，在同一时间点看，相位差是两列波行进时空间位置上先后不同；在同一空间点看，表现为振动相位的正负和振动矢量的数值不同。

式（8-45）的结论非常重要，将复波函数展开，实部为三角余弦函数，光波行进一个波长单位，对应的相位就是 2π。当相邻相位差 $\delta=2n\pi$（$n=0,1,2,\cdots$），光波行进的光程就等于 $n\lambda$。设两列波到达空间同一点的光程分别为 Δ_1 和 Δ_2，由式（8-26）可知，入射平面波和散射球面波所产生的相位差为

$$\delta=\varphi_2-\varphi_1=\frac{2\pi}{\lambda}(\Delta_2-\Delta_1) \tag{8-47}$$

联立式（8-46）和式（8-47）得干涉和衍射线加强的条件

$$\Delta_2-\Delta_1=n\lambda\ (n=0,1,2,\cdots) \tag{8-48}$$

式（8-48）的意义是：两列光波穿越晶体，在同一时间、同一空间点相遇，形成干涉，当两列光波的光程差是波长的整数乘因子时，衍射线的振幅加强。有 n 列波长和相位相同的光波同时到达空间同一位置，任意相邻两列波的光程差也必须等于 $n\lambda$，衍射才是加强的。下面将引用这一结论讨论晶体的 X 射线衍射方程，推出 X 射线波长和衍射线的方向与晶体结构的关系。

8.1.5 劳厄方程组

晶体的很多方向都表现出具有周期平移性的原子阵列，1912 年，劳厄（M. Laue）指出阵列原子之间的

间距与 X 射线波长相当，晶体起到 X 射线衍射光栅的作用。晶体是 X 射线衍射的三维光栅，X 射线照射晶体必然产生衍射线。根据光波衍射条件，平行光射入晶体后，原子核外电子受光波电磁场的扰动，电子波与光波发生共振，发射出波长相当的 X 射线散射球面波。因为散射球面波的振幅随着距离增大而衰减，所以只有近邻原子产生的散射球面波，在同一时间点和空间点相遇才会叠加成较强的衍射波，从而被仪器检测。入射 X 射线进入晶体与原子相遇，以及散射球面波叠加，都是在晶体内较短的距离完成，此时衍射光与探测仪相距较远。散射球面波叠加后的衍射光变为部分偏振光，相对于探测观察点可以近似看作平面波。根据衍射波形成的条件，如果入射波和散射波的波长相等，距离邻近的散射波，在空间同一点相遇，由式（8-48）可知，当它们的光程差是整数波长时，振幅放大，衍射光强度加强。

设晶体中某一方向的原子阵列，周期平移矢量为 $\boldsymbol{t}$，入射 X 射线波矢 $\boldsymbol{k}_0$ 与周期平移矢量 $\boldsymbol{t}$ 的交角为 η_0，散射 X 射线波矢 $\boldsymbol{k}$ 与周期平移矢量 $\boldsymbol{t}$ 的交角为 η，见图 8-6（a）。两列平行的入射波到达 O、D 点，行进的光程相等，分别经原子 O、T 散射后，散射波在 C、T 点后的光程也相等。$OD \perp DT$，$OC \perp CT$。两列波经原子散射前后，产生光程差 $\varDelta = OC - DT$。因为 $OC = t\cos\eta$，$DT = t\cos\eta_0$，光程差 $\varDelta$ 为

$$\varDelta = OC - DT = t(\cos\eta - \cos\eta_0) \tag{8-49}$$

由式（8-48），衍射条件为 $\varDelta = n\lambda$，即

$$t(\cos\eta - \cos\eta_0) = n\lambda \quad (n = 0, 1, 2, \cdots) \tag{8-50}$$

式（8-50）称为劳厄方程，满足劳厄方程的散射即为衍射，散射波就变为衍射波。衍射方向不仅是图示的方向，还包括以阵列原子的平移矢量 $\boldsymbol{t}$ 为中心轴，以 2η 为顶角，围绕中心轴的旋转任意角度的方向，或者说，顶角为 2η 的圆锥的母线方向都可能是衍射方向，此圆锥也称衍射圆锥，见图 8-6（b）。如果入射波和散射波的波长相等，即波矢长度相等，劳厄方程也可以表达为矢量方程。式（8-50）两端同乘 $2\pi/\lambda$，得

$$t\frac{2\pi}{\lambda}(\cos\eta - \cos\eta_0) = 2\pi n \tag{8-51}$$

在矢量空间中，$t\dfrac{2\pi}{\lambda}\cos\eta = \boldsymbol{t}\cdot\boldsymbol{k}$，$t\dfrac{2\pi}{\lambda}\cos\eta_0 = \boldsymbol{t}\cdot\boldsymbol{k}_0$，代入式（8-51）得

$$\boldsymbol{t}\cdot(\boldsymbol{k} - \boldsymbol{k}_0) = 2\pi n \tag{8-52}$$

此式称为劳厄矢量方程。在矢量空间中，周期平移矢量的形式为 $\boldsymbol{t} = m\boldsymbol{a} + n\boldsymbol{b} + p\boldsymbol{c}$，其中，$[mnp]$ 是一组质数，$\boldsymbol{t}$ 代表坐标系原点处的原子与晶胞中紧邻的原子的平移矢量。一个晶体中存在很多的直线点阵和一维原子阵列，任意一维原子阵列的最小平移矢量都可用 $\boldsymbol{t}$ 表示。设晶体的坐标系 $(\boldsymbol{a},\boldsymbol{b},\boldsymbol{c};\alpha,\beta,\gamma)$，最基本的一维阵列原子的平移矢量就是 $\boldsymbol{a}$、$\boldsymbol{b}$、$\boldsymbol{c}$，平移矢量的方向由 α、β、γ 指定。由式（8-52）得出劳厄方程组

$$\begin{aligned} &\boldsymbol{a}\cdot(\boldsymbol{k} - \boldsymbol{k}_0) = 2\pi h \\ &\boldsymbol{b}\cdot(\boldsymbol{k} - \boldsymbol{k}_0) = 2\pi k \qquad (h,k,l = 0, \pm 1, \pm 2, \cdots) \\ &\boldsymbol{c}\cdot(\boldsymbol{k} - \boldsymbol{k}_0) = 2\pi l \end{aligned} \tag{8-53}$$

方程组也可以展开为式（8-50）那样的三角函数形式：

$$\begin{aligned} &a(\cos\chi - \cos\chi_0) = h\lambda \\ &b(\cos\omega - \cos\omega_0) = k\lambda \quad (h,k,l = 0, \pm 1, \pm 2, \cdots) \\ &c(\cos\upsilon - \cos\upsilon_0) = l\lambda \end{aligned} \tag{8-54}$$

式中，χ、ω、υ 分别为由直线点阵 $\boldsymbol{t} = \boldsymbol{a}$、$\boldsymbol{t} = \boldsymbol{b}$、$\boldsymbol{t} = \boldsymbol{c}$ 方向的原子阵列射产生的衍射线与对应平移矢量 $\boldsymbol{a}$、$\boldsymbol{b}$、$\boldsymbol{c}$ 的交角；χ_0、ω_0、υ_0 分别为入射 X 射线与平移矢量 $\boldsymbol{a}$、$\boldsymbol{b}$、$\boldsymbol{c}$ 的交角；h、k、l 分别为三个基本直线点阵 $\boldsymbol{a}$、$\boldsymbol{b}$、$\boldsymbol{c}$ 方向的衍射级数，取整数。首先，入射线经一维阵列原子散射没有形成衍射，即入射角和散射角求得的入射和散射 X 射线光程差，还不是整数波长，即不满足劳厄方程，此时散射球面波强度随传播距离越远，逐渐减弱，只是背景，而被检测器忽略。为了检测到强衍射线，必须改变入射线的方向，或者旋转晶体，使得入射角发生变化，同时衍射角也发生变化，一旦触及衍射，即入射和散射 X 射线光程差是整数波长，随即产生圆锥衍射线。其次，当入射线进入晶体后，必然同时与直线点阵 $\boldsymbol{t} = \boldsymbol{a}$、$\boldsymbol{t} = \boldsymbol{b}$、$\boldsymbol{t} = \boldsymbol{c}$ 方向的原子相遇，改变入射 X 射线的方向，必然出现三个方向同步发出圆锥衍射线，它们在空间相遇叠加，发出单束增强的衍射线，该衍射线的方向由劳厄方程组的三个整数 h、k、l 表示，按顺序记为 hkl，称为衍射线的衍射指标，hkl 是劳厄方程组的公共解。记录衍射线和衍射线的强度是 X 射线测定技术的核心问题，而将衍射线赋予衍射指标是 X 射线衍射理论方法的关键问题。如果制备一粒尺寸较大的单晶，确定了晶体

的宏观对称性，测得了晶面和晶轴的交角，那么可以固定晶轴，用单色 X 射线照射晶体，可以测得入射角和衍射角，由劳厄方程组就能得到晶胞参数。对于立方晶体，原子排列有多方向的对称性，通过制备单晶体容易测得晶轴和晶轴交角，因而，转动晶体改变入射线的方向，容易指认衍射线的衍射指标，进而测出晶胞参数。对于那些组成和结构较为复杂的晶体结构，似乎就没那么容易测得晶胞参数，晶体中微粒的堆积排列周期性也没那么容易推测。

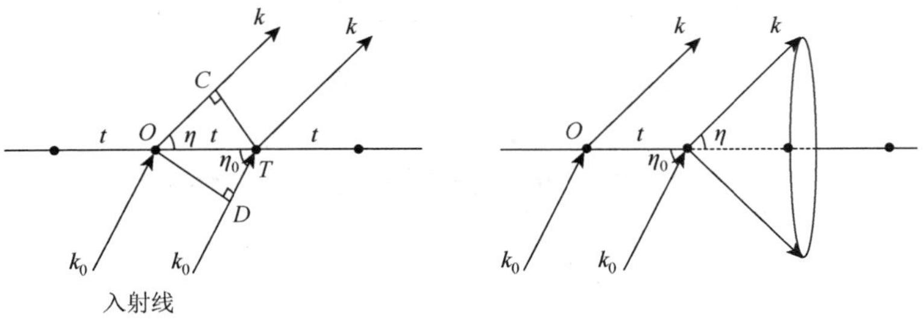

(a) X射线经一维阵列原子散射后形成的光程差

(b) X射线经一维阵列原子上形成的衍射圆锥

图 8-6 一维阵列原子对 X 射线的衍射

例如，立方钒晶体的晶胞参数 $a=302.74\text{pm}$，用 $\text{CuK}_\alpha(\lambda=154.056\text{pm})$ 单色 X 射线作光源，当与晶轴 a 的入射角 $\chi_0=80°$，由劳厄方程解得一维阵列原子对 X 射线的衍射角为

$$\chi=\arccos\left(\frac{h\lambda}{a}+\cos 80°\right)$$

衍射级数与衍射圆锥的对应关系见表 8-1，衍射圆锥见图 8-7。随入射角不同，衍射圆锥的数目和衍射线的方向将发生改变。

表 8-1 入射角为 80° 时劳厄方程解得的衍射角

序号	h	衍射角 χ/(°)	圆锥顶角 φ/(°)
1	−2	147.58	−64.85
2	−1	109.59	−140.83
3	0	80.00	160.00
4	1	46.96	93.92

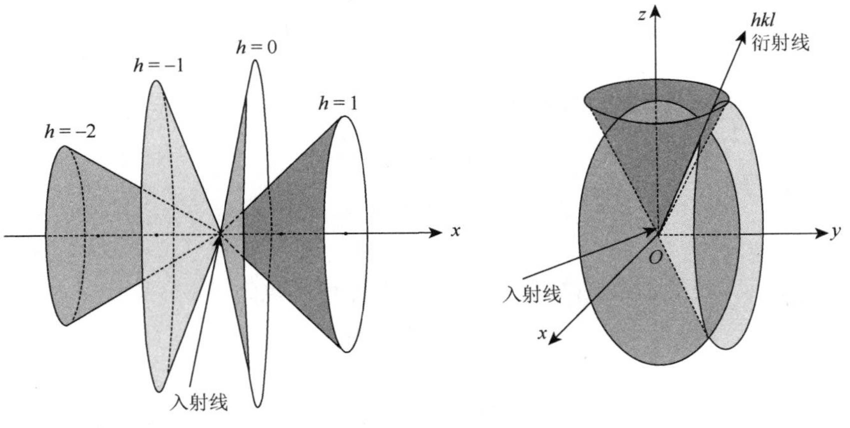

(a) 一维陈列原子对X射线的衍射圆锥

(b) 三维晶体的衍射线

图 8-7 钒晶体的衍射圆锥

设晶体坐标系为 $(\boldsymbol{a},\boldsymbol{b},\boldsymbol{c},\alpha,\beta,\gamma)$，入射 X 射线与晶轴 $\boldsymbol{a}$、$\boldsymbol{b}$、$\boldsymbol{c}$ 的交角分别为 χ_0、ω_0、υ_0，由此确定 $\boldsymbol{a}$、$\boldsymbol{b}$、

$\boldsymbol{c}$ 三个方向的衍射圆锥，它们的交线是同时满足劳厄方程组所指定的衍射条件的衍射线，衍射线的方向位置用劳厄方程组的三个整数 hkl 表示，见图 8-7（b）。在晶体坐标系中，入射线和衍射线的方向位置通过方向余弦 $\cos^2\chi+\cos^2\omega+\cos^2\upsilon=1$ 限制性条件指定。

又如，立方钒晶体的晶胞参数 $a=b=c=302.74\text{pm}$，用 CuK_α（$\lambda=154.056\text{pm}$）单色 X 射线作光源，在限制性条件下，入射线与晶轴 $\boldsymbol{a}$、$\boldsymbol{b}$、$\boldsymbol{c}$ 的一组交角分别为 $\chi_0=80°$、$\omega_0=60°$、$\upsilon_0=31.96°$，由劳厄方程组，$\boldsymbol{a}$、$\boldsymbol{b}$、$\boldsymbol{c}$ 三个方向上的阵列原子对 X 射线的衍射角分别为

$$\chi=\arccos\left(\frac{h\lambda}{a}+\cos 80°\right),\ \omega=\arccos\left(\frac{k\lambda}{b}+\cos 60°\right),\ \upsilon=\arccos\left(\frac{l\lambda}{c}+\cos 31.96°\right)$$

当 h、k、l 独立取不同的整数值时，分别得出三维阵列原子对 X 射线的衍射角，见表 8-2。

表 8-2　指定入射角时劳厄方程解得的衍射角

序号	h	衍射角 χ/(°)	k	衍射角 ω/(°)	l	衍射角 υ/(°)
1	−3	—	−3	—	−3	132.70
2	−2	147.58	−2	121.18	−2	99.75
3	−1	109.59	−1	90.51	−1	70.15
4	0	80.00	0	60.00	0	31.96
5	1	46.96	1	—	1	—

这些衍射角指定的衍射圆锥有共同的交线，对应劳厄方程组有唯一解，用整数数组 hkl 表示，分别是 $\bar{2}0\bar{2}$、$\bar{2}\,\bar{2}\,\bar{2}$，其中 000 是无意义解。衍射指标 hkl 代表的是平面波衍射线，若将晶体位置想象为衍射球的球心，则衍射线穿透球面，在球面上形成衍射点。为了测得晶体原子发射的所有衍射线，需要转动晶体，改变 X 射线与三条晶轴的入射角，使每条衍射线按时间先后顺序射出晶体，从而获得原子在晶体中的位置。

8.1.6　X 射线在晶面上的衍射方向

劳厄方程确立了晶体的三个基向量方向上相邻阵列原子对 X 射线的衍射条件，建立了劳厄方程组。1913 年，布拉格（W. L. Bragg）思考了晶面上原子对 X 射线的衍射，得出了晶面上阵列原子对 X 射线的同步衍射条件，建立了布拉格方程。设晶体坐标系 $(\boldsymbol{a},\boldsymbol{b},\boldsymbol{c},\alpha,\beta,\gamma)$ 中，A、B、C 分别是 $\boldsymbol{a}$、$\boldsymbol{b}$、$\boldsymbol{c}$ 方向上的阵列原子，与原点 O 处原子存在周期平移关系，$\boldsymbol{OA}=kl\boldsymbol{a}$，$\boldsymbol{OB}=hl\boldsymbol{b}$，$\boldsymbol{OC}=hk\boldsymbol{c}$，见图 8-8（a）。

原子 A、B、C 所在晶面 ABC 的晶面指标为 $(h^*k^*l^*)$，所在晶轴单位向量处的原子与原点 O 处原子产生的衍射圆锥，叠加形成衍射线，用衍射指标表示为 hkl，满足劳厄方程组，若入射线和衍射线波矢的单位方向矢量分别为 $\boldsymbol{s}$ 和 $\boldsymbol{s}_0$，即

$$\boldsymbol{k}=\frac{2\pi}{\lambda}\boldsymbol{s},\ \boldsymbol{k}_0=\frac{2\pi}{\lambda}\boldsymbol{s}_0$$

式中，$\frac{2\pi}{\lambda}$ 为波矢长度，将上式代入式（8-53），得到用波矢的单位向量表示的劳厄方程组

$$\begin{aligned}\boldsymbol{a}\cdot(\boldsymbol{s}-\boldsymbol{s}_0)&=h\lambda\\ \boldsymbol{b}\cdot(\boldsymbol{s}-\boldsymbol{s}_0)&=k\lambda\\ \boldsymbol{c}\cdot(\boldsymbol{s}-\boldsymbol{s}_0)&=l\lambda\end{aligned}\qquad(8\text{-}55)$$

三个方程分别乘以 kl、hl、hk，使得右端等于 $hkl\lambda$，方程组演化为

$$\begin{aligned}kl\boldsymbol{a}\cdot(\boldsymbol{s}-\boldsymbol{s}_0)&=hkl\lambda\\ hl\boldsymbol{b}\cdot(\boldsymbol{s}-\boldsymbol{s}_0)&=hkl\lambda\\ hk\boldsymbol{c}\cdot(\boldsymbol{s}-\boldsymbol{s}_0)&=hkl\lambda\end{aligned}\qquad(8\text{-}56)$$

因为 $\boldsymbol{OA}=kl\boldsymbol{a}$，$\boldsymbol{OB}=hl\boldsymbol{b}$，$\boldsymbol{OC}=hk\boldsymbol{c}$，方程组再转变为

$$\begin{aligned}\boldsymbol{OA}\cdot(\boldsymbol{s}-\boldsymbol{s}_0)&=hkl\lambda\\ \boldsymbol{OB}\cdot(\boldsymbol{s}-\boldsymbol{s}_0)&=hkl\lambda\\ \boldsymbol{OC}\cdot(\boldsymbol{s}-\boldsymbol{s}_0)&=hkl\lambda\end{aligned}\qquad(8\text{-}57)$$

式（8-57）是原子 A、B、C 与原点 O 处原子产生的衍射圆锥，并叠加形成衍射线，所满足的劳厄方程组。式（8-57）的意义是 X 射线经过晶面 ABC 上三个原子 A、B、C 产生的散射线，与原点处原子产生的散射线形成的光程差相等，都等于 $hkl\lambda$，而原点原子所在的晶面与晶面 ABC 平行，都属于晶面指标为 $(h^*k^*l^*)$ 的晶面族。即当晶体按一种晶面指标切分，X 射线照射到晶体，平行 X 射线到达该晶面上所有原子的光程都相等，都等于 $hkl\lambda$。对于 X 射线衍射，称晶面 ABC 是等光程面，显然由晶面指标 $(h^*k^*l^*)$ 表达的晶面族中任意一个晶面上的原子对同一束 X 射线，都是等光程面[3]。

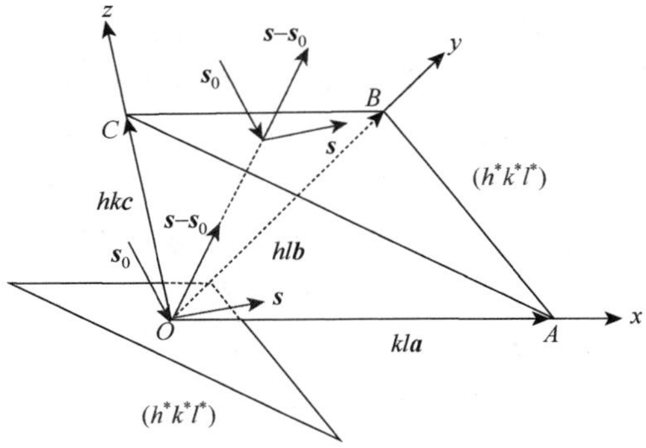

(a) 衍射方向

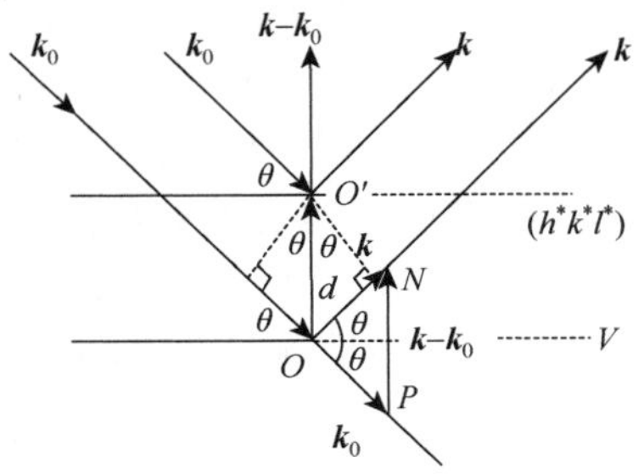

(b) 布拉格反射

图 8-8　晶面上的 X 射线衍射

根据晶面指标的定义，若晶面 ABC 的晶面指标为 $(h^*k^*l^*)$，则有

$$h^*:k^*:l^*=\frac{1}{kl}:\frac{1}{lh}:\frac{1}{hk}=h:k:l \tag{8-58}$$

式（8-58）的意义是：晶面指标为 $(h^*k^*l^*)$ 的晶面上阵列原子对 X 射线的衍射，与由劳厄方程组解得的衍射指标 hkl 是正比关系。因为晶面指标是一组互为质数的整数，衍射指标等于晶面指标乘以整数因子，即

$$h:k:l=nh^*:nk^*:nl^* \tag{8-59}$$

式（8-59）指出，由入射波和散射波形成的光程差满足整数波长关系，所形成衍射波的衍射指标就是已知量。下面将衍射指标演化为空间衍射方向，使得衍射波空间位置的定位和衍射线强度的探测成为可能。

将方程组（8-57）两两相减，右端等于零光程差，左端 $\boldsymbol{OB}-\boldsymbol{OA}=\boldsymbol{AB}$，$\boldsymbol{OC}-\boldsymbol{OB}=\boldsymbol{BC}$，$\boldsymbol{OA}-\boldsymbol{OC}=\boldsymbol{CA}$，方程组演变为

$$\begin{aligned}\boldsymbol{AB}\cdot(\boldsymbol{s}-\boldsymbol{s}_0)=0\\ \boldsymbol{BC}\cdot(\boldsymbol{s}-\boldsymbol{s}_0)=0\\ \boldsymbol{CA}\cdot(\boldsymbol{s}-\boldsymbol{s}_0)=0\end{aligned} \tag{8-60}$$

式（8-60）的数学含义是矢量 $\boldsymbol{AB}$、$\boldsymbol{BC}$、$\boldsymbol{CA}$ 同时与入射和衍射光方向矢量的差矢量 $\boldsymbol{s}-\boldsymbol{s}_0$ 垂直，而 $\boldsymbol{AB}$、$\boldsymbol{BC}$、$\boldsymbol{CA}$ 处于同一晶面，是共面矢量，必然得出如下结论：差矢量 $\boldsymbol{s}-\boldsymbol{s}_0$ 与指标为 $(h^*k^*l^*)$ 的晶面族垂直，即 $\boldsymbol{s}-\boldsymbol{s}_0$ 是晶面的法线方向，见图 8-8（a）。

在晶面指标为 $(h^*k^*l^*)$ 的晶面族中，选取两相邻的晶面，其晶面间距为 $d_{h^*k^*l^*}$，在矢量空间中，晶面间距与晶面法线矢量同向，就与波矢差矢量 $\boldsymbol{k}-\boldsymbol{k}_0$ 方向一致，见图 8-8（b）。对于中高级晶系的基本晶面，如(100)、(001)，指定晶面指标后，在两相邻晶面上分别选取一个原子，当两个原子的相对位置矢量 $\boldsymbol{r}_2-\boldsymbol{r}_1$ 等于晶面垂直的晶面间距矢量时，即晶面间距矢量的起点和端点都是散射原子，将其中一个作为晶体坐标系的原点 O，另一个原子 O' 在点空间中的位置就是晶面间距矢量的端点，可用晶格单位矢量 $\boldsymbol{a}$、$\boldsymbol{b}$、$\boldsymbol{c}$ 表示，对应某个方向的一维周期平移 $\boldsymbol{r}_2-\boldsymbol{r}_1=\boldsymbol{d}=u\boldsymbol{a}+v\boldsymbol{b}+w\boldsymbol{c}$。假设波矢为 $\boldsymbol{k}_0$ 的平行 X 射线穿越两个原子 O 和 O' 时，与原子所在的晶面交角为 θ，如图 8-8（b）所示，则有 $\angle VOP=\theta$，因为入射波和衍射波的波长相等，入射波矢和衍射波矢的长度也就相等，即 $k=k_0=\dfrac{2\pi}{\lambda}$，由此得出 $\triangle NOP$ 为等腰三角形，则有 $\angle VON=\theta$，$\boldsymbol{ON}=\boldsymbol{k}$ 是衍射线上的波矢，必然衍射线波矢 $\boldsymbol{k}$ 与晶面的交角也等于 θ。这一结论具有如下光学意义：波矢为 $\boldsymbol{k}_0$ 的入射 X 射线经晶面原子

散射叠加形成波矢为 $\boldsymbol{k}$ 的衍射线，当将晶面看成是光学镜面，衍射线的方向为晶面的反射方向，见图 8-8（b）。对于光的传播路径而言，这种衍射与光学反射相同；对于光的强度而言，大部分入射光透过，少部分形成衍射，衍射线的强度减弱，这与光学反射不同。

8.1.7　布拉格方程

将晶体切分为晶面族，有多种切分方法，用晶面指标 $(h^*k^*l^*)$ 表示，互质整数 h^*、k^*、l^* 可以取不同的值。例如，晶体可以按晶面(100)切分，也可以按晶面(110)切分，还可以按晶面(111)切分，等等。指定晶面上原子，对 X 射线衍射是等光程面，即晶面上所有原子对于 X 射线衍射都是同步的，光程差都等于零，$AD = BC$，衍射方向为反射方向，见图 8-9（a）。对于晶体的一种晶面切分，代表的是平行的晶面族，不同晶面上原子产生的衍射线光程则不相等，必然形成光程差。平行 X 射线波阵面经过上层晶面所经历的光程短于下层晶面，形成的光程差如果是整数倍波长，就满足衍射条件。设晶面族 $(h^*k^*l^*)$ 的相邻晶面间距为 $d_{h^*k^*l^*}$，晶面间距矢量与晶面法线同向，与晶面垂直。当晶面矢量的两端是相邻晶面上原子，代表与晶面族垂直的某个一维阵列原子，满足周期平移 $\boldsymbol{OO'} = \boldsymbol{d} = u\boldsymbol{a} + v\boldsymbol{b} + w\boldsymbol{c}$，围绕晶面法线矢量的衍射圆锥，被限定为入射线圆锥围绕法线形成共面反射圆锥。这种晶面在中高级晶系中较为常见，如立方晶系、四方晶系和六方晶系。

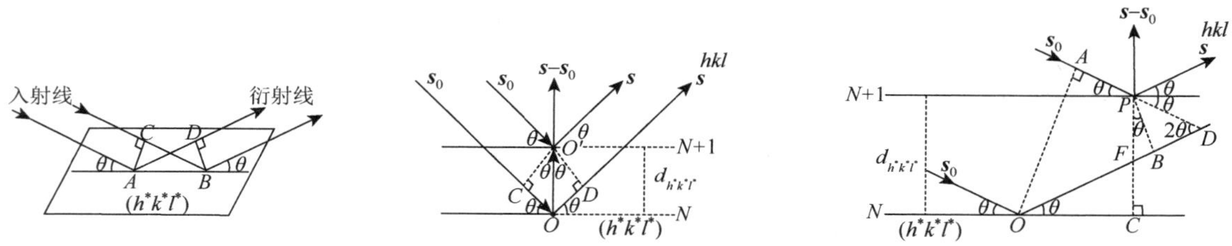

(a) 晶面是等光程面　　(b) 相邻的特殊晶面形成的光程差　　(c) 相邻的一般晶面形成的光程差

图 8-9　相邻晶面形成的光程差和衍射

由图 8-9（b）可知，因为 $O'C \perp OC$，$O'D \perp OD$，入射线 $\boldsymbol{s}_0$ 与晶面的入射角，以及衍射线 $\boldsymbol{s}$ 与晶面的反射角相等，都等于 θ。X 射线经过上层晶面原子 O' 和下层晶面原子 O 形成的光程差为

$$\Delta = OC + OD \tag{8-61}$$

因为 $OC = OD = d_{h^*k^*l^*}\sin\theta$，代入式（8-61）得

$$\Delta = 2d_{h^*k^*l^*}\sin\theta \tag{8-62}$$

当相邻晶面的两束入射线与衍射线的光程差是整数倍波长时，即 $\Delta = n\lambda$，相互叠加，衍射线振幅增强，满足衍射条件，于是式（8-62）演化为

$$2d_{h^*k^*l^*}\sin\theta = n\lambda \tag{8-63}$$

此式就是布拉格方程[4]。式中，衍射角 θ 决定衍射线的方向；晶面间距 $d_{h^*k^*l^*}$ 由晶体结构决定，用特定的 X 射线波长度量晶体中原子间距，等距晶面族相当于光栅；n 为衍射级数，入射角的增大，增大了光程差，体现为衍射级数增大。布拉格方程将 X 射线衍射与晶体结构关联，通过测量衍射线的空间位置和强度，推测晶体中原子的堆积排列方式，达到建立晶体结构的目的。

当将晶体按照一般晶面分割，晶面间距矢量的两端就不一定是原子，不过 X 射线在两相邻晶面、最相邻原子之间产生的光程差仍符合式（8-62），仍可以导出布拉格方程。如图 8-9（c）所示，在一组平行的晶面族中，垂直于晶面的方向，即在晶面间距矢量或晶面法线方向，原子 O 和 P 的排列方向与晶面法线成一定角度。由原子 O 向前入射波阵面引垂线，交于 A；由原子 P 向后反射波阵面引垂线，交于 B。再由上晶面 P 点向下晶面引垂线，交于 C 点，C 点没有原子。为了求出 X 射线经过相邻晶面上原子 O 和 P 形成的散射线的光程差，沿 P 点引入射线的延长线，与下晶面 O 点的反射线相交于 D 点，$\triangle DPF$ 为等腰三角形，$PD = FD$，由余弦定理可得

$$\begin{aligned}PF^2 &= PD^2 + FD^2 - 2PD\cdot FD\cos 2\theta \\ &= 2PD^2(1-\cos 2\theta)\end{aligned}$$

将 $\cos 2\theta = 1-2\sin^2\theta$ 代入，上式可得

$$PD = FD = \frac{PF}{2\sin\theta} \tag{8-64}$$

X 射线经过相邻原子 O 和 P 散射并反射的光程差为

$$\varDelta = OB - AP \tag{8-65}$$

其中，$OB = OF + FB$，$AP = AD - PD = AD - FD = AD - FB - BD$，代入式（8-65）得

$$\varDelta = OF + 2FB + BD - AD \tag{8-66}$$

下面将各段光程的长度与晶面间距有关的线段 FC 和 PF 相关联。在 $\triangle OAD$ 中，$AD = OD\cos 2\theta = (OF + FB + BD)\cos 2\theta$，代入式（8-66）得

$$\varDelta = OF(1-\cos 2\theta) + FB(2-\cos 2\theta) + BD(1-\cos 2\theta) \tag{8-67}$$

OF、FB、BD 光程分别表示为

在 $\triangle OFC$ 中，$OF = \dfrac{FC}{\sin\theta}$

在 $\triangle PBF$ 中，$FB = PF\sin\theta$

在 $\triangle PBD$ 中，$BD = PD\cos 2\theta = \dfrac{PF\cos 2\theta}{2\sin\theta}$

将上式一并代入式（8-67）后得

$$\begin{aligned}\varDelta &= \frac{FC}{\sin\theta}(1-\cos 2\theta) + PF\sin\theta(2-\cos 2\theta) + \frac{PF\cos 2\theta}{2\sin\theta}(1-\cos 2\theta) \\ &= 2FC\sin\theta + 2PF\sin\theta \\ &= 2d_{h^*k^*l^*}\sin\theta\end{aligned} \tag{8-68}$$

式（8-68）运用了关系式 $d_{h^*k^*l^*} = PF + FC$，以及展开式 $\cos 2\theta = 1-2\sin^2\theta$。将式（8-68）代入 $\varDelta = n\lambda$，即是布拉格方程。这就证明了对于一般晶面族，布拉格方程仍是成立的。只有周期平移的晶体，即空间格子为简单格子，可以直接用布拉格方程解析晶面上的衍射线，归属衍射角的衍射指标，无需计算衍射线的振幅，这类晶体的晶胞称为初基晶胞，空间格子称为初基格子。下面通过具体实例熟悉布拉格方程的作用。

立方 α-Po 晶体，晶胞参数 $a = 335.9\text{pm}$，空间格子为cP，晶胞中原子数 $Z = 1$[5]。用 CuK_α 射线（波长 $\lambda = 154.18\text{pm}$）测得 XRD 谱图[6]，14 条衍射线的衍射角 θ 和强度列于表 8-3。由第 6 章中立方晶系的晶面间距公式

$$d = \frac{a}{\sqrt{h^{*2} + k^{*2} + l^{*2}}} \tag{8-69}$$

代入布拉格方程[式（8-63）]得

$$\sin\theta = \frac{n\lambda}{2a}\sqrt{h^{*2} + k^{*2} + l^{*2}} \tag{8-70}$$

运用式（8-59），即衍射指标是晶面指标的整数乘因子关系，将式（8-69）中的晶面指标用衍射指标表示，演变为

$$\frac{d}{n} = \frac{a}{\sqrt{h^2 + k^2 + l^2}} \tag{8-71}$$

再将式（8-70）变为由衍射指标表示的关系式

$$\sqrt{h^2 + k^2 + l^2} = \frac{2a\sin\theta}{\lambda} \tag{8-72}$$

式（8-72）是 X 射线在晶面上形成反射式衍射的衍射角与衍射指标的关系。因为衍射指标为任意整数，所以任意衍射指标的组合，所得衍射指标的平方和 $h^2 + k^2 + l^2$ 也必然是顺序整数中的某一整数。由 X 射线衍射法可以直接得到衍射峰的衍射角，按式（8-72）算得 $h^2 + k^2 + l^2$，根据 $h^2 + k^2 + l^2$ 的顺序整数可以推得 XRD 谱图中顺序衍射峰的衍射指标，从而达到解析谱图，获得晶体结构的目的。由式（8-72）可以求得衍射角：

$$\theta = \arcsin\left(\frac{\lambda}{2a}\sqrt{h^2+k^2+l^2}\right) \tag{8-73}$$

表 8-3　立方 α-Po 晶体 XRD 谱图的衍射角 θ 和强度

序号	θ/(°)	强度 I/I_1	d/n	hkl(1)	hkl(2)	序号	θ/(°)	强度 I/I_1	d/n	hkl(1)	hkl(2)
1	13.27	100	335.9	100		8	43.51	16	111.9	300	221
2	18.94	80	237.4	110		9	46.53	10	106.1	310	
3	23.42	30	193.7	111		10	49.57	10	101.2	311	
4	27.32	25	167.9	200		11	55.84	16	93.2	320	
5	30.88	30	150.1	210		12	59.17	16	89.8	321	
6	34.21	25	137.0	211		13	71.13	16	81.4	410	322
7	40.48	16	118.6	220		14	76.83	16	79.2	411	330

由表 8-3 可见，不同晶面上的衍射也可能有相同的衍射角，例如，晶面(221)的一级衍射，衍射指标为 221；晶面(100)的三级衍射，衍射指标为 300，衍射指标的平方和都等于 9，即 $h^2+k^2+l^2=9$，由式（8-72）算得衍射角都等于43.51°，按式（8-71），它们的 d/n 值是相等的。第 13 和 14 条衍射线也是如此，见表 8-3。用布拉格方程也可以找出 XRD 谱图中较弱的衍射线，例如，晶面(111)的二级衍射，衍射指标为 222，衍射角 $\theta=52.66°$；晶面(100)的四级衍射，衍射指标为 400，衍射角 $\theta=66.64°$，见图 8-10。

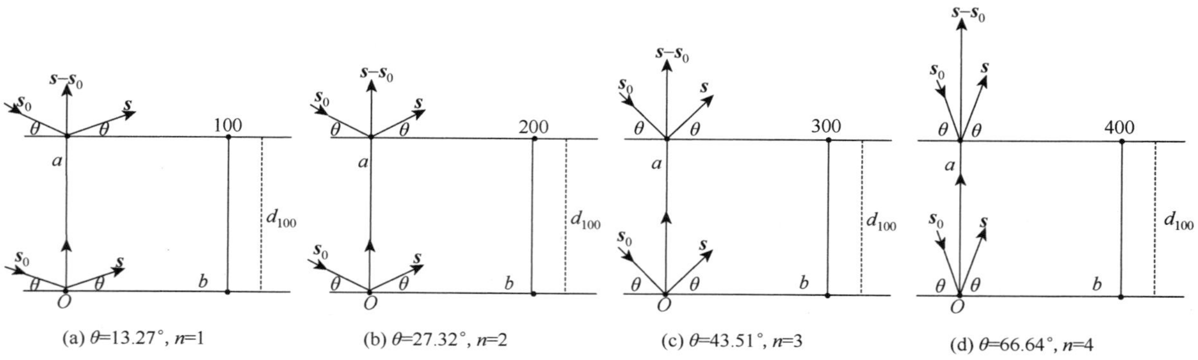

图 8-10　立方 α-Po 晶体(100)晶面族的 X 射线衍射

布拉格方程指出，任何晶面上的 X 射线衍射都是有限级数的衍射，为使光程差满足整数波长的条件，衍射角只能跳跃性取值。因为晶面间距是由原子半径和堆积结构决定的，数量级相当，衍射角 θ 在 $[0,\pi]$ 范围取值，必然有 $0\leqslant\sin\theta\leqslant1$，而单色 X 射线波长恒定，衍射级数不能无限取值。例如，立方 α-Po 晶体，晶面(110)的最大衍射级数为 3，衍射指标为 440 的四级衍射不会出现，见图 8-11。如果缩短入射 X 射线波长，可观察到更大级数的衍射线。衍射角 θ 在 $[\pi,2\pi]$ 范围取值，必然有 $-1\leqslant\sin\theta\leqslant0$，根据正弦函数的特点，衍射角在 $[\pi,2\pi]$ 和 $[0,\pi]$ 范围内的函数值有反对称关系，如果衍射角等于 θ 出现衍射，那么等于 $\pi+\theta$ 也必然出现衍射，二者属于同一晶面上的相同衍射。

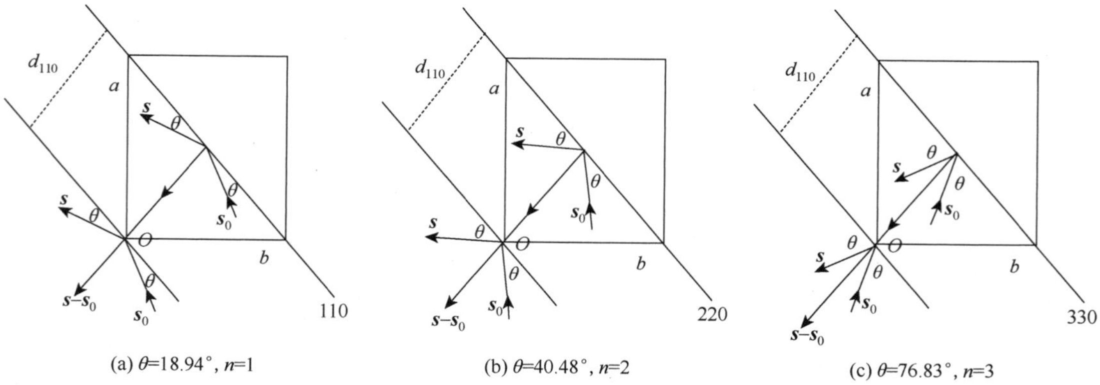

图 8-11　立方 α-Po 晶体(110)晶面族的 X 射线衍射

8.2　原子的散射因子与晶胞的结构振幅

大多数晶体存在非周期平移的对称性，空间点阵为带心复格子，这些微粒的相对空间位置会导致入射 X 射线和散射 X 射线的光程差为半整数波长，叠加出现振幅相减、相互抵消，使得在 XRD 谱图中发生衍射线消失的现象，称为系统性消光。系统性消光正是晶体结构的特征表现，因而要表达原子及整个晶体的衍射线强度，预先获得系统性消光规律十分必要。

8.2.1　X 射线光源

X 射线由 X 射线管产生，装置见图 8-12，阴极钨丝、阳极金属靶与高压变压器相连[7]。阴极发射电子束，经 50kV 的高压电场加速，撞击阳极。被加速的电子有很大的动能，与阳极相撞突然停止，动能的 99%转变为热能，1%以电磁辐射发射 X 光子，光子波长连续分布于10^{-9}～10^{-12}m 范围，产生连续 X 射线谱。设碰撞前、后电子的能量分别为E_1和E_2，$E_1=eU$，其中U为阴、阳极之间的电场电压，碰撞后转变为电磁辐射的波长为

$$eU-E_2=\frac{hc}{\lambda}$$

每个电子撞击到阳极晶体的位置不同，穿透晶体的深度不同，引起能量损耗不等，发射的 X 光子的波长也就长短不等，首先得到的 X 射线是连续 X 射线。假设一个电子将动能全部转变为电磁辐射，发射 X 光子的波长为

$$\lambda_{\min}=\frac{hc}{eU}=\frac{1.23984\times10^{-6}}{U} \tag{8-74}$$

单位为 m。当电压达到 kV 数量级以上，波长进入10^{-9}～10^{-12}m 范围，就是 X 射线。连续 X 射线的总相对强度$I_0=1.1\times10^{-9}iZU^2$，其中$i$为电子束电流。

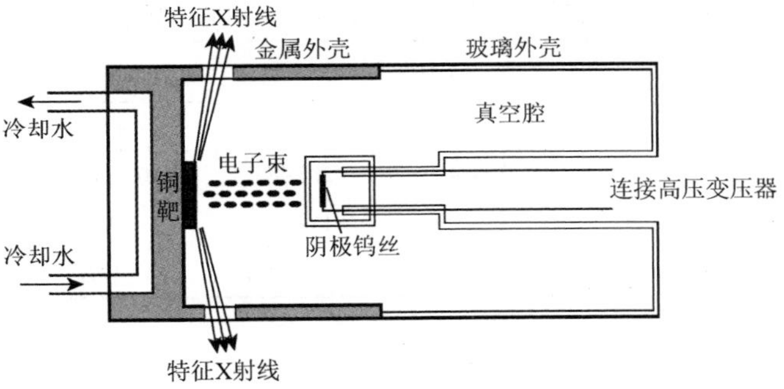

(a) 固定密封式X射线管

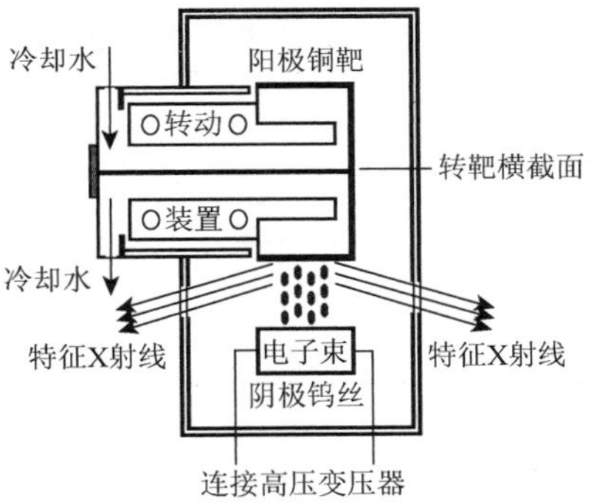

(b) 转动式阳极靶X射线管

图 8-12　X 射线管构造示意图

高速电子束也可能穿透金属表面，射入金属阳极的晶体中，将原子最低能级 K 层轨道上的电子轰出，内层轨道出现空位，外层 L、M、N、… 轨道电子填充空位，以光子形式辐射能量，发射 X 光子射线。因为纯金属原子的轨道能级是恒定的，能级差也就恒定，辐射光子的波长特定不变，波长并在 X 射线范围，发射的光子就是特征 X 射线，其波长为

$$\lambda=\frac{hc}{E_L-E_K} \tag{8-75}$$

由理论算得 K 层和 L 层能级的能量E_K和E_L，即可求得 X 射线波长。当 K(1s)层电子被轰出原子后，$L_1(2s)$、$L_2(2p_{1/2})$、$L_3(2p_{3/2})$跃迁填充 K(1s)空轨道时，必须满足跃迁选律，即$\Delta n\neq0$、$\Delta l=\pm1$、$\Delta j=0,\pm1$，得到以下两条强线

$$\lambda(K_{\alpha1})=\frac{hc}{E_{L_3}-E_K}, \ L_3(2p_{3/2})\rightarrow K(1s)$$

$$\lambda(K_{\alpha2})=\frac{hc}{E_{L_2}-E_K}, \ L_2(2p_{1/2})\rightarrow K(1s)$$

其中，$L_1(2s)\rightarrow K(1s)$ 跃迁为禁阻，三种阳极金属材料的 $K_{\alpha1}$ 和 $K_{\alpha2}$ 射线列于表 8-4，根据谱线的相对强度，最后确定用于实验测定的谱线波长为

$$\lambda(K_\alpha)=\frac{2}{3}\lambda(K_{\alpha1})+\frac{1}{3}\lambda(K_{\alpha2}) \tag{8-76}$$

表 8-4 阳极金属内层轨道能级 L → K 跃迁生成的 X 射线波长的理论值和实验值[8]

序号	阳极材料	E_K /a.u.	E_{L_2} /a.u.	E_{L_3} /a.u.	$\lambda(K_{\alpha1})$ /pm		$\lambda(K_{\alpha2})$ /pm	
					计算值	实验值	计算值	实验值
1	Cr 靶	−220.31220	−21.64535	−21.31461	228.964	228.973	229.346	229.305
2	Cu 靶	−330.22940	−35.20585	−34.47086	154.056	154.059	154.440	154.443
3	Mo 靶	−735.20690	−96.72422	−92.86554	70.933	70.932	71.362	71.361

除了 L → K 跃迁之外，还存在其他跃迁，但跃迁概率相对较小，如相对较强的 M → K 跃迁，产生 K_β 射线，会对 K_α 射线的实验测量形成干扰，必须过滤，使其强度减弱到忽略不计。过滤所采用的金属材料以是否有效吸收 K_β 射线为标准，跃迁能级和波长见表 8-5。K_β 射线波长的计算公式为

$$\lambda(K_{\beta1})=\frac{hc}{E_{M_3}-E_K}, \ M_3(3p_{3/2})\rightarrow K(1s)$$

$$\lambda(K_{\beta3})=\frac{hc}{E_{M_2}-E_K}, \ M_2(3p_{1/2})\rightarrow K(1s)$$

表 8-5 阳极金属内层轨道能级 M → K 跃迁生成的 X 射线波长的理论值和实验值[8]

序号	阳极材料	E_K /a.u.	E_{M_2} /a.u.	E_{M_3} /a.u.	$\lambda(K_{\beta1})$ / pm		$\lambda(K_{\beta3})$ / pm	
					计算值	实验值	计算值	实验值
1	Cr 靶	−220.31220	−1.80072	−1.76397	208.482	208.488	208.517	208.488
2	Cu 靶	−330.22940	−3.01344	−2.93995	139.214	139.223	139.246	139.223
3	Mo 靶	−735.20690	−15.2877	−14.66298	63.235	63.230	63.290	63.289

生成 X 射线光源的阳极材料很多，表 8-6 是最常用的金属阳极靶。由于电子束冲击阳极金属靶时，电子的动能绝大部分都转变成了热能，这导致阳极温度升高，使金属熔化，所以，阳极材料需要满足熔点高、导热性能好的条件，铜和银两种金属是最常用的。铜和银的导热性能好，便于冷却。为了提高 X 光子生成率，降低电子束冲击热密度，出现了转动靶 X 射线光源。其技术原理是：将铜片卷成圆筒，在圆筒旁放置阴极钨丝电子束发射装置，当自转装置带动圆筒转动时，电子束不是冲击阳极板的一个斑点，而是冲击圆筒的整个圆周，这使得任意位置都有短暂的时间冷却，使阳极靶温度始终低于熔点。表 8-6 是常见阳极金属的实验工作参数[9]。

表 8-6 特征 X 射线光源的实验工作参数

阳极材料		特征 X 射线波长 λ/pm			电压/kV		滤波片				
金属	Z	$K_{\alpha1}$	$K_{\alpha2}$	K_β	激发电压 U_K	工作电压 U	K_β 吸收边界值/pm	材料	厚度/mm	$I/I_0(K_\alpha)$	$I/I_0(K_\beta)$
Cr	24	228.973	229.365	208.488	5.93	20～25	207.019	V	0.017	0.461	0.007
Fe	26	193.604	193.997	175.660	7.10	25～30	174.362	Mn	0.017	0.457	0.008

续表

阳极材料		特征 X 射线波长 λ/pm			电压/kV		滤波片				
金属	Z	$K_{\alpha1}$	$K_{\alpha2}$	K_{β}	激发电压 U_K	工作电压 U	K_{β} 吸收边界值/pm	材料	厚度/mm	$I/I_0(K_{\alpha})$	$I/I_0(K_{\beta})$
Co	27	178.900	179.284	162.083	7.71	30	160.835	Fe	0.018	0.444	0.008
Ni	28	165.793	166.176	150.015	3.29	30～35	148.814	Co	0.018	0.442	0.008
Cu	29	154.059	154.443	139.223	8.86	35～40	138.060	Ni	0.020	0.419	0.007
Mo	42	70.932	71.361	63.230	2.00	50～55	61.991	Zr	0.100	0.346	0.007
Ag	47	55.942	56.381	49.708	2.55	55～60	48.592	Rh	0.084	0.338	0.009

注：Z 表示原子序数。

X 射线管生成的特征 X 射线的总相对强度 $I_0 = 1.1\times10^9 iZ(U-U_K)^{3/2}$，其中，$i$ 为电子束电流，U 和 U_K 分别为电场电压和激发电压。X 射线射入物质产生吸收，导致光强减弱。若 X 射线为单色平行光，晶体形状为平行板状，穿透的晶体厚度为 x，X 射线的透过比为

$$\frac{I}{I_0} = \exp(-\mu_x x) \tag{8-77}$$

式中，μ_x 为晶体物质线性衰减系数，单位为 cm^{-1}。因为 X 射线实际上是与晶体中的粒子，如原子、原子中的电子及原子核碰撞，所以，当晶体中有多种元素存在时，线性衰减系数不再是准确的定值。设晶体中有 n 种元素，线性衰减系数表示为质量衰减系数

$$\mu_x = D\sum_{i=1}^{n} w_i \mu_{mi} \tag{8-78}$$

式中，$\mu_m = \sum_{i=1}^{n} w_i \mu_{mi}$，为晶体的质量衰减系数，$\mu_{mi}$ 为第 i 种元素的质量衰减系数；$w_i = m_i / m_T$，为第 i 种元素成分在晶体中所占的质量分数；$D = m_T / V$，为晶体密度，单位为 $g\cdot cm^{-3}$。式（8-78）可进一步表示为

$$\mu_x = \frac{1}{V}\sum_{i=1}^{n} m_i \mu_{mi} \tag{8-79}$$

质量衰减系数 μ_{mi} 表示单位质量晶体中光子作用横截面，单位为 $cm^2\cdot g^{-1}$。定义光子作用的总横截面 $\sigma_i = m_i\mu_{mi}$，单位为 cm^2。理论上，可以选择晶胞体积 V 计算晶体密度，也可以使用实验晶体密度，再计算透过比。实验测量透过比：用一定光斑面积的平行光束，照射一定厚度的单质晶体材料测得。式（8-77）表示为

$$\frac{I}{I_0} = \exp\left(-\frac{x}{V}\sum_{i=1}^{n} m_i \mu_{mi}\right) \tag{8-80}$$

由式（8-80）可知，阳极靶射线在晶体物质中的衰减系数越大，穿过的厚度越厚，透过比越小，即透射线衰减得越弱。衰减的原因可以理解为光被物质吸收，光子被物质中微粒散射，以及光电效应产生吸收。没有与微粒相遇，则透过。散射包括瑞利散射、康普顿散射、核子散射等，在晶体中这些散射被定义为劳厄-布拉格散射和热扩散散射。散射过程是关于微粒碰撞的动力学问题，解决办法是相对论量子力学。总体上质量衰减系数与光的波长和原子中的电子数或核电荷数成正比，$\mu_m = kZ^4\lambda^3$，其中 k 为常数。

当 X 射线能量达到原子 K、L、M 等各层分轨道的自旋-轨道耦合能量，电子将被激发，脱离原子，邻近轨道上电子填充空轨道形成 X 荧光。阳极金属靶发射的强 X 射线主要有 K_{α} 和 K_{β}，过滤 K_{β} 射线的有效方法是采用原子序数与靶材相近的金属，制成一定厚度的薄片，运用金属晶体对 X 射线的吸收能力，将 K_{β} 射线吸收除去。除去 K_{β} 射线的另一种方法是使用单晶单色器，K_{α} 射线在晶体中形成衍射，K_{β} 射线不满足衍射条件而被除去。

【例 8-1】 已知 Cu 靶发射的 K_{α} 和 K_{β} 射线波长分别为 154.19pm 和 139.22pm，Cu 靶 K_{α} 和 K_{β} 射线在 Ni 晶体中的质量衰减系数分别为 $48.8cm^2\cdot g^{-1}$ 和 $279cm^2\cdot g^{-1}$，二者相差较大，故可用 Ni 晶体薄片吸收 K_{β} 射线。已知立方镍晶体的晶胞参数 $a = 352.38pm$，空间群为 $O_h^5\text{-}Fm\overline{3}m$ [10]，计算最合适的薄片厚度。

解： 立方镍晶胞的体积 $V_c = (352.38\times10^{-10})^3 = 4.37556\times10^{-23}(cm^3)$，晶体密度为

$$D=\frac{ZM}{N_A V}=\frac{4\times 58.6934}{6.022\times 10^{23}\times 4.37556\times 10^{-23}}=8.910(\mathrm{g\cdot cm^{-3}})$$

对于单质晶体，透过比公式（8-80）演变为

$$\frac{I}{I_0}=\exp\left(-\frac{x}{V}m\mu_m\right)=\exp(-xD\mu_m)$$

选择不同的厚度，计算透过比，结果列于表 8-7 中。

表 8-7　Cu 靶 K_α 和 K_β 射线的透过比随过滤片增厚的衰减趋势

厚度 x/mm	$I/I_0(K_\alpha)$	$I/I_0(K_\beta)$
0.01	0.647	0.083
0.012	0.594	0.051
0.014	0.544	0.031
0.016	0.499	0.019
0.018	0.457	0.011
0.019	0.438	0.009
0.020	0.419	0.007
0.021	0.401	0.005
0.022	0.384	0.004

由表可见，随着镍片的增厚，Cu 靶的 K_α 和 K_β 射线的透过比均减小，在厚度为 0.020mm 附近，K_β 射线强度已变得很弱，衰减趋势已经很缓慢，此时，K_α 射线的透过比仍有一定强度，为 0.419。最合适的厚度范围为 0.018～0.022mm。

如果是多种元素组成的离子晶体，则用式（8-81）计算透过比，将式（8-78）代入式（8-77）中：

$$\frac{I}{I_0}=\exp\left(-xD\sum_{i=1}^{n}w_i\mu_{mi}\right)=\exp(-xD\mu_m) \tag{8-81}$$

已知物质的实验晶体密度，还可以用原子的质量衰减系数选择合适的阳极靶。例如，三方 NiS 晶体的结构测定，采用 Cu 靶，已知 Cu 靶的 K_α 和 K_β 射线在 Ni 晶体中的质量衰减系数分别为 $48.8\mathrm{cm^2\cdot g^{-1}}$ 和 $279\mathrm{cm^2\cdot g^{-1}}$，在单质硫晶体中的质量衰减系数分别为 $93.3\mathrm{cm^2\cdot g^{-1}}$ 和 $69.8\mathrm{cm^2\cdot g^{-1}}$，在 NiS 晶体中 Ni 和 S 的质量分数分别为 $w_{\mathrm{Ni}}=0.6467$，$w_{\mathrm{S}}=0.3533$，由此算得 Cu 靶的 K_α 和 K_β 射线在 NiS 晶体中的质量衰减系数：

$$\mu_m(K_\alpha)=\sum_{i=1}^{n}w_i\mu_{mi}=0.6467\times 48.8+0.3533\times 93.3=64.52(\mathrm{cm^2\cdot g^{-1}})$$

$$\mu_m(K_\beta)=\sum_{i=1}^{n}w_i\mu_{mi}=0.6467\times 279+0.3533\times 69.8=205.09(\mathrm{cm^2\cdot g^{-1}})$$

实验测得 NiS 晶体的密度为 $5.374\mathrm{g\cdot cm^{-3}}$，用厚度为 0.02mm 的 Ni 薄片过滤 K_β，由表 8-7 可知，过滤后，Cu 靶的 K_α 和 K_β 射线的透过比分别为 0.419 和 0.007。则 K_α 和 K_β 射线射入 NiS 晶体，在深度为 0.1mm 处，相对透过比为

$$\frac{I}{I_0}(K_\alpha)=0.419\times\exp(-xD\mu_m)=0.419\times\exp\left(-\frac{0.1}{10}\times 5.374\times 64.52\right)=0.013$$

$$\frac{I}{I_0}(K_\beta)=0.007\times\exp(-xD\mu_m)=0.007\times\exp\left(-\frac{0.1}{10}\times 5.374\times 205.09\right)=1.144\times 10^{-7}$$

K_β 已衰减至极小，对 K_α 射线不再形成干扰。如果选用其他阳极靶，质量衰减系数较大，透过比较小。由此可见，比较各种阳极靶的 K_α 和 K_β 射线在待测晶体中的质量衰减系数，计算相对透过比，对于阳极靶的选择至关重要。K_α 射线在待测晶体中的质量衰减系数较小，可以保证透过比较大，以确保衍射线足够强。相反，如果质量衰减系数较大，意味着吸收较强，激发 X 荧光辐射将形成较强的背景信号，致使强度较弱的衍射线无法分辨。此外，阳极靶的 K_β 射线在待测晶体中质量衰减系数最好较大，经过滤吸收后不再有 K_β 射线的干扰。

8.2.2　电子的散射强度

X 射线衍射是晶体中所有原子的散射波的加强叠加，叠加后振幅增大形成强衍射线而被探测器检测。晶体中原子之间存在化学键，原子核和内层电子壳层相对稳定，外层电子分布在原子之间的重叠区域，构成原子之间的化学结合力，因而，原子内层电子密度较为紧密，外层电子密度较为稀疏，X 射线衍射主要由内层电子贡献，特别是重原子，电子壳层填满后，电子能量降低较多，内层电子收缩，见图 8-13。X 射线衍射受到化学环境的影响较小，无论是离子还是原子，对 X 射线衍射总是相同[3]。尽管内层电子密度较大，仍存在较大空隙，大部分 X 光子仍是透过的，并不引起电子振动。

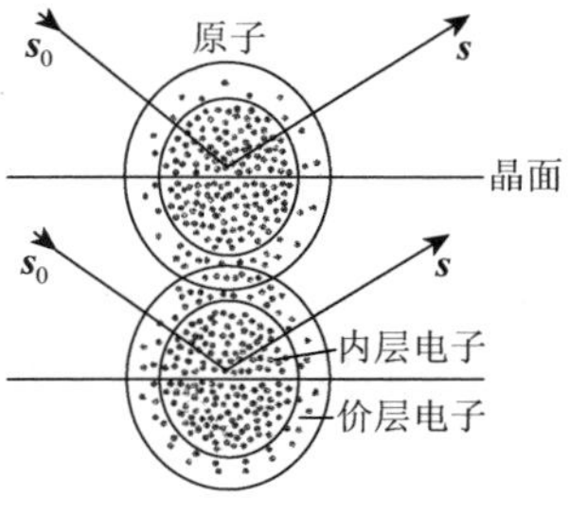

图 8-13　内层电子对 X 射线的固有散射作用

X 射线电磁波与运动电子相遇，引起电子振动，此时电子作为第二光源发射相同波长的 X 射线球面波，也可以认为电子散射了小部分入射 X 射线。假设入射线是非偏振 X 射线，波长为 λ，振幅为 A_0，在距离电子 R 处观测到的散射 X 射线的振幅为

$$f_e = \frac{e^2}{mc^2} \cdot \frac{A_0}{R}\left(\frac{1+\cos^2 2\theta}{2}\right)^{\frac{1}{2}} \tag{8-82}$$

式中，m 和 e 分别为电子的质量和电荷；2θ 为 X 射线穿透晶体的透过线与散射 X 射线的交角；括号中的三角函数因子是偏振校正因子。当金属靶的一个原子受电子束的轰击，1s 轨道能级上的电子脱离原子，2p 轨道上电子填充 1s 轨道，辐射出一个 X 光子，该光子电场沿一个方向振动。很多原子受电子束的轰击，同步产生很多 X 光子，所有 X 光子组成 X 射线，其电场振动方向随机分布，是非偏振光，在光行进的方向观察，各个方向都存在电场振动。X 射线经过晶体原子内电子的散射，原子内电子受到各个方向的电场作用，散射 X 光也是非偏振光，但是，电子存在瞬时空间位置分布，同一原子中的电子，当处于不同位置时，同时受到 X 光波电场的辐射，散射的 X 光波因位置不同存在光程差。原子直径和 X 射线波长是同一数量级，原子内不同位置电子对于入射和散射光的光程差与波长相当，在体积较大的重原子中仍可能达到整数波长。如果光程差不是整数波长关系，相互干涉的结果并不形成衍射，即是破坏性干涉；只有光程差是整数波长关系才能形成衍射。这就意味着同一原子内也因电子的相对位置不同存在有效衍射问题，从而使得形成的衍射线是部分偏振光，即某些位置产生衍射，光波振幅增强，某些位置是破坏性干涉，不产生衍射，光波振幅减弱。

因为光的传播速度很快，原子内电子的运动速度也很快，都超过探测器的响应速度，从电子的瞬时位置计算光程差没有实际意义。根据量子理论，原子内电子存在电子密度分布，填满电子的内壳层可以近似视为球形。设原子的电子密度为 $\rho(r)$，选择原子内 O 和 P 两点的体积元 ΔV，体积元中形成散射的电子数为

$$n_e = \rho(r)\Delta V \tag{8-83}$$

原子的散射振幅与体积元中电子数成正比。原子处于晶面上，由于布拉格反射，入射透过线与反射线的交角必然等于 2θ。因为 O 和 P 两点的相对位置不同，所引起的光程差 $\varDelta$ 随着 2θ 的增大而增大。当 $2\theta = 0°$ 时，入射线与衍射线同向，光程差 $\varDelta = 0$，见图 8-14（a），此种情况，对原子的散射振幅形成生贡献的电子数等于核电荷数，即 $n_e = Z$。当 2θ 较小时，破坏性干涉也较小，见图 8-14（b）。随着 2θ 增大，光程差增大，破坏性干涉的概率也增加，对散射振幅形成贡献的电子数小于核电荷数，即 $n_e < Z$，见图 8-14（c）。显然，原子对电子的束缚力越强，原子中心电子密度越大，破坏性干涉的概率越小，对原子的散射振幅形成贡献的电子数越接近核电荷数。因为衍射线强度与原子的散射振幅平方成正比，所以通过测量衍射线的强度，可以确定晶体中原子的密度，区分原子和离子种类。反之，X 射线衍射测定很难区分晶体中原子序数相差很小的原子，如金属晶体中同时掺入硼和碳元素。

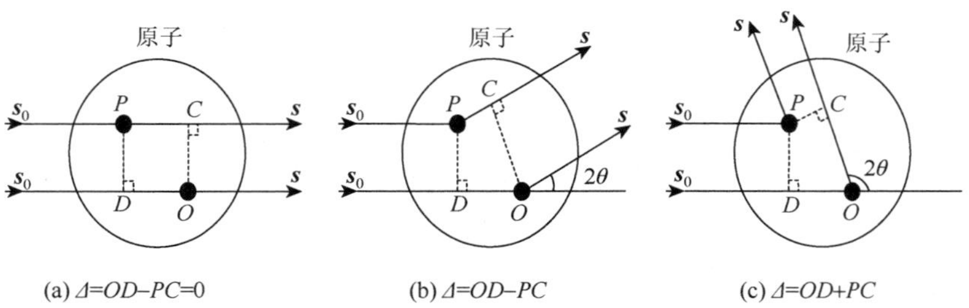

图 8-14　随反射角增大同一原子内电子的散射波光程差增大

由布拉格方程可知，反射角 θ 越大，波长 λ 越短，越容易发生破坏性叠加干涉，从而导致振幅减小。所有原子、离子的散射振幅与反射角 θ 和波长 λ 有关，$\sin\theta/\lambda$ 越大，原子或离子的散射振幅越小，见图 8-15。倘若改变布拉格方程为如下形式：

$$\frac{\sin\theta}{\lambda}=\frac{n}{2d}$$

可以得出：对于间距 d 很小的晶面族，用波长较短的 X 射线光源测定，只有入射角 θ 增大到某一数值才会出现反射，这意味着在晶体中，间距很短的晶面族对于波长较长的 X 光源，将不发生衍射；对于波长较短的 X 光源，只出现较少的衍射峰。

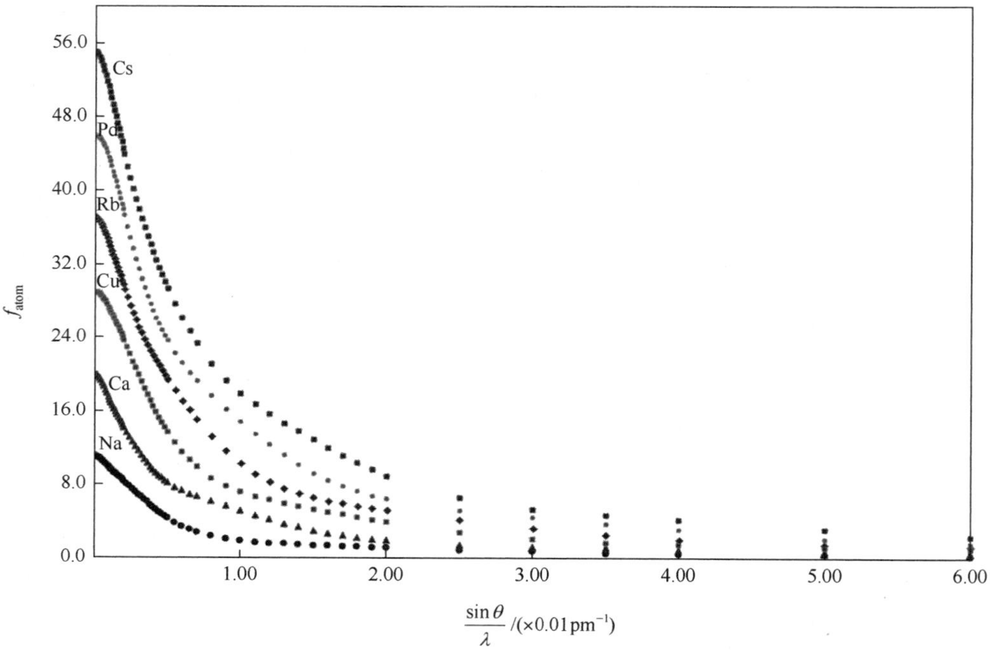

图 8-15　原子的散射振幅与 $\sin\theta/\lambda$ 的关系

入射 X 射线是自然非偏振光，经过晶面原子散射，根据布拉格方程，入射线和反射线必然共面，光程差满足整数波长才能形成振幅加强的衍射。当衍射发生时，反射线变成部分偏振光，即在共面振动方向的振幅得到加强，而其他振动方向的振幅近似不变。对于任意方向的振动都可以看成是平面偏振光的振动，将入射光波的某振动方向 $\boldsymbol{A}_0$ 分解为 A_{0x} 和 A_{0y}，与 x 轴的交角为 ψ，见图 8-16，则有

$$\boldsymbol{A}_0=A_{0x}\boldsymbol{e}_x+A_{0y}\boldsymbol{e}_y \tag{8-84}$$

其中，$A_{0x}=A_0\cos\psi=a_x\exp[\mathrm{i}(kz-\omega t)]$，$A_{0y}=A_0\sin\psi=a_y\exp[\mathrm{i}(kz-\omega t)]$，并有

$$A_0^2=A_{0x}^2+A_{0y}^2 \tag{8-85}$$

那么，对于自然光，各方向都有相同振动，x 和 y 方向的光强 I_x 和 I_y 以及振动方向的光强 I_0 分别为

$$I_{0x}=\int_0^{2\pi}A_{0x}^2\mathrm{d}\psi=\int_0^{2\pi}A_0^2\cos^2\psi\mathrm{d}\psi=\pi A_0^2$$
$$I_{0y}=\int_0^{2\pi}A_{0y}^2\mathrm{d}\psi=\int_0^{2\pi}A_0^2\sin^2\psi\mathrm{d}\psi=\pi A_0^2 \tag{8-86}$$
$$I_0=\int_0^{2\pi}A_0^2\mathrm{d}\psi=2\pi A_0^2$$

比较三式有

$$I_{0x}=I_{0y}=\frac{1}{2}I_0 \tag{8-87}$$

即两个方向的光强是原光强的一半。若为偏振光，则有

$$I_{0x}=A_{0x}^2=A_0^2\cos^2\psi=K_xA_0^2$$
$$I_{0y}=A_{0y}^2=A_0^2\sin^2\psi=K_yA_0^2$$

式中，K_x 和 K_y 分别称为 x 方向和 y 方向的偏振系数。

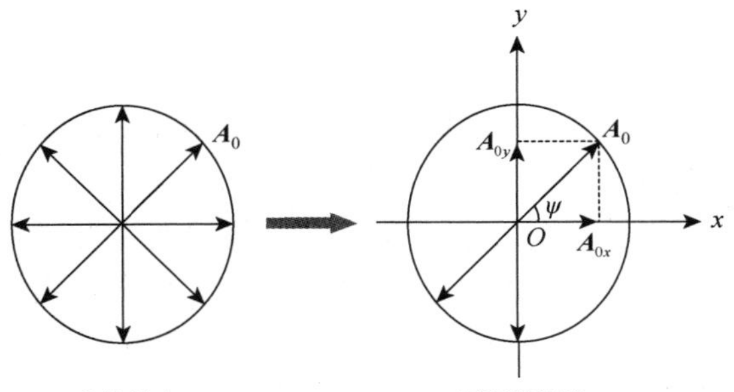

图 8-16　平面偏振光的电场矢量分解

为了描述光波在散射前后电场矢量振动方向的变化，建立一套简易的直角坐标系，见图 8-17。设 O 是原子中的电子，P 点是衍射线与原子边界球面的交点，衍射线沿 OP 方向传播，$OP=R$。生成衍射线之前，电子散射波是球面波，衍射是若干原子内部电子散射球面波的叠加，发生衍射后变为平面波，因而，电子的散射强度对衍射线强度的贡献等于散射球面波的振幅，OP 既是球面散射波的方向，又是衍射线的方向。设入射线传播方向为 z 轴，衍射线 OP 方向与 z 的交角为 2θ。入射线电场矢量振动方向 $\boldsymbol{A}_0$ 在 xOy 平面，与 x 轴的交角为 ψ。根据布拉格反射，O 是晶面上原子位置，P 和 I 点都在 xOz 平面上。P 点外衍射平面波电场矢量的振动方向 $\boldsymbol{A}$ 将垂直于衍射线 OP。若设衍射线与 $\boldsymbol{A}_0$ 的交角为 φ，与 x 分量 A_{0x} 的交角 $\varphi_x=\dfrac{\pi}{2}-2\theta$。因为 $OP\perp Oy$，衍射线与 y 分量 A_{0y} 的交角 $\varphi_y=\dfrac{\pi}{2}$，见图 8-17。

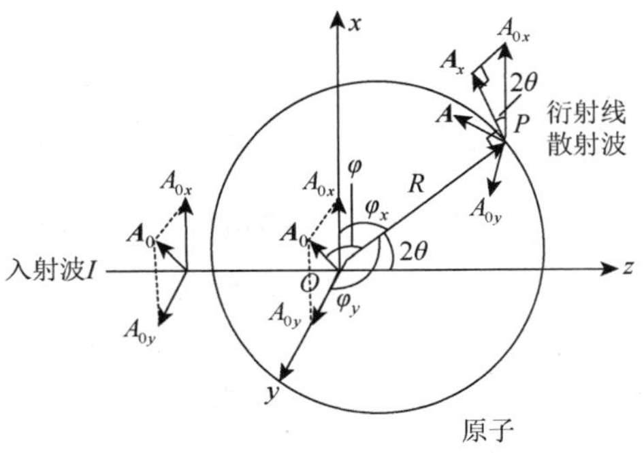

图 8-17　电子散射波的强度

电子散射球强度面波大大弱于入射 X 射线平面波，由于方向的变化，入射线振幅 $\boldsymbol{A}_0$ 投影到衍射线 OP 的振幅 A 上，就是衍射线振幅 A，A_0 与 A 的交角为 $\dfrac{\pi}{2}-\varphi$，$A=A_0\cos\left(\dfrac{\pi}{2}-\varphi\right)=A_0\sin\varphi$。如果原子中所有电

子都进行这样的投影，原子内电子散射波的光程差等于布拉格方程中的光程差，散射波是入射波的同步延续。电子在 P 点处的散射波强度与散射波振幅平方成正比，即

$$I_e = \frac{e^4}{m^2c^4} \cdot \frac{I_0}{R^2} \sin^2 \varphi \tag{8-88}$$

式中，$I_0 = A_0^2$。进一步将散射波电场矢量 $\boldsymbol{A}$ 分解为 x 和 y 分量，散射波的 x 和 y 分量方向的强度分别为

$$\begin{aligned} I_{ex} &= \frac{e^4}{m^2c^4} \cdot \frac{I_{0x}}{R^2} \sin^2\left(\frac{\pi}{2} - 2\theta\right) = \frac{e^4}{m^2c^4} \cdot \frac{I_{0x}}{R^2} \cos^2 2\theta \\ I_{ey} &= \frac{e^4}{m^2c^4} \cdot \frac{I_{0y}}{R^2} \sin^2 \frac{\pi}{2} = \frac{e^4}{m^2c^4} \cdot \frac{I_{0y}}{R^2} \end{aligned} \tag{8-89}$$

因为入射 X 射线是非偏振光，由 $I_{0x} = I_{0y} = \frac{1}{2} I_0$ 可知，在 P 点处电子散射波的总强度为

$$I_e = I_{ex} + I_{ey} = \frac{e^4}{m^2c^4} \cdot \frac{I_0}{R^2} \frac{1 + \cos^2 2\theta}{2} \tag{8-90}$$

式（8-90）就是 Thomson 公式，是一个电子发射的 X 射线散射波的强度，与布拉格反射角有关。当 OP 衍射线始终与入射线 OI 共面，x 分量也称为变化分量，而 OP 和 OI 始终与 Oy 垂直，y 分量是不变分量。①当反射角 $\theta = 0°$ 或 $\theta = 90°$ 时，$\cos^2 2\theta = 1$，散射强度最大，$I_{ex} = I_{ey}$，散射光也是非偏振光。②当反射角 $\theta = 45°$ 时，$\cos^2 2\theta = 0$，$I_{ex} = 0$，散射强度最小，$I_e = I_{ey}$，散射光为沿 y 方向振动的偏振光。③当反射角 θ 取任意角度时，$I_{ex} < I_{ey}$，即 y 方向分量始终大于 x 方向分量，这种散射光为部分偏振光。与入射线的强度相比，一个电子发射的散射波强度很弱，但是经过晶体中摩尔数量级电子的散射波叠加，强度将大大增强。将式（8-90）表达为电子对 X 射线的散射振幅，即为式（8-82）。

8.2.3　原子的散射因子

从原子中发出的散射 X 射线，首先是电子散射球面波的叠加，只有满足衍射条件才能形成原子的散射 X 射线，见图 8-14。将原子视为球形，原子轨道上运动的电子的电子密度等于波函数模的平方，不同轨道上电子的电子云分布近似视为球形对称。设原子中任意两个电子，其中一个为 O，另一个 Q，其相对位置由位置矢量 $\boldsymbol{r}$ 定位。任意瞬间，平行 X 射线与 O、Q 点的电子先后相遇，生成的散射 X 射线球面波在空间上形成光程差，见图 8-18。光程差为

$$\Delta = OC + OD$$

$$\Delta = \boldsymbol{r} \cdot \boldsymbol{s} - \boldsymbol{r} \cdot \boldsymbol{s}_0 = \boldsymbol{r} \cdot (\boldsymbol{s} - \boldsymbol{s}_0)$$

将散射光子的动量 $\boldsymbol{k} = \frac{2\pi}{\lambda} \boldsymbol{s}$，入射光子的动量 $\boldsymbol{k}_0 = \frac{2\pi}{\lambda} \boldsymbol{s}_0$ 代入上式，则光程差对应的相位差为

$$\delta = \frac{2\pi}{\lambda} \Delta = \frac{2\pi}{\lambda} \boldsymbol{r} \cdot (\boldsymbol{s} - \boldsymbol{s}_0) = \boldsymbol{r} \cdot (\boldsymbol{k} - \boldsymbol{k}_0) \tag{8-91}$$

式（8-91）是入射波和散射波经 Q 电子与原点 O 电子散射后形成的相位差，若 O 和 Q 发射的散射波发生干涉叠加，由式（8-40）可知，任一瞬间叠加散射波的波函数表示为

$$A'_{ee} = f_e \exp(i\delta) = f_e \exp\{i[\boldsymbol{r} \cdot (\boldsymbol{k} - \boldsymbol{k}_0)]\} \tag{8-92}$$

电子的散射因子 f_e 与电子在空间点的电荷成正比，叠加波的振幅与一个电子的散射振幅的关系可用电子在空间点的概率积分表示。因为相对于测量过程，电子运动速度很快，原子中电子的空间点的电荷视为电子云密度分布。设在位置矢量 $\boldsymbol{r}$ 的 Q 点处的电子云密度函数为 $\rho(r',\theta',\varphi')$，其中，$(r',\theta',\varphi')$ 为 Q 点的球极坐标。在球极坐标系中，以原子核为坐标系原点，O 和 Q 电子散射波叠加而成的原子散射波的波函数为

$$A_{ee} = f_e \int \rho(r',\theta',\varphi') \exp\{i[\boldsymbol{r} \cdot (\boldsymbol{k} - \boldsymbol{k}_0)]\} d\tau \tag{8-93}$$

式中，$\rho(r',\theta',\varphi') = |\Psi|^2$。假设电子的电子云分布是球形对称的，$\rho(r',\theta',\varphi') = \rho(r')$，$d\tau = r'^2 \sin\theta' dr' d\theta' d\varphi'$，上式积分演变为

$$A_{ee}=f_e\int_0^{+\infty}\rho(r')\exp\{i[\boldsymbol{r}\cdot(\boldsymbol{k}-\boldsymbol{k}_0)]\}\cdot r'^2 dr'\int_0^{\pi}\sin\theta' d\theta'\int_0^{2\pi}d\varphi'$$
$$=f_e\int_0^{+\infty}4\pi r'^2\rho(r')\exp\{i[\boldsymbol{r}\cdot(\boldsymbol{k}-\boldsymbol{k}_0)]\}dr' \tag{8-94}$$

式（8-94）为电子云分布为球形对称时，两电子散射波叠加的波函数形式。因为三个矢量 $\boldsymbol{s}$ 、 $\boldsymbol{s}_0$ 、 $\boldsymbol{s}-\boldsymbol{s}_0$ 分别是同向波矢 $\boldsymbol{k}$ 、 $\boldsymbol{k}_0$ 、 $\boldsymbol{k}-\boldsymbol{k}_0$ 的单位方向矢量，围成的三角形是等腰三角形， $\boldsymbol{s}$ 和 $\boldsymbol{s}_0$ 的夹角也为 2θ ，则有 $|\boldsymbol{s}-\boldsymbol{s}_0|=2\sin\theta$ ，定义衍射矢量：

$$\boldsymbol{S}=\frac{\boldsymbol{k}-\boldsymbol{k}_0}{2\pi}=\frac{\boldsymbol{s}-\boldsymbol{s}_0}{\lambda},\ |\boldsymbol{S}|=\frac{2\sin\theta}{\lambda} \tag{8-95}$$

两电子散射波叠加的波函数形式演化为

$$A_{ee}=f_e\int_0^{+\infty}4\pi r'^2\rho(r')\exp[i2\pi(\boldsymbol{r}\cdot\boldsymbol{S})]dr'$$

注意：在球极坐标系下，径向变量 r' 与散射电子的位置矢量 $\boldsymbol{r}$ 不同， $\boldsymbol{r}'=\boldsymbol{r}-\boldsymbol{r}_O$ ，上式演变为

$$A_{ee}=f_e\int_0^{+\infty}4\pi(r-r_O)^2\rho(r-r_O)\exp[i2\pi(\boldsymbol{r}\cdot\boldsymbol{S})]d(r-r_O)$$

若将 O 点移至球极坐标系原点，$r_O=0$，上式积分简化为

$$A_{ee}=f_e\int_0^{+\infty}4\pi r^2\rho(r)\exp[i2\pi(\boldsymbol{r}\cdot\boldsymbol{S})]dr \tag{8-96}$$

这就是两电子散射波叠加的原子散射波函数。设入射和散射波矢的动量差矢量 $\boldsymbol{k}-\boldsymbol{k}_0$ 与位置矢量 $\boldsymbol{r}$ 的夹角为 ψ ，由式（8-95）可知，衍射矢量 $\boldsymbol{S}$ 与位置矢量 $\boldsymbol{r}$ 的夹角也为 ψ ，则

$$\boldsymbol{r}\cdot\boldsymbol{S}=\frac{2\sin\theta}{\lambda}r\cos\psi \tag{8-97}$$

代入式（8-96）得

$$A_{ee}=f_e\int_0^{+\infty}4\pi r^2\rho(r)\exp\left(i\frac{4\pi}{\lambda}r\sin\theta\cos\psi\right)dr \tag{8-98}$$

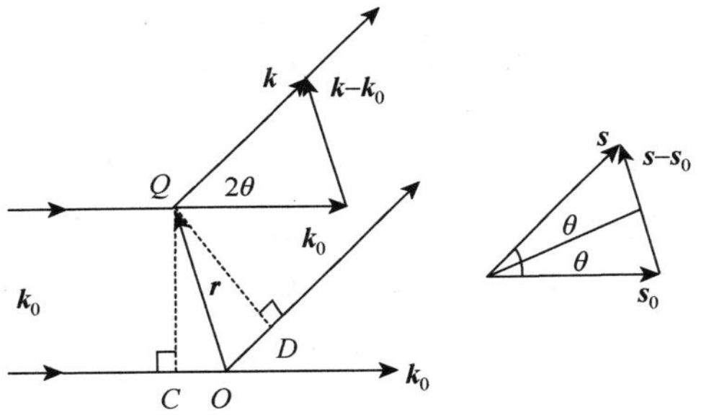

图 8-18　原子中不同位置电子散射波的光程差

设原子的核电荷数为 Z，则共有 Z 个电子。在任一瞬时，这些电子都处于原子核外空间的确定位置，选择靠近原子核中心的电子位置作为参考点，初始相位为 δ_1 ，于是，第一个电子的散射波振幅为 $\boldsymbol{A}_{ee1}=f_e\exp(i\delta_1)$ ， f_e 为电子的散射波振幅。第二个电子相对于第一个电子的相位差为 $\delta=2\pi\boldsymbol{r}\cdot\boldsymbol{S}$ ，第二个电子的散射波振幅为 $\boldsymbol{A}_{ee2}=f_e\exp[i(\delta_1+\delta)]$ ，以此类推，第 Z 个电子相对于第一个电子的相位差为 $(Z-1)\delta$ ，散射波振幅为 $\boldsymbol{A}_{eeZ}=f_e\exp\{i[\delta_1+(Z-1)\delta]\}$ 。全部 Z 个电子的散射波振幅的叠加为矢量求和：

$$\boldsymbol{A}'_a=\boldsymbol{A}_{ee1}+\boldsymbol{A}_{ee2}+\cdots+\boldsymbol{A}_{eeZ}$$
$$=f_e\exp(i\delta_1)+f_e\exp[i(\delta_1+\delta)]+\cdots+f_e\exp\{i[\delta_1+(Z-1)\delta]\}$$

将 $\delta=2\pi\boldsymbol{r}\cdot\boldsymbol{S}$ 代入上式

$$\boldsymbol{A}'_a=f_e\exp(i\delta_1)+f_e\exp[i(\delta_1+2\pi\boldsymbol{r}\cdot\boldsymbol{S})]+\cdots+f_e\exp\{i[\delta_1+(Z-1)2\pi\boldsymbol{r}\cdot\boldsymbol{S}]\}$$
$$=\sum_{m=1}^{Z}f_e\exp\{i[\delta_1+(m-1)2\pi\boldsymbol{r}\cdot\boldsymbol{S}]\}$$

按照导出式（8-45）的叠加方法，将散射波的复波函数看作复平面上的复矢量，则有

$$\begin{aligned}A'_{\mathrm{a}}&=\sum_{m=1}^{Z}f_{\mathrm{e}}\exp\{\mathrm{i}[\delta_1+(m-1)2\pi\boldsymbol{r}\cdot\boldsymbol{S}]\}\\&=f_{\mathrm{e}}\frac{\sin[Z\cdot(2\pi\boldsymbol{r}\cdot\boldsymbol{S})/2]}{\sin[(2\pi\boldsymbol{r}\cdot\boldsymbol{S})/2]}\exp\left\{\mathrm{i}\left[\delta_1+\frac{(Z-1)(2\pi\boldsymbol{r}\cdot\boldsymbol{S})}{2}\right]\right\}\end{aligned}\tag{8-99}$$

以上是任意瞬间，同一原子内部电子之间的散射 X 射线叠加。实际上光子和电子的运动速度比探测器的响应速度快得多，在测量的时间段内，原子核外电子已形成电子密度分布，每个电子都运动到原子核外全部空间，全部电子的散射波的叠加，等于原子的总电子密度 $|\Psi(r,\theta,\varphi)|^2$ 乘以原子的总散射波的波函数，电子散射波的总强度就是原子的散射波强度，数学上等于遍及球极坐标系变量的全区间积分：

$$\begin{aligned}A_{\mathrm{a}}&=\int_0^{+\infty}\int_0^{\pi}\int_0^{2\pi}|\Psi(r,\theta,\varphi)|^2\sum_{m=1}^{Z}f_{\mathrm{e}}\exp\{\mathrm{i}[\delta_1+(m-1)2\pi\boldsymbol{r}\cdot\boldsymbol{S}]\}\mathrm{d}\tau\\&=\int_0^{+\infty}\rho_{\mathrm{a}}(r)\sum_{m=1}^{Z}f_{\mathrm{e}}\exp\{\mathrm{i}[\delta_1+(m-1)2\pi\boldsymbol{r}\cdot\boldsymbol{S}]\}r^2\mathrm{d}r\int_0^{\pi}\sin\theta\mathrm{d}\theta\int_0^{2\pi}\mathrm{d}\varphi\\&=\int_0^{+\infty}4\pi r^2\rho_{\mathrm{a}}(r)\sum_{m=1}^{Z}f_{\mathrm{e}}\exp\{\mathrm{i}[\delta_1+(m-1)2\pi\boldsymbol{r}\cdot\boldsymbol{S}]\}\mathrm{d}r\end{aligned}\tag{8-100}$$

其中，原子内层轨道都填满了电子，电子密度分布可看成是球形对称的，角度函数视为常数，$\Psi(r,\theta,\varphi)=cR(r)$，于是，$|\Psi(r,\theta,\varphi)|^2=\rho_{\mathrm{a}}(r)$。式（8-100）称为 Z 电子原子的散射波函数。原子中电子间距和入射线波长都为 $10^{-10}\,\mathrm{m}$ 数量级，指数中的相位差的变化区间为 $[0,2m\pi]$，而且 m 为小整数。如果原子核外电子密度是球对称的，电子是全同粒子，电子之间的各种相位差满足 $\delta=2\pi\boldsymbol{r}\cdot\boldsymbol{S}=2m\pi$，并且参考电子的初始相位 $\delta_1=0$ 时，各电子的散射波干涉叠加才能相互加强。式（8-99）演变为

$$A'_{\mathrm{a}}=\sum_{m=1}^{Z}f_{\mathrm{e}}\exp\{\mathrm{i}[\delta_1+(m-1)2\pi\boldsymbol{r}\cdot\boldsymbol{S}]\}=f_{\mathrm{e}}\frac{\sin[Z\cdot(2\pi\boldsymbol{r}\cdot\boldsymbol{S})/2]}{\sin[(2\pi\boldsymbol{r}\cdot\boldsymbol{S})/2]}\tag{8-101}$$

由式（8-97），并令 $N=\dfrac{4\pi\sin\theta}{\lambda}$，原子内各电子的散射波相位差等于：

$$\delta=2\pi\boldsymbol{r}\cdot\boldsymbol{S}=\frac{4\pi\sin\theta}{\lambda}r\cos\psi=Nr\cos\psi$$

式中，衍射矢量 $\boldsymbol{S}$ 与位置矢量 $\boldsymbol{r}$ 的夹角 ψ 随各电子与参考电子的相对位置 $\boldsymbol{r}$ 变化以及衍射角 θ 的变化，而发生变化。由图 8-14 的讨论可知，θ 角很小，破坏性干涉较小，原子内电子能形成衍射，θ 角增大，破坏性干涉增加。当 θ 角很小，$\boldsymbol{S}$ 与 $\boldsymbol{r}$ 的夹角 ψ 也较小时，$\cos\psi\approx1$，原子内各电子的散射波相位差近似等于：

$$\delta=2\pi\boldsymbol{r}\cdot\boldsymbol{S}\approx Nr$$

代入式（8-101）得

$$A'_{\mathrm{a}}=f_{\mathrm{e}}\frac{\sin[Z\cdot(2\pi\boldsymbol{r}\cdot\boldsymbol{S})/2]}{\sin[(2\pi\boldsymbol{r}\cdot\boldsymbol{S})/2]}=f_{\mathrm{e}}\frac{\sin(ZNr/2)}{\sin(Nr/2)}$$

将上式代入式（8-100），得到原子的散射振幅为

$$A_{\mathrm{a}}=f_{\mathrm{e}}\int_0^{+\infty}4\pi r^2\rho_{\mathrm{a}}(r)\frac{\sin(ZNr/2)}{\sin(Nr/2)}\mathrm{d}r=Zf_{\mathrm{e}}\int_0^{+\infty}4\pi r^2\rho_{\mathrm{a}}(r)\frac{\sin(ZNr/2)}{ZNr/2}\mathrm{d}r\tag{8-102}$$

其中，当 $Nr/2$ 很小时，$\sin(Nr/2)\approx Nr/2$。一个特例是：当 $\theta=0°$，$N=0$，$A_{\mathrm{a}}=Zf_{\mathrm{e}}$，即原子的散射振幅是每个电子的振幅相加。上式积分值在 $[0,1]$ 区间。

定义原子的散射因子，等于原子的散射波函数振幅 A_{a} 与电子散射波函数振幅 f_{e} 之比，由式（8-102）可得

$$f_{\mathrm{a}}=\frac{A_{\mathrm{a}}}{f_{\mathrm{e}}}=Z\int_0^{+\infty}4\pi r^2\rho_{\mathrm{a}}(r)\frac{\sin(ZNr/2)}{ZNr/2}\mathrm{d}r\tag{8-103}$$

随着衍射角 θ 增大、入射波长减小，N 增大，原子的散射振幅减小。其中，原子的径向密度函数由所有电

子的径向波函数求得，$\rho_a(r)=\sum_{n=1}^{Z}\left|\psi_n(r)\right|^2$，波函数则通过自洽场哈特里-福克方程解得。原子的散射因子决定了衍射线的固有强度，衍射线强度和原子的散射因子也是推测原子位置的重要依据。晶体出现衍射时，相邻晶面上的布拉格反射角指明了原子的散射波方向与衍射线方向都是平行的。

更精确的原子散射因子计算，需要将原子的散射分为康普顿散射和原子的固有散射，固有散射的相位与原子核处的一个自由电子相关，对于一个自由电子的散射，存在相位位移 π。当电子 n 在原子中的电子密度为 $\rho(\boldsymbol{r}_n)$ 时，与原子核处的自由电子的相位差 $\delta=2\pi(\boldsymbol{r}_n\cdot\boldsymbol{S})$，由电子 n 贡献的总固有散射振幅为

$$f_n=\int_0^{+\infty}\rho(\boldsymbol{r}_n)\exp[\mathrm{i}2\pi(\boldsymbol{r}_n\cdot\boldsymbol{S})]\mathrm{d}\boldsymbol{r}_n \tag{8-104}$$

则电子 n 贡献的固有散射强度为

$$I_n=I_e f_n^2 \tag{8-105}$$

电子的总散射强度减去固有强度等于电子的康普顿散射强度，即

$$I_{\text{comp}}=I_e-I_e f_n^2=I_e\left(1-f_n^2\right) \tag{8-106}$$

对于核电荷数为 Z 的原子，原子中全部电子固有的总散射强度为

$$I_a=I_e\left(\sum_{n=1}^{Z}f_n\right)^2 \tag{8-107}$$

总康普顿散射强度为

$$I_{\text{comp}}=I_e\left(Z-f_n^2-\sum_{n,m}f_{nm}\right) \tag{8-108}$$

式中，f_{nm} 为校正项，精确计算考虑了电子的交换状态，在计算全部电子密度时，由于泡利不相容原理，同一轨道上两个电子的交换只是自旋波函数不同，必须减去交换项对电子密度的重复计算，该校正项表示为

$$f_{nm}=\int_0^{+\infty}\psi_n^*\psi_m\exp[\mathrm{i}2\pi(\boldsymbol{r}\cdot\boldsymbol{S})]\mathrm{d}\boldsymbol{r} \tag{8-109}$$

由于求解原子轨道波函数存在多种方法，因而得到的波函数和电子密度也有所不同，散射振幅计算也存在差异。部分文献提供了限制性哈特里-福克方程解得的原子平均散射因子[11]，为 f_a-$\frac{\sin\theta}{\lambda}$ 数据表，依据如下参数化公式算出

$$f_a\left(\frac{\sin\theta}{\lambda}\right)=c+\sum_{i=1}^{4}a_i\exp\left(-b_i\frac{\sin^2\theta}{\lambda^2}\right) \tag{8-110}$$

式中包含 9 个参数，$a_1\sim a_4$、$b_1\sim b_4$ 和 c，不同原子的电子结构不同，这些参数也不同。运用这些参数，选择不同的 $\sin\theta/\lambda$，由式（8-110）可以算得原子散射因子随着衍射角变化的曲线。对于小角度衍射，$0<\sin\theta/\lambda<0.02\text{pm}^{-1}$，结果较为精确；对于大角度衍射，$0.02\text{pm}^{-1}<\sin\theta/\lambda<0.06\text{pm}^{-1}$，误差较大。1989 年，A. G. Fox 等使用式（8-111）编写了一套“对数多项式”曲线拟合程序，对于大衍射角，可以输出较为精确的原子散射因子值[12]：

$$\ln f_a=\sum_{m=0}^{3}a_m\left(\frac{\sin\theta}{\lambda}\right)^m \tag{8-111}$$

式中包含 4 个参数，$a_0\sim a_3$。由图 8-14 可知，原子散射因子是原子内部电子散射球面波干涉叠加的总振幅，随衍射角度的增加，电子散射波相位不同步，破坏性干涉增加，散射因子减小。根据原子散射因子参数，应用式（8-110）计算小角度部分，应用式（8-111）计算大角度部分，两部分合起来组成 f_a-$\frac{\sin\theta}{\lambda}$ 数据，最后绘出 f_a-$\frac{\sin\theta}{\lambda}$ 变化趋势图。图 8-19 是部分原子散射因子随衍射角增大的变化趋势图，图中使用的数据是晶体 X 射线衍射谱分析必备的数据。

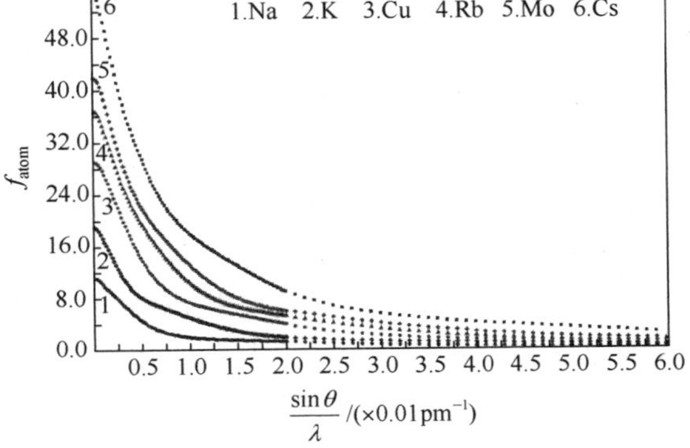

图 8-19 原子散射因子随 $\sin\theta/\lambda$ 增大的衰减趋势

当正、负离子的电子结构相似，离子的散射因子相似，见图 8-20（a）和（b）。二者的细微区别是正离子半径小，电子紧密，散射因子略大，负离子电子松散，散射因子略小。

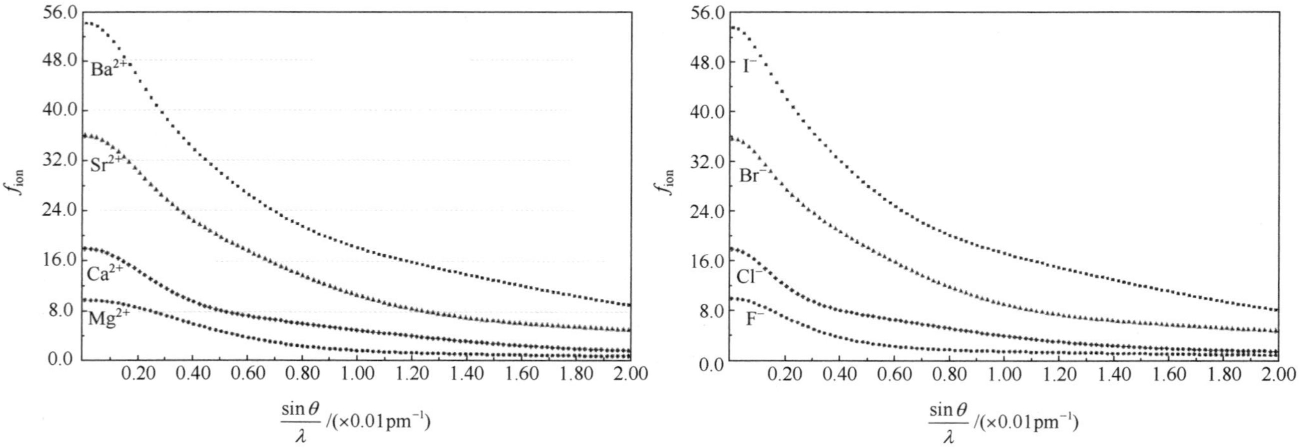

(a) 碱土金属正离子的散射因子　　(b) 卤素负离子的散射因子

图 8-20　离子的散射因子随 $\sin\theta/\lambda$ 增大的变化趋势

8.2.4　晶胞原子的总散射振幅

晶体结构的特点是微粒的周期性重复排列，这种周期重复结构的最小单位就是晶胞，晶体结构图是晶胞的三维堆砌图。由于晶胞参数与 X 射线波长是同一数量级，就 X 射线而言，晶体的三维周期结构就是三维光栅，X 射线必然在晶体光栅中产生衍射。首先，X 射线经过原子核外电子散射生成 X 散射球面波，原子内全部电子的 X 射线球面波干涉叠加，合成出原子的散射 X 射线。与入射 X 射线相比，干涉叠加后散射 X 射线不仅振幅和强度减弱，而且由平面波变成了球面波，其次，在晶体的周期性结构中，空间位置不同的原子发出的散射 X 射线，都因与入射线的方向不同而出现光程差，当光程差是整数乘波长时产生衍射，相对于入射 X 射线方向，衍射线的方向发生了改变，相当于入射线和衍射线在原子处发生了转折。并由非平面偏中层光变为部分偏中层光。整个单晶体由无数晶胞构成，其数量是阿伏伽德罗常数数量级，无论从劳厄方程，还是布拉格方程都指明这种衍射由相邻原子产生，并按阿伏伽德罗常数数量级叠加，形成强衍射线。

与原子内电子的散射 X 射线球面波干涉叠加相似，无论晶体中微粒如何堆积，只要原子的散射 X 射线在同一空间点相遇，它们就会干涉叠加，满足衍射条件，就会产生衍射线。不同的是，晶体中微粒堆积存在较多的空隙区域，而且除了热运动外，微粒没有像电子那样的波动，微粒的位置相对固定，只有有限的振动，原子的散射 X 射线之间没有复杂的破坏性干涉，仅有间歇形式的相互抵消，使得产生的衍射线是离散的，不是连续的，而且数目极为有限，这已经从布拉格方程得到说明。晶胞中原子的 X 射线衍射强度与晶体结构存在必然联系，因而研究晶胞单位的衍射线振幅有着重要的作用。

在没有确定晶体结构之前，晶体坐标系和晶胞都是未知的。根据晶体周期性特点，晶体中任意原子周围的有限区域都可以划出周期性重复的、体积最小的、包含微粒数最少的单位，称为初基胞，初基胞不一定满足晶体的对称性条件。因为微粒排列的对称性可能导致衍射线消失，即微粒在空间位置上的对称性，可能使得对称性关联的原子或离子发射的散射光的相位差出现等于 $(2n+1)\pi$ 的情况，叠加时相互抵消，在 X 射线衍射理论中称为系统性消光。由布拉格方程可知，衍射线的衍射指标是对应晶面族中晶面指标的整数倍，衍射是指相邻晶面上的原子对 X 射线的衍射，晶面上的原子排列又与晶体的对称性相联系，如果借助晶体的对称群分类，从理论上推出特定对称性类型晶体的衍射线分布，那么，测得晶体的衍射线分布就可以确定晶体的对称性类型，从而得出晶体所属晶系、空间格子和正当晶胞，建立晶体坐标系。晶体的衍射线在衍射数据处理中也称为衍射点，实验记录的衍射点包括衍射指标 hkl、衍射角 (φ,θ,χ) 和衍射线强度等信息。本节将讨论与衍射线强度关联的另一个重要物理量，即正当晶胞中原子的总散射振幅，它与空间格子、对称性分类以及晶体结构密切相关，也称为结构因子[13]。经过以上分析，明确了实验测得的衍射线由两个因子贡献，一个是原子的固有散射振幅，另一个是结构因子。

晶体是无限图形，但存在周期性重复的最小结构单位，即结构基元。设晶体的结构基元构成为 $m\mathrm{A}+n\mathrm{B}+\cdots+p\mathrm{E}$，晶胞中结构基元数为 q，q 等于空间格子中的点阵点数，晶胞中的原子总数 N 等于

$$(m+n+\cdots+p)q=N \tag{8-112}$$

从晶胞发出的衍射线的总散射振幅等于晶胞中所有原子散射振幅的总和，定义晶胞中所有原子组成衍射原子集。将晶体坐标系原点放在衍射原子集的任意原子 O 上，原子 P 在点空间中的空间位置用分数坐标 (x_i,y_i,z_i) 表示，在矢量空间中对应矢量 $\boldsymbol{OP}$，表示为

$$\boldsymbol{OP}=\boldsymbol{r}=x_i\boldsymbol{a}+y_i\boldsymbol{b}+z_i\boldsymbol{c}\quad(i=1,2,\cdots,N) \tag{8-113}$$

注意：晶胞的结构基元数 q 与化学计量式单位数 Z 有时不相等，例如，组成为 TiO_2 的金红石晶体，晶体的结构基元 2Ti + 4O，晶胞中结构基元数等于 1，化学计量式单位数等于 2，但是，晶胞的化学计量式单位数 Z 所包含的原子总数与衍射原子集的原子总数相等。晶胞中原子的分数坐标特点为 $0\leqslant x_i<1$、$0\leqslant y_i<1$、$0\leqslant z_i<1$。衍射原子集中原子的分数坐标与晶体的结构基元构成相似，结构基元的分数坐标特点为 $-1<x_i<1$、$-1<y_i<1$、$-1<z_i<1$。即晶体坐标系的原点是放在晶体中一个结构基元的某一原子上，以符合原点定位规则，再按照空间格子类型，以点阵点为参照点指定其他结构基元的位置。

首先，结构基元的全部原子散射振幅贡献于衍射线的振幅；其次，晶胞中全部结构基元的衍射振幅相互叠加，形成晶胞衍射线振幅。由于结构基元是由近邻的、相互键连的原子组成，这些原子散射波干涉叠加，生成的衍射线振幅可能是加强，也可能减弱，在 X 射线衍射谱中表现为强衍射线和弱衍射线。

如果原子 O 和原子 P 是结构基元中的两个原子，二者没有周期性平移关系。在晶体坐标系 $(\boldsymbol{a},\boldsymbol{b},\boldsymbol{c};\alpha,\beta,\gamma)$ 中，原子 O 和 P 在 $\boldsymbol{OP}$ 矢量方向上，同时也分别在同一晶面族的相邻平行晶面上。为了确定两个原子的散射波干涉叠加生成的衍射线方向 hkl，设晶面 $A'B'C'$ 在晶轴 a、b、c 的截距分别为 a/h^*、b/k^*、c/l^*，见图 8-21（a），则该晶面的晶面指标为 $(h^*k^*l^*)$，原子 O 和 P 分别在 $(h^*k^*l^*)$ 晶面族的相邻平行晶面上。X 射线经过两个原子散射后，原子 P 相对于原子 O 产生的光程差为

$$\varDelta=OC+OD=\boldsymbol{r}\cdot(\boldsymbol{s}-\boldsymbol{s}_0)$$

因为 $\boldsymbol{k}_0=\dfrac{2\pi}{\lambda}\boldsymbol{s}_0$，$\boldsymbol{k}=\dfrac{2\pi}{\lambda}\boldsymbol{s}$，则原子 P 相对于原子 O 的相位差为

$$\delta=\frac{2\pi}{\lambda}\varDelta=\boldsymbol{r}\cdot(\boldsymbol{k}-\boldsymbol{k}_0) \tag{8-114}$$

式中，$\boldsymbol{OP}=\boldsymbol{r}$，$\boldsymbol{k}_0$ 和 $\boldsymbol{k}$ 分别为入射波和原子散射波的波矢，波矢的单位方向矢量分别为 $\boldsymbol{s}_0$ 和 $\boldsymbol{s}$，$|\boldsymbol{s}_0|=|\boldsymbol{s}|=1$。两原子散射波在 P 点外相遇，发生干涉叠加，在 P 点外的衍射方向对应的衍射指标为 hkl，原子 P 相对于原子 O 的衍射波振幅为

$$\boldsymbol{A}_P=f_P\exp(\mathrm{i}\delta)=f_P\exp[\mathrm{i}\boldsymbol{r}\cdot(\boldsymbol{k}-\boldsymbol{k}_0)] \tag{8-115}$$

其中，$\boldsymbol{k}-\boldsymbol{k}_0$ 为 $\boldsymbol{k}_0$ 和 $\boldsymbol{k}$ 的差矢量，其方向与晶面 $(h^*k^*l^*)$ 垂直，也就是晶面法线方向。如果只表示入射线和衍射线的方向，可用波矢的单位方向矢量表示，因为 $\boldsymbol{s}-\boldsymbol{s}_0$ 与 $\boldsymbol{k}-\boldsymbol{k}_0$ 同向，见图 8-21（b）。定义晶胞和结构基元中原子的衍射矢量

$$\boldsymbol{H}=\frac{\boldsymbol{s}-\boldsymbol{s}_0}{\lambda} \tag{8-116}$$

在倒易空间中，衍射矢量等于倒易点阵矢量，即 $\boldsymbol{H}=\boldsymbol{H}_{hkl}=h\boldsymbol{a}^*+k\boldsymbol{b}^*+l\boldsymbol{c}^*$，则

$$\boldsymbol{k}-\boldsymbol{k}_0=\frac{2\pi}{\lambda}(\boldsymbol{s}-\boldsymbol{s}_0)=2\pi\boldsymbol{H} \tag{8-117}$$

将原子 P 的相对衍射波振幅用衍射矢量表示，式（8-117）代入式（8-115）可得

$$\boldsymbol{A}_P=f_P\exp[\mathrm{i}\boldsymbol{r}\cdot(\boldsymbol{k}-\boldsymbol{k}_0)]=f_P\exp[\mathrm{i}2\pi(\boldsymbol{r}\cdot\boldsymbol{H})] \tag{8-118}$$

为了求得式（8-118）中的标量积 $\boldsymbol{r}\cdot\boldsymbol{H}$，在晶体坐标系中，将 $\boldsymbol{r}$ 矢量视为某方向上的平移矢量，两原子散射波叠加衍射，同样也满足劳厄方程组（8-55）：

$$\boldsymbol{a}\cdot(\boldsymbol{s}-\boldsymbol{s}_0)=h\lambda$$
$$\boldsymbol{b}\cdot(\boldsymbol{s}-\boldsymbol{s}_0)=k\lambda$$
$$\boldsymbol{c}\cdot(\boldsymbol{s}-\boldsymbol{s}_0)=l\lambda$$

根据衍射矢量定义式（8-116），将劳厄方程用衍射矢量表示为

$$\begin{aligned}\boldsymbol{a}\cdot\boldsymbol{H}&=h\\ \boldsymbol{b}\cdot\boldsymbol{H}&=k\\ \boldsymbol{c}\cdot\boldsymbol{H}&=l\end{aligned}\tag{8-119}$$

则标量积 $\boldsymbol{r}\cdot\boldsymbol{H}$ 表示为

$$\begin{aligned}\boldsymbol{r}\cdot\boldsymbol{H}&=(x_i\boldsymbol{a}+y_i\boldsymbol{b}+z_i\boldsymbol{c})\cdot\boldsymbol{H}\\ &=x_i\boldsymbol{a}\cdot\boldsymbol{H}+y_i\boldsymbol{b}\cdot\boldsymbol{H}+z_i\boldsymbol{c}\cdot\boldsymbol{H}\\ &=hx_i+ky_i+lz_i\end{aligned}\tag{8-120}$$

将式（8-120）代入式（8-118），原子 P 的相对衍射波振幅就表示为 P 点的分数坐标形式

$$\boldsymbol{A}_P=f_P\exp[\mathrm{i}\boldsymbol{r}\cdot(\boldsymbol{k}-\boldsymbol{k}_0)]=f_P\exp[\mathrm{i}2\pi(hx_i+ky_i+lz_i)]\tag{8-121}$$

在结构基元中，每个原子相对于坐标原点的衍射波振幅都可用式（8-121）表示。倘若将结构基元作为衍射结构单位，结构基元的总衍射波振幅等于当中全部原子的衍射波振幅的叠加。如果结构基元的组成是 $m\mathrm{A}+n\mathrm{B}+\cdots+p\mathrm{E}$，则有

$$\begin{aligned}F_\mathrm{S}&=\sum_{i=1}^{m}f_\mathrm{A}\exp[\mathrm{i}2\pi(hx_i+ky_i+lz_i)]+\sum_{i=1}^{n}f_\mathrm{B}\exp[\mathrm{i}2\pi(hx_i+ky_i+lz_i)]\\ &\quad+\cdots+\sum_{i=1}^{p}f_\mathrm{E}\exp[\mathrm{i}2\pi(hx_i+ky_i+lz_i)]\\ &=\sum_{i=1}^{J}f_i\exp[\mathrm{i}2\pi(hx_i+ky_i+lz_i)]\end{aligned}\tag{8-122}$$

式中，结构基元中的原子总数 $J=m+n+\cdots+p$。式（8-122）表示结构基元中全部原子的衍射波叠加，在复平面上，等于复波函数的矢量求和，结果与式（8-45）相似。对于一个晶胞生成的衍射线的振幅，等于晶胞内所有原子的衍射波振幅求和，也等于晶胞中全部结构基元的衍射波振幅求和，其中，晶胞中的结构基元对应空间格子中的点阵点。在矢量空间中，晶胞范围内相邻结构基元的空间位置是非周期性的；在点空间中，单位空间格子范围内全部结构基元中原子的位置坐标也只取分数。对于简单正当格子，空间格子只含有一个点阵点，对应一个结构基元，晶胞的衍射振幅就是结构基元的衍射振幅，由表达式（8-122）求出。对于带心正当格子，晶胞的总衍射振幅必须按照结构基元数或点阵点数求和。除了原点处的结构基元外，其他位置的结构基元中各个原子的位置分数坐标，按空间格子的非周期平移量，将原点处的结构基元依次平移到空间格子的点阵点位置。

$$\begin{aligned}F_\mathrm{Cell}&=\sum_{j=1}^{q}\sum_{i=1}^{J}f_i\exp[\mathrm{i}2\pi(hx_{ji}+ky_{ji}+lz_{ji})]\\ &=\sum_{j=1}^{q}F_\mathrm{S}\exp[\mathrm{i}2\pi(hx_j+ky_j+lz_j)]\end{aligned}\tag{8-123}$$

式中，F_S 为结构基元的衍射波振幅；(x_j,y_j,z_j) 为空间格子中点阵点的位置坐标。从晶体发出的衍射线方向与晶胞、结构基元发出的衍射线同向，即同一条衍射线有相同的衍射指标，相同的反射角，源自相同的平行晶面族。因而晶胞发出的衍射线振幅决定了实际测量的衍射线振幅，一块 $1\mathrm{cm}^3$ 的小晶体中大约 10^{22} 数目的晶胞是平行并置的空间位置关系，并有周期性重复排列性质，因而衍射线的干涉叠加必然满足衍射条件，这样很弱的晶胞衍射线就转变为实际测量的强衍射线。在讨论衍射线的强度时，我们更倾向于使用初基晶胞，即不按对称性优先的晶胞选取原则，这样结构基元的衍射线振幅就是晶胞的衍射线振幅，从而避免了对称性未知带来的限制，以及由此引起的复杂分析过程。实际上又必须进行对称性分析才能更准确地确定结构基元在晶体中的位置，所以，也应分析正当晶胞的衍射线振幅。

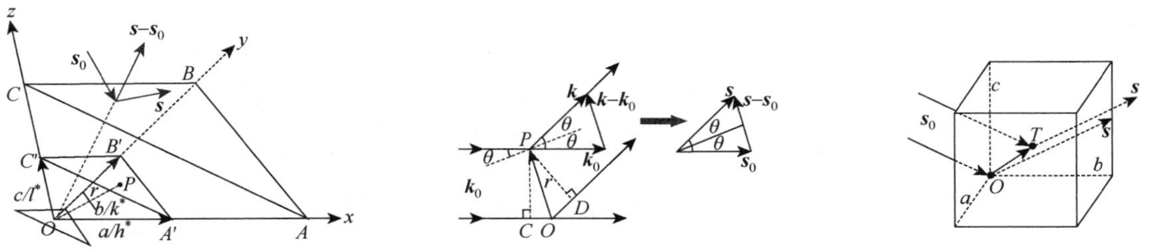

(a) 两原子散射波的干涉叠加　(b) 入射线、衍射线波矢及其单位方向矢量　(c) 晶胞的衍射

图 8-21　晶胞中两个原子散射波的叠加衍射

【例 8-2】 六方镁晶体，用波长为 154.05pm 的 CuK_α 射线测得晶胞参数 $a=320.95$pm，$c=521.04$pm[14]，全部衍射线的衍射角、衍射强度和衍射指标见表 8-8，计算晶胞的理论衍射线振幅和衍射强度。

表 8-8　镁晶体的衍射线的衍射角、衍射强度和衍射指标

序号	$\frac{d}{n}$ /pm	θ/(°)	I/I_0	*hkl*	序号	$\frac{d}{n}$ /pm	θ/(°)	I/I_0	*hkl*
1	278.00	16.09	35	100	13	108.51	45.22	2	203
2	260.60	17.20	41	002	14	105.06	47.15	1	210
3	245.30	18.31	100	101	15	102.96	48.41	7	211
4	190.10	23.91	20	102	16	101.12	49.61	3	114
5	160.50	28.68	18	110	17	97.57	52.13	2	105
6	147.30	31.53	18	103	18	95.05	54.14	1	204
7	138.90	33.66	2	200	19	92.65	56.24	1	300
8	136.60	34.31	16	112	20	89.88	58.97	4	213
9	134.30	35.00	9	201	21	87.29	61.93	2	302
10	130.30	36.25	2	004	22	83.37	67.50	2	205
11	122.70	38.92	2	202	23	82.88	68.32	1	106
12	117.95	40.77	2	104	24	81.77	70.38	1	214

解： 六方镁晶体的结构基元包含两个原子，分数坐标分别为 $\left(\frac{2}{3},\frac{1}{3},\frac{1}{4}\right)$、$\left(\frac{1}{3},\frac{2}{3},\frac{3}{4}\right)$，将坐标系原点平移至 $\left(\frac{2}{3},\frac{1}{3},\frac{1}{4}\right)$，则两个原子的坐标变为 (0,0,0)、$\left(\frac{2}{3},\frac{1}{3},\frac{1}{2}\right)$。按照式（8-122），结构基元的衍射线振幅等于

$$F_S = f_{Mg}\exp[i2\pi(h\times 0+k\times 0+l\times 0)] + f_{Mg}\exp\left[i2\pi\left(h\times\frac{2}{3}+k\times\frac{1}{3}+l\times\frac{1}{2}\right)\right]$$

$$= f_{Mg}\left\{1+\exp\left[i\frac{\pi}{3}(4h+2k+3l)\right]\right\}$$

因为六方镁晶体对应的空间格子是六方 P 格子，晶胞中包含的结构基元数等于 1，所以晶胞的衍射振幅就是结构基元的衍射振幅，大括号中的因子称为晶胞衍射线的相位因子。晶胞发出的衍射线强度为

$$|F_{Cell}|^2 = f_{Mg}^2\left\{\left[1+\cos\frac{\pi}{3}(4h+2k+3l)\right]^2+\sin^2\frac{\pi}{3}(4h+2k+3l)\right\}$$

将表 8-8 中的衍射指标代入，即可得到晶胞衍射线的相位因子平方，列于表 8-10 第 7 列。其中，随着衍射角的增大，镁原子的散射波振幅 f_{Mg} 减弱，由式（8-110）计算，即

$$f_{Mg} = c+\sum_{i=1}^{4}a_i\exp\left(-b_i\frac{\sin^2\theta}{\lambda^2}\right)$$

各项参数见表 8-9。将表 8-8 中的衍射角和波长代入上式，算得每条衍射线中镁原子的散射波振幅，列于表 8-10 第 6 列。再由公式，计算出结构基元的散射波振幅，或者晶胞的衍射线强度。

表 8-9　镁原子的散射波振幅的计算参数

参数	a_1	b_1	a_2	b_2	a_3	b_3	a_4	b_4	c
取值	5.4204	2.8275	2.17350	79.2611	1.22690	0.38080	2.30730	7.19370	0.85840

表 8-10　镁晶体的衍射线振幅和衍射强度计算值

序号	$\frac{d}{n}$ / pm	θ / (°)	实验 I/I_0	hkl	f_{Mg}	相位因子平方	倍数因子	洛伦兹-偏振因子	理论 I/I_0
1	278.00	16.09	35	100	9.01207	1	6	23.26	23.8
2	260.60	17.20	41	002	8.83997	4	2	20.13	26.4
3	245.30	18.31	100	101	8.67690	3	12	17.56	100.0
4	190.10	23.91	20	102	7.92220	1	12	9.67	15.3
5	160.50	28.68	18	110	7.30870	4	6	6.39	17.2
6	147.30	31.53	18	103	6.95309	3	12	5.17	18.9
7	138.90	33.66	2	200	6.69479	1	6	4.49	2.5
8	136.60	34.31	16	112	6.61671	4	12	4.32	19.1
9	134.30	35.00	9	201	6.53576	3	12	4.14	13.4
10	130.30	36.25	2	004	6.39141	4	2	3.87	2.7
11	122.70	38.92	2	202	6.09497	1	12	3.40	3.2
12	117.95	40.77	2	104	5.89870	1	12	3.16	2.8
13	108.51	45.22	2	203	5.46476	3	12	2.82	6.4
14	105.06	47.15	1	210	5.29297	1	12	2.75	1.9
15	102.96	48.41	7	211	5.18661	3	24	2.73	11.1
16	101.12	49.61	3	114	5.08968	4	12	2.73	7.1
17	97.57	52.13	2	105	4.89736	3	12	2.77	5.0
18	95.05	54.14	1	204	4.75595	1	12	2.85	1.6
19	92.65	56.24	1	300	4.61949	4	6	2.98	3.2
20	89.88	58.97	4	213	4.45808	3	24	3.22	9.7
21	87.29	61.93	2	302	4.30279	4	12	3.58	6.7
22	83.37	67.50	2	205	4.06242	3	12	4.59	5.7
23	82.88	68.32	1	106	4.03228	1	12	4.79	2.0
24	81.77	70.38	1	214	3.96263	1	24	5.37	4.3

注：相对强度值 I/I_0 以最强的第三条衍射线的强度作为参考值算出。

根据第 6 章得到的六方晶系的晶面间距公式，对于晶面指标为 $(h^*k^*l^*)$ 的平行晶面族，其相邻晶面的间距等于

$$\frac{1}{d^2}=\frac{4}{3a^2}(h^{*2}+h^*k^*+k^{*2})+\frac{l^{*2}}{c^2}$$

对应衍射指标为 (hkl) 的衍射面：

$$\frac{n^2}{d^2}=\frac{4}{3a^2}(h^2+hk+k^2)+\frac{l^2}{c^2}$$

由此式求得 d/n 列于表 8-10。对于六方晶系，晶面 $(h00)$、$(\bar{h}00)$、$(0k0)$、$(0\bar{k}0)$ 的指标不同，但代表的晶面族的晶面间距相等，原子的排列分布相同，晶面交角相等。根据布拉格方程，这些晶面的反射条件是相同的。晶体粉末是由无数小晶体组成，这些小晶体是随机取向，当它们相对于入射 X 射线有相同的反射角时，它们产生的衍射线将在同一方向，这相当于一个晶面的衍射变为一组晶面的衍射，因而必须进行倍数因子校正，即将计算的理论衍射线强度乘以倍数因子 B_{hkl}。镁晶体为六方晶系，空间群为 D_{6h}^4-$P6_3/mmc$，点群为 $6/mmm$，存在双面（2）、六棱柱（6）、六角双锥（12）、双面六棱柱（12）、双面六角双锥（24）等晶体单形，其中括号中的数字为面数。晶面 $(h00)$ [$(0k0)$]、$(00l)$、$(hh0)$、$(hk0)$、$(h0l)$ [$(0kl)$]、(hhl)、

(hkl)的倍数因子分别为 6、2、6、12、12、12、24。

任何衍射线都必须经过洛伦兹-偏振校正，校正公式为

$$L_p(\theta)=\frac{1+\cos^2 2\theta}{\sin^2\theta\cos\theta} \tag{8-124}$$

因为入射光是非偏振光，经过原子散射后方向出现转折，在反射平面内衍射光变成部分偏振光。布拉格方程建立时，将原子看成点阵点，没有考虑原子中电子的运动区域，入射线和反射线共面，而且都看成是同步的非偏振光。实际上在原子区域内电子散射波存在破坏性干涉，使得原子散射光与入射光并不同步，导致入射线和衍射线在原子处的传播不连续，存在相位差，必须进行偏振校正。另外，现代多晶粉末 X 射线衍射仪是通过旋转晶体收集衍射线，这就会导致反射点位移，形成相位差，出现破坏性叠加损失，使得探测器测得的衍射强度降低，这就需要进行洛伦兹校正。经过洛伦兹-偏振校正公式计算得到的校正因子数值列于表 8-10 第 9 列。最后得到晶体的衍射线强度公式：

$$I=B_{hkl}\left|F_{\text{Cell}}\right|^2 N_0^2\frac{e^4}{m^2c^4}\cdot\frac{I_0}{R^2}\cdot\frac{1+\cos^2 2\theta}{\sin^2\theta\cos\theta} \tag{8-125}$$

式中，N_0为晶体中的晶胞数。晶体的衍射波振幅与晶胞数N_0成正比，衍射线强度与N_0^2成正比，证明见后。由式（8-125）算出晶体的衍射强度I，将各衍射线强度I与最强线作比较，求得各衍射线的相对强度值I/I_0，该值应与实验I/I_0值近似相等，谱线强弱分布与实验谱一致。

8.3　衍射线的系统性消光

在较多情况下，晶体的正当晶胞是复晶胞，晶胞中结构基元之间存在非周期性平移关系。由式（8-123）可知，反射线的强度和振幅与晶胞中结构基元包含原子的空间位置及衍射指标hkl有关，原子位置与晶胞原点之间是非周期性平移量，是周期平移量 a, b, c 的分数值，可能导致不同位置的结构基元发出的衍射线出现不规则干涉叠加，甚至出现完全抵消的情况。当相位差等于$(2n+1)\pi$时，衍射线振幅的波峰与波谷叠加，相互抵消，晶胞的衍射振幅$F_{\text{Cell}}=0$，从而在实际测量中观察不到这些衍射线，这种现象称为衍射线的系统性消光。

由式（8-123）可知，晶胞的衍射线振幅等于结构基元振幅的矢量加和，展开为三角函数形式

$$\begin{aligned}F_{\text{Cell}}&=\sum_{j=1}^{q}F_S\exp[\mathrm{i}2\pi(hx_j+ky_j+lz_j)]\\&=F_S\left[\sum_{j=1}^{q}\cos 2\pi(hx_j+ky_j+lz_j)+\mathrm{i}\sum_{j=1}^{q}\sin 2\pi(hx_j+ky_j+lz_j)\right]\end{aligned} \tag{8-126}$$

公式中结构基元的衍射波振幅F_S都相等。根据晶胞中结构基元与空间格子中点阵点的对应关系，将空间格子的点阵点坐标代入式（8-126），就可求出对应晶胞的衍射线振幅。对于不同的衍射指标，如果振幅值等于零，就是系统性消光，否则就是反射。

8.3.1　空间格子的系统性消光

空间格子为简单格子，对应晶胞只含一个结构基元，结构基元的衍射线就是晶胞的衍射线，不存在系统性消光。

体心格子 I 有两个点阵点，其分数坐标分别为$(0,0,0)$和$\left(\frac{1}{2},\frac{1}{2},\frac{1}{2}\right)$，对应晶胞的衍射线振幅为

$$\begin{aligned}F_{\text{Cell}}(\text{I})&=F_S\left\{\exp\left[\mathrm{i}2\pi(h\times0+k\times0+l\times0)\right]+\exp\left[\mathrm{i}2\pi\left(h\times\frac{1}{2}+k\times\frac{1}{2}+l\times\frac{1}{2}\right)\right]\right\}\\&=F_S\left\{1+\exp[\mathrm{i}\pi(h+k+l)]\right\}\end{aligned} \tag{8-127}$$

当$h+k+l=2n+1$时，括号中相位因子等于零，$F_{\text{Cell}}(\text{I})=0$，结构基元的衍射波相互抵消，为消光条件；当

$h+k+l=2n$ 时，$F_{\text{Cell}}(I)=2F_{\text{S}}$，衍射波加强，为反射条件。

底心 C 格子有两个点阵点，其分数坐标分别为 $(0,0,0)$ 和 $\left(\frac{1}{2},\frac{1}{2},0\right)$，对应晶胞的衍射线振幅为

$$F_{\text{Cell}}(\text{C})=F_{\text{S}}\left\{\exp\left[\text{i}2\pi(h\times 0+k\times 0+l\times 0)\right]+\exp\left[\text{i}2\pi\left(h\times\frac{1}{2}+k\times\frac{1}{2}+l\times 0\right)\right]\right\}$$
$$=F_{\text{S}}\{1+\exp[\text{i}\pi(h+k)]\} \tag{8-128}$$

当 $h+k=2n+1$ 时，相位因子等于零，$F_{\text{Cell}}(\text{C})=0$，为消光条件；当 $h+k=2n$ 时，$F_{\text{Cell}}(\text{C})=2F_{\text{S}}$，衍射波加强，为反射条件。读者可推出底心 A 格子和底心 B 格子的消光条件和反射条件。

面心格子有 4 个点阵点，其分数坐标分别为 $(0,0,0)$、$\left(0,\frac{1}{2},\frac{1}{2}\right)$、$\left(\frac{1}{2},0,\frac{1}{2}\right)$、$\left(\frac{1}{2},\frac{1}{2},0\right)$，对应晶胞的衍射线振幅为

$$F_{\text{Cell}}(\text{F})=F_{\text{S}}\left\{\exp\left[\text{i}2\pi(h\times0+k\times0+l\times0)\right]+\exp\left[\text{i}2\pi\left(h\times0+k\times\frac{1}{2}+l\times\frac{1}{2}\right)\right]\right.$$
$$\left.+\exp\left[\text{i}2\pi\left(h\times\frac{1}{2}+k\times0+l\times\frac{1}{2}\right)\right]+\exp\left[\text{i}2\pi\left(h\times\frac{1}{2}+k\times\frac{1}{2}+l\times0\right)\right]\right\} \tag{8-129}$$
$$=F_{\text{S}}\{1+\exp[\text{i}\pi(k+l)]+\exp[\text{i}\pi(h+l)]+\exp[\text{i}\pi(h+k)]\}$$

当衍射指标同时取 $h,k,l=2n$ 和 $h,k,l=2n+1$ 时，即三个衍射指标同时有奇数和偶数存在，$F_{\text{Cell}}(\text{F})=0$，为系统性消光。只有当 $h,k,l=2n$，即全为偶数；或 $h,k,l=2n+1$，即全为奇数，$F_{\text{Cell}}(\text{F})=4F_{\text{S}}$，为反射条件。

三方晶系 R 心格子，含有 3 个点阵点，分数坐标分别为 $(0,0,0)$、$\left(\frac{2}{3},\frac{1}{3},\frac{1}{3}\right)$、$\left(\frac{1}{3},\frac{2}{3},\frac{2}{3}\right)$，对应晶胞的衍射线振幅为

$$F_{\text{Cell}}(\text{R})=F_{\text{S}}\left\{\exp[\text{i}2\pi(h\times0+k\times0+l\times0)]+\exp\left[\text{i}2\pi\left(h\times\frac{2}{3}+k\times\frac{1}{3}+l\times\frac{1}{3}\right)\right]\right.$$
$$\left.+\exp\left[\text{i}2\pi\left(h\times\frac{1}{3}+k\times\frac{2}{3}+l\times\frac{2}{3}\right)\right]\right\}$$

因为 $\exp(-\text{i}2\pi h)=1$，$\exp(\text{i}\delta)=\exp[\text{i}(\delta-2\pi h)]$，上式改写为

$$F_{\text{Cell}}(\text{R})=F_{\text{S}}\left[1+\exp\left(\text{i}2\pi\frac{-h+k+l}{3}\right)+\exp\left(\text{i}4\pi\frac{-h+k+l}{3}\right)\right] \tag{8-130}$$

当 $-h+k+l=3n$ 时，$F_{\text{Cell}}(\text{R})=3F_{\text{S}}$，为反射条件；当 $-h+k+l=3n\pm1$ 时，$F_{\text{Cell}}(\text{R})=0$，为系统性消光。

当用结构基元取代空间格子的点阵点时，所得晶胞的衍射线振幅，随着衍射指标 hkl 取特定值，存在系统性消光，不同空间格子的系统性消光和反射条件列于表 8-11[15]。反之，通过系统性消光可以推断晶体的空间格子。系统性消光和反射条件是互补关系，实验只能测定衍射线，得出反射条件，因而，在很多情况下直接使用是反射条件。

表 8-11　空间格子的系统性消光和反射条件

空间格子类型	点阵点位置	系统性消光条件	反射条件
简单 P，菱面体 R	$(0,0,0)$	无	无限制
C 底心	$(0,0,0)$; $\left(\frac{1}{2},\frac{1}{2},0\right)$	$h+k=2n+1$	$h+k=2n$
A 底心	$(0,0,0)$; $\left(0,\frac{1}{2},\frac{1}{2}\right)$	$k+l=2n+1$	$k+l=2n$
B 底心	$(0,0,0)$; $\left(\frac{1}{2},0,\frac{1}{2}\right)$	$h+l=2n+1$	$h+l=2n$

续表

空间格子类型	点阵点位置	系统性消光条件	反射条件
I 体心	(0,0,0); $\left(\frac{1}{2},\frac{1}{2},\frac{1}{2}\right)$	$h+k+l=2n+1$	$h+k+l=2n$
F 面心	(0,0,0); $\left(0,\frac{1}{2},\frac{1}{2}\right)$; $\left(\frac{1}{2},0,\frac{1}{2}\right)$; $\left(\frac{1}{2},\frac{1}{2},0\right)$	h,k,l 中既有 $2n$ 又有 $2n+1$ 或奇数和偶数取值混合	$h,k,l=2n$ 和 $h,k,l=2n+1$
六方 R 心	(0,0,0); $\left(\frac{1}{3},\frac{2}{3},\frac{2}{3}\right)$; $\left(\frac{2}{3},\frac{1}{3},\frac{1}{3}\right)$	$-h+k+l=3n\pm1$	$-h+k+l=3n$
三重六方 H	(0,0,0); $\left(\frac{2}{3},\frac{1}{3},0\right)$; $\left(\frac{1}{3},\frac{2}{3},0\right)$	$h-k=3n+1$ $h-k=3n+2$	$h-k=3n$

正当空间格子出现的系统性消光指明了某些衍射指标表达的衍射线一定不出现。结构基元中有些原子位置会导致原子散射波的不规则叠加，即使生成的衍射线的衍射指标满足反射条件衍射线的强度也很弱，只有背景信号的强度，没有检测信号响应，这时就必须使用消光条件进行排除，所以，在 X 射线晶体结构测定中，系统性消光和反射条件的使用是互补关系。

除了空间格子的系统性消光，空间群中有螺旋轴和滑移面的晶体也存在系统性消光。螺旋轴和滑移面分别是旋转、反映与平移的复合操作，其中的平移也是非周期平移，平移量也是周期平移单位的分数，具有螺旋轴的滑移面对称性的一组原子的散射波相位差也会等于 $(2n+1)\pi$，使得衍射线振幅的波峰与波谷叠加，出现相互抵消的情况。

8.3.2　滑移面导致的系统性消光

设 $P(x,y,z)$ 和 $P''(x'',y'',z'')$ 分别是晶面族 $(h^*k^*l^*)$ 的两个相邻晶面上的原子，两点的原子与滑移面 g 相关联，它们必然为同类原子。$P(x,y,z)$ 经滑移的反映面 σ 反映，成像于 P' 点，P' 沿指定方向平移 $\boldsymbol{w}_\mathrm{g}$，移动到 $P''(x'',y'',z'')$，用对称操作算符表示如下：

$$\hat{g}=\hat{g}_\mathrm{t}\hat{g}_\mathrm{M} \tag{8-131}$$

这一滑移操作简化表示为 $P\xrightarrow{\hat{g}_\mathrm{M}}P'\xrightarrow{\hat{g}_\mathrm{t}}P''$，见图 8-22（a），其中，$\hat{g}_\mathrm{M}$ 为滑移操作的反映部分，$\hat{g}_\mathrm{t}$ 为平移部分，平移分量 $\boldsymbol{w}_\mathrm{g}=t_1\boldsymbol{a}+t_2\boldsymbol{b}+t_3\boldsymbol{c}$。滑移操作 $\hat{g}$ 与平移操作 $P\xrightarrow{T}P''$ 在空间形成的位移等效，平移量 T 为

$$T=\boldsymbol{r}_k=(x''-x)\boldsymbol{a}+(y''-y)\boldsymbol{b}+(z''-z)\boldsymbol{c} \tag{8-132}$$

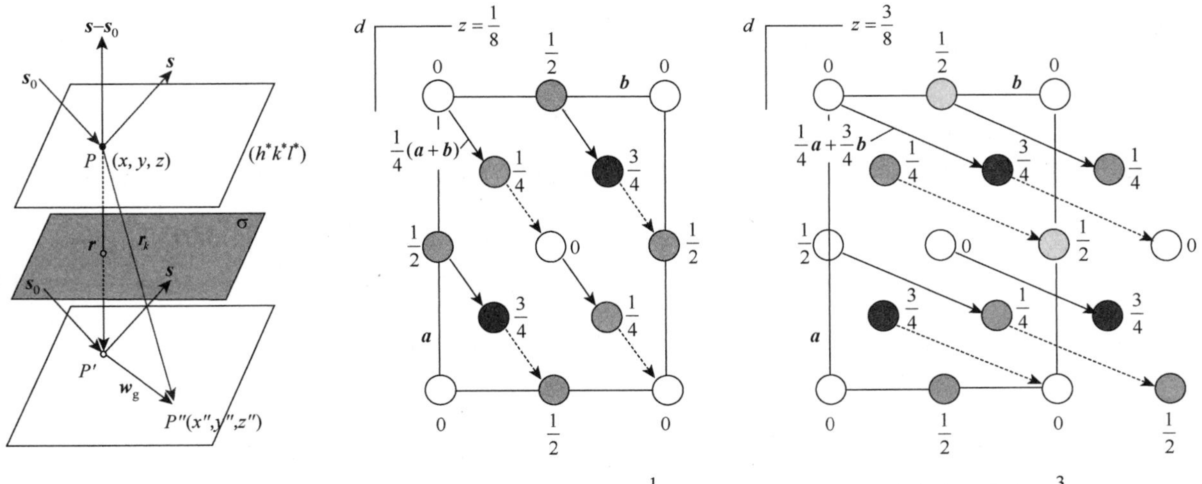

(a) 滑移面的系统性消光　(b) [001]方向的 d 滑移面 $z=\frac{1}{8}$　(c) [001]方向的 d 滑移面 $z=\frac{3}{8}$

图 8-22　滑移面对称性，以及金刚石晶体[001]方向的 d 滑移面引起的系统性消光

如果晶体存在滑移面，整个晶体的一半原子处于 $P(x,y,z)$，另一半处于 $P''(x'',y'',z'')$。X 射线经过两个

原子 P 和 P'' 衍射后，P'' 相对于 P 产生的相位差为

$$\delta = \frac{2\pi}{\lambda}\Delta = \boldsymbol{r}_k \cdot (\boldsymbol{k} - \boldsymbol{k}_0) \tag{8-133}$$

式中，$\boldsymbol{r}_k = \boldsymbol{r} + \boldsymbol{w}_{\mathrm{g}}$，见图 8-22（a）。因为 P' 是 P 的像，所以矢量 $\boldsymbol{P'P} = \boldsymbol{r}$ 与晶面垂直，$\boldsymbol{r}$ 就是晶面间距矢量，即

$$\boldsymbol{r} = d_{h^*k^*l^*} \tag{8-134}$$

由衍射波矢的定义，根据式（8-117），即 $\boldsymbol{k} - \boldsymbol{k}_0 = \frac{2\pi}{\lambda}(\boldsymbol{s} - \boldsymbol{s}_0) = 2\pi\boldsymbol{H}$，两个原子的衍射波在 P'' 点外相遇，发生干涉叠加，衍射方向的衍射指标为 hkl，相位差表达式（8-133）改写为

$$\delta = 2\pi\boldsymbol{r}_k \cdot \boldsymbol{H}_{hkl} = 2\pi(\boldsymbol{r} + \boldsymbol{w}_{\mathrm{g}}) \cdot \boldsymbol{H}_{hkl} \tag{8-135}$$

在倒易空间 $(\boldsymbol{a}^*, \boldsymbol{b}^*, \boldsymbol{c}^*; \alpha^*, \beta^*, \gamma^*)$ 中，矢量 $\boldsymbol{H}_{hkl}$ 就是倒易矢量，即 $\boldsymbol{H}_{hkl} = h\boldsymbol{a}^* + k\boldsymbol{b}^* + l\boldsymbol{c}^*$。因为

$$\boldsymbol{H}_{hkl} = \frac{\boldsymbol{s} - \boldsymbol{s}_0}{\lambda}$$

而 $|\boldsymbol{s} - \boldsymbol{s}_0| = 2\sin\theta$，见图 8-21（b），再由布拉格方程 $2d_{h^*k^*l^*}\sin\theta = n\lambda$，则有

$$\boldsymbol{H}_{hkl} = \frac{\boldsymbol{s} - \boldsymbol{s}_0}{\lambda} = \frac{2\sin\theta}{\lambda} = \frac{n}{d_{h^*k^*l^*}} \tag{8-136}$$

将式（8-134）和式（8-136）代入相位差表达式（8-135），相位差为

$$\delta = 2\pi(\boldsymbol{r} + \boldsymbol{w}_{\mathrm{g}}) \cdot \boldsymbol{H}_{hkl} = 2\pi n + (2\pi\boldsymbol{w}_{\mathrm{g}} \cdot \boldsymbol{H}_{hkl}) \tag{8-137}$$

如果晶胞中因滑移面两两关联的原子数为 N，因为滑移操作关联的原子是同类原子，则共有 $N/2$ 组原子，设第 m 号原子的散射因子为 f_m，相位为 δ_m，$m = 1, 2, \cdots, N/2$，则这些原子的总散射波振幅为

$$\begin{aligned} F_{\text{Cell-g}} &= \sum_{m=1}^{N/2}\{f_m \exp(\mathrm{i}\delta_m) + f_m \exp[\mathrm{i}(\delta_m + \delta)]\} \\ &= \sum_{m=1}^{N/2} f_m[\exp(\mathrm{i}\delta_m)] \cdot [1 + \exp(\mathrm{i}\delta)] \end{aligned} \tag{8-138}$$

这 $N/2$ 组原子相对于晶胞原点原子的相位为

$$\delta_m = 2\pi\boldsymbol{r}_m \cdot \boldsymbol{H}_{hkl} \tag{8-139}$$

其中，第 m 号原子在晶胞中的位置坐标为 (x_m, y_m, z_m)，$\boldsymbol{r}_m = x_m\boldsymbol{a} + y_m\boldsymbol{b} + z_m\boldsymbol{c}$，$\boldsymbol{H}_{hkl} = h\boldsymbol{a}^* + k\boldsymbol{b}^* + l\boldsymbol{c}^*$，代入式（8-139）得

$$\delta_m = 2\pi(x_m\boldsymbol{a} + y_m\boldsymbol{b} + z_m\boldsymbol{c}) \cdot (h\boldsymbol{a}^* + k\boldsymbol{b}^* + l\boldsymbol{c}^*) = 2\pi(hx_m + ky_m + lz_m) \tag{8-140}$$

将式（8-137）和式（8-140）代入式（8-138），于是得到因晶胞中 P 和 P'' 的滑移面对称性，晶胞中 P'' 组原子相对于 P 组原子的衍射波振幅为

$$F_{\text{Cell-g}} = \sum_{m=1}^{N/2} f_m \exp[\mathrm{i}2\pi(hx_m + ky_m + lz_m)] \cdot \{1 + \exp[\mathrm{i}(2\pi n + 2\pi\boldsymbol{w}_{\mathrm{g}} \cdot \boldsymbol{H}_{hkl})]\} \tag{8-141}$$

根据滑移面的平移量 $\boldsymbol{w}_{\mathrm{g}}$，就可以推出晶体的系统性消光条件。在非点式空间群中，滑移面类型较多，系统性消光应就具体晶体的空间群，根据晶胞中与滑移面关联的两组原子，推出滑移面消光条件和反射条件。

【例 8-3】　金刚石晶体的空间群为 $O_h^7\text{-}F\dfrac{4_1}{d}\bar{3}\dfrac{2}{m}$，用波长为 154.05pm 的 CuK_α 射线测得晶体的晶胞参数 $a=356.67\text{pm}$，3 条晶轴方向都存在 d 滑移面，推出[001]方向 d 滑移面的系统性消光和反射条件。

解：[001]方向 d 滑移面与晶轴 c 垂直，见图 8-22，滑移操作的平移分量为

$$\boldsymbol{w}_\text{g}=\frac{1}{4}(\boldsymbol{a}+\boldsymbol{b})$$

根据 $\boldsymbol{w}_\text{g}$ 和倒易矢量 $\boldsymbol{H}_{hkl}=h\boldsymbol{a}^*+k\boldsymbol{b}^*+l\boldsymbol{c}^*$，得

$$\boldsymbol{w}_\text{g}\cdot\boldsymbol{H}_{hkl}=\frac{1}{4}(\boldsymbol{a}+\boldsymbol{b})\cdot(h\boldsymbol{a}^*+k\boldsymbol{b}^*+l\boldsymbol{c}^*)=\frac{1}{4}(h+k)$$

找出金刚石晶胞中的 d 滑移面位置，以 $z=\dfrac{1}{8}$ 位置的 d 滑移面为例，晶胞中与该 d 滑移面关联的两组 C 原子的位置坐标分别为

P 组：$(0,0,0)$、$\left(0,\dfrac{1}{2},\dfrac{1}{2}\right)$、$\left(\dfrac{1}{2},0,\dfrac{1}{2}\right)$、$\left(\dfrac{1}{2},\dfrac{1}{2},0\right)$

P'' 组：$\left(\dfrac{1}{4},\dfrac{1}{4},\dfrac{1}{4}\right)$、$\left(\dfrac{1}{4},\dfrac{3}{4},\dfrac{3}{4}\right)$、$\left(\dfrac{3}{4},\dfrac{1}{4},\dfrac{3}{4}\right)$、$\left(\dfrac{3}{4},\dfrac{3}{4},\dfrac{1}{4}\right)$

金刚石晶体的空间格子为 cF，将 P 组坐标代入式（8-141），式中第一项结构振幅的消光条件与面心点阵的消光相同，即 h,k,l 奇偶混合为消光。

$$F_1=f_\text{C}\{1+\exp[\text{i}\pi(k+l)]+\exp[\text{i}\pi(h+l)]+\exp[\text{i}\pi(h+k)]\}$$

式中大括号第二项为

$$F_2=1+\exp(\text{i}2\pi\boldsymbol{w}_\text{g}\cdot\boldsymbol{H}_{hkl})=1+\exp\left[\frac{\text{i}\pi}{2}(h+k)\right]$$

以上两式相乘得

$$F_\text{Cell-g}=f_\text{C}\{1+\exp[\text{i}\pi(k+l)]+\exp[\text{i}\pi(h+l)]+\exp[\text{i}\pi(h+k)]\}\cdot\left\{1+\exp\left[\frac{\text{i}\pi}{2}(h+k)\right]\right\}$$

上式第一个大括号内各项代表空间格子的贡献，称为点阵因子，第二个大括号为滑移因子的贡献，两项中任意一项等于零，晶胞的结构振幅都等于零。衍射线是消光还是反射，由衍射指标决定，讨论如下：

（1）对于衍射指标为 $00l$，当 $l=2n$，不发生消光，为反射条件；$l=2n+1$，空间格子贡献项等于零，为消光条件。

（2）对于衍射指标为 $hk0$，当 $h+k=2n+1$ 时 h 和 k 中必有一个是奇数，空间格子贡献项等于零，为消光条件。当 $h+k=4n+2$，滑移因子等于零，为消光条件；当 $h+k=4n$，$h,k=2n$，$l=0$，衍射指标全为偶数，为反射条件。

（3）对于衍射指标为 hkl，当 $h+k=4n$，且 $h,k,l=2n$，即衍射指标全为偶数，为反射条件；当 $h+k=4n$，且 $h,k,l=2n+1$，衍射指标全为奇数，为反射条件，这些反射条件包括在空间格子的反射条件中，见表 8-11。

（4）对于衍射指标为 hkl，当 $h+k=4n+2$，$h,k,l=2n$，即衍射指标全为偶数，为滑移面导致的消光条件；当 $h+k=4n+2$，$h,k,l=2n+1$，衍射指标全为奇数，也为滑移面消光条件，这些滑移面消光条件并不包括在空间格子的系统性消光条件中，见表 8-11。

位置在 $z=\dfrac{1}{8}$，平移量为 $\boldsymbol{w}_\text{g}=\dfrac{3}{4}(\boldsymbol{a}+\boldsymbol{b})$ 的 d 滑移面，所得结果与上面相同。位置在 $z=\dfrac{3}{8}$，平移量为 $\boldsymbol{w}_\text{g}=\dfrac{3}{4}\boldsymbol{a}+\dfrac{1}{4}\boldsymbol{b}$，以及平移量为 $\boldsymbol{w}_\text{g}=\dfrac{1}{4}\boldsymbol{a}+\dfrac{3}{4}\boldsymbol{b}$ 的 d 滑移面，当 $h-k=4n$，$h,k,l=2n$，衍射指标全为偶数，为反射条件；当 $h-k=4n$，$h,k,l=2n+1$，衍射指标全为奇数，为反射条件，也包含在空间格子的系统性反射条件中。同理，当 $h-k=4n+2$，$h,k,l=2n$，衍射指标全为偶数，为滑移面消光条件；当 $h-k=4n+2$，$h,k,l=2n+1$，衍射指标全为奇数，为滑移面消光条件，此消光条件并不包含在空间格子的消光条件中。

[100]和[010]方向 d 滑移面分别与晶轴 a 和晶轴 b 垂直，三条晶轴方向的滑移面的反射和消光条件形式

上不同，实质上等同，通常按 hkl 顺序先表达晶轴 a 方向，再按指标循环即可得出其他方向滑移面引起的消光条件。

8.3.3 螺旋轴引起的系统性消光

设晶体存在螺旋轴 n_m，晶胞中组成螺旋轴的单位周期平移的原子数为 n，螺旋操作的平移分量 $\boldsymbol{w}_\mathrm{g}=\dfrac{m}{n}\boldsymbol{t}$，其中，$\boldsymbol{t}=t_1\boldsymbol{a}+t_2\boldsymbol{b}+t_3\boldsymbol{c}$。例如，晶体中存在与晶轴 c 平行的 4_1 螺旋轴，原子分为一组，$m=1$，则构成一个单位周期平移的原子数等于 4。沿螺旋轴的平移矢量方向透视，四个原子有四重旋转轴的排布，平移分量沿轴向方向，见图 8-23（a）。在同一螺旋链上，编号分别为 1、2、3、4 的原子在晶面族的系列相邻晶面上，螺旋链上相邻原子的平移分量相等，均等于 $\boldsymbol{w}_\mathrm{g}=\dfrac{1}{4}\boldsymbol{t}$，其中，$\boldsymbol{t}=\boldsymbol{c}$。按照螺旋对称操作，与螺旋轴关联的原子必然都是同类原子，原子的散射振幅相同。如果平行于晶轴 $\boldsymbol{c}$ 是 4_2 螺旋轴，则原子分为两组，$m=2$，见图 8-23（b），两组原子对 X 射线衍射相同。平移分量 $\boldsymbol{w}_\mathrm{g}=\dfrac{2}{4}\boldsymbol{t}$，$\boldsymbol{t}=\boldsymbol{c}$。对于平行于晶轴 c 的 4_3 螺旋轴，则原子分为一组，$n-m=1$，见图 8-23（c），平移分量 $\boldsymbol{w}_\mathrm{g}=\dfrac{3}{4}\boldsymbol{t}$，这种平移跨越了多个晶面，不利于相位差的讨论。可以考虑两个操作的等价性，第一个操作：逆时针旋转 90°，再平移 $\dfrac{3}{4}\boldsymbol{t}$；第二个操作：先平移 $\boldsymbol{t}$，再逆时针旋转 90°，再反向平移 $-\dfrac{1}{4}\boldsymbol{t}$，用符号表示为 $T\left(\dfrac{3}{4}\boldsymbol{t}\right)R\left(\dfrac{\pi}{2}\right)=T\left(-\dfrac{1}{4}\boldsymbol{t}\right)R\left(\dfrac{\pi}{2}\right)T(\boldsymbol{t})$，由此可见，第一个操作可用第二个操作表示。

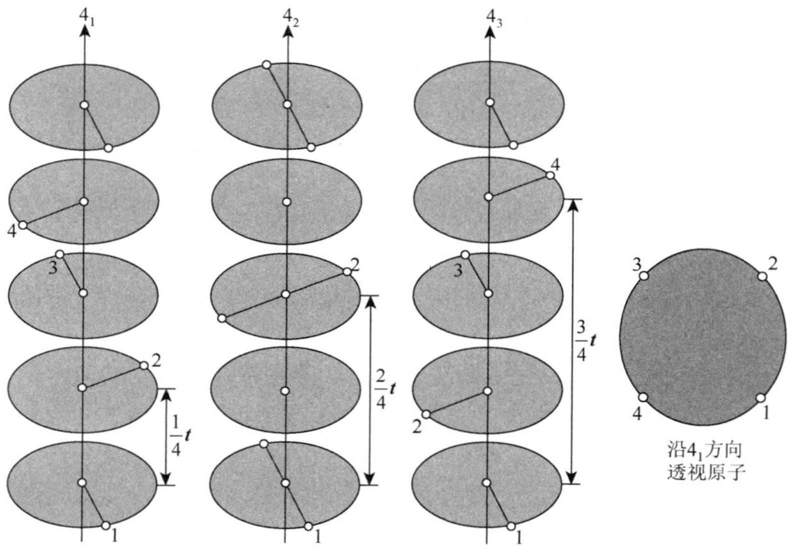

(a) 4_1螺旋轴　(b) 4_2螺旋轴　(c) 4_3螺旋轴

图 8-23　四重螺旋轴的系统性消光

设螺旋轴为 n_m，平移分量 $\boldsymbol{w}_\mathrm{g}=\dfrac{m}{n}\boldsymbol{t}$，与螺旋操作关联的原子数为 n，所有关联原子按平移分量分为 m 组，每组原子数为 $k=n/m$，实施螺旋对称操作后，每组的原像和新像都重合。再设每组原子的散射波相位分别为 δ_{m1}、δ_{m2}、$\cdots$、δ_{mk}，全部原子的散射波干涉叠加后，形成的衍射线振幅，即结构因子等于

$$F_\mathrm{Screw}=\sum_{m=1}^{n/k}f_m[\exp(\mathrm{i}\delta_{m1})+\exp(\mathrm{i}\delta_{m2})+\cdots+\exp(\mathrm{i}\delta_{mk})] \tag{8-142}$$

式中，f_m 为第 m 组原子的散射振幅。下面表达第 m 组原子中每个原子的散射波相位 δ_{m1}、δ_{m2}、⋯、δ_{mk}，以第一号原子 P_1 的相位作为初始相位，坐标为 (x_{m1},y_{m1},z_{m1})。因为都是同一螺旋链上的等螺距对称原子，所以 X 射线在相邻原子之间的相位差都应相等。第二号原子 P_2 的相位 δ_{m2} 等于第一号原子 P_1 的相位 δ_{m1} 加上两个原子的相位差 δ_1，δ_1 由两个原子的光程差，即位置矢量 $\boldsymbol{P_2P_1}$ 与差向量 $(\boldsymbol{s}-\boldsymbol{s}_0)$ 的标量积决定，光程差为 $\Delta=\boldsymbol{P_2P_1}\cdot(\boldsymbol{s}-\boldsymbol{s}_0)$，其中，$\boldsymbol{P_2P_1}=\boldsymbol{r}_{m1}$。第三号原子的相位 δ_{m3} 等于第二号原子的相位 δ_{m2} 加上两个原子的相位差 δ_2，δ_2 由两个原子的光程差决定，写为 $\Delta=\boldsymbol{P_3P_2}\cdot(\boldsymbol{s}-\boldsymbol{s}_0)$，其中，$\boldsymbol{P_3P_2}=\boldsymbol{r}_{m2}$；依次类推⋯⋯，见图 8-24。按照以上描述，将其分别表达为如下数学关系式：

$$\delta_{m1},\ \delta_{m2}=\delta_{m1}+\delta_1,\ \delta_{m3}=\delta_{m2}+\delta_2,\ \cdots,\ \delta_{mk}=\delta_{m(k-1)}+\delta_{k-1} \tag{8-143}$$

将式（8-143）代入式（8-142），就得到在螺旋轴的任意周期中，原子数为 n 的一段螺旋链上全部原子的总衍射振幅，表达为

$$F_{\text{Screw}}=\sum_{m=1}^{n/k}f_m\{[\exp(\mathrm{i}\delta_{m1})+\exp[\mathrm{i}(\delta_{m1}+\delta_1)]+\cdots+\exp[\mathrm{i}(\delta_{m(k-1)}+\delta_{k-1})]\} \tag{8-144}$$

如果一个螺旋平移周期内每个原子的相位都以第一个原子的相位 δ_{m1} 为参考，由式（8-143），在晶胞的螺旋周期中，每个原子的相位分别演化为

$$\delta_{m1},\ \delta_{m2}=\delta_{m1}+\delta_1,\ \delta_{m3}=\delta_{m1}+\delta_1+\delta_2,\ \cdots,\ \delta_{mk}=\delta_{m1}+\delta_1+\delta_2+\cdots+\delta_{k-1} \tag{8-145}$$

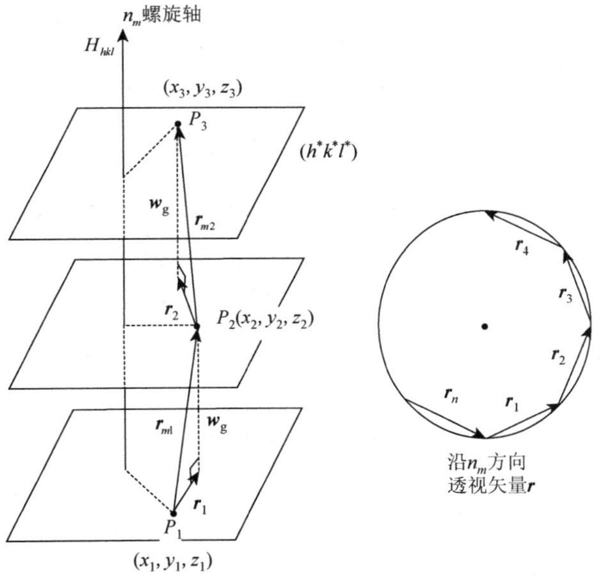

图 8-24　螺旋链上相邻原子的相位差与位置矢量和平移分量的关系

下面求出这些相位差，由式（8-114）和式（8-117），编号为 2 的 P_2，与编号为 1 的 P_1 为螺旋链上相邻原子，根据劳厄方程，P_2 相对于 P_1 的光程差由矢量 $\boldsymbol{P_2P_1}=\boldsymbol{r}_{m1}$ 决定，两个原子散射波的相位差为

$$\delta_1=\delta_{m2}-\delta_{m1}=2\pi\boldsymbol{r}_{m1}\cdot\boldsymbol{H}_{hkl} \tag{8-146}$$

式中，$\boldsymbol{r}_{m1}=\boldsymbol{r}_1+\boldsymbol{w}_{\text{g}}$，矢量 $\boldsymbol{r}_{m1}$ 和 $\boldsymbol{H}_{hkl}$ 的方向和位置见图 8-24。将 $\boldsymbol{r}_{m1}=\boldsymbol{r}_1+\boldsymbol{w}_{\text{g}}$ 代入式（8-146），原子 2 相对于原子 1 的相位差为

$$\delta_1=2\pi[(\boldsymbol{r}_1+\boldsymbol{w}_{\text{g}})\cdot\boldsymbol{H}_{hkl}]=2\pi\boldsymbol{r}_1\cdot\boldsymbol{H}_{hkl}+2\pi\boldsymbol{w}_{\text{g}}\cdot\boldsymbol{H}_{hkl} \tag{8-147}$$

同理，根据式（8-143），可以求得螺旋链上全部相邻原子的相位差：

$$\begin{aligned}
\delta_1&=\delta_{m2}-\delta_{m1}=2\pi\boldsymbol{r}_{m1}\cdot\boldsymbol{H}_{hkl}=2\pi\boldsymbol{r}_1\cdot\boldsymbol{H}_{hkl}+2\pi\boldsymbol{w}_{\text{g}}\cdot\boldsymbol{H}_{hkl}\\
\delta_2&=\delta_{m3}-\delta_{m2}=2\pi\boldsymbol{r}_{m2}\cdot\boldsymbol{H}_{hkl}=2\pi\boldsymbol{r}_2\cdot\boldsymbol{H}_{hkl}+2\pi\boldsymbol{w}_{\text{g}}\cdot\boldsymbol{H}_{hkl}\\
&\vdots\\
\delta_{k-1}&=\delta_{mk}-\delta_{mk-1}=2\pi\boldsymbol{r}_{m(k-1)}\cdot\boldsymbol{H}_{hkl}=2\pi\boldsymbol{r}_{k-1}\cdot\boldsymbol{H}_{hkl}+2\pi\boldsymbol{w}_{\text{g}}\cdot\boldsymbol{H}_{hkl}
\end{aligned} \tag{8-148}$$

由图 8-24 可见，倒易矢量 $\boldsymbol{H}_{hkl}$ 与晶面垂直，与晶面法线方向平行，$\boldsymbol{r}_1$、$\boldsymbol{r}_2$、…、$\boldsymbol{r}_{k-1}$ 分别是晶面族的系列相邻晶面上的矢量，矢量方向可以沿螺旋轴方向观察，如图 8-24 所示，显然，晶面上的这组矢量必然与 $\boldsymbol{H}_{hkl}$ 垂直，即有

$$\boldsymbol{r}_i \cdot \boldsymbol{H}_{hkl} = 0 \quad (i = 1, 2, 3, \cdots, k-1) \tag{8-149}$$

于是，式（8-148）的相位差简化表示为

$$\delta_1 = \delta_2 = \cdots = \delta_{k-1} = 2\pi \boldsymbol{w}_{\mathrm{g}} \cdot \boldsymbol{H}_{hkl} \tag{8-150}$$

上式证明了同一条螺旋链上，与螺旋操作关联的、相邻的原子，对 X 射线衍射产生的相位差相等。将式(8-150)代入式（8-145），第 m 组原子的散射波相位分别为

$$\begin{aligned}&\delta_{m1},\ \delta_{m2} = \delta_{m1} + 2\pi(\boldsymbol{w}_{\mathrm{g}} \cdot \boldsymbol{H}_{hkl}),\ \delta_{m3} = \delta_{m1} + 2\pi(2\boldsymbol{w}_{\mathrm{g}} \cdot \boldsymbol{H}_{hkl}),\ \cdots,\\ &\delta_{mk} = \delta_{m1} + 2\pi[(k-1)\boldsymbol{w}_{\mathrm{g}} \cdot \boldsymbol{H}_{hkl}]\end{aligned} \tag{8-151}$$

式（8-151）是螺旋链上一个螺旋周期中全部原子的相位，其他原子组，在同一螺旋操作下，同样满足以上推导结论，只是原子类别不同，散射因子不同。将式（8-151）代入总衍射振幅表达式（8-142），得

$$\begin{aligned}F_{\mathrm{Screw}} &= \sum_{m=1}^{n/k} f_m[\exp(\mathrm{i}\delta_{m1}) + \exp(\mathrm{i}\delta_{m2}) + \cdots + \exp(\mathrm{i}\delta_{mk})]\\ &= \sum_{m=1}^{n/k} f_m \exp(\mathrm{i}\delta_{m1}) \cdot \{1 + \exp(\mathrm{i}2\pi\boldsymbol{w}_{\mathrm{g}} \cdot \boldsymbol{H}_{hkl}) + \exp[\mathrm{i}2\pi(2\boldsymbol{w}_{\mathrm{g}} \cdot \boldsymbol{H}_{hkl})] + \cdots + \exp[\mathrm{i}2\pi(k-1)\boldsymbol{w}_{\mathrm{g}} \cdot \boldsymbol{H}_{hkl}]\}\end{aligned} \tag{8-152}$$

相对于晶胞原点处原子，第 m 组、第 1 号原子的坐标矢量为 $\boldsymbol{u}_{m1} = x_{m1}\boldsymbol{a} + y_{m1}\boldsymbol{b} + z_{m1}\boldsymbol{c}$，倒易晶格矢量为 $\boldsymbol{H}_{hkl} = h\boldsymbol{a}^* + k\boldsymbol{b}^* + l\boldsymbol{c}^*$，第 m 组第 1 号原子的相位为 $\delta_{m1} = 2\pi\boldsymbol{u}_{m1} \cdot \boldsymbol{H}_{hkl} = 2\pi(hx_{m1} + ky_{m1} + lz_{m1})$，即有

$$\exp(\mathrm{i}\delta_{m1}) = \exp[\mathrm{i}2\pi(hx_{m1} + ky_{m1} + lz_{m1})]$$

将上式代入总衍射振幅公式（8-152），得螺旋链上全部原子相对于晶胞原点原子的结构振幅为

$$\begin{aligned}F_{\mathrm{Screw}} = \sum_{m=1}^{n/k} f_m \exp[\mathrm{i}2\pi(hx_{m1} + ky_{m1} + lz_{m1})] \cdot \{1 + \exp(\mathrm{i}2\pi\boldsymbol{w}_{\mathrm{g}} \cdot \boldsymbol{H}_{hkl})\\ + \exp[\mathrm{i}2\pi(2\boldsymbol{w}_{\mathrm{g}} \cdot \boldsymbol{H}_{hkl})] + \cdots + \exp[\mathrm{i}2\pi(k-1)\boldsymbol{w}_{\mathrm{g}} \cdot \boldsymbol{H}_{hkl}]\}\end{aligned} \tag{8-153}$$

式（8-153）是螺旋轴引起的衍射波振幅公式，大括号中包含的求和项称为螺旋振幅因子，与螺旋轴关联的 m 组原子的散射波相互干涉叠加可能相互加强，也可能相互抵消。如果已知螺旋轴的平移分量 $\boldsymbol{w}_{\mathrm{g}}$，就可由螺旋因子导出系统性消光条件和反射条件。

（1） $\boldsymbol{w}_{\mathrm{g}} \cdot \boldsymbol{H}_{hkl} = p$，为整数，为反射条件。

（2）由平移分量 $\boldsymbol{w}_{\mathrm{g}} = \dfrac{m}{n}\boldsymbol{t} = \dfrac{m}{n}(t_1\boldsymbol{a} + t_2\boldsymbol{b} + t_3\boldsymbol{c})$，$\boldsymbol{t} = t_1\boldsymbol{a} + t_2\boldsymbol{b} + t_3\boldsymbol{c}$ 为周期平移，t_1、t_2、t_3 为整数，则 $\boldsymbol{w}_{\mathrm{g}} \cdot \boldsymbol{H}_{hkl} = \dfrac{m}{n}(t_1\boldsymbol{a} + t_2\boldsymbol{b} + t_3\boldsymbol{c}) \cdot (h\boldsymbol{a}^* + k\boldsymbol{b}^* + l\boldsymbol{c}^*) = \dfrac{m}{n}(ht_1 + kt_2 + lt_3)$。尽管 $m < n$，式(8-153)中的指数不一定是 2π 的整数，但是，螺旋因子的各项复数求和，在复平面上构成复矢量的闭合多边形，合矢量必然等于零，形成系统性消光。

（3）螺旋轴与一组晶面族垂直，设晶面指标为 $(h^*k^*l^*)$，根据 $h : k : l = nh^* : nk^* : nl^*$，满足反射条件的衍射指标 hkl 是晶面指标为整数倍，形成系统性消光。当螺旋轴是晶体的主轴，决定晶系的特征对称元素时，它就必与 c 平行，与其垂直的晶面族的指标必为例如 $(00l)$。例如，晶体存在六重螺旋轴，属于六方晶系，必然选取六重螺旋轴方向为晶轴 $\boldsymbol{c}$，与六重螺旋轴垂直的(001)晶面族将形成系统性消光，消光用四轴坐标系米勒指标 $hkil$ 表示，只能是 $000l$。

【例 8-4】 六方镁晶体的结构基元包含两个原子，空间群为 $D_{6\mathrm{h}}^4\text{-}P\dfrac{6_3}{m}\dfrac{2}{m}\dfrac{2}{c}$，镁原子占据的等位点位置为 2d。在晶轴 $\boldsymbol{c}$ 方向存在螺旋轴 6_3，按照空间格子和螺旋轴的消光条件，推出系统性消光。

解：六方镁晶体在晶轴 $\boldsymbol{c}$ 方向存在 6_3 螺旋轴，螺旋轴的平移分量 $\boldsymbol{w}_{\mathrm{g}} = \dfrac{3}{6}\boldsymbol{c} = \dfrac{1}{2}\boldsymbol{c}$，在 6_3 螺旋轴的一个单位周期平移中，与螺旋对称操作关联的原子数为 6，分为 3 组，$m = 1, 2, 3$，每组 2 个原子，$k = 1, 2$，见图 8-25。与之垂直的晶面族的晶面指标限制为(001)，即在该晶面上的反射存在系统性消光。

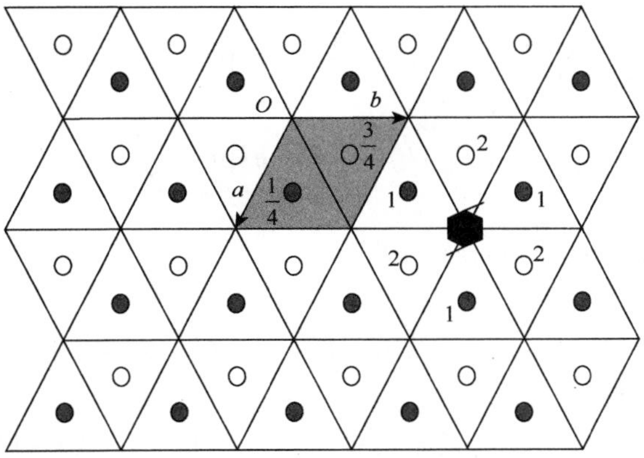

图 8-25　六方镁晶体的晶格和原子位置

六方镁晶体的空间格子是 hP，空间格子没有系统性消光，根据图 8-25 所示的晶体晶格，一个晶格范围内包含两个原子，作为一组，选取第 1 号原子的相位作为相位差计算的起始点，由式（8-153），螺旋周期内 6 个原子的总衍射波振幅为

$$\boldsymbol{F}_{\text{Screw}}=\sum_{m=1}^{3} f_{\text{Mg}} \exp[\mathrm{i}2\pi(hx_{m1}+ky_{m1}+lz_{m1})]\cdot\{1+\exp[\mathrm{i}2\pi(\boldsymbol{w}_{\text{g}}\cdot\boldsymbol{H}_{hkl})]\}$$

当 $m=1,2,3$，$k=1$ 时，对应图 8-25 中编号为 1 的三个原子，它们的位置坐标分别为

$$\left(\frac{2}{3},\frac{1}{3},\frac{1}{4}\right),\left(-\frac{1}{3},\frac{1}{3},\frac{1}{4}\right),\left(-\frac{1}{3},-\frac{2}{3},\frac{1}{4}\right)$$

三个位置是等价的，将位置坐标代入总衍射波振幅表达式得

$$F_{\text{Screw}}=f_{\text{Mg}}\left\{\exp\left[\mathrm{i}2\pi\left(h\cdot\frac{2}{3}+k\cdot\frac{1}{3}+l\cdot\frac{1}{4}\right)\right]+\exp\left[\mathrm{i}2\pi\left(-h\cdot\frac{1}{3}+k\cdot\frac{1}{3}+l\cdot\frac{1}{4}\right)\right]\right.$$
$$\left.+\exp\left[\mathrm{i}2\pi\left(-h\cdot\frac{1}{3}-k\cdot\frac{2}{3}+l\cdot\frac{1}{4}\right)\right]\right\}\cdot\{1+\exp[\mathrm{i}2\pi(\boldsymbol{w}_{\text{g}}\cdot\boldsymbol{H}_{hkl})]\}$$

根据平移分量 $\boldsymbol{w}_{\text{g}}=\frac{3}{6}\boldsymbol{c}=\frac{1}{2}\boldsymbol{c}$，以及倒易矢量 $\boldsymbol{H}_{hkl}=h\boldsymbol{a}^*+k\boldsymbol{b}^*+l\boldsymbol{c}^*$，有

$$\boldsymbol{w}_{\text{g}}\cdot\boldsymbol{H}_{hkl}=\frac{1}{2}\boldsymbol{c}\cdot(h\boldsymbol{a}^*+k\boldsymbol{b}^*+l\boldsymbol{c}^*)=\frac{l}{2}$$

代入总衍射波振幅关系式

$$F_{\text{Screw}}=3f_{\text{Mg}}\exp\left[\frac{\mathrm{i}2\pi}{3}(-h+k)+\frac{\mathrm{i}\pi}{2}l\right]\cdot[1+\exp(\mathrm{i}\pi l)]$$

其中，第二括号为螺旋轴引起的结构振幅因子。因为编号为 1 和 2 的原子分别处于同一晶面族的相邻平行晶面上，与晶轴 c 垂直，晶面指标为(001)，此时 $h,k=0$，散射波振幅公式简化为

$$F_{\text{Screw}}=3f_{\text{Mg}}\exp\left(\frac{\mathrm{i}\pi}{2}l\right)\cdot[1+\exp(\mathrm{i}\pi l)]$$

当 $l=2n$，为偶数时，$F_{\text{Screw}}=-6f_{\text{Mg}}$ 或 $F_{\text{Screw}}=+6f_{\text{Mg}}$，为反射条件，反射指标为 $000l$。当 $l=2n+1$，为奇数时，$F_{\text{Screw}}=0$，形成系统性消光，消光指标只能是 $000l$。

六方镁是简单格子，不存在空间格子形成的系统性消光。结构基元包含了两个镁原子，其结构基元为 2Mg，位置坐标分别为 $\left(\frac{2}{3},\frac{1}{3},\frac{1}{4}\right)$、$\left(\frac{1}{3},\frac{2}{3},\frac{3}{4}\right)$。结构基元的衍射波振幅为

$$
\begin{aligned}
F_S &= f_{Mg}\left\{\exp\left[\frac{i2\pi}{3}(-h+k)+\frac{i\pi}{2}l\right]+\exp\left[\frac{i2\pi}{3}(h-k)+\frac{i3\pi}{2}l\right]\right\} \\
&= f_{Mg}\left\{\exp\left[\frac{i2\pi}{3}(-h+k)+\frac{i\pi}{2}l\right]+\exp\left[-\frac{i2\pi}{3}(-h+k)-\frac{i\pi}{2}l\right]\right\} \\
&= 2f_{Mg}\cos\left[\frac{2\pi}{3}(-h+k)+\frac{\pi}{2}l\right]
\end{aligned}
$$

（1）对于衍射指标 $hkil$：当 $h-k=3n$，$l=2n+1$，$F_S=0$，为系统性消光条件。不难看出，6_3 螺旋轴的消光条件包括其中。

（2）当 $h-k=3n$，$l=2n$，$F_S\neq 0$，为反射条件，这也包括了 6_3 螺旋轴的反射条件。

（3）当 $h-k=3n+1$，或者 $h-k=3n+2$，无论 l 取奇数还是偶数，$F_S\neq 0$，为反射条件，但这不包括 6_3 螺旋轴的反射条件。

从表 8-8 可以看出，没有出现 001、003、005、…衍射线，只有 002、004、006、…衍射线，推测与实验符合。

8.3.4 系统性消光条件的综合应用

晶体中的系统性消光包括空间格子、滑移面、螺旋轴引起的系统性消光，除此之外，那些占据不同等位点位置的原子组合而成的结构基元也存在消光。例如，金刚石晶体的结构基元为 2C，位置坐标为 (0,0,0) 和 $\left(\frac{1}{4},\frac{1}{4},\frac{1}{4}\right)$，结构基元的衍射振幅为

$$
\begin{aligned}
F_S &= f_C\exp[i2\pi(h\cdot 0+k\cdot 0+l\cdot 0)]+f_C\exp\left[i2\pi\left(h\cdot\frac{1}{4}+k\cdot\frac{1}{4}+l\cdot\frac{1}{4}\right)\right] \\
&= f_C\left\{1+\exp\left[i\frac{\pi}{2}(h+k+l)\right]\right\}
\end{aligned}
$$

当 $h+k+l=4n$ 或 $4n+1$ 或 $4n+3$，为反射条件；当 $h+k+l=4n+2$，为消光条件。晶体在晶轴 $\boldsymbol{a}$、$\boldsymbol{b}$、$\boldsymbol{c}$ 方向都存在 4_1 和 4_3，三个方向的螺旋轴都是等价的，引起相同的反射和系统性消光。以晶轴 a 方向的 4_1 为例，平移分量 $\boldsymbol{w}_g=\frac{1}{4}\boldsymbol{a}$，对应 X 射线在(100)晶面上的反射，衍射指标必为 $(h00)$。C 原子分为一组，共 4 个原子，见图 8-26。按照螺旋链上 x 坐标值由小到大的顺序，原子的位置坐标分别为

$$
\left(0,\frac{1}{2},\frac{1}{2}\right);\quad \left(\frac{1}{4},\frac{1}{4},\frac{1}{4}\right);\quad \left(\frac{1}{2},\frac{1}{2},0\right);\quad \left(\frac{3}{4},\frac{3}{4},\frac{1}{4}\right)
$$

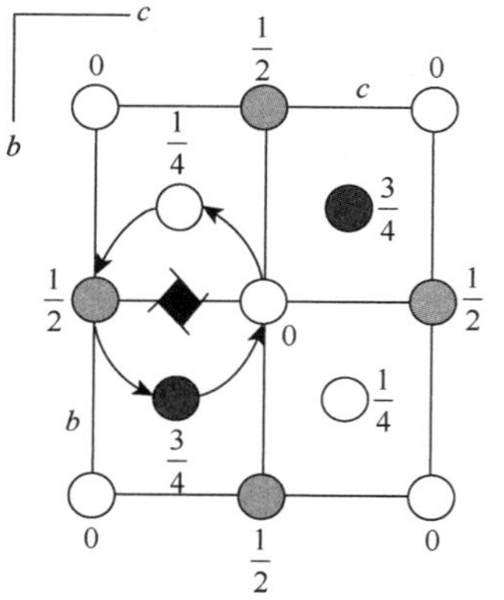

(a) [100]方向的 4_1 螺旋轴

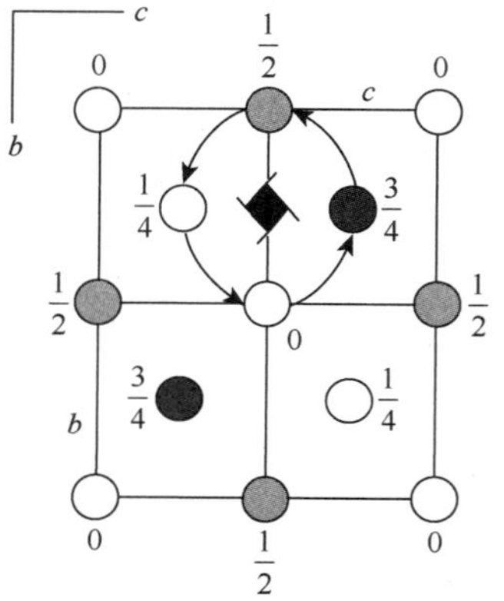

(b) [100]方向的 4_3 螺旋轴

图 8-26 立方金刚石晶体的螺旋轴和原子位置

由式（8-153），螺旋链上四个原子的总衍射波振幅为

$$F_{\text{Screw}}=f_{\text{C}}\left\{\exp\left[\mathrm{i}2\pi\left(h\cdot 0+k\cdot\frac{1}{2}+l\cdot\frac{1}{2}\right)\right]\right\}\cdot$$
$$\{1+\exp[\mathrm{i}2\pi(\boldsymbol{w}_{\text{g}}\cdot\boldsymbol{H}_{hkl})]+\exp[\mathrm{i}2\pi(2\boldsymbol{w}_{\text{g}}\cdot\boldsymbol{H}_{hkl})]+\exp[\mathrm{i}2\pi(3\boldsymbol{w}_{\text{g}}\cdot\boldsymbol{H}_{hkl})]\}$$

对于 4_1 螺旋轴，$\boldsymbol{w}_{\text{g}}\cdot\boldsymbol{H}_{hkl}=\frac{1}{4}\boldsymbol{a}\cdot(h\boldsymbol{a}^*+k\boldsymbol{b}^*+l\boldsymbol{c}^*)=\frac{h}{4}$，代入上式得

$$F_{\text{Screw}}=f_{\text{C}}\{\exp[\mathrm{i}\pi(k+l)]\}\cdot\left[1+\exp\frac{\mathrm{i}\pi h}{2}+\exp(\mathrm{i}\pi h)+\exp\frac{\mathrm{i}3\pi h}{2}\right]$$

其中，第二括号代表螺旋轴对称性生成的结构振幅，以下简称为螺旋振幅因子。

（1）当 $h=4n$ 时，第二括号螺旋振幅因子

$$1+\exp\frac{\mathrm{i}\pi h}{2}+\exp(\mathrm{i}\pi h)+\exp\frac{\mathrm{i}3\pi h}{2}=1+1+1+1=4$$

反射晶面为（100），反射指标为 $h00$，第一括号也不为零，F_{Screw} 加强，为反射条件，该反射条件包括在空间格子的反射条件中。

（2）当 $h=4n+1$，或 $4n+2$，或 $4n+3$ 时，第二括号螺旋振幅因子

$$1+\exp\frac{\mathrm{i}\pi h}{2}+\exp(\mathrm{i}\pi h)+\exp\frac{\mathrm{i}3\pi h}{2}=0$$

$F_{\text{Screw}}=0$，为消光条件，消光指标为 $(h00)$。$h=4n+2$ 的消光条件包括在结构基元的消光条件中。同理，4_3 螺旋轴的平移分量 $\boldsymbol{w}_{\text{g}}=\frac{3}{4}\boldsymbol{a}$，用上面相似的方法也能得出相同的结论。

我们根据空间格子、d 滑移面、四重螺旋轴和结构基元产生的消光和反射条件，推出金刚石晶体的全部衍射线，与实验谱线的衍射指标进行对比，见表 8-12。表中不包括其他螺旋轴和滑移面的消光和反射条件，表中实验谱线强度是粉末衍射法获得的全部衍射线的强度数据。其中，满足空间格子的反射条件 200、222、420、422 衍射线均没有出现，前三条衍射线没有出现的原因是因为满足了结构基元的消光条件，200 还满足了 d 滑移面和四重螺旋轴的消光条件，420 也满足了 d 滑移面的消光条件；422 衍射线没有出现的原因也是由于 d 滑移面的消光所致。部分衍射指标就某一位置的滑移面或螺旋轴满足反射条件，而对另一位置的滑移面或螺旋轴却是消光条件，该衍射指标的衍射线仍可能出现。而衍射指标满足空间格子的系统性消光条件，该条衍射线一定不会出现；若衍射指标满足空间格子的反射条件，因为存在结构基元、螺旋轴和滑移面的消光，该条衍射线也可能不出现。对比实验谱线强度可见，当衍射指标同时满足多个反射条件时，该衍射指标对应的衍射线为强线。原子和结构基元的衍射线主要由合成波的振幅决定，空间格子、螺旋轴、滑移面形成的反射是结构基元和原子在不同的微观对称性下的表现，如果源自相同晶面，则生成的衍射线同向，也将相互加强。

表 8-12　金刚石晶体的各种系统性消光及反射条件

$h^2+k^2+l^2$	hkl	空间格子的系统反射	d 滑移面的系统反射	d 滑移面的系统性消光	结构基元的消光	实验谱线强度 I/I_0
1	100					
2	110					
3	111	111	$h-k=4n$	$h+k=4n+2$		100
4	200	200		$h\pm k=4n+2$	$h+k+l=4n+2$	
5	210					
6	211					
7	—					

续表

$h^2+k^2+l^2$	hkl	空间格子的系统反射	d 滑移面的系统反射	d 滑移面的系统性消光	结构基元的消光	实验谱线强度 I/I_0
8	220	220	$h+k=4n$			25
9	221，300					
10	310					
11	311	311	$h\pm k=4n$	$h-k=4n+2$		16
12	222	222			$h+k+l=4n+2$	
13	320					
14	321					
15	—					
16	400	400	$h\pm k=4n$			8
17	410，320					
18	411，330					
19	331	331	$h-k=4n$	$h+k=4n+2$		16
20	420	420		$h\pm k=4n+2$	$h+k+l=4n+2$	
21	421					
22	332					
23	—					
24	422	422		$h\pm k=4n+2$		
25	500，430					
26	510，431					
27	511，333	511,333	$h-k=4n$	$h+k=4n+2$		弱
28	—					

注：立方晶系按衍射指标的平方和 $h^2+k^2+l^2$ 组合，对于布拉格反射，立方晶系的三个衍射指标具有等价性。例如，100、010、001、$\bar{1}00$、$0\bar{1}0$、$00\bar{1}$ 是等价的，按 hkl 顺序表达，只需表达 100。$h-k$ 和 $h+k$ 分别由位置 $z=\frac{3}{8}$ 和 $z=\frac{1}{8}$ 的 d 滑移而产生。

8.4 晶体的衍射线振幅和强度

根据结晶的颗粒大小，以及点阵的空间排列取向规则性，物质的结晶体分为微晶、单晶、多晶，晶体从晶核开始生长，其表面优先吸附半径、电荷、电子结构相似的同类离子。处于溶液状态下的离子，离子之间存在聚集、定向排列和扩散作用。对于离子化合物，在饱和溶液中，正、负离子通过电场作用力聚集，再进行定向排列生成晶体。对于分子溶液，分子作用力可以使分子之间通过偶极作用或诱导偶极作用发生聚集，偶极或诱导偶极电场促使分子进行取向，取向就是一种定向排列，随着分子间作用力逐渐均衡而趋于稳定，生成晶体。当聚集速度大于扩散速度，离子在晶核表面堆积排列时，来不及进行定向排列，就会出现混乱，可能出现沿不同方向的定向排列，这样得到的晶体就是多晶。多晶是一粒晶体中堆积了很多小晶体。从微观结构的角度看多晶，一粒晶体不能用同一套坐标系得到同一空间点阵。

在近饱和状态下，倘若正、负离子的定向作用力较强，采取缓慢结晶的方式使溶液中离子浓度始终处于近饱和状态，定向排列速度将大于聚集速度，也就是从晶核开始，其表面始终处于一种定向排列状态，这样得到的晶体就是单晶。从微观结构的角度看单晶，一粒晶体可以用同一套坐标系得到同一空间点阵。

无论单晶还是多晶，晶体中晶胞数都接近 10^{22} 数量级，设晶胞的坐标系为 $(\boldsymbol{a},\boldsymbol{b},\boldsymbol{c};\alpha,\beta,\gamma)$，在矢量空间中，堆砌的晶胞数为 N_0，相对于晶体坐标系原点处的晶胞 O，任意晶胞 Q 的空间位置表示为

$$\boldsymbol{OQ} = \boldsymbol{R} = m\boldsymbol{a} + n\boldsymbol{b} + p\boldsymbol{c} \tag{8-154}$$

其中，m, n, p 均为整数，Q 点相对于原点 O 的坐标为 (m,n,p)。因为晶胞中任意衍射线 hkl 都对应于特定晶面族 $(h^*k^*l^*)$ 的衍射，而任意晶胞 Q 都是原点晶胞经过周期性平移 $\boldsymbol{R}$ 的结果，因而晶胞 Q 的衍射晶面就是晶胞 O 的衍射晶面的延伸，即同一晶面族，同一衍射线，对应同一衍射指标 hkl，见图 8-27。对于某一方向的入射 X 射线，晶胞 O 和 Q 的衍射波的相位差为

$$\delta = 2\pi \boldsymbol{R} \cdot \boldsymbol{H}_{hkl} \tag{8-155}$$

因为 $\boldsymbol{H}_{hkl} = h\boldsymbol{a}^* + k\boldsymbol{b}^* + l\boldsymbol{c}^*$，将式（8-154）代入式（8-155）得

$$\begin{aligned} \delta &= 2\pi \boldsymbol{R} \cdot \boldsymbol{H}_{hkl} = 2\pi(m\boldsymbol{a} + n\boldsymbol{b} + p\boldsymbol{c}) \cdot (h\boldsymbol{a}^* + k\boldsymbol{b}^* + l\boldsymbol{c}^*) \\ &= 2\pi(hm + kn + lp) \end{aligned} \tag{8-156}$$

那么，晶体中 N_0 数量的晶胞的衍射波干涉叠加，生成衍射线的振幅为

$$F_{\text{Cry}} = \sum_{i=1}^{N_0} F_{hkl} \exp(\mathrm{i}\delta_i) = \sum_{i=1}^{N_0} F_{hkl} \exp(\mathrm{i}2\pi \boldsymbol{R}_i \cdot \boldsymbol{H}_{hkl}) \tag{8-157}$$

其中，F_{hkl} 为晶胞内全部原子的衍射振幅。将式（8-156）代入式（8-157）得

$$F_{\text{Cry}} = \sum_{i=1}^{N_0} F_{hkl} \exp(\mathrm{i}2\pi \boldsymbol{R}_i \cdot \boldsymbol{H}_{hkl}) = \sum_{i=1}^{N_0} F_{hkl} \exp[\mathrm{i}2\pi(hm_i + kn_i + lp_i)] \tag{8-158}$$

式（8-158）就是一块晶体的衍射振幅，其反射线强度、系统性消光、衍射线的晶面指标等衍射性质，完全由晶胞的结构振幅 F_{hkl} 决定。因为 m_i, n_i, p_i 均取整数，衍射指标 h, k, l 也取整数，$hm + kn + lp$ 必然为整数，所以，式（8-158）求和式中每一项都等于 +1，于是有

$$F_{\text{Cry}} = \sum_{i=1}^{N_0} F_{hkl} \exp[\mathrm{i}2\pi(hm_i + kn_i + lp_i)] = N_0 F_{hkl} \tag{8-159}$$

式（8-159）说明，晶胞作为周期性重复堆砌单位，各晶胞对 X 射线衍射的相位差始终等于 2π 的整数，衍射线始终是同相位叠加，相互加强。由于 X 射线在晶体中要产生吸收、光电效应、破坏性不相干叠加等，一个电子的散射波强度是极弱的，X 射线衍射仪的探测器是测不出来的，但在一块晶体中，衍射线 hkl 穿过的晶胞数 N_0 可以达到 10^7 数量级，一块 1cm^3 大小的晶体包含的晶胞数 N_0 可达到 10^{22} 数量级，其衍射线振幅放大的倍数将达到 N_0。由于晶体对光的吸收，X 射线实际穿透晶体的厚度是有限的，实际晶胞对衍射线强度的贡献不完全等于实际晶体中的晶胞数，但与晶胞数 N_0 成正比。

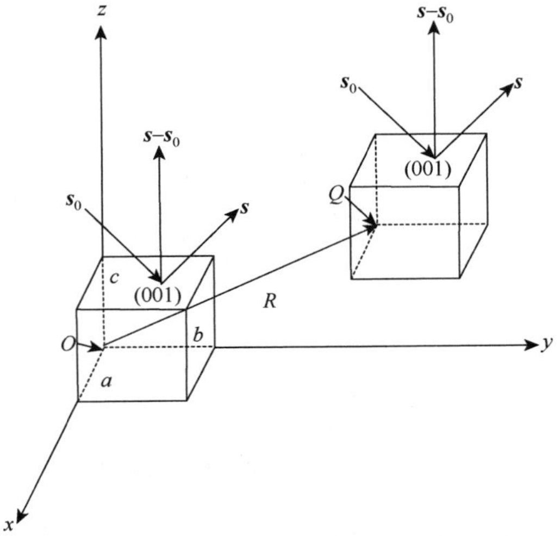

图 8-27　晶胞衍射线同相位干涉叠加

当衍射线照射到胶片上进行曝光时，在胶片上留下的是光斑，而不是光点，这说明衍射线的叠加，相位差存在小角度的偏离。X 射线在晶面原子处发生了反射转向，布拉格方程将原子作为几何点，实际上在晶面上的原子存在一定体积，而且原子内电子不断在运动。当将原子内电子电荷，按照电子密度的概率分布进行平均化后，散射波也就被概率平均化了，就会偏离实际相位差。其次，原子及原子内的电子都存在热运动，而不是静止不动的，反射角就会发生偏离布拉格方程的现象。晶体是三维光栅，类似于光栅的衍射原理[16]。令 $hm+kn+lp=\upsilon$，υ 为整数，则相位差 $\delta_{hkl}=2\pi(hm+kn+lp)=2\pi\upsilon$，相位差也称为相角。当相角发生微小的变化 ε 时，对应衍射角 θ 发生小角度偏离。ε 取正值，表示相角或相位差超前 $+2\pi\varepsilon$，衍射角 θ 增大，反之亦然。式（8-159）表示的衍射线 hkl 振幅变为

$$F_{\text{Cry}}=\sum_{i=1}^{N_0}F_{hkl}\exp[\mathrm{i}2\pi(\upsilon_i+\varepsilon)] \tag{8-160}$$

其中，$2\pi\varepsilon$ 为小角度。根据散射光波的叠加原理，由式（8-43），衍射线叠加生成的最大振幅为

$$F_{\text{Cry}}=F_{hkl}\frac{\sin[2\pi(\upsilon+\varepsilon)N_0/2]}{\sin[2\pi(\upsilon+\varepsilon)/2]}=F_{hkl}\frac{\sin[\pi N_0(\upsilon+\varepsilon)]}{\sin[\pi(\upsilon+\varepsilon)]} \tag{8-161}$$

因为 $|\sin[\pi(\upsilon+\varepsilon)]|=|\sin(\pi\varepsilon)|$，$|\sin[\pi N_0(\upsilon+\varepsilon)]|=|\sin(\pi N_0\varepsilon)|$，所以干涉波的强度

$$\begin{aligned}|F_{\text{Cry}}|^2&=|F_{hkl}|^2\frac{\sin^2(\pi N_0\varepsilon)}{\sin^2(\pi\varepsilon)}\approx|F_{hkl}|^2\frac{\sin^2(\pi N_0\varepsilon)}{(\pi\varepsilon)^2}\\&=|F_{hkl}|^2\frac{1-\cos(2\pi N_0\varepsilon)}{2(\pi\varepsilon)^2}\end{aligned} \tag{8-162}$$

当 $\varepsilon\to0$ 时，式（8-162）经过洛必达法则运算，演变为

$$|F_{\text{Cry}}|^2\approx|F_{hkl}|^2N_0^2\cos(2\pi N_0\varepsilon)=N_0^2|F_{hkl}|^2 \tag{8-163}$$

式（8-163）表示衍射线的中心点，强度最强，称为衍射线的中心极大。当 $\varepsilon=\pm\frac{1}{N_0},\pm\frac{2}{N_0},\pm\frac{3}{N_0},\pm\frac{4}{N_0},\cdots$ 时，由式（8-162），衍射线强度等于零。当 $\varepsilon=\pm\frac{1}{2N_0},\pm\frac{3}{2N_0},\pm\frac{5}{2N_0},\pm\frac{7}{2N_0},\cdots$ 时，衍射线强度为次极大，随 ε 增大，强度迅速衰减，由式（8-162）求得衍射线的相对强度。以衍射线的相对强度 $\frac{|F_{\text{Cry}}|^2}{|F_{hkl}|^2}$ 为纵坐标，ε 为横坐标作图，可以得出小角度偏离引起的衍射线强度分布，见图 8-28。强度分布相对于偏离因子 ε 的正、负取值 $\pm\varepsilon$ 是对称的，即取 $+\varepsilon$ 和 $-\varepsilon$ 所得晶体衍射线的强度值相等，右侧小图为右侧放大图。

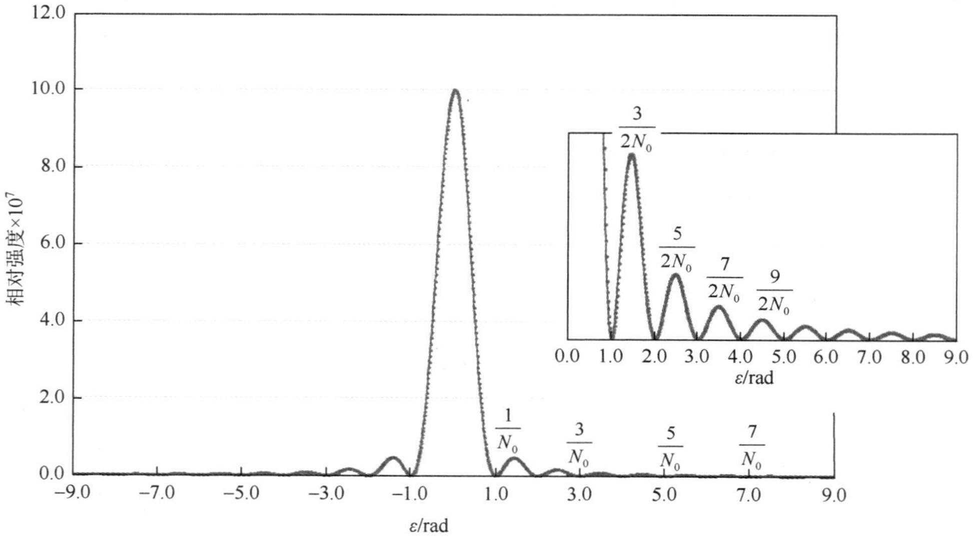

图 8-28　在衍射波的波动范围内衍射线强度的整体分布（$N_0=10^4$）

在衍射波的波动范围内，衍射线强度的整体分布与晶体的形状、体积、晶体内物质的组成和结构都有一定关系。

8.5　测定晶体结构的 X 射线衍射法

晶体结构测定的目的是运用 X 射线的衍射原理确定晶体中原子的空间位置，在晶体中，原子的堆积结构有周期重复特点，周期重复的单位矢量长度与 X 射线波长相当，是 X 射线衍射的三维光栅。入射 X 射线与晶面上的原子作用发射散射波，在相邻晶面上，原子的散射球面波发生干涉，当相位差为整数波长时发生衍射。在两个相邻晶面上，入射 X 射线相互平行，相邻原子生成的衍射线也相互平行，入射线与衍射线共面，满足布拉格方程。

入射线与晶面原子相遇变为衍射线，其方向发生转折，倘若将晶体视为平行的晶面族，转折方向为反射方向，见图 8-29（a）。晶体是晶胞按照周期性重复单位堆砌而成的结构，实际测量的衍射线的方向 *hkl* 和强度 *I* 是晶胞中的原子形成的，而同一衍射线方向，若干晶胞的衍射线是同相位叠加，因而，晶体结构分析的原理是建立晶胞中原子位置与衍射线方向 *hkl* 和强度 *I* 的关系。原子的散射波本质上是电子散射波的合成，晶胞中同种类原子的散射波的叠加，与不同种类原子的散射波叠加是不相同的，解析衍射线强度可以确定原子类别。在晶胞中，原子占据不同的空间位置，原子的相对位置是非周期平移关系，同类原子的散射波干涉，可能是同相位，也可能是反相位叠加，生成的衍射线存在反射和系统性消光；不同种类原子的散射波干涉，也可能是同相位、反相位叠加，生成的衍射线存在反射加强和反射减弱。因为不同种类原子的电子数不同，散射波强度就不同。当同相位叠加时，反射线加强；当反相位叠加时，反射线不是完全抵消，出现反射减弱。

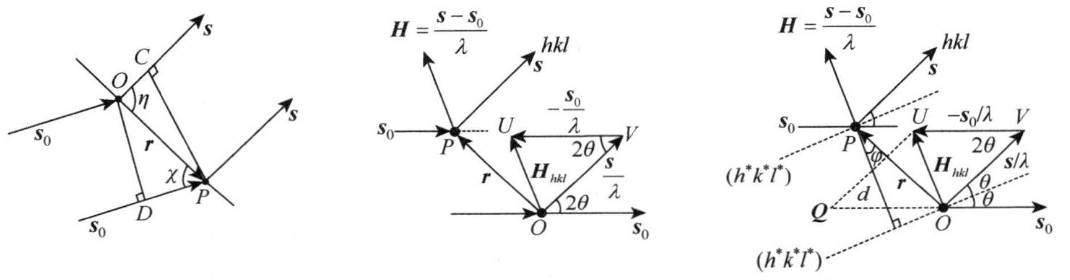

(a) 劳厄方程图示　　(b) 布拉格方程图示　　(c) 布拉格方程的相位差

图 8-29　劳厄方程和布拉格方程导出倒易空间相位差的图示

特定对称性和空间格子的晶体必然有特定的衍射角和衍射线强度分布，有着特定的衍射线方向和衍射指标。当将晶体结构与衍射指标和强度相关联时，就建立起了 X 射线的晶体结构解析方法，这是一个反向对照的过程，即根据实际测量的衍射线强度、衍射线的指标，解析晶体结构。X 射线衍射测定晶体结构的关键技术是衍射线的收集、衍射线强度的探测。在晶体中选择一点作为球极坐标系的原点，当 X 射线照射晶体，发出衍射线，如果不知道晶体的晶轴取向，衍射线的球面位置就无法确定，继而无法测量其强度，X 射线强度的测量就局限于早期的照相法。如果测量对象是单晶，根据布拉格方程，满足衍射条件的反射角是离散的，如果晶体不动，入射角和反射角就不一定满足 X 射线衍射条件，就观察不到衍射线。如果移动 X 射线光源，则给测量增加更多困难。

8.5.1　Ewald 反射球

在 X 射线衍射图的解析中，劳厄方程、布拉格方程与倒易晶格空间结合，入射线和衍射线的空间位置通过反射球表达，使 X 射线衍射图的解析变得非常巧妙、有效[3]。

设 O 和 P 是晶胞中的两个相邻原子，在晶体坐标系中的位置矢量 $\boldsymbol{OP}=\boldsymbol{r}$，入射线和衍射线的波矢分别为 $\boldsymbol{k}_0$ 和 $\boldsymbol{k}$，方向单位矢量为 $\boldsymbol{s}_0$ 和 $\boldsymbol{s}$，与 $\boldsymbol{r}$ 的交角分别为 χ 和 η，原子 P 的散射波相对于原子 O 的光程差为

$$\boldsymbol{\Delta}=\boldsymbol{OC}-\boldsymbol{DP}=\boldsymbol{OP}(\cos\eta-\cos\chi)=\boldsymbol{r}\cdot(\boldsymbol{s}-\boldsymbol{s}_0)$$

平行入射线先后与两个原子 O、P 相遇，原子 P 的散射波相对于原子 O 的相位差为

$$\delta = \frac{2\pi}{\lambda}\Delta = 2\pi \boldsymbol{r} \cdot \frac{\boldsymbol{s}-\boldsymbol{s}_0}{\lambda}$$

其中，矢量$\dfrac{\boldsymbol{s}-\boldsymbol{s}_0}{\lambda}$称为衍射矢量，在倒易晶格空间也称为倒易矢量，定义为

$$\boldsymbol{H}_{hkl} = \frac{\boldsymbol{s}-\boldsymbol{s}_0}{\lambda}$$

原子 P 的散射波相对于原子 O 的相位差，用倒易矢量表达为

$$\delta = \frac{2\pi}{\lambda}\Delta = 2\pi \boldsymbol{r} \cdot \boldsymbol{H}_{hkl} \tag{8-164}$$

如果相邻两个原子的散射波的干涉叠加，用布拉格方程表达，需要将晶体按各种晶面进行切分。对于晶面指标为$(h^*k^*l^*)$的切分，晶体中全部原子处于晶面族的平行晶面上，图 8-29（a）中相邻原子 O 和 P 就分别处于相邻的两个晶面上，它们仍是晶胞中的两个相邻原子，见图 8-29（b）。入射线接触同一晶面上的原子，原子发出的散射波干涉叠加，生成的衍射波方向为反射方向，入射线与衍射线的交角 2θ 称为衍射角。入射线接触相邻晶面的原子，原子发出的散射波存在相位差，因为平行晶面上的反射波相互平行，所以当衍射角满足布拉格方程时必然发生衍射。设晶面族$(h^*k^*l^*)$的相邻晶面间距为$d_{h^*k^*l^*}$，晶面间距矢量与晶面法线平行，也与衍射矢量 $\boldsymbol{H}_{hkl}$ 平行，由布拉格方程可得

$$\frac{n}{d_{h^*k^*l^*}} = \frac{2\sin\theta}{\lambda}$$

因为入射线和衍射线的单位方向矢量的长度$|\boldsymbol{s}| = |\boldsymbol{s}_0| = 1$，由图 8-29（b）可知，$\triangle OVU$ 为等腰三角形，则衍射矢量 $\boldsymbol{H}_{hkl}$ 长度为

$$|\boldsymbol{H}_{hkl}| = \frac{|\boldsymbol{s}-\boldsymbol{s}_0|}{\lambda} = \frac{2\sin\theta}{\lambda}$$

比较两式得

$$|\boldsymbol{H}_{hkl}| = \frac{n}{d_{h^*k^*l^*}} \tag{8-165}$$

运用式（8-165）可以很方便由正晶格空间建立倒易晶格空间。下面讨论由布拉格方程导出的衍射线振幅公式，由图 8-29（b）可知，布拉格方程表示的相邻晶面上相邻原子 O 和 P 的光程差为

$$\Delta = 2d\sin\theta$$

相位差为

$$\delta = \frac{2\pi}{\lambda}\Delta = 2\pi d\frac{2\sin\theta}{\lambda} = 2\pi d|\boldsymbol{H}_{hkl}|$$

由图 8-29（c）可知，衍射矢量 $\boldsymbol{H}_{hkl}$ 与晶面间距矢量同向，与原子 O 和 P 的位置矢量 $\boldsymbol{OP} = \boldsymbol{r}$ 存在交角 φ，即 $d = r\cos\varphi$，代入上式

$$\delta = 2\pi d|\boldsymbol{H}_{hkl}| = 2\pi r|\boldsymbol{H}_{hkl}|\cos\varphi$$

写为矢量的标量积形式，则为

$$\delta = 2\pi r|\boldsymbol{H}_{hkl}|\cos\varphi = 2\pi \boldsymbol{r} \cdot \boldsymbol{H}_{hkl}$$

由以上推导不难得出，从劳厄方程和布拉格方程导出的两个原子的相位差公式，都可以表示为位置矢量与衍射矢量的标量积形式，其中，位置矢量是正晶格空间的矢量，衍射矢量则是倒易晶格空间的矢量，因而，表达结构因子需要建立倒易晶格空间。

设晶胞包含的原子数为N，每个原子的散射波波函数分别 $\boldsymbol{A}_1$，$\boldsymbol{A}_2$，…，$\boldsymbol{A}_N$，相对于原子 O 都分别存在相位差 δ_1，δ_2，…，δ_N，当晶胞内原子的散射波同时在空间点相遇时，全部原子的散射波叠加后生成的衍射波总振幅，即结构因子为

$$F_{hkl} = \sum_{n=1}^{N} f_n \exp(\mathrm{i}\delta_n) = \sum_{n=1}^{N} f_n \exp(\mathrm{i}2\pi \boldsymbol{r}_n \cdot \boldsymbol{H}_{hkl}) \tag{8-166}$$

对于衍射指标为 hkl 的衍射线，属于平行晶面族$(h^*k^*l^*)$的反射，衍射矢量 $\boldsymbol{H}_{hkl}$ 起点为原点 O，与晶面垂直，为晶面法线方向。当晶体按晶面$(h^*k^*l^*)$切分，全部原子处于晶面族的平行晶面上，平行面族上的衍射矢量 $\boldsymbol{H}_{hkl}$ 的方向同向。

设正晶格空间和倒易晶格空间的坐标系共用同一原点 O，衍射矢量 $\boldsymbol{H}_{hkl}$ 的端点将指向倒易晶格空间中点阵点 U。当固定入射线方向 $\boldsymbol{s}_0$ 时，衍射矢量 $\boldsymbol{H}_{hkl}$ 的方向将被限制，见图 8-30。由于入射线和衍射线波长相等，入射线波矢、衍射线波矢、衍射矢量 $\boldsymbol{H}_{hkl}$ 组成等腰三角形，见图 8-29（c）。如果以 $1/\lambda$ 为半径，以 V 点的反演点 Q 为圆心画出球面，则 O 和 U 均在球面上。△OQU 也是等腰三角形，四边形 $OVUQ$ 为菱形。意味着入射线波矢、衍射线波矢、衍射矢量 $\boldsymbol{H}_{hkl}$ 的端点均在球面上，见图 8-30。三个矢量的长度都是波长倒数的关系，因而被称为倒易空间矢量。1921 年，P. P. Ewald 首先将倒易空间理论应用于晶体的 X 射线衍射谱的解析。

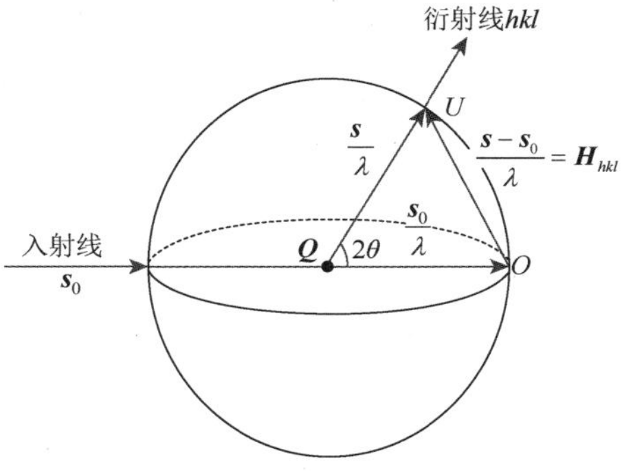

图 8-30　倒易空间的 Ewald 反射球

8.5.2　倒易晶格空间的单位格子

以空间格子为单位，将晶体分割为晶格，每个格点为结构基元的点阵点，构成正晶格空间。晶格空间由点空间和矢量空间组成，点代表点阵点，由矢量连接。晶体的晶格空间与倒易晶格空间共用坐标系原点，但二者的坐标系不同，表现在矢量空间的单位矢量和交角都不一定相同。根据正晶格空间的性质及式（8-165），可以建立倒易晶格空间。倒易晶格空间将晶体的晶格空间与 X 射线衍射相联系，倒易空间点阵点的坐标对应衍射指标 hkl，而平面点阵指标$(h^*k^*l^*)$与衍射指标 hkl 存在如下关系：

$$h:k:l = nh^*:nk^*:nl^* \tag{8-167}$$

整数 n 就是布拉格方程的衍射级数。由布拉格方程图示中的矢量关系，倒易晶格空间的单位矢量 $\boldsymbol{H}_{hkl}$ 始终与相应的晶面 $(h^*k^*l^*)$ 垂直，与晶面间距矢量或法线同向。以正晶格空间的单位矢量交角 α、β、γ 作为参考，可定出倒易空间单位矢量的交角 α^*、β^*、γ^*，而长度由式（8-165）计算。以正交晶系的简单格子为例，看如何建立倒易晶格空间。正交晶系的晶面间距公式为

$$\frac{1}{d_{h^*k^*l^*}} = \sqrt{\frac{h^{*2}}{a^2}+\frac{k^{*2}}{b^2}+\frac{l^{*2}}{c^2}}$$

代入式（8-165）得

$$H_{hkl} = \frac{n}{d_{h^*k^*l^*}} = \sqrt{\frac{h^2}{a^2}+\frac{k^2}{b^2}+\frac{l^2}{c^2}} \tag{8-168}$$

衍射矢量 $\boldsymbol{H}_{hkl}$ 对应倒易晶格空间矢量，这里将衍射矢量 $\boldsymbol{H}_{hkl}$ 的名称变为倒易矢量，其中，$n\sqrt{h^{*2}+k^{*2}+l^{*2}} = \sqrt{h^2+k^2+l^2}$。简单格子没有系统性消光条件，衍射指标可以任意取值。先确定倒易晶格空间的单位矢量长度 a^*、b^*、c^* 和交角 α^*、β^*、γ^*，当衍射指标取最小值 100、010、001，即得倒易晶格空间在三个方向上的单位矢量长度，分别为

$$H_{100} = \frac{1}{a},\ H_{010} = \frac{1}{b},\ H_{001} = \frac{1}{c}$$

结果说明：倒易晶格空间的单位矢量 $\boldsymbol{a}^*$、$\boldsymbol{b}^*$、$\boldsymbol{c}^*$ 的长度分别是正晶格空间单位矢量 $\boldsymbol{a}$、$\boldsymbol{b}$、$\boldsymbol{c}$ 长度的倒数，令

$$a^* = H_{100} = \frac{1}{a},\ b^* = H_{010} = \frac{1}{b},\ c^* = H_{001} = \frac{1}{c} \tag{8-169}$$

因为正晶格空间是微观尺度，倒易晶格空间的单位矢量长度 a^*、b^*、c^* 则被放大到宏观空间尺度，其方向分别对应倒易矢量 $\boldsymbol{H}_{100}$、$\boldsymbol{H}_{010}$、$\boldsymbol{H}_{001}$ 的方向，指向倒易晶格的格点，即分别是点空间中，以三个衍射指标为坐标的晶格格点 100、010、001。根据布拉格反射示意图，$\boldsymbol{H}_{100}$、$\boldsymbol{H}_{010}$、$\boldsymbol{H}_{001}$ 称为单位衍射矢量，其方向分别与晶面(100)、(010)、(001)垂直，也就与正晶格空间单位矢量 $\boldsymbol{a}$、$\boldsymbol{b}$、$\boldsymbol{c}$ 平行。因为 $\boldsymbol{a}$、$\boldsymbol{b}$、$\boldsymbol{c}$ 的交角为 90°，所以 $\boldsymbol{a}^*$、$\boldsymbol{b}^*$、$\boldsymbol{c}^*$ 的交角也为 90°，即 $\alpha^* = \beta^* = \gamma^* = 90°$，或表示为

$$\boldsymbol{a}^*\cdot\boldsymbol{b}^* = 0,\ \boldsymbol{b}^*\cdot\boldsymbol{c}^* = 0,\ \boldsymbol{c}^*\cdot\boldsymbol{a}^* = 0$$

这就确定了正交晶系中简单格子的倒易晶格空间。按照晶格空间平移群相同的平移方法，不难得出对应的点空间和矢量空间，见图 8-31（a）。特别注意，如果正晶格空间的尺度单位为 pm，倒易晶格空间尺度则为 pm^{-1}，在绘图时，二者没有可比性，通常以相对晶格常数进行缩放。按划分点阵空间格子的方法，也可以

在倒易晶格空间中划分倒易空间格子。正交简单格子对应的倒易空间格子类型仍然是简单格子，任意衍射点 *hkl* 对应的倒易晶格格点都可以用单位矢量 $\boldsymbol{a}^*$ 、$\boldsymbol{b}^*$ 、$\boldsymbol{c}^*$ 表示，即在对应的晶格矢量空间中，任意晶格点 *hkl* 与原点 *O* 的矢量 $\boldsymbol{H}_{hkl}$ 都可表示为

$$\boldsymbol{H}_{hkl} = h\boldsymbol{a}^* + k\boldsymbol{b}^* + l\boldsymbol{c}^* \qquad (8\text{-}170)$$

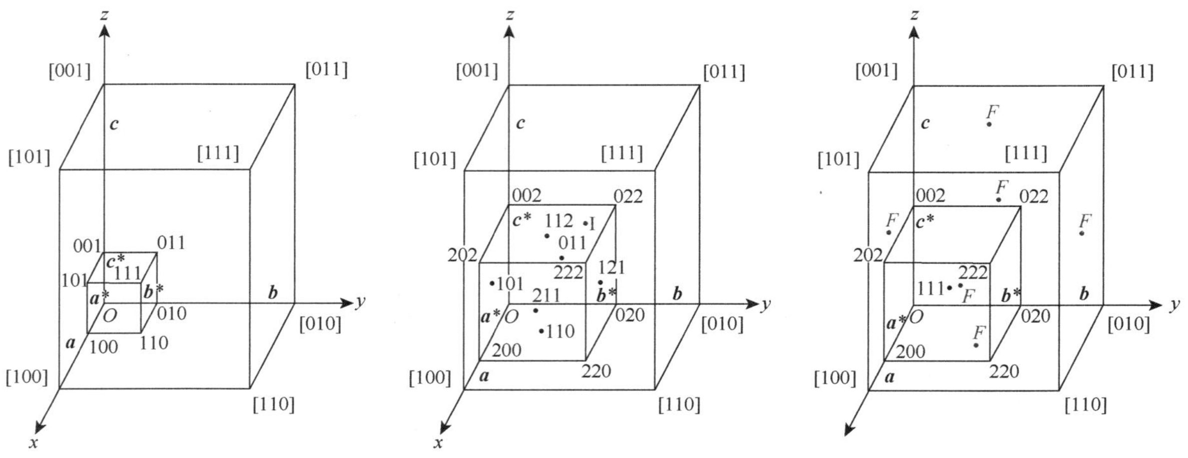

(a) 简单格子　　(b) 体心格子　　(c) 面心格子

图 8-31　正交晶系的空间格子与倒易空间格子的对应关系

为了区分晶体的晶格空间格子和倒易晶格的空间格子，常常称前者为正晶格空间格子，称后者为倒易晶格空间格子，表示符号上，后者右上标加*号。由于衍射指标 *hkl* 只能取整数，因而倒易晶格空间点阵点的移动都属于周期平移。

不同晶系正当晶胞的带心正当空间格子有着不同的系统性消光条件，其衍射指标 *hkl* 有着不同的限制取值，因而对应的倒易晶格空间的单位空间格子将发生变化。按式（8-170）的表达意义，在三个整数组合的衍射指标 *hkl* 中，满足消光条件的衍射线将不出现，对应倒易晶格空间的格点也就不存在，只有在组合衍射指标中，当 h 、k 、l 满足反射条件，对应倒易晶格空间的格点才存在。例如，正交体心格子的倒易空间格子不再是体心格子，而是面心格子。因为正晶格体心格子存在系统性消光，衍射指标 *hkl* 的限制取值是 $h+k+l \neq 2n+1$，反射条件的容许取值为 $h+k+l=2n$，最小衍射指标为 200、020、002，以及 110、101、011，由式（8-168），倒易晶格空间的单位矢量 $\boldsymbol{a}^*$ 、$\boldsymbol{b}^*$ 、$\boldsymbol{c}^*$ 的长度分别为

$$a^* = H_{200} = \frac{2}{a},\ b^* = H_{020} = \frac{2}{b},\ c^* = H_{002} = \frac{2}{c} \qquad (8\text{-}171)$$

而衍射指标为 110、101、011 的倒易晶格格点刚好在单位格子的面心，见图 8-31（b）。

正交面心格子的倒易空间格子是体心格子，在正晶格空间中正交面心格子的系统性消光条件是三个衍射指标 h,k,l 中同时有偶数和奇数，而反射条件为全为偶数 $h,k,l=2n$ ，或全为奇数 $h,k,l=2n+1$ 。所以最小衍射指标为 111、200、020、002，它们构成体心正交格子，见图 8-31（c）。倒易晶格空间的单位矢量 $\boldsymbol{a}^*$ 、$\boldsymbol{b}^*$ 、$\boldsymbol{c}^*$ 的长度公式与倒易晶格空间面心格子的相同。

正交底心格子的倒易空间格子仍是底心格子，底心 *A*、*B*、*C* 的消光和反射条件见表 8-11，对应的倒易空间格子仍是底心 *A*、*B*、*C*。以底心 *A* 为例，消光条件为 $k+l=2n+1$，反射条件为 $k+l=2n$ 。因为 h 不出现在消光条件中，所以最小取值为 1。在正交坐标系下，满足反射条件的格点是 111、020、002，最小衍射指标为 100，011 和 111 指标构成倒易空间格子底心 *A*。单位矢量的端点指向格子顶点，它们分别是 100、020、002。倒易晶格空间的单位矢量长度分别为

$$a^* = H_{100} = \frac{1}{a},\ b^* = H_{020} = \frac{2}{b},\ c^* = H_{002} = \frac{2}{c} \qquad (8\text{-}172)$$

矢量交角仍等于 90°，即 $\alpha^* = \beta^* = \gamma^* = 90°$ 。立方晶系和四方晶系是正交晶系的特例，根据式（8-169）、式（8-171）和式（8-172），将晶格参数关系代入即可求得相应的倒易晶格的单位矢量长度。

当晶轴交角不等于 90°，其倒易晶格空间坐标系的晶轴交角也将发生变化，使得正晶格空间和倒易晶格

空间完全不同。对于六方晶系，晶面间距公式为

$$\frac{1}{d_{h^*k^*l^*}}=\sqrt{\frac{4}{3a^2}(h^{*2}+h^*k^*+k^{*2})+\frac{l^{*2}}{c^2}}$$

代入式（8-165），导出六方晶系的倒易晶格空间矢量长度公式为

$$H_{hkl}=\frac{n}{d_{h^*k^*l^*}}=\sqrt{\frac{4}{3a^2}(h^2+hk+k^2)+\frac{l^2}{c^2}} \tag{8-173}$$

六方晶系的简单格子没有消光条件，最小衍射指标为 100、010、001，由式（8-173）可知，倒易晶格空间的单位矢量 $\boldsymbol{a}^*$、$\boldsymbol{b}^*$、$\boldsymbol{c}^*$ 的长度分别为

$$a^*=H_{100}=\frac{2}{\sqrt{3}a},\ b^*=H_{010}=\frac{2}{\sqrt{3}a},\ c^*=H_{001}=\frac{1}{c} \tag{8-174}$$

其中，$\boldsymbol{c}^*=\boldsymbol{H}_{001}$，单位矢量 $\boldsymbol{H}_{001}$ 的方向与(001)晶面垂直，仍与正晶格空间的单位矢量 $\boldsymbol{c}$ 同向。$\boldsymbol{H}_{100}$ 的方向与(100)晶面和晶轴 $\boldsymbol{b}$ 垂直，则 $\boldsymbol{H}_{100}$ 与 $\boldsymbol{a}$ 的交角等于 $120°-90°=30°$，见图 8-32（a）。$\boldsymbol{H}_{100}$ 也就是在[210]方向，在正晶格空间坐标系中，将 $\boldsymbol{a}$ 投影到[210]方向，投影值就是 $\sqrt{3}a/2$。也可以依据式（8-174）的长度，按第 6 章关于倒易空间的定义式 $\boldsymbol{a}\cdot\boldsymbol{a}^*=1$ 计算。设 $\boldsymbol{a}^*$ 或 $\boldsymbol{H}_{100}$ 与正晶格单位矢量 $\boldsymbol{a}$ 的交角为 μ，则

$$\boldsymbol{a}\cdot\boldsymbol{a}^*=\boldsymbol{a}\cdot\boldsymbol{H}_{100}=a\times\frac{2}{\sqrt{3}a}\cos\mu=1$$

解得 $\mu=30°$。同理，$\boldsymbol{H}_{010}$ 的方向与(010)晶面和晶轴 $\boldsymbol{a}$ 垂直，也就是[120]方向，与 $\boldsymbol{b}$ 的交角 $\nu=30°$。根据单位矢量交角的定义，如图 8-32（b）所示，倒易空间单位矢量 $\boldsymbol{a}^*$ 和 $\boldsymbol{b}^*$ 的交角等于 $\gamma^*=120°-2\times30°=60°$。对于六方晶系的简单格子，其倒易晶格空间格子的形状与正晶格空间相似，对应的平面格子都是六方菱形，但取向发生了变化。图 8-32（c）是倒易晶格的 $hk0$ 平面点阵图，平面点阵族都与坐标轴 z 垂直，沿坐标轴 z 透视，与 $hk0$ 平面点阵重合。在六方倒易晶格空间的坐标系中，每一个格点的位置都由衍射指标 hkl 作为坐标而得到确定。

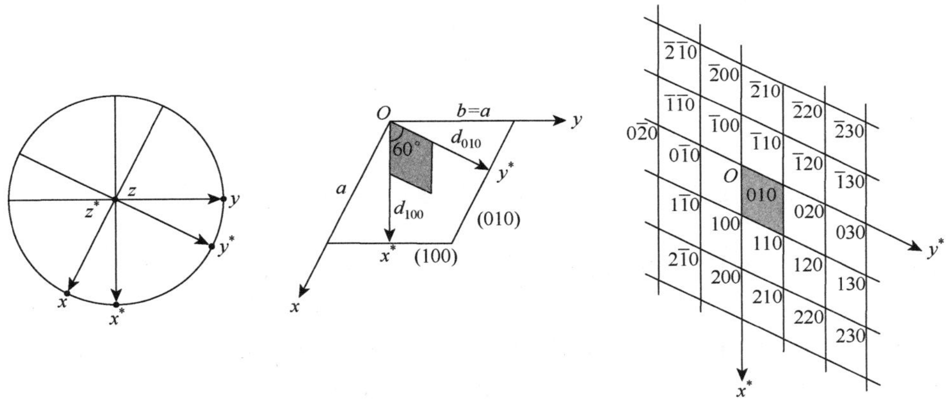

(a) 倒易晶格空间坐标系　(b) 坐标轴的交角　(c) 倒易晶格的坐标hk0

图 8-32　六方晶系简单空间格子的倒易晶格空间

单斜晶系与六方晶系类似，设正晶格空间格子使用如下坐标系：$\alpha=\gamma=90°$，$\beta>90°$。对于简单格子 mP，晶面间距公式为

$$\frac{1}{d_{h^*k^*l^*}}=\sqrt{\frac{h^{*2}}{a^2\sin^2\beta}+\frac{k^{*2}}{b^2}+\frac{l^{*2}}{c^2\sin^2\beta}-\frac{2h^*l^*\cos\beta}{ac\sin^2\beta}}$$

代入式（8-165），导出单斜晶系的倒易晶格空间矢量长度公式为

$$H_{hkl}=\frac{n}{d_{h^*k^*l^*}}=\sqrt{\frac{h^2}{a^2\sin^2\beta}+\frac{k^2}{b^2}+\frac{l^2}{c^2\sin^2\beta}-\frac{2hl\cos\beta}{ac\sin^2\beta}} \tag{8-175}$$

因为简单格子的衍射指标 hkl 没有消光条件，衍射指标取值没有限制，最小衍射指标为 100、010、001，由式（8-175）可知，倒易晶格空间的单位矢量 $\boldsymbol{a}^*$、$\boldsymbol{b}^*$、$\boldsymbol{c}^*$ 的长度分别为

$$a^*=H_{100}=\frac{1}{a\sin\beta},\ b^*=H_{010}=\frac{1}{b},\ c^*=H_{001}=\frac{1}{c\sin\beta} \tag{8-176}$$

其中，$\boldsymbol{b}^*=\boldsymbol{H}_{010}$，单位矢量$\boldsymbol{H}_{010}$的方向与(010)晶面垂直，与正晶格空间的单位矢量$\boldsymbol{b}$同向。$\boldsymbol{H}_{100}$的方向与(100)晶面和晶轴$\boldsymbol{c}$垂直，则$\boldsymbol{H}_{100}$与$\boldsymbol{a}$的交角$\nu=\beta-90°$，见图 8-33（a）。在正晶格空间坐标系中，将$\boldsymbol{a}$投影到$\boldsymbol{H}_{100}$方向，投影值为$a\cos(\beta-90°)=a\sin\beta$。由式（8-176），按定义式$\boldsymbol{a}\cdot\boldsymbol{a}^*=1$计算。设$\boldsymbol{H}_{100}$与正晶格单位矢量$\boldsymbol{a}$的交角为$\nu$，则

$$\boldsymbol{a}\cdot\boldsymbol{a}^*=\boldsymbol{a}\cdot\boldsymbol{H}_{100}=a\times\frac{1}{a\sin\beta}\cos\nu=1$$

解得$\nu=\beta-90°$，$\boldsymbol{H}_{100}$与正晶格单位矢量$\boldsymbol{a}$的交角就是$\boldsymbol{a}^*$与$\boldsymbol{a}$的交角。$\boldsymbol{H}_{001}$的方向与(001)晶面和晶轴$\boldsymbol{a}$垂直，则$\boldsymbol{H}_{001}$与$\boldsymbol{c}$的交角也等于$\beta-90°$，见图 8-33（b）。按定义式$\boldsymbol{c}\cdot\boldsymbol{c}^*=1$，$\boldsymbol{c}^*$与正晶格单位矢量$\boldsymbol{c}$的交角为$\varsigma$，则

$$\boldsymbol{c}\cdot\boldsymbol{c}^*=\boldsymbol{c}\cdot\boldsymbol{H}_{001}=c\times\frac{1}{c\sin\beta}\cos\varsigma=1$$

解得$\varsigma=\beta-90°$。根据图 8-33（b），倒易空间单位矢量$\boldsymbol{a}^*$和$\boldsymbol{c}^*$的交角等于$\beta^*=\beta-2\times(\beta-90°)=180°-\beta$。图 8-33（c）是倒易晶格的$h0l$平面点阵图，当$k$取全部衍射线的可能值时，就是全部衍射线$hkl$的一种划分，这些相互平行的平面点阵族与坐标轴$y^*$垂直，沿坐标轴$y^*$透视，与$h0l$平面点阵重合。

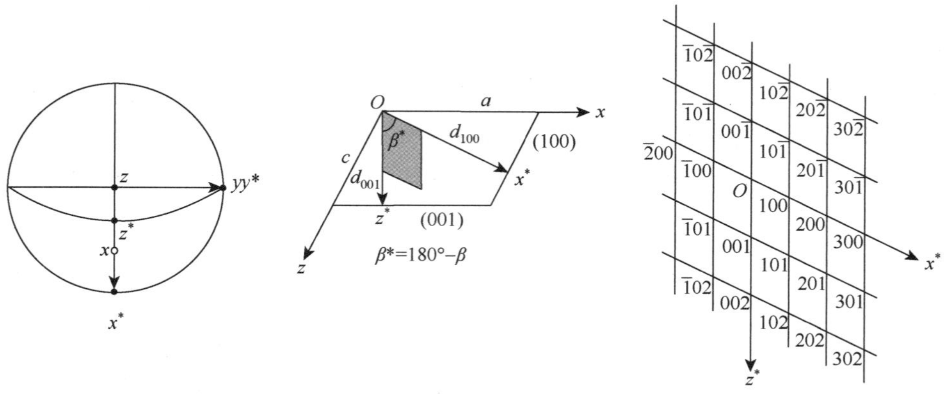

(a) 倒易晶格空间坐标系　　(b) 坐标轴的交角　　(c) 倒易晶格的坐标h01

图 8-33　单斜晶系简单空间格子的倒易晶格空间

在正晶格空间中，a、b、c晶轴方向的晶面分别是(100)、(010)、(001)，晶面围成平行六面体的空间格子，任意一条晶轴方向的晶面都与另外两条晶轴平行，如晶轴a方向的(100)晶面，与晶轴b和c平行，因而晶轴之间的交角与晶面法线的交角互为补角。轴向晶面上的反射线指标分别对应倒易晶格空间坐标轴上的直线点阵$h00$、$0k0$、$00l$，这些直线点阵分别与晶面(100)、(010)、(001)垂直，与其晶面法线同向，也就使得倒易晶格空间的单位矢量和倒易矢量分别与晶面垂直，与晶面法线同向。倒易晶格空间单位矢量$\boldsymbol{a}^*$、$\boldsymbol{b}^*$、$\boldsymbol{c}^*$的交角α^*、β^*、γ^*与正晶格空间晶轴之间的交角α、β、γ互为补角，即

$$\alpha^*=180°-\alpha,\ \beta^*=180°-\beta,\ \gamma^*=180°-\gamma \tag{8-177}$$

运用式（8-165）和式（8-177），就可以从正晶格的空间格子建立相应的倒易晶格的空间格子。如果正晶格空间是简单格子，倒易晶格的空间格子也是简单格子，它们属于相同的布拉维格子；如果正晶格的空间格子是带心格子，倒易晶格的空间格子也是带心格子，它们所属的布拉维格子不一定相同。例如，正交晶系的面心格子，相应倒易晶格的空间格子则是体心格子；底心 C 格子的倒易晶格空间格子也是底心 C 格子。

三方晶系有菱面体格子和六方格子两种表达方式，对于广泛使用的六方坐标系表达方式，有简单格子 hP 和 R 心格子 hR 。可以按相同的方法建立三方晶系的这两种空间格子的倒易晶格空间，算出单位矢量的长度及交角。

当入射 X 射线波长一定，反射球半径一定时，随着晶体的转动，入射 X 射线触及晶面原子，一旦满足布拉格方程，反射球面必然与倒易晶格空间的格点相遇，发生反射，形成一条衍射线。衍射线的强度由晶胞中原子

的固有散射强度和结构因子确定，将倒易晶格矢量 $\boldsymbol{H}_{hkl}=h\boldsymbol{a}^*+k\boldsymbol{b}^*+l\boldsymbol{c}^*$ 和正晶格矢量 $\boldsymbol{r}_n=x_n\boldsymbol{a}+y_n\boldsymbol{b}+z_n\boldsymbol{c}$ 代入式（8-166），求得结构因子：

$$\begin{aligned}F_{hkl}&=\sum_{n=1}^{N}f_n\exp(\mathrm{i}2\pi\boldsymbol{r}_n\cdot\boldsymbol{H}_{hkl})=\sum_{n=1}^{N}f_n\exp[\mathrm{i}2\pi(x_n\boldsymbol{a}+y_n\boldsymbol{b}+z_n\boldsymbol{c})\cdot(h\boldsymbol{a}^*+k\boldsymbol{b}^*+l\boldsymbol{c}^*)]\\&=\sum_{n=1}^{N}f_n\exp[\mathrm{i}2\pi(hx_n+ky_n+lz_n)]\end{aligned}\tag{8-178}$$

其中，$\boldsymbol{a}\cdot\boldsymbol{a}^*=\boldsymbol{b}\cdot\boldsymbol{b}^*=\boldsymbol{c}\cdot\boldsymbol{c}^*=1$，$\boldsymbol{a}\cdot\boldsymbol{b}^*=\boldsymbol{b}\cdot\boldsymbol{c}^*=\boldsymbol{c}\cdot\boldsymbol{a}^*=0$。

在 X 射线衍射测定中，运用带心点阵的系统性消光可以确定衍射线的指标化，同时也能归属倒易空间点阵的空间格子类型，因为每一种倒易空间格子都与正晶格空间的一种布拉维空间格子对应，也就可以确定晶体所属的空间格子类型。为了体现晶体对称性的要求，选取带心格子作为正晶格空间的正当格子，就等于选取了一组新的单位矢量。为了计算分析程序化的需要，有必要从数学上建立一套线性变换方法，将初基格子变换为符合对称性要求的正当带心格子，通过线性变换实现准确的结构解析。同理，在倒易晶格空间中选取了带心格子，等于选取了一组新的单位矢量，也存在初基格子与正当带心格子的坐标系变换。

8.5.3　X 射线粉末衍射仪和四圆单晶衍射仪的衍射线收集

1. X 射线粉末衍射仪的衍射线收集

衍射线的方向和强度隐藏着晶体结构的信息，全部衍射线的方向由衍射指标 hkl 表示，对应一个倒易晶格空间，通过倒易晶格空间与正晶格空间的变换，得到晶体的空间格子及所属晶族、晶系，并计算出晶格常数，因而收集并确定每条衍射线的位置和强度就成为 X 射线衍射测量的关键问题。由于获得粉末晶体较为容易，粉末晶体是无数小晶体的堆积，这些小晶体随机取向，导致晶面也随机取向，这意味着从晶体的任意方向照射晶体粉末，晶体的全部晶面都与入射线形成一定交角，如果以一定角速度转动晶体，晶面与入射线的交角以一定增量变化，当达到布拉格方程反射条件时，晶体发出反射线。因为任意一个晶面代表晶面族，是那些小晶体中晶面的一种划分，对应小晶体中一种取向的倒易晶格空间，晶面反射线与入射线之间的倒易矢量 $\boldsymbol{H}_{hkl}$ 指向倒易晶格空间的一个格点或点阵点 hkl，此时，格点 hkl 必然触及反射球。继续转动晶体，另一种晶面与入射线的交角达到布拉格方程反射条件时，触及反射球，发出衍射线，与对应倒易矢量一起指向另一取向的倒易晶格空间的格点，直到转动晶体的角度为 90°。X 射线粉末衍射仪测定原理如图 8-34 所示。

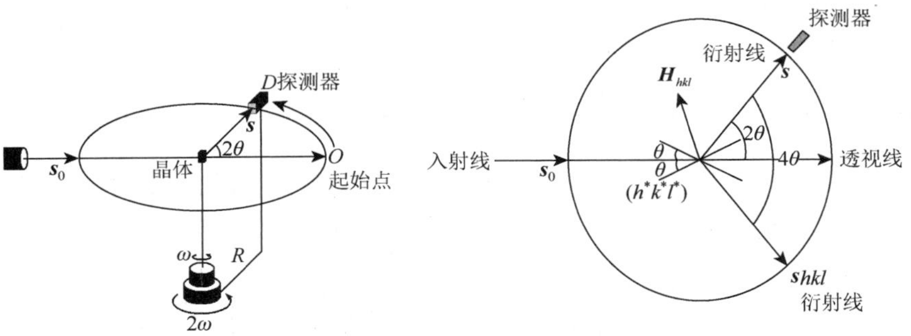

图 8-34　X 射线粉末衍射仪的测定原理图

由于粉末晶体中小晶体存在各种取向，晶体的一种晶面也存在各种取向，与入射线的交角相同的这些晶面，将相对于晶体原点呈圆锥结构分布，当发射衍射时，发出的衍射线也呈圆锥分布，用照相底片曝光的方法记录衍射线就是一系列同心圆。现代仪器使用探测器，探测器以透射线为起始点，当晶体转动角度 θ，探测器必须转动角度 2θ，转动的弧线长度为 OD，设探测器的转动半径为 R，则

$$OD=2\theta R$$

晶体以角速度 ω(rad/s)匀速转动，探测器同轴以角速度 2ω(rad/s)匀速转动，一旦晶体发出衍射线，探测器就到达反射圆的 2θ 位置，接收到衍射线，经过光电信号转变，存储在计算机硬盘。以衍射角 2θ 为横坐标，衍射线

相对强度 I/I_1 为纵坐标画出的谱图称为 X 射线粉末衍射谱，简称 XRD 谱图，其中，I_1 是所有衍射线中最强线的强度。

图 8-35 是合金 $OsAl_2$ 的多晶粉末衍射图[17]，所载数据见表 8-13。由衍射指标可见，晶体的系统性消光条件为 $h+k+l=2n+1$，晶体属于体心格子，对应倒易晶格空间格子为面心格子，由此可算得晶胞参数。晶体属于四方晶系，晶胞参数 $a=316.2\text{pm}$，$c=830.2\text{pm}$，$Z=2$，空间群为 $D_{4h}^{17}\text{-}I\frac{4}{m}\frac{2}{m}\frac{2}{m}$[18]，为点式空间群。由多晶粉末衍射图，给每条衍射线指定衍射指标是晶体结构分析的重要工作，它关系到倒易晶格空间的建立，进而影响到能否正确地通过倒易晶格空间推测晶体所属的空间群，确定正晶格的空间格子类型，计算出晶格常数。

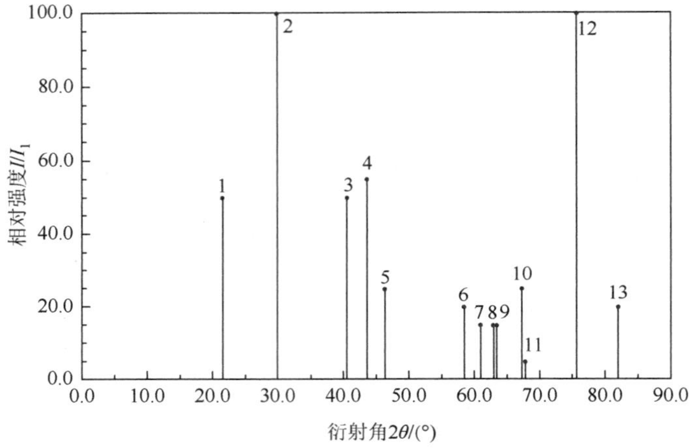

图 8-35　合金 $OsAl_2$ 的多晶粉末衍射图

表 8-13　合金 $OsAl_2$ 的多晶粉末衍射数据

序号	$2\theta/(°)$	$\frac{d}{n}/\text{pm}$	I/I_1	hkl	序号	$2\theta/(°)$	$\frac{d}{n}/\text{pm}$	I/I_1	hkl
1	21.39	415.00	50	002	8	62.82	147.80	15	202
2	29.81	299.50	100	101	9	63.20	147.00	15	105
3	40.32	223.50	50	110	10	67.08	139.40	25	211
4	43.40	208.30	55	103	11	67.63	138.40	5	006
5	46.11	196.70	25	112	12	75.44	125.90	100	213
6	58.31	158.10	20	200	13	81.75	117.70	20	116
7	60.85	152.10	15	114					

单靠多晶粉末衍射图解析晶体的全部结构信息，如晶胞中原子位置、晶体的对称性、准确的空间群等是不够的。因为多晶粉末衍射图是各种取向小晶体的晶面衍射，一条衍射线是多个晶面衍射线的叠加。对于三斜晶系，有

$$\begin{aligned}H_{hkl}=\frac{n}{d_{h^*k^*l^*}}=\frac{1}{V}\Big[&h^2b^2c^2\sin^2\alpha+k^2c^2a^2\sin^2\beta+l^2a^2b^2\sin^2\gamma\\&+2hkabc^2(\cos\alpha\cos\beta-\cos\gamma)\\&+2kla^2bc(\cos\beta\cos\gamma-\cos\alpha)\\&+2lhab^2c(\cos\gamma\cos\alpha-\cos\beta)\Big]^{\frac{1}{2}}\end{aligned}\tag{8-179}$$

其中，$V=a^2b^2c^2[1-\cos^2\alpha-\cos^2\beta-\cos^2\gamma+2\cos\alpha\cos\beta\cos\gamma]^{\frac{1}{2}}$。衍射矢量公式中未知晶格常数变量较多，很难指定每条衍射线的衍射指标。只有晶体属于高级晶系时，如立方晶系，$a=b=c$，$\alpha=\beta=\gamma=90°$，衍射矢量公式中的晶格常数变量只有 a，运用空间格子的系统性消光条件可以推测出每条衍射线的衍射指标，实现晶体结构解析。

2. 四圆单晶衍射仪的衍射线收集

单晶的晶面取向是固定的，X 射线射入单晶体，一次产生的衍射线是极少的，因而必须转动晶体，或者改变入射线的方向。就测定技术可行性进行选择，转动晶体要比改变入射线方向更为有效。

收集单晶体各晶面的衍射线，必须沿不同方向转动晶体，转动晶体也必须选定晶带轴。晶体中存在一组晶面指标各异的晶面族，彼此相交形成晶棱，如果它们的晶棱平行，就构成一个晶带。经过晶体对称元素交点 O，同时与晶带中各晶面族平行的轴线，称为晶带轴。晶带轴的位置可能在不同晶面族相交的晶棱上，也可能在平行于晶棱的某个位置。设晶面族的指标为 $(h^*k^*l^*)$，晶面衍射矢量 $\boldsymbol{H}_{hkl}=nh^*\boldsymbol{a}^*+nk^*\boldsymbol{b}^*+nl^*\boldsymbol{c}^*$，与法线矢量同向。选取晶带轴上距离 O 最近的 P 点，$\boldsymbol{OP}=u\boldsymbol{a}+v\boldsymbol{b}+w\boldsymbol{c}$，晶带轴的方向指数为 $[uvw]$。晶带轴与晶面法线垂直，就与晶面上的衍射矢量垂直，则有

$$\begin{aligned}&\boldsymbol{OP}\cdot\boldsymbol{H}_{hkl}=(u\boldsymbol{a}+v\boldsymbol{b}+w\boldsymbol{c})\cdot(nh^*\boldsymbol{a}^*+nk^*\boldsymbol{b}^*+nl^*\boldsymbol{c}^*)=0\\&uh^*+vk^*+wl^*=0\end{aligned}\tag{8-180}$$

例如，立方晶系的(100)、(010)、(110)、(210)、…、$(hk0)$ 等晶面族与轴线[001]平行，晶轴[001]就是这些晶面的晶带轴。确定晶体的晶带轴需要制备较大的单晶体，在显微镜下观察晶体的形貌，最好制得晶体的单形，这样晶带轴就完全暴露出来。利用偏振光的振动方向与晶带轴平行才能通过的性质，也可以确定晶轴的取向，找出晶带轴。将晶体的晶带轴与起固定单晶作用的玻璃纤维棒平行，再将玻璃纤维棒固定在单晶衍射仪的转轴上。转动晶体时，那些平行晶面与入射线的交角满足布拉格方程，即刻形成反射，反射线打在照相底片上形成曝光，得到衍射点，这就是照相法测定单晶结构的基本原理。照相法又有转动照相法、魏森堡照相法、旋进照相法等。

现代单晶结构测定方法是运用四圆单晶衍射仪的技术，收集每一晶面族的衍射线，仪器由四条旋转轴构成，其中三条轴是晶体转动轴，一条为探测器转动轴，每条旋转轴对应一个圆平面，故名四圆单晶衍射仪。晶体放置在四条旋转轴的交点 O 上，晶体晶格空间和倒易晶格空间的坐标系原点，以及衍射仪的坐标系原点为同一点 O，见图 8-36，其中，衍射仪的坐标系为直角坐标系 (X,Y,Z)，在晶体转动过程中保持不动，晶体的正晶格和倒易晶格坐标系是未知的，由实验测定，随着晶体转动发生翻转。当入射线在晶体晶面上发生反射，其倒易晶格矢量就指向倒易晶格空间的一个晶格点或点阵点，位置坐标为 (h,k,l)，表示为

$$\boldsymbol{H}_{hkl}=nh^*\boldsymbol{a}^*+nk^*\boldsymbol{b}^*+nl^*\boldsymbol{c}^*$$

如前所述，倒易晶格矢量、入射波矢、衍射波矢端点同处于反射球的球面上，而衍射波矢的方向就是衍射线的方向。衍射仪探测器必须在晶体发生衍射时，到达指定球面位置才能收集到衍射线。四圆单晶衍射仪的四条旋转轴就是为了准确收集衍射线而设计的。四条旋转轴依次按设定的角度增量旋转，将倒易晶格矢量从空间某一位置，通过三条旋转轴移动到反射圆上。如图 8-36（a）所示，纺锤旋转轴 E 与仪器底座相连，上方固定一圆环 A，转轴 E 始终与实验室水平面垂直，沿坐标轴 Z 取向。晶体将被系在玻纤棒上，将玻纤棒插入转轴 F，转轴 F 被固定在圆环 B 上。圆环 B 可以滑动，圆环 A 不能滑动，圆环 B 的滑动相当于过圆心，即仪器坐标系原点，沿与圆环 B 垂直的转轴转动，该转轴的复原位置为坐标轴 X 的正方向。当圆环 B 转动时，转轴 F 的位置将发生变化，不再与纺锤旋转轴 E 同向。规定沿逆时针方向旋转，角度为正，沿顺

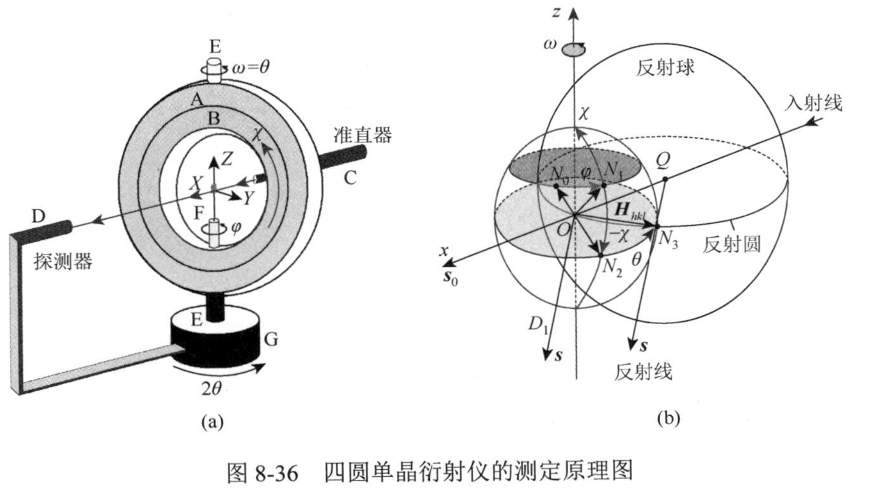

图 8-36　四圆单晶衍射仪的测定原理图

时针方向旋转，角度为负。探测器转轴 G 与纺锤旋转轴 E 同向，都沿坐标轴 Z 取向，探测器的复原位置为入射线位置，沿坐标轴 X 正方向取向。

仪器坐标系的坐标轴 Z 始终在转轴 E 上，指向上方；坐标轴 X 沿准直器方向，与入射线同向，指向前方；坐标轴 Y 由右手系唯一定位，与入射线垂直，指向右侧。当三条转轴转动时，转轴 F 和转轴 B 的取向将发生移动，倒易晶格矢量将发生翻转。与转轴 F 垂直的圆平面称为 φ 圆，转动时与 XY 平面平行，与 Z 轴垂直，转轴 F 转动的角度也用 φ 表示。圆环 B 滑动的圆平面称为 χ 圆，圆周上滑动的角度也用 χ 表示。与转轴 E 垂直的圆平面称为 ω 圆，在仪器坐标系 XY 平面，转动的角度用 θ 表示。与探测器转轴 G 垂直的圆平面称为 o 圆，当转轴 E 旋转 θ，探测器转轴 G 转动角度为 2θ。探测器的起始点由准直器确定，为入射线方向，与坐标轴 X 的交角为零。转轴 F 转动时，φ 圆必须与坐标轴 Z 垂直，圆环 B 滑动时，χ 圆必须与坐标轴 X 垂直，坐标轴 Y 始终在圆环 B 上。转轴 E 和探测器转轴 G 始终与坐标轴 Z 同向，为同心转轴，与之垂直的圆平面为同心圆平面。φ 角每增加一个增量，χ 圆必须复原，回到初始位置，再全范围扫描；χ 角每增加一个增量，ω 圆必须复原，回到初始位置，再全范围扫描。

下面通过图示观察四圆单晶仪是如何旋转晶体，将倒易晶格矢量从初始位置转动到反射圆上，进而被探测器收集。如图 8-36（b）所示，全部坐标系原点 O 处于反射球上，转动过程中保持不动，反射球的球心为 Q，入射线 $\boldsymbol{s}_0$ 和反射线 $\boldsymbol{s}$ 在反射圆上，反射圆与坐标轴 Z 垂直。倒易晶格空间的格点 hkl 与原点 O 连接的倒易矢量 $\boldsymbol{H}_{hkl}$，与晶面 $(h^*k^*l^*)$ 或反射面 (hkl) 垂直。如果倒易矢量 $\boldsymbol{H}_{hkl}$ 的衍射指标 hkl 符合反射条件，在仪器坐标系中的空间位置为 $\boldsymbol{ON}_0$，N_0 在反射球面上。①绕转轴 F 旋转 φ，倒易矢量 $\boldsymbol{H}_{hkl}$ 的端点移动至 N_1 点，空间位置变为 $\boldsymbol{ON}_1$，N_1 点在 χ 圆上，即 YZ 平面。②绕垂直于圆环 B 的转轴，顺时针旋转 $-\chi$，倒易矢量 $\boldsymbol{H}_{hkl}$ 的端点移动至 N_2 点，空间位置变为 $\boldsymbol{ON}_2$，N_2 点在 ω 圆上，即 XY 平面。③绕纺锤转轴 E 旋转角度 θ，倒易矢量端点移动至 N_3 点，空间位置变为 $\boldsymbol{ON}_3$，N_3 点在反射圆周上。当纺锤转轴 E 以角速度 ϖ 旋转 θ，探测器则以角速度 2ϖ 旋转 2θ。如果 $\boldsymbol{ON}_3$ 端点触及反射球面，就会从晶体 O 点处发射平行于 $\boldsymbol{QN}_3$ 的反射线 OD_1，被探测器收集[3, 19]。

晶体放置是随意的，并不强制将晶体的晶带轴与仪器的纺锤旋转轴 E 平行，这是四圆单晶衍射仪的先进之处。四圆单晶衍射仪能较方便地测定对称性较低的单斜和三斜晶系晶体。另外，根据晶体已有的结构信息，可以灵活转动仪器的转轴，将倒易矢量移动到反射圆上进行强度检测。由于仪器坐标系是固定的，在仪器坐标系中，倒易晶格矢量的空间位置可以通过转动的角度进行表达。首先将四圆单晶衍射仪的旋转对应倒易晶格矢量的移动过程进行关联分解，求得每次转动的角度与坐标的关系，见图 8-37。假设倒易晶格点 N_0 的坐标为 (X,Y,Z)，对应倒易晶格矢量 $\boldsymbol{H}_{hkl}$ 在倒易晶格空间中原有位置 $\boldsymbol{ON}_0$，绕转轴 F 旋转 φ，初始点 N_0 移动到 N_1，倒易晶格矢量的空间位置变为 $\boldsymbol{ON}_1$，如图 8-37（a）和（b）所示。因为 φ 圆与坐标平面 XY 平行，故将其投影到 XY 平面，转动角度 φ 与坐标的关系为

$$\tan\varphi = \frac{X}{Y} \tag{8-181}$$

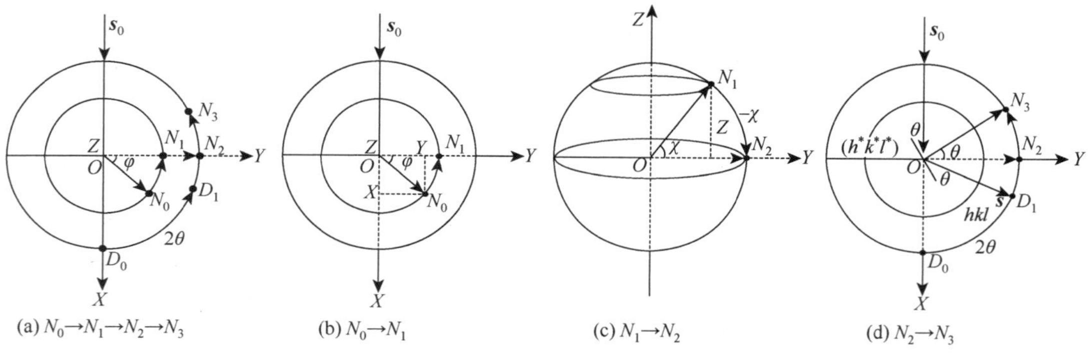

图 8-37　四圆单晶衍射仪的原理

倒易晶格点和矢量经转动后的空间位置变化图

再绕转轴 B 旋转 $-\chi$，晶格点由点 N_1 移动到 N_2，倒易晶格矢量 $\boldsymbol{ON}_1$ 的空间位置变为 $\boldsymbol{ON}_2$，如图 8-37

(a) 和 (c) 所示。因为χ圆与坐标平面 YZ 同面，$\boldsymbol{ON}_1$ 和 $\boldsymbol{ON}_2$ 就都在 YZ 平面上，而且 $\boldsymbol{ON}_2$ 在 Y 轴上，也在坐标平面 XY 和反射圆平面上，转动角度 $-\chi$ 与坐标的关系为

$$\sin\chi = -\frac{Z}{H_{hkl}} \tag{8-182}$$

最后，绕纺锤转轴 E（Z 轴）旋转θ，晶格点由点 N_2 移动到 N_3，倒易晶格矢量 $\boldsymbol{ON}_2$ 的空间位置变为 $\boldsymbol{ON}_3$，N_3 点在坐标平面 XY 和反射圆周上，θ 是衍射角，见图 8-37 (a) 和 (d)。由布拉格方程可知：

$$\sin\theta = \frac{n\lambda}{2d_{h^*k^*l^*}} = \frac{\lambda}{2}H_{hkl} \tag{8-183}$$

式 (8-183) 运用了关系式 (8-165)，即 $H_{hkl} = n / d_{h^*k^*l^*}$。在沿转轴旋转过程中，倒易晶格矢量的长度不变。衍射仪组件坐标系为直角坐标系，对应三维正交矢量空间，倒易晶格矢量 $\boldsymbol{H}_{hkl}$ 的初始位置 $\boldsymbol{ON}_0$ 表示为 $\boldsymbol{H}_{hkl} = X\boldsymbol{i} + Y\boldsymbol{j} + Z\boldsymbol{k}$，其长度为

$$H_{hkl} = \sqrt{\boldsymbol{H}_{hkl}\cdot\boldsymbol{H}_{hkl}} = \sqrt{X^2+Y^2+Z^2} \tag{8-184}$$

将式 (8-184) 代入式 (8-183) 得

$$2\sin\theta = \lambda\sqrt{X^2+Y^2+Z^2} \tag{8-185}$$

将式 (8-183) 代入式 (8-182) 得

$$Z = -\frac{2}{\lambda}\sin\theta\sin\chi \tag{8-186}$$

将式 (8-186) 代入式 (8-185)，与式 (8-181) 联立求解得

$$\begin{aligned} X &= \frac{2}{\lambda}\sin\theta\cos\chi\sin\varphi \\ Y &= \frac{2}{\lambda}\sin\theta\cos\chi\cos\varphi \end{aligned} \tag{8-187}$$

根据发生衍射时仪器组件旋转的角度，由以上三个关系式可以算出倒易晶格空间点阵点 hkl 在仪器坐标系中的坐标 (X,Y,Z)。下面通过线性空间的基矢量变换，将测得的坐标与倒易晶格空间点坐标 hkl 关联，求得倒易晶格空间的基矢量 $(\boldsymbol{a}^*,\boldsymbol{b}^*,\boldsymbol{c}^*)$。在倒易晶格空间中倒易矢量 $\boldsymbol{H}_{hkl} = h\boldsymbol{a}^* + k\boldsymbol{b}^* + l\boldsymbol{c}^*$，在仪器的三维矢量空间中，倒易矢量为 $\boldsymbol{H}_{hkl} = X\boldsymbol{i} + Y\boldsymbol{j} + Z\boldsymbol{k}$，在两个矢量空间中同一矢量必然相等，写成矩阵形式，则有

$$(i\ j\ k)\begin{pmatrix} X \\ Y \\ Z \end{pmatrix} = (\boldsymbol{a}^*\ \boldsymbol{b}^*\ \boldsymbol{c}^*)\begin{pmatrix} h \\ k \\ l \end{pmatrix} \tag{8-188}$$

其中，仪器坐标系对应的三维正交矢量空间的基向量分别为 $\boldsymbol{i} = (1\ 0\ 0)^{\mathrm{T}}$，$\boldsymbol{j} = (0\ 1\ 0)^{\mathrm{T}}$，$\boldsymbol{k} = (0\ 0\ 1)^{\mathrm{T}}$。在三维正交向量空间中，倒易晶格空间的基向量 $\boldsymbol{a}^*$ 的分量为 a_X^*，a_Y^*，a_Z^*，基向量 $\boldsymbol{b}^*$ 的分量为 b_X^*，b_Y^*，b_Z^*，基向量 $\boldsymbol{c}^*$ 的分量为 c_X^*，c_Y^*，c_Z^*。表示为坐标向量 $\boldsymbol{a}^* = (a_X^*\ \ a_Y^*\ \ a_Z^*)^{\mathrm{T}}$，$\boldsymbol{b}^* = (b_X^*\ \ b_Y^*\ \ b_Z^*)^{\mathrm{T}}$，$\boldsymbol{c}^* = (c_X^*\ \ c_Y^*\ \ c_Z^*)^{\mathrm{T}}$，代入式 (8-188) 得

$$\begin{pmatrix} 1 & 0 & 0 \\ 0 & 1 & 0 \\ 0 & 0 & 1 \end{pmatrix}\begin{pmatrix} X \\ Y \\ Z \end{pmatrix} = \begin{pmatrix} a_X^* & b_X^* & c_X^* \\ a_Y^* & b_Y^* & c_Y^* \\ a_Z^* & b_Z^* & c_Z^* \end{pmatrix}\begin{pmatrix} h \\ k \\ l \end{pmatrix}$$

左端为单位矩阵，于是简化为

$$\begin{pmatrix} X \\ Y \\ Z \end{pmatrix} = \begin{pmatrix} a_X^* & b_X^* & c_X^* \\ a_Y^* & b_Y^* & c_Y^* \\ a_Z^* & b_Z^* & c_Z^* \end{pmatrix}\begin{pmatrix} h \\ k \\ l \end{pmatrix} \tag{8-189}$$

此矩阵方程称为倒易晶格参数方程。求解倒易晶格参数矩阵中的基矢量分量，需要测得若干衍射线的坐标和衍射指标。因为间距较小晶面族不发生衍射，间距较大的都是指标较小的晶面，所以，衍射线的反射角都集中在较窄的范围。选择合适的衍射峰，如 $h00$、$0k0$、$00l$，或者 $hk0$、$0kl$、$h0l$ 等，仔细测量衍射峰的坐标位置，代入式 (8-189) 联立求解线性方程组，就可以获得精确的倒易晶格矢量长度 (a^*,b^*,c^*)，再按照第 6 章倒易空间理论，求得倒易晶格空间各单位矢量的交角 $(\alpha^*,\beta^*,\gamma^*)$，这样建立了倒易晶格空间。最后，

运用正晶格空间与倒易晶格空间的线性变换，得到晶体的晶胞参数。

解析衍射线的强度，需要保证入射线强度稳定，设置反射角度范围，将ω圆的转动设为有限范围内的匀速扫描，用差减法消除背景强度，可以得到较为精确的反射积分强度，应用于衍射线的相角分析。衍射线强度的校正公式为

$$I_{hkl} = SA_{hkl}L_{\mathrm{p}}\left|F_{hkl}\right|^2 \tag{8-190}$$

式中，S为统计校正因子；A_{hkl}为吸收校正因子；L_{p}为洛伦兹-偏振校正因子；$\left|F_{hkl}\right|^2$为结构振幅模平方。

四圆单晶衍射仪的χ圆是圆环转动，工艺条件要求很高，仪器造价非常昂贵。再就是，绕转轴E转动ω圆时，圆环B容易与背后准直器发生碰撞，限制了ω角度的扫描范围。改进后的Kappa衍射仪，用κ圆代替χ圆，κ圆的转轴倾斜，与ω圆的转轴形成50°交角，处于准直器的上方。φ圆的转轴用合金臂连接在κ圆的转轴上。这样φ轴可绕κ轴在小圆上转动50°，而且仪器的κ圆组件绕E轴转动ω角度将不受限制。不仅Kappa衍射仪的工艺较四圆衍射仪简单，而且对于任意晶面绕法线旋转360°的全部方位，其反射线都能被记录。

3. 同步辐射衍射仪

超高速带电粒子做圆周运动时，经过向心加速，将同步辐射宽频电磁波。20世纪70年代，利用高能对撞机电子存储环上高能电子的回转运动，同步辐射出强度稳定的硬X射线，光强是X射线管光源的几个数量级，波长可调。高能电子辐射的X射线波段，波长覆盖范围为30～250pm。当电子被加速到近光速时，相对论能量达到γm_0c^2（γ为洛伦兹变换因子），从电子发出的光子从环切线射出，形成顶角近似等于$2\gamma^{-1}$的圆锥状射线，圆锥轴线处于环平面上。若存储环上存在电子束，在ab弧段将不断同步辐射X射线，见图8-38。同步辐射产生的是振动方向与环平面平行的完全偏振光，只有偏振面与环平面存在交角才会产生垂直于环平面的偏振分量，并随交角增大，分量强度增强。同步辐射X射线的应用较广，当被用作粉末衍射法测定晶体结构时，用同步辐射X射线照射晶体粉末，随晶体转动，可能在某个布拉格角观察到分散的衍射谱，通过分析透射线的波谱强度变化，可获知被晶面反射的X射线波长和强度。根据布拉格方程，已知衍射角和反射线波长，可算出倒易晶格矢量。同步辐射衍射仪的关键是如何解决入射线自然形成的轻微发散所导致的分辨率降低问题，以及在短短几秒钟暴露于高强度同步辐射线的晶体内，晶面原子处的相位转变问题。

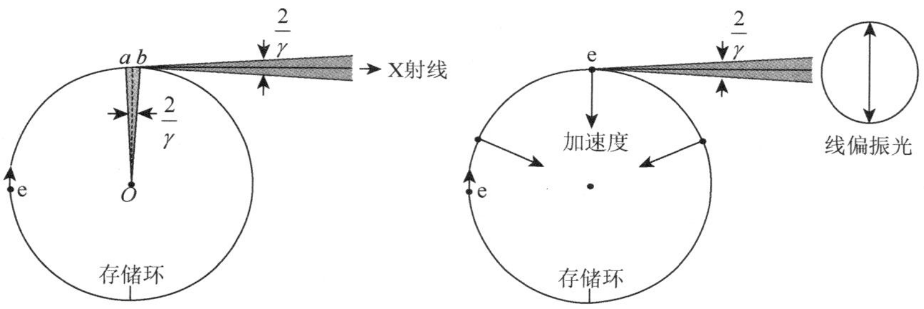

图8-38　同步辐射X射线产生原理

同步辐射衍射仪的优点是可以测量等电子离子，或者原子序数接近的原子组成的晶体结构，如Cu-Zn合金，Cu和Zn的原子序数接近。用MoK_{α}射线测量，两种原子的散射振幅非常接近，不易区分晶胞中两种原子的位置。由于同步辐射光源的波长可以调制，应用奇异散射就能区分这两种原子的位置。Cu和Zn原子的K吸收边界值分别为138.06pm和128.34pm，调节同步辐射波长刚好短于138.06pm，如137.00pm，此波长的射线导致Cu原子出现奇异散射。再调节波长短于128.34pm，如127.00pm，使Zn原子出现奇异散射。通过对比两组数据反射强度的差异，便能得出反射线的相位，确定Cu和Zn原子的位置。

8.5.4　X射线粉末衍射法的衍射线指标化

用四圆单晶衍射仪测定晶体结构，直接得到的是晶胞参数、衍射线强度数据，以及可能的空间群，但

不知道原子在晶胞中的位置，也就不能准确确定晶体的空间群和点群。根据式（8-184），已知实测衍射点 hkl 的倒易晶格矢量长度 H_{hkl}，再与衍射线的衍射角对应，就可以确定衍射线的方向，即衍射指标 hkl。由式（8-190）可以算得精确的倒易晶格常数，建立倒易晶格空间，再经过线性变换解得正晶格空间的全部晶胞参数，因而指定每条衍射线的衍射指标十分重要。指定衍射线的衍射指标的过程，称为衍射线的指标化。

解析晶体结构的过程是一个晶体信息综合分析的过程，如果已知晶体的压电、热电、铁电性质，以及手性光学活性和偏振性质，或者已知晶体形态特征和单晶体单形，以及基本晶面的交角，那么就等于知道了晶体的重要对称性[20]，见表 8-14。例如，可以判断晶体的最高重对称轴和所属晶系，晶体属于中心对称还是非中心对称等，就可以推测晶体的点群和空间群。利用这些信息，解析衍射点的衍射指标和结构振幅就会做到万无一失，精准无误。所以在给出晶体结构的全部信息之前，对于结构分析人员而言，通过收集晶体的一些信息，初步推测出晶体的几种最可能的结构模型，通过排除法，可以起到提高准确性的作用，这些由晶体性质建立起的可能结构称为尝试结构。

表 8-14　非对称中心点群晶体所表现的各类物理性质

晶系	压电和 SHG 类	极性类	对映异构体类	偏振光活性
三斜	1	1	1	1
单斜	$2, m$	$2, m$	2	$2, m$
正交	$222, mm2$	$mm2$	222	$222, mm2$
三方	$3, 3m, 32$	$3, 3m$	$3, 32$	$3, 32$
四方	$4, \bar{4}, 422, 4mm, \bar{4}2m$	$4, 4mm$	$4, 422$	$4, \bar{4}, 422, \bar{4}2m$
六方	$6, \bar{6}, 622, 6mm, \bar{6}m2$	$6, 6mm$	$6, 622$	$6, 622$
立方	$23, \bar{4}3m$	—	432	432

注：SHG 代表二次谐波产生。

在尝试结构的基础上，运用系统性消光形成理论衍射点，建立倒易晶格空间，排列出理论衍射点的衍射角和衍射面间距数据。其次，应用尝试结构的对称性，计算晶胞的结构因子振幅。将尝试结构计算的衍射角和结构振幅，与实验测得的数据一一对比，在大多数数据正确的条件下，赋予实测衍射线的衍射指标。在此之后，晶体结构的解析正式进入精修阶段。

不同的 X 射线衍射法，衍射线的指标化方法不一样。这里主要阐明 X 射线粉末衍射法和四圆单晶衍射法的指标化方法。而对于电子衍射法和中子衍射法，可以参考国内外相关专著。

1. 立方晶系粉末衍射线的指标归属

X 射线粉末衍射法测得的 XRD 谱图是关于衍射线强度 I / I_1 与衍射角 2θ 的谱图，如图 8-35 所示。晶体按对称性分为高级、中级、低级晶系，立方晶系属于高级晶系，六方、四方、三方晶系属于中级晶系，正交、单斜、三斜晶系属于低级晶系。立方晶系的晶胞常数只有 a 是未知的，晶系包含三类空间格子，即 cP、cI、cF。根据系统性消光，去除不存在的衍射指标，再由反射条件组合出所有可能的衍射指标，建立倒易晶格空间。由于三类空间格子的系统性消光不同，反射条件不同，可能出现的衍射指标序列就不同。反之，由实验测得全部衍射线的衍射角，可推出全部衍射线衍射指标序列。由式（8-179），立方晶系晶面 $(h^*k^*l^*)$ 的面间距公式简化为：

$$d_{h^*k^*l^*} = \frac{a}{\sqrt{h^{*2} + k^{*2} + l^{*2}}} \tag{8-191}$$

也可以表示为反射面间距 $d_{h^*k^*l^*} / n$，它等于衍射点 hkl 在倒易晶格空间中形成的倒易矢量 $\boldsymbol{H}_{hkl}$ 长度的倒数。

$$\frac{1}{\boldsymbol{H}_{hkl}} = \frac{d_{h^*k^*l^*}}{n} = \frac{a}{n\sqrt{h^{*2} + k^{*2} + l^{*2}}} = \frac{a}{\sqrt{h^2 + k^2 + l^2}} \tag{8-192}$$

代入布拉格方程 $2d_{h^*k^*l^*} \sin\theta = n\lambda$，得

$$\sin\theta = \frac{n\lambda}{2d_{h^*k^*l^*}} = \frac{\lambda}{2a}\sqrt{h^2+k^2+l^2} \tag{8-193}$$

单色 X 射线波长是一确定值，则各条衍射线的衍射角的正旋平方之比等于衍射指标的平方和之比，即

$$\sin^2\theta_1 : \sin^2\theta_2 : \sin^2\theta_3 : \cdots = \left(h_1^2+k_1^2+l_1^2\right):\left(h_2^2+k_2^2+l_2^2\right):\left(h_3^2+k_3^2+l_3^2\right):\cdots \tag{8-194}$$

理论上三类空间格子对应的比值出现不同。依据系统性消光条件，组合出立方晶系三类空间格子满足反射条件的衍射指标序列，见表 8-15。由表可见，空间格子不同的立方晶体，衍射指标序列不同。当按比值确定了空间格子之后，将表中衍射指标序列按先后顺序，与 XRD 谱图衍射峰的衍射角由小到大的顺序一一对照，就得到各条衍射线的衍射指标。

表 8-15　立方晶系三类空间格子满足反射条件的衍射指标序列

$h^2+k^2+l^2$	空间格子			$h^2+k^2+l^2$	空间格子		
	P	I	F		P	I	F
1	100			16	400	400	400
2	110	110		17	410，322		
3	111	—	111	18	330，411	330，411	
4	200	200	200	19	331		331
5	210			20	420	420	420
6	211	211		21	421		
7	—	—	—	22	332	332	
8	220	220	220	23	—		—
9	300，221			24	422	422	422
10	310	310		25	500，430		
11	311		311	26	510，431	510，431	
12	222	222	222	27	511，333		511，333
13	320			28	—	—	—
14	321	321		29	520，432		
15	—	—	—	30	521	521	

注：“—”表示数学上不存在的整数组合。

因为立方晶系的三条晶轴的单位矢量长度相等，具有四条三重轴的对称性，对于 X 射线衍射，与对称操作关联的那些晶面，即晶面指标只是出现反号或循环置换，产生反射的反射角则完全相同，因而表中所列衍射线指标是代表性的衍射指标，按 h,k,l 由大到小顺序代表性表达那些对称晶面上的反射线，循环置换指标序列满足相同的衍射条件，不用列出，如衍射线 211、121、112 的衍射角相等，实验测定时，贡献于同一衍射线的强度，它们的代表性衍射指标为 211。衍射指标 hkl，无论取正值还是负值，其衍射角也相等，同样贡献于同一衍射线的强度，因而取负值的指标也不需列出。当用代表性的衍射指标计算衍射线强度时，必须乘以这些等同衍射面的数目，即倍数因子 B_{hkl}，按式（8-125）进行校正。

$$I = B_{hkl}\left|F_{\text{Cell}}\right|^2 N_0^2 \frac{e^4}{m^2c^4}\cdot\frac{I_0}{R^2}\cdot\frac{1+\cos^2 2\theta}{\sin^2\theta\cos\theta}$$

其他晶系各类衍射指标的倍数因子按晶体的对称性算出。为了更好地解析实验谱图，必须确定晶体的结构基元，了解结构基元引起的衍射线加强和减弱，需要测量晶体的密度，由此算出晶胞中的化学计量式单位数，结合空间格子类型推出结构基元。

$$Z = \frac{D_x N_A V}{M} \tag{8-195}$$

或者用已经确定的空间格子、结构基元和晶胞，计算晶体的理论密度，与实验晶体密度对照，判断解析结构的正确性。

表 8-15 从理论上反映了倒易晶格空间点阵点按衍射角由小到大依次出现的顺序。首先，依据式（8-194）指定晶体的空间格子，其次，对照表 8-15，将 XRD 谱图的每条衍射线按衍射角由小到大的顺序排列，与表的衍射指标对应，指定每条衍射线的衍射指标。

由得出的空间格子类型，按系统性消光和反射条件推出所属倒易晶格空间格子，因为倒易晶格空间的格点坐标 *hkl* 就是表 8-15 中对应空间格子的衍射指标。选取倒易晶格空间格子的单位矢量，以及矢量端点的坐标 *h*00，由式（8-192）算出晶胞参数：

$$a = \frac{d_{h^*k^*l^*}}{n}\sqrt{h^2+k^2+l^2} = \frac{1}{H_{hkl}}\sqrt{h^2+k^2+l^2} \tag{8-196}$$

例如，立方体心格子对应的倒易晶格空间的单位格子是面心格子，其单位矢量长度为原点与衍射指标为 200 的倒易晶格点的间距，即倒易晶格矢量 H_{200}，由式（8-196）可知，$a = d_{100} = 2/H_{200}$，求得晶胞参数 a。

【例 8-5】 用 CuK_α 射线测得立方 ZnS 粉晶的 XRD 谱图[21]，各条衍射线的衍射角列于表 8-16，实验测得晶体的密度为 $4.096\text{g}\cdot\text{cm}^{-3}$，计算晶胞参数，判断离子在晶胞中的位置。

表 8-16　立方 ZnS 的粉晶衍射数据

序号	$2\theta/(°)$	I/I_1	$\frac{d}{n}$/pm	*hkl*	$h^2+k^2+l^2$	序号	$2\theta/(°)$	I/I_1	$\frac{d}{n}$/pm	*hkl*	$h^2+k^2+l^2$
1	28.57	100	312.3	111	3	8	79.17	2	120.90	420	20
2	33.11	10	270.5	200	4	9	88.54	9	110.34	422	24
3	47.53	51	191.2	220	8	10	95.52	5	104.03	511	27
4	56.40	30	163.3	311	11	11	107.41	3	95.57	440	32
5	59.15	2	156.1	222	12	12	114.90	5	91.38	531	35
6	69.49	6	135.1	400	16	13	128.61	3	85.48	620	40
7	76.79	9	124.0	331	19	14	138.23	2	82.44	533	43

注：第二列 2θ 和第三列 I/I_1 分别为衍射角和衍射线强度的原始数据，第四列是布拉格公式算得的反射面间距，也等于由第五列衍射线指标指定的倒易晶格点与原点的倒易矢量长度，第六列为 $h^2+k^2+l^2$。

解：由表 8-16 的第二列数据，算得 14 条衍射线的反射角的正旋平方的比值为

$$\sin^2\theta_1 : \sin^2\theta_2 : \sin^2\theta_3 : \cdots = 3:4:8:11:12:16:19:20:24:27:32:35:40:43\cdots$$

与表的第六列数据对比，完全一致。不难得出，该 ZnS 粉晶属于立方面心格子，对应倒易晶格空间的单位格子为体心格子，体心格点坐标对应的衍射指标为 111。倒易晶格的单位矢量为 H_{200}，衍射指标为 200，为第二条衍射线。将第二条衍射线的反射面间距和衍射指标代入式（8-196），求得晶胞参数为

$$a = \frac{d_{100}}{2}\sqrt{2^2+0^2+0^2} = 270.5\times 2 = 541.0(\text{pm})$$

按照实验测得的晶体密度 $4.096\text{g}\cdot\text{cm}^{-3}$，代入式（8-195），求得晶胞中的化学计量式单位数

$$Z = \frac{D_x N_A V}{M} = \frac{4.096\text{g}\cdot\text{cm}^{-3}\times 6.022\times 10^{23}\text{mol}^{-1}\times(541.0\times 10^{-10}\text{cm})^3}{97.474\text{g}\cdot\text{mol}^{-1}} = 4$$

计算说明，ZnS 晶体的结构基元为 $Zn^{2+}+S^{2-}$。关于晶胞中 Zn^{2+} 和 S^{2-} 的位置，应该通过分析衍射线的强度得出。根据以上结构信息，根据鲍林结构规则，由正、负离子的半径比 $\frac{r_{Zn^{2+}}}{r_{S^{2-}}} = \frac{74\text{pm}}{184\text{pm}} = 0.402$，可以推测出晶体中 Zn^{2+} 占据的空位为四面体，排除了 Zn^{2+} 占据八面体空位。再由 $\frac{n_+}{n_-} = \frac{\text{cn}_-}{\text{cn}_+}$，$S^{2-}$ 离子配位数也等于 4。

由此可以得出比较合理的尝试结构：S^{2-} 的堆积方式为 A_1，占据晶胞顶点和面心，Zn^{2+} 占据一半切割小立方体体心，即填充四面体空位。倘若已知晶体的某些物理性质，可以进一步证实尝试结构，问题就变得更加简化。下面计算尝试结构的结构因子，再经过校正，算出衍射线强度，与表 8-16 中的衍射线强度实验值比较，对尝试结构进行确认。应用式（8-178），即

$$\boldsymbol{F}_{hkl} = \sum_{n=1}^{N} f_n \exp[\mathrm{i}2\pi(hx_n + ky_n + lz_n)]$$

选取的坐标位置在原点(0,0,0)的S^{2-}，以及$\left(\frac{1}{4},\frac{1}{4},\frac{1}{4}\right)$位置的$Zn^{2+}$作为结构基元，计算结构基元的衍射振幅

$$\boldsymbol{F}_\mathrm{S} = f_{\mathrm{S}^{2-}} \exp[\mathrm{i}2\pi(h\cdot 0 + k\cdot 0 + l\cdot 0)] + f_{\mathrm{Zn}^{2+}} \exp\left[\mathrm{i}2\pi\left(h\cdot\frac{1}{4} + k\cdot\frac{1}{4} + l\cdot\frac{1}{4}\right)\right]$$
$$= f_{\mathrm{S}^{2-}} + f_{\mathrm{Zn}^{2+}} \exp\left[\frac{\mathrm{i}\pi}{2}(h+k+l)\right]$$

尝试结构的晶胞含有四个结构基元，所得空间格子为立方面心，四个点阵点的位置坐标为(0,0,0)、$\left(0,\frac{1}{2},\frac{1}{2}\right)$、$\left(\frac{1}{2},0,\frac{1}{2}\right)$、$\left(\frac{1}{2},\frac{1}{2},0\right)$，晶胞的结构因子为

$$F_\mathrm{Cell} = \sum_{n=1}^{4} F_\mathrm{S} \exp[\mathrm{i}2\pi(hx_n + ky_n + lz_n)]$$
$$= F_\mathrm{S}\{1 + \exp[\mathrm{i}\pi(k+l)] + \exp[\mathrm{i}\pi(h+l)] + \exp[\mathrm{i}\pi(h+k)]\}$$

$h,k,l = 2n+1$全部为奇数和$h,k,l = 2n$全部为偶数，方括号求和等于4，满足反射条件。将结构基元的衍射振幅代入，于是晶胞的结构因子为

$$F_\mathrm{Cell} = 4F_\mathrm{S} = 4f_{\mathrm{Zn}^{2+}} + 4f_{\mathrm{S}^{2-}} \exp\left[\frac{\mathrm{i}\pi}{2}(h+k+l)\right]$$

上式就是ZnS晶胞的结构因子计算式。先按式（8-110）算得Zn^{2+}和S^{2-}的散射振幅，所用参数列于表8-17，再按式（8-125）进行倍数因子、洛伦兹-偏振因子校正，算得ZnS晶体衍射线的相对强度，列于表8-18最后一列。将计算的相对强度与实验衍射线强度比较，基本正确，这就证明ZnS的尝试晶体结构，即S^{2-}占据顶点和面心，Zn^{2+}占据一半切割小立方体体心，Zn^{2+}和S^{2-}的位置可以互换。根据离子占据的位置，最后确认晶体的空间群为T_d^2-$F\bar{4}3m$。

表 8-17　锌离子和硫离子的散射波振幅的理论计算参数

参数	a_1	b_1	a_2	b_2	a_3	b_3	a_4	b_4	c
Zn^{2+}	11.9719	2.9946	7.3862	0.2031	6.4668	7.08260	1.394	18.0995	0.7807
S^{2-}	6.9053	1.4679	5.2034	22.2151	1.4379	0.25360	1.5863	56.172	0.8669

表 8-18　立方 ZnS 粉晶衍射线振幅和衍射强度计算

序号	θ/(°)	$\frac{d}{n}$/pm	实验 I/I_0	hkl	$f_{\mathrm{Zn}^{2+}}$	$f_{\mathrm{S}^{2-}}$	F_Cell	倍数因子	洛伦兹-偏振因子	理论 I/I_0
1	14.29	312.3	100	111	25.4856	12.2660	$f_{\mathrm{Zn}^{2+}} + \mathrm{i}f_{\mathrm{S}^{2-}}$	8	30.01	100.0
2	16.56	270.5	10	200	24.7513	11.5285	$f_{\mathrm{Zn}^{2+}} - f_{\mathrm{S}^{2-}}$	6	21.86	11.9
3	23.77	191.2	51	220	22.2085	9.6989	$f_{\mathrm{Zn}^{2+}} + f_{\mathrm{S}^{2-}}$	12	9.80	62.3
4	28.20	163.3	30	311	20.6536	8.9451	$f_{\mathrm{Zn}^{2+}} + \mathrm{i}f_{\mathrm{S}^{2-}}$	24	6.64	42.0
5	29.58	156.1	2	222	20.1642	8.7454	$f_{\mathrm{Zn}^{2+}} - f_{\mathrm{S}^{2-}}$	8	5.96	3.2
6	34.74	135.1	6	400	18.4760	8.1522	$f_{\mathrm{Zn}^{2+}} + f_{\mathrm{S}^{2-}}$	6	4.21	9.3
7	38.39	124.0	9	331	17.4020	7.8265	$f_{\mathrm{Zn}^{2+}} - \mathrm{i}f_{\mathrm{S}^{2-}}$	24	3.48	15.8
8	39.58	120.9	2	420	17.0769	7.7325	$f_{\mathrm{Zn}^{2+}} - f_{\mathrm{S}^{2-}}$	24	3.31	3.6
9	44.27	110.34	9	422	15.8825	7.3945	$f_{\mathrm{Zn}^{2+}} + f_{\mathrm{S}^{2-}}$	24	2.87	19.4
10	47.76	104.03	5	511，333	15.1032	7.1732	$f_{\mathrm{Zn}^{2+}} - \mathrm{i}f_{\mathrm{S}^{2-}}$	24+8	2.74	12.8
11	53.71	95.57	3	440	13.9825	6.8408	$f_{\mathrm{Zn}^{2+}} + f_{\mathrm{S}^{2-}}$	12	2.83	7.7

续表

序号	θ / (°)	$\frac{d}{n}$ / pm	实验 I/I_0	hkl	$f_{Zn^{2+}}$	$f_{S^{2-}}$	F_{Cell}	倍数因子	洛伦兹-偏振因子	理论 I/I_0
12	57.45	91.38	5	531	13.3974	6.6560	$f_{Zn^{2+}}+if_{S^{2-}}$	48	3.08	17.2
13	64.31	85.48	3	620	12.5443	6.3668	$f_{Zn^{2+}}+f_{S^{2-}}$	24	3.95	17.6
14	69.12	82.44	2	533	12.0937	6.2024	$f_{Zn^{2+}}-if_{S^{2-}}$	24	5.00	11.5

注：相对强度值 I/I_0 以最强的第一条衍射线的强度作为参考值算出，式（8-125）中的晶胞数是定值，被除去。

对于对称性较高的三方、六方、四方等中级晶系，晶胞参数的未知变量较少，空间格子类型较少，可以尝试用粉末衍射法解析晶体结构。对于正交、单斜、三斜晶系，晶胞参数的未知变量较多，属于对称性较低的低级晶系，正交晶系有四种空间格子类型，通过粉晶衍射法解析晶体结构存在很大的难度，只有采用四圆单晶衍射法才能获得准确结构。

2. 一般晶系粉末衍射线的指标归属

1949 年，T. ITO 应用倒易晶格空间理论，解析一般三斜晶系的粉末晶体衍射图谱，归属所测衍射线的衍射指标，获得倒易晶格常数$(\boldsymbol{a}^*,\boldsymbol{b}^*,\boldsymbol{c}^*;\alpha^*,\beta^*,\gamma^*)$，建立倒易晶格空间，经线性变换推得正晶格空间的晶格常数[22]。倒易晶格空间由倒易点阵点的点空间和倒易矢量空间组成，任意衍射指标表示的倒易点阵点 hkl 与原点相连的倒易矢量 $\boldsymbol{H}_{hkl}$，都可以用倒易矢量空间的单位矢量线性表示

$$\boldsymbol{H}_{hkl}=h\boldsymbol{a}^*+k\boldsymbol{b}^*+l\boldsymbol{c}^*$$

在 X 射线衍射中，倒易矢量 $\boldsymbol{H}_{hkl}$ 与正晶格空间的晶面族平行的反射面 (hkl) 垂直，平分入射线和反射线形成的交角，长度等于反射面间距倒数，即

$$H_{hkl}=\frac{1}{d_{hkl}}=\frac{|\boldsymbol{s}-\boldsymbol{s}_0|}{\lambda}=\frac{2\sin\theta}{\lambda} \tag{8-197}$$

其中，$d_{hkl}=\frac{d_{h^*k^*l^*}}{n}$。将倒易晶格空间与 X 射线衍射相联系，任意倒易晶格点 hkl 相对于原点的倒易矢量 $\boldsymbol{H}_{hkl}$ 都对应确定的一个衍射角，一条衍射线。只要入射线波长一定，对特定晶体，其倒易晶格空间就被确定。粉末衍射法是对倒易晶格空间全部衍射点的扫描记录，每一条衍射线对应的倒易晶格空间的格点位置由倒易矢量表示，其长度平方等于

$$\begin{aligned}H_{hkl}^2&=\boldsymbol{H}_{hkl}\cdot\boldsymbol{H}_{hkl}=(h\boldsymbol{a}^*+k\boldsymbol{b}^*+l\boldsymbol{c}^*)\cdot(h\boldsymbol{a}^*+k\boldsymbol{b}^*+l\boldsymbol{c}^*)\\&=h^2a^{*2}+k^2b^{*2}+l^2c^{*2}+2hka^*b^*\cos\gamma^*+2klb^*c^*\cos\alpha^*+2lhc^*a^*\cos\beta^*\\&=\frac{4\sin^2\theta}{\lambda^2}\end{aligned} \tag{8-198}$$

首先，根据式（8-197），由实验测定的每一条衍射线的衍射角直接算出每一条衍射线对应的倒易矢量长度平方值 $H_{hkl}^2(\text{obs})$，与衍射角和面间距对应，按衍射角由小到大的顺序列于表中。其次，由式（8-198）找出对应的衍射指标，算出倒易矢量长度平方的计算值 $H_{hkl}^2(\text{cal})$。倒易晶格空间的单位矢量 $\boldsymbol{H}_{100}$、$\boldsymbol{H}_{010}$、$\boldsymbol{H}_{001}$ 是最短的倒易矢量，对应衍射角最小，归属于指标为(100)、(010)、(001)的晶面或反射面。因为每一类晶系都存在简单格子，所以，当晶体的正晶格空间类型是简单格子时，其倒易晶格空间的类型也是简单格子，由衍射角最小的衍射线就可以算得倒易晶格空间的单位矢量：

$$\boldsymbol{H}_{100}=\boldsymbol{a}^*,\ \boldsymbol{H}_{010}=\boldsymbol{b}^*,\ \boldsymbol{H}_{001}=\boldsymbol{c}^*$$

如果晶体对称性较高，正晶格空间不是简单格子，是带心格子，衍射角较小的倒易矢量可能不是 $\boldsymbol{H}_{100}$、$\boldsymbol{H}_{010}$、$\boldsymbol{H}_{001}$，那么就要按照前面一节叙述的倒易晶格空间的单位格子进行改变，按预知的一些结构信息进行解析，如假设为体心格子，设为 $\boldsymbol{H}_{111}$、$\boldsymbol{H}_{200}$，假设为底心或面心，设为 $\boldsymbol{H}_{110}$、$\boldsymbol{H}_{200}$。单位矢量确定后，将 200、300、…、$h00$ 代入式（8-197）计算衍射角，与其余独立衍射点的衍射角对照，找出 $h00$ 的衍射线。用相同方法，找出 $0k0$、$00l$ 衍射线。

对于 $hk0$、$h0l$、$0kl$、hkl 等类型的衍射指标的衍射线归属，可采用如下方法。将 $hk0$ 和 $h\bar{k}0$ 代入

式（8-198），得到如下两个关系式：

$$H_{hk0}^2 = h^2a^{*2} + k^2b^{*2} + 2hka^*b^*\cos\gamma^*$$
$$H_{h\bar{k}0}^2 = h^2a^{*2} + k^2b^{*2} - 2hka^*b^*\cos\gamma^* \tag{8-199}$$

将两式相减，再两式相加除 2，又分别得到如下两式：

$$\cos\gamma^* = \frac{H_{hk0}^2 - H_{h\bar{k}0}^2}{4hka^*b^*}$$
$$H_{hk0}^2(\text{cal}) = \frac{1}{2}(H_{hk0}^2 + H_{h\bar{k}0}^2) = h^2a^{*2} + k^2b^{*2} = h^2H_{100}^2 + k^2H_{010}^2 \tag{8-200}$$

同理，将衍射指标 $h0l$ 和 $h0\bar{l}$ 代入，得

$$\cos\beta^* = \frac{H_{h0l}^2 - H_{h0\bar{l}}^2}{4lha^*c^*}$$
$$H_{h0l}^2(\text{cal}) = \frac{1}{2}(H_{h0l}^2 + H_{h0\bar{l}}^2) = h^2a^{*2} + l^2c^{*2} = h^2H_{100}^2 + l^2H_{001}^2 \tag{8-201}$$

将衍射指标 $0kl$ 和 $0\bar{k}\bar{l}$ 代入，得

$$\cos\alpha^* = \frac{H_{0kl}^2 - H_{0\bar{k}\bar{l}}^2}{4klb^*c^*}$$
$$H_{0kl}^2(\text{cal}) = \frac{1}{2}(H_{0kl}^2 + H_{0\bar{k}\bar{l}}^2) = k^2b^{*2} + l^2c^{*2} = k^2H_{010}^2 + l^2H_{001}^2 \tag{8-202}$$

选取不同的 h、k、l 值，算出系列 $H_{hk0}^2(\text{cal})$、$H_{h0l}^2(\text{cal})$、$H_{0kl}^2(\text{cal})$，最特殊的成对取值就是 110 和 $1\bar{1}0$（或 $\bar{1}10$）、011 和 $0\bar{1}\bar{1}$、101 和 $10\bar{1}$ 衍射线。当晶体具有点式操作对称性时，其倒易晶格空间也存在相应的对称性，对称的倒易晶格点对应的倒易矢量长度相等。例如，按照单斜晶系选取晶轴 $\boldsymbol{b}$ 为唯一二重轴，则倒易晶格空间的晶轴 $\boldsymbol{b}^*$ 也存在二重轴。若晶体对称性为 m，则 $hk0$ 和 $h\bar{k}0$、$0kl$ 和 $0\bar{k}\bar{l}$ 都为对称格点，必有

$$H_{hk0} = H_{h\bar{k}0},\ H_{0kl} = H_{0\bar{k}\bar{l}} \tag{8-203}$$

两组衍射线必然重合，由式（8-200）和式（8-202），算得 $H_{hk0}^2(\text{cal}) = H_{hk0}^2$ 和 $H_{0kl}^2(\text{cal}) = H_{0kl}^2$，与表中实验值 $H_{hkl}^2(\text{obs})$ 对比，如果数据在误差范围，就归属了衍射线指标，同时得到倒易晶格常数 $\alpha^* = 90°$，$\gamma^* = 90°$。只有 $h0l$ 和 $h0\bar{l}$ 不是对称格点，由式（8-201）算得 $H_{h0l}^2(\text{cal})$，该值一定处于 H_{h0l}^2 和 $H_{h0\bar{l}}^2$ 之间，在 $H_{hkl}^2(\text{obs})$ 表中按选取的衍射指标找出这对相近值，就归属了这对衍射线的指标，同时按式（8-201）计算出晶格常数 β^*。

【例 8-6】 用 CuK_α 射线（λ=154.18pm）测得合金 Al_3Ni_2 粉晶的 XRD 谱图[23]，各条衍射线的衍射角和强度数据列于表 8-19，晶体的空间群为 D_{3d}^3-$P\bar{3}m1$，参考晶胞参数 $a = 403.6\text{pm}$[24]，$c = 490.0\text{pm}$，用一般晶系粉末衍射线的指标归属方法，排列出每条衍射线的衍射指标，计算晶胞参数。

解： 分析晶体结构，必须反映晶体的最高对称性，尝试晶体结构不能首先选择对称性最低的三斜晶系，假设晶体是三斜晶系，部分衍射线与实验谱图也不相符，即不能归属，说明晶体不是三斜晶系。设为三方晶系，用六方坐标系表示倒易格子的 $\gamma^* = 60°$，$\alpha^* = \beta^* = 90°$。设最长单位矢量为 $\boldsymbol{c}$，定第一条线的衍射指标为 001，第二条线为 100，因为 010 衍射线与 100 重合，则有

$$H_{001} = c^*,\ H_{100} = a^*,\ H_{010} = a^*$$

根据倒易矢量长度与衍射角的关系式：

$$H_{hkl} = \frac{n}{d_{h^*k^*l^*}} = \frac{2\sin\theta}{\lambda}$$

计算每一条衍射线的倒易矢量长度 H_{hkl}，再计算平方值 $H_{hkl}^2(\text{obs})$，分别列于表 8-19 的第五、六列。

表 8-19　合金 Al_3Ni_2 粉晶衍射线的 hkl 指标归属

序号	$2\theta/(°)$	$\frac{d}{n}\times10^2/\text{pm}$	I/I_1	H_{hkl}	H_{hkl}^2/obs	H_{hkl}^2/cal	hkl	其他衍射线	所用计算式
1	18.10	490.0	45	0.20408	0.04165	0.04165	001		（8-204）
2	25.30	352.0	40	0.28409	0.08071	0.08071	100		（8-205）
3	31.24	286.3	30	0.34928	0.12200	0.12236	101		（8-201）

续表

序号	$2\theta/(°)$	$\frac{d}{n}\times10^2$ / pm	I/I_1	H_{hkl}	H_{hkl}^2 / obs	H_{hkl}^2 / cal	hkl	其他衍射线	所用计算式
4	44.68	202.8	65	0.49310	0.24314	0.24212	110		(8-200)
5	45.11	201.0	100	0.49751	0.24752	0.24730	102		(8-201)
6	48.61	187.3	12	0.53390	0.28505	0.28377	111		(8-207)
7	51.80	176.5	4	0.56657	0.32100	0.32283	200		(8-205)
8	55.63	165.2	4	0.60533	0.36642	0.36448	201	0.37484 003*	(8-201)
9	62.59	148.4	6	0.67385	0.45408	0.45555	103		(8-201)
10	65.35	142.8	25	0.70028	0.49039	0.48943	202		(8-201)
11	71.09	132.6	2	0.75415	0.56874	0.56495	120 210		(8-206)
12	74.06	128.0	2	0.78125	0.61035	0.60660	121 211		(8-207)
13	78.07	122.4	2	0.81699	0.66748	0.66639	004		(8-204)
14	82.60	116.8	20	0.85616	0.73302	0.73155	212 122	0.72637 300*	(8-207)
15	83.56	115.7	6	0.86430	0.74702	0.74710	104		(8-201)
16	85.28	113.8	4	0.87873	0.77217	0.76802	301		(8-201)
17	94.60	104.9	6	0.95329	0.90876	0.90851	114	0.89297 302*	(8-207)
18	98.97	101.4	4	0.98619	0.97258	0.96849	220		(8-206)
19	100.18	100.5	4	0.99502	0.99007	0.98922	204		(8-201)
20	101.85	99.3	1	1.00705	1.01415	1.01014	221		(8-207)

*第九列为其他可能衍射线 H_{hkl}^2(cal) 计算值和对应衍射指标，计算公式与衍射指标对应。

（1）$00l$ 衍射线的归属：对于衍射指标为 $00l$ 的衍射线，将衍射指标 $00l$ 代入式（8-198）得

$$H_{00l}^2 = l^2 H_{001}^2 \tag{8-204}$$

令 $l=1,2,3,4,5$，计算 H_{00l}^2(cal) 值，与第六列的 H_{hkl}^2(obs) 值对比，匹配的计算值列入表 8-19 第七列。如果第一条谱线属于衍射指标 001，在实验谱线的 H_{cal}^2(obs) 数据中，找到与 001、003、004 对应的 H_{00l}^2(cal) 计算值，接近实验值 H_{hkl}^2(obs)，将匹配一致的衍射指标填入第八列。

（2）$h00$ 衍射线的归属：将衍射指标 $h00$ 代入式（8-198），得

$$H_{h00}^2 = h^2 H_{100}^2 \tag{8-205}$$

令 $h=1,2,3,4$，计算 H_{h00}^2(cal) 值，与第六列的实验值 H_{hkl}^2(obs) 值对比，匹配的计算值列入表 8-19 第七列。对比结果第二条谱线属于衍射指标 100，在实验谱线的 H_{hkl}^2(obs) 数据中，100、200、300 的 H_{h00}^2(cal) 计算值与三组实验值 H_{hkl}^2(obs) 相近，对比一致的衍射指标填入第八列。

第一条谱线是 001，第二条谱线是 100，可以得出 $H_{001}=0.20408$，$H_{100}=0.28409$。由式（8-201），第三条谱线就属于 101，因为

$$H_{101}^2(\text{cal}) = h^2 H_{100}^2 + l^2 H_{001}^2 = 1^2 \times 0.28409^2 + 1^2 \times 0.20408^2 = 0.12236$$

与第三条实验谱线的 H_{hkl}^2(obs) 很接近。下面就是要找出 110 衍射线，算出交角，就可以证实以上设定。

（3）$hk0$ 衍射线的归属。对于第四条衍射线，如果衍射指标是 110，由式（8-199）得

$$\begin{aligned} H_{110}^2(\text{cal}) &= h^2 H_{100}^2 + k^2 H_{010}^2 + 2hkH_{100}H_{010}\cos\gamma^* \\ &= 1^2 \times (0.28409)^2 + 1^2 \times (0.28409)^2 + 2\times1\times1\times0.28409\times0.28409\times\cos 60° \\ &= 0.24212 \end{aligned}$$

与第四条谱线的实验值 $H_{hkl}^2(\text{obs}) = 0.24314$ 非常接近。可以确认该谱线的衍射指标就是 110，由式（8-200），

$$H_{h\bar{k}0}^2 = 2(h^2 H_{100}^2 + k^2 H_{010}^2) - H_{hk0}^2$$

那么，交角的余弦为

$$\cos\gamma^* = \frac{H_{hk0}^2 - H_{h\bar{k}0}^2}{4hka^*b^*} = \frac{H_{hk0}^2 - (h^2H_{100}^2 + k^2H_{010}^2)}{2hkH_{100}H_{010}}$$

将单位矢量 $\boldsymbol{H}_{100}$ 和 $\boldsymbol{H}_{010}$，以及衍射指标代入上式得

$$\cos\gamma^* = \frac{H_{110}^2 - (H_{100}^2 + H_{010}^2)}{2H_{100}\cdot H_{010}} = \frac{0.24212 - [(0.28409)^2 + (0.28409)^2]}{2\times 0.28409\times 0.28409} = 0.5$$

解得 $\gamma^* = 60°$，这与三方晶系的倒易晶格空间的单位矢量交角相符，这就初步证明了初始假设是正确的。下面就可以归属其他衍射线的衍射指标，由式（8-199）

$$H_{hk0}^2(\text{cal}) = h^2H_{100}^2 + k^2H_{010}^2 + 2hkH_{100}H_{010}\cos\gamma^* \tag{8-206}$$

令 $h,k = 1,2,3$，对取值进行排列组合，组合衍射指标代入上式，计算 $H_{hk0}^2(\text{cal})$，再与第六列的 $H_{hk0}^2(\text{obs})$ 实验值对比，除 110 外，210(120)、220 等三条衍射线的计算值与实验值匹配，数值列于表 8-19 第七列，匹配一致的衍射指标填入第八列。

（4）$h0l$ 衍射线的归属。由式（8-201），

$$H_{h0l}^2(\text{cal}) = h^2H_{100}^2 + l^2H_{001}^2$$

令 $h,l = 1,2,3,4$，按相同的方法排列组合出衍射指标，代入上式计算 $H_{h0l}^2(\text{cal})$。与第六列的 $H_{h0l}^2(\text{obs})$ 实验值对比，共找出 101、102、103、104、201、202、204、301、302 等九条衍射线的计算值与实验值匹配，计算值列于表 8-19 第七列，对应衍射指标填入第八列。由式（8-198），将 101 指标代入得

$$\cos\beta^* = \frac{H_{101}^2 - (H_{100}^2 + H_{001}^2)}{2H_{100}H_{001}} = \frac{0.12236 - [(0.28409)^2 + (0.20408)^2]}{2\times 0.28409\times 0.20408} = 0$$

解得 $\beta^* = 90°$。同理，可归属 $0kl$ 衍射线，不难得出，结果与 $h0l$ 衍射线完全相同。如果是三方晶系，用六方坐标系表达，衍射线 011 与 101 必然重合。将 011 指标代入式（8-198）得

$$\cos\alpha^* = \frac{H_{011}^2 - (H_{010}^2 + H_{001}^2)}{2H_{010}H_{001}} = \frac{0.12236 - [(0.28409)^2 + (0.20408)^2]}{2\times 0.28409\times 0.20408} = 0$$

解得 $\alpha^* = 90°$，这些结果与三方晶系的倒易晶格空间的单位矢量交角完全相符。

（5）hkl 衍射线的归属：由于已解得倒易晶格常数 $\alpha^* = \beta^* = 90°$，$\gamma^* = 60°$，代入式（8-198），公式简化为

$$H_{hkl}^2(\text{cal}) = h^2H_{100}^2 + k^2H_{010}^2 + l^2H_{001}^2 + hkH_{100}H_{010} \tag{8-207}$$

令 $h,k,l = 1,2,3$，对取值进行排列组合，计算 $H_{hkl}^2(\text{cal})$ 值，继续与表第六列的 $H_{hkl}^2(\text{obs})$ 值对比，不难找出剩余的 111、113、114、211（121）、221、212（122）等五条衍射线，对应衍射指标填入第八列。这就排列出全部实测衍射线的衍射指标。特别注意，当没有找全 100、010、001 衍射线，晶体就不属于三斜晶系，解析需要密切配合七个晶系的倒易晶格常数的关系，对称性越高，倒易矢量长度公式中的变量越少，衍射指标的归属越容易。在归属衍射指标时，衍射线的倒易矢量长度计算值与实验值的差值应尽可能小，这样所得衍射指标才越准确。为了获得正确的衍射指标，还应要求粉末衍射法 XRD 谱图提供至少 20 条衍射线。如果衍射线不足 20 条，可使用波长短的 MoK_α 靶射线作光源($\lambda = 71.07\text{pm}$)进行测量。

1958 年，P. M. de Wolff 提出用两组晶带的倒易晶格空间平面点阵表达晶体的倒易晶格空间[25]，因为晶带轴与晶带晶面平行，晶带晶面倒易矢量与晶面垂直，也与晶带轴垂直。这些倒易矢量构成一张平面点阵，称为倒易晶格空间平面点阵。两张不共面的倒易晶格空间平面点阵就可以决定晶体的倒易晶格空间，由此就可以建立晶体的倒易晶格空间，确定倒易晶格常数。根据衍射角最小的几条衍射线，交叉组合，分别找出两组倒易矢量不共面的衍射线，组成两个晶带。因为这些衍射线的衍射角和衍射指标都是最小的，必然对应倒易矢量长度也是最小的，将其定为倒易晶格常数，按照取向求出交角。于是，式（8-198）的倒易晶格参数全部已知，只需组合衍射指标 hkl 并代入式中，就可算得倒易矢量平方值，与实测衍射线的实验值对比，从而归属全部衍射线的衍射指标。

1964 年，Werner 提出尝试法，根据晶体的一些性质，假设晶体属于某一晶系进行尝试计算，归属衍射指标[26]。例如，假设晶体属于正交晶系，则有 $\alpha^* = \beta^* = \gamma^* = 90°$，根据式（8-198），衍射指标表示的倒易矢量平方值等于

$$H_{hkl}^2(\text{cal}) = h^2H_{100}^2 + k^2H_{010}^2 + l^2H_{001}^2 \tag{8-208}$$

其中，$H_{100}=a^*$，$H_{010}=b^*$，$H_{001}=c^*$。公式中有三个未知晶格常数，将前三条衍射角较小的衍射线的衍射指标赋值为 100、010、001，分别代入式（8-208），解得对应倒易矢量长度 H_{100}、H_{010}、H_{001}。再由式（8-208），按 $h,k,l=1,2,3,\cdots$ 取值，组合出衍射指标，计算所有衍射指标可能的倒易矢量平方值，与实测值对比，逐一归属衍射指标。倘若实测值中有部分衍射指标不能归属，则可推倒重新假设。如果尝试晶系属于低对称性晶系，式（8-198）中的变量增多，尝试法就不太适用。如三斜晶系，有六个未知的晶格常数，在衍射角较小的衍射线中，需要选取六条，建立六个方程，解出这些未知参数，归属过程较为复杂。对于带心格子，使用尝试法还应注意结合消光条件才能得出正确的衍射指标。有些衍射线的强度很弱，未被记录，会影响尝试结构的判断。不过，在计算程序的辅助下，每一次尝试都很快得出结果。由于从衍射指标直接可以得出系统性消光条件，推断空间格子，以及各方向螺旋轴和滑移面，任何晶系的衍射线所属的衍射指标都能得到归属。衍射线的指标归属应满足大部分衍射线归属的正确性，最后结果的可靠性需符合一些评估标准。晶体的物理性质与晶体结构，尤其是与晶体的对称性存在密切联系，测定与晶体的对称性相关物理性质，也可以直接确定晶体所属晶系。多晶粉末的热膨胀系数常用于推断晶体所属晶系类别，立方晶系的热膨胀系数是各向同性的，而非等轴晶系晶体的热膨胀系数是各向异性的。

从单晶结构获得的衍射线，其衍射指标的归属较为简单。对晶体各方向的逐一扫描，倒易晶格空间的衍射点将无一遗漏，衍射线更为丰富。结合晶体的其他物理光学信息及等强度衍射线的分布，很容易找出晶轴，由晶轴方向的最小衍射角确定倒易晶格的单位矢量，实现独立衍射线的指标化。

8.5.5　单晶结构解析中的电子密度计算

应用粉末晶体衍射法可以归属衍射指标，了解系统性消光，进而了解晶体的对称性，甚至直接获得空间群，并直接解得晶胞参数，但是单从衍射角和衍射线强度数据，还不能确定原子在晶胞中的位置。金属晶体属于简单晶体，由于等径球的密堆，大多数金属都属于立方或六方晶系，从堆积层结构中可以推出，原子占据的位置都是晶胞的特殊位置，因而可以根据实测衍射线强度，由式（8-190），经过统计校正、洛伦兹-偏振校正、吸收校正，还原为一个晶胞的衍射强度，与实测衍射线对比，解析出晶体结构。对于简单离子晶体，正如鲍林规则所总结的，正、负离子的配位多面体排列规则性和特殊的连接方式，导致正、负离子也占据晶胞的特殊位置，也可以通过衍射线的衍射角推断空间格子，通过衍射指标归属计算结构振幅，再经校正，计算衍射线强度，与实测衍射线强度比较，解析出晶体结构。对于化学和结构基元组成较为复杂的晶体，应用粉末晶体衍射法是无法获得原子在晶体中的具体位置的。

1. 电子密度函数与结构因子的傅里叶变换

晶体中原子或离子对 X 射线的散射叠加形成的衍射线，本质上是原子或离子核外电子的散射球面波的叠加。晶体中原子有热运动，原子核外电子存在相对论运动，电子对 X 射线的散射不是静止粒子对光子的散射，而是高速运动粒子对光子的散射，电子运动概率的统计图像是电子云，原子对 X 射线的散射的统计图像是电子云对 X 光子的散射。用电子密度函数 $\rho(x,y,z)$ 表达电子云概率统计图像，其意义是在空间任意一点附近的小体积元中，电子出现的概率为 $\rho(x,y,z)\mathrm{d}V$。现代量子力学证明，原子核外电子密度存在概率分布，不同空间位置区域，电子密度不同，通过求解电子的波动方程解得波函数构造出电子密度。在讨论原子对 X 射线的衍射时，原子近似看成是球对称的，可以用径向函数和球谐函数的乘积表达原子的电子密度函数。不同的原子模型得到的电子密度函数可能有所不同，得到的衍射线振幅有所差别。不同原子，核外电子数不同，电子云的分布不同，形成的衍射线的强度不同，这也是根据衍射线的强度可以区分原子的原因。

晶胞是晶体的周期结构单位，晶胞中原子的位置分布，确定了原子散射叠加形成的衍射线的强度，即结构因子决定的衍射线强度。晶胞也是一个大的化学体系，原子晶体中原子之间存在共价键，金属晶体中金属原子之间存在金属键，离子晶体中离子或离子基团之间存在离子键，配位化合物晶体中存在配位化学键，不同类型化合物的晶体还可能存在其他类型的化学键。在一个单胞范围，将单胞看作一个整体，也存在电子云的分布图像。因为离子之间不是共用电子关系，离子之间的电子云分布是离散的。原子之间存在共用电子关系，共用电子密度与原子核外附近内层电子密度相比仍较稀疏，电子云图像还是以原子核为中心的电子密度分布。现代化学键理论借助量子力学波动方程的解证明，晶体中的电子云分布主要以原子核为中心，离原子核越近，电子密度越大，离原子核越远，电子密度迅速衰减，原子之间的电子密度随着化学键的作用不同，电子密度不同，原子和离子的电子密度存在明显的分界面。那么，晶胞中以原子核为中心的电子密度分布形成的衍射线，仍然可以看成是离散式原子的散射叠加，晶胞中原子的电子密度决定了衍射线的强度，反之，衍射线强度又能指定原子的中心电子密度位置。因此晶胞中特定原子内群电子的概率统计图像可以用电子密度函数表达，与 X 光子作用产生特征的散射波振幅，并与实测衍射线的强度相对应。由实测衍射波的强度就可以推测出原子在晶胞中的位置。

设晶胞和正晶格共用同一坐标系，晶胞内任意原子位置用位置矢量 $\boldsymbol{r}$ 表示，$\boldsymbol{r}=x\boldsymbol{a}+y\boldsymbol{b}+z\boldsymbol{c}$。对应的倒易晶格坐标系与正晶格坐标系共用同一原点，倒易晶格点 hkl 用倒易矢量 $\boldsymbol{H}_{hkl}$ 表示，$\boldsymbol{H}_{hkl}=h\boldsymbol{a}^*+k\boldsymbol{b}^*+l\boldsymbol{c}^*$。在位置 $\boldsymbol{r}$ 处的小体积元 $\mathrm{d}V$ 内，电子密度为 $\rho(x,y,z)\mathrm{d}V$，如果一个电子的散射振幅为 f_e，那么在晶体坐标系中，位置 $\boldsymbol{r}$ 处，小体积元 $\mathrm{d}V$ 内，群电子形成的散射波振幅为

$$\mathrm{d}A_\mathrm{e}=f_\mathrm{e}\cdot\rho(\boldsymbol{r})\mathrm{d}V \tag{8-209}$$

其中，$\mathrm{d}A_\mathrm{e}$ 为晶胞中微小体积 $\mathrm{d}V$ 内群电子的衍射波振幅。由式（8-164），经过位置 $\boldsymbol{r}$ 和坐标原点两个位置的散射波存在相位差

$$\delta=\frac{2\pi}{\lambda}\varDelta=2\pi\boldsymbol{r}\cdot\boldsymbol{H}_{hkl}$$

式中，$\boldsymbol{r}$ 为正晶格空间晶胞内任意点 (x,y,z) 的位置矢量；$\boldsymbol{H}_{hkl}$ 为倒易晶格空间晶格格点 hkl 的倒易矢量，相位差等于

$$\delta=2\pi\boldsymbol{r}\cdot\boldsymbol{H}_{hkl}=2\pi(x\boldsymbol{a}+y\boldsymbol{b}+z\boldsymbol{c})\cdot(h\boldsymbol{a}^*+k\boldsymbol{b}^*+l\boldsymbol{c}^*)=2\pi(hx+ky+lz) \tag{8-210}$$

将两个位置的散射波振幅叠加，得到位置 $\boldsymbol{r}$ 处，小体积元 $\mathrm{d}V$ 内，群电子对衍射线方向为 hkl 的总衍射波振幅的贡献为

$$\begin{aligned}\mathrm{d}A_{hkl}&=f_\mathrm{e}\cdot\rho(\boldsymbol{r})\exp(\mathrm{i}2\pi\boldsymbol{r}\cdot\boldsymbol{H}_{hkl})\mathrm{d}V\\&=f_\mathrm{e}\cdot\rho(x,y,z)\exp[\mathrm{i}2\pi(hx+ky+lz)]\mathrm{d}V\end{aligned} \tag{8-211}$$

将体积扩大到整个晶胞，对式（8-211）积分，于是晶胞体积内全部原子的电子产生的衍射线的结构振幅为

$$\begin{aligned}A_{hkl}&=\int f_\mathrm{e}\cdot\rho(\boldsymbol{r})\exp(\mathrm{i}2\pi\boldsymbol{r}\cdot\boldsymbol{H}_{hkl})\mathrm{d}V\\&=\int f_\mathrm{e}\cdot\rho(x,y,z)\exp[\mathrm{i}2\pi(hx+ky+lz)]\mathrm{d}V\end{aligned} \tag{8-212}$$

定义晶胞的结构因子 F_{hkl} 为晶胞中全部原子的电子的衍射波振幅与一个电子的散射波振幅之比，式（8-212）演化为

$$\begin{aligned}F_{hkl}&=\frac{A_{hkl}}{f_\mathrm{e}}=\int\rho(\boldsymbol{r})\exp(\mathrm{i}2\pi\boldsymbol{r}\cdot\boldsymbol{H}_{hkl})\mathrm{d}V\\&=\int\rho(x,y,z)\exp[\mathrm{i}2\pi(hx+ky+lz)]\mathrm{d}V\end{aligned} \tag{8-213}$$

这就是晶胞的结构因子表达式，它与原子位置 (x,y,z) 和倒易晶格位置 (h,k,l)，以及表示衍射线方向的衍射指标 hkl 有关。在正晶格空间中，小体积元 $\mathrm{d}V=(\mathrm{d}x\boldsymbol{a})\times(\mathrm{d}y\boldsymbol{b})\cdot(\mathrm{d}z\boldsymbol{c})=\mathrm{d}x\mathrm{d}y\mathrm{d}z\cdot(\boldsymbol{a}\times\boldsymbol{b}\cdot\boldsymbol{c})=\mathrm{d}x\mathrm{d}y\mathrm{d}z\cdot V$，其中，晶胞体积 $V=\boldsymbol{a}\times\boldsymbol{b}\cdot\boldsymbol{c}$。在晶胞范围内，$0\leqslant x<1$，$0\leqslant y<1$，$0\leqslant z<1$，于是式（8-213）演化为定积分形式

$$F_{hkl}=V\int_0^1\int_0^1\int_0^1\rho(x,y,z)\exp[\mathrm{i}2\pi(hx+ky+lz)]\mathrm{d}x\mathrm{d}y\mathrm{d}z \tag{8-214}$$

式（8-214）将表示衍射线强度的结构因子 F_{hkl} 与晶胞的电子密度函数 $\rho(x,y,z)$ 关联起来。利用量子力学方法模拟晶体中全部原子的电子密度图像，电子密度最密的区域总是在原子核附近，在此区域内，内层轨道电子与原子核结合比较紧密，数目多，能量低。即使原子或离子之间由于化学键，存在电子转移和共用电子的情况，但是受原子核束缚作用相对较弱，能量较高，电子密度稀疏，因而原子对 X 射线的散射主要归属于电子密度大的内层电子。根据原子和离子的电子密度最大峰值就在原子核附近的事实，对于 X 射线衍射，可以将晶体中的原子或离子看成是离散的，只要按照衍射线的振幅算出电子密度分布，确定电子密度最大峰值的位置，就等于确定了原子的位置。

按照以上思路，下面将晶胞中全部原子的电子密度函数分解为各原子的电子密度之和。设晶胞中的原子数为 N，原子 n 的电子密度函数为 $\rho_n(x,y,z)$，则晶胞中位置 $\boldsymbol{r}$ 处的电子密度表达为全部 N 原子在同一位置的电子密度和，即

$$\rho(\boldsymbol{r})=\sum_{n=1}^{N}\rho_n(\boldsymbol{r}-\boldsymbol{r}_n) \tag{8-215}$$

式中，$\boldsymbol{r}_n$ 为原子 n 在晶胞坐标系中的位置矢量，$n=1,2,\cdots,N$。如果以晶胞中每个原子为中心，在晶胞位置 $\boldsymbol{r}$ 处，每个原子的电子都有电子密度贡献，那么，位置 $\boldsymbol{r}$ 处的电子密度是各个原子的相对位置矢量 $\boldsymbol{r}-\boldsymbol{r}_n$ 的函数。式（8-215）两端同乘相位因子 $\exp(\mathrm{i}2\pi\boldsymbol{r}\cdot\boldsymbol{H}_{hkl})$，积分得

$$\int\rho(\boldsymbol{r})\exp(\mathrm{i}2\pi\boldsymbol{r}\cdot\boldsymbol{H}_{hkl})\mathrm{d}V=\sum_{n=1}^{N}\int\rho_n(\boldsymbol{r}-\boldsymbol{r}_n)\exp(\mathrm{i}2\pi\boldsymbol{r}\cdot\boldsymbol{H}_{hkl})\mathrm{d}V$$

与式（8-213）比较，左端就是晶胞的结构因子，对右端进行变量代换，令 $\boldsymbol{r}'=\boldsymbol{r}-\boldsymbol{r}_n$，则 $\boldsymbol{r}=\boldsymbol{r}'+\boldsymbol{r}_n$，上式演化为

$$\begin{aligned}F_{hkl}&=\sum_{n=1}^{N}\int\rho_n(\boldsymbol{r}')\exp[\mathrm{i}2\pi(\boldsymbol{r}'+\boldsymbol{r}_n)\cdot\boldsymbol{H}_{hkl}]\mathrm{d}V\\&=\sum_{n=1}^{N}\int\rho_n(\boldsymbol{r}')\exp[\mathrm{i}2\pi\boldsymbol{r}'\cdot\boldsymbol{H}_{hkl}]\mathrm{d}V\cdot\exp[\mathrm{i}2\pi\boldsymbol{r}_n\cdot\boldsymbol{H}_{hkl}]\end{aligned} \tag{8-216}$$

定义原子 n 的散射因子 $f_n=\int\rho_n(\boldsymbol{r}-\boldsymbol{r}_n)\exp[\mathrm{i}2\pi(\boldsymbol{r}-\boldsymbol{r}_n)\cdot\boldsymbol{H}_{hkl}]\mathrm{d}V=\int\rho_n(\boldsymbol{r}')\exp(\mathrm{i}2\pi\boldsymbol{r}'\cdot\boldsymbol{H}_{hkl})\mathrm{d}V$，其中，原子散射因子以原子为中心。同时相位差用式（8-210）替换，则式（8-216）演变为

$$F_{hkl}=\sum_{n=1}^{N}f_n\exp(\mathrm{i}2\pi\boldsymbol{r}_n\cdot\boldsymbol{H}_{hkl})=\sum_{n=1}^{N}f_n\exp[\mathrm{i}2\pi(hx_n+ky_n+lz_n)] \tag{8-178}$$

上式就是晶胞的结构因子表达式，与前面由倒易空间导出的式（8-178）完全相同。

晶胞是晶体的周期重复结构单位，对于整个晶体的电子密度图像，也是以晶胞的电子密度为周期。晶体的电子密度函数 $\rho(\boldsymbol{r})=\rho(x,y,z)$ 也是晶胞单位坐标的周期函数，因为

$$\boldsymbol{r}=x\boldsymbol{a}+y\boldsymbol{b}+z\boldsymbol{c}\,,\ x,y,z=\begin{cases}[0,+1) & \text{晶胞中}\\(-\infty,+\infty) & \text{晶体中}\end{cases}$$

将电子密度函数展开为傅里叶级数：

$$\begin{aligned}\rho(x,y,z)&=\sum_{m=-\infty}^{+\infty}c_m\exp(-\mathrm{i}2\pi mx)\sum_{n=-\infty}^{+\infty}c_n\exp(-\mathrm{i}2\pi ny)\sum_{p=-\infty}^{+\infty}c_p\exp(-\mathrm{i}2\pi pz)\\&=\sum_{m=-\infty}^{+\infty}\sum_{n=-\infty}^{+\infty}\sum_{p=-\infty}^{+\infty}c_mc_nc_p\exp[-\mathrm{i}2\pi(mx+ny+pz)]\\&=\sum_{m=-\infty}^{+\infty}\sum_{n=-\infty}^{+\infty}\sum_{p=-\infty}^{+\infty}c_{mnp}\exp[-\mathrm{i}2\pi(mx+ny+pz)]\end{aligned} \tag{8-217}$$

其中，傅里叶系数 $c_{mnp}=c_mc_nc_p$，$m,n,p=0,\pm1,\pm2,\cdots$，这些整数取值表示以晶胞为周期平移单位的周期数，傅里叶系数由如下积分计算：

$$c_{mnp}=\int_0^1\int_0^1\int_0^1\rho(x,y,z)\exp[\mathrm{i}2\pi(mx+ny+pz)]\mathrm{d}x\mathrm{d}y\mathrm{d}z \tag{8-218}$$

比较式（8-218）和式（8-214），不难得出：当 $m=h$，$n=k$，$p=l$ 时，两式相等，即有

$$F_{hkl}=Vc_{hkl} \tag{8-219}$$

于是，式（8-217）变为

$$\rho(x,y,z)=\frac{1}{V}\sum_{h=-\infty}^{+\infty}\sum_{k=-\infty}^{+\infty}\sum_{l=-\infty}^{+\infty}\boldsymbol{F}_{hkl}\exp[-\mathrm{i}2\pi(hx+ky+lz)] \tag{8-220}$$

式（8-220）是结构因子与电子密度的傅里叶变换公式，是直接获得原子位置的理论计算公式。在复平面上，可以将各个原子的散射波振幅进行叠加，得到总的散射波振幅，这就是结构因子 F_{hkl}，由式（8-220）就可以算出晶胞内的电子密度，其中，电子密度峰值最高的位置就是晶胞中原子的位置。公式仅仅在理论上可行，由实测衍射线强度算出结构因子振幅。式（8-220）的相位因子是原子位置 (x,y,z) 的函数，而原子位置是未知的，实际上不能直接算出电子密度。实测衍射线的强度是原子散射振幅累加后的强度，而实际计算，进行叠加时需要知道相位因子。一条衍射线 hkl 的强度包含了晶胞结构因子模平方的贡献，结构因子等于结构因子振幅 $|F_{hkl}|$ 乘以相位因子 $\exp(\mathrm{i}\delta_{hkl})$，即

$$\boldsymbol{F}_{hkl}=\left|\boldsymbol{F}_{hkl}\right|\exp(\mathrm{i}\delta_{hkl}) \tag{8-221}$$

式中，δ_{hkl} 为衍射线 hkl 的相角。解析晶体结构的问题，就变为如何获得衍射线的相角问题。获得相角的方法主要有帕特森法和直接法两种。

2. 帕特森函数与结构因子模平方的傅里叶变换

1934 年，帕特森（A. L. Patterson）提出帕特森函数，用实测结构因子模平方，经过傅里叶变换获得帕特森函数，分解帕特森函数，解得电子密度函数分布，确定原子的相对间距，在晶体坐标系中确定原子的空间位置[27]。帕特森函数的最大峰值位置，与晶胞原子的最大电子密度峰值的位置是不同的，帕特森函数的最大峰值在两个原子之间。为了区别帕特森函数分布和电子密度函数分布，电子密度空间的函数使用 (x,y,z) 坐标，变量的取值范围为 $0\leqslant x<+1$，$0\leqslant y<+1$，$0\leqslant z<+1$；帕特森空间的函数使用 (u,v,w) 坐标。将晶体分解为晶轴方向的一维周期结构，定义一维帕特森函数 $P(u)$、$P(v)$、$P(w)$：

$$\begin{aligned}P(u)&=a\int_0^1\rho(x)\rho(x+u)\mathrm{d}x\\P(v)&=b\int_0^1\rho(y)\rho(y+v)\mathrm{d}y\\P(w)&=c\int_0^1\rho(z)\rho(z+w)\mathrm{d}z\end{aligned} \tag{8-222}$$

晶体分解为一维周期结构，单位周期分别为 a，b，c。将一维帕特森函数推广到三维帕特森函数 $P(u,v,w)$，定义三维帕特森函数：

$$P(u,v,w)=\int\rho(x,y,z)\rho(x+u,y+v,z+w)\mathrm{d}V$$

其定积分形式为

$$P(u,v,w)=V\int_0^1\int_0^1\int_0^1\rho(x,y,z)\rho(x+u,y+v,z+w)\mathrm{d}x\mathrm{d}y\mathrm{d}z \tag{8-223}$$

其中，$\rho(x,y,z)$ 表达为结构因子的傅里叶变换式（8-220），令衍射指标为 $h'k'l'$，则 $\rho(x,y,z)$ 为

$$\rho(x,y,z)=\frac{1}{V}\sum_{h'=-\infty}^{+\infty}\sum_{k'=-\infty}^{+\infty}\sum_{l'=-\infty}^{+\infty}F_{h'k'l'}\exp[-\mathrm{i}2\pi(h'x+k'y+l'z)] \tag{8-224}$$

而 $\rho(x+u,y+v,z+w)$ 为

$$\rho(x+u,y+v,z+w)=\frac{1}{V}\sum_{h=-\infty}^{+\infty}\sum_{k=-\infty}^{+\infty}\sum_{l=-\infty}^{+\infty}F_{hkl}\exp\{-\mathrm{i}2\pi[h(x+u)+k(y+v)+l(z+w)]\} \tag{8-225}$$

将式（8-224）和式（8-225）一并代入式（8-223），得

$$\begin{aligned}P(u,v,w)&=V\int_0^1\int_0^1\int_0^1\rho(x,y,z)\rho(x+u,y+v,z+w)\mathrm{d}x\mathrm{d}y\mathrm{d}z\\&=\frac{1}{V}\sum_{h=-\infty}^{+\infty}\sum_{k=-\infty}^{+\infty}\sum_{l=-\infty}^{+\infty}\sum_{h'=-\infty}^{+\infty}\sum_{k'=-\infty}^{+\infty}\sum_{l'=-\infty}^{+\infty}F_{hkl}F_{h'k'l'}\exp[-\mathrm{i}2\pi(hu+kv+lw)]\cdot\\&\quad\int_0^1\int_0^1\int_0^1\exp\{-\mathrm{i}2\pi[(h'+h)x+(k'+k)y+(l'+l)z]\}\mathrm{d}x\mathrm{d}y\mathrm{d}z\end{aligned} \tag{8-226}$$

因为衍射指标 hkl 和 $h'k'l'$ 都取整数，则积分

$$\int_0^1\int_0^1\int_0^1\exp\{-\mathrm{i}2\pi[(h'+h)x+(k'+k)y+(l'+l)z]\}\mathrm{d}x\mathrm{d}y\mathrm{d}z=\begin{cases}1, & h'+h=0,\ k'+k=0,\ l'+l=0\\0, & h'+h\neq0,\ k'+k\neq0,\ l'+l\neq0\end{cases}$$

根据以上积分结果，即当 $h'=-h$、$k'=-k$、$l'=-l$ 时，$\boldsymbol{F}_{h'k'l'}=\boldsymbol{F}_{\bar{h}\bar{k}\bar{l}}=\boldsymbol{F}^*_{hkl}$。于是，式（8-226）中因子 $F_{hkl}F_{h'k'l'}$ 存在如下关系

$$F_{hkl}F_{h'k'l'}=F_{hkl}F_{\bar{h}\bar{k}\bar{l}}=F_{hkl}F^*_{hkl}=\left|F_{hkl}\right|^2 \tag{8-227}$$

式（8-226）表示的帕特森函数等于

$$P(u,v,w)=\frac{1}{V}\sum_{h=-\infty}^{+\infty}\sum_{k=-\infty}^{+\infty}\sum_{l=-\infty}^{+\infty}\left|F_{hkl}\right|^2\exp[-\mathrm{i}2\pi(hu+kv+lw)] \tag{8-228}$$

式（8-228）称为帕特森函数与结构因子模平方的傅里叶变换关系式，通过实测衍射线的强度，还原为结构因子模平方，算得帕特森函数，在帕特森坐标空间定出原子位置。帕特森函数在晶体坐标系空间积分后，就变为帕特森空间坐标变量的函数，所表达的坐标仍然属于晶体同一晶格空间。帕特森函数仍然是以晶胞

为周期单位的周期函数，它与结构因子模平方存在傅里叶变换关系。如果

$$|F_{hkl}|^2 = V\int_0^1\int_0^1\int_0^1 P(u,v,w)\exp[\mathrm{i}2\pi(hu+kv+lw)]\mathrm{d}u\mathrm{d}v\mathrm{d}w \tag{8-229}$$

在帕特森函数空间，将帕特森函数展开为傅里叶级数形式

$$P(u,v,w) = \sum_{m=-\infty}^{+\infty}\sum_{n=-\infty}^{+\infty}\sum_{p=-\infty}^{+\infty} c_{mnp}\exp[-\mathrm{i}2\pi(mu+nv+pw)] \tag{8-230}$$

将其代入式（8-229），即得

$$|F_{hkl}|^2 = V\sum_{m=-\infty}^{+\infty}\sum_{n=-\infty}^{+\infty}\sum_{p=-\infty}^{+\infty} c_{mnp}\cdot\int_0^1\int_0^1\int_0^1\exp\{\mathrm{i}2\pi[(h-m)u+(k-n)v+(l-p)w]\}\mathrm{d}u\mathrm{d}v\mathrm{d}w \tag{8-231}$$

只有当 $h-m=0$， $k-n=0$， $l-p=0$，积分式

$$\int_0^1\int_0^1\int_0^1\exp\{\mathrm{i}2\pi[(h-m)u+(k-n)v+(l-p)w]\}\mathrm{d}u\mathrm{d}v\mathrm{d}w=1$$

否则等于零。由式(8-231）得到 $|F_{hkl}|^2 = Vc_{hkl}$，代入式（8-230）得

$$P(u,v,w)=\frac{1}{V}\sum_{h=-\infty}^{+\infty}\sum_{k=-\infty}^{+\infty}\sum_{l=-\infty}^{+\infty}|F_{hkl}|^2\exp[-\mathrm{i}2\pi(hu+kv+lw)]$$

这就是帕特森函数与结构因子模平方的傅里叶变换关系式（8-228）。

3. 晶体结构的帕特森解法

晶体实测衍射线的强度，还原为结构因子振幅 $|F_{hkl}|^2$，经过傅里叶变换，解出帕特森函数，由帕特森函数确定原子位置。帕特森函数关于对称中心是对称函数，即 $P(u,v,w)=P(-u,-v,-w)$。由式（8-223）：

$$P(u,v,w) = V\int_0^1\int_0^1\int_0^1 \rho(x,y,z)\rho(x+u,y+v,z+w)\mathrm{d}x\mathrm{d}y\mathrm{d}z$$

因为

$$P(-u,-v,-w) = V\int_0^1\int_0^1\int_0^1 \rho(x,y,z)\rho(x-u,y-v,z-w)\mathrm{d}x\mathrm{d}y\mathrm{d}z$$

令 $x=x'+u$， $y=y'+v$， $z=z'+w$，则上式变为

$$P(-u,-v,-w) = V\int_0^1\int_0^1\int_0^1 \rho(x'+u,y'+v,z'+w)\rho(x',y',z')\mathrm{d}x'\mathrm{d}y'\mathrm{d}z' \tag{8-232}$$

注意坐标变量是哑标，比较式（8-223）和式（8-232）的右端，不难得出

$$P(u,v,w)=P(-u,-v,-w)$$

这就证明帕特森函数关于对称中心是对称函数，所反映的晶体电子密度图像具有对称中心对称性，所得原子位置自然也具有对称中心对称性。无论晶体是否具有对称中心，由帕特森解法获得的原子位置图像都具有对称中心。由帕特森函数分布确定的对称性，所对应的空间群称为帕特森空间群[15, 28]。除了有对称中心之外，帕特森空间群所有的对称元素，只包含旋转轴、反映面和反轴等宏观操作，不包含螺旋轴和滑移面，即帕特森空间群是含有对称中心的点式空间群，共有 24 个，见表 8-20。

表 8-20　24 个三维帕特森空间群

劳厄类	空间群符号和编号									
	符号	编号	符号	编号	符号	编号	符号	编号	符号	编号
$\bar{1}$	$\bar{1}$	2								
$2/m$	$P2/m$	10	$C2/m$	12						
mmm	$Pmmm$	47	$Cmmm$	65	$Immm$	71	$Fmmm$	69		
$4/m$	$P4/m$	75			$I4/m$	87				
$4/mmm$	$P4/mmm$	123			$I4/mmm$	139				
$\bar{3}$	$P\bar{3}$	147							$R\bar{3}$	148
$\bar{3}m1$	$P\bar{3}m1$	164							$R\bar{3}m$	166

续表

劳厄类	空间群符号和编号									
	符号	编号	符号	编号	符号	编号	符号	编号	符号	编号
$\bar{3}1m$	$P\bar{3}1m$	162								
$6/m$	$P6/m$	175								
$6/mmm$	$P6/mmm$	191								
$m\bar{3}$	$Pm\bar{3}$	200			$Im\bar{3}$	204	$Fm\bar{3}$	202		
$m\bar{3}m$	$Pm\bar{3}m$	221			$Im\bar{3}m$	229	$Fm\bar{3}m$	225		

注：对应的点群符号参见空间群的国际符号对照表。

已知晶体的空间群，只需用旋转轴替换螺旋轴，反映面替换滑移面，得到点式空间群，再加上对称中心，就从空间群变为帕特森空间群。反之，从帕特森空间群推测空间群则有多重可能[29]。帕特森函数是电子密度乘积函数，设晶轴 $\boldsymbol{c}$ 与 xy 平面垂直，$S_{ab}=\boldsymbol{a}\times\boldsymbol{b}$，在 $-\frac{1}{2}\leqslant x<\frac{1}{2}$，$-\frac{1}{2}\leqslant y<\frac{1}{2}$ 取值范围内，原子沿 $\boldsymbol{c}$ 方向的电子密度分布为

$$\rho(z)=S_{ab}\int_{-1/2}^{1/2}\int_{-1/2}^{1/2}\rho(x,y,z)\mathrm{d}x\mathrm{d}y$$
$$\rho(z)=\frac{1}{c}\sum_{l=-\infty}^{+\infty}F_{00l}\exp(-\mathrm{i}2\pi lz) \tag{8-233}$$

用衍射指标为 $00l$ 的结构因子 F_{00l}，可以计算出晶格单位矢量方向的电子密度投影。设晶体沿 $\boldsymbol{c}$ 方向存在两个原子，其坐标为 $(0,0,0)$ 和 $\left(0,0,\frac{1}{4}\right)$，则在 $z=0$ 和 $z=\frac{1}{4}$ 处各有电子密度峰，同时投影到 xy 平面，形成叠加，即

$$\rho(z)=\rho_1(0)+\rho_2\left(\frac{1}{4}\right)$$

由一维帕特森函数公式 $P(w)=c\int_{-1/2}^{1/2}\rho(z)\rho(z+w)\mathrm{d}z$，只有 $\rho(z)$ 和 $\rho(z+w)$ 都不等于零时，帕特森函数才不等于零，并在原子位置达到最大。由衍射强度计算的帕特森函数最大峰值，对应帕特森空间坐标 w 只能等于零或原子间距。在一维晶格空间中，坐标位置分别为 z 和 $z+w$ 的电子密度峰，构成帕特森函数峰 $P(w)$，只有当 z 和 $z+w$ 位置都是原子时，帕特森函数 $P(w)$ 才不等于零，见图 8-39。对应一维帕特森空间，在相对于中心对称的 w 和 $-w$ 位置，构成一对帕特森函数峰。根据晶体中原子的位置，可以推出帕特森函数峰的位置；反之，根据帕特森函数峰值分布图，就可以推测晶体中原子的位置。

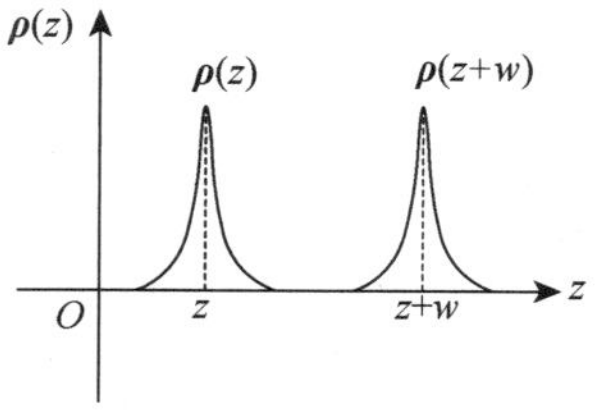

(a) 一维电子密度函数

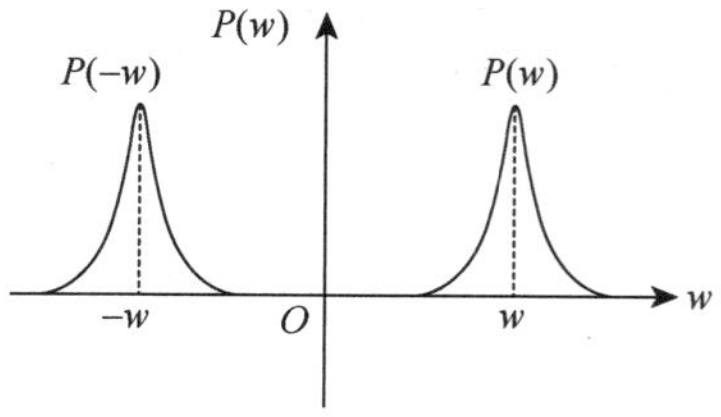

(b) 一维帕特森函数

图 8-39　一维帕特森函数图像

【例 8-7】　在 $z=0$ 和 $z=0.3$ 处各有一个原子，对应的电子密度峰值分别为 $A=\rho_1(0)$ 和 $B=\rho_2(0.3)$。推出帕特森函数峰的位置。

解： 只有当 $w=0$ 和 $w=\pm0.3$ 时，$P(w)$ 不等于零。设在 $z=0$ 和 $z=0.3$ 处的电子密度分别为 A 和 B，根据帕特森函数的对称中心性质，由原子位置坐标 z 和 $z+w$，在 $-\frac{1}{2}\leqslant z<\frac{1}{2}$ 区间内，找出帕特森函数

$P(w)=c\int_{-\frac{1}{2}}^{+\frac{1}{2}}\rho(z)\rho(z+w)\mathrm{d}z$ 的位置坐标 w，见表 8-21。由表 8-21 按帕特森空间坐标 w 作图，就得到帕特森峰值与位置坐标的分布图，见图 8-40。帕特森空间有着与晶格空间相同的平移性质，其中，$-\frac{1}{2}\leqslant z<\frac{1}{2}$ 与 $0\leqslant z<1$ 区间等效。

表 8-21　两个原子分别在 $z=0$ 和 $z=0.3$ 时产生的一维帕特森函数峰位置

序号	$\rho(z)$	$\rho(z+w)$	w	$P(w)$
1	$\rho_1(0)$	$\rho_1(0)$	0	$A^2(0)$
2	$\rho_1(0)$	$\rho_2(0.3)$	0.3	$AB(0.3)$
3	$\rho_2(0.3)$	$\rho_2(0.3)$	0	$B^2(0)$
4	$\rho_2(0.3)$	$\rho_1(0)$	–0.3	$BA(-0.3)$

注：电子密度 $\rho(z+w)$ 的坐标 $z+w$ 不对应原子时，帕特森函数不是最大值，不用计算帕特森函数。

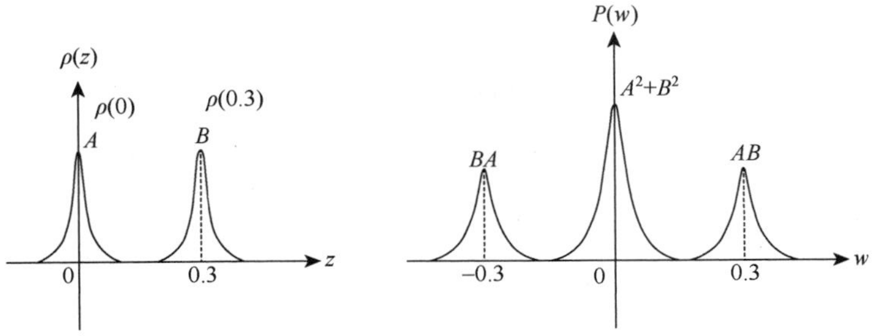

(a) 电子密度峰　(b) 帕特森函数峰

图 8-40　一维帕特森函数峰值

解析三维电子密度和帕特森函数分布较为复杂，不够直观。电子密度沿晶格的单位矢量 **c** 方向的投影，电子密度沿 **c** 方向积分，得到简单直观的平面投影图，较为容易确定原子的二维平面坐标。设晶轴 **c** 与 xy 平面垂直，$S_{ab}=\boldsymbol{a}\times\boldsymbol{b}=ab\sin\gamma$，体积元 $\mathrm{d}V=V\mathrm{d}x\mathrm{d}y\mathrm{d}z=S_{ab}c\mathrm{d}x\mathrm{d}y\mathrm{d}z$。在 $-\frac{1}{2}\leqslant z<\frac{1}{2}$ 范围内的原子，其电子密度沿 **c** 方向的投影为

$$\begin{aligned}\rho(x,y)&=c\int_{-1/2}^{1/2}\rho(x,y,z)\mathrm{d}z\\ \rho(x,y)&=\frac{1}{S_{ab}}\sum_{h=-\infty}^{+\infty}\sum_{k=-\infty}^{+\infty}\boldsymbol{F}_{hk0}\exp[-\mathrm{i}2\pi(hx+ky)]\end{aligned}\tag{8-234}$$

用轴向衍射指标为 $hk0$ 的结构因子 $\boldsymbol{F}_{hk0}$，可以计算出一个单位向量 **c** 内，投影于 xy 平面的电子密度分布。

二维帕特森函数公式 $P(u,v)=S_{ab}\int_{-1/2}^{1/2}\int_{-1/2}^{1/2}\rho(x,y)\rho(x+u,y+v)\mathrm{d}x\mathrm{d}y$，只有 $\rho(x,y)$ 和 $\rho(x+u,y+v)$ 都不等于零时，帕特森函数才不等于零，并在原子位置存在最高峰值。

【例 8-8】　二维晶格平面上有四个原子组成结构片段，(x,y) 坐标分别为 $(0,0)$、$(0,0.4)$、$(0.4,0)$、$(0.4,0.4)$，对应的电子密度峰值分别为 $A=\rho_1(0,0)$、$B=\rho_2(0,0.4)$、$C=\rho_3(0.4,0)$、$D=\rho_4(0.4,0.4)$。推出帕特森函数峰的构成和位置。

解： 按二维帕特森函数表达式，在帕特森 uv 平面上，只有当 $u=0,\pm0.4$，$v=0,\pm0.4$ 时，组合出的二维帕特森函数 $P(u,v)$ 不等于零。根据帕特森函数的对称中心性质，由原子位置坐标 (x,y) 和 $(x+u,y+v)$，在 $-\frac{1}{2}\leqslant x<\frac{1}{2}$ 和 $-\frac{1}{2}\leqslant y<\frac{1}{2}$ 区间内，找出帕特森函数的位置 (u,v)，见表 8-22。在二维帕特森平面上，由表 8-22 列出的帕特森峰值，按帕特森空间坐标 (u,v) 作图，就得到帕特森峰值与位置坐标的分布图，见图 8-41，图中帕特森函数峰用电子密度乘积简化表示。

表 8-22　二维平面上四原子的二维帕特森函数峰的位置 (u,v)

序号	$\rho(x,y)$	$\rho(x+u,y+v)$	(u,v)	$P(u,v)$
1	$\rho_1(0,0)$	$\rho_1(0,0)$	$(0,0)$	$A^2(0,0)$
2	$\rho_1(0,0)$	$\rho_2(0,0.4)$	$(0,0.4)$	$AB(0,0.4)$
3	$\rho_1(0,0)$	$\rho_3(0.4,0)$	$(0.4,0)$	$AC(0.4,0)$
4	$\rho_1(0,0)$	$\rho_4(0.4,0.4)$	$(0.4,0.4)$	$AD(0.4,0.4)$
5	$\rho_2(0,0.4)$	$\rho_1(0,0)$	$(0,-0.4)$	$BA(0,-0.4)$
6	$\rho_2(0,0.4)$	$\rho_2(0,0.4)$	$(0,0)$	$B^2(0,0)$
7	$\rho_2(0,0.4)$	$\rho_3(0.4,0)$	$(0.4,-0.4)$	$BC(0.4,-0.4)$
8	$\rho_2(0,0.4)$	$\rho_4(0.4,0.4)$	$(0.4,0)$	$BD(0.4,0)$
9	$\rho_3(0.4,0)$	$\rho_1(0,0)$	$(-0.4,0)$	$CA(-0.4,0)$
10	$\rho_3(0.4,0)$	$\rho_2(0,0.4)$	$(-0.4,0.4)$	$CB(-0.4,0.4)$
11	$\rho_3(0.4,0)$	$\rho_3(0.4,0)$	$(0,0)$	$C^2(0,0)$
12	$\rho_3(0.4,0)$	$\rho_4(0.4,0.4)$	$(0,0.4)$	$CD(0,0.4)$
13	$\rho_4(0.4,0.4)$	$\rho_1(0,0)$	$(-0.4,-0.4)$	$DA(-0.4,-0.4)$
14	$\rho_4(0.4,0.4)$	$\rho_2(0,0.4)$	$(-0.4,0)$	$DB(-0.4,0)$
15	$\rho_4(0.4,0.4)$	$\rho_3(0.4,0)$	$(0,-0.4)$	$DC(0,-0.4)$
16	$\rho_4(0.4,0.4)$	$\rho_4(0.4,0.4)$	$(0,0)$	$D^2(0,0)$

注：在帕特森空间，二维帕特森函数峰值也存在二维平面格子的周期平移性质。

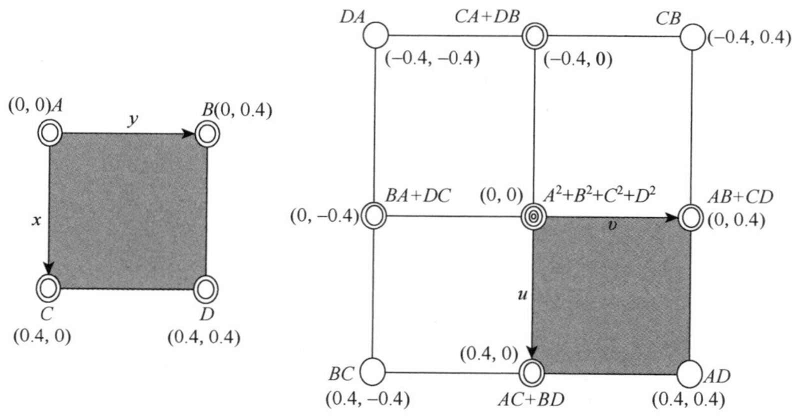

(a) 平面上原子的电子密度峰　　(b) 帕特森函数峰的二维投影

图 8-41　平面上原子的帕特森函数峰的二维投影图

由以上实例可见，帕特森空间与晶格空间共用晶胞原点，函数峰的位置可看成是任意原子对向量的双向组合。如果晶胞的原子数为 N，则原子对组合数为 N^2。原子自身组合，电子密度 $\rho(x,y,z)$ 和 $\rho(x+u,y+v,z+w)$ 中的坐标 (u,v,w) 始终等于零，即 $(u,v,w)=(0,0,0)$，因而原点处帕特森峰值是晶胞中所有原子峰值的叠加，峰值最大。实际帕特森函数峰值数目总是小于 N^2。帕特森函数峰是平方函数，其峰形比电子密度峰宽，峰的数目多于电子密度峰。当晶胞中原子数较多时，存在严重的峰重叠，不利于分辨。当晶体存在原子序数大的重原子时，重原子的峰值高于其他原子，轻原子峰被掩盖，这时有利于解出重原子的位置，再应用傅里叶合成求出其他轻原子的位置。

4. 劳厄类与倒易空间对称性

在进行晶体结构解析时，首先要对收集的衍射线进行分析，找出决定倒易空间格子结构的主要衍射线，组成晶体结构解析的独立衍射线。由于测定过程中必须旋转晶体，会出现入射线沿晶面的正、反两面触及晶面，产生对称反射，使衍射线成倍增多，导致结构解析复杂化。

设晶面指标为$(h^*k^*l^*)$的晶面上的n级反射hkl，反射强度为I_{hkl}。根据布拉格方程，反射方向与晶面成θ角，与晶面法线的交角为$90°-\theta$。用倒易晶格空间表达，衍射指标hkl对应倒易晶格点，由原点指向倒易晶格点的倒易矢量$\boldsymbol{H}_{hkl}$表示方向和长度，其方向也与晶面法线同向，这就间接地将衍射线的方向与倒易晶格空间相关联，见图 8-42。入射线沿晶面的正、反两面产生的反射是对称反射，当转动晶体的转轴与晶面平行时，若入射线与晶面的交角为θ，晶体旋转 180°后，入射线与晶面的交角为$180°+\theta$，相当于入射线与晶面的交角为$-\theta$，在晶面的反面形成反射，其倒易晶格矢量指向与正面的倒易晶格矢量$\boldsymbol{H}_{hkl}$的反方向，对应的倒易晶格点为$\bar{h}\bar{k}\bar{l}$，反面形成反射的倒易晶格矢量表示为$\boldsymbol{H}_{\bar{h}\bar{k}\bar{l}}$。晶体旋转前，倒易晶格矢量和衍射角满足式（8-197），即$\dfrac{2\sin\theta}{\lambda}=\dfrac{n}{d_{h^*k^*l^*}}=\dfrac{1}{d_{hkl}}=\boldsymbol{H}_{hkl}$，旋转晶体后，式（8-197）变为

$$\frac{2\sin(\pi+\theta)}{\lambda}=\frac{n}{d_{\bar{h}^*\bar{k}^*\bar{l}^*}}=\frac{1}{d_{\bar{h}\bar{k}\bar{l}}}=\boldsymbol{H}_{\bar{h}\bar{k}\bar{l}} \tag{8-235}$$

晶面的正面反射的$\boldsymbol{H}_{hkl}$和反面反射的$\boldsymbol{H}_{\bar{h}\bar{k}\bar{l}}$相对于原点是反演中心对称，倒易晶格点$hkl$与$\bar{h}\bar{k}\bar{l}$也是如此。晶体按$(h^*k^*l^*)$晶面族切分，晶胞内全部原子的$\boldsymbol{H}_{hkl}$衍射叠加形成的结构因子为

$$F_{hkl}=\sum_{n=1}^{N} f_n \exp[\mathrm{i}2\pi(hx_n+ky_n+lz_n)] \tag{8-178}$$

而晶体按$(\bar{h}^*\bar{k}^*\bar{l}^*)$晶面族切分，晶胞内全部原子的$\boldsymbol{H}_{\bar{h}\bar{k}\bar{l}}$衍射叠加形成的结构因子为

$$F_{\bar{h}\bar{k}\bar{l}}=\sum_{n=1}^{N} f_n \exp[-\mathrm{i}2\pi(hx_n+ky_n+lz_n)] \tag{8-236}$$

晶体坐标系原点设在对称中心，晶体的平行晶面族自然就分割为$(h^*k^*l^*)$和$(\bar{h}^*\bar{k}^*\bar{l}^*)$两组，分别对应倒易晶格空间的两组格点$hkl$与$\bar{h}\bar{k}\bar{l}$，它们存在反演对称性。无论晶体正晶格空间是否存在对称中心，其倒易晶格空间都被测量演化为存在对称中心。反之，从倒易晶格空间变换为正晶格空间，就不能直接确定晶体是否存在对称中心。由衍射指标直接得到的晶体对称性都包含对称中心，因而倒易晶格空间的格点对称性只有 11 类，对应晶体的 32 类点群中有对称中心的 11 类点群，并归属于 7 类空间点阵点群，它们都包含对称中心，称为劳厄类，见表 8-23。

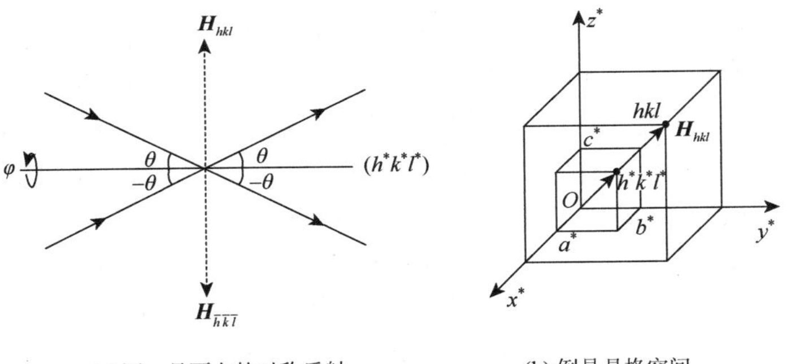

图 8-42　同一晶面上入射线的正反取向形成的对称反射，以及倒易矢量在倒易晶格空间中的方向

表 8-23　11 类劳厄点群、21 类非劳厄点群和 7 类点阵点群

晶系	11 类劳厄点群		21 类非劳厄点群		7 类点阵点群
	国际记号	熊夫利记号	国际记号	熊夫利记号	
三斜	$\bar{1}$	C_i	1	C_1	$\bar{1}$
单斜	$2/m$	C_{2h}	m, 2	C_s, C_2	$2/m$

续表

晶系	11 类劳厄点群		21 类非劳厄点群		7 类点阵点群
	国际记号	熊夫利记号	国际记号	熊夫利记号	
正交	mmm	D_{2h}	$mm2$, 222	C_{2v}, D_2	mmm
四方	$4/m$	C_{4h}	4, $\bar{4}$	C_4, S_4	$4/mmm$
	$4/mmm$	D_{4h}	422, $4mm$, $\bar{4}2m$	D_4, C_{4v}, D_{2d}	
三方	$\bar{3}$	S_6	3	C_3	$\bar{3}m$
	$\bar{3}m$	D_{3d}	32, $3m$	D_3, C_{3v}	
六方	$6/m$	C_{6h}	6, $\bar{6}$	C_6, C_{3h}	$6/mmm$
	$6/mmm$	D_{6h}	622, $6mm$, $\bar{6}m2$	D_6, C_{6v}, D_{3h}	
立方	$m\bar{3}$	T_h	23	T	$m\bar{3}m$
	$m\bar{3}m$	O_h	432, $\bar{4}3m$	O, T_d	

由此可见，如果晶体本身存在对称中心，所属点群就是解析衍射指标直接得到的 11 类劳厄类对称点群，这种情况尝试结构较少，结构解析较为简单。如果晶体不存在对称中心，就必须消除倒易晶格空间中的 $\bar{h}\bar{k}\bar{l}$ 晶格点。所解析的衍射线的强度，对应 21 类无对称中心的非劳厄类点群，这将增加尝试结构的变数。

在衍射空间中，比较两组格点对应的衍射指标的结构因子，不难得出

$$F_{\bar{h}\bar{k}\bar{l}} = F_{hkl}^* \tag{8-237}$$

对应的衍射线强度分别为

$$\begin{aligned} I_{hkl} &= KF_{hkl}F_{hkl}^* = K\left|F_{hkl}\right|^2 \\ I_{\bar{h}\bar{k}\bar{l}} &= KF_{\bar{h}\bar{k}\bar{l}}F_{\bar{h}\bar{k}\bar{l}}^* = KF_{hkl}^*(F_{hkl}^*)^* = K\left|F_{hkl}\right|^2 \end{aligned} \tag{8-238}$$

其中，$K = A_{hkl}L_p$。结果说明，两组晶面族的衍射强度相等，即

$$I_{hkl} = I_{\bar{h}\bar{k}\bar{l}} \tag{8-239}$$

晶面族 $(h^*k^*l^*)$ 和晶面族 $(\bar{h}^*\bar{k}^*\bar{l}^*)$ 产生的衍射线强度相等，称为 Friedel 定律[3]。粉晶由各种取向的小晶粒组成，同一晶面存在正、反两种取向，与入射线的交角分别为 θ 和 $-\theta$，它们同时满足反射条件，形成的衍射线必然重合，衍射线的强度相等，强度增加一倍。单晶结构测定中，倒易晶格空间中不同格点对应的衍射线都将被记录。如果晶体没有对称中心，晶体本身存在 $(h^*k^*l^*)$ 和 $(\bar{h}^*\bar{k}^*\bar{l}^*)$ 两组不同的晶面族，因为不是反演对称性，衍射线强度并不一定相等。但是，在倒易晶格空间中，它们与相对于入射线的正反晶面取向产生的衍射线混合在一起，使得衍射线的相角计算变得复杂化。如果晶体有对称中心，情况就完全不同，反演对称晶面 $(\bar{h}^*\bar{k}^*\bar{l}^*)$ 形成的衍射与晶面 $(h^*k^*l^*)$ 的反面形成的衍射是相同的。由此可见，解析晶体结构时，必须尽可能从晶体的物理性质、晶体外形或者奇异散射等多方面确定晶体是否存在对称中心，两种情况下衍射线的统计分析方法将有所不同。当晶体存在对称中心时，解析过程更为简单，只需计算 hkl 的衍射线强度，并乘以倍数因子 2，不用计算反演格点 $\bar{h}\bar{k}\bar{l}$ 的衍射线强度，这样所需独立衍射线将减少一半。

如果选择 X 射线波长刚好低于组成晶体某一原子的吸收波长的边界值，对于无对称中心的晶体，衍射线 hkl 和 $\bar{h}\bar{k}\bar{l}$ 的衍射强度将变得不相等，违背 Friedel 定律，这种散射称为奇异散射。通过奇异散射，分析衍射线的结构振幅，就可以确定晶体是否存在对称中心。

通常情况下原子散射波相对于入射波的相位是 π 的整数因子，当 X 射线波长刚好低于组成晶体某一原子的吸收波长的边界值时，该原子散射波相对于入射波的相位就不是 π 的整数因子，而是存在相位因子 $\exp(\mathrm{i}\delta_a)$，表示为复数时，该原子的散射振幅等于

$$f = \left|f\right|\exp(\mathrm{i}\delta_a) = f_0 + \Delta f' + \mathrm{i}\Delta f'' \tag{8-240}$$

式中，δ_a 为奇异散射相对于正常散射的相角；f_0 为正常散射的散射因子；$\Delta f'$ 和 $\Delta f''$ 分别为奇异散射的实部和虚部校正因子，$\Delta f''$ 为正值[9]。由于奇异散射是在小体积内，属于原子中紧密结合电子与入射线的作用，因而与入射波的波长有关，小体积范围之间的相位差随衍射角 θ 的变化较小，只要入射线波长一定，基本不随 $\sin\theta/\lambda$ 变化。就奇异散射观察原子位置，好像奇异散射表达的原子位置与通常原有位置相比，发生了移动，奇异散射的相位总是先于正常散射，见图 8-43。

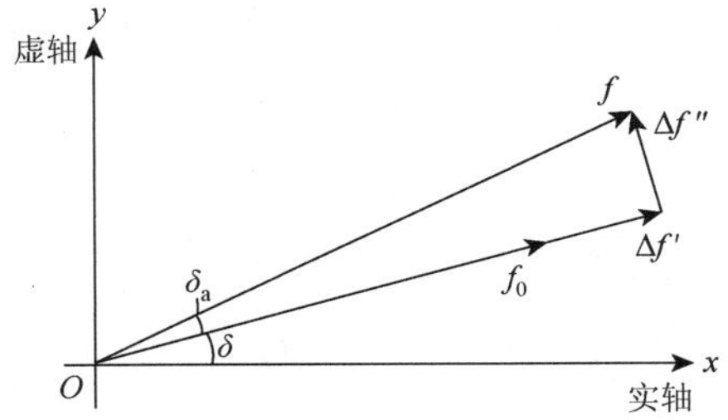

图 8-43　复平面上原子的奇异散射校正因子

【例 8-9】　β-ZnS 晶体为立方晶系，Zn 原子的 K_α 吸收波长边界值为 128.338pm，若以 $AuL_{\alpha1}$ 靶射线作为光源（入射线波长为 127.642pm），晶体中 Zn^{2+} 产生奇异散射，S^{2-} 为正常散射，比较晶面(111)和$(\bar{1}\bar{1}\bar{1})$产生的衍射线强度，确定晶体的空间群。

解： 由衍射线的相角公式

$$\boldsymbol{F}_{hkl}=\sum_{n=1}^{N}f_n\exp[\mathrm{i}2\pi(hx_n+ky_n+lz_n)]=\left|\boldsymbol{F}_{hkl}\right|\exp(\mathrm{i}2\pi\delta_{hkl})$$

根据前面的实例，选取坐标位置为 (0,0,0) 的 Zn^{2+}，$\left(\frac{1}{4},\frac{1}{4},\frac{1}{4}\right)$ 的 S^{2-} 作为结构基元，求得结构基元的衍射振幅

$$\begin{aligned}\boldsymbol{F}_S&=f_{Zn^{2+}}\exp[\mathrm{i}2\pi(h\times0+k\times0+l\times0)]+f_{S^{2-}}\exp\left[\mathrm{i}2\pi\left(h\times\frac{1}{4}+k\times\frac{1}{4}+l\times\frac{1}{4}\right)\right]\\&=f_{Zn^{2+}}+f_{S^{2-}}\exp\left[\frac{\mathrm{i}\pi}{2}(h+k+l)\right]\end{aligned}$$

β-ZnS 晶体的空间格子为立方面心，含有四个结构基元，点阵点的位置坐标为 (0,0,0)、$\left(0,\frac{1}{2},\frac{1}{2}\right)$、$\left(\frac{1}{2},0,\frac{1}{2}\right)$、$\left(\frac{1}{2},\frac{1}{2},0\right)$，见图 8-44。

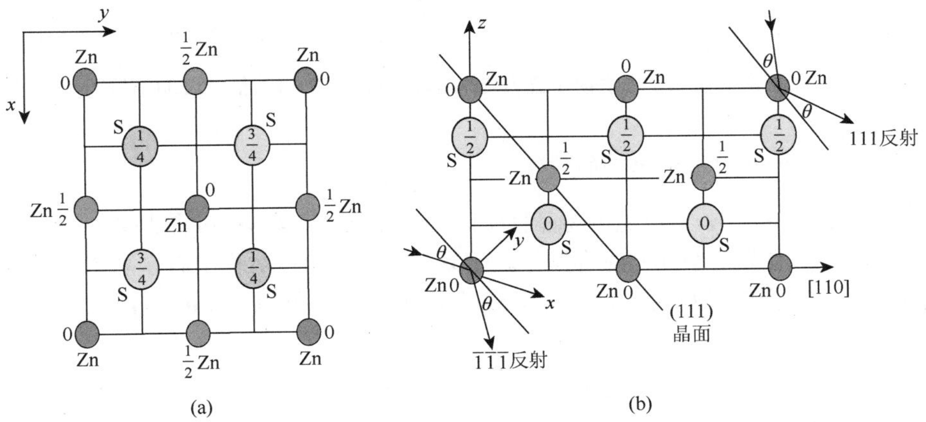

图 8-44　立方 ZnS 的晶体结构投影图

(a) 晶胞沿晶轴 c 方向的投影，范围为[0, 1]；(b) 晶体在晶面 $(1\bar{1}0)$ 上的投影图，范围为 $[0, a/\sqrt{2}]$

空间格子的反射条件，即 $h,k,l=2n+1$，全部为奇数；$h,k,l=2n$，全部为偶数，晶胞的结构因子为

$$\boldsymbol{F}_{\text{Cell}}=\boldsymbol{F}_{\text{S}}\{1+\exp[\text{i}\pi(k+l)]+\exp[\text{i}\pi(h+l)]+\exp[\text{i}\pi(h+k)]\}=4\boldsymbol{F}_{\text{S}}$$

由立方面心格子的系统性消光条件，当 h，k，l 奇偶混合取值，上式大括号求和等于零。将结构基元的衍射振幅代入上式得

$$\boldsymbol{F}_{\text{Cell}}=4\boldsymbol{F}_{\text{S}}=4f_{\text{Zn}^{2+}}+4f_{\text{S}^{2-}}\exp\left[\frac{\text{i}\pi}{2}(h+k+l)\right]$$

对于立方面心空间格子，当以 CuK_α 射线作为光源，衍射指标为111和$\overline{1}\,\overline{1}\,\overline{1}$衍射线的结构因子分别为

$$F_{111}=4(f_{\text{Zn}^{2+}}-\text{i}f_{\text{S}^{2-}})$$

$$F_{\overline{1}\overline{1}\overline{1}}=4(f_{\text{Zn}^{2+}}+\text{i}f_{\text{S}^{2-}})$$

复平面上的矢量叠加见图 8-45（a），F_{111} 和 $F_{\overline{1}\overline{1}\overline{1}}$ 的取向不同，结构因子模平方值却相等：

$$|F_{111}|^2=|F_{\overline{1}\overline{1}\overline{1}}|^2=16\left(f_{\text{Zn}^{2+}}^2+f_{\text{S}^{2-}}^2\right)$$

这一结果说明，在正常散射条件下，两条衍射线的强度相等，根据实测衍射强度判断，帕特森对称性为 $Fm\overline{3}m$。由表 8-23 可知，晶体的劳厄类点群为 $m\overline{3}m$。由于没有确定晶体是否存在对称中心，晶体可能的点群有 432、$\overline{4}3m$、$m\overline{3}m$。当以 $\text{AuL}_{\alpha1}$ 射线作为光源时，晶体中 Zn^{2+} 产生奇异散射，离子散射强度变为

$$f'_{\text{Zn}^{2+}}=f_{\text{Zn}^{2+}}+\Delta f'_{\text{Zn}^{2+}}+\text{i}\Delta f''_{\text{Zn}^{2+}}$$

则衍射指标为111和$\overline{1}\,\overline{1}\,\overline{1}$衍射线的结构因子分别为

$$F_{111}=4\left(f'_{\text{Zn}^{2+}}-\text{i}f'_{\text{S}^{2-}}\right)=4\left[f_{\text{Zn}^{2+}}+\Delta f'_{\text{Zn}^{2+}}+\text{i}\left(\Delta f''_{\text{Zn}^{2+}}-f_{\text{S}^{2-}}\right)\right]$$

$$F_{\overline{1}\overline{1}\overline{1}}=4\left(f'_{\text{Zn}^{2+}}+\text{i}f'_{\text{S}^{2-}}\right)=4\left[f_{\text{Zn}^{2+}}+\Delta f'_{\text{Zn}^{2+}}+\text{i}\left(\Delta f''_{\text{Zn}^{2+}}+f_{\text{S}^{2-}}\right)\right]$$

其中，S^{2-} 不发生奇异散射，$f'_{\text{S}^{2-}}=f_{\text{S}^{2-}}$。比较晶面(111)和($\overline{1}\,\overline{1}\,\overline{1}$)产生的结构因子，实部相等，虚部不等，衍射线的强度就不相等，排除了点群 $m\overline{3}m$。奇异散射的结果说明，F_{111} 和 $F_{\overline{1}\overline{1}\overline{1}}$ 的取向不同，结构因子模平方值也不相等，复平面上的矢量叠加见图 8-45（b）。F_{111} 减小，$F_{\overline{1}\overline{1}\overline{1}}$ 增大，Friedel 定律不再成立。这就用奇异散射法证明了立方硫化锌晶体没有对称中心，其点群就应为 $\overline{4}3m$，空间群为 T_{d}^2-$F\overline{4}3m$。

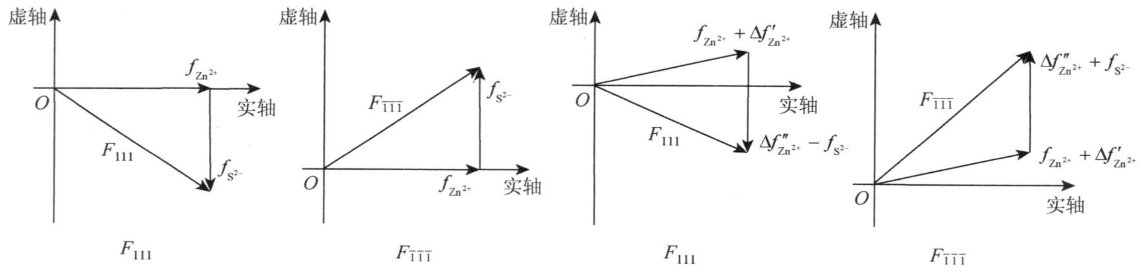

(a) 正常散射下Zn^{2+}和S^{2-}的合成结构振幅　　(b) 奇异散射下Zn^{2+}和S^{2-}的合成结构振幅

图 8-45　在正常散射和奇异散射下立方 ZnS 晶体中111和$\overline{1}\,\overline{1}\,\overline{1}$衍射线的结构因子合成

5. 倒易空间电子密度和结构因子振幅的计算

若 $\boldsymbol{W}$ 是晶体点群的对称操作，它也是倒易晶格空间的对称操作；若$(\boldsymbol{W},\boldsymbol{\omega})$是晶体空间群的对称操作，只有点群对称操作部分 $\boldsymbol{W}$ 是倒易晶格空间的对称操作。倒易空间始终存在对称中心，晶体衍射线的结构振幅满足 Friedel 定律。设晶体的电子密度函数为 $\rho(\boldsymbol{r})$，衍射线的衍射矢量 $\varsigma=\boldsymbol{k}-\boldsymbol{k}_0=h\boldsymbol{a}^*+k\boldsymbol{b}^*+l\boldsymbol{c}^*$，晶体衍射线的结构振幅 $\boldsymbol{A}(\varsigma)$ 为

$$\boldsymbol{A}(\varsigma)=\int\rho(\boldsymbol{r})\exp(\text{i}2\pi\boldsymbol{r}\cdot\varsigma)\text{d}\boldsymbol{r}\qquad(8\text{-}241)$$

式中，ς 表示衍射矢量 $\boldsymbol{H}_{hkl}$，衍射线的强度 $I=|\boldsymbol{A}(\varsigma)|^2$，$\text{d}\boldsymbol{r}=V\text{d}x\text{d}y\text{d}z$，为正晶格空间体积元。对衍射线强度数据的统计分析，可以得出归一化的 $\boldsymbol{A}(\varsigma)$，经过傅里叶逆变换，获得晶体的电子密度分布 $\rho(\boldsymbol{r})$：

$$\rho(\boldsymbol{r})=\int\boldsymbol{A}(\varsigma)\exp(-\text{i}2\pi\boldsymbol{r}\cdot\varsigma)\text{d}\varsigma\qquad(8\text{-}242)$$

式中，$\text{d}\varsigma=V^*\text{d}x^*\text{d}y^*\text{d}z^*$ 表示倒易晶格空间的体积元。倒易晶格空间是中心对称的，对于任意晶格点 hkl 的倒易晶

格矢量 $\varsigma = h\boldsymbol{a}^* + k\boldsymbol{b}^* + l\boldsymbol{c}^*$，都必然对应反演晶格点 $\overline{h}\,\overline{k}\,\overline{l}$ 和对应的倒易晶格矢量为 $-\varsigma = -h\boldsymbol{a}^* - k\boldsymbol{b}^* - l\boldsymbol{c}^* = \overline{h}\boldsymbol{a}^* + \overline{k}\boldsymbol{b}^* + \overline{l}\boldsymbol{c}^*$，将其代入式（8-241）得

$$A(-\varsigma) = \int \rho(\boldsymbol{r})\exp(-\mathrm{i}2\pi\boldsymbol{r}\cdot\varsigma)\mathrm{d}\boldsymbol{r} = \boldsymbol{A}^*(\varsigma) \tag{8-243}$$

晶体是由晶胞并置堆积砌成，晶胞是晶体中周期性重复的、体现对称性的结构单位。按式（8-125），指定衍射线 hkl，晶体的实测衍射线的结构振幅 $\boldsymbol{A}_{hkl}(\varsigma)$ 与晶胞结构因子 $\boldsymbol{F}_{hkl}$ 之间存在倍数因子关系，即

$$\boldsymbol{A}_{hkl}(\varsigma) = K(\lambda,\theta)\boldsymbol{F}_{hkl} \tag{8-244}$$

式中，$K(\lambda,\theta)$ 是与 X 射线波长和衍射角有关的常数。根据式（8-243），必然导出如下等式：

$$\boldsymbol{F}_{\overline{h}\,\overline{k}\,\overline{l}} = \boldsymbol{F}_{hkl}^*$$

上式就是式（8-237）。当将以上两个结构因子表达为模和相角因子的乘积，即相角公式（8-221）的形式，则有

$$\boldsymbol{F}_{hkl} = |\boldsymbol{F}_{hkl}|\exp(\mathrm{i}\delta_{hkl}) \tag{8-221}$$

$$\boldsymbol{F}_{\overline{h}\,\overline{k}\,\overline{l}} = |\boldsymbol{F}_{\overline{h}\,\overline{k}\,\overline{l}}|\exp(\mathrm{i}\delta_{\overline{h}\,\overline{k}\,\overline{l}}) \tag{8-245}$$

将式（8-221）两端取共轭复数，与式（8-245）比较，因为 $\boldsymbol{F}_{\overline{h}\,\overline{k}\,\overline{l}} = \boldsymbol{F}_{hkl}^*$，$|F_{\overline{h}\,\overline{k}\,\overline{l}}| = |F_{hkl}^*| = |F_{hkl}|$，所以

$$\delta_{\overline{h}\,\overline{k}\,\overline{l}} = -\delta_{hkl} \tag{8-246}$$

相对于坐标原点，倒易晶格空间的晶格点 hkl 与 $\overline{h}\,\overline{k}\,\overline{l}$ 存在反演对称性，对应倒易矢量 $\boldsymbol{H}_{\overline{h}\,\overline{k}\,\overline{l}} = -\boldsymbol{H}_{hkl}$ 也存在反演对称性。在衍射图像中，相应的结构因子存在复共轭对称性，符合 Friedel 定律。如果晶体本身存在对称中心，$\rho(-\boldsymbol{r}) = \rho(\boldsymbol{r})$，倒易晶格空间的晶格点 hkl 将与反演点 $\overline{h}\,\overline{k}\,\overline{l}$ 的衍射线强度相等，根据式（8-241），则有

$$\boldsymbol{A}_{hkl}(-\varsigma) = \boldsymbol{A}_{hkl}(\varsigma) \tag{8-247}$$

式（8-247）与式（8-243）比较，得出

$$\boldsymbol{A}_{hkl}(\varsigma) = \boldsymbol{A}_{hkl}^*(\varsigma) \tag{8-248}$$

这一结论说明，含有对称中心的晶体，任意衍射线的结构振幅是实数，式（8-248）必然导出结构因子也是实数，即

$$\boldsymbol{F}_{hkl} = \boldsymbol{F}_{hkl}^* \tag{8-249}$$

用相角公式（8-221）表达上面等式，不难得出，相角因子必然等于实数：

$$\exp(\mathrm{i}\delta_{hkl}) = \exp(-\mathrm{i}\delta_{hkl}),\ \exp(\mathrm{i}2\delta_{hkl}) = 1,\ \delta_{hkl} = n\pi \quad (n = 0, \pm1, \pm2, \cdots) \tag{8-250}$$

其结果的意义是：在晶胞范围内，相角因子 $\exp(\mathrm{i}\delta_{hkl}) = \pm1$，结构因子的相角只能是 0 和 π，这意味着有对称中心的晶体不用计算相角，只需考虑结构因子的正负号。

晶体的倒易晶格空间存在反演对称性，在衍射图像中，结构因子又存在复共轭对称性，在此背景下，实测衍射数据必然成对出现，而且强度相等。按照结构因子与电子密度的傅里叶变换公式（8-220）：

$$\rho(x,y,z) = \frac{1}{V}\sum_{h=-\infty}^{+\infty}\sum_{k=-\infty}^{+\infty}\sum_{l=-\infty}^{+\infty}\boldsymbol{F}_{hkl}\exp[-\mathrm{i}2\pi(hx+ky+lz)]$$

以及结构因子相角公式的相角公式（8-221）：

$$\boldsymbol{F}_{hkl} = |\boldsymbol{F}_{hkl}|\exp(\mathrm{i}\delta_{hkl})$$

将结构因子代入电子密度表达式得

$$\rho(x,y,z) = \frac{1}{V}\sum_{h=-\infty}^{+\infty}\sum_{k=-\infty}^{+\infty}\sum_{l=-\infty}^{+\infty}|\boldsymbol{F}_{hkl}|\exp[-\mathrm{i}2\pi(hx+ky+lz)+\mathrm{i}\delta_{hkl}] \tag{8-251}$$

由式（8-246），即

$$|\boldsymbol{F}_{\overline{h}\,\overline{k}\,\overline{l}}| = |\boldsymbol{F}_{hkl}^*| = |\boldsymbol{F}_{hkl}|,\ \delta_{\overline{h}\,\overline{k}\,\overline{l}} = -\delta_{hkl}$$

倒易晶格空间格点 hkl 及其反演对称点 $\overline{h}\,\overline{k}\,\overline{l}$，对应的结构因子模、相角因子模平方值相等，衍射线强度相等，

则电子密度必然相等。整个倒易晶格空间的格点对应衍射点的衍射强度计算，只需计算一半衍射点的强度。即式（8-251）中求和项两两组合：

$$\begin{aligned}&\left|\boldsymbol{F}_{hkl}\right|\exp[-\mathrm{i}2\pi(hx+ky+lz)+\mathrm{i}\delta_{hkl}]+\left|\boldsymbol{F}_{\bar{h}\bar{k}\bar{l}}\right|\exp[-\mathrm{i}2\pi(-hx-ky-lz)+\mathrm{i}\delta_{\bar{h}\bar{k}\bar{l}}]\\&=\left|\boldsymbol{F}_{hkl}\right|\exp\{-\mathrm{i}[2\pi(hx+ky+lz)-\delta_{hkl}]\}+\left|\boldsymbol{F}_{hkl}\right|\exp\{\mathrm{i}[2\pi(hx+ky+lz)-\delta_{hkl}]\}\\&=2\left|\boldsymbol{F}_{hkl}\right|\cos[2\pi(hx+ky+lz)-\delta_{hkl}]\end{aligned}$$

由表 8-24 倒易晶格点的反演对称性取值，选取一半倒易晶格空间中的晶格点计算电子密度，于是，$0\leqslant h<+\infty, 0\leqslant k<+\infty, 0\leqslant l<+\infty$ 区间中，晶体的电子密度公式简化为

$$\begin{aligned}\rho(x,y,z)=\frac{2}{V}\sum_{h=0}^{+\infty}\sum_{k=0}^{+\infty}\sum_{l=0}^{+\infty}\{&\left|F_{hkl}\right|\cos[2\pi(hx+ky+lz)-\delta_{hkl}]\\&+\left|\boldsymbol{F}_{\bar{h}kl}\right|\cos[2\pi(-hx+ky+lz)-\delta_{\bar{h}kl}]\\&+\left|\boldsymbol{F}_{h\bar{k}l}\right|\cos[2\pi(hx-ky+lz)-\delta_{h\bar{k}l}]\\&+\left|\boldsymbol{F}_{hk\bar{l}}\right|\cos[2\pi(hx+ky-lz)-\delta_{hk\bar{l}}]\}\end{aligned}\tag{8-252}$$

无论晶体是否存在对称中心，倒易晶格点对应的衍射线都存在复共轭对称性。在收集衍射线时，晶体旋转的角度范围就可定在 0°～180°。当晶体沿一个方向从 0°旋转到 180°时，如果衍射线 hkl 、$\bar{h}kl$ 、$h\bar{k}l$ 、$hk\bar{l}$ 出现，其反演对称的衍射线 $\bar{h}\bar{k}\bar{l}$ 、$h\bar{k}\bar{l}$ 、$\bar{h}k\bar{l}$ 、$\bar{h}\bar{k}l$ 将不出现。

表 8-24　具有反演对称性的倒易晶格点

格点	hkl	$\bar{h}kl$	$h\bar{k}l$	$hk\bar{l}$
反演对称点	$\bar{h}\bar{k}\bar{l}$	$h\bar{k}\bar{l}$	$\bar{h}k\bar{l}$	$\bar{h}\bar{k}l$

一组对称性关联的衍射点，因为结构因子相等，衍射振幅值相等，称为对称性相关点。为了避免重复计算，选择对称性不相关的衍射点，结构因子和衍射振幅不存在相等关系，这些衍射点称为独立衍射点。晶体的对称性，必然导致晶体电子密度存在相同的对称性，所以除了倒易空间的反演对称性外，不同对称性的空间群还存在其他对称性关系，使得结构因子相等，独立衍射点数目减少。

6. 倒易空间相角位移因子与空间群的测定

设晶体存在对称操作$(\boldsymbol{W},\boldsymbol{\omega})$，其中，$\boldsymbol{W}$ 是点式操作，$\boldsymbol{\omega}$ 是平移操作，$\boldsymbol{\omega}=(\omega_a,\omega_b,\omega_c)$，晶体的结构图形经对称操作变换不变。将晶体的晶格矢量空间与点空间进行关联，图形中任意一点用位矢表示为 $\boldsymbol{r}=x\boldsymbol{a}+y\boldsymbol{b}+z\boldsymbol{c}$ ，经对称操作$(\boldsymbol{W},\boldsymbol{\omega})$作用，变为

$$(\boldsymbol{W}\ \boldsymbol{\omega})\boldsymbol{r}=\boldsymbol{W}\boldsymbol{r}+\boldsymbol{\omega}=\boldsymbol{r}'\tag{8-253}$$

其中，$\boldsymbol{r}'=x'\boldsymbol{a}+y'\boldsymbol{b}+z'\boldsymbol{c}$ 。由逆变换得到

$$\boldsymbol{r}=\boldsymbol{W}^{-1}(\boldsymbol{r}'-\boldsymbol{\omega})\tag{8-254}$$

因为原子的电子密度分布于原子核周围的球体内，晶体图形是原子堆积图形，也就是原子的电子密度排布图形。晶体存在对称性$(\boldsymbol{W},\boldsymbol{\omega})$，原子的电子密度分布图形也就存在相同的对称性$(\boldsymbol{W},\boldsymbol{\omega})$，这种关系表示为如下变换：

$$\begin{aligned}\rho(\boldsymbol{r}')&=\rho(\boldsymbol{W}\boldsymbol{r}+\boldsymbol{\omega})\\\rho(\boldsymbol{r})&=\rho[\boldsymbol{W}^{-1}(\boldsymbol{r}'-\boldsymbol{\omega})]\end{aligned}\tag{8-255}$$

经点式操作，位矢由 $\boldsymbol{r}=\boldsymbol{W}^{-1}(\boldsymbol{r}'-\boldsymbol{\omega})$ 变为 $\boldsymbol{r}'-\boldsymbol{\omega}$ ，电子密度 $\rho(\boldsymbol{r})$ 变为 $\rho(\boldsymbol{W}\boldsymbol{r})$ ；再经平移操作 $\boldsymbol{\omega}$ ，位矢由 $\boldsymbol{r}'-\boldsymbol{\omega}$ 变为 $\boldsymbol{r}'$ ，电子密度就变换为 $\rho(\boldsymbol{W}\boldsymbol{r}+\boldsymbol{\omega})=\rho(\boldsymbol{r}')$ 。由于晶体结构图形经对称操作不变，电子密度图形也就不变，见图 8-46。

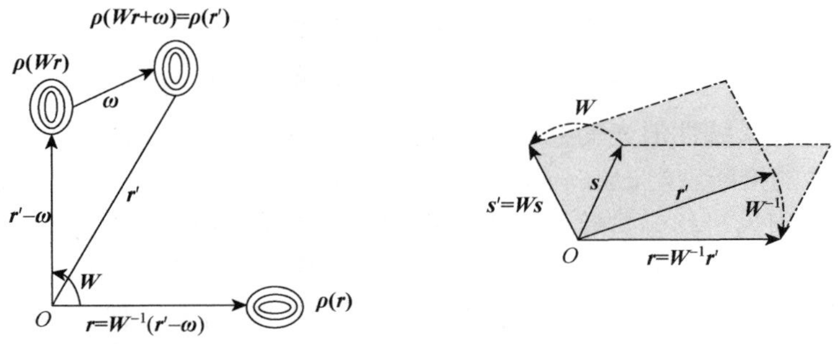

(a) 对称操作下的电子密度分布图　　(b) 对称操作下矢量的标量积不变

图 8-46　对称操作变换下的电子密度和矢量标量积

设晶体的倒易晶格空间的倒易矢量 $\varsigma = \boldsymbol{H}_{hkl} = h\boldsymbol{a}^* + k\boldsymbol{b}^* + l\boldsymbol{c}^*$，倒易晶格点 hkl 表示为坐标行向量 $\varsigma^{\mathrm{T}} = (h\ k\ l)$，对应衍射空间的衍射线的衍射指标 hkl。倒易晶格矢量与正晶格矢量的标量积表示为向量形式

$$\varsigma^{\mathrm{T}}\boldsymbol{r} = (h\ \ k\ \ l)\begin{pmatrix}\boldsymbol{a}^*\\ \boldsymbol{b}^*\\ \boldsymbol{c}^*\end{pmatrix}\cdot(\boldsymbol{a}\ \boldsymbol{b}\ \boldsymbol{c})\begin{pmatrix}x\\ y\\ z\end{pmatrix} = hx + ky + lz$$

在正晶格空间中，晶体原子排列堆积的三维周期结构具有空间群对称性，原子的电子密度也是三维周期函数，与倒易晶格空间的结构因子存在傅里叶变换关系

$$\rho(\boldsymbol{r}) = \frac{1}{V}\sum_{\varsigma}\boldsymbol{F}_{hkl}(\varsigma)\exp[-\mathrm{i}2\pi(\varsigma^{\mathrm{T}}\boldsymbol{r})] \tag{8-256}$$

式中，V 为晶胞体积；$F_{hkl}(\varsigma)$ 为倒易晶格位矢 ς 在晶格点 hkl 的结构因子；ς 遍及全倒易晶格空间。对晶体实施空间群对称操作$(\boldsymbol{W}, \boldsymbol{\omega})$，根据式（8-253），原子由位置 $\boldsymbol{r}$ 变到等价位置 $\boldsymbol{r}'$，$\boldsymbol{r}' = \boldsymbol{W}\boldsymbol{r} + \boldsymbol{\omega}$。$\boldsymbol{W}$ 为点式操作，包括真旋转操作 1, 2, 3, 4, 6，以及虚旋转反演 $\bar{1}$，$\bar{2} = m$，$\bar{3}$，$\bar{4}$，$\bar{6}$。$\boldsymbol{\omega}$ 为平移分量，包括位置平移和内禀平移分量，即 $\boldsymbol{\omega} = \boldsymbol{\omega}_{\mathrm{l}} + \boldsymbol{\omega}_{\mathrm{g}}$。

由傅里叶变换表达的电子密度，经过空间群的对称操作变换不变，即 $\rho(\boldsymbol{r}) = \rho(\boldsymbol{W}\boldsymbol{r} + \boldsymbol{\omega})$，那么，等价位置点 $\boldsymbol{r}' = \boldsymbol{W}\boldsymbol{r} + \boldsymbol{\omega}$ 的电子密度应为

$$\begin{aligned}\rho(\boldsymbol{W}\boldsymbol{r} + \boldsymbol{\omega}) &= \frac{1}{V}\sum_{\varsigma}\boldsymbol{F}_{hkl}(\varsigma)\exp[-\mathrm{i}2\pi\varsigma^{\mathrm{T}}(\boldsymbol{W}\boldsymbol{r} + \boldsymbol{\omega})]\\ &= \frac{1}{V}\sum_{\varsigma}[\boldsymbol{F}_{hkl}(\varsigma)\exp(-\mathrm{i}2\pi\varsigma^{\mathrm{T}}\boldsymbol{\omega})]\cdot\exp[-\mathrm{i}2\pi(\boldsymbol{W}^{\mathrm{T}}\varsigma)^{\mathrm{T}}\boldsymbol{r}]\end{aligned} \tag{8-257}$$

其中，$\varsigma^{\mathrm{T}}\boldsymbol{W} = (\boldsymbol{W}^{\mathrm{T}}\varsigma)^{\mathrm{T}}$，$\boldsymbol{W}^{\mathrm{T}}\varsigma$ 遍及全部倒易晶格空间，$\boldsymbol{W}^{\mathrm{T}}\varsigma$ 与 ς 是对称等价点。比较式（8-256）和式（8-257），两个等价点的电子密度相等 $\rho(\boldsymbol{r}) = \rho(\boldsymbol{W}\boldsymbol{r} + \boldsymbol{\omega})$，两个等价点的结构因子 $\boldsymbol{F}_{h'k'l'}(\boldsymbol{W}^{\mathrm{T}}\varsigma)$ 和 $\boldsymbol{F}_{hkl}(\varsigma)$ 相差位移因子，二者的关系表述为

$$\boldsymbol{F}_{h'k'l'}(\boldsymbol{W}^{\mathrm{T}}\varsigma) = \boldsymbol{F}_{hkl}(\varsigma)\exp(-\mathrm{i}2\pi\varsigma^{\mathrm{T}}\boldsymbol{\omega}) \tag{8-258}$$

结构因子在等价点 $\boldsymbol{W}^{\mathrm{T}}\varsigma$ 与 ς 的数值相等，即 $\left|\boldsymbol{F}_{h'k'l'}(\boldsymbol{W}^{\mathrm{T}}\varsigma)\right| = \left|\boldsymbol{F}_{hkl}(\varsigma)\right|$，由结构因子的相角关系式（8-221）可知，两个等价点存在相角位移，即

$$\delta(\boldsymbol{W}^{\mathrm{T}}\varsigma) = \delta(\varsigma) - 2\pi\varsigma^{\mathrm{T}}\boldsymbol{\omega} \tag{8-259}$$

将倒易晶格矢量 ς 和对应的晶格点 hkl 实施点群操作 $\boldsymbol{W}^{\mathrm{T}}$，结构因子的模不变，相角发生变化，产生相角位移因子 $-2\pi\varsigma^{\mathrm{T}}\boldsymbol{\omega}$。1955 年，Waser 首先导出这一与对称性相关的结构因子关系式[30]，其意义在于实施点群对称操作的衍射强度，仍是同一点群的原子堆积结构的衍射强度。式（8-258）是 X 射线衍射测定晶体空间群的重要依据，首先，由衍射线的强度分布可以确定晶体所属劳厄类点群，只是倒易空间始终是中心对称点群，无法确定晶体是中心对称还是非中心对称点群。其次，关系式的位移因子被应用于螺旋轴和滑移面引起的一般系统性消光，以及可能的反射条件的分类，并与点群操作 $\boldsymbol{W}$ 关联的倒易晶格空间的特殊位置点相联系，这极大地缩小了晶体所属空间群范围。当晶体属于点式空间群，晶体只包含带心非周期平移，没有螺旋轴和滑移面的内禀平移，衍射线的相角分布服从晶体的点式操作。倒易晶格空间对称等价格点 $\boldsymbol{W}^{\mathrm{T}}\varsigma = \varsigma$，式（8-258）变为

$$F_{hkl}(\varsigma)=F_{hkl}(\varsigma)\exp(-\mathrm{i}2\pi\varsigma^{\mathrm{T}}\boldsymbol{\omega})$$
$$\cos(2\pi\varsigma^{\mathrm{T}}\boldsymbol{\omega})=1,\varsigma^{\mathrm{T}}\boldsymbol{\omega}=n \quad (n=0,\pm1,\pm2,\cdots) \tag{8-260}$$

这就是由于对称等价点形成系统性消光的判断式，被应用于带心晶格，以及螺旋轴和滑移面引起的一般系统性消光和一般反射条件的推断。当$\varsigma^{\mathrm{T}}\boldsymbol{\omega}=n$时，$F_{hkl}(\varsigma)\neq 0$，为一般反射条件。当$\varsigma^{\mathrm{T}}\boldsymbol{\omega}\neq n$时，$F_{hkl}(\varsigma)=0$，为一般系统性消光条件。因为平移分量等于对称元素的位置分量和内禀分量之和，即$\boldsymbol{\omega}=\boldsymbol{\omega}_1+\boldsymbol{\omega}_{\mathrm{g}}$，而倒易晶格空间的旋转轴、反轴和镜面与正晶格空间中对应对称元素平行。当旋转轴、反轴和镜面与晶面垂直时，它们的垂直分量$\boldsymbol{\omega}_l$，必然与倒易晶格矢量ς方向（或晶面法线）垂直，并不贡献于相角位移因子，即，$\varsigma^{\mathrm{T}}\boldsymbol{\omega}_1=0$。

【例 8-10】　四方晶系空间群$D_{4\mathrm{h}}^{19}$-$I\dfrac{4_1}{a}\dfrac{2}{m}\dfrac{2}{d}$，空间群包含如下螺旋轴和滑移面，形成一般系统性消光。

（1）晶体存在与晶轴$\boldsymbol{c}$平行的4_1螺旋轴，位置坐标为$4^+:\left(0,0,\dfrac{1}{4}\right)\ -\dfrac{1}{4},\dfrac{1}{2},z$。

（2）晶体存在与晶轴$\boldsymbol{c}$垂直的滑移面a和b，位置坐标分别为$a:x,y,\dfrac{1}{4}$和$b:x,y,0$；以及与晶轴$\boldsymbol{a}$垂直的滑移面n，位置坐标为$n:\left(0,\dfrac{1}{2},\dfrac{1}{2}\right)\ \dfrac{1}{4},y,z$；还有与晶轴$\boldsymbol{b}$垂直的滑移面$n$，位置坐标为$n:\left(\dfrac{1}{2},0,\dfrac{1}{2}\right)\ x,0,z$。

（3）晶体有晶轴$\boldsymbol{a}$、$\boldsymbol{b}$及对角$\boldsymbol{a}+\boldsymbol{b}$方向的$2_1$螺旋轴，位置坐标分别为$2:\left(\dfrac{1}{2},0,0\right)\ x,\dfrac{1}{4},\dfrac{1}{4}$、$2:\left(0,\dfrac{1}{2},0\right)\ 0,y,0$和$2:\left(\dfrac{1}{2},\dfrac{1}{2},0\right)\ x,x+\dfrac{1}{4},\dfrac{1}{8}$。

（4）晶体在$\boldsymbol{a}+\boldsymbol{b}$、$\boldsymbol{a}$–$\boldsymbol{b}$方向存在滑移面$d$，位置坐标分别为$d:\left(\dfrac{3}{4},\dfrac{3}{4},\dfrac{1}{4}\right)\ x,x,z$和$d:\left(-\dfrac{1}{4},\dfrac{1}{4},\dfrac{1}{4}\right)\ x+\dfrac{1}{2},\bar{x},z$。

试推出这些对称操作的一般消光和反射条件。

解：此空间群$D_{4\mathrm{h}}^{19}$-$I\dfrac{4_1}{a}\dfrac{2}{m}\dfrac{2}{d}$对应的劳厄类为$I\dfrac{4}{m}mm$。

（1）晶轴$\boldsymbol{c}$平行方向4_1的 Seitz 矩阵表示和相角因子分别为

$$\boldsymbol{S}_3(4_1)=\begin{pmatrix}0&-1&0&1/4\\1&0&0&3/4\\0&0&1&1/4\\0&0&0&1\end{pmatrix}=\begin{pmatrix}0&-1&0&0\\1&0&0&0\\0&0&1&1/4\\0&0&0&1\end{pmatrix}+\begin{pmatrix}1/4\\3/4\\0\\1\end{pmatrix}$$

$\varsigma^{\mathrm{T}}\boldsymbol{\omega}_{\mathrm{g}}=(h\ k\ l)\begin{pmatrix}0\\0\\1/4\end{pmatrix}=n$，反射条件$l=4n$。

同一方向由4_1生成的2_1的相角因子为$\varsigma^{\mathrm{T}}\boldsymbol{\omega}_{\mathrm{g}}=(h\ k\ l)\begin{pmatrix}0\\0\\1/2\end{pmatrix}=n$，反射条件$l=2n$。

（2）与晶轴$\boldsymbol{c}$垂直的滑移面a的 Seitz 矩阵表示和相角因子分别为

$$\boldsymbol{S}_{10}(a)=\begin{pmatrix}1&0&0&1/2\\0&1&0&0\\0&0&-1&1/2\\0&0&0&1\end{pmatrix}=\begin{pmatrix}1&0&0&1/2\\0&1&0&0\\0&0&-1&0\\0&0&0&1\end{pmatrix}+\begin{pmatrix}0\\0\\1/2\\1\end{pmatrix}$$

$\varsigma^{\mathrm{T}}\boldsymbol{\omega}_{\mathrm{g}}=(h\ k\ l)\begin{pmatrix}1/2\\0\\0\end{pmatrix}=n$，反射条件$h=2n$。

与晶轴$\boldsymbol{c}$垂直的滑移面b的 Seitz 矩阵表示和相角因子分别为

$$S_{10}(b)=\begin{pmatrix}1&0&0&0\\0&1&0&1/2\\0&0&-1&0\\0&0&0&1\end{pmatrix}=\begin{pmatrix}1&0&0&0\\0&1&0&1/2\\0&0&-1&0\\0&0&0&1\end{pmatrix}+\begin{pmatrix}0\\0\\0\\1\end{pmatrix}$$

$\varsigma^{T}\boldsymbol{\omega}_{g}=(h\,k\,l)\begin{pmatrix}0\\1/2\\0\end{pmatrix}=n$，反射条件 $k=2n$。

与晶轴 $\boldsymbol{a}$ 垂直的滑移面 n，位置为 $n\left(0,\frac{1}{2},\frac{1}{2}\right)\ \frac{1}{4},y,z$，其 Seitz 矩阵表示和相角因子分别为

$$S_{14}(n)=\begin{pmatrix}-1&0&0&1/2\\0&1&0&1/2\\0&0&1&1/2\\0&0&0&1\end{pmatrix}=\begin{pmatrix}-1&0&0&0\\0&1&0&1/2\\0&0&1&1/2\\0&0&0&1\end{pmatrix}+\begin{pmatrix}1/2\\0\\0\\1\end{pmatrix}$$

$\varsigma^{T}\boldsymbol{\omega}_{g}=(h\,k\,l)\begin{pmatrix}0\\1/2\\1/2\end{pmatrix}=n$，反射条件 $k+l=2n$。

与晶轴 $\boldsymbol{b}$ 垂直的滑移面 n，位置为 $n\left(\frac{1}{2},0,\frac{1}{2}\right)\ x,0,z$，其 Seitz 矩阵表示和相角因子分别为

$$S_{13}(n)=\begin{pmatrix}1&0&0&1/2\\0&-1&0&0\\0&0&1&1/2\\0&0&0&1\end{pmatrix}=\begin{pmatrix}1&0&0&1/2\\0&-1&0&0\\0&0&1&1/2\\0&0&0&1\end{pmatrix}+\begin{pmatrix}0\\0\\0\\1\end{pmatrix}$$

$\varsigma^{T}\boldsymbol{\omega}_{g}=(h\,k\,l)\begin{pmatrix}1/2\\0\\1/2\end{pmatrix}=n$，反射条件 $h+l=2n$。

（3）晶轴 $\boldsymbol{a}$ 方向的 2_1 螺旋轴，位置为 $2\left(\frac{1}{2},0,0\right)\ x,\frac{1}{4},\frac{1}{4}$，其 Seitz 矩阵表示和相角因子分别为

$$S_{6}(2_1)=\begin{pmatrix}1&0&0&1/2\\0&-1&0&1/2\\0&0&-1&1/2\\0&0&0&1\end{pmatrix}=\begin{pmatrix}1&0&0&1/2\\0&-1&0&0\\0&0&-1&0\\0&0&0&1\end{pmatrix}+\begin{pmatrix}0\\1/2\\1/2\\1\end{pmatrix}$$

$\varsigma^{T}\boldsymbol{\omega}_{g}=(h\,k\,l)\begin{pmatrix}1/2\\0\\0\end{pmatrix}=n$，反射条件 $h=2n$。

晶轴 $\boldsymbol{b}$ 方向的 2_1 螺旋轴，位置为 $2\left(0,\frac{1}{2},0\right)\ 0,y,0$，其 Seitz 矩阵表示和相角因子分别为

$$S_{5}(2_1)=\begin{pmatrix}-1&0&0&0\\0&1&0&1/2\\0&0&-1&0\\0&0&0&1\end{pmatrix}=\begin{pmatrix}-1&0&0&0\\0&1&0&1/2\\0&0&-1&0\\0&0&0&1\end{pmatrix}+\begin{pmatrix}0\\0\\0\\1\end{pmatrix}$$

$\varsigma^{T}\boldsymbol{\omega}_{g}=(h\,k\,l)\begin{pmatrix}0\\1/2\\0\end{pmatrix}=n$，反射条件 $k=2n$。

对角 $\boldsymbol{a}+\boldsymbol{b}$ 方向的 2_1 螺旋轴，位置为 $2\left(\frac{1}{2},\frac{1}{2},0\right)\ x,x+\frac{1}{4},\frac{1}{8}$，其 Seitz 矩阵表示和相角因子分别为

$$S_7(2_1)=\begin{pmatrix}0&1&0&1/4\\1&0&0&3/4\\0&0&-1&1/4\\0&0&0&1\end{pmatrix}=\begin{pmatrix}0&1&0&1/2\\1&0&0&1/2\\0&0&-1&0\\0&0&0&1\end{pmatrix}+\begin{pmatrix}-1/4\\1/4\\1/4\\1\end{pmatrix}$$

$\varsigma^{\mathrm{T}}\omega_{\mathrm{g}}=(h\,k\,l)\begin{pmatrix}1/2\\1/2\\0\end{pmatrix}=n$，反射条件 $h+k=2n$。

（4）$\boldsymbol{a}+\boldsymbol{b}$ 方向的滑移面 d，位置为 $d\left(\frac{3}{4},\frac{3}{4},\frac{1}{4}\right)$ x,x,z，其 Seitz 矩阵表示和相角因子分别为

$$S_{16}(d)=\begin{pmatrix}0&1&0&3/4\\1&0&0&3/4\\0&0&1&1/4\\0&0&0&1\end{pmatrix}=\begin{pmatrix}0&1&0&3/4\\1&0&0&3/4\\0&0&1&1/4\\0&0&0&1\end{pmatrix}+\begin{pmatrix}0\\0\\0\\1\end{pmatrix}$$

$\varsigma^{\mathrm{T}}\omega_{\mathrm{g}}=(h\,k\,l)\begin{pmatrix}3/4\\3/4\\1/4\end{pmatrix}=n$，反射条件 $3h+3k+l=4n$。

$\boldsymbol{a}-\boldsymbol{b}$ 方向的滑移面 d，位置为 $d\left(-\frac{1}{4},\frac{1}{4},\frac{1}{4}\right)$ $x+\frac{1}{2},\bar{x},z$，其 Seitz 矩阵表示和相角因子分别为

$$S_{15}(d)=\begin{pmatrix}0&-1&0&1/4\\-1&0&0&3/4\\0&0&1&1/4\\0&0&0&1\end{pmatrix}=\begin{pmatrix}0&-1&0&-1/4\\-1&0&0&1/4\\0&0&1&1/4\\0&0&0&1\end{pmatrix}+\begin{pmatrix}1/2\\1/2\\0\\1\end{pmatrix}$$

$\varsigma^{\mathrm{T}}\omega_{\mathrm{g}}=\left(h\ \ k\ \ l\right)\begin{pmatrix}-1/4\\1/4\\1/4\end{pmatrix}=n$，反射条件 $-h+k+l=4n$。

（5）体心格子的内禀平移分量 $\omega_{\mathrm{g}}=\left(\frac{1}{2},\frac{1}{2},\frac{1}{2}\right)^{\mathrm{T}}$，相角位移因子为

$\varsigma^{\mathrm{T}}\omega_{\mathrm{g}}=(h\,k\,l)\begin{pmatrix}1/2\\1/2\\1/2\end{pmatrix}=n$，反射条件 $h+k+l=2n$。

将以上反射条件总结如下：

I: $h+k+l=2n$		
$4_1[001]$: $l=4n$	$a[001]$: $h=2n$	
$2_1[001]$: $l=2n$	$b[001]$: $k=2n$	$d[110]$: $3h+3k+l=4n$
$2_1[100]$: $h=2n$	$n[100]$: $k+l=2n$	$d[1\bar{1}0]$: $-h+k+l=4n$
$2_1[010]$: $k=2n$	$n[010]$: $h+l=2n$	
$2_1[110]$: $h+k=2n$		

四方体心格子的倒易格子是四方面心格子，对于四方晶系的晶格常数关系 $a=b\neq c$，对应倒易晶格空间的晶格常数关系为 $a^*=b^*\neq c^*$。出现反射的衍射指标，在倒易晶格空间中对应晶格点，按照四方晶体的晶格常数特点，依次列出一般反射条件、晶带反射条件和系列反射条件，空间格子的反射条件属于一般反射条件，没有一般反射条件限制的晶体，其空间格子一定是简单格子。系列反射条件是特殊倒易晶格点位置的衍射指标形成的反射条件，如 $h00$、$00l$、$hh0$ 等。其中，衍射指标及衍射指标和等于 $2n$，可以省略写 $2n$。例如，$h+k=2n$ 直接写为 $h+k$。

（1）一般反射条件为 $hkl:h+k+l=2n$，直接指明空间格子为体心格子。这一结果通常是通过衍射线的指标化，在衍射指标中找出组成倒易晶格面心格子的那些衍射点，见图 8-31，例如，110、211 等。

（2）晶带反射条件 $hk0$：$h,k=2n$，该反射条件包括了螺旋轴的反射条件 $2_1[110]$：$h+k=2n$、$2_1[100]$：$h=2n$ 和 $2_1[010]$：$k=2n$，以及滑移面 $a[001]$：$h=2n$ 和 $b[001]$：$k=2n$，例如，200、220。

晶带反射条件 $0kl$：$k+l$ 和 $h0l$：$h+l$，对于四方晶系，二者等价，例如，011、101。

晶带反射条件 hhl：$2h+l=4n$ 和 l，包括滑移面的反射条件 $d[110]$：$3h+3k+l=4n$ 当 $h=k$ 的情况，以及滑移面 $d[1\bar{1}0]$：$-h+k+l=4n$ 当 $h=-k$ 的情况。例如，112、$1\bar{1}2$。

（3）系列反射条件 $00l$：$l=4n$，该反射条件包括螺旋轴的反射条件 $4_1[001]$ $l=4n$，还包括滑移面的反射条件 $d[1\bar{1}0]$：$-h+k+l=4n$ 当 $h=k=0$ 的情况，例如，004 和 008。其他反射条件 $hh0$：h 和 $0k0$：k。

与以上反射条件相反，如果衍射指标服从体心格子的条件，必然就存在体心格子的系统性消光。由晶带 $hk0$ 和 hhl 衍射线可判断，在 $\boldsymbol{c}$ 和 $\boldsymbol{a}+\boldsymbol{b}$ 两个方向存在滑移面，存在系统性消光，这些系统性消光是特别的，能明确指明相应的微观对称元素，按空间群国际符号相同的表达方式，记为 $Ia-d$。通过确定劳厄类就可以推测可能的空间群。不同晶系和劳厄类的一般反射条件、晶带反射条件和系列反射条件，以及按空间群国际符号表达的消光符号和可能的空间群符号，汇集于《晶体学国际表 A 卷》。

7. 特定空间群傅里叶求和式的对称因子表达式

式（8-256）是以结构因子作为傅里叶展开系数表达的离散傅里叶空间的电子密度，由于结构因子与倒易晶格空间的晶格点相关联，就与倒易空间的对称性相关联，式（8-258）是这种对称性关联的倒易晶格点所对应的结构因子的互变关系。当相角位移因子为 $2\pi n$，对应反射。当正晶格位点被空间群对称性关联时，倒易晶格点也被点群对称性关联，结构因子满足关系式（8-258），即

$$\boldsymbol{F}_{h'k'l'}(\boldsymbol{W}^{\mathrm{T}}\varsigma)=\boldsymbol{F}_{hkl}(\varsigma)\exp(-\mathrm{i}2\pi\varsigma^{\mathrm{T}}\boldsymbol{\omega}) \tag{8-258}$$

当正晶格位点为特殊位置，原子占据一套等位点，对应空间群的某一子群，对应倒易晶格点与点群或其子群相关联，也满足式（8-258）。在倒易晶格空间中，倒易晶格点被对称性关联 $\boldsymbol{W}^{\mathrm{T}}\varsigma=\varsigma$，必然满足式（8-258）。由此将这些对称操作关联的倒易晶格点归属于关联点，在傅里叶空间中，存在一个结构因子。如果晶体点群的阶为 h，倒易晶格点就被点式操作分割为 h 类，在傅里叶空间中，存在 h 个不同的结构因子。由于不同对称操作形成不同类的倒易晶格点，所以，对应格点衍射指标就不满足式（8-258），它们组成 h 个对称性不相关单元。注意某些倒易晶格点可能同时属于不同的对称性不相关单元，即可能是多个对称性不相关单元共同的倒易晶格点。一般倒易晶格点不被共用，定义占据因子 $q(\varsigma)=1$，特殊倒易晶格点被共用，占据因子 $q(\varsigma)=1/m(\varsigma)$，为格点的占据多重度 $m(\varsigma)$ 的倒数。特殊倒易晶格点被不同的对称操作作用，其位置矢量 ς 不变，表示格点衍射指标计算的结构因子生成的衍射强度有多个衍射点的贡献，而指定衍射点的贡献值为 $1/m(\varsigma)$。于是，可以将式（8-258）按对称性不相关单元重新表达为

$$\boldsymbol{F}(\boldsymbol{W}_n^{\mathrm{T}}\varsigma)=\boldsymbol{F}(\varsigma)\exp(-\mathrm{i}2\pi\varsigma^{\mathrm{T}}\boldsymbol{\omega}_n)\quad(n=1,2,\cdots,h) \tag{8-261}$$

假设三维傅里叶级数可以代表电子密度，在傅里叶空间中，将电子密度求和式（8-256），按照对称性不相关单元分解为 h 项，每一项为傅里叶空间的一个对称性不相关结构因子，并乘以占据因子：

$$\rho(\boldsymbol{r})=\frac{1}{V}\sum_{n=1}^{h}\sum_{\varsigma_{\mathrm{a}}}q(\varsigma_{\mathrm{a}})\boldsymbol{F}(\boldsymbol{W}_n^{\mathrm{T}}\varsigma_{\mathrm{a}})\exp\left[-\mathrm{i}2\pi\left(\boldsymbol{W}_n^{\mathrm{T}}\varsigma_{\mathrm{a}}\right)^{\mathrm{T}}\boldsymbol{r}\right] \tag{8-262}$$

内求和标 ς_{a} 为指定对称操作下的傅里叶空间的对称性不相关单元，将式（8-261）代入式（8-262），并交换内外求和号，与求和标 ς_{a} 有关的 $q(\varsigma_{\mathrm{a}})$ 和 $F(\varsigma_{\mathrm{a}})$ 移出，展开幂指数复函数得

$$\begin{aligned}\rho(\boldsymbol{r})&=\frac{1}{V}\sum_{\varsigma_{\mathrm{a}}}q(\varsigma_{\mathrm{a}})\boldsymbol{F}(\varsigma_{\mathrm{a}})\sum_{n=1}^{h}\exp\left[-\mathrm{i}2\pi\varsigma_{\mathrm{a}}^{\mathrm{T}}\cdot(\boldsymbol{W}_n\boldsymbol{r}+\boldsymbol{\omega}_n)\right]\\&=\frac{1}{V}\sum_{\varsigma_{\mathrm{a}}}q(\varsigma_{\mathrm{a}})F(\varsigma_{\mathrm{a}})[A(\varsigma_{\mathrm{a}})-\mathrm{i}B(\varsigma_{\mathrm{a}})]\end{aligned} \tag{8-263}$$

式（8-263）表示正晶格空间位置矢量经全部空间群对称操作变换，遍及全部倒易晶格点的衍射波总振幅，与电子密度函数的傅里叶变换式。其中，幂指数求和部分称为特定空间群对称因子，$A(\varsigma_{\mathrm{a}})$ 和 $B(\varsigma_{\mathrm{a}})$ 称为三角函数结构因子，分别为

$$A(\varsigma_{a})=\sum_{n=1}^{h}\cos\left[2\pi\varsigma_{a}^{T}\left(\boldsymbol{W}_{n}\boldsymbol{r}+\boldsymbol{\omega}_{n}\right)\right]$$
$$B(\varsigma_{a})=\sum_{n=1}^{h}\sin\left[2\pi\varsigma_{a}^{T}\left(\boldsymbol{W}_{n}\boldsymbol{r}+\boldsymbol{\omega}_{n}\right)\right] \tag{8-264}$$

对于空间群的每一个对称操作，可以写出相应点式操作和内禀平移分量，点式操作对应倒易晶格空间的点群对称操作，通过式（8-264），可以算出三角函数结构因子，代入式（8-263），就得到不同对称性不相关单元在离散傅里叶空间的电子密度，显然，原子的电子密度也是离散的。ς_{a}^{T}是倒易晶格空间位矢，位点坐标是衍射指标(h,k,l)，$\boldsymbol{r}$是正晶格空间位矢，位点坐标是原子位置(x，y，z)，三角函数结构因子$A(\varsigma_{a})$和$B(\varsigma_{a})$的表现形式是关于h、k和l，以及和x、y和z的三角函数关系式。由hkl的奇偶性，运用三角函数运算可以将求和式表达为连乘形式，全部空间群的三角函数结构因子汇集于《晶体学国际表B卷》[31]。一般位置对应一般倒易晶格点，用于一般反射强度计算，也可用于特殊位置对应的特殊倒易晶格点的反射强度计算，对反射强度的实际贡献表示为占据因子$q(\varsigma)=1/m(\varsigma)$。

式（8-264）是任意空间群下一般表达式，对于中心对称的空间群，当对称中心被设置为坐标系原点时，倒易晶格空间的hkl和$\bar{h}\bar{k}\bar{l}$两部分在傅里叶空间是完全对等的，即结构因子相等，结构因子必然为实数，即$B(\varsigma_{a})=0$。这导致式（8-263）的求和标ς_{a}不用遍及全部倒易空间的格点，只需对其中$\varsigma_{a}>0$的一半空间的格点求和。式（8-263）简化为

$$\rho(\boldsymbol{r})=\frac{2}{V}\sum_{\varsigma_{a}>0}q(\varsigma_{a})F(\varsigma_{a})A(\varsigma_{a}) \tag{8-265}$$

对于非中心对称晶体，倒易晶格空间的hkl和$\bar{h}\bar{k}\bar{l}$两部分在傅里叶空间仍是完全对等的，当不是奇异散射时，将结构因子表示为相角因子形式，仍可展开为三角函数形式，即

$$F(\varsigma_{a})=\left|F(\varsigma_{a})\right|\cdot\exp[\mathrm{i}\delta(\varsigma_{a})]=\left|F(\varsigma_{a})\right|\cdot[\cos\delta(\varsigma_{a})+\mathrm{i}\sin\delta(\varsigma_{a})]$$

其中，$\delta(\varsigma_{a})$为位矢ς_{a}代表的hkl格点所对应衍射线的相角，将上式代入式（8-263）得

$$\rho(\boldsymbol{r})=\frac{2}{V}\sum_{\varsigma_{a}>0}q(\varsigma_{a})\left|F(\varsigma_{a})\right|\cdot[A(\varsigma_{a})\cos\delta(\varsigma_{a})+B(\varsigma_{a})\sin\delta(\varsigma_{a})] \tag{8-266}$$

式（8-266）是电子密度在傅里叶空间的表达式。倒易晶格空间的傅里叶技术是一种直接运用正晶格空间群对称操作的矩阵快速解析晶体结构的方法，它已经取代了传统的X射线衍射解析晶体结构的方法，特别是处理低对称性空间群的晶体结构解析问题时显现出的快速、准确的优势。

8. 特定空间群结构因子的对称因子表达式

当依据式（8-266）计算电子密度时必须已知结构因子，类比用特定空间群的傅里叶对称因子表达电子密度的方式，将结构因子与空间群对称操作相关联，假设原子的运动和形状是各向同性的，在结构因子对晶胞中各原子的散射振幅的求和式中，将散射振幅的相位因子与空间群对称操作形成的对称因子相关联。将相位差表达为矩阵形式，结构因子表示为

$$F(\varsigma)=\sum_{j=1}^{N}f_{j}\exp(\mathrm{i}2\pi\varsigma^{T}\boldsymbol{r}_{j}) \tag{8-267}$$

式中，ς^{T}为衍射矢量$(h\ k\ l)^{T}$，也是倒易晶格点位置矢量的坐标向量；N为晶胞中原子数；f_{j}为j原子包含温度因子的散射因子，只出现在衍射线对应的衍射矢量ς中；$\boldsymbol{r}_{j}$为j原子相对于正晶格空间原点的位置矢量。设晶体点群的阶为m_{W}，布拉维格子点阵点的多重度为m_{L}，单位晶胞所包含的空间群对称性生成的一般等位点数为

$$g=m_{W}\times m_{L} \tag{8-268}$$

考虑与空间群所有对称操作相关的原子对结构因子的贡献，得到

$$F(\varsigma)=\sum_{j=1}^{N}f_{j}\sum_{n=1}^{g}\exp[\mathrm{i}2\pi\varsigma^{T}(\boldsymbol{W}_{n}\boldsymbol{r}+\boldsymbol{\omega}_{n})] \tag{8-269}$$

式中，$\boldsymbol{W}_{n}$和$\boldsymbol{\omega}_{n}$分别是空间群第n个对称操作的旋转操作矩阵和内禀平移分量，内求和包括由空间群对称性决定的、与反射ς相应的幂指数复结构因子，展开为三角函数形式：

$$F(\varsigma)=\sum_{j=1}^{N}f_{j}[A_{j}(\varsigma)+\mathrm{i}B_{j}(\varsigma)] \tag{8-270}$$

其中，实部和虚部分别为

$$A_j(\varsigma)=\sum_{n=1}^{g}\cos[2\pi\varsigma^{\mathrm{T}}(\boldsymbol{W}_n\boldsymbol{r}_j+\boldsymbol{\omega}_n)]$$
$$B_j(\varsigma)=\sum_{n=1}^{g}\sin[2\pi\varsigma^{\mathrm{T}}(\boldsymbol{W}_n\boldsymbol{r}_j+\boldsymbol{\omega}_n)] \quad (8\text{-}271)$$

以上两个方程与式（8-264）等价。对于带心格子的空间群，A 和 B 展开式中除了一些系数外，还有与电子密度的傅里叶级数展开式相关联的点群的阶 m_{W}，以及布拉维格子点阵点的多重度 m_{L} 。三角函数结构因子的分析表达，对于涉及结构因子的函数形式的结构研究，如结构因子的统计理论和确定相角的直接法都是不可或缺的。

对于 230 个空间群和倒易空间点群子集，以传统运算方式展开和简化三角函数结构因子，是极为烦琐的工作，这项工作已完全被符号和数字化的高级程序所替代，并形成结构因子表，汇集于《晶体学国际表 B 卷》。其基本方法是：①使用空间群的程序符号，使用对称操作的表示矩阵，生成一般位点坐标。②将空间群对称操作分解为点式操作和内禀平移分量，即

$$(\boldsymbol{W}_n,\boldsymbol{\omega}_n)\boldsymbol{r}=\boldsymbol{W}_n\boldsymbol{r}+\boldsymbol{\omega}_n \quad (8\text{-}272)$$

由左侧乘以倒易晶格空间位矢 ς^{T} 得

$$\varsigma^{\mathrm{T}}(\boldsymbol{W}_n,\boldsymbol{\omega}_n)\boldsymbol{r}=\varsigma^{\mathrm{T}}(\boldsymbol{W}_n\boldsymbol{r}+\boldsymbol{\omega}_n)=\varsigma^{\mathrm{T}}\boldsymbol{W}_n\boldsymbol{r}+\varsigma^{\mathrm{T}}\boldsymbol{\omega}_n \quad (8\text{-}273)$$

将式（8-273）的结果代入三角函数结构因子表达式，解得结构因子，进而求得衍射线的理论强度。③对于不涉及唯一轴的三斜、正交、立方晶系的空间群，都按式（8-273）计算。对于涉及唯一轴的单斜、四方、三方和六方晶系，最高重数的对称轴方向都被定为晶轴 $\boldsymbol{c}$，即坐标轴 z 定为唯一轴，右端运算分解为平面群和唯一轴部分，则式（8-273）的具体形式为

$$\varsigma^{\mathrm{T}}(\boldsymbol{W}_n\boldsymbol{r}+\boldsymbol{\omega}_n)=(h\ k)\left[\begin{pmatrix}P_{11} & P_{12}\\ P_{21} & P_{22}\end{pmatrix}\begin{pmatrix}x\\ y\end{pmatrix}+\begin{pmatrix}\boldsymbol{\omega}_1\\ \boldsymbol{\omega}_2\end{pmatrix}\right]+l[P_{33}z+\boldsymbol{\omega}_3] \quad (8\text{-}274)$$

计算平移部分的标量积 $\varsigma^{\mathrm{T}}\omega_n$ ，解决衍射指标的奇偶性，简化表达 A 和 B。④展开 A 和 B 三角函数式，运用三角函数的运算公式，将三角函数求和式化为三角函数乘积形式，得出三角函数结构因子。⑤以比较少量的结构块，用简略符号表达结果。

9. 倒易晶格空间的晶体空间群

为了更好地使用直接法对晶体结构信息进行综合分析、解析晶体结构，在倒易晶格空间，根据空间群点式操作关联的倒易格点坐标、空间群对称操作平移部分形成的权重相角位移，表达 230 个空间群。这是从另一个角度对空间群进行表达，它直接与晶体的 X 射线衍射指标，以及傅里叶变换的电子密度相联系，对于直接法解析晶体结构具有重要意义。

为了运用式(8-271)计算三角函数结构因子，需要求出 230 个空间群在倒易晶格空间中的一般位点坐标[31]。其中，坐标系原点和空间群的编号，与正晶格的空间群表一致，运用程序求算，列于晶体学国际表。位点坐标表达的具体条目包括：①点群符号、晶系、劳厄点群。②空间群符号、传统空间群编号、空间群表示的序列号。③倒易晶格空间中一般倒易晶格位点的坐标，以及相角位移。

第一条条目中的点群符号使用 H-M 国际记号，第二条条目中的空间群符号使用简缩 H-M 国际记号，其中单斜晶系使用完全 H-M 国际记号，这些符号与正晶格空间点群和空间群符号对应一致。第三条条目中的一般倒易晶格位点的坐标，分别按点式操作的表示矩阵对一般晶格点（h, k, l）进行变换，相角位移由 $-2\pi\varsigma^{\mathrm{T}}\boldsymbol{\omega}_n$ 计算生成。当相角位移不等于零时，分别由 $\varsigma^{\mathrm{T}}\boldsymbol{W}_n$ 和 $-2\pi\varsigma^{\mathrm{T}}\boldsymbol{\omega}_n$ 生成一般倒易晶格位点坐标和相角位移条目，结果表示为

$$(n)h_nk_nl_n:-p_nq_nr_n/m \quad (8\text{-}275)$$

当相角位移等于零时，只需表达由 $\varsigma^{\mathrm{T}}\boldsymbol{W}_n$ 生成的一般倒易晶格位点坐标，并省略相角位移的零值：

$$(n)h_nk_nl_n: \quad (8\text{-}276)$$

其中，(n) 代表空间群的第 n 个对称操作的编号；$h_nk_nl_n$ 表示空间群的第 n 个对称操作的点式部分对一般晶格点（h, k, l）变换后所生成的倒易晶格矢量坐标，与 230 空间群表中正晶格空间中一般位点的坐标一一对应。

倒易晶格矢量坐标 $h_nk_nl_n$ 由如下矩阵运算生成：

$$\varsigma^{\mathrm{T}}\boldsymbol{W}_n=(h\ k\ l)\begin{pmatrix}W_{11} & W_{12} & W_{13}\\ W_{21} & W_{22} & W_{23}\\ W_{31} & W_{32} & W_{33}\end{pmatrix}=(h_n\ k_n\ l_n) \tag{8-277}$$

相角位移 $-p_nq_nr_n/m$ 是空间群的第 n 个对称操作的平移分量与一般倒易晶格点（h, k, l）的标量积，以 2π 为单位，按下式计算生成

$$-2\pi\varsigma^{\mathrm{T}}\boldsymbol{\omega}_n=-2\pi(h\ k\ l)\begin{pmatrix}\omega_1\\ \omega_2\\ \omega_3\end{pmatrix}=-2\pi(p_nh+q_nk+r_nl)/m \tag{8-278}$$

其中，$p_nq_nr_n$ 是一组整数。$\boldsymbol{\omega}_n=(\omega_1\ \omega_2\ \omega_3)^{\mathrm{T}}$ 是空间群的第 n 个对称操作的平移分量，包括内禀分量和位置分量，不包括带心晶格中的非周期平移和坐标平移分量。当 ω_1、ω_2、ω_3 为整数时，相角位移 $-2\pi\varsigma^{\mathrm{T}}\boldsymbol{\omega}_n=-2\pi n$，使得 $\cos(-2\pi n)=1$，$\sin(-2\pi n)=0$，这组整数就表示为零。下面通过具体实例导出空间群对称操作生成的一般倒易晶格位点的坐标及相角位移。

【例 8-11】 正交晶系空间群 $D_{2\mathrm{h}}^2$-$P\dfrac{2}{n}\dfrac{2}{n}\dfrac{2}{n}$(No.48)，当晶体坐标系原点设置在对称性为 222 的位点，在以对称中心为原点的坐标系中，该点的位置坐标为 $\left(\dfrac{1}{4},\dfrac{1}{4},\dfrac{1}{4}\right)$。试在倒易晶格空间，用一般晶格位点的坐标和相角位移，表达该空间群的点式对称性。

解：该空间群一共 8 个对称操作，由如下生成操作产生

$$\boldsymbol{t}(1,0,0),\ \boldsymbol{t}(0,1,0),\ \boldsymbol{t}(0,0,1),\ 2\quad 0,0,z,\ 2\quad 0,y,0,\ \bar{1}\quad \frac{1}{4},\frac{1}{4},\frac{1}{4}$$

8 个对称操作生成的一般等位点坐标，按照国际表的格式排列如下：

（1）x,y,z；（2）$\bar{x},\bar{y},z$；（3）$\bar{x},y,\bar{z}$；（4）$x,\bar{y},\bar{z}$；（5）$\bar{x}+\frac{1}{2},\bar{y}+\frac{1}{2},\bar{z}+\frac{1}{2}$；（6）$x+\frac{1}{2},y+\frac{1}{2},\bar{z}+\frac{1}{2}$；（7）$x+\frac{1}{2},\bar{y}+\frac{1}{2},z+\frac{1}{2}$；（8）$\bar{x}+\frac{1}{2},y+\frac{1}{2},z+\frac{1}{2}$。

满足反射条件的衍射指标是倒易晶格空间的晶格点，这些衍射对应的倒易晶格点存在点群对称性，与空间群的点式操作关联，构成倒易晶格空间的一般等位点。在倒易晶格空间中，设第 n 个点式操作的表示矩阵为 $\boldsymbol{W}_n^*$，$\boldsymbol{W}_n^*$ 对倒易空间位置矢量 ς 的变换，满足如下关系

$$\varsigma^{\mathrm{T}}\boldsymbol{W}_n^*=(\boldsymbol{W}_n^{-1}\varsigma)^{\mathrm{T}}=\varsigma'^{\mathrm{T}}$$

因为正晶格空间和倒易晶格空间的点群对称操作存在等价关系，所以 $\boldsymbol{W}_n^*$ 与空间群第 n 个群元素的点式操作的逆操作相对应，其表示矩阵为第 n 个对称操作的点式操作表示矩阵 $\boldsymbol{W}_n$ 的逆矩阵的转置矩阵，即 $\boldsymbol{W}_n^*=(\boldsymbol{W}_n^{-1})^{\mathrm{T}}$。对于正交坐标系，对称操作的表示矩阵是正交矩阵，即有

$$\boldsymbol{W}_n^*=(\boldsymbol{W}_n^{-1})^{\mathrm{T}}=\boldsymbol{W}_n$$

在正交坐标系中，倒易晶格空间的点群操作对位置矢量 ς 的变换为

$$\varsigma^{\mathrm{T}}\boldsymbol{W}_n^*=\varsigma^{\mathrm{T}}\boldsymbol{W}_n=\varsigma'^{\mathrm{T}}$$

在正晶格空间中，$\boldsymbol{W}_n^*$ 对应的点式操作 $(\boldsymbol{W}_n^{-1})^{\mathrm{T}}$ 对位置矢量 $\boldsymbol{r}$ 的变换 $(\boldsymbol{W}_n^{-1})^{\mathrm{T}}\boldsymbol{r}$，与倒易晶格空间位置矢量 ς 的标量积为

$$\varsigma^{\mathrm{T}}(\boldsymbol{W}_n^{-1})^{\mathrm{T}}\boldsymbol{r}=(\boldsymbol{W}_n^{-1}\varsigma)^{\mathrm{T}}\boldsymbol{r}=\varsigma^{\mathrm{T}}\boldsymbol{W}_n^*\boldsymbol{r}=\varsigma'^{\mathrm{T}}\boldsymbol{r}$$

这等于倒易晶格空间点式操作 $\boldsymbol{W}_n^*$ 对位置矢量 ς 的变换 $\varsigma^{\mathrm{T}}\boldsymbol{W}_n^*=\varsigma'^{\mathrm{T}}$，与正晶格空间的位置矢量 $\boldsymbol{r}$ 的标量积。由 8 个空间群对称操作导出 4×4 阶 Seitz 矩阵

（1）$(\boldsymbol{W}_1,\boldsymbol{\omega}_1)=\begin{pmatrix}1&0&0&0\\0&1&0&0\\0&0&1&0\\0&0&0&1\end{pmatrix}$，（2）$(\boldsymbol{W}_2,\boldsymbol{\omega}_2)=\begin{pmatrix}\bar{1}&0&0&0\\0&\bar{1}&0&0\\0&0&1&0\\0&0&0&1\end{pmatrix}$，（3）$(\boldsymbol{W}_3,\boldsymbol{\omega}_3)=\begin{pmatrix}\bar{1}&0&0&0\\0&1&0&0\\0&0&\bar{1}&0\\0&0&0&1\end{pmatrix}$，

（4）$(\boldsymbol{W}_4,\boldsymbol{\omega}_4)=\begin{pmatrix}1&0&0&0\\0&\bar{1}&0&0\\0&0&\bar{1}&0\\0&0&0&1\end{pmatrix}$，（5）$(\boldsymbol{W}_5,\boldsymbol{\omega}_5)=\begin{pmatrix}\bar{1}&0&0&1/2\\0&\bar{1}&0&1/2\\0&0&\bar{1}&1/2\\0&0&0&1\end{pmatrix}$，（6）$(\boldsymbol{W}_6,\boldsymbol{\omega}_6)=\begin{pmatrix}1&0&0&1/2\\0&1&0&1/2\\0&0&\bar{1}&1/2\\0&0&0&1\end{pmatrix}$，

（7）$(\boldsymbol{W}_7,\boldsymbol{\omega}_7)=\begin{pmatrix}1&0&0&1/2\\0&\bar{1}&0&1/2\\0&0&1&1/2\\0&0&0&1\end{pmatrix}$，（8）$(\boldsymbol{W}_8,\boldsymbol{\omega}_8)=\begin{pmatrix}\bar{1}&0&0&1/2\\0&1&0&1/2\\0&0&1&1/2\\0&0&0&1\end{pmatrix}$。

这组操作的 Seitz 表示矩阵的点式操作部分的表示矩阵是正交矩阵，与倒易晶格点的点群对称操作的表示矩阵对应相等，由此生成倒易晶格空间一般等位点的坐标和$\varsigma^{\mathrm{T}}\boldsymbol{W}_n$条目，结果分别为

（1）$(h\,k\,l)\boldsymbol{W}_1=(h\,k\,l)\begin{pmatrix}1&0&0\\0&1&0\\0&0&1\end{pmatrix}=(h\,k\,l)$，条目表示为（1）$h\,k\,l$

（2）$(h\,k\,l)\boldsymbol{W}_2=(h\,k\,l)\begin{pmatrix}\bar{1}&0&0\\0&\bar{1}&0\\0&0&1\end{pmatrix}=(\bar{h}\,\bar{k}\,l)$，条目表示为（2）$\bar{h}\,\bar{k}\,l$

（3）$(h\,k\,l)\boldsymbol{W}_3=(h\,k\,l)\begin{pmatrix}\bar{1}&0&0\\0&1&0\\0&0&\bar{1}\end{pmatrix}=(\bar{h}\,k\,\bar{l})$，条目表示为（3）$\bar{h}\,k\,\bar{l}$

（4）$(h\,k\,l)\boldsymbol{W}_4=(h\,k\,l)\begin{pmatrix}1&0&0\\0&\bar{1}&0\\0&0&\bar{1}\end{pmatrix}=(h\,\bar{k}\,\bar{l})$，条目表示为（4）$h\,\bar{k}\,\bar{l}$

（5）$(h\,k\,l)\boldsymbol{W}_5=(h\,k\,l)\begin{pmatrix}\bar{1}&0&0\\0&\bar{1}&0\\0&0&\bar{1}\end{pmatrix}=(\bar{h}\,\bar{k}\,\bar{l})$，条目表示为（5）$\bar{h}\,\bar{k}\,\bar{l}$

（6）$(h\,k\,l)\boldsymbol{W}_6=(h\,k\,l)\begin{pmatrix}1&0&0\\0&1&0\\0&0&\bar{1}\end{pmatrix}=(h\,k\,\bar{l})$，条目表示为（6）$h\,k\,\bar{l}$

（7）$(h\,k\,l)\boldsymbol{W}_7=(h\,k\,l)\begin{pmatrix}1&0&0\\0&\bar{1}&0\\0&0&1\end{pmatrix}=(h\,\bar{k}\,l)$，条目表示为（7）$h\,\bar{k}\,l$

（8）$(h\,k\,l)\boldsymbol{W}_8=(h\,k\,l)\begin{pmatrix}\bar{1}&0&0\\0&1&0\\0&0&1\end{pmatrix}=(\bar{h}\,k\,l)$，条目表示为（8）$\bar{h}\,k\,l$

由空间群对称操作的 4×4 阶 Seitz 矩阵中的平移分量，求出相角位移

$$-\varsigma^{\mathrm{T}}\boldsymbol{\omega}_n=-(h\,k\,l)\begin{pmatrix}\omega_1\\\omega_2\\\omega_3\end{pmatrix}=-(p_nh+q_nk+r_nl)/m\text{，条目表示为}-p_nq_nr_n/m$$

（1）～（4）操作的平移分量等于零，相角位移必然等于零，$-\varsigma^{\mathrm{T}}\boldsymbol{\omega}_n=\mathbf{0}$。

（5）～（8）操作的平移分量都等于$\boldsymbol{\omega}_n=\begin{pmatrix}\frac{1}{2}&\frac{1}{2}&\frac{1}{2}\end{pmatrix}^{\mathrm{T}}$，相角位移为

$$-\varsigma^{\mathrm{T}}\boldsymbol{\omega}_n=-(h+k+l)/2\text{，条目表示为}-111/2$$

按照倒易晶格空间中晶体空间群的表示方法，即式（8-275）和式（8-276），得到对应倒易晶格空间中晶体

空间群 *Pnnn* 的一般等位点坐标和相角位移，分列于表 8-25 中。

表 8-25　倒易晶格空间中晶体空间群 *Pnnn*

点群：*mmm*　正交晶系　劳厄群：*mmm*			
Pnnn　原点 1　No.48（93）			
（1）hkl:	（2）$\bar{h}\bar{k}l$:	（3）$\bar{h}k\bar{l}$:	（4）$h\bar{k}\bar{l}$:
（5）$\bar{h}\bar{k}\bar{l}$:–111/2	（6）$hk\bar{l}$:–111/2	（7）$h\bar{k}l$:–111/2	（8）$\bar{h}kl$:–111/2
Pnnn　原点 2　No.48（94）			
（1）hkl:	（2）$\bar{h}\bar{k}l$:–110/2	（3）$\bar{h}k\bar{l}$:–101/2	（4）$h\bar{k}\bar{l}$:–011/2

注：相同晶系和点群的空间群，被列于同一表中，除了空间群 *Pnnn* 外，还包括 *Pmmm*，此外还包括不同坐标系下的同一空间群的表示。

10. 晶体坐标系变换下的晶体空间群变换

指定晶系，选定坐标系的原点，对于点式空间群对称操作，其平移分量就被确定；对于非点式空间群对称操作，其位置分量也被确定，只是内禀分量由具体的螺旋轴或滑移面而定。相角位移是由空间群对称操作的平移部分决定，根据正晶格空间群给定的平移分量就可计算相角位移，或由倒易晶格空间的晶体空间群表就可找出相角位移。

当晶体坐标系或晶体坐标系原点发生改变时，空间群对称操作的平移分量随之改变。例如，菱面体三方坐标系变换为六方坐标系，单斜晶系唯一轴的改变，中心对称空间群的原点移至对称中心。变换晶体坐标系时，可视晶体不动，位置坐标发生变化。在正晶格空间中，设原有基 $\{\boldsymbol{a},\boldsymbol{b},\boldsymbol{c}\}$ 到新基 $\{\boldsymbol{a}',\boldsymbol{b}',\boldsymbol{c}'\}$ 的变换矩阵为 $\boldsymbol{B}$，则有

$$(\boldsymbol{a}\ \ \boldsymbol{b}\ \ \boldsymbol{c})=(\boldsymbol{a}'\ \ \boldsymbol{b}'\ \ \boldsymbol{c}')\boldsymbol{B} \tag{8-279}$$

位点在原有基下的坐标向量为 $\boldsymbol{r}=(xyz)^{\mathrm{T}}$，在新基下的坐标向量为 $\boldsymbol{r}'=(x'\ y'\ z')^{\mathrm{T}}$，原有坐标系原点 O 平移到新坐标系原点 O' 的位移矢量，用新坐标系的基向量表示为坐标向量 $\boldsymbol{u}=(u_1\,u_2\,u_3)^{\mathrm{T}}$，由原有坐标系下的空间群表提供，正晶格坐标变换为

$$\boldsymbol{r}'=\boldsymbol{B}\boldsymbol{r}+\boldsymbol{u}\ ,\ \ \boldsymbol{u}=u_1\boldsymbol{a}+u_2\boldsymbol{b}+u_3\boldsymbol{c} \tag{8-280}$$

设原有基下空间群对称操作为 $[\boldsymbol{W}(R),\boldsymbol{\omega}]$，新基下空间群对称操作为 $[\boldsymbol{W}'(R),\boldsymbol{\omega}']$，经原有基变换为新基后，对称操作发生位移，其表示矩阵按式（8-281）变换

$$(\boldsymbol{W}'\ \ \boldsymbol{\omega}')=(\boldsymbol{B}\ \boldsymbol{u})(\boldsymbol{W}\ \ \boldsymbol{\omega})(\boldsymbol{B}\ \boldsymbol{u})^{-1}=(\boldsymbol{B}\boldsymbol{W}\boldsymbol{B}^{-1}\ \ -\boldsymbol{B}\boldsymbol{W}\boldsymbol{B}^{-1}\boldsymbol{u}+\boldsymbol{B}\boldsymbol{\omega}+\boldsymbol{u}) \tag{8-281}$$

原有基下倒易晶格空间的晶体空间群条目为

$$(n)\varsigma^{\mathrm{T}}\boldsymbol{W}_n:-\varsigma^{\mathrm{T}}\boldsymbol{\omega}_n \tag{8-282}$$

变换为新基后条目变为

$$(n)\varsigma^{\mathrm{T}}\boldsymbol{B}\boldsymbol{W}_n\boldsymbol{B}^{-1}:\varsigma^{\mathrm{T}}(\boldsymbol{B}\boldsymbol{W}_n\boldsymbol{B}^{-1})\,\boldsymbol{u}-\varsigma^{\mathrm{T}}\boldsymbol{B}\boldsymbol{\omega}_n-\varsigma^{\mathrm{T}}\boldsymbol{u} \tag{8-283}$$

（1）当坐标变换不涉及位置平移，如菱面体三方坐标系变换为六方坐标系，共用同一原点，则 $\boldsymbol{u}=0$，式（8-283）条目变为

$$(n)\varsigma^{\mathrm{T}}\boldsymbol{B}\boldsymbol{W}_n\boldsymbol{B}^{-1}:-\varsigma^{\mathrm{T}}\boldsymbol{B}\boldsymbol{\omega} \tag{8-284}$$

（2）坐标变换只是坐标系原点的平移，如中心对称空间群的原点移至对称中心，$\boldsymbol{B}=\boldsymbol{E}$，式（8-283）条目变为

$$(n)\varsigma^{\mathrm{T}}\boldsymbol{W}_n:\ \varsigma^{\mathrm{T}}\boldsymbol{W}_n\,\boldsymbol{u}-\varsigma^{\mathrm{T}}\boldsymbol{\omega}_n-\varsigma^{\mathrm{T}}\boldsymbol{u} \tag{8-285}$$

由原有条目得到点式操作的表示矩阵，再由式（8-283）、式（8-284）、式（8-285）导出新基下倒易晶格空间的晶体空间群条目。其中，在（1）和（2）两种情况的关系式中，空间群点式操作部分和平移部分分量都是原有坐标系下的表示。

【例 8-12】　正交晶系空间群 $D_{2\mathrm{h}}^{2}\text{-}P\dfrac{2}{n}\dfrac{2}{n}\dfrac{2}{n}$(No.48)，当晶体坐标系原点定在对称中心，需将原有坐标系原点 O

（对称性为 222 的位点）移至对称中心 O'，在以对称中心为原点的坐标系中，平移矢量的坐标向量为 $\boldsymbol{u}=\left(\frac{1}{4}\frac{1}{4}\frac{1}{4}\right)^{\mathrm{T}}$。试用坐标变换方法，在以对称中心为原点的新坐标系中，重新表达倒易晶格空间下该空间群的对称性。

解：由原有坐标系的一般晶格位点的坐标和相角位移，得出倒易晶格空间下点式操作的表示矩阵，见上例。因为只涉及原点平移，所以采用式（8-285），对称操作的表示矩阵与原有条目相同，但平移分量不同。由式（8-285）：

$$\varsigma^{\mathrm{T}}\boldsymbol{W}_n\boldsymbol{u}-\varsigma^{\mathrm{T}}\boldsymbol{\omega}_n-\varsigma^{\mathrm{T}}\boldsymbol{u}=\varsigma^{\mathrm{T}}(\boldsymbol{W}_n\boldsymbol{u}-\boldsymbol{\omega}_n-\boldsymbol{u})=-\varsigma^{\mathrm{T}}\boldsymbol{\omega}_n'$$

即有 $\boldsymbol{\omega}_n'=-\boldsymbol{W}_n\boldsymbol{u}+\boldsymbol{\omega}_n+\boldsymbol{u}$，先算出 $\boldsymbol{\omega}_n'$，也就是先求出新坐标系下正晶格空间的位移分量，再求出新坐标系下的相角位移因子。

（1）第一对称操作，国际符号和位置坐标为 $1\ 0,0,0$，新基下的位移分量为

$$\boldsymbol{\omega}_1'=-\boldsymbol{W}_1\boldsymbol{u}+\boldsymbol{\omega}_1+\boldsymbol{u}=-\begin{pmatrix}1&0&0\\0&1&0\\0&0&1\end{pmatrix}\begin{pmatrix}1/4\\1/4\\1/4\end{pmatrix}+\begin{pmatrix}0\\0\\0\end{pmatrix}+\begin{pmatrix}1/4\\1/4\\1/4\end{pmatrix}=\begin{pmatrix}0\\0\\0\end{pmatrix}$$

倒易晶格矢量坐标和相角位移因子分别为

$$\varsigma^{\mathrm{T}}\boldsymbol{W}_1=(h\,k\,l)\begin{pmatrix}1&0&0\\0&1&0\\0&0&1\end{pmatrix}=(h\,k\,l),\quad -\varsigma^{\mathrm{T}}\boldsymbol{\omega}_1'=-(h\,k\,l)\begin{pmatrix}0\\0\\0\end{pmatrix}=\boldsymbol{0}$$

（2）第二对称操作，国际符号和位置坐标为 $2\ 0,0,z$，新基下的位移分量为

$$\boldsymbol{\omega}_2'=-\boldsymbol{W}_2\boldsymbol{u}+\boldsymbol{\omega}_2+\boldsymbol{u}=-\begin{pmatrix}\bar{1}&0&0\\0&\bar{1}&0\\0&0&1\end{pmatrix}\begin{pmatrix}1/4\\1/4\\1/4\end{pmatrix}+\begin{pmatrix}0\\0\\0\end{pmatrix}+\begin{pmatrix}1/4\\1/4\\1/4\end{pmatrix}=\begin{pmatrix}1/2\\1/2\\0\end{pmatrix}$$

倒易晶格矢量坐标和相角位移因子分别为

$$\varsigma^{\mathrm{T}}\boldsymbol{W}_2=(h\,k\,l)\begin{pmatrix}\bar{1}&0&0\\0&\bar{1}&0\\0&0&1\end{pmatrix}=(\bar{h}\,\bar{k}\,l),\quad -\varsigma^{\mathrm{T}}\boldsymbol{\omega}_2'=-(h\,k\,l)\begin{pmatrix}1/2\\1/2\\0\end{pmatrix}=-\left(\frac{1}{2}h+\frac{1}{2}k+0l\right)$$

（3）第三对称操作，国际符号和位置坐标为 $2\ 0,y,0$，新基下的位移分量为

$$\boldsymbol{\omega}_3'=-\boldsymbol{W}_3\boldsymbol{u}+\boldsymbol{\omega}_3+\boldsymbol{u}=-\begin{pmatrix}\bar{1}&0&0\\0&1&0\\0&0&\bar{1}\end{pmatrix}\begin{pmatrix}1/4\\1/4\\1/4\end{pmatrix}+\begin{pmatrix}0\\0\\0\end{pmatrix}+\begin{pmatrix}1/4\\1/4\\1/4\end{pmatrix}=\begin{pmatrix}1/2\\0\\1/2\end{pmatrix}$$

倒易晶格矢量坐标和相角位移因子分别为

$$\varsigma^{\mathrm{T}}\boldsymbol{W}_3=(h\,k\,l)\begin{pmatrix}\bar{1}&0&0\\0&1&0\\0&0&\bar{1}\end{pmatrix}=(\bar{h}\,k\,\bar{l}),\quad -\varsigma^{\mathrm{T}}\boldsymbol{\omega}_3'=-(h\,k\,l)\begin{pmatrix}1/2\\0\\1/2\end{pmatrix}=-\left(\frac{1}{2}h+0k+\frac{1}{2}l\right)$$

（4）第四对称操作，国际符号和位置坐标为 $2\ x,0,0$，新基下的位移分量为

$$\boldsymbol{\omega}_4'=-\boldsymbol{W}_4\boldsymbol{u}+\boldsymbol{\omega}_4+\boldsymbol{u}=-\begin{pmatrix}1&0&0\\0&\bar{1}&0\\0&0&\bar{1}\end{pmatrix}\begin{pmatrix}1/4\\1/4\\1/4\end{pmatrix}+\begin{pmatrix}0\\0\\0\end{pmatrix}+\begin{pmatrix}1/4\\1/4\\1/4\end{pmatrix}=\begin{pmatrix}0\\1/2\\1/2\end{pmatrix}$$

倒易晶格矢量坐标和相角位移因子分别为

$$\varsigma^{\mathrm{T}}\boldsymbol{W}_4=(h\,k\,l)\begin{pmatrix}1&0&0\\0&\bar{1}&0\\0&0&\bar{1}\end{pmatrix}=(h\,\bar{k}\,\bar{l}),\quad -\varsigma^{\mathrm{T}}\boldsymbol{\omega}_4'=-(h\,k\,l)\begin{pmatrix}0\\1/2\\1/2\end{pmatrix}=-\left(0h+\frac{1}{2}k+\frac{1}{2}l\right)$$

（5）第五对称操作，国际符号和位置坐标为 $\bar{1}\ \frac{1}{4},\frac{1}{4},\frac{1}{4}$，新基下的位移分量为

$$\boldsymbol{\omega}_5' = -\boldsymbol{W}_5\boldsymbol{u} + \boldsymbol{\omega}_5 + \boldsymbol{u} = -\begin{pmatrix} \bar{1} & 0 & 0 \\ 0 & \bar{1} & 0 \\ 0 & 0 & \bar{1} \end{pmatrix}\begin{pmatrix} 1/4 \\ 1/4 \\ 1/4 \end{pmatrix} + \begin{pmatrix} 1/2 \\ 1/2 \\ 1/2 \end{pmatrix} + \begin{pmatrix} 1/4 \\ 1/4 \\ 1/4 \end{pmatrix} = \begin{pmatrix} 1 \\ 1 \\ 1 \end{pmatrix}$$

倒易晶格矢量坐标和相角位移因子分别为

$$\varsigma^{\mathrm{T}}\boldsymbol{W}_5 = (h\,k\,l)\begin{pmatrix} \bar{1} & 0 & 0 \\ 0 & \bar{1} & 0 \\ 0 & 0 & \bar{1} \end{pmatrix} = (\bar{h}\,\bar{k}\,\bar{l}),\ -\varsigma^{\mathrm{T}}\boldsymbol{\omega}_5' = -(h\,k\,l)\begin{pmatrix} 1 \\ 1 \\ 1 \end{pmatrix} = -(h+k+l)$$

（6）第六对称操作，国际符号和位置坐标为 $n\left(\frac{1}{2},\frac{1}{2},0\right)\ x,y,\frac{1}{4}$，新基下的位移分量为

$$\boldsymbol{\omega}_6' = -\boldsymbol{W}_6\boldsymbol{u} + \boldsymbol{\omega}_6 + \boldsymbol{u} = -\begin{pmatrix} 1 & 0 & 0 \\ 0 & 1 & 0 \\ 0 & 0 & \bar{1} \end{pmatrix}\begin{pmatrix} 1/4 \\ 1/4 \\ 1/4 \end{pmatrix} + \begin{pmatrix} 1/2 \\ 1/2 \\ 1/2 \end{pmatrix} + \begin{pmatrix} 1/4 \\ 1/4 \\ 1/4 \end{pmatrix} = \begin{pmatrix} 1/2 \\ 1/2 \\ 1 \end{pmatrix}$$

倒易晶格矢量坐标和相角位移因子分别为

$$\varsigma^{\mathrm{T}}\boldsymbol{W}_6 = (h\,k\,l)\begin{pmatrix} 1 & 0 & 0 \\ 0 & 1 & 0 \\ 0 & 0 & \bar{1} \end{pmatrix} = (h\,k\,\bar{l}),\ -\varsigma^{\mathrm{T}}\boldsymbol{\omega}_6' = -(h\,k\,l)\begin{pmatrix} 1/2 \\ 1/2 \\ 1 \end{pmatrix} = -\left(\frac{1}{2}h+\frac{1}{2}k+l\right)$$

（7）第七对称操作，国际符号和位置坐标为 $n\left(\frac{1}{2},0,\frac{1}{2}\right)\ x,\frac{1}{4},z$，新基下的位移分量为

$$\boldsymbol{\omega}_7' = -\boldsymbol{W}_7\boldsymbol{u} + \boldsymbol{\omega}_7 + \boldsymbol{u} = -\begin{pmatrix} 1 & 0 & 0 \\ 0 & \bar{1} & 0 \\ 0 & 0 & 1 \end{pmatrix}\begin{pmatrix} 1/4 \\ 1/4 \\ 1/4 \end{pmatrix} + \begin{pmatrix} 1/2 \\ 1/2 \\ 1/2 \end{pmatrix} + \begin{pmatrix} 1/4 \\ 1/4 \\ 1/4 \end{pmatrix} = \begin{pmatrix} 1/2 \\ 1 \\ 1/2 \end{pmatrix}$$

倒易晶格矢量坐标和相角位移因子分别为

$$\varsigma^{\mathrm{T}}\boldsymbol{W}_7 = (h\,k\,l)\begin{pmatrix} 1 & 0 & 0 \\ 0 & \bar{1} & 0 \\ 0 & 0 & 1 \end{pmatrix} = (h\,\bar{k}\,l),\ -\varsigma^{\mathrm{T}}\boldsymbol{\omega}_7' = -(h\,k\,l)\begin{pmatrix} 1/2 \\ 1 \\ 1/2 \end{pmatrix} = -\left(\frac{1}{2}h+k+\frac{1}{2}l\right)$$

（8）第八对称操作，国际符号和位置坐标为 $n\left(0,\frac{1}{2},\frac{1}{2}\right)\ \frac{1}{4},y,z$，新基下的位移分量为

$$\boldsymbol{\omega}_8' = -\boldsymbol{W}_8\boldsymbol{u} + \boldsymbol{\omega}_8 + \boldsymbol{u} = -\begin{pmatrix} \bar{1} & 0 & 0 \\ 0 & 1 & 0 \\ 0 & 0 & 1 \end{pmatrix}\begin{pmatrix} 1/4 \\ 1/4 \\ 1/4 \end{pmatrix} + \begin{pmatrix} 1/2 \\ 1/2 \\ 1/2 \end{pmatrix} + \begin{pmatrix} 1/4 \\ 1/4 \\ 1/4 \end{pmatrix} = \begin{pmatrix} 1 \\ 1/2 \\ 1/2 \end{pmatrix}$$

倒易晶格矢量坐标和相角位移因子分别为

$$\varsigma^{\mathrm{T}}\boldsymbol{W}_8 = (h\,k\,l)\begin{pmatrix} \bar{1} & 0 & 0 \\ 0 & 1 & 0 \\ 0 & 0 & 1 \end{pmatrix} = (\bar{h}\,k\,l),\ -\varsigma^{\mathrm{T}}\boldsymbol{\omega}_8' = -(h\ \ k\ \ l)\begin{pmatrix} 1 \\ 1/2 \\ 1/2 \end{pmatrix} = -\left(h+\frac{1}{2}k+\frac{1}{2}l\right)$$

由式（8-258），由于 $\varsigma^{\mathrm{T}}\boldsymbol{W}$ 与 $\boldsymbol{W}^{\mathrm{T}}\varsigma$ 的等价性，坐标系变换只涉及原点位移，对称操作不变，在新基下

$$F_{h'k'l'}(\boldsymbol{W}^{\mathrm{T}}\varsigma) = F_{hkl}(\varsigma)\exp(-\mathrm{i}2\pi\varsigma^{\mathrm{T}}\boldsymbol{\omega}') \tag{8-286}$$

将对称操作（1）和（5）的相角位移代入，得到

$$F_{\bar{h}\bar{k}\bar{l}} = F_{hkl} \tag{8-287}$$

由对称操作（2）和（6）的相角位移，分别得到

$$F_{\bar{h}\bar{k}l} = F_{hkl}\exp[-\mathrm{i}\pi(h+k)]$$

$$F_{hk\bar{l}} = F_{hkl}\exp[-\mathrm{i}\pi(h+k+2l)] = F_{hkl}\exp[-\mathrm{i}\pi(h+k)]$$

上式运用了 $\exp(-\mathrm{i}2\pi l)=1$，两式的右端相等，则左端相等

$$F_{\bar{h}\bar{k}l} = F_{hk\bar{l}} \tag{8-288}$$

由对称操作（3）和（7）的相角位移，又分别得到

$$F_{\bar{h}k\bar{l}}=F_{hkl}\exp[-\mathrm{i}\pi(h+l)]$$
$$F_{h\bar{k}\bar{l}}=F_{hkl}\exp[-\mathrm{i}\pi(h+2k+l)]=F_{hkl}\exp[-\mathrm{i}\pi(h+l)]$$

上式运用了 $\exp(-\mathrm{i}2\pi k)=1$，两式相等，必有

$$F_{\bar{h}k\bar{l}}=F_{h\bar{k}\bar{l}} \tag{8-289}$$

由对称操作（4）和（8）的相角位移，再分别得到

$$F_{h\bar{k}\bar{l}}=F_{hkl}\exp[-\mathrm{i}\pi(k+l)]$$
$$F_{\bar{h}kl}=F_{hkl}\exp[-\mathrm{i}\pi(2h+k+l)]=F_{hkl}\exp[-\mathrm{i}\pi(k+l)]$$

上式运用了 $\exp(-\mathrm{i}2\pi h)=1$，两式相等，必有

$$F_{h\bar{k}\bar{l}}=F_{\bar{h}kl} \tag{8-290}$$

坐标系原点移至对称中心后，倒易晶格空间下该空间群的对称性有对称中心反演性，按照条目顺序，排列如下：

（1）hkl:（2）$\bar{h}\bar{k}l:-110/2$（3）$\bar{h}k\bar{l}:-101/2$（4）$h\bar{k}\bar{l}:-011/2$

倒易晶格空间中该空间群的对称性，对应空间群表示的序列号（94），列于表 8-25 中。230 个空间群的倒易晶格空间的晶体对称性汇集于《晶体学国际表 B 卷》。按照该表，可以方便算得结构因子的三角函数表达式。

【例 8-13】　正交晶系空间群 $D_{2\mathrm{h}}^{2}$ - $P\frac{2}{n}\frac{2}{n}\frac{2}{n}$ (No.48)，当晶体坐标系原点定在对称性为 222 的位点，试计算倒易晶格空间一般等位点的三角函数结构因子。

解： 正交晶系简单空间格子，$m_{\mathrm{L}}=1$，空间群的阶等于点群的阶，倒易晶格空间共包括 8 个一般等位点，由 8 个对称操作生成，$m_{\mathrm{p}}=8$。8 个对称操作生成的倒易晶格点，满足衍射空间的反射条件，其相角 $2\pi\varsigma^{\mathrm{T}}(\boldsymbol{W}_n\boldsymbol{r}+\boldsymbol{\omega}_n)$ 分别计算如下。根据正晶格空间一般位点的位置矢量 $\boldsymbol{r}$，经对称操作变换求得新的位置矢量 $\boldsymbol{W}_n\boldsymbol{r}+\boldsymbol{\omega}_n$，再计算衍射线的相角，最后得到三角函数结构因子。计算结果如下：

（1）第一对称操作，国际符号和位置坐标 1 0,0,0，正晶格空间一般位点的位置矢量经对称操作变换为

$$\boldsymbol{W}_1\boldsymbol{r}+\boldsymbol{\omega}_1=\begin{pmatrix}1&0&0\\0&1&0\\0&0&1\end{pmatrix}\begin{pmatrix}x\\y\\z\end{pmatrix}+\boldsymbol{0}=\begin{pmatrix}x\\y\\z\end{pmatrix}$$

倒易晶格空间位点的相角为

$$2\pi[\varsigma^{\mathrm{T}}(\boldsymbol{W}_1\boldsymbol{r}+\boldsymbol{\omega}_1)]=2\pi(hx+ky+lz)$$

（2）第二对称操作，国际符号和位置坐标 2 0,0,z，一般位点的位置矢量经对称操作变换，所得新位置矢量为

$$\boldsymbol{W}_2\boldsymbol{r}+\boldsymbol{\omega}_2=\begin{pmatrix}\bar{1}&0&0\\0&\bar{1}&0\\0&0&1\end{pmatrix}\begin{pmatrix}x\\y\\z\end{pmatrix}+\boldsymbol{0}=\begin{pmatrix}-x\\-y\\z\end{pmatrix}$$

倒易晶格空间位点的相角为

$$2\pi[\varsigma^{\mathrm{T}}(\boldsymbol{W}_2\boldsymbol{r}+\boldsymbol{\omega}_2)]=2\pi(-hx-ky+lz)$$

（3）第三对称操作，国际符号和位置坐标 2 0,y,0，一般位点的位置矢量经对称操作变换，所得新位置矢量为

$$\boldsymbol{W}_3\boldsymbol{r}+\boldsymbol{\omega}_3=\begin{pmatrix}\bar{1}&0&0\\0&1&0\\0&0&\bar{1}\end{pmatrix}\begin{pmatrix}x\\y\\z\end{pmatrix}+\boldsymbol{0}=\begin{pmatrix}-x\\y\\-z\end{pmatrix}$$

倒易晶格空间位点的相角为

$$2\pi[\varsigma^{\mathrm{T}}(\boldsymbol{W}_3\boldsymbol{r}+\boldsymbol{\omega}_3)]=2\pi(-hx+ky-lz)$$

（4）第四对称操作，国际符号和位置坐标 2 x,0,0，一般位点的位置矢量经对称操作变换，所得新位置矢量为

$$\boldsymbol{W}_4\boldsymbol{r}+\boldsymbol{\omega}_4=\begin{pmatrix}1&0&0\\0&\bar{1}&0\\0&0&\bar{1}\end{pmatrix}\begin{pmatrix}x\\y\\z\end{pmatrix}+\mathbf{0}=\begin{pmatrix}x\\-y\\-z\end{pmatrix}$$

倒易晶格空间位点的相角为

$$2\pi[\varsigma^{\mathrm{T}}(\boldsymbol{W}_4\boldsymbol{r}+\boldsymbol{\omega}_4)]=2\pi(hx-ky-lz)$$

（5）第五对称操作，国际符号和位置坐标 $\bar{1}\ \dfrac{1}{4},\dfrac{1}{4},\dfrac{1}{4}$，一般位点的位置矢量经对称操作变换，所得新位置矢量为

$$\boldsymbol{W}_5\boldsymbol{r}+\boldsymbol{\omega}_5=\begin{pmatrix}\bar{1}&0&0\\0&\bar{1}&0\\0&0&\bar{1}\end{pmatrix}\begin{pmatrix}x\\y\\z\end{pmatrix}+\begin{pmatrix}1/2\\1/2\\1/2\end{pmatrix}=\begin{pmatrix}-x+1/2\\-y+1/2\\-z+1/2\end{pmatrix}$$

倒易晶格空间位点的相角为

$$2\pi[\varsigma^{\mathrm{T}}(\boldsymbol{W}_5\boldsymbol{r}+\boldsymbol{\omega}_5)]=-2\pi(hx+ky+lz)+\pi(h+k+l)$$

（6）第六对称操作，国际符号和位置坐标 $n\left(\dfrac{1}{2},\dfrac{1}{2},0\right)\ x,y,\dfrac{1}{4}$，一般位点的位置矢量经对称操作变换，所得新位置矢量为

$$\boldsymbol{W}_6\boldsymbol{r}+\boldsymbol{\omega}_6=\begin{pmatrix}1&0&0\\0&1&0\\0&0&\bar{1}\end{pmatrix}\begin{pmatrix}x\\y\\z\end{pmatrix}+\begin{pmatrix}1/2\\1/2\\1/2\end{pmatrix}=\begin{pmatrix}x+1/2\\y+1/2\\-z+1/2\end{pmatrix}$$

倒易晶格空间位点的相角为

$$2\pi[\varsigma^{\mathrm{T}}(\boldsymbol{W}_6\boldsymbol{r}+\boldsymbol{\omega}_6)]=-2\pi(-hx-ky+lz)+\pi(h+k+l)$$

（7）第七对称操作，国际符号和位置坐标 $n\left(\dfrac{1}{2},0,\dfrac{1}{2}\right)\ x,\dfrac{1}{4},z$，一般位点的位置矢量经对称操作变换，所得新位置矢量为

$$\boldsymbol{W}_7\boldsymbol{r}+\boldsymbol{\omega}_7=\begin{pmatrix}1&0&0\\0&\bar{1}&0\\0&0&1\end{pmatrix}\begin{pmatrix}x\\y\\z\end{pmatrix}+\begin{pmatrix}1/2\\1/2\\1/2\end{pmatrix}=\begin{pmatrix}x+1/2\\-y+1/2\\z+1/2\end{pmatrix}$$

倒易晶格空间位点的相角为

$$2\pi[\varsigma^{\mathrm{T}}(\boldsymbol{W}_7\boldsymbol{r}+\boldsymbol{\omega}_7)]=-2\pi(-hx+ky-lz)+\pi(h+k+l)$$

（8）第八对称操作，国际符号和位置坐标 $n\left(0,\dfrac{1}{2},\dfrac{1}{2}\right)\ \dfrac{1}{4},y,z$，一般位点的位置矢量经对称操作变换，所得新位置矢量为

$$\boldsymbol{W}_8\boldsymbol{r}+\boldsymbol{\omega}_8=\begin{pmatrix}\bar{1}&0&0\\0&1&0\\0&0&1\end{pmatrix}\begin{pmatrix}x\\y\\z\end{pmatrix}+\begin{pmatrix}1/2\\1/2\\1/2\end{pmatrix}=\begin{pmatrix}-x+1/2\\y+1/2\\z+1/2\end{pmatrix}$$

倒易晶格空间位点的相角为

$$2\pi[\varsigma^{\mathrm{T}}(\boldsymbol{W}_8\boldsymbol{r}+\boldsymbol{\omega}_8)]=-2\pi(hx-ky-lz)+\pi(h+k+l)$$

下面计算相角三角函数结构因子。根据计算式（8-271），式中求和标 $g=8$，就占据一般位点的同类原子 j，其位置矢量由一般等位点的位置坐标表示为 $\boldsymbol{r}_j=(x\ y\ z)^{\mathrm{T}}$，结构因子实部余弦：

$$\begin{aligned}A(\varsigma)&=\sum_{n=1}^{8}\cos[2\pi\varsigma^{\mathrm{T}}(\boldsymbol{W}_n\boldsymbol{r}+\boldsymbol{\omega}_n)]\\&=\cos[2\pi(hx+ky+lz)]+\cos[2\pi(-hx-ky+lz)]+\cos[2\pi(-hx+ky-lz)]+\cos[2\pi(hx-ky-lz)]\\&\quad+\cos[\pi(h+k+l)-2\pi(hx+ky+lz)]+\cos[\pi(h+k+l)-2\pi(-hx-ky+lz)]\\&\quad+\cos[\pi(h+k+l)-2\pi(-hx+ky-lz)]+\cos[\pi(h+k+l)-2\pi(hx-ky-lz)]\end{aligned}$$

结构因子虚部正弦：

$$
\begin{aligned}
B(\varsigma) &= \sum_{n=1}^{g} \sin[2\pi\varsigma^{\mathrm{T}}(\boldsymbol{W}_n\boldsymbol{r}+\boldsymbol{\omega}_n)] \\
&= \sin[2\pi(hx+ky+lz)]+\sin[2\pi(-hx-ky+lz)]+\sin[2\pi(-hx+ky-lz)]+\sin[2\pi(hx-ky-lz)] \\
&\quad +\sin[\pi(h+k+l)-2\pi(hx+ky+lz)]+\sin[\pi(h+k+l)-2\pi(-hx-ky+lz)] \\
&\quad +\sin[\pi(h+k+l)-2\pi(-hx+ky-lz)]+\sin[\pi(h+k+l)-2\pi(hx-ky-lz)]
\end{aligned}
$$

（a）若 $h+k+l=2n$，将其演化为三角函数的乘积形式

$$
\begin{aligned}
A(\varsigma) &= 2\{\cos[2\pi(hx+ky+lz)]+\cos[2\pi(-hx-ky+lz)] \\
&\quad +\cos[2\pi(-hx+ky-lz)]+\cos[2\pi(hx-ky-lz)]\} \\
&= 8\cos(2\pi hx)\cos(2\pi ky)\cos(2\pi lz) \\
B(\varsigma) &= 0
\end{aligned}
$$

（b）若 $h+k+l=2n+1$，将其演化为三角函数的乘积形式

$$
\begin{aligned}
A(\varsigma) &= 0 \\
B(\varsigma) &= 2\{\sin[2\pi(hx+ky+lz)]+\sin[2\pi(-hx-ky+lz)] \\
&\quad +\sin[2\pi(-hx+ky-lz)]+\sin[2\pi(hx-ky-lz)]\} \\
&= -8\sin(2\pi hx)\sin(2\pi ky)\sin(2\pi lz)
\end{aligned}
$$

正交晶系空间群 *Pnnn* 的三角函数结构因子的实部 A 和虚部 B 按缩写格式列于表 8-26 中。230 个空间群的结构因子都通过以上方法求出，并按照缩写格式汇集于结构因子表中，见《晶体学国际表 B 卷》。按照晶系，结构因子采取了不同的缩写符号。

表 8-26　正交晶系空间群 *Pnnn* 结构因子表

序号	空间群符号	原点	奇偶性	A	B
48	*Pnnn*	1	$h+k+l=2n$	8ccc	0
			$h+k+l=2n+1$	0	−8sss
48	*Pnnn*	2	$h+k=2n$，$k+l=2n$	8ccc	0
			$h+k=2n$，$k+l=2n+1$	−8ssc	0
			$h+k=2n+1$，$k+l=2n$	−8css	0
			$h+k=2n+1$，$k+l=2n+1$	−8scs	0

注：$\cos(2\pi hx)\cos(2\pi ky)\cos(2\pi lz)$ 缩写为 ccc，$\sin(2\pi hx)\sin(2\pi ky)\sin(2\pi lz)$ 缩写为 sss。

以上通过空间群点式操作导出了倒易晶格空间一般等位点的相角位移和结构因子的关系式，并由此很方便将结构因子展开为三角函数形式。对于特殊位点，通过具体化的原子分数坐标 $\boldsymbol{r}_j=(x_j\ y_j\ z_j)^{\mathrm{T}}$，也可算出结构因子。在晶体结构测定中，通过收集、分析衍射线数据，根据已知结构信息，找出与实测衍射线结构因子匹配的空间群，其次，对衍射线进行对称性分析，借助螺旋轴和滑移面对称性引起的系统性消光及反射条件，就能优先确定晶体的对称性及空间格子。然后，通过筛选独立衍射点，计算电子密度，确定原子的位置，得出晶体结构。这个过程需要综合运用各种晶体结构信息，对其进行统计分析，如首先获得晶体的晶系分类、空间格子类型、点群，这些信息将大大缩小晶体所属空间群的范围，有利于正确指定衍射线的指标、获得结构因子的相角、解出电子密度分布图。综合各种信息，利用统计分析方法，指明相角，解析晶体结构的方法称为直接法。

8.5.6　解析晶体结构的直接法

1952 年，塞尔首先应用统计分析方法提出塞尔方程式，开启了直接法解析晶体结构的新时代[31]。直接法解析晶体结构，首先经过衍射线强度的校正，获得结构因子振幅的理论值。广泛收集晶体的结构信息及测量信息，如晶体的光学、电学、晶体密度等物理性质，晶体化学组成、结构基元、化学键等化学性质，单晶体的形状和尺寸、晶体的线性吸收系数等晶体信息，以及衍射线波长、衍射点数、强度较强的衍射点数、收集时的衍

射角范围等测量条件信息，借助统计分析方法程序和计算机的快速运算能力，获得与实测衍射线相符的指标和相角。运用傅里叶变换及差分傅里叶变换确定原子的位置坐标，达到晶体结构解析的目的。

1. 衍射数据的校正与还原

采用四圆单晶衍射法收集衍射空间完整的衍射线强度和对应的衍射角数据，必须将衍射线强度还原为结构因子，才可能与尝试结构计算得到的结构因子值比较，形成有效的实验值与理论值的对比。对衍射线强度的校正包括偏振校正、洛伦兹校正、热振动校正和吸收校正。

由于光源发出的X射线是非偏振光，当晶体原子中的电子受到非偏振光均匀的电磁场照射时，产生振荡，原子就成为新的二次光源，发射X射线球面波。不同位置原子的X射线球面波叠加干涉，入射线和反射线是在同一平面，当光程差是波长的整数倍，则形成反射。如果将非偏振光的电场矢量看成是垂直和平行分量的合成，而平行分量处于反射平面，垂直分量与反射平面垂直，那么，原子的散射球面波叠加就是平行分量的叠加，到达检测器的反射线将由叠加后的平面偏振光与未叠加的垂直分量合成，这种从晶体射出的反射线称为部分偏振光。相当于非偏振光的电场矢量在某平面方向加强，而其他方向不变。如果按照非偏振的入射光强计算，那么各方向的电场矢量同时加强，显然与反射线是部分偏振光不符，理论上衍射线势必比实际衍射线强，这样得到的结构振幅就不准确，因而必须进行偏振校正。设散射波与入射线的偏振方向，或者说与入射线的电矢量方向的交角为φ，则散射波的强度：

$$I = CI_0 \sin^2 \varphi$$

式中，C为常数。如图8-47所示，入射线OZ、反射线OD、入射线电场矢量的平行分量$E_{//}$在同一平面。反射线OD与平行分量$E_{//}$的交角为$\varphi_{//} = 90° - 2\theta$，反射线$OD$与垂直分量$E_{\perp}$的交角为$\varphi_{\perp} = 90°$。散射波垂直分量的强度为

$$I_{\perp} = \frac{C}{2} I_0 \sin^2 \varphi_{\perp} = \frac{C}{2} I_0 \sin^2 90° \tag{8-291}$$

散射波平行分量的强度为

$$I_{//} = \frac{C}{2} I_0 \sin^2 \varphi_{//} = \frac{C}{2} I_0 \sin^2 (90° - 2\theta) \tag{8-292}$$

散射波的总强度等于平行和垂直分量的和，即

$$I = I_{//} + I_{\perp} = \frac{C}{2} I_0 \sin^2 90° + \frac{C}{2} I_0 \sin^2 (90° - 2\theta) = \frac{C}{2} I_0 (1 + \cos^2 2\theta) \tag{8-293}$$

与入射线强度相比，偏振校正因子为

$$P_0 = \frac{1 + \cos^2 2\theta}{2} \tag{8-294}$$

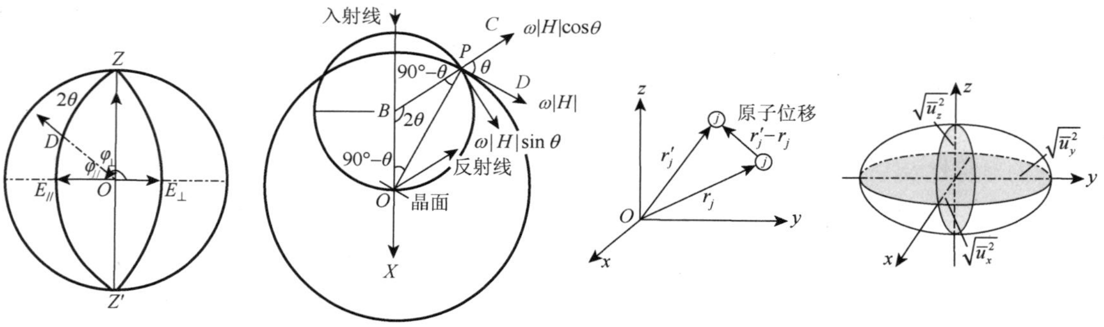

(a) 偏振校正　(b) 洛伦兹校正　(c) 热校正　(d) 各向异性热运动

图8-47　单晶衍射法的结构因子校正

在单晶X射线衍射法中，入射线和反射线平面与四圆单晶仪的ω轴垂直，随ω轴转动，晶体的倒易晶格点P触及反射球，发出衍射线，随即穿越反射球。设晶体以恒定角速度$\boldsymbol{\omega}$转动，与ω轴垂直的倒易晶格平面上的格点P以线速度$\boldsymbol{v} = \boldsymbol{\omega}|H|$围绕机械坐标系原点$O$随之旋动，$O$也是晶体初始坐标系原点，$|H|$是倒易矢量$\boldsymbol{OP}$的长度，即

$$\boldsymbol{OP} = h\boldsymbol{a}^* + k\boldsymbol{b}^* + l\boldsymbol{c}^*,\ H = \frac{2\sin\theta}{\lambda}$$

在绕原点 O 的机械转动 ω 圆上，$\boldsymbol{OP}$ 与 P 点的线速度垂直。当格点 P 触及反射球时，格点 P 就处于与 ω 轴垂直的反射圆上，格点 P 的线速度 $v = \omega|H|$，在 BP 径矢方向，以及在 P 点所在反射圆的切线方向，分别形成投影分量。因为 $\angle OBP = 2\theta$，$\angle BPO = 90° - \theta$，所以，$\angle DPC = \theta$。格点 P 在机械圆上的线速度 v，在反射圆径矢 BP 方向的分量等于

$$v_{BP} = \omega|H|\cos\theta = \frac{2\omega\sin\theta}{\lambda}\cos\theta = \frac{\omega\sin 2\theta}{\lambda} \tag{8-295}$$

格点 P 沿径矢 BP 方向存在平移分量。根据布拉格反射，倒易矢量 $\boldsymbol{OP} = \boldsymbol{H}$，与晶面法线同向，格点 P 沿径矢 BP 方向的平移分量正好与反射线同向。

当晶体转动时，在倒易晶格点 $P(h,k,l)$ 形成的反射由点变为体积元，晶体每转动 $\Delta\theta$，格点 P 沿径矢 BP 方向形成平移分量 Δr，格点 P 穿过反射球的径向位移分量 Δr 所消耗的时间，与径向速度分量成反比，即

$$\Delta t_{BP} = \frac{\lambda}{\omega\sin 2\theta}\Delta r \tag{8-296}$$

格点 P 在径矢 BP 方向的平移，将导致两列散射波的叠加产生相位差 $\Delta\varphi = \varphi(\boldsymbol{r} + \Delta\boldsymbol{r}) - \varphi(\boldsymbol{r})$，使得错位叠加，强度减弱，叠加光斑变宽，称为洛伦兹现象。如果在 $P(\boldsymbol{r})$ 处衍射强度最大，那么在 $P(\boldsymbol{r} + \Delta\boldsymbol{r})$ 处衍射强度降低。晶体转动速度越快，格点 P 在径矢方向的平移距离越大，错位叠加导致的强度减弱越严重。对于指定 X 射线光源，波长 λ 一定，当晶体按设定的角速度 ω 转动时，实测的衍射线强度 I 与 $\sin 2\theta$ 成反比。四圆单晶衍射法的洛伦兹校正因子定义为

$$L = \frac{1}{\sin 2\theta} \tag{8-297}$$

随着衍射法不同，洛伦兹校正因子也不同，多晶粉末衍射法的洛伦兹校正因子则为

$$L_{\mathrm{XRD}} = \frac{1}{\sin^2\theta\cos\theta} \tag{8-298}$$

偏振因子和洛伦兹因子都与衍射角有关，二者合并为洛伦兹-偏振校正因子。多晶粉末衍射法见式（8-125），单晶衍射法的洛伦兹-偏振校正因子为

$$L_{\mathrm{p}} = \frac{1 + \cos^2 2\theta}{\sin 2\theta} \tag{8-299}$$

原子没有热运动，处于静止状态，晶体中原子的电子密度是离散有序的，这就是温度为绝对零度时的状态。实际晶体中原子存在热运动，温度越高，热运动越剧烈，原子中电子随着原子核位移而发生移动。原子热运动周期比衍射测量所经历的时间短，原子围绕平衡位置来回振动。设温度为 T 时，原子 j 由平衡位置 $\boldsymbol{r}_j$ 移动到 $\boldsymbol{r}_j'$，在绝对零度时，原子静止不动，原子的散射因子为 f_j^0。当温度为 T 时，原子的散射因子因原子位移必然发生变化，设变为 f_j^T。考虑晶胞内全部原子的热运动，结构因子变为

$$\begin{aligned} F_{hkl}^T &= \sum_{j=1}^{N} f_j^0 \exp(\mathrm{i}2\pi\boldsymbol{r}_j' \cdot \boldsymbol{H}) \\ &= \sum_{j=1}^{N} f_j^0 \exp[\mathrm{i}2\pi(\boldsymbol{r}_j' - \boldsymbol{r}_j) \cdot \boldsymbol{H}] \cdot \exp(\mathrm{i}2\pi\boldsymbol{r}_j \cdot \boldsymbol{H}) \\ &= \sum_{j=1}^{N} f_j^T \exp(\mathrm{i}2\pi\boldsymbol{r}_j \cdot \boldsymbol{H}) \end{aligned} \tag{8-300}$$

式中，$f_j^T = f_j^0 \cdot \exp[\mathrm{i}2\pi(\boldsymbol{r}_j' - \boldsymbol{r}_j) \cdot \boldsymbol{H}]$，是原子在 T 时的散射因子；$b_{Tj} = \exp[\mathrm{i}2\pi(\boldsymbol{r}_j' - \boldsymbol{r}_j) \cdot \boldsymbol{H}]$，称为原子 j 的温度因子。原子 j 的平衡位置矢量 $\boldsymbol{r}_j$，以及热运动位移矢量 $\boldsymbol{r}_j' - \boldsymbol{r}_j$，见图 8-47（c）。式（8-300）是针对每个原子的温度因子校正，因而只形成原子散射因子的校正，其计算模型由具体的晶体结构拟定。在晶体中晶格的热振动与分子中原子的振动有所不同，晶格位置由结构基元占据，结构基元可能是单个原子，也可能是多个离子的组合，甚至是分子，结构基元内部存在不同的化学结合力，振动模式较为复杂。只考虑晶格的热振动，可以直接对结构因子进行温度因子校正。式（8-300）写为

$$F_{hkl}^T = \sum_{j=1}^{N} f_j^0 \exp(\mathrm{i}2\pi \boldsymbol{r}_j \cdot \boldsymbol{H}) \cdot \exp[\mathrm{i}2\pi(\boldsymbol{r}_j' - \boldsymbol{r}_j) \cdot \boldsymbol{H}] \\ = F_{hkl}^0 \exp[\mathrm{i}2\pi(\boldsymbol{r}' - \boldsymbol{r}) \cdot \boldsymbol{H}] \tag{8-301}$$

式中，$F_{hkl}^0 = \sum_{j=1}^{N} f_j^0 \exp(\mathrm{i}2\pi \boldsymbol{r}_j \cdot \boldsymbol{H})$，是绝对零度时晶胞的结构因子，$b_T = \exp[\mathrm{i}2\pi(\boldsymbol{r}' - \boldsymbol{r}) \cdot \boldsymbol{H}]$ 为整个晶胞的温度因子，是位移矢量与倒易矢量的标量积的幂指数函数，具体函数形式与晶体的统计热力学模型有关。

温度因子由统计热力学方法求得，如果原子热运动是各向同性的，原子处于平衡位置的时间平均分布函数为 $D(\boldsymbol{r})$，近似服从高斯分布：

$$D(r) = \left(\frac{1}{2\pi \overline{u}^2}\right)^{3/2} \exp\left(-\frac{r^2}{2\overline{u}^2}\right) \tag{8-302}$$

式中，$\sqrt{\overline{u}^2}$ 为原子偏离平衡位置的均方根位移，数值在 5～10pm 范围。设原子由平衡位置 $\boldsymbol{r}$ 移动到 $\boldsymbol{r}'$，原子在 $\boldsymbol{r}'$ 的时间平均分布函数为 $D(\boldsymbol{r}')$，相当于原子在 $\boldsymbol{r}'$ 的概率密度，在原子热运动的相对位移方向 $\boldsymbol{r} - \boldsymbol{r}'$，电子密度分布为 $\rho(\boldsymbol{r} - \boldsymbol{r}')$，那么，在位置 $\boldsymbol{r}'$ 的电子密度为

$$\rho(\boldsymbol{r}') = \int \rho(\boldsymbol{r} - \boldsymbol{r}') D(\boldsymbol{r}') \mathrm{d}V' \tag{8-303}$$

式（8-303）为卷积分，记为

$$\rho_{\mathrm{a}}(\boldsymbol{r}') = \rho_{\mathrm{a}}(\boldsymbol{r}) * D(\boldsymbol{r}) \tag{8-304}$$

根据衍射振幅与电子密度的傅里叶变换关系，选取连续函数积分形式，两函数卷积的傅里叶变换等于两个函数傅里叶变换的乘积，电子密度 $\rho(\boldsymbol{r})$ 和时间平均分布函数 $D(\boldsymbol{r})$ 的傅里叶变换积分式分别为

$$F_{\mathrm{a}}(\boldsymbol{H}) = \int \rho(\boldsymbol{r}) \exp(\mathrm{i}2\pi \boldsymbol{r} \cdot \boldsymbol{H}) \mathrm{d}V \\ D(\boldsymbol{H}) = \int D(\boldsymbol{r}) \exp(\mathrm{i}2\pi \boldsymbol{r} \cdot \boldsymbol{H}) \mathrm{d}V \tag{8-305}$$

式中，$D_B = D(\boldsymbol{H})$，称为热校正因子，与 b_T 对应。将具体的时间平均分布函数代入积分，求得热校正因子：

$$D_B = \exp(-2\pi^2 \overline{u}^2 H^2) = \exp\left[-B\left(\frac{\sin\theta}{\lambda}\right)^2\right] \tag{8-306}$$

式中，$B = 8\pi^2 \overline{u}^2$。在德拜-沃斯（Debye-Waller）模型中提供了一个 B 的计算公式：

$$B = \frac{6h^2}{M k_{\mathrm{B}} \theta_{\mathrm{M}}}\left[\frac{\phi(x)}{x} + \frac{1}{4}\right] \tag{8-307}$$

式中，M 为平均原子质量或分子质量；$\phi(x) = \frac{1}{x}\int_0^x \frac{z}{e^z - 1}\mathrm{d}z$，$z = \frac{h\nu}{k_{\mathrm{B}}T}$，$T$ 为测量时的热力学温度，ν 为弹性振动频率；德拜温度 $\theta_{\mathrm{M}} = C\left(\frac{T}{MV^{3/2}}\right)^{1/2}$，$C$ 为常数，V 为原子或分子的平均体积。

如果解析结构正确，也可以对原子的热运动进行更精确的椭球形各向异性校正，原子的时间平均分布函数 $D(\boldsymbol{r})$ 表示为如下三维高斯分布函数形式：

$$D(\boldsymbol{r}) = \frac{1}{(2\pi)^{3/2}\left(\overline{u}_x^2 \overline{u}_y^2 \overline{u}_z^2\right)^{1/2}} \exp\left[-\frac{1}{2}\left(\frac{x^2}{\overline{u}_x^2} + \frac{y^2}{\overline{u}_y^2} + \frac{z^2}{\overline{u}_z^2}\right)\right] \tag{8-308}$$

热校正因子表示为

$$D_B = \exp\left[-2\pi^2\left(\overline{u}_x^2 H_x^2 + \overline{u}_y^2 H_y^2 + \overline{u}_z^2 H_z^2\right)\right] \tag{8-309}$$

式中，x，y，z 为位移矢量 $\boldsymbol{r} - \boldsymbol{r}'$ 在椭球轴向的分量，$\sqrt{\overline{u}_x^2}$，$\sqrt{\overline{u}_y^2}$，$\sqrt{\overline{u}_z^2}$ 为沿椭球轴向的均方根位移，见图 8-47（d）。现代四圆单晶衍射法都广泛采取了各向异性温度因子校正[33]。

当 X 射线射入晶体时，晶体吸收 X 射线，使入射线强度减弱，其中，单晶体形状和尺寸对入射线强度减弱的程度都有影响，主要表现为穿透深度不同，强度减弱程度不同。入射线触及原子时的强度相对于光源发出的强度减弱，实际测量衍射线强度与入射线强度成正比，这就有必要进行吸收校正。另外，衍射线射出晶体也会导致吸收减弱。设入射线穿透深度为 x_{i}，衍射线穿透深度为 x_{d}，由式（8-77）可以算得吸收因子 A：

$$A = \exp[-\mu_x (x_i + x_d)] \tag{8-310}$$

式中，μ_x 为晶体物质的线性衰减系数。

经过对结构因子的衍射振幅的各项校正，晶体衍射线 hkl 的总强度为

$$I = I_0 \frac{e^4 \lambda^3}{m^2 c^4} \cdot |\boldsymbol{F}|^2 \cdot \frac{V_s}{V_c} \cdot \frac{1+\cos^2 2\theta}{2} \cdot \frac{1}{\sin 2\theta} D_B \cdot A \tag{8-311}$$

其中，V_s 和 V_c 分别为单晶体和晶胞的体积，V_s / V_c 表示单晶体的晶胞数。令公式中不变量为 K

$$K = I_0 \frac{e^4 \lambda^3}{m^2 c^4} \cdot \frac{1}{V_c} \tag{8-312}$$

式（8-311）简化为

$$I = K|F|^2 V_s L_p D_B A \tag{8-313}$$

式（8-313）就是单晶衍射法中衍射线强度的理论计算公式，用于与实测衍射线强度的比较，还原出衍射线结构振幅理论值。

2. 相角关系式

根据单晶结构的 X 射线衍射获得的衍射点的结构振幅、衍射指标和晶胞参数，结合化学计量式、晶体密度可计算出晶胞中原子数目。由消光规律，指定对称元素，导出可能的空间群，这些重要信息还不足以描述晶体的完整结构，或者说还完全没有解出晶体的结构，因为原子的空间位置仍是未知的。我们将这一问题归结为衍射线的相角，虽然晶胞的结构振幅是不变量，但相对于晶体坐标系原点的相角随原点的选择不同，会发生变化。由式（8-221）和结构因子表达式

$$\boldsymbol{F}_{hkl} = \sum_{n=1}^{N} f_n \exp[\mathrm{i}2\pi(hx_n + ky_n + lz_n)] = |\boldsymbol{F}_{hkl}| \exp(\mathrm{i}\delta_{hkl}) \tag{8-314}$$

可知确定原子的空间位置 (x_n, y_n, z_n)，必须准确找出衍射线的相角 δ_{hkl}。相角与晶体原点的选择有关，如果原点从 O 点移动到 O'，平移矢量 OO' 的坐标为 $\boldsymbol{X}_0$，则衍射线的相角将由 δ_{hkl} 变为 δ'_{hkl}

$$\delta'_{hkl} = \delta_{hkl} - 2\pi(\boldsymbol{H} \cdot \boldsymbol{X}_0) \tag{8-315}$$

随原点位移产生相角位移，相角变化给结构因子的确定带来麻烦，因而必须对原点位移加以限制，这就是新原点 O' 必须与原来原点 O 的对称性相同，平移部分符合晶格的周期性平移，使得相角位移是 2π 的整数倍。设空间群对称操作算符为 $\boldsymbol{C}_s = (\boldsymbol{W}_s, \boldsymbol{T}_s)$，$\boldsymbol{W}_s$ 是点式操作，$\boldsymbol{T}_s$ 是晶格的周期性平移向量，$s = 1, 2, \cdots, m$，m 是空间群的阶。原点位移后，空间群对称操作算符变为 $\boldsymbol{C}'_s = (\boldsymbol{W}'_s, \boldsymbol{T}'_s)$，当

$$\boldsymbol{W}'_s = \boldsymbol{W}_s,\ \boldsymbol{T}'_s = \boldsymbol{T}_s + (\boldsymbol{W}_s - \mathbf{I})\boldsymbol{X}_0 \tag{8-316}$$

称新旧原点的对称性相同。相对于容许原点的平移称为容许平移，其平移矢量用 $\boldsymbol{X}_p$ 表示，为了保持结构因子的函数形式不变，容许平移矢量必须是晶格的周期平移矢量或倍数，表示为

$$(\boldsymbol{W}_s - \boldsymbol{I})\boldsymbol{X}_p = \boldsymbol{L},\ s = 1, 2, \cdots, m \tag{8-317}$$

式中，$\boldsymbol{L}$ 是晶格的周期平移矢量。对于带心格子空间群，当原点位移矢量是带心格点平移矢量时，不改变结构因子的函数形式，也是容许的平移，即有

$$(\boldsymbol{W}_s - \boldsymbol{I})\boldsymbol{X}_p = \boldsymbol{L} + \lambda \boldsymbol{K}_v,\ s = 1, 2, \cdots, m \tag{8-318}$$

式中，$\boldsymbol{K}_v$ 为带心格点平移矢量，$\lambda = 0, 1$。

尽管任意衍射线的相角未知，但是若干衍射点的相角线性组合存在使结构因子不变或半不变的关系式，构成线性相关限制性关系，借助统计的方法，仍可以解出相角。设任意衍射线的衍射强度用结构因子的幂次表示，对于实验获得的若干条衍射线，设想它们的相角存在某种关联，由式（8-314），将这些相关联的衍射线的结构因子相乘，其乘积关系必然反映出相角组合，表达为

$$\begin{aligned} \boldsymbol{F}_{H_1}^{m_1} \boldsymbol{F}_{H_2}^{m_2} \cdots \boldsymbol{F}_{H_n}^{m_n} &= |\boldsymbol{F}_{H_1}|^{m_1} |\boldsymbol{F}_{H_2}|^{m_2} \cdots |\boldsymbol{F}_{H_n}|^{m_n} \exp[\mathrm{i}(m_1\delta_{H_1} + m_2\delta_{H_2} + \cdots + m_n\delta_{H_n})] \\ &= \prod_{j=1}^{n} |\boldsymbol{F}_{H_j}|^{m_j} \exp\left(\mathrm{i}\sum_{j=1}^{n} m_j \delta_{H_j}\right) \end{aligned} \tag{8-319}$$

其中，m_1、m_2、…、m_n 均为整数，结构振幅 $|\boldsymbol{F}_{H_j}|$ 由实验测定。当原点位移，必然产生相角位移，由式（8-315），

新原点下的这些衍射线的结构因子组合乘积关系式变为

$$\begin{aligned}\boldsymbol{F}'^{m_1}_{H_1}\boldsymbol{F}'^{m_2}_{H_2}\cdots\boldsymbol{F}'^{m_n}_{H_n} &= \left|\boldsymbol{F}_{H_1}\right|^{m_1}\left|\boldsymbol{F}_{H_2}\right|^{m_2}\cdots\left|\boldsymbol{F}_{H_n}\right|^{m_n}\exp[\mathrm{i}(m_1\delta'_{H_1}+m_2\delta'_{H_2}+\cdots+m_n\delta'_{H_n})] \\ &= \prod_{j=1}^{n}\left|\boldsymbol{F}_{H_j}\right|^{m_j}\exp\left(\mathrm{i}\sum_{j=1}^{n}m_j\delta'_{H_j}\right)\end{aligned} \tag{8-320}$$

如果原点改变后，这些衍射线的结构因子组合乘积不变，即

$$\boldsymbol{F}'^{m_1}_{H_1}\boldsymbol{F}'^{m_2}_{H_2}\cdots\boldsymbol{F}'^{m_n}_{H_n} = \boldsymbol{F}^{m_1}_{H_1}\boldsymbol{F}^{m_2}_{H_2}\cdots\boldsymbol{F}^{m_n}_{H_n} \tag{8-321}$$

这种若干衍射线的结构因子组合乘积关系式称为结构不变量（structure invariant），即组合乘积只依赖晶体结构，不因原点移动而改变。由于结构振幅由实验测得，式（8-319）和式（8-320）相减，右端必然存在如下关系

$$\sum_{j=1}^{n}m_j(\delta'_{H_j}-\delta_{H_j}) = \sum_{j=1}^{n}m_j[-2\pi(\boldsymbol{H}_j\cdot\boldsymbol{X}_0)] = \sum_{j=1}^{n}m_j[-2\pi(hx_0+ky_0+lz_0)] \tag{8-322}$$

这样若干衍射线的结构因子组合乘积关系式就演变为相角位移线性组合，也就可以用相角位移的线性组合表示结构不变量。反之，要使得式（8-321）成立，即相角位移必须是 2π 的整数倍，原点的周期平移和在带心格子之间的非周期平移都满足此条件。这些倒易晶格矢量的坐标，也就是衍射线的衍射指标必然存在如下统计结果

$$\sum_{j=1}^{n}m_j\boldsymbol{H}_j = 0 \tag{8-323}$$

式中，$\boldsymbol{H}_j$ 为倒易晶格空间的坐标向量 $\boldsymbol{H}_j=(h\,k\,l)^{\mathrm{T}}$。注意相角位移等于 2π 的整数倍和零，都使幂指数表示相角移因子等于 1。因为若干衍射线的衍射指标存在式（8-323）的限制条件，使得结构因子乘积式（8-319）中确定的若干衍射线的结构因子组合乘积关系式，不随原点移动而发生改变。直接法就是通过这种结构不变量确定相角，达到解析晶体结构的目的。

由式（8-317），对于特定空间群，当原点在对称性关联的等价点之间移动，就被空间群的对称操作关联，同样产生相角位移，但结构因子不变，原点的坐标位移向量 $\boldsymbol{X}_p$ 就是与容许原点位移相关的坐标平移向量，若干衍射线的衍射指标满足

$$\sum_{j=1}^{n}m_j(\boldsymbol{H}_j\cdot\boldsymbol{X}_p) = v,\ p=1,2,\cdots \tag{8-324}$$

式中，v 为整数，可取零、正整数、负整数。式（8-319）表示的结构因子组合乘积关系式，随原点移动依然不变，这种结构因子的组合乘积关系式称为结构半不变量（structure seminvariant）。式（8-324）也表示为

$$\sum_{j=1}^{n}m_j\boldsymbol{H}_{s_j} = 0,\ m_j\neq 0\,(\text{模量}\,\omega_s\,\text{的分量不全为零}) \tag{8-325}$$

即 n 个倒易晶格矢量 $\boldsymbol{H}_{s_j}$ 与反射 $\boldsymbol{H}_j$ 是结构半不变量关联。反射条件下的衍射指标满足某种特定关系式，表示为模量，称为线性相关的模量半不变量，用符号 ω_s 表示。n 个相角 δ_{s_j} 是线性相关的，称为线性半独立量。1974 年，Hauptman-Karle 群（简称 H-K 群）用符号 $HL\boldsymbol{\omega}_s$ 表示，如果是有对称中心的空间群，晶格符号 L 用下划线。H-K 群符号下包括一组空间群，它们有共同的原点平移矢量、倒易晶格矢量半不变量 $\boldsymbol{H}$、模量半不变量 ω_s 及相角半不变量[34]。

假设结构因子的函数形式已被确定，已选择好一组容许的晶体原点以及对称操作算符。为了在正晶格空间中描述晶体结构，必须唯一指定参考原点，而衍射点的相角指认也需要唯一指定容许的原点，使得相同衍射点的相角叠合。假设至少有一个容许的原点用于指定晶胞的原点，使得任意相角可以归属于一个或更多的结构因子，通过线性关联固定原点，将相角赋予被选择的反射线。如果任何整数 n 不满足式（8-325），则相角是线性半独立的。如果 $n=1$，$m_1=1$，那么 $\boldsymbol{H}_1$ 是线性半独立的，相角 δ_{s_1} 就是结构半不变量。相角半不变量是线性半独立的，或者说，线性半独立的相角是结构半不变量。对于半独立相角，每一 H-K 群都表达出了由于容许的原点平移，而出现的容许变化。假如第一反射相角 δ_{s_1} 已被指认，指定第二反射相角 δ_{s_2} 的必要条件应该是与第一相角 δ_{s_1} 组成线性半独立的关系式。同理，指定第三反射相角 δ_{s_3} 的必要条件应该是与相角 δ_{s_1} 和 δ_{s_2} 同时组成线性半独立的关系式。线性半独立相角数目与模量半不变量 ω_s 的维数相等。例如，H-K 群 $(h,k,l)P(2,2,2)$，模量半不变量 $\omega_s=(2,2,2)$ 的维数等于 3，就由三个相角 δ_{oee}、δ_{eoe}、δ_{eoo} 定义原点，右下标的 oee 表示顺序衍射指标 hkl 的奇偶性，e 为偶数，o 为奇数。

当只有一个容许的原点与给出的相角匹配，用半不变量模量和半不变量相角确定原点就不一定正确，需要

用额外条件。唯一容许的原点在晶面交线上，与原点反射半不变量关联，按照半不变量模量的维数，将倒易晶格矢量坐标组成线性方程组进行初等变换，或称为约化，其矩阵方程对应的系数矩阵的行列式值应等于原点固定的反射的初始模量 $\omega_s = \pm 1$，以确定所选原点是唯一的，从而得到一套唯一的相角。

例如，空间群 $P4mm$，反射 $\boldsymbol{H}_1 = (5,2,0)$ 和 $\boldsymbol{H}_2 = (6,2,1)$，存在倒易晶格矢量半不变量 $\boldsymbol{H}_s = (h+k, l)$，与 $\boldsymbol{H}_1$ 和 $\boldsymbol{H}_2$ 线性相关，二维模量半不变量为 $\omega_s = (2,0)$。对倒易晶格矢量坐标（即衍射指标）的半不变量线性关系进行约化，其对应行列式变为

$$\begin{vmatrix} 7 & 0 \\ 8 & 1 \end{vmatrix} \rightarrow \begin{vmatrix} 1 & 0 \\ 0 & 1 \end{vmatrix} = 1$$

结果行列式的值等于初始模量，这就说明原点定义是唯一的，在两个晶面的交线上。

由式（8-314）获得相角，需要将衍射线的强度还原为结构振幅模。直接法使用的结构振幅是归一化的结构振幅，定义归一化结构因子模平方

$$\left|\boldsymbol{E}_H\right|^2 = \frac{\left|\boldsymbol{F}_H\right|^2}{\left\langle \left|\boldsymbol{F}_H\right|^2 \right\rangle} \tag{8-326}$$

其中，$\left|\boldsymbol{F}_H\right|^2$ 是衍射强度还原的结构振幅模平方，$\left\langle \left|\boldsymbol{F}_H\right|^2 \right\rangle$ 是结构振幅模平方的期望值，依据实际结构信息，指定空间群对称性，确定 Wilson 系数 ε_H，按下式进行计算：

$$\left\langle \left|\boldsymbol{F}_H\right|^2 \right\rangle = \varepsilon_H \sum_{j=1}^{N} f_j^2 \tag{8-327}$$

尽管不能确知每个衍射点的相角，但这些衍射点的相角却由于对称结构，而呈一定的关联性。对于某些空间群的晶体，具有相角不变量关系的特定衍射线，同时出现的概率很大，反之，如果这些衍射点同时出现了，晶体就必然属于那些空间群，指定其中衍射点的相角，就得到关联衍射点的相角。例如，1955 年，Cochran 提出三重相角不变量关系式[35]。设衍射线 $\boldsymbol{\alpha} = (h_1\ k_1\ l_1)$ 的相角为 δ_α，衍射线 $\boldsymbol{\beta} = (h_2\ k_2\ l_2)$ 的相角为 δ_β，衍射线 $\boldsymbol{\alpha} - \boldsymbol{\beta} = (h_1 - h_2\ \ k_1 - k_2\ \ l_1 - l_2)$ 的相角为 $\delta_{\alpha-\beta}$，存在三重相角关系式

$$\delta = \delta_\alpha - \delta_\beta - \delta_{\alpha-\beta} \tag{8-328}$$

相角 δ 余弦的可能概率满足

$$P(\delta) = [2\pi I_0 G]^{-1} \exp(G\cos\delta) \tag{8-329}$$

式中，$G = 2\sigma_3\sigma_2^{-3/2}\left|\boldsymbol{E}_\alpha \boldsymbol{E}_\beta \boldsymbol{E}_{\alpha-\beta}\right|$，$\sigma_n = \sum_{j=1}^{N} Z_j^n$，$Z_j$ 是第 j 个原子的原子序数，I_n 是 n 阶 Bessel 函数。相角 δ 围绕 $\delta = 0$，在 $(-\varepsilon, +\varepsilon)$ 区间取正、负值，随 G 值不同，有不同的概率分布。1956 年，J. Karle 和 H. Hauptman 提出一组相角不变量关系[36]

$$\delta_\alpha = \delta_{\beta_i} + \delta_{\alpha-\beta_i},\ i = 1,2,\cdots,k \tag{8-330}$$

相角 δ_α 余弦的可能概率满足

$$P(\delta_\alpha) = [2\pi I_0 \omega]^{-1} \exp[\omega\cos(\delta_\alpha - \gamma_\alpha)] \tag{8-331}$$

参数 ω 和最可能相角 γ_α 分别为

$$\omega^2 = \left[\sum_{i=1}^{k} G_{\alpha\beta_i} \cos(\delta_{\beta_i} + \delta_{\alpha-\beta_i})\right]^2 + \left[\sum_{i=1}^{k} G_{\alpha\beta_i} \sin(\delta_{\beta_i} + \delta_{\alpha-\beta_i})\right]^2$$

$$\tan\gamma_\alpha = \frac{\sum_{i=1}^{k} G_{\alpha\beta_i} \sin(\delta_{\beta_i} + \delta_{\alpha-\beta_i})}{\sum_{i=1}^{k} G_{\alpha\beta_i} \cos(\delta_{\beta_i} + \delta_{\alpha-\beta_i})} \tag{8-332}$$

式中，$G_{\alpha\beta_i} = 2\sigma_3\sigma_2^{-3/2}\left|\boldsymbol{E}_\alpha \boldsymbol{E}_{\beta_i} \boldsymbol{E}_{\alpha-\beta_i}\right|$，上式也称为正切公式。相角 δ_α 的不可能概率，也就是变化量 V_α 等于

$$V_\alpha = \frac{\pi^2}{3} + \left|I_0(\omega)\right|^{-1} \sum_{n=1}^{\infty} \frac{I_{2n}(\omega)}{n^2} - 4\left|I_0(\omega)\right|^{-1} \sum_{n=0}^{\infty} \frac{I_{2n+1}(\omega)}{(2n+1)^2} \tag{8-333}$$

对于中心对称晶体，决定 $\boldsymbol{E}_\alpha$ 相位符号为正的条件概率为

$$P^{+}=\frac{1}{2}+\frac{1}{2}(\tan\alpha)\left(2\sigma_3\sigma_2^{-3/2}\left|\boldsymbol{E}_{\alpha}\right|\cdot\sum_{i=1}^{k}\left|\boldsymbol{E}_{\beta_i}\boldsymbol{E}_{\alpha-\beta_i}\right|\right) \tag{8-334}$$

$\boldsymbol{\beta}_i$ 遍及一组已知的 $\boldsymbol{E}_{\beta_i}\boldsymbol{E}_{\alpha-\beta_i}$，$\tan\alpha$ 的绝对值越大，所赋值的相角 δ_α 的可靠性越大。这是通过相角概率确定相角的一个实例，除此之外，还有四重相角不变量，在大概率条件下，也可以作为三重相角不变量的补充。实际上晶体的三角函数结构因子，与对称性之间还存在其他不变量关系以及半不变量关系，可参见《晶体学国际表 C 卷》。当赋予相角初始值，就得出全部独立衍射点的一套相角值，为了使结构解析更为有效，可以从大量衍射点中筛选一组独立衍射点，用于计算相角。循环运用正切公式求出每条衍射线最可能相角，注意只有概率足够大的相角才能作为最可能相角。最后用相角计算电子密度图，定出原子的空间位置。整个过程需要不断改变相角初始值，反复计算，使得最后结果不自相矛盾。

晶体结构解析的其他方法，如正晶格空间法、模拟退火法、蒙特卡罗法等，可参见有关文献[37]。

3. 衍射数据的统计评估

如何判断所使用的相角，以及由此获得的原子位置是可靠的？晶胞的电子密度分布与理论计算结构因子存在傅里叶变换：

$$\rho_{xyz}=\frac{1}{V}\sum_{hkl}F_{hkl}\exp[-\mathrm{i}2\pi(hx+ky+lz)]$$

进行晶体结构解析，先根据晶体结构信息提出一个推测结构模型，一套初始相角 δ_c，代入上式即得

$$\rho_{xyz}=\frac{1}{V}\sum_{hkl}\left|F_\mathrm{c}\right|\exp(\mathrm{i}\delta_\mathrm{c})\cdot\exp[-\mathrm{i}2\pi(hx+ky+lz)] \tag{8-335}$$

而对于实验观测衍射线的强度，用初始相角还原为实测结构因子。用实测结构因子与理论计算结构因子的差值进行傅里叶合成，得到如下差值电子密度函数分布：

$$\Delta\rho_{xyz}=\frac{1}{V}\sum_{hkl}\left(\left|F_\mathrm{o}\right|-\left|F_\mathrm{c}\right|\right)\exp(\mathrm{i}\delta_\mathrm{c})\cdot\exp[-\mathrm{i}2\pi(hx+ky+lz)] \tag{8-336}$$

式中，$\left|F_\mathrm{c}\right|$ 和 $\left|F_\mathrm{o}\right|$ 分别为理论计算结构振幅和实测衍射线的结构振幅，求和遍及整个倒易空间。晶胞的残余电子密度峰 $\Delta\rho_{xyz}$ 包含结构解析中未曾完整的结构信息，也是结构解析是否正确的检验。如果推测结构基本正确，理论计算振幅和实测衍射线振幅就是一致的，定义置信因子：

$$R=\frac{\sum_{hkl}\left\|F_\mathrm{o}(hkl)\right|-\left|F_\mathrm{c}(hkl)\right\|}{\sum_{hkl}\left|F_\mathrm{o}(hkl)\right|} \tag{8-337}$$

对于随机不确定的尝试结构，中心对称结构 $R=0.83$，非中心对称结构 $R=0.59$。对于高质量衍射数据，精确测定的晶体结构，$R\leqslant 0.05$，表示没有一条衍射线的理论计算和实测结构振幅存在实质偏差。

当尝试结构的晶胞中原子位置坐标和温度因子等参数的理论计算值和实测值达到最好符合程度，就相当于获得了切实合理的晶体结构[36]。这时有必要对实测结构振幅精确添加标度因子，使其变为绝对标度。从化学键的角度判断，尝试结构中大多数原子的位置坐标、原子的位移参数 U、标度因子是正确的，进一步用最小二乘法精修结构，误差判断用权重残差均方根因子 R_1 估计结构精修的质量，即

$$R_1=\sum_{hkl}w\left[\left|sF_\mathrm{o}(hkl)\right|-\left|F_\mathrm{c}(hkl)\right|\right]^2 \tag{8-338}$$

式中，w 为权重系数，s 为标度因子，求和遍及全部筛选的衍射点。权重残差均方根因子对应相对误差公式：

$$wR_1=\sqrt{\frac{\sum_{hkl}w\left[\left|sF_\mathrm{o}(hkl)\right|-\left|F_\mathrm{c}(hkl)\right|\right]^2}{\sum_{hkl}wF_\mathrm{o}^2(hkl)}} \tag{8-339}$$

最小二乘法能较好地减小结构振幅与位置坐标参量存在线性拟合关系部分的误差，但不能减小非线性拟合关系部分的误差，这时误差可用结构振幅模平方的权重残差均方根因子 R_2 估计结构精修的质量，即

$$R_2 = \sum_{hkl} w' \left[\left| sF_o(hkl) \right|^2 - \left| F_c(hkl) \right|^2 \right]^2$$

对应相对误差公式：

$$w'R_2 = \sqrt{\frac{\sum_{hkl} w' \left[\left| sF_o(hkl) \right|^2 - \left| F_c(hkl) \right|^2 \right]^2}{\sum_{hkl} w' F_o^2(hkl)}} \tag{8-340}$$

式中，w' 为权重系数，同样求和遍及全部筛选的衍射点。衍射数据较好的晶体，结构精修后，由权重残差均方根因子表达的相对误差 $wR_1 \leqslant 0.05$，$w'R_2 \leqslant 0.15$。值得注意的是这些误差值小，并不代表晶体结构的正确性，只说明衍射数据的质量。

习　题

1. 已知 Cr 靶发射的 K_α 和 K_β 射线波长分别为 229.09pm 和 208.48pm，Cr 靶的 K_α 和 K_β 射线在钒晶体中的质量衰减系数分别为 $74.7\text{cm}^2 \cdot \text{g}^{-1}$ 和 $479\text{cm}^2 \cdot \text{g}^{-1}$，二者相差较大，可用钒晶体薄片吸收 K_β 射线，已知立方钒晶体的实验晶体密度为 $6.097\text{g} \cdot \text{cm}^{-3}$，计算最合适的薄片厚度。

2. 立方氯化铯晶体，用波长为 154.18pm 的 CuK_α 射线测得晶胞参数 $a = 412.30\text{pm}$，全部衍射线的衍射角、衍射强度、衍射指标见表 8-27，计算晶胞的理论衍射线振幅和衍射强度。其中，Cs^+ 和 Cl^- 的散射波振幅的计算参数列于表 8-28。

表 8-27　氯化铯晶体的衍射线振幅和衍射强度

序号	$\frac{d}{n}$/pm	θ/(°)	I/I_0	hkl	序号	$\frac{d}{n}$/pm	θ/(°)	I/I_0	hkl
1	412.30	10.77	45	100	12	114.35	42.34	2	320
2	291.54	15.32	100	110	13	110.19	44.35	1	321
3	238.04	18.88	13	111	14	103.08	48.35	6	400
4	206.15	21.94	17	200	15	100.00	50.38	<1	410
5	184.39	24.69	14	210	16	97.18	52.43	<1	411
6	168.32	27.23	25	211	17	94.59	54.52	2	331
7	145.77	31.90	6	220	18	92.19	56.67	<1	420
8	137.43	34.09	5	300	19	89.97	58.88	1	421
9	130.38	36.21	8	310	20	87.90	61.19	<1	332
10	124.31	38.29	2	311	21	84.16	66.24	1	422
11	119.02	40.33	2	222	22	80.86	72.29	<1	510

表 8-28　铯离子和氯离子的散射波振幅的计算参数

参数	a_1	b_1	a_2	b_2	a_3	b_3	a_4	b_4	c
Cs^+	20.3524	3.552	19.1278	0.3086	10.2821	23.71280	0.9615	59.4565	3.2791
Cl^-	18.2915	0.0066	7.2084	1.1717	6.5337	19.54240	2.3386	60.4486	−16.378

3. PtS 晶体为四方晶系，空间群为 $D_{4h}^9\text{-}P\frac{4_2}{m}\frac{2}{m}\frac{2}{c}$。用波长为 154.18pm 的 CuK_α 射线测得晶体的晶胞参数 $a = 348.0\text{pm}$，$c = 611.0\text{pm}$，$Z = 2$。Pt^{2+} 的位置坐标为：$\left(0,\frac{1}{2},0\right)$，$\left(\frac{1}{2},0,\frac{1}{2}\right)$；$S^{2-}$ 的位置坐标为：$\left(\frac{1}{2},\frac{1}{2},\frac{1}{4}\right)$，$\left(\frac{1}{2},\frac{1}{2},\frac{3}{4}\right)$。[110] 和 $[1\bar{1}0]$ 方向均存在 c 滑移面，推出滑移面的系统性消光条件和反射条件。

4. 高温 2100℃条件下制得 β-BeO 晶体，经 CuK_α 射线测得该晶体为四方晶系，空间群为 $D_{4h}^{14}\text{-}P\frac{4_2}{m}\frac{2_1}{n}\frac{2}{m}$，晶胞参数 $a = 475.0\text{pm}$，$c = 274.0\text{pm}$，晶胞中分子数 $Z = 4$。离子的分数坐标为

Be^{2+}：(0.336, 0.664, 0), (0.836, 0.836, 0.5), (0.664, 0.336, 0), (0.164, 0.164, 0.5)

O^{2-}：(0.310, 0.310, 0), (0.810, 0.190, 0.5), (0.690, 0.690, 0), (0.190, 0.810, 0.5)

试根据空间格子，推出螺旋轴 4_2 的系统性消光条件和对应的反射条件。

5. 根据正交底心 B 和 C 的消光条件和反射条件，推出倒易空间格子的单位矢量长度，并指出倒易空间格子类型，画出空间格子图。

6. 单斜晶系有底心 B 格子，按照倒易晶格矢量 $\boldsymbol{H}_{hkl}$ 表达式，建立倒易晶格空间的坐标系，并计算矢量空间单位矢量长度及其交角。

7. 用 CuK_α 射线测得 KCl 粉晶的 XRD 谱图，各条衍射线的衍射角和推测数据列于表 8-29，实验测得晶体的密度为 $1.9865g\cdot cm^{-3}$，引用钾离子和氯离子的散射波振幅参数值（表 8-30），计算晶胞参数，判断离子在晶胞中的位置。（提示：参考晶胞参数 $a=629.3pm$，钾离子和氯离子是等电子离子，离子半径分别为 138pm 和 181pm。）

表 8-29　立方 KCl 的粉末晶体衍射数据

序号	$2\theta/(°)$	I/I_1	$\frac{d}{n}$/pm	*hkl*	序号	$2\theta/(°)$	I/I_1	$\frac{d}{n}$/pm	*hkl*
1	28.34	100	314.6	200	8	94.49	6	104.9	600
2	40.53	59	222.4	220	9	101.44	2	99.51	620
3	50.19	23	181.6	222	10	108.58	3	94.86	622
4	58.64	8	157.3	400	11	115.99	1	90.83	444
5	66.38	20	140.7	420	12	123.92	2	87.27	640
6	73.72	13	128.4	422	13	132.66	6	84.1	642
7	87.62	2	111.26	440					

表 8-30　钾离子和氯离子的散射波振幅的计算参数

参数	a_1	b_1	a_2	b_2	a_3	b_3	a_4	b_4	c
K^+	7.9578	12.6331	7.4917	0.7674	6.359	−0.00200	1.1915	31.9128	−4.9978
Cl^-	18.2915	0.0066	7.2084	1.1717	6.5337	19.54240	2.3386	60.4486	−16.378

注：计算公式为（8-110）。

参 考 文 献

[1]　崔宏滨，李永平，段开敏. 光学[M]. 北京：科学出版社，2008.

[2]　张晓，王莉. 大学物理学（下册）[M]. 2 版. 北京：高等教育出版社，2014：18-118.

[3]　Duncan M，Christine M. Essentials of Crystallography [M]. Oxford：Blackwell Scientific Publication，1986.

[4]　Bragg W H，Bragg W L. The reflection of X-ray by crystals [J]. Proceedings of the Royal Society of London Series A-Mathematical, Physical and Engineering Sciences，1913，88（605）：428-438.

[5]　Beamer W H，Maxwell C R. Physical properties of polonium. Ⅱ. X-ray studies and crystal structure [J]. The Journal of Chemical Physics，1949，17（12）：1293-1298.

[6]　Joint Committee on Powder Diffraction Standards. Powder Diffraction File [M]. Set 18-1006. Pennsylvania：JCPDS，1974.

[7]　马礼敦. 近代 X 射线多晶体衍射：实验技术与数据分析 [M]. 北京：化学工业出版社，2004.

[8]　Lotz W. Electron binding energies in free atoms[J]. Journal of the Optical Society of America，1970，60（2），206-210.

[9]　Arndt U W，Creagh D C，Deslattes R D，et al. X-rays in ‘International Tables for Crystallography Vol. C’ [M]. Dordrecht：Kluwer Academic Publishers，2004：191-258.

[10]　Taylor A. Lattice parameters of binary nickel cobalt alloys [J]. Journal of the Institute Metals，1950，77（6）：585-594.

[11]　Brown P J，Fox A G，Maslen E N，et al. Intensity of Diffracted Intensities in ’International Tables for Crystallography Vol. C’ [M]. Dordrecht：Kluwer Academic Publishers，2004：554-595.

[12]　Fox A G，O’Keefe M A，Tabbernor M A. Relativistic Hartree-Fock X-ray and electron atomic scattering factors at high angles [J]. Acta Crystallographica Section A：Foundations and Advances，1989，A45（11）：786-793.

[13]　Coppens P. The structure factor in ‘International tables for crystallography Vol, B’ [M]. Dordrecht：Kluwer Academic Publishers，2001：10-24.

[14]　Hull A W. The crystal structure of magnesium [J]. Proceedings of the National Academy of Sciences of the United States of America，1917，3（7）：470-473.

[15] 王仁卉，郭可信. 晶体学中的对称群 [M]. 北京：科学出版社，1990.

[16] 祁景玉. X 射线结构分析 [M]. 上海：同济大学出版社，2003.

[17] Joint Committee on Powder Diffraction Standards. Powder Diffraction File [M]. set 18-1049. Pennsylvania：JCPDS，1974.

[18] Edshammar L E. The crystal structures of Os_2Al_3 and $OsAl_2$ [J]. Acta Chemica Scandinavica，1965，19（4）：871-874.

[19] Helliwell J R. Single-crystal X-ray techniques in ‘International tables for crystallography Vol. C’ [M]. Dordrecht：Kluwer Academic Publishers，2004：26-41.

[20] Küppers H, Borovik-Romanov A S, Glazer A M, et al. Tensorial aspects of physical properties in ‘International tables for crystallography Vol. D’[M]. Dordrecht：Kluwer Academic Publishers，2003：3-255.

[21] Joint Committee On Powder Diffraction Standards. Powder Diffraction File [M]. set 5-0566. Pennsylvania：JCPDS，1974.

[22] Ito T. A general powder X-ray photography [J]. Nature，1949，164（4174）：755-756.

[23] Joint Committee on Powder Diffraction Standards. Powder Diffraction File [M]. set 14-0648. Pennsylvania：JCPDS，1972.

[24] Bradley A J，Taylor A. The crystal structures of Ni_2Al_3 and $NiAl_3$ [J]. Philosophical Magazine：A Journal of Theoretical Experimental and Applied Physics，1937，23（158）：1049-1067.

[25] de Wolff P M. Detection of simultaneous zone relations among powder diffraction lines [J]. Acta Crystallographica，1958，11（9）：664-665.

[26] Werner P E. Trial-and-error computer methods for the indexing of unknown powder patterns [J]. Zeitschrift für Kristallographie-Crystalline Materials，1964，120（4-5）：375-387.

[27] Patterson A L. A direct method for the determination of the components of interatomic distances in crystals [J]. Zeitschrift für Kristallographie-Crystalline Materials，1935，90（1-6）：517-542.

[28] Hahn T，Looijenga-Vos A. Contents and arrangement of the tables in ‘International tables for crystallography Vol. A’ [M]. Dordrecht：Springer，2002：17-41.

[29] Rossmann M G，Arnold E. Patterson and molecular-replacement techniques in ‘International tables for crystallography Vol. B’ [M]. Dordrecht：Kluwer Academic Publishers，2001：235-263.

[30] Waser J. Symmetry relations between structure factors [J]. Acta Crystallographica，1955，8（9）：595.

[31] Shmueli U，Hall S R，Grosse-Kunstleve R W. Symmetry in reciprocal space in ‘International tables for crystallography Vol. B’[M]. Dordrecht：Kluwer Academic Publishers，2001：99-161.

[32] Sayre D. The squaring method：a new method for phase determination [J]. Acta Crystallographica，1952，5（1）：60-65.

[33] 伐因斯坦 B K. 现代晶体学 1 晶体学基础：对称性和结构晶体学方法 [M]. 吴自勤，孙霞，译. 合肥：中国科学技术大学出版社，2011.

[34] Giacovazzo C. Direct methods in ‘International tables for crystallography Vol. B’ [M]. Dordrecht：Kluwer Academic Publishers，2001：210-234.

[35] Cochran W. Relations between the phases of structure factors [J]. Acta Crystallographica，1955，8（8）：473-478.

[36] Karle J，Hauptman H. A theory of phase determination for the four types of non-centrosymmetric space groups 1P222，2P22，3P12，3P22 [J]. Acta Crystallographica，1956，9（8）：635-651.

[37] 陈小明，蔡继文. 单晶结构分析原理与实践 [M]. 2 版. 北京：科学出版社，2007：95-120.

第 9 章　分子的多面体结构与结构规则

很多单质和化合物的结构都有多面体构型特点，如共价化合物 P_4S_3、配位化合物 $[Pt(NH_3)_4Cl_2]Br_2$、硼单质晶体结构中的 B_{12} 单元、富勒烯 C_{60}、簇化合物 $Os_7(CO)_{21}$ 等，它们的多面体构型都满足欧拉定律：

$$F + V = E + 2 \tag{9-1}$$

其中，V 为顶点数；E 为边数；F 为面数。可以把这些多面体分为两类，即有心和空心多面体。以一个原子为中心，连接多个端点原子，所构成的多面体称为有心多面体，如某些共价化合物、金属配合物、填隙金属簇。而当多个原子构成簇，簇中各原子再以多种方式与其他离子或基团配位（包括 μ_1-、μ_2-、μ_3-、μ_4-），所有簇原子连接成空心多面体。如非金属单质、各种簇化合物，其中填隙簇的多面体中心有原子占据，属有心多面体。多面体分子有高对称性、最大空间利用率、化学键合最大化等特点，一直被广泛研究。

金属簇多面体原子存在未成键轨道，有很强的吸附作用，以及对吸附分子的活化作用，已被用于研究解决生物固氮、手性药物合成、环境治理等前沿问题。本章围绕多面体分子的电子结构与成键度的关系，结合欧拉定律，综合介绍一般分子的多面体结构。另外，通过分类结构、扩展欧拉定律，更深入探讨复杂分子多面体结构的推演，了解多面体结构中的化学键类型，以及几何结构与成键电子数的内在关系，通过原子分子的电子结构推测化合物的多面体结构。目前，从理论上设计分子多面体结构，经过量子化学算法优化，运用实验方法证明其存在的研究方法，已成为现代化学新的发展方向。

9.1　多面体类型

多面体指若干个多边形通过共用顶点和边连接而成的封闭几何图形，常见多边形有三角形、正方形、五边形、六边形、八边形等，见图 9-1。

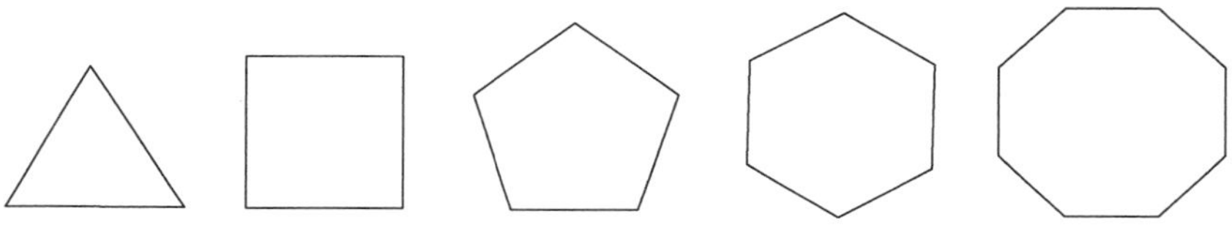

f_3　f_4　f_5　f_6　f_8

图 9-1　分子多面体中常见的多边形

更大的多边形在分子多面体结构中不常见。共用顶点是多面体的主要结构特征，如顶点被 2、3、4、5、6 条边共用，见图 9-2。数学中的 5 个柏拉图立体图是由平面正多边形组合出的封闭多面体。分子多面体更为复杂，不仅有平面正多边形的多面体，还有变形多边形甚至非平面状的多边形组合出的多面体。

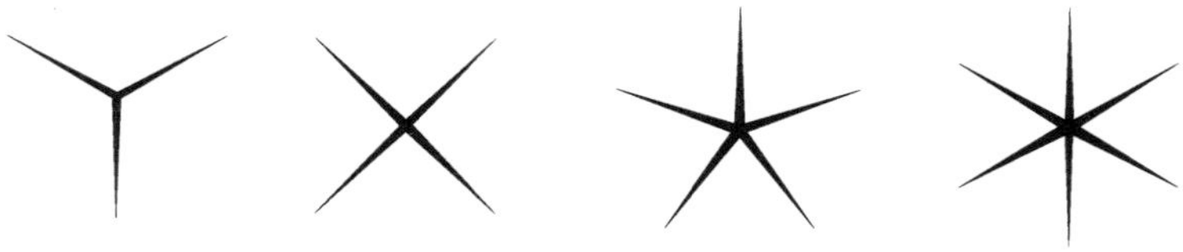

v_3　v_4　v_5　v_6

图 9-2　分子多面体中的顶点类型

9.1.1　单一顶点和单一平面正多边形类

有相当多的分子的多面体结构是凸多面体形状，其中 5 个柏拉图立体图是高度对称的凸多面体，它们的面都是平面状的正多边形，通过欧拉定律可以证明，只有 5 个正凸多面体，它们分别是正四面体、正六面体（立方体）、正八面体、五角正十二面体和三角正二十面体。柏拉图式的凸多面体的顶点和多边形都是等同的，即凸多面体的顶点和多边形类型都只有一种，用符号 q^k 表示，表示一个顶点被 k 个面共用，也是一个顶点连接的边数，而每个面为正 q 边形[1]，见图 9-3。如正八面体用符号表示为 3^4，立方体用符号表示为 4^3。

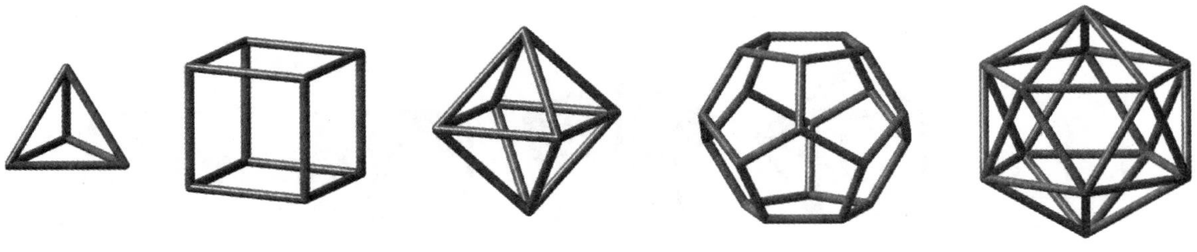

图 9-3　五个柏拉图正凸多面体

有些共价分子的结构属于柏拉图式的凸多面体结构，如 SiF_4、SF_6 和 XeF_8 分别是正四面体、正八面体和正六面体构型。此外，立方烷 C_8H_8 和五角正十二面体碳烷 $C_{20}H_{20}$，将 C—H 键抽象为几何点，即得柏拉图立方体和五角正十二面体，多边形分别为正方形 f_4 和正五边形 f_5。

9.1.2　三角形面多面体

分子的凸多面体结构类型较多，主要表现为凸多面体存在不同类型的顶点（由不同数目的多边形面共用），以及不同边数的多边形面。其中三角形面多面体是最常见的一类多面体，即所有面都是三角形，但顶点类型有多种。像三角双锥、五角双锥、三角十二面体、三带帽三棱柱、二带帽四方反棱柱等都属于此类，在簇化物的构型中极为常见，如闭式硼烷系 $B_nH_n^{2-}$，将 B—H 键抽象为几何点，就得到各种凸多面体，其中包含了三个柏拉图立体图[2]。闭式三角形面多面体存在 $F = 2V - 4$ 几何关系[3]。

从分子和簇结构抽象的凸多面体有些是规则的，有些有不同程度的变形，如三角双锥、五角双锥和十二面体中的三角形不是正三角形，而是等腰三角形，见图 9-4。五角双锥是由三角形面组成的十面体，多边形是单一的三角形 f_3，但顶点有两类，分别为 5 个 v_4（3^4）和 2 个 v_5（3^5）。共价分子 IF_7 就是带心五角双锥结构[4]。

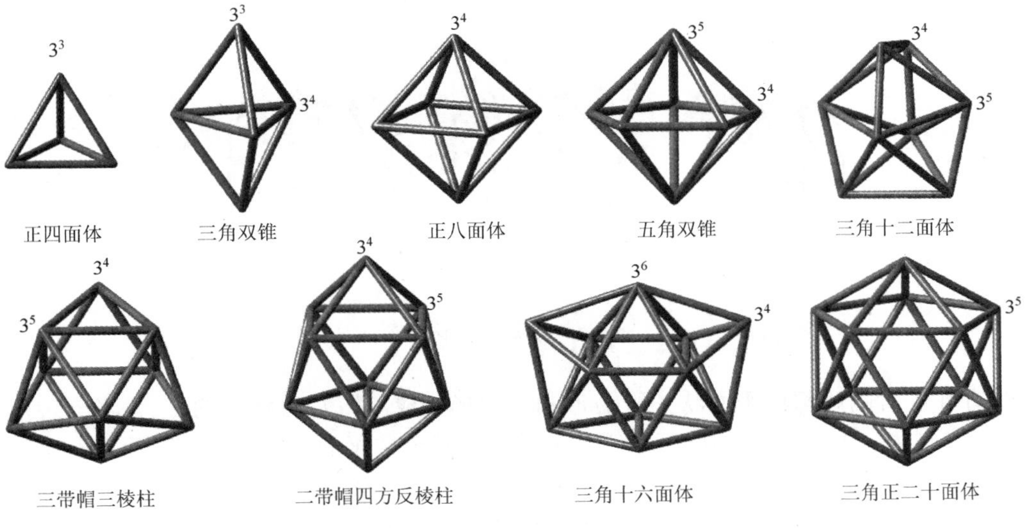

图 9-4　闭式三角形面凸多面体

9.1.3 多种顶点和多边形面的组合

大多数分子的凸多面体是较复杂的多面体，既有不同类型的顶点，又有不同类型的多边形面，它们可看成是三角形面多面体去顶点，或加顶点（带帽）演变而来，见图 9-5。

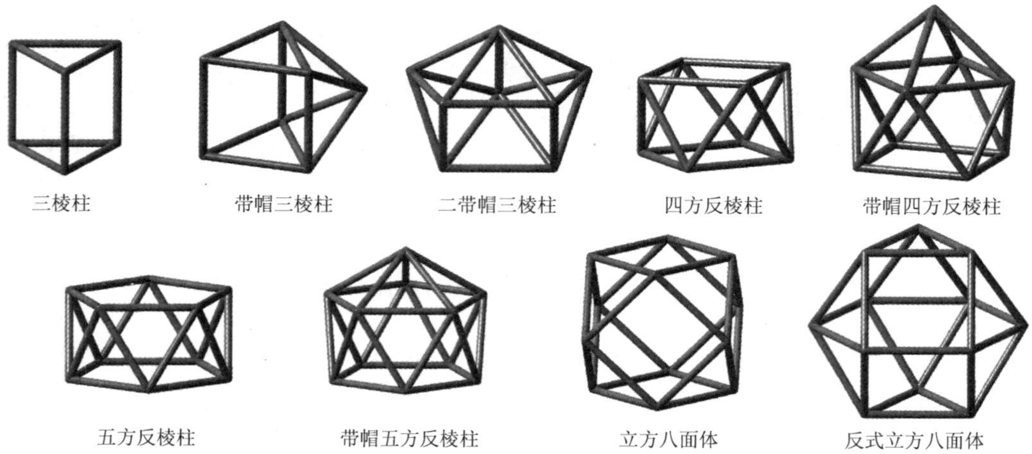

图 9-5 有多类顶点或多类多边形的多面体

三带帽三棱柱是闭式三角形面凸多面体，去一个顶点变为二带帽三棱柱，再去一个顶点变为一带帽三棱柱，去掉三个顶点就是三棱柱。三带帽三棱柱常称为这组去顶点多面体的母体结构。

9.1.4 富勒烯多面体

自 1991 年富勒烯发现以来，已设计出很多种富勒烯[5]。就结构而言，富勒烯多面体是一类凸多面体。富勒烯中碳原子的成键数全为 3，即顶点是 v_3 型，但存在不同的多边形面，以五边形和六边形最常见，见图 9-6。IPR 富勒烯包含 12 个五边形，六边形面的面数 $F_6=\frac{1}{2}V-10$（V 为碳原子数）；非 IPR 富勒烯包含的多边形类型有四边形、五边形、六边形和七边形，其数目不定。每个顶点连接 3 条边，每条边被 2 个顶点共用，故有 $E=\frac{3}{2}V$。

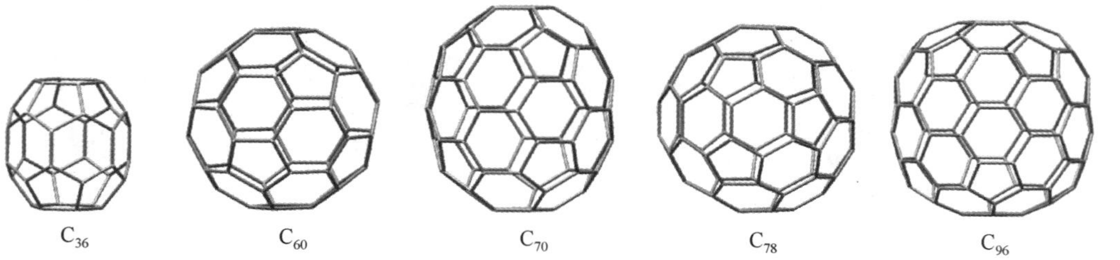

图 9-6 富勒烯凸多面体

高对称性的 IPR 富勒烯都由平面状的五边形和六边形构成，如 I_h 对称性的 C_{60}。当五边形和六边形按照低对称方式组合连接，也产生不规则五边形和六边形，甚至非平面状的六边形，使得凸多面体呈不同的形状。如 C_{78} 的 6 个同分异构体，随五元环的分布规律不同，其形状不同，而且其边长在各个异构体中出现较大差异[6]。经 B3LYP/6-311G*方法计算，各异构体的相对能量（RE）相差较大，前线轨道能隙（ΔE）不同，化学稳定性也不同，见图 9-7。所有 C_{78} 异构体的结构都是不规则的五边形和六边形共边连接而成，其中两个 D_3 对称性是一对对映异构体，能量相等。

RE = 0.00kJ·mol^{-1}　ΔE = 0.0607a.u.　C_{2v}

RE = 18.34kJ·mol^{-1}　ΔE = 0.0566a.u.　D_{3h}

RE = 26.62kJ·mol^{-1}　ΔE = 0.0739a.u.　C_{2v}

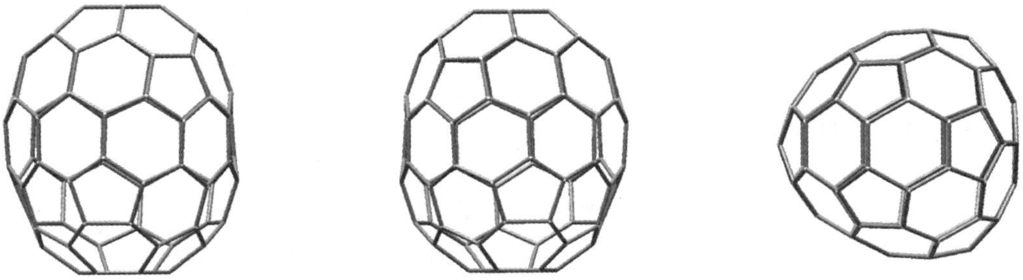

RE = 40.36kJ·mol^{-1}　ΔE = 0.0594a.u.　$D_3(1)$

RE = 40.36kJ·mol^{-1}　ΔE = 0.0594a.u.　$D_3(2)$

RE = 99.38kJ·mol^{-1}　ΔE = 0.0900a.u.　D_{3h}

图 9-7　富勒烯 C_{78} 的六个 IPR 同分异构体

其中两个 D_3 对称性是对映异构体

9.1.5　非平面状多边形多面体

多磷离子化合物的结构是一种畸形多面体，其多边形是非平面状的。例如，As_4S_3 和 As_4S_4 中的五边形，P_4S_5 和 P_4S_6 中的六边形都是非平面状的[7]，此类多面体仍满足欧拉定律，见图 9-8。例如，P_4S_5 中共有 2 个五边形和 2 个六边形，$F=4$，总的顶点数 $V=9$，边数即键数 $E=11$，服从欧拉定律。

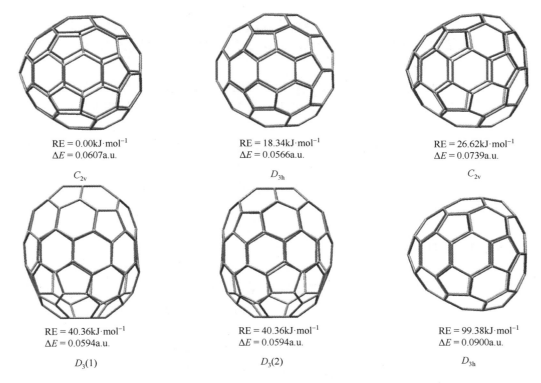

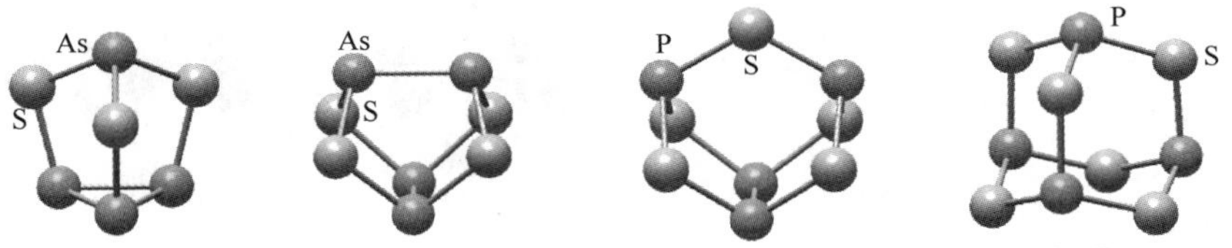

As_4S_3　C_{3v}　　As_4S_4　D_{2d}　　P_4S_5　C_{2v}　　P_4S_6　T_d

图 9-8　非平面状多边形多面体

9.1.6　各多面体之间的几何关系

各种类型多面体之间存在几何关系，如三角双锥可看成是三棱柱的五个面面心的连接，或看成是完全削去三棱柱的六个顶点所剩的几何图形；正八面体可看成是立方体的六个面心的连接，或可看成是完全削去立方体的八个顶点所剩的几何图形；富勒烯 C_{60} 可看成是等量削去三角正二十面体的十二个顶点所剩的几何图形。这种几何关系导致它们有相同的对称要素。

9.2　分子多面体的结构解释和推测

簇分子多面体结构与组成原子的电子结构存在一定联系。簇原子间的化学键就是多面体的边或面，原子数就是顶点数。已知面数 F、顶点数 V 和边数 E 中任意两个变量，根据欧拉定律 $F+V=E+2$，就可以求得第三个变量。对于单一顶点或多边形多面体而言，通过电子计数规则，并结合欧拉定律，就可以解释甚至推测分子的多面体结构。对于多种多边形的多面体分子，需要扩展欧拉定律，使其能解释和推测分子的多面体结构。

化学家很早就发现，原子的结合力随核电荷数和价层电子数不同而存在差异，无论何种组成和结构的分子，参与原子通过得失或共用电子，以尽可能达到 8 或 18 或 32 电子数的同周期惰性元素原子的价层电子结构。同时由 8 电子规则和 18 电子规则也预测了很多稳定分子。化学家每发现一类新化合物，就研究了原子之间结合的化学键性质，并试图揭示价电子数与成键数的关系。历史上曾总结出了主族单质的 $8-N$ 键数规则、共价分子的价层电子对互斥理论（VSEPR）结构规则、金属羰基化合物的有效原子序数（EAN）规则等。本节对各种规则下原子的价层电子结构与分子多面体结构的关系进行概要总结，并结合实例、应用规则解释和推测各类化合物的结构。

9.2.1　满足 VSEPR 规则的共价分子

满足 VSEPR 规则的共价分子 AB_n 形成的多面体是有心多面体，以分子价层电子对之间的斥力均衡的结构为最稳定结构分子倾向于形成单一顶点、单一多边形面的高对称性多面体结构。中心原子的总电子对数（TP）等于成键电子对数（BP）与孤对电子对数（LP）之和，以总电子对数（BP + LP）之间斥力最小构成稳定多面体结构。当电子对全为成键电子对时，形成的多面体结构通常是高对称性的多面体[8]。例如，SiF_4、PF_5、SF_6、IF_7 和 XeF_8 等分子的结构分别是正四面体、三角双锥、正八面体、五角双锥和四方反棱柱，见图 9-9。当分子中同时有单键（2e）、双键（4e）或三键（6e）时，电子数不同导致斥力不均衡，从而产生不对称结构。例如 $[NbOCl_5]^{2-}$ 中 5 条 Nb—Cl 单键上的成键电子对是两电子，1 条 Nb═O 双键的成键电子对是四电子，共 6 对电子在空间排布为变形八面体，结构变形方式倾向于减小 Nb═O 和 Nb—Cl 成键电子对之间的斥力。另一种情况是当分子的中心原子价层轨道上有孤对电子存在时，相对于成键电子对，孤对电子对在空间所处的位置不同导致斥力不均衡，致使多面体结构变形。例如，$XeOF_4$ 中 Xe 原子包含 6 对价电子对，其中 4 对为 Xe—F 单键的成键电子对，1 对为 Xe═O 双键的电子对，1 对为孤对电子对，在八面体排布中，5 个键形成四角锥结构（C_{4v}），致使 O═Xe—F 键角大于 90°，出现结构变形，见图 9-9。

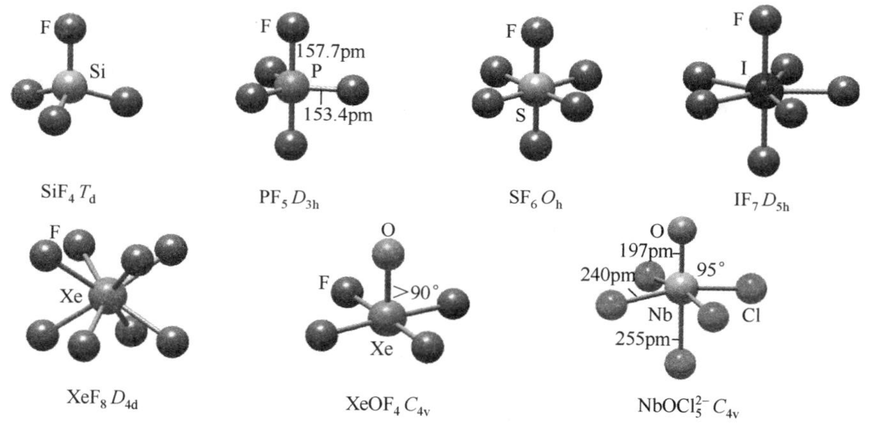

图 9-9　满足 VSEPR 的共价分子结构

9.2.2　满足 8–N 规则的单质

有部分主族元素的单质存在多面体结构，每个原子连接的 A—A 单键数等于 8–N, N 是原子的价层电子数或主族数。例如，硼单质中的 B_{12} 单元，每个 B 原子的成键数为 $8-3=5$， B—B 总键数 $12\times5/2=30$，由欧拉定律算得面数 $F=20$，与三角正二十面体符合。服从 8–N 规则的单质簇多面体也服从 EAN 规则，但很多单质及其同素异形体的结构不满足 8–N 规则，如富勒烯，即 8–N 规则存在局限性。

9.2.3　满足 EAN 规则的 2e2c 精准电子数簇化物

就主族元素 A 形成的簇化物 $Z_sA_nL_m$，A 自身结合成簇多面体 A_n，A_n 与 L 配体配位成 $A_nL_m^{s-}$，每条 A—A 键都是 2e2c 化学键，每个簇原子 A 的价电子数都精准地等于 8，簇多面体中 A—A 键数等于：

$$E=(8n-g)/2 \quad (9\text{-}2)$$

$g=g_A+g_L+g_I-g_C$ 称为簇的价电子总数（CVE），其中 g_A、g_L、g_I、g_C 分别表示簇原子 A 的价电子数、配体 L 提供的电子数、填隙原子提供的电子数、簇化物所带电荷。当簇带负电荷，g_C 取负，当簇带正电荷，g_C 取正。同样，副族元素形成的簇化合物 $Z_sM_nL_m$ 的簇多面体 M_n 中，每条 M—M 键都是 2e2c 化学键，每个簇原子 M 的价电子数都精准地等于 18，则簇多面体的 M—M 键数为

$$E=(18n-g)/2 \quad (9\text{-}3)$$

此计算方法称为有效原子序数（EAN）规则。若簇多面体中边数刚好等于计算所得的键数，所指簇称为 2e2c 精准电子数簇[9]。因为簇多面体 A_n 或 M_n 的边数就是簇多面体的化学键数，而顶点数等于簇原子数 $V=n$，由欧拉定律即可算出面数 $F=E-V+2$，这样就可推出簇化合物的多面体结构。注意配体与簇原子的结合方式包括端点 μ_1-、桥式 μ_2-、面式 μ_3-，对形成簇所需电子数 g 的计算至关重要。例如，簇离子 $[Mo_6(\mu_3\text{-}Cl)_8Cl_6]^{2-}$[10]，$Cl^-$ 与簇原子 Mo 的结合方式有两种，6 个 μ_1- 和 8 个 μ_3-，提供的电子数分别为 6×1 和 8×5，所有 Cl^- 配体提供的总电子数 $g_L=46$，而 Mo_6 提供的电子数 $g_A=6\times6=36$，簇离子所带电荷 $g_C=-2$，算得 $g=84$，由式（9-3）求得 $E=12$，再由式（9-1）求得面数 $F=8$，这就解释了该簇离子的正八面体结构，见图 9-10。

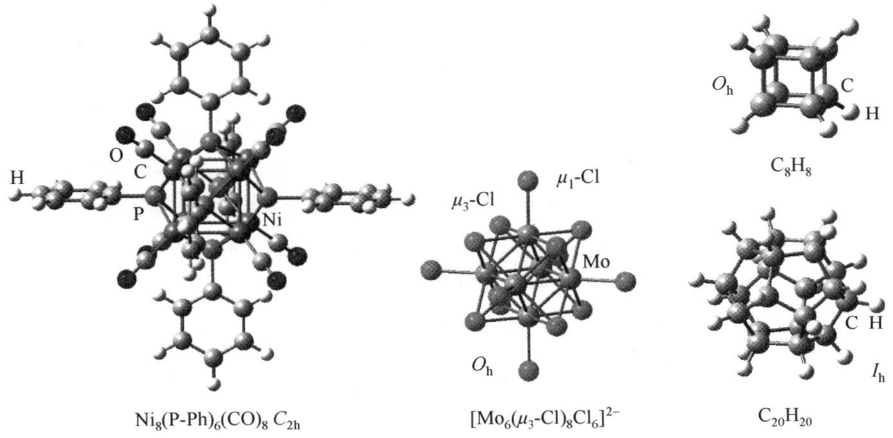

图 9-10　2e2c 精准电子数簇化合物

2e2c 精准电子数簇的多面体也可用以下方法推演：

（1）对于主族元素，多面体的每条键共用 2e，任意顶点原子 A 的价电子总数（包括配体 L 提供的）分别为 4、5、6、7 时，可结合原子数（等于 A—A 键数）分别为 4、3、2、1 个，即达到 8 电子结构。由此可见，任意顶点原子所结合的键数最大等于 4。当所结合的键数大于 4，则一定不是 2e2c 精准电子数簇。设价电子数为 4、5、6、7 的顶点原子分别连接 4、3、2、1 条边的数目为 q_4、q_3、q_2、q_1，那么簇的期望价电子总数 g 等于：

$$g=4q_4+5q_3+6q_2+7q_1 \quad (9\text{-}4)$$

（2）对于副族元素，设价电子总数（包括配体 L 提供的）为 14、15、16、17 的顶点原子 M 分别连接 4、3、2、1 条边的数目为 q_4、q_3、q_2、q_1，则簇的期望价电子总数 g 等于：

$$g=14q_4+15q_3+16q_2+17q_1 \quad (9\text{-}5)$$

例如 $[Mo_6(\mu_3\text{-}Cl)_8Cl_6]^{2-}$，假设 Mo_6 簇部分为正八面体，只有一种 3^4 顶点，簇中每个 Mo 另外结合 4 个 Mo，形成簇后每个 Mo 原子的价电子总数包括自身价电子数 6、配体 Cl^- 提供数 $\left(\frac{5}{3}\times4+1\right)$、分摊电荷 $-\frac{2}{6}$，共

$6+\left(\frac{5}{3}\times4+1\right)-\left(-\frac{2}{6}\right)=14$。因为 $q_4=6$，由式（9-5）算得期望价电子总数 $g=14q_4=14\times6=84$，与 EAN 规则算得值完全相等。2e2c 精准电子簇不局限于三角形面多面体，如簇 $Ni_8(P\text{-}Ph)_6(CO)_8$ [11]，簇 Ni_8 的多面体是立方体，见图 9-10。

高对称性的柏拉图多面体包括正四面体、立方体和五角正十二面体等，其顶点类型都为单一 q^3 顶点，每个顶点原子 A 连接 3 个等同 A 原子，每个 A 结合一个 L 配体，共 5 个价电子，这类簇化合物的组成必为 A_nL_n，主族元素簇的价电子总数 $g=5q_3$，副族元素簇的价电子总数 $g=15q_3$。考虑一条边被 2 个原子共用的关系，A_n 簇中 A—A 键数等于多面体边数 $E=3n/2$，由欧拉定律推得面数 $F=\frac{3n}{2}+2-n=\frac{n+4}{2}$。例如，$C_{20}H_{20}$ [12]的簇价电子总数 $g=5\times20=100$，C_{20} 簇多面体边数 $E=3\times20/2=30$，面数 $F=\frac{20+4}{2}=12$，即五角正十二面体，见图 9-10。从分子轨道理论也可推出相等的簇价电子总数：簇部分的成键 MO 数为 $3n/2$，共占据电子数 $3n$，而每条 A—L 键为 2e2c 键，簇的价电子总数等于 $5n$。每一种单一顶点和多边形面的多面体都存在如上关系。

EAN 规则并不局限于单一顶点和单一多边形面的多面体。对于 $Os_5(CO)_{16}$ [13]，簇 Os_5 的多面体是三角双锥，对称性为 C_s，上下顶点 Os 原子各结合 3 个 CO，每个 Os 原子的价电子总数为 17；三角形赤道有 2 个 Os 各结合 3 个 CO，价电子总数为 18；赤道位剩余 1 个 Os 结合 4 个 CO，价电子总数为 20，簇的价电子总数（Cve）等于 90，与 EAN 规则算出的 $g=90$ 相等。由此可见，对于 EAN 规则，每个簇原子并不都达到 18 电子数，可能多于或少于 18 电子数，但是就簇整体而言，通过簇原子自身的结合达到 $18n$ 电子总数，每个簇原子的平均价电子总数仍等于 18。

9.2.4　2e3c 缺电子键簇化合物

对于那些价层轨道的电子占据数少于半充满的主副族元素原子所形成的簇 $A_nL_m^{s-}$ 和 $M_nL_m^{s-}$，簇原子 A 或 M 没有足够的电子自身键合成 2e2c 键，一种情况就是所有簇原子构成三角形面多面体，3 个簇原子组成三角形，共用一对电子，键合成 2e3c 键，使得每个簇原子的价电子数都精准地等于 8。显然，簇多面体中 2e3c 键数等于多面体面数。对于主族元素的簇多面体，此种 2e3c 化学键数为

$$F=(8n-g)/4 \qquad (9\text{-}6)$$

式中，$g=g_A+g_L+g_I-g_C$，对于金属簇多面体，则为

$$F=(18n-g)/4 \qquad (9\text{-}7)$$

此面数代入欧拉定律，即可得到边数 $E=F+V-2$，从而推出簇化合物的多面体结构。例如，簇离子 $[Nb_6(\mu_2\text{-}Br)_{12}Br_6]^{4-}$ [14]中 Br^- 与簇原子 Nb 的结合方式为 6 个 μ_1-Br 和 12 个 μ_2-Br，μ_2-Br 提供的电子数为 3，所有 Br^- 配体提供的总电子数 $g_L=6\times1+12\times3=42$，$Nb_6$ 提供的电子数 $g_A=6\times5=30$，簇离子所带电荷 $g_C=-4$，算得 $g=76$，推得簇多面体面数 $F=8$，由欧拉定律得簇多面体边数 $E=6+8-2=12$，可推出 Nb_6 簇是正八面体结构，见图 9-11。价层轨道的电子占据数超过半充满时，如果所结合配体提供的电子数较少，也能生成 2e3c 缺电子键簇，如 $[Rh_6(\mu_2\text{-}H)_{12}(PR_3)_6]^{2+}$ [15]。

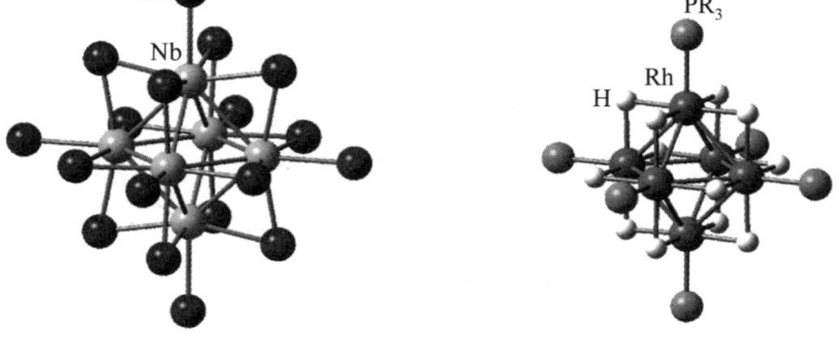

$[Nb_6(\mu_2\text{-}Br)_{12}Br_6]^{4-}$　　$[Rh_6(\mu_2\text{-}H)_{12}(PR_3)_6]^{2+}$

图 9-11　2e3c 键八面体簇化合物

价电子数较少的过渡金属原子容易形成 2e3c 缺电子键，所得几何构型主要为三角形面多面体，而不容易形成四边形及以上多边形面多面体。相反，价电子数较多的过渡金属原子簇化物则能形成两种类型，例如，过渡金属 Rh_6 簇的羰基化合物就有八面体 Wade 簇 $Rh_6(CO)_{16}$ 和三棱柱 2e2c 簇 $[Rh_6C(CO)_{15}]^{2-}$ 两种多面体类型[16, 17]，见图 9-12。铁系元素的羰基簇化物也常有三棱柱、四方反棱柱、带帽四方反棱柱和反式立方八面体等包含四边形面的多面体结构。

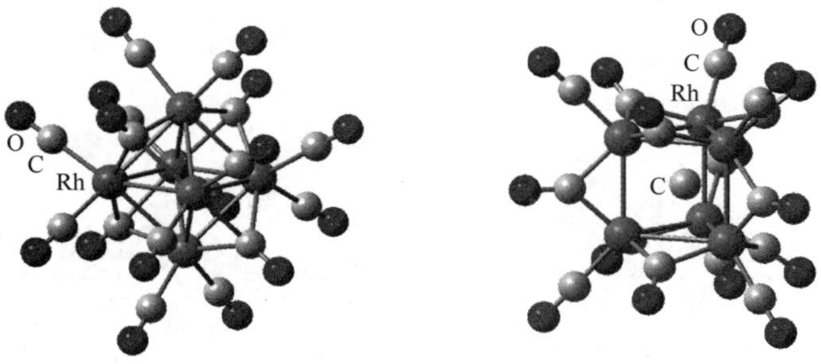

$Rh_6(CO)_{16}$　　　　$[Rh_6C(CO)_{15}]^{2-}$

图 9-12　过渡金属 Rh_6 簇的两种多面体——八面体和三棱柱

9.2.5　填隙原子簇化合物

当金属簇的价电子总数未达到$18n$，若有合适体积的原子填充多面体空位，与周围簇原子成键，以内聚共价键方式向簇贡献电子，使其达到形成 2e2c 或 2e3c 键所需电子数。簇多面体中心空位被原子填充后构成的簇，称为填隙原子簇。多面体体积越大，空隙越大，可容纳填隙原子的体积越大。当金属原子的价电子数较多时，容易形成 2e2c 填隙金属簇。这类簇多面体通常包含多种顶点和多边形面，满足 EAN 规则。例如，$[Co_6N(CO)_{15}]^-$ 是氮原子参与填隙所生成的 2e2c 精确电子簇[18]，氮原子提供 5 个价电子，簇价电子数 $g=90$，由式（9-3）算得多面体边数 $E=9$，再由欧拉定律推得面数 $F=5$，与三棱柱实验结构相符。类似的实例还有 $[Ru_6BH_2(CO)_{18}]^-$ 和 $[Os_6P(CO)_{18}]^-$ [19]，填隙原子分别是 B 和 P 原子，见图 9-13。又如，$[Ni_7C(CO)_{12}]^{2-}$ [20]的填隙原子为 C 原子，$g=100$，$E=13$，由欧拉定律算得 $F=8$，与一带帽三棱柱结构相符。

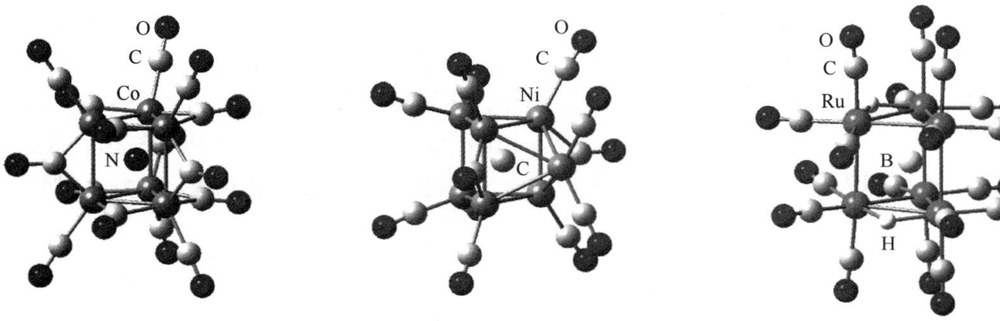

$[Co_6N(CO)_{15}]^-$ D_{3h}　　$[Ni_7C(CO)_{12}]^{2-}$ C_{2v}　　$[Ru_6BH_2(CO)_{18}]^-$ C_2

图 9-13　2e2c 填隙簇化合物的多面体结构

很多填隙金属簇是 Wade 簇，簇电子数多于生成 2e2c 簇所需电子数。例如，$[Rh_6C(CO)_{13}]^{2-}$ 簇中碳原子填充八面体中心[21]；$[Ni_{12}Ge(CO)_{22}]^{2-}$ 簇中 Ge 原子填充三角二十面体中心；$[Ni_{10}Ge(CO)_{20}]^{2-}$ 簇中 Ge 原子填充五方反棱柱中心[22]；$[Ru_{10}N(CO)_{24}]^-$ 簇中 N 原子填充四带帽八面体中心[23]，见图 9-14。金属 Wade 簇不再服从 EAN 规则，而是满足 Wade-Mingos 规则。

金属原子的价电子数也直接决定了多面体结构类型。当金属簇的价电子数增加，开始配对占据非键轨道时，键电子和非键电子斥力也开始发生变化，从而导致结构变化。簇顶点数等于 6 的填隙簇，价电子数较多的金属生成的多面体大多是三棱柱。例如，$[Zr_6C(\mu_2\text{-}Cl_{12})Cl_6]^{4-}$ 是八面体填隙簇，而 $[Os_6P(CO)_{18}]^-$ 则为三棱柱填隙簇。

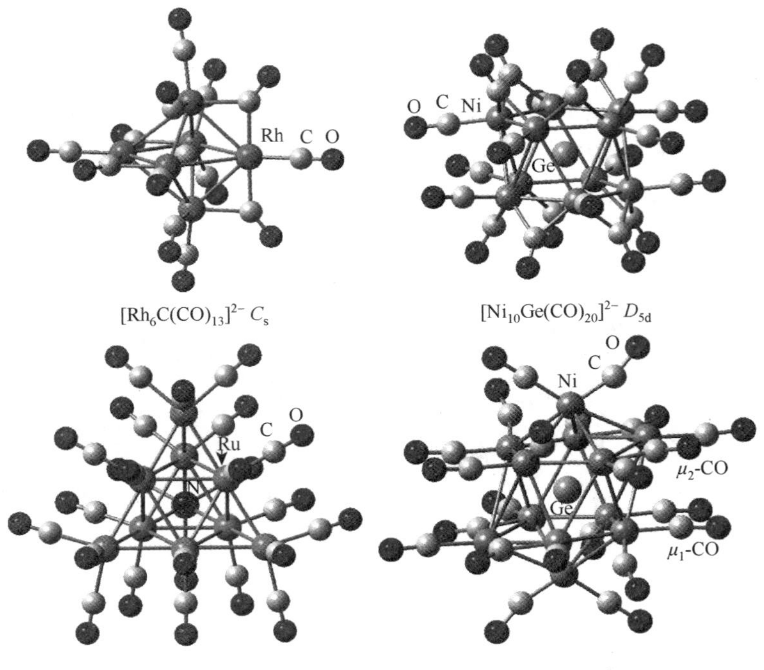

$[Rh_6C(CO)_{13}]^{2-}$ C_s　　$[Ni_{10}Ge(CO)_{20}]^{2-}$ D_{5d}

$[Ru_{10}N(CO)_{24}]^-$ T_d　　$[Ni_{12}Ge(CO)_{22}]^{2-}$ C_{2h}

图 9-14　金属 Wade 簇化合物的多面体结构

9.2.6　Wade 簇化合物

在簇化合物中，簇 A_n 或 M_n 中电子数不等于但接近于生成 2e2c 或 2e3c 键所需电子数，所形成的一种簇统称为 Wade 簇。这类簇的结构特点是存在成键数大于 4 的顶点原子，主族元素原子不服从八偶律，副族不满足 18 电子规则。簇多面体源自闭式三角形面多面体，即图 9-4 所示的 3^k 类型；通过闭式三角形面多面体（母体），去顶点还演变出巢式、网式多面体，闭式母体结构如图 9-5 所示。

当簇原子 A 和 M 的价层电子数较少时，则容易生成多中心缺电子键，形成缺电子 Wade 簇。例如，常见的闭式硼烷 $B_nH_n^{2-}$ [24]，B_n 簇的价电子总数多于构成 2e3c 键所需电子数，也是一种缺电子簇，形成闭式三角形面多面体，每个三角形面都是 2e3c 键，见图 9-15。K. Wade 研究了硼烷分子轨道，提出缺电子硼簇的骨架电子对规则[25]，基本内容如下：①对于 $B_nH_n^{2-}$，构造闭式簇骨架需要 $2n+2$ 个电子，占据 $n+1$ 条成键轨道，这是形成稳定闭式簇多面体所需最少电子数。$n+1$ 条成键轨道包括：硼原子的 2 条 sp_z 杂化轨道中的一条指向多面体中心，重叠为成键轨道（其余 $n-1$ 条 sp_z 组成反键轨道），另一条成键轨道指向多面体外侧，与氢原子 1s 轨道重叠，但不属于簇多面体。n 条 p_x 和 n 条 p_y 重叠成 n 条成键轨道，n 条反键轨道。

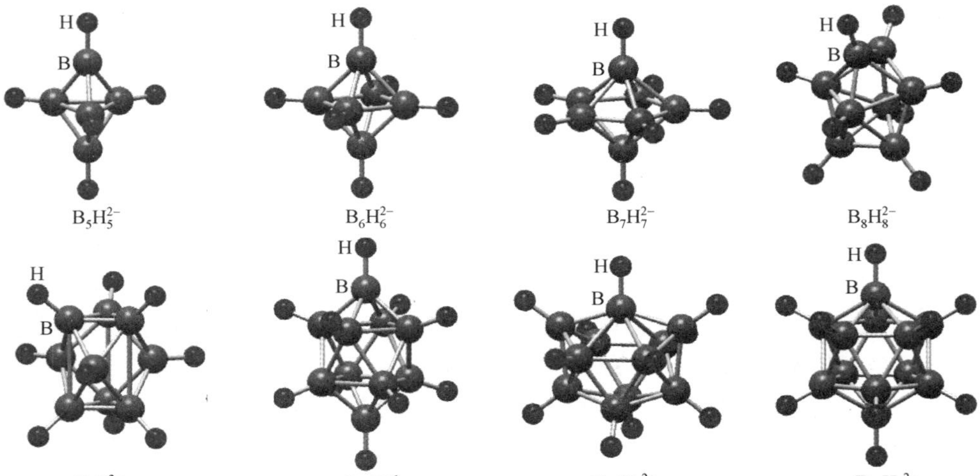

$B_5H_5^{2-}$　$B_6H_6^{2-}$　$B_7H_7^{2-}$　$B_8H_8^{2-}$

$B_9H_9^{2-}$　$B_{10}H_{10}^{2-}$　$B_{11}H_{11}^{2-}$　$B_{12}H_{12}^{2-}$

图 9-15　闭式硼烷（$n=5\sim12$）的多面体结构

一个闭式硼烷结构中共有$3n$个价电子，每形成一条 2e2c B—H 键需一个价电子，簇中实际电子数为$2n+2$（包括 2 个负电荷）。②对于$B_nH_{n+3}^-$，构造巢式簇骨架需要$2n+4$个电子，占据$n+2$个成键轨道，其结构是闭式簇多面体削去一个顶点后的多面体。例如，二带帽四方反棱柱削去一个顶点后变为一带帽四方反棱柱。③对于B_nH_{n+6}，构造蜘蛛网式簇骨架需要$2n+6$个电子，占据$n+3$个成键轨道，其结构是闭式簇多面体削去两个顶点后的多面体。例如，二带帽四方反棱柱削去两个顶点后变为四方反棱柱。

将硼烷的处理方法推广到其他主族元素的簇化物中。对于组成为A_nL_m的簇化物，每个 A 有 s、p_x、p_y、p_z四条价轨道，设价电子数为y，第i个原子 A 的配位为AL_{m_i} ($i=1,2,\cdots,m$)；该原子 A 连接n_j个 A，即用n_j条成键轨道构造骨架($j=1,2,\cdots,n$)，则原子 A 的非键轨道数为$(4-n_j-m_i)$，被$(8-2n_j-2m_i)$个非键电子数占据。A 剩余价电子数为$y-(8-2n_j-2m_i)$，扣除 A—L 共价键消耗的电子数m_i，A 用于构造多面体骨架的电子数等于$y-8+2n_j+m_i$。整个簇骨架的电子总数t就应为

$$t=ny-8n+2(n_1+\cdots+n_n)+(m_1+\cdots+m_m)+s \tag{9-8}$$

其中，s为簇所带负电荷数，正电荷取负值，簇骨架轨道总数$r=n_1+\cdots+n_n$，若每个主族元素 A 平均只有 3 个轨道参与构造多面体，具体为 sp_z杂化轨道、p_x和p_y轨道，那么$r=3n$，联立两式有：$n_1+\cdots+n_n=3n$，而$m=m_1+\cdots+m_m$，式（9-8）改写为

$$t=ny-2n+m+s \tag{9-9}$$

定义簇的价电子总数$\text{Cve}=ny+m+s$，右端三项分别是簇原子的价电子总数ny、配体提供的电子总数m和电荷数s，则构造簇骨架的电子对数Sep为

$$\text{Sep}=(\text{Cve}-2n)/2 \tag{9-10}$$

此式称为簇多面体判别式。①$\text{Sep}=n+1$为闭式多面体。②$\text{Sep}=n+2$为巢式多面体。③$\text{Sep}=n+3$为蜘蛛网式多面体。④$\text{Sep}=n$为闭式多面体的一带帽结构，以此类推。例如，杂硼簇$SB_{11}H_{11}$，$\text{Cve}=50$，$n=12$，由式(9-10)算得$\text{Sep}=(50-2\times12)/2=13$，即$\text{Sep}=n+1$，推测结构为闭式三角二十面体[26]。而对于$SB_{10}H_{12}$，$\text{Cve}=48$，$n=11$，由式（9-8）算得$\text{Sep}=(48-2\times11)/2=13$，即$\text{Sep}=n+2$，推测结构为巢式一带帽五方反棱柱。

闭式三角形面多面体存在$F=2V-4$结构定律，P. Li 用正空穴轨道数证明了闭式硼烷满足这一结构定律[27]。

（1）闭式硼烷$B_nH_n^{2-}$包含$2n-4$个三角形面，每个面是一个三中心缺电子正空穴（1h3c）。硼和氢原子的价层未占据自旋-空间轨道称为正空穴，理解为这些状态处于正电原子核外，与有电子占据的状态比较，属于正电性质。闭式硼烷$B_nH_n^{2-}$中各原子价层共有$6n-2$个正空穴，同时又有$4n+2$个电子，正、负电荷相互中和，价层还有净的正空穴数$(6n-2)-(4n+2)=2n-4$个，按在球面上斥力均衡的原则，正空穴均匀分布于三中心键的三角形面上，多面体三角形面数即为

$$F=2n-4 \tag{9-11}$$

根据欧拉定律可算得多面体边数，$E=F+V-2=(2n-4)+n-2=3n-6$。此规则可以推广到金属杂硼烷和碳硼烷。例如，$B_{12}H_{12}^{2-}$是标准的三角二十面体，$F=20$。碳硼烷$C_2B_{10}H_{12}$，总正空穴数等于$2\times4+10\times5+12\times1=70$，总电子数等于$2\times4+10\times3+12\times1=50$，净的正空穴数即面数为$70-50=20$，由欧拉定律算得边数$E=F+V-2=20+12-2=30$，即是三角二十面体，在十二个顶点中，两个碳原子共排列出 ortho-、meta-、para-三个异构体，见图 9-16。

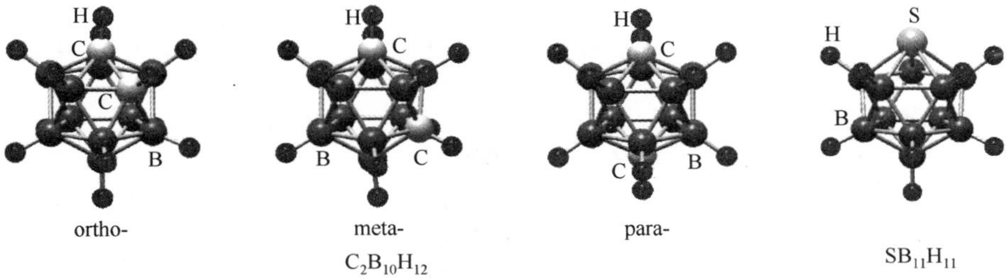

图 9-16　杂硼烷的多面体结构

（2）削去五角顶点的巢式硼烷$B_nH_{n+3}^-$包含$2n-7$个三角形和 1 个开口多边形，共$2n-6$个面。除n条 B—H 键中 H 外，其余 3 个 H 中，每个在开口 B—B 键边缘形成 1 个 2e3c BHB 键，不仅不算 H 的空穴，还

要减少 1 个 B 的空穴。例如，$B_{11}H_{14}^-$ 共 64 个空穴，电子数 48 个，有 2 个 H 形成了 2e3c BHB 键，净含正空穴数 16 个，除 15 个三角形面外，还包含 1 个开口五边形面。注意只有三中心键可以用正空穴规则处理。

金属原子 M 的价层电子数较多时，常形成 2e2c 键金属簇。D. M. P. Mingos 提出关于过渡金属簇多面体的骨架电子对理论（PSEPT）[28]。设 2e2c 键金属簇的组成为 $M_nL_m^{s-}$，金属原子共 9 个价层轨道，轨道构成为 $(k-1)dkskp$，价电子数为 y。第 i 个金属 M 的配位为 ML_{m_i}，需用 m_i 条成键轨道($i=1,2,\cdots,m$)；该原子 M_{n_j} 连接 n_j 个 M，即用 n_j 条成键轨道构造骨架($j=1,2,\cdots,n$)。则非键轨道数为 $(9-n_j-m_i)$，占据的非键电子数为 $(18-2n_j-2m_i)$。M 有剩余价电子数 $y-(18-2n_j-2m_i)$，用于构造多面体骨架。考虑电荷数 s，整个簇骨架的电子总数 t 为

$$t=ny-18n+2(n_1+\cdots+n_n)+2(m_1+\cdots+m_m)+s \tag{9-12}$$

其中簇骨架轨道总数 $r=n_1+\cdots+n_n$，类似硼簇，若每个 M 仅有 3 条轨道参与构造多面体，即 $r=3n$，联立两式有：$n_1+\cdots+n_n=3n$，而 m_i 条轨道上的电子来自配体 L，所有 L 向簇提供的电子总数 $\beta=2(m_1+\cdots+m_m)$，也等于各种配体提供的电子数之和，于是式（9-12）改写为

$$t=ny-12n+\beta+s \tag{9-13}$$

定义金属簇的价电子总数 $\text{Cve}=ny+\beta+s$，簇骨架的电子对数（Sep）为

$$\text{Sep}=(\text{Cve}-12n)/2 \tag{9-14}$$

由 Sep 可得出：

（1）$\text{Sep}=n+1$，为闭式三角形面多面体，即 $2n+2$ 个电子占据 $n+1$ 条成键轨道。

（2）$\text{Sep}=n+2$，由闭式母体去一个顶点所得巢式多面体，$2n+4$ 个电子占据 $n+2$ 条成键轨道。

（3）$\text{Sep}=n+3$，由闭式母体去两个顶点所得蜘蛛网式多面体，$2n+6$ 个电子占据 $n+3$ 条成键轨道。

（4）$\text{Sep}=n$，为一带帽多面体，即在闭式母体的某个面上加一个顶点。

（5）$\text{Sep}=n-1$，为二带帽多面体，即在闭式母体的两个面上各加一个顶点，以此类推。

下面通过几个镍簇理解去顶点多面体的 Wade-Mingos 规则[29]。①$[Ni_{10}C(CO)_{18}]^{2-}$，填隙 C 原子贡献 4 个电子，$\text{Cve}=142$，由式（9-14）算得簇骨架电子对数 $\text{Sep}=(142-12\times10)/2=11$，即 $\text{Sep}=n+1$，应为闭式三角形面多面体，实验测定结构是闭式二带帽四方反棱柱。②$[Ni_9C(CO)_{17}]^{2-}$，$\text{Cve}=130$，$\text{Sep}=11$，即 $\text{Sep}=n+2$，多面体为去一个顶点后的巢式一带帽四方反棱柱，母体结构为顶点数等于 9 + 1 = 10 的闭式二带帽四方反棱柱，见图 9-17。③$[Ni_8C(CO)_{16}]^{2-}$，$\text{Cve}=118$，$\text{Sep}=11$，即 $\text{Sep}=n+3$，多面体为削掉两个顶点后的四方反棱柱，其中，母体结构为闭式二带帽四方反棱柱，见图 9-17。

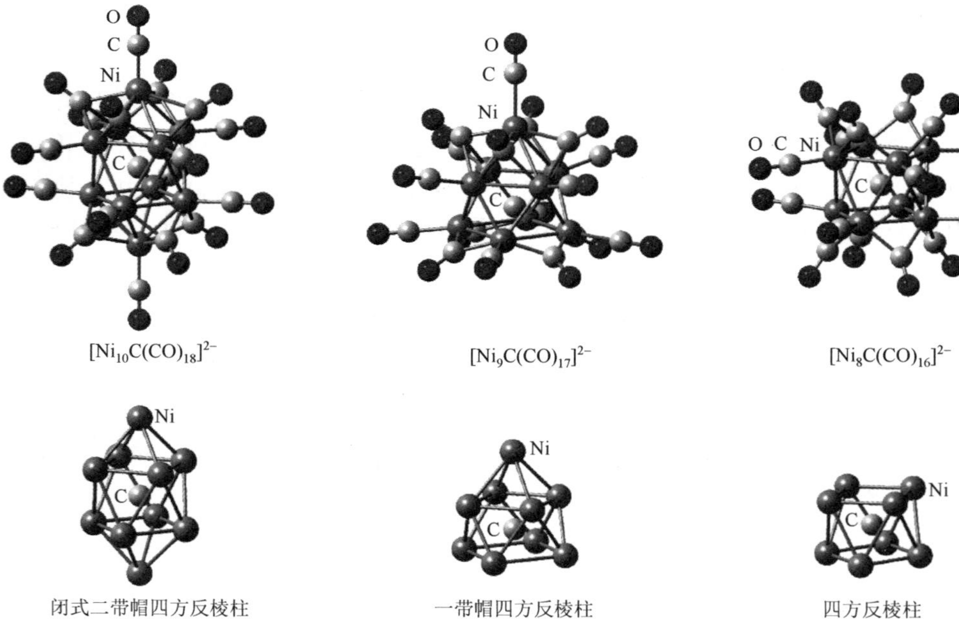

图 9-17　填隙 Wade 镍簇化合物和对应的多面体

从左到右分别是母体闭式（三角形面十六面体）、去一顶点巢式、去二顶点网式多面体

为了更好地理解带帽多面体的 Wade-Mingos 规则，下面以一组锇簇化合物为例进行讨论。簇化合物 $[Os_6(CO)_{18}]^{2-}$ 是标准的闭式三角形多面体簇，$Cve = 86$，簇骨架电子对数 $Sep = 7$，即 $Sep = n+1$，为八面体结构，八面体是一类带帽锇簇的母体结构。由式（9-14）算出的簇骨架电子对数 Sep 值将等于或小于簇原子数，按规则推断簇多面体结构必是带帽八面体结构[30]。① $Os_7(CO)_{21}$，$Cve = 98$，$Sep = 7$，即 $Sep = n$，母体结构为八面体，实际结构为一带帽八面体[31]。② $[Os_8(CO)_{22}]^{2-}$，$Cve = 110$，$Sep = 7$，即 $Sep = n-1$，为二带帽八面体[32]。③ $[Os_{10}C(CO)_{24}]^{2-}$，$Cve = 134$，$Sep = 7$，即 $Sep = n-3$，为四带帽八面体[33]，见图 9-18。由 Wade-Mingos 规则还可预测三带帽八面体锇簇羰基化合物的组成为 $[Os_9(CO)_{24}]^{2-}$ 或 $Os_9C(CO)_{23}$。

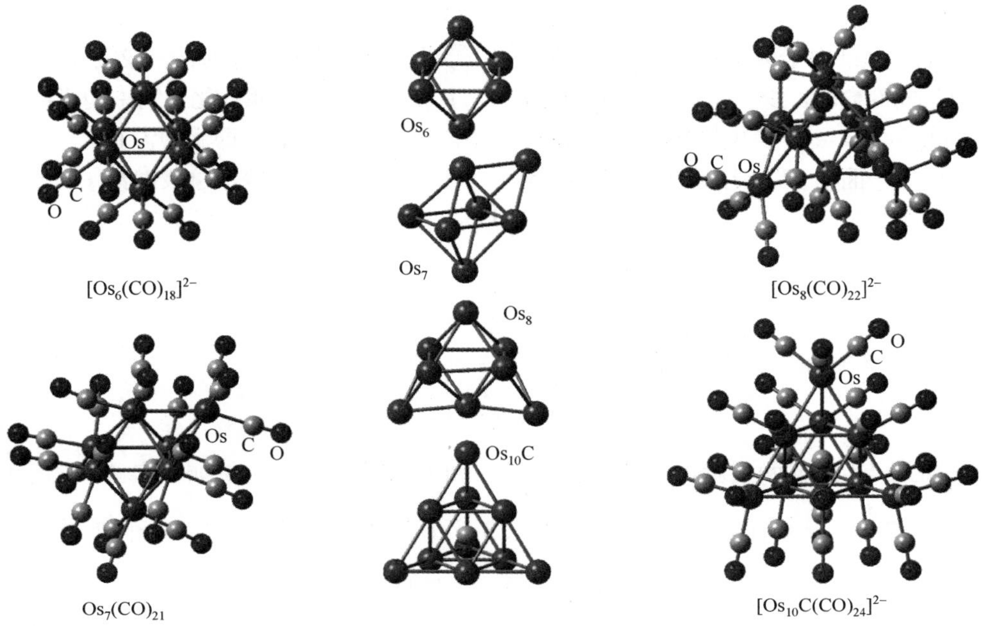

图 9-18　带帽 Wade 锇簇化合物的多面体结构

从上到下分别是母体闭式（八面体）、一带帽八面体、二带帽八面体、四带帽八面体

用 Sep 可确定簇多面体是闭式、去顶点巢式，还是蜘蛛式多面体，但不能唯一确定所对应的母体闭式多面体。另外，该规则只适用于单一三角形面多面体分子，如八面体、三角二十面体，而不适用于像三棱柱、立方体那样的簇。

9.2.7　Zintl 簇化合物

ⅠA～ⅢA 族元素与ⅣA～ⅧA 族元素化合，除了生成简单离子化合物外，还生成一类所谓的多原子阴离子或阳离子化合物，其特点是其中一类原子聚合形成了簇，有些簇为多面体，有些簇为聚合层状或空间网状结构，统称为 Zintl 相[34]。Zintl 簇多面体的变形性很大，属于非平面状多边形组成的多面体。分子式为 M_mX_x 的 Zintl 化合物，M 传递电子给 X，使得每个 X 达到 8 电子结构，此称为 $8-N$ 规则，电子计数为

$$mg_M + xg_X = 8x \tag{9-15}$$

式中，g_M、g_X 分别为原子 M 和 X 的价电子数。由于 M 可能有非键电子，设数目为 g_n，也可能形成 2e2c M—M 键，设每个 M 生成的平均键数为 b_M，每生成一条 M—M 键，就消耗 1 个电子。X 也可能形成 2e2c X—X 键，设每个 X 生成的平均键数为 b_X，每生成一条 X—X 键，就得到 1 个电子。E. Mooser 和 W. B. Pearson 针对多阳离子和多阴离子化合物，提出扩展 $8-N$ 规则[9]，考虑 b_M、b_X 和 g_n，式（9-15）改写为

$$m(g_M - b_M - g_n) + x(g_X + b_X) = 8x \tag{9-16}$$

定义价电子浓度 Vec(X)：

$$\text{Vec(X)} = \frac{mg_M + xg_X}{x} \tag{9-17}$$

式（9-16）中引入 Vec(X) 定义式后，演变为

$$b_X = 8 - \mathrm{Vec}(X) + \frac{m}{x}(b_M + g_n) \tag{9-18}$$

一般情况下，$g_n = 0$，式(9-18)各项取值有以下三种情形：①当化合物属于简单离子化合物时，$b_M = 0$，$b_X = 0$，$\mathrm{Vec}(X) = 8$；②当X原子连接成多阴离子化合物时，$b_M = 0$，$b_X = 8 - \mathrm{Vec}(X)$，$\mathrm{Vec}(X) < 8$；③当M原子连接成多阳离子化合物时，$b_X = 0$，$b_M = \frac{x}{m}[\mathrm{Vec}(X) - 8] - g_n$，$\mathrm{Vec}(X) > 8$。由此可见，Vec(X)值可用来判断化合物所属的类型。其中b_X是一个X原子的平均键数，可能是整数或分数，分数表示簇中原子存在不同成键数，有多种成键状态。Mooser-Pearson规则能很好地推测Zintl簇中原子的成键数，但不能解释所形成的簇多面体。Zintl簇分为2e2c精准电子簇、2e3c缺电子簇和其他多中心键缺电子簇。P. Li研究了多磷阴离子的簇结构规律性，总结出2e2c精准电子数-Zintl簇的结构规则[35]：①当簇原子的成键数为正常成键数时，原子为电中性；当成键数少于正常成键数时，少一个，原子增加电荷−1，并在空间结构中靠近化合物中的正离子。②簇原子之间连接成正常2e2c键后，由于负电排斥作用，带负电的离子彼此不再连接，即簇中没有X^-—X^-键。③不同成键数的原子连接成非平面状多边形，组成变形多面体。④多面体的边数E等于总成键数，对于多阴离子簇

$$E = \frac{1}{2}nb_X$$

对于多阳离子簇

$$E = \frac{1}{2}nb_M \tag{9-19}$$

结合欧拉定律，Zintl簇多面体的面数为

$$F = \frac{1}{2}nb_M - n + 2 \tag{9-20}$$

运用式（9-19）和式（9-20）两式就可以解释和推测Zintl簇多面体结构。例如，多磷阴离子化合物Na_3P_7，$\mathrm{Vec}(P) = 5\frac{3}{7}$，$b_P = 2\frac{4}{7}$，说明有两种P原子，其中，3个P原子的成键数为2，4个P原子的成键数为3，而P原子的正常成键数为3。显然，成键数为2的磷原子带负电荷即P^-，在晶体结构中P^-靠近Na^+，带−1价的P^-与P^-之间不再成键，中性P原子与P^-连接成非平面状五边形，组成变形多面体，边数$E = 9$，面数$F = 4$，这就解释了Na_3P_7的结构，见图9-19。又如，多砷阴离子化合物Na_3As_{11}[34]，晶体结构中3个成键数为2的As^-，靠近Na^+，9个成键数为3的As彼此相连，As^-与As^-之间不再成键，中性As原子与As^-连接成6个非平面状五边形，组成UFO状变形多面体，边数$E = 15$，面数$F = 6$，见图9-19。

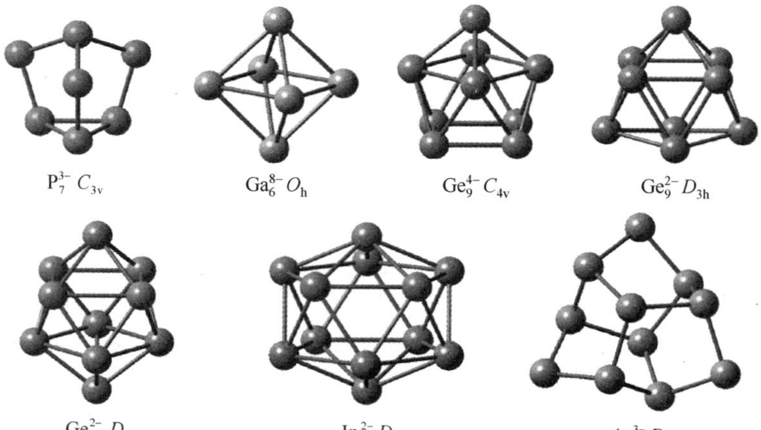

图9-19　多阴离子簇多面体的结构

在多磷、多砷、多锑阴离子化合物中，负离子X^-的价电子数变为6，只能形成2个2e2c键，这与氧族元素原子的成键数相同，按价电子数相等、原子半径相当，结构相似的原则，用S、Se、Te分别替换P^-、As^-、Sb^-负离子，就是结构同形的中性化合物，其中大部分已被合成出来，例如，P_7^{3-}的3个P^-被3个S替换所得的P_4S_3和As_4S_3。这说明电子计数规则能正确反映多面体分子的稳定性规律。可以预测，由P_{11}^{3-}演变出的P_9S_3、P_9Se_3、As_9S_3、As_9Se_3化合物也将被制备出来。

多锗阴离子化合物 $Na_{12}Ge_{17}$，结构中包含两种多锗阴离子多面体 Ge_4^{4-} 和 Ge_9^{4-}， Ge_4^{4-} 为正四面体，符合以上多阴离子成键规则。Ge_9^{4-} 簇离子的实验结构是一带帽四方反棱柱[36]，见图 9-19。5 个 Ge 原子成键数为 4，4 个 Ge^- 的成键数为 5，不服从八偶律，不能按 2e2c 精准电子数规则处理。Ge_9^{4-} 簇属主族簇化物，$Cve = 40$，按式（9-10）算得骨架电子对数 $Sep = 11$，即 $Sep = n + 2$，满足 Wade 第二规则，属去顶点巢式簇多面体，其母体结构是二带帽四方反棱柱 Ge_{10}^{2-}；而少两个负电荷的 Ge_9^{2-} 簇则为三带帽三棱柱[37]，见图 9-19。这类 Zintl 簇的多面体也可按如下方式处理：将每个 Ge 和 Ge^- 的价电子依次分配到邻接的面上，Ge 的成键数为 4，邻接面数必为 4 个，每个面上正好分得 1 个价电子。Ge^- 的成键数为 5，邻接面必为 5 个，每个面上正好也分得 1 个价电子。最终组合出 12 个 3e3c 和 1 个 4e4c 多中心键，生成的总面数等于 13，由欧拉定律算得 20 条边，与一带帽四方反棱柱符合。更多的实例有八面体 Ga_6^{8-} 和二十面体 In_{12}^{2-}，见图 9-19。

形成多中心键所缺少或多余电子数往往可以通过价电子数接近的杂原子进行调节，使其有利于簇分子轨道的电子填充达到稳定状态，而多面体多中心键的电子数不同，使得簇多面体也存在共振结构，稳定的共振结构导致三维芳香性。对于半充满前的缺电子原子而言，共振结构导致不同多中心键的转换呈流动性，使得簇电子并不固定于多面体的某个面上。

9.2.8　杂簇化合物

如果有少量杂原子参与簇多面体的构成，此种簇称为杂簇。类比于杂环化合物，由杂原子替代并占据原母体簇多面体中的某些顶点后生成的簇。杂簇也存在 2e2c 精准电子簇和缺电子簇之分，簇多面体的边数分别按下式计算：

$$E_{(2e2c)} = (18n_1 + 8n_2 - g)/2$$
$$E_{(2e3c)} = (18n_1 + 8n_2 - g)/4 \qquad (9\text{-}21)$$

式中，$g = g_M + g_A + g_L + g_I - g_C$，各项意义同前。例如，满足 EAN 规则的杂簇化合物 $Rh_6C(CO)_{15}(CuNCMe)_2$[38]，NCMe 提供的电子数为 2e，$g = 114$，按式（9-21）算得 $E = (18\times 2 + 18\times 6 - 114)/2 = 15$，其中 9 条 Rh—Rh 键，6 条 Rh—Cu 键，由欧拉定律可得面数 $F = 9$，多面体为二带帽三棱柱，此种带帽在三棱柱的三角形面上，见图 9-20。

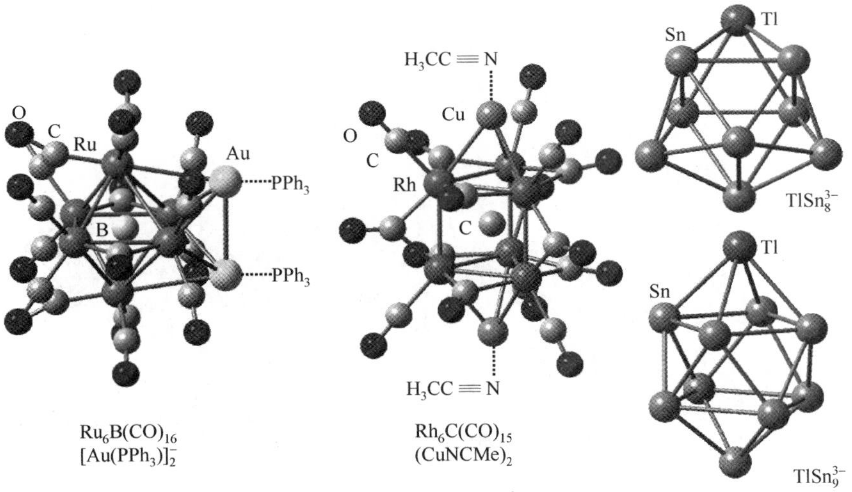

图 9-20　杂原子簇化合物的多面体结构

较多的杂原子簇属于 Wade-Mingos 簇类型，例如，Ru_6Au_2 杂簇化合物 $HRu_6B(CO)_{16}(AuPPh_3)_2$[19]，填隙硼原子提供 3 个电子，$Cve = 110$，由式（9-14）算得 $Sep = 7$，即 $Sep = n - 1$，为二带帽八面体。八面体邻位两个三角形面带帽演变成的三角十二面体，见图 9-4。

Zintl 簇化合物中也有杂簇。例如，$TlSn_9^{3-}$，$Cve = 42$，由式（9-10）算得 $Sep = 11(= n + 1)$，为闭式多面体，与实验结构二带帽四方反棱柱相符。又如 $TlSn_8^{3-}$，$Cve = 38$，$Sep = 10$，同样为闭式多面体，与实验结构三带帽三棱柱相符[39]，见图 9-20。

9.2.9　Corbett 凝聚簇

气相金属原子和分子凝聚成固体，生成凝聚簇，其结构特点是金属簇多面体之间通过共用配体原子相互连接，形成链式、层网和空间网式聚合簇[41]。凝聚簇按簇单元的多面体结构分类，主要有八面体和立方体互连凝聚簇；而连接簇之间的共用原子类型主要有：①m-m 型，②m-b 型，③m-t，其中，m 代表 μ_1 端点配体，b 代表 μ_2 桥式配体，t 代表 μ_3 桥式配体，见图 9-21。

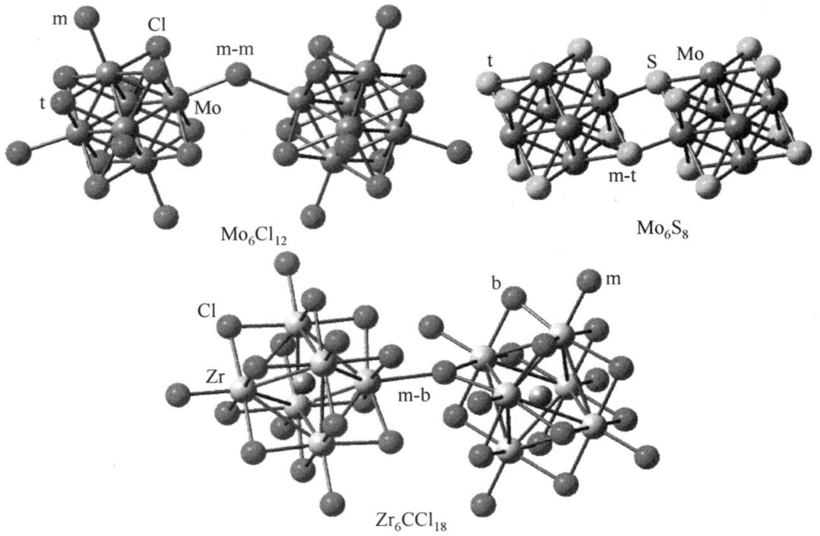

图 9-21　凝聚簇化合物的互连方式

$MoCl_2$ 中存在八面体簇单元 Mo_6Cl_{14}，八面体三角形面上方配位 μ_3-Cl，对簇单元价电子总数贡献 5 个电子；4 个顶点上配位的氯原子被 2 个簇单元共用，属 m-m 型共用连接，连接处的 Cl 原子为 μ_2-Cl，共贡献 $\frac{1}{2}\times 3\times 4=6$ 个电子；另 2 个氯原子为端点配位，共贡献 2 个电子[9]，见图 9-22。每个簇单元的价电子总数 $g=84$，属于 2e2c 精准电子数簇，满足 EAN 规则，其键数 $b=12$。

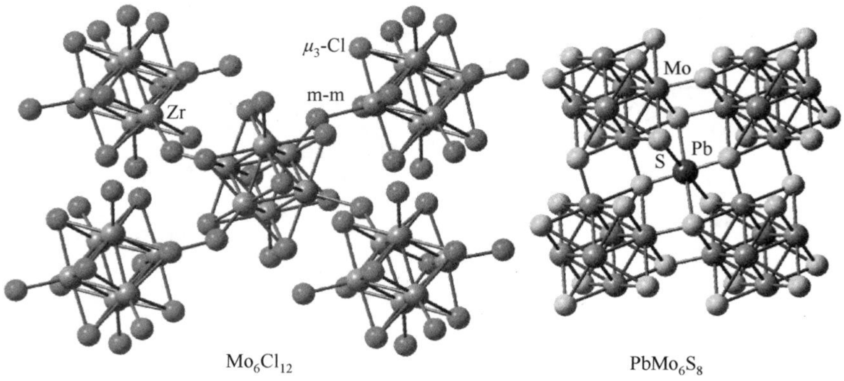

图 9-22　八面体凝聚簇化合物的互连结构

$PbMo_6S_8$ 是 Chevrel 凝聚相化合物[40]，在簇 Mo_6S_8 中，硫原子为 μ_3 配位，并与另一个簇结构 Mo_6S_8 的 Mo 配位，它在另一个簇单元中为 μ_1 配位，是两个簇单元的共用原子，属 m-t 连接，满足 $14n+2$ 规则，$\mathrm{Cve}=6\times 6+8\times 6+2=86$，$\mathrm{Sep}=7$，为闭式结构，与八面体相符，见图 9-22。

很多凝聚簇由价电子数较少的金属原子组成，如锆、铌、钽。由于互连结构连接处原子没有足够的空间，也没有足够的电子结合更多的配体，所结合配体均是单个配体原子，如卤素原子和硫族原子。另外，连接处的配体原子没有足够多的价电子提供给所连接的金属原子，以补偿簇形成 2e2c 键，而只能形成 2e3c 键。这种三中心键构造的多面体中，每个三角形面上重叠的轨道数为 3，整个簇共 $3\varDelta$ 个轨道，每个簇原子至少需要 4 个轨道用于构成多面体，即 $3\varDelta=4n$。簇骨架中 2e3c 键所涉及的轨道总数 $r=n_1+\cdots+n_n=3\varDelta=4n$，参考式（9-12）构造金属簇骨架所需电子总数为

$$t=ny-10n+\beta+s \tag{9-22}$$

按照 Cve 的定义，$\mathrm{Cve}=ny+\beta+s$ 簇的骨架电子对数演变为

$$\mathrm{Sep}=(\mathrm{Cve}-10n)/2 \tag{9-23}$$

例如，Zr_6CCl_{14} 是由 Zr_6CCl_{18} 通过 m-m 和 m-b 共用连接而成，$\mathrm{Cve}=74$，比形成 2e3c 键所需价电子总数 76 少 2 个，$\mathrm{Sep}=7$，为闭式结构，与八面体相符，见图 9-23。所缺 2 个电子可通过八面体围成的六中心键或共用填隙原子的价电子得到补偿。

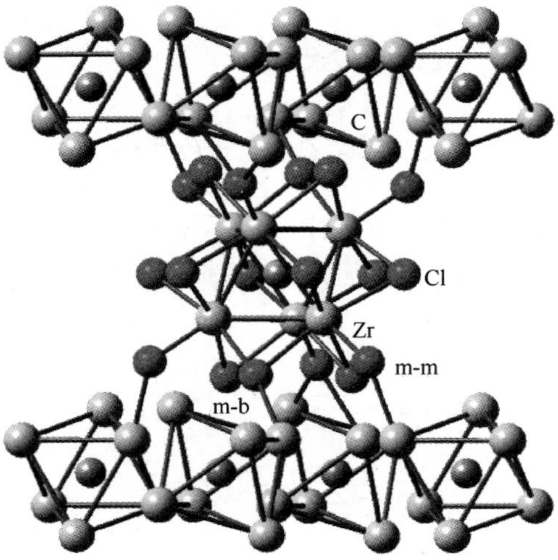

图 9-23　凝聚簇 Zr_6CCl_{14} 中簇多面体的连接

9.3　复杂多面体的欧拉定律

多种顶点和多种多边形组合的多面体是较复杂的多面体，很多分子的多面体结构都属于复杂多面体类型，如金属簇化合物、富勒烯。一个复杂多面体可能有 v_2、v_3、v_4、v_5、v_6、…、v_q 等各种类型的顶点，见图 9-2，设其数目分别为 a_2、a_3、a_4、a_5、a_6、…、a_q，q 为顶点共用边数，则总顶点数 V 为

$$V=\sum_q a_q \tag{9-24}$$

多面体中的多边形面也可能有 f_3、f_4、f_5、f_6、…、f_k 等各种类型，设其数目分别为 p_3、p_4、p_5、p_6、…、p_k，k 为多边形面的边数，则总面数 F 为

$$F=\sum_k p_k \tag{9-25}$$

根据顶点类型，计算多面体边数。常见的有 2、3、4、5、6、…、q 边共有的顶点，而多面体中的边总是被两个顶点共有，则多面体的总边数 E 按顶点数计算等于：

$$E=\frac{1}{2}\sum_q qa_q=\frac{1}{2}(2a_2+3a_3+\cdots) \tag{9-26}$$

或者根据多边形面类型，常见的 3、4、5、6、…、k 边形面，对于闭式多面体，多边形中的每条边总是被两个多边形共有，则多面体的总边数 E 按面数计算等于：

$$E=\frac{1}{2}\sum_{k}kp_{k}=\frac{1}{2}(3p_{3}+4p_{4}+\cdots) \tag{9-27}$$

将式（9-24）表示的总顶点数V、式（9-25）表示的总面数F和按顶点数算法表示的总边数E，即式（9-26）一并代入欧拉公式（9-1），得

$$\sum_{k}p_{k}+\sum_{q}a_{q}=\frac{1}{2}\sum_{q}qa_{q}+2 \tag{9-28}$$

同时将总顶点数V、总面数F和按总面数算法表示的总边数E，即式（9-27）一并代入欧拉公式，又得

$$\sum_{k}p_{k}+\sum_{q}a_{q}=\frac{1}{2}\sum_{k}kp_{k}+2 \tag{9-29}$$

整理式（9-28）、式（9-29）分别得到

$$\sum_{k}p_{k}-\frac{1}{2}\sum_{q}(q-2)a_{q}=2 \tag{9-30}$$

$$\sum_{q}a_{q}-\frac{1}{2}\sum_{k}(k-2)p_{k}=2 \tag{9-31}$$

式（9-30）和式（9-31）就是复杂多面体的欧拉定律。它不仅可用于单一顶点的规则多面体，还可以用于多种顶点的不规则多面体[41]。例如，富勒烯C_n，顶点类型为3边共用型，$q=3$，即富勒烯顶点数为a_3，式(9-30)和式（9-31）演变为

$$\begin{aligned}&\sum_{k}p_{k}-\frac{1}{2}a_{3}=2\\&a_{3}-\frac{1}{2}\sum_{k}(k-2)p_{k}=2\end{aligned} \tag{9-32}$$

联立消去a_3，得

$$\sum_{k}(6-k)p_{k}=12\quad(k=3,4,5,6,7,\cdots) \tag{9-33}$$

式（9-33）称为富勒烯多面体的欧拉公式。对于IPR富勒烯，只有五元环和六元环，即k取5和6，代入式（9-33）解得$p_5=12$，这就证明了IPR富勒烯只有12个五元环。在多面体形成过程中，五元环起闭合作用。将$p_5=12$代入式（9-32），得

$$2a_{3}-(3p_{5}+4p_{6})=4 \tag{9-34}$$

对于IPR-C_{60}，$a_3=60$，$p_5=12$，解得$p_6=20$；对于IPR-C_{70}，$a_3=70$，$p_5=12$，解得$p_6=25$；以此类推。此公式也适合只有五元环、六元环的non-IPR富勒烯，边数由式（9-26）推出。其他类型的富勒烯的欧拉定律由式（9-30）、式（9-31）推出。式（9-30）和式（9-31）可应用于其他复杂多面体分子结构的解析和推测，如像Wade规则不能解决的多面体簇。而仅有一种顶点和多边形面的简单柏拉图多面体只是两公式的特例。例如，硼单质中的B_{12}结构单元，只有v_5顶点和f_3三角形面，$q=5$，$k=3$，由式（9-30）得$p_3-\frac{3}{2}a_5=2$；由式（9-31）得$a_5-\frac{1}{2}p_3=2$，联立两式解得$a_5=12$，$p_3=20$，即对应三角二十面体。

在解释较为复杂的簇多面体时，扩展公式（9-30）和式（9-31）的作用是显而易见的。例如，金属簇化合物$[Rh_{13}(CO)_{24}]^{5-}$[42]，见图9-24，其中一个Rh为填隙原子，提供9个电子，$Cve=170$，$Sep=13$，此金属簇不是精准电子数簇，结果似乎符合Wade-Mingos规则，应是三角二十面体，但实验结构是反式立方八面体，即$E=24$。金属簇很少有五边形的面，也很少有连接6边的顶点，反式立方八面体的总面数等于14，由式（9-25）和式（9-27）可得

$$\begin{aligned}p_3+p_4&=14\\3p_3+4p_4&=2E=48\end{aligned}$$

联立解得$p_4=6$，$p_3=8$。2e2c精准电子金属簇没有连接5边及以上的顶点，反式立方八面体的总顶点数等

于 12，再由式（9-24）和式（9-26）可得

$$a_3 + a_4 = 12$$

$$3a_3 + 4a_4 = 2E = 48$$

联立解得 $a_3 = 0$，$a_4 = 12$，即全部顶点都为连接 4 边或面的顶点，立方八面体和反式立方八面体都满足此条件。这种多面体推断的非唯一性导致不能仅从组成推断多面体结构，需结合实验表征才能得出正确的结论。六方 A_3 型晶体是反式立方八面体配位，通常所制备的铑簇应为反式立方八面体，见图 9-24。倘若用立方 A_1 型晶体制备，则势必得到立方八面体结构的簇化物。类似的金属簇还有 $[Rh_{12}Pt(CO)_{24}]^{4-}$。

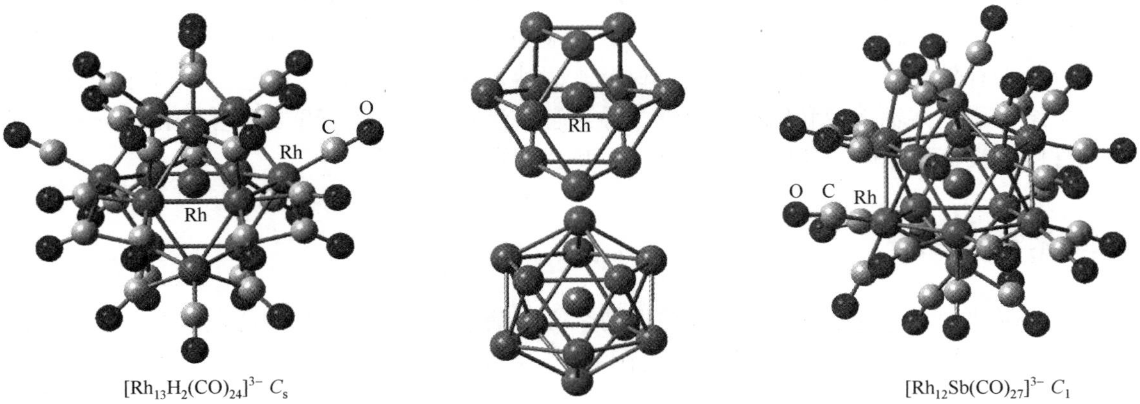

$[Rh_{13}H_2(CO)_{24}]^{3-}$ C_s　　$[Rh_{12}Sb(CO)_{27}]^{3-}$ C_1

图 9-24　Rh_{12} 簇化合物中簇部分的两种多面体

Wade-Mingos 规则在解释三角形面多面体时简单实用，但也存在局限性。例如，填隙金属簇 $[Rh_{13}H_2(CO)_{24}]^{3-}$ 和 $[Rh_{12}Sb(CO)_{27}]^{3-}$[43]，算得有相同的 Cve 和 Sep，Cve = 170，Sep = 13，由 Wade-Mingos 规则判断都应是三角二十面体，$[Rh_{12}Sb(CO)_{27}]^{3-}$ 的实验结构与推断符合，而 $[Rh_{13}H_2(CO)_{24}]^{3-}$ 的实验结构与推断不符，见图 9-24。这使 Wade-Mingos 规则失去了推断簇多面体结构的严格性，而只能用于解释簇多面体结构。

另外，有很多簇多面体至今没有一个可靠的电子计数规则解释。例如，B_8Cl_8 和 B_9Cl_9 的 Cve 分别等于 32 和 36，既不符合 EAN 规则，也不符合 Wade-Mingos 规则[44]。其簇多面体分别是三角十二面体和三带帽三棱柱，见图 9-25。

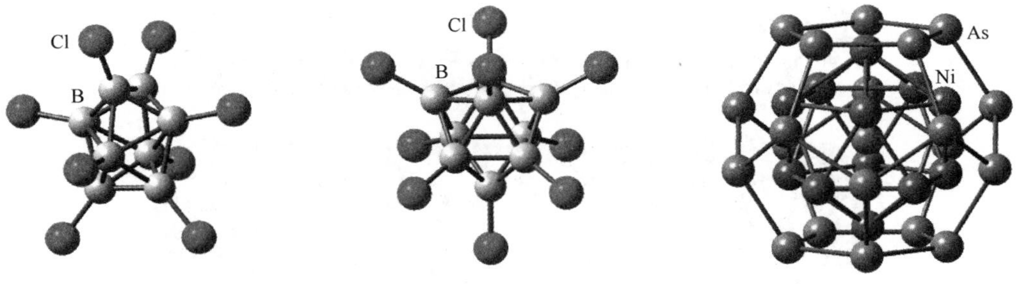

B_8Cl_8　　B_9Cl_9　　$[As@Ni_{12}@As_{20}]^{3-}$

图 9-25　特殊簇多面体化合物

Moses 簇 $[As@Ni_{12}@As_{20}]^{3-}$ 是稳定簇化合物[45]，见图 9-25。金属原子构造三角二十面体簇所需电子数为170，而实际 Cve = 168，少于形成 2e2c 键所需最少电子数。实验合成表明该簇化合物稳定存在，可以理解为高对称性决定了它的稳定性。M. J. Moses 通过对分子轨道分析，发现 LUMO 轨道的简并度是 5 重，HOMO 轨道的简并度则是 4 重，与 Cve = 170 的 $[Ni_{12}As(CO)_{22}]^{2-}$ 的电子占据情况相反，后者 LUMO 轨道简并度是 4 重，HOMO 轨道简并度则是 5 重，HOMO 轨道上的电子数比 Moses 簇 HOMO 轨道上的电子数多 2 个。这就解释了此 Moses 簇的 Cve 比正常 Wade 簇少两个电子的原因。这一实例指明，解释和推测簇多

面体结构必须依据电子的 HOMO 轨道布居数推断所满足的电子计数规则，并与欧拉定律相结合，才能推得与实验合成完全一致的多面体结构。B. K. Teo 在 EAN 规则和分子轨道理论基础上，首先计算分子轨道能级，确定分子的价层轨道布居数，再由拓扑电子计数（TEC）[46]规则，推断簇多面体结构，此法适用于 2e2c 键金属簇化物。

9.4　碳 纳 米 管

1993 年，S. Iijima 在制备富勒烯时，在高压电弧电场阴极一侧的容器壁上意外发现碳纳米管[47]，经电子显微镜观测，碳纳米管为多层套管，称为多壁碳纳米管，直径为 1～20nm，长度为 100nm～1μm。碳纳米管为单层套管，称为单壁碳纳米管，直径为 1～5nm。碳纳米管被称为微电子最细导线，也是一种奇异的、易于关闭小分子的存储材料，最有价值的储氢材料。碳纳米管都有形如碗状的管底，在生长过程中，碳六元环的平面型结构引起共轭效应和结构稳定性，导致管口没有封闭，沿管壁继续生长出六元环，长成碳纳米管。一旦管口生长出五元环，管口就将封闭，结束生长。

9.4.1　碳纳米管的结构

一根标准的碳纳米管，是笔直的、呈圆柱形的空心单壁管。位于圆柱形中心，并与管壁平行的中心轴线，称为管轴线。与管轴线垂直的管体截面，是圆截面。圆的周长为 $D = 2\pi R$，圆周直径 $d = D/\pi$，就是碳纳米管的直径。碳纳米管的直径，由管底部的碗状结构决定，碗状结构包含六个五元环，是球形富勒烯的半球结构，见图 9-26，碗口边缘长度就是碳纳米管的周长。

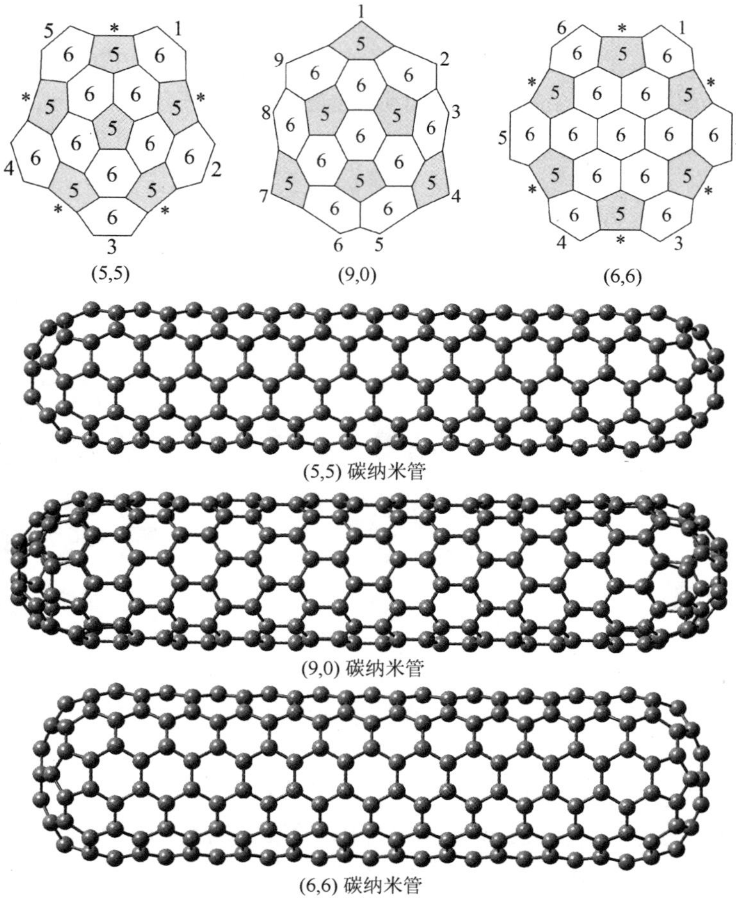

图 9-26　碳纳米管的底部碗状结构图和管壁结构图

描述碳纳米管的方法是，将碳纳米管沿平行于管轴线剥开碳管壁，将其展开为平面结构，因为碳管壁由六元环组成，所以剥开后的碳纳米管结构类似于石墨的平面状结构，反之，也可以在石墨层结构上描述碳纳米管的管口类型、管口周长、管口直径等结构参数。按照管口形状，将碳纳米管分为扶手椅型、锯齿型、螺旋型，而且螺旋型是手性碳纳米管，对称性属于 C_n 群，见图 9-27。

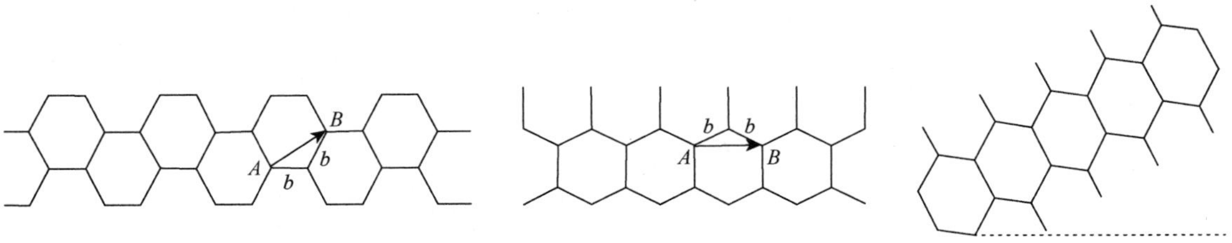

(a) 扶手椅型　(b) 锯齿型　(c) 螺旋型

图 9-27　碳纳米管的管口结构类型

碳纳米管的管壁为类石墨层平面结构，用二维坐标系描述[48]。在单层石墨平面结构上，选取单位基矢量 $\boldsymbol{a}_1$ 和 $\boldsymbol{a}_2$，基矢量交角 60°。一般碳纳米管具有手性对称性，管口结构为螺旋型。六元环结构围绕管轴线方向沿管壁螺旋式旋进爬升，对称性为 C_n 群，旋转轴在管轴线上。定义手性矢量 $\boldsymbol{C}_\text{h}$：

$$\boldsymbol{C}_\text{h} = n\boldsymbol{a}_1 + m\boldsymbol{a}_2 \tag{9-35}$$

如果 C—C 键键长等于 b，$a_1 = a_2 = AB = \sqrt{3}b$ 就是已知参数，手性矢量的方向为 $n\boldsymbol{a}_1$ 和 $m\boldsymbol{a}_2$ 矢量的合矢量方向，起始点为原点 $(0,0)$，矢量端点为 (n,m)，见图 9-28，起始点和端点相连组成管口圆周，长度等于

$$\begin{aligned}\boldsymbol{C}_\text{h}^2 &= \boldsymbol{C}_\text{h} \cdot \boldsymbol{C}_\text{h} \\ &= (n\boldsymbol{a}_1 + m\boldsymbol{a}_2)\cdot(n\boldsymbol{a}_1 + m\boldsymbol{a}_2) \\ &= n^2a_1^2 + m^2a_2^2 + nm\boldsymbol{a}_1\cdot\boldsymbol{a}_2 + mn\boldsymbol{a}_2\cdot\boldsymbol{a}_1 \\ &= n^2a_1^2 + m^2a_2^2 + nma_1a_2\end{aligned} \tag{9-36}$$

其中，$\boldsymbol{a}_1$ 和 $\boldsymbol{a}_2$ 的交角为 $\pi/3$，将 $a_1 = a_2 = \sqrt{3}b$ 代入得

$$\begin{aligned}\boldsymbol{C}_\text{h}^2 &= n^2a_1^2 + m^2a_2^2 + nma_1a_2 = n^2\left(\sqrt{3}b\right)^2 + m^2\left(\sqrt{3}b\right)^2 + nm\left(\sqrt{3}b\right)\left(\sqrt{3}b\right) \\ &= 3b^2(n^2 + m^2 + nm)\end{aligned} \tag{9-37}$$

或表达为

$$\boldsymbol{C}_\text{h} = \sqrt{3}b\sqrt{n^2 + m^2 + nm}$$

由三角形余弦定理可知，$m^2a_2^2 = n^2a_1^2 + C_\text{h}^2 - 2(na_1)C_\text{h}\cos\theta$：

$$\begin{aligned}\cos\theta &= \frac{n^2a_1^2 + C_\text{h}^2 - m^2a_2^2}{2(na_1)C_\text{h}} = \frac{n^2\left(\sqrt{3}b\right)^2 + \left(\sqrt{3}b\right)^2\left(n^2 + m^2 + nm\right) - m^2\left(\sqrt{3}b\right)^2}{2n\left(\sqrt{3}b\right)\cdot\left(\sqrt{3}b\sqrt{n^2 + m^2 + nm}\right)} \\ &= \frac{2n + m}{2\sqrt{n^2 + m^2 + nm}}\end{aligned} \tag{9-38}$$

或表达为正弦函数形式：

$$\sin\theta = \frac{\sqrt{3}m}{2\sqrt{n^2 + m^2 + nm}} \tag{9-39}$$

沿管轴线 $\boldsymbol{T}$ 垂直方向，对管圆柱曲面作横切面，管口为圆，手性矢量的长度等于管口周长，$C_\text{h} = \pi d$，再将

式（9-37）代入，求得碳纳米管直径为

$$d = \frac{C_h}{\pi} = \frac{\sqrt{3}b}{\pi}\sqrt{n^2 + m^2 + nm} \tag{9-40}$$

已知C—C键键长为144pm，如果再已知手性矢量端点的位置坐标(n,m)，代入式（9-40）就计算出碳管的直径。二维平面上，手性矢量端点的位置坐标(n,m)称为碳纳米管手性数，手性矢量$\boldsymbol{C}_h$与基矢量$\boldsymbol{a}_1$的交角定义为手性角θ，见图9-28。

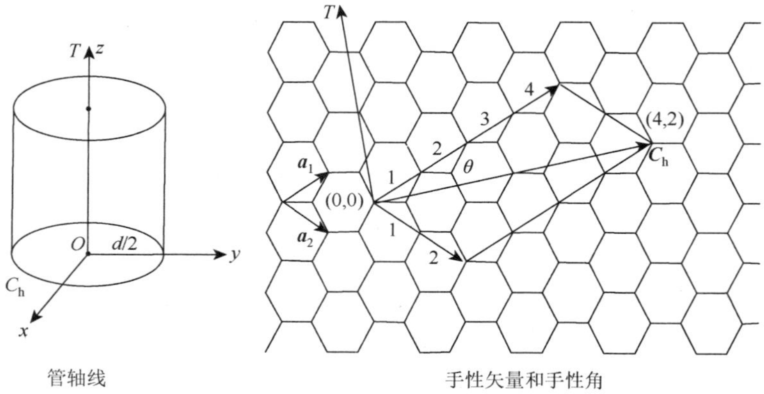

图9-28　手性碳纳米管的手性矢量和手性角

当$n = m$时，由手性角公式（9-39）算得手性角$\theta = 30°$，在这种情形六元环C—C键与手性矢量平行，与管轴线垂直，管口结构为扶手椅型，见图9-29。例如，手性数为(5,5)的扶手椅型碳纳米管，碳纳米管底部为IPR富勒烯C_{60}的半球碗形结构。手性矢量$\boldsymbol{C}_h = 5\boldsymbol{a}_1 + 5\boldsymbol{a}_2$，两矢量组成的平行四边形为菱形。碳纳米管直径为

$$d = \frac{C_h}{\pi} = \frac{\sqrt{3}\times 144\text{pm}}{\pi}\sqrt{5^2 + 5^2 + 5\times 5} = \frac{15\times 144\text{pm}}{\pi} = 687.90\text{pm}$$

碳纳米管除了有五重旋转轴外，还有通过管轴线或旋转轴的反映面，因而这种碳纳米管没有手性，见图9-29。

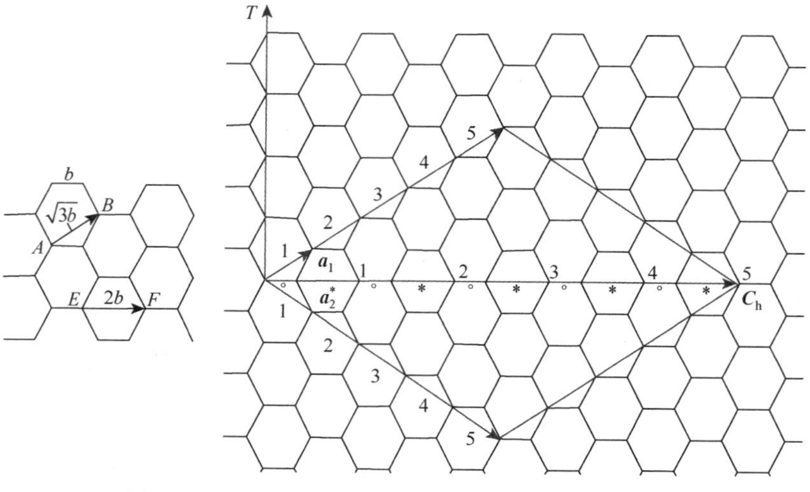

图9-29　扶手椅型碳纳米管(5, 5)的手性矢量和手性角

由手性角公式可知，当$m = 0$，$\theta = 0°$时，手性矢量$\boldsymbol{C}_h$与基矢量$\boldsymbol{a}_1$重合；当$n = 0$，$\theta = 60°$时，手性矢量$\boldsymbol{C}_h$与基矢量$\boldsymbol{a}_2$重合。两种情况的管口结构都为锯齿型，管壁上六元环中有两条C—C键与管轴线平行，见图9-30。

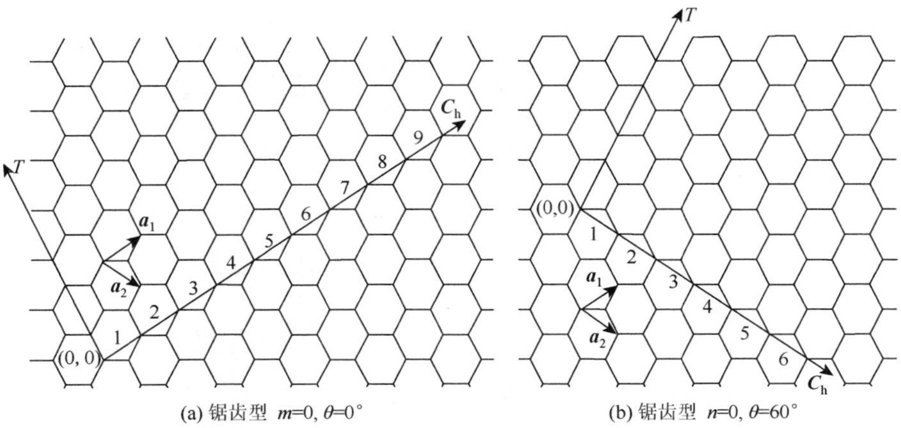

图 9-30　锯齿型碳纳米管(9, 0)和(0, 6)的手性矢量和手性角

当 $m \neq n$，$\theta = 0°\sim30°$ 时，六元环在管壁取向形成螺旋链，对称性为 C_n，碳纳米管具有手性，手性矢量和手性角由前面公式计算。

9.4.2　碳纳米管壁上的周期平移向量

如果将碳纳米管沿管轴线平行方向破开，管轴线方向的最短周期平移单位向量 $\boldsymbol{T} = t_1\boldsymbol{a}_1 + t_2\boldsymbol{a}_2$，$(t_1, t_2)$ 必是一组互质整数坐标，是离原点 (0,0) 最近的周期复原点。沿管轴线平行的方向平移 $\boldsymbol{T}$ 后结构复原。平移向量 $\boldsymbol{T}$ 与管口手性矢量 $\boldsymbol{C}_\text{h}$ 垂直，$\boldsymbol{T}\cdot\boldsymbol{C}_\text{h} = 0$，则

$$\boldsymbol{T}\cdot\boldsymbol{C}_\text{h} = (t_1\ t_2)\begin{pmatrix}\boldsymbol{a}_1\\ \boldsymbol{a}_2\end{pmatrix}(\boldsymbol{a}_1\ \boldsymbol{a}_2)\begin{pmatrix}n\\ m\end{pmatrix} = (t_1\ t_2)\begin{pmatrix}\boldsymbol{a}_1\cdot\boldsymbol{a}_1 & \boldsymbol{a}_1\cdot\boldsymbol{a}_2\\ \boldsymbol{a}_2\cdot\boldsymbol{a}_1 & \boldsymbol{a}_2\cdot\boldsymbol{a}_2\end{pmatrix}\begin{pmatrix}n\\ m\end{pmatrix}$$

$$= 3b^2(t_1\ t_2)\begin{pmatrix}1 & 1/2\\ 1/2 & 1\end{pmatrix}\begin{pmatrix}n\\ m\end{pmatrix}$$

展开得如下方程：

$$3b^2\left[t_1\left(n+\frac{m}{2}\right)+t_2\left(\frac{n}{2}+m\right)\right]=0$$

或约简为互质整数比：

$$t_1(2n+m) = -t_2(n+2m)$$

必有

$$t_1 = -\frac{n+2m}{k},\ t_2 = \frac{2n+m}{k}$$

其中，k 为公约数。也可以沿管轴线的反方向组成手性异构体，此时取 $t_1 = \dfrac{n+2m}{k}$，$t_2 = -\dfrac{2n+m}{k}$。最短周期平移矢量为

$$\boldsymbol{T} = -\frac{n+2m}{k}\boldsymbol{a}_1 + \frac{2n+m}{k}\boldsymbol{a}_2 \tag{9-41}$$

其中，公约数 k 由下式求出

$$t_1 : t_2 = -(n+2m):(2n+m) = \frac{-(n+2m)}{k}:\frac{2n+m}{k} \tag{9-42}$$

例如，手性数为 (6,3) 的碳纳米管，手性矢量 $\boldsymbol{C}_\text{h} = 6\boldsymbol{a}_1 + 3\boldsymbol{a}_2$，$t_1 : t_2 = -12:15 = -4:5$，公约数等于 3。于是，管轴线最短周期平移矢量 $\boldsymbol{T} = -4\boldsymbol{a}_1 + 5\boldsymbol{a}_2$，对应的对映异构体的管轴线平移矢量 $\boldsymbol{T} = 4\boldsymbol{a}_1 - 5\boldsymbol{a}_2$，见图 9-31。管轴线最短周期平移矢量的长度

$$
\begin{aligned}
\boldsymbol{T}^2=\boldsymbol{T}\cdot\boldsymbol{T}&=\begin{pmatrix}-\dfrac{n+2m}{k} & \dfrac{2n+m}{k}\end{pmatrix}\begin{pmatrix}\boldsymbol{a}_1\\ \boldsymbol{a}_2\end{pmatrix}(\boldsymbol{a}_1\ \boldsymbol{a}_2)\begin{pmatrix}-\dfrac{n+2m}{k}\\ \dfrac{2n+m}{k}\end{pmatrix}\\
&=\begin{pmatrix}-\dfrac{n+2m}{k} & \dfrac{2n+m}{k}\end{pmatrix}\begin{pmatrix}\boldsymbol{a}_1\cdot\boldsymbol{a}_1 & \boldsymbol{a}_1\cdot\boldsymbol{a}_2\\ \boldsymbol{a}_2\cdot\boldsymbol{a}_1 & \boldsymbol{a}_2\cdot\boldsymbol{a}_2\end{pmatrix}\begin{pmatrix}-\dfrac{n+2m}{k}\\ \dfrac{2n+m}{k}\end{pmatrix}\\
&=3b^2\begin{pmatrix}-\dfrac{n+2m}{k} & \dfrac{2n+m}{k}\end{pmatrix}\begin{pmatrix}1 & 1/2\\ 1/2 & 1\end{pmatrix}\begin{pmatrix}-\dfrac{n+2m}{k}\\ \dfrac{2n+m}{k}\end{pmatrix}\\
&=3\times 3b^2\cdot\frac{n^2+m^2+nm}{k^2}
\end{aligned}
\tag{9-43}
$$

因为$C_{\rm h}=\sqrt{3}b\sqrt{n^2+m^2+nm}$，所以管轴线最短周期平移矢量的长度为

$$
T=\frac{3b}{k}\sqrt{n^2+m^2+nm}=\frac{\sqrt{3}C_{\rm h}}{k} \tag{9-44}
$$

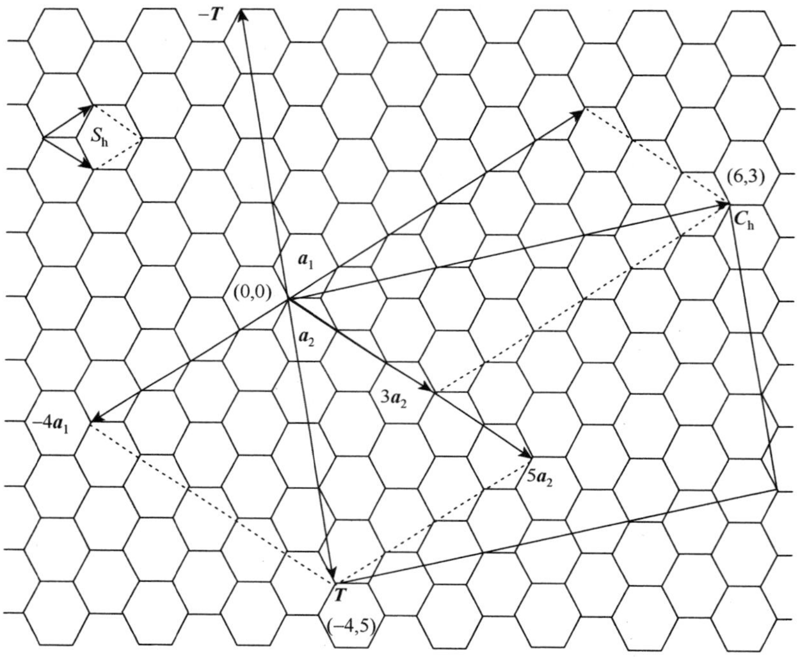

图 9-31　管轴线方向最短周期平移矢量 $\boldsymbol{T}$

由基矢量 $\boldsymbol{a}_1$ 和 $\boldsymbol{a}_2$ 组成的平面格子，对应的蜂窝结构包含碳原子数等于 2，即 $Z=2$，面积为 $S_{\rm h}=\boldsymbol{a}_1\times\boldsymbol{a}_2=3b^2\sin 60°=3\sqrt{3}b^2/2$，见图 9-31 左上角。将管口圆周的手性矢量，与最短周期平移矢量 $\boldsymbol{T}$ 围成矩形，当矩形卷曲为圆柱体的碳纳米管时，管壁面积等于

$$
\begin{aligned}
S_{\rm T}=\boldsymbol{C}_{\rm h}\times\boldsymbol{T}=C_{\rm h}T\sin 90°&=C_{\rm h}\cdot\frac{\sqrt{3}C_{\rm h}}{k}\\
&=\frac{3\sqrt{3}b^2\left(n^2+m^2+nm\right)}{k}
\end{aligned}
\tag{9-45}
$$

图 9-31 是卷曲碳纳米管的二维平面图形。矩形卷曲为碳纳米管的管壁时，单位长度碳纳米管包含的碳原子数为

$$
N=2\times\frac{S_{\rm T}}{S_{\rm h}}=\frac{4}{k}(n^2+m^2+nm) \tag{9-46}
$$

【例 9-1】　计算手性碳纳米管(6,3)沿螺旋轴方向的最短平移矢量长度，以及管壁的单位结构中包含的碳原子数。

解： 手性数为(6,3)的碳纳米管，手性矢量 $\boldsymbol{C}_h = 6\boldsymbol{a}_1 + 3\boldsymbol{a}_2$，管轴线平移矢量 $\boldsymbol{T} = -4\boldsymbol{a}_1 + 5\boldsymbol{a}_2$，最短周期平移时的公约数 $k = 3$，管轴线最短周期平移矢量的长度

$$\begin{aligned}T &= \frac{\sqrt{3}C_h}{k} = \frac{3b}{k}\sqrt{n^2 + m^2 + nm} \\ &= \frac{3b}{3}\sqrt{6^2 + 3^2 + 6\times 3} \\ &= 3\sqrt{7}b\end{aligned}$$

管壁的单位结构中包含的碳原子数为

$$N = \frac{4}{k}(n^2 + m^2 + nm) = \frac{4}{3}\times(6^2 + 3^2 + 6\times 3) = 84$$

9.4.3　碳纳米管的对称性

碳纳米管具有六边形蜂窝结构，相对于管口横截面圆周线 C_h 六边形呈螺旋链式排列，存在螺旋对称操作 $\hat{\boldsymbol{R}}(\varphi,\boldsymbol{\tau})$，其中，旋转的角度为 φ，平移矢量为 $\boldsymbol{\tau}$。绕 z 轴旋转，从起始点 $A(0,0)$ 移动至 B 点；再沿管轴线平移矢量 $\boldsymbol{T}$ 平移，从 B 点到 C 点，见图 9-32。沿螺旋链方向旋进的最短长度，即螺旋单位矢量 $\boldsymbol{AC} = \boldsymbol{R}$，$C$ 点与(0,0)点等效，两点的基矢量取向，以及周围原子的分布完全相同，只是坐标不同。$\angle BOA = \varphi$，$\boldsymbol{BC} = \boldsymbol{\tau}$，$\boldsymbol{AB} = \boldsymbol{\chi}$，圆周长度为手性矢量 $\boldsymbol{C}_h$，管轴线最短平移矢量 $\boldsymbol{AP} = \boldsymbol{EF} = \boldsymbol{T}$。

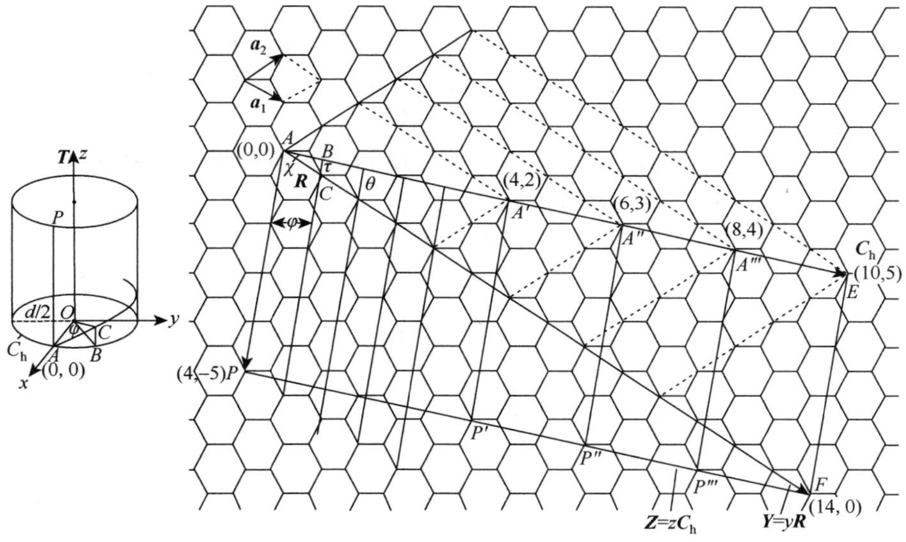

图 9-32　碳纳米管的螺旋对称性

管壁上旋进的螺旋线，展开为二维平面结构，螺旋线矢量为 $\boldsymbol{AF}$，随着手性数不同，管口周长不同而不同。当 $(n,m)=(2m,m)$，$m=1,2,3,\cdots$，螺旋线的最短平移矢量长度相等，即为同一条螺旋线。螺旋线矢量 $\boldsymbol{AF}$ 表示为

$$\boldsymbol{AF} = \boldsymbol{Y} = y\boldsymbol{R} \tag{9-47}$$

用螺旋线上单位矢量 $\boldsymbol{R}$，将螺旋链上碳原子的位置通过六边形的平移方式表达，y 就是螺旋线上的坐标。对于管轴线最短平移矢量 $\boldsymbol{T} = 4\boldsymbol{a}_1 - 5\boldsymbol{a}_2$，螺旋线长度 $\boldsymbol{AF} = 14a_1$，矢量端点坐标为(14,0)，碳纳米管的手性数为(10,5)。碳纳米管的直径较小，例如手性数为(8,4)、(6,3)或(4,2)，管轴线最短平移矢量不变，螺旋线矢量变短，圆柱底线的手性矢量 $\boldsymbol{AE} = \boldsymbol{C}_h$ 变短。以 $\boldsymbol{C}_h$ 为基矢量，则

$$\boldsymbol{PF} = \boldsymbol{Z} = z\boldsymbol{C}_h \tag{9-48}$$

在△APF 内由矢量加和规则，$\boldsymbol{Y} = \boldsymbol{Z} + \boldsymbol{T}$，有

$$y\boldsymbol{R}=z\boldsymbol{C}_{\mathrm{h}}+\boldsymbol{T} \tag{9-49}$$

其中，$\boldsymbol{R}=p\boldsymbol{a}_1+q\boldsymbol{a}_2$，$\boldsymbol{C}_{\mathrm{h}}=n\boldsymbol{a}_1+m\boldsymbol{a}_2$ 都是二维石墨层结构上的矢量，代入式（9-49），得

$$y(p\boldsymbol{a}_1+q\boldsymbol{a}_2)=z(n\boldsymbol{a}_1+m\boldsymbol{a}_2)+\left(\frac{n+2m}{k}\boldsymbol{a}_1-\frac{2n+m}{k}\boldsymbol{a}_2\right)$$

比较两端有

$$yp=zn+\frac{n+2m}{k} \tag{9-50}$$

$$yq=zm-\frac{2n+m}{k} \tag{9-51}$$

联立两式，消去 z，式（9-50）×m 减去式（9-51）×n：

$$y(pm-qn)=\frac{m(n+2m)}{k}+\frac{n(2n+m)}{k}=\frac{2(n^2+m^2+nm)}{k}=\frac{N}{2} \tag{9-52}$$

令 $N_{\mathrm{c}}=N/2$，式（9-52）表示为

$$pm-qn=\frac{N_{\mathrm{c}}}{y} \tag{9-53}$$

p、q、m、n 都是整数，N_{c}/y 也必是整数，因为 $\boldsymbol{Y}$ 矢量的终点必是复原重合点，包含整数六边形。倘若消去 y，式（9-50）×（$-q$）加上式（9-51）×p：

$$z(pm-qn)=\frac{q(n+2m)+p(2n+m)}{k}=M$$

于是得

$$pm-qn=\frac{M}{z} \tag{9-54}$$

M/z 必是整数。$\boldsymbol{Y}$ 矢量是 y 数目的 $\boldsymbol{R}$ 矢量在 $\boldsymbol{R}$ 方向的平移，$\boldsymbol{Z}$ 矢量是 $\boldsymbol{Y}$ 矢量在手性矢量 $\boldsymbol{C}_{\mathrm{h}}$ 上的投影。$\boldsymbol{Y}$ 矢量被 y 等分，$\boldsymbol{Z}$ 矢量也被 y 等分，$\boldsymbol{Z}$ 矢量 y 等分后的基矢量为 $\boldsymbol{\chi}$ 矢量，即

$$\boldsymbol{Z}=y\boldsymbol{\chi}=z\boldsymbol{C}_{\mathrm{h}} \tag{9-55}$$

$\boldsymbol{Y}$ 矢量在管轴线矢量 $\boldsymbol{T}$ 上的投影同样被 y 等分，等分后的基矢量为螺旋平移矢量 $\boldsymbol{\tau}$ 。由图 9-32 可得 $\boldsymbol{R}=\boldsymbol{\tau}+\boldsymbol{\chi}$，将其放大为螺旋平移矢量，就得到 $\boldsymbol{Y}=\boldsymbol{Z}+\boldsymbol{T}$ 。

$$\boldsymbol{T}=y\boldsymbol{\tau} \tag{9-56}$$

由式（9-55）可得

$$\boldsymbol{\chi}=\frac{\boldsymbol{Z}}{y}=\frac{z}{y}\boldsymbol{C}_{\mathrm{h}} \tag{9-57}$$

再由式（9-53）和式（9-54），$pm-qn=\dfrac{N_{\mathrm{c}}}{y}=\dfrac{M}{z}$：

$$\frac{z}{y}=\frac{M}{N_{\mathrm{c}}} \tag{9-58}$$

将其代入式（9-57）得

$$\boldsymbol{\chi}=\frac{z}{y}\boldsymbol{C}_{\mathrm{h}}=\frac{M}{N_{\mathrm{c}}}\boldsymbol{C}_{\mathrm{h}} \tag{9-59}$$

$\boldsymbol{\chi}$ 为 AB 弧长，在碳纳米管圆柱体的截面圆周上，与圆柱体 $x^2+y^2=r^2$ 上螺旋线对应，旋转角为

$$\boldsymbol{\chi}=\frac{\varphi}{2\pi}\boldsymbol{C}_{\mathrm{h}}\quad 或 \quad \varphi=2\pi\frac{|\boldsymbol{\chi}|}{|\boldsymbol{C}_{\mathrm{h}}|} \tag{9-60}$$

式（9-59）代入得

$$\varphi=2\pi\frac{M}{N_{\mathrm{c}}} \tag{9-61}$$

由式（9-61）即得螺旋线矢量的旋转角，或称为以管轴线为螺旋轴的基转角，由此得出碳纳米管的旋转轴对称性。令 $pm-qn=\dfrac{N_{\mathrm{c}}}{y}=\dfrac{M}{z}=u$，则

$$y = \frac{N_c}{u},\ z = \frac{M}{u} \tag{9-62}$$

存在限定条件 $p < n/u$，$q < m/u$。将式（9-62）代入螺旋平移矢量表达式（9-56），得到螺旋平移矢量表达式

$$\boldsymbol{\tau} = \frac{\boldsymbol{T}}{y} = \frac{u}{N_c}\boldsymbol{T} \tag{9-63}$$

由式（5-49），即 $y\boldsymbol{R} = z\boldsymbol{C}_h + \boldsymbol{T}$，将式（9-62）的 y 和 z 代入得

$$N_c\boldsymbol{R} = M\boldsymbol{C}_h + u\boldsymbol{T} \tag{9-64}$$

对 $y\boldsymbol{R} = z\boldsymbol{C}_h + \boldsymbol{T}$，右乘 $\boldsymbol{T}^T$，求标量积 $y\boldsymbol{R}\cdot\boldsymbol{T}^T = z\boldsymbol{C}_h\cdot\boldsymbol{T}^T + \boldsymbol{T}\cdot\boldsymbol{T}^T = T^2$，其中，$\boldsymbol{C}_h$ 与 $\boldsymbol{T}$ 垂直，$\boldsymbol{C}_h\cdot\boldsymbol{T} = 0$。再将 $y = \frac{N_c}{u}$ 代入求得管轴线平移矢量长度：

$$T^2 = \frac{N_c}{u}\boldsymbol{R}\cdot\boldsymbol{T}^T \tag{9-65}$$

以上关于 N_c、M、T、y、z、φ 的关系式，通过已知的手性数 m 和 n，以及生成的 p、q 和 u 解出，进而画出螺旋线。一根标准的笔直碳纳米管可以忽略管底部的碗形结构部分，但碗形结构部分决定了碳纳米管旋转轴的重数。对于旋转轴重数 n 为偶数的开口扶手椅和锯齿型碳纳米管，其对称性为 D_{nh} 群，而为奇数的开口扶手椅和锯齿型碳纳米管，其对称性则为 D_{nd} 群。手性碳纳米管的对称性，先由以上关系式解得螺旋基转角 φ，以及螺旋平移矢量 $\boldsymbol{\tau}$，当 $u=1$ 时，手性碳纳米管的对称性为 $C_{N_c/kM}$；当 $u\neq1$ 时，手性碳纳米管的对称性为 $C_u\otimes C'_{N_c/kM}$。例如，手性数为 $(4,2)$ 碳纳米管，管口周长 $\boldsymbol{C}_h = 2\sqrt{21}b$，管口直径 $d = 2\sqrt{21}b/\pi$，手性角 $\theta = 19.11°$，管轴线平移矢量 $\boldsymbol{T} = \frac{8}{k}\boldsymbol{a}_1 - \frac{10}{k}\boldsymbol{a}_2 = 4\boldsymbol{a}_1 - 5\boldsymbol{a}_2$，公约数 $k=2$，长度 $T = 3b\sqrt{7}$，最短平移矢量长度内含碳原子数 $N=56$，则有 $N_c = 28$，螺旋线基矢量 $\boldsymbol{R} = \boldsymbol{a}_1 + 0\boldsymbol{a}_2$，$p=1$，$q=0$，$u=2$。螺旋轴的旋转角 $\varphi = \frac{10\pi}{28}$，螺旋平移矢量 $\tau = \frac{3b}{2\sqrt{7}}$。$y=14$，$z=5/2$，$\boldsymbol{Y} = 14\boldsymbol{a}_1 + 0\boldsymbol{a}_2$，矢量端点坐标 $(14,0)$；$\boldsymbol{Z} = 10\boldsymbol{a}_1 + 5\boldsymbol{a}_2$，矢量端点坐标 $(10,5)$，见图 9-32。

9.4.4　碳纳米管的导电性

碳纳米管的导电性属于 p 轨道电子导电，碳纳米管直径越小，弯曲程度越高，沿管体截面圆周线的 p 轨道之间的交角越大，偏离平行的程度增大，轨道重叠程度减小，就不再像石墨的金属导电性。沿管轴线方向，对于扶手椅和锯齿型碳纳米管，仍可能出现 p 轨道完全平行的情况，类似于石墨的金属导电性质。这完全要看管轴线方向的碳原子是否在一条线上，或者彼此偏离中心线的程度。对于扶手椅型碳纳米管，当手性数 $n-m=0$ 时，必然是金属导电性，见图 9-29，沿管轴线方向碳原子偏离中心线很小，可以认为碳原子的 p 轨道近乎平行。对于锯齿型碳纳米管，当手性数 $n-m=3k$ 时，也是如此，是金属导电性，见图 9-30；当手性数 $n-m\neq3k$ 时，则是半导体导电性，碳原子位置错位程度较大。而对于螺旋型碳纳米管，当 $n-m=3k$ 时，属于金属导电，而当 $n-m=2k$ 时，碳原子沿螺旋链矢量排列，在弯曲管壁上，碳原子位置的错位程度较大，p 轨道的平行程度较小，重叠程度减小，这类对称性的碳纳米管，多数是半导体导电性，见图 9-31 和图 9-32。导电性质需要根据每根碳纳米管的弯曲程度和管轴线方向碳原子的最短平移矢量的长度进行具体分析。根据管体直径，以及管轴线方向碳原子线形排列的有序性，可以粗略判断碳纳米管的导电性质。

多层碳纳米管由外管套内管，内外管之间的间距为 339pm，与石墨层间距 335pm 相当。管壁手性数和弯曲程度决定每层碳管的导电性，层间是半导体性质。

习　题

1. 已知 IPR 富勒烯 C_{96}，对称性为 D_{6h} 群，以半球作为碳纳米管底部的碗状结构，见图 9-26（c），试判断碳纳米管的结构类型，计算碳纳米管的直径和手性角，并推断管轴线平行方向碳原子的共轭键。

2. 手性碳纳米管(8,4)，C—C 键键长 144pm，计算：（1）管轴线方向最短平移矢量；（2）该长度碳纳米管内的碳原子数；（3）螺旋轴的旋转角和平移矢量长度。

3. 判断下列簇化合物所属类型，并用合理的电子计数规则判断簇的多面体结构。

（1）$Rh_6(CO)_{16}$ （2）$Os_5(CO)_{16}$ （3）$B_{11}NH_{12}$ （4）$Ru_6(CO)_{18}H_2$ （5）$[Rh_{10}P(CO)_{22}]^{3-}$

（6）$Os_7(CO)_{21}$ （7）$[Rh_{12}Sb(CO)_{27}]^{3-}$ （8）$[Co_6C(CO)_{15}]^{2-}$ （9）$[Co_6N(CO)_{13}]^-$

4. 推断簇离子$[Rh_{10}As(CO)_{27}]^{3-}$和$[Rh_9P(CO)_{21}]^{2-}$簇部分的多面体结构。

5. 推断 Wade 簇化合物SB_8H_8和$C_2B_{10}H_{12}$的多面体结构。

6. 系列分子Cl_2CO、Cl_3PO、Cl_2SO_2、Cl_2SO的 Cl—A—Cl 键角分别为 111.3°、103.6°、101.8°、97.0°，试推断 VSEPR 构型，并解释键角减小的变化趋势。

7. 系列分子F_2CO、F_3PO、F_2SO_2、F_2SO的 F—A—F 键角分别为 107.7°、102.5°、98.6°、92.2°，试推断 VSEPR 构型，并解释键角减小的变化趋势。

8. 实验测得系列化合物AsF_5、SeF_4、BrF_3均有两种键长值，第一种键长值分别为 171pm、177pm、181pm；第二种键长值分别为 166pm、168pm、172pm。试推测它们的 VSEPR 构型，分析结构变化的规律性。

9. 分子离子$[NbOCl_5]^{2-}$的 Nb═O 键键长为 197pm，Nb—Cl 键键长为 240pm 和 255pm，O═Nb—Cl 键角为 95.0°，试根据构型参数推断分子的 VSEPR 变形结构。

10. 分子离子$[OsNCl_5]^{2-}$的 Os≡N 键键长为 161pm，Os—Cl 键键长为 236pm 和 261pm，N≡Os—Cl 键角为 96.0°，试根据构型参数推断分子的 VSEPR 变形结构。

11. 推断分子 O═CrF_4和 O═WCl_4，以及分子离子 O═$TiCl_4^{2-}$和 S═$NbCl_4^-$的 VSEPR 构型。

12. 推断下列化合物的 VSEPR 构型。

（1）SF_4 （2）SF_5^- （3）SF_6 （4）O_3XeF_2 （5）O_2ClF_3 （6）ClF_5 （7）IF_7 （8）BrF_3

参考文献

[1] Mak T C W，Lam C N，Lau O W. Drinking-straw polyhedral models in structural chemistry [J]. Journal of Chemical Education，1977，54（7）：438-439.

[2] Grimes R N. Boron clusters come of age [J]. Journal of Chemical Education，2004，81（5）：658-672.

[3] Mingos D M P. Interrelationships between the topological electron-counting theory and the polyhedral skeletal electron pair theory [J]. Inorganic Chemistry，1985，24（1）：114-115.

[4] Donohue J. Concerning the evidence for the molecular symmetry of IF_7 [J]. Acta Crystallographica，1965，18（6）：1018-1021.

[5] Chen Z F，King R B. Spherical aromaticity：recent work on fullerenes，polyhedral boranes，and related structures [J]. Chemical Review，2005，105（10）：3613-3642.

[6] Fowler P W，Batten R C，Manolopoulos D E. The higher fullerenes：a candidate for the structure of C78 [J]. Journal of the Chemical Society，FaradayTransactions，1991，87（18）：3103-3104.

[7] 李平. 硫化磷的构型稳定性 [J]. 化学学报，2006，64（2）：121-130.

[8] Gillespie R J. The VSEPR model revisited [J]. Chemical Society Reviews，1992，21（1）：59-69.

[9] Müller U. Inorganic Structural Chemistry [M]. Chichester：John Wiley，2006.

[10] von Schnering H G. Die Kristallstruktur von $Hg(Mo_6Cl_8)Cl_6$ [J]. Zeitschrift für Anorganische und Allgemeine Chemie，1971，385（1-2）：75-84.

[11] Lower L D，Dahl L F. Synthesis and structural characterization of a new type of metal cluster system, octacarbonylhexakis (μ_4-phenylphosphido) octanickel, containing a completely bonding metal cube. A transition metal analog of cubane, C_8H_8 [J]. Journal of the American Chemical Society，1976，98（16）：5046-5047.

[12] Moyano A，Serratosa F，Camps P，et al. The IUPAC systematic names of the regular polyhedranes：an exercise in organic chemistry nomenclature [J]. Journal of Chemical Education，1982，59（2）：126-127.

[13] Reichert B E，Sheldrick G M. Hexadecacarbonylpentaosmium [J]. Acta Crystallographica Section B：Structural Science, Crystal Engineering and Materials，1977，B33 （1）：173-175.

[14] Ueno F，Simon A. Structure of tetrapotassium dodeca-μ-bromo-hexabromo-octahedro-hexaniobate（4-），$K_4[(Nb_6Br_{12})Br_6]$ [J]. Acta Crystallographica Section C：Structural Chemistry，1985，C41（3）：308-310.

[15] Brayshaw S K，Harrison A，McIndoe J S，et al. Sequential reduction of high hydride count octahedral rhodium clusters $[Rh_6(PR_3)_6H_{12}][BArF_4]_2$：redox-switchable hydrogen storage [J]. Journal of the American Chemical Society，2007，129（6）：1793-1804.

[16] Corey E R，Beck W，Dahl L. $Rh_6(CO)_{16}$ and its identity with previously reported $Rh_4(CO)_{11}$ [J]. Journal of the American Chemical Society，1963，85（8）： 1202-1203.

[17] Albano V G，Sansoni M，Chini P，et al. Synthesis and crystallographic characterization of the carbidopentadecacarbonylhexarhodate dianion in its bis（benzyltrimethylammonium） salt, the first example of a trigonal prismatic cluster of metal atoms [J]. Journal of the Chemical Society，Dalton Transactions，1973，6：651-655.

[18] Martinengo S，Ciani G，Sironi A，et al. Synthesis and X-ray characterization of the $[M_6N(\mu\text{-}CO)_9(CO)_6]$（M=cobalt，rhodium）anions. A new class of metal carbonyl cluster compounds containing an interstitial nitrogen atom [J]. Journal of the American Chemical Society，1979，101（23）：7095-7097.

[19] Housecroft C E，Matthews D M，Waller A，et al. Trigonal-prismatic and octahedral hexaruthenium boride clusters：molecular structures of $[N(PPh_3)_2][Ru_6H_2(CO)_{18}B]$，$[Ru_6(CO)_{17}B\{AuP(C_6H_4Me\text{-}_2)_3\}]$，$[Ru_6H(CO)_{16}B\{Au(PPh_3)\}_2]$ and $[Ru_6(CO)_{16}B\{Au(PPh_3)\}_3]$ [J]. Journal of the Chemical Society，Dalton Transactions，1993，20：3059-3070.

[20] Ceriotti A，Piro G，Longni G，et al. Degradation reactions of nickel mono-carbide clusters-synthesis and crystal structure of the $[Ni_7(CO)_{12}C]^{2-}$，$[Ni_{11}(CO)_{15}C_2]^{4-}$ and $[Ni_{12}(CO)_{16}C_2]^{4-}$ polyanions [J]. New Journal of Chemistry，1988，12（6-7）：501-503.

[21] Albano V G，Braga D，Ciamician G，et al. New carbide clusters in the cobalt sub-group. Part 7. Preparation and structural characterization of carbido-hexa-μ-carbonyl-heptacarbonyl-polyhedro-hexarhodate（2–）as its bis（tetraphenylphosphonium）salt [J]. Journal of the Chemical Society，Dalton Transactions，1981，3：717-720.

[22] Ceriotti A，Demartin F，Heaton B T，et al. Nickel carbonyl clusters containing interstitial carbon-congener atoms：synthesis and structural characterisation of the $[Ni_{12}(\mu_{12}\text{-}E)(CO)_{22}]^{2-}$（E= Ge, Sn）and $[Ni_{10}(\mu_{10}\text{-}Ge)(CO)_{20}]^{2-}$ dianions [J]. Journal of the Chemical Society，Chemical Communications，1989，12：786-787.

[23] Bailey P J，Conole G，Johnson B F G，et al. Chemistry of the carbido- and nitrido-decaruthenium cluster anions $[Ru_{10}H(C)(CO)_{24}]^{-}$，$[Ru_{10}C(CO)_{24}]^{2-}$ and $[Ru_{10}N(CO)_{24}]^{-}$ [J]. Journal of the Chemical Society，Dalton Transactions，1995，5：741-751.

[24] Mingos D M P，Slee T，Yang L Z. Bonding models for ligated and bare clusters [J]. Chemical Review，1990，90（2）：383-402.

[25] Fehlner T P，Halet J F，Saillard J Y. Molecular cluster：a bridge to solid-state chemistry [M]. Cambridge：Cambridge University，2007.

[26] Li P. Structures，IR，NMR spectra and thermodynamics properties of halogenated compounds X-1-$ZB_{11}H_{10}$（Z = O, S, Se；X=F, Cl, Br）：A DFT study [J]. Chinese Journal of Chemistry，2010，28（8）：1331-1344.

[27] Li P. Relations between stabilities and structures of closo borane dianions [J]. Chinese Journal of Structural Chemistry，2006，25（6）：724-734.

[28] Mingos D M P. Polyhedral skeletal electron pair approach [J]. Accounts of Chemical Research，1984，17（9）：311-319.

[29] Ceriotti A，Longoni G，Manassero M，et al. Nickel carbide carbonyl clusters. Synthesis and structural characterization of $[Ni_8(CO)_{16}C]^{2-}$ and $[Ni_9(CO)_{17}C]^{2-}$ [J]. Inorganic Chemistry，1985，24（1）：117-120.

[30] Mcpartlin M，Eadyb C，Johnson I G，et al. X-Ray structures of the hexanuclear cluster complexes $[Os_6(CO)_{18}]^{2-}$，$[HOs_6(CO)_{18}]^{-}$，and $[H_2Os_6(CO)_{18}]$ [J]. Journal of the Chemical Society，Chemical Communications，1976，21：883-885.

[31] Eady C R，Johnson B G，Lewis J，et al. The structure of $[Os_7(CO)_{21}]$；X-ray and ^{13}C nuclear magnetic resonance analyses [J]. Journal of the Chemical Society，Chemical Communications，1977，11：385-386.

[32] Jackson P，Johnson B G，Lewis J，et al. Synthesis and molecular structure of $[(Ph_3P)_2N]_2[Os_8(CO)_{22}]$ [J]. Journal of the Chemical Society，Chemical Communications，1980，2：60-61.

[33] Jackson P F，Johnson B F G，Lewis J，et al. Synthesis of the carbido cluster $[Os_{10}(CO)_{24}C]^{2-}$ and the X-ray structure of $[Os_{10}(CO)_{24}C][(Ph_3P)_2N]_2$ [J]. Journal of the Chemical Society，Chemical Communications，1980，5：224-226.

[34] von Schnering H G，Homoatomic bonding of main group elements [J]. Angewandte Chemie International Edition，1981，20（1）：33.

[35] Li P. Stereo configuration and isolated stability of phosphorus polyanions [J]. Chinese Journal of Structural Chemistry，2004，23（7）：812-824.

[36] Belin C H E，Corbett J D，Char A，Homopolyatomic anions and configurational questions. Synthesis and structure of the nonagermanide（2–）and nonagermanide（4–）ions，Ge_9^{2-} and Ge_9^{4-} [J]. Journal of the American Chemical Society，1977，99（22）：7163-7169.

[37] Gillett-Kunnath M M，Petrov I，Sevov S C. Heteroatomic deltahedral zintl ions of group 14 and their alkenylation[J]. Inorganic Chemistry，2010，49（2）：721-729.

[38] Albano V G，Braga D，Chini P，et al. Mixed-metal carbido carbonyl clusters. Part 1. Synthesis and structural characterization of di-μ_3-acetonitrilecuprio-carbido-ennea-μ-carbonyl-hexacarbonyl-polyhedro-hexarhodium，$[Cu_2Rh_6(CO)_{15}(NCMe)_2]\cdot 0.5MeOH$ [J]. Journal of the Chemical Society，Dalton Transactions，1980，1：52-54.

[39] Rudolph R W，Wilson W L，Parker F，et al. Nature of naked-metal-cluster polyanions in solution. Evidence for $(Sn_{9-x}Pb_x)^{4-}$（$x = 0\sim9$）and tin-antimony clusters [J]. Journal of the American Chemical Society，1978，100（14）：4629-4630.

[40] Parthė E. Modern Perspectives in Organic Crystal Chemistry [M]. Dordrecht：Kluwer Academic publishers，1992.

[41] Johnston R L. Atomic Molecular Cluster [M]. London：Taylor Francis，2002.

[42] Albano V G，Ciani G，Martinengo S，et al. High nuclearity carbonyl clusters of rhodium. Part 1. Crystallographic characterization of dodeca-μ-carbonyl-dodecacarbonyldihydrido-polyhedro-tridecarhodate（3–）in its benzyltriphenylphosphonium salt [J]. Journal of the Chemical Society，Dalton Transactions，1979，6：978-982.

[43] Vidal J L，Troup J M. $[Rh_{12}Sb(CO)_{27}]^{3-}$ an example of encapsulation of antimony by a transition metal carbonyl cluster [J]. Journal of Organometallic Chemistry，1981，213（1）：351-363.

[44] LeBreton P R，Urano S，Shahbaz M，et al. He（I）photoelectron spectra，valence electronic structure，and back bonding in the deltahedral boron chlorides，B_4Cl_4，B_8Cl_8，and B_9Cl_9 [J]. Journal of the American Chemical Society，1986，108（14）：3937-3946.

[45] Moses M J，Fettinger J C，Eichhorn B W. Interpenetrating As_{20} fullerene and Ni_{12} icosahedra in the onion-skin $[As@Ni_{12}@As_{20}]^{3-}$ ion [J]. Science，2003，300（5620）：778-780.

[46] Teo B K. Molecular orbital justification of topological electron-counting theory [J]. Inorganic Chemistry，1985，24（11）：1627-1638.

[47] Iijima S. Helical microtube of graphitic carbon [J]. Nature，1991，354（6348）：56-58.

[48] Harris P J F. Carbon Nanotube Science Synethesis，Properties，and Applications [M]. Cambridge：Cambridge University Press & Science Press，2010.

附表 1　230 种空间群及其所属 32 种点群

序号	点群	熊夫利符号	1935 年版国际符号		2006 年版国际符号		备注
			简略符号	完全符号	简略符号	完全符号	
1	1	C_1^1	$P1$	$P1$	$P1$	$P1$	
2	$\bar{1}$	C_i^1	$P\bar{1}$	$P\bar{1}$	$P\bar{1}$	$P\bar{1}$	
3		C_2^1	$P2$	$P2$	$P2$	$P121$ $P112$	
4	2	C_2^2	$P2_1$	$P2_1$	$P2_1$	$P12_11$ $P112_1$	
5		C_2^3	$C2$	$C2$	$C2$	$C121$ $A112$	$B2,B112(IT,1952)$
6		C_s^1	Pm	Pm	Pm	$P1m1$ $P11m$	
7		C_s^2	Pc	Pc	Pc	$P1c1$ $P11a$	$Pb,P11b(IT,1952)$
8	m	C_s^3	Cm	Cm	Cm	$C1m1$ $A11m$	$Bm,B11m(IT,1952)$
9		C_s^4	Cc	Cc	Cc	$C1c1$ $A11a$	$Bb,B11b(IT,1952)$
10		C_{2h}^1	$P2/m$	$P2/m$	$P2/m$	$P12/m1$ $P112/m$	
11		C_{2h}^2	$P2_1/m$	$P2_1/m$	$P2_1/m$	$P12_1/m1$ $P112_1/m$	
12		C_{2h}^3	$C2/m$	$C2/m$	$C2/m$	$C12/m1$ $A112/m$	$B2/m,B112/m$ $(IT,1952)$
13	$2/m$	C_{2h}^4	$P2/c$	$P2/c$	$P2/c$	$P12/c1$ $P112/a$	$P2/b,P112/b$ $(IT,1952)$
14		C_{2h}^5	$P2_1/c$	$P2_1/c$	$P2_1/c$	$P12_1/c1$ $P112_1/a$	$P2_1/b,P112_1/b$ $(IT,1952)$
15		C_{2h}^6	$C2/c$	$C2/c$	$C2/c$	$C12/c1$ $A112/a$	$B2/b,B112/b$ $(IT,1952)$
16		D_2^1	$P222$	$P222$	$P222$	$P222$	
17		D_2^2	$P222_1$	$P222_1$	$P222_1$	$P222_1$	
18		D_2^3	$P2_12_12$	$P2_12_12$	$P2_12_12$	$P2_12_12$	
19		D_2^4	$P2_12_12_1$	$P2_12_12_1$	$P2_12_12_1$	$P2_12_12_1$	
20	222	D_2^5	$C222_1$	$C222_1$	$C222_1$	$C222_1$	
21		D_2^6	$C222$	$C222$	$C222$	$C222$	
22		D_2^7	$F222$	$F222$	$F222$	$F222$	
23		D_2^8	$I222$	$I222$	$I222$	$I222$	
24		D_2^9	$I2_12_12_1$	$I2_12_12_1$	$I2_12_12_1$	$I2_12_12_1$	

续表

序号	点群	熊夫利符号	1935 年版国际符号		2006 年版国际符号		备注
			简略符号	完全符号	简略符号	完全符号	
25	222	C_{2v}^{1}	*Pmm*	*Pmm*2	*Pmm*2	*Pmm*2	
26		C_{2v}^{2}	*Pmc*	$Pmc2_1$	$Pmc2_1$	$Pmc2_1$	
27		C_{2v}^{3}	*Pcc*	*Pcc*2	*Pcc*2	*Pcc*2	
28		C_{2v}^{4}	*Pma*	*Pma*2	*Pma*2	*Pma*2	
29		C_{2v}^{5}	*Pca*	$Pca2_1$	$Pca2_1$	$Pca2_1$	
30		C_{2v}^{6}	*Pnc*	*Pnc*2	*Pnc*2	*Pnc*2	
31		C_{2v}^{7}	*Pmn*	$Pmn2_1$	$Pmn2_1$	$Pmn2_1$	
32		C_{2v}^{8}	*Pba*	*Pba*2	*Pba*2	*Pba*2	
33		C_{2v}^{9}	*Pna*	$Pna2_1$	$Pna2_1$	$Pna2_1$	
34		C_{2v}^{10}	*Pnn*	*Pnn*2	*Pnn*2	*Pnn*2	
35		C_{2v}^{11}	*Cmm*	*Cmm*2	*Cmm*2	*Cmm*2	
36	*mm*2	C_{2v}^{12}	*Cmc*	$Cmc2_1$	$Cmc2_1$	$Cmc2_1$	
37		C_{2v}^{13}	*Ccc*	*Ccc*2	*Ccc*2	*Ccc*2	
38		C_{2v}^{14}	*Amm*	*Amm*2	*Amm*2	*Amm*2	
39		C_{2v}^{15}	*Abm*	*Abm*2	*Aem*2	*Aem*2	生成对称操作用符号 *Abm*2
40		C_{2v}^{16}	*Ama*	*Ama*2	*Ama*2	*Ama*2	
41		C_{2v}^{17}	*Aba*	*Aba*2	*Aea*2	*Aea*2	生成对称操作用符号 *Aba*2
42		C_{2v}^{18}	*Fmm*	*Fmm*2	*Fmm*2	*Fmm*2	
43		C_{2v}^{19}	*Fdd*	*Fdd*2	*Fdd*2	*Fdd*2	
44		C_{2v}^{20}	*Imm*	*Imm*2	*Imm*2	*Imm*2	
45		C_{2v}^{21}	*Iba*	*Iba*2	*Iba*2	*Iba*2	
46		C_{2v}^{22}	*Ima*	*Ima*2	*Ima*2	*Ima*2	
47		D_{2h}^{1}	*Pmmm*	$P2/m2/m2/m$	*Pmmm*	$P2/m2/m2/m$	
48		D_{2h}^{2}	*Pnnn*	$P2/n2/n2/n$	*Pnnn*	$P2/n2/n2/n$	
49		D_{2h}^{3}	*Pccm*	$P2/c2/c2/m$	*Pccm*	$P2/c2/c2/m$	
50		D_{2h}^{4}	*Pban*	$P2/b2/a2/n$	*Pban*	$P2/b2/a2/n$	
51		D_{2h}^{5}	*Pmma*	$P2_1/m2/m2/a$	*Pmma*	$P2_1/m2/m2/a$	
52		D_{2h}^{6}	*Pnna*	$P2/n2_1/n2/a$	*Pnna*	$P2/n2_1/n2/a$	
53	*mmm*	D_{2h}^{7}	*Pmna*	$P2/m2/n2_1/a$	*Pmna*	$P2/m2/n2_1/a$	
54		D_{2h}^{8}	*Pcca*	$P2_1/c2/c2/a$	*Pcca*	$P2_1/c2/c2/a$	
55		D_{2h}^{9}	*Pbam*	$P2_1/b2_1/a2/m$	*Pbam*	$P2_1/b2_1/a2/m$	
56		D_{2h}^{10}	*Pccn*	$P2_1/c2_1/c2/n$	*Pccn*	$P2_1/c2_1/c2/n$	
57		D_{2h}^{11}	*Pbcm*	$P2/b2_1/c2_1/m$	*Pbcm*	$P2/b2_1/c2_1/m$	

续表

序号	点群	熊夫利符号	1935 年版国际符号		2006 年版国际符号		备注
			简略符号	完全符号	简略符号	完全符号	
58		D_{2h}^{12}	*Pnnm*	$P2_1/n2_1/n2/m$	*Pnnm*	$P2_1/n2_1/n2/m$	
59		D_{2h}^{13}	*Pmmn*	$P2_1/m2_1/m2/n$	*Pmmn*	$P2_1/m2_1/m2/n$	
60		D_{2h}^{14}	*Pbcn*	$P2_1/b2/c2_1/n$	*Pbcn*	$P2_1/b2/c2_1/n$	
61		D_{2h}^{15}	*Pbca*	$P2_1/b2/c2_1/a$	*Pbca*	$P2_1/b2/c2_1/a$	
62		D_{2h}^{16}	*Pnma*	$P2_1/n2_1/m2_1/a$	*Pnma*	$P2_1/n2_1/m2_1/a$	
63		D_{2h}^{17}	*Cmcm*	$C2/m2/c2_1/m$	*Cmcm*	$C2/m2/c2_1/m$	
64		D_{2h}^{18}	*Cmca*	$C2/m2/c2_1/a$	*Cmce*	$C2/m2/c2_1/e$	生成对称操作用符号 *Cmca*
65		D_{2h}^{19}	*Cmmm*	$C2/m2/m2/m$	*Cmmm*	$C2/m2/m2/m$	
66		D_{2h}^{20}	*Cccm*	$C2/c2/c2/m$	*Cccm*	$C2/c2/c2/m$	
67	*mmm*	D_{2h}^{21}	*Cmma*	$C2/m2/m2/a$	*Cmme*	$C2/m2/m2/e$	生成对称操作用符号 *Cmma*
68		D_{2h}^{22}	*Ccca*	$C2/c2/c2/a$	*Ccce*	$C2/c2/c2/e$	生成对称操作用符号 *Ccca*
69		D_{2h}^{23}	*Fmmm*	$F2/m2/m2/m$	*Fmmm*	$F2/m2/m2/m$	
70		D_{2h}^{24}	*Fddd*	$F2/d2/d2/d$	*Fddd*	$F2/d2/d2/d$	
71		D_{2h}^{25}	*Immm*	$I2/m2/m2/m$	*Immm*	$I2/m2/m2/m$	
72		D_{2h}^{26}	*Ibam*	$I2/b2/a2/m$	*Ibam*	$I2/b2/a2/m$	
73		D_{2h}^{27}	*Ibca*	$I2_1/b2_1/c2_1/a$	*Ibca*	$I2_1/b2_1/c2_1/a$	$I2/b2/c2/a$ (*IT*,1952)
74		D_{2h}^{28}	*Imma*	$I2_1/m2_1/m2_1/a$	*Imma*	$I2_1/m2_1/m2_1/a$	$I2/m2/m2/a$ (*IT*,1952)
75	4	C_4^1	$P4$	$P4$	$P4$	$P4$	
76		C_4^2	$P4_1$	$P4_1$	$P4_1$	$P4_1$	
77		C_4^3	$P4_2$	$P4_2$	$P4_2$	$P4_2$	
78		C_4^4	$P4_3$	$P4_3$	$P4_3$	$P4_3$	
79		C_4^5	$I4$	$I4$	$I4$	$I4$	
80		C_4^6	$I4_1$	$I4_1$	$I4_1$	$I4_1$	
81	$\bar{4}$	S_4^1	$P\bar{4}$	$P\bar{4}$	$P\bar{4}$	$P\bar{4}$	
82		S_4^2	$I\bar{4}$	$I\bar{4}$	$I\bar{4}$	$I\bar{4}$	
83	$4/m$	C_{4h}^1	$P4/m$	$P4/m$	$P4/m$	$P4/m$	
84		C_{4h}^2	$P4_2/m$	$P4_2/m$	$P4_2/m$	$P4_2/m$	
85		C_{4h}^3	$P4/n$	$P4/n$	$P4/n$	$P4/n$	
86		C_{4h}^4	$P4_2/n$	$P4_2/n$	$P4_2/n$	$P4_2/n$	
87		C_{4h}^5	$I4/m$	$I4/m$	$I4/m$	$I4/m$	
88		C_{4h}^6	$I4_1/a$	$I4_1/a$	$I4_1/a$	$I4_1/a$	

续表

序号	点群	熊夫利符号	1935 年版国际符号		2006 年版国际符号		备注
			简略符号	完全符号	简略符号	完全符号	
89	422	D_4^1	$P42$	$P422$	$P422$	$P422$	
90		D_4^2	$P42_1$	$P42_12$	$P42_12$	$P42_12$	
91		D_4^3	$P4_12$	$P4_122$	$P4_122$	$P4_122$	
92		D_4^4	$P4_12_1$	$P4_12_12$	$P4_12_12$	$P4_12_12$	
93		D_4^5	$P4_22$	$P4_222$	$P4_222$	$P4_222$	
94		D_4^6	$P4_22_1$	$P4_22_12$	$P4_22_12$	$P4_22_12$	
95		D_4^7	$P4_32$	$P4_322$	$P4_322$	$P4_322$	
96		D_4^8	$P4_32_1$	$P4_32_12$	$P4_32_12$	$P4_32_12$	
97		D_4^9	$I42$	$I422$	$I422$	$I422$	
98		D_4^{10}	$I4_12$	$I4_122$	$I4_122$	$I4_122$	
99	$4mm$	C_{4v}^1	$P4mm$	$P4mm$	$P4mm$	$P4mm$	
100		C_{4v}^2	$P4bm$	$P4bm$	$P4bm$	$P4bm$	
101		C_{4v}^3	$P4cm$	$P4_2cm$	$P4_2cm$	$P4_2cm$	
102		C_{4v}^4	$P4nm$	$P4_2nm$	$P4_2nm$	$P4_2nm$	
103		C_{4v}^5	$P4cc$	$P4cc$	$P4cc$	$P4cc$	
104		C_{4v}^6	$P4nc$	$P4nc$	$P4nc$	$P4nc$	
105		C_{4v}^7	$P4mc$	$P4_2mc$	$P4_2mc$	$P4_2mc$	
106		C_{4v}^8	$P4bc$	$P4_2bc$	$P4_2bc$	$P4_2bc$	
107		C_{4v}^9	$I4mm$	$I4mm$	$I4mm$	$I4mm$	
108		C_{4v}^{10}	$I4cm$	$I4cm$	$I4cm$	$I4cm$	
109		C_{4v}^{11}	$I4md$	$I4_1md$	$I4_1md$	$I4_1md$	
110		C_{4v}^{12}	$I4cd$	$I4_1cd$	$I4_1cd$	$I4_1cd$	
111	$\bar{4}2m$	D_{2d}^1	$P\bar{4}2m$	$P\bar{4}2m$	$P\bar{4}2m$	$P\bar{4}2m$	
112		D_{2d}^2	$P\bar{4}2c$	$P\bar{4}2c$	$P\bar{4}2c$	$P\bar{4}2c$	
113		D_{2d}^3	$P\bar{4}2_1m$	$P\bar{4}2_1m$	$P\bar{4}2_1m$	$P\bar{4}2_1m$	
114		D_{2d}^4	$P\bar{4}2_1c$	$P\bar{4}2_1c$	$P\bar{4}2_1c$	$P\bar{4}2_1c$	
115		D_{2d}^5	$C\bar{4}2m$	$C\bar{4}2m$	$P\bar{4}m2$	$P\bar{4}m2$	
116		D_{2d}^6	$C\bar{4}2c$	$C\bar{4}2c$	$P\bar{4}c2$	$P\bar{4}c2$	
117		D_{2d}^7	$C\bar{4}2b$	$C\bar{4}2b$	$P\bar{4}b2$	$P\bar{4}b2$	
118		D_{2d}^8	$C\bar{4}2n$	$C\bar{4}2n$	$P\bar{4}n2$	$P\bar{4}n2$	
119		D_{2d}^9	$F\bar{4}2m$	$F\bar{4}2m$	$I\bar{4}m2$	$I\bar{4}m2$	
120		D_{2d}^{10}	$F\bar{4}2c$	$F\bar{4}2c$	$I\bar{4}c2$	$I\bar{4}c2$	
121		D_{2d}^{11}	$I\bar{4}2m$	$I\bar{4}2m$	$I\bar{4}2m$	$I\bar{4}2m$	
122		D_{2d}^{12}	$I\bar{4}2d$	$I\bar{4}2d$	$I\bar{4}2d$	$I\bar{4}2d$	

续表

序号	点群	熊夫利符号	1935 年版国际符号		2006 年版国际符号		备注
			简略符号	完全符号	简略符号	完全符号	
123		D_{4h}^1	$P4/mmm$	$P4/m2/m2/m$	$P4/mmm$	$P4/m2/m2/m$	
124		D_{4h}^2	$P4/mcc$	$P4/m2/c2/c$	$P4/mcc$	$P4/m2/c2/c$	
125		D_{4h}^3	$P4/nbm$	$P4/n2/b2/m$	$P4/nbm$	$P4/n2/b2/m$	
126		D_{4h}^4	$P4/nnc$	$P4/n2/n2/c$	$P4/nnc$	$P4/n2/n2/c$	
127		D_{4h}^5	$P4/mbm$	$P4/m2_1/b2/m$	$P4/mbm$	$P4/m2_1/b2/m$	
128		D_{4h}^6	$P4/mnc$	$P4/m2_1/n2/c$	$P4/mnc$	$P4/m2_1/n2/c$	
129		D_{4h}^7	$P4/nmm$	$P4/n2_1/m2/m$	$P4/nmm$	$P4/n2_1/m2/m$	
130		D_{4h}^8	$P4/ncc$	$P4/n2/c2/c$	$P4/ncc$	$P4/n2/c2/c$	
131		D_{4h}^9	$P4/mmc$	$P4_2/m2/m2/c$	$P4_2/mmc$	$P4_2/m2/m2/c$	
132	$4/mmm$	D_{4h}^{10}	$P4/mcm$	$P4_2/m2/c2/m$	$P4_2/mcm$	$P4_2/m2/c2/m$	
133		D_{4h}^{11}	$P4/nbc$	$P4_2/n2/b2/c$	$P4_2/nbc$	$P4_2/n2/b2/c$	
134		D_{4h}^{12}	$P4/nnm$	$P4_2/n2/n2/m$	$P4_2/nnm$	$P4_2/n2/n2/m$	
135		D_{4h}^{13}	$P4/mbc$	$P4_2/m2_1/b2/c$	$P4_2/mbc$	$P4_2/m2_1/b2/c$	
136		D_{4h}^{14}	$P4/mnm$	$P4_2/m2_1/n2/m$	$P4_2/mnm$	$P4_2/m2_1/n2/m$	
137		D_{4h}^{15}	$P4/nmc$	$P4_2/n2_1/m2/c$	$P4_2/nmc$	$P4_2/n2_1/m2/c$	
138		D_{4h}^{16}	$P4/ncm$	$P4_2/n2_1/c2/m$	$P4_2/ncm$	$P4_2/n2_1/c2/m$	
139		D_{4h}^{17}	$I4/mmm$	$I4/m2/m2/m$	$I4/mmm$	$I4/m2/m2/m$	
140		D_{4h}^{18}	$I4/mcm$	$I4/m2/c2/m$	$I4/mcm$	$I4/m2/c2/m$	
141		D_{4h}^{19}	$I4/amd$	$I4_1/a2/m2/d$	$I4_1/amd$	$I4_1/a2/m2/d$	
142		D_{4h}^{20}	$I4/acd$	$I4_1/a2/c2/d$	$I4_1/acd$	$I4_1/a2/c2/d$	
143		C_3^1	$C3$	$C3$	$P3$	$P3$	
144	3	C_3^2	$C3_1$	$C3_1$	$P3_1$	$P3_1$	
145		C_3^3	$C3_2$	$C3_2$	$P3_2$	$P3_2$	
146		C_3^4	$R3$	$R3$	$R3$	$R3$	
147	$\bar{3}$	C_{3i}^1	$C\bar{3}$	$C\bar{3}$	$P\bar{3}$	$P\bar{3}$	
148		C_{3i}^2	$R\bar{3}$	$R\bar{3}$	$R\bar{3}$	$R\bar{3}$	
149		D_3^1	$H32$	$H321$	$P312$	$P312$	
150		D_3^2	$C32$	$C321$	$P321$	$P321$	
151		D_3^3	$H3_12$	$H3_121$	$P3_112$	$P3_112$	
152	32	D_3^4	$C3_12$	$C3_121$	$P3_121$	$P3_121$	
153		D_3^5	$H3_22$	$H3_221$	$P3_212$	$P3_212$	
154		D_3^6	$C3_22$	$C3_221$	$P3_221$	$P3_221$	
155		D_3^7	$R32$	$R32$	$R32$	$R32$	
156	$3m$	C_{3v}^1	$C3m$	$C3m1$	$P3m1$	$P3m1$	

续表

序号	点群	熊夫利符号	1935 年版国际符号		2006 年版国际符号		备注
			简略符号	完全符号	简略符号	完全符号	
157		C_{3v}^2	$H3m$	$H3m1$	$P31m$	$P31m$	
158		C_{3v}^3	$C3c$	$C3c1$	$P3c1$	$P3c1$	
159	$3m$	C_{3v}^4	$H3c$	$H3c1$	$P31c$	$P31c$	
160		C_{3v}^5	$R3m$	$R3m$	$R3m$	$R3m$	
161		C_{3v}^6	$R3c$	$R3c$	$R3c$	$R3c$	
162		D_{3d}^1	$H\bar{3}m$	$H\bar{3}2/m1$	$P\bar{3}1m$	$P\bar{3}12/m$	
163		D_{3d}^2	$H\bar{3}c$	$H\bar{3}2/c1$	$P\bar{3}1c$	$P\bar{3}12/c$	
164	$\bar{3}m$	D_{3d}^3	$C\bar{3}m$	$C\bar{3}2/m1$	$P\bar{3}m1$	$P\bar{3}2/m1$	
165		D_{3d}^4	$C\bar{3}c$	$C\bar{3}2/c1$	$P\bar{3}c1$	$P\bar{3}2/c1$	
166		D_{3d}^5	$R\bar{3}m$	$R\bar{3}2/m$	$R\bar{3}m$	$R\bar{3}2/m$	
167		D_{3d}^6	$R\bar{3}c$	$R\bar{3}2/c$	$R\bar{3}c$	$R\bar{3}2/c$	
168		C_6^1	$C6$	$C6$	$P6$	$P6$	
169		C_6^2	$C6_1$	$C6_1$	$P6_1$	$P6_1$	
170	6	C_6^3	$C6_5$	$C6_5$	$P6_5$	$P6_5$	
171		C_6^4	$C6_2$	$C6_2$	$P6_2$	$P6_2$	
172		C_6^5	$C6_4$	$C6_4$	$P6_4$	$P6_4$	
173		C_6^6	$C6_3$	$C6_3$	$P6_3$	$P6_3$	
174	$\bar{6}$	C_{3h}^1	$C\bar{6}$	$C\bar{6}$	$C\bar{6}$	$C\bar{6}$	
175	$6/m$	C_{6h}^1	$C6/m$	$C6/m$	$P6/m$	$P6/m$	
176		C_{6h}^2	$C6_3/m$	$C6_3/m$	$P6_3/m$	$P6_3/m$	
177		D_6^1	$C62$	$C622$	$P622$	$P622$	
178		D_6^2	$C6_12$	$C6_122$	$P6_122$	$P6_122$	
179		D_6^3	$C6_52$	$C6_522$	$P6_522$	$P6_522$	
180	622	D_6^4	$C6_22$	$C6_222$	$P6_222$	$P6_222$	
181		D_6^5	$C6_42$	$C6_422$	$P6_422$	$P6_422$	
182		D_6^6	$C6_32$	$C6_322$	$P6_322$	$P6_322$	
183		C_{6v}^1	$C6mm$	$C6mm$	$P6mm$	$P6mm$	
184	$6mm$	C_{6v}^2	$C6cc$	$C6cc$	$P6cc$	$P6cc$	
185		C_{6v}^3	$C6cm$	$C6_3cm$	$P6_3cm$	$P6_3cm$	
186		C_{6v}^4	$C6mc$	$C6_3mc$	$P6_3mc$	$P6_3mc$	
187		D_{3h}^1	$C\bar{6}m2$	$C\bar{6}m2$	$P\bar{6}m2$	$P\bar{6}m2$	
188	$\bar{6}m$	D_{3h}^2	$C\bar{6}c2$	$C\bar{6}c2$	$P\bar{6}c2$	$P\bar{6}c2$	
189		D_{3h}^3	$H\bar{6}m2$	$H\bar{6}m2$	$P\bar{6}2m$	$P\bar{6}2m$	
190		D_{3h}^4	$H\bar{6}c2$	$H\bar{6}c2$	$P\bar{6}2c$	$P\bar{6}2c$	

续表

序号	点群	熊夫利符号	1935年版国际符号		2006年版国际符号		备注
			简略符号	完全符号	简略符号	完全符号	
191	$6/mmm$	D_{6h}^{1}	$C6/mmm$	$C6/m2/m2/m$	$P6/mmm$	$P6/m2/m2/m$	
192		D_{6h}^{2}	$C6/mcc$	$C6/m2/c2/c$	$P6/mcc$	$P6/m2/c2/c$	
193		D_{6h}^{3}	$C6/mcm$	$C6_3/m2/c2/m$	$P6_3/mcm$	$P6_3/m2/c2/m$	
194		D_{6h}^{4}	$C6/mmc$	$C6_3/m2/m2/c$	$P6_3/mmc$	$P6_3/m2/m2/c$	
195	23	T^1	$P23$	$P23$	$P23$	$P23$	
196		T^2	$F23$	$F23$	$F23$	$F23$	
197		T^3	$I23$	$I23$	$I23$	$I23$	
198		T^4	$P2_13$	$P2_13$	$P2_13$	$P2_13$	
199		T^5	$I2_13$	$I2_13$	$I2_13$	$I2_13$	
200	$m\bar{3}$	T_h^1	$Pm3$	$P2/m\bar{3}$	$Pm\bar{3}$	$P2/m\bar{3}$	$Pm3(IT,1952)$
201		T_h^2	$Pn3$	$P2/n\bar{3}$	$Pn\bar{3}$	$P2/n\bar{3}$	$Pn3(IT,1952)$
202		T_h^3	$Fm3$	$F2/m\bar{3}$	$Fm\bar{3}$	$F2/m\bar{3}$	$Fm3(IT,1952)$
203		T_h^4	$Fd3$	$F2/d\bar{3}$	$Fd\bar{3}$	$F2/d\bar{3}$	$Fd3(IT,1952)$
204		T_h^5	$Im3$	$I2/m\bar{3}$	$Im\bar{3}$	$I2/m\bar{3}$	$Im3(IT,1952)$
205		T_h^6	$Pa3$	$P2_1/a\bar{3}$	$Pa\bar{3}$	$P2_1/a\bar{3}$	$Pa3(IT,1952)$
206		T_h^7	$Ia3$	$I2_1/a\bar{3}$	$Ia\bar{3}$	$I2_1/a\bar{3}$	$Ia3(IT,1952)$
207	432	O^1	$P43$	$P432$	$P432$	$P432$	
208		O^2	$P4_23$	$P4_232$	$P4_232$	$P4_232$	
209		O^3	$F43$	$F432$	$F432$	$F432$	
210		O^4	$F4_13$	$F4_132$	$F4_132$	$F4_132$	
211		O^5	$I43$	$I432$	$I432$	$I432$	
212		O^6	$P4_33$	$P4_332$	$P4_332$	$P4_332$	
213		O^7	$P4_13$	$P4_132$	$P4_132$	$P4_132$	
214		O^8	$I4_13$	$I4_132$	$I4_132$	$I4_132$	
215	$\bar{4}3m$	T_d^1	$P\bar{4}3m$	$P\bar{4}3m$	$P\bar{4}3m$	$P\bar{4}3m$	
216		T_d^2	$F\bar{4}3m$	$F\bar{4}3m$	$F\bar{4}3m$	$F\bar{4}3m$	
217		T_d^3	$I\bar{4}3m$	$I\bar{4}3m$	$I\bar{4}3m$	$I\bar{4}3m$	
218		T_d^4	$P\bar{4}3n$	$P\bar{4}3n$	$P\bar{4}3n$	$P\bar{4}3n$	
219		T_d^5	$F\bar{4}3c$	$F\bar{4}3c$	$F\bar{4}3c$	$F\bar{4}3c$	
220		T_d^6	$I\bar{4}3d$	$I\bar{4}3d$	$I\bar{4}3d$	$I\bar{4}3d$	
221	$m\bar{3}m$	O_h^1	$Pm3m$	$P4/m\bar{3}2/m$	$Pm\bar{3}m$	$P4/m\bar{3}2/m$	$Pm3m(IT,1952)$
222		O_h^2	$Pn3n$	$P4/n\bar{3}2/n$	$Pn\bar{3}n$	$P4/n\bar{3}2/n$	$Pn3n(IT,1952)$
223		O_h^3	$Pm3n$	$P4_2/m\bar{3}2/n$	$Pm\bar{3}n$	$P4_2/m\bar{3}2/n$	$Pm3n(IT,1952)$
224		O_h^4	$Pn3m$	$P4_2/n\bar{3}2/m$	$Pn\bar{3}m$	$P4_2/n\bar{3}2/m$	$Pn3m(IT,1952)$

续表

序号	点群	熊夫利符号	1935年版国际符号		2006年版国际符号		备注
			简略符号	完全符号	简略符号	完全符号	
225	$m\bar{3}m$	O_h^5	$Fm3m$	$F4/m\bar{3}2/m$	$Fm\bar{3}m$	$F4/m\bar{3}2/m$	$Fm3m$(*IT*,1952)
226		O_h^6	$Fm3c$	$F4/m\bar{3}2/c$	$Fm\bar{3}c$	$F4/m\bar{3}2/c$	$Fm3c$(*IT*,1952)
227		O_h^7	$Fd3m$	$F4_1/d\bar{3}2/m$	$Fd\bar{3}m$	$F4_1/d\bar{3}2/m$	$Fd3m$(*IT*,1952)
228		O_h^8	$Fd3c$	$F4_1/d\bar{3}2/c$	$Fd\bar{3}c$	$F4_1/d\bar{3}2/c$	$Fd3c$(*IT*,1952)
229		O_h^9	$Im3m$	$I4/m\bar{3}2/m$	$Im\bar{3}m$	$I4/m\bar{3}2/m$	$Im3m$(*IT*,1952)
230		O_h^{10}	$Ia3d$	$I4_1/a\bar{3}2/d$	$Ia\bar{3}d$	$I4_1/a\bar{3}2/d$	$Ia3d$(*IT*,1952)

注：(1) 点群国际记号为1、2、222、4、422、3、32、6、622、23、432的晶体为手性晶体。(2) 含对称中心的点群$\bar{1}$、$2/m$、mmm、$4/m$、$4/mmm$、$\bar{3}$、$\bar{3}m$、$6/m$、$6/mmm$、$m\bar{3}$、$m\bar{3}m$等，属于劳厄群，其余点群都不含对称中心。其中，点群国际记号1、2、3、4、6分别代表旋转轴的要数，$\bar{1}$代表对称中心，$\bar{3}$代表三重反轴，m代表镜面。例如，222表示晶体的a、b、c方向都存在2重旋转轴，D_2点群的国际记号。又如432表示晶体的a、$a+b+c$、$a+b$方向分别存在4、3、2重旋转轴，是T群的国际记号，其它对照第六章表6-5，表6-6，表6-7进行解读。

附表 2　基本物理常数和物理量常用单位量值

物理量	符号	量值及单位	备注
真空中光速	c	$2.99792458\times10^{8}\ \text{m·s}^{-1}$	准确值
真空介电常量	$\varepsilon_0 = 1/(\mu_0 c^2)$	$8.854187817\times10^{-12}\ \text{F·m}^{-1}$	准确值
真空磁导率	$\mu_0 = 4\pi\times10^{-7}$	$12.566370614\times10^{-7}\ \text{N·A}^{-2}$	准确值
普朗克常量	h	$6.62607004(81)\times10^{-34}\ \text{J·s}$	
库仑常量	$\kappa = 1/(4\pi\varepsilon_0)$	$8.9875517874\times10^{9}\ \text{J·m·C}^{-2}$	
约化普朗克常量	$\hbar = h/(2\pi)$	$1.054571800(13)\times10^{-34}\ \text{J·s}$	
玻尔兹曼常量	$k = R/N_A$	$1.38064852(79)\times10^{-23}\ \text{J·K}^{-1}$	
阿伏伽德罗常量	N_A	$6.022140857(74)\times10^{23}\ \text{mol}^{-1}$	
里德伯常量	$R_\infty = \alpha^2 m_e c/2h$	$10973731.568508(65)\ \text{m}^{-1}$	13.605693009(84) eV
精细结构常量	$\alpha = e^2/(4\pi\varepsilon_0\hbar c)$	$7.2973525664(17)\times10^{-3}$	$\alpha^{-1} = 137.035999139(31)$
摩尔气体常量	R	$8.3144598(48)\ \text{J·mol}^{-1}\text{·K}^{-1}$	
法拉第常量	$F = N_A e$	$96485.33289(59)\ \text{C·mol}^{-1}$	
康普顿波长	$\lambda_C = h/(m_e c)$	$2.4263102367(11)\times10^{-12}\text{m}$	
玻尔磁子	$\mu_B = e\hbar/(2m_e)$	$927.4009994(57)\times10^{-26}\ \text{J·T}^{-1}$	$5.7883818012(26)\times10^{-5}\text{eV·T}^{-1}$
核磁子	$\mu_N = e\hbar/(2m_p)$	$5.050783699(31)\times10^{-27}\ \text{J·T}^{-1}$	$3.1524512550(15)\times10^{-8}\text{eV·T}^{-1}$
电子磁矩	μ_e	$-928.4764620(57)\times10^{-26}\ \text{J·T}^{-1}$	
质子磁矩	μ_p	$1.4106067873(97)\times10^{-26}\ \text{J·T}^{-1}$	
中子磁矩	μ_n	$-0.96623650(23)\times10^{-26}\ \text{J·T}^{-1}$	
电子静止质量	m_e	$9.10938356(11)\times10^{-31}\ \text{kg}$	
质子静止质量	m_p	$1.672621898(21)\times10^{-27}\ \text{kg}$	$1836.15267389(17)m_e$
中子静止质量	m_n	$1.674927471(21)\times10^{-27}\ \text{kg}$	$1838.68366158(90)m_e$
α 粒子质量	m_α	$6.644657230(82)\times10^{-27}\ \text{kg}$	$7294.29954136(24)m_e$
基本电荷	e	$1.6021766208(98)\times10^{-19}\ \text{C}$	
原子单位电荷	e	$1.6021766208(98)\times10^{-19}\ \text{C}$	
原子单位长度	$a_0 = \alpha/(4\pi R_\infty)$	$0.52917721067(12)\times10^{-10}\ \text{m}$	52.917721067(12) pm
原子单位能量	$E_h = e^2/(4\pi\varepsilon_0 a_0)$	$4.359744650(54)\times10^{-18}\ \text{J}$	
原子单位时间	$\hbar/E_h$	$2.418884326509(14)\times10^{-17}\ \text{s}$	
原子单位速度	$a_0 E_h/\hbar$	$2.18769126277(50)\times10^{6}\ \text{m·s}^{-1}$	
原子单位动量	$\hbar/a_0$	$1.992851882(24)\times10^{-24}\ \text{kg·m·s}^{-1}$	
原子单位偶极矩	ea_0	$8.478353552(52)\times10^{-30}\ \text{C·m}$	
原子单位电极化率	$e^2a_0^2/E_h$	$1.6487772731(11)\times10^{-41}\ \text{C}^2\text{·m}^2\text{·J}^{-1}$	
原子单位电荷密度	$e/(a_0)^3$	$1.0812023770(67)\times10^{12}\ \text{C·m}^{-3}$	
电子朗德 g 因子	g_e	$-2.00231930436182(52)$	
质子朗德 g 因子	g_p	$5.585694702(17)$	
中子朗德 g 因子	g_n	$-3.82608545(90)$	
电子磁旋比	$\gamma_e = 2\lvert\mu_e\rvert/\hbar$	$1.760859644(11)\times10^{11}\ \text{s}^{-1}\text{·T}^{-1}$	
质子磁旋比	$\gamma_p = 2\mu_p/\hbar$	$2.675221900(18)\times10^{8}\ \text{s}^{-1}\text{·T}^{-1}$	
中子磁旋比	$\gamma_n = 2\lvert\mu_n\rvert/\hbar$	$1.83247172(43)\times10^{8}\ \text{s}^{-1}\text{·T}^{-1}$	
原子质量单位	$u = m(^{12}\text{C})/12$	$1.660539040(20)\times10^{-27}\ \text{kg}$	931.494061×10^{-10} MeV
电子伏特	$\text{eV} = (e/\text{C})\text{J}$	$1.6021766208(98)\times10^{-19}\ \text{J}$	

备注中的数据是同一物理量的其他单位量值。该表数据摘自文献：Mohr P J，Newell B D，Taylor B N. CODATA recommended values of the fundamental physical constants：2014. Reviews of Modern Physics，2016，88(3)：035009.

几种单位的能量换算简表

	J	kJ·mol^{-1}	kcal·mol^{-1}	eV	cm^{-1}	Hz
1hartree	4.35974465×10^{-18}	2625.4996	627.5095	27.211386	2.19474631×10^{5}	6.5796839×10^{15}

附表3 元素周期表

元素周期表

在单质晶体中原子堆积类型—A_2 42 Mo 钼 $4d^55s^15p$ 95.94 —原子序数 —元素符号 —中文名称 —价层电子组态 —相对原子质量

周期	IA	IIA	IIIB	IVB	VB	VIB	VIIB	VIIIB	VIIIB	VIIIB	IB	IIB	IIIA	IVA	VA	VIA	VIIA	VIIIA	电子层
1 1s	A_3 1 H 氢 $1s^1$ 1.0079																	A_3 2 He 氦 $1s^2$ 4.0026	K 0-2
2 2s2p	A_2 3 Li 锂 $2s^12p$ 6.941	A_3 4 Be 铍 $2s^22p$ 9.0122											A_3 5 B 硼 $2s^22p^1$ 10.811	A_4 A_9 6 C 碳 $2s^22p^2$ 12.0107	A_3 7 N 氮 $2s^22p^3$ 14.0067	A_1 8 O 氧 $2s^22p^4$ 15.9994	9 F 氟 $2s^22p^5$ 18.9984	A_1 10 Ne 氖 $2s^22p^6$ 20.1797	L 0-8 K 2
3 3s3p	A_2 11 Na 钠 $3s^13p$ 22.9898	A_3 12 Mg 镁 $3s^23p$ 24.3050											A_1 13 Al 铝 $3s^23p^1$ 26.9815	A_4 14 Si 硅 $3s^23p^2$ 28.0855	A_{17} 15 P 磷 $3s^23p^3$ 30.9738	A_8 16 S 硫 $3s^23p^4$ 32.065	A_{14} A_{18} 17 Cl 氯 $3s^23p^5$ 35.453	A_1 18 Ar 氩 $3s^23p^6$ 39.948	M 0-8 L 8 K 2
4 4s3d4p	A_2 19 K 钾 $4s^14p$ 39.0983	A_1 A_3 20 Ca 钙 $4s^24p$ 40.078	A_3 A_1 21 Sc 钪 $3d^14s^24p$ 44.9559	A_3 A_2 22 Ti 钛 $3d^24s^24p$ 47.867	A_2 23 V 钒 $3d^34s^24p$ 50.9415	A_2 A_3 24 Cr 铬 $3d^54s^14p$ 51.9961	A_{12} A_{13} 25 Mn 锰 $3d^54s^24p$ 54.9381	A_2 A_1 26 Fe 铁 $3d^64s^24p$ 55.845	A_3 A_2 27 Co 钴 $3d^74s^24p$ 58.9332	A_1 A_3 28 Ni 镍 $3d^84s^24p$ 58.6934	A_1 29 Cu 铜 $3d^{10}4s^14p$ 63.546	A_3 30 Zn 锌 $3d^{10}4s^24p$ 65.409	A_{11} 31 Ga 镓 $4s^24p^1$ 69.723	A_4 32 Ge 锗 $4s^24p^2$ 72.64	A_7 33 As 砷 $4s^24p^3$ 74.9216	A_8 34 Se 硒 $4s^24p^4$ 78.96	A_{14} 35 Br 溴 $4s^24p^5$ 79.904	A_1 36 Kr 氪 $4s^24p^6$ 83.798	N 0-18 M 8 L 8 K 2
5 5s4d5p	A_2 37 Rb 铷 $5s^15p$ 85.4678	A_1 A_3 38 Sr 锶 $5s^25p$ 87.62	A_3 39 Y 钇 $4d^15s^25p$ 88.9059	A_3 A_2 40 Zr 锆 $4d^25s^25p$ 91.224	A_2 41 Nb 铌 $4d^45s^15p$ 92.9064	A_2 42 Mo 钼 $4d^55s^15p$ 95.94	A_3 43 Tc 锝 $4d^55s^25p$ 97.907	A_3 44 Ru 钌 $4d^75s^15p$ 101.07	A_1 45 Rh 铑 $4d^85s^15p$ 102.9055	A_1 46 Pd 钯 $4d^{10}5s5p$ 106.42	A_1 47 Ag 银 $4d^{10}5s^15p$ 107.8682	A_3 48 Cd 镉 $4d^{10}5s^25p$ 112.411	A_6 49 In 铟 $5s^25p^1$ 114.818	A_4 A_5 50 Sn 锡 $5s^25p^2$ 118.710	A_7 51 Sb 锑 $5s^25p^3$ 121.760	A_8 52 Te 碲 $5s^25p^4$ 127.60	A_{14} 53 I 碘 $5s^25p^5$ 126.9045	A_1 54 Xe 氙 $5s^25p^6$ 131.293	O 0-18 N 18 M 8 L 8 K 2
6 6s4f5d6p	A_2 55 Cs 铯 $6s^16p$ 132.9054	A_2 56 Ba 钡 $6s^26p$ 137.327	57-71 La-Lu 镧系	A_3 72 Hf 铪 $4f^{14}5d^26s^2$ 178.49	A_2 73 Ta 钽 $4f^{14}5d^36s^2$ 180.9479	A_2 A_{15} 74 W 钨 $4f^{14}5d^46s^2$ 183.84	A_3 75 Re 铼 $4f^{14}5d^56s^2$ 186.207	A_3 76 Os 锇 $4f^{14}5d^66s^2$ 190.23	A_1 77 Ir 铱 $4f^{14}5d^76s^2$ 192.217	A_1 78 Pt 铂 $4f^{14}5d^96s^1$ 195.078	A_1 79 Au 金 $4f^{14}5d^{10}6s^1$ 196.9666	A_{10} 80 Hg 汞 $4f^{14}5d^{10}6s^2$ 200.59	A_3 A_2 81 Tl 铊 $6s^26p^1$ 204.3833	A_1 82 Pb 铅 $6s^26p^2$ 207.2	A_7 83 Bi 铋 $6s^26p^3$ 208.9804	A_{19} A A_7 84 Po 钋 $6s^26p^4$ 208.98	A_1 85 At 砹 $6s^26p^5$ 209.99	A_1 86 Rn 氡 $6s^26p^6$ 222.02	P 0-32 O 18 N 18 M 8 L 8 K 2
7 7s5f6d7p	87 Fr 钫 $7s^17p$ 223.0254	A_2 88 Ra 镭 $7s^27p$ 226.037	89-103 Ac-Lr 锕系	104 Rf 𬬻 $5f^{14}6d^27s^2$ 267.12	105 Db 𬭊 $5f^{14}6d^37s^2$ 268.126	106 Sg 𬭳 $5f^{14}6d^47s^2$ 269.13	107 Bh 𬭛 $5f^{14}6d^57s^2$ 270.13	108 Hs 𬭶 $5f^{14}6d^67s^2$ 269.13	109 Mt 鿏 $5f^{14}6d^77s^2$ 278.16	110 Ds 𫟼 $5f^{14}6d^97s^1$ 281.165	111 Rg 𬬭 $5f^{14}6d^{10}7s^1$ 280.165	112 Cn 鿔 $5f^{14}6d^{10}7s^2$ 285.177	113 Nh 鿭 $7s^27p^1$ 286.18	114 Fl 𫓧 $7s^27p^2$ 289.19	115 Mc 镆 $7s^27p^3$ 289.19	116 Lv 𫟷 $7s^27p^4$ 293.20	117 Ts 鿬 $7s^27p^5$ 293.20	118 Og 鿫 $7s^27p^6$ 294.214	Q 0-32 P 32 O 18 N 18 M 8 L 8 K 2

镧系 La-Lu 57-71	A_3^* 57 La 镧 $4f^05d^16s^2$ 138.905	A_3 A_1 58 Ce 铈 $4f^15d^16s^2$ 140.115	A_3^* 59 Pr 镨 $4f^35d^06s^2$ 140.908	A_3^* 60 Nd 钕 $4f^45d^06s^2$ 144.242	A_3^* 61 Pm 钷 $4f^55d^06s^2$ 144.914	A_3^{**} 62 Sm 钐 $4f^65d^06s^2$ 150.366	A_2 63 Eu 铕 $4f^75d^06s^2$ 151.964	A_3 64 Gd 钆 $4f^75d^16s^2$ 157.252	A_3 65 Tb 铽 $4f^95d^06s^2$ 158.925	A_3 66 Dy 镝 $4f^{10}5d^06s^2$ 162.500	A_3 67 Ho 钬 $4f^{11}5d^06s^2$ 164.930	A_3 68 Er 铒 $4f^{12}5d^06s^2$ 167.259	A_3 69 Tm 铥 $4f^{13}5d^06s^2$ 168.934	A_1 70 Yb 镱 $4f^{14}5d^06s^2$ 173.054	A_3 71 Lu 镥 $4f^{14}5d^16s^2$ 174.967
锕系 Ac-Lr 89-103	A_3^* 89 Ac 锕 $5f^06d^17s^2$ 227.028	A_1 A_2 90 Th 钍 $5f^06d^27s^2$ 232.038	A_6 91 Pa 镤 $5f^26d^17s^2$ 231.036	A_{20} A_2 92 U 铀 $5f^36d^17s^2$ 238.029	A_α A_β 93 Np 镎 $5f^46d^17s^2$ 237.048	A_α A_β 94 Pu 钚 $5f^66d^07s^2$ 244.064	A_3 95 Am 镅 $5f^76d^07s^2$ 243.061	A_3 96 Cm 锔 $5f^76d^17s^2$ 247.070	A_3 A_1 97 Bk 锫 $5f^96d^07s^2$ 247.070	A_1 A_3 98 Cf 锎 $5f^{10}6d^07s^2$ 251.080	A_2 99 Es 锿 $5f^{11}6d^07s^2$ 252.083	100 Fm 镄 $5f^{12}6d^07s^2$ 257.095	101 Md 钔 $5f^{13}6d^07s^2$ 258.098	102 No 锘 $5f^{14}6d^07s^2$ 259.101	103 Lr 铹 $5f^{14}6d^17s^2$ 262.110

A_1: *ABC*　A_2: *AB*　A_3^*: *ABAC*　A_3^{**}: *ABACACBCB*　$A_\alpha A_\beta$: 独有结构